Série de livres spécialisés
de la maison d'édition EUROPA
pour la technologie
des véhicules à moteur

Technologie des véhicules à moteur

2ème édition française

Auteurs: Professeurs techniques et ingénieurs (voir verso)

Maison d'édition : Verlag Europa-Lehrmittel (matériel pédagogique) GmbH & Co. KG
Düsselberger Strasse 23 · D-42781 Haan-Gruiten (Allemagne)

No. de la maison d'édition : 22216

Titre original: Fachkunde Kraftfahrzeugtechnik (29ème édition 2009)

Auteurs:

Fischer, Richard	Professeur hors classe	Polling – München
Gscheidle, Rolf	Professeur hors classe	Winnenden – Stuttgart
Heider, Uwe	Maître électricien en automobiles, entraîneur Audi SA	Neckarsulm – Oedheim
Hohmann, Berthold	Professeur de lycée supérieur	Eversberg – Meschede
Keil, Wolfgang	Directeur de lycée supérieur	München
Mann, Jochen	Professeur diplômé de lycée professionnel	Schorndorf – Stuttgart
Schlögl, Bernd	Professeur diplômé de lycée professionnel, professeur hors classe	Rastatt – Gaggenau
Wimmer, Alois	Professeur de lycée supérieur	Stuttgart
Wormer, Günter	Ingénieur diplômé	Karlsruhe

Direction du groupe de travail et correction-révision:
Rolf Gscheidle, professeur hors classe, Winnenden – Stuttgart

Iconographie:
Bureau de dessin de la maison d'édition Europa-Lehrmittel, Ostfildern

Traduction française:
Syntext traductions, Michael Werder, Les Bois (Suisse)

Toutes les indications figurant dans le présent ouvrage sont basées sur l'état actuel de la technologie. Tous les travaux de contrôle, de mesure ou de réparation réalisés sur les véhicules doivent être effectués conformément aux indications des fabricants respectifs. Toute exécution des travaux décrits se fait aux risques et périls de la personne qui les réalise. Toute action en responsabilité intentée contre les auteurs ou la maison d'édition est exclue.

2ème édition 2010
Impression 5 4 3
Tous les tirages de la même édition peuvent être utilisés parallèlement étant donné qu'à part la correction d'éventuelles erreurs d'impression, ils sont tous identiques.

ISBN 978-3-8085-2222-6

La conception graphique de la couverture et de l'image de titre ont été réalisées à l'aide de photos de l'entreprise Renault S.A., Boulogne-Billancourt, France.

Composition: Satz+Layout Werkstatt Kluth GmbH, 50374 Erftstadt
Impression: Media-Print Informationstechnologie, 33100 Paderborn

Préface

«Technologie des véhicules à moteur» est un ouvrage qui sert de référence aux professionnels de l'automobile en formation, mais aussi aux professionnels accomplis. Il explique le but et le fonctionnement de nombreux dispositifs dont sont pourvues les automobiles d'hier et d'aujourd'hui.

Ce livre se veut volontairement large dans le choix des sujets car il s'adresse à l'ensemble des professions en relation avec la mobilité. Les 22 chapitres offrent une banque de données fort intéressante pour résoudre les problèmes du quotidien et constitue ainsi un outil utile à la formation initiale et permanente du professionnel qualifié.

Cette 2ème édition française est traduite à partir de la 29ème édition allemande. Elle est enrichie d'explications sur de nombreux systèmes techniques de dernière génération, tels que le Common-Rail, la gestion de l'alimentation électrique, les entraînements alternatifs, les transmissions de données (CAN, LIN FlexRay), les systèmes de freinage électriques et bien d'autres...

Un CD avec toutes les illustrations de la 2ème édition est également disponible.

La traduction et les corrections techniques n'auraient pas été possibles sans les efforts communs de plusieurs personnes physiques et morales, notamment :

- l'éditeur qui a fait preuve d'un intérêt marqué pour que le monde francophone puisse jouir de cet ouvrage ;
- le CREME (Commission Romande d'Evaluation des Moyens d'Enseignement) pour son apport logistique et son expérience ;

CREME - COMMISSION ROMANDE D'ÉVALUATION DES MOYENS D'ENSEIGNEMENT

- l'OFFT pour son important et généreux appui financier au travers de la subvention aux traductions en lien avec l'article 55 de la LFPr.

- la section vaudoise de l'UPSA (Union Vaudoise des Garagistes) qui a généreusement participé au financement de ce projet ;

UPSA VAUD

- les enseignants qui ont accepté de consacrer du temps pour la correction technique de ce magnifique outil, à savoir MM. Daniel Amiguet, Pascal Bondallaz, Roland Bovey, Jacky Cloux, Olivier Cochet, Steve Cornaton, Michel Mercier, Roland Müller, François Pilliod, Philippe Roch ;
- les enseignants des branches de culture générale qui ont eu l'amabilité de relire une dernière fois l'entier de cet ouvrage et plus particulièrement Mme Janick Bovey.

Un grand merci à ces personnes et bonne lecture...

Juin 2010

Conseils pour l'utilisation du manuel "Technologie des véhicules à moteur" dans le cadre de la formation des mécatroniciennes et des mécatroniciens d'automobiles.

Les auteurs ont structuré le contenu du présent manuel selon un ordre logique qui permet de couvrir tous les contenus du plan d'études cadre et de l'ordonnance sur la formation professionnelle initiale de ce nouveau champ d'activité qu'est la profession de mécatronicien-ne d'automobiles.

Pour permettre aux enseignant-e-s et aux formateurs-trices de bénéficier de la plus grande liberté didactique et méthodologique possible, les auteurs ont volontairement renoncé à classer la matière par domaines. Cette façon de procéder permet en outre d'éviter des recoupements et des inutiles répétitions.

La structure de ce manuel permet également aux personnes en formation d'élaborer de manière autonome les différents contenus professionnels des champs d'apprentissage requis.

Le récapitulatif ci-dessous indique l'ordonnancement des chapitres du manuel en fonction des axes prioritaires de la matière traitée.

	Champs d'apprentissage	Chapitres dans le manuel																					
		1	2	3	4	5	6	7	8	9	10	11	12	13	14	15	16	17	18	19	20	21	22
1	Maintenance et entretien des véhicules ou des systèmes	●	●	●	●														●				
2	Démontage, réparation et montage des composants ou des systèmes techniques relatifs aux véhicules						●	●	●	●	●	●			●			●					
3	Contrôle et réparation des systèmes électriques et électroniques																			●			
4	Contrôle et réparation des systèmes de commande et de régulation					●						●											
5	Contrôle et réparation des systèmes d'alimentation en énergie et de démarrage															●				●			
6	Contrôle et réparation de la mécanique du moteur	●					●				●				●								
7	Diagnostic et réparation des systèmes de gestion du moteur	●											●	●						●			
8	Services et travaux de réparation sur les systèmes d'échappement												●	●									
9	Entretien des systèmes de transmission																●						
	Axe Technique des véhicules légers																						
10	Entretien du châssis et des systèmes de freinage																		●				
11	Post-montage et mise en service de systèmes complémentaires																			●			
12	Contrôle et réparation des systèmes interconnectés																			●			
13	Diagnostic et réparation de la carrosserie et des systèmes de confort et de sécurité																	●		●	●		
14	Services et travaux de réparation dans le cadre des expertises légales	●	●											●					●	●			
	Axe Technique des véhicules utilitaires										●						●						●
	Axe Technique de communication des véhicules	●									●						●	●	●	●	●		
	Axe Technique des motos										●				●					●	●	●	

Les entreprises mentionnées ci-dessous ont apporté leur soutien sous forme d'informations et d'illustrations. Nous les en remercions trés sincérement.

Alfa-Romeo-Automobile
Mailand/Italien

Aprilia Motorrad-Vertrieb
Düsseldorf

Aral AG, Bochum

Audatex Deutschland, Minden

Audi AG, Ingolstadt – Neckarsulm

Autokabel, Hausen

Autoliv, Oberschleißheim

AUTOMOBILES CITROËN S.A., Paris

G. Auwärter GmbH & Co
(Neoplan) Stuttgart

BBS Kraftfahrzeugtechnik, Schiltach

BEHR GmbH & Co, Stuttgart

Beissbarth GmbH Automobil Servicegeräte
München

BERU, Ludwigsburg

Aug. Bilstein GmbH & Co KG
Ennepetal

Boge GmbH, Eitdorf/Sieg

Robert Bosch GmbH, Stuttgart

Bostik GmbH, Oberursel/Taunus

BLACK HAWK, Kehl

BMW Bayerische Motoren-Werke AG
München/Berlin

CAR-OLINER, Kungsör, Schweden

CAR BENCH INTERNATIONAL.S.P.A.
Massa/Italien

Continental Teves AG & Co, OHG, Frankfurt

Celette GmbH, Kehl

Citroen Deutschland AG, Köln

DaimlerChrysler AG, Stuttgart

Dataliner Richtsysteme, Ahlerstedt

Deutsche BP AG, Hamburg

DUNLOP GmbH & Co KG, Hanau/Main

J. Eberspächer, Esslingen

EMM Motoren Service, Lindau

ESSO AG, Hamburg

FAG Kugelfischer Georg Schäfer KG aA
Ebern

Ford-Werke AG, Köln

Carl Freudenberg
Weinheim/Bergstraße

GKN Löbro, Offenbach / Main

Getrag Getriebe- und Zahnradfarbrik
Ludwigsburg

Girling-Bremsen GmbH, Koblenz

Glasurit GmbH, Münster/Westfalen

Globaljig, Deutschland GmbH
Cloppenburg

Glyco-Metall-Werke B.V. & Co KG
Wiesbaden/Schierstein

Goetze AG, Burscheid

Grau-Bremse, Heidelberg

Gutmann Messtechnik GmbH, Ihringen

Hazet-Werk, Hermann Zerver, Remscheid

HAMEG GmbH, Frankfurt/Main

Hella KG, Hueck & Co, Lippstadt

Hengst Filterwerke, Nienkamp

Fritz Hintermayr, Bing-Vergaser-Fabrik
Nürnberg

HITACHI Sales Europa GmbH
Düsseldorf

HONDA DEUTSCHLAND GMBH
Offenbach/Main

Hunger Maschinenfabrik GmbH
München und Kaufering

IBM Deutschland, Böblingen

IVECO-Magirus AG, Neu-Ulm

ITT Automotive (ATE, VDO,
MOTO-METER, SWF, KONI, Kienzle)
Frankfurt/Main

IXION Maschinenfabrik
Otto Häfner GmbH & Co
Hamburg-Wandsbeck

Jurid-Werke, Essen

Alfred Kärcher GmbH & Co. KG
Winnenden

Kawasaki-Motoren GmbH, Friedrichsdorf

Knecht Filterwerke GmbH, Stuttgart

Knorr-Bremse GmbH, München

Kolbenschmidt AG, Neckarsulm

KS Gleitlager GmbH, St. Leon-Rot

KTM Sportmotorcycles AG
Mattighofen/Österreich

Kühnle, Kopp und Kausch AG
Frankenthal/Pfalz

Lemmerz-Werke, Königswinter

LuK GmbH, Bühl/Baden

MAHLE GmbH, Stuttgart

Mannesmann Sachs AG, Schweinfurt

Mann und Hummel, Filterwerke
Ludwigsburg

MAN Maschinenfabrik
Augsburg-Nürnberg AG
München

Mazda Motors Deutschland GmbH
Leverkusen

MCC – Mikro Compact Car GmbH
Böblingen

Messer-Griesheim GmbH
Frankfurt/Main

Metzeler Reifen GmbH
München

Michelin Reifenwerke KGaA
Karlsruhe

Microsoft GmbH, Unterschleißheim

Mitsubishi Electric Europe B.V.
Ratingen

Mitsubishi MMC, Trebur

MOBIL OIL AG, Hamburg

NGK/NTK, Ratingen

Adam Opel AG, Rüsselsheim

OSRAM AG, München

OMV AG, Wien

Peugeot Deutschland GmbH
Saarbrücken

Pierburg GmbH, Neuss

Pirelli AG, Höchst im Odenwald

Dr. Ing. h.c. F. Porsche AG
Stuttgart-Zuffenhausen

PSA Peugeot Citroën S.A., Poissy

Renault Nissan Deutschland AG
Brühl

Samsung Electronics GmbH, Köln

SATA Farbspritztechnik GmbH & Co
Kornwestheim

SCANIA Deutschland GmbH
Koblenz

SEKURIT SAINT-GOBAIN
Deutschland GmbH, Aachen

Siemens AG, München

SKF Kugellagerfabriken GmbH
Schweinfurt

SOLO Kleinmotoren GmbH
Maichingen

Stahlwille E. Wille
Wuppertal

Steyr-Daimler-Puch AG
Graz/Österreich

Subaru Deutschland GmbH
Friedberg

SUN Elektrik Deutschland
Mettmann

Suzuki GmbH
Oberschleißheim/Heppenheim

Technolit GmbH, Großlüder

Telma Retarder Deutschland GmbH
Ludwigsburg

Temic Elektronik, Nürnberg

TOYOTA Deutschland GmbH, Köln

VARTA Autobatterien GmbH
Hannover

Vereinigte Motor-Verlage GmbH & Co KG
Stuttgart

ViewSonic Central Europe, Willich

Voith GmbH & Co KG, Heidenheim

Volkswagen AG, Wolfsburg

Volvo Deutschland GmbH, Brühl

Wabco Westinghouse GmbH
Hannover

Webasto GmbH, Stockdorf

Yamaha Motor Deutschland GmbH
Neuss

ZF Getriebe GmbH, Saarbrücken

ZF Sachs AG, Schweinfurt

ZF Zahnradfabrik Friedrichshafen AG
Friedrichshafen/Schwäbisch Gmünd

Table des matières

1 Véhicule à moteur

1.1 Développement du véhicule à moteur

1860 Le Français **Lenoir** fabrique le premier moteur à combustion fonctionnant au gaz d'éclairage. Rendement: environ 3 %.

1867 **Otto et Langen** présentent à l'Exposition Universelle de Paris un moteur à combustion perfectionné. Rendement: environ 9 %.

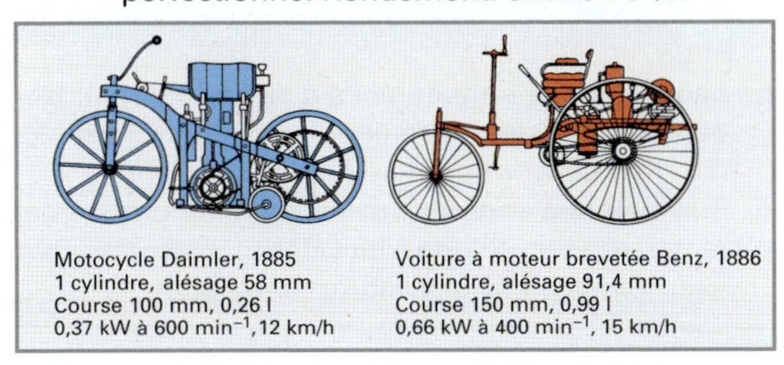

Illustration 1: Motocycle Daimler et voiture à moteur Benz

1876 **Otto** fabrique le premier moteur à gaz avec compression et **cycle à quatre temps.** Pratiquement au même moment, l'Anglais **Clerk** fabrique le premier **moteur à deux temps** fonctionnant au gaz.

1883 **Daimler** et **Maybach** développent le premier **moteur à essence à quatre temps** à régime rapide avec **allumage à tube incandescent**.

1885 Premier **véhicule à deux roues à moteur** fabriqué par **Daimler.** Premier **véhicule à trois roues** fabriqué par **Benz** (breveté en 1886), **(ill. 1)**.

1886 Première **calèche à quatre roues** avec **moteur à essence** fabriquée par **Daimler (ill. 2)**.

1887 **Bosch** invente **l'allumage à rupteur**.

1889 L'Anglais **Dunlop** fabrique pour la première fois des **pneumatiques pour les roues**.

1893 **Maybach** invente le **carburateur**.

1893 **Diesel** fait breveter le principe de fonctionnement d'un **moteur à huile lourde à auto-allumage.**

1897 **MAN** construit le premier moteur Diesel commercialisé.

1897 Premier **véhicule électrique** fabriqué par **Lohner-Porsche (ill. 2)**.

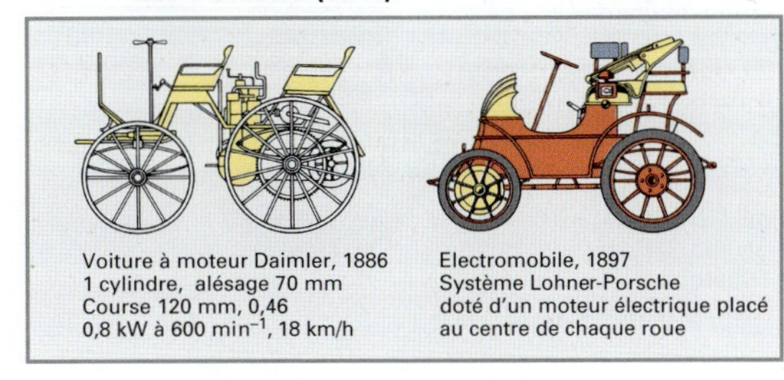

Illustration 2: Véhicule à moteur Daimler et premier véhicule électrique

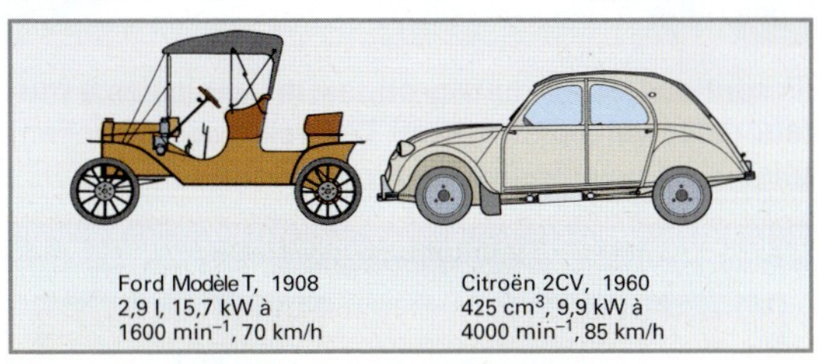

Illustration 3: Modèle Ford T et Citroën 2CV

1899 Fondation de **l'usine Fiat** à Turin.

1913 Introduction par **Ford** du **travail à la chaîne.** Production de la **Tin-Lizzy** (modèle T, **ill. 3).** En 1925, 9109 véhicules sortent déjà quotidiennement de la chaîne de montage.

1916 Création de l'usine **BMW (Bayerische Motorenwerke)**.

1923 Fabrication du premier **camion** à **moteur Diesel** par **Benz-MAN (ill. 4)**.

1936 **Daimler-Benz** fabrique des voitures de tourisme avec **moteur Diesel** de série.

1938 Création de **l'usine VW** à Wolfsburg.

1939 250 **prototypes TPV** «Toute Petite Voiture» sont fabriqués par Citroën.

1948 Début de la fabrication en série de la **Citroën 2CV (ill. 3)**.

1949 Premier **pneu à taille basse** et premier **pneu à ceinture métallique** produits par **Michelin.**

1950 En Angleterre, première utilisation par **Rover** de **turbines à gaz** dans un véhicule.

1954 **NSU-Wankel** fabrique **le moteur à pistons rotatifs (ill. 4)**.

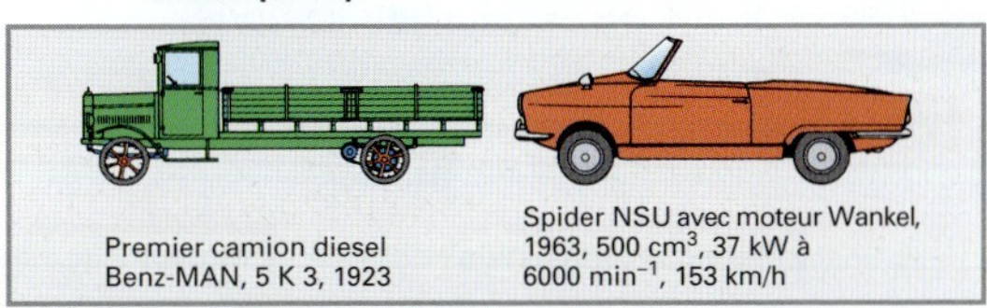

Premier camion diesel
Benz-MAN, 5 K 3, 1923
Spider NSU avec moteur Wankel,
1963, 500 cm³, 37 kW à
6000 min⁻¹, 153 km/h

Illustration 4: Camion avec moteur Diesel, voiture de tourisme avec moteur Wankel

1966 Système **Bosch d'injection d'essence à commande électronique (D-Jetronic)** pour les véhicules de série.

1970 **Ceintures de sécurité** pour le conducteur et le passager.

1978 Premier montage du **système antiblocage (ABS)** sur les freins des véhicules de tourisme.

1984 Apparition de **l'airbag** et du **prétensionneur de ceinture.**

1985 Apparition du **catalyseur régulé (sonde lambda)** pour l'essence sans plomb.

1997 **Système électronique** de régulation **de la suspension.**

1

1.2 Classification des véhicules à moteur

Les véhicules routiers sont tous les véhicules prévus pour être utilisés sur les routes et qui ne sont pas reliés à une voie. **(ill. 1)**.

Ils sont divisés en deux groupes: les véhicules à moteur et les véhicules tractés. Les véhicules disposent toujours d'un entraînement mécanique.

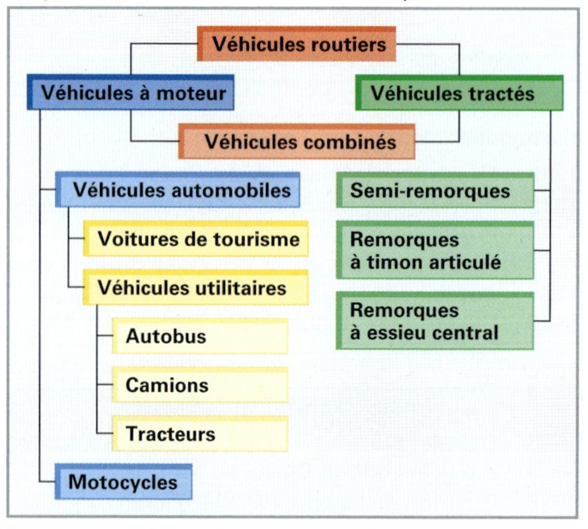

Illustration 1: Aperçu des véhicules à moteur

Véhicules à moteur à plus de deux roues

Les véhicules automobiles ont toujours plus de deux roues. Parmi eux, on compte:

- **Les véhicules de tourisme.** Ils servent principalement au transport de personnes et de leurs bagages ou de marchandises. Ils peuvent également tracter une remorque. Le nombre de places assises est limité à 9, conducteur compris.
- **Les véhicules utilitaires.** Ils sont destinés au transport de personnes, de marchandises et à tracter des remorques. Les véhicules de tourisme ne sont pas des véhicules utilitaires.

Véhicules à moteur à deux roues

Les motocycles sont des véhicules à deux roues. Ils peuvent être associés à un side-car, conservant dans ce cas la qualification de motocycle, tant que leur poids à vide ne dépasse pas 400 kg. Ils peuvent aussi tracter une remorque. Parmi eux, on distingue:

- **Motocyclettes.** Elles sont équipées d'éléments fixes (réservoir, moteur) dans la zone des genoux et de repose-pieds.
- **Scooter.** Ils ne sont équipés d'aucun élément fixe dans la zone des genoux et les pieds du conducteur reposent sur un marchepied horizontal.
- **Bicyclettes à moteur auxiliaire.** Elles ont les caractéristiques d'une bicyclette, comme par exemple le pédalier (vélomoteurs, etc.).

1.3 Structure d'un véhicule à moteur

Un véhicule à moteur est constitué de plusieurs ensembles et de leurs éléments constitutifs.

La définition et la disposition de ces ensembles ne font l'objet d'aucune norme. Ainsi, par exemple, le moteur peut être considéré comme un ensemble à part entière ou comme sous-ensemble du groupe moteur.

La possibilité de classement retenue dans ce livre est celle de la répartition en cinq ensembles principaux: moteur, transmission de puissance, structure, roulement et installation électrique.

La classification des ensembles et des éléments constitutifs est représentée dans **l'illustration 2**.

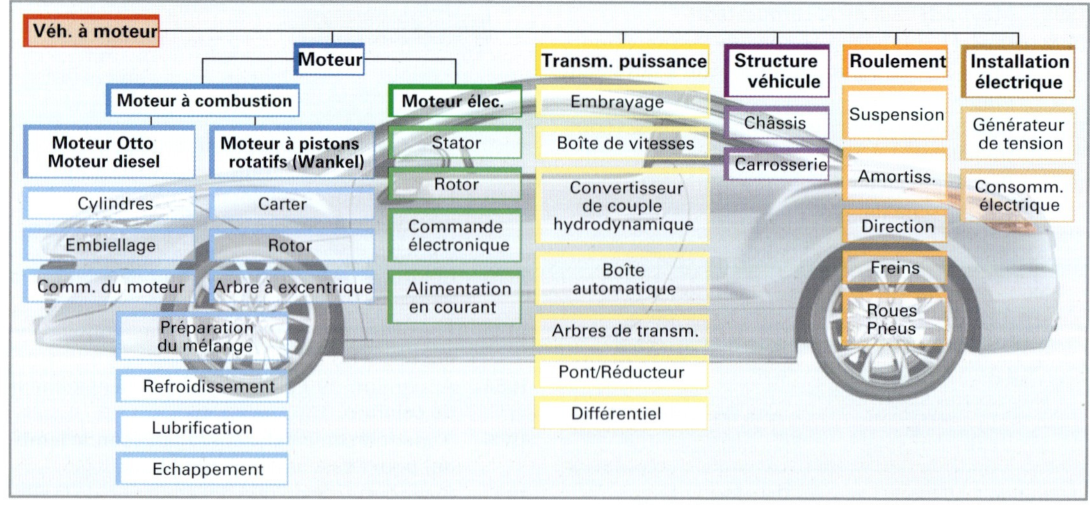

Illustration 2: Structure d'un véhicule à moteur

1.4 Systèmes techniques du véhicule à moteur

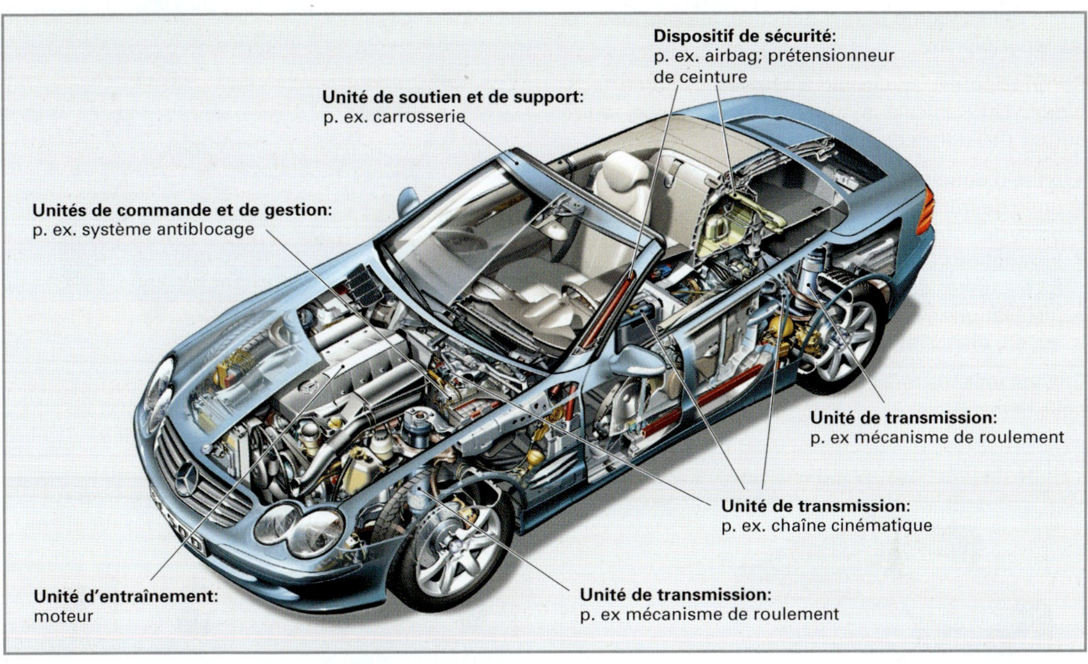

Illustration 1: Le système véhicule à moteur et ses unités de fonction

1.4.1 Systèmes techniques

Chaque machine forme un système technique global.

Caractéristiques des systèmes techniques:
- Il sont limités vers l'extérieur.
- Ils possèdent une entrée et une sortie.
- Seule la tâche globale est significative et non les tâches individuelles se déroulant au sein du système.

Graphiquement, on représente un système technique au moyen d'un rectangle **(ill. 2)**.

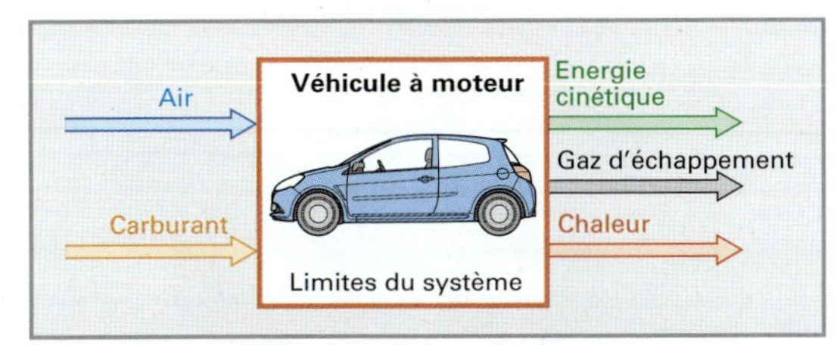

Illustration 2: Représentation systémique générale appliquée à un véhicule à moteur

Les valeurs d'entrée et de sortie sont identifiées par une flèche. Le nombre de flèches dépend des valeurs d'entrée, respectivement de sortie.

Le rectangle détermine les **limites du système** (limites imaginaires), lesquelles séparent un système technique d'un autre et/ou de son environnement.

Chaque système individuel est identifié par:
- **E**ntrées (valeurs d'immission, input) provenant de l'extérieur des limites du système;
- **T**raitement à l'intérieur des limites du système;
- **S**orties (valeurs d'émission, output) franchissant les limites du système en direction de l'environnement ambiant. **(Principe ETS).**

1.4.2 Le système véhicule à moteur

Le véhicule à moteur est un système technique complexe au sein duquel divers sous-systèmes agissent de concert afin d'obtenir une fonction globale déterminée.
La fonction globale d'une voiture de tourisme est l'acheminement de personnes, celle d'un camion l'acheminement de marchandises.

Unités de fonction d'un véhicule à moteur

Les systèmes permettant le déroulement de fonctions sont regroupés en unités de fonction **(ill. 1)**. La connaissance du déroulement des diverses fonctions, comme par exemple le moteur ou la chaîne cinématique, permet de mieux appréhender l'ensemble du système véhicule à moteur, notamment en ce qui concerne la maintenance, le diagnostic et les réparations.

Ce principe est applicable à chaque système technique. Un véhicule à moteur se compose, entre autres, des **unités de fonction** suivantes:

- unité d'entraînement;
- unité de transmission;
- unité de soutien et de support;
- installations électro-hydrauliques (p. ex. unités de commande et de gestion);
- installations électriques, électroniques (p. ex. dispositifs de sécurité).

Chaque unité de fonction accomplit une fonction partielle bien définie.

Unité de fonction: unité d'entraînement – moteur

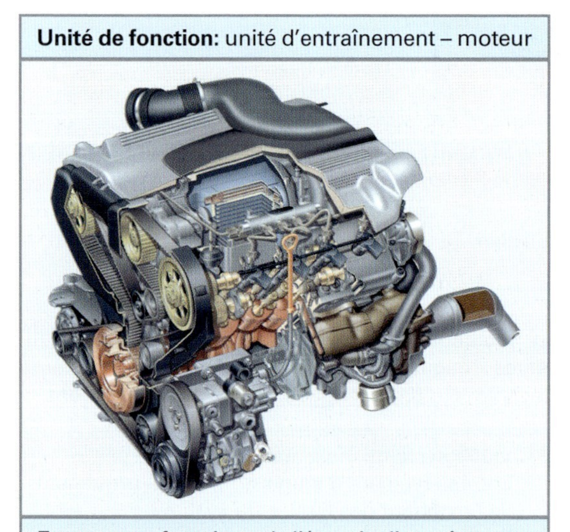

Fonct. part.: fourniture de l'énergie d'entraînement

Unité de fonction: unité de transmission (p. ex. chaîne cinématique)

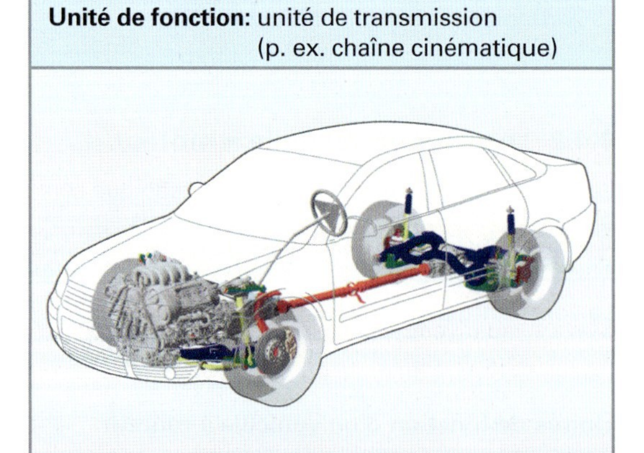

Fonct. part.: transmission de l'énergie de l'unité d'entraînement vers les roues

Unité de fonction: unité de soutien et de support - structure du véhicule p. ex. carrosserie

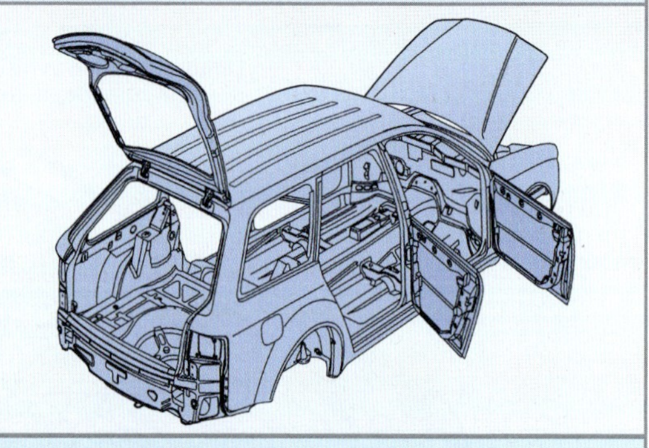

Fonct. part.: soutien et support, accueil de tous les systèmes partiels

Unité de fonction: installations électro-hydrauliques - unités de commande et de gestion (p. ex ABS, ESP, etc.)

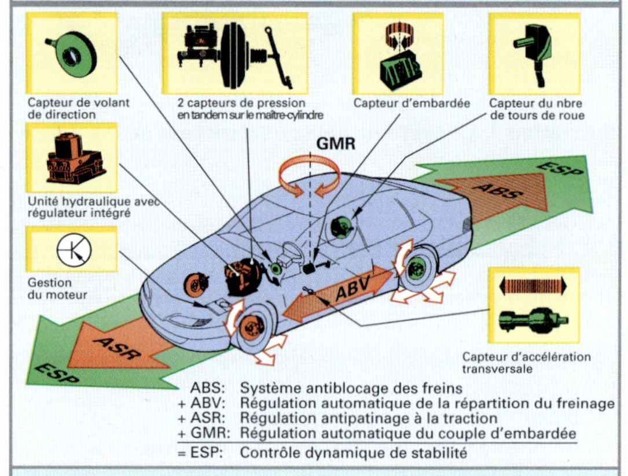

Fonct. part.: protection active des occupants, amélioration de la dynamique de conduite

Unité de fonction: install. électr./électroniques (dispositifs de sécurité, p. ex. airbag, prétensionneur ceinture)

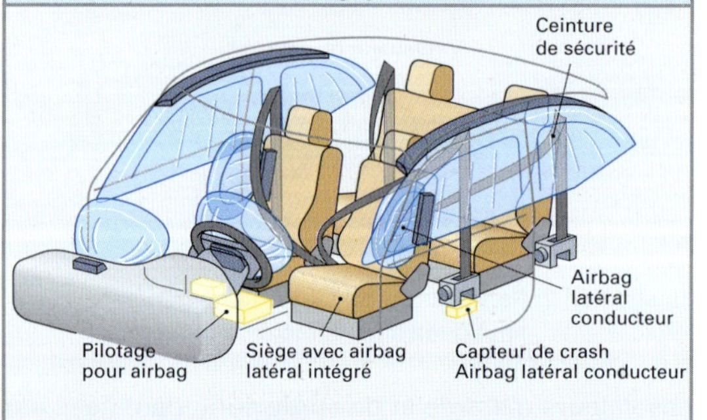

Fonct. part.: protection passive des occupants

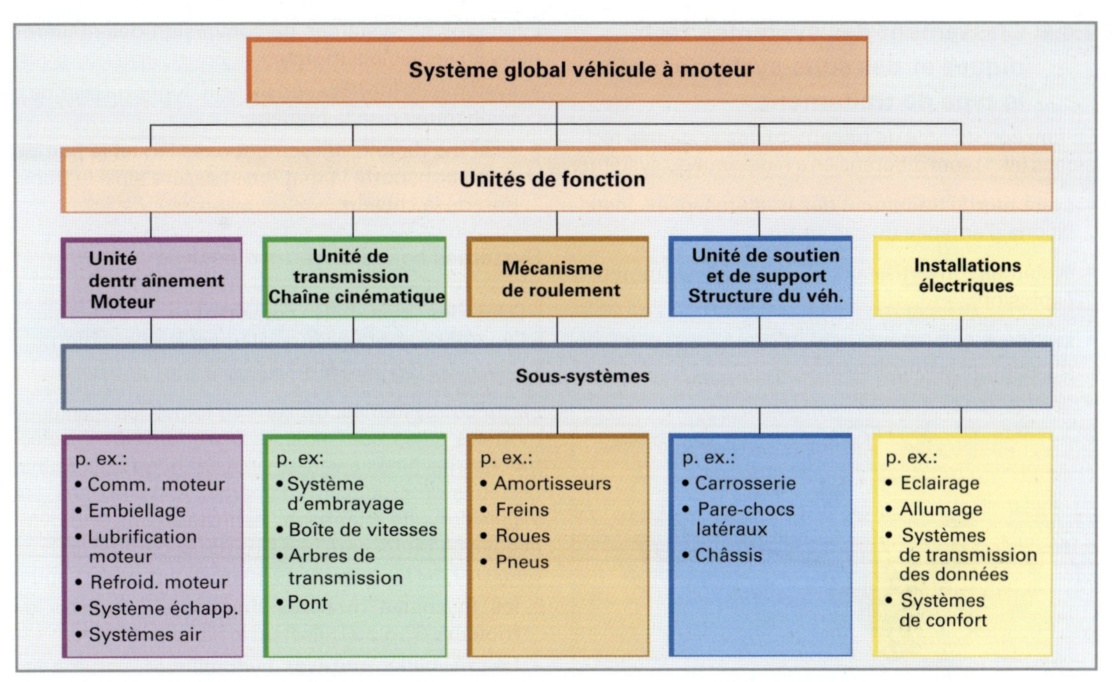

Illustration 1: Interconnexion des systèmes d'un véhicule à moteur

Afin qu'un véhicule à moteur puisse remplir ses fonctions principales, il doit y avoir interconnexion entre les différents sous-systèmes **(ill. 1)**. Plus on réduit les limites du système, plus les sous-systèmes deviennent petits, jusqu'au moment où l'on arrive à chaque élément constitutif considéré individuellement.

Le système global véhicule à moteur

Si l'on définit les limites du système autour du véhicule, on peut considérer que celui-ci est séparé de l'environnement, comme p. ex. de l'air ou de la route. Côté entrée, seuls l'air et le carburant franchissent les limites du système et, côté sortie, seuls les gaz d'échappement et l'énergie cinétique et thermique en font autant **(ill. 2, ill. 3)**.

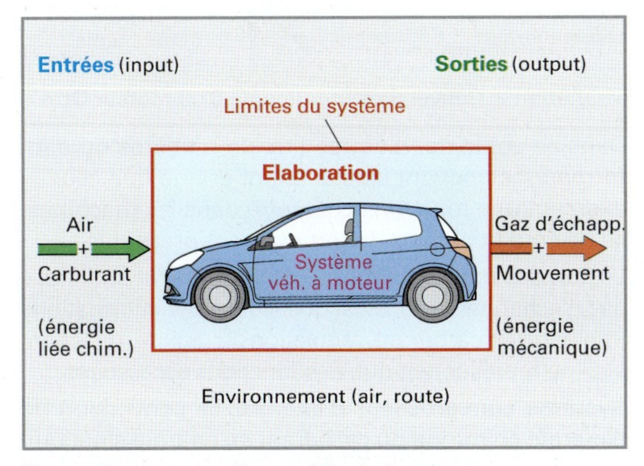

Illustration 2: Le système véhicule à moteur

1.4.3 Les sous-systèmes dans les véhicules à moteur

Le principe **ETS** est applicable à chaque sous-système **(ill. 3)**.

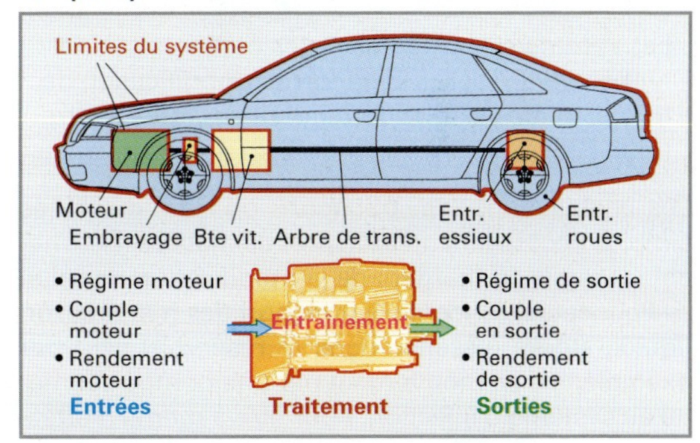

Illustration 3: Sous-système: entraînement

Entrées. Au niveau des paramètres d'entrée, on distingue le régime du moteur, son couple et son rendement.

Traitement. Au niveau de l'entraînement, les tours/minutes et le couple sont convertis.

Sorties. Au niveau des paramètres de sortie, on obtient le régime de sortie, le couple en sortie, le rendement de sortie, ainsi que de la chaleur.

Rendement. Des pertes au niveau de l'entraînement génèrent une réduction du rendement.

Le sous-système entraînement est relié aux roues motrices par le biais d'autres sous-systèmes comme, p. ex. l'arbre de transmission, le pont ou l'arbre moteur.

1

1.4.4 Classement des systèmes techniques et des sous-systèmes selon le type de traitement

En fonction du type de traitement, les systèmes techniques **(ill. 1)** sont différenciés à l'intérieur du système:

- systèmes de traitement des matières, p. ex. installations d'amenée du carburant;
- systèmes convertisseurs d'énergie, p. ex. moteur à explosion;
- systèmes convertisseurs d'informations, p. ex. ordinateur de bord, direction.

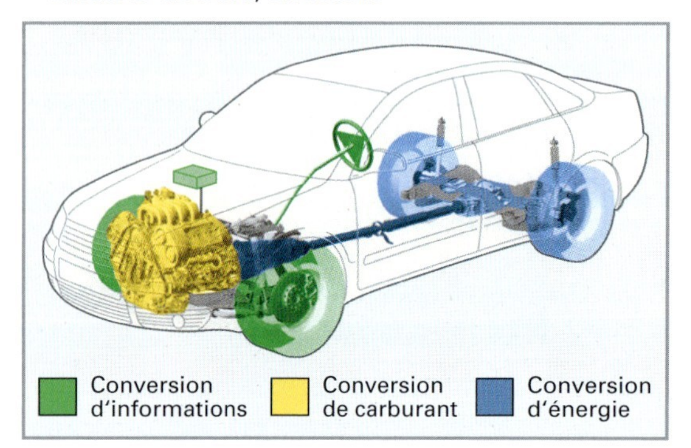

Illustration 1: Les divers systèmes subdivisés selon le type de traitement

Systèmes de traitement des matières

Les systèmes de traitement des matières permettent de mettre celles-ci en forme (modification de forme) ou de les transporter d'un endroit à l'autre (modification d'emplacement).

Les installations de transport ou les machines simples nécessitent un transport de matière. Des machines-outils se chargent de la modification de celle-ci. Pour ce qui concerne le transport des matières, un liquide stocké (essence dans le réservoir) sera par exemple mis en mouvement par une pompe et amené au système d'injection. Pour être à même d'effectuer ce traitement, les machines dont c'est la fonction, p. ex. la pompe à essence, doivent être alimentées en énergie électrique.

Aperçu des systèmes de traitement des matières:

Les machines destinées à modifier la forme sont p. ex. les machines-outils, telles que les perceuses, les fraiseuses et les tours ou les machines telles que les presses, utilisées dans les fonderies ou les fabriques de pressage.

Les machines destinées à modifier l'emplacement comprennent tous les convoyeurs et les machines destinées au transport de matières solides (rubans convoyeurs, élévateurs, camions, voitures), liquides (pompes) ou gazeuses (ventilateurs, turbines).

Exemples de systèmes de conversion des matières dans un véhicule à moteur:

- système de lubrification au sein duquel la pompe à huile transporte la matière;
- système de refroidissement dans lequel la pompe à eau transporte la matière et assure ainsi le transport de la chaleur.

Systèmes convertisseurs d'énergie

Dans **les systèmes convertisseurs d'énergie,** l'énergie apportée au système est convertie en une autre forme d'énergie.

Parmi ces systèmes, on compte toutes les machines motrices telles que moteurs à combustion ou électriques, machines à vapeur ou à gaz, ainsi que les installations de production d'énergie, comme p. ex. les installations de chauffage, les installations photovoltaïques ou toute autre pile à combustible.
Selon le type de conversion énergétique, on distingue:

- **les machines motrices thermiques,** comme les moteurs Otto ou Diesel ou les turbines à gaz;
- **les machines motrices hydrauliques,** comme les turbines à eau;
- **les machines motrices mues par le vent,** comme les éoliennes;
- **les installations solaires,** comme les installations photovoltaïques;
- **les piles à combustible.**

Dans un moteur à explosion, l'énergie chimique du carburant est convertie d'abord en énergie thermique puis en énergie cinétique mécanique **(ill. 2).**

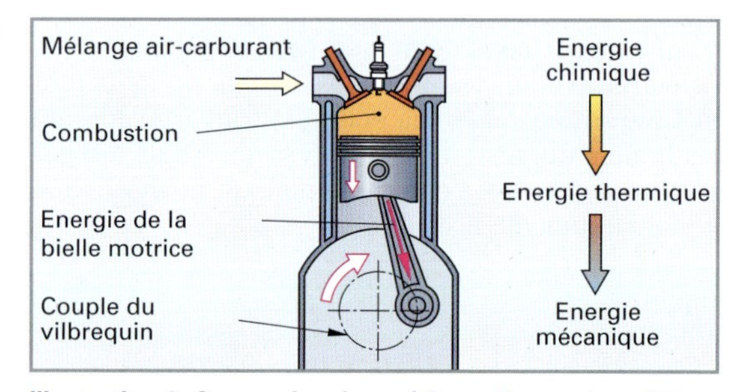

Illustration 2: Conversion énergétique d'un moteur Otto

Dans ce contexte, d'autres flux de matières ou d'informations peuvent exister. Etant donné que ceux-ci exercent une fonction accessoire dans les machines, ils ne sont la plupart du temps pas représentés.

Le flux des matières (entrée du carburant et sortie des gaz d'échappement), ainsi que le flux des informations (mélange air-carburant, régulation du régime, direction, etc.) ne représentent que des fonctions accessoires.

Système convertisseur d'énergie. La conversion de l'énergie chimique du carburant en énergie cinétique nécessaire à l'entraînement du véhicule à moteur est prioritaire, c'est pourquoi le **moteur à explosion** est un système convertisseur d'énergie.

Systèmes convertisseurs d'informations

Ils servent à la transmission d'informations, à l'élaboration et au transfert des données et de la communication.

Les systèmes de conversion d'informations et les système de transfert, p. ex. les commandes, les contrôleur CAN-Bus, les appareils de diagnostic ("Tester") sont indispensable au fonctionnement et à la maintenance des véhicules modernes.

Informations. Il s'agit de connaissances sur les faits et les processus. Ainsi par exemple, dans un véhicule à moteur, la température de celui-ci, la vitesse, la charge sont des informations nécessaires au fonctionnement du véhicule. Les informations sont transmises, p. ex. d'un système de commande à un autre, sous forme de données. Elles sont captées sous forme de signaux.

Signaux. Ce sont les représentations physiques des données.

Dans les véhicules à moteur, les signaux sont perçus par des capteurs enregistrant p. ex. le nombre de tours/min, la température, la position des soupapes.

Exemples de systèmes convertisseurs d'informations dans un véhicule à moteur:

- **Appareil de commande du moteur.** Il saisit et élabore toutes les données importantes permettant d'optimiser les conditions de fonctionnement.
- **Ordinateur de bord.** Il informe p. ex. le conducteur sur la consommation moyenne ou ponctuelle de carburant, l'autonomie, la vitesse moyenne et la température extérieure.

1.4.5 Exploitation des systèmes techniques

Il est indispensable de bien connaître les systèmes destinés à l'exploitation et à l'entretien de véhicules à moteur. Pour assurer un fonctionnement du véhicule qui soit écologique et sûr, le fabricant fournit des instructions de service.

Les instructions de service contiennent, entre autres:

- des descriptifs du système;
- des explications concernant les diverses fonctions;
- des représentations du système;
- des schémas de fonctionnement;
- des instructions pour l'exploitation spécifique et la mise en œuvre;
- des plans de maintenance et d'inspection;
- des conseils en cas de pannes de fonctionnement;
- des indications concernant les produits à utiliser, p. ex. les huiles pour moteurs;
- des données techniques;
- des adresses de contact en cas de problèmes.

Exploitation. Les véhicules à moteur et les machines ne devraient être exploités que par des personnes qualifiée et autorisées.

Il est p. ex. prescrit que...

- ... le conducteur d'une voiture de tourisme ne peut s'engager dans la circulation que s'il est en possession du permis de conduire de la catégorie B;
- ... le lift de l'atelier mécanique pour poids lourds ne doit être employé que par des personnes âgées de plus de 18 ans, correctement instruites et dûment autorisées;
- ... le conducteur d'un véhicule équipé d'une grue de chargement doit être en possession du permis correspondant.

Cela permet de garantir p. ex. que le conducteur d'un véhicule muni d'une grue de chargement étaiera correctement son véhicule **(ill. 1),** qu'il respectera les prescriptions en matière de prévention des accidents, qu'il est formé au transport de charges et qu'il est capable d'utiliser une grue de chargement.

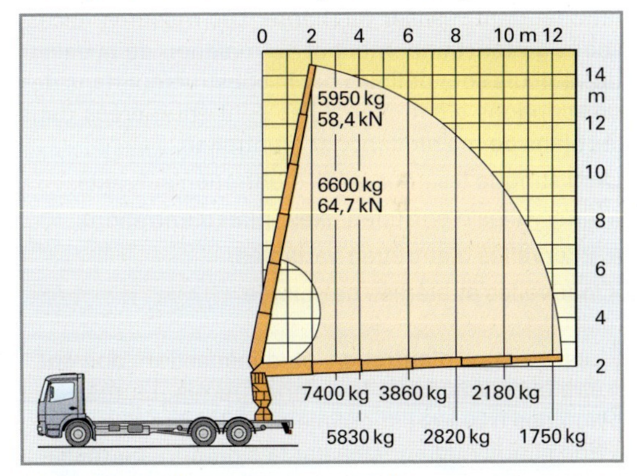

Illustration 1: Chargement correct d'une grue de camion

Questions de révision

1. **Quelles valeurs permettent d'identifier un système technique?**
2. **Qu'entend-on par principe ETS?**
3. **Quelles unités de fonction peut-on distinguer dans un véhicule à moteur ?**
4. **Nommez trois sous-systèmes d'un véhicule à moteur, ainsi que les valeurs d'entrée et de sortie correspondantes.**
5. **Quelle est la fonction principale d'un système convertisseur d'énergie?**
6. **Quelles données peut-on trouver dans les instructions de service?**

1.5 Maintenance et entretien

Une maintenance et un entretien respectant les prescriptions du constructeur (p. ex. en matière de service après-vente) s'avèrent indispensables pour assurer la sécurité de fonctionnement d'une automobile, ainsi que pour préserver les droits de garantie.

Ces travaux sont définis par le constructeur dans des **plans d'entretien** et des catalogues de pièces de rechange. Des **instructions de réparation** sont également publiées. Elles sont disponibles sous forme de manuels, de microfiches ou de programmes pour ordinateurs (PC).

Entretien. Les travaux d'entretien comprennent:

- inspection, p. ex. contrôles;
- entretien, p.ex. vidange d'huile, graissage, nettoyage;
- réparation, p.ex. remise en état, échange;

Service après-vente. Les fabricants d'automobiles et les garages offrent un service après-vente compétent. Par exemple, ils préparent la première mise en service d'un véhicule avant sa prise en charge par le client. En outre, ils sont à même d'effectuer, grâce à du personnel qualifié, les travaux d'entretien que le propriétaire ne peut réaliser lui-même. Les mesures nécessaires au fonctionnement et au maintien de la valeur du véhicule sont définies par le constructeur dans des prescriptions d'entretien. Elles sont énumérées dans les plans de maintenance et d'entretien.

On distingue les intervalles d'entretien suivants:

- intervalles d'entretien fixes (plan d'entretien);
- intervalles d'entretien variables;
- nouvelles stratégies de service.

Les travaux d'entretien et d'inspection doivent être exécutés selon les plans fournis. La réalisation des travaux est définie dans le plan d'inspection et doit être attestée par la signature du mécanicien exécutant.

Plan d'entretien

Il fournit des renseignements sur la périodicité des entretiens, resp. des inspections: p. ex. si une inspection générale doit être effectuée après 20 000 km ou 12 mois de fonctionnement.

Plan d'inspection. Il indique l'importance prescrite de l'inspection à réaliser **(ill. 1, page 19)**.

Intervalles d'entretien variables

Grâce aux systèmes modernes de gestion du moteur, il est désormais possible d'adapter la périodicité des entretiens en fonction des conditions d'utilisation du véhicule. En plus des kilomètres parcourus, divers paramètres sont pris en compte pour calculer la distance restant à parcourir jusqu'au prochain contrôle. Lorsque le délai pour l'inspection est atteint, le conducteur en est informé à temps grâce à un témoin lumineux **(ill. 1)**. Les travaux pourront alors être réalisés en atelier suivant le plan d'inspection **(ill. 1, page 19)**.

Intervalle de vidange d'huile. Il peut être déterminé de deux façons:

- sur une base virtuelle, c'est-à-dire en calculant les kilomètres parcourus, donc le carburant consommé et le profil moyen de la température de l'huile qui en résulte, pour déterminer l'indice d'usure de l'huile moteur;
- sur l'état effectif de l'huile, c'est-à-dire en se basant sur un capteur qui indique le niveau de remplissage et la qualité de l'huile, fournissant ainsi des données qui sont comparées avec les kilomètres parcourus et les sollicitations requises du moteur.

Etat d'usure des garnitures de freins. L'usure des garnitures de freins est déterminée électriquement. Si celles-ci ont atteint la limite d'usure, un contact est interrompu au niveau de la garniture. La fréquence de freinage, la durée d'actionnement des freins, ainsi que les kilomètres parcourus, permettent de dégager théoriquement la distance restant à parcourir. L'intervalle de changement est ainsi déterminé et indiqué au chauffeur.

Etat d'usure du filtre d'habitacle. Le calcul de la durée de vie du filtre à poussière et à pollen se base sur les données récoltées par des capteurs de température de l'air extérieur, de l'utilisation du chauffage, du réglage de la circulation de l'air, de la vitesse du véhicule, de la vitesse du ventilateur, des kilomètres parcourus et de la date.

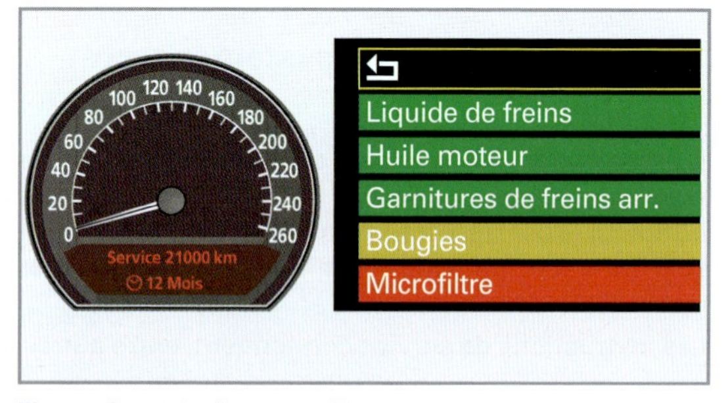

Illustration 1: Indicateurs d'usure

Les bougies d'allumage sont changées en fonction des kilomètres parcourus, p. ex. tous les 100 000 km.

Les liquides tels que liquide de refroidissement ou le liquide de frein sont changés selon la durée de fonctionnement (p. ex. tous les 2 ou 4 ans).

1

Nouvelles stratégies de service

Les intervalles des services sont calculés sur la base des données recueillies sur l'état des pièces d'usure et des liquides, ainsi que sur le mode de conduite. Selon cette stratégie de maintenance orientée sur les besoins, seuls les composants usés ou les liquides nécessaires sont changés.

L'ordinateur de bord - c'est nouveau - peut transmettre en ligne à l'atelier les données stockées concernant le client et les services à effectuer. Le conseiller à la clientèle a ainsi le temps nécessaire pour commander les éventuelles pièces de rechange, p. ex. les garnitures de freins, et de convenir ensuite d'un rendez-vous avec le client.

Les réparations dues aux pannes devraient pouvoir être évitées grâce à une détection précoce des problèmes. D'autres avantages sont générés par:

- des délais planifiés avec exactitude;
- l'absence de temps d'attente;
- l'absence de perte d'informations;
- des prestations flexibles.

Plan d'inspection					
Contrat no: .: 900109	Type vhc.: Passat	Propr. vhc.: Hörmann			
Kilomètres: 53.400	Age vhc.: 3	Travaux compl.:			
Maintenance à effectuer			e.o.	pas.e.o.	réparé
Electricité					
Eclairage antérieur. Contrôler: feux de position, feux de croisement, feux de route, antibrouillard, clignoteurs et feux de détresse					
Eclairage arrière. Contrôler: feux stop, feux arrière feux marche arr., feux arr. antibrouillard, plaque, éclairage coffre, feux position, clignoteurs et feux de détresse					
Eclairage habitacle et boîte à gants, allume-cigare, klaxon et lampes de témoins lunimeux: contrôler					
Autodiagnostic: activer l'enregistreur de défauts de tous les systèmes. (Impression: brancher derrière le compartiment du livre de bord)					
Extérieur du véhicule					
Graisser: gonds de portières et boulons de fixation					
Système de lavage du pare-brise et des phares, contrôler le fonctionnement et le réglage des buses					
Balais d'essuie-glaces: contrôler l'état, contrôler le positionnement au repos; si les balais tressautent: contrôler l'angle de positionnement					
Pneus					
Pneus: état, indicateurs d'usure, contrôler la pression, inscrire le profil					
AG ______ mm	AD ______ mm				
PG ______ mm	PD ______ mm				
Dessous du véhicule					
Huile moteur: vidanger ou aspirer, remplacer le filtre					
Moteur et éléments dans le compartiment moteur: effectuer un contrôle visuel (fuites et dégâts éventuels)					
Courroies trapézoïdales, courroies trapézoïdales à nervures : contrôler l'état et la tension					
Transmission, axes d'entraînement et manchons de protection de la direction: contrôle visuel (fuites et dégâts éventuels)					
Boîte de vitesses / entraînement: contrôler niv. huile					

Maintenance à effectuer			
Freins: effectuer un contrôle visuel (fuites et dégâts éventuels)			
Garn. de freins av. et arr.: contrôler l'épaisseur			
Protection du dessous de caisse: effectuer un contrôle visuel (dégâts éventuels)			
Echappement: effectuer un contrôle visuel (fuites et dégâts éventuels)			
Têtes de rotules de direction: contrôler le jeu et la fixation des gaînes d'étanchéité; axes de cardan: effectuer un contrôle visuel (fuites et dégâts éventuels)			
Compartiment moteur			
Huile moteur: contrôler l'état (lors du service d'inspection avec ch. de filtre, changer l'huile)			
Moteur et éléments dans le compartiement moteur (depuis dessus): effectuer un contrôle visuel (fuites et dégâts éventuels)			
Lave-glaces: faire le plein de liquide			
Système de refroidissement: contrôler l'état et l'antigel; valeur de consigne: −25 °C			
Valeur (valeur mesurée): ______ °C			
Filtre à poussière et pollen: remplacer (tous les 12 mois ou tous les 15000 km)			
Courroie dentée d'arbre à cames: contrôler l'état et la tension			
Filtre à air: nettoyer le boîtier et remplacer le filtre			
Filtre à essence: remplacer			
Direction assistée: contrôler l'état de l'huile			
Etat du liquide de freins (dépend de l'usure des garnitures): contrôler			
Batterie: contrôler			
Régime au ralenti: contrôler			
Réglage des phares / documentation / Contrôle final			
Réglage des phares: contrôler			
Autocollant service: indiquer le délai du prochain service (y compris ch. liquide de freins) sur l'autocollant et appliquer celui-ci sur le longeron (colonne B) de portière			
Course d'essai effectuée			
Date / Signature (monteur)			
Date / Signature (contrôle final)			

Illustration 1: Plan d'inspection

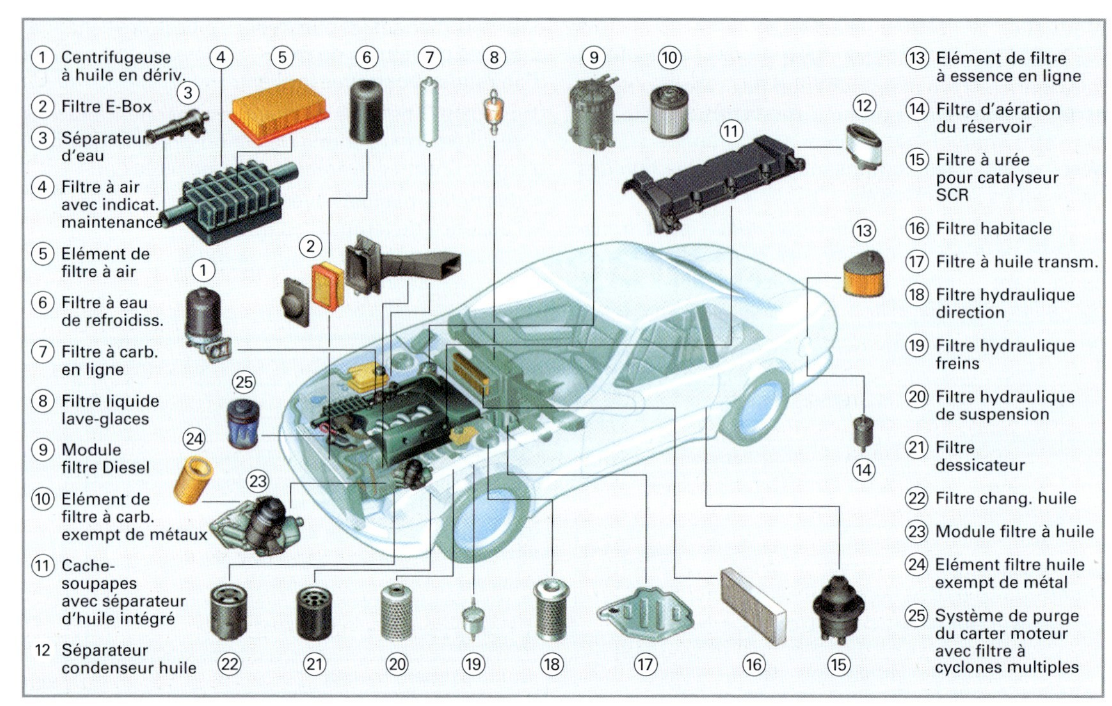

Illustration 1: Les filtres dans un véhicule moderne

1.6 Filtres: conception et maintenance

Dans un véhicule, les filtres ont pour fonction de préserver des impuretés le moteur, les composants et l'air respiré par les occupants.

Dans une voiture **(ill. 1),** les filtres peuvent être subdivisés selon deux critères: le **principe de fonctionnement** et le **milieu** à filtrer.

Principe de fonctionnement. Les impuretés solides sont extraites des fluides, comme p. ex. l'air, l'huile, le carburant et l'eau par:

- un effet de tamis, p. ex. filtre-tamis et filtre à fibres;
- un effet d'adhérence, p. ex filtre humide;
- un effet magnétique, p. ex. séparateur magnétique;
- un effet de force centrifuge, p. ex. filtre à centrifugation.

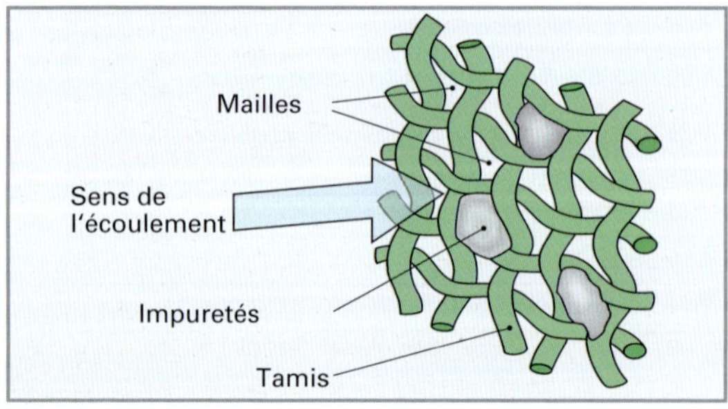

Illustration 2: Fonctionnement d'un filtre-tamis

Filtres-tamis. L'effet de filtrage est obtenu par un dimensionnement des mailles du filtre plus petit que les impuretés. **(ill. 2).**

Filtre à adhérence. Ce sont surtout des filtres à air humides. Les impuretés, comme la poussière, sont attirées par les surfaces huilées et y restent collées.

Filtres magnétiques. Les impuretés ferromagnétiques, p. ex. celles provenant de la vis de vidange d'huile sont extraites du milieu à filtrer.

Filtres à centrifugation. Le milieu à filtrer, p. ex. de l'air, est soumis à rotation. Les impuretés sont projetées sur les parois du filtre où elles restent collées.

On distingue les filtres suivants:

- filtres à air et à gaz d'échappement;
- filtres à carburant;
- filtres à huile de lubrification;
- filtres d'habitacle, p. ex. filtre à pollen, smog et ozone;
- filtres hydraulique, p. ex. pour huiles ATF.

1.6.1 Filtres à air

Les filtres à air ont pour fonction de purifier l'air d'aspiration et d'atténuer les bruits d'aspiration du moteur.

La poussière contenue dans l'air est composée de très petites particules (de 0,005 à 0,05 mm). Parfois, elles contiennent aussi du quartz. Selon le lieu d'utilisation du véhicule (autoroute, chantier), la quantité de poussière peut varier. Cette poussière, mélangée à l'huile moteur, risque de former une masse abrasive causant une usure importante, en particulier des cylindres, pistons et guides de soupapes.

Genres de filtres

On utilise les filtres à air suivants:

- filtre à air sec
- filtre à air humide
- filtre à bain d'huile
- séparateur cyclonique

Filtre à air sec. La séparation des poussières est obtenue par des cartouches filtrantes interchangeables en papier plié en accordéon. Aujourd'hui, ils font partie de l'équipement standard des voitures et des véhicules utilitaires. La durée de vie des cartouches filtrantes dépend de leur dimension et de la teneur en poussière de l'air. De grandes surfaces de filtrage sont nécessaires, afin de réduire la résistance à la circulation. Parallèlement, le filtre à air atténue aussi les bruits d'aspiration du moteur.

Les filtres à air n'étant pas remplacés ou nettoyés à temps augmentent la résistance à la circulation, causant des difficultés de formation du mélange, un mauvais remplissage des cylindres et donc une diminution de la puissance du moteur. Les poussières fines qui réussissent à passer le filtre provoquent un envasement de l'huile moteur, c'est pourquoi les filtres usagés doivent être changés.

Filtre à air humide. Ils sont encore utilisés de temps en temps pour les motocycles. La cartouche filtrante est composée d'un tissu métallique ou d'une matière plastique enduite d'huile. Le flux d'air aspiré entre en contact avec la grande surface couverte d'un film d'huile. Les poussières y restent collées. La durée de service est limitée à environ 2500 km. Il faut alors nettoyer le filtre et à nouveau l'enduire d'huile.

Filtre à air à bain d'huile. Dans le carter du filtre se trouve un bain d'huile situé au dessous d'une cartouche filtrante en tissu métallique **(ill. 1).** Le flux d'air est projeté contre la surface du bain d'huile où la poussière reste collée. Les gouttelettes se détachant du bain d'huile se déposent sur le filtre métallique. De là, elles s'égouttent à nouveau et la poussière est accumulée dans le bain d'huile. Cet autonettoyage permet une durée de fonctionnement prolongée.

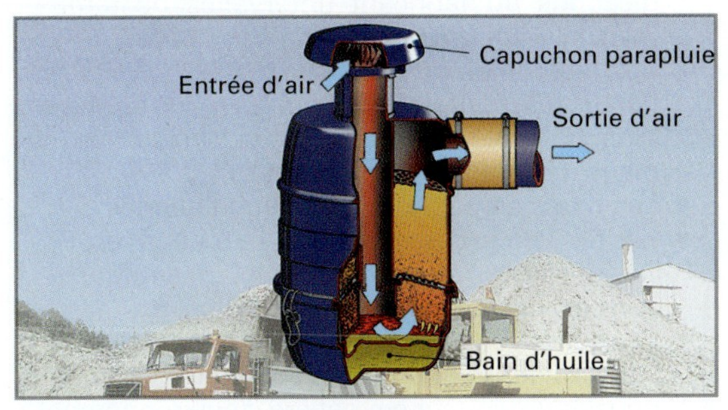

Illustration 1: Filtre à bain d'huile

Les séparateurs cycloniques sont indispensables pour les moteurs devant fonctionner en permanence dans une atmosphère chargée de poussière. Un mouvement de rotation rapide est imprimé à l'air aspiré **(ill. 2)** et la poussière grossière est séparée par la force centrifuge (filtre primaire). La poussière fine restant dans l'air est ensuite retenue, p. ex. dans un filtre à air sec. La combinaison de ces systèmes de filtres en augmente la durée de vie.

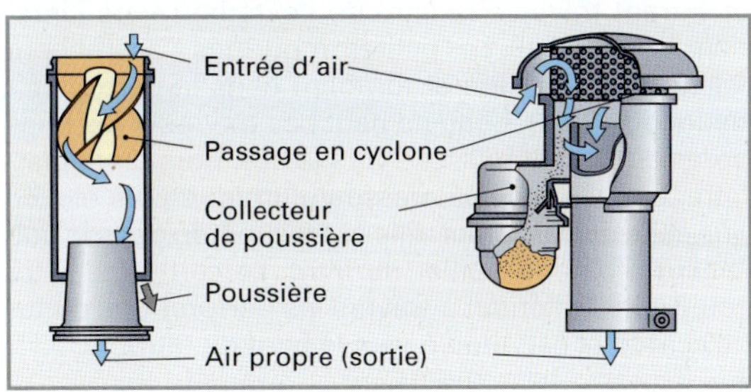

Illustration 2: Séparateur cyclonique

1.6.2 Filtres à carburant

Ils ont pour fonction de retenir les impuretés contenues dans le carburant et, le cas échéant, de séparer l'eau du carburant.

On distingue:

- filtres primaires
- cartouches filtrantes
- filtres disposés dans le circuit
- filtres interchangeables

Filtres primaires. Ce sont des préfiltres, jouant p. ex. un rôle de filtres d'aspiration au niveau du réservoir de carburant. Il s'agit de tamis dont la largeur de mailles est d'environ 0,06 mm. Ils sont constitués d'un tissu ou d'une structure en polyamide à mailles étroites.

Les filtres disposés dans le circuit (filtres inline) servent au filtrage fin. Il s'agit de filtres en papier dont la taille des pores va de 0,002 à 0,001 mm. Ils sont montés dans le conduit de carburant et doivent être remplacés lors de la maintenance.

Cartouches filtrantes. Elles sont interchangeables et sont implantées dans leur propre boîtier monté sur le moteur. Pour le filtrage fin, on utilise des éléments en papier ou en feutre.

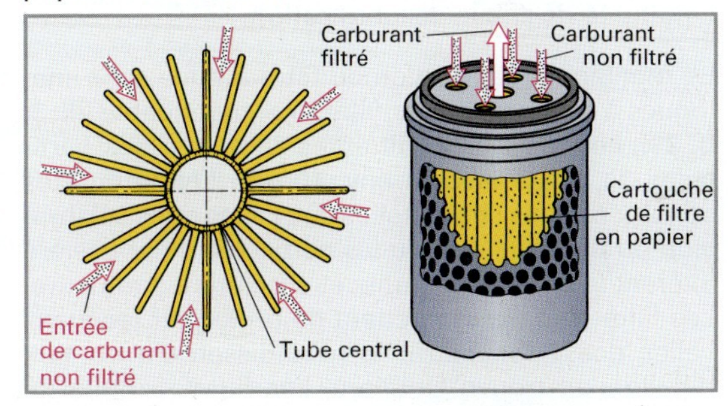

Illustration 3: Filtre-box avec cartouche filtrante en étoile

Les boîtiers filtres interchangeables (filtre-box) **(ill. 3, page 21)**. Ils sont composés d'un boîtier indémontable et d'une cartouche filtrante, et doivent être changés lors de la maintenance.

Pour le filtrage fin, on utilise des éléments en papier ou en feutre. Dans la cartouche filtrante en étoile, le papier, plié en forme d'étoile, est posé autour d'un tube central perforé. Les plis du papier sont fermés aux deux extrémités par un disque de recouvrement . Le carburant traverse le filtre de l'extérieur vers l'intérieur (sens radial). Les petites impuretés s'accrochent à la surface du filtre et tombent dans la partie inférieure du boîtier. L'eau ne peut pas traverser les fines pores du filtre et ruisselle vers le bas, hors du papier-filtre, en raison de sa masse volumique plus élevée que celle du carburant. Elle est récupérée dans le collecteur d'eau du boîtier du filtre. Le carburant filtré coule vers l'intérieur à travers les perforations du tube central et est refoulé vers le haut du filtre.

Séparateurs d'eau. (ill. 1). Ils sont utilisés pour récupérer l'eau du carburant se trouvant en plus grandes quantités dans les véhicules à moteur Diesel militaires, de chantier ou agricoles. Les filtres-box avec collecteur d'eau permettent d'observer l'eau accumulée à travers un boîtier de filtre transparent ou de la mesurer directement au moyen d'un capteur d'eau installé dans le filtre (sonde à conductivité électronique). Un bouchon de vidange placé sur le carter du filtre permet de vidanger l'eau accumulée.

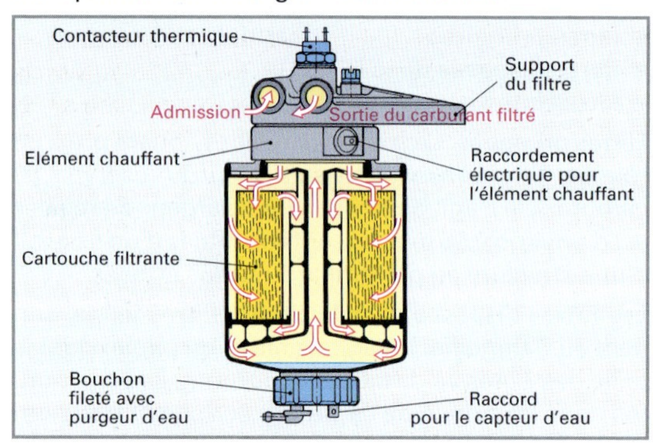

Illustration 1: Filtre-box avec récupérateur d'eau

1.6.3 Filtres à huile

Ils empêchent par filtration toute altération prématurée de l'huile de lubrification.

Le montage et la fonction du filtre à huile sont analogues à celles du boîtier filtre interchangeable **(ill. 3, p. 21)**. Les cartouches filtrantes éliminent des particules de saleté jusqu'à env. 10 µm. Les impuretés contenues dans l'huile, telles que celles dues à l'abrasion du métal, la suie ou les particules de poussière altèrent la qualité de l'huile et accélèrent son usure. Les filtres à huile permettent de prolonger les intervalles des vidanges, et le refroidissement du flux d'huile s'en trouve amélioré. Les filtres à huile ne peuvent toutefois pas éliminer les impuretés liquides ou diluées dans l'huile. Ils n'ont aucune influence sur les modifications chimiques ou physiques résultant p. ex. du vieillissement de l'huile dans le moteur.

1.6.4 Les filtres hydrauliques

Ce sont des tamis qui permettent de nettoyer les fluides hydrauliques, comme p. ex. le liquide de freins, les huiles ATF des servo-directions et des boîtes de vitesses automatiques.

On utilise des tamis en matière synthétique (p. ex. pour les vases d'expansion des maîtres-cylindres) et des cartouches filtrantes plates en papier pour les boîtes de vitesses automatiques.

1.6.5 Filtres pour habitacles

Ils filtrent l'air respiré par les occupants et les protègent ainsi de la poussière, des pollens et des gaz nocifs comme le smog ou l'ozone.

Les filtres pour habitacle (ill. 2) se composent de trois à quatre couches. Le préfiltre retient les impuretés les plus grosses. Les impuretés les plus petites sont capturées par la charge électrostatique du non-tissé en microfibres de la couche intermédiaire. La troisième couche sert de support. La quatrième couche, avec charbon actif, capture les gaz nocifs tels que l'ozone ou les gaz d'échappement. Les substances malodorantes y sont également neutralisées.

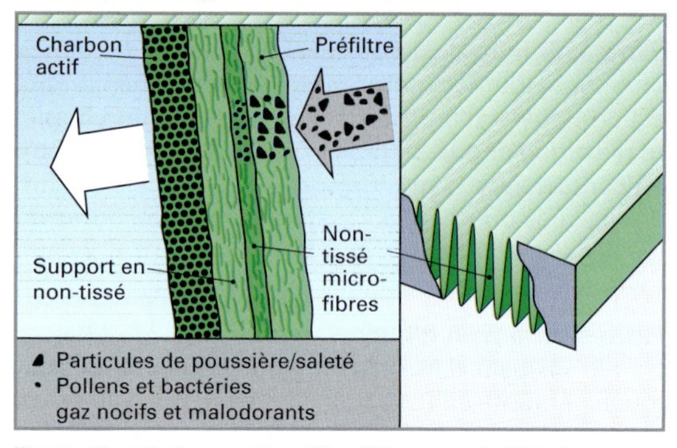

Illustration 2: Conception d'un filtre pour habitacle

1.6.6 Maintenance

Indications de maintenance

- Procéder au changement de filtres selon les indications du fabricant (intervalles de temps, resp. kilomètres parcourus).
- Les intervalles de temps, resp. les kilomètres parcourus, sont définis dans les plans de maintenance et les changements de filtres dans les plans d'inspection (cf. chap. 1.5).
- Les filtres en papier doivent être changés.
- Les filtres à mousse peuvent être nettoyés. Si l'on utilise de l'air comprimé, il faut souffler dans le sens de l'admission du flux.
- Les mélanges eau-carburant récupérés dans les filtres à carburant doivent être éliminés selon les normes en vigueur en matière d'environnement.

1.7 Entretien du véhicule

La carrosserie n'est pas seulement soumise à des contraintes mécaniques mais également à des conditions atmosphériques extrêmes. C'est pour cette raison que, en plus des inspections régulières, la carrosserie et l'habitacle doivent également être entretenus.

Dans l'entretien des véhicules, on distingue le:

- nettoyage extérieur
- nettoyage intérieur
- lavage du châssis
- lavage du moteur

1.7.1 Nettoyage extérieur

Le lavage de la carrosserie au moyen de produits de nettoyage et d'entretien ainsi que le nettoyage des vitres, des jantes et des pneus font partie du nettoyage extérieur du véhicule.

Influences négatives sur le vernis

Le vernis de surface peut être endommagé par des facteurs externes et perdre ainsi son effet protecteur et son bel aspect. Le vernis peut être endommagé p. ex. par:

- des actions mécaniques;
- l'impact de la météo et de l'environnement;
- des substances chimiques agressives;
- des erreurs d'entretien.

Actions mécaniques. L'impact de pierres ou de grandes rayures peuvent attaquer le vernis jusqu'à atteindre le métal. L'effet abrasif que peut exercer la poussière et la saleté lors du lavage peut également provoquer de multiples petites griffures qui réduisent la brillance du vernis et le rendent mat.

Météo et environnement. Avec le temps, la chaleur et le soleil attaquent le film de vernis et le rendent poreux. Les polluants s'infiltrent dans ces porosités et détruisent le vernis jusque dans ses couches les plus profondes. Le liant de la couche supérieure est détruit par le rayonnement UV et le vernis perd de sa brillance.

Substances chimiques agressives. Elles peuvent provenir des déjections acides des oiseaux ou d'autres animaux (p. ex. abeilles ou poux) **(ill. 1)**. La résine des arbres qui tombe sur le véhicule peut également détruire le vernis jusque dans ses couches inférieures.

Il faut éliminer au plus vite les excréments d'animaux, la résine végétale et les insectes morts car ils peuvent causer des dégâts permanents au vernis.

Illustration 1: Dégâts causés au vernis

Erreurs d'entretien. Un lavage fréquent de la carrosserie avec des produits inappropriés et l'utilisation de produits de polissage agressifs peuvent fortement endommager le vernis **(ill. 2)**. Ne pas laisser agir trop longtemps les produits de dissolution des insectes car ils génèrent des changements de teinte du vernis.

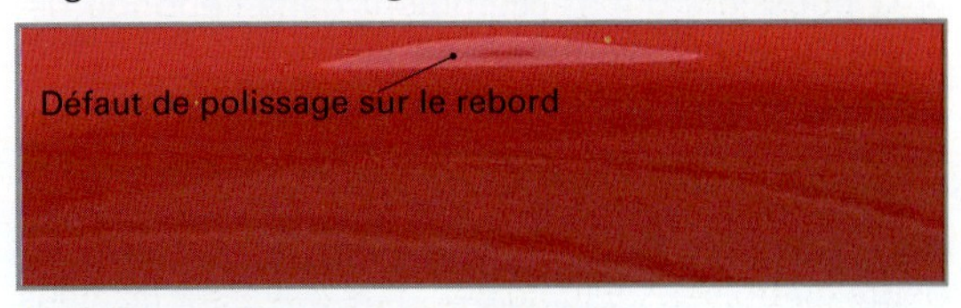

Illustration 2: Dégâts dus à l'entretien

Lavage du véhicule

C'est la base de toutes les autres mesures d'entretien. On distingue:

- le lavage à la machine dans des stations de lavage;
- le lavage à la main.

Lavage à la machine dans des stations de lavage (ill. 3)

Il faut impérativement procéder à un prélavage au moyen d'un nettoyeur à haute pression avant de passer au lavage en station. Cela permet d'éviter que du sable ou de la poussière ne rayent ensuite le vernis. Les stations de lavage sont équipées de brosses rotatives en matière synthétique ou de bandes de mousse ou d'étoffe qui nettoient le véhicule à grande eau. Après le lavage, les stations procèdent à un rinçage du véhicule au moyen d'eau adoucie propre. Selon le programme, une cire de préservation du vernis est encore appliquée, puis le véhicule est séché à l'aide d'une soufflerie.

Illustration 3: Station de lavage de voitures

Conseils d'atelier

- Replier toutes les parties saillantes (p. ex. rétroviseurs).
- Replier ou dévisser les antennes.
- Vérifier les dimensions du véhicule (hauteur, largeur, garde au sol) avant d'entrer dans la station de lavage.
- Positionner le véhicule au milieu de la station.
- Respecter les directives de l'exploitant de la station de lavage.

Lavage à la main

C'est le lavage qui requiert le plus de travail. Il peut être effectué avec une éponge et beaucoup d'eau ou au moyen d'un nettoyeur à haute pression.

Lavage à l'éponge. Lors du lavage à l'éponge, le sable et la poussière qui s'accumulent dans l'éponge risquent de rayer le vernis.

Il est donc conseillé de procéder de la manière suivante.

- **Prélavage.** La poussière est ramollie avec de l'eau propre puis rincée au moyen d'un jet de faible puissance.
- **Lavage à la mousse.** La surface à laver est shampooinée au moyen d'une éponge ou d'un gant de nettoyage pour auto. Le produit de nettoyage contenu dans l'eau dilue la saleté. Ces produits de nettoyage contiennent souvent des additifs, tels que des cires ou de l'huile de silicone, qui protègent pendant un certain temps la carrosserie et lui donnent un aspect brillant.
- **Rinçage.** Rincer à grande eau avant que la mousse ne sèche .
- **Séchage.** Sécher la surface mouillée avec une peau de daim humide afin d'éliminer toute trace de calcaire susceptible de se déposer sur le vernis. En cas de polissage supplémentaire, éliminer toutes les traces d'eau (p. ex. dans les recoins de la carrosserie ou au niveau des joints d'étanchéité) au moyen d'air comprimé.

Conseils d'atelier

Afin d'éviter tout dégât lors du lavage à la main, il faut respecter les règles suivantes:

- Enlever bagues et montres qui sont susceptibles de rayer la carrosserie.
- Rincer la saleté grossière à grande eau afin d'éliminer tous les grains de sable et de poussière pouvant rayer la carrosserie.
- Laver le véhicule de haut en bas.
- Rincer régulièrement l'éponge et l'essorer soigneusement afin d'en éliminer tous les grains de sable susceptibles de provoquer des rayures.
- Ne pas laver le véhicule en plein soleil, cela peut contribuer à la formation de taches.
- Les produits de nettoyage domestiques ne sont pas appropriés pour le lavage des véhicules car ils lessivent la couche de cire de protection et attaquent le vernis.
- Ne pas essorer la peau de chamois en la tordant pour ne pas la détruire. Le mieux est d'utiliser une calandre d'essorage.
- Rincer souvent la peau de chamois pour en éliminer la poussière et le sable et éviter ainsi de rayer la carrosserie.

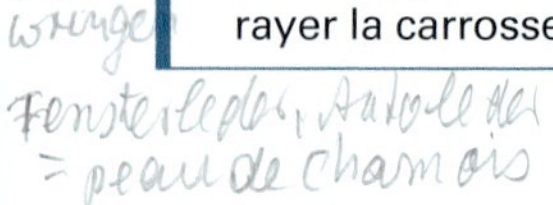

Lavage du véhicule au nettoyeur à haute pression

Dans ce cas, le nettoyage se fait en plusieurs étapes:

- **Prélavage.** Dans un premier temps, la saletée est ramollie et éliminée au moyen du jet du nettoyeur à haute pression tenu à une distance d'env. 50 cm. Ensuite la saleté est éliminée à fond, de haut en bas, au moyen du jet tenu à faible distance.
- **Lavage à la mousse avec une brosse.** La buse de la lance est remplacée par une brosse et du shampooing est ajouté à l'eau. Brosser la surface de la carrosserie en appuyant faiblement et shampooiner ainsi tout le véhicule.
- **Rinçage à l'eau claire.** Eliminer la mousse de haut en bas au moyen du jet à haute pression.
- **Préservation.** Appliquer une cire de préservation sur la surface de la carrosserie en la giclant au moyen du jet à haute pression.
- **Rinçage final (brillance).** On utilise pour cela de l'eau déminéralisée qui sèche en quelques minutes sans laisser de traces, ce qui permet d'éviter le passage à la peau de chamois.

Conseils d'atelier

- Ne pas diriger le jet à haute pression directement sur des parties délicates (p. ex. calandre, pneus, etc.).
- Pour éviter tout dégât, ne pas approcher le jet à haute pression à moins de 30 cm du véhicule.

Contrôle de l'état du vernis

Après le lavage, le vernis doit être conservé. Dans le cas d'un vernis très attaqué, il convient de procéder à un traitement ou à un polissage du vernis, ceci afin de rendre à celui-ci sa brillance d'origine. Le choix du produit adéquat dépend de l'état du vernis.

On peut déterminer l'état du vernis au moyen de méthodes simples.

Test à l'eau (ill. 1). On applique un peu d'eau sur la surface de la carrosserie et on observe le comportement de l'eau. Plus les gouttes sont rondes et perlantes, plus le vernis est en bon état. Un vernis altéré ne permet pas aux gouttes d'eau de perler: elles s'étalent à plat.

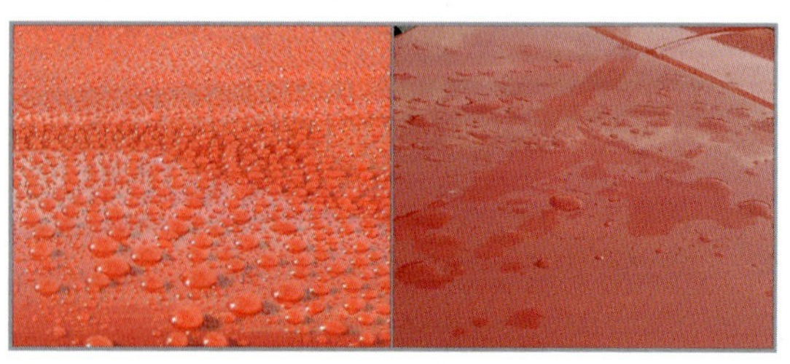

Illustration 1: Contrôle du l'état du vernis

Contrôle visuel. La lumière du soleil permet de détecter les voiles ou les petites rayures qui ternissent la brillance originale. Un vernis mat doit être traité et poli afin d'en assurer la conservation.

Contrôle avec l'ongle. Lorsque l'on passe délicatement l'ongle sur le vernis, la résistance rencontrée permet de vérifier l'état de la surface (lisse et en bon état ou rugueuse et nécessitant un traitement).

On distingue trois états du vernis:

- **Vernis neuf ou comme neuf.** Dans ce cas, la brillance originale est intacte ou presque. Lors du contrôle avec l'ongle, on ne sent aucune résistance. En surface, l'eau forme des gouttes et perle parfaitement.
- **Vernis mat.** Il est encore un peu brillant. Lors du contrôle avec l'ongle, on sent une légère résistance.
- **Vernis mat et dégradé.** Il n'est plus brillant. Lors du contrôle avec l'ongle, on sent clairement une résistance. En surface, l'eau ne forme plus de gouttes mais se répand.

Choix du produit d'entretien du vernis

Dans les produits d'entretien du vernis, on distingue les agents de conservation et les produits de polissage **(ill. 1)**.

Illustration 1: Produit d'entretien du vernis

Agents de conservation (cires). Grâce à une combinaison de différentes cires, ces produits sont hydrorépulsifs. Ils conservent l'élasticité du vernis et en augmentent la brillance. Parallèlement, ils permettent de fermer les pores du vernis et d'obturer les petites rayures, ce qui empêche toute pénétration d'humidité dans les couches inférieures du vernis et donc la formation de corrosion. En principe, les agents de conservation contiennent du silicone ou des cires naturelles. Les cires de haute qualité protègent la surface de la carrosserie pendant plusieurs mois et durant plusieurs processus de lavage.

Cires de conservation. Elles sont appliquées après le rinçage à l'eau claire et offrent une protection suffisante jusqu'au prochain lavage. Leur effet est toutefois nettement moindre par rapport à celui des agents de conservation (cires dures).

Produits de polissage. Seuls les vernis mats et dégradés doivent être polis. Pour cela, on élimine la couche superficielle du vernis au moyen d'un papier de verre très fin et on dégage ainsi la couche inférieure encore intacte. Les résidus de polissage doivent être impérativement éliminés au moyen d'un chiffon doux ou de ouate de polissage. Le polissage peut être réalisé à la main ou à la machine **(ill. 2)**. La surface doit être ensuite impérativement préservée avec une cire dure.

Utilisation des produits d'entretien

Afin d'obtenir un bon nettoyage et un brillant durable, il faut choisir les produits d'entretien appropriés.

Vernis neuf ou comme neuf. Dans ce cas, seuls des produits de protection (cires) sont utilisés. En général, les vernis neufs ont un effet hydrorépulsif. Etant donné que cet effet s'estompe avec le temps, il est alors recommandé de renouveller la couche de protection.

Vernis mat. La brillance de la surface a disparu. Elle peut être régénérée au moyen de produits de polissage (polish). Ces produits contiennent des particules de polissage qui n'ont qu'un très faible effet abrasif. Les huiles et les cires qu'ils contiennent redonnent un aspect brillant au vernis.

Vernis mat et dégradé. Les vernis des véhicules peu récents, qui ont été soumis à l'influence des intempéries et de l'environnement, ont généralement un aspect mat et dégradé. Après un pré-nettoyage intensif, le vernis peut être poli. Pour cela, on utilise des agents de polissage agressifs (nettoyeurs de vernis) qui nettoient les pores du vernis. Les surfaces constellées de rayures plus profondes doivent être poncées avec des moyens de polissage plus grossiers. Les particules de vernis altérées et à moitié dissoutes doivent être éliminées avant de pouvoir appliquer une nouvelle couche de vernis. Un dernier traitement au moyen d'agents de conservation est ensuite nécessaire.

Illustration 2: Polissage à la main et à la machine

1

Entretien des éléments en matière synthétique

L'influence des conditions météorologiques et environnementales, ainsi que les lavages réguliers du véhicule, dégradent les éléments en matière synthétique (p. ex. barre de protection ou pare-choc) non vernis qui perdent leur couleur et deviennent gris et laids avec le temps. Les produits de nettoyage pour matières synthétiques renforcent les couleurs qui ont pâli et protègent le matériau. Ces produits ont les propriétés suivantes:

- **Protection UV.** Elle protège le matériau synthétique de l'agressivité du rayonnement UV et l'empêche ainsi de devenir gris et usé.
- **Protection antistatique.** Elle empêche l'élément de se charger d'électricité statique et d'attirer ainsi la poussière et la saleté.

Conseils d'atelier
- Les matières synthétiques ne doivent jamais être nettoyées avec des solvants tels que dilutifs nitro, produits anticalcaire ou essence.
- Imbiber le chiffon de produit puis le passer sur l'élément en matière synthétique.

Nettoyage des jantes en alliage

Les jantes en alliage d'aluminium sont particulièrement exposées à l'influence de l'environnement. La pluie, la neige, le gravillon, le sel, etc. ont un fort impact sur le métal. C'est la raison pour laquelle les jantes comportent plusieurs couches de vernis. Si celui-ci est endommagé, la corrosion s'installe et les jantes se dégradent rapidement, voire deviennent inutilisables. Sans compter la poussière chaude issue des freins qui frappe la surface de la jante et qui y creuse de petits trous. Avec l'humidité, cette poussière, qui contient du métal, provoque une corrosion de contact qui attaque le vernis, provoque des taches et des dégâts irréparables. Les jantes en alliage doivent donc être nettoyées avec un produit approprié toutes les deux à quatre semaines.

On distingue différents produits de nettoyage pour jantes.

Les produits acides. Ces produits sont très agressifs et ne doivent pas être utilisés régulièrement afin d'éviter que l'acide ne réagisse sur le métal. C'est pour cette raison que de nombreux fabricants de jantes interdisent l'emploi de tels produits sur leur jantes en alliage.

Les produits non acides. Ils sont moins agressifs mais leur capacité de nettoyage est également moindre.

1.7.2 Nettoyage intérieur

Le nettoyage intérieur comprend:

- le passage à l'aspirateur du fond de l'habitacle et du coffre;
- le passage à l'aspirateur des sièges et des revêtements;
- le nettoyage de l'intérieur des vitres;
- le nettoyage des éléments en matière synthétique (p. ex. tableau de bord, portières, etc.) avec un produit approprié et enfin l'élimination de la poussière avec un chiffon sec.

En présence de taches sur les rembourrages, les revêtements de sièges ou les tapis de sol, utiliser des produits de nettoyages spéciaux.

1.7.3 Lavage du moteur

Dans le compartiment moteur, les projections d'eau, d'huile et de carburant qui se mélangent à la poussière forment un film de saleté gras. Celui-ci doit être éliminé car il peut provoquer des courants de fuite superficiels au niveau du système d'allumage ou de la batterie.

Procédure. D'abord gicler un produit de nettoyage à froid dans le compartiment moteur afin de dissoudre la saleté. Une fois diluée, cette dernière sera rincée au moyen d'un nettoyeur à vapeur. Le moteur et le compartiment moteur doivent être ensuite enduits de cire de protection contre la corrosion.

1.7.4 Lavage du châssis

Le lavage du châssis sert à éliminer le sel ou les incrustations de saleté qui se nichent dans les recoins de la carrosserie. Au préalable, il s'agit de lever le véhicule et de contrôler l'état du bas de caisse. Les taches humides présentes dans la saleté (p. ex. au niveau des conduites de frein, du moteur ou de la boîte de vitesses) permettent de localiser d'éventuelles fuites. Le lavage du châssis est effectué avec un nettoyeur à haute pression. Après le lavage, il faut encore observer attentivement le bas de caisse pour pouvoir, le cas échéant, détecter d'éventuels autres dégâts.

1.7.5 Protection de l'environnement

La saleté provenant du nettoyage des véhicules, ainsi que les produits de nettoyage utilisés, contiennent de l'huile et de la graisse. Pour cette raison, les eaux de lavage ne doivent pas être envoyées directement dans les égouts. Les eaux sales provenant des places ou des stations de lavage des véhicules sont ainsi canalisées dans des systèmes de récupération des eaux usées équipés de collecteurs de boues et de récupérateurs d'huile .

Questions de révision

1. **Pourquoi la résine des arbres, les excréments des animaux et les mouches doivent-ils être enlevés du vernis au plus vite?**
2. **Comment peut-on vérifier l'état du vernis?**
3. **Décrivez la procédure à suivre pour le nettoyage extérieur du véhicule.**
4. **Pourquoi faut-il être particulièrement attentif lors du nettoyage avec un nettoyeur à haute pression?**

1.8 Produits d'exploitation, produits auxiliaires

Les produits d'exploitation sont tous les produits nécessaires à l'utilisation d'un véhicule automobile. **Les produits auxiliaires** servent au nettoyage, à l'entretien et à la réparation du véhicule et de ses pièces.

Produits d'exploitation:

Les carburants liquides et gazeux (p.ex. benzine, carburant Diesel, gaz naturel, hydrogène). L'énergie thermique dégagée par leur combustion dans le moteur est transformée en énergie cinétique.

Les huiles de lubrification et les lubrifiants (p. ex. les huiles pour moteurs, graisses de lubrification, graphite). Ils réduisent les frottements et l'usure des pièces en friction.

Les liquides de refroidissement et les produits antigel (p. ex. eau, alcool éthylénique, agent frigorifique R 134a, glace carbonique, azote liquide). Ils protègent les moteurs contre la surchauffe et les dégâts dus au gel. Ils sont également utilisés pour la climatisation de l'habitacle et du compartiment de chargement.

Les liquides de freins (p. ex. l'éther glycol). Ils transmettent des pressions importantes aux systèmes hydrauliques de freinage ou de commande d'embrayage. Ils ne doivent pas se transformer en gaz avec l'élévation de la température ainsi générée.

Les liquides pour la transmission des forces (p. ex. liquide ATF, huile silicone, liquide hydraulique). Ils sont utilisés dans les convertisseurs de couple hydrodynamiques, les directions assistées, les embrayages visco-coupleur ou dans les mécanismes de levage hydrauliques.

Produits auxiliaires:

Produits de nettoyage pour pièces de véhicules (p. ex. benzine de nettoyage, nettoyeur à froid, white spirit, produits de nettoyage pour matières plastiques).

Produits d'entretien et de nettoyage pour véhicules (p. ex détergents pour insectes et goudron, produits de polissage pour laques, pièces en chrome et aluminium, produits de conservation, produits de nettoyage pour lave-glaces).

1.8.1 Carburants

Les carburants sont composés d'un mélange de liaisons d'hydrocarbures, qui se différencient selon la structure de leurs molécules. La structure et la dimension des molécules, ainsi que le rapport du nombre d'atomes d'hydrogène et de carbone, déterminent principalement le comportement du carburant lors de sa combustion dans le moteur.

Structure

Les molécules d'hydrogène présentent des structures en forme de chaîne ou d'anneau **(ill. 1)**. Les molécules en forme de chaîne simple (paraffines et oléfines) sont très inflammables et ont une combustion facile. Ces caractéristiques engendrent la "détonation" dans le moteur à essence.

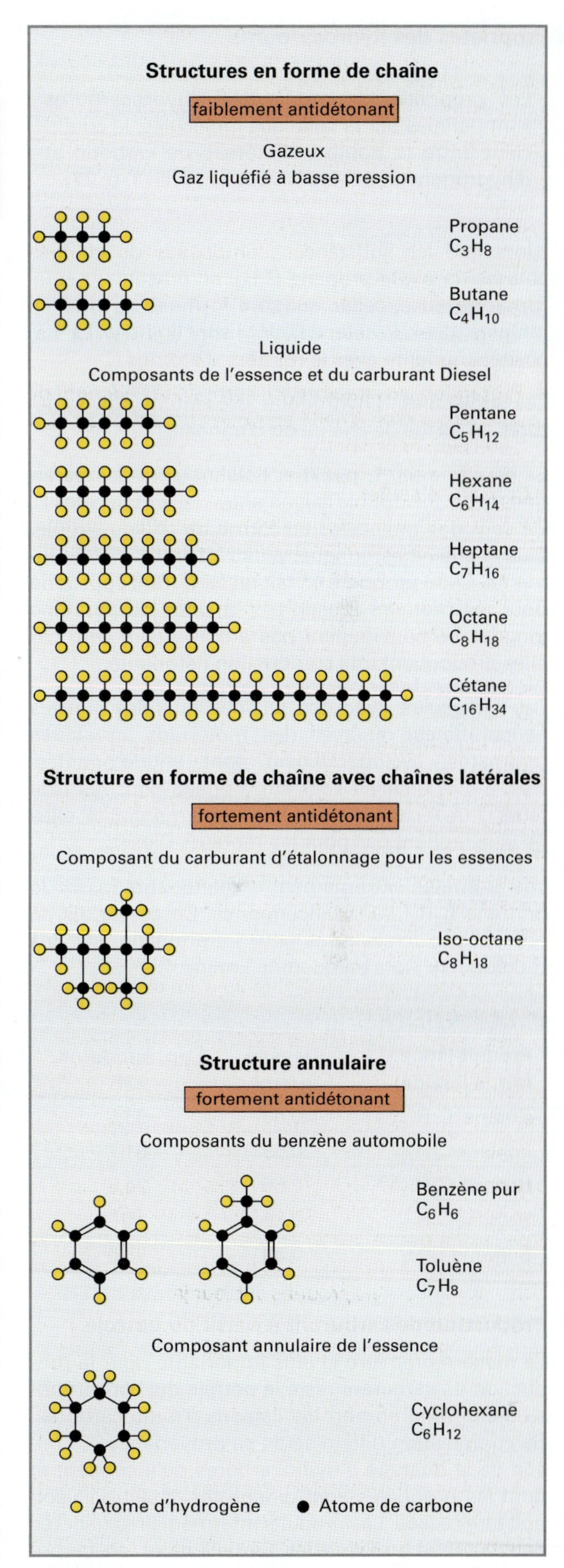

Illustration 1: Structures des molécules d'hydrocarbures

Propriétés des hydrocarbures

> Les propriétés des molécules d'hydrocarbures sont définies par la taille des molécules, le coefficient entre le nombre d'atomes de carbone et d'hydrogène et par leurs structures **(ill. 1, p. 27)**.

Alors que les substances composées de chaînes courtes (p. ex. le propane C_3H_8) se présentent sous forme gazeuse, celles qui sont formées de chaînes longues (p. ex. le cétane $C_{16}H_{34}$) sont liquides. La viscosité augmente avec le nombre d'atomes C.

Les molécules d'hydrogène présentent des structures en forme de chaîne ou d'anneau.

La paraffine **(ill. 1, p, 27)** et l'oléfine sont des paraffines avec une double liaison entre deux molécules C. Ce sont des molécules en forme de chaîne simple. Plus la chaîne est longue, plus l'inflammabilité augmente. Cette propriété en fait un carburant approprié pour les moteurs Diesel. Les chaînes de paraffine longues ne conviennent pas aux moteurs Otto car elles provoquent une combustion détonante.

Les molécules avec des chaînes latérales courtes (isoparaffines) ou avec des molécules annulaires (aromates, cycloparaffines) sont antidétonantes, c'est-à-dire qu'elles sont appropriées pour les moteurs Otto. A cause de leur faible inflammabilité, elles ne conviennent pas pour les moteurs Diesel.

Les aromates extrêmement antidétonants (p. ex. le benzène C_6H_6) sont cancérigènes. De ce fait, ils ne doivent pas être utilisés pour faire fonctionner des moteurs, ou alors en quantité limitée.

Tableau 1: Hydrocarbures

Produit (sous forme liquide)	Densité g/cm³	Cap. antidéton. IOR
Butane C_4H_{10}	0,60	93,8
Pentane C_5H_{12}	0,63	61,7
Hexane C_6H_{14}	0,66	24,8
Heptane C_7H_{16}	0,68	0
Benzène C_6H_6	0,88	99,0

Production de carburant à partir du pétrole

La matière première la plus importante pour la production de carburant reste le pétrole qui est composé d'un grand nombre de liaisons d'hydrocarbures. Sa composition diffère selon sa provenance. En raison de la quantité d'hydrocarbures qu'il contient et dont les propriétés sont différentes, chaque liaison doit être cassée. Les produits intermédiaires générés peuvent être transformés partiellement en carburants pour les moteurs.

Le pétrole brut peut être transformé de deux façons:

1. par séparation p. ex. distillation, filtrage.

2. par transformation, p.ex. craquage, reformage, polymérisation.

Filtrage

Le pétrole brut doit être débarrassé des impuretés grossières qu'il contient (sable, eau, sels) avant de pouvoir commencer sa transformation.

Distillation

Distillation atmosphérique (ill.1). Le pétrole est chauffé. A 20 °C déjà, le méthane et l'éthane se séparent (**LPG** = **L**iquefied **P**etroleum **G**as = désignation anglaise du gaz liquide, GPL en français). Les carburants légers, principalement l'essence, sont issus de la condensation des vapeurs des composants exposés à une plage d'ébullition allant jusqu'à environ 180 °C. L'essence est composée de paraffines normales (chaînes sans embranchement) et de cycloparaffines (forme annulaire). La plage d'ébullition allant de 210 °C à env. 260 °C produit des carburants lourds. Les résidus seront distillés sous vide.

Distillation sous vide (ill.1). Les résidus de distillation atmosphérique sont à nouveau chauffés mais sous vide cette fois, ce qui abaisse leur plage d'ébullition et empêche les grosses molécules restantes de se subdiviser de manière incontrôlée. Ce procédé permet d'obtenir du gasoil qui est principalement transformé en carburant Diesel, en huile de chauffage et en produits destinés à la fabrication d'huiles de lubrification.

> Cette production de carburants selon les plages d'ébullition se nomme distillation par fractionnement **(ill. 1)**.

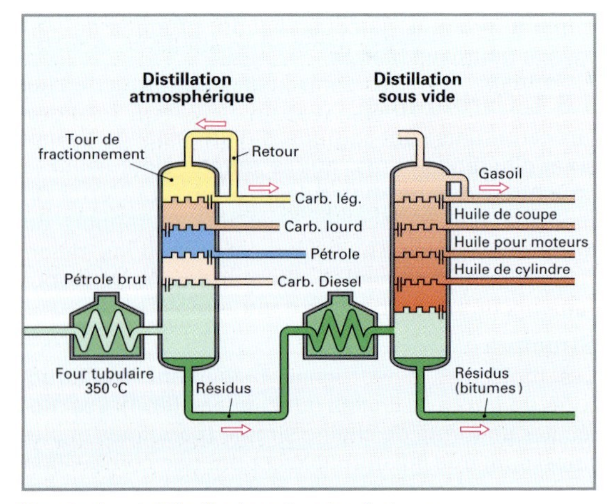

Illustration 1: Distillation de pétrole brut

La part de la production du carburant par distillation est insuffisante pour couvrir les besoins actuels.

Le craquage permet d'augmenter la part de la production des produits de base servant à la fabrication de la benzine **(tableau 1)**. Par rapport aux benzines brutes produites par distillation (IOR = 62 à 64), les composants obtenus par craquage sont relativement antidétonants (IOR = 88 à 92).

Pour pouvoir obtenir des carburants utilisables dans les moteurs, les produits intermédiaires obtenus doivent encore être soumis à des traitements spéciaux **(tableau 2)**.

Tableau 1: Produits de la raffinerie

Produits	Part
Gaz liquide (propane, butane)	3%
Benzine brute, naphta	9%
Benzine (carburant Otto)	24%
Carburant pour moteurs d'avion, kérosène	4%
Carburant Diesel	21%
Huile de chauffage légère	21%
Huile de chauffage lourde	11%
Bitumes	3%
Lubrifiants	2%
Autres produits, consommation propre, pertes	2%

Procédé de traitement subséquent

Les essences suffisamment antidétonantes ainsi fabriquées sont encore traitées par raffinage. Cela permet d'améliorer ultérieurement la pureté de l'essence (élimination des résidus gazeux, du soufre et des solutions résineuses). Le mélange de différentes benzines et l'apport d'additifs permettent d'obtenir des qualités de benzines définies (Super plus, Super) et d'améliorer les propriétés des carburants de moteurs à essence.

1.8.2 Carburants de moteurs à essence

Les carburants des moteurs à essence ont un point d'ébullition bas. Ils appartiennent à la classe de danger AI car ils sont hautement inflammables (F+: leur point éclair est inférieur à 21 °C). De plus, ils sont toxiques (T) et polluants(N). C'est pour cela que lors de leur manipulation, il faut impérativement respecter les prescriptions et les conseils en matière de sécurité.

Les principales propriétés des carburants de moteurs à essence sont décrites et définies dans la norme DIN EN 228.

Phase d'ébullition

Dans le moteur à essence, le carburant doit pouvoir se vaporiser complètement et facilement, car c'est uniquement sous sa forme gazeuse qu'il peut être brûlé. La capacité du carburant à se vaporiser est représentée dans la courbe d'ébullition **(ill. 1, p 30)**.

Comportement au démarrage à froid

Afin qu'un moteur puisse démarrer en toute sécurité lorsqu'il est froid ou qu'il n'a pas encore atteint sa température de fonctionnement et pour qu'il puisse tourner correctement au ralenti, il a besoin d'un carburant avec une courbe d'ébullition basse. Cela signifie qu'une partie importante du carburant doit être déjà vaporisée à basse température.

Tableau 2: Procédés de transformation (fabrication du carburant)

Craquage (de l'angl. to crack = briser)	Séparation de grandes molécules issues de carburants lourds obtenus à des points d'ébullition élevés par décomposition en isoparaffines et oléfines plus légères et plus antidétonantes (l'oléfine se différencie des paraffines par une double liaison entre deux atomes C). A la fin, il ne reste plus que des composants difficiles à mettre en ébullition, dont le conditionnement peut être poursuivi.	IOR 88 ... 92
Reformage	Des paraffines sous forme de chaînes extraites de la distillation sont transformées avec un catalyseur (platine: procédé de platforming) en isoparaffines et aromates antidétonants.	IOR 93... 98
Polyméristion	Les hydrocarbures sous forme gazeuse, obtenus par craquage et par reformage, sont concentrés par un catalyseur en grandes molécules, principalement en isoparaffines. Si les paraffines sous forme de chaînes droites sont transformées en isoparaffines, on appelle ce procédé isomérisation.	IOR 95... 100
Hydrogénation	Adjonction d'atomes d'hydrogène à une oléfine non saturée pour obtenir une isoparaffine stable et antidétonante.	IOR 92 ... 94
Alkylation	Oléfines et paraffines sont assemblées par réaction afin d'obtenir des paraffines à haute résistance à la détonation.	IOR 92 ... 94
MTBE (méthyl-tertiaire-butyl-éther)	Le processus de transformation permet d'obtenir de l'isobutane. L'adjonction de méthanol produit un éther (MTBE) extrêmement antidétonant.	IOR 113 ...

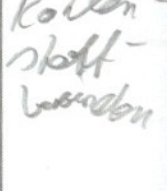

Le pourcentage de carburant évaporé à basses températures est défini par le **point E70** (evaporated = évaporation à 70 °C) ou par le **point T10** (température à laquelle 10 % du carburant s'évapore).

Pour un démarrage à froid facilité, il est indispensable qu'au minimum 10 % du carburant soit évaporé entre 40 et 50 °C.

Comportement à chaud

Lorsque le moteur fonctionne avec sa température de service, particulièrement en été, il existe un risque de formation de bulles de vapeur dans le système (vapor-lock). A hautes températures, les carburants doivent être moins volatils, c'est-à-dire avoir une courbe d'ébullition plus élevée. Cela est rendu possible grâce à une proportion définie de carburants à haut point d'ébullition qui ont, en outre, l'avantage d'avoir un pouvoir énergétique plus élevé.

Le pourcentage de carburant évaporé à température élevée est défini par le **point E180** (évaporation à 180 °C) ou par le **point T90** (température à laquelle 90 % du carburant s'évapore).

Une trop grande part de carburant non vaporisée provoque, dans un moteur froid, de la condensation de carburant et une dilution de l'huile de lubrification.

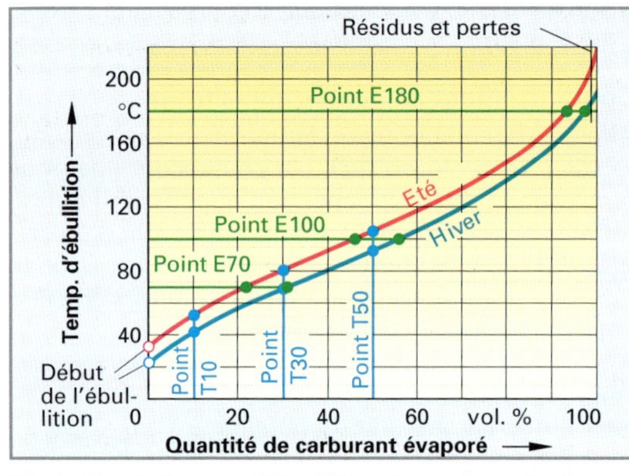

Illustration 1: Courbes d'ébullition des carburants de moteurs à essence

Résistance à la détonation (IOR, IOM)

La faible propension d'un carburant à s'auto-enflammer sous l'effet de températures élevées et de la pression s'appelle résistance à la détonation.

Les indices définissant la résistance à la détonation sont l'indice d'octane recherche (IOR) et l'indice d'octane moteur (IOM).

Ces deux indices d'octane sont déterminés dans le moteur CR (taux de compression variable) par comparaison avec un carburant de référence obtenu à partir d'un iso-octane (IO = 100) et d'un heptane normal (IO = 0). Le carburant à analyser possède l'indice d'octane 95 si sa résistance à la détonation est aussi grande que celle d'un mélange obtenu à partir de 95 % d'iso-octane et de 5 % d'heptane normal.

Le IOM est inférieur au IOR étant donné qu'il est déterminé avec un régime de rotation plus élevé et avec un mélange préchauffé à environ 150 °C **(tableau 1).**

En pratique, il s'avère que pour plupart des moteurs de série, le IOR est la valeur la plus significative pour l'apparition du cliquetis en pleine charge et à bas régime. Le IOM est significatif pour l'apparition du cliquetis en pleine charge lorsque le régime est élevé.

Tableau 1: Conditions de test IOR – IOM

	Régime du moteur 1/min.	Temp. air admiss. °C	Préchauff. du mélange °C	Réglage de-l'allum. ° av. PMH
IOR	600	51,7	–	13
IOM	900	38	140 ... 160	14 ... 26

Etant donné que la résistance à la détonation de l'essence fabriquée à base de pétrole est insuffisante, cette propriété est améliorée par apport d'additifs (antidétonants).

Antidétonants à teneur métallique. A cause des produits toxiques émis lors de la combustion (plomb, scavengers = liaisons de brome et de chlore), ils ne sont plus utilisés en Europe.

Antidétonants sans métal. Les aromates comme le benzène, le toluène et le xylène présentent des indices d'octane allant de 108 à 112 IOR et réhaussent l'indice global du carburant auquel ils sont ajoutés. Le benzène est limité à 1 % vol. à cause de ses effets cancérigènes.

Composants organiques de l'oxygène comme antidétonants. Les alcools (méthanol, éthanol), le phénol et l'éther présentent le désavantage d'être difficilement solubles dans le carburant, d'avoir une odeur désagréable, d'être peu économiques et d'avoir un pouvoir énergétique faible.

MTBE (méthyl-tertiaire-butil-éther) comme antidétonant. Grâce à un indice d'octane élevé, atteignant un IOR de 110 à 115, il peut influencer de manière importante l'indice d'octane global . En raison de son faible point d'ébullition à 55 °C, la résistance à la détonation du carburant s'en trouve nettement améliorée, surtout dans les plages d'ébullition inférieures. Il est ajouté au carburant dans une proportion d'environ 10 à 15 %.

1.8.3 Carburant Diesel

Les carburants Diesel sont des carburants à ébullition difficile. Ils appartiennent à la classe de danger AIII (point éclair > 55 °C). Ils sont toxiques (Xn) et polluants (N).

Les carburants Diesel sont principalement composés d'oléfines et de paraffines (hydrocarbures saturés formant des chaînes). La plage d'ébullition de chaque liaison se situe entre 170 °C et 380 °C **(ill. 1, p. 31).** Les principales propriétés des carburants Diesel sont définies par la norme DIN EN 590.

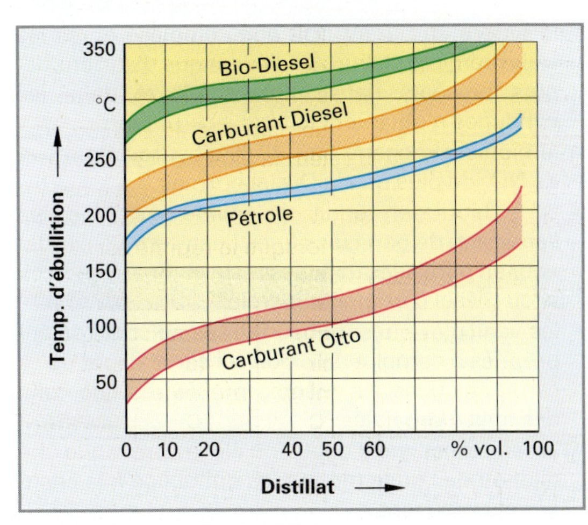

Illustration 1: Courbes d'ébullition de différents carburants

Qualité d'allumage

Contrairement aux essences, les carburants Diesel doivent être particulièrement inflammables afin d'éviter des effets de détonation. La mesure pour la qualité d'allumage est l'indice de cétane IC. Plus la structure des hydrocarbures contenus dans le carburant Diesel se présente sous forme de chaînes et plus ces chaînes sont longues, plus il sera inflammable. Selon DIN EN 590, l'indice de cétane du carburant Diesel doit être au moins de 51. Actuellement les carburants ont un IC atteignant 60.

L'indice de cétane est déterminé dans un moteur de test en calculant le temps entre le début de l'injection et de début de la combustion (délai d'inflammation). L'indice de cétane est donné par le rapport du mélange du carburant cétane (hexadécane, $C_{16}H_{34}$) **(ill. 2)** testé avec l'indice de cétane 100 et le méthyl-naphtaline (IC 0). Plus l'indice de cétane est élevé, plus le carburant est inflammable.

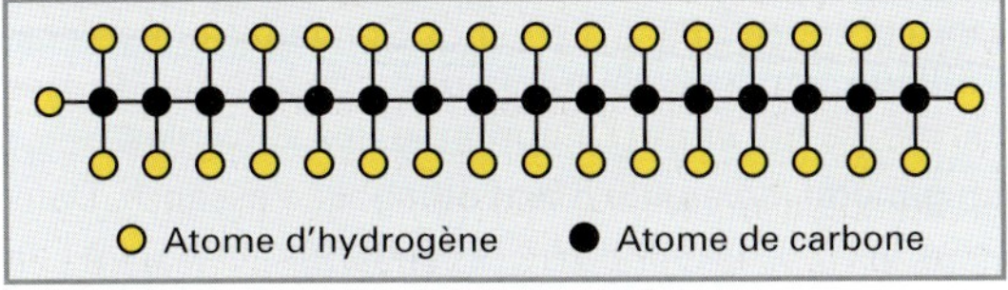

Illustration 2: Cétane (hexadécane)

Teneur en soufre

Afin de diminuer l'émission de dioxydes de soufre lors de la combustion du carburant Diesel, la part de soufre autorisée dans le carburant est, depuis 2005, de 50 mg/kg. Depuis 2009, elle n'est plus que de 10 mg/kg. Les carburants pauvres en soufre, disponibles sur le marché, répondent à cette norme depuis 2003 déjà. Outre la diminution des émissions de SO_2, la réduction de la teneur en soufre a également permis de réduire le rejet de particules fines. Pour pouvoir utiliser un catalyseur à accumulation NO_x, il est important que l'émission de soufre soit la plus faible possible (inférieure à 10 ppm).

La perte en pouvoir de lubrification ainsi engendrée doit être compensée par l'ajout d'additifs dans le carburant Diesel.

Filtrabilité

Par basses températures, le carburant Diesel développe des cristaux de paraffine qui, à partir d'une certaine dimension, n'arrivent plus à passer au travers du filtre à carburant. Le filtre s'obstrue et le moteur ne fonctionne plus. La filtrabilité est indiquée par le point d'occlusion du filtre à froid **Cold Filter Plugging Point** (CFPP) qui détermine la température à laquelle le carburant Diesel ne peut plus passer au travers d'un tamis de contrôle normalisé dans un temps donné.

Carburant Diesel d'hiver

En hiver (du 16.11 au 28.02), le carburant Diesel doit pouvoir être filtré jusqu'à une température de -20 °C. Cela est rendu possible en partie grâce au raccourcissement des chaînes d'hydrocarbures (cérosine), ce qui, par contre, fait baisser l'indice de cétane.

L'adjonction d'additifs (agents d'amélioration d'écoulement) dans le carburant n'empêche pas la formation de paraffine mais gêne et retarde le développement des cristaux, rendant possible un écoulement à travers le filtre par des températures inférieures à -20 °C. Si les températures sont encore plus basses, seul le montage d'un chauffage sur le filtre ou d'un chauffage du réservoir permet de résoudre le problème.

L'apport de chaleur permet de dissoudre les cristaux de paraffine et de déboucher le filtre.

Il faut renoncer à l'adjonction de benzine comme agent d'amélioration d'écoulement car ...

- le fabricant ne l'autorisant pas, les dégâts éventuels occasionnés par cette pratique rendraient la garantie caduque;
- la lubrification de l'injecteur à haute pression n'est plus assurée;
- la qualité de l'inflammation du carburant Diesel diminue, ce qui peut provoquer des dégâts au moteur;
- le point éclair serait modifié, rendant le mélange inflammable et le catégorisant de ce fait dans la classe de danger AI.

1.8.4 Carburants à base végétale

Huiles végétales

En principe, les huiles extraites des plantes (colza, tournesol, chanvre, etc.) peuvent être utilisées comme carburant dans les moteurs Diesel. Toutefois, pour faire fonctionner un véhicule uniquement avec ce type de carburant, il faut procéder à certaines transformations du moteur, du système d'injection, des conduites de carburant et des filtres.

Ces carburants ont un indice de cétane (IC = 39) moins élevé que le Diesel et, à cause de leur viscosité élevée, se vaporisent de manière insuffisante dans

1

la chambre de combustion. Il s'ensuit souvent une cokéfaction élevée. Pour éviter ces problèmes, les carburants à base végétale doivent être préchauffés entre 60 et 95 °C. Malgré cela, ce type de carburant présente une viscosité plus élevée que le carburant Diesel et, pour cette raison, les pompes sont soumises à de plus fortes contraintes. Les carburants à base végétale ne sont par conséquent pas bien appropriés pour les moteurs Diesel à système combiné injecteur-pompe ou à système Common Rail. Ils ne sont autorisés par les constructeurs que sous certaines conditions.

La forte dilution de l'huile moteur lors de démarrages à froid fréquents pose également des problèmes. Etant donné que les carburants à base végétale ne se vaporisent qu'à partir d'env. 220 °C, de grandes quantités d'huile végétale finissent dans l'huile moteur, ce qui, par réaction, génère des résidus de combustion qui peuvent boucher les conduites et les filtres. De ce fait, les intervalles de vidange doivent être réduits de moitié.

L'un des avantages des huiles végétales est leur bonne dégradabilité. Elles présentent toutefois le désavantage de ne pas bien résister au vieillissement et de ne pas pouvoir être stockées longtemps. Les problèmes principaux sont l'oxydation, la prolifération de bactéries et la concentration d'eau. De ce fait, le stockage doit avoir lieu au frais (5 à 10 °C), dans l'obscurité, au sec et avoir un contact réduit avec l'oxygène de l'air ambiant.

Une norme est en projet (norme préliminaire DIN 51605 – carburant de colza) qui doit définir les standards de qualité à long terme de ces carburants.

Biodiesel (méthylester de colza)

Pour fabriquer du biodiesel, on ajoute 10 % de méthanol à l'huile de colza, qui est ensuite transformée chimiquement à haute température. Les acides gras issus de cette transformation sont liés à l'aide du méthanol (transestérification).

Tous les méthylesters issus de plantes ou d'animaux sont regoupés sous le concept général d'esters méthyliques d'acides gras. Selon la matière première, on peut aussi obtenir de l'ester méthylique d'huile de palme, de graisse animale, etc. qui ont les mêmes propriétés que les méthylesters conventionnels.

Le biodiesel a une viscosité plus basse par rapport au produit initial; il ne contient pas d'aromates toxiques et sa teneur en soufre est faible. Grâce à son indice de cétane (IC = 56) et à ses propriétés physiques (pouvoir calorifique, gamme d'ébullition), il peut remplacer le Diesel.

Afin d'assurer un standard de qualité pour ce produit, le Comité européen de normalisation a élaboré la norme EN 14214.

En utilisant du biodiesel pur, il faut savoir que:

- le constructeur du véhicule doit autoriser l'emploi de biodiesel (question de garantie);
- les éléments en matière synthétique qui sont en contact avec le carburant (p. ex. conduites, joints d'étanchéité, réservoir de carburant) doivent être résistants au biodiesel;
- le filtre à carburant doit être remplacé après les trois premiers pleins afin d'éviter que d'anciens dépôts présents dans le réservoir et dans les conduites n'obstruent le filtre à carburant;
- le biodiesel dégage env. 40 % d'hydrocarbures et de NO_x de plus que le Diesel normal;
- si le biodiesel réduit de manière significative l'émission de particules fines (jusqu'à 50 %), sa teneur en particules toxiques reste comparable à celle du Diesel d'origine minérale;
- les véhicules qui sont peu utilisés ne sont pas appropriés à l'emploi de biodiesel car le dépôt de ce carburant pose les mêmes problèmes que celui des huiles végétales;
- la caractéristique d'ébullition élevée provoque une dilution de l'huile moteur, ce qui oblige à la changer plus souvent .

Alors que l'utilisation de biodiesel pur peut poser des problèmes, le mélange en faible quantité de biodiesel avec du Diesel minéral (autorisé jusqu'à 5 % depuis 2004) ne pose aucun problème. D'ici 2020, l'Union européenne prévoit d'augmenter la proportion de carburants biologiques de 10 %.

Bioéthanol

Jusqu'à présent, le bioéthanol est principalement fabriqué à base de plantes à haute teneur en sucre comme la canne à sucre et de céréales féculentes; ce qui pose le problème du rendement limité mais aussi au fait que ces matières premières sont avant tout nécessaires pour l'alimentation humaine. C'est pour cette raison que l'éthanol est de plus en plus élaboré à partir de matières cellulosiques, à savoir le bois ou les roseaux (éthanol cellulosique).

L'éthanol a un IOR de 104 et peut être utilisé sous forme très concentrée dans les moteurs Otto, pour autant que le système d'alimentation en carburant, le dispositif d'admission et l'électronique du moteur soient adaptés. On parle également d'un carburant E85, composé à 85 % d'éthanol. Son faible pouvoir calorifique implique toutefois une consommation très élevée, ce qui limite l'autonomie des véhicules.

En général, on ajoute 5 % d'éthanol à l'essence. Dans cette faible proportion, l'effet d'augmentation de l'indice d'octane de l'éthanol n'est pas significatif. Pour l'instant, il n'est pas possible d'augmenter davantage la teneur en éthanol de l'essence, car celui-ci agit comme un solvant et attaque, dans de nombreux véhicules, les éléments en matière synthétique, comme p. ex. les joints d'étanchéité.

Carburants synthétiques

Lors de la fabrication des carburants à base végétale, seule une petite partie des plantes peut être exploitée. Etant donné que seules certaines plantes peuvent servir à fabriquer du carburant, on étudie la possibilité de fabriquer du carburant à partir de la biomasse (bois, paille, déchets végétaux). Ce procédé est appelé **BtL** (**B**iomass **t**o **L**iquid).

Les carburants ainsi fabriqués:

- ont, comparativement aux huiles minérales, un pouvoir énergétique très réduit **(tableau 1)** et une viscosité plus faible;
- ne contiennent ni aromates ni soufre;
- sont composés avec peu de liaisons différentes, ce qui permet une combustion plus propre;
- ont un indice d'octane élevé (essence), respectivement un indice de cétane élevé (Diesel).
- fonctionnent avec les moteurs existants auxquels il ne faut apporter aucune modification.

Tableau 1: Comparaison des biocarburants

Biocarburant	Rendement par ha/année	Equivalence carburant
Huile de colza	jusqu'à 1480 l	1 l = 0,961 l Diesel
Biodiesel	jusqu'à 1550 l	1 l = 0,911 l Diesel
Bioéthanol	jusqu'à 2560 l	1 l = 0,651 l Essence
Carb. BtL	jusqu'à 4030 l	1 l = 0,971 l Diesel
Biométhane	jusqu'à 3540 kg	1 kg = 1,40 l Essence

1.8.5 Carburants sous forme gazeuse

Ils se présentent sous forme de chaînes d'hydrocarbures très courtes (méthane, butane, propane) ou sous forme d'hydrogène et sont appropriés pour les moteurs à allumage commandé.

Gaz naturel

Après extraction, le gaz naturel est désulfurisé et purifié. Il se compose à 98 % de méthane (CH_4), d'éthane (C_2H_6), de butane (C_3H_8) et de propane (C_4H_{10}). On peut y trouver de l'azote (N_2) et du dioxyde de carbone (CO_2). Plus la teneur en CO_2 et en N_2 est élevée, plus son pouvoir calorifique est faible. De ce fait, le gaz naturel doté d'un pouvoir calorifique élevé est dit de qualité H et celui à faible pouvoir calorifique de qualité L.

Le gaz naturel peut être stocké sous forme gazeuse à température ambiante et à 200 bar (**CNG** = **C**ompressed **N**atural **G**as) ou sous forme liquide à –160 °C et à 2 bar (**LNG** = **L**iquefied **N**atural **G**as). Dans les stations-service CNG, le gaz est séché, précomprimé et entreposé dans un réservoir sous pression.

Le gaz naturel présente l'avantage de n'émettre que peu de CO et de particules fines, ainsi que, par rapport à l'essence, peu de CO_2 (–25 %). Son indice d'octane élevé (115 à 130) permet une élévation de la compression juqu'à $\varepsilon = 13$ et donc une augmentation significative du rendement. Cela n'est toutefois possible que dans les véhicules spécifiquement conçus pour la propulsion au gaz naturel. Par contre, il présente le désavantage de ne pas pouvoir être beaucoup comprimé ce qui, à volume égal du réservoir, réduit l'autonomie du véhicule.

L'électronique du moteur et les catalyseurs doivent être adaptés au fonctionnement au gaz.

Autogaz

L'autogaz est également appelé gaz liquide ou **LPG** (**L**iquefied **P**etroleum **G**as, GPL en français). Il est principalement composé de butane (C_3H_8) et de propane (C_4H_{10}), il est stocké sous forme liquide à une pression allant de 5 à 10 bar. Comparé au gaz CNG, son stockage dans le véhicule est beaucoup plus simple et la transformation du véhicule est, de ce fait, moins onéreuse. La combustion du LPG produit env. 15 % de CO_2 en moins que celle de l'essence.

Hydrogène

Grâce à sa disponibilité illimitée dans la nature, à son pouvoir énergétique et à ses propriétés de combustion (le produit de combustion est de l'H_2O pur), l'hydrogène est le carburant idéal. Son utilisation est toutefois problématique en raison de la difficulté à le stocker dans les véhicules et à son entreposage.

La régulation de la formation du mélange et le faible rendement de la combustion à chaud des moteurs à hydrogène actuels posent encore problème.

Pour résoudre la question de l'entreposage, le méthanol est actuellement converti on-board en hydrogène afin d'alimenter les piles à combustible.

1.8.6 Huiles de lubrification et lubrifiants

Production

Les huiles de base pour moteurs et boîtes de vitesses sont issues des résidus de la distillation atmosphérique du pétrole, lesquels sont ensuite raffinés par distillation sous vide **(ill. 1, p. 28)**.

Les molécules d'hydrocarbures à longues chaînes contenues dans l'huile de lubrification sont très sensibles à la chaleur et peuvent se décomposer en molécules de benzine à courtes chaînes déjà à partir de 330 °C. Afin d'éviter ce phénomène, la température d'ébullition est réduite grâce à une dépression (distillation sous vide). Comme dans la distillation atmosphérique, les distillats sont produits avec différentes viscosités (plus la température d'ébullition est élevée, plus la chaîne moléculaire sera longue).

Afin d'utiliser ces distillats comme huiles de base pour la fabrication de lubrifiants, ils doivent être ultérieurement traités par raffinage **(tableau 2)**.

Tableau 2: Objectifs du raffinage
Eliminer les composants indésirables, tel que le soufre
Augmenter la stabilité au vieillissement
Régler l'indice de viscosité à environ 100
Abaisser le point de paraffinage entre -9 et -15 °C

1

Grâce à l'adjonction de produits actifs spécifiques (additifs), les huiles de base sont dotées de caractéristiques particulières et nécessaires, telles que la protection contre la corrosion et l'amélioration du comportement en viscosité.

Huiles de base à partir d'hydrocarbures

Les huiles synthétiques sont composées, comme les raffinats, d'atomes de carbone et d'hydrogène; par contre, elles possèdent une autre structure moléculaire que celle du pétrole. L'essence brute - le produit de base - est transformée par craquage en molécules de gaz, comme l'éthylène. Ces molécules de gaz seront ensuite constituées (synthétisées) en isoparaffines sous forme de molécules aux structures désirées, les poly-alpha-oléfines (PAO). Sur la base de cette structure moléculaire, les huiles synthétiques démontrent, contrairement aux raffinats, un indice de viscosité élevé, une perte par évaporation réduite, ainsi qu'un meilleur comportement à basse température.

Fonctions et caractéristiques des huiles de lubrification

Lubrifier	Nettoyer
Refroidir	Protéger contre la corrosion
Etancher	Atténuer les bruits

Viscosité. C'est la mesure de la résistance à l'écoulement des huiles; elle correspond aussi au frottement interne de l'huile. Si elle est liquide, l'huile a une faible viscosité et donc une résistance à la déformation réduite; elle a par contre une viscosité élevée lorsqu'elle est épaisse.

On appelle aussi frottement interne (contrainte tangentielle) la résistance qu'un fluide oppose au déplacement de deux couches voisines. Selon le type d'huile, la viscosité est différente, elle diminue avec l'augmentation de la température **(ill. 1).**

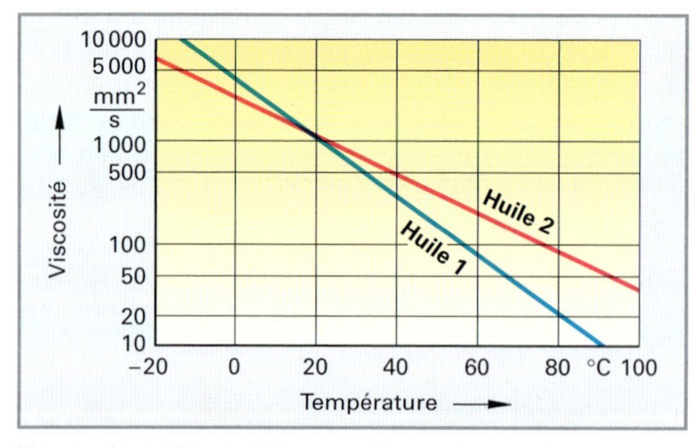

Illustration1: Diagramme de viscosité-température

Viscosité cinématique. Elle est établie dans un viscosimètre capillaire **(ill. 2).** Une quantité d'huile définie s'écoule dans un long tube fin à une température définie. La viscosité est mesurée en m^2/s ou en mm^2/s selon le temps d'écoulement.

Viscosité dynamique. Elle est déterminée au moyen du viscosimètre capillaire (en particulier pour la viscosité HTHS) ou un viscosimètre rotatif **(ill. 2)** pour la viscosité à basse température. Un rotor est mis en mouvement dans un cylindre rempli d'huile à une température d'essai définie. En fonction du couple de force nécessaire à la rotation, on établit la viscosité en Pa · s (Pascal-seconde), ou, plus couramment en mPa · s.

Viscosité HTHS (High Temperature High Shear). La SAE, l'ACEA et divers constructeurs de véhicules préscrivent des normes de viscosité définies, pour une température de l'huile de 150 °C et un gradient de cisaillement de $10^6\ s^{-1}$. Cela permet la constitution d'un film lubrifiant même à de hauts régimes moteur. Une basse viscosité HTHS permet de réduire la consommation de carburant.

Gradient de cisaillement. C'est le rapport de la vitesse de mouvement des pièces divisé par l'épaisseur du film lubrifiant. Des huiles de différents gradients de cisaillement sont insérées dans un appareil de mesure. Un piston parcourt la paroi du cylindre à une vitesse allant jusqu'à 36 m/s, alors que l'huile qui y adhère est immobile. Au ralenti, le gradient de cisaillement est de $10^5\ s^{-1}$, au maximum de la vitesse, il est de $10^6\ s^{-1}$, pour une épaisseur du film lubrifiant se situant entre 3/100 mm et 4/100 mm.

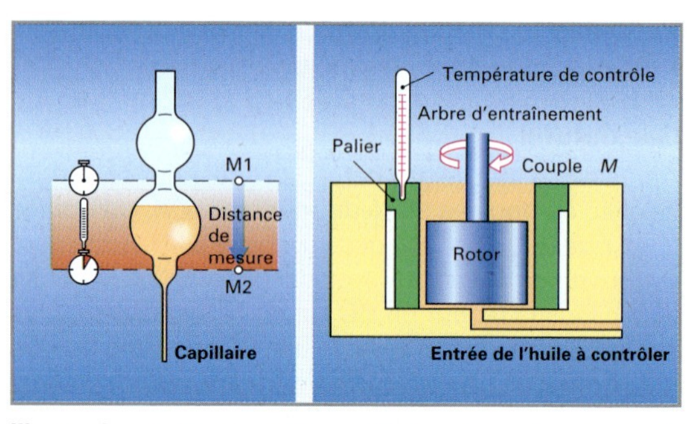

Illustration 2: Viscosimère capillaire, viscosimètre rotatif

Indice de viscosité. Dans un moteur, l'huile la mieux adaptée est celle dont la viscosité se modifie le moins possible en cas de variations de température (huile 2 dans **l'ill. 1),** étant donné qu'elle rend possible un bon démarrage à froid et maintient un film de lubrification stable pour des températures d'huile élevées. La valeur de l'indice de viscosité (IV) donne des informations sur la tendance (inclinaison) des droites VT dans le diagramme viscosité-température. Plus la ligne du diagramme est plate, plus l'indice est élevé. Les bonnes huiles minérales ont un indice de viscosité allant de 90 à 100, les huiles synthétiques vont de 120 à 150, permettant ainsi de satisfaire aux exigences des moteurs à haute performance. L'indice de viscosité est donné par l'inclinaison des droites VT dans le diagramme viscosité-température.

Classes de viscosité SAE. Elles ont été définies par la **S**ociety of **A**utomotive **E**ngineers (Association des ingénieurs de l'automobile) afin de faciliter le choix des huiles pour moteurs et boîtes de vitesses dans les différentes zones de température.

On distingue les huiles monograde, p. ex. SAE 10W, SAE 20W/20 (huiles d'hiver), SAE 30, SAE 50 (huiles d'été) et les huiles multigrades comme les SAE 15W-50 qui conviennent à une utilisation durant toute l'année. La classification dans les classes de viscosité SAE commence par 0 W et finit à 50.

Plus l'indice est élevé, plus l'huile est épaisse.

Les huiles multigrades sont des huiles de lubrification qui recouvrent plus d'une classe de viscosité; p. ex. les SAE 15 W-50 satisfont aux exigences des SAE 15W par -17,8 °C et les exigences de SAE 50 par + 98,9 °C, ce qui signifie un démarrage facilité par temps froid et une bonne stabilité thermique lors de températures élevées.

Additifs. Les huiles de base ne peuvent pas remplir les exigences d'une huile de lubrification pour moteurs et boîtes de vitesses. Pour cette raison, on y ajoute des composants chimiques (additifs). C'est ainsi que les caractéristiques de l'huile s'en trouvent améliorées et les effets non désirables diminués **(tableau 1).** Les additifs sont des matières tensio-actives ayant la capacité de réagir à l'eau ou aux acides, mais qui sont également solubles dans l'huile. La proportion d'additifs peut aller de moins de 1 % jusqu'à 25 %.

Les huiles HD (HD = Heavy Duty). Elles contiennent des **additifs dispersants,** qui enveloppent la saleté et la maintiennent en suspension, évitant ainsi la formation de boues. Actuellement, toutes les huiles contiennent des additifs dispersants.

La zone de température dans laquelle une huile pour moteurs peut être utilisée est représentée dans **l'ill. 1**.

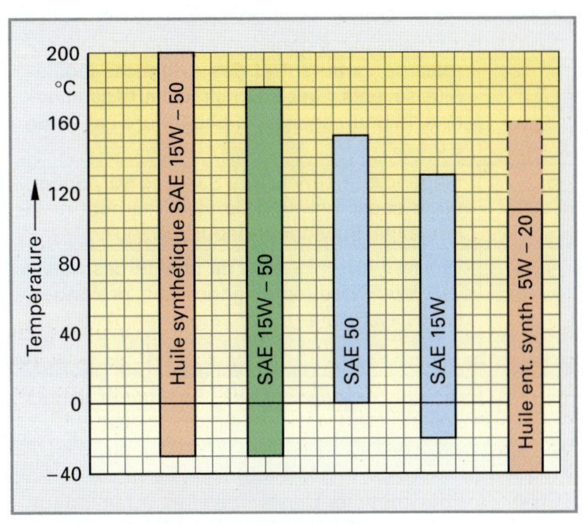

Illustration 1: Zones de températures pour les huiles pour moteurs

Classification des huiles pour moteurs selon API

L'**A**merican **P**etroleum **I**nstitut **(API)** a créé, en collaboration avec le SAE et l'**ASTM** (**A**merican **S**ociety for **T**esting and **M**aterials), un système de classification des huiles pour moteurs qui peut être complété sans modifier les classes existantes, c'est-à-dire que l'on peut y rajouter des classes avec des exigences plus élevées **(tableau 1, p. 36)**.

On distingue les classes S (classes de service), utilisées dans les stations-service et qui sont adaptées aux moteurs à essence. Les huiles pour moteurs Diesel sont classées dans les classes C (classes commerciales).

Tableau 1: Additifs (sélection)	
Additifs de protection contre le vieillissement Antioxydants	Ils empêchent l'oxydation (dégradation) de l'huile sous l'influence de la chaleur et de l'oxygène. Par la formation d'un film de protection, ils évitent également la corrosion sur les surfaces métalliques.
Additifs Extreme Pressure/ Antiwear (EP/AW)	Les additifs extrême pression forment sur les surfaces de glissement (paliers, pistons, cylindres, roues dentées) de fines couches glissantes qui empêchent le contact direct de surfaces métalliques entre elles.
Améliorants IV (indice de viscosité)	Ils sont composés de longues molécules d'hydrocarbures filiformes, agglomérées en forme de pelotes lorsque l'huile est froide. Lorsque celle-ci se réchauffe, elles se déroulent, formant ainsi un volume plus important, ce qui épaissit l'huile. L'indice de viscosité (IV) augmente.
Abaisseurs du point d'écoulement	Le point d'écoulement (Pourpoint) est la température à laquelle une huile peut encore juste s'écouler suite à un refroidissement dans des conditions bien définies. Le figeage de l'huile se produit en raison de la décomposition, puis de la formation de cristaux de paraffine. Les abaisseurs du point d'écoulement font que cette réaction a lieu à des températures plus basses.
Modificateurs du coefficient de frottement (Friction-Modifier)	Pour un fonctionnement correct des boîtes de vitesses synchronisées, des boîtes de vitesses automatiques ou des différentiels à blocage, un coefficient de frottement minimal bien défini est nécessaire. Cela est rendu possible par l'ajout de modificateurs de friction.

Tableau 1: Classes API, exigences	
Moteurs Otto	
SJ	Cette norme tient compte des nouvelles connaissances dans le domaine des économies de carburant et des exigences légales plus sévères. Grâce à une meilleure catalysation, le pourcentage de phosphore est limité à 0,1 %.
SL	Exigences supérieures à SJ en ce qui concerne la consommation, le vieillissement et la longévité. En vigueur depuis 07/2001.
SM	Dépasse les exigences de qualité des huiles SL. Intervalles de changement prolongés. HTHS > 3,5 mPa · s. Les teneurs en résidus de sulfate, en phosphore et en soufre étant réduites, ce type d'huile est approprié pour les moteurs à catalyseur NO_x. En vigueur depuis 2004.
Moteurs Diesel	
CG-4	Pour moteurs Diesel utilitaires à faible taux d'émissions et à utilisation longue durée. Peut être utilisée à la place des huiles API CD, CE et CF-4.
CH-4	Pour des intervalles de changement d'huile extrêmement longs. Protection contre l'usure due à la rouille.
CI-4	Pour moteurs Diesel à haut régime avec recyclage des gaz d'échappement.
CJ-4	Pour moteurs Diesel à haut régime avec filtre à particules respectant les valeurs d'émissions en vigueur depuis 2007.

Classification des huiles pour moteurs selon ACEA

Les nouvelles spécifications de l'ACEA (classes de performances **tableau 2)** sont en vigueur depuis janvier 1996.

L'ACEA (**A**ssociation des **C**onstructeurs **E**uropéens de l'**A**utomobile) décrit les huiles pour moteurs devant être utilisées dans les moteurs à essence et Diesel des voitures et des véhicules utilitaires. Elles sont réparties en 4 groupes de performances, p. ex. les huiles pour:

- moteurs à essence pour voitures ACEA A1, A3 et A5;
- moteurs Diesel de voitures ACEA B1, B3, B4 et B5;
- moteurs Diesel et Otto de voitures avec systèmes de recyclage des gaz d'échappement ACEA C1, C2, C3 et C4. Dans ces huiles, la teneur en **C**endres de **Su**lfate, **P**hosphore et **S**oufre **(CSPS, SAPS** en anglais**)** est sévèrement limitée. Selon le pourcentage des produits susmentionnés, ces huiles sont classifiées en low CSPS (≤ 0,5 %) ou en mid CSPS (≤ 0,8 %);
- moteurs Diesel pour véhicules utilitaires ACEA E2, E4, E6, E7 et E9 .

Les chiffres situés derrière les lettres caractérisent des propriétés supplémentaires des huiles qui sont définies par des normes. Toutes les huiles sont soumises aux mêmes exigences en matière de formation de mousse et de compatibilité avec les joints d'étanchéité.

Les spécifications des huiles indiquées par les fabricants doivent être impérativement respectées afin d'éviter tout dommage au moteur ou au système d'injection.

Tableau 2: Classes de performances ACEA

Classe	Exigences	Utilisation
A1 B1	Peu d'exigences sévères en termes de stabilité au cisaillement, de perte par évaporation.	Huiles à haut potentiel d'économie de carburant (≥ 2,5 %). A cause de leur faible viscosité HTHS, ces huiles ne doivent être utilisées que pour des moteurs jugés adéquats par le fabricant.
A3 B3 B4	Particulièrement stables au cisaillement et faible perte par évaporation.	Huiles à très haute résistance au cisaillement à hautes températures et à régime élevé. Les huiles B4 sont particulièrement indiquées pour les moteurs Diesel à injection directe.
A5 B5	Huiles à faible perte par évaporation en comparaison des huiles A1/B1.	Huile légère permettant une économie de carburant allant jusqu'à 2,5 % (comparée avec une huile 15W-40 de référence dans un moteur de test).
C1 C2 C3 C4	C1 low SAPS, C2 mid SAPS, C3 mid SAPS, C4 low SAPS C1/C2 stabilité au cisaillement réduite. C3/C4 stabilité au cisaillement accrue.	Recommandées, voire prescrites pour les moteurs de poids lourds (moteurs Euro-IV), avec filtre à particules, catalyseur NO_x, catalyseur à 3 voies.
E2 E4 E6 E7 E9	Toutes les huiles E satisfont aux mêmes exigences en matière de stabilité au cisaillement, viscosité HTHS et perte par évaporation. E6/E9 sont même des huiles CSPS. E7 et E6 affichent une teneur en sulfate autorisée ≤ 2 %.	E2 – intervalles moyens de changement d'huile. E4 – intervalles de changement d'huile: 100 000 km. E6/E9 appropriées pour moteurs à recyclage des gaz d'échappement, filtre à particules et catalyseur SCR E7 – appropr. pour les moteurs Diesel sans filtre à particules.

Perte par évaporation. Afin de prévenir le dépôt de calamine sur les pistons et les soupapes, la perte par évaporation des huiles A1/A et B1/B ne doit pas dépasser 13 à 15 %. La perte par évaporation est mesurée pendant une heure à une température d'huile de 250 °C.

Plus l'huile de base utilisée est fluide, plus les pertes par évaporation augmentent avec la température de fonctionnement. Cela provoque des dépôts de calamine, mais aussi une consommation d'huile plus élevée.

Huiles pour boîtes de vitesses

Les huiles pour boîtes de vitesses ont des exigences différentes de celles des huiles pour moteurs:

- protection contre l'usure des engrenages et des surfaces de roulement des paliers. En particulier dans les engrenages hypoïdes, le film de lubrification ne doit pas être déchiré par l'importante pression exercée sur les dents, ce qui produirait une augmentation de l'usure;
- comportement de frottement différent. Dans les boîtes de vitesses synchronisées, le film d'huile doit pouvoir être déchiré afin de permettre la synchronisation;
- protection contre la dégradation pour toute la durée de vie;
- compatibilité avec les joints (p. ex. avec les élastomères).

Outre les classifications API, pour les huiles de boîtes de vitesses on utilise aussi les catégories SAE **(tableau 1)**. Les classes SAE ne sont pas comparables avec celles des huiles pour moteurs, la viscosité d'une huile pour boîtes de vitesses SAE 80 correspond à celle d'une huile pour moteur SAE 20.

Tableau 1: Classes de performances pour les huiles de boîtes de vitesses

Boîtes de vitesses manuelles, couple conique hypoïde utilisation normale	API GL4	SAE 75, 80, 90
Boîtes de vitesses manuelles (peu critiques lors de la synchronisation, couple conique hypoïde désaxé)	API GL5	SAE 80, 90, 140 SAE 75W SAE 80W-90 SAE 85W-140

Les huiles pour boîtes de vitesses à faible friction. Ce sont des huiles multigrades très liquides avec un indice de viscosité élevé, p. ex. SAE 75 W - 90. Par l'adjonction de modificateurs, le coefficient de frottement est diminué, ce qui permet un accouplement facilité et des avantages d'utilisation.

Huiles pour ponts moteurs. Des huiles avec fort taux d'additifs et grande résistance à la charge sont nécessaires, en particulier pour les couples coniques hypoïdes, afin que le film lubrifiant entre les dents ne soit pas déporté. On utilise des huiles LS qui, en limitant le glissement, contribuent à l'effet de blocage automatique entre les lames de friction.

Huiles pour boîtes de vitesses automatiques ATF (**A**utomatic **T**ransmission **F**luid). Par rapport aux huiles de boîtes de vitesses manuelles, elles doivent remplir des exigences supplémentaires:

- lubrification d'engrenages planétaires, roues libres;
- commandes de freins et d'embrayages;
- transmission du couple de force de la pompe à la turbine;
- indice de viscosité élevé sur une plage de températures étendue.

Les huiles ATF sont des huiles pour boîtes de vitesses à basse viscosité comparables aux huiles SAE 75W, mais avec un indice de viscosité supérieur et un point d'écoulement se situant au-dessous de -40 °C. La viscosité est décrite mais pas prescrite dans les spécifications.

Il n'existe pas de normes unifiées pour les huiles ATF: les exigences minimales sont définies dans les spécifications des constructeurs d'automobiles (p. ex. Dexron III de GM ou Mercon de Ford).

Il faut impérativement respecter les prescriptions d'autorisation des constructeurs d'automobiles.

Graisses de lubrification

Les graisses de lubrification sont composées d'huile et d'agents épaississants. Lors de l'épaississement, il se forme une structure spongieuse dans laquelle l'huile est emmagasinée et restituée en cas de besoin.

Les graisses de lubrification résultent du foisonnement des agents épaississants dans l'huile.

Structure des graisses de lubrification

Huiles de base. Comme pour les huiles pour moteurs, on utilise de simples raffinats, des huiles d'hydrocarbures craqués ou des hydrocarbures synthétiques (PAO). Si la graisse doit être biodégradable, on utilise des esthers synthétiques ou de l'huile de colza.

Agents épaississants. On utilise des épaississants à base de savon, également appelés savons métalliques, tels que le savon au lithium, le savon calcaire et le savon à la soude, ainsi que des produits épaississants sans savon comme des gels ou de la bentonite.

Selon le type d'agent épaississant utilisé, la température et la viscosité de l'huile de base, on obtient des graisses de lubrification plus ou moins consistantes (rigidité).

Choix des graisses de lubrification

Ce choix est fonction des températures d'utilisation indiquées, ainsi que de la charge appliquée, p. ex. pour un palier. En cas de températures élevées, certaines graisses deviennent tendres et s'écoulent. Le point de température à partir duquel les graisses se liquéfient est le point de goutte. Il dépend du type de savon de base utilisé **(tableau 2)**.

Tableau 2: Caractéristiques des graisses de lubrification

Base de savon	Point de goutte °C	Résist. à l'eau	Utilisation
Calcium (graisse de savon calc.)	jusqu'à 200	oui	Graisse
Sodium (gr. de savon à la soude)	120...250	non	Graisse pour palier à roulem.
Lithium (gr. de savon de lithium)	100...200	oui	Graisse à usage multiple

1

Graisse de savon de lithium. Type de graisse de lubrification le plus courant. Résistante à l'eau et à la charge thermique, utilisation entre -20 °C et 130 °C.

Graisse de savon calcaire. Résistante à l'eau, peu résistante à la charge thermique, utilisation entre -40 °C et 60 °C.

Graisse de savon à la soude. Non résistante à l'eau, température max. d'utilisation 100 °C.

Graisse pour hautes températures. Utilisable à des températures prolongées supérieures à 130 °C. On distingue:

- *les graisses de savon complexes,* dont la base est principalement formée de savons métalliques Al, Ca ou Li (utilisation dans les axes des véhicules utilitaires);
- *les graisses à base de gel, de bentonite,* dont la base est constituée d'agents épaississants sans savon (utilisation comme graisses d'engrenages).

Les graisses de lubrification EP. Elles supportent de hautes pressions et contiennent des composés de soufre, de phosphore ou de plomb.

Les graisses de lubrification EM. Elles contiennent du bisulfure de molybdène et doivent garantir de bonnes propriétés de fonctionnement à sec, même en cas de perte de lubrifiant.

Consistance. C'est la résistance d'une graisse à la déformation. C'est la profondeur de pénétration dans la graisse d'une boule aux normes définies qui permet la répartition dans les diverses classes NLGI (**N**ational **L**ubricating **G**rease **I**nstitute) 000, 00, 0, 1, 2, 3, 4, 5.

Consistance	Propriétés, utilisation
000 ... 1	Très tendre, graisse liquide, p. ex. pour système de lubrification central
2 ... 3	Tendre, graisse de lubrification pour tous les autres syst. de lubrification
4 ... 5	Solide, graisse pour pompe à eau

Identification des graisses de lubrification

Exemple: K PF 2 K – 30

K graisse pour paliers à rouleaux (B pour boîte de vitesses)
PF P pour additifs EP/AW,
F pour graisses solides p. ex. MoS_2
2 Classe NLGI 2 = graisse de lubrification
K Température d'utilisation supérieure 120 °C
– 30 Température d'utilisation inférieure en °C.

Questions de révision

1 **Comment sont fabriquées les huiles de base pour les moteurs?**
2 **Quelles sont les fonctions des huiles de lubrification?**
3 **Qu'entend-on par viscosité des huiles?**
4 **Que signifie huiles multigrades?**
5 **Que sont les additifs?**
6 **Qu'entend-on par huiles HD?**

1.8.7 Produits antigel

En règle générale, le liquide de refroidissement est un mélange d'eau le plus pauvre en calcaire possible, de produit antigel et d'additifs pour la protection contre la corrosion et pour la lubrification (p. ex. des vannes de chauffage). Le liquide de refroidissement doit être autant que possible dépourvu d'impuretés, étant donné que le calcaire, la saleté et la graisse diminuent la conductibilité thermique et peuvent même arriver à obturer les conduites et les canaux.

Avant le début de la saison froide, la part d'antigel doit être adaptée aux valeurs prescrites, afin que l'eau ne puisse pas geler et provoquer de graves dégâts au moteur et au radiateur. Le liquide de refroidissement contient en général entre 40 % et 50 % d'antigel. La proportion du mélange définissant la température de congélation se mesure au moyen d'un micromètre (aéromètre) ou d'un réfractomètre **(ill. 1)**.

La mesure se base sur la densité du produit, qui est proportionnelle au mélange.

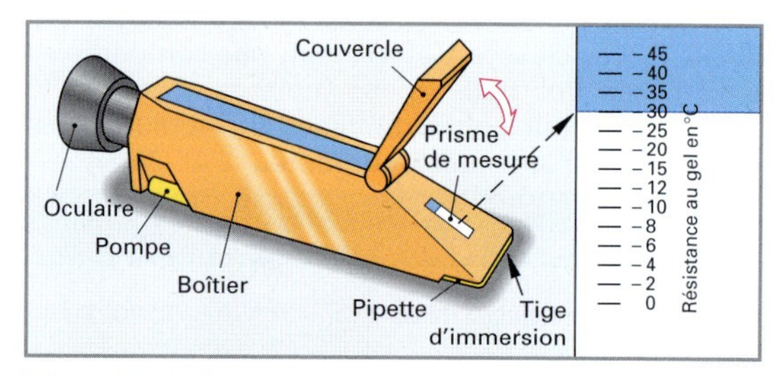

Illustration 1: Réfractomètre

Les antigels sont principalement composés d'alcool éthylénique qui permet d'abaisser la température de congélation. Afin de protéger les différentes parties métalliques du moteur et du système de refroidissement, on ajoute aussi des inhibiteurs de corrosion. Ces différents produits peuvent s'influencer mutuellement et provoquer des corrosions électrochimiques risquant de détruire les parties métalliques. C'est pourquoi il est conseillé d'utiliser des antigels recommandés par le constructeur.

Le liquide de refroidissement doit être changé selon les prescriptions du fabricant, récupéré par catégories de produits et éliminé écologiquement.

Questions de révision

1 **A partir de quels composants le liquide de refroidissement est-il élaboré?**
2 **Quelles sont les exigences imposées au liquide de refroidissement?**
3 **Au moyen de quels appareils de mesure peut-on déterminer la proportion de mélange et la température de congélation?**
4 **De quoi est principalement composé un antigel?**
5 **Quelles sont les règles à observer lors de l'élimination du liquide de refroidissement?**

1.8.8 Réfrigérants

Les systèmes de climatisation des véhicules automobiles fonctionnent avec des gaz réfrigérants. Les produits réfrigérants utilisés jusqu'ici étaient constitués d'hydrocarbure fluoré chloruré (CFC), comme p. ex. le fréon (R12). Ils étaient particulièrement adaptés aux climatisations car ils étaient inodores, ininflammables, faiblement toxiques sous forme gazeuse. En outre, ils n'attaquaient pas les métaux. Le chlore qu'ils contenaient étant toutefois responsable de la destruction de la couche d'ozone, ils ont été remplacés par des produits de substitution comme le R134a ou le R22, qui ont les mêmes propriétés physiques et chimiques que le R12.

Le R22 est un CFC partiellement halogéné qui est toutefois encore dangereux pour la couche d'ozone. C'est pourquoi les climatiseurs fonctionnant avec des CFC n'ont plus été fabriqués à partir du 1. 1. 2000. Le R134a, qui est un tétrafluorméthane, ne contient pas de chlore: il n'est donc pas dangereux pour la couche d'ozone.

Huile frigorigène. Pour assurer la lubrification des pièces en mouvement dans le compresseur, une huile frigorigène particulière est nécessaire. Une partie de cette huile (environ 25 %) se mélange avec le réfrigérant et circule constamment dans le circuit. Les huiles frigorigènes conventionnelles pour le R12 et le R22 proviennent d'huiles minérales, alors que des huiles synthétiques (huiles de polyalkylène-glycol, huiles PAG) ont été développées pour le R134.

Les huiles frigorigènes conventionnelles ne se dissolvent pas dans le R134a et ne doivent pas être utilisées conjointement. Les huiles PAG sont hygroscopiques. Les récipients doivent toujours être bien fermés.

Règles de travail

- Eviter tout contact avec les réfrigérants liquides.
- Porter des lunettes de protection.
- Les réfrigérants sous forme gazeuse ne doivent pas être libérés à l'air libre.
- Le gaz étant plus lourd que l'air, danger d'asphyxie dans les fosses de montage.
- Ne pas exposer les bouteilles de liquides réfrigérants à des températures supérieures à 45 °C.

Vidange d'un circuit

- Les appareils de service pour R12 et R 134a doivent être utilisés séparément.
- Le réfrigérant doit être récupéré à l'aide d'une station d'aspiration ou d'une installation de récupération.
- Station d'aspiration: le réfrigérant est pompé dans une bouteille d'évacuation, l'élimination sera assurée par le vendeur de produits réfrigérants.
- Installation de récupération: le réfrigérant est nettoyé (élimination de l'huile et de l'humidité) puis récolté dans un cylindre de remplissage pour être ensuite réutilisé.

1.8.9 Liquide de frein

Les caractéristiques suivantes d'un liquide de frein sont requises :

- point d'ébullition élevé (jusqu'à env. 300 °C);
- point de figeage bas (environ à -65 °C);
- viscosité constante;
- chimiquement neutre par rapport aux métaux et aux caoutchoucs;
- lubrification des parties en mouvement dans le cylindre de roue et le cylindre de frein;
- miscible avec des liquides de frein similaires.

Le point d'ébullition fixé dans les **normes DOT Depart**ment **of T**ransportation (Ministère américain des transports) suffit pour éviter la formation de bulles de vapeur résultant de la chaleur développée lors du freinage.

Points d'ébullition minimum pour les liquides de frein: **DOT 3** 205 °C, **DOT 4** 230 °C, **DOT 5.1** 260 °C.

Etant donné que les liquides de frein sont composés d'oxydes de polyéthylène, ils sont hygroscopiques. Plus la teneur en eau est élevée, plus le point d'ébullition sera bas. Le point d'ébullition humide **(ill. 1)** désigne le point d'ébullition atteint avec une teneur en eau de 3,5 %.

Pour les liquides de frein DOT 3, le point d'ébullition humide est déjà dangereux à partir de 140 °C. La majeure partie de l'eau est absorbée par les tuyaux de frein, une fraction d'eau d'environ 3,5 % est présente dans le liquide après deux ans, à la suite de quoi le niveau dangereux du point d'ébullition humide est atteint. La chaleur dégagée lors du freinage produit des bulles de vapeur qui empêchent la transmission de la pression de freinage: le frein est alors hors service. Le liquide de frein doit ainsi être changé au plus tard après 2 ans.

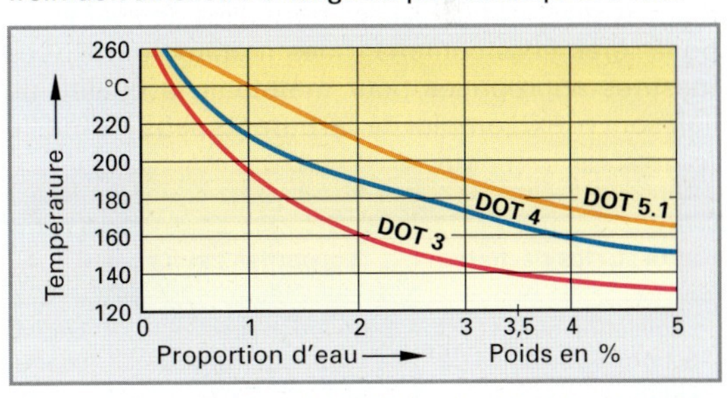

Illustration 1: Courbes d'ébullition des liquides de freins

Afin de garantir la circulation du liquide de frein dans les valves magnétiques du système ABS même lors de basses températures, la viscosité est mesurée et établie par -40 °C. Le liquide de frein DOT 5.1 offre, par rapport à son point d'ébullition humide et à sa viscosité, une plus grande marge de sécurité.

Le liquide de frein est particulièrement toxique et agit comme un solvant sur les laques. Lors du mélange et du changement de liquides de frein, il faut respecter les prescriptions du fabricant.

2 Protection de l'environnement et du travail dans une exploitation

2.1 Protection de l'environnement dans une exploitation automobile

2.1.1 Atteintes à l'environnement

Les systèmes techniques (comme p. ex. la production industrielle ou l'exploitation de véhicules automobiles) portent une atteinte croissante à notre environnement par l'émission de gaz polluants, de poussières, de bruit, de substances chimiques et par la pollution des eaux. Ces nuisances à l'environnement se traduisent par:

- la mise en danger de la santé de l'homme et des animaux, p. ex. par des substances cancérigènes;
- la destruction de la flore, p. ex. la mort des forêts;
- la destruction des biens matériels, p. ex. la dégradation de bâtiments en grès;
- l'encrassement intensif, p. ex. par les suies;
- des atteintes aux couches atmosphériques entraînant des changements climatiques;
- la consommation irréversible de matières premières (ressources).

La pollution de l'air est principalement causée par les processus de combustion de matières polluantes. Les matières nocives qui polluent particulièrement l'air sont le monoxyde de carbone (CO), les hydrocarbures non brûlés (HC), l'oxyde nitrique (NO_X), le dioxyde de soufre (SO_2), les particules de suie et les poussières fines contenant des métaux lourds. Les mesures appropriées pour maintenir la qualité de l'air sont p. ex. l'emploi de carburants sans plomb, le montage de catalyseurs Diesel et l'utilisation de filtres à particules pour les moteurs Diesel.

La pollution des eaux est principalement causée par l'écoulement des eaux usées des ménages et de l'industrie. Les eaux usées ménagères contiennent surtout des matières fécales et des lessives. Les eaux usées industrielles peuvent être polluées par des produits nocifs ou des résidus d'huiles minérales. Ces polluants doivent être éliminés dans des installations de traitement propres aux activités des exploitations, p. ex. par un séparateur d'huile, ainsi qu'un récupérateur de boues dans une exploitation de réparation d'automobiles, ou éliminées dans des installations d'épuration des eaux pour les stations de lavage pour automobiles et ceci avant que ces eaux usées ne s'écoulent avec les eaux usées ménagères dans les stations d'épuration publiques. Seules des eaux ainsi traitées peuvent ensuite être rejetées dans les cours d'eau naturels.

La pollution des sols et des nappes phréatiques est causée par l'infiltration de produits à base d'huile minérale (p. ex. huiles usagées), de produits de nettoyage chimiques, de métaux lourds (p. ex. le plomb), de produits chimiques toxiques, ainsi que par une surconsommation d'engrais et de produits phytosanitaires.

2.1.2 Elimination

Cadre légal de la protection de l'environnement

Afin de préserver l'environnement et de réduire le plus possible le rejet de produits toxiques dans la nature, des lois sont en vigueur qui fixent p. ex., à 120 g/dm³ la valeur limite des émissions de polluants par les moteurs à combustion. Les lois sur la protection des eaux

Tableau 1: Droit environnemental

Loi sur les déchets	Loi sur les eaux	Loi sur les produits chimiques	Loi sur le trafic	Loi sur la protection du travail
Législation sur le cycle économique et les déchets	Législation sur le régime hydrique	Législation sur les produits chimiques	Législation sur les marchandises dangereuses	Législation sur la sécurité des appareils
Réglementation sur les huiles usagées Réglementation sur les déchets exigeant un contrôle pour recyclage Réglementation sur les déchets exigeant un contrôle particulier Réglementation pour les véhicules usagés	Réglementation concernant le stockage de liquides dangereux pour l'eau Réglementation concernant les installations fonctionnant avec des produits dangereux pour l'eau	Réglementation concernant les produits dangereux	Réglementation routière pour les marchandises dangereuses	Réglementation sur les liquides inflammables
Documentation technique sur les déchets		Règles techniques pour les matériaux dangereux	Directives techniques	Règles techniques pour les liquides inflammables

obligent également les garages et les ateliers à s'équiper de récupérateurs d'essence et de séparateurs de boues et à procéder à un tri séparé des déchets. Les lois et ordonnances suivantes **(p. 40, tableau 1)** forment les bases principales pour la protection de l'environnement dans une exploitation automobile.

Législation sur le cycle économique et les déchets
Elle réglemente l'élimination en bonne et due forme des déchets et des huiles usagées. Selon cette législation, les déchets sont toutes les choses dont le propriétaire veut se débarrasser et qui doivent être éliminées dans le respect de l'environnement. Cette législation comprend l'élimination des déchets mais aussi leur recyclage, emmagasinage, collecte, transport, conditionnement et stockage final.

Les principes de base suivants sont fixés **(ill. 1)**:

1. **les déchets doivent être évités,** resp. réduits;
2. **les déchets doivent être recyclés**, dans la mesure du possible;
3. **les déchets doivent être séparés et triés**, quand il n'est pas possible de les éviter ou de les recycler.

Les déchets — **sont à éviter**: les ressources doivent être ménagées, p. ex. éviter les emballages inutiles

si ce n'est pas possible — **les réutiliser/valoriser**: en matière, p. ex. par recyclage ou valorisation énergétique (prod. chal.)

si ce n'est pas possible — **les éliminer**: stockage final, p. ex. résidus de dessablement

Illustration 1: Bases de la législation sur les déchets

La loi sur le cycle économique et les déchets différencie deux types de déchets **(ill. 2)**.

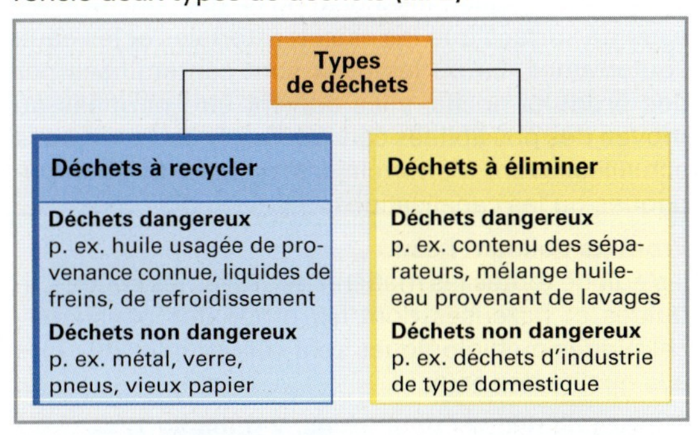

Illustration 2: Répartition des types de déchets selon la loi sur les déchets

Déchets à recycler. Il s'agit de matériaux qui peuvent être réutilisés et ainsi réinsérés dans le cycle économique, p. ex. les huiles usagées de source connue, le liquide de frein, les métaux non ferreux.
Outre l'utilisation de la matière, recyclage signifie aussi exploitation énergétique. En effet, les déchets sont incinérés pour le bien de la collectivité et la chaleur ainsi générée est utilisée pour un usage spécifique ou distribuée à des tiers.

Déchets à éliminer. Il s'agit de matériaux qui ne peuvent pas être réutilisés (résidus boueux, huiles usagées de source inconnue, mélanges d'huiles et d'eaux issus du nettoyage de pièces). Ils doivent être éliminés pour le bien de la collectivité.

Les déchets à recycler et les déchets à éliminer sont en outre subdivisés en déchets dangereux et en déchets non dangereux **(ill. 2)**.

Déchets dangereux. Ce sont les déchets répertoriés dans le catalogue européen des déchets et identifiés par le signe (*). Les déchets dangereux doivent être traités selon les prescriptions des législations y relatives.

Déchets non dangereux. Ce sont les déchets qui peuvent être éliminés dans les installations appropriées sans suivi particulier. L'autorité responsable peut toutefois obliger l'éliminateur à tenir un registre des déchets traités.

Catalogue européen des déchets

Ce catalogue identifie chaque type de déchet au moyen d'un code à six chiffres reconnu dans toute l'Europe. Les déchets dangereux sont en outre signalés par un astérisque (*) figurant après le numéro de déchet **(tableau 1)**.

Tableau 1: déchets dangereux et non dangereux (extrait du catalogue EU)

Numéro de déchet	Type de déchet
130204 *	Huiles moteur et huiles de boîtes de vitesses (non récupérables)
130502 *	Contenu des séparateurs d'essence (boues)
140603 *	Nettoyeurs à froid
160103	Vieux pneus
160113 *	Liquides de freins
160119	Matières synthétiques
160601 *	Batteries au plomb
160107 *	Filtres à huile

Législation sur la récolte des déchets (ill 1, p. 42)

Elle régit l'élimination conforme des déchets dangereux.

Procédure de base. Elle requiert:

- une **déclaration de responsabilité** du producteur des déchets et comprend une **analyse de déclaration;**
- une **déclaration de prise en charge** de la part de l'entreprise chargée de l'élimination;
- une **attestation de l'instance responsable** concernant la conformité de la procédure d'élimination.

Procédure privilégiée. C'est la procédure appliquée lorsque l'entreprise chargée de l'élimination est une entreprise officiellement reconnue par les autorités. Dans ce cas, l'attestation de l'instance responsable n'est pas nécessaire.

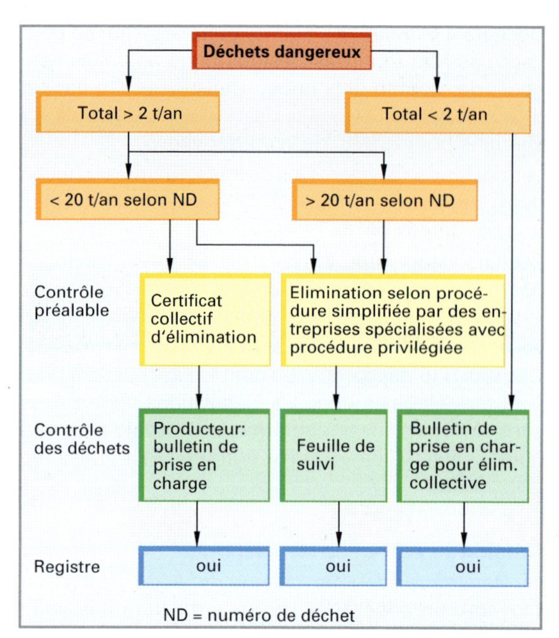

Illustration 1: Procédure de certification d'élimination des déchets selon les normes européennes

Certificat collectif d'élimination. Selon cette procédure, l'entreprise qui collecte les déchets doit produire un certificat collectif d'élimination qui se présente sous forme d'un bulletin de prise en charge (jaune). Le bulletin de prise en charge blanc informe le producteur des déchets que l'entreprise d'élimination a récolté les déchets mentionnés pour les éliminer. Cette procédure permet de collecter au maximum 20 t de déchets (en fonction du numéro d'identification) par année et par entreprise active dans le secteur automobile.

Document de suivi. Il est obligatoire pour la prise en charge de plus de 20 t de déchets dangereux par année. Ce formulaire, dûment signé, mentionne: le nom du producteur des déchets (le remettant), de l'entreprise qui les prend en charge (le transporteur), de l'entreprise chargée de leur élimination (le preneur) ainsi que, entre autres, la classification de chacun des types de déchets dangereux récoltés et leurs numéros d'identification.

Certaines feuilles de ce formulaire doivent être envoyées aux autorités compétentes et d'autres conservées dans le registre des parties concernées.

Registre. Il s'agit de l'ensemble des certificats, tels que certificats de prise en charge, feuilles de suivi, etc., que chacune des parties concernées par l'élimination des déchets doit conserver durant 3 ans. Depuis le 1.4.2010, ce registre doit être tenu sous forme informatisée.

Réglementation sur les huiles usagées

Les huiles usagées de source connue sont p. ex. les huiles de moteurs ou de boîtes de vitesses qui résultent d'un changement d'huile effectué de manière correcte dans un atelier mécanique automobile ou dans une station-service. Elles sont stockées selon les prescriptions dans des réservoirs prévus à cet effet. Ces huiles usagées sont classées dans la catégorie de danger A III (valable pour des liquides ayant un point d'inflammation situé entre 55 et 100 °C).

Les huiles usagées de source inconnue sont des huiles usagées vidangées par un particulier pouvant être remises à des ateliers mécaniques automobiles, des stations-service ou des centres de collecte pour huiles usagées. Dans ce cas, il n'est pas exclu que ces huiles usagées soient polluées par de l'essence, des solvants, du liquide de frein, etc. Pour cette raison, ces huiles appartiennent à la classe de danger A I (valable pour les liquides avec un point d'inflammation inférieur à 21 °C) **(ill. 3)**.

> Les huiles usagées de source connue et inconnue ne doivent en aucun cas être mélangées.

La réglementation sur les huiles usagées mentionne également lesquelles peuvent être reconditionnées. Les huiles usagées avec une part de biphénylène surchloré dépassant 20 mg par kg ou contenant une part d'halogène supérieure à 2 g par kg ne doivent pas être reconditionnées. Elles doivent être éliminées, c'est-à-dire incinérées à haute température.

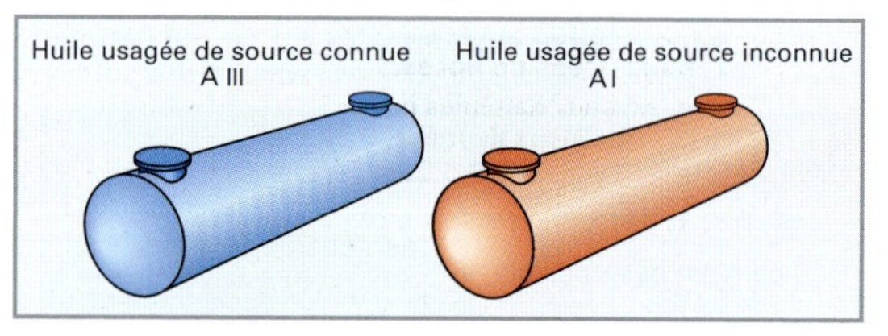

Illustration 3: Répartition des huiles usagées selon la réglementation sur les huiles usagées

Législation sur le régime des eaux

Elle représente la base de toutes les lois et réglementations en matière de protection des eaux. La loi sur le régime des eaux régit l'utilisation des eaux (au sens économique) aussi bien en ce qui concerne les eaux de surface que les eaux territoriales et les eaux souterraines. Là où les eaux sont contaminées par des produits nocifs, elles doivent être purifiées au moyen des possibilités concédées par les techniques actuelles, avant d'être réinjectées dans les eaux publiques ou les canalisations.

Produits polluant l'eau

Il s'agit de toutes les matières sous formes solides, liquides et gazeuses dont les propriétés physiques, chimiques ou biologiques sont susceptibles de nuire à la qualité des eaux.

Classes de risques pour les eaux (tableau 1)

Elles indiquent à quel point les différentes matières peuvent mettre la qualité de l'eau en danger.

Tableau 1: Classes de risques pour les eaux
Matières fortement dangereuses pour l'eau (cl. 3) p.ex huiles usagées, huiles de lubrification, solvants, essence
Matières dangereuses pour l'eau (cl. 2) p. ex. liquide de freins, carburant Diesel, mazout
Matières légèrement dangereuses pour l'eau (cl. 1) p. ex. acide de batterie, liquide de réfrigération, pétrole

Prescriptions pour les exploitations automobiles. Des prescriptions particulières en matière de stockage doivent être respectées, p. ex. les batteries usagées pleines d'acide doivent être entreposées dans des cuves en plastique, les vieilles peintures et les laques usagées dans des récipients métalliques ou des tonneaux cerclés. Les huiles usagées d'origine inconnue doivent être stockées dans des récipients à double paroi étanche.

Les eaux usées sont subdivisées en eaux nécessitant un traitement et en eaux ne nécessitant aucun traitement **(ill. 1)**.

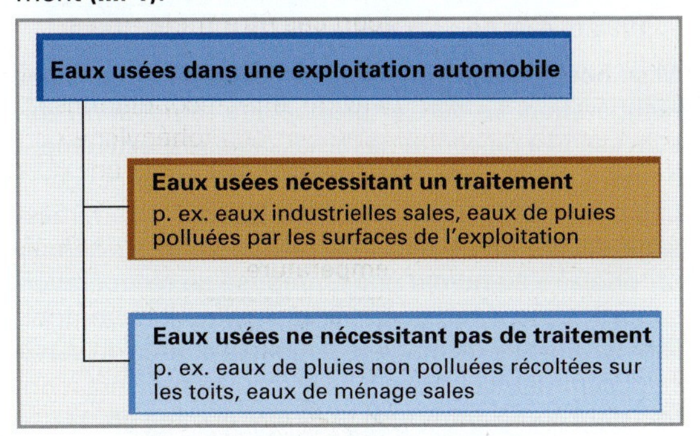

Illustration 1: Répartition des eaux usées

Les eaux usées nécessitant un traitement peuvent avoir été salies par des huiles minérales, des carburants, des produits de nettoyage et des matériaux solides tels que des copeaux de métal, des particules de laque, etc. Avant qu'elles ne soient déversées dans les égouts ou mélangées à des eaux de surface, elles doivent être nettoyées. Cela peut être fait au moyen d'un séparateur de boues et d'un séparateur d'essence **(ill. 2)**.

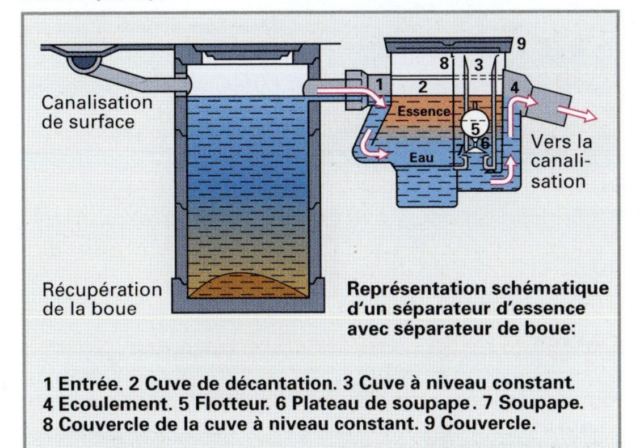

Illustration 2: Séparateur de boues et d'essence

Les matières solides contenues dans les eaux usées sont précipitées par décantation dans le séparateur de boue, alors que, dans le séparateur d'essence, les liquides légers, tels que les huiles ou les essences peuvent être séparés en raison de leur masse volumique inférieure à celle de l'eau.

Eaux usées ne nécessitant pas de traitement
Elles peuvent être acheminées sans traitement vers les égouts **(ill. 1)**.

Législation sur les produits chimiques
Elle spécifie les caractéristiques des matières dangereuses ou des préparations qui peuvent mettre en danger la santé des hommes ou l'environnement **(tableau 1)**.

Tableau 1: Caractéristiques des matières dangereuses et classification selon la législation sur les produits chimiques

• danger d'explosion • comburant • hautement inflammable • légèrement inflammable • inflammable • très toxique • toxique • légèrement toxique • caustique	• irritant • sensibilisant • cancérigène • nuisible pour la fécondité • mutagène • ayant des effets nuisibles chroniques • dangereux pour l'environnement

Ordonnance sur les matières dangereuses
Elle réglemente l'utilisation des produits dangereux.

Les produits dangereux sont p. ex. les produits de nettoyage pour pinceaux, les solvants, les carburants, les acides.

Lors de l'utilisation de produits dangereux, les points suivants doivent être respectés:

- les produits dangereux doivent être identifiés;
- les produits dangereux doivent être utilisés selon les prescriptions;
- les produits dangereux doivent être stockés selon les prescriptions;
- les récipients dans lesquels sont stockés les produits dangereux ne doivent pas pouvoir être confondus avec des récipients pour denrées alimentaires;
- **ne conserver aucun solvant dans des bouteilles pour boissons;**
- les produits dangereux doivent être tenus à l'écart des personnes non autorisées et conservés sous clé.

2.1.3 Elimination de voitures usagées

Législation sur l'élimination des voitures usagées
Lorsque le propriétaire d'un véhicule met celui-ci définitivement hors service, il doit prouver au service des immatriculations ce qu'il est advenu du véhicule. Les prescriptions en la matière sont définies dans la législation sur l'élimination des véhicules usagés.

Les prescriptions de la **législation sur l'élimination des véhicules usagés** suivantes sont importantes lors de la mise hors service d'un véhicule:

- à la suite de la mise hors service définitive du véhicule, le dernier propriétaire doit présenter un **certificat de récupération** (formulaire rouge) au service des immatriculations **(ill. 1)**;
- les voitures usagées doivent être remises par le dernier propriéraire à un centre de récupération ou à une entreprise de récupération agréée. Ces centres délivrent un certificat de récupération au dernier propriétaire;
- l'acceptation de véhicules usagés et la remise du certificat de récupération y relatif peuvent aussi être assurées par un centre de récupération agréé, sur mandat d'une entreprise de récupération;
- la reconnaissance d'exploitations automobiles en tant que centres de récupération est décernée par l'association professionnelle compétente;
- si le dernier propriétaire d'un véhicule usagé met celui-ci hors service sans certifier sa récupération, il doit alors présenter une **déclaration d'affectation** (formulaire brun) pour le véhicule concerné. Cela peut être le cas, p. ex. , si c'est un véhicule de collection ou si, en raison d'une réparation de longue durée, le véhicule reste en possession de son propriétaire **(ill. 1)**.

Obligation librement consentie
Il s'agit d'une convention, basée sur une coopération volontaire, passée entre le législateur et 16 associations économiques. Son but est de garantir l'élimination de véhicules usagés en respectant l'environnement.
L'obligation librement consentie contient, entre autres, les points suivants:

- mise en place et développement d'une infrastructure complète pour la reprise et la récupération de véhicules usagés, ainsi que des pièces usagées issues de la réparation automobile;
- traitement des véhicules usagés respectueux de l'environnement (mise hors service et démontage);
- réduction des déchets à éliminer provenant des véhicules usagés par récupération et réutilisation des matières recyclables;
- reprise de tous les véhicules usagés, indépendamment du constructeur. Ceux-ci sont repris gratuitement s'ils ont été mis en circulation avant le 1er avril 1998 et s'ils ne sont pas âgés de plus de 20 ans.

Mise hors service définitive de véhicules usagés par récupération. Le dernier propriétaire remet son véhicule usagé à un centre de ramassage, respectivement à une entreprise de récupération, afin de procéder à une mise hors service définitive. Le centre de ramassage délivre un certificat de récupération au dernier propriétaire au nom d'une entreprise de récupération subordonnée. Avec ce certificat, il peut alors immobiliser le véhicule de manière définitive auprès du service des immatriculations. Le véhicule usagé sera alors transféré à une entreprise pour être éliminé **(ill. 1)**.

2.1.4 Recyclage

Un grand nombre de matériaux utilisés dans la fabrication des véhicules représentent une valeur économique importante: ils peuvent être réintroduits dans le cycle de production. De cette manière, les coûts de production des nouveaux véhicules et ceux de l'élimination des déchets peuvent être réduits **(tableau 1, page 45)**.

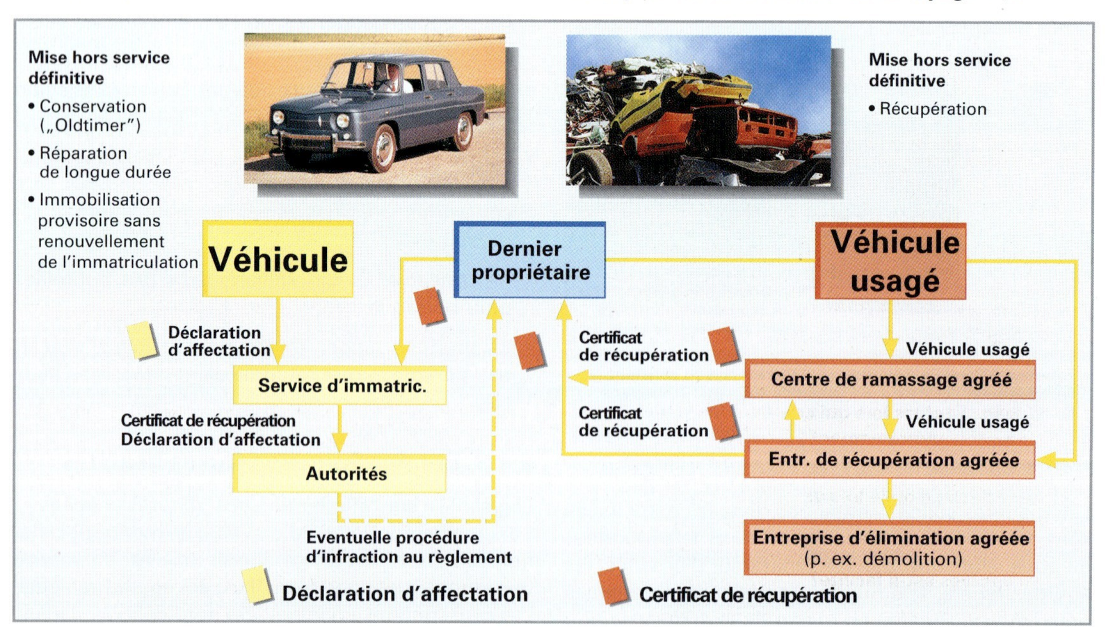

Illustration 1: Mise hors service définitive d'un véhicule usagé

Tableau 1: Source des matières premières des carcasses automobiles (% de la masse totale)

Fer et acier	70 %
Caoutchouc	9 %
Matières synthétiques	8 %
Verre	3 %
Aluminium	3 %
Cuivre, zinc, plomb	2 %
Autres métaux non ferreux	1 %
Divers	4 %

Ainsi p. ex. les pneus usagés peuvent être rechapés par vulcanisation à froid ou à chaud ou alors réduits en poudre. Leur carcasse, à base de corde, est transformée en plaques d'isolation phonique, tandis que le caoutchouc est utilisé pour les revêtements routiers. Les produits de refroidissement et le liquide de frein sont nettoyés et traités. Les boîtiers de batteries peuvent être transformés en granulés plastiques qui sont ensuite réutilisés dans la production de pièces moulées. Les acides de batteries sont nettoyés et réutilisés, alors que le métal issu des plaques de plomb est recyclé. Dans le domaine de l'économie des eaux usées d'une entreprise automobile, l'eau des installations de lavage pour voitures peut être traitée par un système de recyclage et réutilisée en grande partie en la réintroduisant dans le processus de lavage.

Les catalyseurs à recycler sont tout d'abord démantelés. Par un raffinage des corps ou des déchets en céramique, les métaux précieux (platine, rhodium) sont purifiés. Les scories céramiques sont utilisées sous forme de matériaux additifs dans l'industrie sidérurgique et dans la construction, alors que la ferraille récupérée est refondue.

Les pièces en plastique sont marquées par le fabricant de véhicules afin qu'elles puissent être récupérées selon et réutilisées selon un triage sélectif **(ill. 1)**.

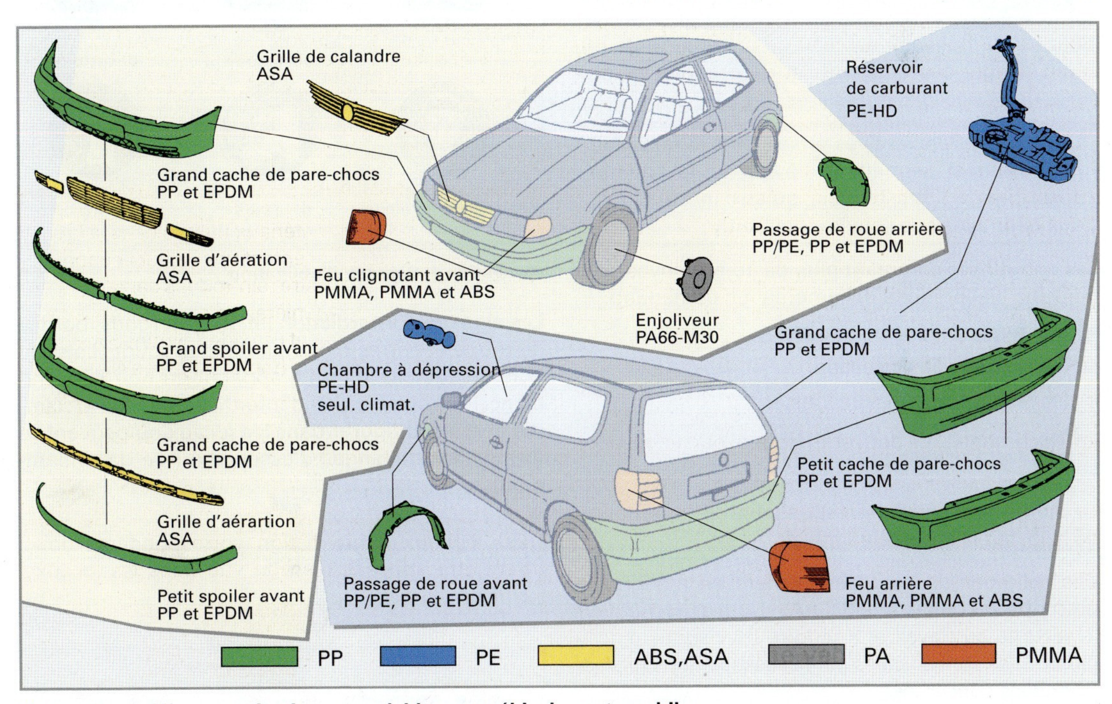

Illustration 1: Pièces en plastique recyclable pour véhicules automobiles

QUESTIONS DE RÉVISION

1. **Quelles sont les lois qui contiennent la législation sur l'environnement?**
2. **Quelles sont les trois catégories de déchets différenciées selon la loi sur le cycle économique et les déchets?**
3. **Par quoi le triage sélectif des pièces en plastique récupérées est-il facilité?**
4. **Par quoi distingue-t-on les déchets spéciaux selon la législation sur les déchets?**
5. **Dans quelles classes de risques pour les eaux les produits toxiques sont-ils répertoriés?**
6. **Quels sont les contenus définis dans la réglementation sur les véhicules usagés?**
7. **Quelle est la différence entre un certificat de récupération et une déclaration d'affectation?**
8. **Comment un catalyseur est-il recyclé?**

2

2.2 Sécurité au travail et prévention des accidents

La simple utilisation de machines et de systèmes techniques, ainsi que l'emploi de matières et de produits auxiliaires, représente déjà en soi un danger.

Les accidents, les maladies professionnelles et les affections dues à certains travaux sont provoquées par:

- ... des dispositifs de sécurité défectueux ou des prescriptions de sécurité non respectées (non-utilisation des outils appropriés comme le port de lunettes de protection en cas de soudure ou de meulage);
- ... l'effet chimique ou physique nocif, p. ex. des vapeurs de carburant, des vapeurs d'acides, des poussières fines dégagées lors du meulage ou du bruit.
- ... des efforts physiques excessifs, p. ex. le portage de lourdes charges.

Selon la loi sur la sécurité au travail et l'ordonnance sur la prévention des maladies et accidents professionnels, l'employeur est tenu de prévenir toute mise en danger des employés et de prendre les mesures de protection nécessaires.

Les mesures préventives prises dans le domaine professionnel permettent d'éviter toute atteinte aussi bien à l'être humain qu'aux installations, aux bâtiments et à l'environnement.

Les entreprises comptant plus de 10 employés sont tenues d'élaborer une documentation contenant:

- une appréciation des risques;
- les mesures de protection;
- les résultats des évaluations.

La documentation doit être signée par le responsable.

Le chargé de sécurité est responsable de l'application de la loi sur la sécurité au travail.

Des solutions de branches existent en matière de prescriptions de sécurité **(OLAA)** visant à promouvoir la sécurité au travail et à réduire les risques d'accidents. Elles sont édictées par les associations professionnelles concernées.

C'est p. ex. l'association professionnelle de la métallurgie qui est responsable des exploitations automobiles. Les prescriptions de sécurité doivent être connues dans chaque entreprise et affichées dans des endroits bien visibles.

Chaque employé est tenu de respecter scupuleusement les prescriptions de sécurité.

Des comportements contraires aux prescriptions de sécurité peuvent causer des blessures graves, voire mortelles. Ils peuvent en outre provoquer des maladies ainsi que de graves dommages aux biens et à l'environnement.

2.2.1. Signaux de sécurité

Ils sont destinés à améliorer la sécurité sur la place de travail. On distingue les signaux d'obligation, d'interdiction, de mise en garde et de sauvetage.

Les signaux d'obligation (ill. 1) sont ronds et de couleur blanche et bleue. Les symboles indiquent la mesure de protection obligatoire impérative. P. ex., lors de travaux à la tronçonneuse, il faut utiliser des mesures de protection pour les yeux et l'ouïe.

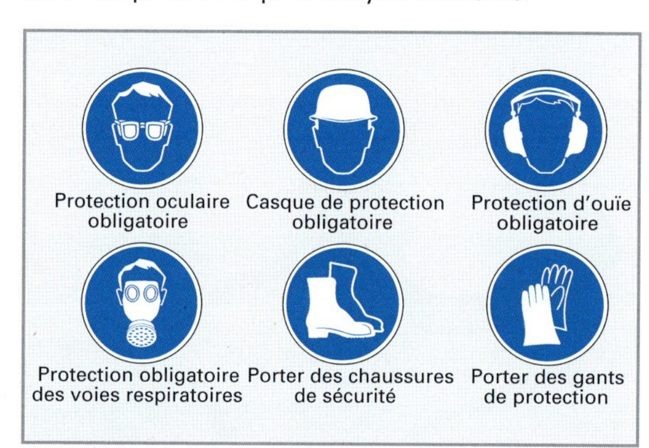

Illustration 1: Signaux d'obligation

Les signaux d'interdiction (ill. 2) sont ronds, bordés de rouge et barrés d'un trait oblique rouge. Le symbole de l'action interdite apparaît en noir sur fond blanc. P. ex, le panneau d'interdiction de feu et flamme libres doit figurer dans les locaux où peuvent se former des mélanges d'essence ou de gaz inflammables.

Les signaux d'interdiction correspondants doivent être apposés bien en vue dans les locaux concernés.

Illustration 2: Signaux d'interdiction

Les signaux de mise en garde (ill. 1) sont des panneaux triangulaires bordés de noir avec des symboles noirs sur fond jaune. Placés bien en vue, ils servent à identifier un environnement présentant un danger particulier. P. ex. les locaux où sont entreposés des acides caustiques pour batteries doivent être munis du signal de mise en garde correspondant.

Illustration 1: Signaux de mise en garde

Les signaux de secours (ill. 2) sont rectangulaires munis de symboles blancs sur fond vert. Les flèches indiquent les emplacements où se trouvent des moyens de sauvetage, p. ex. des civières. Elles indiquent aussi les voies et les directions de fuite, permettant de quitter la zone de danger rapidement et sûrement.

Les voies de fuite doivent toujours être libres, elles ne doivent jamais être bloquées par des objets ou par des portes fermées ou s'ouvrant dans le sens contraire à celui de la fuite.

Illustration 2: Signaux de secours

2.2.2 Causes d'accidents

Malgré toutes les précautions et les mesures de sécurité, il est impossible d'éviter totalement les accidents. On peut en réduire le nombre en analysant et en évaluant les causes et en adaptant ainsi les prescriptions de sécurité. On distingue les causes d'accidents suivantes:

- **les défaillances humaines** liées à la méconnaissance des dangers, au manque de réflexion, à l'insouciance et à la commodité. Ces causes d'accidents peuvent être prévenues par une formation visant à améliorer la conscience de la sécurité au travail et par la mise en œuvre de dispositifs techniques de sécurité, p. ex. des grilles de protection ou des disjoncteurs;
- **les défaillances techniques,** p. ex. causées par une usure des matériaux ou par une surcharge imprévisible. Dans ce cas, les accidents peuvent être évités moyennant des mesures techniques, p. ex. en renforçant une structure susceptible de céder, provoquant un accident;
- **les événements violents** provoqués par des facteurs externes, p. ex. le déchaînement d'une tempête imprévisible.

2.2.3. Mesures de sécurité

De nombreux accidents, ou tout au moins leurs conséquences, peuvent être évités en appliquant des mesures de sécurité préventives. il convient d'observer les principes fondamentaux suivants:

Eviter toute mise en danger.

- Les appareils électriques, comme p. ex. les perceuses portables, ne doivent pas être utilisés si leur câble d'alimentation est endommagé.
- L'utilisation de lunettes, de visières ou d'écrans de protection permet d'éviter tout risque d'éclats dans les yeux ou sur le visage lors des opérations de soudure ou de meulage.

Les endroits à risques doivent être protégés et, le cas échéant, signalés.

- Les fosses, les installations de contrôle des freins, les roues dentées, les moyeux, les arbres et toutes les parties en mouvement doivent être protégés, p. ex. au moyen de grilles ou de carénages.
- Les récipients de produits dangereux (essence, acides, gaz) doivent être identifiés au moyen de l'étiquette de mise en garde correspondante et soigneusement entreposés **(ill. 1)**.

Tout danger doit être écarté.

2

- Toute machine ou outil présentant des défauts au niveau de la sécurité doit être mis immédiatement hors service, tout de suite réparé ou interdit d'utilisation.
- Les outils tranchants ou pointus ne doivent pas être transportés sans dispositif de sécurité dans les poches des habits de travail.
- Etant donné qu'ils présentent le risque d'être happés par des éléments en mouvement, il faut enlever les bagues, les montres et les bijoux avant le début du travail.
- Les zones de trafic et les voies de fuite doivent être débarrassées de tout obstacle.

2.2.4 Sécurité dans le maniement des matières dangereuses

Une manipulation incorrecte des matières dangereuses peut mettre en danger les personnes et les biens.

Selon la plupart des lois sur les matières dangereuses, l'employeur doit mettre à disposition les instructions de service pour les matières dangereuses utilisées dans l'entreprise. Contenu de ces instructions:

- description des matières dangereuses;
- dangers pour l'homme et l'environnement;
- mesures de protection et règles de comportement;
- comportement en cas de danger;
- premiers soins;
- élimination appropriée.

Les employés doivent bénéficier d'une instruction annuelle compréhensible - certifiée par leur signature - concernant les dangers et les mesures de protection. Les instructions de service doivent être affichées aux endroits appropriés.

Les conteneurs de matières dangereuses doivent être identifiés au moyen des symboles de danger, d'indications **(phrases R)** et de conseils de sécurité **(phrases S) (tableau)**.

Matière	Dangers (extrait)	Symbole	Conseils de sécurité (extrait)
Garnitures de freins, d'embrayage, poussière de meulage	Mise en danger de la santé par inhalation des poussières fines	Matières nocives	Aspirer les poussières, les précipiter par des moyens appropriés et les entreposer dans des récipients bien fermés.
Solvants, produits de nettoyage de pièces	Mise en danger de la santé par inhalation ou ingestion.	Matières nocives, Matières inflammables	Eviter le contact direct avec la peau. Utiliser des crèmes protectrices pour la peau. Conserver à l'écart de toute source d'ignition, ne pas fumer.
Essence	Explosible, facilement inflammable. Toxique si respirée, avalée ou au contact de la peau. Cancérigène.	Matières inflammables, Matières toxiques	Conserver à l'écart de toute source d'ignition, ne pas fumer. Ne pas inhaler les vapeurs. Eviter tout contact avec la peau ou les yeux. Utiliser des crèmes protectrices pour la peau. Ne pas utiliser comme produit de nettoyage.
Acides de batterie	Corrosif sur la peau et dans les yeux (danger de cécité). Irritation et destruction des muqueuses des voies respiratoires en cas d'inhalation.	Matières corrosives	Eviter le contact direct avec la peau. Maintenir les récipients fermés. N'utiliser que les fûts originaux. Utiliser des gants, des lunettes et des dispositifs de protection pour le visage. Assurer une bonne aération.
Huiles pour moteurs de provenances connue et inconnue, carburant Diesel, huiles pour boîte de vitesses.	Eviter tout contact prolongé avec la peau. Les huiles pour moteurs de provenance inconnue font partie de la classe de danger A.	Matières nocives, Matières inflammables	Utiliser des crèmes protectrices pour la peau. En cas de contact, bien nettoyer la peau et les vêtements. Conserver à l'écart de toute source d'ignition.
Revêtements de cavités et de bas de caisse, conservants pour transport, laques, restes de laque, colles.	Inflammable. En cas d'inhalation, irritation de la peau, des muqueuses et des voies respiratoires. Effet anesthésiant.	Matières inflammables, Matières nocives	Conserver à l'écart de toute source d'ignition. Assurer une bonne aération. Stocker dans des récipients hermétiques et dans un endroit aéré. Utiliser des crèmes protectrices pour la peau. Porter des gants et de lunettes.

3 Organisation de l'entreprise, communication

3.1 Bases de l'organisation de l'entreprise

Pour qu'une entreprise puisse accomplir ses tâches, c'est-à-dire remplir ses mandats de manière professionnelle et dans les délais, il est indispensable qu'elle soit organisée. Cette organisation prévoit la répartition des tâches et une stricte séparation entre les domaines opérationnel et administratif.

L'organisation de l'entreprise définit les personnes et les ressources permettant de garantir le déroulement de ses activités. Elle a pour but d'atteindre le meilleur résultat au moyen des ressources engagées (collaborateurs, machines, matériaux et temps).

Dans ce but, les objectifs suivants sont prioritaires:

- générer une plus-value du capital (objectif économique);
- grande productivité (objectif technique);
- prestige auprès des clients et des concurrents (objectif politique);
- rétribution des collaborateurs (objectif social).

Outre les aspects économique et social, le point de vue de la protection de l'environnement doit aussi être pris en considération.

La réalisation de ces objectifs est généralement appuyée par des mesures d'assurance de la qualité.

L'organisation de l'entreprise doit respecter les bases suivantes:

Détermination des objectifs. L'organisation est orientée vers les objectifs définis par la direction (p. ex. le nombre de nouveaux véhicules vendus dans un laps de temps donné).

Clarté et visibilité. Toutes les règles organisationnelles doivent être claires et visibles, en paroles et en représentation (p. ex. grâce à des plans d'organisation et des descriptions de postes).

Unité de l'attribution des tâches. Les tâches partielles doivent être établies clairement en fonction de la compétence et de la responsabilité (p. ex. l'exécution des contrôles imposés par la loi, tel que le test des gaz d'échappement).

Attribution des responsabilités. Chaque collaborateur doit se voir attribuer un domaine de responsabilité clair et précis (p. ex. par la nomination d'un responsable de la sécurité au travail).

Coordination des tâches. Les divers processus de travail doivent être coordonnés (p. ex. en réglementant le déroulement des mandats de réparation).

Continuité et flexibilité. Le cas échéant, les règles organisationnelles doivent être adaptées aux nécessités (p. ex. aux règlements du service d'urgence).

Contrôle. Les procédures de travail doivent être contrôlées afin de réduire les erreurs (p. ex. par le chef d'atelier).

Le domaine organisationnel définit...

Qui	traite quoi
Quand	un élément doit être traité
Où	un élément doit être traité
Avec quoi	un élément doit être traité
Quel	élément doit être traité
Comment	un élément doit être traité.

3.1.1 Organisation d'une exploitation automobile

Une exploitation automobile se compose de la direction et de différents départements autonomes **(ill. 1)**.

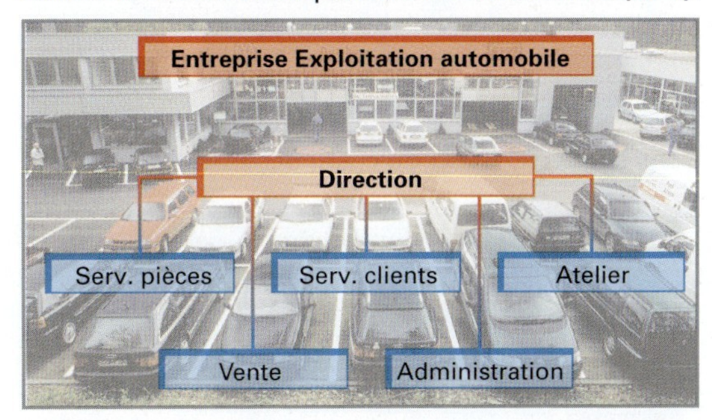

Illustration 1: Organisation d'une exploitation automobile

Direction. Elle dirige les divers départements. Elle définit les objectifs de l'entreprise et décide de la politique commerciale. La conduite de l'entreprise, la planification, l'organisation de l'entreprise, ainsi que le contrôle de tous les autres départements font partie de ses attributions.

Les départements d'une exploitation automobile sont responsables de l'exécution des diverses tâches qui leur sont confiées.

Service des pièces détachées (magasin). Il gère l'assortiment des pièces et des accessoires, y compris l'approvisionnement, les commandes, le stockage et le contrôle de l'état du stock. Ce service fournit les pièces et les accessoires à l'atelier ou les vend aux clients.

Le service clients. Il représente le lien principal entre les clients et l'atelier. Il s'occupe de l'enregistrement des réparations, ainsi que du conseil technique à l'attention de la clientèle. Après réparation, il remet le véhicule au client. C'est aussi ce service qui s'occupe du traitement des cas de garanties ou des actions commerciales destinées aux clients.

Atelier. Il effectue les travaux de réparation, de carrosserie et de maintenance.

Vente. Il s'occupe de la vente des véhicules neufs ou d'occasion (y compris le leasing et le financement) et suit le déroulement de la livraison et de la remise du véhicule au client. C'est aussi ce département qui s'occupe de l'évaluation et de la vente des véhicules d'occasion.

Administration. Elle s'occupe du traitement de toutes les tâches commerciales dont font partie, p. ex., la comptabilité, les relations avec les fournisseurs et les constructeurs, la planification du personnel, ainsi que la gestion des salaires.

3.1.2 Aspects de l'organisation d'entreprise

L'orientation client est l'orientation de la pensée et de l'action des collaborateurs d'une entreprise en fonction du client et de ses besoins.

Il existe différentes manières d'obtenir des informations sur les souhaits du client **(ill. 1)**.

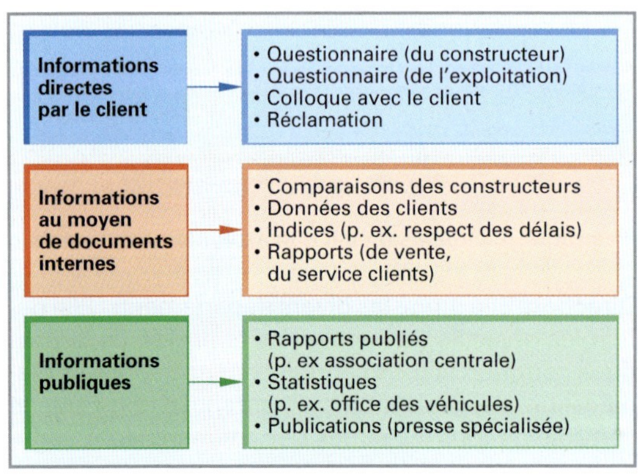

Illustration 1: Récolte d'informations sur les souhaits du client

Suivant le client, les intérêts et les exigences manifestés face à l'entreprise peuvent être différents.

Les souhaits des clients pourraient être, p. ex.:

- une exécution correcte et professionnelle des travaux de réparation et de maintenance;
- un traitement immédiat des réclamations;
- le respect des délais convenus;
- un service de conseils professionnels de la part des collaborateurs;
- un traitement rapide et exempt de problèmes des mandats confiés;
- un bon rapport prix-prestations;
- un service aimable;
- un équipement correspondant aux derniers développement techniques;
- un service prioritaire pour les réparations urgentes;
- le respect de la réglementation en matière de protection de l'environnement;
- l'impression moderne et professionnelle dégagée par l'exploitation automobile;
- une ambiance agréable;
- des locaux propres (vente et atelier);
- la propreté du véhicule confié lors de son retrait.

Le client est satisfait lorsque la qualité des travaux effectués correspond à ses attentes.

La satisfaction du client fidélise celui-ci (loyauté du client). Cette satisfaction se révèle principalement lorsque les attentes du client sont non seulement satisfaites mais surpassées. Un client satisfait recommandera à coup sûr l'entreprise automobile dans le cercle de ses amis et de ses connaissances.

Des clients insatisfaits peuvent être aisément récupérés par la concurrence, car tous les clients mécontents ne réclament pas: nombreux sont ceux qui préfèrent éviter une perte de temps, de l'énervement et les coûts liés aux réclamations. Pour cette raison, il faut évaluer régulièrement et systématiquement la satisfaction des clients, p.ex. au moyen de questionnaires. Les résultats ainsi obtenus permettent d'optimiser l'organisation de l'entreprise.

La satisfaction du client est influencée par les facteurs suivants:

Qualité technique du produit

- Finition et propension aux pannes du véhicule
- Exécution des travaux de maintenance et de réparation

Qualité du service

- Qualité du conseil du vendeur, du conseiller à la clientèle, du collaborateur concerné
- Traitement des réclamations, p. ex. rapidité, actions commerciales
- Respect des délais de réparation, de livraison

Qualité de la réputation*

- Prestige du constructeur automobile
- Bonne réputation de l'exploitation automobile
- Compétences de l'exploitation automobile

Qualité des rapports personnels

- Confiance entre les collaborateurs et le client
- Rapports entre les collaborateurs et le client
- Sympathie entre les collaborateurs et le client

Prise en considération des prix

- Bon rapport prix-prestations, p. ex. en ce qui concerne les réparations, les véhicules neufs ou d'occasion, les pièces de rechange et les accessoires
- Facturation transparente, p. ex. grâce à une conception claire des factures et grâce à des explications complémentaires
- Offres de rabais
- Suppléments

Fidélisation du client. L'objectif des mesures de fidélisation est de créer, d'entretenir et de développer un lien à long terme entre les clients et l'exploitation automobile. Il s'agit pour cela de déterminer et d'élaborer les principaux facteurs de la satisfaction du client. Si les clients sont peu ou pas satisfaits, la relation entre ceux-ci et l'exploitation automobile est en danger **(ill. 1).**

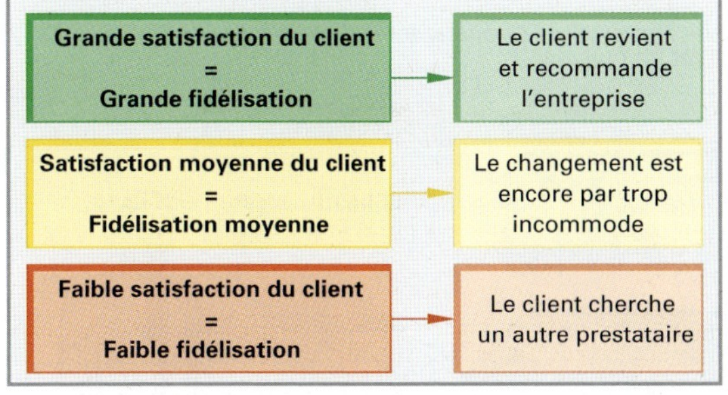

Illustration 1: Répercussion de la satisfaction des clients sur l'entreprise

Par le développement de concepts de services, il est possible de renforcer la fidélité des clients. Ces concepts peuvent concerner:

- des offres de prestations de services globales, telles que, p. ex., vente, maintenance, réparation, leasing, assurance, etc.;
- des programmes d'objectifs groupés pour la clientèle privée, d'affaire ou les grands clients;
- de la publicité et des actions publicitaires spéciales;
- des garanties et des actions commerciales;
- une garantie de mobilité;
- un service de déplacement (aller chercher - rapporter);
- un club des clients.

Pour garantir le succès économique d'une entreprise, il est important de pouvoir évaluer correctement la valeur qu'accordent les clients à celle-ci. Cette évaluation permet de mettre en œuvre d'éventuelles mesures en faveur de l'un ou l'autre client, p. ex. lui offrir un service complet à un prix avantageux.

Types de clients

On distingue les types de clients suivants:

- **Client de passage**
  Ce client se trouve par hasard dans les environs de l'exploitation automobile ou est en déplacement. On parle également de **client du hasard.** Le client de passage n'a qu'une exigence: que le travail soit effectué rapidement et de manière fiable. Ce client n'a aucun lien avec l'entreprise. Les profits à en tirer sont généralement minimes.

- **Client habituel**
  Ce client a un lien avec l'entreprise. Il fait recours à celle-ci pour ses occasions intéressantes, ses offres spéciales ou d'autres avantages. L'accroissement des profits escomptés avec ce type de client n'est pas particulièrement élevé. Il est également défini comme **client à l'emporter**.

- **Client de longue date**
  Ce client fait exécuter tous ses travaux à l'atelier et accorde de l'importance au contact personnel avec les collaborateurs. Il s'attend à un encadrement personnalisé correspondant à son importance et fait preuve d'un fort attachement à l'entreprise. On peut attendre de ce type de client une croissance des profits. Il est aussi appelé **client vedette**. Il est un vecteur important de la recommandation de l'entreprise vers l'extérieur.

- **Grand client**
  Ce client fait effectuer toute la maintenance de son parc de véhicules par l'exploitation automobile. La plupart du temps, il s'agit **d'entreprises ou d'institutions.** On accorde, le plus souvent, un rabais à ce genre de client. Le facteur décisif pour lui est une exécution rapide et impeccable des travaux, afin de réduire au minimum le temps de permanence des véhicules au garage. L'entreprise dépend, dans une certaine mesure, de ce type de client.

* Réputation (lat.) prestige, renom

3.2 Communication

Une bonne communication orientée vers le client, établie entre la direction et les divers départements, entre les collaborateurs et surtout avec les clients est nécessaire pour améliorer le succès d'une entreprise orientée clients.

> La communication est l'échange de messages entre un émetteur et un récepteur.

3.2.1 Bases de la communication

La communication entre êtres humains peut être **verbale** (langage) ou **non verbale** (absence de langage).

La communication **non verbale** a lieu au travers de:

- **la gestuelle**
(expression corporelle, p. ex. hocher la tête);
- **la mimique**
(expression du visage, p. ex. froncer les sourcils, sourire);
- **la pantomime**
(attitude corporelle, p. ex. se tenir droit, courbé).

La communication non verbale peut renforcer les déclarations verbales ou les contredire. Si le langage correspond à l'expression corporelle, la crédibilité en sort renforcée. Au contraire, si le langage n'est pas identique à l'expression corporelle, les affirmations seront jugées peu dignes de foi.

> La première impression est décisive pour le déroulement de la suite de la communication.

La première impression est forgée en quelques secondes. Elle est influencée par l'expression du visage, la gestuelle, l'attitude corporelle, etc. Au tout début d'une communication, la première impression est fortement imprégnée par le comportement non verbal. Il est donc important d'en reconnaître les signaux et de réagir de manière adaptée **(tableau 1)**.

Tableau 1: comportement non verbal avec le client

Situation	Réaction possible
Le client entre dans l'exploitation automobile avec un regard interrogateur.	• Contact visuel • Faire un signe de la tête • Saluer le client par une poignée de main • Trouver le bon interlocuteur pour le client
Le client pénètre dans l'exploitation automobile. Il est furieux et tout rouge .	• S'approcher amicalement du client • Sourire

La **communication entre l'émetteur et le récepteur** a lieu à plusieurs niveaux. Le même et unique message peut impliquer différentes significations. L'auditeur peut saisir le message de différentes manières. Pour expliquer ceci, on utilise le "modèle des 4 oreilles" **(ill. 1)**.

> La vérité n'est pas ce que dit l'émetteur, mais ce que comprend le récepteur (auditeur).

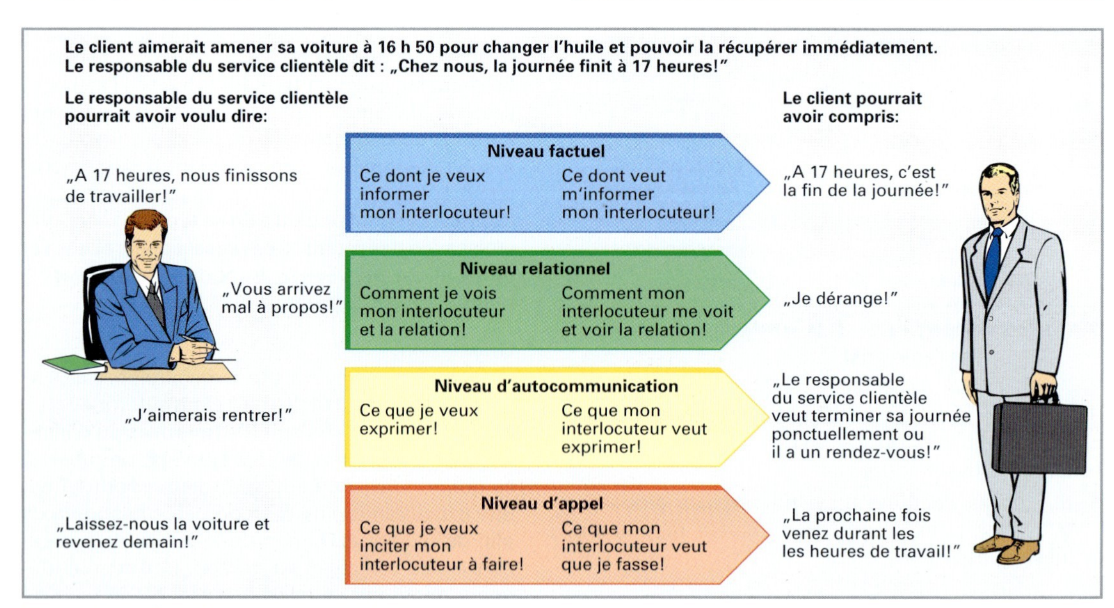

Illustration 1: Exemple de communication

Le récepteur (auditeur) qui est en mesure d'écouter avec "quatre oreilles" dispose d'avantages dans la communication:

- il écoute mieux ("écoute active");
- il comprend mieux son interlocuteur et, par conséquent, peut mieux s'occuper de lui;
- il peut détecter de manière précoce les situations de conflit et y réagir de manière appropriée;
- il communique de façon plus efficace;
- il peut mieux prendre en considération les différents niveaux de relation.

Analyse transactionnelle. Elle part du principe que la personnalité est composée de trois états du Moi **(ill. 1)**. Les états du Moi servent à décrire les modèles de comportement où l'être humain se comporte comme un enfant ("Moi Enfant"), comme ses parents ("Moi Parent") ou comme un adulte doté de pensée logique ("Moi Adulte"). L'existence des trois états du Moi composent la personnalité de l'être humain.

Ce principe forme la base de l'explication du processus de communication.

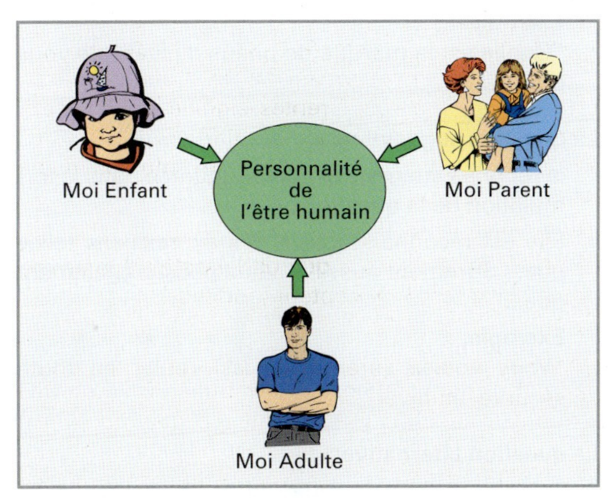

Illustration 1: Les états du Moi de la personnalité de l'être humain

Etat Moi Parent

Celui qui pense, agit et ressent comme il a vu ses parents le faire est dans l'état du Moi Parent. On distingue le "Moi Parent persécuteur" (loi, interdit, critique, jugement) et le "Moi Parent sauveteur" (motivation, soutien, aide).

Exemples:

Le Moi Parent sauveteur:
Un formateur dit à un apprenti qui a quelques problèmes avec un nouveau travail: "Essaie tranquillement, tu y arriveras!"

Le Moi Parent persécuteur:
Le chef dit à son collaborateur: "L'huile doit être changée aujourd'hui à 14 heures!"

Etat Moi Adulte

Celui qui se confronte à la réalité, qui réunit des faits et qui les élabore objectivement est dans l'état du Moi Adulte. Dans cet état, toutes les expériences vécues consciemment sont mémorisées.

Exemple:
Le responsable du département commercial dit au responsable de l'atelier: "La dernière évaluation donne les résultats suivants...!"

Etat Moi Enfant

Celui qui pense, agit et ressent comme quand il était encore enfant est dans l'état du Moi Enfant. On distingue le "Moi Enfant adapté" , le "Moi Enfant rebelle" et le "Moi Enfant libre" .

Exemples:

Le Moi Enfant adapté:
Un mécanicien qui se voit attribuer un nouveau travail par son supérieur dit: "Mais bien sûr, très volontiers. Je vais faire ça tout de suite!"

Le Moi Enfant rebelle:
Un apprenti dit à un autre apprenti: "Le formateur devrait faire son travail lui-même!"

Le Moi Enfant libre:
Un collaborateur traverse l'atelier en sifflotant et dit: "Maintenant, je vais fumer une cigarette!"

3.2.2 Entretien de conseil

C'est généralement à l'occasion d'un entretien de conseil qu'a lieu le premier contact avec un client. La première impression que se font alors les deux partenaires est très importante. C'est pour cela que le collaborateur doit établir au plus vite un bon **contact personnel** avec le client et maintenir ce contact tout au long du mandat, que ce soit par des conseils, pour tout ce qui concerne l'exécution du travail, la facturation et la remise du véhicule.

Durant l'entretien de conseil, le collaborateur doit tenir compte de la personnalité du client.

Un entretien de conseil est subdivisé en différentes phases:

1. Phase de contact

- Salutation active:
  se présenter, proposer de prendre place, sourire, serrer la main
- Apparaître positif face au client (niveau relationnel), créer une première impression positive
- Prendre en considération les signaux verbaux et non verbaux du partenaire de conversation
- Conversation légère

But: générer une ambiance positive! Aucune argumentation, aucune information!

2. Phase d'information

- Etablir les besoins et les souhaits du client
- Utiliser les techniques de questionnement - questions ciblées
- Ecouter de manière attentive et active

But: comprendre les souhaits ou les problèmes du client!

3. Phase de négociation

- Mettre en évidence les avantages et les profits pour le client
- Formulations positives – argumentation ciblée
- Tenir compte des objections du client et les traiter de manière positive
- Gestion de dialogue orientée sur les résultats
- Satisfaire / enthousiasmer le client

But: argumentation et traitement des éventuelles objections du client!

4. Phase de conclusion

- Résumer les aspects positifs (communiquer un bon sentiment)
- Expliquer la suite des opérations
- Acceptation active (proposition faite à un partenaire de dialogue)
- Donner une carte de visite
- Préparer la suite de la relation (conversation légère, bon vœux)

But: conclusion positive orientée sur l'avenir!

Techniques de questionnement
La technique de questionnement est très importante dans la phase d'information. Une bonne technique de questionnement, combinée à une écoute attentive ("écoute active") sont les bases d'un entretien de conseils efficace.

A ce sujet, on distingue diverses sortes de questions:

La **question fermée**:
- la réponse ne peut être que "OUI" ou "NON";
- on ne demande que des données ou des faits;
- une succession de questions fermées ressemble à un interrogatoire.

  Exemple:
  "Etes-vous content de vos pneus d'hiver?"

La **question ouverte**:
- le partenaire de dialogue est plus impliqué dans la discussion;
- grâce à la palette de réponses possibles, celui qui interroge obtient plus d'informations;
- la phrase commence par un mot interrogatif (quel, comment, pourquoi ...).

  Exemple:
  "Quelle est la marque de pneus d'hiver que vous préférez?"

La **question suggestive**:
- la réponse attendue est déjà suggérée dans la formulation de la question;
- Elle est reconnaissable à des expressions telles que: "Sûrement aussi", "Vous pensez également que...".

  Exemple:
  "Vous voulez sûrement aussi rouler en toute sécurité en hiver?"

La **question alternative**:
- la manière de la formuler offre à la personne interrogée des aides à la décision;
- la réponse souhaitée est présente à la fin de la formulation de la question.

  Exemple: "Vous préférez les pneus d'hiver de la marque x ou de la marque y?"

Ecoute active
Afin de cerner les souhaits du client et de parer à ses objections, il est important de suivre de manière attentive ce que celui-ci dit, sans l'interrompre. Faire une pause est un moyen éprouvé de créer un dialogue de conseil intéressant, dans la mesure où le client a ainsi la possibilité de s'ouvrir, de s'exprimer et de faire part de son avis. Une écoute active encourage le partenaire à continuer à s'exprimer. Elle permet également un gain d'attention et de sympathie.

st recommandé de traiter les objections au moyen n processus se déroulant en trois étapes. **(ill. 1).**

action à l'objection du client. Le traitement des objections peut également être effectué au moyen de erses méthodes de questionnement.

nande de précision. L'objection est retournée is forme de question, afin d'obtenir de plus ples précisions. On peut ainsi gagner du temps.

Exemples:

- "Qu'est-ce que vous entendez par là?"
- "Comment dois-je comprendre cela?"

-mais. En utilisant cette méthode, le "oui" devrait ivoir être remplacé par une autre formulation. ant au mot "mais", il annule, ou affaiblit, le cept exprimé. Il devrait par conséquent être remcé par "toutefois".

Exemples:

- "Je vous comprends bien, toutefois ..."
- "C'est juste, cependant ..."

stion rhétorique. L'objection est répétée sous forme de question, ce qui permet également de motiver le partenaire de dialogue.

Exemples:

- "La question du rapport qualité-prix est une bonne question..."
- "Une question s'impose: celle de la dépense et du rendement..."

Inversion. Le prétendu désavantage est transformé en avantage par le partenaire de dialogue. Cette méthode est également appelée méthode boomerang.

Exemples:

- "C'est justement parce que ..."
- "C'est justement dû au fait que ..."

L'argumentation est un échange d'informations visant à convaincre le partenaire de dialogue.

Deux conditions doivent être réunies pour qu'un argument soit persuasif:

- il faut être prêt à modifier son propre point de vue de départ;
- la nécessité personnelle de pouvoir satisfaire ses propres besoins doit être reconnue.

Une grande partie des informations échangées dans le cadre de l'argumentation le sont à un niveau d'appel.

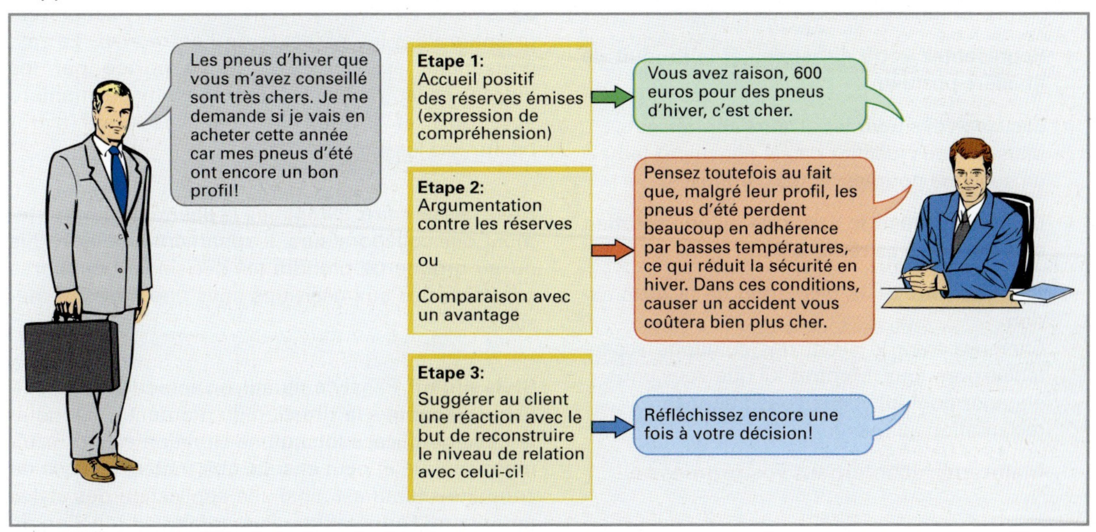

Illustration 1: Traitement des objections

3.2.3 Entretiens de réclamation

Les plaintes et les réclamations provenant des clients ne sont jamais agréables. Dans ce cas, l'entretien de réclamation offre une bonne occasion d'obtenir, de la part du client, des informations importantes pour l'amélioration du service.

La compréhension du partenaire de dialogue est indispensable à la résolution des problèmes.

Conseil pour la conduite et le déroulement des entretiens de réclamation:

- **Ayez une discussion entre quatre yeux**
  Ne menez pas l'entretien devant d'autres clients. Utilisez à cet effet un bureau séparé et assurez-vous auprès de vos supérieurs, en fonction des cas, de bénéficier des compétences nécessaires.
- **Ecoutez attentivement le client**
  ("écoute active").
- **Essayez de comprendre le client**
  Allez au fait et résumez encore une fois brièvement la réclamation: "Si je vous ai bien compris, ... ?".
- **Posez des questions ciblées**
  Utilisez les principales techniques de questionnement (questions ouvertes, questions fermées, questions alternatives ou suggestives).
- **Faites en sorte que le client vous comprenne**
  Ne donnez aucune leçon au client et renoncez à l'emploi de concepts et de vocabulaire techniques. Expliquez les faits simplement et de façon compréhensible pour les profanes.
- **Représentez votre entreprise et le produit de manière positive**
- **Excusez-vous pour les erreurs commises**
  Mais ne vous justifiez pas et n'inculpez jamais un collègue pour les fautes commises.
- **Donnez au client la certitude qu'une solution sera trouvée à sa réclamation**
- **Chargez-vous de la résolution de la réclamation**
  Cherchez avec le client des solutions acceptables pour tous. Montrez-lui que vous vous engagez pour lui et que vous traitez sa réclamation au mieux.

Maintenez absolument vos promesses!

3.3 Conduite du personnel

La structure d'une entreprise ne donne aucune indication sur la manière dont elle gère ses collaborateurs. La conduite du personnel permet d'atteindre certains des objectifs de l'entreprise, comme p. ex. une augmentation de la production, une diminution des coûts, etc.

La conduite des collaborateurs doit permettre d'influencer leur comportement de manière à atteindre les objectifs définis par l'entreprise.

Par conduite, on entend l'action personnelle et ciblée exercée sur les personnes. La conduite permet de convaincre celles-ci de la validité d'une idée, de les motiver et de les mettre en condition de transposer cette conviction dans leurs actions.

On distingue divers styles de conduite.

Style autoritaire. Ce style est caractérisé par le fait que le supérieur commande, donc qu'il donne des ordres et que les subordonnés les exécutent. A l'heure actuelle, ce genre de conduite n'a plus grand chance de succès. Les collaborateurs qualifiés en sont souvent mécontents car ils disposent de peu de marge de décision et de peu de responsabilités.

Style coopératif. Ce type de conduite actuel demande une perception ciblée des tâches de conduite. Il exige mobilité, coopération (collaboration/travail collectif), esprit de délégation et de collaboration avec des groupes ou au sein du groupe. Dans le style de conduite coopératif, le collaborateur est considéré comme un partenaire et l'action est orientée vers les objectifs de l'entreprise. La responsabilité est déléguée (et supportée par les autres) et les collaborateurs pensent de manière autonome et critique. Le style coopératif n'empêche pas l'autorité.

Style laisser-faire. Il implique la liberté de comportement des collaborateurs. Il appartient aux individus ou au groupe de prendre les décisions. Les cadres sont associés aux décisions dans une moindre mesure.

Style situatif. Par style situatif, on entend une conduite qui s'adapte à la situation du moment. La conduite devient efficace lorsqu'une situation est correctement connue et peut ensuite être traitée. Le style de conduite situatif est ainsi une application des styles autoritaire, coopératif ou laisser-faire en fonction de la situation.

3.4 Comportement des collaborateurs

Une attitude positive face au travail est un composant important du succès professionnel **(ill 1)**. Souvent, ce ne sont pas tant les lacunes de capacité de communication qui posent problème dans les rapports avec les autres, mais plutôt des attitudes négatives, des attentes et des idées qui font échouer le dialogue et la collaboration.

> Penser positivement génère une attitude positive face au travail et conduit au succès professionnel.

L'attitude positive face au travail peut représenter un objectif ciblé pour les supérieurs et les collaborateurs.

Attitude professionnelle positive. L'intérêt pour le métier est une condition fondamentale pour une attitude professionnelle positive. L'encouragement des collaborateurs par les supérieurs (p. ex. par le biais de la formation continue), influence l'attitude professionnelle de manière positive et améliore la qualité du travail.

Attitude positive face à l'entreprise. Elle est obtenue surtout par l'identification du collaborateur avec les objectifs de l'entreprise. La direction peut influencer l'attitude des collaborateurs grâce à un style de conduite coopératif, p. ex. en les incluant dans les processus décisionnels.

Attitude positive face aux produits. Chaque collaborateur devrait être informé de manière exhaustive sur les produits de l'entreprise, p. ex. sur les nouveaux modèles de véhicules ou les nouvelles offres de services de l'exploitation automobile. Cela contribue à augmenter l'identification des collaborateurs avec les produits. En outre, les articles et les prestations de services de l'entreprise pourront ainsi être mieux représentés auprès des clients par tous les collaborateurs.

Attitude positive face aux clients. Les rencontres avec les clients doivent être sciemment recherchées. Les tentatives d'éviter ces contacts tendent à démontrer de l'insécurité et un manque de compétences. Le temps de discuter avec les clients devrait être prévu dans la planification générale.

L'attitude positive se remarque aussi à la manière dont un collaborateur se présente à un client, p. ex. par:

- une attitude corporelle adaptée;
- une gestuelle et une mimique mesurées;
- un aspect soigné, p. ex. des vêtements propres;
- une attitude cordiale, p. ex. la politesse.

Alors que le comportement à adopter avec des clients sympathiques ne pose aucun problème, il est plus difficile et pénible d'avoir à faire avec des gens désagréables.

Un comportement désagréable ou offensant de la part d'un client devrait être accueilli par les collaborateurs de manière sereine mais clairement désapprobatrice. Une attitude dérangeante ou exaspérante ne doit pas donner lieu à une réaction identique. Réagir de manière conciliante ou avec humour face à un client contrarié peut s'avérer positif. Toute situation désagréable constitue une nouvelle expérience qui peut contribuer à permettre d'améliorer son propre comportement.

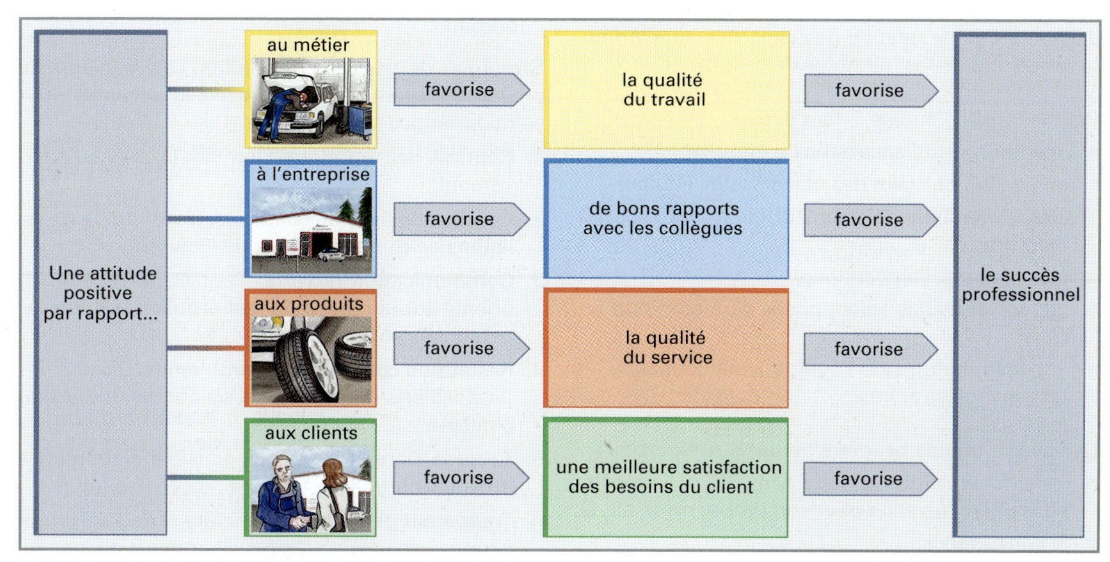

Illustration 1: Attitude du collaborateur face à ses tâches

3.5 Travail d'équipe

Le succès d'une entreprise ne dépend pas seulement des rapports entre les collaborateurs et les clients, mais aussi de la façon dont les collaborateurs travaillent et communiquent ensemble.

Dans de nombreuses entreprises, le travail d'équipe, c'est-à-dire le travail en commun de plusieurs collaborateurs, a permis de résoudre l'un ou l'autre problème. Il est à noter que, selon l'entreprise, le travail d'équipe peut être organisé différemment. Les collaborateurs de petites exploitations automobiles, resp. d'ateliers, peuvent être considérés comme une équipe, à l'instar d'entreprises plus grandes qui ont des structures clairement orientées équipes.

Le développement technique exige une spécialisation du collaborateur. Le progrès fait que des travaux complexes, p. ex. des travaux de diagnostic sur des systèmes électroniques, doivent être exécutés par plusieurs collaborateurs. Deux collègues affrontant ensemble un problème font plus que doubler les possibilités de le résoudre. **(ill. 1).**

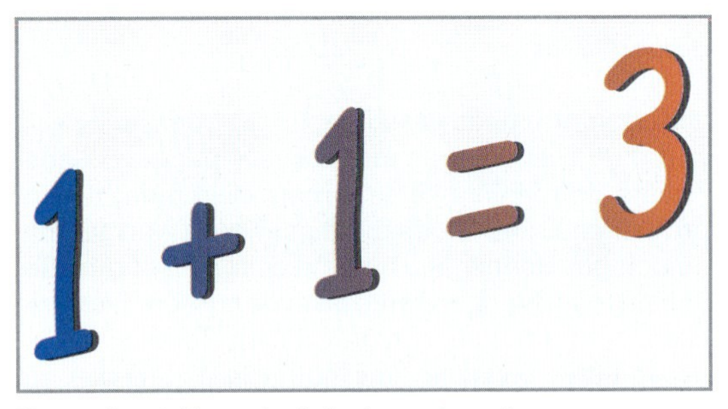

Illustration 1: Formule de la dynamique de groupe

Outre les compétences professionnelles, le fait de travailler en équipe requiert des capacités supplémentaires de la part des membres de celle-ci.

Pour le travail d'équipe, il faut p. ex.:

- une bonne ambiance dans l'entreprise;
- une définition claire des objectifs de l'équipe;
- que les problèmes soient discutés par tous les membres de l'équipe;
- une capacité d'autocritique;
- que les décisions soient prises d'un commun accord;
- que les membres de l'équipe aient confiance les uns envers les autres.

Le travail d'équipe peut être perturbé p. ex. par:

- le fait d'exploiter l'engagement des collègues et de les faire travailler pour son propre profit **(ill. 2);**
- la concurrence;
- la crainte d'exprimer son propre avis;
- la prétention (arrogance) de certains membres de l'équipe;
- le manque de communication, p. ex. la dissimulation de conflits.

Illustration 2: Mauvaise conception du travail d'équipe

Résolution des conflits dans l'équipe. Il est impossible d'éviter tout conflit dans une équipe. Etant donné que, dans la plupart des cas, les émotions y jouent un rôle prépondérant, il est important que seuls des faits précis soient évoqués lors de la gestion des conflits. Occulter ou refouler des conflits ne sert à rien. Généralement, tout point de vue autoritaire ("Nous verrons bien qui a raison!") empêche une gestion durable du conflit.

Dans le quotidien d'une entreprise, les sources de conflits peuvent être multiples. Elles sont souvent dues à la personnalité du collaborateur, respectivement du client, ou alors au comportement des supérieurs. En outre, la structure organisationnelle de l'entreprise et l'environnement social jouent un rôle important.

Stratégies de gestion des conflits. Les manières de procéder suivantes se sont révélées payantes pour solutionner des conflits:

1. **Contrôle des émotions.** Dominer la colère, l'énervement.
2. **Création de liens de confiance.** Constitution de relations entre les membres de l'équipe.
3. **Communication ouverte.** Contact de partenariat orienté sur la résolution des problèmes entre les personnes concernées.
4. **Résolution commune des problèmes.** Discuter les propositions de solutions et élaborer une action concrète.
5. **Accords.** Dans la mesure du possible, élaborer des ententes pour la gestion des problèmes futurs.
6. **Traitement personnel.** Le conflit est déclaré terminé et la capacité d'action de l'équipe est reconstituée.

3.6 Traitement des commandes

Afin de garantir l'optimisation du cycle de travail lors du traitement des commandes dans le cadre de l'organisation d'une exploitation automobile, les aspects suivants doivent être pris en considération (**ill. 1**):

- **Contenu du travail**
  - Qu'est-ce qui doit être élaboré?
- **Temps de travail**
  - Combien de temps dure le traitement de la commande et quand sera-t-il effectué?
- **Planification du travail**
  - Comment la commande doit-elle être exécutée?
  - De quelles pièces de rechange et de quels accessoires a-t-on besoin?
  - Dans quelle démarche la commande s'inscrit-elle?
- **Lieux d'exécution du travail**
  - Dans quels départements les diverses étapes du travail seront-elles effectuées?

Indications pour le traitement des commandes dans ses diverses étapes:

Saisie des données du client et du véhicule

- Saluer le client. S'il s'agit d'un nouveau client, s'enquérir de son nom pour pouvoir ensuite lui parler de manière personnalisée.
- Pour les clients habituels: récupérer les données du client et du véhicule concerné dans la base de données informatiques et s'assurer auprès du client de l'exactitude de celles-ci.
- Pour les nouveaux clients: récolter les données du client et du véhicule, p. ex. permis de conduire, livret d'entretien.
- Demander ou contrôler le kilométrage du véhicule.
- Pour autant qu'il ne figure pas dans le système informatique, demander ou déterminer la date du dernier service.

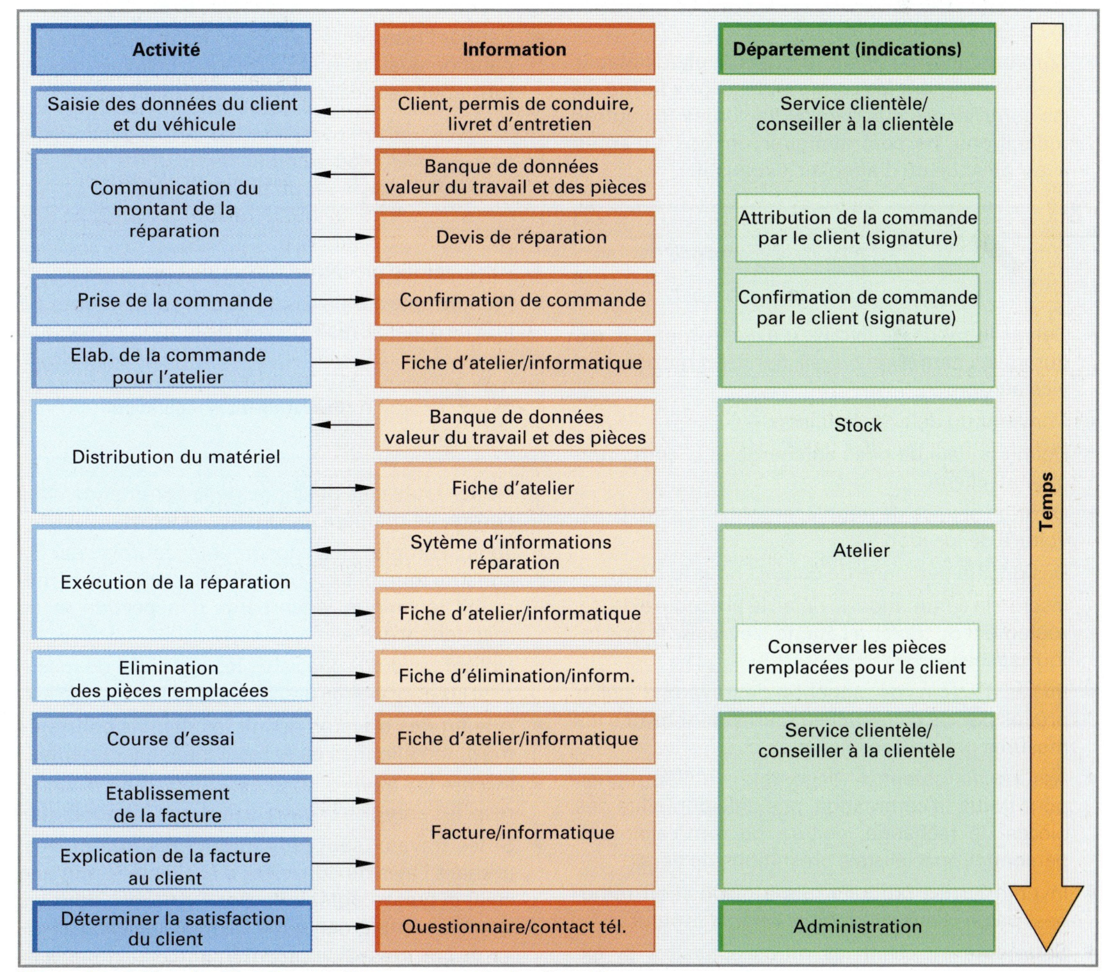

Illustration 1: Plan du déroulement d'une commande de réparation

Communiquer le montant de la réparation

- S'enquérir des souhaits du client, resp. des problèmes posés par le véhicule/réclamations, p. ex. service de contrôle, réparation.
- Utiliser des questions clés pour cerner le problème, p. ex. "Quand et à quelle fréquence le problème survient-il?", "Quand le problème a-t-il eu lieu pour la première fois?"
- Examiner systématiquement et minutieusement le véhicule, p. ex. émettre des suppositions et des propositions en collaboration avec le client.
- Documenter les dégâts du véhicule, p. ex. des égratignures.
- Le cas échéant, faire une course d'essai avec le client. Pour les cas problématiques, s'adjoindre un technicien ou un spécialiste.
- Pour cerner certains problèmes, il est utile d'impliquer, le cas échéant, d'autres collaborateurs, p. ex. un spécialiste ou le chef d'atelier.
- Communiquer au client le prix calculé. N'établir d'offres que pour les commandes à prix ferme ou les commandes standard. Pour toutes les autres réparations, ne communiquer un prix qu'après avoir effectué un diagnostic exhaustif.

Prise de la commande

- Définir le mode de livraison avec le client, p. ex. durant les heures de travail, livraison mobile, service aéroport.
- Convenir du délai de livraison.
- Définir la date de prise en charge et la communiquer au client.
- Offrir un service de remplacement au client, p. ex. voiture de location.
- Désigner la personne de contact pour le client.
- Inscrire la commande, le délai, la procédure de déroulement du travail à l'agenda, év. sous forme informatisée.
- En cas d'actions de rappel ou de travaux d'atelier prévus par les constructeurs, appliquer toutes les mesures préconisées par ceux-ci.
- Assurer le potentiel disponible de l'entreprise pour traiter la commande, p. ex. disponibilité des pièces de rechange, voiture de remplacement, personnel, spécialistes, prestations de tiers.
- Inventorier les produits mis à disposition (amenés) par le client, p. ex. huile pour le moteur.
- Soumettre au client les offres actuelles, p. ex. offres saisonnières, changement de pneus.
- Rappeler au client de fournir les documents nécessaires, p. ex. plan de service, carte grise, code de l'autoradio, clés de jantes et du véhicule.
- Convenir du mode de paiement avec le client.
- Inventorier les travaux à effectuer et résumer avec le client les accords convenus, rappeler le délai.
- Faire signer la confirmation de commande par le client!

Etablissement de la commande pour l'atelier

- Faire compléter les commandes en cours ou prévues par le chef d'atelier, p. ex. inventorier les informations concernant le véhicule, les instructions de service.
- Informer les collaborateurs concernés par la commande, p. ex. les monteurs, les spécialistes, les collaborateurs du service des pièces détachées.
- Planifier les prestations tierces, p. ex. carrosserie.
- Vérifier l'historique des réparations, p. ex. si la réparation avait déjà été effectuée, collecter des informations sur celle-ci afin d'en définir les causes.

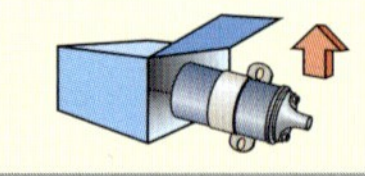

Distribution du matériel

- Attribuer les pièces de rechanges nécessaires.
- Prendre note des pièces de rechanges attribuées sur la fiche d'atelier, resp. dans le système informatique.

Exécution de la réparation

- Traiter toutes les positions de la commande dans l'ordre, de manière exhaustive et exacte.
- Tenir compte des documents fournis par le constructeur, p. ex. guide de réparation, aide-mémoire technique, documents d'inspection et de maintenance.
- Utiliser les outils spéciaux, les appareils de mesure et les accessoires préconisés par le constructeur.
- A la fin des travaux, définir les défauts constatés mais non éliminés et, le cas échéant, y remédier.
- Inscrire les travaux effectués sur la fiche d'atelier, resp. les enregistrer dans le système informatique.
- Si les travaux sont plus importants que prévus, prendre l'avis du conseiller à la clientèle, afin que celui-ci puisse obtenir l'accord du client pour les travaux complémentaires. Le mécanicien en charge de ces travaux supplémentaires doit les inscrire sur la fiche d'atelier.

Elimination des pièces remplacées

- Eliminer les pièces remplacées dans les règles de l'art et compléter la fiche d'élimination. Faire renvoyer la fiche d'élimination ou, le cas échéant, la pièce échangée au constructeur par le département des pièces de rechange.
- Conserver les pièces remplacées pour expertise.

Effectuer la course d'essai

- Effectuer la course d'essai selon les instructions de travail.
- S'il s'agit d'une course d'essai après un service, suivre les indications du constructeur.
- Prendre note du kilométrage après la course d'essai.
- Avant d'effectuer d'éventuels travaux de réparation complémentaires, informer le client de la modification de délai et des coûts supplémentaires engendrés.

Etablir la facture

- Contrôle de la commande: enregistrement des salaires et du matériel, contrôle du respect de l'estimation des frais, contrôle des pièces de rechange.
- Formuler la facture de façon compréhensible et orientée vers le client.
- Mentionner sur la facture les défauts constatés mais non éliminés, le cas échéant, avec devis.
- Ventiler la facture en fonction de la part salariale et de la part liée au matériel.
- Soumettre la facture pour contrôle au conseiller à la clientèle, respectivement au mécanicien.
- Notifier sur la facture les offres actuelles, les actions, les nouveautés, le prochain service .
- Annexer les documents, tels que formulaire de service d'inspection, le procès-verbal du diagnostic électronique, les divers certificats ou attestations.
- Inclure un dossier des services, p. ex. plan de service mis à jour, encarts, garantie de mobilité; le cas échéant, joindre un porte-documents comportant la carte de visite du mécanicien, la carte de visite du service à la clientèle, du matériel publicitaire et un questionnaire à l'attention du client.
- Préparer la remise du véhicule au client: conserver les pièces remplacées pour toute question éventuelle, apposer un autocollant de service et contrôler la propreté du véhicule.

Explication de la facture au client

- Si possible, expliquer et montrer les travaux effectués directement sur le véhicule.
- Expliquer le libellé de la facture.
- Informer le client des défauts constatés mais non éliminés et, le cas échéant, sur les réparations à faire dans un proche avenir, p. ex, freins, pneus. Faire des propositions de délais concrètes.
- Expliquer les éventuels travaux complémentaires effectués.
- Sur demande du client, présenter les pièces défectueuses qui ont été remplacées.
- Offrir la possibilité de rappeler le service à la clientèle le jour suivant.
- Donner des informations sur la garantie de mobilité.
- Reprise du véhicule de remplacement.
- Respect du mode de paiement convenu.
- Remise personnelle des documents du véhicule, des clés et du dossier de services.

Déterminer la satisfaction du client

- Etablir un rapport téléphonique (max. 1 semaine après la remise du véhicule) ou évaluer le questionnaire remis avec le dossier de services.
- En cas de mécontentement, le conseiller à la clientèle rappelle le client; proposer à ce dernier une solution et prendre les mesures nécessaires à sa mise en application.
- Etablir une documentation sur la satisfaction du client.

Questions de révision

1. **Expliquez les tâches des différents domaines d'activité d'une exploitation automobile.**
2. **Expliquez les facteurs qui influencent la satisfaction de la clientèle.**
3. **Que signifie le concept "fidélisation des clients"?**
4. **Enumérez les différentes sortes de clients et expliquez leur signification pour l'entreprise.**
5. **Quelles sont les phases d'un entretien de conseils?**
6. **A quoi faut-il être attentif durant un entretien de réclamation?**
7. **Enumérez les six phases de résolution des conflits au sein d'une équipe.**
8. **Décrivez le déroulement d'une commande de réparation au moyen de mots-clés.**

3

3.7 Elaboration des données dans une exploitation automobile

Les différents domaines d'activité d'une exploitation automobile sont généralement informatisés. Outre les logiciels utilisés dans la bureautique générale, comme p. ex. les traitements de texte, les tableurs ou les navigateurs internet, d'autres solutions informatiques plus spécifiques sont également employées. La plupart du temps, les différents départements d'une exploitation automobile sont connectés en réseau **(ill 1)**.

La mise en réseau simplifie l'accès aux banques de données, ainsi que l'exécution des tâches répétitives.

L'informatisation permet de contribuer à l'exécution de diverses activités dans chacun des départements:

Direction de l'entreprise

- Etablissement de statistiques quotidiennes, mensuelles et des résultats annuels
- Détermination des indicateurs de l'entreprise
- Exercice des fonctions de contrôle économique de l'entreprise

Service des pièces détachées

- Gestion des pièces et des accessoires
- Commandes et inventaire
- Statistiques de consommation
- Gestion des données des fournisseurs
- Gestion des données concernant les prix d'achat et de vente

Service à la clientèle

- Gestion des données concernant les clients et les véhicules
- Etablissement des offres et des commandes
- Calcul des travaux de réparation et de carrosserie
- Utilisation des données d'évaluation du travail
- Elaboration des fiches d'atelier
- Facturation
- Planification des délais
- Liquidation des cas de garantie et d'arrangement
- Actions publicitaires
- Gestion des délais

Atelier

- Gestion des aide-mémoires de réparation, des schémas électriques, des fiches techniques

Vente

- Fichiers des clients et des véhicules
- Ventes de véhicules neufs
- Ventes et cotations des véhicules d'occasion
- Leasing
- Développement des ventes

Administration/planification

- Finances et comptabilité
- Gestion des rappels
- Gestion du personnel
- Salaires

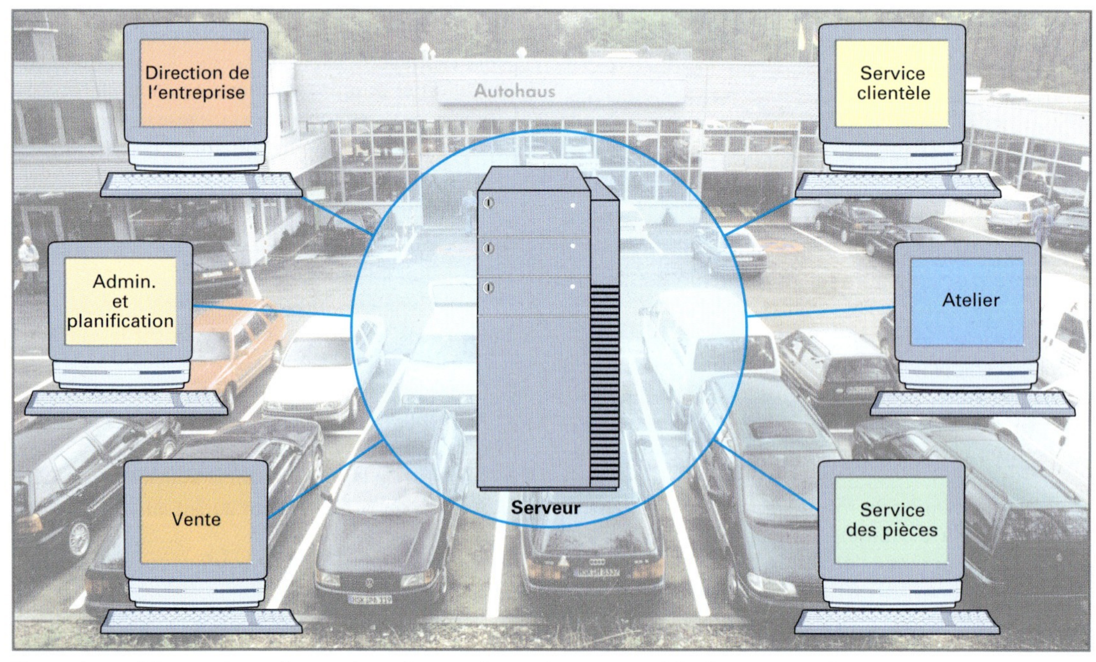

Illustration 1: Mise en réseau des systèmes informatiques dans une exploitation automobile

Traitement des commandes à l'aide du traitement des données

1. Saisie des données des clients et des véhicules

Les données concernant le véhicule et le client sont déterminées en discutant avec celui-ci et au moyen de la carte grise du véhicule. Les données concernant les clients habituels sont généralement déjà enregistrées et peuvent être consultées directement par le biais du système informatique **(ill. 1)**.

ETML — Garage

Date de réception: 15.02.2010		Délai: 15.02.2010 16h00	No client: 17'450
Marque: Renault	Kilomètres: 73'246 km	Nom: Zochir	
Type: Clio		Prénom: François	Vendeur:
No moteur: F4AR	No de plaques: VD 170233	Adresse: Av. des Sapins 36	Freymond
Cylindrée: 1390 cm³			
Réception par type: 1RA432		No postal et lieu: 1006 Lausanne	Réceptionniste:
Première immatriculation: 28.03.2007	Code radio: 1592	Tél.: 021 973 45 61	Converset
No châssis: VF1 CB1 L0F 252 24 479		Mobile: 078 586 69 35	
Remarques: Contrôler la présence d'actions de rappel			

Illustration 1: Données du client et du véhicule

Le cas échéant, le système informatique peut en outre délivrer des informations particulières au sujet du véhicule, p. ex. si celui-ci est concerné par une action du constructeur.

2. Confirmation de commande

La confirmation de commande contient les données les plus importantes concernant le client et le véhicule, ainsi que les indications de réparation, resp. de maintenance **(ill. 2)**. Une copie en est remise au client qui doit la présenter lors du retrait du véhicule.

ETML — Garage

Date 15.02.2010		Délai: 15.02.2010 16h00		No OR: 220'403
Marque: Renault	Kilomètres: 73'246 km	Nom: Zochir		
Type: Clio		Prénom: François		
No moteur: F4AR	No de plaques: VD 170233	Adresse: Av. des Sapins 36		
Cylindrée: 1390 cm³				
Réception par type: 1RA432		No postal et lieu: 1006 Lausanne		Réceptionniste:
Première immatriculation: 28.03.2008	Code radio: 1592			Converset
No châssis: VF1 CB1 L0F 252 24 479		Mobile: 078 586 69 35	Tél.: 021 973 45 61	

Ordre de réparation :	Temps
Préparation expertise	
Inspection C	

		Main d'oeuvre :	Temps
☐	Lavage		
☒	Vidange		
☐	Graissage		
☒	Niveaux		
☒	Divers		
	Entretien total	Entretien :	
☒	Vidange moteur		
☐	Vidange BV.		
☐	Vidange PA.		
☐	Essence Super/normale		
☐	Antigel/ degré :		
☐	Liquide de freins		
☐	pourcentage humidité	TVA :	
☒	Lave glaces	Total Fr. :	

Nous attirons votre attention sur :

Montant estimé pour les travaux à effectuer :

Signature du client pour accord : [signature]

Illustration 2: Confirmation de commande

3. Elaboration de la liste des pièces de rechange à l'attention du service des pièces détachées

Sur la base de la commande, le programme détermine les pièces de rechange nécessaires et en établit une liste. Grâce à ce document, le service concerné pourra préparer les pièces nécessaires **(ill. 3)**.

OR 220'403 François Zochir

No de référence	DESIGNATION	NOMB.	PRIX UN.	TOTAL
82 00 033 408	Filtre à huile	1	18,40	18,40
82 00 421 711	Filtre à air	1	39,50	39,50
82 00 641 648	Joint de vidange	1	2,80	2,80
77 01 056 390	Filtre d'habitacle	1	75,50	75,50
82 00 492 426	Bougie allumage	4	24,60	98,40

DESIGNATION	QUANTITE	TOTAL
Lavage / châssis / moteur		
Huile moteur	3	45,00
Huile 75 / 90		
Huile ATF		
Huile LHM		
Liquide de freins		
Antigel		
Lave-glace	2	12,00

Illustration 3: Liste des pièces de rechange

Il est en outre possible de tenir un décompte des pièces en stock et, le cas échéant, d'en commander de nouvelles auprès des fabricants.

4. Utilisation de logiciels d'information à l'atelier

Les logiciels d'information de l'atelier comprennent, p. ex. des instructions de réparation, des schémas électriques, des tableaux indicatifs pour les services de maintenance, ainsi que la possibilité de se connecter à internet **(ill. 4)**.

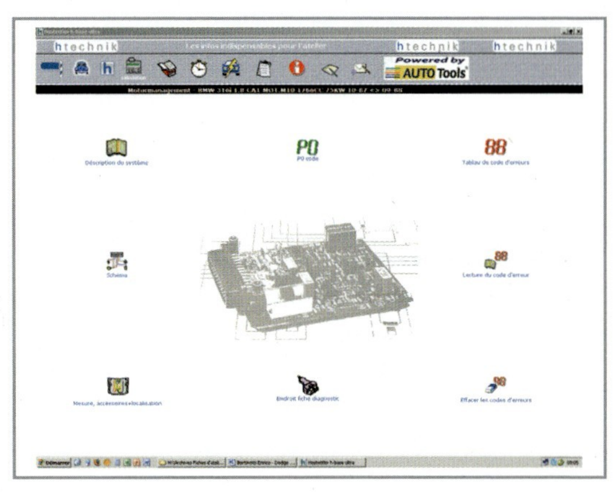

Illustration 4: Logiciel d'information

Dans la plupart des cas, les logiciels d'information sont couplés à des systèmes de diagnostic, de mesures et d'information des véhicules. Ces systèmes combinent ainsi l'autodiagnostic des véhicules, la technique de mesure, ainsi que la documentation technique. En outre, ils offrent la possibilité de rechercher les pannes au niveau du véhicule. Les systèmes disposent également de fonctions de multimètre et d'oscillomètre. Ils permettent de remplir diverses fonctions dans le cadre du service effectué sur le véhicule, comme p. ex. la recherche de pannes dans la mémoire du système, la mise à jour des unités de commande et l'indication des intervalles de maintenance.

Les systèmes comprennent les interfaces nécessaires pour l'accès par internet aux informations de service stockées sur un serveur local ou directement aux données du constructeur. Le logiciel d'information peut télécharger sur internet les informations actualisées par le constructeur, comme p. ex. les actions de rappel.

Les tableaux de maintenance indiquent les différents points à contrôler par le mécanicien lors du service **(ill. 1).**

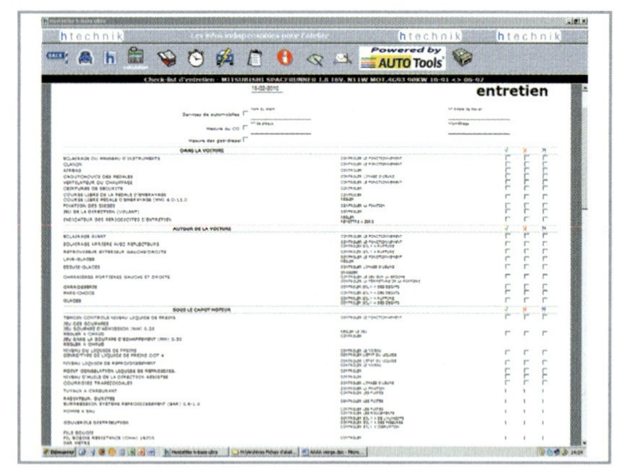

Illustration 1: Tableau de maintenance

Le mécanicien peut obtenir des informations et des indications de travail précises pour chacun des points de contrôle, p. ex. sur la périodicité de remplacement de la courroie de distribution **(ill. 2).**

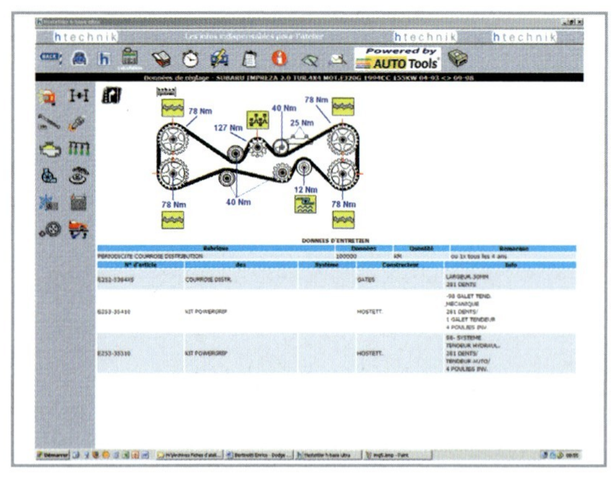

Illustration 2: Indications de travail de maintenance

Des instructions détaillant les étapes des travaux de réparation sont également à la disposition du mécanicien **(ill. 3).**

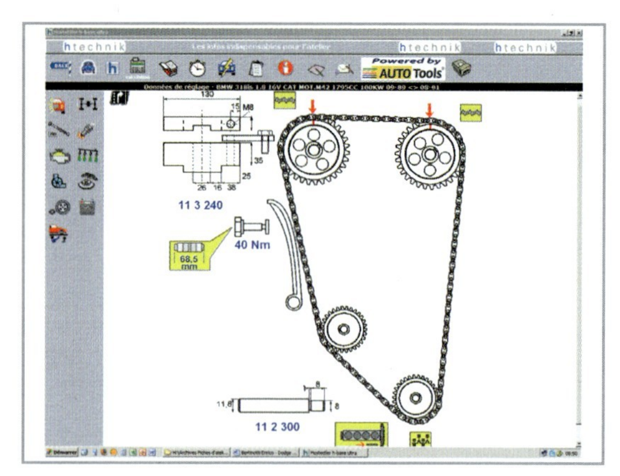

Illustration 3: Instructions de réparation

Souvent, le système de diagnostic des véhicules dispose de la possibilité d'en effectuer à distance. Dans certains cas de réparations problématiques, il est ainsi possible d'obtenir la télé-assistance d'un représentant technique du constructeur qui conseillera le mécanicien en lui envoyant des informations par écran interposé ou, le cas échéant, pourra piloter à distance les appareils de tests.

5. Etablissement de la facture (facturation)

La facturation est effectuée sur la base des données du client et du véhicule, des éléments de la commande, des travaux entrepris par le mécanicien et des pièces de rechange et des matières consommables utilisées **(ill. 4).**

ETML — Facture N° 5789

Date: 17.02.2010

Marque: Renault

Type: Clio

Monsieur
François Zochir
Av. des Sapins 36
1006 Lausanne

Véhicule	Plaques	Km	No client:
Renault Clio	VD 170233	73'246	17'450

Cd	Nb	Libellé	Prix	U.T.	Total	
		Préparation expertise y.c. lavage châssis		24	240	.-
		Inspection C		12	120	.-
	1	Filtre à huile	18,40		18	40
	1	Filtre à air	39,50		39	50
	1	Joint de vidange	2,80		2	80
	1	Filtre d'habitacle	75,50		75	50
	4	Bougie allumage	24,60		98	40
	3	Huile moteur	15.-		45	.-
	2	Lave-glace	6.-		12	.-
		Petites fournitures			7	20
		Total HT			658	80
		TVA (7,6%)			50	05
		Total Fr.			708	85

Récapitulatif

Main d'œuvre : 360.-	Port : 0.-	PF : 7,20

•Payable à 30 jours net • TVA N° 204 914

Illustration 4: Facture

3.8 Gestion de la qualité dans une exploitation automobile

Bases

Pour être couronnées de succès, la conduite et l'exploitation d'une entreprise requièrent une gestion adéquate. Par gestion, on entend, la conduite et la direction d'une entreprise. Le système de gestion est orienté sur l'amélioration des prestations. La gestion de la qualité fait partie, entre autres, de ce système.

Gestion de la qualité (Quality Management QM). On entend par là toutes les activités de conduite et de direction visant à garantir la qualité des prestations dans une entreprise.

La détermination des objectifs suivants font partie de la gestion de la qualité:

- la politique de la qualité;
- les objectifs de qualité;
- la planification de la qualité;
- l'assurance de la qualité;
- l'amélioration de la qualité.

En 2000, les divers concepts de la gestion de la qualité ont été définis et unifiés dans la norme DIN EN ISO 9000 et sont les suivantes **(ill. 1)**.

DIN EN ISO 9000
Bases et concepts
de la gestion de la qualité

DIN EN ISO 9001
Exigences requises pour un sytème de gestion de la qualité considéré particulièrement sous l'aspect de l'efficacité du système au niveau de la satisfaction des exigences de la clientèle

DIN EN ISO 9004
Guide comportant des suggestions concernant le système de qualité à l'attention des entreprises souhaitant répondre aux exigences DIN EN ISO 9001

Illustration 1: La famille DIN-EN-ISO

Signification des abréviations dans la description des normes:

- **DIN**: Deutsches Institut für Normung , Berlin
- **EN**: CEN (Comité Européen de Normalisation), Bruxelles
- **ISO**: International Organisation for Standardization, Genève (le O et le S ont été intervertis dans l'abréviation)

La norme DIN EN ISO est une norme européenne qui a été transformée sans subir de modifications en une norme internationale.

La gestion de la qualité orientée client. Toutes les activités d'une entreprise sont orientées vers le client. Le but principal de la gestion de la qualité est d'améliorer les produits et les services dans le but de satisfaire, voire d'anticiper, les souhaits des clients.

La satisfaction du client en matière de qualité, délais et prix constitue la mesure permettant de déterminer si les objectifs sont atteints.

Exemple:
Après un contrôle, le client retire son véhicule. Non seulement la maintenance a été effectuée mais le véhicule a aussi été nettoyé.

Système de gestion de la qualité. Il comprend les structures organisationnelles, ainsi que les responsabilités, les processus et les moyens nécessaires pour la concrétisation de la politique de la qualité dans l'entreprise. Celle-ci est déterminée par la direction (conduite). On y exprime les intentions et la détermination des objectifs de l'entreprise en matière de qualité.

Les bases et les informations importantes du système de gestion de la qualité, les détails des procédures, les instructions de travail et de contrôle sont définis dans le manuel de gestion de la qualité (manuel QM), **(ill. 2)**. Celui-ci décrit en outre la stratégie ainsi que la structure organisationnelle de l'entreprise en matière de gestion de la qualité.

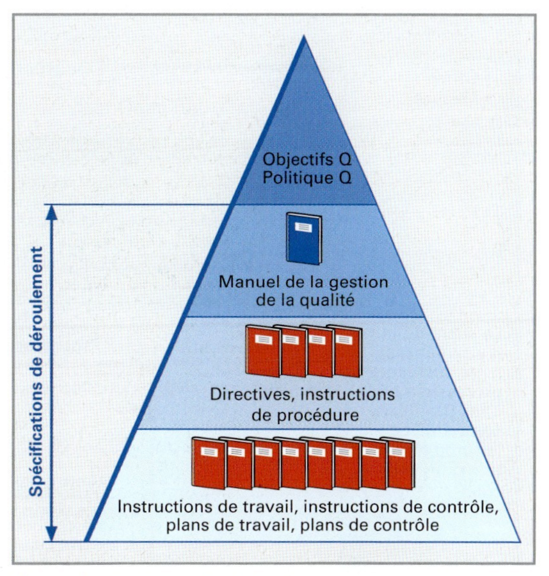

Illustration 2: Pyramide de la documentation d'un système de gestion de la qualité

L'assurance de la qualité (QS). C'est la partie de la gestion de la qualité qui garantit que les exigences en matière de qualité de la part du client seront respectées.

Dans le cadre de l'assurance de la qualité, les données de l'entreprise, les procédures, les mesures de protection de l'environnement, etc. sont documentées dans le manuel de gestion de la qualité.

Objectifs d'un système de gestion de la qualité. Les explications concernant les objectifs prioritaires de la politique de la qualité sont prévues spécifiquement par le manuel de gestion de l'entreprise.

Les objectifs du système de gestion de la qualité sont, p. ex.:

- une compréhension et une satisfaction optimales des souhaits du client;
- l'accroissement de la qualité des produits fabriqués et des prestations de service;
- l'amélioration de l'organisation de l'entreprise, ainsi que de sa gestion des coûts;
- l'amélioration de l'état de formation des collaborateurs;
- l'amélioration des mesures de protection de l'environnement au sein de l'entreprise.

Evaluation orientée sur les processus. La gestion de la qualité est orientée sur les **processus de plus-value** de l'entreprise. Par **plus-value,** on entend les valeurs économiques créées par l'activité (travail). Un processus typique d'une exploitation automobile est, p. ex. le déroulement du mandat de travaux de réparation et de maintenance et le processus d'approvisionnement du stock des pièces détachées.

Dans le cadre de la gestion de la qualité, des descriptions de processus sont élaborées, visant à expliciter le domaine concerné ainsi que les procédures, p. ex. du déroulement d'un mandat. Tous les collaborateurs impliqués dans le processus ()p. ex. les mécaniciens, les collaborateurs du service des pièces détachées, sont tenus de respecter les divers points des descriptions de processus. Ainsi, lors de l'acceptation d'un mandat, la manière de saisir les données du client ou du véhicule est définie ou les points à respecter lors de l'élaboration d'un contrat sont précisés.

Dans le cadre de la gestion de la qualité, on trouve également la description des **processus de soutien**. Ceux-ci peuvent p. ex. concerner:

- l'entretien et la maintenance de l'équipement de l'atelier;
- le choix, la formation et la qualification du personnel.

Dans les modèles de processus, les éléments-clés de la gestion de la qualité sont tous reliés entre eux **(ill. 1).** L'exemple représente le processus de plus-value "Réparation du véhicule d'un client", resp. "Approvisionnement en pièces détachées". Les deux processus sont des composants du circuit logique de la gestion de la qualité .

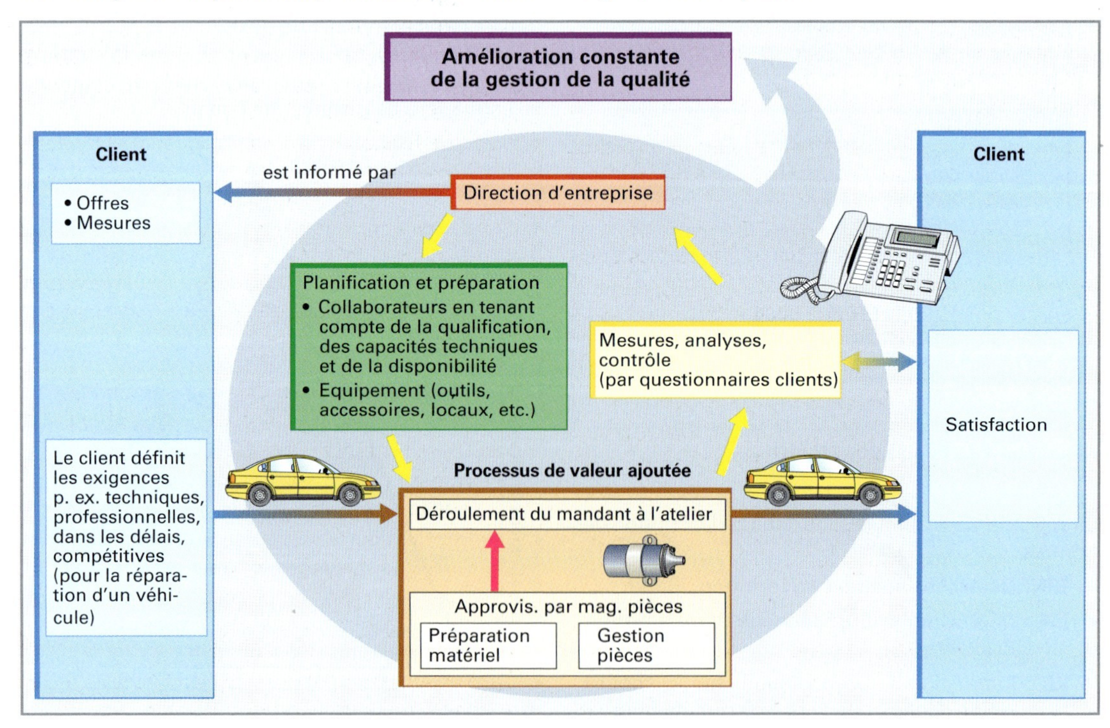

Illustration 1: Modèle de processus de gestion de la qualité

Processus d'amélioration permanente. Il comprend toutes les mesures prises dans l'entreprise visant à réaliser un profit élevé, que ce soit pour l'entreprise ou pour le client. Si le cycle logique de la gestion de la qualité fonctionne, il est alors possible d'obtenir une amélioration permanente des prestations de l'entreprise.

Certification. Il s'agit de la vérification, par des experts indépendants, des aptitudes à la qualité d'une entreprise .

L'entreprise est évaluée, dans le cadre d'audits, sur la base d'une liste de contrôle comportant un système de points. Si le nombre de points convenu est atteint, l'entreprise se voit décerner un certificat confirmant que les exigences de qualité sont remplies. La procédure de certification est répétée généralement tous les 3 ans. Afin de contrôler la qualité entre les échéances de certification, des audits internes de surveillance ont lieu annuellement.

Pour l'entreprise, la certification comporte les avantages suivants:

- **Contrôle des processus** par des experts sous l'angle des aptitudes à la qualité de l'entreprise.
- **Accroissement de la sensibilisation des collaborateurs à la notion de qualité.**
- Vérification **des produits.**
- **Avantages sur le marché** par rapport à des concurrents non certifiés.
- Possibilité pour l'entreprise de bénéficier de **conseils** de la part des experts, notamment en définissant les points faibles et les améliorations possibles.

Déroulement d'un audit. Après une information préalable à l'occasion de laquelle l'exploitation automobile est informée des critères de contrôle, un test est généralement effectué dans l'entreprise à certifier, afin de supprimer les éventuelles lacunes subsistant. A l'issue de celui-ci, la certification proprement dite, d'une durée d'un jour, a lieu.
L'examen couvre quatre domaines et peut comporter les points de contrôle suivants:

1. Saisie des données de l'entreprise

- Taille de l'entreprise.
- Personnes responsable, p. ex. directeur, responsable clientèle, responsable pièces de rechange, responsable des ventes.
- Particularités propres à l'entreprise.
- Nombre de véhicules neufs et d'occasion vendus par année.
- Nombre de contacts quotidiens des différents services.

2. Appréhension des réalités de l'entreprise

Impression générale dégagée par l'entreprise

- L'impression extérieure dégagée, p. ex. par la propreté de l'atelier, des alentours ou de la zone clients correspond-elle aux exigences?
- La signalisation interne de l'entreprise, p. ex. les panneaux indicateurs des places de parc pour les clients, la réception, la vente des pièces et des accessoires est-elle uniformisée?
- Les horaires d'ouverture de l'atelier et de l'entreprise sont-ils affichés?

Organisation de l'entreprise

- Existe-t-il un plan d'organisation comportant les descriptions de postes et de fonctions des cadres et des responsables, p. ex. pour la publicité, la protection de l'environnement, la sécurité au travail ou la formation des collaborateurs?
- Y a-t-il un nombre suffisant de conseillers à la clientèle?
- La qualité des travaux effectués en sous-traitance, p. ex. les travaux de carrosserie, est-elle évaluée et garantie?
- L'entreprise propose-t-elle un service de dépannage d'urgence?
- Des enquêtes de satisfaction, effectuées par questionnaire ou par téléphone et destinées à définir le degré de satisfaction de la clientèle après une réparation ou une prestation de service, ont-elles lieu régulièrement?
- Les réclamations des clients, l'évaluation des résultats et la mise en œuvre des mesures sont-elles systématiquement élaborées?
- L'état de formation des collaborateurs et la planification des mesures de formation et de formation continue sont-ils documentés?
- Dans quelle mesure les directives de sécurité, les prescriptions de prévention des accidents et la protection de l'environnement sont elles-respectées? Y a-t-il un responsable pour ces directives et ces mesures?

Contact avec la clientèle/prises des commandes

- Les prix des produits et des services sont-ils signalés, p. ex. prix fixes pour les contrôles?
- Le client a-t-il la possibilité de consulter les conditions de réparation, de garantie et de paiement?
- L'entreprise dispose-t-elle d'un service de retrait et de remise du véhicule au client?
- L'offre en véhicules de remplacement est-elle suffisante et ces véhicules sont-ils dans un état impeccable ?
- Pour chaque mandat de réparation ou de services, existe-t-il une commande écrite et la facture correspond-elle au mandat?

- La zone d'accueil des clients répond-elle aux exigences en matière d'équipement, cafétéria, informations actualisées des produits, journaux et revues, possibilités de s'asseoir et coin jeux pour les enfants?
- A l'issue des travaux, les véhicules font-ils l'objet d'une course d'essai? Les résultats de celle-ci sont-ils évalués, des mesures concrètes sont-elles introduites, convenues et mises en œuvre?
- Les factures sont-elles clairement libellées et compréhensibles pour le client?
- Le personnel porte-t-il des vêtements adaptés/recommandés, ainsi que des badges nominatifs? Dispose-t-il de cartes de visite?
- Un système clair en matière de délais et de planning, p. ex. formulaires, calendriers, informatique, existe-t-il?
- Un planification des délais est-elle effectuée après chaque saisie de commande?
- Après réparation ou maintenance, le véhicule est-il remis personnellement au client et la facture lui est-elle expliquée?
- La commande de réparation suit-elle directement le véhicule?
- Des accessoires modernes font-ils l'objet de promotion et sont-ils exposés et proposés dans la zone clients ?

Atelier

- Existe-t-il un formulaire adéquat pour les travaux de contrôle et de maintenance et celui-ci est-il utilisé comme prévu?
- Les véhicules des clients sont-ils traités avec soin? Utilise-t-on p. ex. des housses de protection pour le volant ou les sièges?
- Comment est organisée la répartition des travaux entre les collaborateurs?
- Les registres de consignation des appareils et des outils sont-ils tenus de manière exacte et les délais de contrôle des installations techniques, telles que p. ex. les ponts élévateurs, les compresseurs, les clés dynamométriques, etc. sont-ils respectés?
- Quel est l'état de la littérature technique de l'atelier? Les mécaniciens ont-ils accès aux documents? Y a-t-il un nombre suffisant d'ordinateurs disponibles?
- Les documents concernant la sécurité, les matières dangereuses et la prévention incendie sont-ils tenus à jour?
- Existe-t-il des mesures visant à réduire les déchets?
- Comment sont stockées et éliminées les matières présentant un risque pour l'environnement? Quel collaborateur en est responsable?

Service des pièces détachées

- Lors des réparations des véhicules, utilise-t-on des pièces originales et des consommables préconisés par le constructeur?
- Les contrôles d'entrée de la marchandise sont-ils effectués et documentés?
- Les pièces démontées sont-elles traitées soigneusement et conservées séparément?
- Les pièces détachées livrées sont-elles contrôlées?
- Toutes les pièces détachées sont-elles clairement identifiées?
- Les pièces sont-elles stockées de manière à conserver leurs propriétés?

Vente de véhicules neufs et d'occasion

- Les véhicules neufs et d'occasion sont-ils dans un état impeccable?
- Lors de la vente de produits et de services, des explications orientées vers le client sont-elles fournies?
- Des actions publicitaires régulières sont-elles organisées ?

3. Evaluation

A l'issue du contrôle des différents éléments, les experts en certification additionnent les points obtenus. L'évaluation des résultats est faite en collaboration avec la direction de l'entreprise. Le certificat est décerné si l'entreprise a atteint le nombre minimal de points et a rempli les critères principaux requis. Le certificat atteste que l'aptitude à la qualité de l'entreprise a été vérifié et que celle-ci correspond à la norme DIN EN ISO 9001.

4. Détermination de mesures visant à améliorer la qualité

D'ultérieures mesures, destinées à améliorer la qualité, sont définies avec la direction. Au cas où l'entreprise n'aurait pas récolté le nombre minimal de points et n'aurait pas rempli les critères principaux requis, elle dispose d'un certain délai pour combler les lacunes constatées. Au terme de délai, les experts en certification refont une évaluation.

Questions de révision

1. **Qu'entend-on par gestion de la qualité?**
2. **Quels sont les objectifs d'un système de gestion de la qualité?**
3. **Qu'entend-on par certification?**
4. **Comment un audit est-il mené?**
5. **Citez les critères les plus importants auxquels doit répondre une exploitation automobile.**

4 Technologie informatique

Vu la quantité croissante d'informations et de données qui doivent être élaborées toujours plus rapidement, il est nécessaire de disposer de systèmes toujours plus performants pour traiter celles-ci de manière informatisée, que ce soit dans le domaine de la technique, des sciences, du commerce ou de l'administration. On distingue:

- les systèmes individuels, p. ex. les PC;
- les systèmes interconnectés, p. ex. les réseaux serveur-client.

4.1 Matériel et logiciels

Un système d'élaboration des données est composé de matériel et de logiciels.

Le matériel comprend tous les composants électroniques et mécaniques montés sur un ordinateur ou un système informatique. L'ensemble des câbles, des prises, ainsi que les supports de données en font partie. Exemple de matériel d'un PC **(ill. 1)**:

- unité du système (ordinateur, processeur) pour l'élaboration des données et
- périphériques pour
  - entrée des données, p. ex. clavier, souris
  - sortie des données, p. ex. écran, imprimante
  - stockage externe des données, p. ex. disques durs, lecteurs de disquettes.

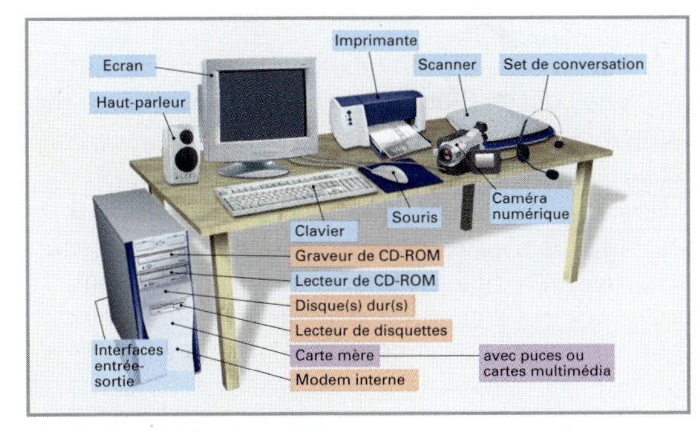

Illustration 1: Système PC

Les logiciels comprennent tous les programmes et les données.

Les programmes sont composés d'une série de commandes qui, partant des instructions de travail de l'utilisateur, sont traduites en un langage compréhensible pour la machine. Les programmes pilotent les processus de travail et élaborent les données. On distingue les programmes système et les programmes utilisateur **(tableau 1)**.

Tableaux 1: Genres de programmes

Programmes système
• Systèmes d'exploitation, p. ex. DOS, Windows 7, Windows NT, UNIX, OS/2 • Utilitaires (programmes auxiliaires)
Programmes utilisateur
• Programmes standard, p. ex. élaboration de textes, tableurs, bases de données • Programmes CAD • Programmes d'applications spécifiques, p. ex. pour la comptabilité, le calcul technique • Programmes de diagnostic • Jeux • Programmes multimédias, p. ex. lecteurs de films, MP3 • Langages de programmation, p. ex. BASIC, Pascal, C++

Les données sont les informations qui peuvent être saisies, élaborées et restituées par l'ordinateur. On différencie les données numériques, alphabétiques et graphiques. **(ill. 2)**. La combinaison des différentes données est appelée chaîne de caractères (string).

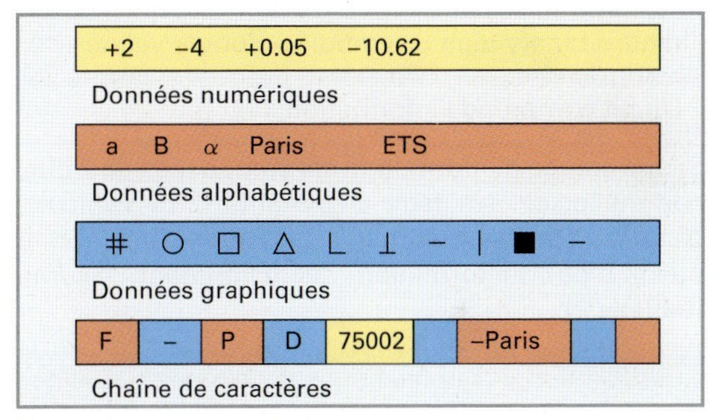

Illustration 2: Genre de données

4.2 Principe ETS

Le traitement des données fonctionne généralement selon le principe de structure ETS **(ill. 3)**.

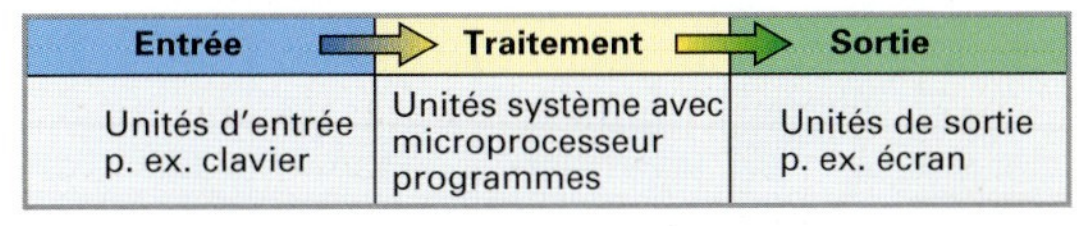

Entrée
Traitement
Sortie
Unités d'entrée p. ex. clavier
Unités système avec microprocesseur programmes
Unités de sortie p. ex. écran

Illustration 3: Fonctionnement de l'ordinateur

Entrée. L'utilisateur introduit les données dans l'ordinateur, p. ex. au moyen d'un clavier.

Traitement. Le microprocesseur de l'ordinateur élabore les données par l'intermédiaire d'un programme de traitement prédéfini. Les données résultantes peuvent alors être enregistrées dans la mémoire de travail de l'ordinateur.

Sortie. Les données traitées peuvent être affichées sur une unité de sortie, p. ex. un écran, par l'intermédiaire d'un programme de traitement.

4.3 Représentation interne des données

Le circuit électrique de l'ordinateur a deux états de branchement: enclenché ou déclenché **(tableau 1).** Ces états de branchement sont utilisés pour la représentation des informations dans un système à deux signes (système binaire); ainsi, le chiffre 0 correspond à l'état de branchement déclenché et le chiffre 1 à l'état de branchement enclenché.

Tableau 1: Etats de branchement (système binaire)

Branchement		
Circuit	Déclenché	Enclenché
Carac. binaire	0	1

Chacun de ces deux états de branchement représente ainsi la plus petite unité d'information: 1 bit (de l'anglais binary digit = symbole à double valeur).

Un bit comprend l'information 1 ou 0

Si une source d'information est composées de 2 bits, comme p. ex. les feux clignotants d'un véhicule, chaque bit peut comporter l'information 0 (clignotant éteint) ou l'information 1 (clignotant allumé **(tableau 2).**

Tableau 2: Informations dans un système binaire

Bit	Exemple	Combinaisons binaires	Nombre d'informations
1	Lampe éteinte, Lampe allumée	0 1	$2^1 = 2$
2	Clign. éteint, Clign. droite, Clign. gauche, Feux de détresse	00 01 10 11	$2^2 = 4$
3	Voie libre, Attention, Halte, S'apprêter à démarrer	000 001 010 011 100 101 110 111	$2^3 = 8$

Un feu de signalisation routier transmet des informations aux usagers de la route au moyen de 3 lampes. Cela correspond à un contenu d'information de 3 bits. Il en résulte $2^3 = 8$ possibilités de branchement dont seules 4 sont utilisées (la combinaison du feu vert et du feu rouge p. ex. n'aurait aucun sens dans ce cas, **tableau 2).**

Huit bits sont nécessaires pour pouvoir différencier toutes les lettres (minuscules et majuscules), tous les chiffres, les signes spéciaux et les signes de contrôle.

1 octet (byte) comprend 8 bits

Un byte permet ainsi d'obtenir $2^8 = 256$ possibilités de combinaisons différentes.

4.4 Systèmes arithmétiques

Pour le traitement des données, les systèmes arithmétiques suivants sont utilisés:

- système décimal;
- système binaire;
- système hexadécimal.

Le système décimal est composé de 10 chiffres (base 10), le système binaire de 2 et le système hexadécimal de 16.

En principe, les ordinateurs traitent les données au moyen du système binaire. Toutefois, afin de pouvoir simplifier les longues chaînes de chiffres du système binaire, le système hexadécimal est souvent utilisé.

Une combinaison des systèmes binaire et hexadécimal peut aussi être utilisée dans les systèmes bus.

A titre d'exemple, le chiffre 123 est représenté dans les différents systèmes arithmétiques en **page 71, tableau 1.**

L'avantage du système hexadécimal par rapport au systèmes décimal et binaire est qu'il permet de raccourcir la notation, p. ex.

Décimal	Binaire	Hexadécimal
13	1101 $1 \times 2^0 = 1$ $0 \times 2^1 = 0$ $1 \times 2^2 = 4$ $1 \times 2^3 = 8$ 13	D

Capacité de stockage. Les capacités de stockage des supports de données internes et externes sont toujours indiquées en byte, code à 8 bits.

8 bit			=	1 byte
1 KB	=	2^{10} byte	=	1 024 byte
1 MB	=	2^{20} byte	=	1 048 576 byte
1 GB	=	2^{30} byte	=	1 073 741 824 byte

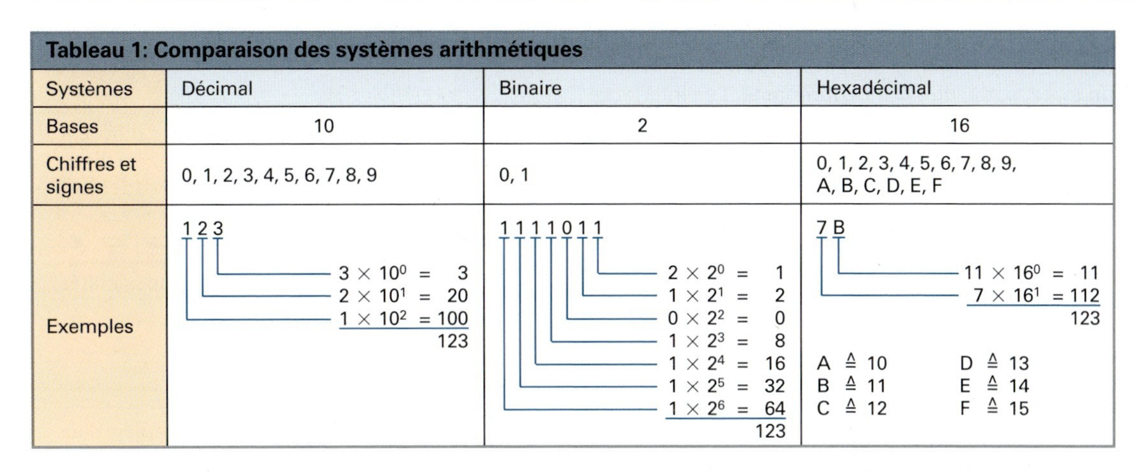

Tableau 1: Comparaison des systèmes arithmétiques

Systèmes	Décimal	Binaire	Hexadécimal
Bases	10	2	16
Chiffres et signes	0, 1, 2, 3, 4, 5, 6, 7, 8, 9	0, 1	0, 1, 2, 3, 4, 5, 6, 7, 8, 9, A, B, C, D, E, F
Exemples	1 2 3 $3 \times 10^0 = 3$ $2 \times 10^1 = 20$ $1 \times 10^2 = 100$ 123	1 1 1 1 0 1 1 $2 \times 2^0 = 1$ $1 \times 2^1 = 2$ $0 \times 2^2 = 0$ $1 \times 2^3 = 8$ $1 \times 2^4 = 16$ $1 \times 2^5 = 32$ $1 \times 2^6 = 64$ 123	7 B $11 \times 16^0 = 11$ $7 \times 16^1 = 112$ 123 A ≙ 10 D ≙ 13 B ≙ 11 E ≙ 14 C ≙ 12 F ≙ 15

4.5 Structure d'un ordinateur

Le matériel constituant un ordinateur comprend l'appareil de base avec la carte-mère et l'équipement qui y est connecté **(ill. 1)**.

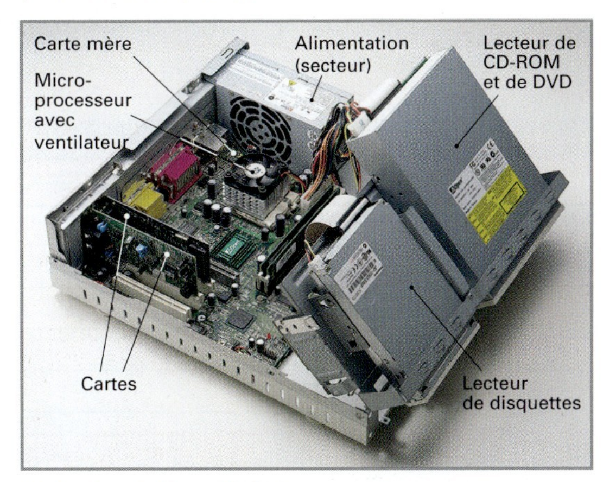

Illustration 1: Appareil de base

Carte-mère (motherboard). Les composants principaux suivants y sont connectés (ill. 2):

- Microprocesseur
- Mémoires internes
- Unités entrée et sortie
- Bus système

Microprocesseur (CPU – Central Processing Unit). C'est là que sont exécutées pas à pas les instructions provenant d'un programme. La fréquence d'impulsions par seconde est la vitesse avec laquelle le processeur est entraîné d'un pas du programme à l'autre, p. ex. à 4 GHz, le CPU exécute chaque seconde 4 000 000 000 de pas de travail.

Mémoire interne. Elle comprend la mémoire en lecture seule et la mémoire de travail.

Mémoire en lecture seule (ROM – Read Only Memory). C'est là que sont enregistrés les programmes et les données inaltérables, comme p. ex. le programme de démarrage de l'ordinateur. Celui-ci permet, après l'enclenchement de l'ordinateur, de transférer les programmes du système d'exploitation des supports externes vers la mémoire de travail (RAM) et de les démarrer. Les informations mémorisées dans la ROM y restent conservées après le déclenchement de l'ordinateur.

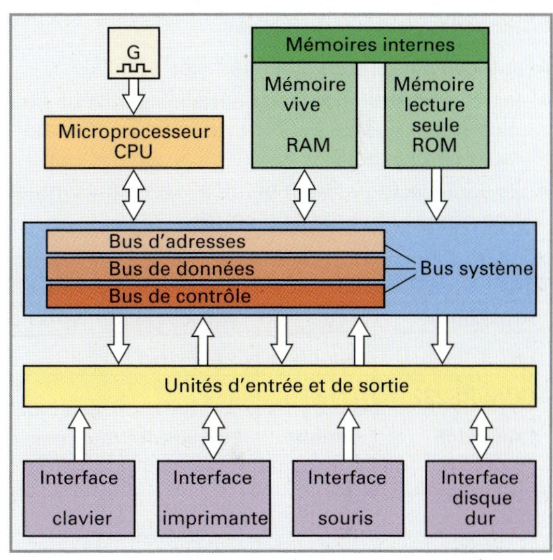

Illustration 2: Le cœur d'un système informatique

Mémoire de travail (RAM – Random Access Memory). C'est dans cette mémoire vive que les programmes et les données servant au fonctionnement actuel de l'ordinateur sont stockés. Lors du déclenchement de l'ordinateur ou par suite d'une commande logicielle, cette mémoire est effacée.

Bus système. Il comprend le bus de contrôle pour les signaux de commande, le bus d'adresse, p. ex. pour l'attribution des emplacements de stockage et le bus de données par lequel transitent les données, les commandes et les adresses.

Unités d'entrée/sortie (interface E/S). Elles servent à piloter l'échange de données entre le CPU, la mémoire vive et les périphériques, p. ex. souris, clavier.

Interfaces. Ce sont les liaisons par l'intermédiaire desquelles les signaux sont transmis d'un système à un autre, p. ex. du PC à l'imprimante. Les interfaces peuvent se présenter sous forme de cartes internes ou de connecteurs **(ill. 1)**. On distingue les interfaces parallèles et les interfaces sérielles **(tableau 1)**.

Les interfaces parallèles transmettent 8 bits simultanément (en parallèle) par le biais d'une liaison à 8 fils séparés, p. ex. pour la liaison avec une imprimante. Pour ce faire, on utilise une prise à 25 pôles du côté de l'ordinateur et une prise à 36 pôles du côté de l'imprimante (prise Centronics).

Les interfaces sérielles transmettent chaque bit l'un après l'autre (en série) p. ex. pour la connexion d'une souris. Cette interface externe est également appelée interface V.24 ou RS 232. Les prises pour ces liaisons disposent en général de 9 pôles.

Avantages par rapport aux interfaces parallèles:

- les câbles des interfaces sérielles peuvent être plus longs (jusqu'à 150 m.) que ceux des interfaces parallèles;
- ils sont électriquement blindés, car ils présentent une grande impédance d'entrée;

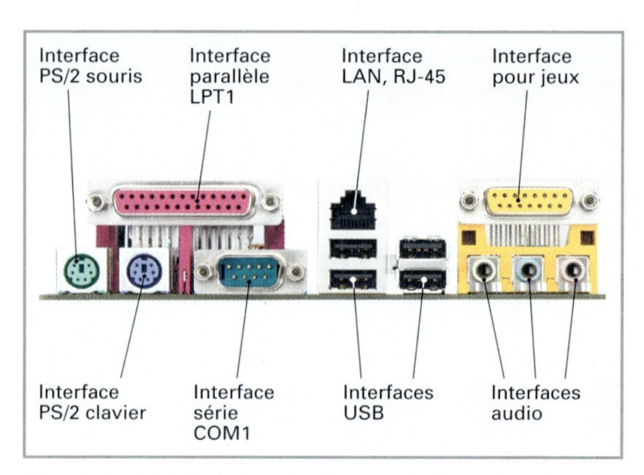

Illustration 1: Interfaces à prises situées à l'arrière d'un ordinateur

- moins de fils sont nécessaires dans le câble. Dans le cas du RS232, seuls 2 fils sont présents (entrée, sortie).

Les vitesses de transmission des interfaces sont généralement indiquées en MBits/s ou en MByte/s.

1 MByte/s = 8 MBit/s

Tableau 1: Les interfaces de l'ordinateur

Appellation	Type	Vitesse de transmission	Usage
LPT 1	parallèle	3 MByte/s	pour imprimante, scanner
COM/RS232	sérielle	–	pour modem, souris sérielle
LAN/RJ45	sérielle	10/100 Mbit/s	Ethernet, réseaux
IrDA	sérielle	Jusqu'à 14,4 KByte/s	interface infrarouge
PS/2	sérielle	–	pour souris, clavier
USB	sérielle	1,5 MByte/s	interface universelle pour imprimante, scanner, clé de stockage
IDE, ATA	parallèle	Jusqu'à 150 MByte/s	pour disque dur (sur la carte-mère)
SCSI	parallèle	Jusqu'à 160 MByte/s	pour disque dur professionnel, serveur
Bluetooth	sérielle	1 MBit/s	interface de communication sans fil (trm.)
Firewire	sérielle	Jusqu'à 400 MBit/s	interface universelle pour caméra, téléphone portable
AGP	parallèle	Supérieure à 533 MByte/s	interface pour carte graphique
PCI	parallèle	133 MByte/s	interface pour cartes internes, p. ex. carte son

4.6 Communication des données

Grâce à la communication des données, des informations peuvent être échangées entre des ordinateurs sous forme de données. La liaison entre chaque ordinateur est réalisée par des réseaux de données.

Réseaux de données. Il s'agit de liaisons informatiques par lesquelles des données sont transmises, sous forme de paquets d'informations. Dans de petits réseaux, comme celui d'un véhicule automobile, on transmet également des signaux de commande. Les données sont transmises en série, bit par bit, et les informations peuvent être utilisées par tous les membres du réseau.

4.6.1. Transmission de données

Les systèmes d'échange de données, comme p. ex. ceux qui sont utilisés à l'intérieur d'une entreprise, dans un bureau ou dans un véhicule, sont appelés **LAN** (**L**ocal **A**rea **N**etwork) ou réseaux locaux. L'échange de données entre des PC, des micro-ordinateurs, des ordinateurs centraux et tous les périphériques ont lieu à des vitesses de transmission élevées (de 10 Mbit/s à 100 Mbit/s env.). Cela signifie que tous les membres du réseau peuvent accéder à toutes les données pratiquement simultanément, afin de les traiter ou de les modifier. Les éléments de liaison entre les ordinateurs sont constitués par des câbles de données, des connexions et des cartes-réseaux qui sont montés dans les ordinateurs.

Structures des réseaux. Selon l'implantation des ordinateurs reliés à une ligne de données commune, on distingue:

- la structure en étoile
- la structure en anneau
- la structure par bus

Structures en étoile (ill. 1). On différencie:

- les structures en étoile active;
- les structures en étoile passive.

Structure en étoile active. Elle permet la connexion de nombreux ordinateurs sans tirer trop de câbles. Chaque station de travail est reliée à une station de transmission (nœud). Il s'agit la plupart du temps d'un serveur ou d'un hub. Si l'une des stations de travail est hors service, les autres membres du réseau ne subissent aucune perturbation. Si, par contre, la station de transmission est en panne, l'ensemble du réseau ne fonctionne plus.

Structure en étoile passive. Tous les postes de travail ont les mêmes droits. C'est le nœud de liaison qui fait office d'interface entre les postes. Si l'un des postes de travail est en panne, le réseau continue à fonctionner.

Structure en anneau (ill. 2). Avec cette structure, les stations de travail avoisinantes sont directement reliées entre elles. Les données sont transmises d'une station à la suivante dans une direction ou l'autre. Il est facile d'ajouter un ordinateur supplémentaire en l'intercalant dans le réseau. Par contre, si un ordinateur est hors service dans l'anneau, l'ensemble du réseau peut être bloqué.

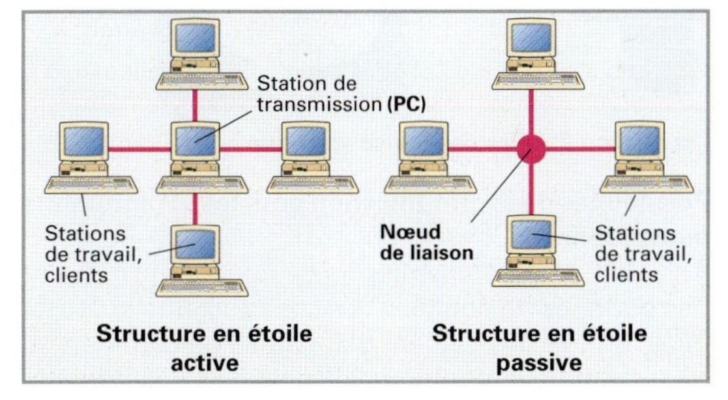

Illustration 1: Structure d'un réseau en étoile

Structure en arbre (ill. 2). Elle permet l'émission et la réception de données à partir de chaque station par un câble commun. Etant donné que chaque station peut émettre et recevoir, la circulation des données doit être régie par un protocole adéquat. Chaque place de travail peut émettre si le bus est "libre". Le réseau peut être agrandi de façon simple par l'introduction d'une station de travail supplémentaire. De plus, la panne d'une station ne perturbe pas l'ensemble du réseau. Par contre, les informations émises peuvent être réceptionnées ("écoutées") par toutes les stations.

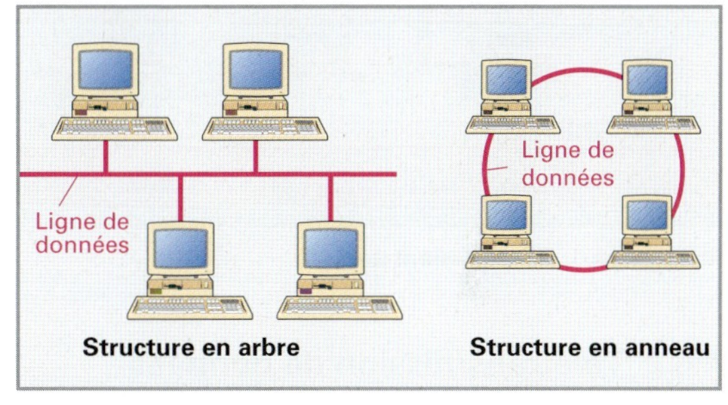

Illustration 2: Structure en arbre et structure en anneau

Réseau peer to peer. Il s'agit d'un réseau simple avec une structure par bus, dans laquelle tous les ordinateurs sont reliés entre eux de manière indépendante par une ligne de données. Ils ont tous les mêmes droits. Ainsi, des données peuvent être échangées facilement entre deux ordinateurs.

Autres conditions pour assurer la transmission des données:

Protocole. Il définit les règles de la transmission des données dans un réseau.

Gateway. Si deux réseaux de type différent sont connectés, le gateway permet de traduire le protocole de l'un dans le protocole de l'autre.

Hub. C'est une station de répartition située à l'intérieur d'un réseau en étoile. Toutes les données sont transmises à tous les ordinateurs du réseau. Un hub passif se contente d'assurer un rôle de répartiteur, tandis qu'un hub actif amplifie encore le signal.

Switch. C'est une station de répartition située à l'intérieur d'un réseau en étoile qui ne transmet les données qu'aux ordinateurs connectés sur les branches du réseau concernées.

Routeur. Il relie deux ou plusieurs réseaux et retransmet les données de manière intelligente.

Réseau serveur-client

Serveur (régisseur de service). Dans un réseau, il met à disposition les données, les programmes et la puissance de calcul. Le serveur peut mémoriser de grandes quantités de données et donc ainsi décharger l'ordinateur client.

Le terme **client** désigne les autres ordinateurs du réseau. Ils utilisent les services du serveur en y stockant les données, en faisant appel à ses programmes et à sa puissance de calcul. De tels réseaux se trouvent dans les grandes exploitations automobiles **(ill. 1)**.

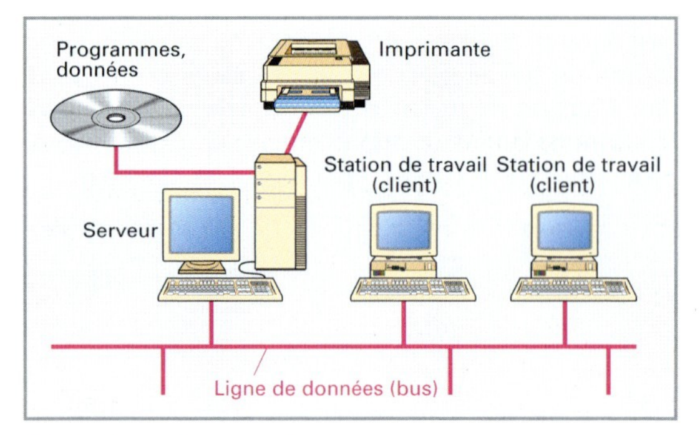

Illustration 1: Réseau client-serveur

4.6.2 Télétransmission de données

Elle permet l'échange d'informations entre différents réseaux, tel que la transmission de sons, d'illustrations, de textes ou de données au travers des services de télécommunication avec liaisons par câbles ou transmission radio.

WAN (**W**ide **A**rea **N**etworks = réseaux de données à grande surface). Il s'agit de systèmes de communication pouvant être étendus au monde entier. Les entreprises de télécommunication mettent leurs réseaux téléphoniques à disposition pour les transmissions de données. Pour assurer la liaison à des services de télécommunication, des terminaux de communication et des installations de transmission des données sont nécessaires.

Terminal de communication. Il est indispensable pour l'émission et la réception de données. Il s'agit en général d'ordinateurs personnels, de terminaux.

Installation de transmission des données. Elle est indispensable pour la coordination des signaux de données entre le terminal de communication et le câble de transmission. Pour ce faire, on utilise des adaptateurs RNIS, des modems, p. ex. des modems ADSL. Par le biais d'un logiciel de communication adéquat, l'échange de données entre les ordinateurs est alors assuré par des interfaces sérielles ou parallèles.

Modem (**Mo**dulateur/**Dém**odulateur). Il s'agit d'un appareil qui permet de transformer (moduler) les signaux digitaux devant être transmis par un ordinateur en signaux analogiques. Les signaux sont ensuite envoyés sur le réseau téléphonique analogique. Après la transmission, les signaux analogiques sont à nouveau transformés (démodulés) par le modem, du côté réception, en signaux compréhensibles par l'ordinateur. La transmission de données par le réseau téléphonique s'effectue jusqu'à une vitesse de 56 kBit/s. Ces appareils disposent souvent aussi d'une fonction de télécopie et d'un répondeur automatique.

ADSL (Asymetric Digital Subscriber Line = liaison numérique asymétrique sur ligne d'abonné). Il s'agit d'un procédé permettant de transmettre des données numériques à grande vitesse, grâce à un modem et à un protocole adéquat. La vitesse de transmission n'est pas égale (asymétrique). En réception (downstream), la vitesse peut atteindre 768 kBit/s et en émission (upstream) 128 kBit/s.

RNIS (Réseau numérique à intégration de services). La transmission des données à lieu sous forme numérique au travers d'adaptateurs RNIS. Si un ordinateur est équipé de l'interface adéquate, sous forme de carte RNIS, il peut être utilisé directement comme terminal RNIS. Par canal, la vitesse de transmission des données atteint 64 kBit/s.

Services en ligne

Il s'agit d'entreprises de services qui offrent et vendent des informations, comme p. ex. les cours de la bourse, les nouvelles, des données spécifiques à certaines entreprises et des informations qui sont déposées dans des banques de données. D'autre part, elles offrent à leurs clients un grand nombre de possibilités de communications privées et professionnelles, comme le homebanking, le teleshopping, le telelearning, le teleworking **(ill. 2)**.

Illustration 2: Offre de services en ligne

Possibilités de communication pour les exploitations automobiles

Il s'agit p. ex. de transmission de données provenant des banques de données des constructeurs automobiles, du téléchargement d'appareils de commande, de tests et de logiciels, de listes de délais de maintenance, d'actions pour l'atelier.

4.7 Sauvegarde et protection des données

En raison de la constante évolution de l'informatique et de l'augmentation de la quantité des données traitées, la nécessité de les sauvegarder et de les protéger contre une utilisation illicite est cruciale.

Par le biais des réseaux locaux et publics, différents utilisateurs pourraient en effet s'emparer de ces données de manière directe et les modifier illicitement. Pour cette raison, la sauvegarde des données et la protection de celles-ci gagnent de plus en plus en importance.

4.7.1 Sauvegarde des données

Par sauvegarde des données, on entend toutes les mesures, méthodes et dispositifs qui permettent de se protéger contre la perte des données, une utilisation illicite ou une diffusion dénaturée de celles-ci.

Mémorisation intermédiaire et mémorisation définitive. Durant le travail à l'ordinateur, des erreurs d'utilisation, des pannes électriques, des défauts de l'ordinateur, des pannes de système peuvent provoquer une perte des données qui se trouvent dans la mémoire de travail. Pour cette raison, il est indispensable de procéder à une mémorisation intermédiaire des données puis de les sauvegarder de manière définitive sur des mémoires externes comme p. ex. des disquettes, des disques durs.

Plus on mémorise fréquemment et plus le danger de perte de données est réduit.

Copies de sécurité. Ce sont des copies des données importantes, p. ex. sur CD-Rom, qui peuvent être utilisées en cas de perte des données originales.

Protection contre l'écrasement des données. Elle empêche l'écrasement accidentel des données sur des mémoires externes. Lors de la procédure d'enregistrement, le programme peut afficher un message, de type **"Voulez-vous remplacer le fichier existant?"** , avant que le système ne remplace le fichier d'origine par le nouveau.

Protection par mot de passe. Chaque utilisateur d'une installation de traitement des données dispose d'un mot de passe qu'il doit saisir au début de son travail à l'ordinateur. Si l'ordinateur reconnaît ce mot de passe, il autorise alors l'utilisateur à accéder à des domaines déterminés de la mémoire externe.

Programmes antivirus. Des programmes antivirus sont utilisés afin de détecter les infections virales informatiques, de les éliminer ou de les neutraliser. Actuellement, de nouveaux virus apparaissent régulièrement, d'où la nécessité de maintenir les programmes antivirus constamment à jour.

4.7.2 Protection des données

La base juridique de la protection des données est constituée par la loi fédérale sur la protection des données (LPD).

Le but de la protection des données est d'empêcher tout abus lors de la mémorisation, la transmission, la modification et l'effacement des données.

Au sens de la loi sur la protection des données, les **données protégées** sont, p. ex. **des données de nature personnelle**, qui ne sont pas susceptibles d'être accessibles à tout un chacun, à l'image des inscriptions dans un annuaire téléphonique.

Les données personnelles sont des indications sur

- **des informations personnelles,** p. ex. date de naissance, âge, nationalité, religion, profession, maladies, antécédents judiciaires, convictions politiques, certificats, comportements de consommation.
- **des informations matérielles,** p. ex. salaire mensuel, fortune, dettes, propriétés foncières.

Aujourd'hui toutefois, la mémorisation des données des personnes, en vue d'un travail rationnel et rapide, p. ex. pour la réalisation de tâches administratives, est devenue incontournable. C'est pourquoi chaque individu doit pouvoir bénéficier, lors de la saisie de ses données personnelles, des droits suivants:

- **droit d'information,** si les données sont saisies et mémorisées;
- **droit de renseignement sur les données saisies** qui concernent sa personne;
- **droit de correction** en cas de mémorisation erronée;
- **droit d'effacement des données** dont la mémorisation n'était pas autorisée ou dont l'autorisation à la mémorisation est échue, p. ex. après remboursement d'un crédit et cessation des rapports d'affaires avec la banque concernée.

La protection des données en bonne et due forme, selon la législation sur la protection des données, est contrôlée par des **préposés à la protection des données**.

5 Technique de commande et d'asservissement

5.1 Principes

Les systèmes de commande et d'asservissement sont responsables de la coordination du fonctionnement des systèmes partiels à l'intérieur d'un système global. En outre, ils assurent aussi la coordination des systèmes vers l'extérieur. Dans une automobile, un grand nombre de tels processus de commande et de réglage ont lieu en permanence.

Exemples de processus de commande

- Commande de l'échange des gaz par l'ouverture et la fermeture des soupapes par une came.
- Orientation d'un véhicule par le braquage des roues.

Exemples de processus de réglage

- Réglage du rapport air/carburant selon une valeur déterminée (p. ex. $\lambda \approx 1$).
- Réglage de la vitesse de conduite (Tempomat).
- Réglage de la force de freinage par un système antiblocage (ABS).
- Réglage de la climatisation par un thermostat.

5.1.1 Commande

Dans un système, la commande est le processus qui influence les valeurs de sortie, par rapport à une ou plusieurs valeurs d'entrée. La commande ne contrôle pas si la valeur réelle correspond à la valeur de référence des valeurs d'entrée.
La caractéristique de la commande est le déroulement ouvert le long d'une chaîne de commande.

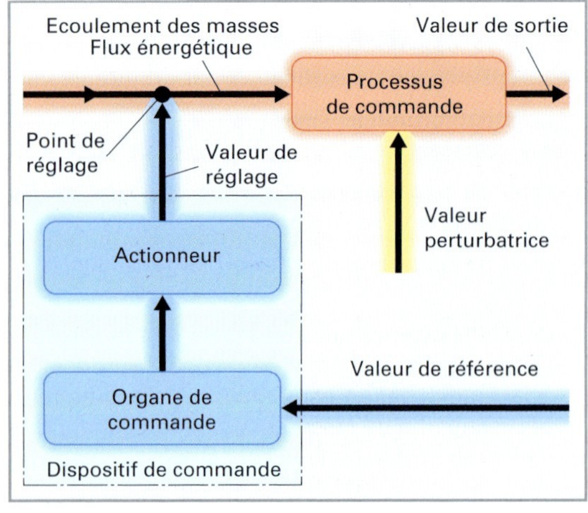

Illustration 1: Chaîne de commande

Chaîne de commande (ill. 1). Elle est formée des différents éléments constituant la commande, qui, dans la structure de la chaîne, agissent d'un composant à l'autre. La chaîne de commande est subdivisée en **dispositif de commande** et **processus de commande.**

Exemple de commande de la vitesse de déplacement[1] (ill. 2). Une automobile avec moteur à essence doit conserver une vitesse de déplacement constante de 80 km/h.

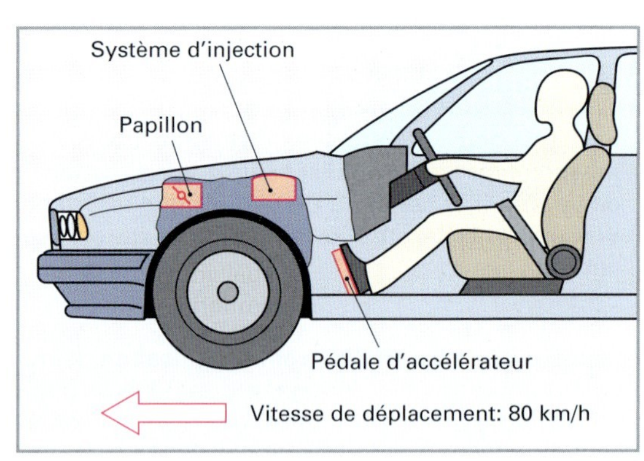

Illustration 2: Contrôle de la vitesse de déplacement

Valeurs de commande (ill. 3)

La vitesse de 80 km/h représente la **valeur de la tâche (ill. 3).** Afin de l'atteindre dans des conditions de conduite données, une quantité de mélange définie doit être délivrée au moteur. Dans ce but, le conducteur amène la pédale d'accélérateur dans la position correspondante. La course de la pédale est la **valeur de guidage (w)** (valeur de référence).

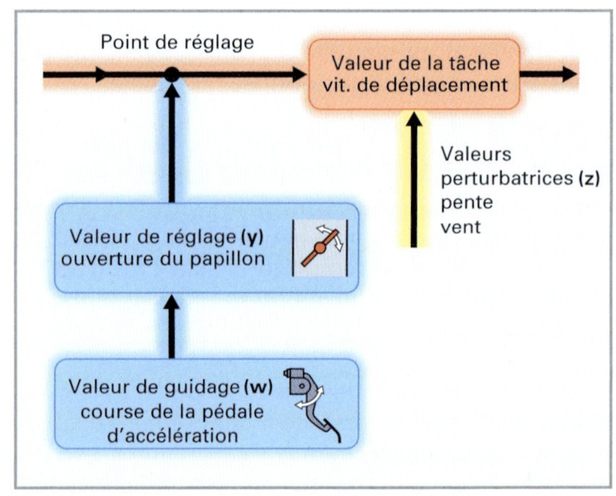

Ill. 3: Valeurs physique dans la commande de la vitesse de déplacement

[1] L'être humain, en tant que régulateur potentiel de ce système de commande, n'est pas pris en compte ici.

Au moyen de la pédale d'accélérateur, le papillon est alors placé dans une certaine position. L'ouverture du papillon correspond à la **valeur de réglage (y)** permettant l'admission de la quantité de mélange nécessaire.

Dispositif de commande (ill. 1). Il est composé de **l'organe de commande** et de **l'actionneur.** Ce sont les éléments directement liés à la coordination du fonctionnement, indispensables au processus de commande.

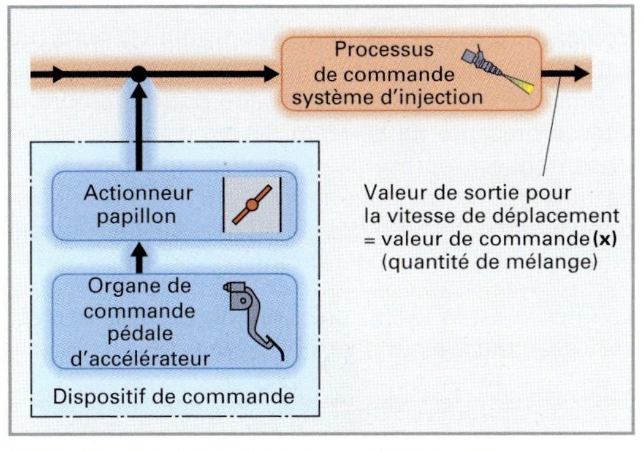

Illustration 1: Chaîne de commande de la vitesse

L'organe de commande est la pédale d'accélérateur. L'actionneur est le papillon des gaz. La **valeur de référence w** (course de la pédale) est la valeur d'entrée de l'organe de commande. La **valeur de réglage y** (ouverture du papillon) est la valeur de sortie du dispositif de commande. La valeur de réglage est également la valeur d'entrée du processus de commande.

Le processus de commande. Il comprend la partie de l'installation qui doit être influencée afin d'accomplir la tâche nécessaire pour atteindre la vitesse de déplacement. Le processus de commande est donc le système d'injection, étant donné que celui-ci délivre la quantité de mélange nécessaire pour atteindre la vitesse désirée. La valeur de sortie du processus de commande est la **valeur de commande x**.

La vitesse de déplacement de 80 km/h est maintenue aussi longtemps qu'aucune perturbation n'influence le système. Par exemple, lorsque le véhicule rencontre une pente, sa vitesse diminue. La pente représente, en termes de commande, **une valeur perturbatrice z**. Elle ne peut pas être prise en compte par la commande, étant donné que la valeur de la tâche "vitesse" est modifiée et que la course de la pédale ne peut pas être ramenée d'elle-même à la valeur de référence. La commande a donc un effet de déroulement ouvert. Lorsque la valeur perturbatrice disparaît, la vitesse prévue est à nouveau maintenue.

Pour corriger l'effet de la valeur perturbatrice (pente), le conducteur doit appliquer une valeur de référence modifiée (course de la pédale d'accélérateur). De cette manière, l'organe de commande (pédale d'accélérateur), ainsi que l'actionneur (papillon), vont générer une autre valeur de sortie (quantité de mélange) dans le processus de commande, valeur qui permettra de rétablir la valeur de la tâche (vitesse = 80 km/h).

5.1.2 Asservissement

L'asservissement (ou régulation) est le processus par lequel la valeur à régler (valeur de réglage) enregistre constamment la valeur réelle en la comparant avec la valeur de consigne et, en cas de divergence, la compense automatiquement.
La caractéristique de l'asservissement est l'effet de déroulement fermé (boucle de régulation).

Circuit d'asservissement (ill. 2). Il est formé d'éléments qui prennent part à un effet de déroulement fermé. Le circuit d'asservissement comprend un **dispositif de réglage** et un **processus d'asservissement**.

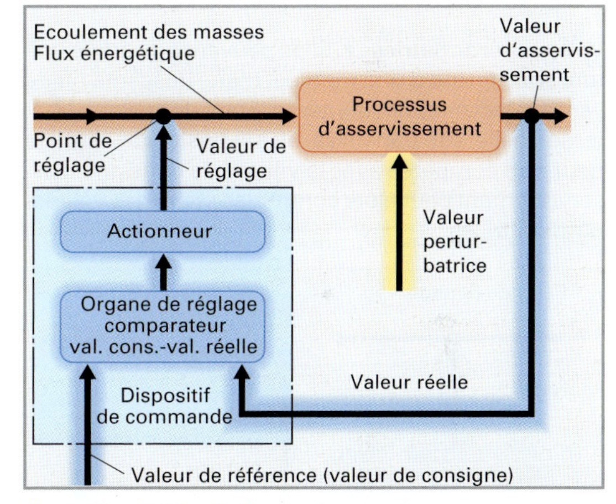

Illustration 2: Circuit d'asservissement

Dans l'exemple de l'asservissement de la vitesse, les concepts et les expressions sont expliqués.

Une voiture avec moteur à essence doit rouler à une vitesse constante de 80 km/h **(ill. 3)**. Elle est équipée d'un régulateur de vitesse (Tempomat).

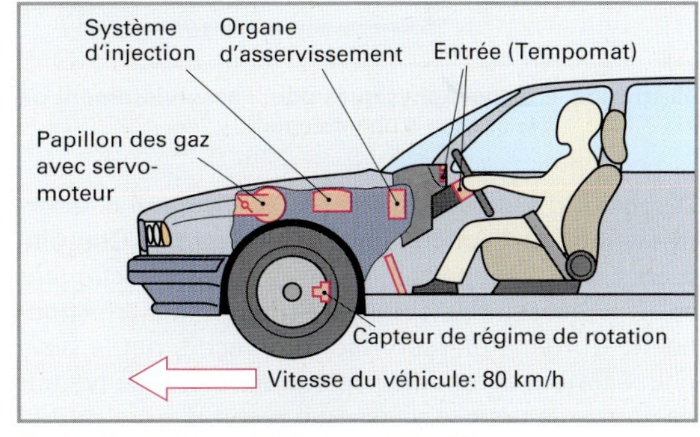

Illustration 3: Asservissement de la vitesse de déplacement

5

Valeurs physique (ill. 1)

La vitesse du véhicule est la **valeur d'asservissement x.** L'asservissement de la vitesse de déplacement peut être enclenchée de différentes façons.

Normalement, le conducteur amène le véhicule à la vitesse de 80 km/h avec la pédale des gaz, ensuite, en actionnant le levier du Tempomat, il enclenche l'asservissement et fixe ainsi la valeur de la vitesse de consigne. La valeur de consigne de 80 km/h est la **valeur de référence w.**

Afin de maintenir cette vitesse, le moteur a besoin d'une quantité de mélange définie. Pour cela, le papillon est amené dans la position qui correspond à la quantité de mélange demandée. L'ouverture du papillon est la **valeur de réglage y,** qui délivre la quantité de mélange nécessaire dans le dispositif d'injection. Le moteur délivre une puissance définie et le véhicule atteint alors la vitesse exigée **(valeur d'asservissement x).**

Valeurs perturbatrices z. Elles peuvent agir sur la voiture sous forme d'une montée, d'une descente ou de vent et ainsi modifier la vitesse. Etant donné que la vitesse réelle est transmise au dispositif de réglage pour être comparée avec la vitesse de consigne, l'asservissement peut alors contrer les effets des valeurs perturbatrices.

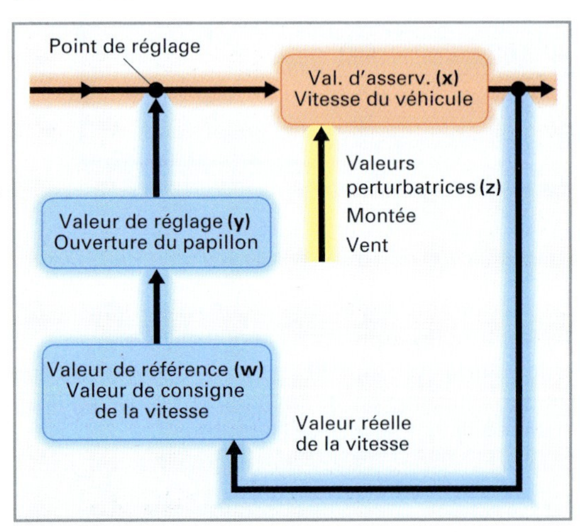

Illustration 1: Valeurs physiques pour l'asservissement de la vitesse d'un véhicule

Dispositif d'asservissement (ill. 2). L'**organe d'asservissement** et l'**actionneur** en font partie. Ces éléments sont indispensables et agissent directement sur le processus de commande selon leur fonctionnalité. L'organe d'asservissement reçoit, par le biais d'un élément d'entrée, la valeur de référence (valeur de consigne pour la vitesse); il reçoit d'autre part la valeur réelle de la vitesse actuelle relevée par le capteur. Sur la base de la comparaison entre la valeur réelle et la valeur de consigne de la vitesse, l'organe de réglage définit de manière autonome le signal pour l'actionneur. L'actionneur est composé du moteur de réglage, ainsi que du papillon. Selon l'écart de l'asservissement, l'actionneur génère alors une **valeur de réglage y** (ouverture plus grande ou plus petite du papillon).

La valeur de réglage représente alors la valeur de sortie du dispositif d'asservissement.

Processus d'asservissement. Il comprend la partie de l'installation qui doit être influencée en vue d'obtenir la quantité de mélange nécessaire pour atteindre la vitesse prescrite de 80 km/h. Le processus d'asservissement est représenté par le dispositif d'injection. La quantité de mélange délivré par celui-ci correspond à une puissance définie du moteur. Le véhicule atteint ainsi la vitesse déterminée.

La vitesse est la valeur de sortie du processus d'asservissement (valeur d'asservissement x).

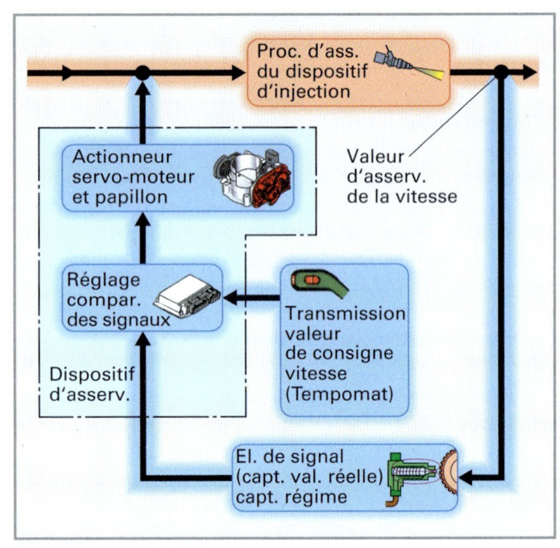

Illustration 2: Circuit d'asservissement de la vitesse

Procédure d'asservissement. Contrairement à la commande, l'asservisseur vérifie si la valeur réelle de la grandeur d'asservissement, c'est-à-dire la vitesse du véhicule effectivement obtenue, correspond à la valeur de consigne. Si la valeur réelle de la vitesse diffère de la valeur de consigne (= **différence de réglage),** l'organe de réglage lancera une nouvelle procédure d'asservissement. On parle alors de régulation en boucle fermée.

Limite d'asservissement. Cela signifie que le réglage ne peut avoir lieu que dans des limites données. P. ex., selon le constructeur, le réglage de la vitesse n'est prévu et possible qu'entre 30 et 210 km/h.

5.2 Structures et unités de fonctions dans les équipements de commande

Un équipement de commande est composé des éléments suivants:

Elément de signal, élément de commande et actionneur.

Ainsi, les composants de l'équipement de commande sont reliés et transmettent, dans le sens de fonctionnement, des signaux et de commandes selon le principe

Entrée → Traitement → Sortie.

Cette séquence du flux du signal est nommée, en abrégé, **"principe ETS"**. Dans **l'ill. 1**, ce principe est illustré par l'exemple du prétensionneur de ceinture.

Les constructeurs d'automobiles utilisent des systèmes de prétensionneurs pyrotechniques pour les ceintures de sécurité, afin d'éviter que les occupants ne se blessent sur le volant, le tableau de bord ou le pare-brise à la suite d'une collision frontale.

Entrée du signal. La détection d'un impact est réalisée au moyen d'un capteur d'accélération. Celui-ci enregistre l'écart de la vitesse momentanée et le transmet, sous forme d'un signal électrique, à l'appareil de commande de déclenchement.

Traitement du signal. L'électronique de l'appareil de commande de déclenchement détecte si une valeur de décélération critique est dépassée et, dans ce cas, l'appareil de commande de déclenchement agit par une impulsion sur le circuit d'allumage du prétensionneur de ceinture.

Sortie du signal. La capsule d'allumage amorce un composant explosif solide. La ceinture de sécurité est alors tendue, à l'aide d'un gazogène, par un piston tirant sur un câble.

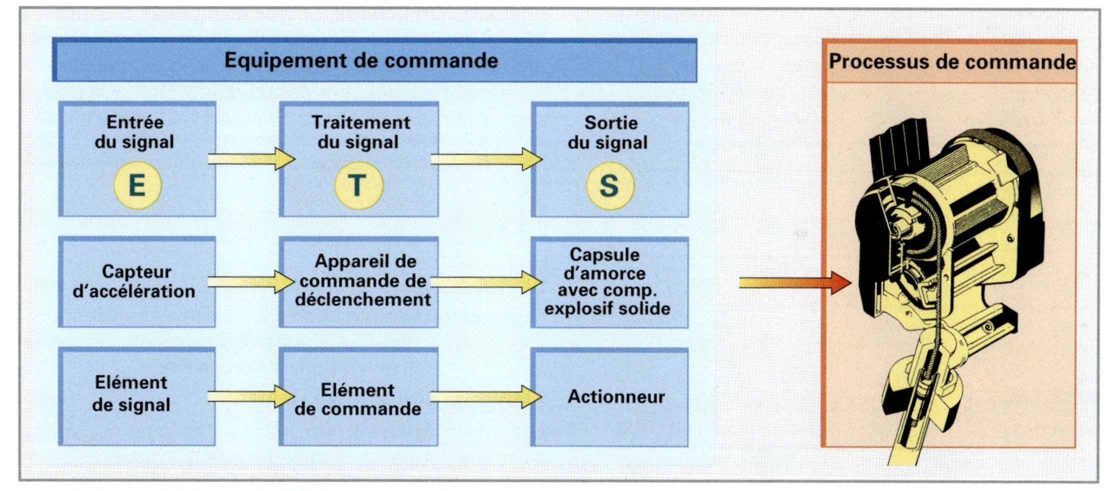

Illustration 1: Schéma de la commande d'un prétensionneur de ceinture de sécurité

5.2.1 Eléments signalétiques, types de signaux, conversion de signaux

Les éléments signalétiques sont également dénommés **capteurs.** Ils enregistrent les valeur physiques de différents types **(ill. 2)** pour les transformer en signaux d'entrée (p. ex. des tensions) et les transmettent aux organes de commande.

Les signaux peuvent avoir différentes formes. On distingue les signaux analogiques, binaires, numériques et par modulation d'impulsions électriques.

Types de signaux

Signaux analogiques (ill. 1, p. 80). Ces signaux sont saisis et transférés graduellement.

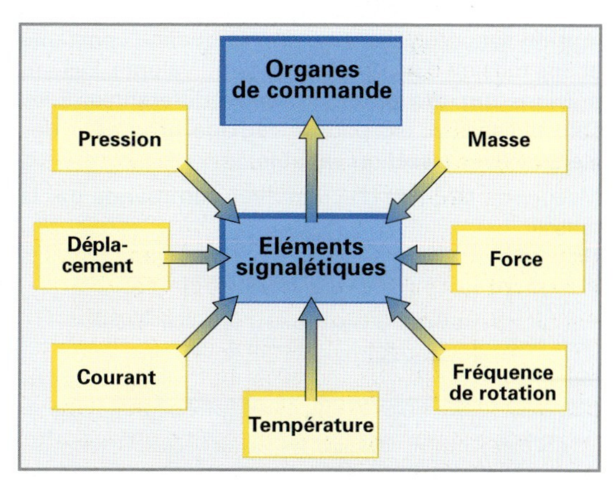

Illustration 2: Signaux d'entrée des valeurs physiques

Exemple: le régime de rotation d'une perceuse électrique est contrôlé à l'aide d'un commutateur à réglage progressif. Le régime de rotation se maintien de manière constante (analogique) selon la position du commutateur. Entre zéro et le régime maximal, il y a un nombre infini de valeurs intermédiaires.

Signaux binaires (ill. 1). Ils sont utilisés uniquement lorsque deux états de signaux peuvent être acceptés ou transmis, p. ex. **Marche** et **Arrêt,** resp. 0 et 1.

Exemple: seules deux valeurs peuvent être affichées pour modifier un régime de rotation, p. ex. < 400 1/min (état 0) ou > 400 1/min (état 1).

Signaux numériques (ill. 1). Ils représentent une forme particulière de signaux binaires. Différentes valeurs intermédiaires des signaux analogiques sont acceptées et transférées.

Exemple: une modification du régime de rotation est indiquée en paliers définis, p. ex. 100 1/min.

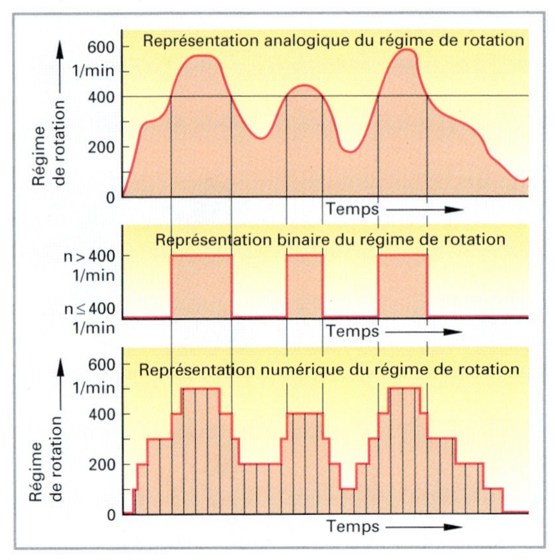

Illustration 1: Types de signaux – analogique, binaire et numérique

Signal à rapport cyclique (ill. 2). Il s'agit de signaux de tension synchronisés avec une fréquence constante et une tension d'enclenchement équivalente. Les impulsions ont des durées d'action différentes. Elles sont utilisées p. ex. pour le réglage progressif des électrovalves à section variable.

Mesure de la durée d'action avec commande par la masse:

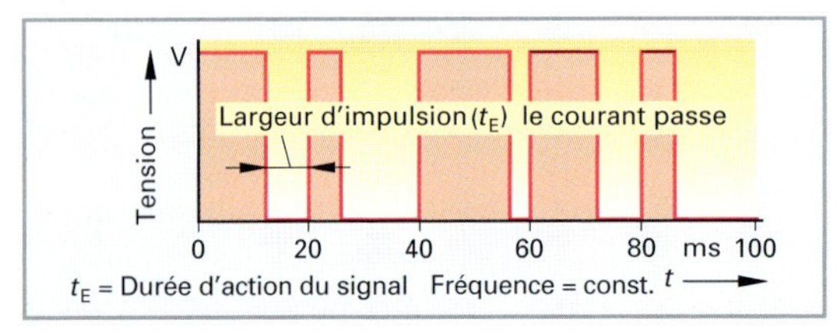

Illustration 2: Signal à rapport cyclique

Transformation des signaux

Les valeurs mesurées par les capteurs doivent souvent être transformées en des formes de signaux définies pour être traitées, p. ex. par des appareils de commande.

Convertisseurs analogique-numérique (A/D). Ils transforment les signaux analogiques en signaux numériques. Exemple: la température enregistrée en mode analogique par un capteur CTN est transformée en signal numérique par un convertisseur analogique-numérique **(ill. 3).**

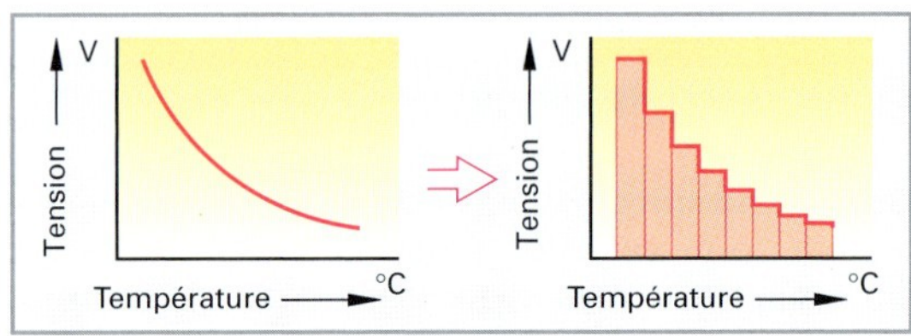

Illustration 3: Transformation analogique-numérique d'un signal de température CTN

Conformateurs d'impulsions (IF). Ils produisent des signaux rectangulaires à partir de signaux d'entrée de forme quelconque. Exemple: le signal d'un générateur inductif analogique issu d'une bobine est transformé en signal rectangulaire par un conformateur d'impulsions pour la commande du point d'allumage **(ill. 4).**

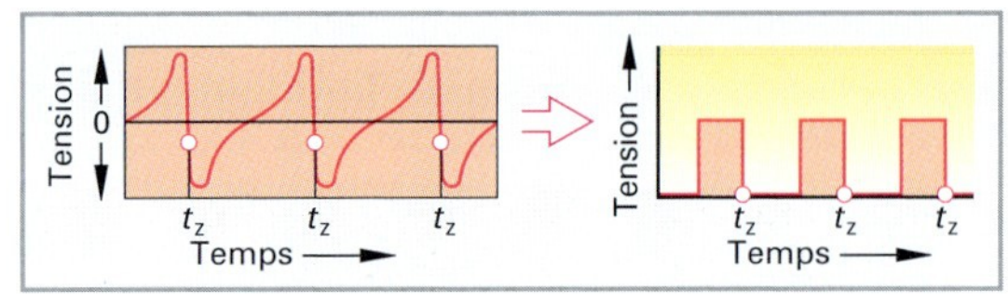

Illustration 4: Conformation d'impulsions – transformation d'un signal issu d'un générateur inductif en un signal rectangulaire

Eléments signalétiques

Les interrupteurs à poussoir et **à bascule** appartiennent aux éléments signalétiques par contact.

Les interrupteurs à poussoir ne donnent un signal que lorsqu'ils sont actionnés. Après, ils retombent en position de repos grâce à un ressort.

Les interrupteurs à bascule s'enclenchent à la suite de leur actionnement et restent en position activée. Après un nouvel actionnement, ils se retrouvent en position initiale ou dans une autre position.

Les interrupteurs électriques qui ferment le contact d'un circuit lors de leur actionnement sont appelés **contacteurs;** les interrupteurs qui ouvrent le contact d'un circuit lors de leur actionnement sont appelés **interrupteurs (ill. 5).**

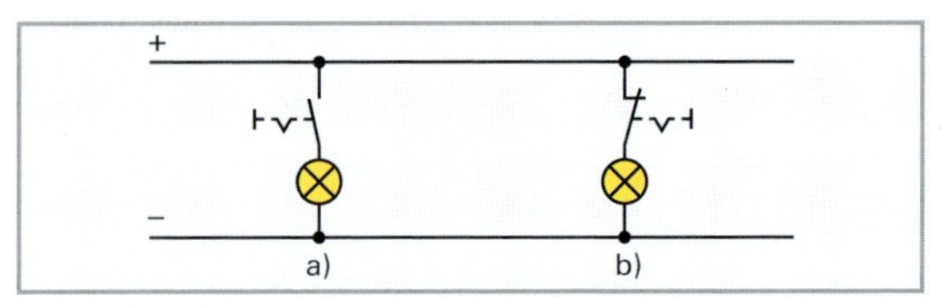

Illustration 5: a) contacteur b) interrupteur

Les distributeurs à orifices (ill. 1) sont souvent utilisés comme interrupteurs et comme contacteurs dans les commandes pneumatiques et hydrauliques.

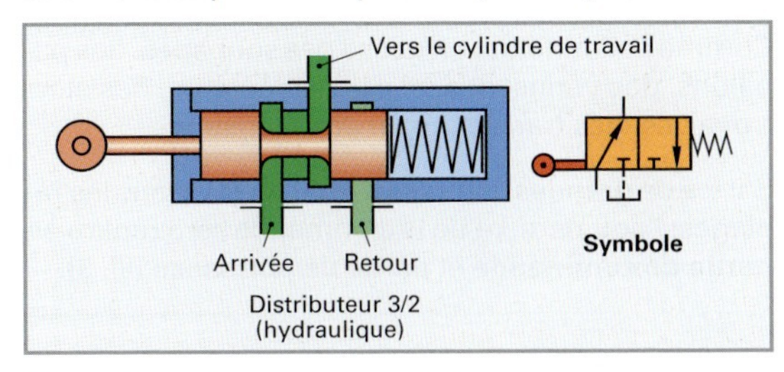

Illustration 1: Détecteur de position

Capteurs travaillant sans contact

Ils n'ont pas besoin d'une action extérieure sur l'interrupteur. Ils réagissent automatiquement.

Photorésistance (ill. 2). Elle réagit p. ex. selon l'incidence de la lumière et peut de ce fait être utilisée pour des commandes d'éclairage.

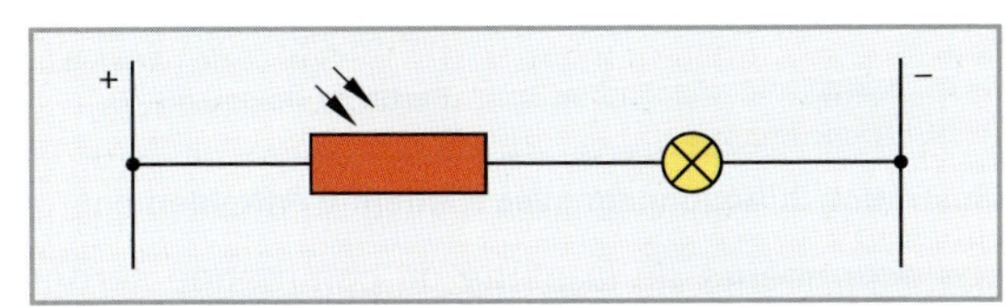

Illustration 2: Photorésistance pour commande d'éclairage

Capteurs inductifs pour régime de rotation (ill. 3). Ils sont utilisés pour mesurer le régime de rotation du moteur. Ils sont composés d'un aimant permanent et d'une bobine d'induction avec un noyau en fer doux.

Comme générateur d'impulsions, on utilise une couronne dentée placée sur le volant dont le régime de rotation doit être mesuré. Un espace sépare les dents de la couronne du capteur de régime de rotation. Lors de la rotation du volant, chaque dent provoque un changement du champ magnétique, qui génère chaque fois une tension d'induction dans la bobine.

Le nombre d'impulsions par unité de temps représente la mesure du régime de rotation du volant.

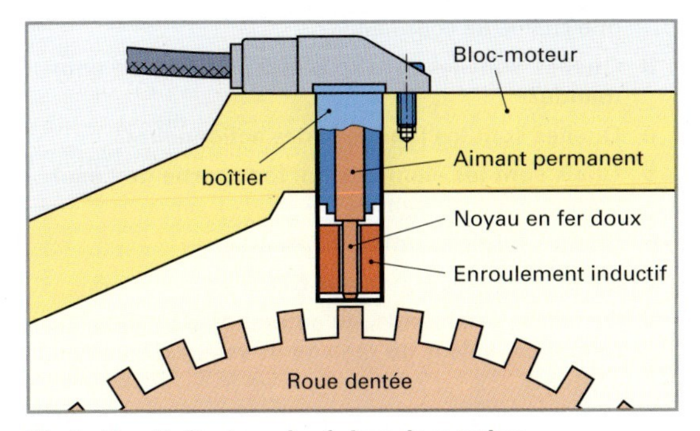

Illustration 3: Capteur de régime de rotation

Capteurs de température (ill. 4). Ils sont utilisés pour mesurer la température de l'eau de refroidissement. Si une résistance CTN est utilisée, la valeur de résistance diminuera en fonction de l'augmentation de la température. La modification de la chute de tension représente la mesure pour la variation de température.

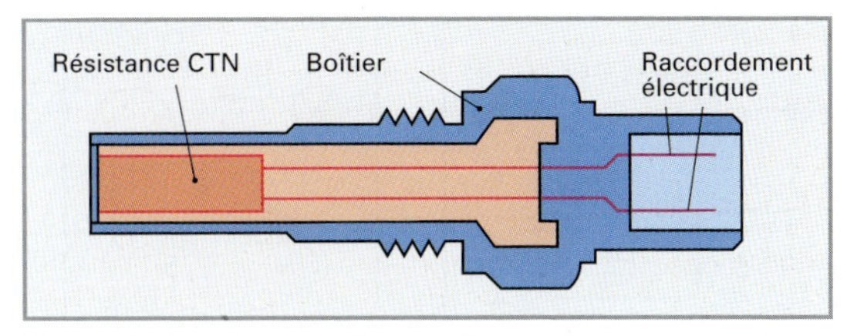

Illustration 4: Capteur de température

5.2.2 Organes de commande

Les organes de commande (ill. 5) reçoivent les signaux des capteurs, ils les transforment et les transmettent aux actionneurs sous forme d'ordres de commande.

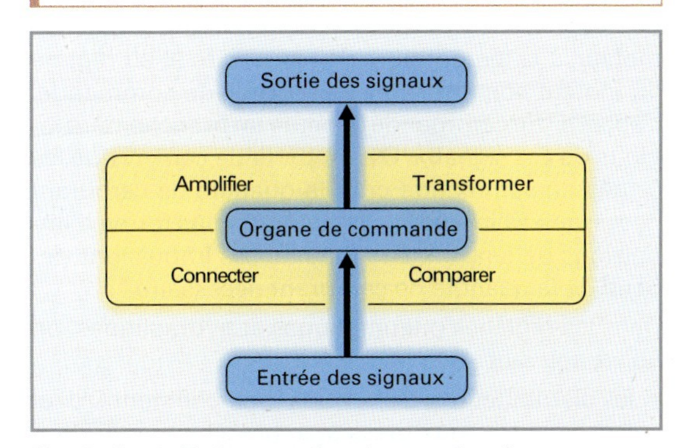

Illustration 5: Traitement des signaux dans les organes de commande

Transformation des signaux. Elle est nécessaire si ceux-ci ne peuvent pas être traités directement dans leur grandeur physique disponible ou si l'actionneur doit être activé par un signal spécifique. Il peut s'avérer nécessaire p. ex. de transformer un signal modulé pour assurer le réglage en continu d'un moteur pas à pas.

Amplifier. Les signaux d'entrée sont souvent trop faibles ou ne sont pas appropriés pour impartir des ordres de commande à l'actionneur. Les signaux doivent alors être amplifiés à l'intérieur du système. L'amplification peut être réalisée à l'aide d'un relais. Un petit courant de commande permet, par l'intermédiaire de la bobine de l'électro-aimant, de fermer des contacts pour permettre le passage d'un grand courant de travail. Le courant de travail peut alors commander p. ex., une ampoule électrique **(ill. 1, p. 82)**.

On peut aussi utiliser un transistor au lieu d'un relais. Dans ce cas, un petit courant de base (I_B) commande un courant de travail élevé (I_C).
En technique, de tels organes de commandes sont souvent nommés amplificateurs.

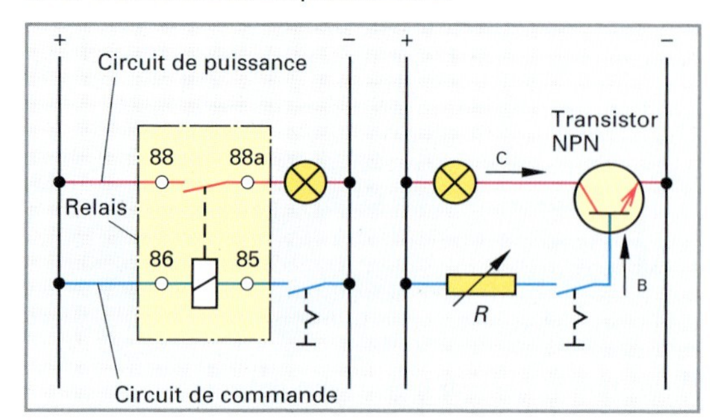

Illustration 1: Relais et transistor comme amplificateurs de signaux

Le **branchement logique** de signaux est nécessaire lorsqu'un signal de sortie doit être formé à partir de plusieurs signaux d'entrée.

Exemple: dans les systèmes d'injection d'essence commandés électroniquement, les signaux se rapportant à la charge du moteur, à la température du moteur, à la température de l'air aspiré et au régime du moteur sont transmis à l'appareil de commande. L'appareil de commande effectue un branchement logique de ces signaux. C'est à partir de ceux-ci que les ordres de commande pour la quantité de carburant nécessaire à l'injecteur sont donnés sous forme d'impulsions de tension. La durée de ces impulsions dépend de la quantité de carburant nécessaire.

Dans les réglages pneumatiques et hydrauliques, on utilise souvent

- les distributeurs à deux voies (branchement OU) et
- les vannes à deux pressions (branchement ET)

pour le branchement logique des signaux d'entrées **(ill. 2)**.

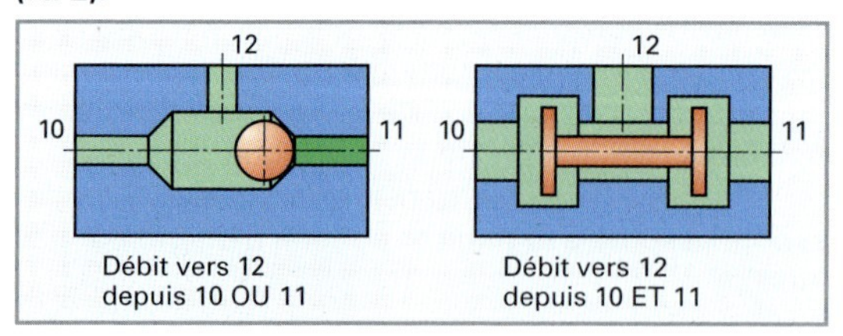

Illustration 2: Distributeur à deux voies et vanne à deux pressions

5.2.3 Actionneurs et organes de commande

L'actionneur (actuateur) est le dernier élément du dispositif de commande. Il reçoit l'ordre de l'élément de commande et intervient sur le point de réglage du flux de masse ou d'énergie du processus à commander.

Suite à l'intervention de l'actionneur, la grandeur de consigne doit être modifiée de la manière prévue au terme du processus de commande.

Comme actionneurs, on utilise des soupapes, des papillons, des vérins, des relais, des moteurs, des électrovalves, des transistors ou des thyristors.

S'il y a de grandes énergies à transmettre dans les réglages, l'équipement de la commande sera réparti en **partie de commande** et **partie de puissance (ill. 3)**.

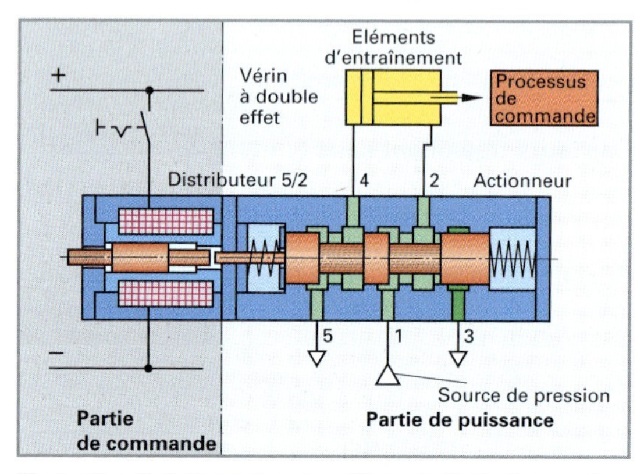

Illustration 3: Actionneur avec élément d'entraînement

Les actionneurs de la partie de commande seront alors actionnés avec moins d'énergie. La partie de puissance transmet l'énergie la plus importante vers l'organe de commande, là où elle est nécessaire pour intervenir sur le système commandé. Pour les commandes électropneumatiques, on utilise souvent des distributeurs à orifices comme actionneurs. Ils commandent p. ex. des vérins de travail, qui sont les **organes de commande** intervenant dans le système de commande.

Les organes de commande utilisés sont très souvent des moteurs électriques, des moteurs pneumatiques, des moteurs hydrauliques ou des vérins.

Questions de révision

1. **Comment distingue-t-on une commande d'un asservissement?**
2. **Quels sont les ensembles principaux qui constituent une chaîne de commande?**
3. **Quelles sont les fonctions des organes de commande?**
4. **Quelles sont les fonctions des actionneurs?**
5. **Quels sont les éléments qui font partie de l'équipement de commande?**
6. **Quelles fontions ont les capteurs?**
7. **Qu'entend-on par principe ETS?**
8. **Dans une commande, qu'entend-on par valeur de référence, valeur de réglage et valeur d'asservissement?**
9. **Quels types de signaux distingue-t-on?**

5.3 Types de commandes

5.3.1 Commandes mécaniques

Dans ces commandes, des éléments mécaniques sont utilisés pour la transmission d'énergie et des signaux de commande.

Dans une automobile, il existe des exemples caractéristiques de commandes purement mécaniques, p. ex. la direction (sans direction assistée), la boîte de vitesses à commande manuelle et la commande des soupapes (non hydraulique).

Commande par soupapes (ill. 1, ill. 3). Elle induit l'entrée et l'échappement du mélange air-carburant. **La valeur de sortie,** resp. **la valeur d'asservissement x** est l'échange des gaz. L'arbre à cames, les cames, les culbuteurs et les ressorts de soupapes composent l'équipement de commande. La soupape est le processus de commande, car l'ouverture de celle-ci produit l'échange des gaz. **La valeur de guidage w** est représentée par la rotation de l'arbre à cames, qui est lui-même entraîné par le vilebrequin. **La valeur de réglage y** est représentée par l'amplitude de l'élévation de la soupape effectuée par le culbuteur et par la fermeture des soupapes effectuée par les ressorts de soupapes. **Les valeurs perturbatrices z** sont p. ex. la dilatation thermique des éléments et le jeu mécanique entre les éléments.

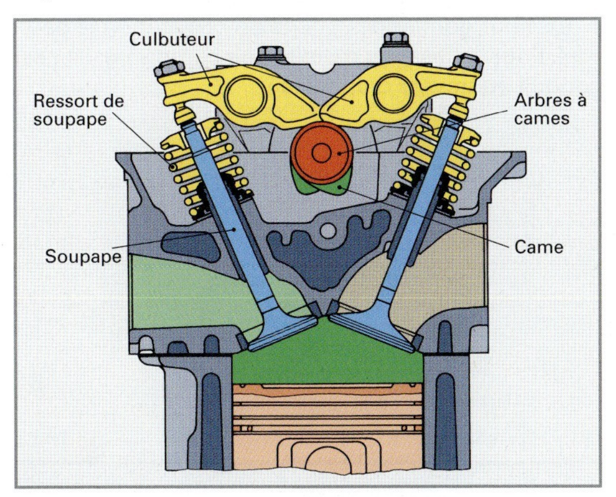

Illustration 1: Commande par soupapes

Direction du véhicule (ill. 2, ill. 3). Elle permet les changements de direction de la voiture en fonction de la volonté du conducteur.

Valeur de sortie, resp. valeur d'asservissement x. Elle est concrétisée par le mouvement de pivotement des roues. Le volant, la colonne de direction, le mécanisme de direction, la barre d'accouplement et le levier d'accouplement forment l'équipement de commande. Les roues représentent le processus de commande, étant donné qu'un changement de direction de la voiture est généré par leur mouvement de pivotement.

La valeur de guidage w est représentée par la rotation du volant par le conducteur. Le mouvement rotatif est transféré mécaniquement à l'organe de commande par la colonne de direction, p. ex. le mécanisme de direction à crémaillère **(ill. 2)**. Le mouvement rotatif est transformé en un mouvement rectiligne. La crémaillère transmet le mouvement de direction aux roues par la barre d'accouplement et par le levier d'accouplement (= processus de commande). **La valeur de réglage y** est le braquage des roues effectué par la barre d'accouplement et par le levier d'accouplement. **Les valeurs perturbatrices z** agissant sur la direction sont, p. ex. des forces extérieures.

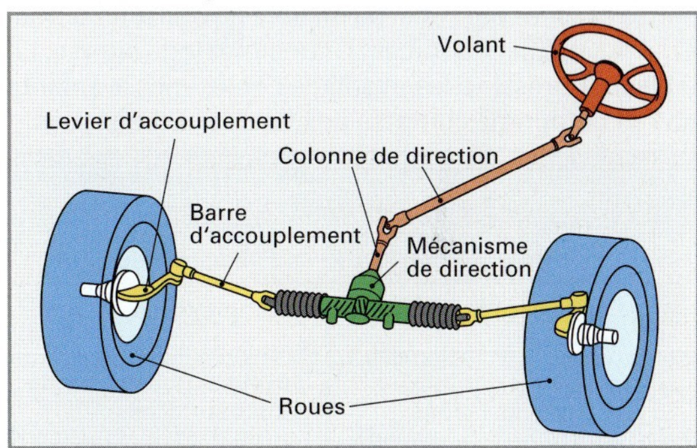

Illustration 2: Direction du véhicule

L'illustration 3 montre de manière schématique le flux des signaux dans le cas de la commande des soupapes et de la direction du véhicule.

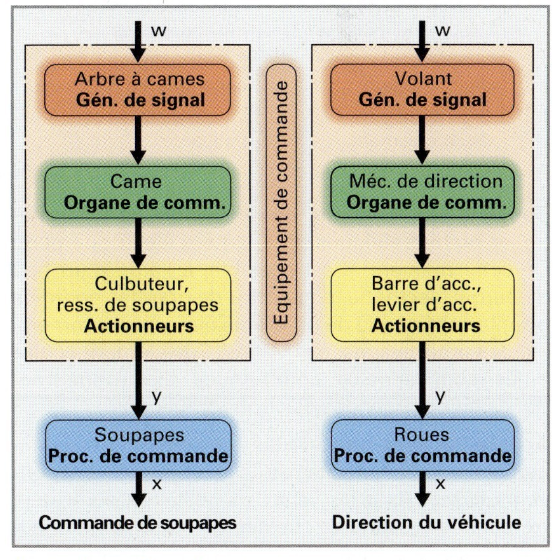

Illustration 3: Flux des signaux

Désavantage des commandes mécaniques. De grandes courses de transmission ne peuvent être réalisées que difficilement. Elles sont soumises à une usure plus marquée que les autres commandes, c'est pourquoi elles sont de plus en plus remplacées par des commandes pneumatiques, hydrauliques, électriques, électropneumatiques et électrohydrauliques.

5.3.2 Commandes pneumatiques et hydrauliques

Commandes pneumatiques. Dans ces installations, le vecteur énergétique est du gaz, en général de l'air comprimé, et plus rarement de la dépression.

Commandes hydrauliques. Un fluide hydraulique est utilisé pour le transfert d'énergie.

L'avantage de ces deux vecteurs énergétiques réside dans le fait qu'ils permettent de transférer des forces sur de grandes distances avec relativement peu de pertes causées par l'effet de friction. En outre, il est possible d'amplifier les forces par une méthode simple. Le **tableau 1** présente les avantages et les inconvénients de l'air comprimé comparé aux fluides hydrauliques.

Tableau 1: Comparaison air comprimé-fluides hydrauliques (vecteurs énergétiques)

	Air comprimé	Fluide hydraulique
Avantages	Compressible, facile à accumuler Simplicité des appareils et des installations Grande vitesse des vérins et grande vitesse de rotation des moteurs Pas de conduites de retour nécessaires	Incompressible Pressions et forces élevées possibles sur de petites surfaces Démarrage possible à l'arrêt en pleine charge Mouvement homogène des cylindres
Inconvénients	Pressions possibles relativement faibles Vitesse dépendante de la charge Bruit généré par l'air d'échappement (évacuation)	Conduites de retour indispensables Construction encombrante L'huile utilisée est polluante

Souvent, les fonctions des distributeurs pneumatiques ou hydrauliques sont pilotées électriquement. De cette manière, il est possible, à l'aide d'un peu d'énergie électrique, d'apporter de grandes énergies pour la commande de différents éléments comme p. ex. des embrayages, des vérins. Ces éléments combinés sont appelés commandes électropneumatiques ou commandes électrohydrauliques.

Application dans un véhicule. Les commandes pneumatiques, travaillant avec de l'air comprimé, sont souvent utilisées dans les véhicules utilitaires, comme p. ex. dans le système de freinage à commande pneumatique, dans la suspension pneumatique, dans le système d'ouverture et de verrouillage des portières. Les commandes pneumatiques travaillant par dépression sont utilisées p. ex. pour les servofreins ou les systèmes de verrouillage centralisé des portières. Sur les moteurs à essence, on utilise la dépression de la tubulure d'admission, pour les moteurs Diesel, on utilise une pompe à dépression. Dans les voitures, les commandes hydrauliques sont utilisées p. ex. pour les systèmes de freinage, les amortisseurs, la direction assistée, les blocages de différentiel, les commande de soupapes (poussoir hydraulique), les boîtes automatiques.

Génération d'énergie

Génération de pression dans les installations pneumatiques. Un compresseur, placé en amont d'un réservoir d'air comprimé muni d'un limiteur de pression, produit la pression du système. En prenant exemple sur un compresseur d'atelier, on peut expliquer la structure du système complet d'une alimentation en air comprimé **(ill. 1)**.

L'installation est composée d'un filtre, d'un compresseur, d'un réservoir d'air comprimé et d'une unité de maintenance. Un compresseur à piston aspire l'air au travers d'un filtre, il le comprime et le refoule dans un réservoir à air comprimé. Après avoir atteint la pression de travail la plus élevée, p. ex. 10 bar, le moteur du compresseur s'arrête. Lorsque, suite à la consommation d'air, la pression baisse jusqu'au point d'enclenchement, le moteur se met à nouveau en marche. Un manomètre placé sur le réservoir d'air comprimé affiche la pression du contenu. La soupape de limitation de pression empêche une pression trop élevée dans le circuit. L'eau de condensation qui se forme peut être évacuée par une soupape de purge.

Une unité de maintenance est branchée sur le réservoir d'air comprimé. Elle est composée d'un filtre et d'une soupape régulatrice de pression avec un manomètre. En aval, on peut utiliser de l'air non lubrifié, p. ex. pour gonfler des pneus ou projeter de la peinture. Pour l'utilisation d'outils à air comprimé, l'air est conduit au travers d'un huileur.

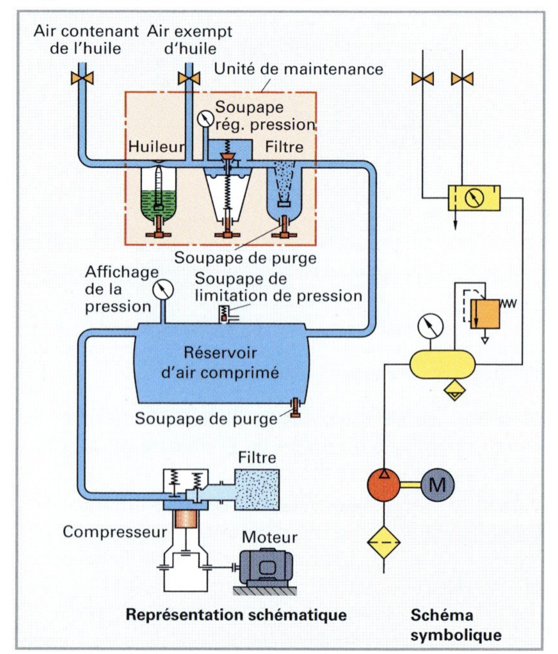

Illustration 1: Système d'alimentation en air comprimé (compresseur d'atelier)

Génération de pression dans les commandes hydrauliques (ill. 1)

On utilise fréquemment comme pompe hydraulique une pompe à engrenage entraînée par un moteur. Elle aspire le fluide hydraulique à partir d'un réservoir et le refoule dans la conduite. Par sécurité, une soupape de limitation de pression est montée en aval du compresseur hydraulique. Si la pression maximale définie est dépassée, la soupape s'ouvre et le fluide hydraulique s'écoule vers le réservoir par la conduite de retour. A partir de chaque élément de travail, les fluides hydrauliques s'écoulent également à nouveau vers le réservoir.

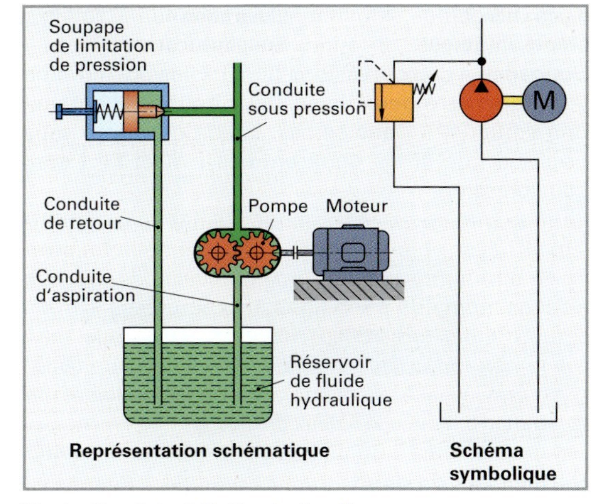

Illustration 1: Installation hydraulique

Eléments de travail

Les éléments de travail des commandes pneumatiques et hydrauliques sont similaires quant à leur structure et à leur fonction. Par contre, les éléments hydrauliques sont construits de façon plus solide que les éléments pneumatiques en raison des pressions plus élevées qu'ils subissent. Dans les schémas des composants hydrauliques et pneumatiques, on utilise les mêmes symboles standardisés internationaux pour les deux types.

Moteurs. Ils transforment l'énergie accumulée sous forme d'air comprimé ou de fluide hydraulique en mouvement rotatif. Les moteurs pneumatiques ou hydrauliques se présentent sous forme de moteurs à lamelles, à palettes, à piston ou à engrenage.

Vérins (ill. 2). Ils servent à transformer l'énergie pneumatique ou hydraulique en énergie mécanique. Ils exécutent des mouvements rectilignes coulissants. Dans le cas des vérins à simple effet avec un raccord, le piston est déplacé dans une seule direction par l'alimentation en air comprimé ou en fluide hydraulique. Le retour en position de repos est assuré par un ressort. Le vérin à double effet possède deux raccords, par lesquels le piston peut être actionné dans les deux directions par le fluide utilisé.

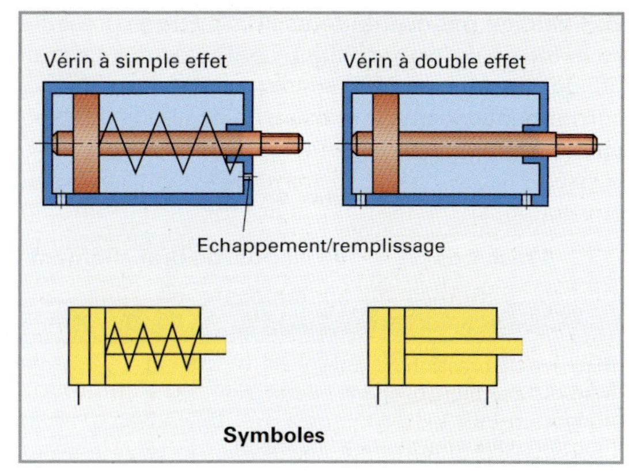

Illustration 2: Vérin pneumatique et hydraulique

Actionneurs, capteurs et organes de commande

Distributeurs (ill. 3).

> Les distributeurs permettent de commander le flux énergétique hydraulique ou pneumatique, par l'ouverture ou la fermeture de voies de débit.

Dans le symbole, chaque position de commande est représentée par un carré. Les raccords sont reliés au carré qui se trouve en position active. Les voies de débit et leurs directions sont représentées par des lignes fléchées. Un état de blocage est représenté par un "T". Les positions de branchement sont indiquées par de petits caractères, p. ex. a, b et 0.

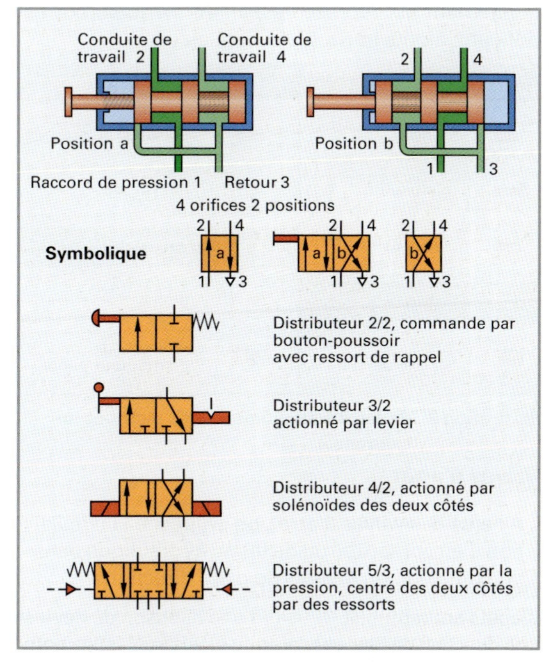

Illustration 3: Représentations de distributeurs

Désignation des distributeurs (ill. 1). Elle se présente sous forme de deux chiffres, combinés par un trait oblique. Le premier chiffre indique le nombre de raccords et le deuxième le nombre de positions de branchement. Par exemple un

distributeur 4 / 3

4 raccords et **3 pos. de branchement**

Désignation des raccordements	Nouv.	Anc.
Raccord de pression	1	P
Raccord première conduite de travail	2	A
Retour	3	R
Raccord deuxième conduite de travail	4	B

Positions de branchement. Dans la position **a**, on a les branchements **1** avec **2** et **4** avec **3**. Dans la position **b**, on a **1** avec **4** et **2** avec **3**, ceci étant représenté avec des flèches. Les raccordements sont interrompus en position zéro.

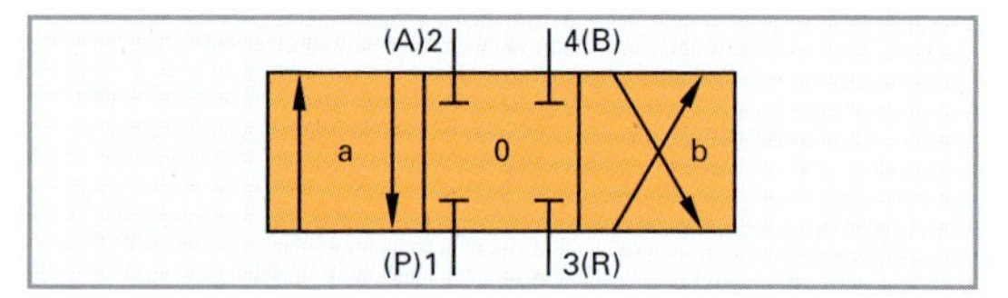

Illustration 1: Distributeur 4/3

Mode d'actionnement des distributeurs (ill. 2). Les distributeurs peuvent être actionnés manuellement, avec le pied, mécaniquement, par pression pneumatique, hydraulique ou électriquement. Le mode d'actionnement est représenté par un symbole correspondant, ajouté horizontalement au carré.

Manuellement, avec le pied	Mécanique
général	par bouton poussoir
par bouton	par ressort
par pédale	**Par pression**
Electrique	direct
par électro-aimant	indirect par distributeur pilote

Illustration 2: Modes d'actionnement des distributeur (exemples)

Valves d'arrêt

A l'aide des valves d'arrêt, on empêche la circulation d'air comprimé ou de fluide hydraulique dans une direction ou à partir de deux directions.

Clapets antiretour (ill. 3). Ils ont une direction de débit et une direction de blocage, laissant ainsi circuler l'air comprimé ou le fluide hydraulique dans une seule direction.

Soupapes à deux voies (ill. 4). Elles ont deux entrées (10, 11) et une sortie (12). La sortie 12 sera sous pression si **10 ou 11** sont sous pression.

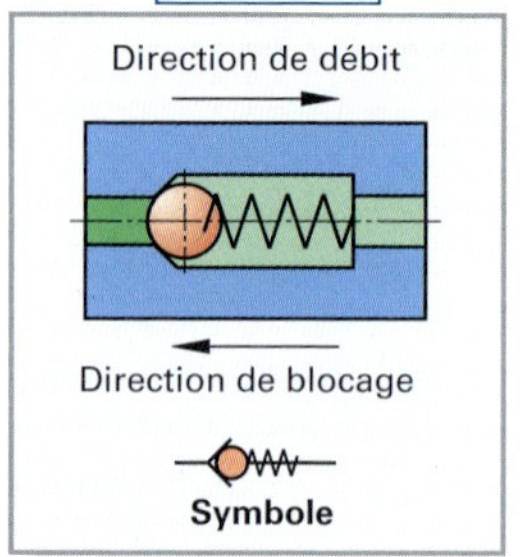

Illustration 3: Clapet antiretour

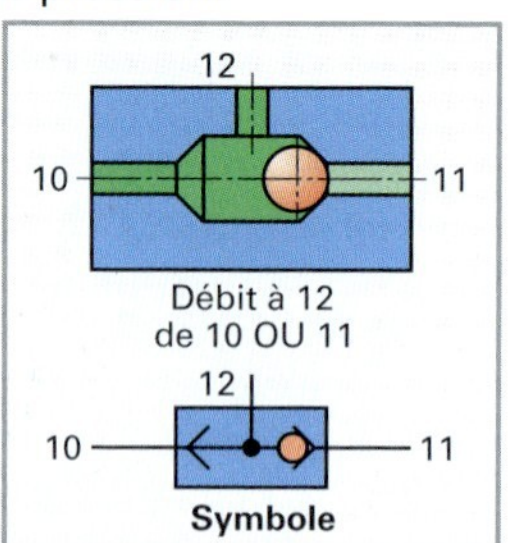

Illustration 4: Soupape à deux voies

Soupapes à deux pressions (ill. 5). Elles ont, comme les soupapes à deux voies, deux entrées (10, 11) et une sortie (12). Dans ce cas, la sortie ne sera sous pression que si les deux entrées **10 et 11** sont sous pression.

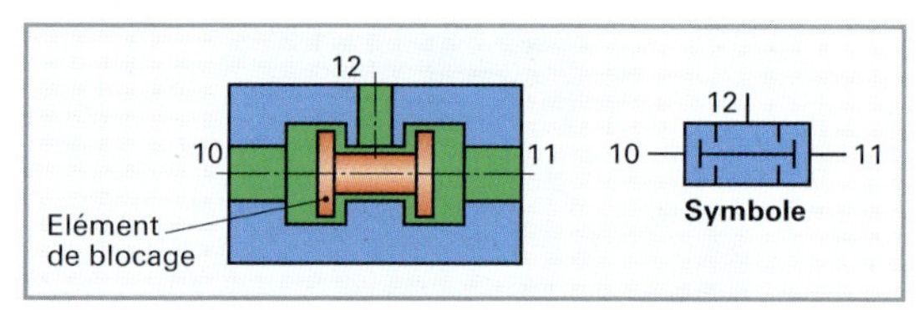

Illustration 5: Soupape à deux pressions

Réducteurs de débit

Avec les réducteurs de débit, on peut limiter ou ajuster la quantité de fluide sous pression circulant dans la conduite.

Réducteurs de débit (ill. 6). On utilise des réducteurs de débit avec étranglement fixe ou variable. Avec un réducteur de débit, on peut diminuer ou modifier la vitesse de mouvement, p. ex. d'un vérin à simple effet.

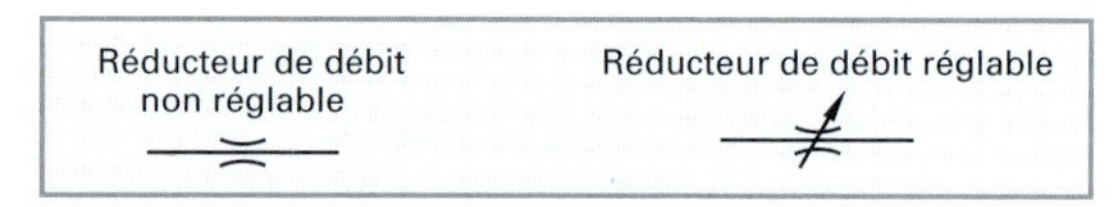

Illustration 6: Symbole de réducteurs de débit

Soupapes d'étranglement antiretour (ill. 7). Elles ont un débit libre dans une direction. Dans le sens inverse, le débit est étranglé. L'étranglement est réglable.

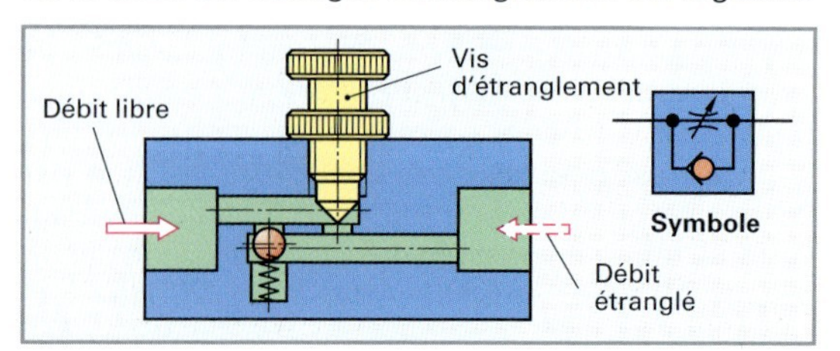

Illustration 7: Soupape d'étranglement antiretour réglable

Contrôleurs de pression

Les contrôleurs de pression servent, entre autres, à limiter la pression, à enclencher ou déclencher des actionneurs et à maintenir une pression de travail constante.

Limiteurs de pression (ill. 1). Ils servent à protéger les conduites, les composants et les réservoirs sous pression, p. ex. le système de freinage à air comprimé, de toute surpression. Si la pression dans la conduite **P** dépasse une valeur définie, la force d'ouverture s'exerçant sur le cône de soupape sera supérieure à la force de fermeture définie par un ressort étalonné. La soupape s'ouvre et, dans une installation hydraulique, la pression peut refluer vers le réservoir alors que, pour une installation pneumatique, elle peut s'échapper à l'air libre au travers d'un silencieux. Sur le schéma, le traitillé indique qu'une liaison s'établit entre P et T à partir d'une certaine pression.

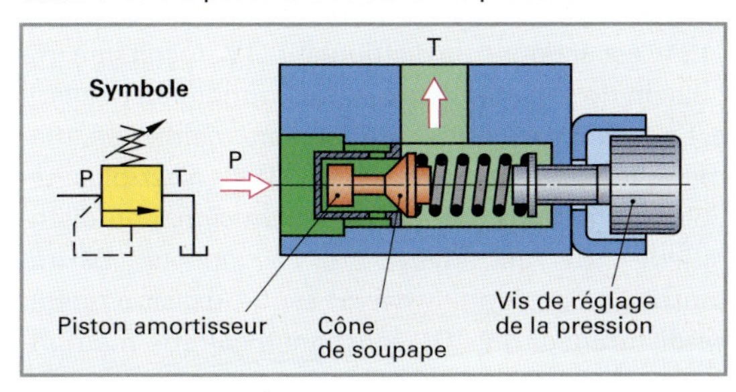

Illustration 1: Limiteur de pression

Limiteurs de pression à soupape pilote (ill. 2). On les utilise lorsque de grands volumes de flux doivent être gérés. La pression maximale est réglée au niveau du siège conique de la soupape pilote. Si cette pression maximale est dépassée, la soupape pilote s'ouvre. L'étranglement dans la soupape principale permet d'obtenir une différence de pression entre la partie supérieure et la partie inférieure du piston. Le piston est poussé contre le haut, en opposition à la force du ressort. Le flux est dirigé de **P** vers **T**.

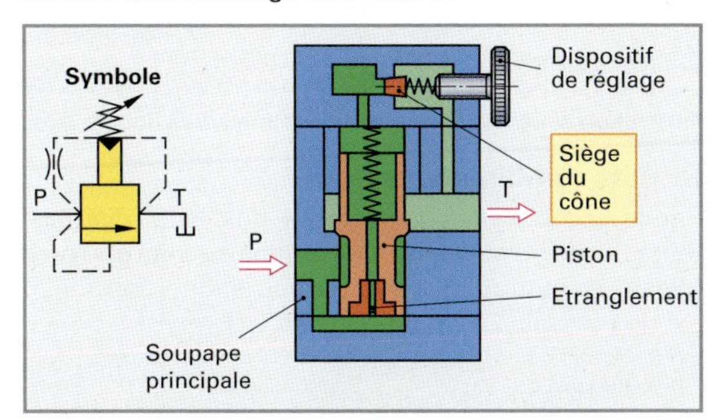

Illustration 2: Limiteur de pression à soupape pilote

Les limiteurs de pression sont fermés en position de repos et s'ouvrent en cas de dépassement de la valeur de la pression définie.

Réducteurs de pression. Ils sont ouverts en position de repos et assurent une pression en sortie constante, même si la pression en entrée subit des modifications.

Ils sont utilisés p. ex. pour rendre le changement de vitesse plus confortable dans les boîtes automatiques ou pour réduire la pression de service à une valeur définie dans les systèmes de freinage des remorques.

Réducteur de pression à soupape de délestage (ill. 3). Dans ce réducteur, la pression dans la conduite **A** est maintenue constante. Le fluide hydraulique provenant de **P** est réduit par le passage annulaire, ce qui fait que la pression dans **A** est moindre que dans **P**. Si la pression dans **A** diminue, la force transmise par la conduite de commande à la partie inférieure du piston hydraulique diminue aussi. La force du ressort repousse alors le piston vers la gauche et le passage annulaire s'agrandit. Si la pression augmente dans **A,** le passage annulaire se réduit et par conséquent la pression aussi. Si la pression dans **A** devait augmenter de manière supérieure à la norme, le passage annulaire se ferme et l'orifice de délestage **T** s'ouvre. L'ensemble du dispositif permet ainsi de limiter les pics de pression dans le raccord de travail **A** à une valeur maximale définie.

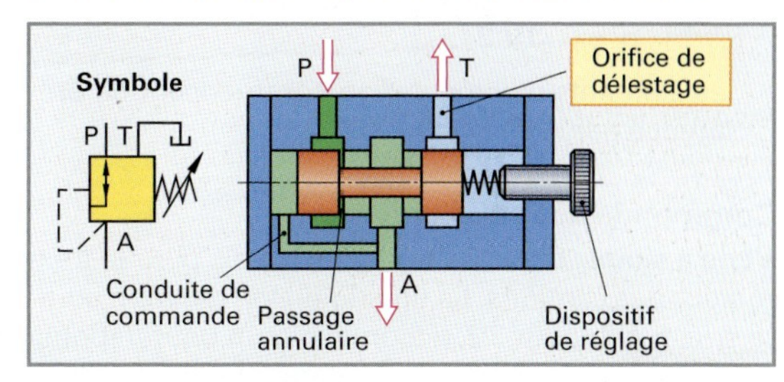

Illustration 3: Régulateur de pression à soupape de délestage

Electrovanne de régulation de pression (ill. 4). Cette vanne permet de piloter la pression au raccord de travail par rapport au courant alimentant la bobine. Le passage annulaire de l'orifice de délestage **T** est ainsi ouvert en fonction du courant passant au travers de la bobine. En absence de courant, le passage annulaire est fermé et la pression dans **A** est au maximum. Plus le courant augmente, plus la pression du piston contre le ressort est forte. Le passage annulaire vers **T** s'agrandissant, la pression au raccord de travail **A** diminuera.

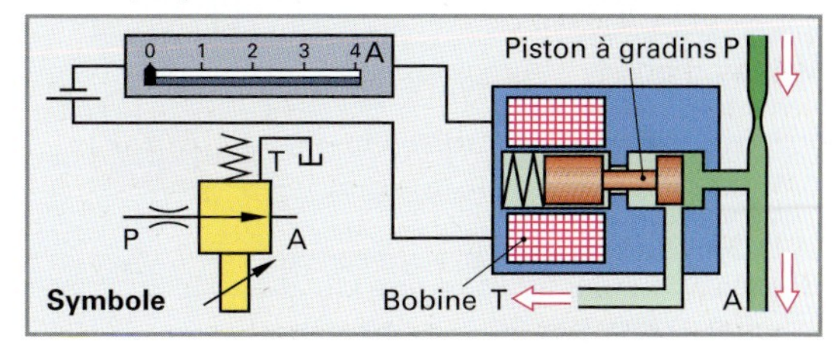

Illustration 4: Electrovanne de régulation de pression

Circuits de base

Les circuits pneumatiques et hydrauliques sont représentés par des symboles, selon leur structure et leur fonctionnement. La réalisation d'un schéma est réglée de la manière suivante:

- les éléments sont disposés de bas en haut, suivant le flux des signaux;
- les symboles sont dessinés horizontalement;
- les distributeurs sont représentés en position de repos;
- les conduites de travail sont représentées par un trait continu et les conduites de commande par un traitillé;
- pour simplifier, la source d'énergie est représentée par un triangle;
- les éléments sont représentés avec le numéro de circuit, par une lettre d'identification pour les éléments de construction et avec les numéros en série des éléments de construction, p. ex. 1 V 2;
- lettres d'identification des éléments de construction;

P pompes et compresseurs **V** distributeurs
S récepteur de signaux **A** entraînement
M moteurs **Z** tout autre élément

- les identifications sont représentées dans un cadre, p. ex. **1V 2** ;
- les éléments d'alimentation commencent de préférence par le chiffre 0.

Commande directe d'un vérin

Vérin à simple effet (ill. 1a). Utilisé p. ex. pour le frein moteur des camions. La tige du piston du vérin sortira si le distributeur 3/2, actionné par un bouton poussoir, permute en position **a**. Le vérin à simple effet est alimenté en air comprimé par les raccords 1 et 2 du distributeur. Lorsque la force de pilotage du distributeur disparaît, le ressort repousse le distributeur dans la position de départ **b**. L'alimentation en air comprimé sur le cylindre est interrompue. Le ressort de rappel du cylindre repousse le piston en arrière, l'air emprisonné s'échappe par l'échappement d'air 3 du distributeur. Le distributeur 3/2 fonctionne dans ce cas comme un générateur de signal et comme un actionneur.

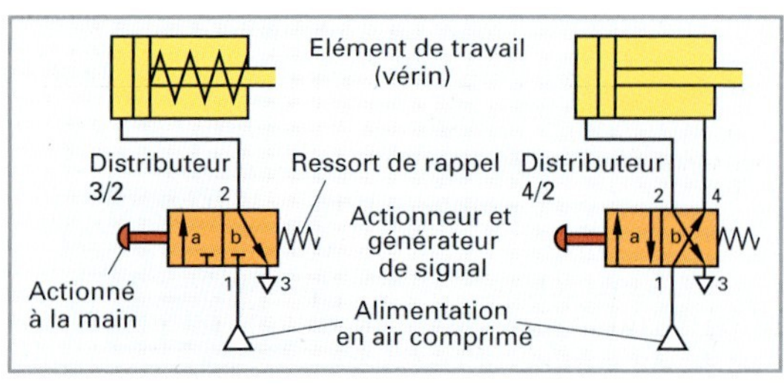

Illustration: a) Vérin à simple effet b) Vérin à double effet

Vérin à double effet (ill. 1b). Le vérin est raccordé par deux conduites au distributeur 4/2 qui fonctionne dans ce cas comme un actionneur et comme un générateur de signal. Dans la position **b** du distributeur, l'air comprimé circule vers les vérins par les raccords 1 et 4, le piston rentre. De l'autre côté du piston, l'air s'échappe librement par 2 et 3. Si le distributeur est amené en position **a**, p. ex. au moyen d'un bouton poussoir, l'air comprimé est dirigé vers les raccords 1 et 2 sur le côté gauche du piston et génère ainsi sa sortie. L'air s'échappe du côté de la tige du piston par les raccords 4 et 3.

Commande indirecte d'un vérin (ill. 2)

On utilise comme actionneur pour le vérin **1A** le distributeur 4/2 **1V**. Deux distributeurs 3/2, commandés par les boutons poussoirs **1S1** et **1S2** fonctionnant comme éléments signalétiques, commandent l'actionneur **1V**. Si le distributeur de signal **1S1** est actionné, le distributeur **1V** reçoit une impulsion de pression (signal) et commute en position **a**. Le piston sort. Cette position sera maintenue, même si le distributeur de signal **1S1** n'est plus actionné. C'est uniquement lorsqu'un signal du distributeur **1S2** est envoyé que l'actionneur **1V** retourne à sa position de départ et que le piston rentre. Le distributeur 4/2 **1V** fonctionne comme mémorisateur de signal.

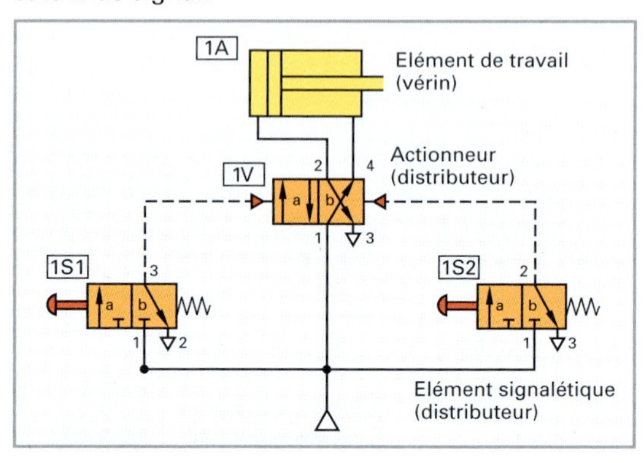

Illustration 2: Commande indirecte d'un vérin à double effet

Circuits combinatoires (ill. 3)

Par la combinaison logique de différents distributeurs, il est possible de réaliser des circuits souvent utilisés en hydraulique et en pneumatique, comme p. ex. des circuits ET ou des circuits OU.

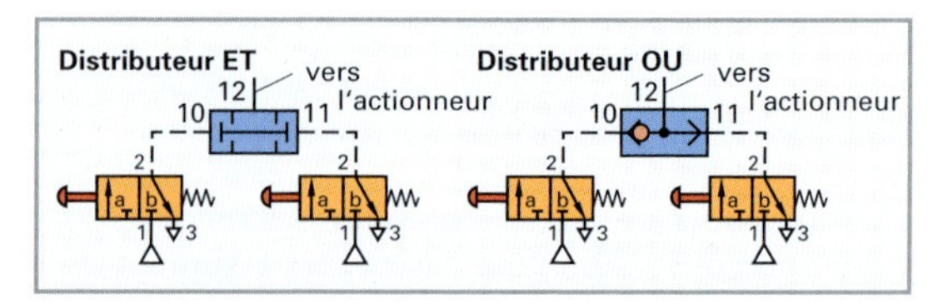

Illustration 3: Distributeur ET Distributeur OU

5.3.3 Commandes électriques

Dans ces commandes, on utilise la tension et le courant pour transférer l'énergie.

Les commandes électriques sont réalisables de façon sûre et simple, surtout sur des basses tensions. Elles peuvent parcourir de grandes distances sans problème. L'inconvénient réside dans le fait que les forces qui peuvent être produites sont relativement faibles. Pour cette raison, on utilise souvent des éléments de commande hydrauliques ou pneumatiques commandés électriquement.

Matériel électrique

Le matériel électrique est constitué p. ex. de contacteurs, d'interrupteurs à touche, de relais, de contacteurs électromagnétiques. Ils sont représentés par des symboles standardisés et identifiés par des lettres normalisées.

Contacteur, interrupteur (ill. 1). Selon leur comportement quand ils sont actionnés, ils se nomment contacteurs, rupteur ou inverseurs. Ils maintiennent leur position sans être actionnés à nouveau, tandis que les interrupteurs à touche retrouvent leur position d'origine après avoir été actionnés.

Symbole	Désignation
	Contacteur
	Interrupteur
	Inverseur
	Contacteur actionné par pression
	Contacteur actionné à la main

Illustration 1: Symboles de contacteurs, d'interrupteurs

Relais (ill. 2). Ce sont des interrupteurs actionnés de façon électromagnétique. L'interrupteur, placé dans le courant de travail, est actionné par l'électro-aimant du circuit de commande.

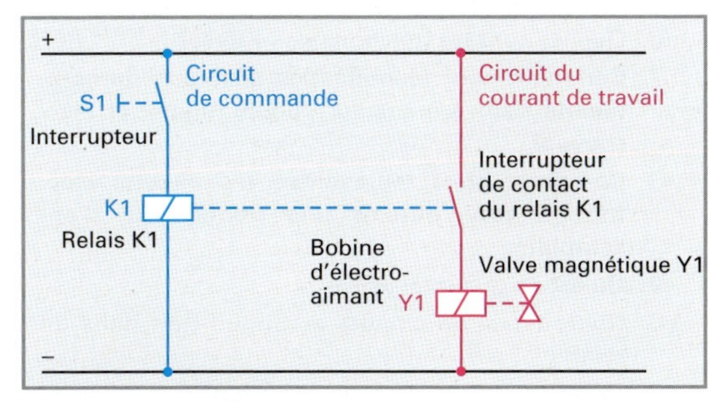

Illustration 2: Relais

Pour une puissance plus élevée, p. ex. supérieure à 1 kW, on parle de contacteurs électromagnétiques.

Représentation des commandes électriques

Les commandes électriques sont représentées de manière explicite dans les schémas de connexion. Entre le conducteur positif (**+**) et le conducteur négatif (**–**), le parcours du courant est dessiné verticalement pour chaque élément. Les éléments sont identifiés par des lettres, p. ex. **K** pour le relais, **S** pour l'interrupteur et **Y** pour la valve magnétique. S'il y a plusieurs éléments similaires, leurs lettres seront indexées au moyen de chiffres, p. ex. **S 1**, **S 2**.

Circuits électriques de base

Commande directe (ill. 3) p. ex. feu de signalisation. Elle fonctionne avec un contacteur. Le feu de signalisation H est en série avec le contacteur S.

Commande indirecte (ill. 4). Le contacteur est remplacé par un **relais K**. Le feu de signalisation H est branché sur le circuit du courant de travail. Si S est actionné, le circuit du courant de travail est interrompu.

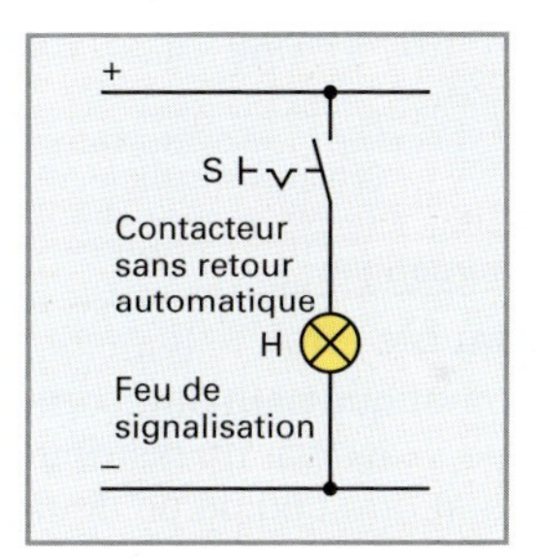

Ill. 3: Circuit de connexion directe

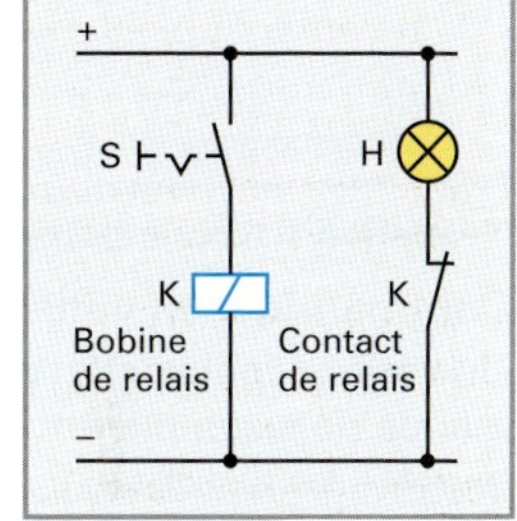

Ill. 4: Circuit de connexion indirecte

Circuit à maintien automatique (ill. 5). Il est utilisé pour mémoriser p. ex. un bref signal d'interrupteur. Avec l'interrupteur à touche S1, le circuit de commande du relais K1 est fermé. Le relais maintient le circuit de commande fermé par un contact du contacteur K1, qui est couplé en parallèle avec l'interrupteur à touche S1. Ainsi le signal reste mémorisé. Un interrupteur S2, branché avant l'interrupteur à touche S1 et le contacteur K1, permet l'interruption du maintien.

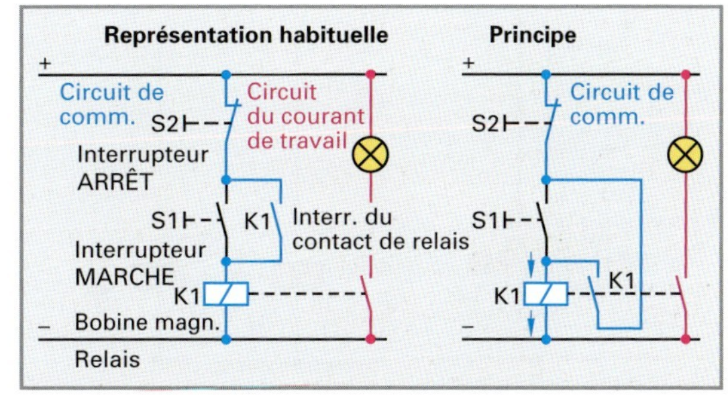

Illustration 5: Circuit à maintien automatique

5

5

Commandes électropneumatiques (ill. 1)

Les commandes électropneumatiques sont composées d'une partie de commande électrique et d'une partie de travail pneumatique. Les signaux de commande sont transmis et transformés par le circuit de commande. A l'aide de signaux électriques, un distributeur est commandé comme actionneur pour la partie de travail pneumatique. Cet actionneur commande le vérin de travail.

Dans la commande électropneumatique, le schéma du circuit électrique et le schéma des composants pneumatiques sont dessinés séparément. De cette manière, on obtient une meilleure vue d'ensemble.

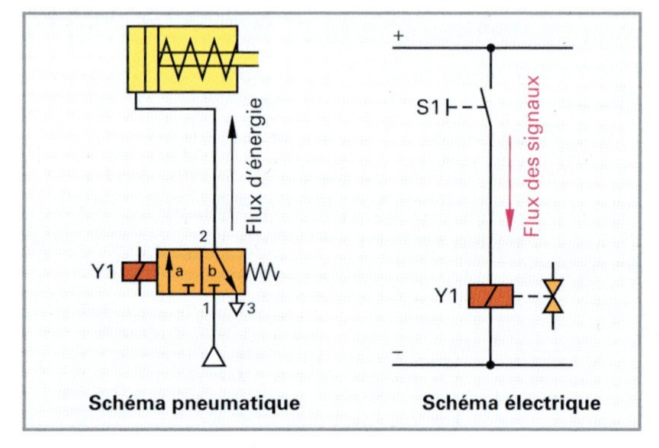

Illustration 1: Circuit électropneumatique

Commande d'un vérin à double effet

Un vérin à double effet pneumatique peut être commandé de façon pneumatique, p. ex. par un distributeur 4/2. Le distributeur 4/2 doit être équipé de deux électro-aimants Y1 et Y2 ou d'un électro-aimant Y1 et d'un ressort de rappel.

Distributeur 4/2 avec deux électro-aimants

Le distributeur 4/2 avec deux électro-aimants **(ill. 2)** fonctionne comme un distributeur à impulsion, c'est-à-dire qu'il commute d'une position à l'autre par l'intermédiaire d'une impulsion fournie par un interrupteur à touche. Si S1 est actionné brièvement, l'électro-aimant Y1 déplace le distributeur dans la position **a**, ce qui fait sortir le piston du vérin.

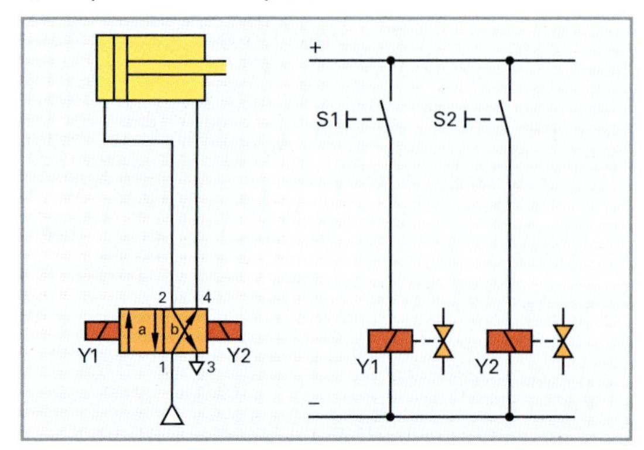

Illustration 2: Distributeur 4/2 avec deux électro-aimants

Une impulsion de l'interrupteur à touche S2 alimente à nouveau l'électro-aimant Y2 et le remet en position **b**. Le piston du vérin rentre. Le distributeur 4/2 se charge lui-même de la mémorisation du signal. Ainsi, un circuit électrique complémentaire n'est pas nécessaire.

Distributeur 4/2 avec mécanisme de rappel automatique

Etant donné que le distributeur 4/2 ne peut pas mémoriser le signal "Marche", on a besoin d'un relais avec un circuit à auto-entretien **(ill. 3).** Grâce au circuit à auto-entretien, le flux de courant est maintenu dans l'électro-aimant Y1 par l'interrupteur K1 fermé. L'électrovalve reste en position **a** et le signal est mémorisé jusqu'à ce que l'interrupteur à touche S2 soit actionné. Le circuit de commande du relais K1 est ainsi coupé, ce qui interrompt le circuit de courant de travail de l'électro-aimant Y1. Le ressort peut repousser le distributeur vers sa position de départ **b**.

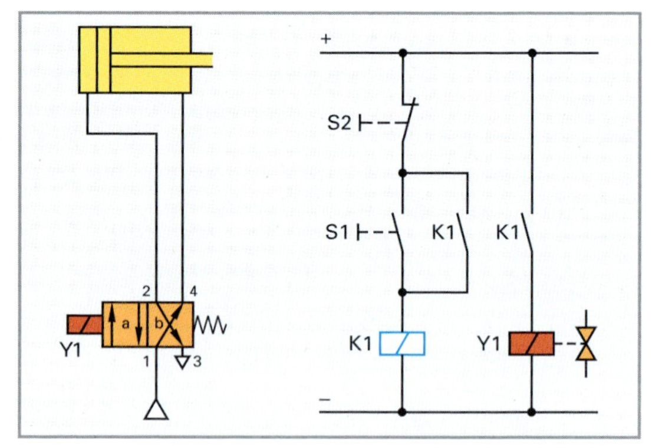

Illustration 3: Distributeur 4/2 avec ressort de rappel

Questions de révision

1. **Quels sont les avantages et les inconvénients de l'air comprimé comme vecteur d'énergie?**
2. **Comment distingue-t-on les éléments de travail à commande pneumatique et hydraulique?**
3. **Comment est conçu un système d'alimentation en air comprimé (compresseur d'atelier)?**
4. **Nommez les éléments d'une commande pneumatique.**
5. **Expliquez le fonctionnement d'un distributeur 4/2.**
6. **Quelles sont les fonctions des valves?**
7. **Comment sont identifiés les éléments de commande dans les circuits pneumatiques et électriques?**
8. **Comment sont représentés les circuits électriques pour obtenir une bonne vue d'ensemble?**
9. **Qu'est-ce qu'un relais?**
10. **Quels types de circuits distingue-t-on dans un relais?**
11. **Qu'est-ce qu'une commande électrohydraulique?**

5.3.4 Commandes logiques

Dans les commandes logiques, deux ou plusieurs signaux d'entrée sont combinés de manière logique les uns avec les autres, de manière à ce que des signaux de sortie soient générés.

Les trois commandes de base des fonctions logiques sont:

- **fonction ET**
- **fonction OU**
- **fonction NON**

Ces fonctions de base sont représentées par des symboles normalisés. Afin de reconnaître le déroulement de la fonction d'une commande logique et de la contrôler, on utilise une table de vérité **(tableau 1 dans ill. 1)**.

La table de vérité comprend p. ex. deux signaux d'entrée binaires avec deux états de commutation 2^2 = 4 lignes et, pour trois signaux d'entrée binaire avec deux états de commutation, 2^3 = 8 lignes. Pour les états de commutation, on utilise les valeurs binaires 1 et 0.

0 Aucun signal existant **1** Signal existant

Fonction ET

Dans le cas de la fonction ET, un signal de sortie est existant si toutes les entrées transmettent un signal. Dans un circuit électrique, on peut prendre l'exemple du circuit des phares antibrouillard d'un véhicule **(ill. 1)**.

Le commutateur des phares S1 (contacteur) est branché en série avec le commutateur des phares antibrouillard S2 et les phares antibrouillard E1 et E2. Ceux-ci s'allument uniquement dans le cas où les deux commutateurs S1 et S2 sont fermés.

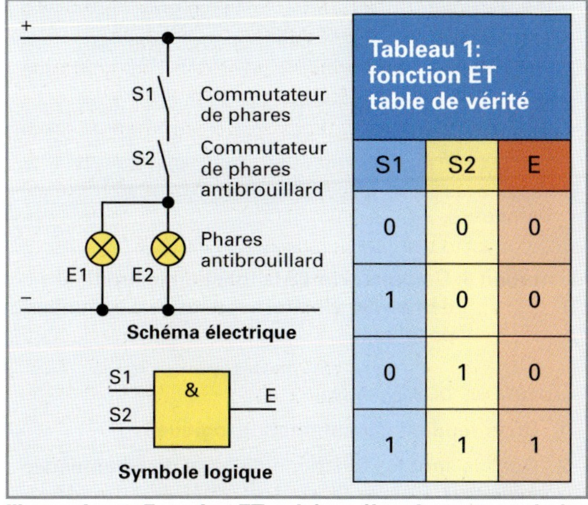

Tableau 1: fonction ET table de vérité

S1	S2	E
0	0	0
1	0	0
0	1	0
1	1	1

Illustration 1: Fonction ET, schéma électrique et symbole logique du circuit des phares antibrouillard d'une voiture

Fonction OU

Dans le cas de la fonction OU, un signal de sortie est présent si au moins un (donc aussi plusieurs ou tous les signaux d'entrée) transmet un signal **(tableau 2 dans ill. 2)**. On prend comme exemple le circuit de plafonnier pour le contact opéré par les portières pour l'éclairage intérieur d'une voiture **(ill. 2)**. La lampe E de l'éclairage intérieur est alimentée par les deux contacteurs de porte S1 et S2 branchés en parallèle. La lampe E s'allume si l'un des deux contacteurs, ou les deux, sont fermés en même temps.

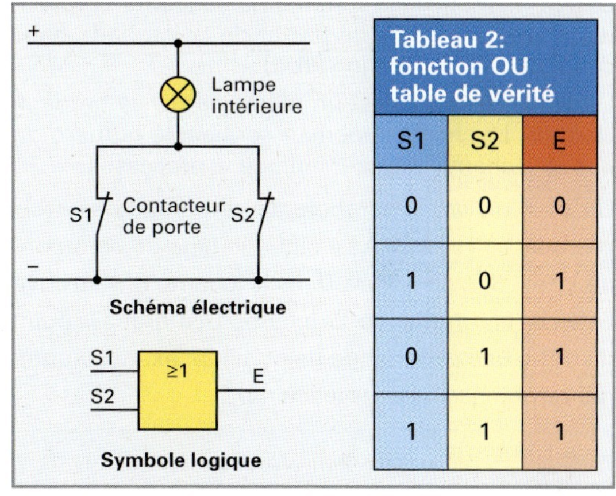

Tableau 2: fonction OU table de vérité

S1	S2	E
0	0	0
1	0	1
0	1	1
1	1	1

Illustration 2: Fonction OU, schéma électrique et symbole logique du contacteur de porte d'une voiture

Fonction NON

Pour la fonction NON, un signal de sortie est présent lorsqu'il n'y a pas de signal d'entrée **(tableau 3 dans ill. 3)**. La fonction NON est une négation, ce qui signifie l'inversion de l'état de signal. P. ex., un interrupteur est branché avec un relais fermé au repos dans une commande électrique. La lampe E est toujours branchée si l'interrupteur S est ouvert **(ill. 3)**.

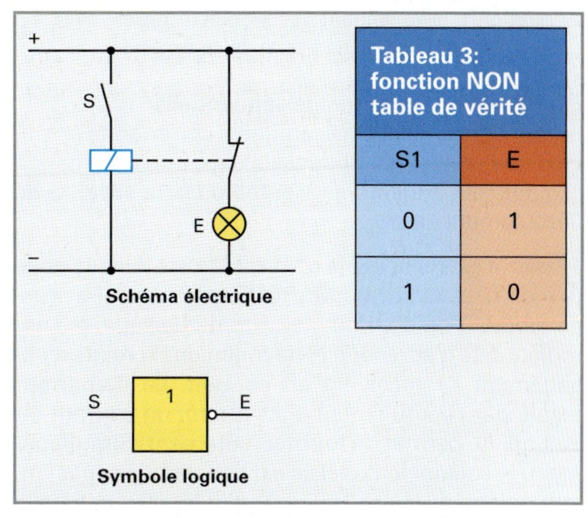

Tableau 3: fonction NON table de vérité

S1	E
0	1
1	0

Illustration 3: Fonction NON, schéma électrique et symbole logique

5.3.5 Commandes séquentielles

Dans les commandes séquentielles, les processus de commande suivent pas à pas un déroulement prédéterminé. Le pas successif ne sera exécuté que si les conditions de commutation sont remplies. La commutation suivante peut dépendre du temps ou du processus.

Représentation des commandes séquentielles

Le déroulement de la commande peut être représenté par des symboles de pas et de commande dans des schémas de fonction **(ill. 1)**.

Le **symbole de pas** est un rectangle divisé en deux champs. Le champ supérieur contient le numéro du pas et le champ inférieur indique le processus.

On peut diviser le symbole de commande en trois champs. Le champ A indique le type de commande, p. ex. **S** = mémorisé. Dans le champ B se trouve l'effet de la commande. Le champ C marque le point d'arrêt d'une commande de sortie, p. ex. des numéros seront inscrits dans le champ C.

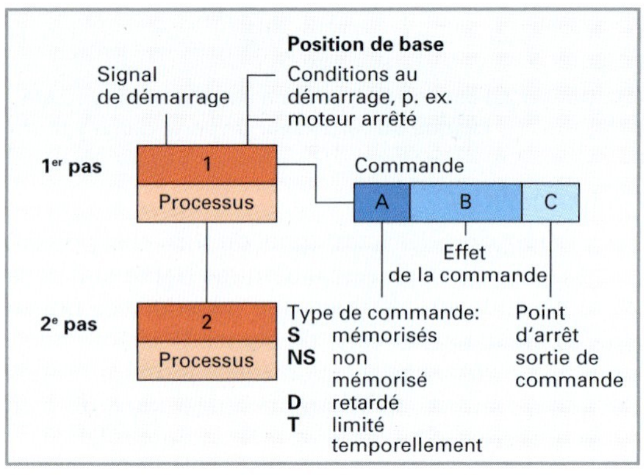

Illustration 1: Déroulement de fonction (schéma) avec symboles de pas et de commande

Exemple d'une commande séquentielle

Le démarreur électromécanique à commande positive d'une voiture **(ill. 2)** travaille avec une commande séquentielle qui est représentée dans le schéma de déroulement **(ill. 3)**.

1er pas: il est réalisé si la commande est dans la position de base et l'ordre MARCHE est donné. Par l'actionnement du commutateur de démarrage, les enroulements d'attraction et de maintien du relais d'engagement K1 reçoivent du courant. Le démarreur reçoit, par l'enroulement d'attraction, un courant réduit qui lui permet de tourner lentement. Simultanément, le solénoïde du relais est tiré et pousse par l'intermédiaire du levier, le pignon du démarreur vers la couronne du volant du moteur. La commande reste mémorisée jusqu'à ce qu'elle soit éliminée par une contre-commande. Dès que le solénoïde du relais est complètement engagé, le commutateur K1 du relais se ferme. C'est le signal pour le deuxième pas.

2ème pas: il est réalisé lorsque le solénoïde du relais est complètement attiré. L'enroulement d'excitation du démarreur est connecté directement à B+. Le démarreur reçoit alors la pleine puissance du courant et lance le moteur jusqu'à ce que celui-ci démarre. Une roue libre empêche une rotation trop rapide du démarreur lorsque le moteur est en marche.

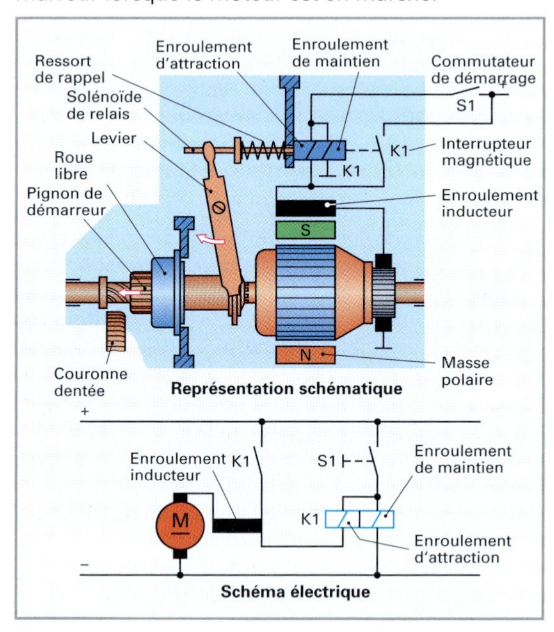

Illustration 2: Démarreur électromécanique à commande positive, circuit

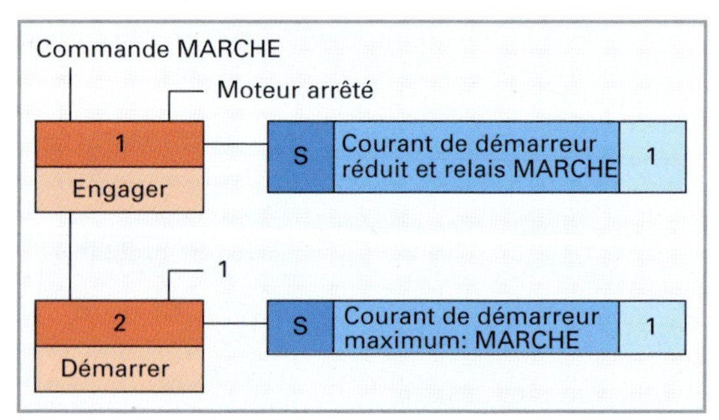

Illustration 3: Déroulement de la fonction (extrait) du démarreur électromagnétique à commande positive

Questions de révision

1. **Qu'entend-on par commande logique?**
2. **Quelles sont les fonctions de base de commandes logiques?**
3. **Quelles sont les caractéristiques d'une commande séquentielle?**

6 Techniques de contrôle

La technique de contrôle permet de produire des pièces sur mesure, d'éviter des erreurs, de surveiller et d'entretenir les machines et instruments.

Dans la technique automobile, le contrôle est souvent appelé test, p. ex. test d'allumage, test de gaz d'échappement, test de freinage.

Le contrôle permet de vérifier si la pièce correspond aux exigences requises.

Contrôle subjectif. Il est effectué seulement par évaluation, sans appareil, p. ex. pour le contrôle visuel, par le toucher ou par le contrôle de fonctionnement.

Contrôle objectif. Il est effectué à l'aide de moyen de contrôle, p. ex. par mensuration.

6.1 Notions de base de métrologie

6.1.1 Types de contrôles (ill. 1)

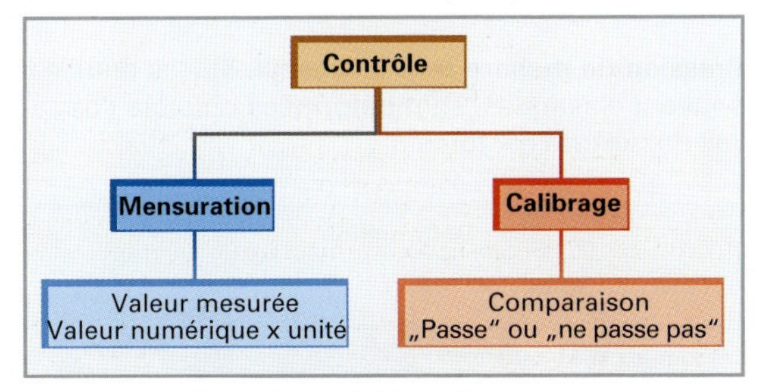

Illustration 1: Techniques de contrôle

La mensuration est une comparaison numérique entre une grandeur (angle, longueur) et un appareil de mesure étalonné sur la base de l'unité normalisée.

Valeur mesurée. C'est la valeur effective de la pièce mesurée. Elle est indiquée comme le produit de la valeur numérique multiplié par l'unité, p. ex. 15,00 mm **(ill. 2)**.

Le calibrage est une comparaison entre la pièce à contrôler et un calibre. Le résultat n'est pas une valeur numérique.

Par le calibrage, on détermine si la grandeur et la forme de la pièce à contrôler ne dépasse pas une limite prescrite par les normes de tolérance. Le résultat sera uniquement une constatation, p. ex. "passe" ou "passe pas", et non pas une valeur numérique.

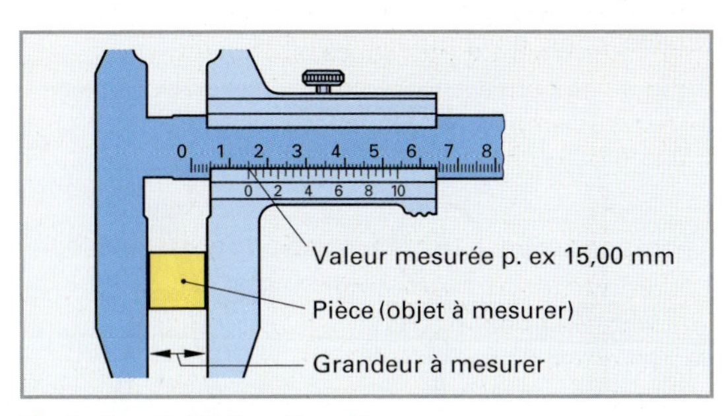

Illustration 2: Désignation d'une mesure

6.1.2 Instruments de mesure

Le contrôle est effectué au moyen d'instruments **(ill. 3)** tels que règles, calibres, jauges ou autres moyens auxiliaires.

Les instruments de mesure permettent de déterminer des grandeurs avec divers degrés de précision.

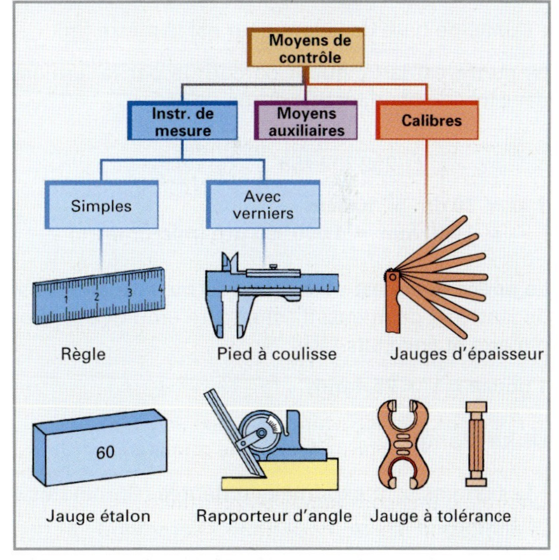

Illustration 3: Moyens de contrôle

Instruments de mesure simples. Les valeurs des dimensions sont représentées par un intervalle fixe exprimant des mesures de distance, de surface ou d'angle.

Instruments de mesure avec vernier. Le pied à coulisse, le micromètre, le comparateur à cadran, le rapporteur d'angle indiquent de manière analogique la valeur mesurée, reportée sur une échelle graduée à l'aide d'un curseur ou d'une aiguille. Les valeurs mesurées par un instrument digital sont affichées dans une fenêtre de contrôle.

Moyens auxiliaires (ill. 1). Ils servent de soutien à l'instrument de contrôle ou à la pièce pendant le test, p. ex. pinces, support de mesure ou alors ils transmettent des valeurs lorsque l'on mesure de façon indirecte, p. ex. un compas à pointes.

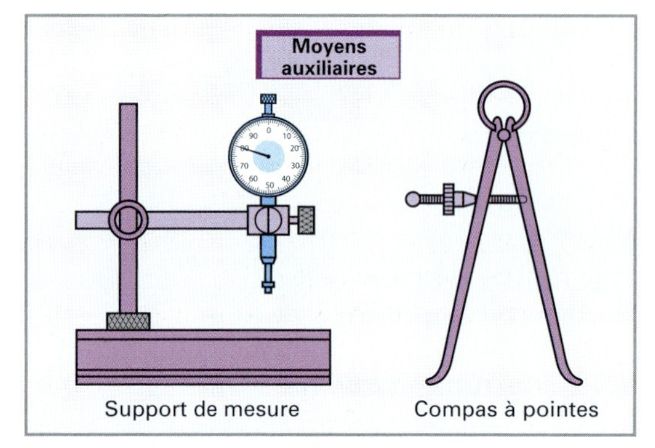

Illustration 1: Moyens auxiliaires de mesure

6.1.3 Unités de la valeur mesurée

Unités de longueur

> L'unité de base de la longueur est le mètre (m).

Le **mètre** est la longueur parcourue par la lumière dans le vide pendant une durée de

$$\frac{1}{299\,792\,458} \text{ secondes.}$$

1 m = 10 dm = 100 cm
= 1 000 mm = 1 000 000 µm (micromètre)

Le **pouce (inch)** est utilisé pour la mesure de roues, de jantes et de pneus. Il est encore employé en Angleterre et aux Etats-Unis.

1 pouce = 1" = 25,4 mm

Unité d'angle

> Les angles sont exprimés en degrés (°), minutes (') et secondes (").

La circonférence d'un cercle complet mesure 360°. Ses fractions sont des minutes et des secondes.

1° (degré) = 60' (minutes) = 3 600" (secondes)

6.1.4 Erreurs de mesure

La valeur mesurée diffère très souvent de la valeur exacte à mesurer.

Source des erreurs de mesure

- Imperfection de l'objet à mesurer.
- Mauvaise manipulation de l'instrument de mesure.
- Défectuosités des instruments de mesure.
- Influences de l'environnement.

Imperfection de l'objet à mesurer

Défauts d'usinage tels que bavures ou rayures.

Mauvaise manipulation de l'instrument de mesure (ill. 2)

Mauvaise position de l'instrument de mesure comme p. ex. mesure du diamètre en biais, tiges de mesure de profondeur non parallèles ou pièce gauchie.

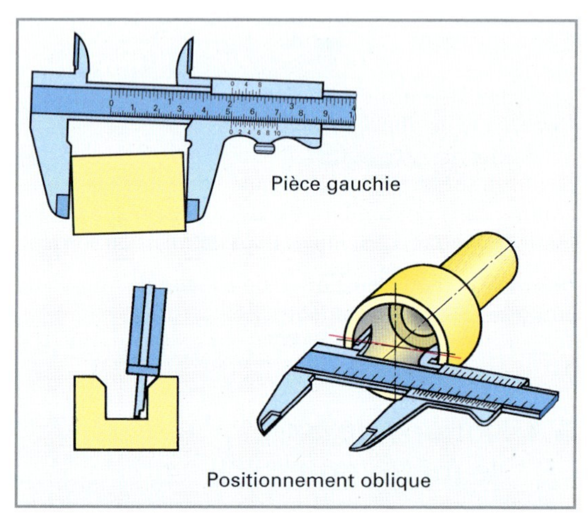

Illustration 2: Positionnements incorrects de l'instrument de mesure

Pression de mesure trop élevée (ill. 3). Les douilles, souvent élastiques, sont déformées ou alors l'appareil de mesure est forcé.

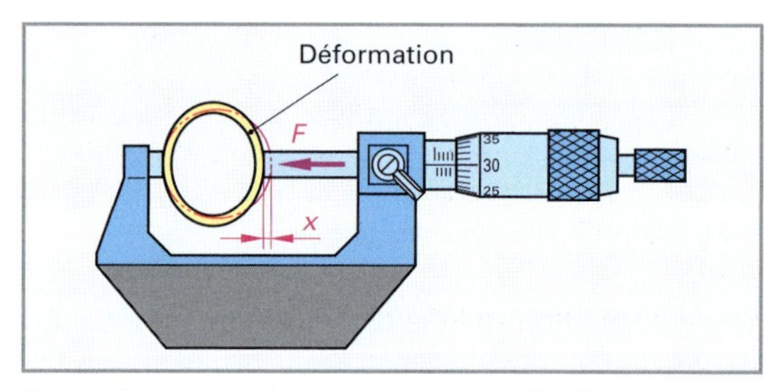

Illustration 3: Pression de mesure trop élevée

Parallaxe (ill. 4). Des erreurs de mesure apparaissent lorsque l'on ne regarde pas verticalement la graduation de l'appareil de mesure.

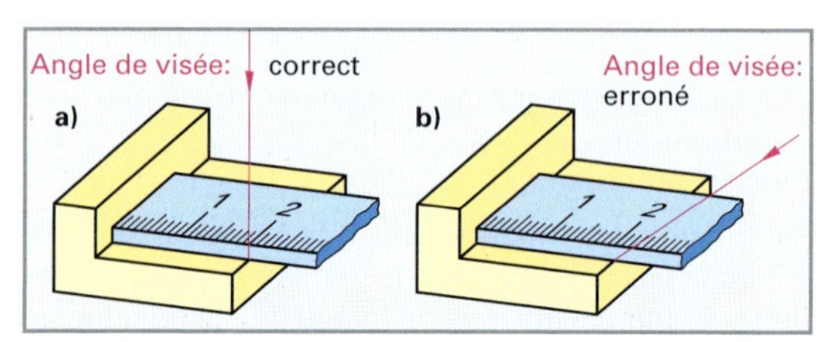

Illustration 4: Erreurs de parallaxe lors d'une mesure directe

Saleté sur les surfaces de mesure. Les surfaces de mesure de l'appareil ou de la pièce peuvent être sales, contenir des copeaux ou de la graisse.

Influence de la température (ill. 1). La chaleur des mains, le rayonnement solaire ou la température de la pièce, peuvent influencer la valeur mesurée.

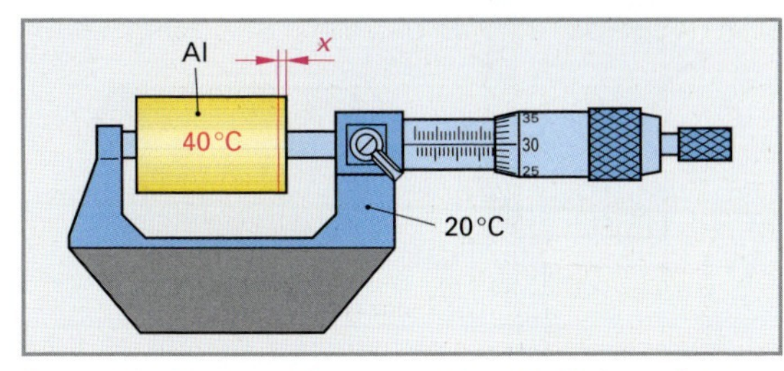

Illustration 1: Erreur de mesure due à l'influence de la température

La température de référence des instruments de mesure et des pièces à mesurer est de 20 °C.

Influence de l'environnement. La pression atmosphérique et la température peuvent générer des erreurs, p. ex. lors de la mesure de la pression d'un pneu.

Calibrage des instruments de mesure. Avant toute utilisation, les instruments de mesure doivent être calibrés au moyen d'un étalon, afin d'éviter toute erreur systématique de mesure.

Types d'erreurs de mesure

Les erreurs de mesure systématiques, telles que les défauts des instruments ou des erreurs accidentelles ne présentent pas toujours la même importance au même moment.

Erreurs de mesure systématiques

Ce sont p. ex.:

- écarts de division des graduations;
- variation du pas des broches filetées;
- espace à mesurer inégal;
- déformation constante due à une pression de mesure élevée;
- erreur constante de la température ambiante.

Ces erreurs de mesure systématiques peuvent être prises en compte, puisqu'elles se présentent toujours de façon constante dans des conditions de mesure similaires et avec la même importance, elles sont du même signe + ou – .

Pour obtenir la valeur exacte de la grandeur à mesurer, il faut corriger la valeur de mesure lue qui est influencée par l'erreur systématique.

Erreurs de mesure accidentelles

Elles génèrent une **incertitude de mesure.** Pour les instruments de mesure avec graduation, l'incertitude de la valeur mesurée peut aller jusqu'à une unité de graduation.

Les causes d'une erreur de mesure accidentelle peuvent être:

- erreur de lecture par parallaxe;
- positionnement incorrect de l'appareil de mesure à cause d'une saleté ou d'une bavure;
- variations de température non prévisibles;
- variations de pression de mesure dues à un changement de friction ou de jeu;
- erreur provenant d'un jeu ou d'une mauvaise manipulation;
- mauvais positionnement de l'appareil de mesure, dû à une fausse manipulation.

6.1.5 Procédés de mesure

Mesure directe ou immédiate. Il s'agit d'une comparaison, p. ex. entre la longueur réelle d'une pièce et la graduation d'un instrument de mesure. La valeur est lue directement.

Mesure indirecte (ill. 2). Lorsque la pièce n'est pas mesurable avec un appareil de mesure, il est nécessaire d'utiliser une aide à la mesure, p. ex. un compas d'intérieur ou d'extérieur. Ce procédé permet de prendre la valeur de la pièce et de la mesurer ensuite avec un instrument de mesure.

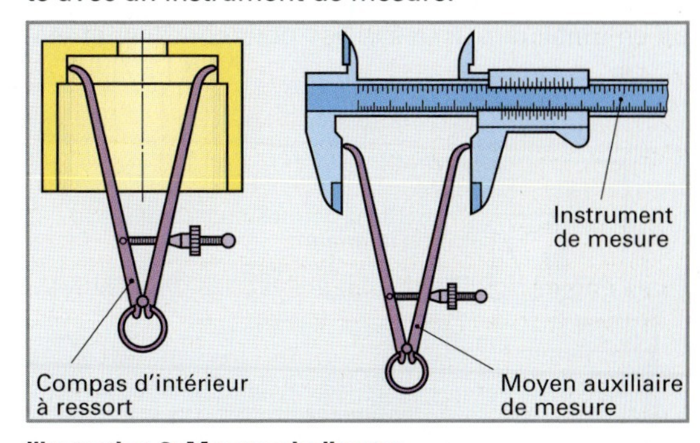

Illustration 2: Mesures indirectes

6.2 Appareils de mesure

Parmi les appareils de mesure, certains permettent d'obtenir des mesures directes et d'autres des comparaisons, comme p. ex. le pied à coulisse, le micromètre, le comparateur à cadran ou le rapporteur d'angle.

Champ de mesure. Il comprend le plus souvent la plage d'indication de l'appareil de mesure. Il correspond à la différence entre la valeur de départ et la valeur finale. Le champ de mesure ne commence pas nécessairement à la valeur zéro; p. ex. pour un micromètre, la vis micrométrique ne comprend que 25 mm, afin que la tige mobile ne soit pas trop longue. Pour des longueurs plus importantes, il existe des micromètres avec des champs de mesure de 0 à 25 mm, de 25 à 50 mm, de 50 à 75 mm.

6.2.1 Identification de la mesure

Les règles graduées (ill. 1) sont très souvent utilisées. Elles ont une graduation étalonnée uniformément, permettant une lecture directe de la mesure. On utilise des réglettes en acier, des mètres, des rubans et des mètres pliants

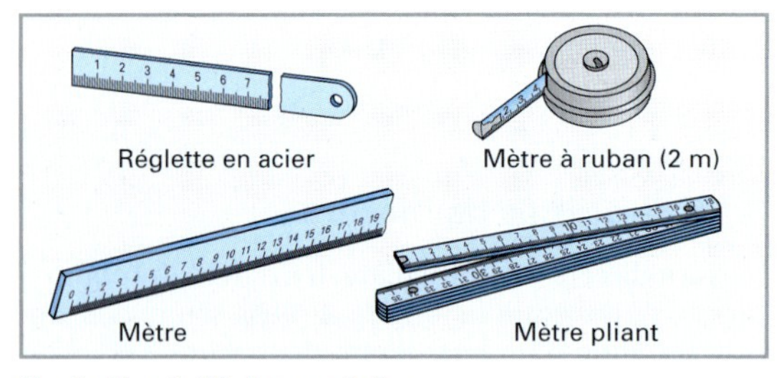

Illustration 1: Règles graduées

Les cales étalons (ill. 2) matérialisent très exactement une unité de longueur entre les deux faces de mesure parallèles. Elles sont souvent de section rectangulaire, éventuellement circulaire. Leurs faces de mesure sont de très grande qualité: elles sont en acier ou en métal dur. On les utilise pour contrôler et étalonner des calibres ou des instruments de mesure, pour mesurer des pièces ou régler des machines. Pour obtenir différentes dimensions de contrôle, il est possible de combiner entre elles diverses cales étalons en parallèle.

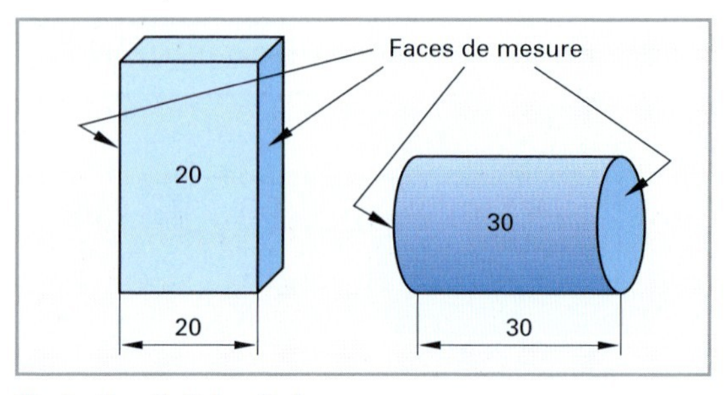

Illustration 2: Cales étalons

6.2.2 Pied à coulisse

Grâce à sa polyvalence, le pied à coulisse est l'instrument de mesure à vernier le plus utilisé. Il permet de prendre des mesures extérieures, intérieures et de profondeurs.

Le **pied à coulisse (ill. 3)** comprend une règle à laquelle sont fixés des becs de mesure d'intérieur et d'extérieur. Sur la règle se trouve l'échelle de mesure principale. Elle peut présenter une division en mm, ainsi qu'une division en pouce. Une deuxième série de becs de mesure mobiles se trouve sur le coulisseau. Le coulisseau porte une échelle graduée appelée vernier. Une tige reliée au coulisseau sert d'instrument de mesure de profondeur. Une vis de blocage permet d'immobiliser le coulisseau pour faciliter la lecture.

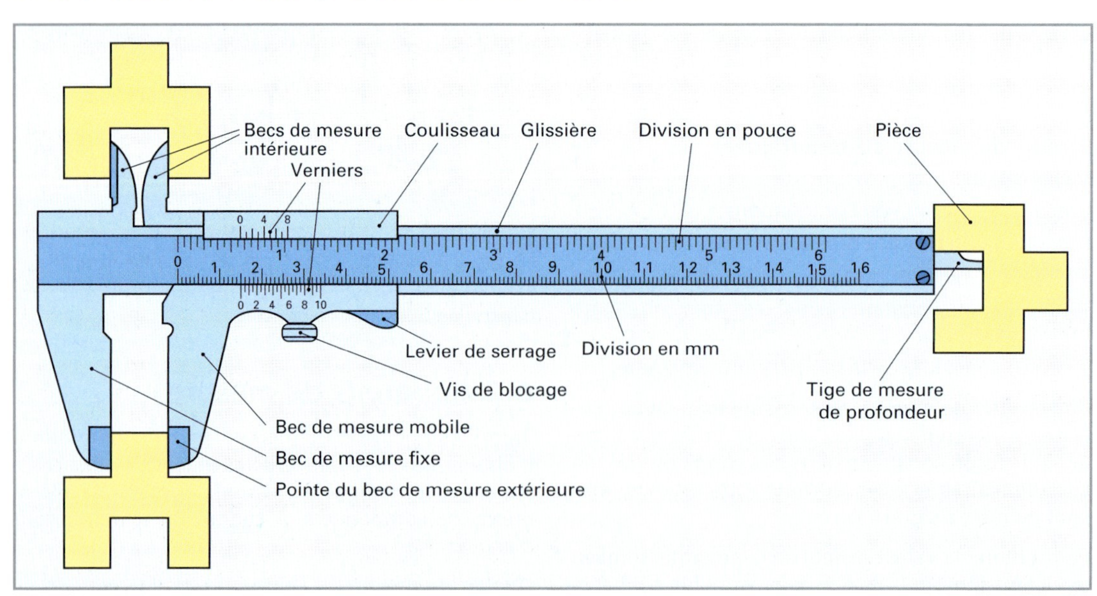

Illustration 3: Pied à coulisse

Valeur du vernier d'un pied à coulisse. Elle définit la précision de lecture. Il existe des verniers au 1/10 mm = 0,1 mm, au 1/20 mm = 0,05 mm ou au 1/50 mm = 0,02 mm.

Pour un vernier au 1/10 **(ill. 1)**, 9 mm sont divisés en 10 divisions. Une graduation représente donc 9 mm divisé par 10 = 0,9 mm de long, alors que la division sur l'échelle de mesure principale représente 1 mm. La différence entre ces deux valeurs permet d'obtenir une précision de 1/10 mm.

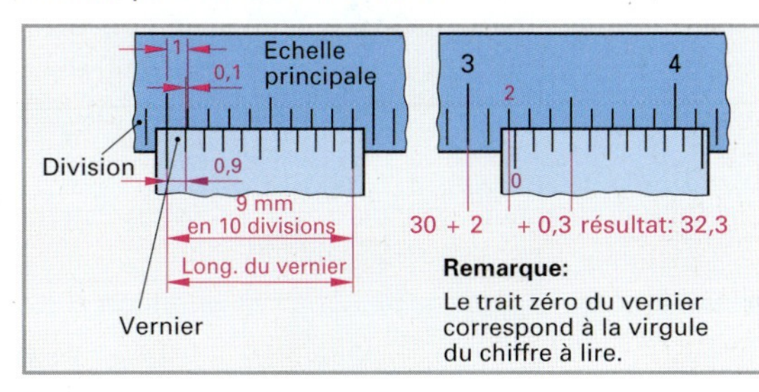

Illustration 1: Vernier au 1/10

Lecture du pied à coulisse

On considère le trait zéro du vernier comme la virgule qui sépare les entiers des dixièmes.

On lit d'abord les millimètres entiers de la règle se trouvant à gauche du zéro du vernier, puis à droite du zéro du vernier on cherche quel est le trait qui coïncide avec un trait de l'échelle principale. Chaque trait comptabilisé sur le vernier indiquera combien de dixièmes sont à ajouter au nombre entier de la règle. Le trait du vernier indiquant le zéro ne doit pas être pris en compte.

Pour les **verniers normalisés au 1/10 (ill. 2)**, le vernier est allongé, ce qui signifie que 19 mm sont partagés en 10 divisions. Une graduation du vernier correspond donc à 19 mm divisé par 10 = 1,9 mm et la valeur du vernier est donc de 2 mm – 1,9 mm = 0,1 mm = 1/10 mm.

Vernier	Position	Lecture
1/10	4 5 6 / 0 10	= 42,7
1/10	2 3 4 / 0 10	= 23,5
1/20	6 7 8 / 0 1 2 3 4 5 6	= 63,25

Illustration 2: Exemples de lecture

Pour les **verniers normalisés au 1/20,** 39 mm sont partagés en 20 divisions. Dans ce cas, la graduation du vernier correspond à 39 mm divisé par 20 = 1,95 mm et la valeur du vernier est donc de 2 mm – 1,95 mm = 0,05 mm = 1/20 mm.

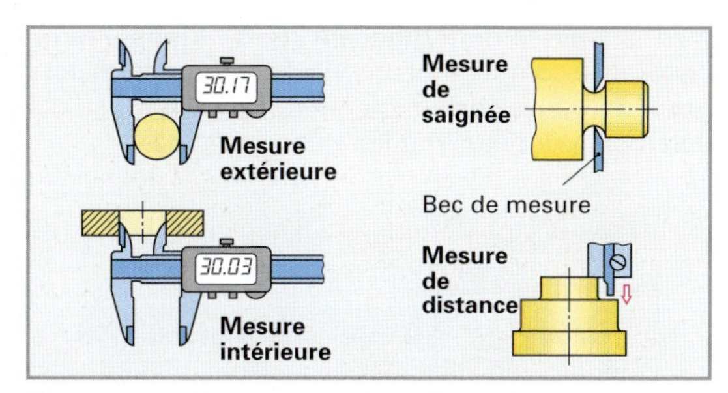

Illustration 3: Mesures avec le pied à coulisse

Pied à coulisse électronique avec affichage numérique (ill. 3). La précision d'affichage mesurée est de 1/100 mm. La lecture est simple, rapide et sans erreur. La touche de mise à zéro permet de positionner le zéro à n'importe quel endroit de la règle. Cela permet de mesurer des écarts.

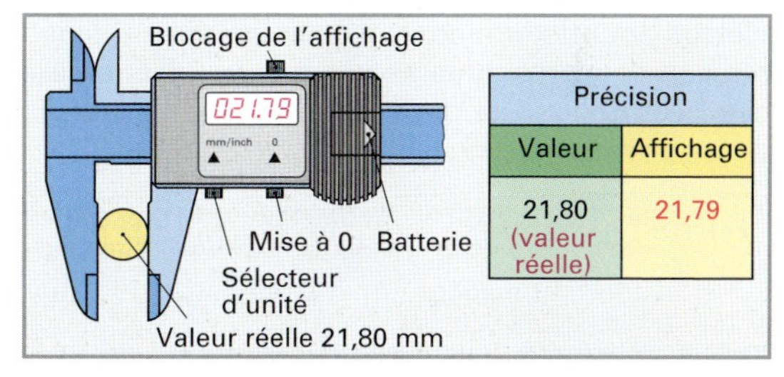

Précision	
Valeur	Affichage
21,80 (valeur réelle)	21,79

Illustration 4: Pied à coulisse avec affichage numérique

La précision de mesure et d'affichage (ill. 4) ne correspondent pas, étant donné les tolérances de finition et les erreurs d'arrondi de l'électronique (tolérance 2/100 – 3/100 mm).

Règles de travail

- **Les pièces en rotation** ne doivent jamais être mesurées pendant le fonctionnement de la machine. Les risques d'accidents sont élevés et le pied à coulisse peut être endommagé.
- **Mesures extérieures (ill. 3)**. Bien positionner le bec de mesure fixe contre la pièce puis approcher le bec mobile. Veiller à la propreté des surfaces, à une pression correcte et à une bonne position du pied à coulisse. On utilise les pointes des becs de mesure uniquement pour mesurer des saignées, des rainures étroites et des diamètres au niveau du noyau.
- **Les mesures intérieures** sont effectuées par les becs d'intérieur. Positionner d'abord le bec fixe dans l'alésage, puis le bec mobile à l'opposé.
- Ne jamais utiliser les becs d'intérieur pour tracer.
- **Les mesures de profondeur et de distance** sont effectuées par la tige de mesure de profondeur qui ne doit pas être placée de biais. Elle possède un décrochement permettant de la positionner sans qu'elle ne soit influencée par les rayons de transition ou la saleté.

Pied à coulisse de profondeur (ill. 1). Il possède un coulisseau comprenant une vis de blocage et un pont qui facilite son positionnement. Il convient particulièrement pour mesurer les alésages étagés.

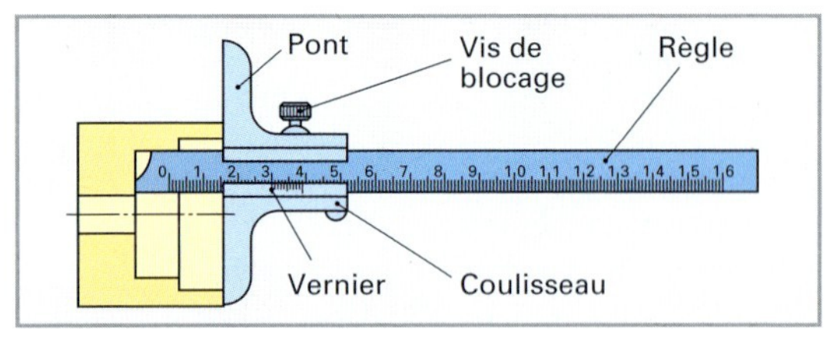

Illustration 1: Pied à coulisse de profondeur

6.2.3 Micromètres

Les micromètres **(ill. 2)** utilisent le pas hélicoïdal d'un filetage pour déterminer la valeur mesurée. Chaque rotation complète du tambour modifie l'écartement des faces de mesure de la valeur du pas de filetage de la vis micrométrique.

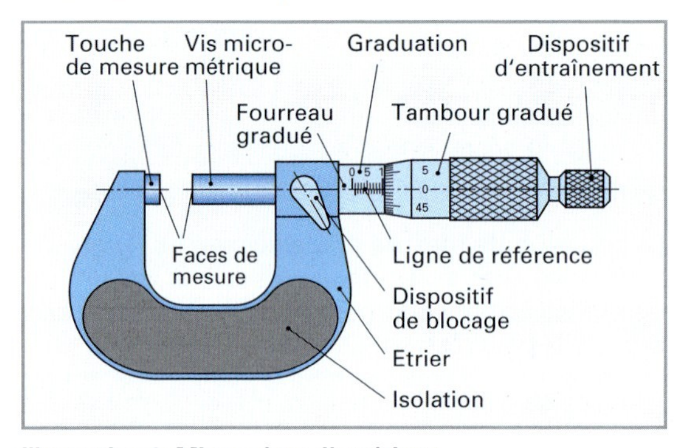

Illustration 2: Micromètre d'extérieur

Le pas de vis le plus souvent utilisé est de 0,5 mm. Le tambour gradué (fourreau de recouvrement) comporte 50 marques.

$$\text{Valeur de graduation} = \frac{\text{Filetage}}{\text{Graduation du tambour}}$$

$$= \frac{0{,}5\text{mm}}{50} = \frac{1}{100\ \text{mm}} = 0{,}01\ \text{mm}$$

Le tambour gradué est relié à la vis micrométrique. La vis micrométrique est vissée à l'intérieur d'un filetage inséré dans le fourreau gradué. Afin que la pression de serrage soit toujours égale, la vis de mesure est munie d'une dispositif d'entraînement à friction qui assure la régularité de la pression.

La possibilité de déplacement de la vis micrométrique ne dépasse généralement pas 25 mm; cela évite que la touche mobile du micromètre ne soit trop longue.

Lecture du micromètre (ill. 3)

Les millimètres entiers et les demi-millimètres se lisent sur le fourreau gradué, les centièmes sur le tambour gradué. Si le tambour gradué découvre un demi-millimètre sur le fourreau gradué, celui-ci doit être comptabilisé avec les centièmes.

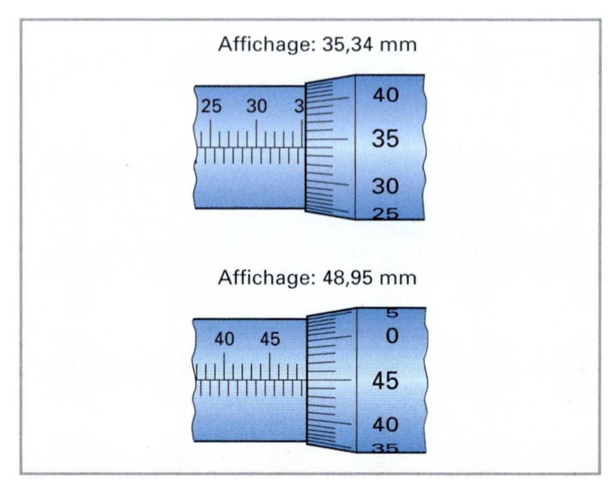

Illustration 3: Exemples de lecture

Micromètre d'extérieur (ill. 2). Il est utilisé pour les mesures d'extérieur. Il se compose d'un étrier avec une touche de mesure fixe, de plaques d'isolation thermique, d'un fourreau gradué, d'une vis micrométrique et d'un tambour gradué, d'un dispositif d'entraînement à friction, ainsi que d'un dispositif de blocage. Pour limiter l'usure, les touches de mesure sont trempées ou recouvertes de métal dur.

Micromètre à affichage numérique (ill. 4). En plus de la graduation conventionnelle au 1/100 mm, il dispose d'un affichage numérique. La précision de l'affichage numérique est de 1/1000 mm.

Le système électronique de l'appareil de mesure permet d'effectuer des mesures différentielles, de mettre l'affichage à zéro et de mémoriser des valeurs mesurées pour ensuite les transmettre à un ordinateur.

Lors de mesures avec les appareils électroniques, il faut être attentif au fait que la précision de l'affichage peut différer de la précision de la mesure (voir pied à coulisse avec affichage numérique).

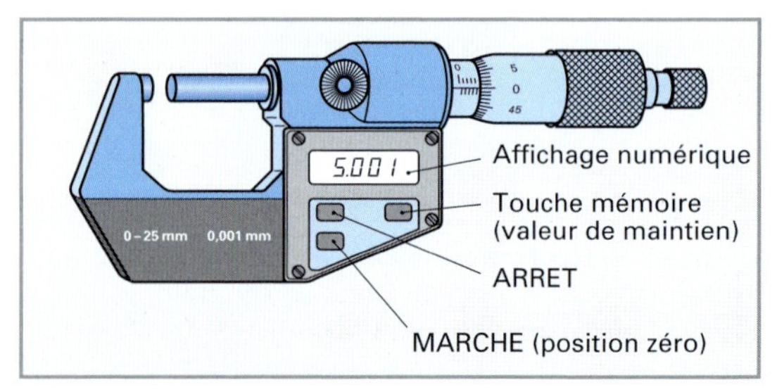

Illustration 4: Micromètre à affichage numérique

Micromètre d'intérieur (ill. 1). Ils permettent de mesurer des alésages comportant un diamètre allant de 3,5 mm à 300 mm. Les micromètres d'intérieur sont généralement pourvus de trois goujons de mesure mobiles permettant de centrer le micromètre dans l'alésage (mesure à trois points). Il existe des rallonges pour mesurer les alésages importants.

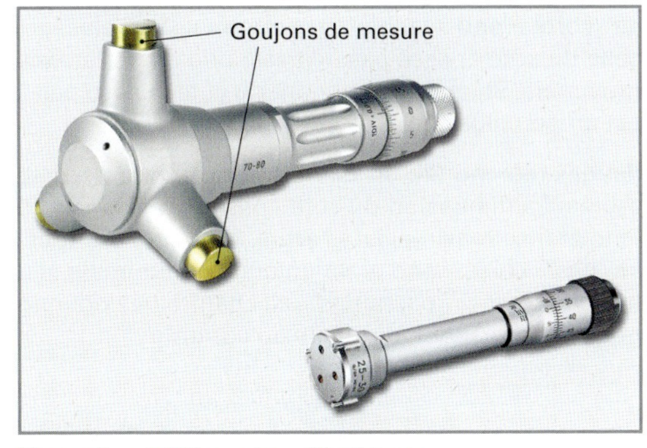

Illustration 1: Micromètre d'intérieur

6.2.4 Comparateur

Le comparateur (ill. 2) s'utilise pour le contrôle des pièces en rotation (p. ex. jeu dans les coussinets de roue, arbres) ou des inégalités de surfaces (p. ex. des disques de freins). Combiné avec un appareil pour mesures intérieures, il permet de déterminer l'usure du cylindre d'un moteur.

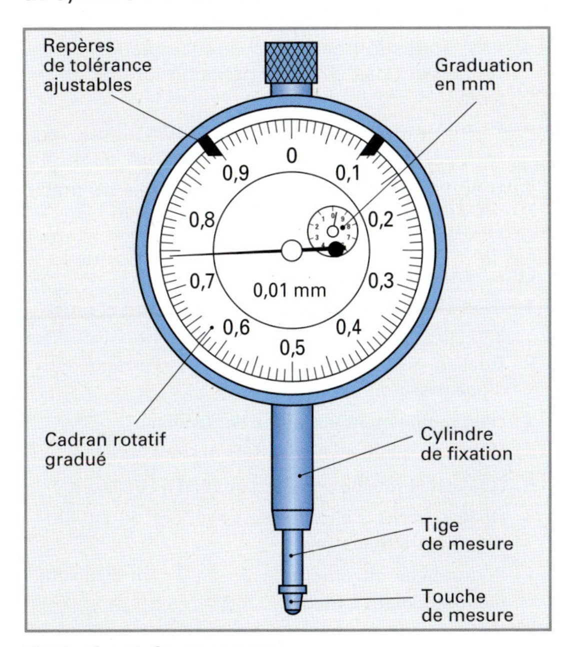

Illustration 2: Comparateur

Le comparateur est donc utilisé pour effectuer des mesures différentielles. On ne mesure pas une valeur effective mais une différence par rapport à une valeur nominale.

La course de la tige de mesure est démultipliée par des pignons permettant une lecture facile des centièmes de millimètre. Le cadran est rotatif, il permet ainsi de positionner le zéro de la graduation avec la position de l'aiguille. Deux repères de tolérance réglables servent à déterminer la zone de contrôle.

Le cadran du comparateur est divisé en 100 parties. Pour un tour d'aiguille, la tige de mesure se déplace de 1 mm. Une graduation vaut donc 0,01 mm = 1/100 mm.

Si, lors d'une mesure, l'aiguille du comparateur effectue plusieurs tours, le nombre de rotations est indiqué sur un petit cadran gradué en millimètres. Chaque tour correspond à une distance de 1 mm. Il existe aussi des comparateurs avec une valeur de graduation de 0,001 mm.

Le jeu ainsi que la friction de la crémaillère et de l'engrenage provoquent des erreurs de mesure lors du changement de direction de la tige de mesure. Les différences ainsi produites peuvent aller jusqu'à 0,005 mm **(erreurs de réversibilité)**.

6.2.5 Rapporteurs

Rapporteur simple (ill. 3). Il permet de mesurer des angles en degrés. Sa plage de mesure comprend 180°. La valeur indiquée ne correspond pas toujours à la valeur mesurée. Elle doit souvent être calculée.

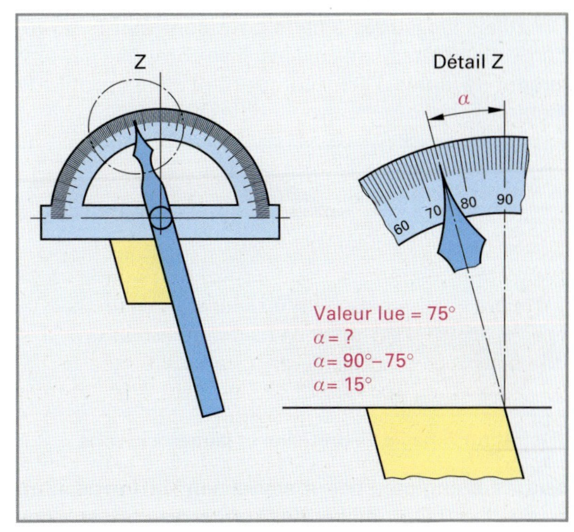

Illustration 3: Rapporteur simple

6.3 Calibres

Les calibres sont des moyens de contrôle permettant de vérifier les dimensions ou la forme de la pièces. Ils ne possèdent pas de parties mobiles.

6.3.1 Calibres simples

On appelle calibres simples, les calibres pour fils et pour tôles, les calibres de perçage, les jauges d'épaisseur **(ill. 1)** et les cales étalons.

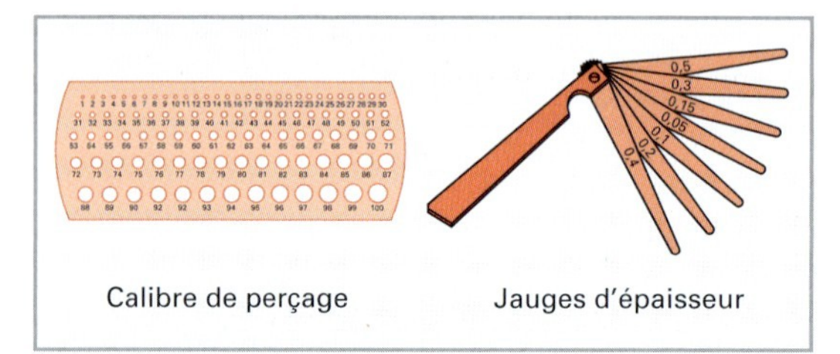

Illustration 1: Calibres simples

Jauges d'épaisseur (ill. 1). Elles sont constituées de plusieurs languettes en acier de différentes épaisseurs, p. ex. de 0,05 mm à 1 mm. La dimension nominale de chaque languette est inscrite sur celle-ci. La jauge d'épaisseur est utilisée pour contrôler le jeu p. ex. dans les paliers, les pistons ou les soupapes.

6.3.2 Calibres de forme

Avec des calibres de forme, telles que la jauge à rayons **(ill. 2),** la jauge d'angles ou la règle de précision **(ill. 2),** on contrôle, par le procédé de la fente lumineuse, la forme des rayons, des profils, des angles et la planéité des surfaces. La fente lumineuse doit être la plus petite possible.

On utilise les **jauges à filets** pour contrôler le taraudage ou le filetage des pièces. Il se compose généralement de lames d'acier comportant divers profils de filetage.

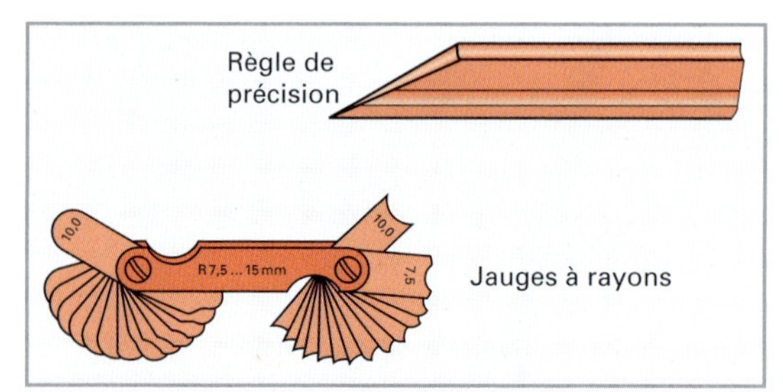

Illustration 2: Règle de précision et jauges à rayons

Jauges d'angles. Elles matérialisent la forme d'un angle fixe. On utilise des équerres plates, des équerres à talon et des équerres de précision.

6.3.3 Calibres à tolérance

On distingue les jauges-tampon et les jauges-fourche. Elles ont un côté "passe" et un côté "passe pas"; pour mieux les distinguer, le côté "passe pas" porte une marque rouge.

Jauges-tampon (ill. 3). Elles sont utilisées pour contrôler des alésages. La dimension du côté "passe" correspond à la tolérance minimale de l'alésage, celle du côté "passe pas" correspond à la tolérance maximale. En outre, le cylindre du côté "passe pas " est un peu plus court.

Jauges-fourche (ill. 3). Elle servent à contrôler des arbres. La dimension du côté "passe" correspond à la tolérance maximale de l'arbre, celle du côté "passe pas" correspond à la tolérance minimale. La fourche du côté "passe pas" est chanfreinée pour ne pas endommager l'arbre lors du contrôle.

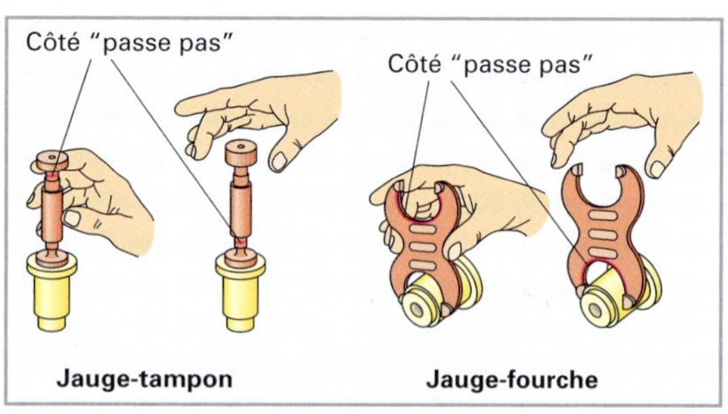

Illustration 3: Manipulation des calibres à tolérance

Règles de travail

- Ne jamais introduire la jauge-tampon dans l'alésage quand la pièce est encore chaude.
- Les jauges-fourche, resp. les jauges-tampon, ne doivent pas subir de pression lors du contrôle.
- Positionnez la jauge-fourche prudemment. Elle doit glisser de son propre poids sur la pièce.
- Lors du contrôle, placer la règle de précision **(ill. 2)** perpendiculairement à la surface.

QUESTIONS DE RÉVISION

1. **Quelle est la différence entre une mesure et un calibrage?**
2. **Quelles peuvent être les sources d'erreurs lors d'une mesure?**
3. **D'où proviennent les fautes de parallaxe?**
4. **Qu'est-ce qu'un instrument de mesure simple?**
5. **Quel est le rôle du vernier d'un pied à coulisse?**
6. **Quelles précautions prenez-vous lors de l'utilisation d'une jauge-tampon?**
7. **Pourquoi le micromètre dispose-t-il d'un dispositif d'entraînement à friction?**
8. **Pourquoi utilise-t-on un comparateur?**

6.4 Tolérances et ajustements

6.4.1 But de la standardisation

Lors de la production mécanique de pièces normalisées et de produits semi-finis, il n'est pas possible, pour des raisons techniques et économiques, d'obtenir exactement les cotes de construction du dessin. Dès lors, on peut affirmer que:

> La précision d'une pièce ne doit pas être supérieure à son utilisation et à sa fonction.

Afin de garantir la fonction de la pièce, celle-ci doit être produite de manière à ce que sa mesure effective se situe entre la valeur minimum et la valeur maximum. L'écart entre ces deux valeurs est défini par la plage de tolérance **(ill 1)**.

Si la pièce produite se trouve dans la plage de tolérance, elle est "bonne". Si, par contre, elle sort du champ de tolérance, il s'agit de vérifier si elle peut être retouchée, p. ex. par enlèvement de copeaux. Dans le cas contraire, elle est inutilisable.

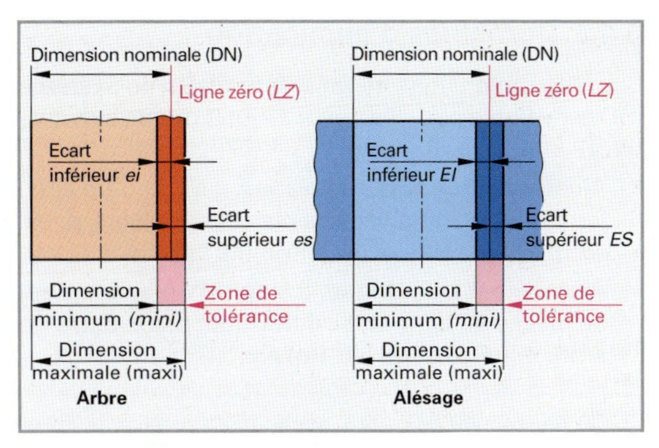

Ilustration 1: Termes techniques

6.4.2 Termes techniques

Les abréviations mises entre parenthèses ne sont pas normalisées.

Dimension nominale (DN). C'est la dimension de référence indiquée sur le plan de construction au moyen de laquelle les dimensions maxi et mini sont définies **(ill. 1)**.

Dimension effective (DE). C'est la dimension de la pièce finie, constatée par mesurage **(ill. 1)**.

Dimension limite. La **dimension maximum** (maxi) et la **dimension minimum** (mini) d'une pièce sont les dimensions limites. La **dimension effective** (DE) doit se situer entre les dimensions limites admises **(ill. 1)**.

Ligne zéro (LZ). C'est la ligne de référence pour la dimension nominale **(ill. 1)**.

Ecart. C'est la différence entre la dimension limite inférieure et la dimension nominale, respectivement entre la dimension effective et la dimension nominale correspondante. Les écarts sont la dimension limite supérieure et la dimension limite inférieure. Les écarts pour les arbres sont indiqués par des minuscules (*es* et *ei)* et les écarts pour les alésages par des majuscules *(ES* et *EI)* **(ill. 1)**.

Ecart supérieur *ES* resp. *es*. C'est la différence entre la dimension maximum et la dimension nominale correspondante.

Ecart inférieur *EI* resp. *ei*. C'est la différence entre la dimension minimale et la dimension nominale correspondante.

Tolérance de dimension, tolérance (*T*). Elle correspond à la différence admissible par rapport à la dimension nominale. Elle représente la différence entre l'écart supérieur *ES, es* et l'écart inférieur *EI, ei*.

Zone de tolérance. C'est la représentation graphique de la tolérance. Elle correspond à la zone située entre les deux lignes représentant la dimension maximale et la dimension minimale. Il y a quatre possibilités de positionner la zone de tolérance. **(ill. 2a à 2d):**

- les deux écarts sont positifs (**2a**);
- les deux écarts sont négatifs (**2b**);
- les écarts sont positifs et négatifs (**2c**);
- l'un des écarts est nul, l'autre est positif ou négatif (**2d**).

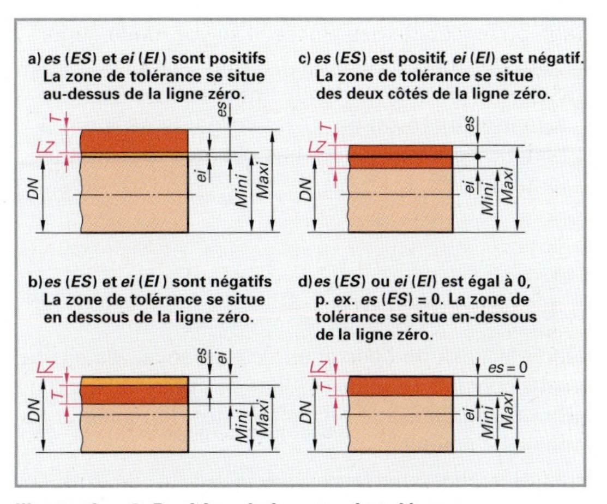

Illustration 2: Position de la zone de tolérance par rapport à la ligne zéro

6.4.3 Domaines d'application

Pour les dimensions et les ajustements, le système ISO est valable pour les types d'ajustements suivants **(ill. 1)**:

- **Ajustement de surfaces planes**. Il s'agit d'un ajustement entre des surfaces planes parallèles, p. ex. entre une rainure et un tenon **(ill. 1a)**.
- **Ajustement cylindrique**. Il s'agit d'un ajustement de pièces de diamètre cylindrique, p. ex. entre un arbre et un alésage **(ill. 1 b)**.

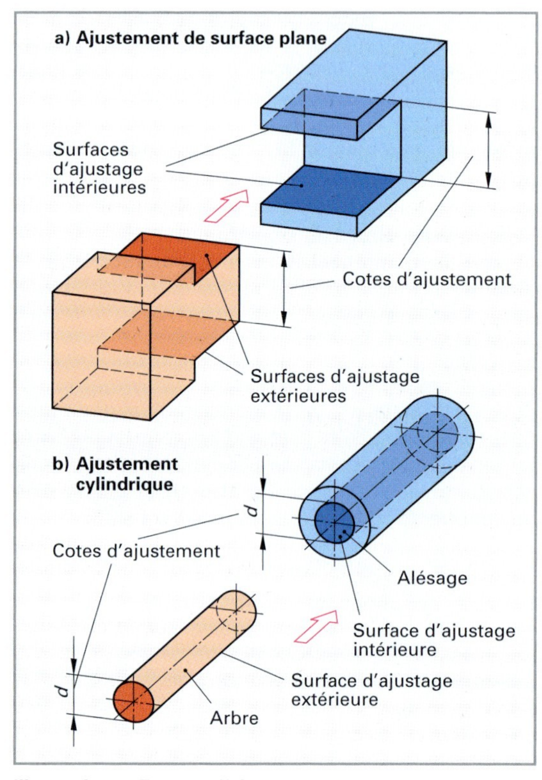

Illustration 1: Formes d'ajustements

ISO est l'abréviation pour International Standardisation Organisation. C'est l'organisme international de normalisation. Les normes ISO sont internationales.

6.4.4 Ajustements

Selon la position des zones de tolérance, les ajustements suivants peuvent résulter de l'assemblage d'un arbre et d'un alésage présentant des dimensions nominales identiques:

- ajustement avec jeu;
- ajustement avec serrage;
- ajustement incertain.

Les deux parties d'un ajustement ont la même valeur nominale.

L'ajustement est la différence de dimensions existant, avant assemblage, entre deux pièces devant être assemblées.

Ajustement avec jeu. Après l'assemblage, l'alésage et l'arbre ont toujours un certain jeu. Le minimum de l'alésage est supérieur ou égal au maximum de l'arbre **(ill. 2)**.

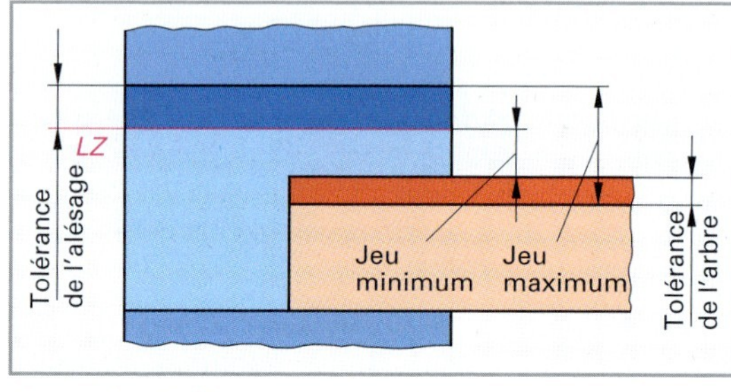

Illustration 2: Ajustement avec jeu

Jeu minimum. C'est la différence entre la dimension minimale de l'alésage et la dimension maximale de l'arbre.

Jeu maximum. C'est la différence entre la dimension maximale de l'alésage et la dimension minimale de l'arbre.

Il y a ajustement avec jeu quand la différence de mesure est positive.

Ajustement avec serrage. Après assemblage, il y a serrage entre l'alésage et l'arbre. La dimension maximale de l'alésage est inférieure ou égale à la dimension minimale de l'arbre **(ill. 3)**.

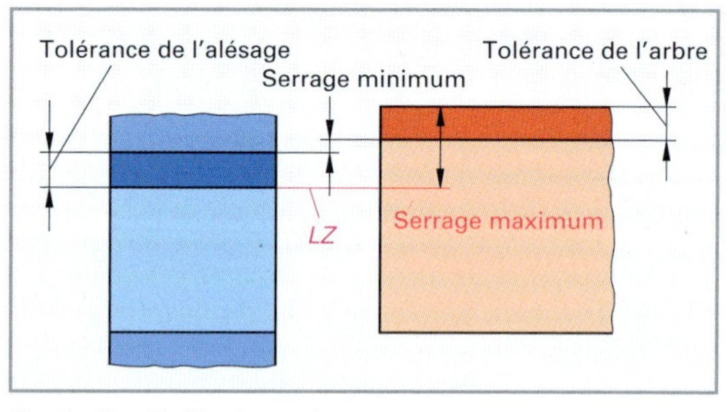

Illustration 3: Ajustement avec serrage

Serrage minimum. C'est la différence entre la dimension maximale de l'alésage et la dimension minimale de l'arbre.

Serrage maximum. C'est la différence entre la dimension minimale de l'alésage et la dimension maximale de l'arbre, avant l'assemblage.

Il y a ajustement avec serrage quand la différence de mesure est négative.

Ajustement incertain. Après assemblage, l'alésage et l'arbre comportent, dans la zone de tolérance, soit du jeu, soit un serrage **(ill. 1)**.

Il y a ajustement incertain lorsqu'il est possible d'obtenir soit un jeu, soit un serrage.

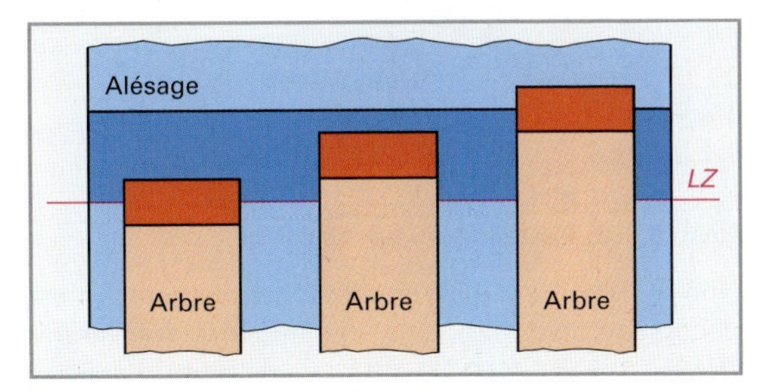

Illustration 1: Ajustement incertain

6.4.5 Indications de tolérance

Indications de tolérance par les écarts

Les tolérances peuvent être choisies librement. Dans le plan de construction, les écarts sont indiqués derrière la valeur nominale.

La plupart du temps, l'écart supérieur est positionné plus haut et l'écart inférieur plus bas que la valeur nominale, indépendamment du fait qu'ils soient positifs ou négatifs, p. ex. $80^{+0,6}_{-0,2}$.

Indication par des tolérances ISO

Les tolérances ISO sont caractérisées par des lettres et par des chiffres.

Position de la zone de tolérance. Par rapport à la ligne zéro, la position de la zone de tolérance est caractérisée par une majuscule pour les alésages (A à ZC) ou par une minuscule pour les arbres (a à zc).

Plus la zone de tolérance s'éloigne de la ligne zéro, plus les lettres indicatives sont éloignées du H, resp. h.

Degré de tolérance fondamentale. Il est caractérisé par un chiffre, à savoir 01, 0, 1...18. Il y a donc 20 degrés de tolérance fondamentale. Plus le chiffre est grand, plus la zone de tolérance augmente. Cela signifie que les exigences de précisions diminuent **(ill. 2)**.

La précision est d'autant plus grande que le chiffre du degré de tolérance fondamentale est bas.

L'indication de la tolérance se compose de la dimension nominale et du signe ISO. Elle est formée de lettres et de chiffres, p. ex. alésage 25 H7; arbre 25 n6; ajustement 25 H7/n6 ou $25\frac{H7}{n6}$.

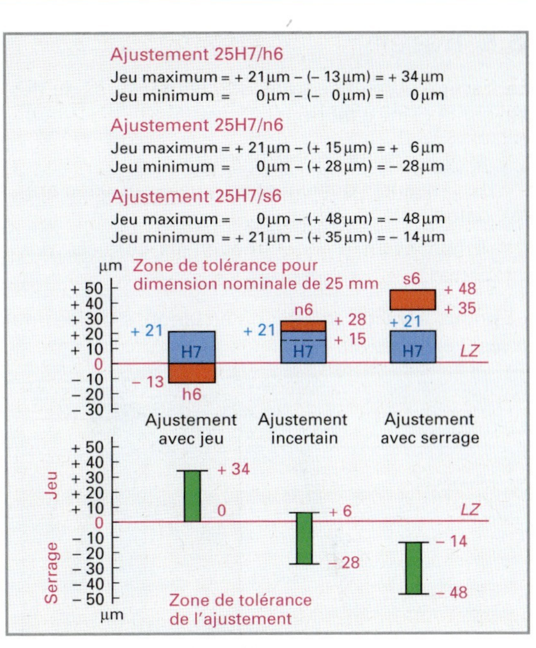

Illutration 2: Zones de tolérance

6.4.6 Systèmes d'ajustement

Il existe le système **à alésage normal** et **à arbre normal**.

Alésage normal. La dimension minimale de l'alésage est égale à la dimension nominale, c'est-à-dire que l'écart inférieur de l'alésage est égal à zéro. Les arbres sont soit plus petits pour obtenir un ajustement avec jeu, soit plus grands pour un ajustement avec serrage **(ill. 3)**.

Arbre normal. La dimension maximale de l'arbre est égale à la dimension nominale, c'est-à-dire que l'écart supérieur de l'arbre est égal à zéro. Les alésages sont soit plus petits pour obtenir un ajustement avec serrage, soit plus grands pour un ajustement avec jeu. **(ill. 3)**.

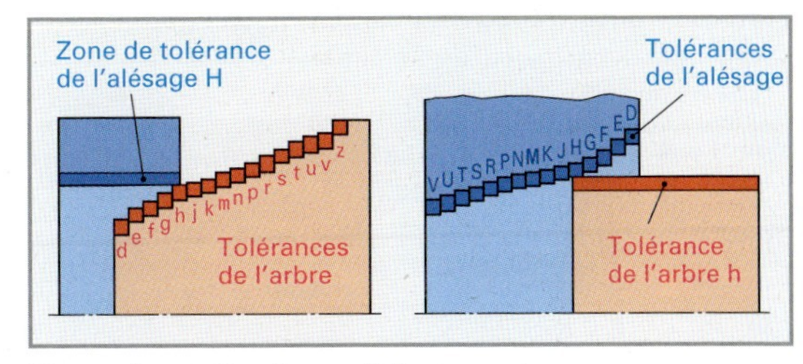

Illustration 3: Systèmes d'ajustements

QUESTIONS DE RÉVISION

1. **Que signifient les termes "dimension nominale", "ligne zéro" et "valeur effective"?**
2. **Expliquez les termes écart et tolérance.**
3. **Comment sont caractérisées les tolérances ISO?**
4. **De quelles dimensions la tolérance dépend-elle?**
5. **Qu'entend-on par ajustement avec jeu et ajustement avec serrage?**

6.5 Tracer

Le traçage permet de transférer les mesures du dessin sur la pièce à fabriquer.

- Le traçage doit être bien visible.
- Les mesures doivent être transférées avec précision.
- Il faut éviter d'endommager les surfaces des pièces.

La **pointe à tracer,** en acier ou en laiton, s'utilise pour tracer les lignes **(ill. 1)**.

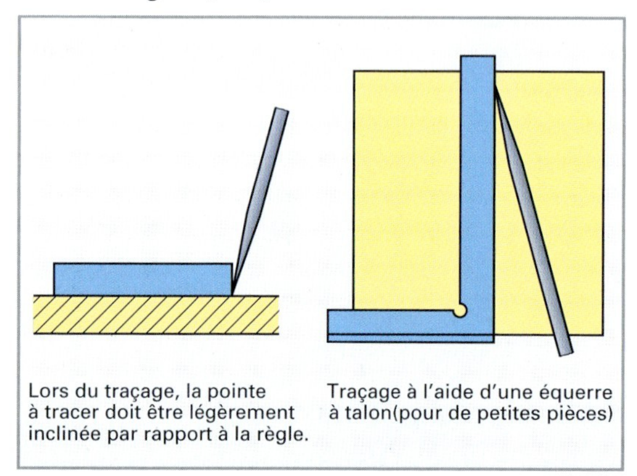

Lors du traçage, la pointe à tracer doit être légèrement inclinée par rapport à la règle.
Traçage à l'aide d'une équerre à talon(pour de petites pièces)

Illustration 1: Tracer avec la pointe à tracer

On utilise des pointes à tracer en laiton pour tracer sur des tôles oxydées, sur des matériaux très durs et sur des surfaces qui ne doivent pas être endommagées par le traçage. Le traçage des arêtes de pliage, sur des tôles en métaux légers, se fait au crayon pour éviter l'effet d'entaille qui pourrait provoquer la rupture de la pièce lors du pliage.

On utilise le **compas à pointes (ill. 2)** et le **compas à verge (ill. 2)** pour transférer des cotes, pour tracer des cercles et pour transcrire des distances égales.

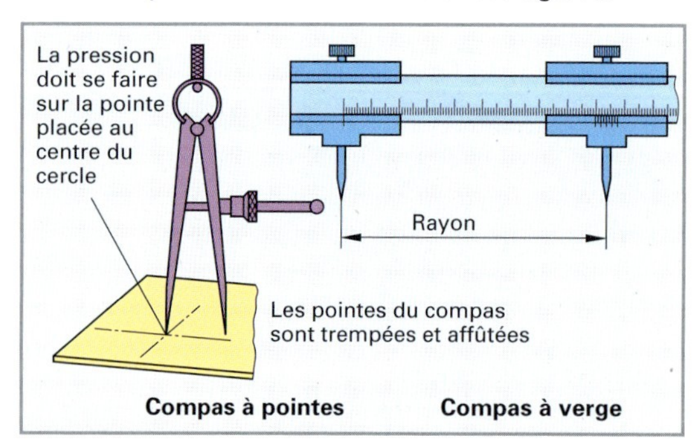

La pression doit se faire sur la pointe placée au centre du cercle

Les pointes du compas sont trempées et affûtées

Illustration 2: Compas à pointes et compas à verge

Traceur parallèle ou trusquin. Il permet de tracer des lignes à n'importe quelle hauteur, parallèlement au marbre à tracer. Le réglage de la hauteur s'effectue au moyen d'une règle graduée **(ill. 3)**.

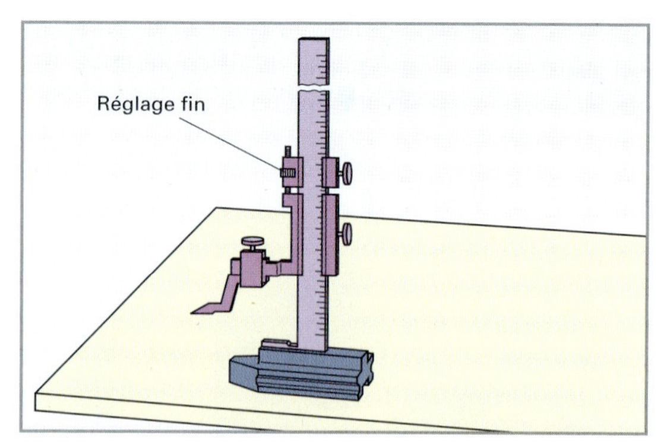

Illustation 3: Trusquin à vernier réglable

Une mesure de positionnement supplémentaire est nécessaire pour le réglage en hauteur du **traceur parallèle**.

Pour le traçage, on utilise également des **réglettes en acier,** des **équerres à chapeau,** des **équerres à onglet,** des **équerres plates** et des **règles.** Le centre des surfaces circulaires et des arbres se détermine au moyen de cloches de centrage ou d'équerres de centrage.

Pour rendre les lignes de découpe plus visibles sur les surfaces d'acier brillantes, on peut les peindre avec du sulfate de cuivre ou de la laque à tracer. Les matières foncées peuvent être blanchies avec de la craie.

Le pointeau **(ill. 4)** est utilisé pour pointer des centres ou des lignes de découpe. Après l'usinage, les points de contrôle doivent rester légèrement visibles.

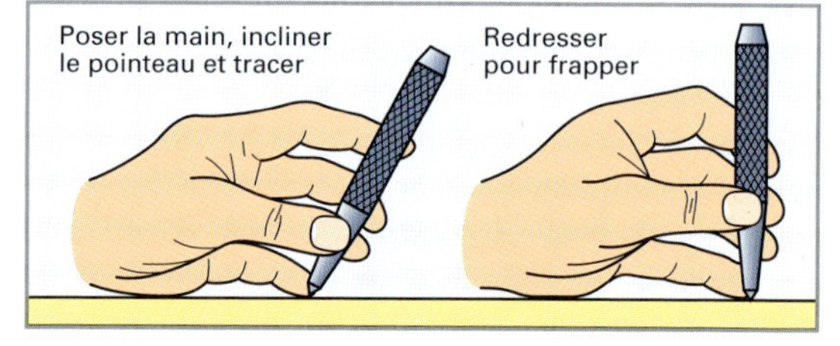

Poser la main, incliner le pointeau et tracer
Redresser pour frapper

Illustration 4: Utilisation du pointeau

Règles de travail

- La pointe à tracer doit être fixée le plus court possible dans le trusquin.
- Le marbre de traçage ne doit pas être utilisé pour redresser des pièces.
- Le pointeau doit être incliné pour son positionnement, puis redressé verticalement pour le pointage.

Questions de révision

1. **Quel est le but du traçage?**
2. **Quels sont les principaux outils utilisés pour le traçage?**
3. **Quel est l'avantage des pointes à tracer en laiton?**
4. **Pourquoi le marbre de traçage ne doit-il pas être utilisé pour redresser des pièces?**

7 Technique de fabrication

7.1 Classification des procédés de fabrication

Les techniques de fabrication et les facteurs économiques déterminent le choix ainsi que le déroulement des procédés de fabrication ainsi que les processus d'élaboration pendant la fabrication et l'usinage des pièces.

La fabrication réunit toutes les opérations qui, suivant un plan, transforment une pièce à l'état brut en un produit fini. Pour chaque opération, la pièce en fabrication passe de l'état initial à l'état final.

Au moyen de différents procédés de fabrication, on peut générer une cohésion des matériaux nécessaires à la production d'une pièce ou, si cette cohésion existe déjà, on peut la réduire ou l'augmenter. On peut aussi modifier la forme d'une pièce ou les propriétés de la matière première.

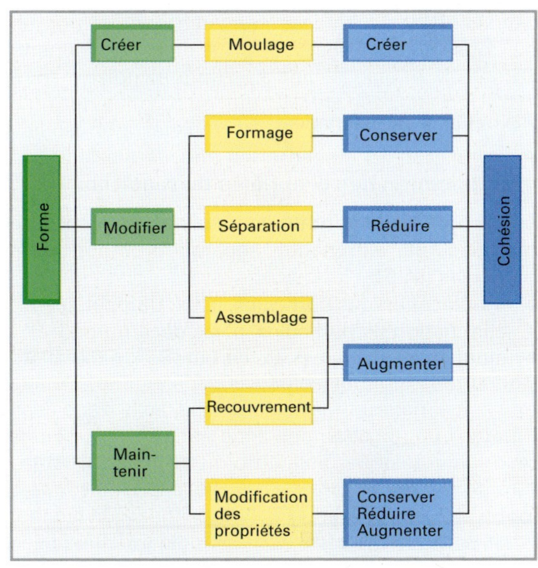

Illustration 1: Les principaux groupes de procédés de fabrication

7.1.1 Les principaux groupes de procédés de fabrication

Les procédés de fabrication sont classés en 6 groupes principaux **(ill. 1)**.
Chacun des procédés de fabrication permet de créer, modifier, maintenir, augmenter ou réduire la composition de la pièce (propriétés de la matière première) ainsi que sa forme.

- **Créer la cohésion de la matière** signifie que des matières informe, comme p. ex. des poudres ou des liquides sont traités pour devenir des corps solides, p. ex. en les pressant, en les frittant ou en les moulant.
- **Maintenir la cohésion** signifie qu'une partie de pièce ou une pièce déjà formée peut être transformée, p. ex. par pliage.
- **Réduire la cohésion** signifie que des matières ou des pièces se trouvent séparées en formes géométriques, p. ex. par sciage.
- **Augmenter la cohésion** signifie que des pièces ou des matières sont ajoutées, p. ex. par vissage ou par soudage avec apport de métal.

7.1.2 Classification des groupes principaux

Moulage

Le moulage permet de fabriquer un corps solide d'une certaine forme à partir d'une matière liquide **(ill. 2)**.

La forme de la pièce peut être définitive ou suivie par divers procédés de fabrication.

La cohésion de la matière est créée à partir de:

- l'état liquide, p. ex. par le moulage;
- l'état pâteux ou plastique, p. ex. par l'extrusion ou le moulage par injection;
- l'état poudreux ou granulaire, p. ex. par le pressage et chauffage lors du frittage;
- l'état ionisé, par dépôt d'une matière par électrolyse, p. ex. la galvanoplastie.

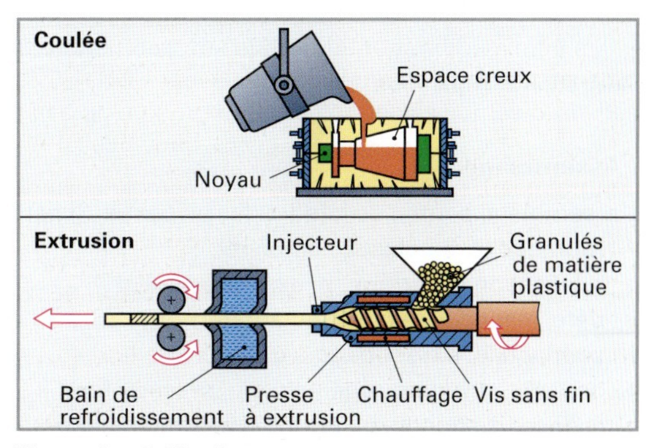

Illustration 2: Moulage

Formage

Le formage maintient la masse et la cohésion d'un matériau. La forme d'un corps solide (pièce brute) est modifiée par déformation plastique **(ill. 1)**:

- formage sous pression, p. ex. laminer, matricer;
- formage par traction et compression, p. ex. emboutir, refouler;
- formage par traction, p. ex. allonger, étirer, tréfiler;
- formage par flexion, p. ex. plier, étamper;
- formage par poussée, p. ex. déplacer, tordre.

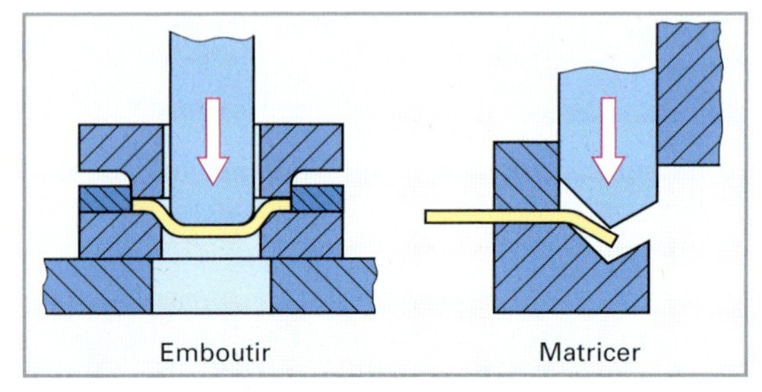

Illustration 1: Formage

Séparation

La séparation change la forme d'un corps solide **(ill. 2)**. La cohésion d'un matériau est ainsi supprimée localement par:

- fractionnement, p. ex. découper au ciseau, cisailler, déchirer;
- enlèvement de copeaux, p. ex. tourner, meuler, percer;
- enlèvement de matières, p. ex. oxycouper, éroder;
- démontage, p. ex. dévisser, presser;
- nettoyage, p. ex. brosser, laver, dégraisser.

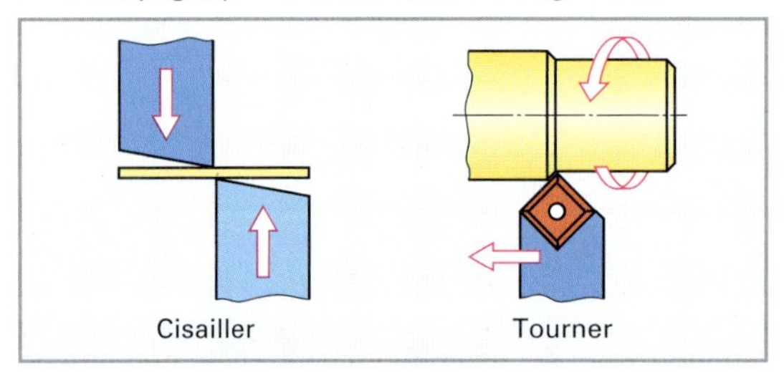

Illustration 2: Séparation

Assemblage

L'assemblage permet de joindre des pièces **(ill. 3)** par:

- montage, p. ex. poser, accrocher;
- application et serrage, p. ex. visser, coller;
- déformation, p. ex. riveter, agrafer;
- soudage, p. ex. soudage à gaz inerte;
- brasage, p. ex. brasage à l'étain, brasage fort;
- collage, p. ex. collage à froid, collage avec colle à deux composants.

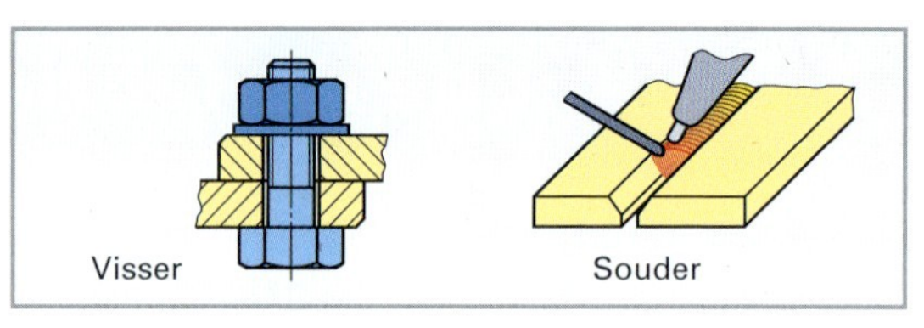

Illustration 3: Assemblage

Recouvrement

Le recouvrement permet d'appliquer de manière permanente une couche de matériau sans forme sur une pièce **(ill. 4)**. Recouvrement ...

- ... à partir d'un état gazeux ou pâteux, p. ex. laquage, soudage par métal d'apport;
- ... à partir d'un état solide ou poudreux, p. ex. projection thermique;
- ... par électrolyse ou procédé chimique, p. ex. galvanisation;
- ... à partir d'un état solide ou granulaire, p. ex. revêtement plastique.

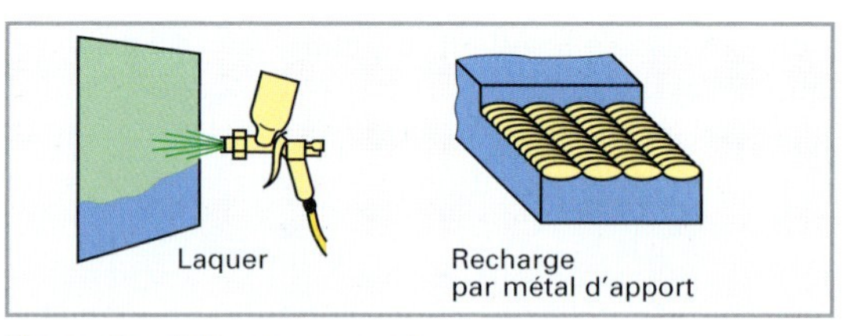

Illustration 4: Recouvrement

Modification des propriétés du matériau

Les propriétés des matériaux solides peuvent être modifiées par élimination, séparation ou apport de particules **(ill. 5)**:

- modification des particules, p. ex. tremper, bleuir;
- élimination de particules, p. ex. décarburer;
- ajout de particules, p. ex. carburation, nitruration.

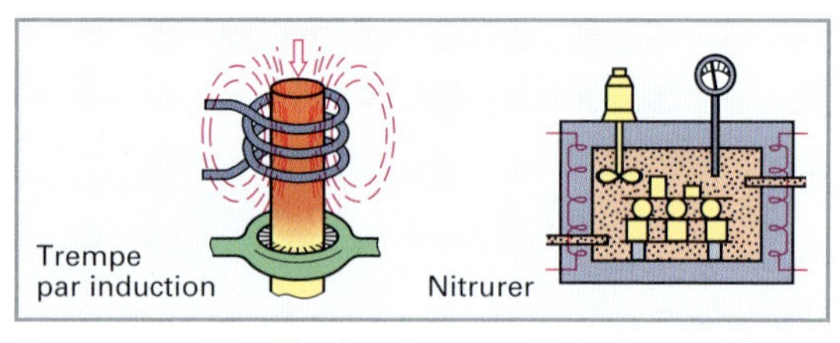

Illustration 5: Modification des propriétés du matériau

Questions de révision

1. **Quels sont les principaux groupes de procédés de fabrication?**
2. **Quels procédés de fabrication changent la forme d'une pièce?**
3. **Quels procédés de fabrication créent une cohésion de matière?**
4. **Citez les procédés modifiant les propriétés d'un matériau.**

7.2 Moulage

Le moulage consiste à créer, par cohésion de la matière, un corps solide à partir de matériaux sans forme.

On peut créer la cohésion d'une matière à partir d'un matériau liquide, p. ex. par coulée, ou à partir d'un matériau solide, p. ex. par frittage.

7.2.1 Coulée

Lors de la coulée, le métal fondu remplit les cavités d'une forme appelée moule. Après la solidification du métal, la première étape de fabrication de la pièce est achevée.

Tableau 1: Aperçu des procédés de coulage

Coulée par gravitation dans des moules perdus	Coulée dans des moules réutilisables		
	par gravitation	sous pression	par force centrifuge
Modèles permanents, p. ex. bois, acier, Modèles perdus, p. ex cire	Moulage en coquille, coulée continue	Moulage par pression	Moulage centrifuge

Moulage en châssis avec moule perdu en sable. Pour la fabrication de moules perdus, on utilise des modèles **(ill. 1)**. Le modèle forme le profil extérieur de la pièce. Par moule perdu, on entend un moule qui sera détruit après coulée pour libérer la pièce. Etant donné que les métaux de coulée se contractent lors du refroidissement, le modèle doit être environ 0,5 % à 2 % plus grand que la pièce à couler. Utilisation: p. ex. carter de cylindre en fonte EN-GJL-200, vilebrequin en fonte nodulaire EN-GJS- 700-2.

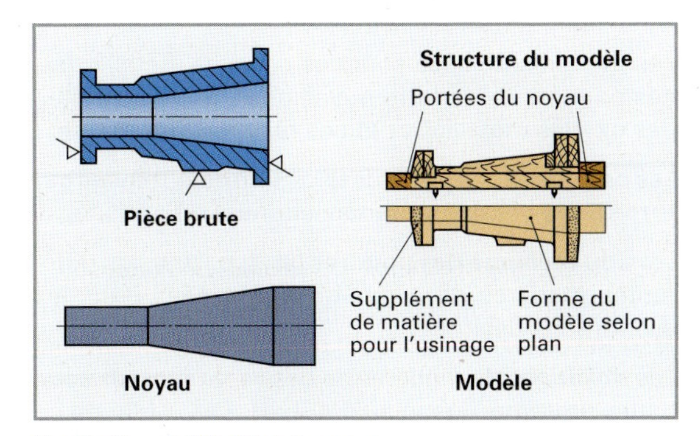

Illustration 1: Modèle et noyau

Pour obtenir une partie creuse dans une pièce coulée, on place un noyau dans le moule. Lors du moulage en châssis **(ill. 2)**, le demi-modèle est placé sur la planche à mouler à l'intérieur du châssis inférieur, on le remplit de sable qui est ensuite tassé. On retourne le châssis inférieur, on ajoute la seconde partie du modèle sur la première et on pose le châssis supérieur. Après la mise en place des modèles pour l'orifice de coulée et les évents, le sable est versé et tassé. Le châssis supérieur est ensuite soulevé, le modèle retiré et un noyau est mis en place. En rassemblant les châssis, on constitue un espace creux qui correspond à la forme de la pièce à mouler.

On remplit le moule par le trou de coulée. Les évents permettent à l'air de sortir lors du remplissage du moule. Les grandes sections des évents permettent au métal liquide de compenser le refroidissement de la pièce en solidification, ce qui évite la formation de bulles dues au retrait. Après refroidissement complet, le moule est détruit et la pièce coulée est récupérée.

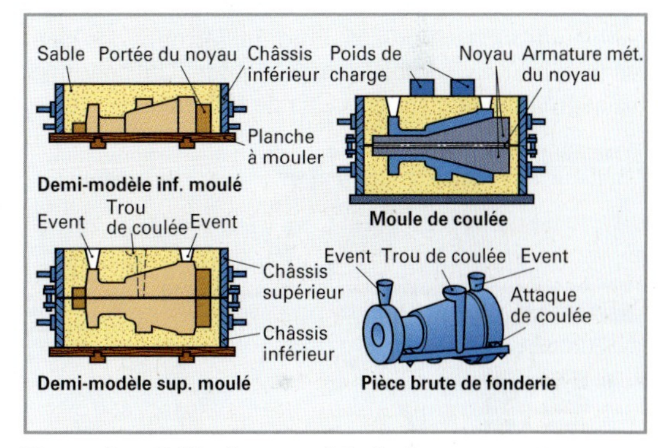

Illustration 2: Moulage en châssis

Moulage sous pression

Lors de la coulée sous pression, le métal à l'état liquide ou pâteux est rapidement coulé sous une forte pression dans un moule en acier.

Les alliages de métaux lourds et de métaux non ferreux (p. ex. les alliages coulés de zinc pur), les alliages de métaux légers, (p. ex. les pistons et les jantes, ainsi que les carters en alliages d'aluminium ou de magnésium) sont souvent coulés par moulage sous pression **(ill. 3)**.

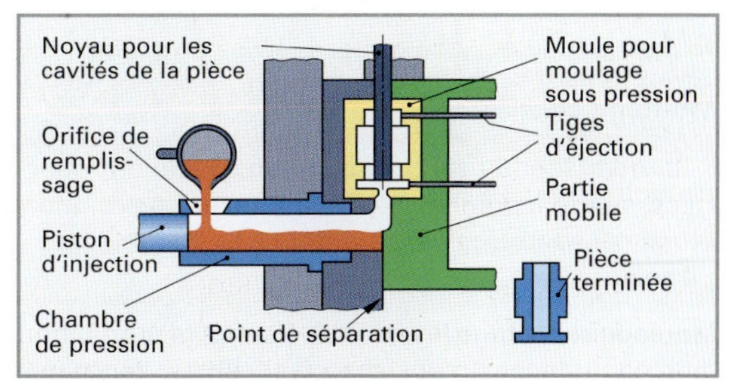

Illustration 3: Moulage sous pression

Avantages du moulage sous pression:
- pièces de grande précision;
- la fabrication d'éléments préfabriqués est possible car on peut insérer des trous taraudés et des filetages. Il ne reste ensuite plus qu'à enlever les ébarbures et le trou de coulée.

Moulage de précision (procédé à cire perdue)

Le moulage de précision est un procédé par lequel le modèle en cire est mis en fusion dans un moule d'une seule pièce.

Des modèles en cire ou en matière synthétique sont fabriqués et assemblés sous forme de "grappes" de modèles. La "grappe" de modèles est ensuite immergée plusieurs fois dans un bain de céramique, saupoudrée de poudre de céramique puis séchée. Pour augmenter sa résistance, le moule en céramique est cuit. Pendant cette cuisson, les modèles fondent, formant des cavités **(ill. 1)** où sera coulé le métal liquide. Utilisation: p. ex. segments de pistons, roues de turbines.

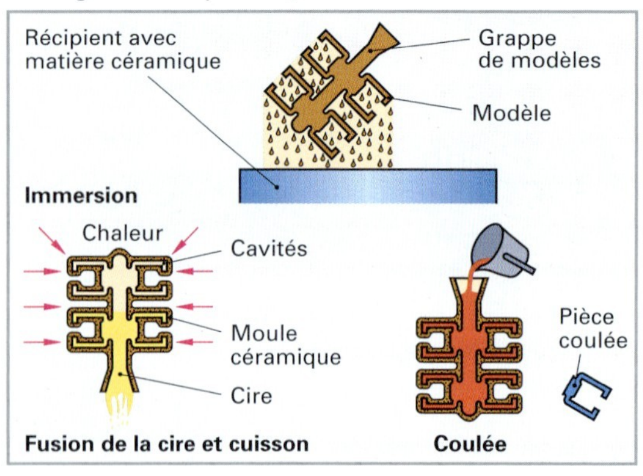

Illustration 1: Moulage de précision

Avantages du moulage de précision:
- presque tous les matériaux peuvent être coulés, y compris les métaux difficiles à usiner;
- adapté aux petites pièces et aux épaisseurs de parois réduites;
- très haute précision;
- grande finition de surface, pièces sans bavures;
- coulage d'éléments préfabriqués possible, finissage nécessaire seulement pour les surfaces d'ajustage;
- possibilité de produire des pièces complexes.

Moulage centrifuge

Le métal fondu est coulé dans un moule en rotation rapide (coquille). La force centrifuge projette le métal contre les parois intérieures du moule où il se solidifie.

Moulage centrifuge horizontal. Il sert à la production de pièces creuses p. ex. chemises, tubes, segments de pistons.

Moulage centrifuge vertical (ill. 2). Il sert à la production de pièces plates, comme p. ex. roues d'engrenages ou de poulies d'entraînement.

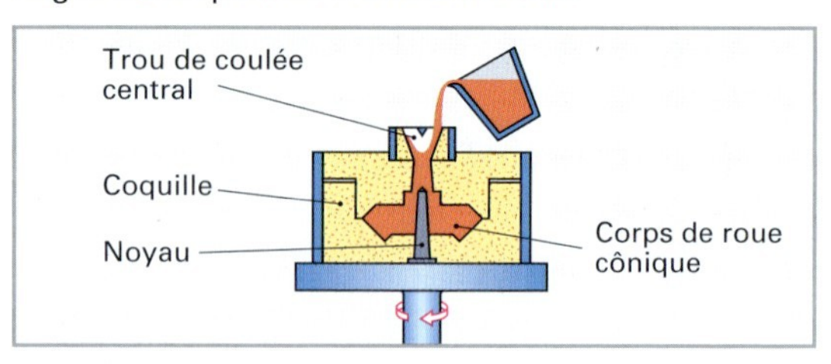

Illustration 2: Moulage centrifuge

Avantages du moulage centrifuge:
- la force centrifuge permet d'obtenir une coulée plus compacte et de meilleure résistance que la coulée par gravitation;
- la structure est exempte de bulles de gaz, de retassures et d'impuretés qui sont d'une densité moindre que le métal fondu.

Moulage en coquille

Le métal fondu est coulé par gravitation dans des moules en métal.

Le moulage en coquille permet d'obtenir une meilleure qualité des surfaces que le moulage en sable. Le refroidissement peut être contrôlé. Ainsi, p. ex. dans la fabrication des arbres à came, il est possible de refroidir les pièces si vite que leur surface subit l'équivalent d'une trempe. **Utilisation:** p. ex. jantes, roues d'engrenages.

7.2.2 Frittage

Les matériaux frittés sont fabriqués à partir de poudres métalliques ou non métalliques, par compression et frittage.

Les matières de base sont des poudres métalliques, des poudres de carbure métalliques (avec graphite), des oxydes métalliques et des résines synthétiques.

Les propriétés des pièces frittées sont déterminées par le mélange des composants poudreux ou granuleux.

Lors du **mélange des poudres (ill. 1, p. 109),** les différentes matières de base sont mélangées dans les proportions désirées.

Les mélanges de matières de base sont **pressés** sous haute pression (jusqu'à 6000 bar). Les surfaces en contact des particules de poudre s'agrandissent et la porosité diminue. Un durcissement par déformation se produit aux points de contact des particules de poudre. La pièce moulée gagne en cohésion par l'adhésion (attraction mécanique) des particules de poudre.

Le frittage est un traitement thermique qui consiste à chauffer des pièces obtenues par pressage. Cette opération permet d'améliorer la cohésion des particules par diffusion et recristallisation **(ill. 1)**.

Lors du frittage, les pièces moulées obtiennent leur solidité finale par cuisson des particules de poudre métallique sous protection gazeuse ou sous vide. Un échange d'atomes, appelé diffusion, se produit entre les particules de poudre. La structure de l'alliage se modifie par recristallisation (formation de nouveaux cristaux). La température de frittage est légèrement plus basse que la température de fusion du composant ayant le point de fusion le plus bas. Le frittage peut aussi être effectué lors du pressage (pressage à chaud). Les pièces destinées à avoir une masse volumique et une solidité particulièrement élevées peuvent, après le premier frittage, être pressées et frittées à nouveau (double compression, refrittage).

Calibrage (ill. 1) (traitement ultérieur). Les pièces devant répondre à des exigences élevées en matière de précision et de qualité des surfaces peuvent être calibrées après frittage. Le calibrage a lieu à une pression d'environ 1000 bar.

Classification des matériaux frittés

Les matériaux frittés poreux sont utilisés pour des filtres et des paliers lisses autolubrifiants (frittage A). Les matériaux de base sont des alliages de fer très purs ou des alliages fer-cuivre-étain. Les paliers lisses frittés sont imprégnés d'huile ou de graisse, ce qui leur permet d'accumuler une réserve de lubrifiant **(ill. 3)**. Ils ne nécessitent aucune maintenance et dénotent de bonnes propriétés de glissement et de fonctionnement en situations difficiles.

Utilisation p. ex. coussinets de démarreur ou de pompe à eau.

Les matériaux frittés très poreux (frittage AF) sont utilisés pour la fabrication de filtres. Leur faible masse volumique permet un volume poreux pouvant aller jusqu'à 27 %.

Utilisation p. ex. filtres à carburant, filtres à gaz.

Les matériaux frittés à friction sont composés notamment de CuSn, Pb et de graphite, ainsi que d'additifs minéraux. Ils sont résistants à l'usure et ont une bonne conductibilité thermique, ainsi qu'une bonne résistance à la température.

Utilisation p. ex. pour des garnitures d'embrayage et de frein (J 730).

Les matériaux frittées pour pièces de précision ont comme matière de base des poudres de fer, de fonte ou d'acier (fer fritté, acier fritté), auxquelles peuvent être ajoutées des poudres de métaux d'alliage. Souvent, un traitement thermique est appliqué au fer ou à l'acier fritté. Les aciers frittés contenant du carbone peuvent être trempés et éventuellement subir un revenu. **Utilisation** p. ex. pour des pignons de courroies crantées **(ill. 2)**.

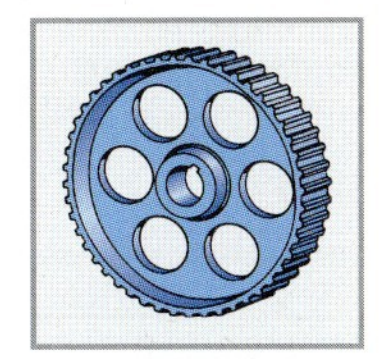

Ill. 2: Pignon pour courroie crantée

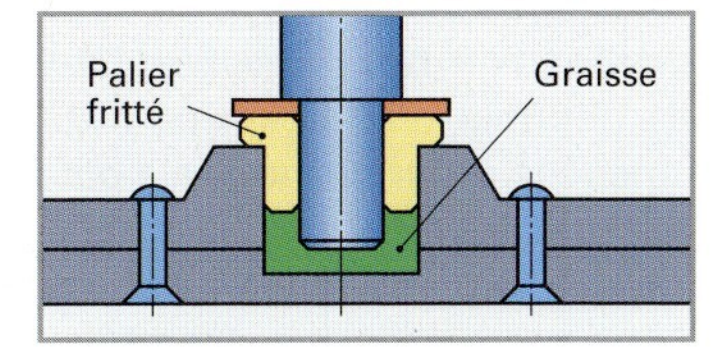

Ill. 3: Palier fritté sans entretien

Les métaux durs frittés sont des matériaux composites. Leurs matériaux de base sont principalement le carbure de tungstène, de titane ou de tantale; comme liant, on utilise du cobalt pour son point de fusion bas. Les métaux durs sont généralement cassants, donc sensibles aux chocs. Ils restent tranchants jusqu'à une température de 900 °C.

Utilisation p. ex. outils de coupe, pièces d'usure.

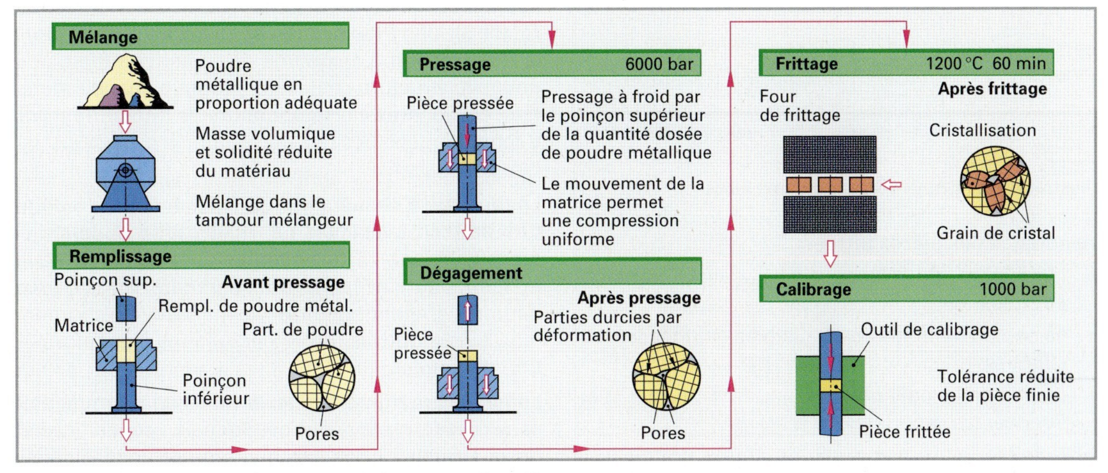

Illustration 1: Procédés de pressage, de frittage et de calibrage

Matériaux de coupe en céramique. Ils se composent principalement de corindon raffiné (oxyde d'aluminium Al_2O_3), d'oxydes métalliques (MgO, ZrO_2), de carbure (TiC) et de liants céramiques.

Utilisation p. ex. plaquettes réversibles **(ill. 1).** Grâce à leur grande dureté et à leur résistance à l'usure, elles permettent l'usinage de pièces très dures.

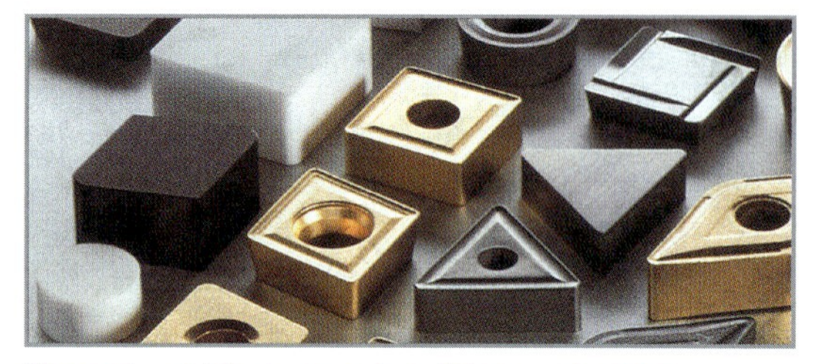

Illustration 1: Plaquettes réversibles en céramique et métal dur

Les matériaux pour aimants permanents sont fabriqués par frittage à partir de fer, de nickel et de cobalt (ALNICO), p. ex. pour les démarreurs.

Matériaux frittés forgeables (ill. 2). Réalisées à partir de poudres d'acier alliées frittées, les pièces sont amenées à leur forme finale par forgeage.

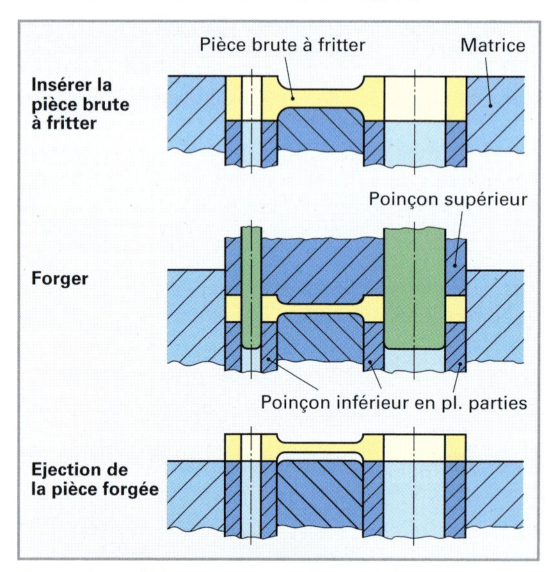

Illustration 2: Frittage-forgeage d'une bielle

Avantages des pièces frittées:

- fabrication de pièces finies avec tolérances étroites;
- liaison de matériaux non alliables ou difficilement alliables;
- un mélange adéquat des poudres permet d'influencer les propriétés du matériau;
- la faible usure des outils de coupe permet une production importante de pièces à coût réduit.

Questions de révision

1. **Qu'entend-on par coulée?**
2. **Quels procédés de coulage distingue-t-on?**
3. **Quels sont les avantages du moulage centrifuge?**
4. **Quels sont les avantages du moulage par pression?**
5. **Comment est fabriquée une pièce frittée?**
6. **Quels sont les avantages des paliers lisses frittés?**

7.3 Formage

Le formage est un procédé de production durant lequel un corps solide plastiquement déformable reçoit une nouvelle forme par l'action d'une force extérieure.

La condition de tout formage est la faculté du matériau à se laisser déformer. L'action d'une force extérieure sur une pièce produit une déformation élastique, une augmentation de cette force provoque une déformation plastique. La masse et la cohésion de la matière demeurent intactes, seule la forme se modifie.

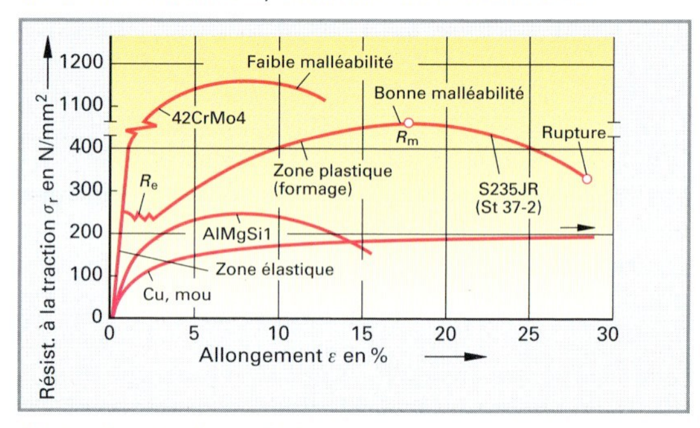

Illustration 3: Zones de formage (diagramme résistance-allongement)

La déformation de la matière a lieu dans la plage située au-dessus de la limite apparente d'élasticité R_e et en-dessous de la résistance maximale à la traction R_m **(ill. 3).** Une modification de structure permet alors la déformation. Lorsqu'une pièce est chauffée, une nouvelle structure cristalline, propre à chaque matériau, est générée à la température de transformation. L'échauffement permet de réduire les tensions internes de la pièce.

Le formage à chaud a lieu au-dessus de la température de recristallisation. La modification de la structure réduit les tensions internes de la pièce. Lorsque la température de la matière augmente, la résistance diminue. L'allongement et la malléabilité augmentent, tandis que les forces nécessaires à la déformation diminuent.

Le formage à froid a lieu au-dessous de la température de transformation, il ne produit aucune modification de la structure cristalline. A froid, les modifications quelquefois considérables d'un matériau provoquent une augmentation de la résistance et une diminution de l'allongement (durcissement par déformation). Le risque de formation de fissures augmente.

Avantages du formage:

- le tracé des fibres **(ill. 1)** est préservé, diminuant ainsi l'effet d'entaille;
- la résistance peut augmenter significativement lors du formage à froid;
- la production de pièces par formage engendre de faibles pertes car les pièces brutes sont souvent produites sous une forme proche du résultat final: il y a peu de déchets;
- les temps de production sont plus courts que lors d'un usinage par enlèvement de copeaux;
- il est possible de produire des pièces de précision, prêtes au montage et avec une bonne qualité de surface.

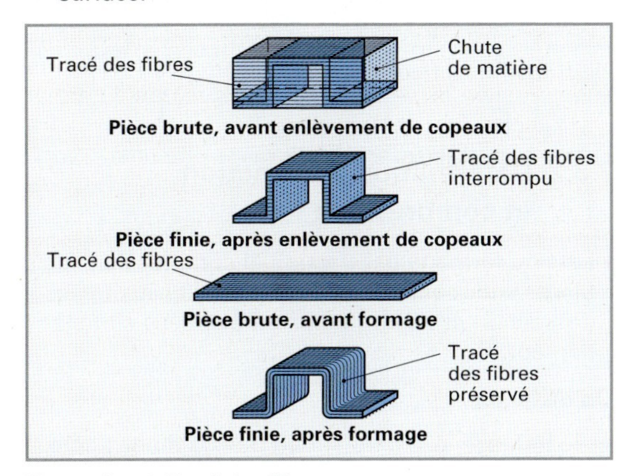

Illustration 1: Tracé des fibres

Classification des procédés de formage

La classification se fait selon:

- la température (formage à chaud, à froid);
- la dimension de la pièce (pièces massives, tôles);
- le type de charges appliquées lors du formage **(ill. 2)**.

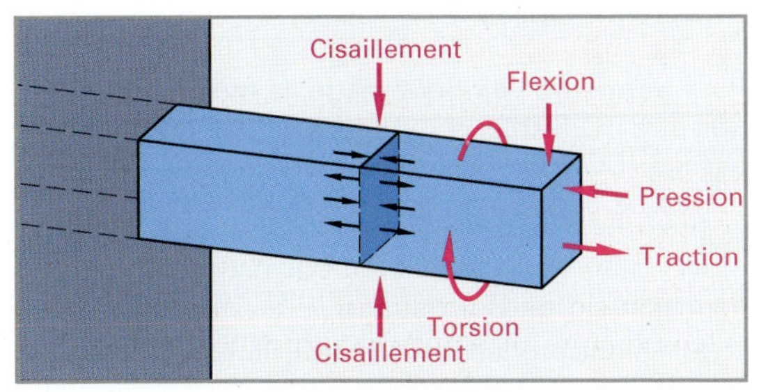

Illustration 2: Charges appliquées sur la section de la pièce

Selon les charges appliquées sur la section de la pièce, on distingue **la déformation**:

- **par flexion,** p. ex. plier, ourler, nervurer, profiler;
- **par traction et compression,** p. ex. emboutir;
- **par traction,** p. ex. dressage par étirage **(ill. 3);**
- **par torsion (ill. 4);**
- **par pression,** p. ex. forgeage au marteau.

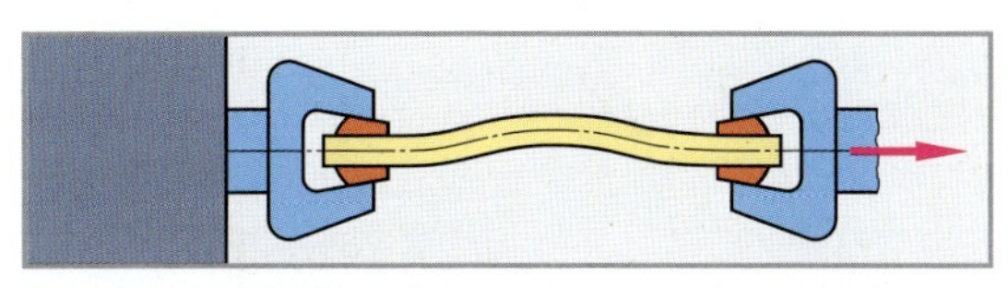

Illustration 3: Déformation par traction, dressage par étirage

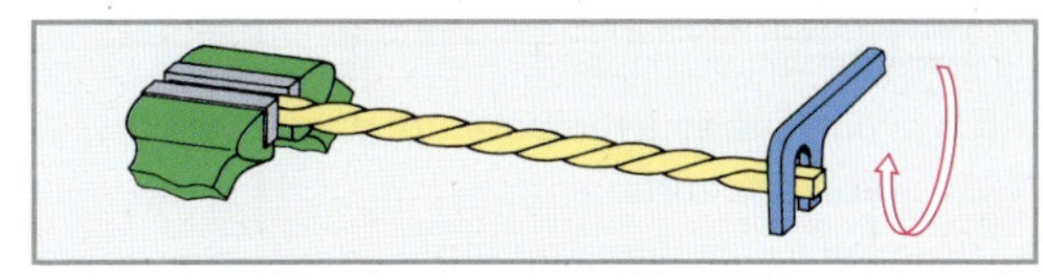

Illustration 4: Déformation par torsion

7.3.1 Pliage

Le pliage est la déformation plastique d'un corps solide soumis à une force de flexion.

Conditions pour le pliage:

- la matière doit être suffisamment ductile;
- la limite d'élasticité du matériau doit être dépassée;
- la limite de rupture du matériau ne doit pas être atteinte.

Le pliage génère une modification de la section de la pièce à l'endroit du pliage. On ne peut donc pas dépasser un certain rayon de courbure. Le pliage n'occasionne aucune modification de la cohésion de la matière, seule une partie de la pièce est déformée, c'est la zone de pliage.

Processus de pliage

Lors du pliage d'une pièce, les fibres extérieures sont étirées (effort de traction), alors que les fibres intérieures sont refoulées (effort de compression). Entre les deux se trouve la fibre neutre, soumise à aucune tension et dont la longueur reste constante **(ill. 5).**

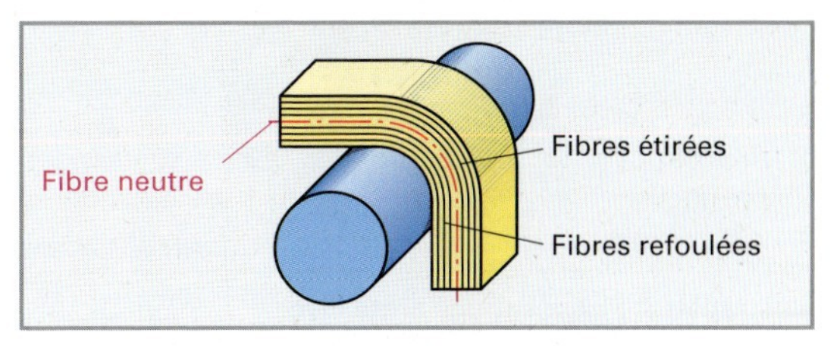

Illustration 5: Tracé des fibres lors du pliage

Les fibres qui se trouvent près de la fibre neutre subissent une déformation élastique, ce qui provoque un mouvement de retrait de la pièce dont il faut tenir compte lors du pliage. Lors du pliage de tôles, il faut tenir compte de la direction du laminage afin d'éviter tout risque de formation de fissures **(ill. 1)**.

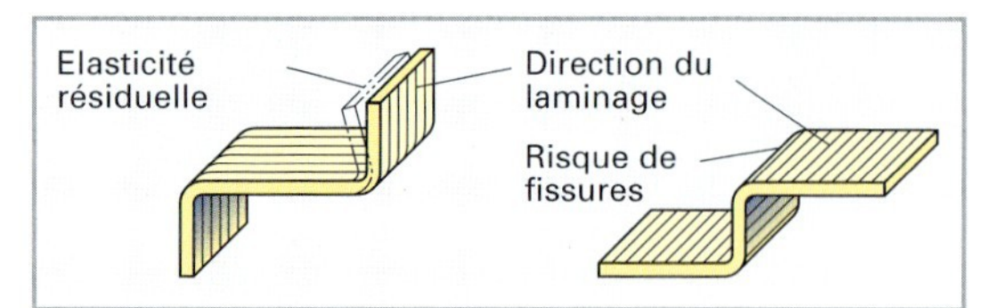

Illustration 1: Direction de laminage lors du pliage

La force de flexion dépend:

- de la ductilité et la température du matériau;
- du rayon de courbure;
- de la taille et la forme du profil;
- de la position de l'axe de flexion.

Procédés de pliage

- **Pliage en matrice.** La pièce est pressée dans une matrice à plier à l'aide d'un poinçon.
- **Pliage à l'aide d'une plieuse réglable (ill. 2).**

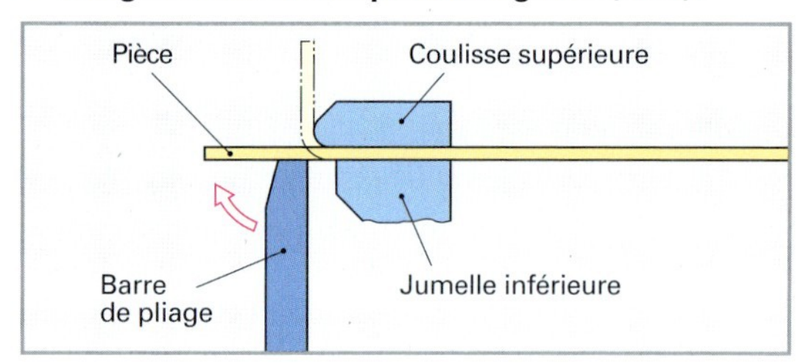

Illustration 2: Pliage à l'aide d'une plieuse réglable

- **Le pliage sur une arête vive (ill. 3)** donne un petit rayon de courbure.
- **Le cintrage** sur un cylindre de cintrage donne un grand rayon de courbure.
- **L'ourlage** consiste à couder le bord des tôles.
- **Le moulurage** renforce les tôles.
- **Profiler.** Les bandes de tôle obtiennent leur profil par laminage.

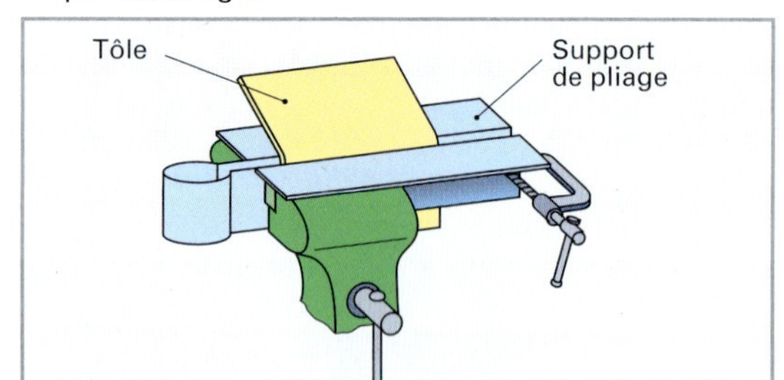

Illustration 3: Pliage sur une arête vive

Cintrage de tubes

Lors du cintrage de tubes ou de profils creux, à parois généralement minces, la zone étirée et la zone refoulée sont très proches l'une de l'autre. La diminution de la section de la pièce provoque un écrasement au niveau du cintrage. On peut plier des tubes à froid en y introduisant un ressort hélicoïdal ou en les remplissant de sable sec en bouchant les extrémités. Le rayon de courbure ne doit pas être inférieur au triple du diamètre du tube. Avec les tubes soudés, il faut toujours placer la soudure dans la zone neutre pour éviter qu'elle ne casse. L'utilisation d'une cintreuse **(ill. 4)** permet de plier les tubes sans aucune préparation préalable, ce qui permet de gagner du temps.

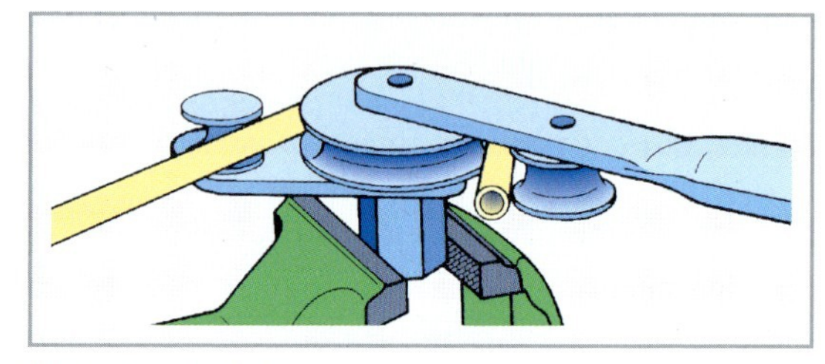

Illustration 4: Cintreuse

7.3.2 Déformation par traction et compression

> Lors du formage par traction et compression, les pièces subissent une déformation due aux forces de traction et de compression exercées simultanément.

On distingue:

- le tréfilage, p. ex. tréfiler au travers d'une filière;
- le pressage;
- l'emboutissage, p. ex. de capuchons, profilés.

Emboutissage

> L'emboutissage est la déformation par traction et compression d'une tôle prédécoupée en une ou plusieurs opérations. L'épaisseur de la tôle demeure inchangée.

Pour permettre l'emboutissage, le matériau de base doit être malléable, comme p. ex. les tôles d'emboutissage (DC 03) et les tôles d'aluminium. Certaines pièces de carrosserie sont produites par emboutissage.

Processus d'emboutissage

La tôle plane prédécoupée **(pièce, ill. 1, p. 113)** est placée sur la matrice d'emboutissage. Puis le dispositif de serrage presse la tôle contre la matrice. Le poinçon d'emboutissage descend et presse la tôle à l'intérieur de la matrice. La force de traction et de compression appliquée sollicite le matériau. Le dispositif de serrage évite la formation de plis au début de l'emboutissage. La largeur du jeu d'emboutissage doit être légèrement plus grande que l'épaisseur de la pièce. La friction entre la tôle et l'outil d'emboutissage est réduite au moyen de lubrifiants. A l'issue du processus, le poinçon d'emboutissage remonte, libérant ainsi la pièce.

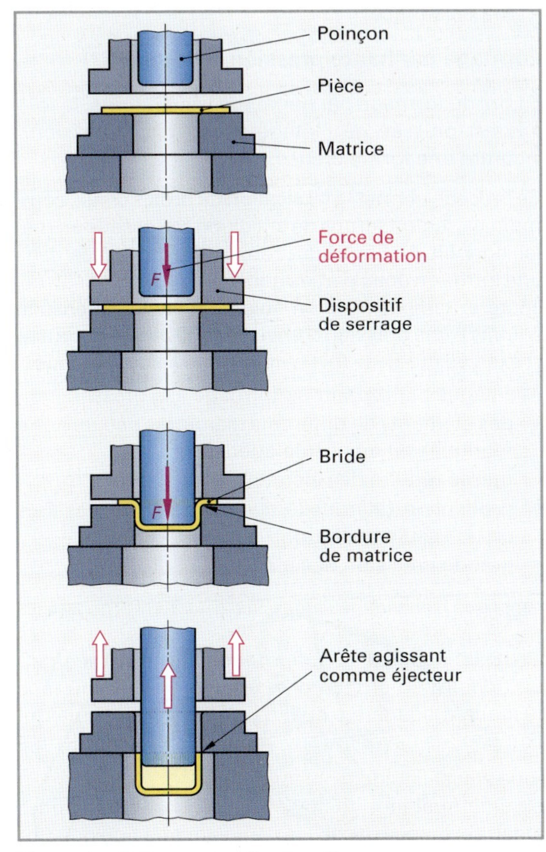

Illustration 1: Processus d'emboutissage

7.3.3 Formage sous pression

> Le formage sous pression est la déformation d'une pièce provoquée par des forces de pression.

On distingue:

- **le laminage (ill. 2).** Des profilés, des tôles, des tuyaux et des fils sont produits par laminage;
- **le filage à la presse ou extrusion.** Les matériaux chauffés sont pressés à travers une matrice ou filière **(ill. 3)** et sont ainsi formés en divers profils. Le **filage par choc (ill. 4)** consiste à faire passer les matériaux entre le poinçon et la matrice pour en faire des corps pleins ou creux;
- **Le forgeage libre**;
- **le matriçage**.

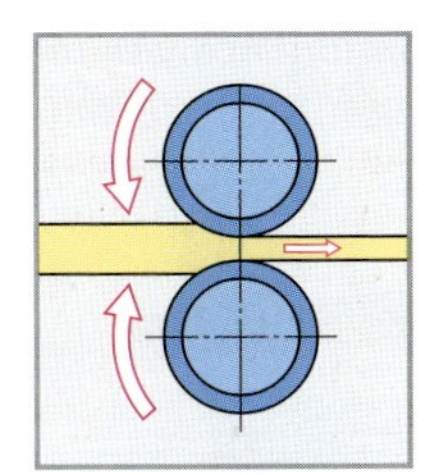

Ill. 2: Laminage

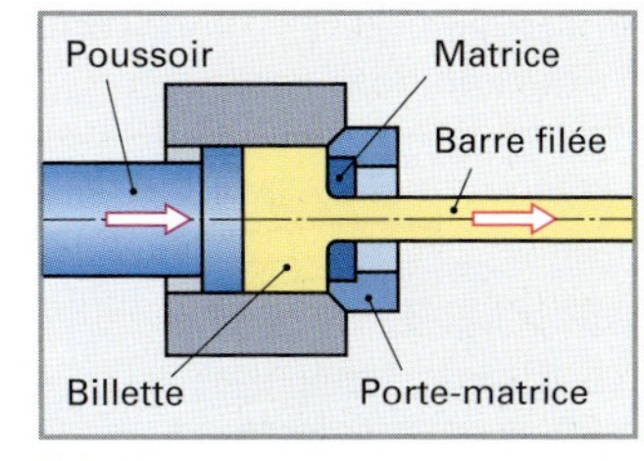

Ill. 3: Filage à la presse ou extrusion

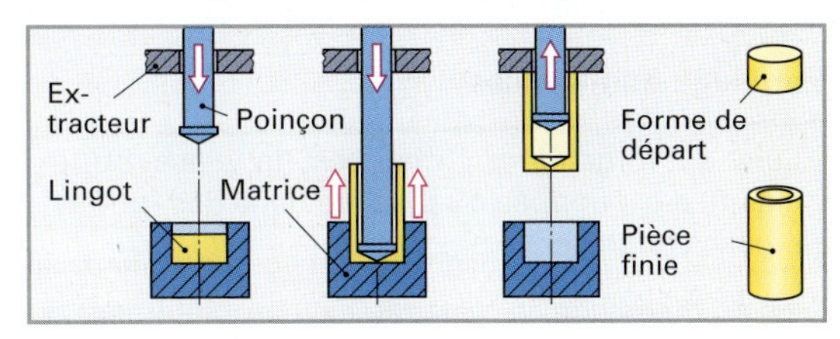

Illustration 4: Filage par choc

Forgeage (forgeage libre et matriçage)

> Le forgeage est un formage sous pression de métaux chauds à l'état plastique.

Lors du forgeage, les pièces chaudes sont formées par chocs ou par pression, sans enlèvement de copeaux. Le refoulement et l'étirage de la matière modifient la structure mais n'interrompent pas le tracé des fibres de la pièce forgée **(ill. 5).** La structure plus dense et le tracé continu des fibres garantissent une solidité et une résistance élevées des pièces forgées.

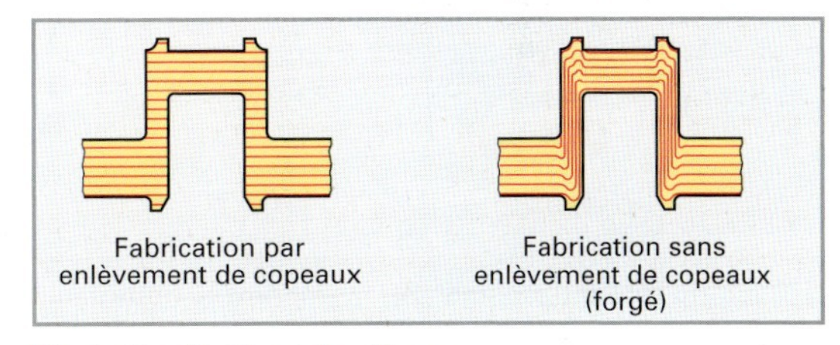

Illustration 5 : Tracé des fibres

Forgeage libre

> Lors du forgeage libre, le matériau se déplace librement entre les surfaces de l'enclume et du marteau, respectivement de la presse.

On distingue:

- **le refoulement (ill. 6),** diminution de la hauteur de la pièce, mais augmentation de sa section;
- **l'épaulement (ill. 7),** changement d'épaisseur de la pièce avec l'arête de l'enclume;

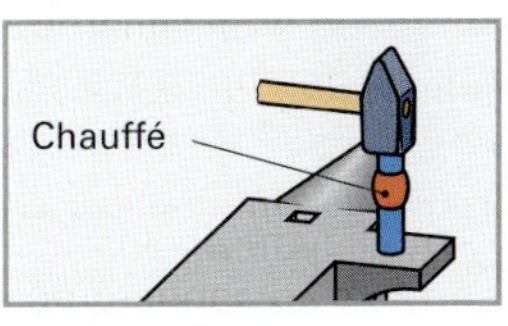

Ill. 6: Refoulement

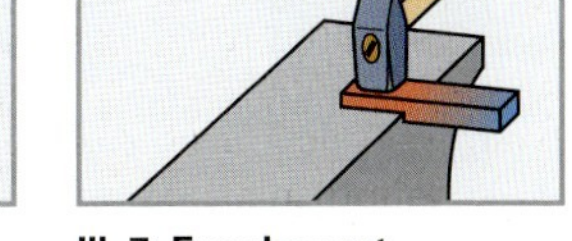

Ill. 7: Epaulement

- **l'étirage (ill. 1),** allongement de la pièce par réduction de la section.

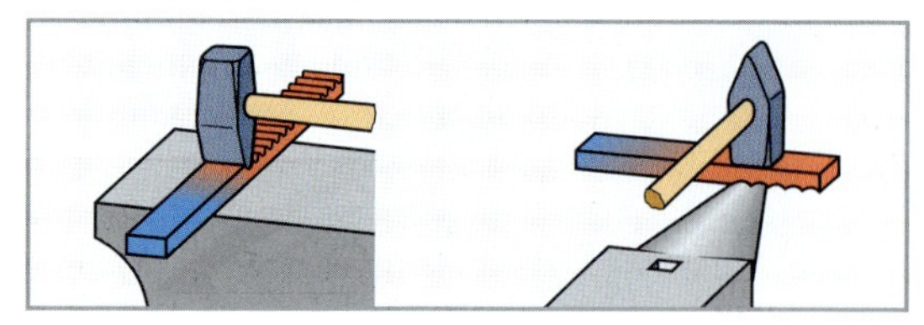

Illustration 1: Etirage

Forgeage en matrices

Lors du forgeage en matrices, la pièce brute chauffée est frappée ou pressée dans des formes creuses (matrices).

Lors du matriçage, le matériau est complètement ou en grande partie enfermé dans la matrice, alors que lors du forgeage libre, il peut se dilater librement dans toutes les directions.

Matriçage. Les matrices **(ill. 2)** se composent en général de deux moitiés, la matrice supérieure et la matrice inférieure. Les cavités correspondent à la forme de la pièce matricée finie. La pièce finie est formée par frappes, en partant d'une pièce brute chauffée. Le volume de la pièce brute est un peu plus grand que le volume de la pièce finie, ce qui assure le remplissage complet du moule. L'ébarbure restante agit comme butoir et empêche un impact trop violent entre les deux parties de la matrice. La production des pièces est élevée.

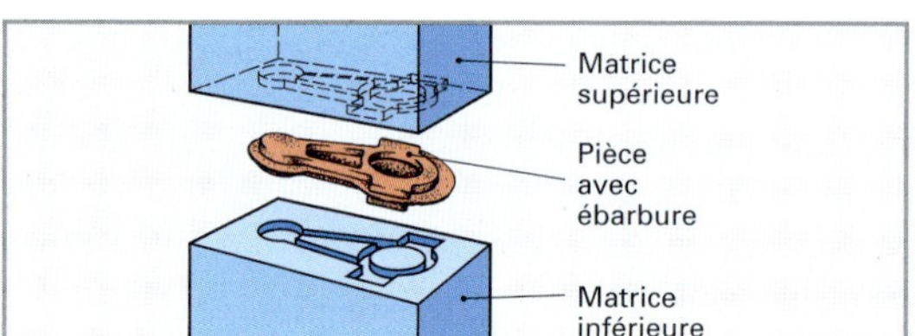

Illustration 2: Matrice de forgeage

Forgeage à la presse (ill. 3). Le formage se fait par la pression d'une presse à forger. Un guidage précis de la matrice supérieure et de la matrice inférieure permet d'obtenir des pièces d'une grande précision. La production de forgeage dépend du matériau, p. ex. elle est plus faible avec du titane qu'avec de l'acier.
Utilisation: bielles en titane pour voitures de course automobile.

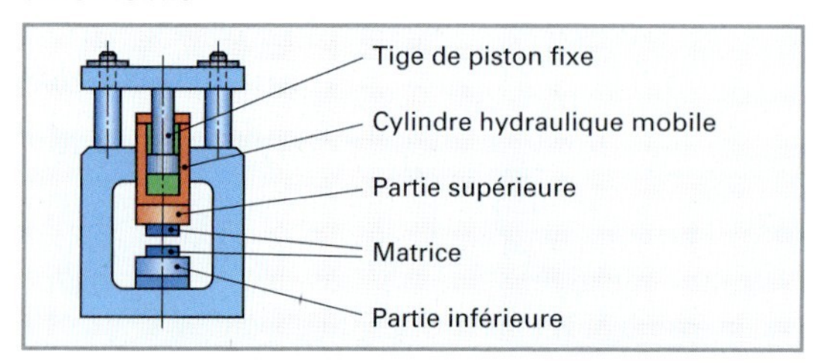

Illustration 3: Presse à forger

Avantages du formage par rapport à l'usinage par enlèvement de copeaux:
- plus grande solidité des pièces;
- économie de matière première; peu de déchets;
- fabrication rationnelle de grandes séries;
- pièces de dimensions assez précises, bonne qualité de surface.

Formage par haute pression interne (IHU)

Lors du formage par haute pression interne, la tôle est pressée de l'intérieur par haute pression contre une forme creuse.

Ce procédé permet la fabrication de profils creux, comme p. ex. les longerons de toit d'une carrosserie en métal léger **(ill. 4).** En production, la tôle est placée dans une forme en deux parties qui est verrouillée par un cylindre et remplie avec un fluide. Ce fluide est ensuite soumis à une pression d'environ 1700 bar. La force ainsi exercée moule la tôle contre la forme de forgeage.

Avantages par rapport au formage à la presse:
- des éléments de différents diamètres peuvent être fabriqués en une seule opération;
- masse réduite des éléments;
- production rationnelle des éléments nécessaires en une seule opération;
- grande précision des pièces

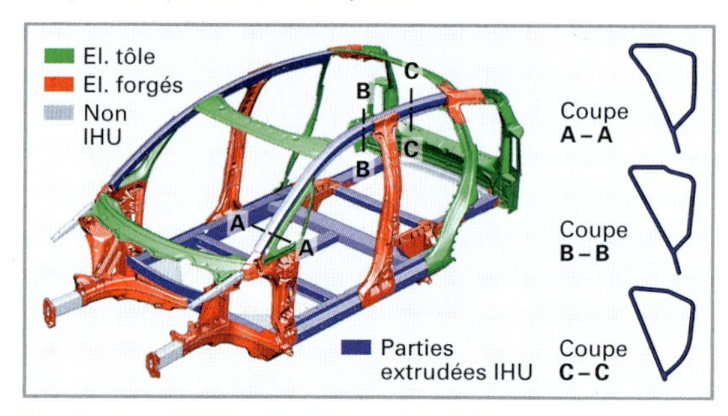

Illustration 4: Utilisation de profils de formage par haute pression interne

Règles de travail du forgeage libre
- Respectez les spécifications du traitement thermique des fournisseurs de matériaux.
- Frappes du marteau à effectuer près du corps. Pas de frappes circulaires.

Questions de révision

1. **Quels procédés de formage existent?**
2. **Quels sont les avantages du formage?**
3. **Quelles conditions préalables doivent être respectées pour le pliage?**
4. **Comment se déroule le formage par traction et compression?**
5. **Qu'est-ce que le forgeage?**
6. **Quels sont les avantages du forgeage par rapport à l'usinage par enlèvement de copeaux?**

7.3.4 Dressage

Le dressage est l'élimination de déformations indésirables pour reconstituer la forme théorique de produits semi-finis (p. ex. barres profilées) et de pièces finies (p. ex. châssis, ailes).

Pour le dressage, le matériau doit être sollicité dans la zone de plasticité. Il peut être effectué à chaud ou à froid. Le dressage s'effectue par **déformation** (flexion, étirage, refoulage, torsion) ou par **traitement thermique** (dressage à la flamme).

Dressage par déformation

Les produits semi-finis et les pièces déformées de petites sections peuvent être dressés sur le marbre à dresser. Ils sont posés avec leur côté creux **(ill. 1)** sur le marbre et dressés progressivement au moyen du marteau en frappant sur le côté bombé.

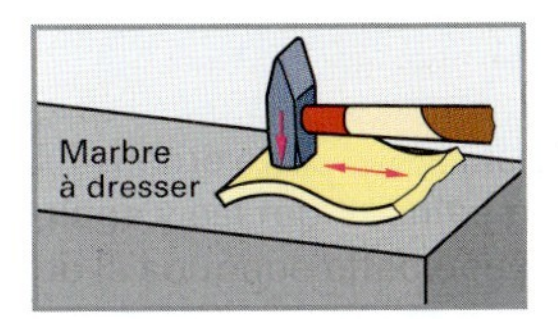

Ill. 1: Dressage d'acier plat

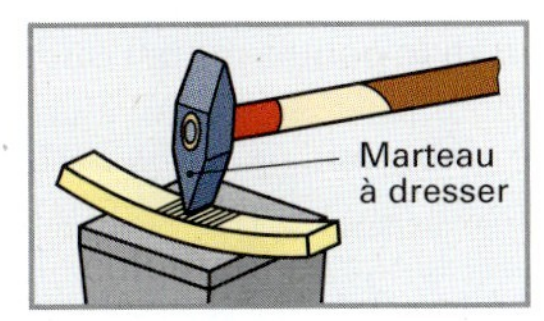

Ill. 2: Dressage par martelage

Pour les tôles minces et les matériaux doux, on utilise un marteau en bois, en caoutchouc ou en matière plastique. Les pièces en matériaux plus durs sont dressées par martelage **(ill. 2)**. Dans ce cas, la pièce est étirée de son côté trop court (creux) par des coups très serrés donnés avec la panne du marteau. Le dressage des pièces déformées sur le chant s'effectue aussi par des frappes de dressage pour rallonger le côté court **(ill. 3)**.

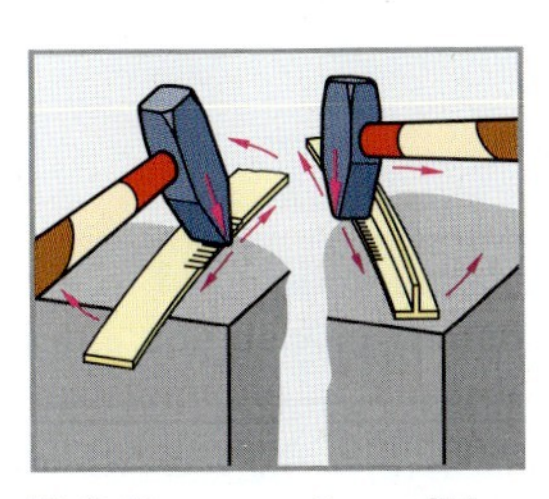

Ill. 3: Dressage de profilés

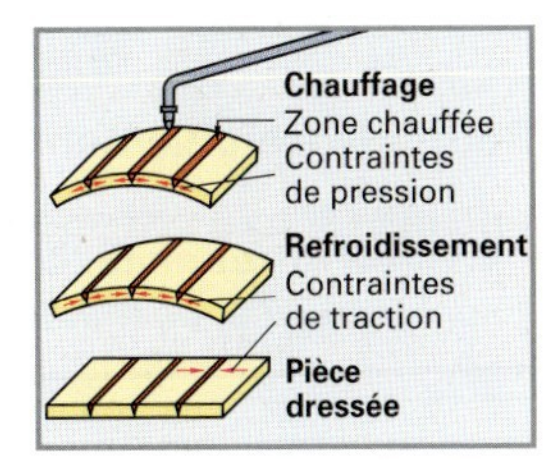

Ill. 4: Dressage à la flamme

Dressage par traitement thermique

Lors du dressage à la flamme **(ill. 4),** le côté trop long de la pièce est encore allongé par un échauffement conséquent qui provoque de grandes tensions de pression. Lors du refroidissement, le métal, devenu pâteux sous l'effet de la chaleur, subit une importante contraction. Les tensions de traction agissent alors de manière si importante sur le côté long de la pièce que celle-ci redevient droite.

Il est à noter que le traitement thermique peut modifier la structure de la matière et engendrer une perte de résistance.

7.3.5 Procédés de formage des tôles

Les tôles sont fabriquées par laminage à froid ou à chaud. Les produits semi-finis sont livrés sous forme de bandes (rouleaux de tôle, coil) ou de feuilles de tôles.

Les tôles sont ensuite façonnées par:

- déformation par pression et compression (emboutissage, refoulage);
- déformation par traction (étirage);
- déformation par flexion (pliage, pliage en matrice).

Pliage des tôles

Sens du laminage. Lors de leur fabrication, les tôles sont étirées dans le sens du laminage et obtiennent ainsi une structure de matière ressemblant à la fibre. Lorsque le pliage s'effectue parallèlement au sens du laminage, il y a risque de formation de fissures. Dans la mesure du possible, les tôles doivent être pliées perpendiculairement ou obliquement par rapport au sens de laminage **(ill. 5).**

Elasticité. Après pliage, la tôle conserve une certaine élasticité. Celle-ci dépend du matériau, du sens de laminage, de l'épaisseur de la tôle, de l'angle de pliage et du rayon de courbure. Pour que l'angle de pliage souhaité soit obtenu, il est nécessaire de l'augmenter pour compenser le retrait dû à l'élasticité de la tôle. L'angle d'élasticité **(ill. 5)** est d'environ 1 % à 3 % de l'angle de pliage.

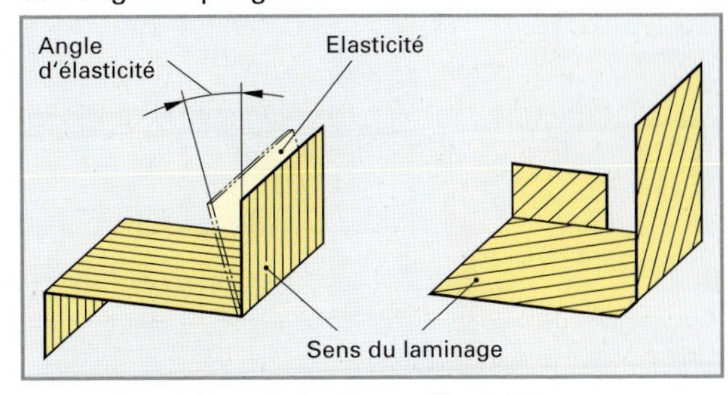

Illustration 5: Sens du laminage, élasticité

Rayon de courbure. Lors du pliage des tôles, il est nécessaire de respecter les rayons minimum de courbure, cela permet d'éviter tout risque de fissures. Les petits rayons de courbure entraînent une déformation importante ainsi que de grandes tensions dans la tôle. Les rayons minimum de courbure dépendent du matériau, du sens de laminage et de l'épaisseur de la tôle. Les rayons minimum de courbure des tôles les plus utilisées sont normalisés.

Les longueurs de coupe des pièces en tôle à plier sont calculées en fonction de la fibre neutre.

Pliage à arête vive

Le pliage à arête vive d'une tôle permet d'obtenir un angle vif avec un rayon de courbure très petit.

Le pliage à arête vive est généralement utilisé pour la production de profilés. Il peut être effectué avec un étau, une enclume, une glissière de serrage **(ill. 1)** ou une plieuse réglable.

Lors du pliage à l'étau **(ill. 1),** les tôles sont façonnées à l'aide de supports de pliage. Pour éviter de marquer les tôles, on utilise des marteaux à tête douce.

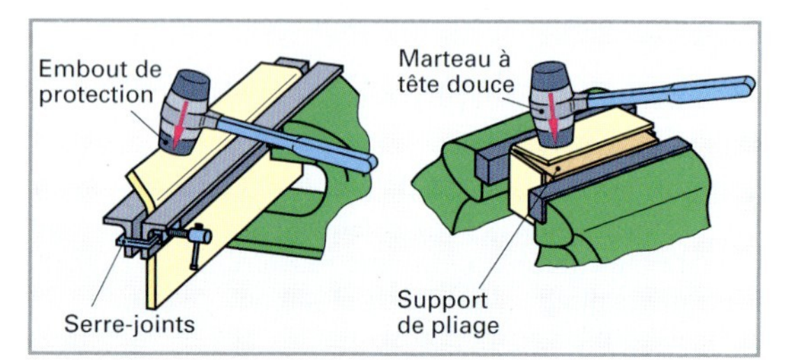

Illustration 1: Pliage avec glissière de serrage, forme

Lors du façonnage à la plieuse réglable **(ill. 2),** la tôle est serrée entre le châssis supérieur et le châssis inférieur, le pliage étant effectué par le volet de pliage pivotant. Le rayon de courbure et la forme de la tôle dépendent de la forme et de la taille de la pince de pliage fixée sur le châssis supérieur.

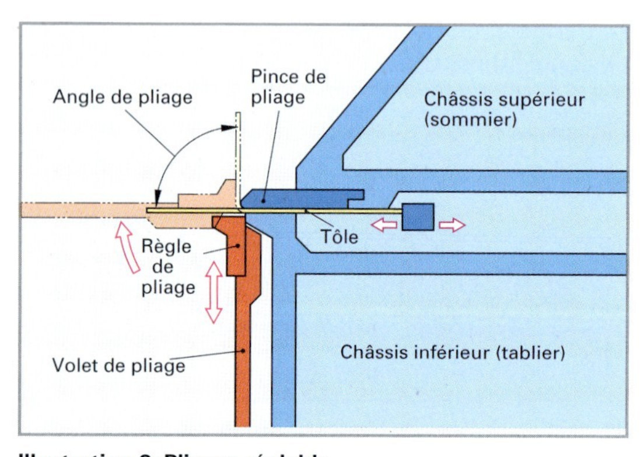

Illustration 2: Plieuse réglable

Cintrage

Le cintrage consiste à arrondir une tôle le long d'une arête avec un grand rayon de courbure.

Le cintrage peut s'effectuer à la main **(ill. 3)**, dans un étau, au crochet de serrurier, au bigorne ou autour d'un tuyau.

Illustration 3: Cintrage manuel

Cintrage d'un bord (étirage)

Lors du cintrage, certaines parties de la tôle sont étirées (allongées) par martelage.

Lors du cintrage, la tôle est martelée et étirée sur son bord. L'épaisseur de la tôle diminue et celle-ci s'incurve **(ill. 4).**

Le marteau de cintrage, respectivement sa panne, ne doit frapper que le bord de la tôle et sera toujours axé vers le centre de la courbure.

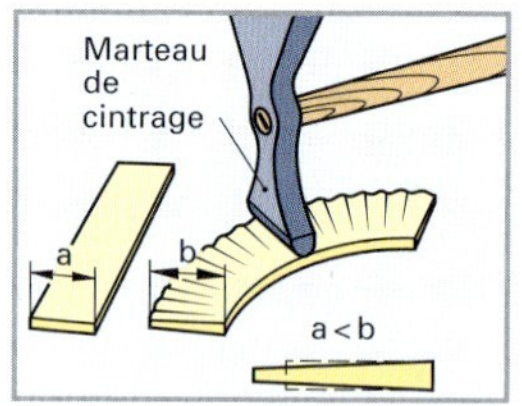

Ill. 4: Cintrage de bordure

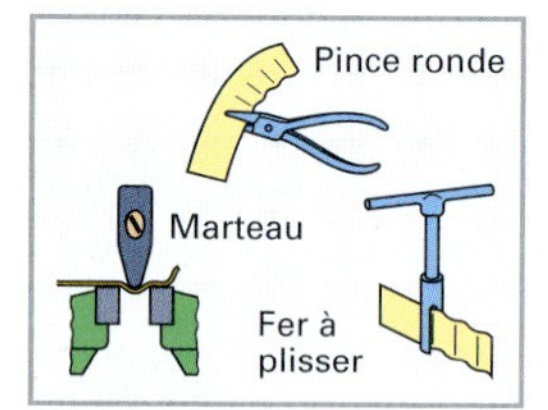

Ill. 5: Production d'ondulations

Applications du cintrage:

- confection de bords extérieurs sur pièces rondes;
- arrondir, incurver ou dresser des profilés;
- agrandissement de tuyaux pour pouvoir les assembler.

Retreinte (refoulement)

Lors de la retreinte, certaines parties de la tôle sont rétrécies. Le matériau est refoulé.

Lors de la retreinte, la périphérie de la tôle est épaissie et donc raccourcie par refoulement. La portion de tôle à raccourcir est d'abord ondulée. Les ondulations sont ensuite refoulées par martelage. Lors du refoulement manuel, les ondulations sont formées soit avec une pince ronde, soit avec un fer à plisser ou encore à l'étau **(ill. 5).**

Applications de la retreinte:

- confection de bords intérieurs sur pièces rondes;
- cintrer ou dresser des profilés;
- rétrécissement de tuyaux pour pouvoir les assembler.

Planage (lisser)

Lors du planage, les surfaces des tôles déformées sont lissées. Les petites déformations sont éliminées. La forme et l'aspect des pièces sont améliorés.

Les outils à planer doivent avoir des surfaces lisses, sans stries, et, autant que possible, polies. Lors du planage intérieur **(ill. 1)**, les coups de marteau sont portés sur le côté intérieur de la partie convexe, lors du planage extérieur **(ill. 2)** les frappes sont appliquées du côté extérieur.

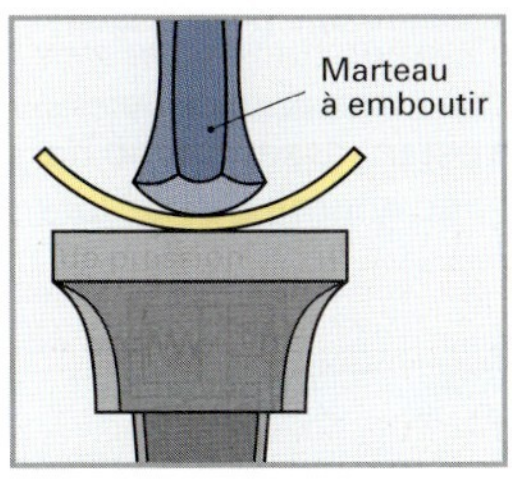

Ill. 1: Planage intérieur

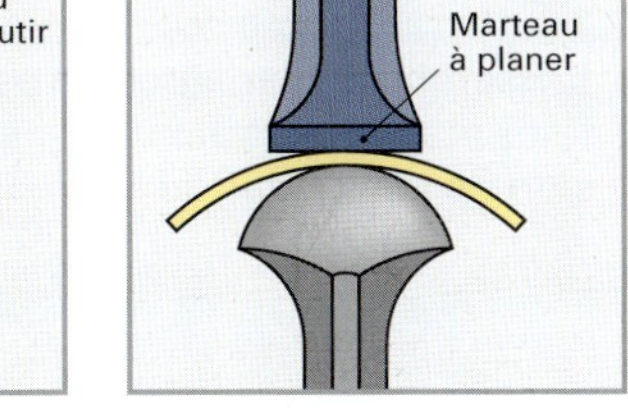

Ill. 2: Planage extérieur

Emboutissage

> Lors de l'emboutissage, les tôles sont formées à la main ou à l'aide de machines.

L'emboutissage s'effectue principalement par étirage et refoulement de la matière, ainsi que par planage et martelage. Si, lors de l'emboutissage, le durcissement par déformation devient trop important, il est nécessaire de procéder à un recuit intermédiaire (recristallisation). Le martelage à coups portants **(ill. 3)** est utilisé pour la fabrication de pièces et pour la réparation d'éléments de carrosserie.

Emboutissage sous tension. La tôle est formée sur un support dur pour fabriquer des pièces convexes **(ill. 4)**.

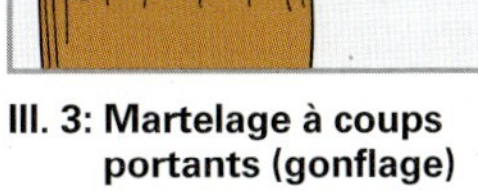

Ill. 3: Martelage à coups portants (gonflage)

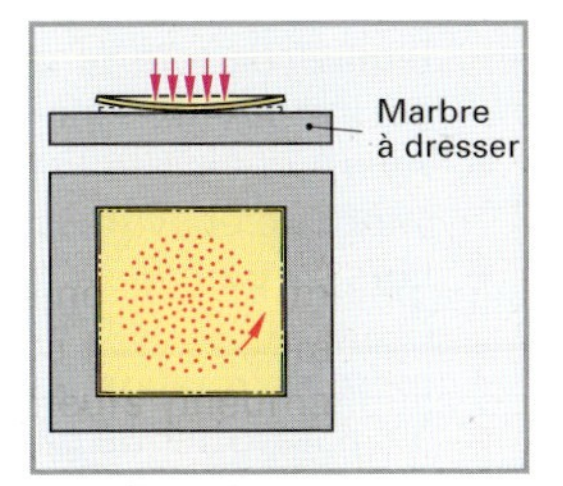

Ill. 4: Emboutissage sous tension

Soyage

> Le soyage consiste à effectuer un double pli sur le bord d'une tôle (généralement parallèle à l'arête de la tôle), qui correspond approximativement à l'épaisseur de la tôle.

Dans la plupart des cas, le soyage **(ill. 5)** est un travail préparatoire destiné à maintenir un alignement des tôles recouvertes, la surface extérieure restant plate, p. ex. pour la réparation de pièces de carrosserie. Le soyage renforce la tôle. Le soyage manuel d'une tôle est effectué au moyen d'une pince à soyer **(ill. 6)**. La pince combinée représentée permet également de poinçonner des points de soudure.

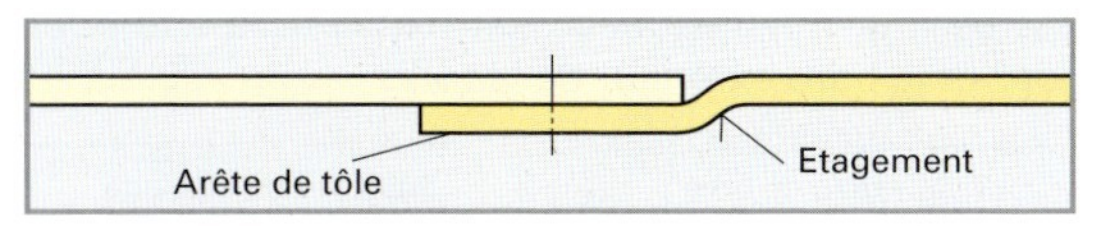

Illustration 5: Soyage

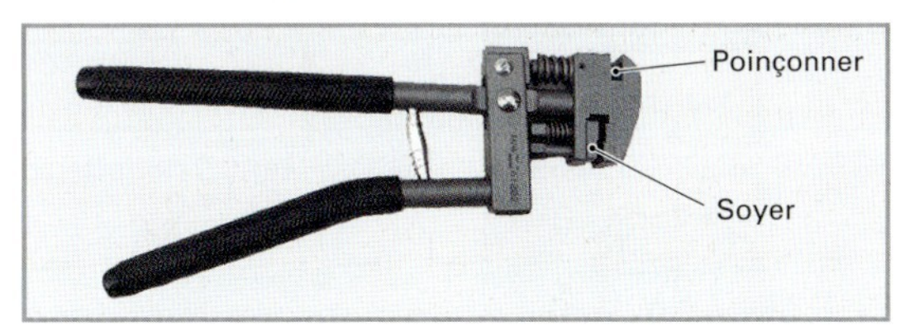

Illustration 6: Pince combinée soyage/poinçonnage

Rigidification

> La rigidification permet de faire ressortir une partie de la surface d'une tôle, généralement parallèlement au plan de la tôle.

La rigidification **(ill. 7)** permet un renforcement local de la tôle, p. ex sur un capot de moteur **(ill. 8)**, coffre arrière, portière de véhicule.

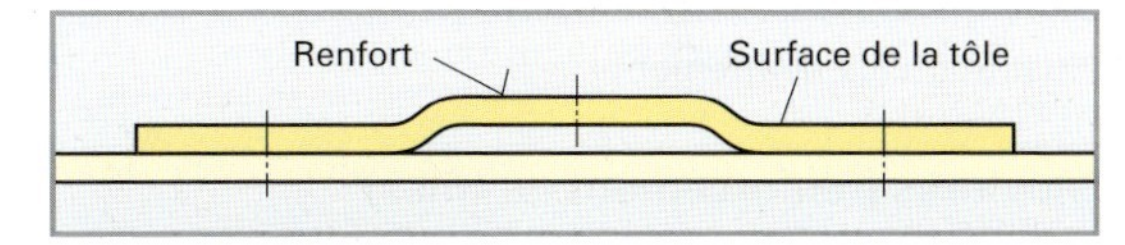

Illustration 7: Rigidification

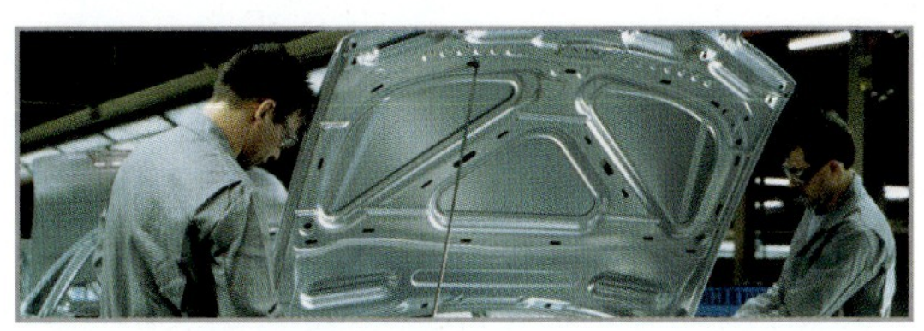

Illustration 8: Capot de moteur

Bordages (déformation des rebords)

> Border consiste à couder les arêtes des tôles pour obtenir des bords minces, généralement rectangulaires. Les rebords ainsi obtenus s'appellent des bordages.

Après découpage des tôles, leurs bords sont pliés sur une arête vive. Le bordage est une déformation des rebords des tôles qui permet de les renforcer. Il s'agit d'un travail préparatoire pour la réalisation de joints par agrafage, rivetage, brasage ou soudage.

Bord rétreint (ill. 1). La tôle est pliée vers l'intérieur pour former un ourlet. Etant donné qu'il y a trop de matière, les ondulations formées doivent être éliminées par refoulement.

Bord tombé (ill. 2). La tôle est pliée vers l'extérieur pour former un ourlet. Etant donné qu'il n'y a pas assez de matière, il est nécessaire d'étirer la tôle pour former le bord extérieur de la tôle.

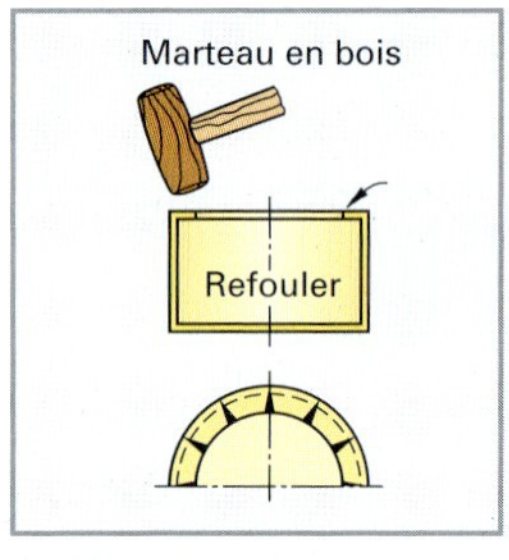

Ill. 1: Bord rétreint

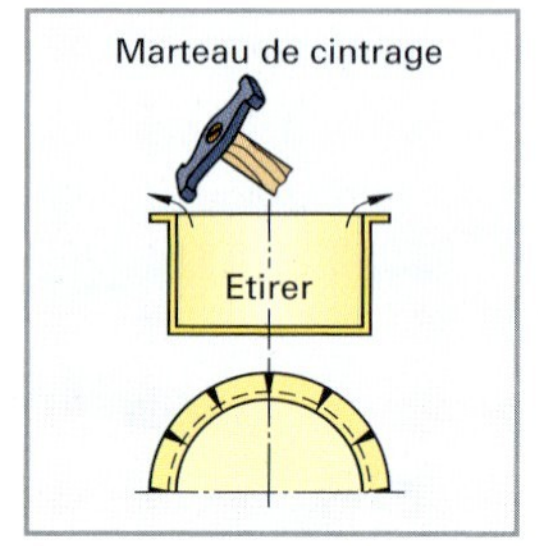

Ill. 2: Bord tombé

Renforcement par bordage. Le bordage ou rabattement **(ill. 3)** permet d'augmenter la solidité de la tôle et des bordures de tôle. Il permet de réduire le risque de blessures sur les bords tranchants.

Rabattements. L'arête de tôle est rabattue une ou plusieurs fois.

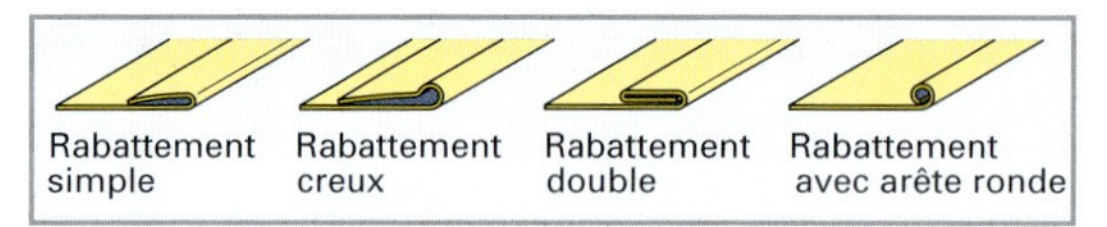

Illustration 3: Rabattements

Moulures (renforcement de tôles)

Moulurer consiste à faire ressortir des rainures de renforcement sur certaines parties d'une tôle plane habituellement droite.

Les moulures **(ill. 4)** servent à renforcer les surfaces de tôle, p. ex. sur des tôles de sol ou des surfaces de toit.

Illustration 4: Moulures sur la surface du toit

Agrafage

L'agrafage consiste à assembler des tôles aux rebords pliés puis à en compresser les plis.

L'agrafage est réalisé par pliage manuel (pliage à arête vive, ourlage) ou à l'aide de machines **(ill. 5)**.

En raison des charges importantes auxquelles est soumise la matière, on ne doit utiliser, pour l'agrafage, que des tôles malléables et solides.

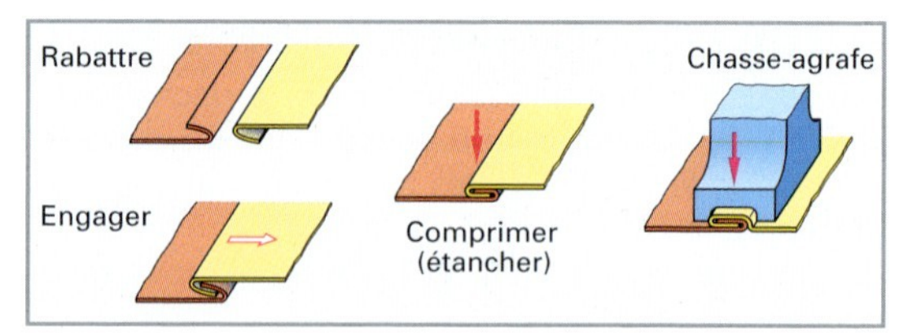

Illustration 5: Fabrication d'un assemblage par agrafage

L'assemblage par agrafage est un assemblage de tôles maintenues par un pliage alterné ou par torsion de languettes de tôle.

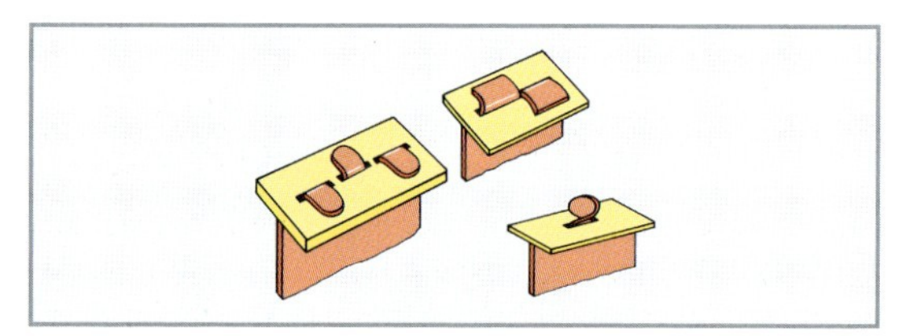

Illustration 6: Assemblage par agrafage

Les fentes et les languettes de tôle **(ill. 6)** sont réalisées avec des machines spéciales. Aucune matière supplémentaire n'est nécessaire pour réaliser le joint. L'assemblage n'est effectué qu'avec des matériaux identiques.

Règles de travail

- Lors du façonnage des tôles, il est indispensable d'utiliser un équipement de protection personnel: gants, lunettes, protection de l'ouïe.
- Lors du déchargement et du transport des feuilles de tôle, le port de gants de protection est indispensable.
- Avant le façonnage, les arêtes des tôles doivent être ébavurées.
- Lors du perçage à l'aide de machines, il est indispensable de bien serrer les tôles afin d'éviter toute rotation autour du foret.
- Ne pas porter de gants lors du perçage.

Questions de révision

1. **A quoi faut-il faire attention lors du pliage de tôles?**
2. **De quoi dépend la résistance d'une tôle lors du pliage?**
3. **Pourquoi ne doit-on pas plier en-dessous du rayon minimum de courbure?**
4. **Quel est l'avantage du soyage par rapport au chevauchement de tôles?**
5. **Qu'entend-on par rigidification?**

7.4 Usinage par enlèvement de copeaux

L'usinage par enlèvement de copeaux est la séparation mécanique de particules de matière. La cohésion de la matière est localement supprimée.

Les procédés d'usinage par enlèvement de copeaux sont différenciés selon le mouvement et la géométrie du tranchant de l'outil. Le mouvement tranchant peut être effectué par l'outil ou par la pièce à usiner.

Tabl. 1: Usinage par enlèvement de copeaux (sélection)

Forme du tranchant	Mouvement tranchant de l'outil linéaire	circulaire
• de forme géométrique définie	buriner, limer, gratter, scier (scie alternative)	percer, chanfreiner, aléser, scier (scie circulaire)
• forme géom. non définie	bande de polissage, rodage à bande	aiguiser, tronçonner

Les outils employés pour l'usinage par enlèvement de copeaux séparent, grâce à leur tranchant, les copeaux du matériau **(ill. 1)**.

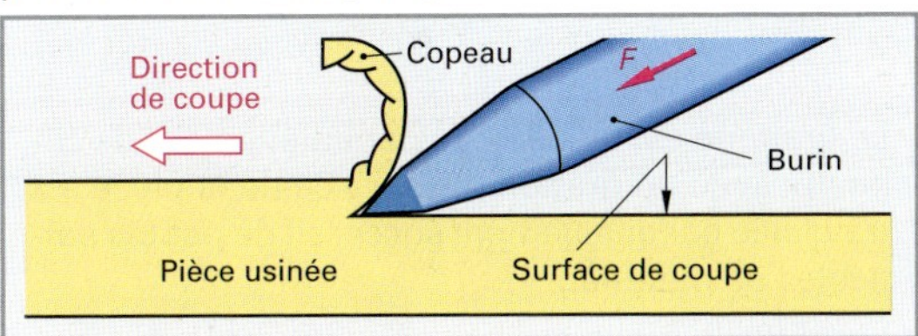

Illustration 1: Formation du copeau

Les quatre exigences fondamentales suivantes doivent être satisfaites:

- la surface travaillée doit être aussi lisse que nécessaire;
- le temps d'usinage doit être le plus court possible;
- la force exercée sur l'outil doit être la plus faible possible;
- la durée d'utilisation de l'outil doit être la plus longue possible.

7.4.1 Bases de l'usinage par enlèvement de copeaux

La forme de base du tranchant des outils d'usinage est en forme de coin.

Faces et angles de coupe (ill. 2)

La face de coupe est la face du tranchant sur laquelle s'écoule le copeau.

La face de dépouille est la face du tranchant se trouvant du côté de la surface travaillée de la pièce.

L'angle de dépouille α est l'angle qui dégage le tranchant de la surface de la pièce. Un angle de dépouille trop petit entraîne un frottement important contre la surface de la pièce.

L'angle de tranchant β est l'angle pénétrant dans la pièce. Il est formé entre la face de coupe et la face de dépouille.

Les matériaux tendres permettent d'utiliser de petits angles de tranchant, les matériaux durs nécessitent de grands angles de tranchant.

L'angle d'attaque γ est l'angle situé entre la face de coupe sur laquelle le copeau s'écoule et une ligne théorique perpendiculaire à la direction d'usinage. L'angle d'attaque peut être positif ou négatif.

Angle d'attaque positif: effet tranchant
Angle d'attaque négatif: effet de raclage

Si l'angle d'attaque est négatif, l'outil agit par raclage, l'enlèvement de matière est très réduit **(ill. 3)**.

La somme des angles de dépouille, de tranchant et d'attaque donne toujours:

$$\alpha + \beta + \gamma = \mathbf{90°}$$

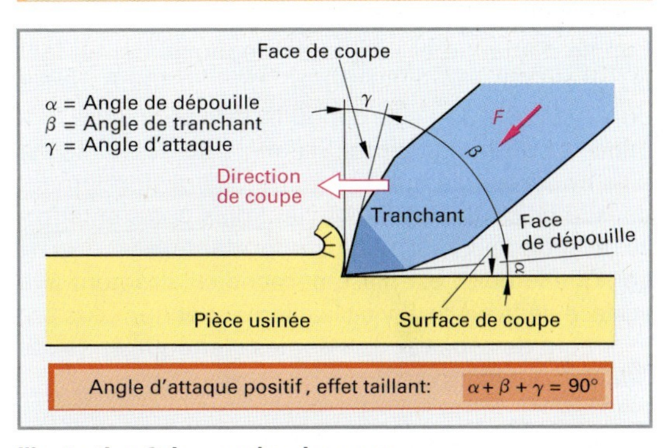

Illustration 2: Les angles de coupe

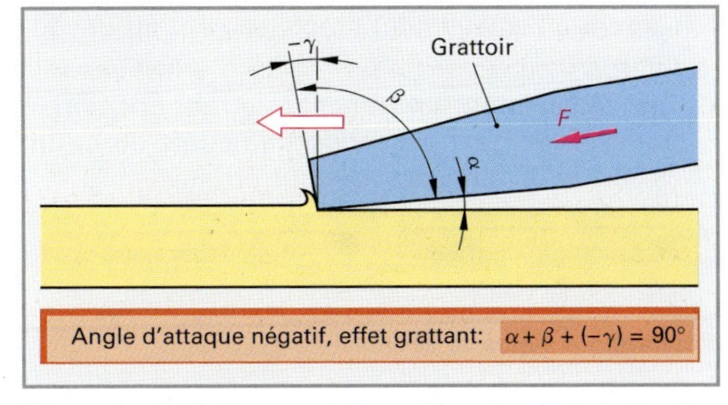

Illustration 3: Enlèvement de matière par effet grattant

7.4.2 Enlèvement de copeaux manuel

7.4.2.1 Burinage

Le burin s'utilise pour l'usinage par enlèvement de copeaux et pour le cisaillage.

L'angle de tranchant β du burin se situe entre 40° et 70°. Pour l'usinage d'acier mi-dur, on utilise un angle de tranchant d'environ 60°.

Le burin est composé du tranchant, du corps et de la tête **(ill. 1)**. Pour pouvoir le tenir plus aisément, le corps du burin est soit arrondi sur les côtés, soit de section octogonale. La tête du burin est arrondie et bombée.

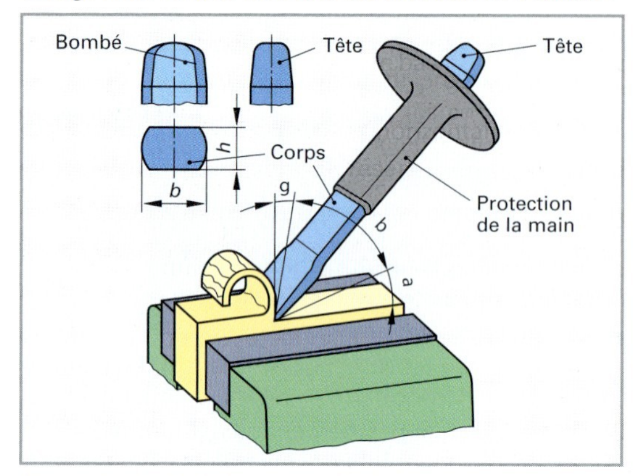

Illustration 1: Positionnement du burin

Le procédé du burinage (ill. 1)

L'angle d'attaque et l'angle de dépouille dépendent du positionnement du burin. Une position basse donne un petit angle de dépouille et le burin aura tendance à sortir de la pièce. Si l'angle de dépouille est plus important, le burin pénètre plus profondément dans la pièce. Le copeau devient plus épais et la force de coupe nécessaire plus importante.
Lorsque le burin est placé perpendiculairement à la surface de la pièce, il y a cisaillement et non plus enlèvement de copeaux. Les angles d'attaque et de dépouille sont alors de 0°.

Types de burins (sélection, ill. 2)

- **Les burins plats** ont un tranchant large et plat et servent à l'enlèvement de copeaux et au découpage.
- **Les bédanes** ont un tranchant étroit, positionné transversalement par rapport au corps du burin. Ils servent à tailler des rainures étroites.

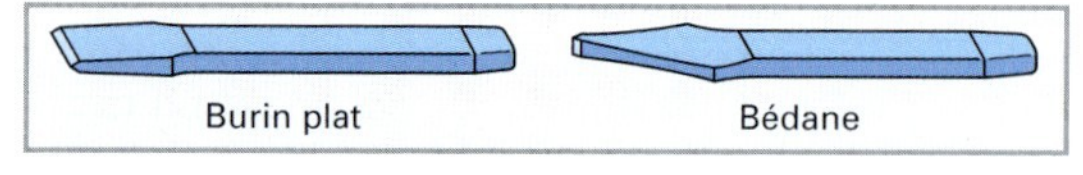

Illustration 2: Types de burins

Utilisation des burins (ill. 3)

Pour des travaux de séparation de pièces de carrosserie, de détachement de points de soudure, de démontage de pots d'échappement ou pour faire sauter des rivets, on utilise des outils de burinage actionnés par air comprimé.

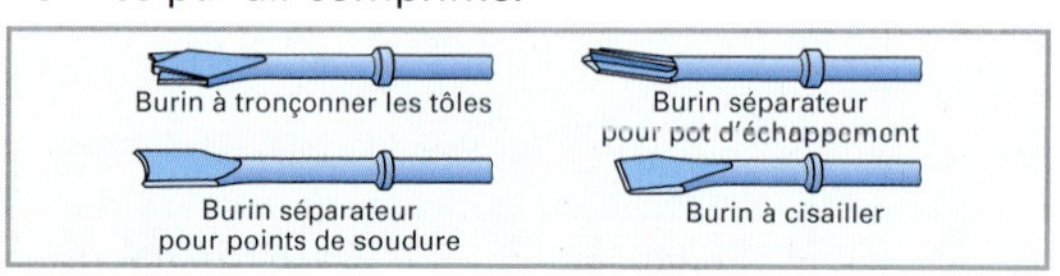

Illustration 3: Utilisation des burins

Règles de travail

- N'utilisez que des burins au tranchant affûté et des marteaux dans un état impeccable.
- La tête du burin ne doit jamais présenter de bavures.
- Portez des lunettes de protection et des gants; utiliser des tabliers de protection contre la projection de copeaux et d'éclats.
- Si possible, utilisez des burins munis de protections pour les mains.
- Lors du burinage, toujours regarder en direction du tranchant du burin.

Questions de révision

1. **Quel effet a le positionnement du burin sur les angles d'attaque et de dépouille?**
2. **De quoi dépend le choix de l'angle de tranchant d'un burin?**
3. **Quelle est la différence entre l'enlèvement de copeaux et le cisaillement?**
4. **Quelles sont les règles de travail et de sécurité à observer lors du burinage?**

7.4.2.2 Grattage

Le grattage est un usinage par enlèvement de copeaux avec un grattoir. La surface de la pièce est travaillée par enlèvement successif de petites particules de matériau.

Par grattage, on obtient des pièces lisses, sans stries, formant une surface porteuse uniforme, comme doivent l'être les surfaces d'étanchéité, de glissement et de guidage.
On utilise des grattoirs plats ou des grattoirs à tirer pour les surfaces planes et des grattoirs triangulaires et à cuillère pour les surfaces bombées **(ill. 4)**.

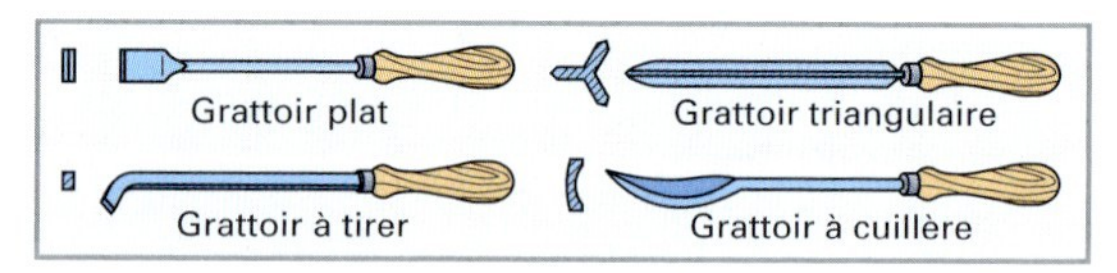

Illustration 4: Types de grattoirs

La position correcte du grattoir est obtenue lorsque l'angle d'attaque est négatif, ce qui génère l'effet grattant **(ill. 5)**.

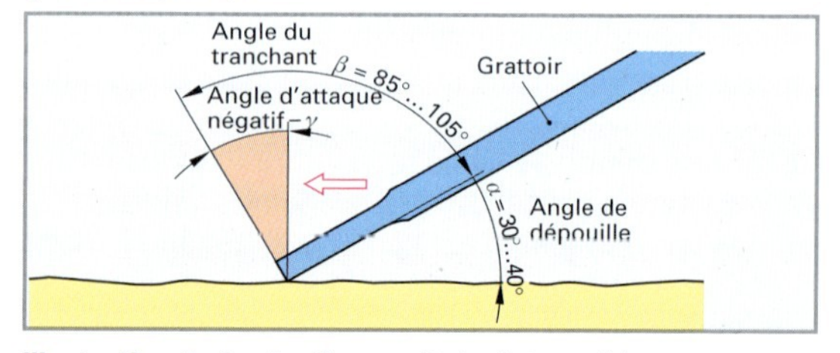

Illustration 5: Angle d'un grattoir plat – guidage

7.4.2.3 Sciage

Le sciage est un procédé d'usinage par enlèvement de copeaux au moyen d'un outil muni de nombreux taillants de faible largeur disposés géométriquement (dents de scie).

On utilise des scies pour:

- séparer des matériaux ou des pièces;
- réaliser des rainures ou des fentes.

Fonctionnement de la scie (ill. 1)

La lame de scie est formée par de nombreux tranchants, en forme de burins, disposés les uns derrière les autres et agissant successivement en enlevant de petits copeaux. Les entre-dents recueillent les copeaux et les transportent hors de la rainure.

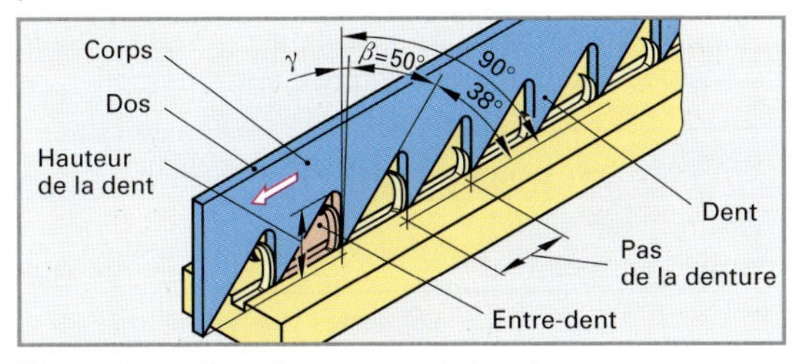

Illustration 1: Fonctionnement de la scie

Afin que la lame de la scie ne reste pas coincée et pour qu'elle puisse se libérer facilement, les dents de scie sont ondulées, croisées ou refoulées **(ill 2)**.

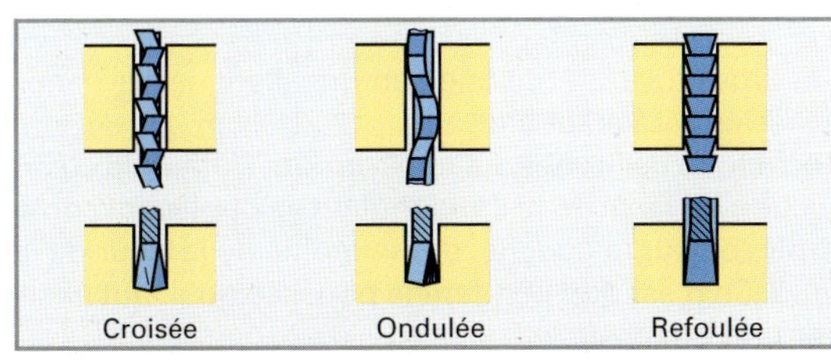

Illustration 2: Avoyage de la lame de scie

Pas de la denture

Le pas de la denture est la distance séparant deux pointes de dents.

$$\text{Type de la denture} = \frac{\text{Nombre de dent}}{\text{Longeur de reéférence}} = \frac{\text{Nombre de dent}}{\text{1 pouce}}$$

1 pouce = 25,4 mm

Tableau 1: Type de la denture

Type de la denture	Dents par pouce	Utilisation
Grossier	... 16	Aluminium, cuivre, acier de construction
Moyen	... 22	Acier de construction, cuivre, alliage Cu-Zn (laiton)
Fin	... 32	Tubes à parois minces, tôles, acier, fonte trempée

Lors de l'usinage de matériaux tendres, p. ex. l'aluminum, ou en cas de longues rainures, il se produit une grande quantité de copeaux. Il faut donc utiliser une lame de scie avec un grand pas de denture **(tableaux 1 et 2)** car un petit pas de denture n'aurait pas l'espace nécessaire pour contenir la grande quantité de copeaux.

Tableau 2: Choix de la lame de scie

Denture	Matériau	Rainure
Grossière	Tendre	Longue
Fine	Dur	Courte

Forme des dents

En général, les lames de scie à main ont des dents avoyées **(ill. 2)**. Les tranchants des lames de scie sont caractérisés par de petits angles d'attaque et de grand angles de dépouille. Pour scier l'acier, l'angle du tranchant est d'environ 50°, l'angle de dépouille d'environ 38° et l'angle d'attaque d'environ 2°.

Types de scies à main

Scie à archet (ill. 3). Elle est formée d'un étrier et d'une lame de scie. Les dents de la lame doivent être orientées dans le sens de la poussée.

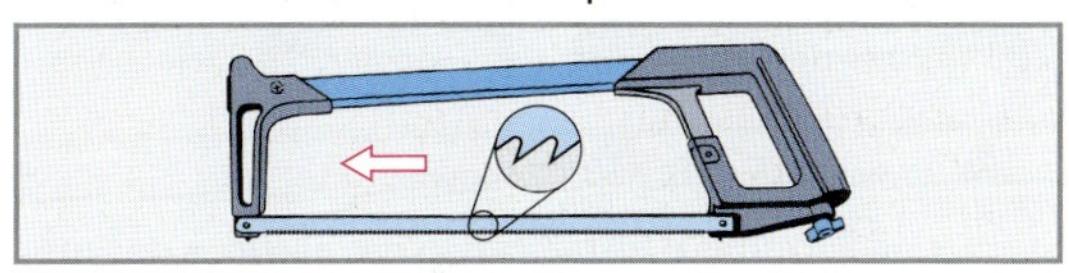

Illustration 3: Scie à archet

Scie à mouvement alternatif (scie sauteuse portative électrique ill. 4). Utilisée pour des coupes droites ou légèrement incurvées, p. ex. en carrosserie pour la découpe de tôles dans des endroits difficiles d'accès ou étroits. Pour scier des tôles, on utilise des lames à denture fine, p. ex. 32 dents/pouce. Pour obtenir une coupe sans bavures, la vitesse et l'amplitude des mouvements sont réglables.

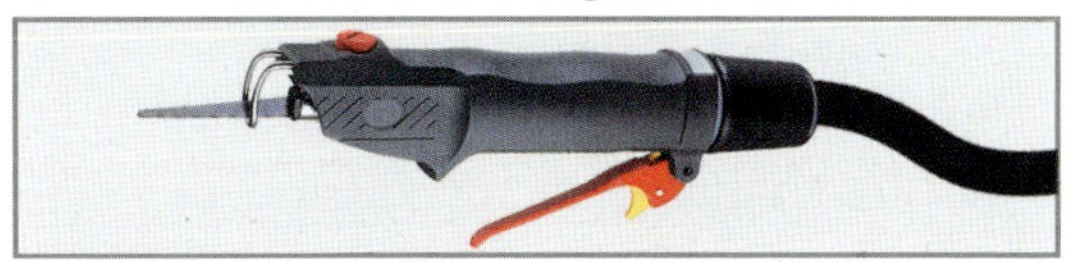

Illustration 4: Scie à mouvement alternatif

Règles de travail

- Tendre fortement la lame de scie, la pointe des dents dirigée dans le sens de la poussée.
- Choisir le type de denture en fonction de la forme et du matériau à usiner.

QUESTIONS DE RÉVISION

1. **Comment évite-t-on que la lame ne se coince dans la rainure?**
2. **En fonction de quoi choisit-on le pas de denture d'une lame de scie?**
3. **Comment détermine-t-on le pas de denture d'une lame de scie?**

7

7.4.2.4 Limage

Le limage est un procédé d'usinage par enlèvement de copeaux par mouvements rectilignes répétés d'un outils à dents multiples aux tranchants géométriquement définis (dents de lime).

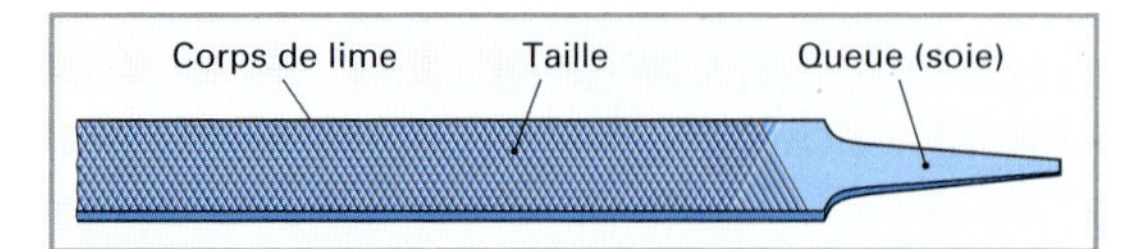

Illustration 1: Lime plate – parties de la lime

Parties de la lime (ill. 1). Corps de lime avec dents taillées ou dents fraisées. Queue pour la fixation du manche.

Classification des limes

- **Types:** limes à main, limes à clef, limes aiguille
- **Forme du corps de la lime et lettres d'identification (ill. 2).**

Forme A Plate	**Forme D** Carrée	**Forme G** Couteau
Forme B Plate pointue	**Forme E** Demi-ronde	**Forme H** Plate
Forme C Triangulaire	**Forme F** Ronde	

Illustration 2: Lettres d'identification des sections de limes

- **Forme de la denture (ill. 3) et procédé de fabrication**

  Les limes taillées ont un effet raclant et sont utilisées pour usiner des matières à haute résistance, comme p. ex. l'acier, la fonte grise.

  Les limes fraisées ont un effet coupant et sont utilisées pour usiner des matières à résistance moindre, comme p. ex. l'aluminium, le cuivre.

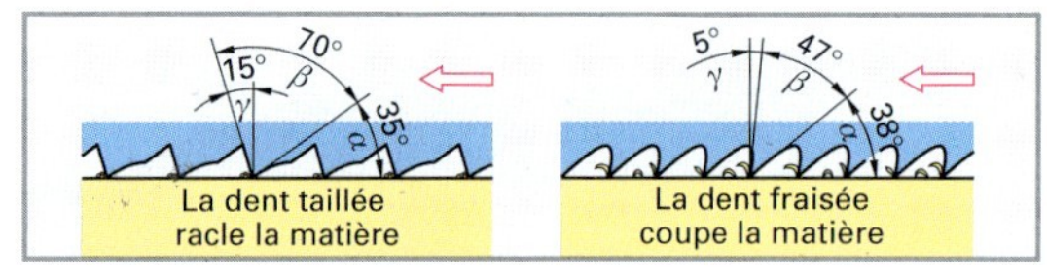

Illustration 3: Formes de la denture

- **Types de tailles (ill. 4)**

  Les limes à taille simple servent principalement pour l'usinage de métaux tendres et pour affûter des scies et d'autres outils.

  Les limes à taille double (taille croisée) sont utilisées pour des métaux plus durs. Les angles et les divisions des deux tailles sont différents. Les tailles doubles de la lime sont fabriquées avec des angles différents pour éviter une trop forte formation de rayures sur la pièce à usiner.

  Les limes râpes sont appropriées pour l'usinage p. ex du bois, des matières synthétiques, du cuir, du liège, du caoutchouc.

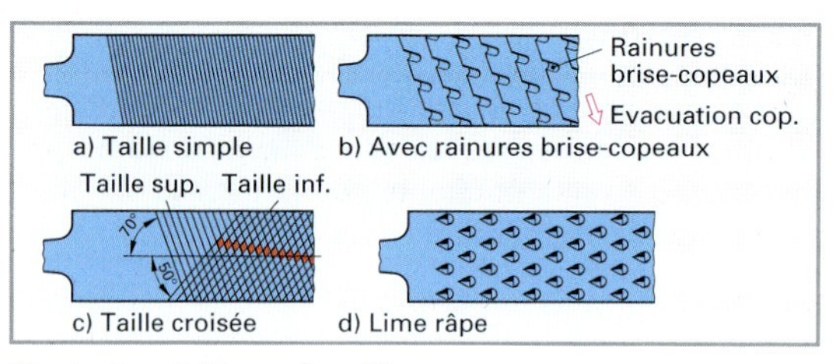

Illustration 4: Types de tailles

- **Le nombre de tailles** correspond au nombre de dents taillées présentes sur 1 cm de longueur de la lime. Pour les limes à taille croisée, le nombre de dents est compté sur la taille supérieure. Pour les limes râpes, c'est le nombre d'entailles sur 1 cm^2 de la surface de la lime.
- **Echelle des tailles.** Elle indique la finesse de la lime. Plus l'échelle de la taille est grande, plus le pas de taille diminue (distance entre-dents).

Tableau 1: Echelle des tailles et nombre de tailles pour limes taillées (sélection)

Ech. tailles	Nbre-tailles	Nom de la lime	Utilisation
1	6...17	Lime bâtarde	Ebauche
2	9...23	Lime mi-douce	Avant-finition
3	13...28	Lime douce	Finition
4	16...34	Lime superfine	Ajustage
5...8	Non normé	Lime de microfinition	Micro-finition

Les limes fraisées ont une denture allant de 1 à 3 pour grossier, moyen et fin.

Technique de limage. Le mouvement s'effectue en direction de l'axe de la lime, tout en se déplaçant sur la droite ou sur la gauche, d'une moitié de largeur de la lime. Ce n'est que pendant la poussée qu'il faut exercer une pression.

Règles de travail

- Nettoyer les limes avec une brosse à limes.
- Toujours bien contrôler la fixation du manche sur la lime.

Les fraises rotatives (ou fraises turbo, **ill. 5)** sont serrées dans des mandrins de serrage et sont actionnées par un moteur électrique ou pneumatique. Elles sont entre autres utilisées pour des travaux d'ébavurage ou de nettoyage, p. ex. pour les points de soudure.

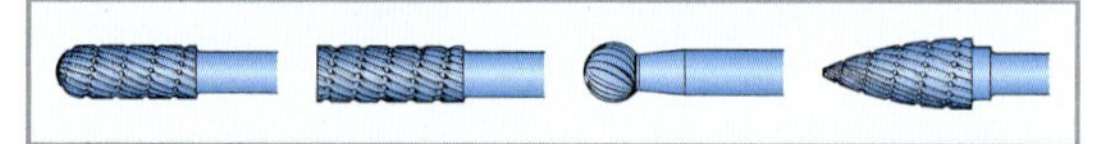

Illustration 5: Fraises rotatives

QUESTIONS DE RÉVISION

1. **Quelle différence y a-t-il entre les limes taillées et les limes fraisées?**
2. **Quelles sont les sections de limes normalisées?**
3. **Qu'indique le nombre de taille?**

7.4.2.5 Alésage

L'alésage est une opération de finition par enlèvement d'une faible épaisseur de copeaux au moyen d'outils tranchants géométriquement déterminés.

L'alésage permet d'obtenir la finition d'un perçage ou d'un alésage ébauché, p. ex. de douilles de palier, et d'atteindre la tolérance dimensionnelle, la tolérance de forme et l'état de surface exigé.

Principe de l'alésage. L'enlèvement de copeaux s'effectue par un mouvement de coupe circulaire et par un mouvement d'avance axial de l'alésoir. L'angle d'attaque étant de 0° ou négatif **(ill. 1),** l'enlèvement de copeaux a lieu par effet grattant. L'utilisation d'huiles de coupe améliore la finition de surfaces, réduit l'usure des outils et prolonge leur durée de vie. La fonte est alésée à sec.

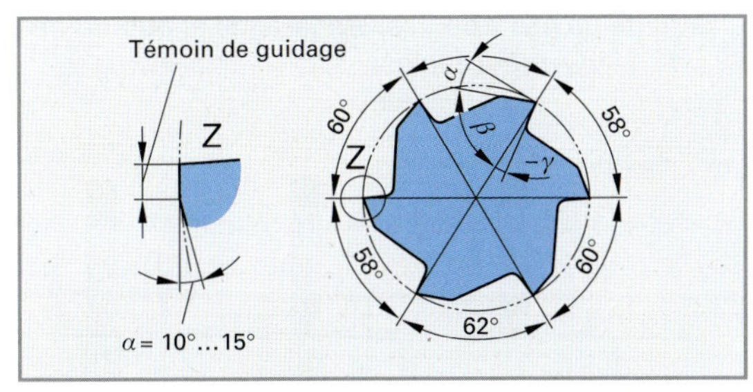

Illustration 1: Angle de coupe et pas de la denture d'un alésoir

Les pas de denture inégaux (ill. 1) évitent la formation de marques dues aux vibrations de l'alésoir, car les lames n'agissent pas au même endroit durant l'alésage.

Nombre de dents. Les alésoirs à main ont généralement un nombre de dents pair. Cela permet de déterminer plus facilement le diamètre de l'alésoir au moyen d'un micromètre.

Alésoirs à main (ill. 2). L'**entrée** (conique) enlève les copeaux. Le **témoin de guidage** guide l'alésoir et lisse l'alésage **(ill. 1).** La tige possède une extrémité carrée servant à son entraînement p. ex. par fixation d'un tourne-à-gauche.

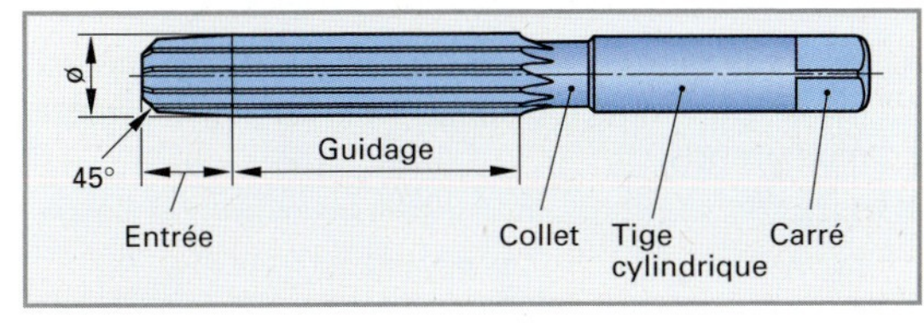

Illustration 2: Alésoir à main

Alésoirs machines (ill. 3). Ils ont une entrée courte et une tige cyclindrique ou conique. Grâce à leur entrée courte, les alésoirs machines permettent d'aléser des trous borgnes presque jusqu'au fond.

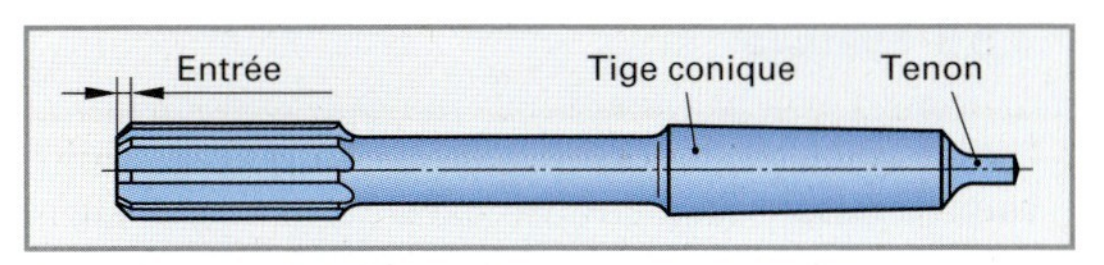

Illustration 3: Alésoir machine

Dents. Elles peuvent être droites ou hélicoïdales avec hélice à gauche **(ill. 4).** L'hélice à gauche évite que l'alésoir ne soit entraîné à l'intérieur de l'alésage ou qu'il ne se coince lorsque l'alésage est pourvu d'une rainure de clavetage. L'hélice permet également l'évacuation des copeaux dans le sens d'avancement de l'alésoir.

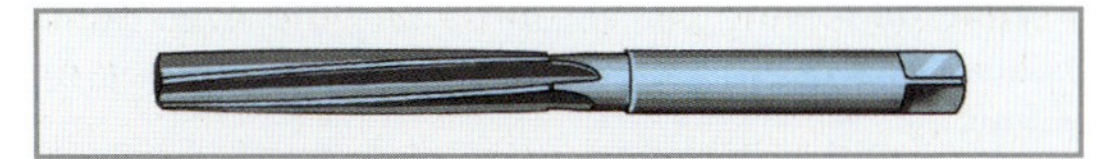

Illustration 4: Alésoir à main à denture hélicoïdale

Alésoirs à main réglables (ill. 5)

Les alésoirs expansibles peuvent être réglés à l'aide d'une cheville conique. Ils peuvent être ajustés dans des limites étroites (≈ 1/100 du diamètre de l'alésoir).

Les alésoirs avec lames insérées ont une plus grande zone de réglage (1/10 à 1/5 du diamètre de l'alésoir). Lors du réglage, les couteaux sont déplacés, vers l'intérieur ou vers l'extérieur, sur des surfaces obliques à l'aide de deux bagues filetées

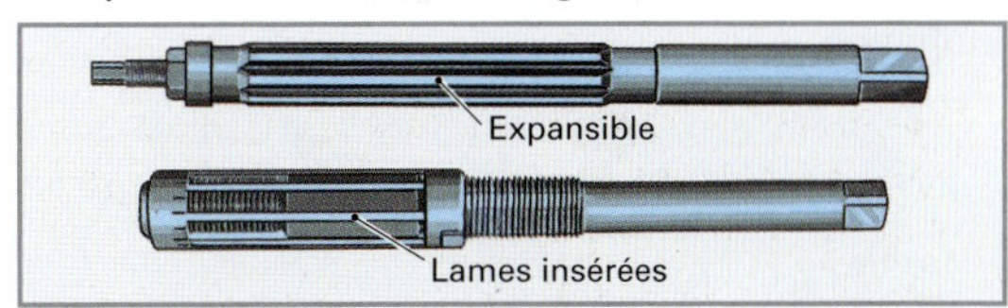

Illustration 5: Alésoirs à main réglables

Règles de travail

- Toujours introduire l'alésoir perpendiculairement par rapport à la pièce. En fonction du matériau, utiliser de l'huile de coupe.
- Introduire l'alésoir en tournant dans le sens horaire en exerçant une pression constante, maintenir le même sens de rotation pour le ressortir.
- Ne jamais tourner les alésoirs dans le sens inverse, les copeaux se coincent et les tranchants se cassent.

Questions de révision

1 **Quels avantages offrent les alésoirs réglables?**

2 **Pourquoi ne doit-on jamais tourner les alésoirs dans le sens inverse?**

3 **Pourquoi les alésoirs hélicoïdaux ont-ils une hélice à gauche?**

7.4.2.6 Filetage

Lors du filetage, on usine des pas de vis par enlèvement de copeaux sur des axes ou dans des alésages au moyen d'outils à tranchants multiples.

Il existe des filetages **(ill. 1)**:

- intérieurs (filet femelle) usinés à l'aide de tarauds;
- extérieurs (filet mâle), usinés à l'aide de filières.

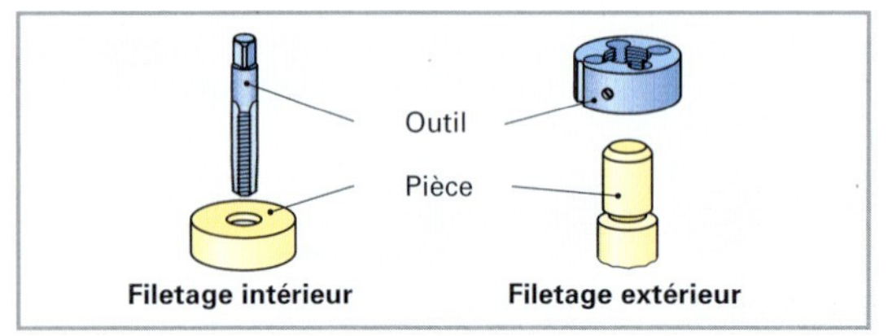

Illustration 1: Types de filetages

Filetages intérieurs (ill. 2)

Le diamètre de perçage pour un filetage intérieur doit être un peu plus grand que le diamètre du noyau de la vis. Le taraud découpe la plus grande partie du pas de vis. Une partie du matériau usiné est toutefois refoulée par le taraud vers la pointe du filet, entraînant une légère déformation et une diminution du diamètre de perçage du noyau. On appelle cela la déformation.

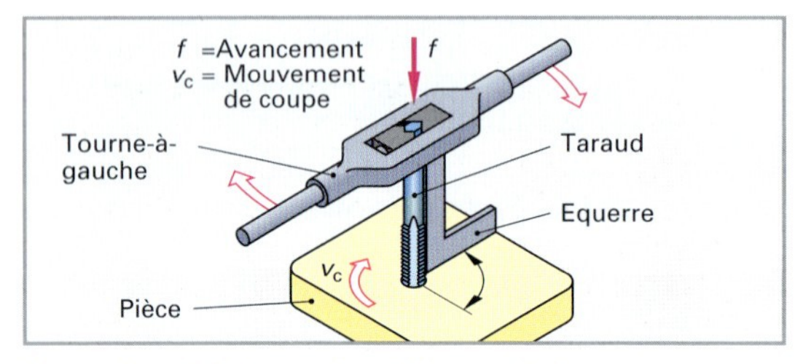

Illustration 2: Usinage d'un filetage intérieur

Chanfrein. Les trous borgnes sont chanfreinés sur un seul côté, les trous traversant sur les deux côtés; le chanfrein doit correspondre au diamètre nominal du filet, ce qui permet une meilleure entrée du taraud et évite un refoulement du pas de vis hors du trou de perçage.

Taraudage. Le taraud doit être positionné perpendiculairement à l'axe de perçage et être contrôlé à l'aide d'une équerre. L'enlèvement des copeaux s'effectue par la rotation du taraud et par le mouvement d'avance (mouvement axial). Pour entraîner le taraud, on utilise un tourne-à-gauche. Le filet sera usiné en maintenant une pression égale sur le tourne-à-gauche. Dans la mesure du possible, il ne faut pas tourner le taraud en arrière, car cela émousse rapidement les tranchants du taraud. Le fait de tourner le taraud en arrière casse les copeaux et facilite leur évacuation. Pour cela, ajouter du lubrifiant frais sur les tranchants. Lors de l'usinage de grands filets et de matériaux produisant de longs copeaux, il est nécessaire de cisailler régulièrement les copeaux.

Les tarauds cassés sont extraits du trou avec un extracteur pour tarauds. On peut aussi les extraire par des coups légers portés à l'aide d'un chasse-goupille et ensuite les dévisser avec une pince.

Tarauds. Pour les filetages intérieurs, on utilise:

- **le jeu à 3 tarauds (ill. 3),** composé d'un taraud ébaucheur, d'un taraud intermédiaire et d'un finisseur, marqués de 1, 2 ou 3 encoches. Le volume d'enlèvement des copeaux est partagé entre les trois tarauds (environ 55 % : 25 % : 20 %), afin de ne pas trop user les tarauds et obtenir des pas de vis impeccables;

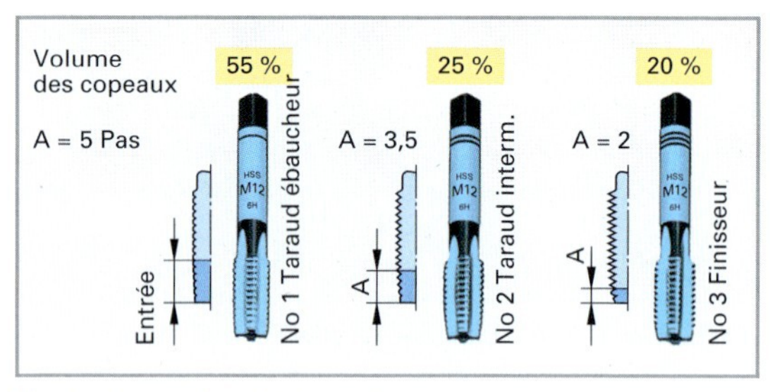

Illustration 3: Jeu à 3 tarauds

- **le jeu à 2 tarauds** (No 1 ébaucheur, No 2 finisseur), utilisés pour usiner des filets à pas fin;
- **le taraud à passe unique (ill. 4)** est utilisé pour l'usinage de filets dans des tôles ou dans des pièces dont l'épaisseur est inférieure à 1,5 × le diamètre nominal du filetage. La pointe conique permet une longueur d'entrée plus courte.

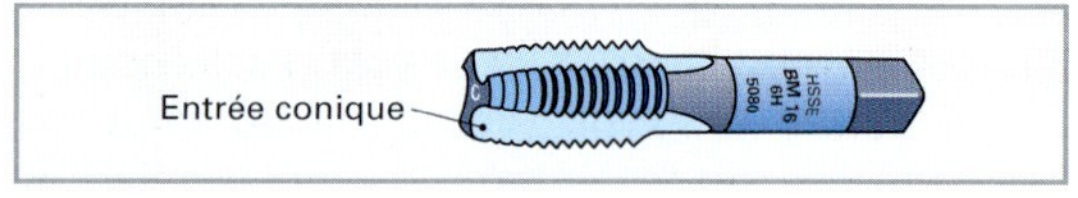

Illustration 4: Taraud à passe unique

- **les tarauds pour métaux légers (ill. 5)** ont des rainures plus spacieuses et des angles d'attaque plus grands.

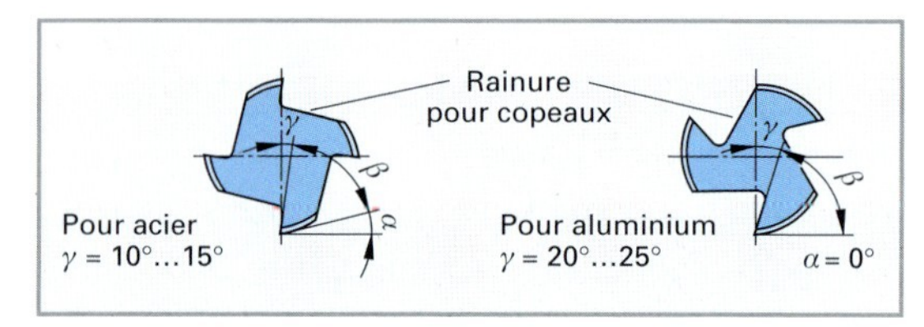

Illustration 5: Angles des tarauds

Pour l'usinage de filets intérieurs, les trous de perçage doivent être percés aux dimensions exactes. Pour des filetages métriques ISO (filetages à pas normal et filets à pas fin), le diamètre du trou de perçage d_B correspond au diamètre d moins le pas du filet P **(tableau 1)**.

$$d_B = d - P$$

Tableau 1: Dimensions en mm pour des filetages métriques ISO

Filetage d	M3	M4	M5	M6	M8	M10	M12
Trou tar. d_B	2,5	3,3	4,2	5,0	6,8	8,5	10,2
Pas P	0,5	0,7	0,8	1,0	1,25	1,5	1,75
∅ vis sur ext. du filet	2,9	3,9	4,9	5,9	7,9	9,85	11,85

Filetages extérieurs

Lors de l'usinage de filetages extérieurs **(ill. 1)**, le matériau se déforme également. Le diamètre de la tige doit donc être légèrement inférieur au diamètre du filet **(tableau 1)**.

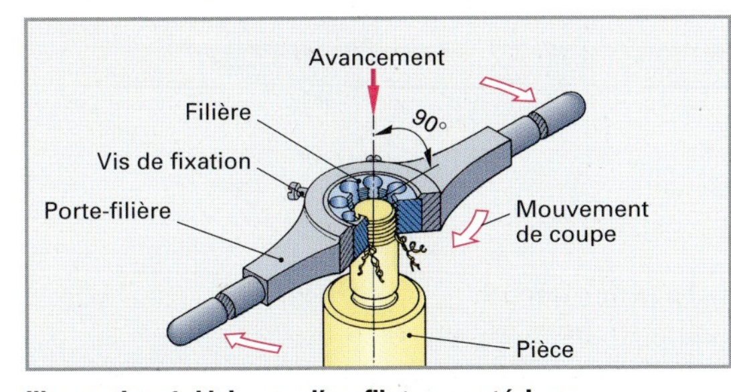

Illustration 1: Usinage d'un filetage extérieur

Pour une entrée droite de la filière, la tige doit être chanfreinée au moins jusqu'à la valeur du diamètre du noyau. De plus, le chanfrein protège également le début du filet.

Pour usiner des filetages extérieurs, on utilise:

- **des filières fermées (ill. 2)**. Elles usinent le filet aux dimensions exactes en une seule opération. L'entrée conique facilite l'amorçage et dégage les copeaux dans le sens du travail;
- **des filières fendues (ill. 2)**. Elles sont réglables à l'aide de vis de réglage ou de vis de pression. Elles permettent ainsi une certaine variation du diamètre du filet;

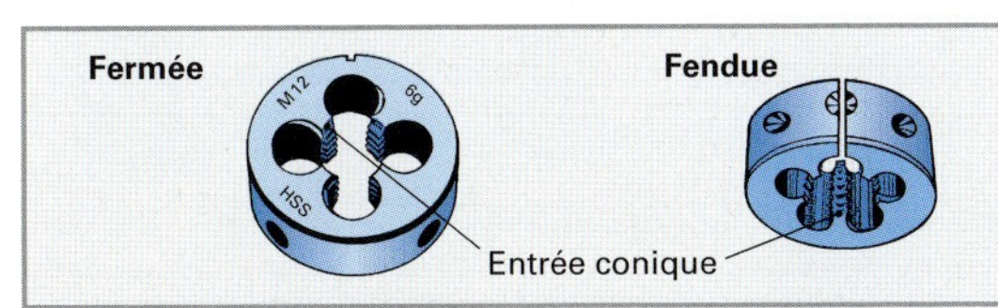

Illustration 2: Filières rondes

- **des filières hexagonales (ill. 3)**. Elles servent à corriger des filets endommagés ou à fileter dans des endroits difficilement accessibles; ces filières peuvent être actionnées avec des clefs de serrage ou avec des clefs à cliquet.

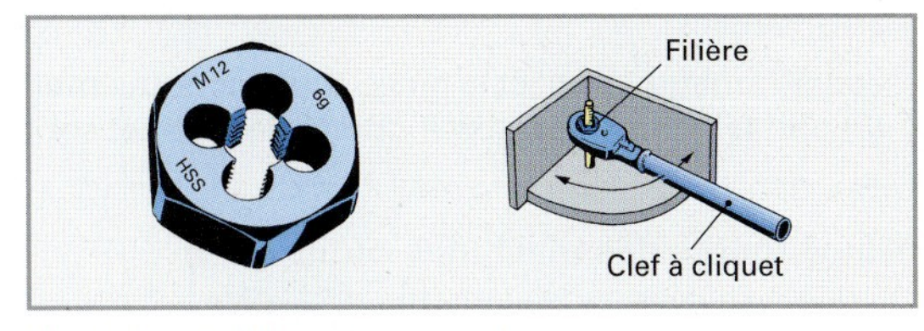

Illustration 3: Filière hexagonale

Lubrifiants pour filetage

(tableau 2)

Afin d'obtenir des filets avec une bonne qualité de surface, il faut utiliser des lubrifiants appropriés.

Tableau 2: Fluides réfrigérants et lubrifiants pour filetage

Fluide	Matériau (sélection)
Huile de coupe	Acier, Ti, alliages de Ti
Lubr. réfrigérants miscibles avec l'eau	Fonte grise, Cu, alliages de Cu, Al, alliages d'Al, zinc

Règles de travail

- Fraiser des deux côtés de l'orifice de taraudage au diamètre nominal du filetage. Chanfreiner les tiges à fileter au diamètre du noyau de filetage.
- Pour l'usinage, placer le taraud verticalement. Vérifier avec l'équerre à chapeau.
- Dans la mesure du possible, ne pas revenir en arrière avec les outils, car le cisaillement fréquent des copeaux émousse rapidement la filière. Danger de rupture des outils!
- Utiliser le lubrifiant réfrigérant approprié et en quantité suffisante.

Questions de révision

1. **Quels outils utilise-t-on pour exécuter des filetages?**
2. **Citer les tarauds utilisés en fonction des différents travaux?**
3. **Qu'entend-on par déformation lors du filetage?**
4. **Lors du filetage intérieur, comment détermine-t-on le diamètre du noyau?**
5. **Lors du filetage extérieur, comment doit être placée la filière?**

7.4.3 Bases de l'usinage par enlèvement de copeaux avec des machines-outils

Les machines-outils d'usinage par enlèvement de copeaux peuvent traiter des surfaces planes, cylindriques, coniques ou arrondies.

Pour l'usinage, l'outil et la pièce sont en mouvement l'un par rapport à l'autre, de façon à obtenir le résultat souhaité.

Mouvements des machines-outils (ill. 1)

On distingue trois mouvements différents:

- le mouvement principal, ou mouvement de coupe;
- le mouvement d'avance;
- le mouvement d'approche.

Mouvement principal ou de coupe v_c. Il est exécuté soit par l'outil, soit par la pièce.

La vitesse de coupe v_c est la vitesse à laquelle s'effectue l'enlèvement des copeaux.

La vitesse de coupe est généralement indiquée en m/min. Pour la rectification, elle est indiquée en m/s.

Mouvement d'avance v_a. Peut être effectué soit manuellement, soit automatiquement par la machine.

La vitesse d'avance v_a (mm/min) est la vitesse à laquelle l'outil et la pièce se déplacent l'un vers l'autre pendant l'usinage.

L'avance *s* est le chemin parcouru par l'outil, p. ex. lors du perçage, de la rectification ou du fraisage, ou parcouru par la pièce pendant une révolution de l'outil.

Mouvement d'approche *a*, a_b. C'est le mouvement qui s'effectue entre l'outil et la pièce et qui détermine l'épaisseur du copeau à enlever.

La vitesse de coupe, la vitesse d'avance et le mouvement d'approche dépendent ...

- ... de la méthode de travail et de la conception de la machine;
- ... du matériau à usiner;
- ... de la matière de l'outil de coupe;
- ... de la finition de surface exigée;
- ... du refroidissement et de la lubrification de l'outil;
- ... de la durée de vie exigée de l'outil.

Formation de copeaux (ill. 2)

Lors de chaque usinage par enlèvement de copeaux, le matériau est refoulé et séparé par une incision du tranchant de l'outil. Ensuite, il est dégagé comme copeau au-dessus de la face d'attaque du tranchant.

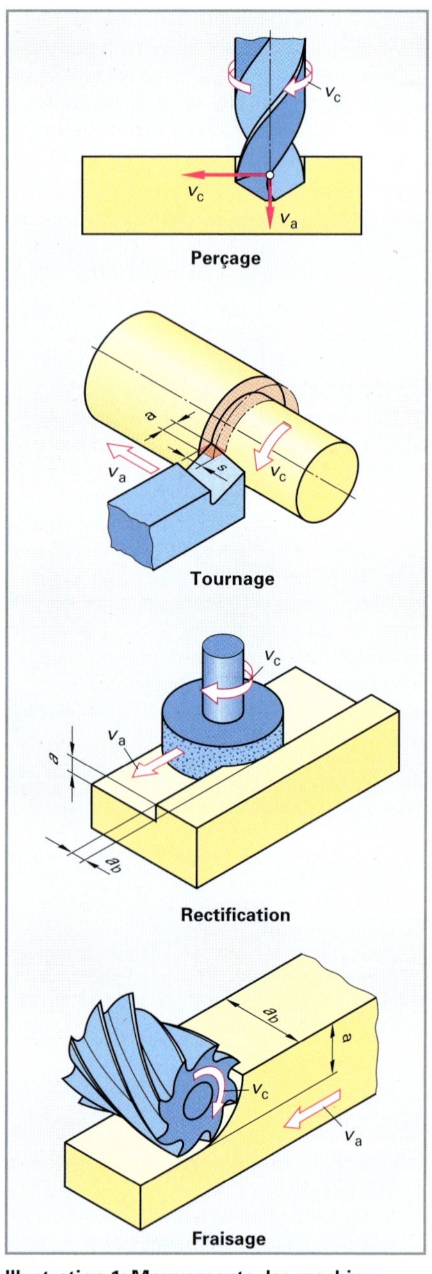

Illustration 1: Mouvements des machines outils

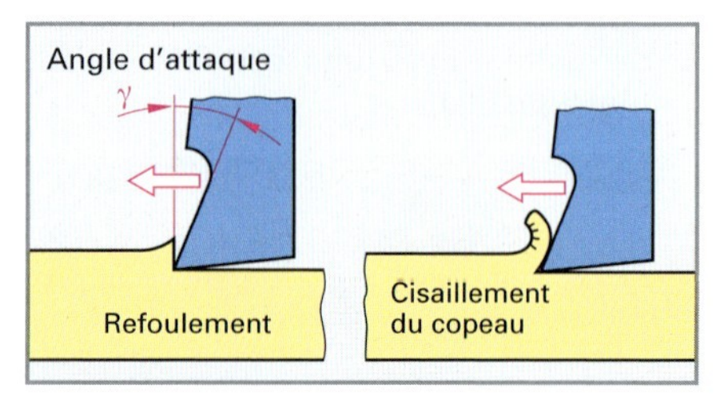

Illustration 2: Formation de copeaux

Types de copeaux (ill. 1)

Les copeaux fragmentés se forment lors de l'usinage de matériaux cassants, p. ex. la fonte grise, en cas de petits angles d'attaque, lors de faibles vitesses de coupe et lors de grandes profondeurs de coupe. La surface devient rugueuse et ne sera pas précise, ni dans ses dimensions, ni dans sa forme.

Les copeaux de cisaillage se forment lors d'angles d'attaque moyens, lors de l'usinage de matériaux durs et lors de vitesses de coupe réduites. Ces copeaux s'émiettent en écailles, se rejoignent partiellement en se soudant et forment des copeaux hélicoïdaux courts qui ne sont pas gênants pour le déroulement du travail.

Les copeaux continus se forment lors de grands angles d'attaque, lors d'usinage de matériaux durs, lors de hautes vitesses de coupe et lors d'une faible ou moyenne profondeur de coupe. On obtient des surfaces de pièces lisses de bonne qualité. Toutefois, les copeaux longs continus peuvent être gênants pour le déroulement du travail, p. ex. sur les tours automatiques.

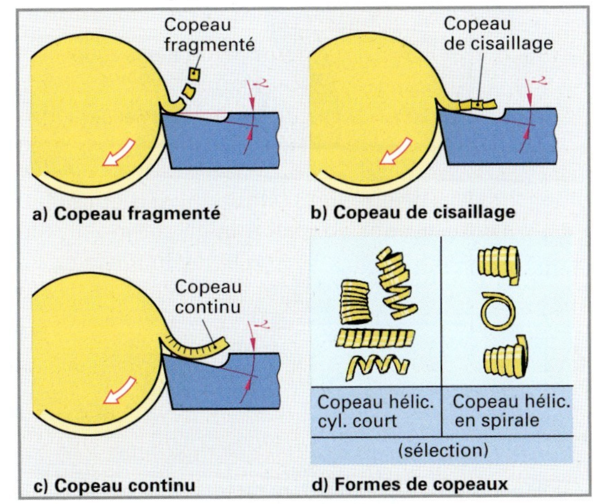

Illustration 1: Types et formes de copeaux

Arête rapportée (ill. 2). Elle se forme sur la face d'attaque de l'outil pendant l'enlèvement des copeaux. L'arête rapportée apparaît lorsque la vitesse de coupe est trop faible, lorsque le refroidissement et la lubrification sont insuffisants ou lorsque la face d'attaque de l'outil est trop rugueuse. Le dépôt de particules de matériaux modifie défavorablement le tranchant de l'outil et produit une surface de pièce rugueuse. Les arêtes rapportées ne se forment ni sur les outils en céramique, ni sur les outils diamantés.

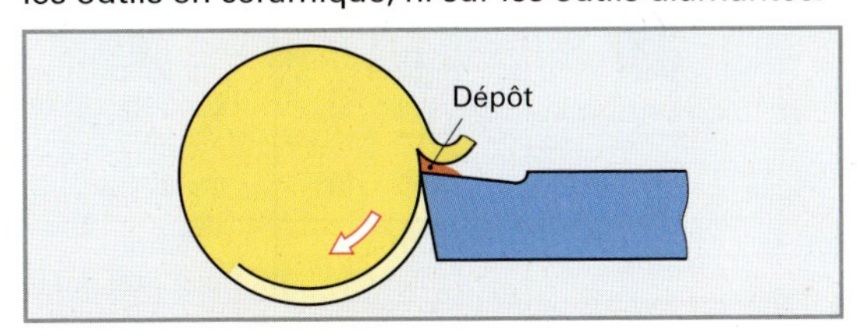

Illustration 2: Arête rapportée

Refroidissement et lubrification lors de l'enlèvement de copeaux

Lors de l'usinage par enlèvement de copeaux, la friction du tranchant de l'outil contre la zone extérieure de la pièce provoque un échauffement. Si, pendant l'enlèvement de copeaux, on ne refroidit pas suffisament, des températures de plus de 1000 °C peuvent apparaître.

Les conséquences d'une lubrification réfrigérante insuffisante peuvent être les suivantes:
- usure prématurée des outils;
- variations des dimensions;
- qualité de surface diminuée;
- formation de fissures dans la zone extérieure de la pièce;
- diminution de la résistance.

Lors de l'usinage par enlèvement de copeaux, on utilisera, en fonction de la vitesse de coupe, des lubrifiants réfrigérants non miscibles avec l'eau, p. ex. huiles de coupe avec additifs ou des lubrifiants réfrigérants miscibles avec l'eau, p. ex. soude avec eau (solution lubrifiante).

Vitesses de coupe réduites → peu de refroidissement nécessaire → lubrifiants réfrigérants non miscibles avec l'eau, p. ex. filetage.

Vitesses de coupe élevées → grand refroidissement nécessaire → lubrifiants réfrigérants miscibles avec l'eau, p. ex. aléser, tourner, fraiser.

Elimination. Les lubrifiants réfrigérants usagés doivent être traités comme des déchets spéciaux.

QUESTIONS DE RÉVISION

1. **Quels mouvements distingue-t-on lors de l'usinage par enlèvement de copeaux sur les machines-outils?**
2. **Qu'entend-on par vitesse de coupe et vitesse d'avance?**
3. **Quelles sont les conséquences d'un manque de refroidissement et de lubrification lors de l'usinage par enlèvement de copeaux?**

7.4.3.1 Fraisage

Le fraisage est un procédé automatique d'usinage par enlèvement de copeaux permettant de produire des coupes de formes géométriques bien définies. Il permet de produire des surfaces planes et arrondies au moyen d'outils rotatifs ayant plusieurs arêtes coupantes.

Utilisation. P. ex. fabrication de roues d'engrenages, de surfaces planes **(ill. 3)**, de surfaces radiales (fraisage libre) et de surfaces hélicoïdales.

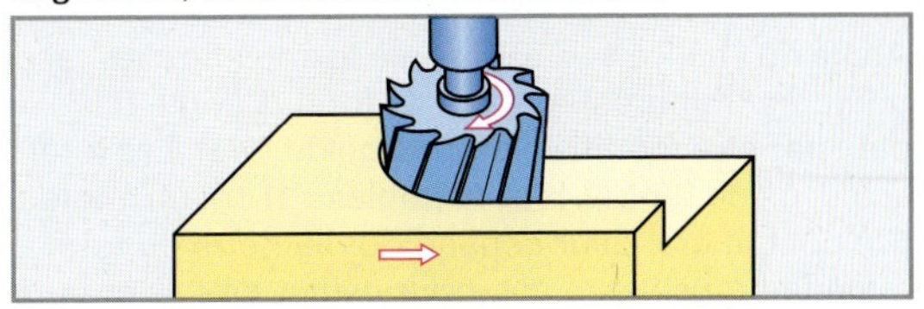

Illustration 3: Fraisage en bout

7.4.3.2 Perçage

Dans la technique des travaux sur métaux, le perçage est un usinage mécanique par enlèvement de copeaux qui permet d'obtenir des coupes de formes géométriques précises. Il s'effectue au moyen d'outils à arêtes de coupe multiples et permet de réaliser des trous cylindriques (alésages).

Foret hélicoïdal (ill. 1). C'est l'outil de perçage le plus utilisé. Ses avantages sont:

- angles de tranchant favorables;
- bonnes possibilités de serrage;
- diamètre constant après affûtage;
- évacuation automatique des copeaux;
- lubrification facilitée lors du perçage.

Procédure de perçage. Le mouvement principal de rotation est généralement effectué par l'outil de perçage qui est simultanément poussé axialement contre la pièce immobile (mouvement d'avance). Cela entraîne la formation continue de copeaux. La vitesse de coupe dépend du matériau usiné, ainsi que de celui du foret. L'avance dépend du diamètre du foret, du matériau à usiner et de la procédure de perçage.

Dénomination d'un foret hélicoïdal (ill. 2)

Arêtes de coupe principales. Deux goujures situées sur la pointe du foret forment les arêtes de coupe principales. Ce sont elles qui se chargent du principal travail d'usinage par enlèvement de copeaux.

Arêtes de coupe secondaire. Elles sont formées par les goujures de coupe de l'outil et lissent le trou.

Ame. Elle réduit la procédure d'enlèvement des copeaux car elle ne coupe pas mais agit comme un grattoir.

Listels. Ils guident le foret de manière précise durant le perçage. En outre, ils réduisent la friction et donc le risque que le foret ne se coince lors du perçage.

Angle de pointe. Il est formé par les arêtes de coupe principales, il est choisi en fonction du matériau à usiner. Cet angle est de 118° pour l'usinage de l'acier, de l'acier coulé, de la fonte, de la fonte malléable.

Angle de dépouille. Il est formé par le dégagement de l'arrière des arêtes de coupes principales. L'angle de dépouille permet au foret de pénétrer dans la matière. Si on utilise un foret hélicoïdal avec un angle de pointe de 118°, l'angle de l'âme obtenu, après un affûtage correct, est de 55°, ce qui correspond à l'angle de dépouille pour l'usinage de l'acier.

Angle de l'hélice γ. C'est l'angle formé entre les faces de goujures (rainures) et l'axe du foret. L'angle d'hélice ne peut pas être modifié par affûtage du foret. Les forets hélicoïdaux de **type N, H et W (tableau 1)** ont un angle d'hélice dont la grandeur dépend du diamètre du foret et du matériau à usiner, p. ex. pour usiner de l'acier ou de la fonte, l'angle d'hélice approprié est de 19° à 40°.

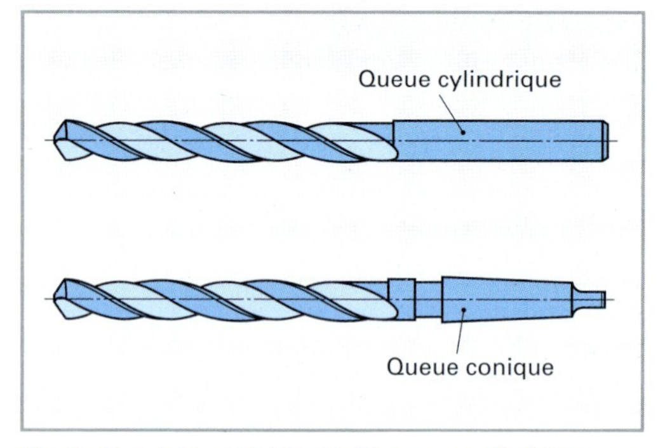

Illustration 1: Foret hélicoïdal à queue cylindrique ou conique

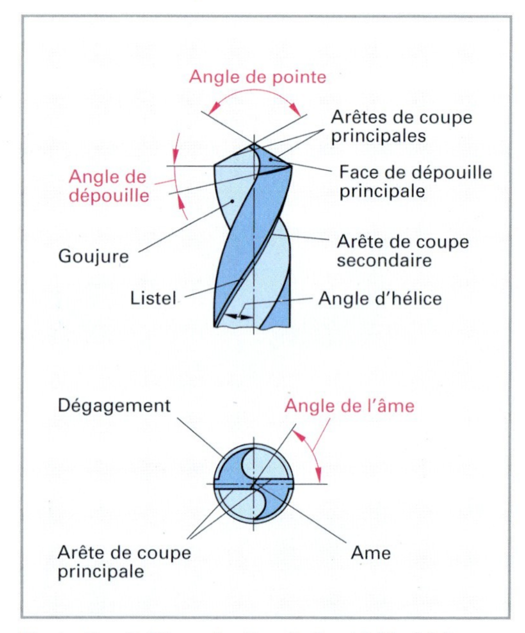

Illustration 2: Dénomination du foret hélicoïdal

Tableau 1: Angle d'hélice

Type de foret		
N	H	W
118° γ = 19°...40°	118° γ = 10°...19°	130° γ = 27°...45°
Normal	Dur à mi-dur	Tendre à semi-tendre
Matériaux métalliques		

Affûtage d'un foret hélicoïdal

Pour affûter avec précision les angles de coupe d'un foret, on utilise des systèmes d'affûtage pour forets.

Erreurs lors de l'affûtage manuel (tableau 1)

- Arêtes de coupe de longueurs inégales.
- Angles de pointe inégaux.
- Angles de dépouille trop grands ou trop petits.

Conséquences de ces erreurs

- Diamètre de perçage trop grand.
- Durée de vie du foret raccourcie.

Pour éviter ces erreurs, l'affûtage du foret doit être contrôlé avec un gabarit. Si l'angle de dépouille est trop grand, les arêtes de coupe du foret se cassent car le tranchant de l'outil est affaibli. Si l'angle de dépouille est trop petit, le frottement entre la face de dépouille du foret et la pièce sera trop important, le foret chauffera. Pour des perçages supérieurs à 15 mm de diamètre, il faut percer un avant-trou car les forets de grand diamètre exigent une force de pénétration élevée. C'est pour cette raison que ces forets sont souvent affûtés différemment, à savoir que l'on réduit l'âme à environ 1/10 du diamètre du foret.

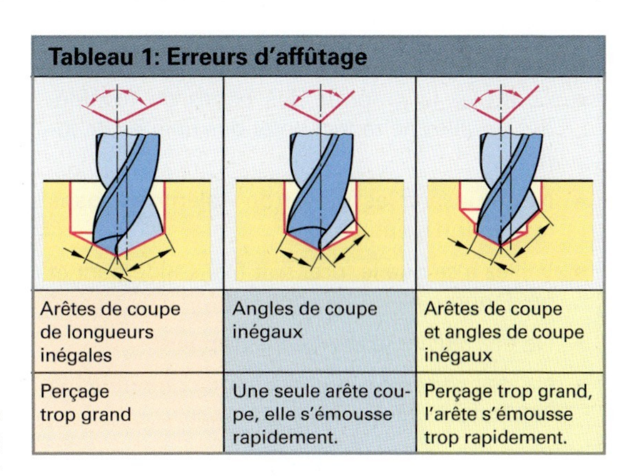

Tableau 1: Erreurs d'affûtage

Arêtes de coupe de longueurs inégales	Angles de coupe inégaux	Arêtes de coupe et angles de coupe inégaux
Perçage trop grand	Une seule arête coupe, elle s'émousse rapidement.	Perçage trop grand, l'arête s'émousse trop rapidement.

Perceuses

Les perceuses à main conviennent pour les perçages ne nécessitant pas une grande précision. Elles sont généralement munies d'un mandrin de serrage à trois mors.

> Les perceuses à main électriques ne doivent être utilisées que si elles sont en parfait état. Les câbles, prises ou corps de perceuses endommagés représentent un danger mortel.

Les perceuses d'établi ou les perceuses à colonne **(ill. 1)** sont appropriées pour les travaux de perçage exigeant une grande précision et une capacité élevée d'enlèvement de copeaux.

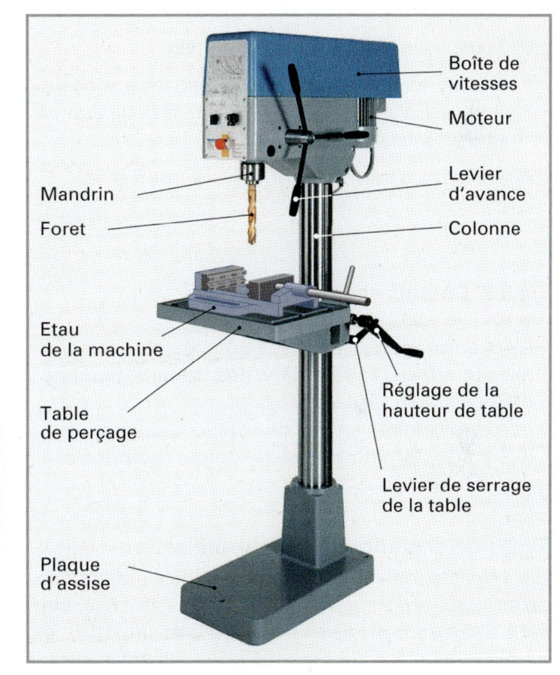

Illustration 1: Perceuse à colonne

Serrage du foret (ill. 2)

La plupart du temps, les petits forets (jusqu'à environ 12 mm de diamètre) ont une queue cylindrique et sont fixés dans des mandrins de serrage à trois mors, dans des pinces de serrage ou des douilles de serrage. Les forets de dimensions supérieures ont généralement une queue conique (cône morse). Ils sont fixés par adhérence au cône intérieur de la broche de la perceuse par poussée axiale. Un chasse-cône est nécessaire pour libérer le foret du mandrin.

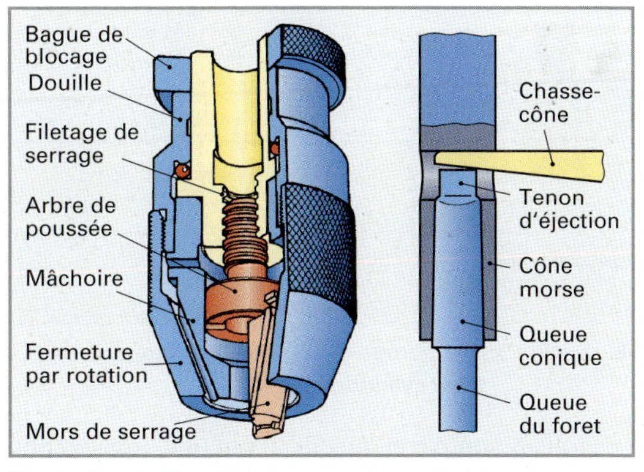

Illustration 2: Mandrin de fixation rapide **Foret à queue conique**

Serrage des pièces

Il doit être effectué avec soin. Il faut p. ex. faire particulièrement attention aux tôles qui risquent d'être arrachées lors du perçage. Lorsqu'il sort du perçage, le foret peut accrocher facilement, ce qui peut provoquer des accidents. Les petites pièces doivent être correctement serrées dans l'étau de la machine **(ill. 1)**.

Règles de travail

- Contrôlez la propreté des cônes de fixation, des douilles de réduction et des queues de foret.
- Ne pas insérer les forets trop violemment dans le mandrin de perçage.
- Veillez à ce que le foret soit fixé solidement et qu'il tourne avec précision.
- Ne pas ajuster le foret en le frappant.
- Ne pas serrer un foret à queue conique dans un mandrin à trois mors.
- Pointez le centre du perçage et, le cas échéant, effectuer un avant-trou.
- Fixez solidement la pièce à percer.
- Choisir le bon type de foret avec un tranchant adéquat. Veiller à ce que les vitesses de coupe et d'avance soient adaptées.
- Utilisez un lubrifiant réfrigérant approprié.

Prévention des accidents

- Portez des vêtements de travail adaptés, avec des manches étroites.
- Couvrir les cheveux longs, p. ex. avec un filet à cheveux.
- Après emploi, éloigner immédiatement les clefs du mandrin et le chasse-cône de la broche de perçage.
- Portez des lunettes de protection pour usiner des matériaux cassants.
- Assurez la fixation des pièces risquant d'être arrachées.
- Actionnez tous les dispositifs de sécurité de l'appareil pendant le travail.
- Evacuez les copeaux de perçage au moyen d'un pinceau ou par aspiration.
- Ne changer les courroies qu'une fois l'appareil arrêté.
- Faire réparer immédiatement par un électricien tout dommage sur l'installation électrique (ne pas réparer soi-même).

7.4.3.3 Chambrage

Le chambrage est un procédé spécial d'usinage permettant de réaliser, dans des trous de perçage déjà existants, des surfaces planes ou coniques, perpendiculaires à l'axe de rotation. Dans ce cas, il faut adopter une vitesse de coupe moindre que lors du perçage .

Types de chambrages et leur utilisation

Les mèches à pivot ont des pivots de guidage fixes ou amovibles pour guider l'outil dans l'alésage. Elles sont utilisées pour **le chambrage plat (ill. 1),** p. ex. pour creuser des logements pour les têtes de vis cylindriques à six pans creuses, les TORX ou les cruciformes.

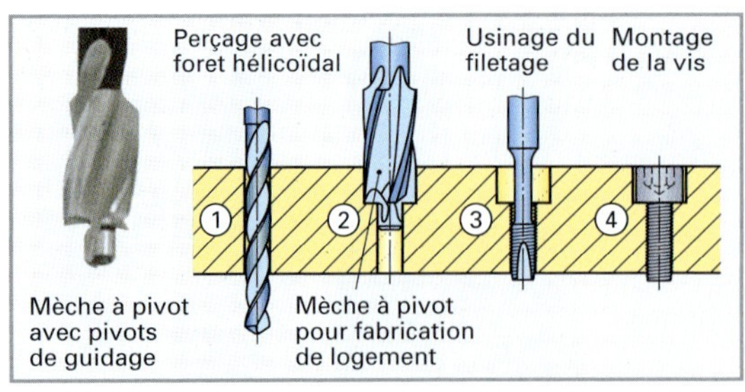

Illustration 1: Chambrage plat pour logement de vis à têtes cylindriques

Les fraises à tête conique (ill. 2) ont une, trois ou plusieurs arêtes de coupe. Elles existent avec ou sans pivot de guidage. Ces fraises sont utilisées pour ébavurer les perçages et pour créer des chambrages coniques pour les rivets et les têtes de vis. Leurs angles de pointe sont normalisés, p. ex.

- 60°: ébavurer
- 75°: têtes de rivets
- 90°: tête de vis noyées et taraudages
- 120°: rivets de tôle

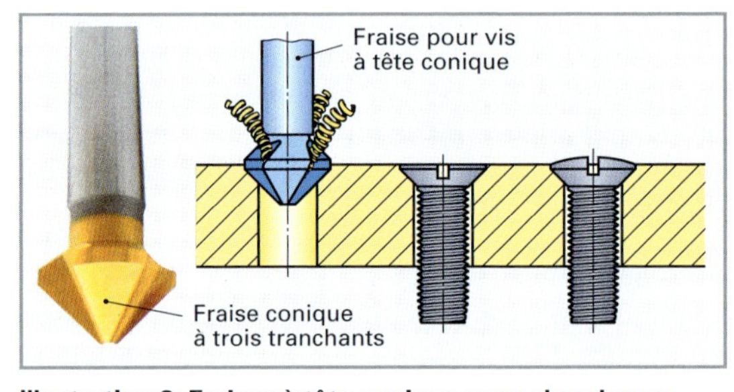

Illustration 2: Fraises à tête conique pour chambrage

Questions de révision

1. **Quelles sont les grandeurs de l'angle de pointe, de l'angle d'hélice et de l'angle de l'âme pour le perçage de l'acier?**
2. **Quels problèmes provoquent des diamètres de perçage trop grands?**
3. **Quelles sont les raisons possibles qui provoquent l'échauffement des forets?**
4. **A quoi faut-il faire particulièrement attention lors du serrage des outils de perçage et des pièces?**
5. **Pourquoi faut-il porter des lunettes de protection en perçant des matériaux cassants?**
6. **Quels sont les angles des fraises à tête conique?**

7.4.3.4 Tournage

Le tournage est un procédé mécanique de finition par enlèvement de copeaux; l'angle de coupe y est défini géométriquement. Il permet de réaliser des surfaces rondes ou planes avec un outil à une seule arête de coupe.

Classification des procédés de tournage

Elle dépend …

- … de la position des surfaces à usiner par rapport au tournage extérieur ou intérieur **(ill. 1);**
- … de la direction de l'avance par rapport à l'axe de rotation: chariotage (cylindrique) ou dressage (tournage transversal) **(ill. 2);**
- … des surfaces produites en tournage: surfaces cylindriques, dressage de faces, profils, formes et filets.

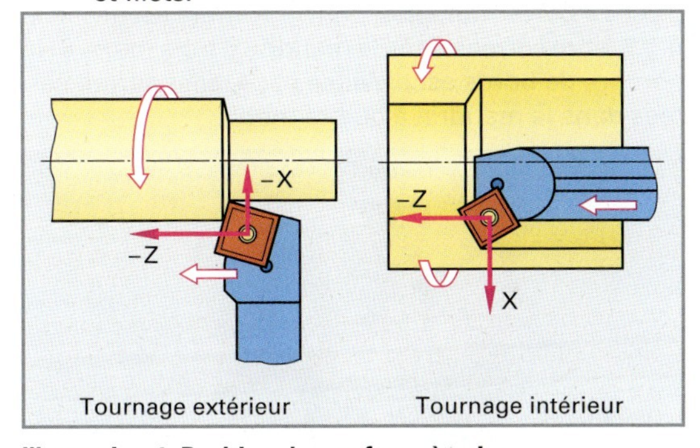

Illustration 1: Position des surfaces à usiner

Mouvements lors du tournage (ill. 2)

Mouvement de coupe. Lors de l'usinage d'une pièce sur un tour, le mouvement principal est exécuté par la pièce en rotation. Le diamètre et la vitesse de rotation permettent d'obtenir la vitesse de coupe. La vitesse de coupe dépend des facteurs suivants:

- matériau de la pièce à usiner;
- matériau des outils de coupe;
- lubrification/réfrigération;
- qualité des surfaces.

Mouvement d'avance. Pour le dressage, il est dans l'axe longitudinal Z (axe de la pièce) et dans l'axe X (transversal à la pièce) pour le chariotage. Le **mouvement d'avance *s*** est indiqué en mm par tour.

Mouvement d'approche. Pour le chariotage, il est dans l'axe X et pour le dressage dans l'axe Z. La **profondeur de coupe *a*** correspond à la pénétration de l'outil de coupe.

Grâce aux actions conjuguées du mouvement de coupe et du mouvement d'avance, il se forme un copeau de section *A*.

Section des copeaux *A* (ill. 2). C'est le produit de l'avance *s* par la profondeur de coupe *a*. En cas d'usinage important, il faut procéder en plusieurs étapes, p. ex commencer par effectuer des passes d'ébauche, puis de finition.

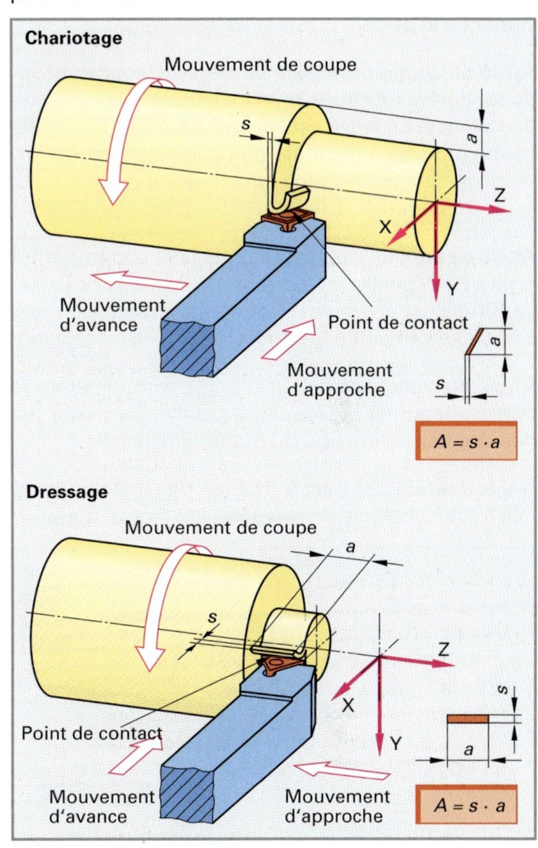

Illustration 2: Mouvement lors du tournage

Formes des burins (ill. 3). On les distingue en fonction de:

- la direction de coupe (**D** coupe à droite, **G** coupe à gauche, **N** neutre);
- la position de l'attaque, burin extérieur et burin intérieur **(ill. 1)**

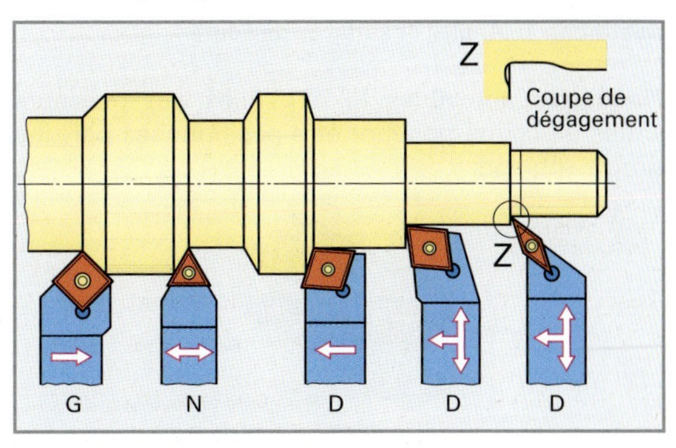

Illustration 3: Burins extérieurs

Constitution du burin

Angles et surfaces (ill. 1). Dans sa forme de base, le burin correspond à un coin formé par l'angle de dépouille α, l'angle du tranchant β et l'angle d'attaque γ. Le copeau est découpé par le burin à la surface de coupe de la pièce.

Arête de coupe principale et arête de coupe secondaire. L'arête de coupe principale donne la direction de l'avance. En fait, c'est elle qui découpe. L'arête de coupe principale et l'arête de coupe secondaire forment un coin de découpe qui influence la création et la profondeur des stries.

Angle de dépouille α. C'est l'angle libre compris entre la face de dépouille et la surface de découpe de la pièce. Sa valeur détermine le frottement ainsi que la pression s'exerçant entre la surface de la pièce et le burin.

Angle du tranchant β. C'est l'angle compris entre la face d'attaque et la face de dépouille. Sa valeur est déterminée en fonction du matériau à usiner.

Angle d'attaque γ. Il est formé par une ligne horizontale traversant l'axe de rotation et la face d'attaque.

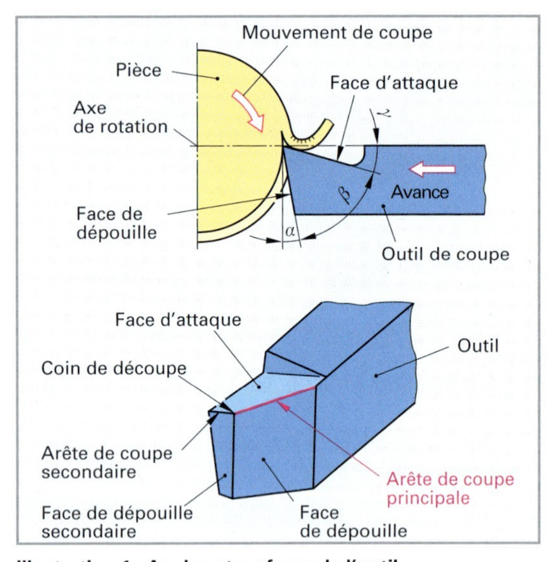

Illustration 1: Angles et surfaces de l'outil

Plaquettes amovibles (ill. 2). Elles ont plusieurs arêtes de coupe pouvant être positionnées par une simple rotation.

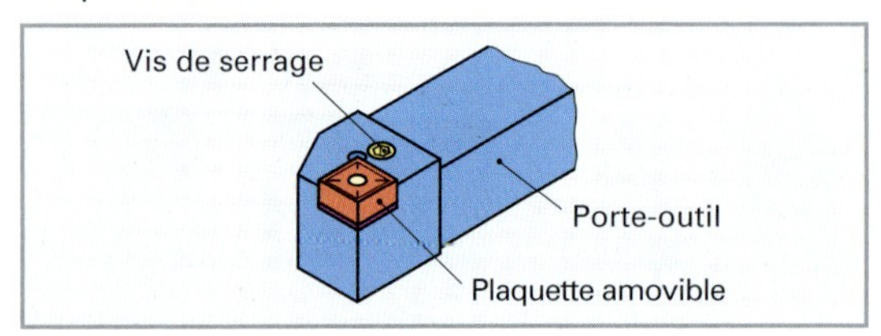

Illustration 2: Porte-outil avec plaquette amovible

Serrage du burin

Le burin doit être fixé fermement et le plus court possible. En général, le coin de coupe du burin doit être réglé sur le milieu de la pièce (hauteur de l'axe de rotation). Par ce réglage, l'angle de dépouille et l'angle d'attaque ont une valeur correcte.

Serrage de la pièce

Les pièces à usiner doivent être serrées sur le tour en fonction de leur forme.

Les dispositifs de serrage suivants sont utilisés:

- mandrin de serrage
- serrage entre pointes
- pince de serrage
- plateau de fixation

Mandrin (ill. 3). Il existe des mandrins à trois ou à quatre mors, les pièces cylindriques peuvent être serrées indifféremment sur l'un ou sur l'autre. Les pièces à bords multiples, dont le nombre est divisible par **3,** sont serrées dans le mandrin à trois mors. Si le nombre de bords est divisible par **4**, elles seront serrées dans le mandrin à quatre mors.

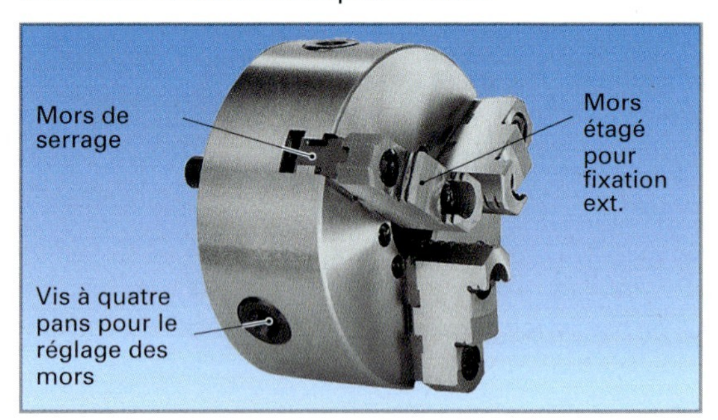

Illustration 3: Mandrin à trois mors

Règles de travail

- Les mors de serrage ne doivent pas dépasser du mandrin.
- La force de serrage doit être adaptée à la pièce et à la valeur de l'effort de cisaillement.
- Toujours retirer immédiatement la clef du mandrin.
- Serrer l'outil de coupe de manière sûre et ferme et aussi court que possible. Le régler au centre de la pièce.
- Ne jamais serrer ou desserrer l'outil de coupe lorsque la machine fonctionne.

Questions de révision

1 **Quelle est la direction de l'avance lors du chariotage et lors du dressage?**

2 **Pourquoi doit-on régler l'outil de coupe au centre de la pièce?**

3 **Quelles règles de travail doit-on observer lors du tournage?**

7.4.3.5 Meulage

Le meulage est un procédé de rectification dont la géométrie de coupe n'est pas définie **(ill. 1)**.

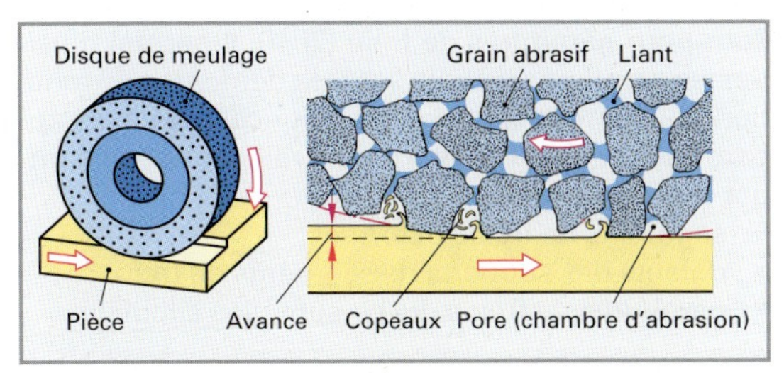

Illustration 1: Procédé de meulage

Le meulage permet d'atteindre une grande précision de forme, de dimension et une grande qualité de surface. Les principaux travaux de meulage sont:

- tronçonner, p. ex. pour des travaux de réparation;
- meuler des surfaces, p. ex. travaux de finition;
- meuler des plans, p. ex. surfaces cylindriques;
- meuler des formes, p. ex. des cames;
- affûter des outils, p. ex. foret hélicoïdal.

Meules. Elles sont composées d'abrasifs et de liants.

Abrasifs. Ils sont identifiés par des lettres majuscules. Les plus couramment utilisés sont le corindon ordinaire, semi-fin, fin **(A)**, le carbure de silicium **(C)**, le carbure de bore **(B)** et le diamant **(D)**.

Liants. On distingue les liants **non organiques**, p. ex. la céramique **(V)** et **organiques**, comme p. ex. les résines synthétiques **(B)**, le caoutchouc **(R)**, le caoutchouc renforcé par des armatures de fibres **(RF)**. La résistance à l'éclatement des grains abrasifs générée par le liant, est appelée degré de dureté. Les degrés de dureté sont identifiés par des lettres (A, B, C, D extrêmement tendre à X, Y, Z extrêmement dur).

On choisit un degré tendre pour des matériaux durs et un degré dur pour des matériaux tendres.

Dimension des grains. Selon la norme américaine, elle correspond au nombre de mailles d'un tamis, sur une longueur de 1 pouce, à travers lesquelles les grains peuvent encore passer. Selon le standard européen **FEPA** (= **F**édération **E**uropéenne des **P**roduits **A**brasifs), la dimension des grains est indiquée par un **P** et **un numéro**. **Exemple:** grains pour meulage très fin: P 500 (standard FEPA), ce qui correspond à une dimension d'environ 320 à 360 selon la norme américaine.

Indice de structure (ill. 2). Elle désigne le rapport entre le volume des grains, le liant et le volume des pores de la meule. Plus l'indice est grand, plus la structure est ouverte.

Plus l'enlèvement de copeaux est important, plus la structure doit être ouverte.

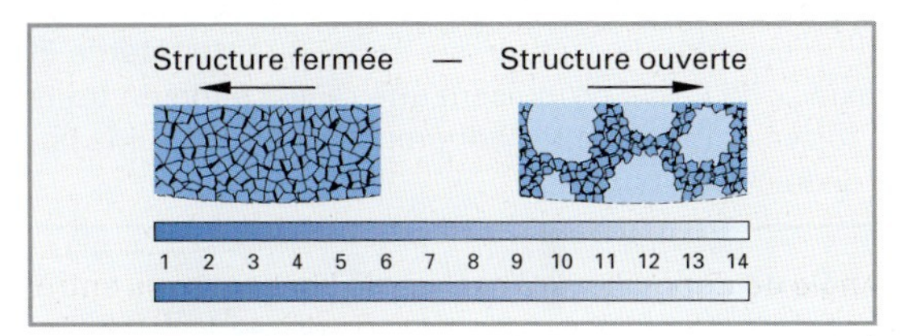

Illustration 2: Indice de structure

7.4.3.6 Façonnage de précision

Grâce au façonnage de précision (finition), on peut obtenir les caractéristiques suivantes sur les pièces automobiles:

- faible rugosité;
- pourcentage élevé de surfaces en contact;
- bon comportement de glissement;
- grande précision de dimensions, de formes et de positions.

La finition s'effectue avec de très faibles mouvements d'avance et une profondeur de coupe minime.

Rodage

Le rodage est un procédé de finition par enlèvement de copeaux au moyen de grains abrasifs libres et sans forme géométrique définie.

Lors du rodage, on utilise un mélange de pâte et de poudre de rodage (corindon, carbure de silicium ou de bore) qui est inséré entre la pièce à usiner et l'outil. La pièce et l'outil sont alors constamment déplacés l'un contre l'autre sous pression **(ill. 3)**.

Rodage d'alésages (ill. 3). Il permet d'ajuster deux pièces l'une par rapport à l'autre, p. ex. des éléments de pompe à injection, des injecteurs, des soupapes de synchronisation de boîtes de vitesse automatiques.

Rodage de surfaces planes (ill. 3). Il permet de traiter les surfaces des pièces avec une précision telle que le montage d'un joint d'étanchéité se révèle généralement inutile, p. ex. les surfaces des pignons d'engrenage de pompes à huile.

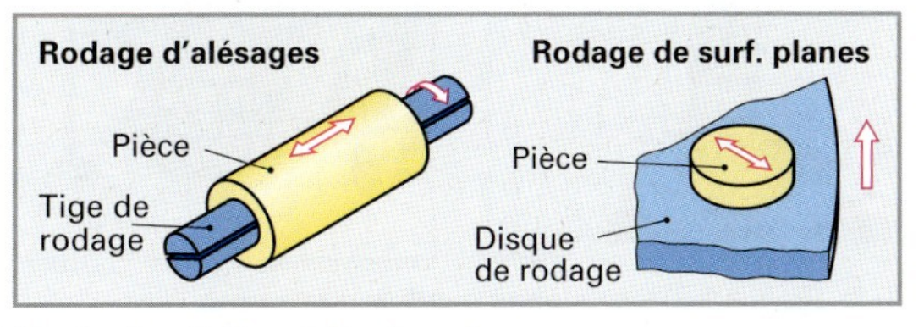

Illustration 3: Procédés de rodage

Honage

Le honage est un procédé de finition par enlèvement de copeaux au moyen de pierres abrasives sans géométrie d'arêtes de coupe définie.

Le honage est utilisé p. ex. pour les alésages des cylindres de frein, les alésages de roues dentées, les alésages des cylindres de moteur **(ill. 1)**. Lors du honage d'un cylindre de moteur, les mouvements rotatifs et axiaux de l'outil produisent une rectification en traits croisés qui augmente l'adhérence de l'huile sur la paroi du cylindre.

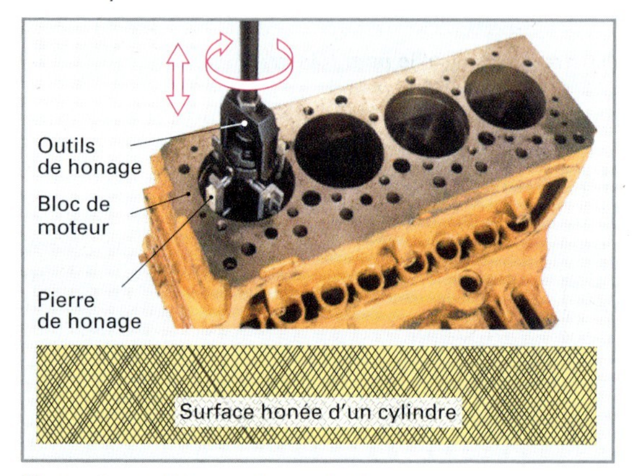

Illustration 1: Honage d'un cylindre

7.4.3.7 Procédés spéciaux pour l'entretien des pièces automobiles

Pour assurer une maintenance appropriée des pièces automobiles, on utilise des procédés spéciaux et des machines particulières.

Fraiseuse pour sièges de soupape (ill. 2). Elle permet d'usiner les sièges de soupape avec précision. Pour cela, on introduit une tige-guide (tige pilote) dans le guide de soupape. La tige ne doit pas avoir de jeu. Grâce à l'outil, qui comprend trois arêtes de coupe en acier trempé (angle de siège de soupape 45°, angles de correction 15°, 75°), il est possible d'effectuer trois opérations en même temps.

Ill 2: Fraiseuse pour sièges de soupape

Ill. 3: Tour pour tête de soupape

Tour pour tête de soupape (ill. 3). Il permet d'usiner avec précision la portée des soupapes. La soupape est insérée, puis serrée dans la poupée fixe du cône de centrage. Le guidage de la soupape est assuré par une lunette. L'approche et la mise au point de l'angle s'effectuent par le porte-outil.

Tour pour garnitures de frein (ill. 4). Il permet d'usiner les garnitures de frein sans les démonter, en fonction du diamètre du tambour. Pour cela, on fixe l'appareil sur le cône de l'axe. Ce travail permet de corriger les défauts suivants:

- segments de freins déformés;
- défauts des supports de segments de frein;
- garnitures de freins qui ne sont plus circulaires.

Pendant le tournage, les poussières doivent être aspirées.

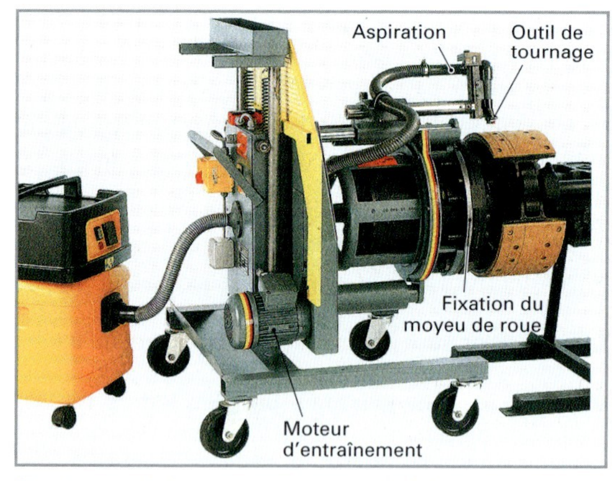

Illustration 4: Tour pour garnitures de frein

Rectifieuse-fraiseuse pour blocs-moteur et culasses (ill. 5). Ce sont des machines spéciales pour le travail des surfaces d'étanchéité, le planage de culasses et de carters en fonte ou en alliage d'aluminum. Une meule segmentée rotative, placée sur la tête de l'outil, assure le mouvement de coupe et le mouvement d'avance. Pour les alliages d'aluminium, on utilise un disque à couteaux à la place du disque segmenté.

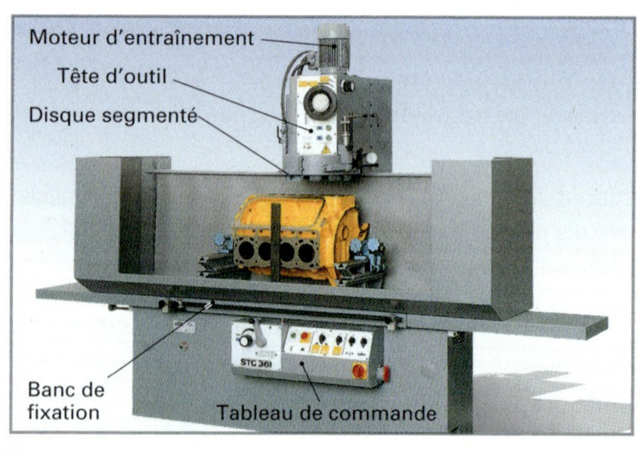

Illustration 5: Rectifieuse-fraiseuse pour blocs-moteur et culasses

7.5 Séparation sans enlèvement de copeaux

Il s'agit d'un procédé mécanique de séparation sans enlèvement de copeaux. Il en résulte une chute de matière dont la forme est préalablement définie, sans enlèvement de copeaux.
On distingue le cisaillage et le découpage.

7.5.1 Cisaillage

Le cisaillage est un découpage sans enlèvement de copeaux, qui a lieu entre deux arêtes de coupe, se déplaçant l'une vers l'autre. Dans ce procédé, la matière est coupée par cisaillement.

Dans le cisaillage, on distingue le découpage en forme et le découpage en longueur.

Le découpage en forme permet d'obtenir des lignes de coupe fermées, comme p. ex. lorsque l'on effectue une découpe circulaire dans une tôle (étampage).

Le découpage en longueur permet d'obtenir, au moyen d'une cisaille, des lignes de coupe ouvertes, comme p. ex. lorsque l'on découpe une bande de tôle.

Découpage avec cisailles

Les outils de cisaillement, manuels ou mécaniques, coupent environ 7/10 de l'épaisseur de la matière, le reste étant arraché.

Les arêtes de coupe des outils de cisaillement ont un angle d'attaque d'environ 5°, afin de faciliter la pénétration dans la matière. L'angle de dépouille de 1,5° à 3° réduit le frottement lors du cisaillement **(ill. 1)**.

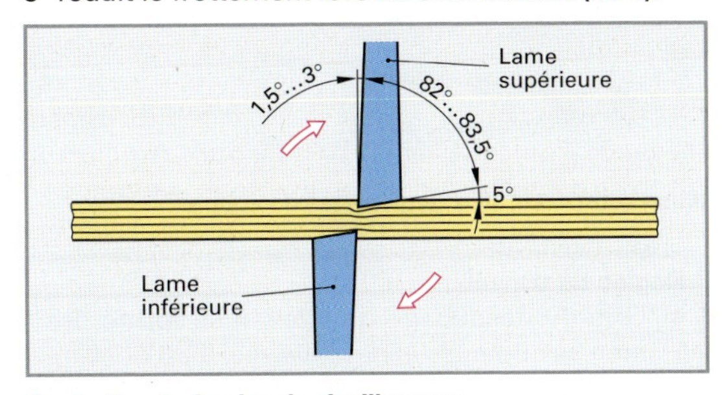

Illustration 1: Angles de cisaillement

Les cisailles à main pour tôle s'utilisent pour couper des tôles jusqu'à 1,8 mm d'épaisseur. On les distingue selon leur utilisation.

Les cisailles passe-tôle (ill. 2) sont utilisées pour de longues coupes droites. L'axe de rotation des lames se trouve au-dessus de la tôle. La tôle passe ainsi sous les mains, évitant tout risque de blessure. La découpe et la chute ne sont pas déformées.

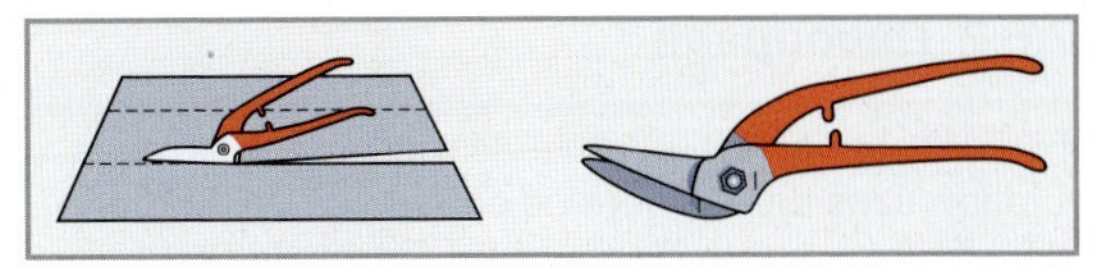

Illustration 2: Cisaille passe-tôle

Cisaille pour tôle Idéal (ill. 3) pour des découpes arrondies et droites.

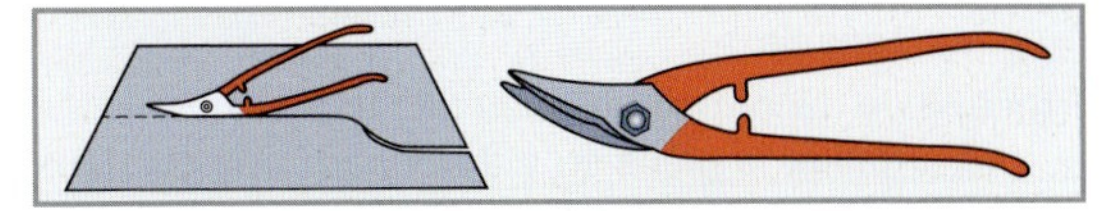

Illustration 3: Cisaille pour tôle Idéal

Les cisailles à chantourner sont utilisées pour découper des entailles. Le découpage commence généralement par le perçage d'un trou.

Les cisailles grignoteuses (ill. 4) coupent des tôles minces, également incurvées ou ondulées, sans les déformer. Lors de la découpe, il se forme une étroite bande de tôle en spirale. Les bords de coupe sont propres et sans bavure. On peut réaliser des coupes de forme à rayons étroits et des angles droits sans que les copeaux ne fassent obstacle.

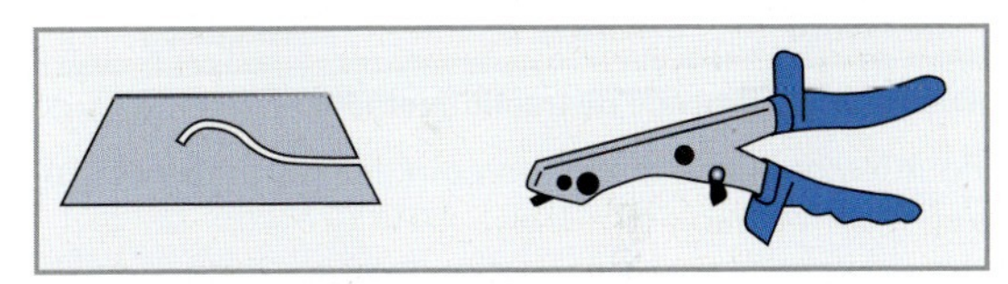

Illustration 4: Cisaille grignoteuse

Cisaille grignoteuse pneumatique (ill. 5). Elle est utilisée en carrosserie pour des découpes droites et incurvées.

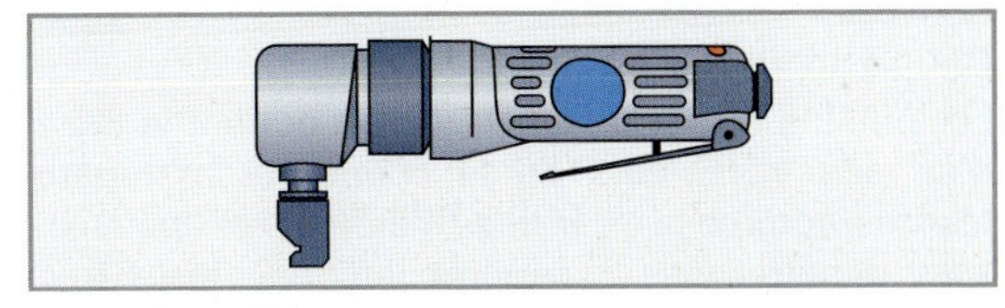

Illustration 5: Cisaille grignoteuse pneumatique

Les cisailles articulées (ill. 6) coupent des tôles jusqu'à environ 8 mm d'épaisseur.

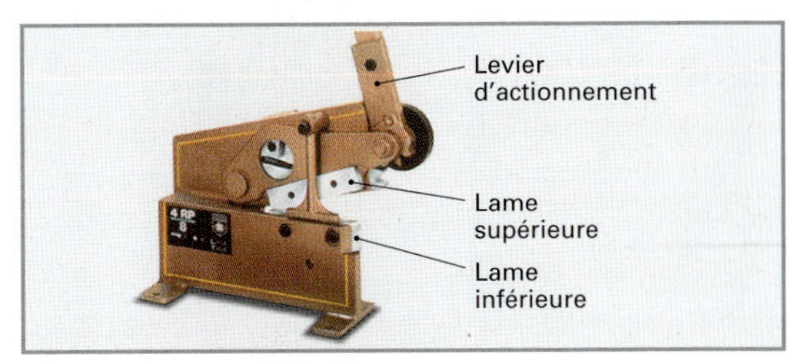

Illustration 6: Cisaille articulée

7.5.2 Découpage

Le découpage est un procédé mécanique de séparation sans enlèvement de copeaux à l'aide d'une ou de deux arêtes de coupe en forme de coin.

On distingue:
- la coupe au ciseau avec une arête, p. ex. emporte-pièce;
- la découpe à la pince coupante avec deux arêtes, p. ex. tenaille.

Procédé de découpe au ciseau **(ill. 1)**:
- pré-entailler la pièce en y enfonçant une ou deux arêtes de coupe en coin;
- entailler et repousser la matière;
- écarter la matière de part et d'autre et finalement déchirer la pièce.

Le procédé de fractionnement **(ill. 1)** est déterminé uniquement par l'angle du coin, car ce sont toujours les deux faces du coin qui attaquent; c'est pourquoi il n'existe ni angle de dépouille ni angle de coupe.

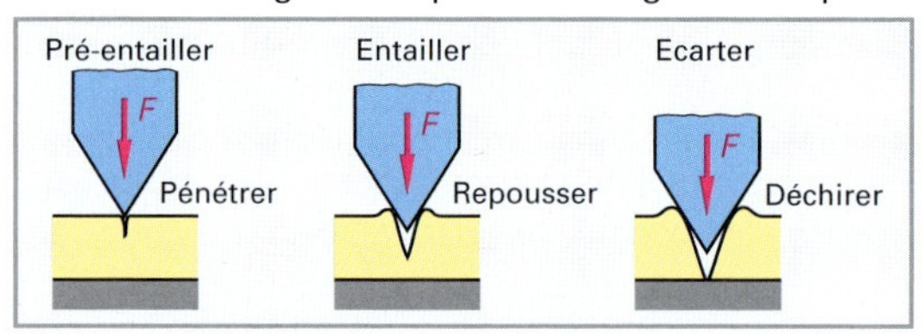

Illustration 1: Procédé de fractionnement

Pour les outils de coupe en coin, les paramètres suivants sont valables:

Angle du tranchant	grand	petit
Force de pénétration due à l'impact	grande	petite
Force de séparation	petite	grande
Durée d'utilisation de l'outil	longue	réduite

Coupe au ciseau

Les outils à une arête de coupe découpent la pièce d'un seul côté. Lors de la coupe de matériaux tendres, comme p. ex. le liège, l'arête de coupe du ciseau pénètre dans le support inférieur après fractionnement, c'est pourquoi celui-ci doit être fait sur une plaque tendre afin de ne pas endommager l'arête de coupe du ciseau. Les outils de découpage à une seule arête sont le burin plat, le burin à voussoir, l'emporte-pièce et le coupe-tubes **(ill. 2)**.

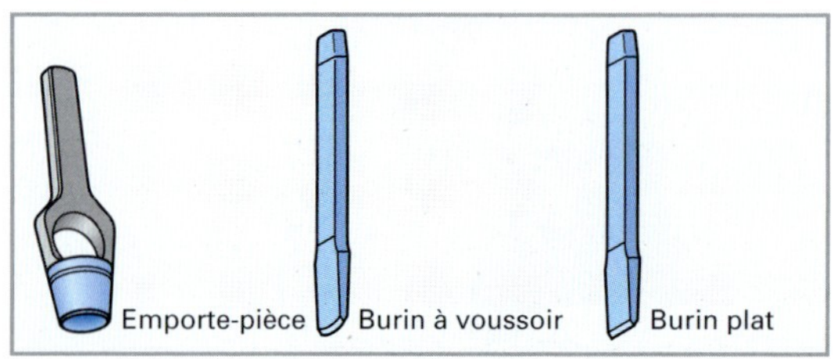

Illustration 2: Outils à une arête de coupe

Coupe-tubes (ill. 3). Il sert à couper les tubes à angle droit, comme p. ex. les conduites de frein. En serrant la vis de réglage, les ressorts Belleville pressent la roue coupante vers l'intérieur du tuyau. En effectuant un mouvement de rotation, l'outil tronçonne le tuyau. On règle la tension des ressorts à l'aide de la vis de réglage.

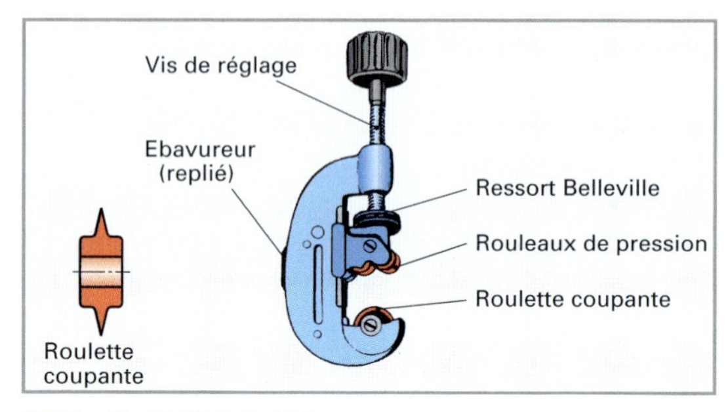

Illustration 3: Coupe-tubes

Découpe à la pince coupante

Les outils à deux arêtes de coupe **(ill. 4)** découpent la pièce par le mouvement de rencontre des deux arêtes de coupe. La séparation a lieu depuis les deux côtés.

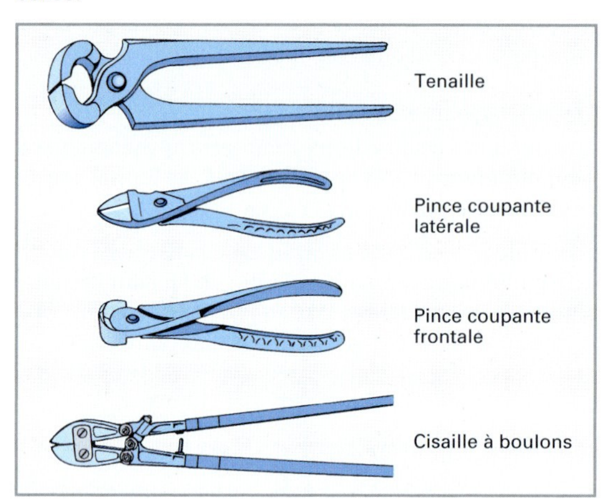

Illustration 4: Outils à deux arêtes de coupe

Règles de travail
- Lors du découpage de tôles, il se forme des arêtes coupantes et des bavures. Il est donc indispensable de porter des gants de protection.
- Toujours ébavurer les pièces.

Questions de révision

1. **Quelle est la différence entre une coupe avec une cisaille et une coupe avec un ciseau?**
2. **Pour quels travaux utilise-t-on principalement des cisailles passe-tôle, des cisailles à tôle Idéal et des cisailles grignoteuses?**
3. **Lors de la coupe au ciseau, quelle est la relation entre l'angle de tranchant et la force de séparation?**

7.6 Assemblage

L'assemblage est la jonction de deux ou plusieurs pièces. On crée et on renforce ainsi la cohésion au point d'assemblage.

Dans les véhicules automobiles, selon les exigences requises, on utilise des assemblages par soudure, par collage, par rivetage, par vissage, par cannelures et par pression.

7.6.1 Classification des assemblages

Classification selon	Types, exemples
Cohésion	**par adhérence,** vissage, serrage **par obstacle,** arbre cannelé, vis d'ajustage, clavette **par obstacle et adhérence,** assemblage arbre-moyeu **par liaison moléculaire,** soudure, collage.
Mobilité	**mobile,** glissière **fixe,** vissage, soudure, rivetage
Réversibilité	**démontable,** vissage **non démontable,** brasage, rivetage, soudure

Classification selon la cohésion

Les assemblages par adhérence sont p. ex.:

- les assemblages vissés;
- les emmanchements;
- les assemblages par serrage;
- les embrayages.

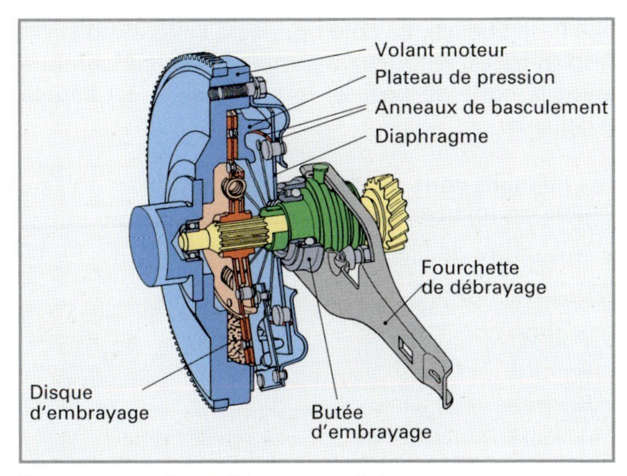

Illustration 1: Assemblage par adhérence

Les pièces assemblées sont pressées les unes contre les autres de manière à ce que le contact des surfaces puisse transmettre les forces pendant le fonctionnement de la machine. La force d'adhérence entre les surfaces doit être supérieure à la plus grande des forces exercées lors du fonctionnement.

Exemple: embrayage monodisque (ill. 1). Le disque d'embrayage est pressé contre le volant moteur par le plateau de pression de l'embrayage de façon à ce que la force circulaire exercée puisse être transmise au disque d'embrayage.

Les assemblages par obstacle sont, p. ex.:

- les assemblages goupillés;
- les assemblages à clavette parallèle;
- les assemblages à vis d'ajustage;
- les assemblages à arbre cannelé.

Grâce à leurs formes géométriques adaptées, les pièces assemblées sont imbriquées les unes dans les autres et permettent ainsi la transmission de forces.

Exemple: assemblage à arbre cannelé (ill. 2). Les cannelures fraisées de l'arbre s'imbriquent dans les rainures correspondantes du moyeu afin que la force circulaire soit transmise de l'arbre au moyeu.

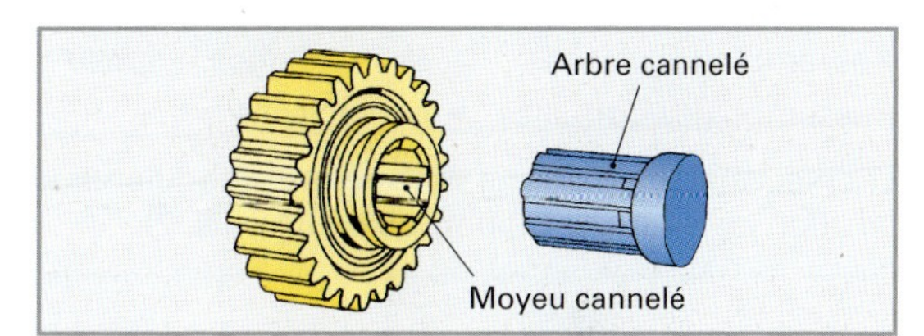

Illustration 2: Assemblage par obstacle

Les assemblages par obstacle et adhérence sont, p. ex. un assemblage arbre-moyeu avec clavette **(ill. 3).** Dans ce cas, les pièces sont assemblées par obstacle et par adhérence. Les forces exercées sont d'abord transmises par adhérence au point de contact des deux pièces. Si l'adhérence n'est pas suffisante, la transmission de la force se fera alors par l'obstacle créé par la forme de l'assemblage.

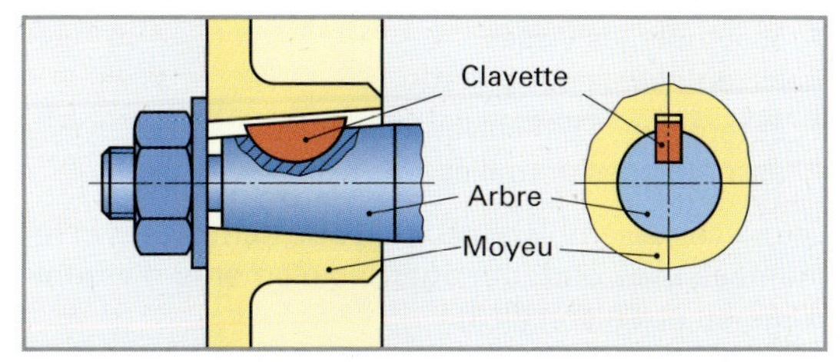

Illustration 3: Assemblage par obstacle et adhérence de moyeu et arbre

Les assemblages par liaison moléculaire sont, p. ex.:

- les assemblages par soudure;
- les assemblages par brasage;
- les assemblages collés.

Les éléments sont assemblés de manière à transmettre les forces par cohésion et par adhésion.

Cohésion. Dans les assemblages par soudure, les pièces sont assemblées par fusion. Dans les assemblages par brasage, les surfaces assemblées sont liées par le métal d'apport de brasage.

Adhésion. Dans les assemblages par collage, c'est l'adhésion de la colle contre les surfaces de contact qui les maintient ensemble.

Classification selon la mobilité

Les assemblages mobiles sont p. ex.:

- les glissières;
- les vis filetées avec écrou;
- les pièces coulissantes sur un arbre de transmission;
- les joints de cardan.

Dans les assemblages mobiles, les pièces peuvent modifier leur position les unes par rapport aux autres dans des limites définies **(ill. 1)**.

Les assemblages fixes sont p. ex.:

- assemblages vissés
- assemblages rivetés
- assemblages goupillés
- assemblages frettés

Les pièces assemblées ne peuvent pas modifier leur position les unes par rapport aux autres **(ill. 2)**.

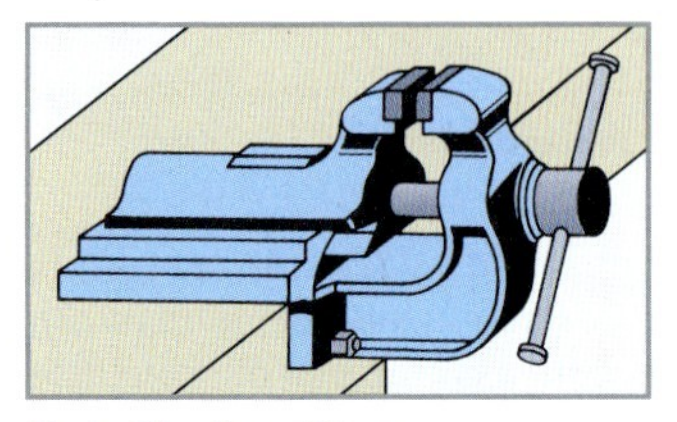

Ill. 1: Glissière d'étau, un assemblage mobile

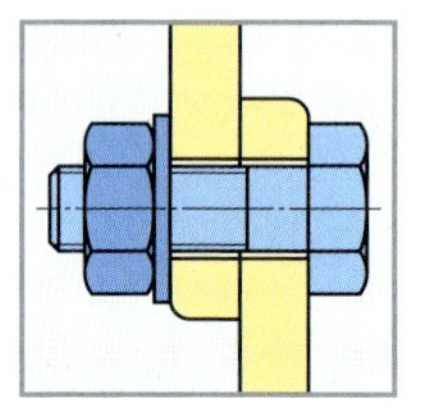

Ill. 2: Vis, un assemblage fixe

Classification selon la réversibilité

Les assemblages démontables sont p. ex.:

- assemblages vissés
- assemblages par serrage
- assemblages par clavette parallèle
- assemblages goupillés

Les pièces assemblées peuvent être démontées et remontées sans endommager les éléments d'assemblage ou de liaison **(ill 3)**.

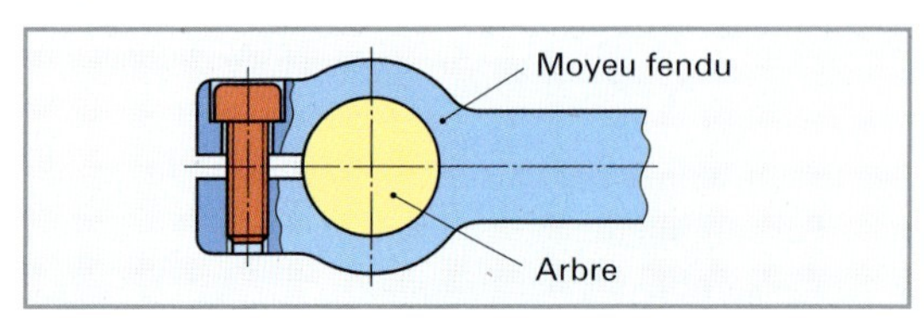

Illustration 3: Assemblage par serrage, démontable

Les assemblages non démontables sont p. ex.:

- assemblages soudés
- assemblages collés
- assemblages brasés
- assemblages rivetés

Ils ne peuvent être démontés qu'en détruisant les éléments d'assemblage ou de liaison.

Questions de révision

1. **Quels sont les différents types d'assemblage?**
2. **Qu'entend-on par assemblage par adhérence?**
3. **Si on usine un assemblage à arbre cannelé, quel type d'assemblage fabrique-t-on?**
4. **Quel type d'assemblage est obtenu par soudure?**

7.6.2 Filetages

> Les pièces à assembler sont fréquemment liées entre elles par vissage avec un filet intérieur et un filet extérieur.

Hélice. Elle se forme lorsqu'on enroule un plan incliné autour d'un cylindre **(ill. 4)**.

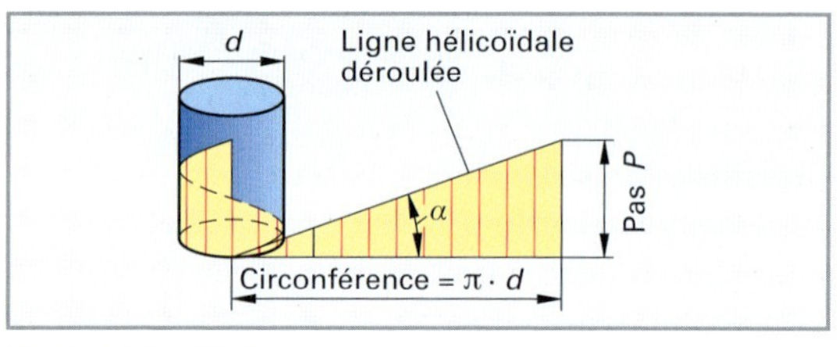

Illustration 4: Hélice

Ainsi la base du plan incliné correspond à la circonférence du cylindre et la hauteur de plan incliné au pas **P** de l'hélice. Le côté opposé à l'angle droit correspond à la longueur de l'hélice. L'angle compris entre la ligne de base et le plan incliné est l'angle d'hélice α.

Les filetages sont classés selon:

- le profil du filetage
- leur utilisation
- le nombre de filets
- leur structure

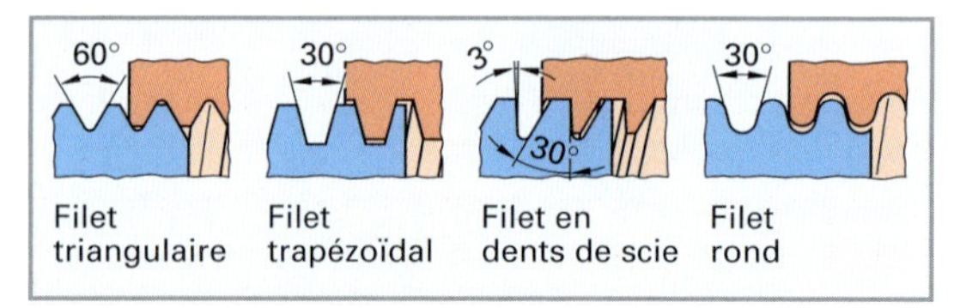

Illustration 5: Profils de filetage

Profils de filetage (ill. 5). Il existe des filets triangulaires, trapézoïdaux, en dents de scie et ronds. Les vis à bois ou à tôle ont des profils particuliers.

Les filetages de fixation ont en majorité des filets trapézoïdaux triangulaires. Le frottement sur les flancs du filet provoque un autoblocage permanent, c'est-à-dire que la vis ne peut pas se desserrer d'elle-même; c'est le cas lorsque l'angle d'hélice est inférieur à 15°.

Les filetages de mouvement ont en majorité des filets trapézoïdaux, en dents de scie et ronds. Ils permettent de transformer des mouvements rotatifs en mouvements rectilignes (p. ex. mécanisme de direction) ou inversement.

Nombre de filets (ill. 1). On distingue les filetages à un ou à plusieurs filets. La composition du filetage indique le nombre de spires tournant autour du cylindre. Elle est définie par le nombre d'entrées de filets. Les filetages à plusieurs filets ont un grand pas; on obtient ainsi un grand mouvement axial pour une faible rotation et une grande résistance.

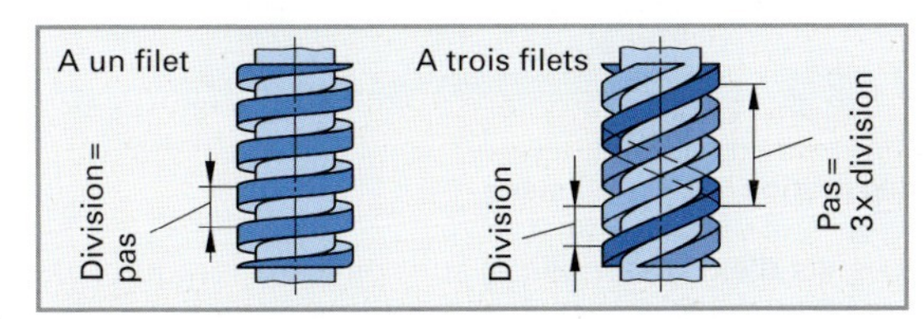

Illustration 1: Filetages à un ou plusieurs filets

Structure des filets et normalisation. Les normes des profils de filetage comprennent, entre autres, les mesures suivantes **(ill. 2)**:

- diamètre extérieur
- diamètre du noyau
- diamètre sur les flancs
- angle des flancs
- pas
- forme du profil

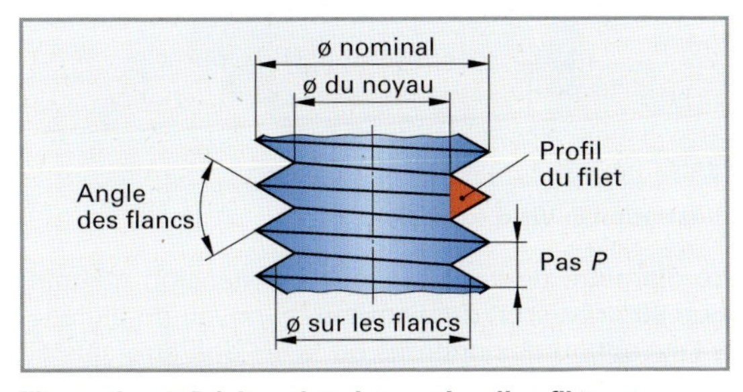

Illustration 2: Désignation des parties d'un filetage

Filetage métrique ISO, filetage à pas normal **(ill. 3).** L'angle des flancs est de 60°.

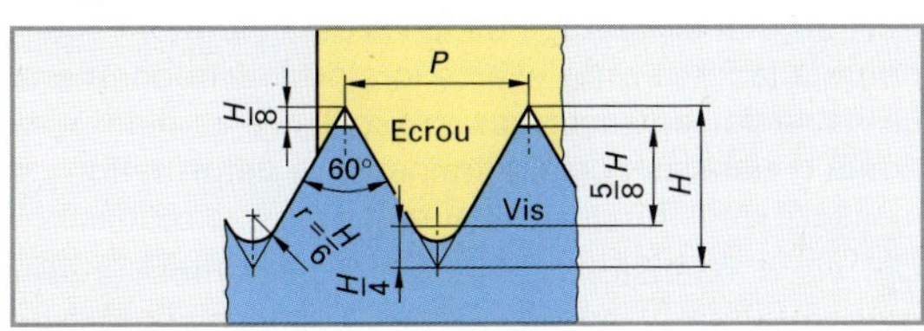

Illustration 3: Filetage métrique ISO

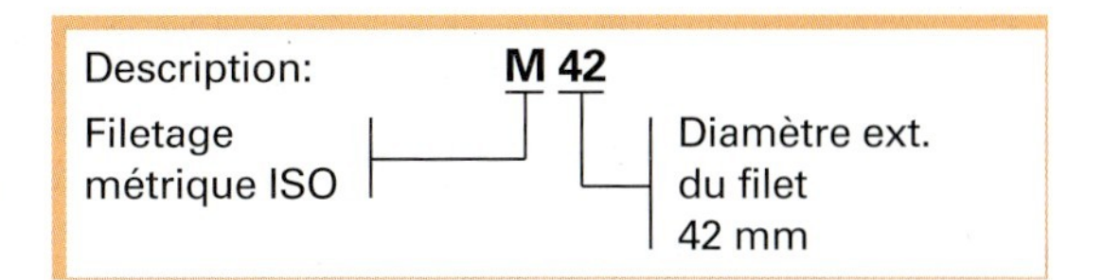

Filetage métrique ISO à pas fin. Il a le même angle des flancs que le filetage normal mais une profondeur de filetage plus faible et un pas plus petit. Pour un même couple de serrage, il engendre une tension de serrage plus grande que le filetage à pas normal.

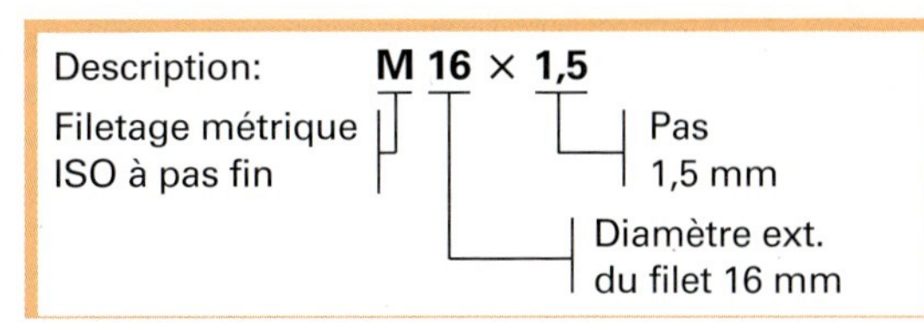

Description: M 16 × 1,5
Filetage métrique ISO à pas fin
Pas 1,5 mm
Diamètre ext. du filet 16 mm

Par rapport au filetage normal, les avantages du filetage métrique ISO à pas fin sont:

- un effet d'étanchéité plus efficace;
- un serrage et un autoblocage plus importants pour un couple de serrage identique.

Questions de révision

1. **Comment se forme une hélice?**
2. **Pourquoi utilise-t-on des filetages à filets multiples?**
3. **Quels sont les principaux types de filetages?**
4. **Qu'est-ce que le pas d'un filetage?**

7.6.3 Assemblages vissés

Les assemblages vissés sont généralement des assemblages par adhérence démontables. Certains d'entre eux sont des assemblages par obstacle.

Les vis utilisées se différencient surtout par la forme de leur tête et de leur tige.

Afin de garantir une tenue suffisante, il est indispensable de respecter une profondeur de vissage minimale.

Vis et écrous

Les vis à tête six pans (ill. 4) sont utilisées avec un écrou lorsque la pièce présente un trou traversant.

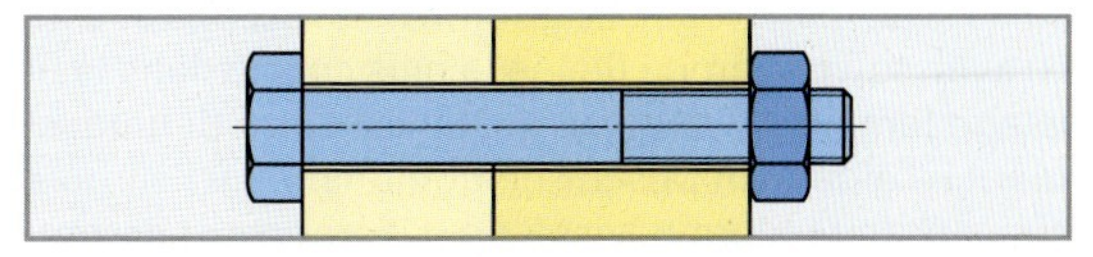

Illustration 4: Vis à tête six pans dans un trou traversant

Les vis à tête six pans **(ill. 1)** sont utilisées sans écrou, lorsque le filetage femelle est usiné dans la pièce.

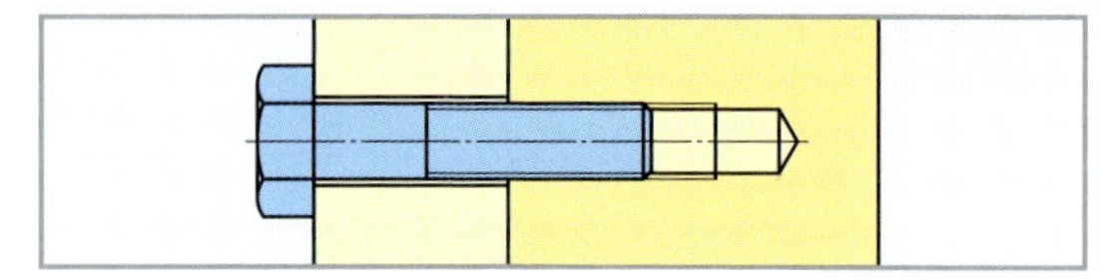

Illustration 1: Vis à tête six pans sans écrou

Les vis à tête cylindriques à six pans creuses (vis imbus, **ill. 2)** permettent une économie de place grâce à leur tête cylindrique. Ainsi, les intervalles entre les vis peuvent être réduits. La tête de vis est souvent noyée dans la pièce. On utilise aussi des vis à tête cylindriques à pans multiples creuses et à cannelures intérieures .

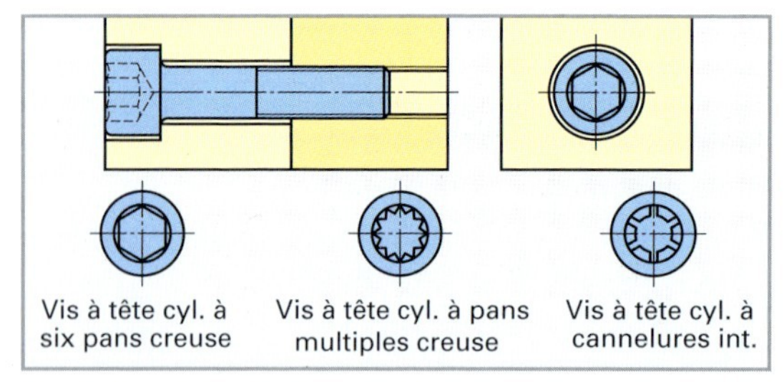

Illustration 2: Vis à tête cylindrique

Vis TORX (ill. 3). Elles ont la tête munie d'une denture interne en forme d'étoile à six pans (TORX interne) ou d'une denture externe dont le profil est adapté pour recevoir une clef adéquate (TORX externe). Grâce aux surfaces de contact arrondies de la tête et à celles planes de l'outil, il est possible d'exercer sur ces vis un grand couple de serrage, sans trop solliciter la tête de la vis et l'outil de serrage.

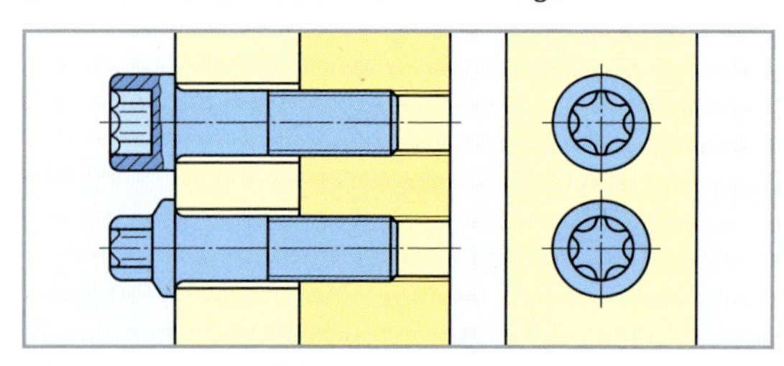

Illustration 3: Vis TORX

Les goujons (ill. 4) sont utilisés lorsque l'assemblage doit être fréquemment démonté et si le filet femelle de la pièce risque d'être endommagé. p. ex. les vis de culasse en métal léger. Le goujon fileté est mis en place avec son extrémité filetée la plus courte dans le filetage femelle de la pièce puis il est serré définitivement à l'aide d'un poseur de goujons. Seul l'écrou à six pans sera alors dévissé pour démonter l'assemblage.

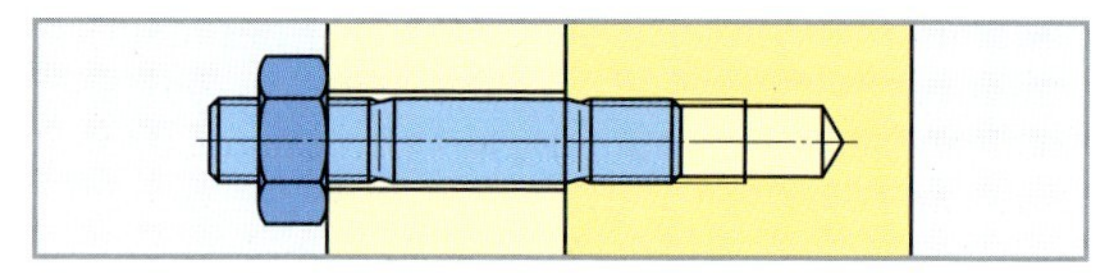

Illustration 4: Goujon

Les vis d'ajustage (ill. 5) ont une tige polie dont le diamètre est légèrement plus grand que le diamètre du filetage; ces vis sont ajustées dans le trou de perçage des pièces. La tige de la vis permet d'exercer de grandes forces axiales entre les pièces.

En outre, les vis d'ajustage permettent de transmettre des forces par obstacle entre les surfaces de contact des pièces assemblées. Les assemblages ainsi ajustés garantissent la précision de la position des pièces les unes par rapport aux autres.

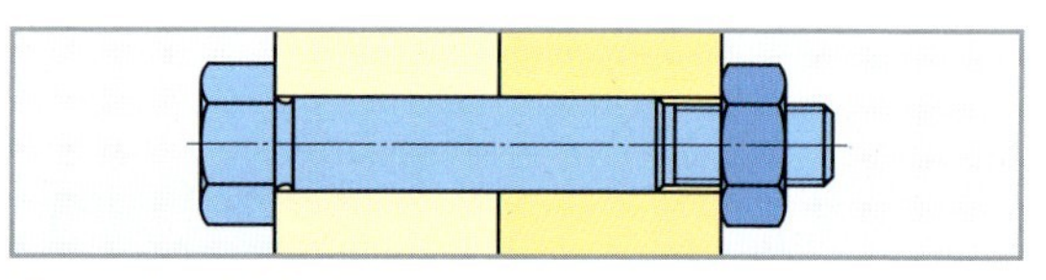

Illustration 5: Vis d'ajustage

Les vis d'extension (ill. 6) sont utilisées lorsque l'assemblage vissé est constamment soumis à des charges alternées, comme c'est le cas p. ex. sur une tête de bielle.

Des vis conventionnelles soumises à des charges alternées se dévisseraient ou se casseraient par fatigue, même si elles sont suffisamment solides.

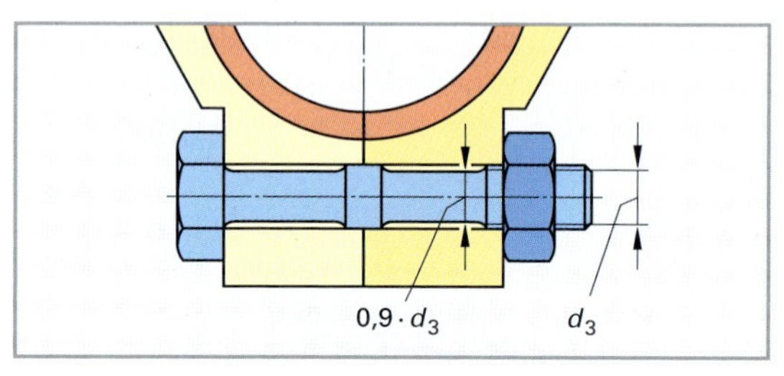

Illustration 6: Vis d'extension

Le diamètre de la tige des vis d'extension n'atteint que 90 % environ du diamètre du noyau du filetage, à l'exception des endroits où la vis doit être ajustée et doit correspondre au diamètre du perçage. La finesse de la tige permet à la vis d'extension de se comporter comme une vis élastique.

Les vis d'extension sont serrées à la valeur prescrite au moyen d'une clef dynamométrique. La force de traction due au serrage de la vis est nettement supérieure à la force qui s'exerce lors du fonctionnement. La vis ne doit en aucun cas être sollicitée au-delà de sa limite d'élasticité, cela entraînerait la déformation de la vis d'extension qui ne pourrait plus être réutilisée.

Les vis d'extension conservent d'elles-mêmes leur précontrainte et ne nécessitent aucun dispositif de sécurité.

Les vis à tête fendue et **les vis à tête cruciforme (ill. 1)** existent sous forme de vis à tête cylindrique, à tête conique, à tête cylindrique bombée et à tête conique bombée, avec fente ou empreinte cruciforme. Les vis avec empreinte cruciforme facilitent le centrage du tournevis, ce qui permet de les serrer plus fortement que les vis à tête fendue.

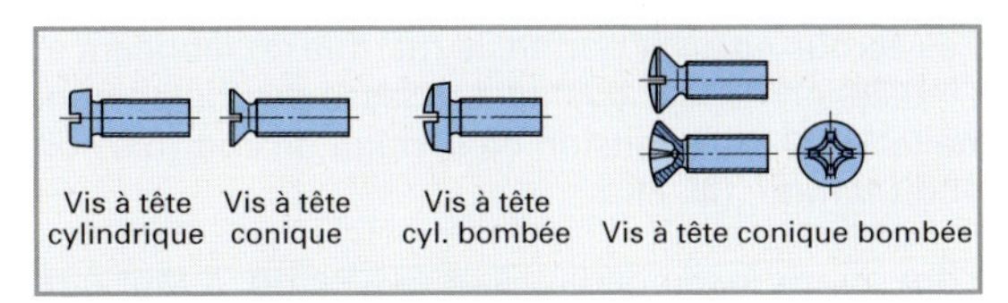

Illustration 1: Vis à tête fendue

Les vis sans tête (ill. 2) sont des vis munies d'un filet sur toute leur longueur. Selon l'utilisation, elles sont caractérisées par des extrémités différentes, p. ex. à pointe, à tenon ou à tranchant annulaire. Elles servent à fixer les moyeux et les roulements.

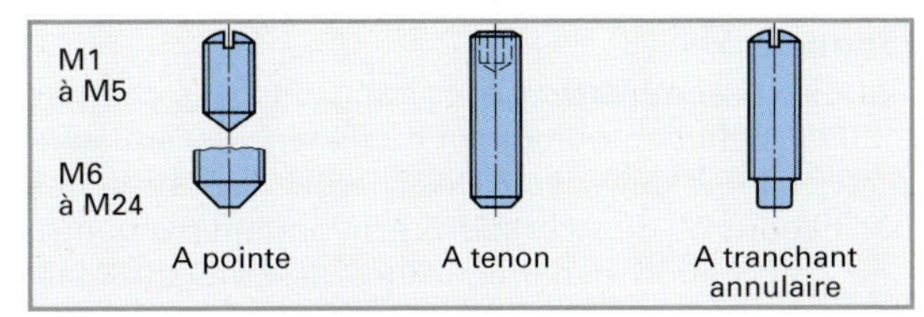

Illustation 2: Vis sans tête

Les vis à tôle (ill. 3) sont utilisées pour l'assemblage des tôles. Elles peuvent avoir une tête fendue, cruciforme ou hexagonale. Elles forment elles-mêmes le filetage femelle lors du vissage. Le trou pré-percé dans la tôle doit correspondre approximativement au diamètre du noyau de la vis.

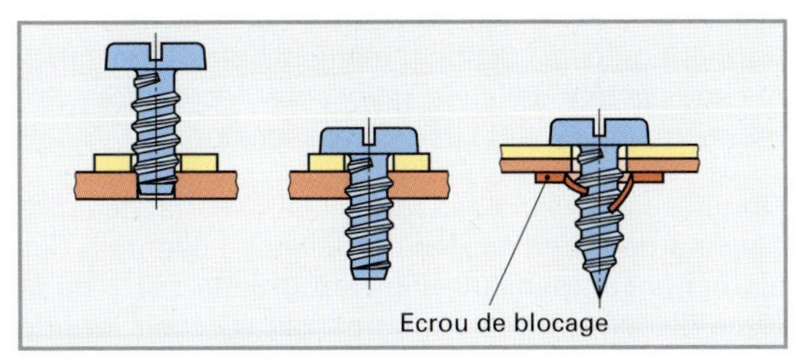

Illustration 3: Vis à tôle

Les filets rapportés et les douilles filetées (ill. 4) sont utilisés dans le cas où le filetage femelle est taillé dans un matériau tendre, lorsque l'assemblage vissé doit être fréquemment dévissé ou quand le filetage de la pièce est détruit, p. ex. le filetage d'une bougie d'allumage dans une culasse en métal léger.

Les douilles filetées sont caractérisées par un filet intérieur et un filet extérieur; elles sont trempées. Elles disposent d'arêtes coupantes à l'extrémité de la partie vissée, ce qui permet un auto-usinage du filetage lors du montage.

Quant aux filets rapportés, ils ont une section rhomboïde en fil d'acier. Ce dernier est enroulé comme un ressort en forme d'hélice, son fil constituant simultanément le filet extérieur et le filet intérieur. Un filet est taillé avec un taraud spécial dans le trou de guidage de la pièce. Le filet rapporté y est vissé sous contrainte à l'aide d'un outil de montage.

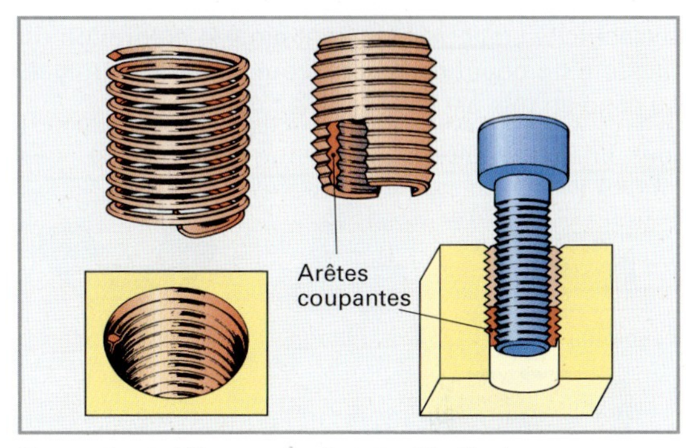

Illustration 4: Filet rapporté et douille filetée

Les écrous sont fabriqués en différentes formes selon les usages auxquels ils sont destinés. On distingue:

Les écrous à six pans (ill. 5) ont une hauteur d'environ 0,8 × *d* ou 0,5 × *d* (écrous plats).

Les écrous crénelés à 6 ou 10 fentes s'utilisent lorsqu'un blocage par goupille est nécessaire.

Les écrous borgnes (ill. 1, p. 142) recouvrent le filet. Ils le protègent des dégradations et donnent un aspect plaisant tout en protégeant d'éventuelles blessures causées par la vis.

Les écrous-raccords (ill. 5) sont utilisés pour les assemblages de tuyauterie.

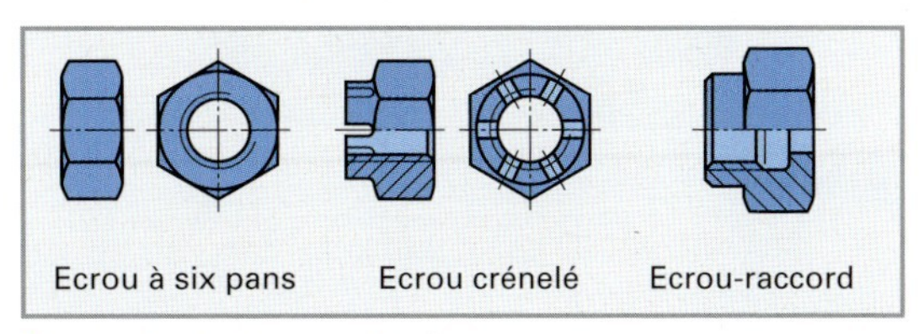

Illustration 5: Formes d'écrous

Les écrous à oreilles (ill. 1, p. 142) et les écrous molletés peuvent être dévissés à la main, sans l'aide d'outils.

Les écrous à encoches (ill. 1, p. 142) servent p. ex. à fixer le jeu axial des paliers de roulement sur des arbres.

Les écrous à souder et **les écrous à cage (ill. 1)** sont utilisés en carrosserie. La plupart du temps, les écrous à souder sont centrés dans la perforation à l'aide d'une collerette, puis soudés à la carrosserie. Les écrous à cage sont soit introduits librement dans une cage en tôle, soit suspendus à l'intérieur de celle-ci à l'aide de rondelles de plastique. Les rondelles de plastique empêchent que l'écrou ne se charge d'électricité statique et évitent ainsi la coloration du filet lors du dépôt de la sous-couche par électrolyse. La cage en tôle est soudée à la carrosserie.

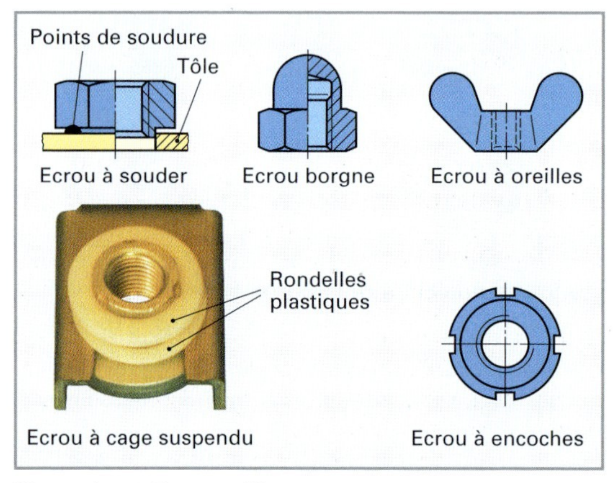

Illustration 1: Formes d'écrous

Classification des vis et écrous selon leur résistance

Les vis en acier portent la marque du fabricant et l'indication de leur qualité. La classe de qualité est indiquée par deux chiffres séparés par un point, p. ex. 10.9 **(ill. 2)**.

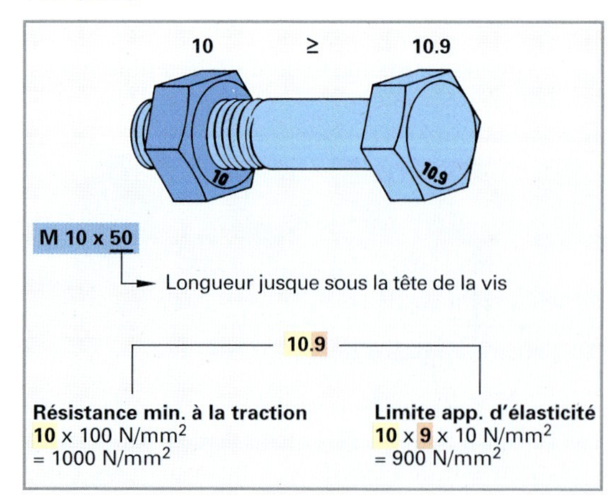

Illustration 2: Désignation de la qualité des vis et des écrous

Le premier nombre indique le 1/100 de la résistance minimale à la traction. Le produit des deux nombres correspond au 1/10 de la limite apparente d'élasticité. Pour les vis normales, cette dernière ne doit pas être dépassée. Il s'agit dès lors de respecter le couple de serrage indiqué par le fabricant.

Dans la technique automobile, on utilise la plupart du temps des vis avec une résistance de 8.8 à 12.9.

Les écrous en acier portent la marque du fabricant et l'indication de leur qualité. La classe de qualité donne le 1/100 de la tension de serrage de contrôle soit 1000 N/mm^2. **(ill. 2).**

Lors du montage de la vis et de l'écrou, il faut être attentif à ce que la classe de résistance de l'écrou et de la vis soient compatibles, p. ex. vis 10.9, écrou 10. **(ill. 2).**

Freins de vis

Pour les assemblages vissés exposés à des charges stables, l'effet autobloquant du filetage est suffisant pour éviter le dévissage. Des charges variables, des oscillations ou des vibrations provoquent par contre une sollicitation dynamique des assemblages vissés. Ces assemblages vissés doivent, la plupart du temps, être sécurisés contre un desserrage involontaire.

On distingue:

- les freins d'écrou par adhérence;
- les freins d'écrou par obstacle;
- les freins d'écrou par liaisons moléculaires.

Les freins d'écrou par adhérence (ill. 1, p. 143) fonctionnent grâce à l'action d'éléments élastiques insérés sous la tête de la vis, resp. sous l'écrou. Ces éléments maintiennent l'écrou sous tension.

On utilise pour cela des rondelles-ressorts, des rondelles à dentures ou des rondelles en éventail. Ces éléments compensent une trop grande perte de la force de précontrainte qui pourrait survenir lors de la déformation du filetage, lors de variations de mouvements de la pièce, lors de l'écrasement des rugosités de surface ou lors de l'écrasement des joints.

Pour éviter tout desserrage, on utilise des contre-écrous, des écrous autobloquants et des écrous fendus. Un frottement important du filetage représente une sécurité contre tout desserrage intempestif.

> Les écrous autobloquants avec anneau plastique et les écrous autobloquants écrasés ne doivent être utilisés qu'une seule fois!

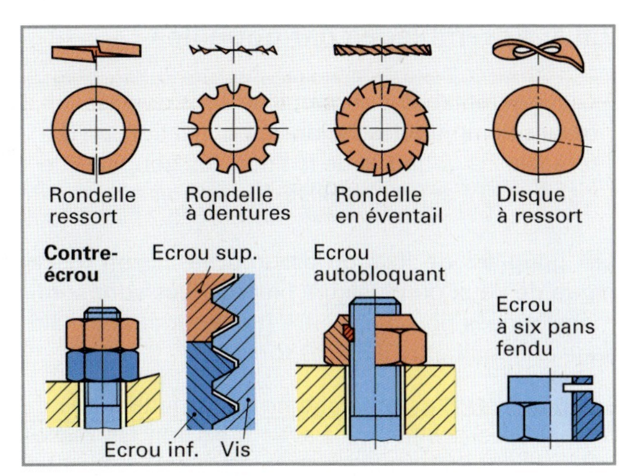

llustration 1: Freins d'écrou par adhérence

Les freins d'écrou par obstacle (ill. 2) fonctionnent grâce à l'imbrication de profils géométriques qui empêchent le desserrage. On utilise des écrous crénelés avec goupilles, des freins en tôle, des écrous à crans d'arrêt, des freins par fil métallique.

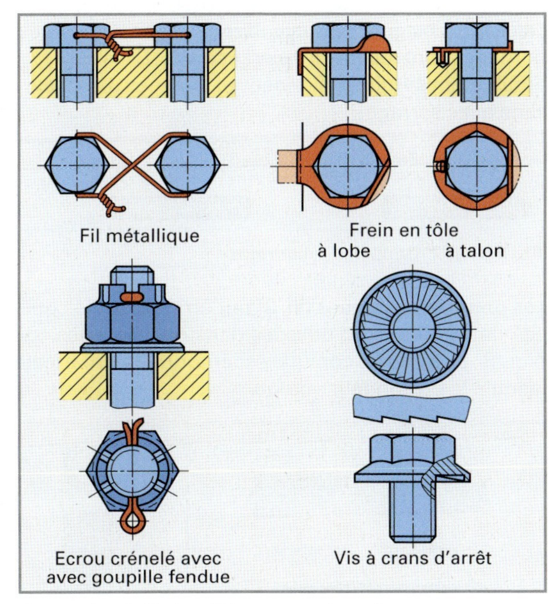

Illustration 2: Freins d'écrou par obstacle

Les freins d'écrou par liaison moléculaire (ill. 3) sont obtenus par collage des filetages. Il y a deux manières de réaliser un collage avec une colle à un seul composant.

Dans le premier cas, la colle liquide est appliquée sur le filetage de la vis, l'assemblage étant ensuite vissé.

Dans le deuxième cas, les vis sont déjà enduites à la fabrication avec un matériau imprégné de colle lequel contient des microcapsules. Lors du vissage, les microcapsules éclatent et se répartissent sur le support. Dans les deux cas, la colle durcit au contact du métal et à l'abri de l'air. Ceci garantit la stabilité de l'assemblage vissé.

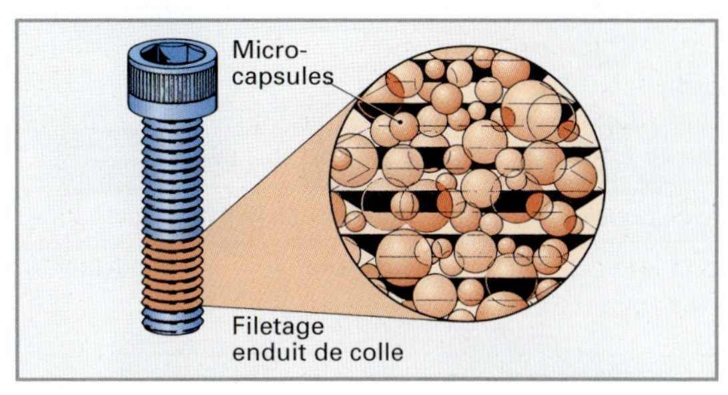

Illustration 3: Freins d'écrou par liaison moléculaire

7

Outils de serrage (ill. 4; ill. 1, p. 144)

Les outils de serrage doivent être adaptés à la tête des vis ou des écrous. Les couples de serrage indiqués dans les tableaux ou dans les prescriptions des fabricants doivent être impérativement respectés!

D'une part, les vis et les écrous ne subiront pas de serrage excessif risquant de les endommager et, d'autre part, il n'y aura pas de risque de desserrage suite à un serrage insuffisant.

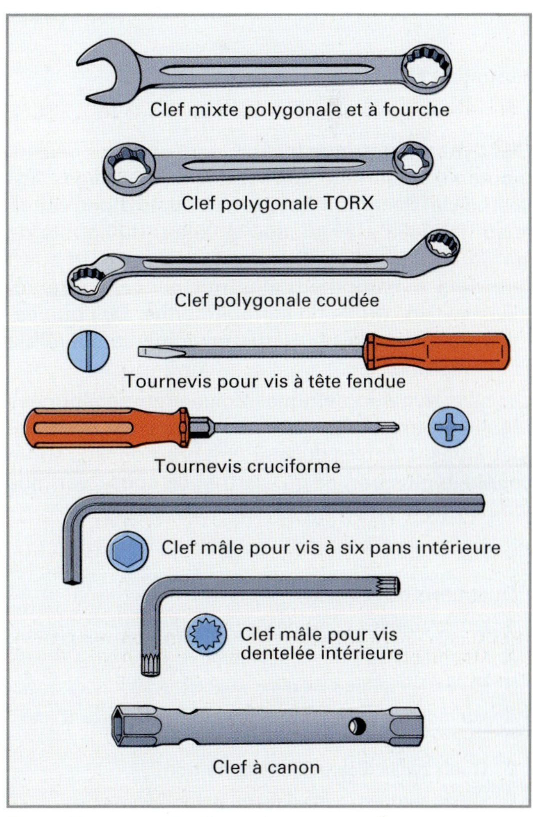

Illustration 4: Outils de serrage

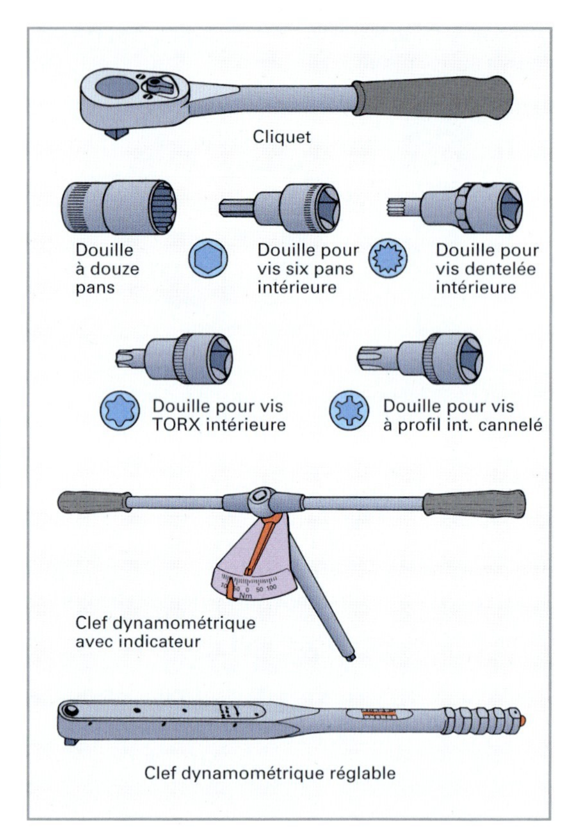

Illustration 1: Outils de serrage

Clef dynamométrique (ill.1). C'est l'outil qui permet d'obtenir un serrage correct des assemblages vissés. La clef dynamométrique est munie d'une échelle sur laquelle est indiquée la valeur du couple de serrage qu'il faut appliquer à la vis. Il existe aussi des clefs dynamométriques qui peuvent être réglées sur un couple de serrage donné. Dès que celui-ci est atteint, la clef cliquette de manière audible et perceptible.

Les clefs dynamométriques doivent être étalonnées régulièrement. Après utilisation, les clefs dynamométriques réglables doivent être positionnées sur le couple le plus bas, ce qui permet de conserver plus longtemps la précision de leur étalonnage.

Questions de révision

1. **Quels sont les types de vis usuels?**
2. **Quand utilise-t-on des goujons?**
3. **Qu'est-ce qu'une vis d'extension?**
4. **Qu'indiquent les chiffres inscrits sur la tête d'une vis?**
5. **Quels types d'écrous distingue-t-on?**
6. **Quels sont les freins d'écrou par adhérence?**

7.6.4 Assemblages par goupilles

Les assemblages par goupilles sont des assemblages démontables. Selon leur utilisation, on différencie les goupilles de fixation, les goupilles de cisaillement et les goupilles d'assemblage.

Les goupilles de fixation assurent la liaison mécanique de deux ou plusieurs pièces. Elles sont surdimensionnées pour permettre un serrage dans l'alésage et transmettre ainsi les forces.

Les goupilles d'assemblage ne transmettent pas de forces: elles positionnent avec précision les pièces les unes par rapport aux autres. Elles empêchent les pièces de se décaler et facilitent l'assemblage lors du montage.

Les goupilles cylindriques (ill. 2) ont des extrémités chanfreinées ou bombées. Les goupilles cylindriques à extrémités chanfreinées sont fabriquées à partir d'acier rond étiré poli (tolérance h8). Elles sont généralement montées avec un ajustement avec jeu dans l'alésage. Les goupilles cylindriques avec extrémités bombées sont rectifiées (tolérance m6). Elles sont généralement surdimensionnées et ajustées dans l'alésage avec serrage.

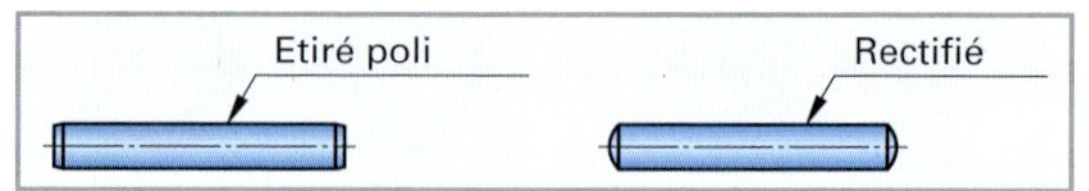

Illustration 2: Goupilles cylindriques

Les goupilles coniques (ill. 3) ont un rapport de conicité de 1 : 50 et sont utilisées dans des alésages coniques. La goupille conique est enfoncée au marteau jusqu'à la profondeur voulue.

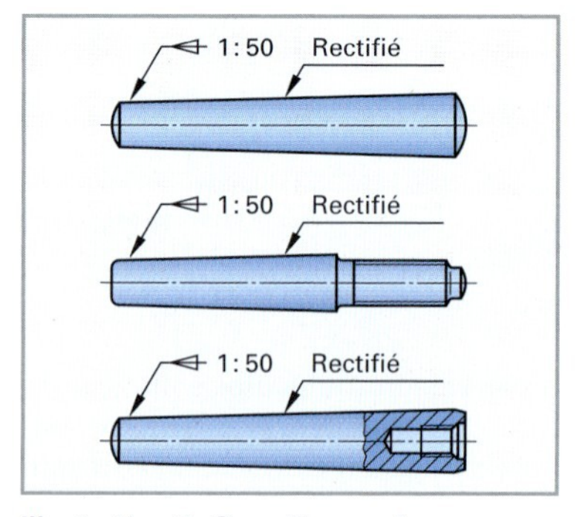

Illustration 3: Goupilles coniques

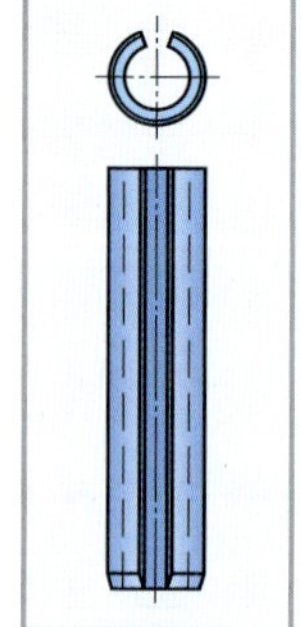

Ill. 4: Goupille élastique

Dans le cas d'un perçage traversant, le démontage s'effectue à l'aide d'un chasse-goupille depuis le côté opposé. Dans le cas d'un perçage borgne, les goupilles coniques sont fabriquées avec un filetage intérieur ou extérieur, ce qui permet le démontage de la goupille.

Les goupilles de cisaillement protègent les éléments sensibles lors d'une sollicitation excessive. Elles transmettent la totalité du couple et sont sollicitées par cisaillement. La goupille de cisaillement détermine le point de rupture de l'assemblage. Lors d'une trop grande sollicitation, la goupille se cisaille et l'assemblage est interrompu.

On peut les classer en fonction de leur forme:

- goupilles cylindriques;
- goupilles coniques;
- goupilles élastiques;
- goupilles cannelées.

Les goupilles élastiques (ill. 4, p. 144) sont des goupilles en acier à ressort, creuses et fendues. Leur diamètre est supérieur de 0,2 mm à 0,5 mm à celui du perçage. Lors de son montage, la goupille élastique se déforme et exerce ainsi la pression nécessaire au maintien de l'ensemble.

Les goupilles cannelées (ill. 1) sont des goupilles cylindriques caractérisées par trois entailles laminées sur le pourtour de la goupille. En variant les entailles, on peut fabriquer différentes formes de goupilles cannelées. Lors du montage, les renflements s'écrasent dans les entailles et assurent un ajustement stable, même dans les alésages non calibrés.

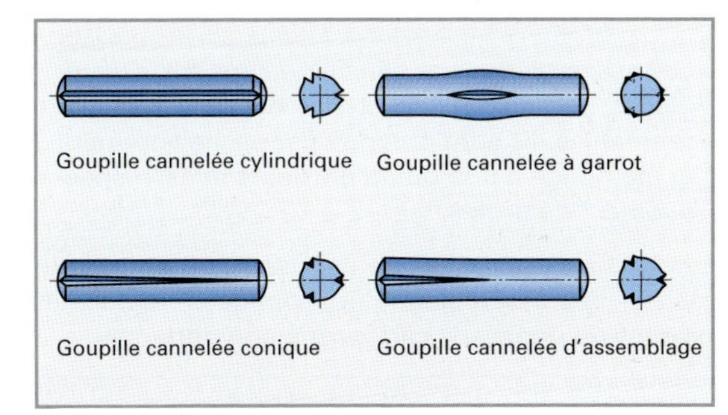

Illustration 1: Goupilles cannelées

7.6.5 Les assemblages rivetés

Les assemblages rivetés sont des assemblages non démontables. Lors de la pose du rivet, la tige du rivet qui dépasse les pièces à assembler est refoulée en forme de tête (rivure). On distingue les rivets selon la forme de leur tige ou de leur tête et selon leur procédé de pose.

Les assemblage rivetés conviennent particulièrement bien pour les constructions en métal léger, là où toute soudure diminuerait la résistance des alliages d'aluminium.
La carrosserie en métal léger, p. ex. d'une Audi A2, comporte environ 1800 rivetages.

Matériaux de fabrication des rivets. Le matériau de fabrication des rivets doit être facile à déformer tout en étant suffisamment résistant; il ne doit pas se fissurer lors du rivetage. Pour éviter une corrosion électrochimique, les rivets doivent, si possible, être de la même matière que les pièces à assembler. On utilise généralement des rivets en acier, en cuivre, en alliage de zinc et de cuivre et en aluminium.

Processus de rivetage (ill. 2). Le rivet est positionné avec sa tête calée par une contre-bouterolle. Les pièces à assembler sont serrées les unes contre les autres à l'aide d'un poseur de rivet. La tige du rivet est refoulée puis préformée. La finition de la rivure se fait à l'aide d'une bouterolle. Pour former la rivure, l'extrémité de la tige doit dépasser de la pièce d'une certaine longueur. Par ex. pour des rivets tubulaires d'un diamètre de 4 mm, la tige doit dépasser de 3 mm. Une fois terminé, le rivet est composé de la tête, de la tige et de la rivure.

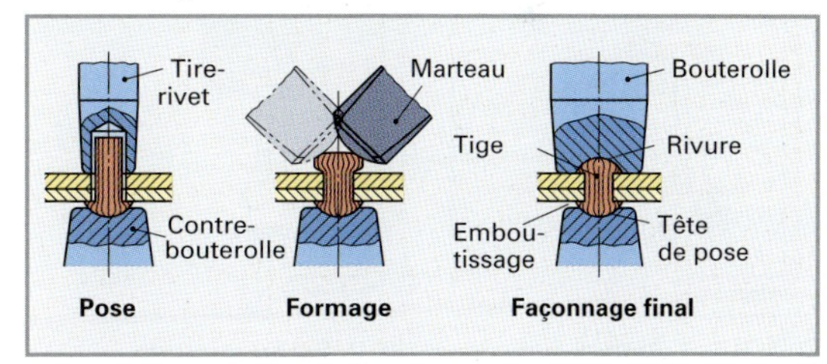

Illustration 2: Etapes du rivetage

Types de rivets

Les rivets à tige pleine (ill. 3) sont utilisés lorsqu'il est nécessaire de transmettre de grandes forces, p. ex. pour assembler des éléments porteurs sur des châssis de véhicules utilitaires.

Les rivets tubulaires (ill. 4) et les rivets à tige creuse sont utilisés pour riveter des garnitures d'embrayage et des garnitures de frein. La rivure est formée par refoulement de l'extrémité de la tige.

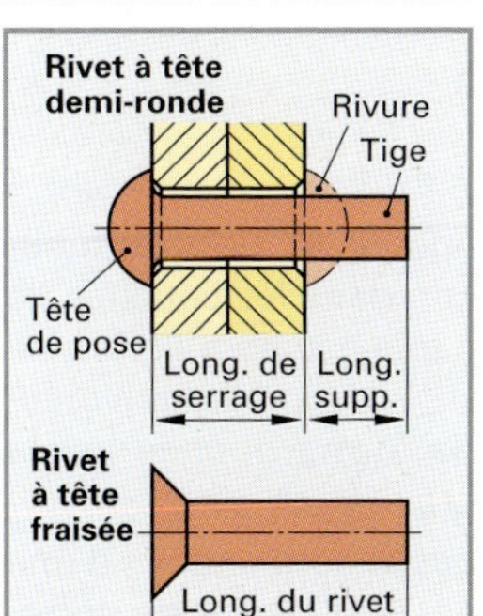

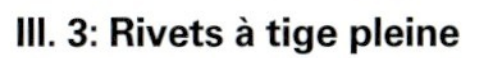

Ill. 3: Rivets à tige pleine

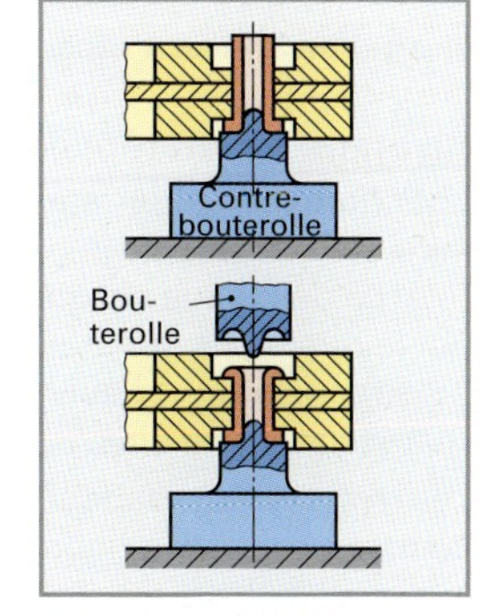

Ill. 4: Rivet tubulaire

Selon la **forme de la tête,** on distingue les rivets à tige pleine avec tête demi-ronde ou tête fraisée. Les rivets tubulaires ont généralement une tête plate.

Les rivetages aveugles comprennent p. ex. les rivets aveugles, les écrous aveugles et les rivets à expansion. Ils sont utilisés lorsque l'endroit du rivetage n'est accessible que d'un seul côté.

Les rivets aveugles (ill. 1) sont des rivets tubulaires équipés d'une broche. A l'aide d'une pince spéciale, on tire la broche à travers le mandrin. Le rivet s'élargit et forme une collerette. La broche se brise à l'endroit voulu.

Ecrous aveugles (ill. 2). Une broche est vissée dans le filetage intérieur de l'écrou. La traction de l'outil déforme la tige en une collerette circulaire qui assure le rivetage.

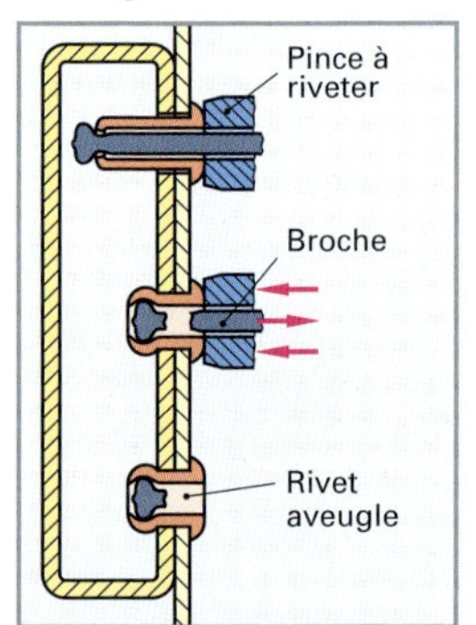

Ill. 1: Rivet aveugle

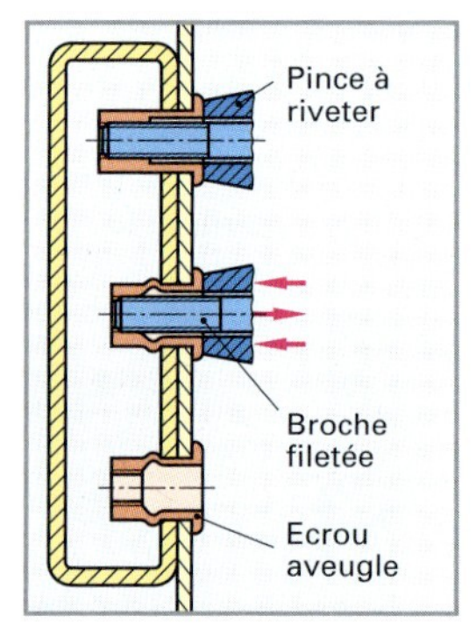

Ill. 2: Ecrou aveugle

Les rivets à expansion (ill. 3) sont des rivets creux dont l'extrémité du corps est fendue et dans laquelle une goupille cannelée est insérée. En frappant sur la goupille cannelée, l'extrémité fendue s'élargit.

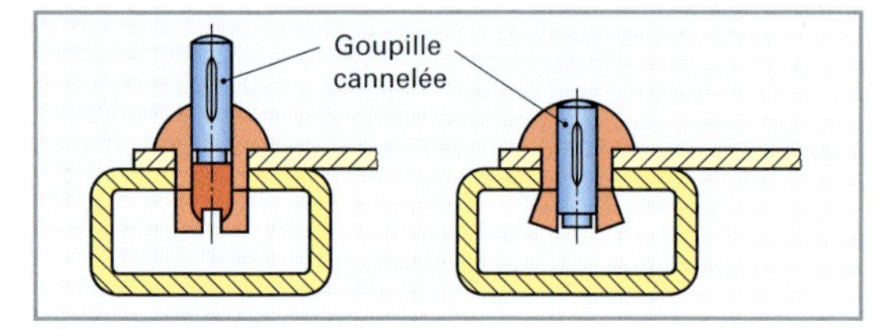

Illustration 3: Rivet à expansion

Rivetage par étampage

Lors du rivetage par étampage **(ill. 4)**, un rivet tubulaire est écrasé par un poinçon dans les couches de tôle. La deuxième couche de tôle est alors déformée par le rivet mais non transpercée. Le pied du rivet tubulaire s'élargit en suivant la forme donnée par la matrice et forme ainsi la rivure.

Les rivets utilisés dans ce procédé sont enduits d'une couche protectrice pour éviter tout risque de corrosion par contact.

Les avantages du rivetage par étampage sont:

- aucune perforation préalable des tôles;
- la tôle inférieure n'étant pas percée, l'assemblage est étanche;
- résistance élevée;
- consommation énergétique moindre que pour les points de soudure.

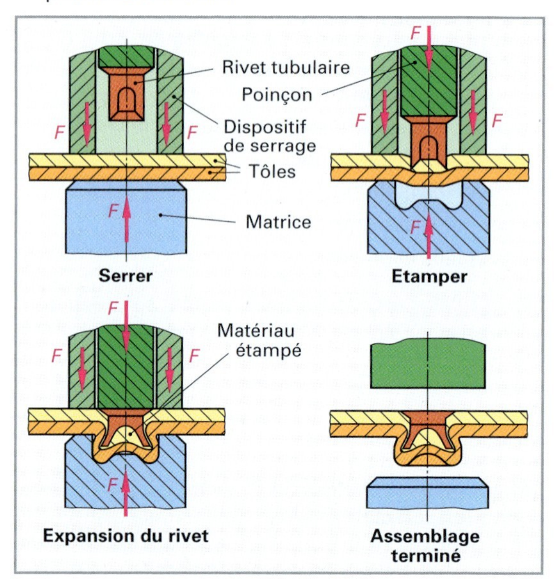

Illustration 4: Procédure de rivetage par étampage

7.6.6 Clinchage

> Les assemblages par clinchage sont des assemblages par adhérence et par obstacle non démontables. Ils sont obtenus par enchevêtrement et étampage d'une ou de plusieurs tôles, respectivement de profils.

Le clinchage est utilisé en carrosserie. Il permet de réaliser des assemblages économiques, rapides et propres de parties de carrosserie non portantes.

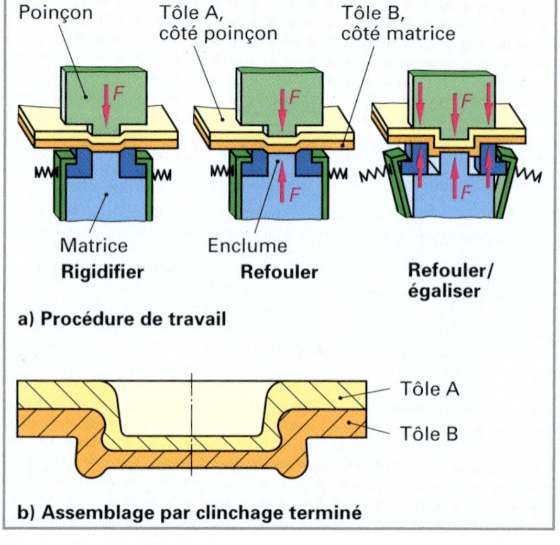

Illustration 5: Clinchage

Procédure de clinchage. Elle a lieu en trois étapes. Le poinçon **(ill. 5, p. 146)** enfonce les deux tôles dans une matrice, jusqu'à ce que celles-ci touchent l'enclume. Lors du **refoulement,** l'enclume et le poinçon s'appuient l'un contre l'autre provoquant un durcissement de la matière par déformation. Dans la zone du refoulement, l'épaisseur des tôles diminue, ce qui augmente le refoulement sur les bords, c'est pourquoi les deux parties latérales de la matrice doivent être mobiles.

L'égalisation permet d'étamper à nouveau les jointures et, en même temps, de les aplanir.

QUESTIONS DE RÉVISION

1. **Selon leur forme, quels types de goupilles trouve-t-on?**
2. **Quelles sont les fonctions des goupilles d'assemblage?**
3. **Quand utilise-t-on des rivets aveugles?**
4. **Quels sont les avantages du rivetage par rapport au soudage?**
5. **Quels sont les éléments de carrosserie se prêtant au clinchage?**

7.6.7 Assemblages arbre-moyeu

Les assemblages arbre-moyeu sont généralement des assemblages démontables. Le profil spécial de l'assemblage assure le transfert du couple par obstacle; le fait que l'assemblage soit amovible facilite le montage et le démontage.

Les assemblages arbre-moyeu sont:

- des assemblages par clavette parallèle;
- des assemblages par clavette-disque (demi-lune);
- des assemblages par profil denté;
- des assemblages par arbre cannelé;
- des assemblages par lamelles à profils dentés.

Les assemblages par clavette parallèle (ill. 1). Une rainure longitudinale est fraisée dans l'arbre. Le moyeu comporte une rainure longitudinale de même largeur. La clavette insérée dans la rainure de l'arbre transmet, par ses côtés, la force circonférentielle de l'arbre directement au moyeu. La clavette crée un assemblage par obstacle. Pour éviter tout déplacement axial du moyeu sur l'arbre, l'assemblage par clavette parallèle doit être assuré.

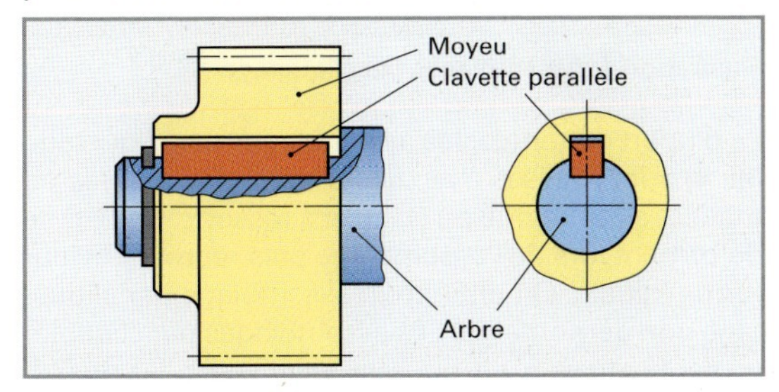

Illustration 1: Assemblage par clavette parallèle

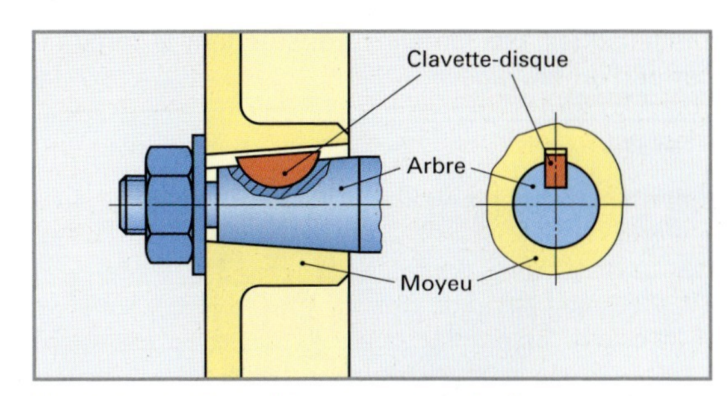

Illustration 2: Assemblage par clavette-disque

Assemblage par clavette-disque (ill. 2). Dans ce cas, l'usinage de la rainure réduit le diamètre de l'arbre et l'affaiblit fortement. Ces assemblages ne peuvent transmettre que de petits couples. Les assemblages par clavette-disque sur des arbres dont l'extrémité est conique ont surtout une fonction de sécurité. Le couple est transmis par adhérence par le biais du siège de la portée conique.

Assemblage par arbre cannelé (ill. 3). En cas de saccades exercées lors de la transmission du couple, on utilise les assemblages par arbre cannelé car ceux-ci permettent d'absorber les sollicitations en les répartissant sur chacune des cannelures. En outre, les assemblages par arbre cannelé sont particulièrement appropriés pour les assemblages mobiles tels que p. ex. le moyeu du disque d'embrayage sur l'arbre d'entraînement.

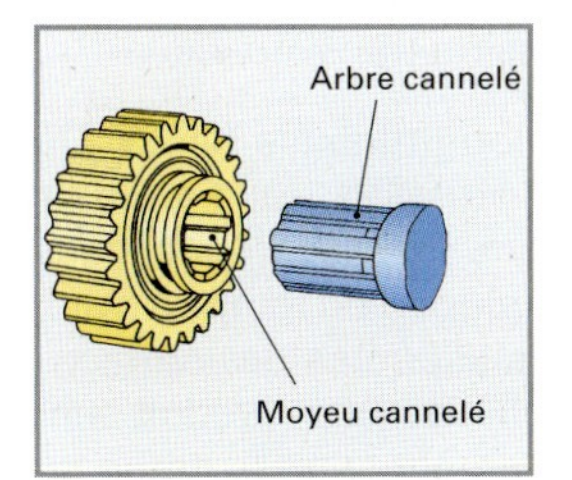

Ill. 3: Assemblage par arbre cannelé

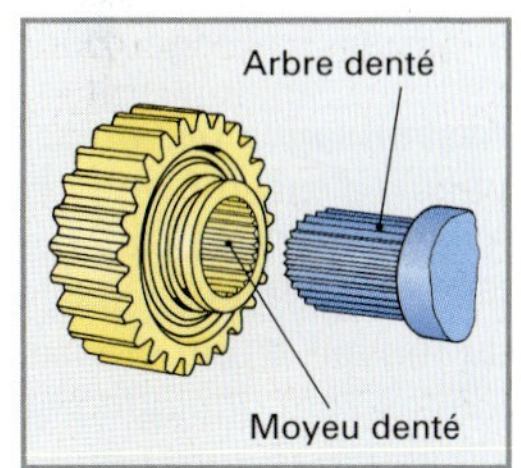

Ill. 4: Assemblage par profils dentés

Les assemblages par profils dentés (ill. 4). Leurs profils plus fins fragilisent moins l'arbre et le moyeu que les rainures des cannelures. Ils répartissent mieux le couple sur la périphérie de l'arbre.

Grâce aux nombreuses surfaces de contact, l'arbre est mieux ajusté dans le moyeu, p. ex. pour le moyeu du volant sur la colonne de direction ou pour la barre de torsion des suspensions.

Les assemblages par lamelles à profils dentés (ill. 1, p. 148) s'utilisent généralement pour un assemblage mobile de l'arbre et du moyeu.

Le type de denture utilisé est le même que pour les pignons. Cet assemblage est utilisé p. ex. pour les embrayages visco-coupleurs ou les embrayages multidisques. Les lamelles transmettent la force au carter d'embrayage.

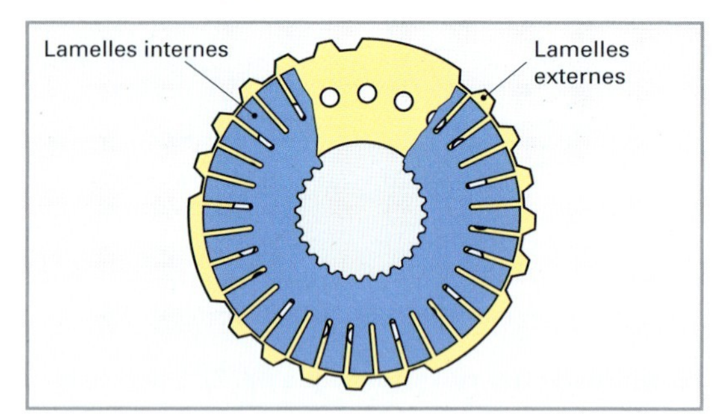

Illustration 1: Assemblage d'embrayage par lamelles à profils dentés

7.6.8 Assemblages par pression (frettage)

Les assemblages par pression (frettage) sont des assemblages par adhérence. Avant l'assemblage, il y a un surdimensionnement entre la partie interne et externe. Les forces sont transmises par friction entre les surfaces jointes.

On utilise les assemblages par pression p. ex. pour assembler les sièges de soupapes rapportés, les couronnes de démarrage, les paliers à roulement et les douilles de palier. On distingue:

- les assemblages par pression longitudinale;
- les assemblages par pression transversale.

Assemblages par pression longitudinale (ill. 2). On parle d'assemblage par pression longitudinale lorsque les deux pièces sont pressées l'une dans l'autre en direction axiale, la plupart du temps à froid, au moyen d'une presse. Les aspérités des surfaces jointes sont quelque peu aplanies ce qui réduit sensiblement le surdimensionnement entre la partie interne et la partie externe.

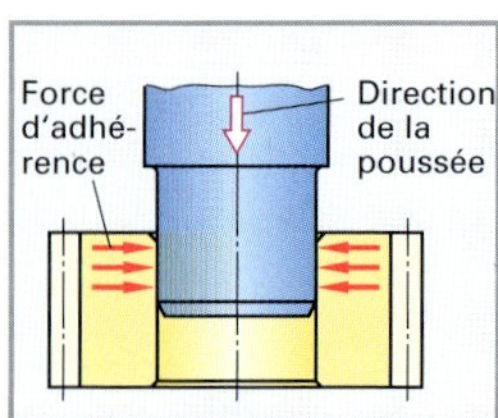

Ill. 2: Assemblage par pression longitudinale

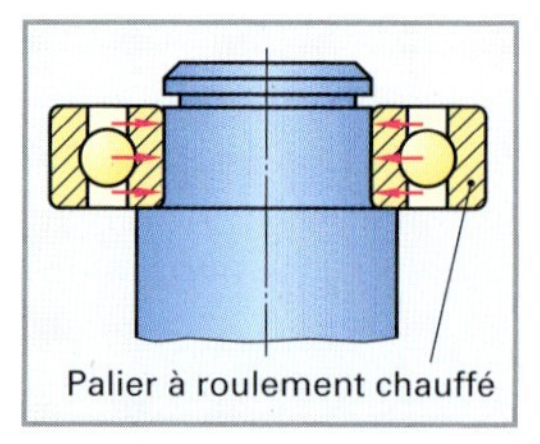

Ill. 3: Assemblage par pression transversale avec chauffage de la pièce externe

Assemblage par pression transversale. Avant l'assemblage, la partie externe est chauffée ou la partie interne refroidie, ce qui supprime le surdimensionnement. Le jeu ainsi créé permet d'assembler les pièces sans effort. Dans ce cas, les aspérités ne sont pas aplanies.

Règles de travail

- Assurer un échauffement régulier des éléments, p. ex. dans un bain d'huile ou sur une plaque chauffante.
- Toujours porter des gants lors du refroidissement dans l'azote ou la glace carbonique (CO_2 solide, – 78 °C).
- Bien préparer le travail, p. ex. les outils nécessaires, car l'assemblage par pression transversale doit être effectué le plus rapidement possible.

Questions de révision

1. **Nommez les différents assemblages arbre-moyeu.**
2. **Quels sont les avantages d'un assemblage par cannelures par rapport à un assemblage par clavette?**
3. **Citez des exemples d'assemblages par pression?**
4. **Quelle est la différence entre un assemblage transversal et un assemblage longitudinal?**

7.6.9 Assemblages par cliquetage

Les assemblages par cliquetage sont formés par la déformation plastique d'au moins une des parties à assembler. Ils peuvent être démontables ou non démontables.

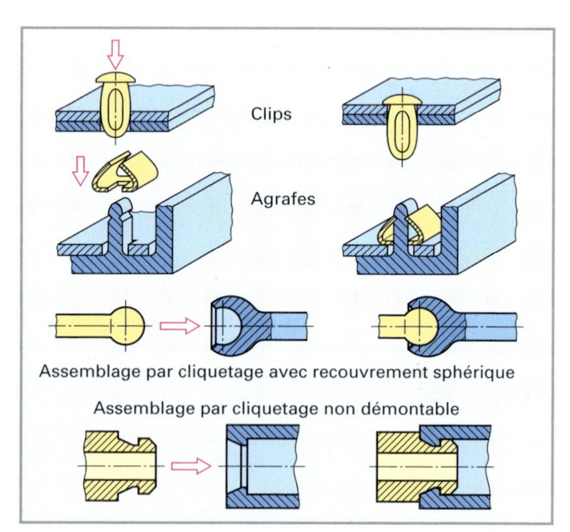

Illustration 4: Assemblages par cliquetage

La plupart du temps, les assemblages par cliquetage **(ill. 4)** sont réalisés avec des clips et des agrafes en matière synthétique ou en acier à ressorts. Ceux-ci se déforment lors de l'assemblage puis reprennent leur forme initiale. On obtient un assemblage par cliquetage non démontable. Les assemblages par cliquetage sont utilisés p. ex. pour les enjoliveurs, les revêtements, les joints de ventilation et les tringles mobiles.

7.6.10 Brasage

Le brasage est une liaison moléculaire entre deux matériaux métalliques au moyen d'un apport de métal fondu. Les pièces à assembler restent à l'état solide. La température de fusion du métal d'apport est inférieure à celle des métaux à assembler.

Le procédé du brasage est déterminé par la température de fusion du métal d'apport (brasage tendre, brasage fort).

Procédé	Température de fusion
Brasage tendre	inférieure à 450° C
Brasage fort	supérieure à 450° C

Processus de brasage

Les surfaces à assembler sont chauffées à la température de brasage. Le métal d'apport fond sur les surfaces à assembler et doit s'y étaler, effet de mouillage **(ill. 1)**. La brasure peut ainsi pénétrer dans les couches périphériques des pièces et se lier au matériau par capillarité. Pour cela, les faces à assembler doivent être propres et non oxydées et l'interstice entre les pièces à braser doit être étroit **(ill. 2)**.

Pour dissoudre les couches d'oxydation et empêcher leur formation ultérieure, on emploie des liquides décapants.

Pour le brasage fort, on utilise p. ex. du décapant FH-20 (décapant polyvalent) et du F-W 31 (pâte non corrosive) pour le brasage tendre.

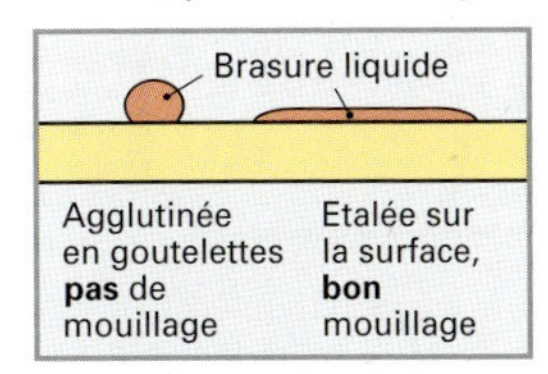

Ill. 1: Mouillage de la surface à braser

Brasure en fusion
Ecoulement de la brasure
Interstice entre les pièces à braser: 0,05 mm à 0,2 mm

Ill. 2: Effet de capillarité de la brasure

Le processus de brasage comprend trois étapes:

Mouillage: La brasure liquéfiée se répartit sur la surface à braser.

Ecoulement: La brasure repousse le flux hors de l'interstice qu'elle remplit.

Liaison: La brasure recouvre les surfaces de contact des matériaux à assembler et forme un alliage avec celles-ci.

Brasage tendre (*T* < 450°). On utilise le brasage tendre pour:

- des brasures devant être étanches, p. ex. fabrication de radiateurs;
- des brasures nécessitant un bon contact électrique.

Le brasage tendre se pratique surtout avec du cuivre, des alliages cuivreux et du zinc.

Brasage fort (*T* > 450°). On utilise le brasage fort:

- pour obtenir une grande solidité du joint brasé, p. ex. réparations de tôles ;
- pour obtenir un joint brasé solide et étanche, p. ex. pour des récipients;
- pour obtenir un joint brasé résistant à la chaleur, p. ex. outils de coupe à plaquettes rapportées;
- lorsque, pour des questions de températures élevées ou de matériaux utilisés, les procédés de soudure ne peuvent pas être employés.

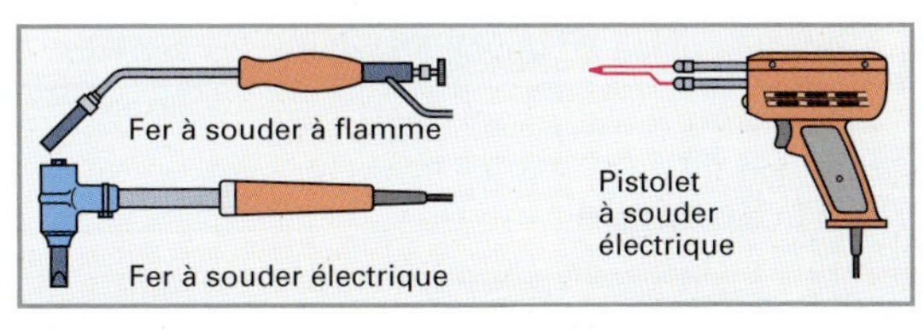

Illustration 3: Fers à souder et pistolet à souder

Selon l'utilisation, p. ex. le brasage tendre, il faut choisir des brasures présentant des propriétés spécifiques.

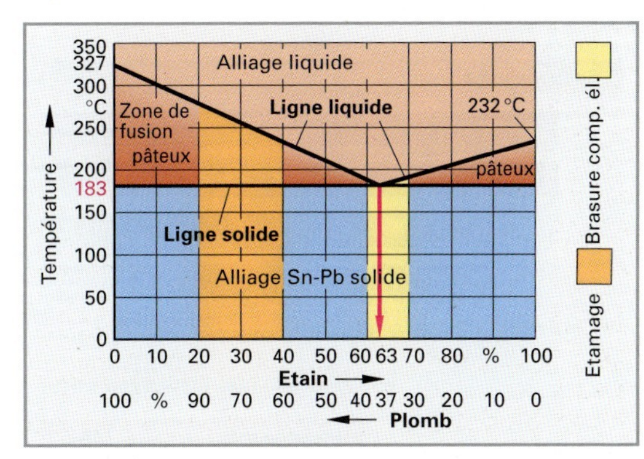

Illustration 4: Diagramme d'équilibre plomb-étain

Soudure pour composants électriques (ill. 4). Pour la soudure des composants électriques, il faut adopter une température de soudure la plus basse possible pour ne pas soumettre les pièces à une surchauffe, comme p. ex. les transistors.

Etamage (ill. 4). Pour l'étamage (remplissage) de tôles de carrosserie, il faut choisir une brasure (pâteuse) pouvant être travaillée dans une large fourchette de températures.

	Abréviations Nouveau	Ancien	Application
Br. tendre	S-Sn60Pb40	L-PbSn40	Electronique
	S-Pb98Sn2	L-PbSn2	Radiateurs
	S-Pb58Sn40Sb2	L-PbSn40Sb	Fonte
Br. forte	AG 104	L-Ag45Sn	Aciers, cuivre, all. Cu
	CU 104	L-SFCu	Aciers

Règles de travail
- Nettoyer le joint de brasure avant de braser.
- Avant de braser, bien ajuster les pièces.
- Chauffer la brasure et les pièces rapidement et régulièrement.
- Choisir la bonne température de travail.
- La brasure doit se solidifier sans être sollicitée.
- Enlever les résidus de décapant corrosif après le brasage.
- Eviter tout contact de la peau avec les décapants.
- Aérer la place de travail ou aspirer les vapeurs.

7.6.11 Soudage

Le soudage est un assemblage permanent de matériaux, généralement de même nature, par liaison moléculaire. Au point de jonction, les pièces sont assemblées en phase liquide sous l'action de la chaleur ou en phase pâteuse sous l'action de la chaleur et de la pression.

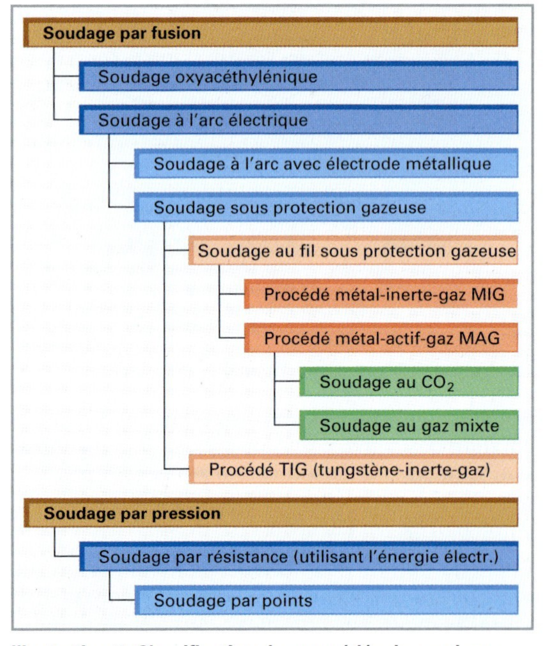

Illustration 1: Classification des procédés de soudage

Parmi les assemblages par liaison moléculaire, les assemblages soudés sont les plus utilisés. On distingue le **soudage par fusion** et le **soudage par pression (ill. 1).**

Lors du soudage, et selon le procédé utilisé, il est nécessaire de prendre les mesures de protection appropriées. Le soudeur doit impérativement porter son équipement de protection personnel!

Soudage par fusion oxyacétylénique (soudage autogène)

Lors du soudage oxyacétylénique **(ill. 2),** également appelé soudage autogène, la pièce est chauffée sous l'action d'une flamme de gaz combustible et d'oxygène; l'assemblage se fait avec ou sans métal d'apport. La plupart du temps, le gaz de combustion utilisé est de l'acétylène (C_2H_2), car il permet d'atteindre une température de flamme élevée (environ 3200 °C).

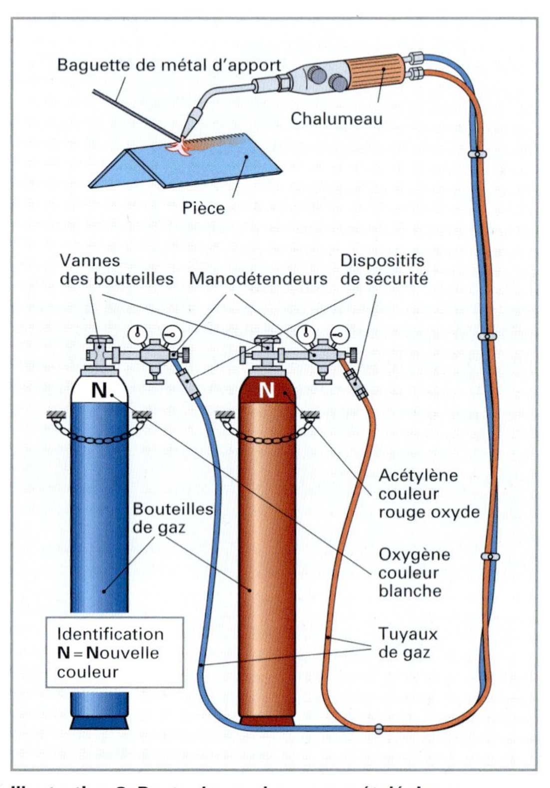

Illustration 2: Poste de soudage oxyacétylénique

Bouteilles d'oxygène. Elles contiennent de l'oxygène pur avec une pression élevée. Le volume d'une bouteille de 40 litres d'une pression de remplissage de 150 bar fournit un contenu de 150 × 40 l = 6000 l d'oxygène. Elles sont munies d'un raccord femelle RG $^3/_4$ pouce et, depuis le 1.7.2006, sa couleur d'identification est blanche.

Le raccord de la bouteille d'oxygène doit être exempt de graisse et d'huile. En effet, le contact entre l'oxygène et l'hydrogène contenus dans la graisse peut engendrer la formation de gaz explosifs.

Bouteilles d'acétylène. L'acétylène ne peut pas être stocké sous haute pression sous peine de se décomposer. Lors du remplissage des bouteilles, l'acétylène est donc dissous dans de l'acétone.

Les bouteilles d'acétylène contiennent une masse poreuse imbibée d'acétone dans lequel l'acétylène se dissout. A une pression de remplissage de 18 bar, une bouteille d'acétylène contient environ 6000 litres d'acétylène. Lors du prélèvement du gaz (chute de pression), l'acétylène est libéré. La bouteille d'acétylène est munie d'un raccord mâle G $^3/_4$; depuis le 1.7.2006, sa couleur d'identification est rouge-oxyde.

Lors du soudage, il ne faut jamais utiliser les bouteilles d'acétylène en position horizontale car l'acétone risque de s'écouler.
Ne jamais extraire plus de 1000 litres à l'heure de la même bouteille. Le cas échéant, brancher d'autres bouteilles.

Dispositifs de sécurité (ill. 2, p. 150). Pour se protéger des retours de flamme et des retours de gaz, les tuyaux de gaz sont équipés d'un dispositif de sécurité situé soit entre le manodétendeur et le chalumeau, soit directement sur le chalumeau.

Avant de raccorder le manodétendeur, ouvrir brièvement la vanne de la bouteille afin de purger toute saleté pouvant se trouver dans le raccord. Desserrer ensuite la vis de réglage du manodétendeur.

Manodétendeur (ill. 1). Le manodétendeur est relié à la vanne de fermeture de la bouteille. Il abaisse la haute pression de la bouteille à la pression de travail. Le premier manomètre indique la pression à l'intérieur de la bouteille; le deuxième manomètre indique la pression de travail qui peut être réglée au moyen de la vis de réglage. Pour souder, la pression de travail est d'environ 2,5 bar pour l'oxygène et 0,25 bar à 0,5 bar pour l'acétylène.

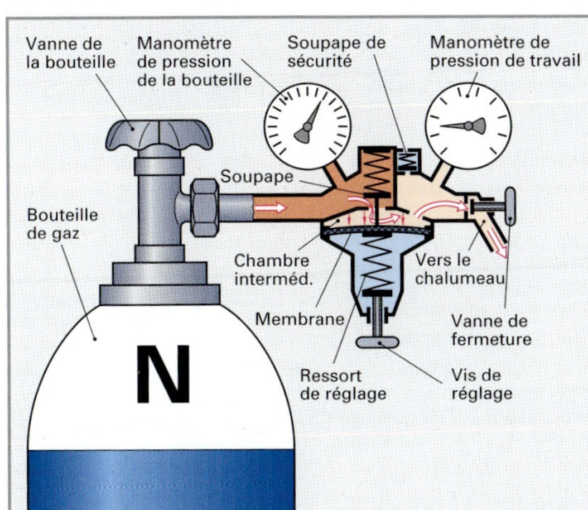

Illustration 1: Manodétendeur

Chalumeau (ill. 2). Pour souder, on utilise principalement le chalumeau à injecteur. L'acétylène est aspiré par l'oxygène qui jaillit à une pression supérieure.

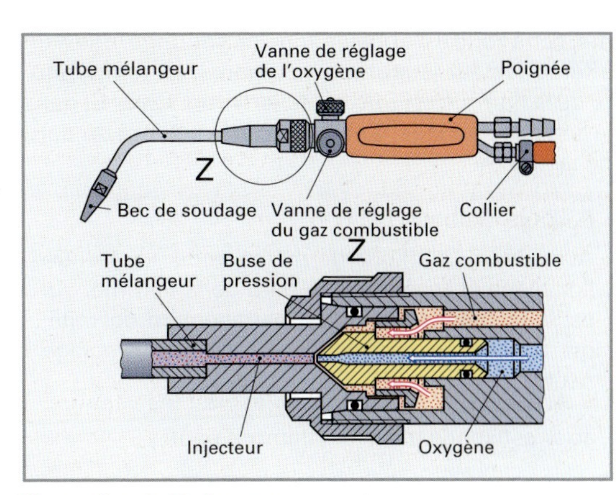

Illustration 2: Chalumeau

Le chalumeau se compose d'une poignée et d'une lance interchangeable. Les différentes parties de la lance sont: le bec de soudage (buse d'injecteur), le tube mélangeur, l'injecteur, la buse de pression, l'écrou de serrage. C'est dans la buse et le tube mélangeur que l'acétylène et l'oxygène sont mélangés avant de former une flamme au bout du bec de soudage.

Le chalumeau est relié aux bouteilles de gaz par des tuyaux en caoutchouc. Le tuyau est rouge pour l'acétylène et il est bleu pour l'oxygène. Bien qu'il soit du même diamètre extérieur que celui de l'acétylène, le tuyau d'oxygène a un diamètre intérieur plus petit.

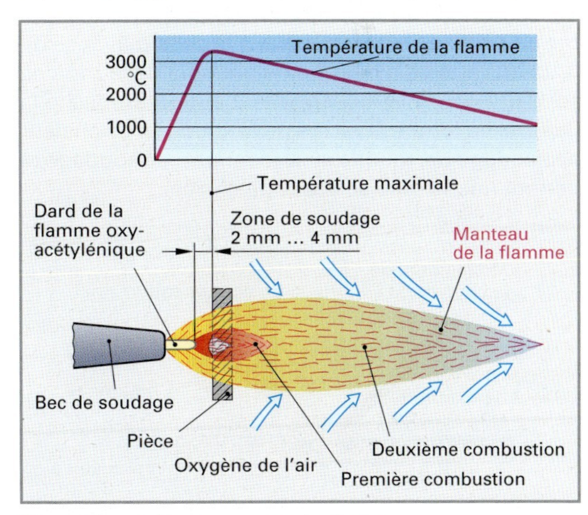

Illustration 3: Flamme oxyacétylénique

Flamme oxyacétylénique (ill. 3). Elle est réglée par les vis de réglage du chalumeau. Lorsque la flamme est neutre, l'oxygène et l'acétylène sont mélangés dans un rapport 1 : 1. Cependant, dans cette proportion, la quantité d'oxygène n'est pas suffisante pour permettre la combustion complète de l'acétylène; c'est l'oxygène de l'air ambiant qui permet une combustion complète de l'acétylène. De cette manière, une zone sans oxygène se crée devant le dard de la flamme, cette zone est appelée zone de soudage. Elle a un effet réducteur (supprime l'oxygène). La température de la flamme est maximale (environ 3200 °C) dans la zone de soudage, à environ 2 mm à 4 mm du dard de la flamme.

Réglage neutre:
Avec des proportions de mélange de 1 : 1 entre l'oxygène et l'acétylène, le dard de la flamme, qui est de couleur blanche, est parfaitement délimité; on appelle ce réglage de la flamme "réglage neutre".

L'acier est soudé avec une flamme neutre.

Avec un excédent d'acétylène, le dard de la flamme vacille et paraît verdâtre. Dans ce cas, la flamme transporte du carbone libre qui pénètre dans la soudure (flamme carburante). La soudure se durcit par enrichissement en carbone.

Avec un excédent d'oxygène, le dard de la flamme se raccourcit et bleuit. Le cordon de soudure absorbe l'oxygène et devient cassant; la flamme est oxydante.

Guidage du chalumeau et de la baguette d'apport.
On peut aussi bien souder vers la gauche que vers la droite.

Le **soudage vers la gauche (ill. 1)** est utilisé pour souder des tôles fines jusqu'à 3 mm d'épaisseur. La flamme de soudage est dirigée dans le sens d'avance de la soudure, le bain de fusion étant hors de la zone de soudage. En outre, la baguette d'apport empêche la flamme de fondre la racine de la soudure. La chaleur de soudage préchauffe ainsi la rainure de soudage et permet une vitesse de soudage élevée.

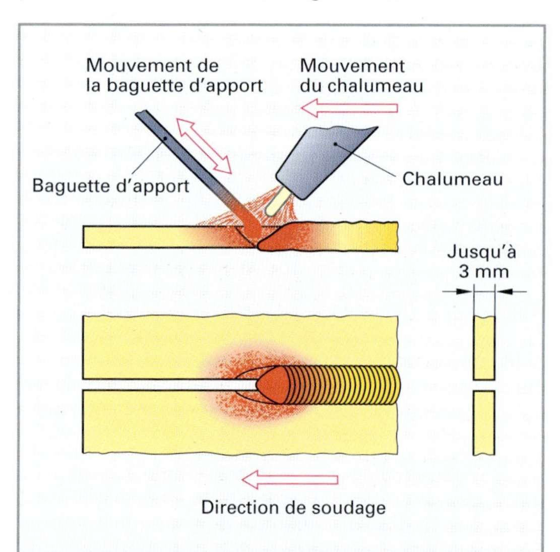

Illustration 1: Soudure vers la gauche

Le **soudage vers la droite** est utilisé pour souder des tôles de plus de 3 mm d'épaisseur.

Les baguettes d'apport pour la soudure au chalumeau sont classées en sept catégories (de G I à G VII), en fonction de leur composition et de leur compatibilité avec les divers aciers. Les catégories G II à G VII conviennent particulièrement pour les aciers de constructions usuels.

La catégorie de la baguette est estampillé sur chaque baguette. Les baguettes d'apport existent en différents diamètres, leur teneur en cuivre permet une protection contre la corrosion.

Découpage de l'acier au chalumeau

Pour le découpage de l'acier par oxycoupage, on utilise la propriété de l'acier à brûler dans l'oxygène pur. Le **chalumeau d'oxycoupage (ill. 2)** est un chalumeau équipé d'un dispositif supplémentaire pour apporter l'oxygène nécessaire à la découpe.

La flamme de chauffage du chalumeau découpeur élève la température de la matière à découper à environ 1200 °C. Dès l'ouverture de la vanne d'amenée de l'oxygène de coupe, le jet d'oxygène provenant de la buse de découpage frappe la pièce portée au rouge. Une combustion rapide se produit là où le jet d'oxygène touche la matière. La pression du jet d'oxygène souffle les déchets hors de la brèche produite.

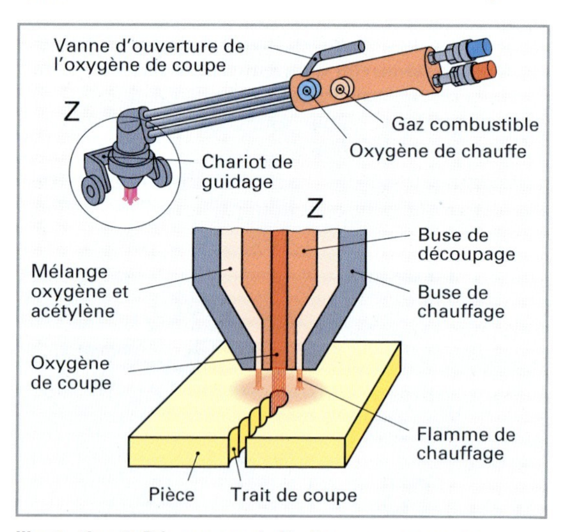

Illustration 2: Découpage de l'acier par oxycoupage

Soudage à l'arc avec électrode métallique

Lors du soudage à l'arc avec électrode métallique **ill. 1, p. 153)**, la chaleur de l'arc électrique est utilisée pour faire fondre les pièces au point de contact.

L'arc de soudage s'établit après un bref court-circuit entre l'électrode et la pièce. Il se forme alors une veine gazeuse à haute température, qui est conductrice d'électricité. La matière de la pièce en fusion forme le cordon de soudure avec le matériau s'écoulant de l'électrode. L'arc de soudure doit être court (longueur de l'arc équivalent au diamètre de l'électrode) afin de limiter l'absorption de l'oxygène et de l'azote de l'air par le bain de fusion.

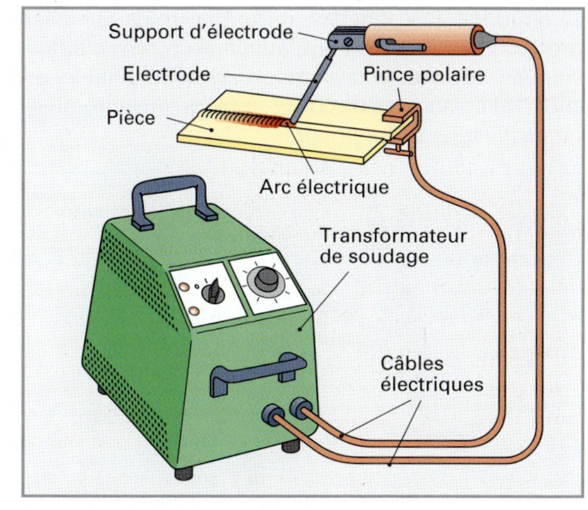

Illustration 1: Soudure à l'arc

Sources d'électricité pour le soudage. Pour le soudage, on utilise des transformateurs à courant alternatif, respectivement des redresseurs à courant continu. Dans les ateliers, on soude souvent dans des conditions difficiles, dans un espace restreint et au milieu d'éléments conducteurs. Dans ce contexte, la tension à vide ne doit pas dépasser 48 V pour le courant alternatif et 113 V pour le courant continu. Ces indications sont marquées sur les postes de soudage **(tableau 1).**

Tableau 1: Marquage des appareils de soudage pour travaux de soudage comportant des risques électriques élevés

App. de soudage	Tension à vide maximale	Symbole
Transformateur de soudage	48 V	S
Redresseur de soudage	113 V	S

Les électrodes (ill. 2) se composent d'une âme centrale et d'un enrobage.

En fondant, **l'âme centrale** et la matière fondue de la pièce forment le cordon de soudure. En fondant, **l'enrobage** forme le laitier qui recouvre la soudure. Grâce au laitier, le refroidissement de la soudure est ralenti, les tensions internes du cordon diminuent. En

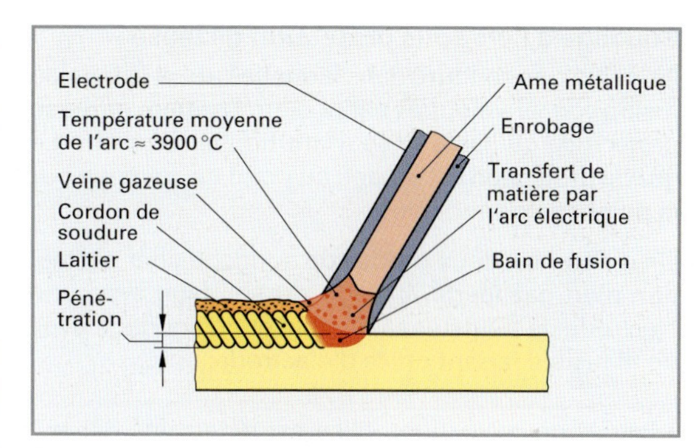

Illustration 2: Arc électrique

fondant, une partie de l'enrobage se transforme en gaz, qui forme une veine gazeuse autour de l'arc et du bain de fusion, empêchant ainsi le contact avec l'air ambiant et la combustion des éléments d'alliage. La veine gazeuse électroconductrice permet d'obtenir un arc homogène. Lors du soudage en courant alternatif, la veine gazeuse permet de maintenir l'arc constamment allumé puisque le sens du courant change continuellement.

Outils de soudage (ill. 3). A l'exception de la surface de contact pour l'électrode, le support d'électrode, composé d'une poignée et d'un dispositif de serrage, est isolé afin de protéger le soudeur contre la tension électrique et les brûlures. Le marteau-pic et la brosse métallique servent à éliminer le laitier. Le masque de soudeur est muni de verres foncés spéciaux (filtres de protection pour soudage) devant lesquels on place généralement des verres transparents. Des gants et un tablier, la plupart du temps en cuir, protègent contre le rayonnement, les projections d'étincelles et les brûlures.

Toujours porter l'équipement de protection personnel lors des travaux de soudage!

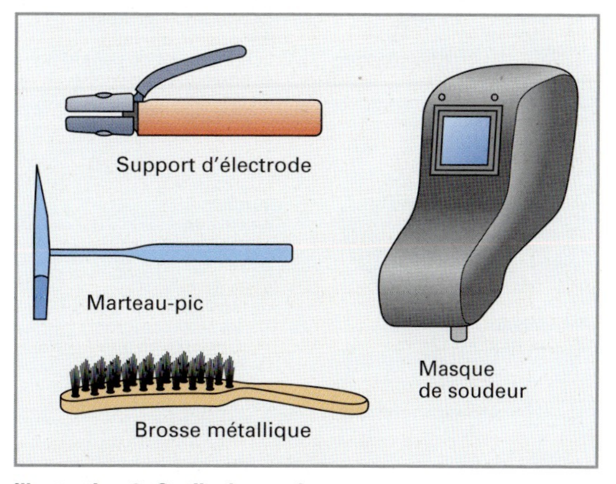

Illustration 3: Outils de soudage

Soudage à l'arc sous protection gazeuse

Il s'agit d'une soudure dans laquelle l'arc et le bain de fusion sont enveloppés par une atmosphère gazeuse protectrice qui isole la soudure de l'air ambiant. Le gaz de protection est amené au point de soudage par la poignée de soudage.

On différencie deux modes de soudage sour protection d'un gaz inerte. Il s'agit du soudage avec une électrode de tungstène infusible et du soudage avec un fil fusible faisant office d'électrode.

> Le gaz de protection utilisé est déterminé par le procédé de soudage et par la matière à souder.

La poignée de soudage est guidée manuellement, mécaniquement ou automatiquement. Pour les tôles minces, les poignées sont refroidies par air. Pour les tôles plus épaisses et les soudures requérant des puissances électriques élevées, les poignées sont refroidies à l'eau.

Les avantages du soudage sous protection gazeuse sont:

- bain de fusion isolé de l'air ambiant;
- pas de combustion des éléments d'alliage;
- pas de formation de laitier;
- vitesse de soudage élevée;
- zone d'échauffement réduite;
- faible déformation.

Direction de soudage. On distingue la soudure "en poussant" et la soudure "en tirant" **(ill. 1).**

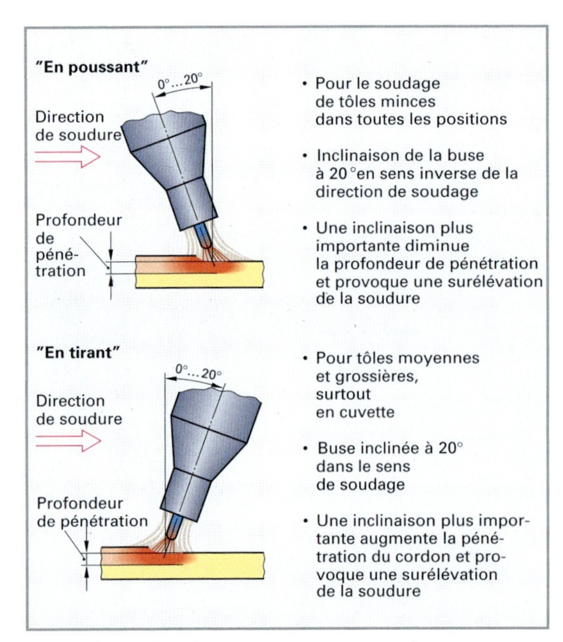

Illustration 1: Soudage en poussant et en tirant

Soudage à l'arc avec électrode de tungstène et gaz inerte (soudage TIG, ill. 2)

L'arc électrique s'établit entre l'électrode de tungstène, infusible, et la pièce. La baguette d'apport est guidée manuellement dans le bain de fusion. En fonction du matériau à assembler, on soude soit avec du courant continu soit avec du courant alternatif. Le gaz de protection est l'argon, un gaz rare chimiquement neutre ou un mélange d'argon et d'hélium.

Le soudage TIG convient surtout pour les tôles, les profils et les tuyaux jusqu'à environ 5 mm d'épaisseur, en acier réfractaire ou en acier inoxydable, en cuivre et en alliages de cuivre, ainsi qu'en aluminium ou en alliages d'aluminium.

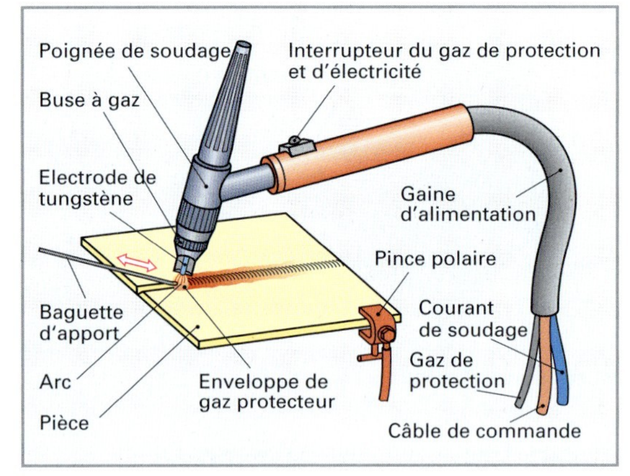

Illustration 2: Soudage TIG

Soudage au fil sous protection gazeuse (ill. 3 et ill. 1, p. 155)

L'arc s'établit entre le fil-électrode fusible et la pièce. Ce fil, provenant d'une bobine, est amené par un moteur dans la poignée de la torche, au travers d'un tuyau souple.

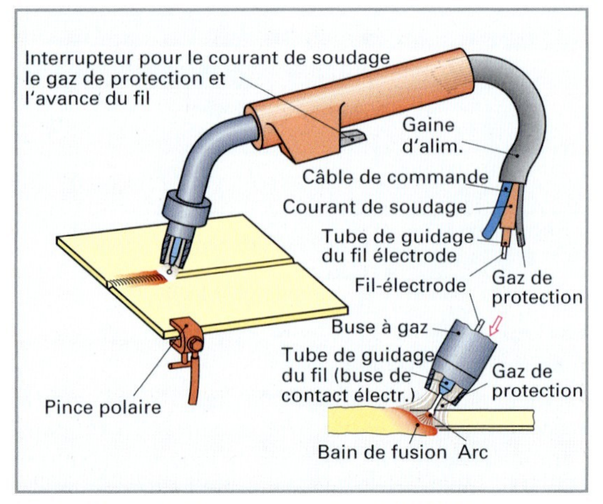

Illustration 3: Pistolet pour soudage MIG-MAG

On utilise du courant continu pour les soudures au fil sous protection gazeuse. Le courant est transmis au fil électrode par la buse de contact électrique. Le pôle positif est généralement connecté au fil électrode. La forte intensité de courant qui passe dans le fil de petit diamètre provoque une grande puissance de fusion, une vitesse de soudage élevée et une pénétration importante.

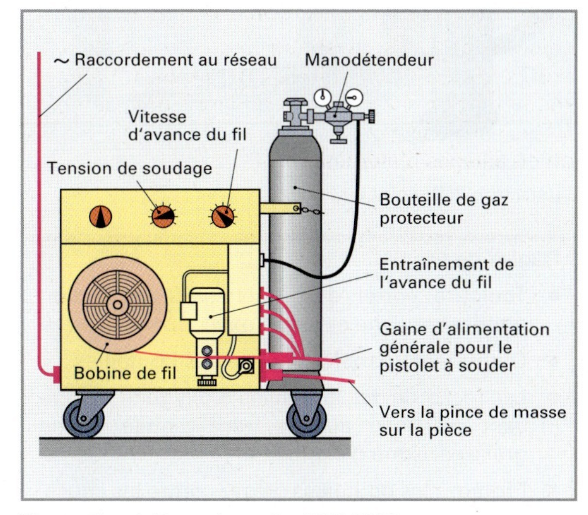

Illustration 1: Poste à souder MIG-MAG

Procédé de soudage métal-inerte-gaz (MIG, ill. 3, p. 154 et ill. 1)

On utilise des gaz inertes (p. ex. l'argon), car ceux-ci n'ont aucune réaction chimique pendant le soudage.

Le soudage MIG convient pour souder des tôles épaisses en acier hautement allié, en cuivre, en alliages de cuivre, ainsi qu'en aluminium ou en alliages d'aluminium. Lors de la fabrication de carrosseries en alliage léger, on utilise également le procédé MIG pour souder des tôles fines en aluminium, soit entre elles, soit avec des pièces coulées ou encore avec des profilés en alliages d'aluminium.

Procédé de soudage métal-actif-gaz (MAG, ill. 3, p. 154 et ill. 1)

Les gaz de protection sont des mélanges de gaz (composés d'argon, de dioxyde de carbone et d'oxygène) ou de dioxyde de carbone pur.

Le soudage MAG est un soudage sous protection gazeuse qui convient pour l'acier non allié ou faiblement allié. Les gaz de protection contiennent des éléments actifs tels que le dioxyde de carbone et l'oxygène qui réagissent chimiquement avec le bain de fusion. C'est pour cette raison que le fil-électrode contient des éléments d'alliage importants tels que le manganèse et le silicium, afin de désoxyder le bain de fusion. Ces deux éléments se lient à l'oxygène qui est alors soit libéré par décomposition du dioxyde de carbone, soit présent en tant que composant du gaz.

Dans les ateliers automobiles, les travaux de soudage au fil sous protection gazeuse sont généralement réalisés avec un diamètre de fil électrode unique; le plus souvent de 0,8 mm, et parfois de 1 mm.

Soudage au laser

Dans ce procédé de soudage, la chaleur nécessaire à la fusion de la pièce et du métal d'apport est fournie par l'énergie d'un rayon laser.

Le laser (**L**ight **A**mplification by **S**timulated **E**mission of **R**adiation) amène le mélange d'hélium et de néon à un haut niveau énergétique par le choc généré par les électrons. L'énergie ainsi produite est restituée sous forme d'ondes électromagnétiques très concentrées (p. ex. une lumière rouge).

Procédé de soudage: le rouleau de pression **(ill. 2)** maintient les pièces à assembler et assure l'apport de métal à l'endroit de la soudure. Le rayon laser, très fin, permet une soudure extrêmement précise. Afin d'empêcher toute réaction avec l'air ambiant, le processus est protégé par du gaz.

Dans l'industrie automobile, ce procédé est utilisé pour le soudage d'éléments bruts de carrosserie. On peut ainsi souder l'acier, les métaux légers et les matières synthétiques.

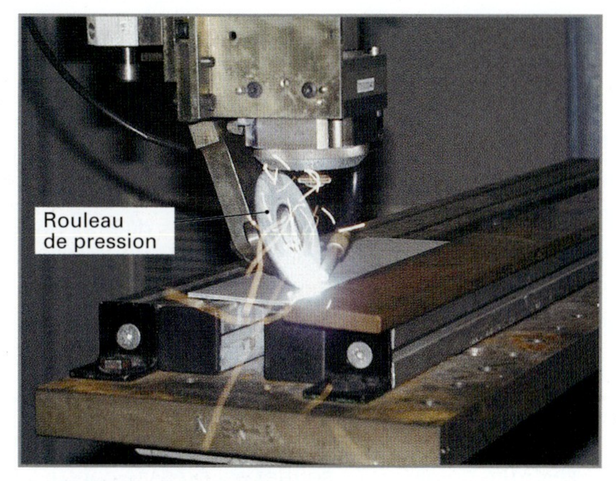

Illustration 2: Soudage au laser

Caractéristiques du soudage au laser:

- soudure propre;
- peu de perte de matière grâce à un échauffement réduit lors du soudage;
- productivité élevée et grande rigidité;
- économie de poids étant donné le faible chevauchement, voire un chevauchement inexistant;
- grande solidité.

Soudage par points

Le soudage par points est un procédé de soudage électrique par résistance et par pression. Il en résulte un assemblage non démontable réalisé par liaison moléculaire. Les deux tôles sont assemblées en phase pâteuse par la chaleur et la pression exercées aux points de soudure, et ceci sans métal d'apport.

La pression nécessaire est exercée par des électrodes en cuivre en forme de crayons. Un courant électrique important passe brièvement au travers des électrodes et des tôles à assembler. La chaleur nécessaire est très rapidement atteinte du fait de la grande résistance électrique au point de contact. La pression, la puissance du courant et le temps de soudage doivent être coordonnés.

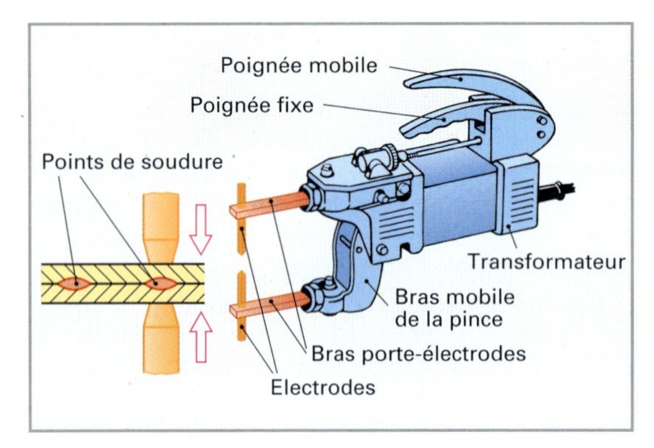

Illustration1: Soudage par points avec une pince à souder

Pour les travaux de réparation sur les véhicules, il existe de petites **pinces à souder portables (ill. 1)** avec transformateur intégré. Les électrodes sont pressées les unes contre les autres en actionnant la poignée mobile. Il existe différents types de bras porte-électrodes afin de pouvoir accéder à des endroits de la carrosserie qui seraient difficilement soudables. Toutefois, la pince à souder doit toujours pouvoir accéder aux deux côtés à assembler.

Pistolet à souder (ill. 2). Il permet de travailler lorsque la zone à souder n'est accessible que d'un seul côté. L'électrode du pistolet à souder est pressée contre le point à souder, de manière à ce que les deux tôles se touchent, permettant ainsi la réalisation du point de soudure.

Le pistolet à souder trouve de nombreuses applications:

- points de soudage accessibles d'un seul côté;
- dressage de tôles (avec marteau de carrossier);
- retreinte de tôles;
- soudure de goujons filetés et de goupilles.

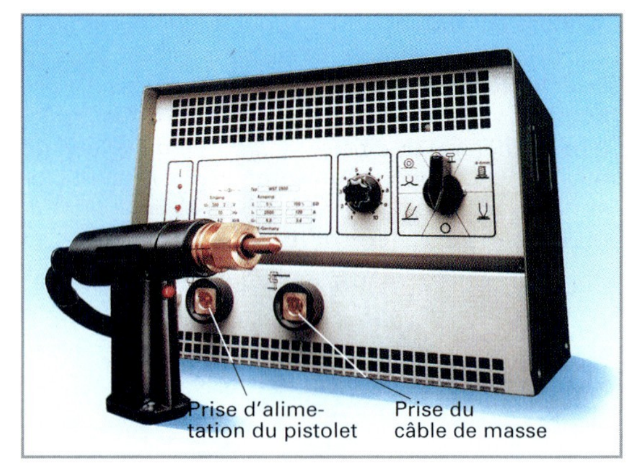

Illustration 2: Pistolet à souder

Règles de travail

- Toujours porter des lunettes de protection pour le soudage et pour l'oxycoupage.
- Ouvrir lentement les vannes des bouteilles.
- Les raccords des bouteilles d'oxygène ne doivent présenter aucune trace d'huile ou de graisse (risque d'explosion).
- Protégez les bouteilles de gaz contre les chocs, les chutes, la chaleur et le froid.
- Utilisez un masque avec protection lors du soudage à l'arc électrique.
- Aménagez votre poste de travail pour le soudage à l'arc de manière à ce que vos collaborateurs soient protégés de tout rayonnement.
- Portez des vêtements fermés et des gants afin d'assurer la protection contre les projections et le rayonnement de l'arc lors du soudage.
- Assurez une bonne aération du poste de travail.

Questions de révision

1. **Pourquoi ne faut-il pas graisser les raccords des bouteilles d'oxygène?**
2. **Comment reconnaît-on une bouteille d'acétylène?**
3. **Quelles sont les informations affichées par le manodétendeur?**
4. **Pourquoi doit-on régler la flamme de soudage à l'acétylène sur neutre pour le soudage de l'acier?**
5. **Quel est le principe de fonctionnement de l'oxycoupage?**
6. **Quels sont les différents procédés de soudage par fusion?**
7. **Quel est le rôle de l'enrobage d'une électrode?**
8. **Quelles sont les directions de soudage possibles lors d'une soudure à l'arc sous protection gazeuse?**
9. **Quels sont les avantages du soudage sous protection gazeuse par rapport aux autres procédés de soudage?**

7.6.12 Collage

Le collage est un assemblage par liaison moléculaire non démontable de matériaux de même nature ou de nature différente au moyen de colle (apport non métallique).

Contraintes et réalisation d'un assemblage collé

La solidité de l'assemblage dépend des **forces de cohésion** de la couche de colle, ainsi que des **forces d'adhésion** créées entre la colle et les surfaces des pièces à assembler **(ill. 1)**.

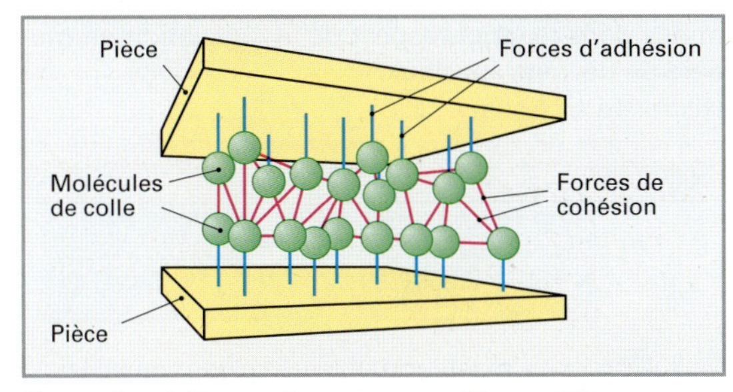

Illustration 1: Forces dans un assemblage collé

Alors que les forces de cohésion de la couche de colle dépendent essentiellement de la colle utilisée, les forces d'adhésion dépendent surtout du soin apporté au nettoyage des surfaces à coller, afin d'exploiter au mieux le pouvoir adhésif de la colle.

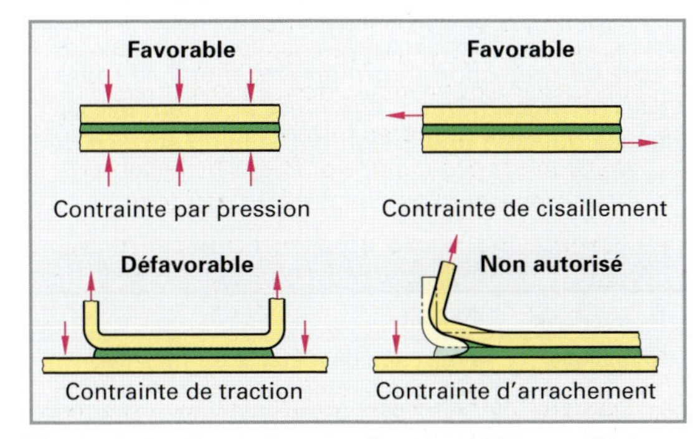

Illustration 2: Contraintes sur les assemblages collés

Pour transmettre des forces importantes, il est nécessaire de disposer de grandes surfaces de jonction. Dans la mesure du possible, l'assemblage ne doit transmettre que des forces de pression et des forces de cisaillement **(ill. 2)**. Les forces de traction exercées devraient être minimes et les forces d'arrachement sont à proscrire, car l'assemblage collé pourrait se déchirer.

Types de colles

Les colles à mélange réactif (tableau 1) durcissent par la réaction chimique de leurs constituants. Selon leur composition, on distingue les colles à composant unique et les colles à deux composants. En fonction de la température d'utilisation, on différencie les colles à froid et les colles à chaud.

Les colles à un composant contiennent tous les composants nécessaires pour coller et ne nécessitent aucun durcisseur additionnel.

Les colles à deux composants sont constituées de deux composants distincts: la colle et le durcisseur. Après le mélange des composants, en fonction de la température, la colle commence à durcir par réaction chimique. La colle doit être travaillée dans un laps de temps défini (durée de vie en pot), sinon elle s'épaissit trop et ne peut plus mouiller suffisamment les surfaces à assembler.

Les colles à froid durcissent à la température ambiante. Elles sont souvent utilisées comme matériau d'étanchéité.

Les colles à chaud durcissent à des températures de 120 °C à 250 °C. Des températures plus basses rallongent le temps de durcissement.

La qualité des assemblages collés dépend des influences externes, p. ex. l'humidité de l'air, la température et la poussière. Il faut impérativement respecter les modes d'emploi fournis.

Tableau 1: Colles réactives utilisées dans l'entretien des véhicules

Colle		Durcissement	Application
Polyuréthane	Colles à un composant	Par l'humidité de l'air	Mastic à joints pour carrosserie
Colle anaérobie	Colles à un composant	Exclusion d'air et contact avec le métal	Blocage de vis, écrous, étanchéité des filetages
Acrylate de cyanure	Colles à un composant	Par l'humidité de l'air	Collage rapide pour métal, céramique
Polyuréthane	Colles à deux composants	Durcisseur	Collage de pare-brise, pièces de carrosserie
Résine époxyde	Colles à deux composants	Durcisseur	Collage en carrosserie pour petites réparations

Questions de révision

1. **Quelles forces agissent lors d'un assemblage par collage?**
2. **Pourquoi les assemblages collés nécessitent-ils généralement de grandes surfaces de collage?**
3. **Quelles sont les contraintes supportées par un assemblage collé?**
4. **Que signifie le terme durée de vie en pot d'une colle?**
5. **Quels sont les facteurs influençant un assemblage collé?**
6. **Comment distingue-t-on une colle à un composant d'une colle à deux composants?**

7.7 Traitement des surfaces

Le traitement des surfaces est le recouvrement permanent des pièces par une couche solide d'un matériau amorphe.

Le traitement de surface des pièces permet:

- de protéger contre la corrosion, p. ex. par projection de zinc;
- d'améliorer l'aspect, p. ex. par enduit;
- d'améliorer la résistance à l'abrasion des matériaux de base, p. ex. chromage dur, soupapes stellitées;
- d'isoler, p. ex. isolation électrique, thermique, acoustique.

7

Avant le traitement de surface, les pièces doivent être nettoyées afin d'obtenir une bonne adhérence des couches recouvrant la pièce.

Procédés de nettoyage

Nettoyer, c'est éliminer les salissures ou les dépôts indésirables des surfaces de la pièce.

Tableau 1: Procédés de nettoyage

Mécanique sec	Brossage Ponçage Martelage	Polissage Sablage
Mécanique humide	Lavage Giclage Jet de vapeur	Ultrasons
Chimique	**Dégraissage,** p. ex. avec des soudes (saponification), des solvants organiques (dégraissants)	
	Trempage, p. ex. avec soude caustique diluée pour éliminer les couches d'oxyde et de calamine (rincer et sécher ensuite)	

Nettoyage mécanique à sec. Il peut être effectué par brossage, polissage, martelage, sablage, ponçage.

Nettoyage mécanique humide. Il peut être effectué par lavage, giclage, par vapeur ou ultrasons. Dans le procédé à ultrasons, le liquide de nettoyage est soumis à des oscillations à haute fréquence qui donnent naissance, par vacuum, à de petites bulles (diamètre environ 0,000 01 mm). La cavitation (implosion) des petites bulles génère une pression pouvant atteindre 1000 bar. Ce procédé permet l'élimination des plus petites particules de saleté même dans les pores et les fissures microscopiques.

Nettoyage chimique. Il s'effectue par dégraissage ou trempage. Lors du dégraissage **(ill. 1),** la graisse est fractionnée et dispersée en particules microscopiques par l'immersion de la pièce dans des solvants organiques ou par projection de celle-ci. Ces particules se répartissent uniformément dans l'eau de lavage, émulsionnent et flottent. Elles sont alors éliminées avec l'eau de lavage. Les solvants alcalins, comme la soude caustique, transforment les lubrifiants à base de savon en savon qui peut être évacué avec l'eau de lavage.

Lors du trempage, les couches d'oxyde et de calamine des métaux ferreux et non ferreux sont décapées par des acides dilués.

Les produits de nettoyage chimiques doivent être éliminés dans le strict respect de la législation en matière de déchets spéciaux.

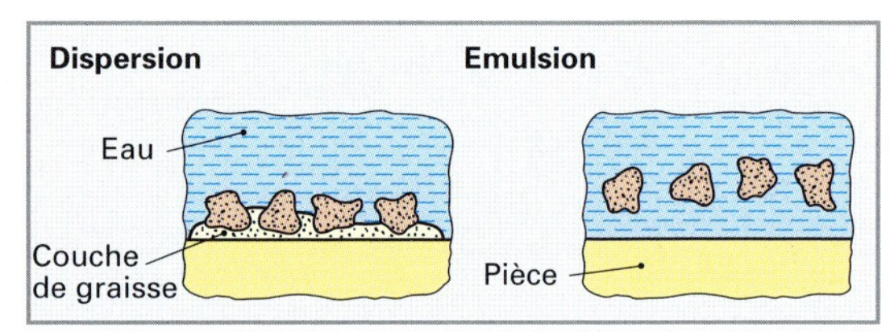

Illustration 1: Dégraissage

Procédés de traitements de surface

Projection thermique de métal

Lors de projection thermique de métal, le matériau de protection en fusion est finement dispersé, ce qui crée une fusion partielle de surface de la pièce.

Tableau 2: Procédés de traitement de surface

Revêtement	Procédé
Métallique	**Projection de métal** p. ex. métallisation à la flamme, projection de plasma
	Galvanisation, p. ex. chromage, trempage, zingage de pièces
Non métallique, non-organique	**Application d'une couche protectrice,** p. ex. phosphatage, chromage, anodisation
Non-métallique, organique	**Couches de peinture, de laque, couches de plastique,** p. ex. frittage tourbillonnaire, application de peinture

Le matériau de protection se dépose sur la pièce par adhésion et cohésion des particules métalliques.

En fonction du type d'élaboration, on distingue:

- **Projection d'un bain en fusion.** Les métaux sont fondus dans une chaudière puis giclés sur la pièce.

- **Projection à la flamme (ill. 1).** Les métaux de projection fondus à une température inférieure à 3000 °C sont projetés contre la pièce par une flamme composée d'un gaz de combustion et d'oxygène.
- **Projection à l'arc (ill. 2).** Le fil métallique de traitement de surface est fondu à plus de 5000 °C et généralement projeté sur la pièce à l'aide d'air comprimé.
- **Projection au plasma (ill. 3).** Les métaux et les non-métaux sous forme de poudre (comme p. ex. l'alumine) sont fondus à haute température, entre 10000 °C et 20000 °C puis projetés sur la pièce grâce à un jet de plasma.

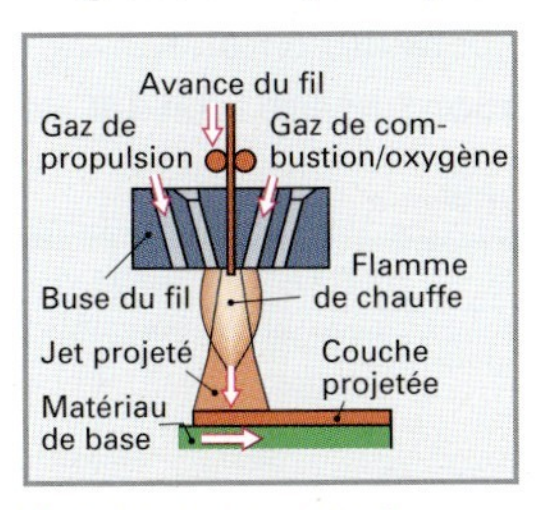

Ill. 1: Projection à la flamme

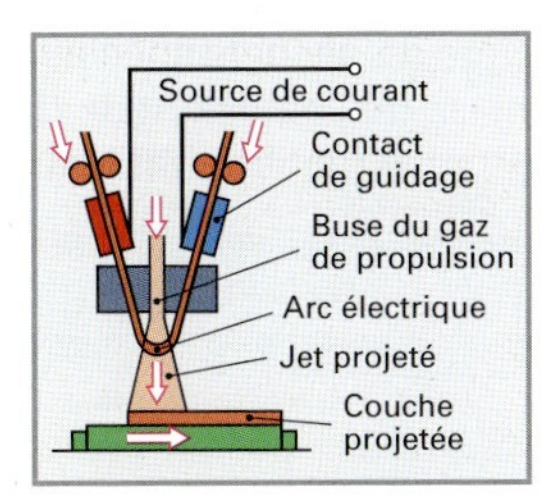

Ill. 2: Projection à l'arc

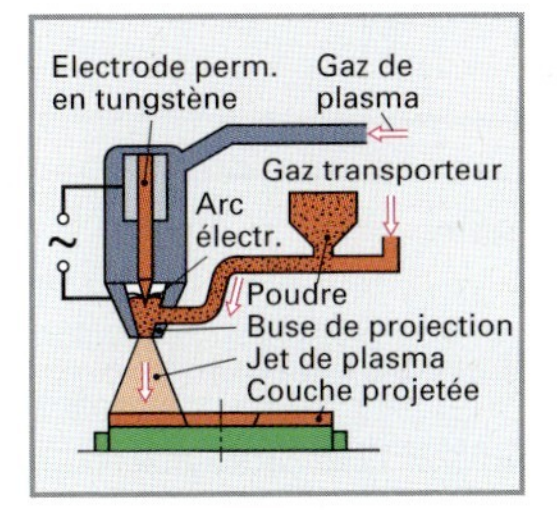

Ill. 3: Projection au plasma

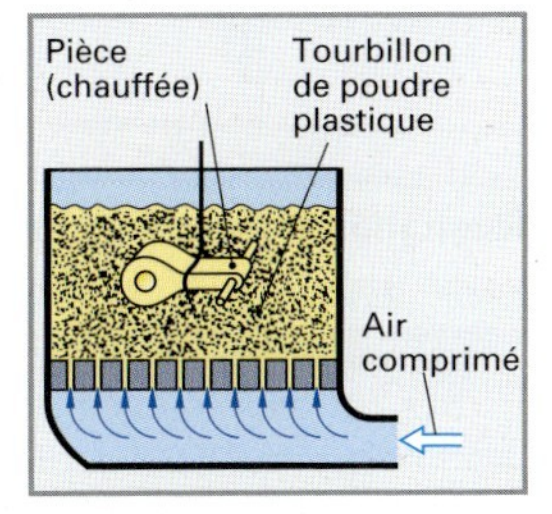

Ill. 4: Frittage tourbillonnaire

Galvanisation

La galvanisation est un apport électrochimique de couches métalliques par électrolyse sur la pièce à protéger.

Pour les protéger de la corrosion, certaines pièces automobiles sont traitées par galvanisation, p. ex. le zingage électrolytique de tôles de carrosserie ou le chromage de pièces d'ornement.

Emaillage

Des matériaux céramiques sont projetés sur la surface de la pièce et y adhèrent uniquement par imbrication (verrouillage géométrique). Les couches céramiques servent de protection thermique, de protection contre la corrosion et l'usure.

Oxydation

En oxydant les surfaces métalliques, on provoque une corrosion artificielle, p. ex. l'anodisation. L'oxydation génère une transformation chimique de la surface du matériau de base; en fait, il ne s'agit pas de l'ajout d'une couche à proprement parler. Application: pièces d'aluminium anodisées, p. ex. roues, pièces d'ornement de l'habitacle du véhicule.

Revêtements synthétiques

Les revêtements synthétiques sont applicables sur pratiquement toutes les pièces, p. ex. au pinceau, à la spatule, par immersion, par application de films, par traitement de surface électrostatique, par flamme, par frittage tourbillonnaire.

Dans le cas du frittage tourbillonnaire **(ill. 4),** la pièce préchauffée (jusqu'à environ 300 °C) est maintenue dans un tourbillon de poudre de matières synthétiques, provoqué par de l'air comprimé. La poudre se dépose sur la pièce et forme un revêtement. Le revêtement synthétique est efficace pour protéger contre la corrosion, comme isolation phonique et thermique, comme isolation électrique, ainsi que pour l'aspect décoratif.

Laquage

Le laquage constitue une protection durable contre la corrosion et améliore l'aspect de la carrosserie. Il doit être résistant aux griffures et aux effets de l'environnement, comme p. ex. le rayonnement solaire (UV) et les pluies acides. Les liquides agressifs tels que les déjections d'oiseaux ne doivent pas endommager le laquage. Celui-ci est constitué de plusieurs couches **(ill. 5).** Lors de travaux de réparation, après le dépôt de la sous-couche, deux couches extérieures sont déposées (trois pour les laques métalliques).

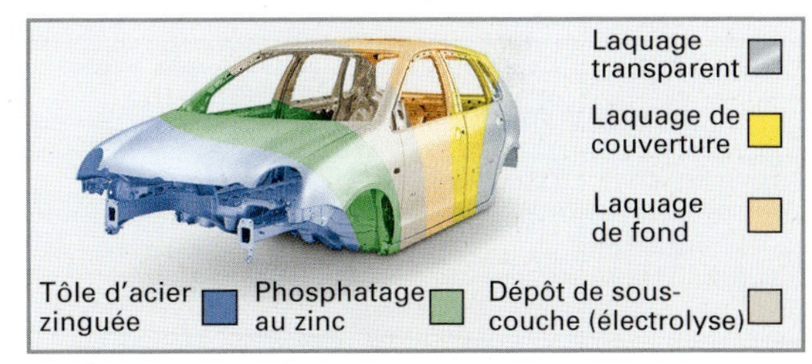

Illustration 5: Couches de laque sur un véhicule

Revêtement à la cire

Les revêtements contenant de la cire sont utilisés pour la vitrification des cavités et comme protection des dessous de caisse. Ils protègent de l'humidité et, agissant de concert avec les autres moyens de protection contre la corrosion (inhibiteurs), ils assurent une protection à long terme.

Questions de révision

1. **Qu'entend-on par traitement de surface?**
2. **Pourquoi faut-il nettoyer les pièces avant de traiter les surfaces?**
3. **Quels sont les avantages des revêtements synthétiques?**
4. **Qu'est-ce que la métallisation?**
5. **Comment s'effectue un laquage de réparation avec une laque métallique?**

8 Technologie des matières premières

8.1 Propriétés des matières premières

Le choix des matières premières, p. ex. pour un véhicule, est déterminé en fonction des conditions suivantes. Elles doivent ...

- ... résister aux contraintes de fonctionnement.
- ... être économiques (matières et production).
- ... être écologiques et recyclables.

8.1.1 Propriétés physiques

Les propriétés physiques n'entraînent aucune modification de la matière, elles en définissent le comportement.

Les propriétés physiques importantes sont:

- masse volumique
- dilatation thermique
- conductibilité thermique
- température de fusion
- dureté
- conductibilité électrique
- tension, résistance
- élasticité, plasticité
- ténacité
- fragilité

Densité ρ (rhô). Elle est déterminée par le rapport entre la masse m et le volume V d'une matière **(ill. 1)**.

$$\text{Masse volumique } \rho = \frac{\text{Masse}}{\text{Volume}} = \frac{m}{V}$$

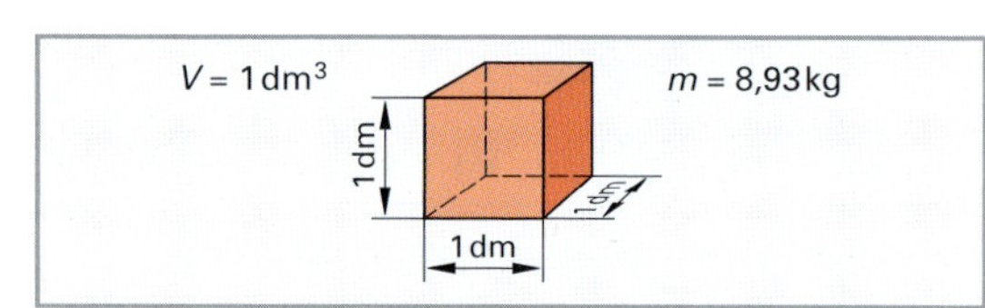

Illustration 1: Cube de cuivre de 1 dm³

Tableau 1: Masse volumique des matières

Matière	Masse vol. kg/dm³	Matière	Masse vol. kg/dm³
Eau	1,00	Titane	4,54
Acier	7,85	Cuivre	8,93
Fonte de fer	7,25	Plomb	11,30
Aluminium	2,70	PVC	1,40
Carburant diesel			0,82 ... 0,86
Essence super			0,73 ... 0,78
Air à 0 °C et 1,013 bar			1,29 kg/m³

Pour les matières solides et liquides, la masse volumique est indiquée en kg/dm³, g/cm³ ou t/m³, pour les gaz en kg/m³ **(tableau 1)**.

Dilatation thermique. Lors d'une augmentation de température, les corps se dilatent dans toutes les directions. Pour les matières solides, on ne mesure que l'allongement linéaire **(ill. 2)**. Une augmentation de température de 1 Kelvin (K) correspond au coefficient moyen de dilatation linéaire α (alpha) en 1/K.
La dilatation linéaire Δl d'une matière lors de l'échauffement dépend ...

- ... de sa longueur avant le chauffage l_0 en m;
- ... de la différence de température ΔT en K;
- ... du coefficient de dilatation linéaire α en 1/K de la matière **(tableau 2)**.

$$\Delta l = l_0 \cdot \alpha \cdot \Delta T$$

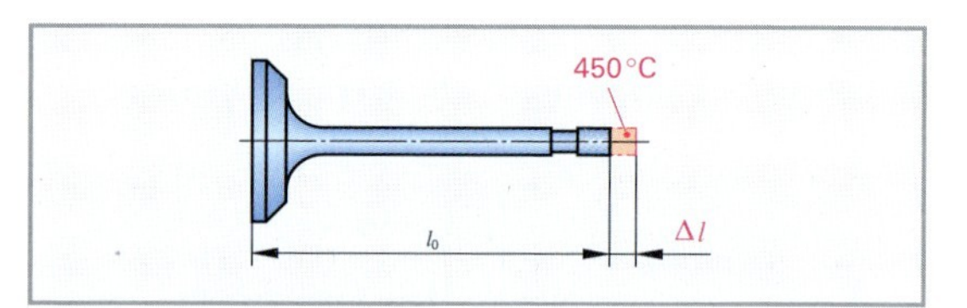

Illustration 2: Dilatation thermique

Tableau 2: Coefficient de dilatation linéaire α

Matière	α en 1/K
Acier non-allié	0,000 0115
Cuivre	0,000 017
Aluminium	0,000 0238
Polychlorure de vinyle (PVC)	0,000 11

Conductibilité thermique. C'est la propriété de conduire la chaleur. Elle est désignée par le coefficient de conductibilité thermique.

Des métaux tels que le cuivre et l'aluminium sont de bons conducteurs thermiques.

P. ex. le verre et les matières plastiques sont de mauvais conducteurs thermiques.

Ténacité. C'est la capacité d'une matière à être déformée plastiquement par des forces externes sans se rompre. Une matière tenace se caractérise par une grande déformation avant la rupture. L'acier de construction, le plomb et le cuivre sont p. ex. des matières tenaces.

Fragilité. Les matières sont fragiles lorsqu'elles se brisent lors d'impacts ou de chocs, sans changement important de leur forme. Le verre, la fonte de fer à graphite lamellaire sont p. ex. des matières fragiles.

Dureté. Elle caractérise une matière qui a une grande résistance à l'usure et à la pénétration d'un corps, p. ex. une bille d'acier **(ill. 1)**. L'acier trempé, le métal dur, le diamant sont p. ex. des matières dures.

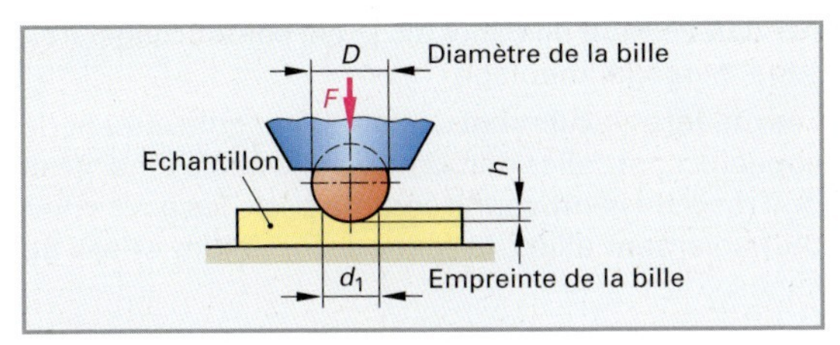

Illustration 1: Essai de dureté Brinell

Tension. Lorsque des forces extérieures agissent sur un corps, il naît une tension mécanique σ (sigma) dans ce corps. Cette tension peut être exprimée par le rapport entre la force appliquée F et la section S **(ill. 2)**. La tension mécanique est le plus souvent indiquée en N/mm².

Suivant la direction des forces extérieures, il se forme une tension et une charge différentes, telles que la contrainte de traction, de pression, de cisaillement, de flexion, de flambage ou de torsion.

Résistance à la traction R_m. La résistance à la traction détermine la charge maximale que la matière peut supporter jusqu'à sa destruction. L'essai de résistance à la traction est réalisé à l'aide d'une éprouvette **(ill. 2)**.

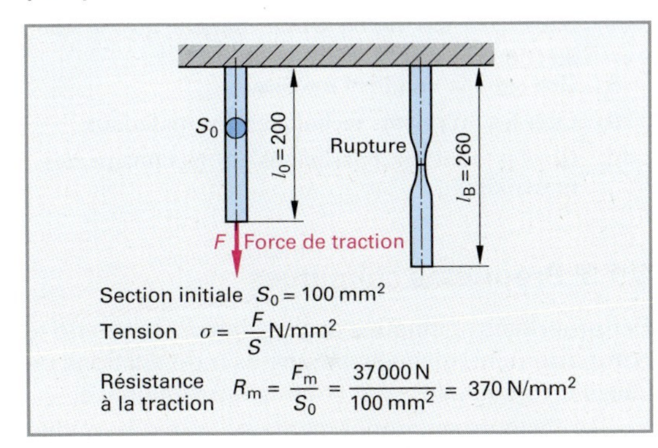

Illustration 2: Tension et résistance à la traction

L'éprouvette est fixée dans une machine qui, par traction, allongera l'échantillon jusqu'à sa rupture. Des appareils de mesure déterminent la force de traction et l'allongement de l'échantillon testé **(ill. 3)**.

Dans un premier temps, l'allongement est proportionnel à la force de traction jusqu'à la limite apparente d'élasticité R_e. Dans cette zone, la matière se comporte de façon élastique.

Après avoir dépassé la limite apparente d'élasticité, l'allongement se poursuit, alors que, pour la première fois, la force de traction reste égale, voire diminue.

En cas d'augmentation continue de la force de traction, la matière est alors déformée plastiquement et l'allongement augmente rapidement. En arrivant au point B, la limite de contrainte de la matière est atteinte. Cette valeur est utilisée pour calculer la résistance à la traction R_m. Elle se rapporte à la section initiale S_0 et est indiquée en N/mm².

$$\text{Résistance à la traction } R_m = \frac{\text{Force de traction maximale (force de rupture)}}{\text{Section initiale}} = \frac{F_m}{S_0}$$

La section de l'éprouvette finit par se rompre (phénomène de striction) (Z).

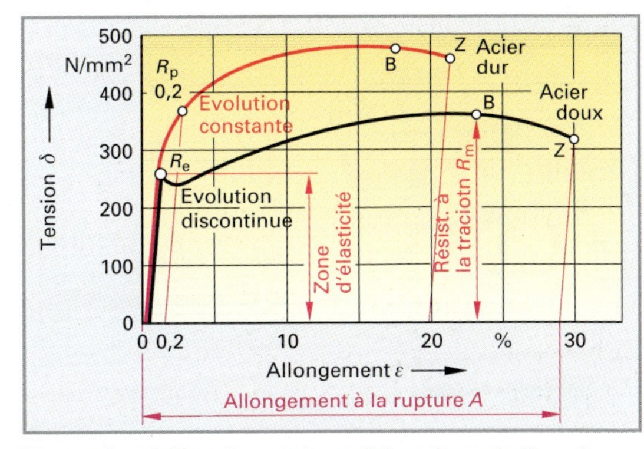

Illustration 3: Représentation schématique de l'essai de traction

Elasticité. Une matière est élastique lorsqu'elle reprend sa forme initiale après annulation de la charge à laquelle elle est soumise. P. ex. si un ressort est pressé par une charge, il reprend sa forme initiale après la décharge. L'acier **(ill. 3)** se comporte de façon élastique lorsqu'il est chargé par une force jusqu'à sa limite apparente d'élasticité (R_e).

Plasticité. C'est la propriété d'une matière à garder sa nouvelle forme après déformation.

Température de fusion. C'est la température, indiquée en °C, à laquelle une matière passe de l'état solide à l'état liquide. **(tableau 1).** Les métaux purs ont une température de fusion définie, tandis que celle des alliages varie en fonction de leur composition.

Tableau 1: Températures de fusion

Matière	Point de fusion en °C
Plomb	327
Aluminium	660
Fonte	1200
Tungstène	3410

Conductivité électrique γ (gamma). Elle indique dans quelle mesure une matière conduit le courant électrique **(tableau 1, p. 162)**. Tous les métaux conduisent

8

le courant. Les non-métaux comme les matières plastiques ou la porcelaine sont des non-conducteurs; on les utilise comme isolants.

Tableau 1: Conductivité électrique

Matière	γ en $\frac{m}{\Omega \cdot mm^2}$
Argent	60
Cuivre	56
Matières plastiques	$10^{-15} \dots 10^{-20}$

8.1.2 Propriétés techniques

Les propriétés techniques **(ill. 1)** déterminent l'aptitude qu'a une matière à s'adapter aux différents procédés de fabrication.

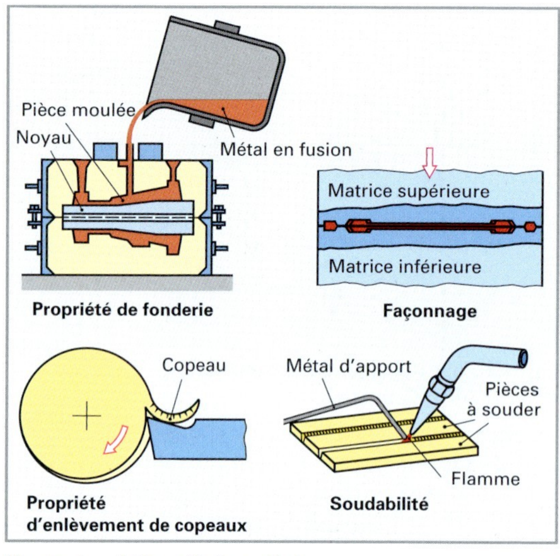

Illustration 1: Propriétés techniques

Propriétés de fonderie (coulabilité). Une matière est coulable lorsqu'elle devient liquide par fusion, qu'elle n'absorbe pratiquement aucun gaz, que sa température de fusion n'est pas trop élevée et qu'elle ne se contracte pas trop fortement durant la solidification.

Les matières facilement coulables sont, p. ex. la fonte, les alliages d'aluminium, les alliages de cuivre-zinc. Les matières difficilement coulables sont p.ex. l'aluminium et le cuivre non-alliés.

Façonnage (malléabilité). Une matière est façonnable lorsqu'elle se laisse déformer plastiquement sous l'effet de forces.

On distingue:

- le façonnage à froid, comme p. ex. le laminage à froid, le pliage, l'emboutissage;
- le façonnage à chaud, comme p. ex. le laminage à chaud, le forgeage.

Les matériaux façonnables sont p. ex. l'acier à faible teneur en carbone, le plomb, le cuivre, l'aluminium; les fontes de moulage, les métaux durs ne sont pas façonnables.

Propriété d'enlèvement de copeaux (usinabilité). C'est la propriété d'un matériau à se laisser usiner par enlèvement de copeaux, p. ex. par tournage, fraisage, perçage, meulage.

Les matières facilement usinables par enlèvement de copeaux sont celles démontrant une faible ténacité et une résistance moyenne comme p. ex. les aciers non ou faiblement alliés, la fonte, l'aluminium et ses alliages.

Soudabilité. C'est la propriété d'un matériau à se laisser facilement lier à l'état liquide ou pâteux. Les matériaux utilisés pour la construction des véhicules doivent être faciles à souder, comme p. ex. les aciers de construction, les alliages d'aluminium forgeables. Certains matériaux, comme la fonte, sont difficilement soudables sans l'utilisation d'un procédé spécial.

QUESTIONS DE RÉVISION

1. **Selon quelles conditions choisit-on la matière pour la fabrication d'une pièce?**
2. **Citer trois propriétés physiques.**
3. **De quoi dépend l'allongement linéaire d'un corps solide lors de son échauffement?**
4. **Quelle est la différence de dilatation thermique entre l'acier et l'aluminium?**
5. **Qu'indique la masse volumique d'une matière?**
6. **Que signifie la limite apparente d'élasticité R_e et la résistance à la traction R_m d'une éprouvette?**
7. **Dans quel cas dit-on d'une matière qu'elle est élastique?**
8. **Que signifie dureté et fragilité?**
9. **Citer les propriétés techniques des matériaux.**
10. **Quelles sont les possibilités de façonnage des matériaux?**

8.1.3 Propriétés chimiques

Par propriétés chimiques des matières, on entend le comportement, respectivement les modifications de celles-ci lorsqu'elles sont soumises à l'influence:

- des facteurs environnementaux (p. ex. humidité de l'air, eau);
- de produits agressifs (p. ex. acides, lessives, sels);
- de la chaleur (p. ex. lors du recuit).

Selon le comportement de la matière soumise aux influences susmentionnées, celle-ci peut présenter les propriétés suivantes:

- résistance à la corrosion
- résistance à la chaleur
- toxicité
- combustibilité

Résistance à la corrosion. C'est la résistance de la matière face aux agents agressifs (p. ex. acides, lessives). Leur influence ne doit engendrer aucune modification mesurable sur la surface de la matière.

Toxicité. Certaines matières peuvent avoir des effets toxiques lorsqu'elles entrent en contact avec des produits alimentaires, p. ex. les acides de fruits avec le zinc. Le plomb et le cadmium sont toxiques lorsqu'ils pénètrent par les muqueuses.

Résistance à la chaleur. Lors de recuit au-dessus de 600 °C, la plupart des aciers produisent de la calamine lorsqu'ils sont dans une atmosphère oxydante.

Combustibilité. Elle est faible pour la plupart des métaux, à l'exception p. ex. du potassium, du sodium et du magnésium. Les matières plastiques ont une forte tendance à la combustion en raison de leur bas point d'inflammation.

Corrosion. C'est la réaction d'une matière métallique avec des éléments extérieurs. La corrosion modifie la structure de la matière et influence négativement l'utilisation ainsi que la fonction de la pièce.

> Les facteurs environnementaux et les produits agressifs peuvent provoquer une corrosion des matières métalliques.

On distingue la corrosion électrochimique et la corrosion chimique.

Corrosion électrochimique

Elle se produit lorsque deux métaux différents sont en présence d'un électrolyte (liquides acides, basiques ou solutions salines). Il se forme alors un élément galvanique dans lequel circule un courant électrique. La valeur de la tension dépend de la position des métaux dans la classification des tensions électrochimiques **(ill. 1)**.

> Plus la tension entre deux métaux est élevée, plus ceux-ci se trouvent éloignés l'un de l'autre dans la classification des tensions.

La corrosion augmente avec l'augmentation de la tension. Le métal le moins noble est toujours détruit. Durant le processus électrochimique, les particules détachées peuvent entrer en combinaison chimique avec l'électrolyte. L'électrolyte peut aussi réagir chimiquement avec la surface de la matière. Il se produit alors simultanément une corrosion chimique.

Corrosion chimique

La plupart des métaux subissent des transformations chimiques en surface lorsqu'ils sont sous l'influence d'acides, de bases, de solutions salines ou de gaz (p. ex. l'oxygène). Une couche, formée par la combinaison chimique du métal et de la matière, se forme alors à la surface du matériau.

Si la couche corrodée produite n'est pas poreuse, si elle est insoluble à l'eau et imperméable aux gaz, elle peut empêcher la progression de la corrosion chimique et agir comme couche de protection anticorrosive, comme p. ex. l'alumine sur l'aluminium. Si par contre la couche corrosive est poreuse, soluble à l'eau ou perméable aux gaz, la corrosion se poursuit jusqu'à destruction de la matière, comme p. ex. la rouille sur l'acier.

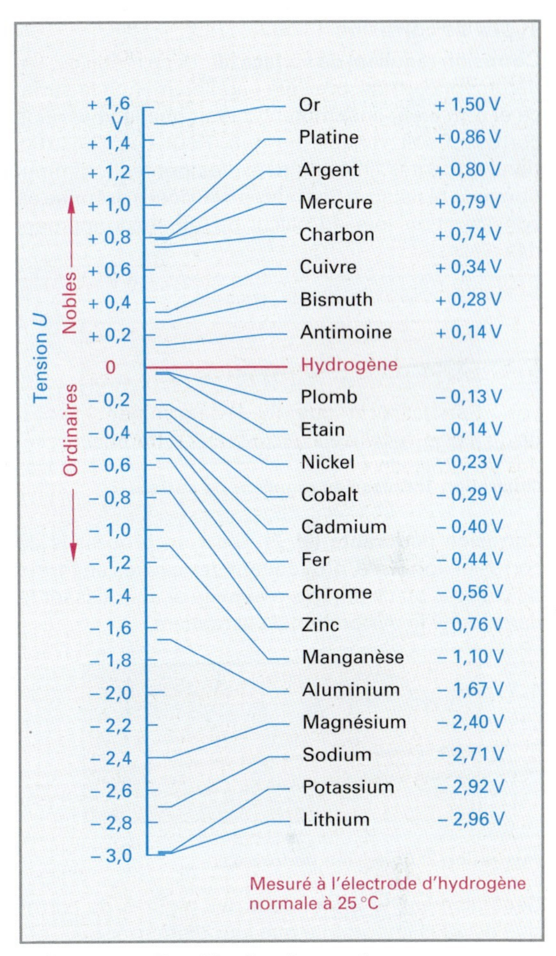

Illustration 1: Classification des tensions électrochimiques

Influences. La corrosion de la matière peut être influencée par:

- la composition chimique, p. ex. un acier fin allié;
- le degré de pureté, p. ex. des composants d'alliage indésirables lors de l'élaboration d'un acier;
- l'état de la surface, p. ex. par polissage de la surface anodisée d'aluminium;
- la composition de la matière agressive, p. ex. la teneur en sel, en oxygène et en acide carbonique de l'eau, le pourcentage de soufre dans des liquides, les particules de poussière ou d'éléments solides dans les gaz;
- la pression et la température du produit agressif.

Types de corrosion

Corrosion régulière de surface (ill. 1). Le métal est entièrement corrodé, presque parallèlement à la surface et cela indépendamment du fait que la vitesse de corrosion soit variable ou non. Pour des constructions portantes en acier, p. ex. les ponts, la diminution de la résistance des pièces corrodées est prise en considération lors du calcul du dimensionnement des pièces.

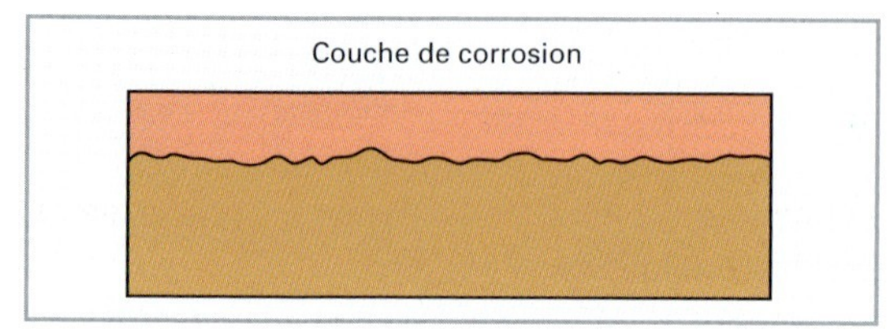

Illustration 1: Corrosion régulière de surface

Corrosion perforante (ill. 2). C'est un processus de corrosion localisée, provoquant des cavités en forme de cratères ou de piqûres d'aiguille et aboutissant finalement à la perforation de la matière.

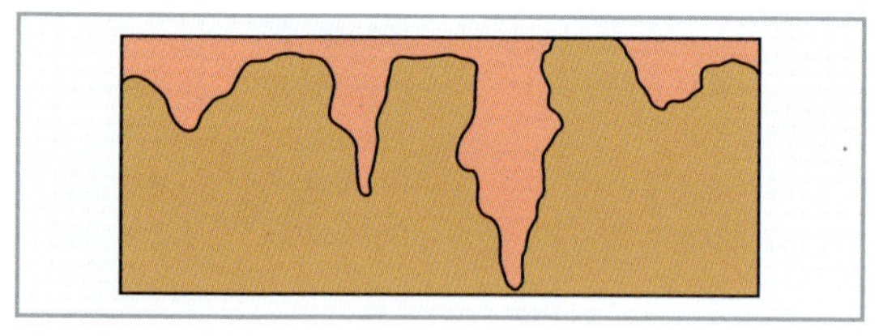

Illustration 2: Corrosion perforante

Généralement, la profondeur des piqûres de corrosion est plus importante que leur diamètre.

Corrosion par contact (ill. 3). Elle se produit lorsque deux métaux éloignés l'un de l'autre dans la classification des tensions électrochimiques se touchent et, qu'à l'endroit de ce contact, apparaît un électrolyte, p. ex. dans une fente entre deux matériaux de construction. L'élément galvanique qui en résulte va détruire le métal le moins noble. La formation de l'élément galvanique peut être évitée si le point de contact est protégé contre l'électrolyte.

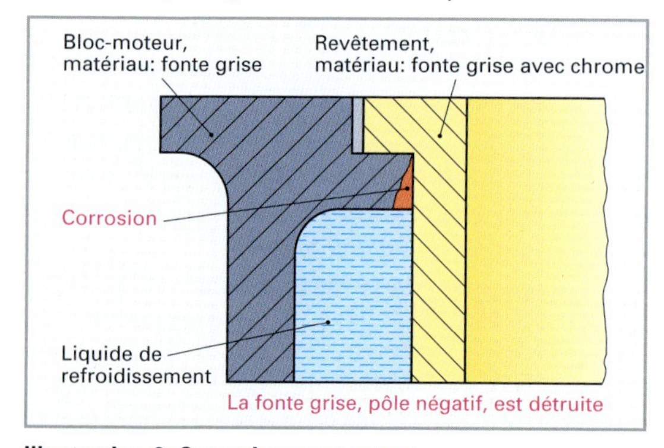

Illustration 3: Corrosion par contact

Corrosion intercristalline (corrosion intergranulaire) **(ill. 4).** Dans un alliage, la corrosion électrochimique se produit entre les cristaux métalliques des différents composants, ce qui provoque des fissures capillaires fines et non visibles.

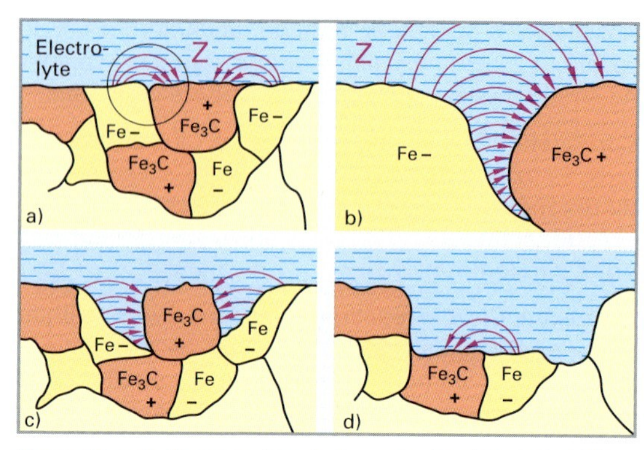

Illustration 4: Progression de la corrosion intercristalline

Questions de révision

1. **Qu'entend-on par corrosion chimique et corrosion électrochimique?**
2. **Comment se forme la corrosion intercristalline?**
3. **Quels sont les facteurs qui influencent la corrosion d'un matériau?**

8.2 Classification des matériaux

Afin d'obtenir une vue d'ensemble des nombreux matériaux existants, on les classe selon leurs compositions ou leurs propriétés communes dans trois groupes principaux: les métaux, les non-métaux et les matériaux composites **(ill. 1, p. 165)**. Ces groupes peuvent être divisés en sous-groupes.

Les matières ferreuses de fonderie présentent une bonne résistance et se laissent facilement couler dans des formes. On les utilise pour les pièces pouvant être facilement formées par coulage, p. ex. les blocs-moteur.

Les aciers sont des matériaux ferreux ayant une grande résistance et qui sont spécialement adaptés pour la mise en forme par laminage, forgeage ou par usinage par enlèvement de copeaux. On en fait p. ex. des profilés, des tôles, des arbres et des roues dentées.

Les métaux lourds (masse volumique supérieure à 5 kg/dm³) comprennent p. ex. le cuivre, le zinc, l'étain, le plomb, le chrome, le nickel. Leur utilisation dépend surtout de leurs propriétés spécifiques. Le cuivre p. ex. est utilisé pour les fils électriques en raison de sa bonne conductibilité électrique.

Les métaux légers (masse volumique inférieure à 5 kg/dm³) comprennent l'aluminium, le magnésium et le titane. Les pièces élaborées à partir de ces alliages sont légères tout en ayant une bonne résistance. Ils sont spécialement utilisés pour la construction de véhicules et d'avions.

Les matières organiques sont des matières issues des être vivants, comme p. ex. le cuir, le liège, les matières fibreuses. Elles sont utilisées dans des cas particuliers comme p. ex. le cuir pour le capitonnage des sièges.

Les matériaux synthétiques sont des matériaux produits artificiellement par différents procédés ou par transformation de matières organique. Parmi eux, on trouve p. ex. les matières plastiques.

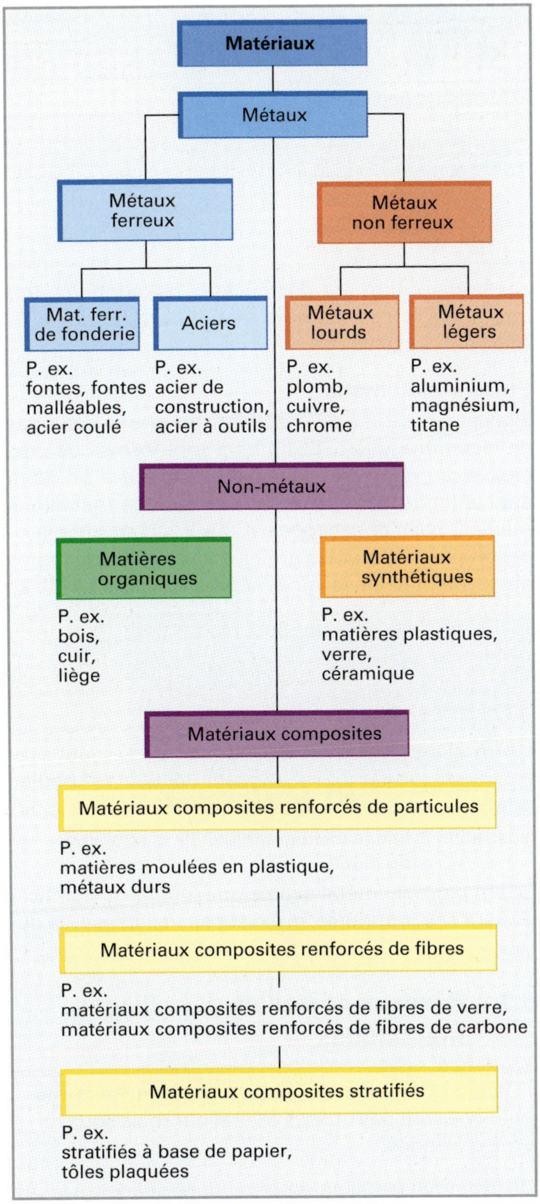

- **Matériaux**
  - **Métaux**
    - Métaux ferreux
      - Mat. ferr. de fonderie – P. ex. fontes, fontes malléables, acier coulé
      - Aciers – P. ex. acier de construction, acier à outils
    - Métaux non ferreux
      - Métaux lourds – P. ex. plomb, cuivre, chrome
      - Métaux légers – P. ex. aluminium, magnésium, titane
  - **Non-métaux**
    - Matières organiques – P. ex. bois, cuir, liège
    - Matériaux synthétiques – P. ex. matières plastiques, verre, céramique
  - **Matériaux composites**
    - Matériaux composites renforcés de particules – P. ex. matières moulées en plastique, métaux durs
    - Matériaux composites renforcés de fibres – P. ex. matériaux composites renforcés de fibres de verre, matériaux composites renforcés de fibres de carbone
    - Matériaux composites stratifiés – P. ex. stratifiés à base de papier, tôles plaquées

Illustration 1: Classification des matériaux – aperçu

Matériaux composites. Ils se composent de différents matériaux combinant leurs propriétés respectives. Parmi eux, on trouve p. ex. les garnitures de frein, les fibres de verre, les plaques pour circuits imprimés.

Matériaux consommables et matières auxiliaires (ill. 2)

Pour fonctionner , les machines ont besoin de matériaux consommables, p. ex. les véhicules ont besoin de carburant, de lubrifiants, de liquide de refroidissement, de liquide de frein. En outre, des matières auxiliaires sont nécessaires pour leur fabrication et leur traitement.

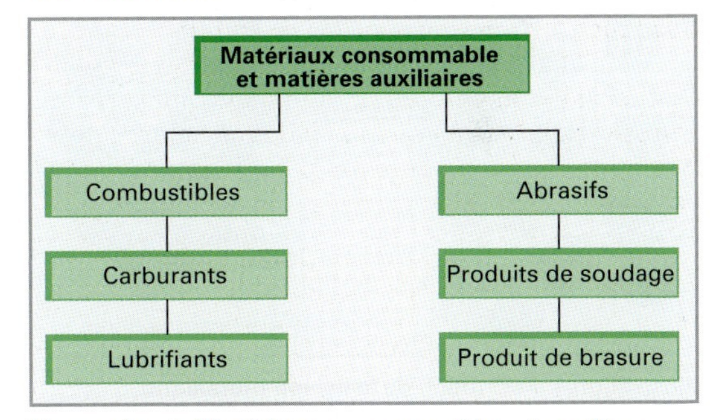

Illustration 2: Matériaux consommables et matières auxiliaires

8.3 Structure des matériaux métalliques

Lors de leur solidification, tous les métaux en fusion forment des cristaux. A cette occasion, les atomes prennent leur place dans le cristal selon des règles déterminées et propres à chaque métal **(ill. 3)**.

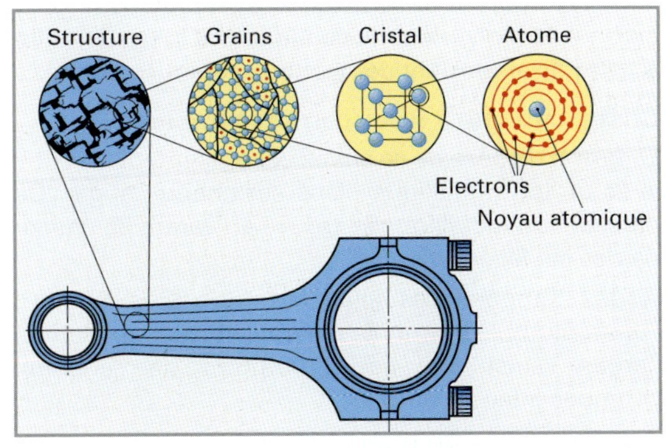

Illustration 3: Structure des matériaux métalliques

Lors de la solidification, les atomes de la plupart des non-métaux se positionnent sans règles déterminées (de façon amorphe).

8

Liaisons métalliques (ill. 1). Les atomes de métal possèdent, en plus des électrons fixés à leur noyau, un ou plusieurs électrons "libres", situés sur leur couche périphérique.

Les forces d'attraction électrique entre les électrons de charge négative et les ions métalliques de charge positive influencent la cohésion des molécules et, de ce fait, la résistance du matériau métallique.

Cette sorte de liaison entre les ions métalliques et les électrons libres est appelée liaison métallique. Elle une caractéristique de tous les métaux.

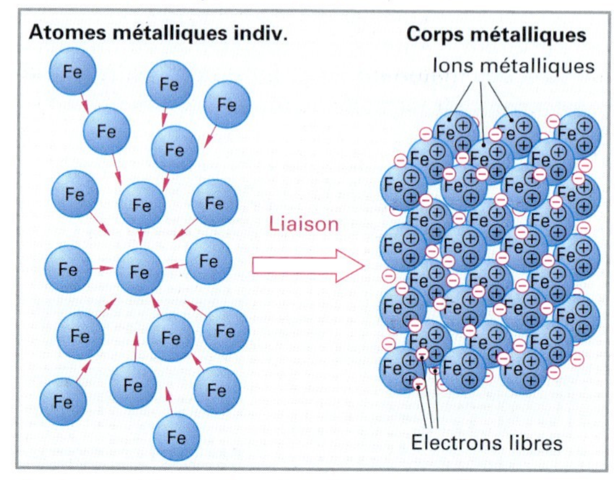

Illustration 1: Formation de la liaison métallique

8.3.1 Réseaux cristallins des métaux purs

Les métaux se cristallisent en trois formes:

- le cristal cubique centré (ccc);
- le cristal cubique à faces centrées (ccfc);
- le cristal hexagonal (hex).

Cristal cubique centré (tableau 1)

La forme de base du cristal est un cube. Les ions métalliques se positionnent de telle sorte que les traits de liaison forment un cube.

A des températures inférieures à environ 723 °C, le chrome, le molybdène, le vanadium, le tungstène ainsi que l'acier forment des cristaux cubiques centrés.

Cristal cubique à faces centrées (tableau 1)

La forme de base de ce cristal est également un cube avec un ion métallique placé sur chaque angle. De plus, un ion métallique se trouve au centre de chacune des six faces latérales.

A des températures allant de 723 °C à 911 °C, l'aluminium, le plomb, le cuivre, le nickel, le platine, l'argent ainsi que l'acier forment des cristaux cubiques à faces centrées.

Cristal hexagonal (tableau 1)

Dans ce cristal, les ions métalliques forment un prisme hexagonal possédant également un ion métallique au centre de chacune des surfaces. De plus, trois ions métalliques se trouvent au centre du prisme.

Tableau 1: Formes cristallines des métaux

Modèle sphérique	Modèle symbolique
Cristal cubique centré – ccc	
Ions métall.	Ions métall.
Cristal cubique à face centrée – ccfc	
Ions métall.	Ions métall.
Cristal hexagonal – hex	
Ions métall.	Ions métall.

Les métaux formant des cristaux hexagonaux, tels que p. ex. le cadmium, le magnésium, le titane, le zinc sont cassants.

Structure du métal

Elle est constituée de cristallites ou grains délimités de façon irrégulière. Les grains sont formés de cristaux. Les grains individuels se touchent à un point appelé limite des grains. Si une surface métallique meulée, polie et décapée est observée au microscope, on peut repérer les grains et les limites de grains qui forment de fines lignes séparant les grains **(ill. 2)**.

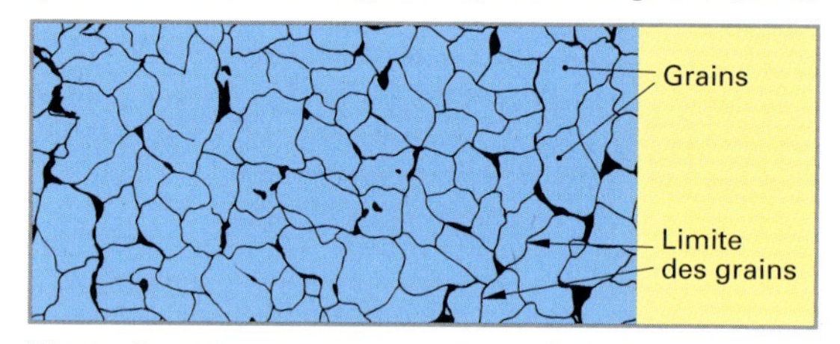

Illustration 2: Image micrographique de la structure du métal

La structure du métal exerce une influence significative sur ses propriétés, p. ex. sur sa résistance, sa dureté.

8.3.2 Réseaux cristallins des alliages métalliques

> Dans le domaine technique, la plupart des métaux ne sont pas utilisés à l'état pur mais sous forme d'alliages.

On distingue les alliages de solutions solides et les alliages cristallins.

Les alliages de solutions solides se forment si, lors de la solidification, les particules de l'élément d'alliage sont également réparties dans le réseau cristallin du métal de base.

Dans ce cas ...

- ... les atomes de l'élément d'alliage se mettent à la place d'un ion métallique du métal de base **(échange de solution solide, ill. 1).**

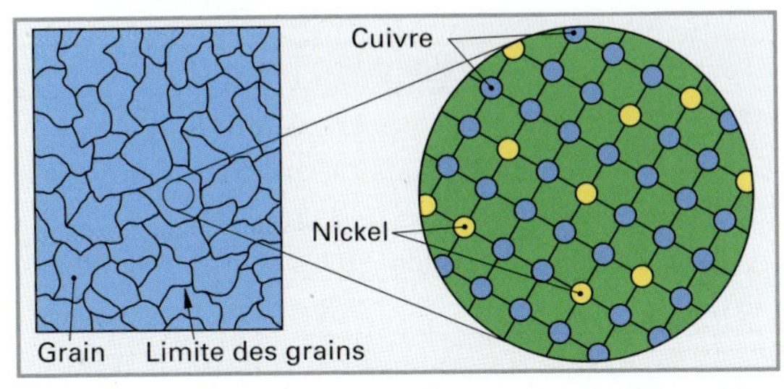

Illustration 1: Structure avec échange de solution solide

- ... les atomes de l'élément d'alliage se placent entre les ions métalliques du métal de base **(solution interstitielle, ill. 2).**

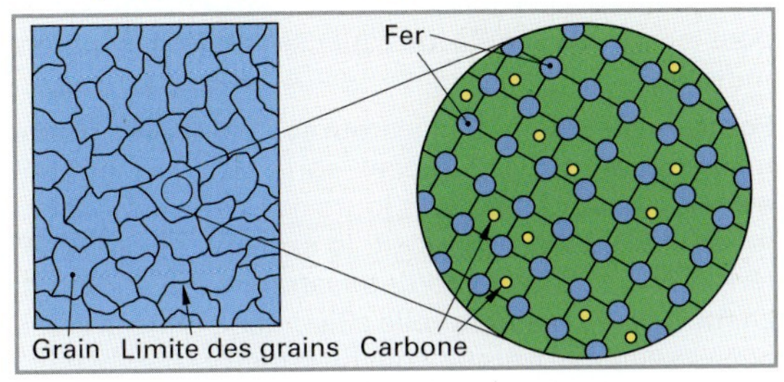

Illustration 2: Structure avec solution interstitielle

La dureté et la résistance de l'alliage sont supérieures à celles du métal de base. Cela est dû au renforcement du réseau cristallin par les éléments d'alliages déposés. Des alliages de solutions solides sont formés p. ex. par l'alliage de fer et de manganèse, de fer et de nickel ou de cuivre et de nickel.

Les alliages cristallins se forment si les composants d'alliage se dissocient lors de la solidification du métal fondu. Chaque composant forme ses propres cristaux **(ill. 3).**

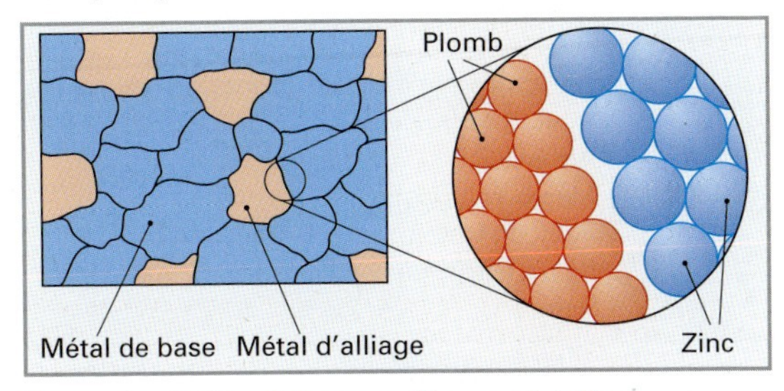

Illustration 3: Structure avec alliages cristallins

Des alliages cristallins se forment p. ex. lors de l'alliage de plomb et de zinc (étain de soudure).

QUESTIONS DE RÉVISION

1. **Quelles sont les principales formes de cristaux des métaux?**
2. **Qu'entend-on par liaison métallique?**
3. **Comment se forment les grains et les limites des grains d'une structure métallique?**
4. **Dans le domaine technique, sous quelles formes utilise-t-on principalement les métaux?**
5. **Comment distingue-t-on les alliages de solutions solides par rapport aux alliages cristallins?**

8.4 Métaux ferreux

Ce sont des matériaux métalliques dont les propriétés peuvent être modifiées en fonction des besoins au moyen de divers procédés de fabrication, d'alliages ou par des procédés de traitement à chaud.

Les matériaux ferreux ont p. ex. une haute résistance, une bonne coulabilité, ils sont malléables, peuvent être usinés par enlèvement de copeaux et peuvent être soudés.

On distingue:

- l'acier
- les métaux ferreux de fonderie

8.4.1 Acier

On réduit par oxydation les teneurs en carbone, en silicium et en manganèse de la fonte blanche de première fusion. Le phosphore et le soufre sont largement éliminés afin de rendre le matériau forgeable.

L'acier est un matériau forgeable sans devoir y appliquer de traitements ultérieurs.

8.4.2 Métaux ferreux de fonderie

Fonte au graphite lamellaire (fonte grise)

La fonte au graphite lamellaire est une fonte dans laquelle le graphite se trouve sous forme de lamelles.

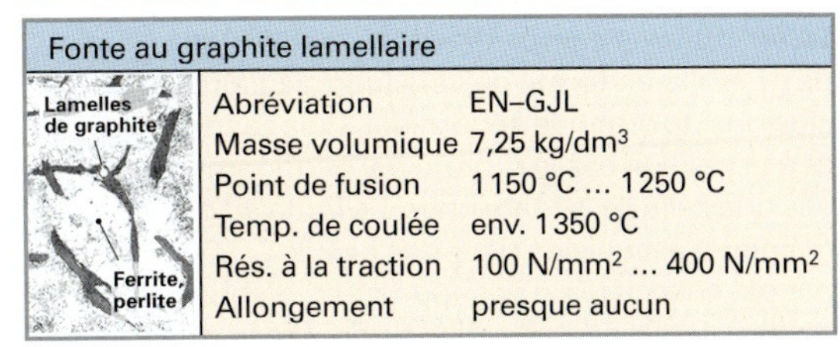

Fonte au graphite lamellaire	
Abréviation	EN–GJL
Masse volumique	7,25 kg/dm³
Point de fusion	1150 °C ... 1250 °C
Temp. de coulée	env. 1350 °C
Rés. à la traction	100 N/mm² ... 400 N/mm²
Allongement	presque aucun

Fabrication. La fonte au graphite lamellaire est fabriquée à partir de fonte grise de première fusion, de fonte cassée (bocages) et de riblons d'acier. A la suite d'un lent refroidissement, le carbone se présente sous forme de graphite en forme de lamelles (petites feuilles) et se répartit dans la structure.

Propriétés. Le graphite donne à la cassure de la fonte sa couleur grise typique. Il confère de bonnes qualités de glissement, facilite l'usinage et favorise l'amortissement des vibrations. La haute teneur en carbone (de 2,8 % à 3,6 %) définit un point de fusion relativement bas et une bonne aptitude à la coulée. Dans la fonte, les lamelles de graphite génèrent un effet d'entaille. Par cet effet, la résistance à la traction et à l'allongement diminuent.

Utilisation. P. ex. pour les blocs-moteur, segments des pistons, boîtiers, collecteurs d'échappement, tambours de freins, disques de freins, carters d'embrayage, plateaux de pression d'embrayage.

Fonte au graphite sphéroïdal (fonte ductile)

La fonte au graphite sphéroïdal est de la fonte dans laquelle le graphite se trouve sous forme de sphères.

Fonte au graphite sphéroïdal	
Abréviation	EN–GJS
Masse volumique	7,1 kg/dm³ ... 7,3 kg/dm³
Point de fusion	1 400 °C
Rés. à la traction	400 N/mm² ... 800 N/mm²
Retrait	15 % ... 2 %

Sphère de graphite; Ferrite, perlite

Préparation. Si l'on ajoute du magnésium à la fonte en fusion, le graphite se présentera sous forme de sphères (nodules) lors du refroidissement.

Propriétés. Contrairement aux lamelles, les sphères de graphite ne provoquent aucun effet d'entaille. L'allongement, la résistance à la rupture et la résistance à la traction s'en trouvent par conséquent améliorés. La fonte au graphite sphéroïdal possède une haute résistance à l'usure et peut être travaillée à chaud (par exemple par trempe et revenu). Elle est facile à usiner et la couche superficielle peut être trempée.

Utilisation. Par ex. pour vilebrequins, arbres à cames, bielles, pièces de direction, tambours de freins, disques de freins, étriers de freins.

Fonte au graphite vermiculaire (EN–GJV)

Sa structure se compose aussi bien de fines inclusions de graphite en forme de vers (vermiculaires) que d'inclusions de graphite sphéroïdal. Cela rend sa résistance à la traction et à la rupture par allongement plus élevée que celle de la fonte grise. La fonte au graphite vermiculaire est utilisée pour des pièces à parois minces, par ex. collecteurs d'échappement, disques de freins, boîtes à vitesses, carters de turbo, blocs-moteur.

Fonte malléable

La fonte malléable est de la fonte devenue résistante par recuit (décarburation ou malléabilisation).

Préparation. Après la coulée, les pièces sont soumises à un traitement par recuit de longue durée. Selon le traitement, on distingue la fonte malléable décarburée et non décarburée.

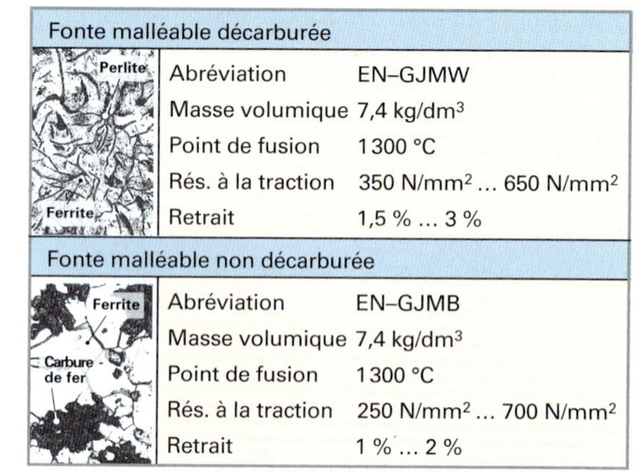

Fonte malléable décarburée	
Abréviation	EN–GJMW
Masse volumique	7,4 kg/dm³
Point de fusion	1 300 °C
Rés. à la traction	350 N/mm² ... 650 N/mm²
Retrait	1,5 % ... 3 %

Fonte malléable non décarburée	
Abréviation	EN–GJMB
Masse volumique	7,4 kg/dm³
Point de fusion	1 300 °C
Rés. à la traction	250 N/mm² ... 700 N/mm²
Retrait	1 % ... 2 %

Fonte malléable décarburée EN-GJMW (fonte malléable blanche). Les pièces en fonte sont soumises à une atmosphère oxydante pendant plusieurs jours dans des fours à recuire à une température d'environ 1 000 °C. Etant donné que la décarburation ne se produit qu'en surface (jusqu'à env. 5 mm), ce procédé ne peut s'appliquer qu'à des pièces coulées à parois minces.

Fonte malléable non décarburée EN-GJMB (fonte malléable noire). Les pièces sont recuites hermétiquement durant plusieurs jours dans une atmosphère neutre. Pendant le recuit, le carbone se divise en ferrite et en graphite se déposant dans la structure. La modification structurelle a lieu dans toute la pièce et pas seulement sur la couche superficielle.

Propriétés. Les pièces en fonte malléable acquièrent des propriétés similaires à l'acier. Il est possible de les usiner par enlèvement de copeaux et les pièces peuvent subir des brasures fortes ou tendres, être traitées par trempe et revenu sur la couche superficielle. Elles peuvent également être soudées.

Utilisation. Pour la construction des véhicules, p. ex. bielles, colonnes de direction, fourchettes de sélection, manchons de raccordement pour motos et bicyclettes.

Acier coulé

L'acier coulé est utilisé pour la fabrication de pièces de haute résistance.

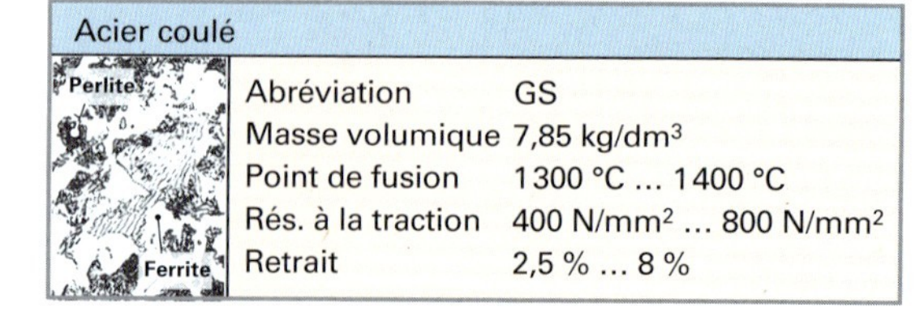

Acier coulé	
Abréviation	GS
Masse volumique	7,85 kg/dm³
Point de fusion	1 300 °C ... 1 400 °C
Rés. à la traction	400 N/mm² ... 800 N/mm²
Retrait	2,5 % ... 8 %

Préparation. Après la coulée, les pièces moulées sont recuites pour éliminer les tensions. Suivant la teneur en carbone, la température de recuit varie entre 800 °C et 900 °C.

Propriétés. L'acier coulé possède les propriétés de l'acier, comme la résistance et la dureté tout en ayant la structure d'une pièce de fonderie ce qui permet la fabrication de pièces complexes.

Utilisation. P. ex. tambours de freins, disques de freins, étriers de freins, carters de pont arrière, moyeux de roues, dispositifs d'accouplement de remorque pour camions, turbines, leviers.

8.4.3 Influences des éléments d'alliages sur les métaux ferreux

Tableau 1: Influences des alliages métalliques et non métalliques sur les métaux ferreux

Elément	augmente	diminue	Exemple
Non-métaux (éléments d'alliage du fer)			
Carbone C	Résistance, dureté, trempabilité, propriété de fonderie de la fonte de fer	Point de fusion, ténacité, allongement, soudabilité et forgeabilité	C45
Silicium Si	Résistance à la traction, élasticité, résistance à la corrosion	Forgeabilité, soudabilité, usinabilité	60SiCr7
Phosphore P	Résistance à la chaleur, fragilité à froid, fluidité en cas de EN-GJL	Allongement, ténacité, soudabilité	
Soufre S	Usinabilité, fragilité à chaud en cas de forgeage	Ténacité, soudabilité, résistance à la corrosion	15S10
Métaux (éléments d'alliage)			
Chrome Cr	Résistance à la traction, à la chaleur et à la corrosion	Ténacité, soudabilité, allongement	X5Cr17
Manganèse Mn	Résistance à la traction, à la chaleur et à la corrosion	Résistance à l'usure, soudabilité, usinabilité	28Mn6
Molybdène Mo	Résistance à la traction, à la chaleur capacité de coupe, ténacité	Soudabilité	20MoCr4
Nickel Ni	Résistance à la traction, à la chaleur et à la corrosion	Dilatation thermique, soudabilité, usinabilité	36NiCr 6
Vanadium V	Résistance à la fatigue, à la chaleur, dureté	Soudabilité	115CrV3
Tungstène W	Résistance à la traction, dureté, résistance à la chaleur, capacité de coupe	Résistance à l'usure et à la corrosion	105WCr6

8.4.4 Désignation des métaux ferreux

La désignation d'un matériau ferreux est faite au moyen:

- d'une abréviation (p. ex. S235JR);
- du numéro de la matière première, (p. ex. 1.0037).

Abréviations. Elles indiquent, au moyen de lettres et de chiffres, les caractéristiques de fabrication, les propriétés et le traitement du matériau.

Numéro de la matière. Il facilite la saisie informatique des données de la matière première, p. ex. **S235JR** (abréviation) – **1.0037** (numéro de la matière).

Désignation des métaux de fonderie

Les abréviations pour la fonte, la fonte malléable et l'acier coulé peuvent encore être représentées selon le système de dénomination DIN.

Indications de fabrication (tableau 2). Ces abréviations sont composées de la lettre G, ainsi que d'autres lettres indiquant le type de fonte.

Tableau 2: Caractères d'identification pour les métaux de fonderie

selon DIN	selon DIN-EN	Description
G		Métaux de fonderie
GG	EN-GJL	Fonte au graphite lamellaire (fonte grise)
GGG	EN-GJS	Fonte au graphite sphér.
GS	GS	Acier coulé
GTS	EN-GJMB	Fonte malléable recuite de façon non carburante
GTW	EN-GJMW	Fonte malléable recuite en atmosphère oxydante

Indications de résistance. La résistance est indiquée par un numéro qui, multiplié par 10 (ou plus exactement par 9,81) donne la résistance minimale à la traction en N/mm². P. ex., GG-25 est une fonte au graphite lamellaire avec une résistance minimale à la traction de 250 N/mm². Pour la fonte malléable, on ajoute un chiffre final, séparé par un trait d'union, qui indique le pourcentage d'allongement à la rupture, p. ex. **GTS-65-02 (ill. 1, p. 170).**

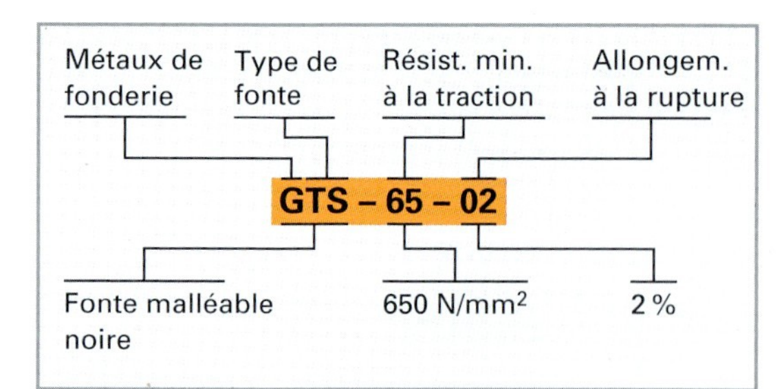

Illustration 1: Identification de la fonte malléable noire

Système de désignation des aciers selon EN

La désignation des aciers et des aciers coulés est subdivisée en deux groupes principaux:

- groupe principal 1
- groupe principal 2

Groupe principal 1: symboles indiquant les propriétés et l'utilisation des aciers.

Les désignations commencent par une lettre indiquant l'utilisation, suivie par des données concernant les propriétés des aciers. Dans la technique, ce sont principalement les aciers de constructions mécaniques pour les machines (lettre E) et les aciers de constructions (lettre S) qui sont pris en compte.

Symboles principaux

Des lettres indiquent l'utilisation de l'acier. Pour les aciers coulés, la lettre G précède la désignation.

Le numéro suivant, composé de trois chiffres, indique la limite minimale d'élasticité R_e en N/mm², p. ex. E350.

Tableau 1: Symboles additionnels pour les produits en acier (sélection)

Symbole	Signification
Pour les exigences particulières	
+ C	Acier à gros grains
+ F	Acier à grains fins
+ H	Acier avec trempabilité spéciale
Pour la forme de revêtement	
+ AZ	Revêtu par alliage Al-Zn
+ S	Galvanisé à chaud
+ Z	Zingué à chaud
+ ZE	Zingué par électrolyse
Pour le type de traitement [1)]	
+ A	Recuit doux
+ C	Ecroui
+ N	Recuit de normalisation
+ Q	Trempé
+ QT	Amélioré
+ U	Non traité

[1)] Afin d'éviter toute confusion avec d'autres symboles, un S peut précéder les symboles pour la forme de revêtement (p. ex. +SA), respectivement un T pour les symboles du type de traitement (p. ex. + TA).

Symboles additionnels

Pour les aciers, les symboles additionnels sont des lettres ou des lettres avec des chiffres. On les subdivise en groupe 1 et groupe 2.

On peut ajouter un signe plus (+) aux désignations des produits en acier **(tableau 1)**.

Exemples pour les aciers du groupe principal 1

1. Aciers de constructions mécaniques

Symboles principaux

Lettre d'identification: E aciers de constructions mécaniques

Chiffre: limite minimale d'élasticité R_e en N/mm² pour la plus petite épaisseur du produit, p. ex. R_e = 335 N/mm²

E	335	G1	C

Symboles additionnels

Groupe 1	Groupe 2
G autres caractéristiques év. suivi du chiffre 1 ou 2 p. ex. G1 acier non calmé	**C** aptitude pour l'étirage à froid

2. Aciers de construction

Symboles principaux

Lettre d'identification: S aciers de construction

Chiffre: limite minimale d'élasticité R_e en N/mm² pour la plus petite épaisseur du produit, p. ex. R_e = 235 N/mm²

S	235	JRG1	W

Symboles additionnels

Groupe 1

Travail de résilience en Joule			Temp. d'essai
27J	40J	60J	°C
JR	**KR**	**LR**	+ 20
J0	**K0**	**L0**	0
J2	**K2**	**L2**	– 20

- **G** autres caratéristiques, év. suivi du chiffre 1 ou 2, p. ex. G1 acier non calmé
- **Q** traité
- **N** recuit de normalisation

Groupe 2

- **C** aptitude pour l'étirage à froid
- **F** pour forger
- **N** recuit de norm.
- **Q** traité
- **W** résistant aux intempéries
- **D** pour revêtement par trempage

Groupe principal 2: symboles indiquant la composition chimique des aciers **(tableau 1, p. 171)**.

Symboles principaux

Ce sont des lettres et des chiffres. Les lettres représentent les symboles des éléments d'alliage; les chiffres indiquent leur pourcentage.

Les symboles additionnels. Les symboles additionnels du groupe 1 ne sont utilisés que pour les aciers non alliés du groupe 2 avec une teneur en Mn < 1 %. Ils se composent de lettres, resp. de lettres et de chiffres. On peut ajouter un signe (+) aux désignations des produits en acier **(tableau 1, p. 170)**.

Tableau 1: Groupe principal 2, facteurs multiplicateurs

Elément	Multiplicateur
Cr, Co, Mn, Ni, Si, W	4
Al, Be, Cu, Mo, Nb, Pb, Ta, Ti, V, Zr	10
Ce, N, P, S	100
B	1000

Exemples d'aciers du groupe principal 2

Aciers non alliés avec une teneur moyenne en Mn < 1 %

C 35 E

Symboles principaux		Symboles additionnels
Lettre	Chiffre	Groupe 1 (sélection)
C pour carbone	**Teneur en C** en $\frac{1}{100}$ % p. ex. 0,35 % C	E Teneur max. en S prescrite R Plage prescrite de la teneur en S

Aciers non alliés avec une teneur en Mn ≥ 1 %, aciers de décolletage non alliés, ainsi qu'aciers alliés dont la teneur des éléments d'alliage individuels est < 5 %.

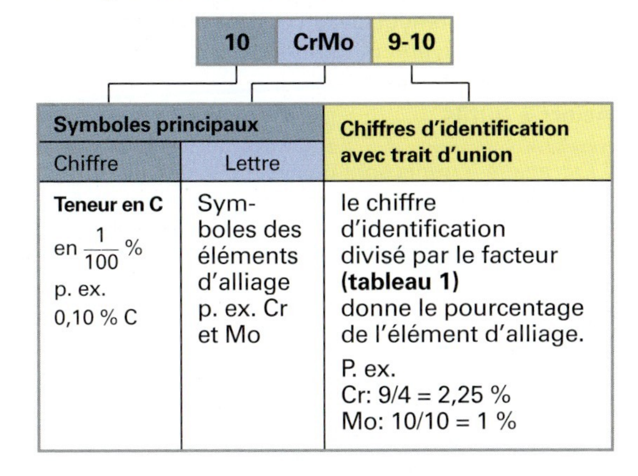

10 CrMo 9-10

Symboles principaux		Chiffres d'identification avec trait d'union
Chiffre	Lettre	
Teneur en C en $\frac{1}{100}$ % p. ex. 0,10 % C	Symboles des éléments d'alliage p. ex. Cr et Mo	le chiffre d'identification divisé par le facteur **(tableau 1)** donne le pourcentage de l'élément d'alliage. P. ex. Cr: 9/4 = 2,25 % Mo: 10/10 = 1 %

Aciers alliés, avec une teneur d'éléments d'alliage ≥ 5 % (sans les aciers rapides).

X 5 CrNi 18-10

Symboles principaux			
Lettre	Chiffre	Lettres	Chiffres
X Teneur d'un élément d'alliage ≥ 5 %	**Teneur en C** en $\frac{1}{100}$ % P. ex. 0,05 % C	Symboles des éléments d'alliage, p. ex. Cr et Ni	Teneur des éléments d'alliage P. ex. Cr: 18 % Ni: 10 %

Aciers rapides

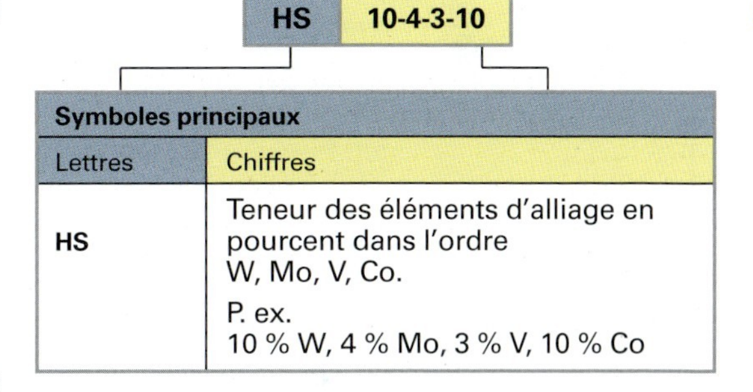

HS 10-4-3-10

Symboles principaux	
Lettres	Chiffres
HS	Teneur des éléments d'alliage en pourcent dans l'ordre W, Mo, V, Co. P. ex. 10 % W, 4 % Mo, 3 % V, 10 % Co

8.4.5 Classification et utilisation des aciers

Selon leur composition, les aciers sont divisés en aciers non alliés et en aciers alliés, et, selon leur utilisation, en aciers de construction et en aciers à outils **(ill. 1, p. 172)**. Les aciers alliés sont divisés en aciers faiblement alliés et aciers fortement alliés. Selon leur pureté et leurs propriétés d'utilisation, on peut également les nommer aciers marchands (ordinaires), aciers de qualité ou aciers fins.

Aciers de construction

Les aciers de construction sont des aciers utilisés pour la construction de machines, de véhicules, d'appareils, ainsi que pour des constructions métalliques.

Aciers de constructions non alliés, p. ex. S235JR (Ac 37-2), E335 (Ac 60)

Leur utilisation dépend de la limite minimale d'élasticité et de la soudabilité. Leur teneur en carbone se situe entre 0,17 % et 0,5 %.

Ce sont des aciers marchands et des aciers fins. Ils peuvent être facilement usinés par enlèvement de copeaux et sont soudables. Les aciers fins peuvent être soudés par tous les procédés.

Utilisation. P. ex. pour les constructions métalliques, les pièces de machines, les tôles, les vis, les écrous et les rivets.

Aciers de cémentation, p. ex. C15, 16MnCr5

Ils sont utilisés pour les pièces de construction devant être cémentées. Une trempe rend la couche périphérique résistante à l'usure et très dure, alors que le noyau doit rester mou et tenace. Les aciers de cémentation peuvent être des aciers fins, alliés ou non alliés.

Utilisation. P. ex. pour des axes de piston, des vilebrequins, des pignons.

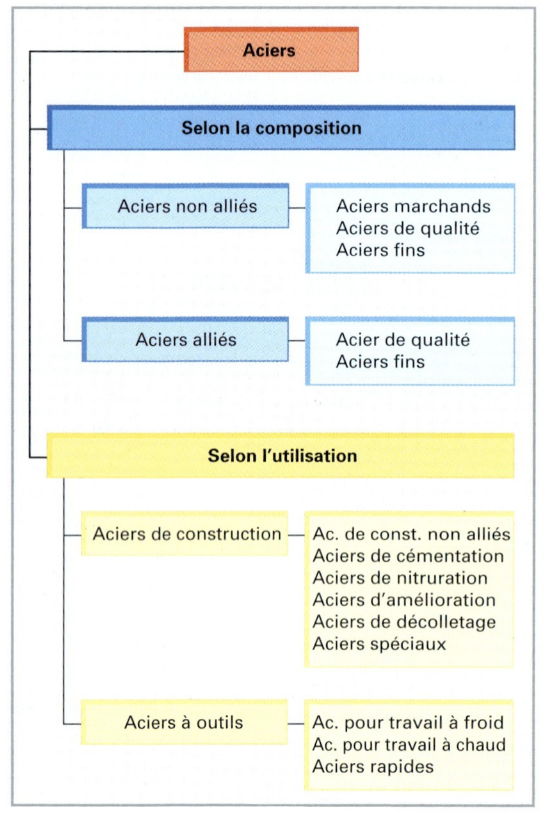

Illustration 1: Classification des aciers

Aciers de nitruration, p. ex. 31CrMoV9

Ce sont des aciers alliés avec du Cr, Al, Mo ou Ni. Leur couche périphérique est durcie au moyen d'azote.

Utilisation. Ils sont utilisés pour des pièces ne devant pas être déformées lors de la nitruration et qui ne sont pas soumises à une trempe ainsi qu'à un usinage ultérieur, tels que les axes de piston, les vilebrequins, les pignons, les arbres et les instruments de mesure.

Aciers d'amélioration, p. ex. C45E, 30CrNiMo8

Ce sont des aciers non alliés ou alliés avec du Cr, Mn et Mo, rarement alliés avec du V et Ni. Par une amélioration, ils acquièrent une haute résistance et une bonne ténacité allant jusqu'au noyau. Par nitruration au bain de sel, leur couche périphérique devient résistante à l'usure.

Utilisation. Pour des pièces fortement sollicitées, telles que p. ex. vilebrequins, bielles, arbres de transmission, fusées d'essieu, pièces de direction.

Aciers spéciaux

Les aciers spéciaux **(tableau 1)** sont des aciers possédant des propriétés liées à leur utilisation, comme p. ex. les aciers inoxydables, les aciers réfractaires, les aciers pour soupapes, les aciers à ressorts. Ce sont principalement des aciers fins.

Tableau 1: Aciers spéciaux

Désignation	Utilisation
Aciers inoxydables	
X2CrTi12 X2CrNi18-9	Pots d'échappement Marmites
Aciers réfractaires	
16CrMo4 X40CrNiCo 13-10	Tuyaux d'échappement Pièces de turbines
Aciers pour soupapes	
X45CrSi9-3 X55CrNiMo20-8	Soupapes d'admission Soupapes d'échappement
Aciers à ressorts	
60SiCr7 X12CrNi17-7	Ressorts Ressorts pour soupapes

Les aciers inoxydables résistent aux acides. En général, ils peuvent être emboutis et sont soudables.

Les aciers réfractaires ne perdent pas leur résistance, même à hautes températures, grâce à l'ajout de Cr, Mo, Ni, V ou Si. Ils sont résistants à la calamine jusqu'à 1100 °C.

Les aciers pour soupapes doivent, tout en ayant une bonne conductibilité thermique, être résistants à la combustion, à la calamine, à l'usure et à la corrosion. Ils sont alliés avec adjonction de Cr, Si, Ni et V.

Les aciers à ressorts doivent avoir une grande élasticité, ainsi qu'une grande résistance. Ils ont généralement une forte teneur en Si. Les aciers à ressorts sont traités, respectivement trempés.

Aciers à outils

Les aciers à outils sont des aciers avec une dureté et une résistance élevées. Ils permettent de fabriquer des outils de coupe (enlèvement de copeaux) et de mise en forme.

Un traitement thermique leur confère leur dureté d'utilisation. On distingue:

- les aciers pour travail à froid, à chaud et les aciers rapides;
- les aciers à outils alliés et non alliés.

8.4.6 Commercialisation des aciers

La plupart du temps, les fonderies commercialisent les aciers en semi-produits normalisés selon leur forme.

Les formes commerciales des semi-produits sont:

- les aciers profilés
- les tubes
- les fils d'acier
- les tôles d'acier
- les tôles fines
- les aciers en barres
- le petit matériel

Les aciers profilés (ill. 1) tels que les aciers en U, en T en double T et en Z sont principalement élaborés à partir du S235J0. Ils sont laminés, étirés et fabriqués dans des longueurs allant de 3 à 15 mètres.

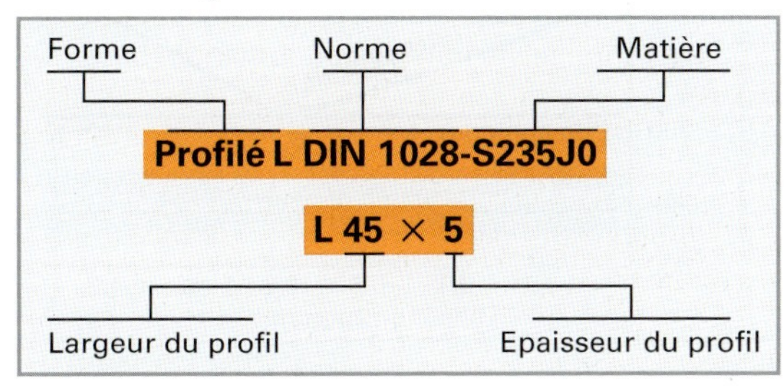

Illustration 1: Désignation

Les aciers en barres: acier rond, plat, large plat, à section carrée, hexagonale, acier demi-rond et en bandes. Ils peuvent être étirés à froid, meulés, polis ou laminés. Toutes les sortes d'aciers de constructions peuvent être prises en considération. Pour les aciers ronds et de forme hexagonale, on utilise principalement du 35S20+C, pour les aciers plats et à section carrée du S235JRG1.

Les fils d'acier sont laminés et étirés. Ils sont livrés en anneaux ou sur bobines.

Les tôles fines sont destinées aux travaux de transformations, tels que l'emboutissage, ainsi qu'aux traitements de surfaces ultérieurs comme la peinture ou la galvanisation.

Les tubes sont soudés bout à bout, par recouvrement ou étirés sans soudure.

Petit matériel. Ce sont les vis, les écrous, les rivets, les clavettes, les ressorts, les rondelles, les dispositifs de sécurité pour vis, les goupilles, les clous.

Les tôles d'acier sont subdivisées en tôles superfines et en tôles de fer-blanc, ainsi qu'en tôles, fines, moyennes et fortes **(tableau 1)**. Le type d'acier utilisé pour les tôles dépend de l'utilisation et du traitement ultérieur. On utilise des aciers de constructions non alliés, des aciers de cémentation, d'amélioration ou des aciers inoxydables. Les tôles d'acier (fer-blanc) sont commercialisées sous forme de tôles noires, cannelées, ondulées, oxydées, décapées, percées, galvanisées, plombées ou étamées.

Tableau 1: Classification des tôles d'acier

Type de tôle	Epaisseur en mm
Tôle superfine	moins de 0,5
Tôle fine	0,5 à 3
Tôle moyenne	3 à 4,75
Tôle forte	supérieure à 4,75

Questions de révision

1. **Comment sont classés les aciers?**
2. **Expliquez la désignation des matériaux: S235J2G1, C45E, 16MnCr5, X6CrMo17-7.**
3. **Quelles sont les propriétés spéciales des aciers d'amélioration?**
4. **Qu'entend-on par acier de construction?**
5. **Quelle est l'utilisation des aciers de cémentation?**

8.4.7 Traitement thermique des métaux ferreux

Le traitement thermique des matériaux ferreux est une modification des propriétés des matériaux visant à en améliorer la dureté, la résistance et l'usinabilité.

Ces propriétés dépendent de la structure du matériau, de sa teneur en carbone et des composants d'alliage.

Le **diagramme fer-carbone** donne un aperçu de la structure de l'acier en fonction de la température pour différentes teneurs en carbone **(ill. 1, p. 174)**.

Acier avec 0,8 % de C (acier eutectoïde). Il présente une structure homogène, dans laquelle de fines bandes de cémentite traversent tous les grains de ferrite. Cette structure est appelée **perlite** en raison de son aspect nacré.

Acier contenant moins de 0,8 % de C (acier hypoeutectoïde). La teneur en C est insuffisante pour la formation de perlite pure. Sa structure est composée de ferrite et de perlite.

Acier contenant plus de 0,8 % de C (acier hypereutectoïde). La teneur en C dépasse la quantité nécessaire à la formation de perlite. Outre la perlite, il se forme de la cémentite.

Structure de l'acier non allié

En plus du fer pur (ferrite), l'acier non allié contient encore jusqu'à 2,06 % de carbone qui se lie chimiquement avec une partie du fer pour former le carbure de fer Fe_3C, (cémentite). La cémentite est dure et cassante, le fer pur est mou et tenace.

Echauffement de la structure

Au-dessus 723 °C, la structure de l'acier se modifie, la forme cristalline du fer change et la cémentite se décompose. Les cristaux cubiques centrés **(ill. 1. p. 174)** de la ferrite se changent en cristaux cubiques à faces centrées. Un atome de C de la cémentite en décomposition peut se déposer dans l'espace cubique vide du cristal à faces centrées **(ill. 1).** Etant donné que l'absorption de l'atome de C dans le cristal de fer a lieu à l'état solide, on parle d'une solution solide du carbone dans le fer. On appelle austénite les cristaux de solution solide ainsi formés.

Les grains de perlite de la structure se changent en austénite 723 °C. Lorsque la température augmente et selon la teneur en C de l'acier, la ferrite et la cémentite se transforment en austénite jusqu'à la ligne **G-S-E**.

Refroidissement et trempe

Lors d'un **refroidissement lent,** les anciennes structures de l'acier se reforment. Lors d'un refroidissement rapide (trempe) dans la plage de température supérieure à la ligne G-S-K, la formation de perlite n'a alors pas lieu. Le changement de réseau cristallin à faces centrées n'a pas suffisamment de temps pour se transformer en réseau cubique centré, les atomes de C ne peuvent plus former de cémentite avec les atomes de fer. Les atomes de C sont intégrés dans les cristaux centrés. Le réseau cristallin ainsi formé rend l'acier très dur et cassant. La microstructure ainsi formée est appelée martensite.

Recuit

Le recuit est un traitement thermique durant lequel la pièce est chauffée à la température de recuit, maintenue à cette température et ensuite refroidie lentement **(ill. 2)**.

Le recuit doux se fait, selon la teneur en carbone, entre 680 °C et 750 °C. Il facilite le façonnage des pièces avec ou sans enlèvement de copeaux.

Le recuit de normalisation se fait, selon la teneur en carbone, entre 750 °C et 950 °C. Il permet d'obtenir une structure homogène à grains fins après le laminage et le forgeage.

Le recuit de détente se fait, selon la teneur en carbone, entre 550 °C et 650 °C afin d'éliminer les tensions internes produites par le laminage, le forgeage et le soudage.

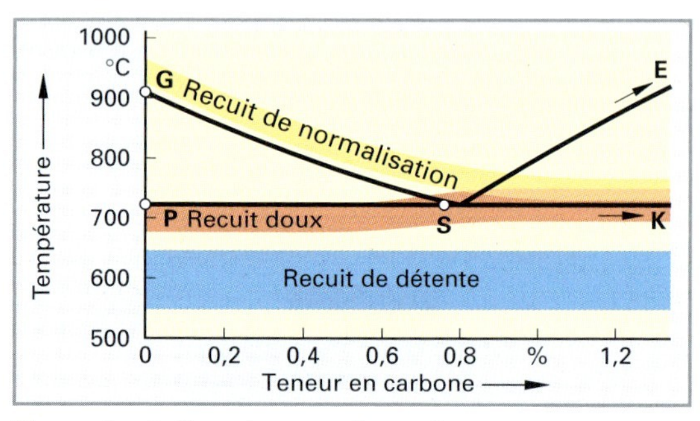

Illustration 2: Températures de recuit

Trempe des aciers à outils

La trempe **(ill. 1, p. 175)** est un traitement thermique durant lequel la pièce est chauffée à une température supérieure au point de transformation et ensuite refroidie brusquement. Après la trempe, il est nécessaire d'effectuer un revenu.

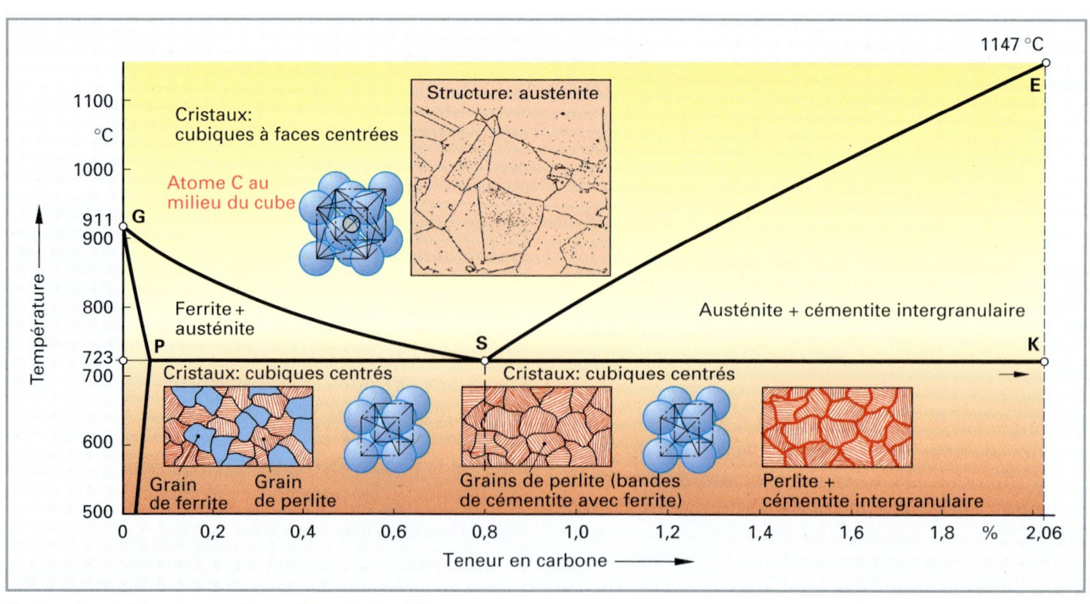

Illustration 1: Diagramme fer-carbone (extrait)

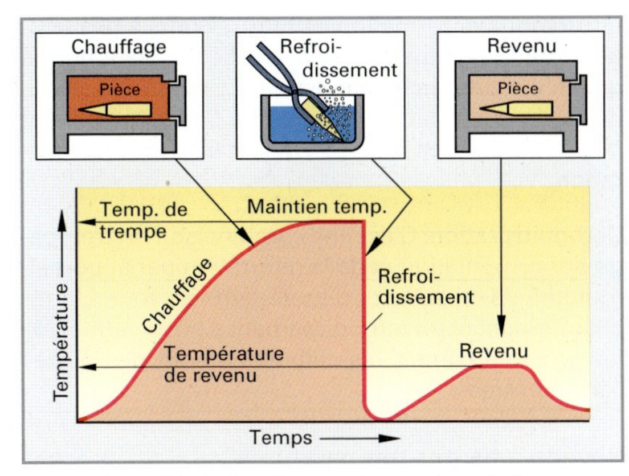

Illustration 1: Variation de température lors de la trempe

La trempe permet de rendre l'acier dur et résistant à l'usure. La température de trempe des aciers à outils non alliés se situe 770 °C et 830 °C. Pour les aciers à outils faiblement et fortement alliés, des températures de trempe plus élevées sont nécessaires.

Selon le fluide de trempe, on distingue:

- la trempe à l'eau, principalement pour les aciers à outils non alliés;
- la trempe à l'huile, principalement pour les aciers à outils faiblement alliés;
- la trempe à l'air, pour les aciers à outils fortement alliés.

Revenu

Le revenu est un traitement thermique durant lequel la pièce déjà trempée est à nouveau chauffée puis refroidie.

Après le refroidissement, les pièces trempées sont devenues dures et cassantes. Le revenu, effectué entre 180 °C et 400 °C permet d'augmenter la ténacité et de diminuer la fragilité; la dureté diminue un peu et l'acier atteint sa dureté d'utilisation.

Les températures de trempe et de revenu sont indiquées sur les fiches techniques des fabricants d'aciers.

Trempe périphérique

La trempe périphérique est un traitement thermique durant lequel la couche périphérique de la pièce en acier durcissable est chauffée rapidement à la température de trempe et ensuite refroidie brusquement.

On distingue:

- la trempe périphérique par transformation de structure des aciers contenant suffisamment de carbone, p. ex. trempe au chalumeau ou trempe par induction;
- la trempe périphérique par transformation de structure avec ajout de carbone, p. ex. trempe par cémentation;
- la trempe périphérique par liaisons chimiques avec ajout d'azote, p. ex. nitruration, carbonitruration.

Trempe périphérique avec présence de carbone

Les pièces sont fabriquées en acier d'amélioration étant donné que celui-ci contient déjà le minimum de 0,45 % de carbone nécessaire à la trempe. On distingue la trempe au chalumeau et la trempe par induction.

Trempe au chalumeau (ill. 2). La couche périphérique de la pièce est chauffée à la température de trempe en un temps très court à l'aide d'un brûleur à flamme. On refroidit la pièce avec une douche d'eau avant que la chaleur n'atteigne le centre de la pièce.

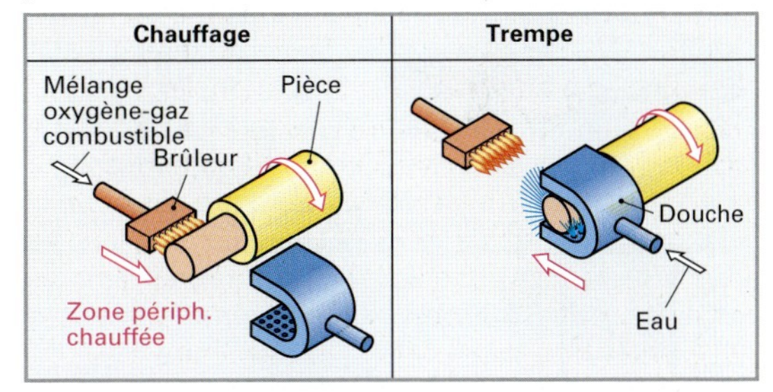

Illustration 2: Trempe au chalumeau

Trempe par induction (ill. 3). Une bobine alimentée à haute fréquence entoure la pièce et provoque, par induction, de forts courants de Foucault qui génèrent un échauffement rapide de la couche périphérique de la pièce à la température de trempe. La pièce est refroidie avec une douche d'eau avant que la chaleur n'atteigne le centre de la pièce.

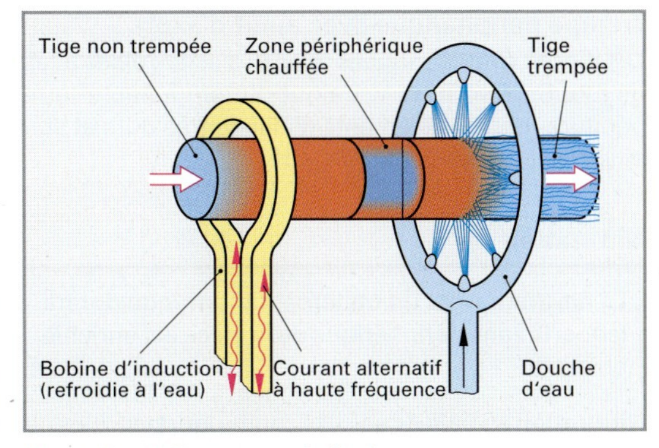

Illustration 3: Trempe par induction

Trempe périphérique avec apport de carbone

Les pièces sont fabriquées en acier contenant < 0,2 % de carbone. Il est donc nécessaire d'enrichir la couche périphérique en carbone pour pouvoir la tremper.

Trempe par cémentation

La trempe par cémentation est un traitement thermique durant lequel la zone périphérique de la pièce en acier à faible teneur en carbone est enrichie en carbone puis trempée.

Les aciers de cémentation contiennent jusqu'à environ 0,2 % de C. Afin de rendre la zone périphérique trempable, la pièce est recuite dans une atmosphère riche en carbone.

Ce processus est nommé carburation **(ill. 1)**. L'enrichissement en carbone peut être effectué au moyen de produits solides, liquides ou gazeux.

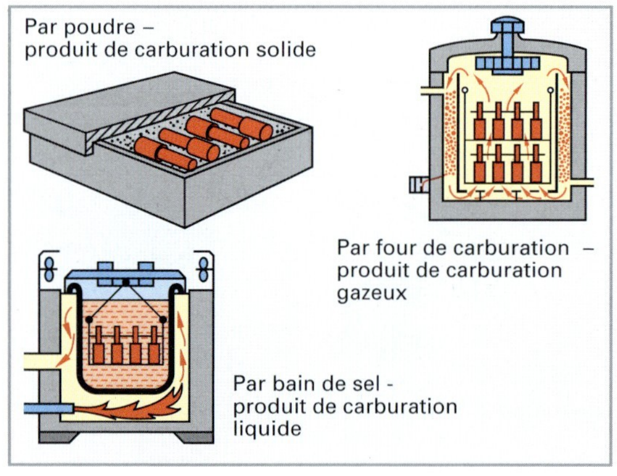

Illustration 1: Carburation pour la trempe par cémentation

Après la carburation, les pièces sont trempées. La couche périphérique carburée devient alors dure, le noyau reste tendre et tenace. Un revenu est ensuite effectué.

Trempe périphérique avec ajout d'azote

Les pièces sont fabriquées avec des aciers alliés avec de l'Al, Cr, Mo, Ti ou V. L'ajout d'azote à haute température rend ces éléments d'alliage très durs et stabilise les nitrures p. ex. AlN, CrN.

Nitruration

La nitruration est un traitement thermique durant lequel la zone périphérique de la pièce est enrichie en azote.

Nitruration au bain de sel. Les zones périphériques de la pièce sont enrichies en azote dans des bains de sel.

Nitruration au gaz. Les zones périphériques des pièces sont enrichies en azote dans un four à gaz avec apport d'ammoniac.

La nitruration confère aux aciers nitrurés une couche périphérique fine, très dure et résistante à l'usure. La dureté se produit directement lors du processus de nitruration par formation de nitrures durs à des températures allant jusqu'à environ 550 °C. Etant donné qu'il n'y a ni trempe ni revenu, il n'y a pas de calamine ni de déformation des pièces. Celles-ci peuvent donc être usinées de façon définitive avant la nitruration.

Carbonitruration. C'est une combinaison du trempage par cémentation et de la nitruration par apport simultané de carbone et d'azote dans un four. Un réchauffement et un refroidissement s'ensuivent. P. ex. les arbres à cames, les culbuteurs sont des pièces carbonitrurées.

Revenu à hautes températures

Le revenu est un traitement thermique durant lequel la pièce est réchauffée après une trempe préliminaire. La pièce acquiert une haute résistante à la traction tout en conservant de bonnes capacités d'allongement et de ténacité **(ill 2)**.

La trempe confère à la pièce une grande résistance et une grande dureté mais en réduit l'allongement et la ténacité. Le revenu effectué à des températures allant de 500 °C à 670 °C diminue fortement la dureté, réduit également quelque peu la résistance, mais permet d'augmenter la ténacité et l'allongement.

Lors d'un revenu à la limite inférieure de température, la résistance de l'acier reste plus importante qu'à la limite supérieure, alors que la ténacité et l'allongement sont augmentés lors d'un revenu à la limite supérieure de température.

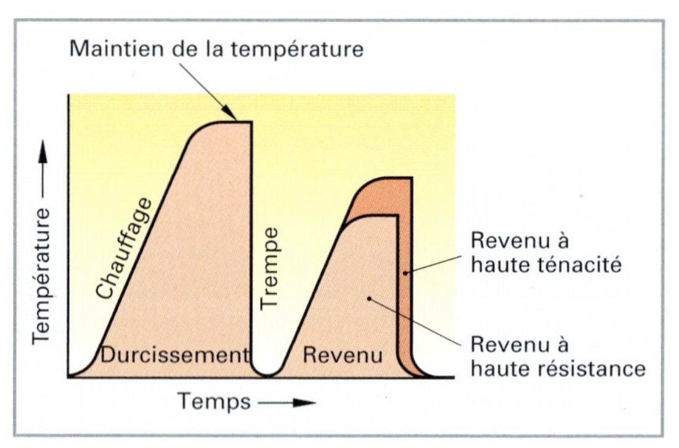

Illustration 2: Revenu

Questions de révision

1. **Que signifie durcir un acier?**
2. **Pourquoi réchauffe-t-on les aciers après la trempe?**
3. **Que signifie trempe par cémentation?**
4. **Pourquoi utilise-t-on le plus souvent des aciers d'amélioration pour les pièces destinées à la trempe périphérique?**
5. **Pourquoi réchauffe-t-on les pièces à haute température lors du revenu?**

8.5 Métaux non ferreux

Les métaux non ferreux sont tous les métaux et leurs alliages ne contenant pas de fer.

On distingue les métaux non ferreux lourds et légers en fonction de leur masse volumique (**ill. 1**).

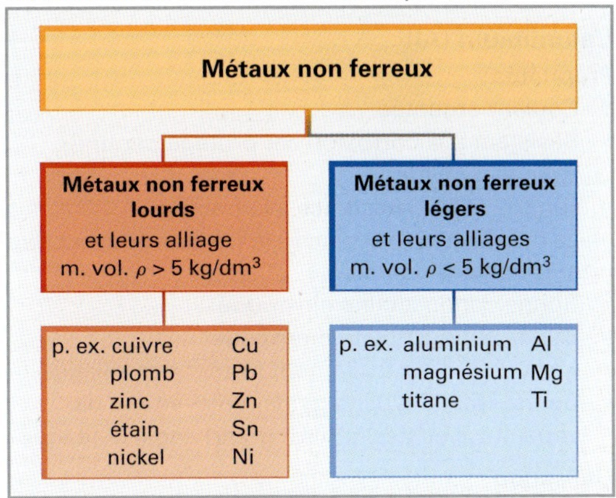

Illustration 1: Classification des métaux non ferreux

La plupart des métaux purs, comme le cuivre, le plomb, l'aluminium, sont très tendres et peu résistants. Les propriétés des métaux purs peuvent être améliorées par alliage.

L'alliage est l'action de mélanger deux ou plusieurs métaux à l'état liquide.

On distingue les alliages coulés et les alliages forgeables.

Alliages coulés. Ils sont faciles à fondre, ont une résistance élevée et une grande ténacité. Utilisation: p. ex. carter moteur, culasse.

Alliages forgeables. Dans une certaine mesure, on peut en modifier les propriétés en fonction des composants d'alliage et par un forgeage ultérieur. Les alliages forgeables sont utilisés p. ex. pour les bras de suspension, les jantes.

8.5.1 Désignation des métaux non ferreux

Désignation de métaux purs. Le degré de pureté est indiqué en pourcent après le symbole chimique du métal, p. ex. Al 99,99.

Désignation des alliages. Les alliages sont désignés par les symboles chimiques de leurs composants. Le symbole chimique du métal de base avec le pourcentage le plus élevé se trouve en première position, le plus souvent sans indication de pourcentage; celui-ci peut être déterminé par la différence entre le 100 % et la somme des autres éléments de l'alliage.

Après le métal de base, on trouve les symboles des éléments d'alliage, suivis de leur pourcentage, classés en ordre décroissant. En cas de pourcentage négligeable, aucune indication n'est donnée.

Les alliages coulés sont désignés par des lettres d'identifiaction selon leur production et leur utilisation (**tableau 1**). Séparées par un trait d'union, ces lettres se trouvent devant l'indication de l'alliage. Des abréviations peuvent également suivre, elles indiquent certaines propriétés spéciales (**tableau 1**), l'état du traitement ou encore la résistance à la traction en 1/10 N/mm², valeur indiquée par un chiffre précédé de la lettre F.

Tableau 1: Désignation des alliages de métaux non ferreux (sélection)

Lettres d'identification pour la production et l'utilisation			
G-	Fonte (général)	Gl-	Métal antifriction léger
GD-	Moulage sous pression	L-	Brasure
GK-	Moulage en coquille	Lg-	Métal antifriction lourd
GZ-	Moulage centrifuge	V-	Préalliage
Abrévitation pour propriétés spéciales, état du traitement, résistance à la traction			
a	durci	g	recuit
ka	durci à froid	zh	étiré
F + chiffre d'identification pour la résistance à la traction en 1/10 N/mm²			

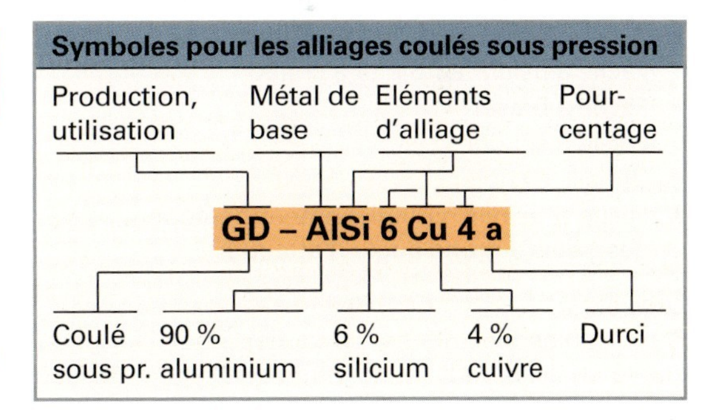

Les alliages forgeables n'ont pas de lettres d'identification selon leur production et leur utilisation, à l'exception des alliages forgeables en Al.

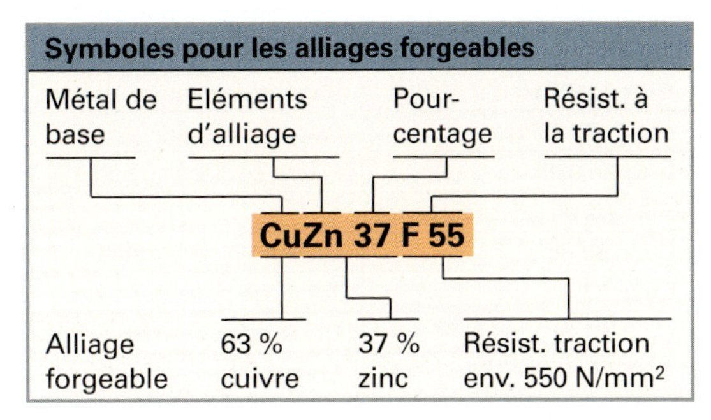

8.5.2 Métaux non ferreux lourds

La classification des métaux non ferreux lourds est indiquée dans le **tableau 1.**

Tableau 1: Classification des métaux non ferreux lourds

Métal	Symbole chimique	Métal	Symbole. chimique
Métaux usuels et leurs alliages			
Cuivre	Cu	Zinc	Zn
Plomb	Pb	Etain	Sn
Nickel	Ni		
Métaux d'alliage			
Molybdène	Mo	Tantale	Ta
Tungstène	W	Chrome	Cr
Cobalt	Co	Manganèse	Mn
Vanadium	V	Bismuth	Bi
Antimoine	Sb		
Métaux précieux			
Argent	Ag	Or	Au
Platine	Pt		

Le cuivre (Cu)

Propriétés

- Tendre, tenace, ductile
- Couleur brun-rouge
- Bonne conductibilité électrique et thermique
- Résistant à la corrosion et au feu
- Facile à usiner à froid et à chaud
- Facile à braser
- Facile à souder
- Difficile à couler
- Facile à usiner par enlèvement de copeaux avec des outils à grand angle d'attaque

Utilisation

P. ex. câbles électriques, conduites pour l'essence, l'huile ou l'eau, radiateurs, joints et alliages **(tableau 2).**

Tableau 2: Alliages de cuivre

Symbole	Utilisation
Alliages de cuivre coulé	
GZ-CuSn 7 ZnPb	Coussinets de bielles
G-CuPb 10Sn	Paliers multicouches
G-CuAl 10Fe	Bagues de syncro, pignons
GD-CuZn 38Pb	Pièces coulées en coquille
G-CuZn 33Pb	Pièces coulées au sable
Alliages de cuivre forgeable	
CuZn 39 Pb 3	Gicleur de carburateur
CuZn 37	Tubes de radiateur
CuZn 31 Si	Guides de soupape
CuNi 44	Constantan

8.5.3 Métaux non ferreux légers

Les métaux non ferreux légers les plus utilisés dans la construction automobile sont l'aluminium (Al), le magnésium (Mg) et le titane (Ti).
D'autres métaux légers tels que le béryllium et les métaux alcalins (lithium, sodium et calcium) sont utilisés dans certains cas comme métaux d'alliage.

L'aluminium (Al)

Propriétés

- Couleur argentée
- Résistant à la corrosion car protégé par une couche d'oxyde
- Tendre, faible résistance à la traction
- La dureté et la résistance à la traction peuvent être augmentées par alliage
- Bonne conductibilité électrique
- Bonne conductibilité thermique
- Malléable, peut facilement former des alliages
- Bonne faculté d'usinage par enlèvement de copeaux avec des outils à grand angle d'attaque

Utilisation

Aluminium pur p. ex. pour feuilles, tubes, boîtiers, réflecteurs, enjoliveurs, carrosseries de voitures (matériaux de construction et éléments d'alliages).

Alliages d'aluminium

Ils sont divisés en alliages de forge et alliages de fonderie. Il y a des alliages durcissables et non durcissables. Ils ne doivent pas être chauffés.

Propriétés des alliages

Les alliages d'aluminium contenant du fer présentent une résistance mécanique élevée, mais résistent peu à la corrosion. Les alliages d'aluminium contenant du magnésium, du silicium et du manganèse présentent une dureté élevée et une bonne résistance à la corrosion. Les alliages d'aluminium contenant du cuivre, du magnésium et du silicium peuvent être durcis pour présenter une résistance plus élevée. Les alliages d'aluminium contenant une certaine teneur en magnésium, silicium et manganèse ne sont pas durcissables mais possèdent déjà une bonne résistance.

Utilisation

Alliages de forge (exemples)

AlCuMg 2: bras de suspension, moyeux de roues, pignons de distribution pour vilebrequins et arbres à cames
AlMgSi 1: roues, profils pour châssis
AlMg 2: tôles, pièces de carrosserie,
AlSi 17 CuNi: pistons pressés.

Aliages de fonderie (exemples).

G-AlSi 12: blocs-moteur, carters d'huile, boîtes de vitesses
G-AlSi 10 Mg: blocs-moteur et culasses refroidies par air
GK-AlSi 12 CuNi: pistons coulés.

8.6 Matières plastiques

On appelle matières plastiques les matériaux fabriqués artificiellement (synthétiquement) .

Elles sont fabriquées à partir de pétrole, de gaz naturel, de charbon, de chaux, d'air et d'eau. Les matières plastiques sont des substances organiques car elles se composent de liaisons de carbone et de silicium. Elles peuvent également contenir p. ex. de l'oxygène (O_2), de l'hydrogène (H_2), de l'azote (N_2), du soufre (S), du chlore (Cl).

Les propriétés spécifiques de presque toutes les matières platiques sont:

- faible masse volumique;
- faciles à travailler, à former, à teinter;
- résistance à la corrosion, aux acides et aux bases;
- isolant électrique, mauvaise conductibilité thermique;
- forte dilatation thermique, faible résistance à la chaleur.

On distingue quatre groupes de matières plastiques: les thermoplastes, les duroplastes, les élastomères et les matériaux composites **(ill. 3)**.

8.6.1 Thermoplastes

Les thermoplastes se composent de longues molécules linéaires ou ramifiées non réticulées **(ill. 1)**.

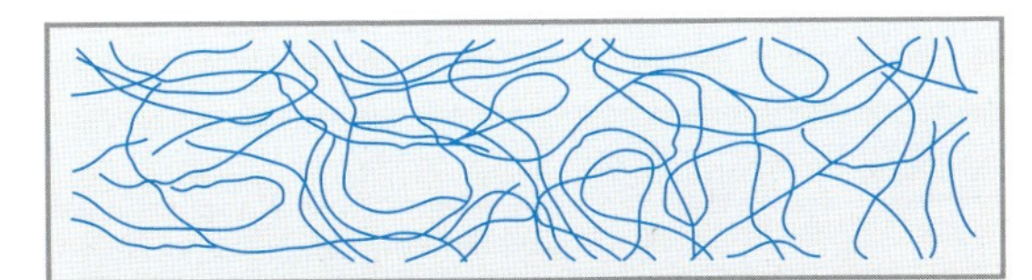

Illustration 1: Structure des thermoplastes

Lors d'un réchauffement, les molécules se mettent à vibrer, la texture se relâche, la matière se ramollit et fond. A température ambiante, les thermoplastes sont durs et peu élastiques, mais lors de chaque réchauffement ils redeviennent mous. A chaud, ils peuvent être travaillés sans enlèvement de copeaux par coulage, cintrage, soudure. A très hautes températures, ils sont détruits. L'ajout de solvants non volatils (plastifiants) permet de les rendre tenaces, semblables au cuir ou caoutchouc (thermo-élastiques).

Exemples de thermoplastes

Polychlorure de vinyle PVC (ill. 2)

Propriétés: transparent, peut être teinté dans la masse, collable et soudable ; résistant à l'huile, à l'essence et aux bases; sensible à l'acétone.

PVC dur: dur, tenace, p. ex. pour revêtements, listeaux de renfort, renforts pour plaques d'immatriculation, tuyaux.

PVC mou: tendre, flexible, similaire au caoutchouc ou au cuir grâce à l'apport d'additifs, p. ex. pour joints, feuilles, tapis de sol, isolations pour câbles, cuir synthétique.

Polycarbonate PC (ill. 2)

Propriétés: clair comme du verre, ne se déforme pas, transparent, tenace, solide, résistant aux acides légers et aux bases, résistant aux griffures.

Utilisation: vitrages pour projecteurs et phares, interrupteurs électriques.

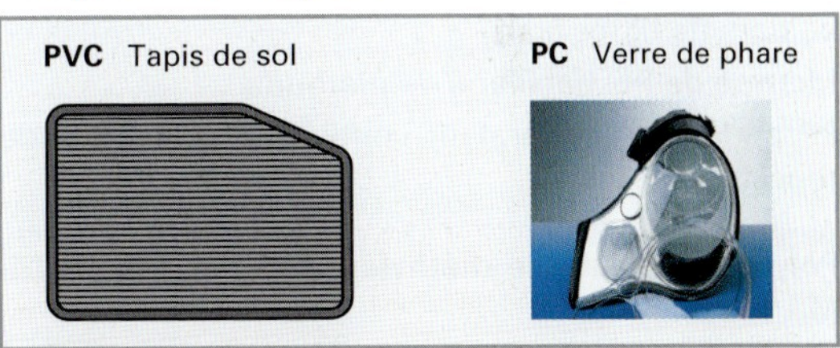

Illustration 2: Utilisation de PVC et de PC

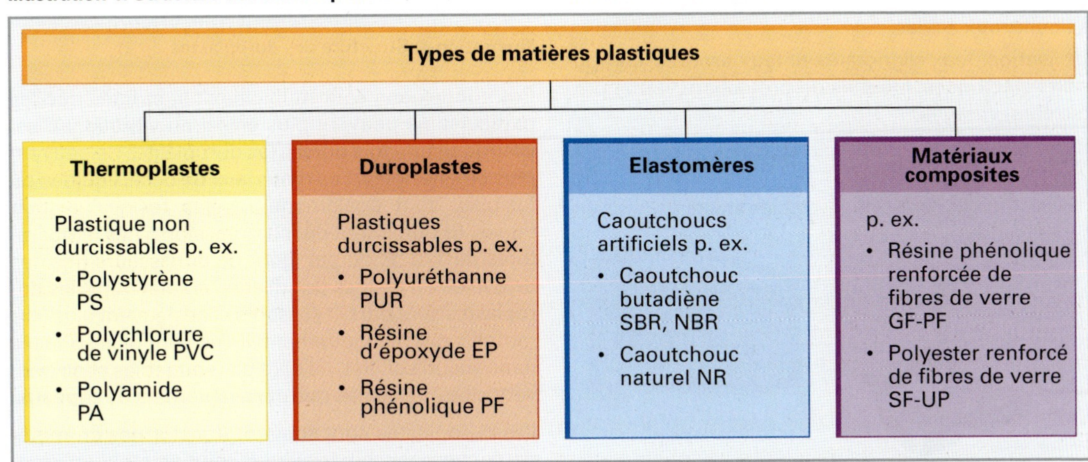

Illustration 3: Types de matières plastiques

Styrène-butadiène SB (ill. 1)

Propriétés: opaque, résistant aux chocs, résistant à la température.

Utilisation: éléments d'équipement interne, bacs de batteries.

Acrylonitrile-budatiène-styrène ABS (ill. 1)

Propriétés: très résistant aux chocs, résistant à la température; résistant aux acides et à l'huile mais pas au benzène.

Utilisation: grilles de radiateurs, tableaux de bord, pare-chocs.

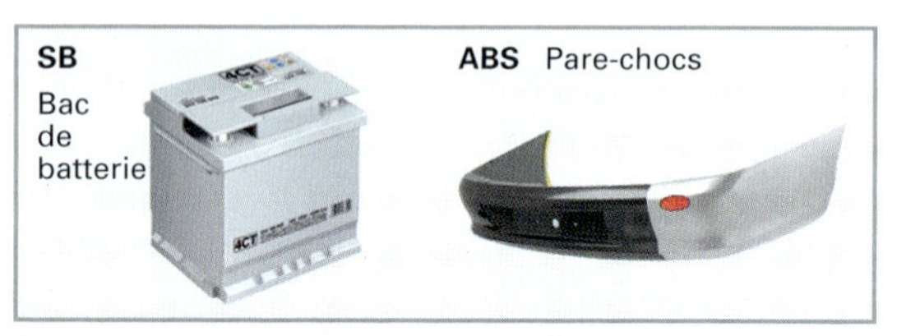

Illustration 1: Utilisation de SB et d'ABS

Polyoléfines: polyéthylène PE, polypropylène PP (ill. 2)

Propriétés: d'incolore à laiteux, peut être teinté dans la masse, incassable, apparence cireuse, soudable, non collable, résistant aux acides, aux bases, à l'essence et au benzène.

Utilisation:

PE mou: manchettes d'essieux, bacs, soufflets.

PE dur: réservoirs à carburant, réservoirs lave-glace, boîtiers de filtres à air.

Mousse de PE: habillage de plafonds.

PP: pédales d'accélérateur, ventilateurs, chapeaux de roues.

Polyméthacrylate de méthyle (verre acrylique) **PMMA (ill. 2)**

Propriétés: clair comme du verre, polissable, dur, élastique, collable et soudable; résistant à l'essence, à l'huile, aux acides.

Utilisation: feux clignotants et feux arrières, composants électriques, lunettes de protection, verres protecteurs, vitrages.

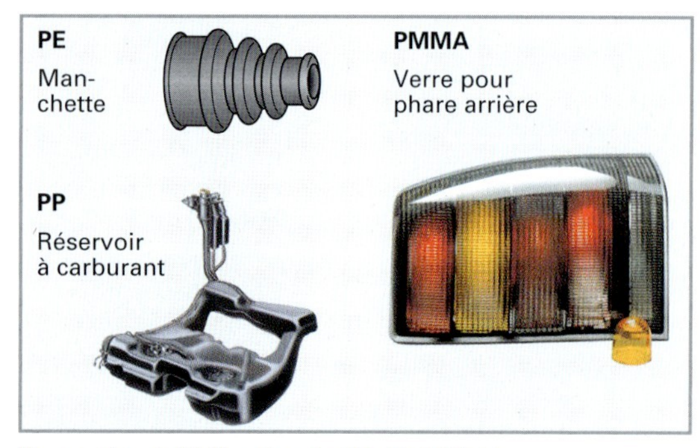

Illustration 2: Utilisation de PE, PP, PMMA

Polytétrafluoréthylène (téflon) PTFE (ill. 3)

Propriétés: laiteux, cireux, glissant, mou, tenace, résistant à l'abrasion, non collable, résistant aux produits chimiques, résistant à la chaleur jusqu'à 280 °C.

Utilisation: revêtements, joints, soufflets, isolations de câbles résistant à la chaleur, paliers sans entretien, membranes.

Polyamide PA (ill. 3)

Propriétés: laiteux, dur, tenace, glissant, résistant à l'usure, résistant à l'huile, à l'essence, au benzène, aux solvants; incombustible et résistant à la température jusqu'à 260 °C sous forme d'aramide (polyamide aromatique).

Utilisation: douilles, paliers lisses, hélices de ventilateurs.

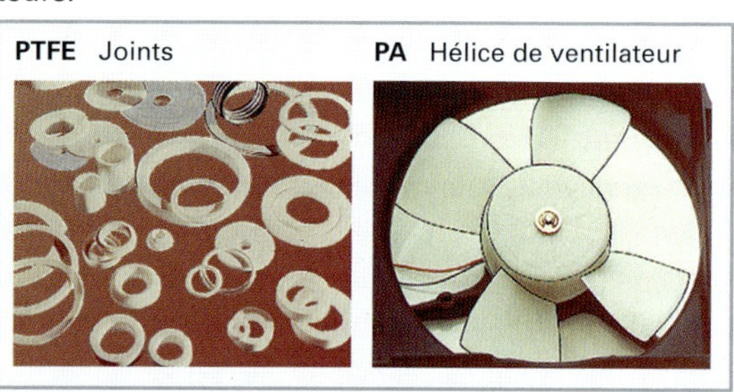

Illustration 3: Utilisation de PTFE et de PA

8.6.2 Duroplastes

Les duroplastes se composent de macromolécules réticulées à mailles étroites **(ill. 4)**.

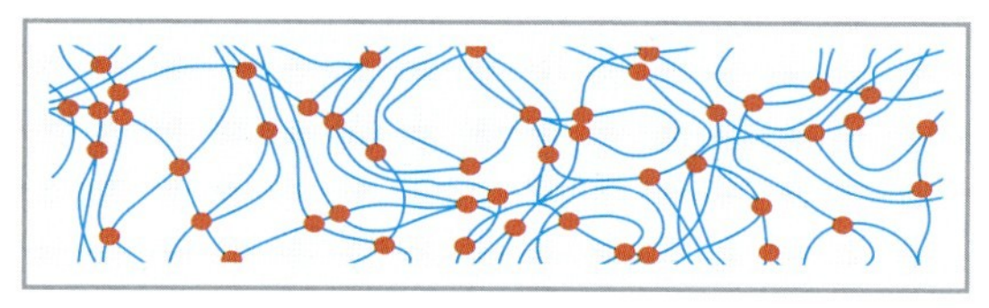

Illustration 4: Structure des duroplastes

Ces connexions sont multiples et si étroites que les particules ne peuvent plus entrer en vibration. C'est pourquoi, une fois durcis, les duroplastes ne peuvent plus être ramollis. Les matériaux de base, liquides ou fusibles, sont également appelés résines synthétiques. Ils durcissent par compression à des températures de 170 °C ou par ajout de durcisseurs (résines de coulée ou résines de collage). A l'état durci, les duroplastes sont durs et cassants et ne peuvent plus être ramollis par réchauffement. Ils ne sont plus solubles dans aucun solvant, ne sont pas soudables et ne peuvent plus être usinés que par enlèvement de copeaux.

Les duroplastes sont souvent transformés en matériaux composites par ajout d'adjuvants qui en améliorent les propriétés ou servent de diluants.

Exemples de duroplastes

Résine phénolique PF (ill. 1)

Propriétés: uniquement couleurs foncées, dure, cassante, collable, non résistante à la lumière, devient brune, odeur de phénol.

Utilisation: fabrication de pièces moulées sombres, matériaux stratifiés pressés, vernis à base de résine synthétique, résines de coulée.

Résine d'urée UF; résine de mélamine MF (ill. 1)

Propriétés: claire comme du verre, résistante à la lumière, inodore, peut être teintée, dure, cassante, résistante aux acides et aux solvants légers.

Utilisation: fabrication de pièces moulées claires, matériaux stratifiés pressés, vernis à base de résines synthétiques, colles à chaud, colles à froid.

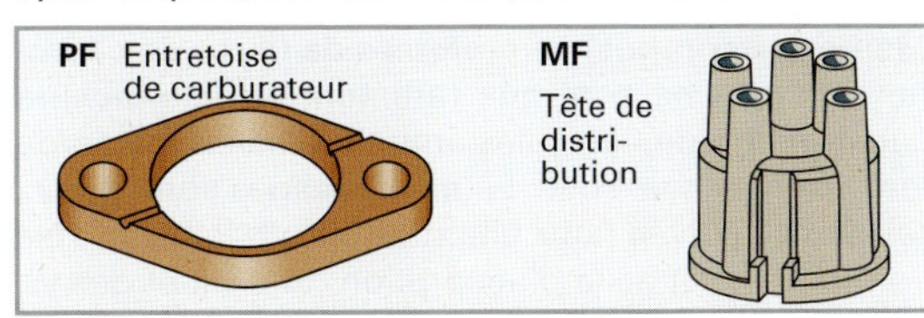

Illustration 1: Utilisation de PF et de MF

Résine polyester UP (ill. 2)

Propriétés: claire comme du verre, peut être dure, cassante, molle ou élastique, possède de bonnes propriétés de coulage, bonne adhérence, résistante à l'huile, à l'essence, aux solvants, acides et bases légers.

Utilisation: colles pour métaux, mastics, résines coulées, matières plastiques renforcées de fibre de verre.

Résine d'époxyde EP (ill. 2)

Propriétés: incolore jusqu'à jaune, dure, résistante aux chocs, très bonnes propriétés de coulage, bonne adhérence.

Utilisation: colles, protection (revêtement) de composants électroniques, matières plastiques renforcées de fibre de verre.

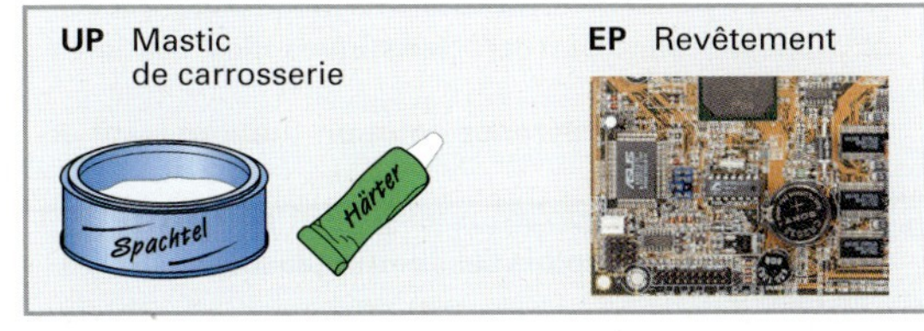

Illustration 2: Utilisation d'UP et de EP

Résine de polyuréthanne PUR (ill. 3)

Propriétés: jaune, transparente, dure, tenace, molle ou élastique comme du caoutchouc, adhérente, peut se trouver sous forme de mousse.

Utilisation:
PUR dure: paliers, roues d'engrenages;
PUR mi-dure jusqu'à molle: pare-chocs, colles;
Mousse PUR: capitonnages de véhicules, mousses pour revêtements internes.

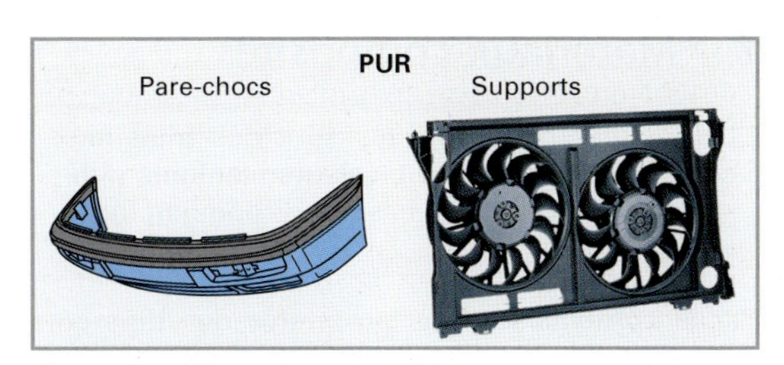

Illustration 3: Utilisation de PUR

8.6.3 Elastomères

Les élastomères sont formés de molécules linéaires désordonnées. La vulcanisation crée un réseau de molécules à mailles très larges. **(ill. 4).**

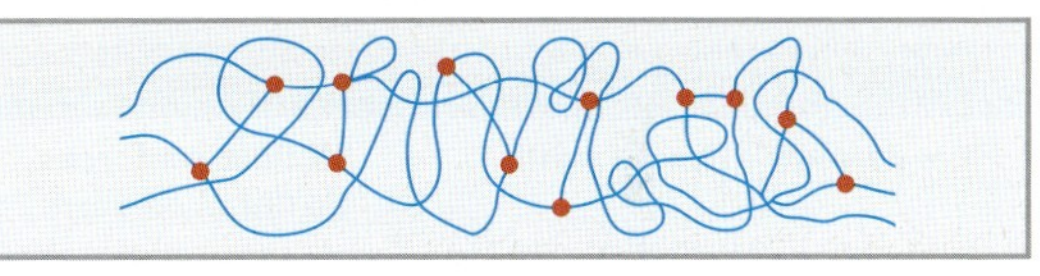

Illustration 4: Structure des élastomères

Les matériaux de base sont des caoutchoucs synthétiques ou le caoutchouc naturel. Ils peuvent être déformés par de faibles forces et reprennent ensuite leur forme. Ils ne fondent pas lors d'un réchauffement mais restent élastiques jusqu'à leur destruction à des températures plus élevées. Ils possèdent une bonne résistance tout en gardant un bon allongement et une grande élasticité. Ils ne sont pas fusibles, ils ne peuvent pas être usinés par enlèvement de copeaux et ne sont pas soudables. Ils peuvent gonfler mais ne peuvent pas être dissous.

Exemples d'élastomères

Caoutchouc (caoutchouc naturel) NR (ill. 5)

Propriétés: l'élasticité diminue avec l'augmentation de la teneur en soufre; ne résiste pas à l'huile, à l'essence, au benzène et au vieillissement.

Utilisation: entre dans la fabrication de pneus, de tuyaux d'eau, de joints, de courroies trapézoïdales.

Caoutchouc butadiène-styrène (caoutchouc artificiel) SBR (ill. 5)

Propriétés: comme le caoutchouc naturel mais plus résistant à l'abrasion, au vieillissement, moins élastique, résistant à l'huile et à l'essence.

Utilisation: entre dans la fabrication de pneus, manchettes, tuyaux.

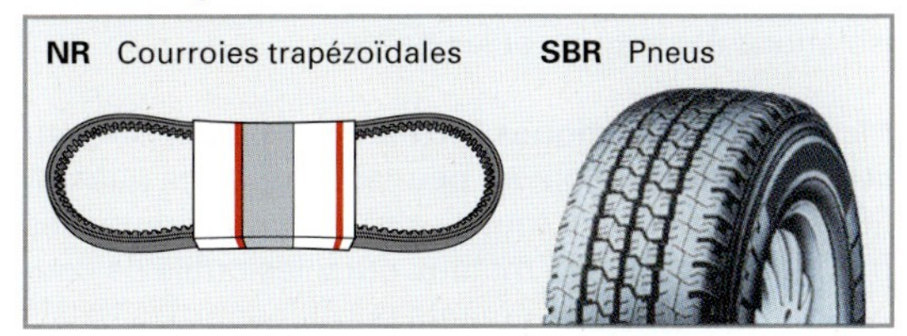

Illustration 5: Utilisation du NR et du SBR

8.7 Matériaux composites

Les matériaux composites sont des matériaux composés de deux ou plusieurs éléments différents. Les éléments de base se distinguent facilement.

Par la combinaison des propriétés des différents matériaux, on peut, p. ex. augmenter la résistance, la dureté, la ténacité ou l'élasticité du matériau composite.

Dans le cas des matières plastiques renforcées par des fibres de verre, la faible résistance de la matière plastique est améliorée par la haute résistance des fibres de verre, car la ténacité de la matière plastique compense la fragilité des fibres de verre **(tableau 1)**.

Tableau 1: Propriétés des matériaux composites

Fibre de verre	+ Résine synth.	→ Matière renforcée de fibres de verre
très dur	plus mou	très dur
mais	mais	et
cassant	tenace	tenace

Selon la forme des matières, on distingue:

- les matériaux composites renforcés de particules;
- les matériaux composites renforcés de fibres de verre.

8.7.1 Matériaux composites renforcés de particules

Matériaux composites moulés

Ce sont des résines synthétiques mélangées avec des charges et moulées pour obtenir des pièces.

Les charges peuvent être des poudres de roche, de la sciure de bois, de la suie, des fibres textiles, des découpures de papier, des déchets de bois ou des bouts de tissu. Elles déterminent les propriétés des pièces comme la résistance, la fragilité, la conductibilité thermique et le pouvoir isolant. Les charges servent également à augmenter le volume de la matière.

Utilisation p. ex. pour les volants, les poignées de leviers, les garnitures de freins et d'embrayages, les isolations électriques et les boîtiers.

Matériaux synthétiques frittés. Par frittage, on peut lier des matériaux qui ne peuvent être alliés que difficilement ou pas du tout. Les matériaux composites frittés sont, p. ex., les métaux durs, les outils de coupe en céramique, les aimants permanents, les balais à charbon, les bielles.

8.7.2 Matériaux composites renforcés de fibres

Ils sont composés de fibres, telles que fibres de verre, de carbone ou d'aramide.

Leurs propriétés sont influencées par le type et la disposition des fibres, ainsi que par le type de résine synthétique utilisée pour lier les fibres. Ils ont une résistance supérieure aux matériaux métalliques habituels, tout en ayant un poids inférieur.

Les matériaux composites renforcés de fibres de verre (GFK) sont fabriqués selon différents procédés; le plus connu est le façonnage manuel, p. ex. pour les pièces de carrosserie ou les bateaux. Autres utilisations possibles, p. ex: lames de ressorts, ailettes de ventilateurs, sièges-baquet, pignons.

Matériaux composites renforcés de fibres de carbone (CFK). Ils ne sont que rarement utilisés dans la construction de véhicules automobiles en raison de leur coût encore élevé. Leurs avantages sont, p. ex., résistance élevée pour un poids réduit, faible masse volumique, capacité d'absorption du bruit et des vibrations, bonnes propriétés de glissement. Ils peuvent être utilisés p. ex. pour des disques de freins pour voitures de course, des pièces de carrosserie, pièces mobiles de moteurs telles que bielles **(ill. 1)**.

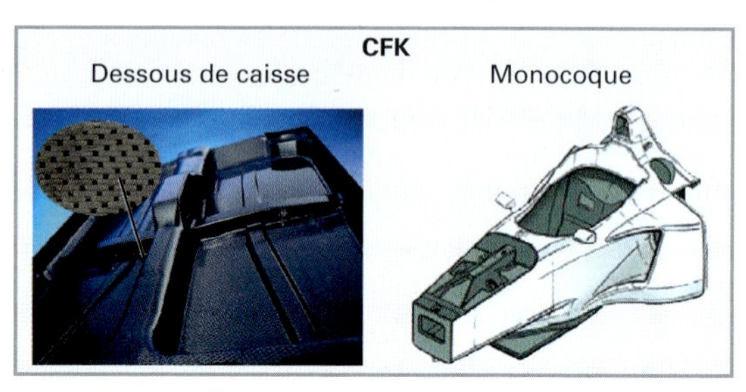

Illustration 1: Utilisation de CFK

QUESTIONS DE RÉVISION

1. **Quelle est la définition des matières plastiques?**
2. **Quelles sont les caractéristiques des matières plastiques?**
3. **Quelle est la différence entre un thermoplaste et un duroplaste?**
4. **Citez les thermoplastes les plus importants.**
5. **Citez divers emplois des thermoplastes sur les véhicules?**
6. **Quelles sont les propriétés des duroplastes?**
7. **Citez divers emplois des duroplastes sur les véhicules.**
8. **Quelles sont les propriétés des élastomères?**
9. **Citez divers emplois des élastomères sur les véhicules?**
10. **Qu'est-ce que les matériaux composites?**
11. **Pourquoi les matériaux composites ont-ils de meilleures caractéristiques que leurs composants?**
12. **Quels matériaux composites peut-on distinguer?**

9 Frottement, lubrification, paliers, joints

9.1 Frottement

Lorsqu'un corps est déplacé sur son support avec une force F, une force de frottement F_R agira alors à l'opposé de la direction du mouvement **(ill. 1)**.

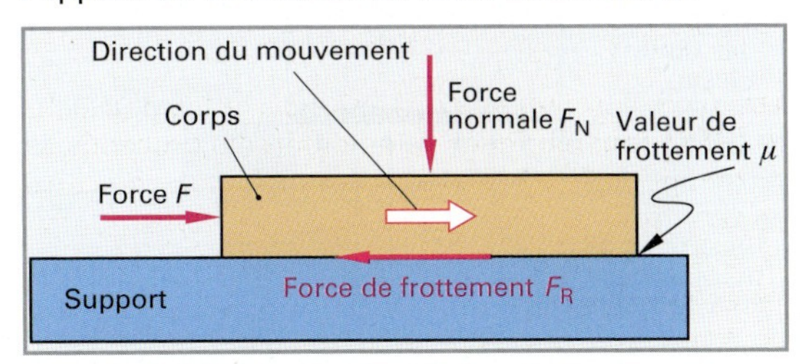

Illustration 1: Action des forces lors du frottement

> La force de frottement F_R représente la résistance de déplacement d'un corps sur un autre.

Sa grandeur sera déterminée par:

- la force normale F_N;
- l'état de surface;
- l'appariement des matériaux;
- le genre de frottement (frottement d'adhérence, de glissement ou de roulement);
- l'état de lubrification;
- la température.

Force normale F_N. Elle agit toujours perpendiculairement à la surface de frottement.

Le coefficient de frottement μ (mu), déterminé par des essais, comprend également les diverses valeurs influentes. Il est utilisé comme valeur constante dans la formule. Il en résulte:

> Force de frottement =
> force normale × coefficient de frottement
>
> $$F_R = F_N \times \mu$$

Par conséquent, la force de frottement F_R est proportionnelle à la force normale F_N. Si la force normale F_N augmente, la force de frottement F_R augmente dans la même proportion.

Types de frottement

Frottement d'adhérence. C'est la résistance opposée à un corps à l'arrêt que l'on déplace sur son support **(ill. 1)**. Dans ce cas, la force F est plus petite ou égale à la force de frottement F_R. Si un corps doit être déplacé, le frottement d'adhérence devra alors être surpassé.

Frottement de glissement. C'est la résistance opposée par un corps en mouvement que l'on déplace par glissement (mouvement) sur son support. Dans ce cas, la force de frottement F_R est plus petite que celle d'un frottement d'adhérence et agit, p. ex. entre les disques et les plaquettes de freins.

Frottement de roulement. C'est la résistance opposée par un corps qui roule sur son support. Le frottement de roulement est significativement plus petit que le frottement de glissement. La grandeur de la force de frottement F_R générée par un frottement de roulement est déterminée par la matière des corps qui roulent et par la forme de leur déplacement. Ainsi, la résistance de roulement d'un roulement à billes (contact ponctuel) est plus petite que celle d'un palier de roulement (contact linéaire).

Transmission des forces par roulement

Pour que les roues d'un véhicule puissent transmettre leurs forces périphériques F_U (forces d'entraînement et de freinage) ainsi que les forces latérales F_S, il doit y avoir un frottement d'adhérence entre les pneus et la route. La force transmissible est donc dépendante de la force normale F_N (charge de la roue) et du coefficient de frottement ($\mu_{sec} \approx 0{,}9 \dots 1$; $\mu_{glace} \approx 0{,}1$).

S'il se produit p. ex. un blocage des roues lors d'un freinage ou d'un dérapage des roues au démarrage, on obtient alors un frottement de glissement entre les pneus et la chaussée. Dans ce cas, aucune force latérale ne peut être transmise sur la chaussée. Le véhicule ne peut plus être dirigé.

Le cercle de friction de Kamm, représenté dans **l'illustration 2,** montre ces conditions limites. La force résultante F_{Res} représente la force maximale qui peut être transmise aux pneus par le frottement d'adhérence. Elle peut être décomposée en deux éléments:

- force périphérique, p. ex. lors d'un freinage;
- force latérale, p. ex. dans un virage.

Quand la force périphérique atteint son maximum, les pneus ne peuvent plus transmettre aucune force périphérique.

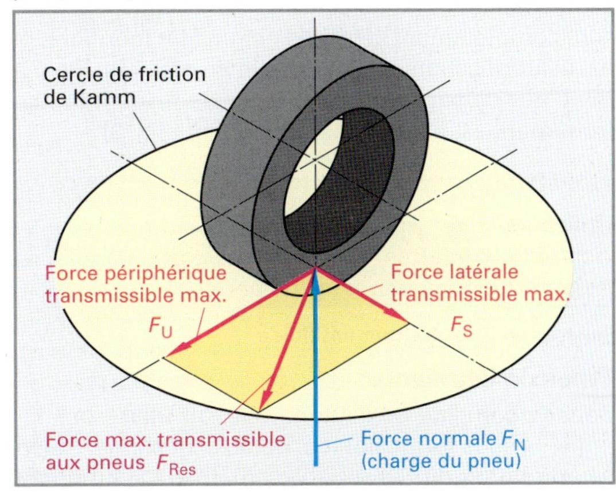

Illustration 2: Cercle de friction de Kamm

9.2 Lubrification

Fonctions

Afin de réduire l'usure entre des pièces en mouvement, on utilise des produits de lubrification. Ils doivent éviter le contact direct des surfaces mobiles superposées.
En outre, ils doivent:

- diminuer le frottement
- amortir les chocs
- protéger de la corrosion
- légèrement étancher
- réduire la chaleur
- évacuer les particules d'usure
- amortir les bruits

Selon l'état de lubrification, on différencie le frottement sec, le frottement mixte et le frottement fluide.

Frottement sec. Les surfaces superposées coulissantes sont en contact direct sans être séparées par un film lubrifiant, p. ex. lors d'un grippage de piston. Dans ce cas, la température et l'usure augmentent sur les surfaces en frottement **(ill. 1)**.

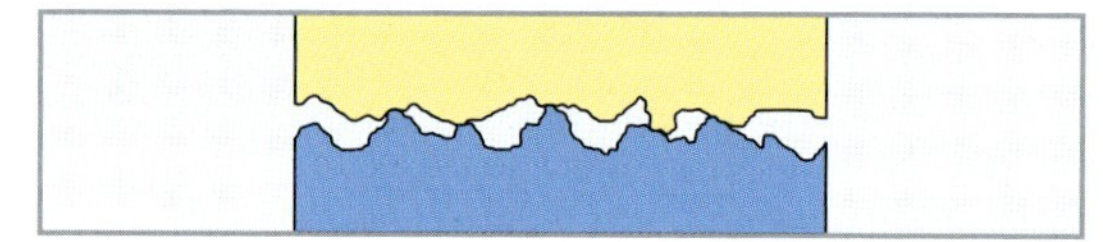

Illustration 1: Frottement sec

Frottement mixte. Les surfaces superposées coulissantes sont en contact partiel étant donné qu'elles ne sont pas totalement séparées par un film lubrifiant, p. ex. le frottement entre les pistons et les cylindres lors d'un démarrage à froid, le frottement entre les flancs des engrenages dans une boîte de vitesses. L'usure et la tendance au grippage diminuent **(ill 2)**.

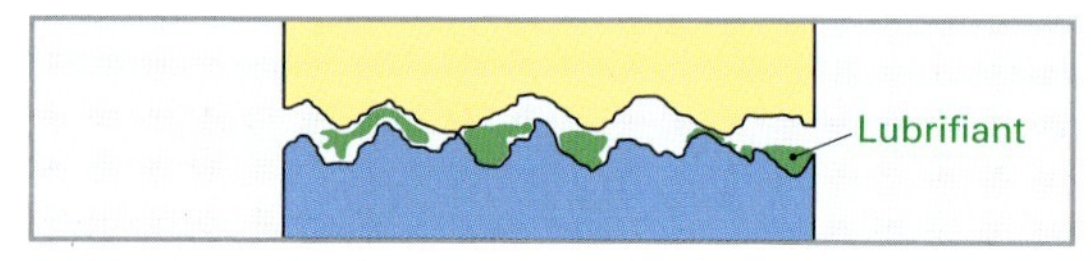

Illustration 2: Frottemement mixte

Frottement fluide. Les surfaces superposées coulissantes ne sont pas en contact, étant donné qu'elles sont complètement séparées par un film lubrifiant, p. ex. la lubrification du vilebrequin en rotation. Il n'y a donc pas d'usure sur les surfaces de frottement. Le frottement est absorbé par le lubrifiant **(ill. 3)**.

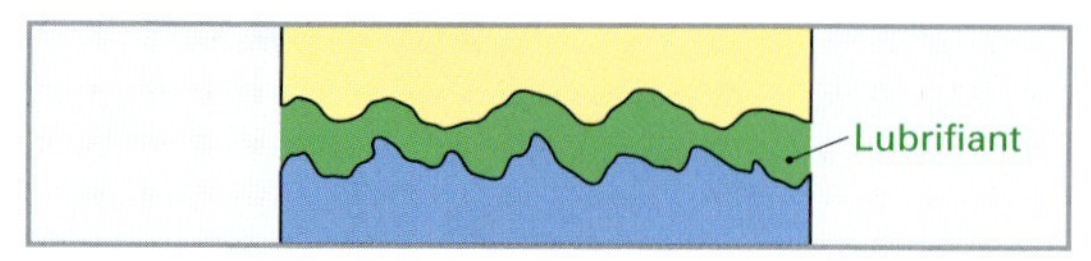

Illustration 3: Frottemement fluide

Types de lubrifiants

Dans le domaine de l'automobile, on utilise des lubrifiants sous forme liquide, pâteuse et solide. Selon les conditions d'utilisation, on emploiera le lubrifiant approprié.

Les lubrifiants liquides sont des huiles minérales alliées avec des additifs, ou des huiles synthétiques. L'huile adhère aux deux surfaces superposées coulissantes, formant ainsi un film d'huile intercalaire. En fonction de la vitesse de glissement, il se crée un coin de lubrification qui soulève les surfaces de glissement **(ill. 4)**.

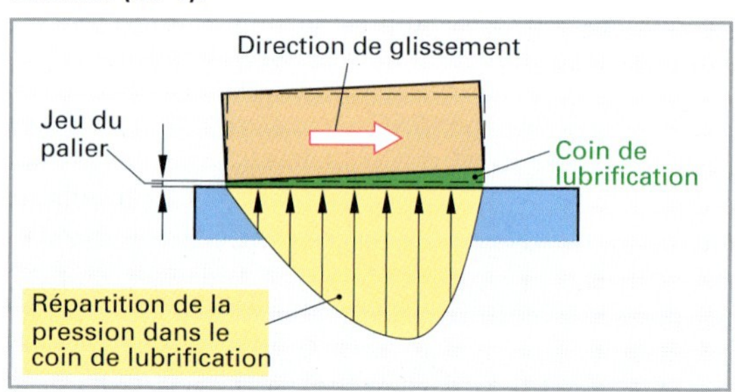

Illustration 4: Formation d'un coin de lubrification lors de l'utilisation de lubrifiants fluides

Les lubrifiants pâteux sont des graisses issues d'une structure à base de chaux, de sodium ou de savon de lithium, emmagasinées dans une huile minérale ou synthétique **(ill. 5)**. Lorsque la structure de savon est en mouvement, les gouttes d'huile sortent et viennent se répandre sur les surfaces à lubrifier.

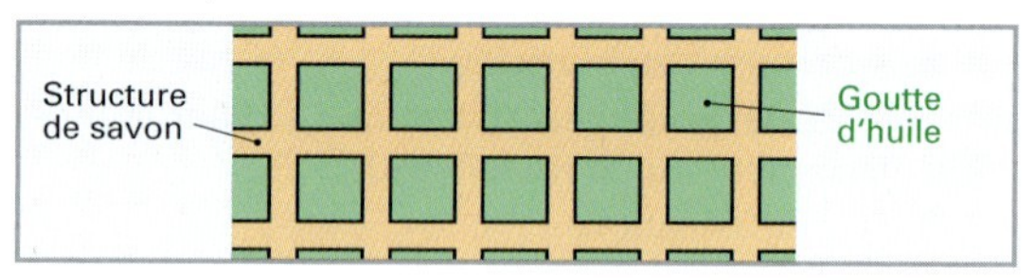

Illustration 5: Structure de savon d'une graisse lubrifiante

On choisira la graisse appropriée en fonction des conditions d'utilisation, p. ex. pour la lubrification d'un palier à roulements, on ne doit utiliser qu'une graisse pour paliers à roulements. L'étanchéification sera alors assurée par la graisse. A cause de l'apparition d'un effet de foulage et du réchauffement qui y est directement lié, les cavités du boîtier ne doivent être remplies de graisse qu'à moitié.

Lubrifiants solides. Ils sont constitués de graphite sous forme de fines plaques de poudre ou de bisulfure de molybdène (MoS_2). Le frottement est réduit grâce aux petites plaques dont les propriétés de glissement permettent de s'étendre dans l'espace de lubrification **(ill. 6)**. En cas d'utilisation de polytétrafluoréthylène (PTFE), de petites particules de forme sphérique empêchent le frottement.

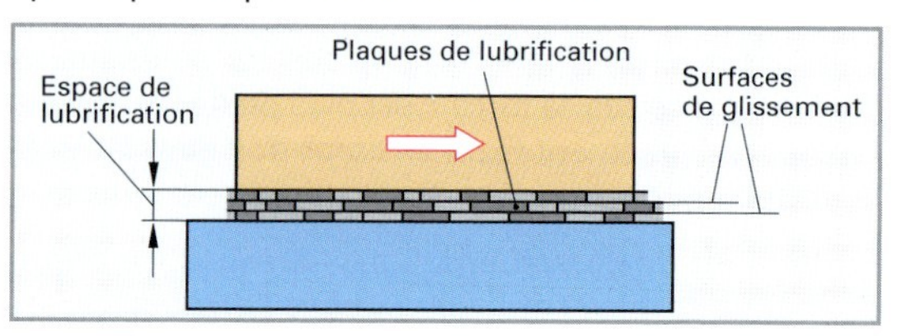

Illustration 6: Lubrifiant solide dans l'espace de lubrification

9.3 Paliers

Les paliers permettent de guider et de soutenir des arbres et des axes en réduisant le plus possible le frottement et l'usure.

Selon l'importance et la direction des forces agissant sur le palier, on distingue

- le palier radial
- le palier axial

Palier radial. Les forces transversales sont exercées perpendiculairement à l'axe d'alésage. On le définit aussi comme palier transversal ou palier d'appui.

Palier axial. Les forces sont exercées en direction de l'axe d'alésage. On le définit aussi comme palier longitudinal ou palier de direction. Il existe des paliers lisses ainsi que des paliers à roulement pour chaque cas de configuration **(ill. 1)**.

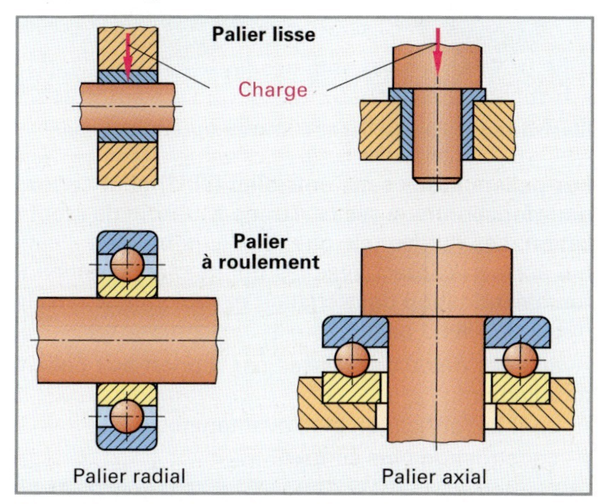

Illustration 1: Palier radial et palier axial

Palier lisse

Dans les paliers lisses, l'arbre tourne dans un coussinet, dans des douilles de palier ou directement dans le corps du palier. L'effet de la force sur le palier produit un contact métallique entre l'arbre et le palier, provoquant un développement de chaleur en raison du frottement, ce qui peut conduire rapidement au grippage et donc à la destruction des paliers et des arbres en cas de mauvaise lubrification.

Exigences

- Frottement réduit
- Capacité de charge élevée
- Bonnes propriétés de fonctionnement à sec
- Haute résistance à la pression
- Bonnes caractéristiques de glissement
- Haute résistance à l'usure
- Bonne conductibilité thermique
- Bon amortissement des bruits à l'aide d'un film lubrifiant

Ces exigences sont satisfaites grâce à la lubrification des paliers et des matériaux des paliers lisses.

Lubrification des paliers lisses. L'huile de lubrification a pour fonction de diminuer le frottement entre l'arbre et le palier, d'évacuer la chaleur et d'éviter ainsi un échauffement et un grippage de l'arbre sur les paliers. Pour cette raison, un film d'huile doit subsister entre l'arbre et le palier.

Dans le cas des paliers lubrifiés par hydrodynamique, le film d'huile sera généré par le mouvement de rotation des tourillons. Au début du mouvement de rotation, les tourillons et les coussinets de palier ne sont pas encore complètement séparés (frottement mixte). Suite à l'augmentation de la vitesse de rotation, il se forme, sous les tourillons, un coin de lubrification qui soulève l'arbre. Celui-ci flotte alors sur le film d'huile (frottement fluide) **(ill. 2)**. L'épaisseur du film d'huile dépend du jeu dans le palier, de la charge du palier, de la pression sur le palier, de la vitesse circonférentielle et du lubrifiant.

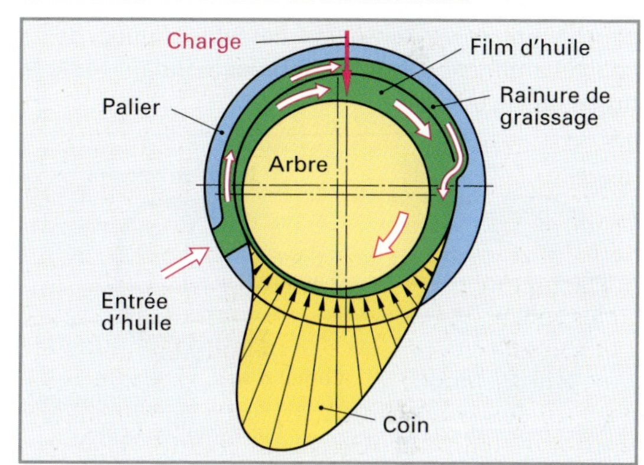

Illustration 2: Répartition de la pression dans un palier lisse

Matériaux pour paliers lisses. Afin de réduire le plus possible l'usure des paliers lisses durant la phase de démarrage, les caractéristiques suivantes sont exigées des matériaux pour paliers lisses:

- bonnes propriétés de fonctionnement à sec;
- bonnes caractéristiques de rodage;
- bonnes caractéristiques de glissement;
- bonnes caractéristiques d'approche;
- haute résistance à l'usure;
- bonne conductibilité thermique;
- bonne mouillabilité.

Les matériaux adaptés sont:

- les alliages de métaux non ferreux, p. ex. les alliages au plomb, les alliages plomb-étain (métal blanc), les alliages cuivre-étain et les alliages cuivre-étain-zinc;
- les métaux frittés avec une proportion de pores allant de 15 à 25 % afin d'absorber les lubrifiants;
- les plastiques, p. ex. les duroplastes (phénoplastes), les thermoplastes (polytétrafluoréthylène, polyamide) et les matériaux composites.

Types de constructions des paliers lisses

Paliers monocouches. Ce sont des paliers massifs, constitués d'une seule matière, p. ex. des alliages cuivre-étain. Ils sont utilisés uniquement pour des douilles de palier, p. ex. des douilles de bielles. **(ill. 1).**

Paliers multicouches (tableau 1). Ils sont constitués de deux ou plusieurs couches, p. ex. coquilles de coussinet, couches porteuses, couches antifriction **(ill. 1).** Afin d'améliorer la capacité de charge, on dépose, par laminage ou par frittage, une couche porteuse sur une coquille de coussinet. Les caractéristiques de glissement du palier peuvent être améliorées par une mince couche de métal antifriction (10 μm à 30 μm) à base d'alliages de plomb, d'étain, d'aluminium ou de cuivre. Ces métaux sont appliqués par frittage, par pulvérisation ou par galvanisation. Un barrage de nickel empêche la diffusion d'atomes d'étain de la couche antifriction vers la couche porteuse. Ainsi, les caractéristiques de la couche antifriction sont préservées pendant toute la durée de vie du palier.

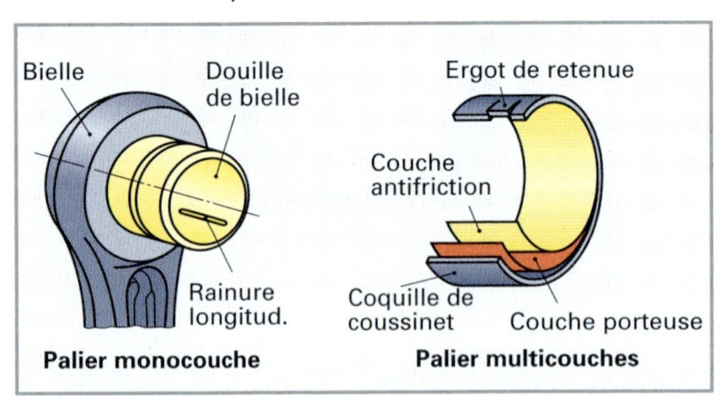

Illustration 1: Palier monocouche et palier multicouches

Pulvérisation. Ce procédé consiste à appliquer la couche antifriction par pulvérisation cathodique de fines particules qui se comportent comme une électrode (p. ex. métal blanc AlSn20 Cu).

Avantages de la pulvérisation:

- répartition régulière de la couche antifriction;
- haut pouvoir porteur du palier.

Les paliers lisses à entretien réduit (ill. 2) permettent des intervalles de lubrification plus longs, étant donné qu'ils présentent une bonne propriété de fonctionnement à sec.

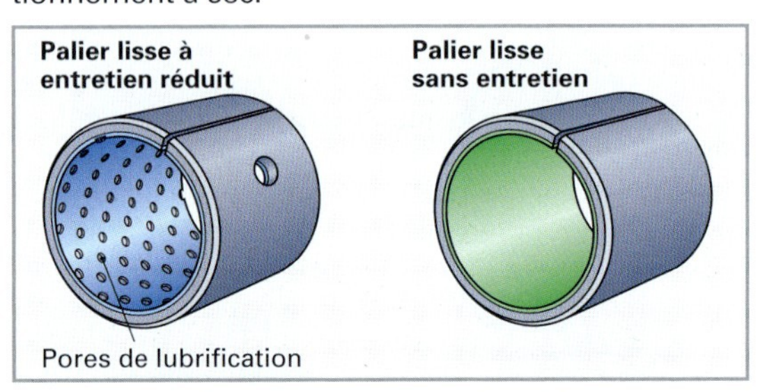

Illustration 2: Paliers lisses à entretien réduit et sans entretien

Les paliers lisses sans entretien (ill. 2) sont conçus pour fonctionner à sec et n'ont pas besoin de lubrification. Les fluides tels que l'huile, la benzine, l'eau, qui sont en contact avec les points d'appui améliorent l'élimination de la chaleur et prolongent ainsi la durée de vie du palier.

Avantages des paliers lisses par rapport aux paliers à roulement:

- coût de fabrication plus avantageux;
- construction plus simple.

Tableau 1: Types de paliers multicouches

Paliers multicouches	Construction	Utilisations
Paliers galvanisés à trois métaux	Coquille de coussinet: 1,5 mm en acier Couche porteuse: 200-300 µm en plomb et bronze Couche de séparation: barrage nickel 1 µm Couche antifriction: 12-20 µm en alliage PbSnCu	Vilebrequins et paliers de bielles pour moteurs à essence et Diesel suralimentés
Paliers plaqués en aluminium	Coquille de coussinet: 1,5 mm en acier Couche porteuse: 20-40 µm en AlZn4,5 SiCuPb Couche antifriction: 200-400 µm en AlSn 20	
Paliers bondérisés	Coquille de coussinet: 1,5 mm en acier Couche de séparation: aluminium pur Couche antifriction: 12-20 µm en AlZn4,5SiCu Couche de glissement: phosphate de zinc	
Paliers pulvérisés	Coquille de coussinet: 1,5 mm en acier Couche porteuse: 200-300 µm en plomb et bronze Couche intermédiaire: 1-2 µm en alliage NiSn Couche antifriction: 12-20 µm en alliage AlSn 20 pulvérisé	Paliers de vilebrequins pour moteurs Diesel suralimentés (moitié de coquille inférieure)
Paliers lisses à entretien réduit **(ill. 2)**	Coquille de coussinet: 0,5-2 mm en acier Couche porteuse: 0,2-0,35 mm en bronze Couche antifriction: 0,05-0,1 mm en chlorure de polyvinyle (PVDF), polytétrafluoréthylène (PTFE) et plomb (Pb)	Charnières de portes, logements de pédales, roulements de fusées d'essieu
Paliers lisses sans entretien **(ill. 2)**	Coquille de coussinet: 0,5-2 mm en acier Couche porteuse: 0,2-0,35 mm étain-bronze au plomb Couche antifriction: 0,01-0,03 mm en polytétrafluoréthylène (PTFE) et plomb (Pb)	Essuie-glace, pompes à injection, coulisseaux pour boîtes de vitesses

Palier à roulement

Dans sa forme la plus simple, il est constitué de deux bagues de roulement (bague intérieure et bague extérieure), des corps de roulement et de la cage de roulement. Les corps de roulement roulent sur les voies de roulement des bagues. Ainsi, le frottement de glissement est remplacé par le frottement de roulement, beaucoup plus réduit. La cage maintient une certaine distance entre les corps de roulement.

Selon la forme de base des corps de roulement, on distingue le **roulement à billes** et le **roulement à rouleaux (ill. 1)**.

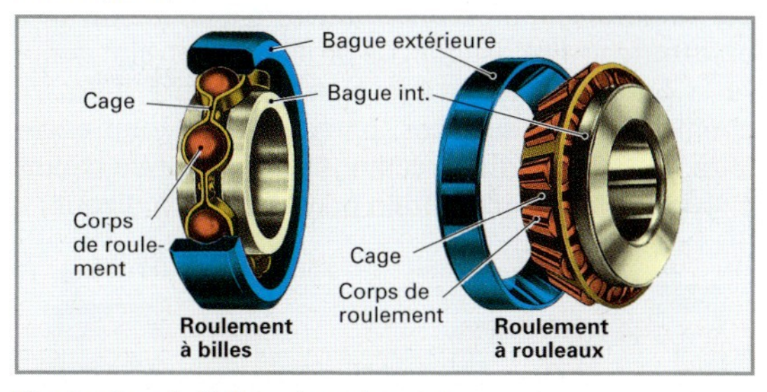

Illustration 1: Paliers à roulement

Les roulements à billes sont appropriés pour des régimes très élevés (roulements rigides jusqu'à 100 000 1/min). Etant donné que la pression du roulement est transmise sur une petite surface de contact (contact ponctuel), la charge maximale que supporte ce roulement est toutefois réduite **(ill. 3)**.

Les roulements à rouleaux se différencient par la forme des rouleaux, p. ex. les roulements à rouleaux cylindriques, à aiguilles, à rouleaux coniques, à rotule **(ill. 2)**.

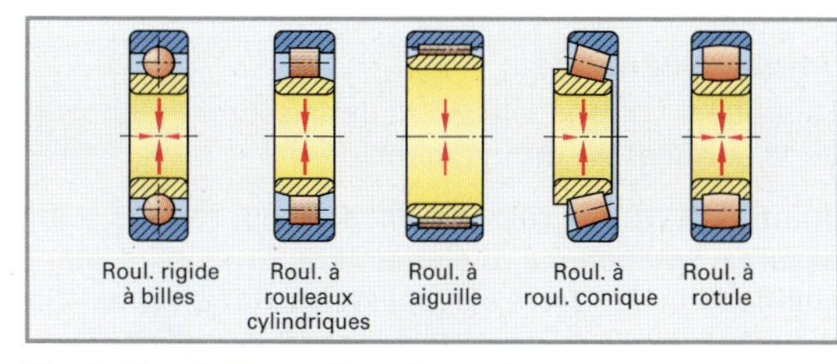

Illustration 2: Types de roulements

Ils ne transmettent pas la pression de roulement sur un seul point mais sur une ligne **(ill. 3)**. De ce fait, la charge maximale que supportent ces roulements est nettement plus importante que les roulements à billes malgré un frottement et un échauffement plus importants lors du fonctionnement.

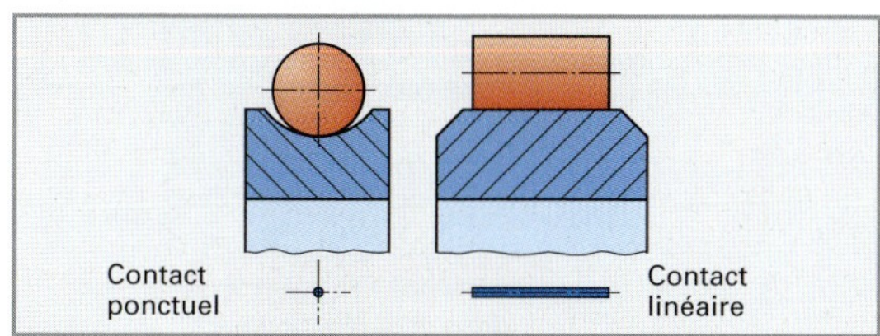

Illustration 3: Formes de contact sur les paliers à roulement

Agencement des paliers. Sur un arbre guidé par plusieurs paliers, les forces axiales ne peuvent être absorbées que par un seul palier, le palier fixe. Celui-ci ne doit pas pouvoir être déplacé axialement. Les tolérances de fabrication et les différentes valeurs de dilatation thermique dans le sens axial de l'arbre et du boîtier doivent être compensées par les autres paliers (les paliers libres), afin d'éviter toute contrainte des corps de roulement dans la bague de roulement. Avec le palier fixe, la bague extérieure et la bague intérieure du roulement doivent être parfaitement fixées sur le boîtier, respectivement sur l'arbre. Avec les paliers libres, seule la bague intérieure ou extérieure doit être fixée, c'est-à-dire que l'une des bagues doit être mobile dans le sens axial **(ill. 4)**.

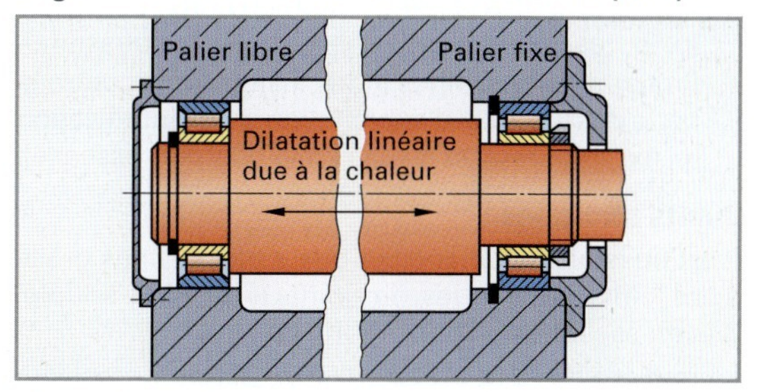

Illustration 4: Agencement des paliers

Paliers montés par paires opposées. Le jeu axial peut être réglé au montage en fonction des exigences – avec jeu, sans jeux ou précontrainte. Cela peut être réalisé grâce au déplacement de la bague intérieure pour le montage O ou de la bague extérieure pour le montage X jusqu'à obtenir le réglage souhaité. On diminuera simultanément le jeu radial lors de l'utilisation de roulements à billes coniques ou de roulements à rouleaux coniques **(ill. 5)**. Lors du montage des paliers en O ou en X, les deux roulements sont montés comme paliers fixes, c'est pourquoi ils ne peuvent pas compenser les changements de longueurs axiales dus à la dilatation. Ils ne conviennent donc que pour des arbres courts.

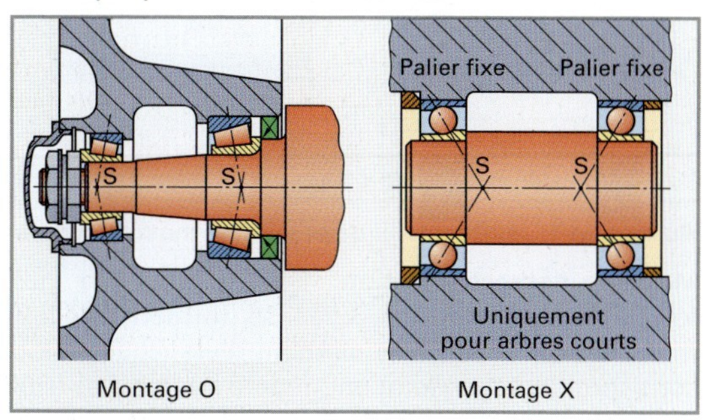

Illustration 5: Paliers montés par paires opposées

QUESTIONS DE RÉVISION

1. **Citer cinq types de roulements différents.**
2. **Quelle est la fonction des paliers fixes et des paliers libres?**

9.4 Joints

Les joints sont des pièces d'étanchéification pour les surfaces de séparation fixes ou amovibles dans des machines, des appareils, de la tuyauterie et des réservoirs.

Fonctions

- Rendre des volumes hermétiques les uns par rapport aux autres sous différentes pressions (p. ex. chambre de combustion et conduites d'huile).
- Séparer les uns des autres des volumes contenant des produits d'exploitation différents (p. ex. conduites d'huile et conduites de produits réfrigérants).
- Protéger contre la pénétration de corps étrangers (p. ex. les paliers à roulement contre la poussière).
- Protéger les machines et les installations contre la perte des produits d'exploitation ou de lubrification (p. ex. carburant au niveau de la pompe à essence).

Joints statiques

Il est possible d'étanchéifier des surfaces fixes grâce à des joints métalliques, des joints en matière souple, des masses d'étanchéification.

La matière du joint doit s'adapter, par compression, aux irrégularités de la surface à étancher. De plus, elle doit répartir de manière régulière la force de compression exercée par les dispositifs de serrage (p. ex. vis, systèmes de verrouillage).

Joints métalliques. L'étanchéité est obtenue au moyen d'une haute précision d'ajustage, d'une excellente qualité de surface (rugosité réduite) et d'une forte compression exercée sur les surfaces à étancher **(ill. 1)**.

Joints en matière souple. Suite à la compression des surfaces, la matière du joint est déformée afin qu'elle s'adapte à la surface à étancher **(ill. 1),** p. ex. pour les joints des cache-soupapes.

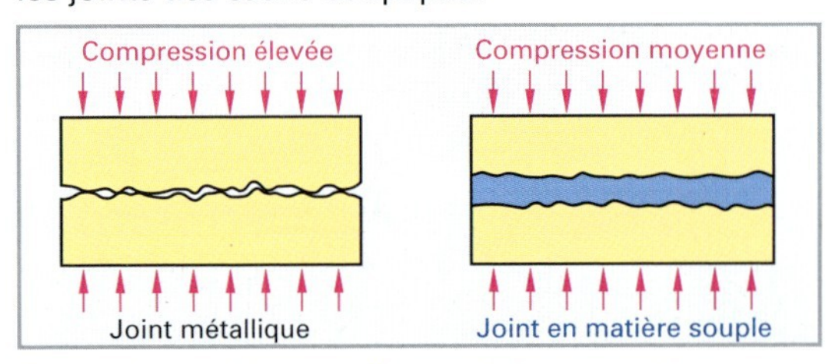

Illustration 1: Joint métallique et joint en matière souple

Masses d'étanchéification. Sous l'influence des forces de compression, elles se forment d'ellesmêmes pour devenir un élément d'étanchéification correspondant à un joint en matière souple. Les irrégularités et les rugosités sont remplies par une matière liquide ou pâteuse **(ill. 2)**.

Les masses d'étanchéification peuvent aussi être utilisées en combinaison avec des joints en matière souple ou métalliques **(ill. 2).** Il existe des masses d'étanchéification durcissant et d'autres restant toujours élastiques.

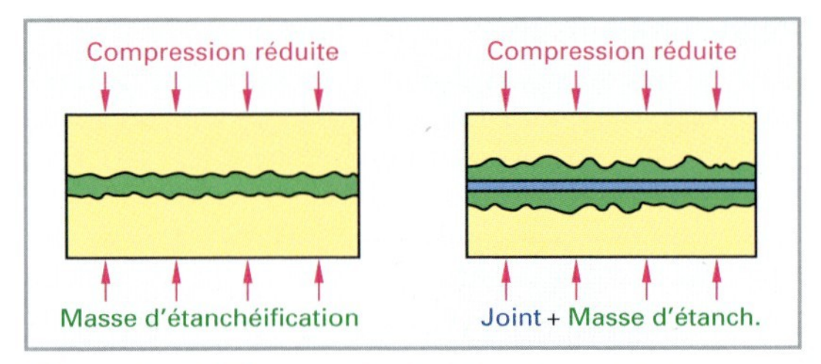

Illustration 2: Masse d'étanchéification et joint

Joints profilés. L'effet d'étanchéification est obtenu par la déformation d'une matière d'étanchéification en caoutchouc élastique. Le profil précontraint génère la pression de compression nécessaire à l'étanchéification des surfaces, p. ex. pour un joint circulaire **(ill. 3),** des joints rectangulaires (joint en caoutchouc sur le piston de frein pour un frein à disque).

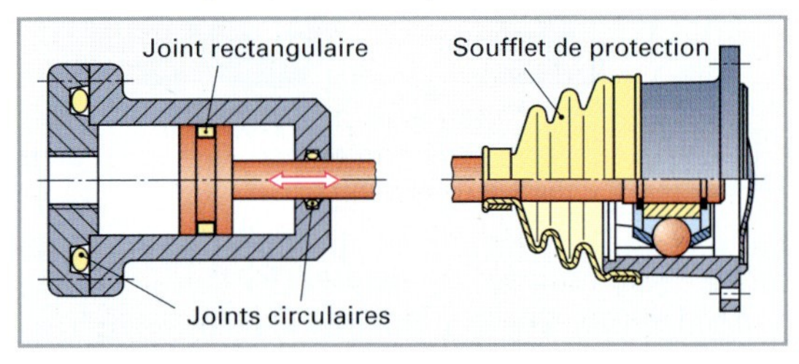

Illustration 3: Joints profilés et soufflet de protection

Soufflets de protection. Ils doivent protéger les points d'appui des paliers contre la pénétration de saleté et contiennent souvent de la graisse pour lubrifier les articulations **(ill. 3).**

Joints dynamiques

La matière d'étanchéification doit assurer l'étanchéité de surfaces en mouvement.

Joints à lèvres et ressorts. Ils sont appropriés pour assurer l'étanchéité d'éléments tournants. L'étanchéification de l'arbre est réalisée par la compression du joint à lèvres sur la surface de l'arbre, celle-ci étant assurée par un ressort et un léger surdimensionnement du joint. Lors du mouvement de rotation de l'arbre, il se produit sur la lèvre du joint, un jeu d'étanchéité d'environ1 μm. Une infime quantité d'huile s'introduit alors dans cet espace et lubrifie la lèvre du joint **(ill. 4).**

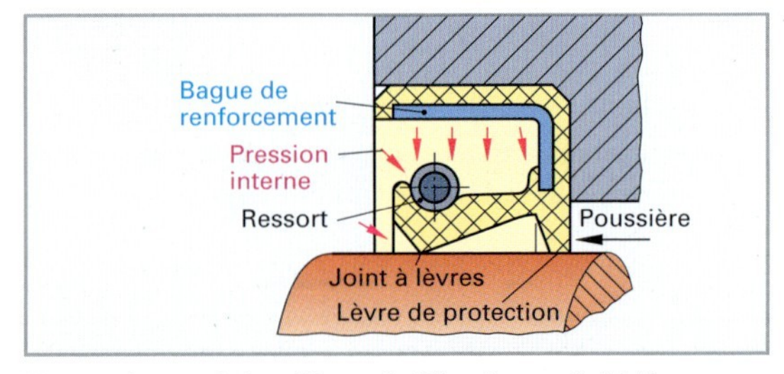

Illustration 4: Joint d'étanchéification radial à lèvres

10 Structure et mode de fonctionnement du moteur à quatre temps

Classification des moteurs à combustion:

Selon la formation du mélange et l'allumage:

- **Moteurs Otto.** Ils fonctionnent de préférence à l'essence, avec formation du mélange externe mais également interne. La combustion est amorcée par une étincelle (bougie d'allumage).
- **Moteurs Diesel.** Le mélange se fait de manière interne et ils fonctionnent avec du carburant diesel. La combustion dans le cylindre est déclenchée par auto-allumage.

Selon le mode de fonctionnement:

- **Moteurs à quatre temps.** Ils disposent d'un échange des gaz fermé (séparé) et nécessitent 4 courses de piston, respectivement 2 tours de vilebrequin par cycle de fonctionnement.
- **Moteurs à deux temps.** Ils disposent d'un échange des gaz commandé par le piston et nécessitent 2 courses de piston, respectivement un tour de vilebrequin par cycle de fonctionnement.

Selon la disposition des cylindres **(ill. 1)**:

- Moteurs en ligne
- Moteurs à cylindres opposés
- Moteurs en V
- Moteurs VR

Selon le mouvement des pistons:

- Moteurs à piston alternatifs
- Moteurs à pistons rotatifs

Selon le système de refroidissement:

- Moteurs à refroidissement par liquide
- Moteurs à refroidissement par air

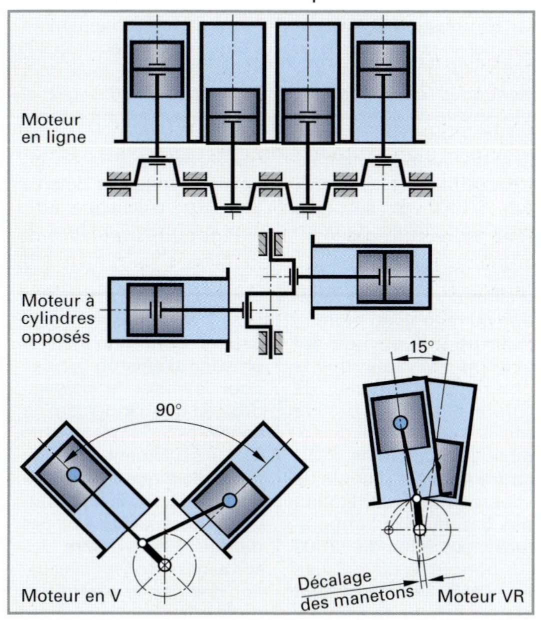

Illustration 1: Classification selon la disposition des cylindres

10.1 Moteur Otto

Le moteur Otto est une machine motrice à combustion interne qui, par le biais de la combustion de carburant, transforme de l'énergie chimique en énergie thermique, puis la convertit en énergie mécanique au moyen d'un piston.

Structure

Le moteur Otto **(ill. 2)** est composé essentiellement de quatre ensembles et de dispositifs auxiliaires complémentaires:

- **Bloc-moteur** — cache-soupapes, culasse, cylindre, carter de vilebrequin, carter d'huile
- **Embiellage** — piston, bielle, vilebrequin
- **Distribution** — soupapes, ressorts de soupapes, culbuteurs, axes de culbuteur, arbre à cames, pignons de distribution, chaîne de distribution ou courroie crantée
- **Système de formation du mélange** — système d'injection ou carburateur, tubulures d'admission
- **Dispositifs auxil.** — système d'allumage, lubrification et refroidissement du moteur, système d'échappement

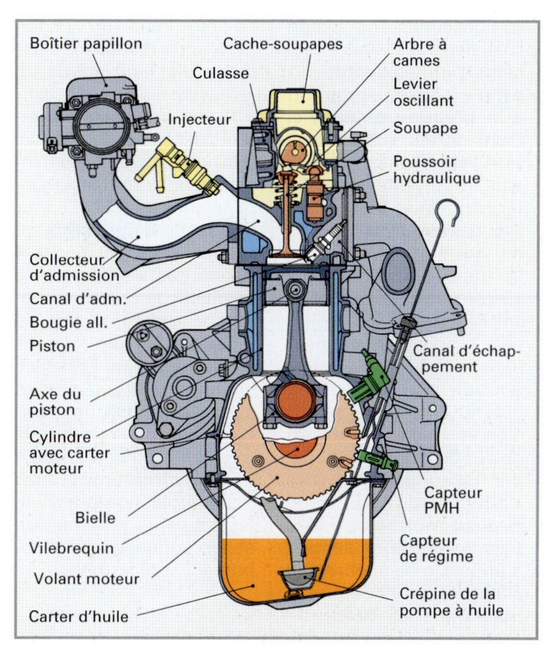

Illustration 2: Structure d'un moteur Otto à quatre temps

10

10.1.1 Mode de fonctionnement du moteur Otto

Les 4 temps du cycle de fonctionnement sont l'admission, la compression, la combustion et l'échappement **(ill. 1)**. Un cycle de fonctionnement se déroule sur 2 tours de vilebrequin (angle de vilebrequin de 720°).

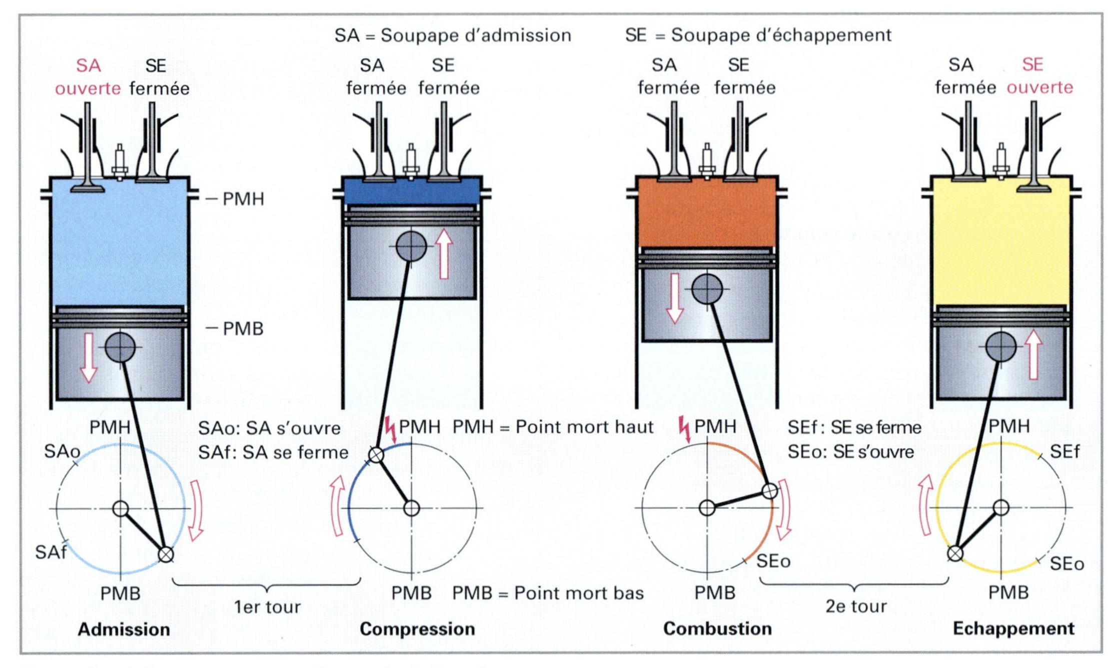

Illustration 1: Les quatre temps d'un cycle de fonctionnement

1er temps – Admission	2e temps – Compression	3e temps – Combustion	4e temps – Echappement
La descente du piston crée dans le cylindre une dépression allant de – 0,1 bar à – 0,3 bar par rapport à la pression extérieure. Etant donné que la pression atmosphérique est plus importante que celle régnant dans le cylindre, l'air est aspiré au travers du système d'admission. Le mélange inflammable air-carburant se forme soit dans le canal d'aspiration, soit directement dans le cylindre par injection de carburant. Pour obtenir une bonne admission et un bon remplissage des cylindres, la soupape d'admission (SA) s'ouvre jusqu'à 45° avant le point mort haut (PMH) puis se ferme seulement à un angle de vilebrequin allant 35° à 90° après le point mort bas (PMB).	La remontée du piston permet de comprimer l'air ou le mélange admis en réduisant son volume de 7 à 12 fois. En cas d'injection directe, l'air est comprimé, permettant à la phase d'injection de commencer juste avant le PMH. Le gaz s'échauffe à une température de 400 à 500 °C. Etant donné que le gaz ne peut se dilater, la pression augmente jusqu'à 18 bar. La pression élevée favorise l'évaporation de l'essence et un mélange optimal avec l'air. Ainsi, la combustion peut avoir lieu de manière rapide et parfaite durant le troisième temps. Pendant la compression, les soupapes d'admission et les soupapes d'échappement sont fermées.	La combustion est amorcée par le jaillissement de l'étincelle d'allumage aux électrodes de la bougie. L'intervalle de temps entre le jaillissement de l'étincelle et le développement du front de flamme est d'environ 1/1000 de seconde, pour une vitesse de combustion de 20 m/s. Pour cette raison, l'étincelle d'allumage doit, en fonction du régime du moteur, jaillir de 0° à environ 40° avant le PMH, afin que la pression maximale de combustion nécessaire (de 30 à 60 bar) soit disponible peu après le PMH (entre 4° et 10° d'angle de vilebrequin). La dilatation des gaz, dont la température peut atteindre 2 500 °C, pousse le piston vers le PMB, convertissant alors l'énergie thermique en énergie mécanique.	La soupape d'échappement s'ouvre de 40° à environ 90° avant le PMB, favorisant l'échappement des gaz et déchargeant l'embiellage. La pression de 3 à 5 bar encore présente à la fin du cycle provoque la détente des gaz d'échappement, dont la température peut atteindre 900 °C. Les gaz s'échappent du cylindre à la vitesse du son. Le reste des gaz d'échappement sera évacué avec une contre-pression d'environ 0,2 bar. Pour favoriser le passage des gaz d'échappement, la soupape d'échappement se ferme seulement après le PMH, alors que la soupape d'admission est déjà ouverte. Ce chevauchement des moments d'ouverture des soupapes favorise l'évacuation des gaz, le refroidissement et le remplissage de la chambre de combustion.

10.1.2 Caractéristiques du moteur Otto

- **Alimenté** par essence ou gaz.
- **Formation du mélange**

  Formation du mélange externe. Le mélange air-carburant est formé à l'extérieur du cylindre, dans le carburateur ou dans la tubulure d'admission.

  Formation du mélange interne. Durant la phase d'admission, seul de l'air pénètre dans le cylindre. Le mélange air-carburant se forme ensuite par injection de carburant dans le cylindre pendant la phase d'admission ou de compression.
- **Allumage par étincelle**
- **Combustion à volume constant**
  Du fait d'une combustion brusque du mélange air-carburant, la combustion a lieu dans un volume pratiquement constant.
- **Contrôle de la quantité**
  La quantité de mélange air-carburant se règle en modifiant la position du papillon des gaz (état de charge).

10.1.3 Processus de combustion dans le moteur Otto

Etant donné que le mélange air-carburant ne dispose que d'un temps très court pour la combustion (celle-ci se termine peu avant le PMB), les molécules de carburant et d'oxygène du mélange comprimé doivent être proches les unes des autres. L'oxygène nécessaire à la combustion est prélevé dans l'air d'admission. Dans la mesure où l'air ne contient qu'environ 21 % d'oxygène, une quantité d'air relativement importante doit être mélangée au carburant. La quantité minimale d'air nécessaire – le besoin en air théorique – pour une combustion parfaite s'élève à environ 14,8 kg d'air pour 1 kg d'essence (~ 12 m^3 avec une densité de $\rho = 1{,}29$ kg/m^3).

Durant la combustion, l'oxygène en contact avec le carbone contenu dans le carburant se transforme en dioxyde de carbone (CO_2), alors que l'hydrogène se lie à l'oxygène pour former de la vapeur d'eau (H_2O). L'azote contenu dans l'air ne participe pas à la combustion dans une mesure prépondérante. Toutefois, des oxydes d'azote (NO_x) toxiques se forment lors de la combustion à pression et températures élevées.

Combustion parfaite:

L'énergie chimique du carburant se transforme en énergie thermique.

$$C + O_2 \rightarrow CO_2 + \text{énergie thermique}$$
$$2\,H_2 + O_2 \rightarrow 2\,H_2O + \text{énergie thermique}$$

En supposant que l'on ne dispose que de 13 kg d'air pour 1 kg d'essence, le mélange air-carburant sera trop riche (13:1). La quantité d'oxygène étant trop faible, une partie du carbone se transforme en monoxyde de carbone CO, qui est toxique.

Combustion imparfaite:

$$2\,C + O_2 \rightarrow 2\,CO + \text{chaleur}$$

En supposant que l'on dispose de 16 kg d'air pour 1 kg d'essence, le mélange air-carburant sera trop pauvre (16 : 1). La combustion pourrait être parfaite mais, comme il n'y a pas suffisamment de carburant qui s'évapore, l'intérieur du cylindre est moins refroidi et le moteur s'expose à un risque de surchauffe.

Combustion détonante

Un moteur Otto détone quand le mélange air-carburant s'enflamme de lui-même parallèlement à la combustion générée par l'étincelle d'allumage **(ill. 1)**.

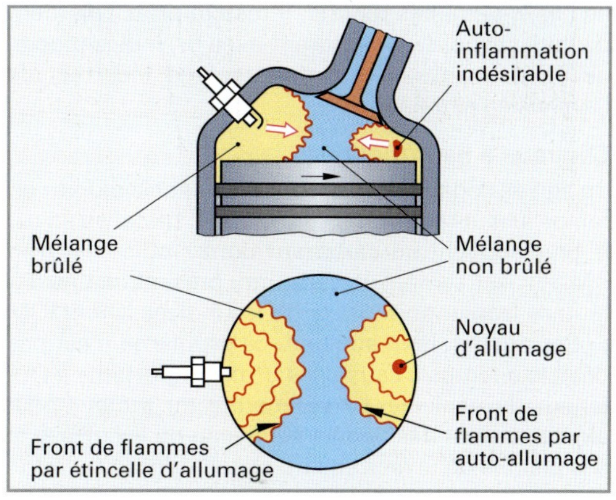

Illustration 1: Combustion détonante

Cet auto-allumage déclenche simultanément l'inflammation du mélange dans plusieurs noyaux d'allumage; il entraîne ainsi une combustion brusque et très rapide durant laquelle les fronts de flammes sphériques se déplacent les uns vers les autres. Il en résulte des vitesses de combustion de l'ordre de 300 à 500 m/s qui produisent des pressions trop élevées **(ill. 2)**.

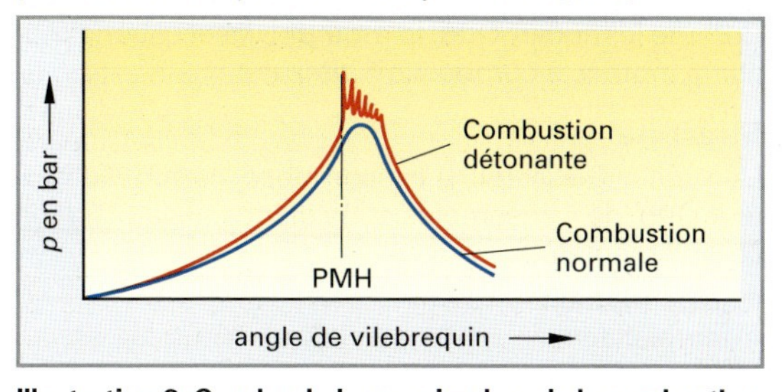

Illustration 2: Courbe de la pression lors de la combustion

Les bruits des détonations sont perçus sous forme de cognements et de cliquetis, il en résulte des ondes de chocs déclenchées par les différents noyaux d'allumage qui font vibrer les différents éléments du moteur. Les détonations entraînent une réduction de la puissance, des sollicitations thermiques plus importantes au niveau du piston, de la culasse et du cylindre ainsi que des surcharges mécaniques au niveau de l'embiellage.

Causes de la détonation

La détonation peut résulter de l'utilisation d'un carburant inapproprié mais aussi:
- d'une avance à l'allumage trop importante;
- d'une répartition irrégulière du mélange dans le cylindre;
- d'une évacuation incorrecte de la chaleur en raison de dépôts charbonneux ou d'un défaut dans le système de refroidissement;
- d'un rapport volumétrique trop élevé, p. ex. à cause de l'utilisation d'un joint de culasse trop mince.

Cliquetis à l'accélération

Il apparaît surtout au moment de l'accélération à pleine charge et à bas régime. Il résulte principalement de l'utilisation d'un carburant avec un indice d'octane (IOR) insuffisant ou d'un réglage incorrect de l'avance à l'allumage.

Cliquetis à haut régime

Il s'agit de cognements qui apparaissent la plupart du temps à haut régime à pleine charge. La cause en est le plus souvent un carburant dont l'indice est trop bas, respectivement un carburant présentant une différence trop importante entre les indices IOR et IOM (= Sensitivity). Bien souvent, ce problème n'est pas détecté à temps à cause des bruits importants à l'intérieur du véhicule. La surchauffe du moteur peut alors entraîner des dégâts au niveau de la culasse et des pistons ou un serrage du piston dans le cylindre.

Auto-allumage

Il est provoqué par des particules incandescentes dans la chambre de combustion du moteur, ceci avant même que l'inflammation normale du mélange air-carburant ne soit commandée par l'étincelle d'allumage (allumage prématuré incontrôlé)

10.2 Moteur Diesel

Comme le moteur Otto, le moteur Diesel est une machine motrice à combustion interne.

Structure

Le moteur Diesel **(ill. 1)** est composé, comme le moteur Otto, de 4 ensembles et de dispositifs auxiliaires complémentaires:
- bloc-moteur;
- embiellage;
- distribution;
- installation de carburant avec pompe d'alimentation en carburant, filtre à carburant, système d'injection HP;
  - système Common-Rail;
  - système combiné pompe-injecteur.
- dispositifs auxiliaires, graissage du moteur, refroidissement du moteur, installation d'échappement, système de suralimentation, p. ex. avec turbocompresseur et refroidisseur d'air, installation de démarrage à froid, p. ex. installation de préchauffage.

Le moteur Diesel pour voitures est un moteur rapide (le régime atteint environ 5500 1/min); il est monté sur les automobiles et les véhicules utilitaires légers. Les moteurs Diesel à régime lent (régime jusqu'à environ 2200 1/min) sont utilisés sur les véhicules utilitaires lourds.

Par rapport aux moteurs Otto, les moteurs Diesel affichent une consommation de carburant nettement inférieure (jusqu'à 30 %). Leur taux de rendement peut aller jusqu'à 46 %.

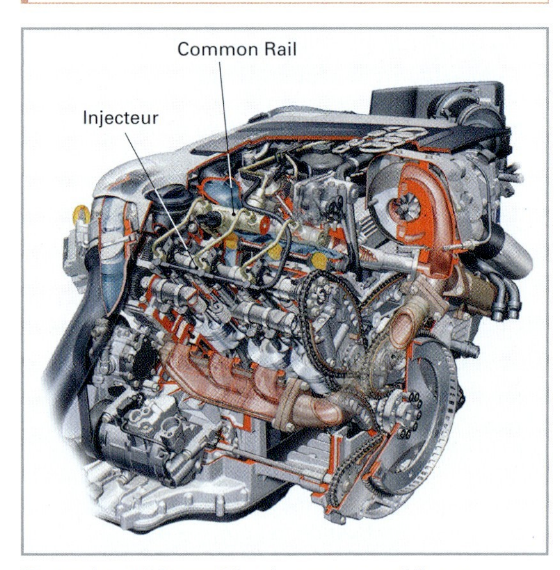

Illustration 1: Moteur Diesel pour automobiles et véhicules utilitaires légers

10.2.1 Caractéristiques du moteur Diesel

- **Alimenté** par carburant Diesel ou biodiesel.
- **Formation interne du mélange**
  Durant la phase d'aspiration, seul de l'air est amené dans le cylindre. Le mélange air-carburant est formé, en fin de compression, par injection de carburant sous haute pression dans le cylindre.
- **Auto-allumage**
  Le carburant s'enflamme spontanément au contact de l'air échauffé par la compression. La température générée par la compression est supérieure à la température d'inflammation.
- **Contrôle de la quantité**
  Le moteur Diesel n'est pas bridé, c'est-à-dire qu'il n'y a pas de papillon des gaz à l'entrée des canaux d'aspiration. Sur l'ensemble de la plage de régime, le moteur reçoit un débit d'air globalement constant. La régulation de la charge est obtenue en variant la quantité de carburant injecté; le mélange air-carburant varie en fonction de l'état du fonctionnement.

10.2.2 Mode de fonctionnement du moteur Diesel

Comme pout le moteur Otto, les 4 temps du cycle de fonctionnement du moteur Diesel sont l'admission, la compression , la combustion et l'échappement **(ill. 1)**. Un cycle de fonctionnement se déroule sur 2 tours de vilebrequin (angle de vilebrequin de 720°).

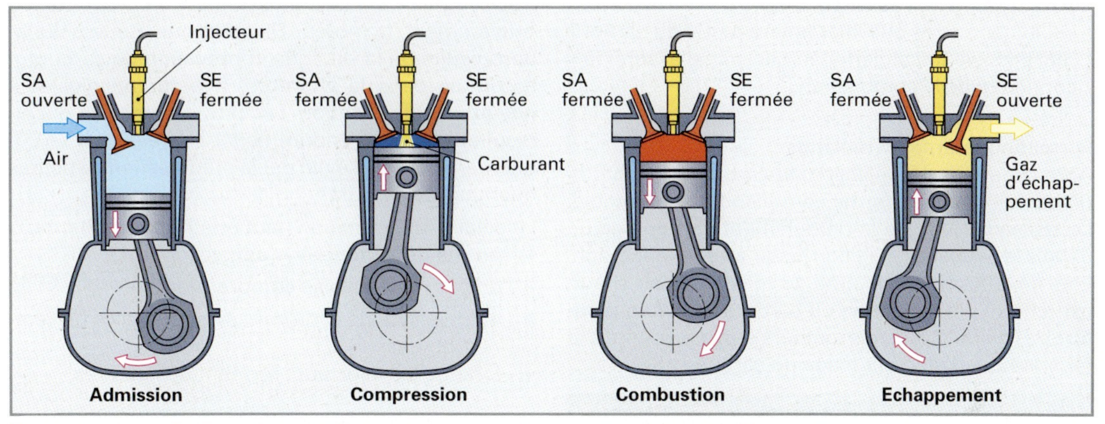

Illustration 1: Les 4 temps du cycle de fonctionnement d'un moteur à injection directe

1er temps – Admission	2e temps – Compression	3e temps – Combustion	4e temps – Echappement
La descente du piston crée dans le cylindre une dépression p_a allant de – 0,1 bar à – 0,3 bar par rapport à la pression extérieure. Etant donné que la pression atmosphérique est plus importante que celle régnant dans le cylindre, l'air est aspiré dans le cylindre. En absence de papillon des gaz, l'air frais entre sans limitation. Afin d'aspirer un maximum d'air dans le cylindre, l'angle d'ouverture de la soupape va jusqu'à 25° d'angle de vilebrequin avant le PMH; l'angle de fermeture est à 28° d'angle de vilebrequin après le PMB pour permettre un reflux de l'air. Dans le cylindre, l'air atteint une température de 70 à 100 °C.	La remontée du piston permet de comprimer l'air en réduisant son volume de 14 à 24 fois. De ce fait, la température de l'air atteint 600 à 900 °C. Etant donné que l'air ne peut pas se dilater, la pression augmente jusqu'à 30 à 55 bar. Les moteurs à chambre de combustion secondaire, comme p. ex. une chambre de turbulence, doivent avoir une compression plus élevée car la grande surface de la chambre de combustion entraîne une perte de chaleur plus importante. La soupape d'admission et la soupape d'échappement sont fermées durant la phase de compression.	C'est vers la fin de la phase de compression (entre 15° et 30° d'angle de vilebrequin avant PMH) que commence l'injection de carburant finement pulvérisé sous haute pression (jusqu'à 2050 bar). Le carburant se mélange et s'évapore au contact de l'air chaud. Vu que la température de l'air comprimé est supérieure à celle de l'auto-allumage (320 à 380 °C), la combustion se déclenche. Le temps qui sépare le début d'injection et le début de la combustion se nomme "délai d'inflammation". La pression de combustion élevée (jusqu'à 160 bar) pousse le piston vers le PMB. L'énergie thermique est alors convertie en énergie mécanique.	La soupape d'échappement s'ouvre de 30° à environ 60° avant le PMB, favorisant l'échappement des gaz et déchargeant l'embiellage. La pression de 4 à 6 bar encore présente à la fin du cycle provoque l'évacuation des gaz d'échappement, dont la température peut atteindre 750 à 900 °C. La remontée du piston exerce une pression de 0,2 à 0,4 bar, refoulant ainsi les restes de gaz. La soupape d'échappement se ferme peu avant ou peu après le PMH. La température plus basse des gaz d'échappement génère une perte de température moindre que dans les moteurs Otto et, par conséquent, un rendement plus élevé.

Moteurs à injection indirecte (ill. 1, p. 297)

Le carburant est injecté dans une chambre de combustion secondaire (chambre de turbulence). Comme la surface des chambres de combustion est plus grande, ces moteurs subissent, lors de la compression, une perte de chaleur plus importante qui doit être compensée par une compression plus élevée, afin de garantir une température dépassant celle de d'inflammation du carburant. Le taux de compression ε des moteurs à injection indirecte se situe entre 18 et 24.

Moteurs à injection directe (moteurs DI)

Le carburant est directement injecté dans la chambre de combustion. Comme la chambre de combustion est compacte, l'air échauffé à 900 °C lors de la compression refroidit moins facilement, ce qui permet une compression moindre. Les moteurs à injection directe pour automobiles ont un taux de compression ε situé entre 14 et 27 et celui des moteurs pour véhicules utilitaires entre 14 et 19.

10.2.3 Processus de combustion dans le moteur Diesel

Dans un moteur Diesel, l'injection est réalisée de manière à ce que l'essentiel de la quantité de carburant parvienne dans la chambre de combustion seulement après que la première partie du carburant injectée soit enflammée, ceci afin d'assurer la continuité de la combustion.

Formation interne du mélange

Après le début de l'injection, le carburant encore liquide doit être transformé en mélange inflammable. **Le tableau 1** indique le déroulement chronologique depuis le début de l'injection jusqu'à l'auto-allumage. Lors de la formation interne du mélange, l'air chaud est refroidi par l'injection du carburant. La température de l'air doit toutefois toujours être supérieure à la température d'auto-allumage du carburant.

Tableau 1: Formation interne du mélange et déclenchement de la combustion

Temps "délai d'inflammation"	Absorption de la chaleur de l'air chaud	
		Injection du carburant encore liquide sous forme pulvérisée dans l'air chaud.
		Le brouillard de carburant est chauffé jusqu'à température d'ébullition.
		Le carburant s'évapore à la t. d'ébullition.
		Les vapeurs de carburant se mélangent à l'air chaud.
		Les vapeurs de carburant chauffent jusqu'à la température d'inflammation.
		Le mélange air-carburant s'enflamme.
		Déclenchement de la combustion.

Délai d'inflammation dans le moteur Diesel

Le laps de temps séparant la formation interne du mélange et le déclenchement de la combustion se nomme le délai d'inflammation.

Dans un moteur chaud, le délai d'inflammation normal est d'environ 0,001 s (1/1000 s). Il dépend essentiellement ...

- de la structure des molécules de carburant (inflammabilité, indice de cétane);
- de la température de l'air comprimé avant le début de l'injection;
- de la qualité de la pulvérisation lors de l'injection (pression d'injection, taille des gouttelettes de carburant).

Plus la température et la pression sont élevées, plus le délai d'inflammation est court.

Cognement du moteur Diesel

Si la température du moteur et celle de l'air d'admission sont trop froides, p. ex. en cas de démarrage à froid, la formation du mélange interne exigera un certain temps. Lorsque le délai d'inflammation est trop long (supérieur à 0,002 s), le carburant détone bruyamment, le moteur Diesel cogne. Cette détonation résulte de la brusque combustion de carburant accumulé dans la chambre, à partir de plusieurs noyaux d'inflammation. Les pics de pression qui en résultent peuvent endommager l'embiellage. Le cognement peut être évité par la pré-injection de petites quantités de carburant.

Le délai d'inflammation peut être trop important ...

- en cas de moteur/air d'admission froid;
- en cas de mauvaise compression;
- en présence de carburant avec un indice de cétane trop bas;
- lorsque les injecteurs forment des gouttes.

10.3 Caractéristiques des moteurs à 4 temps

Remplissage

Par remplissage, on entend la masse des gaz (air ou mélange air-carburant) qui afflue dans le cylindre durant l'admission.

Amélioration du remplissage. Pour améliorer le remplissage, et par conséquent la puissance, le temps d'ouverture des soupapes d'admission (théoriquement 180° correspondant à la course du piston) est prolongé jusqu'à 315°. La soupape d'admission s'ouvre avant le PMH car les gaz frais seront aspirés par la dépression engendrée par la sortie rapide des gaz d'échappement.

Chevauchement des soupapes

Dans la phase de transition entre l'échappement et l'admission, la soupape d'admission et la soupape d'échappement sont ouvertes simultanément.

La soupape d'admission reste ouverte pendant le début de la compression, car la masse du mélange air-carburant aspiré durant l'admission à une vitesse pouvant atteindre 100 m/s (360 km/h) permet de poursuivre le remplissage du cylindre en raison de son inertie. Cet effet de suralimentation se termine lorsque la pression produite par la montée du piston freine le flux admis du mélange. La soupape d'admission doit se refermer au plus tard à ce moment-là.

Malgré la prolongation de la durée d'admission, le remplissage atteint au maximum 80 % du cylindre dans un moteur non suralimenté.

Taux de remplissage

Le taux de remplissage est le rapport entre le volume effectivement admis en kg et le remplissage théorique (parfait) du cylindre en kg.

Pour un mélange interne, le coefficient de rendement est le rapport entre la masse d'air admise et le remplissage d'air théorique possible en kg.

$$\lambda_L = \frac{m_z}{m_{th}}$$

λ_L Coefficient de rendement (taux de remplissage)
m_z Masse d'air frais ou de mélange air-carburant en kg
m_{th} Masse théorique possible d'air frais ou de mélange air-carburant en kg

Pour les moteurs à aspiration atmosphérique, le coefficient de remplissage se situe entre 0,6 et 0,9 (remplissage de 60 à 90 %), alors que pour les moteurs suralimentés, il peut atteindre 1,2 à 1,6 (remplissage de 120 à 160 %).

Le remplissage peut être amélioré en réduisant la résistance hydrodynamique des gaz frais et la température à l'intérieur du cylindre. Ceci peut être obtenu grâce à:

- des tubulures d'admission de conception optimale;
- des formes mieux adaptées de la chambre de combustion;
- une section d'admission importante;
- plusieurs soupapes d'admission par cylindre;
- un bon refroidissement.

Le remplissage est altéré par:

- la résistance au passage de l'air due au papillon des gaz;
- des durées d'ouverture des soupapes plus courtes lorsque le moteur monte en régime;
- une pression de l'air basse; une augmentation d'altitude de 100 mètres engendre une réduction de la puissance du moteur d'environ 1 %.

Taux de compression

Chambre de combustion. Il s'agit de l'espace situé entre la culasse et la tête du piston. Ses dimensions se modifient en permanence durant une course. La chambre de combustion atteint sa plus grande taille lorsque le piston se trouve au PMB et sa plus petite taille lorsqu'il est au PMH. Le plus grand volume est constitué par la cylindrée et la chambre de combustion.

Chambre de combustion V_c. Il s'agit du volume le plus réduit.

Volume aspiré ou cylindrée unitaire V_a. C'est le volume situé entre le PMH et le PMB du piston.

Cylindrée totale V_{cyl}. Elle résulte de la somme des cylindrées unitaires d'un moteur.

Si l'on compare le volume situé au-dessus du piston avant la compression (cylindrée V_a + chambre de combustion V_c) avec l'espace situé au-dessus du piston après la compression (chambre de combustion V_c), on obtient le rapport volumétrique ε **(ill. 1).**

$$\text{Rapport volumétrique} = \frac{\text{Vol. aspiré + Ch. de combustion}}{\text{Chambre de combustion}}$$

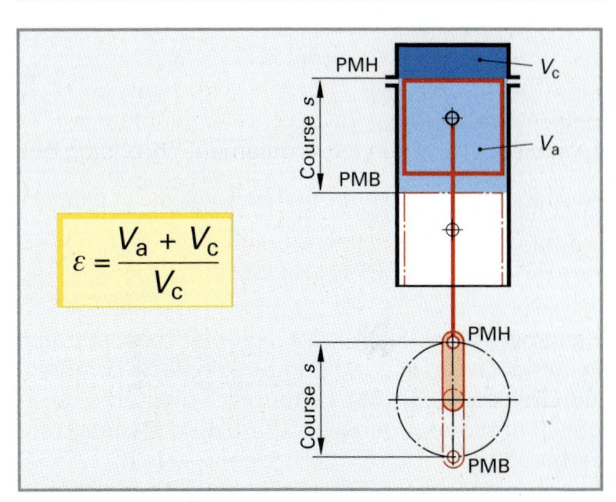

Illustration 1: Rapport volumétrique

Tableau 1: Comparaison des rapports volumétriques		
Rapport volumétrique	7	9
Pression de compression	~ 10 bar	~ 16 bar
Pression max. de combustion	~ 30 bar	~ 42 bar
Pression à l'ouverture de la soupape d'échappement	~ 4 bar	~ 3 bar
Temp. en fin de compression	400 °C	500 °C

Plus le rapport volumétrique d'un moteur Otto est élevé, mieux l'énergie du carburant est exploitée, donc meilleur est le rendement du moteur.
En augmentant le rapport volumétrique à 9 avec un remplissage similaire, il est possible d'augmenter le rendement de 10 % et de diminuer la consommation de carburant de 10 % malgré l'augmentation du travail de compression.

Raisons de l'augmentation de puissance:

- meilleure évacuation des gaz brûlés d'une chambre de combustion de petite taille;
- température plus élevée lors de la compression, carburation plus complète;
- en raison de la compression élevée, les gaz brûlés peuvent se détendre dans un volume plus grand; la température des gaz d'échappement diminue, il y a moins d'énergie thermique perdue lors de l'échappement.

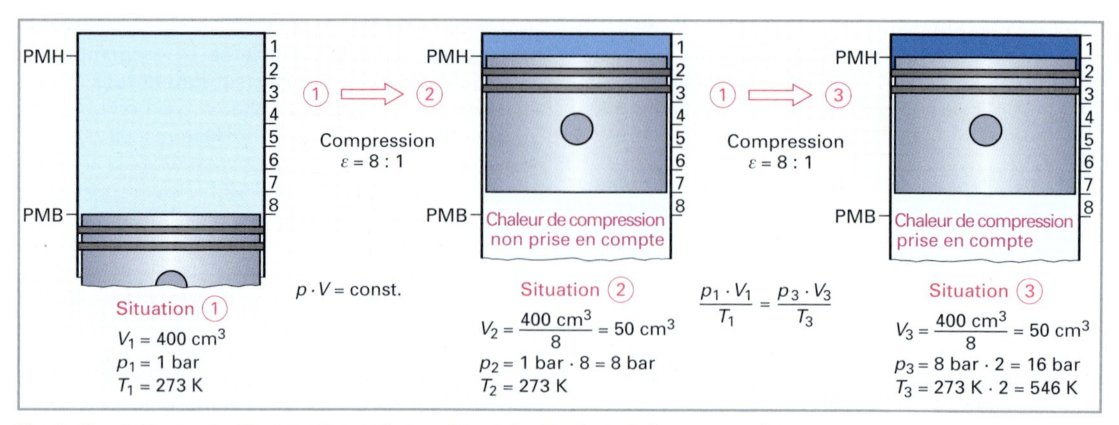

Illustration 1: Rapport entre pression, volume et température lors de la compression

L'augmentation du rapport volumétrique entraîne l'augmentation de la température finale de compression **(tableau 1, p. 195).** Le rapport volumétrique est donc limité par la température d'auto-allumage du carburant.
La compression est plus faible dans le cas des moteurs suralimentés car l'air parvenant dans le cylindre est déjà comprimé.

Loi de Boyle-Mariotte

La montée et la descente du piston dans le cylindre modifient le volume des gaz et donc la pression et la température.

Les physiciens Boyle et Mariotte avaient déjà découvert au XVIIe siècle qu'à température **constante**, le volume du gaz est inversement proportionnel à la pression qu'il reçoit.

Si, p. ex., on diminue le volume de 8 fois, la pression se trouve alors multipliée par 8 **(ill. 1).**

> Le produit issu de la pression et du volume est constant.

Loi de Gay-Lussac

En incluant la température dans le rapport entre volume et pression, le physicien français Gay-Lussac a découvert la loi suivante:

> A pression constante, le volume d'un gaz augmente de 1/273 de sa valeur pour chaque Kelvin (1 K = 1 °C) d'élévation de température.

Le gaz double de volume si l'on élève sa température de 273 K.

Si l'on empêche cette dilatation, p. ex. par compression **(ill. 1)**, le gaz double de pression. En revanche, dans le moteur, la pression finale est un peu plus faible à cause de la déperdition de chaleur au niveau des parois du cylindre.

10.4 Diagramme de travail (diagramme *p-V*)

Moteur Otto

Pour le cycle de fonctionnement d'un moteur Otto à quatre temps, les rapports entre la pression, le volume et la température des gaz peuvent être reproduits dans un diagramme pression-volume. Selon Boyle-Mariotte et Gay-Lussac, il en résulte un diagramme idéal, dans la mesure où le volume reste constant aux différents points de renvoi du piston, soit le PMH et le PMB durant lequel a lieu la combustion, respectivement l'échappement.

> Combustion à volume constant: la combustion brusque se déroule à un volume constant.

Pour une combustion parfaite à volume constant, telle qu'elle est représentée dans l'**ill. 1 p. 197,** les conditions suivantes doivent être respectées:

- le cylindre ne contient que des gaz frais et aucun gaz résiduel;
- le mélange air-carburant est parfaitement brûlé;
- le changement de charge se fait sans aucune perte;
- la chaleur ne se dissipe pas au niveau du cylindre;
- le volume reste constant durant la combustion et le processus de refroidissement;
- la chambre de combustion est parfaitement étanche aux gaz au niveau des segments.

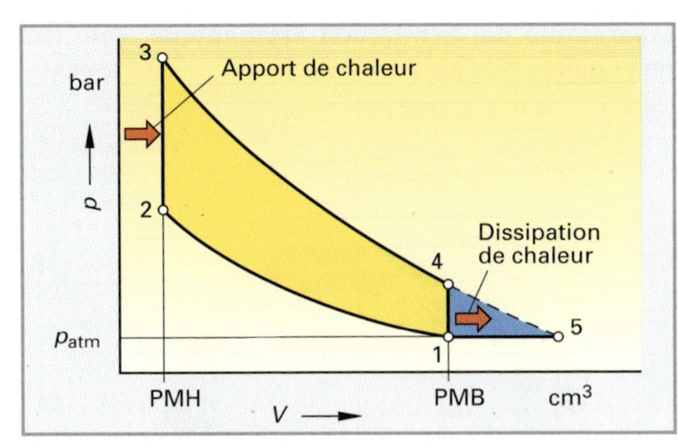

Illustration 1: Combustion idéale à volume constant (diagramme p-V)

Déroulement du processus

1 → 2 **Compression** du mélange air-carburant, augmentation de la pression, aucun apport de chaleur.

2 → 3 **Combustion** du mélange air-carburant, augmentation de la pression à volume constant, c'est-à-dire que le piston s'arrête au PMH pendant la courte durée de la combustion, apport de chaleur.

3 → 4 **Explosion (détente).** Le gaz soumis à haute pression se dilate et déplace le piston vers le PMB, le volume initial est de nouveau atteint. Aucune dissipation de chaleur.

4 → 1 **Refroidissement.** Le processus a lieu à volume constant. La dissipation de la chaleur permet de réduire la pression à la pression initiale (point 1).

Apport d'énergie, perte d'énergie

La surface, délimitée par les points 1-2-3-4, qui apparaît dans le diagramme **(ill. 1)** indique l'apport d'énergie durant un cycle de fonctionnement (surface +).

L'apport pourrait être plus important si la soupape d'échappement ne s'ouvrait pas dès le point 4, mais seulement après que les gaz se soient détendus jusqu'à atteindre la pression initiale au point 5.

Dans la pratique, cela est toutefois impossible puisque la prolongation de l'expansion est liée à une augmentation de la course (moteur à course longue). Ainsi, la surface délimitée par 1-4-5 restitue la perte d'énergie. L'augmentation du taux de compression permet d'augmenter l'apport d'énergie.

Moteur Diesel

Contrairement au moteur Otto, la pression ne change théoriquement pas durant le processus de combustion, c'est pourquoi on parle de combustion à pression constante. En réalité, ni le volume ni la pression ne sont constants car les conditions ne peuvent pas être respectées.

Diagramme p-V effectif

Pendant les 4 courses d'un cycle de fonctionnement, la courbe de pression peut être enregistrée avec un indicateur piézo-électrique sur un moteur en marche puis restituée à l'écran sous forme d'un graphique. Les différences par rapport au diagramme p-V parfait sont alors nettement visibles. En pratique, les courbes d'un moteur Otto et d'un moteur Diesel ne se différencient qu'à haute pression **(ill. 2)**.

Dans un moteur Diesel, la pression de combustion significativement plus élevée, ainsi que la détente des gaz brûlés (4 à 6 bar) qui en résulte, font que les gaz d'échappement se refroidissent plus vite que dans un moteur Otto. Il en résulte une réduction de la perte de gaz d'échappement et une augmentation du rendement. La sollicitation thermique est moindre au niveau des soupapes. Par contre, les moteurs Diesel modernes ne sont plus en mesure de fournir suffisamment de chaleur pour le chauffage du véhicule, nécessitant ainsi un chauffage d'appoint.

Le diagramme p-V permet de déterminer le travail utile W_{eff} d'un moteur en déduisant la perte d'énergie (surface –) du travail fourni (surface +) **(ill. 1, p. 198)**.

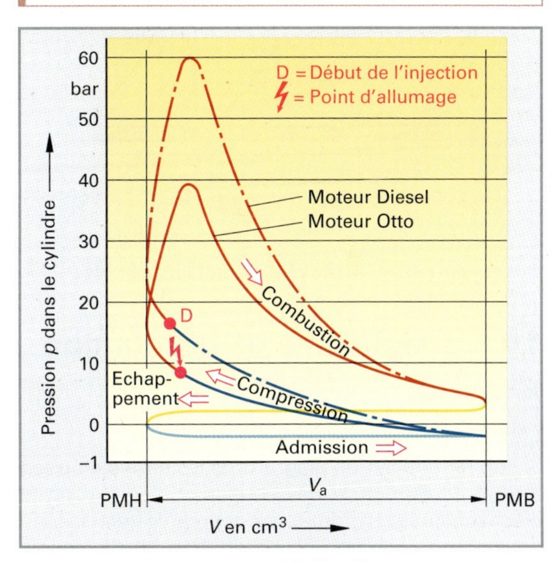

Illustration 2: Diagramme p-V effectif

Détection des défauts dans le diagramme p-V

Des divergences importantes par rapport à la courbe de pression normale permettent de reconnaître des défauts dans le réglage du moteur (formation du mélange, réglage de l'allumage, compression) et surtout les cognements **(ill. 1, p. 198)**.

Point d'allumage trop tôt

La pression maximale est déjà atteinte avant que le piston ne soit arrivé au PMH. Il en résulte une pression et une température élevées qui provoquent une combustion détonante, une détérioration de la composition des gaz d'échappement et une perte de puissance reconnaissable aux petites surfaces du diagramme.

Point d'allumage trop tard

La courbe ascendante de la compression est normale jusqu'au PMH. Après une brève diminution au PMH, la pression augmente à nouveau mais ne peut plus atteindre la pression maximale de combustion, étant donné que, à cause du point d'allumage tardif, le piston s'est déplacé trop loin en direction du PMB avant que le mélange air-carburant n'ait pu être totalement consumé.

Les conséquences sont une perte de pression, une consommation accrue de carburant et un risque de surchauffe du collecteur d'échappement.

Soupapes ou segments de piston non étanches

La pression normale ne peut pas être atteinte, la courbe de la ligne de compression est presque plate. Même avec un point d'allumage correct, la pression de combustion ne peut pas être atteinte. Il s'ensuit une perte de puissance et une détérioration de la composition des gaz d'échappement.

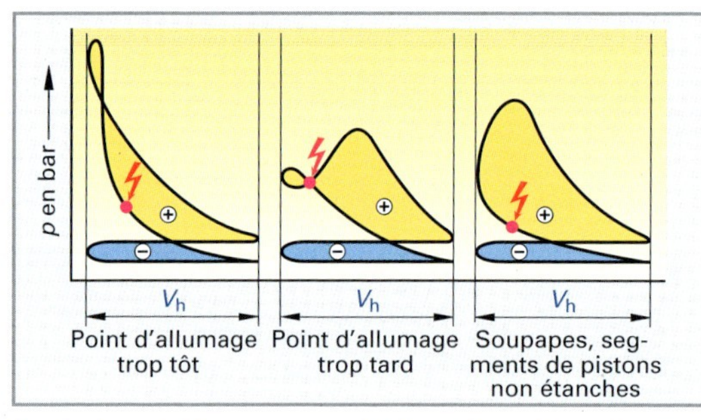

Illustration 1: Diagramme p-V de moteurs déréglés.

10.5 Diagramme de distribution

Il donne un aperçu des angles d'ouverture et du chevauchement des soupapes.

Si l'on reporte sur un diagramme les temps d'ouverture et de fermeture des soupapes d'admission et d'échappement exprimés en degrés de rotation, on obtient le diagramme de distribution **(ill. 2)**. L'angle d'ouverture des soupapes et la forme des cames de commande sont déterminés au moyen d'essais, afin que chaque modèle de moteur fournisse les meilleures performances possibles. Etant donné que cela n'est pas possible pour l'entière plage de régime, les moteurs sont équipés de dispositifs de commande des soupapes réglables. L'angle d'ouverture et de fermeture des soupapes peuvent ainsi être modifiés dans une certaine mesure (distribution variable).

Les angles de distribution des différents moteurs divergent les uns des autres, de sorte que chaque moteur dispose de son propre diagramme de distribution.

Diagramme de distribution symétrique. Les angles d'ouverture AOA avant PMH et de fermeture RFE après PMH sont identiques, comme les angles AOE avant PMB et RFA après PMB.

Diagramme de distribution asymétrique. Une des deux paires d'angles est inégale.

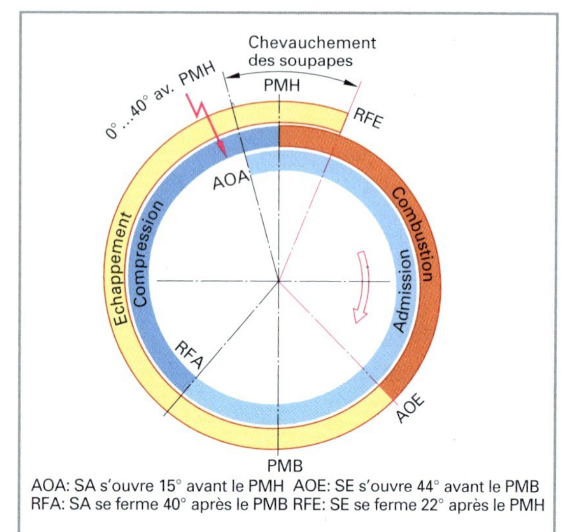

Illustration 2: Diagramme de distribution d'un moteur Otto à quatre temps

10.6 Numérotation des cylindres, ordre d'allumage

Numérotation des cylindres. La désignation de chaque cylindre d'un moteur est normalisée. La numérotation des cylindres commence par le côté situé à l'opposé du volant moteur (force débitée). Pour les moteurs en V, les moteurs VR et les moteurs à pistons opposés, on commence par la série de cylindres situés sur le banc de gauche **(ill. 3)**.

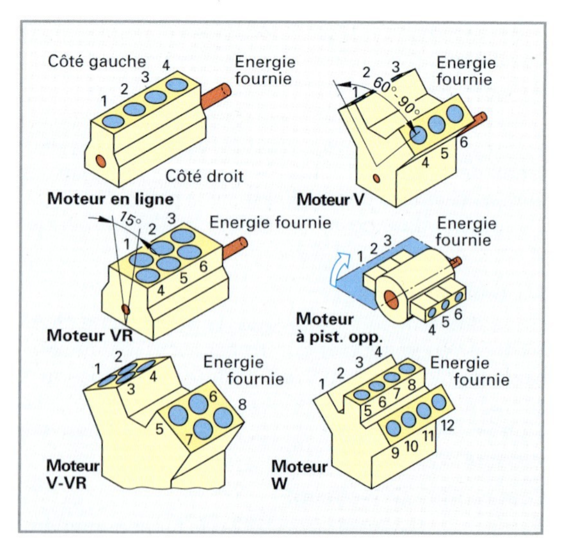

Illustration 3: Numérotation des cylindres

Ordre et intervalle d'allumage sur un moteur polycylindres (ill 1).

Ordre d'allumage. Il indique dans quel ordre se succèdent les temps de travail des différents cylindres d'un moteur.

Intervalle d'allumage. Il indique l'intervalle angulaire du mouvement de rotation du vilebrequin exprimé en degrés, auquel se suivent les temps de travail, respectivement d'allumage des différents cylindres. Plus il y a de cylindres, plus l'intervalle entre les allumages est court. Le moteur est plus silencieux et le couple est réparti de manière plus régulière.

$$\text{Intervalle d'allumage} = \frac{720° \text{ vilebrequin}}{\text{Nombre de cylindres}}$$

Exemple: pour un moteur à 5 cylindres, on compte un intervalle d'allumage de 720° angle de vilebrequin : 5 = 144° angle de vilebrequin. On dessinera une étoile pour illustrer le vilebrequin. En partant du cylindre le plus haut, désigné par le chiffre 1, les autres cylindres auront, en sens horaire, l'ordre d'allumage 1-2-4-5-3 à un intervalle de 144° angle de vilebrequin. Chaque représentation en étoile permet ainsi de lire l'ordre d'allumage.

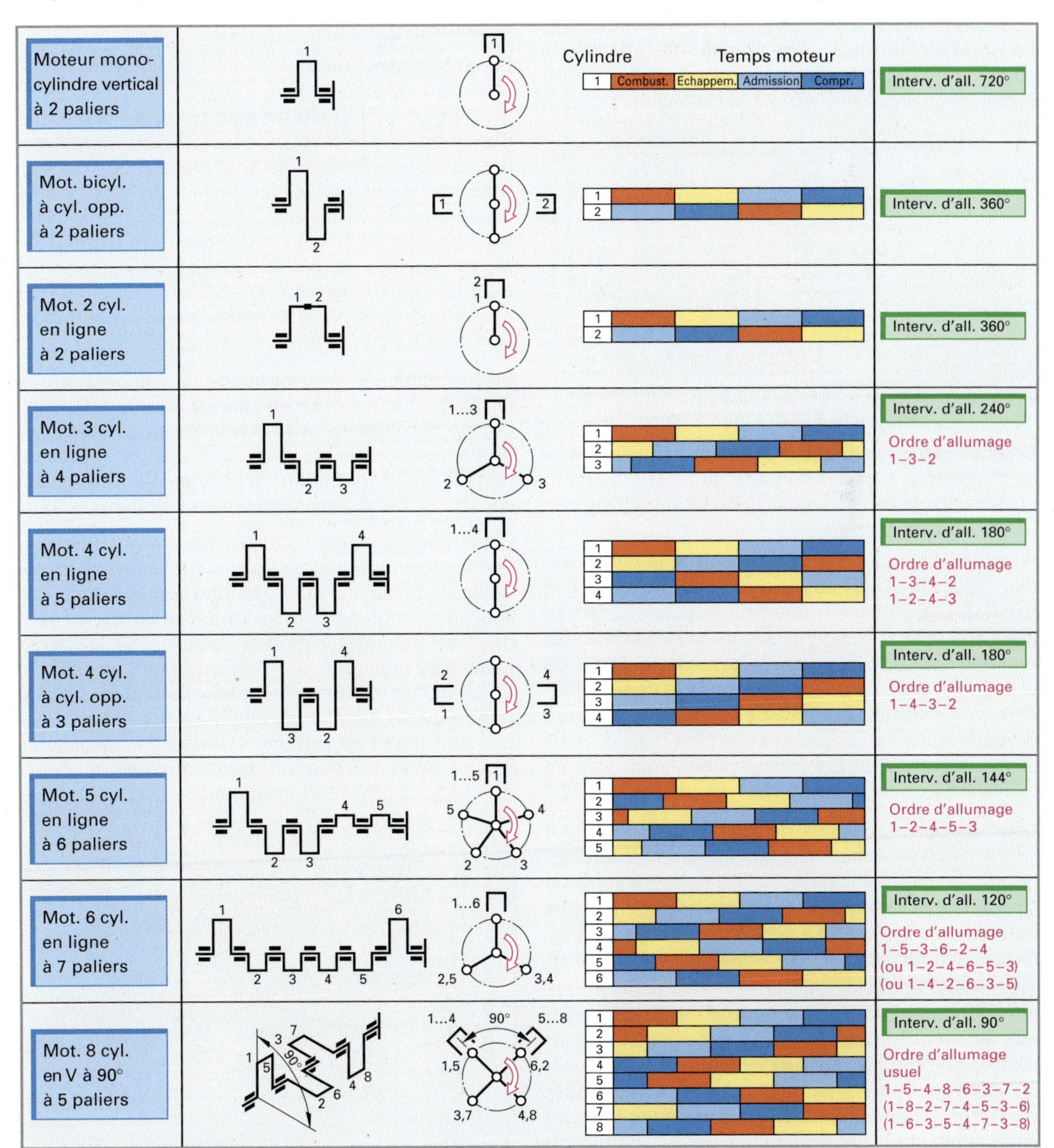

Illustration 1: Formes de vilebrequins, ordres d'allumage et succession des temps moteur

10.7 Courbes caractéristiques du moteur

Les caractéristiques d'un moteur sont définies par différentes valeurs mesurées au banc d'essai. Il s'agit de la puissance, du couple et de la consommation spécifique en carburant.

En reportant ces valeurs au moyen de points sur un diagramme, on peut tracer les courbes caractéristiques du moteur par rapport au régime **(ill. 1)**.

On distingue les courbes caractéristiques d'un moteur à pleine charge et à charge partielle.

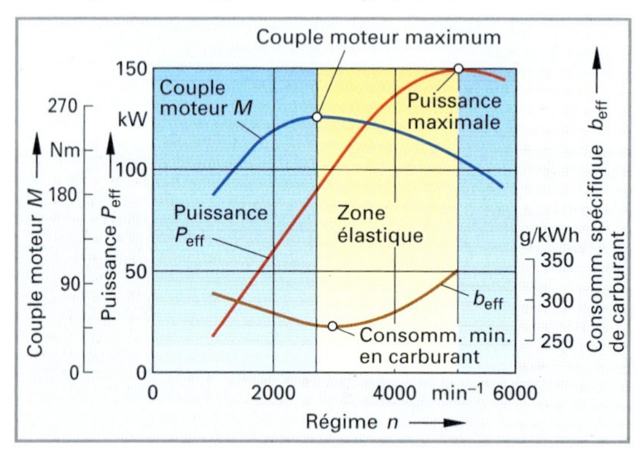

Illustration 1: Courbes caractéristiques à pleine charge d'un moteur Otto à quatre temps

Courbes caractéristiques d'un moteur à pleine charge. Le moteur, à sa température de fonctionnement et avec le papillon des gaz totalement ouvert, est freiné sur un banc d'essai.

Par pleine charge, on entend la contrainte qu'un moteur peut surmonter pour un régime donné avec le papillon complètement ouvert. Les valeurs établies avec une charge constante sur toute la gamme des régimes moteur constituent la base des courbes de la puissance, du couple moteur et de la consommation spécifique de carburant. Ces courbes permettent de déterminer le couple moteur maximal, la puissance maximale et la consommation minimale de carburant à un régime donné.

Courbes caractéristiques de charge partielle. Etant donné qu'un moteur, durant son utilisation quotidienne, est rarement pleinement sollicité, les mesures de charge partielle sont également importantes. Dans ce but, des séries d'essais à différents régimes sont effectués avec le papillon des gaz partiellement ouvert.

Théoriquement, avec une position du papillon des gaz identique, tant la consommation de carburant que le couple moteur devraient rester constants sur toute la gamme des régimes moteur puisque, en fait, la même quantité d'énergie d'une charge de cylindre devrait toujours fournir la même force de rotation au vilebrequin. Par conséquent, la puissance devrait augmenter parallèlement au régime.

Après avoir atteint la puissance maximale, la courbe de puissance toufefois redescend car, malgré le régime croissant, la diminution du moment de couple moteur ne peut plus être compensée.

Causes de divergences par rapport à l'état idéal:

- perte d'admission dans les zones inférieure et supérieure de la plage de régime;
- manque d'air et mauvais tourbillonnement du mélange air-carburant dus à une faible vitesse d'écoulement et provoquant une combustion ralentie et incomplète;
- perte de chaleur;
- pertes par friction.

Zone élastique. Elle se situe entre la plage de régime allant du couple moteur maximal à la puissance maximale **(ill. 1)**. Quand le régime baisse, la diminution de puissance est compensée par une augmentation du couple moteur. Dans la mesure du possible, le couple moteur maximal devrait être atteint déjà avant la plage de régime moyen, alors que la puissance maximale devrait être située dans la plage de régime supérieure, permettant d'obtenir une plage élastique plus large, qui, grâce à un couple moteur mieux réparti, agit positivement sur la synchronisation de la transmission.

Cartographie de consommation. Sur le diagramme **(ill. 2)**, le couple moteur est représenté par rapport au régime dans différentes consommations spécifiques de carburant. Des courbes apparaissent, représentant la consommation spécifique de carburant constante. Ces courbes sont parfois fermées.

Etant donné que ces courbes ressemblent à des coquillages, on les nommes également **courbes en coquilles**. Par ailleurs, le diagramme contient aussi des courbes de puissance utile constante qui permettent de constater que le moteur peut fournir la même puissance utile pour une consommation spécifique de carburant variable. Ce moteur peut produire une puissance de 60 kW aussi bien avec une consommation spécifique de carburant de 320 g/kWh qu'avec 280 g/kWh et cela avec un couple moteur supérieur.

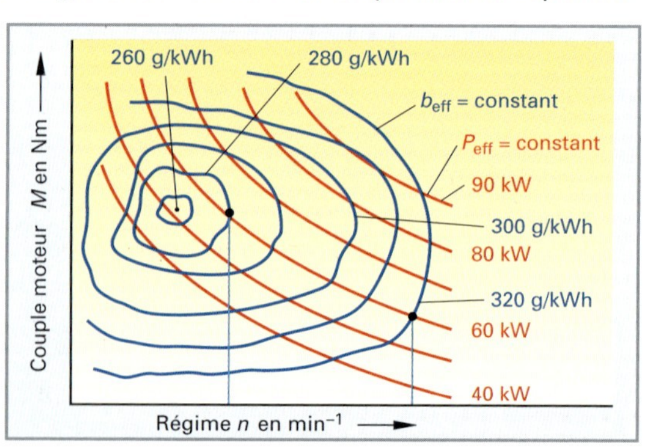

Illustration 2: Cartographie de consommation, courbes en coquilles

10.8 Rapport course/alésage, puissance/cylindrée, masse/puissance

Rapport course/alésage

Il indique le rapport entre la course et l'alésage.

Si la course est inférieure à l'alésage, le rapport est inférieur à 1. Il est supérieur à 1 si la course est supérieure à l'alésage.

Moteurs à faible course (moteur super carré). Dans l'intérêt d'une longue durée de vie des moteurs de série, la vitesse moyenne du piston ne devrait pas excéder 20 m/s. Pour atteindre malgré tout un régime élevé, on construit des moteurs à faible course dont le rapport course/alésage est inférieur à 1 (de 0,9 à 0,7).

Moteurs à longue course. Le rapport course/alésage est supérieur à 1 (de 1,1 à 1,3). On utilise ces moteurs principalement pour la propulsion de véhicules utilitaires et d'autobus. Les régimes plus bas permettent d'atteindre des kilométrages importants et le rayon de la manivelle plus grand permet un couple moteur plus élevé.

Rapport puissance/cylindrée

Il indique la puissance utile maximale fournie par le moteur par litre de cylindrée.

Pour les moteurs à régime élevé, plus la puissance est élevée par rapport à la cylindrée et plus la masse du moteur est faible par rapport à la puissance, plus le moteur est adapté pour la propulsion du véhicule. Les notions de rapport puissance/cylindrée utile maximale et de rapport masse/puissance ont été créées afin de pouvoir comparer les différents moteurs **(tableau 1).**

Le rapport masse/puissance du moteur indique la masse du moteur par kW de puissance utile maximale.

Le rapport masse/puissance du véhicule indique la masse du véhicule par kW de puissance utile maximale.

Tableau 1: Rapport puissance/cyl. - masse/puiss.

Type de moteur	Rapp. puiss./ cylindrée	Rapport masse/puissance du moteur	du véhicule
	kW/l	kg/kW	kg/kW
Moteurs Otto motocycles	… 155	0,5 … 3	2 … 9
Voit. de tourisme	… 90	1,3 … 5	4 … 22
Voit. de course	< 300	1 … 0,2	1,5 … 7
Moteurs Diesel voit. de tourisme	25 … 30	1,8 … 5	12 … 25
Mot. suralimentés voit. tour. Diesel	… 80	1 … 4	9 … 20
Mot. suralimentés véhic. util. Diesel	… 30	2 … 7	50 … 210

10

QUESTIONS DE RÉVISION

1 **Qui a fabriqué le premier moteur à quatre temps et le premier moteur à deux temps?**
2 **Dans quel ordre les temps d'un moteur à quatre temps ont-ils lieu?**
3 **Quel est le taux de compression des moteurs Otto à quatre temps?**
4 **Dans quelles fourchettes la pression de compression et la pression de combustion d'un moteur Otto à quatre temps se situent-elles?**
5 **Comment se forme le mélange interne dans un moteur Diesel?**
6 **Que dit la loi de Gay-Lussac?**
7 **Quels sont les éléments formés lors de la combustion du mélange air-carburant?**
8 **Quelles sont les causes du cliquetis dans les moteurs Otto?**
9 **Qu'entend-on par délai d'inflammation dans un moteur Diesel?**
10 **Qu'entend-on par cognement dans un moteur Diesel?**
11 **Quelles sont les caractéristiques particulières d'un moteur Diesel?**
12 **Comment s'appellent les 4 groupes d'éléments constituant le moteur Otto, respectivement le moteur Diesel?**
13 **Quels défauts peut-on diagnostiquer sur un diagramme de travail?**
14 **Qu'entend-on par diagramme de distribution symétrique?**
15 **Comment distingue-t-on les moteurs à faible course des moteurs à longue course?**
16 **Quel est l'ordre d'allumage d'un moteur à 6 cylindres en ligne?**
17 **Comment numérote-t-on les cylindres selon la norme?**
18 **Qu'indique le rapport puissance/cylindrée utile maximal?**
19 **Qu'indique le rapport masse/puissance du moteur?**
20 **Qu'entend-on par puissance utile maximale d'un moteur?**
21 **Qu'entend-on par courbe caractéristique à pleine charge d'un moteur?**
22 **Pourquoi le couple moteur d'un moteur Otto n'est-il pas identique sur toute la plage du régime moteur?**
23 **Qu'entend-on par zone élastique?**

11 Mécanique du moteur

11.1 Cylindre, culasse

11.1.1 Fonctions et sollicitations

Fonctions

- Former, avec le piston, la chambre de combustion
- Guider le piston

Sollicitations

- Fortes pressions de combustion et températures élevées
- Fortes variations thermiques à cause de brusques changements de température
- Usure des parois du cylindre provoquée par le frottement du piston et les résidus de combustion
- Friction élevée lors du démarrage à froid car le carburant non brûlé lave le film lubrifiant déposé sur les parois du cylindre

Propriétés des matériaux

- Grande résistance et rigidité mécanique
- Bonne conduction thermique
- Faible dilatation thermique
- Grande résistance à l'usure
- Bonnes propriétés de glissement des surfaces de contact du cylindre

11.1.2 Genres de cylindres

Cylindres refroidis par liquide

Les cylindres des moteurs refroidis par liquide sont généralement réunis dans un bloc-moteur. Celui-ci est muni de doubles parois entre lesquelles passent les canaux de refroidissement; le liquide de refroidissement, activé par la pompe à eau, refroidit les parois des cylindres et circule par les canaux en direction de la culasse.

Bloc-moteur (ill. 1). Le bloc-moteur et les cylindres sont coulés d'une seule pièce.

- **Fonte au graphite lamellaire (fonte grise).** En plus d'une bonne stabilité, d'une bonne résistance et d'un bon comportement de glissement et d'usure, le bloc-moteur présente une faible dilatation thermique et amortit bien les bruits.
- **Fonte au graphite vermiculaire.** Lors du refroidissement de la fonte, le graphite ne se sépare pas sous forme de lamelles mais de vers qui s'enchevêtrent. L'effet d'entaille entre les cristaux de la structure est dont réduit, ce qui augmente fortement la résistance et la rigidité, permet d'atteindre des pressions élevées dans les cylindres et donc favorise une augmentation de la puissance malgré des parois plus minces (économie de poids).
- **Alliages Al.** Ils se distinguent avantageusement de la fonte grise par leur faible masse volumique et leur bonne conductibilité thermique. Pour améliorer la rigidité, les blocs-moteurs en alliage Al léger sont souvent nervurés. Les propriétés de résistance à l'usure des parois des cylindres doivent être améliorées par des procédés de fabrication spéciaux ou par l'emploi de chemises de cylindre en fonte.

Construction Closed-Deck (ill. 1). La partie supérieure du bloc-moteur, en contact avec la culasse, est en grande partie fermée autour des alésages. Seuls les canaux, p. ex. pour le liquide de refroidissement, sont présents. Les blocs-moteurs en fonte sont presque exclusivement fabriqués de cette manière. Les blocs-moteurs en alliage léger AlSi (p. ex. pour cylindres ALUSIL) sont fabriqués par moulage en coquille ou sont coulés à basse pression.

Construction Open-Deck (ill. 2). Le canal du liquide de refroidissement qui entoure les cylindres est ouvert du côté de la culasse. Il est ainsi possible, en technique de fonderie, de fabriquer des blocs-moteurs avec des parois de cylindres selon le concept LOKASIL de coulée sous pression. La rigidité moins importante des blocs-moteurs Open-Deck exige des joints de culasse en métal au lieu de matériaux tendres. Les joints de culasse en métal s'affaissent moins, permettant de soumettre les vis de culasse à une précontrainte plus faible, réduisant l'étirage du bloc-moteur et la déformation de la culasse.

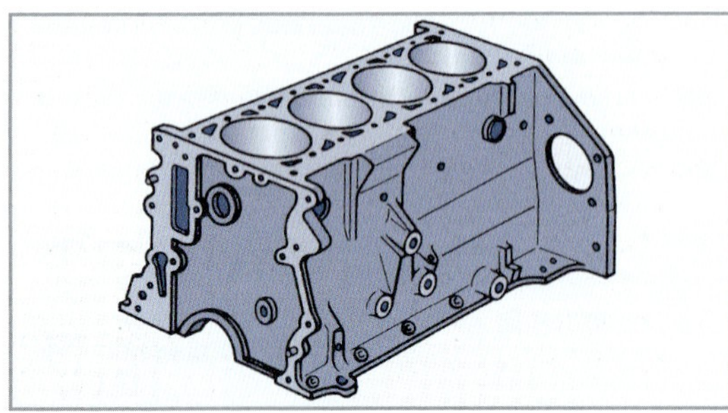

Illustration 1: Bloc-moteur monobloc en fonte

Illustration 2: Bloc-moteur en construction Open-Deck

Chemises de cylindre

Les chemises de cylindre en fonte de grande qualité à grains fins (moulage centrifugé) sont utilisées dans les blocs-moteurs en fonte ou en alliage léger. Etant donné qu'elles sont plus résistantes à l'usure que les parois des cylindres des blocs-moteurs en fonte, elles ont une plus grande longévité.

On distingue les chemises humides et les chemises sèches.

Chemises humides (ill. 1). Elles sont directement au contact du liquide de refroidissement, ce qui génère un bon effet de refroidissement. Elles peuvent être remplacées séparément. Le bloc-moteur n'est cependant pas aussi rigide et se bombe facilement. Les chemises humides ont un collet à leur extrémité supérieure. L'étanchéité est obtenue par des joints toriques afin d'éviter que le liquide de refroidissement ne pénètre dans le carter.

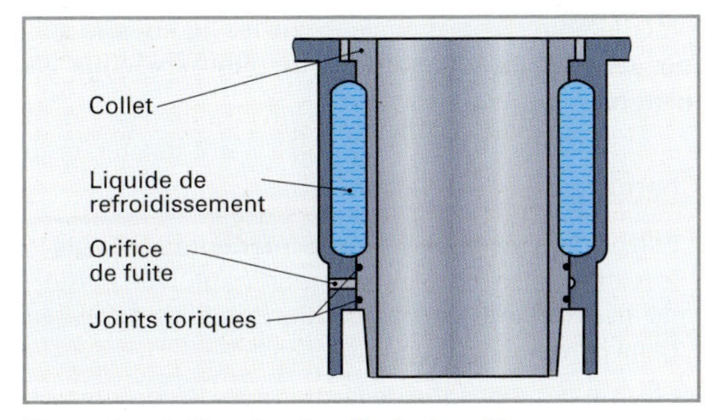

Illustration 1: Chemise de cylindre humide

Chemises sèches (ill. 2). Ces chemises à parois minces sont introduites dans le bloc-moteur avec un ajustement à serrage léger ou par frettage moyen. Etant donné qu'elles ne sont pas en contact avec le liquide de refroidissement, le transfert de chaleur avec ce dernier n'est pas aussi bon que sur les chemises humides. Les chemises avec ajustement à serrage léger sont usinées avant leur montage. Elles sont introduites par frettage ou à la presse. Les chemises avec serrage plus important sont ensuite alésées et honées.

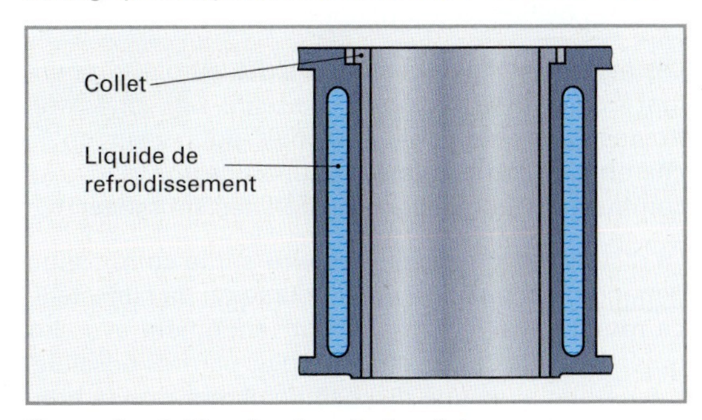

Illustration 2: Chemise de cylindre sèche

Cylindres refroidis par air

Les cylindres refroidis par air sont munis d'ailettes de refroidissement pour augmenter la surface en contact avec l'air et améliorer ainsi l'effet de refroidissement. Ils sont vissés individuellement au bloc, en même temps que la culasse.

La plupart des cylindres refroidis par air **(ill. 3)** sont coulés en alliage léger. Les mauvaises propriétés de glissement et de résistance à l'usure des parois du cylindre doivent être améliorées par des procédés de fabrication spéciaux ou alors les parois doivent être munies de chemises, p. ex. par le procédé Alfin.

Procédé d'assemblage fer-aluminium (procédé Alfin). Les chemises en fonte à graphite lamellaire sont recouvertes extérieurement d'une couche d'aluminium ferreux ($FeAl_3$), puis un alliage AlSi est coulé pour la réalisation du cylindre à ailettes. La couche intermédiaire Alfin permet d'obtenir un excellent assemblage des matières, assurant une bonne conduction de chaleur entre la chemise en fonte et l'alliage AlSi du cylindre à ailettes.

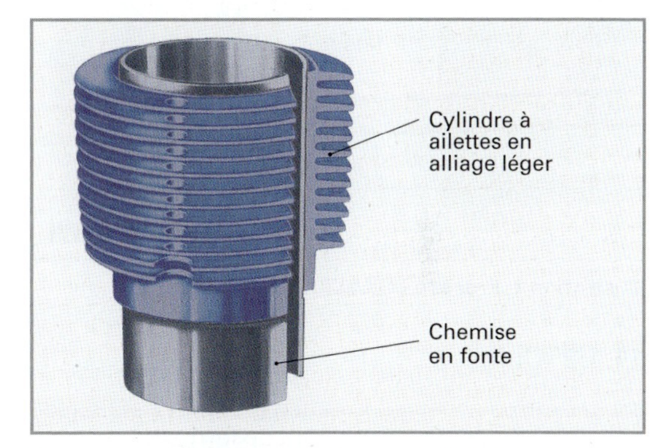

Illustration 3: Cylindre refroidi par air fabriqué selon le procédé Alfin

Parois des cylindres en alliage léger

Procédé ALUSIL. Le bloc-moteur, réalisé en alliage léger avec une teneur élevée en silicium (jusqu'à 18 %), est coulé en coquille ou à basse pression. Afin que les cristaux de silicium soient surtout présents dans les parois du cylindre, les noyaux donnant la forme de coulée sont refroidis. Après le honage du cylindre, l'aluminium tendre est enlevé par décapage électrochimique. Il en résulte un support résistant à l'usure qui accueille le piston et les segments et qui comporte des vides intermédiaires pour l'huile de lubrification. Pour atténuer l'usure du piston, on utilise le plus souvent des pistons revêtus de ferro-cuivre.

Procédé NIKASIL. Les parois du cylindre réalisé en alliage léger AlSi sont enduites par galvanisation d'une couche de nickel avec cristaux de carbure de silicium résistant à l'usure.

Procédé LOKASIL. L'apport de cristaux de silicium sur les parois du cylindre est effectué au moyen de moules. Ceux-ci **(ill. 1)** sont extrêmement poreux et sont composés de cristaux de silicium fondus avec du verre soluble (silicate dilué dans l'eau). Ce sont des moules cylindriques préformés qui sont insérés dans le moule de coulée. Au cours d'un procédé spécial de moulage sous pression, le Squeeze Casting (squeeze = écraser), l'alliage léger est lentement pressé depuis le bas dans la forme verticale. Avant utilisation, le moule doit être préchauffé à 300 °C afin que l'alliage ne refroidisse pas durant la compression et qu'il ne se solidifie pas avant d'avoir totalement rempli le moule. A la fin du processus, la pression est augmentée de 120 à 500 bar, permettant ainsi de fermer les pores et d'éviter toute inclusion d'air. Grâce à un honage en plusieurs étapes, les cristaux de silicium sont mis à nu en surface, ce qui génère des parois de cylindre résistantes à l'usure. La plupart du temps, on utilise des pistons enduits de Ferrocoat dans les cylindres LOKASIL.

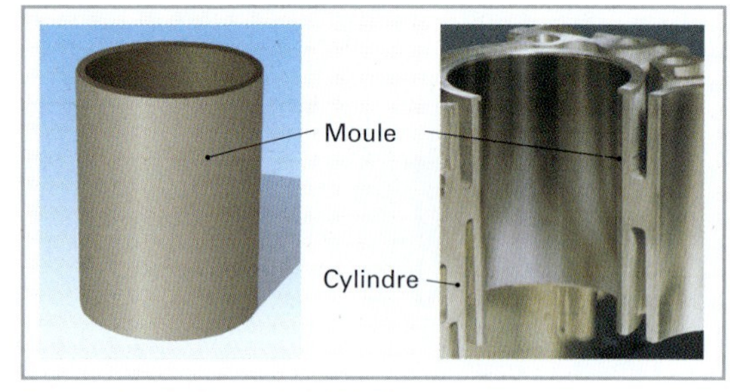

Illustration 1: Procédé LOKASIL

11.1.3 Culasse

La culasse constitue l'élément de fermeture supérieur de la chambre de combustion. Elle est fixée sur le bloc-moteur par des vis de culasse et assemblée de manière étanche avec un joint de culasse.

Structure. La culasse renferme les canaux des gaz d'admission et d'échappement avec leurs sièges de soupape respectifs et généralement également la chambre de combustion. Les bougies d'allumage, les injecteurs pour les moteurs à injection directe, ainsi que différents éléments de commande du moteur, comme p. ex. les soupapes, y sont logés. L'arbre à cames est souvent monté sur la culasse. La culasse est soumise à de fortes sollicitations dans la mesure où elle doit absorber la pression de combustion et les contraintes thermiques dues aux gaz de combustion. Elle doit donc présenter une grande rigidité, une bonne conduction de la chaleur et une faible dilatation thermique.

Culasse refroidie par liquide (ill. 2). Elle est principalement fabriquée en alliage léger et coulée soit individuellement pour chaque cylindre ou en une seule pièce pour tout le bloc. Le liquide de refroidissement circule du bloc-moteur jusqu'à la culasse par des canaux, par ex. des canaux de débit.

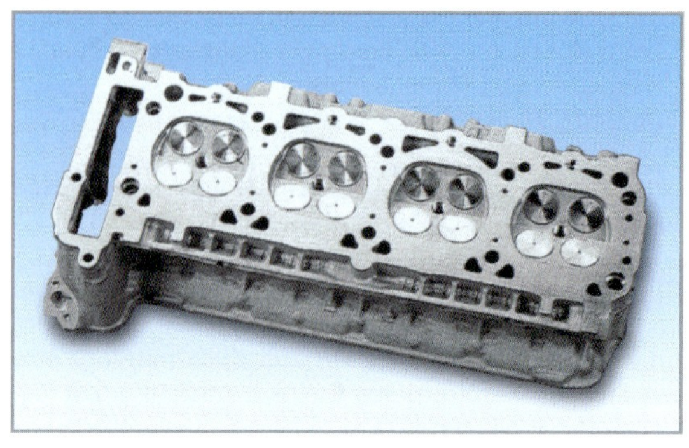

Illustration 2: Culasse refroidie par liquide

Culasse refroidie par air. Elle est presque exclusivement fabriquée en alliage d'aluminium et est munie d'ailettes de refroidissement. Etant donné que l'air évacue moins bien la chaleur que les liquides, la surface de refroidissement doit être augmentée par les ailettes.

Chambre de combustion

Elle est fermée dans sa partie inférieure par le piston lorsqu'il arrive au point mort haut. Une partie de la chambre de combustion peut se trouver dans la tête du piston.

La forme géométrique de la chambre de combustion a une grande influence sur le fonctionnement du moteur car elle détermine:

- la turbulence;
- la résistance à la détonation;
- le procédé de combustion;
- le couple;
- la consommation de carburant;
- la puissance;
- les émissions polluantes;
- le rendement.

La chambre de combustion est caractérisée par:

- le rapport volumétrique;
- le rapport entre surface et volume;
- la position de la bougie d'allumage ou de l'injecteur;
- la disposition des soupapes.

Les pertes de chaleur au travers des parois augmentent lorsque la surface est importante. Des zones trop froides peuvent alors se former au niveau de la chambre de combustion. Cela entraîne une mauvaise combustion et une augmentation des émissions HC.

La distance de l'espace parcouru par la combustion dépend de la position de la bougie ou de l'injecteur. Le moteur atteint son meilleur rendement avec les trajectoires de combustion les plus courtes possible, c'est-à-dire avec une disposition centrale de la bougie d'allumage ou de l'injecteur.

Les propriétés suivantes sont attendues d'une chambre de combustion optimale:

- remplissage important par un diamètre approprié des soupapes d'admission;
- tourbillon puis mélange de l'air aspiré et du carburant injecté optimal par le biais de zones d'écrasement;
- évacuation rapide et totale des gaz brûlés par les soupapes d'échappement;
- volume compact, non fracturé et sans niches (petites surfaces);
- trajectoires de combustion courtes grâce au positionnement central de la bougie d'allumage ou de l'injecteur.

La forme idéale d'une chambre de combustion est hémisphérique car celle-ci permet de former les trajectoires de combustion les plus courtes et la surface la plus réduite. On doit pourtant renoncer à cette forme idéale à cause de la disposition des soupapes.

Chambre de combustion en forme de toit (ill. 1). Elle ressemble à la construction hémisphérique. Les soupapes d'admission et d'échappement sont placées l'une en face de l'autre. La soupape d'admission est souvent plus grande que la soupape d'échappement, ce qui permet un meilleur remplissage.

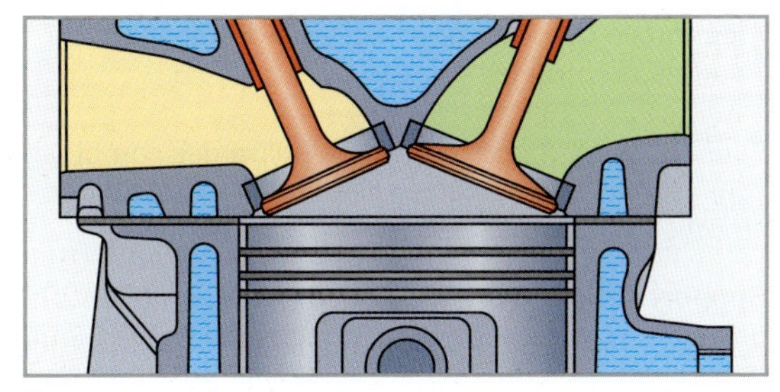

Illustration 1: Chambre de combustion en forme de toit

Chambres de combustion à zones d'écrasement (ill. 2). Elles sont le plus souvent particulièrement compactes et peuvent être en forme de coin, de toit ou de cuve. Juste avant le PMH, le mélange air-carburant est chassé hors de la zone d'écrasement. Cela a pour effet de créer un tourbillon particulièrement intense permettant de mélanger le carburant et l'air afin d'obtenir une combustion rapide. Cela permet aussi de raccourcir le délai d'inflammation, d'utiliser une bougie d'allumage plus froide, d'obtenir un taux de compression plus élevé ou encore d'utiliser de l'essence ordinaire. En outre, la combustion complète permet de réduire le taux de HC dans les gaz d'échappement.

Culasse multi-soupapes (ill. 2). L'utilisation de 2 soupapes d'admission et de 2 soupapes d'échappement donne à la chambre de combustion une forme de toit ou de cuve. En outre, on y trouve deux zones d'écrasement qui sont le plus souvent disposées de façon opposée. La bougie d'allumage ou l'injecteur peut être placé en position centrale, ce qui permet d'obtenir de courtes trajectoires de combustion et une plus grande vitesse de combustion. Les avantages sont une augmentation de la puissance, une réduction de la consommation de carburant et une réduction des émissions polluantes. Avec 5 soupapes (3 d'admission et 2 d'échappement), la chambre de combustion peut être sphérique, car le diamètre de la portée des soupapes diminue.

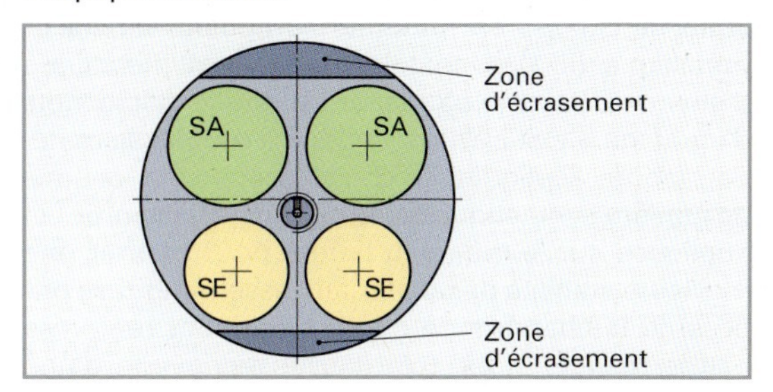

Illustration 2: Chambre de combustion en forme de toit avec 4 soupapes et 2 zones d'écrasement

11.1.4 Joint de culasse

Le joint de culasse **(ill. 3)** doit assurer l'étanchéité de la chambre de combustion et empêcher que les canaux de liquide de refroidissement et d'huile ne communiquent entre eux.

Une bonne étanchéité ne peut être assurée que si les surfaces du bloc-moteur et de la culasse sont planes.

Contraintes. Le carburant, les gaz d'échappement, l'huile moteur et le liquide de refroidissement entrent en contact avec le joint de culasse. Ces produits, en partie en phase de réaction chimique, peuvent se présenter sous forme liquide ou gazeuse, à l'état froid ou à haute température, sous haute pression ou en dépression. Le joint de culasse doit donc satisfaire aux exigences suivantes:

- s'adapter de manière souple aux surfaces d'étanchéité dans toutes les conditions de fonctionnement du moteur;
- présenter une faible tendance à l'affaissement pour ne pas nécessiter de serrage ultérieur;
- ne pas coller aux surfaces d'étanchéité, afin de faciliter le démontage.

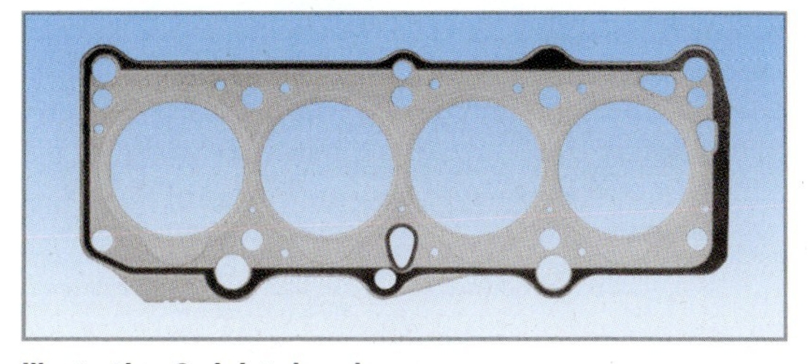

Illustration 3: Joint de culasse

Les nombreuses exigences, tant pour les moteurs Otto que pour les moteurs Diesel, sont remplies par ...

- les joints de culasse en matériau composite tendre et métallique, qui sont les plus utilisés;
- les joints de culasse en métal pour les moteurs Diesel à hautes performances, pour les moteurs Diesel des véhicules utilitaires et, de plus en plus souvent, pour les moteurs Otto.

Joint de culasse en matériau composite tendre et métallique (ill.1). Une tôle de support métallique d'environ 0,3 mm d'épaisseur est munie de crochets d'agrafage. Ceux-ci maintiennent la couche de matériau tendre appliquée de chaque côté. Une couche de matière synthétique de remplissage des pores est appliquée sur le matériau tendre pour assurer une meilleure stabilité des matériaux assemblés. Les orifices de la chambre de combustion sont renforcés par sertissage, p. ex. tôle d'acier recouverte d'une couche d'aluminium. L'effet d'étanchéité au passage des liquides peut encore être amélioré par enduction d'élastomères.

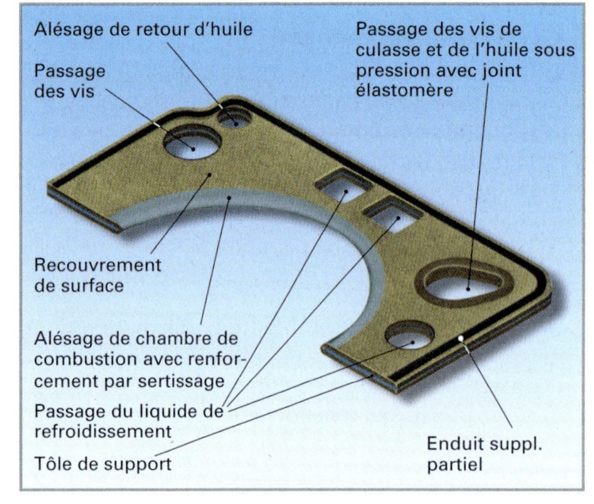

Illustration 1: Joint de culasse en matériau composite tendre et métallique

Joint de culasse en métal (ill. 2). Il est le plus souvent fabriqué en tôle d'acier à plusieurs couches. Pour assurer l'étanchéité aux gaz, on augmente localement la pression au moyen de moulures ou de sertissages de tôle. L'effet d'étanchéité au passage des liquides est renforcé par enduction d'élastomères.

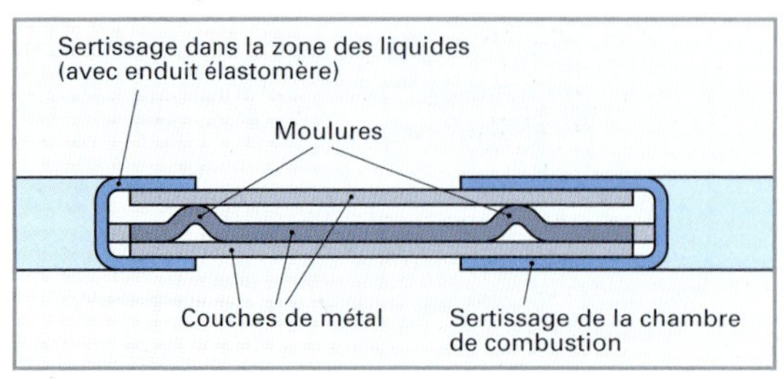

Illustration 2: Joint de culasse en métal

11.1.5 Carter de vilebrequin

Le carter supporte le vilebrequin et parfois aussi l'arbre à cames. Les cylindres sont vissés sur le carter.

Structure. Le carter est le plus souvent séparé au niveau des paliers de vilebrequin. La partie supérieure contient les paliers du vilebrequin. Les chapeaux de paliers sont fixés au moyen de vis. Cette construction offre l'avantage de permettre un démontage aisé du vilebrequin. La partie inférieure du carter est en forme de cuve; elle est vissée de manière étanche avec la partie supérieure.

Les carters sont fabriqués en fonte coulée ou en alliage Al et sont utilisés dans les moteurs à refroidissement par air.

Bloc-moteur = cylindres + carter

11.1.6 Suspension du moteur

Les supports de moteur doivent amortir les vibrations entre moteur et châssis et supporter le poids du moteur. En outre, ils doivent contre-balancer les forces de poussée et de traction résultant du couple du moteur.

Pour les supports de moteur, on utilise des combinaisons caoutchouc et métal (silentbloc) ou des supports amortis hydrauliquement.

Support amorti hydrauliquement (ill. 3). Au ralenti, la pression qui s'est formée dans le liquide hydraulique de la chambre supérieure par les vibrations du moteur n'a d'effet que sur la membrane en caoutchouc. Celle-ci se déforme et amortit les vibrations. L'air s'échappe du coussin d'air par la soupape magnétique ouverte. Cette soupape est fermée lors de l'augmentation de régime. La pression dans le liquide hydraulique produit un effet, par l'intermédiaire du canal d'écoulement, sur le soufflet de caoutchouc situé dans la chambre inférieure: celui-ci se déforme et atténue ainsi les vibrations.

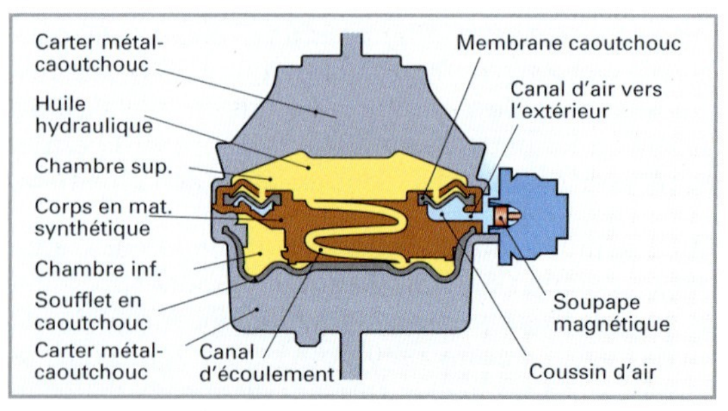

Illustration 3: Support amorti hydrauliquement

TRAVAUX D'ATELIER

Mesure de la pression de compression

On effectue des mesures de pression comparatives dans les différentes chambres de combustion d'un moteur à l'aide d'un manographe **(ill. 1)**.

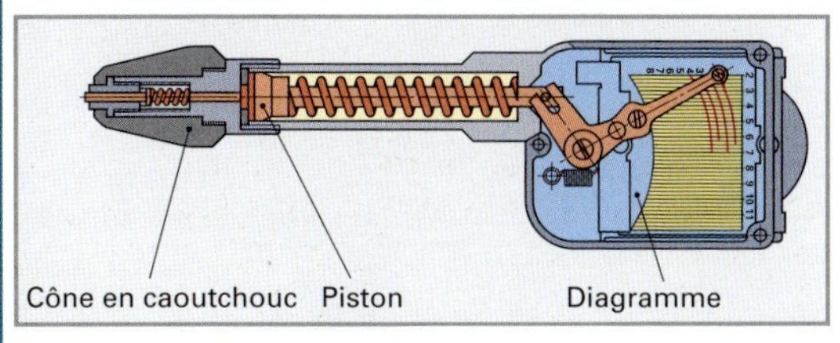

Illustration 1: Manographe

Respecter les points suivants lors des mesures:

- effectuer le contrôle seulement à la température de fonctionnement du moteur;
- mettre tous les dispositifs d'allumage hors service (observer les prescriptions du fabricant);
- insérer la carte de contrôle dans le manographe en s'assurant que l'aiguille soit sur la position du cylindre 1;
- dévisser toutes les bougies d'allumage et faire tourner brièvement le moteur avec le démarreur pour éliminer tous les résidus de combustion;
- enfoncer le cône en caoutchouc du manographe dans l'alésage de la bougie d'allumage et ouvrir entièrement le papillon;
- faire tourner le moteur sur environ 10 tours au moyen du démarreur;
- purger le manographe avant de mettre la carte de contrôle sur la position du cylindre 2.

Si les chambres de combustion sont en parfait état, les pressions de compression mesurées dans les différents cylindres ne doivent différer que légèrement l'une de l'autre (maximum 2 bar).

Indications sur les causes des défectuosités

- Si les mesures présentent une pression de compression inférieure à 6 bar (12 bar pour les moteurs Diesel) dans tous les cylindres, il y a usure régulière du moteur.
- Si les pressions de compression divergent l'une de l'autre dans les différents cylindres, il est possible de déterminer le défaut qui provoque la perte de pression de compression en injectant un peu d'huile moteur dans la chambre de combustion du cylindre à mesurer. Si la pression de compression augmente lors de la deuxième mesure, il y a usure de la paroi du cylindre ou des segments de piston. Dans le cas contraire, la défectuosité peut provenir des soupapes, des sièges de soupapes, des guides de soupapes, de la culasse ou du joint de culasse.
- Si deux cylindres placés l'un à côté de l'autre indiquent une pression de compression identique, mais qui est clairement inférieure à celle des autres cylindres, il peut y avoir une fissure dans la culasse ou un joint de culasse non étanche entre les deux cylindres.

Contrôle de la perte de pression (ill. 2)

Il est effectué quand on suppose une inétanchéité dans le cylindre après le contrôle de la pression de compression.

Pour le contrôle de chaque cylindre, suivre la procédure suivante:

- le piston doit se trouver au PMH de la course de compression;
- raccorder l'appareil de test de perte de pression au réseau d'air comprimé (de 5 à 10 bar) et le calibrer au moyen de la vis moletée;
- raccorder l'appareil sur le pas de vis de la bougie d'allumage du cylindre à contrôler;
- la perte de pression causée par l'inétanchéité est indiquée en pourcentage sur le manomètre. Elle ne doit pas dépasser les valeurs définies par le fabricant de l'appareil;
- en cas de forte inétanchéité, on peut déterminer l'origine de la défectuosité en localisant la zone par où l'air s'échappe.

Indications sur les causes des défectuosités:

- échappement d'air par le collecteur d'admission ou l'échappement: la soupape d'admission ou d'échappement n'est pas étanche;
- échappement d'air par le bouchon de remplissage d'huile ou l'ouverture de la jauge de niveau d'huile: inétanchéité due à l'usure du piston, des segments de piston et des parois du cylindre, joint de culasse défectueux;
- échappement d'air par la tubulure de remplissage du liquide de refroidissement ou à l'orifice de la bougie d'allumage d'un cylindre avoisinant: inétanchéité du joint de culasse, fissures dans la culasse.

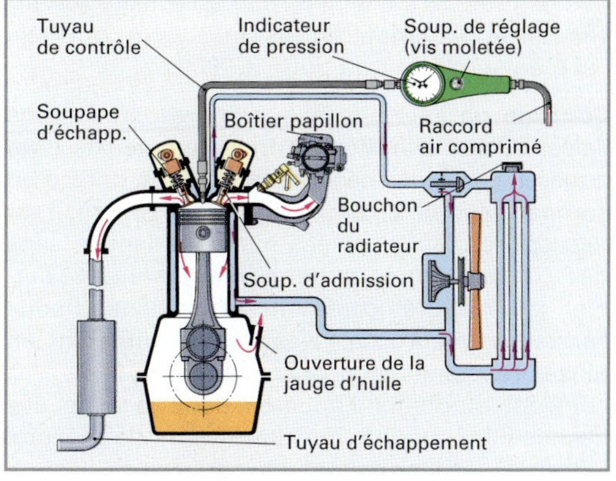

Illustration 2: Contrôle de la perte de pression

Suite de la page 207

Usure des surfaces de frottement du cylindre

Sur un moteur neuf, les surfaces de frottement du cylindre sont parfaitement cylindriques. Après une longue durée de fonctionnement, une usure notable apparaît et l'étanchéité entre le piston et le cylindre n'est plus parfaite. L'huile moteur pénètre alors dans la chambre de combustion (consommation d'huile élevée) et le carburant dans le carter (dilution du lubrifiant). En outre, l'étanchéité diminue, la puissance du moteur faiblit et la consommation de carburant augmente. Par ailleurs, le moteur devient plus bruyant à cause du battement du piston.

Le cylindre n'est pas usé régulièrement entre le PMH et le PMB car la pression latérale du piston faiblit proportionnellement à la pression de combustion et parce que la lubrification est moins bonne dans la zone du PMH **(ill. 1a)**.

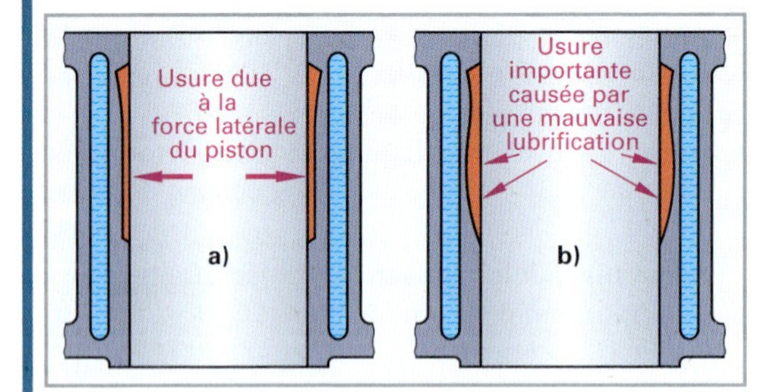

Illustration 1: a) Usure normale et b) usure anormale du cylindre

L'usure étant plus importante dans la zone du PMH que dans celle du PMB, l'alésage devient conique.

En cas d'usure anormale, qui résulte le plus souvent d'un mauvais fonctionnement de la lubrification, l'alésage se bombe **(ill. 1b)**. L'usure ne s'étend pas régulièrement sur la circonférence du cylindre, mais se produit principalement dans la zone des pressions latérales. Elle est encore renforcée par le battement du piston. L'usure normale est d'environ 0,01 mm pour 10 000 km.

Contrôle de l'alésage des cylindres. L'usure de l'alésage des cylindres est mesurée à l'aide d'un appareil pour les mesures intérieures doté d'un comparateur **(ill. 2)**. Pour déterminer l'usure, il est nécessaire d'effectuer des mesures dans le sens de l'axe du piston et perpendiculairement à ce dernier. Les mesures commencent en général sous l'arête supérieure de l'alésage et continuent en plusieurs étapes en descendant. Ce faisant, il convient d'orienter l'appareil dans le sens des flèches **(ill. 2)** pour éviter des erreurs de mesure. Les mesures permettent de déterminer l'usure, l'ovalité et la conicité du cylindre.

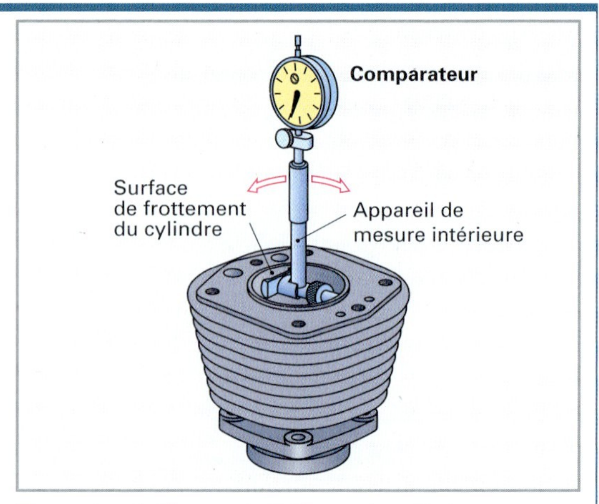

Illustration 2: Mesure de l'alésage du cylindre

Traitement de la surface de frottement du cylindre. Il est nécessaire de procéder à un alésage de finition ou de honer la surface pour rétablir la forme cylindrique si l'usure s'élève en moyenne à:

- 0,5 mm pour les moteurs à quatre temps;
- 0,2 mm pour les moteurs à deux temps;
- 0,8 mm pour les moteurs Diesel des véhicules utilitaires.

L'alésage de finition s'effectue avec un surdimensionnement du piston de 0,25, respectivement 0,5 mm. Le honage qui suit s'effectue avec une machine.

Montage des chemises

Les chemises sèches sont généralement pré-ajustées. Elles sont prévues pour être mises en place avec un serrage léger et peuvent être insérées par une légère pression. Les chemises pré-alésées sont frettées dans le cylindre, puis alésées avec précision après leur montage. Une fois montée, la chemise ne doit pas dépasser mais être à hauteur de la surface de recouvrement ou en retrait (jusqu'à 0,1 mm).

Les chemises humides sont fournies prêtes à être montées. Les joints en caoutchouc doivent garantir une bonne étanchéité mais ne doivent pas être trop épais pour que la chemise ne se déforme pas sous la pression, ce qui peut entraîner un grippage du piston. En général, le collet de la chemise dépasse d'environ 0,1 mm **(ill. 1, p. 209)**.

Le joint de culasse ne doit pas présenter une bordure trop épaisse: celle-ci ne doit pas faire pression sur le bord intérieur de la chemise, car la bordure du joint pourrait se déchirer lors du serrage des vis de culasse ou la chemise pourrait se déformer.

Le collet ne doit en aucun cas être en retrait, car la chemise pourrait alors bouger.

Suite de la page 208

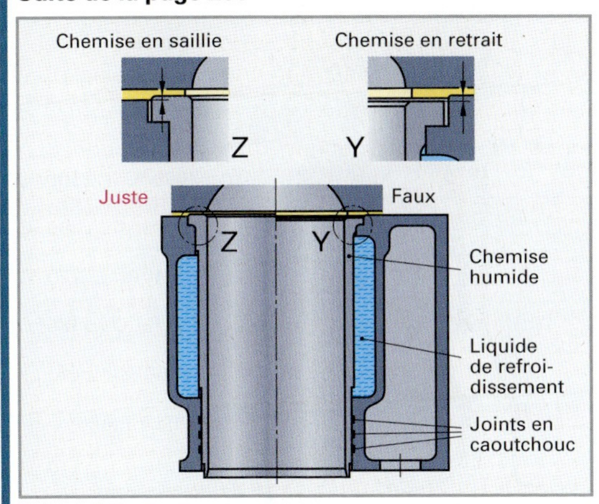

Illustration 1: Montage des chemises de cylindre

Remplacement du joint de culasse

Lorsque l'étanchéité entre la culasse et le bloc-moteur est insuffisante, il se produit:

- une perte de puissance, car une partie des gaz est perdue et la pression diminue dans le cylindre;
- une destruction du joint de culasse;
- des pertes d'huile;
- des dégâts au moteur provoqués par la pénétration de liquide de refroidissement dans la chambre de combustion.

Lors du remplacement du joint de culasse, il faut respecter les points suivants:

- laisser refroidir le moteur avant de dévisser la culasse pour éviter toute déformation de celle-ci;
- enlever les résidus de joints collés;
- les surfaces d'étanchéité de la culasse et du bloc-moteur doivent être planes. Les surfaces non planes doivent être usinées sur une rectifieuse;
- l'épaisseur du joint de culasse doit correspondre aux prescriptions du constructeur;
- les passages du liquide de refroidissement et de l'huile dans le bloc-moteur et le joint de culasse doivent coïncider;
- si la culasse et le bloc-moteur ont été rectifiés, utiliser un joint plus épais afin d'éviter toute modification du taux de compression;
- les bordures de la chambre de combustion ne doivent pas saillir dans la chambre de combustion, car cela pourrait provoquer des combustions par auto-allumage.

Serrage des vis de culasse

Elles doivent être serrées selon un certain ordre qui est prescrit dans les instructions de réparation. Le non-respect de cet ordre peut provoquer la déformation de la culasse et des défauts d'étanchéité.

En général, les vis de culasse sont serrées

- en spirale de l'intérieur vers l'extérieur **(ill. 2)** ou
- en diagonale de l'intérieur vers l'extérieur.

Lors du serrage, le couple, respectivement l'angle de serrage, prescrit par le constructeur doit être respecté. En général, il faut utiliser de nouvelles vis.

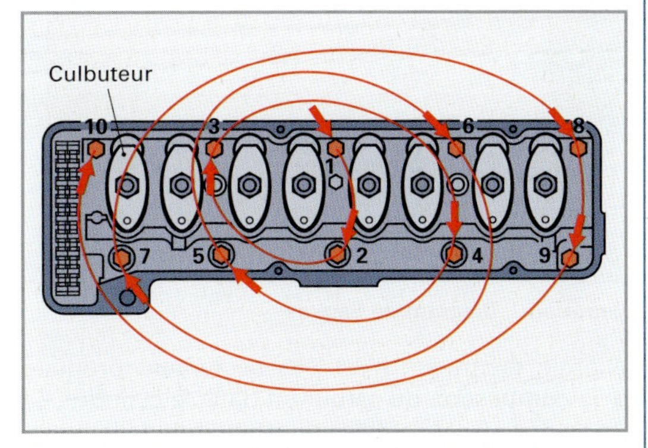

Illustration 2: Exemple de serrage des vis de culasse

QUESTIONS DE RÉVISION

1 **Quelles sont les fonctions du cylindre et de la culasse?**

2 **A quelles contraintes sont soumis le cylindre et la culasse?**

3 **Quelles propriétés doivent avoir le cylindre et la culasse?**

4 **Quelles différences y a-t-il entre les chemises humides et les chemises sèches?**

5 **Quels sont les avantages et les inconvénients des cylindres en alliage léger?**

6 **Comment peut-on améliorer les propriétés des surfaces de frottement des cylindres en alliage léger?**

7 **Quels sont les avantages des chambres de compression à zones d'écrasement?**

8 **Quelles sont les conséquences que peut engendrer un joint de culasse défectueux?**

9 **A quoi faut-il faire attention lors du montage d'une chemise de cylindre humide?**

10 **Comment les vis de culasse doivent-elles être serrées?**

11.2 Systèmes de refroidissement

Dans un moteur à combustion, le système de refroidissement sert à échauffer rapidement le moteur pour le porter à sa température de fonctionnement idéale et à évacuer la chaleur excédentaire lors du fonctionnement.

Environ un tiers de l'énergie thermique dégagée par la combustion est absorbée par des éléments tels que pistons, soupapes, cylindres, culasse, turbocompresseur et huile moteur. Cette chaleur doit être évacuée à cause de la résistance limitée des matériaux, respectivement de l'huile de lubrification, aux températures élevées.

Même les moteurs Diesel et Otto économiques à injection directe ne peuvent utiliser qu'environ 43% de l'énergie stockée dans le carburant pour la propulsion. Le reste de l'énergie est dissipé en chaleur **(ill. 1)**.

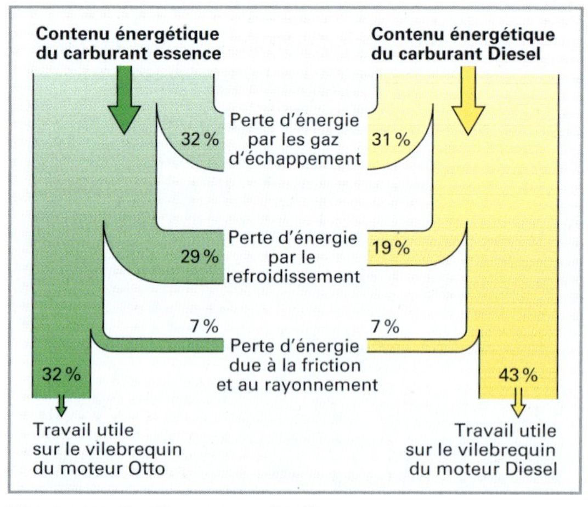

Illustration 1: Diagramme Sankey

L'énergie thermique n'est pas seulement produite par la combustion du carburant dans le cylindre. La friction des pièces mobiles du moteur et de la transmission convertit à nouveau une partie de l'énergie mécanique générée en énergie thermique qui ne peut plus être utilisée comme énergie motrice **(ill. 2)**.

Température de fonctionnement

Après le démarrage à froid du moteur d'un véhicule, la formation du mélange optimal ne peut avoir lieu que quand le moteur, et donc ses composants, ont atteint une certaine température.

La limite supérieure de température (température maximale) dépend surtout de la capacité de résistance à la chaleur de l'huile moteur et des matériaux du moteur. Normalement, les moteurs des véhicules fonctionnent à une température moyenne située entre 80 °C et 90 °C **(ill. 2)**.

Les nouveaux systèmes de refroidissement, pilotés par cartographie, permettent d'atteindre des températures d'environ 120 °C, ce qui permet de diminuer la consommation de carburant, car la friction est réduite et la préparation du mélange à haute température est améliorée.

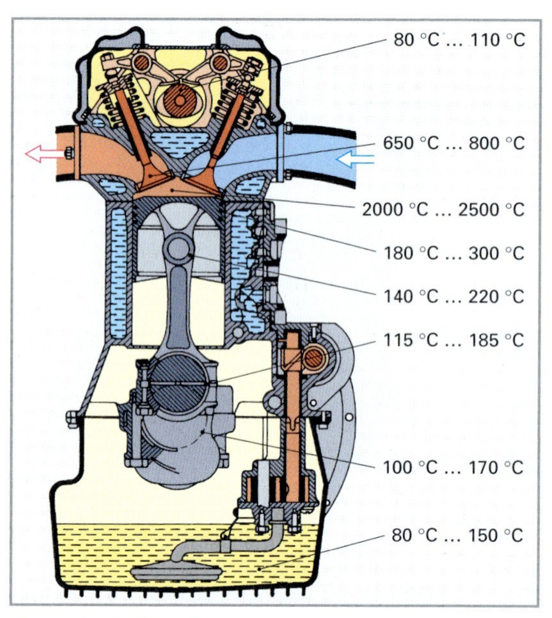

Illustration 2: Température des composants pour une température du liquide de refroidissement de 90 °C

Exigences d'un système de refroidissement:

- effet de refroidissement efficace;
- température de fonctionnement rapidement atteinte;
- poids réduit;
- refroidissement régulier des pièces afin d'éviter toute contrainte thermique;
- faible utilisation d'énergie pour son fonctionnement.

Un bon système de refroidissement permet:

- d'améliorer le remplissage du cylindre;
- de réduire la tendance au cliquetis sur les moteurs Otto;
- d'obtenir une meilleure compression;
- d'avoir un meilleur rendement sans augmenter la consommation de carburant;
- d'avoir des températures de fonctionnement plus régulières.

11.2.1 Genres de refroidissement

On distingue les genres de refroidissement suivants:

Refroidissement par air:

- refroidissement par le vent généré par le déplacement du véhicule;
- refroidissement par ventilateur.

Refroidissement par liquide:

- refroidissement par thermosiphon;
- refroidissement à circulation forcée.

Refroidissement interne de la chambre de combustion:

- refroidissement par évaporation du carburant

Actuellement, la puissance croissante, le régime élevé, la construction du moteur (enfermé dans un espace relativement clos) et les dimensions toujours plus compactes font que l'on utilise le plus souvent des refroidissements par liquide à circulation forcée.

Le refroidissement par air n'est plus utilisé que sur des moteurs de motos, d'avions et sur des moteurs stationnaires.

11.2.2 Refroidissement par air

Dans le cas du refroidissement par air, les surfaces des parties chaudes du moteur sont directement exposées à l'air ambiant, le passage de l'air ambiant dissipe la chaleur située à la surface des pièces du moteur.

Refroidissement par le vent généré par la vitesse de déplacement (ill. 1). Il s'agit du type de refroidissement le plus simple. Il est souvent utilisé sur les motos où le moteur non caréné est exposé au courant d'air généré par le déplacement. Pour obtenir le meilleur refroidissement possible, les surfaces à refroidir sont augmentées. Ainsi, les cylindres, la culasse et souvent également le carter moteur sont pourvus d'ailettes.

Illustration 1: Moteur refroidi par air avec ailettes de refroidissement

Refroidissement par ventilateur. Il permet un refroidissement suffisant des moteurs qui sont abrités de l'air généré par le déplacement. Un ventilateur, entraîné par une courroie trapézoïdale reliée au moteur, refroidit chaque cylindre. La régularité de la ventilation est assurée par des déflecteurs. Utilisation: p. ex. scooters.

Avantages du refroidissement par air

- Construction simple.
- Rapport poids/puissance intéressant.
- Ne requiert ni liquide de refroidissement ni produit antigel.
- Ne requiert pas d'entretien.

Inconvénients du refroidissement par air

- Plus grandes variations de la température de service.
- Le ventilateur requiert une puissance relativement élevée (env. 3 % à 4 % de la puissance du moteur).
- Bruits plus importants dus au ventilateur et à l'absence, autour de la chambe de combustion, d'une enveloppe contenant le liquide de refroidissement.
- L'habitacle du véhicule chauffe plus lentement et de manière irrégulière.
- Le transfert de chaleur est plus faible à cause de la mauvaise conductibilité thermique entre les ailettes de refroidissement et l'air ambiant.
- Non réglable.

11.2.3 Refroidissement par liquide

Le refroidissement a lieu par transfert de chaleur au moyen d'un liquide. Celui-ci recueille la chaleur des composants et l'évacue dans l'air ambiant au travers du radiateur.

Dans le système de refroidissement par liquide, le bloc-moteur et la culasse sont dotés d'une double paroi parcourue par des conduits de refroidissement. Un liquide de refroidissement circule dans ces cavités et absorbe la chaleur à évacuer à la surface des parois. Le liquide parcourt le circuit de refroidissement au travers de tubulures et de durites, jusqu'à un radiateur traversé d'air. C'est par les surfaces de ce dernier que la chaleur du moteur est évacuée dans l'air ambiant. Le liquide ainsi refroidi reflue alors vers le moteur pour y absorber à nouveau de la chaleur.

Si le processus repose exclusivement sur la différence de densité entre un liquide chaud et un liquide froid, on parle de **refroidissement par thermosiphon**. Cet effet continuera donc à refroidir un moteur chaud même après que celui-ci est éteint. Il se base sur le principe que l'eau chaude a une densité plus faible que l'eau froide. En se réchauffant, l'eau va monter. La circulation d'eau va donc avoir lieu même en absence de pompe. Ce principe de refroidissement n'est toutefois pas adapté aux moteurs actuels. On n'utilise aujourd'hui que des systèmes de refroidissement avec pompe, le **refroidissement par liquide à circulation forcée.** Une pompe y fait circuler le liquide de refroidissement.

Avantages du refroidissement par liquide:

- Effet refroidissant régulier.
- Bonne isolation acoustique des bruits du moteur grâce à l'enveloppe de liquide de refroidissement.
- Permet un bon chauffage de l'habitacle.

Inconvénients du refroidissement par liquide

- Poids élevé.
- Maintenance importante.
- Phase d'échauffement longue jusqu'à l'obtention de la température de service.

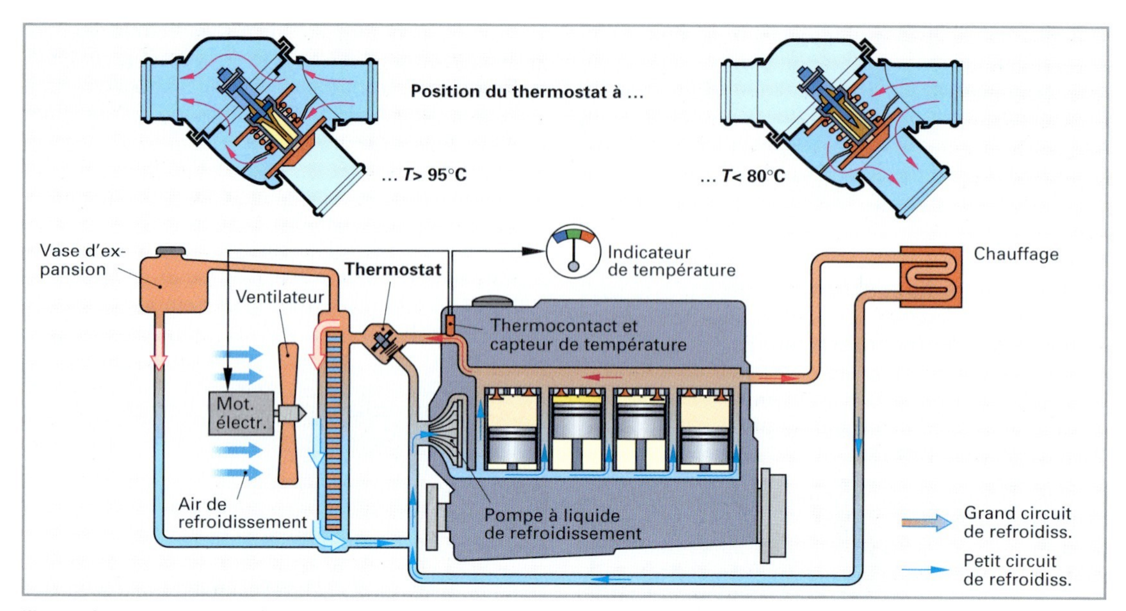

Illustration 1: Circuit de refroidissement à circulation forcée avec thermostat à deux clapets

Le liquide de refroidissement est envoyé par un thermostat dans le petit ou dans le grand circuit de refroidissement.

Moteur froid. Quand le moteur est froid, la pompe à eau de refroidissement refoule le liquide dans la zone de refroidissement enveloppant les cylindres. Il parvient à la culasse au travers d'orifices afin de la refroidir. De là, le liquide est refoulé vers la pompe, via le thermostat encore fermé. Si le chauffage de l'habitacle du véhicule est en fonction, une partie du liquide de refroidissement repart vers la pompe, selon la position de réglage du chauffage, via l'échangeur de chaleur du chauffage **(petit circuit de refroidissement).**

Moteur à température de service. Lorsque le moteur a atteint sa température de service, le radiateur est alors associé au circuit du liquide de refroidissement par le thermostat **(grand circuit de refroidissement).** Le liquide de refroidissement, chauffé par le moteur, se dirige alors, via le thermostat, vers le radiateur, puis vers la pompe. Le vase d'expansion maintient un niveau de liquide de refroidissement constant dans le système.

Température du liquide de refroidissement. Selon l'état de fonctionnement du véhicule et suivant le constructeur, elle s'élève à:

- env. 100 °C à 120 °C pour les véhicules de tourisme;
- env. 90 °C à 95 °C pour les véhicules utilitaires.

La pression maximale autorisée dans le système de refroidissement s'élève actuellement à:

- env. 1,3 bar à 2 bar pour les véhicules de tourisme;
- env. 0,5 bar à 1,1 bar pour les véhicules utilitaires.

Une pression plus élevée dans le système de refroidissement peut augmenter la température du liquide de refroidissement sans que celui-ci soit porté à ébullition. L'augmentation de la température du moteur ainsi générée permet d'augmenter la puissance et de réduire la consommation de carburant et les émissions polluantes.
Sur les moteurs Otto, l'augmentation de température est toutefois limitée, en raison d'une tendance accrue aux cliquetis.

Liquide de refroidissement. Il s'agit généralement d'un mélange d'eau déminéralisée, d'antigel et d'additifs contre la corrosion adaptés à chaque type de véhicule **(voir. p. 38, chap. 1.8.7).**

La quantité de liquide de refroidissement contenue dans le circuit de refroidissement s'élève à environ quatre à six fois la cylindrée du moteur. Le liquide circule environ dix à quinze fois par minute. Ainsi, selon la puissance du moteur, de 4000 à 8000 litres de liquide transitent chaque heure par la pompe à eau des véhicules de tourisme et de 8000 à 32 000 litres sur les véhicules utilitaires. Lorsque la chaleur de refroidissement est évacuée, la différence de température entre l'entrée et la sortie du liquide de refroidissement s'élève seulement à environ 5 °C à 7 °C , ce qui supprime toute contrainte thermique au niveau du moteur.

11.2.4 Composants du refroidissement liquide à circulation forcée

Thermostat de liquide de refroidissement (régulateur de température). Grâce à une commutation progressive entre le petit et le grand circuit de refroidissement, il veille à ce que le moteur atteigne rapidement sa température de service et, durant le fonctionnement, il maintient les variations de température dans une fourchette faible.

La régulation a une influence essentielle sur:

- la consommation de carburant;
- la composition des gaz d'échappement;
- l'usure.

Le thermostat peut aussi bien être monté dans une tubulure de liquide de refroidissement du moteur que dans la conduite d'amenée ou de retour.

Thermostat à deux clapets (ill. 1) (thermostat à deux voies). C'est le thermostat actuellement le plus utilisé. Lorsque la température augmente, ce thermostat ferme le petit circuit de refroidissement et dirige le flux de liquide de refroidissement vers le grand circuit menant au radiateur.

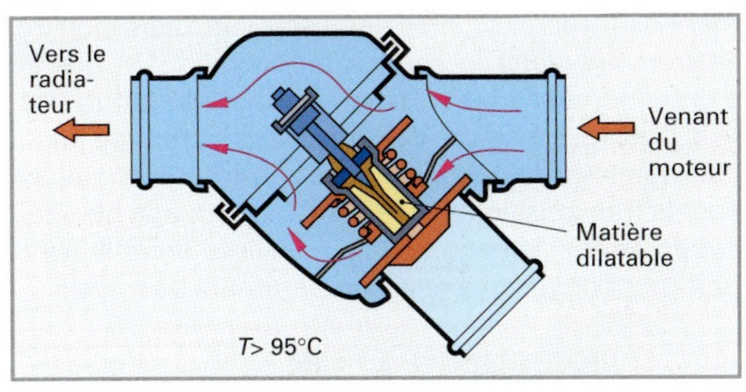

Illustration 1: Thermostat à deux clapets commandé par élément dilatable (moteur chaud)

Thermostat à élément dilatable. Sur les thermostats courants, un élément dilatable ouvre et ferme les clapets de régulation. L'élément dilatable **(ill. 2)** est constitué d'un boîtier métallique supportant la pression et rempli de matière cireuse. Lorsque le moteur est froid, le boîtier métallique engagé sur le piston empêche le liquide de se diriger vers le radiateur.

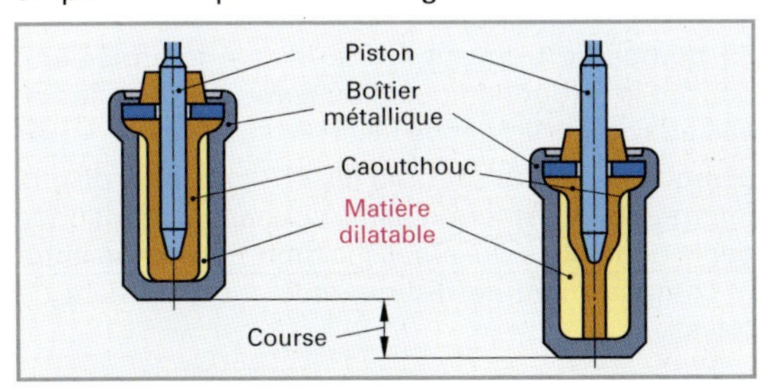

Illustration 2: Elément dilatable

Lors de l'élévation de la température du liquide de refroidissement (à environ 80 °C), la matière dilatable fond, augmentant ainsi de volume. Cela a pour effet de pousser le boîtier métallique sur le piston fixe, donc d'ouvrir le clapet de passage menant au radiateur et simultanément de fermer le clapet menant au petit circuit. Lorsque la température atteint environ 95 °C, le radiateur est traversé par la totalité du flux de liquide. Si la température du liquide de refroidissement redescend, un ressort repousse le boîtier métallique en position de repos, fermant ainsi le clapet de passage au radiateur et ouvrant à nouveau simultanément le clapet du conduit au petit circuit.

L'alternance permanente entre ouverture et fermeture fait que la température du liquide de refroidissement ne varie que très peu, ce qui maintient la température du moteur pratiquement constante. L'élément dilatable travaille indépendamment de la pression du système de refroidissement. Il permet d'importantes forces de commande pour l'actionnement des clapets.

Pompe à eau (ill. 3). La plupart du temps, elle est de type centrifuge (pompe radiale, pompe accélérant l'écoulement). Dans le carter de pompe, rempli de liquide de refroidissement, se trouve une roue à pales tournant à haut régime. Alimentée au centre (côté aspiration), elle centrifuge le liquide vers l'extérieur (côté refoulement). Le centre de la roue à pales est toujours alimenté en liquide provenant du radiateur ou du thermostat.

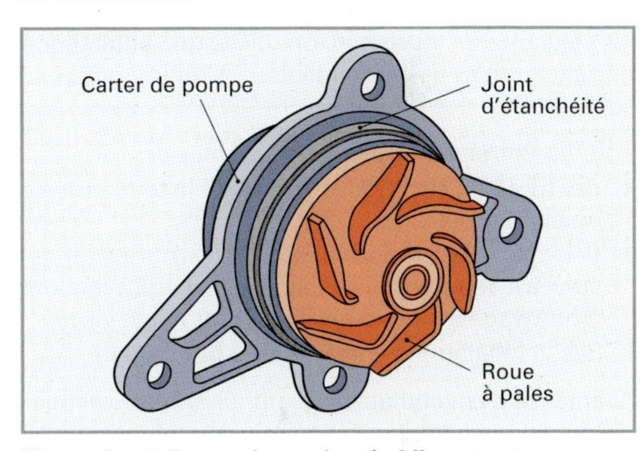

Illustration 3: Pompe à eau de refroidissement

L'entraînement de la pompe à eau de refroidissement est en général assuré par une courroie trapézoïdale entraînée par le vilebrequin. La pompe peut aussi être actionnée par un moteur électrique **(voir chapitre 11.2.5: systèmes de refroidissement pilotés par cartographie).** Un entraînement de pompe asservi à la température du liquide de refroidissement, réglé électroniquement, permet d'adapter le rendement de la pompe aux nécessités de refroidissement. Cela permet d'économiser du carburant et de réduire les émissions polluantes.

Ventilateur. Il a pour fonction d'approvisionner le radiateur et le compartiment moteur en quantité suffisante d'air frais lorsque le vent généré par la vitesse de déplacement du véhicule ne suffit pas, p. ex. en raison d'une conduite lente ou en cas d'arrêt.

Ventilateur à entraînement rigide. Le ventilateur peut être accouplé de manière rigide à l'arbre de la pompe à eau **(ill. 1, p. 214)** ou être actionné au moyen d'une courroie trapézoïdale reliée à la pompe à eau ou éventuellement par d'autres unités annexes du vilebrequin.

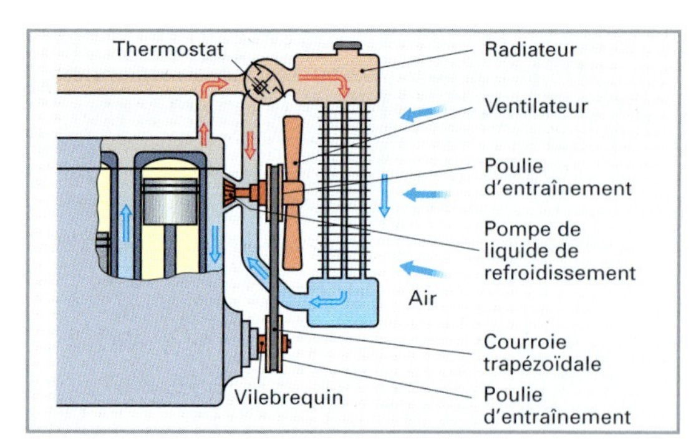

Illustration 1: Ventilateur à entraînement rigide

Ventilateur à entraînement variable. Il permet de tenir compte du fait que le volume d'air de refroidissement nécessaire varie nettement en fonction de la vitesse de déplacement et de la charge du moteur. Pour économiser de l'énergie (env. 2 kW à 3 kW sur les véhicules de tourisme), on utilise un ventilateur à déclenchement ou un ventilateur à régime variable sur la plupart des moteurs.

Pour un entraînement variable, on utilise:

- des moteurs électriques asservis à la température ou au régime;
- des courroies trapézoïdales avec embrayage asservi à la température, p. ex. embrayage à friction, embrayage à électro-aimant, embrayage visco;
- des ventilateurs à entraînement hydraulique.

Avantages des ventilateurs à entraînement variable:

- réduction de la consommation de carburant;
- augmentation de la puissance utile de propulsion;
- atténuation du bruit du ventilateur;
- obtention plus rapide de la température de service;
- température de service plus constante.

Ventilateurs à commande électrique (ill. 2). Dans ce cas, le ventilateur est positionné sur l'arbre du moteur électrique.

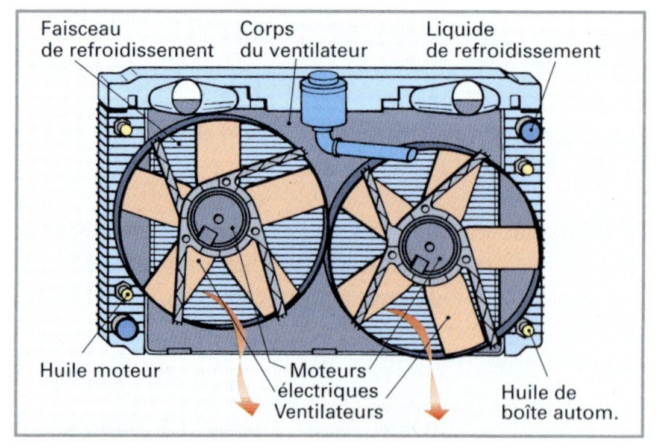

Illustration 2: Ventilateur à commande électrique

Celui-ci peut être démarré ou arrêté par un thermocontact entouré du liquide de refroidissement **(voir schéma, p. 540)**. La vitesse de rotation du ventilateur peut être également réglée par paliers ou en continu, indépendamment de la température du moteur. L'entraînement par moteur électrique a les avantages suivants:

- le flux d'air fourni par le ventilateur peut aussi être maintenu après l'arrêt du moteur, afin d'éviter toute surchauffe due au post-échauffement du moteur;
- le radiateur peut être monté indépendamment de la position du moteur.

Embrayage visco (ill. 3). Il s'agit d'une commande variable du ventilateur fréquemment utilisée. Le ventilateur est vissé au moyeu de ventilateur et corps d'embrayage. Un compartiment de travail et un compartiment de réserve, séparés par un disque intermédiaire, se trouvent dans le corps d'embrayage. Un disque d'entraînement tourne dans le compartiment de travail. Il est relié à l'arbre de transmission entraîné par la courroie trapézoïdale. De l'huile à base de silicone assure la transmission des forces. Une soupape bimétallique permet l'échange du liquide visco entre le compartiment de réserve et le compartiment de travail.

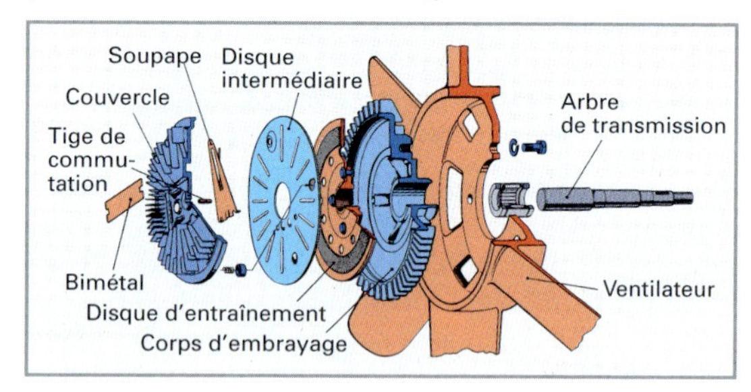

Illustration 3: Embrayage de ventilateur visco

La pompe se trouvant sur le disque intermédiaire permet le retour du liquide du compartiment de travail au compartiment de réserve.

Lorsque le moteur est froid **(ill. 4)**, l'orifice du disque intermédiaire est fermé par la soupape commandée par le bimétal, ce qui empêche toute circulation entre le compartiment de réserve et le compartiment de travail.

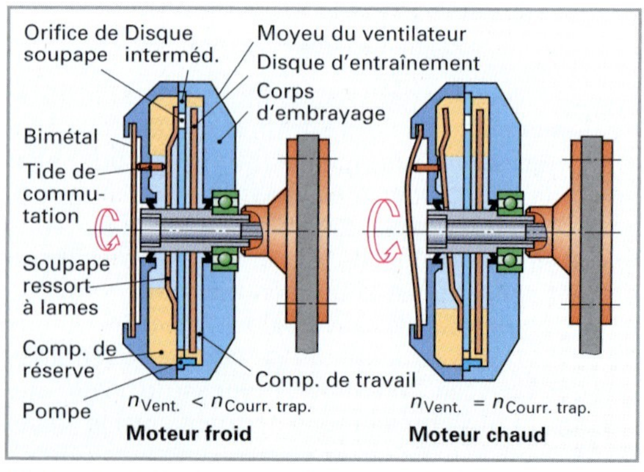

Illustration 4: Embrayage visco, états de fonctionnement

La pompe extrait ainsi l'huile du compartiment de travail et l'envoie dans le compartiment de réserve où le niveau augmente malgré la force centrifuge. La poulie d'entraînement n'est ainsi plus reliée au moyeu du ventilateur: celui-ci est débrayé. Il ne tourne encore que grâce au frottement résiduel interne.

Avec le réchauffement croissant de l'air circulant à travers le radiateur (vent dû au déplacement du véhicule), l'élément bimétallique situé sur la partie frontale de l'embrayage visco s'échauffe et ouvre l'orifice du disque intermédiaire. Le niveau du liquide s'égalise dans les deux compartiments. La friction croissante générée par l'huile à base de silicone entre le disque d'entraînement et le moyeu du ventilateur permet de mettre le ventilateur progressivement en fonction.

La différence de régime toujours présente entre le disque d'entraînement (p. ex. 2000 1/min) et le corps d'embrayage (p. ex. 1900 1/min) maintient le remplissage du compartiment de travail par la circulation d'huile.

Entraînement hydraulique

Le ventilateur est actionné par un moteur hydraulique **(ill. 1)**. La plupart du temps, ce sont les pompes hydrauliques en tandem du mécanisme de direction assistée qui fournissent la pression d'huile nécessaire.

L'une des pompes fournit la pression pour l'entraînement du ventilateur et l'autre celle nécessaire à la direction assistée. Une soupape de régulation, pilotée par le boîtier de commande du moteur, peut gérer la quantité d'huile nécessaire au moteur hydraulique du ventilateur en fontion de la température du moteur et de la vitesse du véhicule. La vitesse du ventilateur peut donc être adaptée en continu.

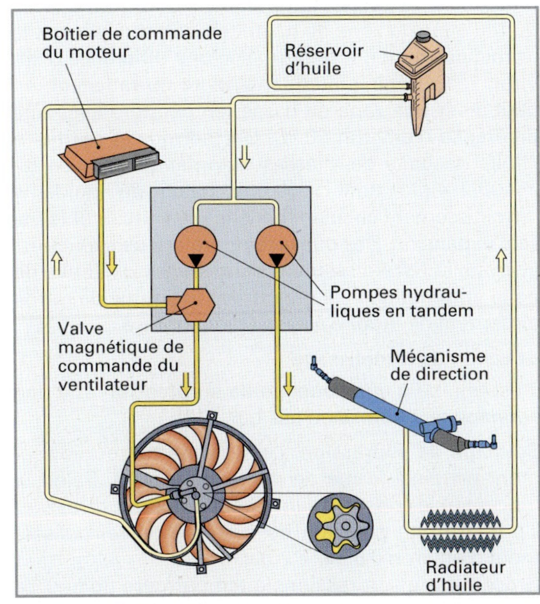

Illustration 1: Entraînement du ventilateur par moteur hydraulique

Radiateur

Le radiateur doit évacuer dans l'air ambiant la chaleur du moteur absorbée par le liquide de refroidissement **(ill. 2)**.

On utilise les radiateurs ou échangeurs suivants:

- radiateur du moteur;
- radiateur de carburant;
- radiateur d'air de suralimentation;
- radiateur d'huile de boîte de vitesses;
- radiateur pour recirculation des gaz d'échappement;
- radiateur d'huile.

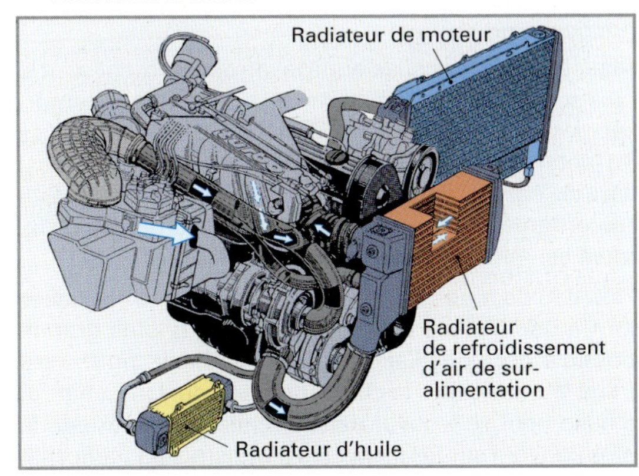

Illustration 2: Disposition des radiateurs

Le liquide de refroidissement coule directement de haut en bas dans le radiateur **(ill. 3)**. Celui-ci se compose d'un collecteur supérieur et d'un collecteur inférieur, entre lesquels est logé le réseau de circulation du liquide de refroidissement.

Le faisceau du radiateur se compose:

- des conduites du liquide de refroidissement;
- des plaques de raccordement;
- des ailettes ondulées;
- des pièces latérales.

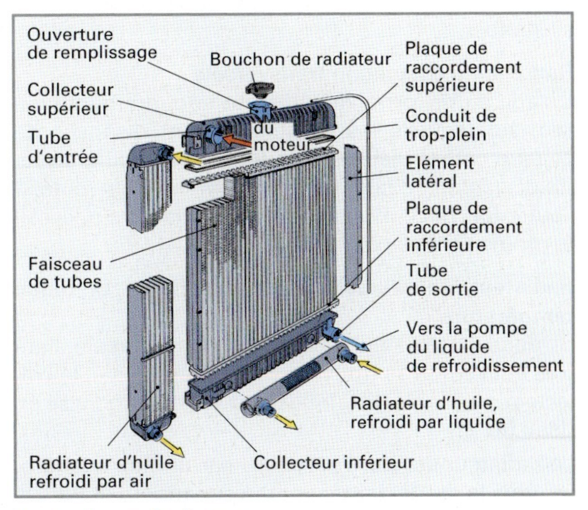

Illustration 3: Radiateur

Collecteur supérieur. Le tube d'entrée du liquide de refroidissement venant du moteur est placé sur le collecteur supérieur. Celui-ci est souvent équipé d'une ouverture pour le remplissage de liquide de refroidissement. Le bouchon du radiateur **(ill. 1, p. 217)**, donnant sur un conduit de trop-plein, a pour mission de limiter toute surpression ou dépression dans le système. Le conduit de trop-plein peut être relié à un vase d'expansion permettant de garantir le remplissage du système de refroidissement lors de son refroidissement.

Collecteur inférieur. Le tube de sortie du liquide refroidi allant vers le moteur est placé sur le collecteur inférieur. Celui-ci peut avoir un bouchon ou un robinet de purge.

Actuellement, les collecteurs de refroidissement sont le plus souvent fabriqués en matière synthétique renforcée par de la fibre de verre; ils sont également réalisés en métal léger ou en alliage cuivre-zinc. L'étanchéité est assurée par un joint élastomère placé entre la plaque de raccordement et le collecteur. La plaque de raccordement est reliée au collecteur par sertissage.

Faisceau de tubes. Un système de tubes et de lamelles forme une surface de refroidissement la plus grande possible pour que l'air de refroidissement puisse extraire le maximum de chaleur du liquide. Un radiateur d'huile peut se trouver dans le collecteur inférieur, le plus souvent sur les véhicules à transmission automatique. Parfois, on utilise aussi un radiateur d'huile moteur qui peut être positionné latéralement.

Tuyaux de radiateur. Le radiateur est le plus souvent relié au moteur de manière élastique par des durites en élastomère renforcées par des tissus résistant à la chaleur. Lorsque de grandes distances doivent être parcourues, p. ex. si le moteur est à l'arrière et le radiateur à l'avant du véhicule, on utilise aussi des tuyaux en métal ou en matière synthétique.

Suspension du radiateur. Le radiateur doit être monté dans le véhicule de manière à être protégé des chocs et des vibrations. Pour cette raison, il est fixé au châssis ou à la carrosserie de manière souple au moyen de silentblocs.

Radiateur à circulation transversale

Il s'agit d'une forme de radiateur fréquemment utilisée, sur laquelle les collecteurs sont disposés de chaque côté du faisceau de tubes. Le liquide de refroidissement coule horizontalement d'un côté à l'autre **(ill. 1)**. Le montage de ces radiateurs nécessite moins de place en hauteur.

Radiateur transversal avec partie haute et basse température

Si, dans un radiateur à circulation transversale, l'entrée et la sortie se trouvent sur le même côté, le collecteur du liquide de refroidissement est subdivisé en deux **(ill. 2)**.

Le radiateur est alors parcouru par un flux allant, p. ex. vers la droite dans sa partie supérieure et vers la gauche dans sa partie inférieure.

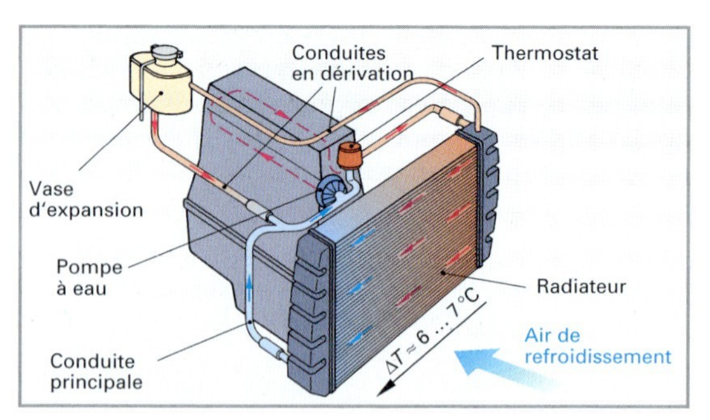

Illustration 1: Système de refroidissement avec radiateur transversal

Le liquide de refroidissement doit parcourir le radiateur deux fois dans le sens de la largeur, ce qui améliore l'effet de refroidissement.

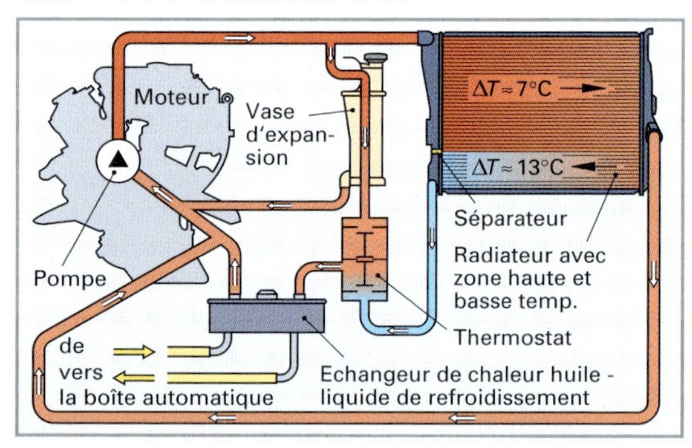

Illustration 2: Système de refroidissement avec radiateur transversal et zone haute et basse température

Un séparateur, ainsi que des tubes de sorties placés à différentes hauteurs, permettent de créer deux zones différentes de température. Dans la partie supérieure du radiateur, la zone de haute température permet le refroidissement du moteur avec une différence d'environ 7 °C. Dans la partie inférieure du radiateur, on peut créer une zone de basse température avec une différence d'environ 20 °C. Un thermostat permet à l'huile de boîte de vitesses automatiques de se réchauffer rapidement grâce à la chaleur du liquide de refroidissement circulant dans le petit circuit et le vase d'expansion. Dès que la température de service est atteinte, le refroidissement plus intense de l'huile de boîte automatique est garanti par le liquide de refroidissement de la zone à basse température.

Bouchon de remplissage

Il est équipé d'une soupape de surpression et d'une soupape de dépression **(ill. 1, p. 217)**.

Soupape de supression. Le système de refroidissement est ainsi fermé de manière étanche. Selon le modèle et le constructeur, la soupape de surpression s'ouvre à une pression du système de refroidissement d'environ 0,5 bar à 2 bar.
Grâce à cette surpression, la température du liquide de refroidissement peut monter jusqu'à 120 °C sans que celui-ci entre en ébullition.

11

Soupape de dépression. Lors du refroidissement du liquide, une dépression est générée par la diminution de son volume. Celle-ci peut être compensée par l'ouverture de la soupape de dépression, ce qui empêche l'écrasement des durites.

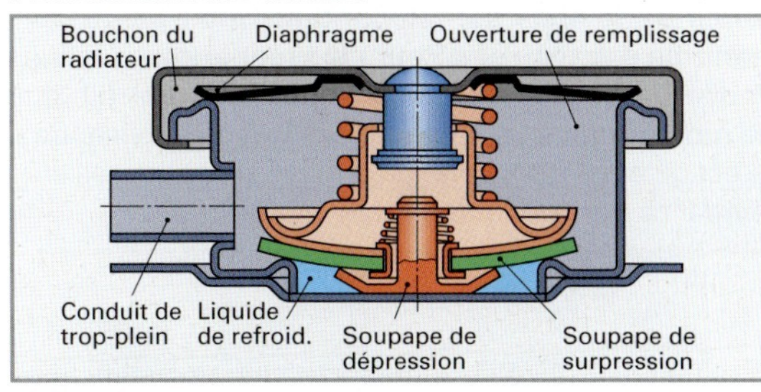

Illustration 1: Bouchon de remplissage

11.2.5 Systèmes de refroidissement à régulation électronique

La régulation de la température par cartographie permet de réduire la consommation et les émissions sans diminuer les performances et la durée de vie du moteur. Parallèlement, il est possible d'améliorer le chauffage de l'habitacle et de réduire le poids du système.

Caractéristiques de ce système de refroidissement:

- le réchauffement rapide du moteur et du catalyseur permet d'abréger la phase de fonctionnement à froid, de diminuer la consommation et les émissions polluantes;
- la température du moteur est amenée à 120 °C durant les états de fonctionnement non critiques, p. ex. en charge partielle. Cela permet d'améliorer la viscosité de l'huile moteur, de réduire l'usure du moteur et d'améliorer significativement la formation du mélange et le rendement du moteur, de réduire les frottements et la consommation de carburant;
- durant les états de fonctionnement critiques, p. ex. à pleine charge, la température du moteur est abaissée. Elle évite la surchauffe des éléments qui crée des émissions d'oxydes d'azote, du cliquetis conduisant au retard à l'allumage et un mauvais remplissage.

11.2.6 Eléments du système de refroidissement à régulation électronique

Thermostat à régulation électronique (ill. 2).

Un corps de chauffe électrique est intégré dans l'élément dilatable. Ce corps de chauffe est activé par l'appareil de commande électronique en fonction des valeurs d'entrée. Il chauffe l'élément dilatable en plus de la chaleur du liquide de refroidissement. Ce réchauffement augmente la course et génère une plus grande ouverture du thermostat, entraînant ainsi une réduction de la température du liquide de refroidissement.

Les valeurs d'entrée suivantes peuvent être prises en considération:

- charge
- vitesse
- température de l'air
- temp. du liquide refr.
- volume du liquide refr.
- chauffage de l'habitacle
- installation de climatisation

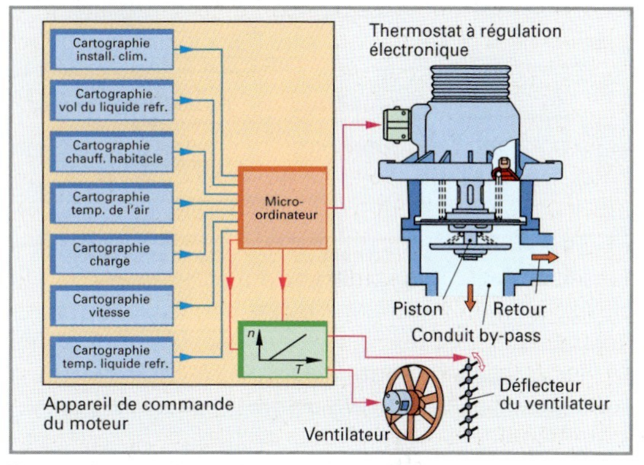

Illustration 2: Thermostat à régulation électronique

Déflecteur du ventilateur. Devant le ventilateur, on trouve un système de déflecteur actionné électriquement, resp. par un élément dilatable. Lors du démarrage à froid, le déflecteur reste fermé afin que l'air généré par le déplacement du véhicule ne puisse pas exercer d'effet refroidissant. Cela permet au moteur d'atteindre plus rapidement la température de service. Sur les véhicules Diesel, ce déflecteur permet également d'amortir les bruits générés lors du démarrage à froid. Au fur et à mesure que la température du moteur augmente, le déflecteur s'ouvre.

Pompes à eau de refroidissement actionnées électriquement. Par rapport aux pompes entraînées par courroies trapézoïdales, elles présentent les avantages suivants:

- le flux du liquide de refroidissement peut être réglé indépendamment de la charge et du régime du moteur;
- la consommation énergétique est moindre: environ 200 W contre les 2 kW d'une pompe à entraînement permanent.

TRAVAUX D'ATELIER

Pannes, contrôles et maintenance: conseils

Liquide de refroidissement trop chaud. Une cause possible peut être une perte de liquide de refroidissement provoquée par un manque d'étanchéité, p. ex. au niveau du radiateur, des durites ou de la pompe. Il est aussi possible que la pompe n'aspire que peu ou pas de liquide de refroidissement si la courroie trapézoïdale est défectueuse ou pas assez tendue. Un thermostat défectueux ou un ventilateur défectueux ou très sale peut aussi provoquer un échauffement anormal du liquide de refroidissement.

Afin d'identifier la défectuosité, il faut utiliser un plan de recherche de pannes **(ill. 1, p. 218)**.

Suite de la page 217

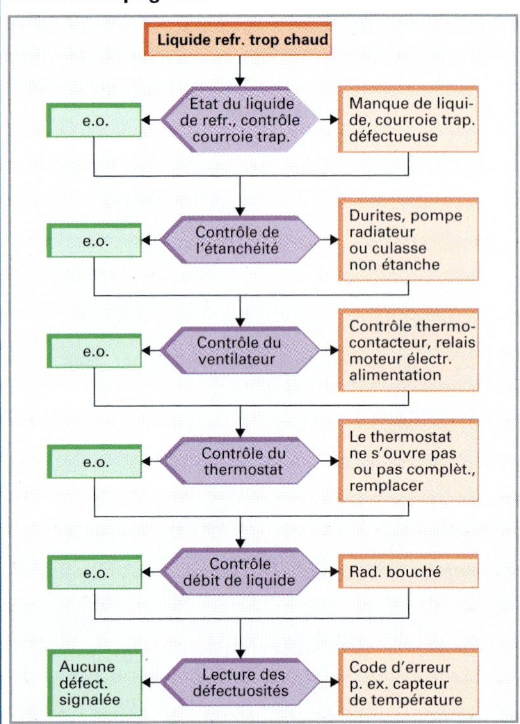

Illustration 1: Plan de recherche de pannes - système de refroidissement

Les radiateurs non étanches doivent être immédiatement réparés car, avec le temps, l'endroit défectueux s'agrandit et la perte de liquide de refroidissement augmente. Seuls les anciens radiateurs en laiton peuvent être réparés par brasage. Pour les radiateurs en aluminium et les faibles inétanchéités, on peut ajouter un produit d'étanchéité au liquide de refroidissement. Les très fines particules du produit d'étanchéité sont emportées par le flux du liquide vers l'endroit non étanche où elles viennent se déposer. Après la réparation, il faut amener le liquide de refroidissement à la température de service.

Remplissage du liquide de refroidissement. Il faut tenir compte du fait que le liquide froid ne doit être versé dans un moteur chaud que quand celui-ci tourne. Le liquide froid doit être versé lentement pour éviter toute tension dangereuse pour le bloc moteur et la culasse.

Contrôler l'antigel du liquide de refroidissement. La limite du gel se mesure avec un appareil (réfractomètre). Elle doit être inférieure à – 25 °C. Lors du remplissage, n'utiliser que des produits antigel préconisés par le constructeur.

Contrôle d'étanchéité. Le contrôle visuel, ainsi que le contrôle de la porosité, de la fragilité et des morsures de fouines sur les conduits, font partie du contrôle d'étanchéité. Pour effectuer le contrôle au moyen de l'appareil de mesure de la pression **(ill. 2)**, le moteur doit être à la température de service. Ce n'est qu'ainsi que les légères fuites seront mises en évidence par la dilatation thermique.

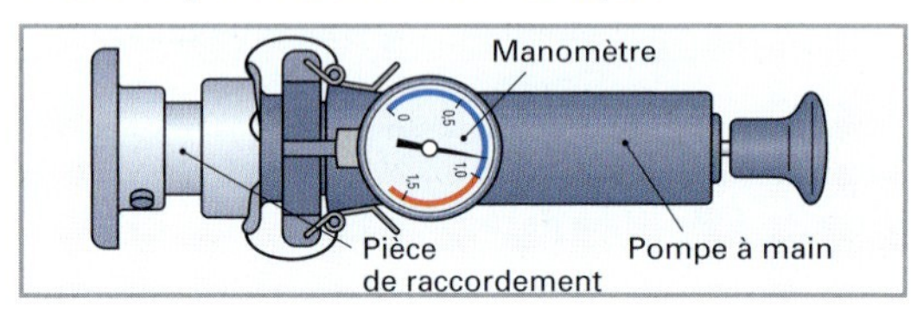

Illustration 2: Appareil de mesure de la pression

L'appareil de mesure est vissé à la place du bouchon du radiateur. Une surpression est générée à la main, qui doit subsister durant au moins deux minutes. Si la pression chute, cela signifie qu'il y a une fuite qui doit être trouvée et éliminée. Le même appareil permet de contrôler la pression d'ouverture du bouchon du radiateur.

Appareil de contrôle du CO. Il aspire de l'air contenu dans le système de refroidissement. Si le liquide de contrôle bleu vire au jaune, cela signifie que la culasse, respectivement le joint de culasse, n'est pas étanche et que des émissions de CO arrivent dans le circuit de refroidissement.

Thermostat. Une fois démonté, il est contrôlé dans un bain d'eau qui est lentement réchauffé. On contrôle le début de l'ouverture du thermostat au moyen d'un thermomètre.

Thermostat électronique. Il est contrôlé sans être démonté au moyen d'un testeur d'appareil électrique qui établira le diagnostic.

Les radiateurs bouchés doivent être nettoyés. L'utilisation d'eau du robinet très calcaire provoque l'apparition de tartre, surtout dans le radiateur. Le tartre empêche le passage du liquide de refroidissement et influence négativement l'évacuation de la chaleur. Pour le nettoyage, on emploie généralement des produits chimiques. A la fin du processus, le radiateur doit être intégralement rincé.

Ventilateur avec embrayage visco. Après démontage, il doit impérativement être entreposé en position verticale.

Questions de révision

1. **Quels sont les avantages et les inconvénients des systèmes de refroidissement par air, resp. par liquide?**
2. **Comment les ventilateurs enclenchables peuvent-ils être actionnés?**
3. **Quelles sortes de radiateurs emploie-t-on?**
4. **Citer les avantages des thermostats à commande électronique.**

11.3 Embiellage

11.3.1 Pistons

Fonctions

- Assurer l'étanchéité entre la chambre de combustion et le carter du vilebrequin de manière mobile.
- Recevoir la pression de combustion et la transmettre au vilebrequin au travers de la bielle, sous forme de force.
- Transférer la plus grande partie de la chaleur dégagée par la combustion de la tête du piston aux parois du cylindre.
- Piloter l'échange gazeux sur les moteurs à deux temps.

Sollicitations

Effort sur le piston. La pression de combustion exercée sur la tête du piston des moteurs Otto peut s'élever jusqu'à 60 bar. La force sur le piston peut atteindre 30 000 N pour un diamètre de 80 mm. L'axe du piston fait subir aux bossages du piston une pression de surface pouvant aller jusqu'à 60 N/mm².

Force latérale. Le piston est pressé d'un côté puis de l'autre de la paroi du cylindre, créant une pression latérale pouvant s'élever jusqu'à 0,8 N/mm². Cela provoque un battement du piston et, par conséquent, des bruits. Il est possible de réduire le battement par un jeu plus faible du piston, une longueur de jupe plus importante et un décalage de l'axe du piston.
Le **désaxage** consiste à décaler l'axe du piston vers le côté soumis à la pression d'environ 0,5 à 1,5 mm par rapport au centre du piston **(ill. 1)**. Le piston change ainsi de côté d'appui non pas seulement au moment où apparaît brusquement la pression de combustion peu après le PMH mais déjà lorsque la pression de compression se forme avant le PMH. Si l'axe du piston n'est pas désaxé, le vilebrequin peut être désaxé.

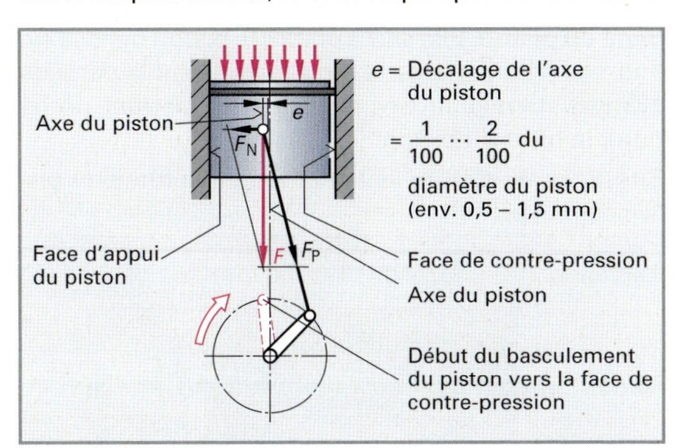

Illustration 1: Forces exercées sur le piston à axe décalé

Force de frottement. La jupe du piston, la zone des bossages et la zone de segmentation sont soumises au frottement. Il est possible de réduire le frottement et l'usure en choisissant des matériaux appropriés, en traitant soigneusement les surfaces de glissement et en assurant une lubrification suffisante.

Déformation du piston. Les forces exercées sur le piston provoquent des déformations. La tête du piston est déformée par l'effet de la pression des gaz. Etant donné que la force est transmise par les bossages du piston, cette dernière se concentre vers les points de contact avec l'axe générant de ce fait une déformation qui a tendance à augmenter le diamètre du piston dans le même sens que l'axe du piston. Simultanément, la force latérale sur le piston amplifie le phénomène. Du fait de la pression de combustion élevée, les variations du diamètre exercent une influence sur les jeux de montage. Pour les moteurs Otto, cette variation peut aller jusqu'à 0,15 % du diamètre et jusqu'à 0,07 % pour les moteurs Diesel.

Chaleur. La combustion du mélange air-carburant engendre des températures allant jusqu'à 2 500 °C dans le cylindre. Une grande partie de la chaleur est évacuée par les surfaces de frottement du piston et les segments vers le cylindre qui est refroidi. L'huile de lubrification dissipe également une partie de la chaleur. Malgré cela, la température de service des pistons en alliage léger atteint encore 250 à 350 °C au niveau de la tête du piston et jusqu'à 150 °C au niveau de la jupe **(ill. 2)**.

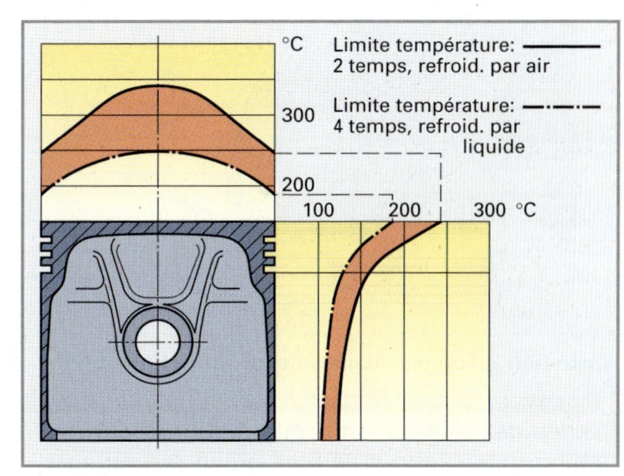

Illustration 2: Températures de service au niveau du piston

Fabrication. Durant le fonctionnement, afin d'obtenir un jeu défini et une forme de piston cylindrique, trois mesures sont appliquées **(ill. 1, p. 220)**:

Ovalisation. Du côté de l'appui et de la contre-pression, le diamètre est plus grand que dans le sens de l'axe du piston. Les déformations du piston provoquées par les forces qui s'y exercent sont ainsi compensées.

Conicité. Elle rend le piston plus étroit dans sa partie supérieure, ce qui permet de compenser les différentes dilatations thermiques.

Variation de l'épaisseur des parois. On peut gérer les tensions et le développement de la dilatation au moyen de parois d'épaisseurs différentes, ce qui permet de conserver la forme cylindrique du piston durant le fonctionnement.

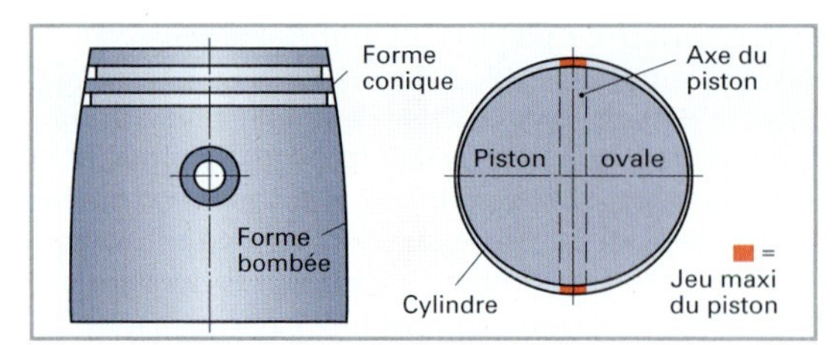

Illustration 1: Forme de piston à froid

Jeu à froid. L' **ill. 2** représente la forme du piston à froid. Le jeu entre le piston et le cylindre est variable. Au niveau de l'axe, l'ovalisation permet de générer un jeu du piston plus important qu'au niveau du battement (p. ex. le jeu en bout de jupe est de 0,088 mm, mesuré parallèlement à l'axe de piston, alors qu'il se monte à seulement 0,04 mm mesuré perpendiculairement). Ce jeu minime est le jeu de montage tant donné que le piston a son plus grand diamètre à cet endroit (diamètre nominal). Vers le haut, le piston est plus étroit dans les deux sens.

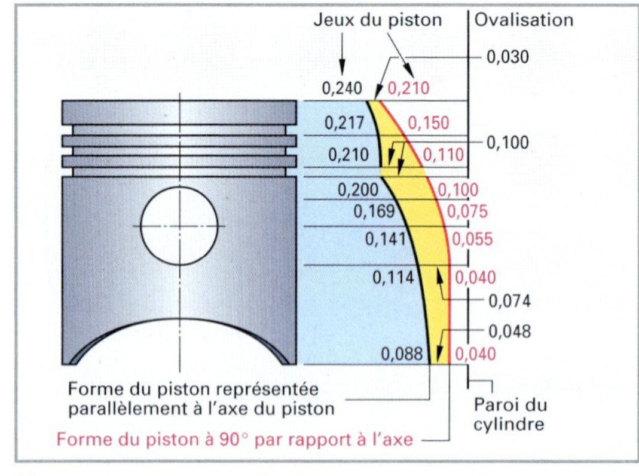

Illustration 2: Formes du piston avec jeux de montage

> Le jeu de montage est la différence entre le diamètre du cylindre et le plus grand diamètre du piston.

Matériaux des pistons

En raison des différentes contraintes exercées, les propriétés suivantes sont exigées:

- faible masse volumique (forces d'inertie plus faibles);
- grande résistance mécanique (également à températures élevées);
- bonne conductibilité thermique;
- faible dilatation thermique;
- faible résistance au frottement;
- grande résistance à l'usure.

En raison de leur faible masse volumique ($\rho \approx 2{,}7$ kg/dm^3) et de leur conductibilité thermique élevée, on utilise des pistons en alliage d'aluminium-silicium. Plus la teneur en silicium est importante, plus la dilatation thermique et l'usure sont faibles. En revanche, l'usinage lors de la fabrication est plus difficile. En général, le matériau AlSi12CuNi est utilisé. En cas de contraintes thermiques très importantes, on utilise des pistons en AlSi18CuNi ou en AlSi25CuNi.

Les pistons sont coulés en coquille. Les pistons devant supporter des pressions particulièrement élevées sont forgés à la presse.

Structures et dimensions (ill. 3 et ill. 4)

Tête du piston. Elle peut être plane ou légèrement concave ou convexe. Grâce à une cavité aménagée dans la tête du piston, la chambre de combustion peut se situer partiellement dans le piston. La forme de la tête du piston est également influencée par la forme de la chambre de combustion et par la disposition des soupapes.

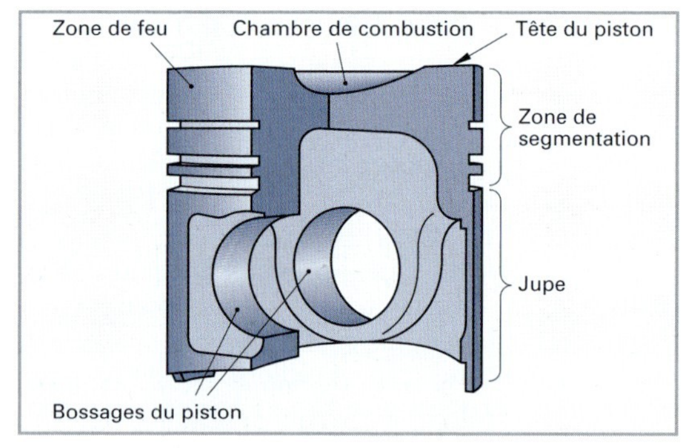

Illustration 3: Structure d'un piston

Zone de segmentation. Elle guide les segments du piston dans leurs rainures et rend la chambre de combustion étanche par rapport au carter moteur. Elle permet d'évacuer environ 50 % de la chaleur générée au niveau du piston.

Zone de feu. Elle sert à protéger le segment supérieur du piston d'un échauffement excessif.

Jupe du piston. Elle sert à guider le piston dans le cylindre et à transmettre la force latérale sur la paroi du cylindre. Une jupe de piston longue permet de réduire le bruit du piston.

Bossages du piston. Ils transmettent la force du piston sur l'axe.

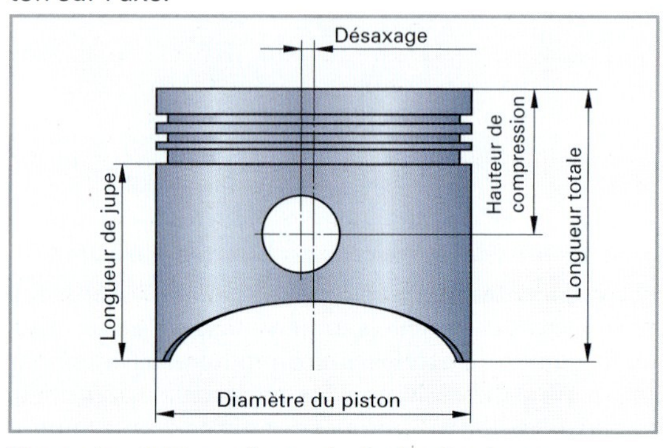

Illustration 4: Dimensions principales du piston

Types de pistons

Pistons mono métal. Ce sont des pistons à jupe pleine, coulés ou matricés, pour moteurs Otto, Diesel ou à deux temps **(ill. 1),** constitués d'un seul matériau, p. ex. de l'alliage AlSi. En cas de pressions de combustion élevées, p. ex. pour les moteurs Diesel, la tête, la zone de segmentation et la jupe du piston sont fabriquées de façon plus robuste.

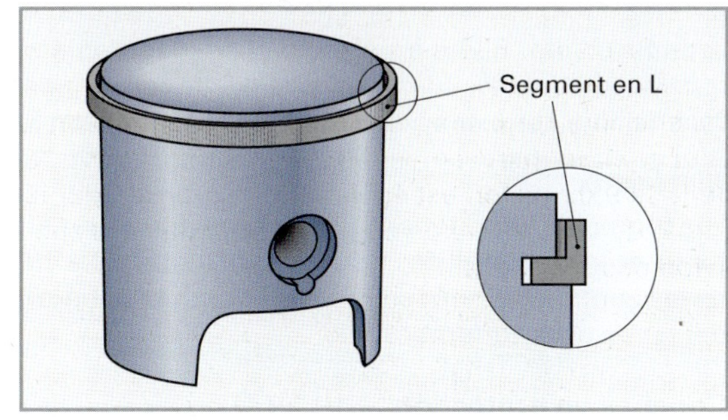

Illustration 1: Piston mono métal (piston moteur à deux temps)

Pistons allégés à frottement réduit. Du côté de la face d'appui et de la contre-pression, ils disposent d'une jupe façonnée spécifiquement pour assurer un frottement optimal sur de petites surfaces **(ill. 2).** La longueur de la jupe est ainsi raccourcie.
De plus, la hauteur de compression du piston et l'épaisseur des segments du piston sont également réduites, ce qui permet une réduction de poids significative.

Illustration 2: Piston allégé à frottement réduit

Pistons en alliage d'aluminium forgé (ill. 3). Fabriqués avec un même alliage, ils sont plus solides et ont une structure plus fine que les pistons coulés. L'épaisseur des parois du piston peut donc être moindre. Ils sont fabriqués à partir d'un matériau forgé en barre qui est amené à température de forgeage et pressé par un poinçon dans une matrice, obtenant ainsi une pièce brute. Ces pistons sont utilisés dans les sports automobiles et dans les moteurs de série fonctionnant à hauts régimes.

Pistons autothermiques. Ils disposent de renforts en acier insérés dans le moule avant la coulée du métal léger. Cela permet d'obtenir, à toutes les températures, une réduction du jeu de battement des pistons en alliage d'aluminium qui sont utilisés dans les cylindres en fonte grise ou en acier coulé.

Illustration 3: Piston en alliage d'aluminium forgé

Pistons avec porte-segment et canal de refroidissement (ill. 4). On réduit l'usure due aux températures et pressions élevées, au niveau de la gorge du segment de feu, par l'introduction d'un porte-segment dans le moule. Une anodisation des parois permet d'améliorer la protection contre l'usure. Le piston est en outre doté d'un canal annulaire de refroidissement permettant d'évacuer la chaleur de façon optimale. Une douille en laiton renforce les bossages du piston.

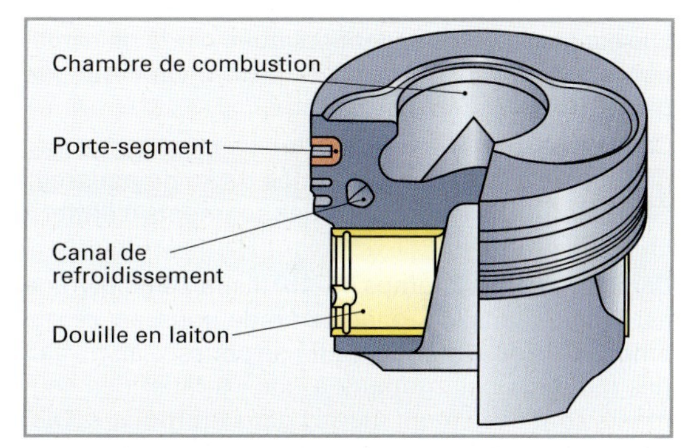

Illustration 4: Piston avec porte-segment et canal de refroidissement

Couche de protection des surfaces du piston

Elle permet de réduire le frottement, et par conséquent l'usure entre le piston et le cylindre et permet d'éviter le grippage du piston en cas de perturbation temporaire de la lubrification. Elle est appliquée sur la jupe du piston.

Couche ferreuse (ferro-coat). Elle est appliquée lorsque les surfaces de frottement du cylindre sont en alliage d'alumimium. Le fer est appliqué par galvanisation. Une fine couche d'étain appliquée sur la couche ferreuse sert de protection contre la corrosion.

Couche de graphite. Elle est appliquée lorsque les cylindres sont en fonte ou en acier. Elle permet de réduire le jeu de montage et donc le bruit du piston. Le graphite est lié par une résine synthétique.

Dans des cas spécifiques, il est possible d'appliquer une **couche de protection en molybdène** ou de procéder à un **durcissement par oxydation électrolytique**.

Segments de piston

On distingue les segments de compression et les segments racleurs d'huile **(tableau 1).**

Segments de compression. Ils assurent ...

- l'étanchéité du piston dans le cylindre par rapport au carter du vilebrequin;
- la dissipation de la chaleur du piston vers le cylindre refroidi.

Segments racleurs d'huile. Ils assurent ...

- le raclage de l'excédent d'huile de lubrification sur la paroi du cylindre;
- le retour de cette huile dans le carter d'huile.

Propriétés

Les segments de pistons doivent être élastiques et leur forme ne doit pas se modifier de manière permanente lors du frottement ou de la compression. Durant le fonctionnement, la force de serrage exercée sur la paroi du cylindre est encore augmentée, à l'arrière des segments, par la pression des gaz.

Force de serrage

Elle est automatiquement appliquée par la déformation élastique du segment de piston. On distingue deux formes de force de serrage.

Caractéristiques 4 temps (ill. 1a). La force de serrage est plus élevée dans les zones de fin de poussée, ce qui empêche la tendance des segments à flotter en fin de poussée.

Caractéristiques 2 temps (ill. 1b). La force de serrage est réduite dans les zones de fin de poussée, ce qui empêche le débattement de fin de poussée au niveau des lumières des moteurs à deux temps. Ces segments sont également utilisés dans les moteurs Diesel pour réduire l'usure de fin de poussée.

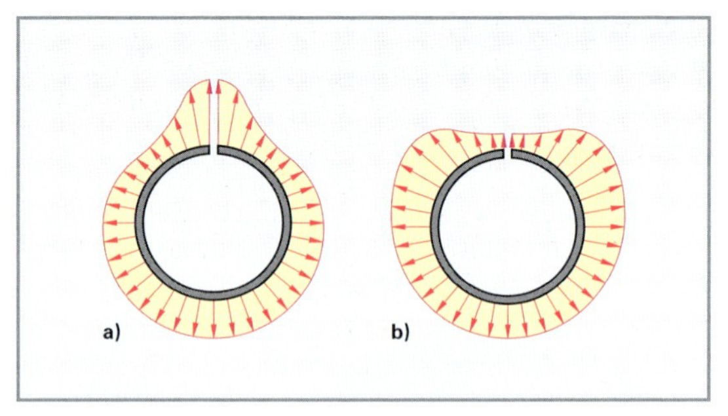

Illustration 1: Force de serrage des segments de piston

Matériaux

Les segments de pistons ordinaires sont fabriqués en fonte et en fonte alliée; les segments soumis à de fortes contraintes sont en fonte au graphite sphéroïdal ou en acier fortement allié.

Couches de protection

Le phosphate et **l'étain** améliorent les propriétés de glissement et facilitent le rodage.

Le molybdène est appliqué comme revêtement sur toute la surface des segments. De par sa bonne conductibilité thermique, son point de fusion élevé (2620 °C) et ses bonnes propriétés de fonctionnement à sec, la couche de molybdène permet d'empêcher, dans une large mesure, le grippage des segments.

Les segments chromés résistent à la corrosion et à l'usure. Ils sont principalement utilisés pour les segments supérieurs (segments de feu) qui ont une moins bonne lubrification.

Pour réduire la résistance au frottement dans les petits moteurs à deux temps, on utilise fréquemment un seul segment de piston, p. ex. un segment en L.

Tableau 1: Segments de piston

Forme du segment de piston		Symbole	Instruction de montage	But de la forme
Section	Description			
	Segment rectangulaire (segment de compression)	R	Possible dans les deux sens	Facile à fabriquer
	Segment conique	M	Flanc de segment avec le repère "Top" en dir. de la tête du piston	Accélère le processus de rodage (gén. dans 1ère gorge)
	Segment trapézoïdal (unilatéral)	Tr	Flanc de segment conique en direction de la tête du piston	Evite le blocage dans la gorge du segment
	Segment en L	LR	Le plus grand ∅ int. du segment est orienté vers la tête du piston	Augm. la pression d'application par la pression des gaz de combustion
	Segment à talon	N	Talon orienté vers la jupe	Permet de mieux racler l'huile
	Segment racleur à fentes (normal)	O	Possible dans les deux sens	Effet de raclage avec passage d'huile vers l'intérieur du piston
	Segment racleur avec ress. en spirale	SF	Possible dans les deux sens	Pression d'appl. plus élevée, meilleur raclage

11

Axe de piston et arrêt d'axe de piston

Axe de piston. Il relie le piston et la bielle. Son mouvement rapide de va-et-vient, accompli avec le piston, requiert une faible masse.

Afin de réduire les forces d'accélération, les axes de pistons sont creux. Les contraintes exercées par les mouvements alternatifs brusques exigent une résistence élevée aux sollicitations cycliques et une grande dureté du matériau de l'axe. Le faible jeu dans l'assemblage avec la bielle requiert une surface de haute qualité et une forme exacte, les mauvaises conditions de lubrification demandent, quant à elles, une grande dureté périphérique afin de diminuer l'usure.

Les formes d'axes de pistons **(ill. 1)** les plus importantes sont:

- les axes creux avec alésage cylindrique transversal (forme normale);
- les axes creux avec alésage conique aux extrémités (réduction de poids);
- les axes creux obturés au centre ou à une extrémité, afin d'éviter des pertes dues au balayage sur les moteurs à deux temps.

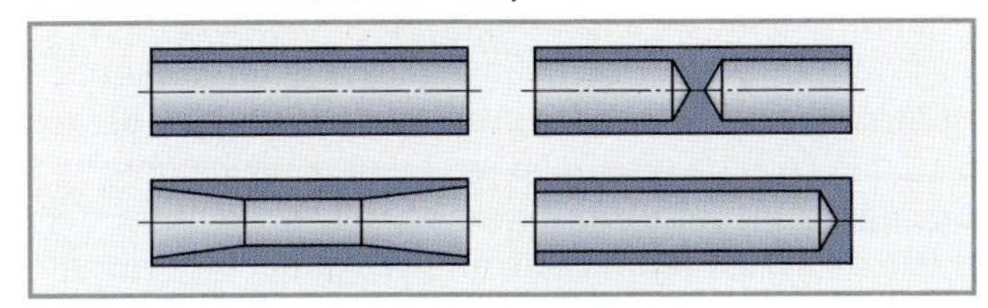

Illustration 1: Formes d'axes de pistons

Les matériaux utilisés pour la fabrication des axes de pistons sont les aciers de cémentation et les aciers nitrurés.

Pour des sollicitations normales, il suffit d'utiliser un acier de cémentation Ck 15. Pour les moteurs Otto et les moteurs Diesel soumis à des contraintes plus importantes, on utilise des aciers de cémentation 17Cr3, 16MnCr5 et 31CrMo12.

Pour des sollicitations extrêmes et une dureté maximale de la couche périphérique, on utilise des aciers nitrurés, tels que le 31CrMo12 et le 31CrMoV9.

Arrêts d'axe de piston (ill. 2). L'axe de piston est logé de manière libre dans le piston, des segments d'arrêts (circlips) empêchent que l'axe ne se déplace et endommage la paroi du cylindre.

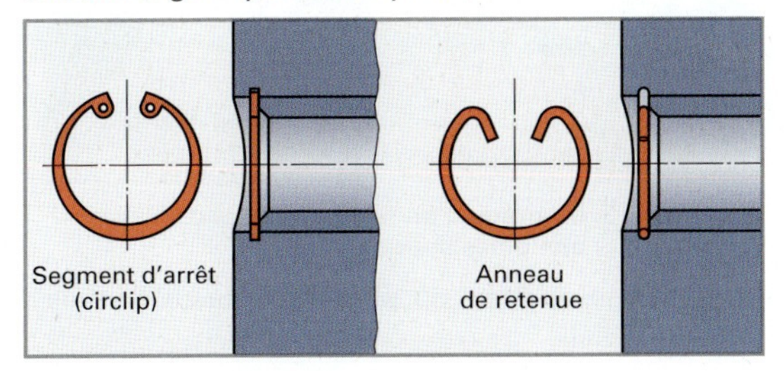

Illustration 2: Arrêts d'axe de piston

La sécurité est assurée par des segments d'arrêt (circlips, anneaux de retenue) positionnés dans des gorges situées dans les bossages d'axe du piston. Afin de faciliter leur montage, les circlips sont pourvus de perforations pour la pince, alors que les anneaux de retenue présentent, à chaque extrémité, une courbure en forme de crochet.

Dommages aux pistons

Les dommages aux pistons peuvent résulter d'un traitement inadéquat des pistons lors de l'assemblage et lors du montage de ceux-ci dans le moteur, p. ex. serrage irrégulier des vis de culasse, ajustement trop serré de l'axe du piston dans le pied de bielle, irrégularités des parois du cylindre.
Les dommages aux pistons peuvent également résulter des causes suivantes:

- auto-allumage: utilisation d'un carburant à indice d'octane trop faible, bougies d'allumage à valeur thermique incorrecte;
- combustion détonante: carburant inadapté, taux de compression trop élevé dû à l'utilisation d'un joint de culasse inadapté, point d'allumage prématuré, mélange trop pauvre, surchauffe du moteur;
- perturbations de la combustion sur les moteurs Diesel dues à un retard à l'inflammation, à une combubustion incomplète ou à une fuite des injecteurs;
- lubrification insuffisante ou inexistante;
- surchauffe du moteur due à un refroidissement déficient, allumage retardé et alimentation excessive en carburant.

Exemples de dommage

1. Grippage du piston (grippage dû au fonctionnement à sec, **ill. 3)** principalement au niveau de la jupe du piston. Celle-ci est grippée sur tout son pourtour, les zones grippées sont identifiables à leur couleur foncée, la zone des segments peut être endommagée.
Cause: la lubrification entre le piston et le cylindre a été altérée par une forte surchauffe du moteur.

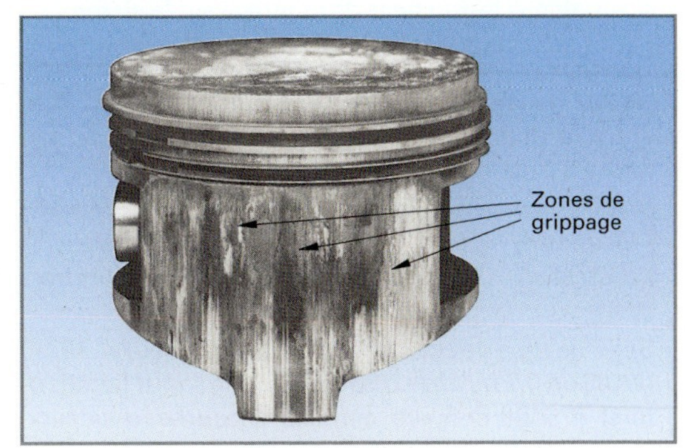

Illustration 3: Grippage de la jupe du piston dû à un fonctionnement à sec

Cela peut être attribué à une défaillance du système de refroidissement (perte de liquide de refroidissement, dépôts dans les conduits, thermostat défectueux), à un allumage retardé, à une qualité d'huile inappropriée ou à une lubrification déficiente.

2. Perforation de la tête du piston (ill. 1). Une partie du matériau a été enlevée par fusion, une partie plus importante s'est déformée vers le bas en prenant une forme d'entonnoir (reconnaissable sur la partie inférieure de la tête du piston). La plupart du temps, la jupe et la zone des segments ne sont pas endommagées (aucune trace de grippage).

Cause: l'auto-allumage provoque un échauffement très rapide de la tête du piston, atteignant localement le point de fusion. Les gaz de combustion usent alors la masse devenue tendre et la résistance diminue dans cette zone, de sorte que la pression de combustion perfore la tête du piston.

Illustration 1: Perforation de la tête du piston

TRAVAUX D'ATELIER

Vérification du diamètre du piston et du jeu de montage

Les fournisseurs livrent des pistons prêts au montage, le plus grand diamètre de jupe (diamètre du piston) y étant inscrit en mm sur la tête, p. ex. 84,00 **(ill. 2).** Il est mesuré en bout de jupe, perpendiculairement à l'axe du piston.

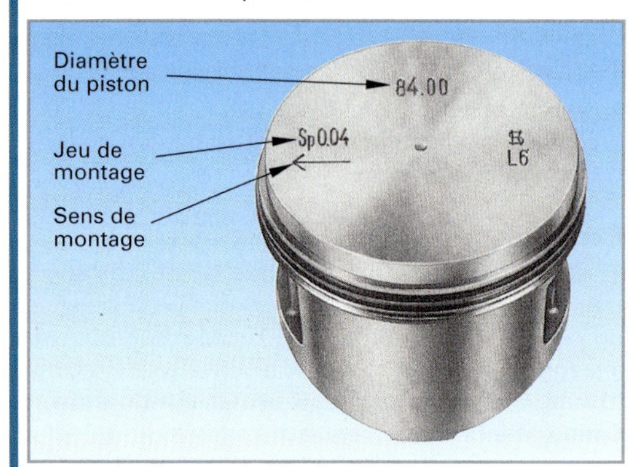

Illustration 2: Instructions de montage sur le piston

Le jeu de montage, également indiqué sur la tête de piston (p. ex. 0,04), indique la différence en mm entre le diamètre du piston et le diamètre du cylindre à une température de 20 °C.

Diamètre du piston	+ jeu de montage =	diamètre du cylindre

Selon le type de construction, quatre valeurs - allant de 0,5 en 0,5 mm (de 0,25 en 0,25 mm pour les scooters) - sont définies comme mesures d'alésage pour le réalésage des cylindres. Il existe par conséquent 4 pistons surdimensionnés.

Montage des segments de piston

Les segments sont livrés montés sur le piston. Si des segments de piston doivent être mis en place, il faut veiller à utiliser le type de segment correct et à positionner le flanc de segment portant le repère "Top" ou "haut" en direction de la tête du piston. Toujours utiliser une pince pour segments de piston **(ill. 3).** Selon le type de piston, le jeu axial dans les gorges de segments qui serait supérieur à la fourchette de 0,025 mm à 0,04 mm pourrait faire gauchir et vibrer les segments de piston qui agissent alors comme des pompes poussant l'huile dans la chambre de combustion. Lorsque le piston est monté, les segments doivent avoir un jeu de coupe ou jeu radial de 0,2 mm à 0,3 mm au risque d'être entravés dans leur fonction de ressort et de casser. Un jeu trop grand provoque une perte des gaz. Le jeu peut être vérifié avec une jauge en mettant, à titre d'essai, les segments en place dans le cylindre, sans le piston.

Illustration 3: Montage d'un segment de piston avec une pince spéciale

Le montage de l'axe du piston est décrit dans le chapitre "Bielle".

Suite de la page 224

Montage des arrêts d'axe de piston

Les arrêts d'axe de piston sont exclusivement mis en place au moyen de pinces de montage adaptées, de manière à ce que l'alésage de l'axe ne subisse aucun dommage. En resserrant les circlips, travailler précautionneusement pour que ceux-ci ne soient pas déformés ni ne perdent leur précontrainte et leur forme d'origine. Les circlips sont montés correctement quand leur ouverture se trouve orientée soit vers le haut soit vers le bas par rapport à l'alésage de l'axe du piston. Pour vérifier le bon ajustement du circlip dans la gorge, opérer un test de rotation avec un tournevis: une résistance importante doit être ressentie. Ne pas utiliser d'anciens circlips ayant déjà servi.

Montage du piston

Si nécessaire, nettoyer soigneusement le piston - segments mis en place - avec de l'essence de nettoyage propre, sécher à l'air comprimé, puis bien huiler toutes les surfaces de glissement. Les impuretés peuvent endommager le piston! Veiller à conserver un jeu suffisant entre les bossages du piston et le pied de la bielle afin que le piston ne soit pas appuyé latéralement contre la paroi du cylindre.

Le pied et le palier de la bielle doivent être parallèles à l'axe. Nettoyer soigneusement le bloc-moteur, respectivement les cylindres, avant de procéder au montage des pistons. Lors de la mise en place du piston, bien huiler le cylindre et comprimer les segments avec une bande de serrage **(ill. 1)** afin d'éviter de les endommager.

Les coupes des segments de piston doivent auparavant être décalées les unes par rapport aux autres de 180° sur la circonférence du piston.

Si le piston est monté correctement, le jeu entre celui-ci et le cylindre, de part et d'autre de l'axe de piston, sera identique de chaque côté. La vérification s'effectue avec une jauge d'épaisseur, en même temps que le contrôle de l'équerrage correct de la bielle.

Illustration 1: Mise en place du piston dans le cylindre

Sens de montage du piston

Les pistons avec un axe déporté par rapport au centre doivent être repérés de manière à ce que l'axe soit décalé du côté de la poussée latérale. Sur ces pistons, ainsi que sur ceux dont la tête a une forme particulière, une flèche signalant le sens de montage est apposée sur la tête **(ill 2, p. 224)**. Cette flèche peut être remplacée par l'indication "devant" ou "Front" ou par un pictogramme représentant un vilebrequin (pour les moteurs transversaux ou les moteurs montés à l'arrière).

Questions de révision

1 **Durant le fonctionnement, quelles contraintes un piston doit-il supporter?**

2 **Comment diminue-t-on le battement du piston?**

3 **Qu'exige-t-on d'un matériau destiné à la fabrication des pistons?**

4 **Expliquer l'effet bimétallique sur les pistons à inserts d'acier.**

5 **Pourquoi les surfaces des pistons soumises aux frottements sont-elles revêtues d'une couche de protection?**

6 **Quelles couches de protection peuvent être utilisées pour les segments de piston?**

7 **Pourquoi les axes de pistons sont-ils durcis en surface?**

8 **Comment le diamètre du piston est-il mesuré?**

9 **Qu'entend-on par jeu de montage?**

10 **Quelles précautions doit-on prendre lors de la mise en place des segments de piston?**

11 **Qu'est-ce que "l'effet de pompage" des segments de piston?**

12 **Quels sont les avantages d'un segment en L, et où celui-ci est-il monté?**

13 **Quels rôles les circlips d'un axe de piston jouent-ils?**

14 **Indiquer les causes pouvant endommager un piston.**

15 **Quelles précautions doit-on prendre lors de la mise en place du piston dans le cylindre?**

16 **Pourquoi doit-il y avoir un jeu suffisant entre les bossages du piston et le pied de la bielle?**

17 **Quelles précautions doit-on prendre lors du montage d'un piston avec axe décalé?**

18 **Qu'entend-on par hauteur de compression au niveau du piston?**

19 **Quelles sont les particularités des pistons pour moteurs Diesel?**

20 **Comment peut-on vérifier le jeu des segments du piston?**

11.3.2 Bielle

Fonctions

- Relier le piston au vilebrequin
- Transformer le mouvement alternatif du piston en mouvement de rotation du vilebrequin
- Transmettre la force du piston au vilebrequin pour y engendrer un couple

Sollicitations

- Forces de compression dans le sens longitudinal résultant de la pression des gaz sur le piston
- Forces d'accélération sous forme de forces de traction et de compression dans le sens longitudinal, dues à la vitesse sans cesse changeante du piston
- Forces latérales dans le corps de bielle dues au constant mouvement oscillant autour de l'axe du piston
- Flambage résultant de grandes forces de pression

Pour contenir les forces dues à la masse d'inertie, la bielle doit avoir la masse la plus faible possible.

Matériaux des bielles

Les bielles (ill. 1) sont surtout réalisées en acier d'amélioration allié. Elles sont fabriquées par matriçage ou frittage de poudre d'acier allié **(ill. 2)**.

Les bielles frittées-forgées ont de meilleures propriétés mécaniques que les bielles matricées. Leur section peut donc être plus petite et leur poids plus faible. Il ne se produit pratiquement aucune fluctuation de poids. La forme définitive de la pièce est usinée durant la finition. Le chapeau de tête de bielle est fabriqué d'une pièce avec la bielle. Il est ensuite entamé au laser puis rompu. La bielle et le chapeau de la tête de bielle présentent ainsi la même surface de rupture granulaire, ce qui garantit un positionnement précis du chapeau sur la tête de la bielle lors du montage. Les vis d'ajustage ne sont par conséquent plus nécessaires.

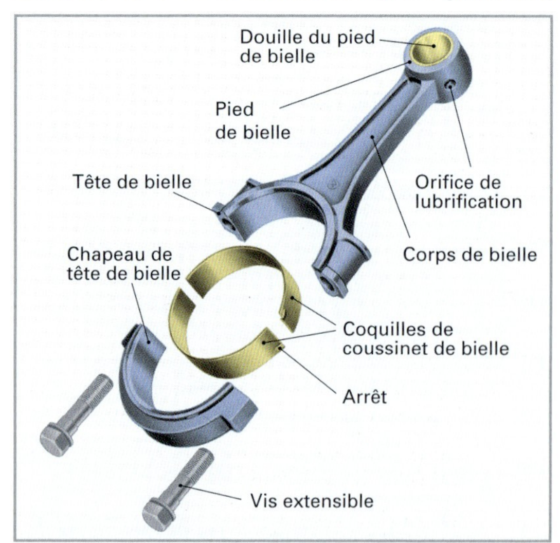

Illustration 1: Bielle avec coquilles de coussinet

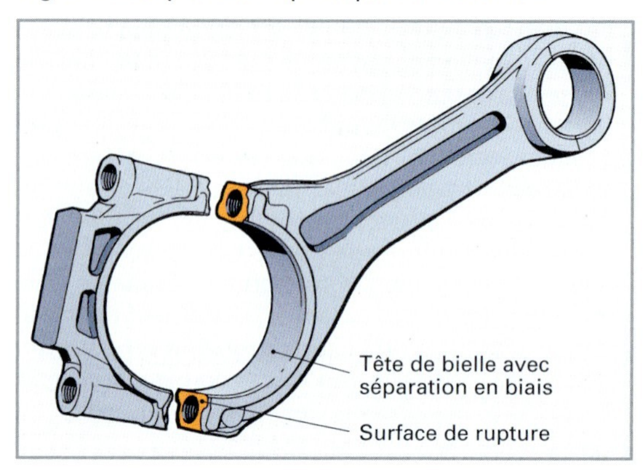

Illustration 2: Rupture du chapeau de tête de bielle, séparation en biais

Constitution

Pied de bielle. Il accueille l'axe du piston. Si le montage de celui-ci est flottant, une douille, le plus souvent en alliage de cuivre (CuPbSn), est assemblée à la presse avec l'œil du pied de bielle. Si l'axe du piston est monté par frettage, il est alors directement assemblé dans le pied de bielle.

Corps de bielle. Il relie la tête de bielle au pied de bielle. Pour assurer une meilleure résistance au flambage, la section présente un profil en forme de H.

Tête de bielle. Avec le chapeau de tête de bielle, il entoure les coquilles du coussinet de bielle, ce qui forme un palier lisse. Le chapeau de tête de bielle est souvent fixé par des vis extensibles.

Assemblage de la bielle avec le vilebrequin. A l'image de l'assemblage du vilebrequin et du carter, il est assuré par des coquilles de coussinet à plusieurs couches **(ill. 1, p. 230)**. Des arrêts interdisent tout déplacement ou rotation de ces dernières.

Jeu de coussinet. Il est prescrit par le constructeur. Le jeu de coussinet peut être calculé en mesurant la bielle et le maneton du vilebrequin. En cas de réglage par plastigage **(ill. 2, p. 230)**, chaque palier doit être mesuré individuellement.

Formes de bielles particulières

Bielle trapézoïdale. La moitié inférieure du pied de bielle, soumis aux hautes pressions de combustion, est plus large. Quant à la moitié supérieure, moins sollicitée, elle est plus étroite, ce qui confère une forme trapézoïdale au pied de bielle.

Bielle avec séparation en biais. Etant donné les pressions élevées générées par les moteurs Diesel, la tête de la bielle doit souvent avoir une résistance supérieure. Ainsi, ses dimensions dépassent le diamètre du cylindre. Le montage a travers le cylindre ne peut avoir lieu que grâce à la séparation en biais.

Bielles en une seule pièce. La tête de la bielle des moteurs monocylindres à deux temps est souvent d'une seule pièce, c'est pourquoi le vilebrequin doit y être assemblé en divers éléments. On peut utiliser des paliers à roulements au lieu de paliers lisses.

Lubrification de la bielle. Il est effectué au moyen d'huile moteur amenée par un orifice au maneton à partir du tourillon du vilebrequin. La douille du pied de la bielle et l'axe du piston sont le plus souvent lubrifiés par projection d'huile (orifice de passage d'huile de lubrification dans le pied de la bielle (**ill. 1, p. 226)**.

TRAVAUX D'ATELIER

Contrôle des tolérances de poids. Lors du remplacement des bielles, resp. des pistons, il faut veiller à ce que les pièces de rechange aient le même poids, afin que les forces proportionnelles à la masse d'inertie ne nuisent pas à l'équilibre du moteur. La tolérance des écarts de poids admissibles (piston + bielle) est prescrite par le constructeur. De légères différences peuvent être corrigées par meulage de la tête de la bielle.

Assemblage du piston et de la bielle

Montage flottant. Si l'axe du piston est monté flottant dans la douille du pied de bielle et dans le piston, il faut monter correctement la sécurité (arrêt) de l'axe du piston (voir p. 225).

Montage avec serrage. Lors du montage de l'axe de manière fixe dans le piston, celui-ci doit être chauffé dans un bain d'huile à environ 80 °C. Pour l'introduction, l'axe froid et huilé, l'œil du pied de bielle et sa douille sont positionnés par un outil de centrage, afin que l'axe de piston puisse être poussé rapidement et ne pas se contracter trop tôt dans le piston.

Ajustement fretté. Pour assembler l'axe de piston avec ajustement fretté dans la bielle, on procède de la manière suivante **(ill. 1)**:

- chauffer la bielle à env. 280 °C à 320 °C (contrôle de la température nécessaire);
- pour faciliter le montage, refroidir l'axe de piston afin d'en réduire le diamètre (au moyen de neige carbonique ou dans un congélateur);
- poser le piston soigneusement sur le support d'assemblage avec butée;
- poser la bielle chauffée correctement centrée sur l'alésage du bossage du piston;
- introduire l'axe de piston froid jusqu'à la bielle par l'alésage supérieur de l'axe;
- insérer rapidement l'axe d'un coup jusqu'en butée (position finale) .

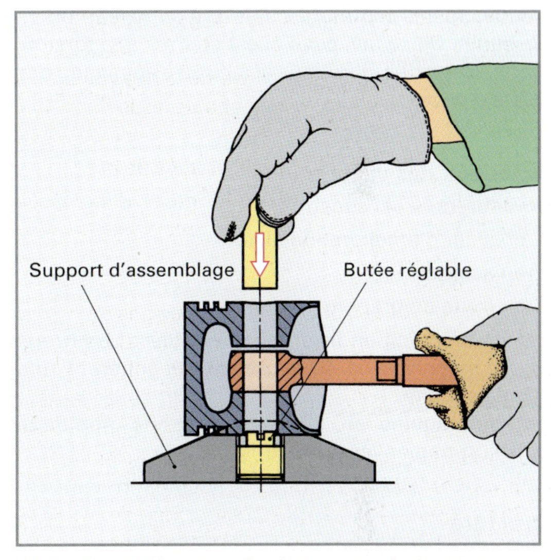

Illustration 1: Montage du piston avec ajustement fretté de l'axe de piston dans la bielle

Montage de la bielle et du vilebrequin. La bielle doit avoir un jeu latéral sur le maneton du vilebrequin, afin d'équilibrer la dilatation thermique de ce dernier et du bloc-moteur. Les vis de fixation du chapeau de la tête de bielle, en général des vis extensibles, sont serrées au couple prescrit par le constructeur avec une clef dynamométrique.

QUESTIONS DE RÉVISION

1 A quelles contraintes la bielle est-elle soumise?

2 Quelles sont les fonctions des bielles?

3 Quels sont les avantages de la technique de rupture des chapeaux des bielles frittées-forgées?

4 Comment la bielle est-elle articulée sur le vilebrequin et comment la lubrification s'effectue-t-elle?

5 Qu'entend-on par bielle trapézoïdale?

6 Quels sont les types de l'assemblage possibles de l'axe de piston dans le pied de bielle?

7 Pourquoi la tolérance de poids des jeux de pièces (piston + bielle) doit-elle être respectée?

8 Pourquoi doit-on utiliser un support pour assembler le piston et la bielle lorsqu'ils sont frettés?

11.3.3 Vilebrequin

Fonctions

- Transformer la force alternative de la bielle en une force, et donc un moment, de rotation.
- Transmettre une partie du couple de rotation à l'embrayage par le volant moteur.
- Entraîner, grâce à une partie du couple, les agrégats auxiliaires du moteur.

Sollicitations

Les bielles et les pistons sont accélérés et décélérés violemment à chaque tour du vilebrequin. Il en résulte de fortes forces d'accélération. De plus, de grandes forces centrifuges agissent au niveau du vilebrequin. De ce fait, celui-ci est soumis à la torsion, à la flexion, à des vibrations et à l'usure au niveau des points d'appui.

Matériaux des vilebrequins

Le vilebrequin est construit:

- en acier d'amélioration allié;
- en acier nitruré;
- en fonte au graphite nodulaire.

Les vilebrequins en acier sont matricés. Le fibrage ainsi conservé et la structure dense génèrent une grande solidité.
Les vilebrequins en fonte au graphite nodulaire amortissent bien les vibrations.

Structure

Manetons, tourillons. Chaque vilebrequin **(ill. 1)** est doté de tourillons logés dans les paliers du bloc-moteur et de manetons sur lesquels reposent des coussinets. Les manetons sont rectifiés et durcis en surface.

Flasques. Les tourillons et les manetons du vilebrequin sont reliés entre eux par des flasques. Les tourillons et les manetons produisent une répartition inégale des masses. Celle-ci est compensée par des contrepoids situés sur le côté opposé de chaque maneton. Des canaux de lubrification traversant les flasques relient manetons et tourillons.

Un équilibrage dynamique des vilebrequins est nécessaire. Celui-ci est obtenu par enlèvement de matière (perçages d'équilibrage) à certains endroits bien précis.

Palier de guidage. L'un des tourillons est muni de surfaces d'appui latérales. C'est sur ce tourillon qu'est monté le palier de guidage servant au maintien latéral du vilebrequin. Ce palier de guidage absorbe p. ex. les poussées axiales provoquées lors de l'actionnement de l'embrayage.

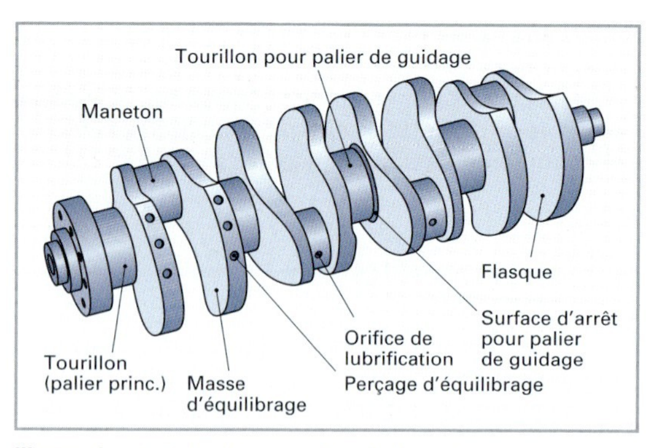

Illustration 1: Indications sur le vilebrequin

Le volant-moteur sur lequel est logé l'embrayage est fixé sur le côté sortie du vilebrequin. Les pignons d'engrenage, la roue d'entraînement ou la couronne dentée (entraînement de l'arbre à cames, de la pompe à huile, etc.), les poulies d'entraînement et, le cas échéant, un damper se trouvent sur le côté opposé du vilebrequin.

La forme du vilebrequin est déterminée par:

- le nombre de cylindres;
- le nombre de paliers de vilebrequin;
- l'importance de la course;
- l'ordre d'allumage;
- la disposition des cylindres.

Coude de manivelle. Il se compose du tourillon et des deux flasques. P. ex., sur les moteurs à quatre cylindres en ligne, tous les manetons du vilebrequin sont répartis régulièrement sur un plan, tandis que sur les moteurs à six cylindres en ligne, ils sont décalés de 120° l'un de l'autre. On nomme cylindres opposés les cylindres dont les pistons sont décalés de 360° d'angle de vilebrequin durant un cycle de fonctionnement.

Volant-moteur

Un volant-moteur peut emmagasiner de l'énergie durant le temps moteur pour la restituer par la suite. Cette énergie accumulée par le volant-moteur permet de surmonter les temps "non moteurs" et les points morts dans le cycle de fonctionnement et d'équilibrer les fluctuations du régime. La plupart du temps, la couronne dentée d'entraînement du démarreur est frettée ou vissée sur la circonférence du volant-moteur où se situe le pignon de démarreur. L'embrayage transmet le couple moteur du volant à l'arbre d'entrée de la boîte de vitesses.

Le volant-moteur est fabriqué en acier ou en fonte spéciale. Généralement, le volant et le vilebrequin sont soumis à un équilibrage dynamique commun afin d'éviter un déséquilibre trop important à haut régime. Un mauvais équilibrage provoquerait une rotation irrégulière du vilebrequin et une sollicitation importante de ce dernier et de ses paliers.

Arbres d'équilibrage

Ils servent à équilibrer les forces dues à la masse générées par les éléments de l'embiellage et qui peuvent entraîner des vibrations au niveau du moteur.

Action centrifuge des forces dues à la masse. Elles résultent du mouvement rotatif des éléments de l'embiellage et doivent être compensées par une répartition équilibrée des coudes de manivelle, par des contrepoids et par un équilibrage précis. Tout déséquilibre provoque une sollicitation supplémentaire des paliers de vilebrequin et des vibrations au niveau du moteur.

Les forces dues à la masse sont générées par le mouvement de va-et-vient de l'embiellage. Selon la construction du moteur, elles ne peuvent être que partiellement équilibrées. Si, sur un moteur à six cylindres en ligne, les forces générées par le mouvement de va-et-vient de l'embiellage s'équilibrent réciproquement dans le moteur, ce n'est pas le cas pour un moteur à quatre cylindres en ligne. Des forces dues à la masse peuvent ainsi s'exercer parallèlement à l'axe du cylindre, forces qui ne peuvent pas être compensées par des contrepoids. Pour pallier cet inconvénient, les moteurs à quatre cylindres en ligne peuvent être équipés de deux arbres d'équilibrage.

Arbres d'équilibrage. Ils sont placés de part et d'autre du vilebrequin **(ill. 1)**. Ils sont pourvus de contrepoids pour compenser les forces générées par le mouvement de l'embiellage.
Etant donné que les vibrations à amortir ont une fréquence double par rapport au régime du vilebrequin, les arbres d'équilibrage sont entraînés au double du régime du vilebrequin et leur sens de rotation est inversé.
Ces mesures permettent aux moteurs à quatre cylindres en ligne de tourner aussi silencieusement que les moteurs à six cylindres.

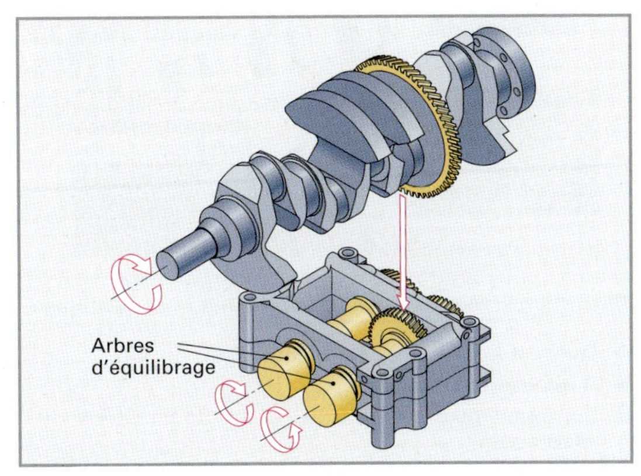

Illustration 1: Moteur à quatre cylindres en ligne avec arbres d'équilibrage

Damper

Ils servent à compenser les vibrations torsionnelles dues aux poussées de combustion dans les différents cylindres, forces auxquelles le vilebrequin est soumis.

Si elles se produisent à certains régimes correspondant aux vibrations propres du vilebrequin, c'est-à-dire aux régimes critiques, les vibrations peuvent s'amplifier au point de provoquer la rupture du vilebrequin.

Construction. Les masses d'amortissement du damper **(ill. 2)** sont reliées au disque d'entraînement par du caoutchouc. Le disque d'entraînement est fixé au vilebrequin de façon rigide. Si le vilebrequin est soumis à des vibrations torsionnelles, celles-ci sont amorties par l'inertie des masses d'amortissement dont le caoutchouc se déforme.

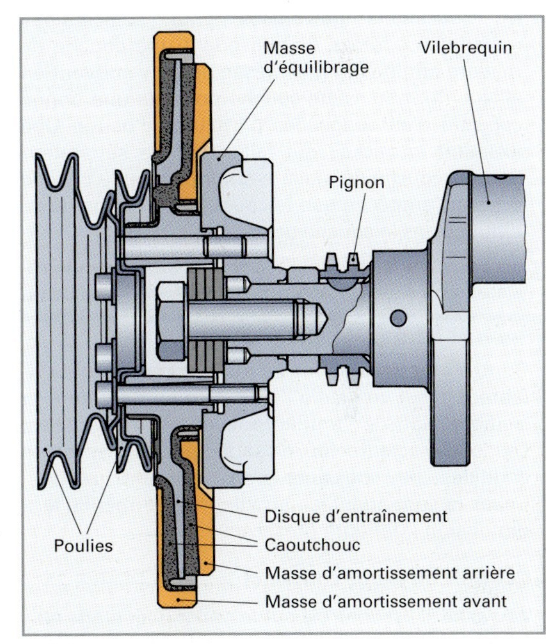

Illustration 2: Damper

Paliers de vilebrequin

Paliers principaux ou tourillons. Les paliers de vilebrequin doivent soutenir et guider le vilebrequin dans le carter moteur. Dans ce cas, le frottement et l'usure qui se produisent dans les paliers doivent être minimes. Les paliers de vilebrequin sont généralement des paliers lisses séparés. Chaque palier forme un point de fixation du carter moteur, sur lequel le chapeau de palier est vissé. Le palier et son chapeau forment ensemble un alésage dans lequel les coquilles de coussinets sont logées. Tous les alésages des paliers du carter moteur doivent être parfaitement alignés.

Pour être protégées contre tout déplacement ou rotation, les coquilles de coussinet sont pourvues de butées.

Palier de guidage. Un des paliers de vilebrequin servant au guidage axial du vilebrequin est un palier avec collet **(ill 1)** ou disques disposés de chaque côté. L'alésage est pourvu de chaque côté d'une entaille pour le positionnement des disques.

Coussinets réalisés en trois matières. Ils se composent d'une coquille en acier (1,5 mm d'épaisseur), d'une mince couche de base en matière antifriction (le plus souvent en alliage PbSnCu) de 0,2 mm à 0,3 mm, qui est plaquée ou frittée, et de la couche de frottement en matière antifriction proprement dite. Malgré son épaisseur, qui est à peine de 0,012 mm à 0,020 mm, la couche antifriction doit résister durant la durée totale de marche du moteur. Selon la nature de cette couche, on distingue:

- **les coussinets galvanisés** pour sollicitations moyennes à fortes. Ils possèdent une couche de matière antifriction galvanisée, le plus souvent en alliage PbSnCu. Cette couche possède une bonne capacité d'enrobage des particules d'usure. Une isolation en nickel, qui fait office de séparateur entre la couche de matière antifriction et la couche de base, empêche que la couche antifriction ne se diffuse dans la couche de base;
- **les coussinets craqués (sputter)***, avec grande résistance à l'usure, également en cas de sollicitations particulièrement fortes des paliers dans les moteurs Diesel à injection directe. On épand (craque) par pulvérisation cathodique la couche de matière antifriction très fine sur la couche de base à partir d'une matière dispensatrice (p. ex. AlSn20Cu). Une couche intermédiaire de NiCr sert de lien entre la couche de matière antifriction et la couche de base.

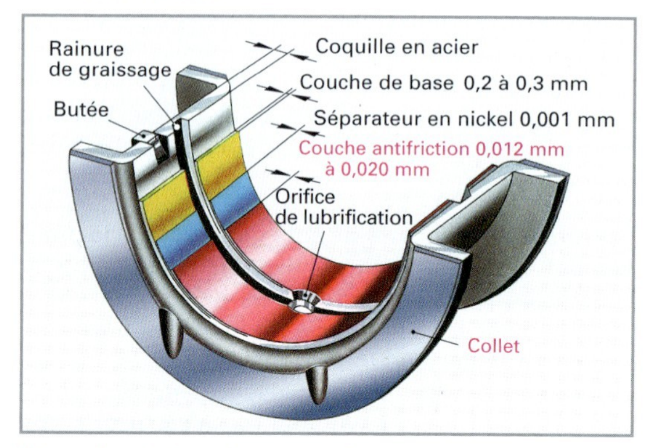

Illustration 1: Coussinet en trois matières

Lubrification des paliers. Elle est effectuée par l'huile moteur qui est amenée aux paliers de vilebrequin à partir de la pompe à huile par des canaux et des orifices de lubrification. Les coquilles des coussinets sont le plus souvent munies d'une rainure et d'un orifice de passage de l'huile **(ill. 1)** par lesquels l'huile accède aux coussinets de bielle.

TRAVAUX D'ATELIER

Contrôle du vilebrequin. La rotation régulière du vilebrequin est vérifiée à l'aide d'un comparateur et la dimension des tourillons avec un micromètre. Les constructeurs fournissent généralement des coquilles de coussinet pour moteurs révisés. Celles-ci sont adaptées au vilebrequin rectifié à la dimension inférieure prescrite.

Contrôle du jeu de coussinet

Jeu axial. Il est contrôlé sur le palier d'ajustage au moyen d'une jauge d'épaisseur ou d'un comparateur.

Jeu radial. Il peut être calculé en mesurant le coussinet et le tourillon avec un appareil pour mesure intérieur ou un micromètre ou être défini par plastigage.

Le fil synthétique de plastigage est posé de manière axiale sur le tourillon de l'arbre **(ill. 2)**. Le chapeau de tête de bielle est serré au couple prescrit, puis de nouveau retiré. Le fil écrasé est alors comparé avec l'échelle imprimée sur l'emballage; p. ex. le TYPE PG-1 indique un jeu de coussinet de 0,051 mm. Chaque coussinet doit être mesuré séparément. Lors du montage, les vis extensibles doivent être serrées au couple prescrit.

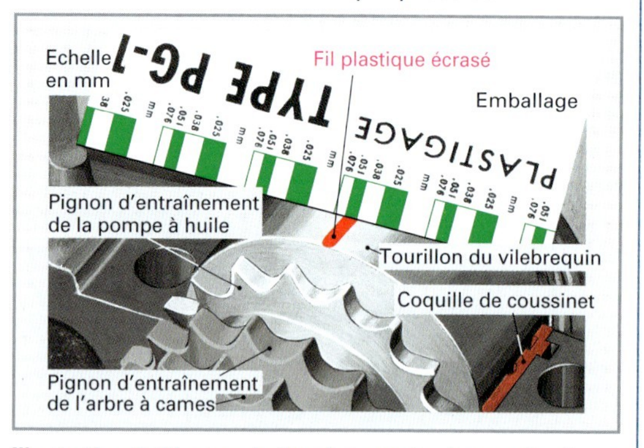

Illustration 2: Mesure du jeu de coussinet avec plastigage

QUESTIONS DE RÉVISION

1 **Quels sont les rôles du vilebrequin?**
2 **A quelles sollicitations est soumis le vilebrequin?**
3 **En quelles matières sont fabriqués les vilebrequins?**
4 **Quel est le rôle du palier de guidage?**
5 **A quoi sert le damper?**
6 **Comment peut-on contrôler le jeu de coussinet du vilebrequin?**
7 **A quoi sert le volant-moteur?**

* to sputter (angl.) = cracher, gicler

11.4 Volant d'inertie à deux masses

Il sert à amortir les vibrations torsionnelles exercées sur le vilebrequin et le volant, par la succession des temps moteurs dans le cycle à 4 temps et par l'ordre d'allumage.

A certains régimes, ces vibrations provoquent des bruits d'engrenages (cliquetis) et des vibrations de la carrosserie.

La masse d'équilibrage conventionnelle d'un moteur à combustion se compose des pièces de l'embiellage, du volant-moteur et de l'embrayage.

Le diagramme **(ill. 1)** représente les variations de régime du moteur et de la boîte de vitesses, à pleine charge, dans le temps.

Les vibrations de la sortie du moteur et de l'entrée de la boîte de vitesses présentent des amplitudes d'oscillations et des fréquences presque identiques. En superposition (zone de résonance), cela produit des bruits d'engrenages et des vibrations de la carrosserie.

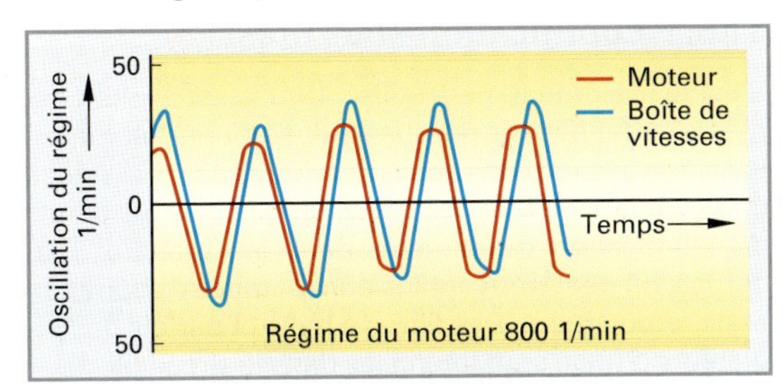

Illustration 1: Graphique des oscillations d'une masse d'équilibrage conventionnelle

Structure (ill. 2)

La masse d'équilibrage est divisée en une **masse primaire** (embiellage, volant primaire) et une **masse secondaire** (volant secondaire, embrayage).

Un amortisseur d'oscillations relie les deux masses. Il sert à découpler le système de masse du moteur, de la boîte de vitesses et de la chaîne cinématique. On peut ainsi utiliser un disque d'embrayage dépourvu de dispositif amortisseur de torsion.

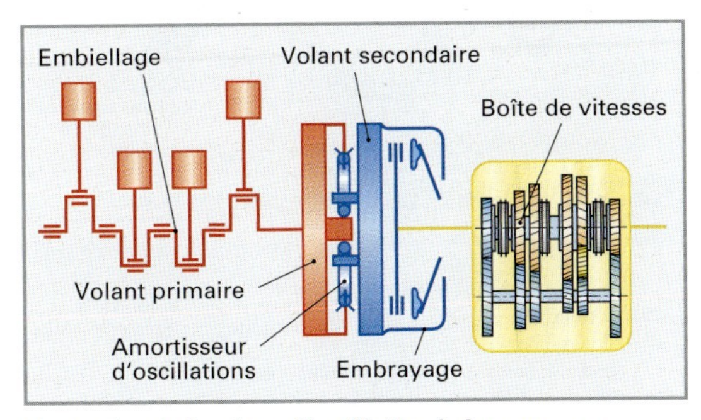

Illustration 2: Système d'oscillation à deux masses

Le volant d'inertie à deux masses **(ill. 3)** se compose

- du volant primaire
- du volant secondaire
- de l'amortisseur interne
- de l'amortisseur externe

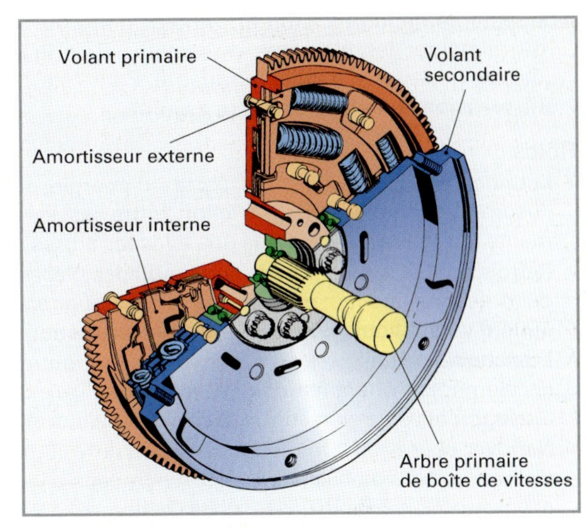

Illustration 3: Volant d'inertie à deux masses

Fonctionnement

La répartition de la masse primaire, côté moteur, et de la masse secondaire, côté boîte de vitesses, permet d'augmenter l'inertie des masses en mouvement de la boîte de vitesses. De ce fait, la zone de résonance se situe au-dessous du régime de ralenti et, par conséquent, en dehors du régime de fonctionnement du moteur.

Sur le diagramme **(ill. 4),** on peut reconnaître que la courbe des oscillations du moteur diverge nettement de celle de la boîte de vitesses.

Les vibrations torsionnelles produites par le moteur sont ainsi fortement atténuées, ce qui a pour effet de supprimer les bruits d'engrenages et les vibrations de la carrosserie.

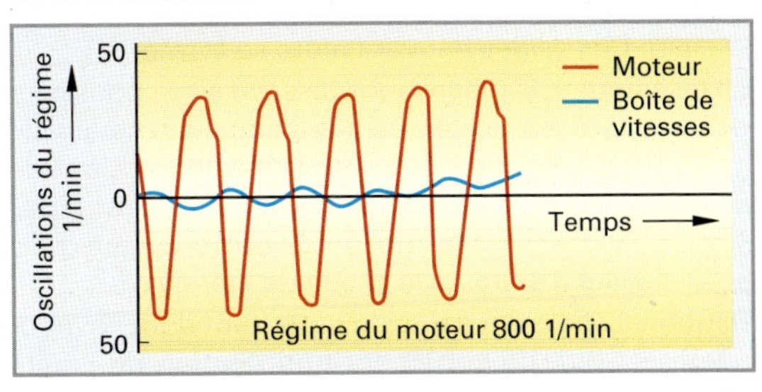

Illustration 4: Graphique des oscillations d'un système à deux masses d'équilibrage

Avantages

- Réduction des bruits de la boîte de vitesses et de la carrosserie (cliquetis, claquement, vibration).
- Ménagement des organes du moteur.
- Réduction de l'usure due à la synchronisation.
- Le disque d'embrayage ne nécessite pas de dispositif amortisseur de torsions.

11.5 Systèmes de lubrification du moteur

Le système de lubrification du moteur doit pouvoir alimenter les éléments du moteur avec la quantité nécessaire d'huile lubrifiante. Pour cela, une pression suffisante doit être assurée.

Rôles

- **Lubrifier,** afin de réduire les pertes d'énergie et l'usure provoquées par la friction entre les éléments mobiles en contact les uns avec les autres.
- **Refroidir,** pour protéger de la surchauffe les pièces du moteur ne pouvant pas évacuer la chaleur directement vers le liquide ou l'air de refroidissement.
- **Etanchéifier,** pour assurer l'étanchéité fine entre les éléments frottant les uns sur les autres (p. ex. les segments du piston contre la paroi du cylindre).
- **Nettoyer,** pour éviter la formation de dépôts de résidus d'abrasion et de combustion ou pour rendre ceux-ci inoffensifs pour le moteur en les liant à l'huile.
- **Protéger de la corrosion.**
- **Amortir les bruits du moteur,** car le film lubrifiant a un effet amortissant sur les bruits de contact et les vibrations.

11

Contraintes subies par l'huile de lubrification

Dans le moteur, l'huile de lubrification est soumise à de fortes contraintes thermiques, chimiques et mécaniques **(ill. 2, p. 210).**

Les impuretés mécaniques comme la poussière, la limaille ou les résidus de combustion peuvent être largement éliminées par des filtres appropriés. Voici les raisons pour lesquelles il est nécessaire de changer régulièrement l'huile:

Vieillissement. L'air et les gaz de combustion pénètrent dans le carter du vilebrequin en passant entre le piston et le cylindre (Blow-by-Gas). L'huile s'oxyde (vieillit). Des acides peuvent alors se former.

Envasement. Les oléorésines dissociées, la poussière de la route, ainsi que des résidus d'abrasion métallique et des dépôts de combustion souillent l'huile. L'eau de condensation et, le cas échéant, le liquide de refroidissement favorisent la formation de cambouis, ce qui a pour résultat d'entraver le circuit de lubrification.

Dilution. Les composants du carburant dont l'évaporation est difficile entraînent une dilution de l'huile lorsqu'ils parviennent dans celle-ci, notamment quand le moteur est froid.

Epaississement. C'est surtout dans les moteurs Diesel que la forte oxydation de l'huile et les particules de suie provoquent un épaississement de l'huile.

Consommation. Chaque moteur a une consommation normale d'huile, qui doit être compensée. Celle-ci provient du fait que de l'huile parvient dans la chambre de combustion (p. ex. film d'huile sur la paroi du cylindre, sur les guides de soupapes) et y est brûlée.

C'est pour cela qu'il faut contrôler le niveau d'huile régulièrement et, le cas échéant, compenser les pertes. La vidange doit être effectuée dans le cadre de l'entretien périodique du véhicule selon les prescriptions du constructeur, respectivement après un intervalle plus ou moins long.

Systèmes de lubrification. Dans les moteurs à quatre temps, on distingue les systèmes de lubrification suivants:

- lubrification sous pression;
- lubrification à carter sec.

Dans les moteurs à deux temps:

- lubrification par mélange;
- lubrification par huile perdue.

Points de lubrification. Dans un moteur, le système de lubrification doit assurer l'apport d'huile aux composants suivants: paliers de vilebrequin, coussinets de bielles, paliers d'axes de pistons, poussoirs, paliers d'arbres à cames, cames, culbuteurs ou leviers, chaîne de distribution, tendeur de chaîne, parois des cylindres et turbocompresseur **(ill. 1).**

11.5.1 Lubrification sous pression

C'est le système le plus utilisé. L'huile est aspirée depuis le carter par une pompe équipée d'une crépine. Elle est ensuite refoulée sous pression dans les conduits et les canaux de lubrification et dirigée vers les points de lubrification du moteur. Dans les moteurs modernes, on peut trouver plusieurs pompes d'aspiration et de refoulement. Des filtres à huile et parfois des radiateurs d'huile sont intercalés dans le circuit **(ill. 1).**

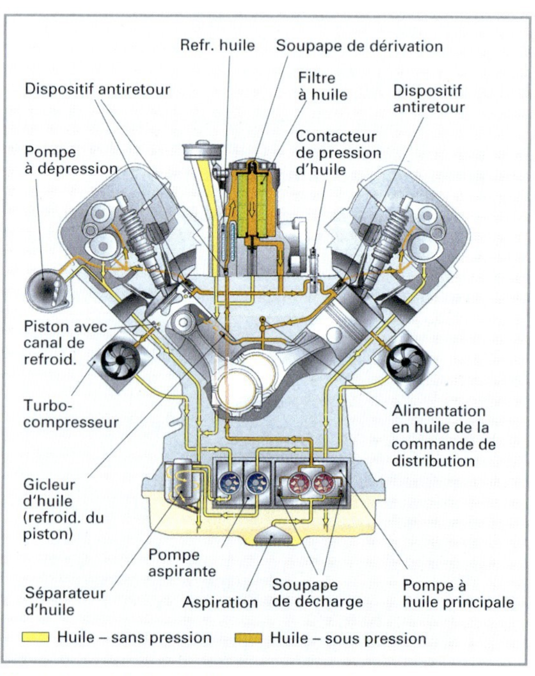

Illustration 1: Lubrification sous pression

L'huile s'égoutte depuis les points de lubrification et retourne dans le carter. On peut contrôler le niveau d'huile au moyen d'une jauge. En outre, des capteurs électriques de niveau d'huile sont de plus en plus souvent utilisés, permettant ainsi d'afficher le niveau et la qualité de l'huile au tableau de bord.

Lubrification à carter sec (ill. 1). Il s'agit d'un genre particulier de lubrification sous pression.

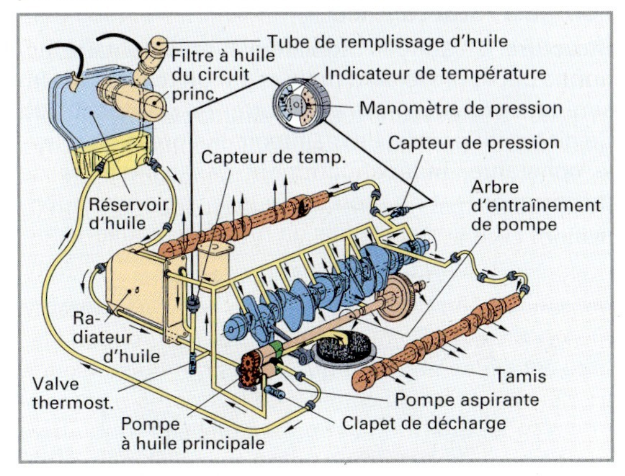

Illustration 1: Lubrification à carter sec

Avec ce système, l'huile retournant dans le carter d'huile est conduite par une pompe aspirante dans un réservoir d'huile séparé. De là, la pompe à huile aspire le lubrifiant et le refoule sous pression vers les points de lubrification à travers des filtres ou, le cas échéant, un radiateur d'huile.

Avantages de la lubrification à carter sec:

- le carter à huile plat permet de réduire la hauteur du moteur et, donc, d'abaisser le centre de gravité du véhicule;
- ce système garantit une lubrification fiable, même en cas de forte inclinaison du moteur (p. ex. véhicules tout-terrain ou motos), ou lors des virages à grande vitesse (p. ex. voitures sportives);
- le réservoir d'huile étant séparé du moteur - et donc de la chaleur dégagée par celui-ci - il est possible d'obtenir un meilleur refroidissement de l'huile.

Etant donné que le système de lubrification à carter sec coûte plus cher que celui à lubrification sous pression, il n'est utilisé généralement que pour des voitures sportives aérodynamiques (plates), des véhicules tout-terrain et des motos.

11.5.2 Eléments de la lubrification du moteur

- Carter d'huile
- Soupape de décharge
- Manomètre de pression
- Soupape de dérivation
- Pompe à huile
- Filtre à huile
- Aération
- Radiateur

Carter d'huile. Il recueille la réserve d'huile du moteur. Il est souvent équipé, dans sa partie inférieure, de chicanes pour éviter que l'huile ne soit chassée de la zone d'aspiration lors de virages, à l'accélération et au freinage. La surface du carter d'huile joue également un rôle de refroidissement de l'huile. Dans les petits moteurs, les carters d'huile coulés en alliage léger et munis d'ailettes de refroidissement sont de plus en plus remplacés par des carters en matière synthétique, plus légers et plus économiques. L'étanchéité est assurée par des joints plats ou, de plus en plus fréquemment, par un joint d'étanchéité à base de silicone.

Carter de vilebrequin en deux parties (ill. 2). Il permet de fermer l'espace situé entre le vilebrequin et le carter d'huile, formant ainsi, sous le piston, des volumes fermés variables, reliés avec l'huile du carter par des ouvertures spéciales.

Avantages:

- bloc-moteur plus rigide. En effet, le raccordement existant entre le carter d'huile fermé et le bloc-moteur rigidifie le moteur et permet une réduction de poids;
- battement du piston réduit. Le mouvement du piston vers le bas génère une surpression dans l'espace fermé situé sous le piston. Celle-ci disparaît ensuite lorsque le piston se déplace vers le haut, entraînant une stabilisation du piston;
- diminution de l'émulsion de l'huile moteur créée par l'effet Blow-by-Gas.

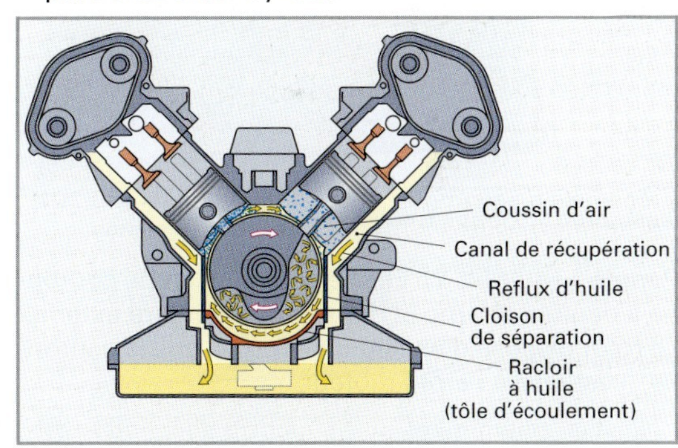

Illustration 2: Carter de vilebrequin en deux parties

Pompes à huile

Elles doivent assurer une pression d'huile suffisante pour un débit important (entre 250 l/h et 350 l/h). Elles pompent l'huile par les entredents des engrenages.

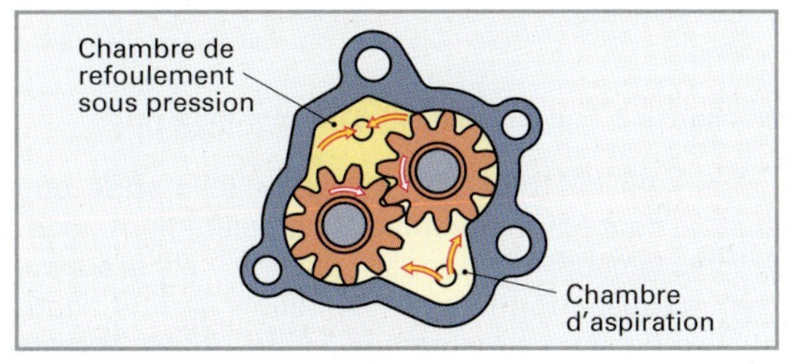

Illustration 3: Pompe à engrenage

Pompes à engrenage (ill. 3, p. 233)

Avec ce type de pompe, l'huile est emportée entre les dents et entraînée de l'autre côté, le long de la paroi de la pompe. Les deux pignons engrenés empêchent le reflux de l'huile.

Une dépression se forme dans la chambre d'aspiration alors qu'une pression est générée dans la chambre de refoulement.

Pompe à croissant (ill. 1). Il s'agit d'une forme particulière de la pompe à engrenage. En général, le pignon est directement entraîné par le vilebrequin du moteur. Dans le carter de pompe, le pignon est excentré par rapport à la couronne. Il en résulte une chambre d'aspiration et une chambre de refoulement, séparées l'une de l'autre par un élément en forme de croissant. L'huile est conduite entre les dents de chaque côté du croissant.

Avantage de la pompe à croissant par rapport à la pompe à engrenage traditionnelle:

- débit plus important, notamment à bas régime.

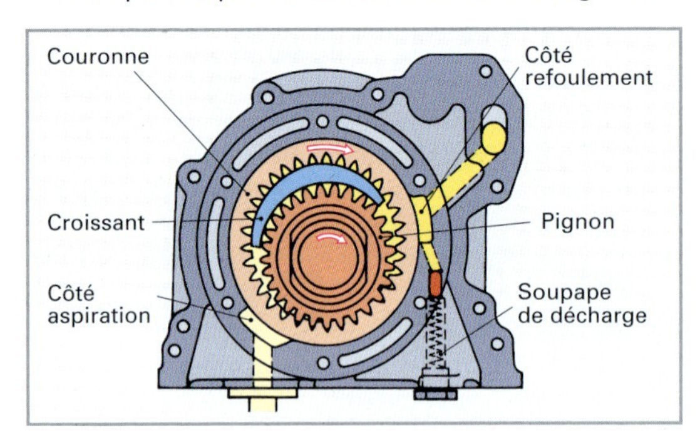

Illustration 1: Pompe à croissant

Pompe à rotor (ill. 2). Elle se compose d'une couronne à denture interne et d'un rotor à denture externe. Le rotor dispose d'une dent de moins que la couronne; il est relié à l'arbre moteur.

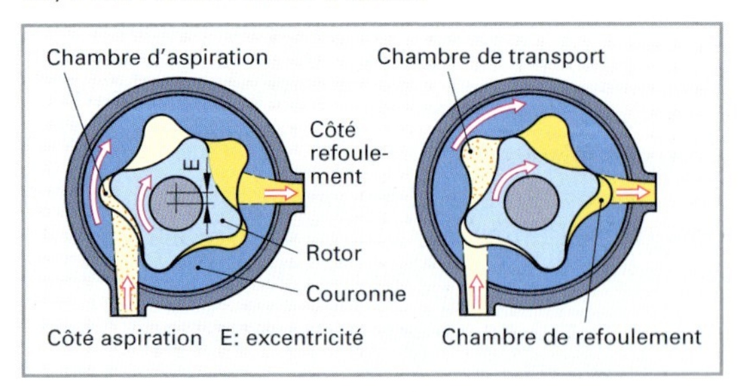

Illustration 2: Fonctionnement d'une pompe à rotor

La denture du rotor est formée de telle sorte que chaque dent entre en contact de manière permanente avec la couronne, rendant étanche l'espace ainsi créé. L'espace formé côté aspiration grandit continuellement, et donc la pompe aspire lorsque le rotor et la couronne sont en rotation. Côté refoulement, la taille des espaces diminue et l'huile est refoulée sous pression dans les conduites.

L'huile est simultanément refoulée dans la conduite sous pression depuis plusieurs cellules de pompage qui se rétrécissent, de sorte que la pompe à rotor fonctionne avec régularité. A haut débit, elle peut générer de fortes pressions.

Pompe à rotor régulée

Structure. Un anneau régulateur supplémentaire, actionné par la pression d'huile et par un ressort, est inséré entre la couronne et le carter de pompe **(ill. 3)**. Ce dispositif permet de maintenir une pression d'huile constante, indépendamment des conditions de fonctionnement du moteur. Tous les points de lubrification sont ainsi lubrifiés de manière régulière.

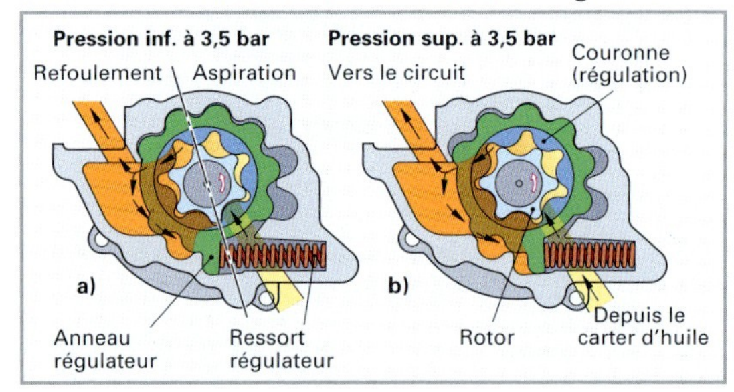

Illustration 3: Pompe à rotor régulée

Pression d'huile trop faible. Si la pression de l'huile descend sous une certaine limite, p. ex. 3,5 bar, le ressort régulateur agit sur l'anneau **(ill. 3a)**. Il en résulte une augmentation de l'espace situé entre la couronne et le rotor: une quantité importante d'huile est alors transportée entre le côté aspiration et le côté refoulement, faisant ainsi augmenter la pression.

Pression d'huile trop haute. En cas de pression de l'huile dépassant la valeur limite, une poussée est exercée contre l'anneau régulateur et le ressort est alors comprimé **(ill. 3b)**. L'espace situé entre le rotor et la couronne diminue: moins d'huile est transportée entre le côté aspiration et le côté refoulement, ce qui fait baisser la pression.

Manomètre et témoin de pression d'huile

Ils permettent de contrôler la pression de l'huile. Les deux dispositifs sont montés entre la pompe à huile et les points de lubrification.

Manomètre. Il permet une lecture directe de la pression d'huile instantanée. Pour cela, un capteur doit être placé dans la conduite sous pression en aval de la pompe à huile.

Témoin de pression d'huile. Lorsque le moteur est mis en marche, le témoin de pression d'huile indique uniquement en s'éteignant, si le système dispose d'une pression d'huile suffisante. Lorsque l'huile de la conduite sous pression presse sur la membrane du manocontact, le contact de masse est alors interrompu et le témoin s'éteint **(ill. 1, p. 235)**.

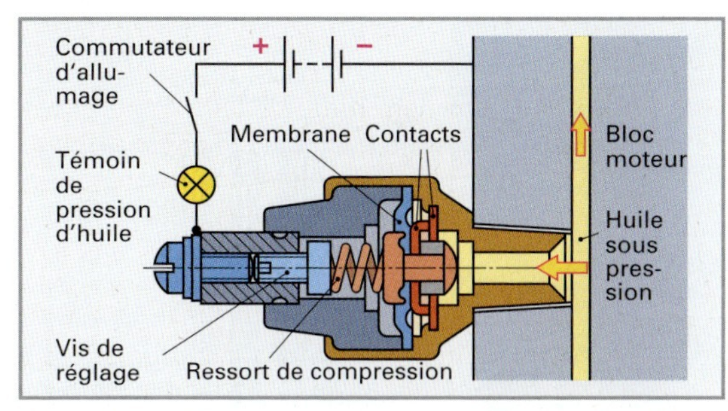

Illustration 1: Manocontact du témoin de pression d'huile

Soupape de limitation de pression ou de décharge

Montée en aval de la pompe à huile, elle empêche une pression d'huile trop élevée (> env. 5 bar). Une pression d'huile élevée n'est pas toujours la preuve d'une bonne lubrification. P. ex., lorsque le moteur est froid, malgré une pression élevée, la lubrification est plus mauvaise qu'avec une pression moindre dans un moteur à température de fonctionnement. Quand l'huile est froide, sa viscosité augmente et la pression dans le circuit de lubrification devient trop élevée. Elle risque d'endommager les joints d'étanchéité, les conduites d'huile et les canaux du radiateur à huile et du filtre à huile.

Filtres à huile

Ils sont utilisés pour éviter toute altération prématurée de l'huile de lubrification, par des substances étrangères solides résultant de l'abrasion du métal, de la suie ou de particules de poussière **(voir chap. 1.6)**. Les filtres à huile ne peuvent toutefois pas éliminer les impuretés liquides ou diluées dans l'huile. Ils n'ont aucune influence sur les modifications chimiques ou physiques de l'huile dans le moteur résultant, p. ex. du vieillissement. En fonction de leur disposition dans le circuit d'huile, on distingue les filtres à huiles placés dans le circuit principal et ceux qui sont placés en dérivation.

Filtre à huile du circuit principal (ill. 2). Il assure que toute l'huile parvenant aux points de lubrification a bien été filtrée. Afin de permettre un afflux d'huile suffisant, la résistance au passage du filtre (grandeur des pores) ne doit pas être trop élevée, ce qui limite l'efficacité du filtre. Les plus petites impuretés en suspension dans l'huile ne sont pas filtrées.

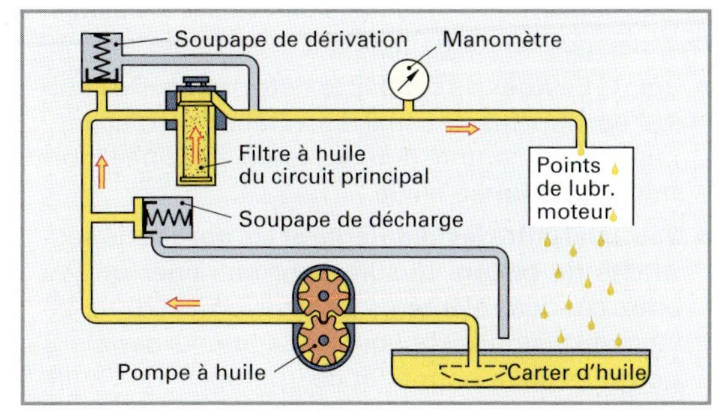

Illustration 2: Filtre à huile du circuit principal

Soupape de dérivation (ill. 3). Grâce à la soupape de dérivation, si le filtre est bouché, l'huile peut arriver, non filtrée, aux points de lubrification.

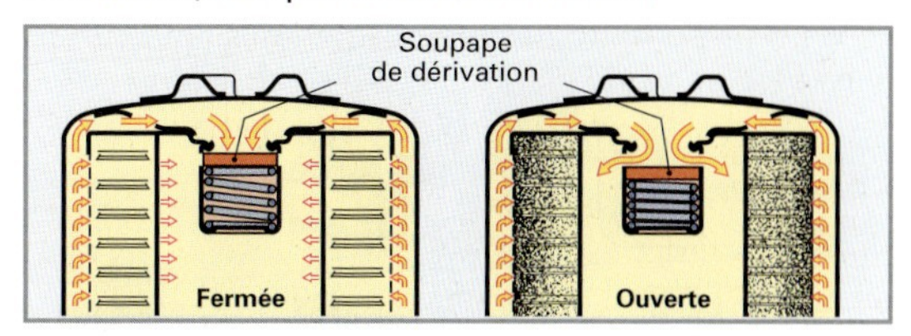

Illustration 3: Soupape de dérivation

Clapets anti-retour (ill. 4). Ils peuvent être mis en place, en supplément, dans la conduite d'alimentation afin d'empêcher le filtre à huile principal de se vider lorsque le moteur est arrêté.

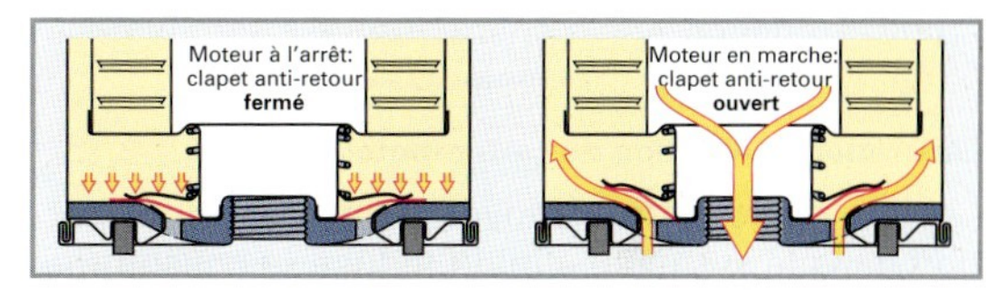

Illustration 4: Clapet anti-retour

Filtre à huile en dérivation (ill. 5). Il est disposé sur un circuit parallèle (circuit de dérivation) au circuit principal. Seule une partie de la quantité d'huile débitée le traverse (5 % à 10 %). De ce fait, l'huile parvenant aux points de lubrification n'est que partiellement nettoyée. Il est toutefois possible de réduire la grandeur des pores afin que même les plus petites impuretés puissent être retenues dans le circuit en dérivation.

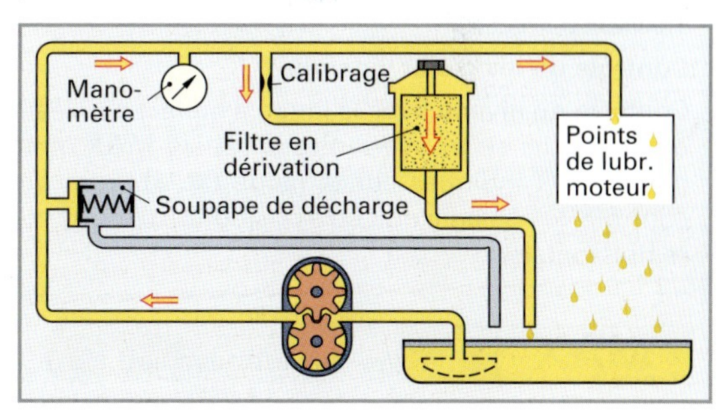

Illustration 5: Filtre à huile en dérivation

Système de filtrage combiné (principal et dérivation). C'est le meilleur système de filtrage. Il est notamment utilisé sur les machines de chantier. Pour des raisons de coût, sur les véhicules de tourisme, on utilise surtout des filtres à huile montés sur le circuit principal.

Aération du carter-moteur. Dans les moteurs Otto et dans les moteurs Diesel, des gaz (Blow-by-Gas) passent de la chambre de combustion dans le carter-moteur. Ces gaz, souillés par de fines gouttelettes d'huile, des restes de carburant, de la vapeur d'eau et de la suie sont réintroduits dans l'air aspiré par le moteur après avoir passé dans un séparateur d'huile.

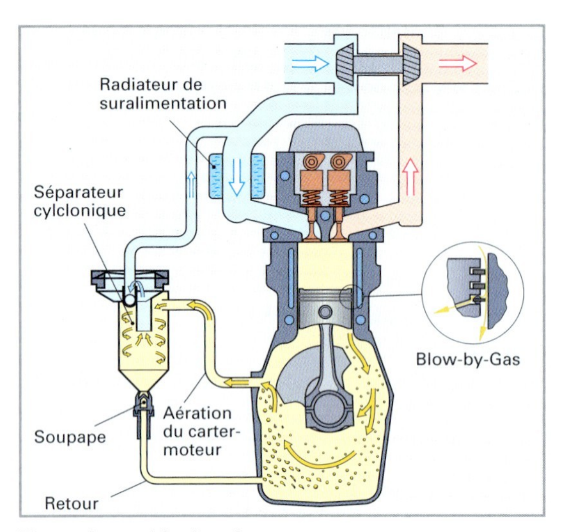

Illustration 1: Aération du carter-moteur

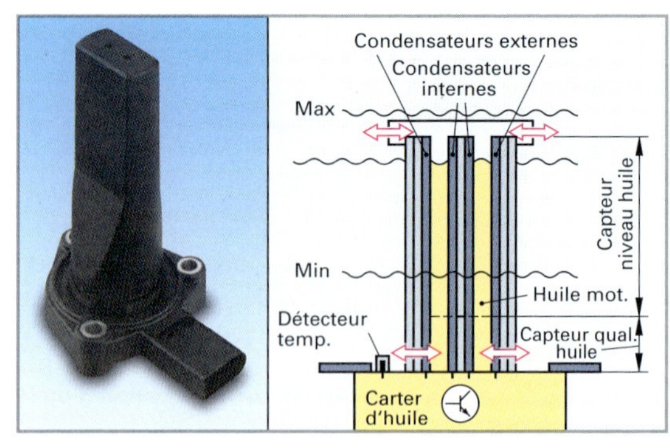

Illustration 2: Capteur d'huile

Ces gaz doivent être nettoyés avant leur réintroduction dans le système, afin de réduire la consommation d'huile, de protéger les composants délicats du moteur de la salissure, et donc de diminuer les émissions polluantes. Ce nettoyage est assuré par des séparateurs à labyrinthe, des séparateurs cycloniques ou des séparateurs centrifuges **(ill. 1)**.

Capteur d'huile. Un capteur peut être intégré au carter d'huile pour contrôler exactement l'état de l'huile moteur, sa température et son niveau **(ill. 2)**.

Le capteur se compose de deux condensateurs cylindriques placés l'un à côté de l'autre. La qualité de l'huile est contrôlée dans la partie inférieure et son niveau dans la partie supérieure.

Principe de mesure: si l'état de l'huile subit des modifications dues à l'usure ou à l'adjonction d'additifs, la capacité du condensateur rempli d'huile se modifie aussi. La valeur de capacité est alors transformée en signal numérique par l'électronique de contrôle et transmise au système de commande du moteur. Celui-ci calcule le délai jusqu'au prochain changement de l'huile. Le niveau de l'huile est indiqué au chauffeur au moyen d'un affichage numérique.

Température de l'huile. Un détecteur de température (NTC) est intégré au capteur d'huile.

TRAVAUX D'ATELIER

Contrôle du niveau et vidange

Contrôle du niveau avec la jauge à huile. Le niveau doit toujours se trouver entre le repère MAX et le repère MIN indiqués sur la jauge **(ill. 3)**. Lors du contrôle, le véhicule doit être positionné sur une aire horizontale.

Illustration 3: Jauge à huile

Niveau d'huile trop bas: il faut rajouter de l'huile en veillant à ne pas dépasser le repère MAX indiqué sur la jauge. Pour les véhicules de tourisme, la différence entre les deux marquages est souvent d'un litre.

Niveau d'huile trop haut: dans les véhicules n'effectuant que de petits trajets, le carburant peut se diluer avec l'huile et, par conséquent, entraîner une augmentation du niveau. Dans ce cas, il s'agit de répéter la mesure avec le moteur en température de service, après une utilisation prolongée du véhicule. Si le niveau d'huile est encore trop haut, il faut alors vidanger, respectivement aspirer une partie de l'huile.

Contrôle du niveau d'huile par affichage: si le véhicule est équipé d'un capteur d'huile, le niveau ponctuel du remplissage peut être déterminé par le biais du menu "Huile moteur" de l'affichage. On y trouve également l'indication du kilométrage restant jusqu'à la prochaine vidange prescrite.

Consommation d'huile

Consommation d'huile normale.
La consommation est considérée comme normale si elle n'est pas supérieure à 0,1 -1,0 l d'huile pour 1000 km. Les véhicules neufs peuvent consommer un peu plus d'huile durant la période de rodage.

Consommation d'huile élevée.
Si une consommation d'huile élevée est constatée, la cause peut en être un défaut mécanique:

- **Joints de tiges de soupapes défectueux.** De l'huile s'échappe par le canal d'aspiration ou d'échappement. La combustion de l'huile entraîne la formation de fumée bleue.
- **Jeu axial entre les segments et les gorges de segments de piston.** L'usure peut entraîner un jeu entre ces deux éléments. Le mouvement de va-et-vient du piston fait bouger les segments dans leur gorge ce qui a pour effet de „pomper" de l'huile dans la chambre de combustion **(ill 1, p. 237)**.

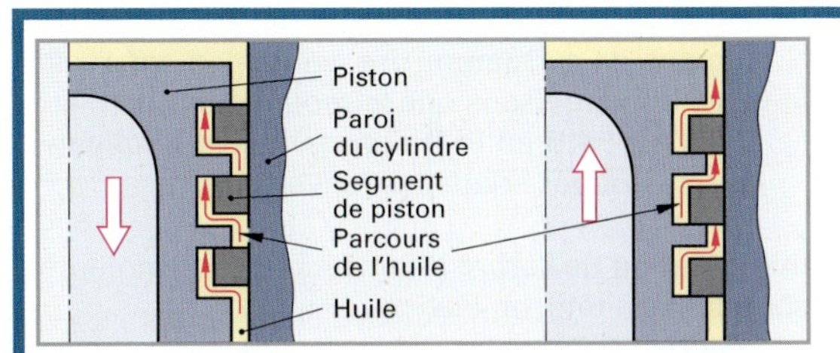

Illustration 1: "Effet de pompe" des segments de piston

Arrivée dans la chambre de combustion, l'huile est brûlée. La cokéfaction des gorges des segments de piston colle les segments de piston. Il s'ensuit un fort dégagement de fumée bleue.

Etanchéité défectueuse du moteur. Elle entraîne des pertes d'huile, même si le moteur est arrêté. Elle est révélée par des taches d'huile se formant sur le sol et par des salissures d'huile sur le moteur.

Vidange d'huile

Les constructeurs prescrivent des vidanges à intervalles définis. La vidange peut être effectuée par écoulement ou par aspiration de l'huile moteur lorsque celui-ci est à température de service.

Vidange par écoulement. Dans ce cas, l'huile contenue dans le carter s'écoule complètement par le bouchon de vidange. Elle est recueillie dans un récipient approprié. Le joint d'étanchéité du bouchon de vidange doit être remplacé. Si le bouchon de vidange est muni d'un séparateur magnétique, il faut enlever la limaille qui s'y trouve.

Vidange par aspiration. Dans ce cas, une sonde d'aspiration est introduite dans le carter d'huile, permettant d'aspirer celle-ci en 5 à 10 minutes. Il restera toutefois toujours environ 0,5 litre d'ancienne huile dans le carter. Il faut déduire ce reste de la quantité de remplissage préconisée sous peine d'avoir ensuite un niveau d'huile trop haut. Si la sonde ne permet pas d'atteindre le fond du carter d'huile, il y restera toujours des impuretés qui s'y sont accumulées et qui ne peuvent pas être aspirées.

Changement du filtre à huile. Comme pour la vidange, les constructeurs automobiles prescrivent des intervalles définis pour le changement du filtre à huile.

Cartouches interchangeables. Elles doivent être dévissées au moyen d'un outil spécial **(ill. 2)**. Lors du montage, observer les points suivants:

- légèrement lubrifier le joint torique de la nouvelle cartouche, afin que celui-ci ne colle pas à la surface d'étanchéité lors du prochain démontage;
- serrer la cartouche à la main.

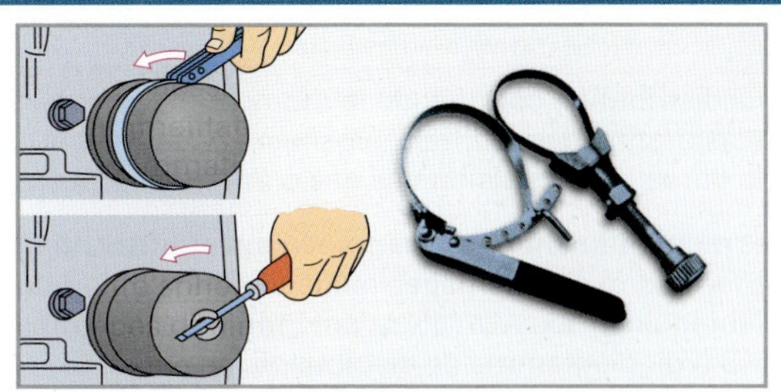

Illustration 2: Démontage d'une cartouche interchangeable; bandes de serrage

Elément filtrant interchangeable. Dans ce cas, le couvercle du boîtier du filtre doit être ouvert. Attention à bien positionner le nouvel élément filtrant à l'intérieur du boîtier. Le joint torique du boîtier du filtre doit être remplacé.

Remplissage d'huile. N'utiliser que les types d'huile préconisés par les constructeurs. Effectuer un contrôle du niveau d'huile après le remplissage et contrôler l'étanchéité avec le moteur en marche.

Huiles et filtres usagés. Ils doivent être entreposés et éliminés en respectant les directives de protection de l'environnement.

Contrôle de la pression de l'huile

Il permet de vérifier le fonctionnement du contacteur de pression d'huile et la pression de l'huile à un régime donné. Le contacteur de pression d'huile est raccordé à un adaptateur de contrôle qui est installé à la place du contacteur de pression d'huile. Une lampe de contrôle est également branchée entre le contacteur et la batterie **(ill. 3)**.

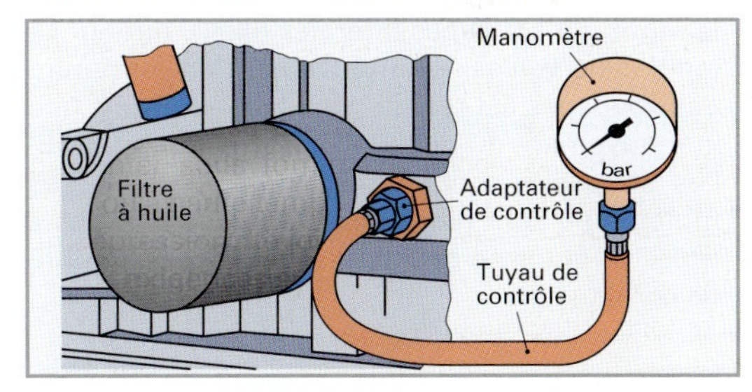

Illustration 3: Contrôle du contacteur de pression d'huile et de la pression de l'huile

Lorsque le moteur est arrêté, la lampe doit être allumée. Elle doit s'éteindre lorsque le moteur est en marche et que le manomètre indique une pression d'huile de 0,3 à 0,6 bar. Si le contrôle est négatif, il faut changer le contacteur. La pression de l'huile doit être au moins de 2 bar à un régime de 2000 1/min et pour une température de l'huile de 80 °C.

Questions de révision

1. **Quels sont les avantages d'une lubrification à carter sec?**
2. **Quels types de pompes à huile distingue-t-on?**
3. **Citer deux avantages des pompes à huile régulées.**
4. **Quels sont les genres de filtres à huile?**
5. **Quelles valeurs peut mesurer un capteur d'huile? Expliquer son mode de fonctionnement.**

11.6 Distribution

La distribution commande le moment et la durée d'aspiration des gaz frais, ainsi que le moment et la durée de l'expulsion des gaz d'échappement.

Les moments sont nommés point d'ouverture et point de fermeture des soupapes en degrés de rotation du vilebrequin, p. ex. AOA 15° avant PMH, RFA 42° après PMB (voir diagramme de distribution, **p. 198)**.

11.6.1 Structure de la distribution

L'entraînement de la distribution est effectué à partir du vilebrequin par l'intermédiaire d'une courroie crantée, d'une chaîne ou d'engrenages. Les cames de l'arbre à cames actionnent les soupapes d'admission ou d'échappement, en exerçant une force sur les ressorts de soupapes par l'intermédiaire d'éléments de transmission, tels que p. ex. des poussoirs. Les soupapes sont refermées par la force de détente des ressorts de soupapes.

Etant donné qu'un cycle de fonctionnement du moteur comprend quatre temps, soit deux tours de vilebrequin, alors que chaque soupape n'est active qu'une seule fois, l'arbre à cames doit tourner au demi régime du vilebrequin. Le pignon de l'arbre à cames a donc un nombre de dents deux fois plus grand que le pignon de distribution du vilebrequin.

Le rapport de l'engrenage entre le vilebrequin et l'arbre à cames est donc 2 : 1.

Implantation des soupapes. On distingue:

- **le moteur à soupapes latérales (ill. 1),** moteur **sv** (angl. **s**ide **v**alves). Le mouvement de fermeture des soupapes est réalisé dans le même sens que le mouvement du piston allant du PMH au PMB. Les soupapes sont montées latéralement. Ces moteurs ne sont plus utilisés sur les véhicules à cause de la forme peu favorable de leur chambre de combustion;
- **le moteur à soupapes en tête (ill. 2 à 5).** Le mouvement de fermeture des soupapes est réalisé dans le même sens que le mouvement du piston allant du PMB au PMH. Les moteurs à soupapes en tête ont des soupapes renversées.

Implantation de l'arbre à cames. Dans les moteurs à soupapes en tête, on distingue:

- le moteur **OHV** (angl. **o**ver**h**ead **v**alves): soupapes en tête, suspendues dans la culasse; l'arbre à cames est implanté dans la culasse ou en position latérale, dans le carter du moteur **(ill. 2);**
- le moteur **OHC** (angl. **o**ver**h**ead **c**amshaft): arbre à cames en tête; l'arbre à cames est implanté au-dessus de la culasse **(ill. 3);**

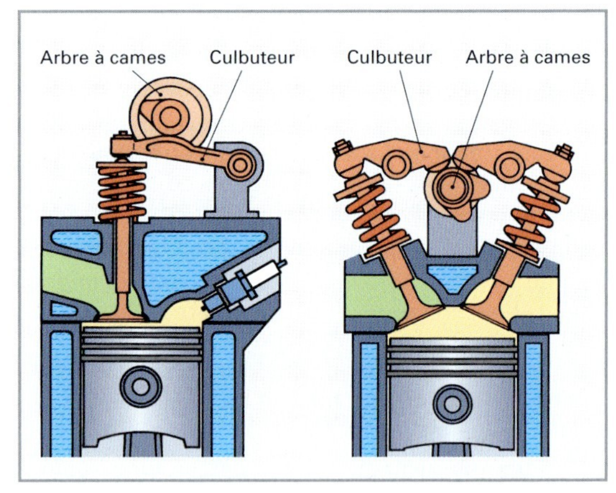

Illustration 3: Moteur OHC

- Le moteur **DOHC** (angl. **d**ouble **o**verhead **c**amshaft): doubles arbres à cames en tête; deux arbres à cames sont montés au-dessus de la culasse **(ill. 4).**
- Le moteur **CIH** (angl. **c**amshaft **in** **h**ead). L'arbre à cames est implanté dans la culasse **(ill. 5).**

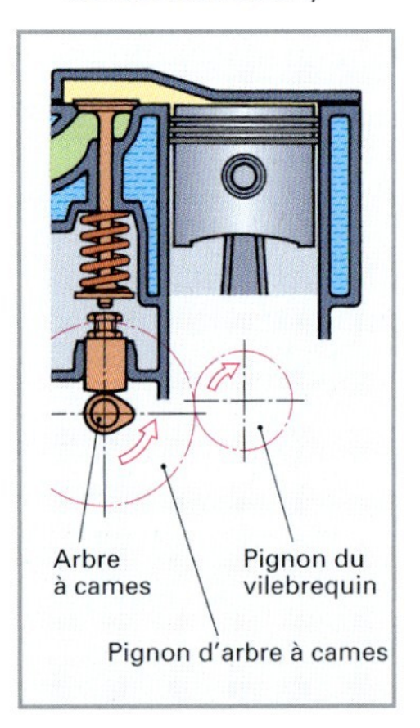

Ill. 1: Moteur à soupapes latérales

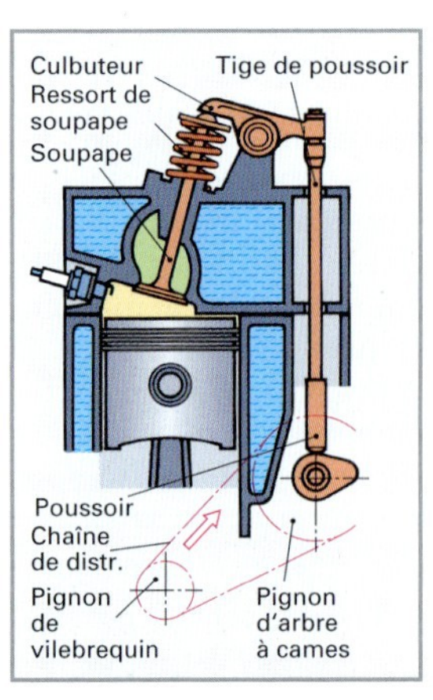

Ill. 2: Moteur à soupapes en tête

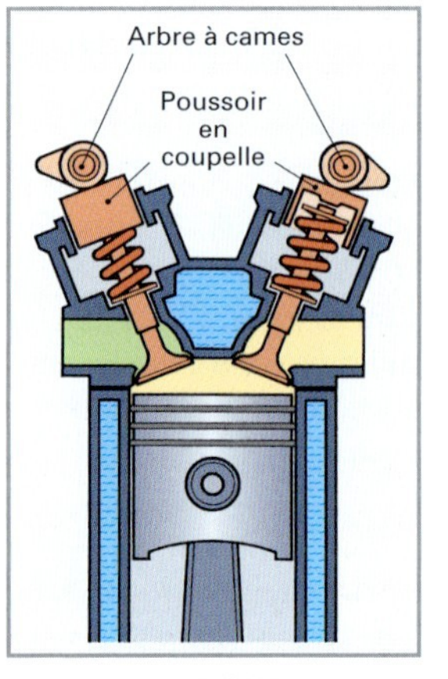

Ill. 4: Moteur DOHC

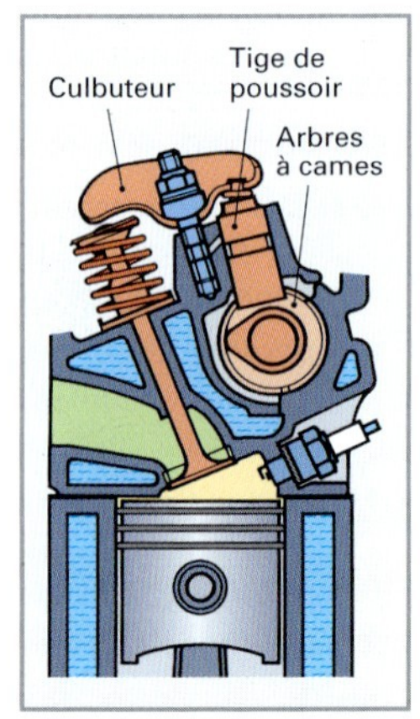

Ill. 5: Moteur CIH

11.6.2 Technique multisoupapes

Afin d'améliorer le flux des gaz, les moteurs sont souvent équipés avec deux ou trois soupapes d'admission et une ou deux soupapes d'échappement.

Trois soupapes par cylindre (ill. 1). Deux soupapes d'admission sont positionnées en face d'une soupape d'échappement agrandie. Lorsque l'implantation centrale d'une bougie n'est pas possible, on utilise un double allumage avec deux bougies disposées de façon excentrée. Il en résulte une meilleure combustion du mélange à proximité des bords du piston. Un arbre à cames commun commande les soupapes.

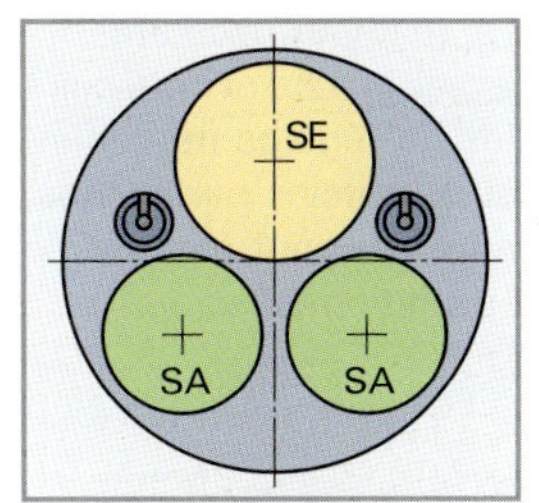

Ill. 1: Trois soupapes par cylindre

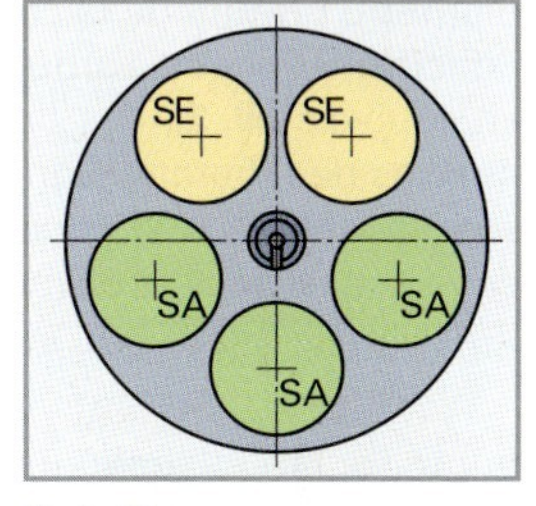

Ill. 2: Cinq soupapes par cylindre

Quatre soupapes par cylindre (ill. 3). La plupart des moteurs construits selon la technique multisoupapes sont équipés de quatre soupapes par cylindre. Deux soupapes d'admission, souvent agrandies, sont situées en face des deux soupapes d'échappement. La bougie peut être placée au centre. Un arbre à cames est nécessaire pour les soupapes d'admission et, un autre, pour les soupapes d'échappement.

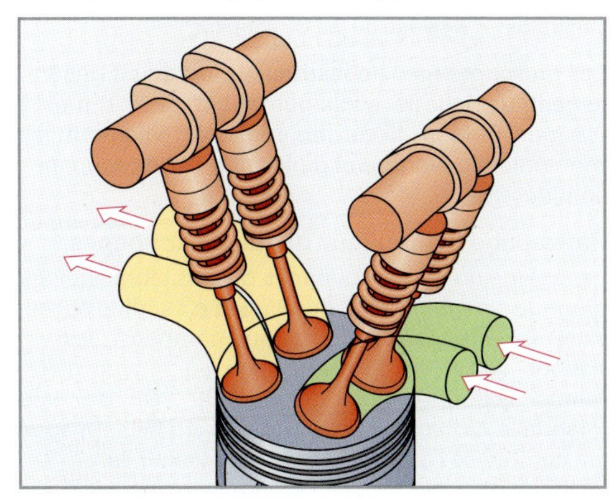

Illustration 3: Quatre soupapes par cylindre

Cinq soupapes par cylindre (ill. 2). Trois soupapes d'admission et deux soupapes d'échappement offrent la section de passage maximale. Généralement, la bougie est positionnée au centre. Un arbre à cames d'admission commande les trois soupapes d'admission et un arbre à cames d'échappement commande les deux soupapes d'échappement.

11.6.3 Composants de la distribution

Soupapes

On distingue les **soupapes d'admission** et les **soupapes d'échappement**. Le diamètre de la tête et la course des soupapes doivent être suffisamment importants pour ne pas entraver l'échange des gaz. La soupape d'échappement a souvent un diamètre plus petit que la soupape d'admission, car cela permet, grâce à une pression résiduelle élevée, d'assurer un échappement suffisamment rapide des gaz brûlés lors de l'ouverture de la soupape d'échappement.

Conception (ill. 4). Une soupape est constituée d'une tête de soupape et d'une tige de soupape. La tête de soupape doit, en liaison avec le siège de soupape situé dans la culasse, obturer la chambre de combustion de manière étanche. L'extrémité de la tige de soupape est pourvue d'une gorge ou bien d'une ou deux rainures dans lesquelles sont logées les clavettes coniques. Celles-ci sont maintenues dans la gorge ou dans les rainures de la tige par l'assiette du ressort de soupape.

Sollicitations. Les soupapes sont soumises à de fortes contraintes. En effet, elles sont actionnées et repoussées sur leur siège par le ressort de soupape jusqu'à environ 4000 fois par minute. La tige de soupape et son extrémité sont soumises à l'usure par friction.

Les soupapes d'admission (ill. 4) sont refroidies de façon permanente par les gaz frais admis. Malgré cela, elles peuvent atteindre des températures de l'ordre de 500 °C.

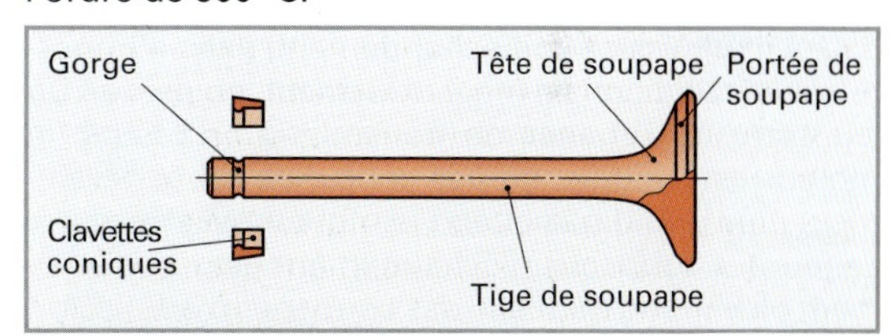

Illustration 4: Soupape d'admission

Les soupapes d'admission sont généralement des soupapes monométalliques. Afin de réduire l'usure, il est possible de soumettre à la trempe la portée de soupape, la tige de la soupape, la gorge logeant les clavettes coniques et l'extrémité de la soupape.

Soupapes d'échappement (ill. 1, p. 240). Elles sont soumises, du fait des gaz brûlés très chauds (jusqu'à 900 °C à la tête de soupape) à une contrainte thermique et à une corrosion chimique importantes. Pour cette raison, les soupapes sont souvent bimétalliques. Pour la tête de la soupape et la partie inférieure de la tige, qui sont surtout exposées aux gaz d'échappement, on utilise un acier résistant aux températures élevées, à la corrosion et à la calamine. Toutefois, ces aciers ne peuvent pas être durcis, ils ont de mauvaises propriétés de glissement, ont tendance à gripper dans le guide de soupape et ont une mauvaise conductibilité thermique.

C'est pour cette raison que la partie supérieure de la tige de soupape est fabriquée en acier apte à la trempe et offrant une meilleure conductibilité thermique. Les deux parties de la soupape sont soudées bout à bout par friction.

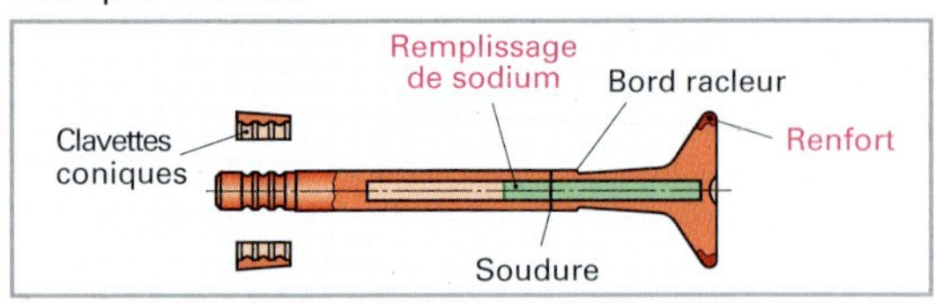

Illustration 1: Soupape d'échappement

Soupapes à tige creuse (ill. 1). Ce sont des soupapes d'échappement qui permettent d'améliorer la dissipation de la chaleur. Elles sont munies d'une cavité remplie à 60 % de sodium. Celui-ci fond à environ 97 °C et possède une bonne conductibilité thermique. Les mouvements de va-et-vient successifs permettent au sodium liquide de transférer la chaleur de la tête à la tige de soupape et, ainsi, de diminuer d'environ 100 °C la température au niveau de la tête de soupape. Les portées de soupapes sont généralement renforcées **(ill. 1)**, p, ex. avec du métal dur, afin de réduire l'usure et pour éviter de marquer la portée de la tête de la soupape.

Jeu de la soupape

Durant le fonctionnement, les soupapes d'admission et d'échappement se dilatent plus ou moins fortement, en fonction de l'augmentation de la température et selon les matériaux utilisés. En outre, l'usure des organes de transmission de la distribution provoque des modifications dimensionnelles des pièces. Afin d'assurer la fermeture correcte des soupapes d'admission et d'échappement, dans n'importe quelle condition de fonctionnement, on prévoit un jeu entre les organes de transmission. Lorsque le moteur est froid, le jeu des soupapes est généralement plus grand que quand le moteur est chaud.
Le jeu des soupapes d'échappement est habituellement plus grand que celui des soupapes d'admission car ces dernières chauffent plus.

Jeu de soupape trop petit. La soupape s'ouvre plus tôt et se ferme plus tard. La durée réduite de fermeture de la soupape d'échappement ne permet pas de conduire suffisamment de chaleur de la tête au siège de la soupape, par conséquent la température de celle-ci augmente. De plus, lorsque le moteur est chaud, le danger que la soupape d'admission ou d'échappement ne ferme plus devient important. Le manque d'étanchéité de la soupape d'échappement aspire des gaz d'échappement et celle de la soupape d'admission provoque un retour de flamme. Les pertes de gaz engendrent une diminution de puissance. Le manque d'étanchéité entraîne la surchauffe des soupapes, de la tête et les sièges de soupapes brûlent.

Jeu de soupape trop grand. La soupape s'ouvre trop tard et se ferme trop tôt. Les moments et le diagramme d'ouverture des soupapes sont réduits, le remplissage du cylindre et la puissance sont diminués. Les sollicitations mécaniques sur les soupapes et les bruits augmentent.

Réglage du jeu de soupape. Le réglage du jeu de soupape diffère selon le type de moteur et le constructeur. Il peut être prescrit avec moteur froid ou chaud, avec moteur arrêté ou fonctionnant au ralenti.
Pour la distribution avec un arbre à cames en tête et culbuteurs ou leviers oscillants, le jeu de soupape peut être réglé au moyen d'une vis et d'un contre-écrou ou, comme sur l'**illustration 2,** en ajustant le serrage de la vis de butée à tête sphérique logée dans un filetage autobloquant. Le jeu de la soupape est contrôlé au moyen d'une jauge plate passant entre le diamètre primitif de la came et le levier oscillant.
Pour la distribution à arbre à cames en tête et poussoirs en coupelle **(ill. 2),** des pastilles de réglage interchangeables de différentes grandeurs, durcies par trempe, sont logées dans le poussoir. Le jeu peut être vérifié entre la pastille et le diamètre primitif de la came.

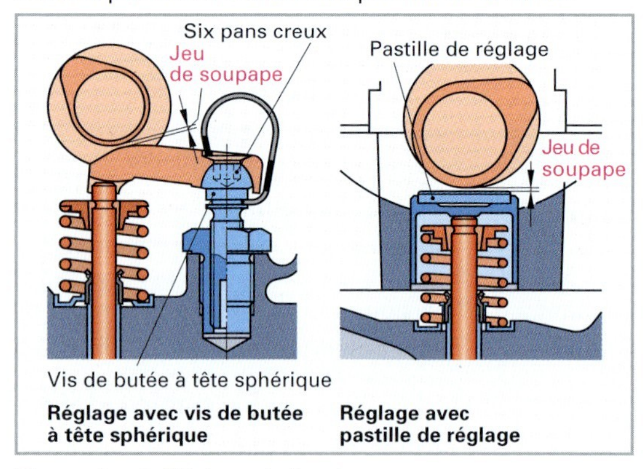

Illustration 2: Réglage du jeu de soupape

Les prescriptions du constructeur indiquent généralement un jeu de soupapes allant de 0,1 mm à 0,3 mm. Si le jeu n'est pas réglé correctement, les moments d'ouverture et de fermeture des soupapes sont décalés.

Rattrapage hydraulique du jeu de soupapes

Le réglage du jeu de soupapes des moteurs équipés d'un rattrapage hydraulique du jeu n'est plus nécessaire. Le rattrapage automatique compense les variations de jeu de la distribution au moyen d'éléments actionnés hydrauliquement. De ce fait, lorsque le moteur est en marche, le jeu de soupapes est compensé continuellement à la valeur zéro.

Conception. L'élément de rattrapage se trouve dans le poussoir. Les soupapes sont actionnées par le poussoir à pastille par l'intermédiaire de l'arbre à cames placé au-dessus **(ill. 1, p. 241)**.
Le poussoir hydraulique est raccordé au circuit de lubrification du moteur par un orifice latéral. Le flux d'huile pénètre dans le compartiment du poussoir et arrive dans le volume réservoir en passant par des évidements aménagés dans le corps du poussoir.

11

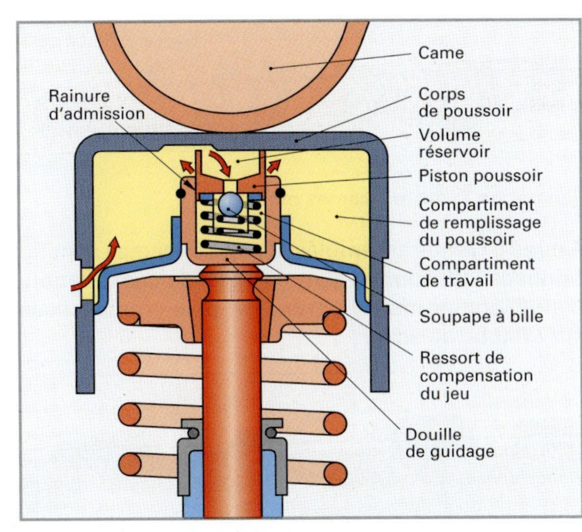

Illustration 1: Poussoir à pastille en tête avec rattrapage hydraulique du jeu de soupape

Fonctionnement

Soupape fermée. Le poussoir n'est pas sollicité. Le ressort de compensation du jeu presse le piston poussoir et le corps du poussoir vers le haut jusqu'à ce qu'il soit appuyé contre le diamètre primitif de la came. L'augmentation du volume du compartiment de travail génère une admission d'huile provenant de du volume réservoir, au travers de la soupape à bille.

Ouverture de la soupape. Le corps de poussoir et le piston poussoir sont actionnés, la soupape à bille se ferme et le volume d'huile enfermé dans le compartiment de travail est mis sous pression, ce qui engendre une "liaison rigide". La soupape d'admission, respectivement d'échappement, est ouverte par la douille de guidage. Lorsque les éléments de distribution se dilatent, l'huile excédentaire peut s'échapper par une fuite calibrée entre le piston poussoir et la douille de guidage.

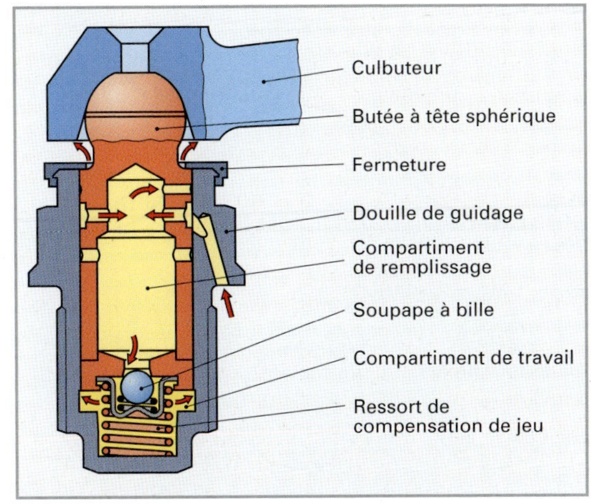

Illustration 2: Butée de culbuteur avec rattrapage hydraulique du jeu des soupapes

Lorsque les soupapes sont actionnées par l'arbre à cames au travers d'un culbuteur, la compensation du jeu est réalisée dans la butée **(ill. 2)**. Le fonctionnement est le même que pour les poussoirs en coupelle.

Guidage de la soupape (ill. 3)

Dans les culasses en alliage d'aluminium, on utilise des guides de soupapes mis en place par frettage, disposant d'une bonne propriété de glissement. Ils sont généralement réalisés en bronze coulé ou en fonte spéciale. Le joint de la tige de soupape situé à l'extrémité supérieure du guide de soupape doit permettre la formation d'un film d'huile suffisant entre la tige et le guide de soupape; il doit toutefois éviter que de l'huile moteur n'aboutisse, au travers du guide, dans le canal d'aspiration ou d'échappement. Il en résulterait une grande consommation d'huile et la formation de calamine sur la tige de la soupape. Le fonctionnement du catalyseur en serait aussi affecté.

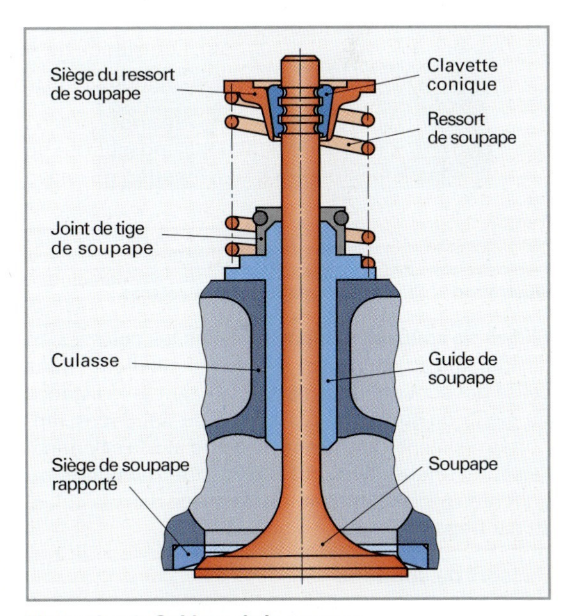

Illustration 3: Guidage de la soupape

Tableau 1: Dérangements possibles du système de rattrapage hydraulique.
Bruits de cliquetis dus à un trop grand jeu de soupapes • L'élément de rattrapage fonctionne à vide car l'usure du piston est trop importante. • Soupape antiretour du circuit d'huile de lubrification défectueuse.
Pas de rattrapage du jeu des soupapes • Elément de rattrapage défecteux. • Présence d'air dans l'élément de rattrapage due à l'émulsion de l'huile provoquée par un niveau d'huile trop élevé.

Siège de soupape dans la culasse

Les sièges de soupapes dans la culasse **(ill. 1)** ont fréquemment le même angle que les têtes de soupapes. L'angle de siège est 45°.

Angles de dégagement. Ils ont une valeur de 15° et 75°. Les angles de dégagement permettent d'améliorer le débit des gaz et servent à corriger la largeur du siège.

Largeur du siège de soupape. Elle permet d'obtenir une bonne étanchéité de la chambre de combustion. Pour la soupape d'admission, elle est d'environ 1,5 mm et d'environ 2 mm pour la soupape d'échappement, afin d'améliorer la dissipation de la chaleur. Les angles de la portée de soupape et du siège dans la culasse sont parfois différents, p. ex. 44° pour la portée de soupape et 45° pour le siège. Un cône d'étanchéité étroit se forme au début et, durant le fonctionnement, il s'agrandit jusqu'à atteindre la largeur normale de la portée du siège.

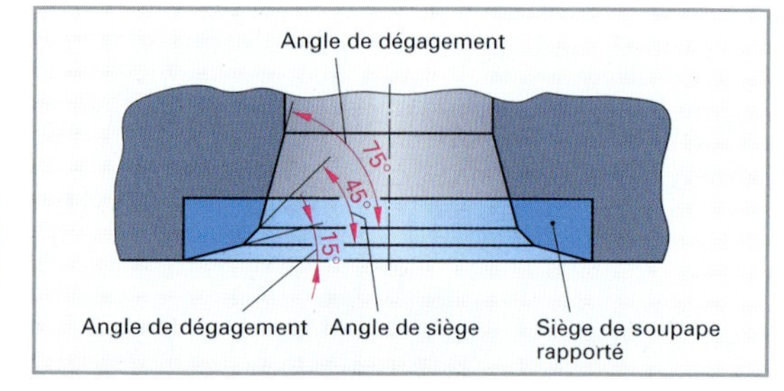

Illustration 1: Siège de soupape dans la culasse

Sièges de soupapes rapportés. Dans les culasses en alliage d'aluminium, et occasionnellement dans celles qui sont en fonte, ils augmentent la résistance du siège de soupape. Les sièges de soupapes rapportés résistent à la chaleur, à l'usure et à la calamine. Ils sont fabriqués avec des aciers fortement alliés ou en fonte spéciale. Ils sont mis en place dans la culasse par frettage.

Ressort de soupape

Il ferme la soupape à l'issue de la phase d'aspiration et d'expulsion. On utilise des ressorts hélicoïdaux. A haut régime, le nombre de cycles de fonctionnement peut s'approcher de la fréquence de résonance du ressort, risquant de provoquer sa rupture. Pour éviter ce phénomène, le ressort de soupape peut avoir un pas variable, une forme conique ou être réalisé en fil de section variable. On trouve parfois aussi deux ressorts de soupape disposés l'un dans l'autre.

Arbre à cames

Il commande le mouvement de levée des soupapes à l'instant opportun, dans l'ordre correct et permet la fermeture des soupapes par le ressort.

Arbres à cames moulés (ill. 2). Ils sont fabriqués en fonte alliée au graphite lamellaire ou sphéroïdal ou en fonte coulée en coquille.

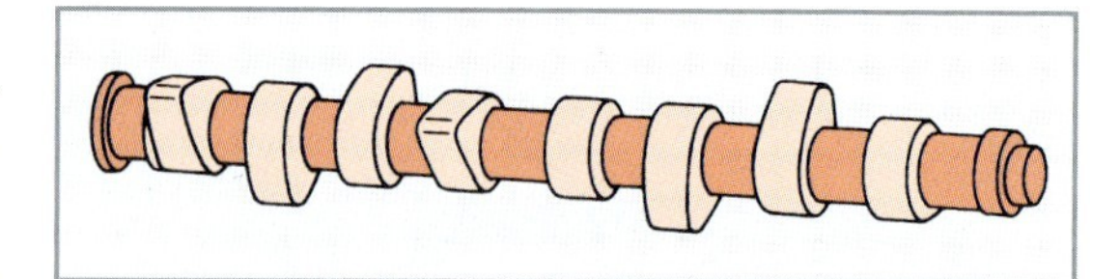

Illustration 2: Arbre à cames moulé

Arbres à cames assemblés (ill. 3). Les cames sont fabriquées individuellement en acier de cémentation, d'amélioration ou de nitruration puis emmanchées sur un tube en acier.

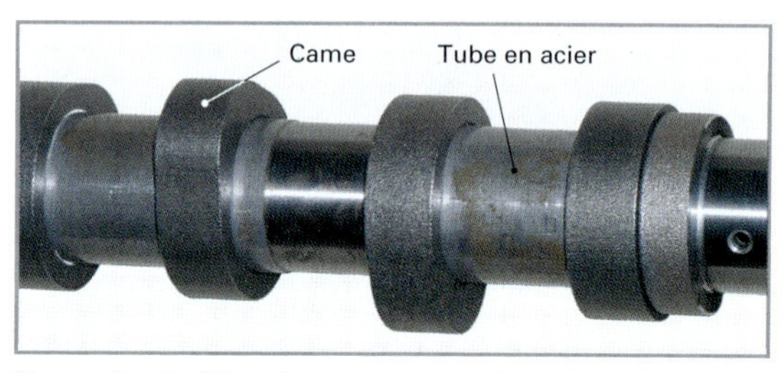

Illustration 3: Arbre à cames assemblé

Formes de cames (ill. 4). Elles définissent l'ouverture et la fermeture des soupapes

- Durée d'ouverture
- Elévation de la course
- Vitesse de course
- Déroulement du mouvement

Came pointue. La soupape est ouverte et fermée lentement; elle ne reste complètement ouverte qu'un bref instant.

Came asymétrique. La rampe d'ouverture plus plate génère une ouverture plus lente, la rampe de fermeture plus raide permet de maintenir la soupape plus longuement en position ouverte, ainsi qu'une fermeture plus rapide.

Came plate. La soupape est ouverte et fermée rapidement; elle reste complètement ouverte plus longtemps.

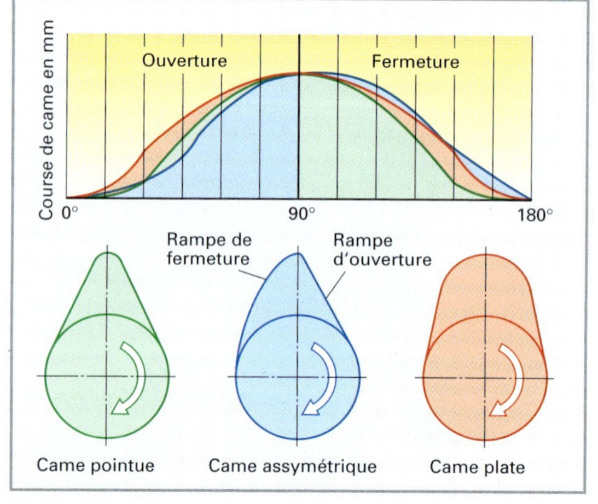

Illustration 4: Formes et courses de soupapes

Entraînement de l'arbre à cames

Par courroie crantée	Par chaîne	Par engrenages
Courroie crantée d'entr. de la distribution Poulie de renvoi Poulie d'entr. de la pompe à liquide de refroidissement Poulie de tension de l'entr. principal Courroie crantée pour le second arbre à cames Poulie de tension du mécanisme de couplage Poulie de renvoi Roue dentée du vilebrequin	Pignon d'arbre à cames Roue intermédiaire Glissière de tension Tendeur de chaîne hydraulique Pignon du vilebrequin Pignon d'engrenage de distribution Glissière Chaîne de distribution Glissière	Elément de réglage Pignon de l'arbre à cames Pignon intermédiaire Pignon intermédiaire Pompe haute press. pour système d'injection Common Rail Pompe liquide de refroidiss. Pompe tandem (hydraulique et vacuum) Pignon intermédiaire Pignon intermédiaire Pignon du vilebrequin Carter de distribution
On utilise des courroies en matière synthétique. Un renforcement, généralement en Glascord (fibre de verre), assure la résistance à la traction de la courroie qui transmet les forces de traction et limite l'allongement. La courroie est maintenue latéralement sur la roue dentée par un flanc de guidage.	Il est utilisé lorsque des forces plus importantes doivent être transmises afin de conserver la précision de la commande de la distribution. Un tendeur de chaîne assure une tension constante de la chaîne. Afin d'amortir les bruits de la chaîne, celle-ci est guidée dans des glissières en matière plastique. Le pignon du vilebrequin peut être également revêtu d'une couche de caoutchouc.	Le mouvement rotatif du vilebrequin est transmis à l'arbre à cames par le biais d'engrenages. Afin d'atténuer le bruit, les engrenages disposent d'une denture oblique. Avantages: il est ainsi possible de transmettre de manière précise un couple moteur élevé et de limiter la longueur du système grâce à l'emploi de petits pignons.

Caractéristiques des courroies crantées

- Masse réduite.
- Fonctionnement silencieux.
- Coût de fabrication réduit.
- Fonctionnement sous légère tension.
- Aucune lubrification nécessaire.
- Doivent être exemptes d'huile.
- Ne doivent pas être pliées.
- Lors du changement, respecter les indications du constructeur.

Leviers, culbuteurs

Lorsque la commande des soupapes ne peut être actionnée directement par des poussoirs en coupelle, elle peut se faire par l'intermédiaire de leviers ou de culbuteurs.

Les leviers oscillants sont des leviers de type inter-résistant dont l'une des extrémités est en appui sur un boulon à rotule. L'autre extrémité transmet la course d'élévation. Le frottement entre la rampe d'ouverture et de fermeture de la came et le levier peut être fortement réduit au moyen d'un levier à rouleau **(ill. 1)**.

Les culbuteurs sont des leviers de type inter-appui. L'arbre à cames est situé sous le culbuteur. Le mouvement d'élévation de l'arbre à cames est transmis à la tige de la soupape par le culbuteur basculant sur son axe. Comme pour les leviers oscillants, le frottement entre la came et le culbuteur peut être réduit par l'emploi d'un levier à rouleau.

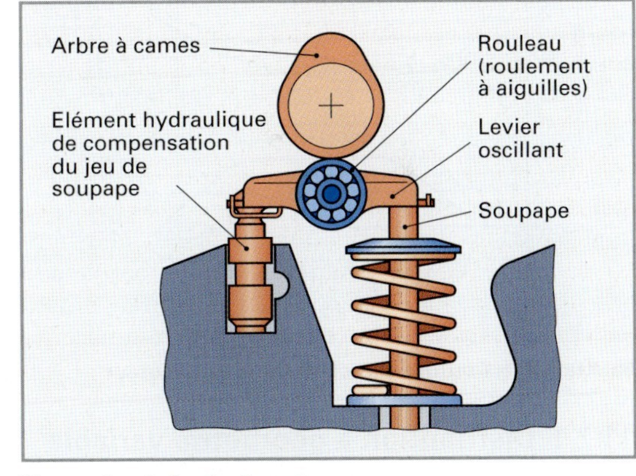

Illustration 1: Levier à rouleau

Questions de révision

1. **Que signifie moteur à soupapes en tête?**
2. **Quel est le rôle de l'arbre à cames?**
3. **Pourquoi l'arbre à cames a-t-il un régime qui correspond à la moitié de celui du vilebrequin?**
4. **Quel est l'avantage des cames asymétriques?**
5. **Quels entraînement d'arbres à cames distingue-t-on?**
6. **Quels défauts peuvent se produire lorsque le jeu de soupapes est trop faible?**
7. **Comment peut-on obtenir un réglage automatique et sans jeu des soupapes?**

11.7 Optimisation du remplissage du cylindre

L'optimisation du remplissage permet de remplir le cylindre avec des gaz frais grâce à une distribution à géométrie variable et/ou d'améliorer le remplissage durant une plage de régime importante.

Avantages (ill 1)

- Puissance accrue
- Meilleur développement du couple moteur à certains régimes
- Réduction des émissions de gaz polluants
- Réduction de la consommation de carburant grâce à une meilleure formation du mélange

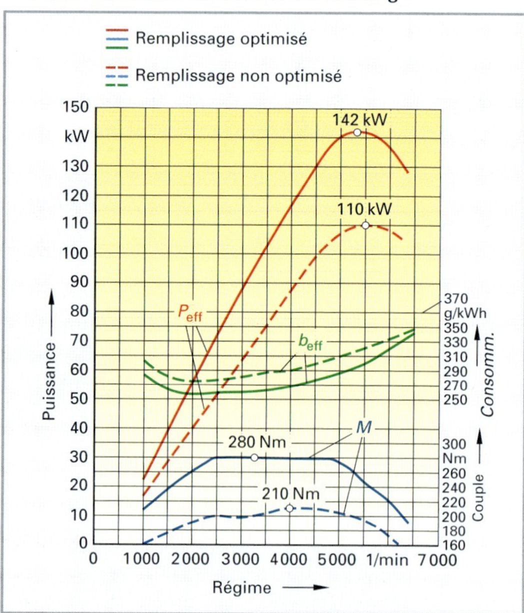

Illustration 1: Courbes caractéristiques du moteur

11.7.1 Distribution à géométrie variable

Dans les moteurs avec commande de soupapes conventionnelle, le remplissage du cylindre n'est optimal que dans une certaine plage de régime. Dans cette plage de régime, le moteur délivre son couple maximal. Si le régime augmente encore, la puissance se développera jusqu'à une valeur maximale, mais le couple diminuera à cause d'un mauvais remplissage du cylindre.

Si l'on prolonge l'ouverture de la soupape d'admission, le remplissage du cylindre sera amélioré à régime élevé. Le couple et le rendement augmentent. A bas régime, le grand chevauchement des soupapes provoque d'importantes pertes par balayage et un fonctionnement instable du moteur. En outre, les substances polluantes augmenteront dans les gaz d'échappement. La distribution à géométrie variable permet de palier ces désavantages.

On distingue les systèmes suivants:

- variation de phase sur l'arbre à cames (modification des angles de distribution);
- commande des soupapes à géométrie variable (modification des angles de distribution et de la course des soupapes).

Variation de phase sur l'arbre à cames

Par ce moyen, on peut modifier la position des arbres à cames par rapport à celui du vilebrequin.

Les moments d'ouverture et de fermeture des soupapes d'un moteur avec variation de phase sur l'arbre à cames sont représentées dans l'**illustration 2**. En fonction des moments d'ouverture et de fermeture de l'arbre à cames, on obtient un chevauchement différencié des soupapes.

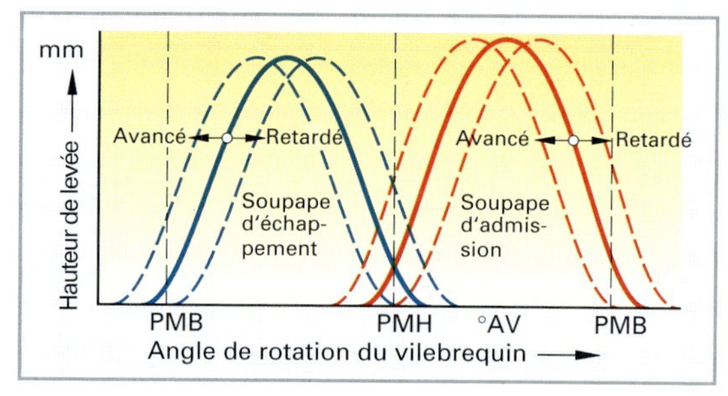

Illustration 2: Courbes de levée des soupapess

Réglage de la distribution par cartographie

Le réglage de la distribution est effectué en fonction de la charge et du régime, selon une cartographie déterminée et enregistrée dans le système de commande du moteur. On peut utiliser p. ex. la température du moteur comme valeur de correction. **(ill. 3, tableau 1, p. 245)**. Ainsi, pour un régime moyen, il est possible de définir une position retardée ou avancée en fonction de la charge.

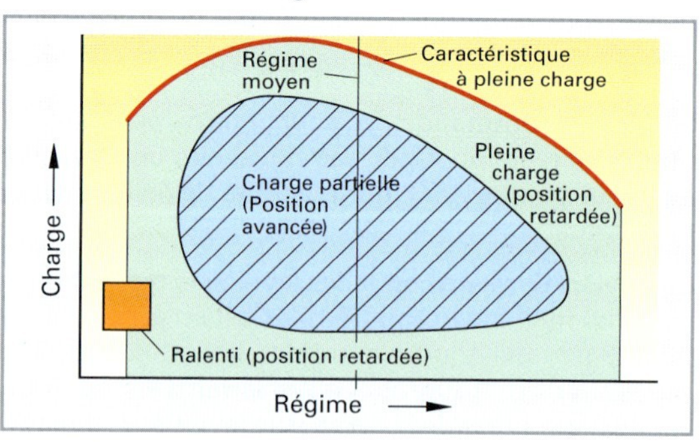

Illustration 3: Etats du moteur avec position avancée et retardée de l'arbre à cames d'admission

Le réglage de la distribution peut être effectué de différentes façons, p. ex. par ...

- ... tendeur de chaîne réglable p. ex. VarioCam;
- ... commande de positionnement de l'arbre à cames, p. ex Vanos, régulation des pales semi-rotatives (VaneCam).

Tableau 1: réglage de l'arbre à cames d'admission en fonction de l'état de fonctionnement ill. 3, p. 244

Fonction-nement	Temps-ouv. SA	Effet
Ralenti	Retardé	Léger chevauchement des soupapes, fermeture SA bien après PMB ▶ pas de débordement de gaz frais dans le canal d'échappement et de gaz d'échappement dans le canal d'admission, meilleure combustion ▶ couple plus élevé au ralenti, le régime de ralenti peut être réduit.
Ch. part.	Avancé	Grand chevauchement des soupapes, fermeture SA juste après PMB ▶ les gaz frais ne sont pas refoulés dans le canal d'admission, les gaz d'échappement circulent dans le canal d'admission et sont aspirés avec les gaz frais, la température de combustion diminue ▶ le pourcentage de NO_x diminue.
Pl. charge	Retardé	Léger chevauchement des soupapes, fermeture SA bien après PMB, les gaz frais affluent malgré la montée du piston dans le cylindre ▶ l'effet d'inertie de la veine gazeuse améliore le remplissage du cylindre et le couple.

Tendeur de chaîne réglable (VarioCam, ill. 1).
L'arbre à cames d'échappement entraîne l'arbre à cames d'admission au moyen d'une chaîne.

Tension de la chaîne.
Elle est assurée au moyen d'un ressort.

Réglage de l'arbre à cames. En position de départ, le vérin hydraulique du tendeur de chaîne est en position haute et l'arbre à cames d'admission en position retardée. Pour établir la position avancée, le piston hydraulique est déplacé en position basse; le tronçon de chaîne inférieur est allongé alors que le tronçon supérieur est raccourci, ce qui a pour effet de tourner l'arbre à cames d'admission vers la droite, en position avancée.

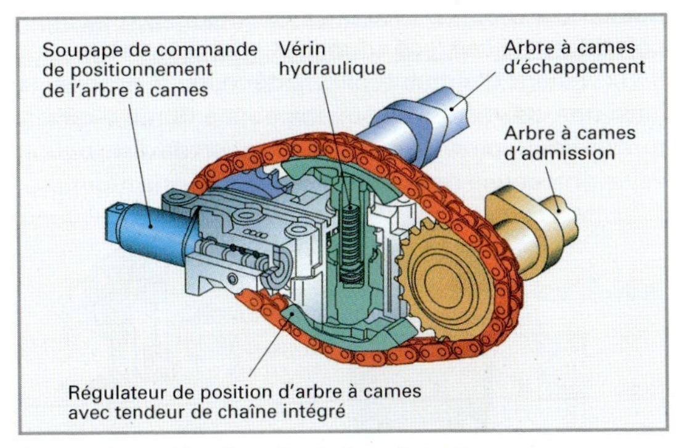

Illustration 1: Tendeur de chaîne réglable

Commande de position variable de l'arbre à cames (Vanos, ill. 2).
Le système est composé des éléments suivants:
- dispositif de réglage hydraulique;
- dispositif de réglage mécanique;
- électrovanne de commande hydraulique.

Fonctionnement. Dans ce système, l'arbre à cames d'admission est déplacé par rapport au pignon de distribution qui l'entraîne. Le vérin hydraulique est déplacé à gauche ou à droite selon l'état de l'électrovanne. Le mouvement axial du vérin hydraulique provoque, au moyen de la denture oblique des pignons, un changement de position de l'arbre à cames en direction "avancée" ou "retardée". Le réglage peut avoir lieu en continu.

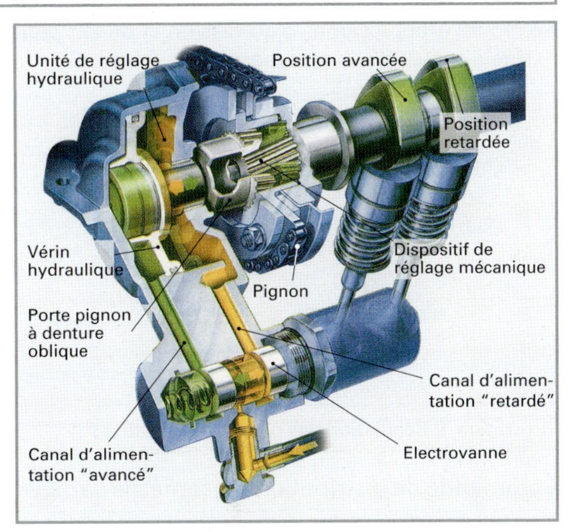

Illustration 2: Structure d'un régulateur de position de l'arbre à cames

Ajustement de l'arbre à cames d'admission en position "avancée" (ill. 3). La pression d'huile de moteur est guidée dans le canal d'alimentation "avancé". L'unité de réglage hydraulique provoque un déplacement axial du vérin vers la droite. Le porte-pignons mobile du vérin hydraulique oriente l'arbre à cames d'admission en direction "avancée" par rapport à la position du pignon.

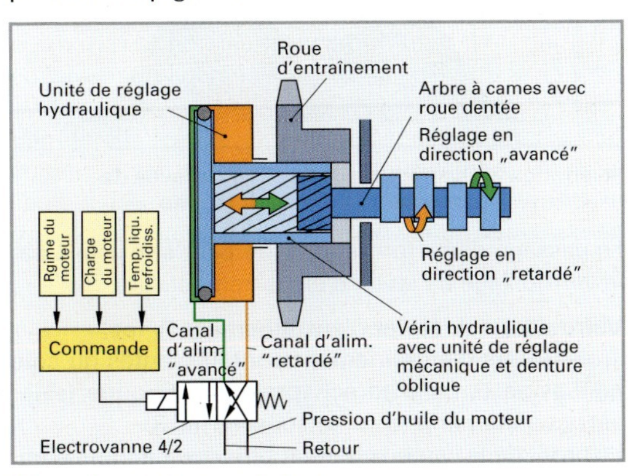

Illustration 3: Réglage de l'arbre à cames

Systèmes avec réglage de l'arbre à cames d'admission et d'échappement

Vanos double. Grâce au réglage supplémentaire de l'arbre à cames d'échappement, on obtient, non seulement une augmentation du couple à moyen et à haut régime mais également à bas régime.

Régulation des pales semi-rotatives (VaneCam, ill. 1). Le rotor externe est relié à une roue d'entraînement dentée et le rotor interne à l'arbre à cames. Grâce à l'électrovanne hydraulique, la pression de l'huile varie dans l'espace de lubrification, ce qui permet de régler les arbres à cames. Par rapport au rotor externe, l'angle maximal de rotation du rotor interne est de 52° pour l'arbre à cames d'admission et de 22° pour l'arbre à cames d'échappement.

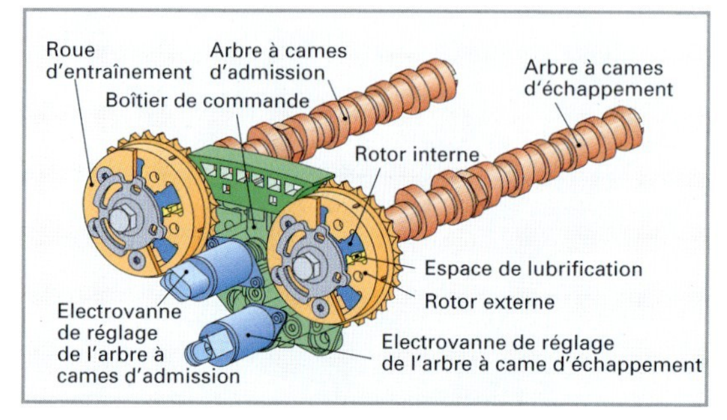

Illustration 1: Régulation des pales semi-rotatives

Commande de distribution à géométrie variable

Les moments d'ouverture et la section du flux de passage des gaz sont adaptés à l'état de charge du moteur.

Le temps d'ouverture de la soupape est déterminé par la forme de la soupape et la section du flux de passage des gaz par la hauteur de levée de la soupape **(ill. 2)**.

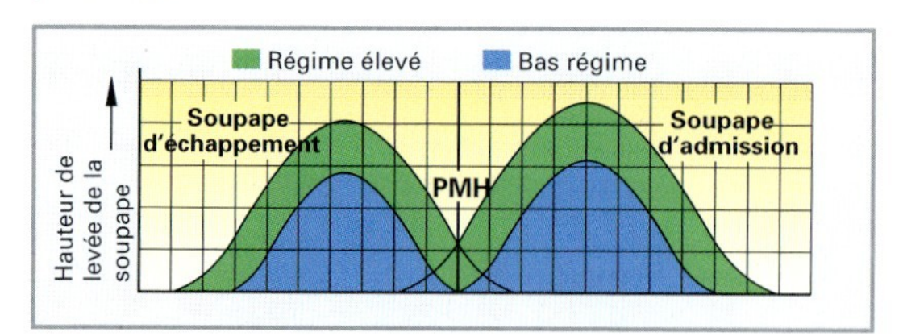

Illustration 2: Diagramme de hauteur de levée de soupape à bas et haut régime

Le passage d'une forme à l'autre peut être activé par le verrouillage du levier d'entraînement.

Verrouillage du levier d'entraînement (VTec)
Trois leviers d'entraînement sont implantés du côté admission et du côté échappement. Chaque levier est actionné par une came séparée **(ill. 3)**.
Le profil de la came actionnant les deux leviers d'entraînement extérieurs est différent de celui de la came actionnant les leviers intérieurs. Cela permet de modifier les paramètres suivants:

- chevauchement des soupapes;
- temps d'ouverture des soupapes;
- vitesse d'ouverture;
- course de la soupape.

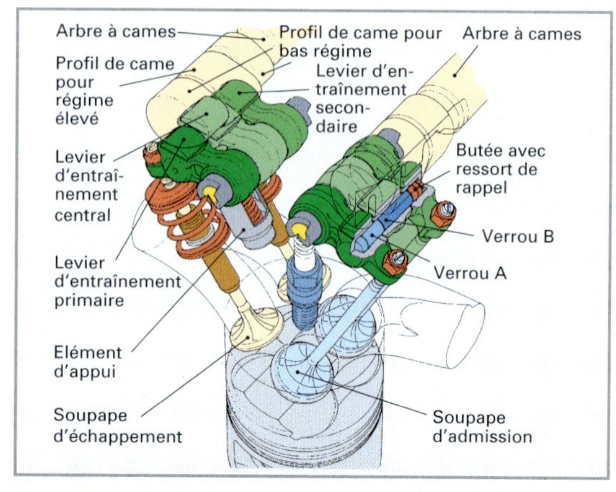

Illustration 3: Structure de la commande variable des soupapes

Réglage de la distribution (ill. 4)

Position de distribution 1. Les leviers d'entraînement sont indépendants. Le ressort de rappel du levier d'entraînement maintient les deux verrous A et B en position déverrouillée. Les soupapes sont activées par les deux leviers d'entraînement extérieurs. Il en résulte ainsi une course de la soupape et une durée d'ouverture de soupape réduites. Cette position de distribution est avantageuse pour les bas et les moyens régimes.

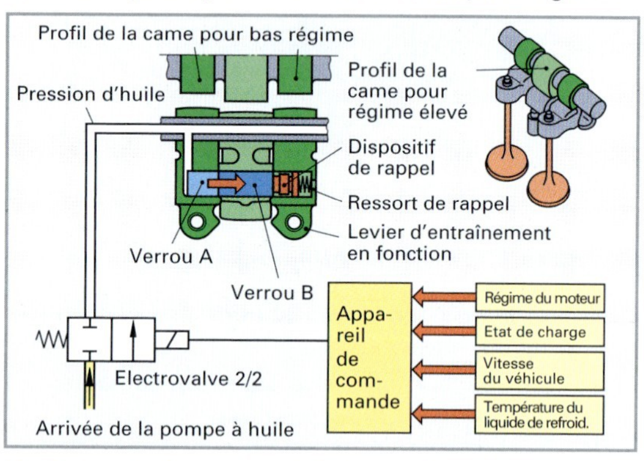

Illustration 4: Changement de forme de came

Position de distribution 2. Au point de commutation, l'électrovanne est ouverte par un signal de l'appareil de commande de gestion du moteur. La pression d'huile de moteur agit sur le verrou A. Ainsi, les deux verrous A et B compriment le ressort de rappel, ce qui solidarise les trois leviers d'entraînement. Dans cette position, les soupapes sont actionnées par la came centrale, ce qui produit une plus grande levée de soupape et un temps d'ouverture de soupape prolongé.

Distribution électromécanique entièrement variable

> La course et les angles de distribution des soupapes sont modifiés en continu.

L'arbre à cames agit sur le levier central. La partie inférieure oblique de celui-ci actionne le levier à rouleau qui ouvre la soupape. Lors de la rotation de l'arbre à cames, le levier central oscille entre les cames et le ressort de rappel. La position du point de rotation définit l'ampleur du mouvement oscillant et, donc, l'importance de la course de la soupape **(ill. 1)**.

Grand mouvement oscillant ⇒ **course de soupape importante**

Petit mouvement oscillant ⇒ **course de soupape réduite**

Plage de réglage: de 0,3 mm à 9,85 mm

Avantage. Le réglage du remplissage se fait par le biais de la section de l'ouverture de la soupape. Aucun papillon n'est nécessaire, ce qui élimine toutes les pertes susceptibles d'être générées au niveau de ce dernier. Le moment d'ouverture de la soupape est piloté par le servo-moteur.

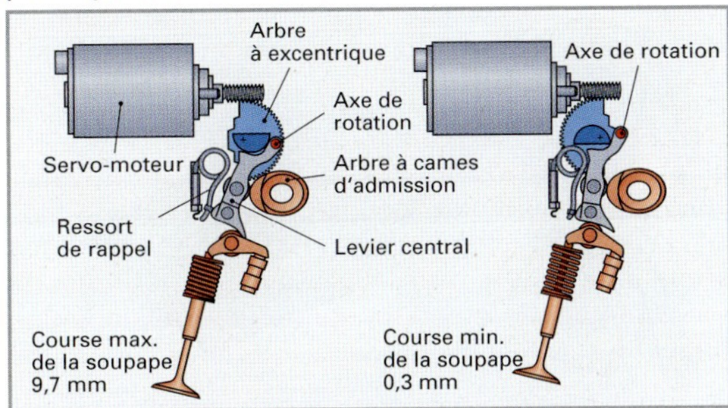

Illustration 1: Distribution électromécanique entièrement variable

11.7.2 Alimentation (réglage du remplissage)

Le niveau de puissance et le couple d'un moteur sont déterminés en grande partie par la quantité de gaz frais amenés dans le cylindre durant l'aspiration. C'est le taux de remplissage.

> Le taux de remplissage indique le rapport entre la quantité de gaz frais aspirés dans un cylindre et la contenance théorique de celui-ci.

Tableau 1: Taux de remplissage des moteurs atmosphériques et des moteurs suralimentés

Type de moteur	Taux de remplissage
Moteur atmosphérique, 4 temps	de 0,7 à 0,9
Moteur atmosphérique, 2 temps	de 0,5 à 0,7
Moteurs suralimentés	de 1,2 à 1,6

Les systèmes de suralimentation permettent d'augmenter le taux de remplissage. Une masse d'air plus importante pénètre dans la chambre de combustion, ce qui permet de brûler plus de carburant.

Limites de la suralimentation

Moteurs Otto. Dans les moteurs Otto suralimentés, un taux de remplissage trop élevé entraîne une pression de compression finale trop importante et une combustion détonante. Cet autoallumage peut provoquer des dégâts aux pistons et aux paliers. C'est pour cette raison que les moteurs Otto suralimentés ont un taux de compression géométrique plus faible que les moteurs Otto atmosphériques.

Moteurs Diesel. Dans les moteurs Diesel, une pression de combustion finale trop élevée peut provoquer des contraintes mécaniques telles que ceux-ci peuvent se détériorer.

Dans les moteurs à combustion, on distingue le rapport volumétrique géométrique du rapport volumétrique théorique. Il s'agit de ne pas dépasser certaines valeurs définies, afin d'éviter tout dégât au moteur. Ainsi, dans les moteurs suralimentés, il est nécessaire de limiter la pression.

Rapport volumétrique géométrique ε_{geo}. C'est le rapport entre le plus grand et le plus petit volume de combustion.

$$\varepsilon_{geo} = \frac{V_a + V_c}{V_c}$$

Rapport volumétrique effectif ε_{eff}. Il dépend du rapport volumétrique géométrique et du coefficient de rendement.

$$\varepsilon_{eff} \approx \varepsilon_{geo} \cdot \text{coefficient de rendement}$$

Les systèmes de suralimentation

On distingue:

- la suralimentation dynamique;
- la suralimentation indépendante.

11.7.2.1 Suralimentation dynamique

L'air frais s'écoulant dans le collecteur d'admission développe une certaine énergie cinétique. L'ouverture de la soupape d'admission déclenche une onde de pression de retour. L'air frais reflue à la vitesse du son et rencontre, à l'extrémité ouverte du conduit d'admission, l'air immobile qui s'y trouve. L'onde de pression rebondit alors en direction de la soupape d'admission. Celle-ci s'ouvre au moment où l'onde de pression arrive et il en résulte une amélioration du remplissage du cylindre. On obtient donc un effet de suralimentation. La fréquence du flux ainsi généré dépend de la longueur et du diamètre des conduits d'admission, ainsi que du régime moteur.

Selon la conception du conduit d'admission et la suralimentation obtenue, on distingue:

- la suralimentation par oscillation;
- la suralimentation par résonance.

Les deux systèmes peuvent être associés.

Suralimentation par oscillation. Chaque cylindre est équipé d'un conduit d'admission d'une longueur déterminée. L'oscillation des gaz est activée par le travail du piston durant l'admission. Une longueur de conduit d'admission appropriée permet d'influencer l'oscillation, de manière à faire passer l'onde de pression à travers la soupape d'admission ouverte et à obtenir ainsi un meilleur remplissage. Dans les plages inférieures de régime, on préférera des conduits longs et minces, alors que dans les plages de régime supérieures, des conduites courts et larges seront plus appropriés. **(ill. 1).**

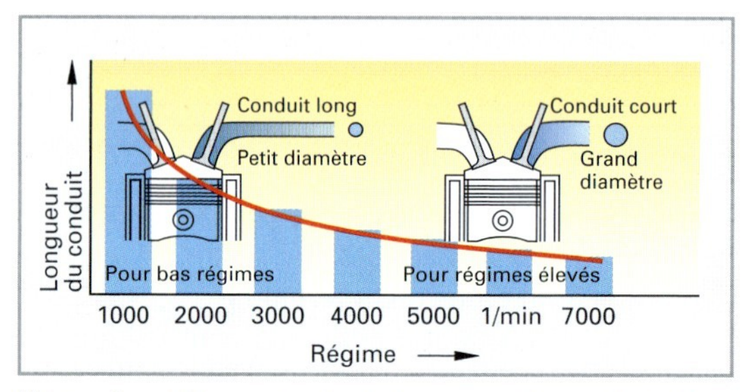

Illustration 1: Rapport entre la longueur du conduit et le régime

Les systèmes de conduits d'admission

On peut distinguer les systèmes de conduits d'admission suivants:

- conduits d'admission à oscillation;
- conduits d'admission réglables en continu.

Conduits d'admission à oscillation (ill 2). Dans ce cas, on associe des conduits d'admission courts et longs. A bas régime, l'air s'écoule au travers des conduits longs et fins. Les petites distances d'admission sont obturées par des clapets ou des tiroirs rotatifs.

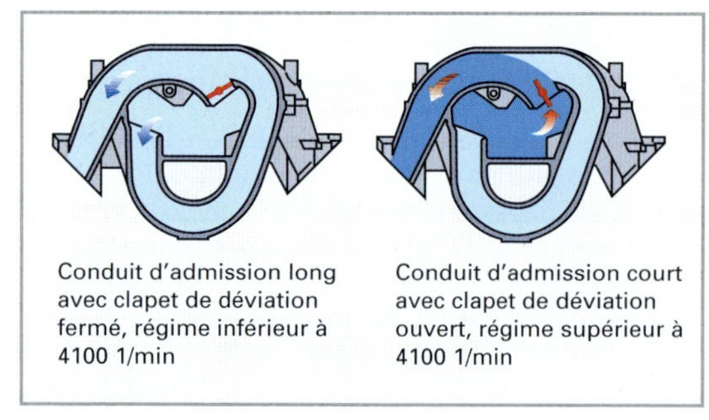

Illustration 2: Conduit d'admission à oscillation

A régime élevé, les clapets s'ouvrent électropneumatiquement ou électriquement; tous les cylindres aspirent ainsi l'air d'admission par des conduits courts et longs.

L'illustration 3 montre que, jusqu'à un régime de 4100 1/min, on obtient un couple plus élevé et plus régulier, ainsi que d'une puissance supérieure.

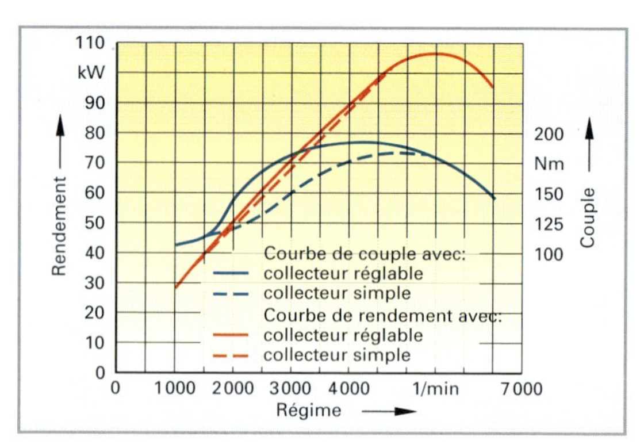

Illustration 3: Couple et puissance du moteur en fonction de la longueur du conduit d'admission

Conduit d'admission réglable en continu (ill. 4). Un rotor, dont l'angle de rotation dépend du régime du moteur, permet de modifier l'ouverture de l'admission. Il sert à adapter la longueur du conduit en fonction du régime. Un moteur pas à pas assure la rotation.

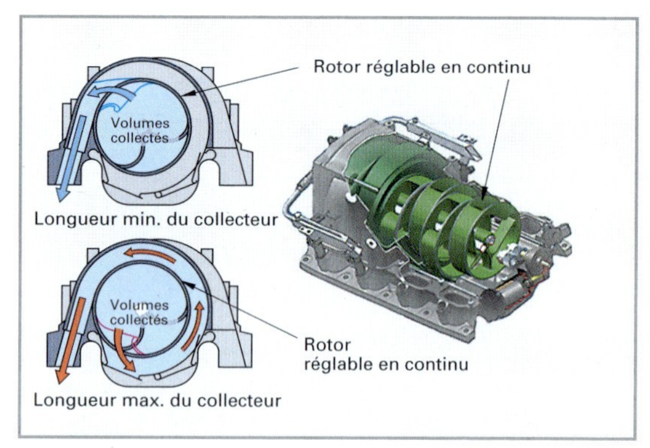

Illustration 4: Conduit d'admission réglable en continu

Suralimentation par résonance. La fréquence d'ouverture de la soupape influence la fréquence d'oscillation de la colonne des gaz **(tableau 1).**

Tabelle 1: Fréquence d'ouverture de la soupape et fréquence de la colonne de gaz

Régime	Fréquence d'ouv. de la soupape	Fréquence de la colonne de gaz
Elevé	Elevée	Elevée
Bas	Basse	Basse

Lorsque la fréquence d'ouverture de la soupape correspond à la fréquence des mouvements des gaz, on entre en résonance.

Résonance. C'est l'oscillation amplifiée d'un système qui s'adapte aux masses en mouvement.

L'oscillation dans un conduit dépend de l'importance des masses oscillantes. Des masses importantes génèrent de longues oscillations de faible fréquence, alors que de faibles masses génèrent de courtes oscillations à haute fréquence.

Si la colonne de gaz oscillante qui est dans le conduit entre en contact par l'ouverture d'un clapet de résonance avec une autre masse **(ill. 1)**, la masse oscillante grandit et la fréquence diminue. A bas régime, cela produit une suralimentation par résonance, ce qui permet un meilleur remplissage.

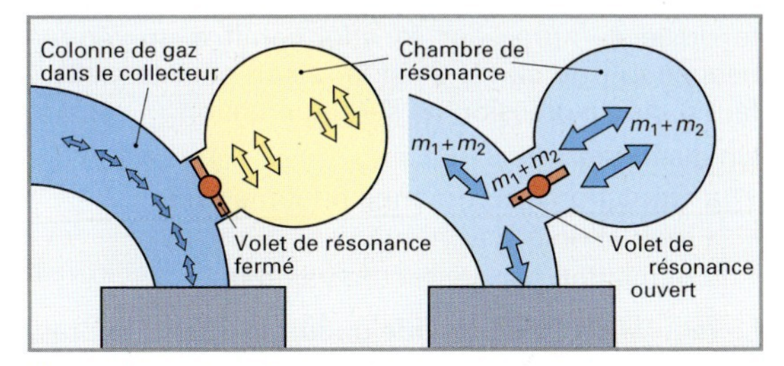

Illustration 1: Suralimentation par résonance

Systèmes de conduits d'admission par résonance et oscillation (ill. 2). Afin de pouvoir exploiter l'effet de suralimentation des différents systèmes, on associe les systèmes de suralimentation par résonance et par oscillation. La suralimentation par résonance permet d'améliorer le remplissage à bas et moyen régime et la suralimentation par oscillation le remplissage à régime élevé **(ill. 3)**. Dans ce cas, le système de conduits d'admission est muni d'un clapet qui est ouvert ou fermé électriquement ou électropneumatiquement en fonction du régime.

Exemple: suralimentation par résonance dans les bas et moyens régimes, clapet de déviation fermé.

Si le 2ème cylindre est en aspiration, le volume des groupes de cylindres 4, 5 et 6 joue un rôle de chambre de résonance supplémentaire. Cela entraîne une diminution de la fréquence de la masse oscillante et une adaptation à la fréquence d'ouverture de la soupape.

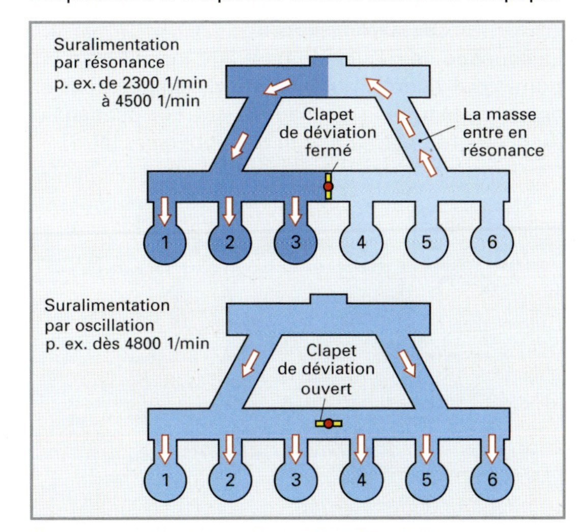

Illustration 2: Système de conduit d'aspirations par résonance et oscillation

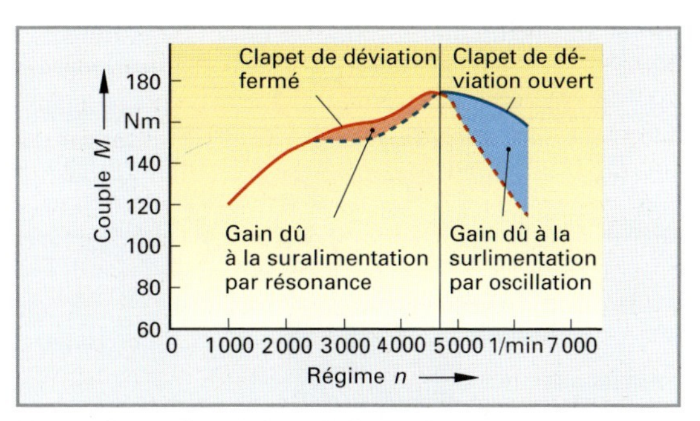

Illustration 3: Couple lors de la combinaison de suralimentation par résonance et oscillation

11.7.2.2 Suralimentation indépendante

Durant la phase d'aspiration, la plus grande quantité possible d'air frais est acheminée dans le cylindre en passant par un compresseur. Le mélange carburant-air ou l'air seul sont précomprimés totalement ou partiellement. On distingue:

- la suralimentation sans entraînement mécanique, p. ex. le turbocompresseur **(ill. 4)**;
- la suralimentation avec entraînement mécanique, p. ex. les compresseurs Roots, les compresseurs à spirales, les compresseurs à palettes;
- la suralimentation par ondes de pression, p. ex. le système Comprex.

Suralimentation sans entraînement mécanique

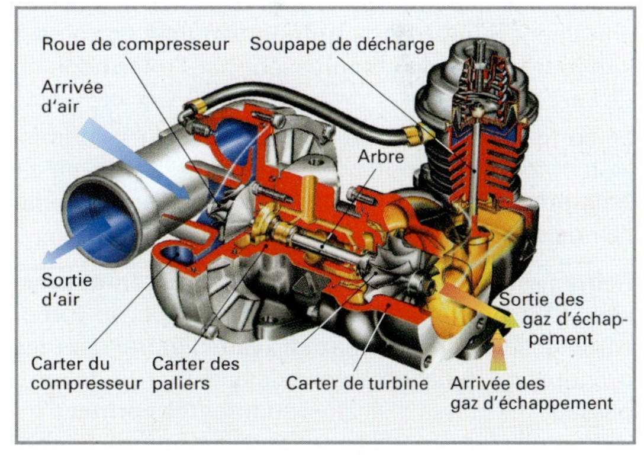

Illustration 4: Conception d'un turbocompresseur

Turbocompresseur.

On utilise l'énergie des gaz d'échappement pour pousser l'air frais dans les cylindres **(ill. 4, ill. 1, p. 250)**.

L'effet de suralimentation ne se fait sentir qu'à partir de régimes moyens à élevés. En outre, ces compresseurs marquent un léger temps de réaction suite aux mouvements rapides de la pédale des gaz, à cause de l'inertie de la masse des gaz en mouvement (trou de suralimentation). Les compresseurs travaillent pratiquement sans perte mécanique puisqu'ils n'utilisent pas la puissance d'entraînement du vilebrequin.

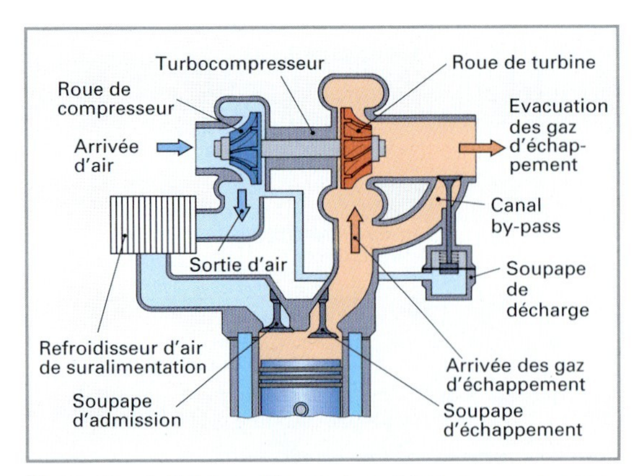

Illustration 1: Schéma d'un moteur à turbocompresseur

Axe (ill. 2). Il est composé de la roue de turbine, de l'arbre et de la roue du compresseur.
Suivant le type de compresseur, il peut atteindre un régime constant allant de 50 000 à 400 000 1/min.

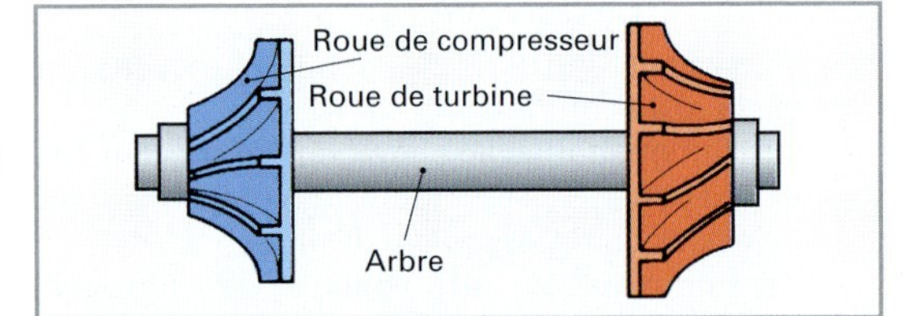

Illustration 2: Arbre d'un turbocompresseur

Fonctionnement. Les gaz d'échappement du moteur entraînent la roue de la turbine, laquelle entraîne à son tour la roue du compresseur par l'intermédiaire de l'arbre.

Le compresseur prélève de l'air frais dans l'admission et fournit au moteur une suralimentation en air frais précomprimé. Cette précompression échauffe l'air de suralimentation à environ 180 °C.

Refroidissement de l'air de suralimentation et pression. L'air précomprimé et préchauffé par le turbocompresseur peut être refroidi avant d'entrer dans les cylindres, ce qui augmente la densité de l'air de remplissage. La masse d'air ainsi augmentée permet d'injecter une plus grande quantité de carburant. Le moteur gagne en puissance. Les pressions avec et sans refroidissement sont indiquées dans le **tableau 1**.

Tableau 1: Pressions de suralimentation en fonction du refroidissement de l'air

Type de suralimentation	Pression en bar
Sans refroidissement d'air	0,2 à 1,8
Avec refroidissement d'air	0,5 à 2,2

La pression de suralimentation d'un moteur turbocompressé ne doit pas dépasser les valeurs prescrites par le constructeur, sous peine d'endommager le moteur.

Réglage de la pression. A part le risque de détérioration du moteur en raison de pressions de suralimentation trop élevées, il est important de déterminer la taille du turbocompresseur pour qu'il y ait une suralimentation, même à régime moyen et en présence d'une faible quantité de gaz d'échappement. Par la suite, à régime élevé et en présence d'une grande quantité de gaz d'échappement, la pression de suralimentation dépasserait la valeur maximale prescrite ou le compresseur fonctionnerait à un régime beaucoup trop élevé. C'est la raison pour laquelle il faut régler la pression de suralimentation.

On distingue:

- la régulation à commande pneumatique;
- la régulation électronique;
- la régulation par géométrie variable.

La régulation à commande pneumatique de la pression de suralimentation (ill. 1).
La pression de suralimentation est dirigée sur une membrane, précontrainte par un ressort hélicoïdal, placée à l'intérieur de la soupape de régulation de pression **(ill. 3)**. La soupape s'ouvre dès que la valeur de la pression dépasse la précontrainte du ressort. Les gaz d'échappement contournent la turbine par une soupape by-pass (Wastegate) et se dirigent dans l'échappement.

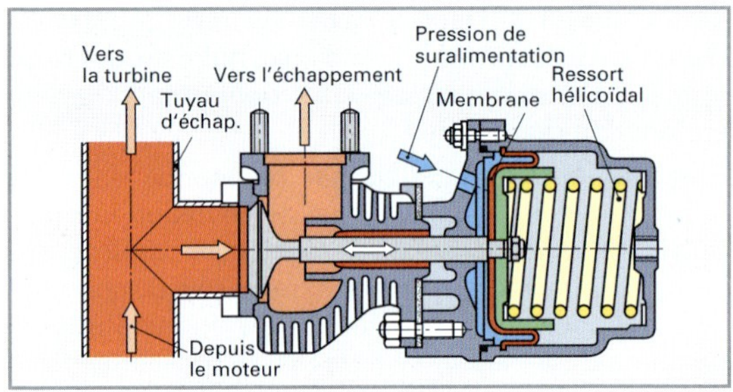

Illustration 3: Soupape de régulation de pression de suralimentation

La soupape de régulation peut être installée à n'importe quel endroit du système d'échappement en amont de la turbine d'échappement. Elle peut également être remplacée par un clapet by-pass **(ill. 4)**.

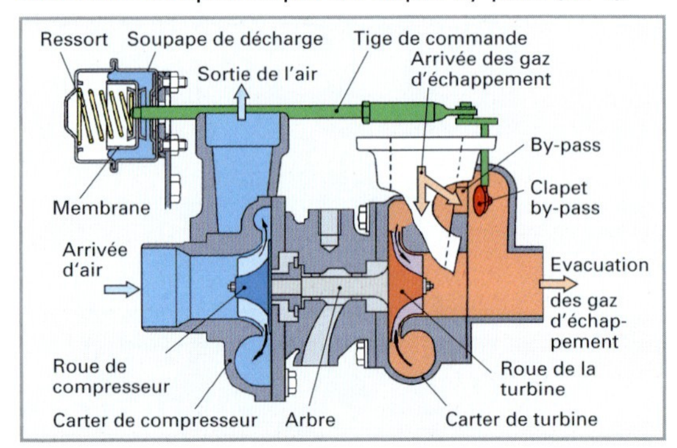

Illustration 4: Régulation de la pression de suralimentation par un clapet by-pass

Dans ce cas, le clapet, généralement fixé au carter du compresseur, actionne l'ouverture et la fermeture du by-pass au moyen d'une tige de commande. Pour que la membrane plastique ne soit pas soumise à la chaleur, la soupape de régulation est éloignée des composants du turbocompresseur qui sont très chauds.

Lorsqu'il fonctionne en refoulement avec le papillon des gaz fermé, le compresseur est soumis à une forte contre-pression. Celle-ci freine la roue du compresseur et provoque du retard lors de la prochaine accélération. Afin de permettre à la roue du compresseur de continuer à tourner sans entrave lorsque le papillon se ferme, lors d'un changement de vitesse, ces dispositifs de régulation peuvent être équipés d'une soupape de circulation d'air pilotée par la pression d'un tuyau d'aspiration (soupape de dérivation ou clapet de coupure en décélération, **ill. 1**). Cela permet, lorsque le papillon est fermé, de faire circuler l'air précomprimé du côté compression au côté aspiration du compresseur.

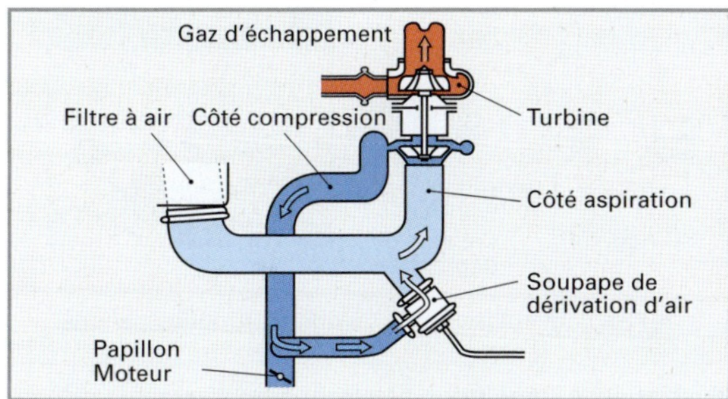

Illustration 1: Soupape de circulation d'air

Régulation électronique de la pression de suralimentation (ill. 2). La pression de suralimentation optimale est calculée par un appareil de commande, en fonction de la position du papillon et de la tendance au cliquetis du moteur. Les facteurs de correction sont la température de l'air d'admission, ainsi que la température et le régime du moteur. Les variations de la pression atmosphérique (p. ex en montagne), sont compensées par un capteur altimétrique implanté dans l'appareil de commande. Celui-ci mesure en permanence la pression atmosphérique et en tient compte pour calculer la pression de suralimentation.

Fonctionnement
Un capteur mesure la pression de suralimentation, ce qui permet à l'appareil de commande de piloter une vanne séquentielle. Le rapport cyclique gère la section d'ouverture.

Pression de suralimentation trop faible (ill. 2). La vanne séquentielle ouvre la liaison entre le côté aspiration et la commande. La pression exercée sur la soupape de décharge est faible, elle reste donc fermée. La totalité du flux des gaz d'échappement entraîne la turbine.

Pression de suralimentation trop forte (ill. 3). Le capteur de pression signale une pression trop forte à l'appareil de commande. La vanne séquentielle ouvre alors la liaison entre le côté pression et la commande. La pression augmente dans la conduite de commande, agit sur la soupape de décharge qui s'ouvre et réduit le flux des gaz d'échappement dirigé vers la turbine.

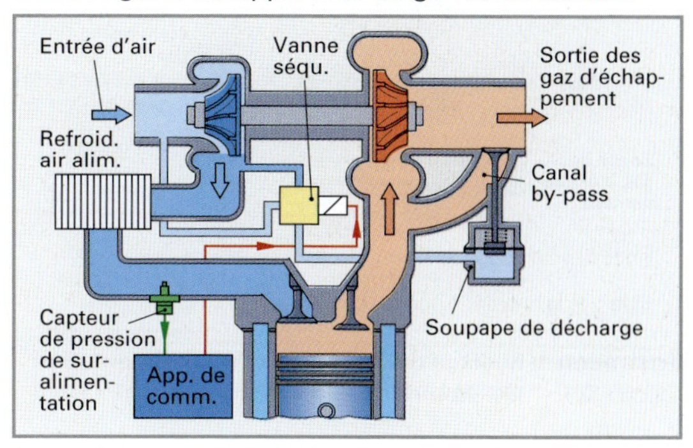

Illustration 2: Régulation électronique de la pression de suralimentation – pression trop faible

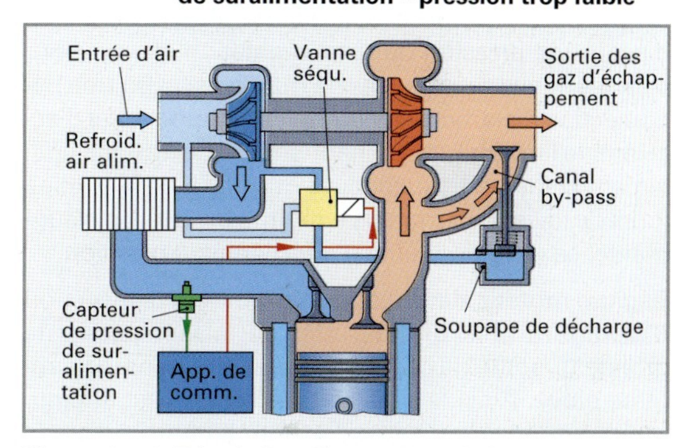

Illustration 3: Régulation électronique de la pression de suralimentation – pression trop forte

"Overboost" (angl. dépassement). On entend par là une augmentation momentanée de la pression de suralimentation permettant une accélération plus rapide. Si l'on écrase l'accélérateur d'un coup (kick down), la soupape de décharge est maintenue fermée par la vanne séquentielle. L'ensemble du flux des gaz d'échappement passe alors par la turbine et la pression augmente d'un coup. Lorsque l'on atteint la vitesse désirée, après quelques secondes, la procédure normale de régulation se remet en fonction.

Avantages de la régulation électronique, comparée à la régulation à commande pneumatique:

- temps de réponse plus court;
- puissance constante, car indépendante de la pression de l'air (réglage de pression absolue);
- pression variable pouvant être augmentée jusqu'à la limite du cliquetis.

Réglage de la pression par géométrie variable de la turbine (ill. 1, p. 252)

Dans ce type de suralimentation, la pression est régulée par des aubes à positions variables sans tenir compte du flux des gaz d'échappement, déterminé par le régime du moteur.

11

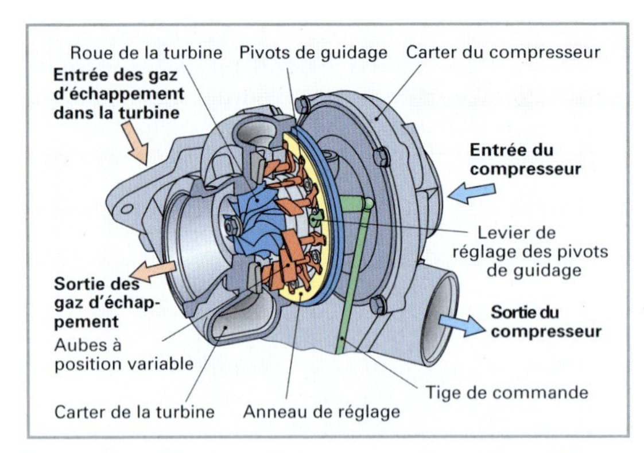

Illustration 1: Réglage de la pression de suralimentation par géométrie variable

Fonctionnement

Régime moteur bas (ill. 2). Afin de disposer d'un couple élevé, même à bas régime, il est nécessaire d'avoir une pression de suralimentation élevée. Pour cela, les aubes sont réglées de manière à avoir une petite section d'entrée. Ce passage étroit a pour effet d'accélérer le flux des gaz d'échappement. Ce flux agit également sur la partie extérieure des pales de la turbine (bras de levier important). Le régime de la turbine augmente, ce qui a pour effet d'augmenter la pression.

Régime moteur élevé. Les aubes libèrent une section d'ouverture plus grande, afin de laisser passer la grande quantité de gaz d'échappement générée à régime élevé. Ainsi la pression nécessaire est atteinte mais pas dépassée. Le flux des gaz agit au niveau de la zone médiane des pales de la turbine.

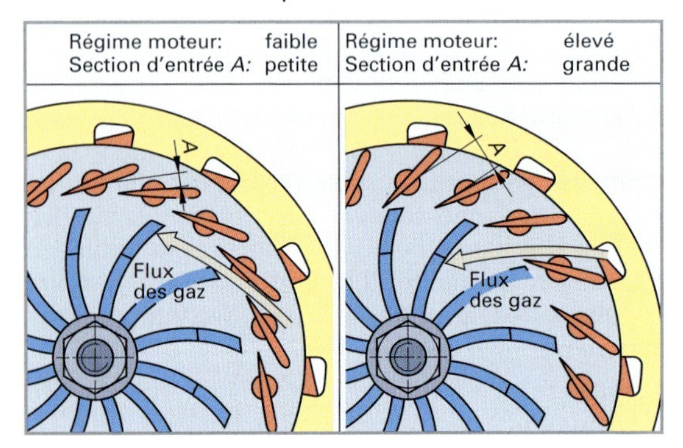

Illustration 2: Position des aubes

On peut utiliser la modularité de la section d'ouverture pour obtenir, pendant une courte durée, en régime élevé ou en accélération, une augmentation supplémentaire de la pression (overboost). Etant donné qu'il est possible de régler la pression de façon optimale pour chaque état de marche en jouant sur les aubes, le by-pass n'est plus nécessaire. Si l'appareil de commande signale un fonctionnement anormal du moteur, les aubes sont alors pilotées de façon à libérer la plus grande section possible, diminuant ainsi la pression et la puissance du moteur.

Réglage des aubes (ill. 1)

Une tige de commande actionne le levier de réglage et permet la rotation de l'anneau de réglage. Ce mouvement de rotation est ensuite transmis aux aubes par les pivots de guidage. Toutes les aubes se déplacent simultanément dans la position souhaitée. Le réglage des aubes est électropneumatique.

Régulation électropneumatique (ill. 3)

Une pompe à vide génère une dépression. L'afflux de la pression de commande vers la capsule de dépression est piloté par l'appareil de commande à travers un convertisseur de pression électropneumatique (CPE). Dans la capsule de dépression, la différence de pression existant entre la pression de commande et la pression atmosphérique permet de varier le réglage des aubes au moyen de la tige de commande.

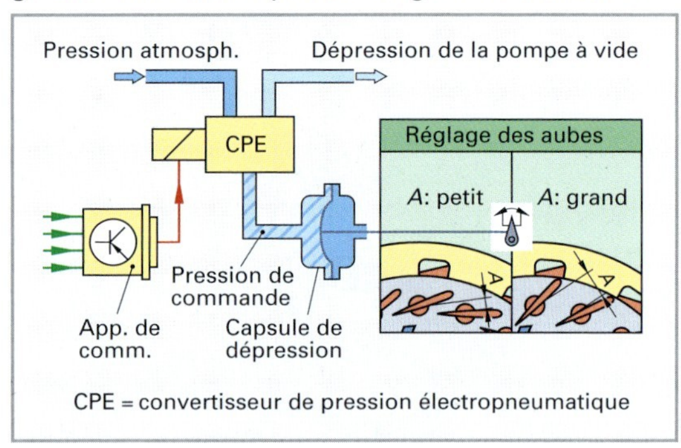

Illustration 3: Régulation électropneumatique

Réglage électrique des aubes

Au lieu d'un système électropneumatique, c'est un moteur électrique qui entraîne la tige de réglage des aubes, ceci permet d'obtenir une plus grande précision et une vitesse de réglage plus élevée. Une régulation de la pression de suralimentation, équipée d'un actuateur électrique, est significativement plus rapide et plus précise que celle actionnée pneumatiquement, ce qui procure des avantages au niveau des temps de réponse et de la qualité des gaz d'échappement. A partir de Euro 4, on utilise des actuateurs électriques.

Double suralimentation (ill. 1, p. 253)

Elle est réalisée au moyen de deux turbocompresseurs identiques branchés en parallèle (biturbo). Un seul turbocompresseur est en fonction dans les plages de régime inférieures alors que le deuxième est enclenché entre 2600 et 3200 1/min, en fonction de la puissance requise et de la pression de suralimentation. Dans les plages de régime supérieures, les deux turbocompresseurs fonctionnent.

Le deuxième turbocompresseur est enclenché et déclenché par des soupapes actionnées pneumatiquement (soupapes de fermeture et soupape de réinjection). La dépression nécessaire est générée par une pompe à vide.

Fonctionnement

Régime jusqu'à 2600 1/min. Les soupapes de fermeture 1 et 2 sont fermées. La soupape de réinjection est ouverte. Le turbocompresseur 1 alimente le canal d'admission en air frais.

Régime entre 2600 et 2750 1/min. La soupape de fermeture 1 et la soupape de réinjection sont ouvertes. Le turbocompresseur 2 fonctionne et alimente le canal d'admission en air frais en amont du turbocompresseur 1.

Régime à partir de 2750 1/min. Les soupapes de fermeture 1 et 2 sont ouvertes et la soupape de réinjection est fermée. Les deux turbocompresseurs sont en fonction.

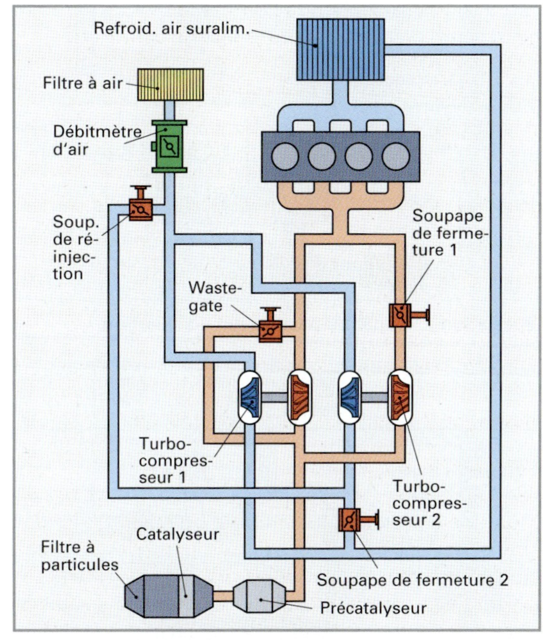

Illustration 1: Double suralimentation

Wastegate. Le wastegate s'ouvre à une pression de suralimentation définie (p. ex. 1,6 bar), ce qui évite au compresseur d'entrer en surpression ou de tourner à trop haut régime.

Réduction de la puissance. Si la puissance est limitée (p. ex. lors du fonctionnement en décélération), la soupape de réinjection s'ouvre et la soupape de fermeture 2 se ferme. Le turbocompesseur 2 est alors mis hors service.

Caractéristiques

- l'enclenchement et le déclenchement du deuxième turbocompresseur est piloté par le système de gestion du moteur.
- temps de réponse rapide et encombrement réduit; deux petits turbocompresseurs travaillant individuellement ou ensemble selon l'état de charge, répondent mieux qu'un seul gros turbocompresseur.

Suralimentation à registre (twin-turbo, ill. 2)

Dans ce cas, un grand et un petit turbocompresseur sont implantés l'un derrière l'autre. Des clapets de commande pilotent les flux d'air et des gaz d'échappement, ce qui permet d'obtenir une réponse rapide du moteur en cas de variations de régime et de charge. Comparés aux turbocompresseurs habituels, ceux-ci permettent de générer la pression de suralimentation beaucoup plus vite à bas régime, étant donné qu'un petit turbocompresseur, muni de petites aubes, a une masse plus réduite et monte en régime plus rapidement. Le grand turbocompresseur sert à assurer un débit plus important d'air lorsque le moteur tourne à régime élevé.

Avantages

- Réponse rapide en cas de variation de régime et de charge.
- Augmentation rapide de la pression de suralimentation.
- Débit d'air plus élevé à hauts régimes.

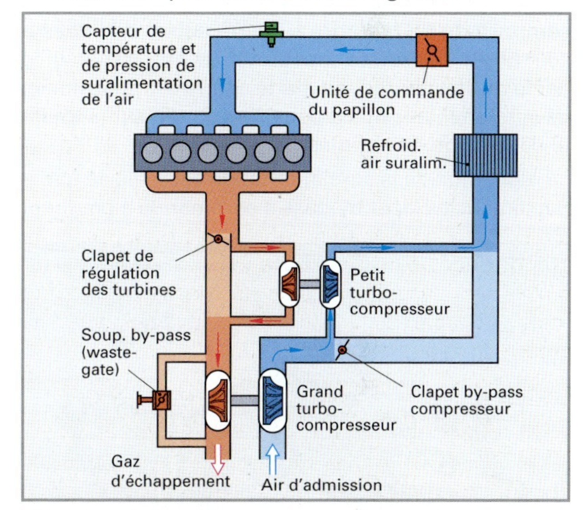

Illustration 2: Suralimentation à registre

Fonctionnement

Régime entre 800 et 1500 1/min

Côté gaz d'échappement. Le clapet de régulation des turbines et la soupape by-pass sont fermées. Le flux des gaz d'échappemement qui entraîne le petit turbocompresseur ne suffit pas à actionner le grand turbocompresseur.

Côté air. Le clapet by-pass du compresseur est fermé. L'air d'admission afflue par le grand turbocompresseur et est comprimé dans le petit turbocompresseur.

Régime entre 1500 et 2500 1/min

Côté gaz d'échappement. Le clapet de régulation des turbines est légèrement ouvert et la soupape by-pass est fermée. Le flux accéléré des gaz d'échappement entraîne les deux turbocompresseurs.

Côté air. Le clapet by-pass du compresseur est fermé. L'air d'admission est précomprimé dans le grand turbocompresseur et fortement comprimé dans le petit turbocompresseur.

Régime entre 2500 et 4000 1/min

Côté gaz d'échappement. Le clapet de régulation des turbines est ouvert et la soupape by-pass est fermée. La totalité des gaz d'échappement passe par le grand turbocompresseur.

Côté air. Le clapet by-pass du compresseur est ouvert. L'air d'admission est comprimé uniquement par le grand turbocompresseur.

Régime dès 4000 1/min

Côté gaz d'échappement. Le clapet de régulation des turbines est ouvert. Le flux des gaz d'échappement entraîne le grand turbocompresseur. Si la pression de suralimentation devient trop élevée, la soupape by-pass s'ouvre et dévie une partie des gaz d'échappement en parallèle au grand tubocompresseur.

Côté air. Le clapet by-pass du compresseur est ouvert. L'air d'admission est comprimé uniquement par le grand turbocompresseur.

Suralimenteur à entraînement mécanique

Compresseur à vis (compresseur Roots). Il peut être composé de deux rotors à quatre aubes orientées à 160° **(ill. 1)**. Les rotors sont entraînés en permanence par le moteur au moyen d'une courroie trapézoïdale. Le suralimenteur mécanique fonctionne sur la totalité de la plage de régimes.

La régulation de la suralimentation est réalisée par le papillon et le clapet by-pass à commande électrique.

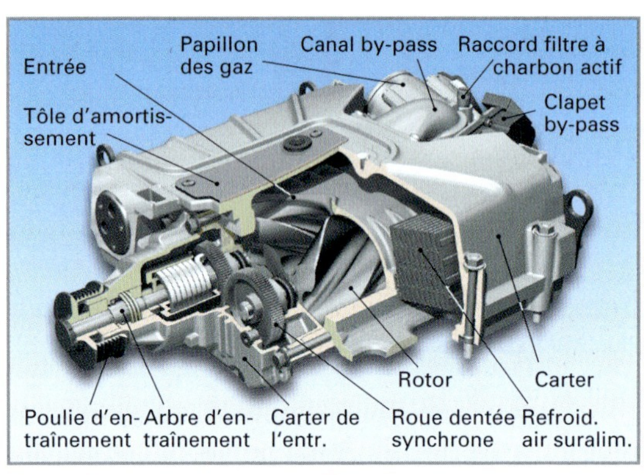

Illustration 1: Suralimenteur Roots

Fonctionnement

Aspiration/charge partielle (ill. 2). Dans ce cas, le clapet by-pass est totalement ouvert. Les états de charges sont définis en fonction de la position du papillon des gaz activé par le conducteur au moyen de la pédale d'accélérateur. Une partie de l'air nécessaire au compresseur reflue alors par le by-pass ouvert et peut à nouveau être aspirée par le compresseur. Dans cette gamme de charge, le compresseur ne suralimente pas car le moteur aspire lui-même la quantité d'air dont il a besoin. Jusqu'en charge partielle, le besoin en air du moteur est supérieur à ce que produit le compresseur, générant ainsi une dépression dans la tubulure d'admission.

Suralimentation/pleine charge (ill. 3). Dans ce cas, le papillon est presque totalement ouvert. La régulation de la charge est réalisée par le clapet by-pass actionné électriquement. La position de celui-ci est cartographiée dans l'appareil de commande.

Si le conducteur ouvre complètement le papillon des gaz au moyen de la pédale d'accélérateur, le clapet by-pass est alors simultanément fermé **(ill. 3),** ce qui permet de disposer immédiatement de la totalité de la pression de suralimentation. Le véhicule accélère sans à-coups.

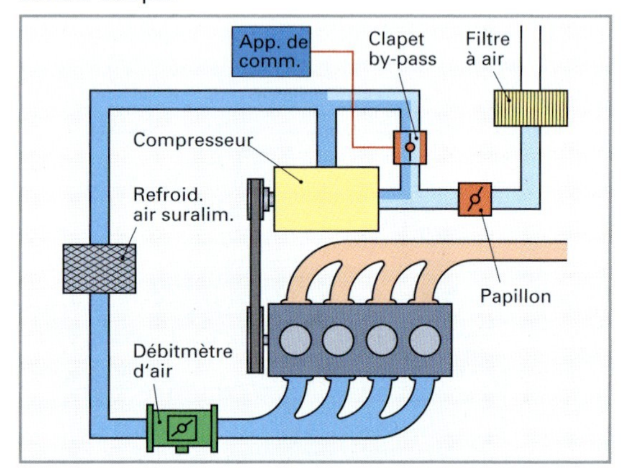

Illustration 2: Clapet by-pass ouvert – aspiration

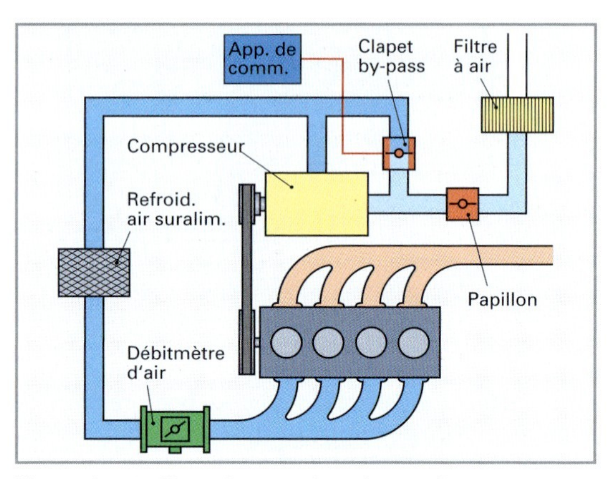

Illustration 3: Clapet by-pass fermé – suralimentation

Avantages et inconvénients par rapport aux turbocompresseurs entraînés par les gaz d'échappement. La pression de suralimentation générée rapidement, déjà à bas régime, permet d'obtenir un couple élevé et un temps de réponse court. En outre, plus aucun gaz d'échappement ne reste dans la chambre de combustion lors de la suralimentation.

Il faut toutefois tenir compte qu'une partie de la puissance du moteur (env. 1 à 5 % en fonction de la pression de suralimentation et du régime) doit être utilisée pour entraîner le suralimenteur. Les moteurs ainsi équipés consomment davantage de carburant que les moteurs avec turbocompresseur.

Combinaison d'un turbocompresseur et d'un compresseur (ill. 1)

La suralimentation est générée par un compresseur mécanique et un turbocompresseur. Ces deux agrégats sont branchés en série. La centrale de commande du moteur calcule la quantité d'air et la pression de suralimentation nécessaires pour obtenir le couple souhaité en fonction de l'état de charge et du régime. C'est elle qui décide si la pression de suralimentation doit être générée par le turbocompresseur seul ou si le compresseur doit également être enclenché. La mise en fonction du compresseur est réalisée par un embrayage à électroaimant.

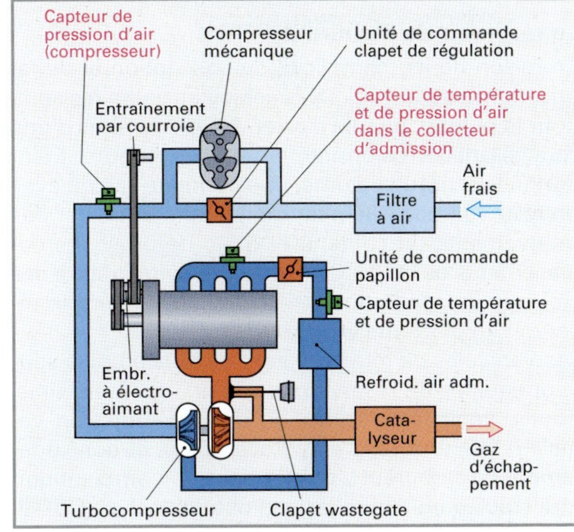

Illustration 1: Combinaison d'un turbocompresseur et d'un compresseur mécanique

Fonctionnement (ill. 2)

Entrainement permanent du compresseur à un régime allant de 500 à 2400 1/min. Au ralenti et en charge partielle, le moteur travaille en aspiration. Dans ce cas, le clapet de régulation est complètement ouvert. Le compresseur est entraîné en permanence par la courroie. Selon l'état de charge, la pression de suralimentation du compresseur peut être régulée en fermant le clapet de régulation.

Activation dynamique du compresseur à un régime allant de 2400 à 3500 1/min. Dans cette plage de régimes, le compresseur peut être activé, le cas échéant, par l'embrayage à électroaimant. S'il est nécessaire d'accélérer fortement (p. ex. en cas de dépassement), le compresseur est enclenché afin d'obtenir au plus vite la pression de suralimentation nécessaire à l'état de charge signalé. En effet, si le turbocompresseur devait produire seul la pression de suralimentation nécessaire, l'accélération s'en trouverait retardée en raison de l'inertie du turbocompresseur (trou de suralimentation).

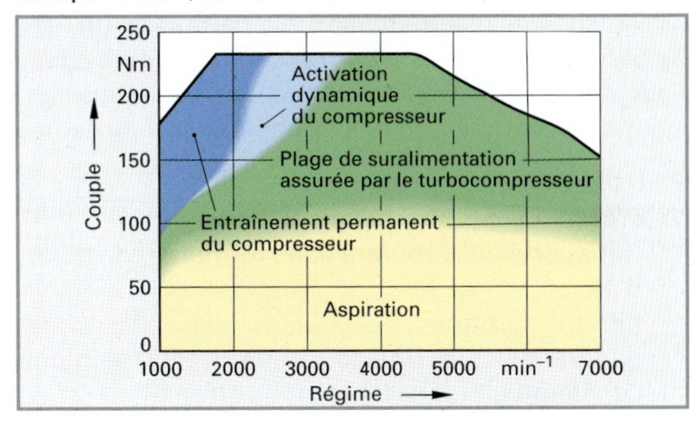

Illustration 2: Développement du couple lors l'activation du compresseur et du turbocompresseur

Plage de suralimentation assurée par le turbocompresseur seul dès 3500 1/min. Dans cette plage, le clapet de régulation est totalement ouvert. Le turbocompresseur travaille seul car il est conçu pour fonctionner de manière optimale à haut régime. L'énergie des gaz d'échappement suffit à générer la pression de suralimentation nécessaire à tous les états de charge. Celle-ci est limitée à 1 bar de surpression par le clapet wastegate.

Caractéristiques

- Temps de réponse court, même à bas régime.
- Couple élevé dès le régime de ralenti.
- Pas de trou de suralimentation à l'accélération car le compresseur est enclenché.
- Le turbocompresseur entraîné par les gaz d'échappement est optimal pour les plages de régime élevés.

Downsizing. Ce concept englobe toutes les mesures prises au niveau du moteur, destinées à réduire la consommation de carburant tout en conservant ou en augmentant la puissance du moteur. Cela est possible grâce à des mesures visant à augmenter la puissance spécifique ainsi que le rendement du moteur

Questions de révision

1. **Quels sont les avantages des moteurs à suralimentation par rapport aux moteurs atmosphériques?**
2. **Quels systèmes de suralimentation distingue-t-on?**
3. **Comment fonctionne la suralimentation dynamique?**
4. **Comment fonctionnent les systèmes de suralimentation par oscillation?**
5. **Quels types de suralimentations indépendantes distingue-t-on?**
6. **Quels sont les composants des turbocompresseurs?**
7. **Comment fonctionne un turbocompresseur?**
8. **Pourquoi utilise-t-on un système de refroidissement de l'air de suralimentation?**
9. **Quels types de régulations de la pression de suralimentation existe-t-il?**
10. **Qu'entend-on par "Overboost"?**
11. **Qu'est-ce qu'une double suralimentation?**
12. **Qu'est-ce qu'une suralimentation à registre?**
13. **Comment fonctionne une suralimentation Roots?**
14. **Expliquez le fonctionnement de la combinaison d'un compresseur et d'un turbocompresseur.**

12 Formation du mélange

12.1 Systèmes d'alimentation en carburant des moteurs Otto

12.1.1 Fonctions du système

Le dispositif d'alimentation en carburant **(ill. 1)** doit fournir suffisamment de carburant au système de préparation du mélange, ceci pour tous les états de charge et de fonctionnement du moteur.

Pour cela, le système doit ...
- stocker du carburant dans le réservoir;
- transporter le carburant sans formation de bulles d'air;
- filtrer le carburant;
- générer une pression de carburant et la maintenir constante;
- permettre le retour du carburant excédentaire au réservoir;
- empêcher toute émanation de vapeur de carburant dans l'air ambiant.

12.1.2 Structure du dispositif (ill. 1)

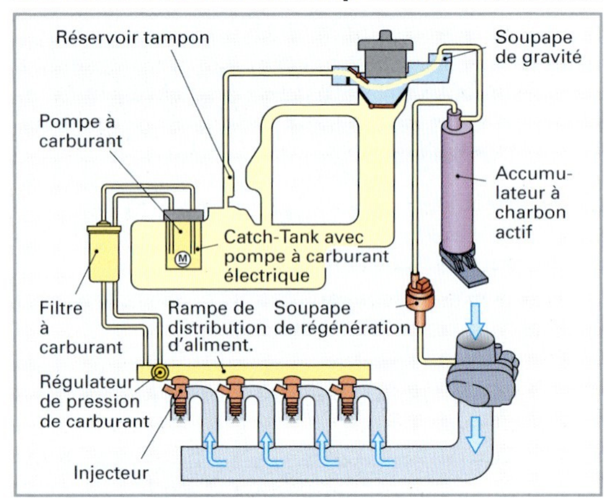

Illustration 1: Dispositif d'alimentation en carburant

Le carburant est stocké dans le réservoir. De là, la pompe le met sous pression et l'envoie à travers le filtre retenant les impuretés vers la rampe d'alimentation pour être ensuite distribué aux injecteurs. Un régulateur assure une pression constante du carburant et l'adapte, le cas échéant, à la pression de la tubulure d'admission. Afin d'assurer une alimentation suffisante pour tous les états de fonctionnement, le système transporte toujours plus de carburant qu'il n'est nécessaire. Le carburant excédentaire reflue vers le réservoir en passant par le régulateur de pression.
Le réservoir pressurisé est équipé d'un système de ventilation et de dégazage afin que ni carburant ni vapeurs de carburant ne puissent s'échapper dans l'air ambiant. Les vapeurs de carburant sont temporairement stockées dans l'accumulateur à charbon actif du système de régénération et leur combustion dans le moteur est ensuite commandée par la soupape de régénération. L'étanchéité du réservoir est contrôlée par le système de diagnostic On-Board II (OBD II).

12.1.3 Les composants du système

Le réservoir de carburant

En raison de leur simplicité de conception et de fabrication, les réservoirs des véhicules utilitaires sont, pour la plupart, en tôle d'acier. Ils sont revêtus d'une couche anticorrosion intérieure et extérieure. Etant donné leur grand volume, une conduite rapide avec un réservoir partiellement rempli peut entraîner des mouvements du contenu et donc de brusques déplacements de poids. Cela peut être évité grâce à des cloisons de séparation perforées qui divisent le réservoir en plusieurs volumes.
Les véhicules de tourisme sont de plus en plus souvent équipés de réservoirs en acier. Aux Etats-Unis, pour obtenir la classification de Low-Emission Vehicle (LEV), tout rejet d'hydrocarbures, et donc également de carburant vaporisé dans l'air ambiant doit être strictement limité (selon l'outil d'analyse OBD II, les pertes de carburant par évaporation ne doivent pas dépasser 2 g/jour). Il est plus facile de respecter ces prescriptions avec des réservoirs en acier qu'avec des réservoirs en matières synthétiques.

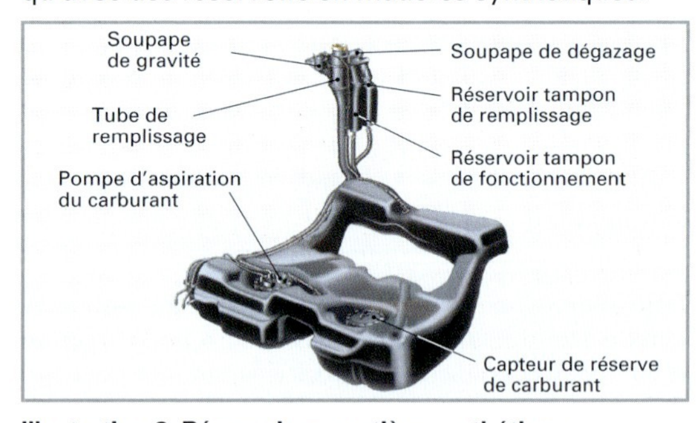

Illustration 2: Réservoir en matière synthétique

Quant aux réservoirs aux formes compliquées, courantes sur les véhicules de tourisme, ils sont généralement construits en matières synthétiques telles que p. ex. le PE. Ces réservoirs garantissent une grande sécurité en matière d'éclatement (les réservoirs doivent résister à un choc de 80 km/h) mais présentent cependant un risque de déformation plastique à haute température (plus de 120 °C dans les systèmes à injection Diesel) et un problème d'émissions de vapeurs de carburant.

Dans les virages serrés, lors de trajets sur des routes à forte déclivité ou si le réservoir n'est pas plein, le carburant se déplace à l'intérieur du réservoir. Afin d'éviter toute interruption de l'alimentation de la pompe à carburant et pour pouvoir vider correctement les différents espaces du réservoir, on utilise des puits de pompes intégrés au réservoir (catch tanks) **(ill. 1, p. 256)**. Il s'agit d'un récipient à chicanes situé à l'intérieur du réservoir à carburant dans lequel sont intégrées la pompe à carburant, la jauge qui est alimentée par le biais des chicanes et le retour de carburant de la rampe d'alimentation.

Pompes à carburant

Les systèmes modernes d'injection utilisent exclusivement des pompes à carburant entraînées électriquement qui, à tension nominale, délivrent entre 60 et 200 l/h. Pour cela, une pression de refoulement de 1 à 5,5 bar (selon le système d'injection indirecte) et de 3 à 7 bar (pour les pompes de pré-alimentation des systèmes d'injection directe) doit être atteinte à env. 50 à 60 % de la tension nominale de la batterie. Etant donné que l'alimentation en carburant à la tension nominale génère un flux supérieur à celui requis par un moteur tournant au ralenti ou en charge partielle, on peut utiliser des pompes à carburant électriques qui sont pilotées par le biais de signaux pulsés et modulés par la centrale de commande. Cela permet d'adapter l'alimentation aux conditions de fonctionnement, économisant ainsi de la puissance, évitant de chauffer inutilement le carburant et augmentant la durée de vie des pompes.

Les pompes sont composées:

- d'un couvercle de raccordement comprenant le raccordement électrique, le clapet antiretour et la sortie de la pompe;
- d'un moteur électrique à courant continu et à aimants permanents;
- d'une pompe mécanique.

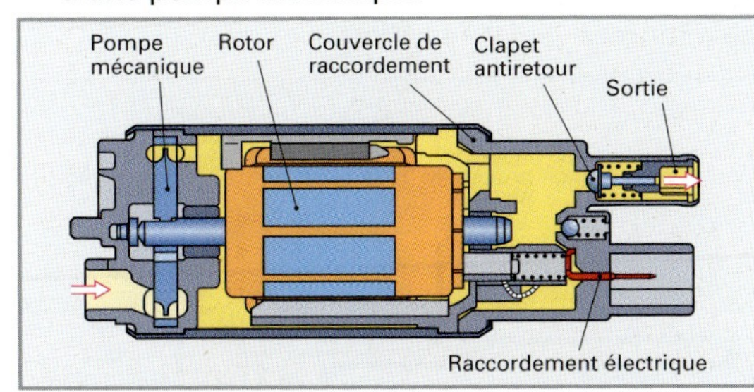

Illustration 1: Structure d'une pompe à carburant électrique

Selon leur implantation, on distingue les pompes inline (série) et les pompes in-tank (immergées).

Pompes in-line. Elles peuvent être installées à n'importe quel endroit sur la conduite d'alimentation en carburant. Pour cette raison, le remplacement d'une pompe à carburant in-line défectueuse est plus facile que celui d'une pompe in-tank (située dans le réservoir). Toutefois, ces pompes, et surtout leur raccordement électrique, sont exposées à un plus grand risque de corrosion car elles sont montées sous le châssis du véhicule.

Pompes in-tank. Elles font très souvent partie intégrante du module d'alimentation en carburant. Leur immersion dans le réservoir les protège de la corrosion. De plus, le bruit de la pompe est amorti par le réservoir.

Selon leur mode de fonctionnement, on différencie les pompes volumétriques et les pompes centrifuges.

Pompes volumétriques (ill. 2). Ce sont des pompes à rouleaux cylindriques ou à engrenage intérieur. Dans ce type de pompes, le carburant est aspiré et comprimé à haute pression dans des volumes confinés qui s'agrandissent et se réduisent. Les pompes à rouleaux cylindriques permettent de générer une pression d'alimentation de plus de 4 bar et ont un rendement important pour une tension réduite. Toutefois, elles produisent un bruit de pulsations et peuvent présenter des baisses de rendement lorsque des bulles de vapeur se forment dans le carburant chaud.

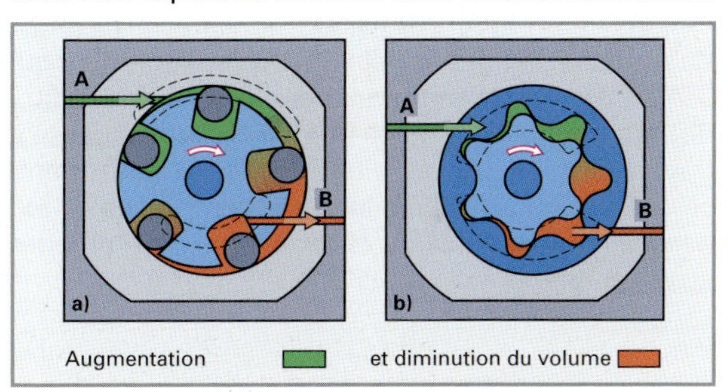

Illustration 2: Pompe à rouleaux cylindriques (a) et pompe à engrenage intérieur (b)

Pompes centrifuges (ill. 3). Ce sont des pompes à canal périphérique ou à canal latéral. Dans ces pompes, la pression est générée par la roue à aubes qui accélère le flux d'écoulement du carburant propulsé vers l'extérieur par la force centrifuge. Elles sont silencieuses car la pression y est produite de manière continue. De plus, elles ne sont pas sujettes à la formation de bulles de vapeur car elles sont munies

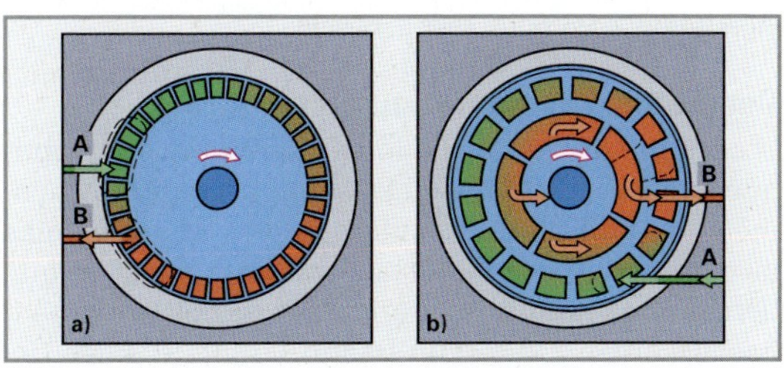

Illustration 3: Pompe à canal périphérique (a) et pompe à canal latéral (b)

12

d'un orifice de dégazage permettant aux vapeurs de carburant de s'échapper. Ces pompes n'atteignent toutefois qu'une pression maximale de 4 bar.

Pompes électriques à deux étages (ill. 1). Si de hautes pressions sont requises, on utilise des pompes à carburant électriques à deux étages. Le premier étage de ces pompes comprend une pompe centrifuge qui sert à éviter la formation de bulles de vapeur. Celle-ci aspire le carburant et évacue les bulles de vapeur. La pompe à rotor du deuxième étage produit la pression du carburant.

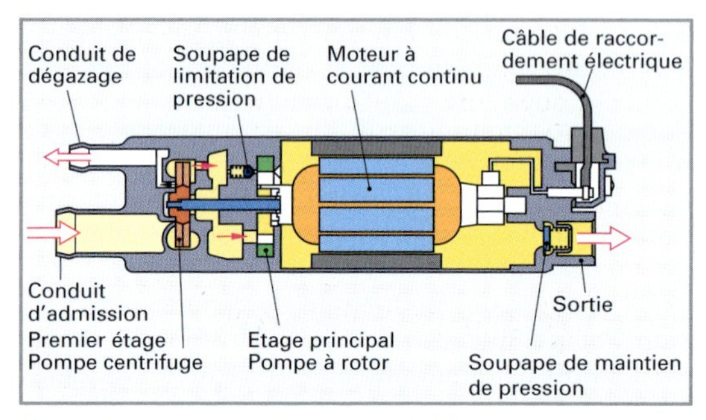

Illustration 1: Pompe à carburant in-line à deux étages

Pompes à jet aspirant (ill. 2)

Ce sont des pompes entraînées hydrauliquement qui servent à puiser le carburant dans le réservoir. Le flux de carburant généré par la pompe électrique passe à travers la buse calibrée d'une pompe à jet aspirant, ce qui permet d'aspirer le carburant stocké p. ex. dans la partie latérale du réservoir, puis de l'amener au catch-tank.

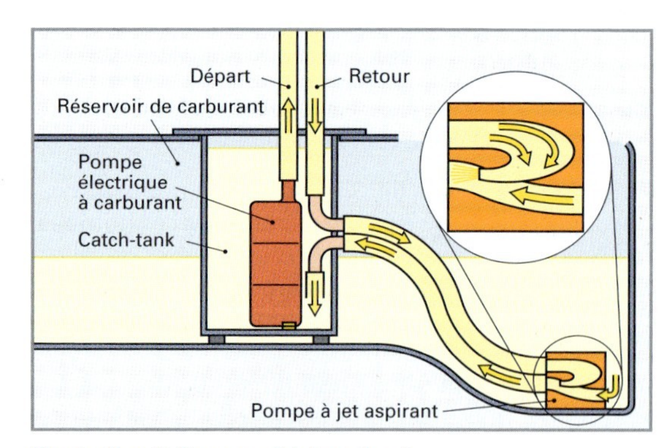

Illustration 2: Pompes à jet aspirant

Conduites d'alimentation en carburant

Les conduites d'alimentation en carburant sont fabriquées en acier, en caoutchouc ou en matières synthétiques difficilement inflammables et résistantes au carburant. Les conduites en caoutchouc et en matières synthétiques se transforment chimiquement (vieillissement) lors d'un usage prolongé. Elles deviennent dures et poreuses ce qui peut provoquer des fuites.

Lors du montage des conduites d'alimentation en carburant, il faut veiller à ce ...

- qu'elles résistent aux mouvements du moteur et aux vibrations du véhicule;
- qu'elles soient protégées contre les dommages mécaniques;
- qu'elles ne soient pas montées près d'éléments chauds afin d'éviter la formation de bulles de vapeur;
- qu'elles soient montées le plus inclinées possible afin de pouvoir évacuer au plus vite d'éventuelles bulles de vapeur;
- qu'elles ne puissent pas émaner des vapeurs de carburant à l'intérieur du véhicule en cas de fuites.

Filtres à carburant

Ils doivent protéger le système d'alimentation contre les impuretés car les injecteurs peuvent être endommagés même par de très petites particules de saleté .

Régulateur de pression d'alimentation (système avec conduite de retour)

Le régulateur de pression d'alimentation doit maintenir une différence constante entre la pression d'alimentation du carburant et celle de la tubulure d'admission.

Le régulateur de pression d'alimentation **(ill. 3)** est composé de deux chambres séparées par une membrane: une chambre de carburant et une chambre comprenant le ressort qui est reliée par un tuyau de dépression au collecteur d'admission. Si la valeur préenregistrée de la pression du système d'alimentation est dépassée, la soupape activée par la membrane s'ouvre, permettant au carburant excédentaire de retourner vers le réservoir.

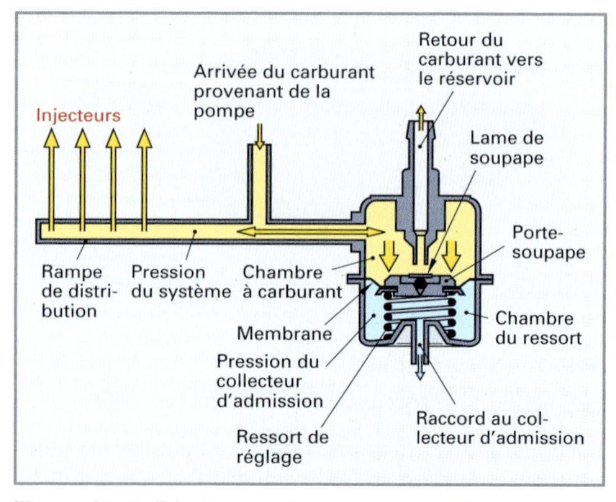

Illustration 3: Régulateur de pression de carburant

Etant donné que la chambre du ressort est reliée à la tubulure d'admission, située juste en aval du papillon, la membrane n'est pas seulement actionnée par la pression du carburant mais également par la dépression générée dans la tubulure d'admission. Cela permet au régulateur de pression de modifier la pression du système dans la rampe d'alimentation, respectivement dans les injecteurs, afin que la pression différentielle entre la tubulure d'admission et le système d'alimentation reste constante.

Pression différentielle = pression du système d'alimentation – pression de la tubulure d'admission

Si la pression dans la tubulure d'admission atteint p. ex. – 0,6 bar, la membrane de la soupape, actionnée par la pression du carburant et par celle du tuyau de dépression, agira contre le ressort. Elle sera ouverte de telle sorte que la pression du système descendra à 3,4 bar. La pression différentielle Δp sera alors de 3,4 bar – (– 0,6) bar = 4,0 bar.

Tableau 1: Exemples de pressions d'alimentation

	Pression différentielle	Pression système	Pression tub. adm.
Ralenti	4,0 bar	3,4 bar	– 0,6 bar
Charge part.	4,0 bar	3,7 bar	– 0,3 bar
Pleine charge	4,0 bar	3,9 bar	– 0,1 bar

Les systèmes d'alimentation en carburant sans retour sont montés dans le réservoir de manière pratiquement identique au régulateur de pression **(ill. 1)**. La pression du système d'alimentation n'est maintenue constante qu'au moyen du ressort et de la membrane. Il n'y a aucune liaison pneumatique à la tubulure d'admission. Le carburant excédentaire retourne directement dans le réservoir, aucune conduite de retour n'est donc nécessaire au niveau de la rampe d'alimentation.

Les variations de pression dans la tubulure d'admission entraînent une modification de la quantité de carburant injecté. La centrale de commande doit donc adapter la durée de l'injection en fonction de la pression qui est enregistrée au moyen d'un capteur de pression implanté dans la tubulure d'admission.

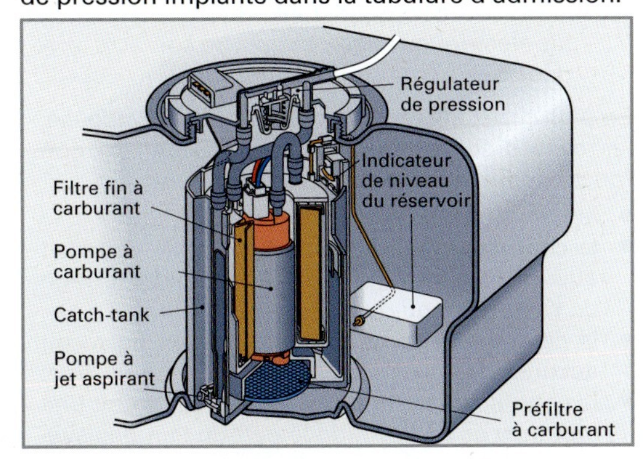

Illustration 1: Module d'alimentation en carburant

Module d'alimentation en carburant (ill. 1)

Les composants de l'alimentation en carburant sont regroupés dans un module qui est installé dans le réservoir à carburant.

Indicateur de niveau de carburant. L'indicateur de niveau de carburant est généralement constitué d'un transmetteur à levier ou d'un transmetteur à tube plongeur. Celui-ci est connecté à un potentiomètre au moyen d'une tringle. La variation de tension à la résistance indique la quantité de carburant contenue dans le réservoir.

Mesure de la consommation de carburant. On calcule la consommation de carburant en multipliant le temps d'ouverture de l'injecteur par une valeur constante. Il en résulte la quantité de carburant qui a transité par l'injecteur en unité de temps et à pression constante.

12.1.4 Ventilation et dégazage du réservoir de carburant

Il est nécessaire de ventiler et de dégazer le réservoir de carburant afin d'y compenser la pression et de permettre à l'utilisateur de faire le plein sans problème. Ainsi, en cas d'élévation de la chaleur, le carburant se dilate, faisant augmenter la pression à l'intérieur du réservoir. Cette pression doit pouvoir être absorbée par des vases d'expansion. D'autre part, le réservoir de carburant doit être ventilé lorsque le véhicule en marche consomme du carburant. Les vapeurs de carburant ne doivent en aucun cas être évacuées dans l'environnement. Le système de ventilation et de dégazage est constitué des composants suivants **(ill. 2)**:

Vase d'expansion de service. Il sert de tampon pour le carburant dilaté par la chaleur. Selon la capacité du réservoir, son volume varie de 2 à 5 l. Le vase d'expansion est relié à l'accumulateur à charbon actif par une conduite de dégazage.

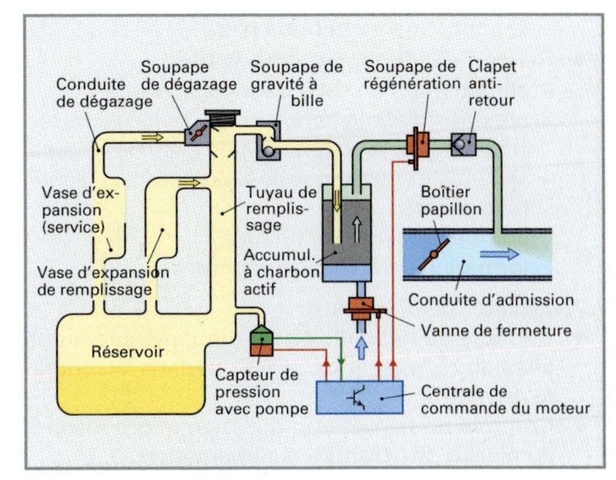

Illustration 2: Dispositif de ventilation et de dégazage

Vase d'expansion de remplissage. Il sert à absorber rapidement les gaz qui se trouvent dans le réservoir et qui sont refoulés lors du remplissage du réservoir et à les diriger vers le pistolet de remplissage de la colonne par l'intermédiaire d'une conduite de dégazage. Les gaz sont alors évacués par le dispositif d'aspiration du pistolet de remplissage.

Soupape de dégazage. Elle empêche les vapeurs de carburant, contenues dans le vase d'expansion de service, d'être évacuées dans l'environnement ou d'être aspirées. Lors du remplissage du réservoir, la soupape est fermée.

Soupape de gravité à bille (ill. 1) (soupape roll-over, soupape de sécurité). Si le réservoir est trop rempli ou le véhicule est en dévers ou se renverse, du carburant pourrait s'échapper par l'accumulateur à charbon actif. Dans ce cas, afin d'éviter toute fuite de carburant, la conduite menant au filtre à charbon actif est fermée par la soupape.

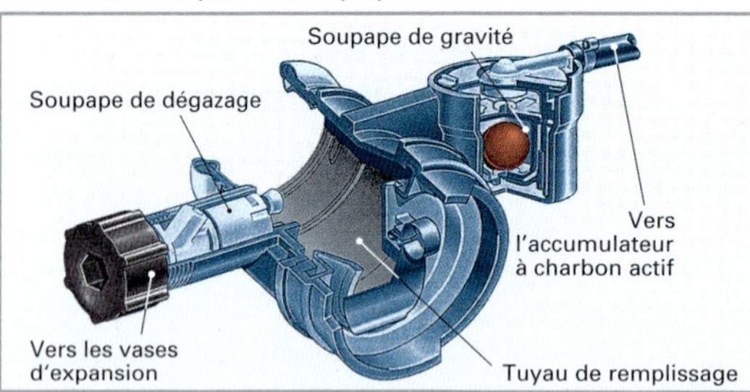

Illustration 1: Soupape de gravité et soupape de dégazage

Accumulateur (filtre) à charbon actif. Il emmagasine les hydrocarbures sous forme gazeuse dans le charbon actif jusqu'à ce que la dépression créée par l'ouverture de la soupape de régénération soit suffisante pour amener les gaz vers le moteur, où il seront brûlés.

Vanne de fermeture. Lorsque le moteur est arrêté, la conduite d'aération de l'accumulateur à charbon actif doit être fermée afin d'éviter que les vapeurs de carburant ne s'échappent dans l'environnement. Si le charbon actif doit être régénéré, la vanne de fermeture magnétique est activée (ouverte) par la centrale de commande moteur en même temps que la soupape de régénération **(ill. 2, p. 259)**.

Soupape de régénération. Cette soupape magnétique est activée par la centrale de commande du moteur selon l'état de fonctionnement. Lorsqu'elle est ouverte, les particules de carburant emmagasinées dans l'accumulateur à charbon actif sont entraînées par l'air frais arrivant par la vanne de fermeture (ouverte) et aspirées par la dépression régnant dans la tubulure d'admission.

Pompe de diagnostic du système de carburant, capteur de pression. L'étanchéité du système de carburant doit être contrôlée. Pour cela, le réservoir de carburant peut être mis sous pression au moyen d'une pompe de diagnostic. Un capteur de pression transmet la valeur de la pression à la centrale de commande du moteur qui détermine alors si le système satisfait aux conditions d'étanchéité requises.

TRAVAUX D'ATELIER

Indications de maintenance:
- Procéder régulièrement au changement du filtre à carburant (respecter les instructions du fabricant).
- Contrôle visuel de l'étanchéité du système.
- Contrôle visuel des connexions électriques (corrosion, dégâts).

Dysfonctionnements et causes possibles:
- Le moteur ne démarre pas:
  - le réservoir du carburant est vide;
  - la pompe ne fonctionne pas.
- Rendement du moteur trop faible:
  - alimentation en carburant insuffisante;
  - pression d'alimentation trop faible en raison d'une conduite d'alimentation pliée ou écrasée;
  - alimentation électrique de la pompe insuffisante;
  - filtre obturé;
  - pompe défectueuse (usure);
  - formation de bulles de vapeur.

Possibilités de diagnostic:
- Contrôle du débit d'alimentation: mesure au niveau du régulateur de pression (dans la conduite de retour).
- Contrôle de la pression d'alimentation: mesure au niveau de la rampe d'alimentation.
- Alimentation électrique de la pompe: les problèmes électriques peuvent être détectés par l'autodiagnostic. Il s'agit donc de lire les codes d'erreurs ou d'effectuer un diagnostic à l'aide de l'actionnement des composants. Les alimentations positives et négatives peuvent être contrôlées au moyen d'un multimètre.

  Causes de dysfonctionnements: **(ill. 1, p. 261)**
  - fusibles de la pompe à carburant défectueux (contrôler le passage du courant);
  - relais de la pompe à carburant défectueux (pour contrôler ponter 30 – 87);
  - fils électriques endommagés ou contacts oxydés (mesurer la chute de tension).

En plus d'une alimentation électrique défectueuse, les causes suivantes peuvent empêcher un bon fonctionnement de la pompe à carburant:
- la pompe est défectueuse;
- la centrale de commande du moteur ne reçoit aucun signal de régime en phase de démarrage de l'allumage ou du capteur de régime;
- la centrale de commande du moteur ne reçoit aucune autorisation du système antidémarrage;
- la centrale de commande du moteur reçoit une annonce de collision de la part de l'un des systèmes de détection de collision (airbag).

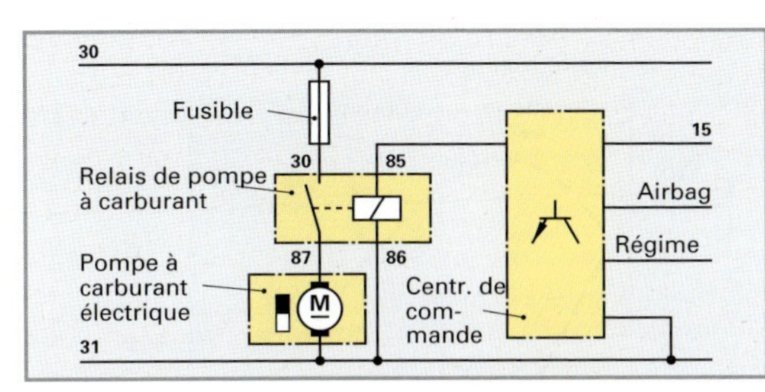

Illustration 1: Schéma électrique de pompe à carburant

Instructions de sécurité

Les carburants Otto ont un point éclair < 21 °C et sont donc considérés comme des liquides facilement inflammables de la classe de danger AI.

Le fait qu'ils soient facilement inflammables signifie que les mesures de sécurité appropriées doivent être respectées lors des travaux de soudage, de brasage ou de meulage.

Les vapeurs de carburant sont plus lourdes que l'air. Elles peuvent donc s'accumuler et former des mélanges dangereux dans les fosses ou dans les regards d'évacuation des eaux.

Les carburants contiennent du benzène, du méthanol, du toluène et du xylène. Ces substances sont toxiques et ne doivent pas être inhalées. Evitez tout contact avec la peau et les muqueuses. C'est pour ces raisons que les carburants Otto ne doivent pas être employés comme produits de nettoyage.

QUESTIONS DE RÉVISION

1 **Quels composants font partie du système d'alimentation en carburant?**
2 **Quelles sortes de pompes à carburant sont installées dans les véhicules? Comment les distingue-t-on?**
3 **A quoi sert le régulateur de pression du carburant dans un système avec conduite de retour?**
4 **Pourquoi les systèmes à une voie nécessitent-ils un capteur de pression de tubulure d'admission?**
3 **A quoi sert le capteur de pression de tubulure d'admission?**
6 **Qu'entend-on par module d'alimentation en carburant?**
7 **A quoi doit-on être attentif lors du démontage des conduites de carburant?**
8 **Quels sont les composants du système de ventilation et de dégazage du dispositif d'alimentation en carburant?**
9 **A quoi sert le vase d'expansion de service?**
10 **Pourquoi utilise-t-on une soupape de gravité à bille?**
11 **Pourquoi les carburants ne doivent-ils pas être utilisés comme produits de nettoyage?**

12.2 La formation du mélange dans les moteurs Otto

12.2.1 Bases

Les moteurs Otto peuvent être alimentés avec de l'essence, du méthanol ou du gaz. Un dispositif d'allumage commandé allume le mélange air-carburant compressé à la fin du temps moteur de compression.

Rôles des systèmes de formation du mélange

Ils doivent produire un mélange combustible air-carburant correspondant aux besoins du moteur à tous les états de charge et qui puisse être, dans la mesure du possible, complètement consumé par le moteur.

Combustion complète du mélange air-carburant
Cela signifie que tous les atomes de carbone et d'hydrogène du carburant doivent être oxydés et transformés en énergie thermique par apport d'oxygène contenu dans l'air. Ils sont alors transformés en gaz carbonique (CO_2), respectivement en eau (H_2O).
Selon la structure et la taille de ses molécules, le carburant peut contenir un nombre variable d'atomes de carbone et d'hydrogène et nécessite, pour la combustion, une masse d'air spécifique. Or, une quantité croissante d'air, respectivement un excès d'apport d'air, péjore la combustion. Dans ce cas, le carburant ne brûle que partiellement. Si les valeurs limites supérieures ou inférieures du rapport du mélange (limites d'inflammabilité) sont dépassées, la combustion n'a plus lieu **(ill. 1, p. 262)**.

Proportion du mélange

La proportion du mélange indique la composition du mélange air-carburant. On différencie la proportion théorique de la proportion effective du mélange.

Proportion théorique du mélange (rapport stœchiométrique = besoin en air théorique). Elle indique le nombre de kg d'air nécessaire pour la combustion complète d'un kg de carburant. Pour obtenir la combustion de 1 kg d'essence, il faut environ 14,8 kg d'air soit 10 300 litres.

Proportion effective du mélange. Elle se différencie de la proportion théorique en tenant compte de l'état de fonctionnement du moteur. Lorsque la part de carburant est élevée, p. ex.1 : 13, on parle de mélange "riche" (manque d'air). Lorsque la part de carburant est réduite, p. ex. 1 : 16, on parle d'un mélange "pauvre" (excès d'air).

Proportion d'air (λ = lambda)

Le coefficient λ représente la proportion entre l'alimentation effective d'air pour la combustion et le besoin théorique d'air pour une combustion complète du carburant.

$$\text{Coefficient d'air } \lambda = \frac{\text{masse d'air alimenté en kg}}{\text{masse d'air théoriquement nécessaire en kg}}$$

Pour la proportion théorique du mélange 1 : 14,8, le coefficient d'air pour l'essence est $\lambda = 1$. Dans ces conditions, le moteur reçoit exactement la quantité d'air dont il a besoin pour une combustion complète du carburant. Par contre si, pour la combustion de 1 kg de carburant, il faut 16 kg d'air, la proportion d'air est

$$\lambda = \frac{16{,}0 \text{ kg air}}{14{,}8 \text{ kg air}} = 1{,}08$$

ce qui constitue un mélange air-carburant pauvre car composé de plus d'air que la quantité nécessaire pour une combustion complète. L'excédent d'air est de 8 %.

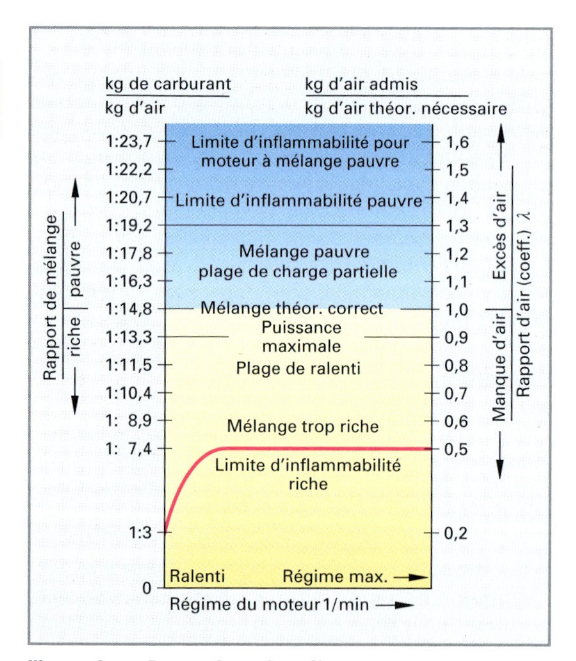

Illustration1: Proportions du mélange rapport air-essence

La consommation, la puissance et la composition des gaz d'échappement dépendent de la proportion du mélange air-carburant.

Les différents rapports existant entre le coefficient d'air, le couple moteur et la consommation sont présentés dans l'**ill. 2**.

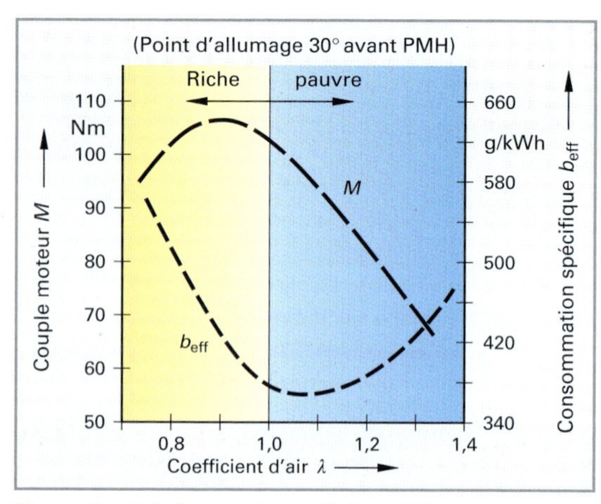

Illustration 2: Influence du coefficient d'air

Pour les moteurs à injection équipés de catalyseurs, le coefficient d'air de $\lambda = 1$ doit être respecté afin de réduire les valeurs polluantes des gaz d'échappement.

Composition du mélange

Mélange homogène. La composition du mélange est identique dans l'ensemble de la chambre de combustion. Il faut un certain temps pour préparer le mélange homogène air-carburant. Le mélange homogène est obtenu par une vaporisation précoce de l'essence au niveau de l'admission (injection de carburant directement dans la tubulure d'admission) et par un bon brassage du mélange.

Mélange hétérogène. La composition du mélange n'est pas la même dans les différentes zones de la chambre de combustion (charge stratifiée). La composition hétérogène du mélange est obtenue au moyen d'une injection retardée dans le cylindre (durant le temps moteur de compression) et par un tourbillonnement précis du flux d'air. Afin de garantir l'inflammation du mélange, les moteurs Otto doivent présenter un coefficient d'air λ s'approchant de 1 dans la zone des bougies d'allumage. Le mélange se trouvant dans la zone périphérique de la chambre de combustion est pauvre.

Formation du mélange

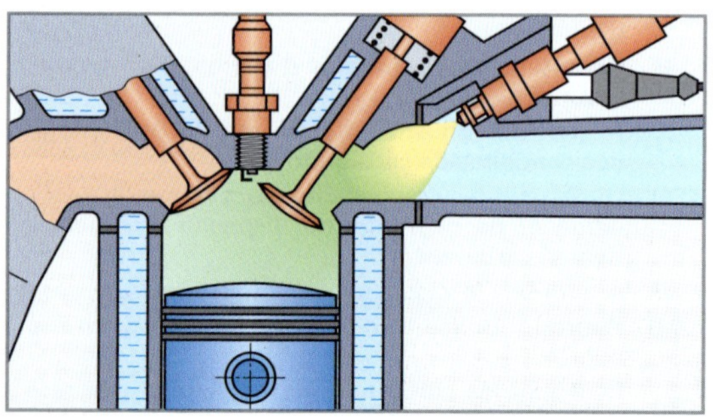

Illustration 3: Formation externe du mélange

Formation externe du mélange (ill. 3, p 262). L'injection dans la tubulure d'admission intervient peu avant l'entrée en action de l'allumage, lorsque la soupape d'admission du moteur est encore fermée. Le temps s'écoulant entre l'arrivée du mélange, qui a lieu durant le temps moteur d'admission, et la compression du mélange air-carburant est suffisant pour former un mélange homogène dans la chambre de combustion.

Formation interne du mélange (ill. 1). Dans les moteurs à formation interne du mélange, le carburant est injecté directement dans la chambre de combustion. Cette injection ayant lieu juste avant l'allumage du mélange air-carburant, ces deux composants n'ont pas le temps de se mélanger de manière régulière. Le mélange est hétérogène.

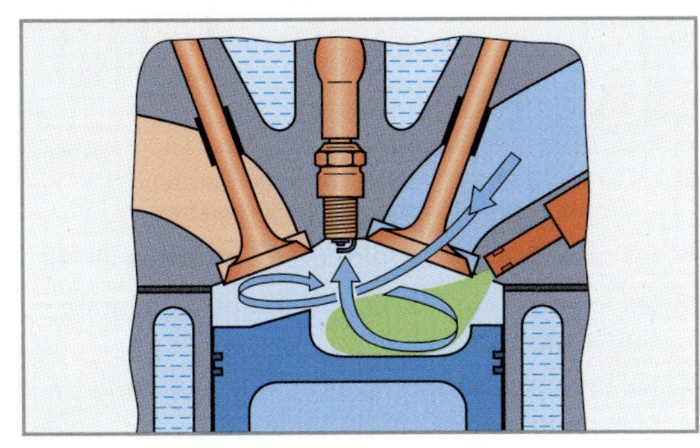

Illustration 1: Formation interne du mélange

Régulation de la puissance

Régulation quantitative. Dans les moteurs à formation externe du mélange et à mélange homogène, la régulation est effectuée par le papillon des gaz qui, suivant l'état de charge du moteur, sera plus ou moins ouvert. Cela modifie la quantité d'air aspiré. Dans ce cas, la composition du mélange doit demeurer constante ($\lambda = 1$) dans la mesure du possible.

Régulation qualitative. Dans les moteurs à formation interne du mélange et à mélange hétérogène, la régulation de la puissance est effectuée par les différentes quantités de carburant injecté. La quantité d'air aspiré est pratiquement toujours la même (papillon des gaz en pleine ouverture constante). La composition (rapport λ) du mélange dans la chambre de combustion varie donc en fonction de l'état de charge du moteur.

12.2.2 Adaptation du mélange aux états de fonctionnement du moteur

Selon son état de fonctionnement, le moteur nécessite une quantité et une composition du mélange (rapport λ) bien précises.

Démarrage à froid: dans un moteur froid, seuls les composants du carburant dont le point d'ébullition est le plus bas peuvent être vaporisés. Une grande partie du carburant se condense sur les parois froides du collecteur d'admission et du cylindre. Ces composants du carburant ne peuvent pas brûler ou alors seulement partiellement. Afin d'obtenir un mélange inflammable dans la chambre de combustion, il faut y injecter de grandes quantités de carburant (jusqu'à $\lambda = 0{,}3$). La quantité de carburant à injecter dépend de la température du moteur.

Une puissance majeure doit être produite afin de contrer la très grande résistance à la friction causée par l'huile moteur froide. Cet accroissement de la puissance est obtenu au moyen d'une quantité supérieure de mélange.

Période de mise en température. C'est le temps qui s'écoule depuis le démarrage du moteur jusqu'à ce qu'il atteigne sa température de fonctionnement. La richesse du mélange décroît progressivement car les pertes dues à la condensation dans la tubulure d'admission et sur les parois du cylindre diminuent au fur et à mesure que le moteur se réchauffe.

Ajustement, accélération. Lors d'une brusque ouverture du papillon, le mélange devient temporairement plus pauvre. Afin d'éviter des pertes de puissance momentanées, il faut injecter plus de carburant.

Pleine charge. On parle de pleine charge lorsque l'on sollicite fortement le moteur (accélération, montée, etc.) avec une pleine ouverture du papillon. Afin d'obtenir le rendement maximal du moteur dans cet état de fonctionnement, le mélange est généralement enrichi à $\lambda = 0{,}85 \ldots 0{,}95$ **(ill. 2, p. 262).**

Coupure d'injection en décélération. Dans ce cas, le papillon est fermé et le moteur tourne à un régime élevé. Cela se produit p. ex. lors d'une longue descente ou quand le chauffeur lâche la pédale des gaz à grande vitesse. Afin d'économiser du carburant, l'injection d'essence est interrompue jusqu'à ce qu'un régime moteur spécifique préprogrammé soit atteint ou que le papillon soit à nouveau ouvert.

QUESTIONS DE RÉVISION

1. **Qu'entend-on par proportion théorique du mélange?**
2. **Expliquez le coefficient d'air λ.**
3. **Quels sont les effets d'un mélange pauvre, d'un mélange riche ou d'un mélange stœchiométrique?**
4. **Jusqu'à quelles proportions de mélange, resp. de rapport d'air, un mélange air-essence est-il inflammable?**
5. **Quelles sont les caractéristiques d'une formation interne du mélange?**
6. **Qu'entend-on par mélange homogène/hétérogène?**
7. **Quelles sont les caractéristiques d'une formation externe du mélange?**
8. **Pourquoi, lors du démarrage à froid, le mélange doit-il être fortement enrichi?**

12.3 Carburateur

Le carburateur sert à vaporiser le carburant et à le mélanger avec de l'air dans les bonnes proportions. Il doit adapter la quantité de mélange nécessaire à chacun des états de fonctionnement du moteur.

12.3.1 Principes de fonctionnement

Un courant d'air est formé dans le carburateur par le mouvement du piston du moteur durant le temps moteur d'admission. La réduction de la section du diffuseur d'admission au niveau du tube venturi **(ill. 1)** augmente la vitesse de l'air d'admission. La vitesse d'écoulement maximale et la dépression (aspiration) la plus élevée sont atteintes à l'endroit le plus étroit du diffuseur. C'est pour cette raison que l'orifice de sortie du carburant est aménagé à cet endroit. Le carburant est aspiré par le courant d'air, vaporisé et mélangé avec l'air admis au niveau de la chambre de carburation. Une vaporisation fine sera obtenue si l'on crée un prémélange par l'admission d'air sur un tube d'émulsion situé au-dessous du niveau du carburant. La quantité de mélange air-carburant d'admission est régulée par le papillon des gaz (régulation quantitative). La puissance du moteur et son régime sont ainsi modifiés.

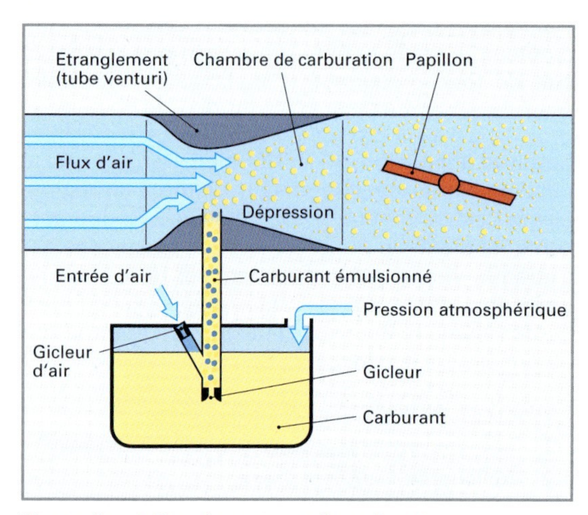

Illustration 1: Fonctionnement du carburateur

12.3.2 Types de carburateurs

Selon la disposition du collecteur d'admission sur le moteur et le sens du flux d'aspiration dans le carburateur, on distingue: **le carburateur vertical inversé, le carburateur horizontal et le carburateur incliné**.

Les carburateurs inversés sont le plus souvent utilisés car le mélange air-carburant tombe dans le cylindre par gravité. Ils sont montés au-dessus de la culasse.

Les carburateurs horizontaux et les carburateurs inclinés permettent des distances d'aspiration très courtes. Ils sont aussi utilisés en cas de manque de place en hauteur ou montés au-dessous du niveau de la culasse.

Selon le nombre et la fonction des corps de carburation, on distingue:

- les **carburateurs simple corps (ill. 2)** et les **carburateurs à registres (ill. 3)** (carburateurs à corps étagés fonctionnant successivement) situés sur une seule tubulure d'admission;

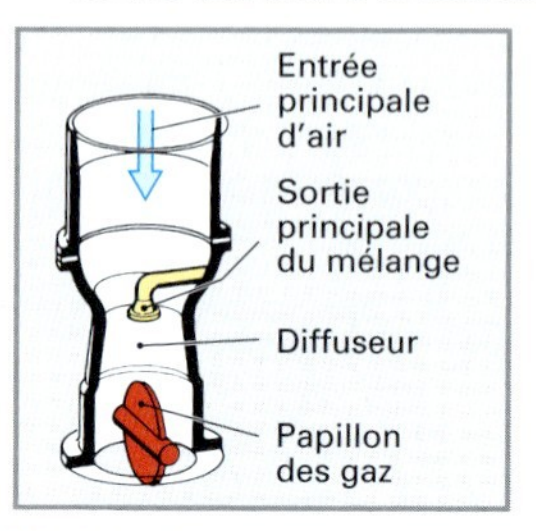

Ill. 2: Carburateur simple corps

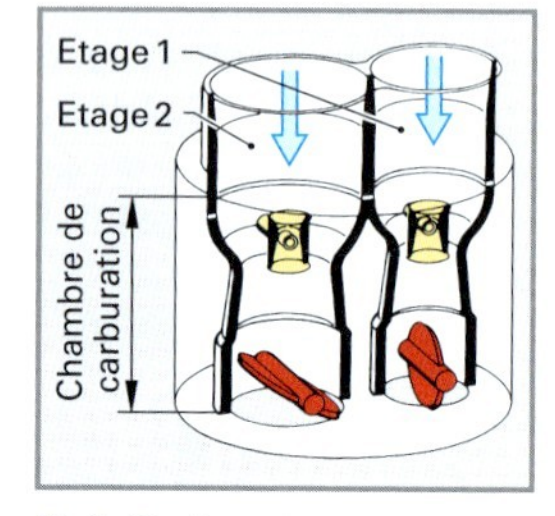

Ill. 3: Carburateur à registres

- **les carburateurs double corps à registres (ill. 4):**
- **les carburateurs à double corps** (carburateurs double corps, **ill. 5**)
- **les carburateurs multiples** utilisés séparément sur chaque tubulure d'admission;

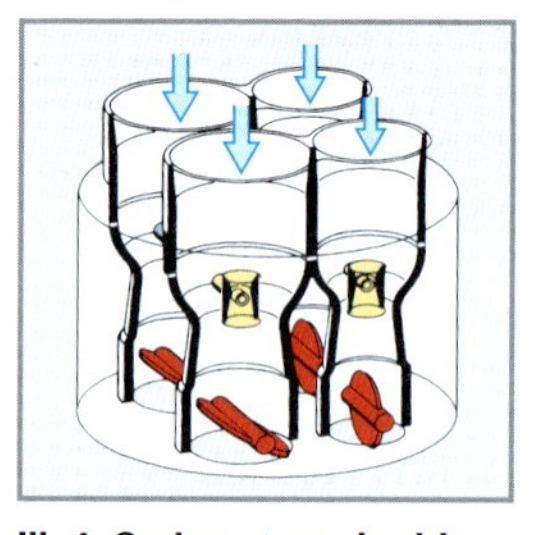

Ill. 4: Carburateur double corps à registres

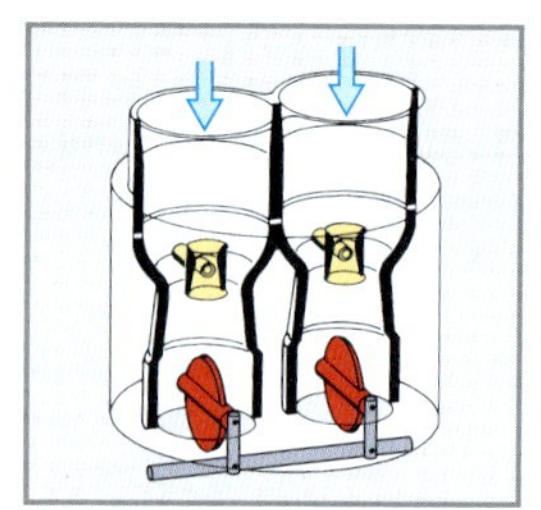

Ill. 5: Carburateur à double corps

- **les carburateurs à pression constante (ill. 6)** travaillent en dépression constante avec une section de diffuseur venturi modifiable;
- **les carburateurs à boisseau (ill. 7)** sont utilisés sur les motocycles.

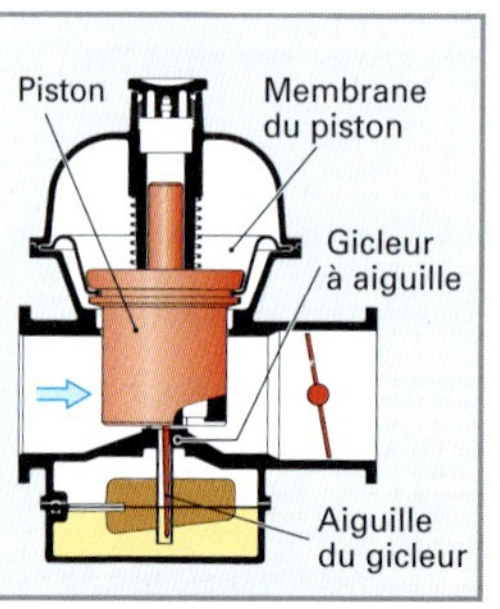

Ill. 6: Carburateur à pression constante

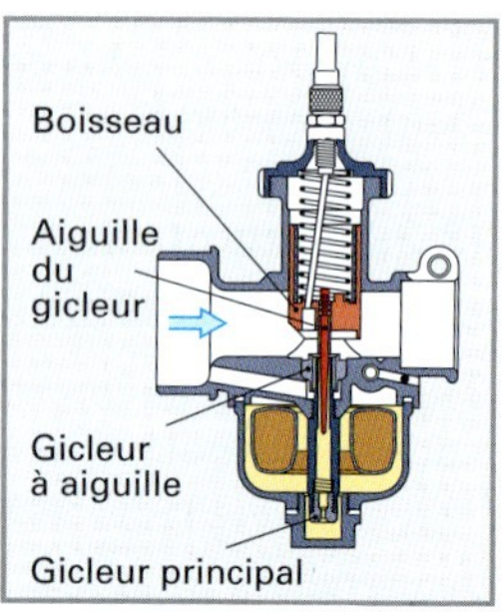

Ill. 7: Carburateur à boisseau

12.4 Injection d'essence

12.4.1 Principes

Rôles

L'injection d'essence sert à vaporiser finement le carburant puis à l'injecter dans la masse d'air admis. La quantité et la proportion du mélange nécessaires sont adaptées en fonction des états de charge du moteur.

Dans les systèmes d'injection, le carburant finement vaporisé est injecté dans l'air d'admission au moyen d'injecteurs grâce à la pression générée par la pompe à carburant. La pulvérisation a pour effet d'augmenter la surface du carburant injecté et de permettre un meilleur mélange avec l'air, une combustion plus complète et une réduction des polluants dans les gaz d'échappement.

Dans les systèmes d'injection indirecte (formation externe du mélange), les injecteurs sont disposés de manière à pulvériser au niveau du collecteur d'admission ou du boîtier du papillon des gaz. Les injecteurs des systèmes directs sont disposés de manière à pulvériser dans la chambre de combustion.

La régulation électronique du dispositif permet d'optimiser la proportion air-carburant (qualité) et la quantité de mélange fourni pour chaque état de fonctionnement du moteur.

Les objectifs suivants doivent être atteints:

- augmentation du couple moteur;
- augmentation de la puissance du moteur;
- meilleur déroulement des courbes caractéristiques du moteur;
- réduction de la consommation de carburant;
- réduction des polluants dans les gaz d'échappement.

Types d'injections

Injection indirecte

Dans ce système, l'injection du carburant dans l'air a déjà lieu en dehors de la chambre de combustion. Le mélange air-carburant homogène est réparti régulièrement dans la chambre de combustion durant les temps moteur d'aspiration et de compression.

On distingue

- **l'injection monopoint** (SPI = Single Point Injection)
- **l'injection multipoint** (MPI = Multi Point Injection)

Injection monopoint (ill. 1). Dans ce système, le lieu d'injection pour tous les cylindres est centralisé en amont du papillon des gaz. La pulvérisation à travers la section d'ouverture du papillon et la vaporisation sur les parois chaudes de la tubulure d'admission et, le cas échéant sur des éléments chauffants supplémentaires, améliorent la formation du mélange. Différentes distances de transport et certains embranchements des tubulures font que le carburant n'est pas réparti de façon régulière sur tous les cylindres. Des tourbillons périphériques et la formation d'un film sur les parois des cylindres provoquent une composition hétérogène du mélange, surtout lorsque le moteur est froid. Ces facteurs influencent négativement la formation du mélange. Les systèmes d'injection monopoint sont plus simples que les systèmes d'injection multipoint.

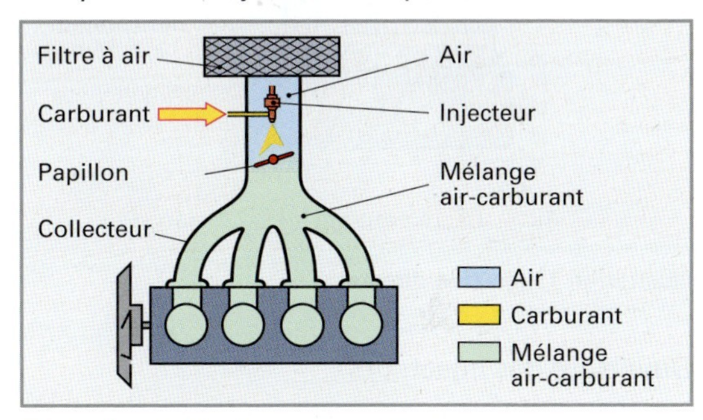

Illustration 1: Injection monopoint

Injection multipoint (ill. 2). Chaque cylindre dispose d'un injecteur monté dans la tubulure d'admission, directement devant la soupape d'admission. Ainsi, le parcours du flux admis est de même longueur et le mélange est réparti uniformément dans chaque cylindre. L'implantation proche de la soupape d'admission réduit la formation de film sur les parois du cylindre et permet de réduire les polluants dans les gaz d'échappement.

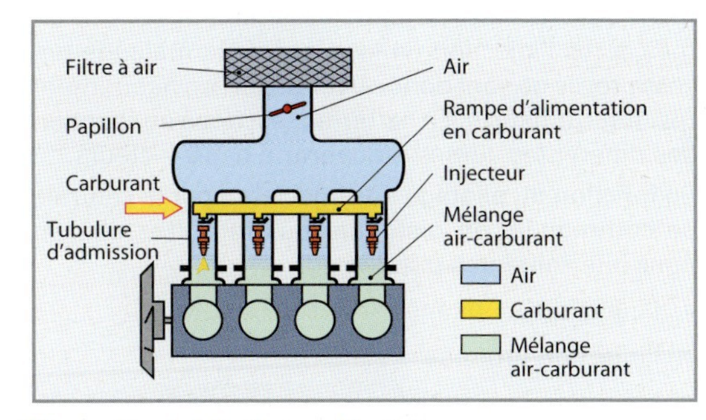

Illustration 2: Injection multipoint

Injection directe (ill. 1, p. 266)

Les dispositifs d'injection directe sont toujours des systèmes multipoint. Le carburant est injecté à haute pression (jusqu'à 200 bar) directement dans la chambre de combustion par des injecteurs commandés électriquement (formation interne du mélange). Un mélange homogène ou hétérogène est alors formé avec l'air d'admission en fonction des besoins du moteur et de l'état de charge.

L'injection directe permet d'éviter la formation d'un film sur les parois du cylindre ou une répartition inégale du carburant. Toutefois, ce système nécessite une régulation électronique très précise du dispositif d'injection.

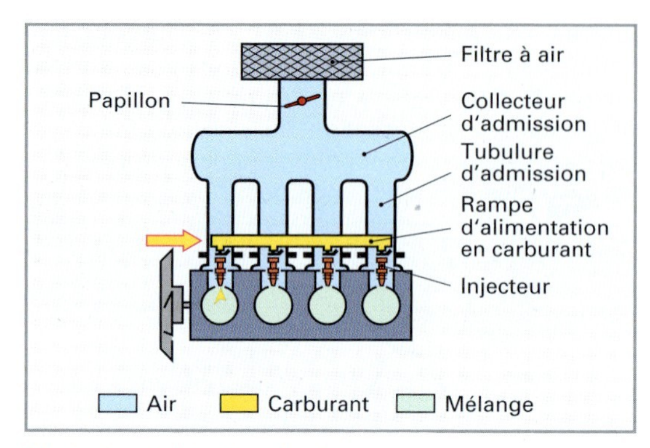

Illustration 1: Injection directe

Ouverture des injecteurs

Les injecteurs sont ouverts soit par la pression exercée par le carburant soit électromagnétiquement.

Injection continue (voir KE-Jetronic). Les injecteurs sont ouverts sous l'effet de la pression du carburant et restent ouverts durant tout le temps de fonctionnement du moteur. L'injection a lieu en continu. Le carburant est dosé en fonction des variations de pression du système.

Injection intermittente. Les injecteurs sont brièvement ouverts électromagnétiquement et sont refermés après l'injection de la quantité de mélange nécessaire. Ils ne sont donc ouverts que provisoirement (par intermittence). Le carburant est dosé en fonction des différentes durées d'ouverture des injecteurs.

En fonction du pilotage des injecteurs par la centrale de commande, on distingue quatre sortes d'injections intermittentes différentes:

- l'injection simultanée
- l'injection groupée
- l'injection séquentielle
- l'injection sélective par cylindre.

Injection simultanée (ill. 2)

Tous les injecteurs sont actionnés simultanément. Le temps d'évaporation du carburant pour chaque cylindre varie fortement d'un cylindre à l'autre. Pour obtenir tout de même une composition équilibrée du mélange ainsi qu'une bonne combustion, on injecte la demi quantité de carburant nécessaire à chaque tour de vilebrequin.

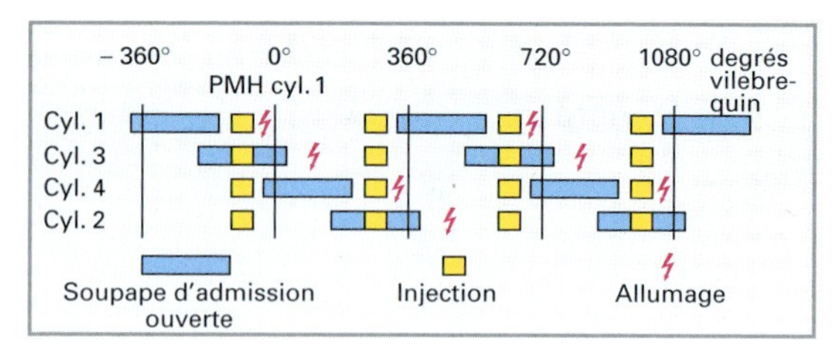

Illustration 2: Injection simultanée

Injection groupée (ill. 3)

Les injecteurs des cylindres 1 et 3, ainsi que 2 et 4, s'ouvrent en alternance une fois par cycle. La quantité de carburant est injectée en une seule fois en amont des soupapes d'admission. Les durées de vaporisation du carburant sont différentes.

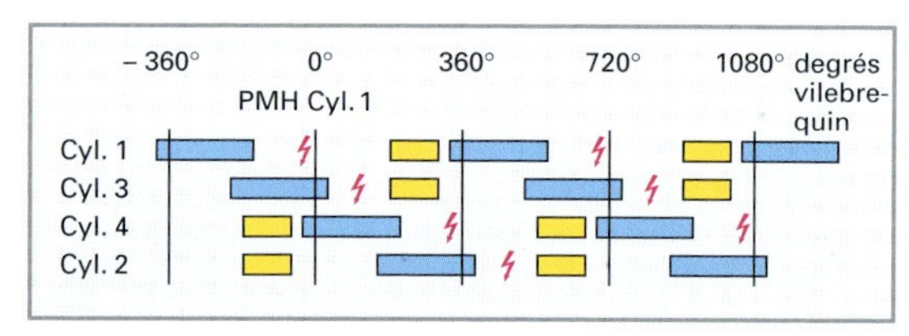

Illustration 3: Injection groupée

Injection séquentielle (ill. 4)

Les injecteurs entrent en fonction l'un après l'autre dans l'ordre d'allumage. Ils injectent en une fois la même quantité de carburant dosée dans la tubulure d'admission avant le début du temps moteur d'admission. La formation du mélange air-carburant et le refroidissement interne sont améliorés.

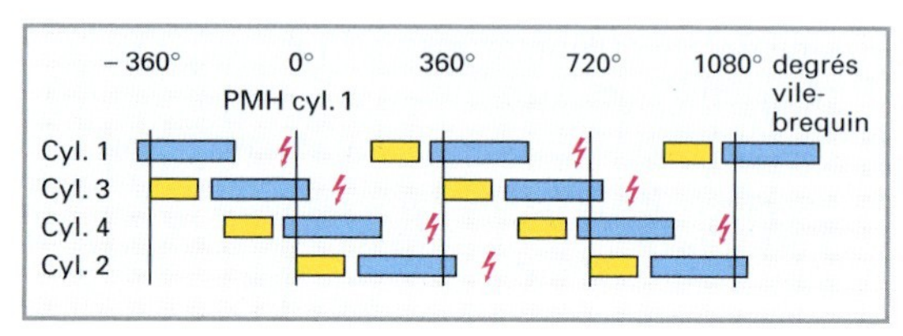

Illustration 4: Injection séquentielle

Injection sélective par cylindre (ill. 5)

Il s'agit d'une injection séquentielle. Grâce à un système de capteurs et à une électronique plus performante, la centrale de commande est en mesure de délivrer une quantité spécifique de carburant à chaque cylindre.

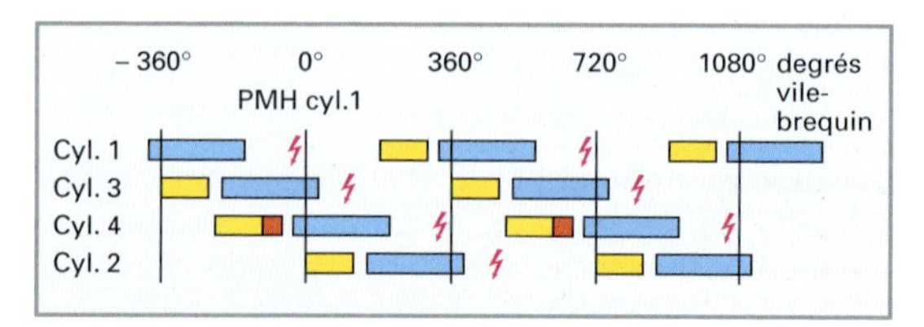

Illustration 5: Injection sélective par cylindre

Le tableau 1 indique la répartition des systèmes d'injection électronique avec injection intermittente.

Tableau 1: Caractéristiques des systèmes à injection électronique

Dispositif	Injection centralisée	L-Jetronic	LH-Jetronic	Injection pilotée par la pression de la tubulure d'admission	Injection directe
Caractéristiques externes	Agrégat d'injection central	Rampe de distribution avec injecteurs actionnés électriquement et			Pompe à carburant haute pression, capt. et régul. de pression
		Débitmètre d'air	Débitmètre d'air	Capteur de pression tubulure d'admission	
Type d'injection	Injection indirecte				Injection directe
Emplacement de l'injection	En amont du papillon	En amont de la soupape d'admission			Ch. de combustion
Nombre d'injecteurs	Un injecteur Single-Point	Un par cylindre, Multi-Point			
Injection intermittente	Synchronisé	Simultané ou injection groupée	Séquentielle ou sélective par cyl.	Séquentielle	Sélective par cyl.
Valeurs principales de commande	• Angle du papillon • Régime	• Quantité d'air • Régime	• Masse d'air • Régime	• Pression tub. adm. • Régime	Couple moteur requis (masse d'air, régime)

12.4.2 Structure et fonctions de l'injection électronique d'essence

Les systèmes électroniques d'injection d'essence **(ill. 1, p. 268)** sont composés de trois systèmes partiels:

- **Système d'admission**
  Filtre à air, papillon, tubulures d'admission.
- **Système de carburant**
  Réservoir de carburant, pompe à carburant, filtre à carburant, régulateur de pression, injecteur.
- **Système de commande et de régulation**
  - capteurs, p. ex. de température
  - centrale de commande
  - actuateurs, p. ex, relais de la pompe à carburant.

Le système de pilotage et de régulation fonctionne selon le principe **ETS**. Cela signifie:

Entrée: des capteurs collectent les informations et les transmettent à la centrale de commande sous forme de signaux de tension électrique.

Traitement: la centrale de commande traite les informations contenues dans les signaux reçus et compare les valeurs actuelles avec les valeurs de consigne mémorisées dans la cartographie. Elle calcule ainsi le pilotage des actuateurs correspondants.

Sortie: les actuateurs concernés, p. ex. les injecteurs, sont actionnés par la centrale de commande. L'état de charge souhaité du système est constitué.

Dans le cas de l'injection électronique d'essence, le processus suivant a lieu:

Dans les systèmes à mélange homogène, le moteur aspire, par le papillon, une certaine quantité d'air qui est nettoyé par le filtre à air. Cette quantité d'air est mesurée électroniquement par un débitmètre ou calculée à l'aide de l'information de la pression de la tubulure d'admission.
C'est en tenant compte du **régime du moteur** et de la **quantité d'air (paramètres primaires)** que la centrale de commande calcule, à l'aide de la cartographie mémorisée, la **quantité de base qui doit être injectée.**
Si, par rapport à un état de fonctionnement spécifique tel que p. ex. un démarrage à froid, un ajustement s'avère nécessaire, la situation doit alors être saisie par des capteurs supplémentaires (paramètres secondaires) et transmise à la centrale de commande sous forme de signaux électriques. La centrale de commande adapte alors le temps d'ouverture des injecteurs à la nouvelle situation.

Les injecteurs électromagnétiques s'ouvrent et le carburant est alors injecté à la pression déterminée par le régulateur de pression. Dès que la centrale de commande coupe l'alimentation, les injecteurs sont fermés par un ressort et l'injection est terminée.

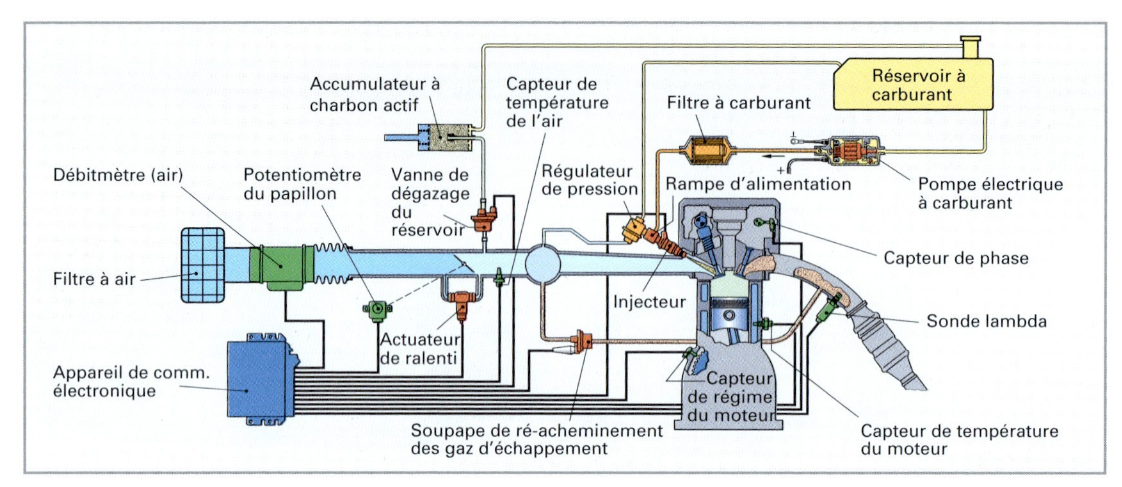

Illustration 1: Structure d'un système électronique d'injection d'essence

QUESTIONS DE RÉVISION

1. **Quel est le rôle de l'injection d'essence?**
2. **Quelles sont les caractéristiques de l'injection directe et de l'injection indirecte?**
3. **Décrivez l'injection intermittente et l'injection continue.**
4. **Comment distingue-t-on une injection simultanée d'une injection séquentielle?**
5. **De quels systèmes partiels est composé un système d'injection d'essence? Citez les composants principaux.**
6. **Qu'entend-on par paramètres primaires de commande dans un système électronique d'injection d'essence?**
7. **Qu'entend-on par paramètres secondaires dans un système électronique d'injection d'essence?**
8. **Comment la centrale de commande modifie-t-elle la quantité injectée dans une injection intermittente?**

12.4.3 Saisie des données de fonctionnement

Afin de piloter correctement les actuateurs intégrés au système d'injection, la centrale de contrôle doit recevoir des informations mesurées par divers capteurs.

La charge et le régime servent à calculer la formation de la quantité de base du mélange à injecter. Ces valeurs sont les **valeurs principales de commande.** Afin d'ajuster le mélange aux différents états de fonctionnement, il est nécessaire de disposer des signaux d'autres capteurs. Ce sont les paramètres secondaires (de correction).

Paramètres primaires de commande

Charge. Elle peut être mesurée par divers capteurs:

- débitmètre d'air à volet-sonde;
- débitmètre d'air à fil chauffant;
- débitmètre d'air à film chaud;
- débitmètre d'air à film chaud avec reconnaissance de courant inverse;
- capteur de pression de la tubulure d'admission;
- potentiomètre du papillon.

Débitmètre d'air à volet-sonde (ill. 2). Un volet-sonde qui se trouve dans le débitmètre est maintenu en tension par un ressort hélicoïdal. Le volet-sonde est actionné par la force que le courant d'air d'admission exerce contre le ressort lors de l'aspiration. Sa position angulaire détermine la quantité d'air aspiré. Cette position est transmise sur un potentiomètre. Les différences de tension à la résistance permettent à la centrale de commande de reconnaître la position du volet-sonde et de calculer, à l'aide des valeurs préenregistrées, la quantité d'air d'admission. Le volet de compensation fixé au volet-sonde égalise, grâce au coussin d'air de la chambre d'amortissement, les vibrations mécaniques provenant de l'extérieur.

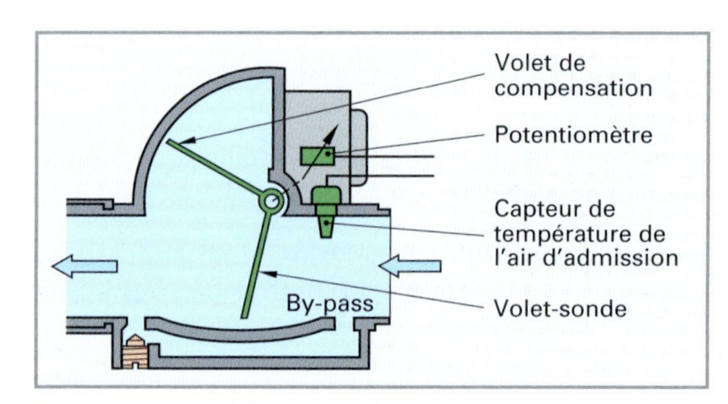

Illustration 2: Débitmètre d'air à volet-sonde

Débitmètre d'air à fil chauffant (ill. 1, p. 269). Un fil chauffant tendu dans le canal d'aspiration sert de capteur. Un courant électrique maintient ce fil à une température constante de 100 °C supérieure à la température de l'air aspiré. La quantité d'air aspiré change en fonction des différents états de conduite, modifiant ainsi plus ou moins la température du fil chauffant. Cette absorption de chaleur doit être compensée par le courant de chauffage. Une tension appropriée permet de régler la valeur du courant de chauffage. Cette tension représente la mesure de la masse d'air aspiré. La mesure du débit d'air a lieu environ 1000 fois par seconde. En cas de rupture du fil chauffant, la centrale de commande active le fonctionnement de secours. Le véhicule reste ainsi apte à rouler.

Etant donné que le fil chauffant se trouve dans le canal d'aspiration, il peut s'y créer des dépôts qui influencent la mesure. C'est pourquoi, après chaque coupure du moteur, le fil chauffant est chauffé brièvement à une température d'environ 1000 °C ce qui a pour effet de brûler les dépôts (pyrolyse).

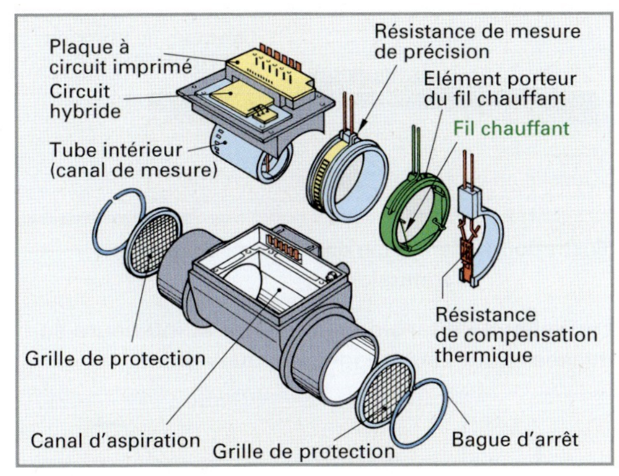

Illustration 1: Débitmètre d'air à fil chauffant

Débitmètre d'air à film chaud (ill. 2). Un capteur d'air à film chaud est installé dans un canal de mesure situé dans le canal d'aspiration.

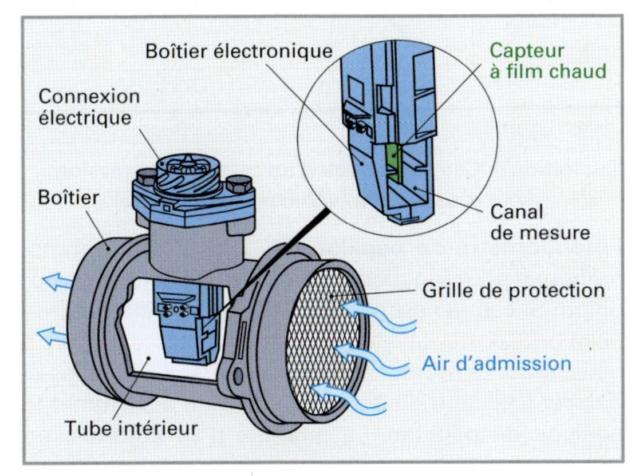

Illustration 2: Débitmètre d'air à film chaud

Il est composé de trois résistances électriques (CTN) **(ill. 3).**

- Résistance chauffante R_H (résistance de film couchée en platine)
- Résistance du capteur R_S
- Résistance thermique R_L (température air d'admission)

Le circuit en pont électrique est constitué de fines résistances de film posées sur une couche en céramique.

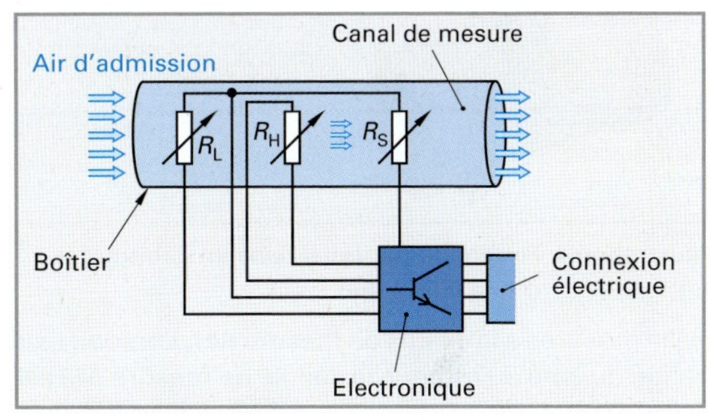

Illustration 3: Circuit pont du capteur à film chaud

L'électronique du débitmètre d'air à film chaud règle, par des variations de tension, la température de la résistance chauffante R_H de manière à ce qu'elle affiche 160 °C au-dessus de la température de l'air d'admission. Celle-ci est enregistrée par la résistance thermique de l'air d'admission R_L. La température de la résistance chauffante R_H est déterminée par la résistance du capteur R_S. En cas d'une augmentation ou d'une diminution du débit d'air d'admission, la résistance chauffante est plus ou moins refroidie. En comparant la résistance de capteur R_S et la résistance de température R_L, l'électronique adapte la tension de la résistance chauffante afin d'obtenir à nouveau la différence de température 160 °C. A partir de cette tension de régulation, l'électronique génère un signal de tension proportionnel à la masse d'air aspiré pour la centrale de commande.

Etant donné que le capteur est protégé des salissures, il ne nécessite aucun système de brûlage des dépôts, comme c'est le cas pour le débitmètre à fil chauffant.

Débitmètre d'air à film chaud avec reconnaissance de flux d'air inverse (ill. 1, p. 270). Afin de minimiser les erreurs dues aux pulsations des colonnes d'air dans la tubulure d'admission, les débitmètres d'air à film chaud sont équipés d'un système de reconnaissance de flux d'air inverse. Ces capteurs empêchent un résultat des mesures faussé par des flux d'air inverses ce qui permet ainsi d'affiner l'exactitude de la mesure du carburant (erreur max. +/– 0,5 %).

Les capteurs comportent une zone permettant de chauffer l'air d'admission. Ainsi, la température mesurée à la cellule de mesure *M2* sera plus élevée que

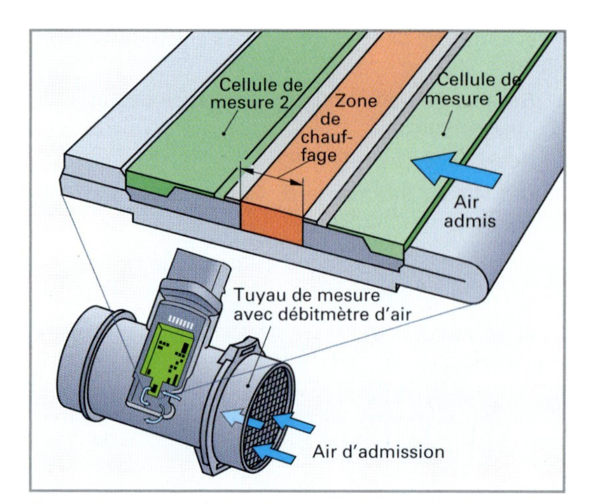

Illustration 1: Formation du signal dans un débitmètre d'air à film chaud

celle mesurée à la cellule de mesure *M1*. Lorsque l'air reflue du côté du moteur, la cellule de mesure *M2* est refroidie et le point de mesure *M1* est chauffé. Les flux d'admission et de refoulement influencent ainsi la température des cellules de mesure. La différence de température ΔT est convertie en tension qui permet d'indiquer à la centrale de commande la masse d'air admise.

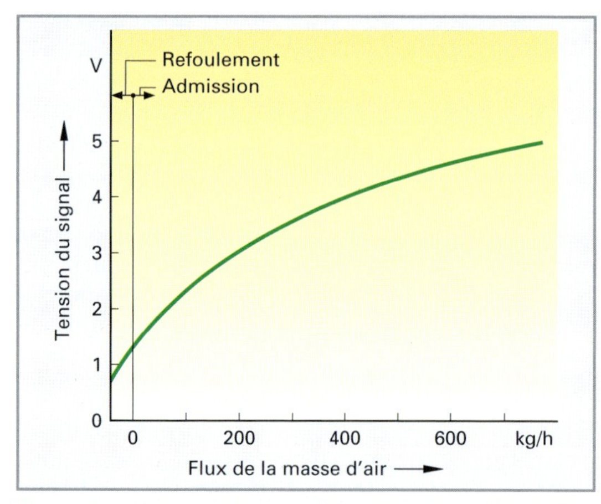

Illustration 2: Caractéristique d'un débitmètre d'air à film chaud avec reconnaissance de flux inverse

Le diagramme **(ill. 2)** permet de constater que la tension du signal varie en fonction de la charge entre env. 1 V (ralenti) et 4,8 V (pleine charge).

Capteur de pression d'admission (ill. 3). Il sert à mesurer la pression dans la tubulure d'admission. Il peut être monté directement sur la tubulure d'admission ou dans la centrale de commande reliée à la tubulure d'admission par une conduite. Il comprend un circuit d'analyse et une cellule de pression munie de deux capteurs.

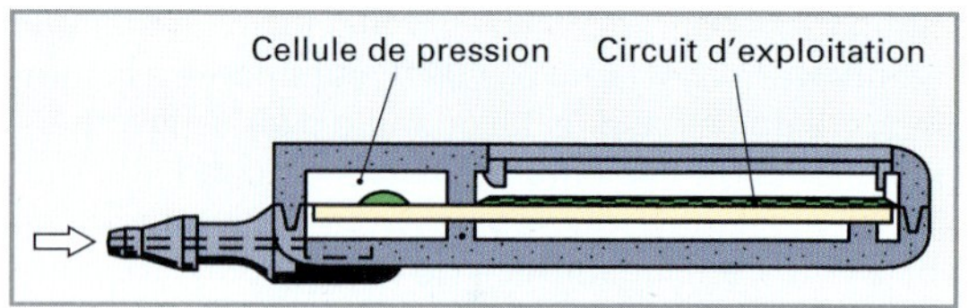

Illustration 3: Capteur de pression d'admission

L'élément sensible **(ill. 4)** est composé d'une membrane qui recouvre une chambre de pression de référence étanche avec une pression définie. Les résistances piézo-électriques qui se trouvent sur la membrane changent de valeur selon l'allongement mécanique de la membrane soumise au changement de pression dans la tubulure d'admission. Le circuit d'exploitation du capteur génère un signal de tension variable proportionnel à la résistance et le transmet à la centrale de commande qui calcule la quantité d'air admise (env. 0,4 V ralenti à 4,8 V pleine charge).

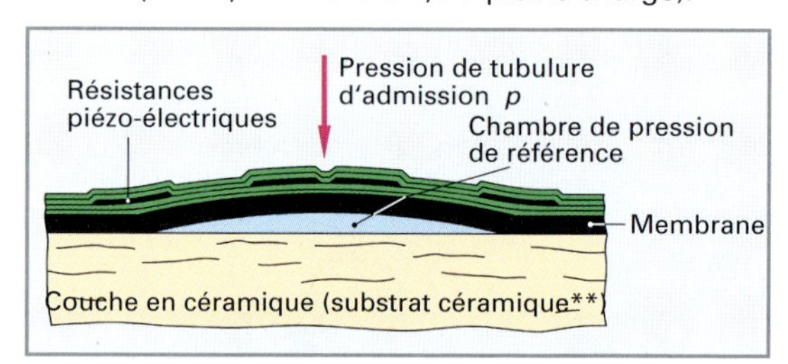

Illustration 4: Membrane du capteur de pression d'admission

Les valeurs de tension supérieure et inférieure sont utilisées pour l'autodiagnostic du capteur.

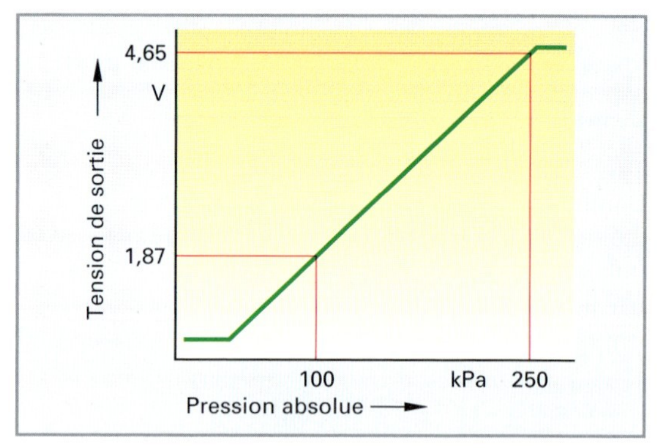

Illustration 5: Caractéristique d'un capteur de pression d'admission (véhicule suralimenté)

Potentiomètre du papillon (ill. 1, p. 271). Le transmetteur a pour fonction de mesurer la position du papillon. Si celui-ci est ouvert, l'axe du papillon entraîne le bras porte-balais qui vient toucher les pistes de résistance. La modification de la tension sur celles-ci permet à la centrale de commande de déterminer la position du papillon. La quantité d'air d'admission

*** substrat du latin substratum: support*

peut être définie grâce à la position du papillon associée au régime et à la température de l'air d'admission.

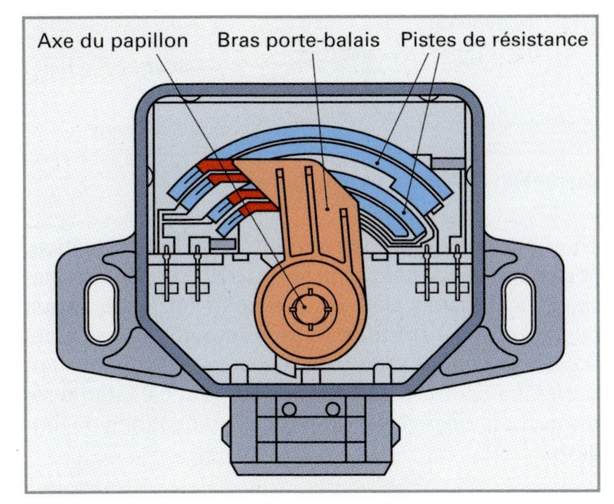

Illustration 1: Potentiomètre du papillon

Si le signal du papillon est utilisé comme signal de charge principal, le potentiomètre est équipé de double pistes de résistance. Ce dispositif améliore la précision et la sécurité du système. Les variations de tension des deux potentiomètres sont souvent opposées **(ill. 2)**.

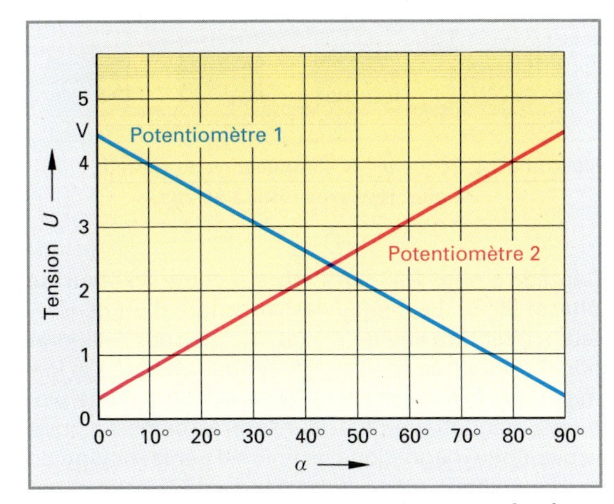

Illustration 2: Tensions de signal avec deux potentiomètres

Si la charge est mesurée par d'autres capteurs que par le potentiomètre du papillon, celui-ci sert alors de capteur pour la fonction dynamique (vitesse d'ouverture du papillon), pour la mesure de l'état de fonctionnement (ralenti, ouverture partielle, pleine ouverture) et comme signal de secours en cas de panne du capteur de charge principal.

On peut trouver un interrupteur supplémentaire dans le boîtier du potentiomètre. Celui-ci sert à reconnaître la position de ralenti.

Régime moteur. Il peut être mesuré par divers capteurs:

- capteur de régime à induction sur le vilebrequin;
- capteur à effet Hall sur la distribution (avec rotor à diaphragme);
- capteur à effet Hall sur l'arbre à came (avec aimant);
- capteur à effet Hall sur le vilebrequin (avec volant à impulsions).

Capteur de régime à induction (ill. 3). Un volant ferromagnétique est implanté sur le vilebrequin. Un capteur de régime à induction, composé d'un noyau de fer doux avec bobinage en cuivre et d'un aimant permanent, est fixé à env. 0,3 mm (entrefer) des dents du volant. Lorsque le vilebrequin tourne, les dents du volant génèrent des modifications du flux magnétique dans la bobine du capteur, ce qui induit une tension alternative **(ill. 4)**. La fréquence de cette tension alternative indique le régime du moteur à la centrale de commande.

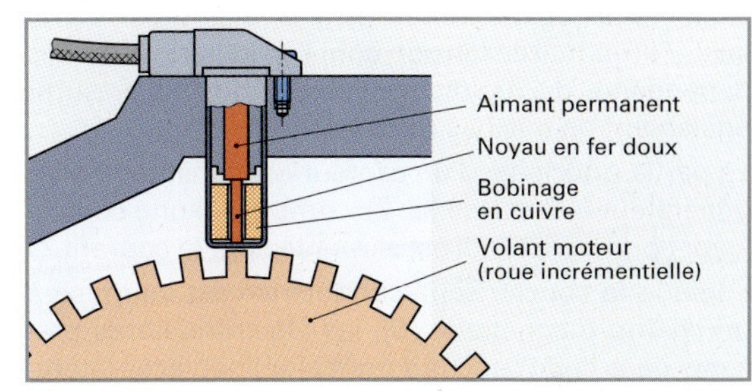

Illustration 3: Capteur de régime à induction avec volant

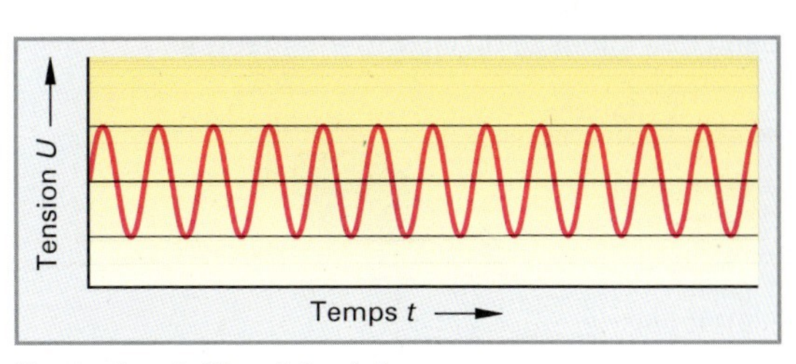

Illustration 4: Signal du régime

Si ce capteur mesure simultanément la position du vilebrequin, l'espace du repère de consigne doit être plus grand **(ill. 5)**.

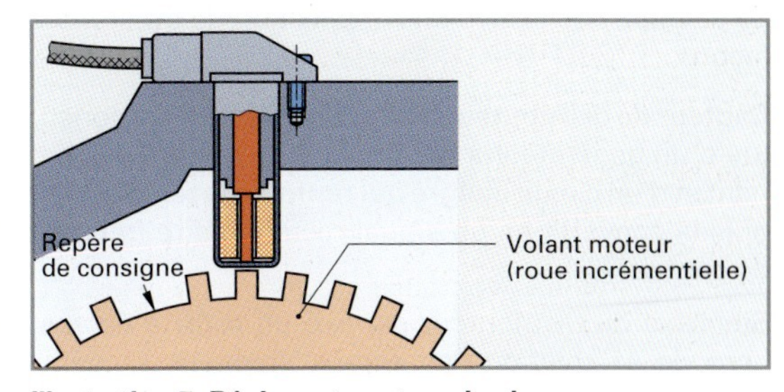

Illustration 5: Régime et capteur de phase

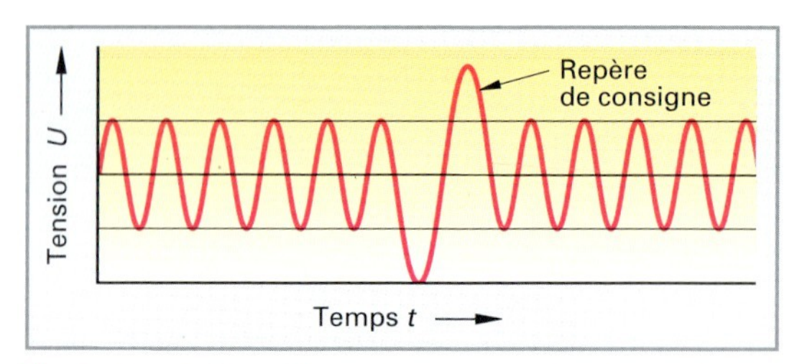

Illustration 1: Signal de régime avec repère de consigne

Le passage de l'espace devant le capteur à induction génère une tension plus élevée, due à une modification plus importante du flux magnétique **(ill. 1)**. De plus, cette impulsion de tension a une fréquence mineure par rapport aux impulsions générées pour l'enregistrement du régime. Elle signale donc la position exacte du vilebrequin. Le repère de consigne indique ainsi p. ex. que le piston du premier cylindre se trouve à 108° angle de vilebrequin avant le PMH.

Capteur Hall. Par rapport aux capteurs inductifs, les capteurs de régime à effet Hall ont l'avantage de présenter un signal de tension dont l'amplitude n'est pas dépendante du régime, ce qui permet de mesurer également de très bas régimes.

La partie principale d'un capteur est constituée d'un générateur à effet Hall **(ill. 2),** composé d'une couche semi-conductrice, qui est alimentée par le courant I_V.

Lorsque la couche semi-conductrice est soumise à un champ magnétique (B), les électrons libres présents dans cette couche seront alors déplacés latéralement par le champ magnétique, créant ainsi la tension Hall U_H. L'importance de cette tension Hall dépend de l'intensité du champ magnétique.

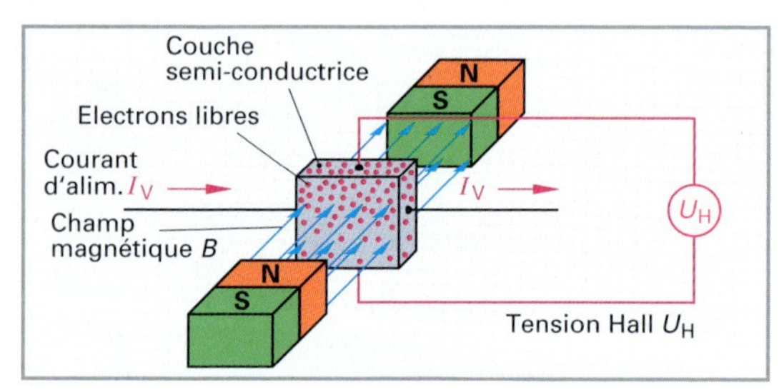

Illustration 2: Générateur à effet Hall

Le principe Hall trouve une application de différentes façons.

Capteur de distributeur à effet Hall (ill. 3). Il est constitué d'un générateur à effet Hall, d'un aimant permanent et d'un circuit intégré qui renforce la tension Hall puis la convertit en un signal rectangulaire (tension de capteur U_G).

Sur l'axe du distributeur est fixé un rotor à écrans. Lors de sa rotation, les écrans viennent s'insérer entre l'aimant et le générateur faisant barrage au

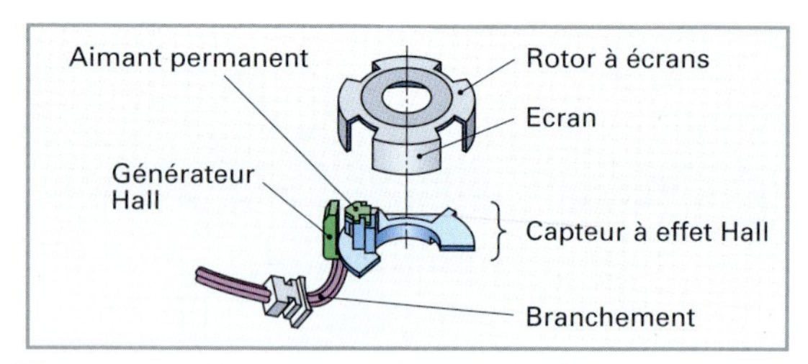

Illustration 3: Capteur de distributeur à effet Hall

champ magnétique de l'aimant. Dans cette position, le générateur n'étant plus soumis au champ magnétique, la tension Hall U_H est nulle **(ill. 4)**. Lorsque l'écran quitte l'entrefer, le générateur Hall est alors soumis au champ magnétique et la tension Hall apparaît. La centrale de commande peut calculer le régime sur la base du nombre de modifications de tension.

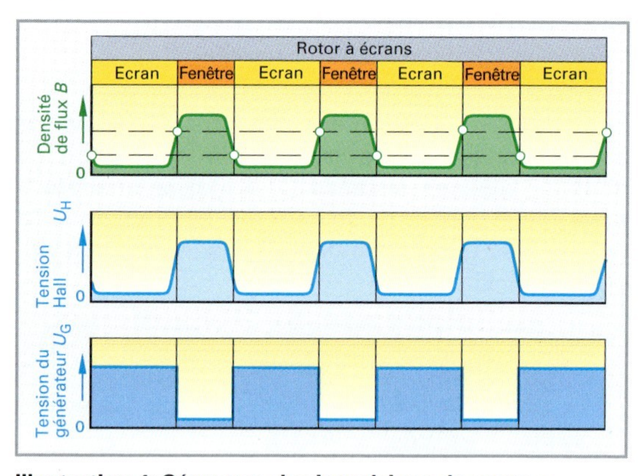

Illustration 4: Séquence des impulsions du capteur à effet Hall avec rotor à écrans.

Capteur à effet Hall sur l'arbre à came (capteur de phase) (ill. 5). Le capteur est constitué d'un générateur à effet Hall et d'un circuit intégré pour l'élaboration du signal. Le champ magnétique destiné à la formation de la tension Hall U_H est produit par une plaquette magnétique située sur l'arbre à came. Lorsque la plaquette magnétique, actionnée par la rotation de l'arbre à came, passe devant le capteur, celui-ci génère la tension Hall U_H.

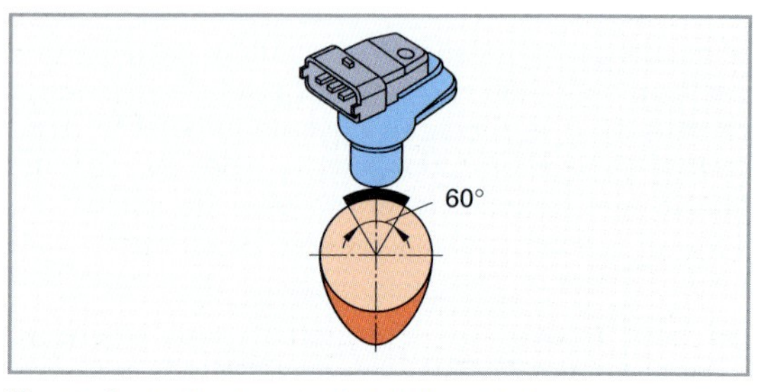

Illustration 5: Capteur à effet Hall sur l'arbre à came

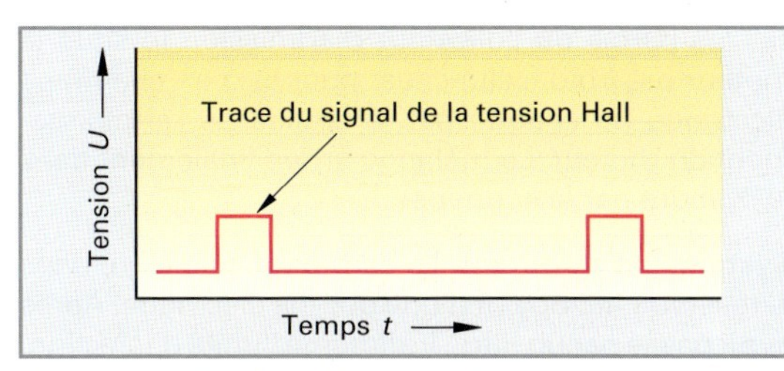

Illustration 1: Tension Hall mesurée au moyen du capteur de l'arbre à came

En cas de panne du capteur de régime moteur, le signal **(ill. 1)** du capteur de l'arbre à cames permet également de calculer le régime. Toutefois, en présence de bobines d'allumage à étincelle unitaire ou d'injection d'essence sélective, la centrale de commande du moteur doit connaître exactement le PMH d'allumage du premier cylindre afin de pouvoir piloter la bonne bobine d'allumage, respectivement le bon injecteur. Pour cela, les signaux du capteur de régime du vilebrequin et ceux du capteur de régime de l'arbre à cames sont combinés **(ill. 2)**. Le PMH du premier cylindre en phase d'allumage se trouve là où les repères de consigne du capteur PMH de l'arbre à cames et du capteur de régime se rencontrent. Si seul le repère de consigne du capteur de régime est pris en considération, il indique le PMH suivant en balancement.

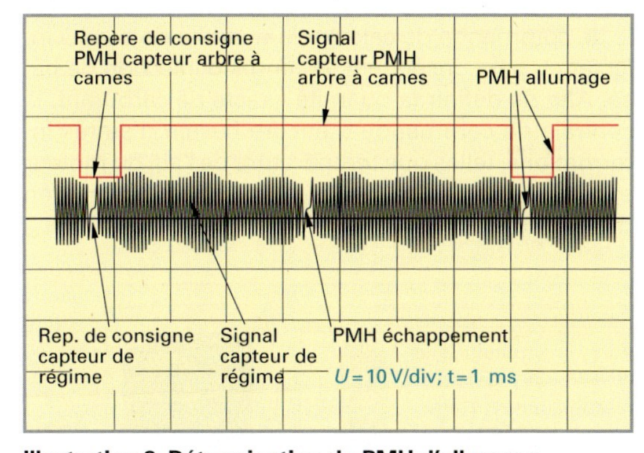

Illustration 2: Détermination du PMH d'allumage

Capteur à effet Hall sur le vilebrequin avec volant à impulsion. Le capteur est constitué de deux générateurs Hall, d'un aimant permanent et d'un dispositif électronique d'exploitation, qui permet d'évaluer les tensions Hall produites par les deux générateurs et de renforcer la tension du capteur. Comme le capteur de régime à induction, il est implanté à proximité (avec un entrefer d'env. 0,3 mm) du volant d'incrémentation. Suivant sa position, un écran passe devant le capteur, le champ magnétique est alors renforcé. De ce fait, les champs magnétiques agissant sur les générateurs Hall diffèrent temporairement, ce qui crée des tensions Hall différenciées **(ill. 3)**. La tension Hall U_H ainsi générée produit la tension du capteur U_G mesurée par le circuit d'exploitation **(ill. 4)**.

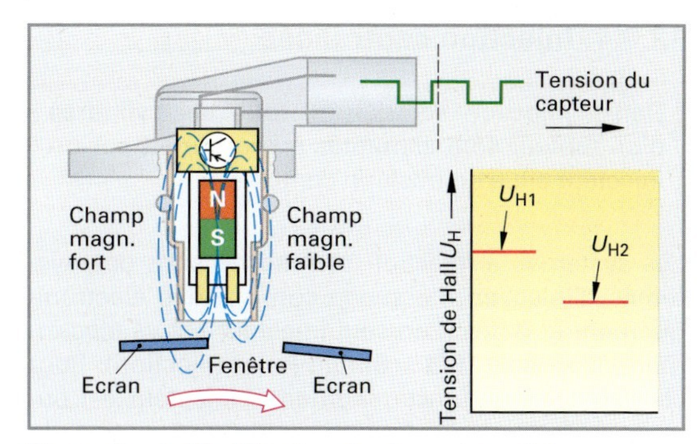

Illustration 3: Modification de champ magnétique au travers d'un diaphragme perforé

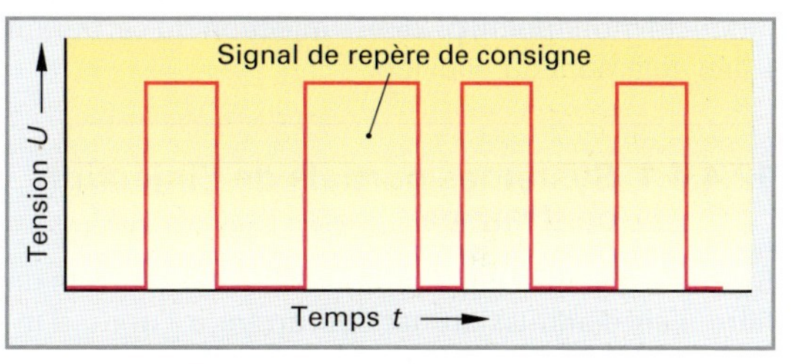

Illustration 4: Tension du capteur U_G

Comme dans le cas des capteurs de régime à induction, le signal de repère de référence peut également être produit en augmentant l'ouverture de la fenêtre.

Le signal du capteur à effet Hall du vilebrequin, comme le signal du capteur de régime à induction, peut être combiné avec le signal du capteur à effet Hall de l'arbre à cames pour déterminer le PMH d'allumage.

Paramètres de correction secondaires

Pour mesurer les paramètres de correction nécessaires, on utilise:

- des capteurs de température (CTN), p. ex. pour la température du moteur, de l'air d'admission;
- des capteurs de pression (capteurs piézo), p. ex. pour la pression ambiante, la pression d'aspiration;
- des sondes lambda **(voir p. 328)**

QUESTIONS DE RÉVISION

1. **Quels capteurs servent à déterminer la charge?**
2. **Quels sont les signaux produits par ces capteurs?**
3. **Quels sont les capteurs qui permettent de mesurer le régime?**
4. **Quels sont les signaux produits par ces capteurs?**
5. **Dans le cas de l'injection sélective, comment la centrale de commande reconnaît-elle l'injecteur qui doit être activé?**
6. **Quels capteurs sont principalement utilisés pour mesurer les paramètres de correction?**
7. **Quel est l'avantage des capteurs à effet Hall comparés aux capteurs à induction?**

12.4.4 Injection centralisée

Dans l'injection centralisée, tous les cylindres d'un moteur sont alimentés en carburant par un injecteur situé en position centrale.

Les systèmes à injection centralisée sont des systèmes d'injection d'essence commandés électroniquement et dotés d'un seul injecteur activé électromagnétiqument (**SPI** = **S**ingle **P**oint **I**njection). Pour chaque cycle de fonctionnement, l'injecteur est ouvert par la centrale de commande en fonction du nombre de cylindres du moteur, p. ex. pour un 4 cylindres, 2 fois par tour de vilebrequin (voir injection indirecte monopoint, p. 265). L'injection du carburant a lieu en amont du papillon.

12.4.4.1 Systèmes partiels de l'injection centralisée

Système d'admission. Après avoir passé à travers un filtre, l'air d'admission nettoyé arrive à l'unité d'injection où sa température, mesurée par un capteur, est transmise à la centrale de commande sous forme de tension électrique. L'actuateur de papillon, également monté dans l'unité d'injection, permet de réguler la quantité d'air nécessaire pour pouvoir maintenir le régime de ralenti dont la valeur de consigne est mémorisée. Du carburant est injecté dans l'air d'admission en amont du papillon (formation externe du mélange). Le mélange, dont la quantité est régulée par le papillon, afflue dans les cylindres sous l'effet de la dépression qui règne dans le collecteur d'admission. Afin d'éviter la formation de condensation sur les parois du collecteur d'admission lorsque le moteur est froid, celui-ci est pourvu d'un chauffage électrique ou chauffé par le liquide de refroidissement du moteur. Le mélange arrive finalement dans le cylindre par la soupape.

Système de carburant. Le carburant est aspiré dans le réservoir au moyen d'une pompe électrique. Après avoir passé par un filtre, il alimente l'unité d'injection. Le régulateur de pression, monté sur le circuit de retour, assure une pression constante d'environ 1 bar dans le système. Lorsque l'injecteur électromagnétique est activé, le carburant est injecté dans l'air d'admission en amont du papillon.

Système de régénération (v. p. 260). Dans certaines conditions de charge, p. ex. en charge partielle, les hydrocarbures stockés temporairement dans l'accumulateur à charbon actif doivent être réinsérés dans le moteur afin d'y être brûlés. Pour cela, la soupape de régénération est actionnée par la centrale de commande du moteur et la dépression régnant dans la tubulure d'admission permet alors d'aspirer l'air chargé des hydrocarbures en question.

Saisie des données de fonctionnement. Les paramètres principaux indiquant l'état de fonctionnement du moteur sont fournis par l'angle de papillon α et le régime n (**système α-n**). Elles permettent à la centrale de commande de calculer la quantité de base à injecter et, par conséquent, le temps d'injection de base. Afin de définir la quantité exacte de carburant, la centrale de commande a encore besoin d'autres informations, telles que température de l'air, du moteur et composition du mélange qu'elle obtient au moyen de la sonde lambda.

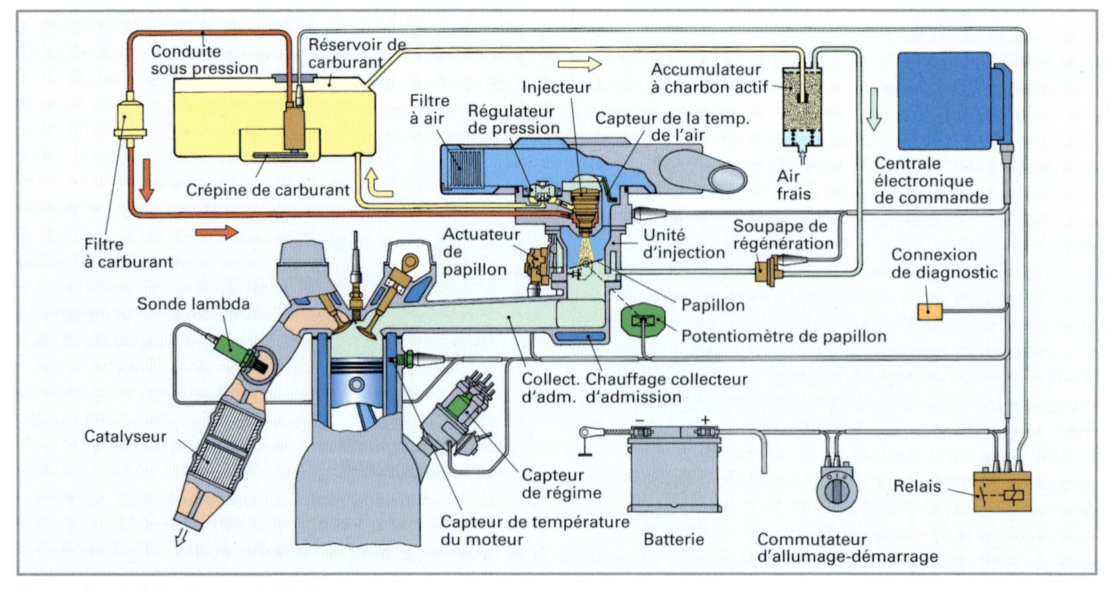

Illustration 1: Injection centralisée

12.4.4.2 Composants de l'injection centralisée

Unité d'injection (ill. 1). Elle se compose:

- d'une partie hydraulique avec arrivée et retour de carburant, injecteur, régulateur de pression, capteur de la température de l'air;
- d'un corps de papillon avec papillon, potentiomètre de papillon, actuateur de papillon.

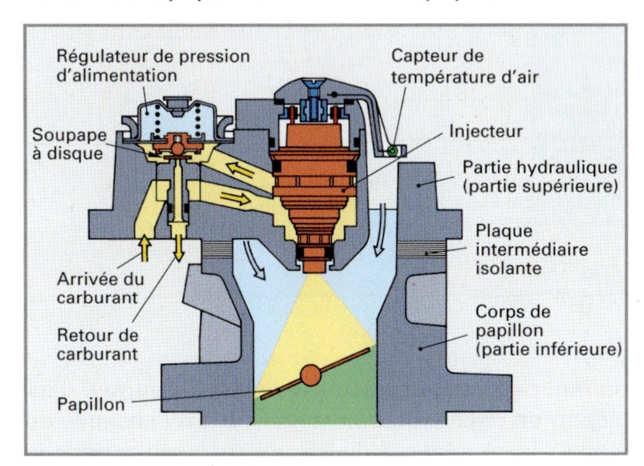

Illustration 1: Unité d'injection

Régulateur de pression d'alimentation (ill. 1). Il maintient la pression du système constamment à 1 bar. C'est pourquoi la quantité de carburant injectée ne dépend que de la durée d'ouverture de l'injecteur. Si la pression de la pompe à carburant dépasse la pression du système, la soupape à disque s'ouvre et permet le retour du carburant. La carburant refluant vers le régulateur de pression passe autour de l'injecteur afin de le refroidir. On obtient ainsi un bon comportement lors du démarrage à chaud.

Actuateur de papillon (ill. 2). Il sert à la régulation du régime de ralenti, p. ex. lors du fonctionnement d'un climatiseur, la centrale de commande actionne le moteur à courant continu pour positionner le papillon des gaz en fonction du régime et de la température du moteur. La tige de commande agit sur le papillon par l'intermédiaire d'une vis sans fin.

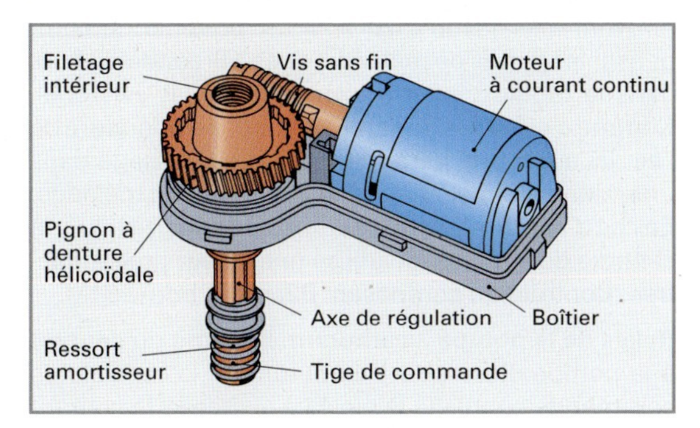

Illustration 2: Actuateur de papillon

Injecteur monopoint (ill. 3). Il est constitué d'une partie électrique composée d'un bobinage (électroaimant) avec sa connexion électrique, d'une partie hydraulique constituée d'une aiguille placée à l'intérieur du bobinage avec armature. Le ressort hélicoïdal maintient l'aiguille sur son siège d'étanchéité à l'aide de la pression d'alimentation. Lors de l'alimentation de l'électroaimant, l'aiguille de l'injecteur à téton se soulève d'environ 0,06 mm de son siège afin que le carburant puisse sortir par le passage annulaire ainsi créé. La forme du téton d'injection permet une bonne pulvérisation de l'essence. L'ouverture de l'injecteur a lieu à la fréquence des points d'allumage.

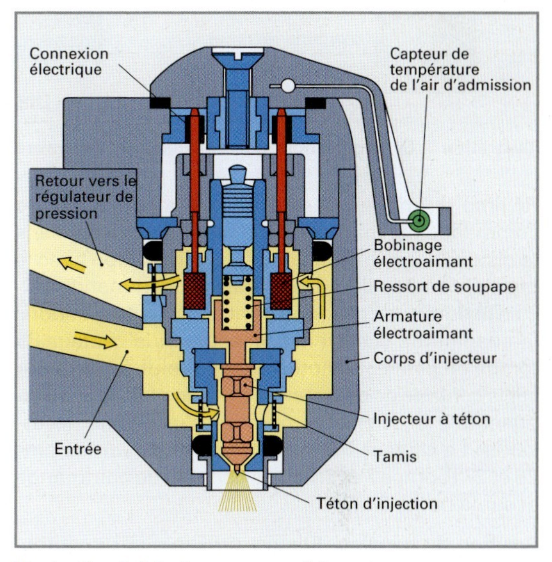

Illustration 3: Injecteur monopoint

12.4.4.3 Régulation électronique de l'injection centralisée

La régulation électronique du système d'injection centralisée a lieu selon le principe ETS. Cela signifie que les différents états de fonctionnement sont détectés par des capteurs et transmis à la centrale de commande sous forme de signaux électriques. A l'aide des données mémorisées, la centrale élabore les valeurs de sortie qui servent à piloter, au moyen de signaux électriques, les actuateurs appropriés (voir schéma synoptique, **ill. 1, p. 276** et schéma du circuit, **ill. 1, p. 277**).

La centrale de commande pilote les fonctions suivantes de l'injection centralisée: enrichissement au démarrage durant la mise en température, à la reprise et en pleine charge, ainsi que la régulation lambda, limitation du régime, adaptation du régime de ralenti, pilotage du relais de la pompe à carburant, de la soupape de régénération, fonctionnement de secours, autodiagnostic.

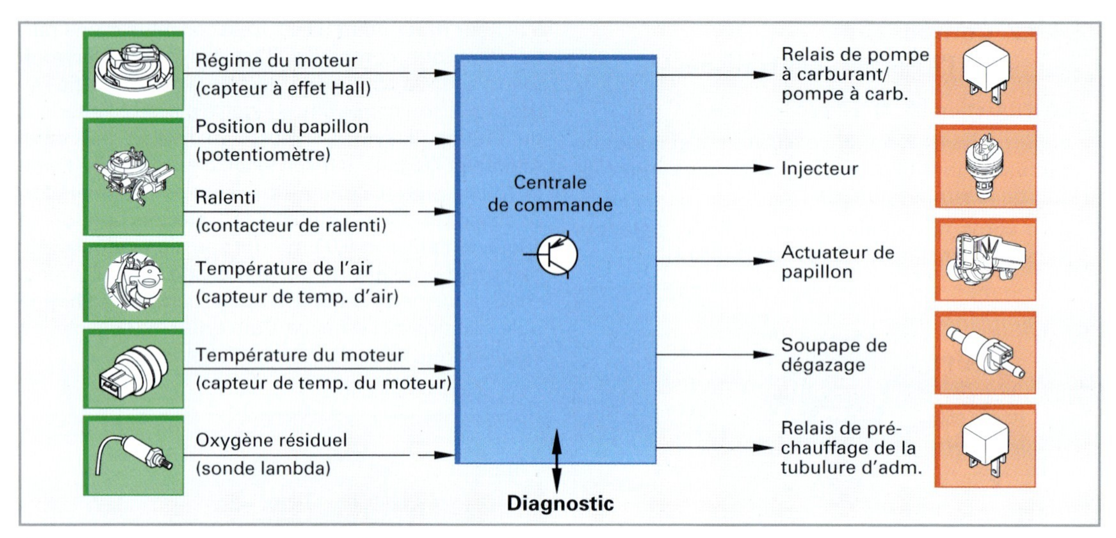

Illustration 1: Schéma synoptique de l'injection centralisée

Régime du moteur. Il est transmis à la centrale de commande par un capteur à effet Hall implanté dans la distribution. En combinant cette indication avec la position du papillon, la centrale de commande calcule la durée de l'actionnement de l'injecteur et donc la quantité de carburant à injecter. Si le capteur **B5** tombe en panne, le moteur ne peut plus fonctionner car la centrale de commande ne peut plus élaborer la quantité à injecter et le nombre d'injections nécessaires. Le capteur **B5** peut être contrôlé sur les pins 26 et 27 (bornes 7 et 8h) de la centrale de commande et sur la borne 31 (31d).

Position du papillon. Elle est mesurée par le potentiomètre du papillon B3, intégré à l'unité d'injection et transmise, sous forme de tension électrique, à la centrale de commande. Selon la tension reçue et à l'aide des valeurs mémorisées, la centrale calcule l'angle d'ouverture ainsi que la quantité d'air d'admission en fonction du régime. La centrale de commande identifie la pleine charge lorsque les valeurs de tension sont extrêmes. Dans ce cas, la régulation lambda est mise hors service et le mélange est enrichi. Les variations de tension par unité de temps permettent à la centrale de commande d'identifier les besoins en matière de reprise. Si une valeur mémorisée est dépassée, le régulation lambda s'arrête et le mélange est enrichi. En cas de panne du capteur **B3,** il est possible, dans certaines circonstances, de passer en fonctionnement de secours au moyen de la sonde lambda. Le contrôle de **B3** s'effectue sur les pins 7, 8 et 18 de la centrale de commande et sur la borne 31.

Régulation du ralenti. C'est le contacteur de ralenti **Y2**, intégré à l'actuateur de papillon, qui transmet l'information à la centrale de commande. Si le papillon des gaz se trouve en position de ralenti, la régulation du régime de ralenti, respectivement la coupure d'injection en décélération, est activée. En l'absence de signal, la régulation du ralenti, respectivement la coupure d'injection, est rendue impossible. Contrôle du composant **Y2:** pin 3, borne 31M.

Température de l'air d'admission. Elle est enregistrée par le capteur **B1** implanté dans l'unité d'injection. La chute de tension à la résistance diminue au fur et à mesure que la température augmente (CTN). Le signal est utilisé afin d'injecter plus de carburant (jusqu'à 20 %) en cas de basses températures. Une perte de tension au passage, p. ex. en cas de contacts rouillés, peut fausser la formation du mélange. En cas d'interruption totale du signal, causée par une rupture des fils ou par un court-circuit, la centrale de commande utilise une valeur préenregistrée. Le signal émis par **B1** peut être contrôlé au pin 14 et à la borne 31.

Température du moteur. Lorsque le moteur est froid, le signal du capteur de température du moteur est utilisé pour adapter la quantité de carburant en fonction de la température du moteur (paramètres de correction). Grâce à une augmentation du temps d'injection, pouvant aller jusqu'à 70 %, il est possible de compenser les pertes de mélange, dues à la condensation, dans la tubulure d'admission et dans les cylindres. Comme c'est le cas pour le capteur de température de l'air, ici aussi une perte de tension au passage dans une connexion peut fausser la formation du mélange. En cas d'interruption du courant ou de court-circuit, la centrale de commande utilise une valeur préenregistrée. Contrôle du composant **B2:** pin 2, borne 31M.

Relais de la pompe à carburant. Il fournit du courant à la pompe électrique à carburant. Si la centrale de commande connecte le pin 17 à la masse, le courant de commande transite par le relais, ce qui permet au

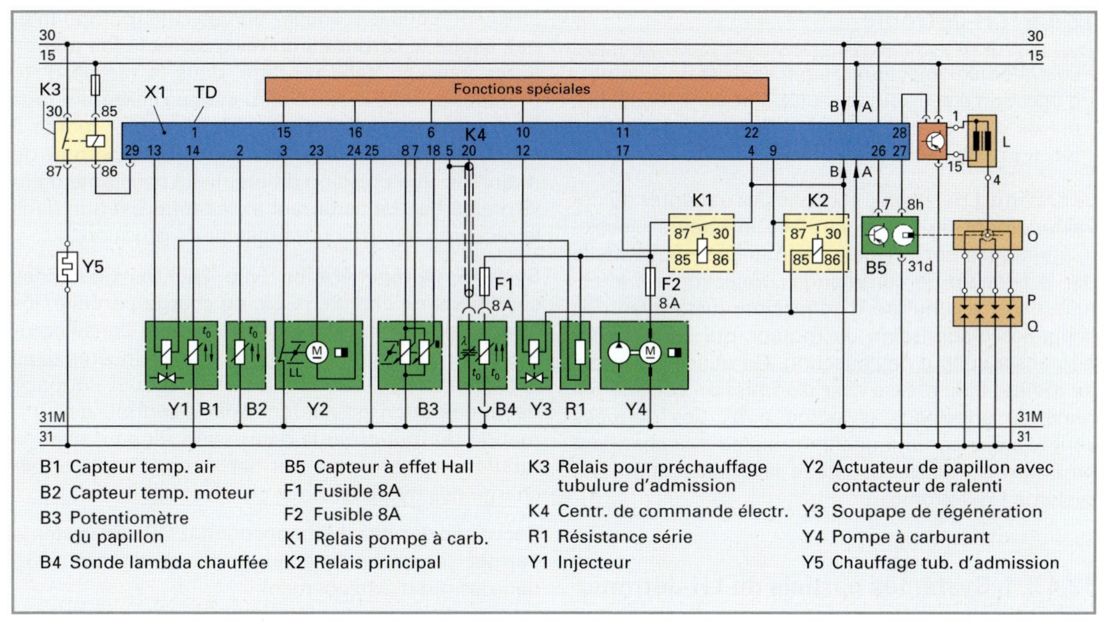

Illustration 1: Schéma du circuit de l'injection centralisée

courant de la pompe à carburant de passer par la borne 30. Si, durant trois secondes, la centrale de commande ne reçoit aucun signal du capteur de régime, le courant de commande du relais est interrompu, ce qui arrête la pompe. Cela permet d'éviter, lorsque le moteur est à l'arrêt et l'injecteur ouvert, que du carburant n'afflue dans le moteur ou ne s'échappe dans l'environnement (relais de sécurité).

Injecteur. Le carburant est finement pulvérisé par l'injecteur puis injecté en amont du papillon. En fonction du nombre de cylindres que compte le moteur, l'injection a lieu deux fois par tour de vilebrequin (moteur 4 cylindres). L'injecteur s'ouvre lorsque ...

- ... le relais de pompe à carburant K1 est fermé et que le courant passe de la borne 30 à l'injecteur par le relais et la résistance série;
- ... la centrale de commande connecte le pin 13 à la masse.

La durée de l'alimentation électrique définit la quantité de carburant injectée.

Actuateur de papillon. Il sert à la centrale de commande pour réguler le régime de ralenti et pour atteindre rapidement la température de fonctionnement avec un régime accéléré à froid. Lorsque la centrale de commande identifie le ralenti, elle commande l'actuateur de papillon par le biais des pins 23 et 24 afin que le papillon soit à nouveau ouvert ou fermé en fonction de la valeur réelle. Pour réguler correctement le ralenti, la centrale de commande doit recevoir des signaux du capteur à effet Hall **B5,** du capteur de température du moteur **B2** et du contacteur de ralenti situé dans l'actuateur de papillon **Y2.**

Chauffage de la tubulure d'admission. Il chauffe les parois de la tubulure lorsque le moteur est froid. Cela permet de réduire, voire d'éviter la condensation du carburant sur les parois froides de la tubulure. Lorsque la centrale de commande connecte le pin 29 à la masse, le relais de chauffage de la tubulure d'admission se ferme, ce qui permet au courant de passer de la borne 30 au chauffage de la tubulure par le relais **K3** (alimentation positive).

12.4.4.4 Diagnostic

Alors que sur les anciens systèmes, les erreurs enregistrées pouvaient être décodées au moyen de signaux clignotants, les systèmes les plus récents permettent l'utilisation d'appareils de diagnostic (testeurs de moteurs). Il est également possible d'actionner, à l'aide du tester le réglage de l'actuateur de papillon, le relais de préchauffage de la tubulure d'admission ou la soupape de régénération.

Questions de révision

1. **Indiquez les principales caractéristiques d'une injection centralisée.**
2. **Décrivez le système de carburant de l'injection centralisée.**
3. **De quels groupes de composants est constituée l'unité d'injection? Décrivez leurs fonctions et leurs effets.**
4. **De quels capteurs a besoin l'injection centralisée? Sous quelle forme sont transmis les signaux des capteurs?**
5. **Quels sont les actuateurs qui sont commandés par la centrale de commande?**
6. **Décrivez la fonction de l'actuateur de papillon.**

12.4.5 LH-Jetronic

Le système d'injection LH-Jetronic est un sytème d'injection électronique multipoint dans lequel la masse d'air constitue l'une des valeurs de référence principales.

Le système LH-Jetronic est l'une des variantes du développement du L-Jetronic. Les injecteurs électromagnétiques sont pilotés de manière séquentielle par la centrale de commande. L'injection est effectuée dans la tubulure d'admission, juste avant les soupapes d'admission du moteur, qui sont encore fermées au début de l'injection. On utilise le régime du moteur et la masse d'air d'admission comme paramètres principaux (système *m/n*). Ces données sont captées par une débitmètre d'air à fil chauffant ou à film chaud qui constitue la caractéristique du système LH-Jetronic .

12.4.5.1 Systèmes partiels du LH-Jetronic (ill. 1)

Système d'admission. L'air, aspiré par le moteur et nettoyé par le filtre à air, afflue dans la tubulure d'admission où la masse d'air est mesurée par un débitmètre. Cette valeur est transmise à la centrale de commande sous forme d'un signal de tension. Pour mesurer la température de l'air, on utilise un capteur qui peut également être intégré au débitmètre. Les variations de tension mesurées à la résistance servent à indiquer la température de l'air d'admission.

Système de carburant. Dans le LH-Jetronic, on utilise généralement des systèmes à conduite dérivée. Une pompe électrique à carburant, implantée soit directement dans le réservoir à carburant (pompe in-tank) soit sous le plancher du véhicule (pompe in-line), aspire le carburant du réservoir et le fait affluer, après passage dans un filtre, dans la rampe d'alimentation. Celle-ci sert à alimenter en carburant tous les injecteurs. Un régulateur de pression, monté à l'extrémité de la rampe d'alimentation, permet de maintenir une pression différentielle constante d'environ 3,5 bar. Le carburant excédentaire reflue dans le réservoir à partir du régulateur de pression.

Système de régénération. (v. p. 260) Dans certaines conditions de charge, p. ex. en charge partielle, les hydrocarbures stockés temporairement dans l'accumulateur à charbon actif doivent être réinsérés dans le moteur afin d'y être brûlés. Pour cela, la soupape de régénération est actionnée par la centrale de commande du moteur et la dépression régnant dans la tubulure d'admission permet alors d'aspirer l'air chargé des hydrocarbures en question.

Recyclage des gaz d'échappement (EGR). Ce système permet de réduire la teneur en oxyde d'azote (NO_x) dans les gaz d'échappement.

Régulation du ralenti

Elle sert à maintenir une valeur de consigne constante du régime du moteur (dépendante de la température) lorsque le papillon est fermé.

Dans un moteur froid, les résistances internes liées au manque de fluidité de l'huile moteur et aux nombreuses autres frictions sont supérieures à celles d'un moteur chaud. Afin de les surmonter et d'obtenir un régime de ralenti stable, le moteur doit fournir plus de couple, ce qui est rendu possible en augmentant la quantité de mélange admis. De plus, les écarts de régime du ralenti dus à la charge du réseau de bord ou de la climatisation doivent être compensés.

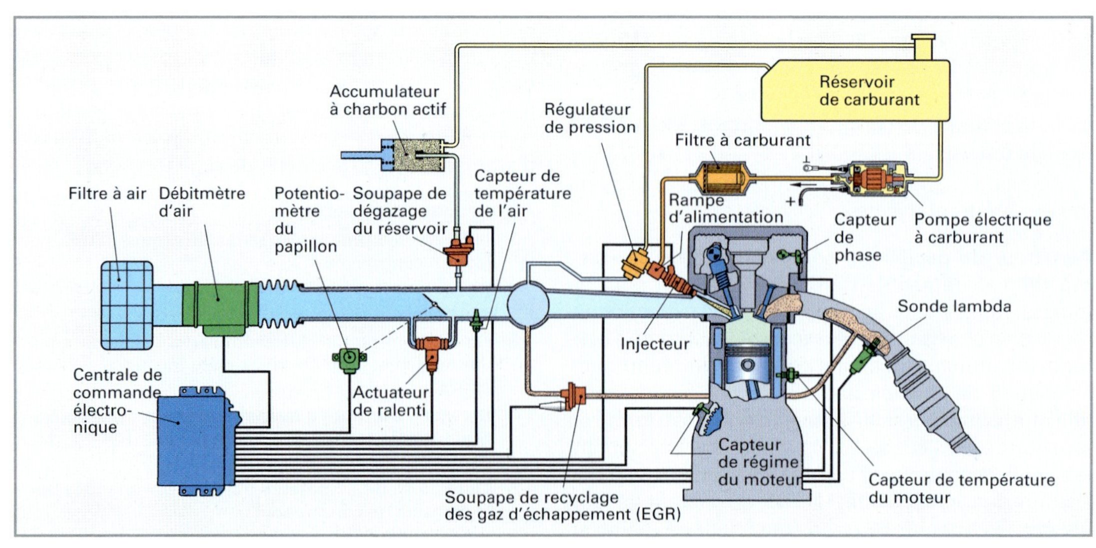

Illustration 1: LH-Jetronic

Pour réguler le régime du ralenti, la centrale de commande a besoin des signaux provenant des capteurs suivants:

- capteur de régime moteur (régime réel);
- capteur de température du moteur;
- capteur de position papillon ou pédale des gaz.

Les actuateurs ci-dessous sont utilisés pour la régulation du régime.

Actuateur de ralenti (ill. 1). En fonction des besoins, il permet, au moyen d'un by-pass, une entrée d'air supplémentaire après le papillon fermé. Il est activé par la centrale de commande au moyen d'une tension pulsée modulée (rapport cyclique) permettant de modifier la section de passage du canal d'air.

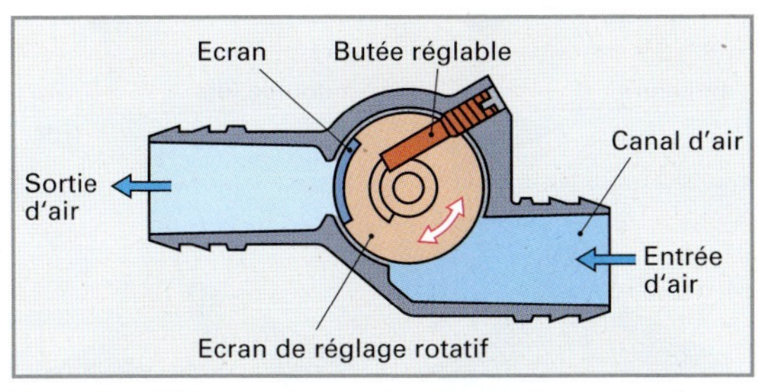

Illustration 1: Actuateur de ralenti (actuateur rotatif)

Actuateur de papillon (ill. 2). Il est composé d'un moteur électrique, d'une transmission et du papillon. Au ralenti, la centrale de commande pilote le servo-moteur de manière à ouvrir ou à fermer le papillon en fonction du régime réel afin de maintenir un régime de consigne préétabli.

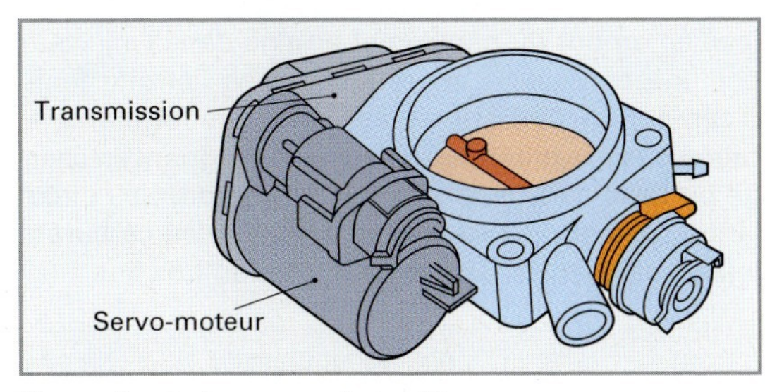

Illustration 2: Actuateur de papillon

Coupure d'injection en décélération

> Lorsque la coupure d'injection en décélération est activée, les injecteurs ne sont plus commandés.

Si le moteur fonctionne à un régime élevé alors que le papillon est fermé (p. ex. lors de descentes), la coupure d'injection en décélération interrompt toute injection de carburant. A l'ouverture du papillon ou si le régime tombe en-dessous d'une valeur définie (p. ex. 1 200 1/min.), l'injection du carburant reprend.

La centrale de commande a besoin des informations suivantes pour actionner la coupure d'injection en décélération:

- position du papillon fournie par le contacteur ou le potentiomètre du papillon;
- régime fourni par le capteur de régime.

Enrichissement à l'accélération et à pleine charge

> Le mélange est enrichi afin de permettre au moteur de fournir sa pleine puissance.

En raison de la réglementation concernant les gaz d'échappement, les moteurs équipés de catalyseurs à 3 voies fonctionnent, dans la mesure du possible, dans le domaine $\lambda = 1$. Afin d'obtenir la puissance maximale, le mélange est enrichi, selon le moteur, à la valeur lambda 0,85 à 0,95. Pour cela, la régulation lambda doit être désactivée. L'enrichissement du mélange est activé lorsque le potentiomètre du papillon signale un état de pleins gaz à la centrale de commande ou lorsque la variation de tension mesurée au potentiomètre par unité de temps dépasse une valeur mémorisée prédéfinie. Les moteurs particulièrement puissants ne sont pas forcément équipés d'un système d'enrichissement du mélange à pleine charge.

Adaptation du mélange à haute altitude

Sur certains moteurs non suralimentés, il est possible de renoncer à un système d'adaptation à l'altitude car la diminution de la densité de l'air à haute altitude est détectée par le débitmètre d'air (massique ou capteur de pression).

Limitation de régime

> Elle sert à éviter que le moteur ne s'emballe.

Si la centrale de commande reçoit un signal du capteur de régime lui indiquant que la valeur du régime maximal enregistrée est atteinte, la limitation de régime entre en action. Le point d'allumage est alors retardé afin de limiter le couple, donc le régime maximal ainsi que la vitesse maximale. Ce n'est qu'exceptionnellement que l'injection du carburant est interrompue.

Le système LH-Jetronic conçu comme système Motronic

En principe, tous les dispositifs LH-Jetronic (systèmes d'injection) sont conçus comme des systèmes Motronic. Motronic signifie que la formation du mélange et l'allumage du mélange air-carburant sont pilotés par une centrale de commande commune. Selon la volonté du constructeur ou l'année de construction, différents dispositifs d'allumage peuvent être combinés avec le LH-Jetronic. L'implantation de systèmes Motronic permet de réduire les coûts de construction, d'augmenter la sécurité de fonctionnement et d'améliorer l'efficacité des dispositifs.

12.4.5.2 Injecteurs du LH-Jetronic

Dans le système LH-Jetronic, chaque cylindre est équipé d'un injecteur électromagnétique **(ill. 1)** à partir duquel le carburant est injecté séquentiellement dans la tubulure d'admission.

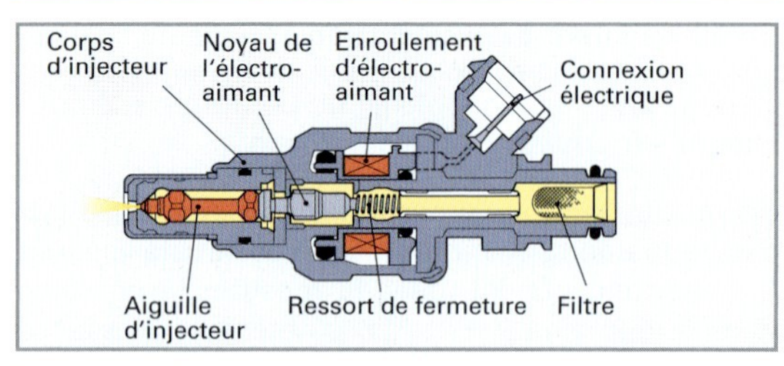

Illustration 1: Injecteur

Fonction. Lorsque le bobinage de l'électroaimant est activé par la centrale de commande, un champ magnétique est créé. Celui-ci agit sur le noyau de l'électroaimant. L'aiguille d'injecteur peut alors se lever et le carburant est injecté. Selon le modèle d'injecteur, le mouvement de l'aiguille est compris entre 0,05 mm et 0,1 mm. Quand la centrale de commande coupe l'alimentation électrique en fonction de l'état de charge (env. 1,5 ms ralenti à 18 ms pleine charge), le champ magnétique est interrompu et le ressort de fermeture repousse l'aiguille d'injection sur son siège. L'injection est alors interrompue. La masse de carburant injecté dépend:

- de la durée d'ouverture de l'injecteur;
- du débit hydraulique de l'injecteur (déterminé à sa construction);
- de la densité du carburant;
- de la pression du carburant.

Alimentation électrique des injecteurs. Les injecteurs sont commandés négativement par la centrale de commande. Cela permet de protéger celle-ci des dysfonctionnements liés au courant de court-circuit. L'alimentation positive est assurée par le relais principal 15, piloté par la centrale de commande. La représentation du processus d'injection sur un oscilloscope **(ill. 2)** permet d'indiquer la durée d'ouverture de l'injecteur. Le pic de tension engendré lors du processus de fermeture est généré par l'induction de désactivation du bobinage de l'électroaimant (self-induction).

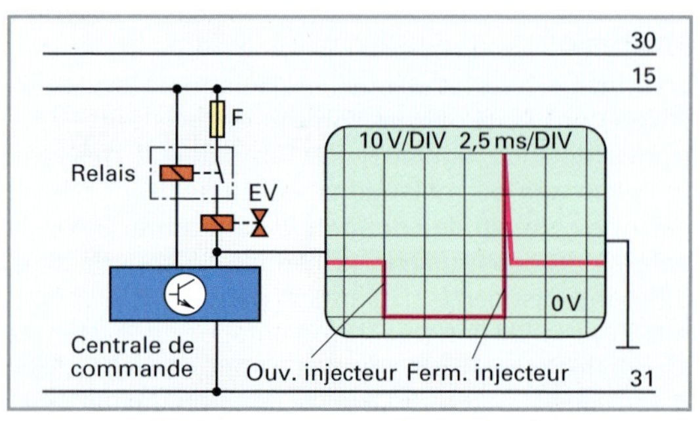

Illustration 2: Alimentation électrique de l'injecteur

Types de construction. Dans le système LH-Jetronic, différents injecteurs sont utilisés en fonction du moteur (à deux ou plusieurs orifices). Les injecteurs se différencient par la forme du jet de carburant et de l'angle sous lequel le carburant est éjecté de la buse **(ill. 3)**.

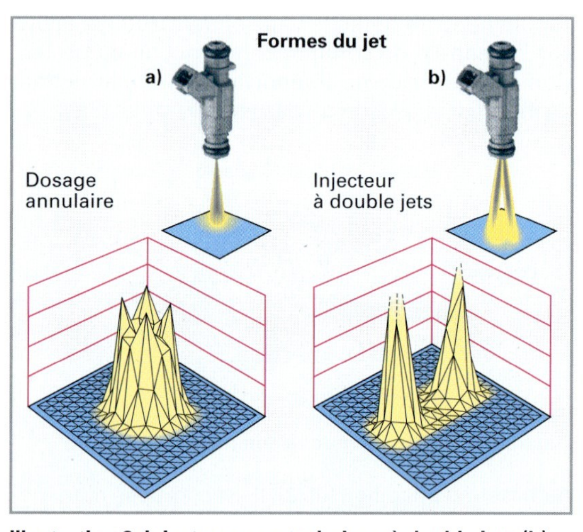

Illustration 3: Injecteur pour technique à double jets (b) et technique multi-jets (a)

Afin de permettre une pulvérisation plus fine du carburant et un meilleur mélange avec l'air, on utilise des injecteurs ventilés **(ill. 4)**. Dans ce cas, de l'air est prélevé en amont du papillon et amené dans l'injecteur par une conduite. L'air arrivant dans l'étroite fente d'aération de l'injecteur subit alors une forte accélération due à la différence de pression régnant en charge partielle dans la tubulure d'admission. L'air circulant ainsi à grande vitesse est mélangé au carburant injecté ce qui permet une pulvérisation très fine.

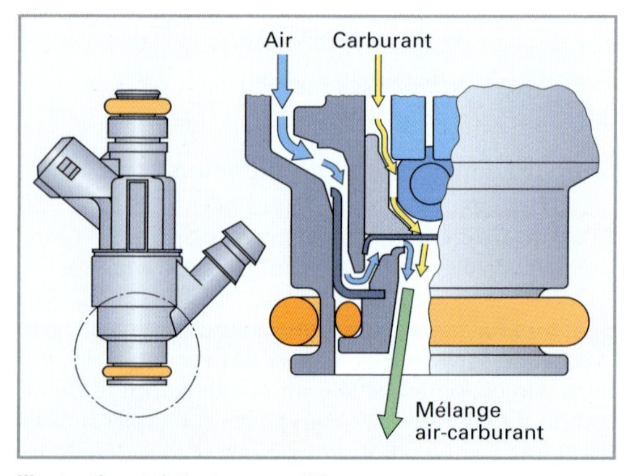

Illustration 4: Injecteur ventilé

Si les injecteurs sont alimentés en carburant par la rampe d'alimentation, l'amenée de carburant a lieu par le haut (top-feed – angl. "alimentation par le sommet"). L'injecteur est implanté par sa partie supérieure, étanchéifiée au moyen d'un joint torique, dans la rampe d'alimentation et par sa partie inférieure (également munie d'un joint torique) dans le collecteur d'admission. Afin de gagner de l'espace en hauteur, les injecteurs sont souvent intégrés dans des modules de distribution. Dans ce cas, on utilise des injecteurs bottom-feed (bottom-feed – angl. "alimentation par le bas") avec arrivée latérale du carburant. Ces modules permettent un bon refroidissement du carburant et donc un bon comportement en cas de démarrage à chaud.

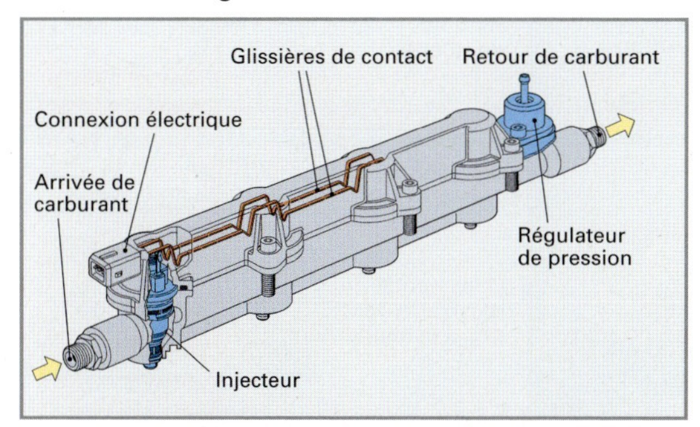

Illustration 1: Module de distribution avec injecteur bottom-feed

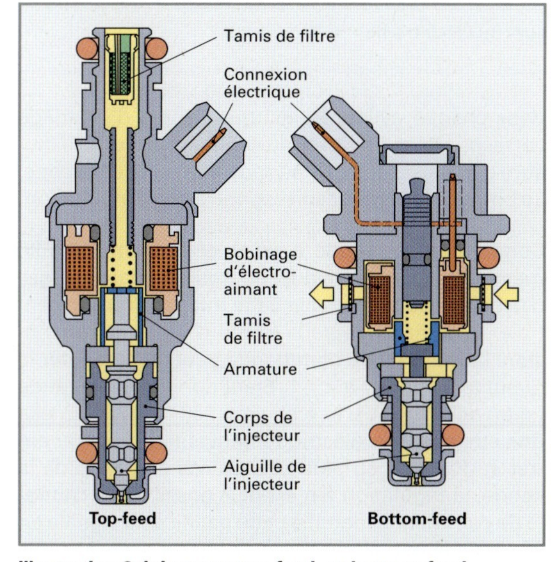

Illustration 2: Injecteurs top-feed- et bottom-feed

12.4.5.3 Régulation électronique du LH-Jetronic

Le schéma synoptique de la **page 282** et le schéma du circuit de la **page 283** indiquent de manière simplifiée la structure de la régulation électronique du LH-Motronic. Pour cela, les capteurs et les actuateurs ci-dessous sont utilisés.

Débitmètre d'air à film chaud B3. Il mesure la masse d'air admise et transmet l'information à la centrale de commande sous forme d'un signal de tension qui permet de définir, en combinaison avec le régime du moteur, la quantité de base à injecter. En cas de panne, le système peut utiliser la position du papillon comme signal de remplacement. Le véhicule peut alors fonctionner de manière limitée (fonctionnement de secours). Le débitmètre d'air est alimenté en courant via le pin 10 et connecté à la masse. Le signal de tension transmis à cette centrale de commande peut être mesuré aux pins 10 et 12.

Capteur de régime du moteur B1. Le signal qu'il émet sert en premier lieu à calculer avec celui du débitmètre d'air la quantité de base à injecter. On utilise des capteurs inductifs de régime installés dans la zone du vilebrequin face à un volant spécifique. Généralement, ces capteurs fournissent également le repère de référence nécessaire pour déterminer le PMH exact du premier cylindre. En cas de panne du capteur, le moteur ne peut pas fonctionner. Le signal qu'il fournit est également utilisé pour la régulation du ralenti, la coupure d'injection en décélération et la limitation du régime. On peut relever le signal aux pins 6 et 7 au moyen d'un oscilloscope.

Potentiomètre du papillon B4. Il se trouve sur le papillon et sert à mesurer la position de celui-ci, ainsi que sa vitesse d'ouverture. Le contacteur de ralenti intégré indique quand le papillon est fermé. En cas de panne du capteur, la centrale de commande fait appel à la valeur de remplacement de base du ralenti mémorisée, ce qui se traduit par un régime de ralenti plus élevé. Dans ce cas, la régulation du ralenti, la coupure d'injection en décélération et l'enrichissement du mélange à pleine charge et en accélération ne sont plus disponibles. Le signal du potentiomètre peut être mesuré aux pins 13 et 14, respectivement 12. Le contrôle du contacteur de papillon s'effectue au pin 15 et la borne 31.

Pour des raisons de sécurité et de précision, de nombreux systèmes utilisant un actuateur de papillon sont équipés d'un double potentiomètre.

Capteur de température de l'air d'admission B7. Il s'agit d'un CTN implanté dans le collecteur d'admission qui a pour fonction de mesurer la température de l'air d'admission. Le signal de tension qu'il transmet permet à la centrale de commande d'ajuster la quantité de carburant. Si l'air est très froid, la durée d'injection peut être prolongée jusqu'à 20 %. En cas de panne, le signal est substitué par une valeur de remplacement mémorisée. La tension du capteur peut être contrôlée aux pins 18 et 19.

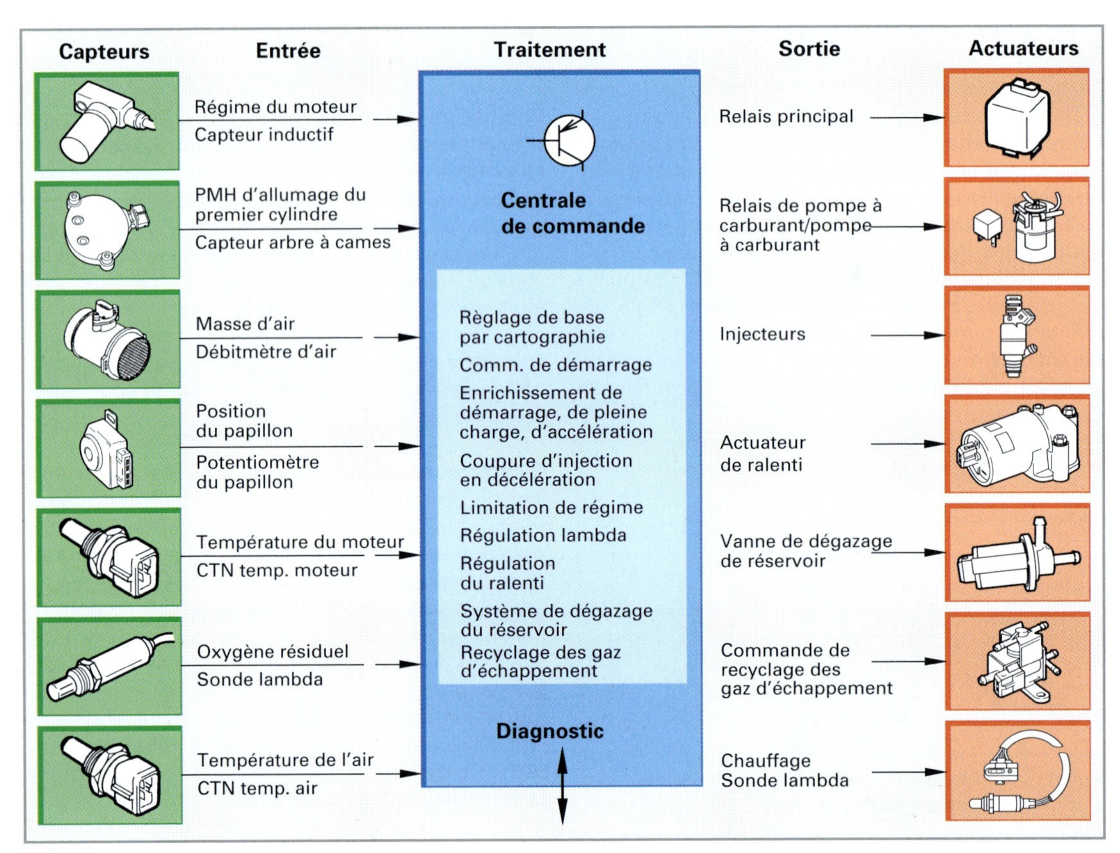

Illustration 1: Schéma synoptique des capteurs et des actuateurs du LH-Jetronic

Capteur de température du moteur B5. Cette résistance CTN mesure la température du moteur. En cas de variations de tension à la résistance, la centrale de commande adapte la quantité injectée en fonction de la température et de l'état de fonctionnement. Par exemple, si le moteur est froid, la durée d'injection peut être prolongée jusqu'à 70 %. En outre, dans ces conditions, le point d'allumage, le réacheminement des gaz d'échappement et la régulation de cliquetis sont modifiés. En cas d'interruption du signal ou de court-circuit, la centrale de commande fait appel à une valeur de remplacement mémorisée. Toutefois une augmentation de la résistance (p. ex. à un connecteur) ne sera pas détectée. Ce dysfonctionnement provoque un enrichissement du mélange et, entre autres, une émission plus importante de CO. La tension du signal peut être contrôlée au connecteur de la centrale de commande aux pins 12 et 16.

Capteur de repères de référence B2. Un capteur à effet Hall, implanté sur l'arbre à cames, est nécessaire pour identifier clairement le PMH d'allumage ainsi que le signal du capteur de régime inductif du vilebrequin. Grâce à ces deux signaux, la centrale de commande calcule le moment exact de l'injection dans chaque cylindre ainsi que l'angle d'allumage correspondant. Le signal du capteur B2 peut être mesuré aux pins 8 et 5 (31) au moyen d'un oscilloscope. La borne 2 du capteur correspond à son alimentation.

Sonde lambda (sonde à sauts de tension) B6. Elle mesure l'oxygène résiduel se trouvant dans les gaz d'échappement et envoie cette information à la centrale de commande sous forme d'un signal de tension. La centrale de commande peut alors réguler la quantité à injecter à $\lambda = 1$. Etant donné que la sonde ne travaille qu'à partir d'environ 250 °C à 300 °C, elle doit être chauffée électriquement afin de pouvoir entrer en fonction au plus vite. En cas de panne de la sonde, la régulation λ n'est plus possible. La centrale de commande identifie cette panne et la signale en allumant le témoin de panne H. Le signal de la sonde peut être mesuré au pin 17 et à la borne 31 au moyen d'un oscilloscope. Le branchement positif du chauffage de la sonde passe par la borne 87 du relais de pompe K2 et le négatif directement à la borne 31.

Relais principal K1. Lorsque le contact est enclenché, le relais principal reçoit du positif sur la borne 86 par la borne 15 et la centrale de commande connecte au

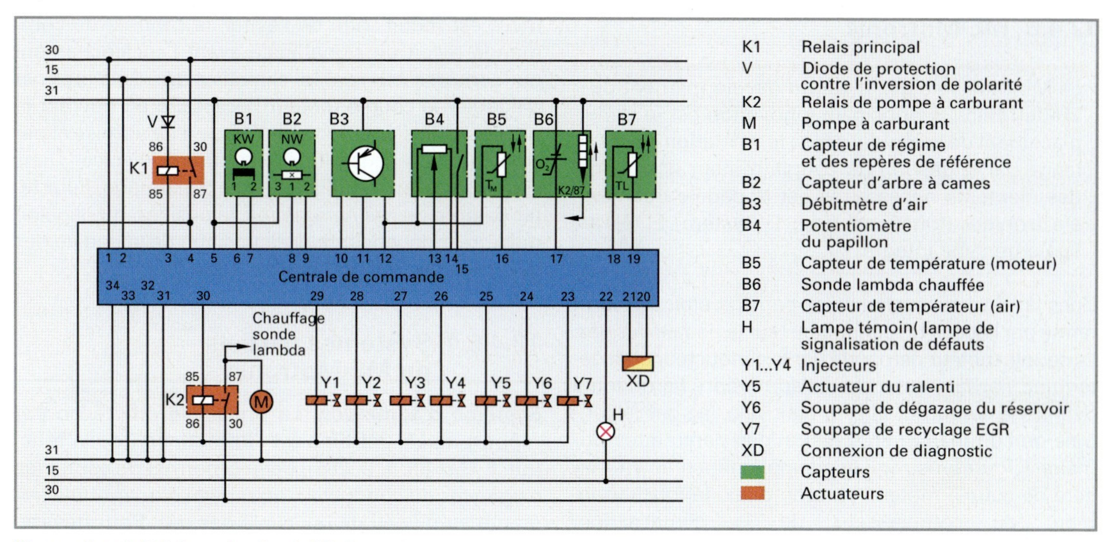

Illustration 1: Schéma du circuit LH-Jetronic

pôle négatif la borne 85 par le pin 3. Cela ferme le circuit de travail du relais et la centrale de commande est alimentée par le pin 4. Les électrovalves Y1 à Y7 et le circuit de commande du relais K2 sont également alimentés par le relais K1.

Relais de la pompe à carburant K2. Le relais se ferme lorsque le relais principal K1 est fermé et que la centrale de commande branche la borne 85 à la masse par le biais du pin 30. Le circuit de travail alimente la pompe à carburant M et le chauffage de la sonde lambda. Si le signal de régime du moteur manque, la commande du relais (85) est interrompue et le relais s'ouvre (relais de sécurité).

Injecteurs Y1 à Y4. Comme le relais de la pompe à carburant K2, ils sont alimentés par le relais principal K1. Pour ouvrir les injecteurs, la centrale de commande doit connecter les pins 26, 27, 28, 29 à la masse.

Actuateur de ralenti Y5. C'est par son intermédiaire que la centrale de commande régule le régime du ralenti en fonction de la température du moteur. Il est alimenté positivement par K1 au moyen de la borne 87. Pour permettre une ouverture et une fermeture en continu de la section du by-pass, la centrale de commande active l'actuateur au moyen d'une tension pulsée avec un rapport cyclique variable.

Electrovanne de dégazage du réservoir Y6. Elle ouvre et ferme la conduite reliant le collecteur d'admission et l'accumulateur à charbon actif. L'électrovanne est alimentée par le relais K1 et son ouverture est pilotée par la centrale de commande pin 24 au moyen d'une tension pulsée avec un rapport cyclique variable. En l'absence de signal, l'électrovanne reste fermée.

Soupape de recyclage des gaz d'échappement Y7. Elle ouvre et ferme la conduite reliant le collecteur d'échappement et le collecteur d'admission. L'électrovanne est alimentée par le relais K1 et son ouverture est pilotée par la centrale de commande pin 23 au moyen d'une tension pulsée avec un rapport cyclique variable.

QUESTIONS DE RÉVISION

1 **Dans le système LH-Jetronic, quels signaux permettent de calculer la quantité de base à injecter?**

2 **Quels systèmes partiels contient le LH-Jetronic?**

3 **Décrivez les différentes possibilités de réguler le régime du ralenti.**

4 **De quels capteurs a besoin la centrale de commande pour activer la coupure d'injection en décélération?**

5 **Expliquez le concept "Motronic".**

6 **Quelles sont les caractéristiques des injecteurs dans le LH-Jetronic?**

7 **Quel est l'avantage d'un injecteur ventilé par rapport aux autres injecteurs?**

8 **Enumérez les capteurs donnant les paramètres secondaires dans un système LH-Jetronic?**

9 **Quels sont les actuateurs commandés par le LH-Jetronic?**

10 **Comment le relais de la pompe à carburant est-il commandé?**

11 **Expliquez le concept "tension pulsée avec rapport cyclique variable".**

12.4.6 ME-Motronic

Le ME-Motronic **(ill. 1)** est un développement du LH-Jetronic. La principale innovation est le remplacement de la régulation de la formation du mélange par la gestion du couple moteur dont l'un des éléments nécessaires est la pédale des gaz électronique (fonction E-Gaz). Le système EOBD a également été intégré.

Dans les anciens systèmes, le papillon était ouvert et fermé par l'action du conducteur sur la pédale des gaz. Le couple moteur demandé par le conducteur était déterminé par la masse d'air d'admission. La quantité définie de carburant injecté était calculée par la centrale de commande en fonction des paramètres primaires. Toutes les requêtes supplémentaires en matière de couple moteur, comme p. ex. le fonctionnement du compresseur de la climatisation, représentaient des valeurs perturbatrices et devaient être prises en compte et élaborées par le système (p. ex. par la régulation du ralenti). Grâce à la gestion du couple moteur, ce n'est plus seulement la position de la pédale des gaz qui sert à définir le couple moteur nécessaire. Tous les systèmes et tous les composants ayant une influence sur le couple d'entraînement, p. ex. la boîte de vitesses automatique, le compresseur de la climatisation, le chauffage du catalyseur, le système de contrôle de traction, l'ESP sont pris en compte dans le calcul du couple moteur à fournir. Le Motronic comprend des valeurs de référence qui tiennent compte des exigences de chaque système en fonction de priorités établies. P. ex., si le compresseur de la climatisation se met en marche, le couple d'entraînement est réduit. Afin de l'éviter, la centrale de commande reçoit un signal juste avant l'enclenchement du compresseur de la climatisation. Cela permet d'adapter le couple moteur nécessaire en ouvrant le papillon afin d'augmenter la masse d'air admise et par conséquent la quantité de carburant injectée. Dans certains cas, en modifiant l'angle d'allumage. Pour tenir compte de ces paramètres, la position du papillon doit être indépendante de la position de la pédale des gaz, ce qui est rendu possible par la fonction E-Gaz.

12.4.6.1 Systèmes partiels du ME-Motronic

Système d'admission. La principale différence par rapport au LH-Jetronic est l'introduction de la fonction **E-Gaz (ill. 1, p. 285)**. Celle-ci permet de capter les exigences du conducteur au moyen d'un module implanté au niveau de la pédale des gaz. Pour des raisons de sécurité, deux potentiomètres redondants ou deux capteurs à effet Hall sont intégrés dans ce module. La position et la vitesse du mouvement de la pédale des gaz sont transmises à la centrale de commande au moyen d'un signal de tension. En se basant sur une cartographie pré-établie, la centrale de commande calcule le moment idéal et, grâce à un servo-moteur, positionne correctement le papillon, qui est contrôlé par deux potentiomètres. Il n'y a donc plus aucune liaison mécanique entre la pédale des gaz et le papillon (Drive by wire). En cas de dysfonctionnements du système dus à des signaux de capteurs non plausibles, le papillon est automatiquement mis dans une position de fonctionnement de secours.

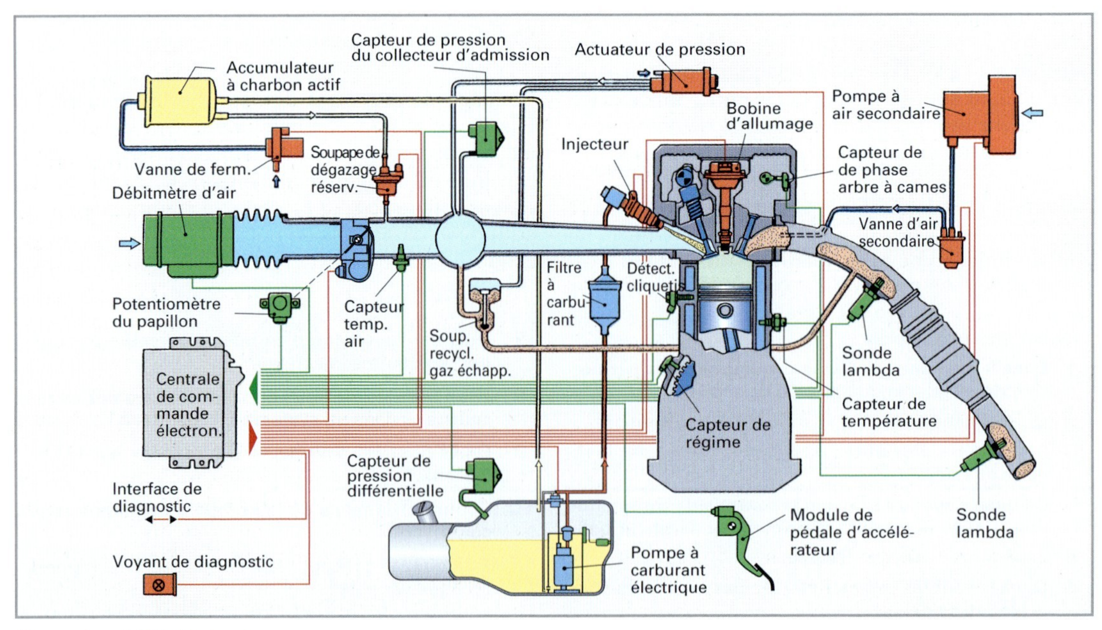

Illustration 1: ME-Motronic

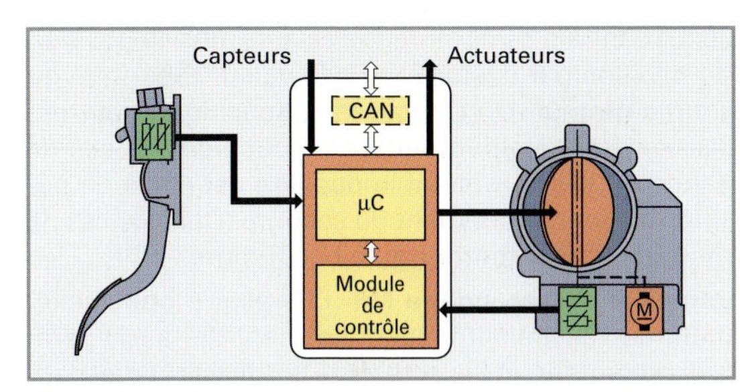

Illustration 1: Système E-Gaz

Système de carburant. L'alimentation en carburant est de plus en plus souvent assurée par des systèmes à une voie et par des modules d'alimentation intégrés au réservoir. Dans le cas des systèmes d'amorçage (systèmes à reflux libre), la pression d'alimentation du carburant est normalement maintenue constamment à 3 bar au-dessus de la pression ambiante. Etant donné les variations de pression dans la tubulure d'admission, la pression différentielle au niveau de l'injecteur change, ce qui a tendance à modifier la quantité de carburant à injecter. Une fonction de compensation corrige cette erreur. Pour cela, la tubulure d'admission est équipée d'un capteur de pression d'admission dont les informations permettent à la centrale de commande de prolonger ou de réduire la durée du temps de commande d'injecteur.

Systèmes de réduction des émissions polluantes

Au cours des années, la législation concernant la protection de l'environnement s'est considérablement durcie, nécessitant un développement et une amélioration des systèmes partiels de réduction des émissions polluantes.

Système de formation du mélange. Une détection plus précise de la masse d'air admise au moyen de débitmètres à film chaud avec reconnaissance du courant inverse permet au moteur de fonctionner dans un contexte lambda plus restreint (v. p. 261).

La saisie des valeurs lambda au moyen de sondes à large bande permet une régulation plus précise des valeurs lambda, ce qui n'était pas possible jusqu'à présent avec les sondes à sauts de tension.

L'utilisation d'un capteur de régime PMH à effet Hall permet un démarrage du moteur plus rapide grâce à une détection précoce du PMH.

Système de dégazage du réservoir de carburant. Le dispositif d'alimentation en carburant est hermétique. Un accumulateur à charbon actif stocke temporairement les vapeurs et leur combustion dans le moteur est ensuite commandée par la centrale.

Recyclage des gaz d'échappement. Le refroidissement des gaz d'échappement recyclés dans la chambre de combustion permet de réduire l'émission de NO_x. Un refroidisseur est installé à cet effet lors du recyclage des gaz d'échappement.

Système d'air secondaire. Il est composé d'une pompe et d'une soupape à air secondaire. Le système sert à réduire les émissions de CO et de HC lors de la phase de démarrage à froid. En outre, il permet de chauffer très rapidement le catalyseur pour le porter à sa température de fonctionnement.

Introduction de l'EOBD. Le contrôle de tous les composants dont une panne ou un dysfonctionnement pourrait entraîner une modification de la composition des gaz d'échappement doit être assuré. Les erreurs détectées sont mémorisées et signalées.

12.4.6.2 Régulation électronique du ME-Motronic

En plus des capteurs et des actuateurs utilisés dans le LH-Jetronic, les composants suivants sont également intégrés au ME-Motronic (voir schéma synoptique **p. 286** et schéma du circuit **p. 287**).

Capteur de pression de la tubulure d'admission B9. Son signal est utilisé pour mesurer la pression dans la tubulure d'admission et pour équilibrer la pression différentielle à l'injecteur en ajustant la durée d'injection. En outre, on utilise le signal pour élaborer le dégazage de l'accumulateur à charbon actif. En cas de panne du débitmètre d'air, le signal du capteur B9 (pression tubulure d'admission) permet à la centrale de calculer la masse d'air admise comme valeur de secours. Le capteur est connecté à la centrale de commande par les pins 49, 50 et 53 (masse).

Capteur de pression différentielle B10. Le contrôle de l'étanchéité du réservoir de carburant est effectué par autodiagnostic de sa pression interne. Le capteur est connecté à la centrale de commande par les contacts 51, 52 et 53 (masse).

Sonde lambda II B11. La sonde après-catayseur sert à contrôler le fonctionnement du catalyseur et à adapter, le cas échéant, le fonctionnement de la sonde avant-catalyseur. En cas de panne, l'erreur est reconnue et mémorisée par l'EOBD. Quant à la sonde lambda avant, elle peut toujours informer de la teneur en oxygène dans les gaz d'échappement, mais le contrôle du fonctionnement du catalyseur n'est plus opérationnel. Le signal des sondes peut être mesuré aux pins 10 et 11 au moyen d'un oscilloscope. Le chauffage des sondes est alimenté par le pin 9 (masse) et K1 (positif).

Capteur de position de la pédale des gaz B12. Avec la pédale des gaz électronique, les exigences du conducteur sont enregistrées par le biais de la position et de la vitesse de déplacement de la pédale des gaz. Le signal destiné à la centrale de commande est généré au moyen de deux potentiomètres redondants intégrés à la pédale des gaz. Le potentiomètre 1 est connecté à la centrale de commande par les pins 37, 38 et 39 et le potentiomètre 2 par les pins 40, 41 et 42.

Capteur de position du papillon B4. Afin de permettre à la centrale de commande d'effectuer la comparaison valeur de consigne/valeur réelle, la position du papillon doit être déterminée avec exactitude. Comme c'est le cas pour la position de la pédale des gaz, le capteur de position du papillon est lui aussi équipé de deux potentiomètres redondants. Si le contrôle de plausibilité des quatre potentiomètres effectué par le système de surveillance E-Gaz détecte une différence par rapport à l'état théorique, un signal de remplacement sera alors utilisé. En cas d'urgence, p. ex. si les deux potentiomètres du papillon fournissent des signaux différents, le papillon est limité en ouverture pour faire en sorte que le moteur ne puisse tourner qu'à bas régime. Les capteurs peuvent être contrôlés aux pins 31, 32, 33 (potentiomètre 1) et 31, 33, 34 (potentiomètre 2) du connecteur de la centrale de commande.

Servo-moteur E-Gaz B4. La centrale de commande pilote le servo-moteur du papillon par les pins 35 et 36. La centrale de commande calcule ainsi la position du papillon par évaluation de la valeur théorique du couple moteur. Un remplissage spécifique peut nécessiter une position définie du papillon. En cas de panne du servo-moteur, le papillon est placé en position de fonctionnement de secours. Dans ce cas, le moteur ne peut tourner qu'à bas régime.

Pompe à air secondaire M1. Elle aspire ponctuellement de l'air frais (indépendamment de la température du moteur) et l'injecte dans le collecteur d'échappement, en aval de la soupape d'échappement du moteur. Elle est alimentée en positif par le relais K3 et commandée par la centrale pin 20 (négatif). La pompe est contrôlée par autodiagnostic (EOBD).

Soupape d'air secondaire Y9. Elle protège la pompe à air secondaire et empêche tout afflux de gaz d'échappement surchauffé dans la pompe. Elle est alimentée en positif par K1 et ouverte par la centrale de commande pin 19 (négatif).

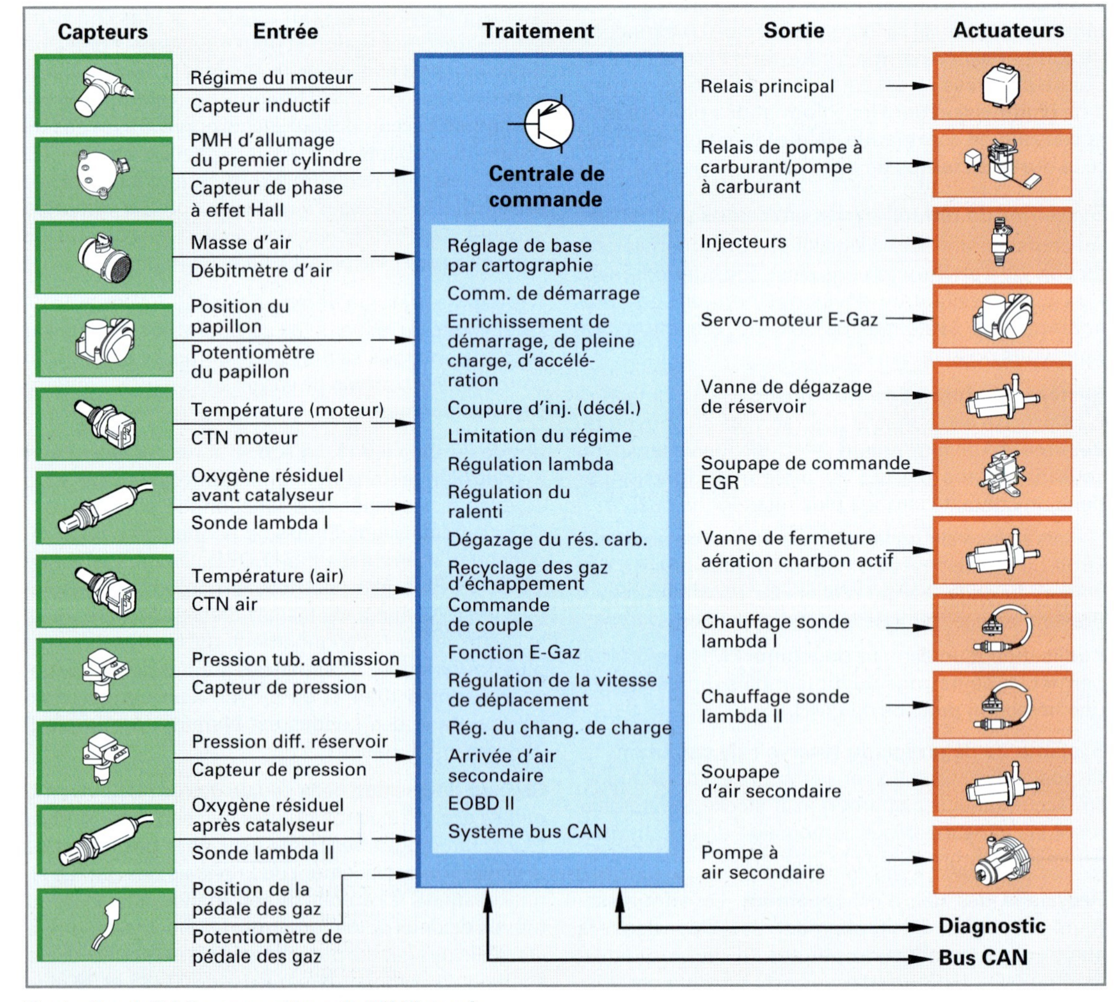

Illustration 1: Schéma synoptique du ME-Motronic

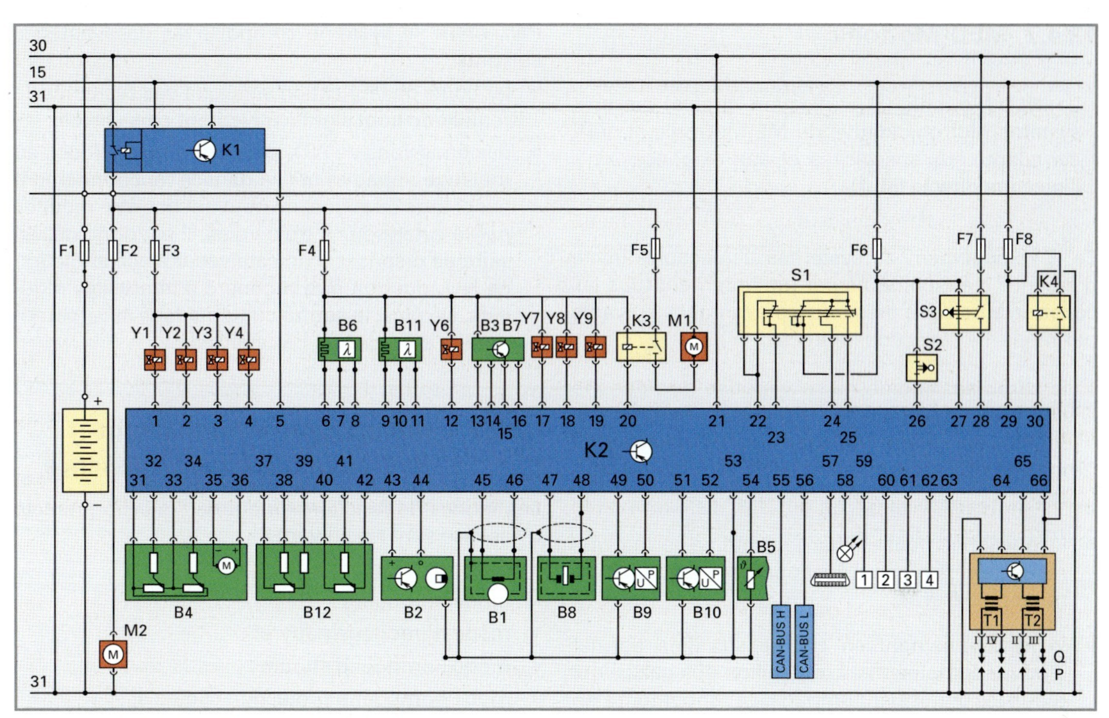

Illustration 1: Schéma du circuit du ME-Motronic

Légendes du schéma du circuit

- **B1** Capteur de régime vilebrequin
- **B2** Capteur phase arbre à cames
- **B3** Débitmètre d'air
- **B4** Capteur de position du papillon avec servo-moteur E-Gaz
- **B5** Capteur de temp. moteur
- **B6** Sonde lambda I chauffée
- **B7** Capteur de temp. air admiss.
- **B8** Capteur de cliquetis
- **B9** Capteur de pression tub. adm.
- **B10** Capteur de pression diff.
- **B11** Sonde lambda II chauffée
- **B12** Capteur pos. pédale des gaz
- **F1…F8** Fusibles
- **K1** Relais de pompe à carburant
- **K2** Cent. de comm. ME-Motronic
- **K3** Relais pompe à air secondaire
- **K4** Relais transformateur de sortie dispositif d'allumage
- **M1** Pompe à air secondaire
- **M2** Pompe à carburant électrique
- **S1** Contacteur pour GRA*
- **S2** Contacteur de pédale d'embr.
- **S3** Contacteur de pédale de frein pour GRA*
- **T1, T2** Bobines d'allumage à double étincelles
- **Y1…Y4** Injecteurs
- **Y6** Soupape rég. acc. charb. act.
- **Y7** Soupape de commande EGR
- **Y8** Vanne ferm. aér. charbon act.
- **Y9** Soupape d'air secondaire
- **1…4** Entrées et sorties d'autres systèmes

* Dispositif de régulation de la vitesse

Vanne de fermeture Y8. Lorsqu'il n'y a pas de régénération, la vanne empêche toute émanation de vapeur d'essence dans l'atmosphère. La vanne de fermeture est ouverte, en même temps que la soupape de dégazage du réservoir, par la centrale de commande pin 18.

Connexion de la centrale de commande Motronic avec d'autres systèmes par bus CAN.

Toutes les données nécessaires à la détermination de la formation exacte du mélange pour chaque état et pour chaque situation de fonctionnement doivent être élaborées par la centrale de commande. Pour cela, toutes les centrales de commande susceptibles d'influencer le fonctionnement du véhicule sont interconnectées par un système bus à haut débit (bus CAN).

Questions de révision

1. **Quels capteurs et quels actuateurs utilise le ME-Motronic?**
2. **Par quels pins les capteurs B4, B9, B10, B11 et B12 peuvent-ils être contrôlés?**
3. **Décrivez la structure et le fonctionnement d'un système E-Gaz.**
4. **Quels systèmes et quelles mesures destinés à la protection de l'environnement trouve-t-on sur un ME-Motronic?**
5. **Par quels pins les actuateurs M1, Y9 et M2 peuvent-ils être contrôlés?**
6. **Quel système d'allumage est utilisé dans le dispositif représenté dans le schéma?**
7. **Que se passe-t-il lorsque K1 se ferme?**

12

12.4.7 MED-Motronic

Le MED-Motronic (D = injection directe) est un système Motronic dérivé du ME-Motronic et qui est adapté aux spécificités et aux exigences de l'injection directe **(ill. 1)**.

Le développement de systèmes d'injection directe d'essence a été entrepris par pratiquement tous les constructeurs car il présente les avantages suivants par rapport à l'injection indirecte:

- le carburant liquide ne se vaporise que dans la chambre de combustion où il est injecté directement. Cela permet un meilleur refroidissement interne et une augmentation du couple du moteur;
- le fonctionnement en charge stratifiée permet une réinjection des gaz d'échappement significativement plus élevée;
- le fonctionnement en charge stratifiée permet d'ouvrir complètement le papillon des gaz ce qui réduit les pertes par pompage. Le rendement s'en trouve amélioré et la consommation de carburant réduite;
- avec l'injection directe, le mélange doit être moins enrichi lors du démarrage à froid ou en accélération par rapport à l'injection d'essence directe, améliorants ainsi les valeurs des gaz d'échappement et réduisant la consommation.

Par contre, le système comporte les désavantages suivants:

- les coûts de fabrication ainsi que des systèmes de régulation sont significativement plus élevés;
- des émissions de NO_x plus importantes (dues au mélange appauvri utilisé dans le fonctionnement par charge stratifiée) ne pouvant pas être réduites par le catalyseur à trois voies. Il est donc nécessaire de disposer d'un catalyseur à accumulation de NO_x qui doit être régénéré à intervalles réguliers. De plus, le soufre contenu dans le carburant réduit l'efficacité de ce catalyseur.

12.4.7.1 Modes de fonctionnement de l'injection directe d'essence

Les modes de fonctionnement de l'injection directe d'essence sont les suivants:

- mode stratifié;
- mode homogène;
- mode homogène pauvre;
- mode homogène stratifié;
- mode homogène protection cliquetis;
- mode stratifié chauffage du catalyseur.

Ces modes sont définis pour former un mélange optimal et pour obtenir la meilleure combustion possible à tous les états de fonctionnement. La régulation doit éviter tout écart de rendement ou de couple moteur lors du passage d'un état de fonctionnement à un autre.

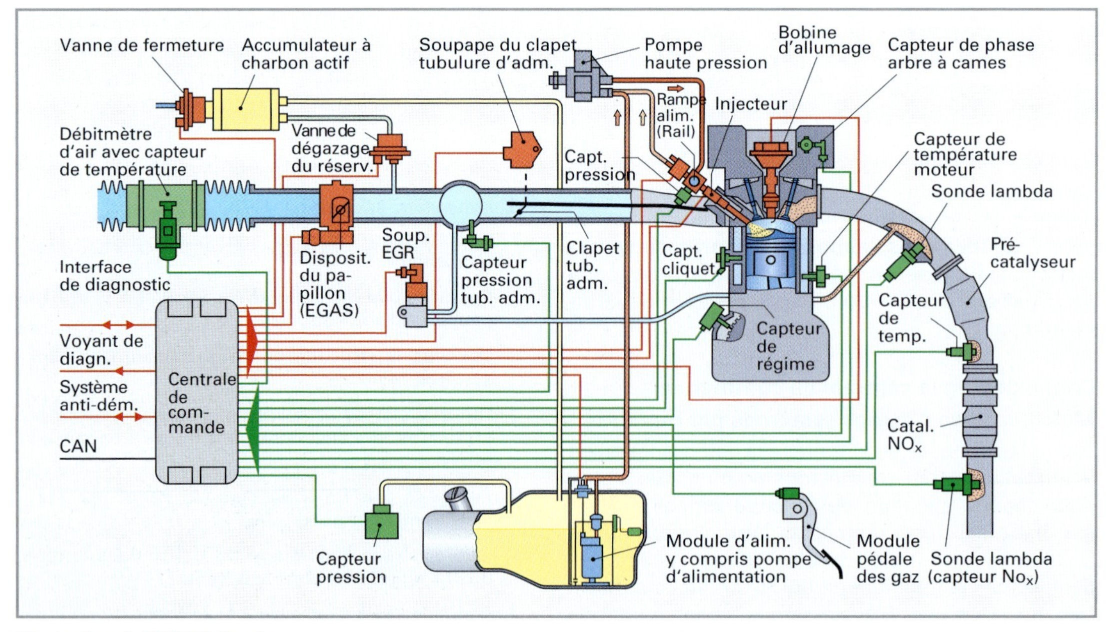

Illustration 1: MED-Motronic

Mode stratifié. Ce mode est utilisé dans des plages nécessitant un faible couple moteur et un régime limité, soit jusqu'à env. 3000 1/min. Le carburant est injecté dans la chambre de combustion durant la phase de compression, juste avant le point d'allumage. Le court laps de temps séparant l'injection de l'allumage ne permet pas au carburant de se mélanger de manière homogène avec l'air présent dans la chambre de combustion. Dans ce mode, le clapet de la tubulure ferme sa section, ce qui accélère le flux d'air admis.

Le flux d'air régnant dans la chambre de combustion transporte le "nuage" de carburant injecté en direction de la bougie d'allumage **(ill. 1).** Dans ce nuage, le coefficient de mélange est d'env. 0,95 à 1. A l'extérieur du nuage, le mélange est très pauvre, la moyenne de ces deux rapports nous donne un coefficient λ de 1,7 à 3. Afin de réduire les émissions de NO_x provoquées par la pauvreté du mélange, une grande quantité de gaz d'échappement est acheminée vers la chambre de combustion.

Etant donné qu'en mode charge stratifiée, le papillon des gaz est totalement ouvert, la détermination du couple moteur est prise en charge uniquement par la régulation de la qualité d'essence injectée.

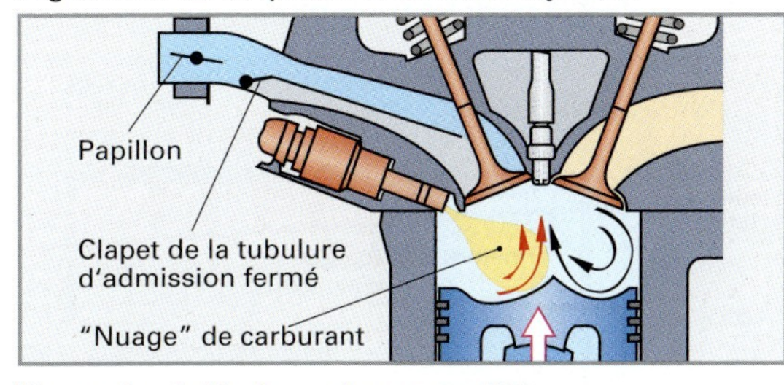

Illustration 1: Mode en charge stratifiée

Mode homogène. En cas de couple moteur ou de régime élevé, le moteur est alimenté avec un mélange homogène de $\lambda = 1$ ou, pour atteindre un rendement maximal, de $\lambda < 1$. Dans ce mode, le début de l'injection a lieu durant la phase d'admission. Le temps disponible avant l'allumage du mélange air-carburant permet au carburant de bien se mélanger à l'air d'admission et de se répartir uniformément dans la chambre de combustion. Dans le mode homogène, la détermination du couple moteur est prise en charge par la régulation de la qualité d'air admise qui est régulée par la position du papillon des gaz. La formation du mélange et la combustion sont identiques aux systèmes avec injection dans la tubulure d'admission. Dans ce mode, le clapet de la tubulure libère toute la section de passage afin de favoriser le remplissage du cylindre.

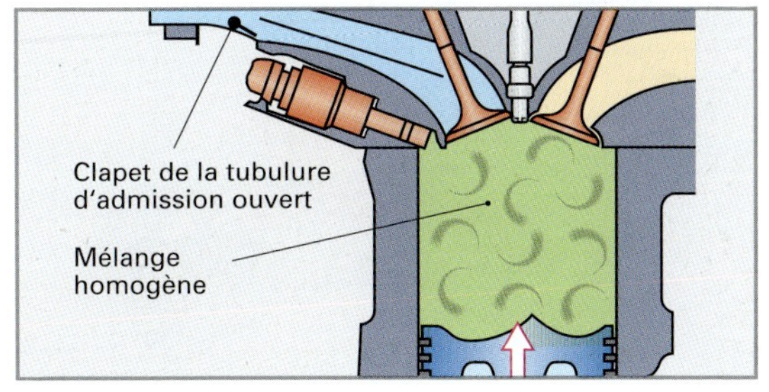

Illustration 2: Mode homogène

Mode homogène pauvre. Durant la transition entre le mode stratifié et le mode homogène, le moteur fonctionne avec un mélange homogène pauvre. En mode homogène pauvre, la consommation de carburant est réduite par rapport au mode homogène. Dans ce mode de fonctionnement, le clapet de tubulure est fermé, le carburant est injecté en phase admission et le coefficient λ est de 1 à 1,2.

Mode homogène stratifié. Dans ce mode de fonctionnement, le clapet de tubulure est fermé. Une première injection de mélange homogène pauvre a lieu durant la phase d'admission. Environ 75 % du carburant est alors injecté dans la chambre de combustion. Une deuxième injection de carburant (25 %) a lieu durant le temps de compression. De ce fait, il se crée une zone comportant un mélange plus riche autour de la bougie d'allumage. Ce mélange est facilement inflammable et permet d'enflammer la totalité de la chambre de combustion. Ce mode de fonctionnement est activé durant le passage du mode homogène au mode stratifié afin de permettre une meilleure gestion du couple moteur.

Mode homogène protection cliquetis. L'utilisation d'une double injection en pleine charge ne nécessite plus de corrections (retard) du point d'allumage pour réduire le risque de cliquetis. Ce mode empêche l'autocombustion du carburant.

Mode stratifié chauffage du catalyseur. Un autre genre de double injection permet de réchauffer rapidement le catalyseur. Dans ce but, on injecte un mélange pauvre en mode de fonctionnement stratifié. Après l'inflammation du carburant, on procède à une deuxième injection durant le temps moteur. Cette deuxième injection s'enflamme très tard et provoque un réchauffement important de l'échappement.

12.4.7.2 Processus de combustion de l'injection directe

Dans l'injection directe, on différencie la manière dont l'air et le carburant sont introduits dans la chambre de combustion. On distingue en général deux procédés différents :

- par jet direct
- par jet indirect
  - flux Swirl
  - flux Tumble

Procédé par jet direct (ill. 1, p. 290). Ce procédé est caractérisé par le fait que le carburant est injecté de manière ciblée à proximité immédiate des bougies où il s'évapore.

Inconvénient: la bougie étant entourée de particules de carburant, elle est soumise à une charge thermique très élevée. Les particules de carburant qui se fixent sur les surfaces de la chambre de combustion ne brûlent pas ou de manière incomplète.

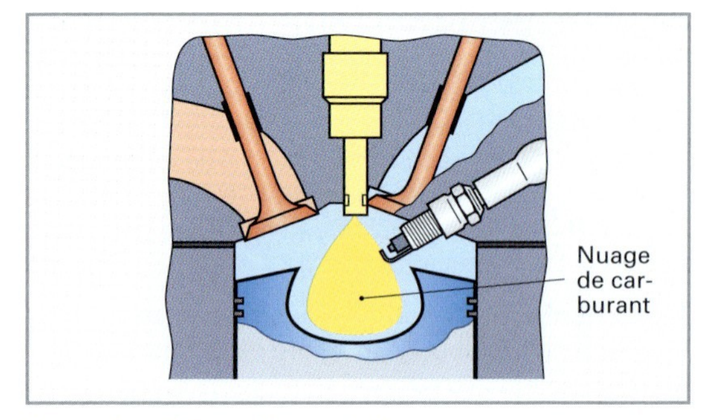

Illustration 1: Procédé par jet direct

Procédé par jet indirect (ill. 2). Dans ce procédé, le flux d'air est conçu de manière à générer un nuage de carburant limité dans l'espace ($\lambda = 1$) et qui se déplace en direction de la bougie.

Dans la chambre de combustion, le tourbillonnement du flux nécessaire peut être créé de deux façons:

Flux Swirl. L'air afflue dans le cylindre par un canal d'admission en spirale (canal de torsion) et tourbillonne à l'intérieur de la chambre de combustion selon un axe vertical . Pour cela, le canal d'aspiration est souvent à double flux. En mode stratifié, le deuxième canal (canal de remplissage) est fermé par un clapet. En mode homogène, le clapet de la tubulure d'admission est ouvert afin de favoriser un remplissage maximal de la chambre de combustion et d'assurer ainsi le meilleur rendement.

Flux Tumble. Avec ce procédé, il se produit un flux d'air en forme de rouleau. La forme spéciale du piston dévie le flux d'air dans la chambre de combustion et le dirige en direction de la bougie d'allumage.

Dans la pratique, différentes mesures sont combinées pour permettre d'assurer la formation du flux.

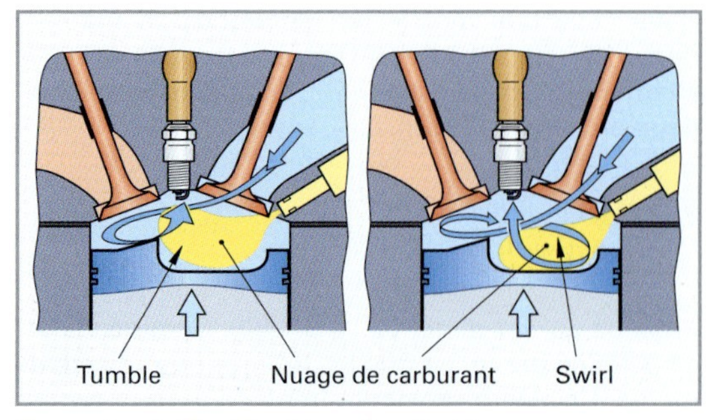

Illustration 2: Flux Tumble et flux Swirl

12.4.7.3 Le système d'alimentation en carburant du MED-Motronic

Le système d'alimentation en carburant du MED-Motronic **(ill. 3)** peut être subdivisé en:

- un circuit basse pression;
- un circuit haute pression.

Dans l'injection directe, le **circuit basse pression** alimente la pompe haute pression depuis la pompe immergée en utilisant les conduites d'alimentation. On utilise principalement des pompes à rotor pour l'alimentation, car elles permettent de générer plus facilement la pression d'alimentation requise, qui est de 3 à 5 bar. La vanne de fermeture intégrée permet d'augmenter brièvement la pression à 5 bar, p. ex. en cas de démarrage à chaud.

Dans le **circuit haute pression,** la pression du carburant augmente de 50 juqu'à 120 bar (voire 200 bar suivant les systèmes) au moyen d'une pompe à haute pression. La centrale de commande règle la pression à la valeur de consigne au moyen d'une électrovanne de régulation de pression. Un capteur de pression fixé sur la rampe d'alimentation transmet la valeur réelle à la centrale de commande.

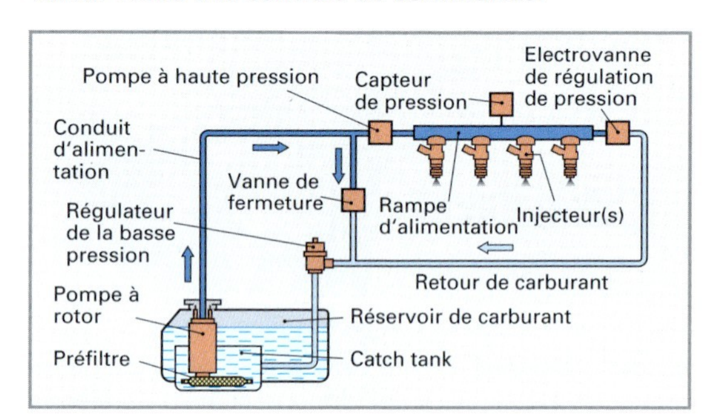

Illustration 3: Système d'alimentation en carburant du MED-Motronic

12.4.7.4 Composants du MED-Motronic

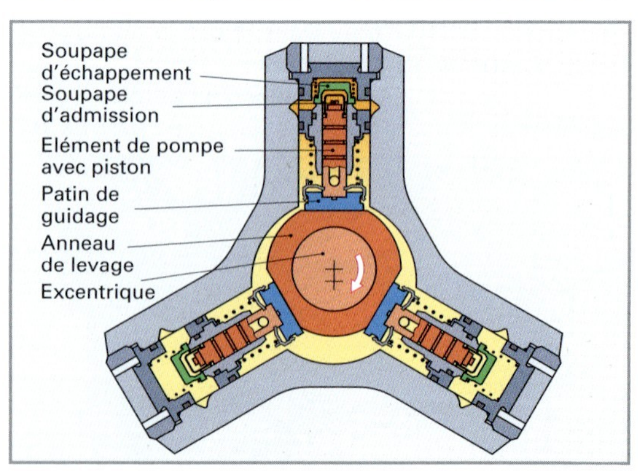

Illustration 4: Pompe à haute pression à trois cylindres

Pompe à haute pression. Elle sert à augmenter la pression du carburant fournie par la pompe électrique de 3 à 5 bar variable de 50 à 120 bar, puis à la refouler dans la rampe d'alimentation. Pour cela, on utilise une pompe à trois cylindres, similaire aux pompes équipant le système Common Rail. Des pompes à un seul cylindre sont également utilisées lorsque l'alimentation en carburant doit être plus réduite.

Rampe d'alimentation. Elle sert à recueillir le carburant sortant de la pompe à haute pression et à le distribuer aux injecteurs. Le volume d'alimentation doit être suffisant pour permettre d'équilibrer les pulsations générées par la pompe et les injecteurs.

Le capteur de haute pression et l'électrovanne de régulation de pression se trouvent sur la rampe.

Electrovanne de régulation de pression (ill. 1). Elle régule la pression souhaitée dans la rampe en modifiant, en fonction des besoins, la section de passage du débit en direction du retour (réservoir). En l'absence d'alimentation, l'électrovanne est fermée. Elle est ouverte à la demande par la centrale de commande au moyen d'une alimentation pulsée à rapport cyclique variable. Une fonction de limitation de la pression assurant la sécurité du dispositif est intégrée à l'électrovanne.

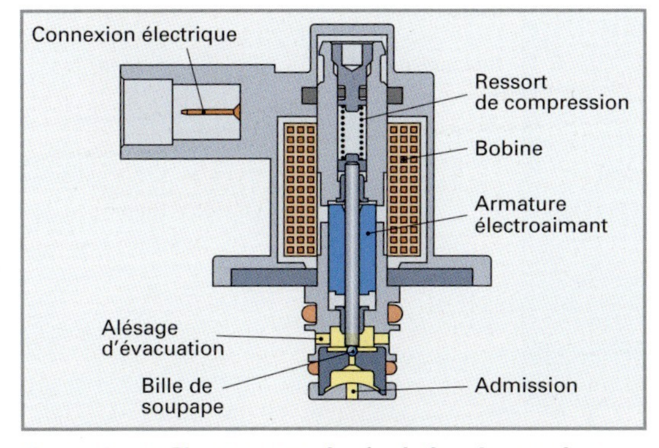

Illustration 1: Electrovanne de régulation de pression

Injecteur à haute pression. De par sa fonction, l'injecteur à haute pression ressemble à celui de l'injection dans la tubulure d'admission (indirecte). Par contre, l'injection directe sollicite de manière plus importante la buse de l'injecteur. La pression d'injection peut s'élever jusqu'à 200 bar, ce qui requiert une chambre de combustion très solide et résistante à la chaleur. Etant donné que la durée d'injection est significativement réduite, le dispositif d'injection doit pouvoir être fermé, au ralenti, dans un laps de temps allant de 0,4 ms à 5 ms à plein gaz. Ici, les erreurs dues à un retard d'ouverture de l'injecteur ont plus d'impact que dans le cas de l'injection dans la tubulure d'admission. Pour permettre une levée rapide de l'aiguille, les électrovannes sont équipées de condensateurs à haut rendement commandés par des tensions allant jusqu'à 90 V.

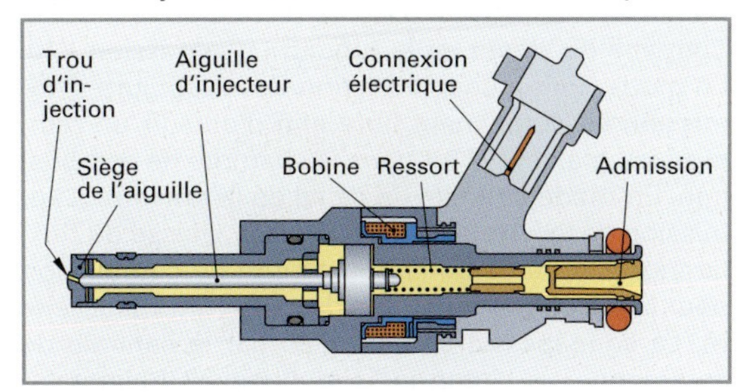

Illustration 2: Injecteur à haute pression

12.4.7.5 La régulation électronique du MED-Motronic

Par rapport au ME-Motronic, le système de régulation électronique du MED-Motronic dispose, en plus, des capteurs et actuateurs suivants (voir le schéma bloc **page 292** et le schéma de connexion **page 293**).

Capteur NO_x B14. Ce capteur sert à contrôler le fonctionnement du catalyseur NO_x à accumulation et à mesurer les valeurs en NO_x et en oxygène contenus dans les gaz d'échappement. Le signal du capteur NO_x est évalué par la centrale de commande qui, s'il est nécessaire de régénérer le catalyseur à accumulation, active le mode de fonctionnement homogène enrichi.

Capteur de température des gaz d'échappement B15. Il mesure la température des gaz d'échappement. Le catalyseur NO_x à accumulation fonctionne dans une plage de températures allant de 250 °C à 500 °C, c'est pourquoi il doit être enclenché uniquement en mode de fonctionnement stratifié, lorsque la température des gaz d'échappement se situe dans cette fourchette. Le capteur est connecté à la centrale de commande par les pins 57 et 49.

Sonde lambda à large bande B13. Elle sert à mesurer, dans une plage λ plus large, le pourcentage d'oxygène contenu dans les gaz d'échappement. Si la valeur actuelle relevée par la sonde diffère de la valeur théorique mémorisée dans la cartographie, la durée de l'injection est corrigée. La sonde est connectée à la centrale de commande par les pins 24, 25, 26 et 27. Le chauffage de la sonde est alimenté positivement par K5 et négativement par le pin 28.

Transmetteur de position du clapet de la tubulure d'admission. Il mesure, au moyen d'un potentiomètre, la position du clapet de la tubulure d'admission. Celui-ci est fermé en mode de fonctionnement stratifié (afin d'accélérer le flux d'air, donc de favoriser la turbulence) et est ouvert en mode de fonctionnement homogène. Etant donné que la position du clapet exerce également une influence sur l'allumage et le recyclage des gaz d'échappement, elle doit également être surveillée par le système de diagnostique On-Board. Le potentiomètre peut être contrôlé au moyen des pins 49, 52 et 54.

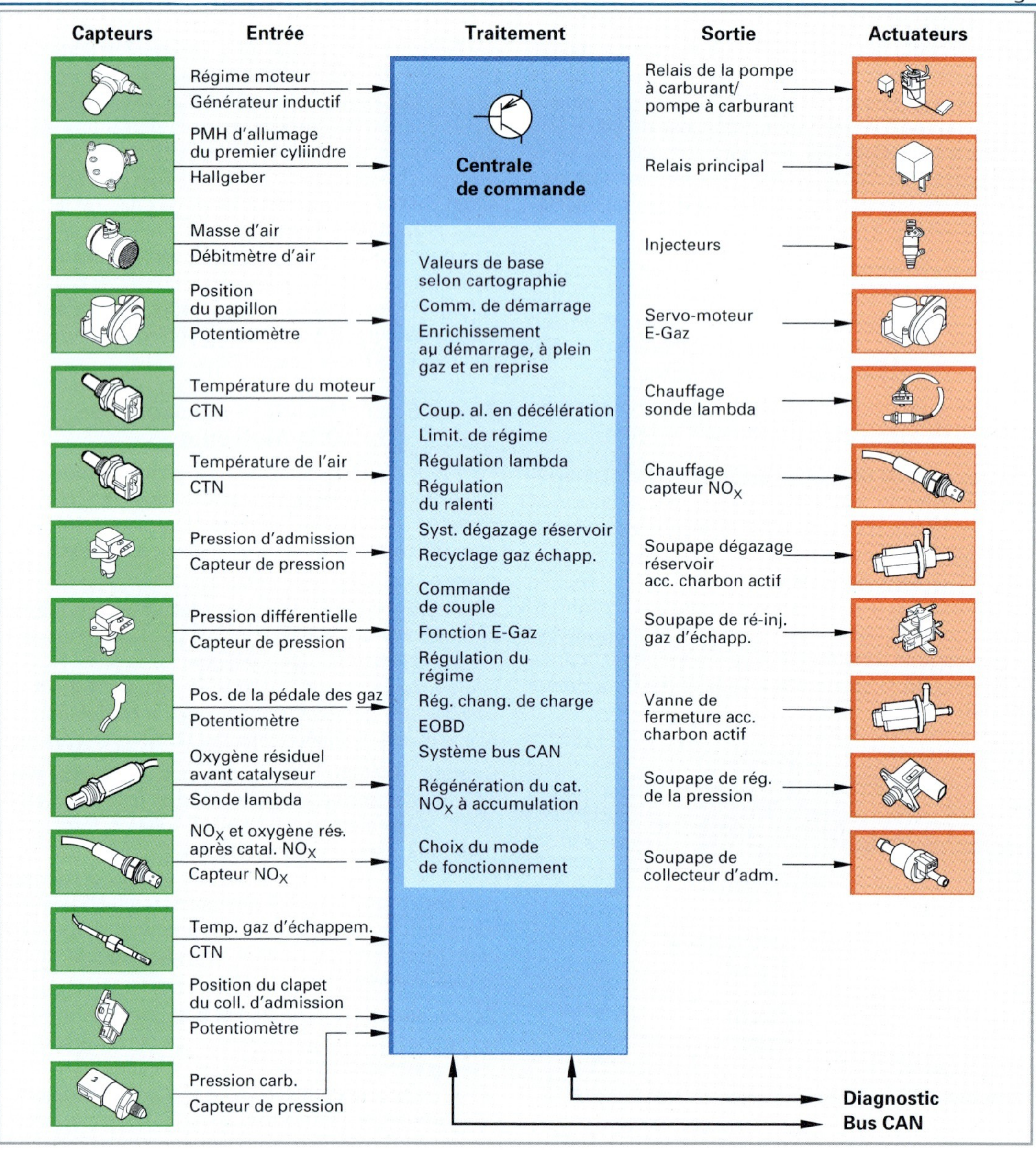

Illustration 1: Schéma bloc du MED-Motronic

Capteur de pression du carburant B17. Il mesure la pression du carburant au niveau de la rampe d'alimentation. L'information est transmise sous forme de signal de tension à la centrale de commande, laquelle règle la pression requise par l'intermédiaire de la soupape de régulation de pression du carburant. Le capteur est alimenté positivement par le pin 12 et négativement par le pin 22. Le signal est transmis par le pin 13.

Le système MED-Motronic a en outre besoin des actuateurs suivants:

Soupape de régulation de la pression du carburant Y11. Elle règle la pression du carburant (entre 50 et 120 bar, voire 200 bar selon système) dans la rampe en fonction de l'état de fonctionnement. Elle est activée par la centrale de commande par le pin 33. L'alimentation positive est assurée par K5.

Soupape du clapet de la tubulure d'admission Y10. En mode homogène, la section de la tubulure d'admission est totalement libre afin d'obtenir un remplissage maximal d'air dans la chambre de combustion. En mode stratifié, un canal de la tubulure d'admission se ferme, accélérant ainsi la vitesse du flux. Le tourbillon créé dans la chambre de combustion pour la formation du nuage de carburant est accéléré. La soupape est commandée par la centrale de commande par l'intermédiaire du pin 32. L'alimentation positive est assurée par K5.

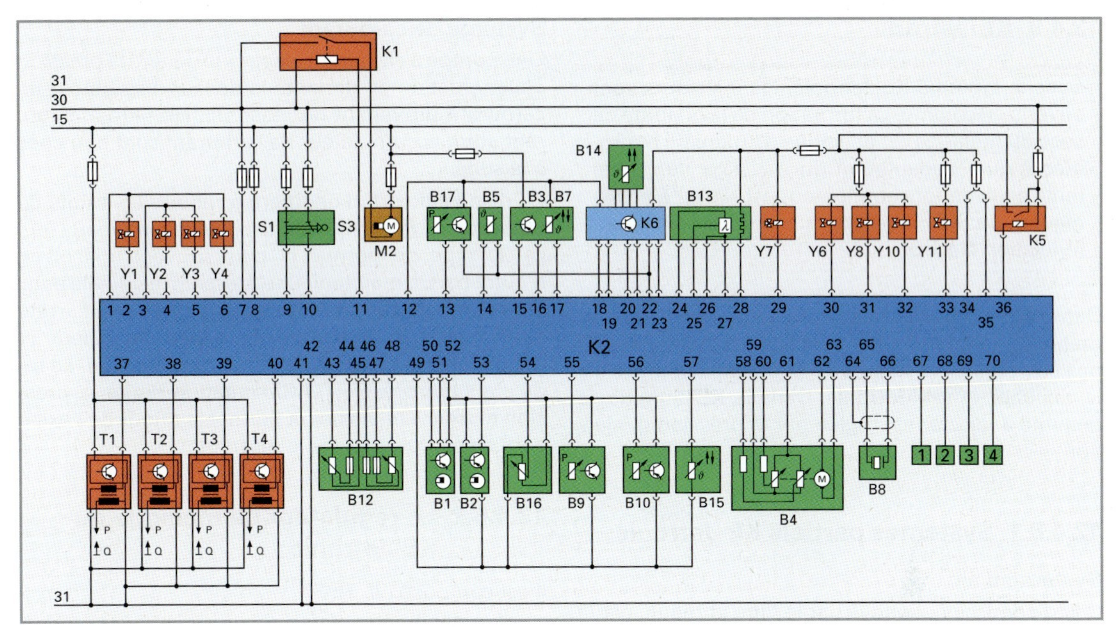

Illustration 1: Schéma du circuit du MED-Motronic

Légendes du schéma du circuit

- **B1** Capteur de régime vilebrequin
- **B2** Capteur PMH vilebrequin
- **B3** Débitmètre d'air
- **B4** Capteur de position du papillon avec servo-moteur E-Gaz
- **B5** Capteur température moteur
- **B7** Capteur temp. air d'admission
- **B8** Capteur de cliquetis
- **B9** Capteur de pression coll. adm.
- **B10** Capteur de pression diff.
- **B12** Capteur position pédale gaz
- **B13** Sonde λ à large bande
- **B14** Capteur NO_x
- **B15** Capteur temp. gaz échapp.
- **B16** Potentiomètre du claptet de la tubulure d'admission
- **B17** Capteur pression carburant
- **F1…F12** Fusibles
- **K1** Relais pompe à carburant
- **K2** Centr. comm. MED-Motronic
- **K5** Relais alimentation Motronic
- **K6** Centr. comm. capteur NO_x
- **M2** Pompe électr. à carburant
- **S1** Contacteur GRA
- **S3** Contacteur pédale freins GRA
- **T1…T4** Bobines d'allumage
- **Y1…Y4** Injecteurs
- **Y6** Soupape dégazage réservoir
- **Y7** Soupape réinj. gaz échapp.
- **Y8** Vanne de fermeture
- **Y10** Soupape clapet coll. adm.
- **Y11** Soupape rég. pression carb.
- **1…4** Entrées et sorties des autres systèmes

Questions de révision

1 **Quel est l'avantage de l'injection directe dans les moteurs à essence?**

2 **Quels sont les inconvénients de l'injection directe d'essence par rapport à l'injection dans la tubulure d'admission?**

3 **Décrivez les modes de fonctionnement de l'injection directe d'essence.**

4 **Quels sont les processus de combustion utilisés dans l'injection directe d'essence?**

5 **Décrivez le circuit d'alimentation en carburant dans l'injection directe d'essence.**

6 **Par rapport à l'injection par la tubulure d'admission, l'injection directe d'essence dispose de composants différents ou supplémentaires. Quels sont-ils? Expliquez leurs tâches et leurs rôles.**

7 **Quels sont les types de capteurs utilisés dans l'injection directe d'essence?**

8 **Dans l'injection directe d'essence, quels sont les actuateurs commandés par la centrale de commande?**

9 **Pourquoi utilise-t-on une sonde λ à large bande et non pas une sonde de saut de tension?**

10 **Quels sont les composants alimentés par le relais de la pompe à carburant?**

11 **Quelle fonction exerce le relais K5? Quelles sont les conditions à remplir pour que le courant de travail puisse circuler?**

12 **Pourquoi utilise-t-on un capteur NO_x?**

13 **Comment les injecteurs du MED-Motronic sont-ils enclenchés?**

14 **Quels composants du MED-Motronic doivent-ils être contrôlés par l'OBD**

15 **Quel dispositif d'allumage utilise-t-on dans le système Motronic ?**

12.4.8 KE-Jetronic

Dans le système KE-Jetronic, les injecteurs sont ouverts en continu. La formation de la quantité de base du mélange est effectuée de manière hydromécanique. L'adaptation du mélange aux différents états de fonctionnement est réglée **électroniquement**. KE = injection mécanique continue à régulation électronique.

Dans ce système, les injecteurs sont ouverts en permanence, la quantité de mélange à injecter ne peut pas être réglée par la durée d'injection, comme c'est le cas dans le LH-Motronic. Dans le KE-Jetronic, la quantité à injecter est réglée par la pression d'injection.

12.4.8.1 Systèmes partiels KE-Jetronic

Système d'air

L'air d'admission, nettoyé par le filtre et régulé par le papillon, afflue dans la tubulure d'admission. Au passage, le flux d'air soulève le plateau-sonde, qui est un corps suspendu. L'amplitude du déplacement est une mesure pour le débit d'air d'admission. Un système de leviers transmet l'amplitude du mouvement au piston de commande du doseur-distributeur de carburant.

Système de carburant

Une pompe à carburant électrique génère la pression d'alimentation et alimente le doseur-distributeur en carburant provenant du réservoir. Un filtre à carburant et un accumulateur de carburant sont branchés à la suite.

Ce dispositif sert, d'une part, à réduire les bruits de pulsation de la pompe multicellulaire à rouleaux (qui est le type de pompe le plus souvent utilisé) et, d'autre part, à maintenir une pression résiduelle dans le système de carburant lorsque le moteur est arrêté afin d'éviter la formation de bulles de vapeur et d'améliorer la capacité de démarrage à chaud. Le régulateur de pression d'alimentation limite la pression entre 4,8 et 5,6 bar et permet le retour de l'excédent de carburant dans le réservoir.

12.4.8.2 Le régulateur de mélange du KE-Jetronic

Il est composé **(ill. 1):**

- d'un débitmètre d'air;
- d'un doseur-distributeur de carburant;
- d'un actuateur de pression électrohydraulique.

Débitmètre d'air. Il sert à mesurer la quantité d'air aspirée par le moteur. Le passage de l'air d'admission soulève le plateau-sonde. Un système de leviers transmet l'amplitude du mouvement au piston de

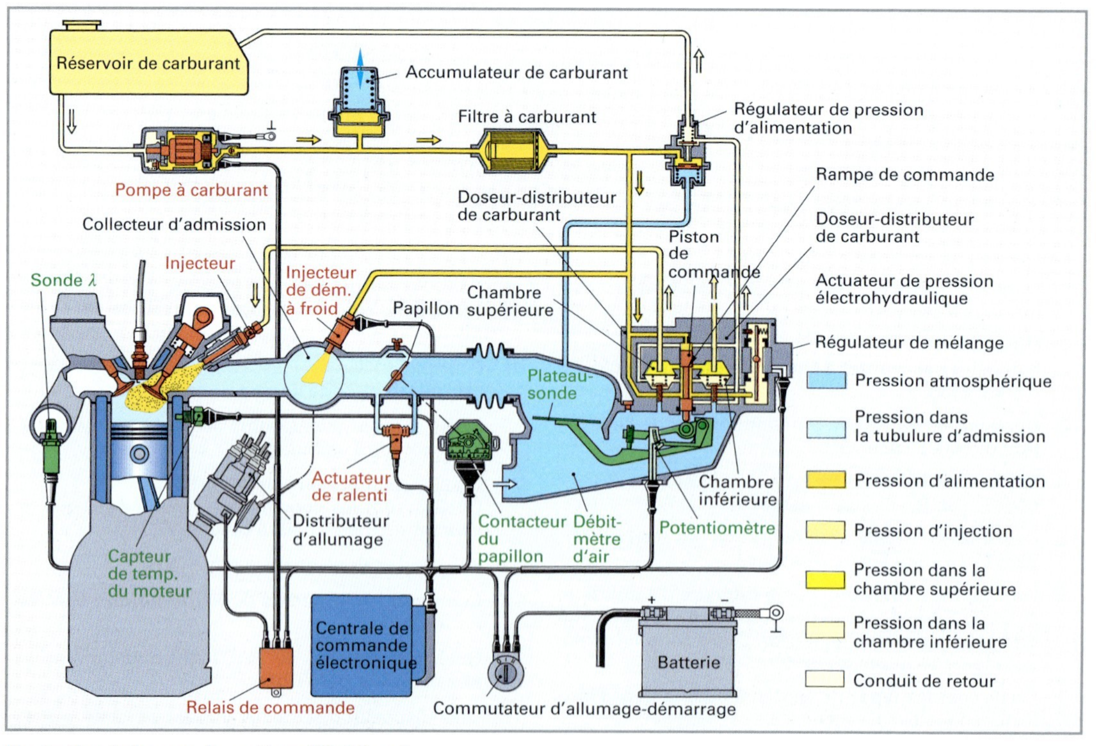

Illustration 1: Aperçu du système KE-Jetronic

commande du doseur-distributeur de carburant. Un potentiomètre connecté au système de leviers mesure électroniquement le mouvement du plateau-sonde et transmet la valeur, sous forme de signal de tension, à la centrale de commande.

Doseur-distributeur de carburant. Il distribue la quantité de base de carburant à chaque cylindre en fonction de la position du piston de commande, qui dépend de la position du plateau-sonde; l'arête de commande du piston libère, p. ex. au ralenti, une petite section d'afflux du carburant dans le cylindre porte-fentes. De ce fait, seule une quantité réduite de carburant peut arriver à la chambre supérieure. Si la charge augmente, le piston se déplace vers le haut et la section d'écoulement s'agrandit, ce qui permet à une quantité plus importante de carburant d'arriver dans la chambre supérieure **(ill. 1)**.

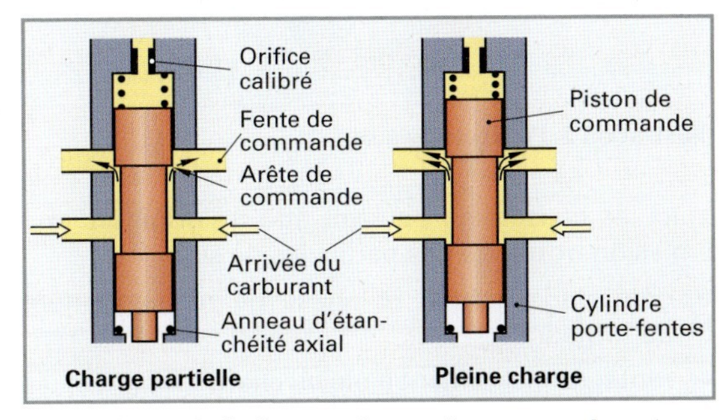

Illustration 1: Cylindre avec fentes de commande

Chaque cylindre du moteur possède sa propre chambre supérieure et inférieure. Les chambres supérieures sont séparées des chambres inférieures par une membrane d'acier qui fait office de régulateur de pression différentielle en maintenant une différence constante de pression de 0,2 bar entre les deux chambres. Si le débit et la pression du carburant dans la chambre supérieure augmentent, la membrane d'acier se déforme en contrant la poussée du ressort hélicoïdal et la pression du carburant dans la chambre inférieure. De ce fait, la section d'admission de l'injecteur s'agrandit et une plus grande quantité de carburant peut affluer vers l'injecteur **(ill. 2)**. Dès que la pression à l'injecteur dépasse 3,3 bar, il s'ouvre hydrauliquement et ne se ferme qu'à l'arrêt du moteur ou lors de la coupure d'injection en décélération.

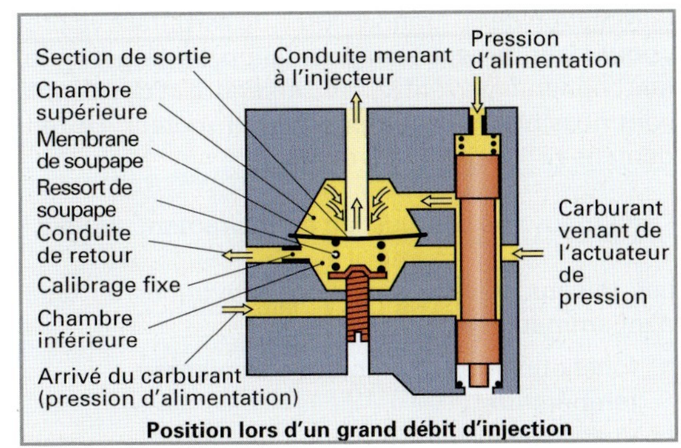

Illustration 2: Régulateur de pression différentielle

Actuateur de pression électrohydraulique (ill. 3). Piloté électroniquement par la centrale de commande, il permet d'adapter le mélange aux différents états de fonctionnement. Le déflecteur mobile est actionné par un champ magnétique commandé par la centrale de commande.

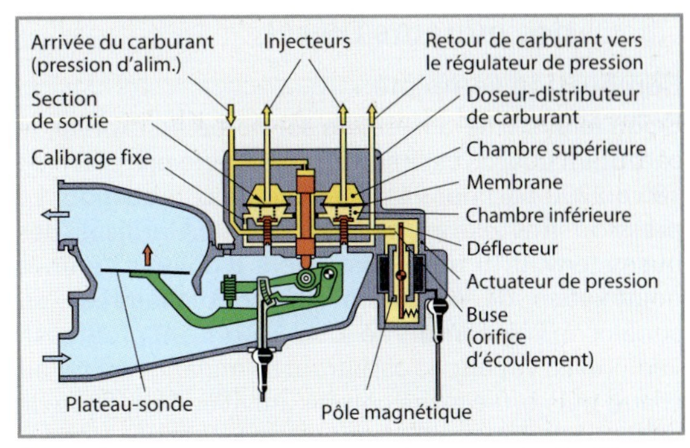

Illustration 3: Actuateur de pression électrohydraulique

En agrandissant l'ouverture de l'orifice d'écoulement le déflecteur s'éloigne de l'ouverture de la buse. Par conséquent une plus grande quantité de carburant afflue dans l'actuateur de pression, ce qui a pour effet d'augmenter la pression dans les chambres inférieures des régulateurs de pression différentielle. Ces derniers sont reliés à l'actuateur de pression. Ce changement de pression provoque une flexion vers le haut de la membrane qui réduit ainsi la section d'alimentation de la chambre supérieure. Une quantité plus réduite de carburant arrive alors aux injecteurs et le mélange est plus pauvre. Si le pôle magnétique est activé de manière à déplacer le déflecteur vers l'orifice d'écoulement, le mélange est plus riche.

Les ajustements du mélange aux conditions de fonctionnement du moteur sont commandés par la centrale de commande sur la base de signaux suivants:

- potentiomètre → ralenti, pleine charge
- capteur de régime → régime du moteur
- commutateur d'allumage-démarrage → démarrage
- capteur de température du moteur → temp. du liquide de refroidissement
- sonde lambda → composition du mélange

En cas de panne de la régulation électronique, la quantité de base à injecter peut toujours être formée par la commande hydromécanique, ce qui permet au véhicule de continuer à rouler. Par contre, le mélange ne peut plus être modifié.

12.5 Formation du mélange dans les moteurs Diesel

Contrairement à la plupart des moteurs Otto, la formation interne du mélange permet le fonctionnement du moteur Diesel. Le carburant est injecté à haute pression et vaporisé dans la chambre de combustion, il s'enflamme spontanément au contact de l'air surchauffé par la compression.

12.5.1 Déroulement de la combustion des moteurs Diesel

Combustion complète

Selon le système d'injection et le type de moteur, le carburant liquide est injecté à très haute pression (de 180 à 2200 bar) dans la chambre de combustion. La pression très élevée et les très petits orifices des buses (env. 0,15 mm) permettent d'obtenir de fines gouttelettes de carburant qui sont chauffées au contact de l'air comprimé et se vaporisent progressivement. La vapeur de carburant se mélange avec l'air chaud puis brûle en se combinant avec l'oxygène de l'air.

La combustion augmente encore la température de la zone du mélange, les gouttelettes continuent de se vaporiser jusqu'à ce que le carburant soit entièrement brûlé.

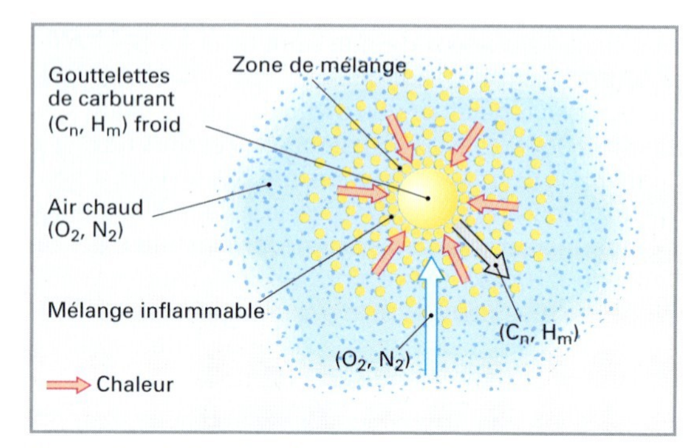

Illustration 1: Combustion complète de gouttelettes de carburant

12.5.2 Problèmes liés au déroulement de la combustion

Combustion incomplète

Plus les gouttelettes de carburant sont grandes, plus il est difficile de les vaporiser complètement. Leur noyau aura de la peine à atteindre la température d'auto-inflammation, l'oxygène ne pourra pas se combiner aux molécules d'hydrocarbures, dans ce cas on parlera donc de combustion incomplète.

Formation de particules. Cette combustion incomplète génère un noyau de suie dans lequel sont emmagasinés d'autres résidus de combustion, comme des particules de sulfate et des hydrocarbures **(ill. 2)**. On parle alors de particules de suie. Au cours de ces dernières années, l'évolution des injecteurs a permis de réduire l'émission de ces particules d'environ 90 %.

Toutefois, la taille de ces particules est si petite que, lorsqu'elles sont inhalées, elles risquent d'endommager les tissus pulmonaires. Elles peuvent ainsi être à l'origine de cancers des poumons ou d'autres maladies pulmonaires.

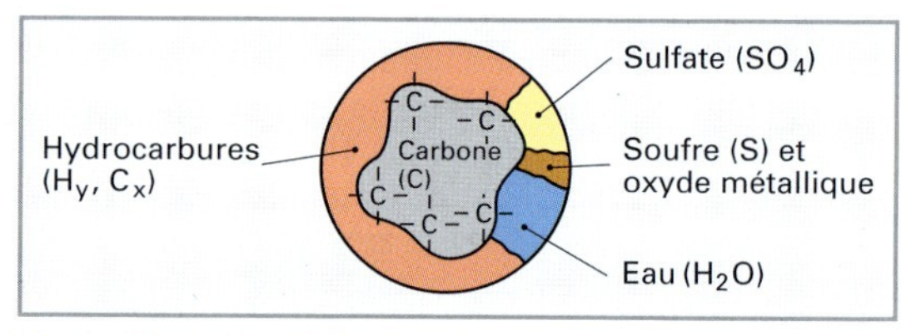

Illustration 2: Particule de suie

Voici les causes qui peuvent être à l'origine d'une émission trop forte des particules de suie:

- démarrage à froid et phase de réchauffement du moteur;
- moteur fonctionnant à pleine charge;
- filtre à air bouché ou système d'admission défectueux;
- buse d'injecteur défectueuse;
- chambre de combustion défectueuse.

Le délai d'inflammation est le temps qui sépare le début de l'injection du début de la combustion.

La durée maximum du délai d'inflammation ne doit pas dépasser 1 milliseconde.

Si ce délai est trop long, il y aura du retard à l'allumage, une quantité de carburant trop importante sera injectée dans la chambre de combustion. L'inflammation de ce grand volume de carburant va provoquer une brusque augmentation de la pression, des cognements vont se faire entendre et des dégâts sont possibles aux composants du moteur. Le rendement va sensiblement diminuer.

Cette mauvaise combustion est clairement audible.

Les raisons suivantes peuvent provoquer un délai d'inflammation trop long:

- fonctionnement du moteur à trop basse température:
  - trop d'avance à l'injection;
  - pression d'injection trop faible.

- indice de cétane du carburant trop bas;
- faible tourbillonnement de l'air comprimé;
- fuites de carburant aux injecteurs.

Mesures d'amélioration de la formation du mélange

La formation du mélange dépend essentiellement de la turbulence de l'air dans la chambre de combustion et de la pression d'injection. Les mesures suivantes peuvent donc être prises:

- régler le moteur Diesel en-dessous de l'excédent d'air (jusqu'à $\lambda \approx 8$) et limiter la quantité de carburant injecté à $\lambda \approx 1{,}3$ afin d'éviter tout manque d'air dans la chambre de combustion;
- favoriser la turbulence de l'air par des canaux d'admission appropriés **(voir commande des canaux d'admission, p. 298)** en fonction de la forme de la chambre de combustion dans le piston (injection directe) ainsi que par la formation de tourbillons dans la chambre de combustion secondaire (injection indirecte), ce qui permet d'améliorer l'homogénéité du mélange air-carburant;
- optimiser la géométrie de la chambre de combustion afin d'améliorer le processus de combustion;
- préchauffer le carburant pour rendre sa pulvérisation plus fine et d'accélérer sa vaporisation;
- adapter idéalement le préchauffage et le postchauffage pour réduire au minimum les pertes de chaleur dans la chambre de combustion;
- pré-injecter une petite quantité de carburant pour chauffer l'air dans le cylindre afin de réduire le délai d'inflammation et d'obtenir une montée en pression plus régulière;
- augmenter la pression d'injection pour obtenir des gouttelettes de carburant plus petites, et donc une combustion plus rapide et plus complète;
- réinjecter les particules non brûlées dans la postcombustion.

12.5.3 Comparaison des types d'injection

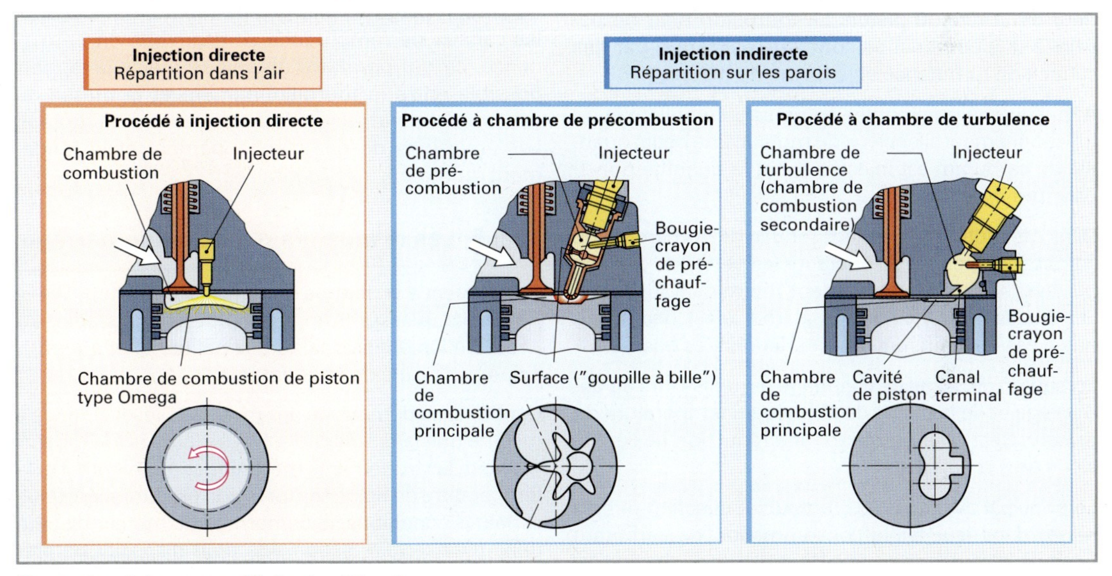

Illustration 1: Les types d'injection Diesel

Dans les moteurs Diesel, on distingue principalement deux types différents d'injection:

- **l'injection directe** dans une chambre de combustion unique **(DI** = direct injection);
- **l'injection indirecte** dans une chambre secondaire lorsque la combustion est réalisée dans deux chambres séparées (**IDI** = indirect injection).

Les moteurs Diesel à injection indirecte

Les procédés à chambre de précombustion et à chambre de turbulence se différencient par la forme de leur chambre secondaire.

La chambre secondaire est placée dans la culasse et comprend le porte-injecteur, l'injecteur et la bougie de préchauffage. La chambre secondaire est reliée à la chambre de combustion principale par un canal terminal (chambre de turbulence) ou une conduite à jet (chambre de précombustion) **(ill. 1)**.

L'air comprimé est poussé dans les conduites en direction de la chambre de précombustion où il arrive en tourbillonnant. Le carburant est alors injecté dans le flux d'air à une pression allant de 130 à 450 bar. Une bonne partie du carburant va alors se répartir sur les parois de la chambre.

Le carburant qui s'est mélangé avec l'air va s'enflammer. La chaleur produite par cette combustion évapore le carburant accumulé sur les parois de la chambre secondaire et brûle à son tour.

La pression ainsi produite souffle le mélange enflammé vers la chambre principale où la combustion se termine. La combustion se fait donc en deux temps.

Dans ce type de moteur, la grande surface des chambres de combustion provoque une perte de chaleur importante. Le rendement thermique est plus faible que sur le système à injection directe.

Un dispositif d'aide au démarrage à froid doit être prévu car la forte perte en chaleur ne permet pas une préparation du mélange suffisante à basse température.

Les moteurs Diesel à injection directe

Le carburant est injecté par des injecteurs à trous, à une pression pouvant atteindre 2200 bar, dans l'air chaud de la chambre de combustion réalisée à l'intérieur de la tête du piston. Le tourbillon d'air nécessaire à une combustion complète est formé par des canaux de turbulence et la forme du piston.

Afin d'obtenir une montée en pression régulière et un fonctionnement silencieux du moteur, une petite quantité de carburant est injectée avant la quantité principale (pré-injection).

Dans ces moteurs, la surface réduite de la chambre de combustion permet de diminuer les pertes de chaleur, produisant ainsi un rendement thermique supérieur. Un dispositif de démarrage à froid n'est nécessaire qu'en cas de températures extérieures très basses.

Lorsqu'un dispositif de chauffage est utilisé lors du démarrage et de la phase de montée en température du moteur, c'est pour permettre une réduction des émissions de gaz polluants.

Le principal avantage des moteurs à injection directe réside dans leur faible consommation de carburant (jusqu'à 20 % de moins que les moteurs à injection indirecte). Les bruits de cognements de ce système ont pu être diminués grâce à la mise en oeuvre d'une pré-injection. Ces différents avantages font que les moteurs à injection directe équipent désormais pratiquement tous les véhicules Diesel du marché.

12.5.4 Commande du canal d'admission (ill. 1)

Les canaux d'admission sont pilotés par un système cartographique. Le servomoteur ouvre et ferme les clapets au moyen d'une tringle.

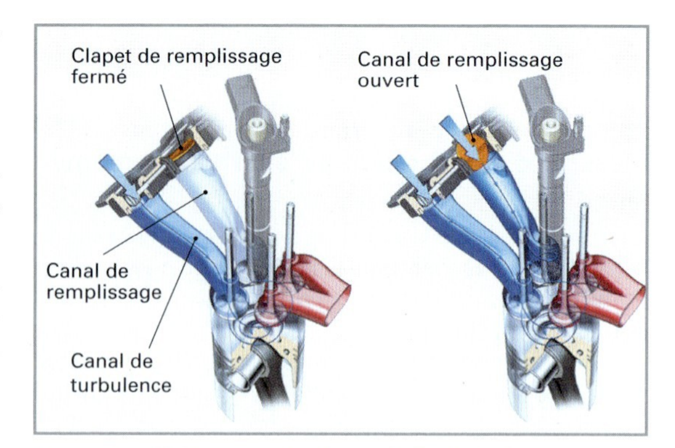

Illustration 1: Commande du canal d'admission

Régime et plage de charge inférieurs. Dans ce cas, tous les clapets de remplissage sont fermés. La masse d'air ne circule que par le canal de turbulence. Le fort tourbillonnement d'air permet de mélanger l'air et le carburant de manière optimale. La combustion est meilleure et la formation de particules est réduite.

Régime et plage de charge supérieurs. Dans ce cas, les canaux de remplissage sont ouverts en permanence, ce qui permet d'obtenir le meilleur rapport possible entre le tourbillonnement et la masse de l'air pour chaque état de fonctionnement du moteur. Les émissions de gaz d'échappement et le rendement du moteur sont optimisés.

12.5.5 Les dispositifs d'aide au démarrage

Ils servent à faciliter le démarrage du moteur Diesel froid, à assurer un régime de ralenti stable, à réduire les émissions de gaz polluants et à diminuer les bruits de cognements.

L'aptitude au démarrage des moteurs Diesel diminue à mesure que la température baisse. Lorsque le moteur est froid, les frottements mécaniques augmentent et la température de fin de compression est diminuée. Dans certaines conditions, le démarrage du moteur ne peut donc plus se faire sans l'aide d'un dispositif de préchauffage. En outre, les basses températures entraînent une augmentation des émissions de gaz polluants (formation de fumée blanche ou noire).

Pour l'aide au démarrage, on utilise des bougies-crayons pour les voitures de tourisme et un système à filament de chauffage ou une flasque chauffante placée dans la tubulure d'admission pour les moteurs à injection directe de grosses cylindrées.

Bougies-crayons de préchauffage

On distingue deux types de bougies de préchauffage de type crayons:

- les bougies-crayons autorégulatrices;
- les bougies-crayons régulées électroniquement.

Bougie-crayon autorégulatrice (ill. 1)

Structure. Elle est composée d'une spirale de régulation branchée en série sur une résistance chauffante en nickel. Les deux spirales ont des coefficients de température positifs mais différents l'un de l'autre (action CTP).

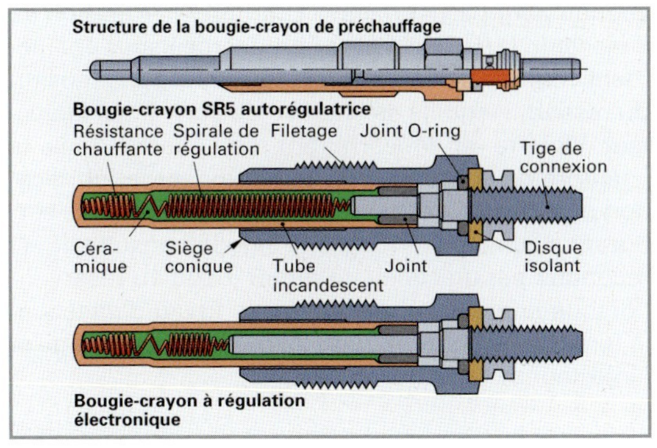

Illustration 1: Structure des bougies-crayons

Autorégulation. Lors du préchauffage, un fort courant passe de la tige de connexion à la spirale de régulation et à la résistance chauffante. Cette dernière chauffe rapidement le tube incandescent. L'augmentation de température élève la valeur de la résistance de la spirale de régulation, ce qui limite le courant afin d'éviter la surchauffe de la bougie-crayon.

Les bougies-crayons autorégulatrices fonctionnent la plupart du temps avec une tension nominale de 11,5 V. Après 2 à 7 secondes, elles atteignent la température de préchauffage nécessaire de 850 °C. Ensuite, la résistance CTP de la spirale de régulation continue de chauffer ce qui augmente sa résistance, l'intensité du circuit diminue ce qui permet de garder le filament chauffant à une température inférieure. Ces bougies absorbent une puissance qui se situe entre 100 W et 120 W.

La régulation électronique du préchauffage (ill. 2)

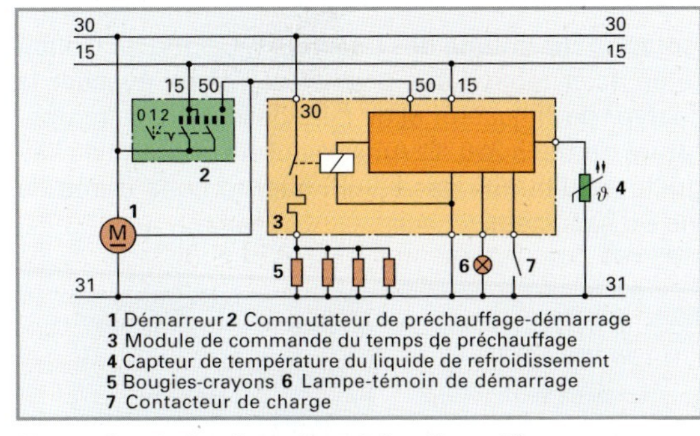

Illustration 2: Système de préchauffage-démarrage avec commande du temps de préchauffage

Pour permettre une formation optimale du mélange, les bougies de préchauffage sont pilotées par un dispositif à commande électronique.

Structure. Le dispositif se compose du module de commande électronique, du capteur de température et du relais de puissance d'alimentation des bougies.

Déroulement. Le processus de préchauffage a lieu en trois phases **(ill. 3)**.

- Préchauffage
- Chauffage pendant le démarrage
- Postchauffage

Préchauffage. Si l'interrupteur de contact est en position **1** (borne 15), l'appareil de commande de préchauffage calcule le temps de préchauffage en fonction de la température du liquide de refroidissement. Si celle-ci est supérieure à 60 °C, le préchauffage n'a pas lieu.

Chauffage pendant le démarrage. Dès l'extinction de la lampe-témoin de préchauffage, le système fonctionne encore 5 secondes pendant lesquelles il faut démarrer. Le préchauffage fonctionne pendant toute la durée du processus de démarrage, tant que la borne 50 est alimentée en courant.

Postchauffage. Le postchauffage commence après le démarrage à froid. Dès que le contacteur de ralenti est ouvert et donc la charge du moteur connue, le postchauffage s'interrompt. Il s'enclenche à nouveau en cas de retour au ralenti. Le postchauffage s'arrête si la température du liquide de refroidissement dépasse 60 °C ou après un délai supérieur à 180 secondes.

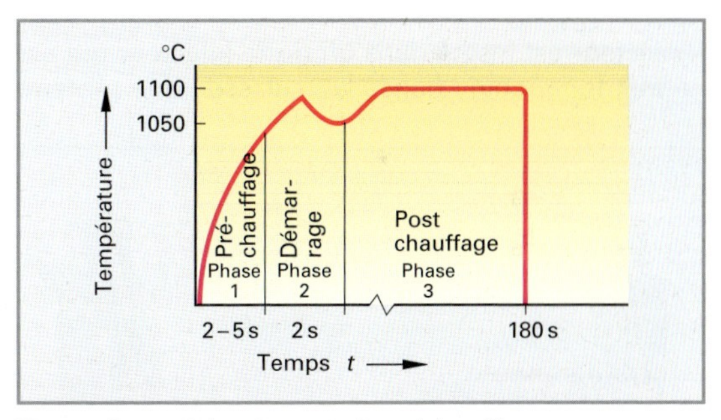

Illustration 3: Déroulement du préchauffage

Bougie-crayon commandée électroniquement

Grâce à la spirale de régulation raccourcie, le temps nécessaire au chauffage de la bougie est minimum. Les bougies-crayons fonctionnent à une tension comprise entre 5 et 8 V, elles sont alimentées à une tension pulsée de 11 V pendant 1 à 2 secondes pour atteindre rapidement une température de 1000 °C. Cela permet de réaliser un démarrage confortable (durée de préchauffage très courte) même en cas de températures extrêmement basses. Le relais de puissance électromagnétique est remplacé par un circuit semi-conducteur. Chaque bougie-crayon peut ainsi être pilotée, contrôlée et diagnostiquée individuellement.

Filament de préchauffage et flasque chauffante

Ce sont des éléments qui permettent de préchauffer l'air d'admission. Ces résistances CTP autorégulatrices ont une puissance électrique de 600 W, elles peuvent atteindre une température comprise entre 900 et 1100 °C.

CONSEILS D'ATELIER

Démontage des bougies-crayons de préchauffage.

- Respecter les couples prescrits pour le serrage et le desserrage! Les bougies de préchauffage peuvent être grippées sur la culasse à cause des dépôts de calamine.
- Si nécessaire, il faut chauffer le moteur pour permettre le desserrage des bougies au couple prescrit.

Montage des bougies-crayons de préchauffage.

- Nettoyer le canal avec un alésoir spécial avant le montage de bougies-crayons neuves.

Test de fonctionnement.

- Les bougies-crayons ne doivent être alimentées qu'à la tension préconisée. Lorsqu'elles sont démontées, elles ne peuvent plus transmettre la chaleur à la culasse et peuvent brûler en une seconde.

12.5.6 Combinaison de porte-injecteur (ill. 1)

L'injecteur est inséré dans un porte-injecteur qui est lui-même monté dans la culasse du moteur.

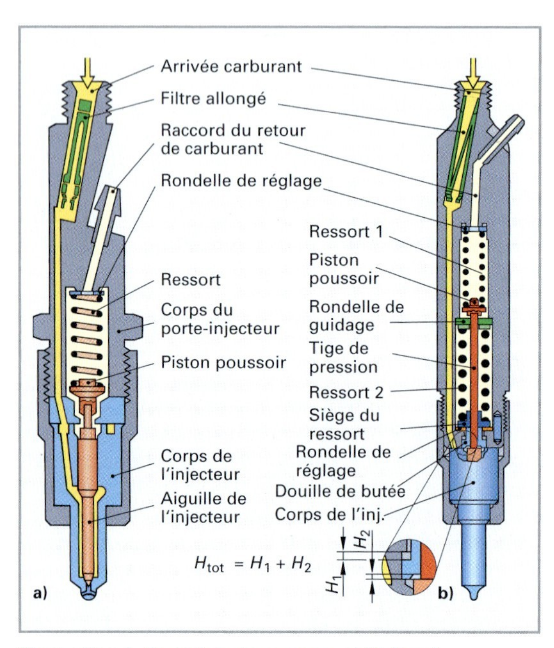

Illustration 1: Porte-injecteur mono et bi-étagé

On distingue les combinaisons de porte-injecteurs mono-étagés et bi-étagés.

Porte-injecteur mono-étagé (ill. 1a). Le carburant acheminé à haute pression par la pompe à injection parvient à l'entrée du porte-injecteur, traverse le filtre allongé pour passer dans la chambre de pression de l'injecteur. Lorsque la pression exercée sur l'épaulement conique de l'aiguille est supérieure à la tension du ressort, l'aiguille se soulève de son siège, l'injecteur s'ouvre et le carburant est injecté dans la chambre de combustion. Pour favoriser la lubrification et le refroidissement, une faible quantité de carburant s'échappe le long de l'aiguille; ensuite, il est reconduit par un circuit de retour jusqu'au réservoir. Lorsque la pression chute dans la tuyau d'injection, la force du ressort repousse l'aiguille sur son siège et l'injecteur se referme.

Porte-injecteur bi-étagé (ill 1b). Il est équipé de deux ressorts de résistance différente qui sont tarés de manière à ce que, lorsque la pression du carburant est basse (env. 180 bar), l'aiguille ne se soulève que contre la force du ressort 1 et bute contre le ressort 2, plus dur (hauteur H_2). L'injecteur s'ouvre légèrement et ne laisse pénétrer dans la chambre de combustion qu'une faible quantité de carburant (pré-injection).

Dès que la pression du carburant s'élève, le ressort 2 se comprime, la levée de l'aiguille est plus importante et permet l'injection principale du carburant. La pré-injection permet d'allonger la durée totale de l'injection, transformant ainsi une combustion très rapide et violente en combustion plus douce. Il en résulte:

- une réduction du bruit de combustion;
- un ralenti plus stable;
- une réduction des émissions de gaz polluants.

Isolation thermique des injecteurs. La douille isolante en acier inoxydable permet de mieux évacuer la chaleur de l'injecteur et de faire descendre sa température de 250 à 200 °C. Ainsi la dureté du siège de l'aiguille ne diminue pas ce qui augmente la durée de vie de l'injecteur.

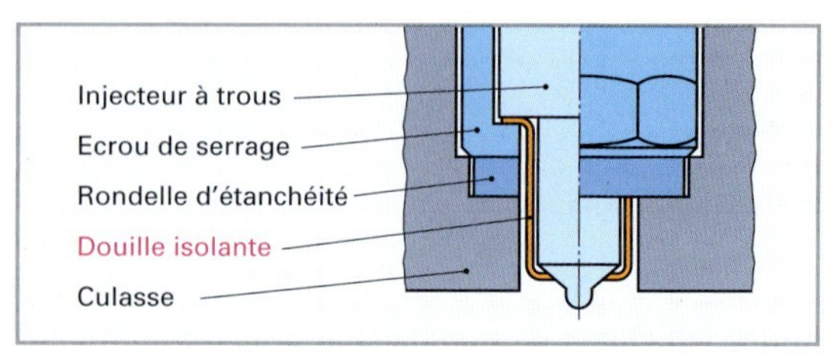

Illustration 2: Douille isolante

Injecteurs

Ils servent à amener le carburant, sous haute pression, dans la chambre de combustion pour assurer un mélange homogène avec l'air, quelle que soit la forme de la chambre de combustion.

La pression d'injection, le degré de pulvérisation et la forme du jet de carburant injecté doivent être parfaitement adaptés aux différentes formes de chambres de combustion.

Les injecteurs ont une fonction déterminante pour:
- la formation du mélange et le déroulement de la combustion;
- le rendement du moteur;
- l'émission de gaz polluants;
- le niveau sonore du moteur.

Structure. Les injecteurs sont composés d'un corps d'injecteur et d'une aiguille **(ill. 1).** Ils sont fabriqués en acier de première qualité et rodés ensemble. Les tolérances prescrites sont de l'ordre de 0,002 à 0,003 mm. En cas d'usure, c'est l'ensemble aiguille-corps de l'injecteur qui doit être remplacé.

Fonctionnement. L'aiguille est maintenue sur son siège par un ou deux ressorts logés dans le porte-injecteur **(voir combinaison de porte-injecteurs, p. 300)**. La pression de carburant exerce une poussée verticale (F_H) sur l'épaulement de l'aiguille. Si cette force de poussée est supérieure à la force du ressort (F_D), l'aiguille se soulève de son siège. Lorsque la pression chute, la force du ressort (F_D) repousse l'aiguille sur son siège, l'injecteur se ferme.

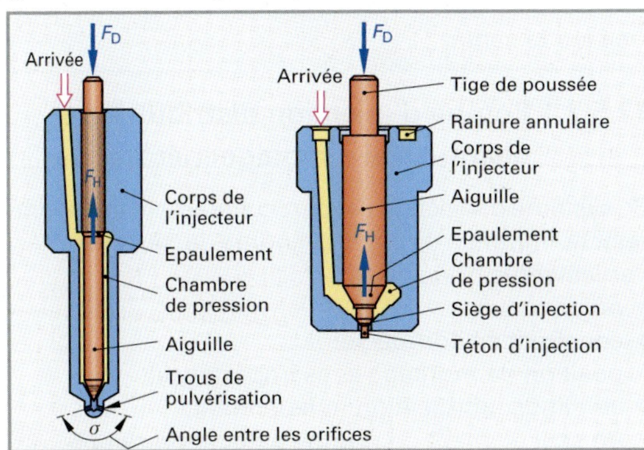

Illustration 1: Injecteurs à trous et à téton

Types d'injecteur. On distingue:
- L'injecteur à trous
- l'injecteur à téton.

L'injecteur à trous

L'injecteur à trous est utilisé exclusivement dans les moteurs à injection directe.

Il existe deux types d'injecteurs à trous **(ill 2):**
- injecteur à trou borgne
- injecteur à siège perforé

Ils peuvent avoir jusqu'à 8 orifices d'injection disposés de manière symétrique sur la circonférence.

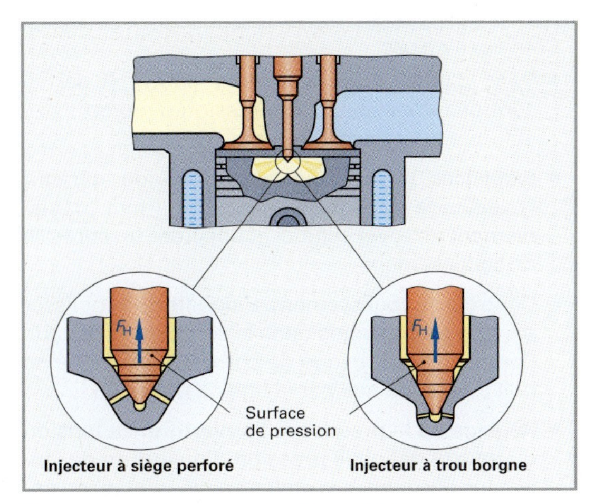

Illustration 2: Injecteurs à trous multiples

Le diamètre des trous d'injection varie en fonction de la quantité de carburant à injecter: 0,15 mm pour les moteurs de petite cylindrée et jusqu'à 0,4 mm pour les moteurs de grosse cylindrée.

Caractéristiques. Afin de limiter l'émission de particules d'hydrocarbures non brûlées, il est important que le volume résiduel situé sous le siège de l'injecteur soit aussi réduit que possible. Pour cela, les injecteurs à siège perforé sont parfaitement adaptés.

Pressions à l'ouverture de l'injecteur. Elle varie de 200 à 300 bar selon le type de construction du moteur. Il ne faut pas confondre la pression à l'ouverture avec la pression d'injection maximale, cette dernière s'élève de manière importante lorsque la charge et le régime augmentent. Elle peut atteindre environ 2000 bar selon le système d'injection.

Injecteurs à téton (ill 3).

Ils sont utilisés dans les moteurs avec chambre de précombustion ou avec chambre de turbulence.

La pression à l'ouverture de l'injecteur varie de 80 à 125 bar. L'extrémité inférieure de l'aiguille de l'injecteur est formée d'un téton d'injection de forme particulière qui pénètre dans l'orifice d'injection du corps de l'injecteur.

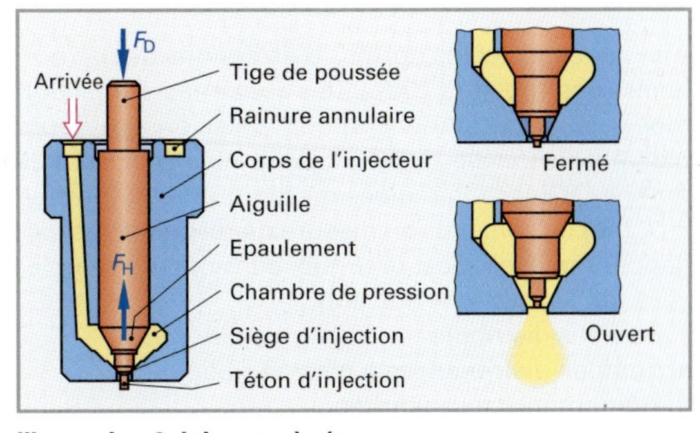

Illustration 3: Injecteur à téton

Conseils d'atelier

- **Banc d'essai pour injecteurs (ill. 1).** Il sert à contrôler l'étanchéité, la pression d'ouverture et la forme du jet des différents injecteurs.
- **Exigences pour le contrôle.** Afin de garantir l'exactitude du test de l'injecteur, il faut préalablement nettoyer celui-ci et effectuer un contrôle de coulissement.
- **Contrôle de coulissement.** L'aiguille doit coulisser par son propre poids dans le corps de l'injecteur. Pour éviter tout risque de corrosion, l'aiguille ne doit être saisie que par la tige de poussée!
- **Règlage de la pression à l'ouverture.** La tension du ressort définit la pression d'ouverture de l'injecteur. Elle peut être réglée en insérant ou en enlevant des rondelles de réglage placées entre le ressort et le porte-injecteur.
- **Contrôle d'étanchéité.** L'injecteur est soumis pendant 10 secondes à une pression de 20 bar en-dessous de la pression d'ouverture; il est considéré étanche lorsqu'aucune goutte de carburant n'apparaît par les trous.
- **Contrôle du bourdonnement.** Lors du réglage de la pression à l'ouverture de l'injecteur, selon les prescriptions du constructeur, il est aussi nécessaire d'être attentif aux bruits lors de l'ouverture de l'aiguille de l'injecteur et à la forme du jet d'injection. La pression diminue et l'aiguille est repoussée sur son siège, la pression augmente à nouveau et l'injecteur s'ouvre. Ces mouvements répétés de l'aiguille provoquent le bourdonnement. Pour effectuer ce contrôle, la vanne de fe-rmeture doit être fermée.

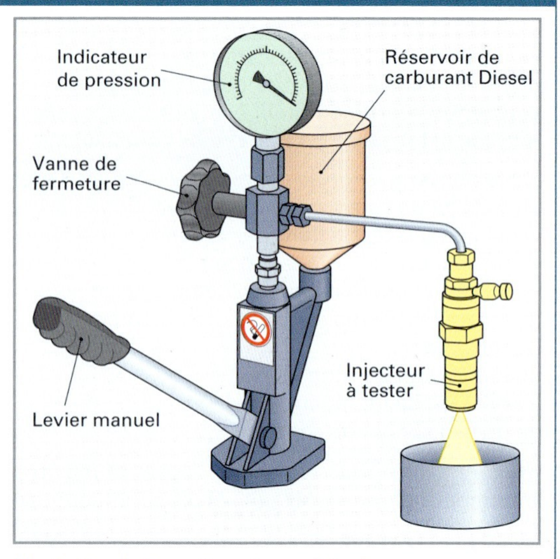

Illustration 1: Banc d'essai pour injecteurs

Prévention des accidents.

- Il est dangereux de toucher le jet de carburant sous pression car il va pénétrer profondément dans la peau et provoquer un empoisonnement du sang.
- Porter des lunettes de protection lors de tous les travaux effectués au banc d'essai. L'utilisation d'une installation de ventilation est recommandée car les vapeurs de carburant ont un effet nocif sur la santé.

12.5.7 Dispositifs d'injection des moteurs Diesel pour véhicules de tourisme

Ils ont pour tâche:

- de générer la pression nécessaire;
- d'injecter la quantité nécessaire de carburant (régulation du débit d'injection);
- de définir le début de l'injection (régulation du début de l'injection).

Afin de respecter les normes d'émissions de gaz polluants des moteurs Diesel, les systèmes d'injection modernes fonctionnent à des pressions toujours plus élevées et de façon toujours plus précise. Les pompes d'injection réglées mécaniquement (pompe en ligne) ne sont plus en mesure de respecter les exigences requises, c'est pourquoi elles ont été remplacées par les système suivants:

- pompes distributrices à piston axial;
- pompes distributrices à pistons radiaux;
- élément injecteur-pompe;
- Common Rail.

12.5.7.1 Pompe d'injection distributrice à piston axial à réglage mécanique

Ce système d'injection est particulièrement approprié pour les moteurs de petite cylindrée de 3 à 6 cylindres. Particularités principales:

- poids réduit;
- construction compacte;
- position de montage sans importance;
- circuit de lubrification indépendant;
- un seul élément de pompe à haute pression;
- permet le contrôle électronique de l'injection.

Construction. Elle comprend les ensembles constitutifs suivants **(ill. 1, p. 303)**:

- arbre d'entraînement;
- pompe de carburant à palettes;
- mécanisme de rotation et de course du piston;
- élément de pompe à haute pression;
- système de levier avec tiroir de régulation pour le dosage du carburant;
- régulateur centrifuge de régime;
- variateur hydraulique d'avance à l'injection pour corriger le début du refoulement.

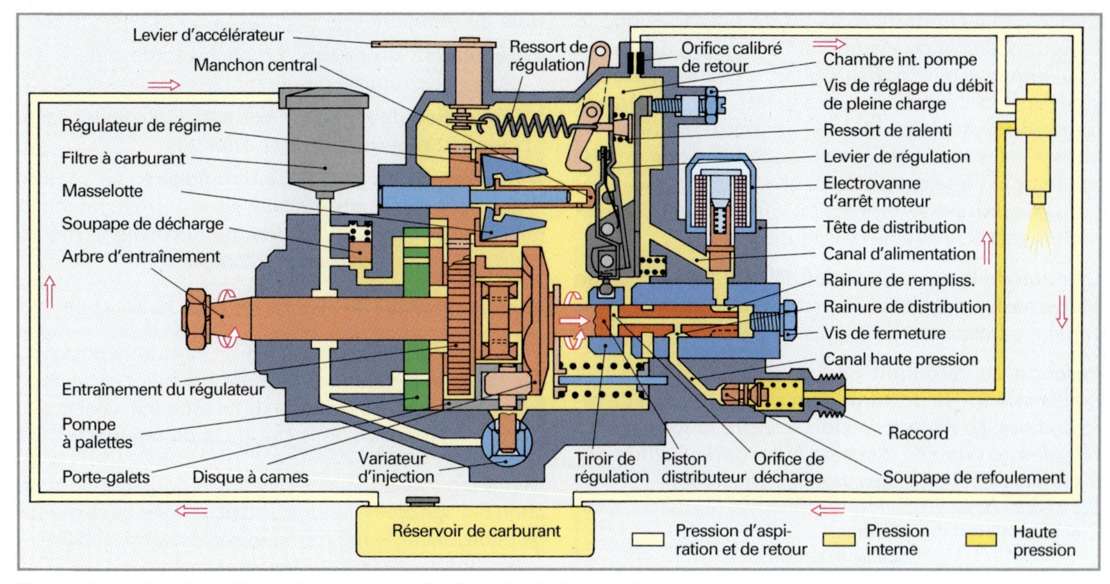

Illustration 1: Système d'injection à pompe distributrice à piston axial

La pompe à palettes (pompe d'alimentation en carburant), le mécanisme d'entraînement du régulateur (engrenage) et le disque à cames soutenu par le porte-galets, sont reliés à l'arbre d'entraînement.

L'élément de pompe à haute pression et le tiroir de régulation se trouvent dans la tête de distribution. On y visse, sur le dessus, l'électrovanne d'arrêt du moteur et, sur la face avant, les soupapes de refoulement.

Pompe à palettes (ill. 2). A chaque tour, elle refoule une quantité constante de carburant vers la chambre intérieure de la pompe. Le débit (env. 100 à 180 l/h) est suffisant pour alimenter l'élément de pompe à haute pression et pour refroidir et lubrifier la pompe d'injection.

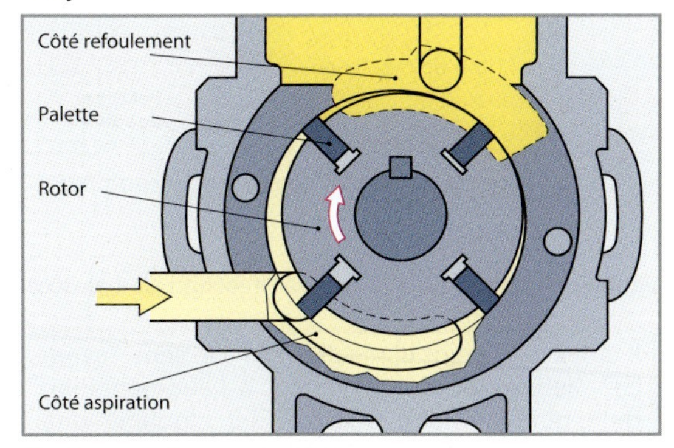

Illustration 2: Pompe à palettes

Fonctionnement. La bague extérieure de la pompe est excentrée par rapport au rotor à palettes; du côté aspiration, le volume est important. En suivant le sens de rotation, il se rétrécit pour refouler le carburant à l'intérieur de la pompe. Le débit augmente proportionnellement avec le régime du moteur.

Soupape de décharge (ill. 3). Elle limite la pression maximale à une valeur de 12 bar; lors de son ouverture, elle permet au surplus de carburant de circuler de la chambre intérieure de la pompe au côté aspiration de la pompe à palettes.

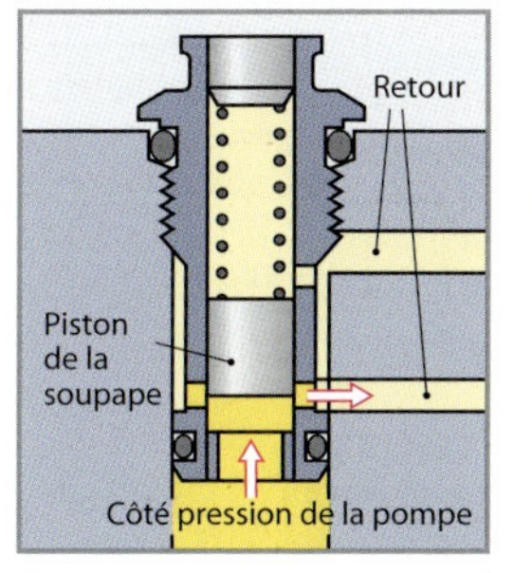

Ill. 3: Soupape de décharge

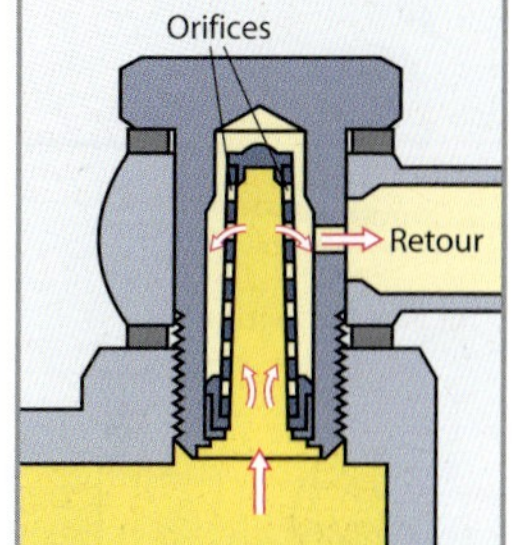

Ill. 4: Orifice calibré de retour

Orifice calibré de retour (ill 4). L'orifice calibré de retour permet à une quantité variable de carburant de retourner vers le réservoir.

La soupape de décharge et l'orifice calibré de retour permettent de régler la pression interne de la pompe aux valeurs suivantes:

- env. 3 bar au régime de ralenti;
- jusqu'à env. 8 bar au régime maximal.

Elément de pompe à haute pression. Le carburant provenant de la chambre intérieure de la pompe, passe par le canal d'admission et la rainure de remplissage du piston distributeur pour arriver dans la chambre haute pression de la pompe **(ill. 1a, p. 304).** L'arbre d'entraînement imprime un mouvement rotatif au piston distributeur, ainsi qu'au disque à cames. Celui-ci possède autant de bossages que le moteur possède de cylindres. Ces cames déplacent axialement le piston distributeur à chaque passage sur les galets radiaux du porte-galets. Le mouvement rotatif du piston distributeur permet d'ouvrir et de fermer les rainures de remplissage ainsi que de distribuer, par l'intermédiaire de la rainure de distribution, le carburant sous pression vers les canaux de refoulement de la tête de distribution.

Création de la haute pression (ill. 1b). Elle est créée par le mouvement axial du piston dès la fermeture du canal d'admission.

Injection du carburant (ill 1b). Elle commence dès que la rainure de distribution a atteint le canal de refoulement. La haute pression soulève la soupape de refoulement de son siège et le carburant afflue par les conduites d'injection vers les injecteurs.

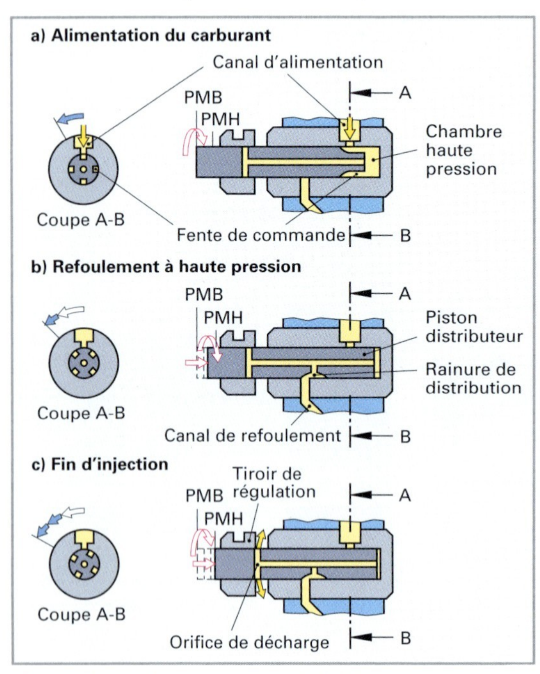

Illustration 1: Fonctionnement de l'élément de pompe

Fin d'injection (ill. 1c). L'injection se termine lorsque le tiroir de régulation libère l'orifice de décharge du piston distributeur. Durant le mouvement résiduel, le carburant reflue dans la chambre intérieure de la pompe . Après le PMH, le piston distributeur se déplace en position PMB et ferme l'orifice de décharge au moyen du tiroir de régulation. La chambre à haute pression est à nouveau remplie par la prochaine rainure d'alimentation du piston distributeur.

Régulateur mécanique de la quantité d'injection

Construction. C'est un régulateur de type centrifuge, dont les masselottes et le manchon central sont entraînés par un engrenage.

Rôle du régulateur de régime:

- **Régulation du ralenti.** Empêche toute baisse excessive du régime de ralenti.
- **Régulation du régime maximum.** Evite le dépassement du régime maximal autorisé.
- **Régulation du régime intermédiaire.** Le régime souhaité par le conducteur, situé entre le ralenti et le régime maximal, est maintenu constant, même en cas de changement de charge.

Fonctionnement du régulateur tous régimes (ill. 2).

> Les masselottes et le manchon central déplacent le tiroir de régulation par l'intermédiaire du levier de régulation. La position de ce tiroir est ainsi modifiée en fonction de la charge et du régime.

Démarrage/ralenti. Les masselottes poussent le manchon qui agit contre la tension des ressorts de démarrage et de ralenti, le régime de ralenti est ainsi stabilisé.

Régime maximal. Lorsque le moteur atteint son régime le plus élevé, les masselottes agissent contre le ressort de régulation. Le levier pivote, déplace le tiroir de régulation qui libère l'orifice de décharge. L'injection est coupée et le moteur ne peut pas dépasser son régime maximal.

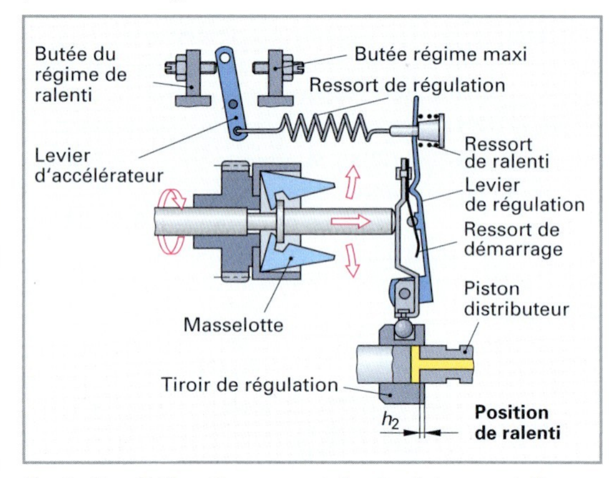

Illustration 2: Fonctionnement du régulateur centrifuge

Variateur hydraulique d'avance à l'injection (ill. 1, p. 305).

> Il déplace le point d'injection dans le sens "avance", ceci proportionnellement à l'augmentation du régime moteur. Cela permet d'obtenir une puissance maximale, une diminution de la consommation de carburant et une diminution d'émission de gaz polluants.

Construction. Le variateur d'avance est monté transversalement sous la pompe. Il se compose d'un piston hydraulique relié par un axe au porte-galets et d'un ressort.

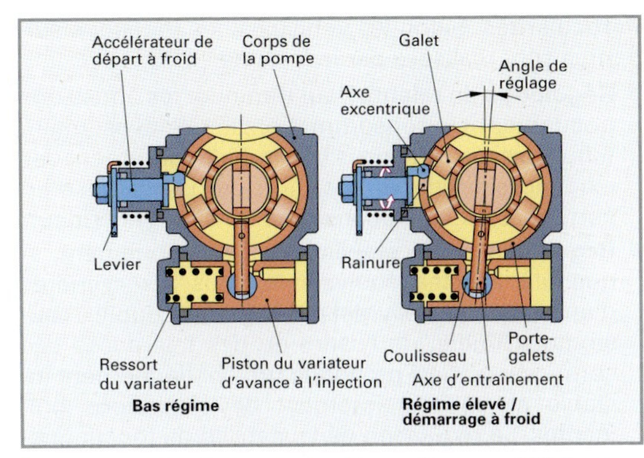

Illustration 1: Variateur hydraulique d'avance à l'injection avec accélérateur de démarrage à froid

Fonctionnement. Quand le moteur est à l'arrêt, le piston du variateur est maintenu dans sa position initiale par le ressort. Lorsque le moteur fonctionne, la pression de la chambre intérieure qui dépend de la fréquence de rotation de la pompe à palettes, surpasse la force du ressort et pousse le piston du variateur. Le mouvement axial du piston déplace le porte-galets qui se positionne dans le sens "avance à l'injection", à l'inverse du sens de rotation du piston distributeur. Le disque à cames entre en contact plus tôt avec les galets du porte-galets, le point d'injection est donc avancé.

Dispositifs accessoires

Butée de pleine charge en fonction de la pression de suralimentation. Ce dispositif permet d'obtenir une puissance du moteur plus élevée. Il s'agit d'une commande par membrane pour les moteurs suralimentés qui permet de varier le débit injecté en fonction de la pression de suralimentation. Comme cette dernière augmente avec le régime du moteur, on peut donc injecter une quantité plus importante de carburant dans ce surplus d'air sans augmenter la quantité de fumée.

Accélérateur de démarrage à froid (ill. 1). Ce dispositif permet de réduire le cognement du moteur Diesel et les émissions de gaz polluants lors du démarrage à froid. Il avance légèrement le point d''injection lors du démarrage à froid du moteur. A froid le délai d'inflammation du carburant augmente, l'avance du point d'injection permet de compenser ce phénomène. Cette correction se fait soit manuellement, soit automatiquement par un dispositif de commande dépendant de la température.

Dispositif d'arrêt électrique (ELAB). Il permet d'arrêter le moteur électriquement grâce au contacteur d'allumage/démarrage. Une électrovanne ferme le canal d'alimentation de la chambre haute pression du piston distributeur, coupant ainsi l'injection de carburant dans le moteur.

TRAVAUX D'ATELIER

Démontage et remontage d'une pompe d'injection distributrice à piston axial

Pour démonter la pompe, il faut placer le premier cylindre au point d'injection. On peut ensuite commencer le démontage. Le montage se fait dans l'ordre inverse, en veillant au calage initial du moteur par rapport à la pompe grâce aux repères de calage. Il faut vérifier le début du refoulement.

Réglage du début du refoulement

Dans une pompe d'injection distributrice à piston axial, le début du refoulement est réglé à l'aide d'un comparateur à cadran. Pendant le réglage, l'accélérateur de démarrage à froid ne doit pas être actionné. Le vilebrequin est tourné de façon à ce que le piston du premier cylindre se trouve en position d'avance à l'injection. Les repères du volant moteur et du carter d'embrayage doivent être alignés. On peut alors enlever la vis de fermeture **(voir ill. 1, p. 303)** et installer l'adaptateur et le comparateur à cadran **(ill. 2)**. On tourne alors le pignon d'entraînement de la pompe dans le sens inverse du sens de rotation du moteur. Si l'aiguille du comparateur à cadran reste à la même place, cela signifie que le piston de la pompe se trouve en position PMB. Il faut alors régler le comparateur sur zéro, puis faire tourner le pignon d'entraînement jusqu'à la valeur de référence. Le comparateur à cadran indique une certaine mesure en mm, qui est celle que le fabricant a défini pour le déplacement du piston. Si ce n'est pas le cas, il faut desserrer la bride de la pompe et tourner le carter de pompe jusqu'à obtenir la valeur désirée.

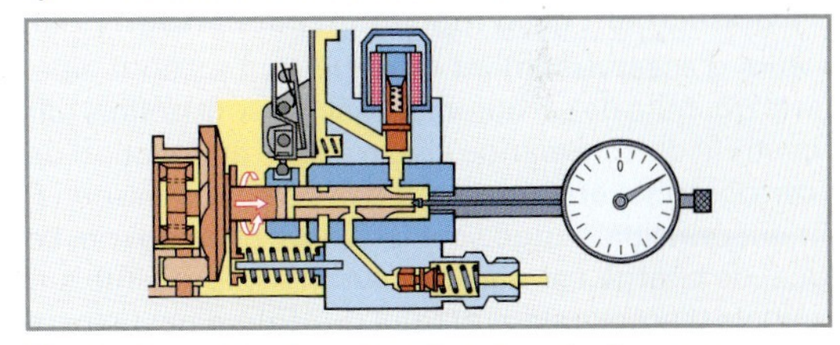

Illustration 2: Réglage du début du refoulement

Réglage du régime de ralenti et du régime maximal. Ce réglage doit s'effectuer moteur chaud. L'accélérateur de démarrage à froid ne doit pas être actionné. Accélérateur lâché, le réglage du régime de ralenti se règle grâce à la vis de butée de ralenti. Le réglage du régime maximum peut être corrigé, en fonction des prescriptions du constructeur, grâce à la vis d'ajustage.

QUESTIONS DE RÉVISION

1 **Expliquez le réglage du début de l'injection et de la quantité de carburant injectée d'une pompe à piston axial.**
2 **Citez les avantages d'un porte-injecteur bi-étagé par rapport à un porte-injecteur mono-étagé.**
3 **Comment contrôlez-vous un injecteur et quelles sont les prescriptions de sécurité à respecter?**

12.5.7.2 Le contrôle électronique de l'injection Diesel (EDC)

Le système d'injection à régulation électronique permet un contrôle exact du début d'injection ainsi qu'une très grande précision de dosage du débit de carburant.

Avantages d'un dispositif d'injection Diesel avec EDC:

- abaissement des émissions de gaz polluants;
- diminution de la consommation de carburant;
- optimisation du couple et de la puissance;
- amélioration du temps de réponse en accélération;
- réduction du bruit du moteur;
- fonctionnement optimal sur toute la plage d'utilisation;
- installation facilitée d'un limiteur de vitesse;
- adaptation aisée d'un type de moteur sur différents véhicules.

Construction. L'injection Diesel EDC se compose de:

- **Capteurs.** Ils mesurent les données de fonctionnement, telles que charge, régime, température du moteur, pression de charge ainsi que les conditions de l'environnement comme la température de l'air d'admission et la pression de suralimentation.
- **Bloc de commande électronique.** C'est un microordinateur qui gère les informations et qui tient également compte des valeurs de consigne mémorisées sous forme cartographique, ce qui lui permet de déterminer le débit d'injection, le début de l'injection et de réguler la quantité des gaz recylcés et la pression de suralimentation.
- **Actuateurs.** Ils permettent de contrôler le dispositif d'injection, le système de recyclage des gaz d'échappement et le système de suralimentation.

Fonctionnement de la régulation par cartographie

Valeurs d'asservissement principales. Le début ainsi que la quantité de carburant à injecter sont définis par la centrale de commande électronique en fonction de la cartographie et sur la base des valeurs d'asservissement principales que sont la charge et le régime. Le signal de charge est mesuré par un capteur situé sur la pédale d'accélérateur et celui du régime par un capteur placé sur le vilebrequin.

Valeurs de correction. Elles servent à optimiser les durées d'injection par rapport à la situation de conduite et aux conditions de l'environnement. Une cartographie est mémorisée pour chaque valeur de correction, p. ex. pour la:

- température du moteur;
- température du carburant;
- pression de suralimentation;
- température de l'air d'admission.

Mesure de l'écart entre valeur de consigne et valeur réelle. Des capteurs informent la centrale de commande sur le réglage en cours. Le cas échéant, la centrale de commande corrige les actuateurs concernés.

Particularités. Selon les véhicules, les fonctions suivantes sont réalisées par le biais de l'EDC:

- **Régulation du ralenti.** Pour diminuer les émissions polluantes et la consommation, le ralenti est maintenu aussi bas que possible, indépendamment des exigences de couple, p. ex. lors de l'utilisation d'un compresseur de climatisation ou d'un générateur.
- **Régulation de la stabilité de fonctionnement.** A quantité injectée équivalente, tous les cylindres d'un moteur ne délivrent pas le même couple à cause, notamment, de l'usure ou des tolérances des composants. Ceci provoque un fonctionnement instable et un accroissement des émissions polluantes. La régulation de la stabilité de fonctionnement reconnaît le phénomène sur la base de la variation de l'accélération du vilebrequin à l'aide du capteur de régime. Le système procède à une correction de la quantité injectée à chaque cylindre.
- **Coupure d'alimentation en décélération.** A la descente, l'injection est interrompue.
- **Amortissement actif des à-coups.** Lors de changement soudain de la charge, la modification de couple du moteur provoque des à-coups dans la transmission du véhicule. Ces à-coups sont détectés par le signal du régime et amortis par le système de régulation active. Afin de neutraliser l'effet des à-coups, la quantité injectée est réduite en cas d'augmentation du régime ou augmentée en cas de baisse de régime.
- **Interventions externes.** Le temps d'injection est influencé par d'autres appareils de commande, tels que la commande de boîte de vitesses, l'ASR ou l'ESP. Ces systèmes informent la centrale de commande, via un bus de données, si et dans quelles mesures le couple du moteur doit être modifié et ceci indépendamment de la volonté du chauffeur.
- **Antidémarrage électronique.** Afin d'éviter tout démarrage inopportun, la centrale de commande permet de démarrer le moteur seulement sous certaines conditions.
- **Tempomat.** Il règle la vitesse du véhicule à une valeur souhaitée. La quantité injectée est modifiée constamment afin que la valeur réelle de la vitesse corresponde à la valeur de consigne.
- **Autodiagnostic.** Les signaux d'entrée et de sortie sont contrôlés. Les défauts identifiés sont mémorisés dans la centrale de commande, puis communiqués au conducteur.
- **Fonctionnement de secours.** Suivant le défaut constaté, la centrale de commande enclenche le programme de fonctionnement de secours. On distingue:
  - ⇒ **réduction de 30 % de la puissance,** p. ex. en cas d'absence de valeurs de correction;
  - ⇒ **augmentation du régime de ralenti,** p. ex. en cas d'absence de valeurs d'asservissement principales;
  - ⇒ **arrêt d'urgence,** p. ex. en cas de dégâts significatifs au moteur.

12

12.5.7.3 Pompe d'injection distributrice à piston axial à régulation électronique (VE-EDC)

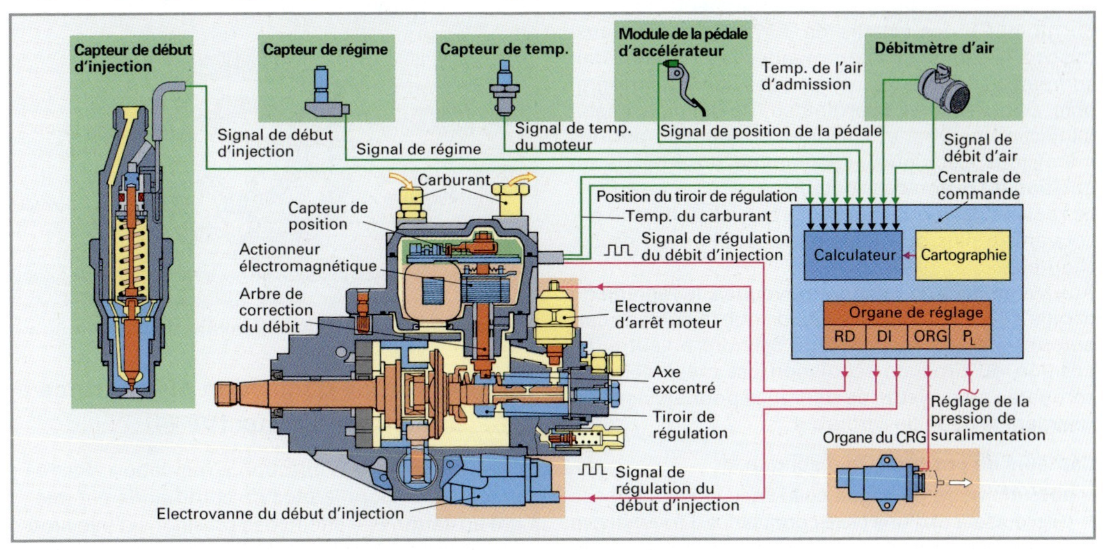

Illustration 1: Pompe d'injection distributrice à piston axial à régulation électronique EDC

C'est une pompe d'injection distributrice à piston axial avec un actionneur électromagnétique pour le tiroir de régulation. Une électrovanne de correction est reliée au variateur d'avance à l'injection **(ill. 1)**.

Régulation du début de l'injection (DI). Le variateur hydraulique d'avance à l'injection **(ill 2)** est commandé par une électrovanne (signal MIL).

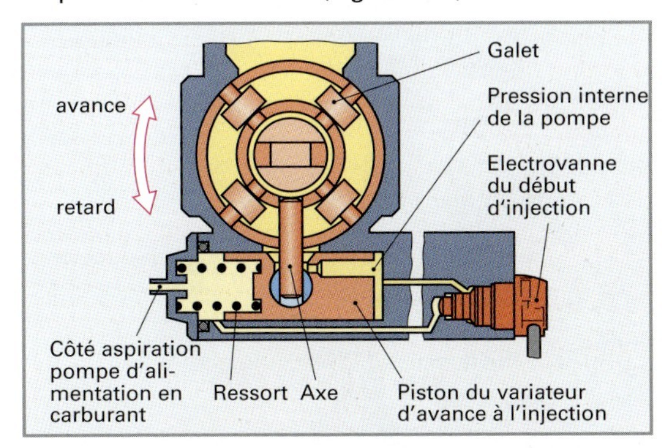

Illustration 2: Electrovanne du piston de variateur d'avance à l'injection

Réglage mode retard. Lorsque l'électrovanne reste ouverte un certain temps, la pression diminue sur le piston du variateur, ce qui provoque une rotation du porte-galets et retarde le début d'injection.

Réglage mode avance. Si l'électrovanne est fermée, la pression augmente sur le piston du variateur, le porte-galets pivote pour avancer le début d'injection.

Début théorique de l'injection. Il dépend du régime et des différentes valeurs de correction.

Début réel de l'injection. Il est détecté par le capteur de mouvement de l'aiguille et est transmis à la centrale de commande pour comparaison avec la valeur de consigne. Si les deux valeurs ne correspondent pas, le début de l'injection est corrigé par l'électrovanne.

Absence de signal. Si l'électrovanne ne commande plus le variateur d'avance à l'injection, le début de l'injection continue à être ajusté par la pression interne de la pompe qui dépend du régime. Dans ce cas, l'injection fonctionne sur le mode "secours", la puissance du moteur est réduite d'environ 30 % et l'erreur est enregistrée dans la centrale de commande.

Capteur du mouvement de l'aiguille (ill 1). Il indique à la centrale de commande le moment d'ouverture et de fermeture de l'injecteur. Ce capteur est généralement monté dans le porte-injecteur central du moteur.

Fonctionnement. Lors de l'ouverture ou de la fermeture de l'injecteur, les mouvements de l'aiguille modifient le champ magnétique de la bobine et induisent une tension. Les dépassements de la tension de seuil servent de signal à la centrale de commande pour actionner le début de l'injection **(ill. 3)**.

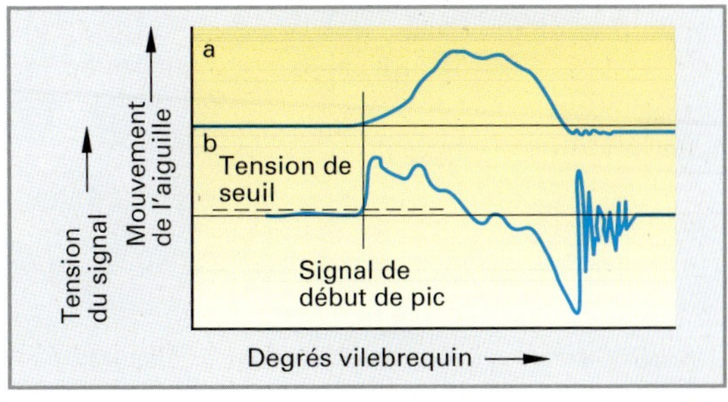

Illustration 3: Signal du capteur de mouvement de l'aiguille

Réglage de la quantité d'injection. Les informations sur la position de la pédale d'accélérateur, le régime du moteur et les valeurs de correction sont transmises à la centrale de commande. Ces signaux sont comparés aux valeurs mémorisées dans la cartographie, ce qui permet à l'ordinateur de définir un débit d'injection optimal et ainsi de commander, par des impulsions électriques, l'actionneur du tiroir de régulation du piston distributeur.
Le réglage de la quantité de carburant s'effectue par l'ouverture plus ou moins rapide de l'orifice de décharge.
Aux fréquences de rotation moyennes, le réglage du débit s'effectue de façon si rapide que le débit de carburant peut être modifié d'un cylindre à l'autre. La position du tiroir de régulation est mesurée, puis comparée aux valeurs de référence pour ajuster précisément le débit de carburant.

Capteurs de position. On distingue le:

- **potentiomètre de bague collectrice**. Il est composé d'un curseur et d'une piste conductrice. La résistance varie en fonction de la position du curseur sur la piste. Ce potentiomètre est soumis à l'usure mécanique.
- **capteur semi-différentiel de position (ill. 1).** Il est composé d'un noyau en fer doux, d'une bobine de mesure, d'une bobine de référence ainsi que d'un élément de référence fixe. Le déplacement de l'élément de mesure modifie le flux magnétique et donc la tension de la bobine de mesure U_A. Le système est très précis et n'est pas soumis à l'usure car il travaille sans aucun contact mécanique.

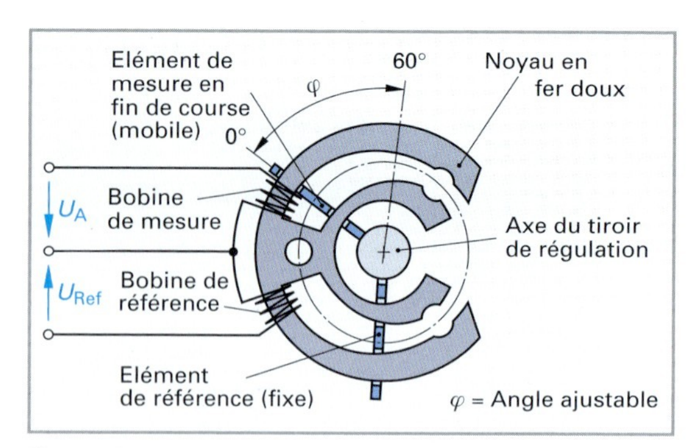

Illustration 1: Capteur semi-différentiel de position

12.5.7.4 Pompe d'injection distributrice à pistons radiaux (VP44)

C'est une pompe d'injection à régulation électronique (EDC) dont le bloc de commande est intégré au carter. Elle atteint des pressions d'injection pouvant aller jusqu'à 1900 bar et peut être montée dans n'importe quelle position **(ill. 2).**

Fonctionnement. L'arbre de commande entraîne la pompe à palettes et l'arbre de commande de distribution, tout ceci à la moitié du régime du vilebrequin. Lors de la rotation de la pompe, les rouleaux des poussoirs à galets se déplacent sur la piste de la bague à cames et poussent axialement les deux pistons à haute pression.

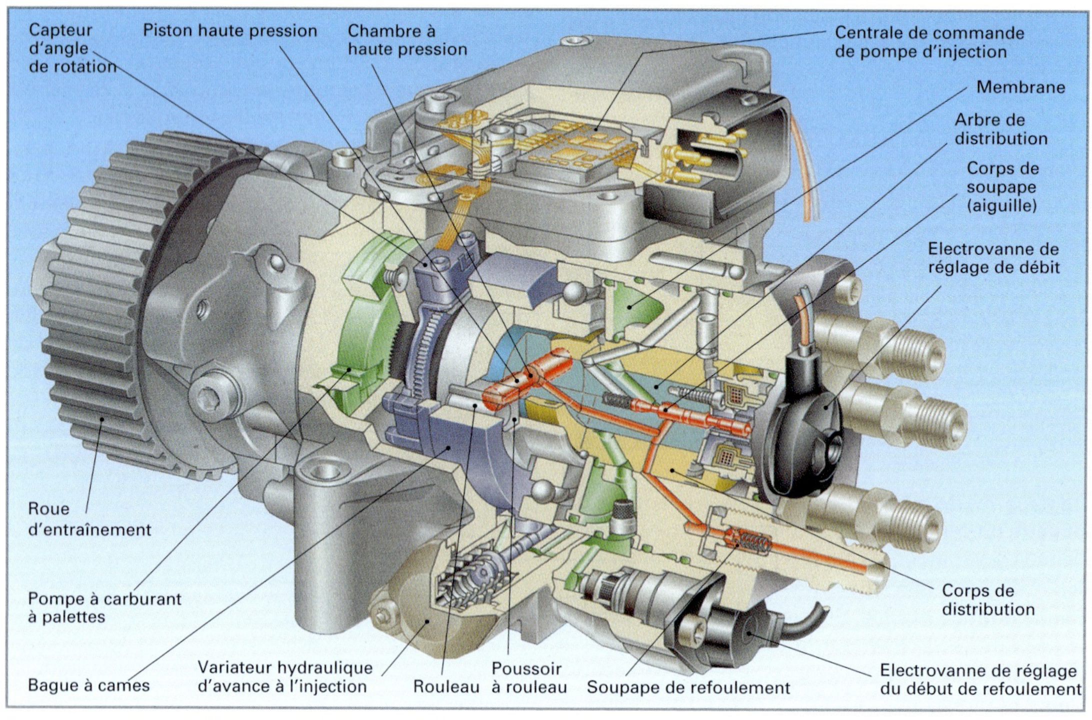

Illustration 2: Pompe d'injection distributrice à pistons radiaux (VP44)

L'électrovanne contrôle le début d'injection et la quantité de carburant injectée. L'électrovanne du variateur hydraulique d'avance à l'injection permet, grâce à la rotation de la bague à cames, de créer la haute pression au moment idéal correspondant.

Fonctions. La pompe à injection VP44 assure:

- l'alimentation en carburant;
- la production et la distribution de la haute pression;
- la régulation du début d'injection;
- la régulation du débit de carburant injecté.

Alimentation en carburant. La pompe à palettes aspire le carburant dans le réservoir et le refoule à l'intérieur de la pompe. Contrairement à la pompe rotative, seul l'espace situé derrière la membrane est rempli, cela permet une pression de remplissage plus élevée, qui se situe:

- au ralenti à environ 3 à 4 bar;
- à charge partielle entre 4 et 15 bar;
- à haut régime et pleine charge de 15 à 20 bar.

Le régulateur de pression et l'orifice calibré de retour permettent de limiter la pression.

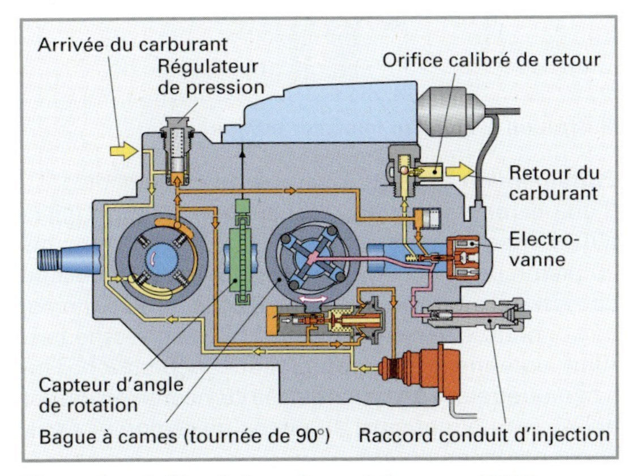

Illustration 1: Circuit du carburant dans une VP44

Variateur d'avance à l'injection (ill. 2). Lors de la rotation de la bague à cames, les poussoirs à rouleaux se déplacent plus tôt ou plus tard sur les bossages. L'injection ne peut avoir lieu que si l'électrovanne est fermée car, si elle reste ouverte, le carburant est refoulé dans le circuit interne.

La position de la bague à cames définit le moment où l'injection peut commencer.

Rôle. La pression d'injection élevée de la pompe VP44 exerce des forces très importantes sur la bague à cames. Les rapports de pression hydrauliques qui agissent sur le piston du variateur d'avance à l'injection permettent d'effectuer des réglages rapides et précis.

Réglage du variateur sur "avance". En position de repos, le piston du variateur d'avance est maintenu en position "retard" par le ressort de rappel. Lorsque l'électrovanne se ferme grâce au signal MIL, la pression agit sur le piston de commande. Celui-ci, en se déplaçant vers la droite, entraîne le le tiroir de régulation qui ouvre un orifice pour laisser passer le carburant sous pression dans la chambre de travail du piston du variateur d'avance. Le piston se déplace vers la droite en direction "avance".

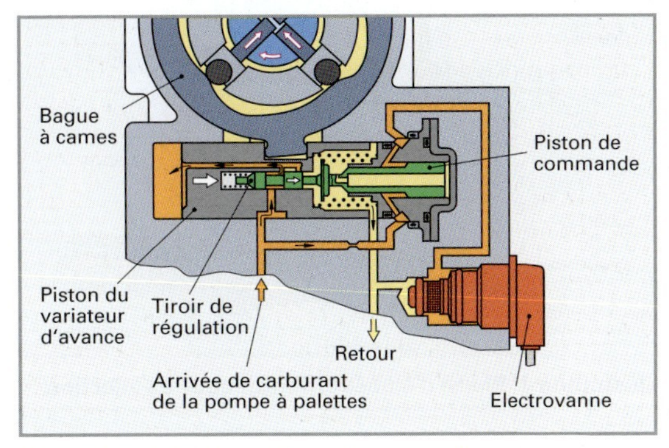

Illustration 2: Réglage du variateur sur "avance"

Réglage du variateur sur "retard". Le signal de la centrale de commande ouvre l'électrovanne. La pression du carburant diminue sur le piston de commande. La force du ressort repousse le piston de commande et le tiroir de régulation sur la gauche. La chambre de pression est reliée par l'orifice au circuit de retour. Le piston du variateur d'avance est repoussé par son ressort de rappel dans le sens "retard".

Phases d'alimentation

Phase de remplissage (ill. 3). Lorsque les poussoirs à rouleaux se trouvent dans le creux des cames de la bague, l'électrovanne se met en position de remplissage (ouverte et non alimentée en courant). Le carburant afflue dans la chambre haute pression à la valeur de la pression interne de la pompe et pousse les pistons contre les poussoirs à rouleaux.

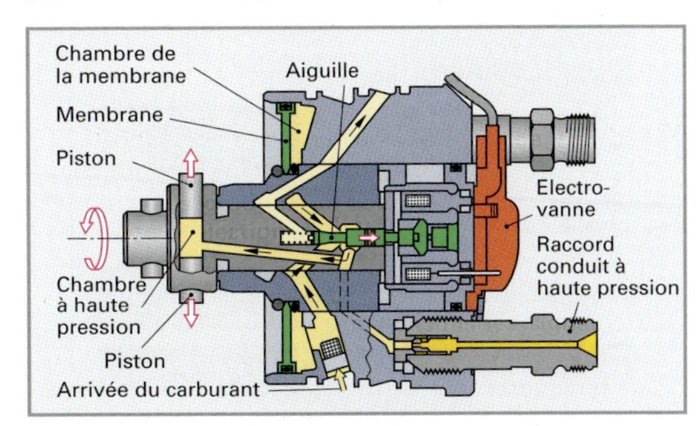

Illustration 3: Phase de remplissage de la chambre à haute pression

12

Phase d'alimentation / début de l'injection (ill. 1). L'électrovanne, activée par un courant électrique (fermeture 20 A, maintien 13 A), ferme l'arrivée du carburant. Les pistons poussés par les poussoirs à rouleaux se rapprochent l'un de l'autre, refoulant le carburant hors de la chambre haute pression vers l'injecteur.

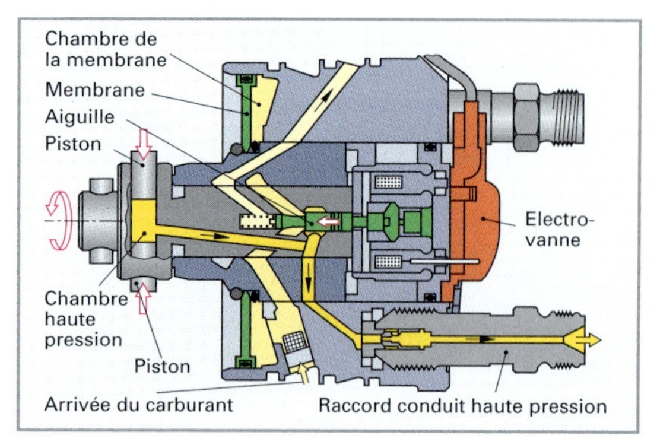

Illustration 1: Phase d'alimentation/début de l'injection

Fin de l'injection. Lorsque la quantité de carburant nécessaire est atteinte, la centrale de commande coupe l'alimentation en courant de l'électrovanne qui se remet en position de remplissage et permet à la haute pression de retourner dans la chambre interne de la pompe.

L'**ill. 2** montre le schéma de régulation de la quantité injectée, du début d'injection possible et du début d'injection effectif. Lorsqu'un capteur tombe en panne, le circuit de régulation est mis hors service et la centrale de commande passe en mode secours.

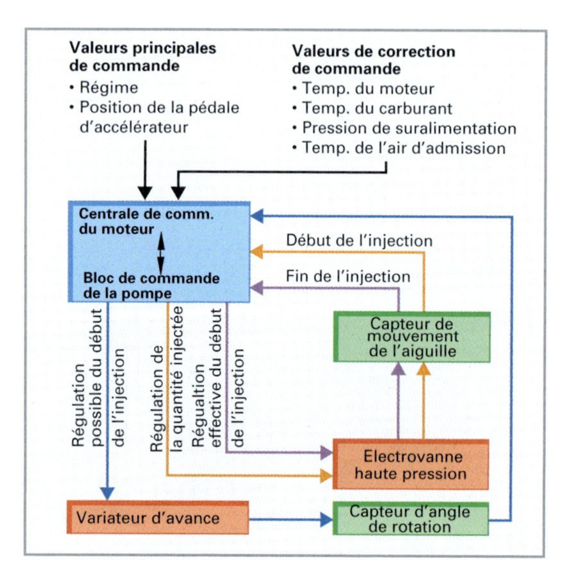

Illustration 2: Circuit de commande et de régulation d'une pompe VP 44

12.5.7.5 Système à injecteur-pompe

Ce système comporte un élément injecteur-pompe par cylindre qui est placé à l'intérieur de la culasse. La pression d'injection peut atteindre une valeur de 2200 bar.

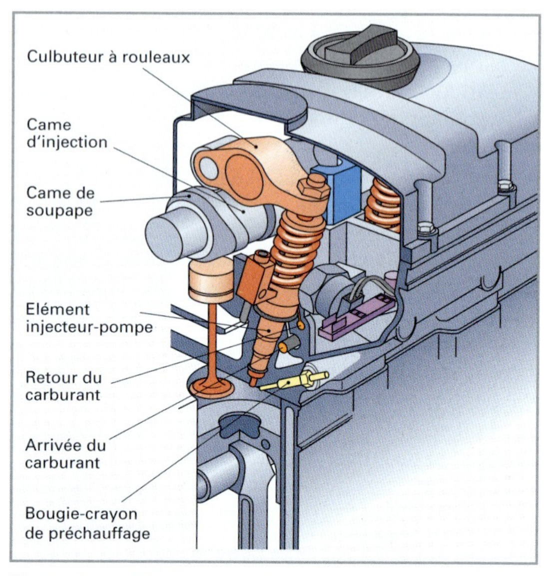

Illustration 3: Elément injecteur-pompe

Entraînement. L'arbre à cames du moteur dispose d'une came d'injection pour chaque élément injecteur-pompe. Le mouvement de la came est transmis au piston de la pompe par un culbuteur à rouleaux. La came d'injection a un bord à attaque très rapide, ce qui pousse le piston à grande vitesse vers le bas. Ainsi on obtient très rapidement une pression d'injection très élevée. L'arrière de la came d'injection est aplati, permettant ainsi au piston de remonter régulièrement et lentement.

Alimentation en carburant. Une pompe à carburant, entraînée par l'arbre à cames du moteur, alimente les éléments injecteur-pompe **(ill. 4)**.

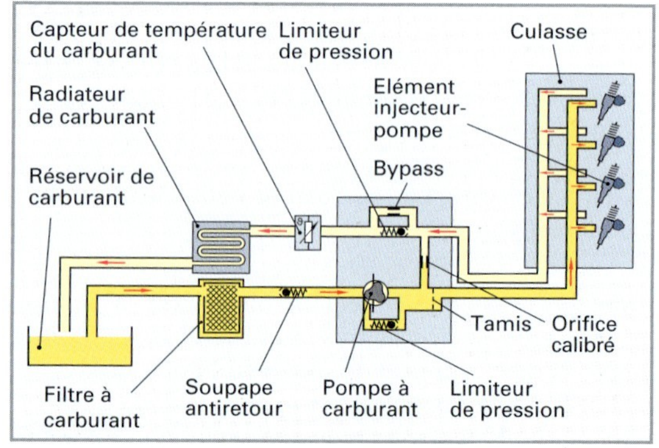

Illustration 4: Alimentation en carburant

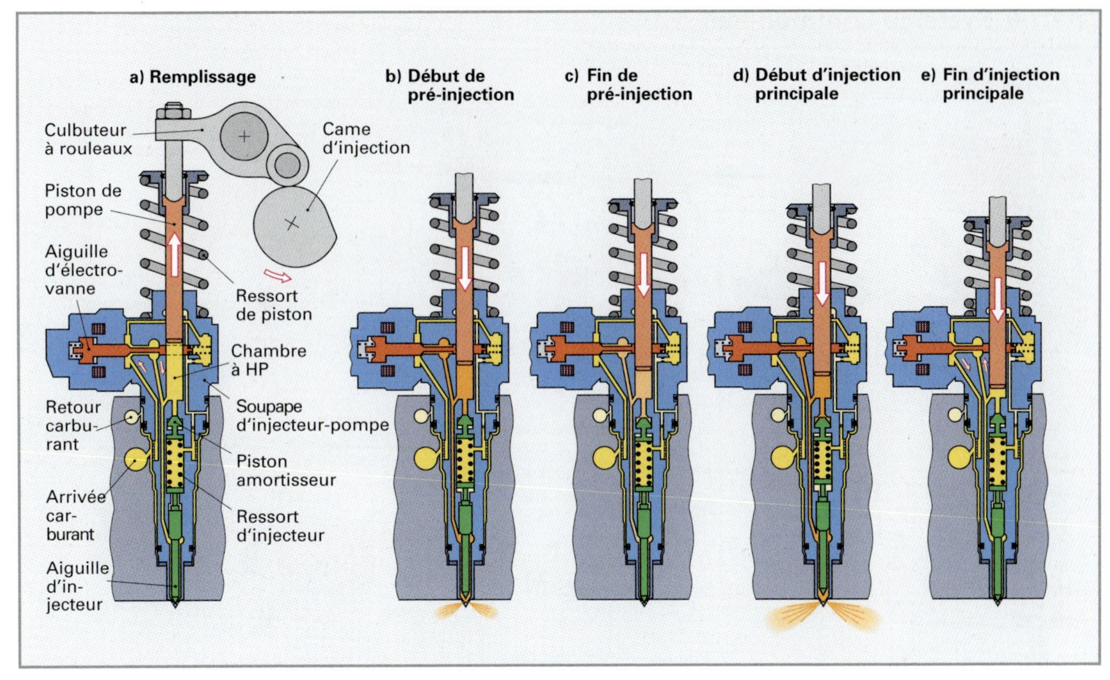

Illustration 1: Phases d'injection d'un élément injecteur-pompe

12

Le surplus de carburant qui n'est pas injecté refroidit les éléments injecteur-pompe. Il sort de la culasse par la conduite de retour, passe devant un capteur de température, se refroidit dans un radiateur puis retourne au réservoir.

Remplissage. a) Le piston de pompe est déplacé vers le haut grâce à son ressort, ce qui agrandit le volume de la chambre à haute pression. L'électrovanne n'est pas activée, l'aiguille en position repos laisse passer le carburant vers la chambre à haute pression.

Début de pré-injection. b) La came d'injection fait pivoter le culbuteur à rouleaux, le piston est poussé vers le bas ce qui refoule le carburant hors de la chambre haute pression. L'aiguille de l'électrovanne ferme le canal du retour de carburant, la chambre à haute pression devient étanche. A partir de 180 bar, la pression est supérieure à la force du ressort de l'injecteur, l'aiguille se soulève et la pré-injection commence.

Fin de pré-injection. c) L'augmentation de pression dans la chambre haute-pression permet le déplacement du piston amortisseur qui, lorsqu'il s'ouvre, augmente l'appui sur le ressort de l'injecteur tout en agrandissant le volume de la chambre haute pression. La pression qui agit sur l'aiguille diminue un court instant; l'injecteur se ferme et la pré-injection se termine.

Début d'injection principale. d) Le piston de pompe continue sa course vers le bas. Lorsque la haute pression a atteint une valeur d'environ 300 bar, l'aiguille de l'injecteur arrive à vaincre la force de son ressort et se soulève. Pendant cette phase d'injection, la pression d'injection peut augmenter jusqu'à 2200 bar car la quantité de carburant qui doit être injectée doit impérativement passer par les trous de l'injecteur. Les trous provoquent une importante résistance au passage du débit ce qui génère l'augmentation de la pression.

Fin de l'injection principale. e) L'injection prend fin lorsque l'électrovanne n'est plus alimentée en courant par la centrale de commande du moteur.

Le ressort pousse l'aiguille d'électrovanne, qui ouvre un passage entre la chambre HP et les circuits d'alimentation et de retour. La pression chute, l'injecteur se ferme et le ressort d'injecteur repousse le piston amortisseur en position repos. L'injection principale est terminée.

Réglage du débit d'injection et du début d'injection.

Le début d'injection et la quantité de carburant injecté sont déterminés par la durée de fermeture de l'électrovanne, activée par la centrale de commande.

12.5.7.6 Système Common Rail

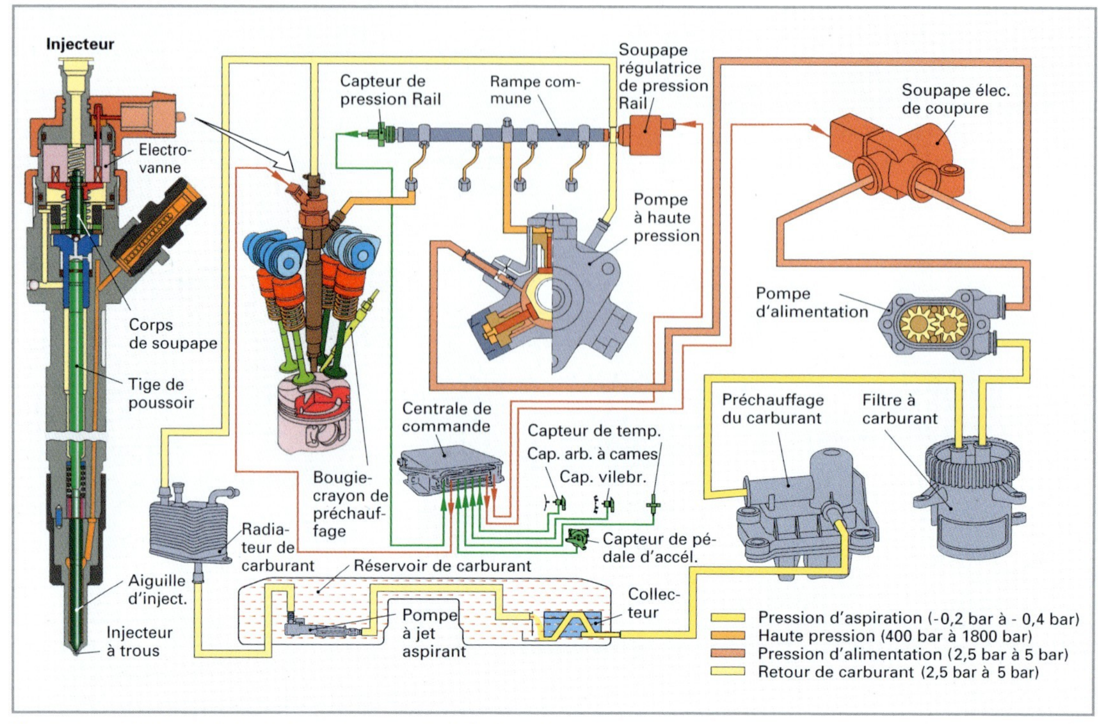

Illustration 1: Dispositif d'injection Common-Rail de 1ère génération

Dans le système Common Rail, le carburant est accumulé, à haute pression, dans la rampe de distribution commune puis introduit dans les chambres de combustion par des injecteurs commandés par cartographie.

Construction. Le système d'injection Common Rail de 1ère génération **(ill. 1)** comprend:

- **le circuit à basse pression.** Il se divise en secteurs d'aspiration, de pression d'alimentation et de retour du carburant. Il comprend le réservoir, le préchauffage du carburant, le filtre, la pompe d'alimentation , la soupape de coupure et le radiateur de carburant;
- **le circuit à haute pression.** Il se compose de la pompe à haute pression, des conduites à haute pression, de la rampe commune et d'un injecteur par cylindre;
- **la commande électronique.** Elle comprend la centrale de commande, l'ensemble des capteurs, la soupape régulatrice de pression du rail, les électrovannes des injecteurs et la soupape électrique de coupure.

Fonctionnement. Le carburant est aspiré dans le réservoir par la pompe d'alimentation, il est envoyé au travers du dispositif de préchauffage, du filtre à carburant et de la soupape électrique de coupure dans la pompe haute pression. La pression de la rampe est déterminée par une cartographie, en fonction de la charge et du régime du moteur **(ill. 2)**. Les injecteurs injectent le carburant directement dans la chambre de combustion. Le volume de stockage de la rampe permet de générer la pression indépendamment de l'injection, ce qui permet une injection indépendante de la position du piston du moteur.

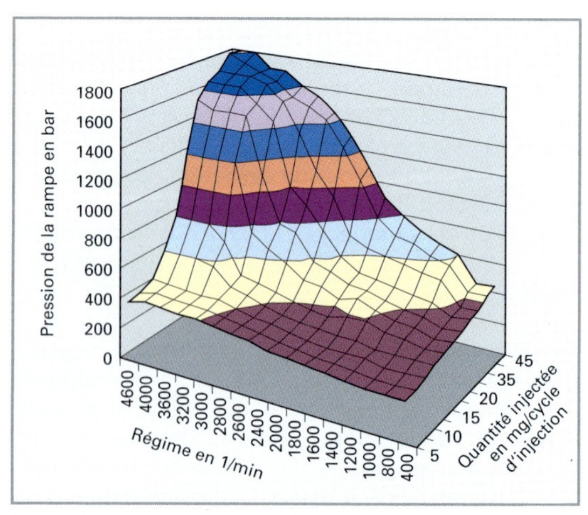

Illustration 2: Cartographie des valeurs de consigne de la pression de la rampe

Selon les situations, la centrale de commande EDC calcule les paramètres suivants:

- début de l'injection;
- quantité injectée;
- pression de la rampe;
- déroulement de l'injection (p. ex. pré-injection, injection principale et post-injection).

L'**ill. 2, p. 312** représente la cartographie des valeurs de consigne de la pression de la rampe. Ainsi, lorsque le conducteur accélère avec le levier de vitesses au point mort, la cartographie commande une augmentation de pression en gardant la durée d'injection constante.

Lorsque la charge augmente, et que le régime est bas, la durée d'injection augmente alors que la pression dans la rampe reste constante.

La pression maximale d'injection d'env. 1800 bar n'est atteinte qu'à charge élevée et à haut régime afin de pouvoir injecter la totalité de la quantité de carburant en un laps de temps réduit.

Régulation de la pression

Dans les systèmes Common Rail, on distingue:

- **la régulation simple**. Dans ce cas, la pression est régulée par un actuateur qui est monté soit du côté haute pression, soit du côté aspiration;
- **la régulation double**. Dans ce cas, la pression est régulée par deux actuateurs qui sont montés du côté haute pression **et** du côté aspiration.

Régulation simple, côté haute pression (ill. 1)

Fonctionnement. La pompe haute pression aspire la quantité maximale de carburant, indépendamment de la quantité nécessaire à l'injection. La pression de la rampe est contrôlée par un régulateur de pression situé du côté haute pression (régulation de la haute pression). Le carburant qui n'est pas utilisé pour l'injection retrourne depuis le régulateur de pression dans le circuit basse pression et au réservoir.

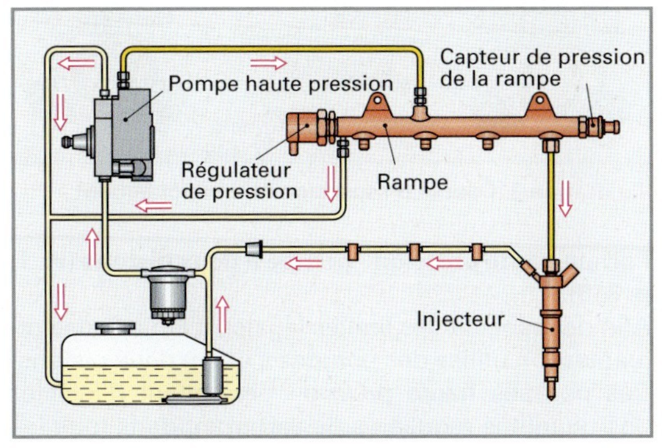

Illustration 1: Régulation simple. Régulation de la pression côté haute pression au moyen d'un régulateur de pression

Le régulateur de pression peut être monté sur la rampe ou intégré à la pompe haute pression.

La régulation de la pression côté haute pression permet d'obtenir un ajustement dynamique rapide de la pression dans la rampe (p. ex. en cas de changements rapides de la charge).

Régulation simple, côté basse pression (ill. 2)

Fonctionnement. La pression de la rampe est régulée par une unité de dosage placée dans la pompe haute pression. Ainsi, grâce à la régulation de la pression côté aspiration, seule une petite quantité de carburant est sous pression, ce qui permet de limiter l'échauffement du carburant et la puissance absorbée par la pompe haute pression.

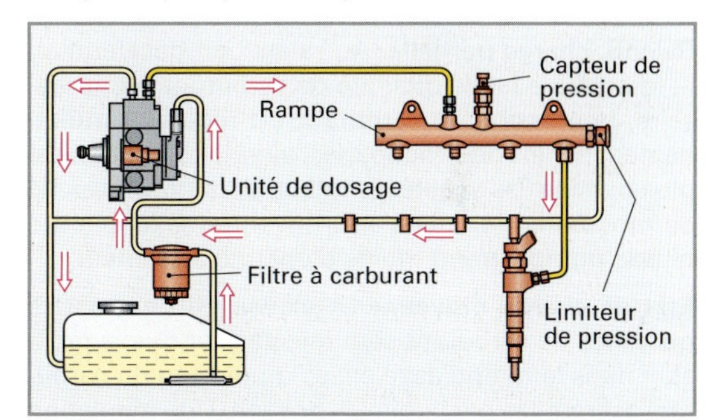

Illustration 2: Régulation simple de la pression côté aspiration avec une unité de dosage

Régulation double (ill. 3)

Dans ce type de régulation, une unité de dosage est installée sur la pompe et un régulateur de pression sur la rampe. Les soupapes sont commandées individuellement ou ensemble, en fonction des conditions de fonctionnement du moteur **(ill. 1, p. 314)**

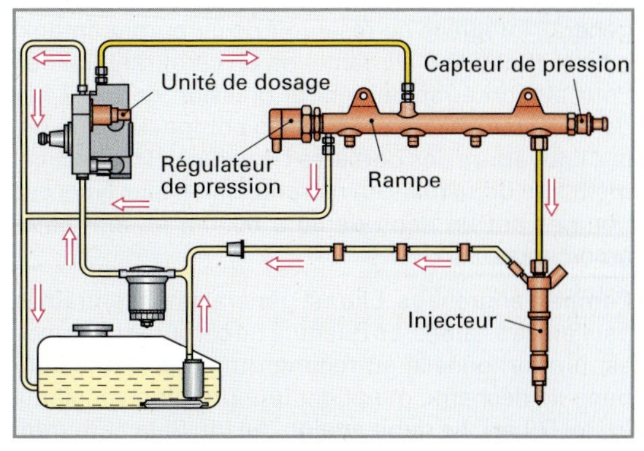

Illustration 3: Régulation double. Combinaison de régulation côté aspiration et côté haute pression

Fonctionnement

Démarrage. Au démarrage, le système travaille seulement avec le régulateur de pression placé sur la rampe, ainsi la haute pression est atteinte rapidement. La pompe fournit plus de carburant sous pression qu'il n'en faut pour l'injection, ce qui préchauffe le carburant et, par conséquent, évite l'utilisation d'un système de chauffage du carburant.

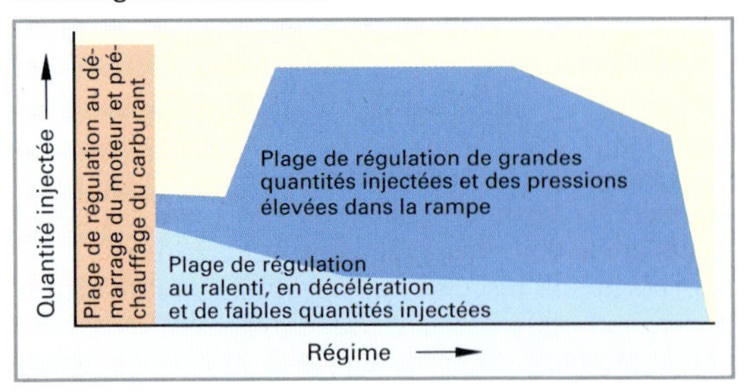

Illustration 1: Cartographie d'une régulation double

Ralenti, charge partielle. Au ralenti, en décélération et lorsqu'une faible quantité de carburant est nécessaire, la pression du carburant est régulée simultanément par les deux soupapes, ainsi la régulation est plus précise. La qualité du ralenti et la progressivité de montée en régime s'en trouvent améliorées. De plus la pompe prend moins d'énergie au moteur.

Etat de charge moyenne et élevée. Si de grandes quantités de carburant sont injectées et que la pression dans la rampe est élevée, la pression du carburant est régulée par l'unité de dosage. Une régulation de la pression du carburant adaptée aux besoins permet de réduire le travail de la pompe haute pression et d'empêcher un échauffement trop important du carburant.

Composants

Pompe d'alimentation en carburant. Elle alimente en carburant la pompe à haute pression. C'est la plupart du temps une pompe électrique à rouleaux, une pompe à engrenage ou une combinaison des deux.

Pompe à carburant électrique. Ces pompes sont, en général, intégrées au réservoir de carburant (intank) ou à la conduite d'alimentation en carburant (inline). Pour atteindre rapidement la pression de 3 à 7 bar dans le circuit basse pression, la pompe démarre déjà à l'ouverture des portières du véhicule, respectivement lors de sa mise en marche. Selon leur type, ces pompes ont un débit de 40 à 500 l/h et sont autoamorçantes.

Pompe à engrenage. Elle est généralement entraînée par l'arbre à cames. La quantité de carburant pompée est proportionnelle au régime du moteur. Une soupape de décharge maintient une pression constante (p. ex. 7 bar). Le débit atteint 250 l/h. Si le carburant est très chaud (donc fluide), le débit des pompes à engrenage diminue.

Systèmes combinés. Ils se composent d'une pompe à carburant électrique et d'une pompe à engrenage et assurent notamment un meilleur démarrage à froid.

Pompe haute pression (ill. 2). Elle alimente la rampe commune en carburant sous haute pression (jusqu'à env. 2000 bar). Il s'agit généralement d'une pompe à pistons radiaux dont l'arbre d'entraînement, pourvu d'une came excentrique, actionne les trois pistons de la pompe. L'arbre de la pompe est entraîné directement par l'arbre à cames du moteur, un engrenage ou une courroie crantée.

Illustration 2: Pompe haute pression CP 3 avec unité de dosage et pompe de pré-alimentation à engrenage

Course d'aspiration (ill. 3). Lorsque la pression d'alimentation dépasse la pression d'ouverture de la soupape d'admission, le carburant remplit le volume créé par la course descendante du piston de pompe.

Course de refoulement (ill. 3). Lorsque le PMB du piston de pompe est dépassé, la soupape d'admission se ferme et le carburant ne peut plus s'échapper. Le mouvement du piston vers le PMH met et maintient le carburant sous pression; la soupape de refoulement s'ouvre dès que la pression dans la pompe dépasse celle de la rampe.

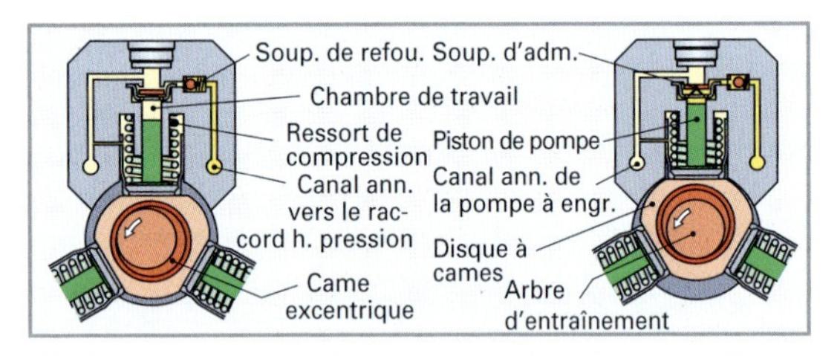

Illustration 3: Course d'aspiration et de refoulement

Pompe haute pression - pompe à deux pistons (ill. 1, p. 315).
Afin de respecter les limites légales d'émissions polluantes, on utilise des pompes à un ou deux pistons. Ces pompes haute pression permettent d'injecter des quantités régulières de carburant dans tous les cylindres en assurant aux injecteurs un même niveau de pression. Pour cela, les mouvements des pistons de la pompe sont synchronisés avec les mouve-

ments des pistons du moteur. Les pistons de la pompe et les pistons du moteur montent et descendent en même temps.

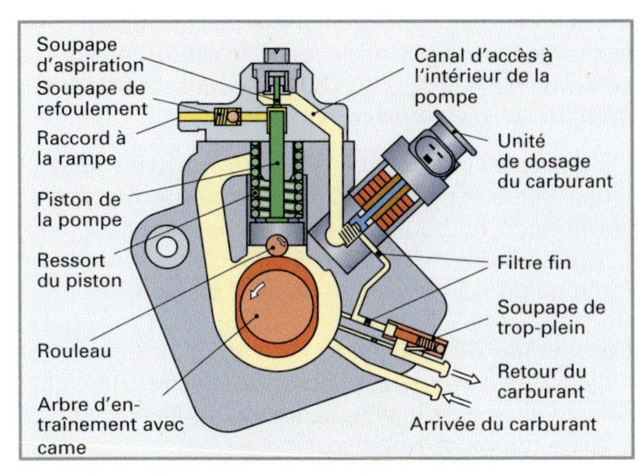

Illustration 1: Pompe haute pression CP4 avec unité de dosage

Pour diminuer son poids, le carter de la pompe haute pression CP4 est en aluminium. Seuls les éléments de la pompe soumis à la haute pression ainsi que la tête du cylindre sont en acier.
Le système d'entraînement à cames avec poussoir à rouleau réduit la friction, diminuant ainsi les pertes de rendement et l'usure des composants de la pompe.

Unité de dosage (ill.1).

L'unité de dosage est intégrée à la pompe haute pression.
Elle régule la quantité de carburant nécessaire à la production de la haute pression.
Fonctionnement. Lorsqu'elle n'est pas alimentée en courant, l'unité de dosage est ouverte. La soupape de dosage servant à limiter la quantité de carburant qui afflue dans la chambre de compression est commandée par des signaux à rapports cycliques (MIL) provenant de la centrale de commande. La position du piston d'arrêt se modifie en fonction du rapport impulsion/pause. La quantité de carburant affluant dans la chambre de compression de la pompe haute pression est ainsi régulée.

Régulateur de pression (ill. 2). Il est monté sur la rampe d'injection ou sur la pompe haute pression.

> Il maintient une pression constante dans la rampe, en fonction de l'état de charge et des conditions de fonctionnement du moteur.

Fonctionnement. Le ressort et l'électroaimant poussent la soupape sur son siège et isolent le côté haute pression de la rampe du circuit de retour.

Le ressort est étalonné pour maintenir une pression d'env. 100 bar lorsque l'électroaimant est inactif. Lorsque le signal MIL parvient à l'électroaimant, une force générée par le champ magnétique s'ajoute à la force du ressort. La pression dans la rampe atteint ainsi 400 bar au ralenti et environ 2000 bar à pleine charge.

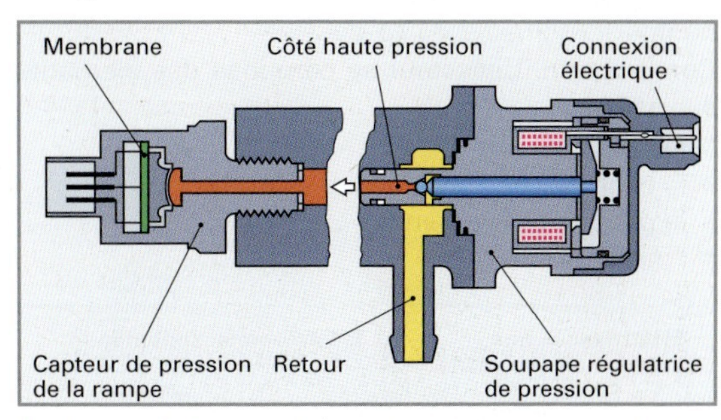

Illustration 2: Capteur de pression et soupape régulatrice de pression de la rampe

La pression reste pratiquement constante car le volume de la rampe permet de stocker un volume de carburant plus important que la quantité injectée.

La fréquence d'actionnement est de 1 kHz, ce qui permet d'éviter tout mouvement de balancier et donc tout écart de pression. En cas de défaillance du régulateur de pression, le moteur ne peut plus fonctionner car le système d'injection ne reçoit plus suffisamment de carburant sous haute pression.

Capteur de pression de la rampe (ill. 2). Il est situé sur la rampe et informe la centrale de commande de la pression dans la rampe. La pression est mesurée par un capteur et transmise, sous forme de signal élaboré par l'électronique d'évaluation, à la centrale de commande. La tension d'alimentation du capteur est de 5 V. La valeur de la tension de sortie est d'env. 0,5 V à basse pression et monte jusqu'à 4,5 V à pression élevée. Lorsque ce signal manque, le système passe en mode "secours" et la soupape régulatrice de pression est commandée par une valeur fixe.

Soupape de limitation de la pression

Elle est utilisée sur les systèmes Common Rail avec régulation simple et unité de dosage. En cas de défaillance de l'unité de dosage, la soupape évite toute surpression dans la rampe en ouvrant un orifice d'échappement. Une pression définie (p. ex. 400 bar) est toutefois maintenue dans la rampe, afin de permettre un fonctionnement de secours et un déplacement limité du véhicule.

Rail (angl. = rampe, resp. rampe de distribution). C'est une rampe en acier à paroi épaisse munie de raccords pour les conduites d'injection, d'un capteur de pression et d'une soupape de décharge.

> La rampe accumule du carburant à haute pression ce qui permet de compenser les variations de pression.

Injecteur à électrovanne (EV)

L'injecteur permet un réglage précis du début d'injection et de la quantité de carburant injectée; il autorise la pré-injection et la post-injection.

Construction. L'injecteur se compose des éléments suivants:

- l'électrovanne;
- la chambre de commande;
- le piston de commande;
- l'injecteur.

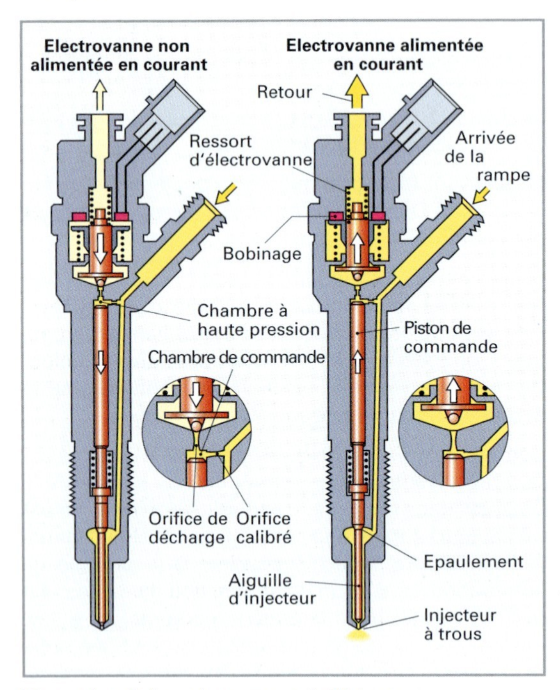

Illustration 1: Fonctionnement de l'injecteur

Fonctionnement

Injecteur fermé (repos). Le carburant sous pression est maintenu dans la chambre de commande et sur l'épaulement de l'injecteur. L'orifice de décharge est fermé par la bille de soupape. La force exercée sur le piston de commande est supérieure à celle exercée sur l'épaulement. L'aiguille de l'injecteur reste fermée indépendamment de la pression dans la rampe.

Ouverture de l'injecteur (début de l'injection). Lorsque l'électrovanne est alimentée en courant par la centrale de commande, la bille libère l'orifice de décharge provoquant une chute de la pression dans la chambre de commande. La baisse de pression est rendue possible car l'orifice calibré limite le débit de retour par l'orifice de décharge. L'aiguille de l'injecteur se soulève grâce à la force qui s'exerce sur l'épaulement de l'aiguille de l'injecteur.

Fermeture de l'injecteur (fin de l'injection). Dès que l'électrovanne ne reçoit plus de courant, le ressort repousse la bille sur son siège. La pression augmente immédiatement dans la chambre de commande, l'injecteur se ferme grâce à la force du ressort et à la force exercée par la pression du carburant sur la face supérieure du piston de commande.

L'aiguille de l'injecteur est ainsi ouverte et fermée par l'intermédiaire de la pression du système. Ce type de commande hydraulique est indispensable car l'ouverture rapide de l'aiguille de l'injecteur requiert une force qu'une électrovanne ne peut pas fournir.

Commande de l'injecteur. Pour pouvoir subdiviser l'injection en trois séquences (pré-injection, injection principale et post-injection), il faut des électrovannes à faible temps de réponse.

Phase de courant d'appel. Pour pouvoir ouvrir l'électrovanne, le courant doit atteindre rapidement 20 A, selon une progression précisément définie, afin de permettre que la même quantité précise de carburant soit injectée (avec une certaine tolérance) à chaque cycle (précision de répétition), ce qui est rendu possible grâce à une tension allant jusqu'à 100 V. Cette "tension turbo" générée par la self-induction lors de la commande des électrovannes est emmagasinée dans un condensateur dans la centrale de commande.

Phase de courant de maintien. C'est le temps durant lequel le courant est réduit à env. 13 A avec une tension qui est celle de bord, afin de diminuer les pertes de rendement au niveau de l'appareil de commande et de l'injecteur.

Déclenchement. Lorsque le courant est interrompu, la modification du champ magnétique génère une tension d'induction au niveau de la bobine de l'injecteur, tension grâce à laquelle le condensateur "booster" de la centrale de commande est à nouveau chargé **(ill. 2)**.

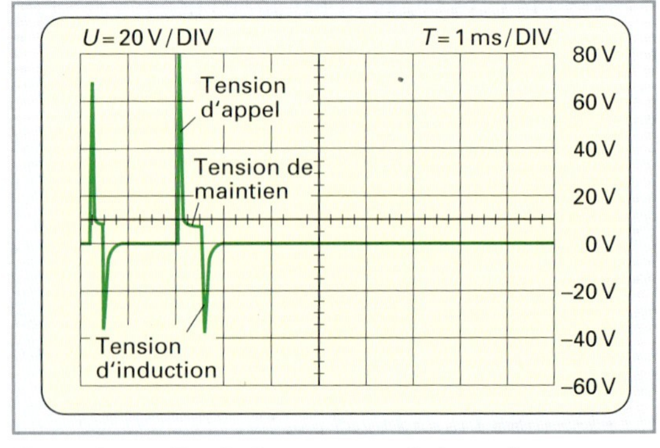

Illustration 2: Circuit du courant et de la tension dans un injecteur EV

Recharge du condensateur (booster). Dès que l'énergie accumulée dans le condensateur passe en-dessous d'une limite définie, une bobine de l'injecteur est brièvement activée par la tension de la batterie (sans que l'injecteur ne s'ouvre). Cette tension induite recharge le condensateur **(ill. 1).**

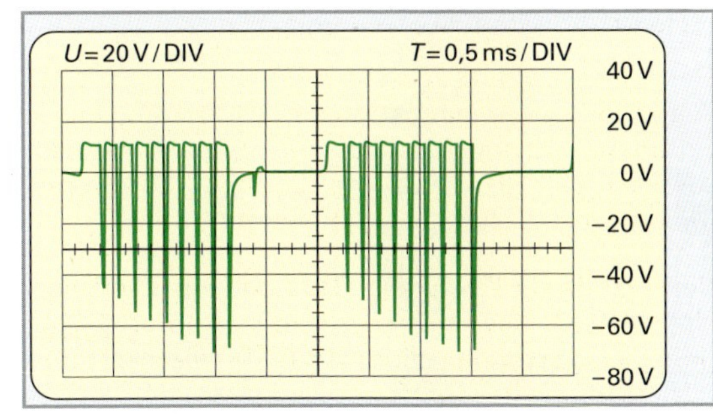

Illustration 1: Recharge du condensateur (booster)

Injecteurs piézo (ill. 2)

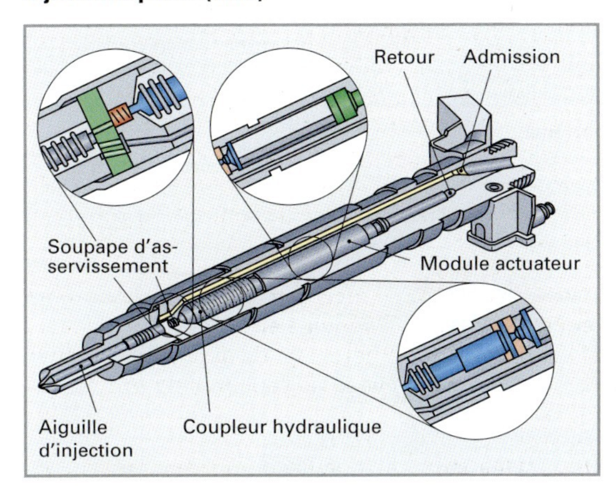

Illustration 2: Injecteur piézo

Construction. L'injecteur piézo comprend les composants suivants:

- module actuateur
- coupleur hydraulique
- soupape d'asservissement
- aiguille d'injection

Module actuateur. Il est composé de plusieurs centaines de plaquettes en piézo-céramique branchées en série. Lorsqu'on applique une tension au module, les cristaux se dilatent ou se contractent suivant la polarité, ce qui permet de générer un mouvement maximal de 0,065 mm.

Coupleur hydraulique. Il permet d'amplifier le mouvement du module actuateur (plaquettes en piézo-céramique) sur la soupape d'asservissement. En outre, il sert à compenser la variation de longueur due à la dilatation thermique et au vieillissement du module piézo. Une pression de retour d'env. 10 bar est nécessaire pour faire fonctionner le coupleur.

Soupape d'asservissement. Lorsque le module actuateur n'est pas activé, la soupape d'asservissement est fermée.

Le module actuateur se dilate lorsqu'il est activé. Cette variation de longueur est amplifiée puis transmise par le coupleur hydraulique à la soupape d'asservissement qui s'ouvre. La pression chute dans la chambre de commande car l'orifice calibré d'entrée est plus petit que l'orifice de décharge. L'aiguille de l'injecteur s'ouvre grâce à la pression qui agit sur l'épaulement de l'aiguille.

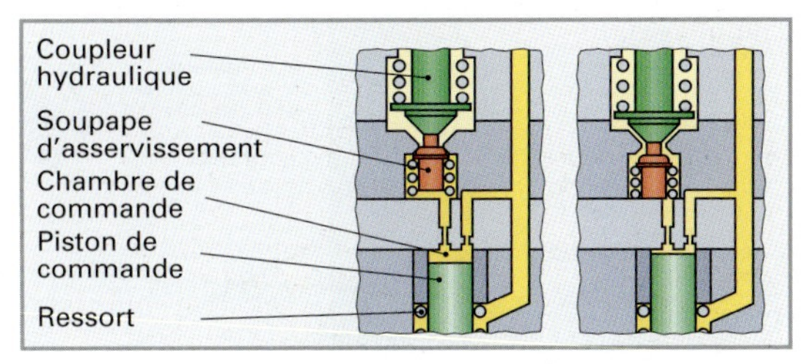

Illustration 3: Soupape d'asservissement fermée, ouverte

Commande (ill. 4)

1-2 La centrale de commande permet au condensateur booster de fournir une tension allant de 110 à 150 V pour commander le module actuateur piézo.

2-3 Le module actuateur piézo se dilate et se comporte comme un condensateur (env. 4 µF) qui se charge.

3 Les cristaux piézo se sont dilatés, l'injecteur est ouvert. Le module actuateur piézo fonctionne à présent comme un condensateur chargé. La consommation de courant est nulle.

3-4 Le module actuateur piézo doit se décharger au plus vite pour pouvoir être fermé. L'appareil de commande interrompt la tension et ferme brièvement le circuit par l'intermédiaire d'une résistance définie. Le module actuateur piézo se décharge et se contracte à nouveau.

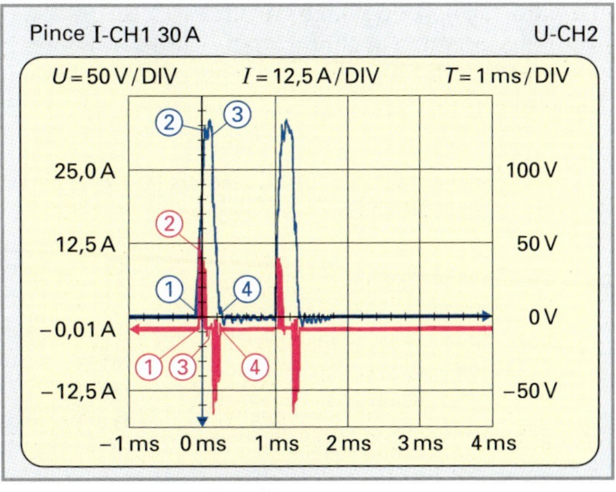

Illustration 4: Circuit de la tension et du courant dans un injecteur piézo

Capteurs et actuateurs d'un système EDC de type Common Rail (ill. 1 et ill. 2)

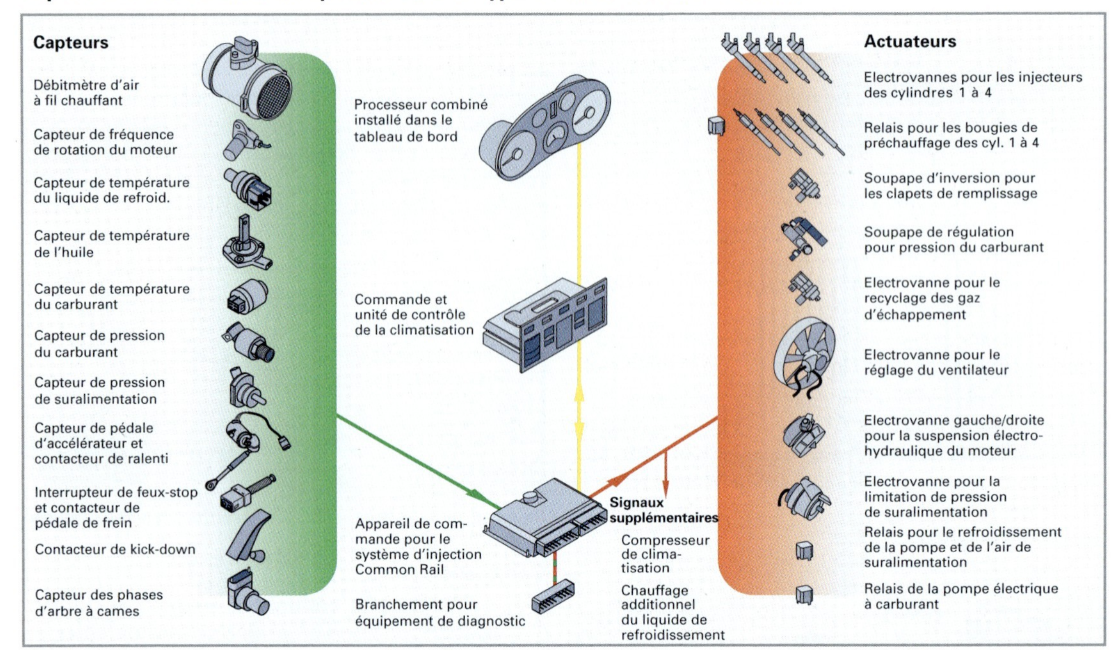

Illustration 1: Schéma général d'un EDC avec système Common Rail

12

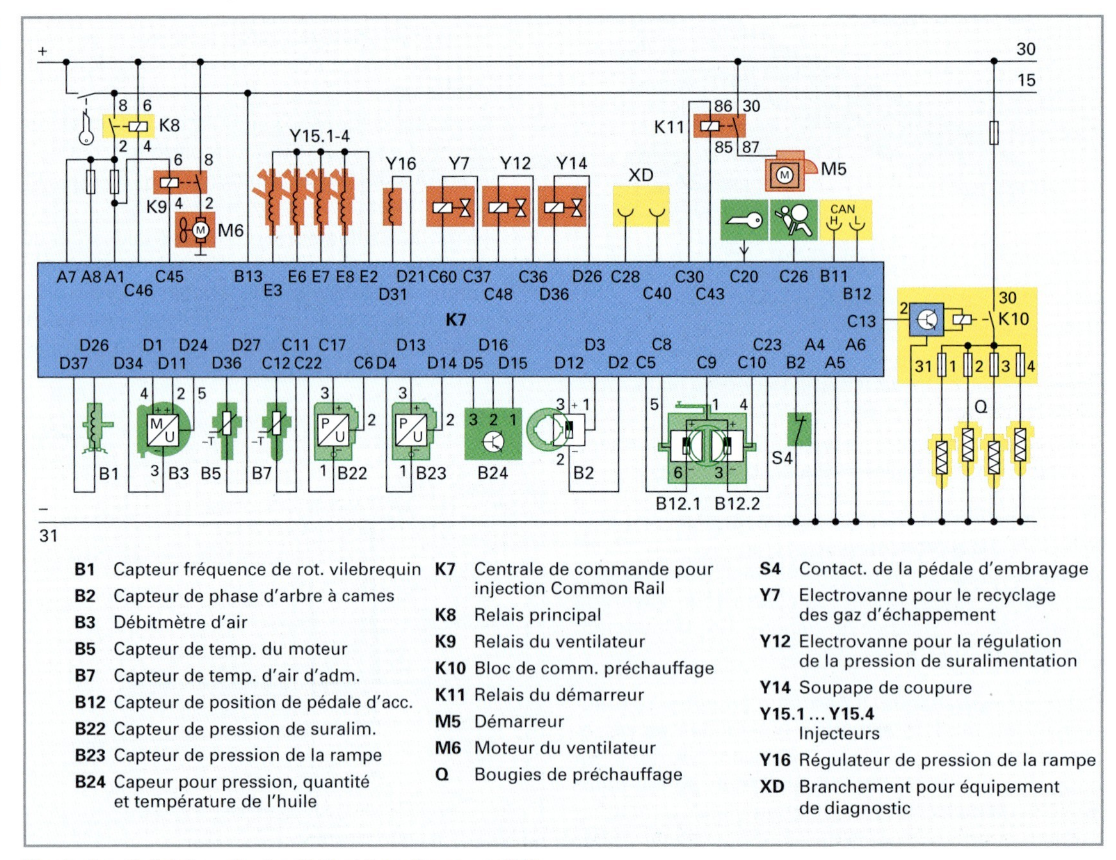

B1 Capteur fréquence de rot. vilebrequin
B2 Capteur de phase d'arbre à cames
B3 Débitmètre d'air
B5 Capteur de temp. du moteur
B7 Capteur de temp. d'air d'adm.
B12 Capteur de position de pédale d'acc.
B22 Capteur de pression de suralim.
B23 Capteur de pression de la rampe
B24 Capeur pour pression, quantité et température de l'huile
K7 Centrale de commande pour injection Common Rail
K8 Relais principal
K9 Relais du ventilateur
K10 Bloc de comm. préchauffage
K11 Relais du démarreur
M5 Démarreur
M6 Moteur du ventilateur
Q Bougies de préchauffage
S4 Contact. de la pédale d'embrayage
Y7 Electrovanne pour le recyclage des gaz d'échappement
Y12 Electrovanne pour la régulation de la pression de suralimentation
Y14 Soupape de coupure
Y15.1 … Y15.4 Injecteurs
Y16 Régulateur de pression de la rampe
XD Branchement pour équipement de diagnostic

Illustration 2: Schéma du circuit électrique Common Rail

Exemple de schéma du circuit d'un dispositif Common Rail de 1ère génération (ill. 2, p. 318)

Alimentation. L'enclenchement de l'interrupteur de contact entraîne l'alimentation électrique de la centrale de commande par les pins B13 et A7, A8, A1.

Capteur de pédale d'accélérateur B12. Le capteur mesure la position de la pédale (*1ère valeur principale de commande*) afin de calculer la quantité de carburant. Les capteurs Hall, travaillant indépendamment les uns des autres, sont alimentés en courant par le contact pin C9 et mis à la masse aux contacts C5, C23. Les tensions des signaux arrivent aux pins C8 et C10. En cas de défectuosité, le moteur fonctionne à un régime plus élevé. La lampe-témoin s'allume, ainsi l'erreur est mémorisée.

Capteur d'arbre à cames B2. Le capteur Hall indique à la centrale de commande, la position du premier cylindre qui est en phase de compression ainsi que le régime du moteur *(2ème valeur principale de commande).* Ce signal est nécessaire pour procéder au bon moment à l'injection et dans le cylindre qui se trouve en fin de compression. En cas d'absence du signal, le moteur tourne encore mais ne peut plus être redémarré. Le capteur est alimenté par les pins D12 et D2. La tension du signal arrive au pin D3.

Capteur de pression de la rampe B23. Il indique à la centrale de commande la valeur de la pression actuelle dans la rampe . Si celle-ci est trop basse ou trop élevée, la centrale de commande reconnaît une défectuosité du système et éteint le moteur (arrêt d'urgence). La tension du signal arrive au pin D14. Alimentation: positif sur D13 et masse sur D4.

Régulateur de pression de la rampe Y16. Il assure la pression dans la rampe commandée par la cartographie. Le signal MIL est envoyé depuis la centrale de commande par les pins D31 et D21.

Injecteurs Y15.1-Y15.4. Ils servent à procéder au bon moment à l'injection de la quantité correcte. Ils sont pilotés par la centrale de commande par l'intermédiaire des pins E2, E3, E6, E7 et E8.

Débitmètre d'air à film chaud B3. Il mesure la masse d'air aspirée. Cette valeur sert à définir le coefficient EGR à partir d'une cartographie enregistrée. L'alimentation est assurée par les pins D34, D1 et D11. La tension du signal arrive au pin D24.

Soupape de coupure Y14. Elle est connectée à la centrale de commande par les pins D26 et D36. En cas d'erreur grave dans le système, la soupape se ferme et l'alimentation en carburant est interrompue (arrêt d'urgence).

Electrovanne de régulation de la pression de suralimentation Y12. Au moyen d'un signal MIL, elle permet à la centrale de commande de procéder au réglage en continu de la pression de suralimentation. Elle est commandée par les pins C36 et C48 de la centrale de commande Common Rail.

Travaux d'atelier

Si un véhicule équipé du dispositif d'injection Common Rail ne démarre pas après avoir identifié et supprimé toutes les erreurs, voici la procédure à suivre:

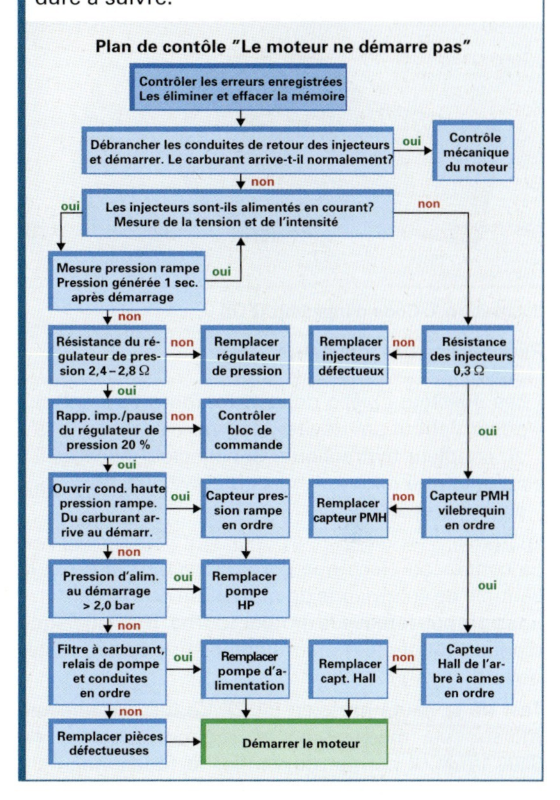

Remplacement d'injecteur. Lorsqu'un injecteur est remplacé, la centrale de commande EDC doit être ajustée. Cet ajustement est réalisé au moyen de la fonction équilibrage des quantités injectées EQI du programme de recherche d'erreur **(ill. 1).**

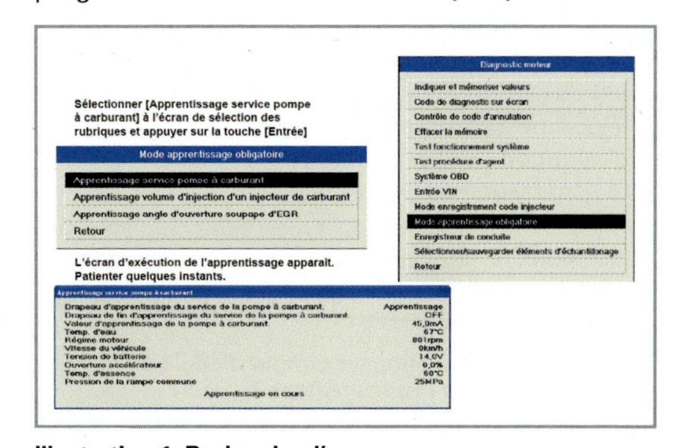

Illustration 1: Recherche d'erreurs

La valeur d'ajustement est imprimée sur chaque injecteur. Il s'agit d'un code à 6 ou 7 positions **(ill. 1, p. 320)** composé de lettres et/ou de chiffres.

La valeur EQI est définie à la fabrication de l'injecteur. Elle représente le coefficient d'injection pour différents états de charge et différents régimes. Cette valeur permet à l'appareil de commande de connaître précisément le temps de réponse pour chaque injecteur et donc d'augmenter la précision de commande.

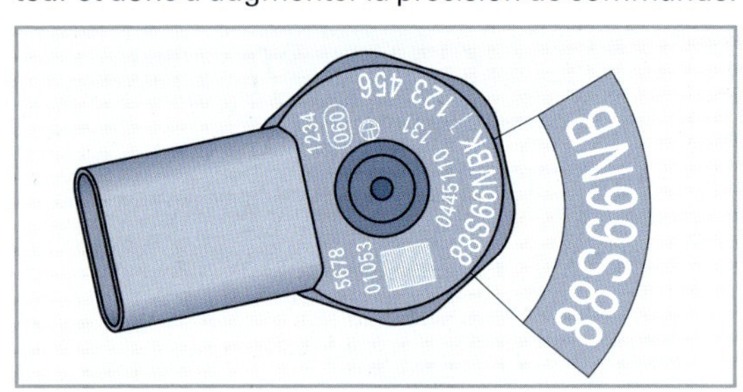

Illustration 1: Code d'injecteur (EQI)

Particularité des injecteurs piézo

> Les injecteurs piézo doivent toujours être entreposés debout pour éviter tout mouvement à vide du coupleur hydraulique. Si l'injecteur se vide, il ne peut être ni rempli, ni purgé avec les moyens disponibles à l'atelier.

La connexion électrique entre l'injecteur piézo et la centrale de commande du moteur ne doit jamais être interrompue lorsque le moteur tourne, il y a un risque d'endommager le moteur (l'injecteur pourrait rester ouvert).

Test de la haute pression (ill. 2). Ce test est effecuté moteur en marche, à un régime constant de 3500 1/min. Il permet de vérifier le fonctionnement correct de la pompe haute pression notamment la montée et la chute de pression ainsi que l'étanchéité interne et externe. Lors de ce test, la centrale de commande pilote l'unité de dosage et le régulateur de pression de manière ciblée pour garantir une pression maximale dans le système.

Erreurs possibles:

- augmentation de la pression trop lente, vérifier le filtre à carburant de la pompe haute pression et de la pompe à carburant électrique;
- diminution de la pression trop lente, vérifier l'unité de dosage;
- diminution de la pression trop rapide, vérifier le régulateur de pression et le débit de retour.

Test terminé. Pour enregister F7
Retour F11

	Montée en pression		Chute de pression	
Etape 1	5910 ms	Trop lent	600 ms	En ordre
Etape 2	3200 ms	En ordre	550 ms	En ordre
Etape 3	5000 ms	Trop lent	520 ms	En ordre
Etape 4	4500 ms	En ordre	720 ms	En ordre
540 ms	160 ms	420 ms	En ordre	

Illustration 2: Résultat du test haute pression

Teste de compression dynamique. Durant ce test, le moteur ne peut pas démarrer car le système d'injection est désactivé. La compression de chaque cylindre est comparée sur la base de la consommation de courant de démarrage ou de la mesure du régime.

Comparaison quantitative. Elle indique les corrections spécifiques à apporter à chaque cylindre pour atteindre la meilleure stabilité de fonctionnement posible **(ill. 3).**

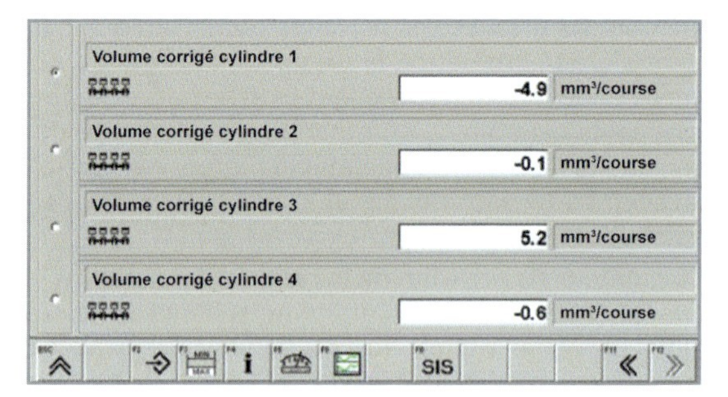

Illustration 3: Comparaison quantitative

Correction positive de la quantité. Elle doit être effectuée lorsqu'un cylindre a une perte de compression ou que l'injecteur est encrassé (orifices obturés).

Correction négative de la quantité. Elle doit être effectuée lorsque l'injecteur a une fuite (il n'est pas étanche, il goutte).

Questions de révision

1. **Expliquez le dosage du débit d'une pompe distributrice rotative EDC.**
2. **Quelle est la fonction du capteur d'angle de rotation d'une pompe à pistons radiaux ?**
3. **Expliquez le fonctionnement et l'effet du capteur de mouvements de l'aiguille d'un EDC.**
4. **Quelles sont les précautions à prendre lors du contrôle des injecteurs ?**
5. **Expliquez le fonctionnement d'un injecteur-pompe.**
6. **Citez trois caractéristiques du système injecteur-pompe.**
7. **Comment est réalisée la pré-injection et en fonction de quelles valeurs dépend sa durée dans un système injecteur-pompe ?**
8. **Quels sont les avantages d'une régulation de pression double d'un système Common Rail.**
9. **Quel type de signal le régulateur de pression du Common Rail reçoit-il du boîtier de commande ?**
10. **Pour quelle raison la rampe commune doit-elle avoir un volume intérieur défini ?**

13 Réduction de la pollution

13.1 Système d'échappement

Rôles

- Amortir et détendre les gaz d'échappement sortant de la chambre de combustion par impulsions (détonations), de manière à ne pas dépasser un certain niveau sonore.
- Evacuer les gaz d'échappement sans aucun risque, tout en empêchant la pénétration de gaz dans l'habitacle du véhicule.
- Réduire, grâce au catalyseur, les polluants contenus dans les gaz d'échappement dans le cadre des limites prescrites.
- Influencer le flux des gaz d'échappement afin que la perte de puissance du moteur reste le plus faible possible.
- Créer une sonorité particulière identifiant le véhicule (sound design).

Niveau sonore (tableau 1). A l'ouverture de la soupape d'échappement, les gaz d'échappement contenus dans le cylindre présentent encore une surpression de 3 à 5 bar. Sans silencieux, leur détente dans l'air ambiant produirait une forte détonation. La mesure du bruit, appelé niveau sonore, est indiquée en décibels (A) = dB(A), (A) décrivant la méthode de mesure. Le seuil d'audibilité de l'être humain correspond à un niveau sonore de 0 dB (A). Une augmentation de 3 dB (A) correspond au double de la puissance subjective du son. Les bruits supérieurs à 120 dB (A) sont ressentis comme étant douloureux. Un bruit continu supérieur à 130 dB (A) peut être mortel.

Tableau 1: Niveau sonore	
Marteau-piqueur à air comprimé	130 dB (A)
Seuil de la douleur	120 dB (A)
Discothèque	110 dB (A)
Moteur sans silencieux	100 dB (A)
Halle de machines	90 dB (A)
Rue à forte circulation	80 dB (A)
Bruit adm. d'un véhciule de tourisme	74 dB (A)
Conversation	70 dB (A)
Pièce d'habitation	50 dB (A)
Chambre à coucher	30 dB (A)
Très léger bruissement de feuilles	10 dB (A)
Seuil d'audibilité (0 décibel)	0 dB (A)

Bruit de fonctionnement. Le bruit d'échappement constitue un élément essentiel du bruit de fonctionnement d'un véhicule. Les autres bruits sont, p. ex., le bruit de roulement, le bruit de la carrosserie ou du vent. Le bruit du moteur ne doit pas dépasser les valeurs autorisées. Les ordonnances nationales et les directives européennes fixent des valeurs limites de développement du bruit pour différents véhicules **(tableau 2)**. Au cours de ces dernières années, ces valeurs ont été revues plusieurs fois à la baisse.

Tableau 2: Bruit de roulement des véhicules routiers automobiles (valeurs limites)	
Cyclomoteur	66 dB (A)
Moto jusqu'à 80 cm^3	75 dB (A)
jusqu'à 175 cm^3	77 dB (A)
supérieure à 175 cm^3	80 dB (A)
Véhicules de tourisme avec moteur Otto ou moteur Diesel	74 dB (A)
Véhicules de tourisme avec moteur Diesel à injection directe	75 dB (A)
Autobus, camion jusqu'à 3,5 t	76 dB (A)
avec moteur Diesel à injection directe	77 dB (A)
Camion jusqu'à 75 kW	77 dB (A)
Autobus, camion jusqu'à 150 kW	78 dB (A)
supérieur à 150 kW	80 dB (A)

Sollicitations du système d'échappement

- Températures élevées et importantes variations thermiques, en particulier sur les éléments situés à proximité du moteur.
- Corrosion externe, sur toute la longueur du système d'échappement, due aux influences atmosphériques et au sel répandu sur les routes en hiver.
- Corrosion interne due aux gaz de combustion (eau, acide sulfurique), en particulier sur les éléments éloignés du moteur.
- Fortes sollicitations mécaniques du système d'échappement en raison des chocs générés par des pierres, les mouvements de la carrosserie et les vibrations du moteur.

Afin de résister à ces sollicitations, les composants du système d'échappement sont fabriqués à partir de différents matériaux. En raison des températures de fonctionnement élevées, les éléments situés à l'avant du système d'échappement sont principalement fabriqués en acier affiné, inoxydable et résistant à des températures élevées et à la calamine. La plupart du temps, les silencieux sont fabriqués avec une double paroi (structure sandwich). Leur enveloppe intérieure en tôle est constituée d'acier inoxydable en raison des condensats agressifs contenus dans les gaz de combustion; leur enveloppe extérieure est en acier non allié, avec un traitement de surface en aluminium, offrant ainsi une protection contre la corrosion extérieure. Les tuyaux d'échappement de la partie la plus éloignée du moteur sont également traités de cette façon.

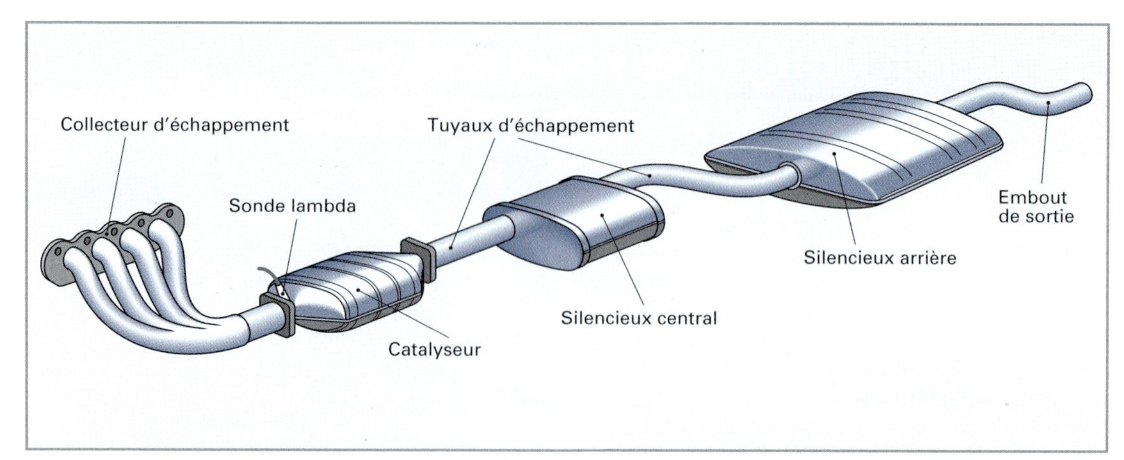

Illustration 1: Conception du système d'échappement

Conception du système d'échappement

Le système d'échappement **(ill. 1)** est constitué de tuyaux d'échappement, du catalyseur et d'un ou de plusieurs silencieux, p. ex. d'un silencieux central et d'un silencieux arrière. Le tuyau d'échappement avant est fixé par une bride au collecteur d'échappement et aboutit au catalyseur. Celui-ci est relié aux silencieux par des tubes de liaison. De là, les gaz d'échappement sont conduits à l'air libre en passant par l'embout de sortie du silencieux.

Le système d'échappement doit être étanche sur toute sa longueur afin que les gaz de combustion ne puissent pas pénétrer dans l'habitacle et pour ne pas ainsi porter atteinte à l'insonorisation.

13

La construction et la disposition des silencieux, ainsi que la longueur et la section des tubes de liaison, sont soigneusement coordonnées par le fabricant afin d'abaisser le niveau sonore des gaz d'échappement à la valeur exigée. Afin de limiter les pertes de puissance, provoquées par la contre-pression agissant sur le flux des gaz, il est nécessaire de limiter la résistance à la circulation du flux dans l'échappement.

Le bruit de l'échappement est provoqué par l'émission par impulsions des gaz éjectés des cylindres. Son énergie sonore peut être amortie par réflexion et par absorption.

Réflexion. L'amortissement acoustique par réflexion consiste à placer des obstacles sur le chemin des ondes sonores qui sont alors réverbérées puis déviées. Elles s'annulent mutuellement, tel un écho s'affaiblissant. De brusques changements de la section des conduites et des chambres permettent également d'obtenir un effet de réflexion.

Silencieux à réflexion (ill. 2). Des chambres de différentes tailles sont reliées entre elles par des tubes ouverts aux deux extrémités et décalés les uns par rapport aux autres, obligeant la déviation du flux de gaz parcourant le silencieux.

Les tubes peuvent aussi être perforés. Les ondes sonores sont réfléchies et amorties par les nombreuses discontinuités de la section de passage. Les silencieux à réflexion montés dans le système d'échappement sont particulièrement appropriés pour atténuer les fréquences moyennes et basses.

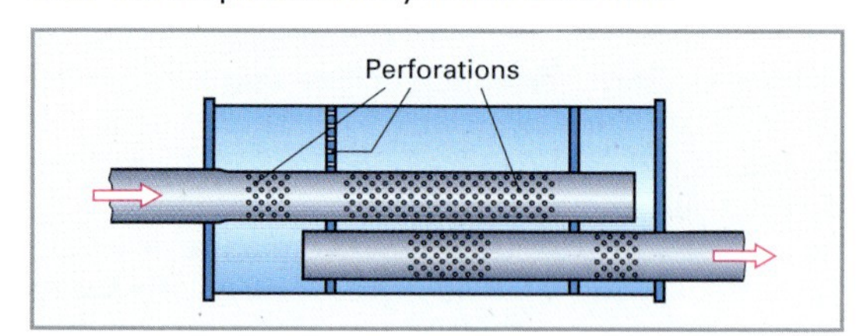

Illustration 2: Silencieux à réflexion

Effet de résonance. Les ondes sonores vont et viennent plusieurs fois entre les changements de sections et peuvent parfois générer une résonance. Si les oscillations de résonance surviennent dans le conduit principal, on parle de résonateur en série et si elles surviennent dans l'une des dérivations, on parle de résonateur en dérivation **(ill. 1, p. 323)**. Ces résonateurs permettent d'atténuer fortement certaines fréquences.

Effet d'interférence (ill. 3). Si le flux des gaz d'échappement est divisé dans le silencieux et si les ondes sonores sont amenées dans des conduites de différentes longueurs et ensuite rassemblées, elles s'annulent au moment où elles se rejoignent.

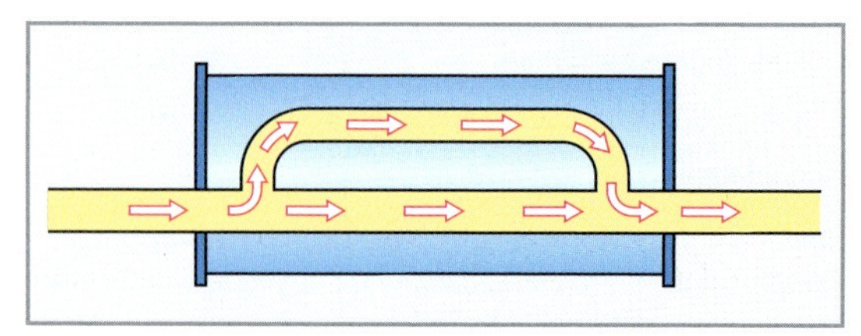

Illustration 3: Effet d'interférence

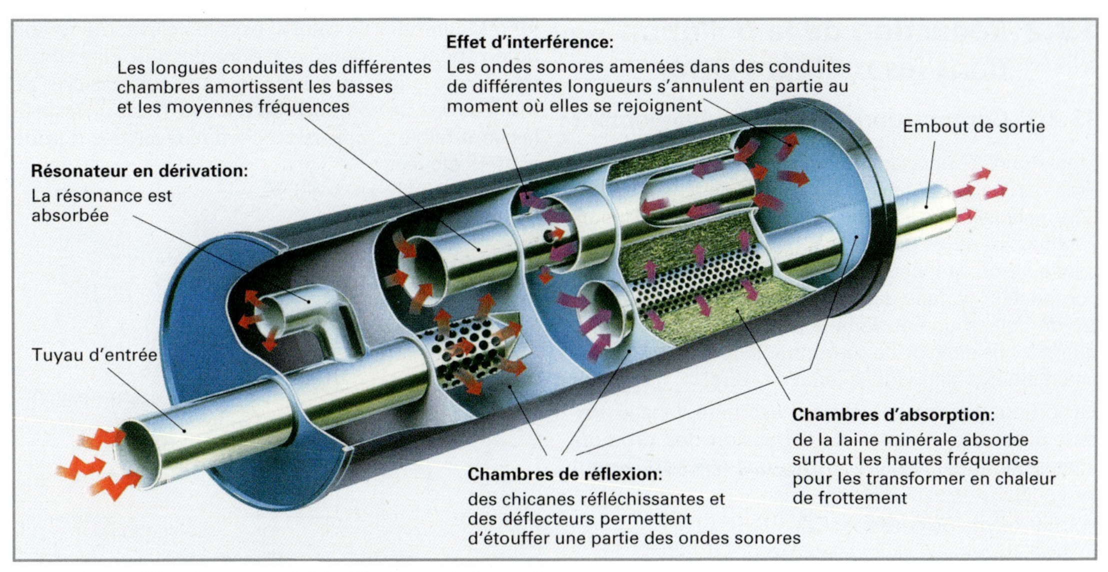
Effet d'interférence:
Les ondes sonores amenées dans des conduites de différentes longueurs s'annulent en partie au moment où elles se rejoignent
Les longues conduites des différentes chambres amortissent les basses et les moyennes fréquences
Embout de sortie
Résonateur en dérivation:
La résonance est absorbée
Tuyau d'entrée
Chambres d'absorption:
de la laine minérale absorbe surtout les hautes fréquences pour les transformer en chaleur de frottement
Chambres de réflexion:
des chicanes réfléchissantes et des déflecteurs permettent d'étouffer une partie des ondes sonores

Illustration 1: Silencieux combiné à réflexion et à absorption

Absorption. Dans le cas de l'amortissement des bruits par absorption, les ondes sonores sont conduites dans un matériau poreux. L'énergie sonore est quasiment absorbée dans la mesure où elle est transformée en chaleur par le frottement.

Silencieux à absorption (ill. 2). Ils sont constitués d'une ou plusieurs chambres remplies de laine de roche ou de fibre de verre jouant un rôle d'absorbant phonique. Le flux des gaz d'échappement est dirigé à travers un tube perforé et peut traverser le silencieux pratiquement rencontrer d'obstacles. Les ondes sonores passent à travers les perforations et entrent dans la laine minérale qui absorbe les hautes fréquences. Les silencieux à absorption sont surtout utilisés comme silencieux arrières.

Perforations Absorbant phonique

Illustration 2: Silencieux à absorption

Silencieux combiné à réflexion et à absorption (ill. 1). Les silencieux à réflexion traitent bien les basses fréquences alors que les silencieux à absorption agissent au niveau des hautes fréquences. C'est pour cette raison qu'on utilise souvent les deux systèmes simultanément parfois dans des silencieux séparés présentant les deux types de traitement acoustique.

Le système d'échappement se compose d'éléments construits en parfaite concordance. Il convient donc de ne rien modifier. Le montage d'éléments non certifiés est soumis à approbation de la part du constructeur.

Règles de travail

- A chaque inspection, vérifier l'étanchéité du système d'échappement. La présence de traces de suie signale des zones endommagées ou non étanches.
- Vérifier les tôles de protection thermique.
- Remplacer les éléments corrodés.
- Vérifier les moyens de fixation du système d'échappement.

Questions de révision

1 **A quoi sert le système d'échappement?**

2 **Quelle est l'unité de mesure du niveau sonore?**

3 **Pourquoi le système d'échappement d'un véhicule ne doit-il pas être modifié?**

4 **Quel est le niveau sonore maximal du bruit de roulement d'un véhicule de tourisme?**

5 **Quel est le niveau sonore maximal du bruit de roulement d'un vélomoteur?**

6 **A quelles sollicitations le système d'échappement est-il soumis?**

7 **Quels sont les éléments constituant un système d'échappement?**

8 **Pourquoi un système d'échappement doit-il être étanche?**

13.2 Réduction de la pollution dans les moteurs Otto

13.2.1 Composition des gaz d'échappement

Etant donné l'importance de la pollution de l'air engendrée par les gaz d'échappement de la circulation routière, le législateur prescrit une réduction des polluants contenus dans les gaz d'échappement. Les carburants sont surtout composés de liaisons d'hydrocarbures. La combustion parfaite des hydrocarbures dégage du dioxyde de carbone et de la vapeur d'eau. De grandes quantités de dioxyde de carbone sont responsables des changements climatiques (effet de serre).

La combustion incomplète du carburant dans le moteur provoque, en plus de l'émission des produits susmentionnés, l'émission des gaz d'échappement suivants:

- monoxyde de carbone, CO;
- hydrocarbures non brûlés, HC;
- oxydes d'azote, NO_x;
- matières solides.

En charge et en régime moyen, la proportion (avant catalyseur) de CO, HC et NO_x dans les gaz d'échappement d'un moteur Otto qui a atteint sa température normale de fonctionnement est d'environ 1 % de la quantité totale des gaz d'échappement émise **(ill. 1)**.

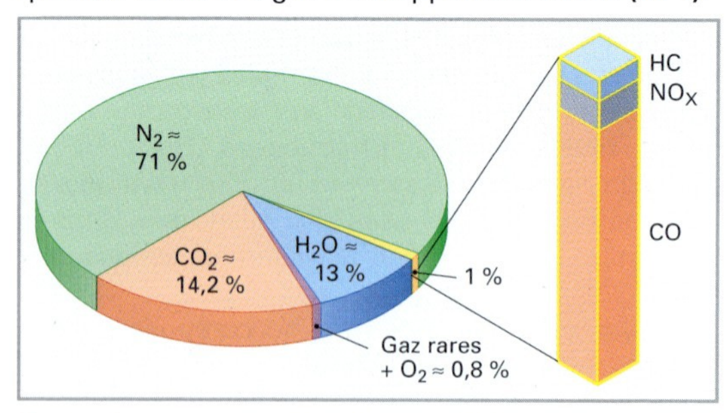

Illustration 1: Composition des gaz d'échappement

Les polluants dépendent du rapport d'air

La proportion de chaque polluant dans les gaz d'échappement est fortement influencée par le rapport d'air λ (lambda) **(ill. 2)**.

C'est lorsque 5 % à 10 % d'air manque (λ = 0,95 à 0,90: mélange riche) que les moteurs Otto atteignent leur plus grande puissance **(ill. 3)**. En cas de manque d'air, le carburant n'est pas complètement brûlé. La consommation spécifique du carburant augmente. Simultanément, les composants nocifs des gaz d'échappement, tels que le monoxyde de carbone et les hydrocarbures imbrûlés augmentent.

En cas d'excès d'air de 5 % à 10 % (λ = 1,05 à 1,1: mélange pauvre), les moteurs Otto atteignent leur plus faible consommation de carburant. La puissance du moteur est cependant plus faible et la température de fonctionnement de celui-ci est plus élevée en raison notamment du manque d'effet de refroidissement par évaporation du carburant. Les proportions de monoxydes de carbone et d'hydrocarbures non brûlés sont faibles, mais la proportion d'oxydes d'azote est très élevée.

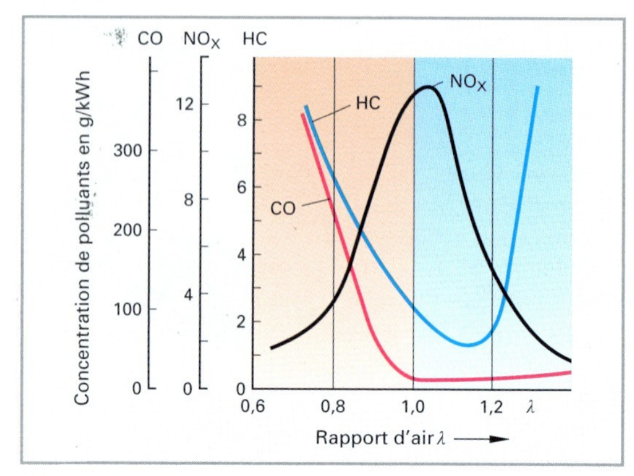

Illustration 2: Polluants dans les gaz d'échappement lors de différents rapports d'air

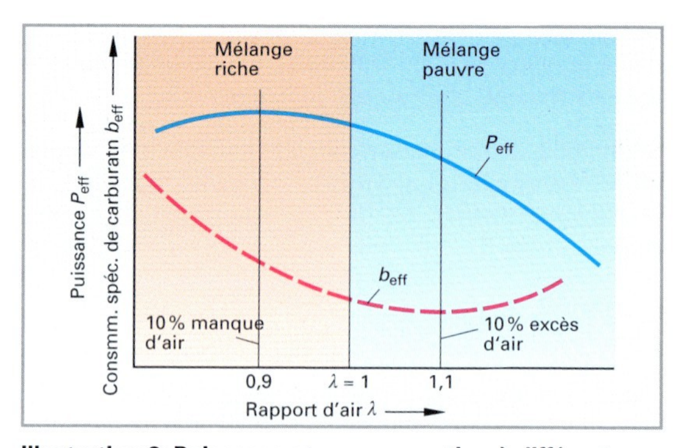

Illustration 3: Puissance et consommation à différents rapports d'air λ

Propriétés des composants nocifs des gaz d'échappement

Monoxyde de carbone CO. Le monoxyde de carbone est un gaz incolore et inodore. Inspiré, il bloque le transport d'oxygène dans le sang. De faibles concentrations provoquent maux de tête, fatigue et modification des sensations. En cas de concentration supérieure à 0,3 Vol % et d'inhalation prolongée, il est mortel. Le monoxyde de carbone se forme lors de la combustion incomplète du carburant générée par un manque d'air. La proportion de monoxyde de carbone dans les gaz d'échappement est plus importante lorsque le mélange air-carburant est riche. Du CO peut également se former, en quantités plus faibles, en cas d'excès d'air. Ceci arrive lorsque le mélange air-carburant n'est pas homogène et qu'il y a des zones avec mélange riche et des zones avec mélange pauvre dans la chambre de combustion.

Hydrocarbures imbrûlés, liaisons HC (angl.: hydrocarbon). Ils consistent en une multitude de différentes liaisons de carbone et d'hydrogène. Les hydrocarbures attaquent les muqueuses, sont malodorants et peuvent être cancérigènes. Combinés avec les oxydes d'azote, l'oxygène et les rayons du soleil, ils réagissent photochimiquement et forment, entre autres, de l'ozone (O_3) responsable des effets nocifs du smog estival. Les liaisons HC se forment lors de la combustion imparfaite du mélange air-carburant en cas de manque d'air ($\lambda < 1$), respectivement en présence de mélange très pauvre ($\lambda > 1{,}2$). En outre, les liaisons HC se forment dans les zones de la chambre de combustion où la flamme ne se développe pas complètement, p. ex. dans l'interstice du palier de feu situé entre le piston et le cylindre.

Oxydes d'azote, NO_x. Le terme général d'oxydes d'azote est utilisé pour les différents oxydes de l'azote (monoxyde d'azote NO, dioxyde d'azote NO_2, oxyde nitrique N_2O). Selon leur composition, les oxydes d'azote peuvent être incolores et inodores ou rougeâtre-marron avec une forte odeur. Les oxydes d'azote irritent les voies respiratoires. A haute concentration, ils provoquent la destruction du tissu pulmonaire. Ils sont responsables de la formation d'ozone et de la mort des forêts. Les dioxydes d'azote se forment surtout lors de températures de combustion maximales.

Matières solides. Elles se forment en cas de combustion incomplète et se présentent sous forme de particules (noyau de carbone/noyau de suie avec dépôts). Les dépôts de liaisons HC sur les noyaux de carbone sont cancérigènes. Contrairement au moteur Diesel, les particules du moteur Otto sont émises en quantités négligeables (20 à 200 fois moins).

Lois pour la limitation des composants nocifs dans les gaz d'échappement des moteurs Otto

La législation prescrit des valeurs limites maximales d'émission lors de l'homologation type **(tableau 1)** pour la délivrance du permis général d'exploitation et lors des vérifications ultérieures des émissions de polluants (contrôle des gaz d'échappement; OBD).

Tableau 1: Valeurs limites d'émission pour les véhicules de tourisme/famililales (M1) avec moteur Otto en Europe en g/km

M1 (≤ 2,5 t ≤ 6 places)	CO	HC	NO_x	PM
Euro III depuis 2000	2,30	0,20	0,15	–
Euro IV depuis 2005	1,00	0,10	0,08	–
Euro V depuis 2009	1,00	0,10	0,06	0,005
Euro VI dès 2014	1,00	0,10	0,06	0,005

Détection des valeurs des gaz d'échappement

Les valeurs des gaz d'échappement pour l'homologation sont mesurées sur des bancs d'essai à rouleaux. Lors de la mesure, des parcours représentatifs de la conduite sont simulés et les polluants émis sont analysés.

Test Europe (cycle européen de conduite, ill. 1) pour les voitures de tourisme avec un poids total autorisé jusqu'à 2 500 kg et les camionnettes jusqu'à 3,5 t. La première partie du test correspond à la conduite en ville à une vitesse de 0 à 50 km/h. Le programme est refait quatre fois sans pause en 13 minutes et, à partir d'Euro III, le démarrage du moteur a lieu à une température ambiante de 20 °C. La deuxième partie du test correspond à un parcours hors ville durant 7 minutes à une vitesse maximale de 120 km/h. Durant tout le test, les gaz d'échappement sont accumulés d'après des conditions déterminées et les polluants sont ensuite analysés. Les valeurs limites en g/km ne doivent pas être dépassées, indépendamment de la cylindrée. Depuis 2002, la vérification des gaz d'échappement des véhicules avec moteur Otto de la classe M1 est complétée par une vérification à basse température. Le démarrage du moteur a lieu à – 7 °C, avec des limites de HC < 1,8 g/km et de CO < 15 g/km.

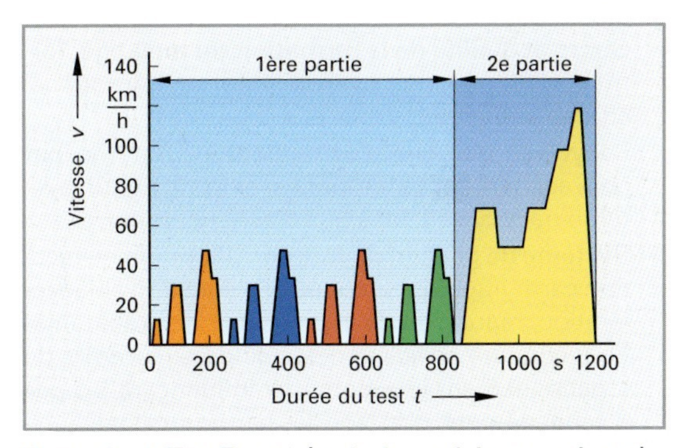

Illustration 1: Test Europe (cycle de conduite européenne)

Test antipollution. Il est prescrit à intervalles réguliers pour tous les véhicules mis en circulation. Lors du test, on analyse les teneurs en CO émises par le moteur, en fonction de différents paramètres (température de service, régime du moteur). En outre, d'autres inspections visuelles et des essais de fonctionnement doivent être effectués, comme p. ex.:

- inspection des équipements antipollution;
- inspection des tuyaux de dépression;
- inspection du circuit de récupération des vapeurs d'huile et d'essence;
- test du réglage du point d'allumage (si possible).

Diagnostic embarqué (OBD). Le diagnostic embarqué permet de mémoriser dans la centrale de commande tous les défauts se présentant dans le système de gestion du moteur (injection, allumage), dans le système d'échappement (catalyseur, sonde λ) ou dans le système d'alimentation en carburant. Une lampe témoin située sur le tableau de bord avise le conducteur des défauts influençant la qualité des émissions d'échappement. Les défauts doivent immédiatement être réparés.

13.2.2 Procédés de réduction des polluants

La part de polluants dans les gaz d'échappement peut être réduite grâce à un carburant approprié (pauvre en soufre, sans plomb), par des mesures prises au niveau du moteur ou par le traitement des gaz d'échappement (insufflation d'air, catalyseur).

Mesures prises au niveau du moteur. Il est possible de réduire les polluants (émissions brutes) grâce à une combustion complète du mélange carburant-air et en diminuant la consommation de carburant. Les mesures suivantes peuvent améliorer la qualité des gaz d'échappement;

- **Construction du moteur:** optimiser la chambre de combustion et le taux de compression; tubulure d'admission variable (longueur et section); dispositifs de distribution variables (modification de la durée d'ouverture et course des soupapes); suppression du papillon des gaz.
- **Genre et qualité de la formation du mélange:** formation du mélange externe, interne, homogène; charge stratifiée.
- **Recyclage des gaz d'échappement:** interne par chevauchement de soupapes; externe par un système de recyclage des gaz d'échappement.
- **Système de gestion du moteur:** allumage et injection cartographiques, coupure d'injection en décélération; régulation de la pression de suralimentation; coupure sélective des cylindres; contrôle de fonctionnement des éléments influençant les gaz d'échappement, p. ex sondes lambda, catalyseurs.
- **Suralimentation avec refroidissement d'air:** augmentation de la puissance volumétrique et réduction simultanée de la température maximale de la chambre de combustion réduisant la formation de NO_x.

Recyclage externe des gaz d'échappement (ill. 1).

Lors du recyclage externe des gaz d'échappement, une partie des gaz est prélevée juste à la sortie du collecteur d'échappement et mélangée avec le mélange air-carburant.

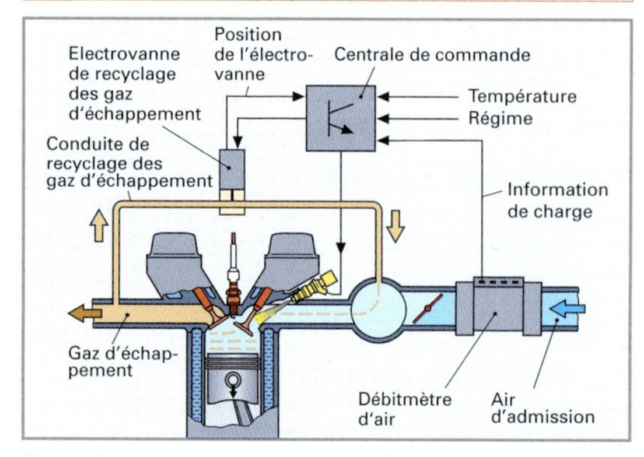

Illustration 1: Recyclage des gaz d'échappement

Avec le recyclage des gaz d'échappement, les cylindres reçoivent une plus petite quantité de mélange air-carburant. Etant donné que les gaz d'échappement recyclés ne peuvent plus participer à la combustion, la température de combustion diminue. C'est ainsi que la formation d'oxydes d'azote sera réduite (jusqu'à 40 %). Avec un taux croissant de recyclage des gaz d'échappement, le taux de HC imbrûlés et la consommation de carburant augmentent. Ces deux facteurs déterminent la valeur de la limite supérieure du taux de recyclage des gaz d'échappement (au maximum 20 %). Si le taux de recyclage des gaz d'échappement est trop élevé, le fonctionnement régulier du moteur s'altère. Le recyclage des gaz d'échappement a lieu lorsque le moteur est chaud et en charge partielle à $\lambda \approx 1$. Il est interrompu lorsque le mélange air-carburant riche devient riche, car celui-ci produit moins de NO_x, p. ex. démarrage à froid, accélération, pleine charge. Au ralenti, le recyclage des gaz d'échappement est stoppé afin d'assurer le fonctionnement régulier du moteur. La commande du recyclage des gaz d'échappement se fait au moyen d'une électrovanne de recyclage se trouvant sur une tubulure reliant le collecteur d'échappement à celui d'admission. Le taux de recyclage dépend de la température, de la charge et du régime du moteur.

Post-traitement des gaz d'échappement dans le catalyseur

Lorsqu'ils ont quitté la chambre de combustion, les gaz d'échappement subissent un post-traitement qui transforme totalement ou partiellement les polluants en gaz non nocifs.

Le procédé actuel le plus efficace est le post-traitement par catalyseur. Un catalyseur provoque la transformation chimique des polluants en gaz non nocifs. Le catalyseur ne subit aucune altération.

Conception du catalyseur. Les composants principaux du catalyseur **(ill. 1, p. 327)** sont:

- le support en céramique (silicate d'aluminium-magnésium) ou le support métallique;
- la couche intermédiaire (wash-coat);
- la couche active de matériaux catalyseurs.

Le support est composé d'une structure alvéolaire de plusieurs milliers de canaux très fins à travers lesquels les gaz d'échappement passent. Les canaux du support en céramique ou en métal sont recouverts d'une couche intermédiaire très poreuse, ce qui a pour effet d'augmenter de 7000 fois la surface active du catalyseur. La couche active de matériaux catalyseurs est déposée sur cette couche intermédiaire. Sa composition dépend des composants nocifs émis par le type de moteur concerné et par la composition du mélange ($\lambda \approx 1$; $\lambda \gg 1$).

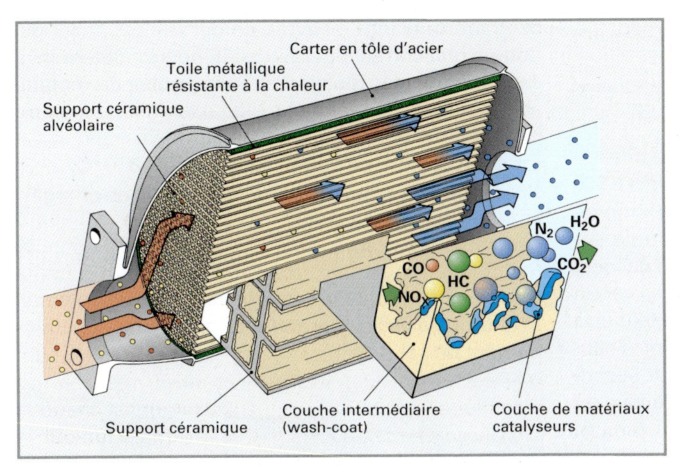

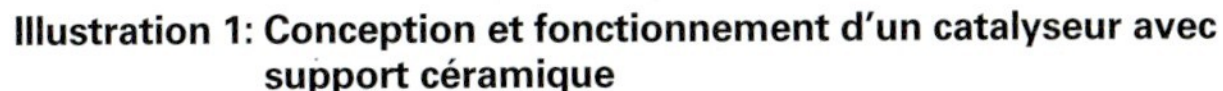
Illustration 1: Conception et fonctionnement d'un catalyseur avec support céramique

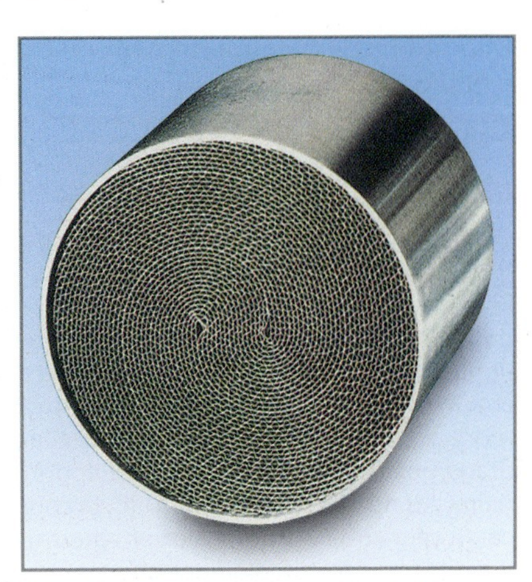

Ill. 2: Catalyseur avec support métallique

Avantages et désavantages du support céramique par rapport au support métallique (ill. 1, ill. 2)

Avantages: sa température de fonctionnement est stable. De plus, la couche de métaux précieux peut être récupérée plus facilement que sur un support métallique.

Désavantages: le support céramique est très sensible aux chocs et aux secousses. C'est pour cette raison qu'il doit être enveloppé d'une toile métallique résistante à la chaleur, qui est placée dans un carter en tôle d'acier. En outre, la durée de chauffage des catalyseurs standards [densité des cellules: 400 cpsi (cells per square inch)] est plus longue et la contre-pression régnant dans le système d'échappement est plus haute, ce qui génère une réduction de la conversion des gaz d'échappement et une réduction de la puissance juste après le démarrage du moteur. Ces désavantages peuvent être supprimés au moyen de substrats à parois ultrafines (de 600 cpsi à 1200 cpsi).

Fonctionnement du catalyseur à lit unique à trois voies (ill. 1)

Le catalyseur à lit unique à trois voies dispose d'une couche active en platine (Pt), rhodium (Rd) et palladium (Pd). L'expression catalyseur à lit unique à trois voies signifie que trois transformations chimiques ont lieu simultanément dans un seul carter. En fonction de sa température de fonctionnement, le catalyseur transforme jusqu'à 98 % du NO_x, du CO et des HC dans le domaine $\lambda = 0{,}995$ à $1{,}005$ (fenêtre lambda) en CO_2, H_2O et N_2.

- Les NO_x sont réduits en azote (l'oxygène O_2 est libéré).
- Le CO est oxydé en CO_2 (l'oxygène est consommé).
- Les HC sont oxydés en CO_2 et en H_2O (l'oxygène est consommé).

C'est seulement dans un rapport d'air $\lambda \approx 1$ que la libération de l'oxygène provenant des oxydes d'azote est suffisante pour provoquer l'oxydation presque complète des composants HC et CO contenus dans les gaz d'échappement en CO_2 et en H_2O. Un mélange riche ($\lambda < 0{,}995$) entraîne une augmentation des proportions de CO et de HC dans les gaz d'échappement. Un mélange pauvre ($\lambda > 1{,}005$) génère une augmentation des oxydes d'azote **(ill. 3).** Des catalyseurs capables d'accumuler temporairement les NO_x doivent donc équiper les moteurs travaillant à certains régimes de fonctionnement, comme ceux à injection directe et à mélange pauvre.

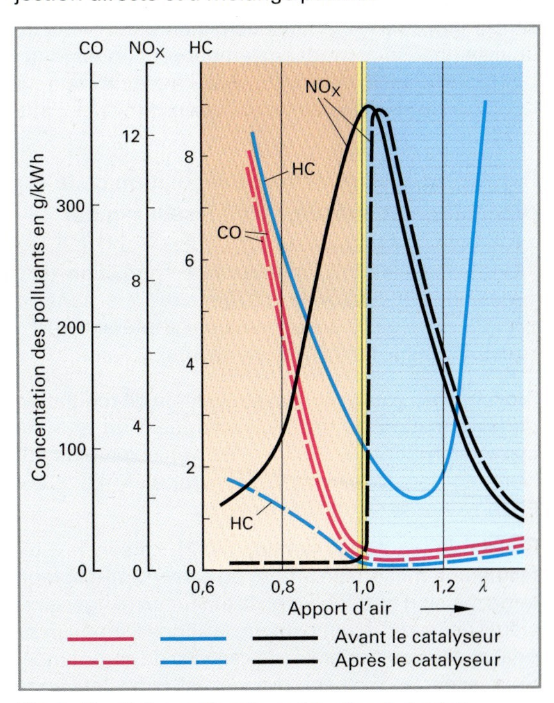

Illustration 3: Les polluants en fonction de lambda

Conditions de fonctionnement du catalyseur à lit unique à trois voies

Fourchette de température optimale du catalyseur: entre 400 °C et 800 °C.

Ce n'est qu'à partir de températures supérieures à 300 °C que le catalyseur atteint un taux de conversion de plus de 50 % (point "light off" / température de départ). Pour obtenir rapidement la température de fonctionnement du catalyseur, il est possible de monter un chauffage près du catalyseur, d'isoler le collecteur et la tubulure d'échappement, de retarder le point d'allumage (jusqu'à 15°) et de créer un apport d'air secondaire. Au-dessus d'environ 800 °C, la couche active du catalyseur subit un vieillissement thermique accru. Si le catalyseur devait atteindre une température dépassant 1 000 °C, il serait détruit **(ill. 1)**, ce qui peut arriver p. ex. en cas de ratés d'allumage. C'est ainsi que des hydrocarbures non brûlés arrivent dans le catalyseur et y brûlent avec l'oxygène résiduel.

Illustration 1: Catalyseur fondu

Pour que la couche active ne devienne pas inefficace ("empoisonnée"), il ne faut utiliser que du carburant sans plomb. Des segments de piston défectueux ou un cylindre usé peuvent également provoquer le dépôt de résidus de combustion de l'huile moteur sur la couche active du catalyseur et en diminuer l'efficacité.

Catalyseur avec système de régulation de la préparation du mélange (catalyseur régulé)

Une sonde lambda contrôle la composition du mélange par le biais de l'oxygène résiduel contenu dans les gaz d'échappement. La tolérance est restrictive $\lambda = 1 \pm 0{,}005$ (fenêtre λ).

Alors que les catalyseurs avec système de régulation de la formation du mélange atteignent un taux de conversion de 94 % à 98 % , les véhicules plus anciens, équipés de catalyseurs non régulés, n'arrivent en moyenne qu'à un taux de 60 %.

Boucle de régulation lambda (ill. 2). La sonde λ effectue une mesure en amont du catalyseur (capteur, information d'entrée). Selon la teneur en oxygène résiduel des gaz d'échappement, la sonde λ émet un signal de tension transmis à la centrale de commande. Si la teneur en oxygène résiduel est faible (mélange riche), le temps d'injection est réduit. Dans le cas contraire (mélange pauvre), ce dernier est prolongé. Cette régulation se répète à une fréquence déterminée sans influencer le fonctionnement régulier du moteur.

Conditions pour la régulation λ:
- température de sonde supérieure à 300 °C;
- moteur en plage de ralenti ou en état de charge partielle;
- température du moteur supérieure à 40 °C.

Une deuxième sonde λ (sonde monitor), montée en aval du catalyseur, permet de contrôler le fonctionnement de celui-ci.

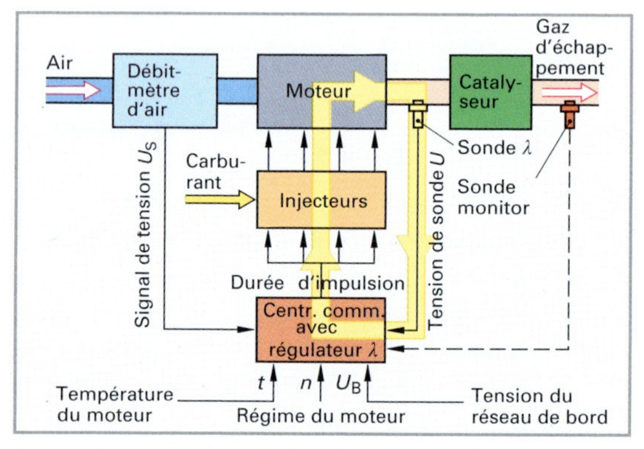

Illustration 2: Schéma de fonctionnement d'un système d'injection avec régulation λ

Régulation lambda adaptative. Si la teneur en oxygène résiduel des gaz d'échappement est constamment trop basse (donc le mélange trop riche) durant certains états de charge, la quantité de base de carburant injecté est réduite. Elle est mémorisée dans la centrale de commande en tant que valeur de référence. Cela permet de corriger, dans une certaine mesure, des valeurs fluctuantes, telles que fausse pression du système d'alimentation, valeurs incorrectes des températures, vieillissement du moteur ou petites entrées d'air. Le temps de réponse de la régulation λ est réduit et la qualité des gaz d'échappement est ainsi améliorée.

Types de sondes λ

Sonde à saut de tension (ill. 1, p. 329)

Conception. La sonde λ est constituée d'un corps en céramique, p. ex. en dioxyde de zirconium, revêtu à l'intérieur et à l'extérieur d'une fine couche de platine microporeux.

La sonde est chauffée pour qu'elle atteigne au plus vite sa température de fonctionnement. La surface extérieure de la sonde est exposée au flux des gaz d'échappement. Elle est connectée au boîtier de sonde par sa couche en platine et forme le pôle négatif **(–)**. La surface intérieure de la sonde est au contact de l'air extérieur. Elle est connectée au boîtier de sonde par une fine couche de platine et elle forme le pôle positif **(+)**.

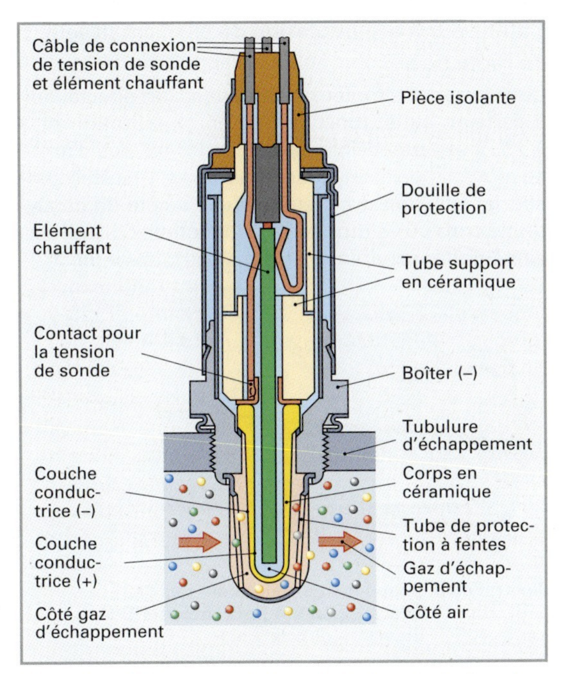

Illustration 1: Conception de la sonde à dioxyde de zirconium

Fonctionnement (ill. 2). Le matériau en céramique de la sonde λ devient conducteur pour les ions d'oxygène à partir d'environ 300 °C. Selon les différentes teneurs en oxygène mesurées côté air et côté gaz d'échappement de la sonde, il se forme, à $\lambda \approx 1$, une brusque variation de tension allant de 100 mV (mélange pauvre) à 800 mV (mélange riche). A $\lambda = 1$, la tension électrique oscille entre 450 mV et 500 mV. La température la plus élevée de la sonde ne doit pas dépasser 850 °C à 900 °C.

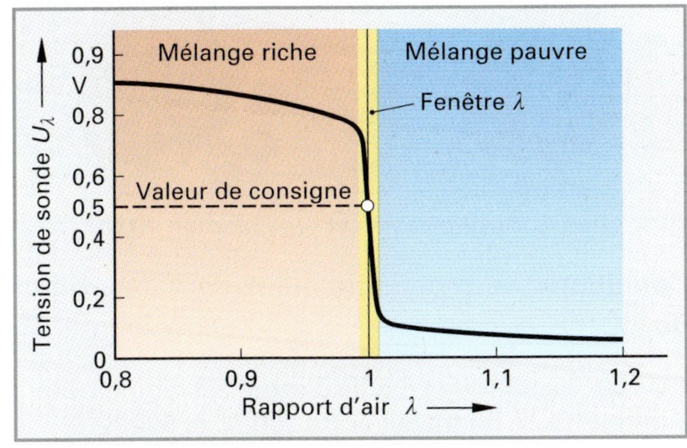

Illustration 2: Tension de sonde au dioxyde de zirconium en fonction du rapport λ

Fréquence de régulation. A un régime de moteur élevé (≈ 2000 1/min), elle est généralement supérieure à 1 Hz lorsque la sonde est intacte. Cela signifie que le signal de tension, qui se situe entre 0,1 Volt (mélange pauvre) et 0,9 Volt (mélange riche), doit être émis au minimum une fois par seconde.

Sonde lambda à saut de résistance (ill. 3).
Le corps en céramique de la sonde est réalisé en oxyde de titane revêtu d'électrodes en platine poreux.

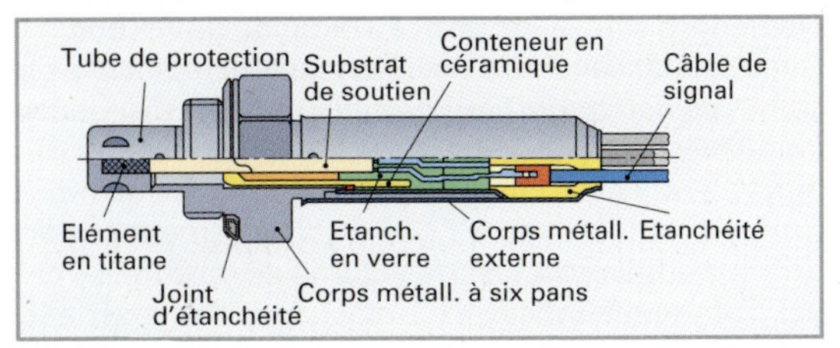

Illustration 3: Sonde en oxyde de titane

Fonctionnement (ill. 4). La conductibilité de l'oxyde de titane change en fonction de la concentration en oxygène des gaz d'échappement et de la température du corps en céramique. L'oxyde de titane est moins conducteur en présence d'un mélange pauvre ($\lambda > 1$) que d'un mélange riche ($\lambda < 1$).

La résistance des sondes en dioxyde de titane $\lambda \approx 1$ se modifie brusquement de 1 kΩ (mélange riche) à 1 MΩ (mélange pauvre).

La résistance de référence des éléments de la sonde est enregistrée dans la centrale de commande. La chute de tension qui se produit - de 0,4 V (mélange pauvre) à 3,9 et 5 V (mélange riche) - est due au changement de résistance du corps en céramique de titane qui dépend de la concentration d'oxygène dans les gaz d'échappement. Contrairement aux sondes en dioxyde de zirconium, il n'est pas nécessaire de disposer d'air de référence. Avec une sonde intacte, la fréquence de régulation est supérieure à 1 Hz. La température de travail optimale se situe entre 600 °C et 700 °C. Un chauffage réglable en continu est nécessaire afin de maintenir la sonde à cette température. Même si la fréquence de régulation permettant une correction précise du mélange est encore basse, la sonde est prête à fonctionner à partir de 200 °C. Des températures supérieures à 850 °C risquent de détruire la sonde.

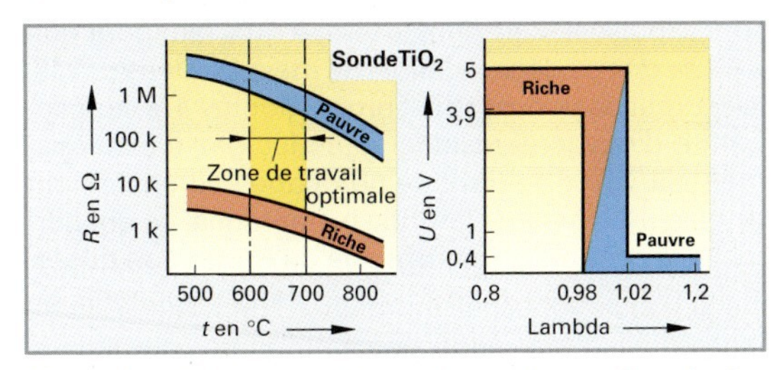

Illustration 4: Caractéristiques des sondes en dioxyde de titane

Sonde lambda à large bande

Les sondes lambda à large bande permettent de mesurer en continu des valeurs λ supérieures à 0,7. Elles sont donc également appropriées pour une régulation λ constante des moteur Otto à mélange pauvre, des moteurs Diesel et des moteurs à gaz.

La température optimale de fonctionnement de ces sondes se situe entre 700 °C et 800 °C.

Conception (ill. 1). La sonde est composée de deux éléments à saut de tension en dioxyde de zirconium. L'une sert de cellule de mesure (capteur) et l'autre de cellule de pompage. Les deux cellules sont disposées de manière à ne laisser qu'une fente de diffusion minimale entre elles (10 µm à 50 µm). La fente de diffusion, en contact avec les gaz d'échappement par un orifice d'admission, sert de volume de mesure. Le canal d'air de référence, en contact avec l'air extérieur, se trouve dans les cellules de mesure.

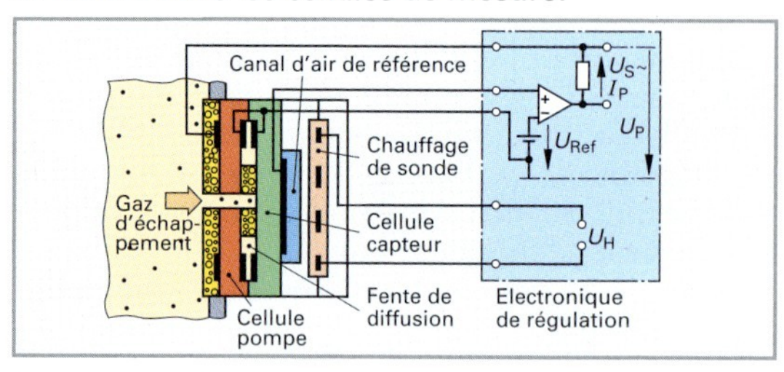

Illustration 1: Sonde lambda à large bande

Fonctionnement de la cellule pompe. En alimentant électriquement les électrolytes du corps de la sonde à saut de tension, il est possible, à partir d'une température définie, de mettre en mouvement les ions d'oxygène (= courant de pompage). La direction du mouvement des ions d'oxygène dépend de la polarité **(+/–)** de la tension appliquée.

Effet conjugué cellule de mesure - cellule de pompage. La teneur en oxygène résiduel des gaz d'échappement est déterminée par la cellule de mesure (cellule capteur) qui travaille selon le principe de la sonde à saut de tension. Si p. ex. le mélange est pauvre ($\lambda > 1 \rightarrow U_\lambda < 300$ mV), l'électronique de régulation transmet une tension à la cellule de pompage ($U_{\text{côté gaz d'échappement}}$ + ; $U_{\text{cellule de mesure}}$ –), ce qui a pour effet de mettre les ions d'oxygène en mouvement (par la fente de diffusion et les électrolytes poreux) en direction du côté gaz d'échappement (où ils sont expulsés). Cela dure le temps qu'il faut pour que $\lambda = 1$ se réalise dans la cellule de mesure. Dans ce cas, le courant de pompage est proportionnel à la concentration d'oxygène résiduel dans les gaz d'échappement **(ill. 2)**. Le courant de pompage sert également de valeur de mesure lambda instantanée, ce qui permet à la centrale de commande du moteur de piloter la fabrication du rapport de mélange souhaité en fonction de la cartographie mémorisée.

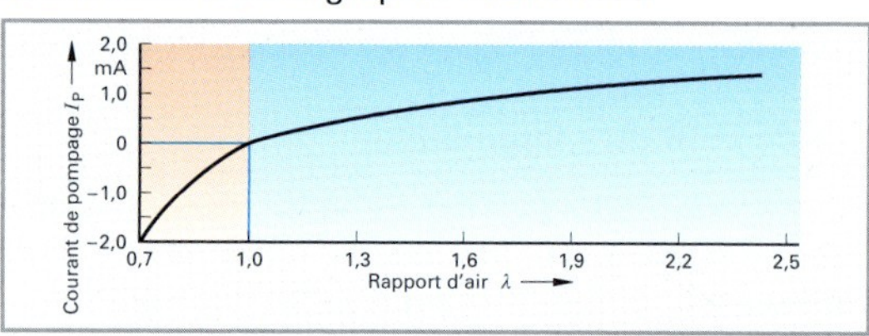

Illustration 2: Caractéristiques de sondes lambda à large bande

Catalyseur à accumulation de NO_x, catalyseur de réduction

Dans le cas des moteurs Otto à injection directe, qui, à certains états, fonctionnent en stratification et à $\lambda > 1$, il est impossible de réduire les oxydes d'azote au moyen d'un catalyseur à trois voies. Un catalyseur spécial NO_x doit donc être installé à côté du catalyseur à trois voies monté près du moteur. Celui-ci servira à traiter séparément les oxydes d'azote **(ill. 3).**

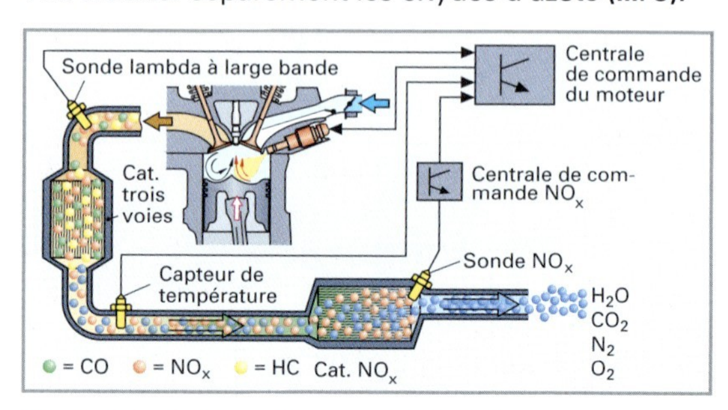

Illustration 3: Dispositif de traitement des gaz d'échappement pour moteurs Otto à injection directe $\lambda > 1$

Conception. Une couche intermédiaire est appliquée sur un support en céramique. Elle est revêtue de baryte (BaO) ou d'oxyde de potassium (KO) qui ont une fonction de matériaux d'accumulation.

Fonctionnement (ill. 4). Accumulation de NO_x. Durant le fonctionnement en mode pauvre, les matériaux d'accumulation sont en mesure de lier (absorber) l'oxyde d'azote. Des capteurs de NO_x détectent le moment où la limite de la capacité d'absorption est atteinte. **Réduction NO_x.** Un enrichissement périodique (toutes les 1 à 5 minutes) permet de libérer les oxydes d'azote et de les transformer, au moyen du rhodium et à l'aide des HC et du CO.

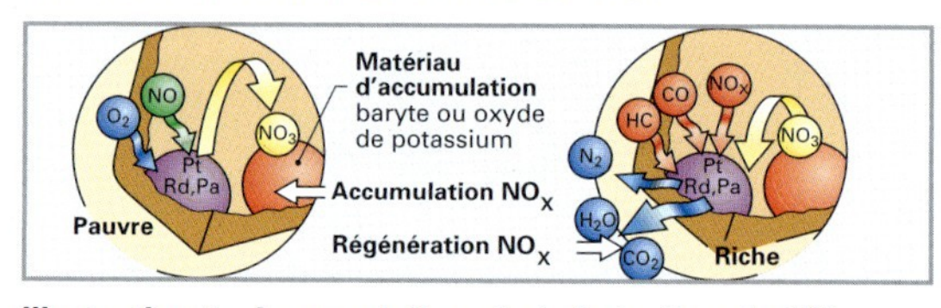

Illustration 4: Accumulation et régénération du NO_x

Conditions de fonctionnement de l'absorbtion de NO_x

De 80 % à 90 % de l'oxyde d'azote est réduit à une température de travail entre 250 °C et 500 °C.

Si la température dépasse 500 °C, la chaleur excessive provoque un vieillissement du catalyseur, c'est pourquoi il faut refroidir les gaz d'échappement, p. ex. en les faisant transiter par des conduits by-pass. La teneur en soufre du carburant doit être < 0,050 mg (< 0,050 ppm). Dans le cas contraire, la capacité d'accumulation est significativement réduite ("empoisonnement au soufre").

Système d'insufflation d'air (ill. 1).

Les polluants HC et CO sont réduits par post-combustion durant la phase froide et de réchauffement du moteur ($\lambda < 1$) au moyen d'insufflation d'air secondaire.

Durant ces états de fonctionnement du moteur, le catalyseur à trois voies régulé n'est pas encore totalement opérationnel. Lors de l'insufflation, l'air est amené vers le collecteur d'échappement situé en amont du catalyseur.

Avantages

- Après un démarrage à froid, le catalyseur atteint plus rapidement sa température de fonctionnement.
- Le catalyseur peut être monté à une plus grande distance du collecteur d'échappement, permettant ainsi de prolonger sa durée de vie.

Fonctionnement (ill. 1). Dans ce système, une soufflerie d'air et une soupape de commutation électropneumatique sont commandées par la centrale de commande en fonction de la température du moteur. Par une soupape de coupure et une soupape antiretour, l'air est acheminé au collecteur d'échappement en amont du catalyseur. La soupape antiretour est commandée par une soupape de commutation électropneumatique. La soupape antiretour a pour fonction d'éviter que la pression des gaz d'échappement endommage la soufflerie. En outre, la soupape antiretour empêche le recyclage des gaz d'échappement.

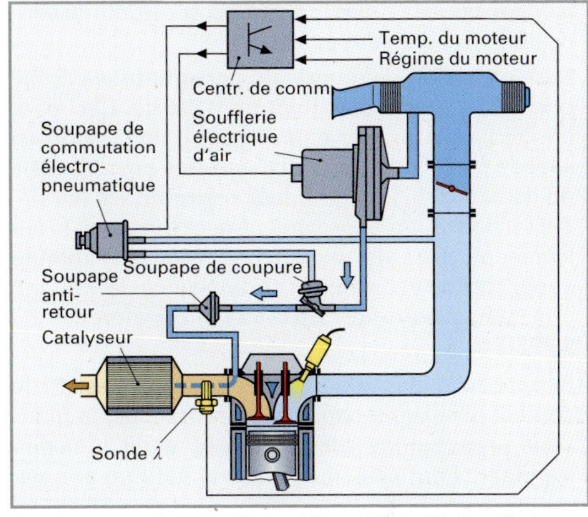

Illustration 1: Schéma du système d'insufflation d'air

13.2.3 Diagnostic et entretien

Généralités. Pour les véhicules avec moteur Otto (moteur à allumage commandé) et ceux à moteur Diesel (moteur à allumage par compression), le test des gaz d'échappement doit être effectué à intervalles déterminés par les prescriptions légales. En Europe, dès 2010, le contrôle des gaz d'échappement est réalisé en même temps que l'expertise du véhicule, dont il constitue un composant à part entière. Ces contrôles peuvent être effectués par des ateliers homologués.

Test des gaz d'échappement des véhicules à moteur à allumage commandé

Selon la certification du véhicule et sa technologie, on appliquera une procédure de contrôle pour véhicules sans système de régulation de la formation du mélange, pour véhicules avec système de régulation de la formation du mélange ou pour véhicules avec système de régulation de la formation du mélange et système de diagnostic on-board.

a) **Travaux préliminaires** (valables pour tous les types de test)
   - Vérifier si les documents fournis correspondent bien au véhicule.
   - Définir la procédure de test à mettre en œuvre.
   - Enregistrement des données du véhicule: numéro d'immatriculation, kilométrage, première mise en circulation, constructeur, type et exécution technique, numéro d'identification, type de carburant (p. ex. essence, gaz naturel).

b) **Réalisation du test**
   Exemple: véhicule avec système de régulation de la formation du mélange
   Après la mise en condition du moteur (température au minimum à 60 °C), les valeurs réelles sont comparées avec les valeurs de consigne, au moyen des appareils de test et selon des procédures définies:
   - réglages influençant les émissions tels que point d'allumage (si mesurable) et régime de ralenti;
   - mesures du CO des gaz d'échappement au ralenti et à régime moyen;
   - contrôle de la valeur lambda à régime moyen;
   - essai du circuit de régulation.

Vérification du circuit de régulation. Elle se fait au moyen des paramètres fournis par le constructeur, ce qui permet de vérifier les valeurs perturbatrices (principe de base), le principe de remplacement ou le principe alternatif. Pour effectuer cette vérification, il faut que le moteur ait atteint sa température de service. La vérification du bon fonctionnement du circuit de régulation est décrit graphiquement au moyen de deux demi-courbes **(ill. 1, p. 332)**. Sur les moteurs à régulation λ, la valeur λ doit se situer dans les limites légales $\lambda = 1{,}03$ et $\lambda = 0{,}97$. Pour calculer la valeur lambda, les concentrations des quatre composants des gaz d'échappement CO, CO_2, HC et O_2 sont mesurées en continu par l'appareil de mesure. Après avoir atteint des valeurs de gaz d'échappement stables lors du régime prescrit, (p. ex. le régime de ralenti), la valeur lambda, p. ex. 0.997, est mémorisée par l'appareil de test. Cette valeur constitue la grandeur de référence pour la vérification du circuit de régulation.

Mise en action de grandeurs perturbatrices. P. ex. prise d'air, ce qui appauvrit le mélange. Ceci peut être réalisé p. ex. par enlèvement d'un conduit en aval du papillon des gaz (respecter les prescriptions du constructeur). La grandeur perturbatrice (air parasite) doit tout d'abord brièvement dépasser la valeur supérieure de tolérance λ 1,03. Une minute après l'action de la valeur perturbatrice, la valeur λ doit de nouveau atteindre la valeur de référence λ = 0,997 ± 0,01

Suppression des grandeurs perturbatrices. Si le conduit en aval du papillon est rebranché, la grandeur perturbatrice est supprimée et le mélange s'enrichit. Pour cela, une valeur inférieure à la valeur limite λ 0,97 doit être brièvement atteinte. Une minute après la suppression de la valeur perturbatrice, la valeur λ doit de nouveau atteindre la valeur de référence λ = 0,997 ± 0,01. Le circuit de régulation satisfait ainsi aux exigences légales.

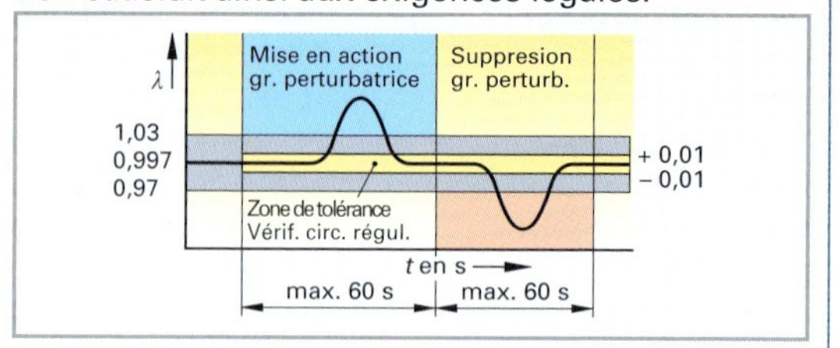

Illustration 1: Fluctuation de la valeur λ lors de la vérification du circuit de régulation.

Principe de remplacement/alternatif. Ces procédures sont utilisées lorsque la vérification du circuit de régulation n'est pas possible au moyen de grandeurs perturbatrices. Dans ce cas, le circuit de régulation est vérifié selon les prescriptions du constructeur, p. ex. au moyen d'un appareil de diagnostic spécifique.

13.2.4 Diagnostic européen embarqué (EOBD)

Il s'agit d'un dispositif de diagnostic intégré au système de gestion du moteur et qui surveille constamment tous les systèmes influençant les gaz d'échappement. Les défauts éventuels sont mémorisés dans la centrale de commande et interprétés par une interface standardisée. En outre, le conducteur est informé par une lampe témoin située dans l'habitacle du véhicule.

Indication d'erreur (MIL = Malfunction Indikator Lamp)

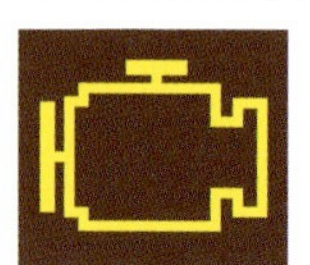

Les défauts influençant négativement les valeurs d'émission des polluants **(tableau 1)** ou les erreurs d'autodiagnostic du moteur sont signalés par une lampe témoin jaune qui reste allumée en permanence. Le même indicateur clignote en présence de défauts risquant d'endommager le catalyseur.

Les défauts signalés par la lampe MIL doivent être réparés immédiatement. Le trajet parcouru après l'activation du témoin d'avertissement est mémorisé.

Tableau 1: Valeurs limites EOBD véhic. classe M

m_{aut} ≤ 2 500 kg; ≤ 6 places	CO	HC	NO_x	PM[1)]
Moteur Otto Euro-5	1,90	0,25	0,30	0,05
Moteur Diesel Euro-5	1,90	0,25	0,54	0,05

[1)] Particulates matter = particules

Surveillance du système

Les systèmes partiels et les capteurs suivants sont surveillés en permanence ou une fois par cycle de conduite:

- fonctionnement et chauffage du catalyseur;
- fonctionnement des sondes lambda;
- ratés de combustion;
- fonctionnement du recyclage des gaz d'échappement;
- fonctionnement du système d'insufflation d'air;
- système de dégazage du réservoir;
- ensemble des circuits électriques des composants influençant les gaz d'échappement;
- bouchon du réservoir.

Un cycle de conduite comprend le démarrage du moteur, la conduite à un régime donné, les vitesses atteintes ainsi qu'une phase de décélération et l'arrêt du moteur. Modification de la température du liquide de refroidissement: min 22 à > 70 °C.

Surveillance du catalyseur

Une deuxième sonde λ **(ill. 2)** placée en aval du catalyseur sert à surveiller le fonctionnement du catalyseur. La centrale de commande du moteur compare les signaux des deux sondes λ. La régulation λ au

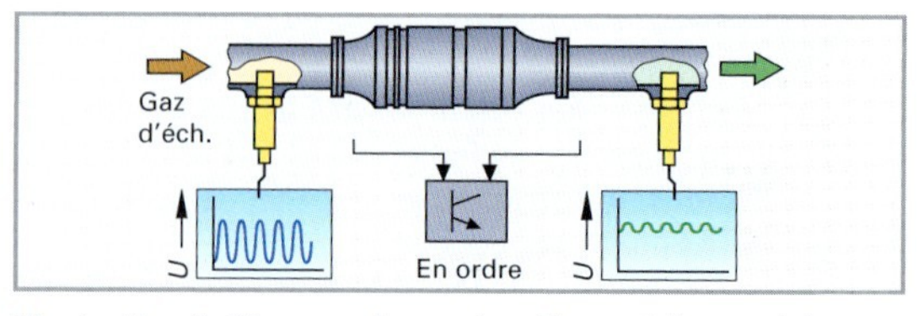

Illustration 2: Signaux de sondes d'un catalyseur à haut rendement surveillé

moyen de la première sonde provoque une alternance riche-pauvre. Le pouvoir d'accumulation d'oxygène d'un catalyseur à haut rendement provoque le signal de la seconde sonde qui oscille autour d'une valeur moyenne. Après les transformations chimiques dans le catalyseur, la teneur en oxygène est faible et constante, ce qui produit un signal qui oscille faiblement autour d'une valeur moyenne.

En vieillissant, le catalyseur perd de son pouvoir d'ac cumulation en oxygène et oxydera moins de CO et de HC. De ce fait, les variations de la régulation de la sonde λ placée en aval du catalyseur deviennent identiques à celles de la sonde placée en amont **(ill. 1).** La centrale de commande reconnaît alors la diminution de l'efficacité du catalyseur, mémorise l'erreur et la signale au moyen de la lampe témoin OBD.

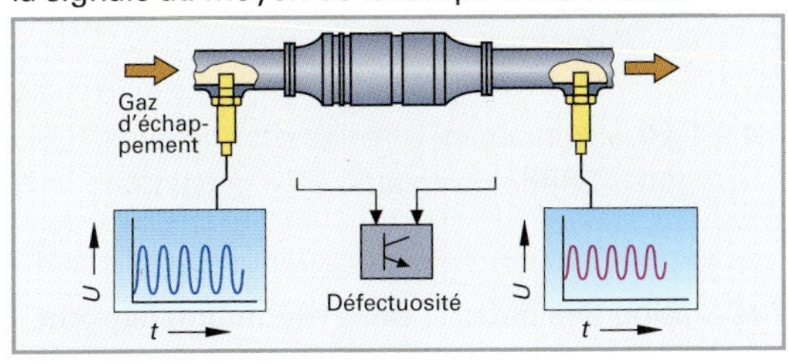

Illustration 1: Signaux de sondes d'un catalyseur défecteux

Surveillance des sondes

Si la sonde placée en amont du catalyseur est défectueuse pour cause de vieillissement, la fréquence de régulation diminue. En outre, l'amplitude se réduit; il est alors impossible de reconnaître si le mélange est pauvre ou riche. Tout dépassement des valeurs limites enregistrées dans la centrale de commande entraîne la signalisation de la défectuosité. La valeur de la tension permet en outre de détecter la présence de courts-circuits sur le pôle positif, sur la masse ou le long des câbles électriques. Le fonctionnement du chauffage de la sonde lambda peut être vérifié en mesurant la chute de tension survenant sur une résistance branchée en série sur le circuit d'alimentation des sondes.

Surveillance des ratés de combustion

Chacune des combustions entraîne une certaine accélération de la masse d'équilibrage des organes mobiles. Un générateur inductif à roue incrémentée (roue dentée avec plusieurs segments), monté sur le vilebrequin, ainsi qu'un capteur, servent à transmettre à la centrale de commande les signaux à analyser. Si la combustion est correcte dans tous les cylindres, l'intervalle d'allumage est égal pour tous les segments. Les ratés de combustion provoquent des variations de couple entraînant une instabilité de fonctionnement du moteur **(ill. 2),** ce qui génère un ralentissement de la roue incrémentée du cylindre concerné jusqu'au prochain allumage. L'intervalle de temps augmente d'une fraction de seconde. Lorsqu'un certain taux de ratés de combustion est dépassé, la lampe témoin est activée. Si le catalyseur risque d'être endommagé, l'injection du cylindre concerné est interrompue.

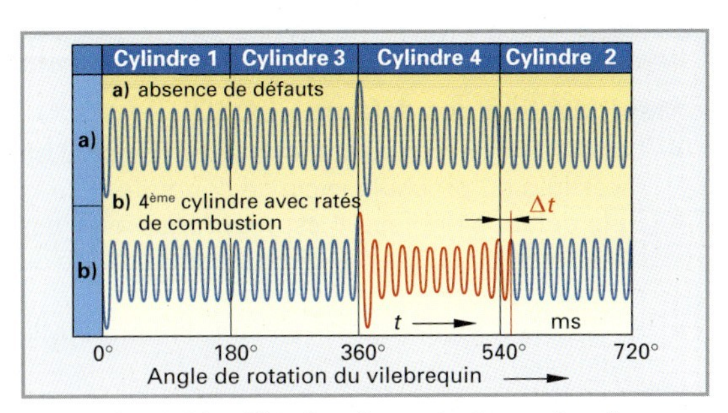

Illustration 2: Identification des ratés de combustion sur un moteur à quatre cylindres

Surveillance du fonctionnement du système d'insufflation d'air

Le système d'insufflation d'air est surveillé par la tension de sonde λ. Lorsque le moteur est froid, et durant sa phase de réchauffement, la soufflerie démarre en fonction de la charge et du régime du moteur. Lors de l'insufflation d'air, la tension de sonde λ indique une valeur correspondant à un mélange pauvre (300 mV à 100 mV). Cette mesure est répétée à intervalles réguliers durant la phase de démarrage à froid (env. 90 à 150 secondes). Lorsque la centrale de commande détecte des valeurs de mesure de tension correctes émises par la sonde λ, le système d'insufflation d'air est considéré comme étant opérationnel.

Surveillance du fonctionnement du recyclage des gaz d'échappement

Elle se fait par l'ouverture de l'électrovanne de recyclage des gaz d'échappement pendant la phase d'accélération et par la mesure de la pression régnant dans la tubulure d'admission. Lorsque le dispositif de recyclage des gaz d'échappement est en bon état, la pression de tubulure d'admission doit varier étant donné qu'un passage est ouvert entre le collecteur d'échappement et la tubulure d'admission. Dans le cas contraire, le défaut est signalé.

Surveillance du système de dégazage du réservoir

Il est possible de contrôler le système de dégazage du réservoir par mesure de la tension de sonde λ. Ce contrôle se fait généralement au ralenti. L'électrovanne de dégazage du réservoir est tout d'abord fermée et la valeur λ est mesurée. L'électrovanne de dégazage est ensuite ouverte. Si l'accumulateur à charbon actif est plein, le mélange air-carburant s'enrichit (U_λ = 300 mV à 100 mV). La centrale de commande enregistre ces valeurs. Ce contrôle de fonctionnement est répété plusieurs fois. Si des valeurs plausibles sont mesurées durant plusieurs cycles de surveillance, le système de dégazage du réservoir est considéré comme étant opérationnel.

Selon le constructeur, seuls des contrôles électriques sont effectués sur le système d'insufflation d'air, l'électrovanne de recyclage des gaz d'échappement et la soupape du système de dégazage du réservoir.

Indications d'atelier– EOBD, réparation des défauts de la régulation lamda

Mémorisation des défauts – EOBD

- Les défauts ne se présentant qu'une fois sont effacés lors du prochain cycle de conduite.
- Si le défaut se répète, il est mémorisé avec ses caractéristiques, p. ex. régime et température du moteur ("freeze frame").
- Si le défaut était déjà enregistré, la lampe MIL s'allume.
- Si le défaut ne réapparaît plus lors des 3 prochains cycles de conduite, la lampe témoin s'éteint à nouveau.
- Les défauts disparaissant après 40 cycles de conduites sont effacés.

Lecture des défauts – OBD

Des interfaces, des protocoles et des modèles de diagnostic permettent de déterminer les erreurs influençant les valeurs des gaz d'échappement.

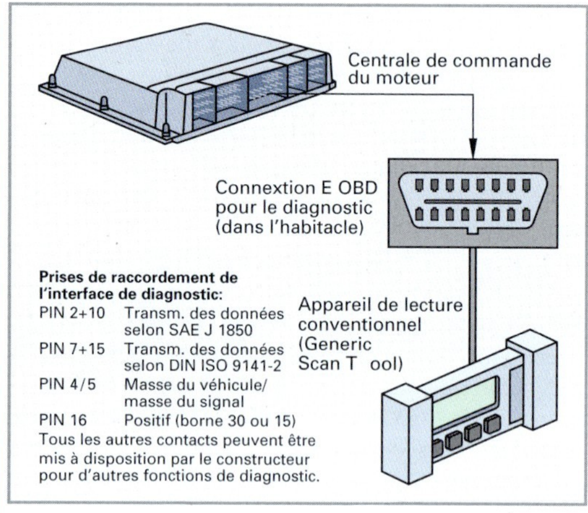

Illustration 1: Lecture des défaut EOBD

L'appareil de lecture permet de choisir différents modes de contrôle.

Mode contrôle	Fonction de diagnostic
1	Lecture des valeurs réelles des gaz d'échappement
2	Lecture des caractéristiques des défauts mémorisés ("freeze frame")
3	Défauts influençant les valeurs des gaz d'échappement survenus durant deux cycles de conduite successifs
4	Effacement des codes de défauts
5	Valeurs de mesure des sondes lambda
6	Valeurs des systèmes non surveillés en permanence, p. ex. l'insufflation d'air
7	Lecture des défauts sporadiques
8	Indication du statut: fin du contrôle d'un système ou d'un composant (Readiness-Code: oui = 0; non = 1)
9	Affichage des informations véhicule ou système

Codes des défauts. Il s'agit de codes alphanumériques à 5 positions, p. ex. P 0 150 .

P 0 150 — **P:** Powertrain (motorisation)

P **0** 150 — **0:** Les codes dépendent de normes établies par les constructeurs
(**1:** Code défini par le constructeur.)

P 0 **1** 50 — **1:** Groupes de composants où s'est produit le défaut

- **1/2** Carburant et dosage de l'air
- **3** Systèmes d'allumage ou ratés de combustion
- **4** Systèmes antipollution accessoires
- **5** Systèmes de régulation de la vitesse ou du ralenti
- **6** Ordinateur et signaux de sortie
- **7** Boîte de vitesses

P 0 1 **50** composant à l'origine de la panne
50 Sonde O_2 en amont du catalyseur

Réparation des défauts de la régulation lambda

Si, durant la vérification du circuit de régulation et la mesure des gaz d'échappement, la boucle de régulation λ présente des anomalies, le défaut peut provenir du circuit de régulation ou du catalyseur. Afin de limiter le risque de défauts électriques potentiels dans le circuit de régulation, il est possible d'effectuer certaines vérifications indépendamment du modèle.

Vérification électrique de la régulation λ dans un circuit de régulation fermé avec sonde de saut de tension (ill. 2)

Lorsque l'allumage est coupé, un voltmètre ou un oscilloscope est branché en parallèle à la tension de signal de la sonde λ. Après le démarrage à froid du moteur, une tension stable de 0,4 V à 0,6 V (selon le constructeur) est mesurée. Lorsque le moteur et la sonde λ sont chauds, la tension oscille entre 0,1 V et 0,8 V.

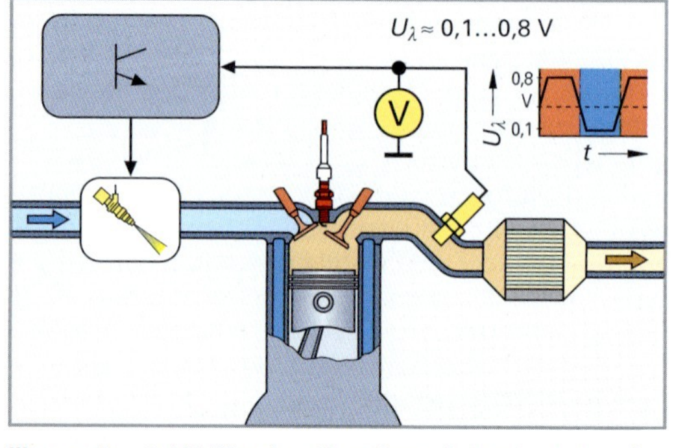

Illustration 2: Vérification électrique de la régulation λ dans le circuit de régulation fermé

INDICATIONS D'ATELIER SUITE DE LA PAGE 334

En cas de défaut, la tension de sonde indique une valeur fixe, p. ex. 0,1 V; 0,5 V ou 0,8 V. Il s'agit toutefois de vérifier le bon état (fonctionnement) du capteur de température, des connexions, de la température du moteur et de la sonde. Dans l'affirmative, le défaut peut être cerné en interrompant le circuit de régulation et en désactivant les valeurs perturbatrices.

Vérification électrique de la régulation λ dans le circuit de régulation interrompu (ill. 1)

Condition: le moteur et la sonde λ sont chauds, le chauffage de la sonde fonctionne. Débrancher la prise entre la sonde lambda et la centrale de commande et connecter l'adaptateur. Raccorder l'appareil de contrôle.

Simulation: mélange riche

Un testeur, branché sur le contact approprié de la centrale de commande, génère une tension d'environ 0,8 V à 0,9 V. Si la centrale de commande

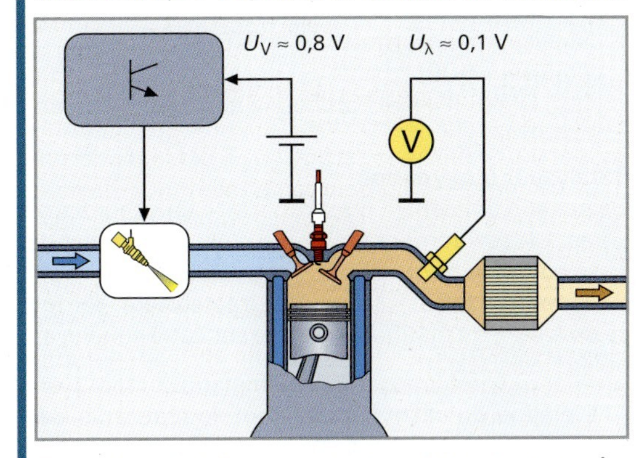

Illustration 1: Vérification électrique de la régulation λ dans un circuit interrompu

et son alimentation sont en bon état, le mélange s'appauvrit. Le régime du moteur devient plus instable. Si la sonde λ est intacte, la tension indique une valeur d'environ 0,1 V. Si ce n'est pas le cas, les défauts suivants sont possibles: capteur de la température du moteur défectueux, défaut dans le faisceau des câbles ou centrale de commande défectueuse. Si la centrale de commande provoque un appauvrissement et que la tension de sonde ne diminue pas, le défaut se situe au niveau de la sonde λ (défaut de masse, chauffage de sonde défectueux, altération de la sonde par vieillissement).

Simulation: mélange pauvre

Lors de cet essai, la centrale de commande reçoit une tension d'environ 0,1 V. Le régime du moteur devrait augmenter durant un bref instant à cause de l'enrichissement du mélange provoqué par la centrale de commande. La tension de sonde λ devrait être de 0,8 à 0,9 V. Si ce n'est pas le cas, les mêmes défauts que ceux décrits dans la simulation de mélange riche peuvent en être la cause ou alors un défaut d'étanchéité provoque un afflux d'air parasite.

Attention: dans le cas de sondes intactes en dioxyde de titane, la tension oscille entre un minimum de 0,3 V et un maximum de 3,9 V.

Contrôle du chauffage de sonde lambda. Il est effectué en mesurant la résistance. Températures normales: de 2 Ω à14 Ω; en cas de valeurs supérieures à 30 Ω, la sonde est défectueuse. Conséquences possibles: le moteur a un mauvais rendement, il s'use de manière importante ou il "tousse".

Contrôle de la sonde lambda à large bande. Il est effectué à l'aide de la fonction appropriée du testeur du véhicule.

QUESTIONS DE RÉVISION

1. **Quels polluants apparaissent en cas de combustion incomplète du carburant dans le moteur?**
2. **Quels effets sur la composition des gaz d'échappement peut avoir un manque ou un excès d'air?**
3. **Citez deux systèmes qui permettent de diminuer les émissions de CO et de HC.**
4. **Citez deux systèmes qui permettent de réduire les émissions d'oxyde d'azote.**
5. **Expliquez le fonctionnement d'un dispositif de recyclage des gaz d'échappement.**
6. **Que signifie catalyseur à un lit à trois voies?**
7. **Quels sont les métaux précieux utilisés comme matières actives dans les catalyseurs?**
8. **Quelles sont les transformations chimiques produites dans un catalyseur à trois voies?**
9. **Pourquoi un mélange λ = 1 est-il nécessaire pour un catalyseur à trois voies?**
10. **Expliquez les fonctionnement du circuit de régulation λ.**
11. **Que mesure la sonde λ?**
12. **Dans quelle fourchette de valeurs se situe le saut de tension d'une sonde en oxyde de titane?**
13. **Quelle est la différence entre une sonde lambda à saut de tension et à large bande?**
14. **Comment le catalyseur parvient-il à transformer les NO_x?**
15. **Expliquez pour quels types de moteurs un catalyseur à accumulation de NO_x est nécessaire.**
16. **Expliquez le fonctionnement du système d'insufflation d'air.**
17. **Comment vérifie-t-on le circuit de régulation durant le test antipollution?**
18. **Comment le fonctionnement du catalyseur est-il surveillé sur un véhicule équipé de l'OBD?**
19. **Dans quelles circonstances la lampe MIL s'allume-t-elle?**
20. **Comment les ratés de combustion sont-il repérés?**
21. **A quel moment les codes d'erreurs de l'OBD sont-ils automatiquement annulés?**
22. **Comment peut-on vérifier le chauffage de la sonde lambda?**

13.3 Réduction de la pollution des moteurs Diesel

13.3.1 Composition des gaz d'échappement

Outre de l'azote N_2 et de l'oxygène O_2 (résultants de l'air résiduel), les gaz d'échappement des moteurs Diesel contiennent divers produits de réaction: carbone C, hydrogène H, oxygène O, et azote N.

Combustion complète. Dans des conditions de combustions optimales (irréalisables dans un moteur), les liaisons d'hydrocarbures se transforment en dioxyde de carbone (CO_2) et en eau (H_2O).

Combustion incomplète. En fonction de la charge, le moteur Diesel fonctionne avec différents excès d'air ($\lambda > 1$). A pleine charge, l'excès d'air est faible jusqu'à λ env. 1,3). En charge partielle ou au ralenti, l'excès d'air va jusqu'à env. λ 1,8. Malgré cet excès d'air, le carburant n'est ponctuellement que partiellement brûlé. Il en résulte les polluants suivants: monoxyde de carbone (CO), hydrocarbures non brûlés (HC) et particules (PM = angl. particulate matter). Celles-ci se composent d'un noyau de suie sur lequel sont accumulées des impuretés telles que des oxydes métalliques **(v. p. 296)**.

Il en résulte également des produits provenant des impuretés ou des additifs contenus dans le carburant ou les lubrifiants, comme p. ex. des liaisons de métal ou de soufre.

Les oxydes d'azote NO_X (formés de monoxydes d'azote NO et de dioxydes d'azote NO_2) se dégagent en cas de températures et de pressions de combustion élevées et lors de grandes vitesses de propagation des flammes. L'excès d'air au ralenti et en charge partielle contribue à augmenter les émissions de NO_X.

Valeurs limites d'émission pour les véhicules de tourisme à moteur Diesel

Malgré les limitations des émissions prescrites dans les années 70, les différentes homologations accordées n'ont pas permis une diminution rapide des émissions de polluants des moteurs Diesel. Les valeurs limites fixées par le législateur deviennent donc toujours plus restrictives.

Le **tableau 1** contient les valeurs limites européennes pour les nouveaux véhicules de tourisme Diesel.

Tableau 1: Valeurs limites d'émission pour les véhicules de tourisme/combi avec moteur Diesel en Europe en g/km

	CO	HC + NO_X	NO_X	Particules
Euro 3 dès 2000	0,64	0,56	0,5	0,05
Euro 4 dès 2005	0,5	0,30	0,25	0,025
Euro 5 dès 2009	0,5	0,23	0,18	0,005
Euro 6 dès 2014	0,5	0,17	0,08	0,005

13.3.2 Procédés de réduction des polluants

Afin de respecter les valeurs limites d'émission des normes Euro 4 et 5, des mesures concertées de manière optimale doivent être prises, que ce soit au niveau du moteur ou non.

Mesures concernant le moteur. On peut agir p. ex. sur:

- l'optimisation de la combustion;
- la commande de la durée de préchauffage;
- l'augmentation de la pression d'injection;
- la technique multisoupapes;
- la commande du canal d'admission;
- la régulation de la pression d'admission;
- l'optimisation du début de l'injection et de la quantité injectée.

Mesures externes au moteur. Les systèmes suivants peuvent être utilisés:

- catalyseur d'oxydation;
- recyclage des gaz d'échappement;
- filtre à particules;
- catalyseur à accumulation de NO_X;
- catalyseur SCR;
- Filtre DPNR (Diesel Particulate and NO_X Reduction System).

Catalyseur d'oxydation

De par son concept, il ressemble au catalyseur à trois voies. Un revêtement en oxyde d'aluminium est déposé sur un support métallique ou en céramique afin d'augmenter la surface active. Le catalyseur, composé de 1 à 2 g de platine, se trouve sur cette couche appelée "wash-coat".

Le platine du catalyseur permet de réaliser, sans usure, deux processus chimiques d'oxydation.

Les principales fonctions du catalyseur d'oxydation Diesel sont:

Diminution des émissions de HC et de CO. Le monoxyde de carbone (CO) est transformé par oxydation en dioxyde de carbone (CO_2) et les hydrocarbures non brûlés (HC) sont transformés en dioxyde de carbone (CO_2) et en eau (H_2O). L'oxydation a lieu à partir d'une température bien précise (Light-Off-Temperature) qui se situe entre 170 et 200 °C, selon la composition des gaz d'échappement, la vitesse du flux et le type de catalyseur dont est équipé le véhicule. Dès que la température limite est atteinte, le coefficient d'oxydation dépasse 90 %.

Réduction de la masse des particules. A partir d'une certaine température, les hydrocarbures émis par les moteurs Diesel se séparent en particules. En oxydant ces hydrocarbures, il est possible de réduire de 15 à 30 % la masse de particules (PM) rejetées dans l'atmosphère .

Oxydation du NO et du NO_X. En principe, la teneur en NO_2 du NO_X contenu dans les gaz d'échappement des moteurs est d'environ 10 %. Grâce à l'oxydation, il est possible de modifier la proportion de NO_2 déjà à basse température. Une teneur en NO_2 élevée dans le NO_x est importante, ceci afin de pouvoir réduire la température de combustion des particules et, de ce fait, garantir l'efficacité des composants du système, comme p. ex. le filtre à particules Diesel ou le catalyseur SCR.

Eléments catalytiques chauffants (brûleur catalytique). Le brûleur catalytique permet d'augmenter la température des gaz d'échappement pour régénérer le filtre à particules. Pour cela, du CO et des HC sont générés par des post-injections ou par un injecteur placé en aval du moteur. L'oxydation du CO et du HC ainsi générée engendre une réaction thermique (augmentation de la température) utilisée pour chauffer les gaz d'échappement.

Recyclage des gaz d'échappement (ill. 1)

Il permet de diminuer les émissions de NO_X. Le mélange des gaz d'échappement avec l'air d'admission réduit la teneur en oxygène. Les composants des gaz d'échappement ne participent plus à la combustion et absorbent ainsi de la chaleur lors de la combustion. La température maximale de combustion est donc moins élevée et les émissions d'oxydes d'azote (NO_X) diminuent de 60 %. Il est possible de recycler jusqu'à 40 % du volume des gaz d'échappement.

Si ce pourcentage augmente, les émissions de NO_X se réduisent encore mais le carburant Diesel ne brûle plus complètement, ce qui augmente fortement la proportion d'hydrocarbures non brûlés (HC) ainsi que les particules à cause du manque d'oxygène.

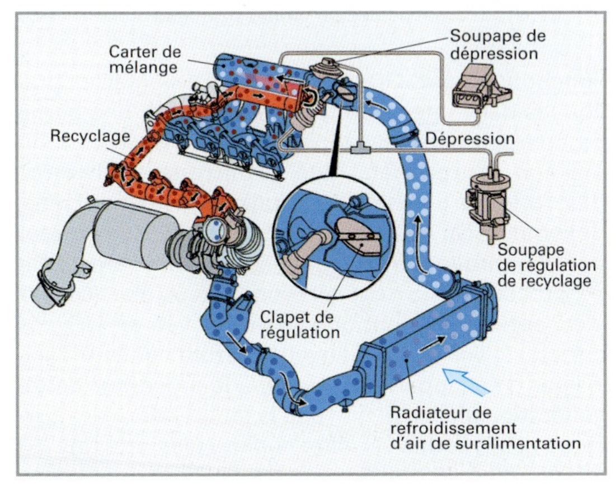

Illustration 1: Recyclage des gaz d'échappement avec clapet de régulation supplémentaire

Régulation du taux de recyclage. Il est piloté par la centrale de commande au moyen d'une soupape de dépression ou d'un servomoteur et dépend de:

- la température du moteur;
- la pression de suralimentation;
- la température de l'air d'admission;
- la charge et du régime.

> Le recyclage des gaz d'échappement est activé lorsque le moteur Diesel chaud fonctionne au ralenti ou en charge partielle. Lorsque le recyclage est activé, l'air d'admission diminue. C'est le signal émis par le débitmètre d'air à film chaud qui permet de calculer la quantité de gaz recyclés.

Taux de recyclage. L'effet du recyclage peut être augmenté par le refroidissement des gaz d'échappement. Des clapets de régulation de la pression peuvent être montés dans la tubulure d'admission **(ill. 1)**. La fermeture du clapet permet de générer une plus grande différence de pression entre la tubulure d'admission et le collecteur d'échappement, augmentant ainsi le taux de recyclage.

A charge élevée, le recyclage des gaz d'échappement est interrompu afin de pouvoir assurer la pleine puissance et le couple maximal du moteur. Dans ce cas, le manque d'air rendrait l'émission de particules trop importante. La dégradation de la stabilité de fonctionnement, en cas de recyclage des gaz d'échappement au ralenti, peut être compensée par des systèmes de régulation du ralenti.

Catalyseur à accumulation NO_x

Sa conception et son fonctionnement sont identiques à ceux utilisés pour les moteurs Otto **(voir. p. 330)**.

> Le catalyseur à accumulation NO_x fixe le NO_x sur les surfaces du catalyseur. Lorsqu'il est plein, il doit être régénéré. Pour cela, on transforme l'oxyde d'azote (NO_x) en azote (N_2) et en eau (H_2O).

Conception. Une couche intermédiaire (wash-coat) est appliquée sur un support en céramique. Cette couche est enduite d'oxyde de barium (BaO), servant d'accumulateur, de platine, de rhodium et de palladium qui ont une fonction catalytique active. Ce catalyseur convertit l'oxyde d'azote en deux étapes **(ill. 2)**:

- **Phase de charge** (30 à 300 s). Accumulation constante de NO_x sur les composants d'accumulation du catalyseur. En combinaison avec l'oxygène, le platine permet de transformer par oxydation l'oxyde d'azote en NO_2. Au contact du revêtement de barium, le NO_2 réagit et se dépose sous forme de nitrate (NO_3) sur les surfaces du catalyseur.

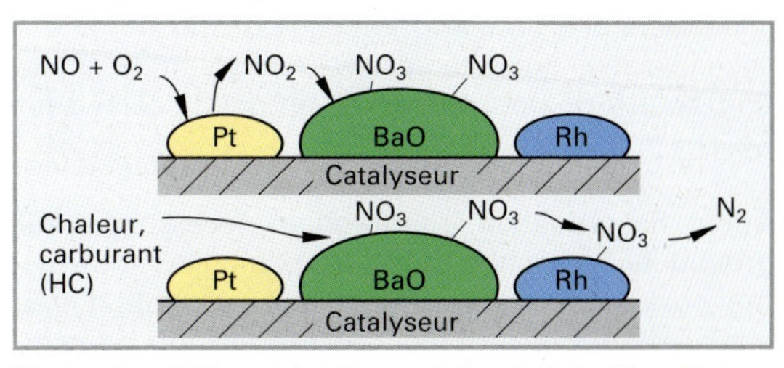

Illustration 2: Phase de charge et de rénégération d'un catalyseur à accumulation NO_x pour Diesel

- **Régénération** (2 à 10 s). Un enrichissement périodique permet à l'oxyde d'azote de se libérer et d'être transformé en azote N_2 avec les autres composants non brûlés des gaz d'échappement (HC, CO).
- **Régénération du soufre.** Etant donné que l'oxyde de barium constitue une liaison très forte avec le sulfate (SO_2), le sulfate va se combiner avec l'oxyde de barium et diminuer ainsi la capacité de stockage des NO_x. Afin d'assurer une capacité d'accumulation en NO_x suffisante, il faut donc éliminer le soufre à intervalles réguliers. En présence d'un carburant pauvre en soufre (≤ 10 ppm), cette régénération est nécessaire tous les 5000 km environ. Pour cela, le catalyseur doit être chauffé durant plus de 5 minutes à une température supérieure à 650 °C et être approvisionné avec des gaz d'échappement riches, ce qui provoque une augmentation de la consommation de carburant. Pour augmenter la température, on utilise le même principe que pour la régénération du filtre à particules.

Catalyseur SCR (Bluetec)

Dans le processus de catalysation sélective SCR (Selective Catalytic Reduction), on utilise de l'ammoniac comme agent de réduction, ce qui permet de transformer jusqu'à 80 % de l'oxyde d'azote des gaz d'échappement en azote et en eau.

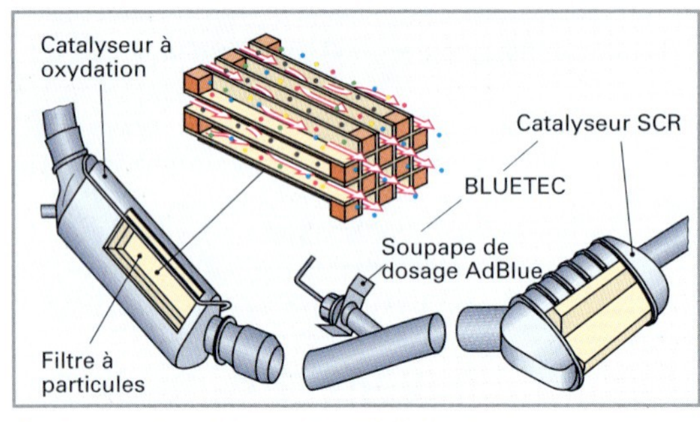

Illustration 1: Catalyseur SCR (Bluetec)

Construction. Le système SCR-Bluetec **(ill. 1)** est composé d'un catalyseur SCR muni d'un dispositif de dosage préprogrammé, d'un catalyseur à oxydation ainsi que du filtre à particules. En fonction de la charge et du régime du moteur, le dispositif de dosage injecte la quantité nécessaire d'agent de réduction, sous forme pulvérisée, en amont du catalyseur SCR.

Agent de réduction. L'ammoniac nécessaire pour provoquer la réaction SCR n'est pas utilisé sous forme pure mais sous forme d'une solution d'urée aqueuse appelée AdBlue. La composition de cette solution est définie par la norme DIN 70070. Cette solution d'urée aqueuse produit de l'ammoniac (NH_3) et du CO_2. A partir d'env. 170 °C et au contact des surfaces en titane du catalyseur SCR, cet ammoniac réagit en formant de l'azote (N_2) et de l'eau (H_2O). La consommation d'AdBlue correspond à environ 1 à 3 % de la consommation de caburant Diesel. La solution est stockée dans son propre réservoir qui doit être rempli lors de la maintenance effectuée dans le cadre du service client.

Filtre à particules

Filtre pour post-montage (ill. 2, filtre à particules en dérivation). Pour le post-montage, on utilise principalement des corps en métal fritté à revêtement catalytique (filtre en dérivation ou filtre ouvert) **(ill. 2)**, qui, suivant les conditions d'utilisation, ne filtrent que 30 à 70 % du flux des gaz d'échappement. Ces filtres sont régénérés de manière catalytique sans intervention de la centrale de commande du moteur.

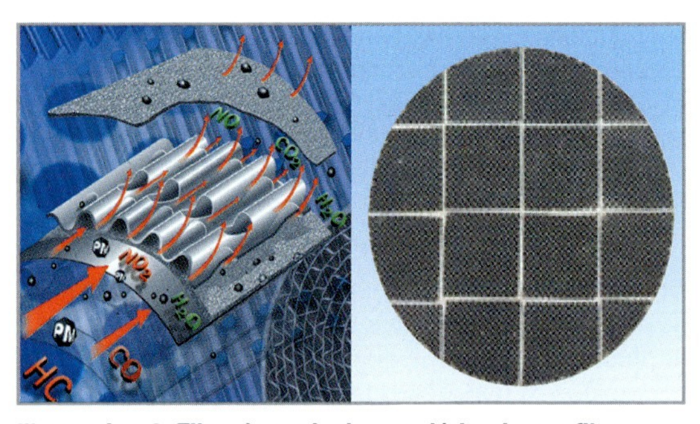

Illustration 2: Filtre à particules en dérivation et filtre à particules en circuit principal

Fonctionnement. Grâce à la forme des entailles pratiquées dans une feuille de métal ondulé, une partie du flux des gaz d'échappement est dirigée vers un mat non-tissé en métal fritté. La micro-structure de ce mat non-tissé en fibres de métal retient les particules. L'oxydation du carbone au contact du dioxyde d'azone (NO_2) provoque une régénération constante. Afin de procéder à la régénération, il faut que les gaz d'échappement aient une teneur élevée en NO_2, ce qui est réalisé grâce à l'oxyde d'azote contenu dans les gaz d'échappement. Afin que le processus de régénération ait lieu, il faut que la température des surfaces catalytiques du filtre à particules atteigne au moins 200 à 280 °C. Si ce n'est pas le cas, les pores du filtre se remplissent de particules et les gaz d'échappement passent alors par le canal longitudinal normal du filtre à particules, sans être filtrés.

Filtre à particules d'origine (ill. 2, filtre en circuit principal). Il se compose généralement de corps alvéolaires filtrants en céramique qui permettent de filtrer la totalité des gaz d'échappement (filtre en circuit principal ou filtre fermé). La régénération est pilotée par la centrale de commande du moteur.

Fonctionnement. Les extrémités des canaux du filtre à particules sont fermées **(ill. 1)**, obligeant ainsi les gaz d'échappement à circuler à travers les parois poreuses du filtre. Les particules y restent bloquées et obturent progressivement les pores, ce qui augmente graduellement la contre-pression exercée par les gaz d'échappement. Il s'ensuit une augmentation de la consommation de carburant et une réduction de l'effet filtrant. Le filtre doit alors être régénéré.

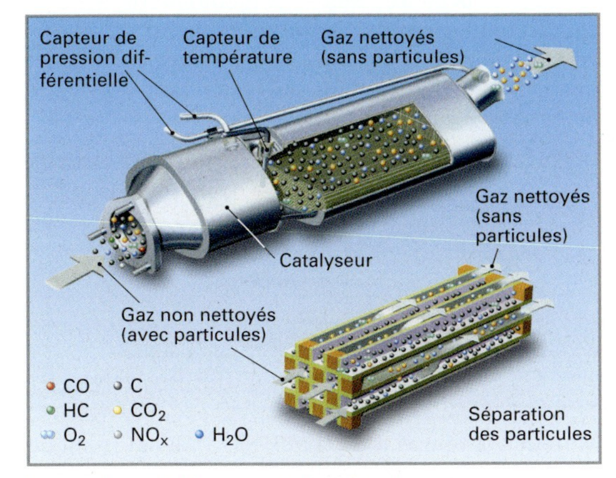

Illustration 1: Filtre à particules Diesel

Régénération. Au-dessus de 600 °C, les particules peuvent être oxydées (brûlées) grâce à l'oxygène contenu dans les gaz d'échappement et transformées en dioxyde de carbone (CO_2). Toutefois, cette température n'est atteinte que lorsque le moteur fonctionne à pleine charge. En charge partielle, la température peut descendre en-dessous de 200 °C.

Il faut donc prendre des mesures pour abaisser la température de combustion des particules et/ou pour augmenter la température des gaz d'échappement.

- **Abaissement de la température de combustion des particules.** Elle est obtenue à l'aide d'un additif qui est mélangé au carburant du réservoir au moyen d'une unité de dosage. La température de combustion des particules peut ainsi être abaissée à environ 450 à 500 °C. L'application d'un revêtement catalytique en métaux nobles sur le filtre permet également d'améliorer la combustion des particules. Ce système s'avère plus efficace que l'utilisation d'un additif.
- **Elévation de la température des gaz d'échappement.** Une post-injection précise et une augmentation du couple requis, p. ex. par le compresseur de la climatisation et l'alternateur, permettent d'augmenter la température des gaz d'échappement.

Régulation du processus de régénération. Le capteur de pression différentielle **(ill. 2)** mesure la différence de pression en amont et en aval du filtre à particules. Si ce dernier est plein, la différence de pression mesurée sera élevée ce qui signifie que la régénération doit avoir lieu. Durant la régénération, la température est mesurée par le capteur de température. Elle ne doit pas dépasser 700 °C.

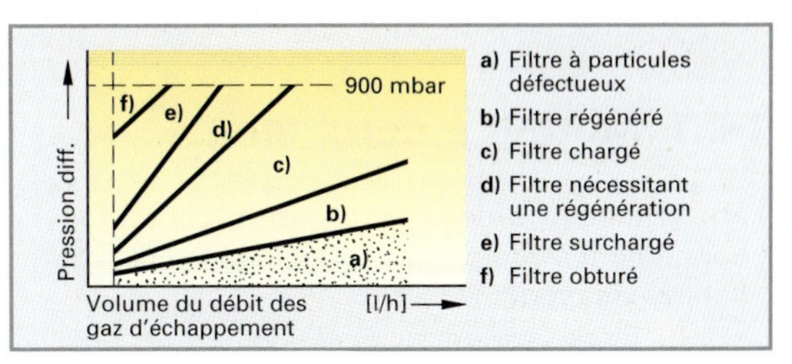

Illustration 2: Tracé de la pression différentielle

Formation de cendres. La combustion de l'additif ajouté au carburant entraîne une légère formation de cendres dans le filtre ce qui a tendance à l'obstruer. De ce fait, il faut le démonter et le nettoyer. Suivant le système et le mode de conduite, cette opération doit être réalisée tous les 120 000 à 240 000 km. Une lampe de contrôle indique au conducteur que la maintenance doit être effectuée.

Filtre DPNR

Le système DPNR (Diesel Particulate and No_x Reduction System) réduit simultanément l'émission de particules de suie et celle d'oxyde d'azote, ceci sans devoir ajouter des agents de réduction. En outre, ce système ne nécessite aucune maintenance.

Construction. Le système DPNR se compose d'un catalyseur à accumulation pour le NO_x, d'un filtre à particules suivi d'un catalyseur à oxydation. Il est également équipé d'un injecteur pour la régénération, monté dans le collecteur des gaz d'échappement. Afin de réduire les températures de combustion, le système est muni d'un dispositif de refroidissement à eau, au niveau du recyclage des gaz d'échappement, ce qui permet de réduire la teneur en NO_x des gaz d'échappement.

Fonctionnement. L'oxyde d'azote NO_x, contenu dans les gaz d'échappement, est transformé en dioxyde d'azote NO_2 par oxydation sur les surfaces du catalyseur; il est ensuite stocké provisoirement sous forme de nitrate de barium $Ba[NO_3]_2$. Cette réaction génère de l'oxygène actif qui brûle une partie des particules. Les particules non brûlées sont ensuite retenues par le filtre. Des capteurs mesurent l'état de charge du filtre à particules et activent, le cas échéant, la régénération.

Régénération. Elle est actionnée par l'injection de carburant supplémentaire dans le collecteur des gaz d'échappement au moyen de l'injecteur EPI (Exhaust Post Injection); ceci permet d'augmenter la température du filtre à particules à environ 600 °C et de procéder ainsi à une combustion complète des particules.

14 Moteur Otto à deux temps, moteur à piston rotatif

14.1 Moteur à deux temps

Sur le moteur à deux temps, un cycle de fonctionnement s'effectue au cours d'une seule rotation du vilebrequin (360°).

14.1.1 Conception

Le moteur Otto à deux temps **(ill. 1)** se compose de:

- **Bâti du moteur** culasse, cylindre, carter
- **Embiellage** pistons, bielles, vilebrequin
- **Système de formation du mélange** carburateur ou injection directe
- **Dispositifs auxiliaires** allumage, refroidissement du moteur, échappement, pompe de dosage d'huile de graissage (graissage par huile fraîche ou graissage séparé)

Etant donné que le renouvellement des gaz est généralement commandé par le piston et des lumières usinées dans la paroi du cylindre, la plupart des composants utilisés pour la distribution des moteurs à 4 temps sont supprimés.

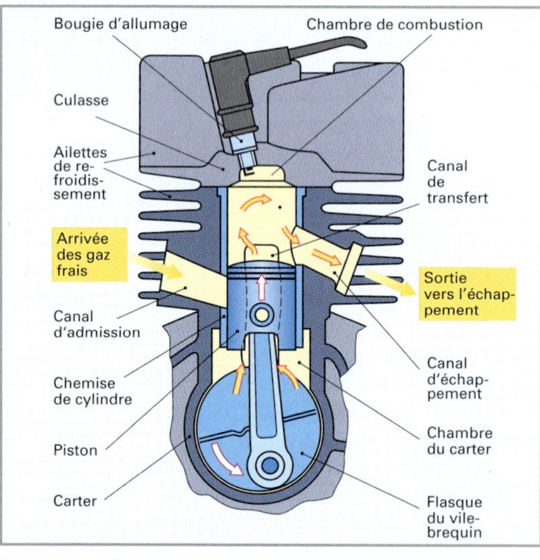

Illustration 1: Conception d'un moteur Otto à 2 temps

14.1.2 Fonctionnement

Le cycle de fonctionnement d'un moteur à 2 temps est similaire à celui d'un moteur à 4 temps: **admission, compression, combustion/détente, échappement.** Le déroulement des différentes phases **(tableau 1)** est par contre différent, localement et dans la durée.

Pour limiter la durée du cycle de fonctionnement à deux courses de piston dans un moteur à 2 temps (une rotation de vilebrequin), il s'agit de faire en sorte que le cylindre agisse conjointement avec la chambre du carter. La chambre du carter et les parties inférieures du cylindre et du piston constituent une pompe. La chambre du carter doit donc être étanche aux gaz qui s'y trouvent.

Tableau 1: fonctionnement du moteur à 2 temps

Phénomènes ayant lieu dans le cylindre (au-dessus du piston)	Transfert (balayage) Compression Combustion/détente Echappement
Phénomènes ayant lieu dans le carter (en-dessous du piston)	Pré-admission Admission Précompression Transfert (balayage)

Moteur à 2 temps à 3 canaux (ill. 1). Il est muni de trois types de canaux: un canal d'admission, d'échappement et deux canaux de transfert disposés de façon opposée l'un à l'autre.

Canal d'admission Il relie le carburateur à la chambre du carter.

Canal de transfert Il relie la chambre du carter et le cylindre.

Canal d'échappement Il relie le cylindre et conduit à l'échappement.

Le moteur à 2 temps possède un renouvellement ouvert des gaz.

Cela signifie que les lumières d'échappement et de transfert sont ouvertes simultanément sur une large zone de renouvellement des gaz. Il est donc inévitable, sur le moteur à 2 temps, d'avoir d'une part un mélange entre gaz frais et gaz brûlés et, d'autre part, des pertes de gaz frais. Ces échanges de gaz engendrent des pertes de rendement ainsi qu'un taux de HC élevé à l'échappement.

Fonctionnement (moteur à 2 temps à 3 canaux)

1ère course, angle de rotation vilebrequin: 0° à 180°

Le piston se déplace du PMB au PMH

(ill, 1, p. 341)

Phénomène ayant lieu dans la chambre du carter

Pré-aspiration. Lors de sa course montante, le piston ferme le canal de transfert; l'augmentation du volume de la chambre du carter provoque une dépression de 0,2 bar à 0,4 bar. Ce phénomène est appelé pré-aspiration ou pré-admission.

Admission. L'aspiration du mélange air-carburant dans la chambre du carter commence dès que le piston libère la lumière d'admission.

Phénomène ayant lieu dans la chambre de combustion

Compression. La compression du mélange air-carburant commence dans le cylindre dès la fermeture de la lumière d'échappement par le piston. L'allumage a lieu juste avant le PMH.

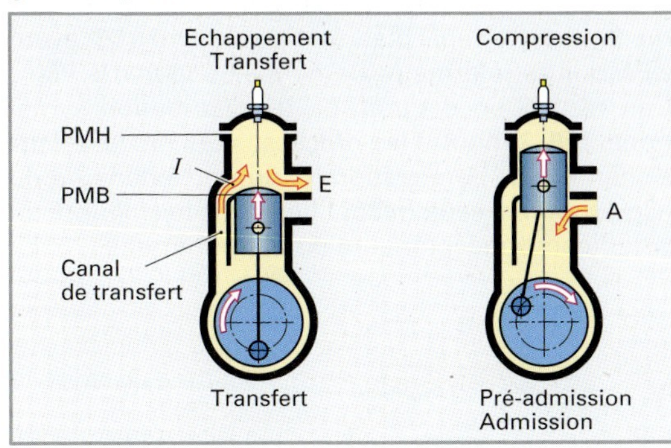

Illustration 1: 1er temps

2ème course, angle de rotation vilebrequin: 180° à 360°
Le piston se déplace du PMH au PMB **(ill. 2)**

Phénomène ayant lieu dans la chambre de combustion

Combustion/détente. Lors de l'inflammation du mélange air/essence, la pression des gaz de combustion pousse le piston du PMH au PMB. C'est le temps moteur.

Phénomène ayant lieu dans la chambre du carter

Dès la fermeture du canal d'admission par le piston, il se produit une précompression du mélange air-carburant d'environ 0,3 bar à 0,8 bar.

Transfert des gaz

Ce phénomène a lieu au-dessous et au-dessus du piston lors de l'ouverture de la lumière de transfert. Le renouvellement des gaz s'effectue ainsi que le passage au cycle moteur suivant.

Echappement. Lors de sa course descendante PMH-PMB, la tête du piston libère le canal d'échappement situé un peu plus haut et les gaz brûlés sont éjectés. Elle libère ensuite la lumière du canal de transfert et le mélange de air-carburant précomprimé passe de la chambre du carter au cylindre, balayant au passage les gaz résiduels. Du fait de la pression dynamique régnant dans le système d'échappement, à l'ouverture du canal de transfert, les gaz résiduels d'échappement refluent dans la chambre du carter. La pression de précompression augmente ainsi de 0,3 bar à environ 0,8 bar, agissant ainsi sur le transfert des gaz frais. Le processus de balayage est terminé dès que le piston a fermé les lumières de transfert puis celles d'échappement.

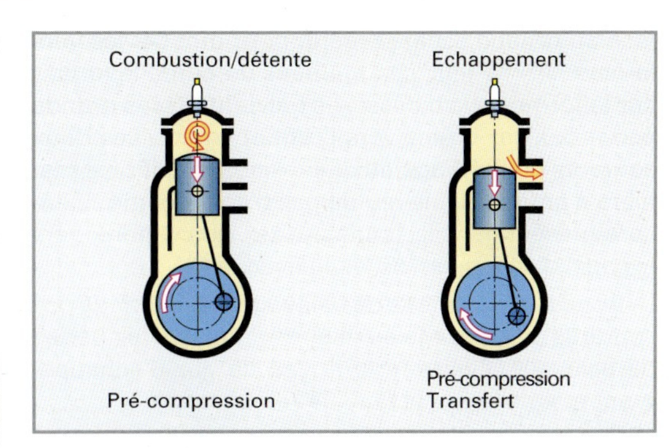

Illustration 2: 2ème temps

Tableau 1: pression des gaz en bar

Admission	Compression	Comb./détente	Echappement
– 0,4 … – 0,6	8 … 12	25 … 40	3 … 0,1
Pré-admission	Pré-compression		Transfert
– 0,2 … – 0,4	0,3 … 0,8		1,3 … 1,6

Balayage (à renversement)

Selon Schnürle (Adolf Schnürle, ingénieur allemand, 1896-1951), dans un balayage à renversement habituel, le canal d'échappement est doté d'une lumière de transfert à droite et à gauche **(ill. 3)**. Une fenêtre située sous la tête du piston pilote le canal d'admission. Ce balayage est également appelé "balayage à trois courants" ou encore "balayage inversé".

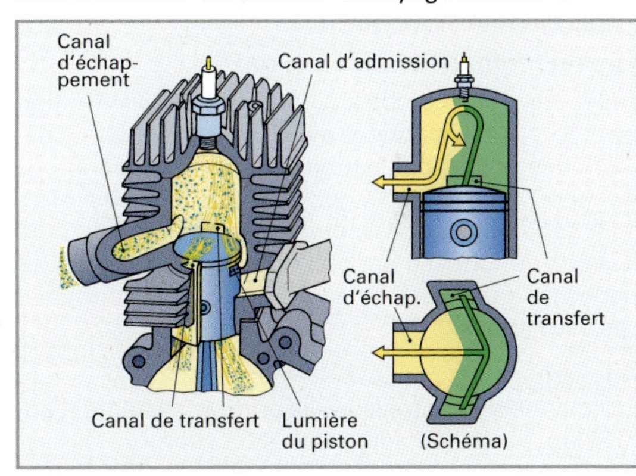

Illustration 3: Balayage à renversement

Lors du transfert, les courants de balayage sont conduits par des canaux de transfert disposés en oblique par rapport à l'axe du cylindre vers la paroi opposée au canal d'échappement. Là, ils se redressent l'un face à l'autre et poussent les gaz résiduels le long de la paroi du cylindre vers la lumière d'échappement. Les courants de balayage retournent ainsi dans le cylindre. Face aux canaux d'échappement, il peut y avoir trois canaux de transfert ou plus. Dans le balayage inversé à 4 canaux **(ill. 1, p. 342)**, les deux courants principaux se rencontrent, face au canal d'échappement, pour être déviés vers le haut. Après leur changement de sens, favorisés par la forme de la culasse, ils balaient la plus grande partie des gaz brûlés vers l'échappement. Les deux courants de balayage auxiliaires sont déviés de manière à pousser le noyau de gaz d'échappement, encore présent dans la "zone morte" du cylindre, vers le canal d'échappement et à l'évacuer.

La boucle des courants de balayage et le guidage des courants de balayage auxiliaires réduisent les pertes de balayage, évacuent le noyau de gaz d'échappement et améliorent le taux de remplissage.

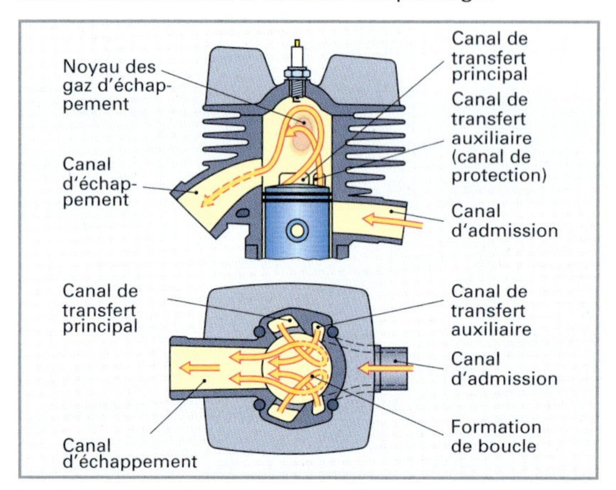

Illustration 1: Balayage inversé multicanaux (balayage en boucle)

Phénomènes oscillatoires lors du renouvellement des gaz

Les moteurs à 2 temps à diagramme de distribution symétrique fonctionnent avec un large chevauchement des angles de distribution lors des opérations de renouvellement des gaz. Des ondes oscillatoires sont générées par les opérations de renouvellement des gaz qui ont lieu par à-coups. Afin de réduire les pertes de gaz frais, il est nécessaire de synchroniser ces oscillations.

Admission

La colonne de gaz frais oscille entre le système d'admission, le canal d'admission et la chambre du carter. En synchronisation exacte, le piston doit fermer la lumière d'admission lorsque la colonne de gaz frais est dans la chambre du carter, évitant ainsi tout reflux des gaz frais vers l'admission. La pression de précompression augmente.

Echappement et balayage

Les colonnes de gaz oscillent entre l'échappement, le cylindre et la chambre du carter. Les gaz d'échappement en surpression, qui s'évacuent, génèrent une vague de pression qui est réfléchie par les parois du système d'échappement. Cela réduit le passage des gaz frais dans le canal d'échappement. A cause de ces oscillations, la conduite d'échappement avec silencieux et la conduite d'aspiration avec filtre à air doivent être précisément adaptées l'une à l'autre pour éviter des pertes de remplissage et un accroissement de la consommation de carburant. Des réparations non conformes conduisent à des pertes de puissance et à une consommation spécifique particulièrement élevée.

Diagramme de distribution symétrique (ill. 2).

Sur le moteur à 2 temps, l'ouverture et la fermeture des lumières sont déterminées par la position du piston. Si, p. ex, le canal d'admission s'ouvre à 55° avant le PMH, il se referme également à 55° après le PMH. Il en résulte un diagramme de distribution symétrique. **L'ill. 2** montre les processus qui ont lieu dans la chambre de combustion (couronne extérieure du diagramme) et ceux qui ont lieu dans la chambre du carter (couronne intérieure du diagramme).

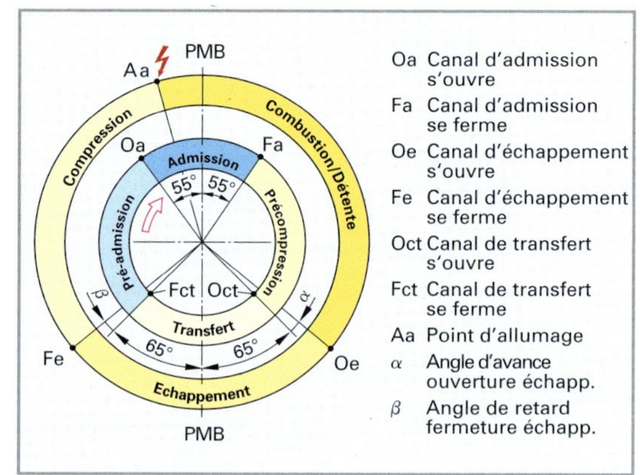

Illustration 2: Diagramme de distribution symétrique

Avance d'ouverture d'échappement. Le piston descendant vers le PMH ouvre d'abord la lumière d'échappement. Il se produit une forte chute de pression des gaz dans le cylindre car un échappatoire est ouvert. Ensuite, le piston ouvre les lumières de transfert.

Retard de fermeture d'échappement (contre-productif). Le piston remontant vers le PMH ferme d'abord la lumière de transfert, puis celle d'échappement, ce qui a tendance à pousser des gaz frais vers le canal d'échappement.

Perte de remplissage. Pour le balayage, le moteur à 2 temps ne dispose que d'un angle de vilebrequin d'environ 130°, ce qui correspond environ au tiers du temps de renouvellement des gaz du moteur à 4 temps.

Pour pallier ce désavantage, on utilise parfois des systèmes de distribution asymétriques.

Diagramme de distribution asymétrique

Les moteurs à diagramme de distribution asymétrique **(ill. 1, p. 343)** possèdent des angles différents d'ouverture et de fermeture des lumières. De ce fait, le diagramme n'est plus symétrique par rapport au PMH et au PMB.

Sur ces moteurs, les ouvertures et fermetures asymétriques des différentes lumières ne peuvent plus être assurées par le piston.

Suralimentation naturelle. Sur les moteurs à 2 temps avec diagramme de distribution asymétrique, la lumière de transfert se ferme après celle d'échappement; le remplissage est amélioré par l'inertie des gaz frais.

La "suralimentation naturelle" ne peut être réalisée qu'à l'aide d'une construction complexe, p. ex. au moyen d'une commande du canal d'admission et une commande du canal d'échappement assurées par des valves rotatives.

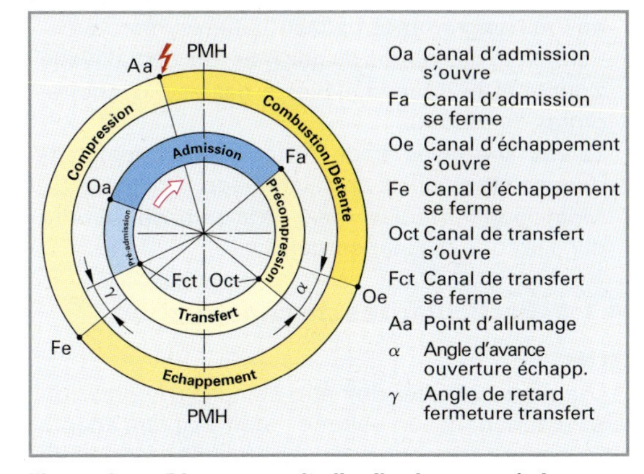

Illustration1: Diagramme de distribution asymétrique

Le déplacement de l'angle d'ouverture et/ou de fermeture vers "plus tôt" ou "plus tard" pour le processus d'admission peut se faire au moyen d'une soupape à clapets ou d'un disque rotatif.

14.1.3 Modes de commande

Commande d'admission

Soupape à clapets (ill. 2). L'amenée des gaz frais dans le carter est commandée par une soupape (boîte) à clapets située dans le canal d'admission. Lorsque le piston se déplace vers le PMH (pré-aspiration), il se forme une dépression dans la chambre du carter. Cette pression différentielle entre la pression atmosphérique et la pression de la chambre du carter ouvre la soupape à clapets. L'admission des gaz frais dans la chambre du carter a lieu jusqu'à ce que la pression de précompression, générée par la course descendante du piston ainsi que par la précontrainte des clapets, ferme ces derniers et empêche le retour des gaz frais aspirés dans le système d'admission. On obtient ainsi un meilleur remplissage des gaz frais par le prolongement du temps d'admission.

Structure de la soupape à clapets (ill. 2). Des lamelles très fines, en acier à ressort, extrêmement élastiques s'ouvrent à la moindre pression différentielle. Des butées limitent le mouvement maximum des lamelles et empêchent ainsi leur déformation.

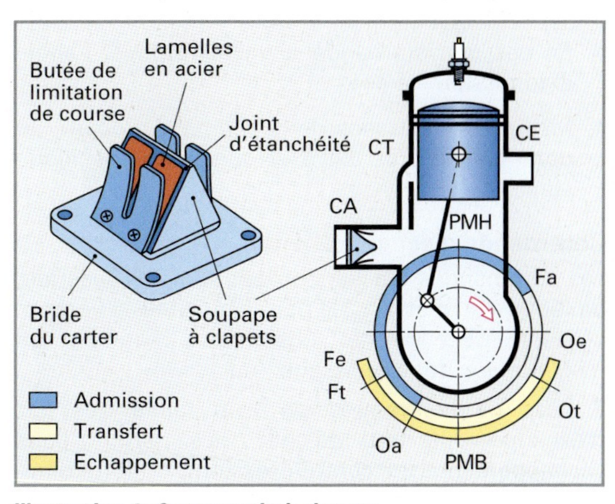

Illustration 2: Commande à clapets

Commande à disque rotatif (ill. 3)

La commande du canal d'admission s'effectue par une valve rotative. Contrairement à la soupape à clapets, les angles d'admission ne peuvent pas être modifiés. La lumière d'admission de la chambre du carter est ouverte et fermée par un disque rotatif. Le disque rotatif tourne au régime du vilebrequin. Par la forme de sa lumière et sa position par rapport au vilebrequin, l'ouverture du disque détermine l'angle et la durée d'admission.

Les flasques du vilebrequin peuvent également être utilisées comme valve rotative.

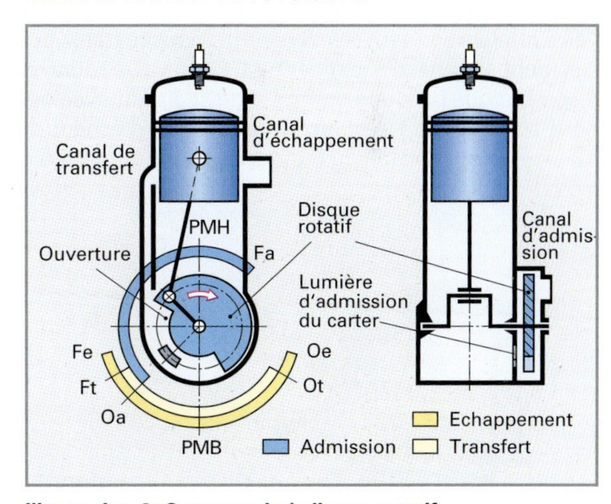

Illustration 3: Commande à disque rotatif

Caractéristiques de la commande d'admission

- Diagramme de distribution asymétrique.
- Grandeur différente des angles de distribution entre "ouverture lumière d'admission" et "fermeture lumière d'admission".
- Angle de distribution symétrique par rapport au PMH pour le transfert et l'échappement.

- En cas de commande à clapets, l'angle d'admission est variable en fonction de la dépression dans la chambre du carter.
- En cas de commande à valve rotative, l'angle d'admission est fixe.
- Meilleur remplissage de la chambre du carter et donc couple plus élevé et puissance spécifique élevée.

Commande d'échappement

Les commandes d'échappement sont utilisées afin de réduire ou d'éviter des pertes nuisibles à l'échappement. Cela permet également d'obtenir un meilleur taux de remplissage.

En cas de contre-pression trop faible des gaz d'échappement, trop de gaz frais partent dans l'échappement. Une contre-pression trop forte diminue le transfert des gaz frais dans le cylindre.

L'échappement est construit de telle manière qu'il se forme une forte contre-pression des gaz d'échappement uniquement lors de régimes moteur élevés. Lors de faibles régimes moteur, la valeur de cette contre-pression n'est pas atteinte. Par conséquent, seule une plage de régime étroite (régime de résonance) autorise une synchronisation des ondes oscillatoires des gaz, réduit les pertes de balayage et améliore le taux de remplissage. Une résonance accordée sur une plus grande plage de régime peut agrandir très nettement la zone élastique du moteur.

Echappement avec valve rotative (ill. 1).

La commande d'échappement s'effectue à l'aide d'une valve rotative (Power Valve System) disposée transversalement au canal d'échappement. Cette valve rotative dispose d'une découpe en forme de segment avec un bord tranchant. La section de la lumière d'échappement varie en fonction du régime du moteur.

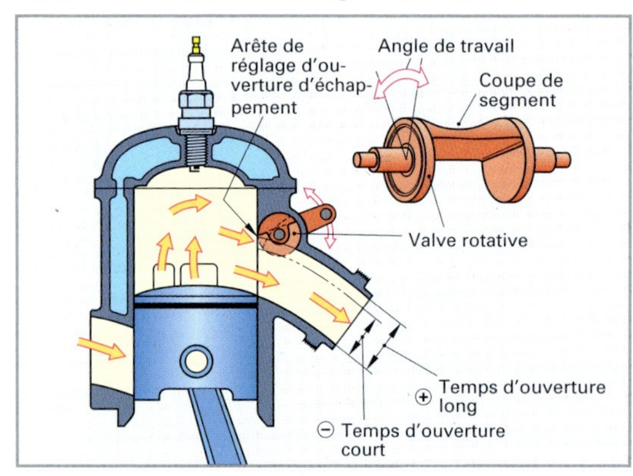

Illustration 1: Echappement avec valve rotative

A faibles et moyens régimes, le bord supérieur de la lumière d'échappement est déplacé vers le bas et réduit ainsi la hauteur de la section du canal d'échappement. L'angle et le temps d'ouverture d'échappement sont alors raccourcis, ce qui empêche tout afflux de gaz frais dans le canal d'échappement. La course utile du piston et le taux de compression effectif augmentent. Peu avant la fréquence de rotation maximale, la valve rotative pivote, ce qui libère totalement la section transversale de la lumière d'échappement. Cela permet d'obtenir un angle plus grand et un temps d'échappement plus long.

Le réglage de la valve d'échappement peut être effectué mécaniquement par effet centrifuge ou à l'aide d'un servomoteur. La valeur de référence est donnée au servomoteur par les impulsions d'allumage.

Caractéristiques de la commande d'échappement

- Les commandes d'échappement à valves rotatives ont des diagrammes de distribution symétriques.
- Réduction des pertes de gaz frais lors du balayage
- Couple et puissance élevés à bas et moyens régimes du moteur.
- Valves soumises à de fortes contraintes thermiques et sensibles au calaminage.
- Moins bon refroidissement de la paroi du cylindre dans la zone d'échappement.

14.1.4 Particularités de construction

Carter

La chambre du carter doit être étanche à la pression vers l'extérieur et son volume réduit doit être adapté à la cylindrée du moteur afin d'obtenir la pression de précompression nécessaire.

On utilise des bagues d'étanchéité radiales pour rendre les extrémités des paliers de vilebrequin étanches. Sur les moteurs multicylindres, les paliers intermédiaires du vilebrequin doivent également être équipés de bagues d'étanchéité. Cela empêche que le mélange de gaz précomprimé dans l'un des compartiments du moteur du carter ne s'échappe dans les autres.

Lubrification

La chambre du carter sert à précompresser le mélange d'air et de carburant. Etant donné qu'elle n'est pas équipée d'un circuit de lubrification, tous les moteurs à 2 temps à essence possèdent un système de graissage par mélange ou à huile fraîche.

Graissage par mélange (mixte). L'huile de lubrification est ajoutée au carburant (rapport de mélange entre 1 : 25 et 1 : 100 mais généralement à 1 : 50). A température de fonctionnement du moteur, le carburant se gazéifie, alors que l'huile se sépare, assurant ainsi la lubrification des paliers et de la paroi du cylindre.

Graissage à l'huile fraîche (ill. 1, p. 345). Le carburant et l'huile sont stockés dans des réservoirs séparés (graissage séparé). Une pompe de dosage aspire l'huile dans le réservoir et la mélange avec le carburant ou alors l'amène dans le canal d'admission où elle est mélangée avec l'air et le carburant. Les paliers du vilebrequin peuvent également être directement alimentés par l'huile.

14

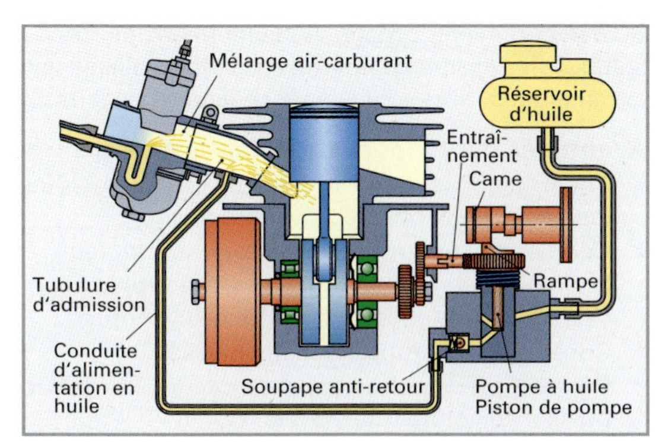

Illustration 1: Graissage par huile fraîche avec pompe de dosage

L'élément de pompe, avec son piston, est mis en rotation par le vilebrequin. Ainsi le refoulement de l'huile est directement dépendant du régime du moteur. Le ressort hélicoïdal maintient le piston en appui sur la came de dosage.

La rotation de la poignée des gaz modifie la position de la came de dosage, ainsi la quantité d'huile refoulée varie également en fonction de la charge du moteur. Le débit de la pompe de dosage dépend du régime et de la charge du moteur, ce qui permet de réaliser une importante économie d'huile (rapport de mélange 1 : 100 et moins).

Vilebrequin et bielle

Le vilebrequin et la bielle sont munis de paliers à roulements.

Lors de l'utilisation de roulements d'une seule pièce pour la tête de bielle (roulements à aiguilles ou à rouleaux), le vilebrequin doit être assemblé.

Piston et accessoires

Sur un moteur à 2 temps, le piston et la lumière d'échappement s'échauffent davantage que sur un moteur à 4 temps en raison de la double cadence du cycle de fonctionnement. La dilatation thermique des organes moteurs est compensée par des tolérances de jeux de montage plus importantes au niveau du piston, de l'axe de piston et des segments. Les pistons des moteurs à 2 temps sont davantage sollicités et par conséquent s'usent plus rapidement.

Des fenêtres situées sur la jupe du piston **(ill. 2)** se chargent en partie de la distribution des gaz dans les canaux du cylindre. Par contre, elles diminuent la résistance du piston à la déformation.

Les moteurs à 2 temps, à régime particulièrement élevé, sont équipés de pistons extrêmement légers, permettant d'atténuer les forces générées par les masses en mouvement.

On utilise parfois des axes de piston fermés pour éviter toute liaison entre les canaux du cylindre et par conséquent des pertes de balayage.

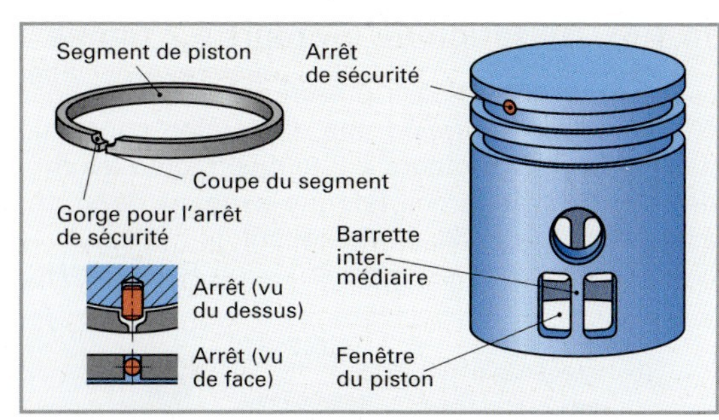

Illustration 2: Piston unimétal avec fenêtre

Des arrêts d'axe (anneaux de retenue) empêchent tout déplacement de l'axe du piston qui pourrait endommager par frottement la paroi du cylindre. Ces anneaux, si leur sens de montage n'est pas respecté, pourraient, de par l'inertie lors de régimes élevés (jusqu'à 16 000 1/min) sortir de leurs rainures et provoquer des dégâts au moteur.

Segments de piston. On utilise en général des segments de piston à section rectangulaire. Les petits moteurs à 2 temps sont souvent équipés d'un seul segment en forme de L, réduisant les frottements. Celui-ci se révèle particulièrement bien étanche à la pression des gaz de combustion. En raison du système de lubrification par mélange, les pistons des moteurs à 2 temps n'ont pas de segment racleur. Chaque gorge de segment possède un arrêt de sécurité **(ill. 2)** qui empêche toute rotation du segment dans sa gorge.

Dans le cas contraire, les extrémités des segments pourraient se tordre pour glisser dans les lumières, sortir de leur gorge et provoquer des dégâts importants.

Cylindres

Les lumières étroites de forme "rectangulaire" qui débouchent dans la paroi du cylindre permettent de laisser passer sans à-coups les pistons et segments sur leurs arêtes horizontales.

Les lumières de grande largeur ont une séparation verticale qui facilite le passage du piston et empêche ainsi le segment de sortir de sa gorge. Les lumières, et surtout celles d'échappement, peuvent être rendues plus étroites par le dépôt de calamine. Le balayage devient alors si mauvais que le mélange air-carburant ne s'enflamme qu'à chaque second balayage, entraînant des pertes importantes de puissance.

Echappement

Le balayage est un processus oscillatoire. C'est pour cela que la conduite d'échappement avec son silencieux, ainsi que la conduite d'admission avec son filtre à air, doivent être parfaitement accordées.

Toute modification effectuée sur l'échappement viole les dispositions légales et entraîne la suppression de l'autorisation d'exploitation.

14.1.5 Utilisation de moteurs à 2 temps

La sévérité accrue des prescriptions sur les gaz d'échappement entraîne une diminution constante de l'emploi des moteurs à 2 temps. Même les modèles les plus modernes, tels que le moteur de 50 cm^3 à injection directe **(ill. 1)**, atteignent au maximum le niveau Euro 2 à cause d'une émission élevée de HC.

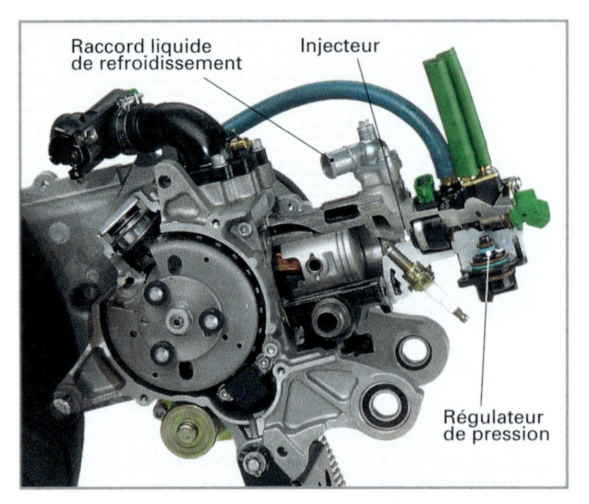

Illustration 1: Moteur à 2 temps à injection directe

Si, dans un avenir proche, nous ne trouvons pas de solution, les moteurs à 2 temps ne seront utilisés que sur quelques rares véhicules et machines de jardin.

Avantages par rapport au moteur à 4 temps

- Construction simple. Moins de pièces mobiles (seulement piston, bielle, vilebrequin).
- Couple plus uniforme, aucun tour non moteur.
- Moins de vibrations, fonctionnement plus silencieux à équivalence du nombre de cylindres.
- Construction compacte, faible masse.
- Rapport poids/puissance du moteur plus faible, puissance volumique élevée.
- Coûts de fabrication moins élevés.

Inconvénients par rapport au moteur à 4 temps

- Mauvais remplissage.
- Emission de polluants, valeurs HC élevées.
- Plus forte contrainte thermique (absence de tours non moteur).
- Plus faibles pressions moyennes provoquées par un moins bon remplissage des cylindres.
- Ralenti irrégulier à cause des gaz résiduels dans le moteur.
- Consommation spécifique de carburant et d'huile plus élevée.

TRAVAUX D'ATELIER

- Utiliser de l'huile spéciale 2 temps (miscible) selon les indications du constructeur afin d'obtenir le rapport de mélange préconisé.
- Nettoyer régulièrement le filtre à air.
- Ne pas enlever les dépôts de calamine avec des outils tranchants afin d'éviter de provoquer des aspérités dans le métal qui entraîneraient la formation de points chauds.
- Ne jamais meuler ou poncer à l'émeri les têtes de piston pour les nettoyer, cela provoquerait une surchauffe ou une augmentation des dépôts de calamine. Ne pas endommager les arêtes des pistons, cela modifierait les temps de distribution.

Problèmes

Perte de puissance du moteur, p. ex. par

- Filtre à air encrassé; dépôts de calamine.
- Aération défectueuse du réservoir de carburant.
- Amenée de carburant insuffisante.
- Bougie encrassée ou avec une mauvaise valeur thermique.
- Mauvais réglage du point d'allumage.
- Mauvaise compression.
- Chambre du carter non étanche.

Surchauffe du moteur p. ex. par

- Ailettes de refroidissement encrassées.
- Défaillance du circuit de refroidissement.
- Mauvais réglage du carburateur, mélange air-carburant trop pauvre.
- Mauvais mélange entre carburant et huile 2 temps. Emploi d'une huile inappropriée.
- Auto-allumage dû à des bougies inappropriées ou à des dépôts de calamine.
- Absorption de chaleur due à une tête de piston meulée ou poncée à l'émeri.

QUESTIONS DE RÉVISION

1. **Quelles sont les différences entre un moteur Otto à 2 temps et un moteur Otto à 4 temps?**
2. **Pourquoi le balayage inversé est-il le procédé de balayage le plus utilisé?**
3. **Comment fonctionne le graissage par huile fraîche?**
4. **Qu'entend-on par diagramme de distribution asymétrique?**
5. **Quels sont les avantage d'un diagramme de distribution asymétrique?**
6. **Pourquoi y a-t-il des arrêts de sécurité dans les gorges des segments des pistons des moteurs à 2 temps?**
7. **Pourquoi ne doit-on rien modifier sur le dispositif d'admission et d'échappement?**
8. **Quels sont les avantages et les inconvénients du moteur à 2 temps par rapport au moteur à 4 temps?**

14.2 Moteur à piston rotatif*

Dans les moteurs à piston alternatif, le piston réalise un mouvement de va-et-vient qui ne se transforme en mouvement rotatif que par l'intermédiaire de la bielle en liaison avec le vilebrequin. Dans le moteur à piston rotatif, c'est le piston qui tourne et qui génère une rotation indirecte, ceci grâce au phénomène de dilatation des gaz. Le centre de gravité du piston, dont la rotation est constante, décrit une trajectoire circulaire. En supprimant l'accélération et le ralentissement de masses qui montent et qui descendent, on obtient, à poids de moteur égal, une puissance plus importante.

Le moteur à piston rotatif fonctionne selon le principe des moteurs:

- **à 4 temps,** puisqu'il y a échange de gaz en circuit fermé;
- **à 2 temps,** étant donné que le piston rotatif pilote l'échange de gaz à travers des lumières dans la surface de glissement et correspond à une phase de travail par tour d'excentrique.

14.2.1 Conception

La chambre intérieure du bloc moteur **(ill. 1)** est de forme épitrochoïdale. Le pignon, relié à un côté, est concentrique par rapport à son centre.

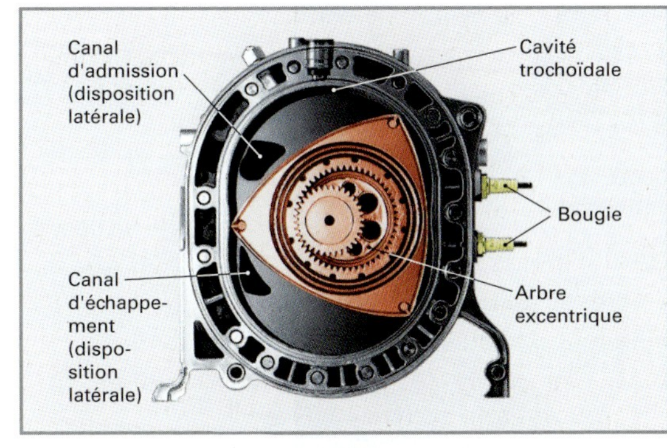

Illustration 1: Trochoïde et piston

L'excentrique de l'arbre moteur **(ill. 2)** passe à travers la trochoïde. Les pistons (rotors) tournent autour de l'excentrique. L'étanchéité des pistons **(ill. 3)** est assurée par des joints placés à chaque zone de contact.

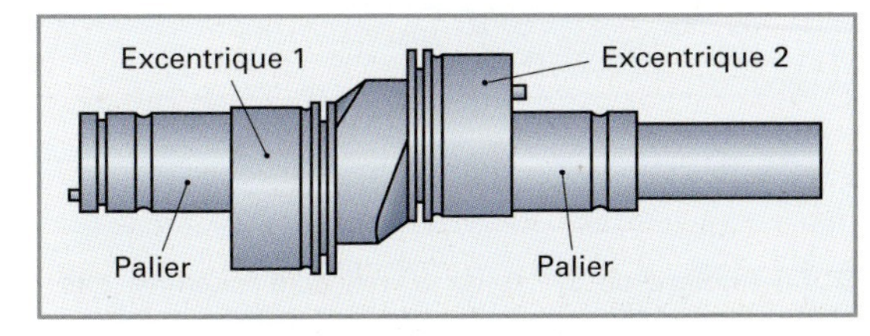

Illustration 2: Excentrique de l'arbre moteur à deux rotors

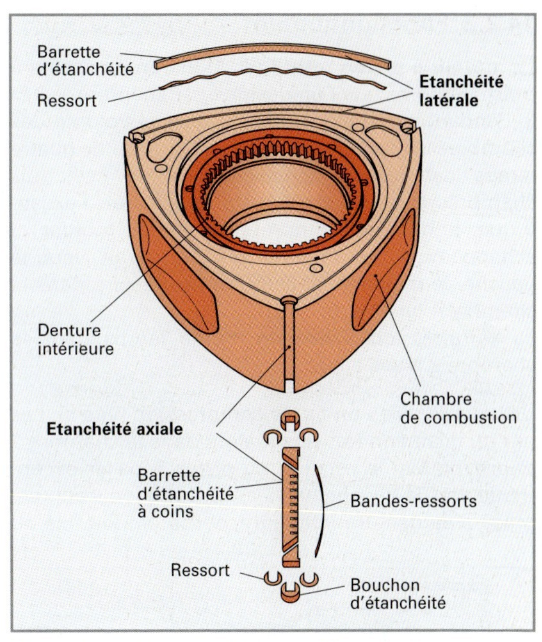

Illustration 3: Piston et éléments d'étanchéité

Sur un côté du piston, il y a une denture intérieure qui s'engrène sur un pignon fixé sur le carter latéral du moteur. Cette denture permet de supprimer la transmission lors de l'engrenage et de ne conserver que le pilotage du piston qui tourne donc toujours dans la bonne phase de mouvement par rapport aux tours de l'excentrique et à la circulation dans le cylindre trochoïde.

Le rapport du nombre de dents du pignon et de la denture interne du piston est de 2:3 (rapport d'engrenage). Bien que le piston soit retardé par rapport à l'excentrique, tous deux tournent dans le même sens.

Caractéristiques d'un moteur à piston rotatif comparé à un moteur à piston alternatif

- Grande régularité de fonctionnement puisque seuls des composants en rotation (piston et excentrique) sont utilisés, équilibre parfait des masses
- Aucun élément de commande de distribution.
- Pas de commande de diminution de passage des gaz par les soupapes.
- Moins de composants, poids réduit.
- Besoin d'indice en octane plus faible.
- Bien adapté pour un fonctionnement à l'hydrogène.
- Forme défavorable de la chambre de combustion, piste de combustion plus longue.
- Consommation de carburant et d'huile accrue.
- Haute teneur en HC dans les gaz d'échappement.
- Etanchéité du piston rotatif difficile à réaliser.
- Coûts de fabrication plus élevés.
- Usure des barrettes d'étanchéité plus élevée.
- Couple moteur moins important que le moteur Otto à rapport de cylindrée égal.

* Inventé par Felix Wankel, 1954

14.2.2 Fonctionnement

Le **moteur à piston rotatif (ill. 1)** est une machine à trois chambres que l'on désigne par chambre 1, 2 et 3. Pendant le mouvement du piston, le volume des chambres s'agrandit ou diminue. Un cycle de quatre temps est réalisé dans chacune de ces trois chambres lors des trois tours qu'effectue l'excentrique: admission, compression, temps moteur et échappement. Lorsque le piston tourne vers la gauche, le mélange air-carburant est aspiré dans la chambre 1 (vues a, b, c, d).
La compression a lieu en même temps dans la chambre 2 (vues a, b, c).

L'allumage a lieu en fin de compression (vue c). Les gaz en dilatation travaillent alors dans la chambre 2 et provoquent la rotation du piston à palier excentrique vers la gauche (vues c, d). Le piston s'appuie, grâce à sa denture intérieure, sur le pignon fixé au carter latéral et exerce un effort rotatif sur l'axe excentrique. Celui-ci joue ici le rôle du vilebrequin du moteur à mouvement de piston alternatif. Au lieu de s'exercer sur les bielles, l'effort du piston (effort rotatif) s'exerce directement sur l'arbre excentrique. Le temps moteur s'effectue en même temps dans la chambre 3 (vue a); puis l'échappement (vues b, c, d) a lieu. Pendant que le centre de l'excentrique (⊕) tourne de 270° vers la gauche (angle α), le côté A-B du piston ne tourne, lui, que de 90° dans le même sens de rotation (angle β). Trois tours de l'arbre excentrique correspondent à un tour du piston et trois cycles de travail.

Cela signifie que le piston n'avance dans la trochoïde que d'un tiers du nombre de tours de l'arbre. Malgré le régime élevé, cela permet de limiter l'usure des éléments d'étanchéité, de la trochoïde et des parties latérales. Le régime moteur est indiqué par le régime de l'arbre excentrique.

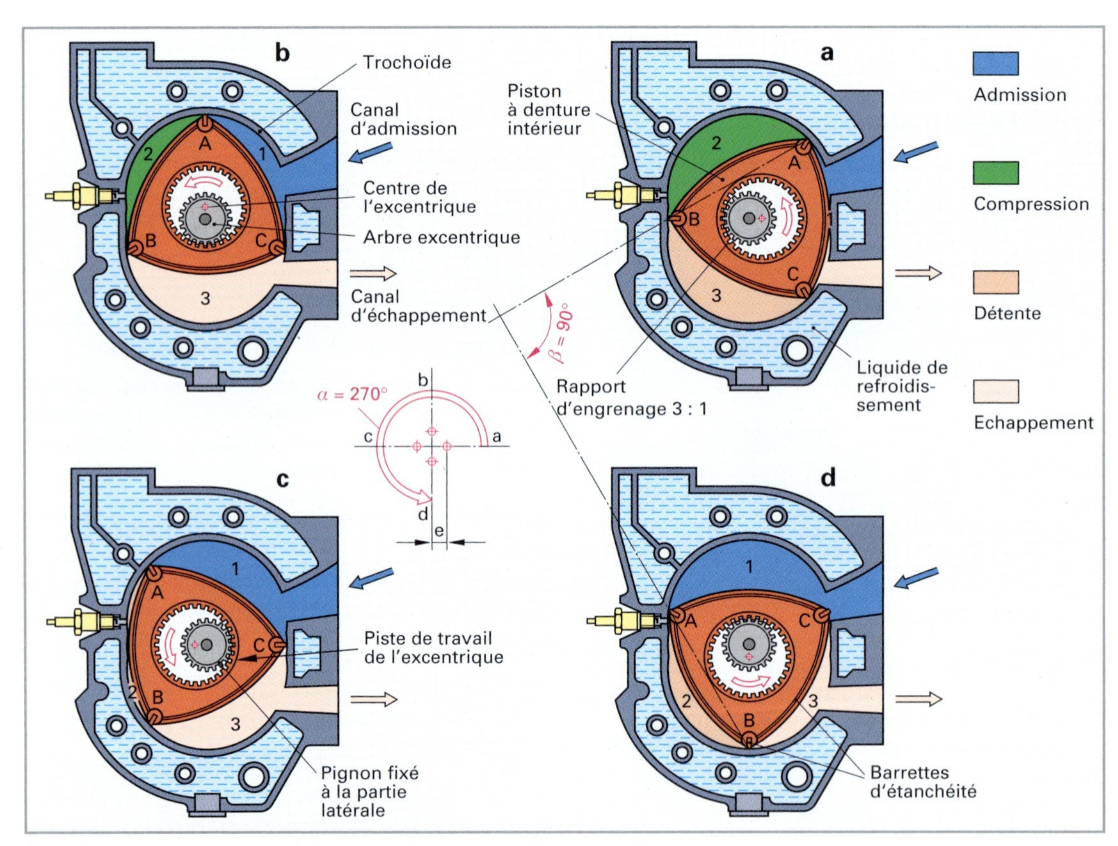

Illustration 1: Principe de fonctionnement du moteur à piston rotatif

QUESTIONS DE RÉVISION

1 **Quels sont les avantages du moteur à piston rotatif?**

2 **Quelles sont les différences entre le moteur à piston rotatif et le moteur à piston alternatif?**

3 **En matière de cycles de travail et d'échanges des gaz, à quel type de moteur peut-on comparer le moteur à piston rotatif?**

4 **Citez les inconvénients des moteurs rotatifs.**

15 Concepts d'entraînement alternatif

Par le concept d'entraînement alternatif, on entend les systèmes d'entraînement qui

- permettent de faire fonctionner des moteurs à combustion conventionnels au moyen de carburants alternatifs, tels que p. ex. le Diesel biologique (ester de méthyle d'huile de colza), le gaz naturel ou l'hydrogène;
- utilisent des types d'entraînements alternatifs tels que p. ex. les piles combustibles.

Les concepts d'entraînement alternatif ont pour objectif de réduire l'utilisation d'énergies fossiles et de minimiser les émissions de polluants et de bruit.

15.1 Sources d'énergies alternatives

Ce sont des énergies épuisables ou renouvelables **(ill. 1)**.

Au-delà des carburants comme l'essence ou le Diesel, fabriqués à base d'énergies épuisables, il est possible d'utiliser les énergies alternatives et les carburants suivants:

- gaz naturel;
- méthanol;
- énergie électrique;
- hydrogène;
- carburant provenant de la biomasse.

Le gaz naturel peut aussi servir à la production de carburants Diesel synthétiques. Ces carburants ont un pourcentage réduit de soufre et d'aromates. La qualité des gaz d'échappement des moteurs Diesel se trouve ainsi améliorée, tant du point de vue de l'émission de particules que de celle de NO_x.

15.2 Moteurs au gaz naturel

Le gaz naturel est une ressource énergétique principalement composée de méthane (CH_4). Selon la région d'extraction, le méthane atteint un pourcentage de 80 à 99 %, le reste étant composé de dioxyde de carbone, d'azote et, dans une moindre mesure, d'autres hydrocarbures.

Le gaz naturel peut être stocké dans les véhicules soit sous forme liquide à –162 °C (LNG Liquified Natural Gas) ou comprimée jusqu'à 200 bar (CNG Compressed Natural Gas). Etant donné le coût élevé du stockage sous forme liquide, le gaz naturel est généralement utilisé sous forme comprimée.

La bonne résistance aux cliquetis du gaz naturel (env. 140 IOR) permet d'utiliser un taux de compression d'environ 13:1. Cet avantage ne peut toutefois pas être exploité dans les moteurs bivalents (combinaison de moteur à essence et à gaz naturel) car le rapport de compression doit être calqué sur celui du moteur à essence.

Par rapport aux moteurs Otto et Diesel, les **moteurs au gaz naturel** présentent les avantages suivants:

- très bonnes propriétés de combustion et faible taux d'émission de CO_2, de NO_x, de CO. Pratiquement aucune émission de particules et de soufre;
- moins de dépôt de suie sur les bougies d'allumage et encrassement réduit de l'huile moteur.

Inconvénients des moteurs au gaz naturel par rapport aux moteurs Otto et Diesel:

- puissance amoindrie due au faible pouvoir calorifique du gaz naturel;
- exigences liées au stockage du gaz naturel;
- autonomie réduite à volume de réservoir égal;
- directives de sécurité exigeantes en termes de fonctionnement, de maintenance et de réparation des véhicules fonctionnant au gaz naturel.

15

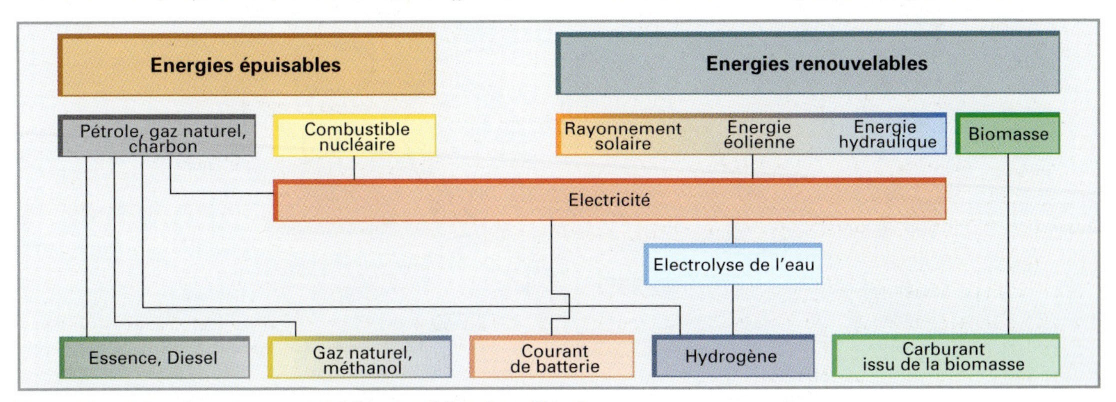

Illustration 1: Les énergies servant à la propulsion des véhicules

Conception. Généralement, on combine l'emploi du moteur à gaz naturel avec un moteur Otto à essence (système bivalent). Pour cela, divers composants supplémentaires doivent être installés dans le véhicule **(ill. 1)**.

Fonctionnement. Le gaz, comprimé à env. 200 bar, passe du réservoir vers un réducteur de pression dans lequel la pression est progressivement réduite à env. 9 bar. Les vannes d'injection du gaz situées dans la tubulure d'admission sont pilotées par la centrale de commande et ouvertes en fonction des besoins. Le gaz se mélange alors avec l'air d'admission et le mélange ainsi formé est amené dans la chambre de combustion.

Mesures de sécurité. Les systèmes au gaz naturel représentent un danger pour l'environnement (p. ex. fuite de gaz incontrôlée dans l'atmosphère ou risque d'explosion causée par une forte montée en pression). C'est pour cette raison que les systèmes à gaz sont équipés de différents dispositifs de sécurité.

- **Clapets antiretour.** Ils se trouvent au niveau du raccord de remplissage et dans les vannes de fermeture du réservoir. Ils empêchent tout reflux du gaz par la soupape du réservoir.
- **Revêtement étanche au gaz.** Il enrobe tous les composants et toutes les conduites passant dans le véhicule.
- **Assemblages vissés.** Tous les assemblages vissés sont munis de bagues de serrage doubles.
- **Réservoir à gaz naturel.** Ils sont fabriqués en acier ou en CFK. Chaque réservoir est fixé au véhicule au moyen de deux supports. La pression de rupture des réservoirs en acier est d'env. 400 bar et celle des réservoir CFK d'env. 500 bar.
- **Sécurité et fusible thermique du réservoir à gaz.** En cas de feu, ils empêchent toute augmentation excessive de la pression et donc l'explosion du réservoir.
- **Limiteur de débit.** Il empêche toute vidange soudaine du réservoir qui pourrait avoir lieu suite à la rupture d'une conduite.
- **Vanne de fermeture électromagnétique.** Cette vanne, placée sur le réservoir du gaz, se ferme en cas de commutation en mode essence, en cas d'interruption d'alimentation, d'arrêt du moteur ou d'accident. Une autre vanne de fermeture se trouve sur le réducteur de pression.
- **Conduites de gaz flexibles.** Elles empêchent toute rupture due aux vibrations du côté basse pression, c'est-à-dire entre le régulateur de pression et les vannes d'injection du gaz.
- **Régulateur de surpression.** Il fait partie du réducteur de pression et protège la partie basse pression de toute pression trop élevée.

Conseils d'atelier

Un **contrôle du montage du système à gaz** doit être effectué après l'installation d'un tel dispositif dans un véhicule. Seuls les ateliers qui ont procédé eux-mêmes au montage du dispositif sont autorisés à effectuer ce contrôle.

Un **contrôle subséquent du dispositif à gaz** doit être effectué après tout événement susceptible d'influencer la sécurité du système (p. ex. un accident). Des contrôles réguliers doivent être également réalisés en fonction des prescriptions légales à l'occasion des inspections périodiques. Dans ce cas, les composants du système font l'objet d'un contrôle visuel, d'un contrôle de fonctionnement et d'un contrôle d'étanchéité.

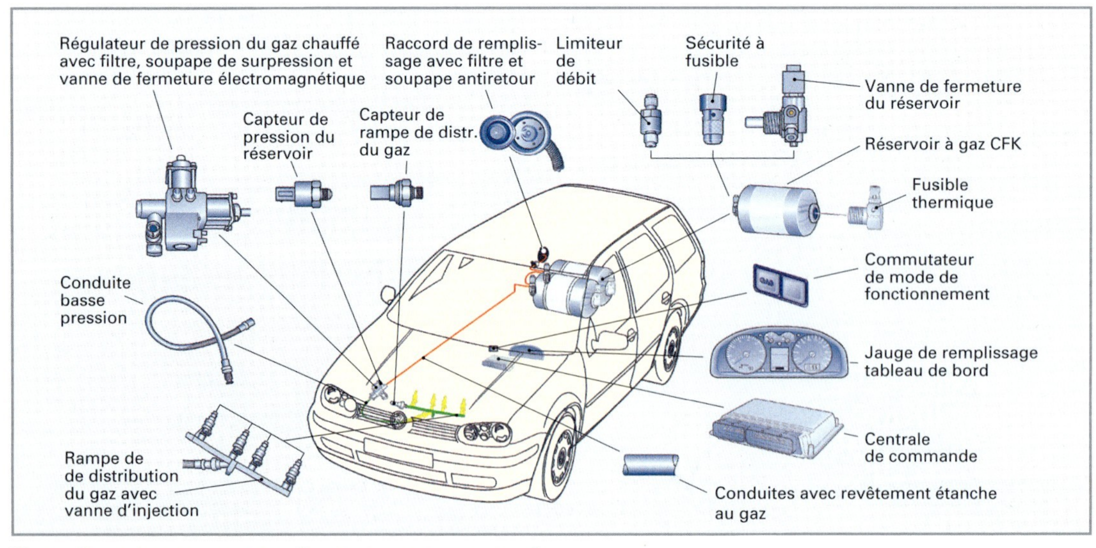

Illustration 1: Les composants d'un moteur au gaz naturel

15.3 Moteurs au gaz liquide

Le gaz liquide, comme p. ex. le GPL (gaz de pétrole liquéfié), est un mélange de propane et de butane. Il est également appelé gaz automobile. Grâce à certaines adaptations, les véhicules à moteur Otto peuvent fonctionner au gaz liquide.

Comme le gaz naturel, le gaz liquide possède de bonnes propriétés de combustion et ne rejette que peu de polluants dans l'atmosphère. Comparés aux moteurs à carburant Otto, les moteurs au gaz liquide affichent toutefois une consommation plus importante (de 10 à 20 % environ).

Construction. Les moteurs au gaz liquide sont généralement combinés avec des moteurs à essence (moteurs bivalents). Pour cela, divers composants doivent être ajoutés au véhicule. La transformation de moteurs Otto en moteurs fonctionnant au gaz liquide est donc possible.

Fonctionnement. Sous l'effet de la pression interne, le GPL est acheminé en phase liquide depuis le réservoir jusqu'au vapodétendeur **(ill. 1)**. Le GPL est ensuite acheminé en phase gazeuse jusqu'au distributeur chargé d'alimenter les injecteurs GPL. La centrale de commande pilote les injecteurs gaz. Le gaz se mélange alors avec l'air d'admission et forme un mélange air-gaz dans la chambre de combustion.

Réservoir de gaz liquide. Le gaz liquide est stocké à une pression de 10 bar. Le capteur mécanique de niveau interrompt automatiquement le remplissage du réservoir lorsque le niveau de gaz atteint 80 % de la capacité du réservoir. Le volume restant sert de tampon afin de compenser l'expansion du gaz en cas d'écarts de température. Sur les véhicules, dont le dispositif à gaz n'est pas d'origine, le réservoir de gaz est en principe monté à l'emplacement de la roue de secours. La partie supérieure du réservoir est équipée d'une soupape de sécurité qui s'ouvre à environ 30 bar.

Appareil de commande électronique. Il traite les informations suivantes:

- température du vapodétendeur;
- pression du collecteur d'admission/pression du gaz;
- température du distributeur de gaz;
- point d'injection des injecteurs d'essence;
- signaux de la sonde lambda;
- régime;
- commutateur essence/gaz;
- niveau du réservoir.

L'appareil de commande électronique commande les injecteurs gaz en fonction des signaux reçus par les capteurs. Les valeurs principales de commande correspondent aux points et aux moments d'injection de l'essence indiqués par la centrale de commande du

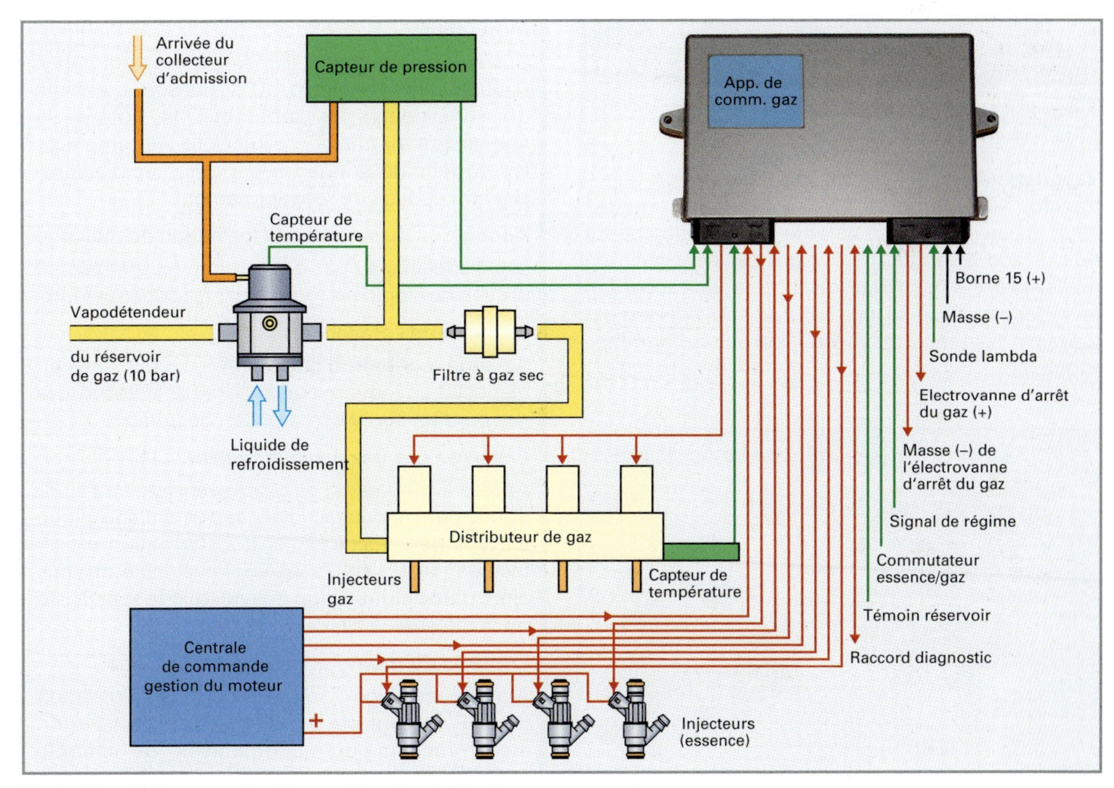

Illustration 1: Composants d'un système à gaz liquide

moteur. Les injecteurs gaz sont pilotés par l'appareil de commande gaz en fonction des informations provenant de la centrale de commande du moteur. L'appareil de commande du dispositif de gaz est en mesure d'effectuer un autodiagnostic.

Capteur de pression. Il transmet à l'appareil de commande de gaz la différence de pression existante entre la dépression du collecteur d'admission et la pression du gaz, ce qui permet de mesurer la quantité de gaz à injecter avec précision.

Distributeur de gaz (ill. 1). Il répartit le gaz sous pression dans les injecteurs gaz. Ceux-ci sont commandés, pour chaque cylindre, par l'appareil de commande du dispositif de gaz.

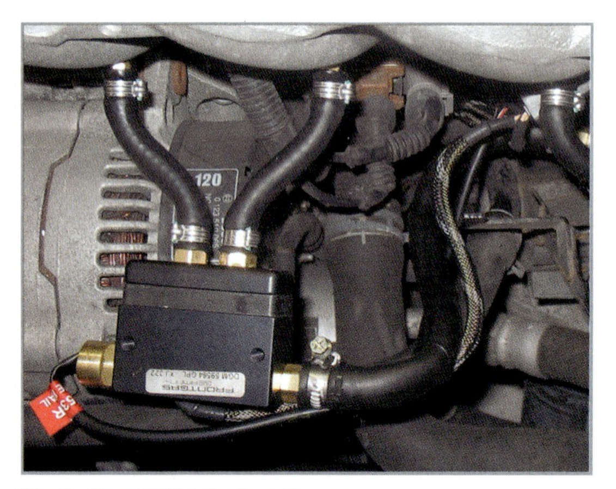

Illustration 1: Distributeur de gaz

Vapodétendeur (ill. 2). Le vapodétendeur sert à transformer le gaz sous pression de l'état liquide à l'état gazeux. Afin qu'il ne gèle pas lors de l'opération, il doit être chauffé, ce qui est généralement réalisé grâce à la chaleur du moteur, en raccordant le vapodétendeur au système de refroidissement. Certains systèmes disposent d'un chauffage électrique.

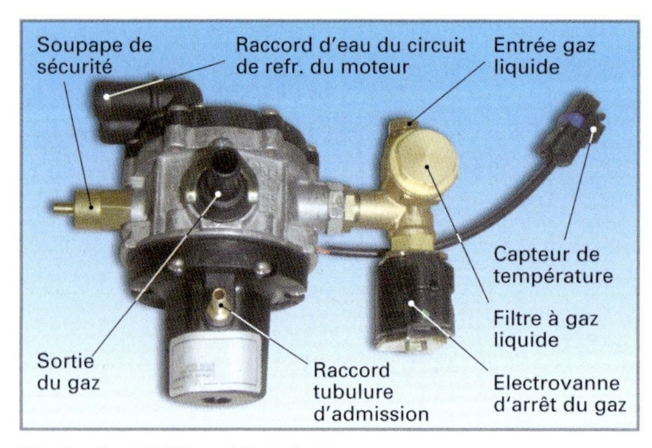

Illustration 2: Vapodétendeur

Le vapodétendeur alimente les injecteurs en gaz à une pression constante d'environ 1 bar. Il est équipé d'un raccord branché au collecteur d'admission afin que la différence de pression entre les injecteurs de gaz et le collecteur d'admission puisse être maintenue constante.

Filtre à gaz sec. Il retient les impuretés contenues dans le gaz expansé; il se situe entre le vapodétendeur et le distributeur de gaz.

Conversion des véhicules à moteurs Otto à injection directe. A priori, les moteurs Otto à injection directe ne peuvent pas être modifiés pour fonctionner au gaz liquide. Le fait que les injecteurs d'essence ne puissent pas être refroidis durant le fonctionnement au gaz endommage les injecteurs. Des systèmes adaptés aux moteurs Otto à injection directe et permettant une injection sporadique d'essence durant le fonctionnement au gaz et vice-versa sont en phase de développement.

Suivant le pays (Allemagne, Italie, Pays-Bas), il existe différents types de raccords de réservoir. En cas de voyage à l'étranger, il faut donc penser à emporter un adaptateur.

CONSEILS D'ATELIER

Effet de la conversion au gaz sur la mécanique du moteur

Sur certains moteurs, les sièges des soupapes (soupapes d'échappement) ont besoin d'additifs qui sont ajoutés au carburant Otto. Lors de la conversion au gaz, il est judicieux de remplacer les portées de soupapes par des pièces appropriées à ce type de fonctionnement.

Adaptation du système de formation du mélange

Les dispositifs au gaz doivent être paramétrés au moyen des logiciels fournis par les constructeurs.

Contrôle de l'étanchéité

Après le montage, il faut contrôler l'étanchéité du dispositif au moyen d'un appareil de détection de gaz ou d'un spray de détection de fuites.

Expertise des gaz d'échappement

Après sa conversion au gaz, le véhicule doit subir une expertise des gaz d'échappement spécifique au type de véhicule. Si la transformation est effectuée par un atelier agréé, le véhicule dispose alors d'une certification délivrée par le spécialiste qui a effectué la transformation.

Contrôle du montage des systèmes à gaz

Après le montage du dispositif à gaz, la législation prescrit un contrôle qui doit être effectué par un atelier reconnu ou un organisme de contrôle agréé.

Conseils d'atelier

Autres contrôles périodiques du dispositif à gaz

La législation impose un contrôle après tout événement particulier susceptible d'influencer la sécurité du système ou, le cas échéant, suite aux résultats du contrôle principal.

Indications pour le montage du distributeur de gaz et des injecteurs de gaz

- Le distributeur de gaz doit être monté le plus près possible du collecteur d'admission afin de bénéficier de la chaleur du moteur et d'éviter que le système ne gèle. Il ne doit pas être fixé à la carrosserie afin de réduire le bruit.
- Les injecteurs doivent être montés le plus près possible des injecteurs essence.
- Les injecteurs gaz doivent être montés dans le sens du flux du gaz. L'angle et la distance les séparant de la chambre de combustion doivent être les plus réguliers possible.
- Les perforations doivent correspondre à un filetage M6.
- Avant de percer des trous, il faut vérifier les possibilités d'installation des conduites d'amenée du gaz.
- Les conduites d'amenée au distributeur de gaz doivent être les plus courtes possible et être toutes de même longueur.
- Les collecteurs d'admission en métal doivent être percés démontés. En effet, des copeaux qui finiraient dans le collecteur d'admission monté pourraient provoquer des dégâts au moteur.
- L'étanchéité des injecteurs de gaz est assurée au moyen de freins d'écrous par liaison moléculaire.

Maintenance

La cartouche du filtre à gaz sec doit être changée tous les 20 000 km.

15.4 Entraînements hybrides

On appelle véhicules hybrides les véhicules qui fonctionnent au moyen de plusieurs sources d'énergie différentes.

Généralement, les entraînements hybrides résultent de la combinaison d'un moteur à combustion et d'un moteur électrique.

15.4.1 Classification des entraînements hybrides

On différencie les systèmes micro-hybrides, mild-hybrides (medium-hybrides) et entièrement hybrides en fonction de leur puissance, respectivement selon la tension du système de motorisation électrique, ainsi qu'au moyen des fonctions start-stop, des freins à récupération, du renforcement du couple et de la conduite électrique **(ill. 1)**.

Fonction start-stop. Le moteur est automatiquement éteint dès que le véhicule est à l'arrêt. Il est redémarré dès que le conducteur appuie sur la pédale d'accélérateur ou relâche la pédale de frein. Le démarrage est assuré par un alternateur réversible (combiné alternateur démarreur) qui est relié au moteur par une courroie ou qui fait partie intégrante de la chaîne cinématique. Il est aussi possible d'utiliser un démarreur normal pour la fonction start-stop.

Freins à récupération. L'énergie cinétique du freinage est convertie en énergie électrique qui est ensuite stockée dans la batterie. Un alternateur réversible est utilisé comme générateur lors du freinage.

Certains constructeurs utilisent à cet effet un alternateur normal qui est réglé de manière appropriée. Celui-ci entre en fonction lorsque le valeurs d'un état de charge défini sont dépassés et seulement lors du freinage ou en frein moteur. En phase d'entraînement, l'alternateur n'est pas excité, ce qui fait qu'aucune énergie (carburant) n'est alors consommée pour générer de l'énergie électrique.

Système micro-hybride Puissance (électrique): de 3 à 5 kW Tension: env. 14 V	**Système mild-hybride/medium-hybride** Puissance (électrique): de 10 à 15 kW Tension: env. 42 à 150 V	**Système hybride total** Puissance (électrique): de 30 à 170 kW Tension: env. 150 – 650 V
Start-Stop	Start-Stop	Start-Stop
	Freins à récupération	Freins à récupération
	Renforcement du couple	Renforcement du couple
		Conduite électrique

Illustration 1: Systèmes hybrides

Pour obtenir la résistance appropriée aux cycles charge décharge, les batteries doivent être de type AGM (Absorbing Glas Mat) à base de technologie mat non-tissé. Elles doivent disposer d'une capacité supérieure. L'état de charge de la batterie est surveillé en permanence par des capteurs qui sont interconnectés avec la centrale de commande du moteur et avec l'alternateur.

Le système de régulation intelligente de l'alternateur (RIA) définit deux états de charge (**SOC**: **S**tate **O**f **C**harge) de la batterie. Suivant l'état de charge de celle-ci, le processus de régulation diffère **(tableau 1)**.

Tableau 1: Processus de régulation RIA

Etat de la batterie	Processus de régulation
SOC2, SOC1	En-dessous de l'état de charge SOC1, la batterie est chargée aussi bien en phase de frein moteur qu'en phase de freinage et d'entraînement.
SOC2, SOC1	Lorsque l'état de charge de la batterie se situe entre SOC1 et SOC2, la batterie est chargée durant la phase de frein moteur et la phase de freinage grâce à une excitation accrue de l'alternateur. En phase d'entraînement, l'alternateur ne fournit que l'énergie nécessaire au réseau de bord. La batterie n'est plus chargée.
SOC2, SOC1	Au-dessus de SOC2, la batterie est chargée en phase de frein moteur et de freinage. L'alternateur ne charge pas en phase d'entraînement. Le réseau de bord du véhicule est alimenté uniquement par la batterie.
SOC2, SOC1	Si à la suite d'une longue descente, l'état de charge de la batterie atteint 100 %, la batterie n'est chargée dans aucune des phases.

Conseil d'atelier

Lors du contrôle de l'alternateur, la régulation intelligente doit être désactivée au moyen de l'appareil de test.

Renforcement du couple. Dans certains états de fonctionnement (p. ex. démarrage ou pleine charge), le couple du moteur à combustion peut être renforcé par le moteur électrique. Celui-ci est particulièrement approprié pour renforcer le couple au démarrage car il dispose d'un couple élevé à bas régime. Des systèmes d'accumulation de l'énergie électrique performants sont nécessaires pour permettre de renforcer efficacement le couple (p. ex. accumulateurs hybrides au nickel ou accumulateurs au lithium-ion). Une puissance électrique accrue permet également de mieux exploiter l'énergie de récupération du freinage. Les alterno-démarreurs intégrés sont montés dans la chaîne cinématique. Le système mild-hybride renforce le moteur à combustion dans les plages de régimes inférieures alors que le système medium-hybride peut également travailler dans les plages de régimes élevés.

Conduite électrique. Lors de la conduite électrique, l'entraînement du véhicule est assuré uniquement par l'énergie électrique. Avec les systèmes entièrement hybrides, cette fonction n'est utilisable que jusqu'à une vitesse d'environ 50 km/h.

15.4.2 Système entièrement hybride

Les entraînements hybrides sont subdivisés en systèmes hybrides série et systèmes hybrides parallèles.

Le système hybride série (ill. 1). L'entraînement se fait au moyen d'un moteur électrique, le moteur à combustion servant à actionner un générateur. L'énergie électrique ainsi produite est transformée en force motrice par un moteur électrique. L'énergie électrique supplémentaire produite est stockée dans des batteries et peut être utilisée en cas de besoin. Un convertisseur transforme le courant alternatif produit par le générateur en courant continu qui peut être stocké dans la batterie. Le convertisseur transforme le courant continu en courant alternatif pour faire fonctionner le moteur électrique.

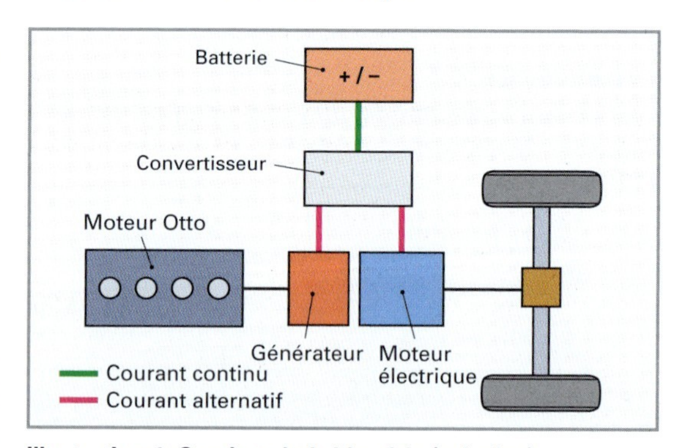

Illustration 1: Système hybride série (principe)

Système hybride parallèle (ill. 1, p. 355). L'entraînement est assuré soit par un moteur à combustion, soit par un moteur électrique ou par les deux. Le moteur électrique est alimenté par une batterie qui sera rechargée par ce même moteur fonctionnant comme un générateur lors des freinages ou lorsqu'il est entraîné par le moteur thermique.

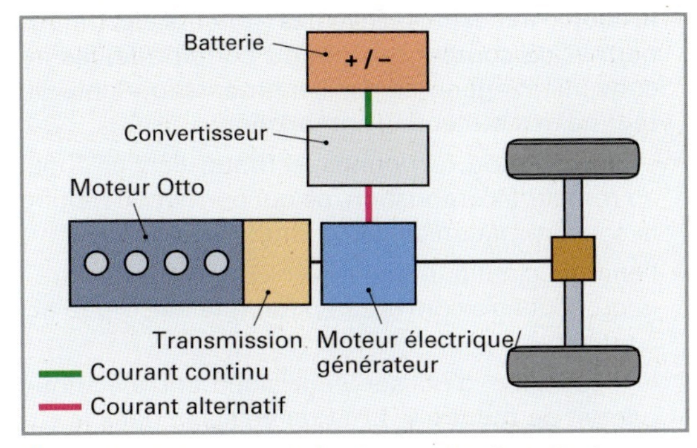

Illustration 1: Système hybride parallèle (principe)

Conception (ill. 1). Les entraînements hybrides les plus courants fonctionnent par combinaison du système série et du système parallèle. L'entraînement hybride se compose p. ex. d'un moteur Otto et de deux moteurs électriques synchrones à courant triphasé à aimant permanent qui peuvent également servir de générateurs (générateurs de moteur **MG1** ou **MG2).** Le moteur Otto et les deux moteurs électriques sont reliés mécaniquement par un train planétaire. Le MG2 et le pont du différentiel des roues motrices sont reliés par une chaîne d'entraînement et des roues dentées.

Pour l'alimentation en courant électrique, on utilise une batterie nickel-hydrures métallique (Ni-MH) scellée, qui est composée de plusieurs cellules de 1,2 volt chacune. Suivant la conception, la batterie HV (HV: Hybrid Vehicle) dispose d'une tension nominale de 200 à 300 volt. Afin de dissiper la chaleur générée par les processus de charge et de décharge, elle est refroidie au moyen d'un ventilateur.

Le convertisseur transforme le courant alternatif en courant continu et vice-versa. Il dispose d'un circuit de refroidissement séparé.

La batterie, le convertisseur et les deux moteurs électriques sont connectés au moyen d'un câble à courant fort.

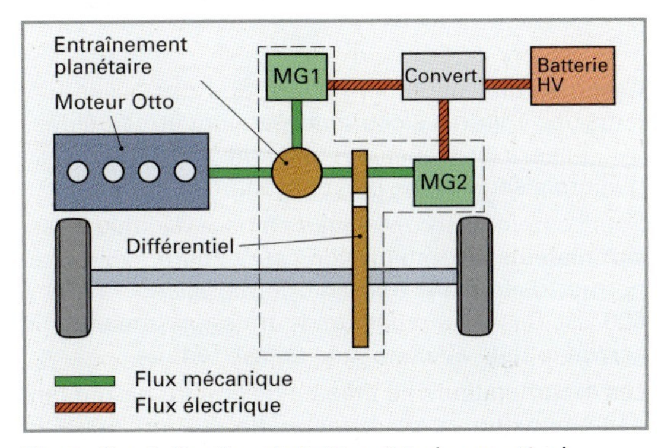

Illustration 2: Système hybride mixte (conception)

Fonctionnement. La centrale de commande identifie les intentions du conducteur au moyen du capteur de la pédale d'accélérateur et reçoit des informations concernant la vitesse du véhicule et le rapport sélectionné. Sur la base de ces informations, elle définit l'état de conduite du véhicule et régule la force d'entraînement de MG1, MG2 et du moteur Otto.

Démarrage (ill. 3). Lorsque le véhicule démarre, seule la force d'entraînement de MG2 est utilisée. Le moteur Otto reste éteint et MG1 tourne en sens inverse sans produire d'énergie électrique.

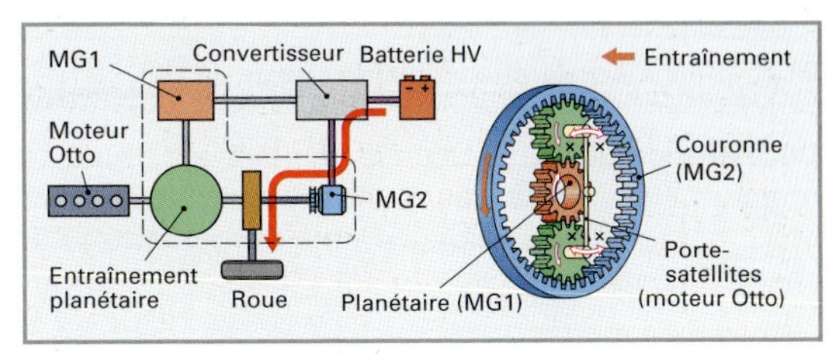

Illustration 3: Démarrage

Démarrage du moteur Otto (ill. 4). Lorsque le couple requis augmente, alors que MG2 est encore en fonction, MG1 est activé, afin de démarrer le moteur Otto. Celui-ci est également démarré lorsque l'état de charge de la batterie ou sa température dépassent un niveau pré-établi.

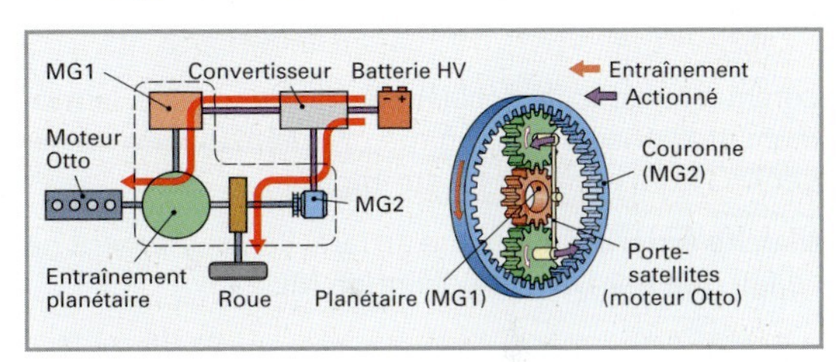

Illustration 4: Démarrage du moteur Otto

Après le démarrage du moteur Otto, MG1 joue le rôle de générateur. Il fournit l'énergie électrique nécessaire à la batterie HV par l'intermédiaire du convertisseur.

Fonctionnement en charge réduite (ill. 5). Le porte-satellites transmet la force motrice du moteur Otto. Une partie de cette énergie est transférée aux roues motrices, l'énergie restante permet de produire de l'énergie électrique par l'intermédiaire de MG1.

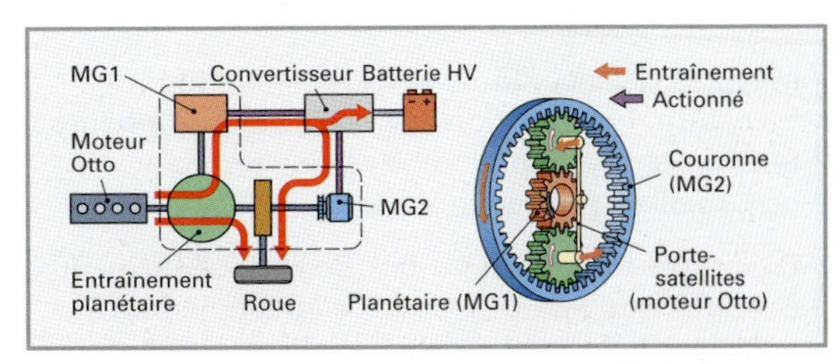

Illustration 5: Fonctionnement en charge réduite

Accélération à pleine charge (ill. 1). Lorsque le véhicule doit accélérer fortement, le système augmente le couple de MG2 par un apport supplémentaire d'énergie électrique provenant de la batterie HV.

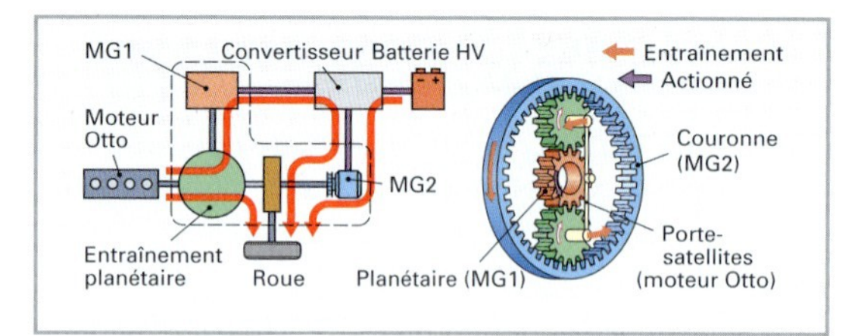

Illustration 1: Accélération à pleine charge

Décélération (ill. 2). Lorsque le véhicule est freiné, le moteur Otto s'arrête. Les roues motrices actionnent MG2, qui fonctionne alors comme un générateur et charge la batterie HV.

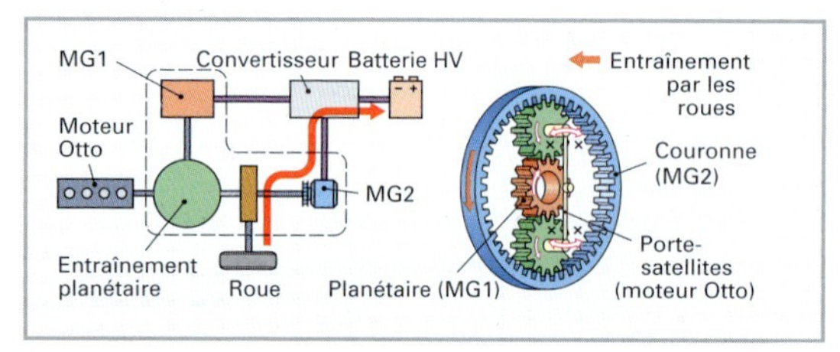

Ilustration 2: Décélération

Lorsque le véhicule décélère à grande vitesse, le moteur Otto conserve un régime prédéfini afin de protéger MG1 qui entrerait en sur-régime.

Marche arrière. En marche arrière, l'entraînement ne se fait que par l'intermédiaire de MG2.

CONSEILS D'ATELIER

Maintenance

Lors du contrôle du véhicule, l'état et la différence de charge de chaque module de la batterie HV doit être vérifié. L'état de charge ne doit pas être inférieur aux valeurs prescrites par le constructeur. Il est possible d'équilibrer de trop hautes différences de charge des cellules de la batterie au moyen d'un appareil de maintenance spécial pour batteries.

Le liquide de refroidissement du convertisseur doit être changé à intervalles réguliers.

Mesures de sécurité

En cas de manipulation erronée, le circuit à haute tension du système hybride peut provoquer de graves blessures, voire la mort.

Respectez toujours les indications de sécurité du constructeur lors des travaux effectués sur des véhicules hybrides!

Avantages des systèmes hybrides par rapport à l'essence et au Diesel:

- le couple initial plus élevé des moteurs électriques permet de compenser lors du démarrage, les inconvénients générés par l'augmentation lente du régime des moteurs à combustion;
- en accélération, le moteur électrique vient en appui au moteur à combustion, ce qui permet de réduire la consommation de carburant;
- l'énergie cinétique que le véhicule génère au freinage peut être convertie en énergie électrique accumulable;
- la possibilité d'utiliser l'entraînement électrique permet de réduire le bruit du véhicule dans la circulation urbaine.

15.5 Véhicules électriques

Les véhicules à motorisation exclusivement électrique ne sont construits qu'en petites séries. Les voitures électriques ne polluent pas et sont silencieuses. Il est à noter que la production de l'énergie électrique nécessaire à leur fonctionnement peut toutefois générer des émissions polluantes.

Construction. Contrairement aux moteurs à combustion, les moteurs électriques permettent de disposer d'un couple constant et progressif dans une vaste plage de régimes, ce qui rend inutile l'emploi d'une boîte de vitesses manuelle ou automatique. La marche arrière est également possible sans boîte de vitesses. De plus, les moteurs électriques n'ont pas besoin de dispositifs de démarrage.

L'entraînement des véhicules électriques peut être effectué au moyen de moteurs positionnés directement sur les moyeux de roue. Les roues de chaque essieu moteur sont ainsi équipées de leur propre moteur. Ce système évite de sacrifier de l'espace pour y loger le moteur et permet de supprimer de nombreux composants de la chaîne cinématique conventionnelle, ce qui simplifie la construction du véhicule.

Accumulation de l'énergie. En plus des accumulateurs, les voitures électriques peuvent être équipées de piles à combustibles servant à la production d'énergie sous forme d'hydrogène.

Seul l'emploi d'accumulateurs à base de lithium (accumulateurs au lithium-ion, au lithium polymère) permet d'atteindre une autonomie allant de 300 à 500 km. Ces accumulateurs fournissent une énergie accrue tout en affichant une masse réduite.

Les accumulateurs au titanate de lithium permettent d'atteindre un rayon d'action de 400 km pour un temps de charge inférieur à 10 minutes.

15.6 Moteurs à pile à combustible

Dans la pile à combustible, l'énergie chimique de l'hydrogène est directement convertie en énergie électrique dans une station de combustion (combustion à basse température $t \geq 80$ °C).

Conception. La pile à combustible est composée, à l'intérieur, d'une membrane en plastique conductrice de protons (PEM: proton exchange membrane). Ce film est recouvert de chaque côté par un catalyseur en platine et des électrodes en papier graphité (plaques bipolaires). De fins canaux sont fraisés dans ces plaques bipolaires au travers desquels, d'un côté, de l'hydrogène est acheminé et, de l'autre, de l'air est amené.

Fonctionnement (ill. 1). D'un côté de la pile (cathode), l'hydrogène **(H_2)** est décomposé en ions d'hydrogène positifs (protons) et en électrons par un catalyseur. Les protons peuvent alors passer de l'autre côté de la pile (anode) au travers de la membrane synthétique (PEM: proton exchange membrane). La membrane est imperméable aux électrons. Si l'on relie la cathode et l'anode, les électrons chargés négativement se déplacent en direction du côté chargé positivement. Il se crée alors un courant électrique qui peut actionner un moteur électrique. L'oxygène, les ions d'hydrogène et les électrons se combinent au niveau de l'anode.

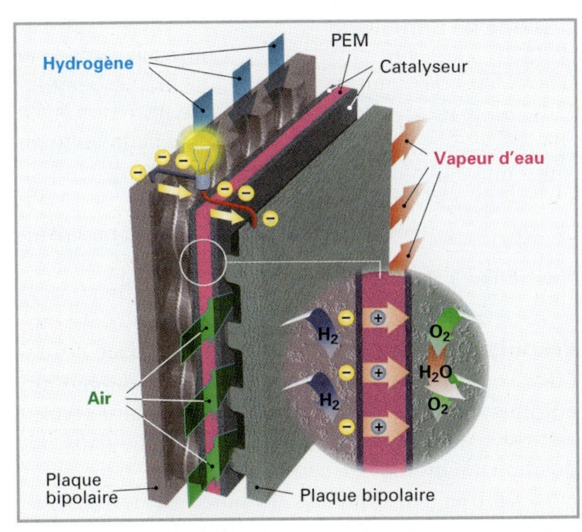

Illustration 1: Conception et fonctionnement d'une pile à combustible

Production d'hydrogène. La production d'hydrogène peut avoir lieu par électrolyse à l'extérieur du véhicule ou par procédé chimique à bord de ce dernier.

Production d'hydrogène à bord du véhicule. Pour cela, il faut faire le plein du réservoir du véhicule avec du méthanol liquide (CH_3OH). Le méthanol est mélangé à de l'eau déminéralisée, puis évaporé à 250 °C pour se transformer en hydrogène et en CO_2 dans un réformeur équipé d'un brûleur catalytique. L'hydrogène purifié est ensuite amené vers la pile à combustible. Ce procédé ne produit que de très faibles quantités de CO_2.

15.7 Moteurs à combustion à hydrogène

Dans les moteurs à combustion à hydrogène, l'énergie chimique de l'hydrogène est combinée à l'oxygène de l'air puis enflammée par étincelle et convertie en énergie thermique (combustion à haute température).

Conception. Pour cela, les moteurs Otto doivent être équipés d'un système de mélange spécial, qui permet de doser l'hydrogène correctement en fonction du changement de charge.

Par rapport à l'essence, l'hydrogène possède un pouvoir calorifique moindre. Afin de pouvoir alimenter le véhicule avec suffisamment d'hydrogène, ce dernier est liquéfié et stocké à environ – 250 °C dans un réservoir spécial isolé.

Fonctionnement. L'hydrogène passe par un filtre, un réducteur de pression, des soupapes d'arrêt et un doseur pour arriver dans les vannes d'injection de chaque cylindre. En principe, la combustion a lieu en excès d'air, l'air supplémentaire qui se trouve dans la chambre de combustion servant à absorber la chaleur. La basse température de combustion réduit, dans une large mesure, la formation d'oxyde d'azote (NO_x). Le moteur à hydrogène ne produit pratiquement que de la vapeur d'eau.

15.8 Moteurs à combustion à huile végétale

Huile végétale. En principe, l'emploi d'huiles végétales (comme p. ex. l'huile de colza) dans les véhicules à moteur Diesel est possible. Toutefois, l'utilisation exclusive d'huiles végétales requiert certaines adaptations au niveau du moteur, dans la mesure où ce carburant présente un indice de cétane inférieur à celui du carburant Diesel et qu'il est plus visqueux. En outre, suivant le type de moteur, il s'avère nécessaire d'installer un système de préchauffage du carburant et un filtre supplémentaire chauffé électriquement. Certains composants du dispositif d'injection doivent également être modifiés.

Biodiesel. En estérisant de l'huile de colza avec du méthanol, on obtient de l'ester de méthyle d'huile de colza. Ce carburant, connu sous le nom de biodiesel, présente les mêmes propriétés que le Diesel normal et a la même fluidité. Le biodiesel attaque les matières synthétiques des joints d'étanchéité, des conduites et des pompes d'injection. C'est pour cette raison qu'il ne doit être utilisé que dans des moteurs préconisés par les constructeurs.

16 Transmission

La transmission d'un véhicule à moteur comprend l'embrayage, la boîte de vitesses, l'arbre de transmission, l'essieu moteur, le pont avec différentiel ainsi que les arbres de transmission à cardan jusqu'aux roues **(ill 1).** Tous ces éléments sont regroupés sous le terme d'organes de propulsion.

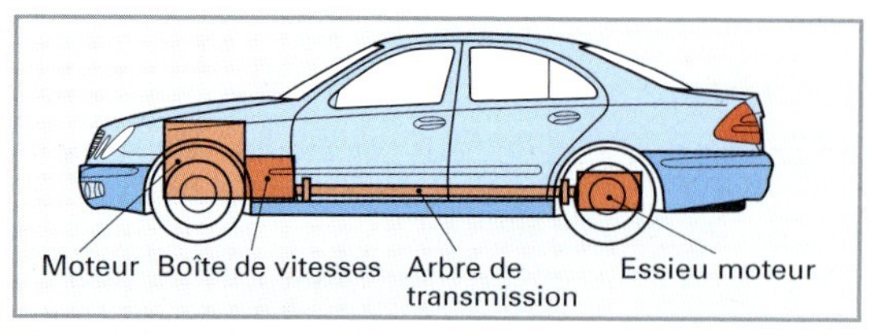

Illustration 1: Groupe de propulsion d'une voiture de tourisme à propulsion et moteur avant

Fonctions

- Transformer le couple et le régime du moteur.
- Transmettre le couple aux roues motrices.

On ne peut pas éviter les pertes de transmission et, de ce fait, la puissance développée par les roues est toujours inférieure à celle du moteur (le rendement global de la transmission se situe entre 92 % et 95 %).

16.1 Types de transmission

Les véhicules de tourisme et les véhicules utilitaires transmettent l'effort par traction ou par propulsion ou par transmission intégrale.

16.1.1 Propulsion

Propulsion à moteur avant

Le moteur se trouve généralement au-dessus ou juste derrière l'essieu avant **(ill. 1),** plus rarement devant (moteur en porte-à-faux). La propulsion s'effectue sur les roues arrières par l'intermédiaire de l'arbre de transmission à cardan. La position de l'essieu moteur arrière favorise l'équilibre des masses entre l'essieu avant et l'essieu arrière. Le comportement dans les virages est légèrement sous-vireur. Entre la boîte de vitesses et l'entraînement de l'essieu, il faut tenir compte, dans l'habitacle, de la présence peu pratique de l'arbre de transmission à cardan.

Propulsion boîte-pont (transaxle)

C'est une particularité de la propulsion où la boîte de vitesses est associée à l'essieu arrière. Elle permet d'obtenir une répartition homogène du poids sur les deux essieux (50 % : 50 %) et un comportement neutre dans les virages.

Propulsion avec moteur arrière

Le moteur se trouve au-dessus ou derrière l'essieu arrière **(ill. 2).**

Si l'on utilise un moteur boxer, celui-ci ainsi que la boîte de vitesses n'empiètent que très légèrement sur l'habitacle. Malgré tout, cette disposition du moteur est très rarement utilisée en raison de la place qu'il occupe dans le coffre, de l'installation problématique du réservoir à carburant et de sa tendance à sur-virer dans les virages.

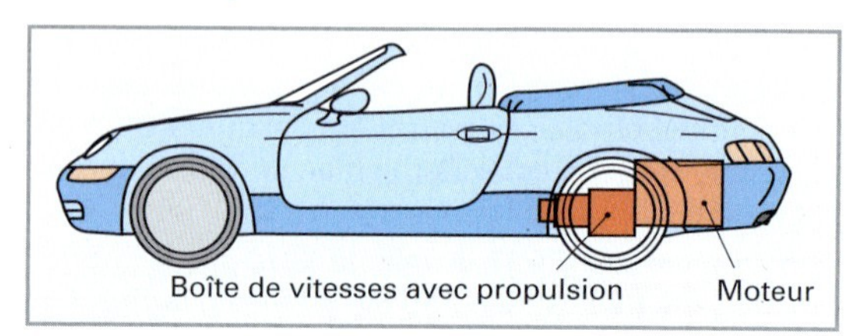

Illustration 2: Propulsion avec moteur arrière

Propulsion avec moteur central

Elle est utilisée dans les voitures de sport et de course. Le moteur se trouve à l'avant de l'essieu arrière **(ill. 3).** Cette meilleure répartition du poids sur les deux essieux et un centre de gravité mieux adapté induisent une meilleure tenue de route. La mauvaise accessibilité au moteur et le nombre limité de places dans l'habitacle sont les deux points faibles de ce système de propulsion.

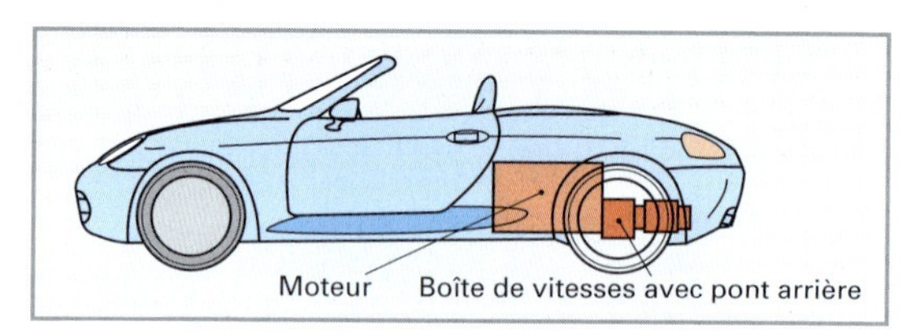

Illustration 3: Propulsion avec moteur central

Propulsion avec moteur sous le plancher

C'est une propulsion particulièrement adaptée aux autobus et aux poids lourds **(ill. 4).** Le moteur abaissé se trouve à peu près au milieu du véhicule dans une position favorable au centre de gravité permettant ainsi un meilleur équilibre du poids sur les essieux. Une bonne exploitation de la place disponible dans l'habitacle et un accès au moteur par en-dessous sont les avantages de ce système de propulsion.

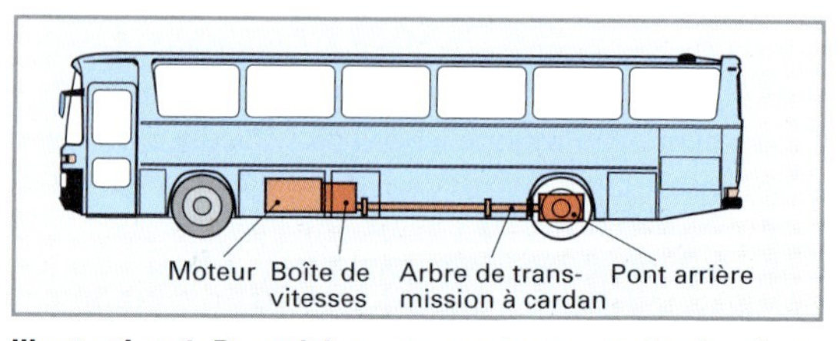

Illustration 4: Propulsion avec moteur sous le plancher

16.1.2 Traction

Sur les véhicules à traction, le moteur est soit à l'avant de l'essieu avant, soit au-dessus ou encore derrière celui-ci **(ill. 1)**.

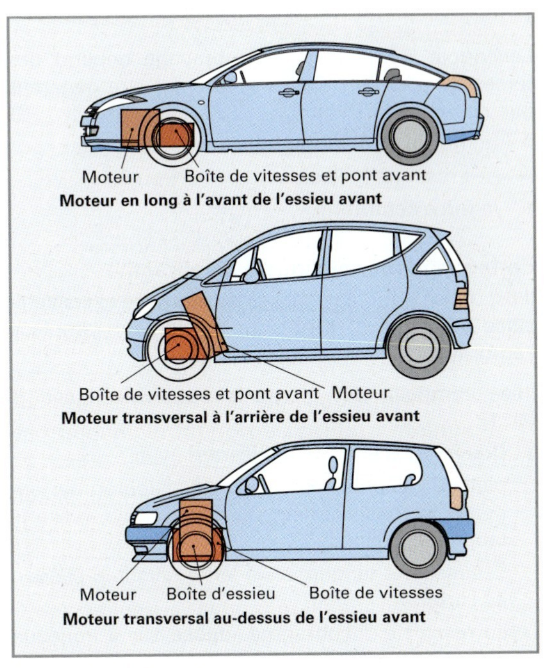

Illustration 1: Tractions

Le moteur, l'embrayage, la boîte de vitesses, l'arbre à cardan, l'essieu et le différentiel sont réunis en un groupe compact rigide (système de traction).

Avantages:

- poids du véhicule moins important;
- distance réduite du couple du moteur aux roues motrices;
- absence de tunnel d'arbre de transmission à cardan;
- coffre plus grand;
- lorsque le moteur est transversal, l'essieu moteur est plus simple (pignons droits), le porte-à-faux avant plus petit et il y a plus de place utilisable au niveau des pieds;
- bonne tenue directionnelle car le véhicule est tiré et non poussé.

Inconvénients:

- tendance sous-vireuse dans les courbes prises à grande vitesse;
- répartition du poids peu favorable entre les essieux avant et arrière;
- plus grande usure des pneus sur les roues motrices.

Les véhicules à tendance sous-vireuse franchissent les virages avec un rayon plus grand que celui commandé par l'angle de rotation du volant.

16.1.3 Quatre roues motrices

Transmission à quatre roues motrices permanente

Dans ce cas, les deux essieux sont entraînés en permanence. Sur les véhicules de tourisme à traction, l'essieu arrière est entraîné par une boîte de transfert et un arbre de transmission à cardan. Un différentiel central compense les différences de régimes entre les deux essieux ce qui permet d'éviter des tensions dans la chaîne cinématique ainsi qu'une usure de l'entraînement et des roues.

Transmission à quatre roues motrices non permanente

En passant par une boîte de transfert fixée, à la boîte de vitesses, deux arbres de transmission articulés transmettent le couple aux essieux respectifs d'un côté à l'avant et de l'autre à l'arrière **(ill. 2)**. En règle générale, c'est l'essieu arrière qui est moteur, l'essieu avant ne l'étant que sur commande. Les différentiels peuvent être équipés de blocage. Si le différentiel central n'est pas activé, cela signifie que les quatre roues motrices ne doivent pas être enclenchées, p. ex. sur route sèche. Les moyeux à roue libre des roues avant évitent que les arbres de roues à cardan et l'arbre de transmission ne tournent lorsque l'essieu avant est hors service.

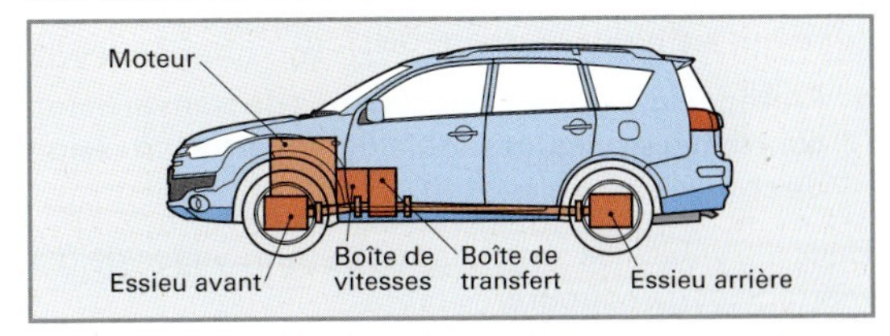

Illustration 2: Véhicule tout-terrain à 4 roues motrices

16.1.4 Entraînement hybride

Dans le cas de l'entraînement hybride*, deux moteurs différents se chargent de l'entraînement du véhicule, comme p. ex. un moteur Diesel pour les longs trajets, associé à un moteur électrique non polluant pour les parcours en ville **(ill. 3)**. Des batteries, chargées sur le réseau 220 V, voire en partie par le moteur Diesel pendant le trajet, permettent de faire fonctionner le moteur électrique. Dans ce cas, le moteur électrique travaille comme un générateur. Il est possible de passer d'un mode à l'autre sans problème, même pendant les déplacements.

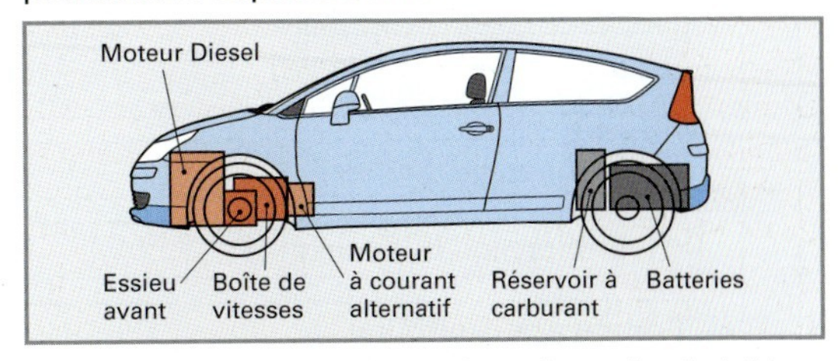

Illustration 3: Véhicule de tourisme à traction hybride

* hybride (grec-latin) = composé d'éléments disparates

16.2 Embrayage

Dans la chaîne cinématique d'un véhicule automobile, l'embrayage est un organe de liaison mobile, placé entre le moteur et la boîte de vitesses.

Fonctions

- **Transmettre le couple du moteur à la boîte de vitesses.** Pour l'ensemble des régimes utilisables du moteur, le couple correspondant aux différents états de conduite doit être transmis à la boîte de vitesses.
- **Permettre un démarrage souple et sans à-coups.** Lors du démarrage, le régime et le couple se transmettent par friction (glissement) du volant moteur à l'arbre primaire de la boîte de vitesses.
- **Interrompre rapidement la liaison entre le moteur et la boîte de vitesses.** Cela permet aux organes de synchronisation du changement de vitesses de fonctionner librement lors du passage des rapports.
- **Amortir les vibrations.** Celles-ci sont générées par l'enchaînement rythmique des pistons sur le vilebrequin. Elles peuvent être amorties par des dispositifs montés sur le disque d'embrayage ce qui réduit les bruits de transmission.
- **Protéger le moteur et les organes de transmission contre les surcharges.** Cela limite la transmission de couples trop élevés (p. ex. par glissement).

Dans les véhicules, on utilise des embrayages de démarrage et de coupure:

Embrayages de démarrage et de coupure
- Embrayage à friction
  - Embrayage à ressorts hélicoïdaux
    - Embrayage monodisque
    - Embrayage multidisques
  - Embrayage à diaphragme
    - Embrayage monodisque
    - Embrayage bidisques
    - Embrayage double
    - Embrayage multidisques
  - Embrayage centrifuge
- Embrayage à poudre magnétique

16.2.1 Embrayage à friction

Les embrayages à friction transmettent le couple du moteur à la boîte de vitesses par adhérence progressive.

Le couple transmis par l'embrayage dépend des forces de pression. Celles-ci peuvent être générées par ...

- un ressort à diaphragme central (Belleville);
- des ressorts hélicoïdaux (p. ex. 6 ou 9);
- la force centrifuge.

Embrayage monodisque à diaphragme

Il est utilisé pour les voitures de tourisme et les véhicules utilitaires et a presque totalement remplacé l'embrayage à ressorts hélicoïdaux.

Il se compose des éléments principaux suivants **(ill. 1)**:

- **Couvercle d'embrayage** (carter) avec:

  plateau de pression, ressort à diaphragme, anneaux de basculement du diaphragme, ressorts tangentiels à lame.

  Les ressorts tangentiels à lame relient le plateau au carter.

  Le ressort à diaphragme repose sur 2 anneaux d'appui de basculement, fixés par plusieurs boulons entretoises qui permettent un basculement des deux côtés, jusqu'en butée.
- **Disque d'embrayage** avec deux garnitures d'embrayage, un support ainsi que le moyeu.
- **Butée d'embrayage** avec porte-butée.

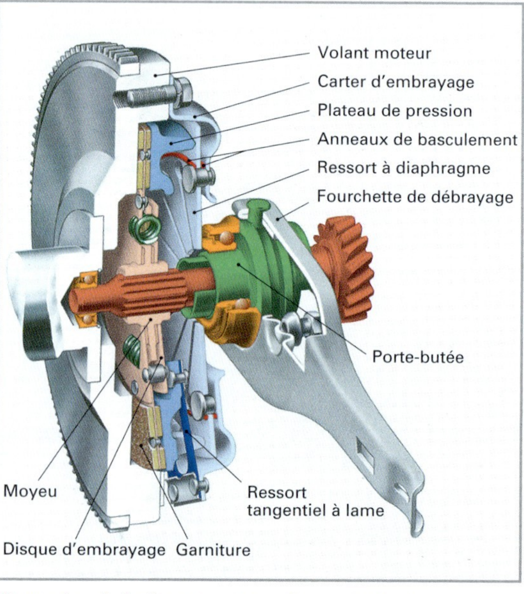

Illustration 1: Embrayage monodisque à diaphragme

Fonctionnement

Embrayé. Le diaphragme appuie contre le plateau de pression et comprime le disque d'embrayage entre les surfaces de friction du volant moteur et du plateau.

La force de friction exercée engendre un couple de rotation qui est transmis du disque d'embrayage à l'arbre primaire de la boîte de vitesses.

Le couple transmissible dépend:

- de la force de pression du diaphragme;
- du coefficient de frottement;
- du rayon efficace de la force de rotation;
- du nombre de garnitures de friction.

Débrayé (ill. 1). Lors du débrayage, la fourchette de débrayage pousse la butée contre les languettes du diaphragme. Par ce mouvement, le diaphragme bascule en s'appuyant sur un des anneaux de basculement et libère le plateau de pression. Les ressorts tangentiels à lames, situés entre le plateau de pression et le couvercle d'embrayage, éloignent le plateau de pression des garnitures de friction. Le flux de force est interrompu et un jeu de ventilation est généré.

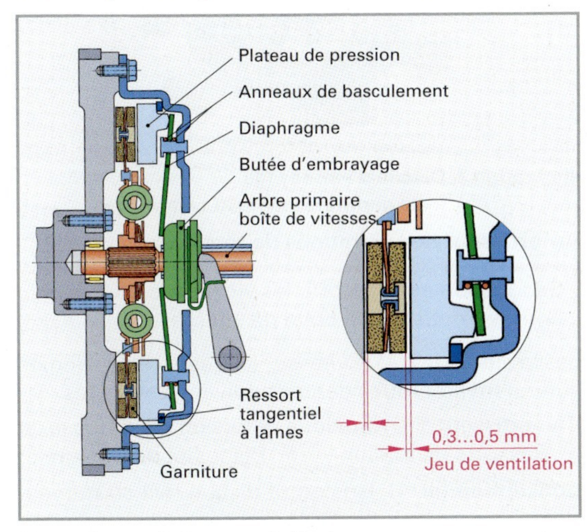

Illustration 1: Embrayage à diaphragme en position débrayée

Embrayage débrayé en poussant (ill. 2). En actionnant la pédale, la butée de débrayage est **poussée** vers le couvercle d'embrayage. Le diaphragme travaille comme un double levier dont les points d'appui se trouvent entre deux anneaux de basculement.

Embrayage débrayé en tirant (ill. 2). La butée de débrayage est **éloignée** du couvercle d'embrayage. Les languettes du diaphragme sont engagées dans une rainure périphérique de la butée qui est constamment entraînée. Le diaphragme travaille comme un simple levier, le rapport des longueurs a et b diminue la force nécessaire au débrayage.

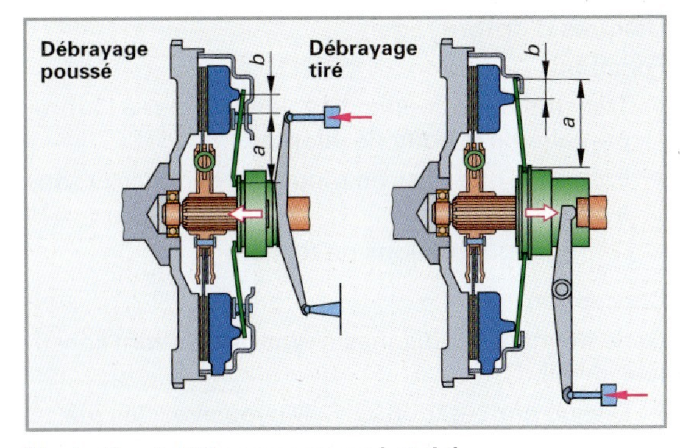

Illustration 2: Débrayage poussé et tiré

Courbes caractéristiques des embrayages à ressorts hélicoïdaux et à diaphragme

Le diagramme **(ill. 3)** montre ...

- la force de pression du plateau de pression par rapport à sa course en fonction de l'usure des garnitures;
- la force de débrayage nécessaire le long de la course de débrayage.

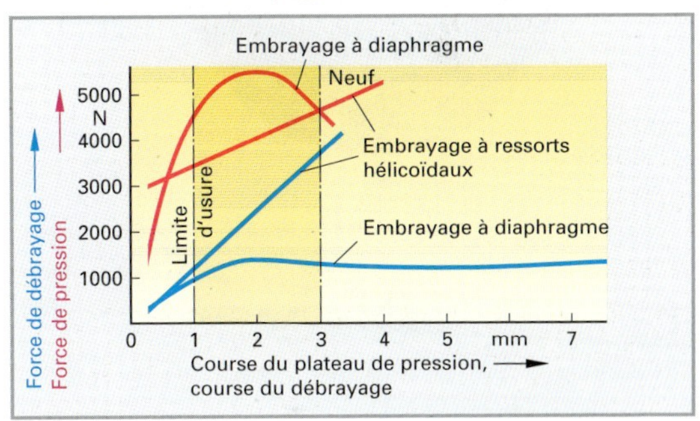

Illustration 3: Force de pression, force de débrayage

Embrayage à ressorts hélicoïdaux

Force de pression. Elle diminue de façon linéaire en fonction de l'usure.

Force de débrayage. Elle augmente de façon linéaire jusqu'au maximum de la course de débrayage.

Embrayage à diaphragme

Force de pression. Elle est d'abord progressive puis dégressive, en fonction de l'usure de la garniture, pour enfin chuter fortement une fois la limite d'usure dépassée.

Force de débrayage. La demande en force pour débrayer monte d'abord de façon linéaire, comme sur l'embrayage à ressorts hélicoïdaux. Mais lorsque le point de "basculement" du diaphragme est atteint, l'effort diminue.

Caractéristiques de l'embrayage à diaphragme

- construction simple;
- faible force de commande nécessaire;
- force de pression presque indépendante de l'usure des garnitures.

Disques d'embrayage

Fonction

- Transmettre le couple du volant moteur à l'arbre primaire de la boîte de vitesses.
- Permettre une mise en mouvement douce et sans à-coups.
- Amortir les vibrations de torsion.

Conception

Généralement, les disques d'embrayage sont constitués de **(ill. 1)**:

- Disque porte-garniture
- Moyeu avec flasque
- Garniture d'embrayage
- Amortisseur de torsion
- Ressorts d'élasticité

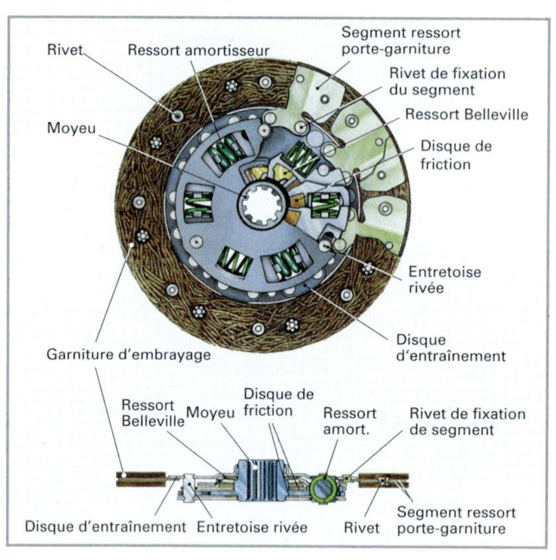

Illustration 1: Structure d'un disque d'embrayage

Garnitures d'embrayage

Elles servent d'organes de friction entre les faces du volant moteur et le plateau de pression.

Elles doivent satisfaire aux exigences suivantes:

- bonne résistance thermique;
- grande résistance à l'usure;
- coefficient de frottement élevé, restant constant dans une plage de températures la plus large possible.

Types de garnitures d'embrayage

Garnitures organiques. Elles consistent en:

- fibres de verre, d'aramide ou de carbone;
- agents de remplissage, p. ex. fils métalliques (cuivre, zinc);
- liants (p. ex. résine de phénol);
- matières de remplissage (p. ex. suie, poudre de verre, sulfate de baryum).

Dans la construction automobile, ces garnitures organiques sont en général utilisées pour les embrayages secs.

Garniture papier. Elle est composée de fibres de bois, de coton, de carbone ou de verre, liées au moyen de résine synthétique (généralement de l'époxy ou du phénol). Utilisation: embrayages multidisques à bain d'huile des motos.

Garniture en métal fritté. Elle est composée de différents métaux (cuivre, acier) ou d'alliages de métaux (bronze, laiton). On y ajoute des composants résistant à la friction, tels que des oxydes métalliques et du graphite.

Propriétés: excellente résistance à la chaleur, bonnes propriétés de fonctionnement à sec et bonne résistance à l'usure.

Utilisation: embrayages à bain d'huile (p. ex. embrayages multidisques des motos et des boîtes automatiques).

Disques métallo-céramiques (ill. 2). Ce sont des garnitures en métal fritté avec un grand pourcentage de céramique (p. ex. oxyde Al).

Utilisation: embrayages à sec de véhicules spéciaux, tels qu'engins à chenilles et voitures de compétition dans le sport automobile.

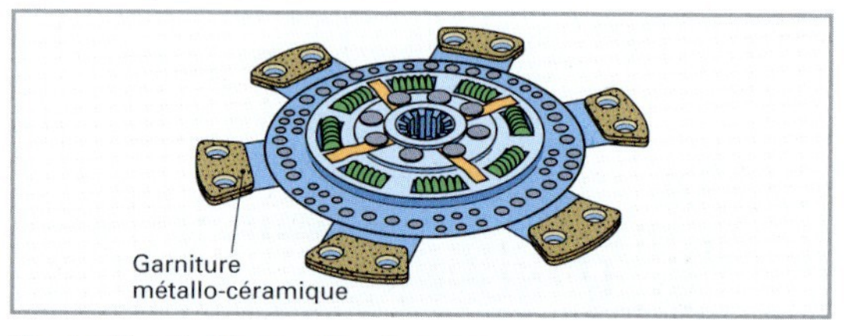

Illustration 2: Disque d'embrayage avec garnitures métallo-céramiques

Amortisseur des vibrations de torsion

Sa fonction est d'amortir les vibrations de torsion entre le moteur et la boîte de vitesses.

Les bruits de boîte de vitesses (cliquetis) et les dégâts survenant aux roues dentées doivent être évités.

L'amortisseur des vibrations de torsion se compose de

- Ressorts de torsion
- Dispositif de friction

Conception (ill. 1). Un contre-disque rivé au moyeu, s'appuie sur plusieurs ressorts insérés dans le disque d'entraînement.

En charge, une rotation limitée est possible entre le moyeu et le disque d'entraînement.

Le couple déterminé pour les ressorts de torsion doit être plus élevé que le couple maximal du moteur, ceci afin d'éviter que le moyeu ne bute contre les entretoises rivées fixant le contre-disque au disque d'entraînement.

Dispositif de friction. Il est logé entre le disque d'entraînement et le contre-disque du moyeu. Il est constitué de disques de friction, de ressort Belleville et de disques intermédiaires (voir **ill. 1**).

Le dispositif de friction amortit les oscillations de torsion. La force de pression axiale nécessaire pour la friction est obtenue grâce à un ressort Belleville.

Elasticité des garnitures

Positionnée entre les garnitures de friction, elle permet un démarrage souple et sans à-coups.

L'élasticité axiale est réglée de manière à ce que, lors du démarrage, les garnitures adhèrent en douceur et soient en position plane à l'état totalement embrayé.

Butée d'embrayage

Elle sert à interrompre la transmission du couple moteur à la boîte de vitesses par l'intermédiaire de la pédale d'embrayage, d'un câble ou d'un dispositif d'actionnement hydraulique.

On distingue les butées d'embrayage à guidage central mécanique et hydraulique.

Butée mécanique à guidage central. Elle est reliée à l'arbre primaire de la boîte de vitesses par un porte-butée centré **(ill. 1)**.

La butée d'embrayage est un roulement à billes encapsulé muni d'une bague extérieure fixe et d'une bague intérieure mobile qui s'appuie sur les languettes du ressort à diaphragme.

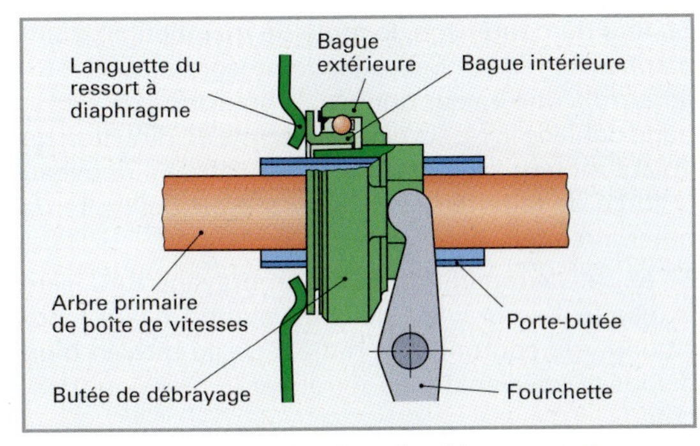

Illustration 1: Butée mécanique à guidage central

Butée hydraulique à guidage central

Actionnée hydrauliquement, elle forme un ensemble avec le cylindre récepteur. Elle est fixée à l'intérieur de la cloche d'embrayage **(ill. 2)**.

Fonctionnement

La pression provenant du cylindre émetteur crée une force qui pousse le piston sur le tube porte-butée par l'intermédiaire de la coupelle d'étanchéité et la bague d'appui.

Cela a pour effet de pousser les languettes du ressort à diaphragme et de débrayer.

Lorsque le mécanisme d'embrayage n'est pas actionné (pas de pression), le ressort de précontrainte maintient une précharge de la butée contre le diaphragme ce qui annule le jeu de commande de l'embrayage.

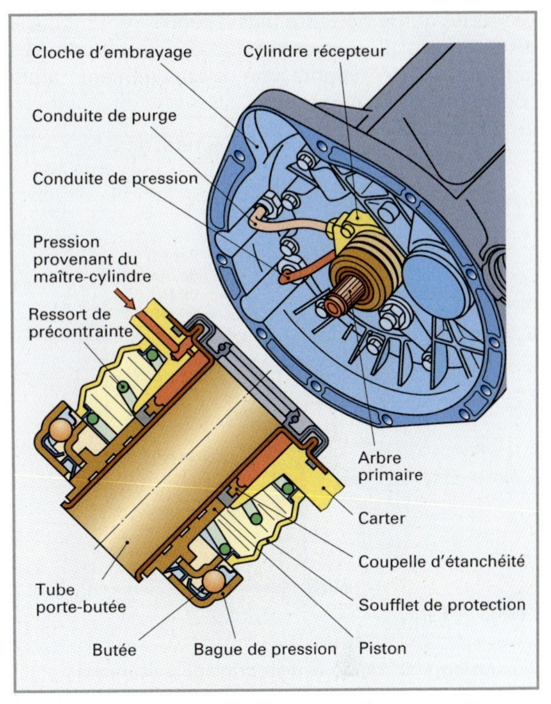

Illustration 2: Butée hydraulique à guidage central

Commande d'embrayage

La commande d'embrayage permet d'augmenter la force exercée sur la pédale par le conducteur et de la transmettre à la butée.

Les embrayages peuvent être actionnés mécaniquement ou hydrauliquement.

Commande mécanique d'embrayage

La force musculaire du pied est transmise à la butée par levier, câble ou tringle **(ill. 1, p. 364)**.

Le rapport des leviers est calculé pour que la force nécessaire pour débrayer ne devienne par trop grande et la course de la pédale pas trop longue.

Commande d'embrayage mécanique sans rattrapage automatique du jeu de garde

Dans cette commande d'embrayage, on a un jeu de 1 à 3 mm entre la butée et le diaphragme et un jeu de 10 à 30 mm au niveau de la pédale d'embrayage.

Suite à l'usure des garnitures, le plateau de pression se déplace contre le volant moteur. Les languettes du ressort à diaphragme se déplacent alors vers l'extérieur, en direction de la butée, ce qui a pour effet de réduire le jeu de garde existant à la butée et à la pédale d'embrayage.

Le jeu de garde doit être ajusté régulièrement car il disparaît avec l'usure croissante des garnitures. Les languettes du diaphragme s'appuieraient alors contre la butée d'embrayage.

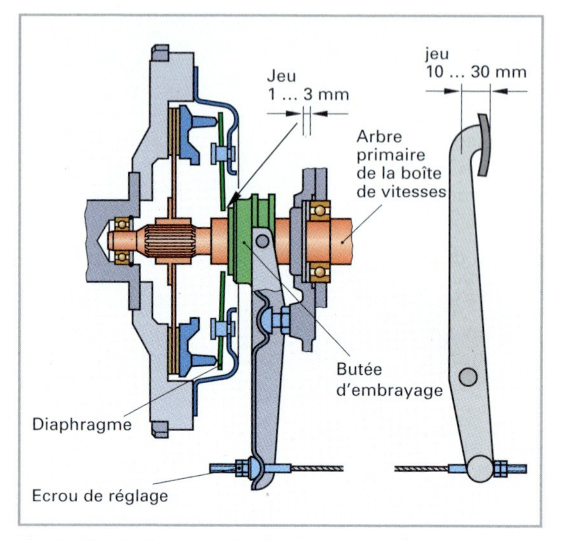

Illustration 1: Commande d'embrayage mécanique

Les conséquences d'un jeu de garde trop réduit:

- l'embrayage patine à cause de la pression trop faible du diaphragme;
- surchauffe des garnitures;
- recuit du diaphragme;
- usure des languettes du diaphragme;
- surchauffe ponctuelle des surfaces de friction du volant moteur.

Le réglage du jeu s'effectue soit au moyen de la fourchette de débrayage, soit au niveau de la pédale d'embrayage au moyen de l'écrou de réglage.

16

Commande d'embrayage mécanique avec ajustement automatique

Lorsque les garnitures s'usent, un dispositif de rattrapage ajuste automatiquement le jeu entre la butée de débrayage et les languettes du diaphragme.

Le dispositif d'ajustement du câble de débrayage se trouve entre la pédale et la butée d'embrayage.

Embrayage à diaphragme avec ajustement automatique (ill. 2)

L'embrayage **SAC** (**S**elf **A**djusting **C**lutch) s'ajuste automatiquement à l'usure des garnitures.

Dans ce cas, et contrairement aux embrayages à diaphragme normaux, la force de débrayage, la force exercée sur la pédale et la force de serrage restent identiques indépendamment de l'usure des garnitures. La durée de vie de l'embrayage est augmentée.

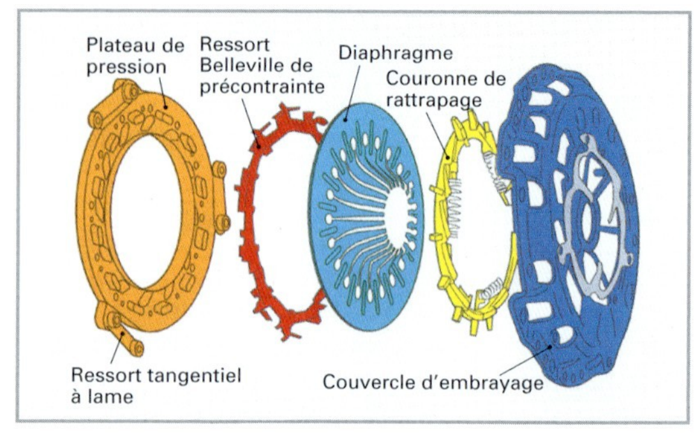

Illustration 2: Composants de l'embrayage à ajustement automatique SAC

Particularité: le diaphragme n'est pas riveté au couvercle de l'embrayage mais il tourne entre le ressort Belleville de précontrainte et la couronne de rattrapage.

Fonctionnement du SAC (ill. 3)

Au fur et à mesure que la garniture s'use, le plateau de pression se déplace en direction du volant moteur.

Si, lors du débrayage, la force de maintien au point d'appui du ressort Belleville de précontrainte est inférieure à une valeur donnée, la couronne de rattrapage déplace le ressort à diaphragme en direction du volant moteur, ce qui permet d'équilibrer à nouveau la force de la butée et celle du ressort Belleville de précontrainte.

Si, en cas de réparation sur un embrayage SAC, seul le disque d'embrayage doit être changé, il faut repositionner la couronne de rattrapage au moyen d'un dispositif spécial afin de retrouver la pression prescrite.

Dans les embrayages SAC neufs, la couronne de rattrapage est déjà réglée correctement.

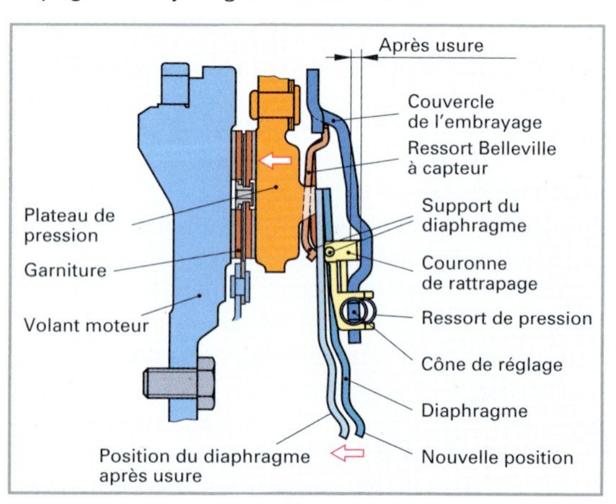

Illustration 3: Embrayage SAC avec ajustement automatique

Commande hydraulique d'embrayage

Elle convertit et transmet hydrauliquement, par l'intermédiaire d'un cylindre émetteur et d'un cylindre récepteur, la force exercée sur la pédale au système de débrayage.

Les composants hydrauliques sont:

- Cylindre émetteur
- Conduite
- Fluide hydraulique
- Flexible de raccordement
- Cylindre récepteur

Fonctionnement

Débrayage. La force musculaire du pied est transmise par la tige de la pédale d'embrayage au piston du cylindre émetteur. A partir d'une certaine course de la pédale, la force peut être assistée par un ressort de dépassement du point de basculement.

La pression du liquide, produite dans la chambre de pression du cylindre émetteur, se propage dans la conduite et le flexible de raccordement et génère une force sur le piston du cylindre récepteur actionnant ainsi la tige poussoir, le levier de débrayage pousse la butée ce qui interrompt la transmission du couple.

Embrayage. Le diaphragme, par l'intermédiaire du mécanisme, repousse les pistons du cylindre récepteur et du cylindre émetteur .

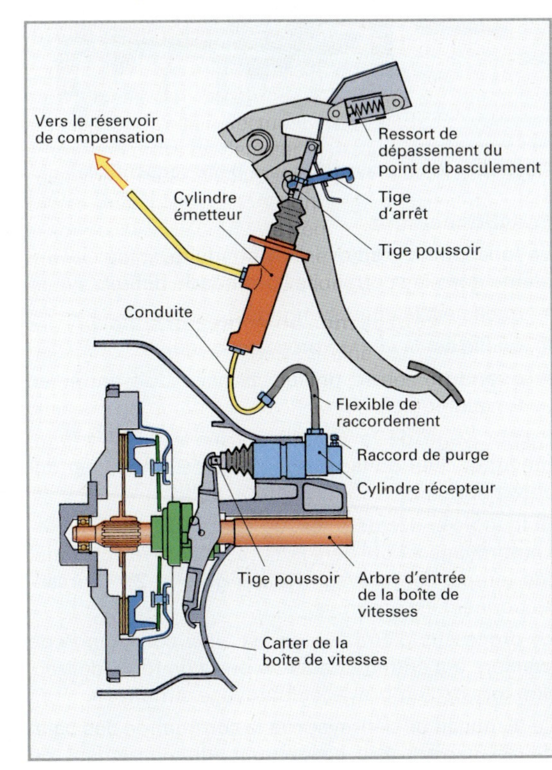

Illustration 1: Commande hydraulique d'embrayage

Avantages de la commande hydraulique d'embrayage par rapport à la commande mécanique

- la pédale et l'embrayage peuvent être situés plus loin l'un de l'autre;
- la transmission hydraulique permet de renforcer l'effort exercé sur la pédale;
- pratiquement aucune perte dans le transfert de force.

Cylindre émetteur (ill. 2)

Il sert à générer la pression du fluide dans le circuit hydraulique.

Le piston est un piston double avec coupelle primaire et coupelle secondaire.

La coupelle primaire ferme la chambre de pression. La coupelle secondaire sert de joint d'étanchéité vers l'extérieur. La chambre entre les deux coupelles est reliée au réservoir de compensation par le trou de compensation.

Lorsque le piston est en position de repos, une compensation du volume a lieu (par le trou de compensation) entre la chambre de pression et le réservoir de compensation.

Dès que le piston dépasse le trou de compensation, la pression du liquide augmente dans la chambre de pression.

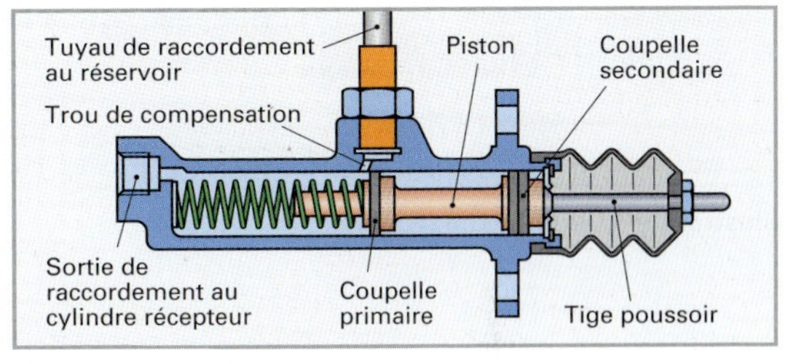

Illustration 2: Cylindre émetteur

Cylindre récepteur (ill. 3)

Il sert à convertir en force la pression hydraulique produite dans le cylindre émetteur pour actionner le débrayage.

Il est constitué de:

- Carter
- Piston avec coupelle
- Vis de purge
- Tige poussoir

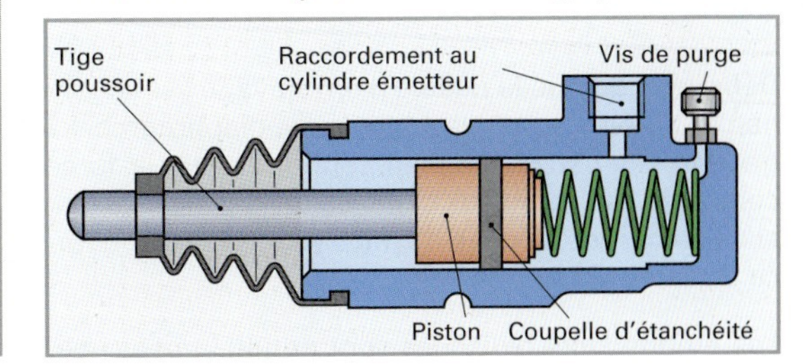

Illustration 3: Cylindre récepteur

16.2.2 Embrayage bidisques

A équivalence de pression et de diamètre de garniture, un embrayage bidisques peut transmettre un couple deux fois plus élevé qu'un embrayage monodisque.

Conception (ill. 1)

L'embrayage bidisques est constitué de deux disques d'embrayage placés l'un derrière l'autre, d'un plateau intermédiaire, d'un diaphragme et d'un dispositif de débrayage.

Les deux disques d'embrayage sont reliés à l'arbre primaire de la boîte de vitesses par leur moyeu cannelé.

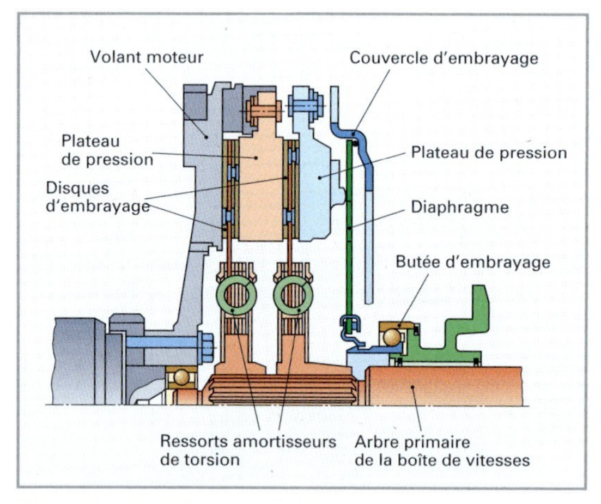

Illustration 1: Embrayage bidisques

Fonctionnement

Embrayé (ill. 1). La force du diaphragme presse les quatre surfaces des disques entre les plateaux de pression et le volant moteur.

Flux de force. Le couple moteur est transmis depuis le volant moteur et les plateaux de pression aux garnitures de friction des deux disques d'embrayage. En passant par les moyeux des disques d'embrayage, le couple moteur arrive à l'arbre primaire de la boîte de vitesses.

Débrayé. Lorsque la pédale d'embrayage est actionnée, la butée d'embrayage tire sur le diaphragme. La traction exercée sur le diaphragme annule la force contre les deux plateaux de pression, permettant ainsi de libérer les disques d'embrayage. Le flux de force est interrompu.

Les embrayages bidisques sont généralement utilisés sur les véhicules utilitaires lourds.

16.2.3 Embrayage double

En présence de boîtes de vitesses automatisées (p. ex. DSG), l'embrayage double permet de changer de vitesse rapidement et sans perte de force de traction.

Conception (ill. 2)

L'embrayage double est constitué de deux embrayages simples (**K1** et **K2**) placés dans le même carter et fonctionnant de concert. Les moyeux des disques d'embrayage de **K1** et **K2** transmettent le couple chacun à un arbre d'entraînement différent AW1 et AW2.

Les pignons fixes de la 1ère, 3e et 5e vitesse sont sur AW1 et ceux de la 2e, 4e et 6e vitesse sur AW2.

Les pignons fous de chaque rapport se trouvent sur l'arbre de sortie et sont solidarisés à l'arbre par des baladeurs.

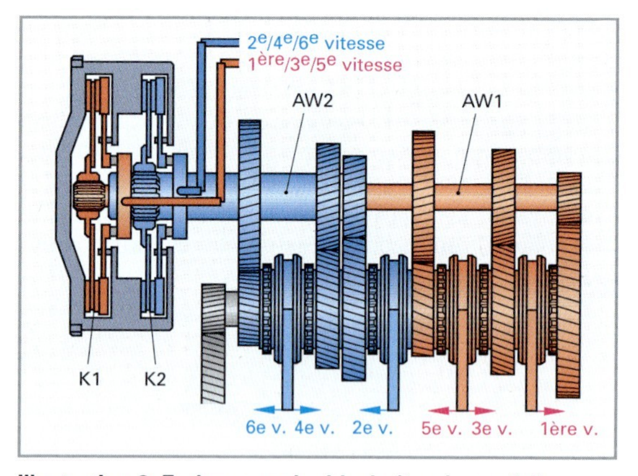

Illustration 2: Embrayage double, boîte séquentielle

Fonctionnement

En fonction de la situation de conduite, le logiciel implanté dans la centrale de commande définit:

- quelle est la vitesse engagée;
- quelle est la vitesse présélectionnée;
- quand la vitesse présélectionnée doit entrer en fonction.

L'embrayage de la vitesse utilisée est fermé (embrayé) et celui de la vitesse présélectionnée est ouvert (débrayé).

Si le logiciel décide p. ex. de passer de 1ère en 2ème, l'embrayage K1 qui gère la 1ère est débrayé et, en même temps, l'embrayage K2 qui gère la 2ème (présélectionnée) est embrayé.

Le processus d'embrayage est ainsi commandé de manière à n'entraîner aucune perte de force de traction lors de l'embrayage/débrayage simultané.

Le dispositif de débrayage et la commande des baladeurs peuvent être actionnés hydrauliquement ou électriquement.

16.2.4 Embrayage multidisques

Les embrayages multidisques sont constitués de plusieurs disques d'embrayage fonctionnant p. ex. dans un bain d'huile (embrayage humide). Ils sont utilisés notamment sur les motos et dans les boîtes de vitesses automatiques.

Conception (ill. 1)

Plusieurs disques d'embrayage (lamelles) sont positionnés les uns derrière les autres de façon alternée comme disques entraîneurs avec cannelures extérieures (disques de friction) et disques entraînés avec cannelures intérieures (disques d'acier). En général, ils travaillent dans un bain d'huile.

Les disques avec cannelures extérieures se placent dans les rainures de la cage, les disques avec cannelures intérieures sont reliés aux cannelures du moyeu. Le plateau de pression comportant plusieurs ressorts de pression est relié par le moyeu à l'arbre de transmission.

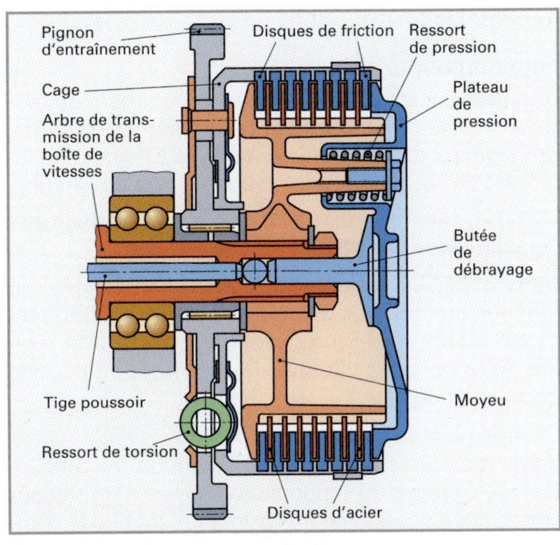

Illustration 1: Embrayage multidisques

Embrayé. Les ressorts pressent le plateau de pression, les disques de friction à cannelures extérieures et les disques d'acier à cannelures intérieures.
Les disques à cannelures extérieures entraînent par friction les disques d'acier à cannelures intérieures. Ainsi la cage et le moyeu d'embrayage sont reliés par adhérence.

Flux de force. Le couple moteur est transmis sur l'arbre par la cage, les disques à cannelures extérieures, les disques d'acier à cannelures intérieures, le plateau de pression et le moyeu.

Débrayé. Par la tige poussoir et la butée de débrayage, le mécanisme de commande appuie contre le plateau de pression et s'oppose à la force des ressorts. Celui-ci est écarté des disques d'embrayage. Le flux de force est interrompu.

16.2.5 Embrayage électromagnétique

Les embrayages électromagnétiques à poudre sont utilisés comme embrayages de démarrage (p. ex. boîte à variation continue CVT) dans les voitures de faible puissance à boîtes automatiques à action progressive.

Conception (ill. 2)

Un électroaimant, connecté au circuit électrique, se trouve dans le disque d'embrayage.

Une fine poudre de fer se trouve entre le carter entraîneur (rotor extérieur) et les rainures à la périphérie du rotor intérieur.

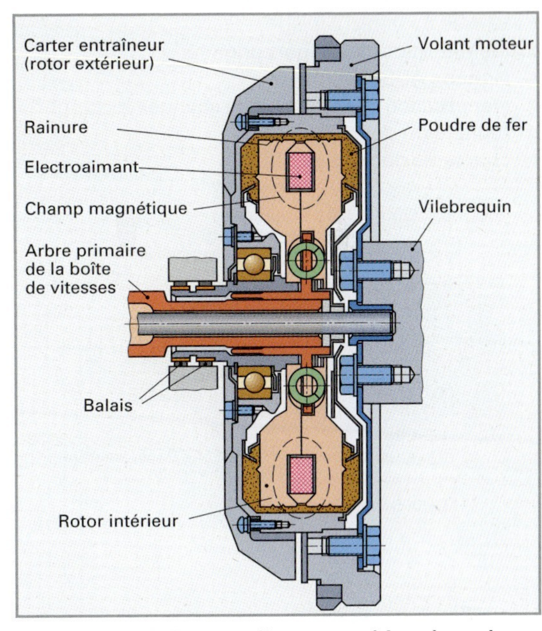

Illustration 2: Embrayage électromagnétique à poudre

Fonctionnement

Afin d'établir une adhérence entre le rotor intérieur et le rotor extérieur, un courant électrique est amené à l'électroaimant. La valeur du courant est réglée électroniquement par une unité de commande, en fonction du régime du moteur, de la vitesse du véhicule et de la position de la pédale d'accélérateur.

Le couple transmis par l'embrayage électromagnétique à poudre dépend de l'intensité du champ életromagnétique entre le rotor intérieur et le carter d'entraînement (rotor extérieur). L'intensité du courant est déterminée par la valeur du courant.

Flux de force. Il passe du volant moteur au carter entraîneur et par la poudre de fer au rotor intérieur et à l'arbre d'entrée de la boîte de vitesses.

16.2.6 Commande d'embrayage automatisée

Il s'agit d'un système de commande automatique dans lequel le débrayage et l'embrayage sont réalisés par un boîtier électronique grâce à des signaux provenant de capteurs.

Le conducteur ne devant pas embrayer ou débrayer, la pédale de débrayage n'est plus nécessaire.

Les signaux de capteurs qui influencent le procédé de commande sont:

- contacteur d'allumage;
- position de la pédale d'accélérateur;
- régime du moteur;
- vitesse du véhicule;
- identification du rapport engagé;
- signaux ABS/ASR;
- identification de l'intention de changer les rapports;
- rapidité du débrayage;
- course de débrayage.

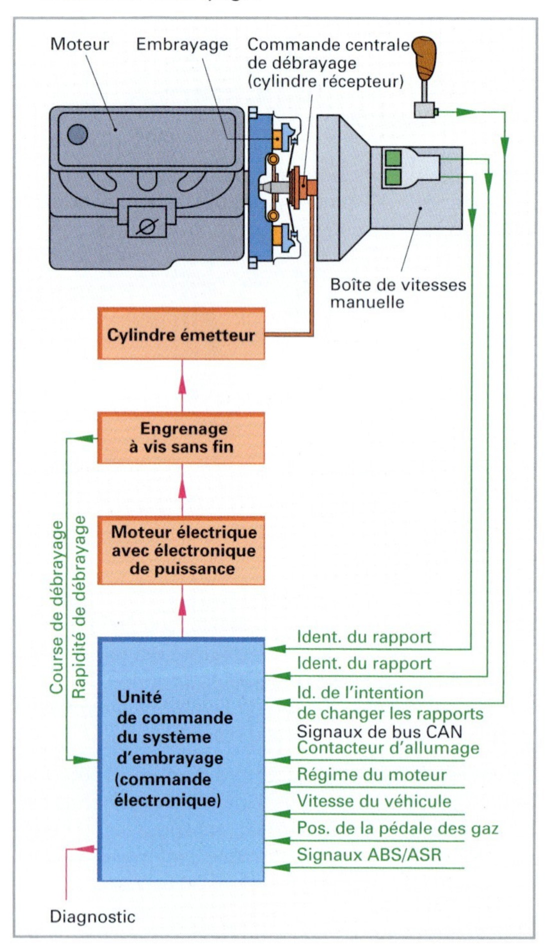

Illustration 1: Schéma bloc du système automatique d'embrayage

Conception (ill. 1)

Composants du système d'embrayage

- **Embrayage:** monodisque autoréglant avec commande centrale de débrayage hydraulique.
- **Capteurs** pour l'identification de l'intention de changer les rapports, l'identification des régimes, la course et la rapidité du débrayage.
- **Unité de commande du système de débrayage**
- **Actuateurs (organes de réglage)**
  - Moteur électrique et engrenage à vis sans fin.
  - Cylindre émetteur, cylindre récepteur, butée hydraulique centrale de débrayage.

Identification de l'intention de changer les rapports. Elle est donnée par un capteur (potentiomètre rotatif) placé sur le levier de changement de vitesses.

Identification des rapports. Elle est saisie par deux capteurs d'angle de rotation qui repèrent la position de la timonerie de changement de rapport dans la boîte de vitesses. L'unité de commande de l'embrayage reçoit aussi, par le bus CAN, des signaux venant du boîtier de gestion du moteur et de l'appareil de commande ABS/ASR.

Fonctionnement

Afin de saisir chaque état de fonctionnement du système, l'unité de commande reçoit, par les capteurs, des signaux d'entrée qui sont traités à l'aide d'un logiciel d'embrayage qui les transmet aux actuateurs.

L'embrayage s'ouvre ou se ferme conformément aux signaux reçus par les actuateurs.

Démarrage. La centrale de commande calcule, en fonction des signaux d'entrées reçus (p. ex. fréquence de rotation des roues, régime du moteur et régime de la boîte de vitesses), la progression parfaite pour le démarrage.

Changement de rapport. Le capteur du levier de changement de vitesses transmet l'intention du conducteur de changer de rapport. Au moyen d'un moteur électrique à engrenage à vis sans fin, l'unité de commande met en mouvement le piston du cylindre émetteur qui produit la pression hydraulique. Par l'intermédiaire du cylindre récepteur, cette pression commande la butée et débraye. Après le changement de rapport, les capteurs d'identification indiquent quel est le rapport engagé.

Ensuite, la centrale de commande envoie un signal au moteur électrique à engrenage à vis sans fin qui provoque la fermeture de l'embrayage.

La pédale d'accélérateur ne doit pas nécessairement être lâchée lors du changement de rapport. Le débit d'injection est réduit automatiquement et ensuite rétabli.

Conduite normale. Pour amortir les vibrations de torsion, la centrale de commande détermine, à partir des signaux de régime du moteur et de régime d'entrée de la boîte de vitesses, la différence des régimes et, si nécessaire, commande un ajustage contrôlé du glissement.

Transfert de charge. Lorsque la pédale d'accélérateur est actionnée brusquement, l'oscillation croissante du véhicule (effet "Bonanza") est limitée car l'embrayage s'ouvre pour un bref instant. Il est ainsi possible d'accélérer sans à-coups.

Descente des rapports sur route glissante. Le signal des roues motrices bloquées est traité par la centrale de commande de telle sorte que l'embrayage s'ouvre au début du blocage et libère les roues.

Caractéristiques

- Aucune pédale d'embrayage.
- Meilleur comportement à l'usure des garnitures d'embrayage et de la butée de débrayage.
- Le moteur ne cale pas au démarrage et au freinage.
- Les vibrations de torsion du moteur sont amorties par un glissement de l'embrayage.
- Pas de réaction perturbante au transfert de charge.

Exemples pour des systèmes d'embrayage électroniques:

- EKS système d'embrayage électronique;
- EKM gestion électronique d'embrayage;
- AKS système d'embrayage automatique.

16.2.7 Essais de fonctionnement des embrayages

Avant de procéder aux essais de fonctionnement, il est recommandé de débrayer plusieurs fois lors d'un parcours afin d'amener l'embrayage à sa température de travail. En raison du danger de surchauffe, l'embrayage ne doit pas être échauffé par glissement à l'arrêt.

Essai de glissement lors du démarrage

1. Engager le 1er rapport, véhicule à l'arrêt.
2. Augmenter le régime du moteur au double du régime de ralenti.
3. Embrayer rapidement et, en même temps, accélérer à fond.

Le véhicule doit accélérer doucement et sans à-coups. Si ce n'est pas le cas, l'embrayage glisse.

Essai de glissement avec frein à main serré

1. Appuyer sur la pédale d'embrayage et engager le plus grand rapport.
2. Augmenter le régime du moteur jusqu'au maximum du couple.
3. Embrayer rapidement et, en même temps, accélérer à fond.

Le moteur doit caler. Si l'embrayage glisse ou que le régime augmente, l'embrayage n'est plus à même de transmettre le couple.

Essai du comportement de découplage

1. Enfoncer à fond la pédale d'embrayage.
2. Attendre environ 3 à 4 secondes.
3. Engager un rapport, écouter les bruits éventuels.

On ne doit entendre aucun bruit. Dans le cas contraire, le découplage n'est pas en ordre.

ou

1. Soulever l'essieu moteur.
2. Débrayer et engager une vitesse.

Les roues motrices ne doivent pas tourner.

Questions de révision

1 **Quelles sont les fonctions de l'embrayage?**

2 **Pourquoi faut-il interrompre le flux de force sur les véhicules avec boîte de vitesses manuelle?**

3 **Quelles sont les trois parties principales d'un embrayage monodisque?**

e **Quels sont les organes que l'on remplace lors d'une révision?**

5 **Expliquez la conception d'une commande hydraulique.**

6 **Quelles sont les grandeurs dont dépend le couple transmissible d'un embrayage à diaphragme?**

7 **Expliquez le fonctionnement d'un embrayage à diaphragme lors du débrayage.**

8 **Qu'entend-on par jeu de ventilation d'un embrayage?**

9 **Quels sont les avantages de l'embrayage à diaphragme par rapport à l'embrayage à ressorts hélicoïdaux?**

10 **Quels sont les avantages de l'embrayage bidisques par rapport à l'embrayage monodisque en ce qui concerne la transmission du couple?**

11 **Expliquez la conception d'un disque d'embrayage.**

12 **A quelles exigences les garnitures d'embrayage doivent-elles satisfaire?**

13 **De quoi sont composées les garnitures d'embrayage?**

14 **Quelles sont les différentes sortes de butées d'embrayage?**

15 **Quels sont les avantages de la commande hydraulique d'embrayage?**

16 **Comment fonctionne la transmission du couple dans un embrayage électromagnétique à poudre?**

17 **Quels essais effectue-t-on pour vérifier les embrayages des véhicule de tourisme?**

18 **Quelles sont les caractéristiques d'un système d'embrayage à commande automatisée?**

16.3 Boîte de vitesses

Dans la chaîne cinématique, la boîte de vitesses est placée entre l'embrayage et l'essieu moteur, elle convertit le couple et le régime du moteur.

Fonctions

- Modifier et transmettre le couple du moteur.
- Transformer le régime du moteur.
- Permettre au moteur de tourner quand le véhicule est à l'arrêt.
- Permettre d'effectuer la marche arrière par inversion du sens de rotation.

Chaque moteur à combustion a une fréquence de rotation de fonctionnement minimale et maximale. La plage d'utilisation favorable est comprise entre ces deux limites. La boîte de vitesses, par ses différents rapports, permet au moteur de travailler dans ces limites **(ill. 1)**.

La plage de régime comprise entre le couple moteur maximal et la puissance maximale du moteur est appelée **zone élastique**.

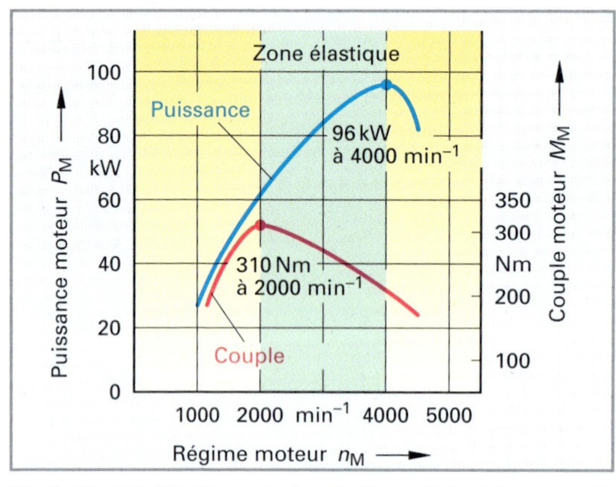

Illustration 1: Courbes représentatives de la puissance et du couple d'un moteur à combustion

Lors de l'entraînement du véhicule, afin de pouvoir exploiter au mieux le couple et le régime du moteur, il faut les convertir.

Le régime d'entraînement et le couple souhaités sont obtenus par les divers niveaux de conversion qui ont lieu dans la boîte de vitesses puis ils sont transmis aux roues motrices par l'intermédiaire d'un pont.

Transformation du couple et du régime

Elle a lieu dans la boîte de vitesses au moyen de pignons **(ill. 2)**.

Dans une paire de roues dentées, c'est sur le plus grand pignon (plus grand bras de levier, plus de dents) que le couple est le plus grand et la fréquence de rotation la plus petite.

Le rapport de levier r_2/r_1 correspond au rapport entre le nombre de dents z_2 de la roue menée et celui de la roue menante z_1, respectivement au rapport entre le régime de rotation menant n_1 et mené n_2.

On l'appelle **rapport de transmission *i*** et il exprime le degré de transmission du couple et du régime.

Si le **rapport de transmission *i* > 1,** le couple augmente et la fréquence de rotation diminue; si le **rapport de transmission *i* < 1,** le couple diminue et la fréquence de rotation augmente.

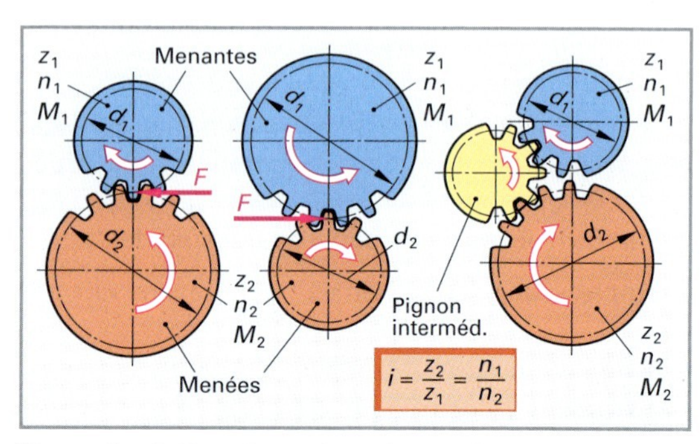

Illustration 2: Transformations du couple et du régime

Courbes caractéristiques d'une boîte de vitesses (ill. 3)

A la sortie de la boîtes, les divers rapports de transmission permettent d'obtenir différents couples et différents régimes. Les courbes caractéristiques de la boîte de vitesses sont établies sur ces bases.

Les courbes sont calculées à partir des valeurs des courbes caractéristiques du couple moteur et du couple d'entraînement.

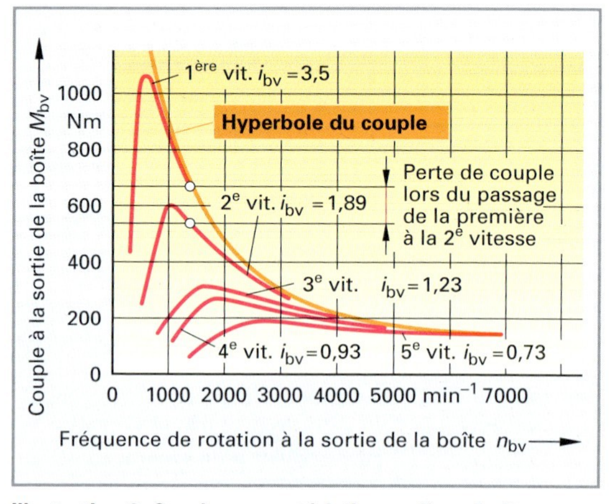

Illustration 3: Courbes caractéristiques d'une boîte de vitesses

Hyperbole du couple (ill. 3). Les couples d'entraînement nécessaires à déplacer le véhicule sont combinés au régime de sortie de la boîte de vitesses.

Pour mettre un véhicule en mouvement, un couple d'entraînement important est nécessaire, ce qui est possible en engageant la 1ère vitesse.
Afin de réduire au maximum la perte de traction, au moment du passage des rapports, les courbes caractéristiques de l'hyperbole représentant les efforts de traction doivent se rejoindre. Il s'agit d'un critère de qualité de la boîte de vitesses.

Hyperbole de force de traction. En mettant la force de traction en rapport avec la vitesse de déplacement, on obtient une hyperbole de la force de traction du véhicule.

Point mort

Dans cette position, la boîte de vitesses ne transmet aucun flux de force.

Marche arrière

Selon les spécifications de la législation sur la circulation routière, les véhicules d'un poids supérieur à 400 kg doivent être équipés d'un dispositif de marche arrière.

Celle-ci est rendue possible par un pignon intermédiaire.

16.4 Boîtes de vitesses manuelles

On distingue les boîtes de vitesses...

... d'après le flux de force interne **(ill. 1)**:

- boîte avec arbre d'entrée et de sortie sur le même axe;
- boîte avec arbre d'entrée et de sortie sur deux lignes d'axe;

... d'après leur disposition dans le véhicule :

- longitudinale (= même axe);
- transversale (= sur deux lignes d'axes);

... d'après les composants qui établissent la liaison rigide des pignons "fous " avec leur arbre:

- boîte à manchons baladeurs;
- boîte à crabot.

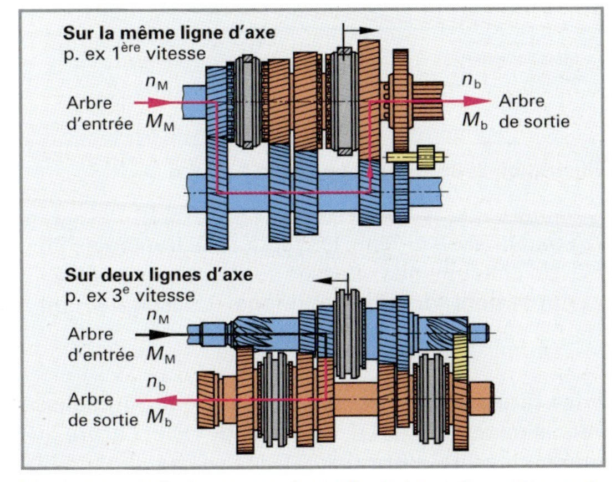

Illustration 1: Boîte avec arbres d'entrée et de sortie sur la même ligne d'axe et sur deux lignes d'axe

16.4.1 Boîtes à manchons baladeurs

Le flux de force entre le pignon à engager (pignon fou) et l'arbre de la boîte de vitesses est réalisé par un baladeur coulissant solidaire de l'arbre et portant un système de synchronisation **(ill. 2)**.

Toutes les paires de roues dentées pour les rapports de marche avant sont engrenées en permanence. Ceci n'est possible que lorsque, sur chaque paire de pignons hors service, un pignon (pignon fou) peut tourner librement sur son arbre.

Procédure d'engagement. A chaque changement de rapport, un manchon baladeur vient coulisser de manière à solidariser le pignon fou sur son arbre. Ce sont les crabots intérieurs du baladeur qui crabotent sur ceux du pignon à engager.

Boîtes à deux lignes d'axe

Avec ces boîtes, les transmissions s'effectuent sur chaque paire de pignons.

Elles équipent des véhicules avec moteur monté transversalement au sens de marche.

L'arbre primaire et l'arbre secondaire sont sur deux lignes d'axe différentes **(ill. 2)**. L'arbre secondaire est désigné comme étant l'arbre de sortie.

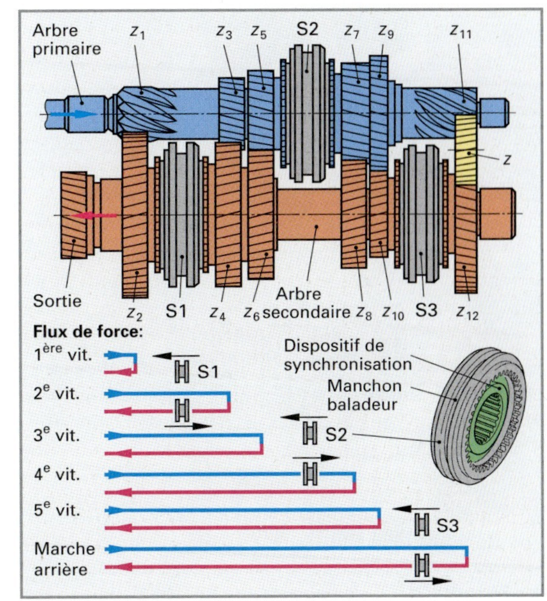

Illustration 2: Boîte à 5 rapports à deux lignes d'axe

Exemple (3ème rapport engagé): le baladeur S2 coulisse vers la gauche en direction des crabots du pignon z_5.

Flux de force 3ème rapport: arbre primaire → dispositif de synchronisation → baladeur S2 → crabots de z_5 → pignon z_5 → pignon z_6 → arbre secondaire.

Boîtes à six rapports et trois arbres

L'arbre d'entrée et l'abre de sortie sont situés sur deux lignes d'axe différentes. Ces boîtes sont utilisées sur les véhicules à traction et tout-terrain.

Conception (ill. 1):

- 1 arbre primaire **Ap** avec 5 pignons fixes;
- 2 arbres secondaires **As1** et **As2** avec pignons fous et 2 pignons de sortie z_{as1}, z_{as2}, agissant sur un même engrenage;
- 4 baladeurs S1 à S4, 2 par arbre secondaire.

Pignons fixes: z_1, z_3, z_5, z_7, z_9 situés sur l'arbre primaire Ap.

Pignons fous: z_2, z_4, z_6, z_8 pour les rapports 1 à 4 situés sur l'arbre secondaire As1.

Les pignons fous z_{10}, z_{12}, z_{16} pour le 5ème et 6ème rapport et la marche arrière se trouvent sur l'arbre secondaire As2 .

Baladeurs: S1, S2, S3 et S4 pour les rapports de marche avant établissent la liaison avec les pignons fixes des arbres secondaires **As1** et **As2**.

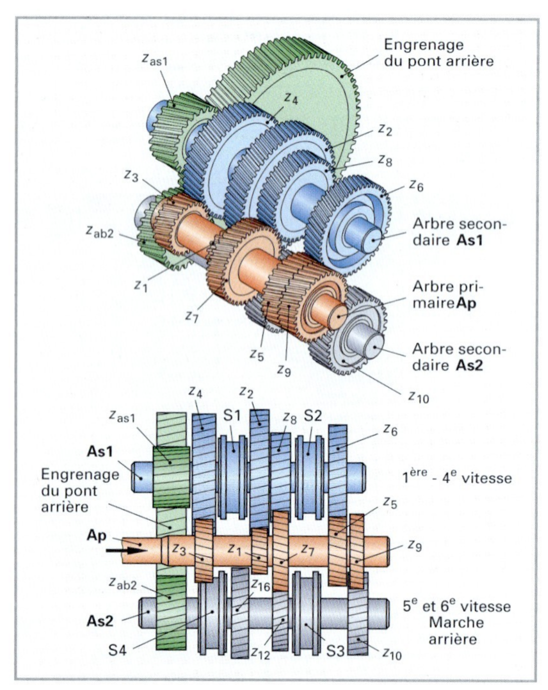

Illustration 1: Boîte à 6 rapports pour montage transversal

Flux de force:

1ère vit.: **Ap** → z_1 → z_2 → S1 → **As1** → z_{as1}
2ème vit.: **Ap** → z_3 → z_4 → S1 → **As1** → z_{as1}
3ème vit.: **Ap** → z_5 → z_6 → S2 → **As1** → z_{as1}
4ème vit.: **Ap** → z_7 → z_8 → S2 → **As1** → z_{as1}
5ème vit.: **Ap** → z_9 → z_{10} → S3 → **As2** → z_{as2}
6ème vit.: **Ap** → z_7 → z_{12} → S3 → **As2** → z_{as2}

Boîtes à trois arbres

Dans ces boîtes, l'arbre primaire et l'arbre secondaire sont situés sur le même axe **(ill. 2)**.

Elles sont installées dans les véhicules à propulsion avec moteur avant et sont également désignées par le terme de "boîtes à trois arbres" (arbre primaire, arbre intermédiaire et arbre secondaire).

Arbre primaire. Il est relié au disque d'embrayage et entraîne l'arbre intermédiaire par le pignon z_1.

Arbre intermédiaire. Il forme, avec les pignons z_2, z_3, z_5, z_7, z_9 et z_{11} un groupe de roues dentées.

Arbre secondaire (arbre de sortie). Les pignons fous z_4, z_6, z_8, z_{10}, z_{12}.se trouvent sur cet arbre.

Pour passer les rapports, les baladeurs S1, S2 et S3 coulissent à gauche ou à droite, reliant ainsi par crabotage un pignon fixe avec un pignon fou de l'arbre secondaire.

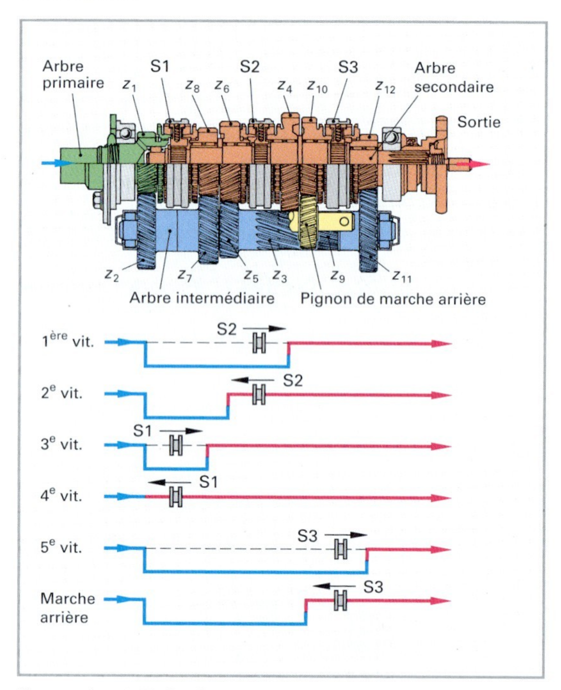

Illustration 2: Boîte à 5 rapports et 3 arbres

A part la prise directe, les rapport de transmission i_b de chacune des vitesses sont obtenus par l'accouplement de deux pignons. L'accouplement z_1 / z_2 est toujours en fonction.

Prise directe (4ème vitesse): le baladeur S1 coulisse vers la gauche ce qui a pour effet de relier l'arbre primaire à l'arbre secondaire. Dans ce cas, il n'y a aucune modification du couple et de la fréquence de rotation.

16.4.2 Synchronisation des boîtes à baladeurs

Les dispositifs de synchronisation doivent générer une fonction synchrone du manchon baladeur avec le pignon à engager (pignon fou) et permettre un passage rapide et silencieux des rapports.

L'adaptation de deux régimes différents se fait par friction entre le cône de synchronisation et la bague.

C'est ce processus que l'on appelle synchronisation.

Conception

- Dispositifs de synchronisation simples (1 cône de friction) avec synchronisation interne ou externe
- Dispositifs de synchronisation multiples (2, resp. 3 cônes de friction).

Dispositif de synchronisation simple avec synchronisation interne (système Borg-Warner)

Conception

Le dispositif de synchronisation **(ill. 1)** est composé d'un baladeur, d'un porte-baladeur, de 3 doigts de pré-synchronisation, de 2 ressorts de pression, d'une bague de synchronisation et du pignon fou.

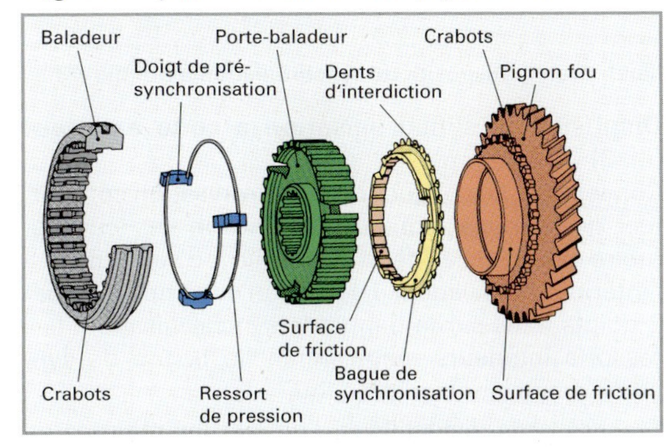

Illustration 1: Dispositif de synchronisation simple avec synchronisation interne (Borg-Warner)

Baladeur. Il est muni de crabots sur sa face interne, lesquels sont en prise avec les cannelures extérieures du porte-baladeur. Les 3 doigts de pré-synchronisation sont guidés par le porte-baladeur et maintenus par les 2 ressorts de pression contre les crabots du baladeur au niveau de la rainure centrale. Cela permet de maintenir le baladeur au centre du porte-baladeur.

Porte-baladeur. Il est solidaire de l'arbre qui porte le pignon fou (pignon à engager).

Bague de synchronisation. Elle comporte, dans son alésage, une surface conique de friction et, à l'extérieur, une couronne de dents de verrouillage.

Trois évidements dans la bague limitent ses mouvements par rapport aux doigts de pré-synchronisation.

Pignon fou. Il dispose d'une surface de friction conique extérieure, du côté de la bague de synchronisation, sur laquelle se trouvent les crabots.

Fonctionnement

Point mort (Ill. 2). Lorsqu'aucun rapport n'est engagé, le baladeur est maintenu centré sur le porte-baladeur par les doigts de pré-synchronisation et la rainure centrale.

Le pignon fou tourne librement sur son arbre.

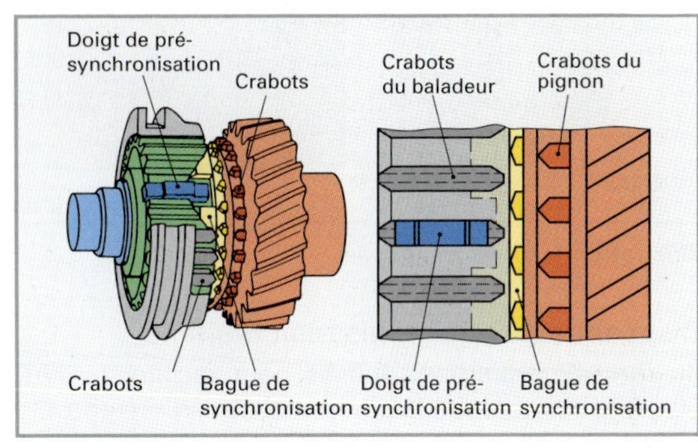

Illustration 2: Point mort

Interdiction (ill. 3). Lors du passage d'un rapport, le baladeur est entraîné par la fourchette en direction du pignon fou de la vitesse à engager.

Les 3 doigts de pré-synchronisation, entraînés par le baladeur, poussent la bague de synchronisation contre la surface de friction du pignon fou.

Tant que le baladeur et le pignon fou tournent à des fréquences de rotation différentes, il se produit un moment de friction qui décentre la bague de synchronisation grâce au jeu des doigts de pré-synchronisation. De ce fait, les dents chanfreinées de la bague de synchronisation se trouvent devant les crabots du baladeur et en interdisent le passage.

La friction entre les surfaces de la bague de synchronisation et le pignon fou accélère ou freine le pignon fou.

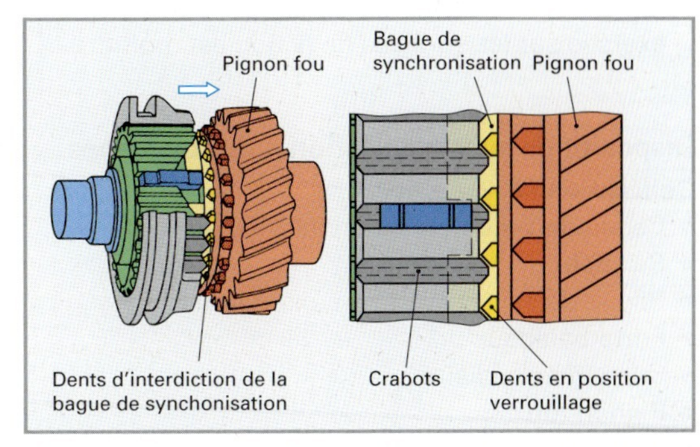

Illustration 3: Position de verrouillage et de synchronisation

Crabotage (ill. 1, p. 374). Lorsque la synchronisation entre le pignon fou et le baladeur est effective, la force de friction exercée sur la bague de synchronisation disparaît. La force exercée par les crabots coniques du baladeur recentre la bague de synchronisation, libérant ainsi le passage du baladeur sur les crabots du pignon fou.

La liaison entre l'arbre et le pignon fou est établie.

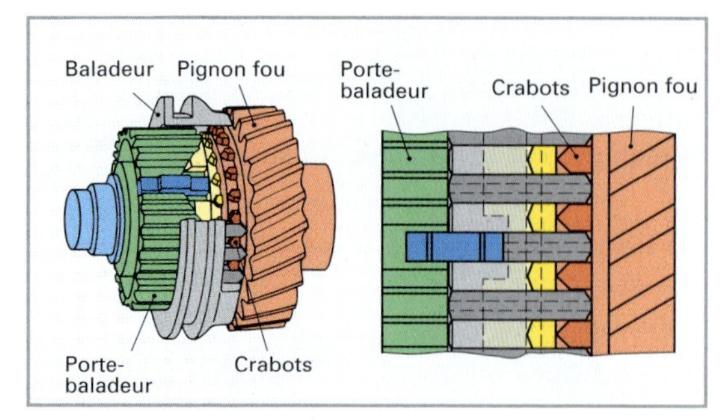

Illustration 1: Vitesse engagée

Dispositifs de synchronisation multiple

Ils sont généralement utilisés pour faciliter la synchronisation lorsque la différence de régime entre le baladeur est le pignon fou est importante. Lorsque l'on rétrograde, la puissance de friction nécessaire à la synchronisation est plus grande que lorsque l'on monte les rapports. Ce phénomène est d'autant plus important dans les petits rapports.

La plupart du temps, les boîtes de vitesses des véhicules de tourisme modernes à 6 rapports sont équipées d'une synchronisation à trois cônes pour le 1er et le 2ème rapport, d'une double synchronisation pour le 3ème et le 4ème rapport et d'une synchronisation simple pour le 5ème et le 6ème rapport ainsi que la marche arrière.

Avantages de la synchronisation multiple

- Force de friction supérieure avec une force de commande égale.
- Passage des rapports plus facile et plus rapide.
- Usure réduite des cônes de friction car la pression exercée sur les surfaces de fiction est moindre.

Dispositif de synchronisation à double cônes

Conception (ill. 2)

- Bague de synchronisation intérieure
- Baladeur
- Bague de synchronisation extérieure
- Porte-baladeur
- Cône intermédiaire
- Pignon fou

Le cône intermédiaire est fixé au pignon fou et la bague de synchronisation intérieure est fixée à la bague de synchronisation extérieure.

La double synchronisation comporte deux assemblages frottants (bague intérieure de synchronisation/cône intermédiaire et cône intermédiaire/bague de synchronisation extérieure). De ce fait, la surface totale de friction représente presque le double de celle d'une synchronisation simple.

Fonctionnement. Lors de la synchronisation, le baladeur de la bague de synchronisation extérieure coulisse vers le cône intermédiaire et celui-ci se déplace en direction de la bague de synchronisation intérieure.

La friction permet de décentrer les deux bagues de synchronisation de manière à ce que les dents d'interdiction de la bague de synchronisation extérieure empêchent tout déplacement du baladeur tant que la synchronisation n'est pas réalisée.

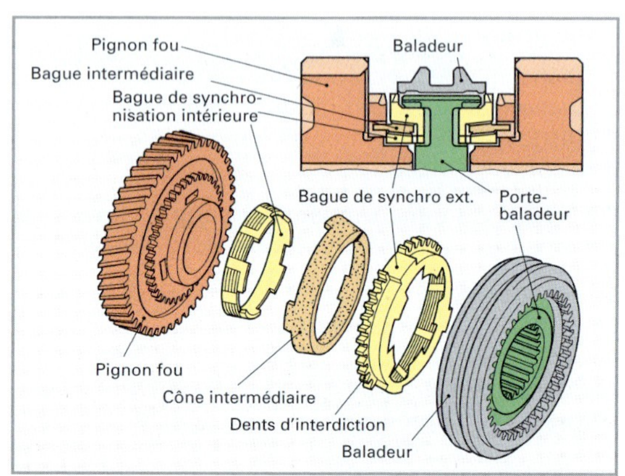

Illustration 2: Dispositif de synchronistion à double cônes

Dispositif de synchronisation à cône extérieur (ill. 3)

Conception. Les bagues de synchronisation comportent des surfaces coniques de friction sur leur diamètre extérieur, les dents d'interdiction se trouvant à l'intérieur du baladeur. La rotation est empêchée par 3 doigts fixés sur la bague de synchronisation. Les ressorts intérieurs maintiennent la bague de synchronisation sur le pignon fou.

Processus de verrouillage. Lorsque les régimes de rotation sont différents, la bague de synchronisation se décentre afin d'empêcher le baladeur de coulisser. Une fois la synchronisation obtenue, il n'y a plus de couple de friction et les dents peuvent être repoussées dans les rainures du crabot. Un baladeur peut alors craboter sur le pignon fou. Le plus grand rayon de friction permet un passage des rapports plus facile et plus rapide.

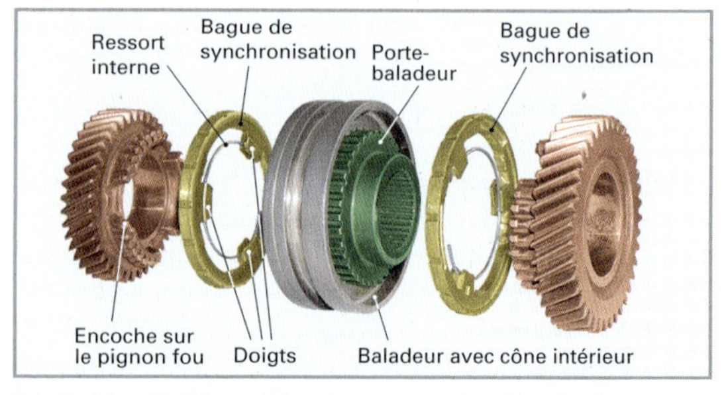

Illustration 3: Dispositifs de synchronisation à cône extérieur

16

16.4.3 Travaux de maintenance et recherche de défauts sur les boîtes de vitesses

Travaux de maintenance principaux

- Contrôler le niveau d'huile, en rajouter au besoin.
- Contrôler que le passage des vitesses soit aisé et fonctionne bien.
- Vidanger l'huile si prescrit, respecter les indications du constructeur.
- Contrôler l'étanchéité du carter de la boîte.

Procédure de localisation des pannes et des défauts

- Contrôles visuels, p. ex. de la suspension de la boîte et des renvois de commande des vitesses.
- Contrôles acoustiques, p. ex. des bruits d'engrenages et de roulements au ralenti et au transfert de charge.
- Contrôles de fonctionnement, p. ex. de la synchronisation du passage des rapports.

Recherche de défauts

Défaut, anomalie	Cause	Dépannage
Le passage des rapports croche	Renvoi de commande tordu Susp. de la boîte/du moteur déf. Mauvais réglage	Remplacer les pièces Corriger le réglage
La vitesse sort	Fourchette tordue Engrenage usé Verrouillage de pos. défectueux Suspension de la boîte ou du moteur endommagée	Remplacer la fourchette Remplacer l'engrenage Remplacer les suspensions
Mauvaise synchronisation de la boîte	Bague usée Huile non appropriée	Remplacer la bague Utiliser l'huile prescrite par le constructeur
La boîte fait du bruit en charge	Palier de boîte défectueux Pignons endommagés	Remplacer le palier Remplacer les pignons
Etanchéité du carter	Joints non étanches	Remplacer les pièces défectueuses

Questions de révision

1. **Quelles sont les fonctions d'une boîte de vitesses sur un véhicule?**
2. **Qu'entend-on par zone élastique d'un moteur à combustion?**
3. **Expliquez le rapport de transmission, p. ex. d'un assemblage de pignons.**
4. **Quelle est l'influence d'un rapport de transmission $i > 1$ sur la transformation du couple et de la fréquence de rotation d'une boîte de vitesses?**
5. **Quels sont les critères de différenciation entre les boîtes de vitesses avec arbre d'entrée et de sortie sur le même axe et sur deux lignes d'axe?**
6. **En 1ère, une boîte de vitesses affiche un rapport de transmission de i = 3,5 et, en 5ème, de i = 0,73. Quels seront le couple et le régime de sortie si le couple moteur est de 100 Nm et le régime moteur de 1000 1/min?**
7. **Selon quels critères distingue-t-on les boîtes de vitesses manuelles?**
8. **Quelle condition doit être remplie pour que plusieurs paires de roues dentées fonctionnent ensemble en permanence?**
9. **Comment le flux de force est-il transmis par le baladeur entre le pignon et l'arbre?**
10. **Par combien de paires de roues dentées le flux de force passe-t-il dans une boîte de vitesses avec arbre d'entrée et de sortie sur le même axe et sur deux lignes d'axe?**
11. **Quelles sont les conceptions des systèmes de synchronisation dans les boîtes à manchons baladeurs?**
12. **Quelles sont les pièces principales du système de synchronisation Borg-Warner?**
13. **Expliquez la synchronisation et l'interdiction de passage du système Borg-Warner.**
14. **Quels sont les avantages de la synchronisation multiple par rapport à la synchronisation simple?**
15. **Expliquez la conception d'un dispositif de synchronisation à double cône.**
16. **Avec quel rapport utilise-t-on la synchronisation simple, à double cône et à triple cône?**
17. **Quels travaux de maintenance doit-on effectuer sur les boîtes de vitesses?**
18. **Comment peut-on identifier les défauts sur les boîtes de vitesses?**
19. **Quelle peut être la cause d'une vitesse qui sort?**
20. **Une boîte de vitesses synchronise mal. Indiquez les causes possibles de ce défaut.**

16.5 Boîtes de vitesses automatiques

On différencie les boîtes semi-automatiques des boîtes entièrement automatiques:

Boîtes semi-automatiques

- Le flux de force est interrompu automatiquement par le débrayage et rétabli par l'embrayage (p. ex. système d'embrayage à commande automatisée).
- Le changement de vitesses permettant de modifier la transmission et le sens de rotation est effectué à la main par actionnement du levier de vitesses.

Boîtes entièrement automatiques

- Le flux de force est automatiquement interrompu ou enclenché en fonction des besoins.
- La sélection des rapports se fait d'elle-même. Elle est commandée de manière électrohydraulique ou électropneumatique.

Boîte automatique

Boîte de vitesses automatisée	Convertisseur automatique	Boîte CVT à variation continue
avec • embrayage à diaphragme • réducteur à roues dentées cylindriques La variation des rapports de transmission a lieu par paliers.	avec • convertisseur de couple hydrodynamique • engrenage planétaire La variation des rapports de transmission a lieu par paliers.	avec • poulie conique primaire et secondaire • ruban baladeur en acier ou chaîne articulée La variation du rapport de transmission a lieu en continu.
P. ex. boîte de vitesses automatisée DSG, Easytronic, boîte à changements de vitesses robotisés.	P. ex. boîte de vitesses automatique à 5, 6, 7 rapports.	P. ex. Ecotronic, Multitronic. (CVT = Continously Variable Transmission = variations des rapports de transmission en continu).

16.5.1 Boîtes de vitesses automatisées

Les boîtes de vitesses automatisées sont des boîtes de vitesses conventionnelles à 5 ou 6 rapports dont les changements de vitesses sont automatisés.

Boîte de vitesses automatisée ASG

Dans la boîte de vitesses automatisée représentée dans l'**ill. 1,** l'actionnement de l'embrayage et le passage des rapports est électrohydraulique.

Le passage des vitesses peut également être effectué manuellement, p. ex. au moyen de la palette de commande positionnée sur le volant ou du levier de sélection avec fonction Tiptronic.

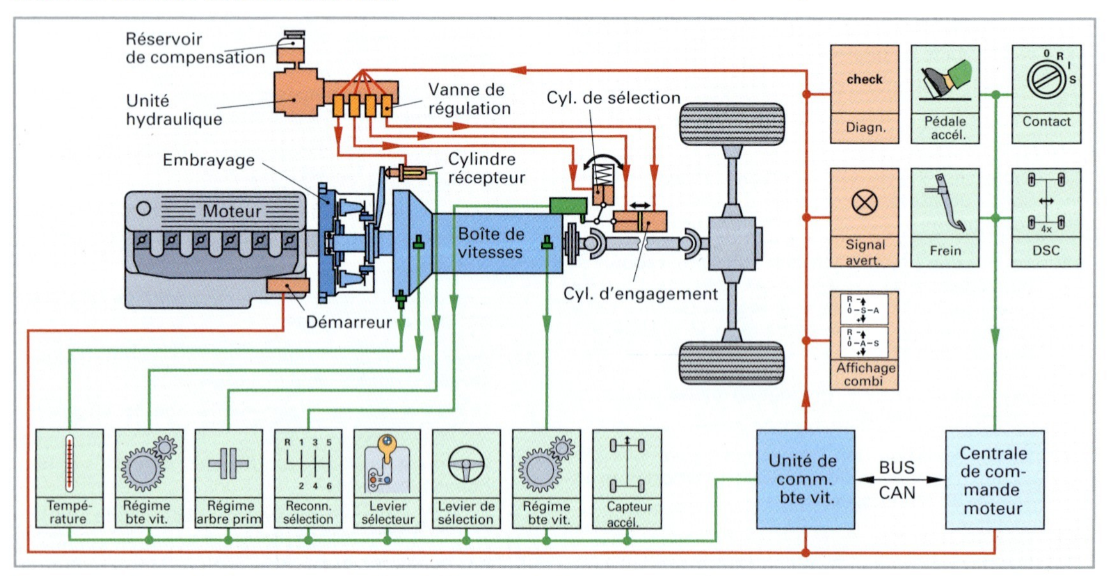

Illustration 1: Boîte de vitesses automatisée ASG avec unité hydraulique

Les valeurs principales de commande pour le passage automatique des rapports sont: la vitesse du véhicule, la position du levier de sélection, le programme de conduite choisi et la position de la pédale de l'accélérateur. Le changement de rapport peut également être effectué manuellement au moyen du levier Tiptronic ou de la palette de commande du volant.

Des capteurs de régime du moteur, du régime d'entrée de la boîte de vitesses et de la course d'embrayage permettent d'embrayer et de débrayer avec un glissement optimal.

Un capteur d'accélération sert à identifier les montées et les descentes ainsi qu'à enregistrer les accélérations et les décélérations.

Le passage des vitesses se fait au moyen d'un cylindre de sélection et d'un cylindre d'engagement dont les positions sont mesurées par un capteur. Le point de commutation est aussi influencé par la température de l'huile de la boîte de vitesses, mesurée par un capteur.

Commande du système. L'unité de commande ASG traite les signaux d'entrées des capteurs grâce au logiciel de gestion du groupe boîte de vitesses/embrayage. Pour le cylindre récepteur d'embrayage, le cylindre de sélection et le cylindre d'engagement, les signaux de sorties sont calculés en fonction de cartographies spécifiques.

L'opération se déroule en trois phases:

- Débrayage
- Passage du rapport
- Embrayage

Afin d'assurer un confort et un temps de passage des rapports optimaux, les trois phases peuvent varier selon la situation de la conduite.

Des capteurs, placés p. ex. sur la pédale de frein et sur les contacts des portières, assurent une sécurité supplémentaire.

La commutation a lieu séquentiellement, c'est-à-dire qu'il n'est possible de passer directement qu'au rapport inférieur ou supérieur, c'est pourquoi on appelle ces boîtes à vitesses des boîtes à commande séquentielle.

Embrayage et actuateur d'embrayage. On utilise un embrayage autoréglant. L'actuateur est composé du cylindre récepteur avec capteur de course.

Boîte de vitesses et actuateurs. On utilise p. ex. une boîte de vitesses mécanique à 6 rapports à laquelle sont ajoutés un cylindre de sélection et un cylindre d'engagement (système add-on). Ceux-ci sont actionnés hydrauliquement et pilotent les mouvements de la tige de transmission et de la fourchette de commande.

Unité hydraulique. La pression de service est générée par la pompe à huile. Des soupapes, actionnées électrohydrauliquement et gérées par l'unité de commande en fonction de cartographies prédéfinies, pilotent la pression du cylindre de sélection, du cylindre d'engagement ainsi que celle du cylindre récepteur de l'embrayage.

Interconnexion du système. L'unité de commande ASG est connectée par bus CAN aux autres systèmes du véhicule, tels que la centrale de commande du moteur et les systèmes de régulation de la dynamique de conduite.

Boîte automatisée DSG

Cette boîte a toujours un arbre en prise, c'est une boîte de vitesses automatisée à 6 rapports et à double embrayage actionnée par des actuateurs électriques.

Cette boîte de vitesses peut fonctionner en mode automatique ou en mode manuel Tiptronic.

Conception

- Boîte de vitesses à 6 rapports.
- Double embrayage.
- Pompe à huile, radiateur d'huile, filtre à huile.
- Commande de boîte électrohydraulique.
- Capteurs de mesures des signaux d'entrées.
- Actuateurs électriques pour le pilotage des embrayages K1 et K2 et pour le passage des vitesses.

Construction (ill.1). La boîte de vitesses se compose de deux boîtes partielles. L'ordonnancement correspond à celui d'une boîte manuelle à 6 vitesses. Les rapports impairs (1ère/3ème/5ème) et la marche arrière sont reliés à l'arbre primaire 1 alors que les rapports pairs (2ème/4ème/6ème) sont reliés aux dents de l'arbre primaire 2 (creux). L'arbre primaire 1 est assigné à l'embrayage K1 et l'arbre primaire 2 à l'embrayage K2.

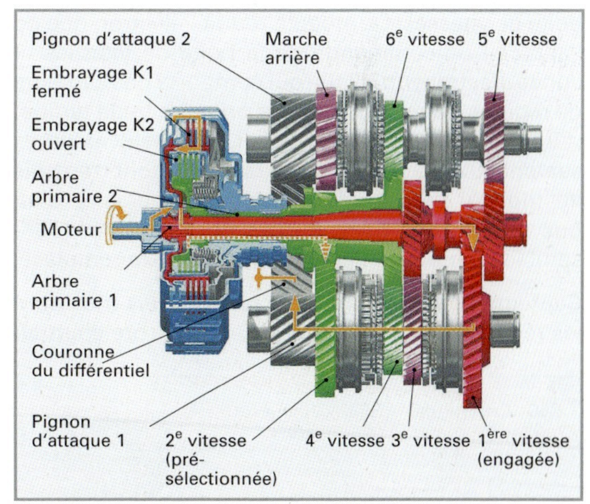

Illustration 1: Boite automatisée DSG (1ère vitesse engagée)

Commutation. Lors du changement de vitesses, deux rapports sont engagés, le rapport qui est actif et le rapport choisi suivant qui est déjà prêt mais inactif. Ce processus permet de changer rapidement de rapport sans aucune perte de force d'entraînement.

P. ex., lors du passage de la 1ère à la 2ème vitesse, l'embrayage K1 est fermé, la 2ème vitesse est aussi engagée mais l'embrayage K2 est ouvert (**ill. 1, p. 377**).

Dès que le système de commande de la boîte de vitesses reconnaît, sur la base des signaux d'entrées, le moment idéal pour changer de rapport, l'embrayage K1 gérant la 1ère vitesse s'ouvre et l'embrayage K2 gérant la 2ème se ferme avec un léger chevauchement.

Le processus ne dure que 3 à 4/100 de seconde. Le flux de force n'est pratiquement pas interrompu.

Durant le processus, le couple du moteur est réduit afin de rendre le changement de rapport plus confortable.

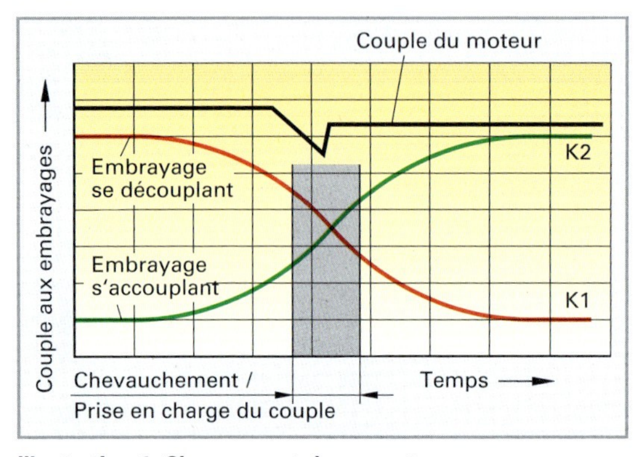

Illustration 1: Changement de rapport

Commande du système. L'unité centrale de commande du processus de changement des rapports est le module mécatronique (**ill. 2**) qui est intégré à la boîte de vitesses. Ce module réunit l'électronique de l'appareil de commande de la boîte de vitesses et l'unité électrohydraulique qui comporte des capteurs de régime, de rotation d'arbre primaire et de température ainsi que des actuateurs. Les signaux externes servant aux changements de rapports sont transmis au module mécatronique par l'intermédiaire d'un bus de données CAN. En cas de défaillance, l'ensemble du module mécatronique doit être remplacé.

Capteurs et actuateurs. Des capteurs Hall mesurent les régimes de l'arbre primaire et de l'arbre d'entraînement ainsi que des embrayages. Des bagues à impulsions comportant des aimants sont disposées sur les arbres (**ill. 2**).

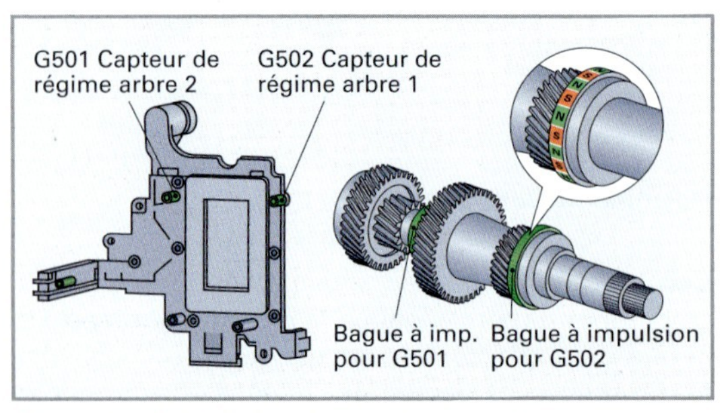

Illustration 2: Module mécatronique et arbre moteur

L'appareil de commande compare les signaux de régime des arbres primaires avec le signal de régime du moteur et calcule le glissement des embrayages K1 et K2. C'est sur la base de ce glissement que l'appareil de commande identifie l'état d'ouverture et de fermeture des embrayages.

Les capteurs de pression mesurent les pressions de travail des embrayages. Des régulateurs de pressions permettent de doser le travail des embrayages (**ill. 3**). Les capteurs de rotation de l'arbre primaire servent à surveiller les sélecteurs de vitesse des fourchettes de commande. Les capteurs de température surveillent la température de l'huile de la boîte de vitesses afin d'éviter toute surchauffe.

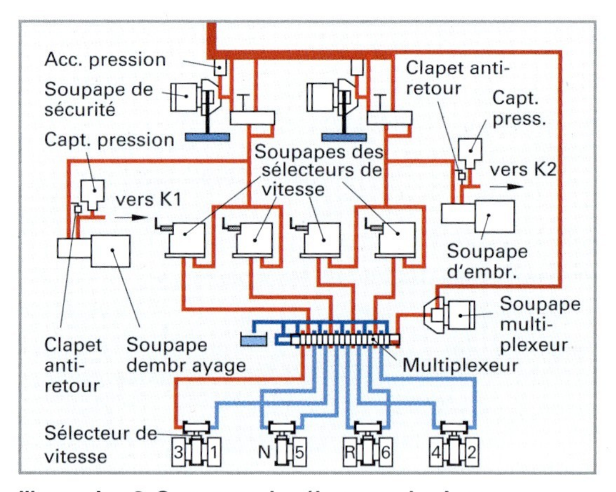

Illustration 3: Soupapes de sélecteurs de vitesse et sélecteurs de vitesse

Programme de secours. En cas de défaillance, une partie du système peut être désactivée par la soupape de sécurité. Si p. ex. le capteur de régime 502 tombe en panne (**ill. 2**), seule la 2ème vitesse peut alors être engagée.

Réglage Creep. Il permet de ne pas actionner la pédale d'accélérateur en cas de vitesse lente (p. ex. lors d'un parcage). Lorsque le 1er rapport ou la marche arrière est engagée, l'embrayage fonctionne selon une valeur prédéfinie.

Fonction Hillholder. Pour éviter que le véhicule à l'arrêt ne recule dans une pente lorsqu'un rapport est engagé, la pression de l'embrayage est automatiquement augmentée afin de maintenir le véhicule sur place. Au besoin, le couple du moteur est également augmenté.

Indication: lors du remorquage, la vitesse définie par le constructeur ne doit pas être dépassée.

Les bagues à impulsions ne doivent pas être entreposées à proximité d'aimants.

16.5.2 Boîtes de vitesses étagées entièrement automatiques avec convertisseur hydrodynamique

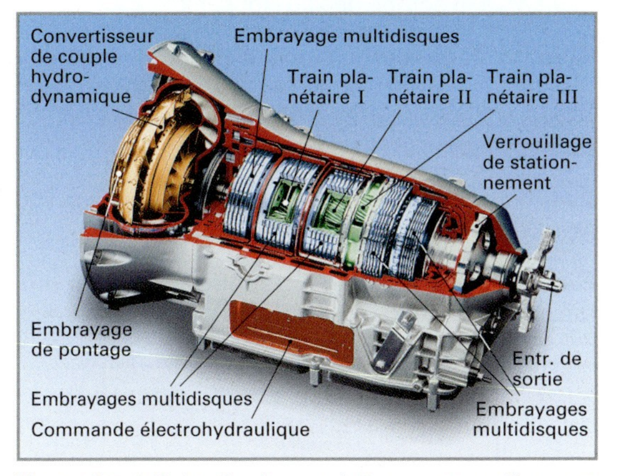

Illustration 1: Boîte de vitesses à 5 rapports entièrement automatique avec train planétaire Wilson

Composants

- **Convertisseur de couple hydrodynamique.** Il sert d'embrayage de démarrage et renforce le couple dans la plage des régimes de progression.
- **Engrenages planétaires.** Ils sont solidaires du convertisseur hydrodynamique. Ils transforment le couple et le régime, ils changent le sens de rotation pour la marche arrière.

Comme engrenage planétaire, on utilise des trains de type:

- Ravigneaux
- Simpson
- Wilson
- Lepelletier

On peut associer un train planétaire simple avant ou après un train de type Ravigneaux ou Simpson.

- **Commande électrohydraulique.** Elle commande, au moment opportun, la montée ou la descente automatique des différents rapports de la boîte.

Les valeurs de commande principales sont:

- **Position du sélecteur**
- **Vitesse du véhicule**
- **Charge du moteur** (position de la pédale d'accélérateur)

Les boîtes de vitesses automatiques modernes sont équipées d'une commande électronique (**EGS**) qui permet de changer les rapports automatiquement en fonction du style de conduite du conducteur et des conditions de conduite.

Convertisseur de couple hydrodynamique

Fonctions

- Convertir le couple moteur et le transmettre.
- Permettre un démarrage confortable et souple.
- Amortir les vibrations de torsion du moteur.

Conception

Le convertisseur de couple hydrodynamique **(ill. 2)** est composé:

- d'une pompe
- d'un stator à roue libre (réacteur)
- d'une turbine
- d'un embrayage de pontage

La pompe, la turbine ainsi que le stator ont la forme de roues à aubes incurvées et fonctionnent dans un carter fermé rempli d'huile.

La pompe est entraînée par le volant moteur en fonction du régime du moteur.

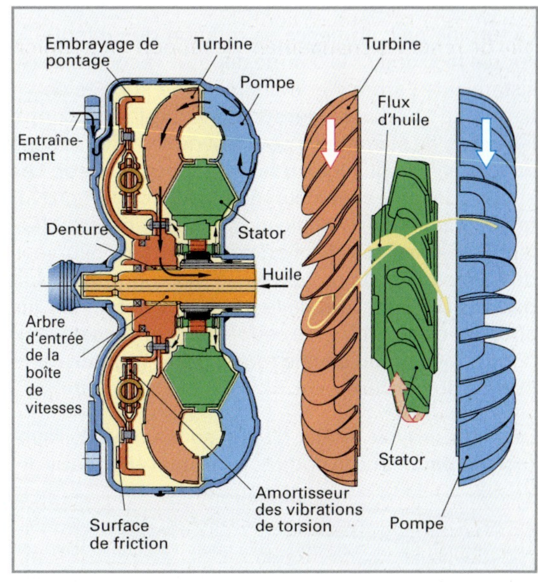

Illustration 2: Convertisseur de couple hydrodynamique

Circuit d'huile (ill 3)

Le moteur entraîne une pompe à huile fournissant une pression de 3 à 4 bar qui remplit le convertisseur. L'huile retourne au réservoir en passant par l'étranglement et le radiateur.

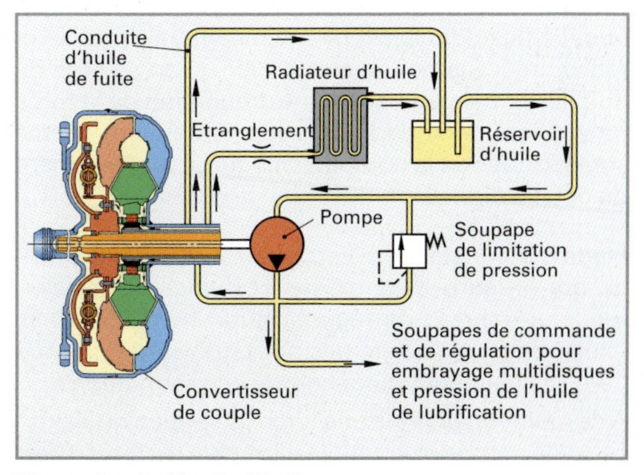

Illustration 3: Circuit d'huile

La pression du fluide à l'intérieur du convertisseur hydrodynamique empêche la formation de bulles de cavitation qui dégraderaient son efficacité.

Fonctionnement

Plage de conversion (ill. 1). Au démarrage, la pompe tourne au régime du moteur, la turbine et le stator sont immobiles.

L'huile afflue dans la turbine depuis la pompe qui lui transmet son énergie **(ill. 2, p. 379).**

La turbine ne commence sa rotation que lorsque le couple reçu depuis la pompe dépasse le couple de résistance de l'arbre d'entraînement de la boîte de vitesses. Le flux d'huile qui sort de la turbine rencontre les aubes du stator qui a pour but de modifier le sens du flux en s'appuyant sur la roue libre du stator. Les aubes du stator sont incurvées d'environ 90° provoquant ainsi une modification importante du flux d'huile. En faisant pression sur les aubes incurvées du réacteur, l'huile provoque un reflux qui se traduit par un accroissement de la force de rotation sur les aubages de la turbine. Le couple de la turbine devient donc supérieur au couple fourni par le moteur sur la pompe du convertisseur.

Le stator renvoie le flux d'huile sous un angle favorable aux aubes de la pompe, concluant ainsi ce cycle.

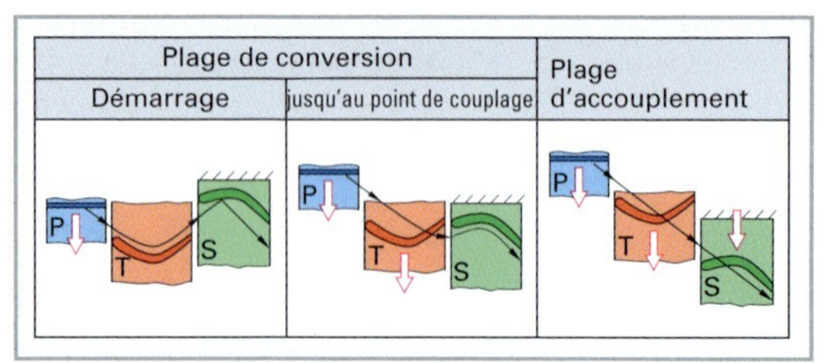

Illustration 1: Circulation du fluide

Plus le régime de la turbine augmente, plus la différence de régime entre la pompe et la turbine diminue. Le flux d'huile est de moins en moins dévié et rencontre les aubes du stator avec un angle plus réduit **(ill. 1).** Cela provoque une diminution de la force de soutien, donc de l'effort supplémentaire exercé sur les aubes de la pompe diminue. Le renforcement du couple diminue.

Plage d'accouplement. Lorsque la pompe et la turbine ont à peu près la même fréquence de rotation (pour un rapport de régime n_T/n_P env. 0,85 à 0,9), l'huile afflue à l'arrière des aubes du stator, la roue libre se libère et le stator commence sa rotation.

A ce moment, plus aucune force de soutien ne s'exerce sur la pompe et le couple n'est plus renforcé. C'est le **point de couplage.**

Courbes caractéristiques du convertisseur de couple hydrodynamique. L'**ill. 2** représente un diagramme des courbes caractéristiques d'un couple d'entraînement M_P à la pompe de 200 Nm p. ex.

La forme de la courbe du couple M_T à la turbine (= couple d'entraînement de la boîte de vitesses) permet de constater que c'est au démarrage que celui-ci est maximal.

Dans cet exemple, le couple à la turbine est de 500 Nm, pour un renforcement de $M_T/M_P = 2{,}5$.

Plus le régime de la turbine augmente, plus le renforcement M_T/M_P diminue.

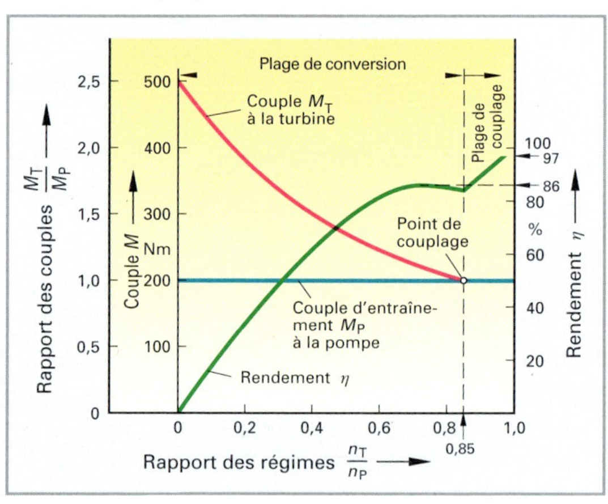

Illustration 2: Courbes caractéristiques d'un convertisseur hydrodynamique

Rendement. Le rendement du convertisseur hydrodynamique est d'environ 97 % à partir du point de couplage pour des régimes élevés. Un glissement d'environ 3 % doit être pris en compte.

Par glissement, on entend la différence de fréquence de rotation entre la pompe et la turbine.

Il est possible d'améliorer le rendement en supprimant les pertes par glissement avec un embrayage de pontage.

Caractéristiques du convertisseur hydrodynamique

- Pas d'usure mécanique.
- Démarrage souple et confortable.
- Le moteur ne cale pas au démarrage.
- Le renforcement du couple s'adapte automatiquement et en continu à toutes les situations.
- Au moment du démarrage, le renforcement du couple est maximal.
- Les à-coups et les vibrations de torsion du moteur sont amortis par l'huile hydraulique.
- Fonctionnement silencieux.

Embrayage de pontage du convertisseur

Il sert à éviter les pertes par glissement du convertisseur hydrodynamique au point de couplage afin d'économiser du carburant.

Lorsque le point de couplage du convertisseur est dépassé, l'embrayage de pontage est activé.

Conception (ill. 1)

Le support des disques extérieurs est relié à la pompe (carter de l'embrayage) et le support des disques intérieurs à la turbine. L'embrayage multidisques est actionné par la pression de l'huile contre le piston de pontage.

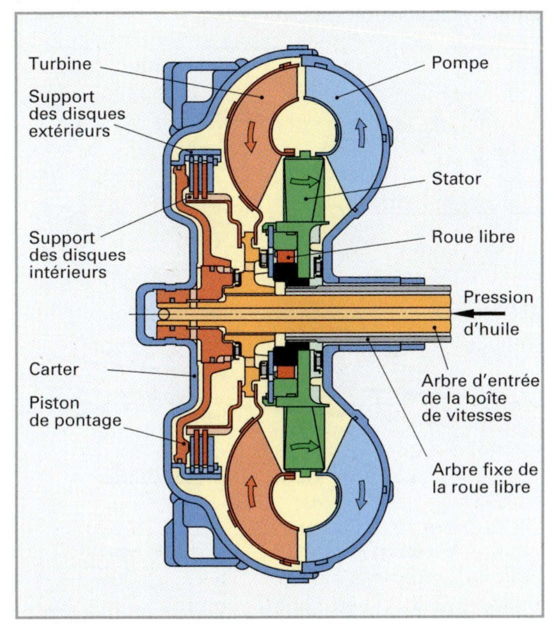

Illustration 1: Embrayage de pontage avec multidisques en position couplé

Fonctionnement

Embrayage en position ouverte. La pression de replissage du convertisseur agit du côté droit du piston de pontage qui, en se déplaçant, libère les disques de l'embrayage.

Embrayage en position fermée. L'huile de commande de l'embrayage de pontage arrive par le centre de l'arbre d'entrée de la boîte de vitesses. La pression agissant du côté gauche du piston de pontage comprime les disques, l'embrayage est fermé.

La pompe et la turbine sont reliées par adhérence.

L'embrayage de pontage du convertisseur est activé automatiquement (p. ex en 3ème, 4ème et 5ème), indépendamment de la charge du moteur et de la vitesse du véhicule.

La température de fonctionnement du moteur doit être atteinte pour pouvoir activer l'embrayage de pontage. Celui-ci est ouvert en accélération et lors du freinage.

Embrayage de pontage modulable

Cet embrayage dispose de trois états:

- Ouvert
- Glissant
- Fermé

Fonctionnement

L'embrayage de pontage modulable permet, à certains états de fonctionnement du moteur, d'obtenir un glissement limité entre la pompe et la turbine. La régulation du glissement se fait en fonction de la cartographie mémorisée dans la centrale de commande.

Ce glissement empêche la transmission des vibrations de torsion du moteur à la boîte de vitesses. Avec un tel système, l'amortisseur de torsion des disques d'embrayage devient inutile.

Le logiciel de gestion prend en compte les facteurs d'influence suivants:

- position de la pédale d'accélération;
- montée/descente;
- position du levier de commande;
- température du moteur;
- température de l'huile de la boîte de vitesses.

QUESTIONS DE RÉVISION

1. **Quelle est la conception d'une boîte de vitesses automatisée?**
2. **Quels sont les paramètres d'entrée qui permettent au boîtier électronique de gérer le passage des vitesses sur une boîte automatisée?**
3. **Quels sont les trois types de boîtes de vitesses automatiques?**
4. **Quels sont les trois constituants d'une boîte automatique avec convertisseur hydrodynamique?**
5. **Expliquez le fonctionnement d'une boîte Tiptronic à l'engagement d'un rapport.**
6. **Quelle est la fonction du convertisseur de couple hydrodynamique?**
7. **Quels sont les composants d'un convertisseur de couple hydrodynamique?**
8. **Expliquez l'augmentation du couple d'un convertisseur hydrodynamique au démarrage.**
9. **Qu'entend-on par point de couplage d'un convertisseur?**
10. **Pour quelle raison y a-t-il un renforcement du couple moteur dans un convertisseur hydrodynamique?**
11. **Quels sont les inconvénients d'un convertisseur de couple hydrodynamique?**
12. **Quelle est la fonction de l'embrayage de pontage?**
13. **Quels sont les facteurs d'influence pris en considération par le logiciel de commande de l'embrayage de pontage du convertisseur?**

Boîte à trains planétaires (trains épicycloïdaux)

Un train planétaire simple **(ill. 1)** se compose:

- d'un pignon planétaire
- de pignons satellites
- d'une couronne
- d'un porte-satellites

Les pignons satellites sont logés avec leur axe dans le porte-satellites s'engrenant avec la couronne et avec la denture externe du pignon planétaire.

Tous les pignons sont en prise permanente. Le pignon planétaire, la couronne ainsi que le porte-satellites peuvent être entraînés mais aussi bloqués. La sortie s'effectue soit par la couronne, soit par le porte-satellites.

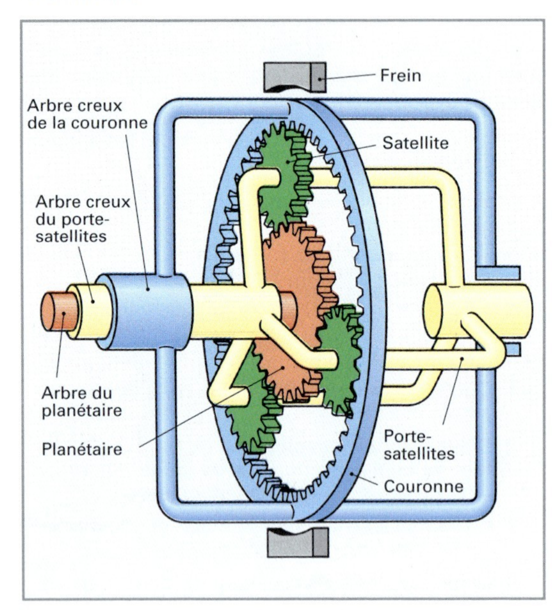

Illustration 1: Train planétaire simple

Fonctionnement

Les différents rapports sont obtenus par l'entraînement du pignon planétaire de la couronne ou du porte -satellites. Il est impératif qu'un des composants non entraînés soit bloqué. La force d'entraînement de sortie passe par l'élément qui n'est ni entraîné, ni bloqué.

Nombre de rapports. Le train planétaire représenté comprend quatre rapports possibles dont un dans le sens inverse.

Entraînement. Un élément du train planétaire est mis en rotation par un embrayage multidisques (accouplement moteur).

Frein. L'élément correspondant est relié au carter de la boîte par l'intermédiaire d'un embrayage multidisques (comme frein) ou d'une bande de frein.

Exemple d'une boîte planétaire à trois rapports

1er rapport (ill. 2). Le planétaire est menant et la couronne est bloquée. Les satellites, entraînés par le planétaire, tournent sur la denture interne de la couronne. Le porte-satellites, entraîné par les satellites, tourne dans le même sens que le planétaire entraîné par le moteur, mais avec une plus grande démultiplication.

2ème rapport (ill. 2). La couronne est menante et le planétaire est bloqué. Les pignons satellites tournent sur la denture du planétaire. Le porte-satellites (arbre de sortie) tourne dans le même sens que la couronne entraînée par le moteur.

La démultiplication est plus petite.

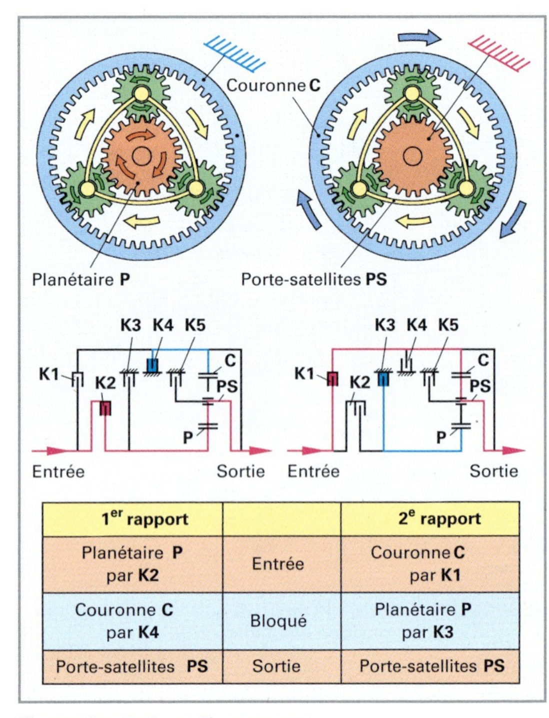

1er rapport		2e rapport
Planétaire **P** par **K2**	Entrée	Couronne **C** par **K1**
Couronne **C** par **K4**	Bloqué	Planétaire **P** par **K3**
Porte-satellites **PS**	Sortie	Porte-satellites **PS**

Illustration 2: 1er et 2ème rapport

3ème rapport (ill. 1, p. 383). L'entraînement simultané du planétaire et de la couronne provoque un blocage du train planétaire. Les satellites n'évoluent plus et agissent comme des entraîneurs. L'arbre de sortie tourne dans le même sens et au même régime que le moteur. Dans ce cas, le rapport agit comme une prise directe.

Marche arrière (ill. 1, p. 383). Le planétaire est menant, le porte-satellites est bloqué. Les satellites provoquent une inversion du sens de rotation de la couronne par rapport à l'entraînement moteur.

Il en résulte une grande démultiplication et une inversion.

16

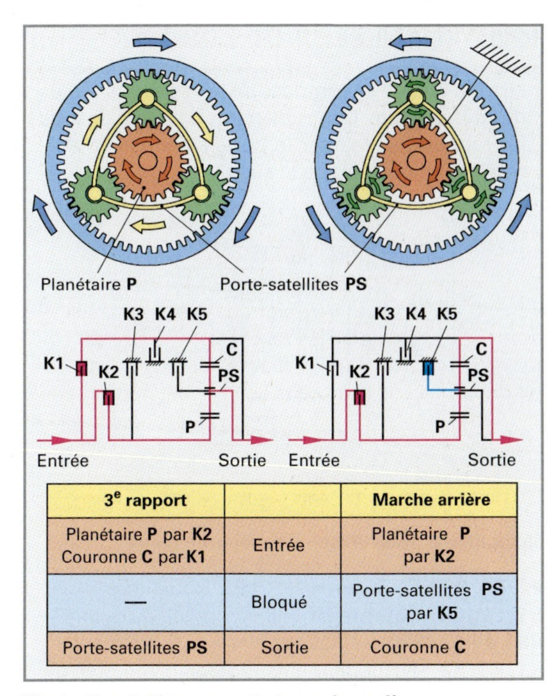

3e rapport		Marche arrière
Planétaire **P** par **K2** Couronne **C** par **K1**	Entrée	Planétaire **P** par **K2**
—	Bloqué	Porte-satellites **PS** par **K5**
Porte-satellites **PS**	Sortie	Couronne **C**

Illustration 1: 3ème rapport et marche arrière

Logique cinématique. Elle indique par quels éléments du train planétaire l'entrée et la sortie de la force a lieu et quels sont les embrayages et les pignons qui sont actionnés.

Dans le **tableau 1,** elle est représentée dans le cas d'un train planétaire simple à trois rapports et une marche arrière.

Tableau 1: Logique d'un train planétaire à 3 rapports

Rapports	Entrée force	Bloqué	Sortie force
1er rapport	**P**	**C**	**PS**
2e rapport	**C**	**P**	**PS**
3e rapport	**P + C**	–	**PS**
M. arrière	**P**	**PS**	**C**

P Planétaire **C** Couronne **PS** Porte-satellites

Un tel train planétaire simple n'est pas utilisable dans une boîte automatique car il ne génère pas assez de rapports utilisables et que deux arbres de sortie seraient nécessaires.
C'est pourquoi on monte 2 ou 3 trains simples en série.

Train Ravigneaux (ill. 2). Il se compose:

- d'une couronne commune;
- d'un porte-satellites commun;
- de deux pignons planétaires de diamètre différent;
- de pignons satellites courts et longs.

Les différents rapports sont obtenus comme avec un train planétaire simple, c'est-à-dire par entraînement et blocage de certains éléments ou par blocage du porte-satellites complet.

L'entraînement de sortie peut se faire soit par la couronne, soit par le porte-satellites.

Le train Ravigneaux représenté dans l'**ill. 2** comprend trois rapports et une marche arrière.

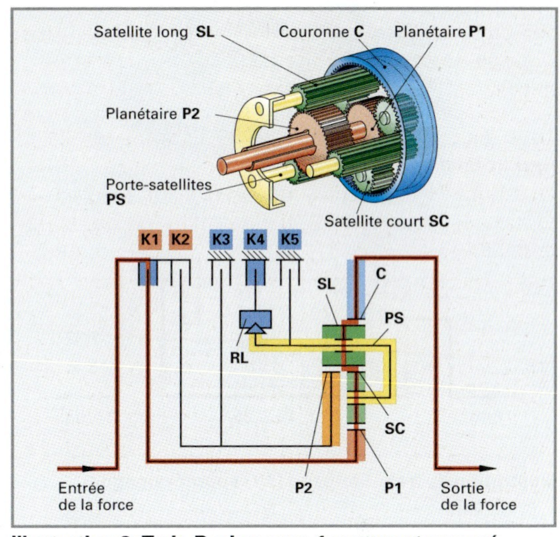

Illustration 2: Train Ravigneaux, 1er rapport engagé

K1 Accouplement au moteur – entraîne le petit planétaire **P1**

K2 Accouplement au moteur – entraîne le grand planétaire **P2**

K3 Coupleur de frein – bloque le pignon planétaire **P2**

K4 Coupleur de frein – bloque la roue libre **RL**

K5 Coupleur de frein – bloque le porte-satellites **PS**

RL Roue libre – soutient le porte-satellites **PS**

Tableau 2: Logique ciném. d'un train Ravigneaux

Rapports	K1	K2	K3	K4	K5	RL
1er rapport	●			●		●
2e rapport	●		●			
3e rapport	●	●				
M. arrière		●			●	

Exemple pour le 1er rapport:

K1 et K4 sont enclenchés. K4 maintient le porte-satellites dans un sens de rotation par l'intermédiaire de la roue libre RL.

Passage du flux de force:
Entrée ⇒ K1 ⇒ P1 ⇒ SC ⇒ SL ⇒ C ⇒ Sortie.

Train Simpson (ill. 1, p. 384). Il se compose:

- d'un pignon planétaire commun;
- de deux couronnes de diamètre identique;
- de deux porte-satellites.

L'entraînement de sortie se fait par la couronne extérieure (C1).
Ce train est utilisé p. ex. dans les boîtes automatiques à 4 rapports, combiné avec un train planétaire simple.

16

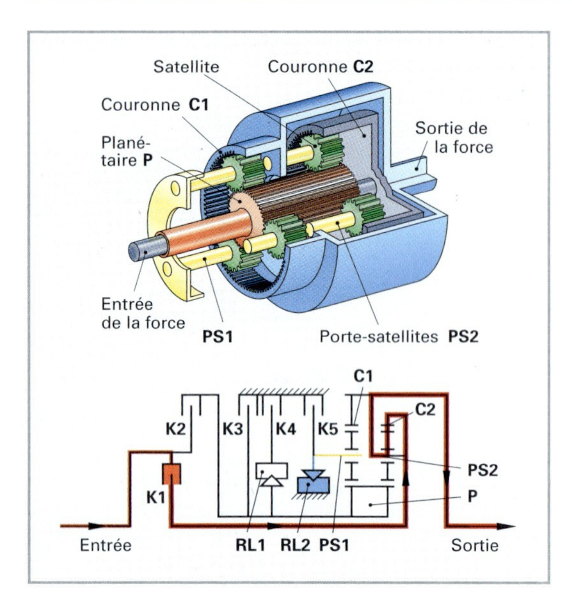

Illustration 1: Train Simpson (1er rapport engagé)

P Planétaire commun

C1, C2 2 couronnes (interne et externe)

PS1, PS2 2 porte-satellites

K1, K2 Accouplement moteur, **K1** entraîne C2, **K2** entraîne P

K3, K4, K5 Coupleurs de frein, **K3** bloque P, **K4** bloque RL1, **K5** bloque PS1

RL1, RL2 Roues libres, RL1 soutient P, quand K4 est actionné. RL2 soutient PS1

Tableau 1: Logique ciném. d'un train Simpson

Rapports	K1	K2	K3	K4	K5	RL1	RL2
1er rapp.	●						●
2e rapp.	●		●1)	●		●	
3e rapp.	●	●		●			
M. arr.		●			●		

● Adhère en commande de sélection D

1) K3 est enclenché en commande de sélection 2, P est fixe

Accouplement de trains planétaires

En combinant des trains planétaires (p. ex. un train Ravigneaux associé avec un train simple ou un train Simpson avec un train simple), on réalise des boîtes de vitesses automatiques à 4 ou 5 rapports.

Train Wilson (ill. 2)

Le train Wilson se compose de trois trains simples montés en série. L'entraînement de sortie de tous les rapports se fait par le porte-satellites du dernier train planétaire de la série.

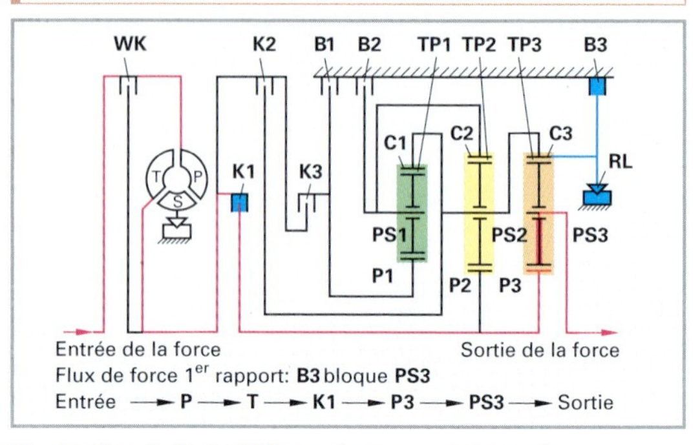

Illustration 2: Train Wilson, 1er rapport engagé

P1, P2, P3 Planétaires **RL** Roue libre

C1, C2, C3 Couronnes

PS1 à PS3 Porte-satellites

K1, K2, K3 Accouplements moteur

B1, B2, B3 Coupleurs de frein

WK Embrayage de pontage du convertisseur

Rapports	Logique cinématique d'un train Wilson1)									
	K1	K2	K3	B1	B2	B3	RL	WK	i_{vit}	i_s 4)
Neutre						●			–	
1er rapp.	●					●2)	●		3,57	
2e rapp.	●				●			●3)	2,20	
3e rapp.	●			●				●3)	1,51	4,46
4e rapp.	●	●						●3)	1,00	
5e rapp.	●		●			●	●	●3)	0,80	
M. arr.			●			●			– 4,10	

● Adhérent 1) Comm. de sélection D 4) Etalement

2) encl. seulement verrouillage 1ère $i_s = \frac{i_{vit1}}{i_{vit5}}$

3) Enclenchement en fonction du glissement

Train Lepelletier

Il se compose d'un train planétaire simple, suivi d'un train planétaire Ravigneaux. Il permet de disposer d'une boîte de vitesses à six rapports.

Caractéristiques des boîtes de vitesses à trains planétaires

- Engagement des vitesses sans interruption du flux de force.
- Sollicitation des dents plus faible car le couple est réparti sur plusieurs dents.
- Fonctionnement plus silencieux.

Questions de révision

1. **Quels sont les composants d'un train planétaire simple?**
2. **Comment obtient-on différents rapports de transmission dans un train planétaire simple?**
3. **Comment le 1er rapport et la marche arrière sont obtenus dans un train planétaire simple?**
4. **Quelles sont les différences de conception entre un train Ravigneaux et un train Simpson?**
5. **Comment est conçu un train Wilson?**
6. **Quelles sont les caractéristiques d'une boîte de vitesses à train planétaire?**

16.5.3 Boîtes de vitesses à commande électrohydraulique

Dans les boîtes de vitesses à commande électrohydraulique, des capteurs mesurent les différents états de fonctionnement. Ceux-ci sont élaborés par l'unité de commande électronique. Des électroaimants, actionnés en fonction de la situation de conduite, pilotent des soupapes hydrauliques qui régulent la pression hydraulique des éléments de commande. L'entraînement et le blocage des divers éléments permettent de changer les rapports dans la boîte de vitesses automatique **(ill. 1).**

Caractéristiques:

- Confort de sélection accru.
- Temps de changements courts.
- Utilisation commune des capteurs.
- Réduction des émissions et de la consommation.
- Possibilité de choisir le mode de conduite, p. ex. économique, sportif, hiver, manuel (Tiptronic, Steptronic).
- Possibilité de programmer le changement des rapports en fonction du tempérament du conducteur (**AGS** – commande adaptative de la boîte de vitesses ou **DSP** – choix dynamique du passage des rapports).
- Mise en œuvre simple de différentes fonctions de sécurité (p. ex. verrouillage du levier de sélection).

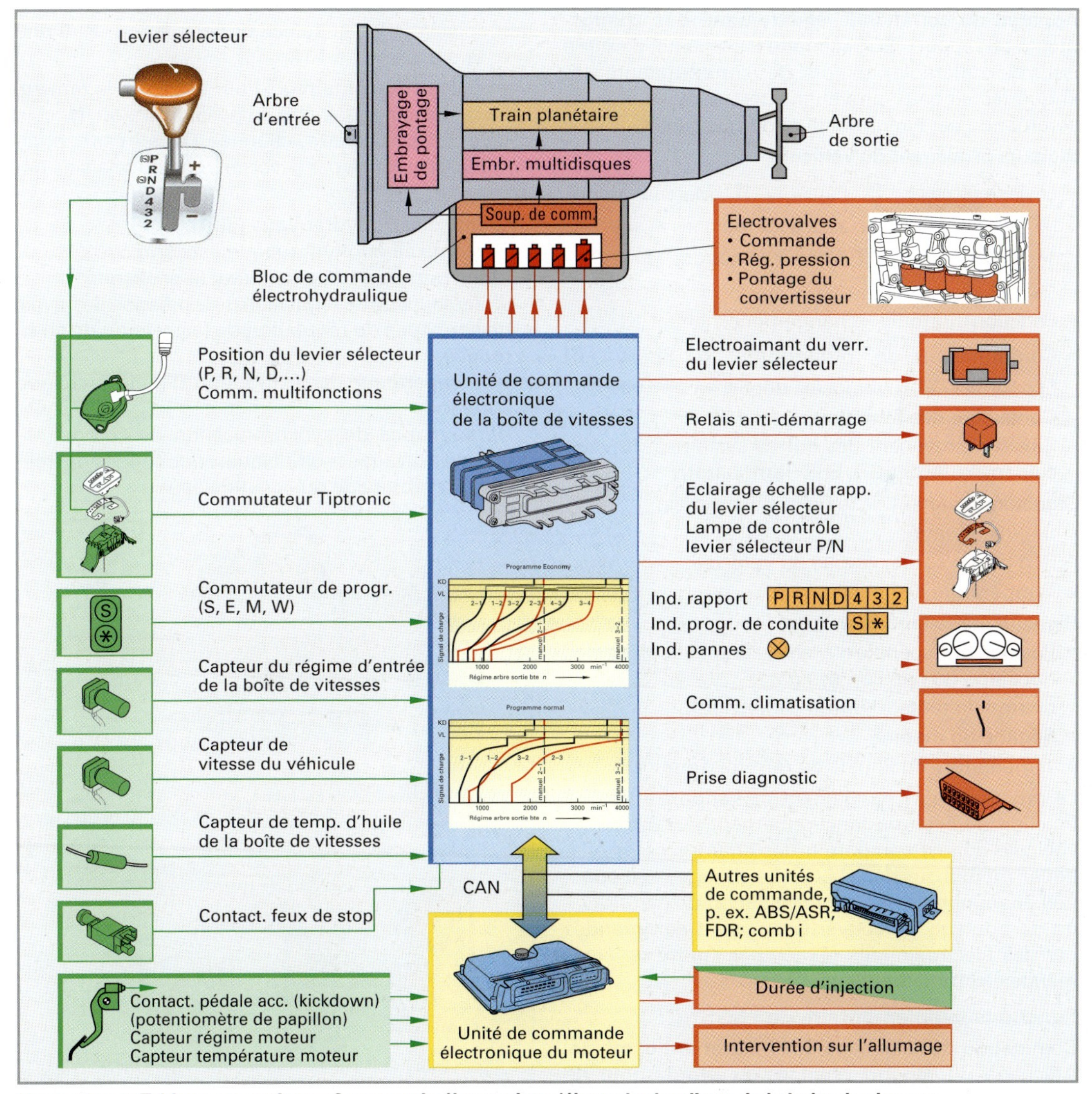

Illustration 1: Tableau synoptique– Commande électronique/électrohydraulique de la boîte de vitesses

Conception du système de commande (ill. 1, p. 385)

Le système de commande est composé:

- de capteurs (p. ex. du levier sélecteur avec commutateur multifonctions, de la pédale d'accélérateur (signal de charge), de la vitesse du véhicule). Ces capteurs mesurent les valeurs principales de commande;
- de l'unité de commande électronique de la boîte de vitesses qui communique, par le bus CAN, avec les autres unités de commande (p. ex. la centrale de commande du moteur);
- de l'unité de commande électrohydraulique comportant des électrovalves et des soupapes de régulation et de commutation hydrauliques;
- de contacteurs (p. ex. embrayages multidisques, bandes de frein, roues libres).

Fonctionnement de base

Appareil de commande électronique des changements de rapport (EGS). Il traite les signaux d'entrée issus des différents capteurs, des commutateurs ainsi que les signaux provenant des autres unités de commande par l'intermédiaire du bus CAN.

Signaux provenant du véhicule:

- Levier sélecteur: P Parcage, R Marche arrière, N Neutre, D Drive (toutes les marches avant), 4 1er au 4ème rapport, 3 1er au 3ème rapport, 2 1er/2ème rapport.
- Fonction Tiptronic = changement manuel.
- Commutateur de programme: S Sport, E Economic, W Hiver (p. ex, départ en 2ème vitesse).
- Contacteur des feux stop.
- Signaux provenant des autres systèmes du véhicule (p. ex. ABS/ASR, ESP, Tempomat).

Signaux provenant de la boîte de vitesses:

- Régime d'entrée.
- Régime de sortie/vitesse du véhicule.
- Température de l'huile.

Signaux provenant du moteur:

- Position de la pédale d'accélérateur avec kickdown (position du papillon des gaz).
- Charge du moteur (durée d'injection).
- Régime du moteur.
- Température du liquide de refroidissement.

Le processus de changement de rapport a lieu en fonction de l'état de fonctionnement instantané du véhicule qui est comparé à des champs caractéristiques mémorisés dans l'EGS. Le changement ponctuel de rapport ainsi que la régulation de l'embrayage de pontage du convertisseur sont commandés par des électroaimants pilotés par l'**unité de commande électrohydraulique**.

Fonctions supplémentaire de l'EGS

Commande de l'affichage de l'instrument combiné. Affichage du rapport engagé, du programme de conduite et des incidents.

Intervention sur le moteur. Pour améliorer la qualité du changement de rapport et pour prolonger la durée de vie des composants (embrayages multidisques), le couple du moteur est réduit durant le changement de rapport en retardant brièvement l'allumage (moteurs Otto). Dans les moteurs Diesel, la quantité injectée est momentanément réduite.

Rétrograder. Il n'est possible de rétrograder avec le levier sélecteur que si le régime du moteur n'est pas trop élevé.

Levier de changement de vitesses bloqué – shift-lock. Pour empêcher tout déplacement involontaire du véhicule après démarrage du moteur, le levier sélecteur ne peut être déplacé de la position P ou N que si le frein est actionné. Pour cela, un électroaimant de commande est activé par l'EGS.

Verrouillage R/P. Afin d'éviter tout dégât mécanique à la boîte de vitesses, il est généralement impossible de déplacer le levier sélecteur vers R ou P à une vitesse supérieure à 10 km/h.

Verrouillage du démarrage. Pour démarrer le moteur, le levier sélecteur doit être en position P ou N et la pédale de frein doit être actionnée. Dans le cas contraire, l'EGS n'autorise par la commande du relais de démarrage.

Système électrohydraulique (ill. 1).

Le système électrohydraulique est composé:

- d'une pompe à huile générant la pression;
- d'une soupape de régulation de la pression de travail;
- de soupapes de régulation de la pression de commande;
- d'un répartiteur de distribution d'huile à chaque soupape;
- de soupapes de synchronisation de commande des embrayages multidisques, des bandes de frein et de l'embrayage du convertisseur.

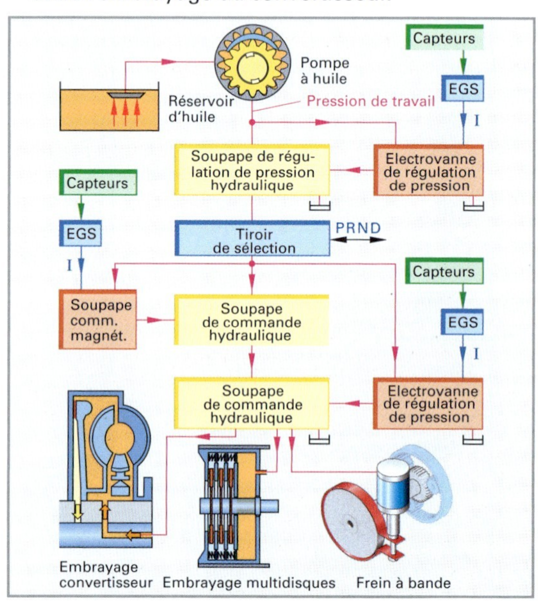

Illustration 1: Schéma bloc du système électrohydraulique

Commande du point de passage des rapports. Les électrovalves de l'unité de commande électrohydraulique pilotent les distributeurs à orifices permettant le passage des rapports.

Commande de la qualité du changement de vitesses. Des modulateurs de pression assurent la pression nécessaire à un passage confortable des vitesses en fonction de divers paramètres de fonctionnement tels que p. ex. la charge ou le régime.

Commande de l'embrayage de pontage du convertisseur. Des électrovalves commandent, sur la base de cartographies, des régulateurs de pression ou des vannes de permutation qui enclenchent ou déclenchent l'embrayage du convertisseur. Celui-ci peut également être actionné par glissement afin d'amortir les vibrations de torsion du moteur.

Génération de la pression (ill. 1, p. 386)

Pompe à huile. Elle est entraînée par la pompe du convertisseur de couple et fournit la pression de travail (pression principale).

La pression principale est la pression la plus élevée du système hydraulique (jusqu'à 25 bar). Toutes les autres pressions, telles que la pression de commande, la pression de régulation, la pression de remplissage du convertisseur et celle de lubrification, dérivent de celle-ci.

Pression de l'huile de lubrification. Elle permet à l'huile de circuler par le convertisseur de couple et le radiateur d'huile et lubrifie les points d'appui du convertisseur et les engrenages planétaires.

Tiroir de sélection (ill. 1). Il est installé dans le carter de commande et il est positionné par le conducteur au moyen du levier sélecteur. La pression principale dépend de lui. En fonction de sa position, la pression principale est dirigée vers les soupapes de commande. Dans la position **D,** tous les rapports de marche avant peuvent être engagés.

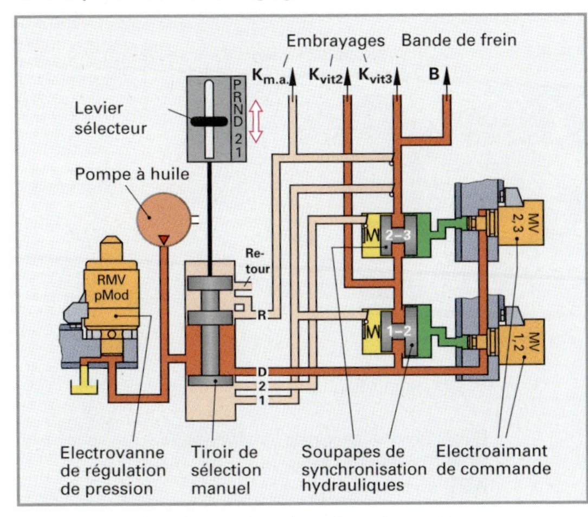

Illustation 1: Tiroir de sélection dans le système électrohydraulique

Verrouillage de stationnement. Dans la position **P,** l'arbre de sortie de la boîte de vitesses automatique est bloqué mécaniquement par un loquet. Le véhicule est alors immobilisé **(ill. 2).**

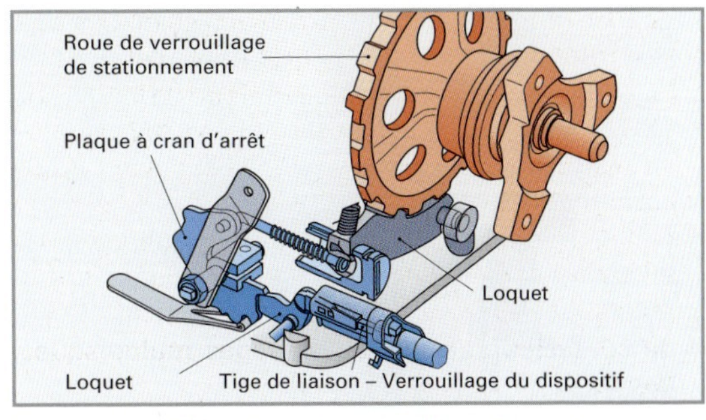

Illustration 2: Mécanique du verrouillage de stationnement

Soupapes de modulation. Elles sont actionnées par des électrovalves et commandent la pression principale des éléments de commande (embrayages, bandes de frein).

Régulateurs de pression. Ils commandent ...

- la pression principale en fonction de la charge du moteur;
- une pression de commande variable (entre 6 et 12 bar) pour un changement confortable des rapports;
- l'enclenchement et le déclenchement (p. ex. de deux embrayages multidisques) par modulation de pression, afin de pouvoir générer un chevauchement lors du passage des vitesses.

Eléments du changement de rapport

Ils solidarisent ou freinent les différents composants du train planétaire.

On distingue:

- les embrayages d'entraînement (embrayages multidisques);
- les bandes de frein;
- les roues libres.

Accouplement moteur (ill. 1, p. 388)

Embrayé. La pression principale est totalement appliquée par la soupape de commande et agit sur le piston. Celui-ci actionne le ressort Belleville qui comprime le paquet de disques d'embrayage. Les éléments de friction sont solidarisés par adhérence.

Débrayé. La pression principale n'agit plus; le piston est repoussé par le ressort Belleville. Le flux de force est interrompu.

La modulation de la pression principale permet de serrer complètement l'embrayage ou l'activer par glissement, ce qui améliore la qualité de passage des vitesses.

A la fin du processus d'accouplement, la pression de commande est remplacée par la pression principale.

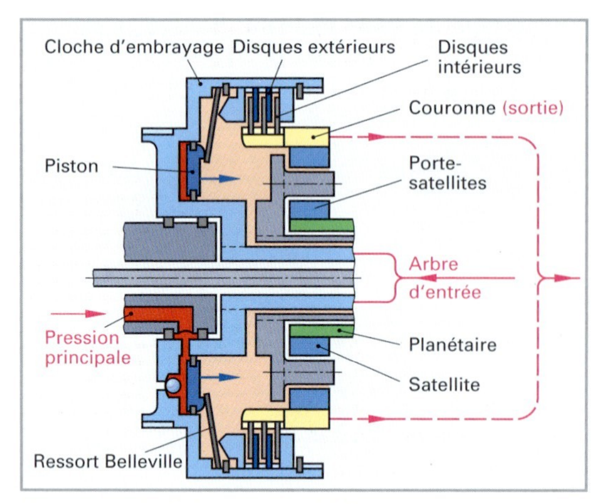

Illustration 1: Embrayage multidisques

Roue libre. Elle sert à solidariser certains composants du train planétaire dans un sens de rotation précis. La roue libre représentée dans l'**ill. 2** se compose d'une bague extérieure, d'une bague intérieure et des corps de serrage logés dans une cage.

Si la bague extérieure tourne vers la droite, lorsque la bague intérieure est fixe, les corps de serrage se placent de manière à créer une liaison résistante à la torsion, la roue libre est bloquée.

Le blocage est supprimé lors de la rotation vers la gauche.

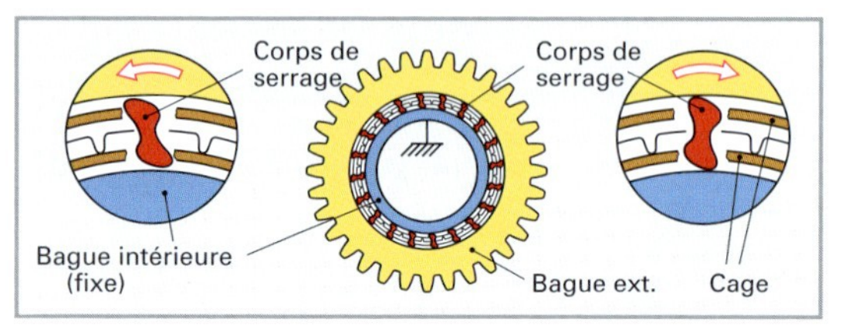

Illustration 2: Roue libre à corps de serrage

Bande de frein (ill. 3). Elle se compose d'une bande d'acier avec garniture de friction, d'un tambour, d'un piston, d'une tige de piston, d'un ressort et d'un dispositif de réglage.

Fonctionnement. Si la pression principale agit du côté droit de la surface du piston, la tige de piston serre la bande de frein et bloque le tambour.

Pour desserrer la bande de frein, la pression principale agit du côté gauche de la surface du piston.

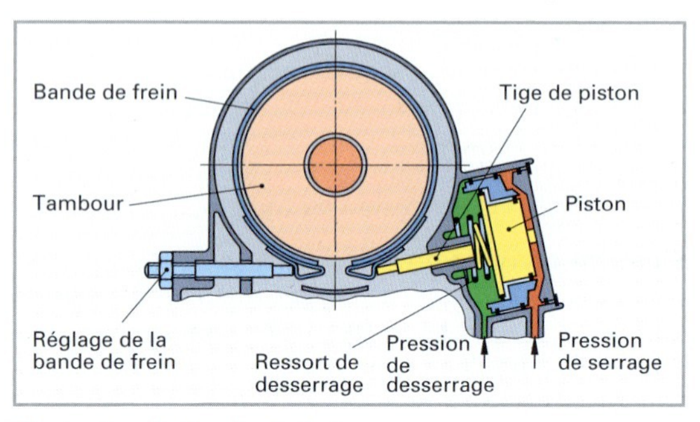

Illustration 3: Bande de frein

Boîte automatique à trois rapports à train de type Ravigneaux (ill. 4)

La logique cinématique **(tableau 1)** montre les organes de la boîte de vitesses (embrayages, bande de frein, roue libre) qui sont activés dans les différents rapports ainsi que les parties du train planétaire qui sont entraînées ou bloquées pour réaliser ces rapports.

Tableau 1: Logique cinématique

Rapp.	Entrée	Bl.	Sortie	B	K_{vit2}	K_{vit3}	RL	$K_{m.a.}$
1.	P1	P2	PS	•			•	
2.	C	P2	PS	•	•			
3.	P1 + C	–	PS		•	•		
M. arr.	P1	C	PS			•		•

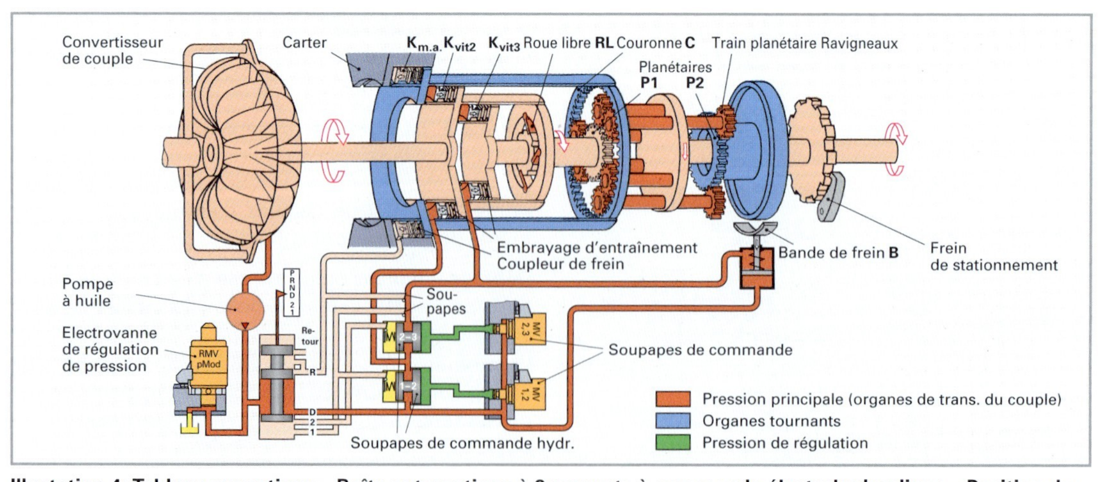

Illustation 4: Tableau synoptique – Boîte automatique à 3 rapports à commande électrohydraulique – Position du sélecteur D, 3ème rapport

Influence de différents paramètres sur le programme de changement de rapport et la commande du point de passage des rapports

Le programme de changement de rapport et le point de passage au rapport inférieur ou supérieur dépendent des valeurs de commande indiquées par la position du levier sélecteur, celle de la pédale d'accélérateur et de la vitesse du véhicule.

Le programme de changement de rapport/choix des caractéristiques de changement peut être adapté à différents paramètres de fonctionnement, tels que température de l'huile de la boîte de vitesses, température du liquide de refroidissement, kickdown, mode de conduite, montée/descente, remorquage, fonctionnement du Tempomat, état de la route.

Signal de charge et vitesse du véhicule. Ce sont ces deux valeurs de commande qui définissent essentiellement les points de passage des rapports. Plus on appuie sur la pédale d'accélérateur, plus le changement de rapport sera tardif en termes de régime et de vitesse. En relâchant l'accélérateur, si la modification de charge est importante, le rapport inférieur sera engagé. On évite ainsi un va-et-vient permanent entre deux rapports.

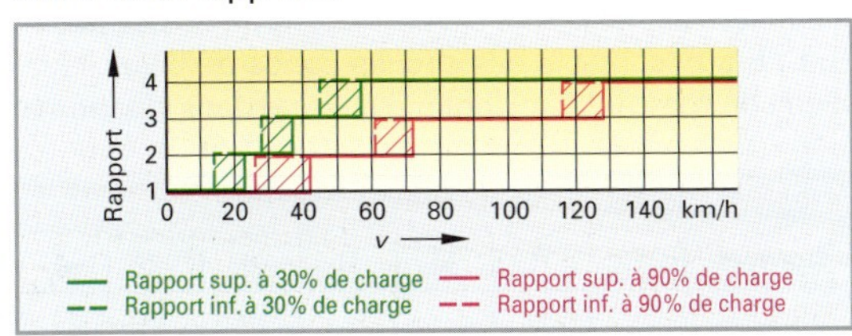

Illustration 1: Diagramme – Levier sélecteur en position D

Sélection du programme (Economy, Sport, Hiver, Manuel). Comparé au mode Economy, la conduite sportive ne passe au rapport supérieur qu'à une plus grande vitesse, ce qui confère une meilleure accélération au véhicule au détriment de la consommation. En mode de programme d'hiver, le démarrage a lieu à un rapport supérieur (p. ex. en 2ème) afin de réduire le couple d'entraînement et d'empêcher les roues de patiner. En mode manuel, le conducteur peut passer au rapport supérieur en appuyant sur la touche **(M+)** du levier sélecteur ou rétrograder en appuyant sur la touche **(M-)**. Le changement de rapport n'est pas automatique.

Kickdown (commande de charge). En appuyant à fond sur la pédale d'accélérateur, le commutateur kickdown est activé ou un signal est transmis par le capteur de la pédale. Le système rétrograde alors d'un ou de deux rapports si possible et le rapport reste engagé jusqu'au régime moteur maximum autorisé afin d'améliorer l'accélération du véhicule.

Température de l'huile de la boîte de vitesses. Si une température critique est atteinte, le système permet d'augmenter le régime du moteur afin de faire circuler davantage d'huile dans la boîte de vitesses.

Schéma hydraulique de la régulation de changement de rapport – Contrôle de la qualité du changement de rapport

Pour éviter les à-coups lors du changement de rapport, les embrayages multidisques ainsi que l'embrayage de pontage sont pilotés par des électrovalves qui modulent la pression proportionnellement à la charge du moteur.

Le schéma de modulation de la pression de passage des rapports est représenté dans l'**ill. 2**. Au point de passage des rapports, la soupape magnétique 3/2 est pilotée par le boîtier de commande EGS. La soupape de commande pilotée par la pression de la soupape magnétique active le piston de l'embrayage multidisques. Afin que le piston de pression soit alimenté progressivement par la pression principale, une électrovalve, actionnée par le boîtier électronique, réduit la pression principale pendant la phase de changement des rapports. La pression principale est ainsi modifiée en fonction de la charge, atteignant ainsi la valeur maximale ponctuelle requise. L'EGS pilote également une électrovalve de régulation de pression.

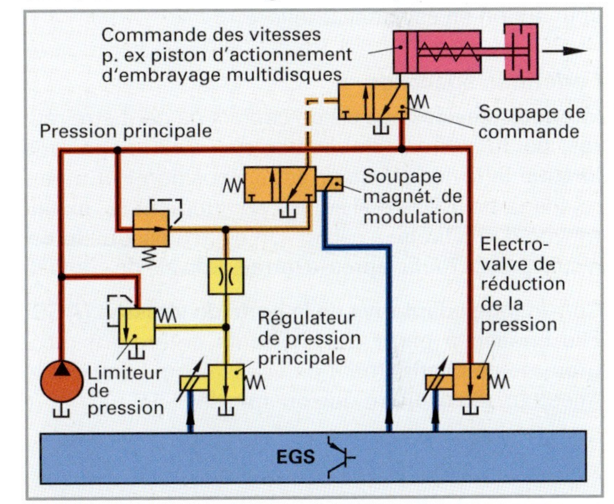

Illustration 2: Schéma de modulation de la pression de changement des rapports

Commande de chevauchement (ill. 3)

La pression baisse dans le circuit de l'embrayage **K1** à désactiver, et simultanément, elle augmente dans l'embrayage **K2** à activer. On peut ainsi passer les rapports par glissement, sans interruption du flux de force.

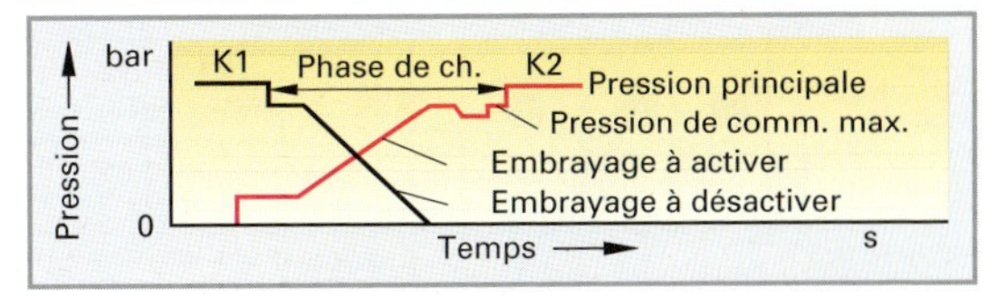

Illustration 3: Régulation de la pression lors du passage des rapports

16

Paramètres de commande de l'embrayage de pontage du convertisseur

Il est commandé par une électrovalve en fonction du régime de sortie de la boîte de vitesses (vitesse du véhicule), du régime du moteur, du régime d'entrée de la boîte de vitesses, du contacteur des feux stop et de la température du moteur.

L'embrayage de pontage du convertisseur est généralement ouvert pour ...

- ... obtenir un couple plus élevé au démarrage dans les rapports inférieurs;
- ... éviter les vibrations dans les organes de transmission lorsque le moteur est froid et que le véhicule roule à faible vitesse;
- ... empêcher le calage du moteur en actionnant la pédale de frein.

De plus, à l'aide du bloc de commande électrohydraulique de la boîte de vitesses, il est possible de faire fonctionner l'embrayage de pontage du convertisseur par glissement. On évite ainsi les vibrations dans la chaîne cinématique et le rendement de conversion en est ainsi amélioré.

Fonctions spéciales

Interlock (keylock). La clé de contact ne peut être retirée de la serrure du contacteur d'allumage que lorsque le levier sélecteur est en position **P**. Ce verrouillage peut être réalisé mécaniquement (p. ex. au moyen d'une tirette à câble). On évite ainsi que le véhicule puisse rouler après le retrait de la clé de contact.

Commande adaptative de la boîte de vitesses (AGS)
Elle choisit, à partir de différents critères, le programme de changement de vitesses qui convient le mieux (p. ex. économique ou sportif).

Exemple de schéma des circuits d'une commande électronique de boîte automatique (ill. 1).

Le schéma des circuits montre un exemple simplifié d'une commande électronique de boîte automatique à quatre rapports sans bus CAN, équipée de deux soupapes de commande, d'une commande d'embrayage de pontage et d'un régulateur de la pression principale.

Alimentation en courant. L'appareil de commande est alimenté en courant positif permanent au pin 18 par la borne 30 et au pin 17 par la borne 15 (+). Les pins 22 et 35 sont connectés au pôle négatif par la borne 31.

Processus de démarrage. Le démarrage du moteur ne peut avoir lieu que lorsque le levier sélecteur est en position **P** ou **N**. Le relais du démarreur est relié aux bornes J et K. Le contacteur des feux stop **S4** doit être actionné par le frein à pied. Ainsi, l'appareil de commande reçoit un signal positif au pin 11. De ce fait, une mise en marche involontaire du moteur est évitée.

Position du levier sélecteur (tableau 1). Le commutateur de position du levier sélecteur **S1** est relié par les pins 9, 10, 27, 28 à l'unité de commande. En fonction de sa position, un signal positif est connecté par les bornes A, B, C, E aux contacts des circuits concernés. Voir le tableau de commutation logique dessiné dans le schéma.

Tableau 1: Alim. des contacts avec un signal +

Contact	P	R	N	D	3	2	1
9	⊕	⊕			⊕	⊕	
10		⊕	⊕	⊕	⊕		
27	⊕		⊕		⊕		⊕
28				⊕	⊕	⊕	⊕

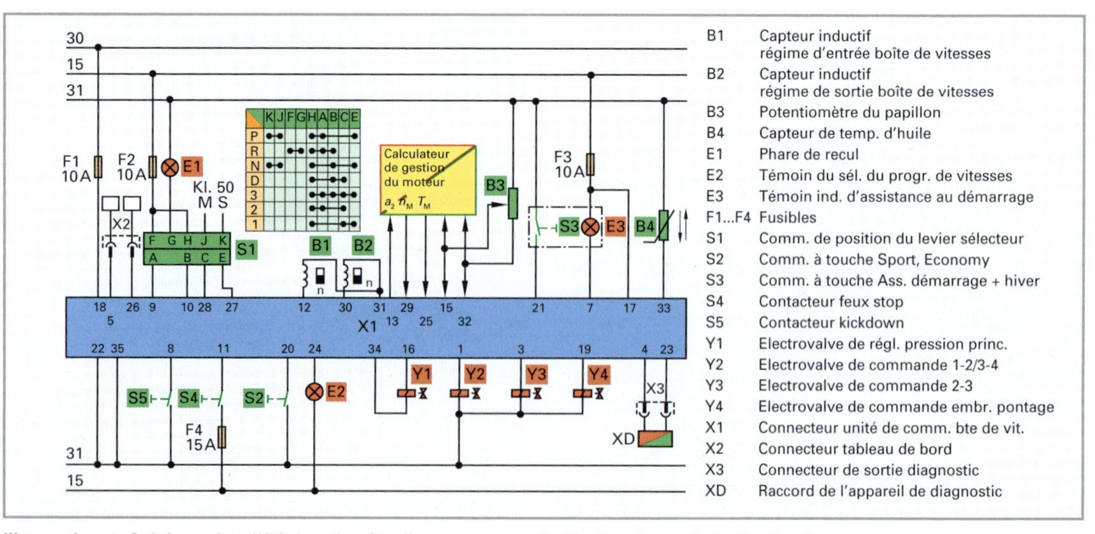

Illustration 1: Schéma simplifié des circuits d'une commande électronique de boîte de vitesses

Signal de charge du potentiomètre de papillon B3. Le pin 32 est alimenté avec un signal positif. Il en résulte une chute constante de tension à travers la résistance du potentiomètre entre la ligne de masse 31 et le pin 32. Par le pin 15, le signal de tension dépendant de la position du papillon est appliqué aux deux unités de commande.

Contacteur de kickdown S5. En actionnant **S5,** un circuit est mis à la masse par le pin 8 dans l'unité de commande.

Commutateur à touche Sport/Economy S2. Si **S2** est actionné, un circuit d'auto-maintien pour le programme Sport est activé au pin 20; il désactive en même temps le programme Economy. En programme Sport, le pin 24 allume le témoin E2.

Commutateur à touche Assistance au démarrage/hiver S3. L'aide au démarrage est activée en actionnant **S3** par le pin 21. Le témoin E3 s'allume. L'unité de commande de la boîte de vitesses pilote les électrovalves de commande Y2 et Y3 de sorte que le démarrage se fasse avec un rapport plus élevé (p. ex. la 2ème).

Signaux de régime (B1, B2, n_M). L'unité de commande reçoit, des capteurs inductifs, un signal alternatif à des fréquences différentes par les pins 12, 30, 31 et 29.

Capteur de température d'huile B4 (CTN). Lorsque la température de l'huile de la boîte de vitesses augmente, la résistance de B4 diminue et la tension baisse entre la borne 31 et le pin 33.

Signal de température du moteur (T_M). L'ESG reçoit cette information depuis la centrale de commande du moteur par le pin 25.

Signaux de sortie. En fonction des signaux d'entrée, l'unité de commande de la boîte de vitesses calcule les signaux de sortie et alimente à chaque fois, par les étages de sortie, les pins correspondants des actuateurs avec des signaux soit positif ou soit négatif, p. ex.:

- les électrovalves de commande **Y2** (pin 1) et **Y3** (pin 3);
- l'électrovalve de régulation de pression principale **Y1** (pin 16/34);
- l'électrovalve d'embrayage de pontage **Y4** (pin 19).

Contrôle. A l'aide d'un bornier et d'un multimètre connectés sur la fiche du calculateur électronique, les éléments suivants peuvent être contrôlés:

Y1: pin 16 – pin 34	**B1**: pin 12 – pin 31
Y2: pin 1 – pin 22/35	**B2**: pin 30 – pin 31
Y3: pin 3 – pin 22/35	**S2**: pin 20 – pin 22/35
Y4: pin 19 – pin 22/35	**S3**: pin 21 – pin 35

A l'aide d'un appareil de diagnostic branché à X3, on peut identifier les erreurs et modifier certains paramètres de manière appropriée.

CONSEILS D'ATELIER

Fonctionnement de secours suite à un problème électrique.

En cas de rupture de câble, de panne d'électrovalve ou de l'interruption de signal d'un capteur , le véhicule peut quand même se déplacer de manière limitée (p. ex. uniquement en 2éme et en marche arrière) avec le levier sélecteur en position D. Les fonctions de sécurité, comme le verrouillage du levier sélecteur, ne sont plus actives. Un redémarrage peut éventuellement permettre de réactiver le levier sélecteur. Le défaut est mémorisé et doit être réparé.

Fonctionnement de secours suite à un problème mécanico-hydraulique (l'électronique de la boîte de vitesses est en ordre).

En cas de patinage de l'embrayage multidisques dû à une pression insuffisante. Le problème est identifié si la différence de régime est supérieure à 3%. Le dernier rapport reconnu valable est alors conservé. La marche arrière peut être engagée. Le verrouillage du levier sélecteur est actif. En cas de redémarrage, l'erreur est annulée. Selon le constructeur, le problème n'est pas mémorisé dans le système d'autodiagnostic.

Remorquage. En cas de remorquage d'un véhicule à boîte automatique, les indications du constructeur doivent être respectées à la lettre car la pompe à huile est hors service et la lubrification désactivée. Le levier sélecteur doit être en position **N**. Le frein de stationnement électromagnétique doit être mis en mode mécanique. Vitesse de remorquage max.: 50 km/h; distance 50 km.

Diagnostic. Pour garantir un diagnostic sûr des erreurs de la boîte automatique, les contrôles suivants doivent être effectués:

- Niveau d'huile. Un niveau d'huile trop élevé provoque des changements de rapports brutaux et parfois des fuites. Un niveau trop bas génère un flux de force insuffisant et donc des points de changement des rapports glissants. **Toujours utiliser l'huile préconisée!**
- Qualité de l'huile. De l'huile usagée provoque l'usure des embrayages multidisques et/ou des bandes de frein.
- Contrôle de l'autodiagnostic avec un appareil de test.
- Contrôle du point de passage à la vitesse supérieure ou inférieure en fonction de la position du levier sélecteur, de la charge et de la vitesse du véhicule.
- Contrôle de la position du levier sélecteur.
- Pour les boîtes automatiques plus anciennes, contrôler le règlage du papillon des gaz.
- Contrôle des pressions hydrauliques.
- Contrôle de l'état de propreté du tamis d'huile dans le carter de la boîte de vitesses.
- Contrôle du régime d'équilibre (stall speed). Lors de ce contrôle, il faut impérativement respecter les directives du constructeur. Une très forte surchauffe de l'huile risque de provoquer des dégâts à la boîte de vitesses (p. ex. perte d'étanchéité ou usure de l'embrayage).

16.5.4 Commande adaptative de la boîte de vitesses

La commande adaptative de la boîte de vitesses (AGS) choisit automatiquement, à partir de différents paramètres, le programme de changement de vitesses qui convient le mieux (p. ex. sportif, optimisation de la consommation **ill. 1)**. Elle peut en principe être installée sur toutes les boîtes de vitesses électroniques entièrement automatisées.

Sélection du programme de changement de rapports

Elle dépend essentiellement de l'évaluation du tempérament du conducteur, de l'identification de l'environnement et des conditions de conduite. En outre, elle est influencée par le type de conduite choisi manuellement (p. ex. touche de sélection du programme) ou par l'activation du changement manuel des rapports.

Evaluation du tempérament du conducteur. Celui-ci est évalué au moyen d'un coefficient dynamique mis en rapport avec une cartographie appropriée. Les paramètres suivants servent à définir le coefficient dynamique:

- **Evaluation du processus de démarrage.** Le programme de changement de rapport correspondant est sélectionné dès le premier coup d'accélérateur (modéré ou énergique).
- **Evaluation de kick-fast.** Le kick-fast est évalué en fonction de la rapidité avec laquelle la pédale d'accélérateur est actionnée. En appuyant rapidement sur la pédale, le programme activé (p. ex. Economy) cède la place au programme Sport.
- **Evaluation de kick-down.** En appuyant à fond sur la pédale d'accélérateur, soit on passe au programme Sport, soit le système rétrograde de un ou de deux rapports.
- **Identification du type de conduite.** Après peu de temps en marche constante, un programme de changement de rapport peut être commuté (p. ex. de Sport à Economy) afin de réduire la consommation de carburant. Le rapport le plus élevé admissible est engagé.
- **Evaluation du freinage.** La réduction de la vitesse due au freinage est évaluée, ce qui permet d'influencer le point défini pour rétrograder.

Identification de l'environnement. P. ex. en hiver, un programme de changement de rapport est activé, qui permet de limiter les performances et de démarrer le véhicule avec un rapport supérieur. Ceci est possible grâce à la comparaison du régime de rotation des roues motrices et non motrices.

Identification des conditions de conduite. Des programmes de changement des rapports avec couple optimisé sont sélectionnés (p. ex. lors de parcours en montagne ou de trajets avec remorque). Cela permet d'éviter les commandes pendulaires entre deux rapports.

Sélection des rapports

Outre le choix du programme de changement des rapports, certains paramètres influencent directement la sélection des rapports:

- **Evaluation de conduite en virage.** Lors d'une conduite rapide en virage, les rapports ne changent pas pour éviter des réactions de transfert de charge.
- **Identification de conduite en descente.** Le passage à des rapports supérieurs est évité afin de mieux exploiter le frein moteur.
- **Identification fast-off** (lâcher des gaz par le conducteur). En cas d'interruption rapide de l'accélération, le rapport engagé est maintenu pour profiter du frein moteur.
- **Identification de l'intervention manuelle du conducteur** (Tiptronic/ Steptronic M+ / M-). Aucun passage automatique à un rapport inférieur ou supérieur n'a lieu.
- **Identification ABS/ASR/ESP.** Si ces dispositifs sont activés, aucun changement de rapport pouvant influencer négativement la tenue de route n'a lieu.
- **Identification stop- and go.** La 1ère vitesse n'est pas engagée afin d'économiser du carburant.

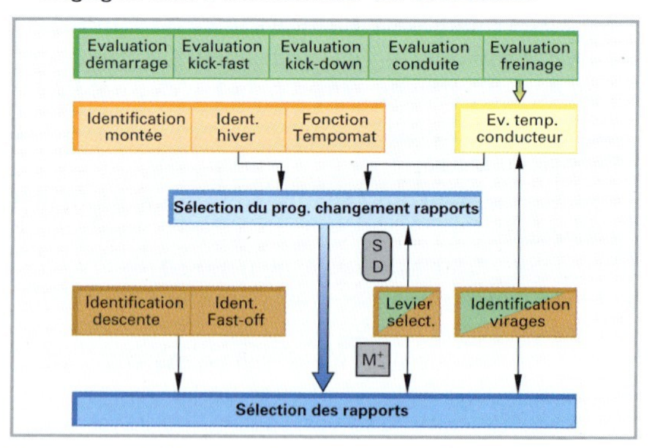

Illustration 1: Structure du programme d'une commande adaptative de boîte de vitesses

Questions de révision

1. **Quels sont les composants du système de commande d'une boîte de vitesses automatique à commande électrohydraulique?**
2. **Quels sont les signaux traités par l'EGS?**
3. **Quelles sont les fonctions de la pompe à huile, du tiroir de sélection, des soupapes de synchronisation et des éléments du changement de rapports dans une boîte de vitesses automatique?**
4. **Quelles valeurs de commande principales agissent sur le point de changement des rapports dans une boîte de vitesses automatique?**
5. **Qu'entend-on par chevauchement lors du passage des rapports?**
6. **De quels paramètres dépend la commande de l'embrayage de pontage du convertisseur?**
7. **Quels sont les points à respecter lors du remorquage d'un véhicule avec boîte automatique?**
8. **De quels paramètres dépend le choix du programme de changement de rapports d'une commande adaptative de boîte de vitesses?**

16.5.5 Boîte de vitesses automatique à variation continue avec ruban baladeur ou chaîne articulée

La variation des rapports de transmission a lieu en continu dans la totalité de la plage utile des régimes du moteur par la poulie conique primaire ou secondaire **(variateur).**

Les boîtes de vitesses à variation continue sont également appelées **boîtes CVT** (**C**ontinously **V**ariable **T**ransmission).

Conception (ill. 1)

- Poulie conique primaire • Train planétaire
- Poulie conique secondaire • Cylindre de pression
- Ruban baladeur • Embrayages multidisques

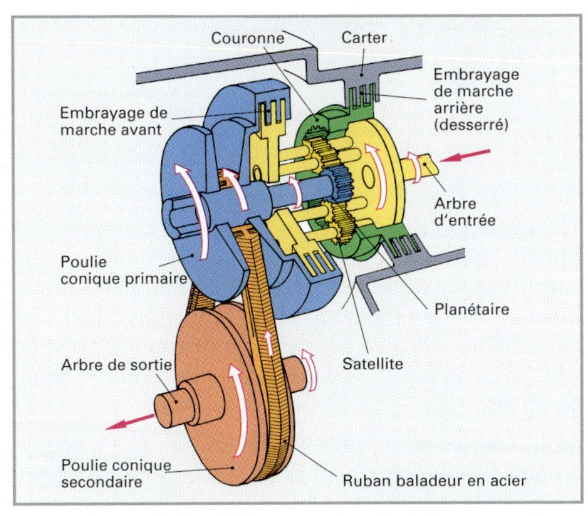

Illustration 1: Boîte CVT avec ruban baladeur en acier

Fonctionnement. La poulie conique primaire est entraînée par le train planétaire et l'embrayage. Elle actionne la poulie conique secondaire au moyen d'un ruban baladeur en acier ou d'une chaîne articulée **(ill. 2)**.

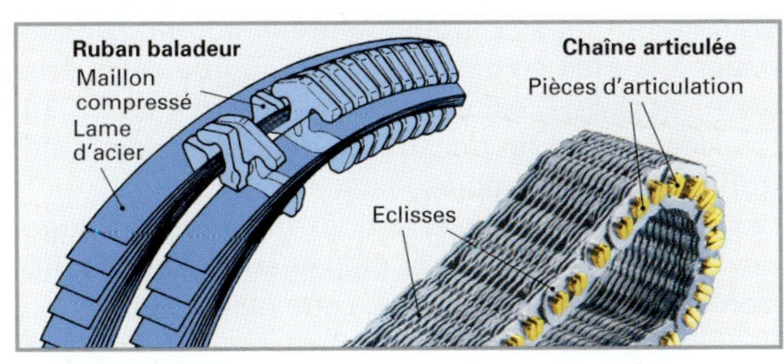

Illustration 2: Ruban baladeur en acier, chaîne articulée

La modification de transmission est réalisée par le glissement axial des joues des deux poulies situées en diagonale. Les bras de levier r_1 et r_2 changent de manière **continue** et opposée, c'est-à-dire deviennent plus grands ou plus petits **(ill. 3).** Le déplacement des joues des poulies est activé par la chambre de pression primaire ou secondaire.

Le plus grand rapport de transmission est atteint quand le ruban baladeur en acier agit sur le plus petit bras de levier menant r_1 de la poulie conique primaire et sur le plus grand bras de levier mené r_2 de la poulie conique secondaire.

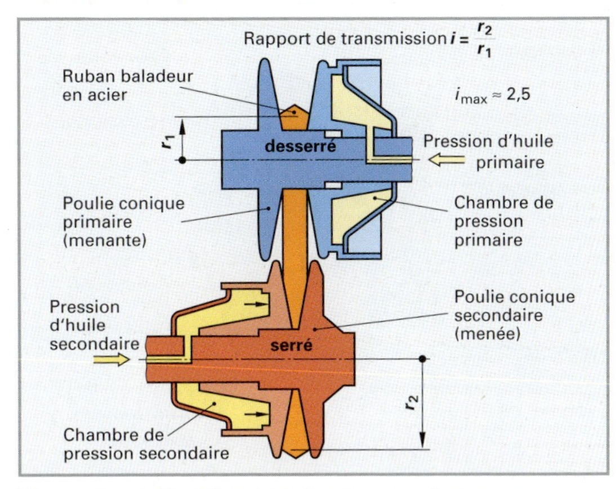

illustration 3: Position pour le plus grand rapport

Le rapport de transmission i est formé par le rapport des bras de levier de la poulie conique secondaire r_2 et de la poulie conique primaire r_1.

Position du sélecteur N (neutre) et P (stationnement). Les deux embrayages sont desserrés. Aucune transmission du couple n'a lieu. Dans la position **P,** la poulie conique secondaire est bloquée par le verrouillage de stationnement.

Position du sélecteur D (marche avant) et L (charge). L'embrayage pour la marche avant est activé, l'embrayage de marche arrière est desserré. Le porte-satellites, les satellites, la couronne et le planétaire sont solidaires et tournent ensemble. L'entraînement vers la poulie conique primaire se fait par l'arbre moteur et le train planétaire verrouillé. La poulie conique secondaire, qui transmet le couple à l'arbre de sortie, est entraînée par le ruban baladeur en acier. Les deux poulies coniques tournent dans le même sens que l'arbre moteur.

Position du sélecteur R (marche arrière). L'embrayage pour la marche avant est desserré, l'embrayage de marche arrière est activé et solidarise la couronne du train planétaire au carter de la boîte de vitesses. Les paires de pignons satellites entraînées par le porte-satellites inversent le sens de rotation du pignon planétaire.

Commande. Elle est électrohydraulique en fonction de la position du sélecteur, de la pédale d'accélérateur et de la vitesse du véhicule.
Comme embrayage de démarrage, on peut utiliser un embrayage électromagnétique à poudre, un convertisseur de couple hydrodynamique ou un embrayage multidisques commandé par pression d'huile.

Boîte à variation continue Ecotronic

C'est une boîte automatique avec deux paires de demi-poulies (variateurs) et une chaîne articulée permettant de varier la force en continu.

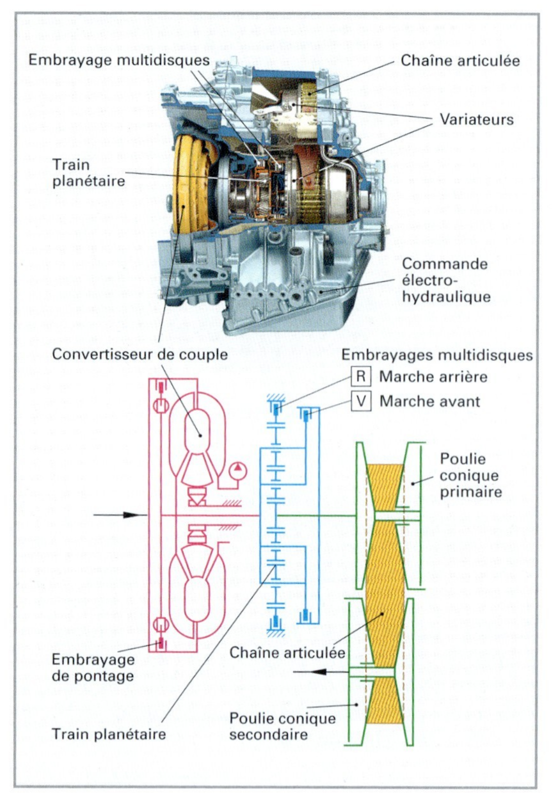

Illustration 1: Boîte automatique CVT Ecotronic

Fonctionnement

Transmission du couple. Il a lieu de la poulie conique primaire à la poulie conique secondaire en passant par une chaîne articulée. Contrairement au ruban baladeur en acier, la chaîne articulée ne transmet pas le couple par pression (poussée) mais par traction.

Modification du rapport de transmission. Il a lieu en continu par déplacement axial des joues du variateur. Les bras de levier deviennent tour à tour plus grands et plus petits.

Commande de la boîte de vitesses. Elle est électro-hydraulique et pilote la pression hydraulique ce qui permet de déplacer les joues des poulies. Les valeurs de commande principales sont: la position du levier sélecteur, le programme de changement de rapports choisi, la vitesse du véhicule et la position de la pédale d'accélérateur (charge).
La commande est adaptative et le rapport de transmission approprié est adapté automatiquement.

Démarrage. On utilise un convertisseur avec embrayage de pontage.

Boîte à variation continue Multitronic

Dans le système Multitronic, une chaîne articulée relie les variateurs et transmet la force.

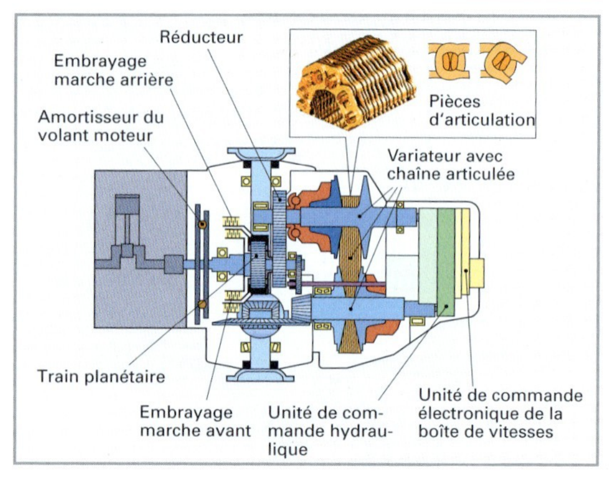

Illustration 2: Conception Multitronic, chaîne articulée

Transmission du couple. Le couple est transmis à la poulie conique primaire par l'intermédiaire de l'amortisseur du volant moteur, l'embrayage multidisques, le train planétaire et le réducteur **(ill. 2).**
Une chaîne articulée permet de transmettre, presque sans aucune perte, le couple à la poulie conique secondaire.

Modification du rapport de transmission. Il a lieu en continu par déplacement axial des deux joues des variateurs situées en diagonale.

Commande de la boîte de vitesses. Elle est électro-hydraulique et choisit de manière intelligente la transmission appropriée en se basant sur une cartographie mémorisée.

Diagramme de la boîte de vitesses (ill. 3). La cartographie normale se trouve entre la courbe caractéristique la plus économique et la courbe caractéristique sportive. C'est dans cette plage que se situent tous les rapport de transmission possibles du Multitronic CVT automatique.
Les six courbes caractéristiques des rapports engagés manuellement et par étapes au moyen du Tiptronic sont disponibles dans cette plage.

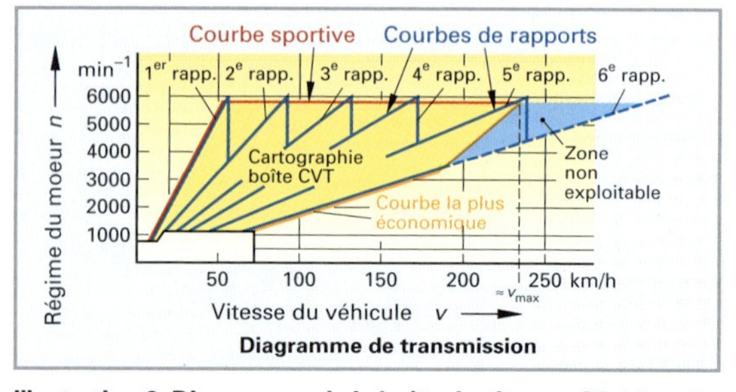

Illustration 3: Diagramme de la boîte de vitesses Multitronic

16

16.6 Arbres de transmission, arbres de roue, cardans

Fonctions

- Transmettre le couple.
- Permettre des changements d'angles.
- Permettre des déformations linéaires (déplacements axiaux).
- Amortir les vibrations de torsion.

Le couple converti par la boîte de vitesses est transmis au pont différentiel et aux roues motrices.

Exemple de propulsion avec moteur à l'avant:

Dans la chaîne cinématique **(ill. 1),** le couple passe de la boîte de vitesses à l'arbre de transmission articulé (arbre à cardan), arrive dans le pont arrière puis il est dirigé vers les roues motrices par l'intermédiaire des arbres de roue et des joints homocinétiques.

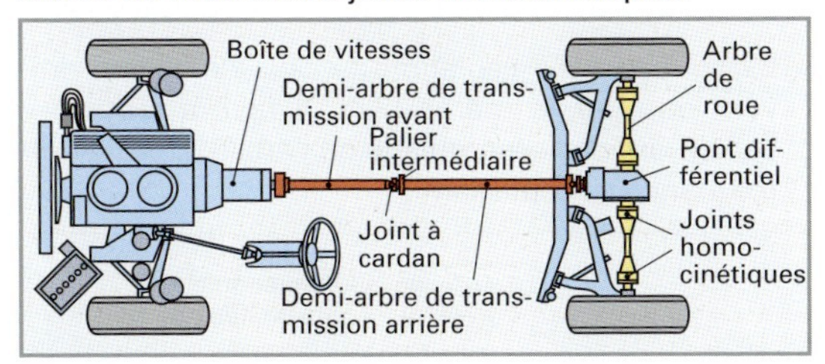

Illustration 1: Chaîne cinématique d'une propulsion avec moteur avant

Exemple de traction avec moteur à l'avant et de propulsion avec moteur à l'arrière:

La chaîne cinématique transmet le couple aux roues motrices en passant par la boîte de vitesses, le différentiel, les joints homocinétiques et les arbres de roues.

Aucun arbre de cardan n'est requis dans ce cas.

La boîte de vitesses et le pont différentiel sont installés dans un carter unique.

16.6.1 Arbres de transmission

Dans les véhicules à moteur avant et propulsion, les arbres sont disposés longitudinalement entre la boîte de vitesses et le pont différentiel arrière.

Les arbres de transmission se composent d'un tube à manchon coulissant et de joints de cardan **(ill. 2).**

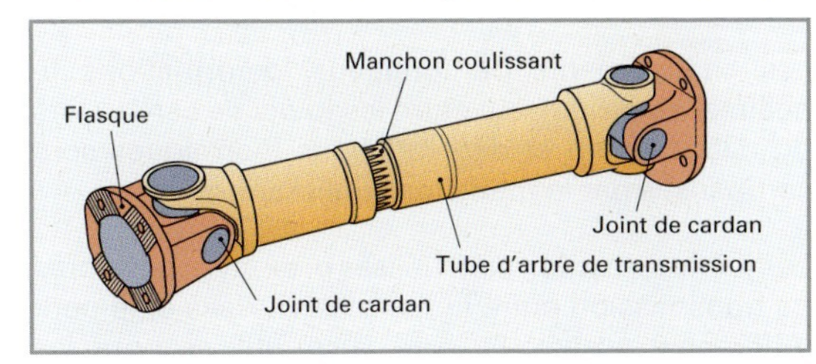

Illustration 2: Arbre articulé à deux joints de cardan

Avec les suspensions à roues indépendantes, on utilise un arbre de transmission en deux parties qui est soutenu par un palier intermédiaire **(ill. 3)** afin d'éviter une longue distance entre la boîte de vitesses et le pont différentiel arrière.

Afin de permettre un déplacement d'axe entre la boîte de vitesses et l'essieu moteur, on utilise des joints de cardan. Les joints flexibles permettent d'amortir les torsions.

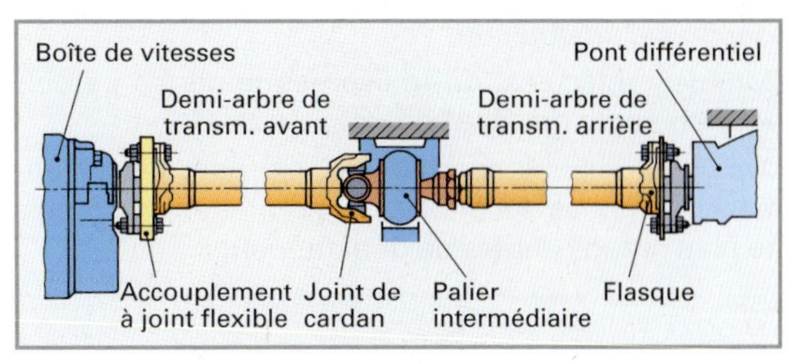

Illustration 3: Arbre articulé en deux parties

Palier intermédiaire (ill. 3). L'arbre de transmission est divisé par un palier intermédiaire élastique.

Le palier intermédiaire est fixé par un support au plancher du véhicule. Il contient un roulement à billes qui est implanté dans du caoutchouc.

Grâce à la division de l'arbre de transmission, on obtient un fonctionnement silencieux et de faibles vibrations. On évite également les bruits par résonance.

16.6.2 Arbres moteur (arbres de roue)

Dans la chaîne cinématique, ils sont disposés entre le pont différentiel et les roues motrices.

Les arbres de roue peuvent p. ex. être équipés d'un joint tripode du côté différentiel et d'un joint à rotule du côté de la roue.

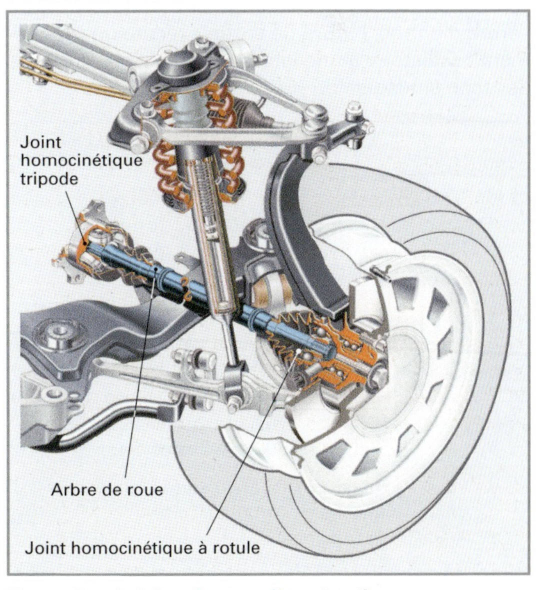

Illustration 4: Arbre de roue d'une traction

16.6.3 Joint d'articulation

On utilise:
- Accouplement élastique
- Joint tripode
- Joint de cardan
- Joint à rotule
- Joint double

Joint de cardan (ill. 1). Les deux fourches d'articulation sont reliées l'une à l'autre de manière souple par un croisillon. Des douilles à aiguilles, généralement étanches (sans entretien), sont montées dans les fourches d'articulation.

Dans les véhicules, on utilise des joints de cardan pour un angle de débattement jusqu'à 8°.

Des constructions spéciales (p. ex. pour l'entraînement d'organes secondaires), permettent d'obtenir de plus grands angles de débattement.

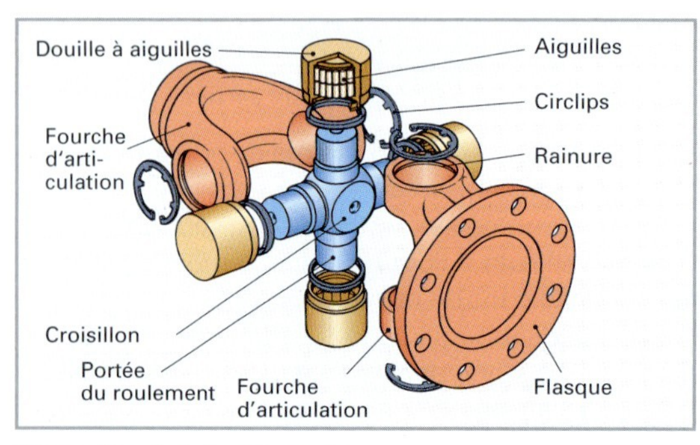

Illustration 1: Joint de cardan

Lors de l'utilisation d'un seul joint de cardan en position inclinée, il se produit un mouvement non uniforme entre les arbres.

Lorsqu'un angle de débattement β **(ill. 2)** s'établit entre l'arbre d'entrée et l'arbre de sortie d'un joint de cardan, en cas de vitesse angulaire uniforme ω_1 de l'arbre d'entrée, l'arbre de sortie exécute un mouvement oscillatoire à une vitesse angulaire ω_2 qui varie de façon sinusoïdale.

16

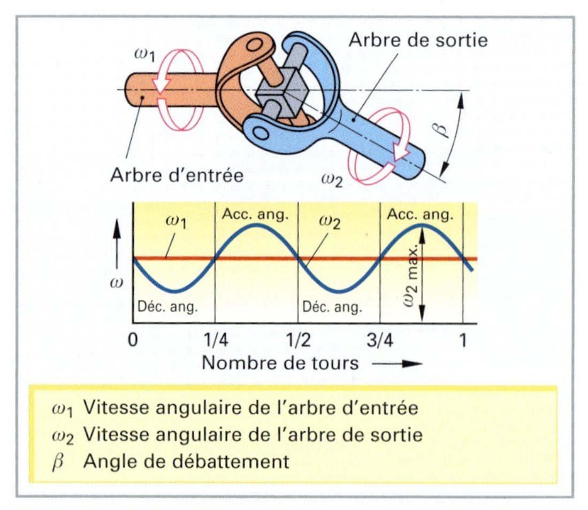

Illustration 2: Joint de cardan avec angle de débattement

Inconvénients du cardan. A chaque tour de l'arbre d'entrée, deux accélérations et deux décélérations angulaires se produisent au niveau de l'arbre de sortie **(ill. 2)**.

On ne peut utiliser un arbre de transmission et un arbre de roue avec un seul **joint de cardan** que s'il y a de **petits angles de débattement β**. En cas d'angles de débattement plus grands (p. ex. sur les véhicules à essieu rigide), il faut équiper l'arbre de transmission et l'arbre de roue de deux **joints de cardan (ill. 3)**.

L'inconvénient du cardan de l'articulation A est ainsi compensé par l'inconvénient du cardan de même angle mais opposé de l'articulation B (compensation β).

Conditions pour compenser l'inconvénient du cardan:

- les angles de débattement β_1 de l'articulation A et β_2 de l'articulation B doivent être de même valeur;
- les fourches d'articulation de l'axe de liaison doivent être sur le même plan. Il faudra surtout y veiller lors de l'assemblage de l'arbre intermédiaire (manchon coulissant).

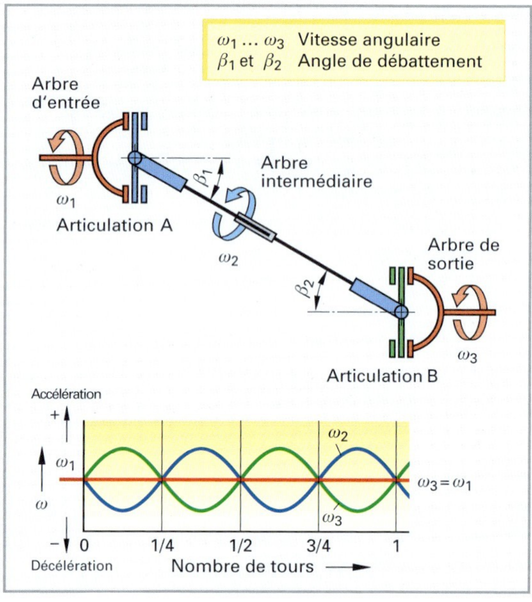

Illustration 3: Arbre de transmission à deux joints de cardan en débattement

Les changements de longueur (déformations linéaires) se produisant entre les joints de cardan lors du débattement et des variations thermiques sont compensés par le **manchon coulissant**.

Les joints de cardan sont utilisés p. ex. avec les arbres de transmission entre la boîte de vitesses et le pont différentiel arrière. Ils sont aussi utilisés pour les arbres de roue des véhicules utilitaires.

Joints homocinétiques

Les joints homocinétiques transmettent le mouvement rotatif de manière uniforme, même avec des angles de débattement importants.

Joints homocinétiques coulissants

Joints tripodes (ill. 1). Avec les suspensions à roues indépendantes, les joints tripodes peuvent être utilisés aussi bien pour les essieux avant (traction) que pour les essieux arrière (propulsion).

Grâce aux joints tripodes, on peut avoir des angles de débattement allant jusqu'à 26° et des déplacements axiaux jusqu'à 55 mm.

Les joints tripodes coulissants sont toujours montés du côté du pont différentiel.

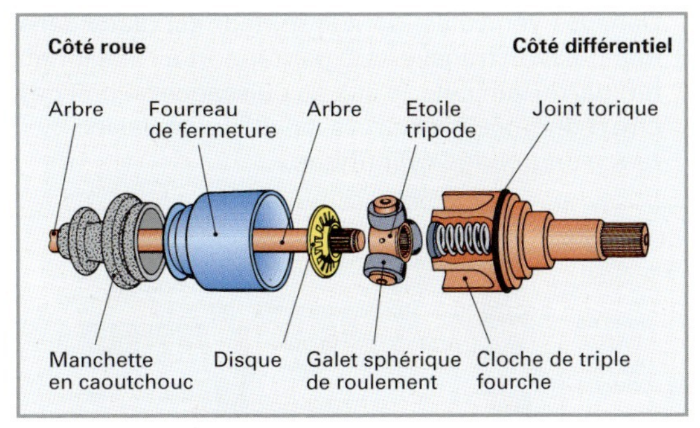

Illustration 1: Joint tripode

Joints coulissants à billes, joint tulipes (ill. 2). Ce sont des joints à rotule dont les billes sont guidées par une cage et roulent sur les **chemins droits** du croisillon et de la calotte cylindrique.

Les joints coulissants à billes permettent d'obtenir des angles de débattement allant jusqu'à 22° et des déplacements axiaux jusqu'à 45 mm.

Les joints coulissants à billes sont toujours montés du côté du pont différentiel.

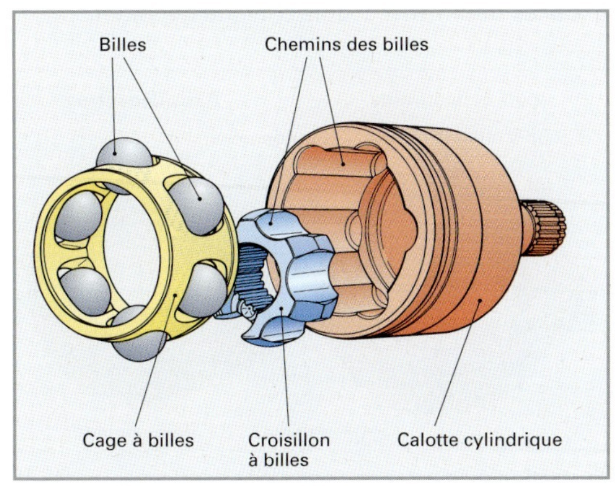

Illustration 2: Joint coulissant à billes

Joints homocinétiques fixes

Joints à rotule

Ils se composent d'un croisillon à billes, d'une calotte sphérique, d'une cage à billes et de billes **(ill. 3).** La calotte sphérique et le croisillon à billes ont des chemins de roulement cintrés sur lesquelles les billes roulent.

Avec les joints à rotule fixes, on peut obtenir des angles de débattement allant jusqu'à 47°. Aucun déplacement axial n'est possible.

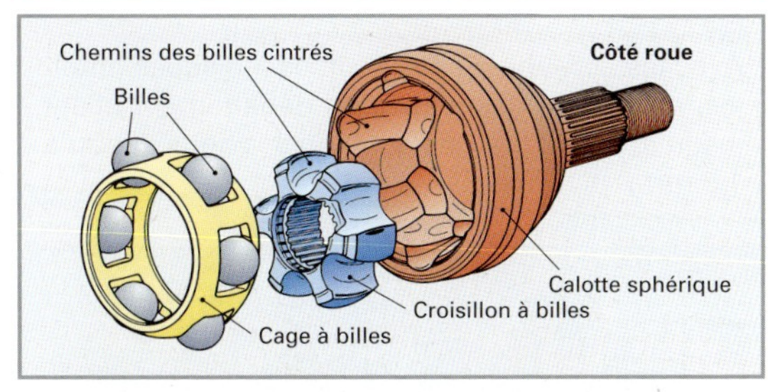

Illustration 3: Joint à rotule homocinétique fixe

Doubles joints de cardan

Deux joints de cardan assemblés forment une articulation **(ill. 4)**. Pour garantir un bon fonctionnement, la double fourche est flottante alors que les arbres sont maintenus centrés dans la transmission.
Ils sont utilisés sur les véhicules utilitaires.

Les joints à double cardan permettent d'obtenir des angles de débattement allant jusqu'à 50°. Aucun déplacement axial n'est possible.

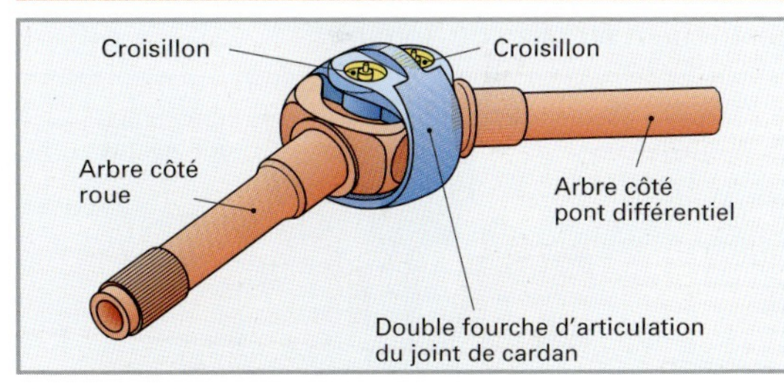

Illustration 4: Double joints de cardan

Accouplements flexibles

Les accouplements flexibles sont des articulations élastiques sans entretien avec lesquelles on ne peut obtenir que de petits angles de débattement et de faibles déformations linéaires. Ils sont surtout montés dans la chaîne cinématique comme composants élastiques pour amortir les vibrations et les bruits. Ils sont utilisés dans les véhicules utilitaires dont les ponts différentiels sont reliés solidement à la structure de la carrosserie ou au châssis.

On distingue:

- les accouplements flexibles (flector);
- les articulations à silentbloc.

16

Accouplements flexibles à disques entoilés (ill. 1)

Des douilles d'acier (p. ex. 6) sont insérées par un tissage de fils en fibres textiles, de façon à ce qu'un paquet enroulé passe à chaque fois autour de deux douilles se trouvant côte à côte. Les fils en fibres textiles et les douilles d'acier sont vulcanisés dans du caoutchouc.

Les accouplements flexibles à disques entoilés (disques flexibles Hardy ou flector) servent d'intermédiaires élastiques p. ex. pour les arbres en deux parties.

Avec les accouplements flexibles à disques entoilés, on obtient des angles de débattement allant jusqu'à 5° et des déplacements axiaux jusqu'à 1,5 mm.

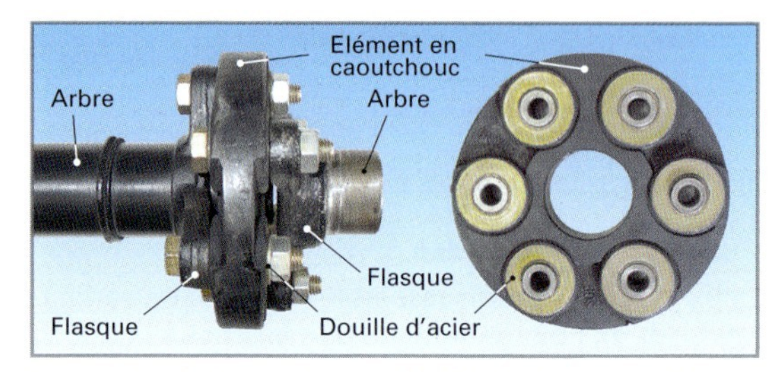

Illustration 1: Accouplement flexible à disque entoilé

Articulations à silentbloc (ill. 2). Des silentbloc (p. ex. 6) composées de corps en caoutchouc munis de douilles guides, sont réunis dans une enveloppe en tôle et sont vissés sur une flasque à six trous. Selon la façon dont l'arbre de transmission est raccordé, le centre peut être fixe ou flottant.

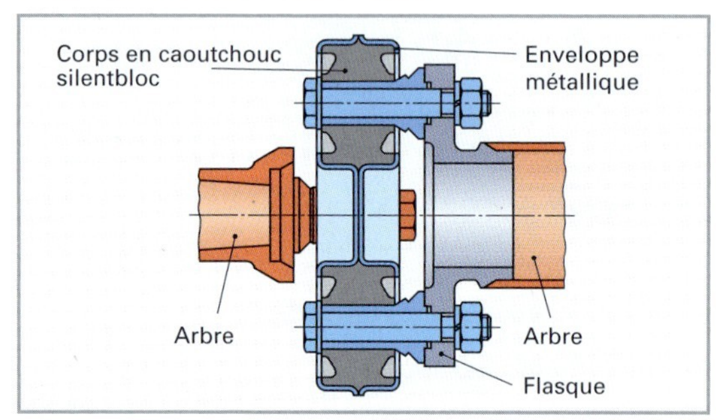

Illustration 2: Articulation à silentbloc

QUESTIONS DE RÉVISION

1 **Quelles sont les fonctions des arbres articulés?**
2 **Comment sont subdivisées les articulations?**
3 **Quelles sont les sortes d'articulations utilisées dans la construction automobile?**
4 **A quoi sert le manchon coulissant d'un arbre à cardan?**
5 **Quelle est la fonction des accouplements à joints flexibles?**

16.7 Essieux moteur

Fonctions

- **Transmettre et augmenter le couple.** Le couple, converti par la boîte de vitesses, est généralement augmenté dans l'essieu moteur pour qu'il soit suffisamment important aux roues motrices dans toutes les conditions de fonctionnement.
- **Diminuer les fréquences de rotation.** Les régimes, convertis par la boîte de vitesses, sont constamment diminués par le rapport de l'essieu moteur.
- **Réorienter, si nécessaire, le flux de puissance.** Si le moteur est disposé dans l'axe longitudinal du véhicule, le flux de puissance doit être réorienté de 90° puisque les arbres de roue sont toujours positionnés transversalement **(ill. 3).**

  Dans les véhicules, dont le moteur est placé dans une position transversale par rapport à l'axe longitudinal du véhicule, le flux de puissance ne doit pas être réorienté. Dans ce cas, on utilise un essieu moteur à engrenage cylindrique.

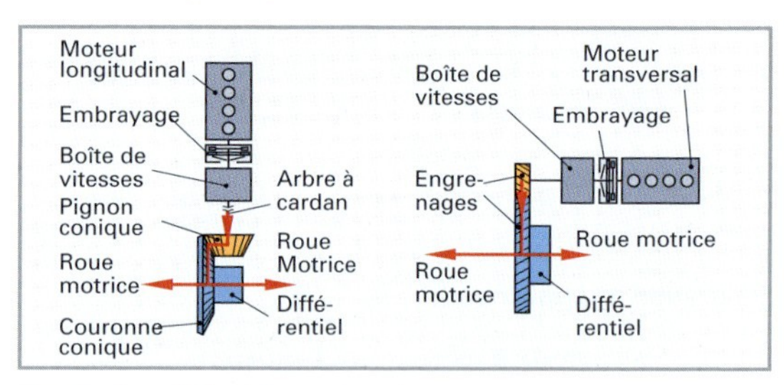

Illustration 3: Essieu moteur à engrenage conique, essieu moteur à engrenage cylindrique

16.7.1 Essieu moteur à couple conique

Le couple conique se compose d'un pignon d'attaque et d'une couronne.

On distingue **(ill. 4)** le couple conique:

- à **axes concourants;**
- à **axes décentrés** (couple conique hypoïde).

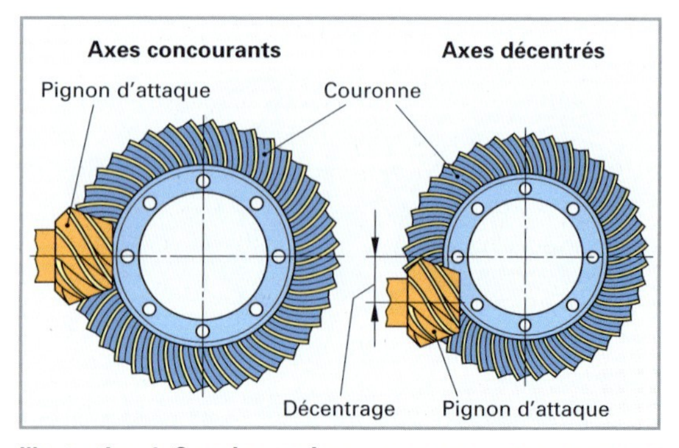

Illustration 4: Couples coniques avec axes concourants et décentrés (couple conique hypoïde)

Avantages du couple conique hypoïde

- **Plus grande régularité de fonctionnement** car un plus grand nombre de dents sont en contact.
- **Plus haute charge limite** car le déport de l'axe permet une augmentation du diamètre et la largeur des dents du pignon d'attaque est plus grande.
- **Encombrement réduit,** car la couronne possède un plus petit diamètre. Ainsi, l'arbre de transmission peut être placé plus bas dans les véhicules à moteur avant et propulsion. Le tunnel de transmission du plancher est moins haut et le centre de gravité est plus bas.

Lors du fonctionnement, le décentrage des axes provoque des contraintes de glissement plus fortes sur les flancs des dents en contact que pour le couple conique à axes concourants. C'est pour cette raison qu'il est nécessaire d'utiliser des huiles hypoïdes particulièrement résistantes à la pression.

On utilise l'engrenage Gleason ou l'engrenage Klingelnberg.

Engrenage Gleason (ill. 1)

- Les flancs des dents de la couronne du différentiel forment des segments en arc de cercle.
- Le profil des dents est plus petit à l'intérieur de la couronne qu'à l'extérieur.
- Le sommet de la dent devient plus mince vers l'intérieur.

Engrenage Klingelnberg (ill. 1)

- La forme de la dent est un segment en spirale.
- Le profil des dents a une largeur constante, de l'extérieur vers l'intérieur.

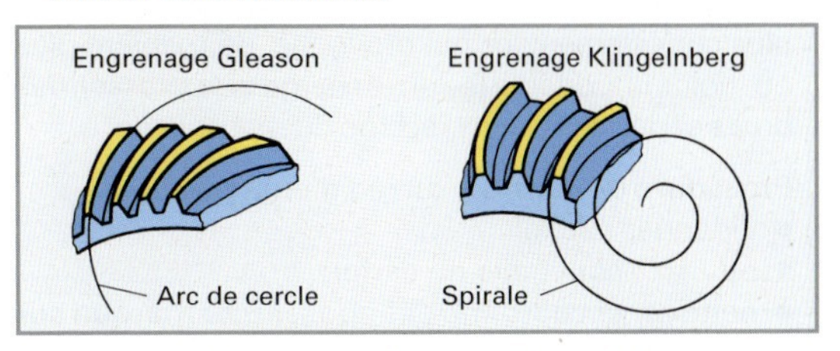

Illustration 1: Engrenage Gleason et Kingelnberg

16.7.2 Essieu moteur à engrenages cylindrique (ill. 2)

Il se compose d'un petit pignon cylindrique et d'une grande couronne. Les deux pignons possèdent une denture hélicoïdale, plus économique à fabriquer qu'une denture en arc de cercle.

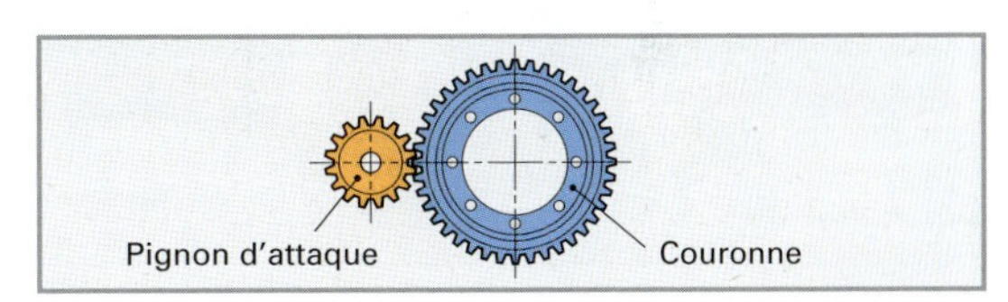

Illustration 2: Essieu moteur à engrenage cylindrique

Conseils d'atelier

L'engrènement correct du pignon d'attaque sur la couronne du différentiel est la condition primordiale pour un fonctionnement silencieux et une longue durée de vie du couple conique. Etant donné que le pignon d'attaque et la couronne du différentiel sont rodés ensemble pour pouvoir fonctionner correctement, ils doivent être apparentés par le fabricant **(ill. 3).** Ils reçoivent un numéro d'appariement *p*, qui est indiqué sur le front du pignon d'attaque et sur le côté extérieur de la couronne du différentiel.
R et *T* sont les cotes de base de fabrication.

Les valeurs de correction *r* et *t* sont déterminées par le fabricant lors du rodage des pignons. Avec ces corrections, les engrenages travaillent ensemble sans bruit. Lors du réglage du pignon d'attaque et de la couronne du différentiel, il faut tenir compte de ces corrections *r* et *t*.

La correction *t* et le jeu d'engrènement *z* sont indiqués sur la couronne du différentiel. La correction *r* est indiquée sur le front du pignon d'attaque.

Les deux pièces doivent être remplacées si l'une d'entre elles est défectueuse.

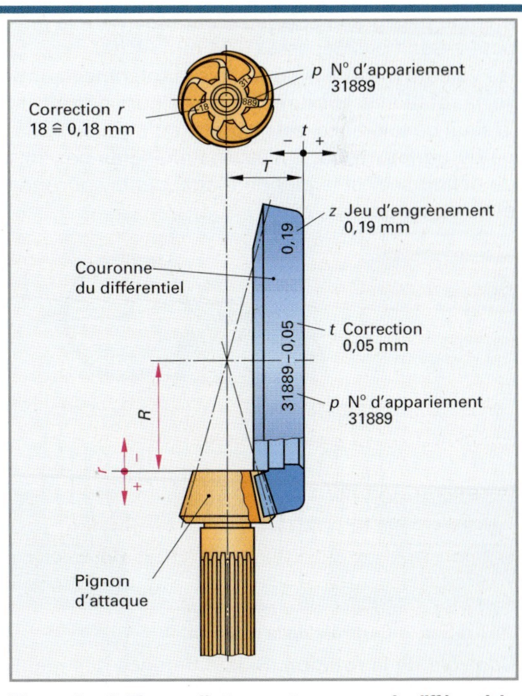

Illustration 3: Pignon d'attaque et couronne du différentiel

Conseils d'atelier

Toute modification de l'écart entre le pignon d'attaque et la couronne entraîne une modification du jeu d'engrènement. De ce fait, le couple conique ne fonctionne plus correctement, ce qui provoque, de manière plus ou moins importante (selon la charge et la vitesse), des bruits et une sollicitation accrue du mécanisme.

Procédure de contrôle du jeu d'engrènement

- vidanger l'huile;
- ouvrir le couvercle du carter;
- nettoyer la couronne et apposer une marque sur l'une de ses dents ;
- installer le comparateur, bloquer le pignon d'attaque et mesurer le jeu d'engrènement en effectuant des mouvements de va-et-vient à la couronne;
- répéter cette procédure à au moins 4 endroits de la couronne (tous les 90°) **(ill. 1)**.

Illustration 1: Vérification du jeu d'engrènement

Evaluation. La différence entre le jeu d'engrènement le plus grand et le jeu d'engrènement le plus petit ne doit pas dépasser 0,04 mm (4/100 mm). Si les valeurs mesurées sont dans la tolérance admise, la rotation est assurée. Si les valeurs dépassent le seuil de tolérance, cela signifie qu'il y a un voilage ou un faux rond. Il n'est toutefois pas possible de définir si c'est le pignon d'attaque, la couronne ou le carter qui est voilé.

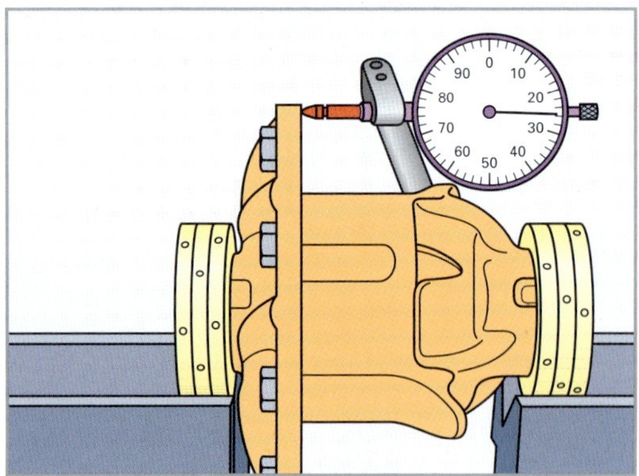

Illustration 2: Contrôle de la rotation

Contrôle de la rotation. Si la différence des résultats des 4 mesures dépasse 0,04 mm, il faut vérifier la rotation **(ill. 2)**. Pour cela, la couronne doit être déposée. La tolérance est au maximum de 0,01 mm (1/100 mm). Si les valeurs mesurées sont hors tolérance, il faut remplacer le carter, voire changer le pont complet. Si les valeurs sont dans les normes de tolérance, il faut alors remplacer le pignon d'attaque et la couronne.

Réglage du pignon d'attaque. Si le jeu d'engrènement est trop important, le pignon d'attaque et la couronne doivent être réglés ou remplacés, ce qui signifie en tous les cas qu'il faut procéder à un nouveau réglage. Le pignon d'attaque doit être réglé selon des valeurs prescrites par le fabricant **(ill. 3, p. 399)** pour chaque appariement.

Déroulement de la mesure

- monter le pignon d'attaque avec cale et le serrer au couple prescrit;
- insérer le mandrin et le cylindre de mesure;
- installer la règle d'appui et y fixer le comparateur à cadran;
- mettre le comparateur à zéro. Effectuer la mesure A et la mesure B avec la cale (le comparateur indique la différence entre le cylindre de mesure et une valeur nulle);
- la mesure de contrôle C, après le montage de la nouvelle cale, doit indiquer 0,16 mm.

Définir l'épaisseur de cale correcte

La différence entre A et B est p. ex. de 0,22 mm. La valeur de correction C inscrite sur le pignon est de p. ex. **r = + 0,16 mm**. L'épaisseur de la cale sera donc de **s = 0,22 mm - (+ 0,16 mm) = 0,06 mm.**

L'épaisseur de la cale de base était p. ex. de **S = 3,38 mm**. Cela signifie que la nouvelle épaisseur de la cale sera de **s = 3,38 mm + 0,06 mm = 3,44 mm**.

Après le montage de la nouvelle cale, il faut effectuer une mesure de contrôle. Celle-ci doit indiquer une valeur C de **0,16 mm.**

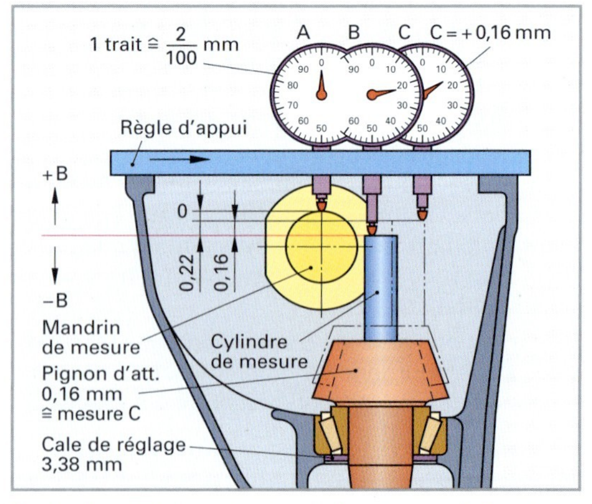

Illustration 3: Détermination de l'épaisseur de la cale du pignon d'attaque

CONSEILS D'ATELIER

Réglage de la couronne du différentiel

Il est possible de corriger la position de la couronne au moyen des cales de correction **(ill 1)** ou en tournant des écrous de réglage.
Le réglage peut être vérifié en mesurant le jeu d'engrènement.

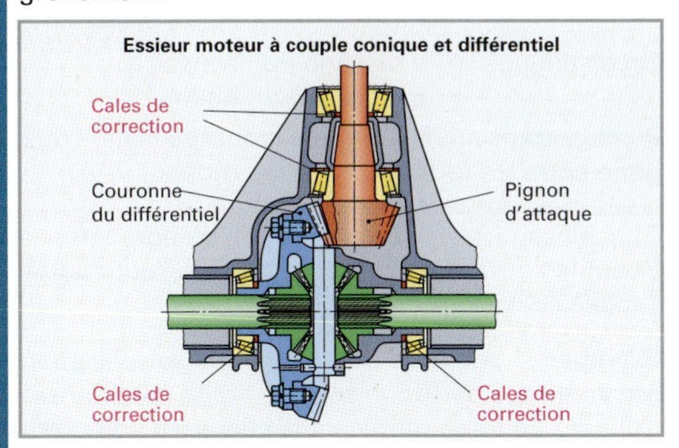

Illustration 1: Réglage par cales de correction

Contrôle de l'empreinte de contact

Il a lieu après le réglage du pignon d'attaque et couronne du différentiel. L'empreinte s'effectue sur:

- la couronne du différentiel pour un engrenage Gleason;
- le pignon d'attaque pour un engrenage Klingelnberg.

Contrôle de l'empreinte de contact d'un engrenage Gleason

Mauvaises empreintes de contact (ill. 2)

Contact en tête de la dent
L'empreinte se fait dans la zone de tête de la dent. Correction: le pignon d'attaque doit être remonté par une cale de correction plus épaisse.

Contact au pied de la dent
L'empreinte se fait dans la zone du pied de la dent. Correction: le pignon d'attaque doit être rabaissé par une cale de correction plus mince.

Contact du côté extérieur de la couronne
L'empreinte se fait dans la zone extérieure de la denture. Correction: la couronne doit être rapprochée du pignon d'attaque.

Contact du côté intérieur de la couronne
L'empreinte se fait dans la zone intérieure de la denture. Correction: la couronne doit être éloignée du pignon d'attaque.

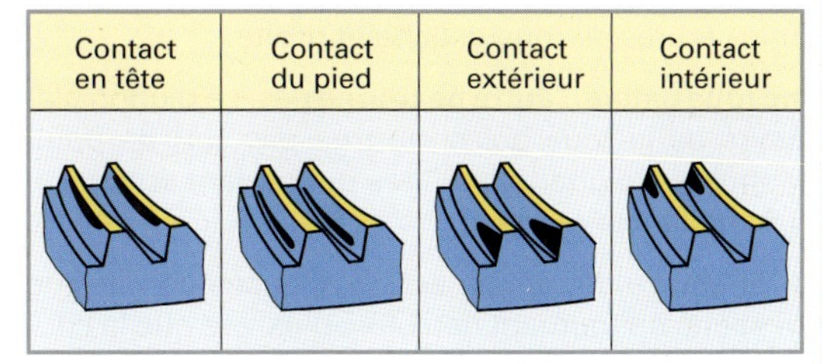

Illustration 2: Mauvaises empreintes de contact

Exemple: empreinte de contact correcte
La surface de l'empreinte a une forme bombée et allongée dans la zone centrale du flanc d'appui des dents **(ill. 3)**.

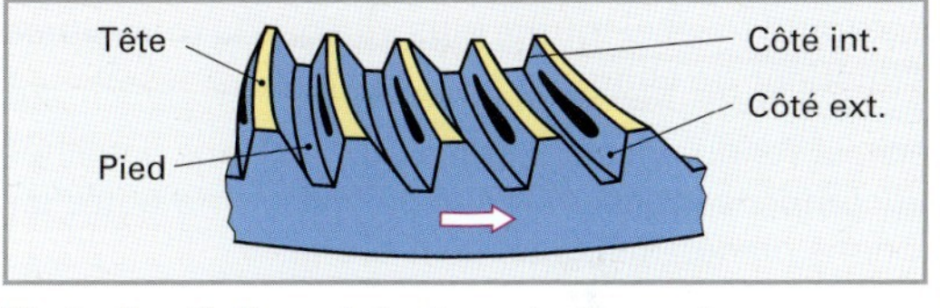

Illustration 3: Empreinte de contact correcte

16.8 Différentiel

Fonctions

- Permettre aux roues motrices de tourner à des régimes différents.
- Equilibrer les couples transmis au roues motrices.

Permettre aux roues motrices de tourner à des régimes différents. Dans un virage, les roues situées à l'extérieur du virage parcourent un plus grand trajet que celles situées à l'intérieur du virage. Les surfaces irrégulières de la route engendrent aussi des différences de parcours. C'est pourquoi les roues d'un même essieu doivent pourvoir tourner à des régimes différents.

> Le différentiel, comme son nom l'indique, permet à la roue motrice située à l'extérieur du virage de parcourir un chemin plus grand que la roue située à l'intérieur du virage.

Equilibrer les couples transmis aux roues motrices. Le différentiel transmet le même couple aux deux roues motrices, même si, dans un virage, une roue motrice tourne plus vite que l'autre.

> La valeur du couple transmis est déterminée par la roue motrice qui a la plus mauvaise adhérence avec la chaussée.

Types de différentiels

- **Différentiels à pignons coniques.** Ils sont installés dans l'essieu moteur dans la cage (boîtier ou carter) du différentiel.
- **Différentiels à vis sans fin (différentiels Torsen).** Ils sont utilisés (p. ex. dans des véhicules à transmission intégrale) comme boîte de transfert à blocage automatique.

Différentiels à pignons coniques

Conception (ill. 1)

Le pignon d'attaque reçoit le couple du moteur et le transmet à la couronne fixée à la cage du différentiel, qui lui sert de support. Les pignons satellites sont reliés au carter du différentiel par leur axe. Ils entraînent les pignons planétaires reliés aux arbres de roue ou aux arbres de transmission.

Fonctionnement

Conduite en ligne droite. Les deux roues motrices solidaires des pignons planétaires tournent à la même fréquence de rotation. Les pignons satellites ne tournent pas mais transmettent le couple, à parts égales, sur les arbres de roue gauche et droite.

Une roue patine, l'autre ne tourne pas. Le pignon planétaire de la roue qui ne tourne pas sert de point d'appui aux pignons satellites qui roulent autour du pignon planétaire arrêté.

La différence de régime est compensée par la roue qui patine en tournant deux fois plus vite que la couronne du différentiel.

La distribution du couple se fait à parts égales et dépend de la roue motrice ayant la plus mauvaise adhérence. Le véhicule reste arrêté.

Conduite en virage (virage à gauche, ill. 1). La roue motrice située à l'extérieur du virage parcourt un plus grand trajet et tourne plus vite que la roue située à l'intérieur du virage.

Ceci est rendu possible grâce aux pignons satellites qui compensent les différences de régime entre les pignons planétaires gauche et droite.

Dans ce cas, les satellites tournent sur leur axe.

L'ill. 1 montre les sens de rotation des arbres et des satellites dans un virage à gauche.

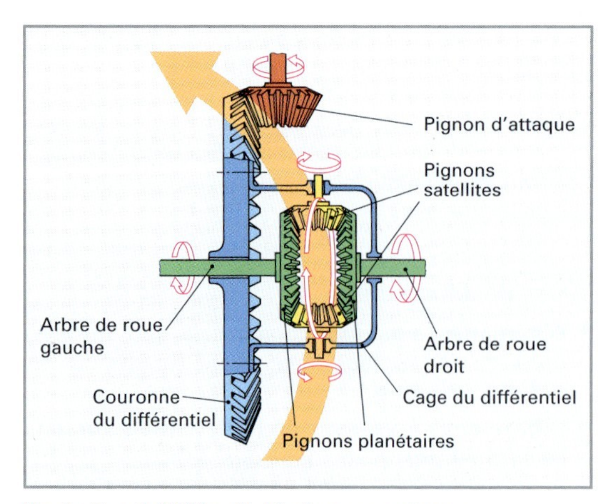

Illustration 1: Différentiel à pignons coniques

La roue motrice gauche, située à l'intérieur du virage, tourne plus lentement que la roue motrice droite située à l'extérieur. La différence de fréquence de rotation est compensée par le différentiel.

Chaque roue motrice reçoit toujours le même couple.

16.9 Blocage du différentiel

On distingue:
- le blocage transversal
- le blocage longitudinal

Blocage transversal. Il bloque la compensation du régime entre les roues d'un essieu moteur.

Le blocage transversal permet d'augmenter le couple sur la roue présentant la meilleure adhérence au sol.

Exemple: si une roue motrice patine sur une chaussée verglacée ou sur un sol mou, cette roue transmet trop peu de force motrice à la chaussée pour déplacer le véhicule.

C'est le défaut du différentiel car la roue qui a une bonne adhérence reçoit le même couple que la roue qui patine. Le blocage du différentiel supprime ce désavantage car il transmet le couple sur la roue qui a de l'adhérence. Le couple transmis dépend des conditions d'adhérence et de la valeur de blocage du différentiel installé.

Valeur de blocage

La valeur de blocage **S** indique la différence de couple qu'il peut y avoir entre la roue motrice gauche et droite d'un même essieu moteur ou entre l'essieu moteur avant et arrière d'un véhicule à transmission intégrale.

$$S\ \% = \frac{\text{Différence des couples}}{\text{Somme des couples}} \cdot 100$$

La valeur de blocage **S** est indiquée en %. Elle se rapporte au couple de charge existant au niveau de la couronne du différentiel.

Exemple valeur de blocage 40 %: la roue motrice qui adhère prend 40 % du couple sur la roue qui a l'adhérence la plus faible.

Blocage longitudinal. Il bloque la compensation du régime entre les roues des deux essieux moteurs.

Le blocage longitudinal permet d'augmenter le couple sur l'essieu présentant la meilleure adhérence au sol.

Exemple: si les roues motrices d'un des essieux d'un véhicule à traction intégrale patinent, l'essieu présentant la meilleure traction reçoit alors plus de couple (en fonction de la valeur de blocage du différentiel installé).

16.9.1 Différentiels à blocage mécanique

Le blocage du différentiel représenté dans l'**ill. 1** se compose de la fourchette de commande et du baladeur de crabotage. La commande de blocage peut se faire mécaniquement à la main ou par commande pneumatique.

Fonctionnement. Lorsqu'il est engagé, le baladeur relie l'arbre de roue droite de manière rigide à la cage du différentiel et à la couronne du différentiel.
Par l'intermédiaire des cannelures intérieures du baladeur et des cannelures extérieures, situées sur le côté droit de la cage du différentiel, on établit une prise directe et résistante à la torsion entre l'arbre de roue droite et la cage du différentiel. De ce fait, les satellites ne peuvent plus rouler sur les planétaires des arbres de roue, ils fonctionnent comme des clavettes. Le différentiel est bloqué à 100 %.
Pour éviter des dégâts, les différentiels à blocage mécanique doivent être débloqués en cas d'adhérence normale des roues motrices sur le sol.

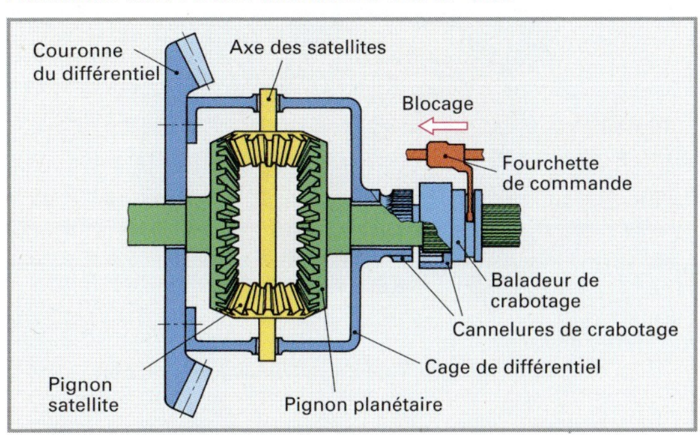

Illustration 1: Blocage mécanique du différentiel

16.9.2 Différentiels autobloquants

Ils provoquent la neutralisation automatique de la différence de régime entre les roues motrices d'un essieu. La roue motrice présentant les meilleures conditions d'adhérence reçoit ainsi plus de couple.

Les valeurs de blocage habituelles sont comprises entre 25 % et 70 %.

Types de conceptions

- Différentiel autobloquant avec embrayages multidisques
- Différentiel Torsen
- Visco-coupleur
- Différentiel à blocage automatique
- Différentiel électronique autobloquant (EDS)
- Embrayage Haldex

Différentiel autobloquant avec embrayages multidisques

Conception (ill. 2)

Aux composants habituels d'un différentiel viennent s'ajouter deux bagues de serrage et deux embrayages multidisques.

Les bagues de serrage ont, sur leur pourtour, des cannelures qui s'engagent dans les rainures longitudinales de la cage du différentiel. Elles sont donc solidaires de la cage, mais peuvent se déplacer axialement.

Les disques d'embrayage sont disposés entre les bagues de serrage et les faces de la cage du différentiel.

Les disques à cannelures extérieures se placent dans les rainures longitudinales de la cage du différentiel, les disques à cannelures intérieures sont solidaires des arbres de roue donc des pignons planétaires.

Sur leur face intérieure, les bagues de serrage possèdent quatre logements triangulaires dans lesquels sont placés les axes des pignons satellites. La précharge des disques d'embrayage est assurée par deux ressorts Belleville.

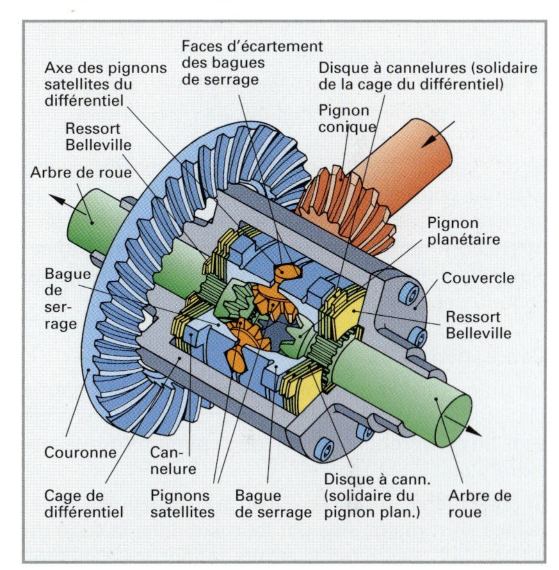

Illustration 2: Différentiel autobloquant avec embrayages multidisques

Fonctionnement

Le couple provenant de la boîte de vitesses augmenté par le rapport de démultiplication du couple conique du différentiel est transmis aux bagues de serrage par les axes des satellites.

Bonne adhérence au sol. Chaque roue motrice reçoit 50 % du couple.

Le couple transmis aux pignons planétaires passe par la couronne, la cage du différentiel, les bagues de serrage et les axes des satellites.

Adhérence au sol différente. P. ex. si la roue motrice droite patine, les pignons satellites tournent. Leurs axes pressent les bagues de serrage contre les deux embrayages multidisques.

16

En fonction de la charge, la force de pression crée un couple de frottement dans l'embrayage multidisques du côté droit. Les disques solidaires du planétaire de la roue droite tournent plus rapidement que les disques solidaires de la cage du différentiel.

Le couple ainsi généré par la friction des disques est transmis, par la cage du différentiel, à l'embrayage et au planétaire gauche.

Ce couple s'ajoute alors au couple moteur normal de la roue gauche.

Différentiel Torsen

Le principe de base repose sur le blocage automatique entre les satellites à vis sans fin et les pignons planétaires à vis sans fin.

L'efficacité du blocage automatique dépend de l'angle d'hélice des vis sans fin des satellites et des pignons planétaires.

Le blocage automatique est supprimé si les planétaires mettent les satellites en mouvement.

Le différentiel Torsen (Torsen = torque sensing = sensible au couple) répartit le couple provenant de la boîte de vitesses en fonction de la traction. Il peut être utilisé comme blocage transversal (différentiel d'essieu) ou comme blocage longitudinal (différentiel central) des véhicules à transmission intégrale.

Conception (ill. 1)

Un différentiel Torsen se compose de deux pignons planétaires à vis sans fin, de pignons satellites à vis sans fin comprenant chacun deux pignons droits aux extrémités.

Chaque planétaire est relié à un arbre de roue. Les satellites sont maintenus par leur axe dans la cage du différentiel, les pignons droits relient les satellites gauche et droit.

Fonctionnement

Flux de puissance dans le différentiel Torsen

Le couple provenant du couple conique est transmis de la cage du différentiel aux planétaires par l'intermédiaire des satellites.

Bonne adhérence au sol. Si, lors d'un parcours en ligne droite, toutes les roues motrices ont le même régime, les pignons satellites à vis sans fin ne tournent pas avec les pignons droits latéraux et fonctionnent comme des clavettes.

Le couple est distribué à parts égales aux deux arbres de roue.

Adhérence au sol différente, virages. La différence d'adhérence des roues sur le sol provoque, par l'effet d'irréversibilité des vis sans fin, un blocage du différentiel. C'est la roue qui a la meilleure adhérence au sol ou le plus faible régime qui reçoit le plus de couple.

Dans un virage à droite, la roue motrice gauche tourne plus vite, le planétaire gauche met en mouvement ses propres satellites à vis sans fin.

Les pignons droits des satellites gauches transmettent le mouvement de rotation aux pignons droits des satellites du planétaire de droite. Lorsque, dans un virage, la différence de régime des arbres provient de la roue extérieure, les planétaires peuvent facilement tourner à un régime différent.

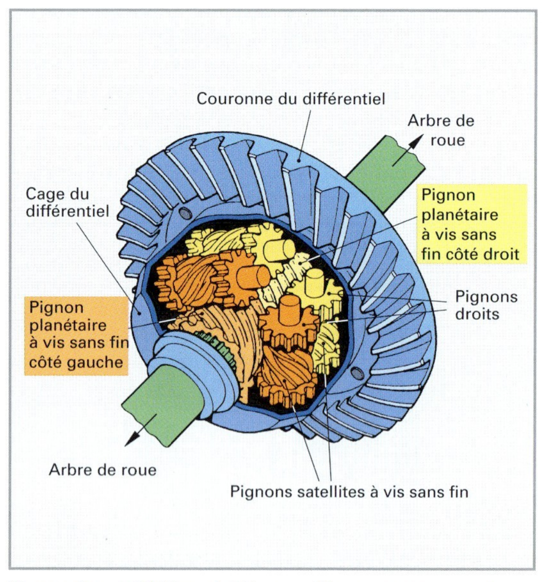

Illustration 1: Différentiel Torsen, blocage transversal

Différentiel électronique autobloquant

Le système de blocage électronique du différentiel (ESD/EDS) est intégré au système ABS/ESP et sert d'assistance au démarrage. L'effet de blocage est assuré par actionnement du frein sur la roue motrice qui patine. Sur les véhicules à traction intégrale, toutes les roues qui patinent sont freinées.

Caractéristiques

- amélioration de la motricité en cas de mauvaises conditions routières;
- amélioration de la stabilité du véhicule et de la tenue de route lors des accélérations;
- usure accrue des garnitures de freins;
- peu approprié en conduite tout-terrain étant donné la surcharge thermique.

Construction. Ce système est combiné à un système antiblocage (ABS) et se compose des ensembles suivants:

16

Unité hydraulique (ill. 1) Elle se compose de la pompe hydraulique avec des soupapes d'aspiration et un clapet de refoulement, de soupapes d'admission et d'échappement, de la soupape d'inversion et d'une soupape de blocage avec limiteur de pression.

Système électrique. Il se compose d'un boîtier de commande électronique ABS/ESP/ESD et des capteurs de régime des roues.

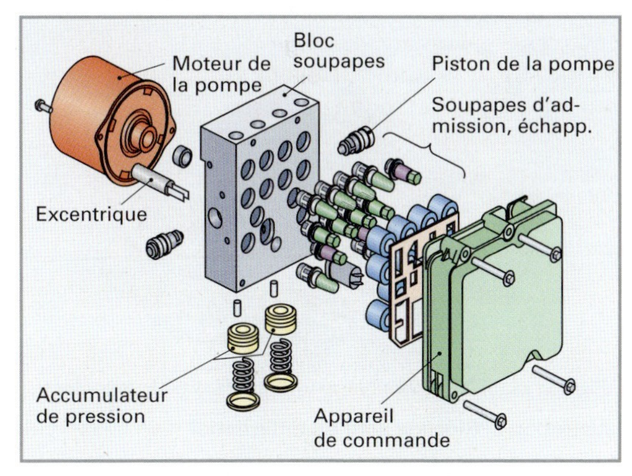

Illustration 1: Unité hydraulique ESD/EDS

Fonctionnement

Autodiagnostic, mémorisation des erreurs. Un autotest est effectué à la mise en marche du véhicule. Si le système fonctionne, la lampe de contrôle s'éteint. Si, par contre, une défectuosité (p. ex. électrique) est identifiée, l'erreur est enregistrée dans la mémoire des erreurs et le système est désactivé. Le conducteur est averti du problème par la lampe de contrôle.

Conduite. Durant la conduite ou lors du freinage, aucune soupape n'est alimentée en courant et, lorsque la pédale de frein est actionnée, la pression de freinage peut affluer aux freins par la soupape de blocage et la soupape d'admission qui sont ouvertes. La soupape d'inversion hydraulique est fermée par la pression de freinage dans la conduite de commande.

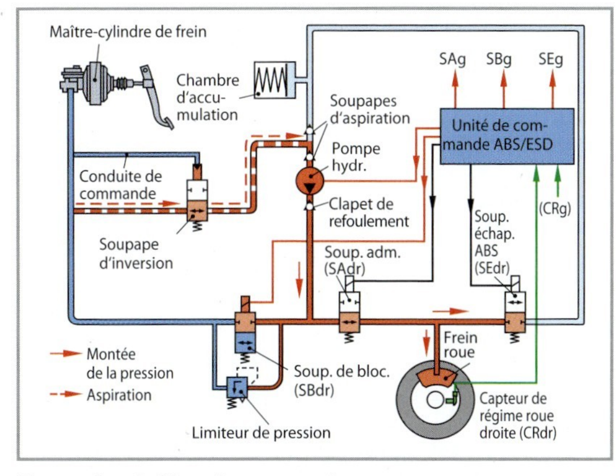

Illustration 2: Montée en pression sur une roue

Montée de la pression (ill. 2). Grâce aux capteurs de régime, l'appareil de commande reconnaît si une roue patine. Dans ce cas, il commande la soupape de blocage et la pompe hydraulique autoaspirante. Celle-ci pompe le liquide de frein par la soupape d'inversion hydraulique et freine la roue concernée jusqu'à ce qu'elle cesse de patiner. Ce freinage simule une bonne adhérence sur le sol et l'effet de blocage du différentiel est ainsi atteint.

Maintien de la pression (ill. 3). Durant cette phase de régulation, la soupape d'admission est alimentée en courant et donc fermée. La pression de freinage induite est maintenue constante.

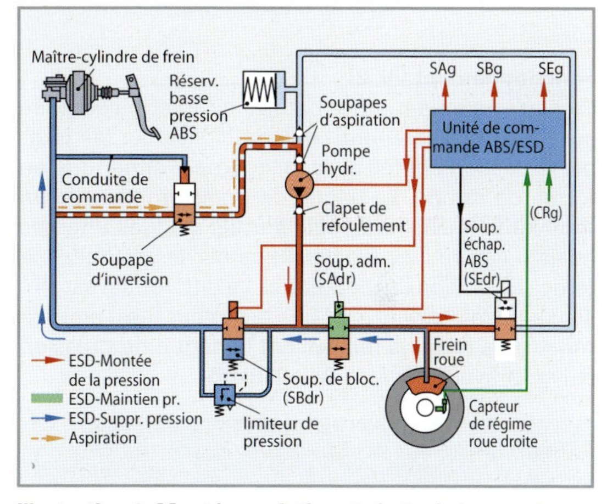

Illustration 3: Montée, maintien et chute de la pression dans un système ESD

Annulation de la pression (ill. 3). Si la roue ne patine plus, la pression de freinage est annulée. Les soupapes d'admission et de blocage ne sont plus alimentées en courant. La pression de freinage chute en passant par les soupapes d'admission et de blocage ouvertes vers le maître-cylindre.

Blocage du différentiel actionné électromécaniquement avec embrayage multidisque

C'est un système entièrement automatique qui bloque à 100 % le différentiel de l'essieu arrière au moyen d'un moteur électrique à démultiplication.

Conception (ill. 1, p. 406)
Le carter de l'essieu arrière, équipé d'un pignon d'attaque et d'une couronne, comprend en outre:

- un embrayage multidisque logé dans le carter du différentiel;
- un dispositif de pression avec logement sphérique;
- un moteur électrique à démultiplication permettant d'actionner le système de blocage.

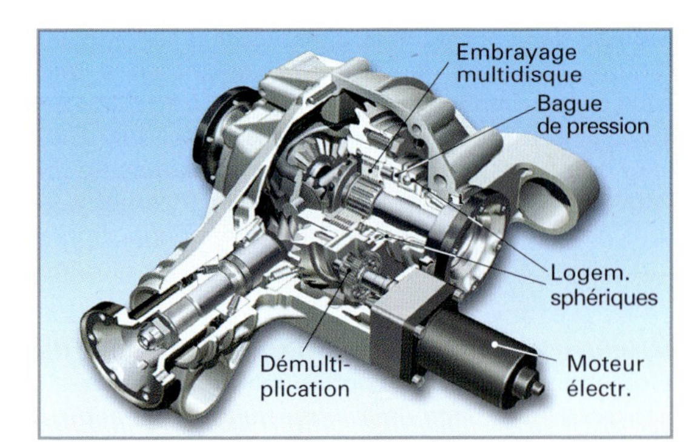

Illustration 1: Blocage du différentiel actionné électriquement

Fonctionnement (ill. 2)

Lorsqu'une roue motrice patine, le moteur électrique est alimenté en courant. Le démultiplicateur fait tourner la section dentée avec le logement sphérique en forme de rampe. La bague de pression effectue un mouvement axial et appuie sur les disques internes reliés à l'arbre de roue ainsi que sur les disques externes de la cage du différentiel. Le différentiel est ainsi bloqué totalement. Dès que le moteur n'est plus alimenté, les ressorts repoussent la bague de pression et l'embrayage est à nouveau libéré.

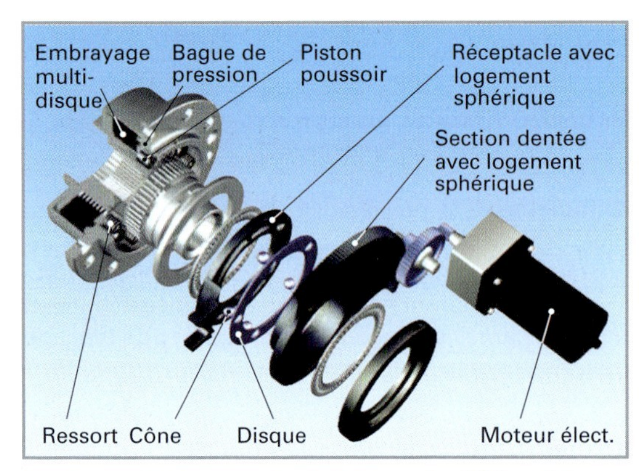

Illustration 2: Composants du blocage du différentiel

Blocage actif du différentiel

> C'est un système entièrement automatique qui peut répartir la force motrice en continu et de manière variable sur chacune des roues arrière, indépendemment de la situation de conduite .

Caractéristiques

- Amélioration de la traction sous différentes adhérences (valeur de blocage max. 30 à 40 %).
- Meilleure stabilité dans les virages grâce à la création d'un moment de lacet.

Construction (ill. 3, ill. 4)

Le carter de l'essieu arrière, avec le pignon d'attaque et la couronne comprend les composants suivants:

- une transmission superposée avec des trains planéraires pouvant être reliés par des embrayages multidisques;
- une commande électrohydraulique pour l'actionnement des embrayages multidisques.

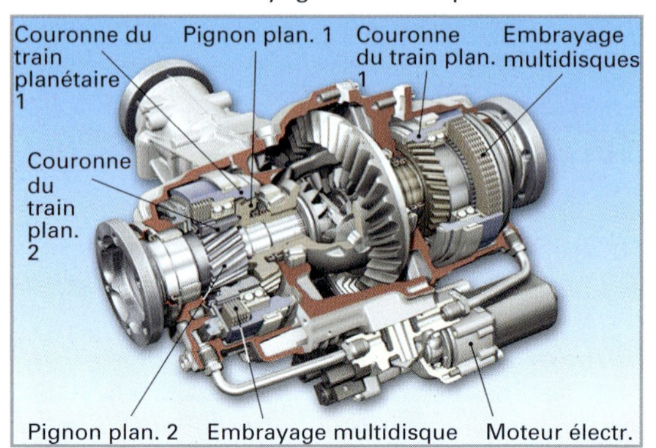

Illustration 3: Blocage actif du différentiel

Fonctionnement

L'actionnement des embrayages multidisques permet de répartir les différents couples d'entraînement sur les roues motrices indépendamment de la vitesse du véhicule, de l'angle de braquage et du moment de lacet, ce qui permet d'exercer une influence ciblée sur le comportement de braquage du véhicule. Si une augmentation du couple d'entraînement est nécessaire sur une roue motrice, un des embrayages multidisques entre en action et relie P_1–C_1 avec C_2–P_2 **(ill. 4).** Les transmissions différenciées permettent ainsi d'augmenter le couple au pignon planétaire P_2. Lors de parcours en ligne droite, les embrayages sont libres et le couple d'entraînement est réparti régulièrement sur les roues.

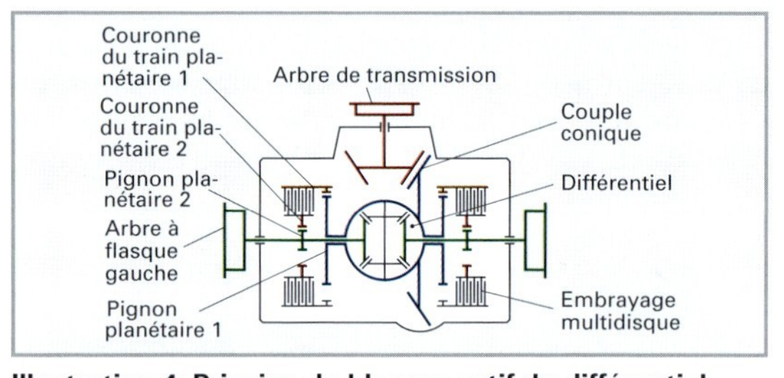

Illustration 4: Principe du blocage actif du différentiel

Questions de révision

1. **Quelles sont les fonctions du pont?**
2. **Quels sont les avantages d'un couple conique hypoïde?**
3. **Quelles sont les fonctions d'un différentiel à pignons coniques?**
4. **Quels sont les composant d'un ESD?**
5. **Comment fonctionne un blocage du différentiel électrique?**
6. **Quelles sont les caractéristiques d'un blocage actif du différentiel?**

16.10 Transmission intégrale

La roue motrice d'un véhicule ne peut pas transmettre à la route plus de force motrice F_M que ne le permet la force d'adhérence entre le pneu et la route.

Si l'on prend le véhicule représenté ci-dessous, d'une masse totale de 2800 kg, chaque roue reçoit, si la masse est répartie de manière égale, une charge 700 kg. Cela correspond à une force radiale de 7000 N. Sur une chaussée verglacée, chaque roue peut, p. ex., transmettre au maximum $F_M = F_N \times \mu_A = 7000 \text{ N} \times 0{,}1 = 700 \text{ N}$ de force motrice.

Cela fait, pour une:

transmission à 2 roues $F_{M\,tot} = 2 \times 700 \text{ N} = 1400 \text{ N}$

transmission intégrale $F_{M\,tot} = 4 \times 700 \text{ N} = 2800 \text{ N}$

Un véhicule à transmission intégrale peut, en cas de répartition égale de la masse et à puissance égale, transmettre deux fois plus de force motrice qu'un véhicule à deux roues motrices.

On distingue:

- **Transmission intégrale enclenchable**
  Toutes les roues ne sont pas motrices, elles le deviennent qu'en cas de nécessité.
- **Transmission intégrale permanente**
  Toutes les roues sont motrices en permanence. Un différentiel central est nécessaire afin de compenser la différence de régime entre les roues des essieux avant et arrière.

Conception

Les véhicules à traction intégrale permanente sont équipés des composant suivants **(ill. 1)**:

- boîte de transfert avec différentiel central et blocage longitudinal du différentiel;
- essieu moteur avant avec différentiel;
- essieu moteur arrière avec différentiel et blocage transversal du différentiel.

Boîte de transfert. Elle distribue p. ex. 50 % du couple venant de la boîte de vitesses à l'essieu moteur avant et 50 % à l'essieu moteur arrière.

Différentiel central. Il compense les différences de régimes, p. ex. dans les virages. Les tensions dans la chaîne cinématique sont évitées.

Si les roues motrices d'un essieu patinent, le différentiel central peut être neutralisé par un blocage central (blocage longitudinal). Les roues de l'essieu ayant la meilleure adhérence au sol reçoivent ainsi plus de couple.

Différentiels des essieux avant et arrière

Ils compensent les différences de régimes et distribuent le couple à parts égales aux roues motrices.

Si une roue patine, le **blocage transversal** reporte plus de couple sur la roue ayant la meilleure adhérence au sol.

Dans un véhicule à transmission intégrale, pour pouvoir transmettre le maximum de couple dans toutes les conditions, il faut un blocage longitudinal et deux blocages transversaux de différentiel.

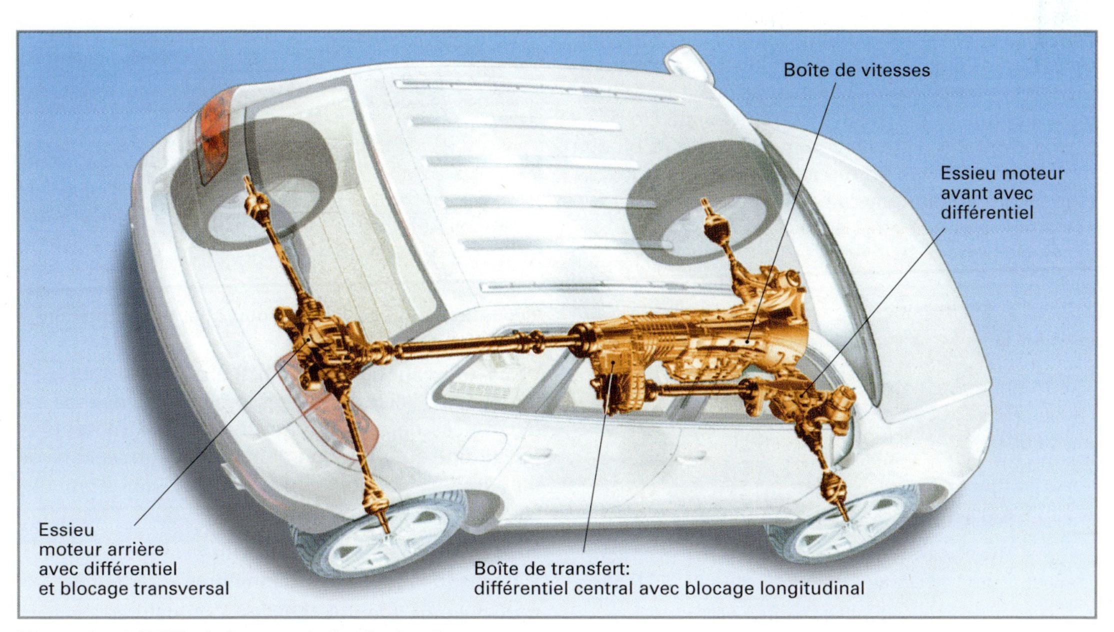

Illustration 1: Véhicule à transmission intégrale permanente

Différentiel central et boîte de transfert

Ces éléments sont généralement regroupés en une seule unité. On distingue:

- différentiel à pignons coniques;
- boîte de transfert Torsen;
- différentiel à engrenage planétaire;
- visco-coupleur;
- embrayage Haldex.

Le tableau de l'**ill. 1** représente les transmissions de couple possibles sur les essieux avant et arrière.

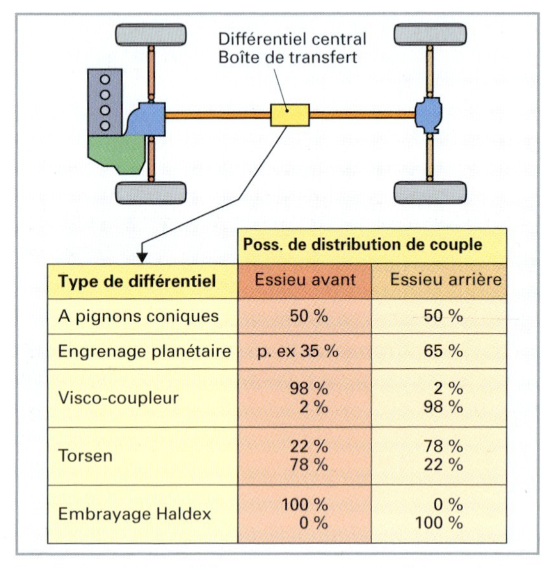

Type de différentiel	Poss. de distribution de couple – Essieu avant	Essieu arrière
A pignons coniques	50 %	50 %
Engrenage planétaire	p. ex 35 %	65 %
Visco-coupleur	98 % 2 %	2 % 98 %
Torsen	22 % 78 %	78 % 22 %
Embrayage Haldex	100 % 0 %	0 % 100 %

Illustration 1: Répartition du couple, boîte de transfert

Différentiel central à pignons coniques (ill. 2). Il compense les différences de régimes entre les roues motrices par les pignons satellites et distribue constamment le couple provenant de la boîte de vitesses pour 50 % au pont arrière et 50 % au pont avant. Un différentiel central à pignons coniques peut être bloqué manuellement avec un manchon baladeur à crabotage ou automatiquement par un visco-coupleur.

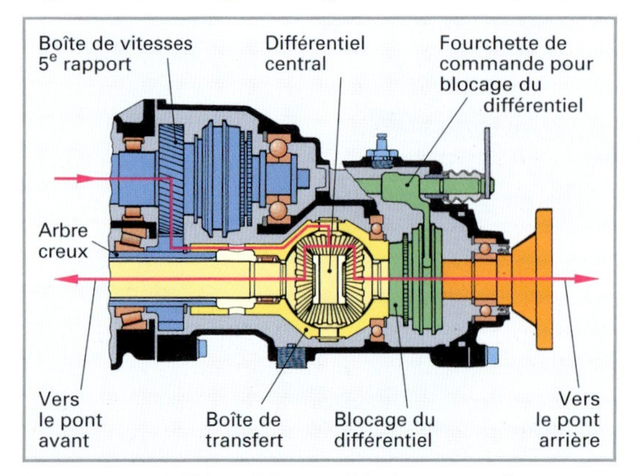

Illustration 2: Différentiel central à pignons coniques

Différentiel central à train planétaire (ill. 3). Il compense les différences de régimes des roues avant et arrière et distribue constamment le couple aux ponts avant et arrière.

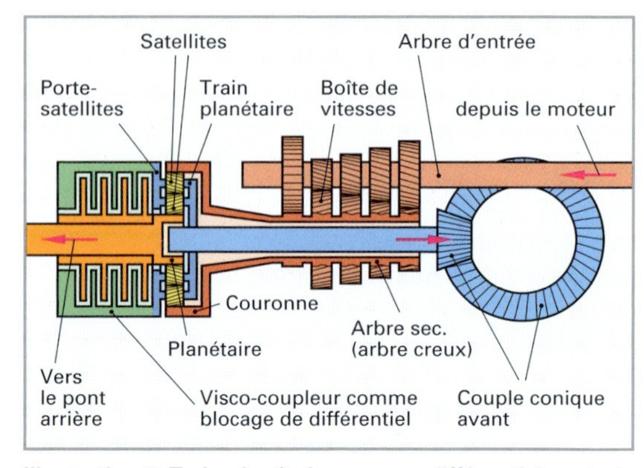

Illustration 3: Train planétaire comme différentiel central

Le couple provenant de la boîte de vitesses passe par l'arbre creux (arbre secondaire) pour atteindre la couronne du train planétaire. C'est à partir de là qu'il est distribué par le porte-satellites à l'essieu avant et par le pignon planétaire à l'essieu arrière. En raison des différents bras de levier du porte-satellites et du pignon planétaire **(ill. 4),** le couple est distribué à parts inégales (asymétriquement), p. ex. 65 % va à l'essieu avant et 35 % à l'essieu arrière. En cas de patinage au niveau des roues avant ou arrière, le visco-coupleur bloque et, en fonction de la traction, attribue plus de couple à l'essieu ayant la meilleure adhérence au sol.

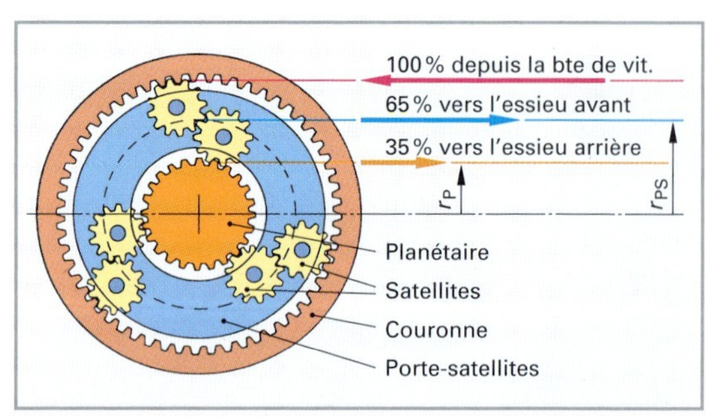

Illustration 4: Répartition du couple par train planétaire

Visco-coupleur (ill. 1, p. 409). Il distribue le couple en fonction du glissement des essieux, compense les différences de régime entre les essieux moteurs et fonctionne automatiquement comme un blocage de différentiel.

Le visco-coupleur est composé:

- d'un carter rempli de fluide de silicone;
- de disques perforés à cannelures extérieures;
- de disques à fentes radiales à cannelures intérieures.

Les disques extérieurs s'engrènent dans la denture intérieure du carter et les disques intérieurs dans la denture extérieure du moyeu.

En cas de différences de régimes entre les essieux, le blocage est obtenu par effet de cisaillement entre le fluide de silicone et les disques.

Sur une chaussée normale, ce sont les roues motrices avant qui reçoivent la majeure partie du couple (env. 98 %). Dès que celles-ci se mettent à patiner, le visco-coupleur attribue davantage de couple aux roues motrices arrière.

La valeur de blocage d'un visco-coupleur est variable, elle peut aller de 2 % à 98 %.

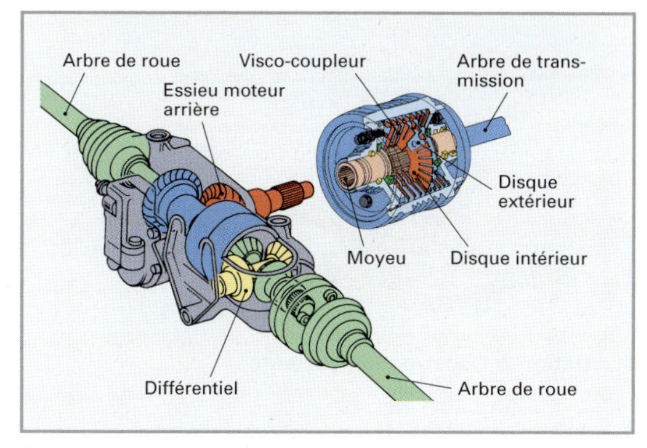

Illustration 1: Visco-coupleur

Boîte de transfert Torsen. Elle peut être intégrée à la boîte de vitesses **(ill. 2)** et, sur route sèche, distribue le couple à parts égales entre l'essieu avant (50 %) et arrière (50 %). En tant que différentiel central, la boîte de transfert Torsen compense également les différences de régime entre les essieux avant et arrière.

S'il se produit un glissement au niveau des roues d'un essieu moteur, la différenciation de régime est bloquée automatiquement en fonction de la traction.

Les roues de l'essieu moteur ayant la meilleure adhérence au sol reçoivent plus de couple.
La valeur de blocage peut atteindre 56 %.

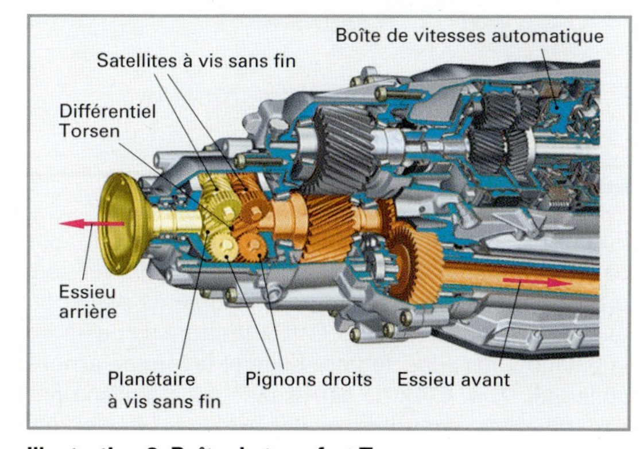

Illustration 2: Boîte de transfert Torsen

Embrayage Haldex (ill. 3). Il est placé sur l'essieu arrière et fonctionne comme blocage longitudinal.

Avec une adhérence suffisante, l'essieu avant reçoit 100 % du couple et l'essieu arrière 0 %.

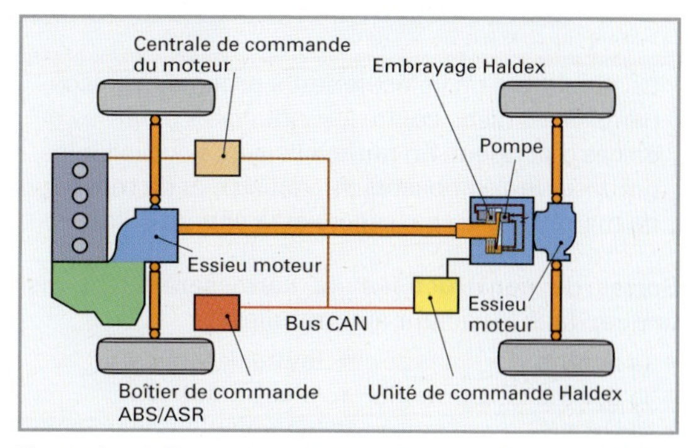

Illustration 3: Transmission intégrale avec embrayage Haldex

Fonctionnement (ill. 4). En cas de différences de régimes entre l'essieu avant et l'essieu arrière, les pompes à piston sont actionnées par le disque à cames et mettent le fluide sous pression. Cette pression agit sur le piston récepteur annulaire qui serre les disques de l'embrayage les uns contre les autres. L'unité de commande électronique pilote la soupape de régulation en fonction de valeurs caractéristiques et gère ainsi la pression exercée sur les disques.
La valeur de blocage de l'embrayage Haldex est comprise entre 0 % et 100 % .

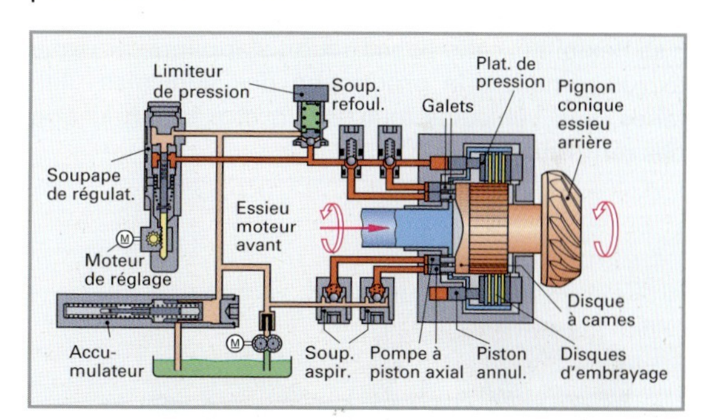

Illustration 4: Embrayage Haldex

QUESTIONS DE RÉVISION

1. **Quels sont les avantages de la transmission intégrale?**
2. **Nommez les composants d'un véhicule à transmission intégrale permanente.**
3. **Quelles sont les fonctions d'une boîte de transfert avec différentiel central intégré?**
4. **Comment réagit un visco-coupleur si les roues motrices avant commencent à patiner?**
5. **Comment un différentiel Torsen transmet-il le couple sur route sèche?**
6. **Comment fonctionne l'embrayage Haldex?**

17 Structure des véhicules

17.1 Carrosserie

La structure d'un véhicule sert à protéger les occupants et les biens contre les influences externes et en cas d'accident. En outre, elle sert à accueillir les groupes de composants du véhicule et du moteur, de même que les passagers et la charge utile.

Sortes de constructions de carrosseries. On distingue, dans le secteur automobile:

- la berline
- la berline décapotable
- le coupé
- la limousine
- le break
- le cabriolet
- le véhicule polyvalent
- le véhicule spécial, p. ex. l'autocaravane

Types de carrosseries. En ce qui concerne la structure du véhicule, on distingue:

- la construction séparée;
- la construction portante;
- la construction autoportante.

17.1.1 Construction séparée

La structure du véhicule est montée sur un châssis **(ill. 1)**. Les autres éléments, tels que les essieux, la direction, etc., sont aussi montés sur le châssis. Grâce à sa flexibilité, cette construction s'applique presque exclusivement à la production des véhicules utilitaires, aux véhicules tout-terrain et à la fabrication des remorques.

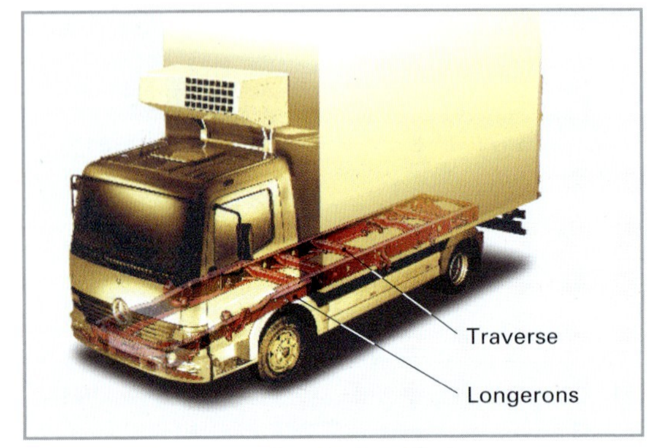

Illustration 1: Construction du châssis

Parmi les types de cadres, on trouve principalement le châssis en forme d'échelle. Deux longerons sont rivetés, vissés ou soudés avec plusieurs traverses. Les supports d'acier sont utilisés avec un profil ouvert (profilé en U ou en L) ou avec un profil fermé (rond ou rectangulaire). Ces châssis ont une grande rigidité à la flexion, une grande élasticité de torsion et une grande capacité de charge.

17.1.2 Construction portante

Dans les constructions portantes, une structure autoportante est ajoutée au châssis qui assure une partie de la charge totale. Comparé aux constructions autoportantes, ce système permet de réaliser plus simplement différentes variantes de types de carrosseries.

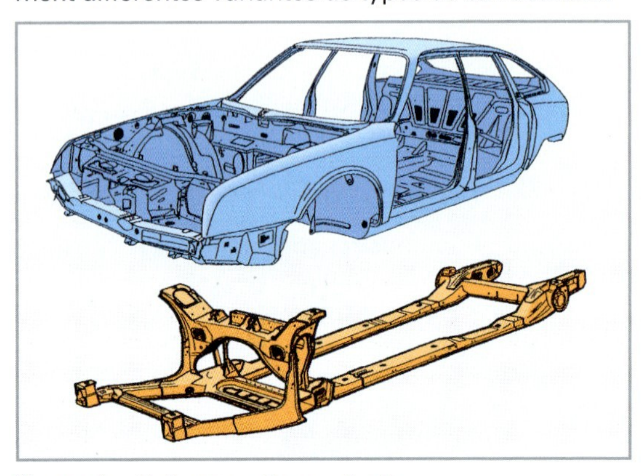

Illustration 2: Construction portante

17.1.3 Construction autoportante

La construction autoportante est utilisée sur les voitures de tourisme et sur les autobus.
En ce qui concerne les voitures particulières, le châssis est remplacé par un ensemble de plancher **(ill. 3)** qui inclut, en plus des supports moteur, des longerons et des traverses, le plancher de coffre à bagages et les passages de roues.

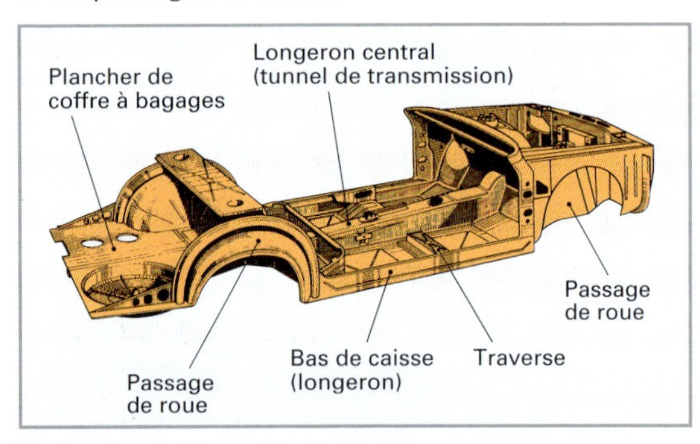

Illustration 3: Ensemble de plancher

Pour obtenir une carrosserie autoporteuse en construction monocoque, il convient d'ajouter des pièces en tôle soudées avec l'ensemble de plancher, tels que les montants A, B, C et D, le cadre du pavillon, le pavillon, les ailes, le pare-brise et la lunette arrière collée **(ill. 1, p. 411)**. La carrosserie est stabilisée par des traverses, des renforts, des profils fermés et des surfaces extérieures.

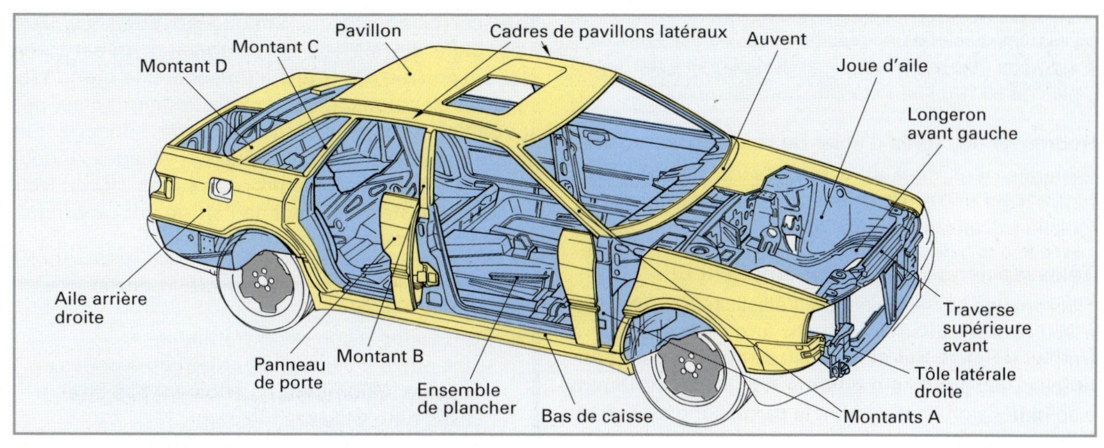

Illustration 1: Carrosserie autoporteuse en construction monocoque

En dehors de la construction monocoque, il existe également le châssis tubulaire.

Châssis tubulaire. Il est parfois désigné par le terme de construction en treillis. Un système de barres constitue la première fonction portante de la carrosserie. Les surfaces extérieures peuvent également contribuer à la fonction portante. Cette construction est p. ex. utilisée pour des voitures particulières **(ill. 2)** avec une carrosserie en alliage d'aluminium. Des profilés filés ou hydroformés ainsi que des profilés en tôle d'alliage d'aluminium de formes différentes constituent la structure du châssis. Ils sont joints par des pièces coulées aux endroits soumis à de grands efforts.

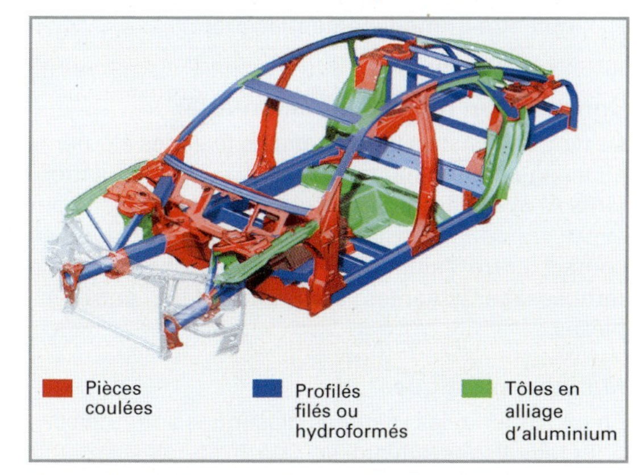

Illustration 2: Construction en châssis tubulaire ("Space-frame") d'un véhicule avec carrosserie en aluminium

En cas de réparation d'une carrosserie autoportante, les normes du constructeur doivent être scrupuleusement respectées. Un usage non conforme de matériaux, de fausses méthodes de réparation (en retirant ou en ajoutant des éléments) modifieraient la stabilité du véhicule et réduiraient la sécurité du véhicule en cas d'accident.

17.1.4 Matériaux utilisés en carrosserie

En général, on utilise des matériaux comme les tôles d'acier, les tôles d'acier galvanisées, les tôles en alliage d'aluminium mais aussi des matériaux composites.

Tôle d'acier

Les carrosseries de voitures autoportantes sont fabriquées avec des pièces en tôle d'acier embouties, d'une résistance particulièrement élevée **(ill. 3).** Les tôles de carrosserie à la résistance plus élevée ont une limite d'élasticité pouvant atteindre 400 N/mm^2, alors qu'elle est de 120 N/mm^2 à 180 N/mm^2 pour les tôles de carrosserie normales. L'épaisseur des tôles varie de 0,5 mm à 2 mm.

Tailored Blanks. Ce sont des coupes de tôles de différentes résistances et épaisseurs. En fonction des exigences, elles sont réalisées sous forme de platines (= parties de carrosserie complètes, p. ex. partie latérale), assemblées par soudage.

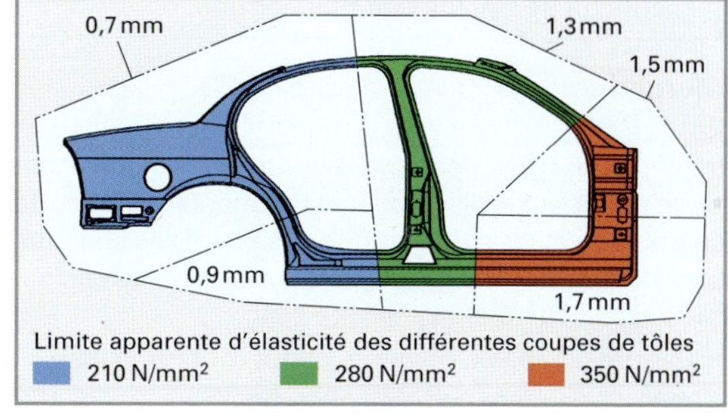

Illustration 3: Utilisation de tôles d'acier de résistance plus élevée sur la partie latérale d'une voiture

Emboutissage des tôles d'acier de résistance plus élevée. Elles sont difficiles à emboutir et présentent une forte élasticité résiduelle. Au moment de l'emboutissage, contrairement aux tôles de qualité normale, elles doivent être retenues par des ancrages supplémentaires pour éviter toute déformation indésirable.

Les tôles d'acier d'une résistance plus élevée ne doivent pas être redressées à chaud car elles perdent plus de 50 % de leur stabilité au-delà de 400 °C.

Redresser des tôles d'acier de résistance normale

Généralement, elles sont redressées à froid. Pourtant, s'il y a un risque de fissures, elles seront chauffées au maximum jusqu'à 700 °C.

Tôles d'acier de haute résistance (HLE)

Elles ont une limite apparente d'élasticité > 400 N/mm² à 950 N/mm². Elles ne doivent être redressées ni à froid ni à chaud. Selon le constructeur, elles sont utilisées p. ex. pour les montants A et B et contribuent à solidifier significativement la carrosserie tout en affichant un poids réduit.

Pour limiter l'échauffement en cas de réparation, on procédera par soudage MIG.

Tôles d'acier zinguée

Pour éviter toute corrosion, les tôles d'acier peuvent être zinguées. Les tôles de plancher sont zinguées à chaud. Les tôles extérieures de la carrosserie sont galvanisées par électrolyse pour obtenir une meilleure qualité de surface.

Conseils d'atelier

- L'oxyde de zinc toxique émanant de la soudure des tôles d'acier galvanisées doit être évacué par aspiration.
- Les procédés de soudage par résistance sont préférables car une rondelle de zinc protectrice se crée ainsi autour du point de soudure.
- Les zones de recouvrement doivent être peintes avec des liants à base de zinc avant le soudage.
- Sur les parties neuves, il faut veiller à ce que la couche de zinc ne soit pas détruite.

Aluminium

En carrosserie, l'aluminium est utilisé seulement dans des alliages (les composants de l'alliage étant principalement le silicium et le magnésium). Selon la conception et les sollicitations, les procédés suivants sont utilisés pour la fabrication des pièces de carrosserie en alliage d'aluminium:

- par presse (p. ex. pavillon, capot moteur, ailes);
- par extrusion (p. ex. châssis tubulaire);
- par moulage sous pression (p. ex. logements de jambe de suspension, pièces coulées).

Si les pièces pressées et les profilés peuvent être partiellement réparés par redressage, ce n'est pas possible pour les pièces coulées.

Propriétés. A partir d'environ 180 °C, les alliages d'aluminium perdent leur stabilité. S'ils sont en contact avec d'autres matériaux (p. ex. de l'acier), il y aura corrosion électrochimique en présence d'un électrolyte. La surface de l'aluminium génère une épaisse couche d'oxyde qui présente une grande résistance électrique. De ce fait, l'aluminium n'est pas soudable avec les équipements de soudage par points utilisés dans les ateliers. Les alliages Al peuvent être soudés avec le procédé à l'arc TIG ou MIG (le gaz de protection étant de l'argon pur ou un mélange argon-hélium).

Conseils d'atelier

- Pour éviter la corrosion chimique:
  - les outils d'usinage pour les carrosseries en alliage d'aluminium ne doivent pas être utilisés pour d'autres métaux;
  - n'utiliser que des brosses métalliques en acier affiné inoxydable;
  - pour l'assemblage (p. ex. vissage, rivetage), n'utiliser que le matériel d'assemblage préconisé par le fabricant.
- Les pièces de carrosserie ne doivent pas être chauffées à plus de 120 °C pour éviter toute perte de stabilité.
- Seul du personnel instruit à cet effet peut accomplir des travaux de soudage et de redressage.
- Les tôles en alliage d'aluminium ne doivent pas être zinguées: la réaction électrochimique à cette opération risque de produire des fissures.
- Pour des raisons de protection de la santé et de danger d'explosion, la poussière abrasive d'Al doit être immédiatement aspirée.

Construction mixte aluminium-acier

Ce type de construction permet de fixer des éléments en alliage d'aluminium (utilisés p. ex. pour les montants A) avec des parties de carrosserie en acier. Pour éviter toute corrosion électrochimique due au contact entre l'aluminium et l'acier, des colles de remplissage isolantes sont intercalées entre les pièces.

Matières plastiques

En carrosserie, les matières plastiques sont utilisées pour les raisons suivantes:

- masse volumique réduite d'où économie de poids considérable;
- résistance à la corrosion;
- vaste liberté de conception en matière de formes;
- résistance aux chocs;
- fabrication des éléments sans finition;
- réparations possibles des dégâts à faible coût.

L'ill. 1 (p. 413) montre quelques possibilités supplémentaires d'utilisation des matières plastiques en carrosserie.

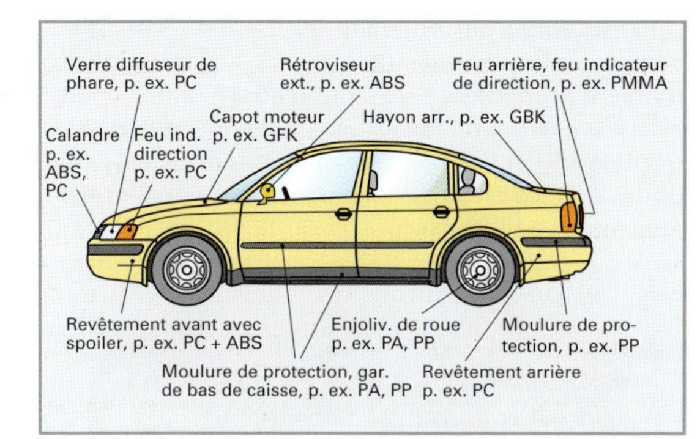

Illustration 1: Exemples de pièces de carrosserie en plastique

Réparation des matières plastiques

Les pièces en plastique peuvent être réparées par soudage, contact ou collage au moyen de matériaux de réparation à deux composants.

Soudage. Ce procédé n'est utilisable que pour les matières thermoplastiques comme p. ex. PA, PC, PE, PP, ABS, ABS/PC (explication des concepts, voir chapitre 8.6.1, page 179).

Contact (ill. 2). Les trous sont réparés avec des mats en fibre de verre (GFK) et des résines (résine polyester ou résine époxy) additionnées d'un durcisseur. La partie endommagée doit être chanfreinée, de manière à ce qu'une combinaison puisse se former entre les couches de mat en fibre de verre et la partie d'origine. Au besoin, la partie endommagée sera garnie avec un mat de renforcement avant la mise en œuvre.

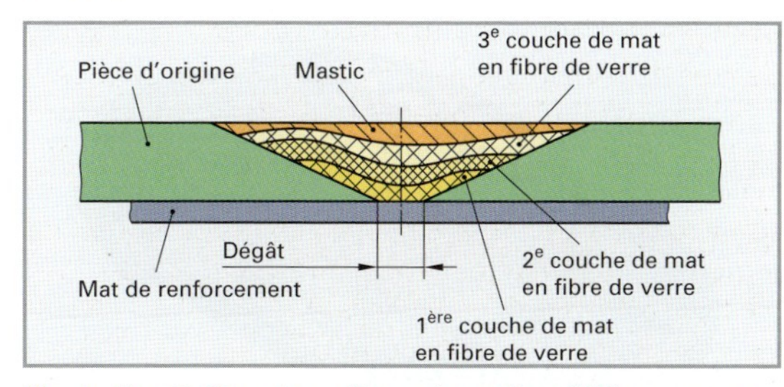

Illustration 2: Structure d'une réparation GFK avec mat de renforcement

Collage avec des matériaux de réparation à deux composants. Selon les matériaux de réparation utilisés, les trous, les fissures et les éraflures peuvent être réparés sans identification de la matière plastique. On utilise une colle de polyuréthane à deux composants dans une cartouche double qui sont mélangées en proportion correcte par le tube lui-même. La colle est appliquée sur la partie endommagée nettoyée et préparée. Ensuite, la colle peut être chauffée (par un système chauffant), ce qui la fait durcir plus rapidement. Après séchage, il faut travailler la partie collée par meulage et laquage.

17.1.5 Sécurité dans la construction des automobiles

Des mesures de construction permettent de réduire au maximum les risques d'accidents. Dans ce domaine, on distingue la sécurité active et la sécurité passive.

Sécurité active

> Par sécurité active, on entend les mesures concrètes prises au moment de la construction du véhicule pour éviter les accidents.

La sécurité active est subdivisée en quatre domaines.

Sécurité de conduite, p. ex. par:

- un comportement neutre en virages;
- une stabilité du véhicule en marche en ligne droite;
- une direction libre et précise;
- un freinage le plus puissant possible sans blocage des roues (ABS);
- un ressort et un amortissement harmonisés avec la suspension des roues;
- une régulation d'antipatinage à la traction (ASR, FDR, ESP).

Sécurité de perception, p. ex. par:

- de grandes vitres, un rétroviseur intérieur antiéblouissant;
- des phares illuminant bien la route;
- des dispositifs d'alarme acoustique;
- des vitres et des rétroviseurs extérieurs chauffants.

Sécurité conditionnelle, p. ex. par:

- une construction adaptée à la conduite du siège du conducteur;
- une suspension confortable;
- une bonne ventilation intérieure, climatisation;
- une bonne isolation phonique.

Sécurité ergonomique, p. ex. par:

- une bonne disposition des compteurs, des voyants, des témoins et des instruments de bord;
- des pédales adaptées au conducteur.

Sécurité passive

> Par sécurité passive, on entend les mesures concrètes prises au moment de la construction du véhicule pour réduire les conséquences d'un accident.

On distingue la sécurité intérieure et extérieure.

Sécurité intérieure

Elle comprend les mesures concernant:

- le comportement du véhicule en cas de déformation de la carrosserie;
- la stabilité de l'habitacle;
- les mesures de protection contre les chocs (ceintures de sécurité, airbags);
- la protection contre les incendies;
- la désincarcération des occupants.

Les analyses d'accidents **(ill. 1)** révèlent que la plupart des accidents avec atteinte physique aux personnes sont des collision frontales (60 % à 65 %) et des collisions latérales (20 % à 25 %).

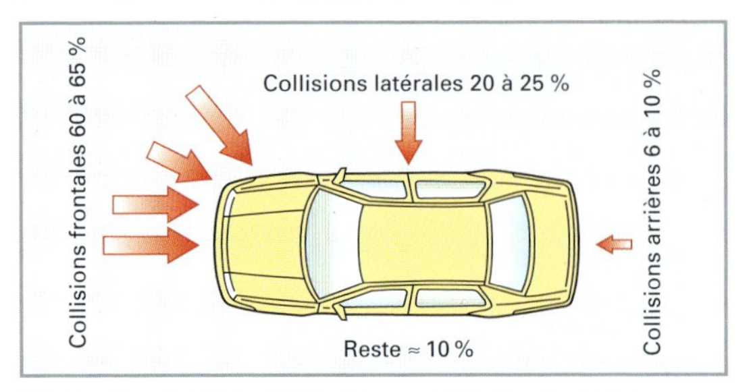

Illustration 1: Répartition des accidents avec blessures de personnes selon les types de collisions

Sur la base d'analyses d'accidents informatisées et de crash-tests **(ill. 2)**, le comportement de la carrosserie et ses effets sur les personnes sont calculés et reproduits. Les résultats obtenus permettent de rechercher la structure de carrosserie la plus favorable en cas d'accident. Il existe p. ex. un test standardisé simulant la collision frontale d'un véhicule roulant à 56 km/h contre un obstacle fixe. Pour que les occupants ne soient pas soumis à des valeurs de décélération trop importantes, l'énergie du mouvement (énergie cinétique) est absorbée par la déformation ponctuelle calculée de certaines zones du véhicule.

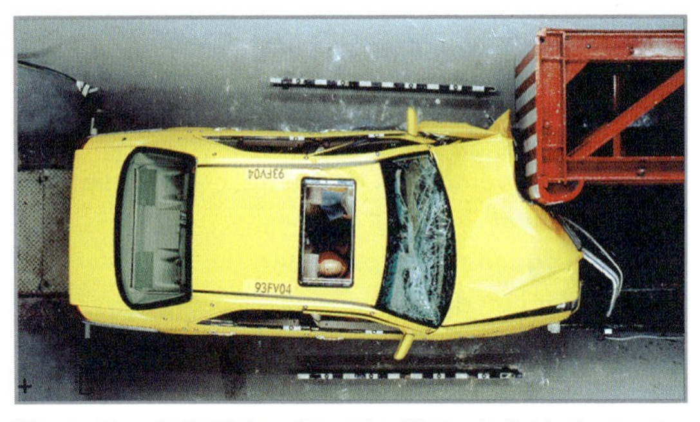

Illustration 2: Collision frontale déplacée latéralement (env. 50 % du recouvrement)

Carrosserie de sécurité (ill. 3). Elle consiste en un habitacle pour les passagers, rigide et entouré par des zones déformables à l'avant et à l'arrière. A la suite d'un choc violent, l'habitacle conserve sa forme et assure en principe la survie des passagers.

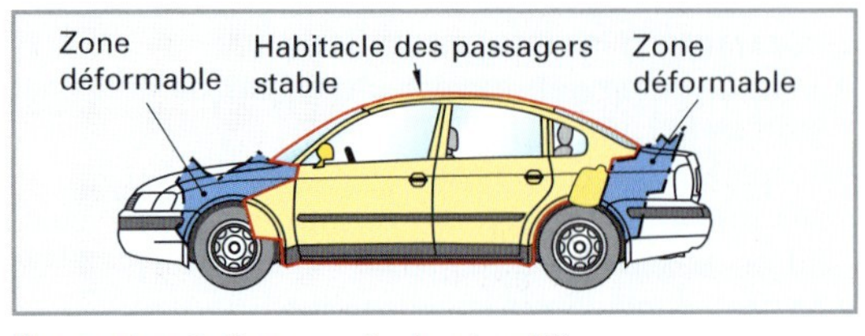

Illustration 3: Carrosserie de sécurité

Dans les **zones déformables,** les longerons et les traverses sont assemblés de manière à se déformer de manière prédéfinie, p. ex. tout d'abord dans la partie inférieure avant de la carrosserie en cas de collision frontale **(ill. 4).** Ce n'est qu'en cas d'accident grave que les zones arrières de la carrosserie absorberont également de l'énergie.

Illustration 4: Comportement à la déformation d'un longeron avant

Ligne de ceinture (ill. 5). Dans les véhicules sur lesquels les zones conventionnelles des parties déformables ne sont pas suffisantes, pour la conversion de l'énergie lors d'une collision frontale, les parties situées dans la zone de la ligne de ceinture seront aussi touchées par la déformation. Ainsi, l'absorption des chocs dans cette zone empêche que l'habitacle ne soit trop déformé dans sa partie avant. La ligne de ceinture va de la partie avant au niveau supérieur de l'aile jusqu'à l'arrière du véhicule, en passant par le montant A, le renforcement des portières, le montant B et, suivant la construction, le montant C. Avec ce type de construction, en cas d'accident, les déformations sont nettement plus significatives au niveau du dessous de caisse.

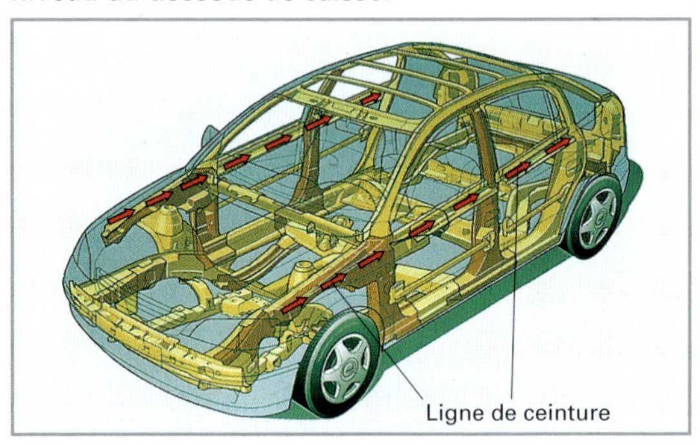

Illustration 5: Emplacement de déformation sur la zone de ligne de ceinture

Parties latérales de protection (ill 1, p. 415). Des renforcements dans la zone des portières, des traverses latérales positionnées entre les montants A à la hauteur du tableau de bord, un entretoisement du bas de caisse, des montants B et C et des traverses installées au niveau du plancher permettent d'influencer le comportement à la déformation de la carrosserie de manière à mieux protéger les occupants de l'habitacle en cas de choc latéral.

Illustration 1: Structure d'une coque avec développement des forces en collision latérale

Portes et serrures de portes. Elles ne doivent pas s'ouvrir en cas d'impact, mais cela doit pouvoir se faire, sans outil, de l'intérieur comme de l'extérieur après l'impact.

Réservoir de carburant. Il est généralement monté près de l'essieu arrière et est protégé contre les chocs. Le dispositif de remplissage et les conduites de carburant sont conçus de manière à ne pas laisser s'échapper le carburant à la suite d'un accident ou si le véhicule est renversé.

Zone de sécurité intérieure

Elle réduit le risque de blessures des passagers dans l'habitacle au moyen de dispostifs de retenue et de mesures préventives contre les collisions.

Afin d'optimiser la protection des passagers, les véhicules les plus récents sont équipés de multiples systèmes de retenue. En cas de choc, la centrale de commande pilote p. ex. un airbag côté conducteur, un airbag passager, des airbags latéraux, des airbags latéraux tête-thorax et des tendeurs de ceinture **(ill. 2)**.

Illustration 2: Disposition des airbags dans un véhicule

Les différents dispositifs de retenue sont activés, de manière indépendante les uns des autres, par une unité de commande centralisée. En fonction du type et de la gravité de l'accident, celle-ci commande le déclenchement de chaque système **(ill. 3)**.

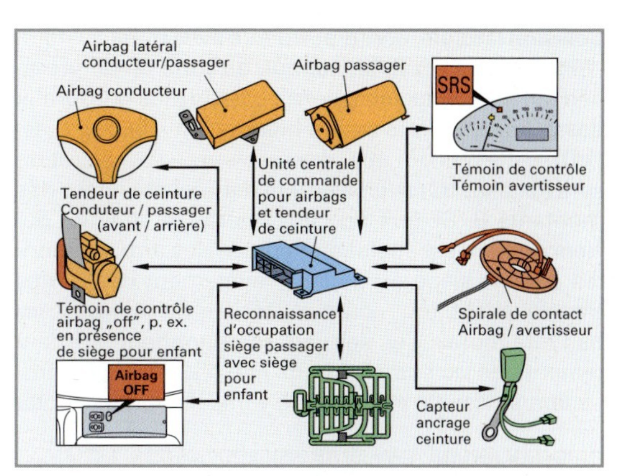

Illustration 3: Systèmes de retenue de sécurité (SRS) – interconnexion des composants

Critères de déclenchement. La décélération longitudinale ou latérale du véhicule est constamment mesurée par des capteurs qui envoient en permanence des signaux à l'unité de commande centrale. Des crash-tests ou de conduite permettent de définir, selon le type de véhicule, les seuils de déclenchement des dispositifs de sécurité qui sont enregistrés dans des champs caractéristiques mémorisés dans l'unité de commande.

Collision frontale. Si le capteur de sécurité (saving-sensor) intégré à l'unité de commande confirme que la valeur du seuil de déclenchement est atteinte ou dépassée, les circuits d'allumage du tendeur de ceinture et de l'airbag côtés conducteur et passager sont activés. En outre, des nattes munies de capteurs d'occupation du siège passager avant **(ill. 3)** sont en mesure de détecter, par pression, si le siège est occupé par un adulte ou par un siège pour enfant. Si le siège passager est inoccupé, l'airbag côté passager n'est pas déclenché.

Capteur de crochet de la ceinture. Des micro-capteurs ou des capteurs de Hall, installés dans le crochet de la ceinture de sécurité, permettent de déterminer si l'occupant du siège est attaché ou non. Si ce n'est pas le cas, le seuil de déclenchement de l'airbag est réduit.

Les airbags frontaux et les tendeurs de ceinture sont activés en cas de collision frontale correspondant à ± 30° par rapport à l'axe longitudinal du véhicule **(ill. 4)**.

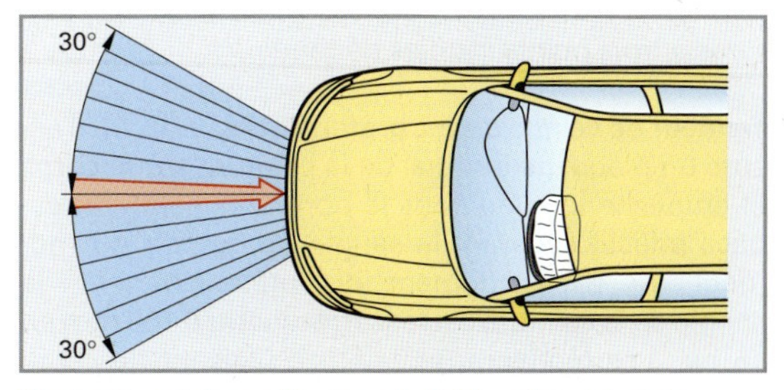

Illustration 4: Zone d'action de l'airbag frontal et du tendeur de ceinture

Collision latérale. Lors d'accidents avec impact latéral (20 à 25 % des cas), le manque de zone de déformation sur le côté du véhicule fait que de plus nombreux passagers sont gravement blessés (env. 36 %). C'est pour cette raison que des capteurs d'accélération sont installés transversalement dans les traverses des montants B. Si, lors du choc latéral, le seuil de déclenchement est atteint ou dépassé, les airbags montés dans le siège ou dans le revêtement des portes s'enclenchent, tout comme l'airbag de tête ou l'airbag tête-thorax. Ces derniers se dégonflent plus lentement que les autres airbags afin d'assurer une protection suffisante au cas où le véhicule aurait capoté.

Collision arrière. En cas de collision arrière, le dépassement du seuil de déclenchement active le tendeur de ceinture. Si, de plus, le véhicule est équipé d'appuie-tête actifs, ceux-ci seront automatiquement inclinés vers l'avant, dans le sens longitudinal du véhicule, ceci afin de réduire les traumatismes des cervicales.

Capteurs de collision. Ils se trouvent dans la centrale de commande ou sont installés ailleurs et ne fonctionnent de manière fiable que s'ils sont disposés correctement. Une série de capteurs de sécurité (p. ex. contact Reed), permet en outre d'éviter tout déclenchement intempestif des dispositifs de sécurité.

Centrale de commande. L'unité de commande centrale est équipée d'une fonction d'autodiagnostic. Si des défauts sont détectés dans les systèmes de retenue de sécurité **(SRS)**, l'erreur est mémorisée et la lampe témoin SRS est allumée.

Ceinture de sécurité et tendeur de ceinture. Afin de réduire le risque de blessures lors d'un accident, les passagers doivent s'attacher. En cas d'impact frontal à 50 km/h, les passagers sont soumis, malgré les zones déformables, à une décélération de 30 g à 50 g (1 g = 9,81 m/s^2). Pour retenir une personne de 70 kg, cela signifie qu'il faudrait une force d'étayage d'environ 30 kN. Si les passagers ne sont pas attachés, ils seront projetés vers l'avant (contre le volant, le tableau de bord, le pare-brise). Pour que la ceinture soit efficace, elle doit maintenir le sternum et le bassin. La ceinture doit donc être arrimée le plus fermement possible, ce qui est le cas avec les ceintures à trois points munies de tendeurs.

Tendeur de ceinture avec prétensionneur (ill. 1). Il assure un plaquage optimal de la ceinture sur le corps et empêche tout jeu dans le port de la ceinture (espace effectif séparant la sangle du corps). Au moment du déclenchement du prétensionneur, la sangle de la ceinture est resserrée jusqu'à 150 mm en 15 ms. Les tendeurs de ceinture utilisent des substances explosives (pyrotechniques) ou des procédés mécaniques pour les modèles plus anciens.

Fonctionnement (ill. 1). Avec les prétensionneurs de ceinture travaillant avec des substances pyrotechniques, les valeurs de décélérations sont collectées par un capteur d'accélération. Si, en cas de collision frontale, la décélération dépasse le seuil de déclenchement (plus de 2 g) et que la vitesse du véhicule est supérieure à 15 km/h, l'unité de commande identifie cette valeur de décélération et actionne, par une impulsion électrique, un mélange propulsif (générateur de gaz) au moyen d'une pastille explosive. Selon le type de prétensionneur, le générateur agit:

- sur le piston d'un cylindre;
- sur des billes d'acier;
- sur un rotor Wankel.

Les prétensionneurs de ceinture à rotor Wankel disposent de trois charges explosives qui sont actionnées les unes après les autres. Ils sont reliés à la ceinture de sécurité par un mécanisme d'enroulement qui sert à mettre la ceinture en tension.

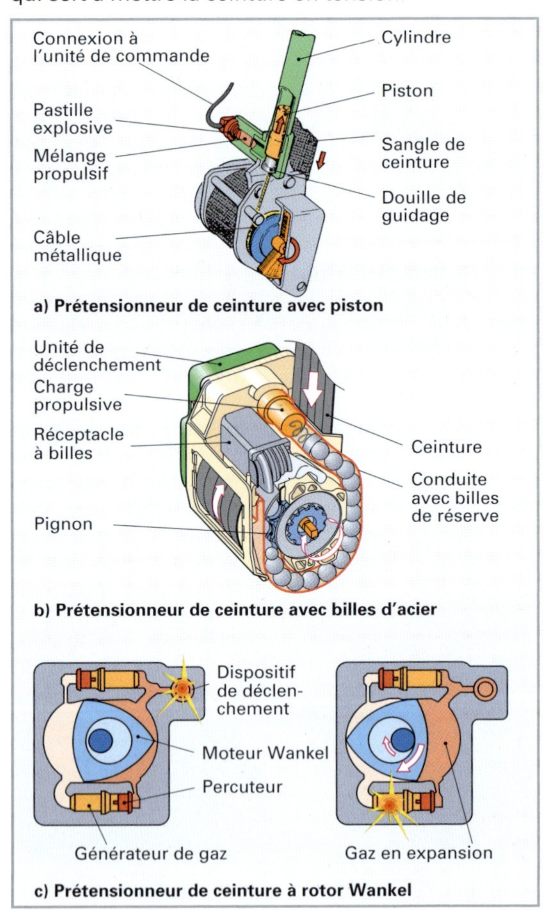

Illustration 1: Prétensionneur de ceinture utilisant des substances pyrotechniques

Après un seul déclenchement, le prétensionneur de ceinture est hors fonction et doit être remplacé.

Lors de l'élimination du véhicule, les prétensionneurs de ceinture fonctionnant avec des substances pyrotechniques doivent être neutralisés par du personnel qualifié et en respectant les instructions du fabricant.

Rétracteurs de ceinture travaillant mécaniquement (ill. 1). Dans ces systèmes, un ressort précontraint est monté dans le crochet de la ceinture. En cas de choc frontal, le ressort est détendu par un mécanisme de déclenchement et tend la ceinture au moyen d'un câble de tension.

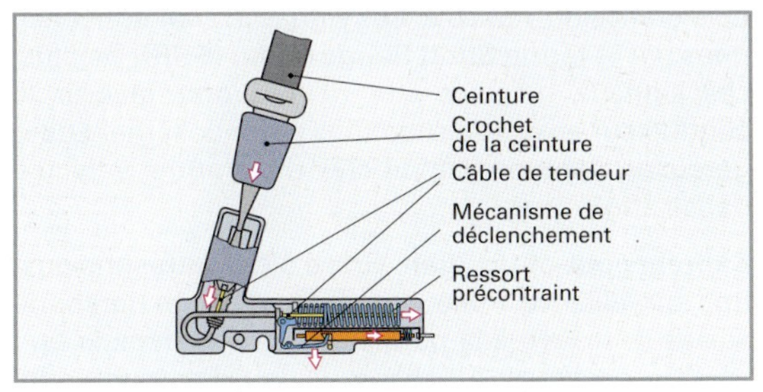

Illustration 1: Rétracteur de ceinture travaillant mécaniquement

Limiteur de tension de ceinture. Les forces exercées par le prétensionneur de ceinture pourraient provoquer des blessures à la cage thoracique et aux épaules, raison pour laquelle il est muni d'un limiteur de tension. A partir d'une certaine force, celui-ci freine (par torsion) le mécanisme d'enroulement et limite ainsi la force exercée sur la ceinture.

Airbag ou coussin gonflable (ill. 2)

Conception de l'airbag frontal. L'airbag est composé d'un tissu textile, replié étroitement dans un compartiment fermé par un couvercle muni d'un joint de rupture. Le mélange propulseur du générateur de gaz est déclenché par une pastille explosive. L'explosion génère du gaz (principalement de l'azote et du dioxyde de carbone) qui passe par un filtre, arrive à l'airbag et le remplit.

Ensuite, le gaz s'échappe par les ouvertures latérales de l'airbag qui se dégonfle. Le contact électrique entre le générateur de gaz et la centrale de commande est produit par un ressort enrouleur situé au niveau de l'unité de contact du volant .

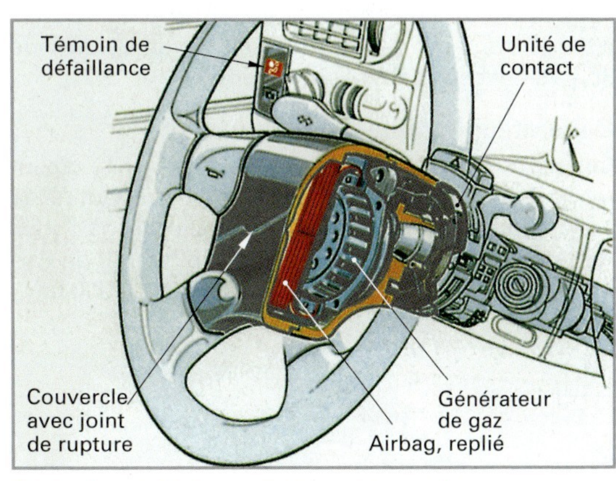

Illustration 2: Système d'airbag côté conducteur en section partielle

Fonctionnement. En fonction de l'accident, les capteurs d'accélération transmettent des signaux à l'appareil de commande de déclenchement. Si une décélération anormale est détectée, une impulsion électrique déclenche le mélange propulsif de l'airbag concerné.

L' **ill. 3** représente le déploiement d'un airbag côté conducteur associé à une ceinture à trois points d'ancrage. L'ensemble du processus, du début de l'accident au dégagement des gaz comprimés de l'airbag, en passant par sa mise à feu et son gonflage, ne dure qu'environ 150 ms. Si l'accident déconnecte le système électrique du réseau de bord, un condensateur tampon assure l'impulsion de mise à feu. L'airbag se gonfle complètement en 45 ms à 50 ms. Afin d'assurer une protection maximale en cas de collision frontale, les passagers doivent toutefois impérativement être attachés.

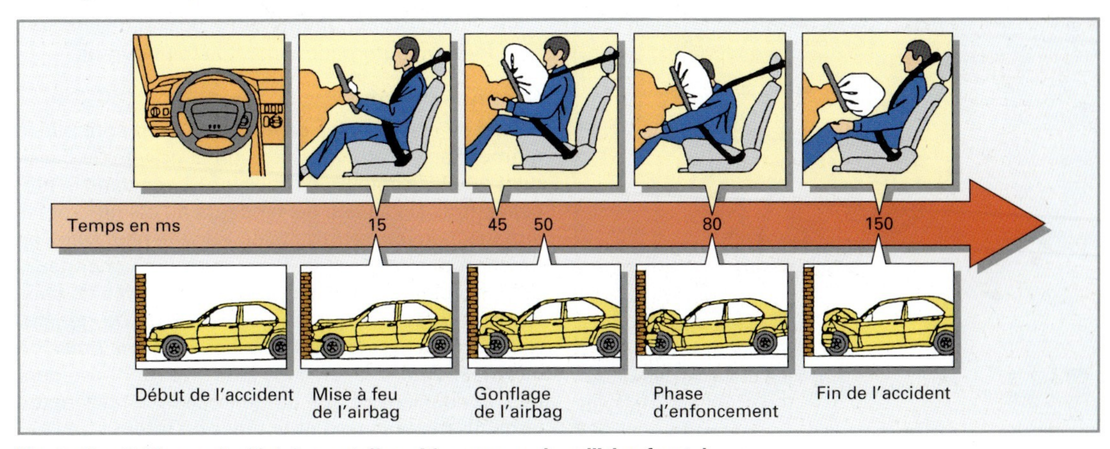

Illustration 3: Phases de déploiement d'un airbag en cas de collision frontale

Airbag tête-thorax, airbag latéral. En cas de collision latérale, l'airbag doit être totalement déployé en 20 ms au maximum. Pour cela, on utilise des générateurs hybrides, capables de gonfler l'airbag en très peu de temps. Par rapport aux airbags frontaux, ces airbags ont un volume moindre, entre 10 et 15 l (les airbags frontaux côté conducteur ont un volume de 30 à 75 l et ceux côté passager entre 60 et 180 l).

Générateur hybride

Conception (ill. 1). Il se compose d'une unité d'allumage (pastille explosive), d'une faible quantité de combustible solide et d'une bouteille de gaz sous pression remplie de gaz rares, généralement de l'argon et de l'hélium, précomprimés de 200 à 500 bar.

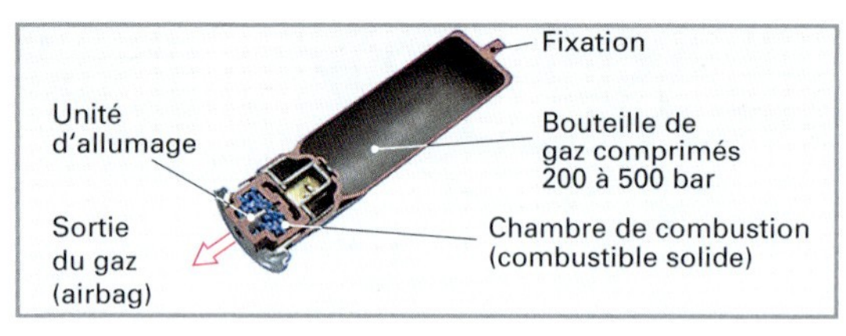

Illustration 1: Générateur hybride

Fonctionnement. L'étage de sortie de l'unité de commande envoie une impulsion électrique qui met à feu une petite quantité de matière explosive (pastille). Celle-ci active une plus grande quantité de combustible solide qui a pour effet d'ouvrir la bouteille de gaz comprimés. Un mélange de gaz pyrotechniques chauds et de gaz rares froids remplit alors le sac (bag) en un laps de temps très court.

Systèmes de pré-collision – Pre-safe (ill. 2)

Il s'agit des mesures destinées à activer les systèmes de sécurité en prévention d'un choc, comme p. ex. mettre les sièges en position correcte, tendre les ceintures et éventuellement fermer le toit ouvrant.

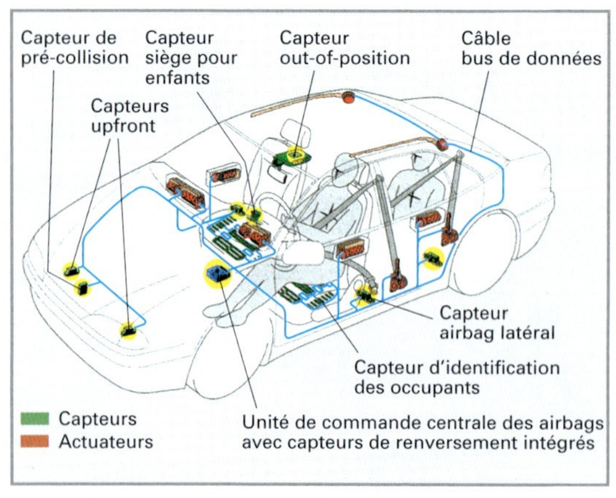

Illustration 2: Systèmes de pré-collision

Pour fonctionner, le système pre-safe est relié au système d'antiblocage (ABS), au système d'assistance au freinage (BAS) et au programme électronique de stabilisation (ESP). En outre, les véhicules ainsi équipés sont munis de capteurs de pré-collision et de capteurs out-of-position, capables d'élaborer les données appropriées en prévention d'une éventuelle collision.

Capteur de pré-collision. La technologie du radar permet de mesurer la distance et l'angle séparant le véhicule d'un éventuel obstacle. Ces capteurs forment une sorte de ceinture de sécurité virtuelle à env. 14 m de distance du véhicule. Les signaux radar sont désignés par le terme **S**hort **R**ange **R**adar **(SRR)**. De plus, ces signaux peuvent être utilisés pour avertir le conducteur en cas de situations potentiellement dangereuses, comme l'approche d'un autre véhicule dans l'angle mort.

Capteurs out-of-position. Grâce à des ultrasons ou à une surveillance vidéo, ils détectent si une personne assise se trouve à la bonne distance et dans le bon angle par rapport à l'airbag. De puissants moteurs électriques permettent de mettre le siège dans la bonne position avant l'accident.

Fonctionnement. Des manœuvres dangereuses, telles que freinage d'urgence ou dérapage, sont identifiées à l'aide des capteurs ABS, BAS et/ou ESP et annoncées à l'unité de commande centrale des airbags par le biais du bus CAN. Une très rapide réduction de la distance avec un obstacle (p. ex. le véhicule précédent) est détectée par l'unité de commande qui évalue et calcule les signaux émis par les capteurs de pré-collision. De ce fait, l'unité de commande centrale des airbags peut déjà entrer en fonction avant même une éventuelle collision ...

- en commandant le prétensionnement des ceintures de sécurité côté conducteur et passager au moyen d'un moteur électrique agissant sur le tendeur de ceinture réversible;
- en positionnant correctement le siège du conducteur et du passager en fonction de leur position longitudinale, de leur orientation et de leur inclinaison;
- en fermant automatiquement le toit ouvrant.

Capteurs up-front

En cas de collision, les **capteurs up-front** sont plus à même d'analyser avec précision la gravité de l'accident que les capteurs de collision situés dans le tunnel central. De ce fait, les tendeurs de ceinture et les airbags peuvent être activés encore plus vite, en fonction des nécessités. P. ex. avec les générateurs de gaz à deux étages, il est possible, en cas de choc léger, de n'activer que le premier étage du générateur, l'airbag se remplissant ainsi avec une pression interne moindre. Si un choc plus important est identifié, le deuxième étage du générateur est activé environ 15 ms plus tard et la pression interne de l'airbag sera alors plus importante.

CONSEILS D'ATELIER

Prescriptions de sécurité pour les airbags et les tendeurs de ceinture utilisant des procédés pyrotechniques

- Seul du personnel qualifié est autorisé à procéder aux travaux de contrôle et de montage.
- **Désactivation.** Lors de travaux sur les airbags et les tendeurs de ceinture, l'alllumage doit être arrêté, le pôle négatif de la batterie débranché et isolé. Selon les prescriptions du fabricant, une attente (éventuelle) de 5 à 20 min. est conseillée afin que le condensateur tampon soit totalement déchargé.
- Pendant les interruptions de travail, les unités des airbags et des tendeurs de ceinture ne doivent pas rester sans surveillance.
- Les unités des airbags doivent être déposées de manière à ce que la surface de déploiement de l'airbag soit positionnée contre le haut.
- Les composants ne doivent pas être réparés.
- Les unités des airbags et des tendeurs de ceinture ne doivent pas être exposées à des températures supérieures à 100 °C et doivent être protégées contre les étincelles (p. ex. lors de travaux de carrosserie).
- Les unités des airbags et des tendeurs de ceinture qui seraient tombées d'une hauteur de plus de 0,5 m ne doivent pas être montés sur le véhicule.
- Après fonctionnement, les unités des airbags et des tendeurs de ceinture sont hors service et doivent être remplacées.
- Les composants ne doivent pas entrer en contact avec de la graisse, de l'huile ou des produits de nettoyage.
- Le contrôle électrique des systèmes montés sur le véhicule doit être effectué sans personne dans l'habitacle. Les mesures de résistance et les contrôles avec lampe témoin sont interdits.
- Lors de la destruction d'un véhicule, les générateurs de gaz des airbags et des tendeurs de ceintures doivent être mis à feu au moyen du dispositif d'allumage préconisé par le fabricant et ceci depuis l'extérieur et avec les portières fermées. Lors de cette opération, respecter la distance de sécurité préscrite (env. 10 m).

Plan de recherche de défauts – airbag

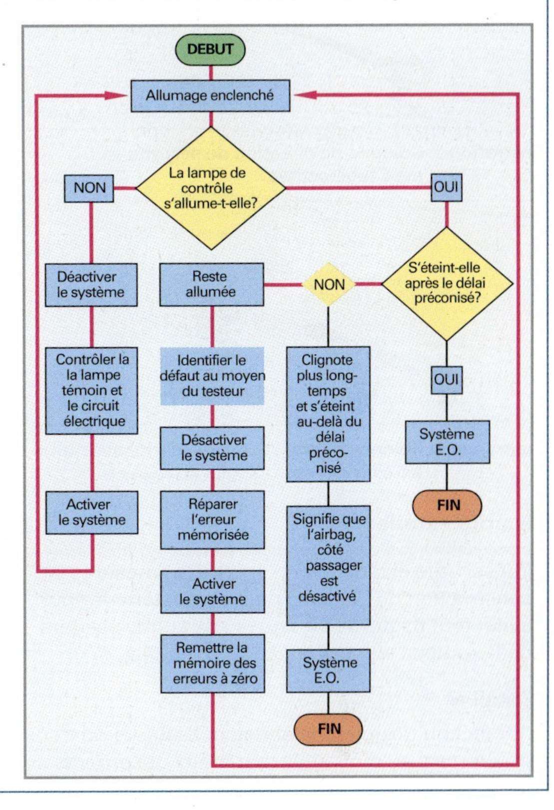

Verre de sécurité. On distingue le verre de sécurité trempé **(VST)** et le verre de sécurité feuilleté **(VSF)**.

Verre de sécurité trempé. Ce vitrage est utilisé pour les vitres latérales et en partie pour la lunette arrière. La tension interne existant dans le verre (obtenue par refroidissement rapide de celui-ci) fait que, en cas de bris, celui-ci forme de petits fragments non-coupant. Ce type de verre n'est pas approprié pour le pare-brise car il se brise sur toute sa surface:

- en cas de bris, la visibilité du conducteur est très fortement réduite;
- en cas d'accident, l'énergie dégagée peut projeter les fragments de verre dans l'habitacle, blessant ainsi les occupants du véhicule.

Verre de sécurité feuilleté (ill. 1). Il est utilisé pour le pare-brise et souvent pour la lunette arrière. Deux plaques de verre ou plus sont collées entre elles par une couche de matière synthétique intermédiaire. En cas de bris, seules des cassures en forme d'étoiles se forment, permettant au conducteur de conserver une grande partie de la visibilité. De légers dégâts, dus p. ex. à la projection d'un caillou, peuvent être réparés.

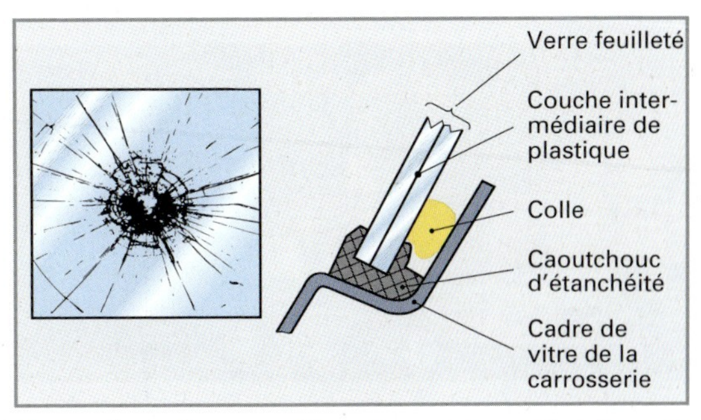

Illustration 1: Structure de rupture et conception du verre de sécurité feuilleté

Colonne de direction de sécurité (ill. 1, ill. 2). Elle doit empêcher la colonne de direction de pénétrer dans l'habitacle en cas de collision frontale. Les colonnes de direction sont construites de façon à se déformer, se plier ou s'emboîter longitudinalement en cas de choc (principe télescopique).

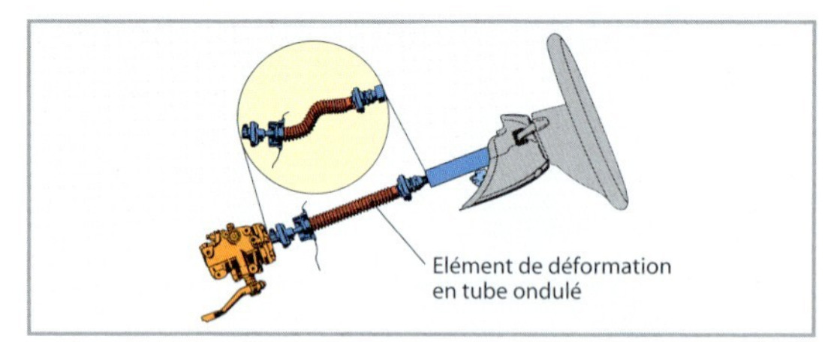

Illustration 1: Colonne de direction de sécurité avec tube ondulé

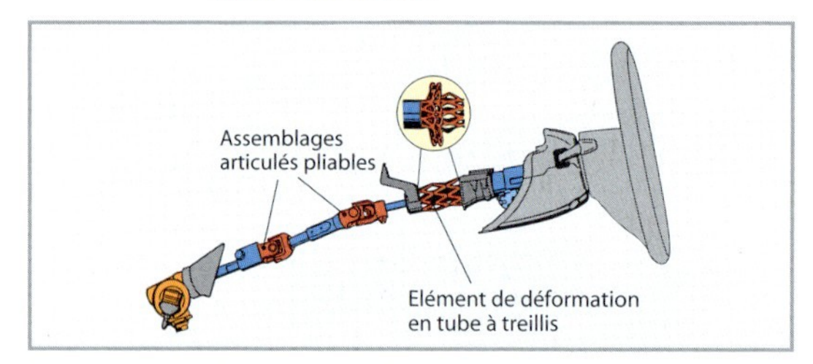

Illustration 2: Colonne de direction de sécurité avec tube à treillis et assemblages articulés

Sécurité extérieure

Par sécurité extérieure, on entend les mesures de construction du véhicule prises à l'extérieur pour éviter tout risque de blessures aux autres usagers de la route et aux piétons.

Exemples:

- Protection des piétons et des utilisateurs de deux roues, ceci au moyen de matériaux absorbants situés à l'avant du véhicule (soft face), d'angles externes arrondis, d'essuie-glace dissimulés ou, sur les camions, de systèmes empêchant d'autres véhicules de s'encastrer sous le poids-lourd.
- Protection des occupants d'autres véhicules plus petits grâce à une déformation programmée des carrosseries **(ill. 3)**.

Illustation 3: Effet d'une protection frontale contre l'encastrement à absorption d'énergie sur un camion

QUESTIONS DE RÉVISION

1. **Nommez les deux types de constructions de châssis employés sur les véhicules?**
2. **Que faut-il observer lors de la réparation de tôles d'acier à haute élasticité, de tôles d'acier galvanisées et de tôles en alliage d'aluminium?**
3. **Quelles sont les définitions des sécurités active et passive?**
4. **Quelles sont les mesures prises lors de la construction du véhicule permettant d'améliorer la sécurité active et passive?**
5. **Comment fonctionne un airbag et un rétracteur de ceinture?**
6. **Quelles sont les différences entre la sécurité passive intérieure et extérieure?**

17.1.6 Evaluation des dommages et contrôle par mesure

Lors d'un accident, les tôles de carrosserie et les parties du châssis sont sollicitées différemment (p. ex. par pliage, compression, torsion ou flambage des matériaux). Selon le genre de collision, diverses déformations du châssis, de l'ensemble du plancher ou de la carrosserie sont possibles:

- **Fraisage (ill. 4),** p. ex. en cas d'impact frontal ou à l'arrière;
- **Pression ascendante (ill. 5),** p. ex. en cas de collision frontale;
- **Voilage latéral (dégât en banane) (ill. 6),** p. ex. en cas d'accident latéral;
- **Torsion (ill. 7),** p. ex. si le véhicule capote.

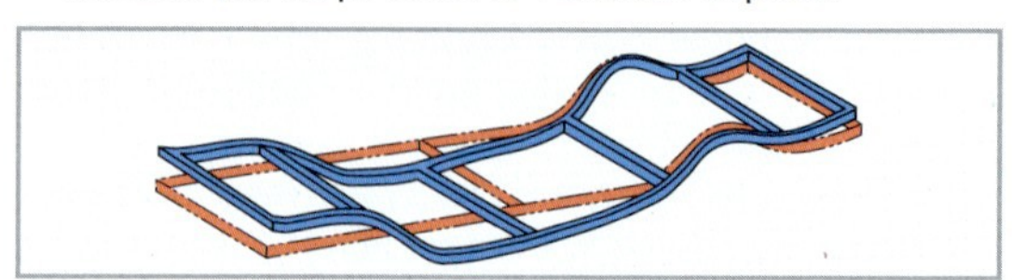

Illustration 4: Fraisage

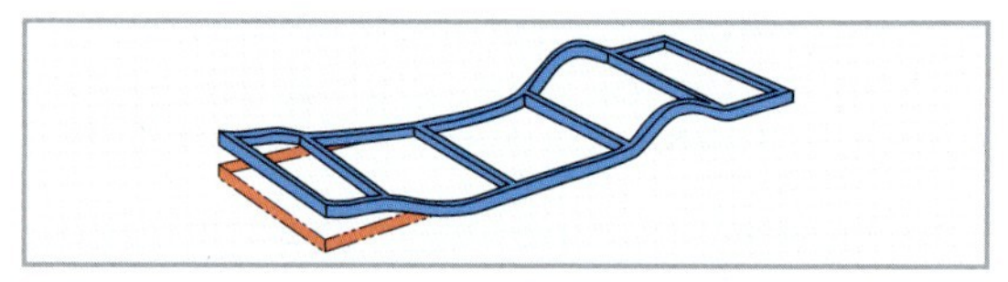

Illustration 5: Pression ascendante

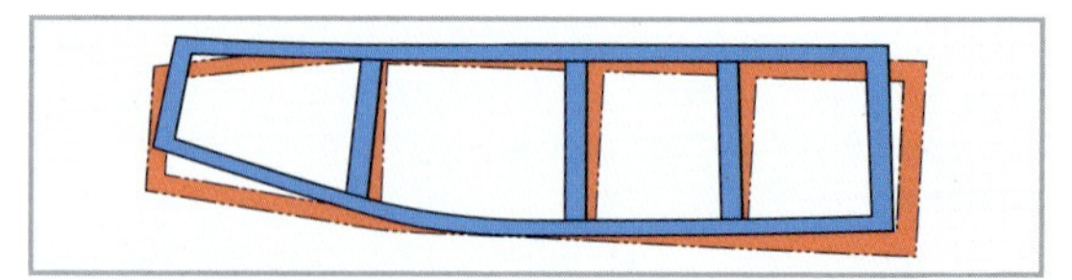

Illustration 6: Voilage latéral

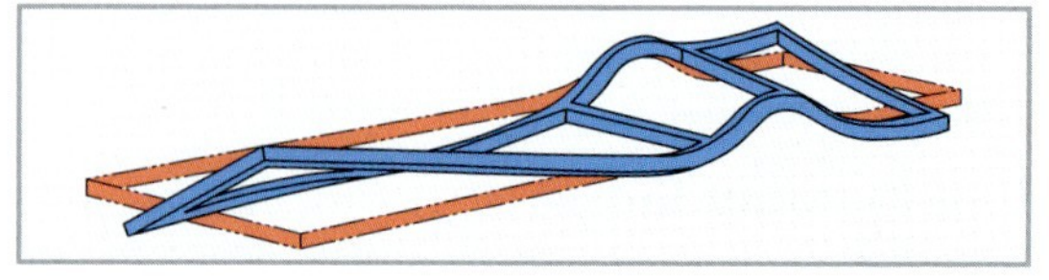

Illustration 7: Torsion

En outre, les matériaux peuvent également présenter des ruptures ou des fissures.

Pour évaluer exactement les dommages causés par un accident, un contrôle visuel est nécessaire, de même que, selon la gravité de l'accident, un contrôle plus approfondi de la carrosserie.

Evaluation des dommages par inspection visuelle, détermination des réparations et contrôle de la carrosserie par mesure.

Inspection visuelle

Elle permet de constater l'ampleur des dégâts, d'estimer si un contrôle plus approfondi du véhicule est nécessaire et de déterminer quels travaux de réparations doivent être entrepris.

Selon la gravité de l'accident, différentes parties du véhicule doivent être examinées.

Dégâts extérieurs. Lors de l'inspection du véhicule, il faut contrôler les points suivants:

- l'ampleur des déformations;
- la largeur des jeux **(ill. 1)** p. ex. au niveau des portes, des pare-chocs, du capot moteur, du coffre. Cela indique éventuellement un voilage de la carrosserie et si un contrôle des mesures est nécessaire;
- les légers voilages (p. ex. bosses ou flambages sur les plus grandes surfaces); ceux-ci sont détectés au moyen de jeux de lumière;
- Dégâts aux vitres, à la peinture, formation de fissures, agrafages évasés.

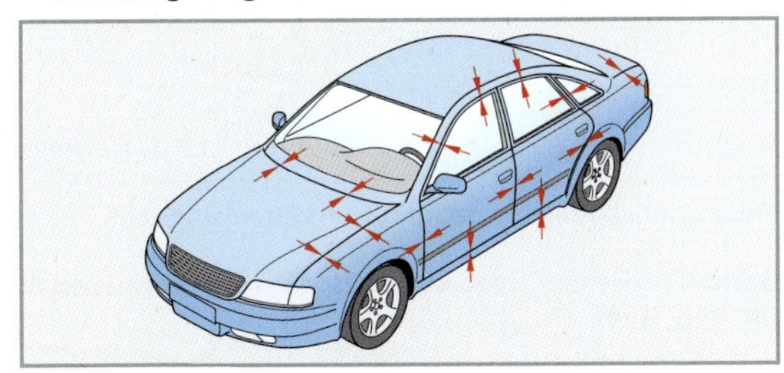

Illustration 1: Inspection visuelle: largeur des jeux

Dégâts à l'ensemble du plancher. En cas de refoulement, flambage , torsion ou déviation de la symétrie, la voiture doit être mesurée.

Dégâts à l'intérieur. On peut constater:

- des flambages, des refoulements (il faut généralement démonter les revêtements);
- des déclenchements des prétensionneurs de ceinture;
- des déclenchements des airbags;
- des dégâts d'incendie;
- des salissures.

Dégâts secondaires. Vérification des autres éléments éventuellement endommagés par l'accident (p. ex. le radiateur, les arbres, le moteur, la boîte de vitesses, la suspension, la direction, les unités électroniques, le faisceau des câbles électriques).

Détermination du coût des réparations

Les dommages constatés durant l'inspection visuelle sont inscrits sur une fiche technique sous forme de codes alphanumériques **(ill. 2)** qui définissent quelles sont les réparations nécessaires (p. ex. remplacement, réparation partielle, contrôle des mesures, peinture, etc.). Les données sont ensuite traitées par un logiciel qui permet de comparer les coûts engendrés par les réparations à la valeur du véhicule.

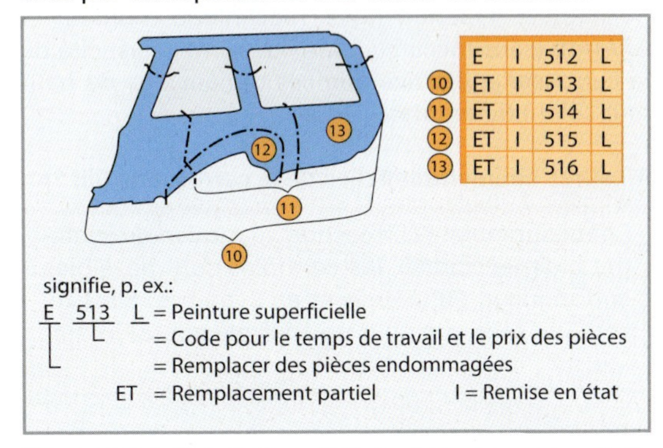

Illustration 2: Extrait d'une fiche technique pour le calcul des frais sur un véhicule accidenté

Mesure de la carrosserie

Pour constater une déformation du châssis ou de l'ensemble de plancher, il faut prendre des mesures sur le véhicule. Comme aide, on utilise p. ex. des calibres de soubassement, des calibres de centrage et des systèmes de mesure mécaniques, optiques ou électroniques. On se base sur les tableaux et les fiches de mesure **(ill. 3)** des constructeurs automobiles

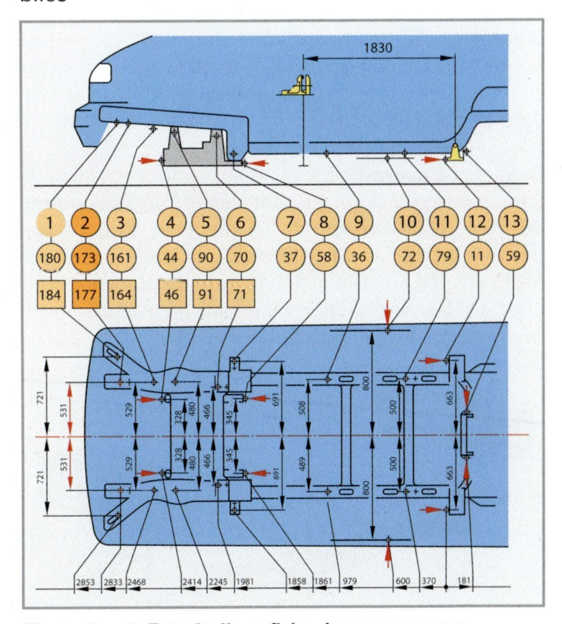

Illustration 3: Extrait d'une fiche de mesure pour contrôler le soubassement

Explication de l'ill. 3, p. 421. Les dimensions symétriques et de hauteur sont données pour les différents points de mesure. Pour les dimensions de hauteur, deux valeurs doivent être respectées:

- avec mécanique montée;
- sans mécanique.

Ainsi, p. ex., le point de mesure **2** présente les dimensions symétriques 531 mm et les dimensions de hauteur 173 mm (avec mécanique montée) et 177 mm (sans mécanique). A cause de l'élasticité de la carrosserie, il arrive que ces dimensions de hauteur soient différentes.

Mesures bidimentionnelles de la carrosserie (ill. 1)

En mesurant une carrosserie au moyen du système bidimensionnel, les contrôles sont possibles en longueur, en largeur et en symétrie. Elles ne sont utilisées que pour un contrôle approximatif.

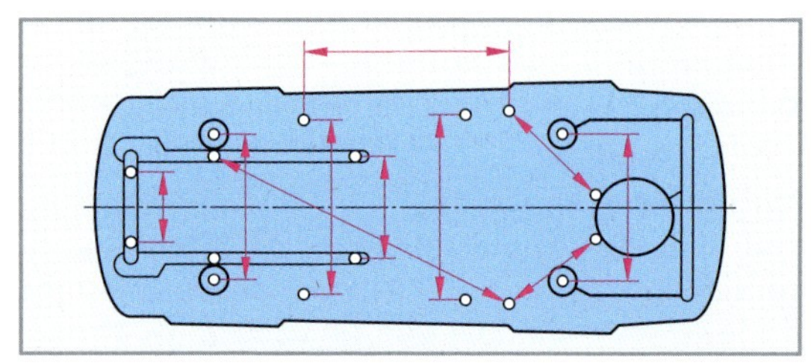

Illustration 1: Ensemble du plancher avec les points de référence pour les mesures bidimensionnelles

Dimensions métrées avec le compas à verges. Les mesures de longueur, de largeur et de diagonale sont contrôlées. Si des écarts sont constatés (p. ex. au contrôle d'une diagonale de l'essieu avant droit à l'arrière gauche), cela pourrait indiquer une torsion de l'ensemble de plancher.

Calibres de centrage (ill. 2). Ils se composent généralement de trois jalons qui sont placés à certains points de mesure de l'ensemble de plancher. Des verges permettant de prendre des mesures sont posées sur les jalons. Le châssis et l'ensemble de plancher sont intacts si les verges se trouvent sur un même alignement sur toute la longueur du véhicule.

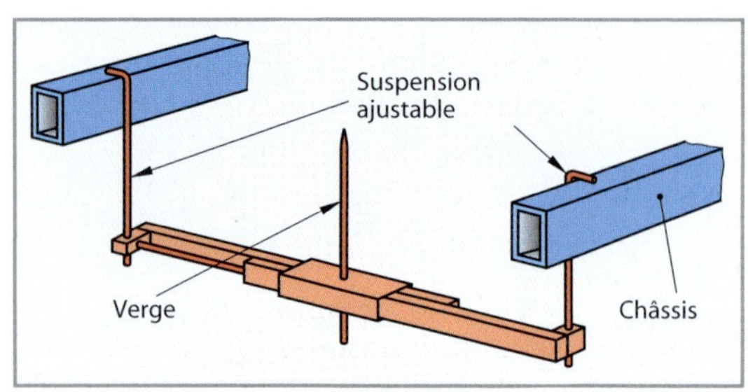

Illustration 2: Calibre de centrage

L'ill. 3 montre que les verges ne sont pas dans le même alignement, le milieu de la voiture est donc déformé vers la gauche (banane).

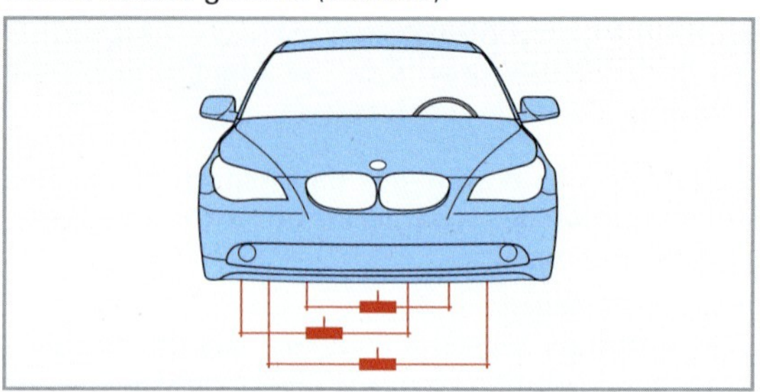

Illustration 3: Utilisation des calibres de centrage

Mesures tridimensionnelles de la carrosserie (ill. 4)

En mesurant une carrosserie au moyen du système tridimensionnel, les points de la carrosserie peuvent être mesurés en longueur, en largeur et en hauteur. Elles sont appropriées pour une mesure exacte de la carrosserie.

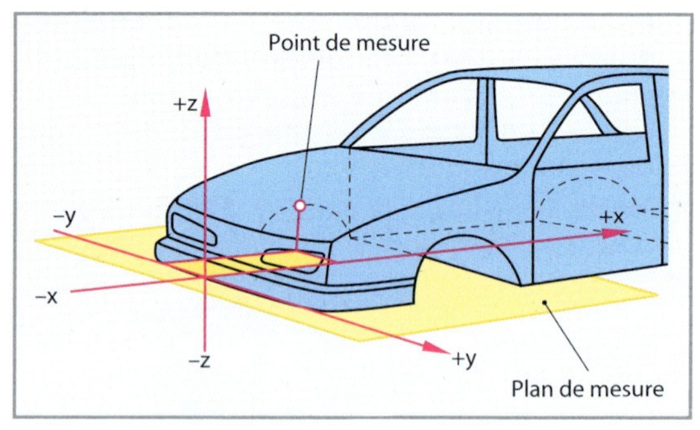

Illustration 4: Principe de mesure tridimensionnelle

Banc à redresser avec système de mesure universel (ill. 1, p. 423).

Le véhicule endommagé est installé sur le banc à redresser avec des pinces de serrage qui sont placées à l'agrafe du bas de caisse. Ensuite, le pont de mesure est poussé sous la voiture et ajusté. Pour cela, il faut choisir trois points de la carrosserie intacte, dont deux parallèles au sens longitudinal du véhicule. Le troisième point de mesure doit être le plus éloigné possible des deux autres.

Les ponts de mesure sont équipés de jauges qui peuvent être réglées exactement sur les points de mesure afin de déterminer les écarts de longueur et de largeur. Chaque jauge est munie de douilles de mesure télescopiques sur lesquelles des touches graduées sont placées.

En sortant les touches de mesure, celles-ci atteignent les points de mesure de la carrosserie, permettant ainsi de déterminer exactement les mesures de hauteur.

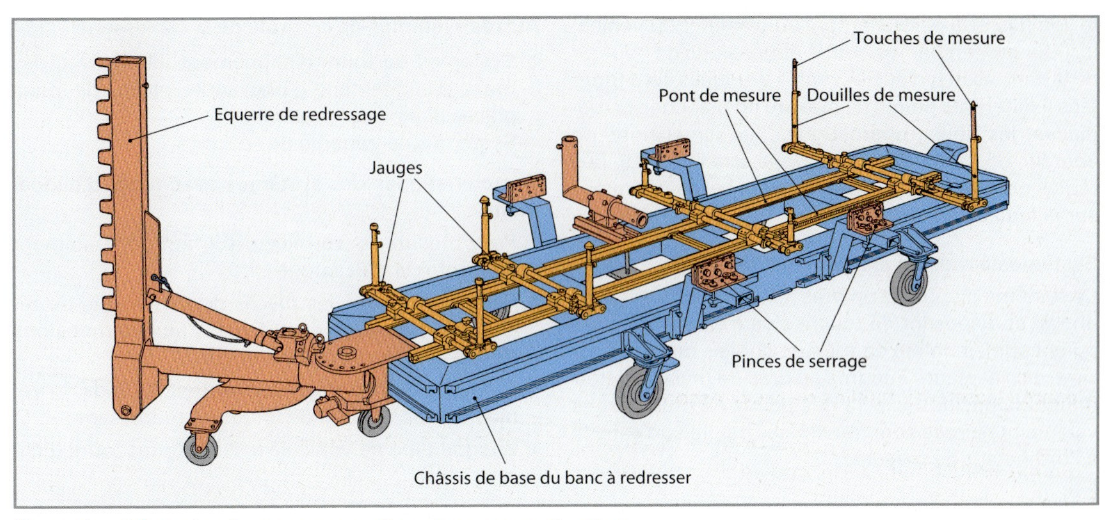

Illustration 1: Banc à redresser avec système de mesure mécanique

Alignement de la partie supérieure (ill. 2). Un cadre avec un dispositif de mesure est placé p. ex. sur la jauge qui est montée sur le cadre de base du banc à redresser. La partie supérieure peut ainsi être mesurée aux points définis, par sections, selon les fiches de mesure.

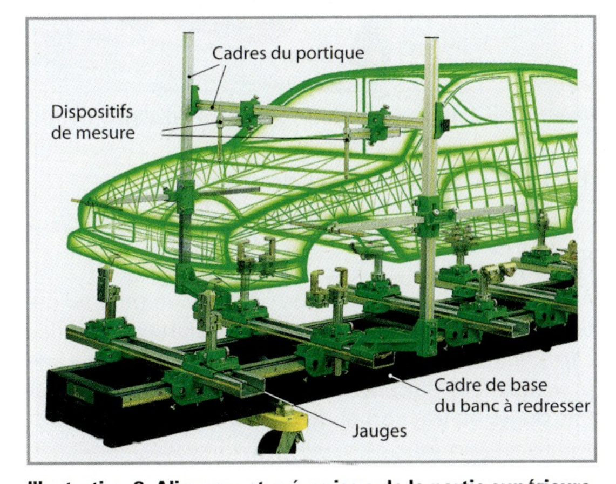

Illustration 2: Alignement mécanique de la partie supérieure

Les systèmes de mesure mécaniques sont placés sur le cadre de base du banc à redresser mais sont susceptibles de compliquer l'utilisation des outils pour redresser. En outre, ils sont exposés aux éclats de soudure, aux poussières et aux influences mécaniques et risquent ainsi d'être endommagés.

Système de mesure optique (ill. 3)

Dans le cas de la mesure optique de la carrosserie au moyen de rayons lumineux, le système de mesure est disposé à l'extérieur du cadre de base du banc à redresser. La mesure est aussi possible sans ce cadre, pour autant que le véhicule soit posé sur des chandelles ou soulevé au moyen d'une plate-forme élévatrice.

Pour la mesure, on utilise deux règles graduées qui sont placées à angle droit de part et d'autre du véhicule. Elles sont équipées d'un laser, d'un diviseur de rayons et de plusieurs unités prismatiques. Le laser génère de petits faisceaux dont les rayons sont émis parallèlement. Ceux-ci restent invisibles jusqu'à ce qu'ils rencontrent un obstacle. Le diviseur de rayons dirige le faisceau laser perpendiculairement sur la règle graduée. Les unités prismatiques servent à diriger le rayon à angle droit sous le véhicule.

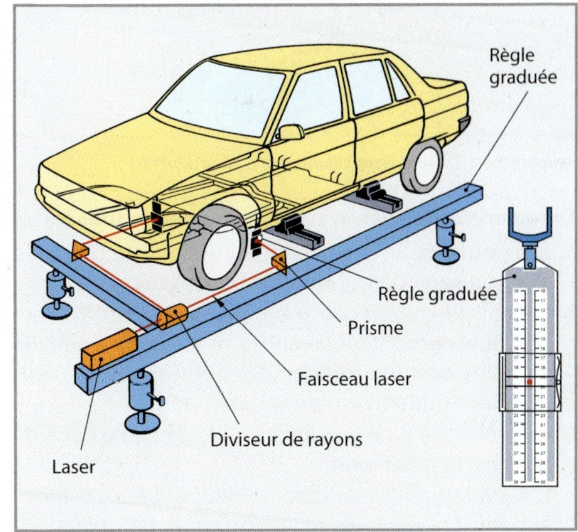

Illustration 3: Système de mesure optique

Au moins trois points intacts de la carrosserie servent de référence. Des règles graduées en plastique transparent (avec des éléments d'assemblage) sont fixées au véhicule et ajustées. Après avoir allumé le laser, les règles graduées sont déplacées pour contrôler les parties déformées du véhicule. Le point rouge du faisceau laser indique la mesure sur les règles graduées. Pour cela, il faut que le laser émette son faisceau parallèlement au plancher du véhicule. Pour rechercher les autres dimensions de hauteur de la carrosserie, d'autres règles graduées sont montées à différents points de mesure du plancher. En déplaçant les unités prismatiques, les dimensions de hauteur et de longueur peuvent être lues sur des règles graduées et comparées avec celles indiquées sur la feuille de contrôle.

Système de mesure électronique (ill. 1)

Ce système dispose d'un bras de mesure courant sur un rail et disposant de touches de mesure qui s'appuient sur les points de mesure choisis de la carrosserie. Les capteurs intégrés au bras de mesure déterminent la position exacte des points de mesure. Les valeurs mesurées sont transmises par liaison sans fil à l'ordinateur de mesure.

Procédure. Trois points de mesure sont d'abord sélectionnés, au moyen du bras de mesure sur la carrosserie intacte, afin de déterminer la position de base du véhicule. Les touches de mesure sont ensuite positionnées aux endroits choisis. Le résultat des mesures est comparé avec les valeurs théoriques mémorisées dans le programme de l'ordinateur. En cas d'écarts, un avis de défaut est émis ou la valeur mesurée est automatiquement enregistrée dans le procès-verbal de mesure.

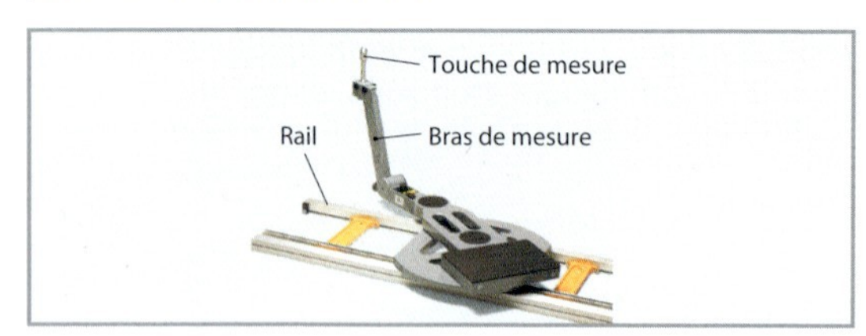

Illustration 1: Système de mesure électronique

Caractéristiques des systèmes de mesure universels

- Les points de la carrosserie peuvent être mesurés avec ou sans démontage de la mécanique.
- Les vitres collées, ou même cassées, ne doivent pas être démontées avant la mesure du véhicule car elles ont une retenue qui peut atteindre 30 % des forces de torsion de la carrosserie.
- Pour chaque type de véhicule, il existe une fiche de mesure appropriée.
- Les systèmes de mesure ne peuvent supporter ni le poids du véhicule, ni les forces de déformation.
- Si des pièces de carrosserie doivent être soudées, des supports de pièces spécifiques sont indispensables: ceux-ci seront fixés p. ex. sur un cadre de base du banc à redresser.
- Avec les systèmes de mesure travaillant avec un faisceau laser, ne jamais regarder celui-ci directement.
- Généralement, les systèmes de mesure universels sont des équipements informatisés.

Autres systèmes de contrôle de la carrosserie

- Systèmes de tours d'alignement **(ill. 2)** avec des tours d'alignement d'une seule pièce, de deux pièces et à pièces multiples.
- Systèmes de gabarits de soudage.

Caractéristiques des systèmes avec tours d'alignement

- Pour mesurer la carrosserie, il faut généralement démonter la mécanique.
- Pour le soudage, les pièces de carrosserie de rechange peuvent être fixées aux dimensions exactes aux tours d'alignement.
- Les tours d'alignement supportent le poids du véhicule mais ont peu de forces de redressage.
- Chaque type de véhicule a ses propres tours d'alignement.

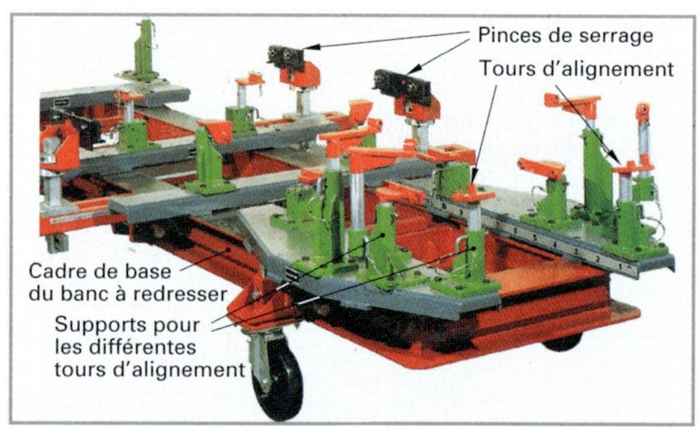

Illustration 2: Banc à redresser avec tours d'alignement

17.1.7 Réparation de dégâts sur des structures autoportantes

Redressage

Au moment de l'impact, une carrosserie peut se déformer avec une grande force. Pour redresser des carrosseries, il faut donc des forces de traction et de pression tout aussi grandes, qui sont produites par des outils de traction et des pompes hydrauliques.

La force de redressage doit s'exercer dans la direction inverse de la force de déformation.

Outils de redressage hydrauliques (ill. 3). Ils sont constitués d'une pompe et d'un cylindre qui sont reliés par un flexible résistant. Le piston du cylindre de pression sort sous l'effet de la haute pression. Les extrémités du cylindre et du piston doivent être bien étayées en cas de pression, ils doivent être fixés avec des pinces à tirer ou des tôles soudées en cas de traction.

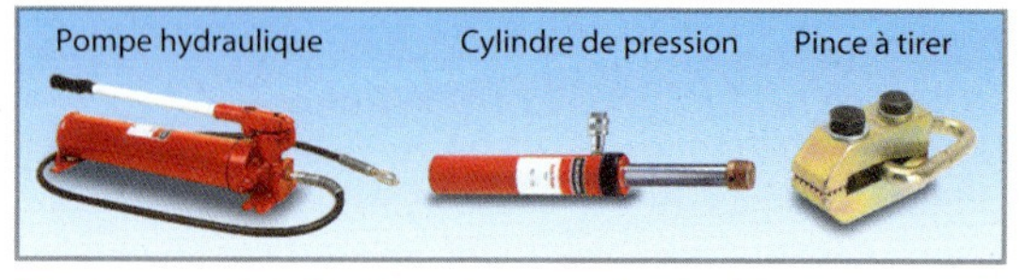

Illustration 3: Outils de redressage hydrauliques

17

Dispositif de mise en ligne hydraulique (équerre de redressage, ill. 1). Il se compose d'une poutre horizontale et d'un bras vertical pouvant être actionnés par un vérin. L'appareil peut être utilisé indépendamment des bancs à redresser. Il est seulement employé pour des dégâts légers ou moyens car de grandes forces de traction ne sont pas nécessaires.

Pour cela, la carrosserie doit être fixée à la poutre horizontale à l'aide de dispositifs de serrage et de tubes aux points déterminés par le constructeur.

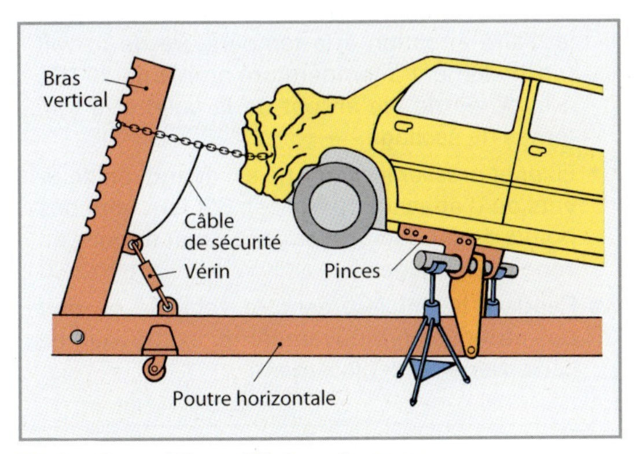

Illustration 1: Dispositif de redressage

Banc à redresser avec appareil hydraulique (ill. 2). Le banc à redresser consiste en un cadre stable qui absorbe les forces de redressage et sur lequel les voitures sont fixées avec des pinces au bord inférieur des bas de caisse. L'appareil à redresser hydraulique peut être rapidement fixé à chaque endroit du banc.

Il est ainsi possible de réparer des dégâts de carrosserie importants plus facilement qu'avec une équerre car le redressage peut être effectué exactement dans le sens opposé à la déformation. En outre, on peut utiliser des outils de redressage hydrauliques qui travaillent selon le principe vectoriel. Ces outils de redressage peuvent tirer ou presser une carrosserie déformée dans n'importe quelle direction spatiale.

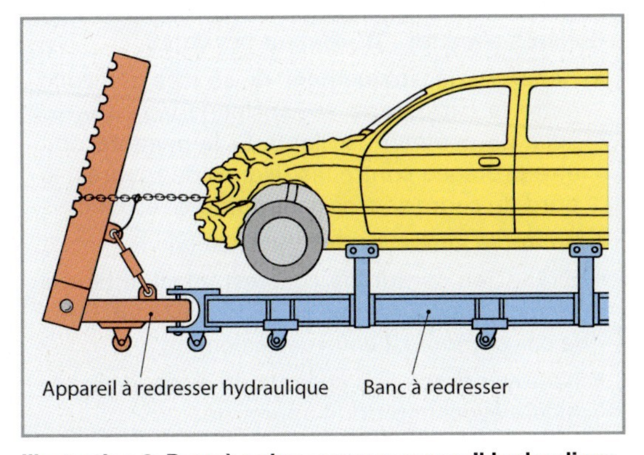

Illustration 2: Banc à redresser avec appareil hydraulique

Changement de direction de la force de redressage (ill. 3). Si la carrosserie est déplacée en direction horizontale et contre le haut, la mise en ligne devra se faire au moyen d'un galet de renvoi. La force de traction s'exerce alors dans le sens contraire de celui de la force de déformation d'origine. La carrosserie est donc tirée vers le bas ainsi que vers l'avant.

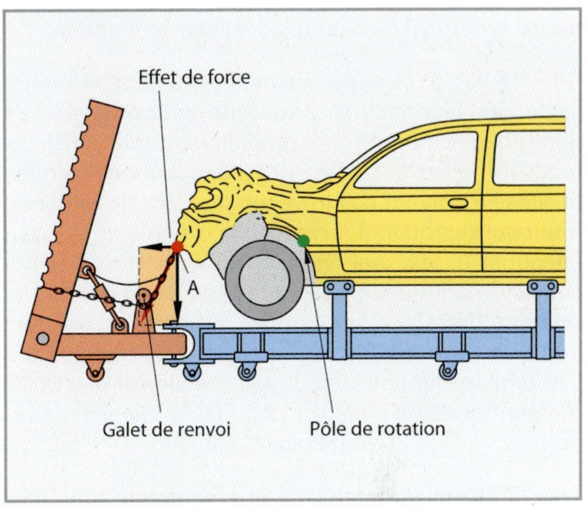

Illustration 3: Traction d'une partie de la carrosserie déplacée horizontalement et vers le haut

CONSEILS D'ATELIER

- Les redressages s'effectuent avant le démontage des parties non réparables.
- Quand le redressage est possible, on essaie de retourner à la situation originale par le redressage à froid.
- Si le redressage à froid des tôles de résistance normale n'est pas possible sans risque de fissures, la zone déformée sera chauffée avec un chalumeau autogène. Il ne faut pas dépasser 700 °C (couleur rouge foncé) à cause d'un changement possible de la microstructure du métal. Avec les tôles à haute résistance (HLE) et avec l'alliage d'aluminium, il faut respecter scrupuleusement les normes du constructeur.
- Après chaque processus de redressage, la postion des points de mesure doit être contrôlée.
- Pour que les éléments du châssis puissent correspondre exactement aux mesures de la carrosserie, il faut les tirer au-delà de la mesure théorique afin de contrer tout effet de ressort.
- Les parties portantes qui sont fissurées ou rompues au moment de la traction doivent être remplacées pour des raisons de sécurité.
- Les chaînes de traction doivent être assurées par des câbles de sécurité.

Remplacement des pièces et remplacement partiel (ill. 1)

Pour les pièces en tôle fortement déformées où la réparation n'est pas possible, peu fiable ou trop onéreuse, un remplacement des pièces ou un remplacement partiel peut être effectué selon les normes du constructeur. Lors du remplacement partiel d'un élément de carrosserie (p. ex. la partie latérale postérieure arrière), il faut remplacer l'élément entier.

Dans le cas d'un remplacement partiel, on découpe seulement la zone de la carrosserie endommagée. Les lignes de découpage sont prédéfinies par le constructeur. Normalement, elles sont d'une longueur limitée et elles ne doivent pas traverser les tôles de renforcement qui se trouvent au revers de la partie de la tôle à découper (p. ex. aux charnières des portes, aux ancrages de ceintures de sécurité). La tôle de réparation doit être découpée aux bonnes dimensions, adaptée et posée. Pour les tôles de carrosserie en acier, on utilise principalement le soudage métal-actif-gaz MAG qui permet de ne pas trop chauffer la tôle afin de réduire le voilage et les travaux de finition.

Pour l'alliage d'aluminium et les parties non portantes, on utilise le collage et le rivetage. Si l'alliage d'aluminium doit être soudé, on utilise le procédé MIG ou TIG.

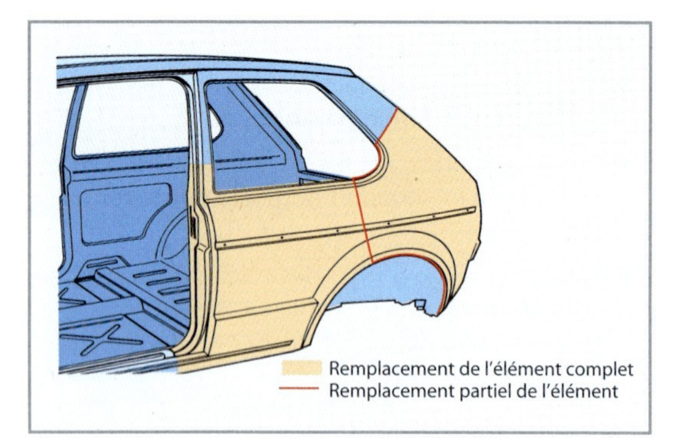

Illustration 1: Lignes de découpage pour le remplacement partiel d'éléments

Collage des métaux en carrosserie

Par rapport au soudage, les avantages du collage sont:

- un minimum de travaux de finition;
- les matériaux inflammables (p. ex. le réservoir de carburant) ne doivent pas être démontés;
- pas de corrosion de contact et bonne protection contre la corrosion dans la zone de réparation;
- les matériaux assemblés ne sont pas exposés à la chaleur, donc pas de déformation (p. ex. éléments en alliage d'aluminium);
- assemblage possible de matériaux différents.

Conseils d'atelier

- Poncer les zones à coller.
- Les anciennes comme les nouvelles parties doivent se superposer sur 20 mm au moins, afin d'obtenir une bonne surface de contact, qui soit résistante aux sollicitations **(ill. 2)**.
- Chanfreiner la tôle (30°), **ill. 2** afin d'éviter des fissures capillaires lors de l'application de vernis.
- Enduire les deux côtés de la tôle avec de la colle. Faire attention à la température de travail (normalement à température ambiante 20 °C), à la durée de vie en pot de la colle et à son temps de séchage.
- Fixer et presser les tôles (p. ex. au moyen de rivets ou d'attaches spéciales). S'il faut faire des points de soudage, ne pas appliquer de colle en zone de soudage.
- Pendant le durcissement, le véhicule ne doit pas être mis en mouvement (p. ex. travaux de carrosserie ou déplacement).

Les assemblages collés ne doivent pas être exposés à des sollicitations d'encroûtage.

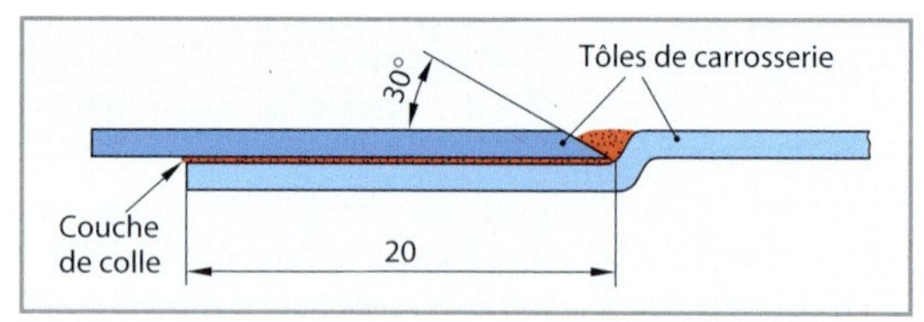

Illustration 2: Assemblage collé de deux tôles

Remplacement des vitres collées. Les vitres collées contribuent à la stabilité de l'habitacle. C'est pourquoi le démontage et le montage doivent être effectués avec le plus grand soin.

Conseils d'atelier – Démontage des vitres

- Séparer mécaniquement la couche de colle entre la carrosserie et l'ancienne vitre (p. ex. avec un couteau oscillant). Si la peinture doit être protégée contre les risques de rayures, le bord du cadre sera soigneusement recouvert.
- Retirer la vitre avec des ventouses.
- Si l'ancien cordon de colle est intact, il faut le couper jusqu'à ce qu'il en reste 1 à 2 mm. Dans le cas contraire, l'enlever totalement.
- Nettoyer la tranche collante du support du véhicule avec un produit approprié.

Conseils d'atelier – Démontage des vitres

- Nettoyer la nouvelle vitre, spécialement là où la colle sera appliquée.
- Positionner la vitre, sans colle et au moyen de ventouses, à l'emplacement qu'elle devra occuper. Marquer la position correcte (p. ex. avec des bandes adhésives).
- Vernir, sur le véhicule, l'emplacement où va être déposée la colle et traiter le bord de la vitre avec une base d'adhérence: la couche collante y adhérera mieux. Si l'ancienne couche de colle est encore présente, il est inutile d'appliquer la première couche de vernis.
- Attendre la fin du délai d'évaporation des solvants de la première couche. Appliquer une couche de colle suffisante sur le bord de la vitre ou sur le cadre du véhicule.
- Poser la vitre dans le cadre du véhicule avec des ventouses, ajuster et presser.
- Attendre que la colle soit durcie.

Ouvrir légèrement les vitres latérales pendant le collage des vitres avant ou arrière, ceci pour éviter tout décollement des vitres à peine posées, dû à la surpression générée dans l'habitacle par la fermeture des portes.

Dressage des tôles

Planage des pièces en tôle

Selon la grandeur, l'accessibilité et le type de la bosse, différentes méthodes peuvent être utilisées, p. ex.:

- débosseler avec le marteau et le tas;
- presser les bosses au moyen du procédé MAGLOC ou avec un levier à débosseler;
- éliminer les bosses avec le procédé de l'extracteur à inertie;
- éliminer les bosses par la technique de la chaleur.

Débosseler avec le marteau et le tas (ill. 1). Pour utiliser cette méthode, la bosse doit être bien accessible des deux côtés. Les tas sont utilisés comme contre-supports. Pour les emplacements difficilement accessibles, des outils en forme de cuillère sont nécessaires. Les petites bosses peuvent être travaillées directement avec ces outils.

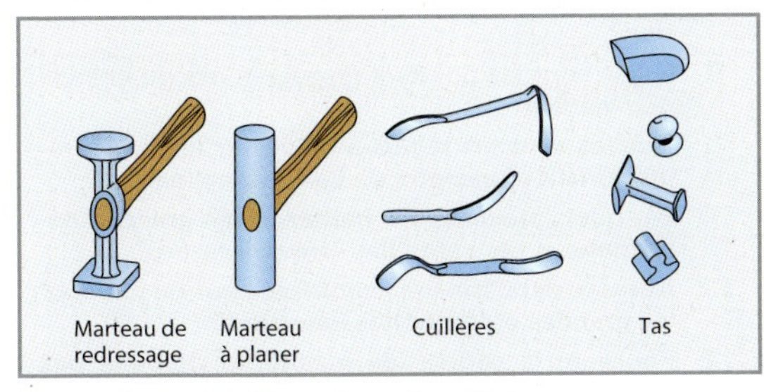

Illustration 1: Outillage de redressage

Déroulement du travail (ill. 2). Les moyennes et les grandes bosses sont martelées en spirale, en commençant depuis le bord de la bosse en direction du centre. Lors du martelage d'une tôle d'acier, le tas doit toujours être le plus loin possible de l'axe de frappe du marteau. Le planage de finition peut se faire par martelage à coup portant avec un marteau à planer et un tas (le tas et le marteau travaillent sur le même axe).

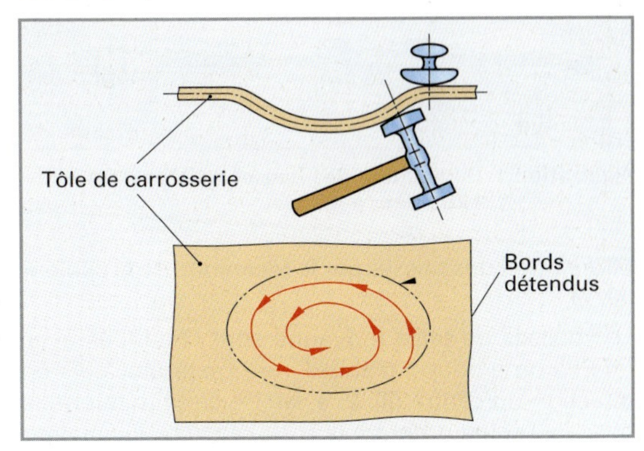

Illustration 2: Procédure d'élimination des bosses

Procédé MAGLOC (ill. 3). Les petites bosses (dues p. ex. à la grêle) peuvent être éliminées sans dommage à la peinture. Un outil spécial avec une tête magnétique est placé contre l'intérieur de la carrosserie. Pour repérer le centre de la bosse, une petite bille en acier est déposée à l'extérieur de la tôle de carrosserie. La bille en acier est attirée par la tête magnétique de l'outil. Une fois que le centre de la bosse est localisé précisément, de légères pressions sont exercées sur l'outil jusqu'à élimination de la déformation.

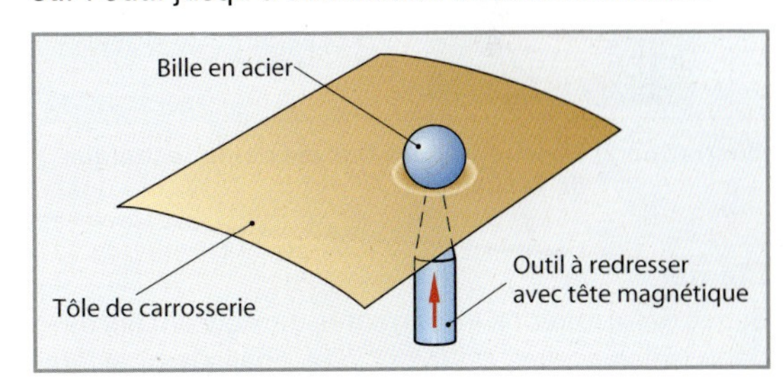

Illustration 3: Procédé MAGLOC

Presser les bosses avec un levier (ill. 4). Avec ce procédé, les bosses moyennes peuvent être pressées aux emplacement peu accessibles sans occasionner d'importants dégâts à la peinture.

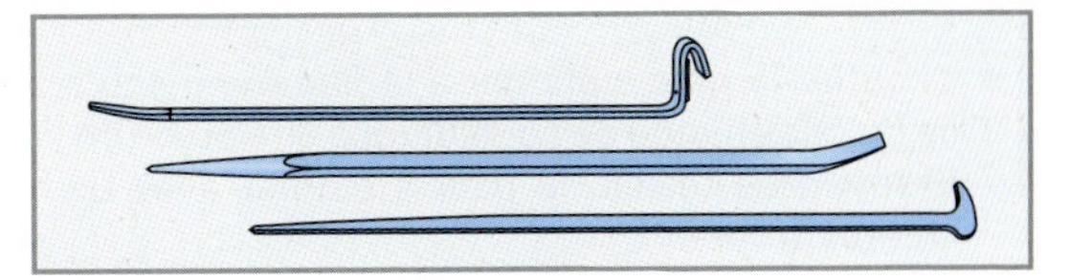

Illustration 4: Leviers à débosseler

Eliminer les bosses avec un extracteur à inertie (ill. 1). Ce procédé est utilisé si les bosses ne sont accessibles que d'un seul côté (p.ex. tôles doubles). Des rondelles perforées (multispot) sont soudées sur la surface à débosseler. Une tige munie d'une poignée et d'un contrepoids est accrochée à la rondelle. Le mouvement du contrepoids en direction de la poignée permet d'éliminer la bosse.

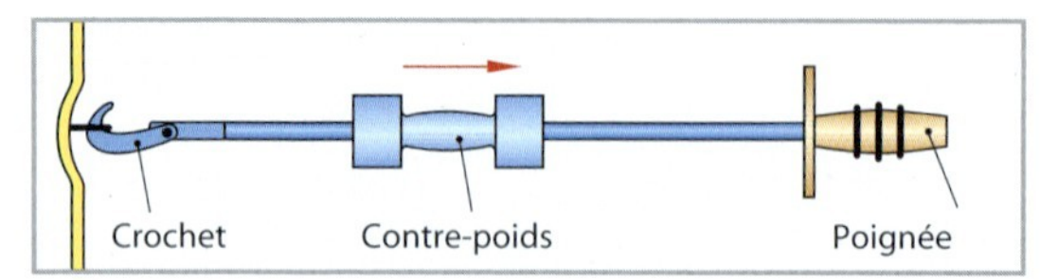

Illustration 1: Elimination des bosses à l'aide d'un extracteur à inertie

Elimination des bosses par la technique de la chaleur (ill. 2).

Les bosses de taille moyenne sont chauffées avec une flamme douce, d'abord vers l'extérieur puis en direction du centre **(ill. 2, a, b)**. De cette manière, la bosse se soulève contre la zone centrale. La chaleur peut ensuite être détournée à l'aide d'une râpe de carrossier **(ill. 2, c)**. A cet endroit, la tôle se contracte et se remet en place; dans un même temps, elle peut être lissée **(ill. 2, d)**. Ce procédé n'est pas utilisable pour les bosses situées dans les zones de renforcement, aux nervures et aux points de soudure.

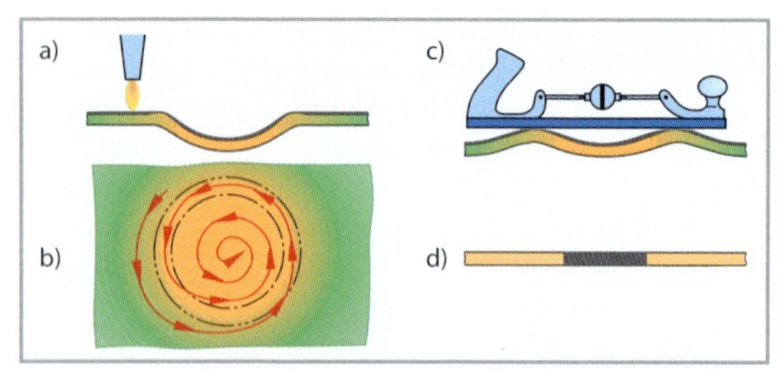

Illustration 2: Elimination des bosses par la technique de la chaleur

Etamer

Si des déformations importantes demeurent après le débosselage, elles pourront être égalisées par étamage.

Conseils d'atelier

- La zone de la carrosserie concernée doit être meulée.
- Mettre la pâte à étamer avec un pinceau sur la zone préparée.
- Chauffer la pâte à étamer à la flamme jusqu'à ce qu'elle change de couleur (elle vire au brun). Essuyer les restes de pâte à étamer avec un chiffon propre.
- Appliquer et lisser l'étain de remplissage 30/70 (30 % d'étain et 70 % de plomb) à la flamme sur la surface à travailler, avec une spatule en bois de forme spéciale immergée dans de la cire de stéarine.
- Après refroidissement des surfaces étamées, travailler celles-ci avec une râpe de carrossier.

A cause de la teneur élevée en plomb dans l'étain de remplissage, l'étamage dégage des vapeurs toxiques qui doivent être impérativement aspirées.

Mastiquer

Les petites inégalités de surface peuvent être mastiquées. On utilise pour cela des mastics à deux composants polyester ou époxy. Les défauts trop importants doivent être comblés par étamage afin d'éviter une application trop épaisse de mastic qui pourrait causer les problèmes suivants:

- décollement du mastic des surfaces traitées à cause de la dilatation différenciée des matériaux;
- formation de fissures:
  - a) dues aux différentes zones chaudes présentes dans la masse du mastic;
  - b) dues à la différence d'élasticité entre le mastic et la carrosserie.

La poussière de ponçage du mastic doit être aspirée car elle provoque des irritations de la peau et affecte les voies respiratoires.

Questions de révision

1. **Comment évalue-t-on les dégâts lors d'une inspection visuelle?**
2. **Quelles sont les valeurs que l'on peut déterminer au moyen d'une mesure bidimensionnelle?**
3. **Comment effectue-t-on la mesure tridimensionnelle d'une carrosserie avec des systèmes de mesures mécaniques?**
4. **Comment mesure-t-on une carrosserie avec un système de mesure optique?**
5. **Comment effectue-t-on la mesure électronique d'une carrosserie?**
6. **Quelles sont les caractéristiques des sytèmes de tours d'alignements?**
7. **Lors du redressage, à quoi doit-on faire attention?**
8. **Quels sont les points à respecter lors du collage des métaux?**
9. **Quelles sont les règles à respecter lors du remplacement d'une vitre de véhicule collée?**
10. **Par quels procédés les petites et les grandes déformations peuvent-elles être redressées?**
11. **Après le débosselage, comment peut-on éliminer les grandes et les petites inégalités?**
12. **Pourquoi la couche de mastic ne doit-elle pas être trop épaisse?**

17.2 Protection anticorrosion des véhicules

On distingue la protection anticorrosion active et la protection anticorrosion passive.

17.2.1 Protection anticorrosion active

Elle peut se faire:

- en utilisant des matières peu sensibles à la corrosion (p. ex. des aciers alliés);
- en agissant au niveau des agents d'agression (p. ex. en déshumidifiant l'air);
- en générant des tensions indépendantes (p. ex. en branchant le réservoir en acier au pôle positif d'une batterie = protection anticorrosion cathodique).

17.2.2 Protection anticorrosion passive

Elle peut s'effectuer par des couches de conservation (p. ex. revêtements métalliques et non métalliques).

Procédés de conservation

Ils sont utilisés pour protéger le dessous du véhicule et ses corps creux.

Protection du dessous du véhicule. Elle doit présenter les caractéristiques suivantes:

- isolation du dessous du véhicule contre l'humidité;
- résistance contre les projections de pierres;
- élasticité durable;
- amortissement des vibrations des tôles (antibruit).

On utilise des conservateurs à base de cire, de matières plastiques et de bitume.

Protection des corps creux. Les agents de protection utilisés sont des huiles filmogènes, des cires, des solvants et des additifs antirouille. L'agent de protection des corps creux est injecté par des orifices, à une pression d'environ 70 bars, aux emplacements déterminés par le constructeur ou giclés dans les cavités qui sont ensuite fermées avec des bouchons en plastique. Les additifs antirouille empêchent la formation de corrosion.

Revêtements métalliques

Ils forment une protection anticorrosion permanente, à condition qu'ils soient non poreux, insolubles dans l'eau et imperméables aux gaz. Si la couche protectrice possède un potentiel électromagnétique plus faible que la pièce, comme p. ex. du zinc sur de l'acier **(ill. 1),** il en résulte une réaction galvanique qui attaquera progressivement la couche protectrice. Tant que celle-ci ne sera pas entièrement détruite, la pièce ne rouillera pas. Si la couche protectrice possède un potentiel électromagnétique plus élevé que la pièce à protéger (p. ex. du nickel sur de l'acier), la pièce sera endommagée puis détruite par la corrosion. La couche protectrice reste intacte **(ill. 2).**

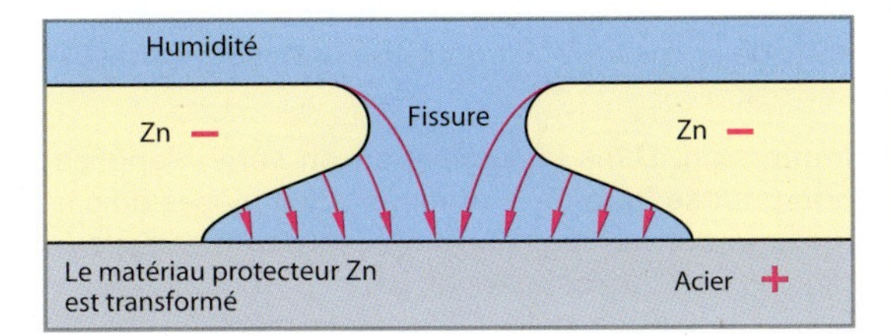

Illustration 1: Matière de protection adéquate

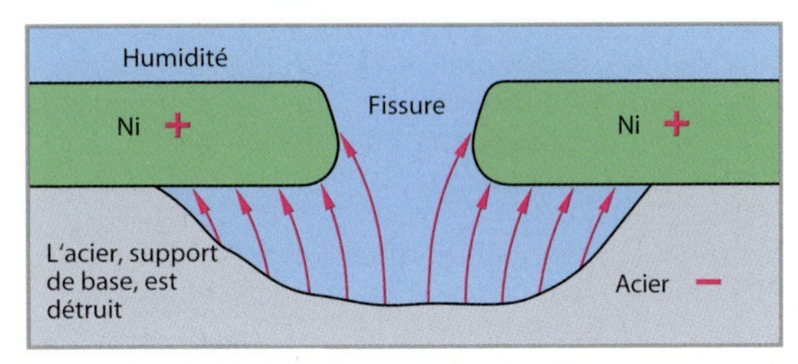

Illustration 2: Matière de protection inadéquate

Protection adéquate	►	le métal de revêtement est moins noble que le métal de support.
Protection inadéquate	►	Le métal de revêtement est plus noble que le métal de support.

Galvanisation par zingage à chaud. Cette méthode consiste à immerger, après un traitement préalable, les éléments de carrosserie ou la tôle brute dans un bain de zinc liquide à 450 °C.

Galvanisation. Dans la carrosserie, les tôles galvanisées sont utilisées comme tôles à emboutir. L'épaisseur de la couche est très régulière, soit environ 7,5 μm. La surface résultante est lisse. Cette méthode permet un recouvrement direct avec l'apprêt de surface sans ponçage préalable.

Revêtements non métalliques

Phosphatation (bondérisation). La pièce est immergée dans une solution phosphorique aqueuse. La surface se recouvre d'une couche protectrice poreuse de phosphate de fer. Elle forme la base d'adhérence pour les couches de recouvrements suivantes.

Plastification. Les agrafes et les arêtes peuvent être rendues étanches à l'aide de revêtements plastiques élastiques (p. ex. PVC). Différents métaux peuvent ainsi être isolés pour pouvoir être joints sans risque de formation de corrosion (p. ex. assemblage d'un revêtement d'aluminium sur un châssis en acier) **(ill. 3).**

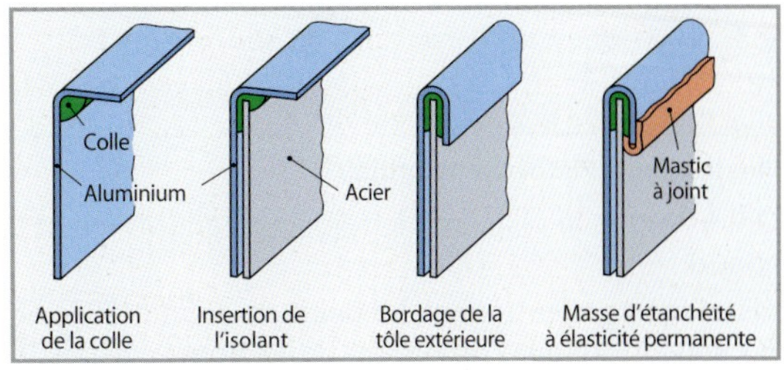

Illustration 3: Protection anticorrosion d'une agrafe

Anodisation. La surface des pièces en aluminium est oxydée électriquement. On obtient une couche d'oxyde de 5 μm sans qu'il y ait modification de la forme ou du volume de la pièce. La surface ainsi obtenue résiste à la corrosion et peut être peinte.

17.3 Peinture automobile

La peinture automobile sert à protéger la surface de la carrosserie contre les influences extérieures (p. ex. produits agressifs, eau, air et projections de pierres).

En outre, la peinture automobile doit ...

- former un film de protection étanche et durable;
- être dure et élastique;
- résister à la lumière;
- être visible (effet signalétique);
- faciliter le nettoyage et l'entretien.

Méthodes d'application

L'application des peintures se fait par giclage, par immersion ou par procédé électrostatique.

Giclage. Les pistolets à peinture **(ill. 1)** fonctionnent avec de l'air comprimé. Par le principe du vide d'air, la peinture du godet est aspirée et transportée jusqu'à la buse. A la sortie de celle-ci, la peinture est pulvérisée par jets d'air, en un fin brouillard, sur la surface à peindre.

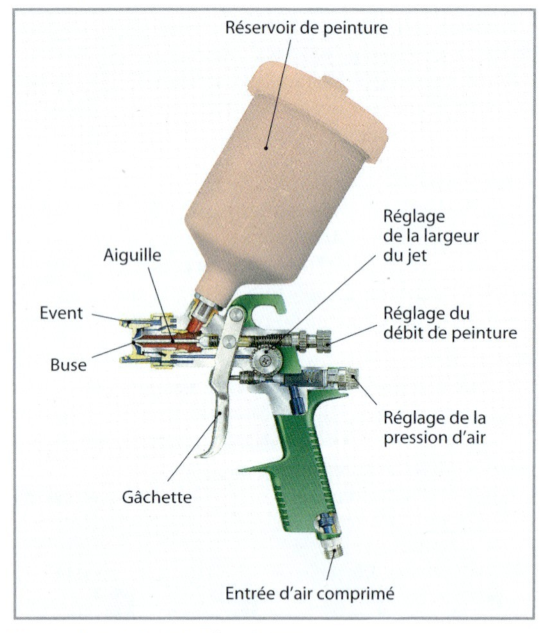

Illustration 1: Pistolet à peinture

On distingue le pistolage à froid (conventionnel) et à chaud.

Pistolage conventionnel. La peinture est diluée avec du solvant jusqu'à obtention de la bonne viscosité pour le giclage. Après application, le solvant s'évapore. Une évaporation trop rapide peut provoquer une mauvaise tension du film de peinture.

Pistolage à chaud. Pendant l'application, un dispositif préchauffe la peinture dans le godet à une température allant de 50 à 120 °C, ce qui a pour effet d'abaisser la viscosité de la peinture et de permettre d'appliquer la peinture sans utiliser de solvants.

Application électrostatique. Le procédé de pistolage électrostatique est utilisé dans la fabrication en série. La coque de carrosserie est mise au pôle positif d'une source de tension continue, tandis que le produit est mis au pôle négatif (à la buse). La tension peut aller jusqu'à 200 000 V. Le brouillard de peinture chargé négativement est attiré par la carrosserie chargée positivement. La perte de peinture est réduite.

La peinture peut également être appliquée par des mini-bols électrostatiques à rotation élevée **(ill. 2).** Des robots de giclage retouchent les parties de la carrosserie qui n'ont pas été atteintes par les brouillards de peinture pulvérisés par les bols électrostatiques.

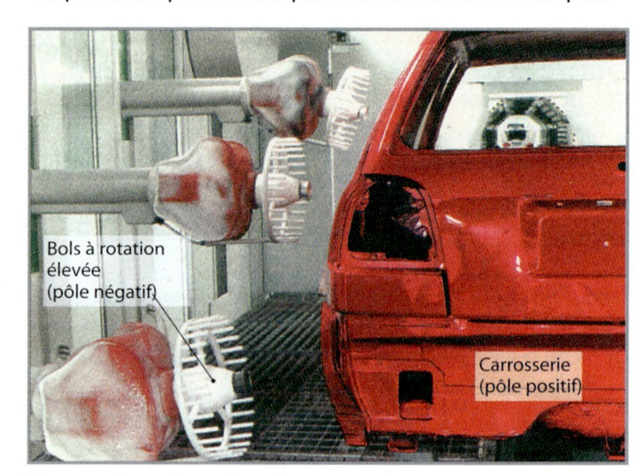

Illustration 2: Procédé d'application électrostatique

Pistolage airless (giclage à haute pression). La peinture est mise sous haute pression (100 à 500 bar). Elle est pulvérisée par la pression à la sortie de la buse. Le pistolage airless permet la pulvérisation fine des produits d'application à haute viscosité. Pour pouvoir travailler avec une pression moins élevée (40 à 60 bar), il est possible de compléter la pulvérisation de la peinture par un apport supplémentaire d'air comprimé (Airmix). Ces procédés sont surtout utilisés pour le giclage d'agents de protection du dessous de la voiture et d'agents de protection contre la corrosion.

Immersion. Dans la fabrication en série, l'application peut se faire par immersion des pièces de carrosserie dans un bassin rempli de peinture. Le surplus de peinture est éliminé par des trous d'évacuation et lors de la suspension de la pièce à la sortie du bain.

Cataphorèse (ill. 1). Les particules de peinture en suspension (p. ex. dans une émulsion d'eau et de résine) sont chargées électriquement et attirées vers la carrosserie. Cette dernière est branchée au pôle électrique opposé sur laquelle les particules se déposeront en une couche homogène. Le procédé s'arrête après l'isolation totale de la carrosserie, c'est-à-dire lorsque la dernière partie de tôle nue est recouverte de peinture. Ce procédé est utilisé uniquement pour la première application de peinture (couche de fond). Les ions d'hydrogène positifs, produits par l'électrolyse lors de la décomposition de l'eau, se déplacent vers la carrosserie chargée négativement et empêchent la formation d'oxyde sur la tôle pendant le déroulement du processus.

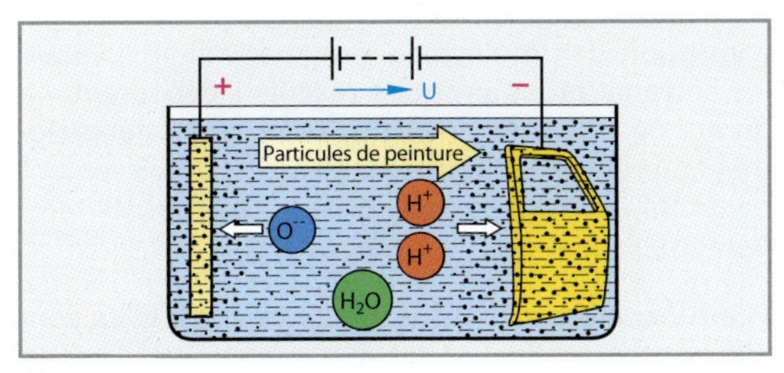

Illustration 1: La cataphorèse

Structure d'une peinture

Sur un véhicule, les couches de peinture sont les suivantes **(ill. 2)**:

- couche de phosphates;
- couche de primaire;
- couche de protection antigravillonnage;
- apprêt (sous-couche);
- finition (peinture unie ou métallisée).

Avant d'appliquer les couches nécessaires pour la structure de la peinture, la carrosserie doit être préparée. Elle doit être nettoyée, dégraissée puis phosphatée.

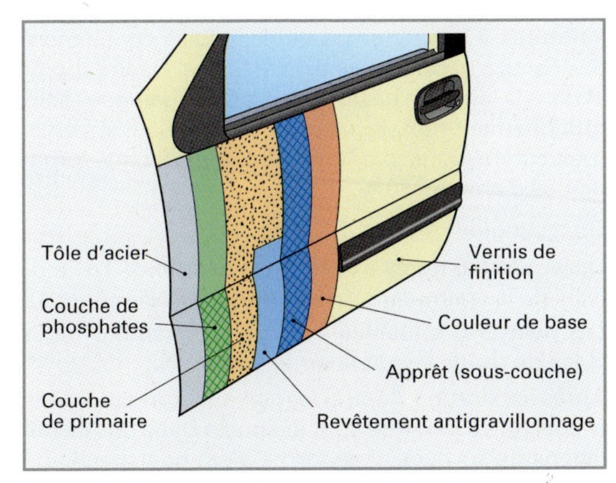

Illustration 2: Superposition des couches de peinture. Exemple d'une portière

Couche de phosphates. La phosphatation produit une couche de phosphates ferriques poreuse sur la surface de la tôle. Elle garantit la bonne adhérence des couches suivantes et une très bonne protection anticorrosion.

Couche de primaire. Elle constitue la base d'adhérence pour la couche de protection antigravillonnage, pour l'apprêt et pour la couche de finition. La couche de primaire est généralement appliquée par immersion ou par électrophorèse.

Couche de protection antigravillonnage. Elle est appliquée sur les tôles de carrosserie extérieures qui sont particulièrement exposées aux projections de cailloux (p. ex. les parties latérales de la carrosserie, les arêtes inférieures des cadres de vitres ou le capot moteur).

Apprêt (sous-couche). Il sert à éliminer les petits défauts de surface (raies, pores, etc.). Dans la fabrication en série, la couche d'apprêt est généralement appliquée par le procédé électrostatique. Elle sert de couche de fond pour la peinture de finition. Si la couche de finition est appliquée directement sur l'apprêt, celui-ci aura aussi une fonction d'apprêt teinté.

Peinture de finition

On distingue la peinture unie et la peinture métallisée.

Peinture unie

Application en quatre étapes. Après la couche de primaire et la couche d'apprêt, deux couches de finition sont appliquées par procédé électrostatique.

- Application d'une laque de base et séchage à environ 140 °C.
- Application d'un vernis de finition et séchage à environ 130 °C.

Application en trois étapes. Elle comporte une couche de primaire, une couche d'apprêt et une couche de finition. Cette couche de finition est appliquée directement sur l'apprêt encore humide, puis séchée. L'avantage de la finition en quatre étapes par rapport à celle en trois étapes est l'épaisseur totale de peinture obtenue qui est plus homogène et plus régulière sur toute la surface de la carrosserie car les différentes couches sont toutes de même épaisseur.

Peinture métallique

Contrairement à la peinture unie, la peinture métallique est toujours appliquée en deux couches: une laque de base colorée à effet décoratif et un vernis de protection transparent qui donne le brillant et l'éclat. La laque de base colorée est généralement appliquée par pulvérisation pneumatique et le vernis transparent par procédé électrostatique. L'ensemble est appliqué selon la méthode "mouillé sur mouillé", c'est-à-dire sans séchage intermédiaire entre l'application de la laque colorée et celle du vernis transparent. Le tout est ensuite séché à environ 130 °C.

Les peintures

Elles sont constituées de composants non volatils et de composants volatils **(tableau 1).**

Tableau 1: les composants des peintures

Composants non volatils	
Liants	Résines, matières filmogènes
Pigments	Pigments de couleur
Additifs	Catalyseurs, agents antioxydants, agents de charge, agents anticorrosion
Composants volatils	
Solvants	Diluants, produits réactifs

Liants. Après l'application et le séchage, ils constituent le film de peinture. Les pigments de couleur sont liés par la résine. Les matières filmogènes accélèrent la stratification et améliorent la façonnabilité de la peinture.

Pigments. Ils donnent au revêtement la couleur désirée. Ce sont des particules solides qui sont présentes sous forme non volatile dans la peinture.

Additifs. Les catalyseurs accélèrent le processus de durcissement et de séchage. Les antioxydants empêchent la formation de peau et la gélification de la peinture. Les agents de charge améliorent le brillant et les agents anticorrosion améliorent les propriétés protectrices de la peinture.

Solvants. Ils dissolvent les composants solides et règlent la viscosité de la peinture pour permettre son application. Les solvants et les produits réactifs s'évaporent pendant le séchage de la peinture. Les produits réactifs agissent pendant le processus de séchage au four et pendant la formation du film de peinture (p. ex. comme déshydratants durant la polycondensation).

Types de peintures

On distingue:

- les peintures nitrocellulosiques;
- les peintures synthétiques;
- les peintures de base à effet décoratif;
- les peintures hydrosolubles;
- les peintures à deux composants High Solid;
- les peintures en poudre.

Peintures nitrocellulosiques. Elles ne sont actuellement plus utilisées pour la peinture des véhicules. Les peintures nitrocellulosiques sèchent vite grâce à l'évaporation rapide de leurs solvants volatils. Elles sont très inflammables, peu résistantes aux solvants et nécessitent un polissage régulier pour pouvoir conserver leur aspect brillant. Elles sont principalement utilisées dans la rénovation de véhicules anciens.

Peintures synthétiques. Elles contiennent p. ex. des résines (résines alkydes, résines mélaminiques) qui fonctionnent comme liants. Ces peintures durcissent sous l'influence de l'oxygène de l'air (séchage par oxydation). Utilisation: peinture de finition.

Peintures acryliques. Elles contiennent des résines acryliques (thermoplastes) qui fonctionnent comme liants. Elles durcissent par séchage physique, c'est-à-dire par évaporation des solvants. Ces peintures sont dites réversibles car elles peuvent à nouveau être fluidifiées par adjonction de solvants. Elles peuvent devenir irréversibles lorsqu'elles sont mélangées à des liants polyuréthanne (acryle-polyuréthanne 2 K). Utilisation: elles sont employées pour la couche de fond ou pour la couche de finition de la carrosserie. On distingue deux types de peintures acryliques:

- peintures monocomposant (liants 1K)
- peintures à deux composants (liants 2K).

Peintures monocomposant (liants 1K). Elles durcissent sous l'influence de l'oxygène de l'air par l'interconnexion des molécules (polymérisation) lorsque les solvants et les produits réactifs s'évaporent. La dureté définitive des couches est atteinte généralement après plusieurs semaines. Le durcissement peut être accéléré par séchage en étuve à des températures allant de 100 à 140 °C.

Peintures à deux composants (liants 2K). Elles sont composées du liant et du durcisseur. Une réaction chimique (polyaddition) fait durcir le mélange des deux composants sans qu'il y ait dégagement de produits secondaires et à température ambiante.

Le processus de séchage peut être accéléré à une température d'environ 130 °C. Les peintures acryliques à deux composants résistent aux agents chimiques, aux rayures et aux intempéries.

Laques de base à effet décoratif (peintures métallisées). En plus des pigments de couleur, elles contiennent des micas ou des paillettes d'aluminium. Lorsque celles-ci reflètent la lumière incidente, il se produit à leur surface un effet métallisé. Après l'application de la laque de base, on applique "mouillé sur mouillé" une deuxième couche de vernis transparent qui protégera la laque de base.

Peintures à l'eau (hydrosolubles). Elles contiennent des liants à base de résines plastiques. Dans l'apprêt et dans la laque de base, les solvants organiques sont pratiquement remplacés par de l'eau. Seul le vernis transparent conserve une part de solvants organiques d'environ 10 %.

On distingue:

Les vraies peintures à l'eau (hydrosolubles). Les molécules de résine sont dissoutes dans l'eau.

Les peintures diluables (hydrodiluables). Les particules de résine y sont finement réparties.

Après application, l'eau et les solvants contenus dans la couche de peinture sont évaporés dans des installations de séchage. Il se forme alors une couche de peinture étanche et résistante à l'eau et aux agents chimiques. La faible proportion de solvants fait que le séchage dure plus longtemps. Toutefois, les nuisances causées à l'environnement par les solvants sont moindres.

Liants High-Solid (liants HS) et **liants Medium-Solid** (liants MS). Ce sont des liants qui contiennent une grande partie de composants non volatils (teneur en éléments solides jusqu'à 70 %). La partie volatile contenue dans le produit (20 à 30 %), nocive pour l'environnement, est fortement réduite. Ces peintures sont utilisées principalement pour des réparations. Elles se distinguent par un très bon pouvoir couvrant, un séchage rapide et un grand brillant. En outre, la grande épaisseur des couches permet de réduire significativement les phases du travail d'application.

Peintures en poudre. La matière plastique utilisée comme liant est transformée en une poudre dont la granulométrie va de 20 à 60 μm. La peinture est appliquée sur la pièce à peindre froide ou chaude au moyen d'un pistolet spécial. Sur les pièces froides, la poudre adhère par effet électrostatique, sur les pièces chaudes par fusion. Elle doit ensuite produire un film de peinture sur les pièces enduites. Le séchage se fait au moyen de lampes à rayonnement infrarouge à environ 120 °C ou dans un four à une température supérieure à 130 °C. La poudre fond et les macromolécules de liant réticulent (polyaddition). Lors du refroidissement, il se forme une couche de peinture dense, résistante aux chocs et aux agents chimiques, pouvant atteindre une épaisseur de 120 μm. L'avantage de ce procédé est l'absence totale d'émission de solvants. De plus, il n'y a aucune perte de produit lors de la pulvérisation car le liant en poudre non adhérent peut être récupéré et réutilisé.

CONSEILS D'ATELIER

Conseil: en cas de peinture de réparation, il est important que les composants du système de réparation soient compatibles. C'est pourquoi il est recommandé d'utiliser le système complet fourni par le fabricant plutôt que des produits provenant de différents fournisseurs. Pour obtenir un résultat optimal, il faut respecter les instructions du fabricant.

Préparation. La surface endommagée doit être débarrassée de toute saleté, rouille, graisse, résidus d'ancienne peinture et silicone. Les résidus de silicone seront enlevés avec un produit approprié. Les anciennes peintures doivent être égalisées (ou éliminées) jusqu'au support.

Masticage. Les déformations peuvent être égalisées et les dégâts réparés en appliquant plusieurs couches de mastic. Pour cela, on utilise du mastic polyester à deux composants.

Il y a:

- le mastic fin produisant une surface lisse et non poreuse, pour les petites déformations;
- le mastic de remplissage pour les déformations plus importantes;
- les mastics spéciaux, utilisables comme mastics fins ou de remplissage. Ils sont appropriés pour toutes les surfaces (p. ex. tôles d'acier galvanisées) et présentent une bonne adhérence.

Apprêt. Après le ponçage, l'endroit à réparer doit être recouvert d'un apprêt dont le choix dépend du procédé de peinture, de finition et de vernissage choisi.

On distingue les apprêts suivants:

- l'apprêt teinté pour une coloration optimale;
- l'apprêt pour ponçage final à la machine;
- l'apprêt pour ponçage final à la main;
- l'apprêt "mouillé sur mouillé" pour application immédiate de la peinture de finition.

Peinture de finition. Après le séchage et le ponçage fin de l'apprêt, la peinture de finition de la teinte choisie peut être appliquée. Les peintures unies sont du type monocouche ou bicouche, les peintures métallisées sont toujours en double couches. Pour éviter tout problème, la peinture de finition doit toujours être appliquée en respectant les instructions du fabricant.

Prévention des accidents

Toujours porter des lunettes de protection lors des travaux de ponçage et, si possible, toujours travailler sous aspiration des poussières. Les peintures et les additifs contenant des composants toxiques, il faut toujours s'équiper d'une combinaison de protection et un masque de protection respiratoire lors de travaux de peinture.
Les peintures et les solvants ayant un point d'inflammabilité situé au-dessous de 21 °C engendrent un risque d'explosion dans les ateliers de peinture. Ces locaux doivent disposer de deux sorties bien indiquées qui ne doivent pas être fermées.

Aucune source de chaleur (feu, étincelles, machines) ne doit se trouver à moins de 5 m de l'endroit où l'on peint.

Il doit y avoir suffisamment d'extincteurs et de couvertures d'extinction à disposition.

Lorsque l'on travaille dans une cabine de giclage, même bien ventilée, il faut porter un masque de protection avec amenée d'air frais.

QUESTIONS DE RÉVISION

1 A quoi servent les peintures?
2 Quels sont les différents types de peintures?
3 En quelle matière sont les liants en poudre?
4 Quelles sont les méthodes d'application des peintures utilisées sur les véhicules?

18 Châssis

Sur le châssis d'un véhicule, on distingue:

- la direction;
- la fixation des essieux;
- la suspension;
- les roues et les pneumatiques;
- les freins.

La dynamique et la sécurité de conduite du véhicule dépendent de ces éléments.

18.1 Dynamique des véhicules

La dynamique des véhicules définit les effets des forces agissant sur le véhicule lors de la conduite et des mouvements qui résultent de ces forces.

Les mouvements ont lieu sur l'axe longitudinal, l'axe transversal et l'axe vertical du véhicule **(ill. 1)**.

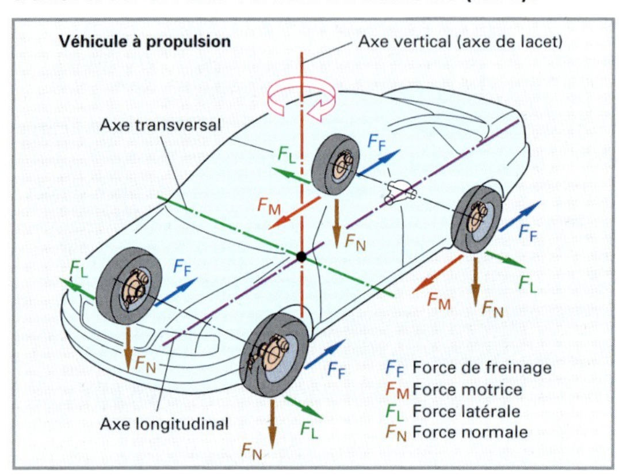

Illustration 1: Forces exercées sur un véhicule et axes

On distingue:

- des forces s'exerçant dans l'axe longitudinal: force motrice, force de freinage, force de frottement (pneu au sol et pénétration dans l'air);
- des forces s'exerçant dans l'axe transversal: force centrifuge, force du vent, force de guidage latéral;
- des forces s'exerçant dans l'axe vertical: poids sur les roues, forces dues aux inégalités de la route.

Les mouvements résultant de l'action de l'ensemble de ces forces se ressentent au niveau du comportement du véhicule.

Paramètres influençant le comportement du véhicule

- Position du centre de gravité, du centre de roulis, de l'axe de roulis et de l'essieu.
- Type de transmission et de disposition du groupe motopropulseur.
- Voie, empattement et géométrie des roues.
- Eléments de suspension et amortisseurs.
- Systèmes d'assistance à la conduite (p. ex. ABS, ASR, ESP).

Centre de roulis (centre géométrique, **ill. 2).** Il se trouve sur l'axe vertical au milieu de l'essieu du véhicule. Vu de l'avant, le centre de roulis se trouve au milieu du véhicule. Sa hauteur dépend du diamètre des roues du véhicule. L'action de la répartition des masses dans le sens vertical modifie la position de ce centre et le déplace généralement vers le haut (centre physique). C'est en ce point (**W**) que la caisse subit l'influence des forces latérales F_L.

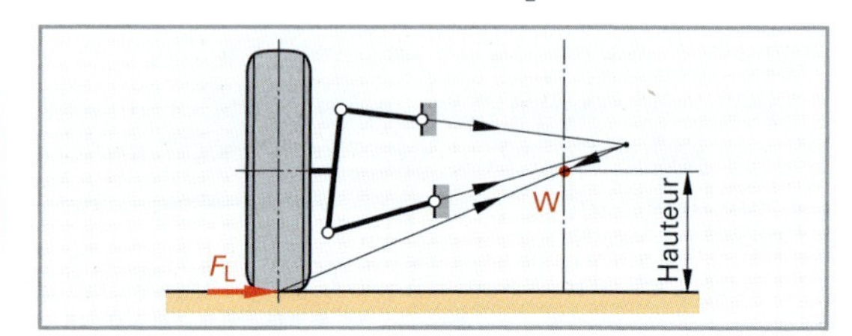

Illustration 2: Centre géométrique de roulis

Axe de roulis. Il est formé par une droite rejoignant les centres physiques de roulis des essieux avant $\mathbf{W_{av}}$ et arrière $\mathbf{W_{ar}}$ **(ill. 3)**. Il est généralement incliné vers l'avant car le centre de roulis de l'essieu avant est plus bas que celui de l'essieu arrière.

Plus le centre de gravité **G** est proche de l'axe de roulis, moins le véhicule s'incline dans les virages.

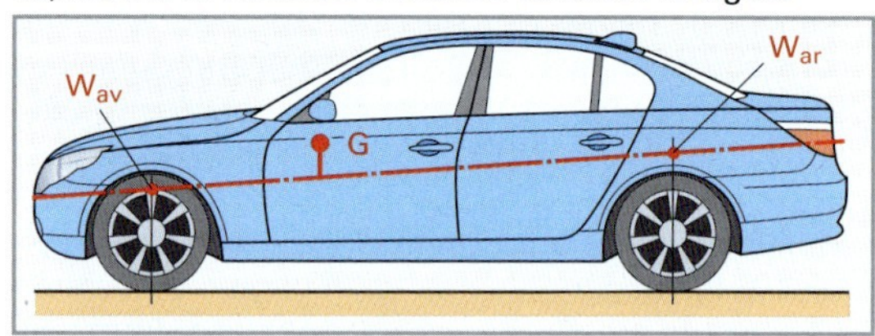

Illustration 3: Axe de roulis

Axe de symétrie. Il passe par l'essieu avant et arrière dans le sens longitudinal du véhicule **(ill. 4)**.

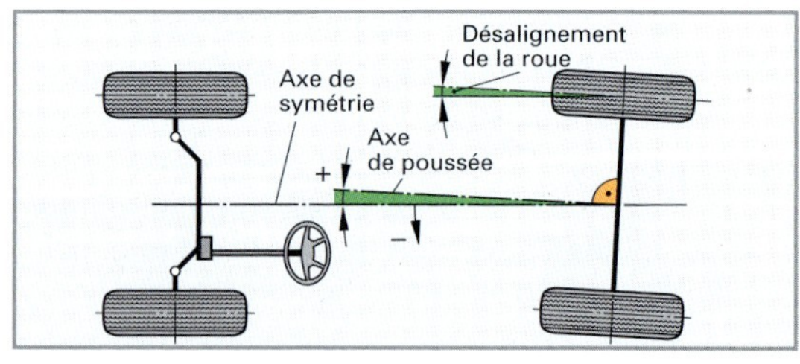

Illustration 4: Axe de symétrie et axe de poussée

Axe de poussée. Défini par les positions des roues arrière, il est perpendiculaire à l'essieu arrière **(ill. 4)**.

Normalement, l'axe de symétrie et l'axe de poussée sont superposés. Si l'axe de poussée diffère de l'axe de symétrie, le véhicule dévie. Le désalignement de la roue est l'angle entre l'axe longitudinal de la roue et l'axe de symétrie du véhicule.

Angle de dérive. Si une force latérale (p. ex. la force du vent ou la force centrifuge) agit sur un véhicule en mouvement, des forces latérales F_L agissent sur les surfaces de contact des pneus. Si aucune correction de conduite n'est effectuée, les pneus dérivent de la valeur α, déviant ainsi le véhicule de sa trajectoire d'origine **(ill. 1)**.

L'angle de dérive α est l'angle formé entre l'axe longitudinal de la roue et le sens réel du mouvement de la roue. Cette dérive ne doit pas être confondue avec une perte d'adhérence (dérapage).

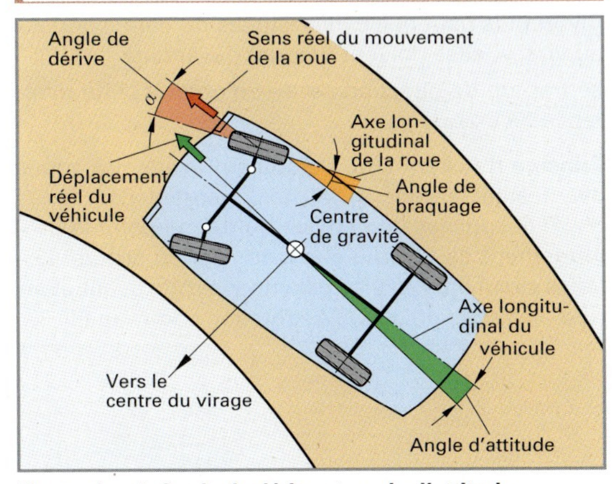

Illustration 1: Angle de dérive et angle d'attitude

Angle d'attitude. Il agit sur l'ensemble du véhicule **(ill. 1)**.

L'angle d'attitude est l'angle formé entre le déplacement réel du véhicule et l'axe longitudinal du véhicule.

Tenue de route

Afin d'évaluer la tenue de route d'un véhicule, on exécute des manœuvres de conduite normalisées (comme p. ex. des virages de rayon constant et des slaloms effectués à différentes vitesses).

L'adhérence entre les pneus et la chaussée permet de compenser les forces latérales exercées sur le véhicule et ceci jusqu'à la limite de vitesse lors d'un virage.

Au-delà de cette vitesse, il se produit un glissement transversal des roues avant, des roues arrière ou des deux ensemble: c'est le dérapage.

Au niveau de la tenue de route, on distingue trois comportements:

- **Le sous-virage (ill. 2).** Les angles de dérive α_{AV} des roues avant sont supérieurs à ceux des roues arrière α_{AR}. Le véhicule suit une courbe plus grande que celle que l'angle de braquage devrait produire et le véhicule "part de l'avant"; il a donc tendance à élargir la trajectoire. Ce défaut de stabilité est simple à corriger. Le conducteur, instinctivement, effectue un léger braquage supplémentaire. C'est pour ce critère de sécurité que la majorité des véhicules de tourisme ont ce comportement.
- **Survirage (ill. 3).** Les angles de dérive des roues arrière α_{AR} sont supérieurs à ceux des roues avant α_{AV}. Le véhicule suit une courbe plus petite que celle que l'angle de braquage devrait produire. Sa trajectoire a tendance à se refermer.
- **Comportement neutre.** Les angles de dérive des roues avant et arrière sont égaux. Le véhicule dérive uniformément sur toutes les roues.

Les véhicules:

- à traction ont tendance à sous-virer;
- à propulsion ont tendance à survirer.

L'idéal est un comportement neutre ou légèrement sous-vireur (à l'exception des voitures sportives).

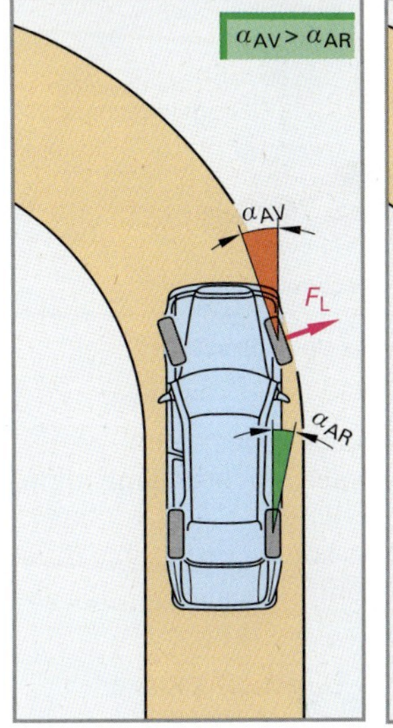

Illustration 2: Sous-virage

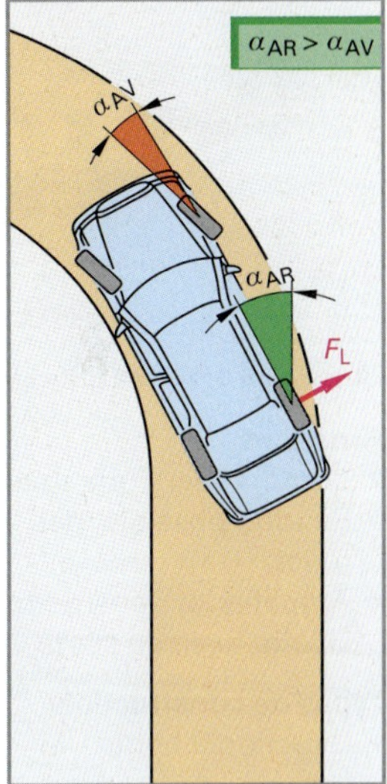

Illustration 3: Survirage

L'embardée est un mouvement de rotation du véhicule autour de son axe vertical (axe de lacet) **(ill. 1, p. 434)**. Sur les véhicules équipés d'un système de correction automatique de trajectoire (ESP), la vitesse d'embardée est mesurée par des capteurs gyroscopiques.

Le roulis est un mouvement d'inclinaison de part et d'autre de l'axe longitudinal **(ill. 3, p. 434)**.

Le tangage est un mouvement de rotation autour de l'axe transversal **(ill. 1, p. 434)**.

Questions de révision

1. **Comment appelle-t-on les trois axes principaux d'un véhicule et les mouvements autour de ceux-ci?**
2. **Qu'entend-on par centre de gravité d'un véhicule?**
3. **Comment détermine-t-on l'axe de roulis d'un véhicule?**
4. **Qu'entend-on par angle de dérive?**
5. **Expliquez les notions de sous-virage, survirage et comportement neutre.**

18.2 Les bases de la direction

Les pièces principales de la direction d'un véhicule automobile sont **(ill 1)**:

- Volant
- Barre d'accouplement
- Mécanisme de direction
- Colonne de direction
- Biellettes d'accouplement

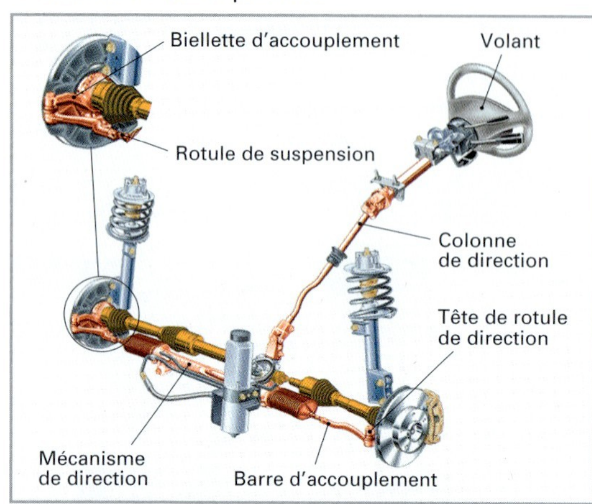

Illustration 1: Pièces principales de la direction

Fonctions

- Commander l'orientation des roues avant.
- Rendre possible des angles de braquage différents.
- Amplifier et transmettre le couple de la force musculaire exercée sur le volant.

Types de construction

- Direction à bogie
- Direction à fusée

18.2.1 Direction à bogie

Lors du braquage, les roues directrices pivotent autour d'un seul point de rotation. A cause de la diminution de la surface entre les points de contact des quatre roues et la chaussée, le risque de basculement augmente. La direction à bogie est généralement utilisée sur les remorques à deux essieux. Elle est facile à manœuvrer.

18

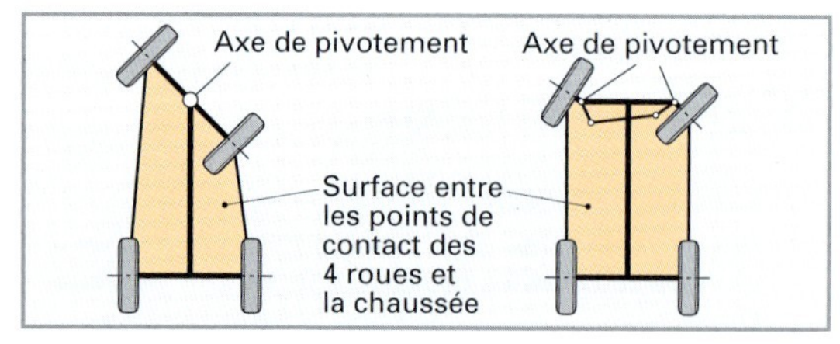

Illustration 2: Direction à bogie et direction à fusée

18.2.2 Direction à fusée

Chaque roue pivote sur son propre axe de rotation. Celui-ci est relié aux points supérieurs et inférieurs de la suspension **(ill. 2, p. 438)** ou à l'axe de fusée.

La direction à fusée est utilisée sur tous les véhicules automobiles à deux essieux et plus. Lors du braquage, la surface entre les points de contact des quatre roues et la chaussée reste pratiquement constante.

Comportement des roues en virage

En virage, chaque roue directrice doit pouvoir suivre son propre rayon de braquage sans subir les contraintes de l'autre dont le rayon est différent. Plus le rayon du virage est petit, plus l'angle de braquage doit être grand.

Etant donné que, sur les véhicules à deux essieux, les roues situées du côté intérieur du virage suivent un rayon plus petit que celles situées du côté extérieur du virage, elles doivent braquer davantage.

Le trapèze de direction permet d'obtenir cette différence de braquage.

Principe d'Ackermann. Selon ce principe, les roues avant étant braquées, le prolongement des lignes d'axe des fusées doit croiser au même point le prolongement de la ligne d'axe de l'essieu arrière. Les voies circulaires suivies par chaque roue avant et arrière ont alors un centre de rotation commun **(ill. 3)**.

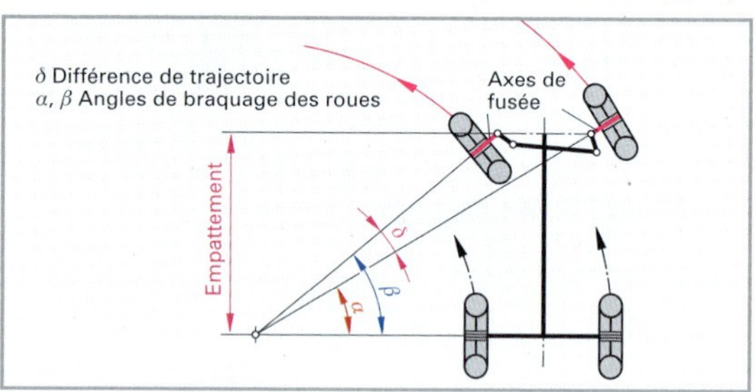

Illustration 3: Direction à fusée et angles de braquage différents

Trapèze de direction

Il est formé par la barre d'accouplement, les deux biellettes d'accouplement et la ligne d'axe reliant les axes de pivotement des fusées **(ill. 4)**.

> Sachant que la roue située du côté intérieur du virage doit braquer davantage que celle située du côté extérieur, le trapèze de direction permet d'obtenir des angles de braquage différents sur les roues avant.

Cet effet est obtenu par l'inclinaison des biellettes d'accouplement **(ill. 4)**. Lorsque le véhicule est en ligne droite, le prolongement des biellettes croise le centre de l'essieu arrière **(épure de Jeantaud)**.

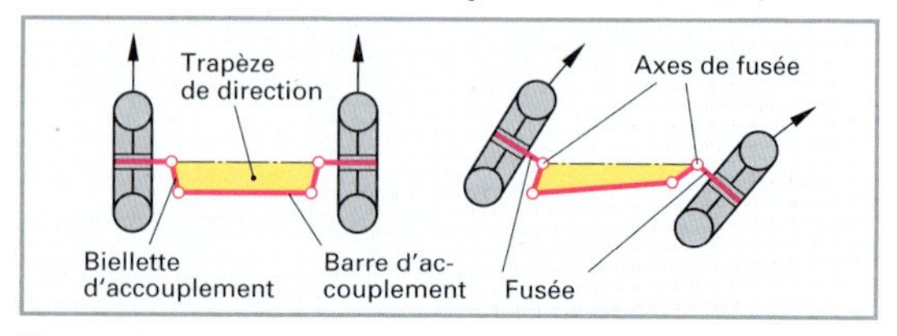

Illustration 4: Trapèze de direction

18.2.3 Timonerie de direction

Fonctions

- Transmission aux roues avant des mouvements exercés sur le mécanisme de direction.
- Guidage des roues sur une trajectoire précise.

Pièces principales

Barre(s) d'accouplement, rotules de direction, biellettes d'accouplement, éventuellement levier de direction et barre de direction.

Essieu avant rigide. Sur les véhicules utilitaires, le mécanisme de direction est généralement un boîtier de direction avec écrou à circulation de billes. Le mouvement est transmis par le bras du boîtier de direction à la barre de direction, au levier de direction et aux biellettes d'accouplement. Celles-ci sont reliées par des rotules de direction à la barre d'accouplement constituée d'une seule pièce **(ill. 1)**.

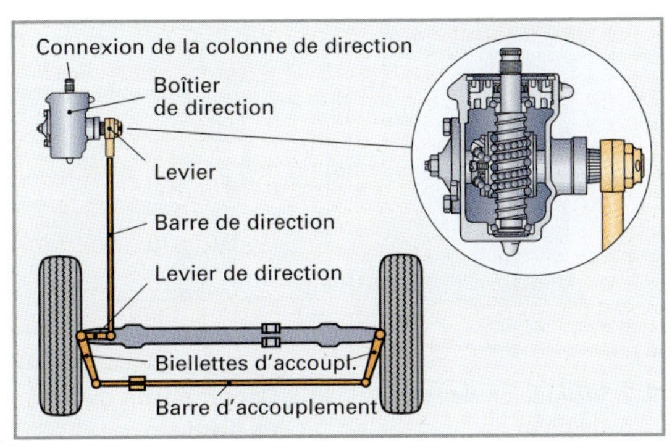

Illustration 1: Essieu rigide à barre d'accouplement d'une pièce

18.3 Géométrie de roues

Empattement

L'empattement est la distance entre l'axe des roues avant et l'axe des roues arrière **(ill. 2)**.

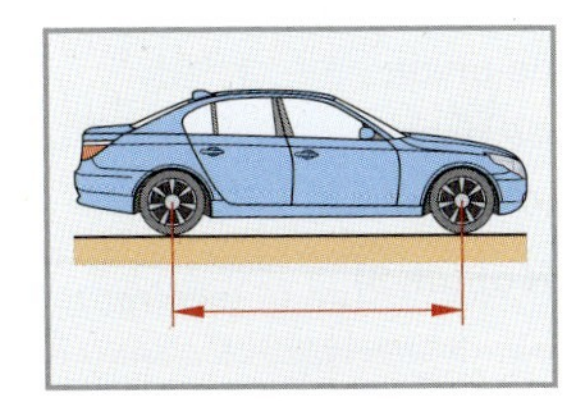

Ill. 2: Empattement

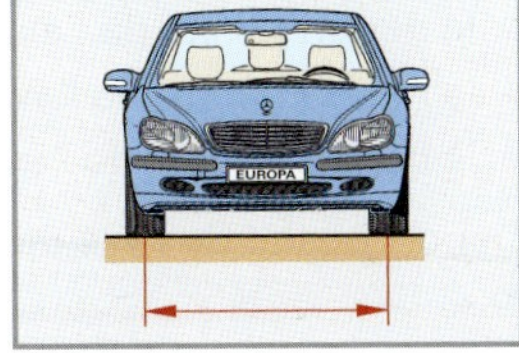

Ill. 3: Voie

Voie

La voie est la distance, mesurée au sol, entre les axes des roues d'un même essieu **(ill. 3)**.

L'empattement multiplié par la voie donne la surface au sol des points de contact des quatre roues.

Parallélisme

Le parallélisme est la différence de voie $l_2 - l_1$ entre l'avant et l'arrière des roues d'un même essieu, mesurée à la hauteur de l'axe de la roue.

Le parallélisme est mesuré à la hauteur du centre de la roue, d'un rebord de jante à l'autre, et peut être indiqué pour les deux roues aussi bien en millimètres qu'en degrés (°).

On distingue:
- **le parallélisme positif (pincement)**
- **le parallélisme nul**
- **le parallélisme négatif (ouverture)**

Parallélisme positif $(l_2 - l_1) > 0$ (ill. 4)

Il est utilisé dans le cas d'une propulsion et d'un déport de l'axe de pivot positif. Dans ce cas, les roues ont tendance à braquer vers l'extérieur en raison de la force de résistance au roulement.

Parallélisme nul $(l_2 - l_1) = 0$

Parallélisme négatif $(l_2 - l_1) < 0$ (ill. 5)

Il est utilisé dans le cas d'une traction et d'un déport de l'axe de pivot positif. Les roues ont tendance à braquer vers l'intérieur en raison de la force motrice.

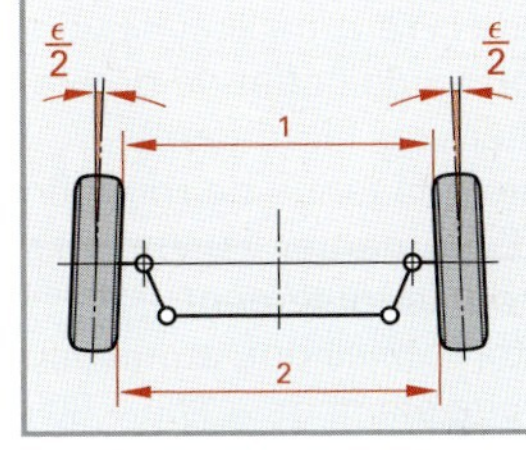

Ill. 4: Parallélisme positif (pincement)

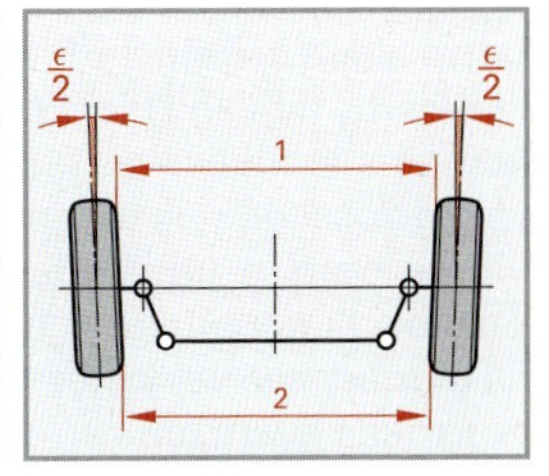

Ill. 5: Parallélisme négatif (ouverture)

Les différents angles de la géométrie sont harmonisés afin d'atteindre les objectifs suivants:

- bon comportement pendant et après les virages;
- bonne tenue de cap en ligne droite;
- usure réduite des pneus;
- compensation des jeux de guidage des roues;
- peu ou pas de flottement des roues.

Différence d'angle de braquage

L'angle de braquage α de la roue intérieure au virage est plus grand que celui de la roue extérieure au virage **(ill. 3, p. 436)**.

En cas de problème, le contrôle du trapèze de direction permet de détecter d'éventuels éléments de direction qui seraient pliés. La mesure des angles de braquage s'effectue par comparaison sur des plateaux pivotants. On braque successivement chaque roue à l'extérieur de 20° et on compare l'angle de braquage de la roue intérieure (p. ex. 22°).

Afin d'optimiser les caractéristiques du comportement d'un véhicule, à savoir sa stabilité de trajectoire, son déplacement en ligne droite, sa tenue de route et sa tendance au flottement des roues, il faut harmoniser la géométrie du **carrossage, de l'inclinaison de l'axe du pivot, du déport de pivot et de la chasse**. On réduit ainsi au maximum l'usure des pneus.

Carrossage

Le carrossage est l'inclinaison de la roue par rapport à la verticale, dans le sens transversal du véhicule **(ill. 1)**.

L'angle de carrossage γ est indiqué en degrés et en minutes. On distingue:

- le carrossage positif
- le carrossage négatif

Carrossage positif. Le haut de la roue est incliné vers l'extérieur du véhicule. Un carrossage positif induit un effet de dérive. Pour cette raison, la roue tend à s'orienter vers l'extérieur. Le carrossage positif stabilise la direction, diminue l'effort de braquage et déleste le roulement.
Plus le carrossage positif est important, moins la tenue de route en virage sera bonne.

Carrossage négatif. Le haut de la roue est incliné vers l'intérieur du véhicule. En raison de l'effet de dérive, la roue a tendance à s'orienter vers l'intérieur.
Un carrossage négatif améliore la tenue de route en virage mais a pour effet d'augmenter l'usure des pneus à l'intérieur de la bande de roulement.
La plupart des véhicules automobiles ont, au niveau des roues avant, un carrossage allant de – 1° à + 30′. Des différences de ± 30′ sont admises.
Sur les roues arrière, on applique généralement un carrossage négatif allant de – 30′ à – 2°.

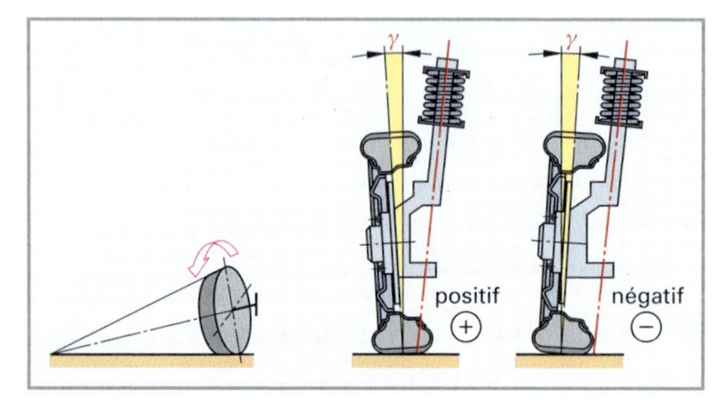

Illustration 1: Carrossage positif et négatif

Inclinaison de l'axe de pivot

L'angle de pivot est l'inclinaison de l'axe de pivotement de la roue par rapport à la verticale dans le sens transversal du véhicule **(ill. 2)**.

L'axe de pivot passe par le point supérieur et inférieur de pivotement du moyeu de la roue.

L'angle d'inclinaison de l'axe du pivot δ est donné en degrés et en minutes. Habituellement, il se situe entre 5° et 10°.

L'inclinaison de l'axe du pivot additionnée à celle du carrossage forment un angle dont la valeur reste constante dans tous les cas (angle inclu). Si l'angle d'inclinaison du pivot δ diminue, l'angle de carrossage augmente et vice-versa.

Dans le cas d'un déport positif de l'axe de pivot, l'inclinaison de l'axe de pivot produit le soulèvement de l'avant du véhicule lors du braquage des roues.

Le poids du véhicule provoque un point de retour automatique des roues braquées pour la conduite en ligne droite.

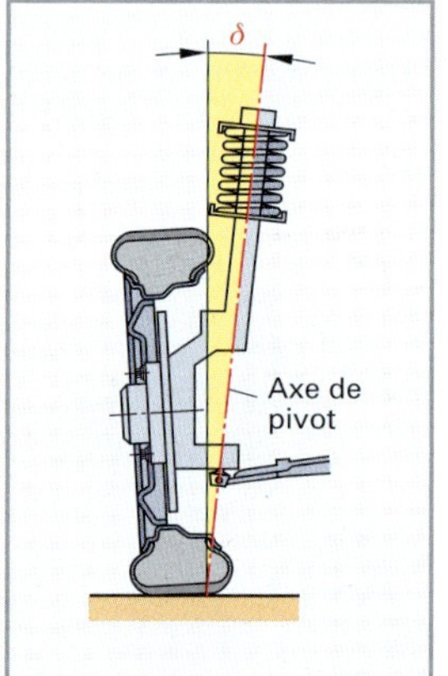

Ill. 2: Inclinaison de l'axe de pivot

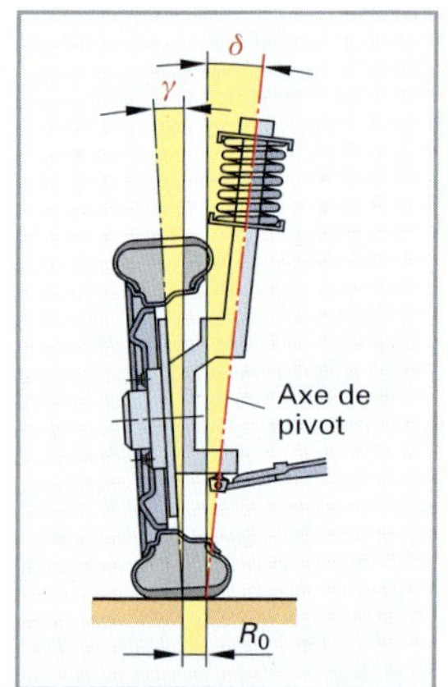

Ill 3: Déport positif de l'axe de pivot

Déport de l'axe de pivot

Le déport de l'axe de pivot R_0 est le bras de levier sur lequel agissent les forces de frottement entre les pneus et le sol **(ill. 3)**. Il est mesuré entre le centre de la surface de contact du pneu et le prolongement de l'axe de pivot.

L'inclinaison de l'axe de pivot et le carrossage influencent le déport de l'axe de pivot. On distingue:

- le déport positif de l'axe de pivot;
- le déport neutre de l'axe de pivot;
- le déport négatif de l'axe de pivot .

Déport positif de l'axe de pivot (ill. 3)

Le prolongement de l'axe de pivot rejoint le sol non pas au milieu de la surface de contact des pneus mais du côté intérieur.

Lors du freinage, la force exercée sur les pneus tend à faire pivoter les roues vers l'extérieur. Dans le cas d'une adhérence différente entre les roues, celle qui adhère le mieux braquera vers l'extérieur, entraînant le véhicule de travers. Le déport positif doit être le plus faible possible pour réduire cette influence.

Déport négatif de l'axe de pivot

Le prolongement de l'axe de pivot rejoint le sol non pas au milieu de la surface de contact des pneus mais du côté extérieur **(ill. 1)**.

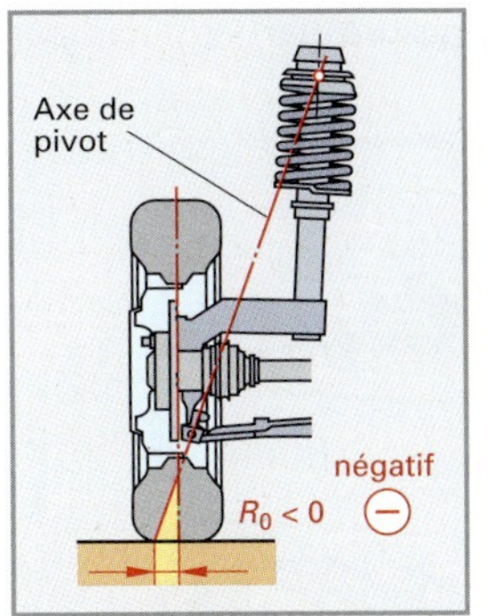

Ill. 1: Déport négatif de l'axe de pivot

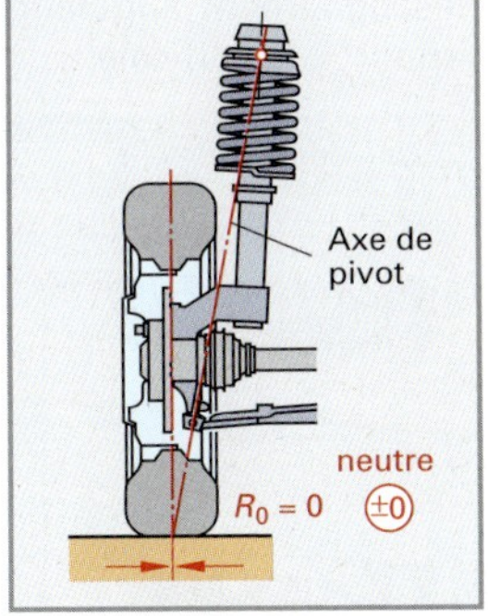

Ill. 2: Déport neutre de l'axe de pivot

Un déport négatif de l'axe de pivot peut être obtenu grâce à l'utilisation de jantes à voile très creux et de freins à disque à étrier flottant.

Lors du freinage, il se crée un couple qui tend à braquer la roue vers l'intérieur, car l'axe de rotation se trouve du côté extérieur du pneu. Dans le cas d'une adhérence différente entre les roues (p. ex. une roue sur surface sèche et l'autre sur surface gelée, grasse), le couple engendré par celle qui adhère le mieux braque fortement vers l'intérieur, ce qui génère un contre-braquage automatique venant contrer la tendance du véhicule à se diriger du côté le plus freiné **(ill. 3)**.

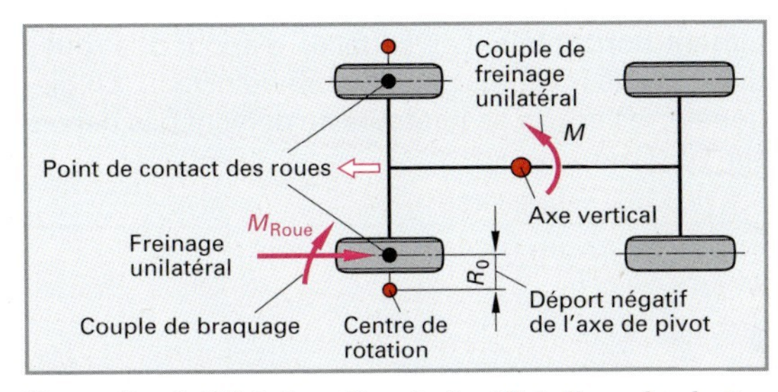

Illustration 3: Effet d'un déport négatif de l'axe de pivot

Déport neutre de l'axe de pivot

Le prolongement de l'axe de pivot rejoint le sol exactement au milieu de la surface de contact des pneus **(ill. 2)**.

Caractéristiques

- Influence réduite des forces perturbatrices lors de la conduite en virage.
- Lors du braquage à l'arrêt, la roue pivote sur place.

Chasse

La chasse est l'inclinaison de l'axe de pivotement de la roue par rapport à la verticale, dans le sens longitudinal du véhicule **(ill. 4)**.

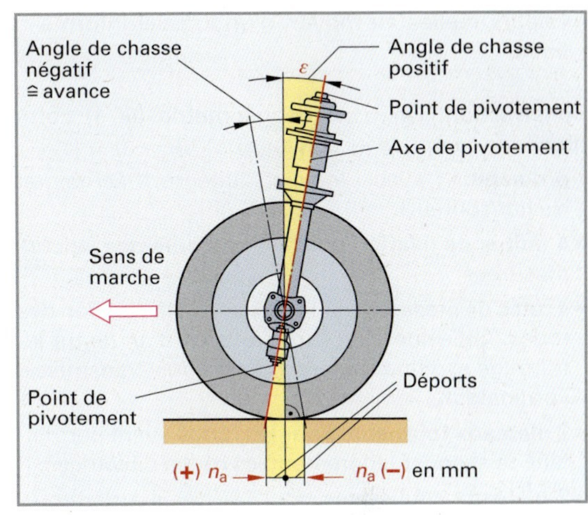

Illustration 4: Chasse

L'angle de chasse ε est exprimé en degrés et en minutes. Le déport de chasse peut également être donné en mm.

Chasse positive. Le prolongement de l'axe de pivot rencontre le sol en avant du point de contact du pneu.

Lorsque le déport de chasse est positif, les roues sont tirées. L'angle de chasse positif est utilisé pour stabiliser les roues directrices des véhicules à propulsion.

Avec un angle de chasse positif, la carrosserie s'abaisse du côté intérieur du virage lors du braquage et se soulève du côté extérieur. Il en résulte ainsi un couple antagoniste agissant sur la direction après le virage, favorisant le retour des roues en ligne.

Chasse négative. Le prolongement de l'axe de pivot rencontre le sol en arrière du point du contact du pneu.

Sur les véhicules à traction, on peut employer une chasse presque neutre ou négative. Cela permet de diminuer les forces de rappel et d'éviter un retour trop rapide des roues après un virage.

L'angle de chasse, l'angle de pivot et le déport de pivot influencent ensemble les forces de rappel des roues directrices. Ils contribuent à stabiliser la direction.

18.4 Réglage de la géométrie sur banc informatisé

Le banc de géométrie informatisé sert à mesurer électroniquement les positions des roues du véhicule et à comparer les valeurs de consigne et les valeurs réelles au moyen d'un logiciel informatique.

Construction. Un banc de géométrie **(ill. 1)** comprend les composants suivants:

- **ordinateur** avec logiciel intégré, écran et clavier/souris;
- **4 unités de fixation** pour les capteurs des valeurs mesurées;
- **4 têtes de mesure** pour la mesure de la position des roues. Celle-ci est mesurée à l'aide d'un rayon infrarouge et d'une caméra intégrée puis transmise à l'ordinateur;
- **2 plateaux tournants** pour les roues avant permettant de braquer légèrement les roues directrices;
- **2 plateaux coulissants** pour les roues arrière permettant de les déplacer légèrement.

Valeurs mesurées. L'ordinateur permet d'enregistrer les données suivantes du train roulant:

- **Essieu avant**
  Parallélisme individuel et total, carrossage, désalignement de la roue, chasse, angle de pivot et divergence des angles de braquage.
- **Essieu arrière**
  Parallélisme individuel et total, axe de poussée, carrossage.
- **Train roulant**
  Désalignement des roues arrière, désalignement latéral droite et gauche, différence de voie, décalage d'essieu.

Procédure de mesure. Toutes les valeurs mesurées découlent de la mesure de la cornière d'angle **(ill. 2)**. Si tout est en ordre, tous les angles sont à 90°. Les erreurs possibles au niveau du train roulant sont représentées dans l'**ill. 2**.

Voie. Elle est enregistrée par les têtes qui mesurent le désalignement angulaire **(ill. 1, p. 441)**.

Valeurs de carrossage. Elles sont données par le désalignement angulaire mesuré par les têtes par rapport à la verticale.

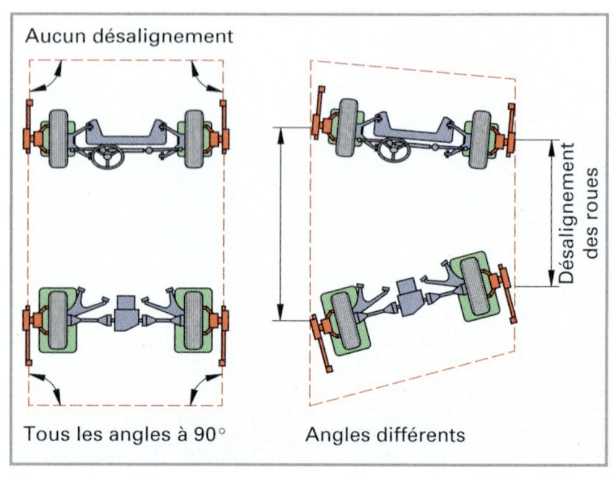

Illustration 2: Procédure de mesures, possibilités d'erreurs au niveau du train roulant

Cette mesure peut être réalisée uniquement sur des surfaces planes qui sont parfaitement à niveau, idéalement sur un lift ou au-dessus d'une fosse. Grâce au banc de géométrie, le train roulant et la géométrie des essieux peuvent être vérifiés et réglés avec une grande exactitude. Chaque valeur mesurée peut être indiquée avec une précision allant de ± 5′ à ± 10′. C'est pour cette raison que les systèmes servant aux mesures (p. ex. les plateaux tournants et les plateaux coulissants) doivent reposer sur une surface parfaitement horizontale. Les surfaces d'appui des roues du poste de mesures doivent être de niveau. En diagonale, les écarts de hauteurs ne doivent pas dépasser 1 à 2 mm.

(1) Ordinateur avec clavier et écran

(2) Tête de mesure avec dispositif de fixation

(3) Plateau tournant pour roues avant

(4) Plateau coulissant pour roues arrière

Illustration 1: Banc de géométrie

> Lors de la mesure sur le banc de géométrie, l'axe géométrique est automatiquement utilisé comme ligne de référence.

L'ill. 1 montre la structure systématique d'une mesure informatisée de la géométrie des roues. La position des roues arrière définit l'axe géométrique. L'essieu arrière constitue donc l'essieu de référence. Si le parallélisme individuel de l'essieu arrière n'est pas correct, le véhicule roulera de travers.

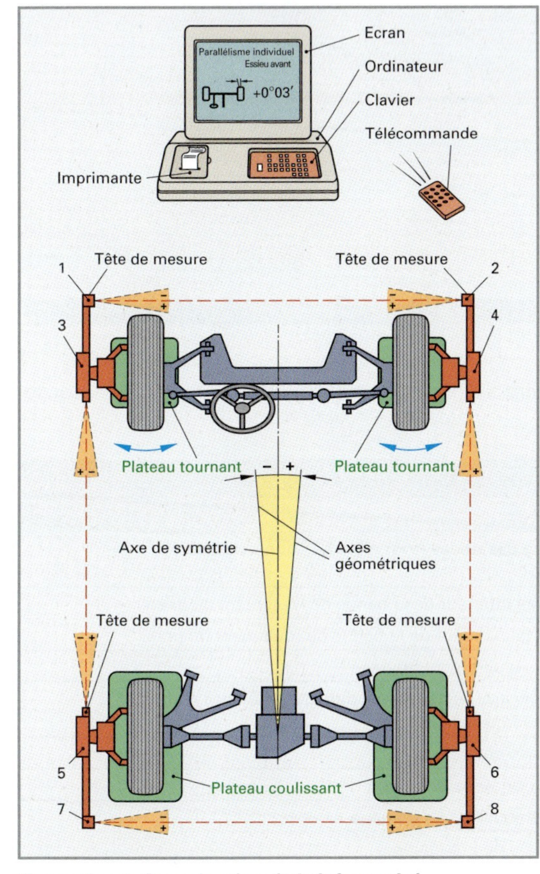

Illustration 1: Banc de géométrie informatisé

1. Travaux préparatoires

- Placer le véhicule sur une surface parfaitement horizontale ou sur un lift à niveau pour la géométrie.
- Vérifier l'usure des pneus, les dimensions des pneus et des jantes, la pression de gonflage, l'état des rotules, contrôler les jeux dans les moyeux des roues et les articulations.
- Régler l'état de charge selon les indications du constructeur.
- Placer les roues avant sur les plateaux tournants et les roues arrière sur les plateaux coulissants. Positionner le véhicule et décrocher les fixations des plateaux coulissants.
- Balancer plusieurs fois la suspension du véhicule.
- Fixer les supports et les capteurs d'angle aux roues du véhicule **(ill 2)**.

Illustration 2: Positionnement de la tête de mesure

- Allumer l'ordinateur et établir la connexion entre les capteurs et l'ordinateur.
- Insérer les données du véhicule dans l'ordinateur.
- Si nécessaire, compenser le voilage de jante en tournant les capteurs d'angle. Pour cela, tourner lentement la roue jusqu'à ce que le témoin correspondant passe au vert.
- Installer un presse-pédale sur la pédale de frein.

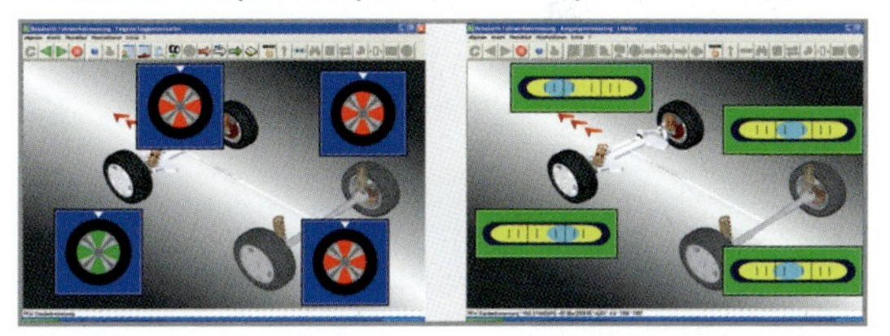

Illustration 3: Compensation du voilage de jante

2. Mesure initiale

- Procéder aux mesures du véhicule en suivant les menus du programme.
- **Mesure de la voie.** Pour cette mesure, le volant doit être en "position droite" puis il est tourné en fonction des indications fournies par le programme.

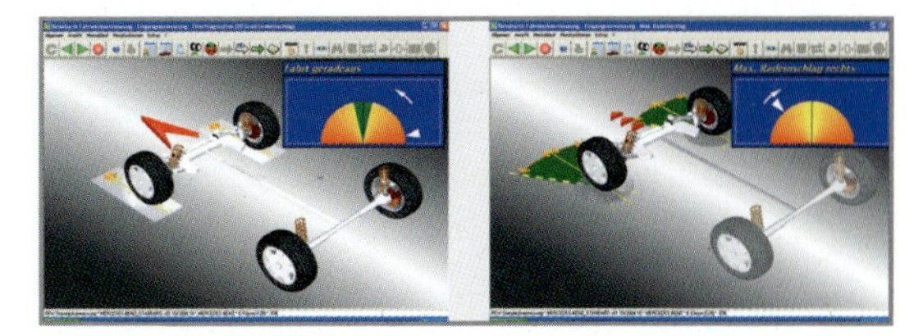

Illustration 4: Mesure de la voie

3. Documentation et réglage

- Imprimer le procès-verbal de contrôle. Les valeurs hors tolérances sont indiquées en rouge.
- Comparer les valeurs réelles avec les valeurs de consigne et, le cas échéant, procéder aux travaux de réglage.
- Effectuer une mesure de contrôle après avoir réalisé les réglages.
- Imprimer le procès-verbal du résultat et le joindre à la documentation du véhicule.

Toutes les valeurs relevées par l'ordinateur de mesure peuvent être jointes, à titre de procès-verbal de mesure, à la documentation destinée au client **(ill. 1)**.

Procès-verbal de mesure. Dans le procès-verbal, les valeurs qui sont dans les tolérances figurent en vert, celles qui nécessitent des réglages sont en rouge et les valeurs de consigne, ainsi que les tolérances, sont représentées en noir.

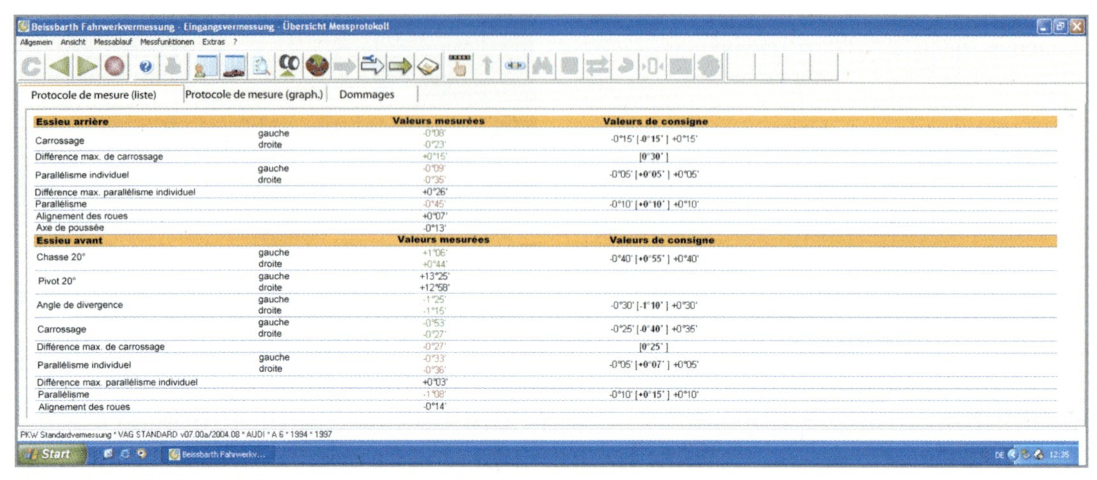

Essieu arrière		Valeurs mesurées	Valeurs de consigne
Carrossage	gauche	-0°08'	-0°15' [-0°15'] +0°15'
	droite	-0°23'	
Différence max. de carrossage		+0°15'	[0°30']
Parallélisme individuel	gauche	-0°09'	-0°05' [+0°05'] +0°05'
	droite	-0°35'	
Différence max. parallélisme individuel		+0°26'	
Parallélisme		-0°45'	-0°10' [+0°10'] +0°10'
Alignement des roues		+0°07'	
Axe de poussée		-0°13'	

Essieu avant		Valeurs mesurées	Valeurs de consigne
Chasse 20°	gauche	+1°06'	-0°40' [+0°55'] +0°40'
	droite	+0°44'	
Pivot 20°	gauche	+13°25'	
	droite	+12°58'	
Angle de divergence	gauche	-1°25'	-0°30' [-1°10'] +0°30'
	droite	-1°15'	
Carrossage	gauche	-0°53'	-0°25' [-0°40'] +0°35'
	droite	-0°27'	
Différence max. de carrossage		-0°27'	[0°25']
Parallélisme individuel	gauche	-0°33'	-0°05' [+0°07'] +0°05'
	droite	-0°36'	
Différence max. parallélisme individuel		+0°03'	
Parallélisme		-1°08'	-0°10' [+0°15'] +0°10'
Alignement des roues		-0°14'	

Illustration 1: Procès-verbal de mesures informatisées

Le **tableau 1** présente les problèmes pouvant se produire au niveau du réglage des roues et leurs conséquences sur le mécanisme de roulement.

Tableau 1: Erreurs et conséquences d'un mauvais réglage de la géométire des roues

Valeurs de réglage	Conséquences
Mauvais parallélisme (trop grand pincement ou trop grande ouverture)	Usure accrue des pneus (formation de "dents de scie")
Carrossage négatif trop important	Usure du côté intérieur de la bande de roulement du pneu
Carrossage positif trop important	Usure du côté extérieur de la bande de roulement du pneu
Ecart de parallélisme trop important	Eventuel déséquilibre au freinage
Ecart de l'angle de carrossage	Usure externe accrue des pneus due à la différence d'angle de braquage dans les virages.
Angle de pivot trop important	Forces élevées de braquage
Angle de pivot trop faible	Mauvais retour après braquage
Angle de pivot différencié	Eventuel déséquilibre au freinage
Chasse trop importante	Forces élevées de braquage
Chasse trop faible	Mauvais retour après braquage, flottement des roues
Chasse différenciée	Déséquilibre au freinage

Questions de révision

1 **Quelles sont les fonctions de la direction?**

2 **Expliquer le comportement des roues avant d'une direction à fusée lors de la conduite en virage.**

3 **De quoi est formé le trapèze de direction?**

4 **Quelles sont les fonctions du trapèze de direction?**

5 **Quelles sont les fonctions de la timonerie de direction?**

6 **Expliquer le concept de parallélisme et de carrossage.**

7 **Qu'entend-on par angle de braquage?**

8 **Comment se présente l'axe de fusée d'une roue?**

9 **Quelles positions de roues distingue-t-on?**

10 **Qu'entend-on par carrossage positif et carrossage négatif?**

11 **Expliquer le concept d'inclinaison d'axe de pivot.**

12 **Quelle influence l'inclinaison d'axe de pivot a-t-elle sur le véhicule lors du braquage des roues avant?**

13 **Expliquer le concept de déport d'axe de pivot.**

14 **Quelle influence a un déport d'axe de pivot négatif sur les roues avant lors d'un freinage n'agissant qu'unilatéralement?**

15 **Comment mesure-t-on les angles de braquage?**

16 **Expliquer le déroulement du processus de mesure.**

18.5 Boîtier de direction

Fonctions

- Transformer la rotation du volant de direction en pivotement du bras ou en déplacement de la crémaillère.
- Démultiplier la rotation du volant pour renforcer le couple de force appliqué au boîtier.

Le rapport de démultiplication dans le boîtier de direction doit être calculé afin que l'effort musculaire maximal au volant de direction ne dépasse pas 200 N pour les véhicules de classe M3.

Ce rapport est, au maximum, d'environ $i = 19$ pour les véhicules de tourisme et d'environ $i = 36$ pour les véhicules utilitaires.

Actuellement, on utilise presque exclusivement des directions à crémaillère **(ill. 1)** pour les véhicules de tourisme et des boîtiers à circulation de billes pour les véhicules utilitaires.

Direction à crémaillère (mécanique)

Construction. Un pignon, situé dans le boîtier de direction, est entraîné par l'arbre de direction. Il est en contact avec la denture hélicoïdale de la crémaillère. Celle-ci est guidée dans des fourreaux et appuie sans jeu en permanence contre le pignon; elle est poussée par des ressorts Belleville au moyen d'un doigt de pression **(ill. 1)**.

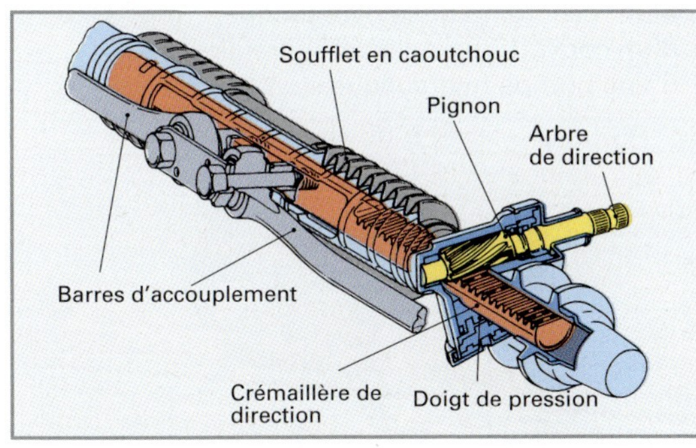

Illustration 1: Direction à crémaillère mécanique

Fonctionnement. Si l'on tourne le volant de direction, la crémaillère est déplacée dans le boîtier par la rotation du pignon; les roues sont ainsi braquées par l'intermédiaire des barres et des leviers d'accouplement.

Le mécanisme de direction à crémaillère se distingue par un rapport direct, un léger rappel des roues et un type de construction plat.

Rapport constant. Le pas de denture est égal dans toute la crémaillère.

Rapport variable. Dans les boîtiers de direction purement mécaniques, sans servodirection, le pas de la denture de la crémaillère est établi de manière à ce que la direction ait un effet plus direct dans sa partie centrale que lors de braquages importants **(ill. 2)**.

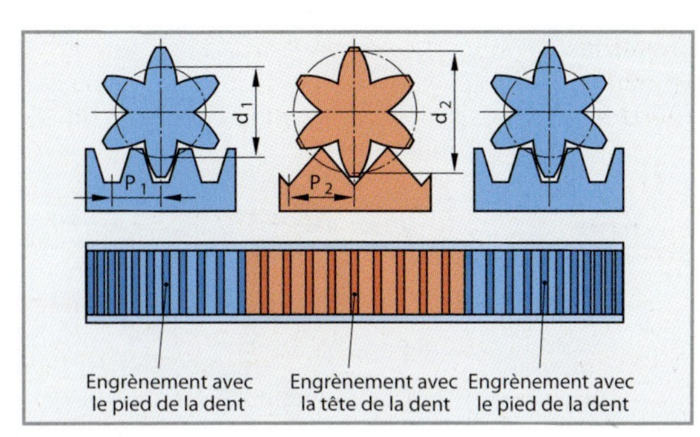

Illustration 2: Rapport à pas variable sur une direction à crémaillère mécanique

Avantages du rapport variable:

- direction plus directe pour une conduite rapide en ligne droite;
- effort réduit lors de grands braquages (p. ex. manœuvres de stationnement).

18.6 Systèmes de direction

On distingue les boîtiers de direction avec:

- assistance hydraulique (p. ex. servodirection à crémaillère, servodirection avec écrou à circulation de billes);
- servodirection à assistance électrohydraulique (p. ex. Servotronic et direction active);
- assistance électrique (p. ex. Servolectric, direction active).

18.6.1 Servodirection à crémaillère

Construction (ill. 1, p. 444). Elle est constituée:

- d'un mécanisme de direction à crémaillère mécanique;
- d'un cylindre de commande hydraulique avec piston;
- d'une soupape à tiroir rotatif (valve de commande);
- d'une pompe hydraulique, d'une valve de limitation de la pression et d'un réservoir d'huile.

La mise en mouvement de la crémaillère se fait avec le pignon; l'arbre de sortie vers les barres d'accouplement est installé latéralement au boîtier.

Le carter contenant la crémaillère forme le cylindre de travail qui est subdivisé en deux chambres par un piston.

On utilise des soupapes à tiroir rotatif **(ill. 1, p. 444)** ou des soupapes à piston rotatif comme éléments de commande.

Une des extrémités de la barre de torsion est fixée par deux goupilles à la douille de commande et au pignon d'entraînement, l'autre extrémité à l'arbre de direction et au tiroir rotatif.

Le tiroir rotatif et la douille de commande forment la soupape à tiroir rotatif. Des rainures de commande sont disposées sur leur surface. Les rainures de la douille de commande débouchent dans les conduits du boîtier. Ceux-ci dirigent le flux d'huile en direction des chambres de travail, de la pompe et vers le réservoir d'huile hydraulique.

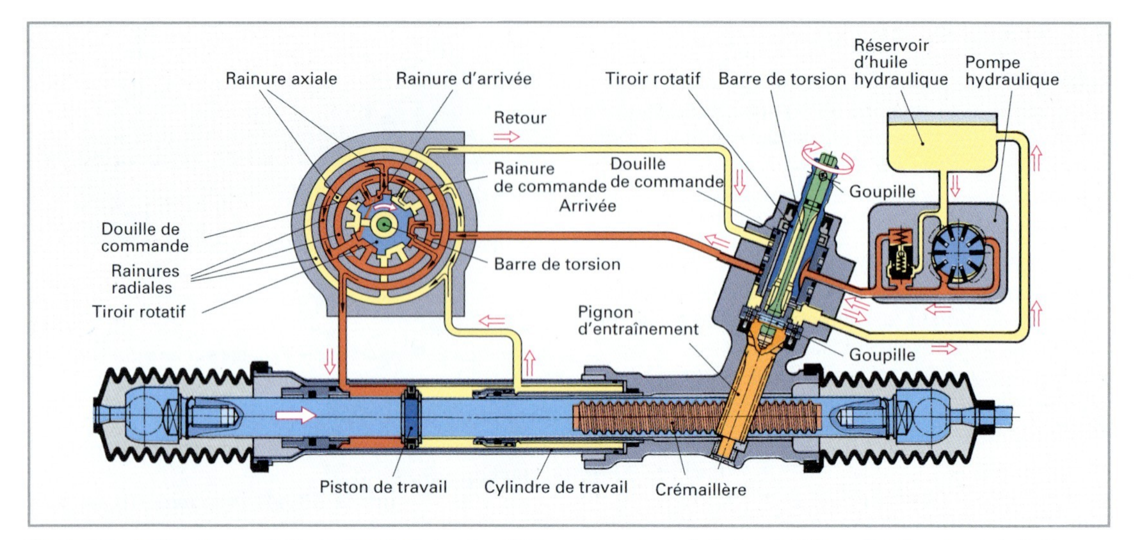

Illustration 1: Direction assistée hydraulique à crémaillère avec soupape à tiroir rotatif lors d'un braquage à droite

Fonctionnement. Lorsque l'on braque le volant de direction, la force musculaire est transmise, par l'intermédiaire de la barre de torsion, au pignon d'entraînement. La barre de torsion subit une torsion élastique proportionnelle à la force qui s'oppose au braquage des roues. Cette torsion fait tourner le tiroir rotatif par rapport à la douille de commande qui l'entoure. Ainsi, la position des rainures de distribution va être modifiée. Les rainures d'admission sont ouvertes et laissent passer la pression de l'huile. La pression de l'huile arrivant de la pompe hydraulique passe par les rainures d'admission situées dans la rainure radiale inférieure de la douille de commande et est dirigée vers la chambre de travail adéquate.

La pression du liquide agit soit sur le côté droit, soit sur le côté gauche du piston et crée la force d'assistance hydraulique. L'autre chambre est reliée au retour. Le piston étant fixé à la barre de la crémaillère, cette force s'ajoute proportionnellement à la force musculaire transmise par le pignon d'entraînement à la crémaillère.

Si le volant de direction n'est plus actionné, la barre de torsion et la soupape à tiroir rotatif retrouvent leur position de repos. Les rainures reliant les chambres de travail sont alors fermées et celles du circuit de retour sont ouvertes.

L'huile hydraulique arrive de la pompe, passe par le tiroir rotatif et retourne au réservoir.

18.6.2 Servodirection électrohydraulique Servotronic

Le Servotronic est une servodirection à crémaillère à commande électronique dans laquelle la vitesse du véhicule influence les forces hydrauliques d'assistance.

A faible vitesse, la force d'assistance de la servodirection agit pleinement. Quand la vitesse augmente, la force d'assistance hydraulique diminue.

Construction (ill 2). Le Servotronic se compose:

- d'un compteur électronique de vitesse;
- d'un appareil de commande;
- d'une servodirection à crémaillère;
- d'un réservoir d'huile hydraulique;
- d'un convertisseur électrohydraulique;
- d'une pompe hydraulique.

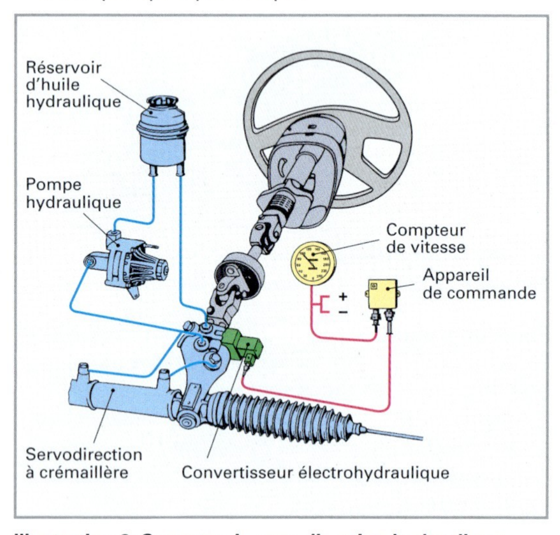

Illustration 2: Servotronic avec direction hydraulique à crémaillère

Fonctionnement. Quand la vitesse de conduite est inférieure à 20 km/h, l'électrovalve, pilotée par l'appareil de commande, reste fermée.

Quand la vitesse augmente, l'électrovalve est progressivement ouverte.

Braquage à droite à faible vitesse (ill. 1)
Lorsque l'arbre de direction tourne dans le sens des aiguilles d'une montre, le tiroir droit (6) est poussé vers le bas par la barre de torsion et le levier qui y est fixé. L'huile sous pression afflue dans la chambre de travail (12), agit sur le piston et assiste ainsi la force de braquage.
Simultanément, l'huile afflue dans les chambres (4) et (5) par la soupape de retenue (8).

Braquage à droite à vitesse élevée. L'électrovanne est totalement ouverte. L'huile sous pression s'écoule vers le circuit de retour depuis la chambre de travail (12) par la soupape de retenue ouverte (8), l'étrangleur (10) et l'électrovanne ouverte.
Le retour de l'huile par la soupape de retenue et l'effet de l'étrangleur (10) permet à la pression de la chambre (4) d'être supérieure à celle de la chambre (5), ce qui pousse le levier du piston (6) vers le haut et imprime ainsi un couple de retour sur la barre de torsion et la colonne de direction.
La force d'assistance au braquage diminue, la direction nécessite plus de force musculaire et agit ainsi plus directement.

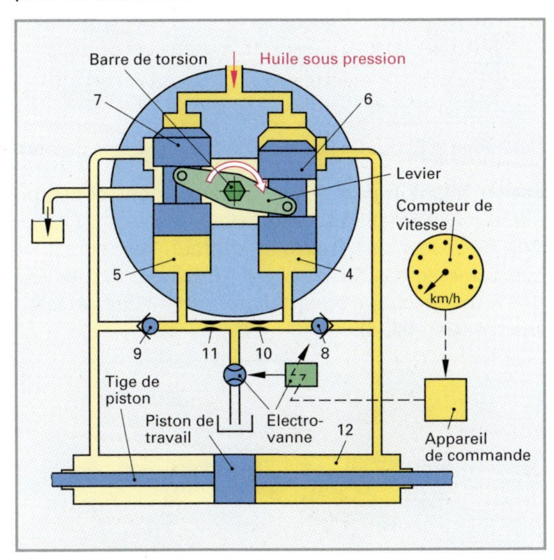

Illustration 1: Système hydraulique du Servotronic en cas de braquage à droite et de $v < 20$ km/h

18.6.3 Servodirection électrique (Servolectric)

Dans le cas du Servolectric **(ill 2)**, la force d'assistance est fournie par un moteur électrique commandé électroniquement. Celui-ci n'est enclenché qu'en cas de besoin.

Fonctionnement. Le couple de braquage initié par le conducteur est capté par une barre de torsion (capteur de couple) et la vitesse de conduite est mesurée par un capteur de régime. Les deux signaux sont transmis à l'appareil de commande. Celui-ci calcule, à l'aide d'une cartographie caractéristique programmée, le couple d'assistance nécessaire ainsi que sa direction effective; il envoie les signaux de sortie correspondants au moteur électrique qui génère le couple d'assistance nécessaire et le transmet, par un engrenage à vis sans fin, à la colonne de direction qui entraîne le mécanisme à crémaillère.

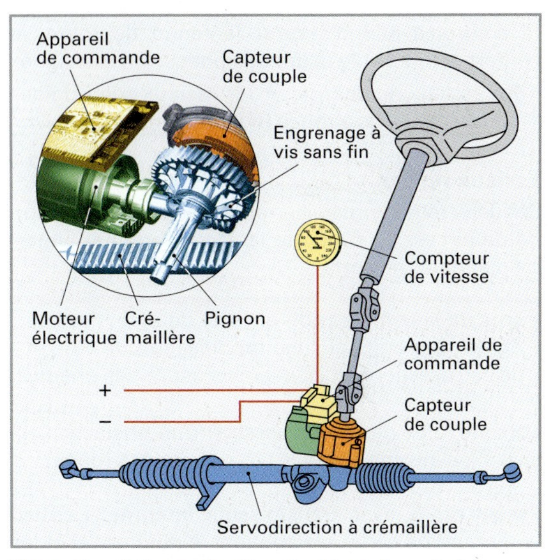

Illustration 2: Servodirection électrique Servolectric

18.6.4 Direction active

La **direction active** permet d'obtenir un braquage optimal réalisé indépendamment du conducteur.

Le système se compose essentiellement de:
- Servodirection à crémaillère
- Moteur électrique
- Entraînement planétaire
- Appareil de commande
- Capteurs

Questions de révison

1. **Quelles sont les fonctions de la direction?**
2. **Qu'entend-on par servodirection à crémaillère à transmission variable?**
3. **Quels systèmes de direction existent-ils?**
4. **Comment est constituée une servodirection à crémaillère?**
5. **Expliquez le fonctionnement d'une servodirection à crémaillère.**
6. **Comment est constituée une servodirection électrohydraulique Servotronic?**
7. **Quelles sont les différences entre une servodirection électrohydraulique et une servodirection électrique?**

18.7 Fixations d'essieu

Les fixations d'essieu ont pour but de relier les roues au châssis du véhicule. Elles doivent pouvoir supporter des forces statiques élevées (poids du véhicule) mais également des forces dynamiques (forces motrices, de freinage et latérales).

Lorsque la suspension travaille, la géométrie de la roue ne doit pas trop se modifier ou alors de manière contrôlée afin d'assurer la tenue de route, le confort et une faible usure des pneus. On distingue:

- les essieux rigides
- les essieux semi-rigides
- les suspensions à roues indépendantes

Essieux rigides

Les deux roues sont reliées entre elles par une liaison rigide et l'essieu supporte la carrosserie par l'intermédiaire des ressorts.

Lors de la compression et de la détente, l'essieu rigide ne produit aucune modification de voie et de carrossage, réduisant ainsi l'usure des pneus.

Lorsque l'une des roues passe sur un obstacle, l'essieu s'incline, modifiant le carrossage des roues.

Essieu rigide avec transmission intégrée. L'essieu comprend un carter qui contient le différentiel et les arbres de roues. Etant donné que le carter est généralement en acier coulé, il en résulte une masse non suspendue relativement importante qui réduit le confort de conduite et la tenue de route. Pour les véhicules utilitaires, l'essieu rigide est généralement fixé au châssis ou à la carrosserie au moyen de lames de ressort. Celles-ci, outre la suspension, se chargent également de l'étayage des forces longitudinales et transversales. En cas d'emploi de ressorts hélicoïdaux ou de ressorts pneumatiques:

- des bras de poussée (bras longitudinaux) étayent les forces longitudinales des roues;
- des barres de guidage (barres Panhard) étayent les forces latérales **(ill. 1)**.

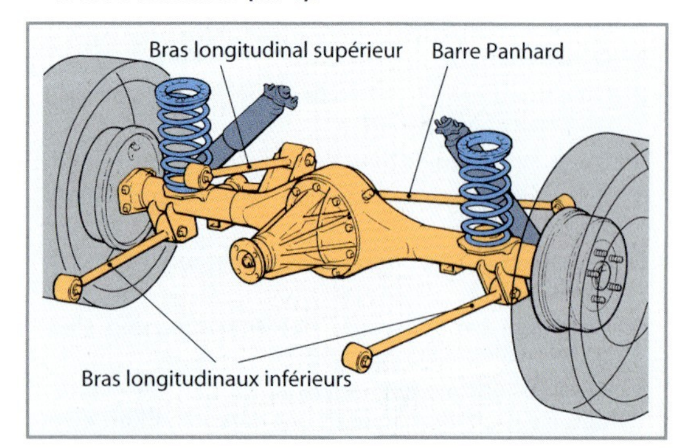

Illustration 1: Essieu rigide avec transmission intégrée

L'utilisation de plusieurs bras longitudinaux permet de réduire l'effet de plongée au freinage et l'abaissement de l'arrière du véhicule lors des accélérations (cabrage).

Essieu rigide avec transmission séparée (essieu De Dion). Afin de réduire les masses non suspendues de l'essieu moteur, la transmission est séparée de l'essieu et fixée à la carrosserie.
La transmission de la force a lieu par l'intermédiaire des arbres de roue, munis chacun de deux joints homocinétiques et d'une compensation de longueur. Le guidage latéral de l'essieu arrière, qui est incurvé en U, peut être obtenu par:

- deux barres de guidage **(ill. 2);**
- un parallélogramme de Watt;
- une barre Panhard.

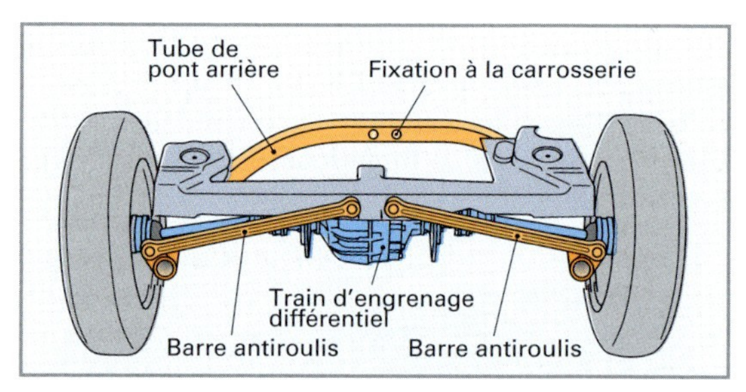

Illustration 2: Essieu De Dion avec parallélogramme de Watt

Essieu avant rigide. Il est généralement constitué d'une pièce forgée et traitée avec une section en U. Afin de laisser de la place au moteur, l'essieu est incurvé vers le bas **(ill. 3)**. Un étrier (chape fermée) ou une fourche (chape ouverte) permettent de fixer la fusée d'essieu **(ill. 4)**.

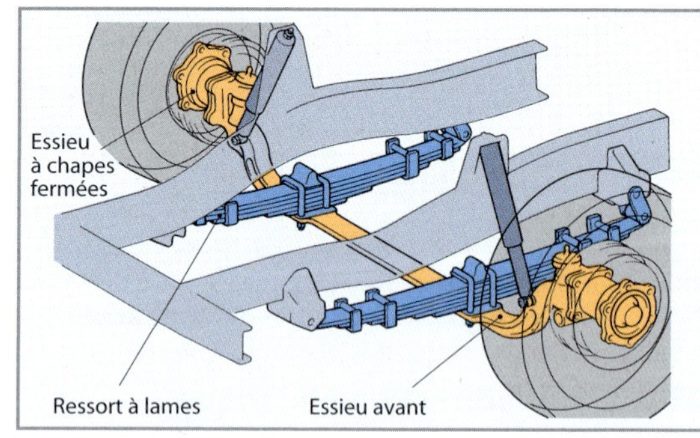

Illustration 3: Essieu avant rigide

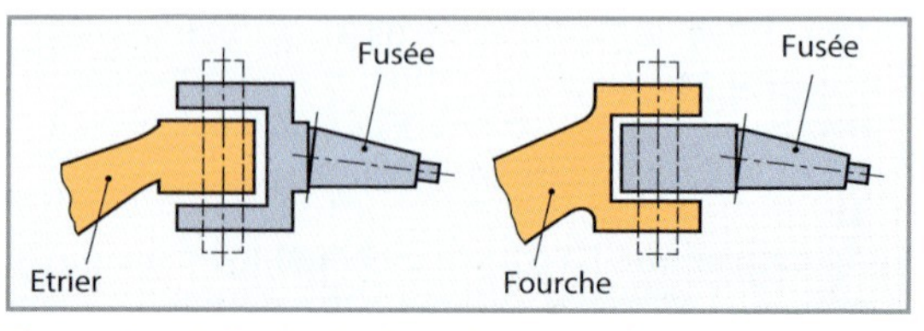

Illustration 4: Essieu à chape fermée et à chape ouverte

Essieux semi-rigides

Dans le cas des essieux semi-rigides, les roues sont reliées entre elles par une traverse métallique rigide. L'élasticité de cette traverse autorise une certaine indépendance de mouvement des roues.

Les essieux semi-rigides sont souvent employés comme essieux arrière sur les véhicules à traction, l'essieu arrière étant conçu de manière à réduire au minimum les masses non suspendues.

En cas de compression parallèle des ressorts, les essieux semi-rigides fonctionnent comme des essieux rigides. En cas de compression d'un seul ressort, ils fonctionnent comme une suspension à roues indépendantes.

Essieu semi-rigide en T. Les roues arrière sont suspendues à des bras oscillants longitudinaux qui sont soudés sur une traverse en T en acier à ressort **(ill. 1).** La traverse est fixée à la carrosserie par un palier en caoutchouc et en métal (silentbloc). Lorsque les deux roues sont sollicitées de manière analogue (par ex. en cas de chargement du véhicule), les paliers en caoutchouc et en métal absorbent l'effort subi par l'ensemble de l'essieu. Si l'effort ne s'exerce que sur une roue, la traverse se tord et agit comme un stabilisateur. Les modifications de parallélisme et de carrossage sont minimes.

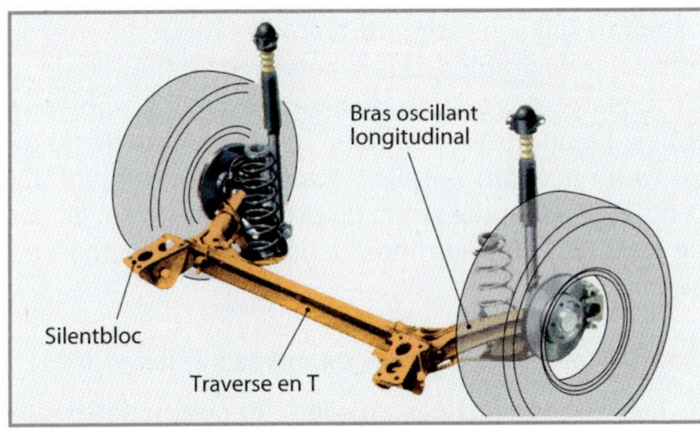

Illustration 1: Essieu semi-rigide en T

Suspension à roues indépendantes

Dans le cas d'une suspension à roues indépendantes, la masse des pièces non suspendues reste très faible. Lors des mouvements de la suspension, les roues n'exercent aucune influence l'une sur l'autre.

Pour la suspension des roues avant, on utilise:
- des bras oscillants transversaux doubles;
- des multibras;
- des jambes de suspension McPherson avec bras oscillants transversaux.

Les roues arrière sont principalement reliées à:
- des bras longitudinaux;
- des bras transversaux;
- des bras obliques;
- des multibras.

Suspension à bras oscillants transversaux doubles (ill. 2). Deux bras transversaux, positionnés l'un au-dessus de l'autre, sont reliés à la direction à fusée par une articulation à rotule. Une longueur de bras identique permet de diminuer les modifications de parallélisme et de carrossage lorsque la suspension est sollicitée.

Les bras transversaux sont généralement triangulaires afin d'augmenter la rigidité de la tenue de route. Ils sont fixés au châssis par deux silentblocs.

On distingue:
- **la suspension à bras oscillants transversaux de longueurs égales.** Lors de la compression et de la détente, le carrossage reste constant mais la voie varie.
- **la suspension à bras oscillants transversaux de longueurs inégales.** Le bras supérieur est toujours plus court que le bras inférieur. Lors du débattement de la suspension, ce système génère une variation du carrossage qui améliore la stabilité en virage, alors que la voie reste pratiquement inchangée.

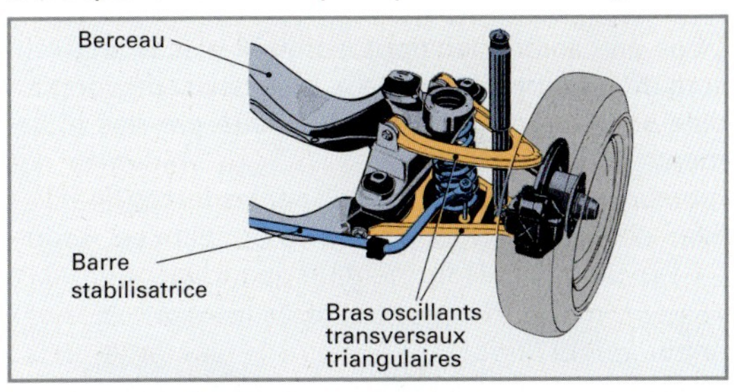

Illustration 2: Suspension à bras oscillants transversaux doubles

Suspension avec jambe de suspension et bras oscillant transversal (McPherson). La McPherson **(ill. 3)** est conçue à partir de l'essieu à bras oscillants transversaux doubles. Le bras supérieur a été remplacé par une jambe de suspension composée de l'amortisseur et du ressort, sur laquelle le porte-fusée a été fixé. La tige du piston de l'amortisseur est fixée à la carrosserie par un roulement placé dans un silentbloc. Ce roulement (butée) permet le pivotement gauche-droite des roues directrices. Un ressort hélicoïdal se trouve entre ce point de fixation et l'assiette du ressort de l'amortisseur. La tige du piston et son dispositif de guidage doivent être particulièrement

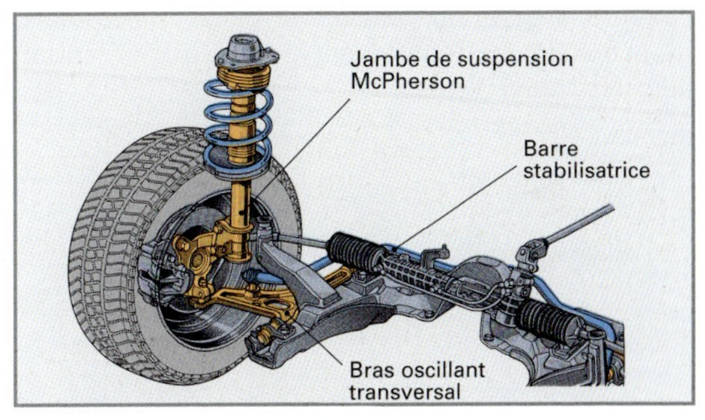

Illustration 3: Essieu McPherson

résistants pour supporter les forces de freinage, d'accélération et de guidage latérales. Quant au support en caoutchouc, il doit absorber de grandes forces axiales et permettre à l'essieu de développer de grands angles de torsion. Les passages de roues sont renforcés au niveau du point de fixation supérieur.

Suspension à bras oscillants longitudinaux. Elle est particulièrement adaptée aux véhicules à traction car le plancher du coffre à bagages peut être placé très bas entre les roues arrière. Avec un pivot de bras oscillant placé à l'horizontale, il n'y a pas de variation de voie, de pincement ou de carrossage lors des mouvements de suspension.

Cadre auxiliaire (ill. 1). Afin d'isoler le mieux possible la carrosserie des bruits et des vibrations, les bras de suspension ne sont pas fixés directement sur celle-ci mais à un cadre auxiliaire qui est constitué de deux supports reliés entre eux par une traverse tubulaire; il est fixé à la carrosserie au moyen de quatre silentblocs en caoutchouc dont les deux placés à l'avant sont hydrauliques. Les deux bras oscillants longitudinaux sont fixés au cadre auxiliaire par des roulements à rouleaux coniques. Afin de minimiser les modifications de voie induites par les forces latérales exercées lors des virages, le bras oscillant est renforcé. Les deux réunis forment un quadrilatère.

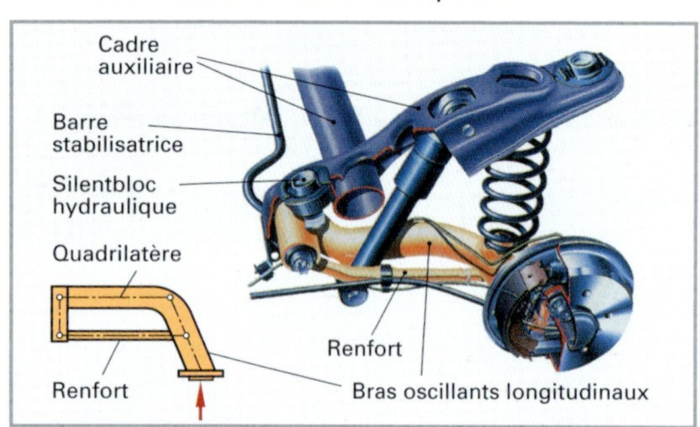

Illustration 1: Suspension à bras oscillants longitudinaux

Suspension à bras obliques. Les essieux à bras obliques **(ill. 2** et **ill. 3)** sont composés de deux bras de suspension triangulaires dont l'axe de pivotement est incliné d'un angle α = de 10° à 20° par rapport à l'axe transversal du véhicule et placés horizontalement ou de façon légèrement inclinée (β) par rapport au centre du véhicule.

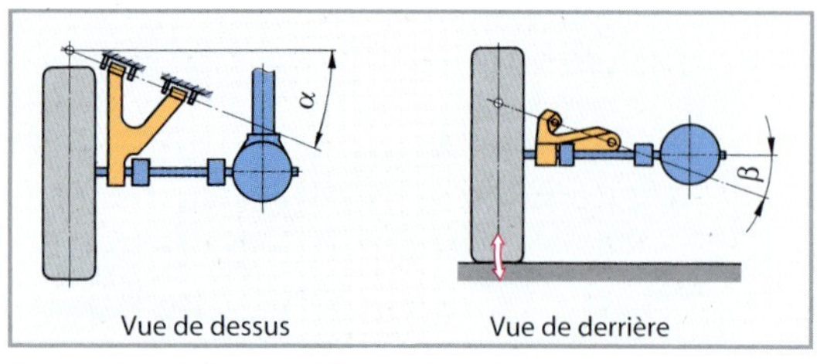

Illustration 2: Angles d'inclinaison des bras obliques

Lors du travail de la suspension, la voie et le carrossage dépendent du réglage et de l'inclinaison des bras obliques. Si l'on augmente les angles α et β, le carrossage négatif augmente améliorant ainsi la tenue de route dans les virages.

Avec ce type de suspension, lors de la compression et de la détente, les arbres moteur doivent pouvoir absorber des modifications de longueur. Pour cela, ces derniers sont équipés de deux joints de transmission autorisant une compensation de longueur.

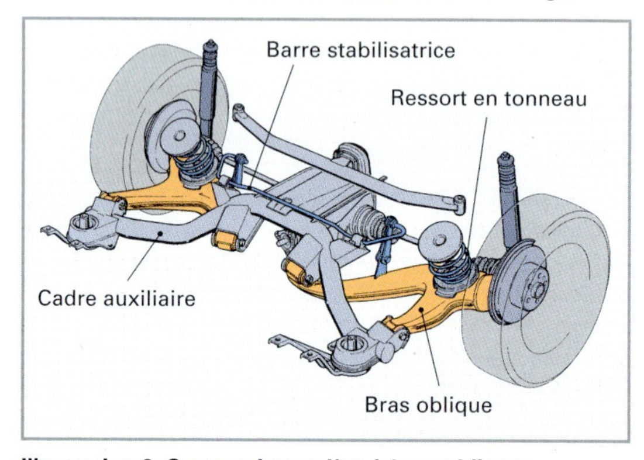

Illustration 3: Suspension arrière à bras obliques

Essieu multibras. Jusqu'à présent, toutes les suspensions utilisées engendraient des mouvements de torsion indésirables, dus à l'élasticité générale de la carrosserie, des cadres auxiliaires ou des supports de roues, ce qui provoquait des modifications de tenue de route liées au parallélisme positif ou négatif. Ce problème est susceptible de provoquer (p. ex. en cas de vent latéral) une modification de la trajectoire du véhicule.

Genre et effets des forces exercées sur les roues:

- **Les forces motrices** agissent au centre des roues et dans le sens longitudinal du véhicule. Elles tendent à augmenter le pincement.
- **Les forces de freinage** agissent au centre de la zone de contact du pneu au sol et dans le sens longitudinal du véhicule. Elles tendent à provoquer de l'ouverture.
- **Les forces latérales** agissent transversalement, à peine à l'arrière de la surface de contact du pneu avec le sol. Dans les virages, la roue du côté extérieur du virage affiche une tendance à l'ouverture, ce qui réduit la tenue de route. Lors d'un virage serré, la surface du pneu est déformée par le mouvement de roulis imprimé par la carrosserie et par les forces latérales, réduisant la marge d'adhérence du pneu.
- **Les forces verticales** s'exercent en direction de l'axe vertical du véhicule. Si la chaussée n'est pas plane ou si le véhicule est chargé, elles entraînent une réduction du parallélisme et du carrossage.

Défauts élastiques du guidage. L'**ill. 1** montre comment un braquage peut être généré par la force motrice. Alors que le tirant arrière est mis en traction et s'allonge quelque peu grâce au silentbloc, le bras avant est compressé, ce qui réduit la distance entre ses points de fixation. La roue subit un braquage élastique (pincement).

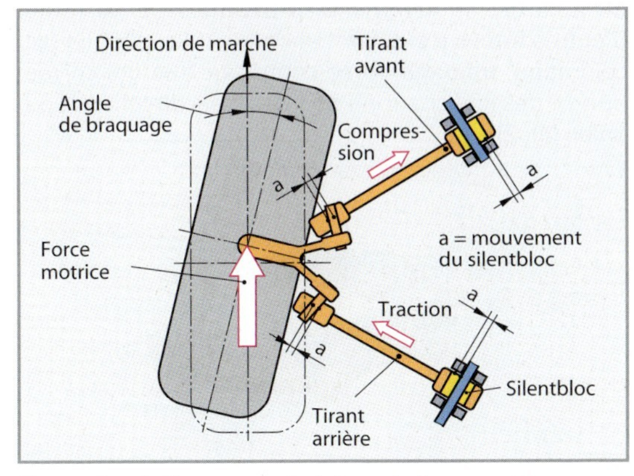

Illustration 1: Braquage généré par la force motrice

Suspension multibras. Elle compense les défauts élastiques du guidage. Elle a été développée sur la base de l'essieu à bras oscillants transversaux doubles avec stabilisateur (barre stabilisatrice). Les bras oscillants rigides ont été convertis en cinq tirants, exactement positionnés les uns par rapport aux autres et qui guident la roue **(ill. 2)**.

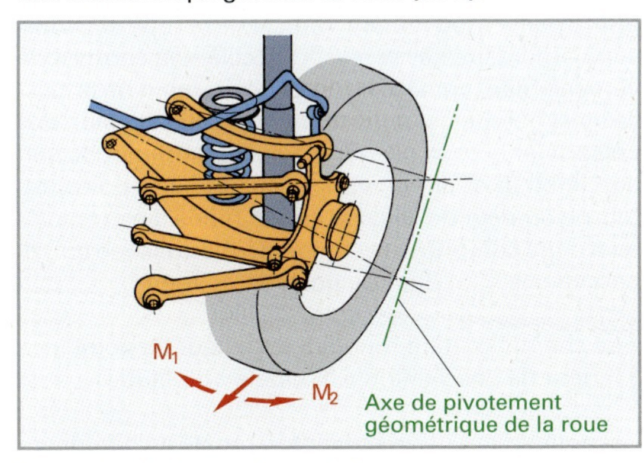

Illustration 2: Suspension multibras

L'intersection du prolongement des axes des bras oscillants se situe à l'extérieur du plan de roue. Ceci permet à la roue d'avoir plutôt tendance à pivoter vers l'extérieur sous l'influence des forces motrices (M_2), que vers l'intérieur sous l'effet du braquage élastique (M_1).

Cinématique de l'essieu multibras. Les modifications du pincement et du carrossage sont décisives pour la tenue de route du véhicule car elles définissent son comportement. Si des modifications de l'angle de carrossage surviennent sur une chaussée non plane, des forces latérales sont exercées perturbant la trajectoire en ligne droite. Sur l'**ill. 3,** on remarque que la modification de l'angle de carrossage lors de la compression et de la détente est presque nulle. Les modifications de carrossage doivent être minimales dans la zone centrale de la courbe (trajectoire rectiligne) afin de ne pas générer de forces latérales importantes. Dans les virages, la compression génère un carrossage négatif permettant d'améliorer le guidage latéral.

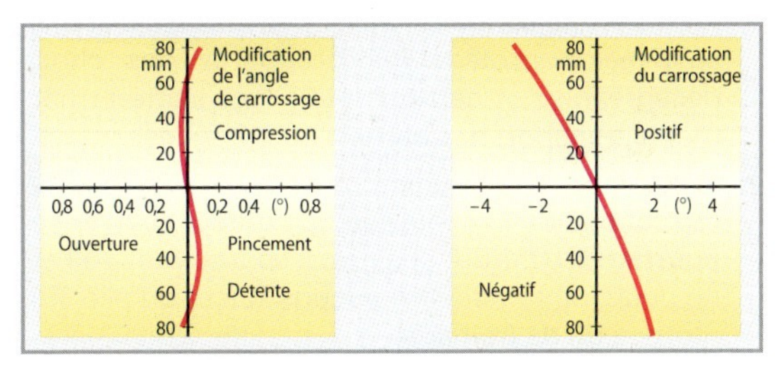

Illustration 3: Modification de l'angle de carrossage

Centre de roulis (centre instantané). C'est le point autour duquel la carrosserie pivote lorsqu'une force latérale est appliquée. Instantané signifie que ce point ne se trouve que momentanément à cet endroit.

Plus le centre de roulis est haut, plus la distance le séparant du centre de gravité du véhicule est faible, c'est-à-dire que le bras de levier exercé par la force centrifuge diminue, réduisant ainsi l'inclinaison latérale de la caisse. Par contre, les grandes modifications de voie entraînent des perturbations de marche en ligne droite. La ligne qui relie les centres de roulis des essieux avant et arrière s'appelle l'axe de roulis. La distance séparant l'axe de roulis du centre de gravité du véhicule détermine l'inclinaison latérale de la carrosserie.

Questions de révision

1 **Quels sont les avantages et les inconvénients des essieux rigides?**
2 **Qu'est-ce qu'un essieu semi-rigide?**
3 **Nommez les principaux types de suspensions à roues indépendantes.**
4 **Quels sont les avantages d'une suspension à double bras transversaux inégaux?**
5 **Qu'entend-on par braquage élastique?**
6 **Qu'est-ce qu'un cadre auxiliaire?**
7 **Comment est construit un essieu McPherson?**
8 **Quelles sont les forces exercées sur la roue lorsque le véhicule roule et quels sont leurs effets?**
9 **Qu'est-ce qu'une suspension à bras obliques?**
10 **Comment est construit un essieu multibras et quels sont ses avantages?**
11 **Qu'est-ce que le centre de roulis?**
12 **Quel est l'effet d'un centre de roulis élevé sur l'inclinaison de la carrosserie?**

18.8 Suspension

18.8.1 Fonctions de la suspension

Lorsqu'un véhicule roule, les roues, en plus de leurs mouvements de rotation, doivent suivre les inégalités de la chaussée. Elles ont donc également un mouvement vertical par rapport à la caisse du véhicule. Plus la vitesse du véhicule augmente, plus ces mouvements verticaux deviennent rapides, ce qui crée des accélérations et des décélérations multipliant l'effet de pesanteur. Le véhicule est ainsi soumis à des forces élevées et saccadées. Plus celles-ci sont grandes, plus le mouvement de la masse est grand.

La suspension a pour fonction d'absorber les inégalités de la route pour éviter de les transférer au véhicule.

La suspension et l'amortissement sont déterminants pour:

- **le confort de conduite.** En isolant la carrosserie, la suspension protège les occupants des chocs désagréables et néfastes pour leur santé et permet le transport de chargements fragiles;
- **la sécurité de conduite.** En cas d'importantes déformations de la chaussée, le contact avec le sol pourrait être perdu; des roues se trouvant en l'air ne peuvent transmettre aucune force, qu'elle soit motrice ou de freinage;
- **la tenue de route en virage.** Dans un virage rapide, l'adhérence au sol des roues intérieures diminue, réduisant la force de guidage latéral. Afin d'éviter que le véhicule ne se déporte dans le virage, la suspension, l'amortissement et le stabilisateur doivent assurer une adhérence constante des roues.

Les ressorts sont implantés entre la fixation des essieux et la carrosserie. L'élasticité des pneus renforce encore leur effet. En outre, les ressorts des sièges contribuent également au confort des passagers **(ill. 1)**.

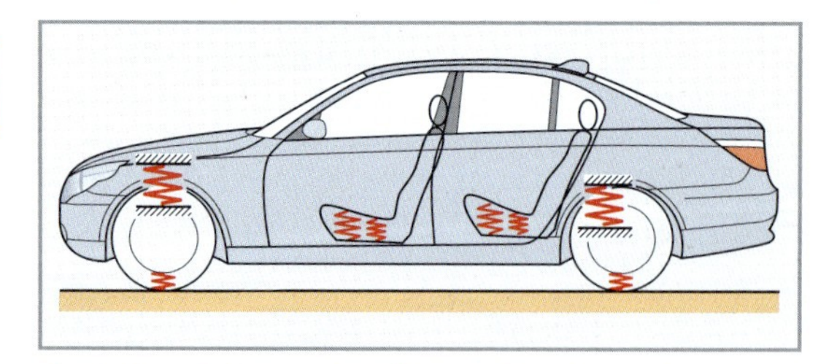

Illustration 1: Suspension d'une voiture de tourisme

Suspension latérale. Les inégalités de la route ne provoquent pas seulement des secousses verticales mais aussi des mouvements latéraux. La suspension doit donc également pouvoir les amortir. Cette suspension latérale est en partie également assurée par les pneus et par les silentblocs servant à fixer et à guider des éléments de suspension.

18.8.2 Fonctionnement de la suspension

Du fait de sa suspension, le véhicule automobile est un ensemble oscillant avec une fréquence propre (fréquence de la carrosserie) qui dépend du poids du véhicule et qui est déterminée par les éléments de suspension.

En plus des mouvements provoqués par la route, d'autres forces s'exercent encore sur le véhicule (accélération, freinage, force centrifuge), ce qui correspond à des sollicitations dans les trois directions spatiales **(ill. 2)**.

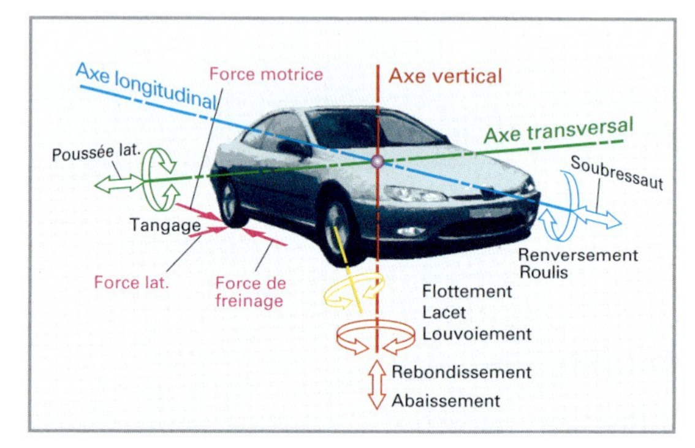

Illustration 2: Forces et mouvements subis par un véhicule

Oscillations

Lorsque la roue d'un véhicule passe sur une bosse, la carrosserie et la roue bougent. Le ressort est comprimé par le mouvement vertical de la roue et l'effort supplémentaire sur le ressort accélère la carrosserie verticalement vers le haut. Le mouvement de la caisse ainsi obtenu est ensuite freiné par l'extension des ressorts et la carrosserie, arrivée au sommet de son accélération et attirée vers le bas par son poids, retourne au-delà de sa position de repos. Les ressorts sont alors comprimés et freinent la carrosserie qui repart vers le haut dans sa position de repos.

Le chemin partant du point supérieur au point inférieur de l'oscillation est appelé amplitude.

Ce mouvement de va-et-vient se répète en diminuant jusqu'à ce que l'énergie cinétique soit transformée en chaleur par les amortisseurs et les frottements internes **(ill. 3)**.

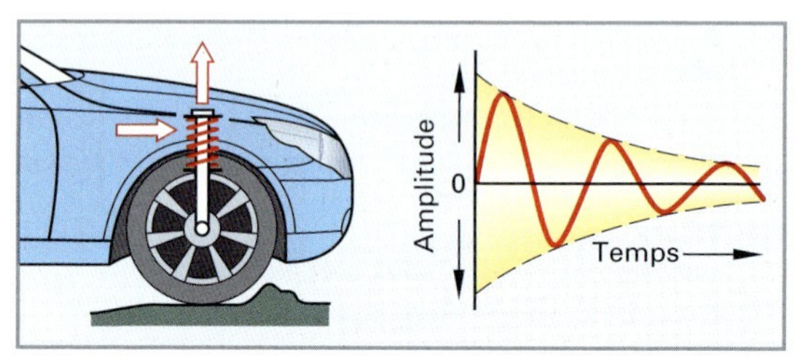

Illustration 3: Oscillation amortie

Résonance. Si la carrosserie est excitée au rythme de sa fréquence propre, l'amplitude de son mouvement augmente, p. ex. lorsque l'on roule sur des inégalités qui se succèdent à égale distance **(ill. 1).**

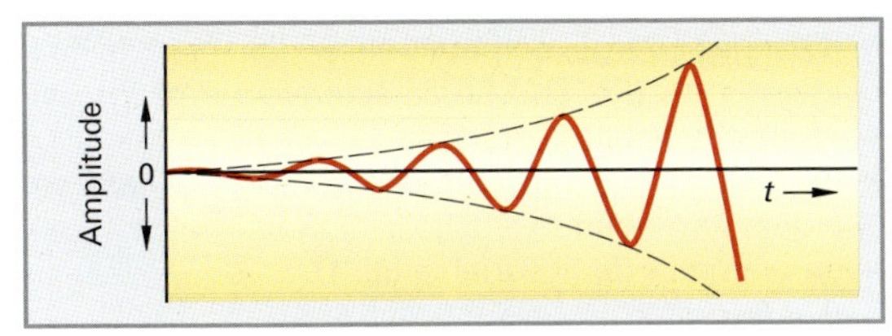

Illustration 1: Oscillation croissante

Fréquence. Elle représente le nombre d'oscillations par seconde (Hertz). Etant donné qu'une carrosserie n'oscille pas très vite, on indique parfois également le nombre d'oscillations par minute.

> Une grande masse et un ressort mou donnent une fréquence propre basse et une grande course de ressort donc une plus grande amplitude.

Raideur du ressort. Elle indique l'élasticité du ressort (dur, mou). Pour contrôler ou comparer les ressorts, on les charge et on mesure leur course de compression. Le rapport entre la force *F* et la course *s* indique la raideur *c* du ressort en N/m.

Courbe caractéristique du ressort. Si la raideur du ressort demeure constante durant toute la course de compression (p. ex. dans le cas d'un ressort hélicoïdal normal), celui-ci a une courbe caractéristique linéaire **(ill. 2).**

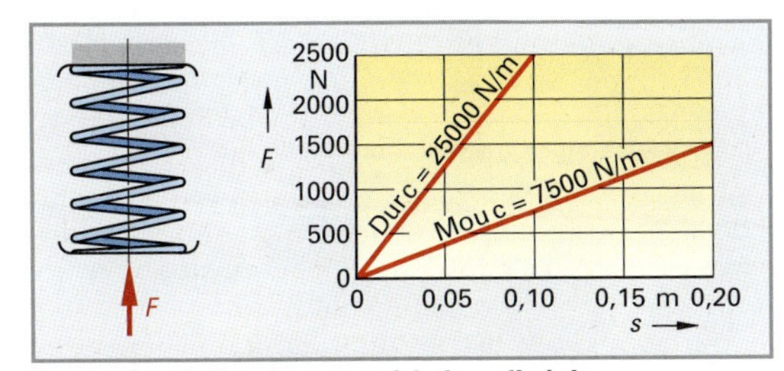

Illustration 2: Courbe caractéristique linéaire

Si la raideur augmente quand le ressort est comprimé (p. ex. avec un ressort à lames ou un ressort hélicoïdal conique), celui-ci a une courbe caractéristique progressive **(ill. 3).**

Masses suspendues, masses non suspendues

Dans un véhicule, on distingue les masses suspendues (carrosserie et charge) des masses non suspendues (roues avec freins à tambour ou à disque, éléments de suspension). Ces différentes masses sont reliées par des ressorts. Bien que les deux

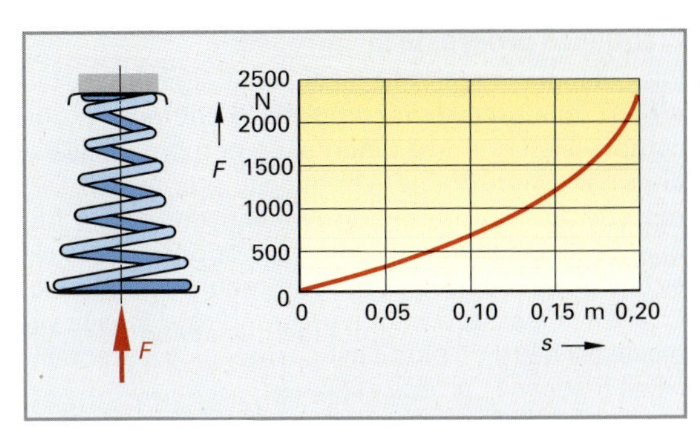

Illustration 3: Courbe caractéristique progressive

masses bougent indépendamment l'une de l'autre et dans des gammes de fréquences différentes, elles agissent l'une sur l'autre **(ill. 4).** Si un amortisseur est monté entre les deux masses, l'amplitude est réduite et l'oscillation diminue plus rapidement.

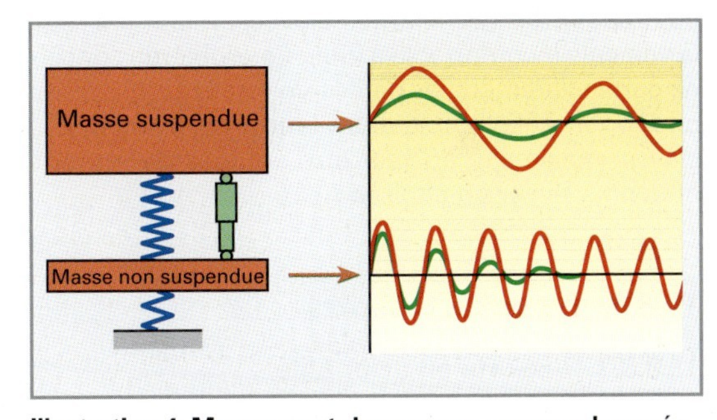

Illustration 4: Mouvement des masses sur une chaussée déformée

Lorsqu'un véhicule passe à vitesse élevée sur une inégalité du sol, la roue monte mais la carrosserie du véhicule bouge très peu, du fait de sa grande masse. En raison de sa faible masse par rapport à la carrosserie, la roue est accélérée très rapidement vers le haut, ce qui comprime le ressort. La seule force agissant sur la carrosserie est donc celle de la compression de ce ressort.

Après la bosse, la précontrainte du ressort a pour effet de plaquer à nouveau la roue au sol. Seule la détente du ressort correspondant à l'inégalité de la route agit sur la carrosserie.

Si la force nécessaire à l'accélération sur les masses non suspendues est plus grande que la précontrainte du ressort, la roue n'est pas déplacée assez rapidement vers le bas et ne touche plus le sol durant un bref laps de temps.

> Afin de garantir la sécurité et le confort, les masses non suspendues doivent être les plus petites possible.

18

Fréquence propre de la carrosserie

Elle est indiquée pour l'essieu avant et pour l'essieu arrière. Une oscillation complète se compose d'une compression et d'une détente. Le nombre d'oscillations par minute donne la fréquence propre de la carrosserie. Les amortisseurs n'influencent pas la fréquence de résonance propre mais opposent une résistance au déplacement qui réduit l'amplitude. Quant à la masse, elle joue un grand rôle. Plus le véhicule est lourd ou plus il est chargé, plus la fréquence de résonance propre est basse.

Suspension molle: une fréquence de 60 oscillations par minute (1 Hz) ou moins peut provoquer des nausées. On peut remédier à cela grâce à un amortissement renforcé.

Suspension dure: une fréquence de 90 oscillations par minute (1,5 Hz) ou plus peut entraîner des lésions de la colonne vertébrale. Des amortisseurs durs sont souvent nécessaires au niveau de l'essieu arrière pour supporter des charges élevées, mais cela rend le véhicule inconfortable à vide. Ce problème concerne particulièrement les petites voitures qui, en raison du rapport défavorable entre leur propre poids et la charge maximale, doivent être équipés de ressorts durs pour éviter un affaissement.

18.8.3 Types de ressorts

18.8.3.1 Ressorts en acier allié

La plupart des véhicules sont équipés de ressorts en acier allié, tels que:

- Ressorts à lames
- Ressorts hélicoïdaux
- Barres de torsion
- Barres stabilisatrices

L'effet de ressort provient de la déformation de l'acier (p. ex. acier à ressort au chrome vanadium) sans dépasser la limite apparente d'élasticité. La courbe caractéristique d'élasticité est linéaire; elle peut devenir progressive grâce à des particularités de construction.

Ressorts à lames

Ils sont peu utilisés dans les voitures de tourisme mais souvent employés pour les véhicules utilitaires (voir chapitre "Technique des véhicules utilitaires").

Ressorts hélicoïdaux

Ils sont principalement utilisés en tant que ressorts de compression sur les véhicules légers.

Avantages: poids et encombrement réduits

Inconvénients: peu d'effet amortisseur, pas de transmission des forces de guidage de la roue (transversales et longitudinales).

Normalement, la courbe caractéristique des ressorts hélicoïdaux est linéaire. Les ressorts hélicoïdaux mous se différencient des ressorts durs par:

- un diamètre de fil plus petit;
- un diamètre d'enroulement plus grand;
- un nombre de spires plus élevé.

Pour supporter une charge utile plus grande, tout en assurant suffisamment de confort lorsque le véhicule n'est pas chargé, on peut utiliser des ressorts hélicoïdaux avec une courbe caractéristique progressive. Cela est possible grâce à:

- un diamètre d'enroulement variable (p. ex. conique, parabolique, etc.);
- un diamètre de fil variable **(ill. 1)**.

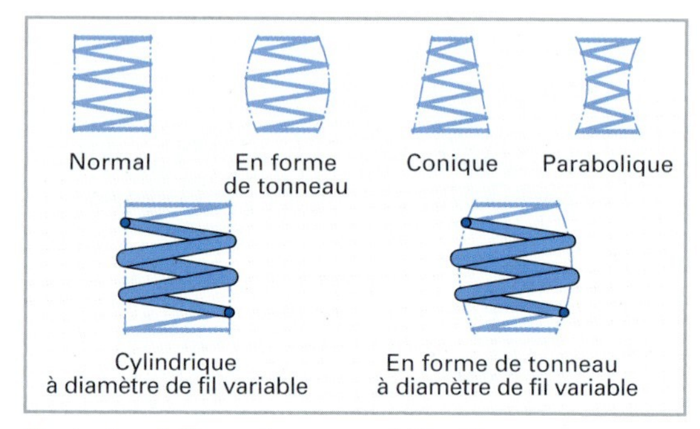

Illustration 1: Types de ressorts hélicoïdaux

Par rapport au ressort hélicoïdal normal (cylindrique), le ressort Minibloc en forme de tonneau a l'avantage de permettre à ses spires de s'engager les unes dans les autres lors de la compression **(ill. 2)**. On obtient ainsi un ressort peu encombrant et résistant sans renoncer à un grand débattement. Ce type de ressort permet de réunir en un seul élément toutes les possiblités d'une courbe caractéristique progessive.

Illustration 2: Ressort en tonneau Minibloc

Les ressorts hélicoïdaux ne peuvent transmettre aucune force de guidage de la roue.

Ces ressorts ne sont utilisés que sur les types d'essieux où la force motrice, la force de freinage et les forces latérales sont transmises par d'autres éléments (bras oscillant transversal ou longitudinal). Actuellement, le temps de montage et de démontage des amortisseurs d'oscillation fait que ces derniers ne sont pas toujours intégrés aux ressorts hélicoïdaux **(ill. 2)**.

Barre de torsion

Une barre en acier à ressort **(ill. 1)** est sollicitée en torsion par un levier relié à la roue.

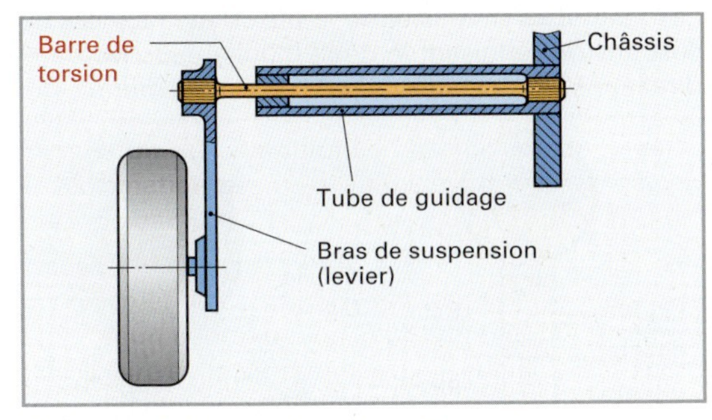

Illustration 1: Suspension à barre de torsion

Pour les barres de torsion, on utilise généralement des barres rondes, carrées ou un paquet de barres plates. Elles peuvent être disposées de manière longitudinale ou transversale. Lorsqu'elles sont longitudinales, elles peuvent être plus longues et supporter un plus grand angle de torsion. De ce fait, le ressort est plus souple et les débattements plus grands.

Les barres de torsion ne peuvent pas être sollicitées à la flexion, c'est pourquoi elles sont parfois logées dans un tube qui les protège contre la déformation et qui sert en même temps de support.

Les extrémités des barres sont généralement cannelées. Ces cannelures facilitent le réglage uniformisé de la précontrainte des barres.

Barres stabilisatrices

Il s'agit d'un élément en acier à ressort qui tend à limiter l'inclinaison du véhicule lors de virage (barre antiroulis). Elle améliore la tenue de route **(ill. 2)**.

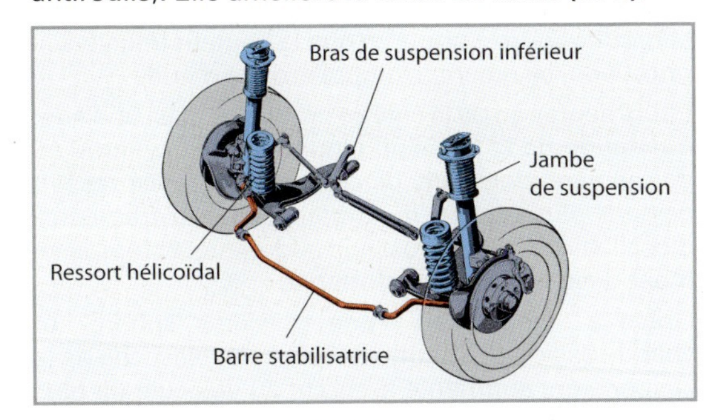

Illustration 2: Barre stabilisatrice

La partie centrale de la barre stabilisatrice peut pivoter autour de son axe, les extrémités des deux leviers sont reliées aux bras de suspension par des éléments en caoutchouc.

Lorsqu'une roue est soulevée (compression), la torsion de la barre stabilisatrice soulève également l'autre roue. Il en va de même lorsque la roue descend.

Dans les virages, l'inclinaison latérale de la carrosserie est ainsi compensée. Lorsque les ressorts des deux roues travaillent en même temps, la barre stabilisatrice n'entre pas en action.

18.8.3.2 Ressorts en caoutchouc

Le caoutchouc naturel ou synthétique est très élastique et présente des propriétés d'amortissement élevées. Les ressorts en caoutchouc **(ill. 3)** existent sous de nombreuses formes mais sont rarement employés pour la suspension des véhicules. On utilise l'auto-amortissement élevé du caoutchouc et sa grande élasticité pour amortir les vibrations à haute fréquence et les bruits. On appuie les ressorts ou les suspensions du véhicule (p. ex. les bras de suspension) sur des silentblocs en caoutchouc, obtenant ainsi également une amélioration de la suspension transversale.

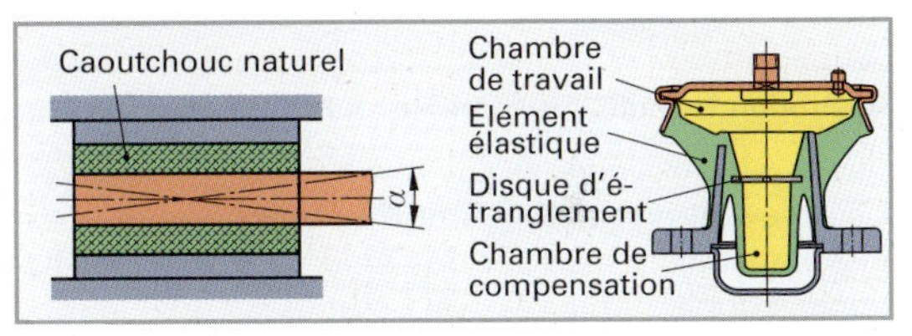

Ill. 3: Ressort en caoutchouc Ill. 4: Support hydrolastique

Pour amortir, au niveau de la carrosserie, les oscillations de différentes fréquences provenant du moteur, on remplace les simples silentblocs en caoutchouc par des supports amortisseurs hydrauliques en élastomère **(supports hydrolastiques, ill. 4)**. Ils se composent d'un élément élastique en caoutchouc naturel qui assure la liaison mécanique entre le moteur et la carrosserie et d'une partie d'amortissement hydraulique constituée d'une chambre de travail et d'une chambre de compensation remplie de liquide hydraulique. Un disque d'étranglement placé entre les deux chambres freine le passage du liquide, amortissant ainsi les vibrations du moteur (voir le chapitre Mécanique du moteur, suspension du moteur).

18.8.3.3 Suspension pneumatique

Dans ce cas, on utilise les propriétés élastiques d'un volume de gaz (air ou azote) enfermé dans une chambre de travail.

Ressort pneumatique

Il est généralement utilisé sur les autocars et les véhicule utilitaires qui possèdent déjà un compresseur pour les freins (voir chapitre Technique des véhicules utilitaires).

Le ressort pneumatique a une courbe caractéristique progessive et présente l'avantage de permettre de réguler la hauteur et la charge en modifiant la pression de l'air. Malgré les variations de charge, il est ainsi possible de maintenir l'assiette du véhicule stable et d'en adapter la hauteur pour faciliter le chargement et le déchargement.

Sur les véhicules de tourisme, ce sytème permet d'ajuster la garde au sol en fonction de la vitesse. En outre, un dispositif de régulation permet de réduire l'inclinaison du véhicule dans les virages.

Afin d'empêcher toute fuite, le volume d'air est emprisonné dans des soufflets en caoutchouc qui se présentent sous forme de soufflets cylindriques roulants ou de soufflets en accordéon **(ill. 1)**.

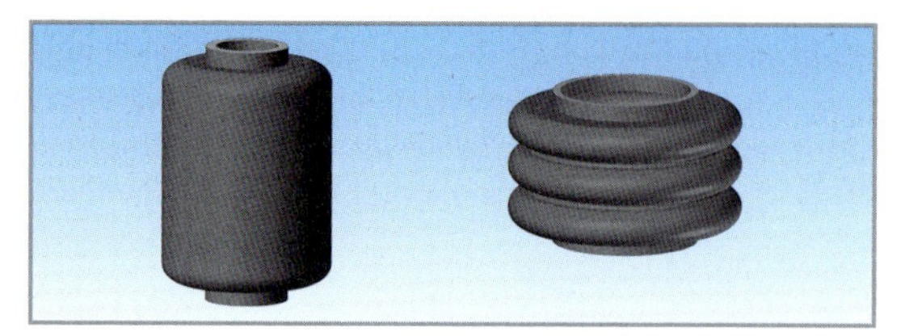

Illustration 1: Soufflet cylindrique roulant ou en accordéon

L'air n'ayant qu'un auto-amortissement réduit, il est indispensable d'installer des amortisseurs d'oscillations supplémentaires ou d'utiliser une jambe d'amortisseur composée d'un soufflet en caoutchouc et d'un amortisseur à gaz.

Les ressorts pneumatiques ne participent pas au guidage de la roue. C'est pour cela que des essieux à bras longitudinaux **(ill. 2)** doivent être montés entre les essieux et la carrosserie.

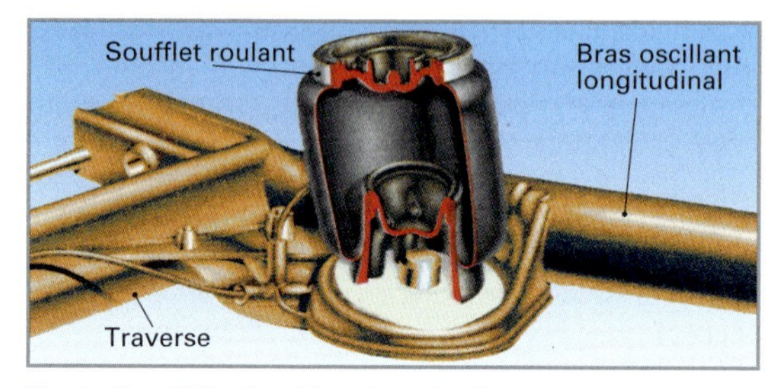

Illustration 2: Essieu à bras longitudinaux avec soufflet cylindrique roulant

Ressort hydropneumatique (oléopneumatique)

Le ressort hydropneumatique **(ill. 3)** est généralement constitué d'un ressort pneumatique combiné à un piston hydraulique. Il remplit la double fonction de ressort et d'amortisseur. Une quantité constante de gaz (le plus souvent de l'azote) est plus ou moins comprimée dans une chambre sphérique en refoulant ou en purgeant de l'huile hydraulique dans une chambre d'huile. La séparation du gaz et de l'huile s'effectue grâce à une membrane. Le gaz et l'huile sont à la même pression (environ 180 bar) qui est produite par une pompe à haute pression.

Pour des raisons de place, la sphère de suspension peut être placée latéralement, à côté du piston, ou bien totalement séparée de celui-ci.

Les soupapes situées entre le piston et la sphère de suspension réduisent le débit d'huile dans les deux directions, créant ainsi l'effet d'amortissement.

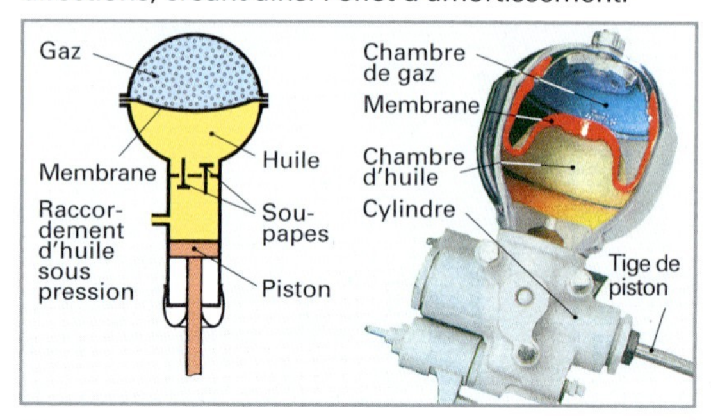

Illustration 3: Eléments du ressort hydropneumatique

Tous les éléments amortisseurs sont reliés entre eux par un réseau de conduites. La tige du piston du cylindre hydraulique est fixée au bras oscillant longitudinal ou transversal de la suspension de roue.

Régulateur de hauteur. Grâce à une soupape manuelle de réglage de hauteur, on peut modifier la garde au sol de la carrosserie (p. ex. pour des parcours difficiles ou un changement de roue). Une compensation automatique adapte la hauteur à tous les types de chargements. Elle est commandée par une tringle reliée au bras de suspension qui agit sur le piston de régulation de hauteur **(ill. 4)**. En cas de charge élevée, le véhicule descend, le gaz se comprime et la tige de piston rentre dans le cylindre. Simultanément, le bras de suspension et les tringles de commandes déplacent le piston de la vanne de régulation de hauteur, ainsi l'huile sous pression parvient dans le cylindre. Sous l'effet de cette pression, la tige de piston sort du cylindre jusqu'à ce que la hauteur initiale soit retrouvée, ce qui interrompt l'arrivée d'huile.

L'augmentation de la charge provoque ainsi une augmentation de la pression d'huile dans le cylindre et, de manière identique, de celle de l'azote. Le ressort devient plus dur et, du moment que la fréquence d'oscillation de la carrosserie augmente, l'amortissement devient moins confortable.

Grâce à l'installation d'une troisième sphère sur chaque essieu, le volume de gaz, soit l'élasticité de la suspension, augmente assurant au véhicule un plus grand confort.

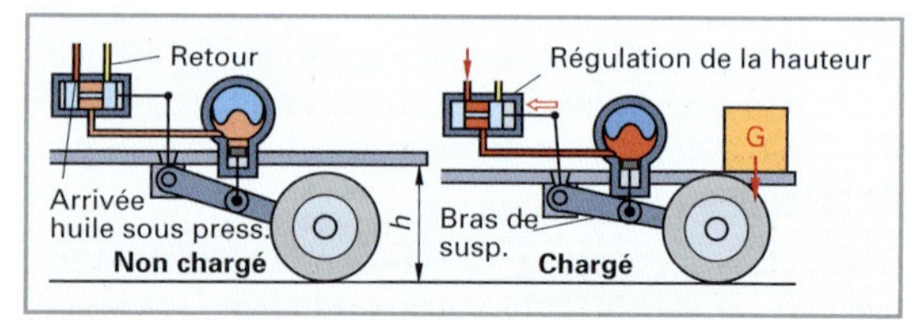

Illustration 4: Suspension hydropneumatique

Système antiroulis actif

Construction: le système de suspension hydropneumatique peut être équipé d'un dispositif de contrôle actif du roulis capable de:

- réduire l'inclinaison latérale de la carrosserie en virage;
- éviter au véhicule de "piquer du nez" en cas de freinage et de "décoller de l'avant" en cas d'accélération;
- passer directement d'un confort de suspension souple à dure, indépendamment du choix du réglage "confort" ou "sport".

Le système se compose **(ill. 1)**:

- de 2 barres antiroulis dotées de 2 plongeurs hydrauliques pour l'essieu avant et arrière;
- de deux sphères de suspension centrale pour le réglage de la dureté des essieux avant et arrière;
- d'un bloc hydraulique;
- de capteurs de hauteur pour l'essieu avant et arrière;
- de capteurs pour l'angle de braquage du volant, la pédale des gaz et la pédale de frein.

La conduite en virage, ainsi que de brusques manœuvres d'évitement, peuvent compromettre la tenue de route. En virage, l'inclinaison de la carrosserie décharge les roues intérieures au virage, qui ne peuvent dès lors plus transmettre de forces à la chaussée. Le véhicule peut alors déraper ou se renverser. La vitesse en virage et la distance séparant les axes de roulis du centre de gravité du véhicule déterminent l'inclinaison latérale de la carrosserie.

Le montage de barres antiroulis permet de réduire l'inclinaison. En cas d'amortissement différencié des roues, les barres antiroulis se tordent, exerçant un effet de renforcement de la dureté de la suspension qui, dans l'ensemble, devient moins confortable.

Construction. Dans le système antiroulis actif, les amortisseurs avant, disposés verticalement, sont reliés aux barres antiroulis par des tringles positionnées derrière l'amortisseur. Selon la pression hydraulique exercée dans les amortisseurs, des forces supplémentaires peuvent agir au niveau des barres antiroulis et augmenter la dureté de la suspension.

Une troisième sphère de suspension et un capteur de hauteur se trouvent entre les amortisseurs de chaque essieu. Les mouvements d'amortissement exercent un effet de torsion sur la barre antiroulis, effet qui est détecté par le capteur de hauteur, transmis à la centrale de commande et interprété comme une modification de la position de la carrosserie.

Tous les amortisseurs et les sphères de suspension sont reliés les uns aux autres par l'intermédiaire du bloc hydraulique.

Bloc hydraulique. Il se compose d'une pompe hydraulique entraînée par un moteur électrique, de quatre électrovalves et d'une centrale de commande électronique. La pompe hydraulique alimente les sphères de suspension en fluide hydraulique. La pression de service du système va de 80 à 140 bar. Deux électrovalves régulent l'amenée et le retour du liquide hydraulique vers l'essieu avant et deux autres vers l'essieu arrière, permettant de corriger le train avant et le train arrière indépendamment l'un de l'autre.

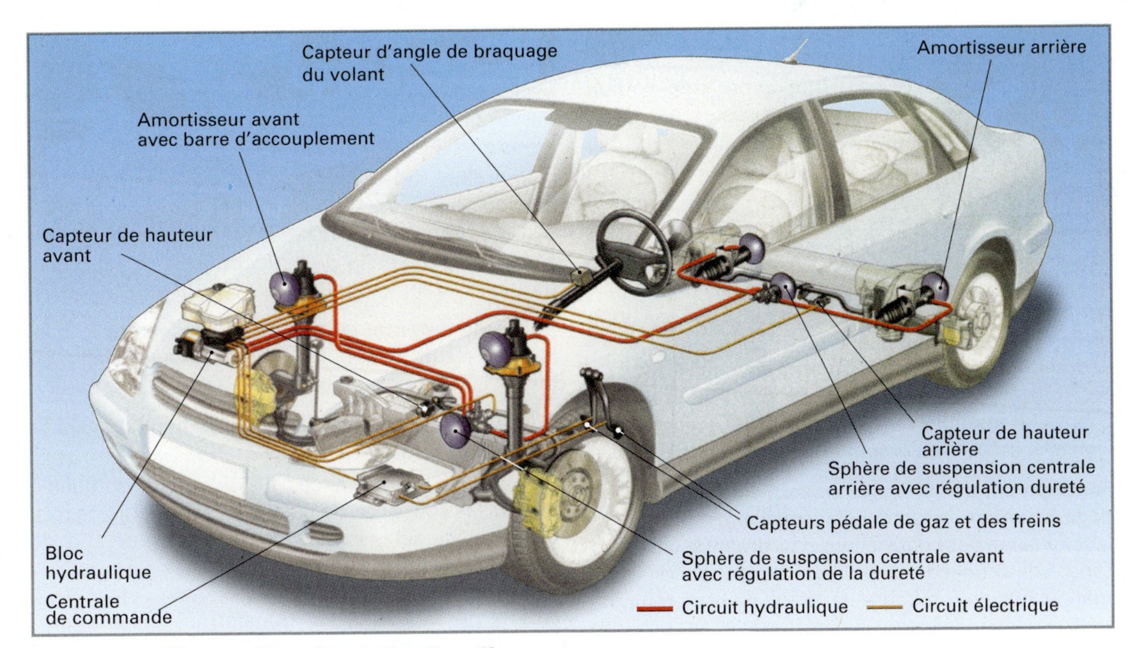

Illustration 1: Eléments du système antiroulis actif

Selon les conditions et le style de conduite (p. ex. virages pris à haute vitesse), la centrale de commande peut durcir la suspension, même si le programme "confort" est activé.

Programme de conduite "Confort". Les trois sphères de suspension de chaque essieu sont interconnectées. Lors de la compression, la tige du piston du cylindre amortisseur se positionne de façon à permettre à l'huile hydraulique d'affluer dans les sphères de suspension et de comprimer l'azote par l'intermédiaire de la membrane. La troisième sphère permet de disposer d'une réserve de gaz supplémentaire pour une suspension plus souple **(ill. 1).**

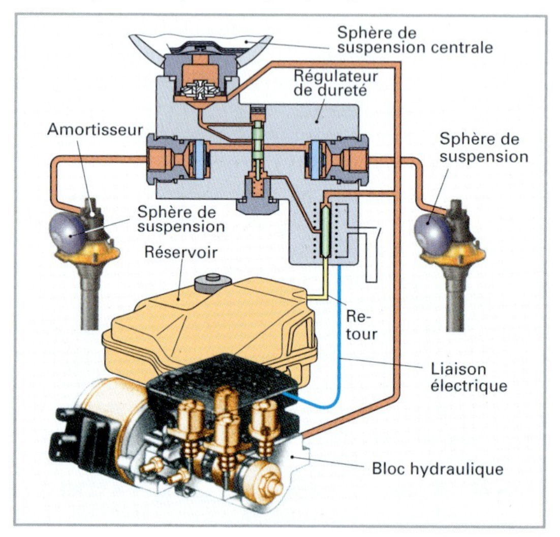

Illustration 1: Système antiroulis actif en position confort

Programme de conduite "Sport". Si l'électrovalve du régulateur de dureté de la sphère de suspension centrale est activée par le boîtier de commande, l'afflux de liquide hydraulique aux amortisseurs est interrompu. Seul le volume de gaz encore disponible dans les deux amortisseurs est actif. La suspension devient plus dure.

Fonction du régulateur de dureté dans le programme "Sport" (ill. 2). L'électrovalve est activée, le retour du liquide hydraulique vers le réservoir est ouvert et la partie inférieure du tiroir de commande n'est pas sous pression. Etant donné que la partie supérieure est encore soumise à la pression d'amortissement, le tiroir de commande est poussé vers le bas, ce qui interrompt la connexion entre les différents éléments de la suspension et aussi celle de la sphère de suspension centrale.

Fonctionnement en virage, en accélération et en freinage. En virage, le capteur d'angle de braquage du volant transmet des informations concernant la vitesse et l'angle de braquage du volant à la centrale de commande. Afin de compenser le mouvement de roulis de la carrosserie, l'électrovalve est activée et la liaison avec la sphère de suspension centrale est interrompue. La suspension devient plus dure et l'angle d'inclinaison de la carrosserie diminue. Sans cela, la carrosserie pèserait sur les roues extérieures au virage et le liquide hydraulique affluerait dans les éléments de suspension du côté opposé. Afin de compenser le cabrage du véhicule lors de l'accélération, la centrale de commande désactive la sphère de suspension centrale arrière en fonction des informations fournies par le capteur de la pédale des gaz.

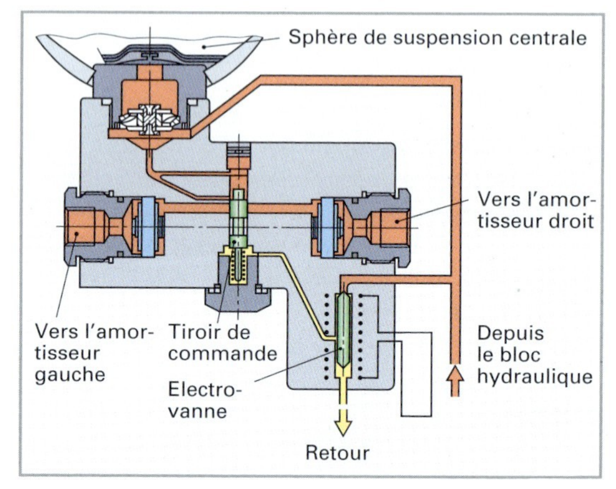

Illustration 2: Régulateur de dureté en position "Sport"

18.8.4 Amortisseurs

Les amortisseurs permettent de réduire plus rapidement les oscillations de la carrosserie et des roues et augmentent ainsi la sécurité et le confort de conduite du véhicule.

Les amortisseurs sont montés entre les bras de suspension et la carrosserie. Les roues et la carrosserie oscillent à des fréquences différentes. Un bon amortisseur doit être conçu de façon à neutraliser ces deux types d'oscillations.

Aujourd'hui, on utilise presque exclusivement des amortisseurs hydrauliques. Ils se composent d'un piston qui se déplace dans un cylindre, forçant l'huile à passer à travers de petits orifices ou soupapes (points d'étranglement).

Phase de détente. La roue se déplace vers le bas, l'amortisseur s'étire, la tige du piston s'allonge (amortisseur téléscopique).

Phase de compression. La roue se déplace vers le haut, l'amortisseur est comprimé.

En modifiant la résistance à l'écoulement de l'huile à travers les soupapes du piston, il est possible de modifier les caractéristiques de l'amortisseur afin de l'adapter au véhicule.

L'énergie cinétique est transformée en énergie thermique par l'amortisseur.

18.8.4.1 Amortisseur bitube

Les amortisseurs hydrauliques sont constitués d'un cylindre dans lequel un piston et sa tige se déplacent vers le haut et vers le bas (mouvement de va-et-vient).

Dans les amortisseurs bitubes **(ill. 1)**, la tige et son tube de protection sont fixés à la carrosserie alors que le cylindre est fixé à la suspension de roue.

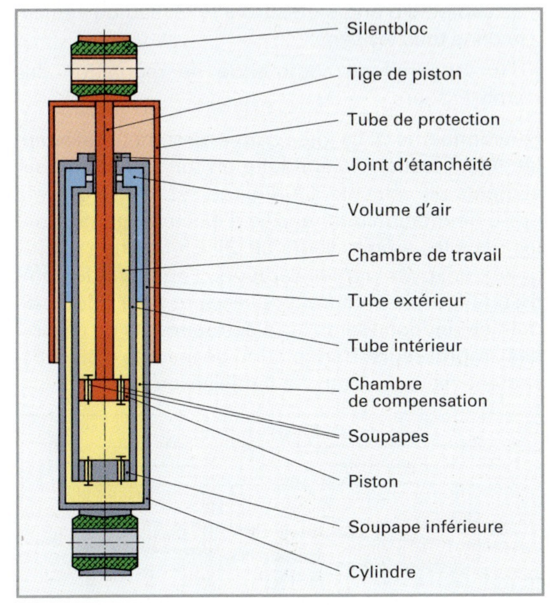

Illustration 1: Amortisseur bitube

Le cylindre se compose d'un tube intérieur et d'un tube extérieur. La chambre de travail, dans laquelle se déplace le piston, se trouve dans le tube intérieur qui est totalement rempli d'huile.

La chambre de compensation se trouve entre le tube intérieur et le tube extérieur. Elle n'est que partiellement remplie d'huile et doit réceptionner l'huile comprimée par la tige du piston entrant dans la chambre de travail.

Les soupapes qui se trouvent dans le piston et la soupape inférieure freinent le flux d'huile de manière plus ou moins marquée.

C'est en phase de détente que la force d'amortissement est la plus importante. Lorsque le piston se déplace vers le haut, l'huile doit passer par les petits orifices des soupapes. Simultanément, l'huile est également aspirée dans la chambre de compensation par la soupape inférieure.

Le montage n'est possible qu'avec la tige vers le haut car sinon l'air de la chambre de compensation serait aspiré dans la chambre de travail ce qui émulsionnerait l'huile et diminuerait l'effet amortissant.

18.8.4.2 Amortisseur monotube

Le fonctionnement de l'amortisseur monotube **(ill. 2)** est identique à celui de l'amortisseur bitube, sauf en ce qui concerne le volume de la tige qui n'est pas compensé par une chambre de compensation, rendant le tube extérieur inutile.

La compensation se fait par un coussin gazeux d'azote séparé le plus souvent de la chambre d'huile par un piston flottant. Lors de la compression, l'huile refoulée par la tige de piston comprime le coussin gazeux à une pression allant de 20 à 30 bar. Le coussin gazeux et l'huile sont sous pression, ce qui évite l'émulsion de l'huile et, de ce fait, la réduction de l'effet amortissant.

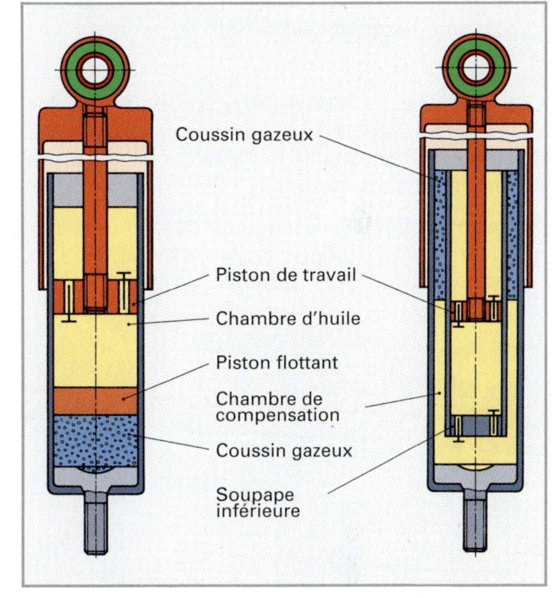

Ill. 2: Amortisseur monotube **Ill. 3: Amortisseur bitube**

Les amortisseurs monotubes avec piston flottant peuvent être montés dans toutes les positions. Les modèles avec tube de protection doivent toujours avoir la tige de piston orientée vers le haut.

18.8.4.3 Amortisseur bitube avec pression de gaz

La construction de l'amortisseur bitube avec pression de gaz **(ill. 3)** est identique à celle du bitube normal, à la différence que la chambre de compensation est remplie avec de l'azote sous une pression de 3 à 8 bar. Cela permet d'éviter la formation de bulles de gaz lors de mouvements rapides d'amortissement et d'améliorer ainsi la qualité du fonctionnement dans toutes les situations.

Amortisseur bitube à effets variables. L'adaptation d'un amortisseur aux différentes conditions de charge d'un véhicule était pratiquement impossible jusqu'à présent. Les véhicules à charge utile élevée (p. ex. camions avec remorques) nécessitent un fort amortissement en charge, ce qui les rend inconfortables à vide (sauts et vibrations en cas de passage sur des inégalités de la chaussée).

Grâce à une ou plusieurs rainures dans la paroi du cylindre, les amortisseurs bitubes à effets variables **(ill. 1)** pallient à ce défaut.

Charge réduite. Le piston de travail se déplace dans le cylindre à la hauteur des rainures. L'huile traverse non seulement les soupapes du piston mais aussi les rainures. Suite à cette déviation supplémentaire, la force d'amortissement est réduite augmentant ainsi le confort.

Charge élevée. Le piston de travail se déplace au-dessous de la zone des rainures, supprimant ainsi la section d'écoulement supplémentaire. La force d'amortissement est alors maximale.

Grâce au nombre et à la longueur des rainures ainsi qu'à leur décalage, on peut facilement adapter la force d'amortissement en fonction de la charge.

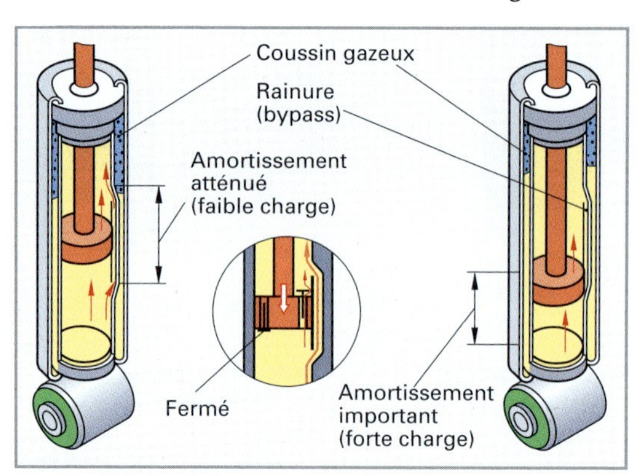

Illustration 1: Amortisseur bitube à effets variables

18.8.4.4 Amortisseurs à régulation électronique en continu. Continious-Damping-Control (CDC).

> Grâce à la régulation électronique, il est possible d'adapter en continu les caractéristiques des amortisseurs aux souhaits du conducteur et aux conditions de conduite.

Caractéristiques

- Sécurité accrue grâce à une meilleure adhérence au sol des roues.
- Réduction du roulis donc diminution de l'inclinaison du châssis dans les virages.
- Sélection du type d'amortissement (sport ou confort) par simple pression sur une touche.

Construction. Ces systèmes sont généralement composés:

- d'amortisseurs à régulation de dureté électronique;
- de capteurs de braquage, de mouvement des roues et d'accélération transversale de la carrosserie;
- de capteurs de vitesse de déplacement;
- de capteurs d'angle mesurant le niveau du véhicule dans tous les sens;
- d'un appareil de commande de régulation des amortisseurs.

Fonctionnement. La force d'amortissement est adaptée à la situation de conduite en fonction des mouvements du véhicule. Le réglage est réalisé grâce à une alimentation différenciée d'électroaimants montés dans les amortisseurs **(ill. 2).** En fonction des signaux envoyés par les capteurs, l'appareil de commande fournit le courant nécessaire pour piloter de manière indépendante les électroaimants de chacun des amortisseurs. L'adaptation de la force d'amortissement est réalisée en 2 à 4 millisecondes.

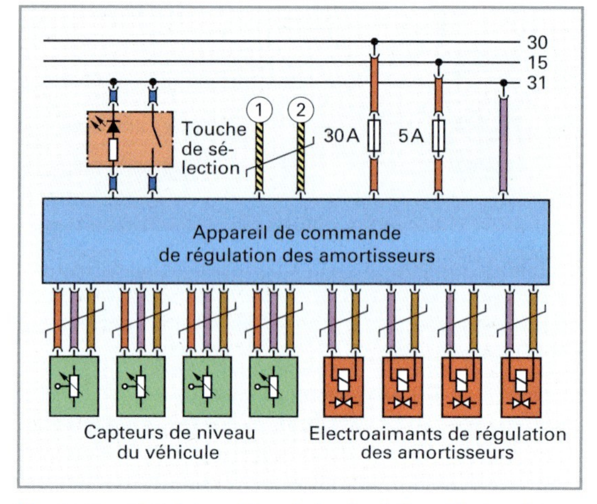

Illustration 2: Schéma bloc de la régulation électronique des amortisseurs.

On distingue les types d'amortisseurs suivants:

Amortisseur bitube avec pression de gaz et distributeur proportionnel (ill. 1 p. 459): la force d'amortissement est régulée grâce à l'alimentation en courant de l'électroaimant. Si une force d'amortissement accrue est nécessaire, la résistance à la circulation du flux d'huile doit être augmentée **(ill. 1 p. 459, gauche).** Lorsque la bobine est alimentée, le distributeur proportionnel est déplacé en sens inverse à la force d'amortissement et la section du réducteur de débit augmente **(ill. 1 p. 459, droite).** La force d'amortissement diminue. Il est ainsi possible de régler en continu l'ouverture du réducteur de débit en fonction de l'alimentation de la bobine magnétique.

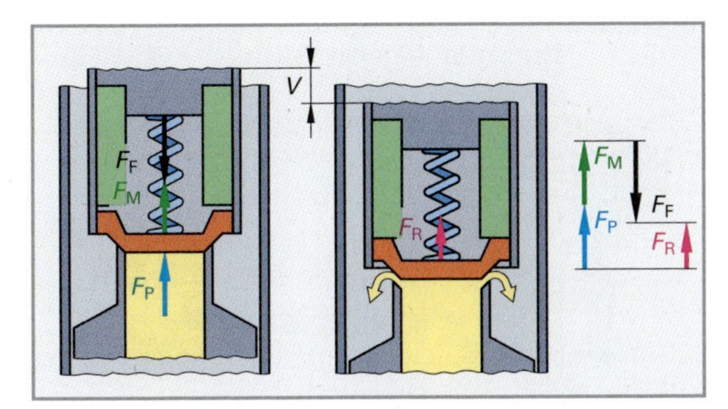

Illustration 1: Amortisseur avec distributeur proportionnel

Amortisseur monotube à effet magnétoréhologique Magnetic-Ride (ill. 2). La régulation de l'amortissement est basé sur l'effet magnétorhéologique. Dans ce cas, des particules de fer d'un diamètre de 3 à 10 µm sont mélangées à l'huile de l'amortisseur (huile synthétique). Lorsque la bobine de l'électroaimant n'est pas activée, ces particules magnétiques sont disséminées dans le désordre dans l'huile. Dans ce cas, à chaque mouvement du piston, les particules mélangées à l'huile n'opposent aucune résistance lors du passage dans les alésages du piston.

Dès que la bobine de l'électroaimant est alimentée en courant, des chaînes de particules se forment, ce qui réduit la fluidité de l'huile d'amortissement. La résistance au passage des alésages du piston augmente et, de ce fait, la force d'amortissement est plus élevée.

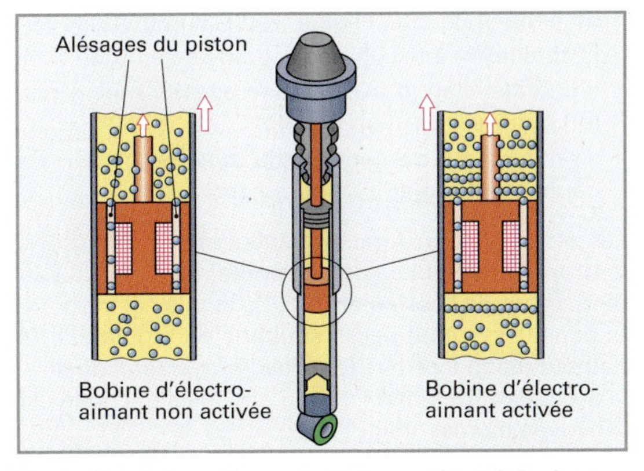

Illustration 2: Amortisseur à effet magnétorhéologique

18.8.4.5 Diagramme d'essai

Amortisseur déposé. Afin d'obtenir les courbes caractéristiques d'un amortisseur, on a besoin d'un dispositif d'essai qui actionne l'amortisseur par un système de bielle-manivelle. Les forces d'amortissement se produisant durant le déplacement du piston sont mesurées et reportées dans un diagramme. Dans le cas d'une course de détente et de compression constante **(ill. 3)**, des courbes de force d'amortissement circulaires apparaissent. En augmentant le régime de rotation de la manivelle, la vitesse linéaire du piston de l'amortisseur augmente, faisant apparaître des courbes caractéristiques où la force d'amortissement est plus grande.

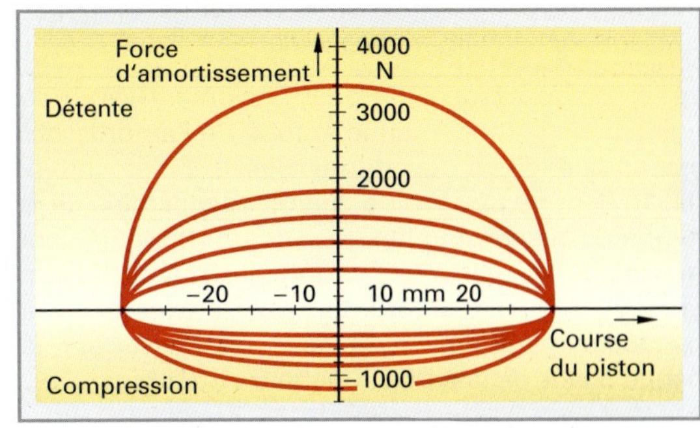

Illustration 3: Diagramme d'essai d'un amortisseur à gaz

En montant des soupapes, dont la section de passage dans le piston est différente, on peut obtenir des forces d'amortissement 2 à 5 fois supérieures pour la détente que pour la compression.

Amortisseur monté. Grâce à des plateaux vibrants, les amortisseurs d'un même essieu peuvent également être testés ensemble directement sur le véhicule. Les roues sont positionnées sur un plateau actionné par un moteur électrique qui reproduit un mouvement oscillant. Après arrêt du moteur, la plage de fréquence de l'oscillation continue d'être analysée jusqu'à l'arrêt complet du mouvement. Les valeurs récoltées sont enregistrées sur le disque d'un appareil de mesure **(ill. 4)**.

La plus grande amplitude détermine le point de résonance qui fournit des indications sur la capacité d'amortissement de l'amortisseur concerné. Si la valeur mesurée est plus grande ou égale à une valeur limite définie, cela signifie que l'amortisseur est défectueux. Les oscillations des amortisseurs peuvent être représentées sur un graphique circulaire.

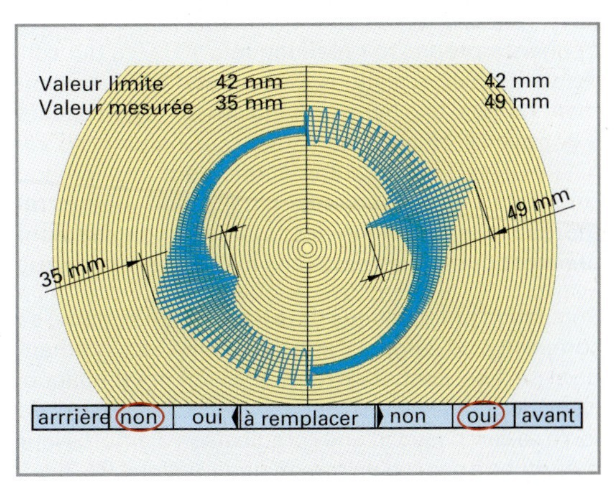

Illustration 4: Graphique de l'oscillation de 2 amortisseurs

18.8.4.6 Amortisseur en construction combinée

Jambe de suspension (jambe de force)

On appelle jambe de suspension l'assemblage de l'amortisseur en construction combinée avec un ressort, généralement hélicoïdal.

La jambe de suspension peut également servir au guidage de la roue lorsque le tube de l'amortisseur est équipé d'une fusée de roue supplémentaire **(ill. 1)**. Pour ne pas avoir à changer l'ensemble de la jambe de suspension lorsque les amortisseurs sont défecteux, on utilise des cartouches d'amortisseur. Lorsque la force d'amortissement est trop faible, la cartouche peut être remplacée en desserrant la bague filetée de la partie supérieure du tube.

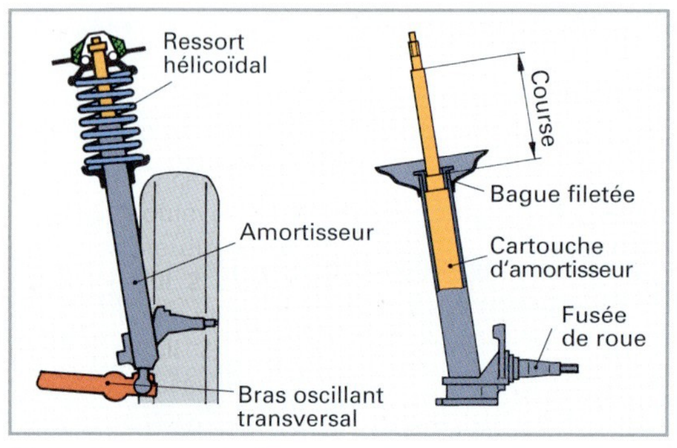

Illustration 1: Jambe de suspension

Amortisseur avec correcteur de hauteur

La suspension d'une voiture est le plus souvent conçue pour obtenir la meilleure tenue de route pour une charge moyenne. Avec la chage maximale, l'arrière du véhicule baisse sensiblement, réduisant ainsi la garde au sol et la course du ressort. La tenue de route se dégrade. La direction s'allège, le véhicule devient sensible au vent latéral et les phares éclairent trop haut. Le comportement du véhicule change car l'augmentation de la charge entraîne une diminution de la fréquence propre de la suspension. Pour que la fréquence propre soit maintenue à 1 Hz (ce qui correspond à 60 oscillations par minute) indépendamment du type de charge, on utilise des amortisseurs à gaz avec correcteur de hauteur. La hauteur du véhicule sera ainsi automatiquement maintenue constante, même en cas d'utilisation d'une remorque. On distingue les systèmes entièrement pneumatiques et les systèmes hydropneumatiques.

Régulation pneumatique de la hauteur. Le système se compose d'un compresseur, d'un boîtier de commande et de deux jambes de force à ressort pneumatique, chacune équipée d'un capteur inductif. Les jambes de force se composent d'une combinaison d'amortisseur monotube à gaz et d'un ressort pneumatique **(ill. 2)** qui supportent toute la charge de l'essieu.

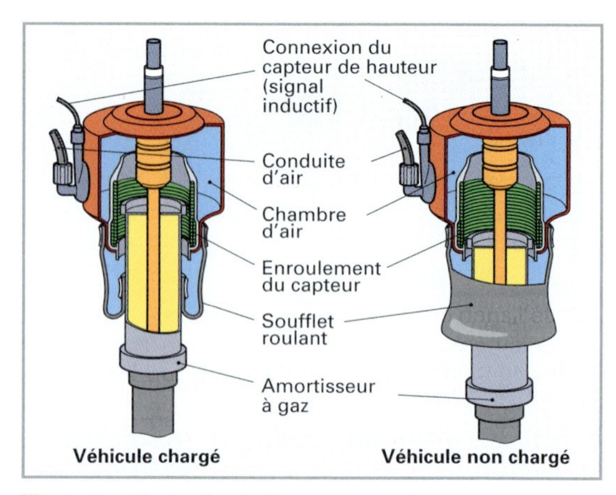

Illustration 2: Jambe de force pneumatique

Le ressort pneumatique monté sur l'amortisseur se compose d'une chambre d'air et d'un soufflet roulant. Lorsque la charge augmente, le tube d'amortisseur pénètre dans l'enroulement du capteur et en change la tension d'induction. Cette modification est détectée par le boîtier de commande électronique. De l'air comprimé est alors envoyé dans les soufflets jusqu'à ce que la hauteur moyenne soit de nouveau atteinte. Selon la charge, la pression dans le soufflet varie entre 5 et 11 bar.

Régulation hydropneumatique de hauteur. Le dispositif se compose:

- de jambes de suspension et d'accumulateurs hydropneumatiques **(ill. 3)**;
- d'une installation hydraulique avec pompe à piston radial et réservoir d'huile;
- d'un système de commande avec régulateur de hauteur et tringlerie de commande.

Les accumulateurs fonctionnent comme des ressorts hydropneumatiques complémentaires. Lors de l'affaissement de l'essieu arrière, de l'huile est introduite dans le système par la soupape du régulateur de hauteur jusqu'à ce que le niveau moyen soit de nouveau atteint. Dès que l'essieu est délesté, l'huile est renvoyée au réservoir.

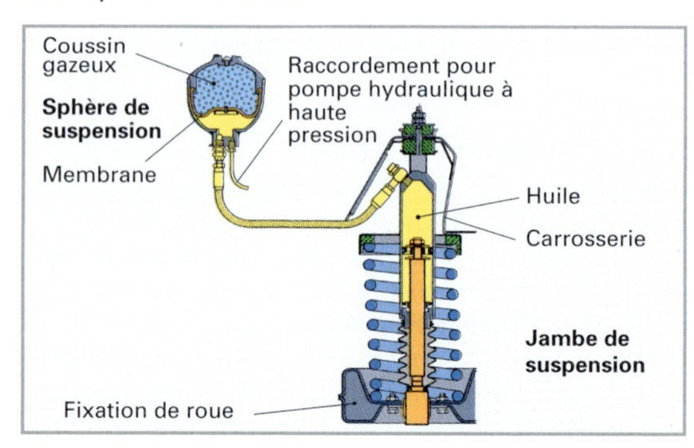

Illustration 3: Jambe de suspension hydropneumatique

18

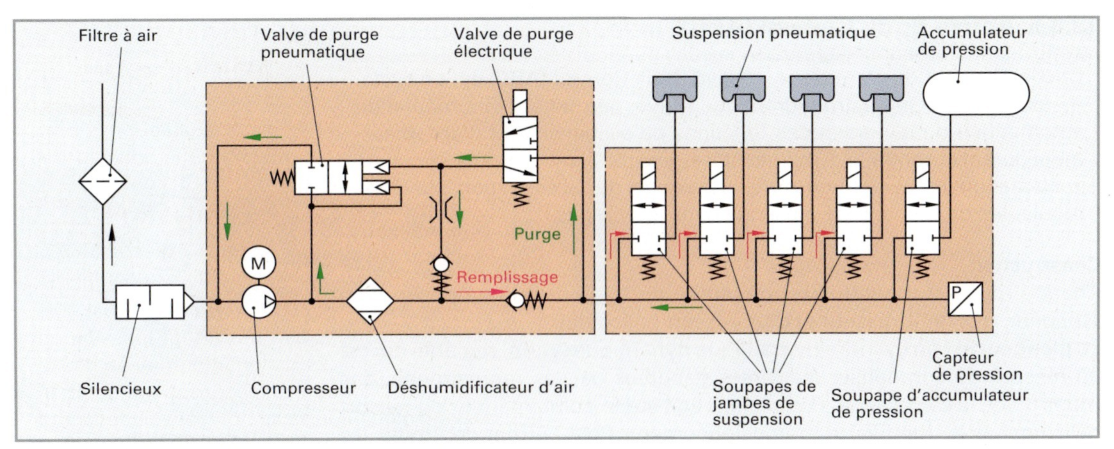

Illustration 1: Schéma de suspension pneumatique

Suspension pneumatique à régulation d'amortissement

Il s'agit d'un système de suspension pneumatique à régulation de niveau et à amortisseurs d'oscillations réglables en continu.

Caractéristiques

- Accroissement de la sécurité et du confort de conduite.
- Le véhicule conserve en permanence une certaine garde au sol par rapport à la chaussée, indépendamment de sa charge .

Suspension pneumatique. La garde au sol est définie par le conducteur ou se règle automatiquement.

- **Garde au sol normale.** Elle est activée au démarrage du véhicule.
- **Garde au sol élevée.** Elle peut être activée par le conducteur (p. ex. en conduite tout terrain ou si la route est mauvaise).
- **Garde au sol rabaissée.** Elle est automatiquement activée à grande vitesse.

Construction (ill. 1). La suspension pneumatique se compose:

- de 4 jambes de suspension avec amortisseurs d'oscillations à régulation électronique intégrés;
- d'un compresseur (pression maximale 16 bar) avec déshumidificateur d'air;
- d'un bloc d'électrovannes avec 4 soupapes de jambes de suspension et une soupape d'accumulateur de pression;
- d'une valve de purge électrique et pneumatique;
- d'un accumulateur de pression avec soupape et d'un capteur de pression intégré;
- de capteurs d'angles de niveau du véhicule;
- de capteurs d'accélération pour mesurer les mouvements verticaux de la carrosserie (plage de mesure: 1,3 g);
- de capteurs d'accélération pour mesurer le débattement des roues (plage de mesure: 13 g);
- d'un appareil de commande de régulation de la garde au sol et de l'amortissement.

Commande du système de régulation de la garde au sol. L'appareil de commande définit la garde au sol en fonction des signaux qu'il reçoit des capteurs d'angle.

Surélever le véhicule. Pour cela, les suspensions doivent être remplies d'air comprimé. La pression nécessaire est générée par un compresseur. Les soupapes des jambes de suspension sont activées et ouvertes, généralement par paire, par l'appareil de commande de façon à ce que l'air comprimé afflue dans les amortisseurs. L'accumulateur de pression est alors simultanément rempli. Les vannes de purge sont fermées.

Conserver le niveau du véhicule. Les soupapes des jambes de suspensions sont fermées.

Abaisser le véhicule. Pour faire sortir l'air des amortisseurs, les soupapes des jambes de suspensions et l'électrovanne de purge sont ouvertes, tout comme la vanne de purge pneumatique. L'air s'échappe alors par le déshumidificateur d'air, le silencieux et le filtre à air.

Conseils d'atelier

Avant de manipuler le véhicule (lift ou cric), les suspensions pneumatiques doivent être remplies au moyen de l'appareil de diagnostic. Les amortisseurs pneumatiques ne doivent pas être manipulés lorsqu'ils ne sont pas sous pression car, dans ce cas, le soufflet ne peut pas se dérouler et risque par conséquent d'être endommagé.

Régulation de l'amortissement. Les amortisseurs d'oscillations intégrés aux jambes de suspensions disposent d'un système de régulation électronique. La régulation est commandée par la centrale de commande en fonction de l'accélération verticale des roues et des paramètres de construction du véhicule.

18.8.5 Active Body Control (ABC)

Le contrôle actif de carrosserie - Active Body Control (ABC) est un système de suspension électrohydraulique active, permettant une régulation automatique du niveau et des fonctions de suspension et d'amortissement durant la conduite. Il maintient les essieux avant et arrière sur un niveau pratiquement identique lors du freinage, de l'accélération, sur les irrégularités de la chaussée ainsi que dans les virages.

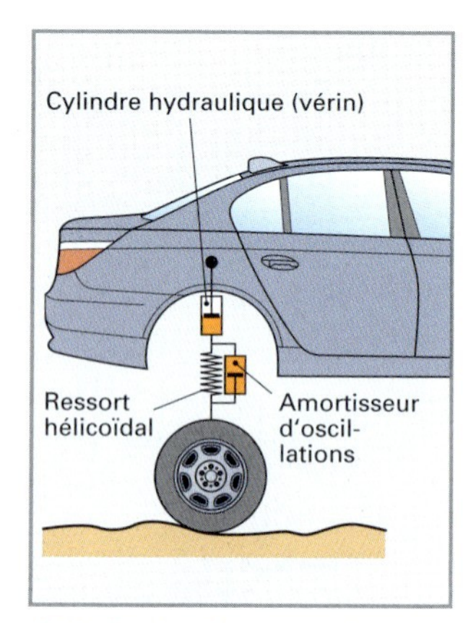

Ill. 1: Jambe de suspension avec vérin

Construction

Chaque roue est montée sur une jambe de suspension composée d'un plongeur, d'un amortisseur et d'un ressort hélicoïdal.

Le plongeur est un cylindre hydraulique dynamique (vérin) réglable qui est en mesure de compenser les forces générées par les mouvements des roues ou de la carrosserie. Pour cela, il agit sur le point inférieur du ressort hélicoïdal et en modifie le prétensionnement. Cela permet de limiter les mouvements de la carrosserie dans les trois dimensions spatiales.

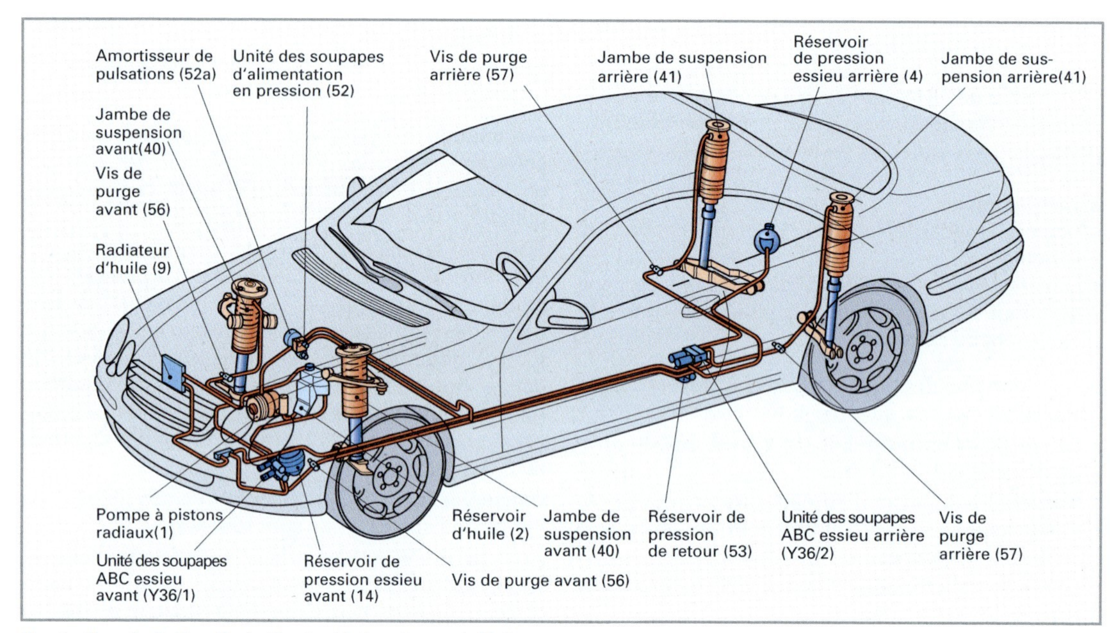

Illustration 2: Active Body Control (plan de contrôle)

Légende des plans ABC

a	Conduite d'aspiration	53	Réservoir de pression retour	B24/12	Capteur d'accélération transversale
b	Pression de travail	56	Vis de purge avant	B24/14	Capteur d'accélération longitudinale
c	Pression de régulation	57	Vis de purge arrière	B24/3	Capteur d'acc. de carrosserie av.g.
d	Retour	F1	Fusible 1	B24/4	Capteur d'acc. de carrosserie av.d.
		F2	Fusible 2	B24/6	Capteur d'acc. de carrosserie ar.
1	Pompe à pistons radiaux	N51/2	Centrale de commande ABC	Y36/1	Unité des soupapes ABC essieu av.
2	Réservoir d'huile	N10/6	Centrale de commande SAM	y1	Vanne de réglage j. suspension av.g.
2a	Filtre à huile	B4/5	Capteur de pression ABC	y2	Valve d'arrêt j. suspension av.g.
9	Radiateur d'huile	B22/1	Capt. mouv. plongée ar.g.	y3	Vanne de réglage j. suspension av.d.
4	Rés. de pression essieu arrière	B22/4	Capt. mouv. plongée av.g.	y4	Valve d'arrêt j. suspension av.d.
14	Réservoir de pression essieu av.	B22/5	Capt. mouv. plongée av.d.	y36/2	Unité des soupapes ABC essieu ar.
40	Jambes de suspension avant	B22/6	Capt. mouv. plongée ar.d.	y1	Vanne de réglage j. suspension ar.g.
41	Jambes de suspension arrière	B22/7	Capteur de niveau ar.g.	y2	Valve d'arrêt j. suspension ar.g.
52	Unité de soupages alim. pression	B22/8	Capteur de niveau av.g.	y3	Vanne de réglage j. suspension ar.d.
52a	Amortisseur de pulsations	B22/9	Capteur de niveau av.d.	y4	Valve d'arrêt j. suspension ar.d.
52b	Limiteur de pression	B22/10	Capteur de niveau ar.d.	y86/1	Vanne de régulation du débit ABC
		B40/1	Capteur temp. huile ABC		

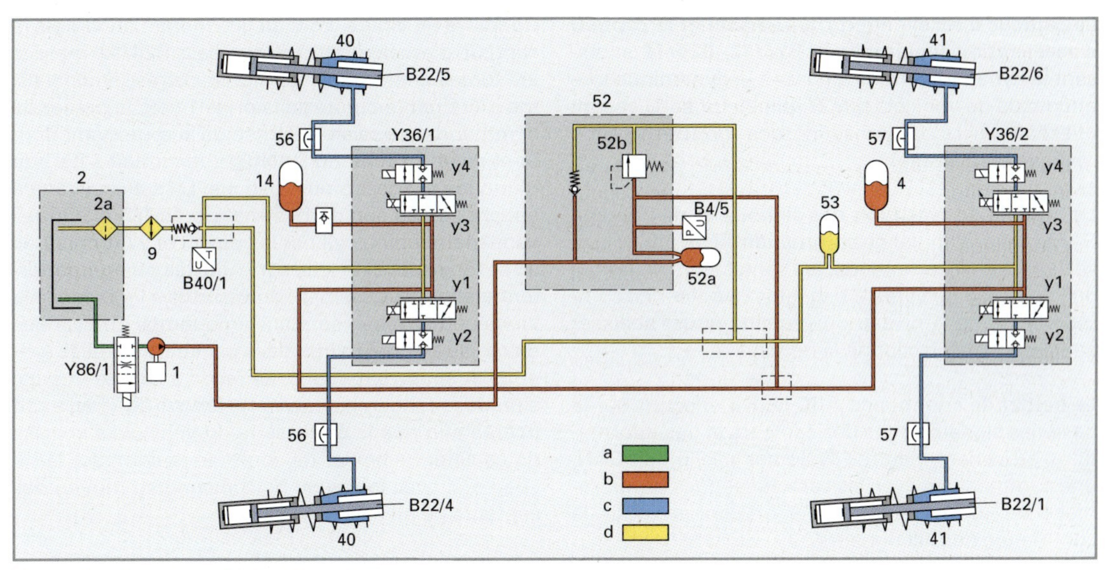

Illustration 1: Schéma hydraulique ABC

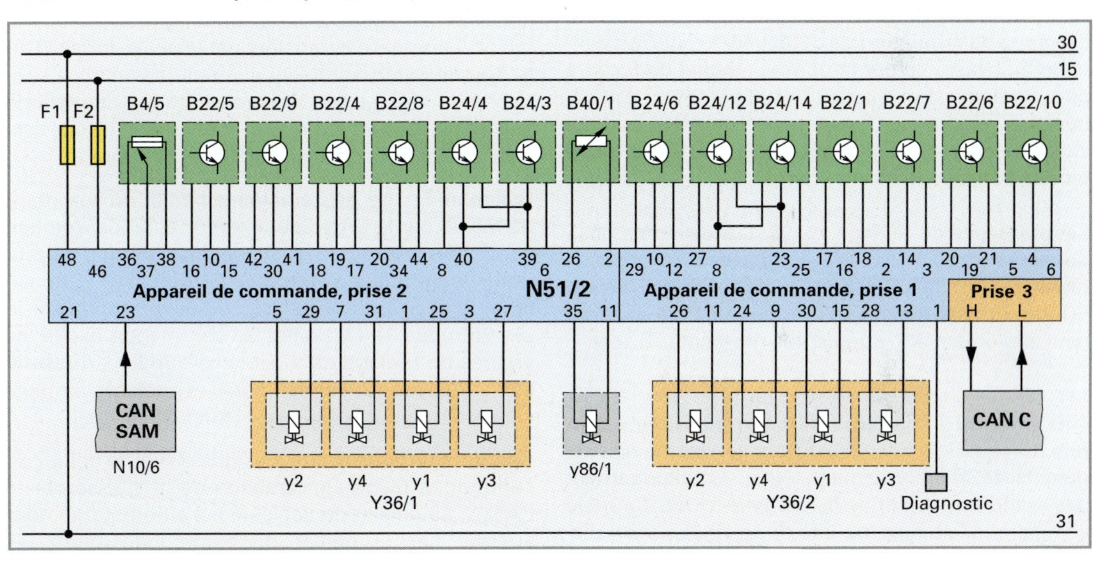

Illustration 2: Schéma électrique ABC

Tâches et fonctions des capteurs

Le capteur de pression B4/5 signale la pression hydraulique actuelle au boîtier de commande par les pins 36 et 37 de la prise 2. Cette pression est réglée de 180 à 200 bar par la vanne de régulation du débit **y86/1**.

Le capteur de température d'huile B40/1 mesure la température de l'huile hydraulique sur le retour (pins 26 et 2 de la prise 2).

Les capteurs de déplacement dans le cylindre hydraulique B22/6; B22/1; B22/4; B22/5 transmettent au boîtier de commande la position réelle des cylindres dans la jambe de suspension pin 20; pin 17 (prise 1), pin 18, pin 16 (prise 2).

Les capteurs de niveau B22/7, B22/10, B22/8, B22/9 mesurent le niveau de la carrosserie du véhicule par la position du bras oscillant transversal pin 2; pin 5 (prise 1), pin 20; pin 42 (prise 2).

Les capteurs d'accélération du véhicule B24/3, B24/4, B24/6 servent à mesurer l'accélération verticale de la carrosserie du véhicule. Ils comprennent des modules de vibrations électroniques qui envoient leurs signaux au boîtier de commande par les pins 6 et 8 (prise 2) et le pin 29 (prise 1). Ils sont nécessaires pour déterminer les mouvements ascensionnels de la carrosserie du véhicule.

Le capteur d'accélération transversale et le capteur d'accélération longitudinale B24/12, B24/14 saisissent la dynamique transversale et la dynamique longitudinale du véhicule pin 27, pin 25 (prise 1) et sont utilisés pour la compensation des mouvements de roulis et de tangage.

Le module de réception des signaux et de pilotage SAM active le boîtier de commande sur le pin 23 (prise 2) par la télécommande, les contacteurs de portes ou l'éclairage du coffre à bagages. Le boîtier de commande vérifie le niveau du véhicule pour l'abaisser au niveau présélectionné si nécessaire.

Le boîtier de commande ABC N51/2 effectue, sur la base des signaux reçus des capteurs et des informations provenant d'autres systèmes par le bus CAN, une comparaison avec les caractéristiques programmées ou présélectionnées (sport/confort) pour la commande des actionneurs.

Tâches et fonctions des actionneurs

La **vanne de régulation de débit y86/1** règle la quantité d'huile aspirée par la pompe à huile, de façon à ce qu'une pression d'huile (de 180 à 200 bar) soit générée et maintenue dans le système ABC. En l'absence de courant, la soupape est fermée pour maintenir la pression dans le système.

Les soupapes de réglage y1, y3. Les cylindres positionneurs sont activés par excitation des soupapes de réglage. Ainsi, la carrosserie s'abaisse et s'élève sur la roue correspondante. La charge de la roue sur le sol peut également être augmentée momentanément.

Les vannes d'arrêt y2, y4 sont fermées pour empêcher les pertes de pression lorsque le moteur est arrêté, lorsque le véhicule est hors-service ou lors de défauts de fonctionnement. Ainsi, un allongement des cylindres positionneurs est évité (p. ex. durant le changement de roue ou lors de travaux sur un dispositif de lavage).

Processus de réglage

Démarrer. A l'ouverture de la porte du conducteur, le dispositif de commande ABC est activé par le module de signal et de commande (pin 23, prise 2). Le niveau réel est comparé avec le niveau consigné par les capteurs de niveau **B22/7 à 22/10**. Si le niveau réel est plus grand que le niveau consigné, les vannes de réglage **y1, y3** sont alimentées et la voiture est abaissée au niveau consigné. Pour exécuter ce processus de réglage, le boîtier de commande est alimenté avec la tension de la batterie par le pin 48 et est relié à la masse par le pin 21. Après enclenchement de l'allumage, une alimentation en courant supplémentaire agit par le pin 46 de la prise 2.

Conduite en virage. Lors de la conduite en virage, le capteur d'accélération transversale **B24/12** mesure les forces centrifuges. Le signal correspondant est transféré par le pin 27 de la prise 1 vers le boîtier de commande qui saisit la vitesse de la roue avant droite et avant gauche du CAN-C et reconnaît s'il s'agit d'un virage à droite ou à gauche. Lors d'un virage à gauche, le boîtier de commande **N51/2** excite les vannes de réglage **y3** par les pins 3 et 27 (prise 2) et 28 et 13 (prise 1), de telle sorte que les plongeurs sortent et que l'affaissement du véhicule à l'extérieur du virage soit compensé. En même temps, les vannes de réglage **y1** sont alimentées par les pins 1 et 25 (prise 2) et 30 et 15 (prise 1), de façon à ce que la pression des plongeurs situés à l'intérieur du virage soit libérée afin que la carrosserie du véhicule s'abaisse de ce côté. Le boîtier de commande compare le niveau réel avec le niveau de consigne au moyen des capteurs de niveau **22/7 à 22/10**.

Accélération. En cas d'accélération, le capteur d'accélération longitudinale **B24/14** mesure les forces d'accélération dans la direction longitudinale du véhicule. Le signal est transféré par le pin 25 (prise 1) au boîtier de commande, qui alimente ensuite les soupapes de réglage, de façon à ce que la carrosserie soit abaissée sur l'essieu avant et surélévée sur l'essieu arrière pour compenser l'effet de cabrage.

Freinage. En cas de freinage, le boîtier de commande reçoit, par le CAN-C, une information de freinage par l'interrupteur des feux stop. Le capteur d'accélération longitudinale fournit l'information de l'intensité de la décélération au boîtier de commande sur le pin 25 (prise 1). Le boîtier de commande excite les vannes de réglage de façon à ce que la carrosserie soit surélevée sur l'essieu avant et abaissée sur l'essieu arrière pour compenser l'effet de plongée.

Conduite en ligne droite. En ligne droite, le boîtier de commande reçoit l'information de la vitesse par le CAN-C. Le niveau du véhicule est automatiquement abaissé par le boîtier de commande selon les courbes caractéristiques présélectionnées en alimentant les valves de réglage. Sur demande du conducteur (sélection du commutateur de niveau - CAN-C), le véhicule peut être surélevé de 25 mm, respectivement de 50 mm.

Oscillations verticales. Lorsque le véhicule oscille dans le sens vertical (sur des routes accidentées), les capteurs d'accélération de la carrosserie **B24/3, B24/4, B24/6** transfèrent ces mouvements au boîtier de commande par les pins 6 et 8 (prise 2) et 29 (prise 1). Les capteurs de niveau **B22/7, B22/8, B22/9** pin 42 et **B22/10** signalent le déplacement. Le boîtier de commande alimente les vannes de réglage selon les paramètres caractéristiques présélectionnés (sport/confort) de façon à ce que les oscillations de la carrosserie soient amorties et égalisées.

18.9 Roues et pneumatiques

18.9.1 Roues

Exigences pour les roues

- Faible masse.
- Grand diamètre pour loger de grands disques de frein.
- Résistance élevée à la déformation et excellente élasticité.
- Bonne dissipation de la chaleur des freins.
- Interchangeabilité simple en cas de changement de pneu ou d'intervention sur les roues.

Structure de la roue

La roue se compose d'un pneumatique et d'une jante avec son voile. A la place du voile, certaines roues ont une étoile de roue. La jante et l'étoile peuvent être reliés par des rayons en acier. La roue est fixée au moyeu de roue **(ill. 1)** avec des écrous ou des boulons de roue. Le moyeu tourne sur la fusée. En outre, le tambour ou le disque de frein est vissé solidement au moyeu. Dans les moyeux ouverts, un bouchon de moyeu protège les paliers et sert de réservoir de graisse.

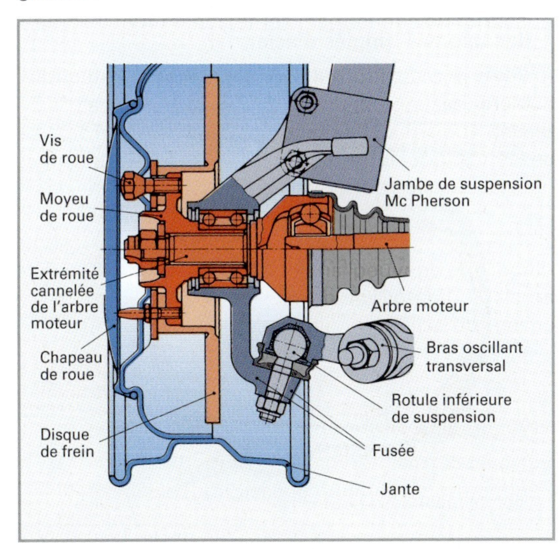

Illustration 1: Roue d'une voiture de tourisme vissée au moyeu de roue

Jantes

Il y a des jantes solidairement liées au voile de roue et des jantes démontables. On distingue aussi des jantes en une pièce (jantes à base creuse) et des jantes constituées de plusieurs segments qui sont utilisées pour les véhicules utilitaires (voir chapitre Technique des véhicules utilitaires).

Jantes à base creuse. On les utilise presque exclusivement pour les voitures légères. Elles sont rivées ou soudées au voile ou à l'étoile de roue, également coulées ou forgées avec le voile de roue en une pièce de métal léger **(ill. 2)**. La section de la jante peut être symétrique ou asymétrique.

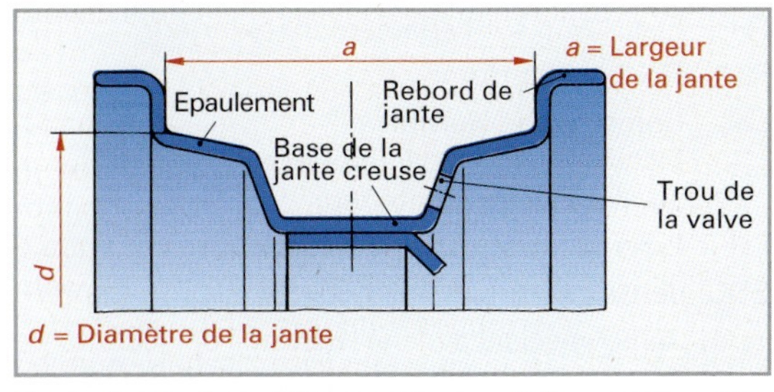

Illustration 2: Jante à base creuse symétrique en une pièce

Jantes Hump. Pour les pneus radiaux tubeless, il faut utiliser des jantes à base creuse qui possèdent, sur la portée du talon, un épaulement arrondi appelé Hump (H) **(ill. 3)**.

Si cet épaulement est plat, on parle de Flat-Hump (FH). Lors d'une conduite rapide en virage avec de grandes forces latérales, les épaulements doivent empêcher que le talon du pneu ne sorte de son appui sur la jante. Avec les pneus tubeless, l'air s'échapperait brusquement ce qui pourrait provoquer de graves accidents.

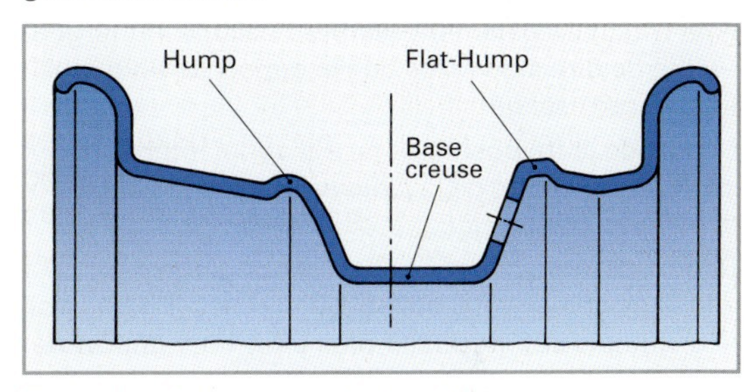

Illustration 3: Jante asymétrique CH

Dimensions et descriptions des jantes

Ces indications sont standardisées. La désignation de la jante est gravée par le fabricant sur chaque roue. Elle indique essentiellement deux dimensions: la largeur de la jante *a* en pouces et le diamètre *d* de la jante en pouces. Pour les jantes à base creuse, les deux dimensions sont séparées par un "x". Les lettres d'identification de la largeur de la jante indiquent le rebord de jante, tandis que les lettres d'identification du diamètre de la jante se rapportent au type de jante.

Exemple: **6 $^1/_2$ J x 15 H ET 35**

6$^1/_2$	Largeur de la jante en pouces
J	Identification pour les dimensions du rebord de jante
x	Jante en une pièce (jante à base creuse)
15	Diamètre de la jante en pouces
H	Hump sur l'épaulement extérieur
ET 35	Déport de jante 35 mm

18

Autres descriptions de jantes:

H2 Double Hump

FH Flat Hump sur l'épaulement extérieur

FH2 Double Flat-Hump

CH Combination Hump: Flat Hump sur l'épaulement extérieur et Hump sur l'épaulement intérieur

EH Extended Hump (Hump surélevé)

SDC Jante à base semi-creuse (Semi-Drop-Center)

TD Jante spéciale avec un contour de sécurité de la portée du talon et une faible hauteur du rebord. On ne peut utiliser que des pneus ayant le même contour de sécurité. Un sautillement du pneu se produit moins facilement lors de pressions très basses. La largeur et le diamètre de la jante sont indiqués en mm.

Déport de jante

C'est la mesure du centre de la jante jusqu'à la face d'appui intérieure du voile contre le moyeu **(ill. 1)**.

En choisissant une roue avec un autre déport, il est possible de modifier la voie.

Indication pour le changement: le changement de la voie modifie également d'autres valeurs de la géométrie de direction telles que le déport de pivot positif et le carrossage.

Déport de jante positif. La face d'appui intérieure qui se réfère au centre de la jante est déplacée vers le côté extérieur de la roue.

Déport de jante négatif. La face d'appui intérieure est déplacée vers le côté intérieur de la roue. En utilisant des jantes à déport positif plus petit ou à déport négatif plus grand, on peut augmenter la voie des véhicules.

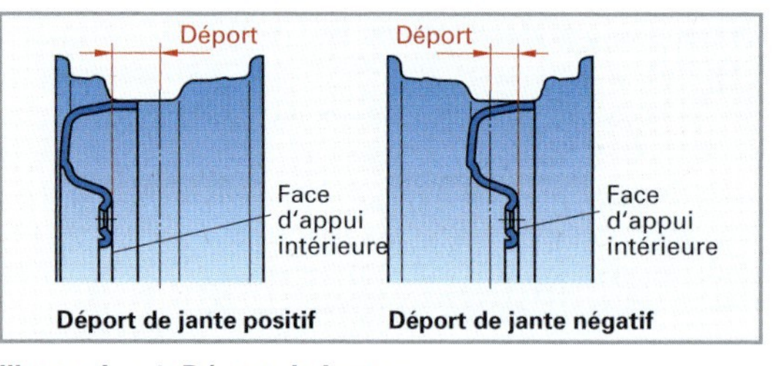

Illustration 1: Déport de jantes

Types de jantes

Les jantes avec voile sont pressées en tôle d'acier ou forgées en alliage de métal léger (p. ex. GK-AlSi 10 Mg). Les avantages des jantes en métal léger sont:

- une diminution de la masse non suspendue;
- une meilleure ventilation donc une dissipation de chaleur améliorée.

Les jantes en acier à construction légère développées récemment (p. ex. DP 600) permettent d'obtenir de plus petites épaisseurs de paroi. Elles sont jusqu'à 40 % plus légères que les roues en acier S 235 JR.

18.9.2 Les pneumatiques

Exigences pour les pneumatiques

- Supporter le poids du véhicule.
- Amortir les chocs de la route.
- Transmettre les forces motrices et de freinage et assurer la tenue de route en virage.
- Présenter peu de résistance au roulement (faible frottement et faible développement de chaleur).
- Longévité suffisante.
- Roulement silencieux et faible transmission des vibrations.

Structure

Le bandage pneumatique est constitué du pneu, de la valve et de la chambre à air éventuelle. La chambre à air doit correspondre à la taille des pneus. En changeant un pneu, il faut aussi toujours changer la chambre à air.

Le **pneu (ill. 2)** est composé:

- **de la carcasse;**
- **de la nappe de protection** avec bande de roulement;
- **de la ceinture** (pour les pneus radiaux);
- **du caoutchouc du flanc;**
- **des talons** à tringles d'acier;
- d'une couche de butyle (caoutchouc synthétique étanche).

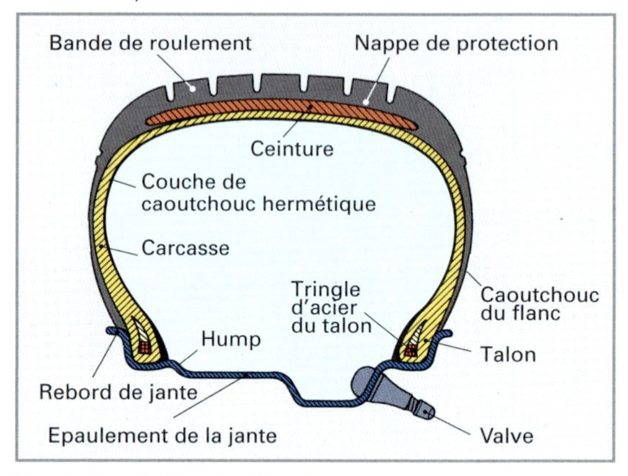

Illustration 2: Construction d'un pneu

Carcasse. Elle est constituée de fils cordés gommés qui sont fabriqués le plus souvent avec du fil de rayonne, d'acier, de polyester ou d'aramide. Les fils sont superposés, soit obliquement par rapport à la direction d'avancement (pneu diagonal), soit à angle droit par rapport à la direction d'avancement (pneu radial). Les fils, qui font un retour autour de deux anneaux en acier (tringles), sont ancrés solidement par vulcanisation et forment les talons.

Nappes de protection. Elles se composent de plusieurs couches textiles et de coussins en caoutchouc. En amortissant les chocs, elles protègent la carcasse.

Ceinture. Elle se compose de plusieurs couches de fils d'acier enduits de caoutchouc, de fibres textiles, de fibres de nylon ou d'aramide. La ceinture se trouve au-dessus de la carcasse et est conçue de façon à ce que les fils ou les fibres se croisent. Les ceintures peuvent être pliées **(ill. 1)** pour les pneus à haute vitesse, ce qui augmente la stabilité.

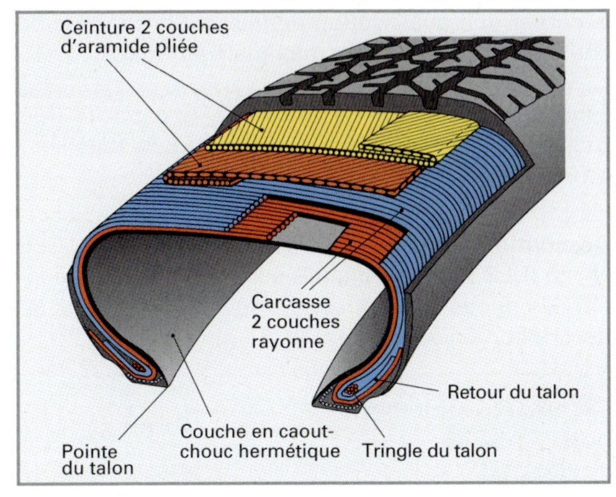

Illustration 1: Disposition de la carcasse et de la ceinture dans un pneu

Bande de roulement. Elle est munie d'un profil. Le profil à rainures longitudinales favorise l'adhérence du pneu en virage, le profil à rainures transversales favorise l'adhérence longitudinale (traction et freinage). La structure du profil influence le comportement en cas d'aquaplanage et définit également la résistance au roulement et le bruit que fait le pneu en roulant.

A grande vitesse, sur une chaussée mouillée, il peut se former une pellicule d'eau entre le pneu et la surface de la route qui engendre une perte d'adhérence au sol. Le véhicule ne peut plus être dirigé. Afin d'évacuer rapidement l'eau, les rainures des profils doivent avoir une forme définie et une profondeur suffisante.

La valeur minimale légale des profils est de 1,6 mm, ce qui ne suffit toutefois pas en de nombreux cas pour éliminer tout risque d'aquaplanage.

Paroi latérale (flanc). Des parois latérales basses permettent d'augmenter la rigidité du pneu, ce qui améliore la précision de la conduite mais réduit le confort de la suspension.

Talon. Il sert à maintenir solidement le pneu sur la jante pour garantir la transmission des forces de freinage, du couple moteur et des forces latérales. C'est pourquoi il est constitué d'une tringle faite avec de solides câbles en fils d'acier. Il sert également à assurer l'étanchéité des pneus tubeless.

Dimensions et descriptions du pneu

Les dimensions du pneu sont constituées de deux valeurs: la largeur du pneu en pouces ou en mm et le diamètre intérieur en pouces ou en mm.

Les valeurs numériques indiquées ne correspondent toutefois pas aux dimensions réelles, c'est pourquoi les valeurs exactes doivent être recherchées dans des tableaux de normes. Toutes les dimensions sont valables pour tous les pneus gonflés à la pression prescrite, sans charge **(ill. 2)**.

Rapport de section. Pour distinguer les diverses catégories de pneus (p. ex. les pneus ballon des pneus à taille basse), on utilise le rapport de la hauteur H et de la largeur B. Sur le pneu, ce rapport est indiqué en pourcent.

Les pneus modernes ont une largeur plus grande que la hauteur. Si la hauteur du pneu fait p. ex. 80 % de la largeur, le rapport est $H : B = 0{,}8 : 1$. La valeur étant indiquée en pourcent, on parle alors d'un pneu de série 80.

Rayon efficace. Un pneu chargé en position verticale a un rayon plus petit (distance du centre de la roue à la surface d'appui au sol) qu'un pneu non chargé. On l'appelle rayon statique r_{stat} **(ill. 3)**.

Lorsque le véhicule roule, l'écrasement du pneu qui roule est partiellement supprimé par la force centrifuge: le rayon efficace sera de nouveau plus grand. On l'appelle le rayon dynamique $r_{dyn.}$

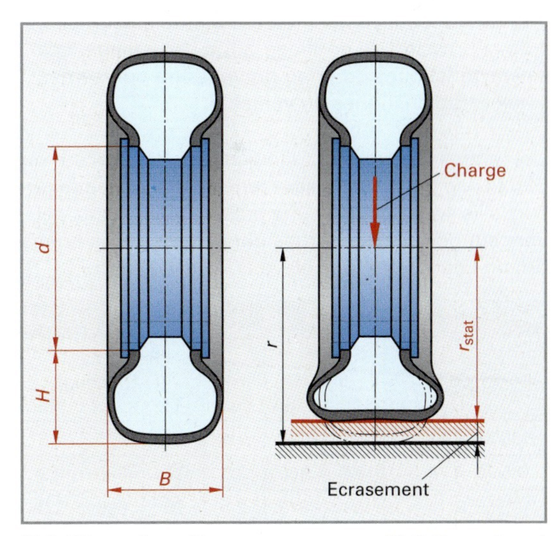

Ill. 2: Dimensions d'un pneu **Ill. 3: Pneu chargé**

Circonférence dynamique de roulement CR_{dyn}. Elle indique le trajet que parcourt le pneu en rotation, à une vitesse de 60 km/h, si on l'a chargé conformément à la norme définie et gonflé à la pression prescrite. L'exactitude de l'indicateur de vitesse dépend de la circonférence de roulement. Le rayon statique et le rayon dynamique sont indiqués dans les tabelles de pneumatiques.

Catégories de vitesse des pneus. Elle classe les pneus pour les voitures légères et les motos selon la vitesse maximale autorisée. Chaque classe est identifiée par une lettre. Voir **tableau 1.**

Tableau 1: Catégories de vitesse

Vitesse maximale autorisée (km/h)	Symbole de vitesse	Vitesse maximale autorisée (km/h)	Symbole de vitesse
160	Q	240	V
180	S	270	W
190	T	300	Y
210	H	plus de 240	ZR

Capacité de chargement du pneu (tableau 2). Elle est indiquée par le Load Index (LI). Il s'agit d'un code numérique indiquant la capacité maximale de chargement du pneu gonflé à la pression prescrite.

Sur certains pneus pour véhicules utilitaires, on utilise en plus l'identification PR = Ply Rating. Ainsi, l'indication 8 PR signifie que, sur la base de la rigidité de sa carcasse, un pneu peut être chargé comme un pneu à 8 couches de coton cordé, même s'il en comporte moins.

La capacité de chargement d'un pneu dépend de sa construction, de la vitesse maximale autorisée, de la pression de gonflage et du carrossage. Les caractéristiques du pneu doivent être conformes aux caractéristiques du véhicule.

Les pneus comportant l'indication Reinforced ou Extra Load ont une carcasse renforcée. Pour cette raison, s'ils sont gonflés à une pression élevée, ils peuvent supporter des charges plus lourdes. Ces pneus ont un Load Index plus élevé.

Tableau 2: Capacité de charge du pneu (extrait)

Dimensions				Reinforced (Extra Load)		
	LI	kg	bar	LI	kg	bar
135/80 R 13	70	335	2,4	74	375	2,8
185/70 R 14	88	560	2,5	92	630	2,9
195/65 R 15	91	615	2,5	95	690	2,9
205/50 R 16	87	545	2,5	91	615	2,9

Exemples de descriptions de pneus

195 / 60 R 15 88 H

R = Pneu radial
195 = Largeur nominale du pneu 195 mm
60 = Rapport de section 60 %
15 = Diamètre de la jante15″
88 = Capacité de chargement 560 kg
H = Vitesse maximale 210 km/h.

335 / 30 ZR 18 (102 W)

Certains pneus ont une double identification pour la vitesse. Le code entre patenthèses signifie que le pneu, avec un Load Index de 102, peut atteindre une vitesse maximale de 270 km/h (W). Si le véhicule peut atteindre une vitesse supérieure, le constructeur doit décerner une autorisation définissant la capacité de chargement et la vitesse maximale autorisée.

Indication: à partir de 240 km/h, la capacité de chargement des pneus diminue de 5 % tous les 10 km/h.

Description des pneus (ill. 1). Selon le règlement CEE N° 20 (CEE = Communauté économique européenne), les pneus doivent comporter les indications de description figurant dans l'**ill. 1**.

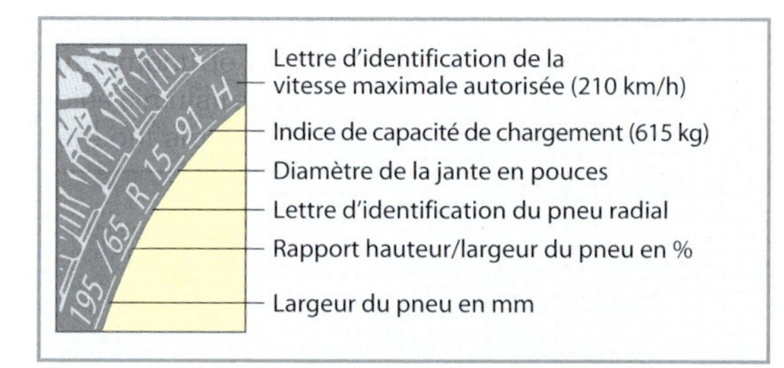

Illustration 1: Description de pneu selon la CEE

Types de pneus
En fonction du rapport de la section des pneus, on distingue les pneus ballon, les pneus super ballon, les pneus à basse section, les pneus à très basse secton et les pneus des séries 70, 60, 50, 40 et 35 **(ill. 2)**. Pour chaque type de pneu, le rapport hauteur/largeur est différent, d'où un comportement spécifique pour chacun. Les premiers pneumatiques avaient une section presque ronde (ballon), alors que le pneu moderne présente une section de plus en plus plate et large. Des bandes de roulement plus larges et des flancs plus bas permettent une plus grande sécurité, ce qui est très important à haute vitesse.

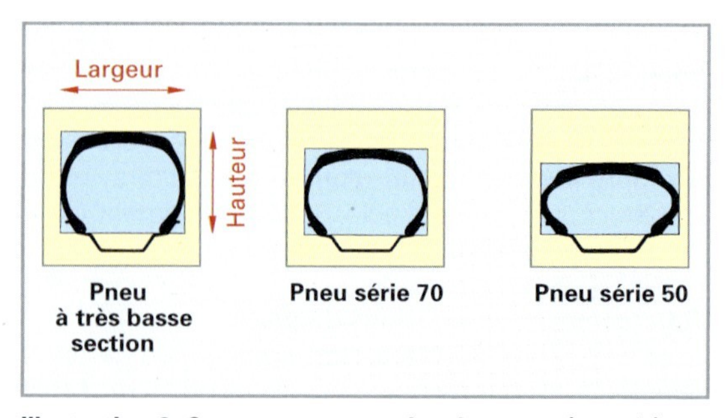

Illustration 2: Coupes transversales de pneus (extrait)

Pneus ballon (rapport hauteur/largeur = 0,98 : 1) p. ex. 4.50-16. Du fait de leur grande hauteur, ils ont une bonne suspension mais une mauvaise adhérence latérale.

Pneus super ballon (H : L = 0,95 : 1) p. ex. 5.60-15. Ils se distinguent des pneus ballons par leur forme plus large et leur diamètre intérieur plus petit (jusqu'à 15").

Pneus à basse section (H : L = 0,88 : 1) p. ex. 6.00-14. Ils ont une des dimensions larges données en pouces. Ces dimensions évoluent par pas de 1/2". Ils peuvent en outre être identifiés par la lettre L (Low; basse section = Lowsection).

Pneus à très basse section (H : L ~ 0,82) p. ex. 165 R 13. Ils ont été conçus comme des pneus diagonaux et fabriqués pour la première fois en 1964 comme pneus ceinturés (pneus de la série 80).

Pneus de la série 70 (H : L = 0,70 : 1). Ils ont une hauteur qui fait 70 % de la largeur, d'où leur appellation. Grâce à leur bonne adhérence, les virages peuvent être pris à des vitesses plus élevées.

Pneus de la série 50 (H : L = 0,5 : 1) p. ex. 225/50 R 16. Ils ont une hauteur qui fait seulement 50 % de la largeur. Puisque, en comparaison avec des pneus 195/65 R 15, la circonférence de roulement reste constante, le diamètre de la jante augmente.

Avantages:
- montage de disques de frein plus grands et plus performants, avec une meilleure ventilation;
- non déformable latéralement en raison de la section basse et plate;
- grande stabilité latérale en virage (même de petit rayon), et ceci également à haute vitesse;
- réponse plus précise aux mouvements de la direction.

Inconvénients:
- mauvais comportement en aquaplanage;
- faible suspension propre, perte de confort;
- plus grande dépense d'énergie lors du braquage.

Surface de contact du pneu (surface de contact, empreinte positive,)

La surface de contact au sol du pneu augmente avec une plus grande largeur **(ill. 1)**. Avec une assise plus grande, la force de friction augmente, si bien que l'adhérence du pneu est accrue à grandes vitesses ou lors de freinages. La loi de Coulomb, selon laquelle la force de fiction ne dépend que de la force normale (charge verticale) et du coefficient de frottement, n'est que partiellement applicable aux pneus. En cas de frottement de matériaux élastiques (gommes) sur des surfaces rugueuses (routes), la dimension des surfaces se frottant l'une contre l'autre augmente à cause de l'interpénétration des matériaux (effet d'engrenage).

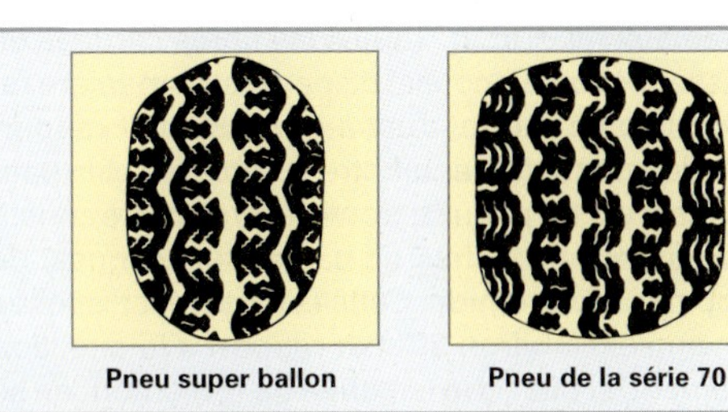

Illustration 1: Surfaces de contact du pneu

Empreinte négative. Il s'agit des rainures transversales, longitudinales et des joints diagonaux qui se trouvent entre les différentes surfaces de la bande de roulement. Si les surfaces de contact sont grandes, la part du volume négatif (largeur des rainures) doit être augmentée pour empêcher l'aquaplanage des pneus du fait de l'absorption massive d'eau. Grâce à une plus grande pression au sol, les qualités hivernales s'améliorent également.

Effet d'air pumping. Selon l'exécution du profil, la déformation de la surface de contact des pneus durant la conduite crée des cavités qui, au contact pneu/route, se remplissent d'air et se vident de nouveau (processus de déplacement d'air). Cela provoque des bruits de roulement indésirables.

Construction des pneus

Selon la construction de la carcasse, on distingue les pneus diagonaux et les pneus radiaux (pneus ceinturés).

Pneus diagonaux. Les couches de fibres cordées, qui forment la carcasse, sont empilées en diagonale d'un talon à l'autre. Elles forment à chaque fois, avec la direction de roulement du pneu, un angle de croisement des fibres 26° à 40° **(ill. 2)**.

Avec un angle latéral de croisement des fibres de plus en plus petit, le pneu devient plus dur, sa stabilité latérale augmente, ainsi on peut atteindre des vitesses maximales plus grandes. Les pneus diagonaux sont encore utilisés pour les motos (voir chapitre Technologie des deux roues).

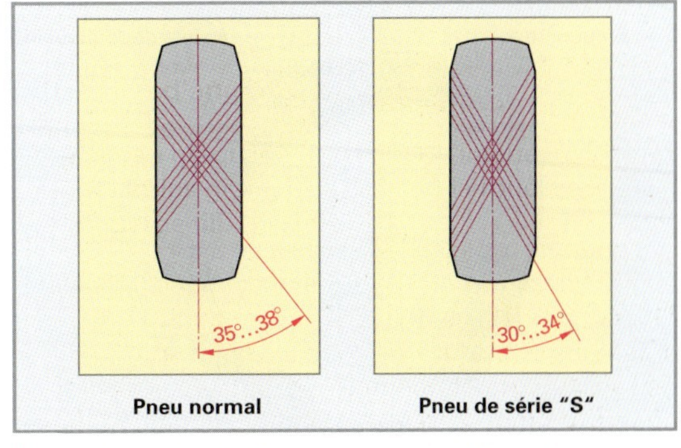

Illustration 2: Angle de croisement des fibres des pneus diagonaux

Pneus radiaux (ill. 1 et 2). Toutes les fibres cordées de la carcasse sont côte à côte et disposées de manière radiale d'un talon à l'autre, c'est-à-dire à 90° par rapport à la direction de roulement. Entre la carcasse et la bande de roulement du pneu se trouve une ceinture constituée de plusieurs couches de câbles métalliques, de textile ou de fils d'aramide. Cette ceinture est disposée avec un angle d'environ 20° par rapport à la direction de roulement, si bien que la bande de roulement ne se déforme que faiblement lors du processus de roulage. Dans l'**ill. 1**, sont représentées 2 ceintures croisées à câbles métalliques et 2 ceintures de nylon à 0°: le pneu devient ainsi résistant aux vitesses élevées.

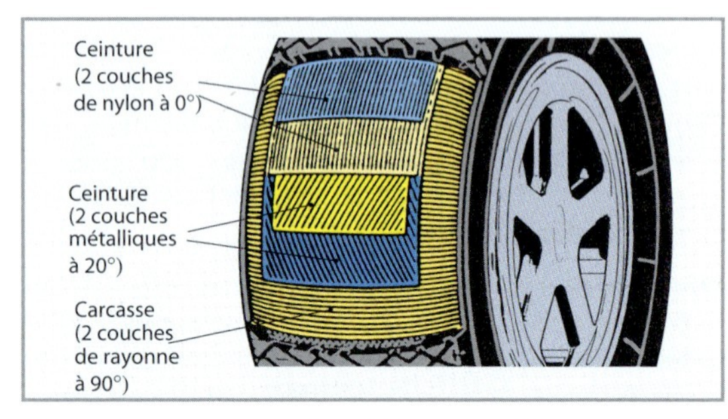

Illustration 1: Construction d'un pneu radial

L'écrasement des pneus radiaux se fait avec le flanc, ainsi la déformation est limitée principalement à la zone de flexion.

A petite vitesse, les pneus ceinturés ont, grâce à la ceinture renforcée, un roulement plus dur que les pneus diagonaux. Lorsque la vitesse est plus élevée, la résilience (résistance aux chocs) de la carcasse molle agit, si bien que le pneu radial a plus de stabilité que le pneu diagonal. En outre, la ceinture garantit aussi une bonne stabilité latérale et donc une grande capacité de guidage en virage.

Pneus tubeless (ill. 2). Une couche étanche en caoutchouc butyle retient l'air dans le pneu, ce qui n'empêche pas que des pertes de pression aient lieu avec le temps (fuites des molécules d'air). Le gonflage des pneus tubeless doit donc être régulièrement contrôlé.

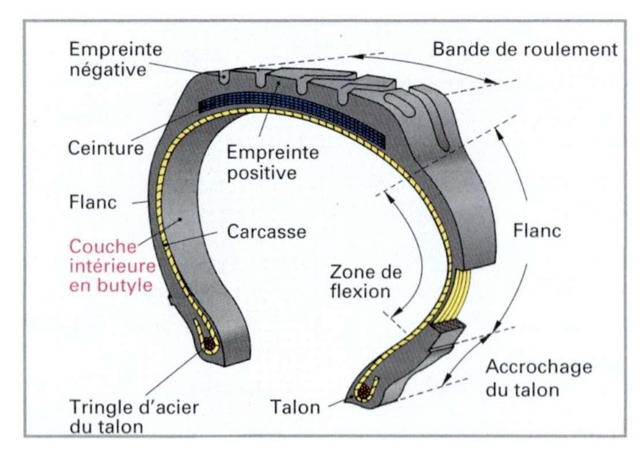

Illustration 2: Pneu tubeless

Si l'on gonfle ces pneus avec de l'azote, la pression se maintiendra plus longtemps car les molécules de ce gaz sont plus grandes que celles de l'air. Quant à la valve en caoutchouc montée dans la jante, elle doit être absolument étanche. Les pneus tubeless portent l'inscription "Tubeless" ou "TL".

Avantages des pneus tubeless:

- faible production de chaleur, étant donné l'absence de frottement entre le pneu et la chambre à air;
- poids réduit et montage plus simple.

Angle de dérive

Si des forces perturbatrices agissent sur un véhicule qui roule (force du vent, force centrifuge en virage), un angle de dérive se forme entre les jantes et les pneus. Ainsi, les forces latérales agissant sur les surfaces de contact des pneus avec le sol sont en équilibre avec les forces perturbatrices.

On appelle angle de dérive α, l'angle qui se forme entre le sens longitudinal réel du pneu et la surface de la jante (sens longitudinal de la jante) **(ill. 3)**. Un pneu ne peut transmettre des forces latérales que s'il y a dérivation.

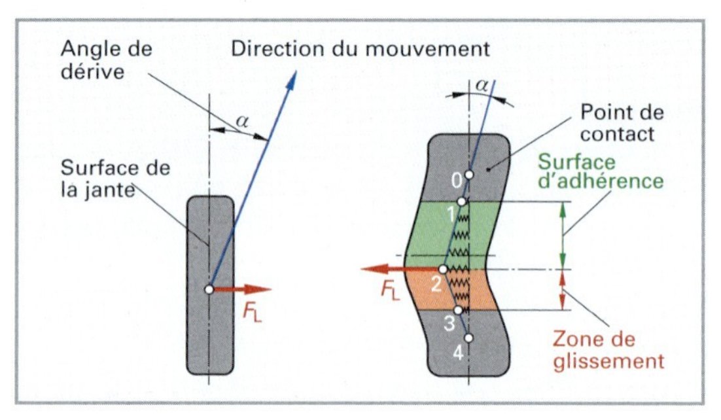

Illustration 3: Angle de dérive α

La déformation de la surface de contact du pneu au sol (p. ex. lors d'une conduite en virage) résulte de la force latérale. Dès qu'un angle de dérive se forme, le profil du pneu se trouvant normalement sur la ligne médiane du pneu se déplace **(ill. 3)**.

Il se produit alors une déformation dans le pneu dont l'importance dépend de la distance du profil par rapport à la ligne médiane. La somme des forces de dérive donne la force latérale qui agit au centre de gravité de la surface de contact déformée.

Si l'angle de dérive augmente, il se produit un frottement de glissement dans la zone arrière du pneu et la force d'adhérence diminue. La force latérale augmentera tout de même encore, car la surface d'adhérence sera toujours plus grande que la zone de glissement. Si l'angle de dérive continue d'augmenter, la zone de glissement est alors plus grande que la surface d'adhérence et la force latérale diminue.

Lors d'une conduite en virage, il se produit une augmentation de la charge au niveau des roues de chaque essieu situées à l'extérieur du virage, ce qui allège la charge des roues situées à l'intérieur du virage. Plus la charge sur la roue est élevée, plus grand est l'effort du pneu en virage. Des pneus larges peuvent, en cas de charge élevée, sur la route et en accélération transversale, supporter des forces latérales élevées en virage et accroître ainsi la sécurité. En fonction de la charge, la capacité à résister à des forces latérales peut même devenir dégressive avec des pneus de série 80 **(ill. 1)**.

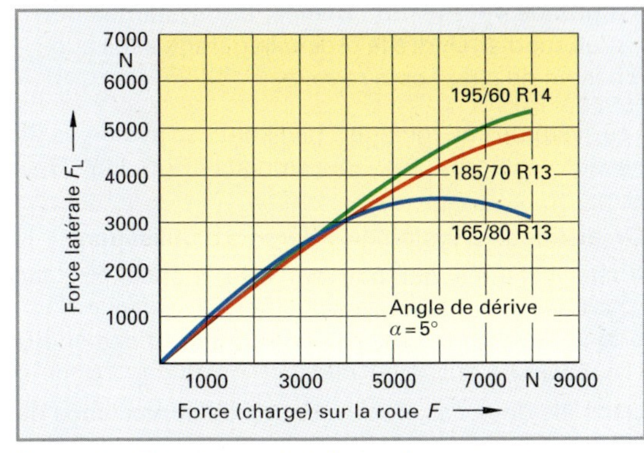

Illustration 1: Evolution de la limite de transmission de la force latérale (pneus radiaux)

Pneus d'hiver (pneus M+S). Contrairement aux profils à crampons massifs d'autrefois, on utilise aujourd'hui des rainures de profil plus petites avec de fines lamelles qui contribuent à créer une grande surface de contact entre le pneu et la neige ou la gadoue améliorant la conduite hivernale. Pour maintenir l'élasticité du caoutchouc de la bande de roulement à des températures inférieures à 7 °C, on ajoute au mélange de gomme de l'acide silicique ou du caoutchouc naturel. Les avantages sont:

- meilleure adhérence entre pneu et chaussée;
- plus petite résistance au roulement;
- bonne durabilité du profil (faible échauffement).

Si la profondeur du profil des pneus d'hiver est inférieure à 4 mm, ceux-ci perdent toute efficacité.

Indicateurs d'usure (ill. 2). Ce sont des élévations situées dans le fond du profil. Si le profil est usé à la profondeur minimale légale prescrite de 1,6 mm, les indicateurs d'usure sont à la même hauteur que le profil. La position des indicateurs d'usure est indiquée sur le flanc du pneu par les lettres TWI (Treadwear indicator) ou par un triangle.

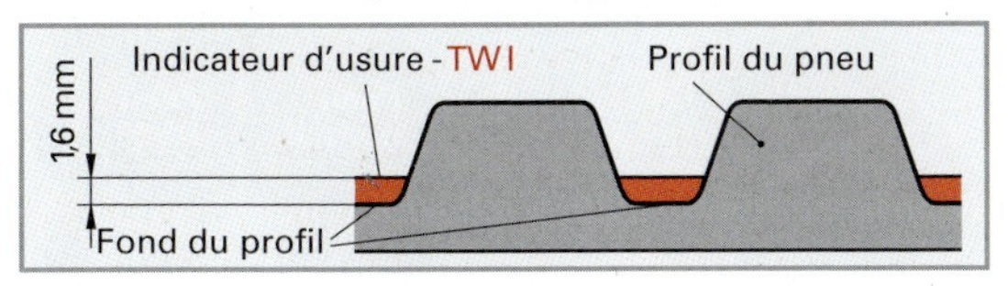

Illustration 2: Indicateur d'usure

A cause du risque élevé d'aquaplanage et de l'augmentation de la distance de freinage lors de vitesses élevées sur des routes mouillées alors que la profondeur du profil est faible **(tableau 1),** il est conseillé de remplacer le pneu avant que les indicateurs d'usure ne soient en contact avec la chaussée.

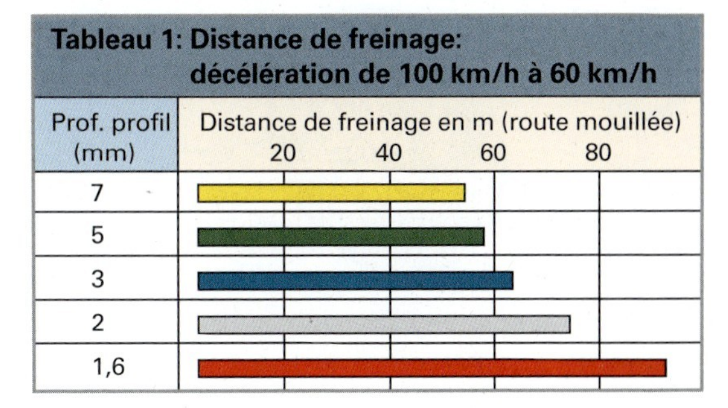

Tableau 1: Distance de freinage: décélération de 100 km/h à 60 km/h

Prof. profil (mm)	Distance de freinage en m (route mouillée) 20 40 60 80
7	
5	
3	
2	
1,6	

Equilibrage

La masse d'une roue qui tourne n'est jamais répartie régulièrement sur toute la circonférence. Il se produit un déséquilibre aux endroits ayant une plus grande masse, c'est-à-dire que sous l'action de la force centrifuge, les différences de masses (balourds) génèrent des forces perturbatrices quand la vitesse de rotation s'accroît **(ill. 3)**.

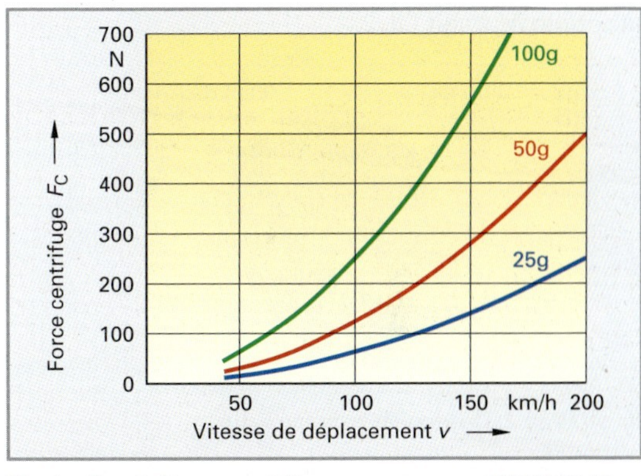

Illustration 3: Force centrifuge sur un pneu 195/65 R 15

Déséquilibre statique. S'il y a usure de la bande de roulement à un endroit quelconque suite à un blocage, une masse plus grande se crée exactement à l'endroit diamétralement opposé. Avec la force centrifuge et en cas de régime élevé, ce balourd peut entraîner un sautillement de la roue sur la chaussée. Ce défaut peut être rendu visible par le balancement de la roue; l'endroit du balourd se stabilise au point le plus bas.

Pour que la roue reste immobile dans n'importe quelle position autour de son axe géométrique de rotation, la somme de tous les couples autour de l'axe de rotation de la roue doit être égale à zéro.

$$M_1 = M_2 \qquad G_1 \cdot r_1 = G_2 \cdot r_2$$

En face du balourd de la roue, on doit fixer à la jante une masse d'équilibrage m_2 avec un poids G_2 qui va créer un couple M_2 annulant ainsi le couple M_1 causé par le balourd. De ce fait, la roue est statiquement équilibrée **(ill. 1).**

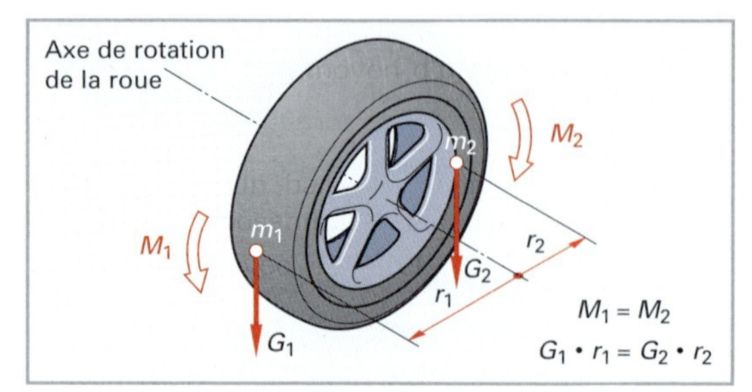

Illustration 1: Equilibrage (statique)

Déséquilibre dynamique. Au niveau d'une roue, la masse du balourd m_1 se trouve rarement sur le même plan de rotation que la masse d'équilibrage m_2. La roue est donc équilibrée statiquement mais, dès que la fréquence de rotation augmente, les forces centrifuges de m_1 et m_2 génèrent un couple transversal à l'essieu et font osciller la roue qui a, dans ce cas, un déséquilibre dynamique. Si la masse du balourd m_1 est dans le plan de rotation de la roue, seul le couple M_{C2} agit **(ill. 2)**.

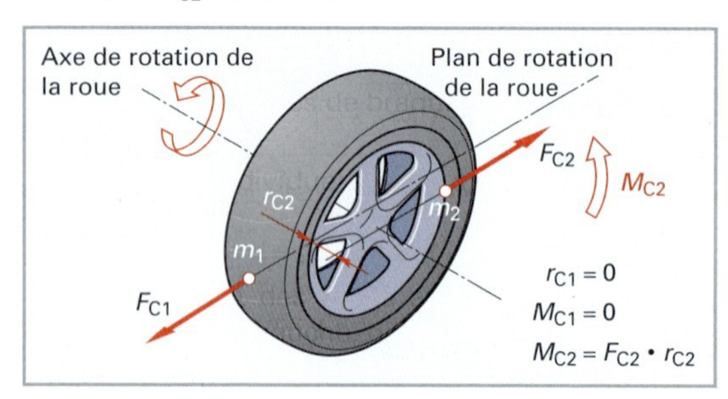

Illustration 2: Déséquilibre dynamique

En plaçant la masse d'équilibrage m_3 à l'intérieur de la jante, le couple M_{C3} résultant peut être compensé par le couple M_{C2} et la roue est équilibrée de manière dynamique **(ill. 3)**. La taille et la position des masses d'équilibrage m_2 et m_3 sont déterminées avec précision par une équilibreuse.

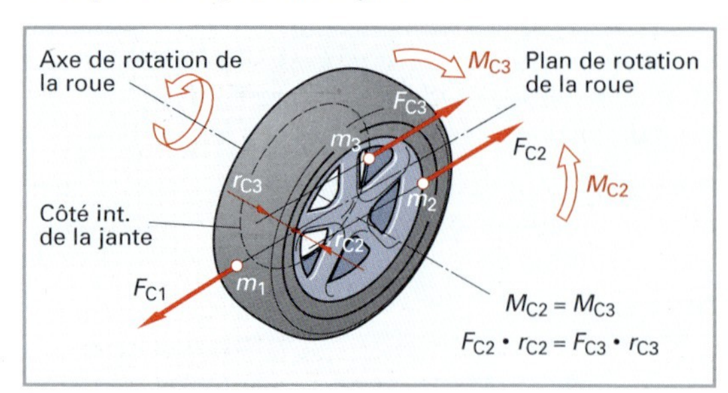

Illustration 3: Equilibrage (dynamique)

Si une roue vibre malgré l'équilibrage, cela peut être dû à un voile radial. Si le voile radial dépasse de 1 mm de la bande de roulement, il faut essayer de le réduire en changeant la position du pneu sur la jante.

18.9.3 Systèmes de roulage à plat

Les systèmes de roulage à plat peuvent réduire, voire éviter, les dangers liés à une fuite soudaine de l'air contenu dans les pneus, particulièrement à grande vitesse. En principe, ces systèmes permettent d'atteindre le prochain garage sans avoir besoin de changer la roue.

Les systèmes de roulage à plat sont des systèmes de secours intégrés aux roues/pneus (Run Flat Systems).

On distingue 2 systèmes différents d'utilisation:

- les systèmes qui peuvent être montés sur les jantes conventionnelles;
- les systèmes conçus pour des jantes et des pneus spéciaux.

Dans les deux cas, des systèmes de surveillance de la pression d'air sont utilisés. Le conducteur doit être informé de la perte de pression en cours dans les pneus et doit pouvoir continuer de rouler à une vitesse appropriée à la situation.

Systèmes pour jantes conventionnelles

Conti Support Ring (CSR). Un anneau en métal léger à palier flexible est monté sur la jante **(ill. 4)**. En cas de fuite d'air, le pneu s'appuie sur l'anneau sans que ses flancs ne s'écrasent et ne soient détruits par la chaleur de friction du pneu. Il est ainsi possible de parcourir environ 200 km à vitesse réduite. Le surpoids exercé sur chaque roue est d'environ 5 kg. Ce système peut être monté sur des pneus dont le rapport H/L > 60.

Self Supporting Runflat Tires (SSR, DSST*). Les flancs de ce type de pneus sont renforcés par adjonction de caoutchouc **(ill. 5)**. En l'absence de pression, le pneu peut encore s'appuyer sur son talon sans que celui-ci ne s'affaisse dans la base creuse. Il est possible de parcourir encore environ 200 km à une vitesse de 80 km/h. Le renforcement des flancs provoque toutefois une réduction du confort car le pneu retransmet de manière accentuée les inégalités de la chaussée.

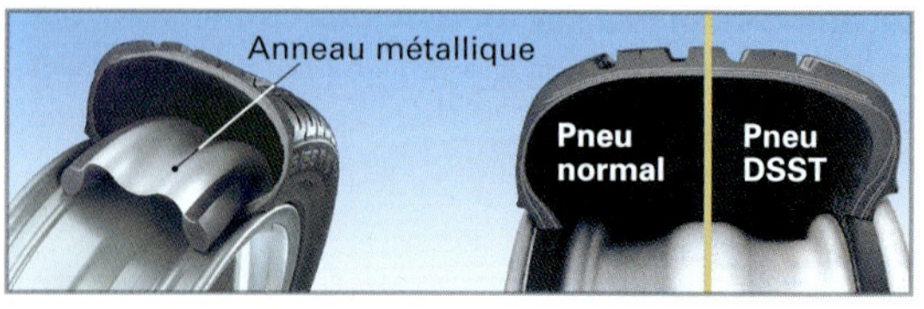

Ill. 4: Système CSR **Ill. 5: Système DSST**

Systèmes pour jantes et pneus spéciaux

Système PAX. Il se compose de jantes spéciales munies d'une structure flexible et d'un pneu approprié à fixation verticale sur la jante **(ill. 1)**.

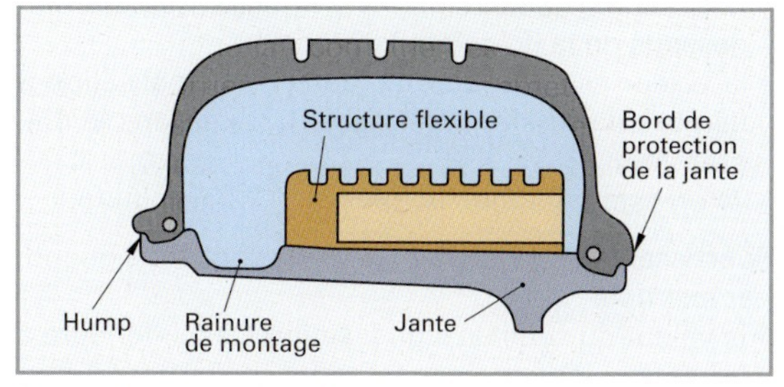

Illustration 1: Système Pax

Jante. Elle est très plate et ne possède qu'une petite rainure de montage en lieu et place d'une base creuse. Il n'y a pas de rebord et les deux Humps dépassent de la jante dont la forme plate permet d'obtenir un grand diamètre laissant ainsi la place à de grands disques de frein.

Pneus. Les flancs sont plus courts, ce qui augmente la rigidité. La déformation exercée par les forces latérales est ainsi moindre, ce qui améliore la tenue de route et réduit la résistance au roulement.

Le talon du pneu repose dans une rainure extérieure aux Humps. Etant donné que les forces exercées sur le pneu génèrent une traction dans la carcasse, le talon est, de ce fait, toujours pressé dans la rainure **(ill. 2)**. Cette fixation verticale permet d'assurer que le talon ne sorte pas de la jante, même si le pneu est dégonflé.

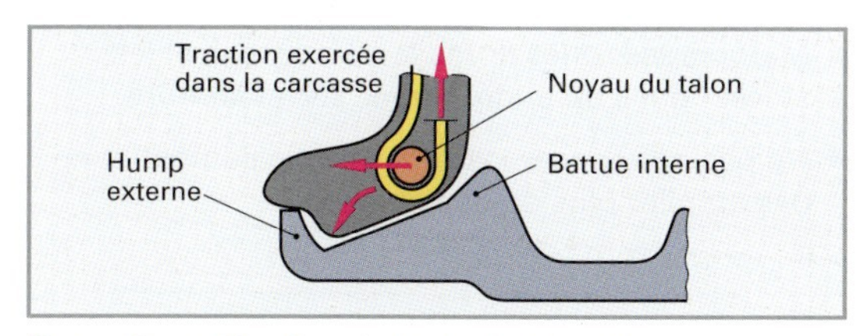

Illustration 2: Fixation verticale du talon du pneu

Structure flexible. Il s'agit d'un anneau en élastomère positionné sur la jante. Sa résistance élevée permet de soutenir le pneu en cas de perte de pression. Il est ainsi possible de parcourir encore 200 km à la vitesse de 80 km/h.

Désignation des dimensions dans le système Pax

205/650 R 440 A

205	Largeur du pneu en mm
650	Diamètre extérieur du pneu en mm
R	Structure radiale
440	Diamètre moyen du siège de la jante en mm
A	Siège asymétrique

18.9.4 Systèmes de contrôle de la pression

Les systèmes de contrôle de la pression servent à détecter toute fuite d'air au niveau des pneus et à en informer le conducteur à temps.

Les systèmes suivants permettent de contrôler la pression des pneus:

- systèmes de mesure indirecte;
- systèmes de mesure directe.

Systèmes de mesure indirecte

En cas de diminution de la pression, la circonférence du roulement diminue et, par rapport aux autres pneus, le nombre de tours effectué par le pneu concerné augmente. Le nombre de tours effectués est mesuré par les capteurs des dispositifs ABS ou ESP. L'avertissement n'est transmis que si la différence de pression dans le pneu est supérieure à 30 %.

Systèmes de mesure directe

La pression est enregistrée par des capteurs directement implantés dans le pneu. Le système remplit les fonctions suivantes:

- contrôle permanent de la pression du pneu, en mouvement et à l'arrêt;
- avertissement anticipé au conducteur en cas de perte de pression, de pression insuffisante ainsi que de problèmes survenant au niveau du pneu;
- reconnaissance automatique des roues et de leur positionnement;
- diagnostic du système et de ses composants en atelier.

Le système se compose de:

- un capteur par roue pour la pression du pneu;
- antennes pour recevoir le signal des capteurs des roues;
- instrument d'affichage au combiné;
- centrale de commande du contrôle de la pression des pneus;
- sélecteur de fonction.

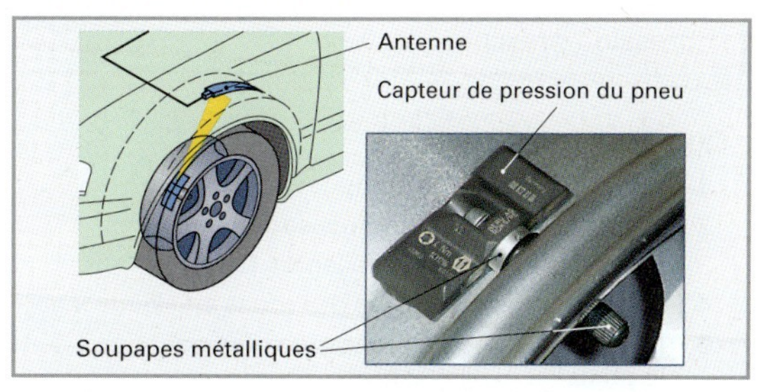

Illustration 3: Capteur de pression du pneu et antenne

Capteur de pression du pneu. Il est vissé au moyen d'une soupape métallique (valve d'étanchéité) **(ill. 3)** et peut être réutilisé en cas de changement de pneu ou de jante. Un capteur de température, une antenne émettrice et une électronique de mesure et de commande y sont intégrés, ainsi qu'une batterie d'une durée de vie d'environ 7 ans. Etant donné que la pression de remplissage change en fonction de la température, les pressions et les températures mémorisées dans l'appareil de commande sont étalonnées pour une température de 20 °C.

> Afin de ne pas endommager le capteur en cas de changement de pneu, celui-ci doit être décollé du côté opposé à la soupape.

Appareil de commande. Il traite les informations suivantes transmises par l'antenne émettrice:

- numéro d'identification individuelle (code ID) permettant de reconnaître la roue;
- pression de remplissage et température actuelles du pneu;
- état de la batterie au lithium.

L'appareil de commande évalue les signaux provenant de l'antenne et les transmet au conducteur. Les informations sont affichées en fonction de leur priorité. En cas de permutation des roues sur le véhicule (avant/arrière ou vice-versa), l'appareil de commande doit être reprogrammé en conséquence.

Reconnaissance des roues. Les capteurs du véhicule sont reconnus et mémorisés par l'appareil de commande. La reconnaissance a lieu en mouvement afin d'éviter toute influence d'éventuels capteurs appartenant à un autre véhicule parqué à proximité.

Avertissements priorité 1 (ill. 1). Ils sont émis lorsque la sécurité du véhicule n'est plus garantie, par exemple lorsque ...

- la valeur du seuil de signalisation 2 est inférieure à la pression de consigne mémorisée (0,4 bar en-dessous de la pression de 2,3 bar);
- la valeur est inférieure au seuil de signalisation 3 (limite de pression inférieure, 1,7 bar dans le diagramme);
- la pression diminue de plus de 0,2 bar/minute.

Avertissements priorité 2 (ill. 1). Ils sont émis quand, par exemple ...

- la valeur du seuil de signalisation 1 est inférieure à la pression de consigne mémorisée (0,2 bar en-dessous de la pression de 2,3 bar);
- il y a une différence de pression de 0,4 bar entre les roues d'un même essieu;
- le système est déconnecté ou en panne.

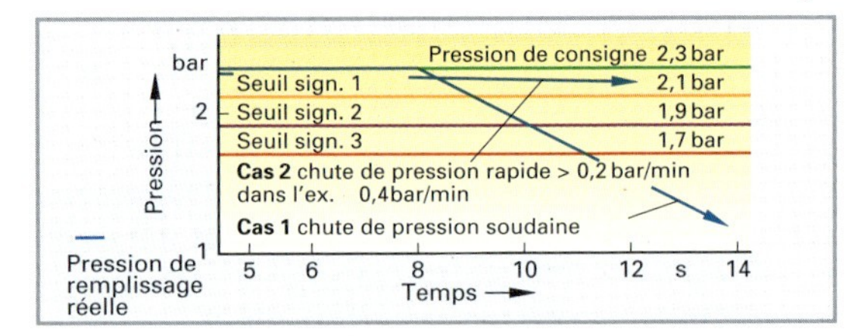

Illustration 1: Diagramme avertissements système

Indications d'atelier

- Empêcher le véhicule de rouler avant de démonter les roues.
- Utiliser uniquement les jantes et les pneus homologués par le constructeur (permis de circulation).
- Contrôler la présence d'éventuelles fissures sur la jante et éliminer la rouille.
- Serrer les écrous de roue au couple prescrit.
- Pour assurer leur longévité, gonfler les pneus à la pression prescrite.
- Interdiction de mélanger des pneus diagonaux et des pneus radiaux sur les véhicules de tourisme.
- Le type de pneu et le profil doivent être identiques pour chaque essieu.
- Marquer les roues après le démontage et les stocker dans un endroit frais, sec et sombre.
- Ne pas entreposer les roues verticalement et ne pas empiler plus de quatre pneus.

18

Questions de révision

1. **Citez les parties qui composent une roue?**
2. **Quelles sont les différentes sortes de jantes?**
3. **Pourquoi utilise-t-on des jantes Hump?**
4. **Quels sont les avantages des roues en alliage léger?**
5. **Quelles sont les différentes parties qui composent le pneu?**
6. **Qu'entend-on par circonférence dynamique de roulement d'un pneu?**
7. **Quels sont les avantages et les inconvénients d'un pneu de série 50?**
8. **Comment les pneus radiaux sont-ils construits?**
9. **Qu'entend-on par "surface de contact"?**
10. **Expliquez la dénomination du pneu 195/65 R 15 86 T M + S.**
11. **Qu'est-ce qu'un indicateur d'usure et comment est-il localisable sur le pneu?**
12. **Qu'entend-on par angle de dérive?**
13. **Pourquoi les roues doivent-elles être équilibrées?**
14. **Qu'entend-on par déséquilibre dynamique?**
15. **Comment peut-on éliminer un voile radial?**
16. **Quels sont les systèmes de roulage à plat?**
17. **Comment est construit le système PAX?**
18. **A quoi servent les systèmes de contrôle de la pression?**
19. **Quels sont les avantages des systèmes de mesure de pression directe par rapport aux systèmes de mesure de pression indirecte?**

18.10 Freins

Les freins d'un véhicule servent à décélérer, à freiner jusqu'à l'arrêt complet du véhicule et à l'empêcher de rouler. Lors du freinage, l'énergie cinétique est transformée en chaleur.

Equipement de freinage

Frein de service. Il est chargé de diminuer, selon le besoin, la vitesse du véhicule et, le cas échéant, de provoquer son arrêt complet. Le véhicule doit conserver le plus possible sa trajectoire. Le frein de service est activé avec le pied, sans à-coup, de manière continue. Il doit agir sur toutes les roues.

Frein auxiliaire. En cas de défaillance des freins de service, l'équipement de freinage auxiliaire doit pouvoir le remplacer, éventuellement avec un effet réduit. Il ne doit pas obligatoirement s'agir d'un troisième frein indépendant, le circuit intact d'un système de freinage de service à double circuit ou un système de frein de stationnement graduel suffit.

Frein de stationnement. Il empêche qu'un véhicule à l'arrêt ou stationné ne puisse rouler, même en cas de forte pente. Pour des raisons de sécurité, ses composants doivent fonctionner mécaniquement. Généralement, le frein de stationnement est activé progressivement au moyen d'un levier (frein à main) ou par une pédale. Il agit sur les roues d'un seul essieu.

Ralentisseur ou frein à régime continu. A la descente, il doit permettre de maintenir le véhicule à une certaine vitesse prescrite (troisième frein). Il est préconisé sur les bus m_{tot} > 5,5 t et sur les autres véhicules m_{tot} > 9 t.

Système d'antiblocage (ABS). Il mesure automatiquement le glissement de la roue durant le freinage, règle la force de freinage en fonction des valeurs mesurées et empêche ainsi tout blocage de la roue. L'ABS est préconisé sur les véhicules m_{tot} > 3,5 t.

Structure d'un système de freinage (ill. 1)

Un système de freinage est constitué:

- d'un dispositif d'alimentation en énergie;
- d'un dispositif de commande;
- d'un dispositif de transmission;
- éventuellement d'un dispositif supplémentaire pour les véhicules à remorque (p. ex. d'un dispositif de commande de remorque);
- d'un frein de stationnement;
- d'un frein de service;
- éventuellement d'une régulation du freinage telle que l'ABS;
- d'un frein sur roue aux essieux avant et arrière.

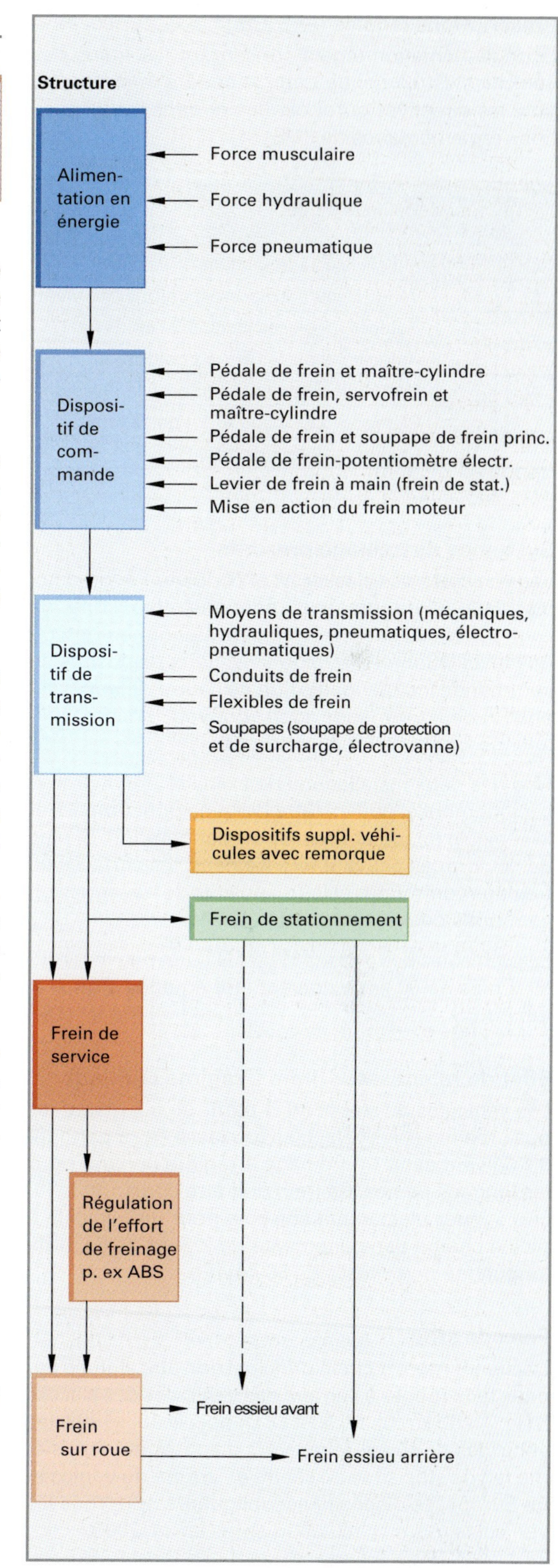

Illustration 1: Structure d'un système de freinage

Prescriptions légales (extraits)*

La réglementation légale concernant les freins des véhicules est contenue dans le code d'immatriculation, les directives européennes et dans les dispositions réglementaires de l'UE.

Tableau 1: Classification des véhicules (extraits)

L	Motos et véhicules à trois roues	
M	M_1	Véhic. jusqu'à 9 places y compris chauffeur
	M_2	Autocar > 9 places jusqu'à 5 t poids total
	M_3	Autocar > 9 places et > 5 t poids total
N	N_1	Voiture de livraison jusqu'à 3,5 t poids total
	N_2	Camion > 3,5 t jusqu'à 12 t poids total
	N_3	Camion > 12 t poids total
O	Remorques et semi-remorques	

Systèmes de freinage prescrits

Les véhicules des classes M et N doivent avoir deux installations de freinage indépendantes l'une de l'autre (frein de service et frein de stationnement) ou une installation de freinage avec deux dispositifs de commande indépendants l'un de l'autre. Chaque dispositif de commande doit pouvoir encore agir lorsque l'autre ne fonctionne pas.

Une des deux installations de freinage doit agir mécaniquement et pouvoir être bloquée pour empêcher le véhicule de rouler (frein de stationnement). Si plus de deux roues peuvent être freinées, les surfaces de freinage communes et les dispositifs de transmission communs peuvent alors être utilisés.

Les véhicules des classes $M_{2/3}$ et $N_{2/3}$ qui peuvent rouler à plus de 60 km/h doivent être équipés d'un système ABS.

Effet du ralentisseur (frein à régime continu)

Les véhicules de classe M_3 à partir de 5,5 t (sauf les bus urbains) et les véhicules de classe $N_{2/3}$ à partir de 9 t doivent avoir un freinage à régime continu pour les longues pentes. Ce frein doit être construit de façon à jouer pleinement son rôle pour un véhicule à pleine charge dans une pente de 7 % et de 6 km de longueur à une vitesse de 30 km/h.

Feux de stop

L'actionnement du frein principal doit être signalé par deux feux rouges à l'arrière des véhicules des classes L (v_{max} > 50 km/h), M, N et O. Depuis le 18.3.1993, les véhicules de classe M peuvent disposer d'un troisième feu de stop situé au centre à l'arrière du véhicule. En Europe, ce dispositif est obligatoire pour tous les véhicules mis en circulation après le 1.1.2000.

* Remarque: Les valeurs fixées par les prescriptions légales peuvent différer selon les pays et être modifiées depuis l'impression.

Inspection des véhicules et des remorques

Les propriétaires de véhicules et de remorques doivent faire vérifier si les véhicules respectent la réglementation, ceci à leurs frais et à échéances régulières. On distingue:

Inspection principale: les points de sécurité sont contrôlés en fonction des directives en vigueur.

Contrôle de sécurité: les éléments de la direction et du châssis sont soumis à un contrôle visuel, d'efficacité et de fonctionnement (p. ex freins, direction, pneus).

Tableau 2: Type de contrôle et intervalles (extraits)

Classe de véhicule	Intervalle inspection	Mois contrôle
L	24	–
M_1 M_1 Transport de personnes (p. ex. taxi, v. de location)	36 (48) 12	– –
M_2, M_3 1ère année 2e et 3e année dès la 4e année	12 12 12	– 6 3
N_1 N_2, N_3	36 (48) 12	– 6
O jusqu'à 750 kg O > 750 kg jusqu'à 3,5 t O > 3,5 t jusqu'à 10 t O > 10 t	60 (60) 36 (60) 12 12	– – – 6
Les valeurs entre ( ) sont applicables lors de la première inspection suivant la première mise en circulation du véhicule.		

Décélération minimale (directives d'inspection) **(tableau 3).** Le freinage minimum peut être calculé à partir des valeurs mesurées au banc d'essai de freinage ou par mesure de la distence de freinage sur un sol normalisé.
Formule:

$$z \text{ en } \% = \frac{\text{Somme des forces de fr. de chaque roue}}{\text{Poids du véhicule}} \times 100$$

Tab. 3: Décélération min. des sys. de fr. en m/s²

Classe de véhicule	Fr. service	Fr. stationn.
M_1 voiture particulière	5,8	2,9
M_2, M_3 autocar	5,0	2,5
N_1 Camion à 3,5 t poids total	5,0	2,2
N_2, N_3 Camion > 3,5 t poids tot.	5,0	2,2

Types des systèmes de freinage selon l'alimentation en énergie

Frein à force musculaire. La force de freinage est transmise par le conducteur et amplifiée par une multiplication mécanique ou hydraulique.

Frein à force auxiliaire (servofrein). La force de freinage musculaire est amplifiée par d'autres sources d'énergie (dépression, pression hydraulique, air comprimé).

Frein actionné par une force extérieure (frein à air comprimé). Le conducteur commande la force de freinage. L'énergie de freinage (air comprimé) n'est pas produite par le conducteur.

Frein de poussée. En freinant le véhicule tracteur, l'inertie de la remorque génère une poussée. Pour compenser cet effet, une énergie de freinage doit être générée par des tringles sur le frein de roue de la remorque.

Types de transmission d'énergie

Transmission mécanique p. ex. au moyen de pédales, de leviers, de tringles, de câbles (freins de stationnement, freins de poussée des remorques).

Transmission hydraulique au moyen de la pression du liquide hydraulique générée dans les conduites de frein (p. ex. freins de service des véhicules de tourisme).

Transmission pneumatique au moyen d'air comprimé (p. ex. freins de service des véhicules utilitaires).

Transmission électrique au moyen de câbles électriques, de champs magnétiques (p. ex. ralentisseurs des véhicules utilitaires).

18.10.1 Processus de freinage

Temps de freinage

En présence d'un obstacle, l'effet de freinage n'est pas immédiat. La durée totale d'un processus de freinage (temps d'arrêt t_A) résulte de la somme du temps de réaction t_R et du temps de freinage t_F **(ill. 1).**

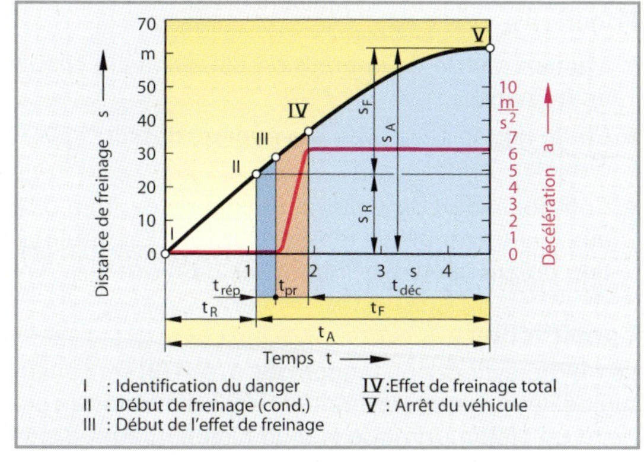

Illustration 1: Processus de freinage

Temps de réaction t_R. C'est le temps employé par le conducteur entre l'identification du danger et l'actionnement de la pédale de frein. Il dépend fortement de l'état physique et mental du conducteur. L'alcool, les drogues, certains médicaments, mais aussi la fatigue l'allongent significativement.

Temps de freinage t_F. C'est la somme du temps de réponse, du temps de montée en pression du circuit et du temps de décélération.

Temps de réponse $t_{rép}$. Il résulte du jeu existant dans le dispositif de freinage (p. ex. course à vide de la pédale, compensation des jeux).

Temps de montée en pression t_{pr}. C'est le temps que met la pression à augmenter dans le système de freinage.

Temps de décélération $t_{déc}$. La décélération reste constante jusqu'à l'arrêt du véhicule.

Distance de freinage

La distance de freinage dépend essentiellement de la vitesse du véhicule. A conditions égales, une vitesse deux fois plus élevée quadruple la distance de freinage.

D'autres éléments influencent la distance de freinage:

- l'état de la route (sèche, mouillée, verglacée);
- l'état des pneus (profondeur du profil, pression);
- l'état des freins (usés, endommagés, rouillés);
- l'état du revêtement routier (mouillé, verglacé, présence d'huile);
- le type de freins (à tambours, à disques, à air comprimé, etc.);
- le poids du véhicule, la répartition du chargement (p. ex. en présence d'une remorque);
- l'état des amortisseurs.

18.10.2 Frein hydraulique

Construction

Le frein hydraulique **(ill. 2)** se compose de la pédale de frein, du maître-cylindre en tandem muni d'un servofrein, de conduites de frein, éventuellement un limiteur de freinage et des cylindres de frein sur chacune des roues.

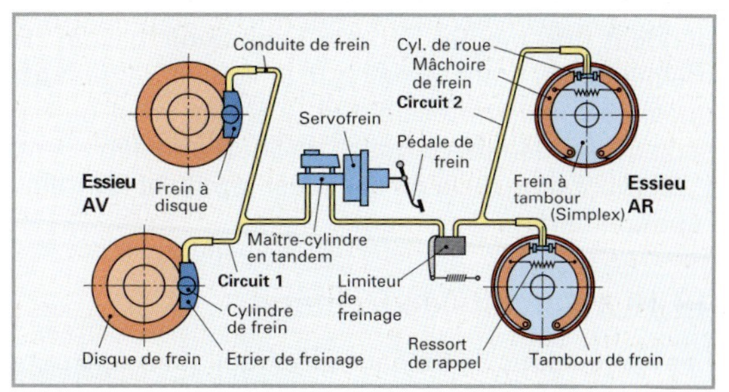

Illustration 2: Installation de freinage hydraulique

Freins sur roue. Généralement, toutes les roues ont des freins à disque, certains véhicules plus anciens, ont encore des freins à tambour sur les roues arrière. Pour des raisons de sécurité, une installation de freinage à double circuit munie d'un maître-cylindre en tandem est obligatoire. Si l'un des circuits tombe en panne, l'autre peut encore freiner le véhicule.

Fonctionnement

Les effets du freinage hydraulique reposent sur la **loi de Pascal:**

> La pression exercée sur un liquide enfermé dans un système étanche agit de manière égale dans toutes les directions.

La force avec laquelle la pédale de frein appuie sur le piston du maître-cylindre crée la pression du liquide. Celle-ci agit par les conduites de frein et génère les forces de serrage.

La transmission de force hydraulique est souvent associée à un rapport de transmission de force **(ill 1)**.

Le rapport des forces hydrauliques dépend de la surface des pistons, c'est-à-dire que la force développée la plus importante apparaît là où la surface du piston est la plus grande. Les courses du piston se comportent de façon contraire aux forces exercées. Ainsi, une force d'actionnement de 1000 N et une course de 8 mm du maître-cylindre engendrent une force totale de 4000 N et une course de piston de 2 mm sur les quatre cylindres de roues.

Ainsi, le travail fourni (W= F · s) est identique dans le maître-cylindre et dans les pistons de roue.

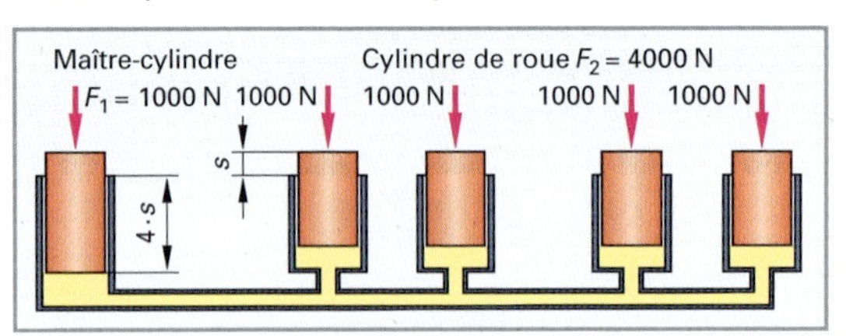

Illustration 1: Schéma d'un frein hydraulique

Le frein hydraulique peut travailler avec des pressions allant jusqu'à 180 bar. Cela permet de réduire les dimensions des éléments. Il peut fonctionner pendant une longue période sans avoir besoin de maintenance. Etant donné que le liquide de frein est quasiment incompressible et que l'air y est purgé, seules des quantités réduites de liquide se déplacent. L'augmentation de la pression est rapide et les freins répondent immédiatement.

18.10.3 Circuits de freinage

Les installations de freinages hydrauliques sont subdivisées en deux circuits afin de pouvoir encore freiner le véhicule en cas de panne de l'un des circuits. On distingue cinq types différents **(tableau 1)**.

Pour les véhicules équipés de système ABS, on utilise généralement une répartition des circuits de freinage II (noir-blanc) et X (diagonale).

Tableau 1: Répartition des circuits de freinage

Abréviation Type de construction		Remarque Utilisation
II	1 2	Répartition essieu avant/arrière. Chaque circuit agit sur un essieu. Pour propulsion avec ABS
X	1 2	Répartition diagonale. Chaque circuit agit sur la roue avant et sur la roue arrière située en diagonale. Traction et transmission 4 x 4 avec ABS et déport de pivot positif.
HI	1 2	Un circuit agit sur l'essieu avant et arrière, l'autre uniquement sur l'essieu avant. Rarement utilisé (4-2)
LL	1 2	Chaque circuit agit sur l'essieu avant et une roue arrière (triangle). Rarement utilisé.
HH	1 2	Chaque circuit agit sur l'essieu avant et arrière. Rarement utilisé.

18.10.4 Maître-cylindre

> Les deux circuits de freinage sont indépendants l'un de l'autre et nécessitent de ce fait des maîtres-cylindres montés en tandem. Ils sont actionnés par la pédale de frein avec l'aide d'un servofrein.

Fonctions

- Montée rapide de la pression dans chaque circuit de freinage.
- Chute rapide de la pression pour un desserrage rapide des freins.
- Compensation du volume du liquide de frein due aux changements de température et à l'augmentation du jeu relative à l'usure des garnitures.

Construction

Le maître-cylindre en tandem **(ill. 1, p. 479)** est constitué de deux maîtres-cylindres simples montés en série, d'un piston primaire et d'un piston intermédiaire (secondaire) qui forment deux chambres de pression séparées dans un carter. Les deux pistons sont doubles, c'est-à-dire qu'un espace en forme d'anneau sépare la partie antérieure de la partie postérieure du piston. Cet espace est rempli de liquide de frein. Une coupelle primaire est montée à l'avant de chaque piston ce qui rend les chambres de pression étanches.

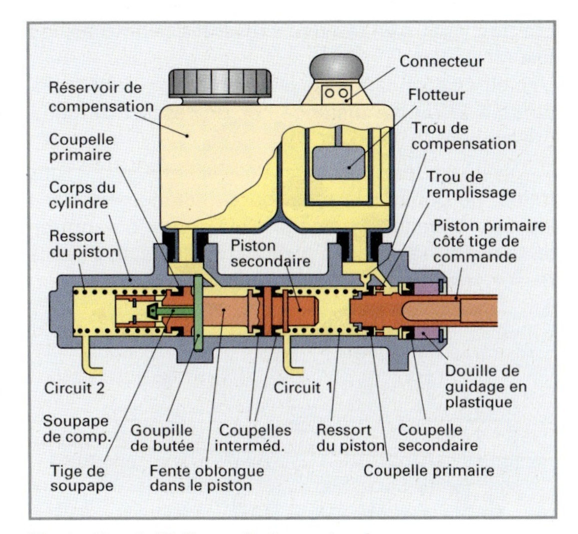

Illustration 1: Maître-cylindre en tandem

L'arrière du piston primaire est rendu étanche par une coupelle secondaire. Deux coupelles intermédiaires sont montées dans le piston secondaire dans lequel se trouve une fente oblongue (de forme allongée) munie à l'avant d'un trou central. La queue de la soupape de compensation est logée dans ce trou. Une goupille traverse la fente oblongue du piston secondaire et lui sert de butée avant et arrière.

Soupape de compensation. Elle est utilisée dans les véhicules équipés d'ABS et sa fonction est la même que le trou de compensation. Il existe également des maîtres-cylindres dont chacun des pistons est équipé d'une soupape de compensation.

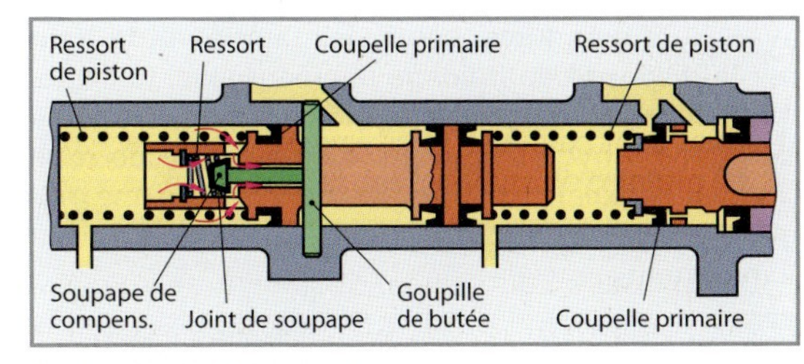

Illustration 2: Position de repos

Fonctionnement

Position de repos. Les ressorts appuient le piston en butée. La coupelle primaire du piston primaire libère le trou de compensation. Le piston secondaire est placé en appui contre la goupille de positionnement. La soupape de compensation **(ill. 2)** est ouverte par la goupille de positionnement et assume la fonction du trou de compensation. Les deux chambres de pression sont alors reliées au réservoir. La compensation du volume du liquide de frein (p. ex. en cas de changement de température) peut alors avoir lieu.

Si le trou de compensation est fermé en raison d'une mauvaise position de repos du piston primaire ou à cause de saletés, la compensation du liquide de frein est impossible. La dilatation de ce dernier, due à la chaleur, peut provoquer un autoserrage des freins pouvant aller jusqu'au blocage.

Mise en action des freins. Lors du freinage, la coupelle primaire **(ill. 3)** dépasse le trou de compensation et rend étanche la chambre de pression. Un disque de sécurité empêche que la coupelle primaire soit pressée dans les trous de remplissage et lui évite ainsi de s'endommager. Le piston secondaire est à présent déplacé par le liquide de frein. La goupille de positionnement libère la goupille de soupape et la soupape de compensation se ferme. La pression s'établit dans les deux circuits de freinage.

Avantages de la soupape de compensation

- Plus longue durée de vie des coupelles primaires car leurs lèvres d'étanchéité ne peuvent pas être endommagées par le trou de compensation.
- Avec les systèmes ABS, les pics de pression font que les coupelles primaires appuient sur les trous de compensation et sont ainsi endommagées.

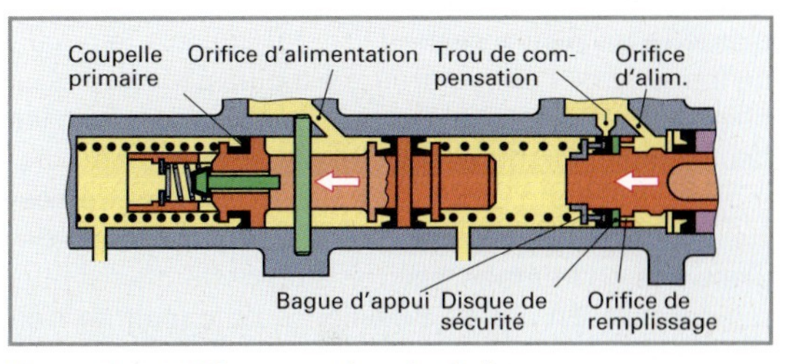

Illustration 3: Mise en action des freins

Relâchement des freins. Le piston est repoussé par la pression du liquide de frein et par les ressorts. La lèvre extérieure de la coupelle primaire se rabat, le disque de sécurité se dégage et le liquide de frein s'écoule du réservoir d'alimentation par les trous de remplissage vers la chambre de pression qui s'agrandit **(ill. 4)**. Le piston secondaire se retire. Les chambres de pression sont reliées au réservoir par la soupape de compensation et par l'orifice de compensation. La pression baisse et les freins sont desserrés.

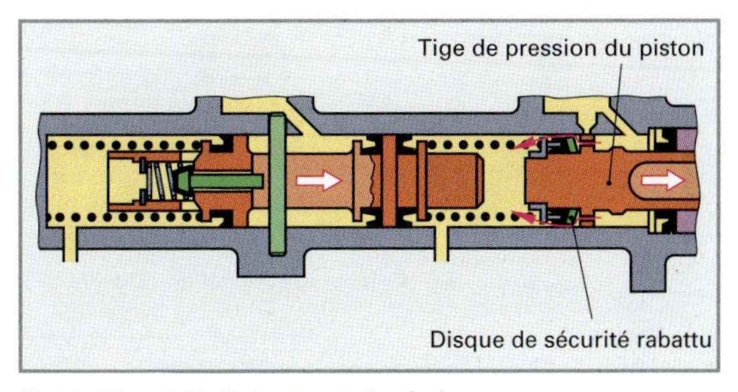

Illustration 4: Relâchement des freins

Défaillance du premier circuit (ill. 1)

Le piston primaire se déplace et s'appuie contre le piston secondaire. La force de commande agit directement sur les pistons du deuxième circuit resté intact et crée dans celui-ci la force de freinage.

Défaillance du deuxième circuit (ill. 1)

La pression du liquide contenu dans le premier circuit pousse le piston secondaire en butée. Le premier circuit intact est rendu étanche et la pression nécessaire peut y être générée.

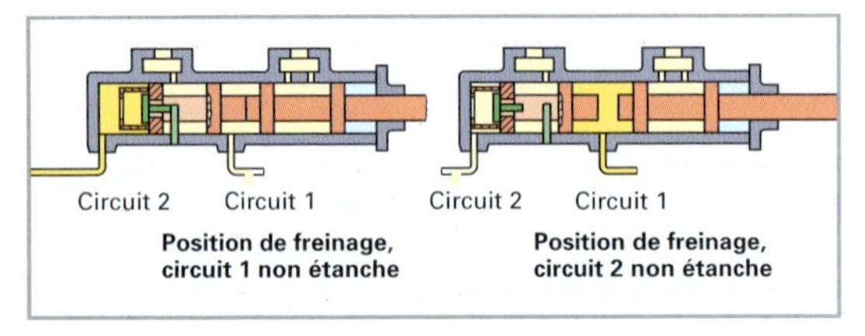

Illustration 1: Défaillance d'un circuit de freinage

Maître-cylindre en tandem étagé (ill. 2)

Ce maître-cylindre a été développé pour les installations II (TT) disposant d'une répartition des circuits de freinage sur les essieux avant et arrière. Les diamètres des cylindres sont étagés, c'est-à-dire que le diamètre du piston secondaire qui agit sur le circuit de freinage de l'essieu arrière est plus petit que celui du piston primaire. La pression est la même dans les deux circuits lorsqu'ils sont intacts. En raison du diamètre plus grand dans le circuit de freinage de l'essieu avant, un plus grand volume de liquide est déplacé lors du freinage, les freins répondent ainsi plus rapidement. En cas de défaillance du circuit de freinage de l'essieu avant, le piston primaire est poussé, lors du freinage, contre le piston secondaire et la force de la tige de la pédale agit alors directement sur celui-ci. La course de la pédale de frein est allongée et une plus grande pression se crée dans le circuit de freinage de l'essieu arrière grâce au diamètre plus petit du piston secondaire et sans avoir à exercer une pression plus grande sur la pédale. En cas de défaillance du circuit de freinage de l'essieu avant, le circuit de l'essieu arrière dispose encore de suffisamment de force pour freiner le véhicule.

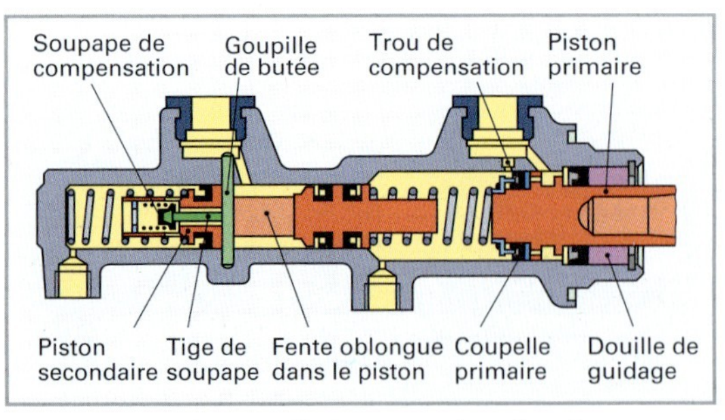

Illustration 2: Maître-cylindre en tandem étagé avec soupape de compensation

Maitre-cylindre en tandem à ressort de compression fixe

Le piston secondaire et le piston principal sont maintenus à la même distance par un ressort de compression vissé **(ill. 3)**.

Ce système permet, lors de l'actionnement des freins, de générer la pression simultanément dans les deux circuits de freinage. Si la pression augmente, le piston secondaire n'est alors plus activé par le ressort mais par la pression du liquide de frein.

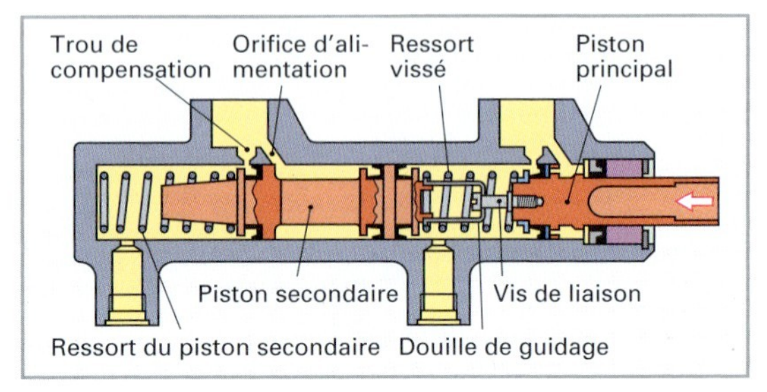

Illustration 3: Maitre-cylindre en tandem à ressort de compression fixe

18.10.5 Frein à tambour

Les freins à tambour **(ill. 4)** sont aujourd'hui utilisés essentiellement sur les essieux arrière des véhicules automobiles ou sur les véhicules utilitaires.

Construction et fonctionnement

Le tambour de frein est fixé sur le moyeu de roue qui l'entraîne. Les segments de freins et les éléments créant la force de freinage sont montés sur le plateau de frein qui est fixé à la suspension de la roue. Lors du freinage, les segments de freins sont poussés, avec leurs garnitures, contre les tambours de frein par le dispositif de freinage et créent ainsi le frottement nécessaire. La force de freinage peut être créée de manière hydraulique grâce au cylindre de roue (frein de service) ou mécaniquement grâce à une tringlerie à câble et un levier de frein à main (frein de stationnement).

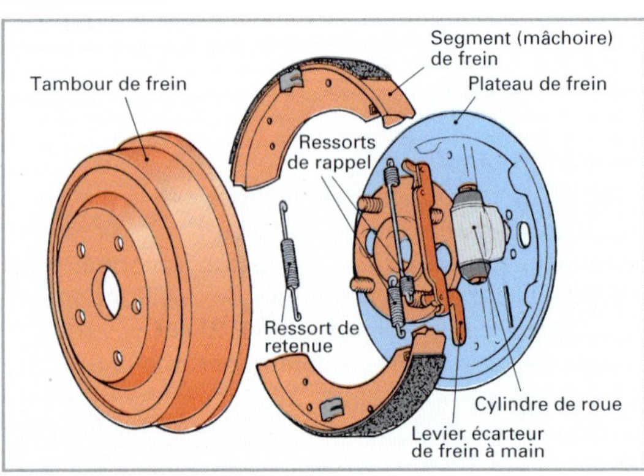

Illustration 4: Composants du frein à tambour

Propriétés
- Effet d'autoserrage.
- Structure antisalissure.
- Frein de stationnement très efficace.
- Grande longévité des garnitures de frein.
- Changement des garnitures et maintenance plus complexes.
- Mauvaise dissipation de la chaleur.
- Tendance au fading.

Types de construction
Selon le type d'actionnement et de support des mâchoires de frein, on distingue:
- le frein simplex;
- le frein duo servo.

Frein simplex (ill. 2). Il dispose d'un **segment de frein primaire et d'un segment de frein secondaire.** Le serrage des segments est réalisé par un **cylindre à double effet,** une serrure à segments extensibles, une came en S, un coin d'écartement ou un levier écarteur. Chaque segment a son propre point d'ancrage ou d'appui fixe (p. ex. un palier support).

Les freins simplex ont un effet identique lors de conduite en marche avant ou en marche arrière mais ne disposent que d'un faible effet d'autoserrage **(ill. 1).** L'usure de la garniture du segment de frein primaire est plus importante. Il est facile d'y installer un frein de stationnement.

Frein duo servo (autoserreur) (ill. 3). L'effet d'autoserrage des segments est utilisé pour comprimer la deuxième mâchoire. Le **palier d'appui est flottant.** Le serrage est réalisé par le **cylindre de roue à double effet.** L'effet de freinage est identique en conduite en marche avant ou en marche arrière. Le duo servo est souvent utilisé pour le frein de stationnement **(ill. 6).** Au lieu du cylindre de roue, on utilise alors une serrure à segments extensibles actionnée par câble.

Autoserrage (ill. 4). Le frottement crée un couple qui entraîne le segment de frein primaire dans le sens de rotation du tambour et le coince entre son point d'appui et le tambour: l'effet de serrage se renforce. L'autoserrage est exprimé par le paramètre caractéristique C des freins **(ill. 1).**

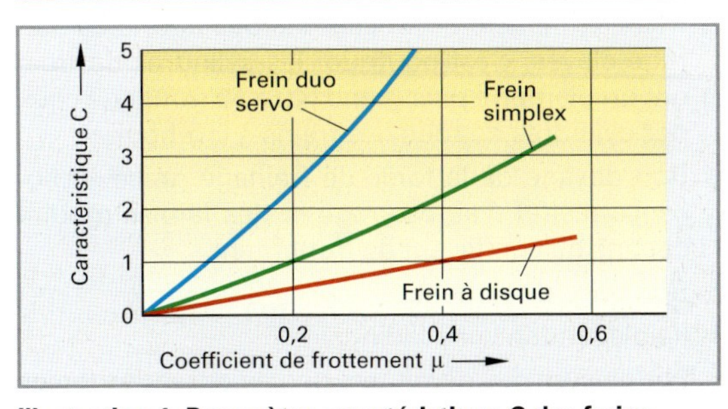

Illustration 1: Paramètre caractéristique C des freins

Fading. C'est une diminution de l'effet de freinage due à une surchauffe (p. ex. lors d'un long freinage). Le coefficient de frottement de la garniture diminue avec l'élévation de la température ou une grande vitesse de friction. Avec la chaleur, le tambour de frein peut également se déformer en entonnoir, la chaleur se dissipant mieux vers le moyeu de roue. La surface de freinage devient plus petite.

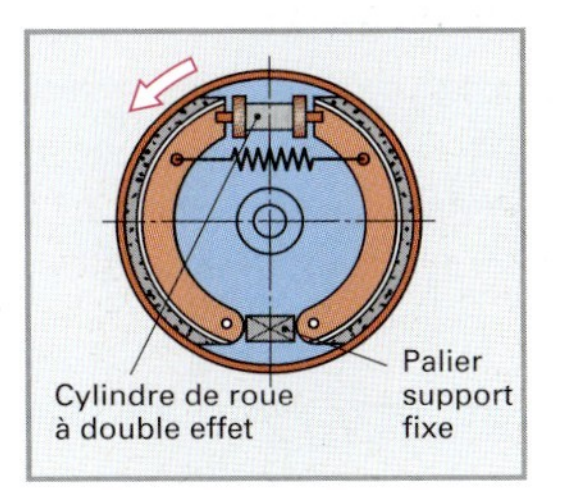

Ill. 2: Frein simplex

Ill. 3: Frein duo servo

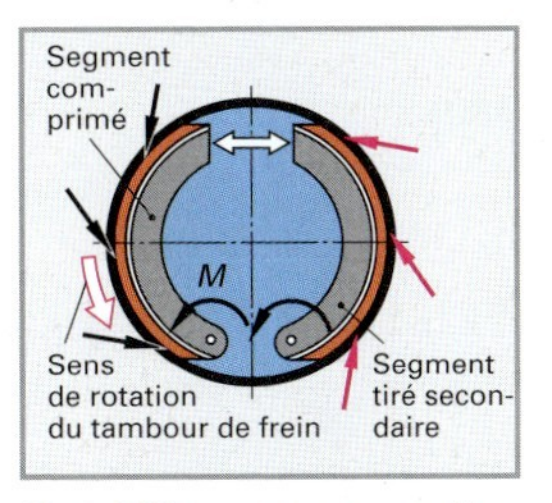

Ill. 4: Effet autoserrage du frein à tambour

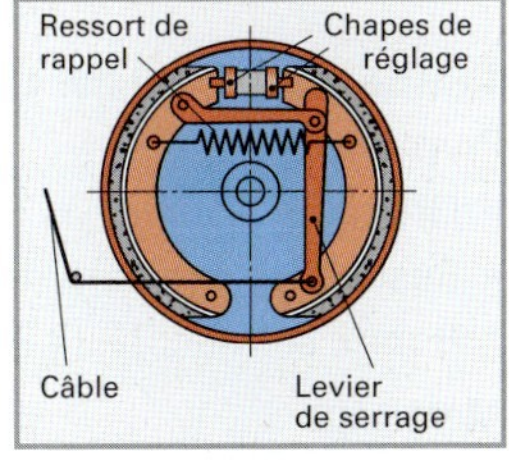

Ill. 5: Dispositif pour frein de stationnement

Dispositifs de serrage

Ils servent à écarter les segments de frein et à les presser contre le tambour. Dans le cas de freins hydrauliques, on utilise généralement des cylindres de roue **(ill. 1, p. 482).** Dans le cas de freins de stationnement manœuvrés mécaniquement, on utilise un levier de serrage **(ill 5)** ou un mécanisme écarteur **(ill. 6).**

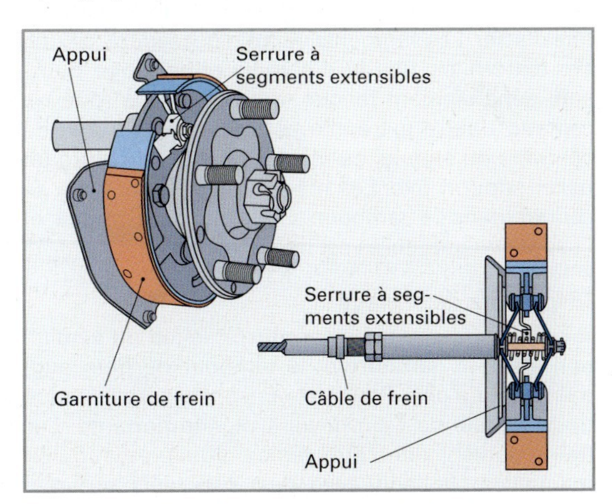

Illustration 6: Frein de stationnement intégré

18

Cylindre de roue

Dans le cas des cylindres de roue à double effet **(ill. 1)**, la pression créée dans le maître-cylindre agit sur les pistons et génère une force de poussée. Les pistons sont rendus étanches grâce à des coupelles en caoutchouc. Des cache-poussière empêchent la saleté de pénétrer. Des trous taraudés se trouvent sur l'envers du cylindre de roue afin de le fixer au plateau de frein et de le raccorder à la conduite de frein. Un purgeur d'air est vissé au point haut du cylindre.

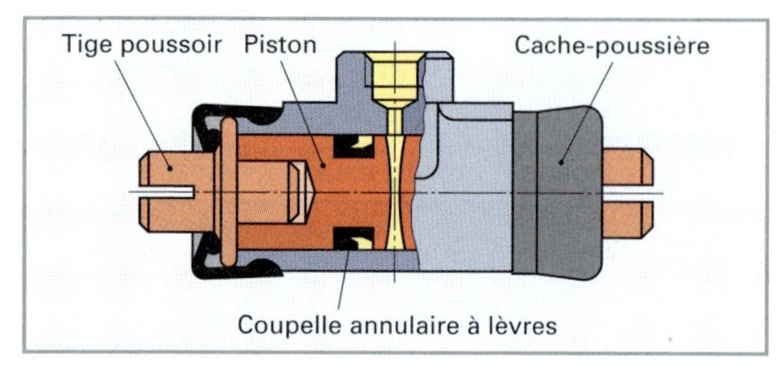

Illustration 1: Cylindre de roue à double effet

Tambour de frein (ill. 4, p. 480)

Propriétés

- Grande résistance à l'usure.
- Résistance à la déformation.
- Bonne conductibilité thermique.

Matériaux

- Fonte à graphite lamellaire.
- Fonte malléable.
- Fonte à graphite sphéroïdal.
- Acier coulé.
- Coulée composite de métal léger avec fonte de fer.

Le tambour de frein doit être bien centré et parfaitement rond. Sa surface doit être rectifiée ou polie.

Segments de frein (ill. 4, p. 480)

Ils doivent leur rigidité à un profil en T et sont coulés à partir d'alliage de métal léger ou soudés à partir de tôle d'acier. Les segments de frein possèdent, à l'une des extrémités, une face d'appui pour la tige poussoir, généralement fendue, du cylindre de roue récepteur. L'autre extrémité est logée sur un axe de centrage ou appuie, de manière flottante, contre un palier support fixe. Les mâchoires peuvent ainsi se centrer dans le tambour. Elles plaquent mieux et l'usure des garnitures est mieux répartie.

Dispositifs de réglage

A cause de l'usure des garnitures, le jeu de ventilation entre la garniture et le tambour de frein augmente peu à peu. Pour cette raison, la course à vide de la pédale de frein devient plus importante. Les freins doivent donc être réglés régulièrement, soit manuellement, soit avec des dispositifs automatiques de réglage.

Questions de révision

1. **A quoi servent les freins?**
2. **Quels types de freins différencie-t-on suivant leur utilisation?**
3. **Expliquez la structure d'un système de freinage hydraulique.**
4. **Quels sont les systèmes de freins obligatoires sur les véhicules de classe M et N?**
5. **Comment différencie-t-on les systèmes de freinage selon leur mise en fonction?**
6. **A quoi sert le maitre-cylindre?**
7. **Comment agit la coupelle primaire?**
8. **A quoi sert la soupape de compensation?**
9. **Comment travaille un maître-cylindre en tandem en cas de défaillance de l'un des circuits de frein?**
10. **Quel est l'avantage d'un maître-cylindre en tandem étagé?**
11. **Quelles combinaisons de répartition de freinage connaissez-vous?**
12. **Quelles sont les propriétés des freins à tambour?**
13. **Différenciez les types de freins à tambour.**
14. **Qu'est-ce que le fading?**

18.10.6 Frein à disque

Les freins à disque peuvent être munis d'un **étrier fixe** ou d'un **étrier flottant (ill. 2)**. Les pistons de frein sont placés dans l'étrier de frein. Lors du freinage, ils poussent les plaquettes contre le disque de frein.

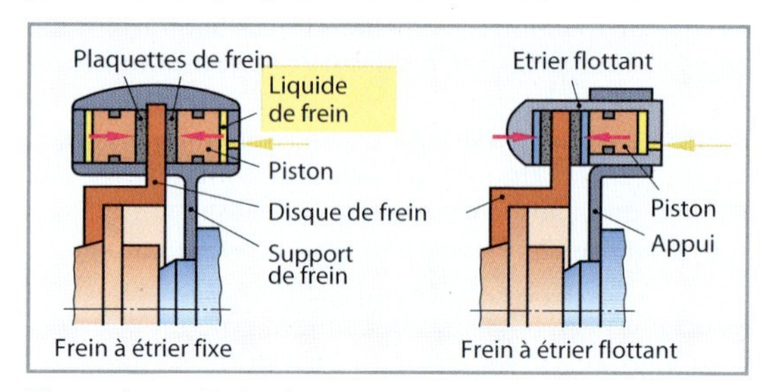

Illustration 2: Freins à disque

Propriétés

- Pas d'effet d'autoserrage à cause des surfaces de freinage planes. Cela nécessite des efforts de serrage élevés, c'est pourquoi les cylindres de frein ont un diamètre plus grand (40 à 50 mm) que ceux des cylindres de roue des freins à tambour.
- Bon dosage de la force de freinage grâce à l'absence d'effet d'autoserrage et des faibles modifications du coefficient de frottement.
- Bon refroidissement.
- Faible tendance au fading.
- Forte usure des garnitures due aux grandes forces de pression exercées.

- Maintenance et changement des garnitures aisées.
- Rattrapage automatique du jeu de ventilation.
- Fort échauffement du liquide de frein car les pistons de frein sont en contact avec les plaquettes de frein. Risque de formation de bulles de vapeur (Vapor Lock).
- Bon autonettoyage grâce à la force centrifuge.
- Tendance à la formation de bulles de vapeur car les pistons de frein sont en contact avec les plaquettes de frein.
- Frein de stationnement difficile à monter.

Types de construction

Frein à disque à étrier fixe. On utilise des freins à étrier fixe à deux et à quatre pistons **(ill. 1)** .

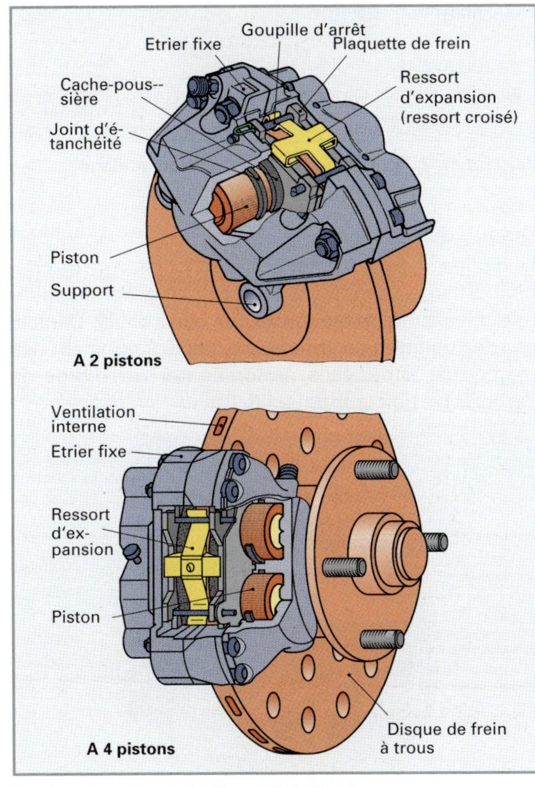

Illustration 1: Frein à disque à étrier fixe

Le support fixe des cylindres de frein (étrier fixe) est vissé au porte-fusée de roue. Il se place par-dessus le disque de frein comme une pince. On parle alors d'un étrier fixe. Il est composé d'un corps en deux parties. Chacune des parties du corps contient un ou deux pistons de frein placés l'un face à l'autre. Ils contiennent les pistons de frein munis d'un joint d'étanchéité et d'un cache-poussière retenu par une bague de fixation. Les cylindres de frein sont reliés entre eux par des conduits. Une soupape de purge est située au point le plus haut de la pince.

Lors du freinage, les pistons poussent les plaquettes de frein contre les surfaces de friction. Celles-ci sont ainsi pincées des deux côtés contre le disque de frein.

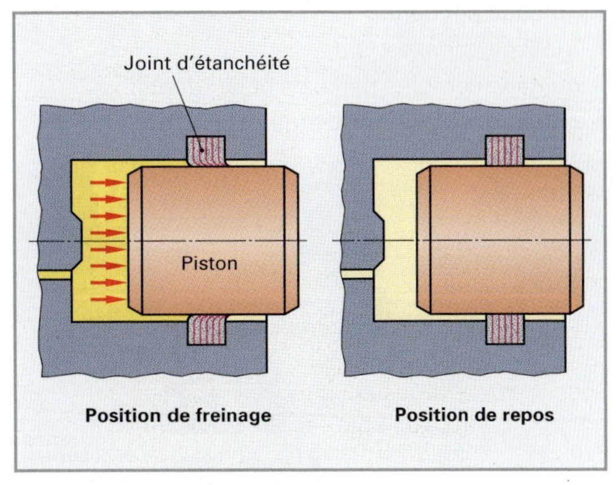

Illustration 2: Rappel du piston

Rappel du piston (ill. 2)

Un joint annulaire en caoutchouc est logé dans une rainure circulaire du cylindre de frein et rend le piston étanche. Le diamètre intérieur du joint étant légèrement plus petit que le diamètre extérieur du piston, il entoure le piston en le serrant.

Lors du freinage, la pression du liquide pousse le piston. Le joint qui adhère au piston par frottement est déformé et entraîné avec lui. Lors de la disparition de la pression dans le liquide de frein, le joint reprend sa forme initiale, et donc le piston retourne en position de repos. Le piston, qui effectue une course d'environ 0,15 mm appelée jeu de ventilation, recule et le disque de frein est alors libéré. Ce mécanisme n'est possible que dans le cas d'une disparition complète de la pression dans le système hydraulique du frein à disque.

Ressort d'expansion. Il appuie les plaquettes de frein contre les pistons et leur évite ainsi de flotter et de cliqueter.

Frein à disque à étrier flottant (ill. 1, p. 484)

Il est composé de deux pièces principales: le porte-étrier et l'étrier flottant. Ses caractéristiques sont les suivantes:

- Poids réduit.
- Dimensions réduites.
- Bonne dissipation de la chaleur.
- Grande surface des plaquettes.
- Encombrement réduit.
- Faible tendance au Vapor Lock car il n'y a plus qu'un seul piston qui peut transmettre la chaleur au liquide de frein.
- Exécution assurant une bonne protection contre la saleté et la corrosion.

Porte-étrier. Il est fixé à la suspension de roue. On utilise les freins à disque à étrier flottant avec les différents types de guidage tels que:

- guidage par dents;
- guidage par axes;
- guidage combiné par axes et par dents;
- guidage par axes avec étrier oscillant.

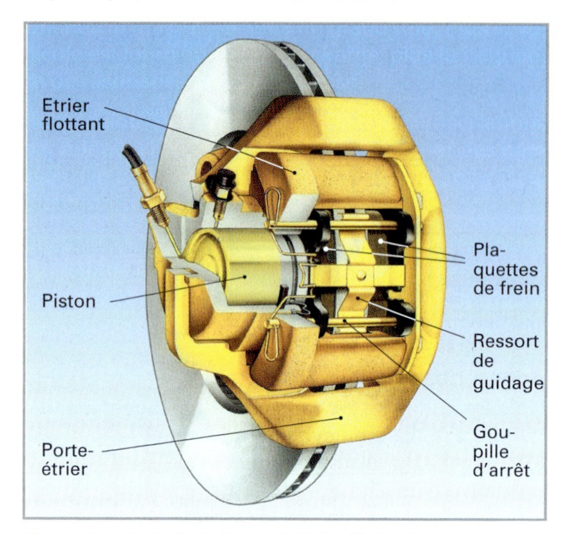

Illustration 1: Frein à disque à étrier flottant avec dents de guidage

Frein à disque avec dents de guidage (ill. 1)

Porte-étrier. Il possède deux dents de chaque côté.

Etrier. Il est positionné dans les dents du porte-étrier grâce à ses deux rainures semi-rondes.

Ressort de guidage. Il pousse l'étrier contre les dents du porte-étrier de façon à ce qu'aucun cliquettement ne soit perceptible.

Frein à disque avec axes de guidage (ill. 2)

Dans ce cas, deux axes de guidage sont vissés au porte-étrier du côté du cylindre. L'étrier comporte deux alésages dans lesquels des douilles glissantes en Téflon sont montées. L'étrier flottant peut donc se déplacer latéralement sur les deux axes de guidage fixes.

Procédé de freinage. Lorsque le piston est actionné par la pression, il appuie directement contre la plaquette interne, ce qui supprime son jeu de ventilation. La force de réaction provoque le déplacement de l'étrier dans le sens opposé au piston, ce qui a pour effet d'appuyer la plaquette externe qui se trouve à son tour comprimée contre le disque. Les jeux de ventilation des deux plaquettes sont supprimés, les plaquettes serrent le disque avec une force identique.

Dans le cas du guidage par dents, le processus reste le même.

En relâchant les freins, la force de rappel du joint du piston et le ressort d'expansion rétablissent le jeu de ventilation.

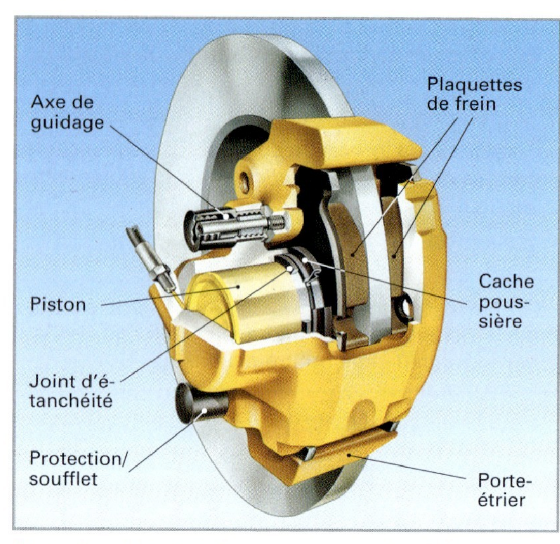

Illustration 2: Frein à disque avec axes de guidage

Disque de frein

Le disque de frein est généralement en forme de chapeau à large bord. Il est en fonte au graphite sphéroïdal, en fonte malléable ou en acier coulé. Dans le cas des voitures de course, on utilise également des matériaux composites renforcés par des fibres de carbone ou de céramique **(ill. 3)**.

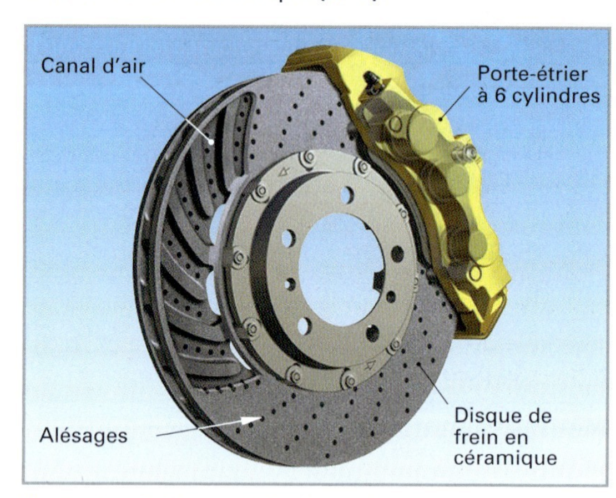

Illustration 3: Disque de frein en céramique à ventilation intérieure

Disque de frein à ventilation intérieure. Ils sont utilisés dans le cas d'efforts importants. Ils contiennent des conduits d'air radiaux, disposés de manière à ce qu'un effet de ventilation soit généré lors de la rotation. On obtient ainsi un meilleur refroidissement. Parfois, la surface de freinage contient également des alésages et éventuellement des rainures ovales.

18

Par ce moyen, l'eau est plus rapidement éliminée lors du freinage avec des disques mouillés. Les freins s'actionnent de la même façon. Le risque de fading est réduit étant donné qu'aucun coussin gazeux ne se crée à partir de dégagements de gaz provenant des plaquettes. Les alésages situés dans le disque permettent également d'en alléger le poids.

18.10.7 Garnitures de frein

Le matériau qui compose les garnitures de frein crée un frottement important au niveau des disques ou des tambours de frein. De ce fait, l'énergie cinétique du véhicule est transformée en énergie thermique. Dans le cas des freins à tambour, le matériau de garniture est rivé ou collé sur le segment de frein. Dans le cas des freins à disque, il est collé au support de la plaquette en acier. Des contacteurs électriques d'indication d'usure peuvent être intégrés aux garnitures des freins à disque.

Les garnitures doivent avoir les propriétés suivantes:

- grande résistance à la chaleur, grande résistance mécanique et longue durée de vie;
- coefficient de frottement restant égal, même lors de hautes températures et de grandes vitesses de glissement;
- ne craindre ni l'eau, ni les saletés;
- ne pas se vitrifier en cas de contraintes thermiques importantes.

18.10.8 Systèmes de frein de stationnement

Selon leur construction, on distingue les systèmes de frein de stationnement mécaniques et électromécaniques. Les freins à tambour ou les freins à disque de l'essieu arrière sont actionnés à la main ou au pied.

Etrier combiné (ill. 1). Le frein de service est actionné hydrauliquement. Le frein de stationnement est actionné mécaniquement par un câble Bowden. L'excentrique du levier de frein à main actionne le poussoir qui appuie sur la tige poussoir qui agit sur le piston de frein par l'intermédiaire du dispositif de rattrapage. Le serrage est ainsi réalisé. L'usure des garnitures est compensée au moyen du dispositif de rattrapage. Plus l'usure augmente, plus le dispositif fait tourner la broche en direction du piston de frein.

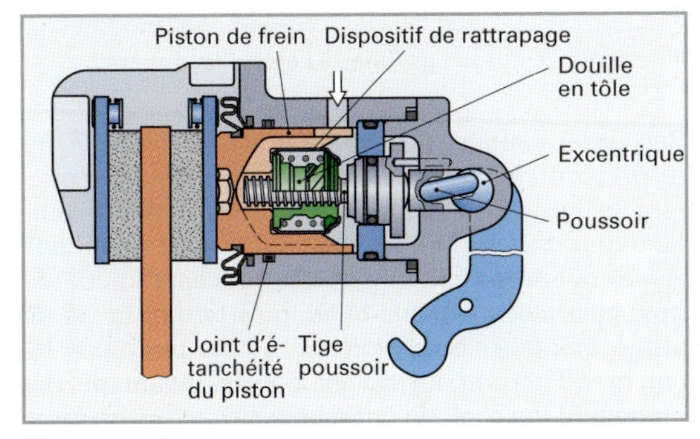

Illustration 1: Etrier combiné

Règles de travail

- Lors du changement des garnitures, le piston doit être repoussé au moyen d'un outil spécial.
- Il est interdit d'utiliser une pince pour repousser le piston sous peine de détruire le dispositif de rattrapage.

Frein de stationnement électromécanique

Dans ces systèmes, le frein de stationnement est actionné électriquement. On distingue les freins de stationnement à étrier à moteur électrique et les actuateurs à actionnement électromécanique. Le frein de stationnement est commandé mécaniquement au moyen d'un contacteur. On distingue:

Le frein de stationnement électromécanique (ill. 2). Le couple généré par le moteur électrique est renforcé par une courroie dentée (i = 3) et par un mécanisme planétaire ou à plateau oscillant (i = 50). La force est transmise au piston de frein par l'intermédiaire d'un arbre et d'un écrou de serrage et génère la force de serrage sur les garnitures de frein. Lorsque celles-ci atteignent une force de serrage suffisante, le moteur électrique est déclenché. Le système identifie le moment de déclenchement sur la base de la consommation électrique (p. ex. I_{max} = 16 A). A l'état non alimenté, la transmission importante (i = 150) permet d'obtenir un blocage automatique suffisant. Le moteur est ensuite alimenté en polarité inverse pour desserrer le frein de stationnement.

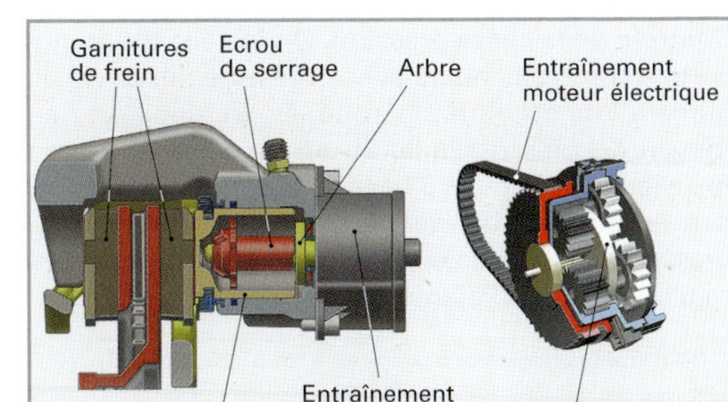

Illustration 2: Frein de stationnement électromécanique

Actuateur électromécanique (ill. 1, p. 486). L'actuateur est centré entre les roues de l'essieu arrière. Un câble Bowden permet d'actionner le frein de stationnement à tambour ou à disque. Lorsqu'il n'est pas alimenté, l'actuateur reste bloqué.

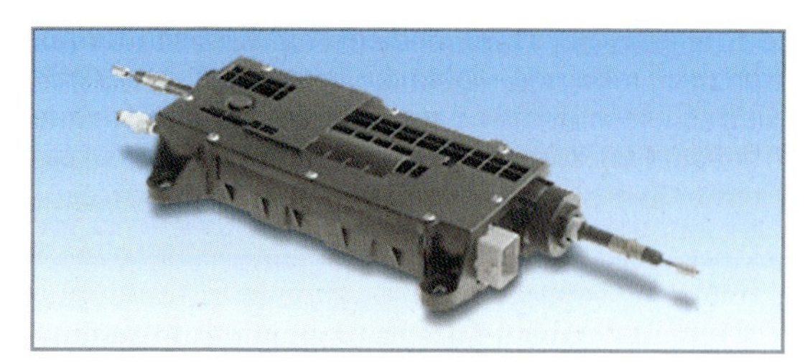

Illustration 1: Actuateur électromécanique

Afin de maintenir un effet de freinage constant même lorsque les freins se refroidissent, le système est mis régulièrement sous tension (p. ex. toutes les 5

Les systèmes de freins de stationnement permettent d'améliorer le confort et les systèmes de sécurité tels que p. ex.:

- actionnement automatique du frein de stationnement électrique dès que le véhicule s'arrête;
- fonction Hill-holder d'aide au démarrage en côte;
- frein de secours. En actionnant un interrupteur, il est possible d'activer un système de frein de secours. Dans ce cas, la pression est générée par l'ESP;
- amélioration de la sécurité contre le vol en reliant le frein de stationnement au système antidémarrage.

18.10.9 Diagnostic et maintenance des installations de freinage hydrauliques

Inspection visuelle. Contrôle du niveau du liquide de frein dans le réservoir de compensation; recherche de taches foncées et humides sur les cylindres de frein, les raccords et les joints, recherche de traces de corrosion sur les conduites de frein; contrôle de l'état de celles-ci (traces de frottement, de gonflement, de morsures de fouines).

Inspection fonctionnelle. Elle consiste à vérifier la course de la pédale de frein. Si celle-ci augmente lentement, cela pourrait indiquer un manque d'étanchéité d'une des coupelles primaires ou de la soupape de compensation. Si la course de la pédale est trop grande et que la génération de la pression ne peut être obtenue qu'en pompant, cela peut provenir de la présence d'air dans les circuits ou d'un trop grand jeu de ventilation.

Contrôles d'étanchéité (ill. 2). Pour cela, on utilise un appareil de contrôle de pression et un presse-pédale. Avant de procéder au contrôle, il faut purger les installations de freinage et l'appareil de contrôle de pression.

Contrôle de la basse pression. On installe les manomètres combinés haute/basse pression sur la vis de purge d'un cylindre de roue et on applique, au moyen du presse-pédale et durant 5 minutes, une pression allant de 2 à 5 bar. L'ensemble de l'installation ne doit pas bouger pendant ce contrôle. Si la pression baisse, cela signifie que l'on est en présence d'un manque d'étanchéité.

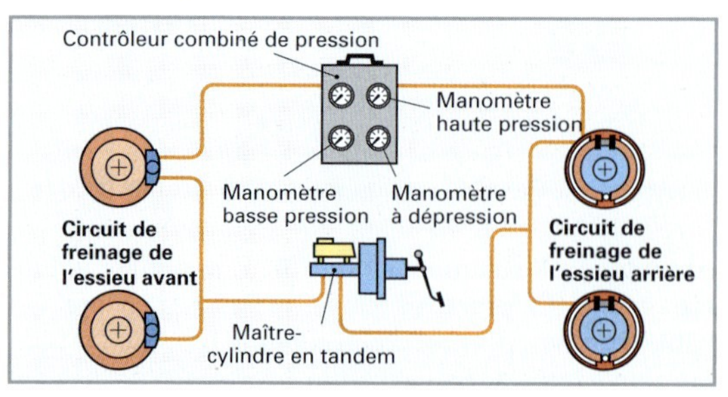

Illustration 2: Contrôle d'étanchéité

Contrôle de la haute pression. A l'aide du presse-pédale, la pression de freinage est amenée à une valeur située entre 50 et 100 bar. Cette pression peut diminuer au maximum de 10 % après 10 minutes. Si la chute de pression est supérieure à cette valeur, il y a un manque d'étanchéité.

Remplissage et purge de l'installation de freinage (ill. 3). Ces opérations peuvent être effectuées par une personne à l'aide d'un appareil de remplissage et d'une purge. Pour cela, on utilise un tuyau de purge transparent muni d'une bouteille réceptrice. Pour les véhicules équipés d'ABS, respecter les spécifications du fabricant.

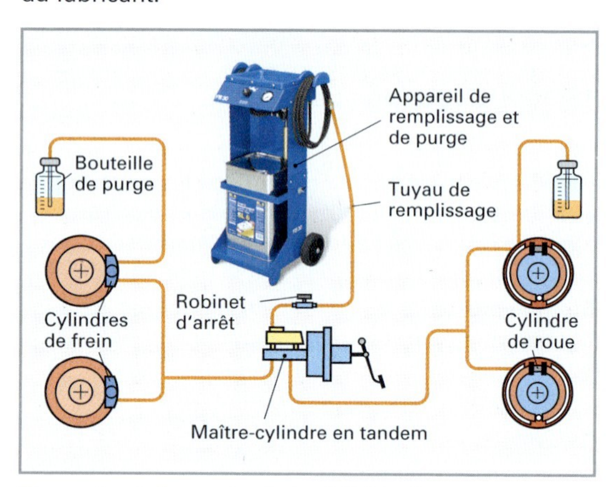

Illustration 3: Purge des freins à l'aide d'un appareil

Raccorder l'appareil de purge et de remplissage au réservoir du liquide de frein et fixer le tuyau transparent de purge de la bouteille réceptrice à la vis de purge d'une roue. Ouvrir le robinet d'arrêt et ensuite la vis de purge jusqu'à ce que du nouveau liquide de frein clair s'écoule sans bulle, puis fermer la vis de purge. Répéter l'opération aux autres purgeurs. Finalement, fermer le robinet d'arrêt. Avant de débrancher l'appareil de purge, ouvrir un très bref instant une vis de purge pour détendre la pression.

Travaux de maintenance des freins

Tambours et disques de frein. Lors du contrôle des freins, vous devez contrôler la présence éventuelle de rayures, d'irrégularités ou de coups. Les disques de frein ayant subit des coups latéraux trop marqués doivent être remplacés. Les plaquettes de freins à disque, l'étrier flottant ou fixe doivent être libres. Les tambours ou les disques de frein comportant des irrégularités ou des rayures doivent être inversés. Contrôler les dimensions des disques et des tambours. Le cas échéant, ceux-ci doivent être remplacés par des composants neufs. Changer les tambours ou les disques de frein rayés ou endommagés.

Garnitures de frein. Contrôler leur état et, le cas échéant, procéder à leur remplacement.

Contrôle des freins

Généralement, les freins sont contrôlés sur un banc de mesure.

On mesure, pour chaque roue:

- la force de freinage;
- la résistance au roulement;
- les écarts de la force de freinage (p. ex. dans le cas de tambours de forme irrégulière);
- d'éventuelles tendances au blocage.

Banc de mesure des freins à rouleaux (ill. 1). Il est muni de deux séries de rouleaux identiques permettant de mesurer simultanément les freins des roues du même essieu. Ces rouleaux entraînent les roues durant le contrôle. Les rouleaux sont mis en mouvement simultanément du même côté. Le troisième rouleau est un rouleau palpeur qui assure automatiquement le banc de mesure contre tout blocage. La force de freinage de chaque roue peut ainsi être mesurée.

Illustration 1: Banc de mesure des freins à rouleaux

Généralement, on mesure le freinage ***z* en % (voir p. 476).** La différence de force de freinage des roues gauche et droite d'un même essieu ne doit pas dépasser 25 %. Les véhicules à traction intégrale permanente ou avec répartition du couple moteur variable sont contrôlés sur des bancs d'essai spéciaux.

Conseils d'atelier

- Vérifier, à chaque contrôle, le niveau du liquide de frein dans le réservoir de compensation. Pour les freins à disque, une baisse du niveau peut signifier une usure importante des plaquettes.
- L'épaisseur des garnitures des freins à tambour peut être vérifiée par les fenêtres de visite du plateau de frein.
- Pour contrôler les tambours de frein, les déposer et enlever (en aspirant et non en soufflant) la poussière du tambour.
- Le remplacement des garnitures ou des plaquettes de frein doit se faire des deux côtés d'un même essieu.
- Renouveler (p. ex. tous les 2 ans) le liquide de frein selon les prescriptions du fabricant.
- Ne pas réutiliser le liquide de frein; le stocker dans un récipient prévu à cet effet et le confier à une entreprise d'élimination ou de recyclage.
- Eliminer toute trace d'huile et de graisse des organes de freinage.
- Lors du remplissage, n'utiliser que le liquide de frein prescrit.
- Lors du nettoyage, n'utiliser que des produits spécifiquement conçus pour les freins, éventuellement de l'alcool à brûler.

Questions de révision

1 **Quelles sont les propriétés des freins à disque?**

2 **Comment est construit un frein à disque à étrier fixe?**

3 **Comment se forme le jeu de ventilation dans les freins à disque?**

4 **Quels freins à disque à étrier flottant distingue-t-on, selon le guidage de l'étrier?**

5 **Comment le freinage est-il transmis?**

6 **Décrivez le procédé de freinage avec un frein à disque à étrier flottant.**

7 **A quelles exigences les garnitures de frein doivent-elles répondre?**

8 **Quelles vérifications doit-on effectuer sur les freins hydrauliques?**

9 **Comment peut-on effectuer le remplissage et la purge d'un frein hydraulique?**

10 **Que mesure-t-on sur le banc d'essai des freins à rouleaux?**

18.10.10 Assistance au freinage

Afin de créer une force auxiliaire d'aide, un dispositif à dépression d'assistance au freinage ou un servofrein hydraulique est couplé au maître-cylindre du frein hydraulique.

Dispositif à dépression d'assistance au freinage

Avec les véhicules à moteur Otto, la dépression peut généralement être extraite du collecteur d'admission. La faible différence de pression entre la pression atmosphérique et la dépression du collecteur d'admission (env. 0,8 bar) nécessite une grande surface du piston de travail afin d'obtenir la force d'assistance désirée, c'est-à-dire de quadrupler la force de la tige poussoir.

Avec les moteurs Diesel, la dépression est créée par une pompe entraînée par le moteur.

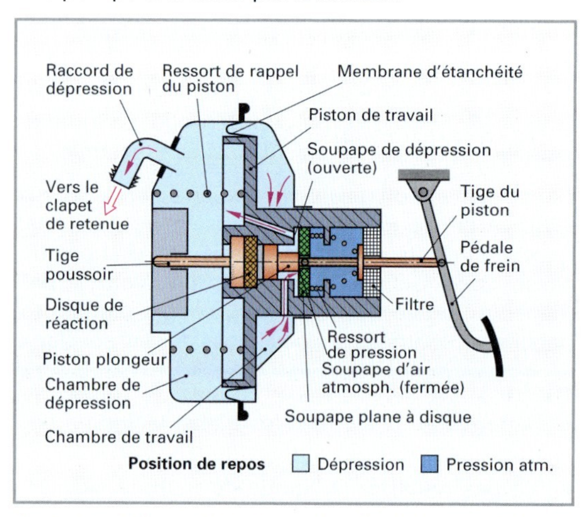

Illustration 1: Dispositif à dépression d'assistance au freinage

Construction (ill. 1). Le maître-cylindre est généralement fixé au carter du servofrein. Le piston de travail avec sa membrane d'étanchéité divise le carter en une chambre de dépression et une chambre de travail. La chambre de travail est reliée à l'air atmosphérique ou à la chambre de dépression. La soupape d'asservissement est actionnée par la tige de poussée de la pédale de frein qui pousse également, en s'appuyant contre le disque de réaction en caoutchouc, le piston de travail et la tige poussoir du piston primaire du maître-cylindre sur lequel agit également la force d'assistance du piston de travail.

Fonctionnement

Position de repos (ill. 1). La soupape d'air atmosphérique est fermée, la chambre de travail est reliée à la chambre de dépression par la soupape de dépression ouverte. La pression (env. P_{abs} = 0,2 bar) est la même des deux côtés du piston de travail.

Freinage partiel (ill. 2). En freinant, la tige poussoir de la pédale se déplace et pousse le piston plongeur. Celui-ci, en se déplaçant, ferme le canal de dépression, comprime le disque de réaction et ouvre la soupape d'air atmosphérique. La différence de pression entre les deux chambres crée une force de poussée qui agit sur la face de travail du piston et de la membrane d'étanchéité. Celle-ci agira tant que la force de réaction du maître-cylindre est égale. Si la poussée est interrompue, le disque de réaction va se détendre, faire avancer le piston de travail et fermer la soupape d'air atmosphérique. La force d'assistance exercée sur le piston de travail et la tige poussoir reste constante.

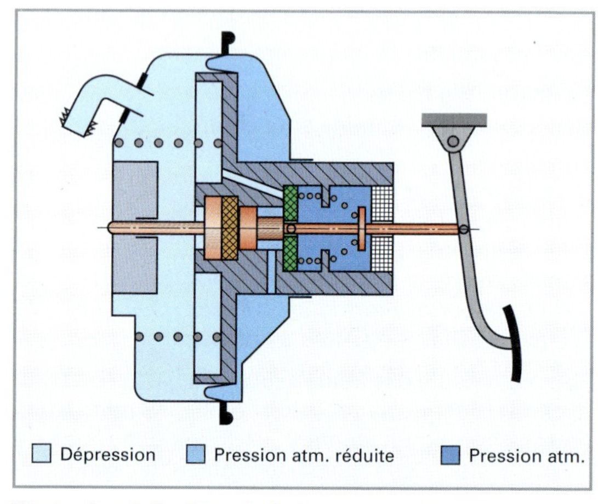

Illustration 2: Position de freinage partiel

Freinage d'urgence (ill. 3). Quand une force élevée est appliquée à la pédale de frein, le disque de réaction est comprimé par le piston plongeur et la soupape atmosphérique reste ouverte. Une grande différence de pression (p = 0,8 bar) règne entre les deux chambres et une plus grande force d'assistance au freinage se développe alors. Elle est communiquée par la tige poussoir au piston primaire.

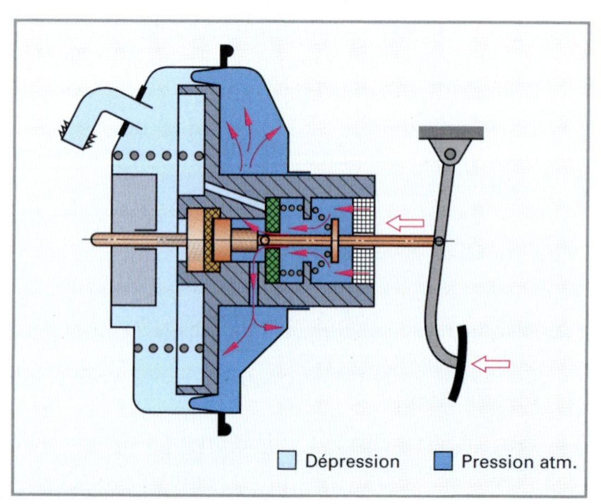

Illustration 3: Freinage d'urgence

Servofrein hydraulique (ill. 2)

Le système **(ill. 1)** se compose de la pompe à huile à haute pression, de la servodirection, de l'accumulateur hydraulique, du régulateur de débit d'huile commandé par pression et du servofrein hydraulique avec le maître-cylindre en tandem ainsi que le réservoir d'huile.

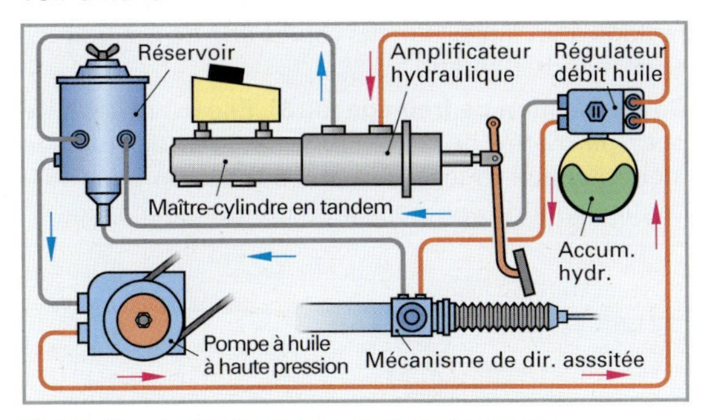

Illustration 1: Système de servofrein hydraulique

Fonctionnement

La pompe à huile à haute pression refoule l'huile dans l'accumulateur hydraulique. L'huile y comprime de l'azote séparé par une membrane et charge l'accumulateur à une pression pouvant aller jusqu'à 150 bar. Le servofrein et la chambre d'huile de pression de l'accumulateur hydraulique sont reliés par une conduite.

Freinage. En activant le frein, le piston du servofrein **(ill. 2)** est déplacé. Il ferme l'orifice du retour et ouvre les orifices d'alimentation. La chambre de pression est alimentée en huile sous pression et fournit ainsi une force d'assistance au piston de travail. En se déplaçant, celui-ci referme les orifices d'alimentation et permet de générer une amplification proportionnelle de la force exercée sur la pédale de frein.

Desserrage des freins. Lorsque la pédale est relâchée, le piston de commande ferme les orifices d'alimentation et ouvre à nouveau l'orifice de retour. Le liquide hydraulique peut refluer vers le réservoir. Le piston de travail retourne en position de départ sous l'effet du ressort de rappel. En cas de défaillance du moteur, la pression de l'huile est encore suffisante pour environ dix freinages.

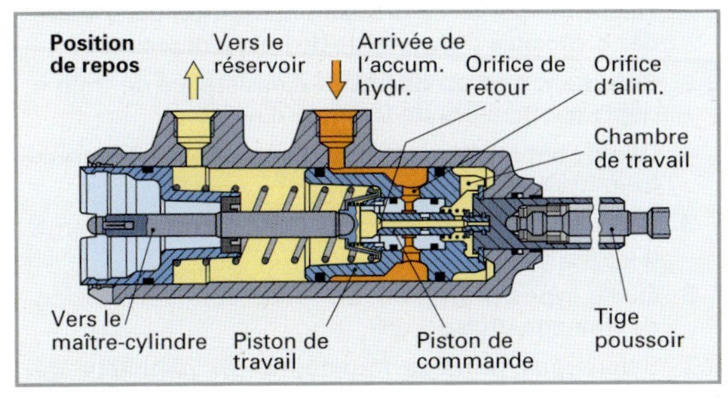

Illustration 2: Servofrein hydraulique

Servofrein pneumatique

Les véhicules disposant d'installations de freinage combinées air comprimé-hydraulique peuvent être équipés de servofreins pneumatiques **(ill. 3)**. La pression de travail d'environ 7 bar permet d'obtenir des forces d'assistance élevées pour un encombrement réduit du servofrein.

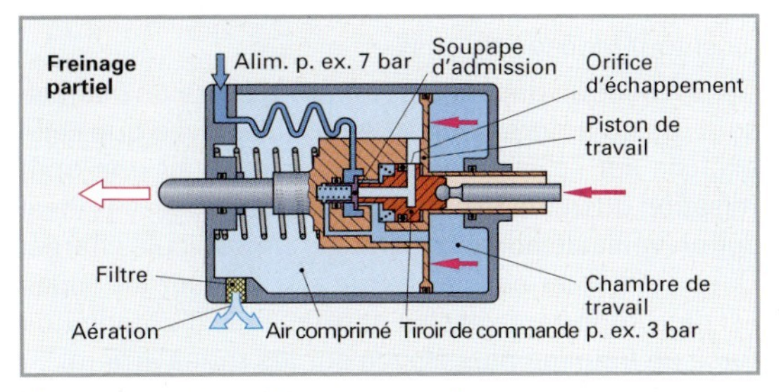

Illustration 3: Servofrein pneumatique

Fonction. En activant le frein, le tiroir de commande du piston de travail est déplacé et vient fermer l'orifice d'échappement. Simultanément, le tiroir de commande ouvre la soupape d'admission. La pression afflue alors dans la chambre de travail et exerce une force d'assistance sur le piston de travail qui se déplace et referme la soupape d'admission, ce qui génère un renforcement progressif de la force exercée sur la pédale de frein. Lorsque la pédale est relâchée, le tiroir de commande referme la soupape d'admission et ouvre l'orifice d'échappement. La pression chute dans la chambre de travail et le piston de travail est repoussé dans sa position initiale par le ressort de rappel.

18.10.11 Répartition de la force de freinage

Le transfert de charge d'essieu survenant lors du freinage dépend de la décélération, de la charge, de la répartition des poids sur le véhicule et de la hauteur du centre de gravité. En freinant lors d'une conduite en ligne droite, les roues avant sont davantage chargées tandis que les roues arrière sont déchargées. En freinant lors d'une conduite en virage, les roues sont plus chargées du côté extérieur de la courbe. Les freins sont généralement conçus pour que l'on obtienne le meilleur comportement possible lors du freinage, pour une décélération moyenne et une charge moyenne. En cas de freinage important, les roues arrière peuvent toutefois se bloquer et le véhicule déraper. Sur les véhicules non équipés d'ABS, ce danger est écarté grâce aux réducteurs de pression de freinage.

Réducteur de pression de freinage (ill. 1, p. 490). Il commande la pression de freinage des roues arrière. A partir d'une pression d'intervention définie, les roues arrière ne sont freinées qu'avec une pression augmentant de manière réduite.

Circuit de la pression dans les installations de freinage sans réducteur de pression. La ligne bleue indique la progression de la pression de freinage dans un processus de freinage normal. Jusqu'au point de conversion (p. ex. 40 bar), la pression de freinage est la même sur l'essieu avant et sur l'essieu arrière. A partir de ce point, l'augmentation de la pression de freinage sur l'essieu arrière est limitée, empêchant ainsi tout blocage de l'essieu arrière.

Dans l'idéal, au début du freinage, la pression exercée sur l'essieu arrière pourrait être plus élevée que celle exercée sur l'essieu avant, ceci garantirait une optimisation du freinage. L'**ill. 1** montre ce processus idéal sur un véhicule non chargé et sur un véhicule chargé. Dans ce dernier cas, la charge qui agit sur les roues est plus importante et cela permet ainsi d'obtenir une force de freinage plus élevée sur les roues arrière.

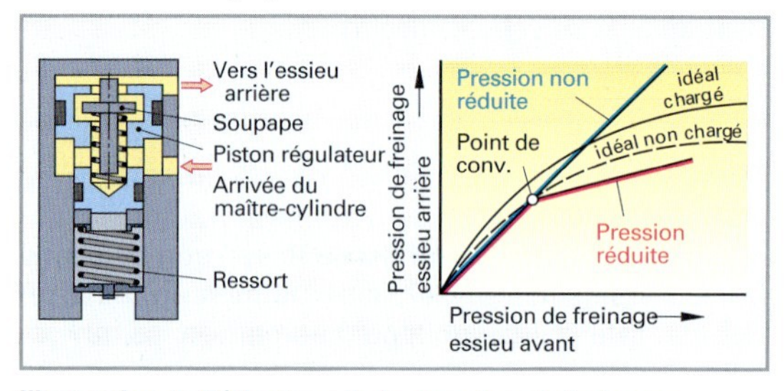

Illustration 1: Réducteur de la pression de freinage

Réducteur de pression de freinage en fonction de la charge (ill 2).
Il agit comme un réducteur de pression de freinage normal mais, dans ce cas, lors du freinage, la pression d'intervention est commandée en fonction de la charge et du transfert de charge de l'essieu.

Grâce à cette correction de la pression d'intervention, la pression de freinage s'adapte toujours de façon idéale.

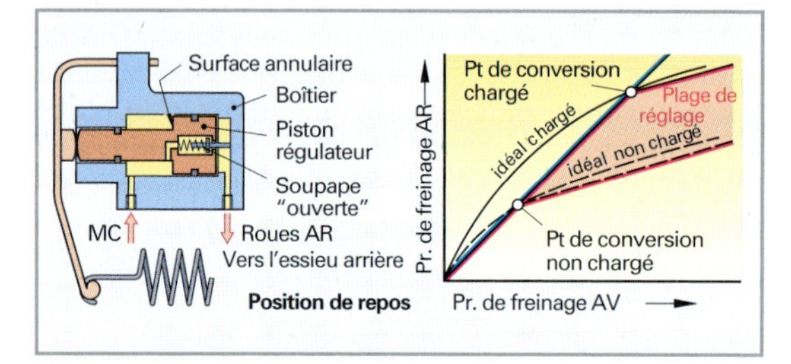

Illustration 2: Réducteur de pression de freinage en fonction de la charge

18.10.12 Frein actionné mécaniquement

Généralement, les freins actionnés mécaniquement ne sont utilisés que comme freins de stationnement sur les véhicules équipés d'un système de freinage hydraulique et comme freins de service sur les motos de petite taille et les remorques à un essieu.

Le rendement mécanique de la transmission de force est faible (selon l'état du dispositif: seulement env. 50 %). En hiver, en cas d'humidité et de gel, les organes de commande risquent de geler.

Câbles de frein. Ce sont des câbles en acier qui sont guidés par des poulies ou des gaines flexibles (câbles Bowden). Afin de diminuer le frottement et de les protéger contre la rouille et la corrosion, ces câbles de frein sont enrobés de matière plastique. Des vis de réglage sont fixées sur ces câbles afin de pouvoir les ajuster correctement.

Compensation de freinage (ill. 3). Elle est nécessaire pour permettre de transférer une force de freinage identique aux roues du même essieu. On peut utiliser un levier de compensation ou une poulie fixe.

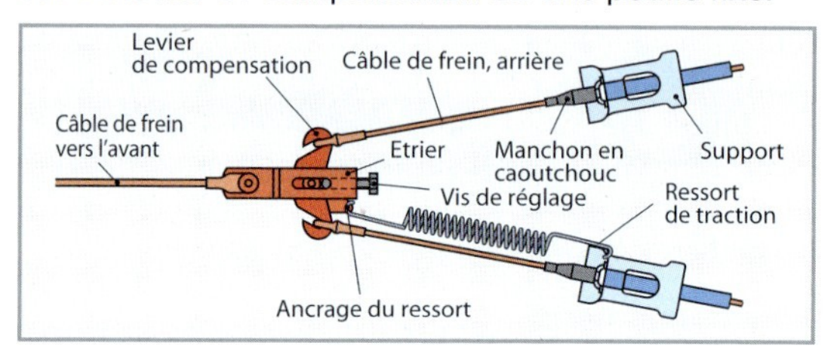

Illustration 3: Compensation de freinage par levier

Frein de poussée (ill. 4). Il est utilisé pour les remorques. Lors du freinage du véhicule tracteur, la remorque pousse ce dernier. Le timon de la remorque, muni d'un ressort de pression, est alors comprimé. Le mouvement ainsi obtenu agit sur un élément de compensation qui transfère la force de traction par un câble à la serrure à segments extensibles qui actionne alors les freins de la remorque.

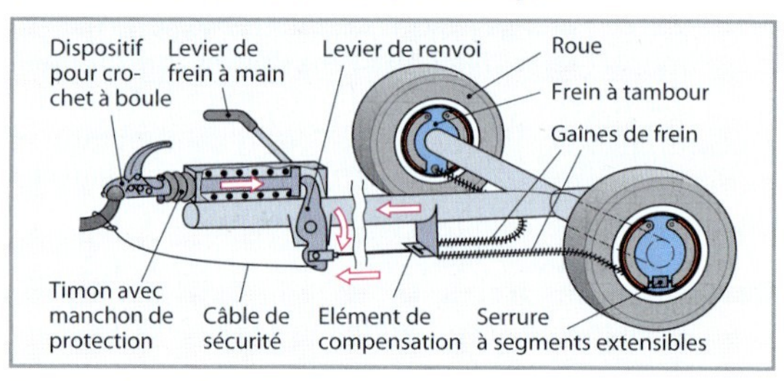

Illustration 4: Frein de poussée

Questions de révision

1. **Quels types de servofreins utilise-t-on dans le cas des freins hydrauliques?**
2. **Quelle différence de pression utilise-t-on dans le cas des dispositifs d'assistance de frein à dépression?**
3. **Comment agit un dispositif d'assistance de frein à dépression en cas de freinage d'urgence?**
4. **Quels sont les composants d'un système de servofrein hydraulique?**
5. **Qu'entend-on par transfert dynamique de charge d'un essieu?**
6. **Quels types principaux de réducteurs de pression de freinage utilise-t-on?**
7. **Selon quel principe fonctionne un réducteur de pression de freinage?**

18.10.13 Systèmes de régulation électronique de la conduite

Les systèmes de régulation électronique doivent garantir une conduite sûre du véhicule lors de l'accélération, du guidage et de la décélération.

On utilise les systèmes de régulation suivants:

- **système d'antiblocage** (p. ex. ABS), qui empêche le blocage des roues lors du freinage;
- **système d'assistance au freinage** (p. ex. BAS), qui détecte les situations d'urgence et assure une distance de freinage courte;
- **système électronique de freinage** (p. ex. SBC), qui raccourcit la distance de freinage et augmente la stabilité du véhicule lors du freinage en virage;
- **système d'antipatinage** (p. ex. ASR) **et blocage électronique du différentiel** (p. ex. ESD), qui empêche le patinage des roues lors du démarrage ou en accélération;
- **système de contrôle dynamique de la trajectoire** (p. ex. ESP), qui empêche le dérapage du véhicule.

Tout déplacement ou changement de direction du véhicule ne peut avoir lieu que grâce à des forces agissant sur chaque pneu. Ces forces sont:

- la force longitudinale, comme la force motrice ou la force de freinage qui agit dans le sens longitudinal du pneu;
- la force latérale (p. ex. les virages ou les influences perturbatrices extérieures comme le vent latéral);
- la force normale due au poids du véhicule. Elle agit toujours verticalement.

L'impact de ces forces dépend de l'état du revêtement de la route, de l'état et du type de pneus et des conditions atmosphériques.

La possibilité de transmission du couple entre le pneu et la chaussée est déterminée par la force d'adhérence. La régulation électronique a pour objectif de rester dans la plage d'adhérence.

La force longitudinale, comme la force motrice (F_M), et la force de freinage (F_F), est transmise à la chaussée pour autant que le frottement par adhérence soit garanti.
Sa valeur est égale à la force normale F_N multipliée par le coefficient d'adhérence μ_A ($\mu_{Glace} = 0,1$ à $\mu_{Sec} = 0,9$).

$$F_{M,F} = \mu_A \cdot F_N$$

$F_{M,F}$ Force motr., freinage
F_N Force normale
μ_A Coeff. d'adhérence

Le coefficient d'adhérence μ_A est déterminé par:

- l'appariement des matériaux (pneus et chaussée);
- les conditions atmosphériques.

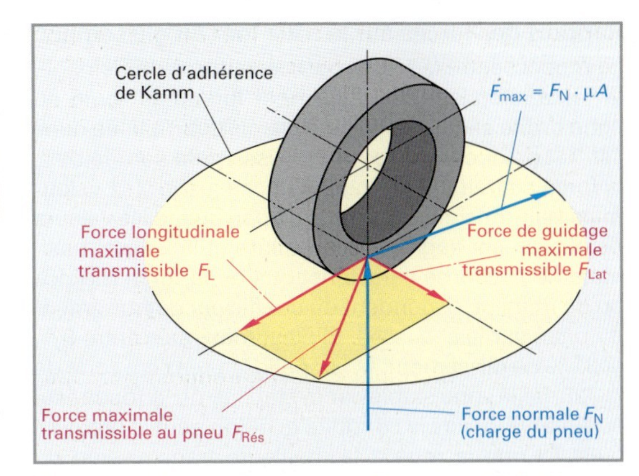

Illustration 1: Forces s'exerçant sur la roue, cercle de Kamm

Cercle d'adhérence de Kamm (ill. 1). La force maximale transmissible sur la chaussée ($F_{max} = F_N \cdot \mu_A$) est représentée sous forme de cercle. Pour une conduite stable, la résultante $F_{Rés}$ de la force longitudinale F_L et de la force latérale F_{Lat} devra être contenue dans ce cercle et donc être inférieure à F_{max}.

Si la limite de la **force longitudinale F_L** d'une roue bloquée est atteinte, aucune force latérale F_{Lat} ne peut plus être transmise. Le véhicule ne peut plus être dirigé.

Si, dans un virage pris à grande vitesse, la **force latérale F_{Lat}** maximale est atteinte, le véhicule ne peut plus être freiné ni décéléré sous peine de sortir de la route.

Glissement (ill. 2). Pendant la rotation d'un pneu, il se produit des déformations élastiques et des phénomènes de glissement. Si p. ex. une roue freinée qui a une circonférence de roulement de 2 m ne parcourt qu'une distance de 1,8 m pendant un tour, la différence du chemin entre la dimension du pneu et la distance de freinage est de 0,2 m, ce qui correspond à un glissement de 10 %.

Si une roue se bloque ou patine lors d'un freinage, le glissement est de 100 %.

Une transmission de puissance sans glissement entre le pneu et la chaussée est impossible puisque le pneu n'adhère pas totalement à la chaussée et glisse un peu lors de l'accélération ou du freinage.

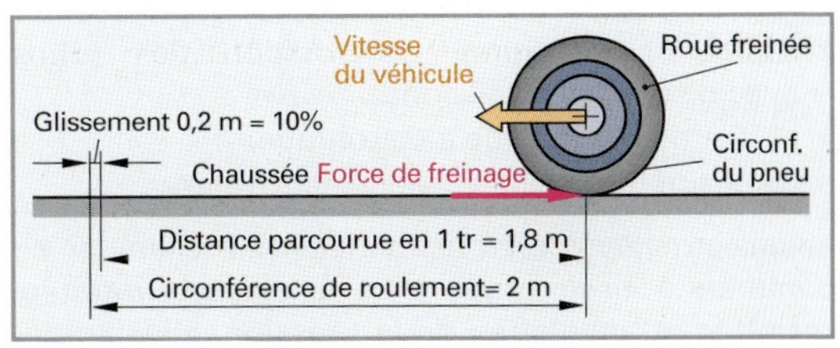

Illustration 2: Glissement au niveau d'une roue freinée

Rapport des forces sur la roue lors du glissement

Le rapport entre la force motrice, la force de freinage, la force latérale et le glissement lorsqu'on roule en ligne droite est représenté de manière simplifiée dans l'**ill. 1**. Lorsque les valeurs de glissement sont faibles, la force de freinage monte en flèche jusqu'à sa valeur maximale. Ensuite elle baisse un peu quand les valeurs de glissement augmentent. L'allure et la valeur maximale de la courbe caractéristique de la force motrice ou de freinage dépendent du coefficient de frottement du pneu sur la chaussée. Elle est maximale entre 8 % et 35 % de glissement. On appelle la première zone de la courbe la zone stable car la stabilité de la roue reste acceptable lors de la conduite et qu'on peut la braquer. C'est ici que la roue a la meilleure transmission de couple. C'est pourquoi les systèmes de régulation électronique fonctionnent dans cette plage de réglage. Lorsque les valeurs de glissement sont élevées, la force de guidage diminue sensiblement, le véhicule devient instable. Les systèmes de régulation empêchent que le véhicule quitte la zone stable.

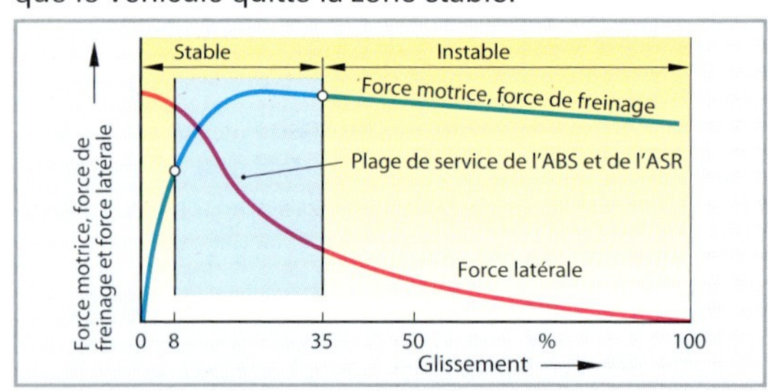

Illustration 1: Forces exercées au niveau de la roue en fonction du glissement

18.10.14 Systèmes antiblocage (ABS)

Les systèmes antiblocage (ABS), appelés aussi systèmes automatiques antibloqueurs de freinage, sont utilisés pour le réglage de la force de freinage dans les systèmes de freinage hydraulique et les systèmes de freinage à air comprimé.

Les systèmes ABS règlent la pression de freinage de la roue en fonction de son adhérence à la chaussée pour l'empêcher de se bloquer.

Seules des roues qui tournent peuvent être braquées et transmettre les forces de guidage latérales.

Construction

Un système ABS est constitué des composants suivants:

- capteurs de régime de rotation des roues avec disques d'impulsion;
- boîtier de commande électronique;
- dispositif hydraulique avec électrovalves.

Les électrovalves sont actionnées par le boîtier de commande électronique en trois phases: **montée, maintien et annulation de la pression**. Elles empêchent le blocage des roues.

Les systèmes ABS ont les propriétés suivantes:

- les forces de guidage et la stabilité de conduite sont maintenues ce qui permet de réduire le risque de dérapage;
- le véhicule reste dirigeable et on peut éviter les obstacles;
- on atteint une distance de freinage optimale sur route normale (pas sur sable ou sur neige);
- on empêche les "plats de freinage" sur les pneus puisque aucune roue ne se bloque.

Systèmes antiblocage. Pour les voitures de tourisme, on utilise essentiellement deux systèmes en fonction du nombre de canaux et de capteurs utilisés:

- **les systèmes à 4 canaux** avec 4 capteurs et répartition du freinage en X (diagonale) ou en II (TT avant-arrière). Chaque roue est pilotée individuellement.
- **les systèmes à 3 canaux** avec 3 ou 4 capteurs et une répartition du freinage en II (avant-arrière). Dans ce cas, les roues avant sont toujours pilotées séparément et les roues arrière ensemble.

Régulation individuelle. Dans ce cas, chaque roue reçoit la force de freinage la plus élevée possible. La force de freinage est donc maximale. Etant donné que les roues du même essieu doivent pouvoir être plus ou moins freinées séparément, (p. ex. si un seul côté de la chaussée est gelé), il se produit une rotation du véhicule autour de son axe vertical (couple d'embardée ou de lacet).

Régulation Select-low. Avec ce système, c'est la roue dont l'adhérence est plus faible qui détermine la pression commune de freinage. En cas de freinage sur des chaussées avec une adhérence différenciée, le couple d'embardée est réduit puisque les forces de freinage des roues arrière sont pratiquement égales.

Généralement, les roues avant sont commandées séparément et la régulation des roues arrière est souvent effectuée selon le principe Select-low.

Fonctionnement

La plupart des freinages n'ont lieu que lorsque le glissement est faible. Dans ce cas, le système antiblocage ABS n'est pas efficace. Le circuit de freinage ABS n'est activé que lorsqu'il se produit un glissement plus important lors d'un fort freinage **(ill. 1)**. La plage de réglage de l'ABS se situe entre 8 et 35 % de glissement. En-dessous d'une vitesse de 6 km/h environ, l'ABS est généralement coupé pour que le véhicule puisse s'arrêter.

Le disque d'impulsion denté tournant avec chaque roue produit, par induction, une tension alternative dans le capteur de fréquence de rotation. Sa fréquence est proportionnelle au régime de la roue. Les tensions sont transmises à l'appareil de commande qui calcule l'accélération ou la décélération de chaque roue.

Tableau 1: Circuit de réglage de l'ABS

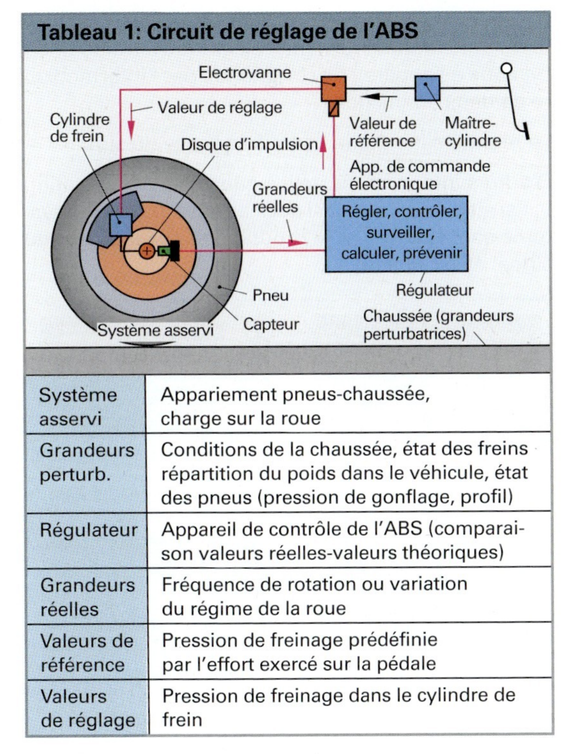

Système asservi	Appariement pneus-chaussée, charge sur la roue
Grandeurs perturb.	Conditions de la chaussée, état des freins répartition du poids dans le véhicule, état des pneus (pression de gonflage, profil)
Régulateur	Appareil de contrôle de l'ABS (comparaison valeurs réelles-valeurs théoriques)
Grandeurs réelles	Fréquence de rotation ou variation du régime de la roue
Valeurs de référence	Pression de freinage prédéfinie par l'effort exercé sur la pédale
Valeurs de réglage	Pression de freinage dans le cylindre de frein

Montée de la pression. La pression générée dans le maître-cylindre est transmise aux cylindres de roue.

Maintien de la pression. Lors du freinage, si une roue tend à se bloquer et dépasse la valeur de glissement définie, elle est identifiée par l'appareil de commande. Celui-ci active l'électrovalve de la roue afin de conserver la pression. La liaison du maître-cylindre au cylindre de roue est interrompue. La pression de freinage reste égale.

Suppression de la pression. Si le glissement augmente, et donc la tendance au blocage diminue, la pression est supprimée en créant une liaison entre le cylindre de roue et le maître-cylindre par l'intermédiaire de la pompe de retour. Le glissement diminue. Si celui-ci dépasse toutefois une valeur définie, l'appareil de commande active à nouveau l'électrovalve et la pression remonte. Ce cycle se répète à raison de 4 à 10 fois par seconde tant que le frein est actionné.

Système ABS avec retour en circuit fermé

Lorsque la pression est supprimée, le liquide de frein s'écoule dans un accumulateur. La pompe de retour est en marche et renvoie ce liquide dans le circuit de frein du maître-cylindre approprié.

Construction (ill. 1). Dans ce système ABS, les composants suivants s'ajoutent au système de freinage habituel:

- Capteurs de roue
- App. de commande électr.
- Groupe hydraulique
- Témoin avertisseur

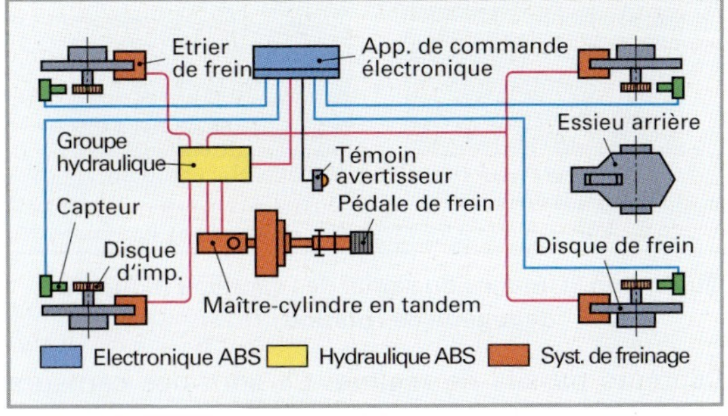

Illustration 1: Système ABS avec retour en circuit fermé (représentation schématique)

Appareil électronique de commande. Il analyse les signaux qu'il reçoit des capteurs et pilote les électrovalves de façon appropriée. Le fonctionnement du système ABS est contrôlé en permanence grâce à un autodiagnostic.

Témoin avertisseur. Il signale, au démarrage, la mise en action du système ABS et clignote en cas de défaillance. Les fonctions de freinage du véhicule restent toutefois entièrement opérationnelles.

Groupe hydraulique avec pompe de retour. Il comprend les électrovalves de commande, un réservoir de liquide de frein pour chaque circuit et une pompe électrique de retour. Il est commandé par un relais et fonctionne en permanence durant la phase de régulation du système ABS.

Capteur de roue (capteur de régime) **(ill. 2).** Chaque roue est équipée d'un capteur et d'un disque d'impulsion ou d'un disque magnétique tournant avec la roue. On utilise des capteurs de régime passifs ou actifs.

Capteurs actifs de régime. Ce sont des capteurs inductifs. Ils sont appelés actifs car ils ne sont pas alimentés en tension. Selon la vitesse de déplacement du véhicule, le capteur envoie un signal de tension alternatif allant de 30 mV à environ 100 V **(ill. 1 p. 494)**. L'information concernant le régime est fournie par la fréquence du signal de tension. Les capteurs inductifs peuvent être contrôlés en mesurant leur résistance et leur tension.

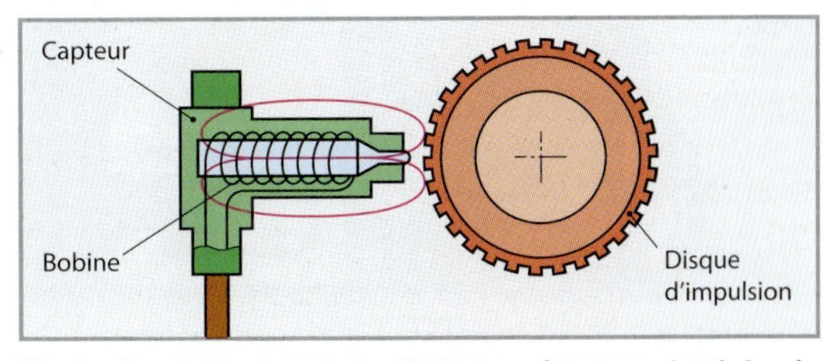

Illustration 2: Capteur inductif de roue (capteur de régime)

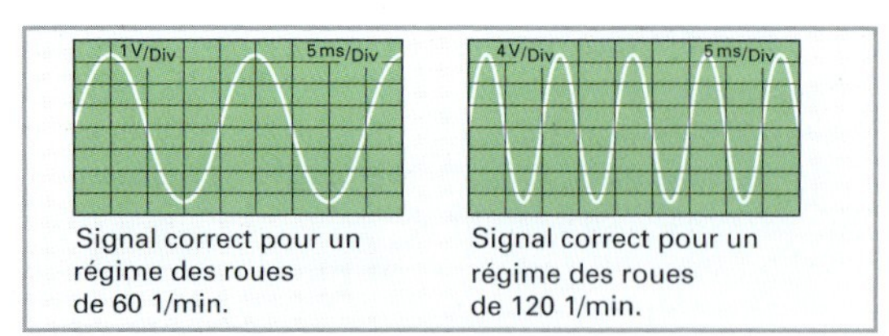

Illustration 1: Images du signal des capteurs inductifs de régime de rotation

Capteurs passifs de régime. Ce sont des capteurs Hall. Ils sont appelés passifs car ils nécessitent une alimentation électrique. On distingue les capteurs de régime purs qui dépendent du régime et qui délivrent, comme signal, une tension rectangulaire à fréquence variable et les capteurs Hall, dont les fonctionnalités sont plus étendues.

Anneau multipôle (cible magnétique). C'est un anneau magnétique avec des pôles nord et des pôles sud. Selon le type de construction, la tension de Hall est générée p. ex. par un anneau multipôles monté dans le roulement de roue.

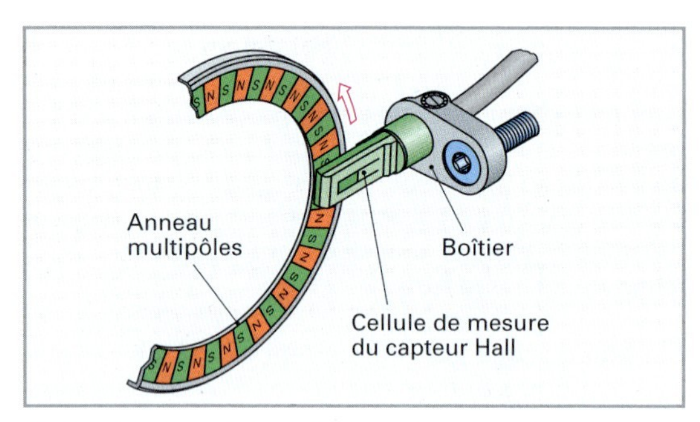

Illustration 2: Capteur Hall à fonctionnalités étendues

Conseil d'atelier

Contrôle des anneaux multipôles
Les segments des anneaux multipôles doivent être contrôlés avant le montage (p. ex. au moyen d'une carte magnétique). En cas de défaillance d'un aimant, il faut toujours remplacer le roulement, ce qui évite à l'anneau multipôles d'envoyer des signaux erronés.

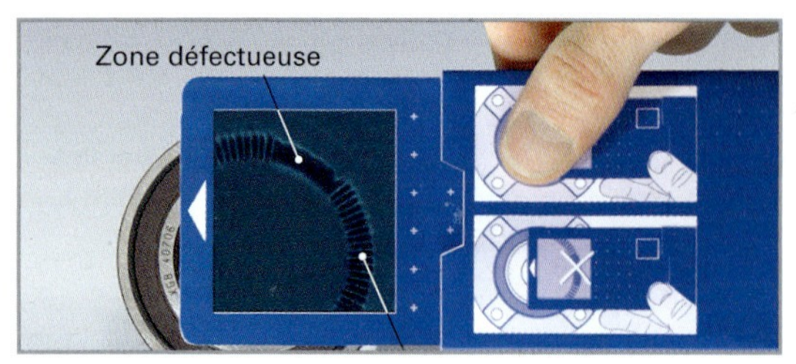

Illustration 3: Roulement de roue avec anneau multipôles défectueux

Capteurs Hall à fonctionnalités étendues. Ces capteurs transmettent un signal électrique à modulation cyclique à l'appareil de commande par l'intermédiaire de deux connexions.

Le régime est indiqué par la fréquence du signal.

D'autres informations, telles que le sens de rotation et l'arrêt d'une roue ainsi que l'autodiagnostic du système sont fournis par la modulation de la largeur du signal électrique **(ill. 4)**.

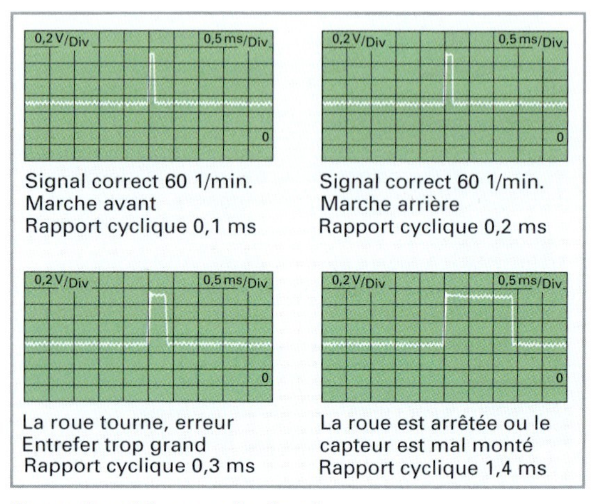

Illustration 4: Images du signal

Le signal peut être visualisé au moyen d'un oscilloscope. Pour cela, une résistance de mesure (shunt) doit être branchée au câble positif du capteur. Une chute de tension est ainsi générée au shunt qui peut être lue sur l'oscilloscope **(ill. 5)**.

La chute de tension dépend de la valeur du shunt (p. ex. 75 Ω).

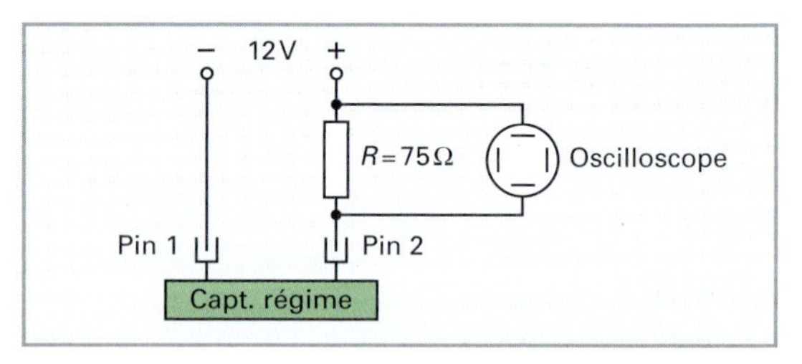

Illustration 5: Branchement pour la mesure du signal

Plusieurs éléments Hall se trouvent dans les cellules de mesure du capteur, ce qui permet d'identifier le sens de rotation. P. ex. si deux éléments Hall se trouvent simultanément dans la zone du pôle nord **(ill. 1, p. 495)**, le sens de rotation sera indiqué par le premier des deux éléments qui enregistre une modification de la tension de Hall. Si p. ex. l'anneau multipôles tourne vers la droite, ce sera la cellule Hall 1 qui mesurera en premier une variation de la tension.

18

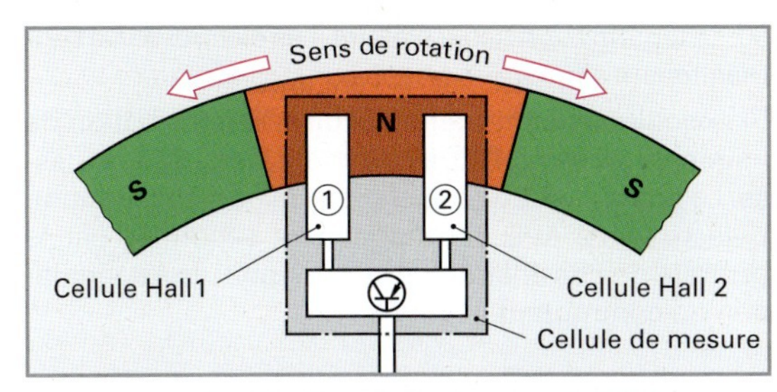

Illustration 1: Cellule de mesure d'un capteur Hall à fonctionnalités étendues

Fonctionnement avec des électrovalves 2/2 (ill. 2)

Dans ce système, le groupe hydraulique est équipé de petites électrovalves 2/2 légères se mettant plus rapidement en mouvement. Chaque canal de régulation a besoin d'une soupape d'admission et d'une soupape d'échappement.

L'appareil de commande active les électrovalves durant les phases de régulation de la manière suivante:

- **montée de la pression.** Soupape d'admission (SA) ouverte, soupape d'échappement (SE) fermée;
- **maintien de la pression.** Les deux soupapes sont fermées;
- **suppression de la pression.** La soupape d'admission est fermée et la soupape d'échappement ouverte. La pompe de retour est activée et achemine le liquide de frein excédentaire du réservoir de décharge au circuit de frein adéquat.

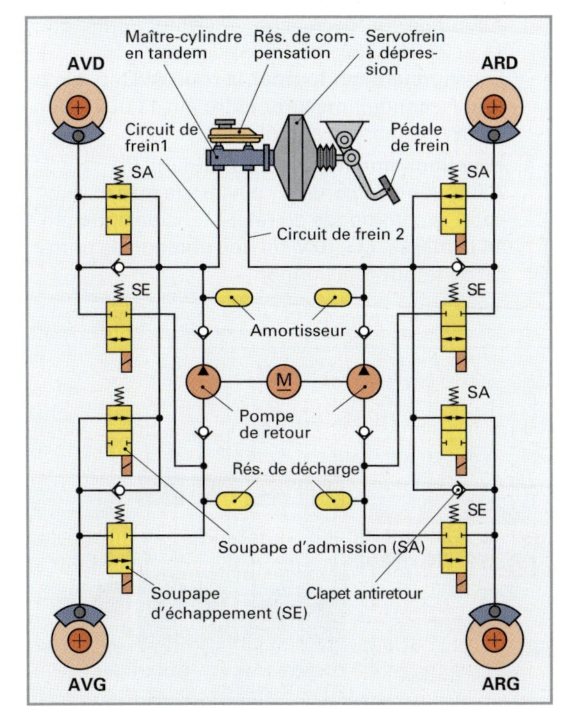

Illustration 2: ABS à circuit fermé avec des électrovalves 2/2 (circuit hydraulique)

Système ABS avec retour en circuit ouvert et électrovalves 2/2 (ill. 3)

Durant le processus d'assistance, le liquide de frein excédentaire reflue sans pression dans le réservoir de compensation. La pompe hydraulique est activée par l'appareil de commande grâce à la position du capteur de la pédale. Elle pompe, à haute pression et dans le réservoir de compensation, le volume de liquide de frein manquant dans le circuit de frein correspondant et replace ainsi la pédale de frein dans sa position de départ. La pompe est ensuite désactivée.

Construction

Le système est composé:

- d'un appareil de commande électronique;
- de capteurs de roue;
- d'une unité de commande;
- d'une unité hydraulique;
- d'un témoin avertisseur.

Appareil de commande électronique. Il traite les signaux des capteurs et les transmet comme signaux de régulation aux électrovalves. Les signaux des capteurs de rotation commandent la pompe hydraulique lors d'une intervention de l'ABS. Les erreurs et les pannes sont identifiées par l'appareil de commande, l'ABS est alors désactivé et le témoin avertisseur s'enclenche.

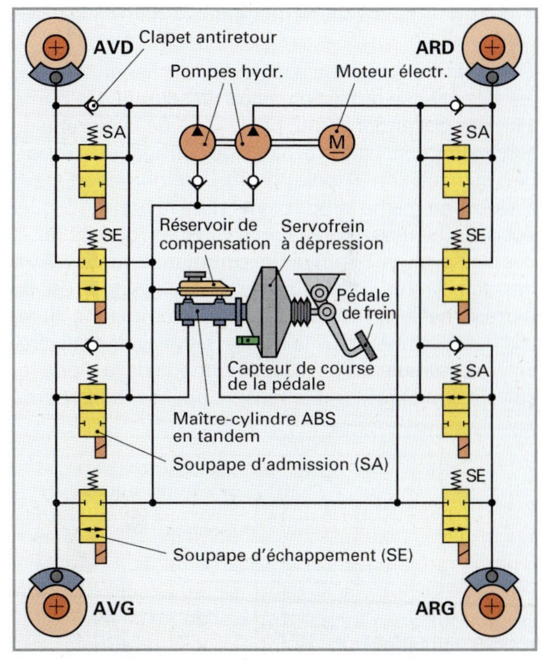

Illustration 3: ABS à circuit ouvert (circuit hydraulique)

Capteurs de roue. Il y en a sur chaque roue afin de transmettre le régime de rotation de la roue.

Unité de commande. Elle se compose d'un servofrein à dépression dans lequel un capteur de position de la pédale est intégré, du maître-cylindre en tandem ABS avec réservoir de compensation. Le capteur de course de la pédale indique la position de la pédale à l'appareil de commande.

Unité hydraulique. Elle comprend une pompe hydraulique électrique à double circuits qui fonctionne comme **groupe moteur-pompe** ainsi que le **bloc des électrovalves.** Celui-ci comporte 2 électrovalves 2/2 pour chaque circuit, une soupape d'admission (SA) et une soupape d'échappement (SE) avec clapet antiretour parallèle.

Fonctionnement de l'appareil de commande

Si l'appareil de commande détecte une tendance au blocage (p. ex. de la roue avant gauche), il ferme la soupape d'admission et ouvre la soupape d'échappement. Le liquide de frein s'écoule alors sans pression dans le réservoir de compensation. En cas de montée de la pression, la soupape d'échappement se ferme et celle d'admission s'ouvre. Le volume de liquide de frein manquant dans le circuit de frein est complété par le piston du maître-cylindre. Ce dernier ainsi que la pédale de frein se déplacent. Le capteur de position informe l'appareil de commande qui met la pompe hydraulique en action. Elle fonctionnera jusqu'à ce que la pédale retrouve sa position initiale.

Circuit électrique d'un ABS

Le schéma du circuit **(ill. 1)** montre un ABS à 4 canaux avec retour en circuit fermé, 8 électrovalves 2/2 et 4 capteurs.

En mettant le contact, la bobine de commande du relais électronique de protection reçoit du courant à la borne 15. Celui-ci s'enclenche et, par le pin 1 de la barrette de connexion, connecte la centrale de commande à la borne d'alimentation 30 (pôle positif). Le témoin avertisseur s'allume en même temps étant relié à la borne 15 (pôle positif), à la masse par la borne L1 et la diode du relais des électovalves. L'appareil de commande vérifie s'il y a des défaillances dans le système ABS. Si tout est en ordre, il met le pin 27 de la bobine de commande du relais des électrovalves à la masse. Le relais des électrovalves commute. Le pin 32 et la cathode de la diode reçoivent simultanément la tension positive de la borne 30. Le témoin avertisseur s'éteint. Les électrovalves sont maintenant alimentées en tension positive.

Si le boîtier de commande reçoit une information de risque de blocage AVD, il commute le pin 28 à la masse. Le relais du moteur enclenche la pompe de retour. L'électrovalve AVD est maintenant actionnée par la centrale de commande durant les phases de régulation en commutant le pin 38 (18).

Conseils d'atelier

Contrôle du sytème électrique

Il peut se faire avec un voltmètre, un ohmmètre, une diode d'essai ou un appareil de test ABS.

Avant de retirer le connecteur de la centrale de commande, il faut impérativement couper l'allumage.

1. **Contrôle. Alimentation de la centrale de commande:**
   Allumage sur "contact"; tension entre pin 1 et masse, $U > 10$ V.
2. **Fonctionnement relais des électrovalves:**
   Pin 27 à la masse, allumage sur "contact"; exécuter la commande du relais, tension entre pin 32 et masse, $U > 10$ V.
   Circuit de la bobine de commande: allumage sur "déclenché", mesure de la résistance entre pin 1 et 27, $R \geq 80\ \Omega$.
3. **Résistance capteur de régime de rotation AVD:**
   Allumage sur "déclenché", résistance entre pin 11 et 21, $R = 750\ \Omega$ à 1,6 kΩ.
   Fonctionnement: tourner la roue AVD (p. ex 1 tour /seconde), mesurer entre pin 11 et 21 $U >$ 30 mV de tension alternative.
4. **Fonctionnement du relais moteur:**
   Allumage sur "contact", pin 28 à la masse, exécuter la commande du relais, tension entre pin 14 et masse, $U > 10$ V, on doit entendre la pompe de retour fonctionner.

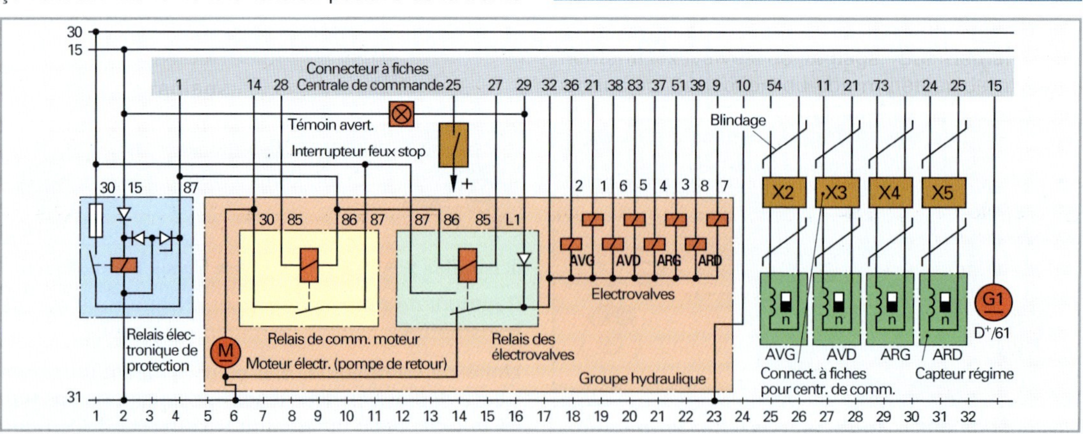

Illustration 1: Schéma de circuit électrique pour ABS à 4 canaux

18.10.15 Assistant au freinage d'urgence (BAS ou AFU)

En cas de freinage d'urgence, ce système garantit une amplification immédiate et maximale de la force de freinage, ce qui réduit considérablement la distance de freinage.

Dans les situations critiques, de nombreux conducteurs appuient rapidement mais pas assez fortement sur la pédale de frein. De ce fait, la distance de freinage se trouve allongée ce qui peut provoquer des accidents.

Construction

L'assistant au freinage d'ugence **(ill. 1)** est composé des éléments suivants:

- unité de commande;
- électroaimant de commande;
- capteur de position/course de la pédale de frein;
- interrupteur de desserrage.

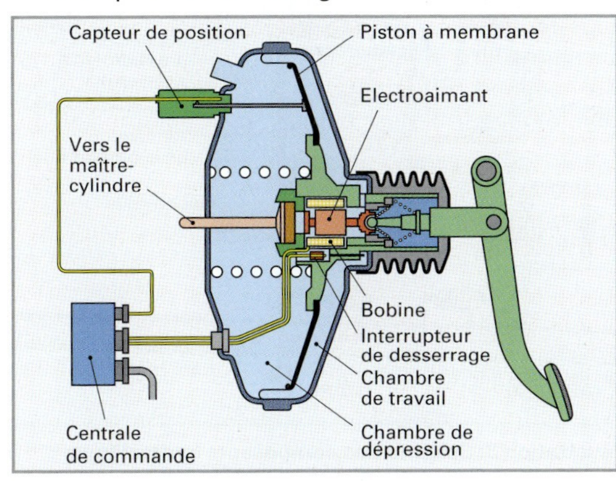

Illustration 1: Assistant de freinage

Fonctionnement

Le mouvement de la pédale génère une modification de résistance dans le capteur de position qui est transmise à la centrale de commande. Si cette dernière identifie une vitesse d'activation élevée de la pédale (p. ex. dans le cas d'un freinage d'urgence), l'électroaimant est activé. Il ouvre la soupape d'air atmosphérique de la chambre de travail du servofrein, développant ainsi toute sa force. Il se produit alors un freinage d'urgence. L'ABS régule et empêche le blocage des roues. Ce n'est que lorsque le frein est relâché et que la pédale de frein atteint à nouveau sa position initiale que l'électroaimant de commande est coupé par l'interrupteur de desserrage.

Pour l'échange de données, l'assistant au freinage d'urgence est relié par bus CAN aux unités de commande des autres systèmes de régulation électronique de conduite comme p. ex. l'ABS.

En cas de défaillance, le boîtier de contrôle coupe l'assistant au freinage d'urgence, ce qui est signalé par un témoin d'avertissement jaune.

Questions de révision

1. **Quels systèmes électroniques d'assistance à la conduite utilise-t-on?**
2. **Quelles forces s'exercent sur un véhicule?**
3. **Qu'entend-on par glissement?**
4. **Dans quel pourcentage de glissement le véhicule est-il stable et peut-il encore être guidé?**
5. **A quoi sert l'ABS?**
6. **Citez les composants de l'ABS.**
7. **Citez et expliquez le concept des circuits de régulation ABS.**
8. **Citez les phases de régulation de l'ABS.**
9. **Comment différencie-t-on les principaux concepts hydrauliques de l'ABS?**
10. **Comment fonctionne l'assistance au freinage d'urgence?**

18.10.16 Régulation d'antipatinage à la traction (ASR)

Le système ASR empêche les roues motrices de patiner au démarrage ou en accélération.

Le véhicule est ainsi stabilisé dans le sens longitudinal, l'adhérence est maintenue et on empêche un dérapage du véhicule au niveau de l'essieu moteur.

L'ASR est une prolongation de l'ABS. Les deux systèmes utilisent les mêmes capteurs, les mêmes actuateurs et la même centrale de commande. Généralement, l'échange des données se fait par bus CAN. Lors de la conduite avec des chaînes à neige, le système peut être déclenché.

Avantages

- Amélioration de la traction lors du démarrage ou de l'accélération.
- Augmentation de la sécurité de conduite si la force motrice est élevée.
- Adaptation automatique du couple moteur aux conditions d'adhérence.
- Si les limites dynamiques de conduite sont atteintes, le conducteur est informé.

ASR avec intervention sur le moteur (MSR) et le freinage

Selon la situation de conduite, le système intervient sur le moteur ou le freinage. L'organigramme de l'**ill. 1, p. 498** indique la complémentarité des deux types d'interventions permettant d'éviter tout patinage de la roue au démarrage (entraînement ASR) ou en régime de décélération (régulation du couple d'inertie du moteur, entraînement MSR).

18

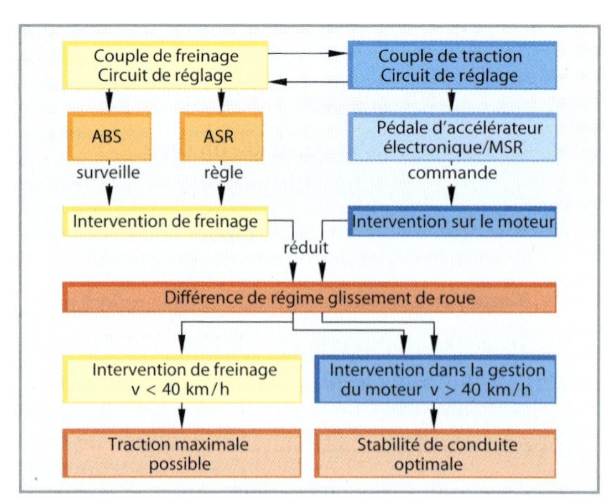

Illustration 1: Organigramme de régulation ASR/MSR

Construction (ill. 2)

- Appareil de commande ABS/ASR-MSR.
- Unité hydraulique ABS/ASR.
- Pédale d'accélérateur électronique (E-Gas) avec centrale de commande.
- Transmetteur des valeurs de consigne, servomoteur et papillon des gaz.

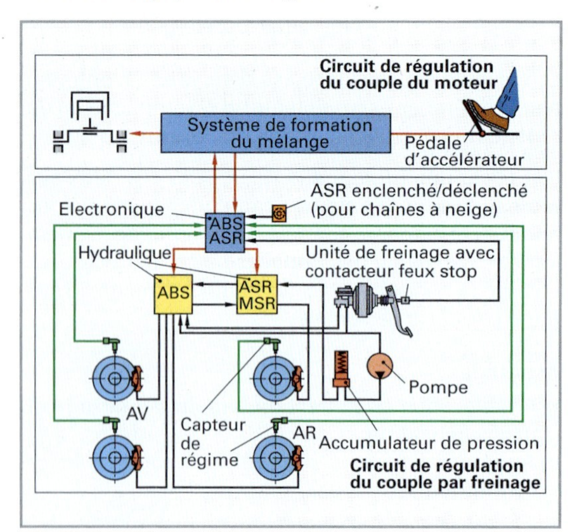

Illustration 2: Schéma ASR/MSR, vue d'ensemble

Fonctionnement (ill. 3)

Le régime de toutes les roues est saisi et traité par l'appareil de commande ABS/ASR. Si une ou deux roues ont tendance à patiner, la régulation d'antipatinage à la traction commence à fonctionner.

Fonctionnement au démarrage

Si une roue a tendance à patiner, c'est l'intervention sur le couple de freinage qui permet d'assurer la motricité la plus élevée possible. Si p. ex. la roue arrière droite patine, la pompe P1 est activée par la centrale de commande. L'électrovalve d'aspiration Y15 est ouverte alors que la soupape d'inversion Y5 et l'électrovalve Y10 (ARG) sont fermées. La pression produite par la pompe freine la roue arrière droite. La montée de la pression, son maintien et sa suppression sont commandés par les électrovannes Y12 et Y13 de l'unité hydraulique.

Fonctionnement en conduite

Si les deux roues ont tendance à patiner, le régulateur de couple moteur permet d'assurer une traction optimale. Dans ce cas, la position du papillon des gaz est réglée par un servomoteur et le point d'allumage est retardé, ce qui a pour effet de réduire le couple moteur.

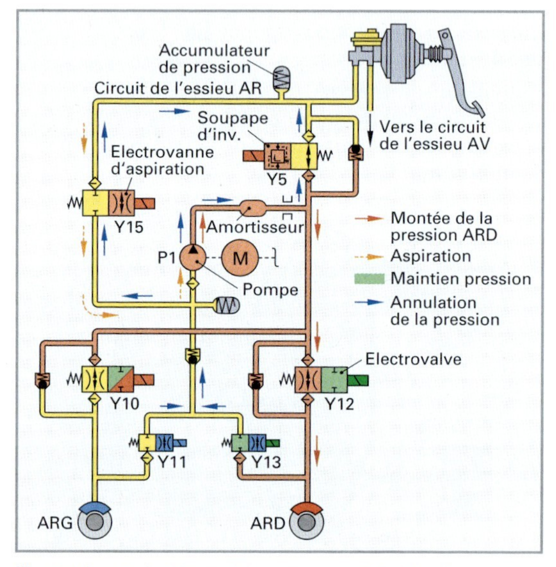

Illustration 3: Schéma des composants hydrauliques d'un circuit de frein ABS/ASR

Si les roues continuent de patiner, la régulation du couple de freinage est alors également activée. Dans ce cas, la pression de freinage est générée par la pompe P1 au travers des électrovannes Y10 et Y12 et transmise aux roues arrière jusqu'à ce qu'elles ne patinent plus. La stabilité de conduite est augmentée.

Régulation du couple d'inertie du moteur (MSR) en régime de retenue

La centrale de commande identifie le moment où les roues motrices se mettent à patiner lorsqu'un effet de frein moteur est généré par un brusque relâchement de la pédale des gaz. Dans ce cas, la régulation du moment d'inertie du moteur MSR est activée. Celle-ci modifie la préparation du mélange air-carburant afin d'augmenter le régime du moteur et donc de supprimer le patinage des roues motrices.

Témoin d'avertissement ASR. Il informe le conducteur lors du fonctionnement normal de la régulation d'antipatinage à la traction ASR et en cas de défaillance du système.

18.10.17 Contrôle dynamique de la trajectoire ESP

Un freinage précis de certaines roues permet une stabilisation transversale et longitudinale du véhicule et l'empêche de tourner autour de son axe vertical.

Les systèmes suivants agissent ensemble lors du contrôle dynamique de la trajectoire **(ESP) (ill. 1)**:

- système d'antiblocage **(ABS);**
- répartition automatique de la force de freinage **(ABV);**
- régulation d'antipatinage à la traction **(ASR)** avec intervention sur le couple moteur **(MSR);**
- Régulation du moment de lacet **(GMR).**

Connectés à un bus de données, les systèmes déterminent l'intervention de freinage en fonction de la fréquence de rotation de chaque roue, de la pression de freinage, du taux de lacet, de l'angle de braquage, de l'accélération transversale et des champs caractéristiques de l'intervention sur le freinage.

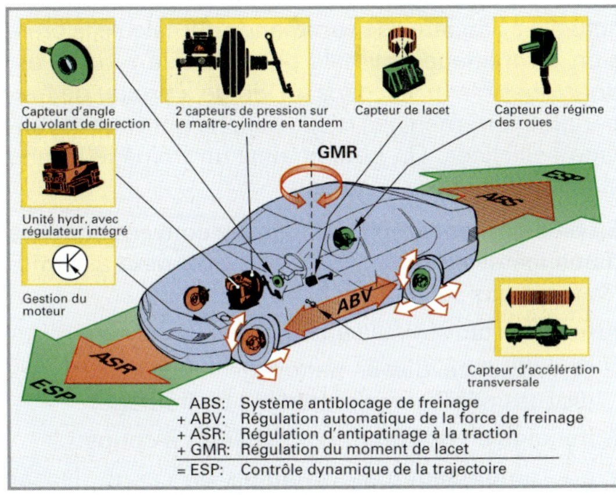

Illustration 1: Composants du système ESP

Fonctionnement

Les signaux saisis par les capteurs (comme p. ex. la fréquence de rotation des roues, le mouvement de la direction et l'accélération transversale) sont saisis par l'appareil de commande comme des valeurs réelles et comparés aux valeurs de consigne enregistrées. Si les valeurs réelles s'écartent trop de la valeur de consigne, le système intervient et freine la roue de manière adéquate. Le véhicule reste stable.

Le système ESP détermine ...

- quelle roue doit être freinée;
- si le couple moteur doit être réduit.

Sous-virage. Si, lors d'une conduite en virage ou d'une manœuvre imprécise, le véhicule a tendance à sous-virer **(ill. 2),** il sera guidé tout droit par l'essieu avant. Le système ESP règle, au moyen de la pompe d'alimentation **(ill. 3)**, la pression de freinage de la roue située du côté intérieur du virage. Le moment de lacet fait ainsi tourner le véhicule autour de son axe vertical et agit contre le sous-virage.

Survirage. Si le véhicule a tendance à survirer **(ill. 2),** la roue située du côté extérieur du virage est freinée par le système et le véhicule se stabilise.

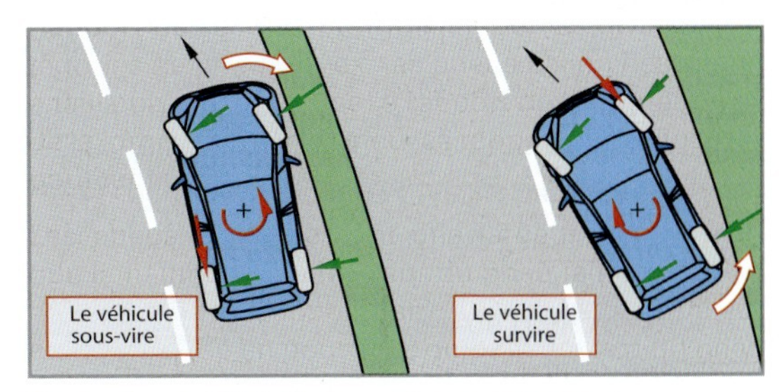

Illustration 2: Véhicule sous-virant et survirant

Schéma des composants hydrauliques (ill. 3)

C'est la représentation du circuit de frein d'une roue.

Montée de la pression

Si l'ESP entreprend une intervention de régulation, la pompe P1 amène le liquide de frein du réservoir dans la pompe P2, garantissant une augmentation rapide de la pression de freinage dans le circuit, même en cas de basses températures. La pompe de retour P2 fonctionne également, augmentant la pression de freinage jusqu'à ce que la roue soit freinée. La valve de haute pression Y1 et la soupape d'admission Y2 sont ouvertes. La soupape d'échappement Y3 est fermée et la soupape de commande Y4 ferme le passage du liquide vers le maître-cylindre.

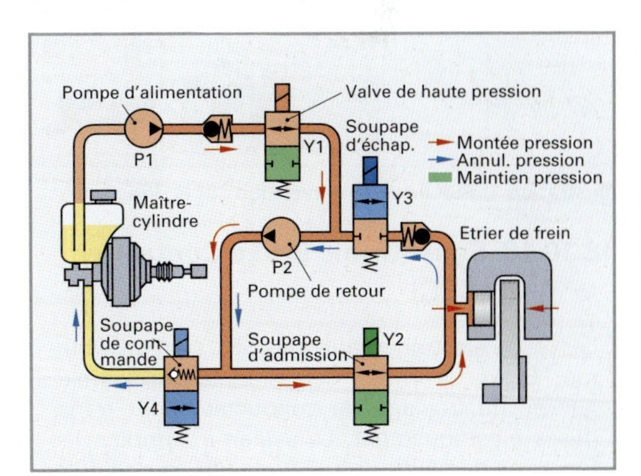

Illustration 3: Schéma des composants hydrauliques ESP

Maintien de la pression

Dans cette phase de régulation, la valve de haute pression Y1 et la soupape d'admission Y2 se ferment. La pression de freinage est constante.

Annulation de la pression (ill. 3, p. 499)
Dans cette phase, la soupape d'échappement Y3 est ouverte et le liquide de frein peut retourner par la soupape de commande Y4, qui est ouverte, au réservoir du maître-cylindre.

Programme électronique de stabilisation (ESP II, ESP plus) (ill. 1).

En plus d'intervenir sur le freinage, ces systèmes agissent également sur la direction grâce au système actif de braquage ALR. Si le véhicule dispose en outre de systèmes de régulation de la suspension, ceux-ci peuvent également être activés en même temps que l'ESP.

Cette combinaison de dispositifs présente les avantages suivants:

- meilleur confort de régulation;
- meilleure stabilisation de la remorque;
- distance de freinage réduite si les conditions d'adhérence sont différentes entre les deux côtés du véhicule (μ-split).

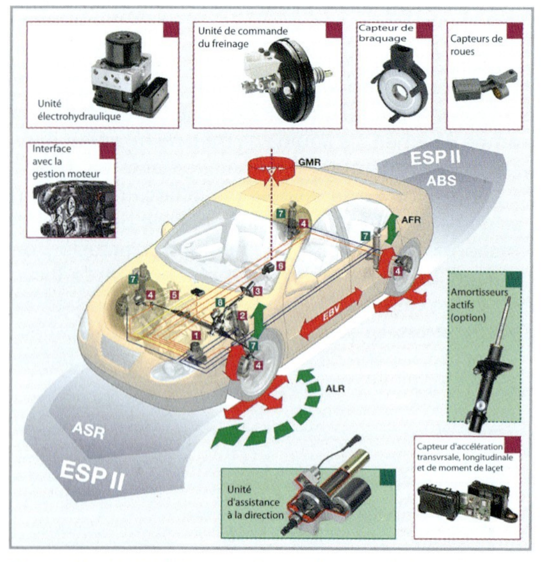

Illustration 1: ESP II avec intervention sur la direction

18.10.18 Sensotronic Brake Control (SBC)

Les freins électrohydrauliques SBC sont un système "Brake by Wire". Cela signifie que les exigences de freinage du conducteur sont transmises électriquement. Le système combine les fonctions de l'ABS, de l'ASR, du BAS et de l'ESP.

Construction

Essentiellement, le système SBC **(ill. 2)** se compose d'une unité hydraulique avec un accumulateur de pression, d'une unité de commande, d'une centrale de commande, de capteurs de régime des roues et d'angle de lacet.

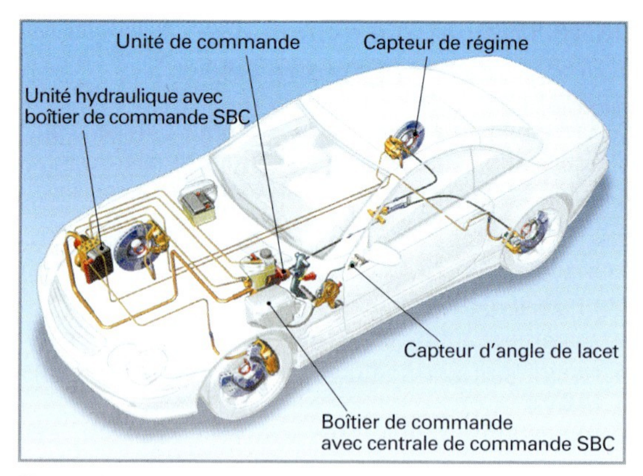

Illustration 2: Composants du système SBC

Contrairement aux systèmes de freinage conventionnels dans lesquels une pression de freinage élevée est appliquée, en premier lieu et rapidement à toutes les roues, et qu'ensuite se fasse la régulation du freinage, le système SBC commande la pression de freinage individuellement sur chacune des roues. Des capteurs transmettent la situation de conduite actuelle à l'appareil de commande qui calcule la pression de freinage optimale pour chaque roue. Il est donc possible (p. ex. dans un virage à droite) de freiner plus fortement les roues gauche qui sont davantage sollicitées. On obtient ainsi un freinage et une stabilité optimisés en virage.

En plus des fonctions hydrauliques conventionnelles d'une installation de freinage, le SBC peut assumer les fonctions suivantes:

- maîtrise du véhicule en descente (montagne);
- en présence d'eau, nettoyage automatique des disques par légères pulsations de freinage;
- freinage en douceur pour éviter les à-coups;
- pré-remplissage des conduites en cas de lâcher soudain de la pédale des gaz, ce qui permet une montée de la pression plus rapide en cas de freinage d'urgence;
- régulation et adaptation automatiques de la vitesse et de la distance.

Le système n'a pas besoin de dispositif d'assistance au freinage. Il dispose en outre d'un circuit hydraulique de secours en cas de dysfonctionnement des freins.

Fonctionnement

L'ill. 1, p. 501, montre la construction de l'hydraulique du SBC. En activant la pédale de frein, le conducteur génère une pression de freinage dans les deux circuits du maître-cylindre. Cette pression est mesurée par le capteur de pression b1.

SBC: freinage normal
L'appareil de commande ferme les deux soupapes de séparation y1 et y2, qui assurent la liaison hydraulique avec l'essieu avant.

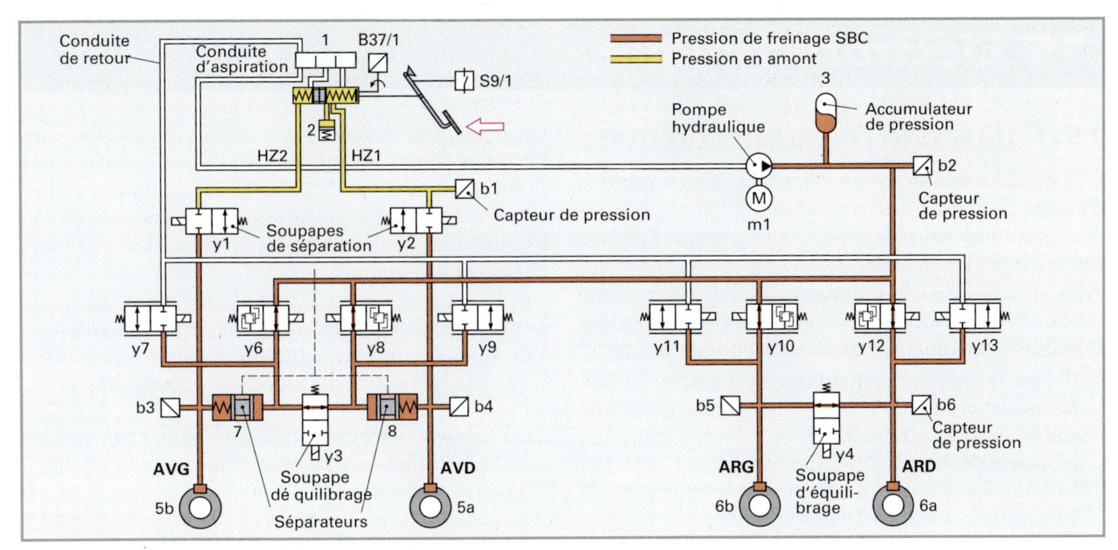

Illustration 1: Schéma hydraulique du SBC, freinage normal

La pression de l'installation de freinage est maintenant assurée par l'accumulateur de pression 3. La pression dans l'accumulateur est générée par une pompe hydraulique électrique et mesurée par le capteur de pression b2. Elle peut arriver à 150 bar. Si la pression dans l'accumulateur descend en-dessous d'une valeur définie, la pompe hydraulique se remet en fonction.

La centrale de commande calcule la pression optimale pour chaque roue et la régule par les soupapes d'admission y6, y8, y10, y12 et par les soupapes d'échappement y7, y9, y11, y13. Les capteurs de pression b3, b4, b5, b6 indiquent la pression réelle de chacun des cylindres de frein à la centrale de commande.

Les soupapes d'équilibrage y3, y4 assurent la compensation de la pression des roues d'un essieu en cas de freinage. Elles sont également commandées et fermées lors de freinages en virage ou quand la régulation dynamique de la conduite est activée. Une régulation individuelle de la pression de freinage est maintenant possible sur chaque roue.

Les séparateurs 7, 8 servent à empêcher toute entrée d'azote provenant de l'accumulateur de pression 3 non étanche dans le maître-cylindre 1.

Freinage d'urgence en cas de défaillance du SBC

Les deux soupapes de séparation y1, y2 ne sont plus alimentées en courant électrique et restent ouvertes **(ill. 2)**.

La pression exercée par le conducteur sur le maître-cylindre est dirigée sur les cylindres de frein de l'essieu avant. L'essieu arrière n'est pas freiné. Etant donné qu'il n'y a pas d'assistance au freinage, l'effet de freinage reste faible, c'est pourquoi la centrale de commande du moteur limite la vitesse du véhicule à 90 km/h au maximum.

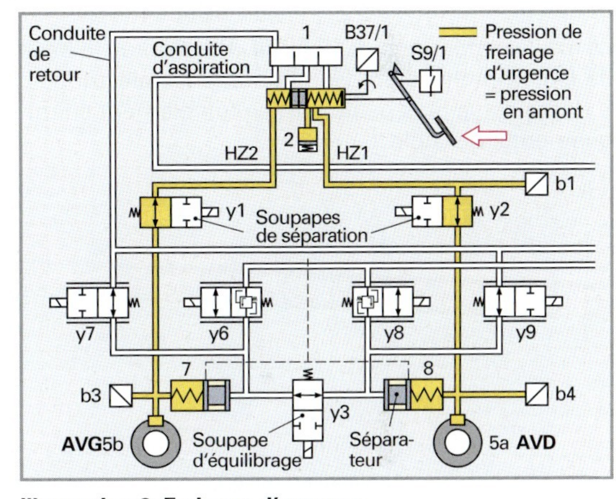

Illustration 2: Freinage d'urgence en cas de défaillance du SBC

Questions de révision

1. **Qu'entend-on par systèmes de régulation d'antipatinage à la traction?**
2. **Quels sont les avantages des systèmes de régulation d'antipatinage à la traction?**
3. **Dans un système ASR, quels sont les composants nécessaires au circuit de régulation du couple de freinage?**
4. **Expliquez le fonctionnement du système ASR avec intervention sur le freinage et sur le moteur.**
5. **Quels sont les avantages du contrôle dynamique de la trajectoire?**
6. **Comment agit le système ESP sur un véhicule survirant?**
7. **De quelles fonctions supplémentaires dispose un SBC par rapport à une installation de freinage hydraulique?**
8. **Expliquez le fonctionnement d'un SBC.**

19 Electrotechnique

19.1 Bases de l'électrotechnique

L'électricité est une forme d'énergie. Par rapport à d'autres formes d'énergie, comme l'énergie thermique, lumineuse, mécanique ou chimique, l'électricité présente les avantages suivants:

- de grandes quantités d'énergie peuvent être transportées sur de longues distances dans des lieux isolés par l'intermédiaire des lignes à haute tension;
- elle est facilement convertible en d'autres formes d'énergie comme: l'énergie thermique dans des systèmes de préchauffage, la lumière dans les lampes à décharge, l'énergie mécanique dans les moteurs électriques et l'énergie chimique pour la recharge de batteries de démarrage;
- la transformation de l'énergie électrique en d'autres formes d'énergie est importante pour lutter contre la pollution de l'environnement.

Le modèle atomique de Bohr **(ill. 1)** constitue la base de la compréhension des phénomènes électriques. L'atome est la plus petite partie d'un élément chimiquement indivisible.

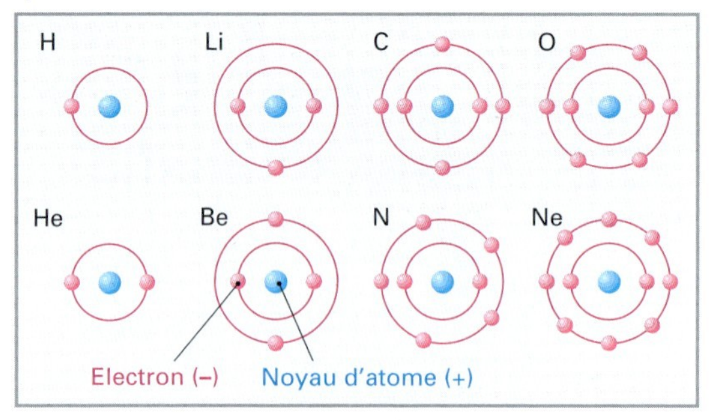

Illustration 1: Structure de quelques atomes

Les particules les plus importantes des atomes sont le noyau et les électrons. Le noyau est lui-même constitué de protons et de neutrons.

Les protons sont des particules de masse chargées positivement. Le noyau de l'atome d'hydrogène ne possède qu'un seul proton représentant la plus petite charge positive, dite charge élémentaire.

Les neutrons sont des particules qui ne sont pas chargées électriquement.

Les électrons sont des particules de masse chargées négativement. La charge d'un électron est la plus petite charge négative, dite charge élémentaire.

> Les électrons sont des porteurs de charges élémentaires négatives et les protons des porteurs de charges élémentaires positives. Les charges élémentaires respectives sont égales.

Les électrons gravitent à grande vitesse (environ 2200 km/s) sur des orbites circulaires ou elliptiques autour du noyau de l'atome **(ill. 2)**. Les forces centrifuges résultant des électrons chargés négativement s'équilibrent avec les forces d'attraction des protons chargés positivement.

> Les particules possédant des charges électriques de signes différents s'attirent et celles possédant des charges de même signe se repoussent.

Si le noyau d'un atome possède autant de protons que d'électrons, l'atome est électriquement neutre: il n'a pas de charge.

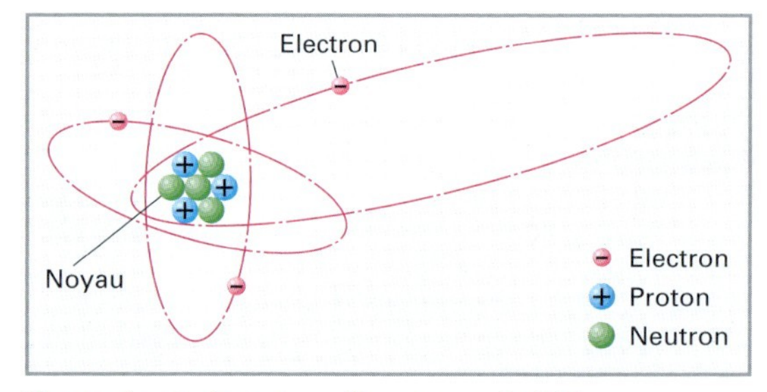

Illustration 2: Structure d'un atome de lithium

En plus des électrons liés aux atomes, il en existe qui circulent librement dans la matière. On les nomme "électrons libres". Tant qu'aucune énergie externe n'est appliquée à la matière, les électrons libres prennent des directions désordonnées **(ill. 3)**.

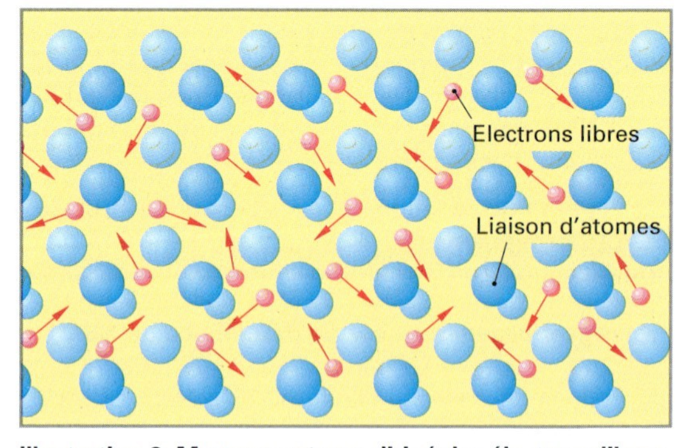

Illustration 3: Mouvement non dirigé des électrons libres

> Les procédés électriques sont basés sur l'existence et le mouvement des électrons libres. L'électricité n'est pas créée car elle est présente dans toutes les matières.

19.1.1 Tension électrique

Il y a une tension électrique entre deux bornes d'un générateur (p. ex. d'une batterie) lorsqu'on trouve une différence dans le nombre d'électrons présents. La valeur de la tension électrique dépend de l'importance de la différence du nombre d'électrons. Une tension électrique est provoquée par une rupture d'équilibre dans la source de tension **(ill. 1).**

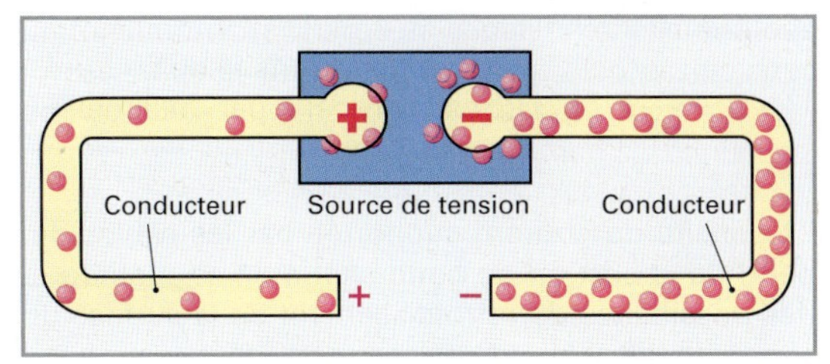

Illustration 1: Création de tension provoquée par une rupture d'équilibre

Le pôle où il y a un surplus d'électrons est dit négatif, celui où il y a un manque d'électrons est dit positif.

Il y a une tendance au rétablissement de l'équilibre électrique entre le pôle négatif et le pôle positif lorsqu'on les relie. Les électrons se déplacent du pôle négatif vers le pôle positif, créant ainsi le travail électrique **(ill. 2).**

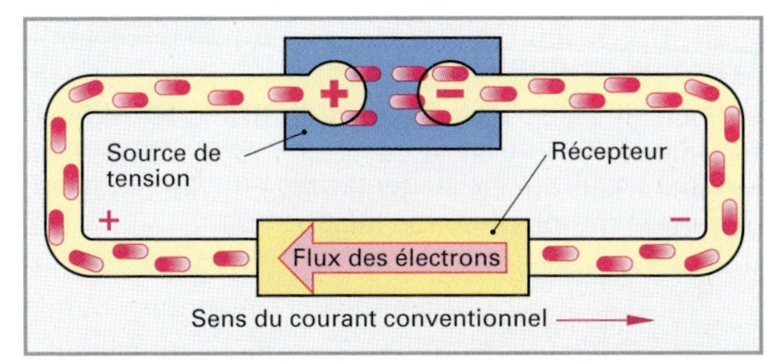

Illustration 2: Flux des électrons dans le circuit de courant

La tension électrique est la tendance à l'équilibre existant entre différentes quantités de charges. Elle est la cause de la circulation du courant électrique.

Il n'y a pas de tension électrique aux bornes d'un alternateur lorsque celui-ci n'est pas en rotation. En effet, les électrons libres se trouvant dans les bobinages sont répartis régulièrement, par conséquent, les bobines sont électriquement neutres. Lorsque le générateur est mis en rotation, les électrons affluent alors vers le pôle négatif. Il en résulte un surplus d'électrons au pôle négatif par rapport au pôle positif, soit une tension électrique.

L'unité de la tension *U* est le volt (V).

19.1.2 Courant électrique

Il faut la présence d'une tension électrique pour qu'un courant électrique circule.

Le courant électrique résulte du déplacement ordonné des électrons libres.

Circuit de courant électrique (ill. 3). Le courant électrique ne peut circuler que dans un circuit électrique fermé. Un circuit électrique est composé au mimimum d'un générateur de tension, d'un récepteur et des conducteurs (câblage). Le circuit électrique peut être fermé ou interrompu au moyen d'interrupteurs. Dans les schémas électriques, les interrupteurs sont généralement représentés en position ouverte.

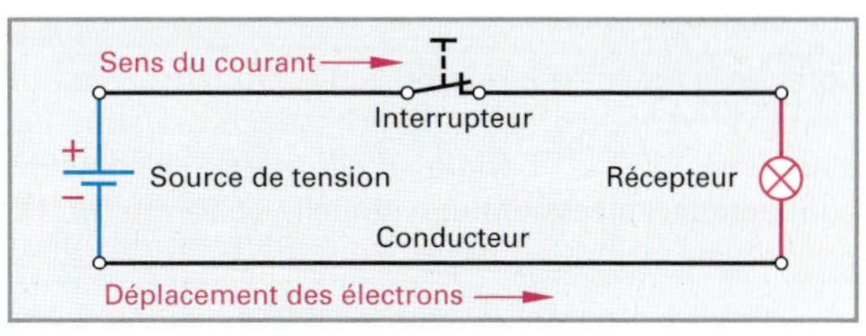

Illustration 3: Circuit de courant

Fusibles (ill. 4). Ils sont raccordés au circuit électrique. **Les fusibles des conducteurs** protègent les conducteurs du circuit contre la surcharge et les court-circuits. **Les fusibles de protection des appareils** protègent ceux-ci individuellement des dommages (p. ex. appareils de commande, radios).

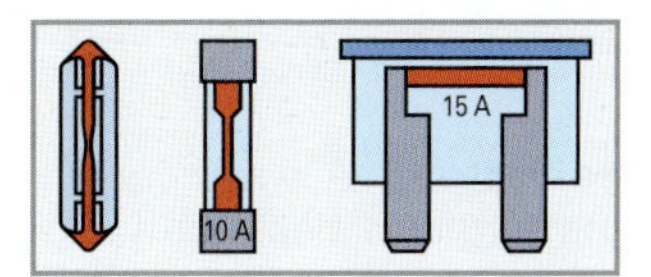

Illustration 4: Fusibles des véhicules automobiles

Conducteurs des électrons (ill. 5). Ce sont tous des conducteurs électriques constitués de matières métalliques. Les atomes métalliques peuvent libérer des électrons hors de leurs orbites. Ces électrons libres se déplacent facilement entre les atomes métalliques qui sont bien ancrés à la grille métallique. En appliquant une tension, si le circuit électrique est fermé, tous les électrons libres du conducteur et du récepteur sont forcés d'effectuer en même temps un mouvement ordonné. Le courant électrique circule.

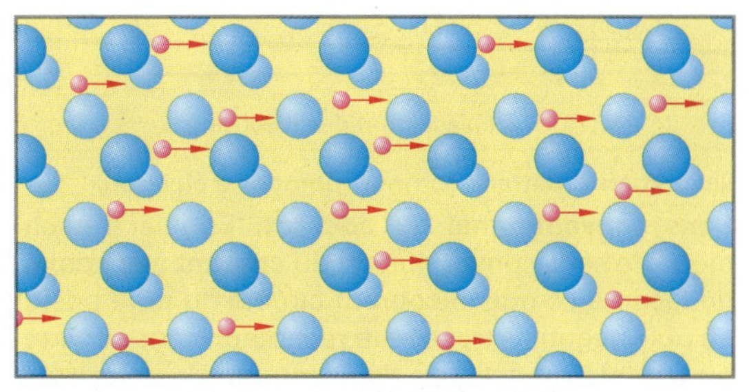

Illustration 5: Mouvement ordonné des électrons libres

Conducteurs de ions. Ils permettent le transport du courant grâce au mouvement ordonné des particules chargées (ions). Dans ce cas, les ions positifs sont appelés cathions car ils se déplacent en direction des électrodes négatives, les cathodes. Les ions chargés négativement qui se dirigent vers les électrodes positives (anodes) sont appelés anions.

Les conducteurs de ions sont des liaisons chimiques composées de particules chargées positivement et négativement.

La séparation des gaz en particules négatives et positives est appelée **ionisation**. Elle peut être déclenchée par rayonnement, par réchauffement ou par des champs électriques.

Lorsque le mélange air-carburant est ionisé par le fort champ électrique présent dans l'espace, séparant les électrodes de la bougie d'allumage, il devient conducteur d'électricité et l'étincelle se forme **(ill. 1)**.

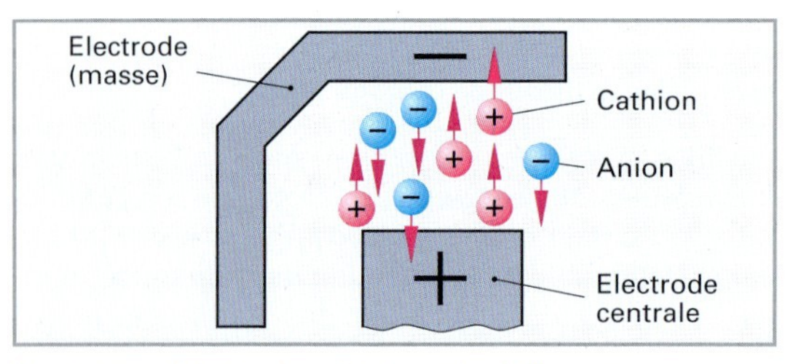

Illustration 1: Ionisation à la bougie d'allumage

Sens du courant

Sens de déplacement des électrons. A la source de la tension électrique, il y a un surplus d'électrons au pôle négatif et un manque d'électrons au pôle positif. Si le pôle positif est connecté avec le pôle négatif de la source de tension par l'intermédiaire d'un récepteur, les électrons se déplacent alors dans le circuit extérieur, du pôle négatif au pôle positif de la source de courant, à travers le récepteur **(ill. 2)**.

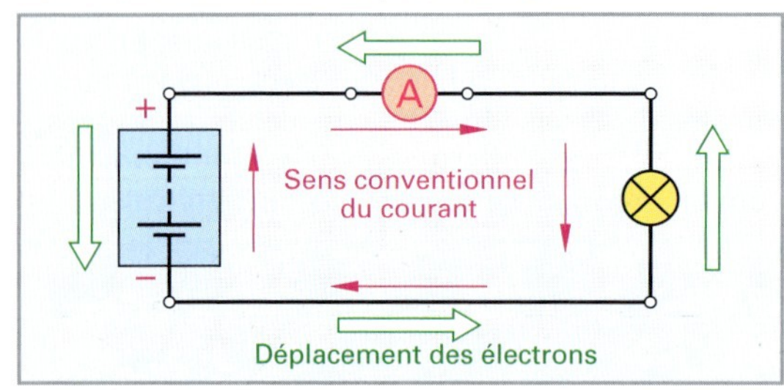

Illustration 2: Batterie comme "pompe" à électrons

Sens conventionnel du courant. En électrotechnique, le sens conventionnel du courant a été défini de façon à ce que le courant circule du pôle positif au pôle négatif, à travers un récepteur, sans avoir tenu compte du sens de déplacement des électrons **(ill. 2)**.

Intensité *I*. Elle exprime le nombre d'électrons qui passent chaque seconde dans la section d'un conducteur.

L'unité de l'intensité *I* est l'ampère (A).

Densité du courant *J*. Elle exprime la quantité de courant *I* qui traverse chaque millimètre carré de la section *A* d'un conducteur.

$$J = \frac{I}{A}$$

L'unité de la densité du courant *J* est l'ampère par millimètre carré (A/mm²).

La densité du courant supportée par les câbles dépend de la section du conducteur, de sa matière et des possibilités de refroidissement de la surface du conducteur **(tableau 1)**. Par rapport à leur section, les câbles fins ont une plus grande surface totale que les câbles épais et peuvent ainsi transporter plus de courant par mm² de section.

Tableau 1: Charge limite des conducteurs en Cu

A en mm²	I_{max} en A	J en A/mm²
1,0	20	20,0
2,5	34	13,6
6,0	57	9,5
16,0	104	6,5

Types de courant

Courant continu (DC[1], signe –). Il circule dans un circuit, où la tension et la résistance sont constantes, lorsque les électrons se déplacent à vitesse constante dans la même direction **(ill. 3)**.

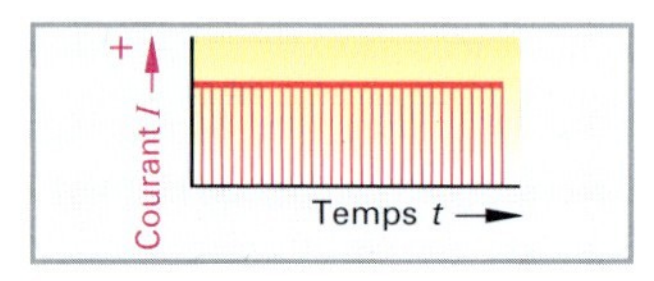

Illustration 3: Courant continu

Courant alternatif (AC[2], signe ~). Il circule dans un circuit, où la tension et la résistance sont constantes, lorsque les électrons libres adoptent un mouvement de va-et-vient régulier dans le conducteur **(ill 4)**.

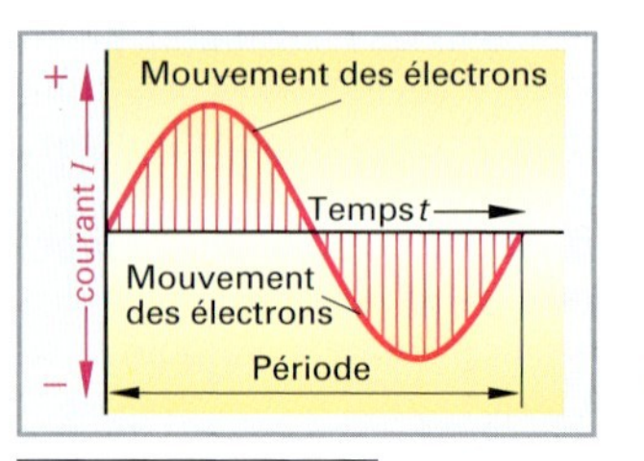

Illustration 4: Courant alternatif

[1] DC Direct Current (angl.) = courant continu
[2] AC Alternating Current (angl.) = courant alternatif

19.1.3 Résistance électrique

En électrotechnique, le terme de résistance électrique a deux significations:

- propriété physique des matières conductrices de courant électrique;
- composants matériels dans l'électrotechnique et l'électronique.

19.1.3.1 Résistance électrique des matériaux

Dans un conducteur électrique alimenté par une tension, les électrons ne peuvent pas passer sans opposition. Ce freinage opposé au flux d'électrons s'appelle résistance électrique *R*.

> La résistance électrique *R* est le freinage du courant électrique dans un conducteur. Son unité est indiquée en ohm (Ω).

Résistivité électrique spécifique *ρ*. Chaque conducteur présente une résistance électrique spécifique *ρ*[1] qui lui est propre (p. ex. un fil de cuivre de 1 m de longueur et 1 mm² de section a une résistance de 0,01789 Ω à 20 °C).

> La résistivité *ρ* est la résistance d'un conducteur de 1 mm² de section et de 1 m de longueur à 20 °C.

En électrotechnique, on indique souvent la conductivité électrique *ϰ*[2] à la place de la résistivité électrique *ρ*. Elle est la valeur inverse de la résistivité électrique spécifique.

$$\varkappa = \frac{1}{\rho} \qquad \text{Unité: } \frac{\text{m}}{\Omega \cdot \text{mm}^2}$$

Ainsi, la valeur numérique de la conductivité électrique du cuivre est 56, celle de l'aluminium est 36. Cela signifie qu'avec la même dimension des deux conducteurs, le cuivre conduit environ 1,5 fois mieux le courant électrique que l'aluminium (56 : 36 ≈ 1,5).

Résistance du conducteur *R*. La résistance *R* d'un conducteur est d'autant plus élevée que sa résistivité électrique spécifique est haute, que sa longueur est grande et que sa section *A* est petite.

$$R = \frac{\rho \cdot l}{A}$$

L'unité de la résistance *R* est le ohm (Ω).

Résistance et température

La résistance d'une matière conductrice dépend également de sa température. Selon sa composition, la valeur de la résistance peut aussi bien augmenter **(conducteur froid)** que diminuer **(conducteur chaud).**

Conducteurs froids. Ils sont meilleurs conducteurs de courant à l'état froid qu'à chaud, c'est-à-dire que leur résistance augmente lorsque la température augmente. Ces matériaux sont appelés résistances PTC car ils ont un coefficient de température positif (PTC)[3] **(ill. 1)**. La plupart des métaux sont des conducteurs froids.

> La résistance des conducteurs froids augmente lorsque leur température augmente.

L'augmentation de la résistance des conducteurs froids est due à la croissance des oscillations thermiques de leurs atomes et de leurs molécules. Dans ce cas, la conductivité du matériau diminue, c'est-à-dire que le flux des électrons est ralenti.

Conducteurs chauds. Ils sont meilleurs conducteurs du courant à l'état chaud qu'à froid. Ces matériaux sont appelés résistances NTC car ils ont un coefficient de température négatif (NTC)[4] **(ill. 1).** Le charbon, certains alliages de métaux et la plupart des semi-conducteurs sont des conducteurs chauds.

> La résistance des conducteurs chauds diminue lorsque leur température augmente.

La diminution de la résistance des conducteurs chauds est due à la faculté des électrons de rompre leur liaison avec les atomes ou les molécules. Il y a davantage d'électrons libres disponibles pour le flux du courant. Dans ce cas, la conductivité du matériau augmente, c'est-à-dire que le flux des électrons est de moins en moins freiné.

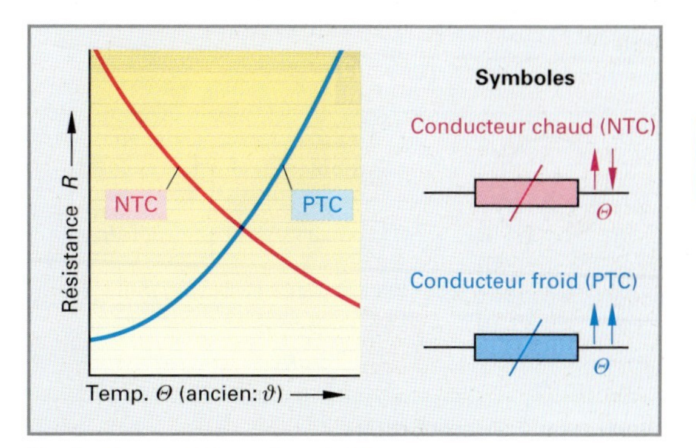

Illustration 1: Valeur des résistances en fonction de la température

[1] *ρ* (rhô, caractère grec)
[2] *ϰ* (gamma, caractère grec)
[3] PTC = **P**ositive **T**emperature **C**oefficient (angl.)
[4] NTC = **N**egative **T**emperature **C**oefficient (angl.)

19.1.3.2 Résistance comme composant électrique

On distingue les **résistances fixes** et les **résistances variables.** Les symboles des composants les plus importants figurent dans l'**ill. 1**.

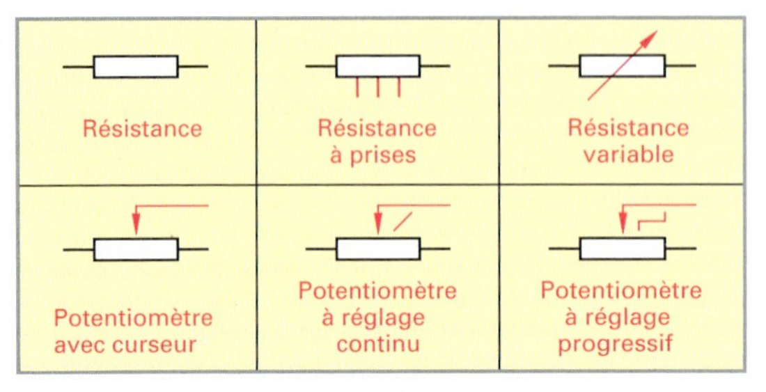

Illustration 1: Symboles des résistances

Résistances fixes. Leur valeur est définie à la production. Pour obtenir d'autres valeurs de résistances, plusieurs résistances fixes peuvent être couplées dans un circuit en parallèle, en série ou dans un circuit mixte.

Résistances variables. Une valeur spécifique peut être réglée à l'aide d'un curseur ou d'une connexion fixe. Elles sont souvent couplées en série avec le récepteur pour permettre le réglage de la tension d'alimentation.

Potentiomètres (ill. 2). La résistance totale de la piste peut être mesurée entre les bornes A (début) et E (fin). Grâce au curseur (raccord) S, la valeur de la résistance entre les bornes S et A peut être modifiée de façon progressive entre 0 et la valeur maximale de résistance.

Le curseur permet d'obtenir une tension de sortie U_2 réglable en continu entre 0 et la tension d'alimentation U.

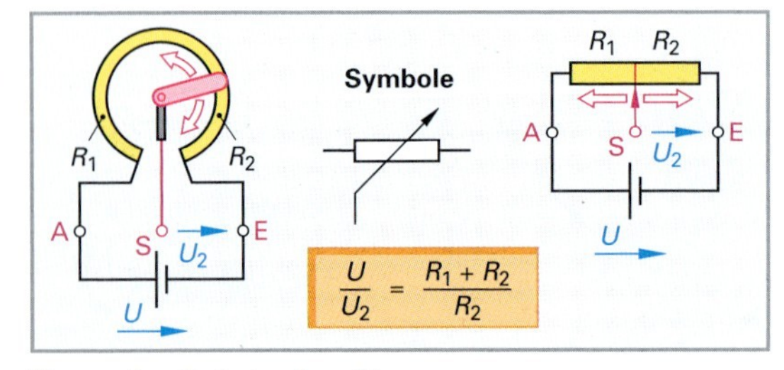

Illustration 2: Potentiomètre

Le rapport entre la tension totale U et la tension partielle U_2 est égal au rapport entre la résistance totale ($R_1 + R_2$) et la résistance partielle R_2.

En technique automobile, les potentiomètres sont souvent utilisés pour mesurer l'angle de rotation de certains éléments mécaniques (comme p. ex. l'accélérateur électronique, le potentiomètre de papillon, etc.). Cette mesure de l'angle de rotation du curseur est convertie en une tension électrique qui sera transmise à une centrale de commande.

19.1.3.3 Comportement électrique des matériaux

En fonction de leur comportement électrique, on peut subdiviser les matériaux en :

- matériaux conducteurs (p. ex. le cuivre, l'aluminium);
- matériaux isolants (p. ex. les matières synthétiques, la porcelaine);
- matériaux semi-conducteurs (p. ex. le silicium, le sélénium).

Corps conducteurs métalliques. Ils conduisent très bien le courant électrique car ils disposent de nombreux électrons libres. Ils n'opposent qu'une faible résistance au flux du courant électrique.

Corps isolants. Ce sont des matériaux qui ne conduisent pratiquement pas le courant électrique. Ils opposent une très grande résistance au flux du courant électrique, c'est-à-dire que leur conductivité électrique est proche de 0. Les données qui caractérisent les propriétés d'isolement d'un matériau sont :

- la résistance interne (résistance d'isolement);
- la résistance disruptive.

Corps semi-conducteurs. Ils possèdent une conductivité nettement inférieure à celle des corps conducteurs mais nettement supérieure à celle des isolants. A basse température, ils se comportent comme des isolants. A des températures supérieures à la température ambiante, leur résistance diminue fortement.

QUESTIONS DE RÉVISION

1. **Quels sont les symboles et les unités de la tension, du courant et de la densité de courant électrique?**
2. **Qu'entend-on par tension électrique?**
3. **Quelle est la différence entre le courant continu et le courant alternatif?**
4. **A quoi servent les fusibles?**
5. **Qu'est-ce que la densité du courant électrique?**
6. **Quelles sont les conséquences d'une densité trop élevée du courant dans un conducteur?**
7. **Comment définit-on la résistivité spécifique?**
8. **Comment varie la résistance des conducteurs froids lorsque la température augmente?**

19.1.4 Loi d'Ohm

Dans un circuit électrique fermé, la tension U aux bornes fait passer un courant I à travers une résistance R **(ill. 1)**. Du rapport entre la tension U en volt et le courant I en ampère résulte une résistance R en ohm. On appelle cette équation la **loi d'Ohm.**

$$I = \frac{U}{R}$$ Unité: $A = \frac{V}{\Omega}$

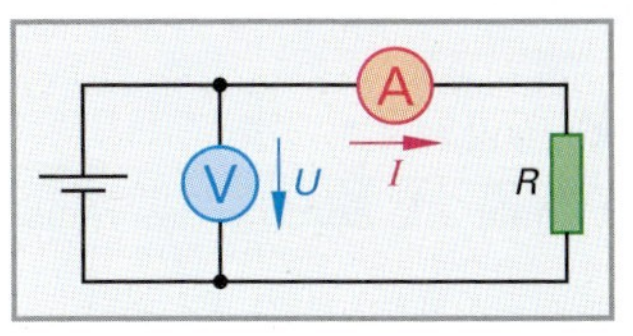

Illustration 1: Valeur des mesures dans un circuit de courant électrique

Tableau 1. En alimentant la résistance $R_1 = 2\ \Omega$ et $R_2 = 1\ \Omega$ avec une tension continue variable U, on obtient pour chaque résistance, avec la même tension U, différentes valeurs de courant I_1 et I_2.

Tableau 1: Courant en fonction de la tension

Résistance	U en V	0	2	4	6	8	10
$R_1 = 2\ \Omega$	I_1 en A	0	1	2	3	4	5
$R_2 = 1\ \Omega$	I_2 en A	0	2	4	6	8	10

Si l'on rapporte les valeurs I_1 et I_2 en fonction de la tension U, on obtient deux droites de progression différente **(ill. 2)**. Sur le diagramme, il apparaît que :

- le courant I est proportionnel à la tension U ($I \sim U$);
- une résistance de faible valeur laisse passer un courant I plus élevé si la tension d'alimentation U reste constante, c'est-à-dire que l'accroissement du courant devient plus grand.

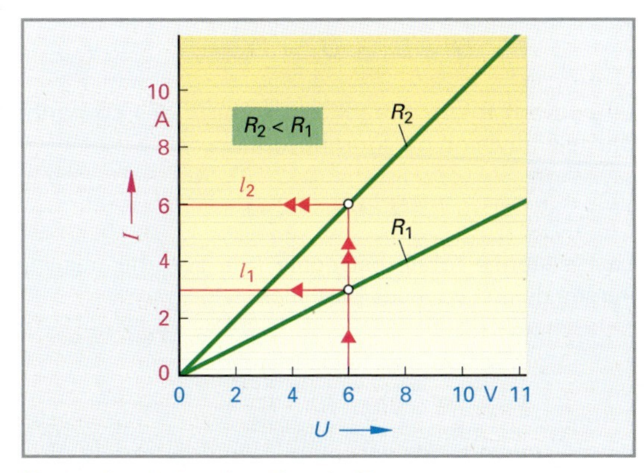

Illustration 2: *I* en fonction de *U*

Tableau 2. En appliquant aux bornes des résistances variables R_1 et R_2 une tension constante de $U_1 = 5$ V et $U_2 = 10$ V, on obtient alors différentes valeurs de courant I_1 et I_2.

Tableau 2: Courant en fonction de la résistance

Tension	R en Ω	0	2	4	6	8	10
$U_1 = 5$ V	I_1 en A	Court-circuit	2,5	1,25	0,83	0,675	0,5
$U_2 = 10$ V	I_2 en A	Court-circuit	5	2,5	1,66	1,35	1,0

Si l'on rapporte les valeurs I_1 et I_2 en fonction de la résistance R, on obtient deux hyperboles **(ill. 3)**. Sur le diagramme, il apparaît que :

- à tension U constante, plus la résistance R augmente, plus le courant I diminue;
- le courant I est inversement proportionnel à la résistance R ($I \sim 1/R$).

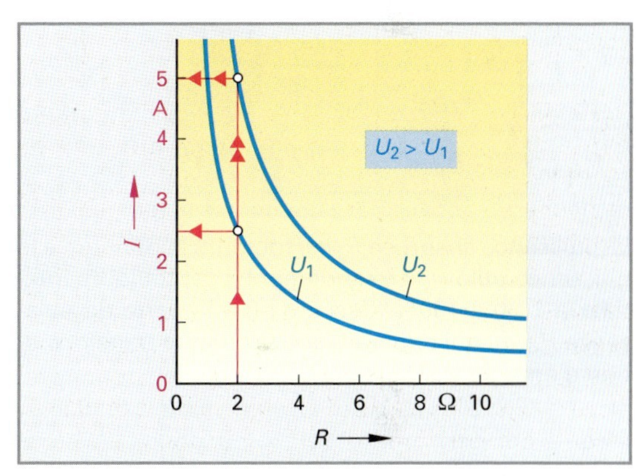

Illustration 3: *I* en fonction de *R*

19.1.5 Puissance, travail, rendement

Puissance électrique du courant continu

La puissance électrique P est égale au produit de la tension U et du courant I.

$$P = U \cdot I$$

L'unité de la puissance électrique est le watt (W).

1 watt est la puissance d'un courant de 1 A avec une tension de 1 V.

$$1\ \text{W} = 1\ \text{V} \cdot 1\ \text{A} = 1\ \text{J/s} = 1\ \text{Nm/s}$$

Travail électrique du courant continu

Le travail électrique W est égal au produit de la puissance électrique P et du temps t durant lequel la puissance P a été fournie.

$$W = P \cdot t$$
$$W = U \cdot I \cdot t$$

L'unité du travail électrique W est le watt-seconde (Ws).

1 watt-seconde est le travail fourni par une puissance de 1 W pendant une durée de 1 s.
3 600 000 Ws correspondent à 1 kWh.

$$1\ \text{Ws} = 1\ \text{V} \cdot 1\ \text{A} \cdot 1\ \text{s} = 1\ \text{J} = 1\ \text{Nm}$$

Rendement

Le rendement η est égal au rapport entre la puissance utile P_u et la puissance absorbée P_a.

$$\eta = \frac{P_u}{P_a}$$

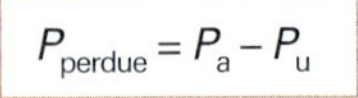

$$P_{perdue} = P_a - P_u$$

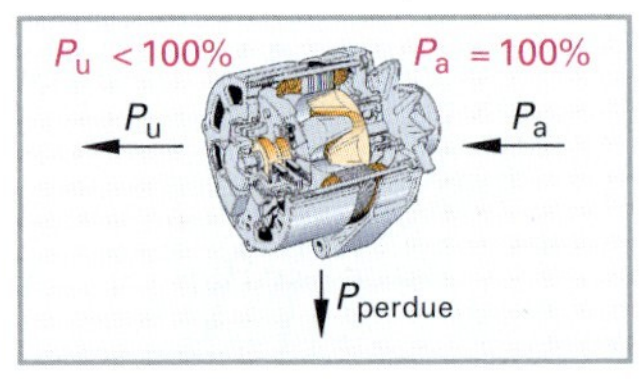

La puissance absorbée P_a est toujours supérieure à la puissance utile P_u. Le rendement η est toujours inférieur à 1 ou à 100 %. Ceci est dû à la perte de puissance P_{perdue} qui apparaît lors de chaque transformation d'énergie.

19.1.6 Couplage des résistances

Couplage de résistances en série (ill. 1)

Le couplage en série est utilisé pour diviser la tension dans un circuit électrique. Les composants branchés en série se partagent la tension totale proportionnellement à leur résistance. On peut p. ex. coupler une diode électroluminescente avec une résistance pour l'alimenter à sa tension nominale (2,4 V) ceci afin de pouvoir l'utiliser dans le réseau de bord (12 V) d'un véhicule automobile.

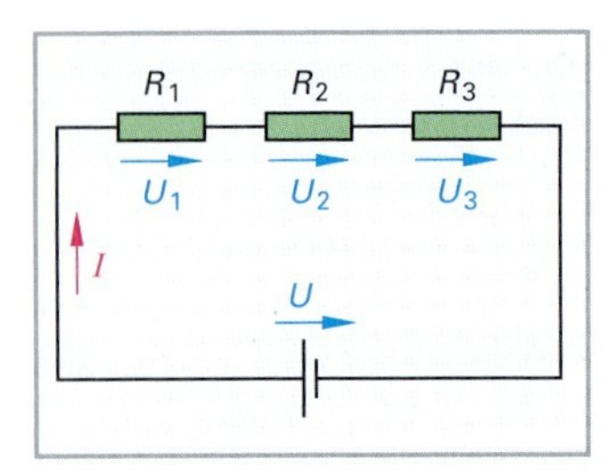

Illustration 1: Couplage en série

Le couplage en série est soumis à des lois précises:

Le même courant traverse simultanément toutes les résistances.

$$I = I_1 = I_2 = I_3 = \dots$$

La tension totale est égale à la somme des tensions partielles.

$$U = U_1 + U_2 + U_3 + \dots$$

Les tensions partielles sont proportionnelles à leur résistance (répartition de la tension).

$$U_1 : U_2 : U_3 = R_1 : R_2 : R_3$$

La résistance totale est égale à la somme des résistances partielles.

$$R = R_1 + R_2 + R_3 + \dots$$

Couplage de résistances en parallèle (ill. 2)

Le couplage des résistances en parallèle est utilisé pour diviser le courant. Tous les récepteurs sont soumis à la même tension. Le courant total I se divise selon la valeur inverse de chacune des résistances, ce qui signifie qu'une résistance de faible valeur permet le passage d'un courant plus important que celui d'une résistance de valeur plus élevée.

Généralement, tous les consommateurs d'un véhicule automobile (p. ex. les lampes d'éclairage) sont branchés en parallèle sur la batterie.

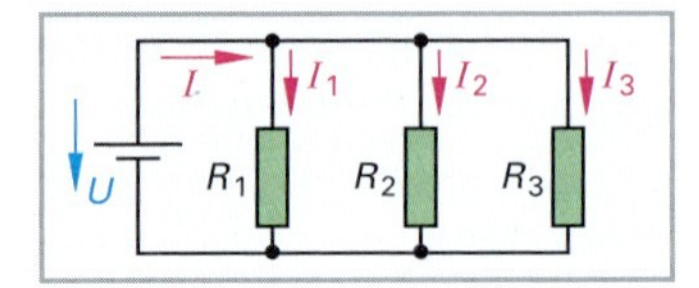

Illustration 2: Couplage en parallèle

Le couplage en parallèle est soumis à des lois précises:

Toutes les résistances sont alimentées avec la même tension.

$$U = U_1 = U_2 = U_3 = \dots$$

Le courant total est égal à la somme des courants partiels (division du courant).

$$I = I_1 + I_2 + I_3 + \dots$$

La résistance totale est égale à la somme des inverses des résistances partielles.

$$\frac{1}{R} = \frac{1}{R_1} + \frac{1}{R_1} + \frac{1}{R_3} + \dots$$

La résistance totale est toujours inférieure à la plus petite des résistances partielles.

Couplage mixte de résistances (ill. 1)

Un couplage dans lequel des résistances sont branchées, tant en parallèle qu'en série, est appelé couplage mixte.

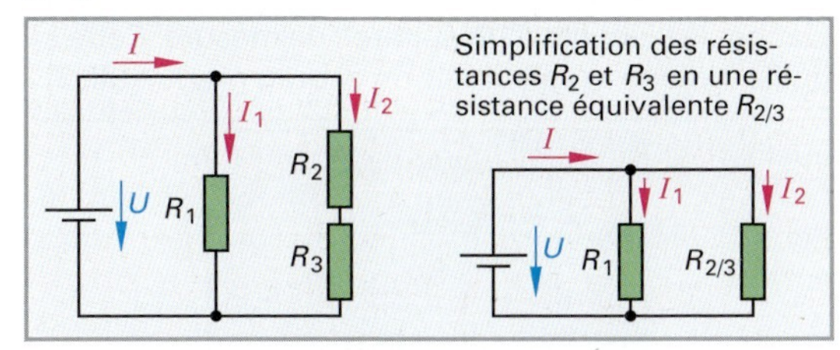

Illustration 1: Couplage mixte de résistances

Les lois applicables au couplage mixte sont les mêmes que celles du couplage en série ou en parallèle.

Pour calculer la résistance totale du couplage, il faut le simplifier en procédant par étapes. Les résistances couplées en parallèle ou en série doivent ainsi être converties en résistances dites équivalentes.

19.1.7 Mesures dans un circuit électrique

Mesure de la tension électrique (ill. 2)

La tension électrique peut être mesurée avec un voltmètre. Le voltmètre est branché en parallèle aux bornes du récepteur ou de la source de tension.

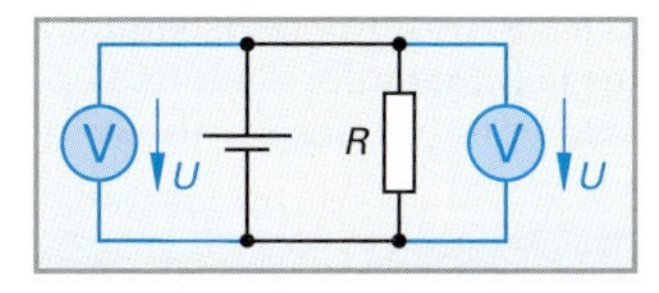

Illustration 2: Mesure de la tension

Mesure de l'intensité du courant électrique (ill. 3)

Le courant électrique est mesuré au moyen d'un ampèremètre. L'ampèremètre est branché dans le circuit, c'est-à-dire qu'il est branché en série, soit dans la ligne d'alimentation du récepteur soit dans la ligne de masse. Le raccord positif de l'ampèremètre doit être connecté au côté positif de la source de tension.

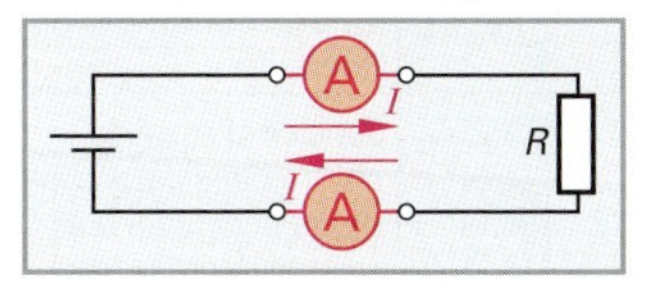

Illustation 3: Mesure de l'intensité du courant

En montant par erreur un ampèremètre comme un voltmètre, on produit un court-circuit dû à la faible résistance interne de l'appareil. Le passage du courant risque de détruire les composants (électriques et électroniques) de l'ampèremètre.

Mesure de la résistance électrique

La résistance peut être mesurée directement ou indirectement.

Mesure directe avec un ohmmètre. Pour effectuer la mesure directe d'une résistance, on doit déconnecter le composant à mesurer de la source d'alimentation et brancher l'ohmmètre en parallèle à la résistance **(ill. 4).** Le non-respect de cette prescription peut détruire l'appareil de mesure.

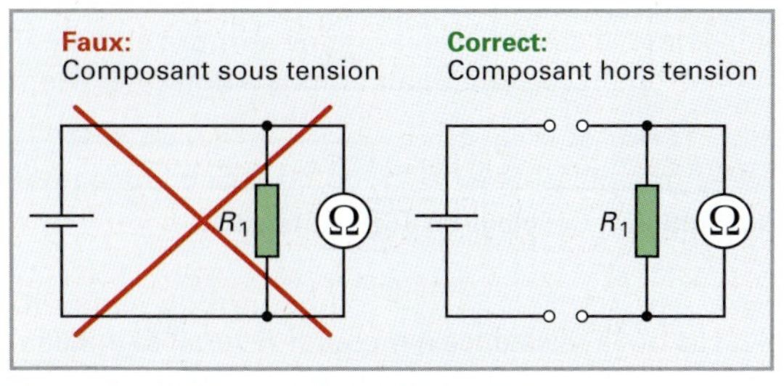

Illustration 4: Mesure directe d'une résistance (en absence de tension)

S'il y a lieu de mesurer une résistance branchée en parallèle à une deuxième résistance, la résistance à mesurer doit être déconnectée du circuit **(ill. 5).** Le non-respect de cette prescription va fausser la mesure et/ou peut détruire l'appareil de mesure.

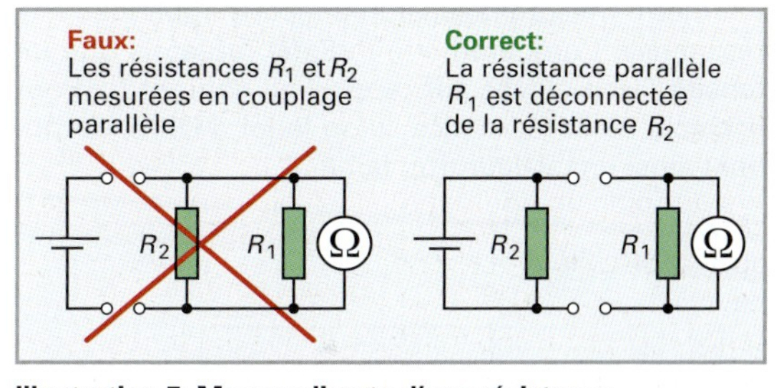

Illustration 5: Mesure directe d'une résistance (couplée en parallèle)

> La mesure directe des résistances de faible valeur est très imprécise car la résistance interne de l'appareil (couplé en parallèle) fausse les mesures.

Mesure indirecte. Cette mesure est effectuée par des mesures de la tension et de l'intensité. Ces deux mesures sont utilisées pour calculer la valeur et la résistance selon la loi d'Ohm. Deux possibilités permettent de calculer de manière indirecte la valeur de la résistance de la tension et de l'intensité: le couplage en écart de tension **(ill. 1, p. 510)** et le couplage en écart de courant **(ill 2, p. 510).**

Dans le cas du **couplage en écart de tension (ill. 1, p. 510)** l'ampèremètre mesure la valeur du courant qui passe effectivement par la résistance *R*. Le voltmètre indique une tension *U*, incluant la chute de tension U_{iA}. Pour le calcul de la résistance selon la loi d'Ohm, on obtient ainsi une valeur de résistance trop élevée.

$U_{iA} = 1{,}67\,V$ $I + I_{iV} \sim 1{,}67\,A$ $I = 1{,}67\,A$ $R_{iA} = 1\,\Omega$ $U = 10\,V$ $I_{iV} \sim 0\,A$ $U = 10\,V$ $R = 5\,\Omega$ $U_R = 8{,}33\,V$ $R_{iV} = 1\,M\Omega$

Calcul de la résistance: $R = \frac{U}{I} = \frac{10\,V}{1{,}67\,A} = 5{,}99\,\Omega$

Illustration 1: Couplage en écart de tension

Au cas où la résistance à mesurer R serait significativement plus grande que la résistance interne R_{iA} de l'ampèremètre, il ne serait pas nécessaire de tenir compte de la résistance interne.

Le couplage en écart de tension permet de mesurer avec précision de grandes résistances.

Dans le cas du **couplage en écart de courant (ill. 2)**, le voltmètre mesure la tension effective appliquée à la résistance. L'ampèremètre indique toutefois une intensité I trop élevée par rapport au courant I_{iV}. Pour le calcul de la résistance selon la loi d'Ohm, on obtient ainsi une valeur trop faible.

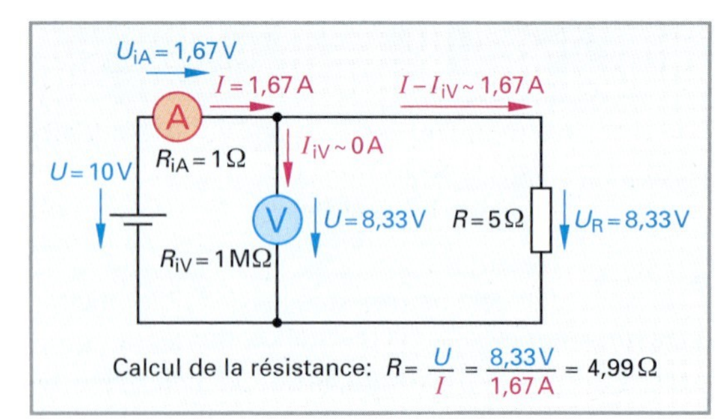

Illustration 2: Couplage en écart de courant

Dans ce cas, le courant passant par le voltmètre est significativement plus faible que celui passant par la résistance à mesurer (p. ex. avec des ampèremètres digitaux), on ne tiendra pas compte du courant circulant au travers du voltmètre. Comme la résistance R est nettement plus faible que la résistance interne R_{iV} du voltmètre, seule une très faible partie du courant transite par l'appareil de mesure. Dans ce cas, l'erreur de courant peut être ignorée.

Le couplage en écart de courant permet de mesurer avec précision de petites résistances.

19.1.7.1 Appareils de mesure analogiques

Les valeurs d'une grandeur électrique à déterminer (p. ex. la tension électrique) sont transformées en valeurs physiques, c'est-à-dire analogiques[1], par la déviation de l'aiguille d'un appareil de mesure. Cette aiguille indique la valeur sur un cadran gradué **(ill. 3)**.

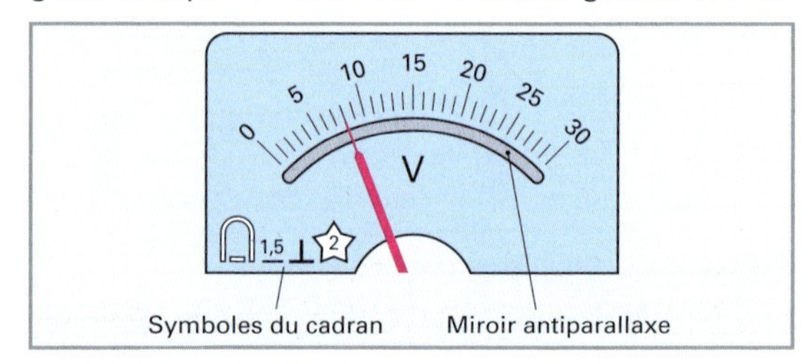

Illustration 3: Affichage de valeurs analogiques

L'observation de la déviation de l'aiguille convertit la position analogique de celle-ci en valeur numérique, c'est-à-dire en représentation digitale. Il en résulte une conversion mentale analogique-digitale.

Les instruments de mesure à aiguilles ainsi que l'oscilloscope sont des instruments de mesure analogiques.

Symboles des instruments de mesure

Le cadran des appareils de mesure analogiques ne comporte pas seulement l'échelle des grandeurs à mesurer mais également des informations sur l'appareil (p. ex. mode de fonctionnement, précision, symboles de type de courant, position dans laquelle il est utilisé, tension d'essai). Ces informations supplémentaires sont représentées par des symboles et des chiffres **(tableau 1)**.

Tableau 1: Symboles sur le cadran

Symbole	Signification	Symbole	Signification
⏦	Pour courant continu et alternatif	⊥	Position d'emploi verticale
	A cadre mobile, avec aimant permanent	⊓	Position d'emploi horizontale
	A cadre mobile, avec redresseur	1,5	Classe de précision en rapport avec la valeur maximale de l'échelle
	Appareil avec amplificateur	2	Tension d'essai: le chiffre dans l'étoile indique la tension d'essai en kV (étoile sans chiffre tension d'essai 500 V)
	Appareil à noyau plongeur		

En technique automobile, on utilise principalement des appareils de mesure analogiques à cadre mobile. Ceux-ci conviennent uniquement pour la mesure de tensions et de courants électriques continus. Pour la mesure de grandeurs alternatives, il faut utiliser un appareil à cadre mobile avec un redresseur.

[1] analogique = correspondant, équivalent

Classe de précision. Elle est signalée par un nombre et indique la marge d'erreur entre la valeur mesurée et la valeur réelle. Les appareils de mesure sont subdivisés, selon leur précision, en sept classes de précisions différentes:

0,1	0,2	0,5	1	1,5	2,5	5

Les nombres indiquent la limite maximale des erreurs. La classe de précision 1,5 signifie que l'erreur peut atteindre ± 1,5 % de la valeur maximale du champ de mesure (valeur maximale de l'échelle). P. ex. avec un appareil de classe 1,5 pour une mesure de 100 V sur une échelle de 100 V, l'erreur maximale d'affichage sera de ± 1,5 V. Pour une mesure de 10 V, la tension mesurée peut se situer entre 8,5 et 11,5 V.

Dans un champ de mesure de 100 V et une tension réelle de 100 V, l'appareil d'une classe de précision de 1,5 peut alors indiquer une valeur se situant entre 98,5 et 101,5 V.

Le pourcentage d'erreur absolue pour une tension mesurée de 10 V ± 15 % devient donc 100 V ±1,5 %.

Pour limiter le plus possible les erreurs de mesure, il faut choisir l'échelle de mesure des multimètres de façon à ce que l'aiguille se situe au tiers supérieur de la plage de mesure du cadran.

En effectuant la même mesure avec une classe de précision de 0,2, on obtiendrait respectivement des valeurs équivalentes de 9,8 à 10,2 V pour une échelle de mesure de 10 V et de 99,8 à 100,2 V pour une échelle de mesure de 100 V. En pourcentage, les erreurs absolues seront alors respectivement de ± 2 % et ± 0,2 %.

19.1.7.2 Appareils de mesure digitaux

Les valeurs d'une grandeur à mesurer (p. ex. courant électrique) sont affichées directement en séquences de chiffres **(ill. 1)**. La conversion des grandeurs analogiques en chiffres, c'est-à-dire en affichage numérique, est réalisée par l'intégration d'un convertisseur analogique-numérique dans l'instrument de mesure.

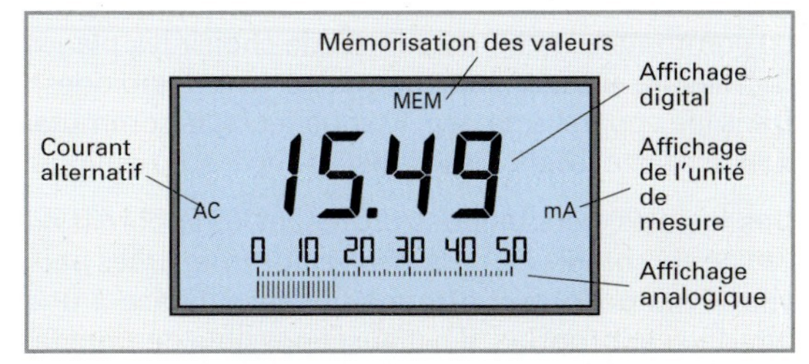

Illustration 1: Affichage digital avec affichage analogique linéaire incorporé

La représentation digitale des valeurs facilite la lecture de la mesure. En outre, on obtient une résolution nettement supérieure par rapport à un affichage analogique, cela signifie qu'il ne faut plus deviner la valeur entre deux traits d'une échelle graduée.

Les appareils de mesure à affichage digital effectuent généralement deux mesures par seconde. La valeur elle-même est saisie en une fraction de seconde seulement et enregistrée dans la mémoire tampon de l'appareil. C'est ensuite la valeur moyenne des deux mesures qui est affichée, la valeur mesurée n'étant pas toujours constante. En mesure continue, on obtiendrait un défilement constant des derniers chiffres d'affichage.

En outre, il serait très difficile de saisir les mesures à cause des variations rapides des valeurs et de leur amplitude. Cependant, pour certaines mesures, il est indispensable de saisir la variation de la valeur de la grandeur mesurée. Dans ce cas, il faut utiliser un appareil de mesure analogique ou un appareil digital avec un affichage analogique linéaire incorporé (bargraphe).

L'affichage analogique incorporé **(ill. 1)** apparaît dans l'affichage sous forme de traits noirs dont le nombre varie proportionnellement à la valeur numérique. Dans ce cas, plus de 25 mesures par seconde peuvent être saisies et affichées en même temps. La visualisation donne l'impression d'un processus de mesure continu.

Ecarts de mesure. La précision des appareils à affichage digital est souvent trompeuse du fait de leur affichage numérique. Cette précision n'existe pas. Pour obtenir les écarts admissibles, il faut se référer à la description de l'appareil de mesure digital mentionnée par le fabricant. Cette valeur est donnée en pourcentage par rapport à la valeur mesurée (p. ex. ± 0,5 % de 19,99 V). En outre, le dernier chiffre affiché peut varier de 1 digit (digit signifie chiffre).

Résolution et nombre de chiffres. Les appareils digitaux les plus simples ont une fenêtre d'affichage pouvant contenir 3,5 positions, ce qui veut dire que le premier chiffre inscrit ne peut être que le chiffre 1; les plus performants peuvent afficher jusqu'à 6,5 positions.

Selon le type d'appareils, la première position de l'affichage est seulement prévue pour certains chiffres (p. ex. de 0 à 1 ou de 0 à 3); ainsi, dans les deux cas, l'affichage des nombres est au maximum: 1999 ou 3999.

Généralement, l'échelle de mesure change automatiquement aussitôt que ces valeurs sont dépassées.

19.1.7.3 Multimètres

Multimètres analogiques (ill. 1)

Ils sont non seulement employés pour mesurer les tensions mais aussi pour les courants continus et alternatifs. Les valeurs des résistances peuvent être déterminées uniquement par une mesure indirecte par l'intermédiaire d'une tension et d'un courant, c'est pourquoi il est indispensable que l'appareil soit équipé d'une batterie pour son alimentation.

C'est le courant I traversant la résistance R qui est mesuré selon la loi d'Ohm $I \sim 1/R$. L'affichage de la valeur de la résistance est effectué selon cette loi, d'où une plage de mesure du cadran non linéaire. Pour une mesure de résistance infinie, l'aiguille ne dévie pas. Par contre, une valeur de résistance nulle provoque une déviation maximale de l'aiguille.

On obtient la valeur mesurée en divisant le nombre lu sur la graduation par la valeur maxi de l'échelle du cadran, puis on multiplie par le champ de mesure sélectionné par le commutateur rotatif. Par ex. **(ill. 1)**, l'aiguille indique 38 sur l'échelle de 50 et le champ de mesure est de 0,05 A. La valeur mesurée est donc de (38 : 50) · 0,05 A = **0,038 A.**

$$\text{Valeur mesurée} = \frac{\text{Nombre lu} \times \text{champ de mesure}}{\text{Valeur totale de l'échelle du cadran}}$$

Multimètre digital (ill. 2)

Ses possibilités d'utilisation sont identiques à celles du multimètre analogique. L'avantage est que, malgré sa grande précision et sa robustesse, son prix de revient à la fabrication est peu élevé.

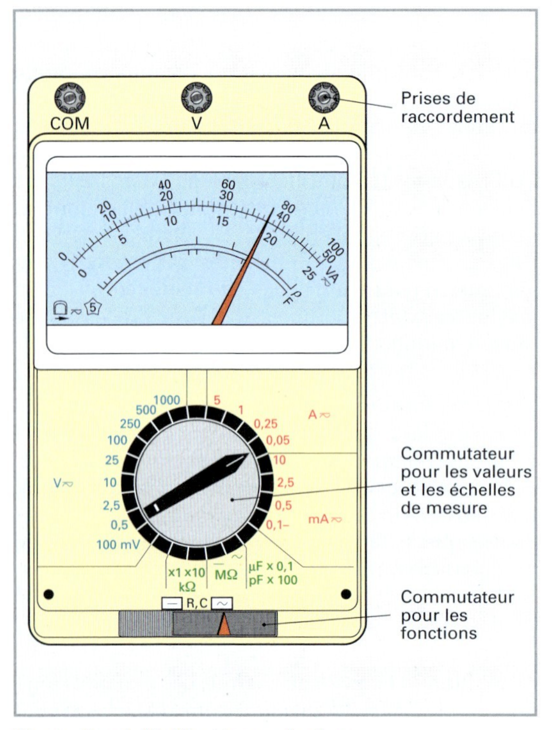

Illustration 1: Multimètre analogique

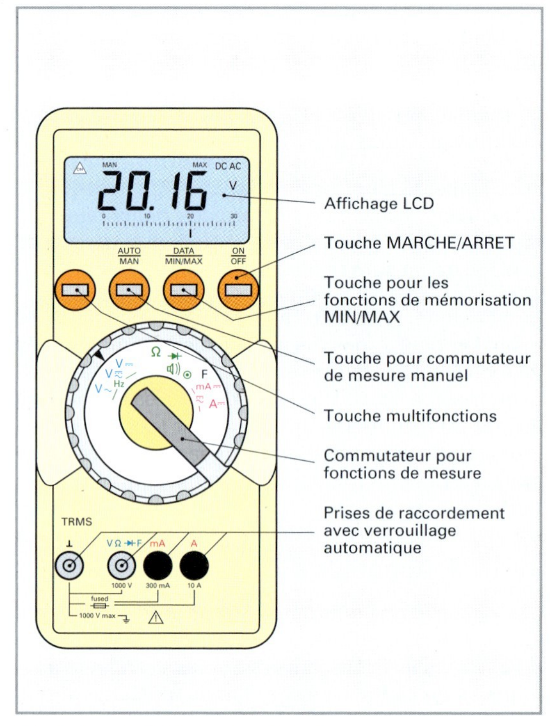

Illustration 2: Multimètre digital

L'échelle de mesure peut être étendue avec un facteur de 1000, donnant ainsi la possibilité de mesurer des résistances en Ω, kΩ et MΩ.

Pour mesurer une valeur inconnue, il est conseillé de choisir d'abord la plus grande échelle de mesure afin de pouvoir ensuite régler le commutateur sur l'échelle appropriée de façon à ce que l'affichage se situe au tiers supérieur de l'échelle.

Le commutateur central permet de choisir les plages de mesure et les fonctions (p. ex. test des diodes). Dans les appareils de qualité supérieure, la commutation des échelles de mesure est souvent automatique.

Des fusibles électroniques protègent les appareils en cas de surcharge. De plus, des valeurs mesurées peuvent éventuellement être mémorisées. Grâce à une interface appropriée, il est aussi possible de transférer des données sur un ordinateur afin de pouvoir les traiter et les utiliser ultérieurement.

19.1.7.4 Oscilloscope

L'oscilloscope est un appareil de mesure à affichage analogique qui peut mesurer et afficher graphiquement des processus électriques qui se répètent périodiquement et rapidement (p. ex. des signaux de capteurs ou des variations de la tension d'allumage). L'affichage s'effectue sur un écran à tube cathodique **(ill. 1)**. Un oscilloscope qui peut afficher deux processus en même temps est appelé, selon son type de construction, un oscilloscope à deux canaux ou à double traces.

Pour afficher des opérations uniques, il faut utiliser un oscilloscope à mémoire. Un signal périodique peut y être mémorisé et sera disponible plus tard comme image fixe.

Construction et fonctionnement

Un oscilloscope à tube cathodique est composé principalement de quatre groupes **(ill. 1)**:

- un tube image à faisceau d'électrons;
- un amplificateur vertical (amplificateur Y; Y_1 Y_2);
- un générateur de base de temps avec dispositif de synchronisation (amplificateur X; X_1 X_2);
- une alimentation sur secteur.

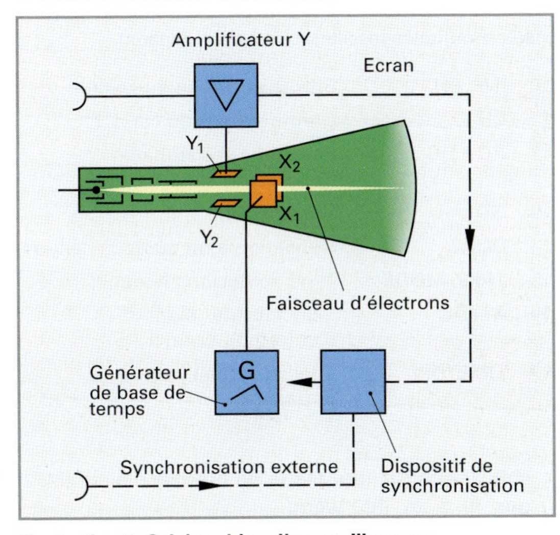

Illustration 1: Schéma bloc d'un oscilloscope à tube cathodique

Dans le tube cathodique, semblable à celui d'un téléviseur, un faisceau d'électrons dense est produit sous vide et focalisé sur l'écran recouvert d'une substance luminescente, provoquant l'apparition d'un point au centre de l'écran.

Le faisceau d'électrons peut être orienté aussi bien verticalement **(ill. 2)** par les plaques Y_1 Y_2 qu'horizontalement **(ill. 3)** par les plaques X_1 X_2 provoquant ainsi un balayage de l'écran.

Une tension continue positive appliquée entre les plaques Y_1 Y_2 provoque le déplacement du faisceau d'électrons vers le haut et une tension négative vers le bas. Le faisceau, sous forme de point, reste stable après déviation et est proportionnel à la tension appliquée aux plaques. Si, au lieu d'une tension continue, on applique une tension alternative entre les plaques, un trait vertical apparaît à l'écran **(ill. 2)**.

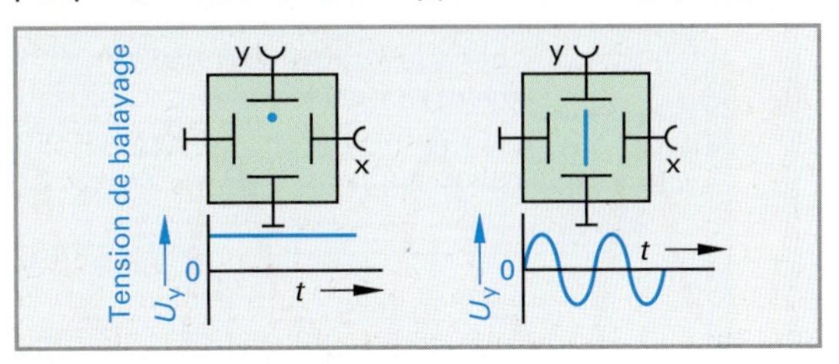

Illustration 2: Balayage vertical Y_1 Y_2

Lorsqu'on applique une tension continue aux bornes de balayage horizontal X_1 X_2, le point lumineux se déplace vers la gauche ou vers la droite de l'écran, selon la polarité de la tension d'alimentation. Il reste immobile aussi longtemps qu'il n'y a pas de changement de tension. En appliquant une tension alternative à la place de la tension continue (p. ex. en dents de scie), on crée alors un trait horizontal **(ill 3)**.

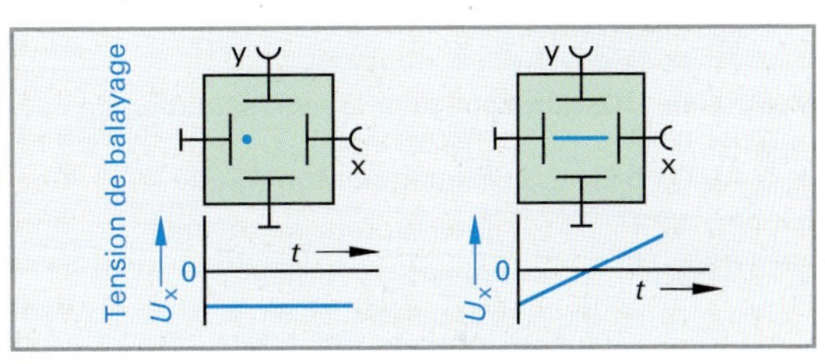

Illustration 3: Balayage horizontal X_1 X_2

En appliquant au même moment la tension de mesure aux bornes des plaques verticales Y_1 Y_2 et une tension en dents de scie aux bornes des plaques horizontales X_1 X_2 comme vitesse de balayage, on obtient visuellement, sur l'écran, l'évolution de la tension en fonction du temps **(ill 1)**.

Déclenchement. Pour obtenir une image stable sur l'écran, le balayage doit toujours commencer à un moment précis. Le signal de déclenchement est donné par une valeur fixe de la tension à mesurer. Le déclenchement du balayage est provoqué par une impulsion de déclenchement. La base de temps génère une tension en dents de scie, c'est-à-dire que le faisceau d'électrons effectue un aller et retour pendant une période de temps à travers l'écran. L'impulsion de déclenchement peut être créée par le générateur de base de temps (interne) ou alimentée par une tension d'impulsion externe.

Le déclenchement du balayage provoqué par impulsion de déclenchement est nommé trigger.

Utilisation d'un oscilloscope

Les indications du panneau de commande d'un oscilloscope sont en anglais et sont de plus en plus standardisées **(ill. 1)**.

Le panneau de commande représenté donne un exemple d'indication des possibilités les plus importantes de raccordement et de fonctions d'un oscilloscope à double traces ou à deux canaux.

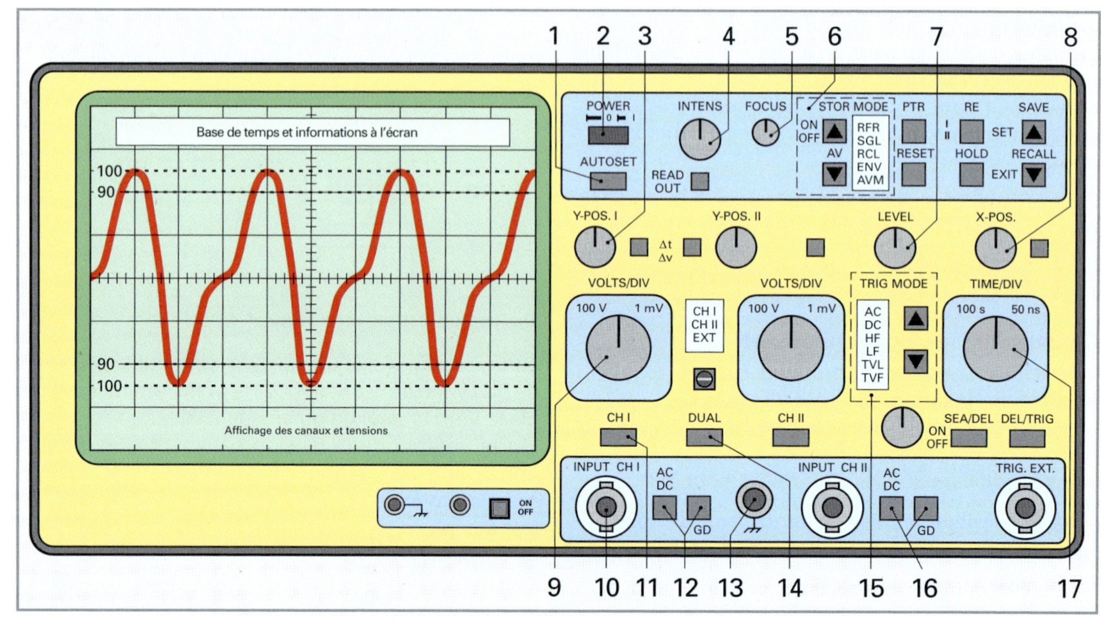

Illustration 1: Oscilloscope pour la représentation de deux signaux simultanés (oscilloscope à deux canaux)

1	**AUTO SET**	Réglage automatique
2	**POWER**	Interrupteur de réseau
3	**Y-POS: I**	Ajustage vertical du canal I
4	**INTENS**	Réglage de luminosité
5	**FOCUS**	Réglage de netteté
6	**STORE MODE**	Mode de mémorisation
7	**LEVEL**	Niveau de déclenchement
8	**X-POS.**	Ajustage horizontal du faisceau
9	**VOLTS/DIV.**	Sélecteur de plage de mesure du canal I
10	**INP. CH I**	Entrée de signal du canal I
11	**CH I**	Commutateur du canal I
12	**AC / DC**	Sélecteur des signaux d'entrée du canal I
13	**GD**	Prise de terre
14	**DUAL**	Utilisation à un ou deux canaux
15	**TRIG. MODE**	Type de déclenchement
16	**AC/DC**	Sélecteur des signaux d'entrée du canal II
17	**TIME/DIV**	Vitesse de balayage horizontal

19

Effectuer des mesures avec un oscilloscope

En principe, l'oscilloscope ne mesure que des tensions.

Pour effectuer des mesures avec un oscilloscope, il faut respecter les points suivants:

- connecter l'objet à mesurer à la prise de terre et au signal d'entrée du canal I ou II de l'oscilloscope.
- régler la ligne de base de l'affichage de l'écran (ajustage vertical) au moyen du bouton **(ill. 1, pos. 3)** afin d'obtenir une visibilité totale du signal. Pour cela, le commutateur des signaux d'entrée doit être en position prise de terre (GD);
- choisir ensuite une plage de mesure élevée **(ill. 1, pos. 9)**, p. ex. 100 V/cm;
- modifier ensuite la vitesse de balayage horizontal jusqu'à obtention de l'image du signal (**ill. 1, pos. 17**).

De nombreux boîtiers d'oscilloscopes disposent d'une protection avec conducteur de mise à terre (PE). Si l'objet à mesurer est alimenté avec une tension alternative supérieure à 50 V, l'oscilloscope doit être raccordé à une alimentation réseau séparée ou un transformateur de séparation, ceci pour des raisons de sécurité.

Tableau 1: Effectuer des mesures avec un oscilloscope (exemples)

Couplage	Affichage et réglages	Evaluation
Mesure d'une tension continue U		
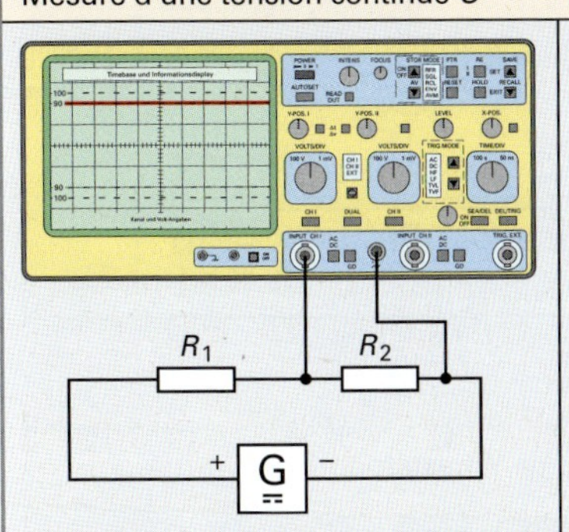	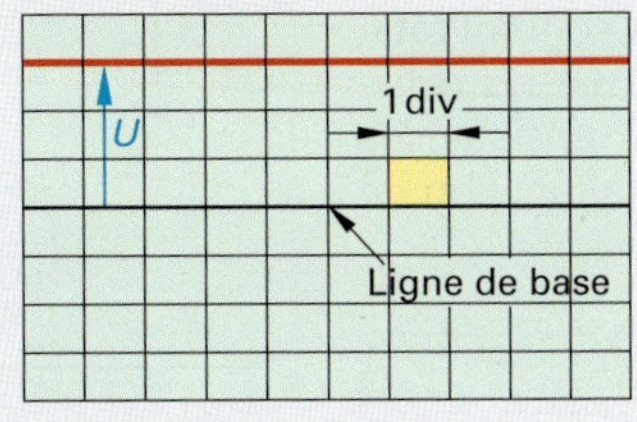 Réglage de l'oscilloscope: 5 V / div[1] [1] div: abrév. de divit (partie), unité de grille de l'écran	Choisir la position DC pour mesurer des tensions continues. Exemple: Tension continue U: $U = \frac{5\ \text{V}}{\text{div}} \cdot 3\ \text{div} = 15\ \text{V}$
Mesure de tensions alternatives et durée de la période		
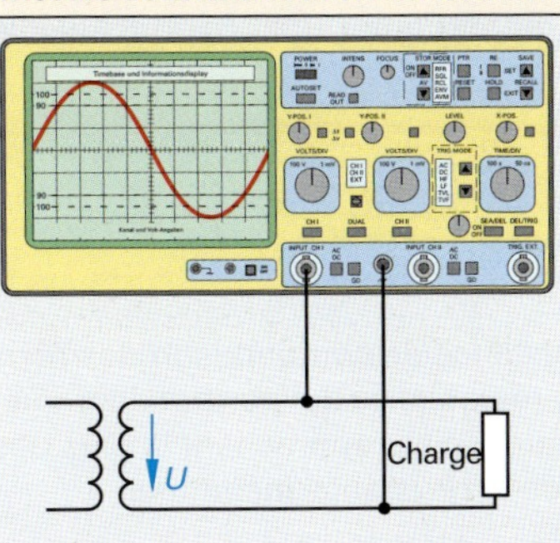	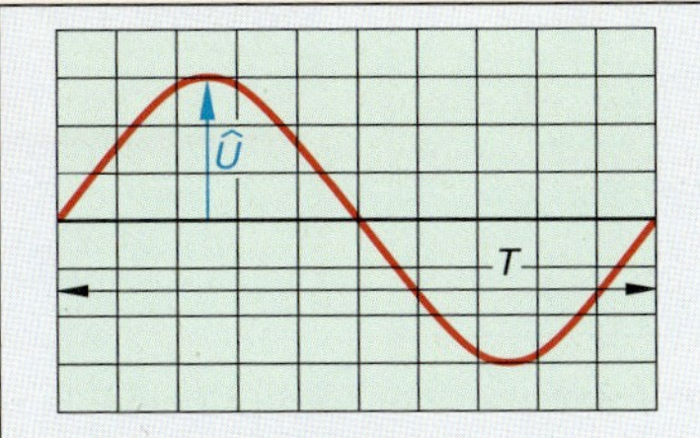 Réglage de l'oscilloscope: – Amplitude: 2 V / div – Time Base: 2 ms / div	Choisir la position AC pour mesurer des tensions alternatives. Exemples: $\hat{U} = \frac{2\ \text{V}}{\text{div}} \cdot 3\ \text{div} = 6\ \text{V}$ $U = \frac{\hat{U}}{\sqrt{2}} = \frac{6\ \text{V}}{\sqrt{2}} = 4{,}2\ \text{V}$ $T = \frac{2\ \text{ms}}{\text{div}} \cdot 10\ \text{div} = 20\ \text{ms}$ $f = \frac{1}{T} = \frac{1}{20\ \text{ms}} = 50\ \text{Hz}$
Mesure de courant électrique (mesure indirecte)		
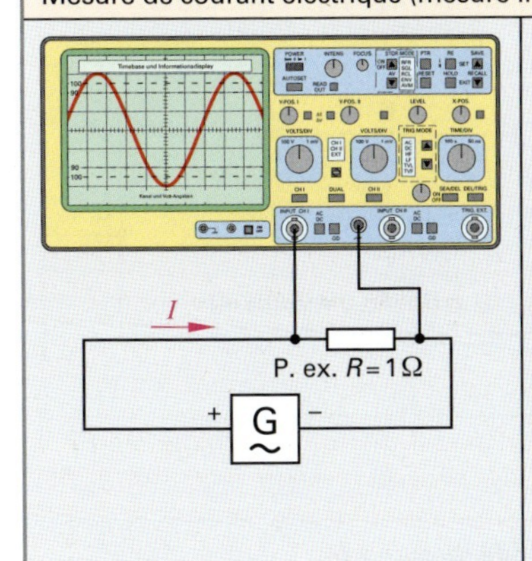	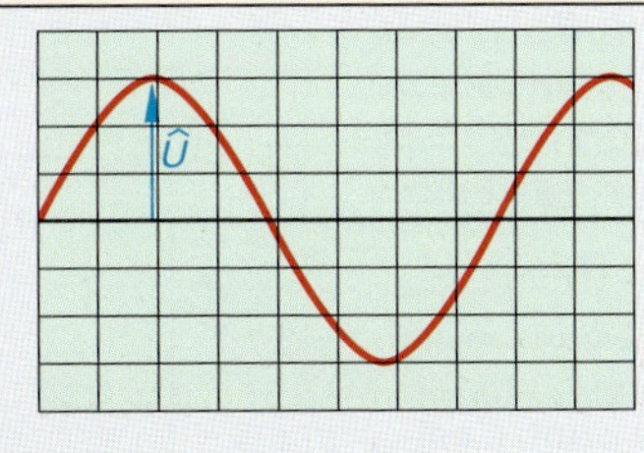 Réglage de l'oscilloscope: 50 mV / div	L'intensité du courant est définie en mesurant la tension U sur une résistance dont la valeur est connue (p. ex. 1 Ω) et en calculant le courant I au moyen de la loi d'Ohm. Exemples: $\hat{U} = \frac{50\ \text{mV}}{\text{div}} \cdot 3\ \text{div} = 0{,}15\ \text{V}$ $U = \frac{\hat{U}}{\sqrt{2}} = \frac{0{,}15\ \text{V}}{\sqrt{2}} = 0{,}1\ \text{V}$ $I = \frac{U}{R} = \frac{0{,}1\ \text{V}}{1\ \Omega} = 0{,}1\ \text{A}$

Questions de révision

1 **Qu'entend-on par mesure indirecte de la résistance?**

2 **Comment l'ampèremètre est-il raccordé dans un circuit électrique?**

3 **Nommez les appareils de mesure à affichage analogique?**

4 **De quoi faut-il tenir compte lors de la mesure d'une tension alternative avec un appareil à cadre mobile?**

5 **Que signifie classe de précision 1,5?**

6 **Quels inconvénients présentent les appareils à affichage numérique lorsque les mesures sont instables?**

7 **Quelle règle faut-il respecter en utilisant les multimètres analogiques?**

8 **Comment nomme-t-on la tension appliquée au balayage vertical et horizontal?**

9 **Qu'entend-on par déclenchement?**

10 **Décrivez le mouvement du faisceau d'électrons sur l'écran si seule la base de temps est activée.**

19.1.7.5 Montage en pont de résistances

Le montage en pont de résistances **(ill. 1)** se compose de deux couplages en série; comportant chacun deux résistances, ils sont raccordés en parallèle à la même source de tension. Au point A, le courant total I_{tot} se subdivise en courants partiels I_1 (par les résistances R_1 et R_2) et I_2 (par les résistances R_3 et R_4). Les résistances R_1 a R_4 ont une fonction de diviseurs de tension.

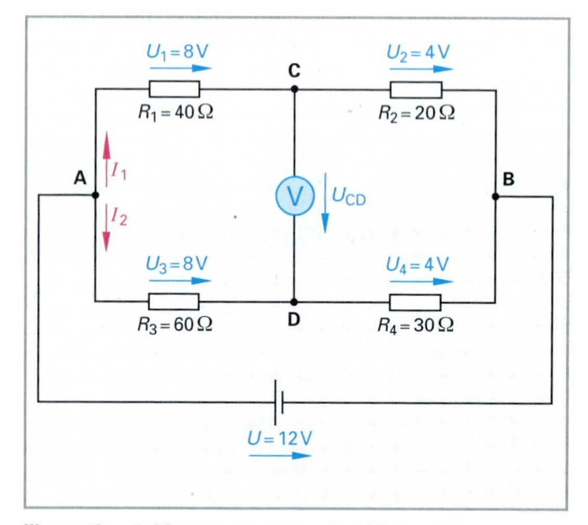

Illustration 1: Montage en pont de résistances

Si le diviseur de tension R_1-R_2 répartit la tension dans les mêmes proportions que le diviseur R_3-R_4 il n'y aura aucune tension entre les points C et D (méthode de mesurage par zéro). De ce fait, le rapport des résistances R_1 et R_2 est identique à celui des résistances R_3 et R_4.

Un montage en pont est équilibré si aucun courant ne circule entre les points C-D du pont, c'est-à-dire lorsque le rapport des résistances des deux diviseurs de tension est identique.

$$\frac{R_1}{R_2} = \frac{R_3}{R_4} \Rightarrow \frac{U_1}{U_2} = \frac{U_3}{U_4}$$

La mesure des résistances est effectuée au moyen d'un montage en pont. Dans ce cas, la résistance R_1 est remplacée par les résistances à mesurer R_x et R_2 et par la résistance R_n.

Le circuit en pont pour la mesure des résistances est appelé pont de Wheatstone **(ill. 2)**.

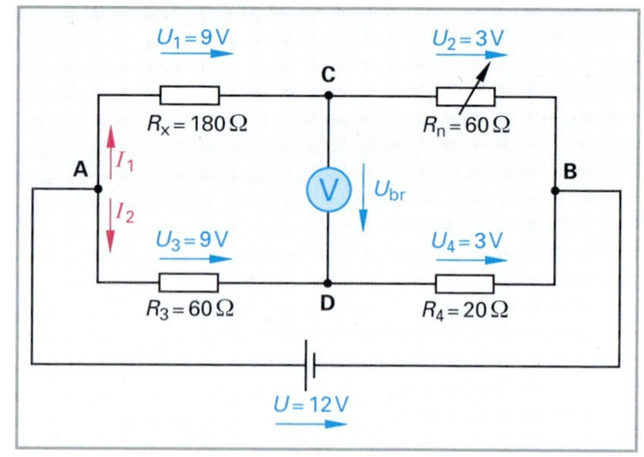

Illustration 2: Pont de Wheatstone

Dans un pont de mesure équilibré, il suffit de connaître R_n et le rapport entre R_3 et R_4 pour calculer R_x.

$$\frac{R_x}{R_n} = \frac{R_3}{R_4} \Rightarrow R_x = R_n \cdot \frac{R_3}{R_4}$$

En principe, la résistance de comparaison des résistances R_2 et R_n est réglable, ce qui permet de réduire les erreurs de mesure en se rapprochant le plus possible de la valeur de la résistance inconnue.

Les résistances R_3 et R_4 peuvent être remplacées par une résistance réglable en continu (potentiomètre ou résistance à curseur) **(ill. 3)**.

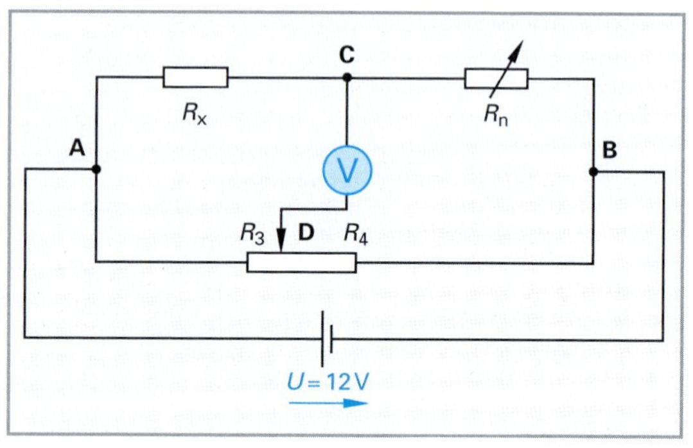

Illustration 3: Pont de mesure à fil

Les ponts de mesure à fil permettent de mesurer des résistances de manière très précise. Le résultat de la mesure est indépendant de la valeur de la tension d'alimentation.

Les ponts de mesure sont utilisés dans les véhicules automobiles, notamment dans les débitmètres d'air massiques.

19.1.8 Effets du courant électrique

Effet thermique

Lorsqu'un courant électrique circule dans un conducteur métallique, les électrons se déplacent entre chaque atome. L'énergie dégagée par le mouvement des électrons est transmise aux atomes. Ceux-ci commencent à osciller à leur tour et produisent de la chaleur **(ill 1)**. La mesure de "l' oscillation thermique" est la température du conducteur.

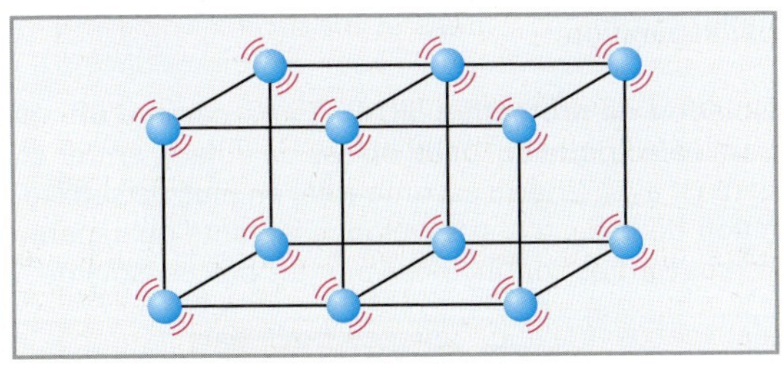

Illustration 1: Oscillation thermique des molécules

Chaque conducteur électrique traversé par le courant produit de la chaleur.

Les filaments d'un métal sont chauffés par le passage du courant au point de devenir incandescents. La production de lumière est d'autant plus grande que la température est élevée. C'est pour cela que l'on utilise des métaux à haut point de fusion tels que le tungstène. Afin que le filament incandescent ne s'oxyde pas, il est disposé dans un volume vide d'air ou rempli d'un gaz protecteur (azote, krypton). Les lampes à incandescence émettent un rayonnement chaud.

Effet lumineux

Lorsque du courant passe à travers un gaz, la collision entre les particules élémentaires chargées d'électricité produit de la lumière.

Les lampes à fluorescence (comme p. ex. les néons) **(ill. 2),** ont un meilleur rendement que les lampes à incandescence car elles ont une perte de chaleur moindre. Les lampes à fluorescence émettent un rayonnement froid.

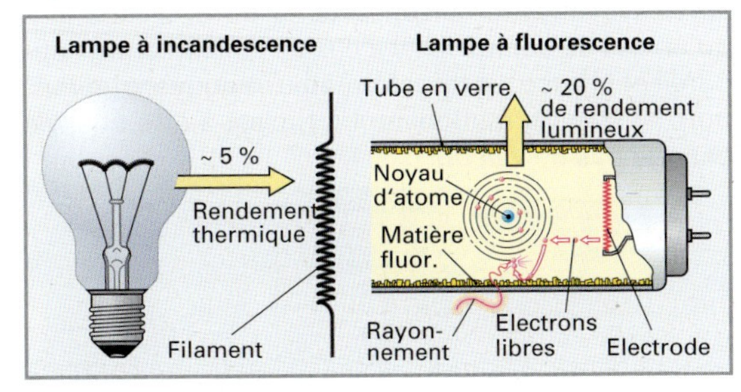

Illustration 2: Effet lumineux

Effet chimique

Les liquides capables de conduire le courant sont appelés électrolytes. Les électrolytes sont décomposés en ions par le passage du courant continu. Ce phénomène est appelé électrolyse.

Les électrolytes sont les acides, les bases et les oxydes de métaux en solution dans l'eau ou en fusion. Les ions se forment aux électrodes (pôles) et s'y fixent. Ce genre d'effet provoqué par le courant électrique est utilisé, p. ex., pour déposer une fine couche de cuivre sur un autre métal **(ill. 3)**. Ce procédé est appelé galvanisation.

Effet magnétique

Un champ magnétique se forme autour de tout conducteur traversé par un courant électrique.

Un conducteur traversé par un courant électrique peut faire dévier une aiguille aimantée de sa direction nord-sud: cela signifie qu'une force magnétique apparaît **(ill. 4)**. La direction de cette force dépend de la direction du courant dans le conducteur. Ce phénomène électromagnétique est utilisé, entre autres, dans les moteurs électriques.

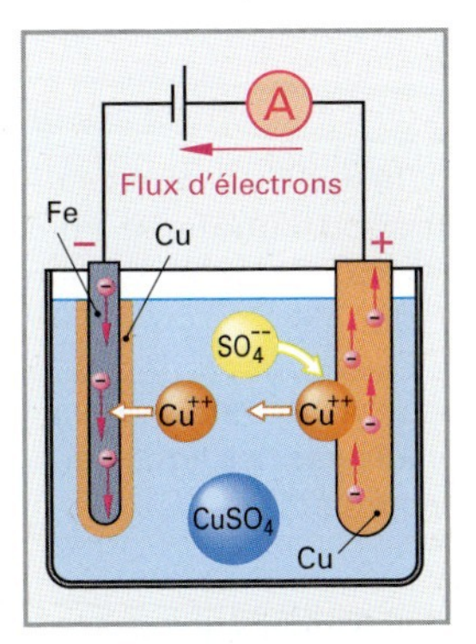

Ill. 3: Effet chimique

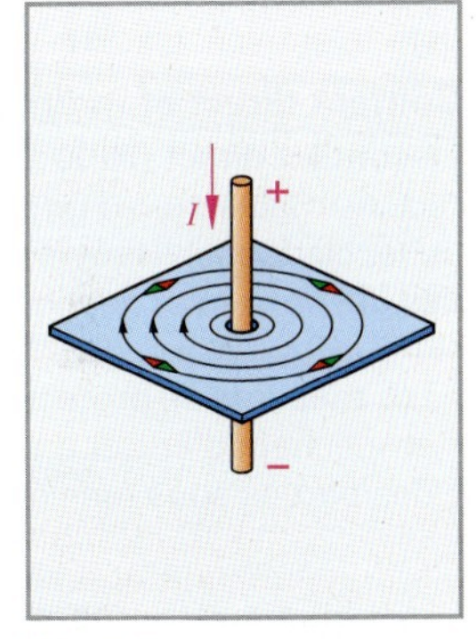

Ill. 4: Effet magnétique

Effet physiologique

Par effet physiologique du courant électrique, on entend les conséquences du courant sur les êtres vivants.

Le courant électrique peut traverser un corps humain si celui-ci entre en contact avec une source de tension. Le courant "électrocute": on subit une "décharge électrique". L'effet physiologique du courant est utilisé, entre autres, dans les dispositifs d'intimidation pour certains animaux (fouines).

19.1.9 Protection contre les dangers du courant électrique

Le courant électrique peut être mortel pour les êtres humains et les animaux.

Le passage d'un courant électrique d'une intensité supérieure à 50 mA à travers un corps humain peut déjà être mortel. Des tensions alternatives de plus de 50 V peuvent également être mortelles.

Défauts possibles (ill. 1). Dans une installation électrique, des défauts peuvent survenir au niveau de la carcasse, du circuit (court-circuit), du commutateur ou de la mise à terre.

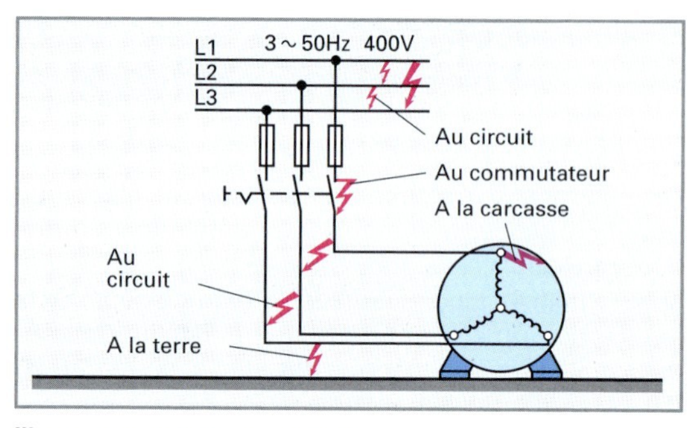

Illustration 1: Défauts possibles

Contact direct et indirect

Le contact direct (ill. 2) a lieu lorsqu'il y a contact direct avec la tension d'un appareil ou d'une ligne. Pour éviter ce risque, il faut isoler et couvrir toutes les parties qui sont sous tension.

Les mesures de protection contre le contact direct empêchent d'entrer en contact avec des lignes ou des parties sous tension électrique.

Le contact indirect (ill. 3) a lieu lorsqu'il y a contact avec des éléments d'appareils qui sont sous tension (suite à un défaut) alors qu'ils ne devraient pas l'être. Cela peut être le cas lorsque, p. ex., le boîtier d'un appareil est sous tension à cause d'un défaut d'isolation.

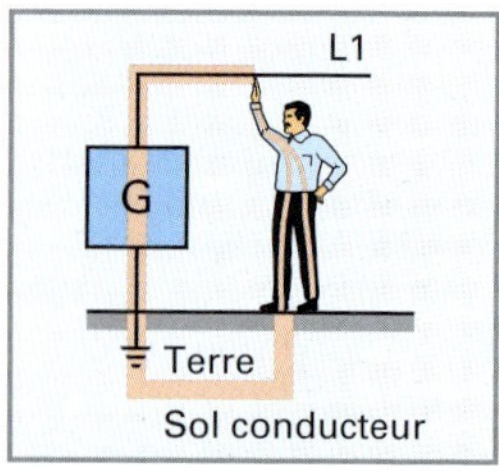

Ill. 2: Contact direct

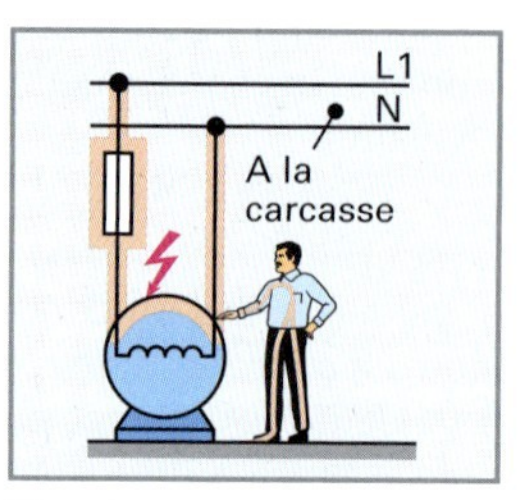

Ill. 3: Contact indirect

Pour assurer la protection contre le contact indirect, les appareils doivent être suffisamment protégés contre d'éventuelles fuites de tension.

Mesures de protection indépendantes du réseau

L'appareil n'est pas déconnecté en cas de défaut; les mesures de protection agissent sans conducteur de protection. Parmi les mesures de précaution indépendantes du réseau figurent l'isolation de protection, la protection de basse tension et la protection par séparation.

Isolation de protection (ill. 4). Toute partie d'un appareil électrique qui peut, en cas de défaut, entrer en contact avec la terre est entourée, en plus de son isolation de base, d'une enveloppe isolante ou séparée de ses parties conductrices par des pièces isolantes.

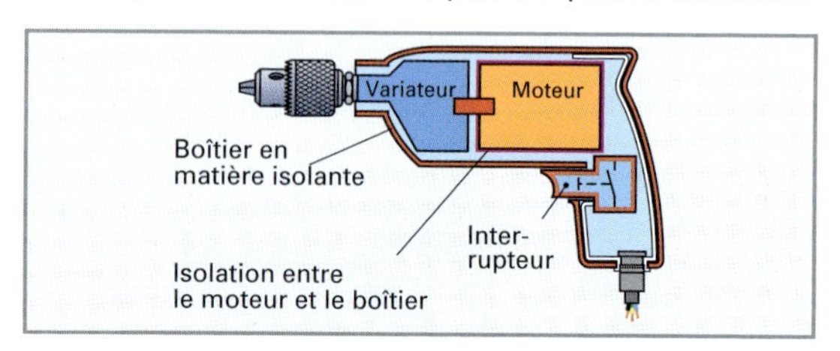

Illustration 4: Isolation de protection

Protection de basse tension (ill. 5). Les basses tensions sont des tensions alternatives allant jusqu'à 50 V. Les protections doivent être intégrées dans les transformateurs ou dans les convertisseurs rotatifs de manière à ce que le côté basse tension ne soit pas en contact avec le réseau d'alimentation.

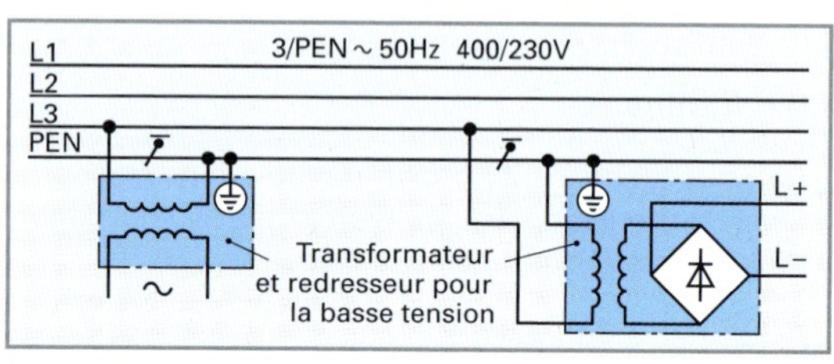

Illustration 5: Protection de basse tension

Protection par séparation (ill. 6). Un transformateur est branché entre le réseau et le récepteur. Le côté sortie n'a aucune liaison avec la terre, c'est-à-dire qu'en cas de défaut, il n'y a pas de tension entre l'appareil et la terre. Le transformateur a souvent un rapport de transformation de 1 : 1, c'est-à-dire qu'il ne change pas de valeur.

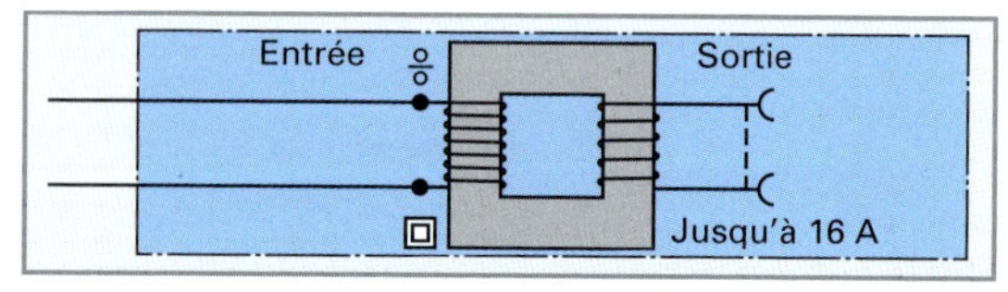

Illustration 6: Protection par séparation

Mesures de protection dépendantes du réseau

Ces mesures sont seulement efficaces avec l'emploi d'un conducteur de protection PE (Protection Earth). Les dispositifs de protection contre la surintensité (fusibles, interrupteurs automatiques) et les disjoncteurs à courant de défaut (disjoncteurs FI) sont utilisés pour séparer le récepteur du réseau en cas de défaillance.

Protection par des dispositifs de coupure en cas de surcharge de courant

Ce type de protection était appelé autrefois "mise en neutre". Le générateur de tension est directement relié à la terre. La cage ou les parties conductrices de l'appareil sont reliées par le conducteur de protection PE (couleurs de l'isolant vert/jaune) avec la terre du générateur de tension. En cas de mauvais branchement, les dispositifs de protection (p. ex. fusibles, interrupteur automatique) séparent l'appareil du réseau en un temps prédéfini **(ill. 1)**.

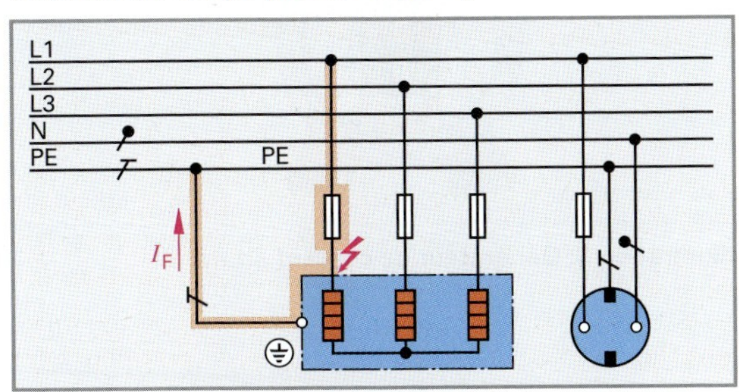

Illustration 1: Dispositifs de protection en cas de surcharge de courant

Pour les appareils électriques mobiles, dont l'alimentation dépend des prises du réseau, la protection du conducteur PE doit correspondre au contact de protection de la fiche, respectivement à la prise de courant du réseau **(ill. 2)**.

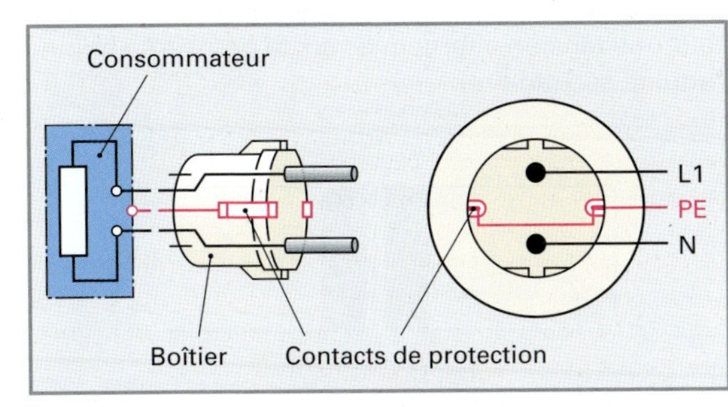

Illustration 2: Prise de courant mobile avec mise à terre

Disjoncteur de protection à courant de défaut FI (ill. 3). En cas de défaut, il doit couper tous les pôles du récepteur après 0,2 secondes. Tous les conducteurs (p. ex. L1, N) qui transportent le courant du réseau à l'appareil à protéger sont connectés à un transformateur de courant différentiel. Le conducteur de protection PE n'est pas connecté au transformateur.

Aussi longtemps qu'il n'y a pas de défaut dans le circuit, le courant dans la phase (I_L) est égal au courant de retour dans le fil neutre (I_N), c'est-à-dire que les champs magnétiques de la bobine dans le transformateur de courant différentiel annulent réciproquement leurs effets.

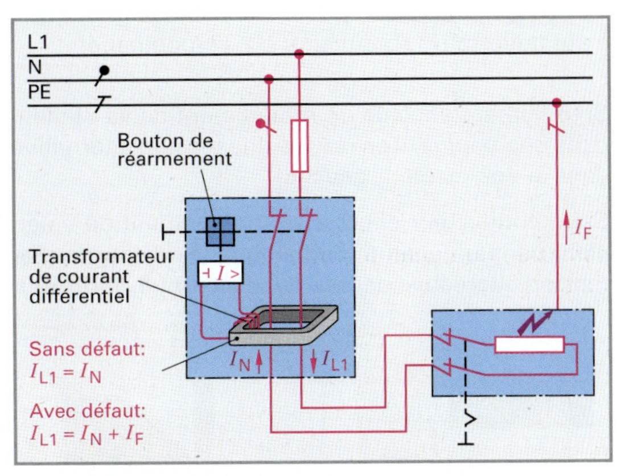

Illustration 3: Disjoncteur de protection à courant de défaut

En cas de défaut, un courant partiel (courant de défaut I_F) traverse le conducteur de protection PE, c'est-à-dire que les courants dans le transformateur de courant différentiel (I_L, I_N) sont différents.

Les champs magnétiques de la bobine ne présentent plus d'effet nul. Il y a alors une induction de tension à la sortie de la bobine du transformateur. Cette tension actionne le déclencheur dans le dispositif et celui-ci provoque à son tour l'ouverture de toutes les phases du réseau qui alimentent les récepteurs. Avec le bouton de contrôle P, on peut vérifier le bon fonctionnement du disjoncteur FI.

Questions de révision

1. **Quelles relations la loi d'Ohm décrit-elle dans un circuit électrique?**
2. **De quelles valeurs dépend la puissance électrique?**
3. **De quelles valeurs dépend le travail électrique?**
4. **Quelles unités utilise-t-on pour le travail électrique?**
5. **Qu'entend-on par rendement?**
6. **Pourquoi le rendement est-il toujours < 1?**
7. **Comment se comportent les tensions et les courants dans un couplage en série?**
8. **Quel est le rapport entre la résistance totale et les résistances partielles dans un couplage parallèle?**
9. **Quels sont les effets provoqués par le courant électrique?**
10. **Quelles sortes de défauts peuvent survenir dans les installations électriques?**

19.1.10 Production de la tension électrique

Production de tension par induction

Par induction, on entend la production de tension électrique par des variations du flux magnétique qui traverse un conducteur ou un bobinage.

Si un aimant effectue un mouvement de va-et-vient dans une bobine, il en résulte une tension alternative dans la bobine **(ill. 1, gauche).**

Si un conducteur effectue un mouvement de va-et-vient dans un champ magnétique, il en résulte une tension alternative dans le conducteur **(ill. 1, droite).**

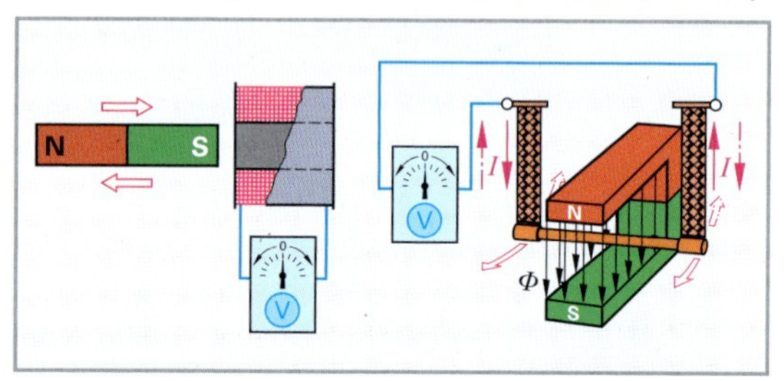

Illustration 1: Tension induite par un mouvement

On appelle tension induite par un mouvement ce phénomène de production de tension. Une tension est induite uniquement dans la mesure où l'intensité du flux magnétique varie dans le conducteur, respectivement dans le bobinage. On appelle flux magnétique l'ensemble des lignes de champ magnétique d'une bobine ou d'un conducteur.

La valeur de la tension induite est proportionnelle à la vitesse de variation du flux magnétique (augmentation ou diminution par unité de temps) et au nombre de spires de la bobine.

La manière par laquelle le flux magnétique varie dans une bobine n'a pas d'influence sur la tension induite.

La variation d'intensité du champ magnétique peut provenir:

- du mouvement et de la rotation d'un bobinage dans un champ magnétique;
- de l'enclenchement ou du déclenchement du courant dans un bobinage (p. ex. courant induit dans un générateur);
- du changement périodique de l'intensité du courant (p. ex. dans l'enroulement primaire d'un transformateur).

La direction de la tension induite dépend de la direction du mouvement et de la direction du champ magnétique **(ill. 1, gauche).**

La direction du courant peut être déterminée par la règle de la main droite **(ill. 2).**

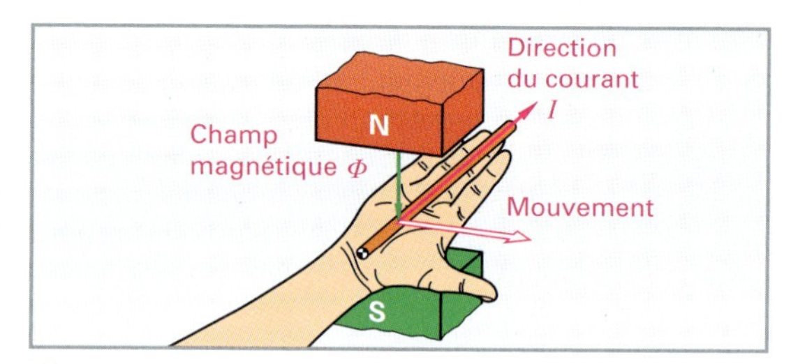

Illustration 2: Règle de la main droite

La production de tension par induction est actuellement le procédé le plus répandu. Le générateur est composé d'un rotor (partie tournante) qui génère un champ magnétique variable et de bobinages fixes qui récoltent la tension induite **(ill. 3).**

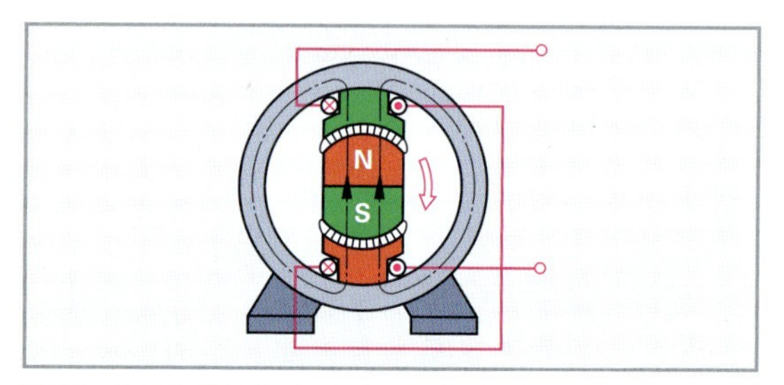

Illustration 3: Générateur de courant alternatif

Transformateurs

Un transformateur est constitué de deux bobines séparées et positionnées sur un noyau de fer doux commun **(ill. 4).** La bobine d'entrée (bobine primaire) est alimentée par l'énergie électrique du réseau. Le courant alternatif de la bobine primaire crée un champ magnétique alternatif dans le noyau de fer doux. Ce champ magnétique alternatif induit à son tour une tension alternative vers la deuxième bobine (bobine secondaire).

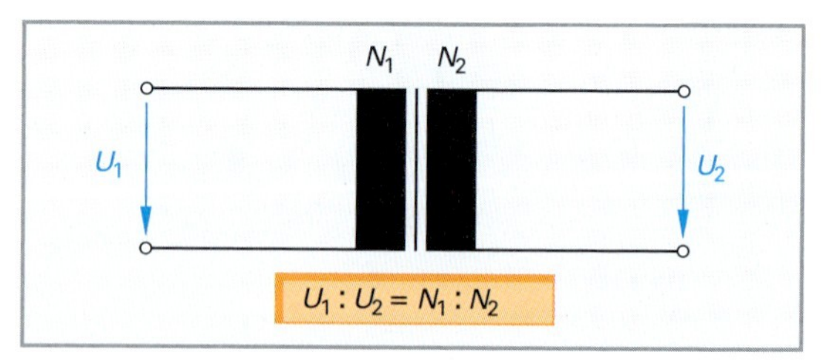

Illustration 4: Transformateur

Dans un transformateur:

Le rapport de la tension secondaire U_2 à la tension primaire U_1 est identique à celui du nombre de spires de la bobine primaire N_1 par rapport au nombre de spires de la bobine secondaire N_2.

Production de tension par procédé électrochimique

Pile voltaïque (ill. 1). Lorsque l'on plonge deux métaux conducteurs de nature différente dans un électrolyte (acide, solution alcaline ou solution saline), on obtient ce que l'on appelle une pile voltaïque; une tension continue se produit entre les électrodes métalliques (pôles) **(ill. 1).** On peut aussi utiliser du carbone à la place du métal.

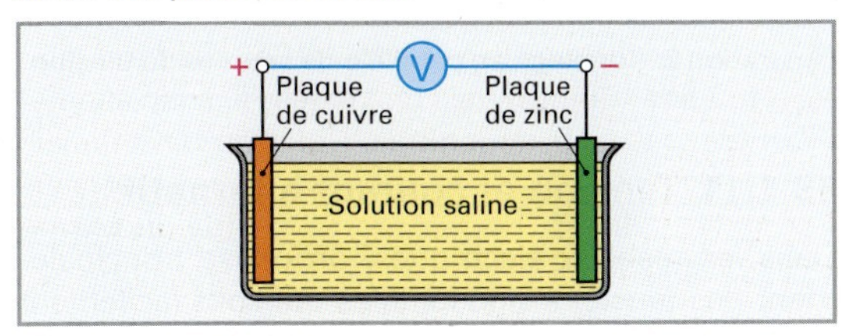

Illustration 1: Pile voltaïque

> La tension d'une pile voltaïque dépend de la matière dont sont constituées les électrodes (selon le classement des tensions électrochimiques).

Pour augmenter la tension, on relie plusieurs éléments galvaniques en série. On obtient ainsi une batterie.

Lors de son utilisation, le courant circule à l'intérieur de la pile, du pôle négatif au pôle positif. L'électrolyte se décompose, le métal du pôle négatif se dissout ou se transforme chimiquement. L'hydrogène, qui apparaît au pole positif, doit être fixé chimiquement afin qu'il n'y ait pas de chute de tension dans la pile durant la consommation de courant. Cela est réalisé au moyen d'éléments en zinc-carbone **(ill 2)** dont le pôle positif est enrobé d'une substance chimique qui permet de fixer l'hydrogène (p. ex. bioxyde de manganèse MnO_2). La production de courant s'arrête lorsque le dépolarisant est épuisé ou que le pôle négatif métallique est chimiquement transformé.

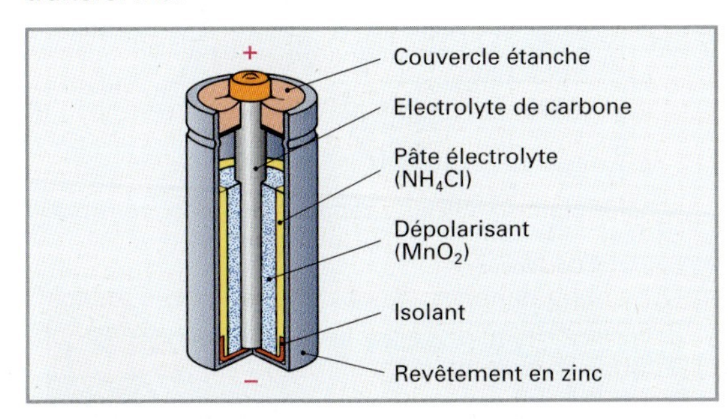

Illustration 2: Pile sèche

Les éléments galvaniques dont le procédé électrochimique peut être inversé par le passage d'un courant électrique sont appelés accumulateurs.

Production de tension par la chaleur

Elément thermique (ill 3). Lorsque deux fils de composition métallique différente sont reliés l'un à l'autre et que leur point de contact est chauffé, il se produit une tension continue aux deux extrémités libres. La valeur de cette tension dépend de la matière dont sont constitués les fils métalliques et de la température de chauffage. Un voltmètre gradué en °C relié à ces extrémités peut indiquer la température. Ces éléments thermiques sont utilisés comme commande de certains appareils (p. ex. ventilateurs électriques).

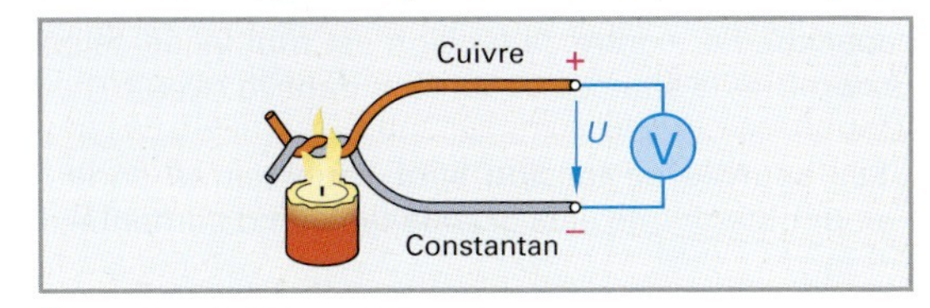

Illustration 3: Elément thermique

Production de tension par la lumière

Photopile (Ill. 4). Elle est généralement constituée d'une plaque métallique de base sur laquelle est appliquée une couche semi-conductrice (p. ex. du sélénium) associée à un anneau de contact. Lorsque la couche semi-conductrice est exposée à la lumière, il se crée une tension continue entre l'anneau de contact et la plaque de base. Les photopiles sont utilisées p. ex. pour les interrupteurs crépusculaires.

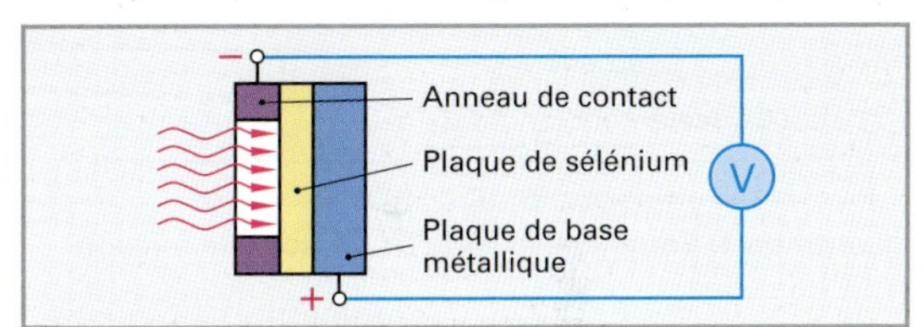

Illustration 4: Photopile

Production de tension par déformation d'un cristal

Elément piézo-électrique (ill. 5). Il est composé d'un cristal (p. ex. bioxyde de silicium). En cas de changement de pression, il résulte une tension alternative qui est captée par le support conducteur. Les sources de tension piézo-électriques[1] sont utilisées comme capteurs de pression lors de processus alternant rapidement (p. ex. les détecteurs de cliquetis d'un moteur à combustion).

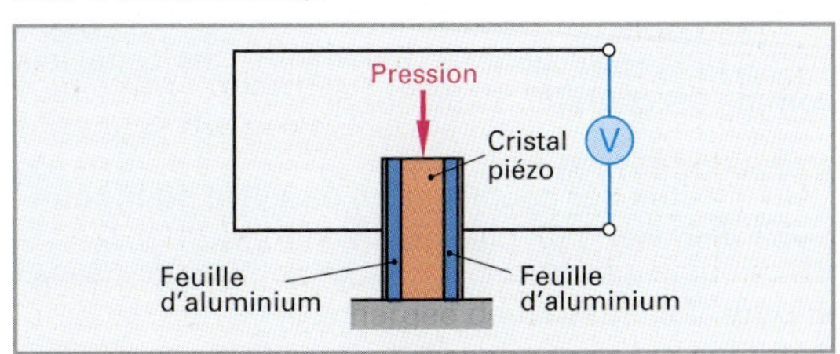

Illustration 5: Elément piézo-électrique

[1] de piedein (grec.) = presser

Couplage des sources de tension

Les sources de tension peuvent aussi bien être couplées en série qu'en parallèle.

Couplage en série (ill. 1). La même loi que celle du couplage en série des résistances est applicable. Comme pour celui-ci, les tensions s'additionnent. L'intensité totale est égale à l'intensité du courant qui traverse chaque source de tension. La capacité d'un couplage en série de batteries de démarrage de mêmes valeurs correspond à la valeur d'une seule batterie dans le circuit (aucune augmentation de la capacité). Par contre, la tension est multipliée selon le nombre de sources de tension dans le circuit.

> Les sources de tension sont couplées en série pour obtenir une plus grande tension d'alimentation.

Dans un couplage en série de sources de tension, le pôle positif d'une batterie est connecté avec le pôle négatif de la batterie suivante et ainsi de suite.

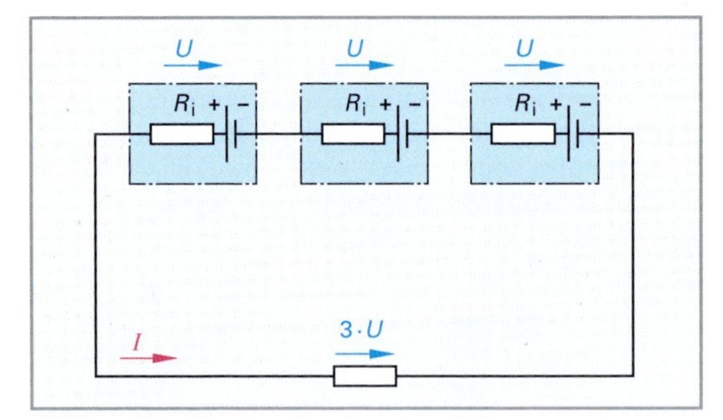

Illustration 1: Couplage en série de sources de tension

Couplage en parallèle (ill. 2). La même loi que celle du couplage en parallèle des résistances est applicable. Les intensités et les capacités s'additionnent. Il est seulement possible de coupler en parallèle des sources de même tension nominale. Si des batteries de tensions différentes sont couplées en parallèle, un fort courant circule de la batterie de tension élevée vers la batterie de plus faible tension pour tenter d'équilibrer les tensions. Les deux batteries peuvent alors être détruites.

La tension d'un couplage en parallèle de batteries de démarrage de tensions identiques est égale à la tension d'une seule batterie. Par contre, les capacités comme les courants s'additionnent.

> On effectue des couplages en parallèle pour pouvoir disposer d'un plus grand courant.

Dans un couplage en parallèle de sources de tension, tous les pôles, positifs et négatifs, doivent être connectés ensemble.

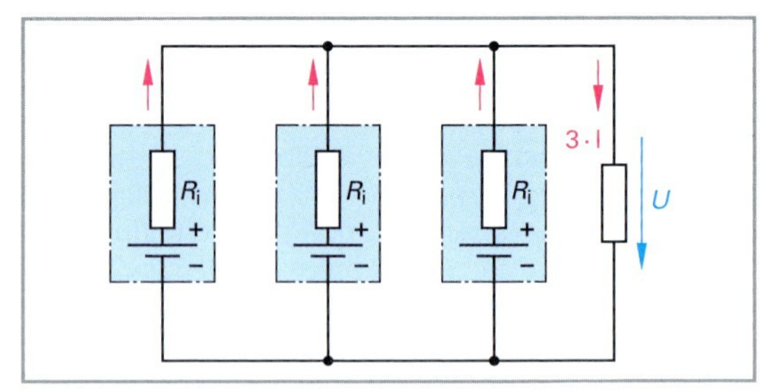

Illustration 2: Couplage en parallèle de sources de tension

19.1.11 Tension et courant alternatif

Dans les réseaux électriques, on utilise principalement des tensions sinusoïdales qui sont facilement produites par les générateurs. Leur tension peut, en outre, être modifiée à l'aide de transformateurs et elles peuvent être transportées sur de longues distances.

Une tension sinusoïdale est induite en plaçant une spire d'un matériau conducteur en rotation uniforme dans un champ magnétique. Elle change périodiquement d'amplitude et de sens **(ill. 3)**.

On appelle période le déroulement complet de ce mouvement alternatif. Le temps de déroulement d'une période est T. La fréquence f est le nombre de périodes par seconde. L'unité de la fréquence est le hertz (Hz).

La fréquence f d'une tension alternative dépend du régime n et du nombre de paires de pôles p du générateur ($f = p \cdot n$). Une tension induite d'une fréquence de 50 Hz est obtenue par la rotation d'un rotor à deux pôles (une paire de pôles) d'un générateur, à régime constant de 3000 1/min = 50 1/s.

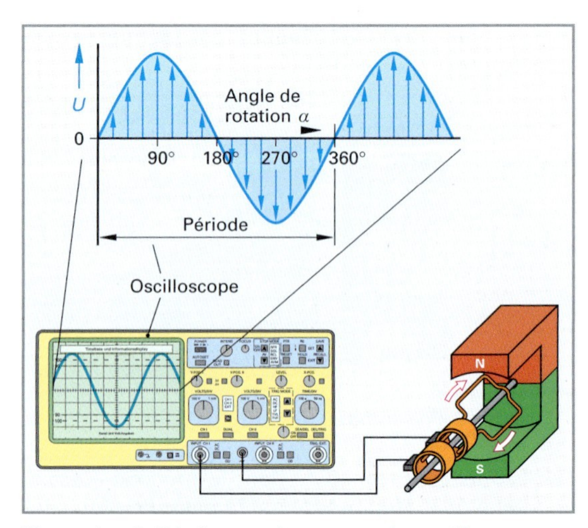

Illustration 3: Générateur de courant alternatif

19.1.12 Production de tension et de courant triphasés

L'alternateur comporte trois enroulements fixes (U_1 – U_2, V_1 – V_2, W_1 – W_2), décalés les uns par rapport aux autres de 120°. Une rotation de 360° d'une paire de pôles obtenue par un enroulement d'excitation, induit dans les bobinages, trois tensions et courants monophasés, alternatifs et décalés de 120° **(ill. 1)**.

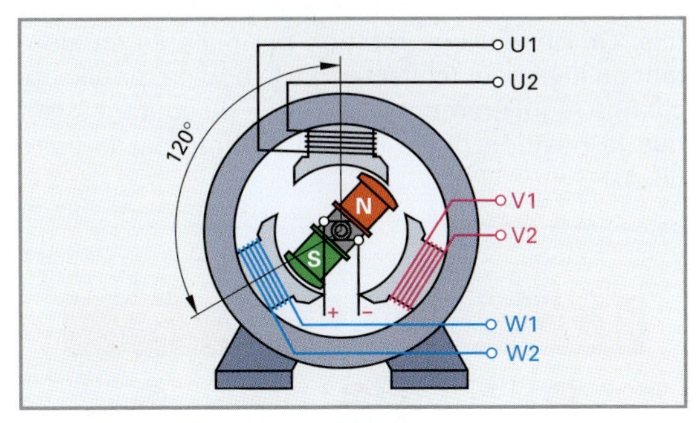

Illustration 1: Alternateur triphasé

Des trois courbes de courant représentées **(ill. 2),** il apparaît qu'au point 1 (position du rotor à 90°) le courant I_1, qui circule dans la bobine U_1 – U_2, a atteint sa valeur maximale. Le courant I_2 dans la bobine V_1 – V_2 et le courant I_3 dans la bobine W_1 – W_2 est moitié moins important que le courant I_1. Le sens des courants I_2 et I_3 est contraire à celui du courant I_1 .

> La somme des courants I_1, I_2, I_3 est nulle à chaque instant.

Ceci est valable dans toutes les positions du rotor **(ill. 2)**.

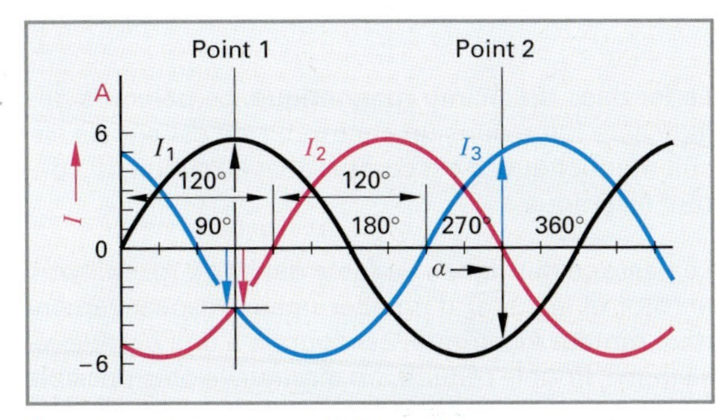

Illustration 2: Courbes de l'alternateur

Normalement, six bornes sont nécessaires (chacune avec un conducteur d'aller et un de retour) pour pouvoir utiliser les trois courants alternatifs. Ce montage de six conducteurs peut être évité en reliant les trois bobines avec seulement trois conducteurs, car ceux-ci changent périodiquement de polarité à cause du décalage de temps des trois courants.

Couplage en étoile (ill. 3). Si l'on relie les trois extrémités des bobines U_2, V_2, W_2, on obtient un couplage en étoile. Les autres extrémités des bobines U_1, V_1, W_1 sont reliées avec les conducteurs extérieurs L_1, L_2, L_3 du réseau.

Couplage en triangle (ill. 4). Si on relie les extrémités deux par deux (p. ex. U_1 avec W_2, W_1 avec V_2, V_1 avec U_2), on obtient un couplage en triangle. Les points de connexion sont reliés aux conducteurs extérieurs L_1, L_2, L_3 du réseau.

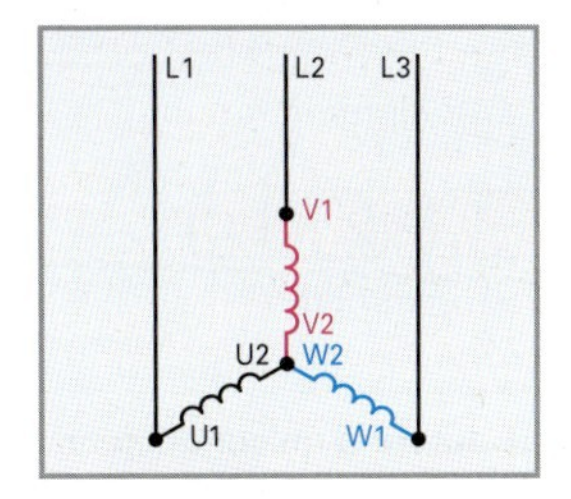

Ill. 3: Couplage en étoile

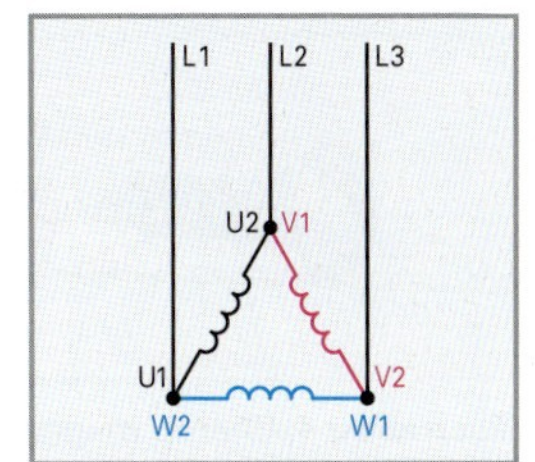

Ill. 4: Couplage en triangle

On appelle chaîne de couplage un couplage en étoile ou un couplage en triangle .

19.1.13 Le magnétisme

19.1.13.1 Magnétisme permanent

Les aimants attirent les particules de fer, de nickel et de cobalt. Les plus grandes forces d'attraction d'un aimant sont situées à ses pôles. Chaque aimant a un pôle nord et un pôle sud .

> Deux pôles de noms contraires s'attirent, deux pôles de mêmes noms se repoussent.

Si l'on pose une barre aimantée de façon à ce qu'elle puisse s'orienter librement, elle prendra la direction géographique nord-sud. Le pôle qui s'oriente vers le nord porte le nom de pôle nord, le côté opposé étant le pôle sud. Un champ magnétique entoure l'aimant. Les lignes de force sont des courbes imaginaires qui indiquent la direction de la force magnétique. Elles constituent toujours des circuits fermés et se dirigent du pôle nord au pôle sud à l'extérieur de l'aimant et du pôle sud au pôle nord à l'intérieur de celui-ci **(ill. 5)**.

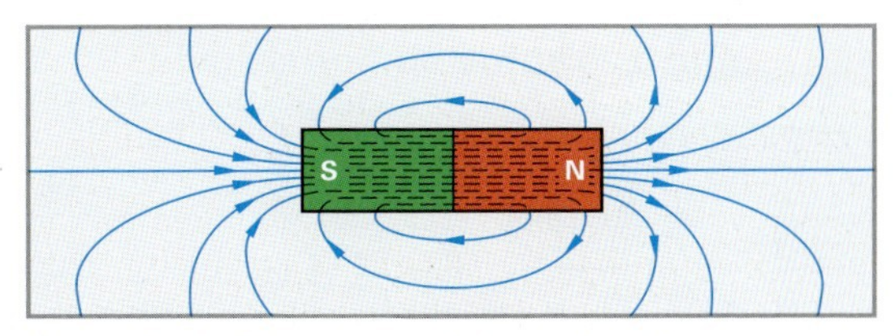

Illustration 5: Champs magnétiques d'un aimant

19.1.13.2 L'électromagnétisme

> Tout conducteur traversé par un courant électrique est entouré d'un champ magnétique dont les lignes de force sont circulaires.

Il est possible de déterminer la direction des lignes de force par la "règle de la vis". En prenant une vis avec un pas à droite qui se visse dans le conducteur dans la direction du courant, la direction de vissage correspond à la direction des lignes de force **(ill. 1)**.

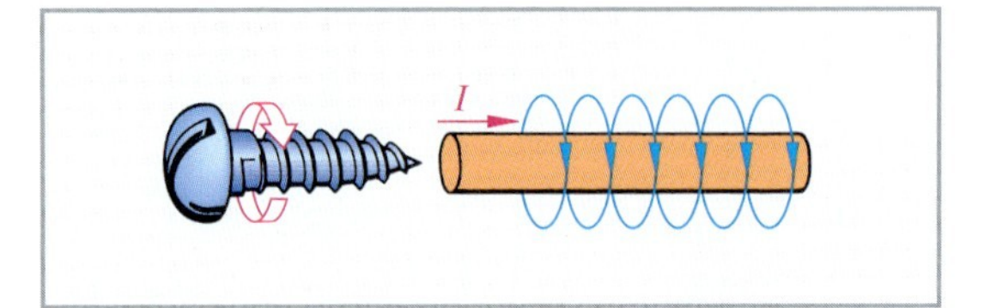

Illustration 1: Champ magnétique autour d'un conducteur

Pour indiquer si le courant entre dans un conducteur, on utilise le signe □, le signe □ est utilisé pour le courant qui en sort.

En enroulant le conducteur pour obtenir un bobinage, on y concentre les lignes de force. Elles sont parallèles, avec la même densité; on parle alors d'un champ magnétique homogène. Le pôle de sortie des lignes de force est appelé pôle nord et celui de l'entrée pôle sud **(ill. 2)**.

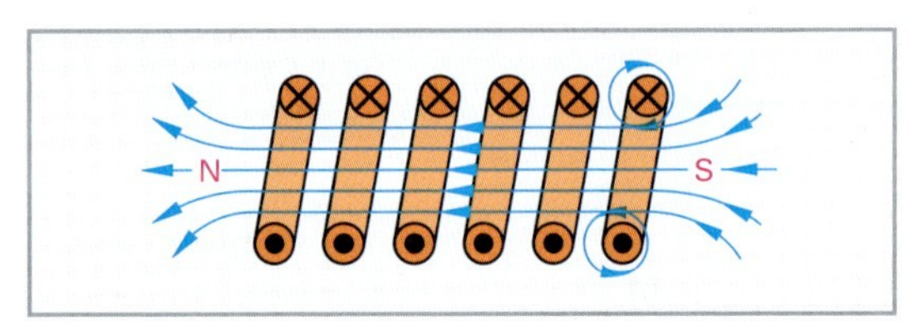

Illustration 2: Champ magnétique d'une bobine

Effet magnétique entre conducteurs traversés par le courant électrique. Les champs magnétiques de deux conducteurs parcourus par un courant électrique produisent des forces **(ill 3)**.

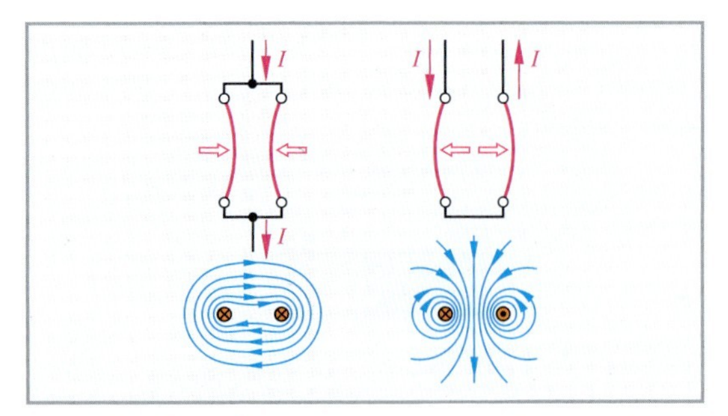

Illustration 3: Conducteurs parcourus par le courant

> Les conducteurs parcourus par des courants de même sens s'attirent et ceux parcourus par des courants de sens contraire se repoussent.

Spire parcourue par un courant électrique dans un champ magnétique. Une spire mobile parcourue par un courant électrique, disposée dans un champ magnétique fixe, se déplace jusqu'à ce que son propre champ ait la même direction que le champ fixe. On obtient une rotation permanente en ajoutant un inverseur (collecteur) à la bobine mobile qui change régulièrement la direction du courant avant que la position finale ne soit atteinte par la spire **(ill. 4)**.

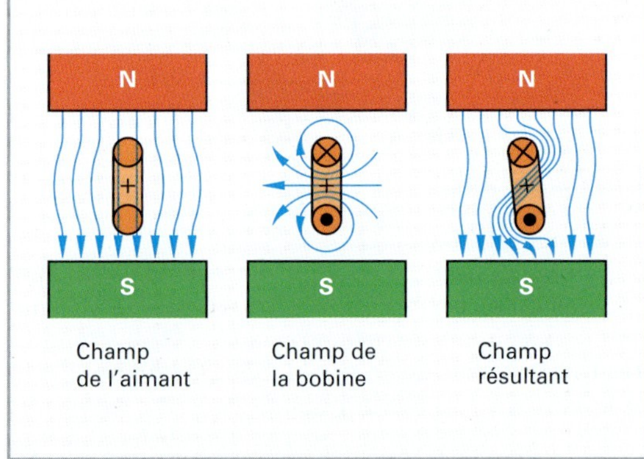

Illustration 4: Conducteur et spire dans un champ magnétique

> Une force est exercée sur un conducteur parcouru par un courant électrique placé dans un champ magnétique. Cette force tente de déplacer ledit conducteur de son état de repos.

Le fer dans un champ magnétique. Le parcours des lignes de force dans un champ fermé est appelé circuit magnétique. Il est comparable au circuit du courant électrique.

Le passage des lignes de force dans l'air (p. ex. entre le rotor et le stator d'un alternateur, respectivement d'un moteur électrique) est soumis à une grande résistance. Pour la réduire, on diminue le plus possible l'espace entre les éléments où l'on dispose, au centre d'une bobine, un noyau de fer doux.

> Le noyau de fer augmente le flux magnétique Φ d'une bobine.

Les aimants élémentaires du fer s'orientent de façon à ce que leur activité s'ajoute à celle du champ de la bobine.

19.1.14 Auto-induction ou self-induction

L'auto-induction apparaît dans des bobines parcourues par un courant électrique lorsque celui-ci varie. Cette variation du courant électrique provoque une variation du champ magnétique dans la bobine. Cette induction, produite par le courant dans son propre circuit, est appelée **tension de self-induction.**

Expérience 1 (ill. 1). Une bobine avec un noyau de fer (N = 1200 spires) et une résistance variable sont respectivement couplées en série avec une ampoule de 1,5 V/3 W. Une tension de 6 V leur est appliquée. La résistance est réglée de façon à ce que les deux ampoules brillent avec la même intensité.

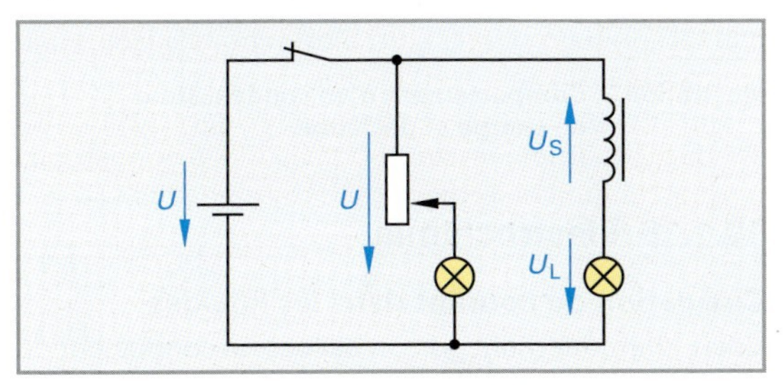

Illustration 1: Fermeture d'un circuit incluant une bobine

Observation. Lors de la fermeture du circuit, la lampe couplée en série avec la bobine s'allume avec un certain retard.

Le courant qui circule dans la bobine génère un champ magnétique. La naissance de celui-ci crée une variation du flux magnétique qui provoque à son tour l'induction d'une tension électrique U_S opposée à la tension d'alimentation. C'est pour cette raison que la tension d'alimentation ne s'établit que progressivement **(ill. 3)**

> Lors de la fermeture d'un circuit comprenant une bobine, l'auto-induction freine le passage du courant et retarde l'établissement du champ magnétique.

Expérience 2 (ill. 2). Une bobine avec un noyau de fer (N = 1200 spires) et une lampe au néon d'une tension d'allumage d'environ 150 V sont couplées en parallèle à une source de tension de 6 V.

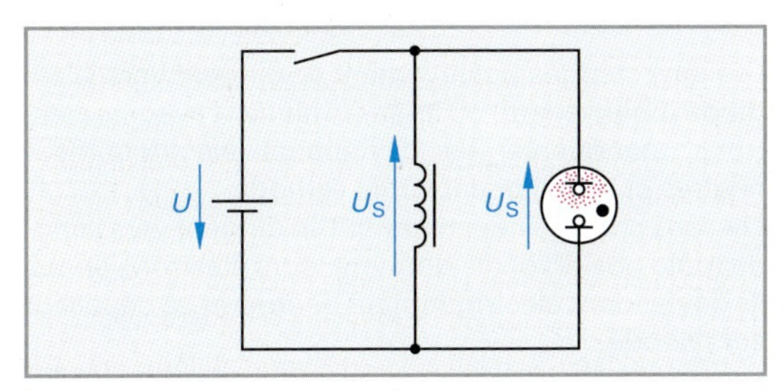

Illustration 2: Ouverture d'un circuit incluant une bobine

Observation. Lors de l'ouverture du circuit, la lampe couplée en parallèle avec la bobine s'allume instantanément pendant un court instant.

Après l'ouverture du circuit, le courant ne circule plus dans la bobine. Le champ magnétique formé auparavant décroît rapidement, c'est-à-dire qu'il change de direction par rapport à sa phase d'engendrement. Une haute tension (tension d'auto-induction) est induite dans la bobine (**ill. 3**).

> Lors de l'ouverture d'un circuit incluant une bobine, l'auto-induction retarde la suppression du courant et du champ magnétique.

Cette tension induite (tension d'auto-induction) est appliquée dans le même sens que la tension d'alimentation. Elle maintient encore, pendant un court instant, le passage d'un courant dans la bobine, empêchant ainsi la suppression brutale du champ magnétique **(ill. 3).**

> La tension d'auto-induction est toujours opposée à la variation du flux qui lui a donné naissance.

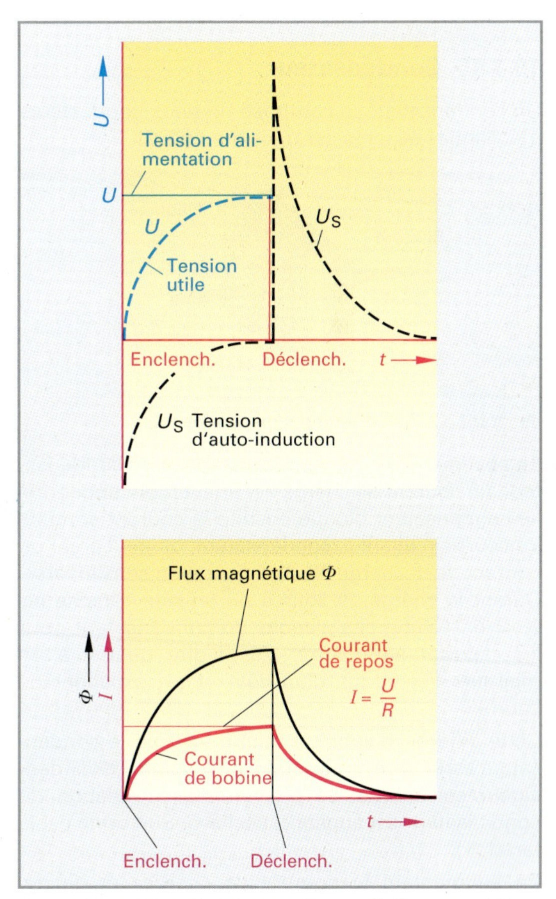

Illustration 3: Variation des tensions et du flux magnétique

Du fait que la haute tension d'auto-induction apparaissant lors de l'ouverture du circuit a la même direction que la tension d'alimentation, la coupure du courant est retardée à l'ouverture du circuit; il se produit alors un arc électrique qui endommage les contacts.

Lorsqu'une tension alternative est appliquée à une bobine, la tension d'auto-induction augmente lorsque la fréquence s'accroît, par conséquent la valeur moyenne du courant diminue. De ce fait, le courant dans la bobine diminue et la résistance croît en apparence. L'auto-induction agit comme une résistance supplémentaire **(réactance inductive) (ill. 1)**.

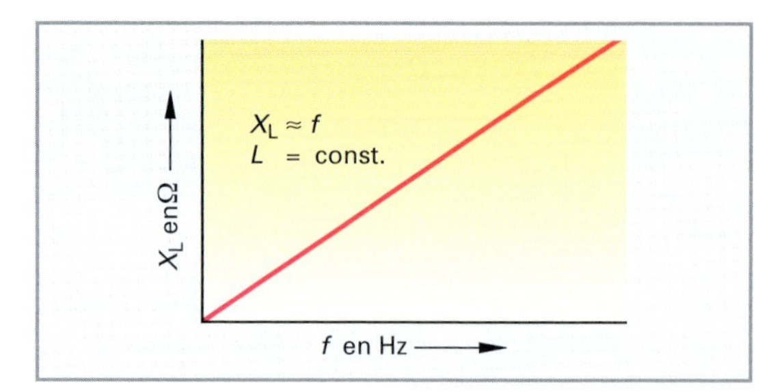

Illustration 1: Réactance inductive d'une bobine

19.1.15 Condensateur

Un condensateur se compose de deux conducteurs métalliques séparés par un isolant **(ill. 2)**.

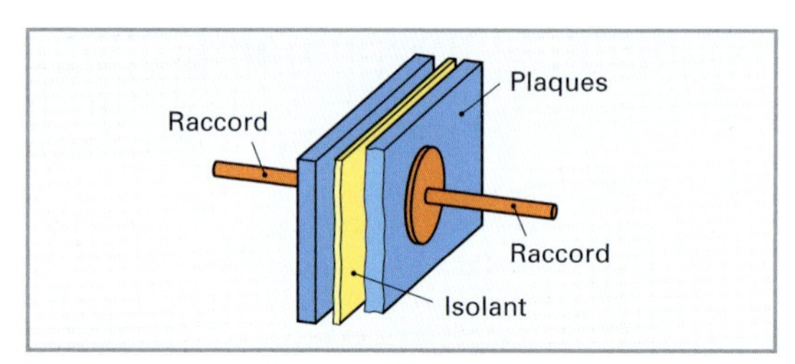

Illustration 2: Construction d'un condensateur

En appliquant une tension constante à un condensateur, un courant de charge est brièvement engendré. Le condensateur bloque ensuite le courant continu. En court-circuitant le condensateur, on peut créer un courant de décharge **(ill. 3)** circulant en sens inverse. Durant la charge, la source de tension arrache les électrons d'une des plaques du condensateur pour les reporter sur l'autre, c'est-à-dire qu'il y a un manque d'électrons d'un côté et un excédent de l'autre.

Cette différence subsiste même lorsque le condensateur est séparé de sa source de tension. Le condensateur est chargé. Le pouvoir d'accumulation du condensateur est appelé capacité *C*. Son unité est le farad (F).

En augmentant le nombre de charges et de décharges par unité de temps (p. ex. en appliquant une tension alternative), le nombre de courants de charge et de décharge par unité de temps augmente, si bien que l'intensité moyenne du courant augmente elle aussi. De ce fait, l'intensité du courant au travers d'un circuit à condensateur augmente, c'est-à-dire que sa résistance diminue (réactance capacitive).

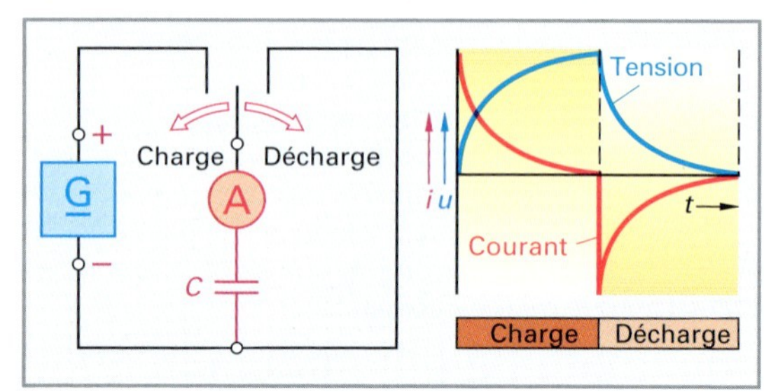

Illustration 3: Comportement d'un condensateur en charge et décharge

19.1.16 Electrochimie

Circulation du courant dans les liquides

L'eau, chimiquement pure, n'est pas un conducteur de courant électrique. Lorsqu'un acide, une base ou un sel est ajouté à cette eau, elle devient un conducteur.

Les liquides conducteurs sont des électrolytes.

Dans un électrolyte (p. ex. H_2SO_4), une partie des molécules est décomposée en ses éléments de base $2H^+$ et SO_4^-. Ce processus s'appelle dissociation. Ces éléments de base, atomes et molécules, présentent différentes charges électriques; ils sont appelés ions[1].

Lorsqu'une tension est appliquée à un électrolyte, les ions se mettent en mouvement sous l'effet du champ électrique **(ill. 4)**.

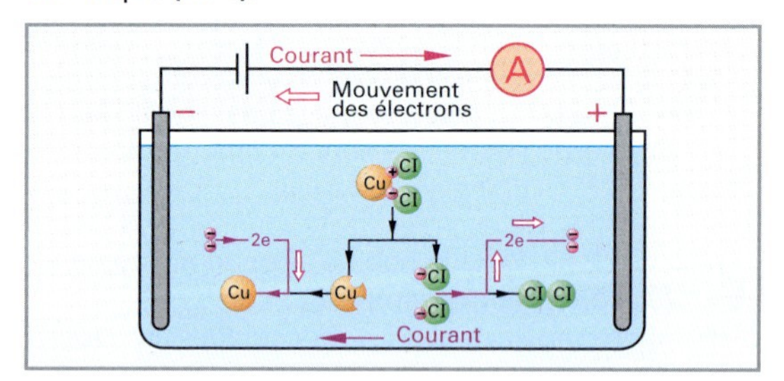

Illustration 4: Electrolyse du chlorite de cuivre

Les ions chargés positivement se dirigent vers la cathode (pôle négatif) où ils se combinent avec les électrons manquants; ils deviennent électriquement neutres et se déposent sur la cathode.

Les ions chargés négativement se dirigent vers l'anode (pôle positif) où ils donnent leurs électrons libres; ils deviennent électriquement neutres et se déposent sur l'anode.

[1] Ion (grec.) = errer

Electrolyse

Lorsqu'ils sont traversés par un courant continu, les électrolytes se décomposent en leurs éléments de base. Ce processus s'appelle électrolyse.

Les éléments de base se déposent sur les bornes électriques (électrodes) et peuvent former une liaison chimique avec celles-ci.

Galvanisation. Grâce à l'électrolyse, on peut recouvrir différents matériaux d'une fine couche de métal, p. ex. afin de les protéger contre la rouille ou de créer des surfaces conductrices sur les matériaux synthétiques (plaques pour circuits imprimés).

Lorsqu'une tension d'alimentation continue est appliquée dans le montage expérimental **(ill. 1),** les ions positifs de cuivre (Cu^{++}) se dirigent vers l'électrode négative où ils se déchargent. Le cuivre se dépose sur l'électrode négative (cathode) et la recouvre.

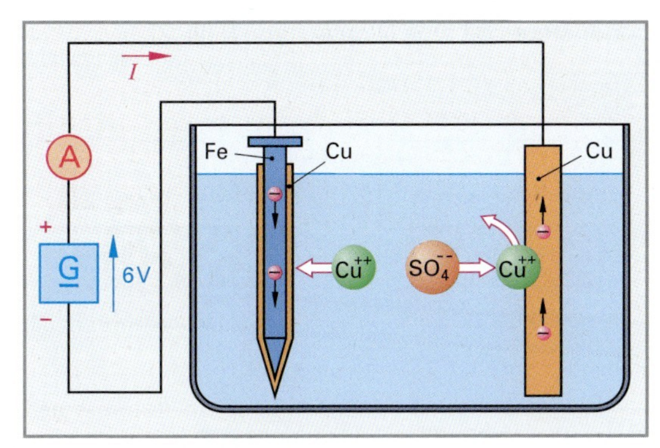

Illustration 1: Galvanisation

Les ions négatifs d'acide restants (SO_4^{--}) se dirigent vers l'électrode positive de cuivre (anode) et y déposent leurs charges (électrons). Il se forme alors une molécule de sulfate de cuivre ($CuSO_4$). Celle-ci peut à son tour se dissocier. Ce processus se répète jusqu'à dissolution complète de l'anode de cuivre. Pendant ce temps, le cuivre pur se dépose au pôle négatif. Cette méthode est utilisée pour fabriquer des métaux non ferreux de haute pureté comme par exemple le cuivre électrolytique pur à 99,98 %.

La méthode électrolytique peut aussi être utilisée pour recouvrir les tôles de carrosserie d'une couche de zinc d'une épaisseur définie.

Eléments galvaniques

Ils sont composés de deux électrodes métalliques différentes et d'un électrolyte. Dans certains cas, une des électrodes peut être en charbon.

La tension électrique est générée par un processus électrochimique qui se produit entre les deux électrodes.

La tension électrique générée dépend de la position des électrodes dans le classement des tensions électrochimiques **(ill 2)** ainsi que du type et de la concentration d'électrolyte.

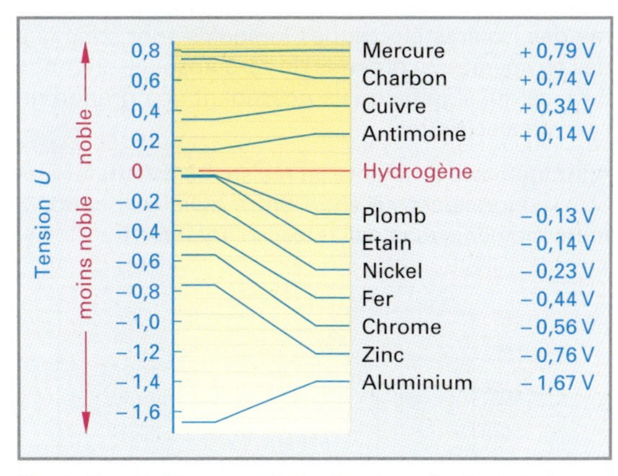

Illustration 2: Classement des tensions électrochimiques

Les éléments galvaniques sont subdivisés en **éléments primaires** et en **éléments secondaires.**

Eléments primaires. Les processus électrochimiques qui ont lieu lors de la transformation de l'énergie ne sont pas réversibles. Le pôle négatif, qui est toujours en métal le moins noble, est détruit; l'électrolyte peut se dessécher ou se disperser.

Eléments secondaires. Dans ce cas, les processus électrochimiques sont réversibles si on procède à une recharge avec du courant continu (p. ex. pour une batterie de démarrage). Lors de la recharge, l'énergie électrique est emmagasinée sous forme d'énergie chimique et lors de la décharge, l'énergie chimique est retransformée en énergie électrique.

Tous les éléments électrolytiques contiennent des matériaux nuisibles pour l'environnement (p. ex. des acides, des bases, du plomb ou d'autres métaux lourds). Ils doivent donc être éliminés de manière adéquate et ne pas être mélangés aux déchets domestiques.

Questions de révision

1 **Quelle est l'interaction entre les pôles de deux aimants?**

2 **Quel est l'effet du noyau de fer à l'intérieur d'une bobine traversée par un courant électrique?**

3 **Comment se comportent deux conducteurs électriques lorsqu'ils sont traversés par un courant électrique de même sens ou de sens opposé?**

4 **Qu'est-ce qu'une auto-induction?**

5 **Comment se comporte un condensateur sous une tension alternative dont la fréquence croît?**

6 **Comment se déroule le processus de galvanisation?**

19.1.17 Composants électroniques

Les composants électroniques (p. ex. les diodes, les transistors) sont fabriqués à partir de matériaux semi-conducteurs. Ces matériaux se comportent comme des isolants électriques lorsqu'ils sont soumis à des températures proches du zéro absolu (– 273 °C = 0 K), ce qui signifie qu'ils possèdent une grande résistivité électrique.

A température ambiante, la résistivité des matériaux semi-conducteurs se situe entre celle des conducteurs métalliques et celle des isolants **(ill 1)**.

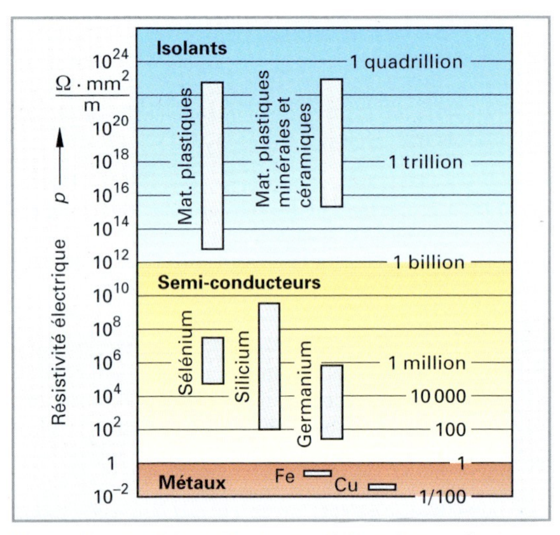

Illustration 1: Résistivité des matériaux à température ambiante

> Avec une élévation de température, la résistance des semi-conducteurs diminue, donc leur conductance augmente.

Les matériaux semi-conducteurs dépendent beaucoup de la température. On profite de cette particularité p. ex. dans le cas des thermistances. La résistance des semi-conducteurs diminue lorsque leur température augmente, ils se comportent alors comme des NTC. En cas d'augmentation de température avec la même tension, le courant qui les traverse est plus élevé, ce qui peut détruire les composants semi-conducteurs. C'est pour cette raison qu'ils sont souvent montés sur une plaque de refroidissement. Dans un véhicule automobile, les centrales de commande électroniques sont implantées dans des endroits peu exposés à la chaleur.

La résistance des semi-conducteurs peut aussi être influencée par la tension électrique, par l'intensité de la lumière, par la pression mécanique ou par le champ magnétique auxquels ils sont soumis. En outre, la résistance des semi-conducteurs peut être influencée à la fabrication par l'adjonction de matériaux (dopage).

Le **tableau 1** montre les semi-conducteurs les plus courants et leur utilisation.

Tableau 1: Matériaux semi-conducteurs

Désignation		Utilisation
Silicium Germanium	Si Ge	Diodes de redressement Transistors Photodiodes Phototransistors
Sélénium	Se	Diodes de redressement Photo-éléments
Arsénite de gallium	GaAs	Photodiodes

Conducteurs de type N et de type P

L'adjonction contrôlée d'impuretés (dopage) permet d'augmenter significativement la conductivité du silicium pur. Selon la matière ajoutée (p. ex. aux molécules de silicium), on obtient des matériaux semi-conducteurs de type N ou de type P **(ill. 2)**.

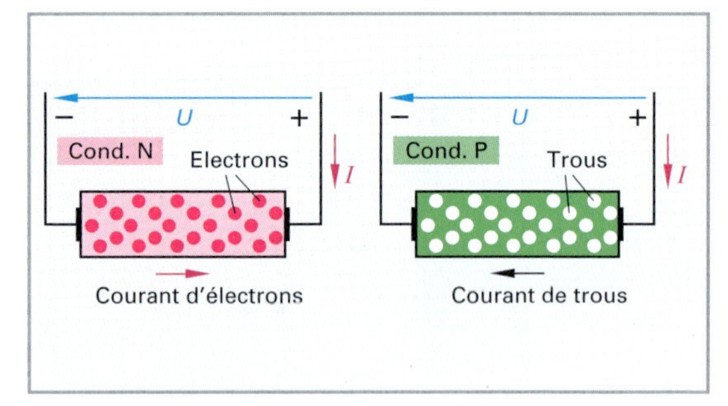

Illustration 2: Conducteur de type N et P (représentation schématique)

Conducteurs de type N (N pour négatif). Ce sont des matériaux semi-conducteurs dopés avec des atomes ayant un surplus d'électrons. Lorsqu'une tension est appliquée à un conducteur de type N, les électrons libres se déplacent comme dans un conducteur métallique.

> Les conducteurs de type N ont des électrons comme charges électriques.

Conducteurs de type P (P pour positif). Ce sont des matériaux semi-conducteurs dopés avec des atomes ayant un manque d'électrons. Les électrons étant absents en des endroits précis, le matériau semi-conducteur possède ainsi une charge positive. Les endroits où les électrons manquent sont aussi appelés trous. Lorsqu'une tension est appliquée à un conducteur de type P, un électron libre peut sauter dans un trou voisin. Les trous se déplacent comme des électrons.

> Les conducteurs de type P ont des trous comme charges électriques.

Jonction PN. Lorsqu'on assemble un conducteur de type P avec un conducteur de type N, on obtient une jonction PN. Les électrons libres du conducteur de type N circulent dans la zone de contact vers les trous du conducteur de type P. La couche de contact ne contient alors presque plus de charges électriques libres (électrons et trous) **(ill. 1)**.

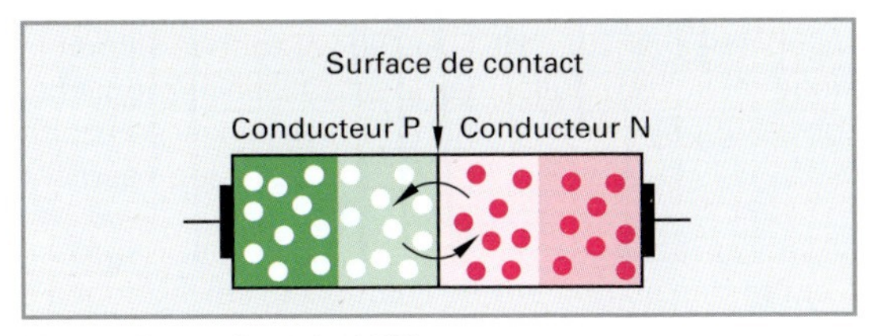

Illustration 1: Jonction PN

Une barrière de potentiel apparaît à la jonction PN des semi-conducteurs.

19.1.17.1 Diodes

Ce sont des composants semi-conducteurs qui comprennent un conducteur de type P et un autre de type N; ceux-ci forment ensemble une jonction PN et possèdent deux raccordements.

Lorsque la diode est insérée dans un circuit électrique, on distingue en fonction de sa polarisation, deux modes de fonctionnement : l'état de conduction et l'état de blocage **(ill. 2)**.

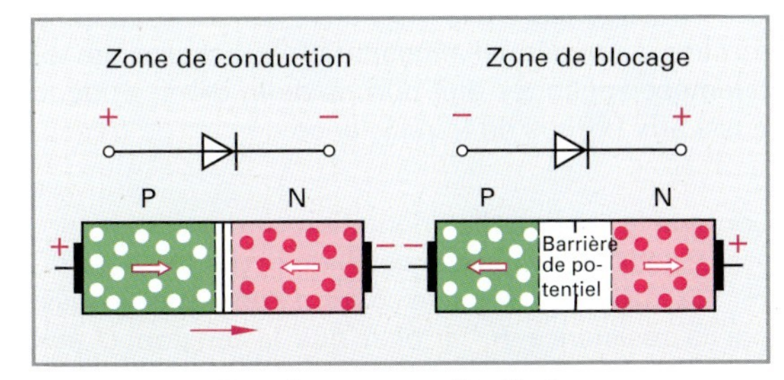

Illustration 2: Fonctionnement des diodes

Les diodes laissent passer le courant uniquement dans un sens et le bloque dans l'autre. Elles ont l'effet d'une soupape anti-retour.

Zone de conduction (ill. 3 et 4). Lorsqu'une diode est montée dans le sens de la conduction (+▷|–), le courant de conduction I_F augmente fortement lorsque la tension U_F s'accroît. La tension de seuil est d'environ 0,3 V pour les diodes au germanium et d'environ 0,7 V pour les diodes au silicium.

Lorsqu'une diode est montée dans le sens de conduction, elle a une forte résistance lorsque la tension est inférieure à la tension de seuil. Au-dessus de cette tension, cette résistance diminue.

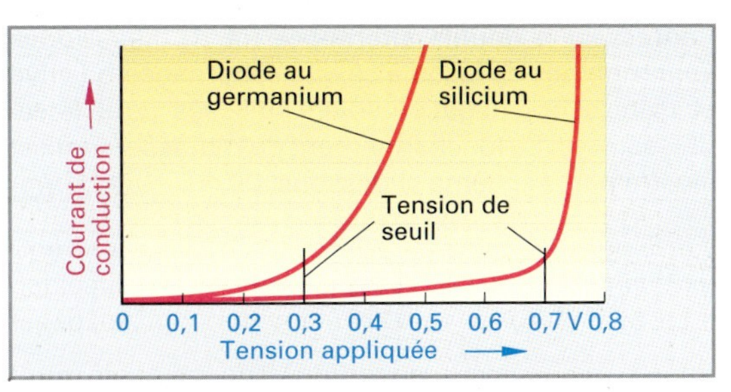

Illustration 3: Zone de conduction des diodes

Zone de blocage (ill. 4). Lorsqu'une diode est montée dans le sens de blocage (–▷|+), il ne passe qu'un courant de blocage I_R très faible, qui augmente légèrement quand la tension de blocage U_R augmente.

Zone de claquage (ill. 4). Lorsque la tension de blocage continue d'augmenter, la diode devient conductrice; le courant qui, brusquement, augmente fortement devient alors un courant de claquage qui peut détruire la diode.

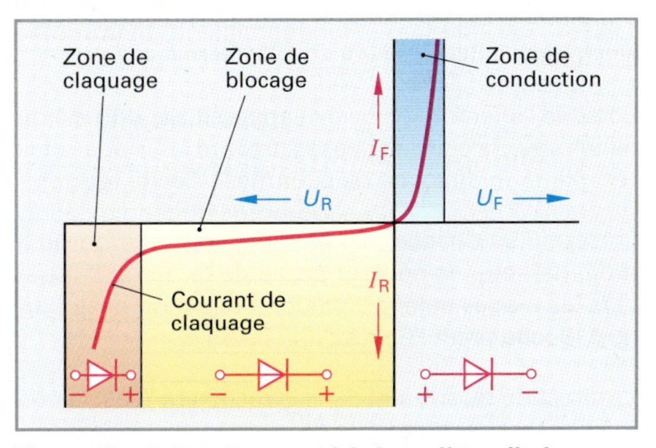

Illustration 4: Courbe caractéristique d'une diode

Redresseurs

Les diodes peuvent être utilisées pour redresser des tensions alternatives.

Redresseur à une alternance (ill. 5). Au moment où l'alternance positive apparaît à la borne 1 du générateur, la diode est montée dans le sens de conduction, l'alternance positive passe à travers la diode. Lorsque l'alternance négative apparaît à la borne 1 du générateur, la diode est montée dans le sens de blocage; l'alternance négative est supprimée et la tension de sortie est nulle à ce moment.

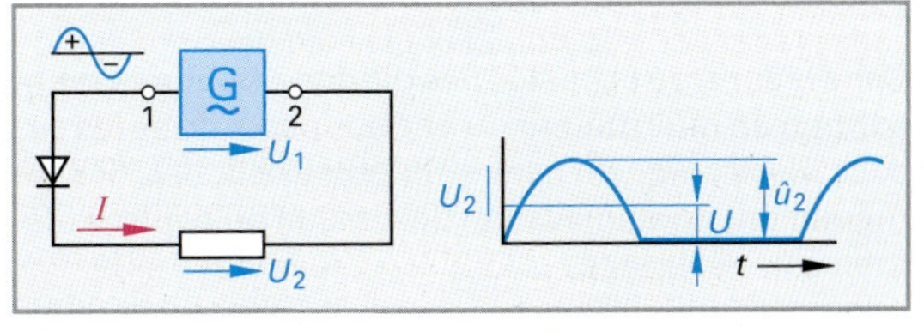

Illustration 5: Redresseur à une alternance

Redresseur à double alternance (ill. 1). Les diodes sont montées de façon à ce que l'alternance positive et l'alternance négative soient utilisées pour le redressement. Le fonctionnement du redressement est illustré par le schéma ci-dessous. **(ill. 1).**

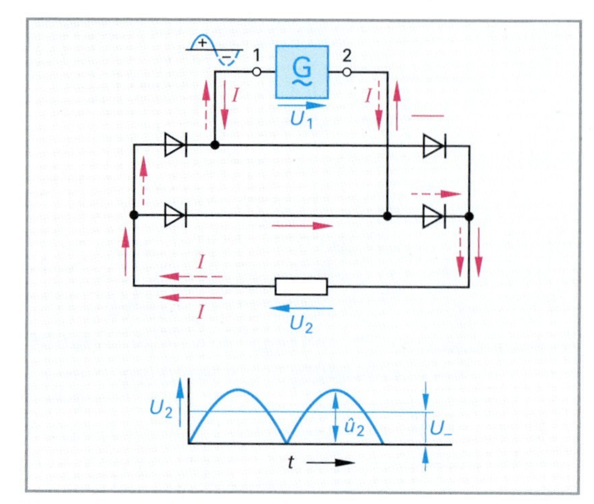

Illustration 1: Redresseur à double alternance

Lorsque l'alternance positive apparaît à la borne 1 du générateur, le courant passe à travers les diodes et le récepteur en direction de la borne 2 (flèche rouge).

Lorsque l'alternance négative apparaît à la borne 1 du générateur, le courant passe de la borne 2 à travers les diodes et le récepteur en direction de la borne 1 (flèche pointillée rouge).

La direction du courant dans le récepteur R est la même dans les deux cas. Les deux alternances sont ainsi utilisées pour le redressement. Le courant continu qui en résulte est plus régulier que celui du redresseur à une alternance **(ill. 1).**

Diode Z

Les diodes Z (diodes Zener[1]) sont généralement utilisées (donc montées) dans le sens de blocage. Lors du passage de la zone de blocage vers la zone de claquage, leurs courbes caractéristiques présentent un coude très brusque. A ce point, le courant de claquage (courant de Zener I_Z) augmente fortement **(ill. 2).**

La plage de travail des diodes Z est la zone de claquage.

Dans la zone de claquage, les diodes Z se comportent comme un interrupteur ou une soupape. Dans les circuits électroniques, elles sont utilisées à des fins de régulation, de stabilisation de tension ou comme éléments de référence.

[1] G.M. Zener, physicien américain

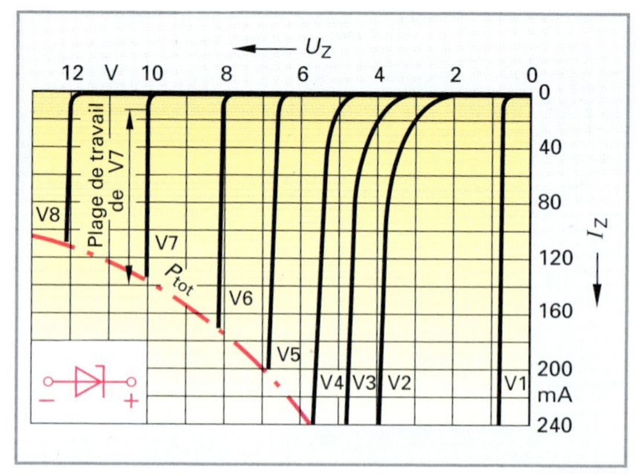

Illustration 2: Courbes caractéristiques des diodes Z

La diode Z de type V6 **(ill. 2)** devient conductrice quand la tension de Zener U_Z appliquée atteint une valeur de 8,0 V à 8,1 V. Pour cette diode, le courant maximum I_Z a une valeur d'environ 170 mA. S'il dépasse cette limite, la diode est surchargée thermiquement et sera détruite.

Chaque diode Zener a besoin d'une résistance ballast couplée en série pour limiter le courant.

Stabilisation de la tension (Ill. 3). Si la tension Zener n'est pas encore atteinte aux bornes d'une diode Zener, la résistance R_Z de la diode est alors significativement supérieure à la résistance ballast R_1 couplée en série. La tension d'alimentation U_1 est presque totalement appliquée aux bornes de la diode et donc aussi aux bornes de la résistance de charge (récepteur) R_L.

Lorsque la tension d'alimentation U_1 dépasse la tension Zener U_Z, la résistance R_Z de la diode Zener diminue fortement. Ainsi le courant Zener passe aussi par la résistance R_1, si bien que la tension U aux bornes de la résistance R_1 augmente.

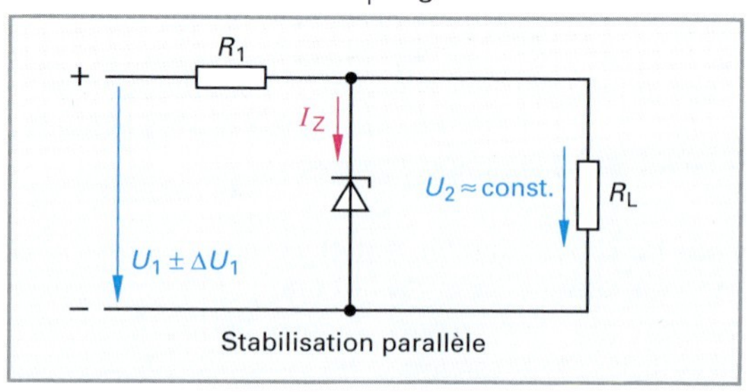

Illustration 3: Stabilisation de la tension

En cas de stabilisation de tension à l'aide d'une diode Zener, la chute de tension U aux bornes de la résistance ballast R_1 génère une tension de sortie U_2 relativement constante.

19.1.17.2 Transistors

Ils sont constitués par un assemblage de trois couches semi-conductrices qui sont toutes munies d'une connexion électrique. L'assemblage des couches semi-conductrices du transistor peut être comparé à des diodes de jonctions opposées. Selon la disposition des couches semi-conductrices, on différencie les transistors **PNP** des transistors **NPN**. Les couches semi-conductrices et leurs connexions sont appelées émetteur **E**, collecteur **C** et base **B (tableau 1)**.

Tableau 1: Les transistors

Couches semi-conductrices	Comparaison avec des diodes	Symboles
PNP P – Collecteur N – Base P – Emetteur		B, C, E
NPN N – Collecteur P – Base N – Emetteur		B, C, E

Les transistors peuvent être utilisés comme commutateurs (fonctionnement en relais), amplificateurs et variateurs de tension.

Transistors en commutation (ill. 1)

Ils permettent la jonction sans contact d'un grand courant de service avec un très faible courant de commande. Comme il n'y a pas de pièces mécaniques en mouvement, le transistor en commutation fonctionne sans usure, en silence et sans produire d'étincelles. Les commutations sont effectuées dans des intervalles de l'ordre d'une microseconde. Dans ce cas, le transistor fonctionne comme un relais.

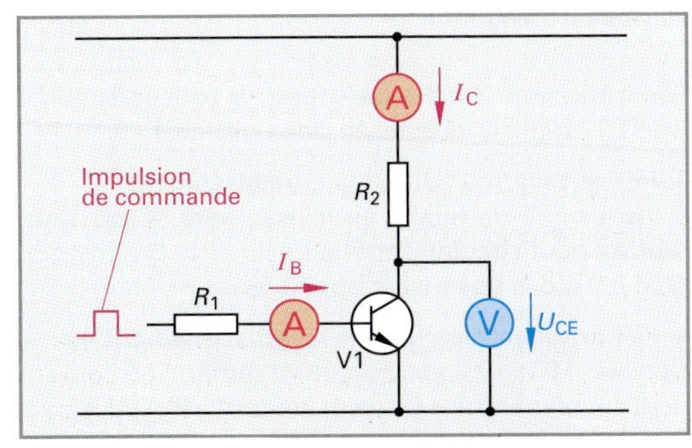

Illustration 1: Principe de fonctionnement d'un transistor en commutation

Transistor PNP comme commutateur (ill. 2)

Etat de commutation "en fonction". Dans le cas d'un transistor PNP, la base est polarisée négativement par rapport à l'émetteur **(ill 2)**. Si une tension continue est appliquée entre l'émetteur E et la base B, un léger courant I_B (courant de commande) passe dans la base, ce qui fait passer le transistor de l'état bloqué à l'état saturé; un fort courant émetteur-collecteur I_C (courant de service) peut alors traverser le récepteur (lampe à incandescence). Le courant de base I_B est limité par une résistance.

Etat de commutation "hors fonction". Lorsque le courant de base I_B est interrompu, le courant du collecteur I_C est aussi coupé, c'est-à-dire que le transistor bloque le courant de travail. Le courant de collecteur est également bloqué si la base est polarisée positivement **(ill. 2)**.

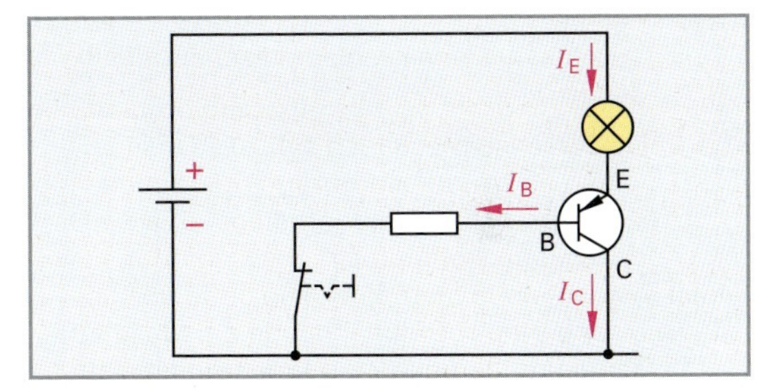

Illustration 2: Transistor PNP comme commutateur

Transistor NPN comme commutateur (ill. 3)

Etat de commutation "en fonction". Dans le cas d'un transistor NPN, la base est toujours polarisée positivement par rapport à l'émetteur **(ill. 3)**.

Etat de commutation "hors fonction". En coupant le courant de base, on interrompt automatiquement le courant du collecteur par la polarisation négative du courant de base. Toutes les autres étapes sont identiques à celles du transistor PNP.

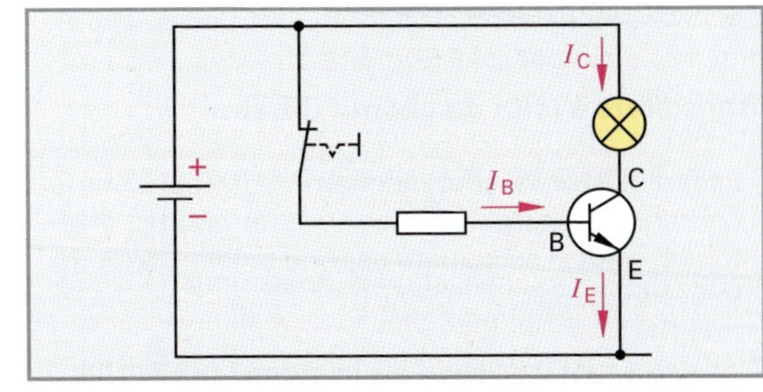

Illustration 3: Transistor NPN comme commutateur

Un faible courant de commande entre l'émetteur et la base (courant de base) provoque le passage d'un fort courant entre l'émetteur E et le collecteur C (courant émetteur-collecteur).

Transistor comme amplificateur (ill. 1)
La résistance de charge R_L et la résistance du collecteur-émetteur R_{CE} forment un diviseur de tension. Si l'on modifie la résistance du transistor, le rapport des tensions U_L: U_{CE} sera également modifié.

L'augmentation de tension U_{BE} provoque une diminution de la résistance du transistor. Un courant plus élevé circule dans le diviseur de tension. La répartition des tensions dans le diviseur de tension se modifie. La tension U_L augmente aux bornes de la résistance de charge R_L.

Une faible variation de la tension base-émetteur U_{BE} provoque une forte variation de tension U_L aux bornes de la résistance de charge R_L. Ce procédé est appelé amplification de tension.

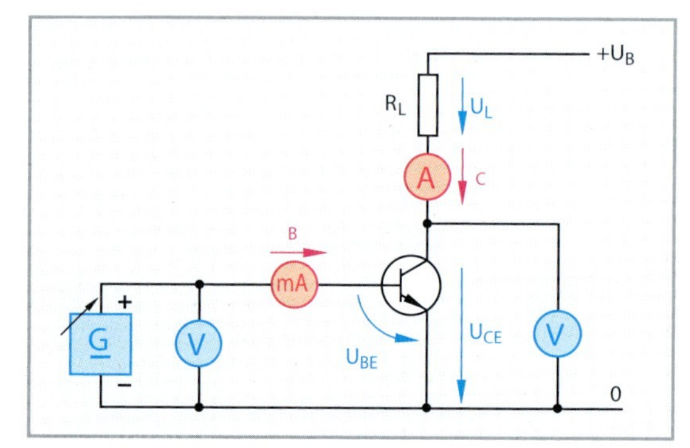

Illustration 1: Transistor comme amplificateur

En augmentant légèrement la tension de base U_{BE}, le courant de base I_B augmente aussi. La forte diminution de la résistance du transistor R_{CE} génère une forte augmentation du courant de collecteur I_C. Ce procédé est appelé amplification de courant.

Transistor utilisé comme résistance variable. Le procédé est identique à celui du transistor d'amplification **(ill. 1).** Il est à noter cependant que la chaleur dégagée dans le transistor utilisé comme résistance variable peut provoquer sa destruction.

19

Transistors à effet de champ (FET)

Les transistors à effet de champ commandent le courant de charge au moyen d'un champ électrique; celui-ci est généré par une tension de commande.

Transistor à effet de champ à jonction (J-FET[1]) (ill. 2). Il se compose d'un canal conducteur "N" ou "P" reliant les deux connexions Drain **(D)** et Source **(S)**. Le flux de courant du canal Drain-Source est piloté par la connexion Gate **(G)** par la tension de commande.
Fonctionnement. Dans les transistors à effet de

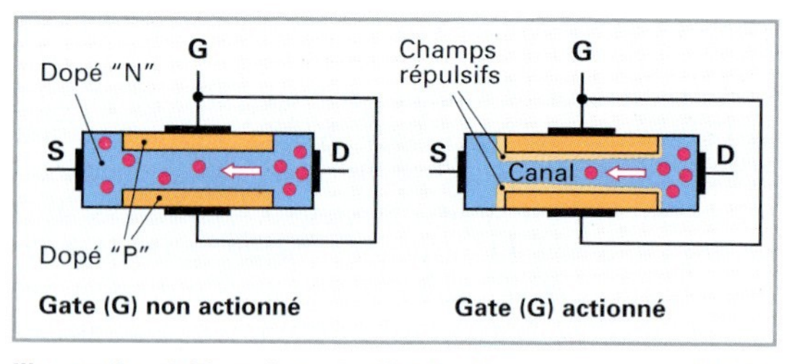

Illustration 2: Transistor à effet de charge avec canal "N"

champ, les porteurs de charge se déplacent à l'aide d'un semi-conducteur entre les connexions Drain **(D)** et Source **(S).** La tension présente sur Gate génère un champ électrique qui est susceptible, selon sa conception, de rendre conducteur le canal. Dans le cas des transistors à effet de champ à jonction dopée "N", Gate est constitué de zones dopées "P". Lorsqu'une tension négative par rapport à Source est appliquée à Gate, il se forme un champ électrique répulsif qui réduit ainsi la section conductrice du canal Drain-Source ce qui diminue le passage des électrons donc réduit l'intensité de passage. En fonction de la tension appliquée sur Gate, le courant ne circule plus dans le canal; le transistor est alors bloqué (non conducteur).

Transistor à effet de champ à couche isolante (IG-FET[2]). En principe, il est réalisé sous forme de **MOS-FET** (**M**etal **O**xide **S**emiconductor **F**ield **E**ffect **T**ransistor) **(ill. 3).** Dans ce cas, Gate n'est pas formé par une zone dopée "P" mais par une électrode Gate métallique qui est isolée du canal par une couche oxydée.

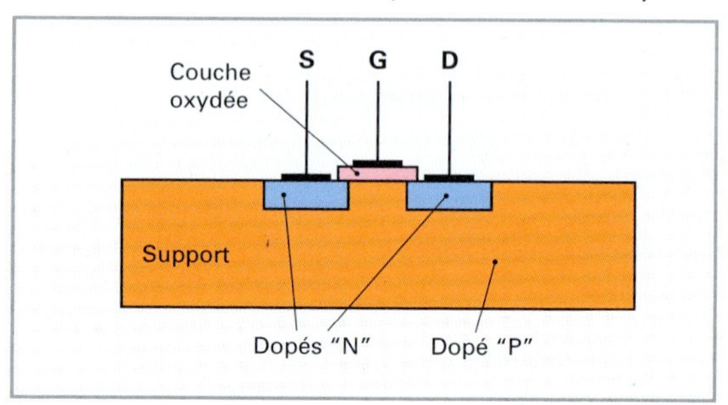

Illustration 3: MOSFET

Les transistors à effet de champ à couche isolante (IG-FET) sont subdivisés en deux groupes.

1. FET autoverrouillants ("à enrichissement"): Dans les FET de type à enrichissement, aucun courant ne peut circuler entre le Drain et la Source tant qu'il n'y a pas de tension appliquée sur Gate.

2. FET autoconducteurs ("à appauvrissement"): Dans les FET de type à appauvrissement, un courant peut circuler entre le Drain et la Source lorsqu'il n'y a pas de tension appliquée sur Gate.

[1] junction (angl.) = jonction

[2] IG de Isolate Gate (angl.) = porte isolée

Le tableau 1 montre un aperçu des différents types de transistors à effet de champ .

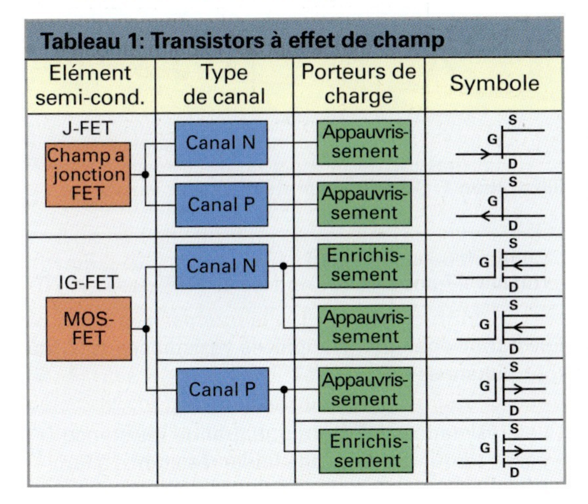

Tableau 1: Transistors à effet de champ

Elément semi-cond.	Type de canal	Porteurs de charge	Symbole
J-FET Champ a jonction FET	Canal N	Appauvrissement	G S D
	Canal P	Appauvrissement	G S D
IG-FET MOS-FET	Canal N	Enrichissement	G S D
		Appauvrissement	G S D
	Canal P	Appauvrissement	G S D
		Enrichissement	G S D

Par rapport aux transistors normaux (bipolaires), les transistors à effet de champ présentent notamment des avantages au niveau du temps de déclenchement et de la fréquence limite **(tableau 2)**.

Tabl. 2: Comparaison entre transistors habituels (bipolaires) et transistors unipolaires (FET)

	Bipolaire	**FET**
Résistance d'entrée	faible	élevée
Commande	Courant, perte de charge	tension, sans charge
Temps d'encl.	50 à 500 ns	10 à 600 ns
Temps de décl.	500 à 2000 ns	10 à 600 ns
Fréquence limite	100 MHz	plusieurs GHz
Rés. à la surcharge	faible	bonne
Stabilisation thermique	nécessaire	pas nécessaire

Comme les transistors normaux, les transistors à effet de champ peuvent être utilisés comme commutateurs et comme amplificateurs.

19.1.17.3 Thyristors

Le thyristor est un commutateur électronique commandé avec une propriété de redressement. Il est composé de quatre couches semi-conductrices couplées en série. Trois de ces couches sont pourvues de bornes de raccordement **(ill. 1)**:

- l'anode **(A)**
- la cathode **(C)**
- la gâchette **(G)**

La gâchette, également appelée porte ("gate" en anglais) est l'électrode de commande. Selon la disposition des couches du semi-conducteur, on distingue les thyristors à gâchette P et les thyristors à gâchette N. Le thyristor le plus utilisé est de type PNPN à gâchette P.

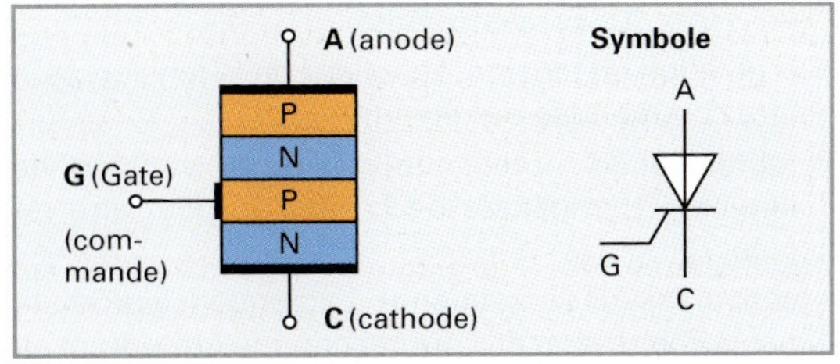

Illustration 1: Structure de base et symbole d'un thyristor à gâchette P

Thyristor en conduction. La mise en conduction d'un thyristor à gâchette P, c'est-à-dire le fait de rendre les quatre couches conductrices, s'effectue par une courte impulsion de tension positive sur la gâchette **(ill. 2)**. Après l'établissement du courant, le thyristor reste conducteur aussi longtemps qu'une très faible différence de tension subsiste entre l'anode (A) et la cathode (C). C'est le cas tant qu'un petit courant de maintien circule. Par rapport au transistor, le courant de service n'est pas réglable.

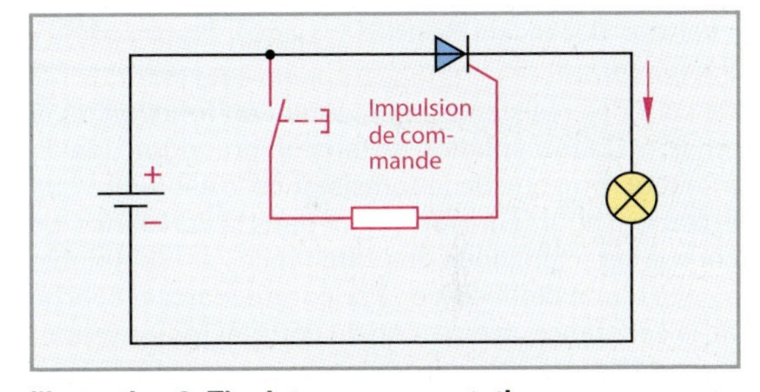

Illustration 2: Thyristor en commutation

Après sa mise en conduction, un thyristor se comporte comme une diode.

Blocage d'un thyristor. Pour interrompre le passage du courant dans un circuit électrique équipé d'un thyristor, on peut procéder de la façon suivante:

- couper brièvement le courant de charge. Ceci est pratiquement impossible lors de très forts courants de service;
- court-circuiter brièvement le thyristor, ce qui amène une courte impulsion négative sur l'anode (A);
- dans le cas d'un courant alternatif, l'inversion du courant de service bloque le thyristor qui doit être commandé à nouveau après le passage du courant au point zéro.

Les thyristors peuvent être employés dans les domaines suivants :

- redressement (tension alternative en tension continue), p. ex. les grands générateurs qui équipent les bus;
- conversion (tension continue en tension alternative), p. ex. les convertisseurs;
- régulation de tension. La valeur de la tension peut être commandée ou réglée;
- régulateur du courant alternatif (p. ex. variateur de lumière). L'amplitude de la tension peut être réglée;
- convertisseur de fréquence. La fréquence produite par la conversion du courant continu en courant alternatif peut être modifiée. Ceci permet de régler la vitesse des moteurs à courant alternatif;
- dans l'électronique de puissance. Certains thyristors supportent des tensions de blocage de 50 V, d'autres jusqu'à 8000 V et le passage de courants de 0,4 A à 4 500 A.

19.1.17.4 Résistances semi-conductrices

Ce sont des composants électroniques avec deux bornes de raccordement qui, dans un circuit électrique, doivent être sous tension.

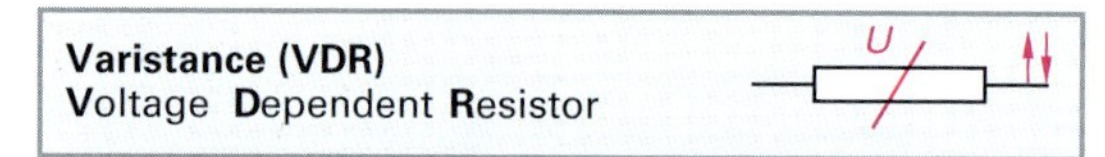

Ce sont des résistances qui varient en fonction de la tension. L'augmentation de tension provoque une diminution brusque de leur résistance, c'est-à-dire que le courant augmente fortement dans la varistance. La courbe caractéristique des varistances est semblable à celle d'une diode Zener. Par contre, dans la courbe de la varistance, la direction du courant (polarisation) est indifférente.

Les varistances (VDR) ont une grande résistance à basse tension et une faible résistance à haute tension.

Utilisation. Elles sont utilisées (p. ex. dans les circuits électroniques) pour faire office de protection contre les surtensions. Ces surtensions peuvent naître dans un bobinage où le courant change très rapidement et où il peut donc se créer par la suite des tensions d'auto-induction très élevées.

Pour protéger un composant électronique, il faut coupler la VDR en parallèle à la source de tension qui provoque ces surtensions (bobinage) **(ill. 1)**. En cas de surtension, la varistance court-circuite le bobinage durant un bref instant.

Les résistances VDR sont aussi utilisées pour stabiliser la tension. Elles occupent, dans le circuit, la fonction d'une diode Zener.

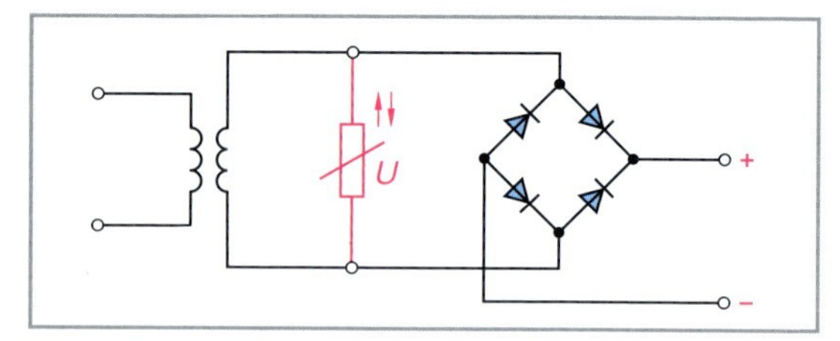

Illustration 1: Schéma de protection avec varistance

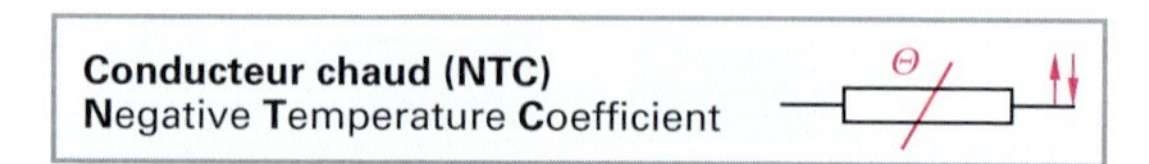

Elles sont également appelées résistances NTC ou thermistances NTC.

Les résistances NTC ont une grande résistance à basse température et une faible résistance à température élevée.

Leur coefficient de température est négatif. Une augmentation de la température génère une diminution de la résistance **(ill. 2)**. La courbe qui représente le rapport résistance-température n'est pas linéaire.

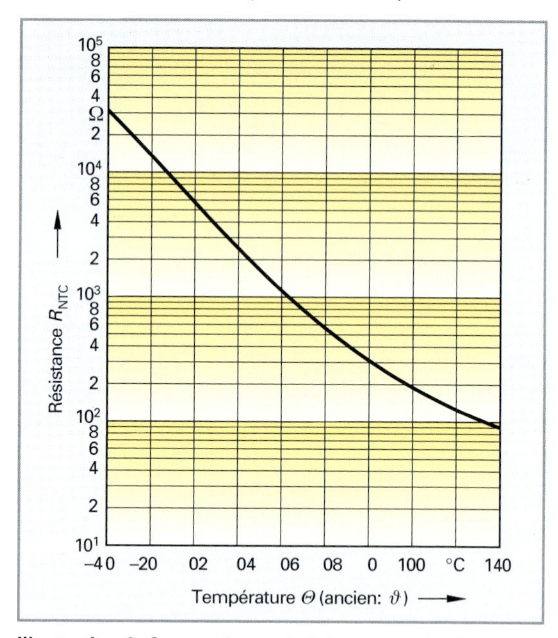

Illustration 2: Comportement résistance-température d'une résistance NTC

Utilisation. Elles sont utilisées comme capteur de températures dans les systèmes nécessitant une mesure de température.

L'information de température peut aussi être transformée en tension électrique dont la valeur peut ensuite être affichée ou intervenir dans des dispositifs de commande ou de régulation.

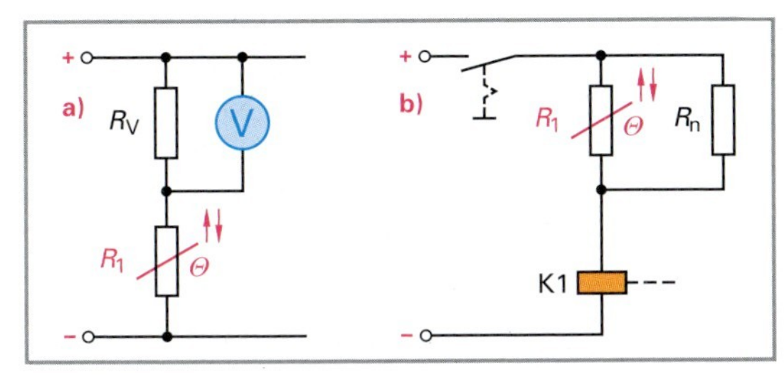

Illustration 1: Exemples d'utilisation de résistances NTC

Mesure de la température (ill. 1a). L'augmentation de la température entraîne la diminution de la valeur de la résistance NTC (R_1). La chute de tension de la résistance R_v dans le diviseur de tension devient plus grande. La tension U_v affichée peut aussi être étalonnée en °C.

Temporisation d'attraction (ill. 1b). A l'enclenchement du circuit, la valeur de la résistance NTC (R_1) est grande. La résistance en parallèle R_n est également grande. De cette façon, le courant de commande du relais K_1 n'est pas suffisant pour fermer les contacts. Le flux du courant provoque l'échauffement de la NTC, sa résistance diminue et le courant augmente jusqu'à atteindre la valeur d'enclenchement du relais K_1. Celui-ci peut permettre p. ex. de commander la mise en fonction d'un moteur de ventilateur.

Conducteur froid (PTC)
Positive **T**emperature **C**oefficient

Elles sont également appelées résistances PTC ou thermistances PTC.

Les résistances PTC ont une faible résistance à basse température et une grande résistance à haute température.

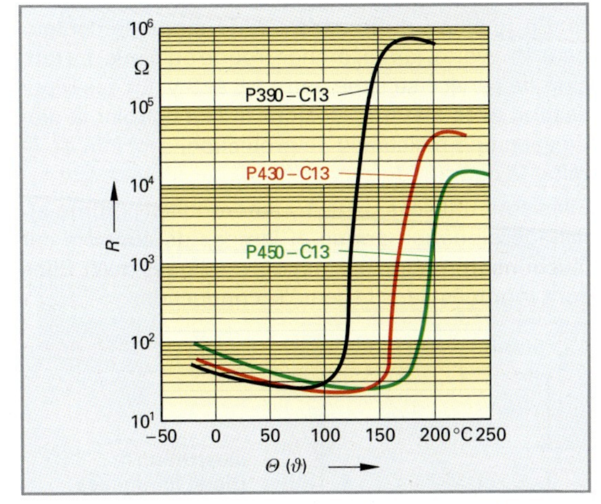

Illustration 2: Comportements résistance-température de différentes résistances PTC

Leur coefficient de température est positif. Une augmentation de la température génère une augmentation de la résistance **(ill. 2).** La courbe qui représente le rapport résistance-température n'est pas linéaire.

Utilisation. Les applications des résistances PTC sont les mêmes que celles des résistances NTC. Par contre, il faut observer que, dans le schéma du circuit, le déroulement du comportement de la résistance et de la température est inversé.

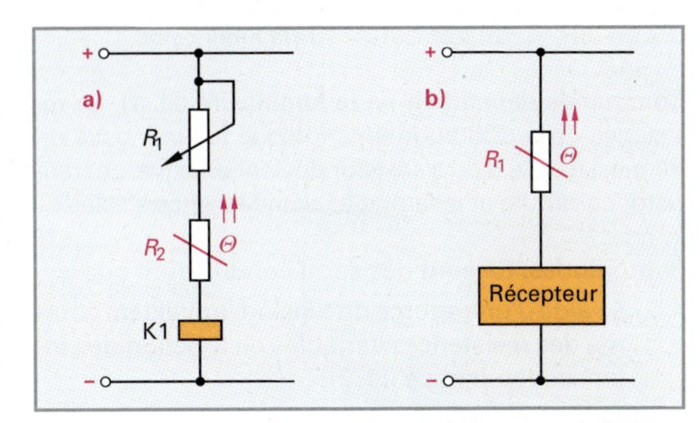

Illustration 3: Exemples d'utilisation de résistances PTC

Commande en fonction de la température (ill. 3a). Dans un circuit, le courant de maintien d'un relais peut être réglé à une température bien déterminée à l'aide d'un potentiomètre (p. ex. pour la protection antigivrage d'un climatiseur). La résistance PTC R_2 augmente fortement dès que la température prédéfinie est dépassée. Le courant de commande du relais diminue et ses contacts s'ouvrent et interrompent le courant principal.

Protection contre les surcharges (ill. 3b). Une thermistance PTC est placée dans le circuit du récepteur. La résistance de la PTC augmente dès que sa température atteint une certaine valeur. Le courant est ainsi limité à une valeur déterminée (p. ex. pour régulariser le chauffage d'un rétroviseur extérieur).

19.1.17.5 Optoélectronique

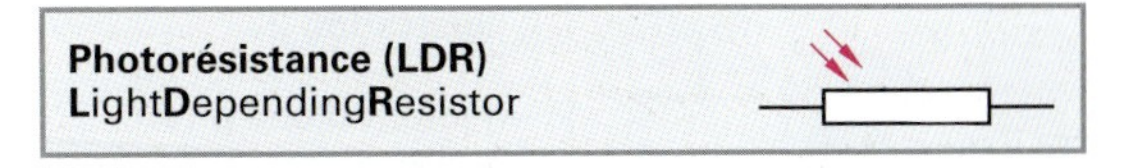

Photorésistance (LDR)
Light**D**epending**R**esistor

Ce sont des résistances qui réagissent à la lumière. La résistance diminue en fonction de l'accroissement de l'intensité lumineuse.

Les photorésistances sont utilisées comme détecteurs de flammes dans les installations de chauffage et dans les systèmes d'alarme incendie, dans les interrupteurs crépusculaires et les barrières photoélectriques (p. ex. pour les installations de lavage de voitures, pour capter le point d'allumage).

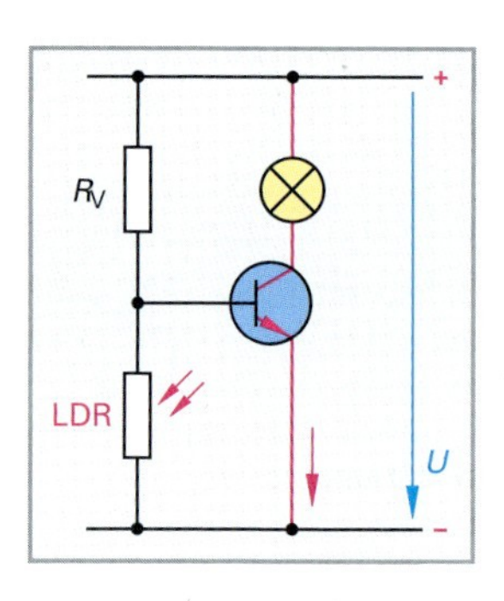

Illustration 1: Commande dépendant de la luminosité

Commande dépendant de la luminosité (ill. 1). La résistance de la LDR augmente lorsque la luminosité diminue. La base B du transistor devient positive. Le transistor commute et la lampe à incandescence s'éclaire.

Photodiodes. Ce sont des semi-conducteurs qui ...

- ... à l'aide d'une source de tension, travaillent comme des résistances variables en fonction de l'intensité lumineuse **(ill. 2)**.
- ... sans source de tension, travaillent comme des éléments photovoltaïques **(ill. 3)**.

Les photodiodes peuvent être très petites et sont utilisées comme transformateur de lumière en énergie électrique et dans des circuits de régulation.

Photodiode comme résistance en fonction de la luminosité

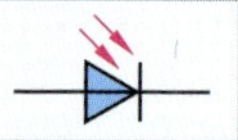

Plus l'intensité lumineuse captée par la photodiode est grande, plus sa résistance diminue. Le passage du courant dans la photodiode est alors possible et le relais K_1 s'enclenche. Les photodiodes sont insérées dans un circuit dans le sens de non-conduction (blocage) **(ill 2)**.

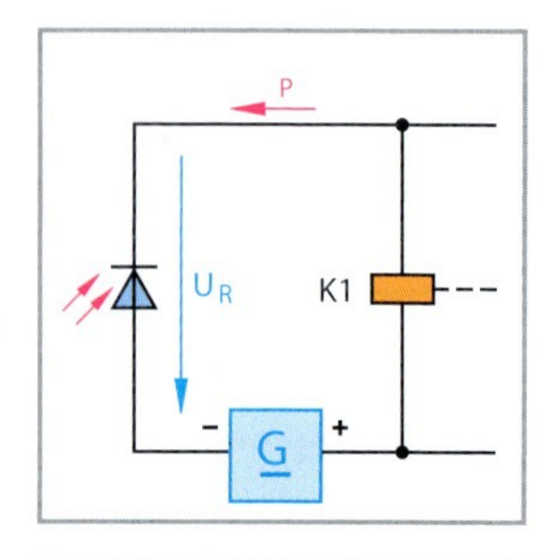

Illustration 2: Principe de fonctionnement d'une photodiode

Photodiode comme cellule photovoltaïque

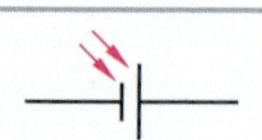

Les photodiodes génèrent une tension lorsqu'elles sont exposées à la lumière. Cette tension dépend du matériau du semi-conducteur et de l'intensité lumineuse. Elles sont utilisées p. ex. dans les montres, dans les calculatrices de poche et comme source de tension pour les mesures de l'intensité lumineuse.

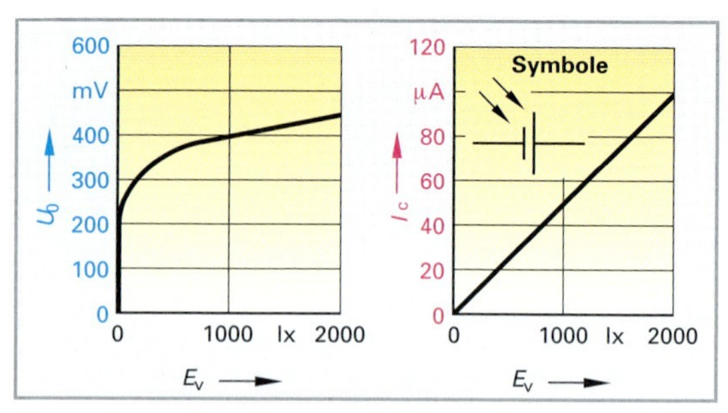

Illustration 3: Courbe caractéristique d'un élément photovoltaïque

Les paramètres d'un élément photovoltaïque sont la tension à vide U_0 et le courant de court-circuit I_c **(ill. 3)**. La tension à vide sous une intensité lumineuse de 1000 lx des éléments photovoltaïques à base de silicium est à peu près de 0,4 V et d'environ 0,3 V pour le sélénium. L'intensité lumineuse E_v est indiquée en lux (lx).

Les éléments photovoltaïques génèrent une tension sous l'effet de la lumière. Cette tension dépend du matériau du semi-conducteur et de l'intensité lumineuse .

Utilisation. Les grands éléments photovoltaïques en silicium couplés en série peuvent être utilisés pour exploiter l'énergie solaire (panneaux solaires). Ils ont un rendement d'environ 20 %, c'est-à-dire qu'ils transforment 20 % de l'énergie lumineuse en énergie électrique. Dans les installations photovoltaïques, ils fonctionnent comme des générateurs de courant électrique pour alimenter des parcomètres, des cabanes de montagne, des émetteurs et des satellites.

Diodes électroluminescentes (LED)
Light **E**mitting **D**iode

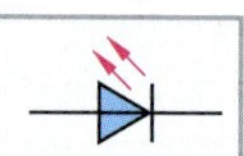

Lorsqu'elles sont alimentées par une tension, ces diodes transforment le courant électrique en lumière. En fonction du matériau de la diode, la couleur peut être verte, jaune, orange, rouge ou bleue. La tension de service se situe entre 1,5 et 3 V. En cas d'utilisation avec d'autres tensions, il faut coupler la diode avec une résistance de protection, ceci afin de limiter le courant de service **(ill. 4)**.

Elles sont utilisées dans les automobiles comme affichage alphanumérique et lampes de contrôle car leur consommation est minime (quelques mW). Elles sont montées dans le sens de conduction.

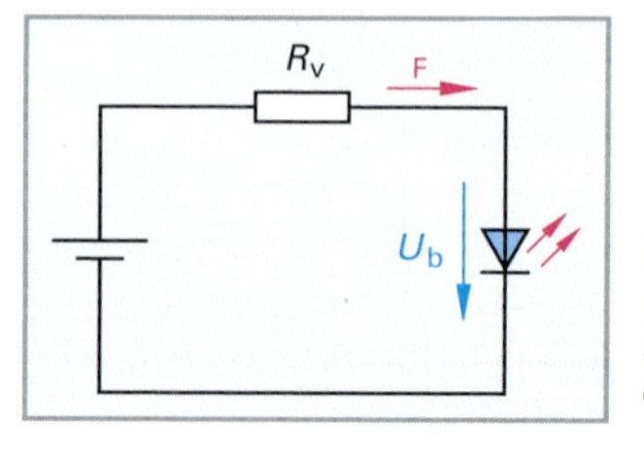

Illustration 4: Diode lumineuse avec résistance d'appoint

Phototransistor
(lumière et rayonnement infrarouge)

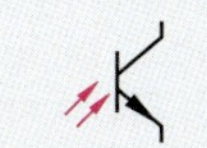

La commutation d'un transistor est généralement commandée par une tension négative ou positive appliquée sur la base.

Dans le cas du phototransistor, la lumière ou rayon IR (rayonnement infrarouge) pénètre à travers une fenêtre ou une lentille optique dans la zone de blocage base-collecteur du transistor qui génère, à la sortie, un courant photovoltaïque I_p, augmentant proportionnellement l'intensité lumineuse E_v **(ill. 1)**. Il agit comme courant de base.

Le courant du collecteur d'un phototransistor croît avec l'augmentation de l'intensité lumineuse.

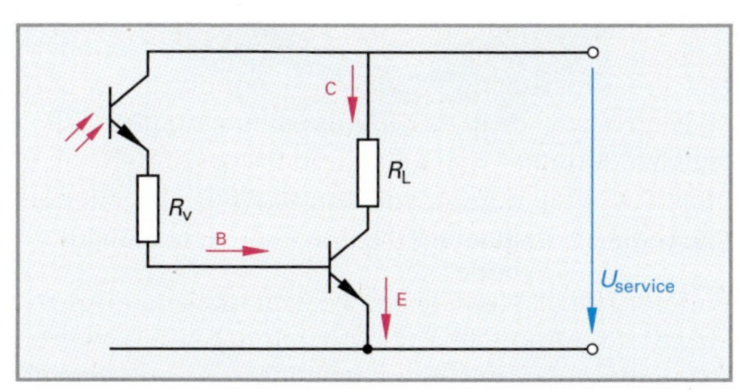

Illustration 1: Phototransistor avec transistor d'amplification

Utilisation. Dans la technique automobile, ils sont utilisés pour des commandes dépendantes de la lumière (p. ex. pour commander le dispositif anti-éblouissement du rétroviseur intérieur ou comme opto-coupleur électronique).

Opto-coupleur électronique. Il est composé d'un photoémetteur et d'un photorécepteur, assemblés dans un boîtier étanche à la lumière extérieure, de façon à ce que le récepteur ne reçoive que la lumière de l'émetteur **(ill. 2)**. On utilise de préférence des diodes électroluminescentes à rayonnement IR comme photoémetteurs.
Selon le domaine d'utilisation, on utilise comme photorécepteurs (détecteurs) des photodiodes, des phototransistors ou des photothyristors.

L'opto-coupleur comprend deux circuits électriques indépendants l'un de l'autre, couplés ensemble par des rayons infrarouges.

La tension de sortie est limitée à 5 V, c'est-à-dire que tous les signaux qui entrent dans l'opto-coupleur sont transformés et se présentent à la sortie entre 0 et 5 V. Dans la technique automobile, ces tensions sont utilisées comme signaux d'entrée pour de nombreux appareils de commande.

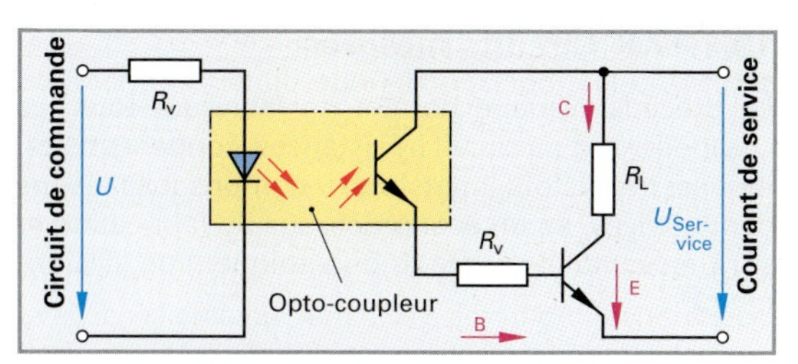

Illustration 2: Opto-coupleur électronique avec une photodiode et un phototransistor

19.1.17.6 Effet magnétique sur les composants semi-conducteurs

Générateur de Hall

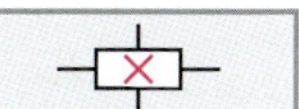

L'effet Hall est produit par un courant d'alimentation I_v qui traverse une plaquette semi-conductrice **(ill 3)**. Soumise aux lignes de force d'un champ magnétique, une tension U_H naît sur les côtés de cette plaquette, entre les bornes A, perpendiculairement au courant I_v. Son intensité dépend de la force du champ magnétique.

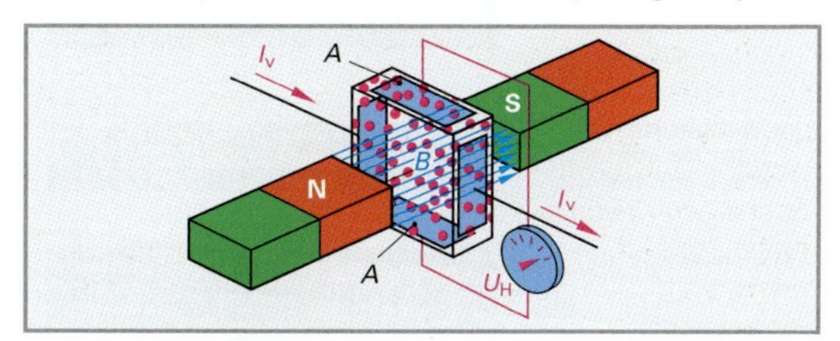

Illustration 3: Effet Hall

19.1.17.7 Effet de la pression sur les composants semi-conducteurs

Elément piézoélectrique

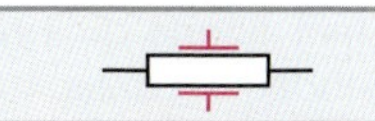

Les capteurs piézoélectriques produisent une tension électrique aux bornes des électrodes de raccordement lorsqu'ils sont soumis à des forces de traction, de pression ou de flexion. Cet effet piézoélectrique est obtenu p. ex. avec des cristaux de quartz (SiO_2) **(ill. 4)**.

Dans les véhicules, les éléments piézoélectriques sont utilisés p. ex. comme capteurs de pression ou détecteurs de cliquetis.

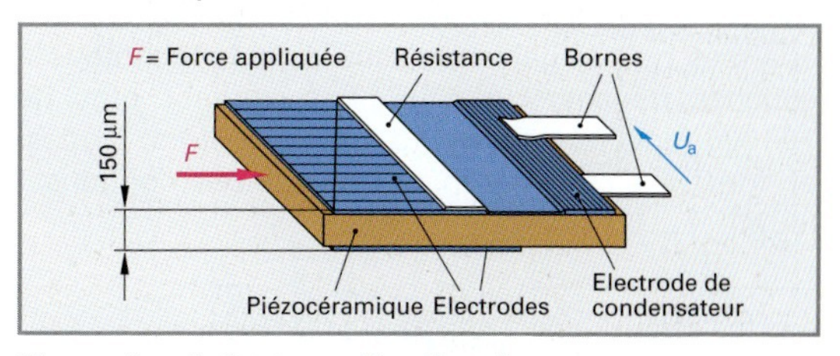

Illustration 4: Capteur piézoélectrique

19.1.17.8 Circuits intégrés

Le procédé planaire permet de fabriquer tous les composants d'un circuit (résistances, condensateurs, diodes, transistors, thyristors) y compris les liaisons conductrices, en un seul processus de fabrication et sur une seule plaquette (monolithique)[1] de silicium (chip)[2].

Tous les composants ainsi réunis deviennent des circuits intégrés IC[3] (integrated circuits) monolithiques **(ill. 1)**.

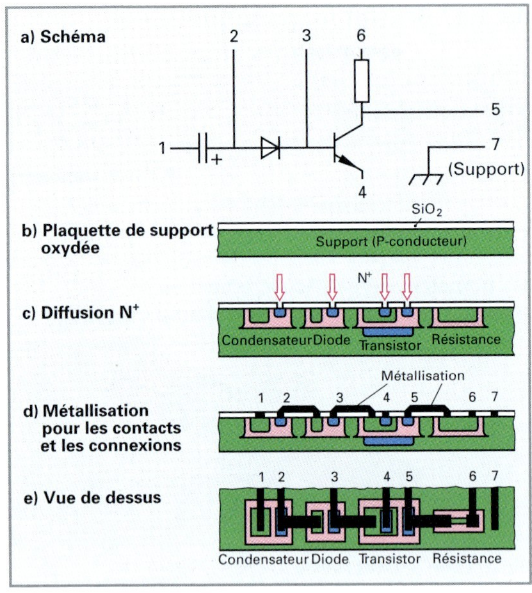

Illustration 1: Exemple d'un circuit intégré en technique monolithique (choix des étapes de fabrication)

Etant donné qu'il n'y a plus de composants "indépendants" dans un **IC,** (les composants ont des contacts à l'extérieur), on parle d'éléments de commutation ou d'éléments fonctionnels.

Technique planaire. Cette technique est le procédé permettant l'obtention d'éléments semi-conducteurs et de chips. Des couches isolées les unes des autres sont appliquées par phases successives. Ces couches contiennent déjà les composants avec des lignes de connexion et des bornes. Ceci peut être réalisé par sérigraphie dans la technique à couches épaisses ou par galvanoplastie dans la technique à couches minces. Un chip peut contenir plus de 100000 fonctions actives (p. ex. transistors, diodes) et fonctions passives (p. ex. résistances, condensateurs).

[1] monolithique (grec) = fait d'un seul bloc (de pierre)
[2] Chip (angl.) = puce électronique
[3] Integrated Circuits (angl.) = circuit intégré

19

Circuits hybrides. Il s'agit d'une combinaison de circuits intégrés et de composants individuels **(ill. 2).** Ils sont connectés ensemble sur un support par collage, brasage ou autres procédés. Ceci facilite la construction de circuits électriques avec des propriétés spécifiques (p. ex. commandes d'allumage).

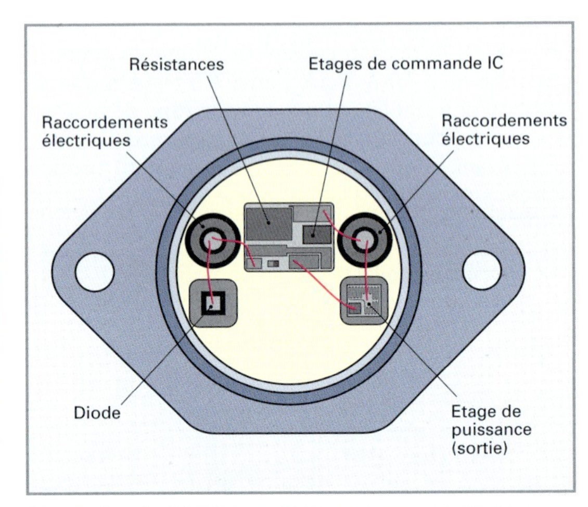

Illustration 2: Régulateur d'alternateur en technique hybride

Questions de révision

1 **Quel est le porteur de charges électriques d'un conducteur N, respectivement d'un conduteur P?**

2 **Comment doit-on polariser une jonction PN pour qu'elle devienne conductrice?**

3 **Qu'entend-on par tension de seuil?**

4 **Quelle partie de la courbe caractéristique de la diode Zener est utilisée pour la stabilisation de la tension?**

5 **Qu'est-ce qu'un redresseur à une alternance?**

6 **Comment est construit un transistor NPN?**

7 **Comment appelle-t-on les électrodes de raccordement d'un transistor?**

8 **Comment doit-on polariser un transistor NPN pour qu'il devienne conducteur?**

9 **Comment se comporte un conducteur chaud lorsque la température augmente?**

10 **Comment varie la résistance d'une varistance lorsque la tension augmente?**

11 **Comment se comporte une résistance LDR lorsqu'elle capte de la lumière?**

12 **Que signifie l'abréviation LED?**

13 **Quelles sont les fonctions d'un opto-coupleur électronique?**

14 **Comment les circuits hybrides sont-ils réalisés?**

19.2 Application de l'électrotechnique

19.2.1 Schémas de circuits

Classification des schémas

Un schéma de circuit est la représentation graphique des moyens électriques utilisés, sous forme de symboles, de croquis ou de plans de construction simplifiés.

Le schéma de circuit indique la manière dont les différents composants électriques sont reliés.

En électricité automobile, on utilise selon les tâches, les schémas suivants:

- les schémas fonctionnels;
- les schémas de connexion;
- les schémas de circuit.

Schéma fonctionnel (ill. 1). C'est la représentation simplifiée d'un circuit dans laquelle ne sont retenus que les éléments fondamentaux. On y trouve le fonctionnement et la composition d'une installation électrique. Les appareils y sont représentés par des carrés, des rectangles ou des cercles avec une indication des symboles ou des désignations correspondantes.

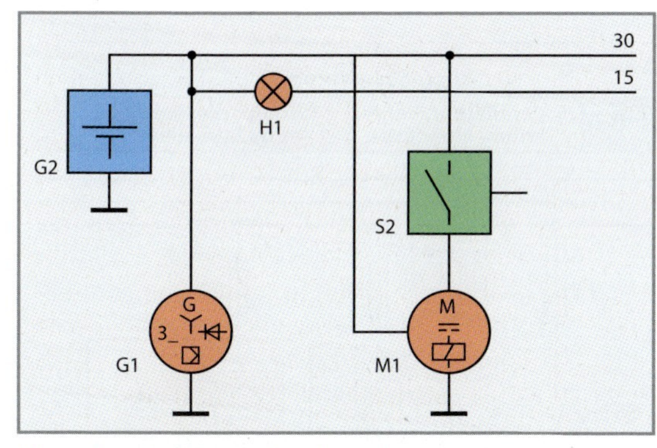

Illustration 1: Schéma fonctionnel

Schémas de connexion (ou de réalisation)

On distingue:

- les schémas de connexion en représentation assemblée;
- les schémas de connexion en représentation développée.

Schéma de connexion en représentation assemblée (ill. 2). Il montre les connexions électriques extérieures entre les différents appareils d'une installation. Pour cela, la représentation des composants définit le tracé des conducteurs, la position et la désignation exacte de l'ensemble des points et des bornes. Si cela s'avère nécessaire, les jonctions intérieures peuvent être représentées.

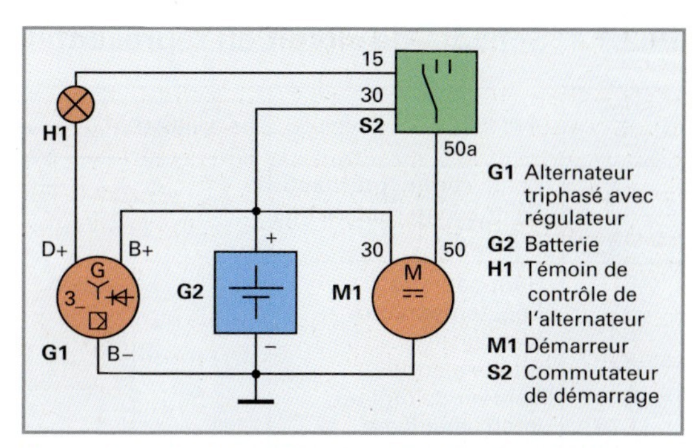

Illustration 2: Schéma de connexion (représentation assemblée)

Schéma de connexion en représentation développée (ill. 3). Dans la représentation développée, les lignes de connexion ne sont pas tracées d'un appareil à l'autre.

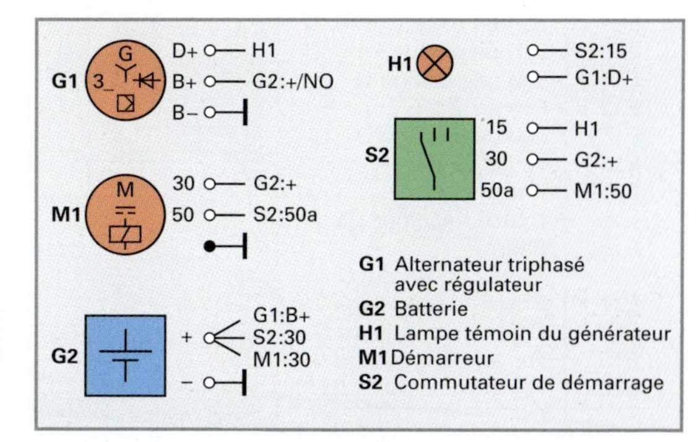

Illustration 3: Schéma de connexion (représentation développée)

Désignation des appareils. Les symboles complétés par la désignation de l'appareil permettent de reconnaître facilement les divers appareils. Le nom des appareils est composé d'une série définie de signes, de lettres et de chiffres (p. ex. G1 pour générateur).

Information de direction. Toutes les lignes partant de l'appareil ont un signe directionnel **(ill. 3),** composé:

- de la désignation de la borne de départ (p. ex. au générateur B+);
- du symbole de ligne ○—;
- de l'appareil de destination auquel aboutit la ligne (p. ex.G2 pour la batterie de démarrage);
- de la désignation de la borne d'arrivée. Elle figure après le double point (:) suivant la désignation de l'appareil de destination (p. ex. G2:+ signifie que la ligne aboutit au pôle positif de la batterie de démarrage);
- de la couleur de la ligne si celle-ci est exigée. La couleur est toujours séparée par le signe barre oblique (/) de la désignation de la borne d'arrivée(p. ex. :+/noir signifie que la ligne est en noire.

19.2.1.1 Schéma de circuit en représentation partielle par sections

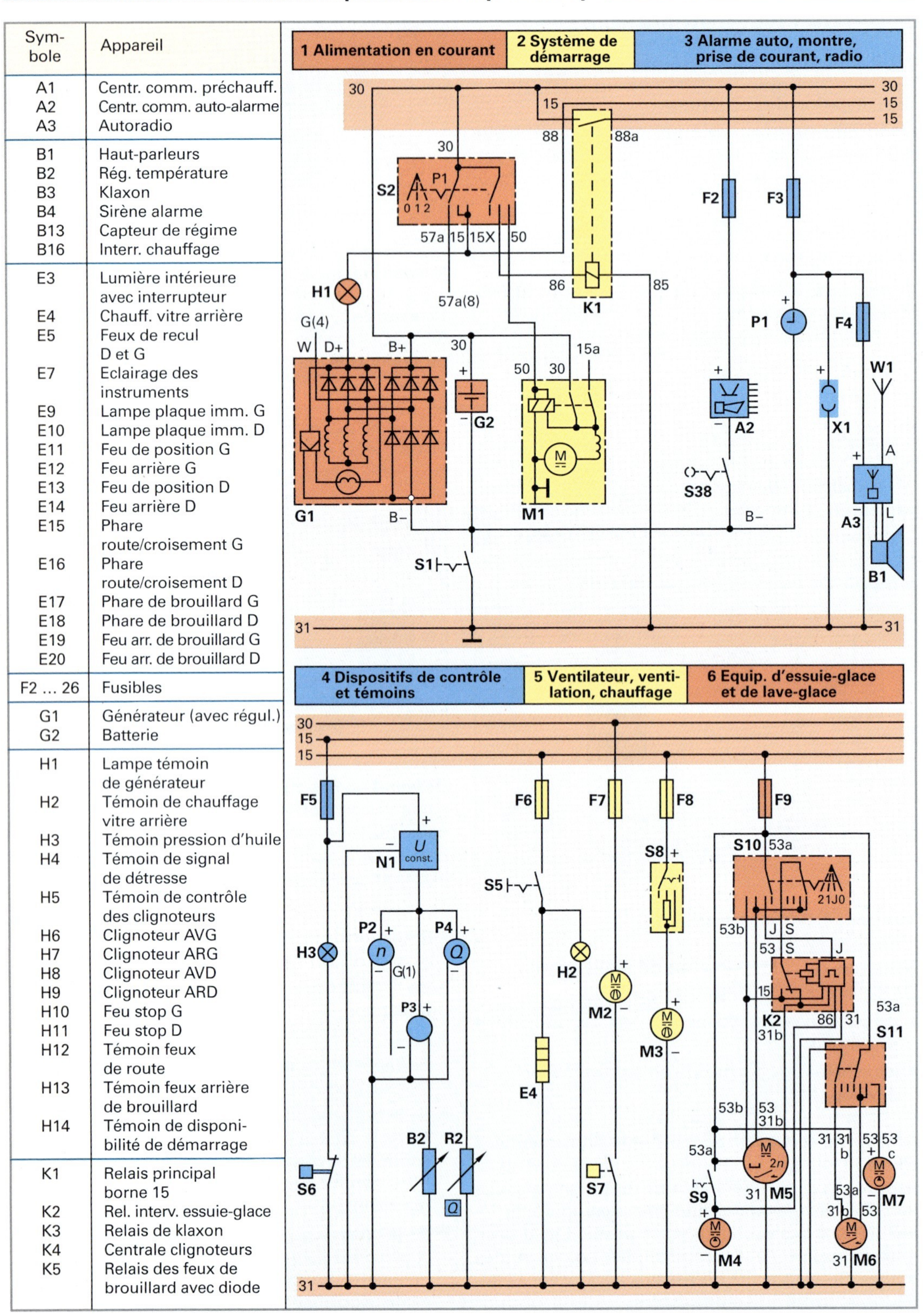

Symbole	Appareil
A1	Centr. comm. préchauff.
A2	Centr. comm. auto-alarme
A3	Autoradio
B1	Haut-parleurs
B2	Rég. température
B3	Klaxon
B4	Sirène alarme
B13	Capteur de régime
B16	Interr. chauffage
E3	Lumière intérieure avec interrupteur
E4	Chauff. vitre arrière
E5	Feux de recul D et G
E7	Eclairage des instruments
E9	Lampe plaque imm. G
E10	Lampe plaque imm. D
E11	Feu de position G
E12	Feu arrière G
E13	Feu de position D
E14	Feu arrière D
E15	Phare route/croisement G
E16	Phare route/croisement D
E17	Phare de brouillard G
E18	Phare de brouillard D
E19	Feu arr. de brouillard G
E20	Feu arr. de brouillard D
F2 … 26	Fusibles
G1	Générateur (avec régul.)
G2	Batterie
H1	Lampe témoin de générateur
H2	Témoin de chauffage vitre arrière
H3	Témoin pression d'huile
H4	Témoin de signal de détresse
H5	Témoin de contrôle des clignoteurs
H6	Clignoteur AVG
H7	Clignoteur ARG
H8	Clignoteur AVD
H9	Clignoteur ARD
H10	Feu stop G
H11	Feu stop D
H12	Témoin feux de route
H13	Témoin feux arrière de brouillard
H14	Témoin de disponibilité de démarrage
K1	Relais principal borne 15
K2	Rel. interv. essuie-glace
K3	Relais de klaxon
K4	Centrale clignoteurs
K5	Relais des feux de brouillard avec diode

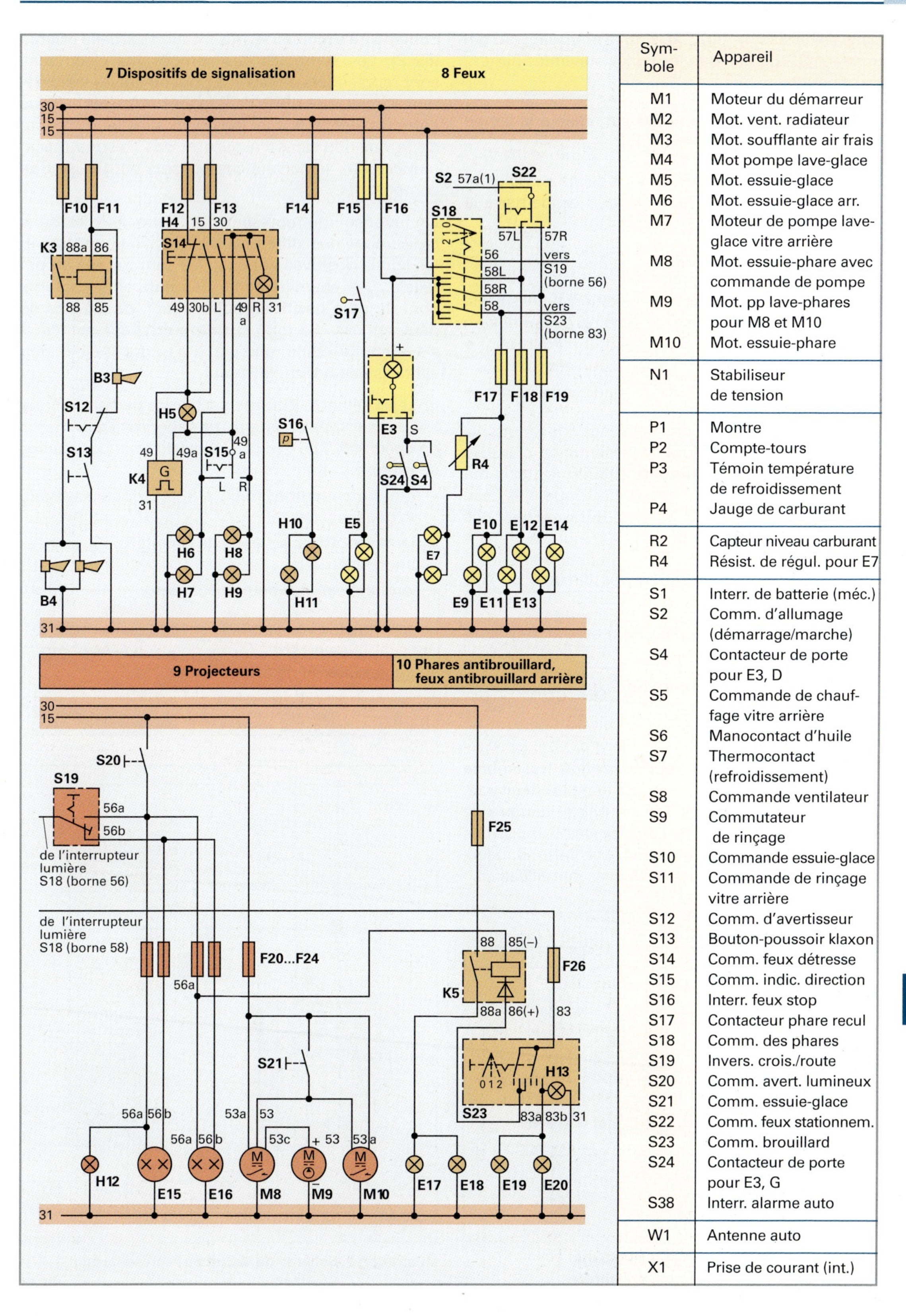

Symbole	Appareil
M1	Moteur du démarreur
M2	Mot. vent. radiateur
M3	Mot. soufflante air frais
M4	Mot pompe lave-glace
M5	Mot. essuie-glace
M6	Mot. essuie-glace arr.
M7	Moteur de pompe lave-glace vitre arrière
M8	Mot. essuie-phare avec commande de pompe
M9	Mot. pp lave-phares pour M8 et M10
M10	Mot. essuie-phare
N1	Stabiliseur de tension
P1	Montre
P2	Compte-tours
P3	Témoin température de refroidissement
P4	Jauge de carburant
R2	Capteur niveau carburant
R4	Résist. de régul. pour E7
S1	Interr. de batterie (méc.)
S2	Comm. d'allumage (démarrage/marche)
S4	Contacteur de porte pour E3, D
S5	Commande de chauffage vitre arrière
S6	Manocontact d'huile
S7	Thermocontact (refroidissement)
S8	Commande ventilateur
S9	Commutateur de rinçage
S10	Commande essuie-glace
S11	Commande de rinçage vitre arrière
S12	Comm. d'avertisseur
S13	Bouton-poussoir klaxon
S14	Comm. feux détresse
S15	Comm. indic. direction
S16	Interr. feux stop
S17	Contacteur phare recul
S18	Comm. des phares
S19	Invers. crois./route
S20	Comm. avert. lumineux
S21	Comm. essuie-glace
S22	Comm. feux stationnem.
S23	Comm. brouillard
S24	Contacteur de porte pour E3, G
S38	Interr. alarme auto
W1	Antenne auto
X1	Prise de courant (int.)

Dans l'exemple de l'**ill. 3, p. 539,** le marquage au générateur G1 signifie que les lignes suivantes partent du générateur:

D+ ○— H1 La borne D+ est reliée à la lampe de contrôle H1.

B+ ○— G2:+/NO La borne B+ est reliée au pôle positif de la batterie de démarrage G2.

B– ○—I La borne B– est à la masse.

La description des lignes de connexion ci-dessus est également représentée sur le schéma de connexion de l'**ill. 2, p. 539)**.

Schémas de circuit

Ce sont des représentations détaillées des circuits. Ils montrent, au travers d'une représentation claire, le fonctionnement des différents circuits. Un schéma de circuit se compose du circuit électrique, des désignations des appareils et des désignations des connexions.

En fonction de l'organisation des circuits, on distingue:

- les schémas de circuits en représentation assemblée;
- les schémas de circuits en représentation développée.

Schéma de circuit en représentation assemblée (ill. 1). Tous les composants constituant le circuit sont reliés les uns aux autres. Il n'est pas nécessaire de respecter la position dans l'espace des composants et de leurs points de connexion. Les liaisons mécaniques sont indiquées par des lignes pointillées.

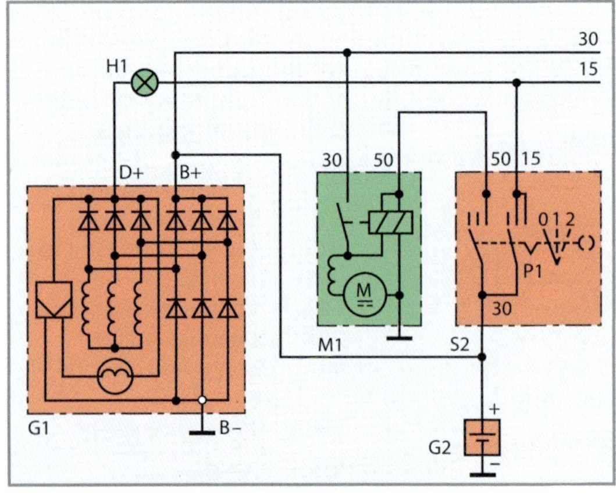

Illustration 1: Schéma de circuit électrique en représentation assemblée

Schéma de circuit en représentation partielle éclatée (ill. 2). Les symboles des composants électriques sont représentés de façon à pouvoir suivre les différents circuits possibles dans la mesure où les liaisons entre les éléments sont indiquées sans tenir compte de la position dans l'espace ni des liaisons mécaniques entre les divers composants ou groupes de composants.

On favorise une représentation claire, linéaire, sans croisement des différents circuits. Habituellement, les lignes positives et négatives sont tracées en parallèle. Les cheminements des différents courants vont du pôle positif au pôle négatif, c'est-à-dire de haut en bas. Parfois, si une autre représentation s'avère impossible, une partie d'un trajet électrique est dessinée horizontalement.

Pour simplifier la lecture de schémas partiels, on réalise des sections dans la partie supérieure du schéma de circuit **(ill. 2)**. Pour cela, il existe trois possibilités de représentation:

- numérotation linéaire (1, 2, 3, ...) à distance égale de gauche à droite;
- désignation des sections de circuits (p. ex. alimentation électrique);
- combinaison des deux méthodes.

Le schéma de circuit partiel peut être réalisé sous forme simplifiée ou sous forme détaillée avec la représentation interne des composants.

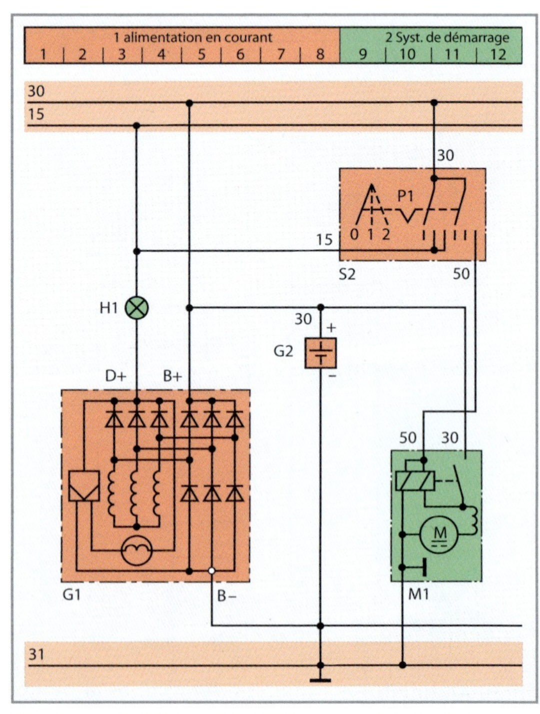

Illustration 2: Schéma de circuit en représentation détaillée

Schémas des circuits secondaires

19.2.1.2 Equipement essuie-glace et lave-glace

Il comprend les essuie-glaces et les installations de lave-glace pour le pare-brise et la vitre arrière. Sur le schéma électrique complet, il figure sous la section de circuit 6.

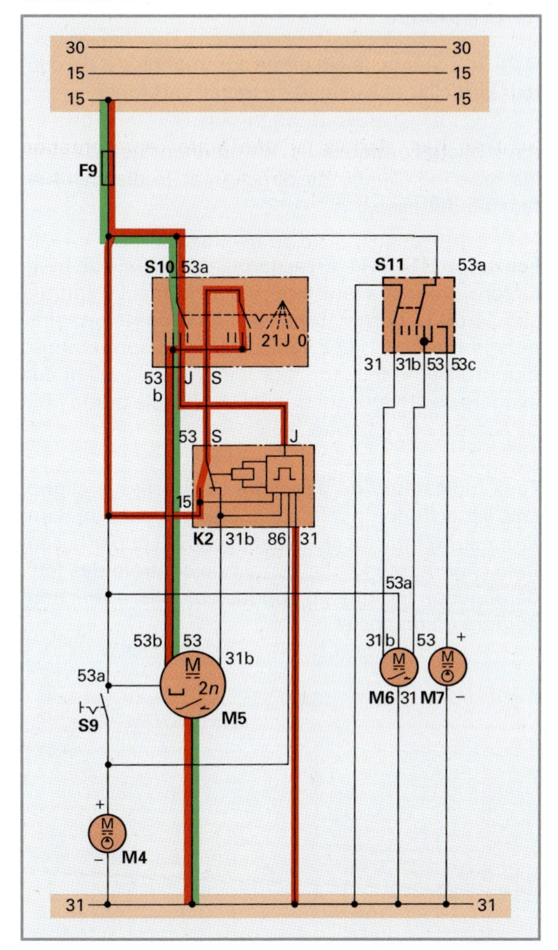

Illustration 1: Equipement essuie-glaces et lave-glace

> Les moteurs d'essuie-glaces M5 et M6 sont branchés de façon à se retrouver en position de repos après leur déclenchement.

L'équipement complet d'essuie-glaces et de lave-glace est protégé par le fusible F9.

Equipement essuie-glaces. Dans le schéma, le branchement des essuie-glaces du pare-brise est réalisé par le commutateur d'essuie-glace S10. Selon la position du commutateur, le conducteur peut sélectionner des vitesses de balayage différentes.

Position de commutation J (circuit à intermittence) **(ill. 1)**

Le moteur d'essuie-glace M5 du pare-brise est commandé par le relais intermittent d'essuie-glace K2. A partir de la borne 15, le courant passe par le fusible F9 sur la borne 53a du commutateur d'essuie-glace S10. Le temporisateur du relais K2 se trouve alimenté par la borne J et prend sa masse par la borne 31.

Le relais K2 fait circuler le courant durant un bref instant à partir de la borne 15 en passant par la borne S jusqu'à l'entrée du moteur d'essuie-glace (borne 53). Le moteur effectue un mouvement de balayage.

Pour la course de retour de l'essuie-glace en position initiale, l'alimentation par le contact 53a est nécessaire. Ce contact alimente le moteur d'essuie-glace, quelque soit sa position, pour sa course de retour. En position de repos, le moteur n'est plus alimenté par la borne 53a, sinon l'essuie-glace fonctionnerait audelà de cette position.

Lorsque le balai d'essuie-glace arrive en fin de course, le moteur doit être rapidement immobilisé. Ceci est réalisé par un frein électrique. Le freinage est obtenu en court-circuitant les deux charbons de l'induit (encore en rotation à ce moment) avec la masse.

Position de commutation 1 (ill. 1)

Le moteur est alimenté en courant par la borne 53 (fonctionnement continu).

Position de commutation 2

Le moteur est alimenté en courant par la borne 53b (fonctionnement continu en mouvement rapide). Une vitesse d'essuie-glace plus rapide est obtenue, car le moteur d'essuie-glace est entraîné par l'enroulement shunt.

Installation lave-glace

En actionnant le commutateur de lave-glace S9, le moteur de lave-glace M4 est alimenté. Le courant circule de la borne 15 par le fusible F9 au moteur M4 sur la masse 31. La pompe transporte le liquide de nettoyage des vitres. Simultanément, le relais intermittent est alimenté par la borne 86 et le moteur d'essuie-glace fonctionne en mode intermittent aussi longtemps que le commutateur de lave-glace est actionné.

Installation lave-glace pour vitre arrière

Elle comprend le commutateur S11, le moteur d'essuie-glace de la vitre arrière M6 et le moteur de pompe lave-glace pour la vitre arrière M7. Le commutateur S11 permet un fonctionnement continu de l'essuie-glace arrière et, en plus, alimente la pompe à l'aide du bouton-poussoir.

19.2.1.3 Dispositifs de signalisation

Sur le schéma électrique complet, ils figurent sous la section de circuit 7.

> Les dispositifs de signalisation sont composés des appareils qui permettent de générer des signaux audibles (acoustiques) et visibles (optiques).

Dans le trafic routier, ces dispositifs prennent en charge des tâches d'avertissement et d'information importantes pour les autres usagers de la route et constituent une contribution importante à la sécurité routière.

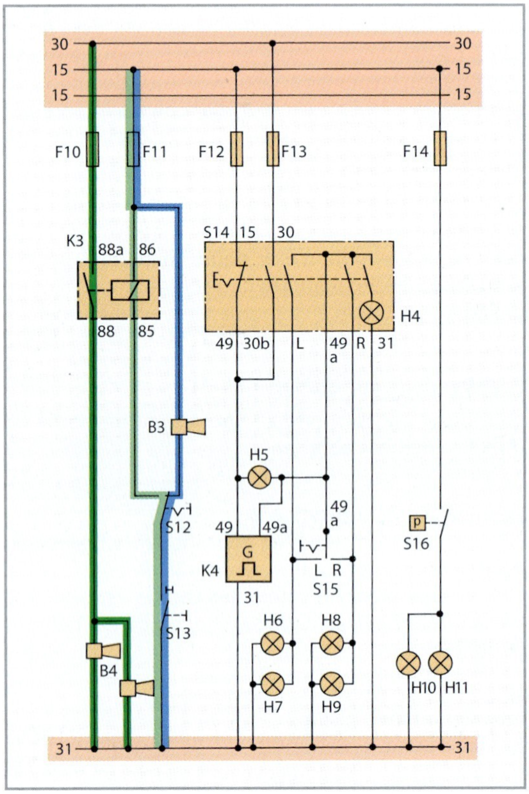

Illustration 1: Système de signalisation

Avertisseurs acoustiques. Les klaxons et les avertisseurs électropneumatiques en font partie. Selon le schéma représenté, le conducteur peut sélectionner le klaxon B3 ou les sirènes B4.

Selon les prescriptions légales, le fonctionnement simultané des deux avertisseurs n'est pas autorisé. Pour le choix de l'avertisseur, un commutateur d'avertisseur S12 est installé.

Klaxon B3. En actionnant le bouton-poussoir du klaxon S13, le courant circule (fond bleu) de la borne 15 par le fusible F11 au klaxon B3 puis à la masse 31.

Avertisseurs électropneumatiques B4. L'interrupteur d'avertisseur S12 est commuté. En activant S13, le courant de commande circule de la borne 15 par F11 au relais K3. Le relais commute le courant de travail de la borne 30 par F10 aux avertisseurs électropneumatiques B4 puis jusqu'à la masse 31.

Ce circuit est nécessaire car les courants des avertisseurs électropneumatiques sont plus élevés que celui du klaxon.

Dans le schéma, le circuit de commande est de couleur vert clair et le circuit de travail vert foncé.

Avertisseurs optiques. Ils comprennent les feux stop, les feux indicateurs de direction et le dispositif de feux de détresse.

Feux stop H10, H11. En actionnant la pédale de frein, l'interrupteur des feux stop F16 se ferme. Le courant circule de la borne 15 par F14 aux feux stop, ainsi qu'à la masse 31. Les véhicules neufs sont équipés d'un troisième feu stop. Les feux stop signalent aux usagers de la route qui suivent le véhicule que le frein de service est actionné.

Feux indicateurs de direction. Le processus clignotant est actionné par le conducteur à l'aide du commutateur d'indicateur de direction S15 et par la centrale clignotante K4. Le témoin de contrôle des feux de direction indique au conducteur le bon fonctionnement du dispositif.

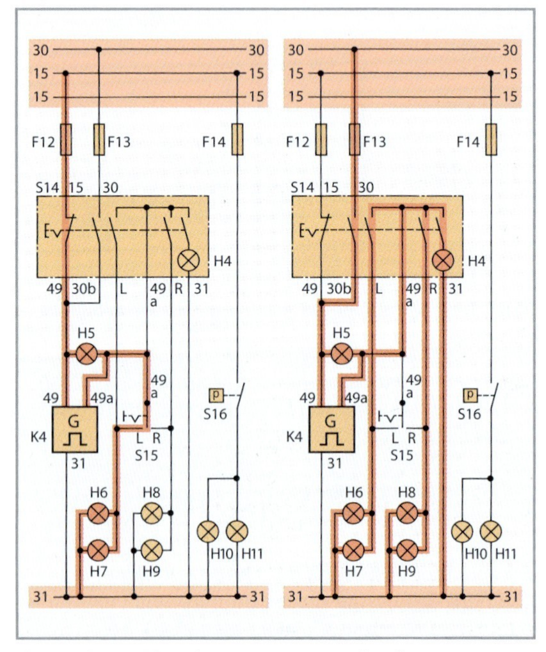

Illustration 2: Flux de courant en mode clignotant et en mode de signalisation de détresse

Si l'inverseur des feux clignotants S15L est actionné, le courant circule de la borne 15 sur le fusible F12 par le contact fermé du commutateur des feux de détresse S14 puis, par les bornes 49 à la centrale clignotante K4 et à la masse. La sortie 49a de la centrale clignotante K4 fournit un courant pulsé à l'inverseur des feux clignotants S15. Les feux indicateurs de direction H6 et H7 sont à la masse par la borne 31 **(ill. 2, p. 544)**. La lampe témoin branchée entre les bornes 49 et 49a s'allume de façon alternée avec les feux indicateurs de direction.

La défaillance d'un feu indicateur de direction est signalée soit par la fréquence plus élevée du clignotement soit par le non-fonctionnement du témoin des clignoteurs.

Feux clignotants de détresse. Les véhicules multipistes ont besoin d'un dispositif de signalisation de détresse. Celui-ci doit pouvoir être actionné indépendamment et séparément des feux clignotants. La fonction du dispositif de signalisation de détresse est aussi assurée sans contact d'allumage. Le dispositif est alimenté par le fusible F13 directement de la borne 30. Le fonctionnement de tous les feux clignotants doit être indiqué au conducteur par le témoin rouge de signal de détresse H4.

Si le commutateur des feux de détresse S14 est actionné, le courant circule de la borne 30 vers F13 puis à la borne 49 de la centrale clignotante K4. Les quatre feux clignotants et le témoin H4 sont alimentés en courant par la borne 49a **(ill. 2, p, 544)**.

19.2.1.4 Dispositifs d'éclairage

Sur le schéma de circuit électrique complet, ils figurent sous les sections suivantes:

- 8 pour les feux;
- 9 pour les projecteurs;
- 10 pour les phares antibrouillard et le feu brouillard arrière.

Feux (ill. 1). Les feux de recul, l'éclairage intérieur, l'éclairage des instruments et de la plaque d'immatriculation, les feux de position et les feux arrière sont représentés dans la section de schéma 8.

Feux de recul E5. En enclenchant la marche arrière, le contacteur S17 se ferme et dirige le courant de la borne 15 sur F15 aux feux de recul et à la masse.

Eclairage intérieur E3. Il peut être enclenché et déclenché par un interrupteur intégré ou par les contacts de porte S24, respectivement S4. En ouvrant les portes, le contact est établi entre S et S24 ou S4 et la masse. Pour pouvoir être actionné indépendamment de l'interrupteur de démarrage, l'éclairage intérieur est alimenté en courant par la borne 30. La protection est assurée par le fusible F16.

Eclairage des instruments E7. Si le commutateur des phares S18 se trouve en position 1 ou 2, le courant circulera de la borne 30 par 58, F17 et par la résistance de régulation R4 sur E7 et à la masse. La tension sur E7 peut être modifiée par la résistance de régulation afin de pouvoir modifier l'intensité de l'éclairage des instruments.

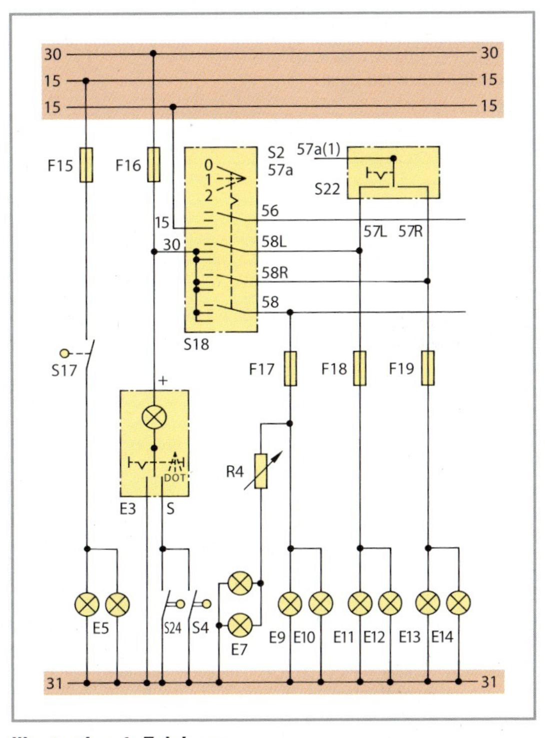

Illustration 1: Eclairage

Eclairage de la plaque d'immatriculation- E9, E10, feux de position E11, E12, feux arrière E13, E14. Ils sont protégés par les fusibles F17, F18 respectivement F19 et sont alimentés en courant par les bornes 58L, 58R et 58 en position 1 et 2 du commutateur des phares.

Circuit de feux de stationnement. Les feux de position et les feux arrière E11/E12 respectivement E13/E14, peuvent être sélectionnés par le commutateur des feux de stationnement S22 ou par la position 57L ou 57R. L'alimentation en courant de la borne 57a est réalisée par le commutateur d'allumage démarrage S2 en position 0.

Projecteurs. Les feux de route et les feux de croisement sont représentés dans la section 9 du schéma de circuit principal.

Lorsque le commutateur des phares S18 est en position 2, contact enclenché, la tension est présente sur la borne 56 de l'inverseur croisement/route S19.

Feux de croisement (ill. 1, fond rouge). Lorsque S19 est connecté à la borne 56b, les feux de croisement sont enclenchés et protégés par les fusibles F21/F23.

Feux de route (ill. 1, fond bleu). Lorsque S19 est connecté à la borne 56a, les feux de route sont enclenchés et protégés par les fusibles F20/F22. Le témoin bleu H12 est aussi automatiquement allumé.

Avertisseur lumineux. Lorsque la commande d'avertisseur lumineux S20 est actionnée, le courant traverse les feux de route.

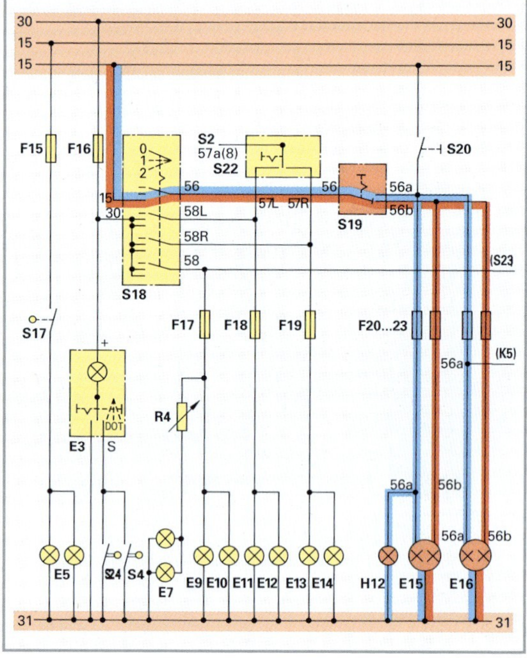

Illustration 1: Flux de courant des deux positions de l'inverseur croisement/route

Phares de brouillard, feux arrière de brouillard. Ils sont représentés dans la section 10 du schéma principal.

Phares de brouillard E17/E18. La tension est présente sur la borne 83 du commutateur des feux de brouillard lorsque le commutateur des phares S18 se trouve en position 1 ou 2.

Dans le cas où les feux de route ne sont pas enclenchés et que le commutateur des feux de brouillard S23 est en position 1 ou 2, le courant circule de 83a sur la bobine de commande du relais des feux de brouillard K5, de la borne 56a au phare E16, puis à la masse 31. Le relais est actionné et les feux de brouillard sont alimentés en courant par la borne 30.

Dans le schéma du circuit **(ill. 2),** le courant de commande du relais des feux de brouillard K5 a un fond de couleur vert clair et le courant de travail est en vert foncé.

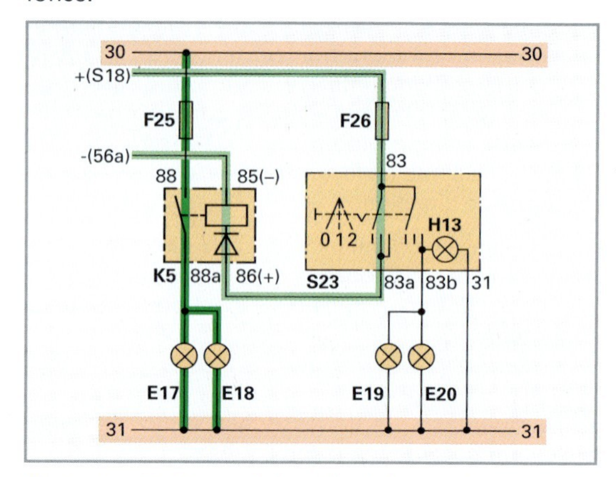

Illustration 2: Phares de brouillard, feux arrière de brouillard

Quand les feux de route sont allumés, la tension de la batterie est présente sur la borne 56a. Ainsi, le relais des feux de brouillard a la même tension sur les bornes 85 et 86 et le champ magnétique de l'enroulement est interrompu. L'interrupteur du relais des feux de brouillard s'ouvre et coupe les phares de brouillard.

Feux arrière de brouillard S23. En position 2 du commutateur du feu de brouillard S23, les feux arrière de brouillard E19, E20 et le témoin H13 sont alimentés par la borne 58 du commutateur des phares S18.

Système de nettoyage des phares (ill 3). Lorsque le contact est enclenché, les moteurs du système de nettoyage des phares M8, M9, M10 sont alimentés depuis la borne 15 par l'interrupteur à poussoir S21. Le retour des essuie-glace en position initiale est assuré par la borne 53a (voir Equipement d'essuie-glace et de lave-glace).

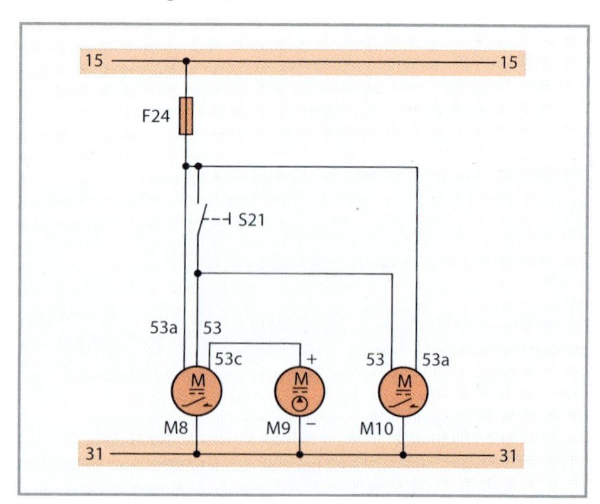

Illustration 3: Système de nettoyage des phares

Indications complémentaires et possibilités de désignation

Selon le constructeur du véhicule, la représentation des schémas de circuit peut varier. Ceux-ci peuvent être complétés par différentes indications complémentaires **(ill. 1)**.

Les schémas de circuit peuvent être utilisés pour la recherche des défaillances dans les installations électriques des véhicules et dans le cadre du montage ultérieur d'équipements complémentaires (p. ex. chauffages permanents, systèmes de navigation ou téléphones mobiles).

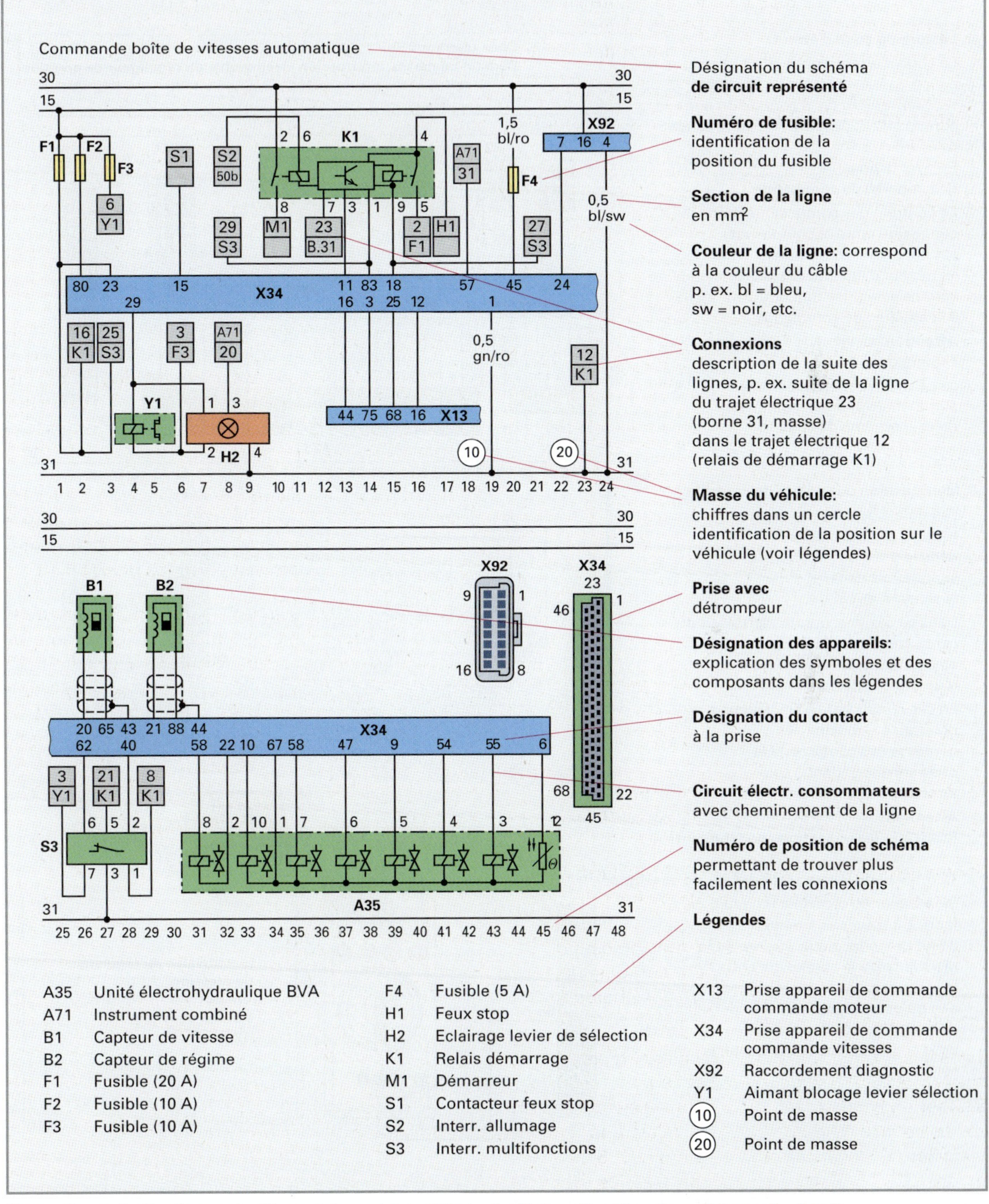

Illustration 1: Indications complémentaires et possibilités de désignation dans les schémas de circuit

Utilisation des schémas de circuit

Les schémas de circuit sont utilisés dans le cadre de la recherche de défaillances du réseau électrique de bord, respectivement des composants électriques. L'exemple ci-dessous **(ill. 1)** montre le déroulement d'une recherche de défaillance de la commande électrique de la boîte de vitesses au moyen d'un schéma de circuit.

Il faut toujours respecter les directives du fabricant lors de la recherche de défaillances!

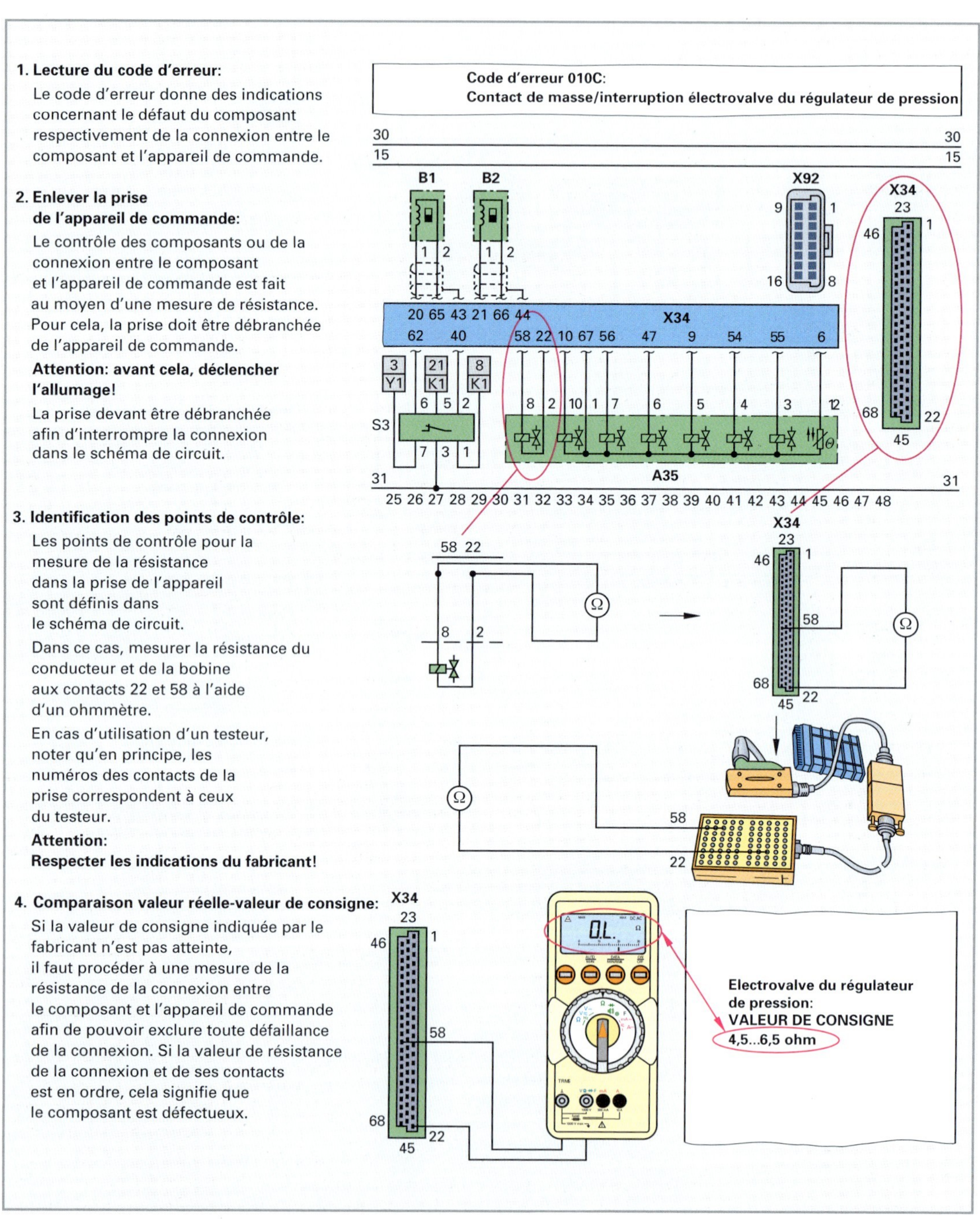
1. Lecture du code d'erreur:
Le code d'erreur donne des indications concernant le défaut du composant respectivement de la connexion entre le composant et l'appareil de commande.
2. Enlever la prise de l'appareil de commande:
Le contrôle des composants ou de la connexion entre le composant et l'appareil de commande est fait au moyen d'une mesure de résistance. Pour cela, la prise doit être débranchée de l'appareil de commande.
Attention: avant cela, déclencher l'allumage!
La prise devant être débranchée afin d'interrompre la connexion dans le schéma de circuit.
3. Identification des points de contrôle:
Les points de contrôle pour la mesure de la résistance dans la prise de l'appareil sont définis dans le schéma de circuit.
Dans ce cas, mesurer la résistance du conducteur et de la bobine aux contacts 22 et 58 à l'aide d'un ohmmètre.
En cas d'utilisation d'un testeur, noter qu'en principe, les numéros des contacts de la prise correspondent à ceux du testeur.
Attention:
Respecter les indications du fabricant!
4. Comparaison valeur réelle-valeur de consigne:
Si la valeur de consigne indiquée par le fabricant n'est pas atteinte, il faut procéder à une mesure de la résistance de la connexion entre le composant et l'appareil de commande afin de pouvoir exclure toute défaillance de la connexion. Si la valeur de résistance de la connexion et de ses contacts est en ordre, cela signifie que le composant est défectueux.
Code d'erreur 010C:
Contact de masse/interruption électrovalve du régulateur de pression
30
15
B1
B2
X92
X34
Y1
K1
S3
A35
31
25 26 27 28 29 30 31 32 33 34 35 36 37 38 39 40 41 42 43 44 45 46 47 48
58 22
Ω
0.L.
Electrovalve du régulateur de pression:
VALEUR DE CONSIGNE
4,5...6,5 ohm

Illustration 1: Recherche de défaillance de la commande électrique de la boîte de vitesses au moyen d'un schéma de circuit

19.2.2 Avertisseurs

Les avertisseurs ont pour fonction de mettre en garde les autres usagers de la route (klaxon, avertisseur lumineux), d'identifier le freinage (feux stop), d'indiquer les changements de direction et de signaler un véhicule en situation de danger (feux de détresse).

Klaxon. Selon les prescriptions légales, les véhicules doivent être équipés d'un dispositif d'avertissement acoustique. Pour cela, on utilise des klaxons frappeurs (klaxons normaux) et/ou des avertisseurs fanfare.

Klaxon frappeur. Il comprend un électroaimant, une armature, une assiette vibrante, une membrane et un interrupteur actionné par l'armature **(ill. 1)**.

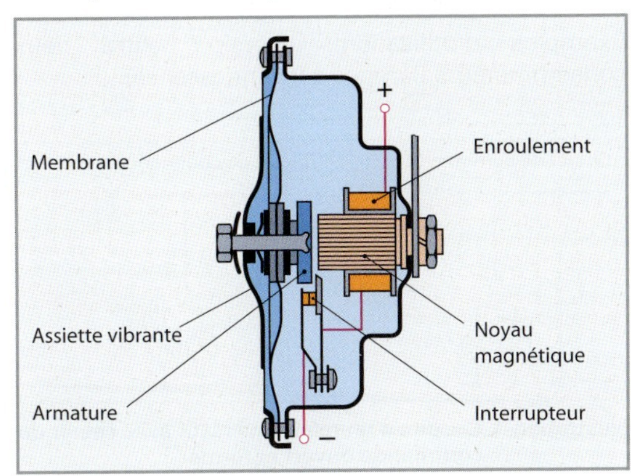

Illustration 1: Klaxon frappeur

Lorsqu'on actionne le klaxon, l'armature et la membrane sont attirées par l'électroaimant. Peu avant de toucher le noyau magnétique, l'armature appuie sur l'interrupteur qui interrompt le courant dans la bobine. L'armature et la membrane reviennent dans leur position initiale ce qui referme les contacts de l'interrupteur. Ce processus se répète tant que le klaxon est commandé. L'assiette vibrante reliée à la membrane commence à vibrer lorsque que l'armature touche le noyau magnétique (klaxon frappeur). La colonne d'air devant l'assiette vibrante se met également à vibrer et génère un son continu.

Avertisseur surpuissant. Il est plus puissant que le klaxon normal. Son utilisation n'est autorisée qu'en dehors des localités et ne peut pas remplacer le klaxon normal. Le véhicule doit également être équipé d'un commutateur ceci afin que le conducteur puisse choisir s'il veut utiliser le klaxon normal ou l'avertisseur surpuissant.

Avertisseur fanfare. Il peut être utilisé à la place de l'avertisseur surpuissant. Comme le klaxon frappeur, il est composé d'une membrane et d'un électroaimant. Les vibrations de la colonne d'air dans l'amplificateur hélicoïdal génèrent le son caractéristique des avertisseurs fanfare **(ill. 2)**.

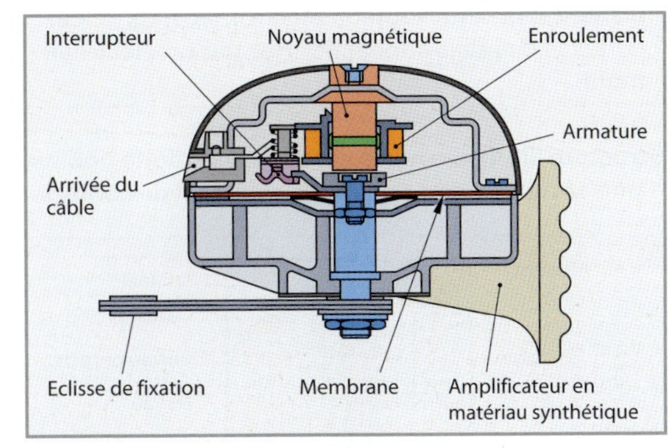

Illustration 2: Avertisseur fanfare

Avertisseur électropneumatique. C'est un avertisseur fanfare actionné par la pression de l'air. Un compresseur électrique produit la pression de l'air nécessaire pour activer la membrane.

Avertisseur lumineux. Grâce à l'avertisseur lumineux, le conducteur peut brièvement allumer les grands phares pour envoyer un signal lumineux (p. ex. avant de dépasser hors des localités ou pour attirer l'attention d'un autre usager de la route). L'avertisseur lumineux est actionné par une commande "appel de phares".

Feux stop. Ils doivent s'allumer lorsque le frein de service (frein à pied) est actionné et émettre une lumière de couleur rouge. Leur intensité lumineuse doit être significativement supérieure à celle des autres feux arrière (à l'exception des feux antibrouillard arrière).

Ampoules clignotantes. Elles sont utilisées pour les feux indicateurs de direction et pour les feux de détresse (voir chapitre Dispositifs de signalisation). Elles doivent émettre une lumière orange vers l'avant et orange ou rouge vers l'arrière.

Feux indicateurs de direction. Pour les actionner, on utilise des centrales clignotantes électroniques. Leur fréquence de clignotement doit être de 90 +/– 30 impulsions à la minute.

Feux de détresse. Ils sont obligatoires pour les véhicules multipistes. Les feux de détresse doivent pouvoir fonctionner indépendamment des autres systèmes lumineux du véhicule et être fonctionnels en permanence. C'est pour cette raison qu'ils sont branchés en parallèle. Le fonctionnement des feux de détresse doit être signalé au conducteur par un témoin lumineux de couleur rouge.

19.2.3 Relais

Il s'agit d'un interrupteur électromécanique. Les contacts de relais sont actionnés par un électroaimant.

Structure (ill. 1). Un relais est composé d'une bobine, d'une armature avec ressort de rappel et de contacts.

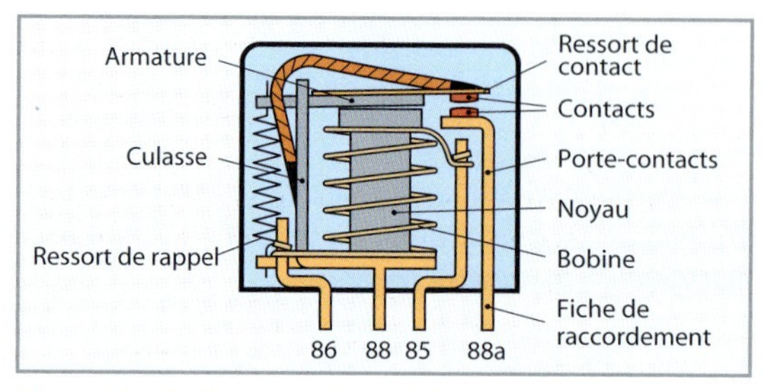

Illustration 1: Structure d'un relais ouvert au repos

Types de relais. Selon le type de contacts et leur arrangement, on distingue les relais à contact ouvert au repos, les relais à contact fermé au repos et les relais inverseur.

Relais ouvert au repos (à contact de travail) (ill. 2). Il ferme le circuit entre la source de tension et le consommateur, c'est-à-dire qu'il enclenche le consommateur. Au moyen de l'électroaimant (bornes de raccordement 85 et 86), le courant de commande active l'armature qui ferme les contacts. Cela a pour effet d'enclencher le circuit du courant de travail (bornes de raccordement 88 et 88a). Un faible courant de commande suffit à enclencher le circuit de travail (puissance).

Exemples d'utilisation: projecteurs principaux et supplémentaires, klaxon, moteur de ventilateur, moteur de lève-vitre.

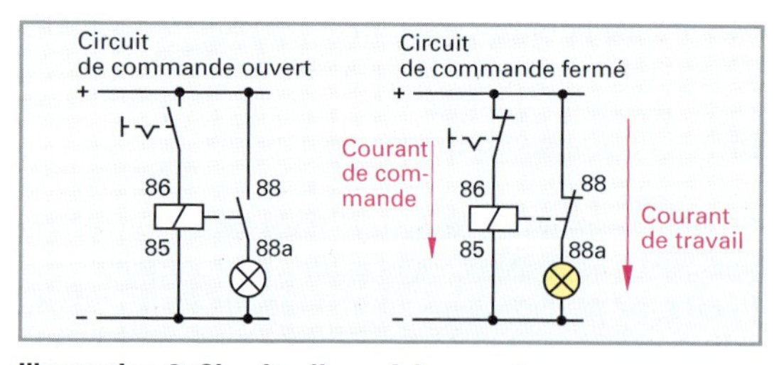

Illustration 2: Circuits d'un relais ouvert au repos avec circuit de commande ouvert et fermé

Relais fermé au repos (à contact de repos) (ill. 3). Il ouvre le circuit entre la source de tension et le consommateur, il déclenche le consommateur.

Exemples d'utilisation: coupure du circuit de consommateur pendant le démarrage (projecteurs principaux, chauffage de vitre arrière, radio, etc.).

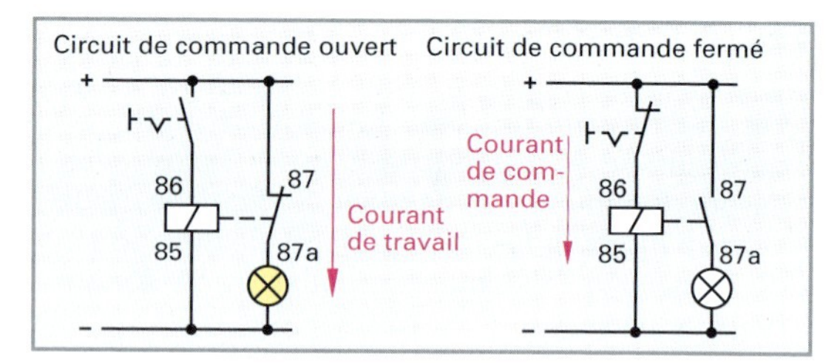

Illustration 3: Circuits d'un relais fermé au repos avec circuit de commande ouvert et fermé

Relais inverseur (ill. 4). Il s'agit d'une combinaison entre un relais ouvert au repos et un relais fermé au repos. Il actionne en même temps deux circuits. Il alterne le passage du courant d'un consommateur à l'autre. Le contact de travail d'un circuit se transforme en contact de repos de l'autre circuit.

Exemples d'utilisation: inversion entre deux consommateurs (lampes à incandescence).

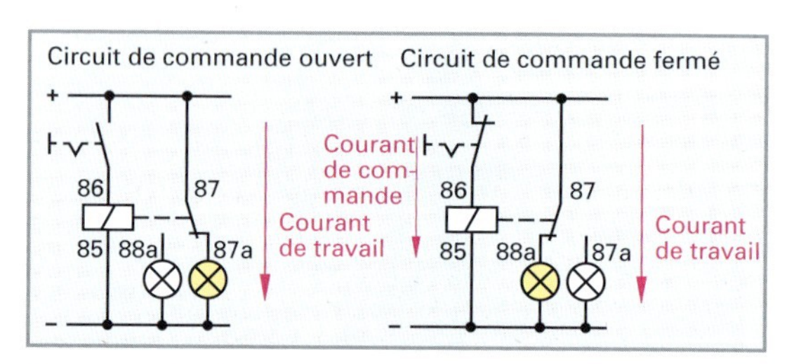

Illustration 4: Circuits d'un relais inverseur avec circuit de commande ouvert et fermé

Le relais remplit les fonctions suivantes:

- moyennant un petit courant de commande (environ 0,15 à 1 A), il enclenche de grands courants de travail (p. ex. jusqu'à 2000 A dans les démarreurs);
- raccourcir la distance de la ligne électrique principale entre la source de tension et le récepteur pour limiter la chute de tension; le câble de commande traversé par un courant de faible intensité peut alors être plus long. Etant donné que la ligne de commande a une section nettement plus petite que la ligne principale, cela permet d'en réduire le coût et le poids;
- il protège les contacts de l'interrupteur de commande afin que les consommateurs puissent être enclenchés par des courants initiaux plus importants (p. ex. lampes à incandescence, démarreurs).

Désignation des bornes dans les relais. La désignation est normalisée selon DIN 72552 **(tableau 1, p. 551).** Toutefois, dans la pratique, on emploie encore souvent les anciennes désignations. Quelques fabricants utilisent en outre leur propre système de désignation.

Tableau 1: Désignation des bornes dans les relais selon DIN 72552		
Désignation de la borne	Signification	Ancienne désignation de la borne
85	Circuit de commande (–) Fin du bobinage	85
86	Circuit de commande (+) Début du bobinage	86
87	Borne d'entrée Circuit de travail (rel. fermé au repos et invers.)	30 / 51
87a	Borne de sortie Circ. de travail fermé au repos	87a
88	Borne d'entrée circ. de travail (relais ouvert au repos)	30 / 51
88a	Borne de sortie Circuit de travail ouv. au repos	87

Dispositifs de protection dans les relais. Lors de l'interruption de passage du courant, les enroulements des relais sont soumis à de fortes tensions d'induction qui peuvent endommager les composants électroniques. L'emploi de diodes permet d'éviter tout dégâts **(ill. 2)**.

Diode de protection contre la self-induction ou d'auto-induction (ill. 1). Elle permet au courant généré par la self-induction de la bobine de retourner dans celle-ci. Etant donné que la tension de self-induction est générée dans le même sens que le courant de commande, la diode est montée dans le sens blocage par rapport au courant de commande.

Diode de protection contre l'inversion (ill. 1). Son rôle est de protéger la diode de self-induction contre l'inversion. Sans diode de protection contre l'inversion et en cas de mauvais branchement (borne 85 (-) et 86 (+)), la diode de self-induction va absorber la totalité du courant et va ainsi être détruite par un court-circuit.

Résistance de coupure (ill. 1). Elle peut être utilisée à la place d'une diode de protection contre la self-induction. Dans ce cas, il n'est pas nécessaire de monter une diode de protection contre l'inversion. Ce système présente l'inconvénient d'engendrer une perte de puissance.

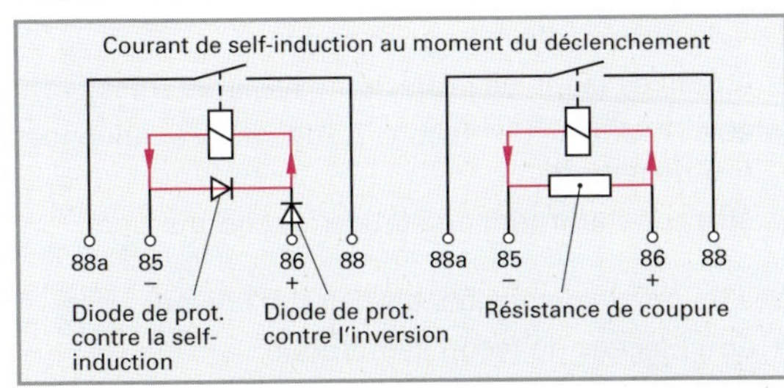

Illustration 1: Relais avec diode de protection contre la self-induction et diode de protection contre l'inversion

Relais de protection contre les surtensions. Il sert à alimenter les appareils de commande et à les protéger contre les surtensions.

Fonctionnement (ill. 2). Lors de l'enclenchement du contact (borne 15), le circuit de commande du relais est fermé et son contact actionné. Les appareils de commande sont alimentés par le contact fermé (courant positif de la borne 30 à la borne 87). Dans cet état, la diode Zener n'a pas d'influence sur le circuit. Si la tension de service dépasse la tension de Zener, la diode laisse passer l'excédent de tension ainsi les pics de tension sont dirigés directement à la borne 31/masse. La diode est capable de dissiper une valeur d'intensité définie; au-delà d'une certaine valeur, l'intensité générée par cette conduction à la masse fait fondre le fusible.

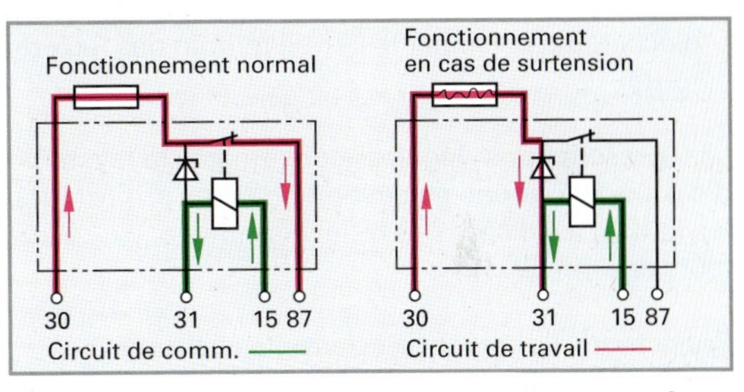

Illustration 2: Relais de protection contre les surtensions

Relais Reed (ill. 3). Le relais Reed est composé d'un tube en verre rempli d'un gaz de protection dans lequel sont intégrées deux languettes de contact. Un bobinage constitué de quelques spires de fil entoure le tube de verre.

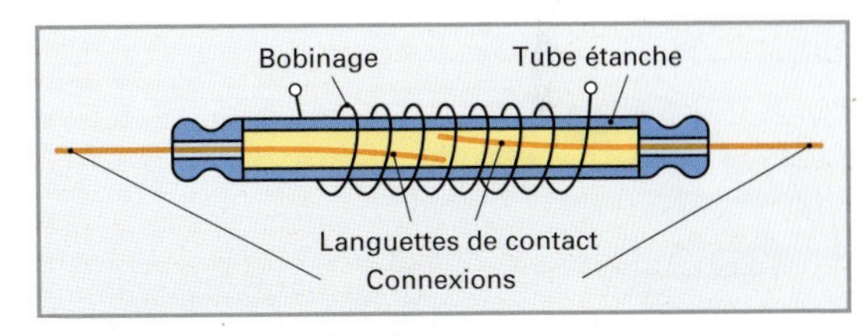

Illustration 3: Relais Reed

Fonctionnement. Lorsque la bobine est traversée par un courant, il se forme un champ magnétique qui actionne les languettes de contact, lesquelles fonctionnent de manière comparable à un noyau de bobine. Les lignes de champ cherchent à se raccourcir et, de ce fait, ferment les languettes de contact. Si le courant est interrompu, le champ magnétique disparaît et l'effet de ressort ouvre les languettes.

Le relais Reed peut être actionné par le champ magnétique généré par le courant transitant par la bobine mais également par les lignes de champ d'un aimant permanent (p. ex. pour la surveillance d'un niveau de remplissage).

19.2.4 Eclairage du véhicule

Les fonctions des dispositifs d'éclairage des véhicules sont les suivantes:

- éclairer la chaussée (p. ex. au moyen des feux de route, des feux de croisement);
- donner une visibilité accrue des contours du véhicule dans l'obscurité pour les autres usagers de la route (p. ex. par les feux de position, les feux de stationnement, les feux de recul);
- indiquer les intentions du conducteur aux autres usagers de la route (p. ex. par les feux indicateurs, les feux stop);
- avertir les autres usagers de la route (p. ex. par les feux de détresse);
- signaler au conducteur le statut du dispositif d'éclairage (p. ex. par la lampe témoin des feux de route).

Les prescriptions légales concernant le système d'éclairage font une distinction entre les projecteurs, les feux et les dispositifs réfléchissants (p. ex. réflecteurs arrière) **(ill. 1).**

Projecteurs. Ils servent à éclairer la chaussée.

Feux. Ils doivent permettre de distinguer le véhicule et de signaler les intentions du conducteur.

> Le véhicule doit être équipé des dispositifs d'éclairage réglementaires et peut également être équipé de dispositifs d'éclairage supplémentaires.

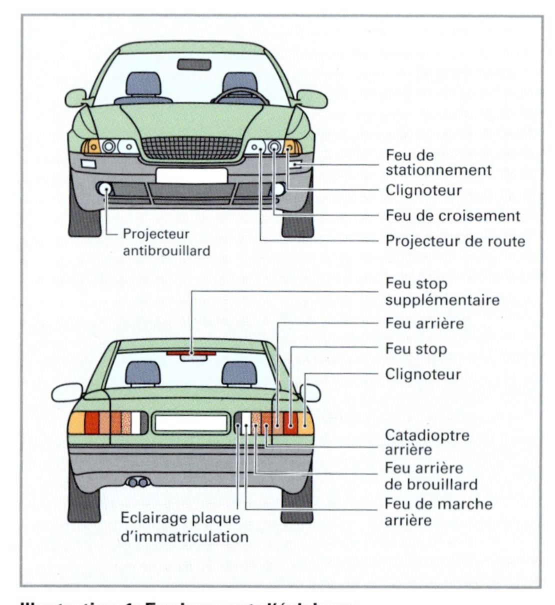

Illustration 1: Equipement d'éclairage

Possibilités de positionnement des projecteurs de route et de croisement (ill. 2).

Système à deux projecteurs. L'éclairage de route et de positionnement est réuni dans un seul réflecteur. Dans ce cas, on utilise des lampes à incandescence à deux filaments (lampe bilux, lampe halogène H4).

Système à quatre projeteurs. Une paire de phares est prévue soit pour les feux de croisement, soit pour les feux de croisement et de route. La deuxième paire de phares est uniquement prévue pour les projecteurs de route.

Système à six projecteurs. En plus du système à quatre projecteurs, on compte encore une paire de projecteurs antibrouillard ou de projecteurs de route suivant la disposition des projecteurs.

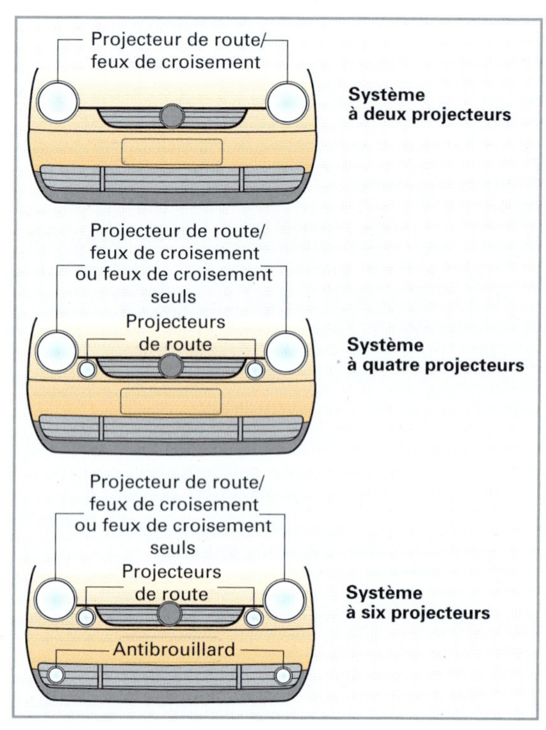

Illustration 2: Systèmes de projecteurs

Les dispositifs d'éclairage doivent ...

- être fixes (sauf les projecteurs escamotables);
- être montés de façon à ne pas s'influencer mutuellement;
- être constamment en état de fonctionnement.

Les paires de dispositifs d'éclairage doivent ...

- être placées de façon symétrique;
- pouvoir s'allumer en même temps;
- avoir la même couleur et la même intensité lumineuse.

19.2.4.1 Sources de lumière

Les différentes ampoules qui peuvent être utilisées dans les projecteurs et les feux des véhicules automobiles sont:

- les lampes à incandescence à filament métallique;
- les lampes à décharge au néon;
- les lampes halogènes;
- les lampes à décharge à gaz;
- les diodes lumineuses.

Lampes à incandescence à filament. L'élément luminescent (filament) en tungstène a un point de fusion d'environ 3400 °C. Le filament de l'ampoule peut atteindre 3000 °C. Pour éviter la combustion du filament à températures élevées et évacuer plus facilement la chaleur, on supprime l'oxygène contenu dans l'ampoule et on le remplace par une petite quantité d'azote ou de krypton.

Le tungstène est un conducteur froid, c'est-à-dire que sa résistance est plus faible à froid qu'à chaud. De ce fait, l'intensité élevée présente à l'allumage peut provoquer la destruction du filament. A températures élevées, le tungstène s'évapore et noircit l'intérieur de l'ampoule réduisant le rendement lumineux.

Lampes halogènes (ill. 1). Il s'agit de lampes à incandescence remplies d'un gaz halogène (brome, iode). Dans leur comportement en service, les lampes halogènes se distinguent des lampes à filament métallique par ...

- une température plus élevée du filament et de l'ampoule;
- une pression intérieure du gaz plus élevée (jusqu'à environ 40 bar);
- un meilleur rendement lumineux grâce à la température plus élevée du filament.

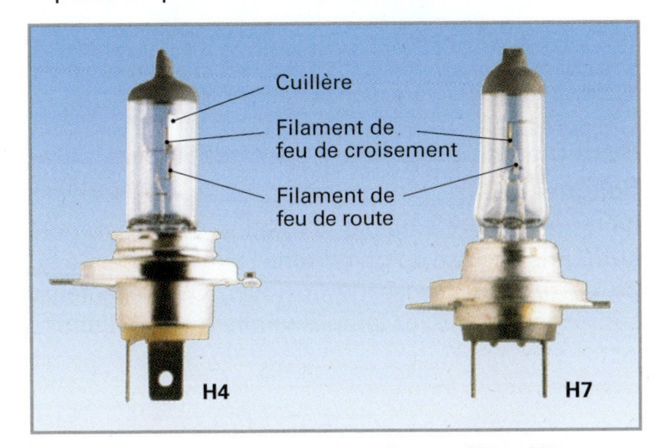

Illustration 1: Lampes halogènes de type H4 et H7

Le tube des lampes halogènes est en verre de quartz. Il est de petite taille et peut atteindre une température de 300 °C. Les vapeurs de tungstène sont soumises à une réaction chimique et se déposent à nouveau à l'endroit le plus chaud du filament (processus cyclique).

Grâce à ce processus cyclique, les parois de l'ampoule halogène restent claires car les vapeurs de tungstène ne s'y déposent pas.

Lampes à décharge. Deux électrodes se trouvent à chaque extrémité d'une petite ampoule en verre de forme sphérique et remplie de gaz xénon. La haute tension entre ces deux électrodes produit un arc électrique. Les sels métalliques présents dans l'ampoule en verre s'évaporent et ionisent l'endroit où se produit l'arc. Ils émettent alors de la lumière et empêchent la fusion des électrodes.

Contrairement aux lampes à décharge pour systèmes à réflexion, les lampes pour systèmes à projection **(ill. 2)** ne forment aucune zone d'ombre sur l'ampoule en verre. Les lampes à décharge pour systèmes à réflexion nécessitent une zone d'ombre servant à définir la ligne de séparation clair-obscur.

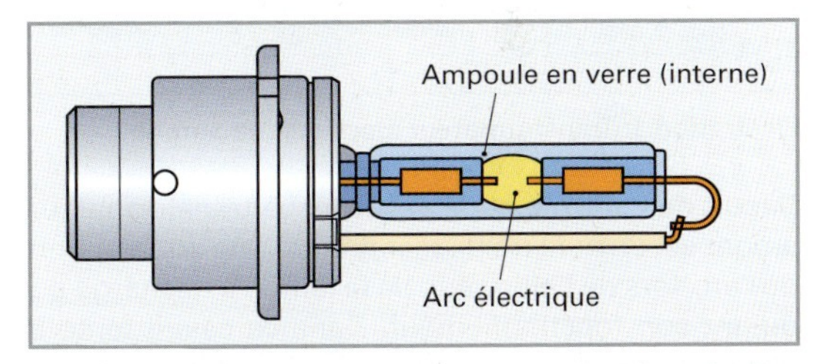

Illustration 2: Lampe à décharge pour système à projection

Par rapport aux lampes halogènes, les lampes à décharge présentent le désavantage de n'atteindre l'intensité lumineuse maximale qu'après environ 5 s, contre 0,2 s pour les lampes halogènes. C'est pourquoi la centrale de commande augmente l'intensité du courant de la lampe durant la phase d'amorçage ceci afin d'obtenir le niveau de luminosité maximale au plus vite.

Par rapport à une lampe halogène, la lampe à décharge présente les avantages suivants:

- meilleur éclairage de la chaussée;
- consommation réduite;
- rendement lumineux indépendant de la tension du réseau de bord;
- dégagement de chaleur réduit;
- durée de vie plus longue;
- couleur de la lumière émise comparable à la lumière du jour.

Transformateur électronique amont (ill. 1, p. 554). Il est nécessaire au fonctionnement des lampes à décharge. Il allume la lampe au moyen d'une impulsion de haute tension de 24 kV, en générant un arc entre les électrodes de la lampe. Une fois la lampe allumée, il lui assure une alimentation constante à 35 W avec une tension de service d'environ 85 V (courant alternatif 300 Hz).

Du fait de la haute tension durant la phase d'allumage et de la tension de service élevée, il y a danger d'électrocution si l'entretien n'est pas fait dans les règles ou si le phare est endommagé.
Respecter les prescriptions de sécurité!

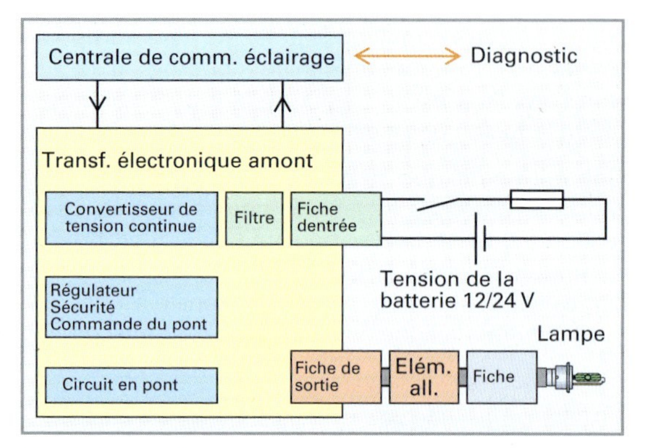

Illustration 1: Transformateur électronique amont

Circuit de contrôle et de sécurité. Le transformateur amont est en mesure de reconnaître une interruption de l'arc, lors de l'allumage de la lampe à décharge ou durant son fonctionnement. Dans ce cas, il tente à plusieurs reprises d'allumer à nouveau la lampe. Si ces tentatives ne réussissent pas à cause d'une défaillance de l'ampoule ou du câble, la tension est interrompue. Dans les systèmes à autodiagnostic, l'erreur est enregistrée dans la centrale de commande. Les défaillances des projecteurs peuvent générer des surintensités. Si celles-ci sont supérieures à 20 mA, le transformateur amont interrompt la tension d'alimentation de la lampe.

Lampe à décharge au néon. Il s'agit d'une lampe à décharge qui atteint sa luminosité maximale en 0,2 s environ, raison pour laquelle elle est principalement utilisée pour les feux stop supplémentaires.

Diodes luminescentes (LED). En fonction de l'intensité lumineuse requise et de la couleur d'éclairage souhaitée, on assemble le nombre correspondant de diodes en une seule unité. Le regroupement des diodes permet en outre de réduire la probabilité de défaillance de la fonction globale. Les diodes luminescentes ont une durée de vie d'env. 10000 heures. Elles sont surtout utilisées pour les feux stop car, contrairement aux ampoules à filaments ou aux lampes halogènes, elles atteignent leur intensité lumineuse maximale en un temps très bref (environ 2 ms) **(ill. 2)**.

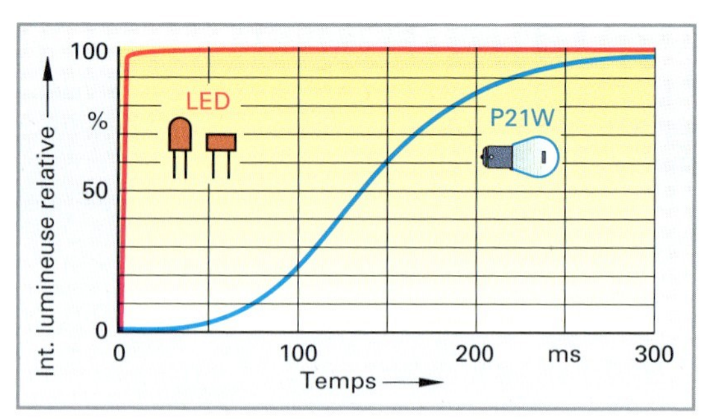

Illustration 2: Processus d'allumage des diodes luminescentes

19.2.4.2 Systèmes de projecteurs avec lampes halogènes (ill. 3)

Il se composent principalement de:

- **Optique.** Elle comprend le réflecteur et le diffuseur, la source lumineuse et le dispositif de réglage du projecteur.
- **Réflecteur.** Il réfléchit et concentre la lumière de la lampe. On utilise des réflecteurs paraboliques, ellipsoïdaux et à formes libres.

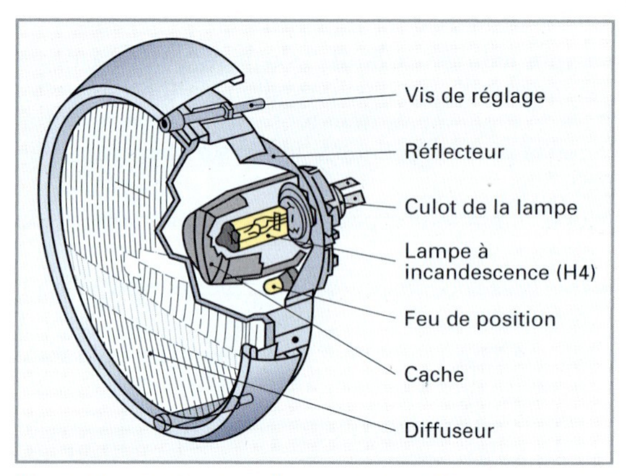

Illustration 3: Structure d'un projecteur H4

Systèmes de projecteurs avec réflecteurs paraboliques (ill. 4)

La forme est obtenue par la rotation d'une parabole autour de son axe qu'on nomme l'axe optique. Ce type de réflecteur possède un foyer. Ces réflecteurs conviennent pour les lampes unifilaires et bifilaires.

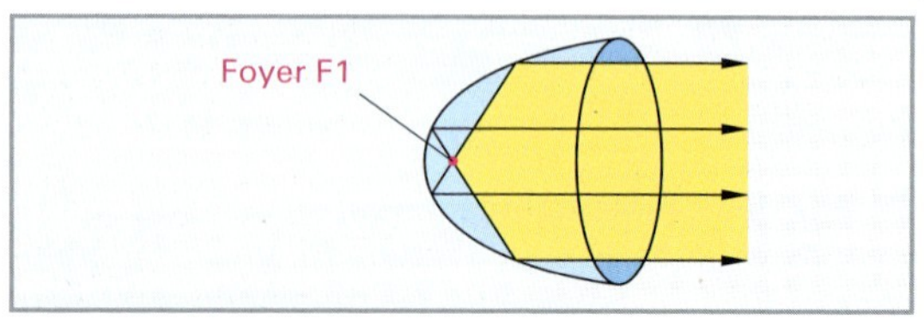

Illustration 4: Réflecteur parabolique

Utilisation. Ce système de projecteurs est utilisé avec les lampes bifilaires H4 pour les feux de croisement et les feux de routes.

Feu de route (Ill. 1). L'éclairage est assuré par le filament du feu de route qui se trouve exactement au centre du réflecteur parabolique. La lumière est reflétée et concentrée en faisceaux de manière à éclairer parallèlement à l'axe du phare. Grâce à cette concentration, l'intensité du faisceau lumineux est presque mille fois plus élevée que celle d'une lampe à incandescence sans réflecteur.

Feu de croisement (ill. 1). L'éclairage est assuré par le filament du feu de croisement situé devant le centre du réflecteur parabolique. Cette position provoque une inclinaison des rayons lumineux vers l'axe de réflexion.

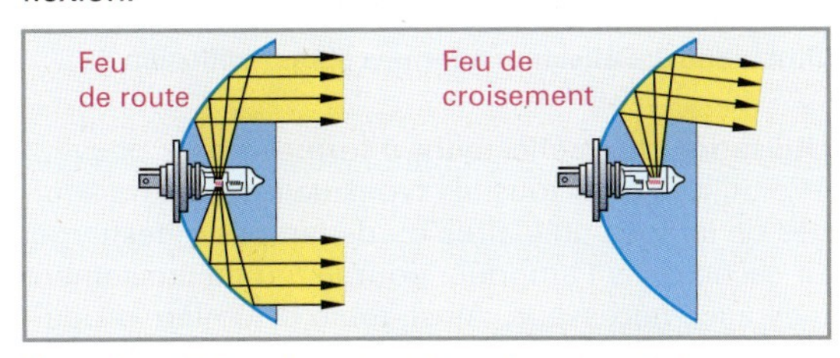

Illustration 1: Feu de route et feu de croisement

Pour éviter une dispersion de la lumière vers le haut, un cache (cuillère) est fixé sous le filament du feu de croisement **(ill 2).** Il empêche les rayons de toucher la moitié inférieure du réflecteur et de se disperser vers le haut. De plus, il permet une trajectoire précise des rayons et détermine nettement la séparation entre la zone de lumière et la zone d'obscurité **(ill. 3).**

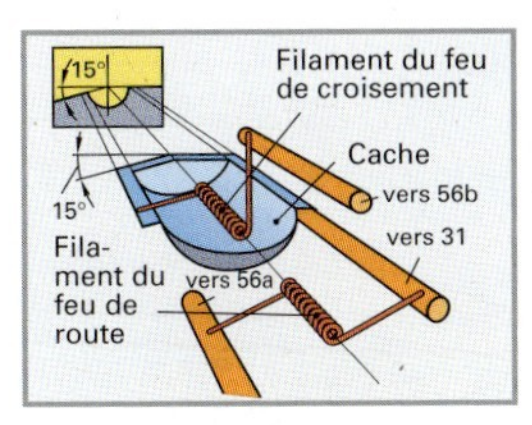

Ill. 2: Cache du feu de croisement

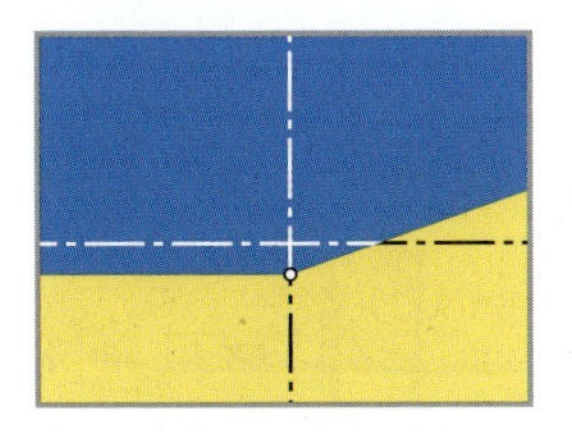

Ill. 3: Ligne de séparation clair-obscur

Réflecteur étagé (ill. 4). Sa surface est composée de réflecteurs paraboliques partiels et de distances focales différentes (réflecteur multifocal).

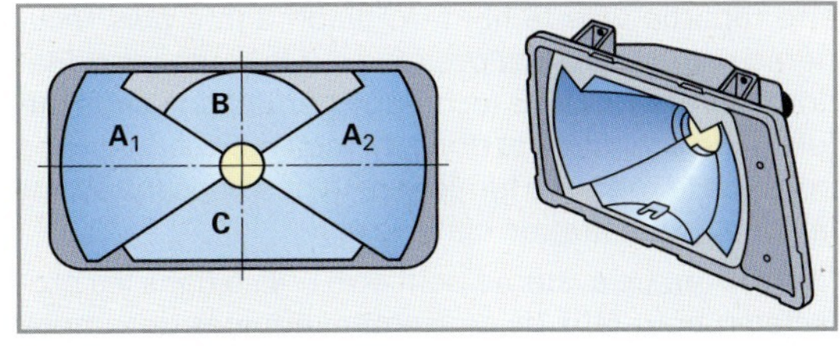

Illustration 4: Réflecteur étagé

Il permet d'obtenir un meilleur rendement lumineux et un meilleur éclairage de la chaussée.

Systèmes de projecteurs avec réflecteurs ellipsoïdaux (ill 5).

On obtient la forme par la rotation d'une ellipse autour de son axe, qui est également l'axe optique. Le réflecteur ellipsoïdal possède deux foyers.

Utilisation. Ces réflecteurs sont appropriés pour les feux de croisement et les feux antibrouillard à lampes unifilaires.

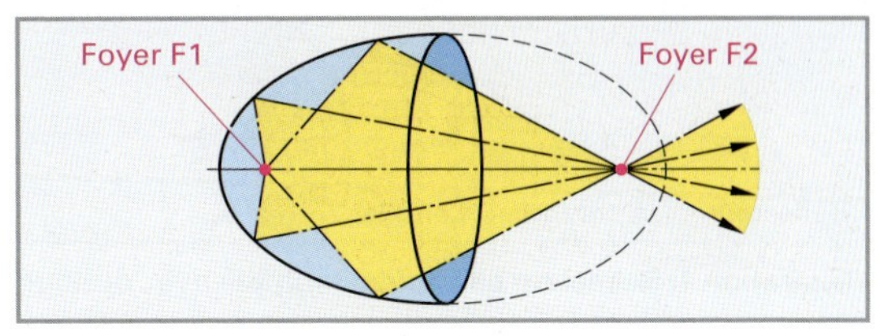

Illustration 5: Réflecteur ellipsoïdal

Un système de projecteurs à réflecteur ellipsoïdal **(ill. 6)** se compose de:

- Réflecteur ellipsoïdal
- Diaphragme
- Optique de diffusion
- Lentille convergente

Une lampe halogène unifilaire est placée au foyer F1. Les rayons venant de F1 sont envoyés par le réflecteur sur le foyer F2 puis projetés par celui-ci sur la lentille convergente qui concentre la lumière en un faisceau d'éclairage presque parallèle.

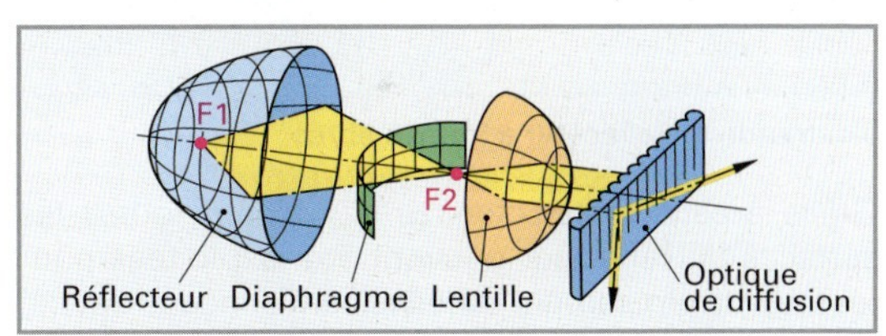

Illustration 6: Réflecteur ellipsoïdal avec optique

Le diaphragme placé devant le foyer F2 a pour effet de créer une coupure précise entre la clarté et l'obscurité. L'optique de diffusion permet une répartition uniforme de la lumière. En comparaison avec les réflecteurs de forme parabolique, le rendement est plus élevé.

Réflecteur ellipsoïdal multiple (ill. 1, p. 556). C'est un réflecteur comprenant deux ellipses à sommet commun, un axe principal commun et des axes secondaires différents (dénomination du fabricant: réflecteur DE = réflecteur ellipsoïdal à trois axes; réflecteur PES = réflecteur poly-ellipsoïdal). Ils sont constitués du réflecteur, du diaphragme et de la lentille convergente. A cause de sa forme complexe, le réflecteur est fabriqué en matière plastique.

Sa construction géométrique permet à ce type de réflecteur d'avoir un rendement lumineux très élevé avec peu de lumière de diffusion. Le diaphragme placé devant le foyer a pour effet de créer une coupure précise entre la clarté et l'obscurité. L'optique de diffusion répartit uniformément de la lumière.

Utilisation. Il est adapté pour les feux de croisement ou pour les phares de brouillard avec lampes unifilaires ou lampes à décharge.

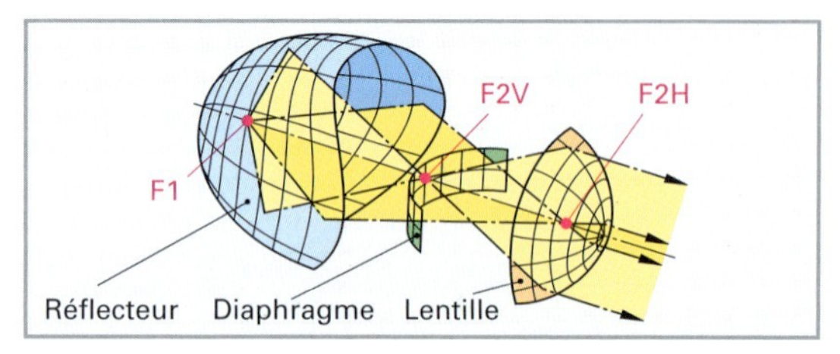

Illlustration 1: Rélfecteur ellipsoïdal multiple avec optique

Systèmes de projecteurs avec réflecteurs à formes libres.

Il s'agit de réflecteurs à foyer variable progressif. La forme du réflecteur est libre. Chaque point du réflecteur est calculé pour éclairer une partie de la route **(ill. 2)**.

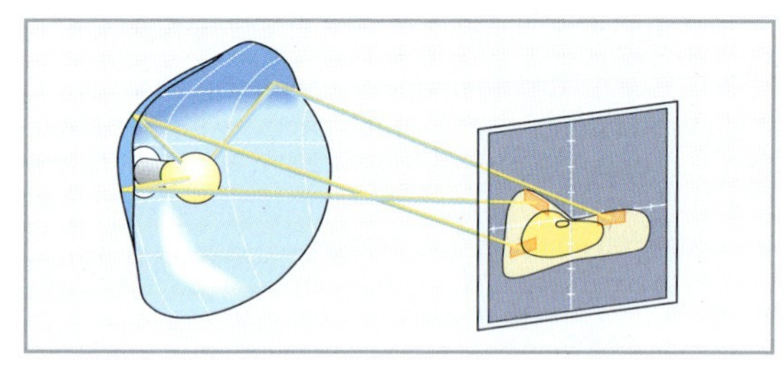

Illustration 2: Réflecteur à formes libres

Grâce à cette disposition, pratiquement toutes les surfaces du réflecteur peuvent être exploitées pour les feux de croisement car elles sont conçues de manière à réfléchir la lumière de tous les segments du réflecteur vers le bas (sur la route).

Les dénominations des constructeurs sont:

- réflecteurs à surfaces libres (réflecteurs FF);
- réflecteurs à focale variable (réflecteurs VF);
- Homogeneous Numerically calculated Surface (HNS).

La surface du réflecteur est conçue selon les spécificités du constructeur automobile pour une meilleure répartition de la lumière et pour l'éclairage de la chaussée **(ill. 3)**. Les différentes zones ont les tâches suivantes:

- **zone I:** secteur asymétrique; éclairage à longue distance du côté droit de la route;
- **zone II:** secteur symétrique; éclairage de l'espace directement situé au-dessous de la ligne de séparation clair-obscur;
- **zone III:** secteur de champ proche; destiné avant tout à l'éclairage de la chaussée;
- **zone IV:** secteur de champ proche; destiné avant tout à l'éclairage des bords de la route.

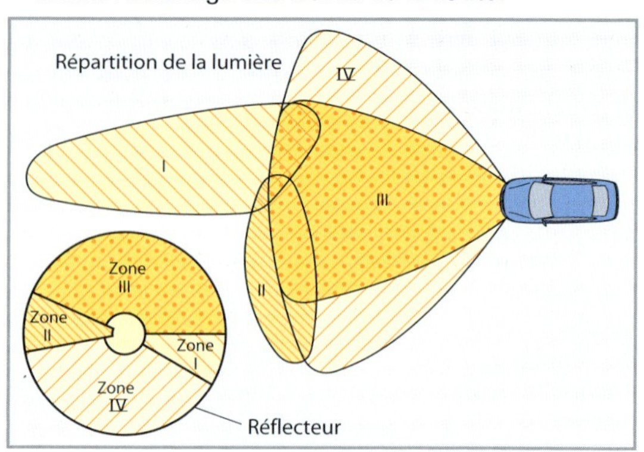

Illustration 3: Réflecteur à formes libres – diffusion de la lumière

Utilisation. Les réflecteurs à formes libres peuvent être utilisés pour tous les types de projecteurs équipés de lampes unifilaires ou de lampes à décharge. Le cache dans l'ampoule pour le feu de croisement n'est plus nécessaire. Ainsi, toute la lumière produite sert à l'éclairage de la chaussée.

De plus, le diffuseur peut être construit sans éléments de réfraction, en verre ou en matière plastique.

Systèmes de projecteurs avec réflecteurs à formes libres et lentille de projection (ill. 4).

Les surfaces des réflecteurs sont disposées à l'aide de la technologie à surfaces libres. La lumière produite est ainsi orientée surtout vers un diaphragme puis sur une lentille de projection.

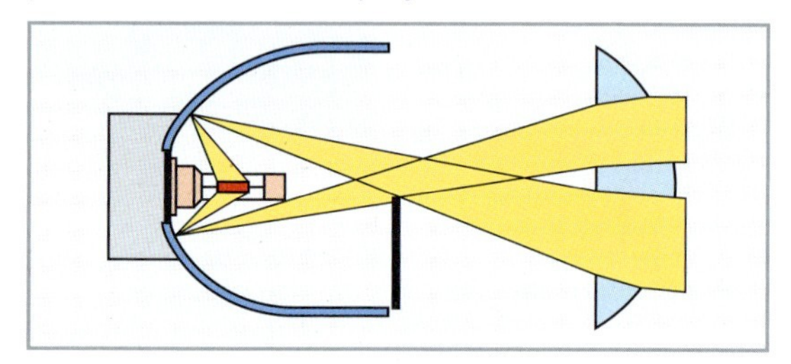

Illustration 4: Réflecteur à formes libres avec lentille de projection

La lumière est orientée par le réflecteur de manière à être répartie vers le haut du diaphragme puis récupérée par la lentille et projetée sur la route (désignation: Super DE). Cette technique permet une large diffusion de la lumière et donc un meilleur éclairage des bords de la route. La lumière peut être concentrée sur la ligne de séparation clair-obscur.

Utilisation. Ce système peut être utilisé dans les projecteurs pour feux de croisement équipés de lampes unifilaires et de lampes à décharge.

19.2.4.3 Systèmes de projecteurs avec lampes à décharge

Les véhicules équipés de feux de croisement avec lampes à décharge doivent être munis des dispositifs techniques suivants:

- réglage automatique de la distance d'éclairage;
- lave-phares;
- enclenchement automatique des feux de croisement lors de l'enclenchement des feux de route.

> Le réglage automatique de la distance d'éclairage et le lave-phares évitent d'aveugler les usagers de la route circulant en sens inverse.

Le système de projecteurs peut être à réflexion ou à projection. Dans ce dernier cas, les réflecteurs sont généralement de type à formes libres.

Réglage automatique de la distance d'éclairage. Il veille à ce que les projecteurs soient toujours automatiquement réglés correctement, indépendamment de l'état de charge du véhicule. Des capteurs, placés sur l'essieu arrière, mesurent le travail des amortisseurs (p. ex. lors du chargement). Un moteur assure ensuite l'angle d'inclinaison correct du projecteur.

Réglage dynamique de la distance d'éclairage (ill. 1). L'appareil de commande règle l'angle d'inclinaison du projecteur au moyen d'un moteur pas à pas, sur la base de la vitesse du véhicule et des informations fournies par les capteurs d'essieu avant et arrière. Cela permet de compenser d'éventuels changements rapides d'inclinaison du véhicule (freinage, accélération).

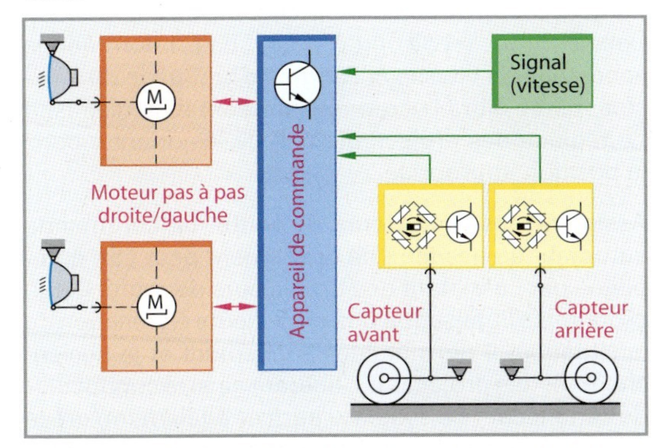

Illustration 1: Réglage dynamique de la distance d'éclairage

Les systèmes de projecteurs avec lampes à décharge qui font office de feux de croisement et de feux de route (désignation: Bi-Xenon, Bi-Litronic) disposent en principe, en plus de l'unité d'éclairage à lampe à décharge, de feux de route supplémentaires (p. ex. avec une lampe H7).

Dans les modules de projecteurs Bi-Xenon, le passage des feux de route aux feux de croisement est réalisé à l'aide d'un diaphragme métallique (shutter) actionné par un électroaimant **(ill. 2)**.

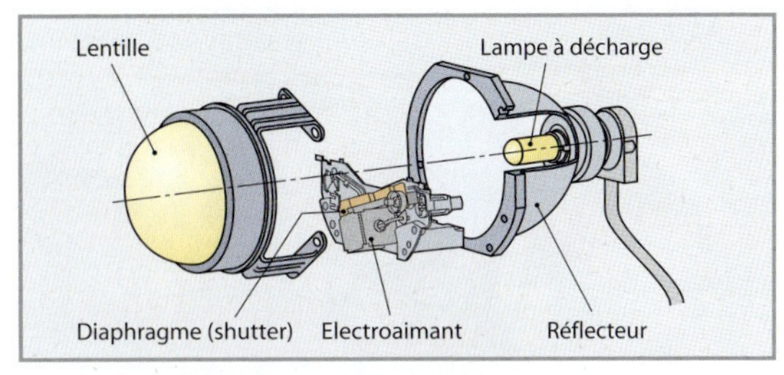

Illustration 2: Module de projecteur Bi-Xenon

En mode feux de croisement, le diaphragme masque une partie de la lumière produite par la lampe et définit ainsi la ligne de séparation clair-obscur. En mode feux de route, le mécanisme laisse passer la totalité de la lumière produite par le dispositif **(ill. 3)**.

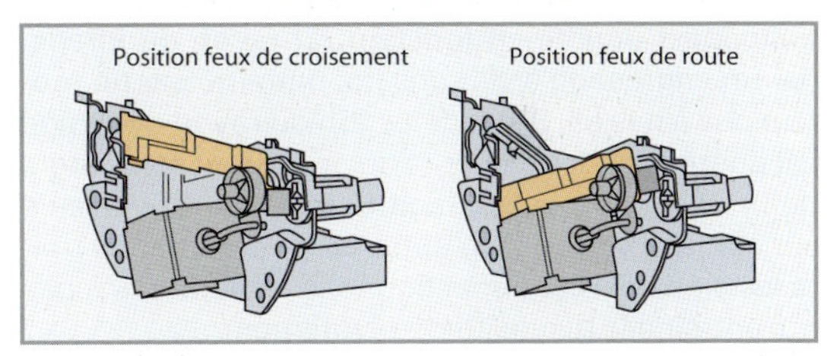

Illustration 3: Diaphragme mécanique (shutter)

19.2.4.4 Systèmes de projecteurs adaptatifs

> Les systèmes de projecteurs adaptatifs sont en mesure de s'adapter au différentes situations de conduite, de luminosité et de météorologie.

Projecteurs directionnels dynamiques. Ils permettent d'adapter l'éclairage lors de la conduite en virage et s'orientent en fonction du rayon du virage abordé par le véhicule.

Projecteurs directionnels statiques (phares orientables). Dans les contours très serrés (p. ex. aux carrefours), un projecteur supplémentaire s'allume en plus du système d'éclairage principal permettant ainsi d'éclairer la zone située autour du véhicule **(ill. 4)**.

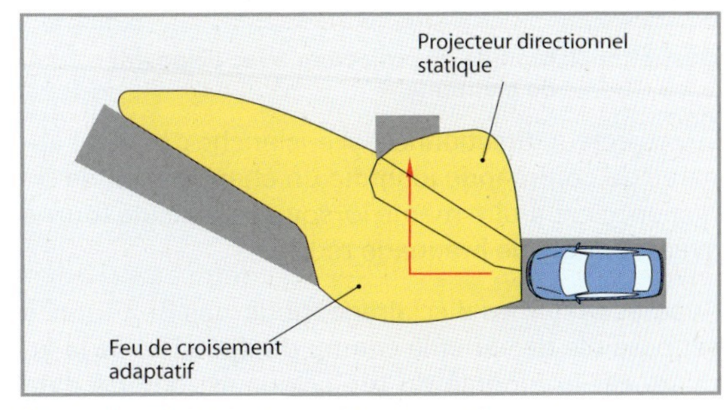

Illustration 4: Projecteurs directionnels

Construction. Le système est composé d'un projecteur supplémentaire à lampe halogène et d'un module avec dispositif de pivotement **(ill. 1)**.

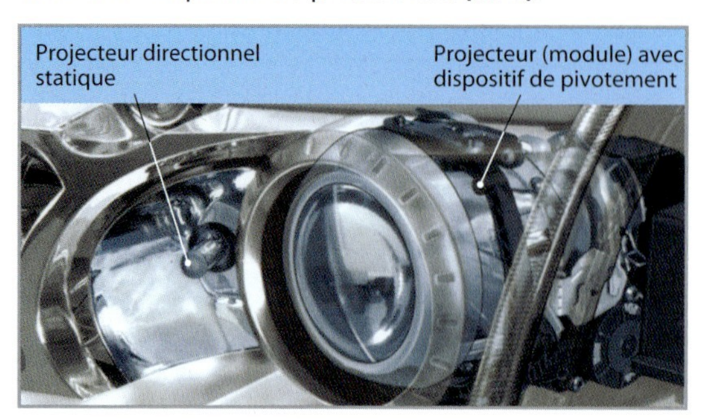

Illustration 1: Système de projecteur avec projecteur directionnel dynamique

Fonctionnement. Le module Bi-Xénon dispose d'un diaphragme mobile permettant de passer des feux de route aux feux de croisement. Le projecteur directionnel est orienté en fonction du rayon du virage, par un engrenage à vis sans fin, entraîné par un moteur pas à pas **(ill. 2)**. La détection du rayon du virage est opérée par des capteurs qui mesurent soit l'angle de braquage du volant, soit la rotation du véhicule sur son axe vertical. Un appareil de commande traite les signaux reçus et actionne le moteur pas à pas qui entraîne le dispositif de pivotement.

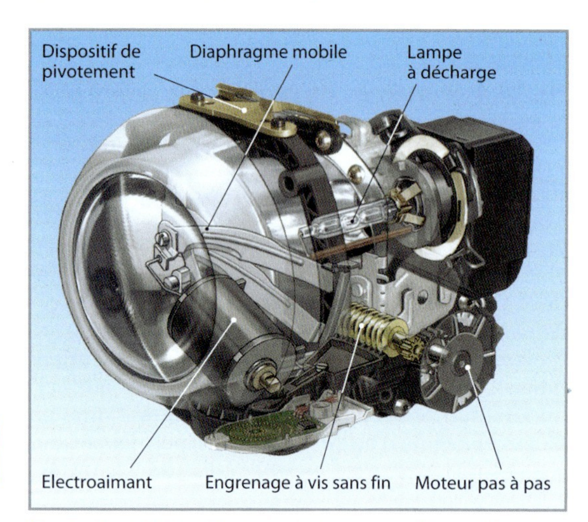

Illustration 2: Module de projecteur avec dispositif de pivotement

Le projecteur directionnel est enclenché dès que l'appareil de commande identifie un changement de direction, c'est-à-dire même lorsque le véhicule tourne avec un angle de braquage réduit.

Avec les systèmes d'éclairage modernes Bi-Xénon, il est possible de varier le champ de diffusion de la lumière car le module du projecteur est équipé d'un écran réfléchissant actionné électriquement **(ill. 3)**.

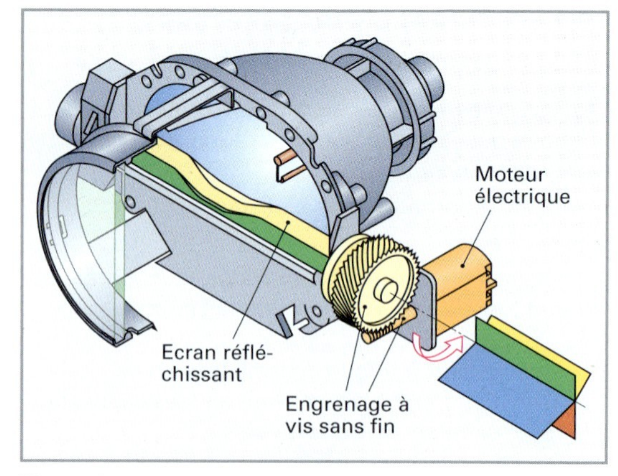

Illustration 3: Ecran réfléchissant

Différentes fonctions d'éclairage peuvent en outre être activées par la rotation de l'écran réfléchissant, qui est relié au dispositif de pivotement.

Le système de pilotage automatique de l'éclairage permet d'activer des fonctions supplémentaires selon la luminosité ambiante et les conditions de conduite.

Exemples de fonctions d'éclairage supplémentaires:

- éclairage de base;
- faisceaux anti-brouillard;
- éclairage en mode ville;
- éclairage en mode autoroute;
- éclairage en mode rue à vitesse limitée.

Les fonctionnalités de la gestion de l'éclairage dans les virages restent actives.

Commande automatique des feux de croisement. Des capteurs, situés dans la zone du pare-brise, mesurent les conditions de lumière ambiante et transmettent ces informations à la centrale de commande. Celle-ci, qui reçoit également des informations concernant la vitesse et l'angle de braquage du véhicule, pilote alors l'écran réfléchissant et le dispositif de réglage des projecteurs afin de les orienter dans la position appropriée.

Assistant des projecteurs de route. La commande automatique des feux de croisement peut être complétée par l'assistant des projecteurs de route. Celui-ci optimise l'utilisation des projecteurs en fonction de la situation. Il permet l'enclenchement et le déclenchement des projecteurs, libérant ainsi le conducteur de cette tâche. Ce système permet également, grâce à l'activation et à la désactivation automatique, d'augmenter le temps durant lequel il est possible de rouler avec les projecteurs de route allumés tout en évitant d'aveugler les autres usagers de la route.

Une caméra, placée sur la face avant du rétroviseur intérieur, mesure les conditions de lumière et commande automatiqueent l'enclenchement ou le déclenchement des projecteurs de route.

L'assistant éteint automatiquement les projecteurs de route dès qu'il détecte du trafic venant en sens inverse. Les projecteurs de route sont également éteints si le système mesure suffisamment de lumière (p. ex. dans des endroits éclairés) ou à basse vitesse (p. ex. en-dessous de 60 km/h.

Eclairage de base (feux de croisement). Contrairement aux feux de croisement conventionnels, l'éclairage de base illumine mieux les bords de la route et a une portée plus étendue. Il est activé entre 50 et 100 km/h.

Eclairage en mode ville. Dans ce mode, et à une vitesse inférieure à 50 km/h, le système dispense un éclairage de portée moindre dont la diffusion est plus étendue que l'éclairage de base.

Eclairage en mode rue à vitesse réduite. A une vitesse allant de 5 à 30 km/h, les ampoules des deux projecteurs sont orientées à huit degrés par rapport aux bords de la route.

Faisceaux anti-brouillard. Ils servent d'appoint aux phares de brouillard normaux et permettent d'éclairer plus intensément les bords de la route afin que le conducteur aperçoive mieux le balisage et le marquage horizontal. Pour cela, les deux faisceaux de lumière sont légèrement orientés vers l'extérieur. Les faisceaux de brouillard sont automatiquement activés dès que les phares de brouillard sont allumés et que la vitesse du véhicule est supérieure à 70 km/h. Ils s'éteignent automatiquement à partir de 100 km/h.

Feux de mauvais temps. Ils sont activés si le capteur de pluie détecte des précipitations ou lorsque les essuie-glace sont en fonction. Dans ce cas, le faisceau de lumière du côté gauche est raccourci et la puissance lumineuse est réduite de 25 à 32 Watt, ce qui diminue la réflexion de la lumière sur la chaussée mouillée. La puissance du projecteur de droite passe, quant à elle, de 35 à 38 Watt afin d'améliorer la visibilité du côté du bord de la route.

Eclairage mode autoroute. A partir de 100 km/h, la puissance des phares est augmentée afin d'augmenter la portée de l'éclairage.

Projecteurs de route. Par rapport aux projecteurs habituels, la puissance de l'éclairage est augmentée de 35 à 38 Watt.

Conseils d'atelier

Dépannage des installations d'éclairage (lampes à incandescence)

Constatation: la lampe à incandescence ne fonctionne plus		
Cause possible	**Contrôle**	**Dépannage**
Filament fondu	Contrôle visuel	Remplacer l'ampoule
Fusible défectueux	Contrôle visuel	Remplacer le fusible
Pas d'alimentation électrique	Mesure de la résistance, resp. de la tension	Rétablir l'alimentation

Constatation: la lampe à incandescence éclaire faiblement		
Cause possible	**Contrôle**	**Dépannage**
Chute de tension dans les câbles, resp. dans les contacts	Mesure de la résistance, resp. de la tension	Eliminer la chute de tension
Batterie déchargée	Contrôle de la tension de la batterie	Remplacer ou charger la batterie
Lampe non adaptée (lampe 24 V dans un système à 12V)	Contrôle visuel	Remplacer la lampe

Calibrage des projecteurs à réglage automatique de la distance d'éclairage

Sur les véhicules équipés de projecteurs à réglage automatique de la distance d'éclairage, le réglage de base s'effectue à l'aide d'appareils de diagnostic. Pour cela, comme c'est le cas pour le réglage des systèmes de projecteurs normaux, le véhicule doit être préparé en conséquence. Le réglage proprement dit est commandé par l'appareil de diagnostic. Ce travail doit être effectué p. ex. après le remplacement du système de projecteurs. Un réglage de base non effectué ou réalisé de manière erronée peut provoquer un mauvais fonctionnement du réglage automatique de la distance d'éclairage.

D'autres causes possibles sont:

- moteur de réglage du projecteur défectueux;
- câblage endommagé / prise oxydée;
- capteurs du niveau du véhicule défectueux;
- barres de couplage entre capteurs et châssis tordues ou endommagées;
- appareil de commande défectueux.

Systèmes de projecteurs à technologie LED

Les projecteurs à technologie LED produisent une lumière similaire à la lumière du jour.

Les LED blanches ont une température de couleur d'environ 5000 Kelvin (lumière du jour: env. 6000 Kelvin). Les phares à LED, quant à eux, ont une température de couleur de seulement 4000 Kelvin.

Par rapport aux systèmes conventionnels, les systèmes de projecteurs à LED présentent les avantages suivants:

- les dimensions réduites des systèmes LED permettent une grande liberté de design;
- par rapport aux projecteurs avec ampoules à incandescence, la technologie LED affiche une consommation d'énergie moindre;
- les LED ne s'usent pas.

Construction. Un système de projecteurs LED est composé de plusieurs unités LED appelées arrays. Ceux-ci sont constitués de chips LED avec échangeur thermique, réflecteur ainsi qu'une optique dont la forme varie **(ill. 1)**. Chaque unité LED est enclenchée par une électronique de commande.

Illustration 1: Unité LED

Fonctionnement. La diffusion de la lumière sur la chaussée est réalisée par des unités LED à différents niveaux de réglage **(ill. 2)**. Les unités LED sont ainsi enclenchées ou déclenchées par groupes. Pour assurer l'éclairage en conduite de jour, certaines unités LED peuvent être enclenchées à puissance réduite.

Le refroidissement des unités LED est assuré par un échangeur thermique. Certains systèmes sont équipés de ventilateurs, montés dans le module d'éclairage, qui assurent une circulation d'air en direction du verre du phare, améliorant ainsi le refroidissement.

Les systèmes de projecteurs à technologie LED garantissent toutes les fonctions assurées par les systèmes de projecteurs adaptatifs.

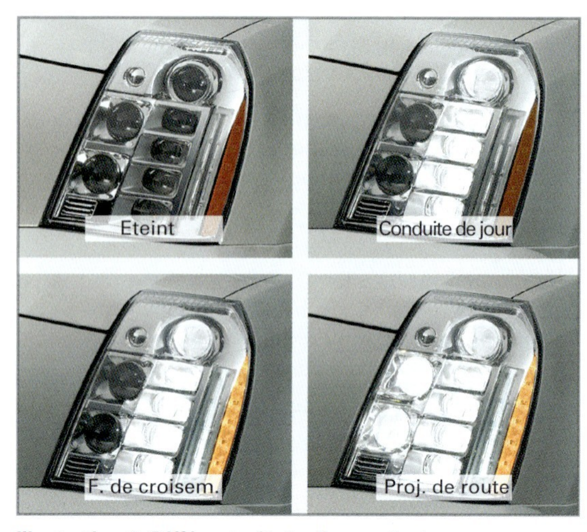

Illustration 2: Différents états d'un projecteur

19.2.4.5 Systèmes de vision nocturne

Dans les véhicules automobiles, les systèmes de vision nocturne complètent les systèmes de projecteurs conventionnels, permettant de visualiser le rayonnement thermique des objets (p. ex. personnes, animaux) jusqu'à 300 m de distance.

Construction. Le système se compose d'une caméra thermique et d'un affichage de l'image. Certains systèmes fonctionnent également avec un projecteur infrarouge supplémenaire, ce qui permet d'améliorer la visibilité et la représentation des objets.

Fonctionnement. Lorsque le conducteur active le système de vision nocturne, la caméra thermique capte les objets qui se trouvent devant le véhicule. La zone située à l'avant du véhicule est représentée sur l'affichage (p. ex. système de navigation) et l'on peut y voir, en blanc, les objets émettant un rayonnement thermique **(ill. 3)**. Le conducteur peut régler le contraste et la luminosité de l'affichage.

Illustration 3: Représentation sur l'affichage du système de navigation

19.2.5 Alimentation électrique et réseau de bord

Afin d'assurer l'alimentation des dispositifs électriques, le véhicule doit disposer d'un générateur de tension, d'un régulateur de tension et d'un dispositif de stockage de l'énergie.

Lorsque le moteur tourne, l'alternateur alimente le réseau de bord en énergie électrique et charge la batterie. L'alternateur fournit un courant triphasé qui est redressé avant d'alimenter les consommateurs **(ill. 1)**.

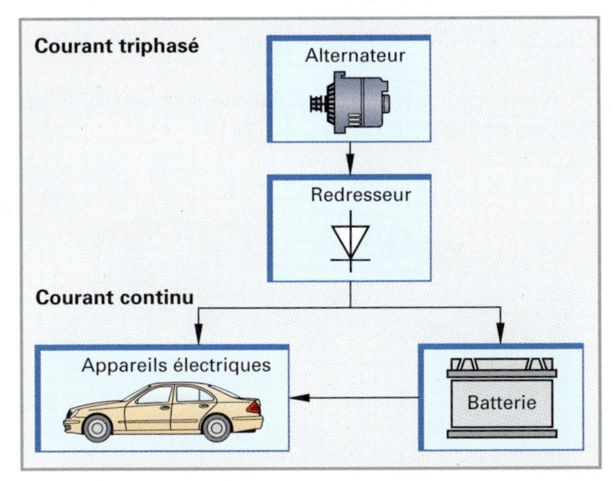

Illustration 1: Réseau électrique de bord

Au ralenti, ou lorsque le moteur est arrêté, la batterie prend en charge l'alimentation du réseau de bord. Au démarrage, la batterie fournit l'énergie supplémentaire nécessaire pour alimenter le dispositif de démarrage.

Le besoin en énergie électrique des véhicules a considérablement augmenté. Actuellement, un alternateur triphasé peut couvrir un besoin électrique allant jusqu'à environ 2000 W.

Cette consommation accrue est due à la multiplication des systèmes de régulation électronique et à l'introduction de l'électronique de confort, comme par exemple:

- les systèmes d'allumage et d'injection électroniques;
- les systèmes d'autodiagnostic;
- les systèmes de chauffage (sièges, etc.);
- les systèmes de chauffage des rétroviseurs;
- les ventilateurs à entraînement électrique;
- les systèmes de climatisation qui peuvent compter jusqu'à 10 moteurs électriques;
- l'ABS, ESP.

Le rendement moyen d'un alternateur dans un véhicule est d'environ 60 %. Cela signifie que, s'il tourne durant une heure en produisant 2000 W, la consommation de carburant pour générer cette énergie sera d'environ 1 litre.

19.2.5.1 Batterie de démarrage

La batterie de démarrage fournit et stocke l'énergie nécessaire aux dispositifs électriques du véhicule. Etant donné qu'elle est rechargeable, elle est aussi désignée sous le terme d'accumulateur.

Construction (ill. 2)

Eléments (cellules). La batterie de démarrage est composée de plusieurs éléments. Un élément comporte une plaque de plomb positive et une plaque de plomb négative. Afin de les maintenir en place et d'éviter tout court-circuit, elles sont séparées par des séparateurs. Pour qu'un courant élevé puisse circuler, il faut que les plaques aient une grande surface, c'est pourquoi les éléments sont composées du plus grand nombre possible de fines plaques d'électrodes. Les éléments sont réunis en blocs. Un élément fournit une tension nominale de 2 V. La connexion en série des éléments permet de délivrer, suivant le nombre d'éléments, une tension de 6 ou de 12 V.

Electrolyte. Il remplit l'espace situé entre les plaques de plomb et le séparateur. Une chambre d'alimentation en électrolyte se trouve au-dessus des plaques et une chambre de récupération destinée à récolter le plomb dissous se trouve au-dessous.

Boîtier. Un boîtier monobloc renferme les cellules. La batterie est fermée par un couvercle monobloc et des bouchons de remplissage. Une fixation se trouve à la base de la batterie afin de pouvoir fixer celle-ci à la carrosserie du véhicule.

Pôles. Ils permettent de disposer de la tension totale (tension aux bornes) et de raccorder la batterie au réseau de bord. Les pôles sont identifiés avec les signes + et –. Afin de le distinguer, le pôle positif a un diamètre plus grand **(ill. 2)**.

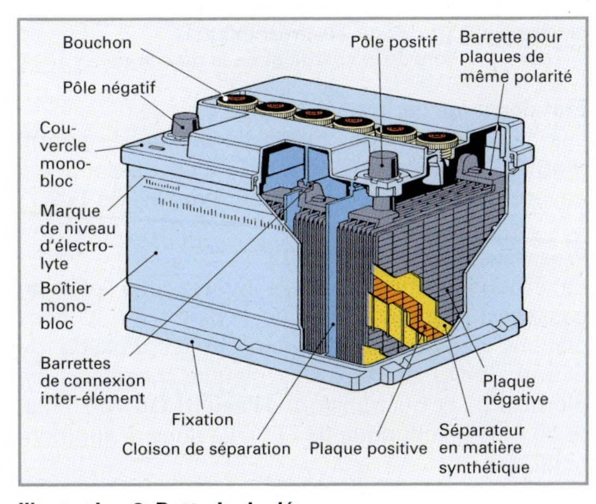

Illustration 2: Batterie de démarrage

Processus électrochimiques

Etat chargé (ill. 1a)

La masse active des plaques positives est constituée de dioxyde de plomb brun (PbO_2), et celle des plaques négatives est à base de plomb gris (Pb). L'électrolyte est de l'acide sulfurique dilué (H_2SO_4) à une concentration de 37 % et d'une densité de ρ = 1,28 g/cm³.

Processus de décharge (ill. 1b)

La consommation de courant entraîne une réaction électrochimique au niveau des éléments. Le dioxyde de plomb des plaques positives et le plomb (Pb) des plaques négatives sont transformés en sulfate de plomb blanc ($PbSO_4$). L'électrolyte (H_2SO_4) est transformé pour se composer essentiellement d'eau (H_2O) et sa densité diminue **(ill. 1c)**.

$$PbO_2 + 2\,H_2SO_4 + Pb \Rightarrow PbSO_4 + 2\,H_2O + PbSO_4$$

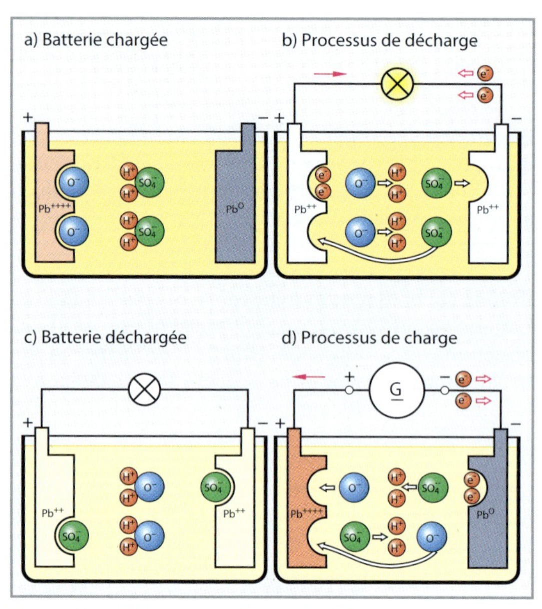

Illustration 1: Processus électrochimiques lors de la charge et de la décharge

Etat déchargé (ill. 1c)

Les deux plaques ont formé du sulfate de plomb ($PbSO_4$). La densité de l'électrolyte est descendue à environ 1,12 g/cm³ et sa concentration est de 12 %.

Processus de charge (ill. 1d)

La réaction électrochimique s'inverse sous l'effet du passage du courant. Le sulfate de plomb ($PbSO_4$) des plaques positives est transformé en dioxyde de plomb (PbO_2) et celui des plaques négatives en plomb (Pb), ce qui transforme l'eau (H_2O). Il en résulte de l'acide sulfurique (H_2SO_4). La densité augmente **(ill. 1a)**.

$$PbSO_4 + 2\,H_2O + PbSO_4 \Rightarrow PbO_2 + 2\,H_2SO_4 + Pb$$

Désignation des batteries

Afin de pouvoir comparer et changer les batteries de démarrage des différents fabricants, une désignation type, basée sur la norme européenne EN 60095-1, est inscrite sur le boîtier de la batterie.

L'identification **(ill. 2)** se compose de neuf chiffres selon ETN (p. ex. **544 105 045**) qui définissent:

- la tension nominale (p. ex. chiffre 5: 12 V);
- la capacité nominale (p. ex. chiffre 44: 44 Ah);
- des informations sur la forme de la batterie et son mode de fixation dans le véhicule (chiffre 105);
- le courant d'essai à froid (p. ex. chiffre 045: 450 A).

En Allemagne, on trouve également la désignation du type de batterie selon DIN 72310.

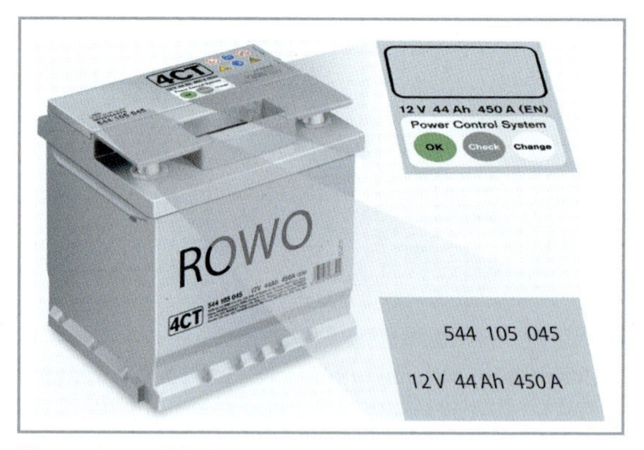

Illustration 2: Désignation des batteries de démarrage

Tension nominale. Elle est fixée à 2,0 V par élément (DIN 40 729). La tension nominale d'une batterie de démarrage résulte du nombre d'éléments branchés en série. Elle est de 12 V pour 6 éléments.

Capacité. Par capacité, $Q = I \cdot t$, on entend la quantité d'électricité en ampères-heures (Ah), qui doit être fournie ou prélevée de la batterie **(ill. 2)**.

Elle dépend de ...

- la valeur du courant de décharge;
- la densité et la température de l'électrolyte;
- l'état de charge de la batterie;
- l'âge de la batterie.

Capacité nominale Q20. Elle correspond à la quantité d'électricité que peut fournir une batterie de démarrage durant 20 heures avec un courant de décharge de 1/20 de la capacité nominale. La valeur de tension de décharge finale ne doit pas se situer en-dessous de 10,5 V.

Dans ce cas, la température de l'électrolyte doit être de + 25 °C. A des températures plus élevées, la capacité de décharge augmente par rapport à la capacité nominale **(ill. 1)**. Ce rapport de la capacité à la température est dû au fait que, lorsque la température est plus basse, les processus électrochimiques se déroulent plus lentement.

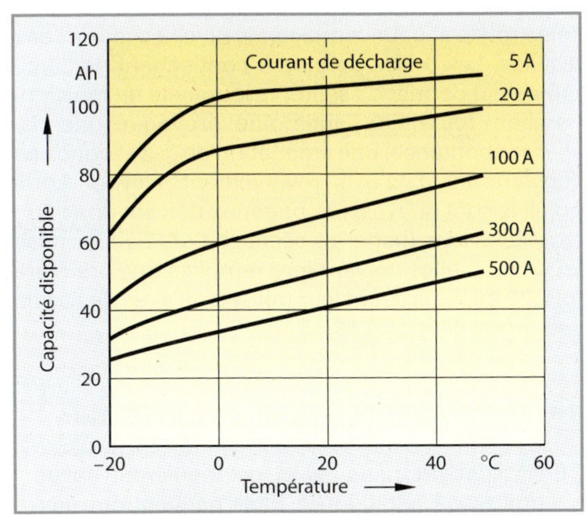

Illustration 1: Dépendance de la capacité de décharge en fonction du courant de décharge et de la température de l'électrolyte

Courant d'essai à froid. C'est l'intensité du courant qu'une batterie totalement chargée doit délivrer durant 10 s à − 18 °C, sans que la tension aux bornes ne descende en dessous de 7,5 V.

Le courant d'essai à froid permet d'estimer le comportement au démarrage d'une batterie en cas de basses températures. Lorsque les valeurs de tension ne sont pas atteintes, la batterie de démarrage n'est plus entièrement fiable.

Autres caractéristiques des batteries

Tension au repos U_0 (tension à vide). Elle est mesurée entre les bornes de la batterie lorsqu'aucun consommateur n'y est relié. Elle dépend de l'état de charge et de la température de l'électrolyte et peut être utilisée comme premier point de contrôle du test de capacité. A environ 25 °C, une batterie totalement chargée affiche une tension de repos d'environ 12,8 V; une batterie déchargée affichera une tension d'environ 12,0 V **(tableau 1)**. Toutefois, seul un contrôle avec les consommateurs reliés est fiable.

Tableau 1: Tension au repos – état de charge

Tension au repos	Etat de charge
Inférieure à 12,2 V	Déchargée
12,2 V – 12,5 V	A moitié chargée
12,5 V – 12,8 V	Chargée

Tension aux bornes (U_b). C'est la tension mesurée aux bornes de la batterie en activité. La tension aux bornes est inférieure à la tension au repos (U_0) car une chute de tension a lieu à l'intérieur de la batterie (U_i). Si un courant passe par la batterie, il rencontre une résistance interne (R_i) dans celle-ci **(ill. 2)**.
Cette résistance est connectée en série avec les résistances des consommateurs (R_c). La chute de tension (U_i) provoquée par cette résistance est perdue pour l'alimentation. Elle dépend étroitement de la température de l'électrolyte. A basse température, la réaction électrochimique est nettement moins efficace qu'à haute température. La chute de tension est également fortement liée à l'état de charge de la batterie. Plus l'état de charge est faible, plus la résistance interne est élevée.

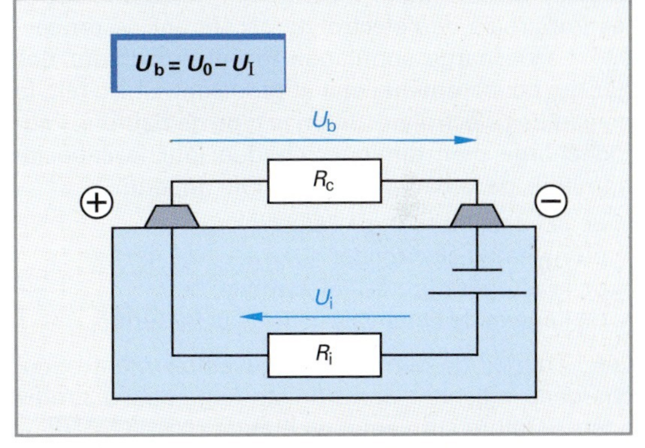

Illustration 2: Tension aux bornes d'une batterie de démarrage en activité

Tension de charge. C'est la tension atteinte lorsque la batterie est chargée au moyen de l'alternateur ou d'un chargeur externe. Lorsqu'une batterie atteint, durant la charge, une tension d'environ 14,4 V, elle commence à produire des gaz **(tension de dégagement gazeux)**. Ce processus entraîne une perte d'eau dans la batterie. Une partie de l'eau est transformée par électrolyse en hydrogène et en oxygène. Il se dégage alors un gaz très détonant. C'est pour cette raison que la tension de charge de la génératrice et des éventuels chargeurs (courbe caractéristique I_U) est réglée pour ne pas dépasser le seuil de tension de dégagement gazeux. La tension de dégagement gazeux dépend de la température de l'électrolyte. Plus celle-ci augmente, plus la tension de dégagement gazeux, et donc la tension de charge maximale, augmente. La pleine charge est atteinte lorsque, à la fin du processus de charge, la densité de l'électrolyte n'augmente plus.

Tension de décharge. Une batterie de démarrage est déchargée lorsque la tension des éléments diminue jusqu'à la **tension de fin de charge** (1,75 V). La densité de l'électrolyte descend alors à environ 1,12 g/cm³.

Courant de démarrage. Lors du démarrage d'un véhicule automobile, la batterie délivre, durant un bref laps de temps, un courant très élevé allant jusqu'à 400 A. Dans ce cas, environ 1 % de la capacité nominale est utilisée.

Courant de court-circuit. C'est le courant maximal que peut délivrer la batterie. Il dépend de la surface des plaques. La batterie ne doit pas fournir de courant de court-circuit durant plus de 2 secondes.

Processus de vieillissement

Autodécharge. Elle intervient dans la batterie sans que le circuit électrique extérieur soit fermé. La batterie est déchargée après un certain temps, même si aucun consommateur n'est alimenté. La chaleur et les impuretés de l'électrolyte accélèrent ce processus. La décharge spontanée forme également des gaz qui consomment l'eau et réduisent, de ce fait, le niveau de l'électrolyte. Selon le type de batterie, l'autodécharge peut diminuer chaque jour la capacité nominale de la batterie de 1 %. Elle dépend...

- de la concentration de l'électrolyte;
- du niveau d'électrolyte;
- de la température de l'électrolyte;
- de l'âge et de l'état extérieur de la batterie.

Les batteries de démarrage neuves sans entretien, chargées, affichent, après un stockage de 2 à 3 mois à température ambiante, un état de charge inférieur à 40 %. Les batteries utilisées arrivent à cette valeur dans des délais plus courts.

Perte de capacité et court-circuit d'éléments. Ces problèmes peuvent avoir différentes causes, p. ex:

- **sulfatation;**
- **décharges cycliques;**
- **décharge totale.**

Ces défaillances sont provoquées par une forte usure des plaques fines par désagrégation de la masse active. La capacité diminue et, en cas de formation de boues de plomb, la batterie de démarrage devient inutilisable par suite de mise en court-circuit.

19

Sulfatation. Elle peut avoir lieu lorsque la batterie de démarrage est restée déchargée durant une longue période. Dans ce cas, le cristal fin de sulfate de plomb est transformé en cristaux grossiers de sulfate de plomb. Si ce processus n'est pas trop avancé, il peut être inversé par une charge à faible courant (environ 0,2 A).

Les décharges cycliques sont des décharges répétées allant de 60 à 80 % de la capacité nominale, ce qui rend les batteries de démarrage inutilisables.

Décharge totale. c'est une décharge de plus de 80 % de la capacité nominale.

Types de construction

Batteries de démarrage sans entretien (selon EN)

Lors de conditions normales, le niveau de l'électrolyte ne doit pas diminuer, et donc ne doit pas être complété et ceci durant 2 ans.

Ces batteries ont un orifice de remplissage pour l'électrolyte et pour compléter le niveau avec de l'eau distillée. Les grilles de plomb contiennent de l'antimoine qui permet d'assurer la longévité de fonctionnement. Toutefois, l'antimoine provoque une décharge spontanée, une émanation de gaz et donc une consommation d'eau relativement élevée. Lorsqu'elles sont neuves, ces batteries doivent donc être stockées vides (batteries sèches). Lors de leur mise en service, elles doivent être remplies une première fois, 20 minutes avant leur utilisation, avec de l'acide sulfurique dilué à 37 %.

Batteries de démarrage garantie sans entretien

Elles sont hermétiques et ne requièrent aucun remplissage additionnel. Elles peuvent être installées en position inclinée jusqu'à 70 degrés.

Ces batteries n'ont pas d'orifices de remplissage et sont stockées pleines. Les grilles en plomb contiennent du calcium et non de l'antimoine, ce qui contribue à réduire fortement l'autodécharge et les pertes en eau. Le niveau d'électrolyte est ainsi garanti durant toute la durée de vie de la batterie, qui est de ce fait appropriée pour les véhicules qui doivent rester longtemps inutilisés. Cette batterie n'a qu'un orifice de dégazage et un système de labyrinthe de sécurité permet de la monter de façon inclinée. L'état de charge n'est pas indiqué par la densité de l'électrolyte mais au moyen d'un témoin de contrôle intégré qui signale l'état de charge de la batterie, p. ex.

- vert: en ordre (OK);
- gris: recharger (Check);
- blanc: remplacer (Change).

Batteries Heavy Duty

Ce sont des batteries à durée de vie prolongée, qui ont une résistance très élevée aux vibrations et une grande durée de vie cyclique.

Des séparateurs munis de nattes en fibre de verre entourent la plaque positive et empêchent la formation de dépôts. Une fixation en résine moulée ou en matière synthétique empêche tout desserrage des blocs de plaques. Ces batteries sont particulièrement adaptées pour les machines de chantier.

Batteries à électrolyte solide

Les batteries de ce type sont totalement sécurisées et peuvent être montées n'importe où. Elles ont une longue durée de vie cyclique et peuvent être totalement déchargées.

L'électrolyte qu'elles contiennent n'est pas liquide. Il se présente sous forme de gel ou de fibres. La distance entre les plaques positives et négatives est réduite, ce qui diminue la résistance interne. Une réaction chimique empêche la formation de gaz grâce à un recyclage interne de l'oxygène (les gaz sont transformés en eau dans les éléments). Les caractéristiques de ces batteries sont:

- autodécharge très faible;
- construction compacte (aucune chambre d'alimentation en électrolyte nécessaire);
- courant de court-circuit élevé;
- en cas de surcharge, une soupape de sécurité s'ouvre.

Ces batteries sont appropriées pour les véhicules qui restent longtemps inutilisés et peuvent également être employées comme sources d'alimentation électrique. On distingue les batteries au gel et les batteries à technologie vlies (mat non-tissé).

Batteries au gel. L'électrolyte se présente sous forme d'un gel à plusieurs composants. L'adjonction de silice à l'acide sulfurique forme une masse pâteuse dans laquelle a lieu la réaction électrochimique.

Technologie vlies. Dans ce type de construction, des couches intermédiaires de mat non-tissé en fibres de verre contiennent et lient l'électrolyte. L'électrolyte est absorbé dans le maillage des microfibres (AGM, Absorbing Glas Mat) par effet de capillarité. Ces fibres forment le séparateur et exercent également une grande pression sur la surface des plaques. Le matériau actif est ainsi fermement enrobé par le mat non-tissé. Toute désagrégation de la matière active est ainsi empêchée et la résistance aux vibrations est améliorée. Les plaques de plomb et le mat non-tissé en fibres de verre sont enroulés en une forme spéciale ce qui permet d'améliorer encore l'étanchéité de l'ensemble.

Capteur de batterie

Il permet d'assurer un état de charge durable et élevé de la batterie grâce à une régulation de la tension de charge dépendante de la température et de l'état de charge.

Un petit appareil de commande intégré au capteur de la batterie calcule la valeur théorique optimale de la tension de charge en fonction de la température mesurée de la batterie et de l'état de charge. Pour déterminer l'état de charge de la batterie (SoC State of Charge), le système mesure et mémorise la tension de charge et de décharge, le courant de charge et de décharge, la tension aux bornes ainsi que la température de l'électrolyte à chaque état de fonctionnement du véhicule.

Le capteur est intégré au câble négatif de la batterie **(ill. 1).**

Illustration 1: Capteur de batterie

Bornes de sécurité

En cas d'accident, elles séparent en quelques millisecondes le câble du démarreur/alternateur de la batterie.

Cette déconnexion empêche le câble du démarreur d'entrer en contact avec une partie de la carrosserie conductrice, ce qui pourrait provoquer un court-circuit. La borne de sécurité est vissée au pôle positif de la batterie. Un dispositif pyrotechnique est intégré aux contacts de la borne qui, en explosant, permet de détacher le câble du démarreur de la borne **(ill. 2).** Le reste de l'alimentation du réseau de bord n'est pas concerné par cette interruption.

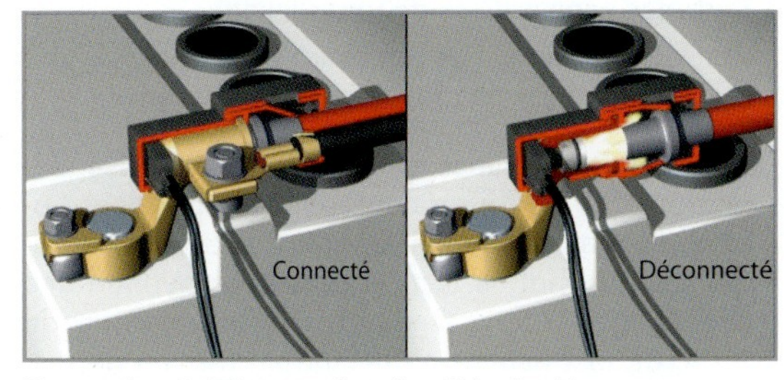

Illustration 2: Déconnexion du câble du démarreur

Elimination

Les batteries de démarrage usagées ou défectueuses doivent être considérées comme déchets spéciaux.

Les batteries de démarrage doivent être recyclées et sont, de ce fait, identifiées ISO 7000. Les batteries sont collectées dans les ateliers et les points de ventes puis stockées dans des conteneurs spéciaux.

CONSEILS D'ATELIER

Batteries sans entretien (selon EN).

Il est possible de vérifier le niveau de l'électrolyte par l'orifice de remplissage et l'état de charge en contrôlant l'électrolyte.

Niveau de l'électrolyte. Il doit rester à environ 10 à 15 mm au-dessus du bord supérieur des plaques. Pour compléter le niveau, on utilise uniquement de l'eau distillée ou déminéralisée.

Etat de charge. On peut contrôler l'état de charge avec un densimètre (aéromètre) **(ill. 1)**. Pour une batterie complètement chargée, la densité de l'électrolyte doit atteindre environ 1,28 g/cm³ à + 25 °C et environ 1,12 g/cm³ pour une batterie déchargée. Il y a un rapport entre la densité de l'électrolyte et la tension au repos U_0 **(ill. 1)**.

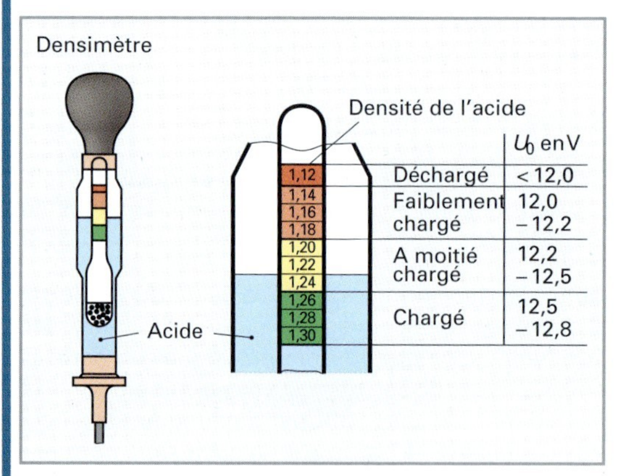

Illustration 1: Densimètre (aéromètre)

Batteries sans orifices de remplissage

Etat de charge. On peut l'estimer en mesurant la tension de repos au moyen d'un multimètre.

Contrôle de puissance. La batterie est soumise, durant environ 5 s, à un courant correspondant approximativement au courant d'essai à froid du démarreur. Durant ce test, la tension moyenne des éléments ne doit pas descendre en-dessous de 1,1 V. Ce test peut être effectué au moyen de testeurs électroniques de batteries qui sont branchés, avec des câbles appropriés et des pinces isolées, à la batterie à contrôler et qui peut rester dans le véhicule. Le processus de contrôle est automatique et le résultat des tests effectués est affiché sur un écran, normalement avec les indications suivantes:

- valeur de la tension de la batterie;
- état de charge en pourcent;
- probabilité de démarrage en pourcent;
- état de la qualité de la batterie.

Aide au démarrage avec des câbles de dépannage

D'autres véhicules peuvent contribuer au démarrage. Toutefois, ce procédé ne peut être appliqué que lorsque deux véhicules disposent de batteries identiques et en respectant les indications du constructeur. Afin d'être efficace, le dépannage ne devrait être effectué qu'avec des câbles normalisés (DIN 72 553) qui ont une section d'au moins 16 mm² pour les moteurs Otto et de 25 mm² pour les moteurs Diesel. Les deux batteries doivent avoir la même tension nominale.

Il faut procéder de la manière suivante:

- relier le pôle positif de la batterie déchargée au pôle positif de la source d'énergie externe;
- relier le pôle négatif de la source d'énergie externe à la masse du véhicule à dépanner. Trouver un endroit éloigné, approprié et fiable car si la connexion est trop proche de la batterie, en cas de formation d'étincelles, il existe un risque d'inflammation des gaz détonants;
- vérifier que les pinces du câble de dépannage soient bien fixées et que le contact soit bon;
- démarrer le véhicule dont la batterie est chargée, puis, après un court instant, celui dont la batterie ne fonctionne plus;
- après le démarrage du véhicule en panne, démonter le dispositif dans l'ordre inverse.

Charge des batteries de démarrage

On différencie les genres de charge suivants: **charge normale, charge rapide, charge de compensation.**

- **Charge normale.** Le courant de charge s'élève à environ 10 % de la valeur de la capacité nominale.
- **Charge rapide.** Le courant de charge s'élève au maximum à 80 % de la valeur de la capacité nominale. La charge rapide ne peut donc être effectuée que jusqu'au seuil de la tension de dégagement gazeux et la température de l'électrolyte ne doit pas dépasser 55 °C.
- **Charge de compensation.** Les batteries non utilisées se déchargent toutes seules. Le courant de charge de compensation s'élève à environ 0,1 % de la valeur de la capacité nominale. S'il n'est pas possible de procéder à une charge de compensation, il est nécessaire d'effectuer une charge normale tous les deux mois environ.

Utilisation de chargeurs

Les chargeurs se différencient par leurs courbes caractéristiques qui peuvent être combinées dans un même chargeur.

- Courbe caractéristique *W* Courbe caractéristique de résistance
- Courbe caractéristique *U* Courbe caractéristique de tension constante
- Courbe caractéristique *I* Courbe caractéristique de courant constant

Chargeur non régulé avec courbe caractéristique W
Il fournit une tension non régulée. Plus la durée de la charge est longue, plus la résistance interne de la batterie augmente, ce qui provoque une diminution du courant de charge. La tension de charge U_c de la batterie augmente jusqu'au seuil de dégagement gazeux **(ill 1)**, ce qui peut provoquer la formation de gaz détonants. Pour éviter cela, il faut observer attentivement le processus de charge. La formation de gaz ou une température de l'électrolyte supérieure à 55 °C (boîtier de la batterie plus que tiède) sont les signes d'une surcharge.

Les batteries, garanties sans entretien et les batteries à électrolyte solide ne doivent pas être branchées à ces chargeurs qui sont en général des appareils d'atelier simples ou de petits chargeurs.

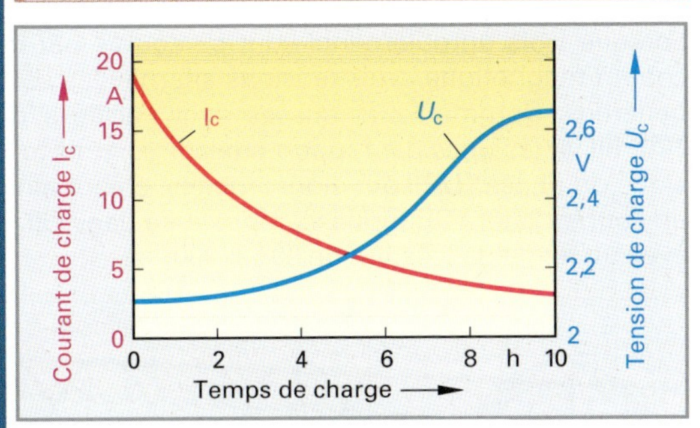

Illustration 1: Courbe caractéristique W

Chargeur régulé avec courbe caractéristique IU
Pour atteindre le seuil de tension de dégagement gazeux, le courant de charge I_c est maintenu constant.
Lorsque ce seuil est atteint, on maintient la tension de charge constante U_c en modifiant la résistance du chargeur. Le courant de charge I_c diminue alors fortement en fonction de la courbe caractéristique W. Les chargeurs de ce type sont également appropriés pour charger des batteries garanties sans entretien car ils assurent qu'aucune surcharge ne peut avoir lieu dans la zone de dégagement gazeux **(ill. 2)**.

Seuls des chargeurs spéciaux, dont le seuil de dégagement gazeux est inférieur à 13,2 V respectivement 2,2 V par élément, peuvent être utilisés pour charger des batteries à électrolyte solide.

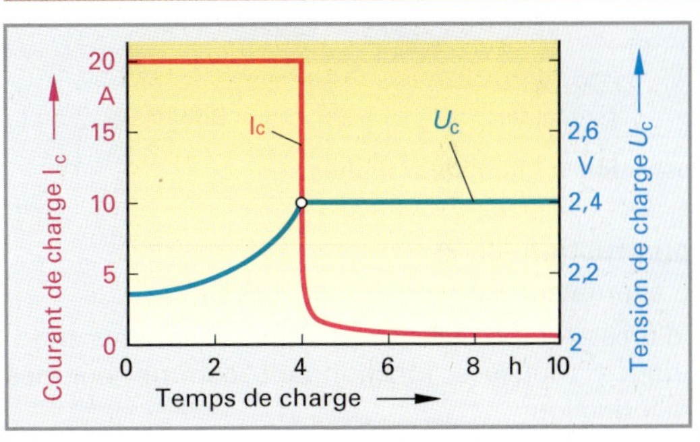

Illustration 2: Courbe caractéristique IU

Conseils de sécurité
Eteindre tous les consommateurs avant de démonter la batterie puis retirer d'abord le câble de masse afin d'éviter toute étincelle (p. ex. au contact des outils) et donc tout risque de brûlure.

Il faut être particulièrement attentif en connectant ou en déconnectant un câble de dépannage afin d'éviter tout court-circuit.

Les mesures de sécurité de base suivantes doivent être observées durant tous les travaux effectués sur des batteries:

- porter des lunettes de protection et des gants de caoutchouc lors du maniement de l'acide sulfurique ou lors du remplissage de l'électrolyte;
- ne pas remplir au-delà de l'indication "Max".
- ne pas garder une batterie inclinée trop longtemps;
- ne jamais charger une batterie en présence de feu ouvert (risque d'explosion des gaz) et empêcher toute formation d'étincelles (connecter et déconnecter le chargeur débranché selon la séquence définie);
- bien aérer le local de stockage des batteries.

Questions de révision

1. **Quels processus se déroulent lors de la charge et de la décharge d'une batterie de démarrage?**
2. **Quelle est la densité de l'électrolyte pour une batterie de démarrage complètement chargée, respectivement complétement déchargée?**
3. **Quelles sont les caractéristiques les plus importantes d'une batterie de démarrage ?**
4. **Qu'entend-on par courant d'essai à froid et comment est-il défini?**
5. **Pourquoi la tension de charge doit-elle toujours être inférieure au seuil de tension de dégagement gazeux?**
6. **Quel est l'avantage des batteries à électrolyte solide?**
7. **A quels processus de vieillissement les batteries de démarrage sont-elles soumises?**

19.2.6 Alternateurs triphasés

Pendant l'utilisation du véhicule, il doit fournir l'énergie électrique nécessaire aux consommateurs et charger la batterie de démarrage.

Dans les véhicules, on trouve presque exclusivement des alternateurs triphasés avec pôles à griffes **(ill. 1)** de conception compacte.

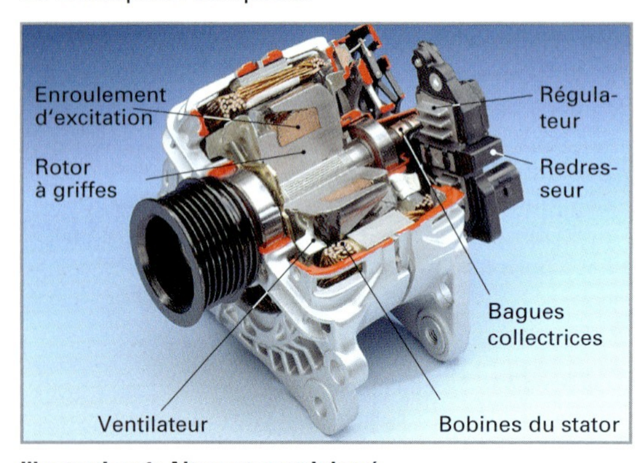

Illustration 1: Alternateur triphasé

Construction (ill. 2)

Un alternateur triphasé est composé:

- d'un stator (boîtier) avec trois enroulements statoriques triphasés fonctionnant comme bobines d'induction;
- d'une plaque de diodes avec 6 diodes de puissance et 3 diodes d'excitation pour le redressement de la tension;
- d'un rotor à griffes à 12 pôles avec enroulement d'excitation pour la génération du champ magnétique ainsi que des bagues collectrices et des balais pour la conduction du courant;
- d'un ventilateur de refroidissement;
- d'un régulateur de tension assurant une tension d'alimentation constante;
- de connexions B+/B– pour la réception de la tension;
- de poulies pour l'entraînement de l'alternateur avec démultiplication (2 à 3 fois) du régime du moteur.

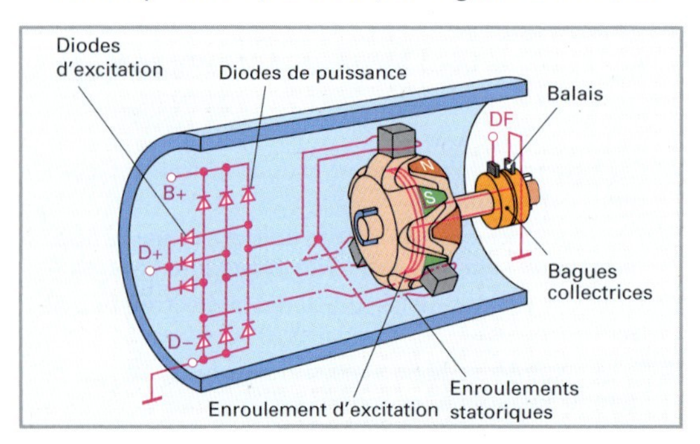

Illustraton 2: Alternateur triphasé (illustration de principe)

Fonctionnement

La production de tension dans l'alternateur triphasé est basée sur le principe de l'induction. La modification d'un champ magnétique dans une spire conductrice (bobine ou enroulement) induit une tension dans cette spire conductrice. La rotation du champ magnétique (avec un pôle nord et un pôle sud) dans un enroulement produit une tension alternative sinusoïdale **(ill. 3)**.

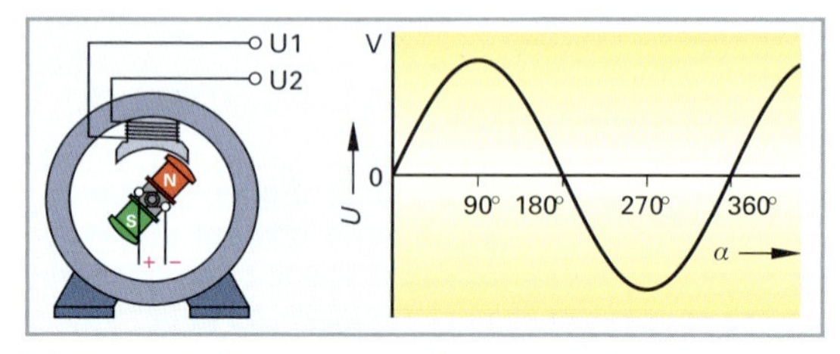

Illustration 3: Tension alternative sinusoïdale

Lorsque trois enroulements sont parcourus par ce champ magnétique, trois tensions alternatives sont générées. Comme leurs phases sont décalées de 120° **(ill. 4)** les unes par rapport aux autres, trois tensions de phase (U_P) sont alors induites, créant ainsi un courant alternatif triphasé, représenté dans **l'ill. 4** avec un angle de rotation de 90° et 300°.

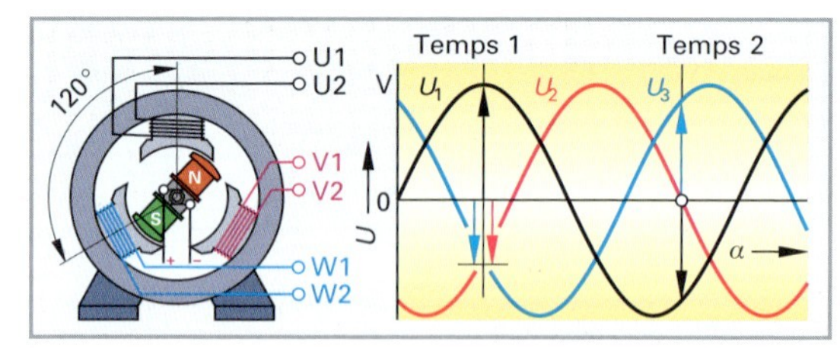

Illustration 4: Tension alternative triphasée

Redressement

Une tension alternative ne peut pas charger la batterie. Quant au réseau de bord du véhicule, il utilise également une tension continue pour alimenter les consommateurs.

Un redresseur à double alternance équipé de diodes procède au redressement du courant (description voir **p. 530**). Les alternances négatives sont transformées en alternances positives et leur énergie est utilisée pour l'alimentation électrique. Un redressement à une alternance exige une construction plus compliquée, avec 12 diodes et 6 phases, c'est pourquoi les trois enroulements sont branchés dans un circuit en pont électrique.

Le redressement du courant alternatif est réalisé grâce à 6 diodes de puissance et 3 phases. Dans ce cas, une diode (positive) est installée du côté positif et une diode négative du côté négatif de chaque phase **(ill. 1, p. 569)**. Selon la position du champ magnétique, chaque phase se trouve une fois sur le câble d'aller

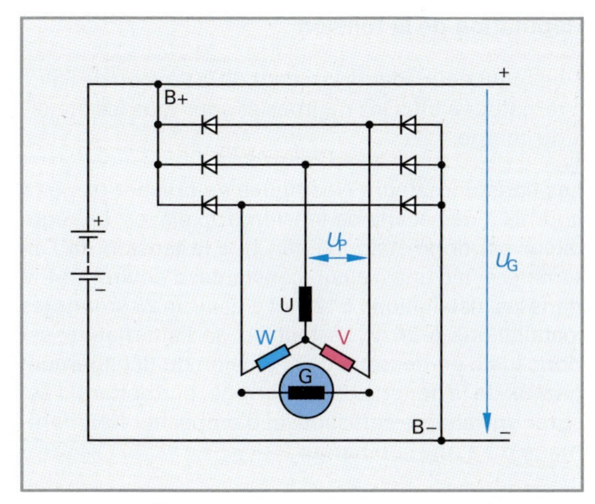

Illustration 1: Redressement avec couplage en étoile

et une fois sur le câble de retour du courant. Les alternances positives induites dans les trois enroulements passent par les diodes positives et les alternances négatives par les diodes négatives. Une addition des alternances négatives et positives en résulte, ainsi qu'une faible alternance résiduelle.

Le tableau 1 montre les courbes avec un angle de rotation de 90° et de 300° du champ magnétique. Pour simplifier, on considère une tension de phase U_P = 1 V, une résistance R = 1 Ω et un courant de 1 A. Avec un angle de rotation de 90°, chaque bobine génère une tension de U_U = 1 V, U_V = 0,5V et U_W = 0,5 V. Les courants de phase sont par conséquent: I_U = 1 A, I_V = 0,5 A et I_W = 0,5 A.

Couplage en étoile. Dans ce cas, selon le schéma bloc de remplacement, on obtient une addition des tensions de phase. $U_G = U_U + U_V$ = 1 V + 0,5 V = 1,5 V. U_W n'est pas additionné car elle est parallèle à U_V et le flux de courant est interrompu par le circuit de diodes. On a un renforcement de la tension de l'alternateur (U_G) par rapport à la tension de phase (U_P). A 300°, $U_G = U_U + U_W$ = 0,86 V + 0,86 V = 1,72 V.

Couplage en triangle. Dans ce cas, selon le schéma bloc de remplacement, on obtient une addition des courants.
$I_G = I_U + I_V$ = 1 A + 0,5 A = 1,5 A. I_W n'est pas additionné car il est branché en série avec I_U. On a un renforcement du courant de l'alternateur (I_G) par rapport au courant de phase (I_P).
A 300°, $I_G = I_U + I_W$ = 0,86 A + 0,86 A = 1,72 A.
Ce circuit est utilisé pour les alternateurs à courant fort.

Tableau 1: Naissance de la tension et du courant dans l'alternateur

	Couplage en étoile		Couplage en triangle	
$U_{p\,max}$ = 1 V R = 1 Ω $I_{p\,max}$ = 1 A	U U_P U W V		+ U = U_P W U V −	
Tensions et courants de phase résultants	V 1 0 −1 90° 300° a U		A 1 0 −1 90° 300° a	
Schéma bloc: des tensions et des courants de phase sont induits dans chaque enroulement U, V, W	90° 1 V 0,5V 0,5V	300° 0,86V 0,86V 0V	90° 0,5 A 0,5 A 1 A	300° 0,86 A 0A 0,86 A
U_G / I_G	1,5 V / 1 A	1,72 V / 0,86 A	1 V / 1,5 A	0,86 V / 1,72 A

Génération de tension avec un rotor à griffes

Au lieu d'un aimant avec un pôle nord et un pôle sud, on utilise un rotor avec 6 pôles nord et 6 pôles sud **(ill. 2, p. 568)**. L'ordonnancement du stator est alors adapté à cette disposition. A chaque rotation du rotor, on obtient 36 alternances (12 pôles × 3 spires) au lieu de 6 (2 pôles × 3 spires) **(ill. 1)**. Le plus grand nombre de pôles permet d'obtenir une tension de sortie avec une alternance résiduelle faible qui peut encore être filtrée au moyen d'un condensateur de filtrage implanté en parallèle au circuit de redressement.

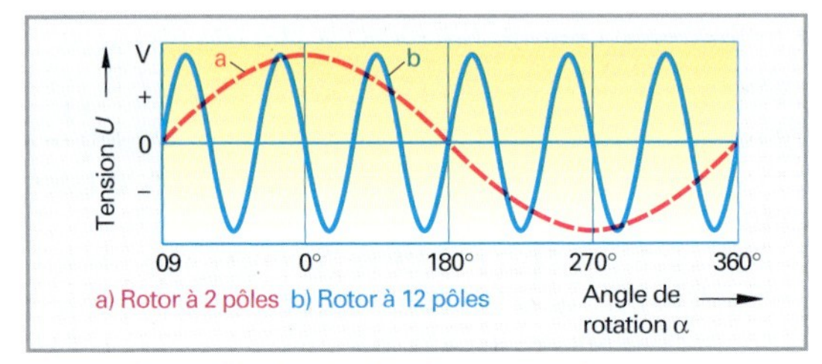

Illustration 1: Tension induite d'un enroulement

La tension de phase (U_P) et donc la tension de sortie (U_G) de l'alternateur est définie par trois facteurs:

- le régime du rotor (champ magnétique);
- la puissance du champ magnétique;
- le nombre de spires de la bobine.

Diodes. Les diodes sont montées sur une plaque. On utilise des diodes au silicium qui ne laissent passer le courant au-delà de la tension de seuil que dans un sens. Si les diodes sont branchées dans le sens de la conduction, une chute de tension d'environ 0,7 V a lieu dans chacune d'entre elles. La chaleur résultant de ce processus est dissipée au moyen de tôles de refroidissement.

Interruption du courant inverse. Le courant ne doit circuler que de l'alternateur vers la batterie. Les diodes positives empêchent le courant de refluer de la batterie vers l'alternateur et protègent ainsi la batterie de toute décharge.

Protection contre les surtensions. Dans les alternateurs modernes, on utilise des diodes Zener comme diodes de puissance. Elles permettent de limiter les pics de tension (p. ex. en cas de défaillance du régulateur, de courants de self-induction ou de rupture de câble). Elles constituent donc une protection centralisée contre les surtensions, que ce soit pour l'alternateur ou pour l'ensemble du réseau de bord. Dans ce cas et contrairement aux circuits habituels, les diodes Zener sont branchées dans le sens de conduction **(ill. 1, p. 573)**.

Régulation de la tension

Le régulateur adapte la valeur de la tension de l'alternateur à tous les régimes et pour tous les états de charge.

Les consommateurs électriques ne doivent pas être soumis à des écarts de tension trop élevés. Le régulateur est donc étalonné afin que la tension de l'alternateur ait une valeur constante d'environ 14 V dans les installations à 12 V et d'environ 28 V dans les installations à 24 V. La tension de l'alternateur est donc juste en-dessous de la tension de dégagement gazeux de la batterie de démarrage, permettant d'assurer une charge suffisante et d'empêcher tout dommage dû à une surcharge.

Processus de régulation. La valeur de la tension induite dans l'alternateur dépend du régime de celui-ci et de l'intensité du champ magnétique, respectivement du courant d'excitation I_E. Etant donné que le régime de l'alternateur varie constamment en fonction des variations des conditions de conduite, la régulation de la tension ne peut être effectuée qu'en modifiant le champ d'excitation, respectivement le courant d'excitation.

La valeur du courant d'excitation nécessaire dépend de la charge ponctuelle et du régime de l'alternateur **(ill. 2)**.

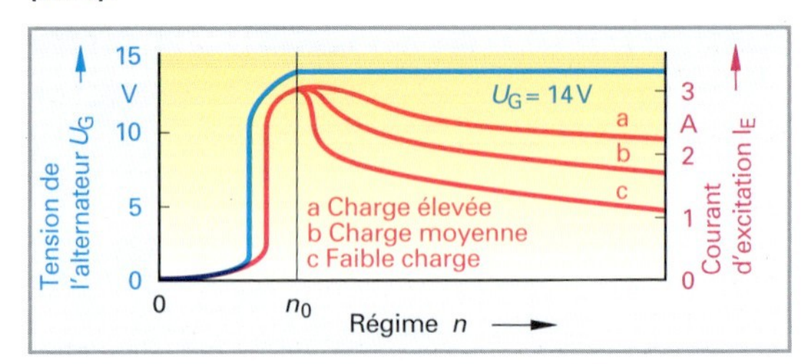

Illustration 2: Courant d'excitation I_E à différentes charges

Le régulateur modifie la valeur du courant d'excitation moyen I_E par des enclenchements et des déclenchements permanents (durée d'enclenchement t_1, durée de déclenchement t_2), ce qui génère un renforcement, resp. un affaiblissement, du champ d'excitation et donc une modification de la tension induite **(ill. 3)**.

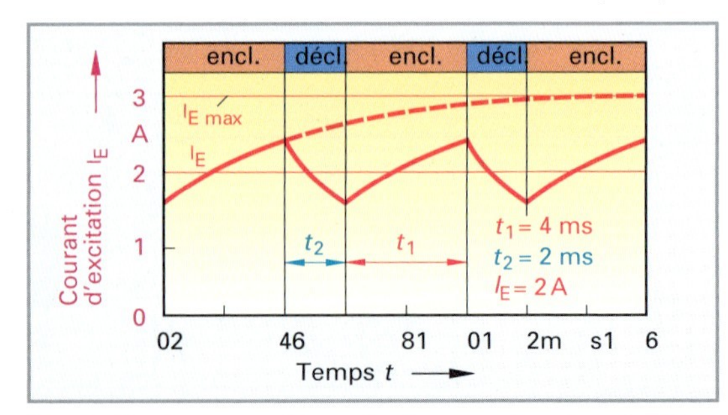

Illustration 3: Courant d'excitation I_E en fonction de t_1/t_2

Branchement électrique interne (ill. 1)

Dans un alternateur triphasé, on distingue trois circuits: **le circuit de pré-excitation, le circuit d'excitation et le circuit de charge.**

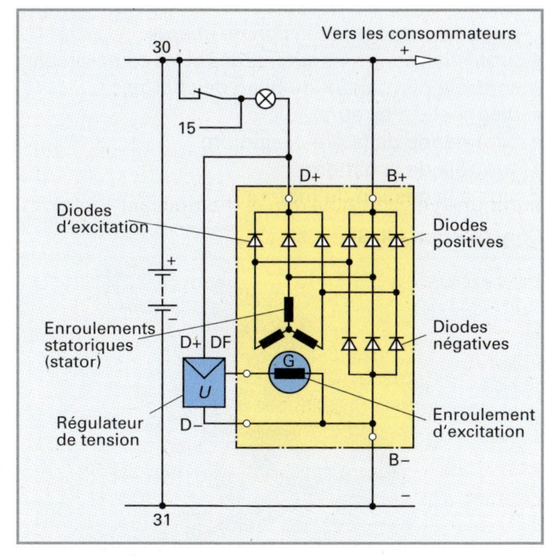

Illustration 1: Branchement électrique interne

Circuit de pré-excitation (ill. 2a). Après l'enclenchement du commutateur d'allumage, il traverse la lampe témoin et génère un champ magnétique dans l'enroulement d'excitation jusqu'à ce que le courant d'excitation soit produit par le stator. Pour cela, la tension de seuil des diodes positives et négatives doit être dépassée ($2 \times 0{,}7$ V = 1,4 V).

Le courant de pré-excitation part de la batterie de démarrage +/30 → contacteur d'allumage/lampe de contrôle D+ → régulateur D+ → régulateur DF → enroulement d'excitation DF → masse B– batterie de démarrage –/31.

Si la lampe de contrôle de l'alternateur est défectueuse, aucune pré-excitation n'est produite car le circuit est interrompu.

Après le démarrage du moteur, l'alternateur s'excite seul. Le courant d'excitation produit par le stator circule et la lampe de contrôle de l'alternateur s'éteint car elle a le même potentiel à ses deux bornes.

Circuit d'excitation (ill. 2b). Le courant d'excitation nécessaire est produit par le stator puis le régulateur détermine le courant d'excitation nécessaire.

Le pont de redressement de l'alternateur est également utilisé pour alimenter le circuit de régulation, pour l'isoler du circuit de la batterie, trois diodes d'excitation spéciales sont montées sur le pôle positif. Du côté négatif, le redressement se fait au moyen des diodes négatives.

Le courant d'excitation part de l'alternateur D+ → régulateur D+ → régulateur DF → enroulement d'excitation DF → masse D–/B– → diodes négatives → enroulements statoriques → diodes d'excitation à la borne D+.

Circuit de charge (circuit principal ill. 2c). Il alimente le réseau de bord en énergie électrique.
Il part de l'enroulement statorique → diodes positives → borne B+ → batterie/consommateurs → masse B- → diodes négatives → enroulements statoriques.

Une partie du courant généré par l'alternateur triphasé circule par les diodes d'excitation et le régulateur de tension pour crééer le champ magnétique nécessaire dans l'enroulement d'excitation.

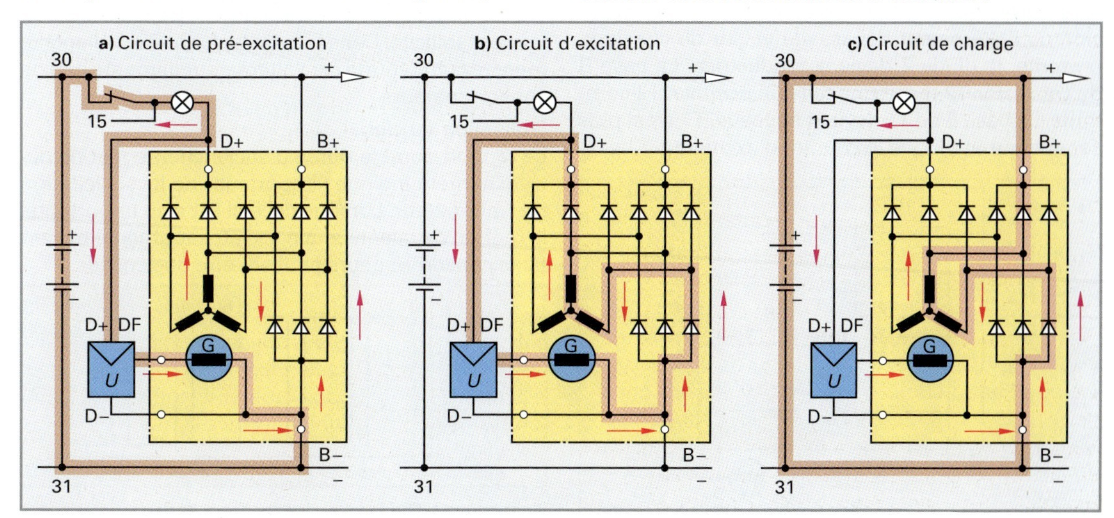

Illustration 2: Circuits de pré-excitation, d'excitation et de charge

19

Types de régulateurs de tension

Régulateur hybride (régulateur à transistor)

Caractéristiques:
- tous les circuits (IC) sont encapsulés dans un boîtier hermétique;
- généralement monté sans câblage directement dans l'alternateur;
- tension de charge dépendante de la température, plus la température de l'alternateur augmente, plus la tension nominale de l'alternateur diminue;
- fonctionnement selon le principe du courant d'excitation "enclenché" et "déclenché";
- le régulateur peut être commandé par réglage masse ou réglage courant.

Fonctionnement

Etat de fonctionnement "enclenché ou pleine excitation" (ill. 1). Tant que la tension produite par l'alternateur est inférieure à la tension de référence (p. ex. 14,2 V), le transistor T2 est bloqué par la diode Z. La base B de T1 reçoit du positif depuis le D+ au travers de la résistance R_3, le transistor T1 conduit. Le courant d'excitation passe depuis l'enroulement d'excitation vers le collecteur C puis l'émetteur de T1 (réglage masse).

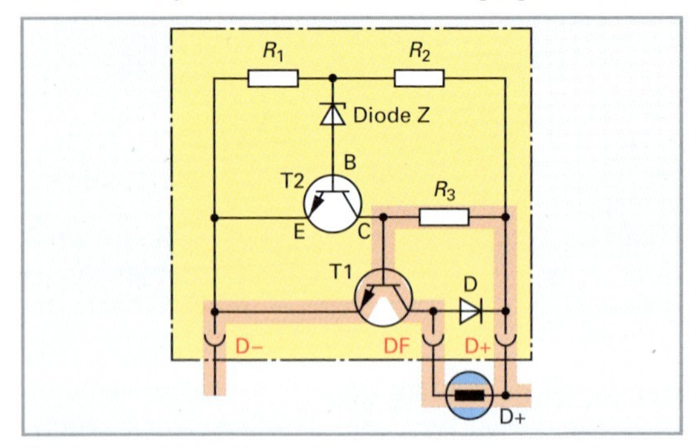

Illustration 1: Etat de fonctionnement "enclenché"

Etat de fonctionnement "déclenché" (ill. 2). Si la tension de l'alternateur dépasse la valeur de consigne prescrite, la diode Z devient conductrice. La base B du transistor T2 reçoit une tension positive. T2 commute. La base B de T1 devient négative, T1 n'est plus conducteur et bloque le courant d'excitation.

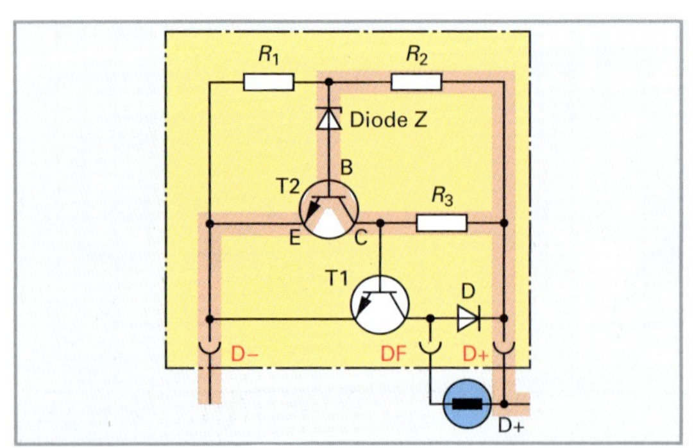

Illustration 1: Etat de fonctionnement "déclenché"

Régulateur multifonctions (MFR)

Caractéristiques:
- toutes les fonctions sont intégrées dans une puce (régulateur monolithique);
- le courant d'excitation provient directement de la connexion B+ (pas de diodes d'excitation);
- le paramètre de température est pris en compte pour déterminer la tension de charge;
- protection contre les surcharges et les court-circuits;
- contrôle permanent du bilan de charge;
- diagnostic d'erreurs;
- commande de la pré-excitation;
- contrôle de la batterie ;
- aide à la gestion du moteur.

Construction (ill. 3).

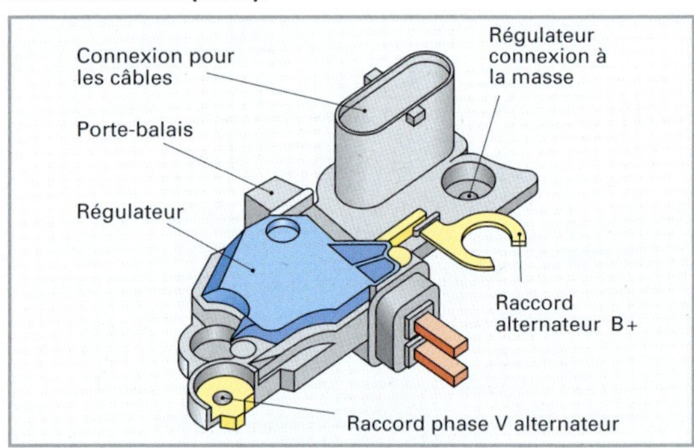

Illustration 3: Construction du MFR

Connexions au MFR (ill. 1, p. 573).

- **Connexion au moniteur de champ dynamique DFM (en bleu clair dans le schéma)**

Elle fournit le signal MIL de courant d'excitation à l'appareil de commande du réseau de commande **(ill. 4).**

Plus le courant que doit fournir l'alternateur est important, plus la durée d'enclenchement du courant d'excitation est importante. Dans l'ill. 4a, le courant d'excitation est enclenché longtemps car l'alternateur est sollicité. Dans l'ill. 4b, la durée d'enchlenchement est plus courte car l'alternateur alimente peu de consommateurs.

Utilisation du signal

Le rapport entre la durée d'enclenchement et de déclenchement indique l'importance de la sollicitation de l'alternateur. Lorsque celle-ci est trop importante, le régime de ralenti peut p. ex. être augmenté ou certains consommateurs peuvent être déclenchés.

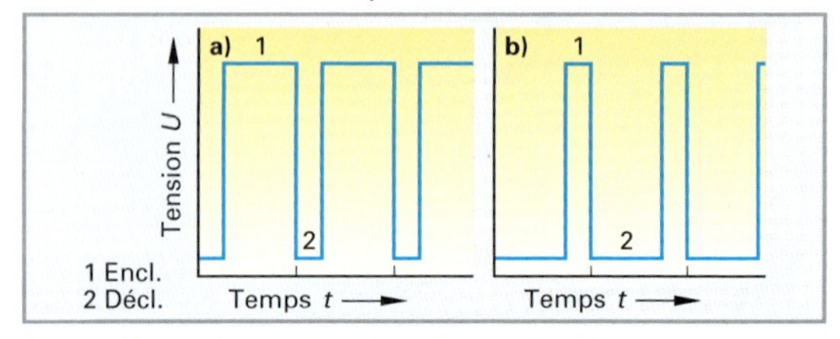

Illustration 4: Durée d'enclenchement et de déclenchement du courant d'excitation

19

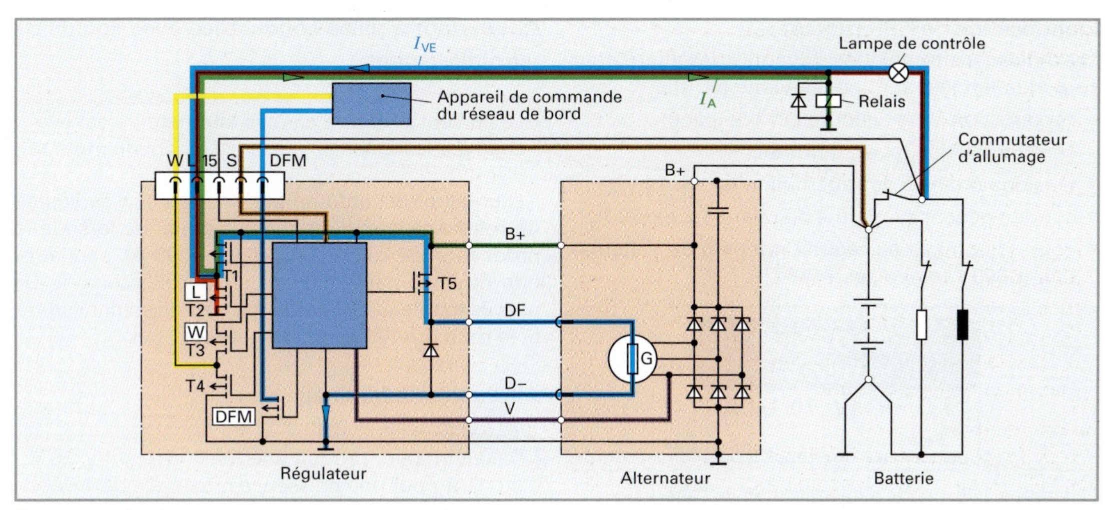

Illustration 1: Schéma d'un alternateur avec MFR

- **Connexion lampes et relais (L)**

Commande de pré-excitation (en bleu dans le schéma). Elle est activée par le régulateur après le démarrage. Lorsque le commutateur de démarrage est enclenché et que l'alternateur tourne, l'appareil de commande de la régulation commence à fournir du courant d'excitation par les transistors T1 et T5. Le signal MIL permet que l'excitation de l'alternateur commence au régime le plus bas. Le courant I_{VE} circule tant que l'alternateur ne produit pas de courant. Dès que le courant produit par l'alternateur est suffisant pour l'excitation, la circulation du courant I_{VE} cesse et la lampe témoin s'éteint.

Tension de sortie positive (en vert dans le schéma). Lorsque l'alternateur fonctionne sans problème, la connexion L fournit une tension de sortie qui permet, au travers d'un relais, d'enclencher d'autres consommateurs. Le courant I_A sort du régulateur.

Autodiagnostic (en rouge dans le schéma). Durant le fonctionnement de l'alternateur, des signaux sont analysés par le régulateur qui identifie d'éventuelles défaillances, il distingue les erreurs provenant de l'alternateur et celles provenant du régulateur ou du réseau de bord. En cas d'erreur, la sortie L est mise à la masse par le transistor T2 et la lampe de contrôle s'allume car elle reste alimentée par le contacteur d'allumage. Le relais commuté des deux côtés de la masse s'ouvre. Les consommateurs dépendants de ce relais sont désactivés.

- **Connexion Sense (S) (en brun dans le schéma)**

La tension de charge est directement mesurée à la batterie, ce qui permet, le cas échéant, de déterminer la chute de tension dans le câble de charge. La tension de charge de la batterie est ainsi optimisée.

- **Connexion W (en jaune dans le schéma)**

Elle transmet le régime de rotation de l'alternateur pour p. ex. commander le courant de pré-excitation de manière indépendante. La comparaison avec le régime moteur permet de détecter si la courroie patine.

- **Connexion V (en violet dans le schéma)**

Par le biais de cette connexion, le régulateur reconnaît, grâce à la la **tension de phase,** si l'alternateur tourne. S'il tourne et qu'aucun courant de charge n'est généré, l'appareil de commande du régulateur signale une erreur. En cas d'interruption du câble L, aucune pré-excitation n'est générée au démarrage. L'appareil de commande du régulateur prélève le courant de pré-excitation directement à la batterie. Ce courant passe par la borne B+, le transistor T5 et DF et arrive à l'enroulement d'excitation.

Aide à la gestion du moteur

Régulation de démarrage (Load-Response-Start). Lors du processus de démarrage, la charge de l'alternateur est retardée, ce qui empêche le couple de freinage de l'alternateur de perturber le démarrage du moteur **(ill. 2a).**

Mise en circuit de charge souple (Load-Response-Drive). Si, durant le fonctionnement, un consommateur électrique (p. ex. lève-vitre) produit de fortes modifications de charge, l'alternateur est fortement sollicité. Pour l'éviter, l'augmentation de la charge n'est réalisée que lentement **(ill. 2b).**

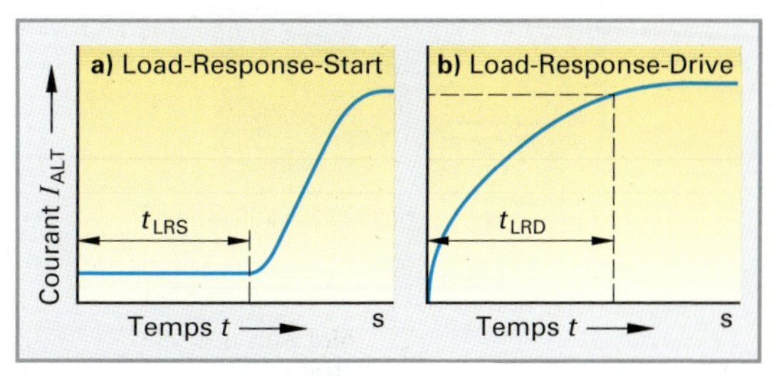

Illustration 2: LRS et LRD

Identification de l'alternateur

Les indications techniques suivantes de l'alternateur sont mentionnées sur une plaquette **(ill. 1)**:

- construction (p. ex. alternateur compact);
- sens de rotation (p. ex. à droite);
- tension nominale de l'alternateur (p. ex. 14 V);
- courant généré au régime de ralenti (p. ex. 70 A);
- courant nominal au régime nominal de l'alternateur (6 000 1/min) p. ex. 140 A.

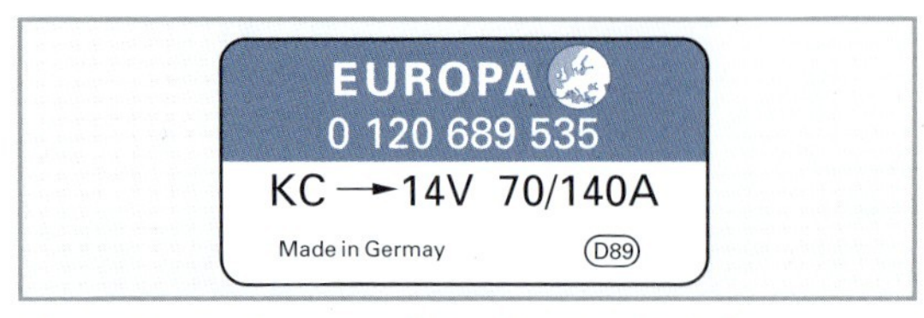

Illustration 1: Plaquette d'identification de l'alternateur

Alternateur avec rotor à pièce conductrice

Cet alternateur contient un bobinage d'excitation fixe, sans balais ni bagues collectrices. Il résiste à l'usure.

Une pièce conductrice fixe intégrée dans cet alternateur supporte le bobinage d'excitation. La pièce conductrice, avec le boîtier, le stator, la tôle de refroidissement, les diodes de puissance et le régulateur sont les pièces fixes de l'alternateur. La partie mobile comprend seulement le rotor et ses pôles magnétiques nord et sud. Les bagues collectrices et les balais ne sont pas nécessaires. Le courant d'excitation est conduit par des connexions fixes.

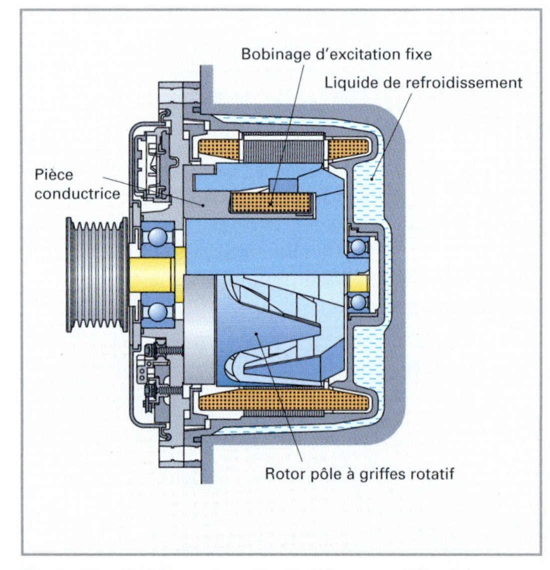

Illustration 2: Alternateur à refroidissement liquide avec pièce conductrice

Alternateur à pièce conductrice avec liquide de refroidissement

La chaleur produite par ces alternateurs est évacuée par le liquide de refroidissement du moteur.

L'alternateur est entouré par un manteau de liquide de refroidissement. La chaleur générée, lorsque la production de courant est élevée (200 A), peut ainsi être dissipée par le liquide de refroidissement. De plus, le manteau de liquide de refroidissement amortit le bruit produit par l'alternateur.

Alternateur à bobinage plat

Cet alternateur produit une tension de 14 V, 28 V ou 42 V, pour une puissance maximale de 4 kW.

Dans ce type de construction, l'enroulement est plat (flatpack), revêtu de fils de cuivre et condamné par une bague **(ill. 3)**. Le nombre de rainures, munies de fils d'enroulement, passe de 36 à 48, ce qui augmente le nombre de fils de cuivre du bobinage. La tension alternative induite augmente, permettant:

- d'augmenter la puissance;
- de réduire le régime de l'alternateur;
- de réduire le bruit;
- de réduire la taille de l'alternateur;
- d'augmenter le rendement.

L'alternateur, généralement en couplage triangle, est équipé d'un régulateur multifonctions et d'un redresseur.

Illustration 3: Alternateur à bobinage plat

Variantes de branchements

Selon les exigences, le redresseur peut être branché de différentes façons:

- diodes de puissances branchées en parallèle en cas de haute puissance;
- ajout de diodes entre le point neutre et les bornes positive et négative, permettant de réduire la perte de puissance en cas de régime de rotation élevé de l'alternateur.

Réseaux de bord

Réseau de bord à une batterie. Ce réseau de bord comprenant un alternateur et une batterie se trouve dans la plupart des voitures de tourisme.

Réseau de bord à deux batteries. En première monte, des réseaux de bord avec 2 batteries peuvent être implantés dans les véhicules à consommation d'énergie élevée. Cette consommation élevée est générée par le système de gestion de la conduite, les systèmes de sécurité, l'électronique de confort et les systèmes de divertissements/informations. Afin de garantir le démarrage à froid du véhicule, on utilise une batterie séparée. Quant à la batterie du réseau de bord, elle alimente tous les consommateurs électriques. Un système de gestion contrôle et régule l'état de charge des batteries.

Pour le démarrage à froid ou si la batterie de démarrage est faiblement chargée, il est possible de connecter un relais à charge élevée supplémentaire en parallèle à la batterie, afin d'améliorer le démarrage.

En seconde monte, une deuxième batterie peut être installée pour l'alimentation des consommateurs. Elle doit être branchée en parallèle à la première batterie. Un relais de séparation intermédiaire doit alors être installé pour éviter toute compensation de courant entre les deux batteries **(ill. 1)**.

Les batteries doivent avoir la même capacité nominale. Si la batterie d'alimentation est installée dans l'habitacle, elle ne doit pas dégager de gaz (technologie gel ou mat non-tissé de verre).

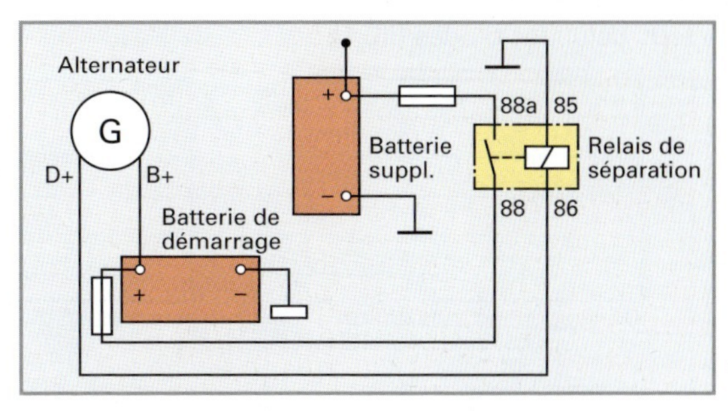

Illustration 1: Batteries avec relais de séparation

Réseau de bord à double tension. Il se compose de deux réseaux de tension séparés de 42 V et de 14 V. Le générateur alimente directement les consommateurs en 42 V et le réseau 14 V par le biais d'un convertisseur de tension continue. Un système électronique de gestion de l'énergie régule l'ensemble de la consommation énergétique et en pilote les fonctions.

L'alimentation en 42 V permet également l'utilisation d'un alternateur de démarrage intégré (ISG, ISAD). Il s'agit d'un alternateur et démarreur combinés.

CONSEILS D'ATELIER

Contrôle de l'alternateur par observation de la lampe de contrôle de l'alternateur

Défaut	Cause du défaut	Correction du défaut
La lampe de contrôle de l'alternateur n'est pas allumée alors que le moteur est arrêté et que l'interrupteur d'allumage est enclenché	Lampe de contrôle défectueuse	Remplacer la lampe de contrôle
	Batterie déchargée	Charger la batterie
	Batterie endommagée	Echanger la batterie
	Câblage débranché ou endommagé	Remplacer le câblage
	Régulateur endommagé	Remplacer le régulateur
	Court-circuit sur une diode positive	Débrancher le câble de charge, réparer l'alternateur
	Balais de charbon usés	Echanger les balais de charbon
	Oxydation sur les bagues collectrices, interruption dans l'enroul. d'excitation	Réparer l'alternateur
La lampe de contrôle de l'alternateur est allumée avec une intensité inchangée alors que l'alternateur fonctionne à haut régime	Court-circuit à la masse câblage D+ /61	Remplacer le câblage
	Régulateur endommagé	Remplacer le régulateur
	Diodes défec., salissures aux bagues coll., court-circuit à la masse sur câble DF, enroulement du rotor	Réparer l'alternateur, resp. remplacer le câblage DF
Moteur arrêté et interrupteur enclenché, la lampe de contrôle est allumée avec une grande intensité. Elle fonctionne faiblement lorsque le moteur tourne.	Résistance de contact dans circuit de charge ou dans câble de la lampe	Remplacer les câbles, nettoyer et fixer les connexions
	Régulateur endommagé	Echanger le régulateur
	Alternateur endommagé	Réparer l'alternateur

CONSEILS D'ATELIER

Diagnostic de défauts avec l'oscilloscope

Sur la base de la forme de la courbe de tension, on peut déduire l'état de l'alternateur et, avant tout, celui des diodes **(ill. 1)**.

Pour le test, la tension générée à la borne D+/61 est représentée sur l'oscilloscope.

L'alternateur charge à environ 15 A et le régime du moteur est maintenu à environ 2500 1/min.

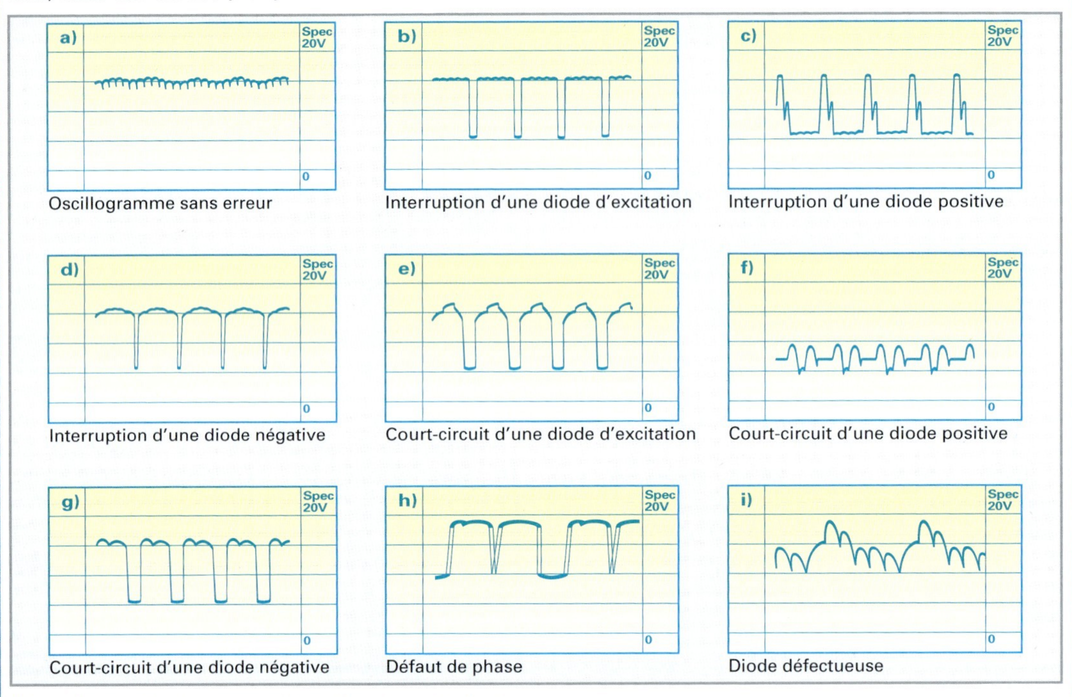

Illustration 1: Oscillogramme d'un alternateur triphasé

Mesures à l'aide d'un multimètre. La tension de l'alternateur est directement mesurée aux bornes B+ et D– du générateur.

Tension de régulation:

- démarrer le moteur;
- régler le régime entre 3500 et 4000 1/min;
- lire les mesures du test;
- selon le type d'alternateur et la température, les valeurs doivent se situer entre 13,7 et 14,7 V.

Tension de l'alternateur en charge:

- démarrer le moteur;
- régler le régime entre 1800 et 2200 1/min;
- si possible, enclencher tous les consommateurs;
- selon le type d'alternateur et la température, les valeurs ne doivent pas être inférieures à 13,0 à 13,5 V.

Courant de repos:

- arrêter le moteur;
- brancher l'ampèremètre entre le pôle négatif de la batterie et la masse;
- selon le type de véhicule, seul un faible courant d'env. 60 mA doit circuler de la batterie à l'alternateur;
- dans le cas contraire, il y a un défaut.

QUESTIONS DE RÉVISION

1. **Nommez les trois parties principales d'un alternateur?**
2. **A quoi sert un alternateur?**
3. **Quelle est la fonction supplémentaire de la diode positive?**
4. **Quel est le nom des éléments qui redressent le courant?**
5. **Comment distingue-t-on un couplage en étoile d'un couplage en triangle?**
6. **De quoi dépend la tension de sortie de l'alternateur?**
7. **Par quel moyen la tension de l'alternateur est-elle régulée?**
8. **Quelles fonctionnalités sont rendues possibles avec un régulateur multifonctions ?**
9. **A quoi faut-il faire attention lors du montage d'une batterie d'alimentation supplémentaire?**

19.2.7 Moteurs électriques

Dans les véhicules automobiles, les moteurs à courant continu sont principalement utilisés comme démarreurs, mais également comme entraînements auxiliaires (p. ex. ventilateurs, essuie-glaces, dispositifs de réglage des sièges).

Lorsque des éléments du véhicule doivent réaliser un déplacement sur une distance définie ou selon un angle précis (p. ex. actuateur de ralenti), on utilisera pour cela des moteurs pas à pas.

Dans le domaine des entraînements électriques pour véhicules, on utilise, outre les moteurs à courant continu, des moteurs asynchrones triphasés et des moteurs synchrones.

19.2.7.1 Moteurs à courant continu

Fonctionnement. Le principe du moteur à courant continu repose sur l'effet d'une force exercée sur un conducteur électrique traversant un champ magnétique.

Cette force dépend ...

- de la valeur du courant électrique dans le conducteur;
- de l'intensité du champ magnétique (induction magnétique);
- de la longueur efficace du conducteur (nombre de spires).

Dans un moteur à courant continu, on trouve une bobine, pouvant tourner sur son axe, disposée dans un champ magnétique possédant un pôle sud et un pôle nord **(ill. 1)**.

Lorsque l'on applique une tension à la bobine, le courant circulant dans celle-ci génère un champ magnétique (champ de bobine) qui se développe verticalement par rapport à la surface des spires **(ill. 2)**.

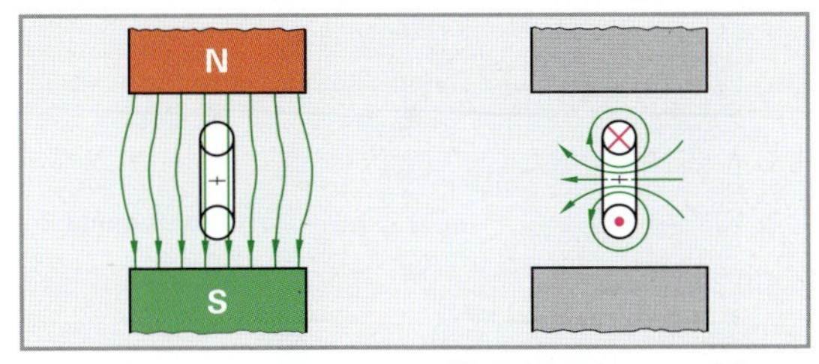

Ill. 1: Champ magnétique polaire **Ill. 2: Champ magnétique de la bobine**

Le champ magnétique des pôles (champ principal) et le champ magnétique de la bobine (champ d'induit) génèrent un champ résultant. Selon la direction du courant, il en résulte, dans la boucle du conducteur, un couple tournant à gauche, resp. à droite **(ill. 3)**. La bobine tourne alors jusqu'à ce que le champ de bobine ait la même direction que le champ des pôles. Elle reste ensuite dans la zone dite neutre du champ des pôles.

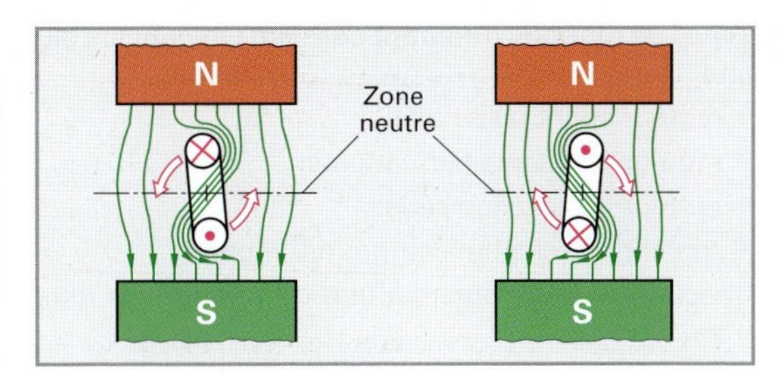

Illustration 3: Champ résultant et mouvement de rotation

Inversion du courant (commutation). Afin d'obtenir un mouvement de rotation continu, le sens du courant doit être changé dans la bobine d'induit lorsque celle-ci se trouve dans la zone neutre. La commutation du sens du courant est effectuée par un collecteur (commutateur). Les extrémités de la bobine sont branchées sur celui-ci et permettent au courant de circuler toujours sur les côtés de la bobine avec la même direction pour un pôle défini **(ill. 4)**. Le courant est conduit par deux charbons qui sont en contact avec le collecteur (commutateur).

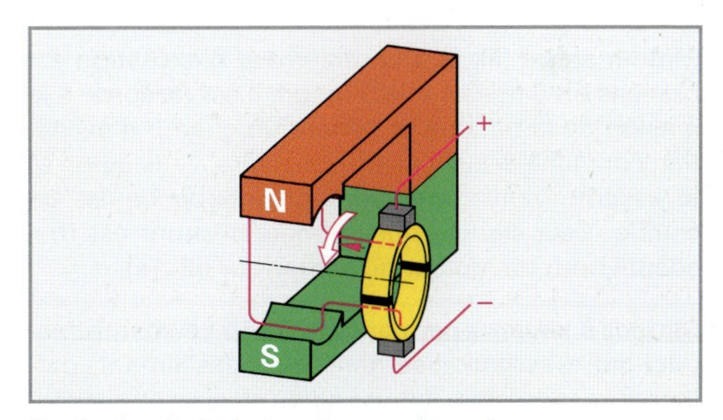

Illustration 4: Collecteur (commutateur)

L'induit comprend généralement plusieurs bobines afin qu'une force de rotation puisse être créée sur l'ensemble du pourtour de l'induit. Il permet au couple, généré pour une rotation de 360°, d'être plus régulier.

Si, à la place d'une bobine d'induit, on utilise un enroulement d'induit avec plusieurs bobines, il s'ensuit également un changement de sens du courant dans chaque conducteur, de telle sorte que le courant dans les côtés de la bobine possède toujours la même direction pour un pôle défini **(ill. 5)**.

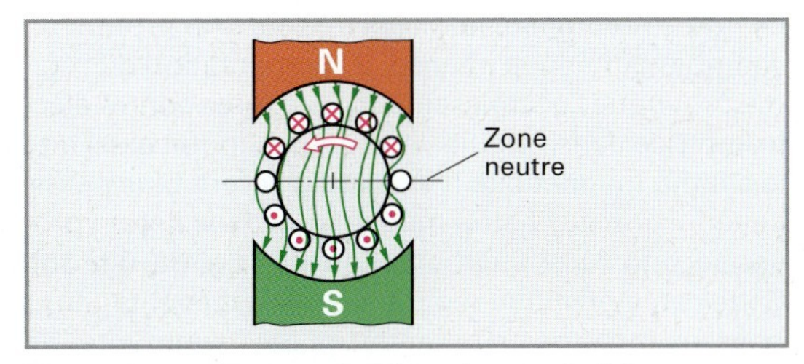

Illustration 5: Plusieurs bobines dans un induit

Types de moteurs à courant continu. On peut les différencier en fonction du genre d'excitation:

- moteur shunt ou parallèle;
- moteur à aimants permanents;
- moteur à excitation série;
- moteur à excitation compound (mixte).

Chacun de ces moteurs a une caractéristique régime-couple **(ill. 1)**.

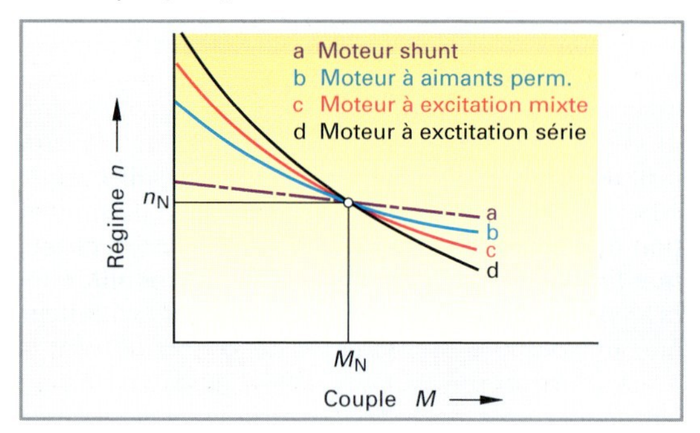

Illustration 1: Caractéristique régime-couple

Moteur shunt (ill. 2). L'enroulement d'excitation est branché en parallèle avec l'induit. Il est raccordé à la tension de la batterie et génère un champ d'excitation constant. Sous tension constante, l'excitation et le régime sont pratiquement indépendants du couple. Cela signifie que le moteur shunt est mal adapté pour un moteur de démarreur **(ill. 1a)**.

Moteur à aimants permanents (ill 3). Le champ magnétique d'excitation est généré par des aimants permanents puissants. Il en résulte une caractéristique régime-couple qui se situe entre le moteur shunt et le moteur à excitation série **(ill. 1b)**.

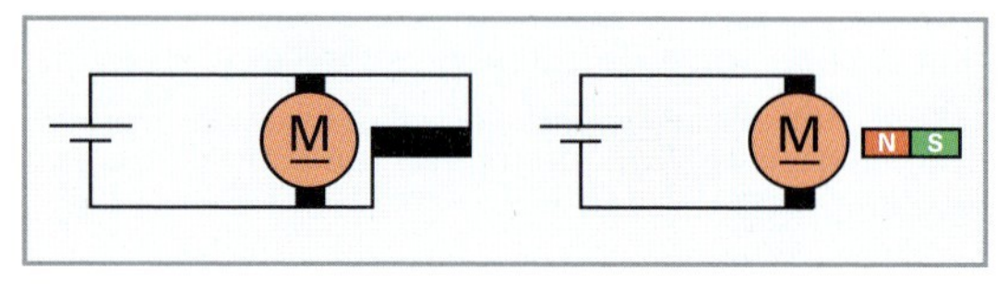

Ill. 2: Moteur shunt **Ill. 3: Moteur à aimants permanents**

Moteur à excitation série (ill. 4). L'enroulement d'excitation et celui de l'induit sont branchés en série (l'un derrière l'autre). Lors du lancement du moteur sous charge, le courant d'induit est très élevé et produit un champ magnétique intense. L'augmentation du régime provoque l'accroissement de la force contre électromotrice dans l'induit. Le courant d'induit ainsi que le champ magnétique d'excitation seront plus petits. La réduction du champ magnétique d'excitation provoque une forte augmentation du régime **(ill. 1d)**. Cette caractéristique régime-couple est avantageuse pour les moteurs de démarreurs car l'augmentation du régime permet un démarrage rapide du moteur.

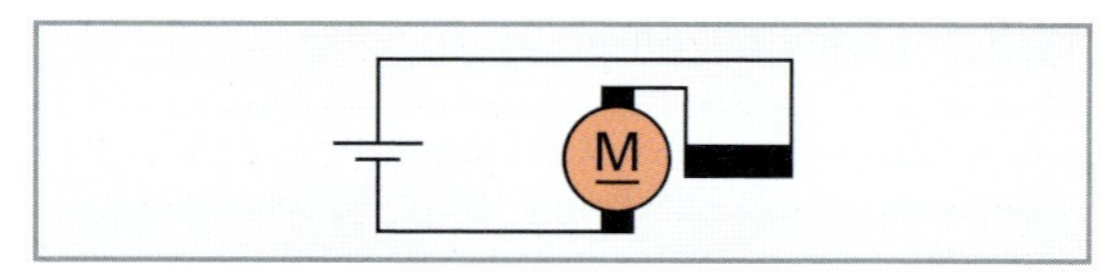

Illustration 4: Moteur série

Moteur à excitation compound (ill. 5). Il est composé d'un enroulement en série et d'un enroulement en parallèle. Vu la complexité de la fabrication des enroulements inducteurs, ce type de moteur n'est utilisé que pour de puissants démarreurs. L'enroulement shunt renforce le champ magnétique de l'enroulement en série et empêche avant tout une rotation rapide non désirable de l'induit lors d'une diminution de charge **(ill. 1c)**.

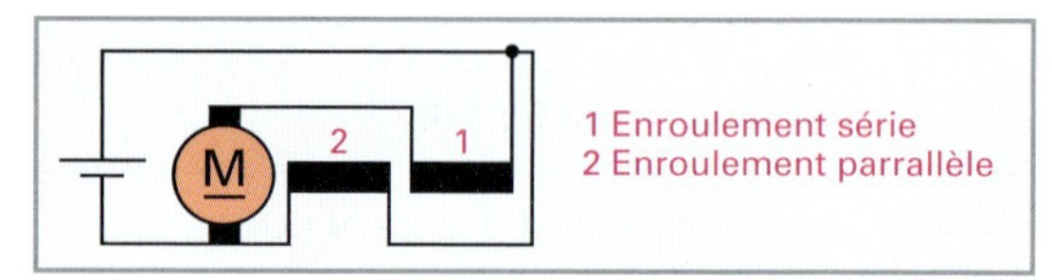

Illustration 5: Moteur à excitation compound

19.2.7.2 Moteurs pas à pas

Dans le moteur pas à pas, le rotor ainsi que l'arbre d'entraînement poursuivent leur rotation selon un angle défini ou un pas. Selon le type de construction du moteur pas à pas, il est possible d'obtenir des angles réduits jusqu'à 1,5°.

Construction. Le rotor d'un moteur pas à pas est un rotor denté fabriqué à partir d'un aimant permanent. Les dents du rotor sont magnétisées axialement. Elles changent ainsi continuellement de position entre le pôle nord et le pôle sud **(ill. 6)**. Entre deux dents du rotor, il y a un espace correspondant à la largeur d'une demi-dent.

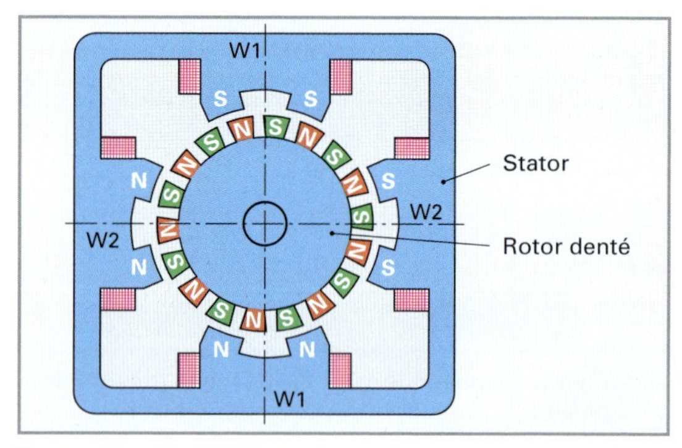

Illustration 6: Moteur pas à pas – principe de construction

Le stator composé de fines tôles empilées comporte, selon l'exemple de l'**ill. 6**, deux enroulements d'excitation W1 et W2 (phases). Ils forment les deux paires de pôles du stator. Les paires de pôles (pôle nord et pôle sud) sont opposées. Le pas de la denture du stator correspond à celui de la roue polaire.

Fonctionnement. La roue polaire se positionne toujours de façon à ce que le pôle nord du rotor denté se trouve face à un pôle sud du stator **(ill. 1a)**. Lors d'un changement de polarité du courant dans l'enroulement W1, la polarité de la paire de pôles se trouvant à la verticale change **(ill. 1b)**. Dans la paire de pôles à l'horizontale, elle reste identique. L'induit tourne alors d'un demi-pas de dent.

Le changement de polarité suivant se produit sur l'enroulement W2 et provoque un changement de polarité dans la paire de pôles horizontale. L'induit tourne alors d'un demi-pas de denture supplémentaire **(ill. 1c)**. Chaque changement de polarité dans la suite W1, W2, W1 ... génère une rotation supplémentaire.

Une polarisation correspondante des enroulements statoriques W1 et W2 permet un changement du sens de rotation du rotor **(ill. 1d)**.

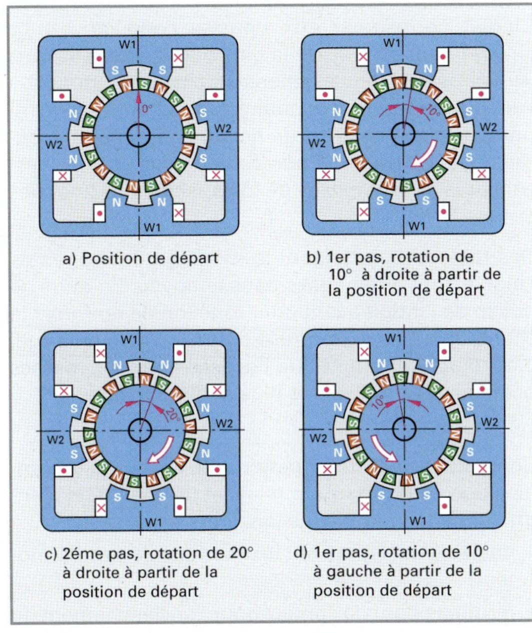

W1
W2
S
N
0°
10°
20°
a) Position de départ
b) 1er pas, rotation de 10° à droite à partir de la position de départ
c) 2éme pas, rotation de 20° à droite à partir de la position de départ
d) 1er pas, rotation de 10° à gauche à partir de la position de départ

Illustration 1: Moteur pas à pas – fonctionnement

Le positionnement nécessaire du moteur est réalisé sur la base des informations provenant des capteurs. Pour permettre au moteur de se positionner, les valeurs suivantes doivent être programmées dans l'appareil de commande:

- nombre de pas (correspond à l'angle de rotation);
- sens de rotation nécessaire;
- régime de rotation, resp. de positionnement.

Lorsque l'enroulement du stator est sans courant, l'effet magnétique entre la roue polaire et le stator maintient le rotor arrêté dans sa dernière position (effet de cran).

Un moteur pas à pas peut effectuer un nombre de pas illimité dans les deux directions.

Les moteurs pas à pas sont utilisés p. ex. pour:

- le positionnement du papillon des gaz;
- le positionnement des volets de ventilation pour les systèmes de climatisation;
- le positionnement électrique des rétroviseurs;
- le réglage des sièges avec mémorisation de la position.

Les moteurs pas à pas peuvent également être pourvus d'un entraînement à vis sans fin permettant une démultiplication "lente" ($i > 1$). Le rotor peut ainsi suite à chaque phase de réglage ou de commande, exécuter un grand nombre de pas, bien que l'actionneur (p. ex. le papillon des gaz) ne puisse être orienté que selon un angle précisément défini.

En cas de suite rapide d'impulsions, le moteur pas à pas devient un moteur synchrone. L'induit tourne en même temps que le champ magnétique du stator (synchrone).

19.2.7.3 Moteurs sans balais

Le principe de construction de ce type de moteur est à l'inverse de celui des moteurs commutés mécaniquement. Dans les moteurs sans balais, les enroulements sont implantés dans le stator alors que le rotor est muni d'un aimant permanent **(ill. 2)**.

Un dispositif de commutation électronique alimente les enroulements et active ainsi la rotation du rotor.

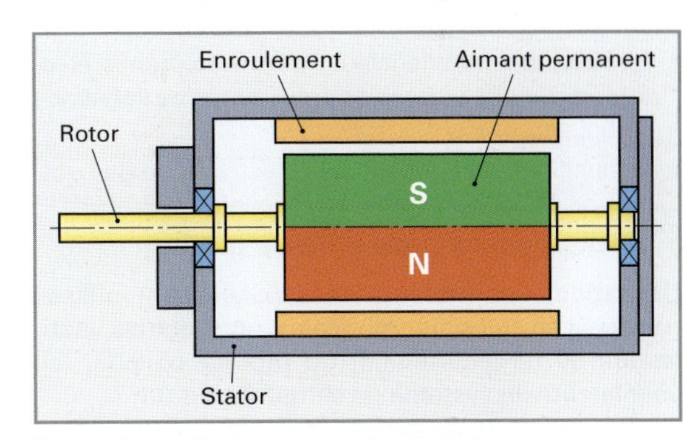

Illustration 2: Moteur sans balais (principe)

Moteur à rotor externe. Dans ce moteur, l'enroulement fixe du stator est disposé à l'intérieur et la cloche du rotor entoure les enroulements.

Moteur à rotor interne. Dans ce moteur, le rotor aimanté se trouve dans le moteur et le stator entoure le rotor.

19

Commutation électronique. Dans les moteurs sans balais, l'enclenchement ou le déclenchement de chaque enroulement est piloté par une électronique de commande. Celle-ci reçoit des informations sur la position du rotor provenant d'un capteur de position (p. ex. capteur Hall) et enclenche ou déclenche ensuite l'enroulement correspondant du stator **(ill. 1)**. Le régime du moteur dépend de la fréquence d'enclenchement du dispositif de commutation. En principe, les moteurs à courant continu commutés électroniquement disposent de trois ou de plusieurs rangées d'enroulements électroniques.

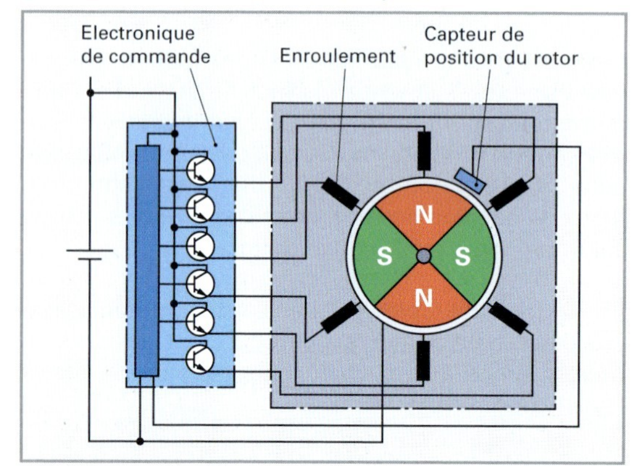

Illustration 1: Commutation électronique (principe)

Les avantages des moteurs sans balais par rapport aux moteurs commutés mécaniquement sont:

- obtention de régimes élevés car le régime maximal dépend uniquement de la force centrifuge des aimants agissant sur le palier;
- possibilité de régler le régime du moteur en mesurant le régime de rotation à l'aide du capteur de position du rotor;
- fonctionnement silencieux, bonne tolérance électromagnétique et maintenance inutile vu l'absence de balais;
- possibilité de diagnostic de l'électronique de commande et bonne souplesse mécanique;
- construction compacte et masse réduite.

Utilisation. Les moteurs sans balais sont utilisés dans les véhicules automobiles, p. ex. pour les ventilateurs de refroidissement du moteur ou pour les ventilateurs du système de climatisation.

19.2.7.4 Démarreur

Les moteurs à combustion doivent être démarrés à l'aide d'une énergie auxiliaire. Durant le démarrage, il faut vaincre l'inertie, les résistances au frottement ainsi que la compression du moteur.

Construction du démarreur

En principe, un démarreur **(ill. 2)** est composé:

- d'un moteur de démarrage (moteur électrique);
- d'un contacteur électromagnétique (relais, aimant);
- d'un lanceur (pignon, roue libre).

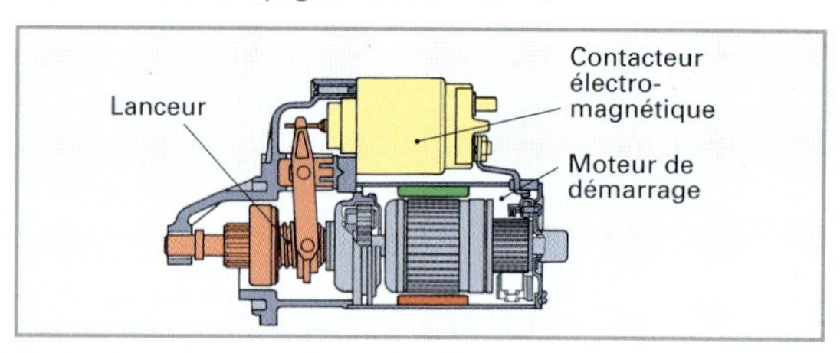

Illustration 2: Ensembles d'un démarreur

Moteur de démarrage. Le stator est constituée d'une carcasse tubulaire dans laquelle sont montés soit des enroulements d'excitation soit des aimants permanents. L'ensemble est fabriqué en acier car ce métal présente d'excellentes propriétés magnétique, bonne conduction du champ magnétique.

L'induit correspond aux boucles conductrices. Le changement continu de la direction du courant dans les spires de l'induit génère un champ magnétique variable qui pourrait conduire à un échauffement important et non désiré d'un noyau en fer massif (courants de Foucault). Pour cette raison, celui-ci est constitué d'un empilage de tôles, isolées les unes des autres.

Des rainures, permettant le montage des spires de l'induit, sont aménagées dans le noyau. En outre, le noyau de l'induit ayant pour fonction de renforcer le champ magnétique entre le pôle nord et le pôle sud, il est donc important que l'espace entre les masses polaires et l'induit soit le plus faible possible.

Contacteur électromagnétique (ill. 3). C'est une combinaison comportant un relais et un solénoïde d'engrènement. Il remplit les fonctions suivantes:

- engrener le pignon sur la couronne dentée du moteur;
- fermer le pont de contact pour l'enclenchement du courant principal de démarrage.

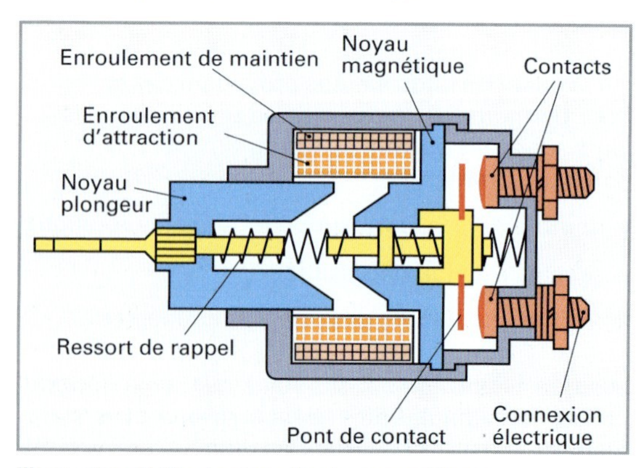

Illustration 3: Contacteur électromagnétique

Lanceur (ill. 1). il est principalement constitué:
- du pignon pour transmettre la force et le couple à la couronne du volant moteur;
- de la roue libre pour éviter que le moteur entraîne l'induit lors du démarrage;
- de la fourchette d'engrènement (commande positive);
- du ressort d'engrènement qui se comprime lorsque la dent du pignon bute contre une dent de la couronne.

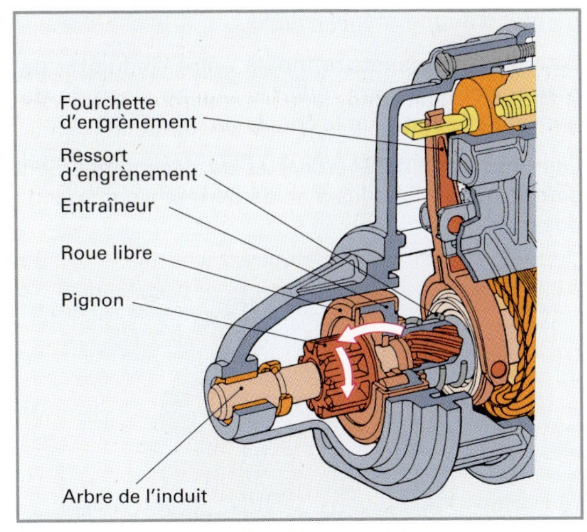

Illustration 1: Lanceur d'un démarreur à commande positive

Durant la phase de démarrage, le pignon s'engrène dans la couronne dentée du volant moteur. Le rapport de transmission est compris entre 10 et 15, ce qui permet de vaincre les résistances élevées du moteur à combustion. Le pignon est particulièrement sollicité mécaniquement lors des phases d'engrènement et de démarrage du moteur.

Lors du démarrage, la roue libre a pour fonction de transmettre le couple d'entraînement du démarreur au pignon. Lorsque le moteur a démarré, elle désolidarise le pignon de l'arbre d'induit, de manière à éviter un sur-régime pouvant provoquer la destruction de l'induit.

On distingue:
- la roue libre à galets. Elle est utilisée pour de petits démarreurs sur des véhicules de tourisme et pour des petits véhicules utilitaires;
- la roue libre avec embrayage multidisques. Elle est utilisée pour de plus gros démarreurs qui équipent les véhicules utilitaires.

La roue libre est constituée d'une bague de roue libre avec des rampes de travail, des galets ainsi que des ressorts hélicoïdaux **(ill. 2)**. Les galets glissent sur la queue de pignon. Les rampes de travail ont une forme qui se rétrécit dans un sens.

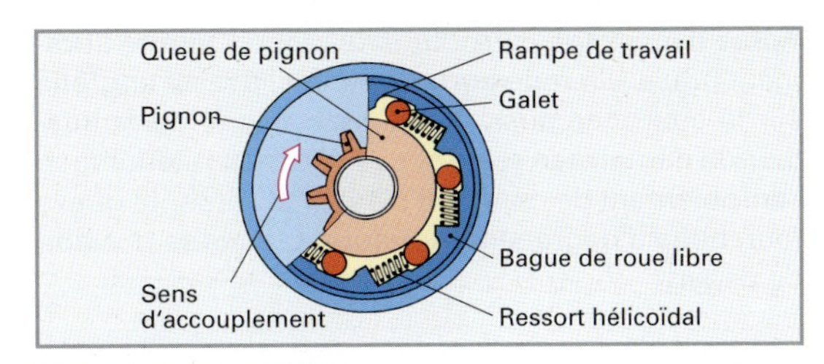

Illustration 2: Roue libre

Lorsque la bague de roue libre du démarreur est entraînée, les galets se coincent dans la partie rétrécie des rampes de travail. La queue de pignon est ainsi accouplée avec le démarreur. Après le démarrage du moteur, le pignon, entraîné par le moteur, libère les galets qui sont poussés dans la partie élargie des rampes de travail. La liaison entre l'induit et le pignon est supprimée.

Démarreur à commande positive

Lors de l'engrènement, le pignon qui est accouplé au lanceur par la roue libre, se déplace sur le filetage à pas rapide de l'arbre d'induit **(ill. 3)**.

L'entraîneur avance sur l'arbre grâce au mouvement de la fourchette d'engrènement. Celle-ci est entraînée par le noyau plongeur du contacteur électromagnétique, le pignon effectue un mouvement de rotation par le filetage à pas rapide pour s'engrèner sur la couronne. Si une dent du pignon bute contre une dent de la couronne, le ressort d'engrènement se comprime jusqu'à ce que le pont de contact enclenche le courant principal. L'induit tourne et le pignon se déplace sur la surface frontale de la couronne jusqu'à ce qu'il puisse s'engrener.

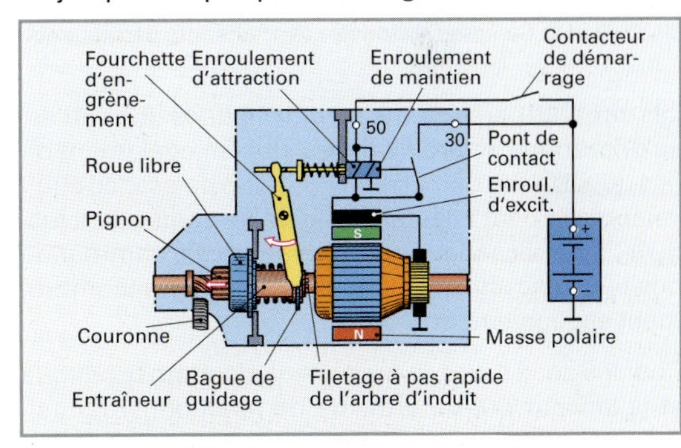

Illustration 3: Démarreur à commande positive

L'électroaimant possède deux enroulements: un enroulement d'attraction et un enroulement de maintien. Durant la phase d'engrènement du pignon dans la couronne, les deux enroulements fonctionnent ensemble. Lors de l'enclenchement du courant principal du démarreur, l'enroulement d'attraction est court-circuité car il est alimenté positivement des deux côtés. Le contacteur électromagnétique est maintenu par l'enroulement de maintien **(ill. 3)**.

Après démarrage du moteur, le pignon tourne librement grâce à la roue libre. Toutefois, il reste engrené sur la couronne aussi longtemps que le commutateur de démarrage reste activé. Ce n'est que lorsque l'enroulement de maintien n'est plus alimenté que la fourchette d'engrènement retourne dans sa position de départ.

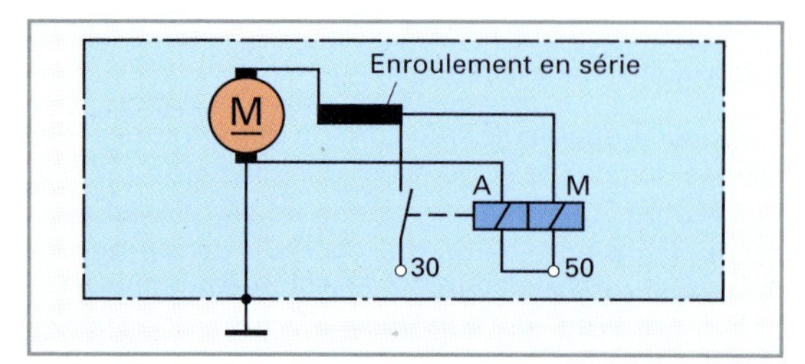

Illustration 1: Branchement interne d'un démarreur à commande positive

Démarreur à commande positive avec excitation par aimants permanents et réducteur

Dans ce type de démarreur, l'enroulement d'excitation est remplacé par des aimants permanents **(ill. 2)**.

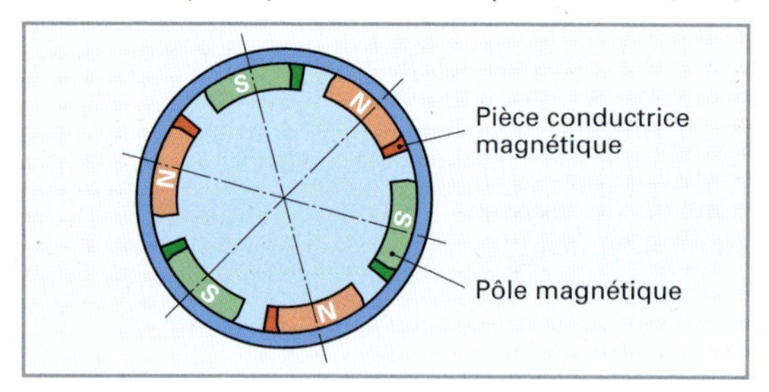

Illustration 2: Carcasse statorique avec aimants permanents

Les aimants permanents sont fixés dans une carcasse cylindrique à parois minces, qui fait également office de carter du démarreur. Pour une puissance équivalente, on peut atteindre un gain de poids allant jusqu'à 20 % par rapport à un démarreur à commande positive avec enroulement d'excitation. L'encombrement est également réduit.

Pour les deux types, le contacteur électromagnétique et le lanceur ont un principe de fonctionnement similaire. Seul le branchement électrique intérieur diffère **(ill. 3)**. Lors du démarrage, le courant circule directement sur les balais et sur l'induit.

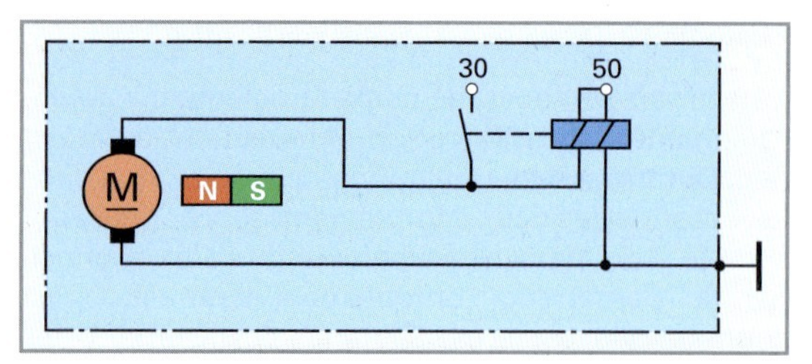

Illustration 3: Branchement interne d'un démarreur avec excitation par aimants permanents

> Les démarreurs à commande positive avec excitation par aimants permanents ont une caractéristique de moteur shunt.

Etant donné que le couple de démarrage des moteurs à caractéristique shunt est particulièrement faible, ceux-ci sont équipés d'un train planétaire qui permet d'augmenter le couple.

Le réducteur planétaire monté entre l'induit du démarreur et le pignon réduit le régime élevé du démarreur et augmente le couple au pignon **(ill. 4)**.

Les phases d'engrènement et de désengrènement correspondent à celles d'un démarreur à commande positive.

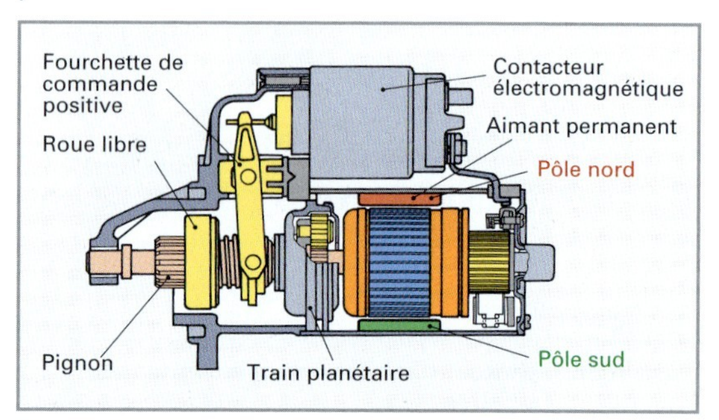

Illustration 4: Démarreur à réducteur

Le train épicycloïdal réducteur se compose d'une couronne, d'un porte-satellites avec les satellites et d'un planétaire **(ill. 5)**.

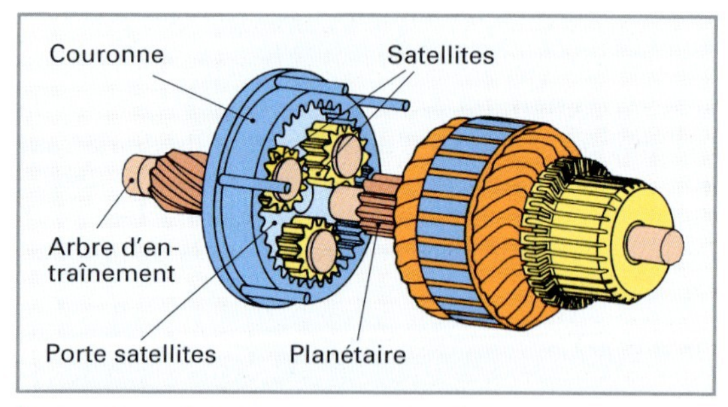

Illustration 5: Induit avec train planétaire

Le **planétaire** est monté sur l'arbre de l'induit, c'est la roue menante du train planétaire.

Les **satellites** sont montés sur le porte-satellites qui est relié à l'arbre d'entraînement équipé d'un filetage à pas rapide sur lequel coulisse le lanceur.

La **couronne** est fixée à la carcasse du démarreur. Elle est fabriquée en matière plastique.

19

Conseils d'atelier

Seul le test de court-circuit du démarreur peut être effectué sur le véhicule. L'induit du démarreur est alors bloqué et le courant de court-circuit est mesuré à l'aide d'une pince ampèremétrique.

La valeur du courant de court-circuit dépend de la capacité et de l'état de charge de la batterie ainsi que de la puissance prélevée par le démarreur.

- La différence de tension entre la batterie et le démarreur est due à la chute de tension dans le câble principal du démarreur. Chute de tension admissible: 0,25 V pour une installation de 6 V, 0,5 V pour une installation de 12 V et 1 V pour une installation de 24 V.
- Durant le test de court-circuit, la tension aux bornes de la batterie ne doit pas être inférieure à 3,5 V dans une installation de 6 V, à 7 V dans une installation de 12 V et à 14 V dans une installation de 24 V.

Essai de court-circuit

- Brancher un ampèremètre et deux voltmètres selon l'**ill. 1**. Engager la vitesse la plus élevée, tirer le frein à main et presser sur le frein à pied.

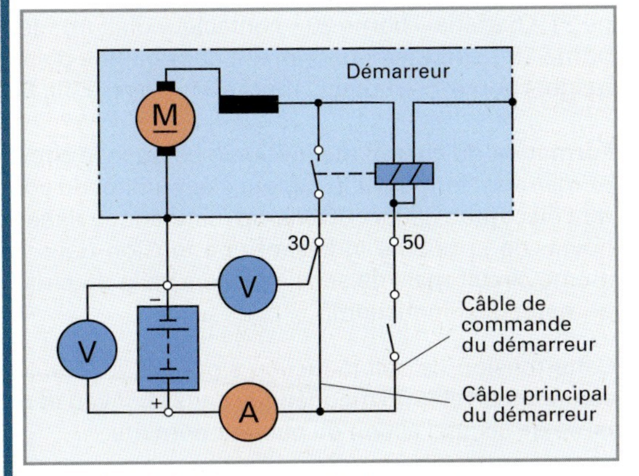

Illustration 1: Schéma de contrôle pour démarreur avec contacteur électromagnétique

- Actionner brièvement le démarreur (max. 5 sec.).
- Au démarrage, déclencher si possible tous les autres consommateurs électriques.
- Lire les valeurs du courant de court-circuit, de la tension aux bornes du démarreur et de la tension de la batterie.

Diagnostic

- Si le courant de court-circuit est inférieur à la valeur prescrite bien que la tension aux bornes de la batterie soit correcte, on a alors affaire à une résistance supplémentaire dans le circuit (p. ex. une résistance de contact trop importante à la borne positive ou une augmentation de la résistance du câble d'alimentation ou de masse du démarreur).
- Si le démarreur n'atteint pas le courant de court-circuit prescrit alors que la tension de la batterie et les chutes de tension se trouvent dans les valeurs de tolérance, cela signifie que le démarreur est défectueux.
- Si le démarreur n'atteint pas le courant de court-circuit prescrit et que la tension de la batterie diminue au-delà de la limite inférieure prescrite alors que les chutes de tension dans les câbles sont correctes, le défaut peut provenir du démarreur ou de la batterie.

Maintenance

- Des bornes de batterie oxydées ou mal serrées, des contacts d'interrupteurs détériorés et des câbles endommagés augmentent la résistance du circuit. Il faut enlever les couches d'oxydation, serrer les contacts et remplacer les composants et les contacts abîmés. Les contacts des bornes de la batterie doivent être protégés de la corrosion au moyen d'une graisse appropriée.

Questions de révision

1. **Quels sont les composants principaux d'un moteur à courant continu ?**
2. **Comment peut-on différencier les moteurs à courant continu en fonction du type d'excitation ?**
3. **Quelle est la fonction du collecteur dans un moteur à courant continu ?**
4. **Décrivez les fonctions et le principe de fonctionnement d'un moteur pas à pas.**
5. **Comment un moteur à courant continu sans balais est-il construit ?**
6. **Expliquez la commutation électronique dans un moteur continu sans balais.**
7. **Quels sont les trois composants principaux d'un démarreur ?**
8. **Décrivez le rôle et le principe de fonctionnement d'une roue libre.**
9. **Décrivez les deux phases de fonctionnement du démarreur à commande positive.**
10. **Quels avantages offrent les démarreurs avec train planétaire par rapport aux démarreurs sans réducteur ?**

19.2.8 Système d'allumage

Le système d'allumage a pour fonction d'allumer le mélange air-carburant
- au bon moment (point d'allumage)
- avec l'énergie nécessaire

afin de permettre une combustion complète.

Les buts suivants peuvent ainsi être atteints:
- couple maximal;
- rendement maximal;
- consommation de carburant minimale;
- émission réduite de polluants.

19.2.8.1 Production de l'étincelle d'allumage

L'étincelle électrique d'allumage peut être produite au moyen d'une construction simple **(ill. 1)**.

L'énergie nécessaire à la production de l'étincelle est fournie par une batterie (source de tension). Si le contacteur d'allumage et le rupteur sont tous deux fermés, l'énergie électrique est stockée dans les spires de la bobine d'allumage (transformateur). Lorsque le rupteur s'ouvre, il se produit alors durant un court laps de temps, une étincelle entre les deux électrodes de la bougie d'allumage.

Sur les véhicules, cet effet est obtenu par un simple dispositif d'allumage par bobine **(ill. 1)**. Dans les moteurs à plusieurs cylindres, un distributeur complète le dispositif. Celui-ci sert à répartir l'énergie d'allumage entre les différents cylindres juste avant que leurs pistons aient atteint le PMH.

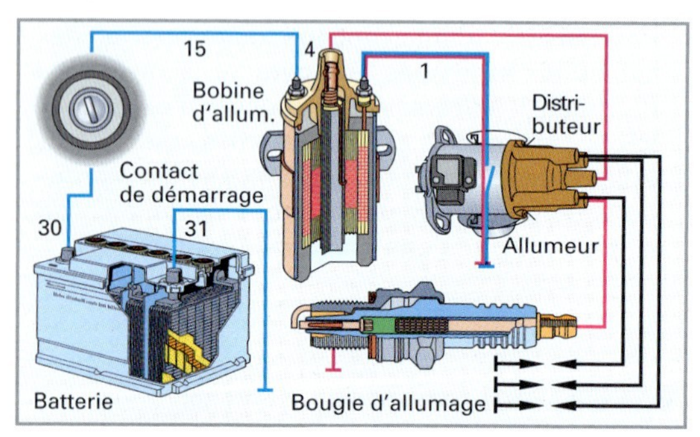

Illustration 1: Schéma d'un allumage par batterie

Processus physique lors de la production de l'étincelle d'allumage

Dans tous les systèmes d'allumage par bobine, l'énergie électrique est accumulée dans la bobine sous forme d'un champ magnétique généré par le courant dans l'enroulement primaire de la bobine et renforcé par le noyau ferreux de celle-ci.

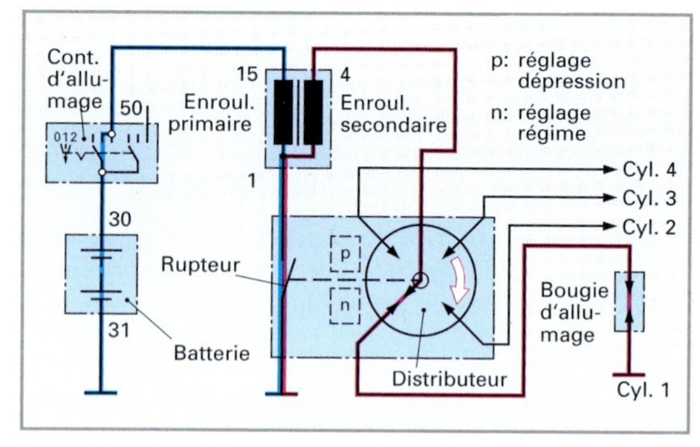

Illustration 2: Schéma d'un système d'allumage par bobine

Processus dans le circuit primaire

Flux du courant dans le circuit primaire: masse – borne 31 – batterie – borne 30 – contacteur d'allumage – borne 15 – enroulement primaire de la bobine d'allumage – borne 1 – rupteur – borne 31 – masse **(ill. 2)**.

Formation du champ magnétique. Lorsque le circuit primaire est fermé par le rupteur, l'apparition du courant électrique génère un champ magnétique dans le noyau de la bobine induisant une tension dans ce même circuit mais de sens inverse à celle du circuit primaire (self-induction).

Cette tension de self-induction s'oppose à l'établissement d'un champ magnétique dans le noyau et retarde de ce fait l'action du courant primaire.

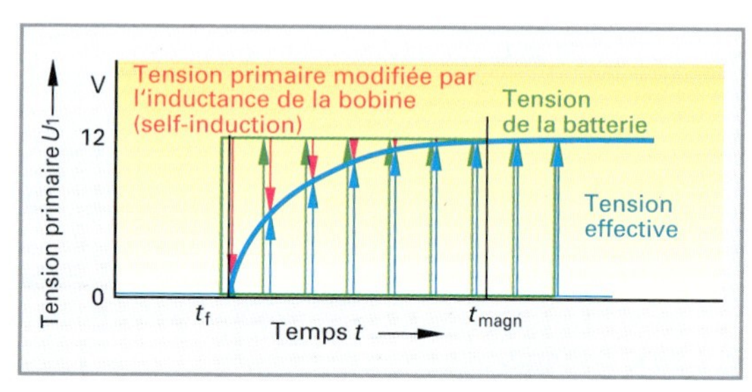

Illustration 3: Tension effective dans le circuit primaire à la fermeture du circuit

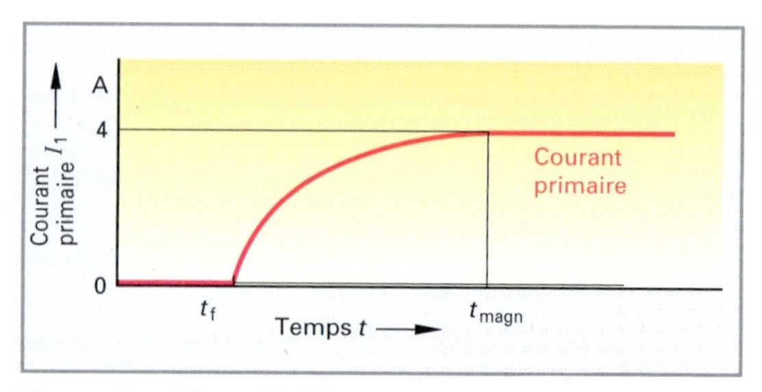

Illustration 4: Intensité du courant à la fermeture du circuit

Lorsque la formation du champ magnétique est terminée au moment t_{magn}, la modification de champ magnétique est nulle, il n'y a donc plus aucune induction dans le secondaire. L'intensité du courant est dès lors uniquement définie par la résistance ohmique de l'enroulement et par la tension de la batterie (p. ex. $U = 12$ V; $R = 2\ \Omega$; $I = 6$ A).

Disparition du champ magnétique. Lorsque le circuit primaire est interrompu par le rupteur (t_{ouv}), la disparition du courant électrique génère la disparition du champ magnétique dans le noyau de la bobine. Cette importante modification du champ magnétique, en un laps de temps très bref, produit aussi une tension de self-induction dans le circuit primaire, de même polarité que la tension primaire, qui sera d'autant plus importante que la disparition du champ magnétique est rapide. Selon le type et la conception de la bobine d'allumage, cette tension de self-induction peut atteindre 400 V.

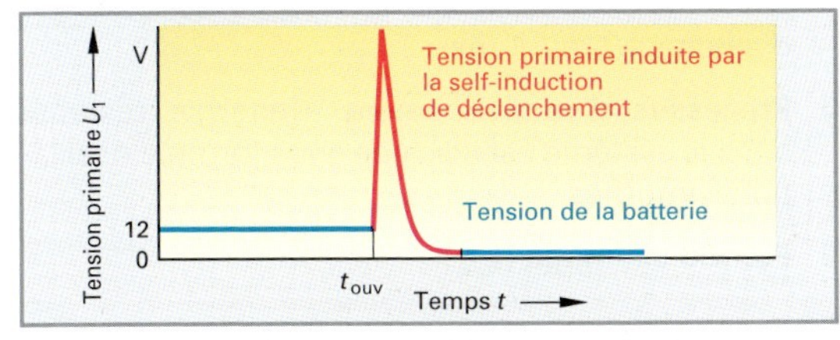

Illustration 1: Tension dans le circuit primaire à l'ouverture du circuit

Processus dans le circuit secondaire (contacts du rupteur fermés)

Masse – borne 31 – rupteur – borne 1 – enroulement secondaire de la bobine d'allumage – borne 4 – distributeur – électrode positive – électrode négative – borne 31 – masse **(ill 2, p. 584).**

Les processus décrits pour le circuit primaire sont transformés dans le circuit secondaire. La bobine d'allumage est conçue de manière à ce que, du point de vue des pertes internes, la tension du circuit secondaire soit renforcée de façon à compenser l'intensité du courant selon l'équation suivante:

$$n = \frac{U_1}{U_2} = \frac{I_2}{I_1} = \frac{N_1}{N_2}$$

n Rapport de transformation
U_1 Tension primaire
U_2 Tension secondaire
I_1 Courant primaire
I_2 Courant secondaire
N_1 Nombre de spires primaires
N_2 Nombre de spires secondaires

Formation du champ magnétique lors de la fermeture du circuit primaire (ill 2). La tension de self-induction et l'apparition du champ magnétique agissant du côté primaire génèrent une tension dans l'enroulement secondaire qui se trouve renforcée en fonction du rapport de transformation des enroulements. P. ex., pour un rapport de transformation de $n = 150$ et $U_{bat} = 13{,}5$ V, la tension secondaire peut atteindre une valeur allant jusqu'à 2000 V. Lorsque la magnétisation du noyau est achevée, au moment t_{magn}, cette tension sera nulle. Etant donné que la tension induite ne provoque aucune étincelle, le circuit secondaire n'est, de ce fait, pas connecté électriquement à la bougie d'allumage. Aucun courant ne circule. L'énergie restante se dissipe dans le circuit secondaire de la bobine sous forme d'oscillations amorties.

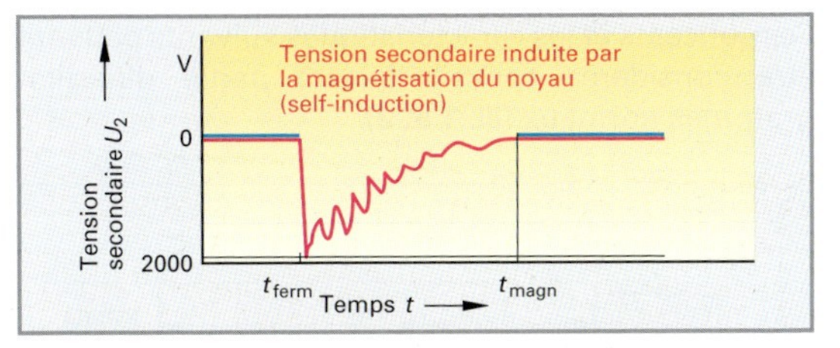

Illustration 2: Tension dans le circuit secondaire à la fermeture du circuit

Disparition du champ magnétique (interruption du circuit primaire par ouverture du rupteur). La disparition très rapide du champ magnétique génère une tension d'induction élevée dans le circuit secondaire; cette tension est renforcée par l'effet de la bobine d'allumage qui agit, en fonction du rapport de transformation n, comme un transformateur. Cette tension peut atteindre des valeurs allant jusqu'à 40 000 V.

La haute tension induite ionise le nuage de gaz qui se trouve entre les électrodes de la bougie d'allumage. Les molécules de gaz, qui avait jusque-là une fonction d'isolation, deviennent partiellement conductrices. Une étincelle éclate. Le courant qui prend naissance dans l'enroulement secondaire passe par le distributeur, la bougie puis retourne à l'enroulement secondaire en passant par la batterie.

L'énergie dégagée par l'étincelle allume le mélange qui se trouve entre les électrodes de la bougie. La ionisation produit une diminution de la tension nécessaire au passage de l'étincelle (tension d'étincelle). Après 1 à 2,5 ms, l'énergie accumulée dans la bobine d'allumage est suffisamment faible pour que l'étincelle arrête de jaillir au moment t_{fin}. L'énergie restante dans la bobine d'allumage se dissipe sous forme d'oscillations amorties.

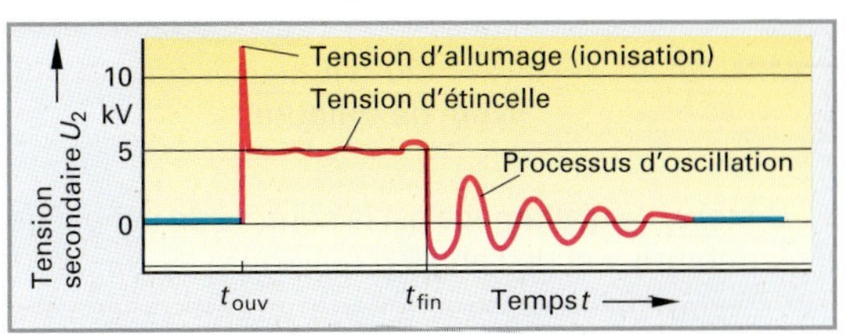

Illustration 3: Evolution de la tension secondaire lors de l'ouverture des contacts du rupteur

19.2.8.2 Oscillogrammes de base

Les oscillogrammes d'allumage permettent de représenter l'évolution de la tension avec les contacts du rupteur ouverts et fermés. A l'atelier, ils sont utilisés pour diagnostiquer d'éventuelles défaillances du système d'allumage. Afin de pouvoir interpréter un oscillogramme de manière précise, il faut connaître l'oscillogramme de base d'un système d'allumage fonctionnant parfaitement. Si tous sont à peu près identiques, ils affichent toutefois des différences spécifiques en fonction du type de système d'allumage (voir également **p. 584**).

Les concepts et les caractéristiques suivants peuvent être considérés comme faisant partie d'oscillogrammes normaux **(ill. 1 et 2)**.

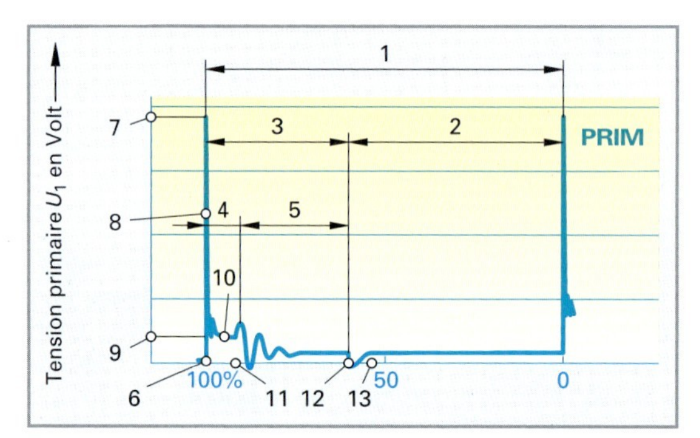

Illustration 1: Oscillogramme de base du circuit primaire

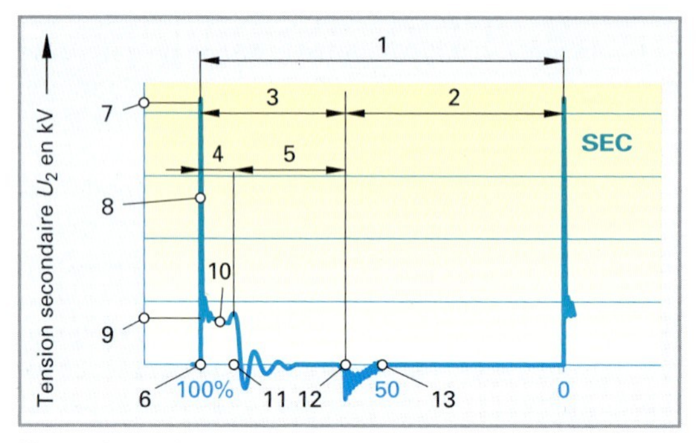

Illustration 2: Oscillogramme de base du circuit secondaire

1 Intervalle d'allumage γ. C'est l'angle de rotation parcouru par l'arbre de commande du distributeur entre deux étincelles d'allumage. Il est calculé au moyen de la formule:

$$\gamma = \frac{720\ \text{°vil.}}{\text{Nbre de cylindres}}$$

L'intervalle d'allumage est la somme de l'angle de fermeture α et de l'angle d'ouverture β.

$$\gamma = \alpha + \beta$$

2 Angle de fermeture α (angle de came). C'est l'angle de rotation de l'arbre de commande du distributeur durant lequel le circuit primaire est fermé et le champ magnétique est formé. Il est indiqué en °vil. ou en % de l'intervalle d'allumage γ, où la valeur de γ correspond à 100 %.

P. ex: moteur Otto à 4 temps, 4 cylindres, γ = 55 %

Intervalle d'allumage: γ = 720° vil./4 = 180° vil.

Angle de fermeture α en %: 100 % = 180° vil.

$$55\ \% = \frac{180° \cdot 55}{100} = 99°\ \text{vil.}$$

3 Angle d'ouverture β. C'est l'angle de rotation de l'arbre de commande du distributeur durant lequel le circuit primaire est ouvert. Il se compose de la somme de la durée de l'étincelle et du processus d'amortissement.

4 Durée de l'étincelle. Elle indique la durée du jaillissement de l'étincelle aux électrodes de la bougie d'allumage (env. 1 ms).

5 Processus d'amortissement. L'énergie restante dans le système est dissipée sous forme d'oscillations amorties.

6 Point d'allumage (t_{ouv}).

Le point d'allumage est défini par l'ouverture du circuit primaire. Le point d'allumage est indiqué par rapport au PMH et il est donné en degrés vilebrequin.

7 Tension d'allumage ou de ionisation (8 Pic de tension). Elle définit la tension nécessaire pour faire jaillir l'étincelle. Le système d'allumage doit disposer en toutes circonstances d'une tension suffisamment élevée pour générer une étincelle. Lorsque l'étincelle a éclaté, la tension redescend à la valeur de la tension d'étincelle.

9 Tension d'étincelle (10 Ligne de tension d'étincelle). Elle indique la tension nécessaire pour maintenir l'étincelle. La présence du nuage de gaz ionisés entre les électrodes de la bougie d'allumage font que cette tension est inférieure à la tension d'allumage.

11 Fin de l'étincelle (t_{fin}). A ce moment-là, l'énergie accumulée dans le champ magnétique de la bobine d'allumage est tellement dissipée que l'étincelle n'éclate plus. C'est le début du processus d'amortissement.

12 Point de fermeture (t_{ferm}). Le circuit primaire est fermé et le champ magnétique apparaît.

13 Fin de la formation du champ magnétique (t_{magn}). Etant donné qu'il n'y a plus aucune modification du champ magnétique dans le circuit primaire, la tension secondaire est nulle. La tension primaire est de 12 V.

19.2.8.3 Bobine d'allumage

Elle a comme fonction d'emmagasiner de l'énergie sous forme de champ magnétique et de transformer la tension d'induction du champ magnétique en tension d'allumage.

La bobine est un transformateur ayant un rapport de transformation *n* allant de 60 à 150 **(ill. 2)**. Ses principaux composants sont un enroulement primaire, un enroulement secondaire, des connexions électriques et un noyau en fer. Celui-ci est formé de plusieurs couches de fines tôles de fer et sert à renforcer le champ magnétique généré.

Enroulement primaire. Il se compose d'un épais fil de cuivre isolé comportant très peu de spires (N_1 = 100 à 500). Le nombre réduit de spires diminue l'inductance de la bobine. La faible longueur du conducteur et sa grande section génèrent une petite résistance (R = 0,3 à 2,5 Ω) afin qu'un courant élevé puisse circuler dans l'enroulement. Une inductance réduite et une faible résistance permettent une formation rapide du champ magnétique et une grande production d'énergie à forte intensité dans l'enroulement primaire **(ill. 1)**.

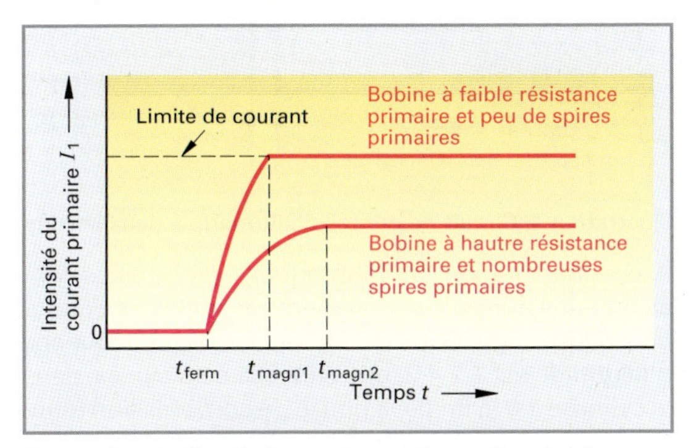

Illustration 1: Circuit du courant et formation du champ magnétique dans différentes bobines

Enroulement secondaire. Il est composé d'un fil fin de cuivre isolé (N_2 = 15 000 à 30 000 spires). Selon le type de bobine d'allumage, la résistance va de 5 à 20 kΩ.

Une énergie d'allumage minimale de 6 mWs est nécessaire pour garantir une inflammation sûre du mélange. En réalité, les bobines d'allumage sont conçues pour générer une énergie totale allant jusqu'à 120 mWs, ce qui s'avère nécessaire car seule une petite partie de l'énergie accumulée peut être utilisée pour allumer le mélange air-carburant. De plus, l'allumage du mélange air-carburant doit être garanti dans toutes les conditions, même lorsque le système d'allumage est mal entretenu. Selon le système, la haute tension produite peut aller de 25 000 à 40 000 V.

Bobine d'allumage (ill. 2)
Elle est utilisée pour des systèmes d'allumage équipés d'un distributeur d'allumage.

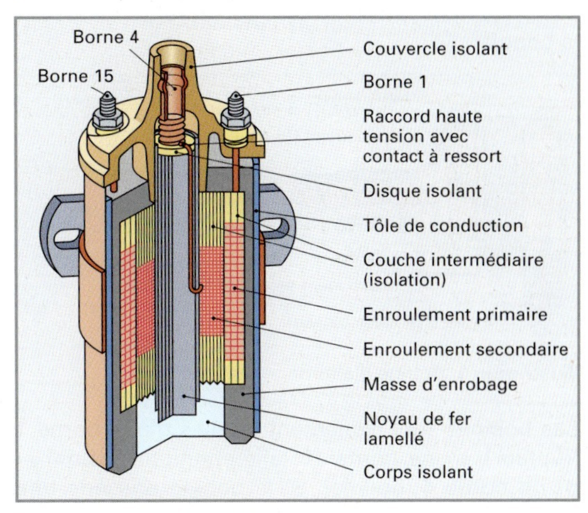

Illustration 2: Bobine d'allumage

Circuits connectés. L'enroulement primaire et l'enroulement secondaire de ces bobines ont une connexion commune qui est branchée à la borne 1 de la bobine. Le côté primaire est alimenté positivement par la borne15 et le raccordement haute tension a lieu à la borne 4 **(ill. 3)**.

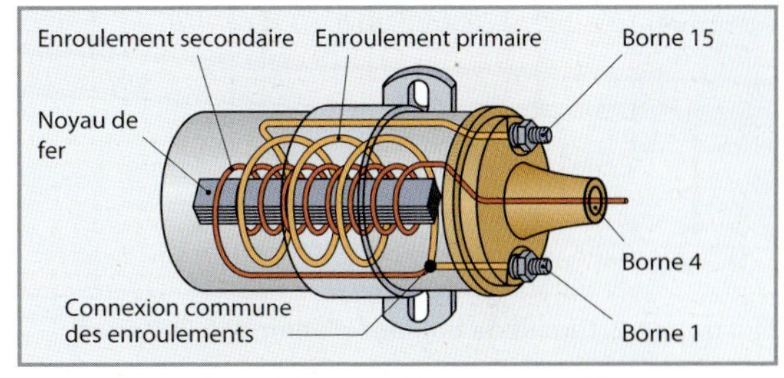

Illustration 3: Circuit interne d'une bobine d'allumage

L'utilisation de bobines d'allumage peut générer des problèmes dans les moteurs à haut régime et avec de nombreux cylindres. Si le nombre d'étincelles est élevé, le temps de fermeture est trop bref; la formation du champ magnétique n'est pas complète car l'énergie accumulée est trop faible. Un champ magnétique peut être totalement formé seulement si le temps de fermeture est suffisant. Un allumage satisfaisant est garanti si la tension d'allumage est suffisamment élevée.

Il n'est pas nécessaire de prendre des mesures particulières contre la formation d'étincelles d'allumage à la fermeture du circuit de courant primaire car le rotor du distributeur assurant le point de fermeture se trouve entre les contacts de la tête du distributeur. La distance de décharge est trop grande pour que le claquage ait lieu.

Bobine d'allumage unitaire (ill. 1)
Chaque cylindre possède sa propre bobine d'allumage avec des enroulements primaires et secondaires. Généralement, la bobine est directement montée sur la bougie.

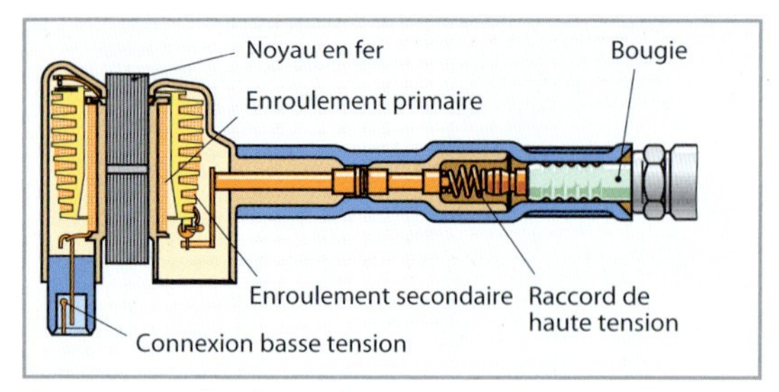

Illustration 1: Bobine d'allumage unitaire

Ces bobines sont également munies d'une borne 1 (rupteur), d'une borne 15 (alimentation tension) et d'une borne 4 (bougie). Si la bobine possède une 4ème connexion, qui sert au contrôle de l'étincelle, celle-ci est identifiée par le chiffre 4b. Dans ce cas, la borne 4 devient la borne 4a **(ill. 2)**.

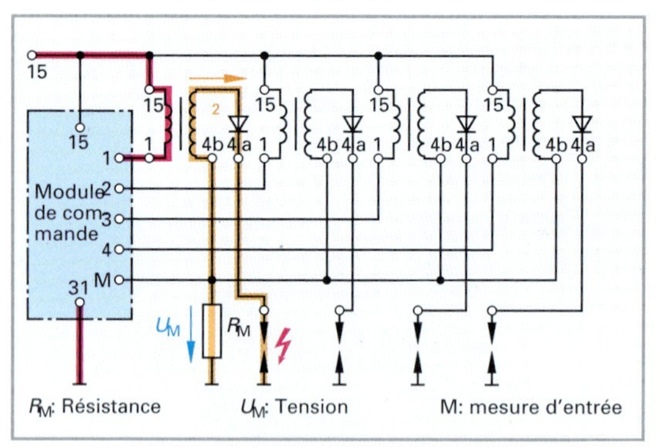

Illustration 2: Circuit de bobines d'allumage unitaires

La gestion de l'étincelle a lieu côté basse tension dans un module de puissance avec logique d'allumage. Celui-ci enclenche et déclenche l'enroulement primaire selon l'ordre d'allumage et sur la base du signal de repère de référence qui indique la position du vilebrequin et du signal électrique utilisé pour l'identification du cylindre.

La conception électrique de la bobine permet de générer très rapidement un champ magnétique puissant, pouvant parfois causer un éclatement de l'étincelle non contrôlé à la fin de la course d'admission, respectivement au début de la phase de compression. A l'aide d'une série de diodes (groupe de diodes), couplées au circuit secondaire de la bobine, cet éclatement peut être évité. Les diodes montées dans le sens de la conduction empêchent la circulation du courant I_2 généré par la fermeture du circuit primaire.

Bobine d'allumage à deux sorties (ill. 3)
Elles n'équipent que les moteurs avec un nombre pair de cylindres. Elles alimentent en haute tension deux bougies d'allumage à la fois.

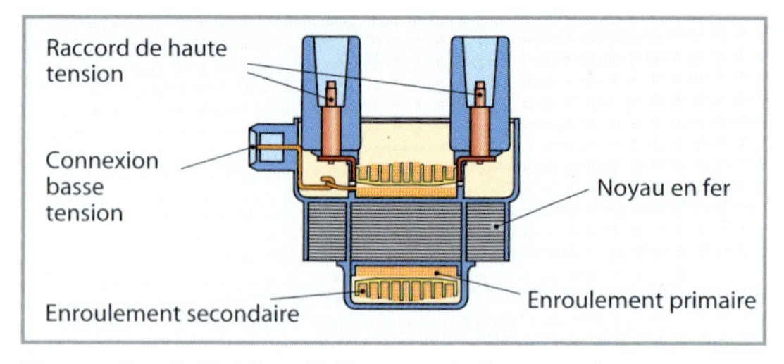

Illustration 3: Bobine d'allumage à deux sorties

Les bobines d'allumage à deux sorties ont un enroulement primaire et un enroulement secondaire avec deux connexions chacun. L'enroulement primaire est alimenté positivement par la borne 15 et branché à l'appareil de commande par la borne 1. Les deux sorties du circuit secondaire sont reliées chacune à une bougie **(ill. 3, 4)**.

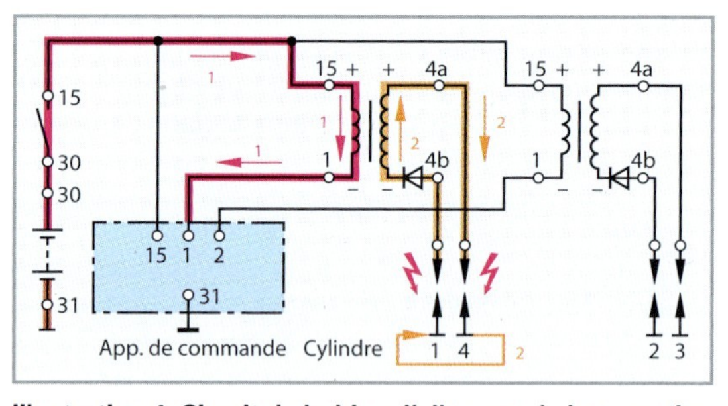

Illustration 4: Circuit de bobine d'allumage à deux sorties

A chaque rotation du vilebrequin, ces bobines font éclater une étincelle simultanément sur les deux bougies d'allumage. Dans les moteurs, dont la séquence d'allumage est 1-3-4-2, une étincelle éclate p. ex. dans le cylindre 1 à la fin de la phase de compression (étincelle principale) et l'autre étincelle (étincelle perdue) éclate à la fin de l'échappement dans le cylindre opposé (4). Après une rotation du vilebrequin, c'est le cylindre 4 qui est allumé alors que l'étincelle perdue éclate dans le cylindre 1. Ce processus est visible sur l'oscillogramme secondaire **(ill. 1, p. 589)**.

On peut constater, dans ce cas, que la tension d'allumage de l'étincelle perdue est significativement plus faible que celle de l'étincelle principale. Cela est dû au fait que l'on trouve beaucoup plus de molécules de gaz isolantes entre les électrodes de la bougie à la fin de la phase de compression (étincelle principale) qu'au moment de l'échappement (étincelle perdue). Il est donc nécessaire d'avoir une tension plus élevée pour faire éclater une étincelle en fin de compression.

De plus, les tensions des cylindres 1 et 4 sont opposées. Dans l'enroulement secondaire, la direction du courant fait en sorte que, sur une des bougies, l'étin-

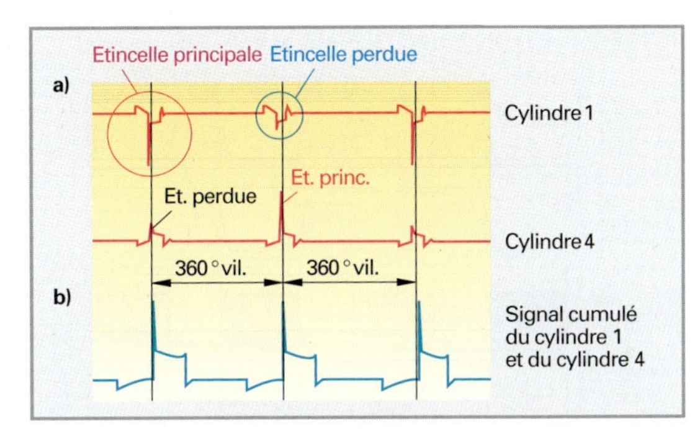

Illustration 1: Oscillogramme secondaire d'une bobine d'allumage à deux sorties

celle passe de l'électrode centrale à l'électrode de masse et que c'est le contraire sur l'autre bougie.

Selon la disposition des spires, ces systèmes d'allumage nécessitent une protection contre l'éclatement d'étincelles dû à la fermeture du circuit primaire.

Double allumage. Dans ce type d'allumage, chaque cylindre est équipé de 2 bougies. Les bobines d'allumage à deux sorties font éclater des étincelles sur les bougies de deux cylindres différents dont le point d'allumage est décalé de 360° vilebrequin. P. ex., dans les moteurs dont la séquence d'allumage est 1-3-4-2, la bobine 1 et la bobine 4 font éclater les étincelles principales dans le cylindre 1 et les étincelles perdues dans le cylindre 4. 360° vilebrequin plus tard, les deux bobines font jaillir les étincelles principales dans le cylindre 4 et les étincelles perdues dans le cylindre 1. Dans ce cas, les deux bobines peuvent être commandées avec un décalage de 3 à 5° vilebrequin, ceci en fonction de l'état de charge et du régime moteur.

Le double allumage permet d'obtenir une combustion plus propre et plus rapide et donc de réduire les émissions polluantes des gaz d'échappement.

Bobines d'allumage à quatre sorties (ill. 2)
Elles ont été développées pour les moteurs à 4 cylindres et remplacent les bobines d'allumage à deux sorties.

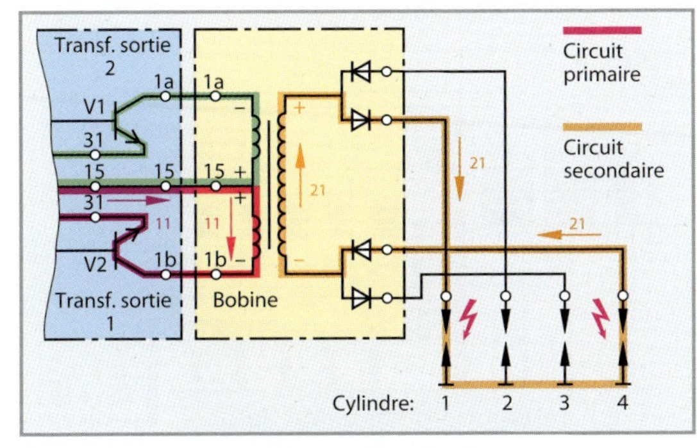

Illustration 2: Circuit d'une bobine d'allumage à quatre sorties

Comme dans les bobines à deux sorties, les bobines à 4 sorties font éclater simultanément une étincelle dans deux cylindres différents, dont le point d'allumage est décalé de 360 ° vilebrequin.

Les bobines d'allumage à 4 sorties sont composées de deux enroulements primaires pilotés par un transformateur de sortie. Un seul enroulement se trouve dans le circuit secondaire. Les deux sorties de l'enroulement comportent chacune deux raccords équipés de groupes de diodes et sont branchées dans le sens contraire de la conduction. Les bougies d'allumage sont branchées à ces raccords.

19.2.8.4 Circuit primaire

Pour faire éclater l'étincelle, le circuit primaire doit être interrompu afin d'induire une haute tension.

Dans les premiers **systèmes d'allumage à batterie commandés par contact,** le circuit primaire était enclenché mécaniquement par un **rupteur (ill. 3)**. Ils ont été remplacés car ...

- ils ne fonctionnaient qu'avec des circuits primaires allant jusqu'à un maximum de 5 A ;
- ils s'usaient très rapidement (crémation);
- la mécanique supportait mal le nombre d'enclenchements générés;
- ils ne permettaient pas d'assurer la précision des points de commutation.

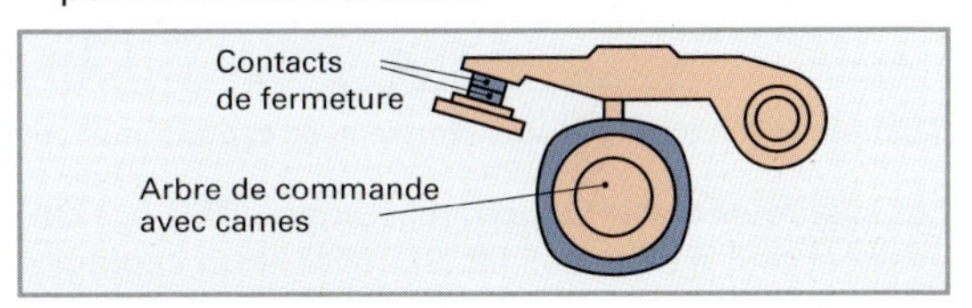

Illustration 3: Rupteur

Dans les **systèmes d'allumage transistorisés,** le rupteur a été remplacé par un générateur d'impulsions électriques. A l'origine, ces systèmes disposaient essentiellement d'un circuit de transistors relativement simple, commandé par un capteur inductif ou un générateur à effet Hall.

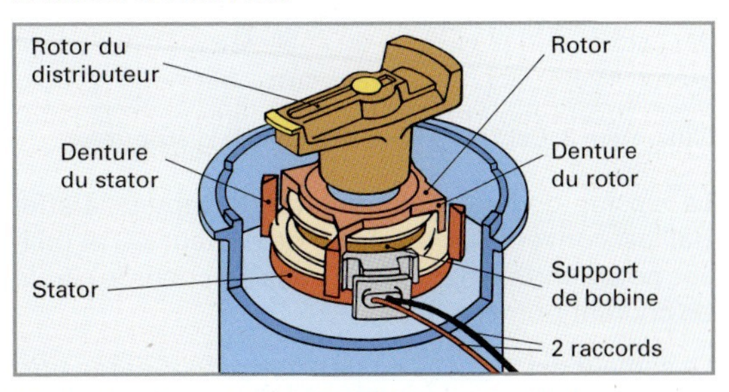

Illustration 4: Capteur inductif dans le distributeur

19

Les systèmes d'allumage transistorisés (TSZ-i, TZ-i) avec générateur d'induction (ill. 4, p. 589) utilisent un capteur inductif intégré au distributeur pour commander le circuit transistorisé et donc l'allumage. Le capteur inductif génère un signal de tension alternative U_g selon le principe du générateur **(ill. 1)**.

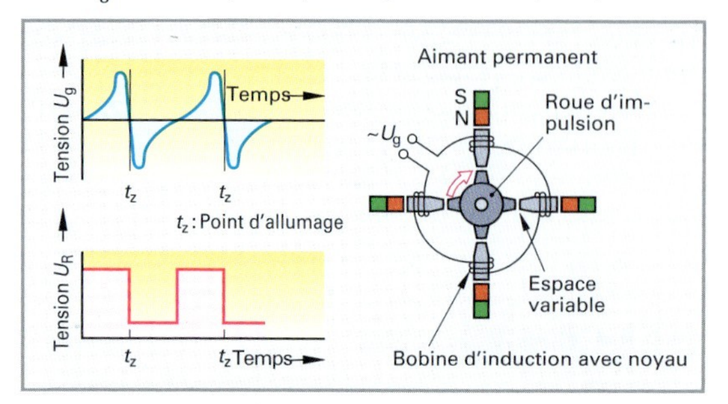

Illustration 1: Signal du capteur et point d'allumage

Le signal fourni par le capteur est transmis au conformateur d'impulsions par la borne **0** et – et les bornes **7** et **31d** et est utilisé pour la commande du transistor **(ill. 2)**.

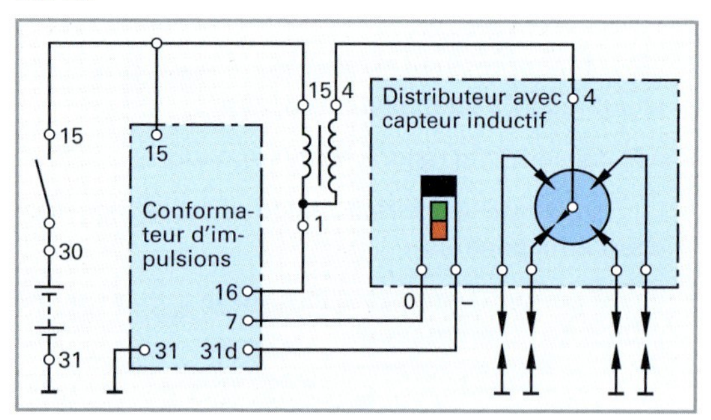

Illustration 2: Allumage transistorisé avec capteur inductif

Les systèmes d'allumage transistorisés (TSZ-h, TZ-h) avec capteur à effet Hall **(ill. 3)** utilisent un capteur à effet Hall intégré au distributeur pour commander le circuit transistorisé et donc l'allumage.

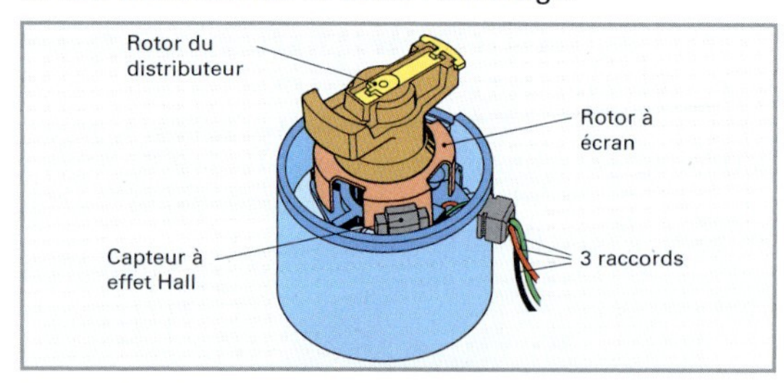

Illustration 3: Capteur à effet Hall dans le distributeur

La tension de Hall U_H fournie par le capteur à effet Hall est convertie en un signal de capteur U_G et utilisée pour l'enclenchement du transistor dans le circuit de courant primaire **(ill. 4)**.

Le capteur est branché au transformateur par la borne **0, +** et **–** et les bornes **7, 8h** et **31d (ill. 5)**.

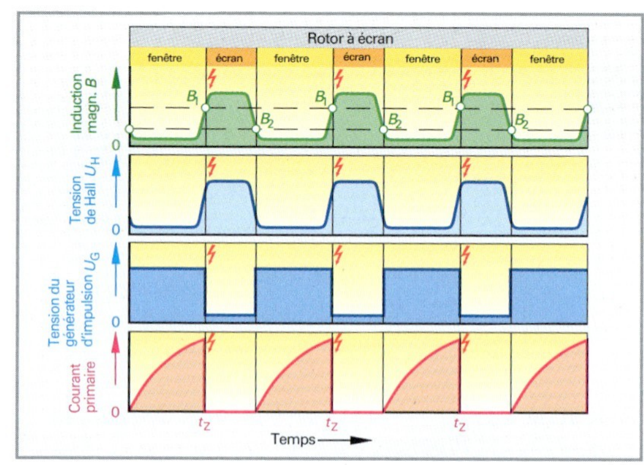

Illustration 4: Signal du capteur et point d'allumage

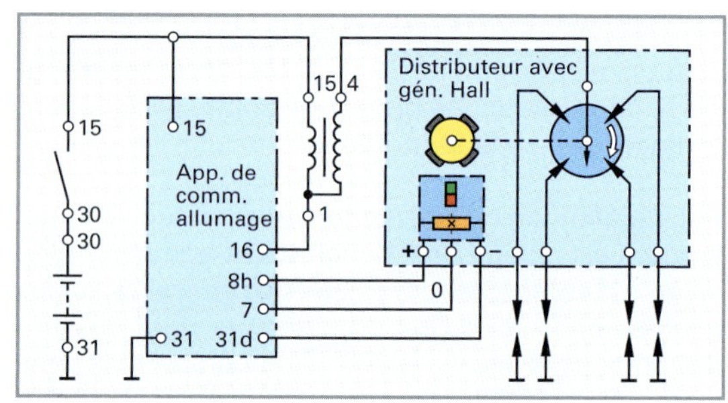

Illustration 5: Système d'allumage transistorisé avec générateur à effet Hall

Grâce à un développement constant, ces appareils sont passés d'une simple fonction de conformateur d'impulsions au statut d'appareils de commande complexes.

Avec l'introduction du **Motronic,** la formation du mélange et l'allumage sont aujourd'hui régulés ensemble par la **centrale de commande du moteur**, qui enclenche le circuit de courant primaire au moyen de modules transistorisés pilotés par un appareil de commande. Dans les systèmes d'allumage, celui-ci est implanté soit dans la centrale de commande, soit plus souvent à l'extérieur de celle-ci (sur la bobine d'allumage) étant donné l'important dégagement de chaleur qu'il génère **(ill. 6)**.

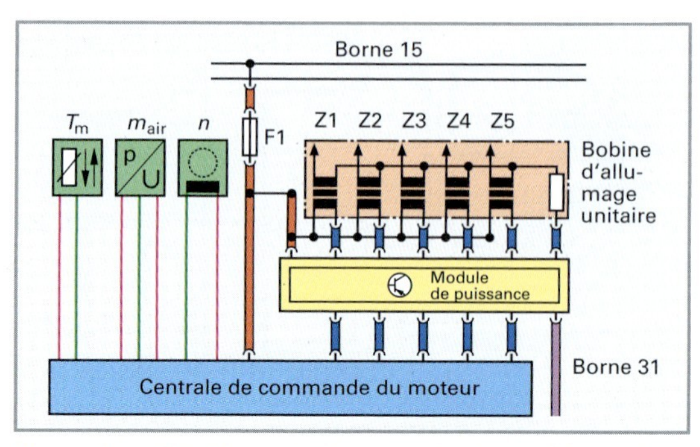

Illustration 6: Bobines d'allumage pilotée par Motronic

19.2.8.5 Adaptation du point d'allumage

L'allumage du mélange doit être défini de manière à ce que la pression maximale de combustion soit atteinte peu après le PMH (entre 10° et 20°).

Le temps entre l'apparition de l'étincelle d'allumage et la combustion du mélange air-carburant stœchiométrique amenant à la pression maximale dans le cylindre est de 1 à 2 ms. A remplissage constant, ce laps de temps est toujours le même. Etant donné que, durant ce temps, le piston se déplace en direction du PMB, l'allumage doit avoir lieu déjà avant le PMH afin que la pression maximale de combustion soit déjà atteinte immédiatement après le PMH **(ill. 1)**. Plus l'allumage a lieu tôt, meilleur est le rendement du moteur.

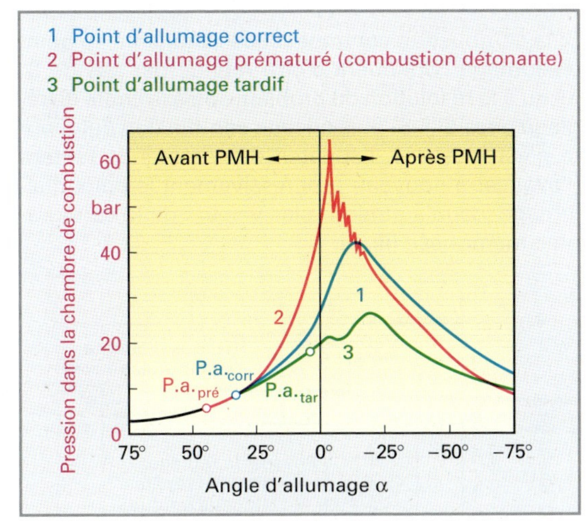

Illustration 1: Evolution de la pression en fonction du point d'alumage

En cas de **point d'allumage prématuré,** des processus de combustion non contrôlés ont lieu avec des pics de pression et des températures trop élevées. Cela produit une combustion détonante par auto-allumage du mélange air-carburant qui peut causer une destruction du moteur ou tout au moins engendrer une perte de puissance et détériorer la composition des gaz d'échappement.

En cas de **point d'allumage trop tardif,** le piston a déjà largement dépassé le PMH avant que la combustion du mélange air-carburant ait lieu. De ce fait, le volume de la chambre de combustion est agrandi, ce qui réduit la pression exercée sur le piston et donc la force du piston lui-même. La poussée du piston en direction du PMB est faible et brève, ce qui occasionne une perte de puissance, une augmentation de la consommation de carburant, une augmentation des polluants dans les gaz d'échappement et un risque de surchauffe du système d'échappement.
Il est donc important d'optimiser avec précision le point d'allumage.

Le point d'allumage optimal varie toutefois en fonction des différents états de charge. Lorsque le régime augmente, l'allumage doit être anticipé en conséquence car, si la vitesse angulaire augmente, la durée de la combustion reste la même. C'est pour cette raison que le point d'allumage doit être constamment adapté à la charge et au régime du moteur.

Correcteur centrifuge et correcteur à dépression. Dans les **systèmes d'allumage TSZ et TZ,** la correction est effectuée mécaniquement par les deux systèmes, qui travaillent indépendamment l'un de l'autre. Dans le correcteur centrifuge, les masselottes sont écartées par la force centrifuge au fur et à mesure que le régime augmente, ce qui a pour effet de modifier la position de l'entraîneur par rapport au plateau support **(ill. 2)**.

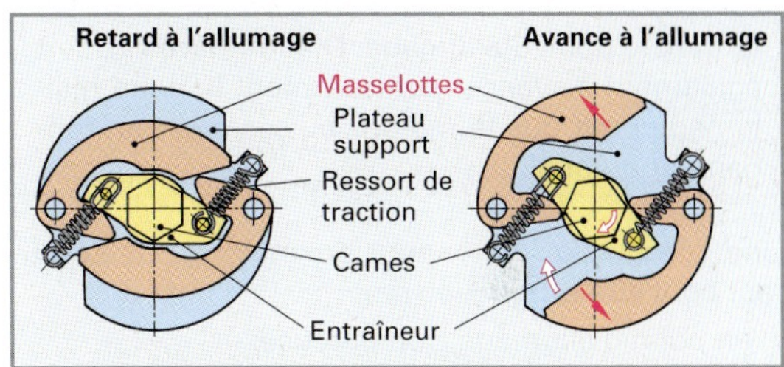

Illustration 2: Correcteur centrifuge

Dans le correcteur à dépression, une membrane et une biellette de commande modifient la position du plateau porte-rupteur **(ill. 3)** sous l'effet de la dépression.

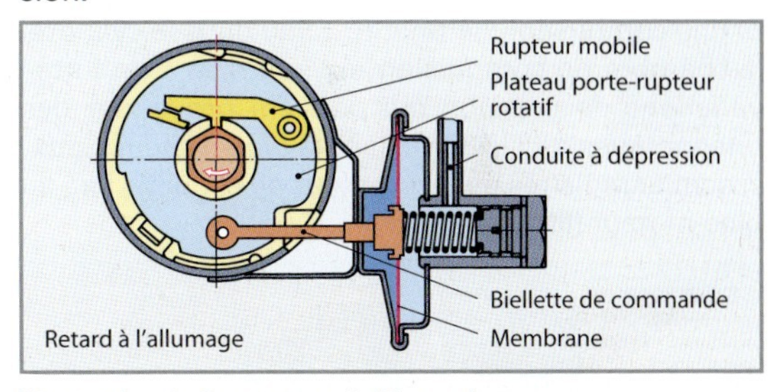

Illustration 3: Correcteur à dépression

Cartographie. Dans les systèmes **EZ et VZ,** le point d'allumage optimal est défini au banc d'essai en fonction de la charge et du régime puis mémorisé sous forme de cartographie **(ill. 4)** dans l'appareil de commande.

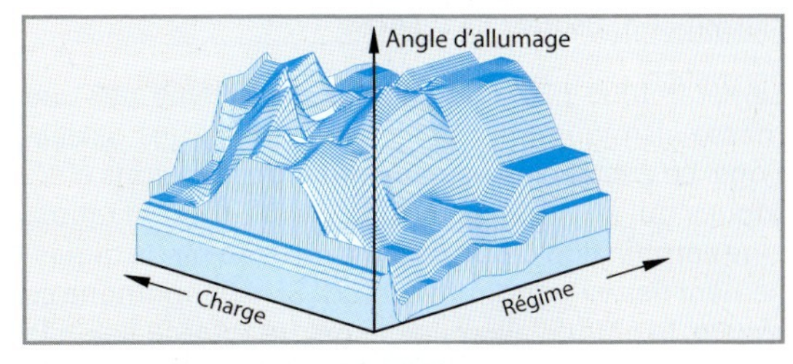

Illustration 4: Cartographie d'allumage

Lorsque l'appareil de commande reçoit un signal de référence du vilebrequin et/ou de l'arbre à cames, il calcule, à partir de la cartographie mémorisée, les valeurs optimales du point d'allumage en fonction du régime (capteur de régime) et de la charge (débitmètre d'air ou potentiomètre du papillon des gaz). Lorsque le vilebrequin a atteint la position correspondante, l'appareil de commande active le module de puissance de l'allumage qui interrompt alors le circuit de courant primaire permettant de produire l'étincelle.

Régulation anticliquetis sur les systèmes EZ ou VZ

La régulation anticliquetis a pour tâche d'identifier une combustion détonante du mélange air-carburant dans le moteur et de l'empêcher en retardant le point d'allumage. D'autre part, elle sert également à avancer suffisamment le point d'allumage pour que le moteur puisse avoir un rendement optimal.

Une combustion détonante du mélange air-carburant peut être provoquée par:

- un point d'allumage trop précoce;
- un carburant dont l'indice d'octane est trop bas;
- une surchauffe du moteur;
- un taux de compression trop élevé;
- une mauvaise composition du mélange;
- une surcharge du moteur.

Si une combustion détonante a lieu dans le cylindre, la chambre de combustion est soumise à de fortes variations de pression qui peuvent provoquer des phénomènes oscillatoires dans le bloc-moteur. Ceux-ci sont enregistrés par un capteur de cliquetis fixé au bloc-moteur **(ill. 1)** .

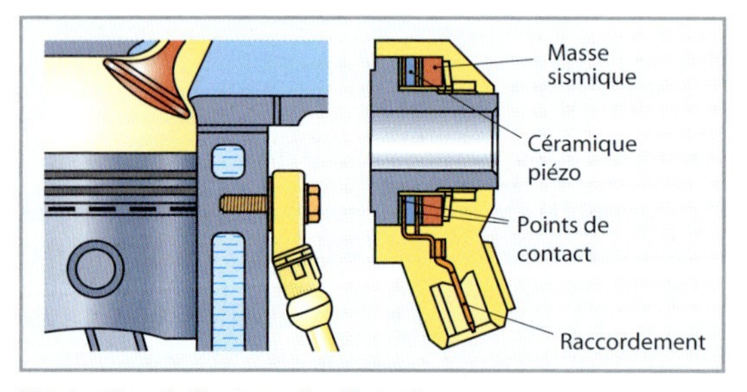

Illustration 1: Capteur de cliquetis

La céramique piézo du capteur est activée par une masse sismique mise sous pression par les oscillations. Le cristal piézo génère alors des tensions électriques qui sont transmises au circuit d'exploitation. Une combustion détonante est repérée par le dépassement des valeurs limites **(ill. 2).** Si le phénomène se répète, le point d'allumage est alors retardé selon la cartographie, p. ex. de 3° vilebrequin.

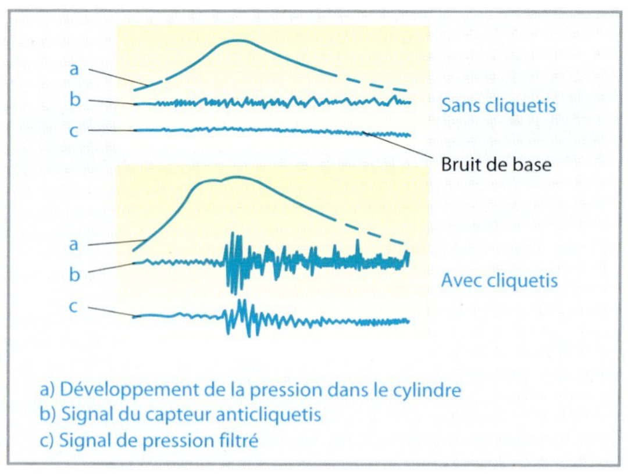

Illustration 2: Signaux de capteur de cliquetis

Si la combustion continue d'être détonante, le point d'allumage continuera d'être retardé par pas de 3° jusqu'à la résolution du problème ou à la limite de réglage possible. Si plus aucune combustion détonante n'est mesurée, l'appareil de commande tentera d'avancer à nouveau progressivement le point d'allumage jusqu'à atteindre les valeurs de la cartographie mémorisée **(ill. 3).**

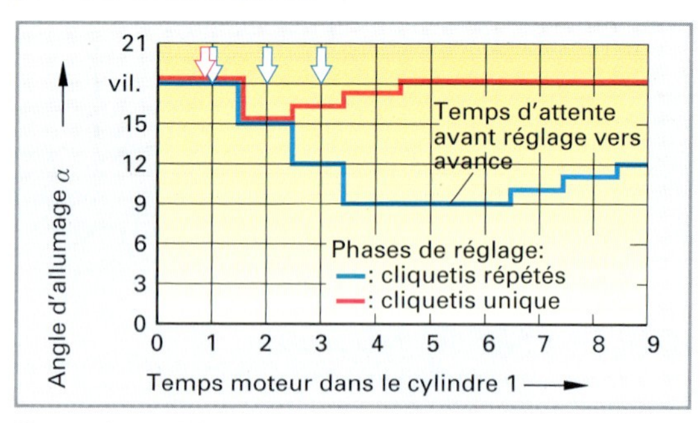

Illustration 3: Réglage du point d'allumage en cas de combustion détonante

Au cas où le capteur de cliquetis continue de signaler une combustion détonante à l'appareil de commande, celui-ci commute sur une deuxième cartographie mémorisée, qui comprend des valeurs enregistrées pour un carburant avec faible indice d'octane. Il est à noter que le retard à l'allumage, généré par cette deuxième cartographie, provoque une perte de rendement et une augmentation de la consommation de carburant. Ce réglage est conçu pour permettre aux moteurs fonctionnant p. ex. à l'essence Super Plus 98 ROZ de fonctionner également avec de l'essence Super 95 ROZ.

En cas de défaillance du système (p. ex. disparition du bruit de base), une fonction de secours est activée. Le point d'allumage est alors considérablement retardé afin d'éviter à tout prix une combustion détonante.

Auparavant, le réglage du point d'allumage s'effectuait simultanément sur tous les cylindres, même si la combustion détonante ne concernait qu'un seul d'entre eux.

Réglage sélectif du cliquetis. Actuellement, le réglage n'est effectué que sur le cylindre dans lequel une combustion détonante est effectivement signalée. Pour cela, l'appareil de commande doit impérativement identifier le cylindre concerné. Cette identification est effectuée en comparant le moment du point d'allumage de chaque cylindre avec le signal de cliquetis reçu.

19.2.8.6 Réglage du courant primaire

La valeur du courant primaire définit de manière importante le temps de formation du champ magnétique dans la bobine d'allumage et l'énergie disponible pour faire éclater l'étincelle.

C'est pour cela qu'il est d'une part important de disposer d'un courant relativement élevé mais, d'autre part, il faut également faire en sorte que ce courant ne puisse pas devenir trop puissant afin d'éviter tout échauffement exagéré de l'enroulement qui pourrait provoquer sa destruction. Ce risque est particulièrement élevé à bas régime et avec un grand angle de fermeture. Différents mécanismes d'ajustement du courant primaire ont ainsi été développés.

Limitation du courant d'allumage par une résistance additionnelle. Dans les systèmes d'allumage à bobines et dans les systèmes d'allumage transistorisés, l'intensité du courant dans l'enroulement primaire est limité par une résistance additionnelle qui peut être court-circuitée lors du démarrage du moteur afin de compenser la chute de tension due à la très forte charge que le démarreur fait subir au réseau de bord.

Limitation électronique du courant primaire. Afin d'obtenir une rapide montée en puissance du courant primaire, et donc d'accélérer le plus possible la formation du champ magnétique, l'enroulement primaire est conçu de manière à disposer d'un courant de repos d'environ 30 A. Cette valeur ne doit toutefois pas être atteinte car les transformateurs d'allumage et le transistor de puissance pourraient être détruits par la chaleur dégagée.

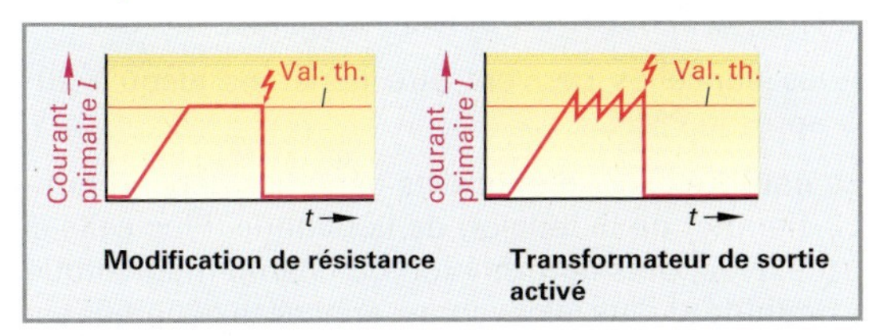

Illustration 1: Types de limitations du courant primaire

Lorsque, selon l'angle de fermeture, la valeur théorique du courant primaire (entre 10 et 15 A) est atteinte, le système de limitation du courant entre en fonction **(ill. 1)**. La limitation peut être activée lorsque le module de puissance de la centrale de commande ...

- voit sa résistance augmenter;
- active le courant primaire.

L'oscillogramme secondaire montre la limitation du courant primaire activée à bas régime **(ill. 2)**. L'activation de la bobine primaire provoque une légère modification du champ magnétique dans l'enroulement primaire qui est alors transformée du côté secondaire.

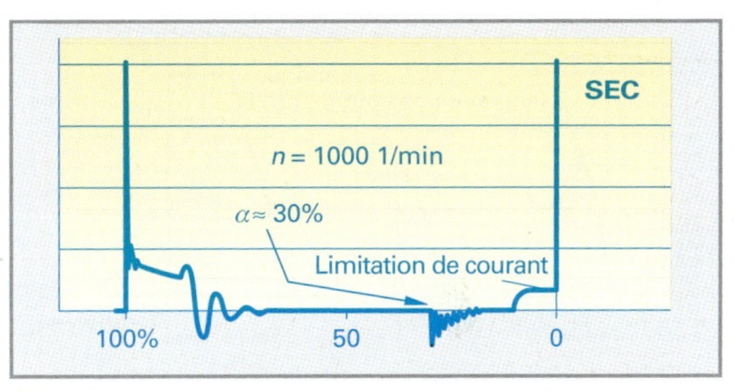

Illustration 2: Oscillogramme secondaire à 1000 1/min avec limitation du courant primaire activée

Coupure du courant de repos. Afin de ne pas surcharger thermiquement la bobine d'allumage lorsque le moteur est arrêté et l'allumage enclenché, le courant primaire est interrompu après environ une seconde si l'appareil de commande ne reçoit aucune impulsion de régime.

Commande de l'angle de fermeture. Une cartographie de l'angle de fermeture servant à définir le point de fermeture est mémorisée dans l'appareil de commande. Celle-ci dépend de la tension de la batterie et du régime ponctuel du moteur. Afin d'obtenir un courant primaire suffisant à basse tension et à haut régime, l'angle de fermeture doit être augmenté. A haute tension et bas régime, il doit au contraire être diminué afin d'éviter toute surcharge thermique de la bobine d'allumage (**ill. 3**).

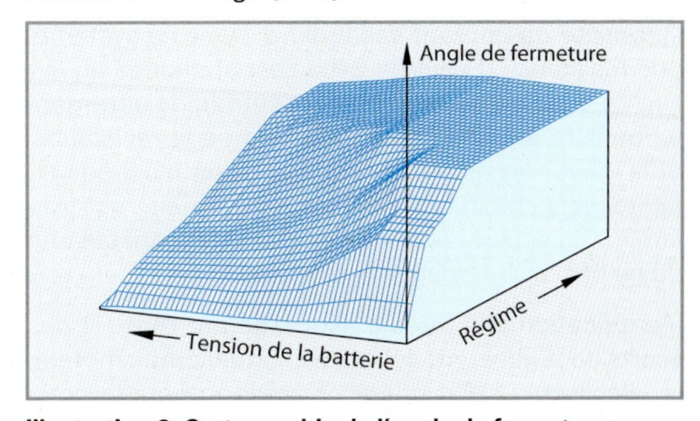

Illustration 3: Cartographie de l'angle de fermeture

Régulation de l'angle de fermeture. Comme la commande de l'angle de fermeture, la régulation travaille en fonction du point d'enclenchement du courant primaire qui doit être défini de manière à ce que le temps de fermeture (temps entre la fermeture et l'interruption du circuit du courant primaire) soit suffisant pour atteindre la valeur nécessaire du courant primaire **(ill. 1a)**.

Si l'intensité du courant primaire n'est pas suffisante, l'angle de fermeture doit être agrandi, ce qui est réalisé en avançant le point de fermeture **(ill. 1b)**. Au cas où le courant primaire doit être limité trop longtemps, il faut réduire l'angle de fermeture. Le point de fermeture est retardé **(ill. 1c)**.

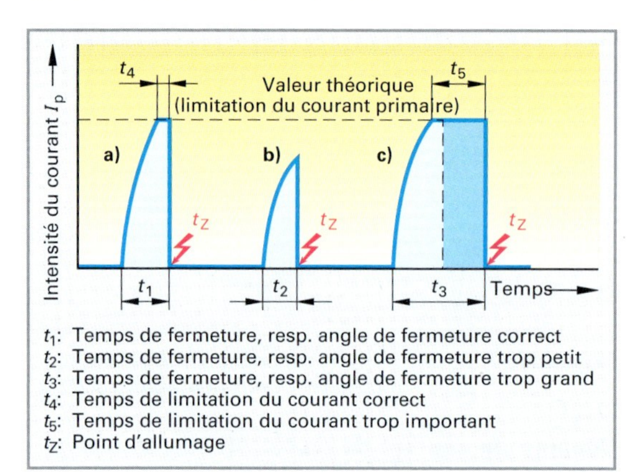

Illustration 1: Développement du courant primaire en fonction de l'angle de fermeture

19.2.8.7 Identification des ratés d'allumage

L'identification des ratés d'allumage est effectuée dans le cadre du diagnostic On-Board (OBD) car les ratés d'allumage peuvent provoquer la destruction du catalyseur.

Si le système identifie un certain nombre de ratés d'allumage, l'injecteur du cylindre concerné est déconnecté afin de ne pas envoyer de carburant non brûlé dans le catalyseur, ce qui le détruirait.

Identification des ratés d'allumage par mesure de l'intensité du courant secondaire. Avec ce système, une résistance d'environ 240 Ω est appliquée au circuit de courant secondaire. La centrale de commande mesure alors la chute de tension à la résistance. Si la valeur limite définie de la tension n'est pas atteinte, cela signifie que le courant primaire est trop faible. L'injecteur concerné est alors déconnecté afin de ne pas endommager le catalyseur.

Identification des ratés d'allumage par mesure des écarts de régime. Au début de chaque temps moteur, le vilebrequin subit une accélération due à la pression de combustion. Le régime, momentanément accéléré qui en résulte, génère une tension plus élevée et une augmentation de la fréquence du signal envoyée par le capteur de régime. Si l'allumage ne se fait pas dans un cylindre, la vitesse momentanée du vilebrequin est réduite; l'amplitude et la fréquence du signal de régime sont momentanément moindres **(ill. 2)**. Ces différences de tension sont évaluées par la centrale de commande. Le cylindre, dont le vilebrequin n'accélère pas à cause d'un raté d'allumage, est alors déconnecté.

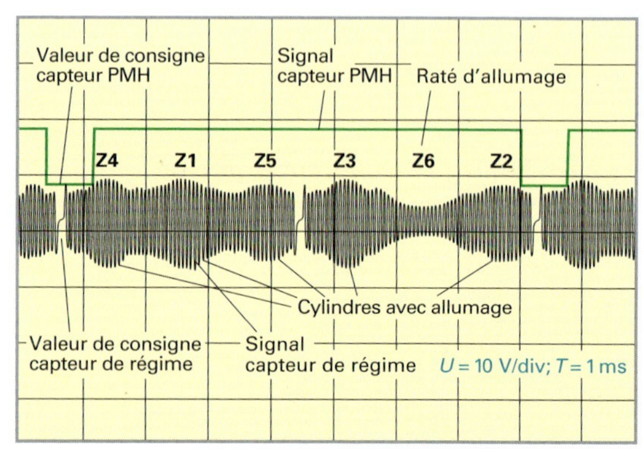

Illustration 2: Signal de régime en cas de raté d'allumage

19.2.8.8 Allumage multiple

Il y a allumage multiple lorsque, à la fin de la phase de compression, plusieurs étincelles jaillissent les unes après les autres au niveau de la bougie d'allumage. Cette variante d'allumage est surtout utilisée au démarrage et à très bas régime. Elle permet d'assurer également l'allumage de mélanges air-carburant difficilement inflammables (comme p. ex. lors du démarrage à froid) et de garantir une combustion la plus optimale possible dans ces conditions.

Un allumage multiple peut faire éclater jusqu'à sept étincelles d'allumage de suite car ...

- jusqu'à 1300 1/min, il y a suffisamment de temps à disposition pour former plusieurs fois le champ magnétique;
- les bobines d'allumage utilisées ont une inductance réduite qui permet une formation rapide du champ magnétique;
- un courant primaire très élevé peut passer par les enroulements primaires;
- chaque étincelle dure de 0,1 à 0,2 ms;
- les étincelles peuvent être générées jusqu'à 20° après le PMH.

Le nombre exact d'étincelles générées dépend principalement de la tension de la batterie. Plus celle-ci est élevée, plus la formation du champ magnétique est rapide et plus le nombre d'étincelles générées est important.

19.2.8.9 Distributeur d'allumage

Le distributeur d'allumage a pour fonction de transmettre la haute tension générée par la bobine d'allumage vers les bougies d'allumage.

Le distributeur d'allumage se compose **(ill. 1)**:

- des connecteurs des bougies d'allumage;
- des câbles haute tension;
- du distributeur à rotor;
- de protection empêchant toute pénétration d'eau et de saleté.

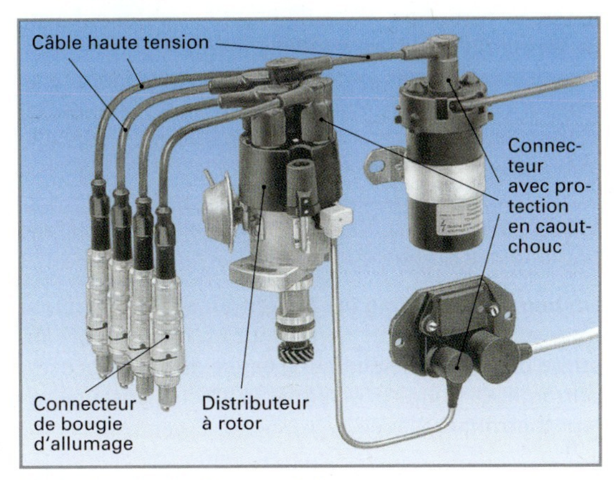

Illustration 1: Distributeur d'allumage

Distributeur d'allumage rotatif. Le distributeur représenté dans l'**ill. 1** est également appelé **distributeur d'allumage rotatif**.

La haute tension générée dans la bobine d'allumage est transmise au distributeur par des câbles haute tension. Le rotor implanté sur l'arbre du distributeur effectue une rotation à chaque demi-tour du vilebrequin = régime de l'arbre à cames. Le rotor est positionné de manière à être en contact avec le câble correspondant de la bougie à activer lors de chaque point d'allumage.

Distributeur d'allumage fixe. Dans les systèmes à bobines d'allumage à étincelles multiples, chaque câble haute tension reliant le connecteur et la bougie d'allumage doit être alimenté en haute tension. On parle alors de **distributeur d'allumage fixe.** Quant aux bobines d'allumage unitaires, elles sont généralement directement reliées aux bougies, sans devoir utiliser d'autres composants de liaison.

Etant donné que les distributeurs d'allumage fixes ne nécessitent aucune pièce mécanique mobile, ils sont résistants à l'usure et ont peu de défaillances. Toutefois, l'appareil de commande doit être en mesure de déterminer quel cylindre doit être allumé afin de commander la bobine d'allumage correspondante.

19.2.8.10 Bougie d'allumage

La bougie a pour fonction d'amorcer la combustion du mélange air-carburant au moyen d'une étincelle de haute tension. Dès que la tension d'allumage est atteinte, une étincelle éclate entre les électrodes de la bougie.

Les bougies sont soumises à de nombreuses sollicitations, comme par exemple:

- des fluctuations de pression allant de 0,9 à 60 bar entre la course d'aspiration et le temps moteur;
- des variations de température allant d'environ 100 à 2500 °C entre la course d'aspiration et le temps moteur;
- jusqu'à 4000 étincelles par minute, respectivement jusqu'à 66 étincelles par seconde, pour un régime moteur de 8000 1/min;
- des tensions d'allumage jusqu'à 40 kV pour des pics de courant jusqu'à 300 A sur la tête de l'étincelle, ce qui provoque l'érosion des électrodes;
- des processus chimiques qui modifient les caractéristiques des matériaux de la bougie, favorisant ainsi la corrosion.

Structure des bougies

Les matériaux utilisés pour la fabrication des bougies sont le métal, la céramique et le verre. La structure d'une bougie est représentée dans l'**ill. 2**.

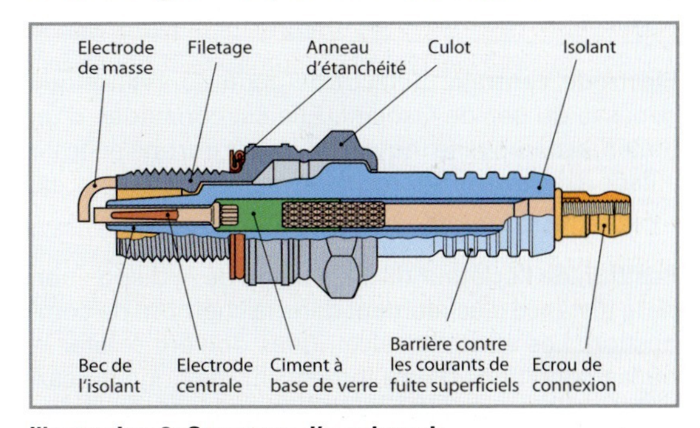

Illustration 2: Structure d'une bougie

Isolant (ill. 2). Une céramique spéciale à base d'oxyde d'aluminium est utilisée pour le corps de l'isolant. Afin d'augmenter la résistance aux courants de fuite, l'isolant situé hors du culot est vitrifié et additionné d'une barrière contre les courants superficiels.

Siège d'étanchéité (ill. 1, p. 596). Selon le type de moteur, l'étanchéité entre la tête du cylindre et la bougie est obtenue au moyen:

- d'un siège plat avec un joint d'étanchéité **(ill, 1a, p. 596);**
- d'un siège conique avec une surface conique comme élément d'étanchéité, sans joint d'étanchéité **(ill. 1b, p. 596).**

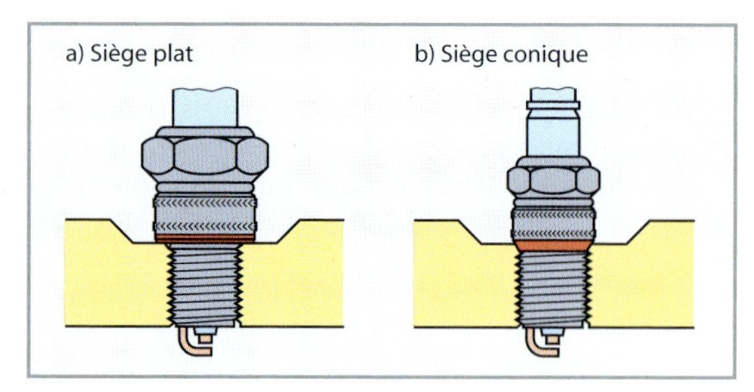

Illustration 1: Siège d'étanchéité

Electrodes (ill. 2). Les bougies ont une électrode centrale (positive) et une ou plusieurs électrodes de masse.

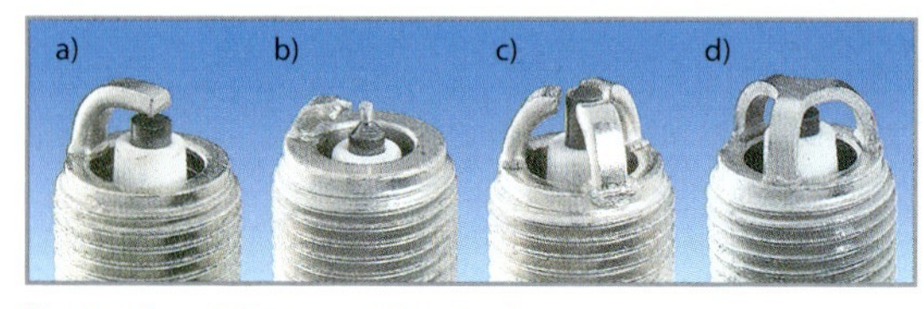

Illustration 2: Formes d'électrodes

Electrodes de masse. Elles sont solidaires du culot. Selon le type de bougie, il existe une ou plusieurs électrodes de masse, comme:

- l'électrode frontale **(ill. 2a);**
- l'électrode latérale d'une bougie avec électrode en platine **(ill. 2b);**
- l'électrode latérale multipolaire **(ill. 2c);**
- l'électrode de masse en triangle **(ill 2d).**

Electrode centrale. L'électrode centrale cylindrique dépasse du bec de l'isolant. Elle est constituée d'un matériau composite (noyau de cuivre enrobé avec un alliage à base de nickel) ou d'un métal précieux (p. ex. du platine).

Position de l'éclateur (ill. 3). Il s'agit de la disposition de la distance d'éclatement dans la chambre de combustion. Les étincelles électriques doivent éclater là où les conditions d'écoulement du mélange air-carburant sont particulièrement favorables. Selon le type de moteur, il y a des bougies avec:

- la position en saillie normale **(ill. 3a);**
- la position de l'éclateur en saillie **(ill. 3b);**
- la position de l'éclateur en retrait **(ill. 3c).**

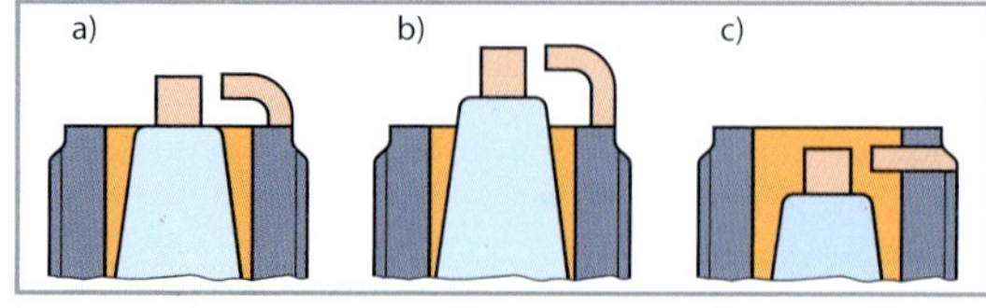

Illustration 3: Position de l'éclateur

Ecartement des électrodes (ill. 4). Normalement, l'étincelle saute directement d'une électrode à l'autre (éclateur dans l'air, **ill. 4a).**

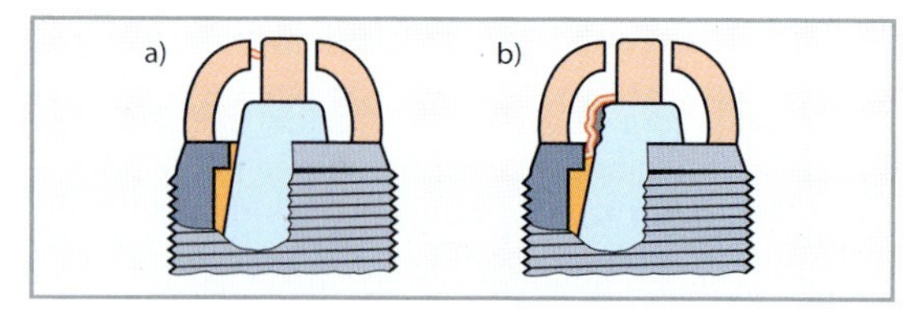

Illustration 4: Ecartement des électrodes

Si une couche de calamine se forme sur le bec isolant, l'étincelle glissera alors sur la pointe de celui-ci **(étincelle glissante, ill. 4b),** car la couche de calamine offre une meilleure conductivité électrique que le mélange air-carburant. Si seul un petit entrefer subsiste au terme du parcours de glissement, l'étincelle éclatera. L'étincelle glissante nettoie alors les dépôts se trouvant sur la pointe du bec de l'isolant. Ensuite, elle travaille à nouveau comme une bougie à étincelle atmosphérique.

Valeur thermique. Elle est essentiellement définie par la forme du bec de l'isolant.

Un **bec d'isolant long (ill. 5a)** entraîne d'une part une mauvaise dissipation de chaleur et, d'autre part absorbe beaucoup de chaleur à cause de sa surface importante. La bougie s'échauffe et affiche ainsi une valeur thermique élevée.

Un **bec d'isolant court (ill. 5b)** possède de bonnes propriétés de dissipation de la chaleur. Sa surface réduite accumule peu de chaleur. La bougie reste froide et affiche une valeur thermique basse.

La **valeur thermique correcte** est choisie afin que la bougie atteigne très rapidement sa température d'autonettoyage de 450 °C et ne dépasse pas les 850 °C en pleine charge. Dès que la température d'autonettoyage est atteinte, les dépôts (comme p. ex. la calamine) sont brûlés.

La **valeur thermique est trop haute,** lorsque la température du bec de l'isolant dépasse les 850 °C. Des autoallumages incontrôlés peuvent alors se produire risquant de détruire le moteur.

Si la **valeur thermique est trop basse,** les bougies sont trop froides pour s'autonettoyer. Le bec de l'isolant s'encrasse et aucune étincelle n'éclate (ou alors des étincelles trop faibles).

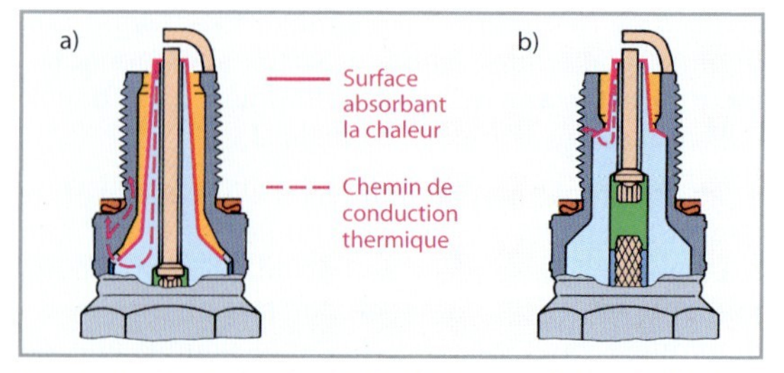

Illustration 5: Dissipation de la chaleur sur le bec de l'isolant

19.2.8.11 Aperçu des systèmes d'allumages usuels

Système / Caractéristiques	Système transistorisé TZ	Système électronique (allumage cartographié) EZ	Système ent. électronique VZ
Introduction du système à partir de	1976	1987	1988
Caractéristiques visibles d'identificaton du système	Distributeur avec capsule de dépression, capteur d'all. dans le distr.	Distributeur sans capsule de dépression, fonction de distr. pure	• Bobine unitaire • Bobine à deux sorties
Type de bobine utilisé	Bobine d'allumage	Bobine d'allumage	• Bobine unitaire • Bobine à deux sorties
Diagramme de tension secondaire	SEC 100% 50 0	SEC 100% 50 0	SEC 100% 50 0
Valeurs de résistance des bobines (prim., second.)	0,5 Ω à 2,0 Ω 8 kΩ à 19 kΩ	0,5 Ω à 2,0 Ω 8 kΩ à 19 kΩ	0,3 Ω à 1 Ω 8 kΩ à 15 kΩ
Enclenchement du courant primaire par	Transform. / commande d'allumage à induction ou par capteur à effet Hall	Centrale de commande Motronic	Centrale de commande Motronic
Réglage du point d'allumage par	Force centrifuge (régime) et dépression (charge)	Cartographie en fonction du régime et de la charge	Cartographie en fonction du régime et de la charge
Type du réglage anticliquetis	Aucun	Réglage simple	Réglage sélectif par cylindre
Adaptation au carburant de mauvaise qualité	Adaptation manuelle par prise de programmation	Mise en oeuvre automatique d'une 2ème cartographie mémorisée	Mise en oeuvre automatique d'une 2ème cartographie mémorisée
Adaptation du courant primaire	Lim. du courant primaire Décl. du courant de repos Comm. angle de ferm. / régl. de l'angle de ferm.	Lim. du courant primaire Décl. du courant de repos Régl. de l'angle de ferm. en fonction de la tension et de la charge	Lim. du courant primaire Décl. du courant de repos Régl. de l'angle de ferm. en fonction de la tension et de la charge
Identification des ratés à l'allumage	Aucune	Aucune	Mesure du courant secondaire ou des variations de régime
Distribution	Distribution haute tension rotative par le distributeur et les câbles haute tension	Distribution haute tension rotative par le distributeur et les câbles haute tension	Distribution haute tension fixe par le biais de bobines d'allumage unitaires ou à plusieurs sorties

Questions de révision

1. **Quelle est la fonction du système d'allumage?**
2. **Quels sont les composants essentiels des systèmes d'allumage?**
3. **Que se passe-t-il dans le circuit primaire d'un système d'allumage à l'ouverture et à la fermeture du circuit?**
4. **Qu'entend-on par angle de fermeture du circuit primaire?**
5. **Quelle est la fonction de la bobine d'allumage?**
6. **Quels sont les types de bobines d'allumage utilisées?**
7. **Esquissez les circuits primaires et les circuits secondaires d'un système VZ avec bobine d'allumage unitaire et bobine d'allumage à deux sorties.**
8. **Quels sont les composants qui permettent d'enclencher ou d'interrompre le circuit primaire sur les systèmes d'allumage actuels?**
9. **Quelles sont les valeurs qui déterminent le point d'allumage?**
10. **Décrivez le fonctionnement d'une régulation anti-cliquetis sélective.**
11. **Quelles sont les caractéristiques d'un système VZ?**

Conseils d'atelier

Prévention des accidents

Les systèmes d'allumage électroniques délivrent une puissance dangereuse en cas de contact avec le corps humain. En touchant des éléments sous tension des circuits primaire et secondaire, le danger d'accident est élevé, même au niveau des câbles et des connecteurs.

Mesures de sécurité

- Ne pas toucher ou déconnecter les câbles d'allumage lorsque le moteur tourne ou qu'il est en régime de démarrage.
- Ne brancher ou débrancher les câbles d'allumage que lorsque le système est à l'arrêt.
- Si le moteur doit tourner au régime de démarrage (p. ex. pour mesurer la pression de compression), il faut impérativement retirer les connecteurs des bobines d'allumage et des injecteurs. Lorsque le travail est terminé, consulter l'enregistrement du résultat et éteindre le moteur.
- Ne laver le moteur que lorsque le système d'allumage est déconnecté.
- Couper le système d'allumage avant de connecter ou de déconnecter la batterie pour éviter tout risque d'endommagement de la centrale de commande du moteur.

Contrôle visuel du système d'allumage

- Vérifier l'état de propreté de tous les composants. Les salissures et l'humidité peuvent générer des courants de fuite qui sont à l'origine des ratés d'allumage.
- Vérifier l'état des raccordements, des connecteurs et des câbles. Tout dégât à ce niveau peut provoquer des étincelles ou générer une augmentation de la résistance du système.
- Dans les systèmes équipés de distributeurs, bien nettoyer l'intérieur et l'extérieur du couvercle du distributeur. Vérifier l'absence de fissures ou d'autres dégâts.

Bougies d'allumage

- Remplacer régulièrement les bougies selon les prescriptions du fabricant (généralement entre 60 000 et 100 000 km).

  Utiliser le type de bougies préconisées par le fabricant.

  Il existe des tableaux permettant de comparer les différentes marques de bougies existantes.
- Le changement des bougies ne doit être effectué que lorsque le moteur est froid. Si le moteur est chaud, les bougies risquent d'être trop serrées.
- Avant de dévisser la bougie, éliminer à l'air comprimé toute saleté éventuelle afin d'éviter que des impuretés ne tombent dans la chambre de combustion.
- Vérifier l'état des bougies **(tableau 2, p. 599)** afin de détecter d'éventuels défauts.
- En cas de réutilisation des bougies, contrôler la distance des électrodes et, le cas échéant, la régler au moyen d'une jauge à bougie.
- Ne pas utiliser de graisse ou d'huile pour remonter les bougies afin d'éviter tout risque d'inflammation au niveau de la culasse.
- Les bougies doivent pouvoir être vissées facilement. Ne pas forcer sous peine de coincer la bougie et d'endommager son filetage.
- Lors du montage, respecter le couple et l'angle de serrage prescrits **(tableau 1, p. 599)**.

Tableau 1: Couples de serrage des bougies

	Filetage	Métal léger	Fonte grise
Siège plat	M 10 x 1	10 ... 15 Nm	10 ... 15 Nm
	M 12 x 1,25	15 ... 25 Nm	15 ... 25 Nm
	M 14 x 1,25	20 ... 40 Nm	20 ... 30 Nm
	M 18 x 1,5	30 ... 45 Nm	20 ... 35 Nm
	ou: à fin de course, continuer à tourner sur 90° pour les bougies neuves sur 30° pour les bougies utilisées		
Siège conique	M 14 x 1,25	20 ... 25 Nm	15 ... 25 Nm
	M 18 x 1,5	20 ... 30 Nm	15 ... 23 Nm
	ou: à fin de course, continuer à tourner sur 15°		
Attention: respecter les indications du fabricant!			

Recherche de défauts au moyen du testeur

Avant de rechercher des défauts au moyen du testeur de moteur, il faut toujours lire la mémoire des défauts. On y trouve différentes indications (p. ex. si les capteurs tels que le débitmètre d'air ou le capteur de cliquetis n'ont reçu aucun signal ou des signaux non plausibles). Les défaillances mémorisées doivent être identifiées et réparées, puis la mémoire doit être effacée. Il faut ensuite redémarrer le moteur puis consulter à nouveau la mémoire des défauts qui doit alors être vide.

Aucune indication d'erreur. Si la défaillance du système d'allumage fait référence à une valeur de capteur plausible mais toutefois fausse, la mémoire des défauts n'en tiendra pas compte. Exemple: en cas d'augmentation de la résistance de contact au niveau du connecteur du débitmètre d'air, une valeur erronée sera transmise à la centrale de commande. Dans un tel cas, les signaux du capteur doivent être mesurés au moyen du testeur, respectivement représentés au moyen d'un oscilloscope, puis vérifiés. Les résultats obtenus sont comparés avec les indications correspondantes fournies par le fabricant.

Défaillances du côté secondaire. Dans le cas où une erreur est signalée du côté secondaire du système d'allumage, l'oscillogramme de la tension secondaire fournit souvent une indication sur le type de défaillance. Pour cela, il faut toutefois connaître l'oscillogramme normal du système d'allumage concerné. L'erreur peut être identifiée en comparant l'écart de l'image réelle avec l'image théorique. En pratique, il s'avère que de nombreuses défaillances peuvent être identifiées grâce à une observation très attentive, une connaissance approfondie et une grande expérience **(voir tableau 2, p. 600)**.

Recherche de défauts du système d'allumage par le contrôle des résistances électriques

Des résistances électriques anormales sont souvent à l'origine des pannes du système d'allumage. Les valeurs indicatives suivantes sont applicables lors des mesures de résistance (respecter les indications du fabricant):

Câble haute tension	env. 5 Ω/m à 6 kΩ/m
Connecteur de bougie	env. 5 kΩ
Rotor du distributeur	env. 3 kΩ à 5 kΩ
Bobine d'allumage	< 2,0 Ω (primaire)
	< 19 kΩ (secondaire)
Bobine d'all. EF et DF	< 1,0 Ω (primaire)
	< 15 kΩ (secondaire)

Il n'est pas possible de mesurer la résistance de l'enroulement secondaire lorsque les diodes de contrôle de l'étincelle sont intégrées dans le circuit secondaire!

Diagnostic moteur et recherche de défauts au moyen de l'aspect des bougies (tableau 2)

L'aspect des bougies peut fournir des indications précieuses sur l'état du moteur et sur l'origine d'éventuelles défauts.

Tableau 2: Aspect des bougies

Normal	Encrassé de suie	Gras	Electrode centrale fondue	Forte usure de l'électrode de masse
Bec de l'isolant de couleur gris-blanc ou gris-jaune	**Causes:** Mélange trop riche, grande utilisation sur des parcours brefs	**Causes:** Niveau d'huile trop élevé, segments de pistons ou guides de soupape très usés	**Causes:** Surcharge thermique causée par l'autoallumage	**Causes:** P. ex. cliquetis dans le moteur

Tableau 1: Recherche de défaillances

Défaillance / Etapes	Point d'allumage	Ordre d'allumage	Bougies d'allumage	Câble haute tension	Couvercle du distributeur	Rotor du distributeur	Distributeur	Bobine d'allumage	Capteur d'allumage	Câbles et connecteurs	Module de commande	Capteur de régime moteur	Capteur PMH	Capteur de cliquetis	Capteur temp. moteur	Capteur temp. air	Capteur de charge
Le moteur ne démarre pas	•	•	•	•	•	•	•	•	•	•	•	•	•				
Le moteur s'éteint après démarrage	•							•		•	•	•			•		•
Le moteur ne démarre pas à chaud			•	•				•		•	•						
Le moteur démarre mal à chaud			•	•				•		•	•				•	•	•
Le moteur ne démarre pas à froid			•	•				•		•	•						
Le moteur démarre mal à froid			•	•				•		•	•				•	•	•
Le moteur reste chaud			•	•				•		•	•				•	•	
Le moteur tousse	•		•														
Le moteur cliquète	•		•											•			
Le moteur surchauffe	•			•													
Ralenti irrégulier	•		•	•	•	•	•	•		•	•	•			•	•	•
Consommation carburant trop élevée	•		•										•		•	•	•

Tableau 2: Oscillogrammes des erreurs (tension secondaire)

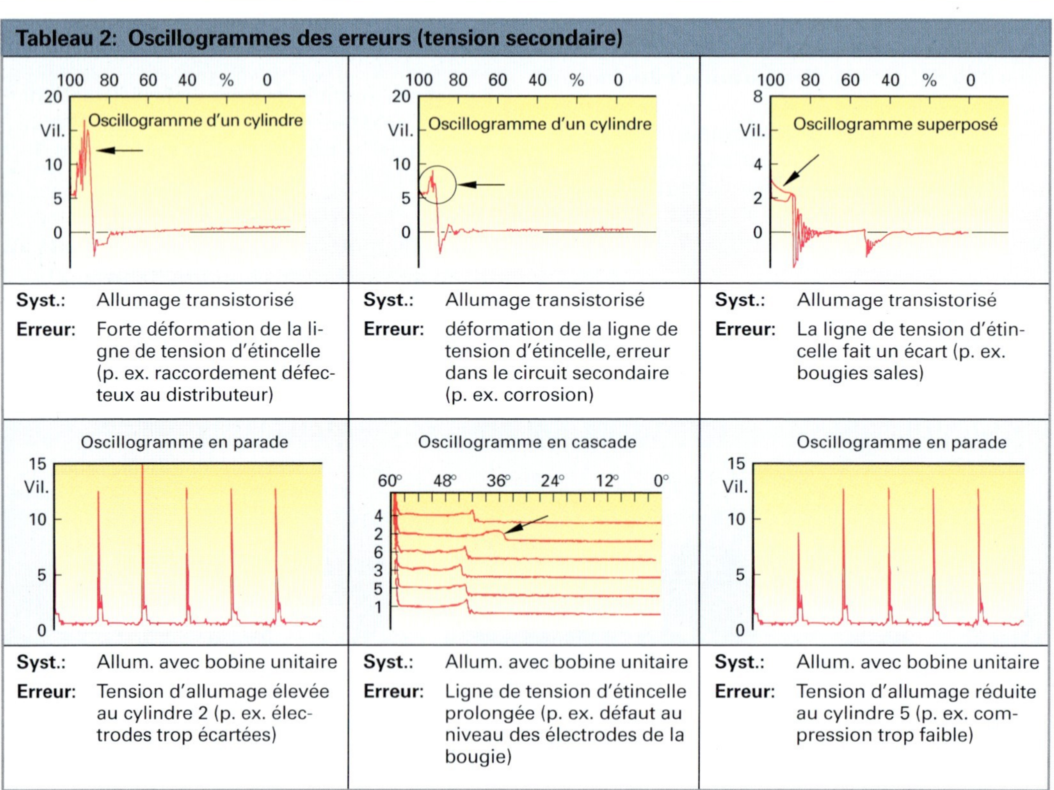

Syst.: Allumage transistorisé **Erreur:** Forte déformation de la ligne de tension d'étincelle (p. ex. raccordement défectueux au distributeur)	**Syst.:** Allumage transistorisé **Erreur:** déformation de la ligne de tension d'étincelle, erreur dans le circuit secondaire (p. ex. corrosion)	**Syst.:** Allumage transistorisé **Erreur:** La ligne de tension d'étincelle fait un écart (p. ex. bougies sales)
Syst.: Allum. avec bobine unitaire **Erreur:** Tension d'allumage élevée au cylindre 2 (p. ex. électrodes trop écartées)	**Syst.:** Allum. avec bobine unitaire **Erreur:** Ligne de tension d'étincelle prolongée (p. ex. défaut au niveau des électrodes de la bougie)	**Syst.:** Allum. avec bobine unitaire **Erreur:** Tension d'allumage réduite au cylindre 5 (p. ex. compression trop faible)

19.2.9 Capteurs

Dans les systèmes électroniques, les capteurs servent à mesurer les états de fonctionnement et à les transformer en signaux électriques.

19.2.9.1 Classification des capteurs

On différencie les capteurs selon:

- leurs fonctions (p. ex. transmission du régime, de la température, de la pression);
- le genre de signal de sortie (p. ex. analogique, binaire, digital);
- le type de courbe caractéristique (p. ex. toujours linéaire, toujours non linéaire, non régulière);
- le fonctionnement physique (p. ex. inductif, capacitif, optique, thermique);
- le nombre de niveaux d'intégration **(ill. 1);**
- s'ils sont actifs ou passifs.

Niveaux d'intégration. On entend par là le nombre d'étapes nécessaires depuis la mesure du signal jusqu'à son traitement dans la centrale de commande. P. ex., dans les capteurs du 3ème niveau d'intégration, l'information est mesurée par le capteur et convertie en tension électrique. Celle-ci est ensuite traitée (p. ex. renforcée) puis enfin digitalisée (numérisée). Le signal est ensuite traité par une électronique d'évaluation pour être utilisé directement par la centrale de commande. Un niveau d'intégration élevé présente les **avantages** suivants:

- grâce à la transmission du signal par un système de bus, le capteur peut desservir plusieurs centrales de commande;
- le signal ne doit être traité qu'une seule fois pour pouvoir être utilisé dans plusieurs centrales de commande;
- grâce à la digitalisation, le signal est relativement protégé des perturbations;
- les centrales de commande peuvent facilement être adaptées à différents capteurs car le traitement du signal a déjà lieu au niveau du capteur;
- au besoin, les informations du signal du capteur peuvent être demandées par la centrale de commande elle-même.

Inconvénients: les capteurs des 2ème et 3ème niveaux d'intégrations ne peuvent plus être contrôlés dans les ateliers avec des outils courants, tels que le multimètre ou l'oscilloscope. Seul un testeur de moteur est capable de procéder au contrôle.

Capteurs actifs. Ce sont les capteurs qui ont besoin d'une alimentation électrique pour pouvoir mesurer des valeurs physiques. Exemples de capteurs actifs: le débitmètre d'air à film chaud, le capteur de pression d'admission, le capteur à effet Hall.

Capteurs passifs. Contrairement aux capteurs actifs, ils ne doivent pas être alimentés électriquement. Exemples de capteurs passifs: les CTN, les potentiomètres, les capteurs de cliquetis.

19.2.9.2 Exemples de capteurs conventionnels

Contacteur

La forme la plus simple de capteur est le contacteur. Il peut être actionné mécaniquement (p. ex. contacteur de papillon des gaz, **ill. 1, p. 602),** pneumatiquement (p. ex. contacteur de pression d'avertissement des freins à air comprimé), hydrauliquement (p. ex. contacteur de pression d'huile), thermiquement (p. ex. contacteur thermique) ou électriquement (p. ex. relais). Les contacteurs peuvent communiquer deux états: fermé ou ouvert. L'information est fournie par la chute de tension produite par le contacteur **(ill. 2, p. 602).**

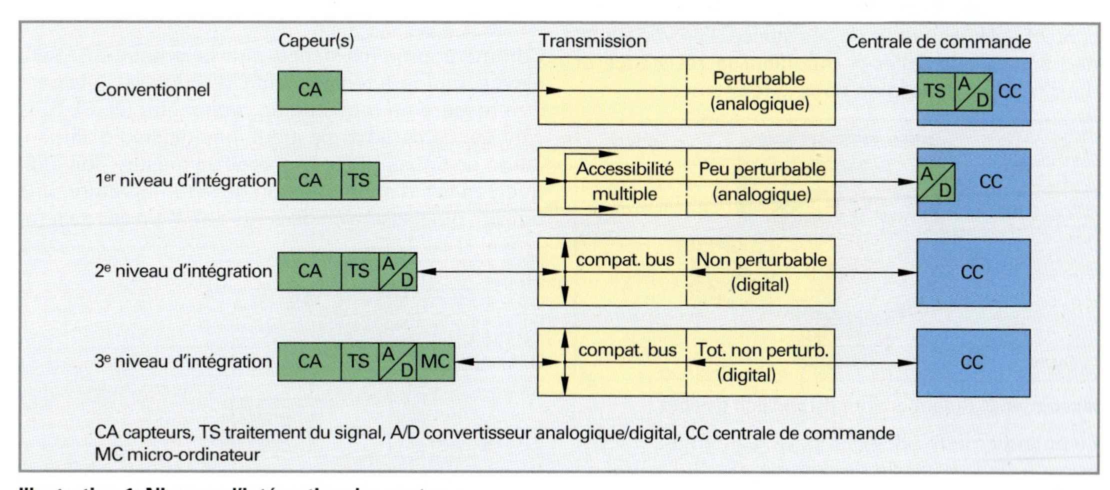

Illustration 1: Niveaux d'intégration des capteurs

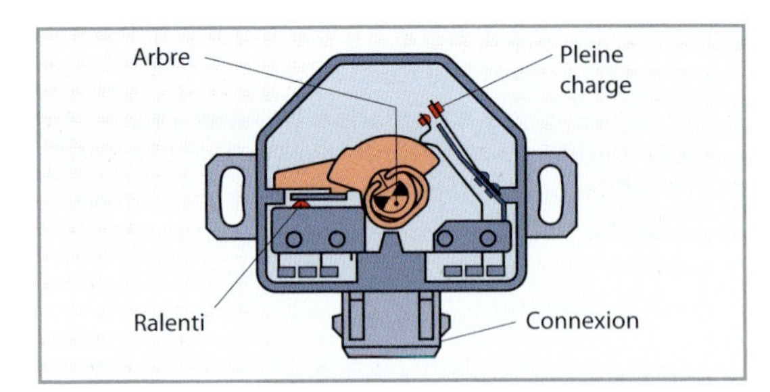

Illustration 1: Contacteur de papillon des gaz

Lorsque le contacteur est ouvert, l'appareil de mesure (voltmètre ou oscilloscope) signale une tension d'environ 5 V lorsqu'il est raccordé au pin 4 (masse) et au pin 5 (positif). Lorsque le contacteur est fermé, la tension chute à 0 V. L'unité logique UL de la centrale de commande reçoit les mêmes valeurs et "reconnaît" de ce fait si le moteur tourne au ralenti ou non.

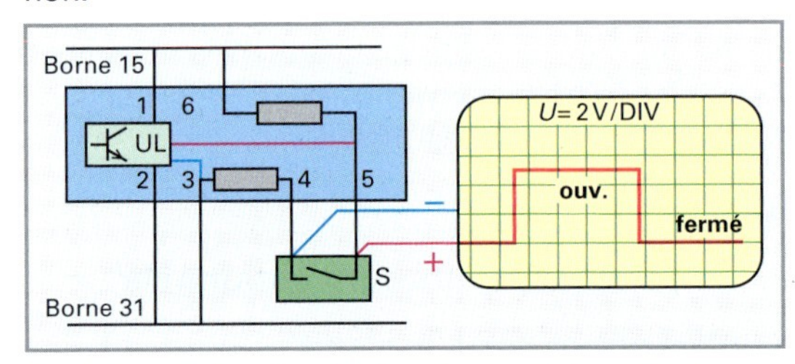

Illustration 2: Représentations du signal du contacteur

Potentiomètre

Ils sont utilisés pour signaler l'angle à la centrale de commande, respectivement la position, d'arbres ou de clapets. Dans les véhicules automobiles, on trouve p. ex. un potentiomètre du papillon des gaz **(ill. 3)** ou encore un potentiomètre sur la pédale d'accélérateur ou sur le capteur du niveau du réservoir. Le potentiomètre fonctionne comme un répartiteur de tension. Pour cela, un curseur activé par un arbre est en contact avec les pistes de résistance. Les variations de longueur de celles-ci modifient la résistance et donc la chute de tension dans la résistance.

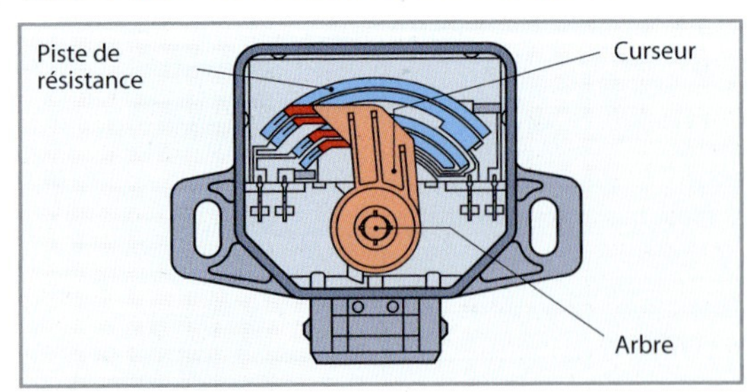

Illustration 3: Potentiomètre du papillon des gaz

Le potentiomètre **(ill. 4)** est p. ex. alimenté à 5 V par le pin 4 de la centrale de commande. Si l'arbre, ou respectivement le contact du curseur, se trouve en début de piste, une tension de 4,2 V arrive au pin 3. Si l'arbre continue de bouger jusqu'en fin de piste, la tension de sortie diminue jusqu'à p. ex. 0,7 V. La chute de tension au pin 3 par rapport à la masse est évaluée par l'unité logique UL de la centrale de commande. Ainsi, à chaque tension signalée, il est possible d'attribuer une position définie de l'arbre ou des clapets. Lors du contrôle du signal, il est important que la variation de la tension soit constante et ininterrompue (essai de bruit).

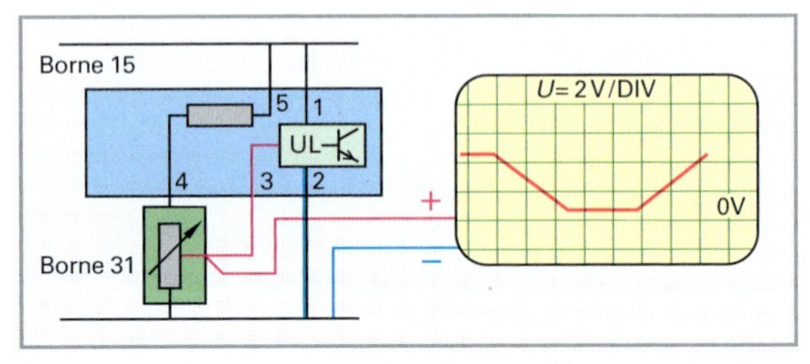

Illustration 4: Représentation du signal du potentiomètre

Capteur de température

Ils sont utilisés pour la saisie électronique de la température. Dans les véhicules automobiles, on trouve p. ex. des capteurs de température du moteur **(ill. 5)**, de l'air ou du carburant. Si une résistance en matériau semi-conducteur est implantée dans le boîtier du capteur, il s'agit d'une NTC (= CTN coefficient de température négative). Cela signifie que plus la température augmente, plus la résistance diminue.

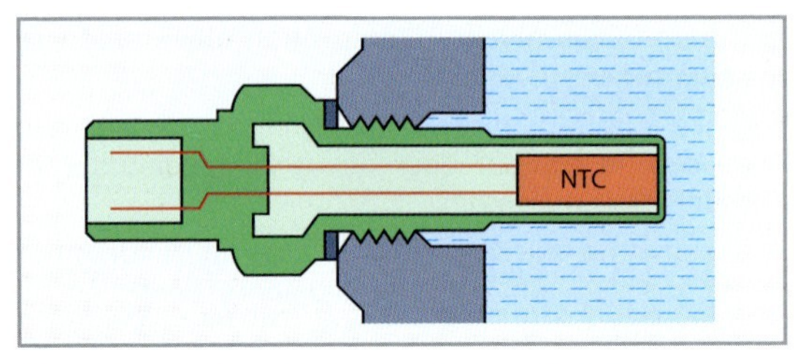

Illustration 5: Capteur de température du moteur

Comme pour la résistance, plus la température sera élevée, moins la tension à la CTN chutera. Cela peut être mesuré au moyen d'un multimètre **(ill. 6).** Si la centrale de commande induit une tension d'alimentation de 5 V au pin 5, l'appareil de mesure doit indiquer, en cas d'augmentation de la température, une tension qui passera en dessous de 5 V. En cas de tem-

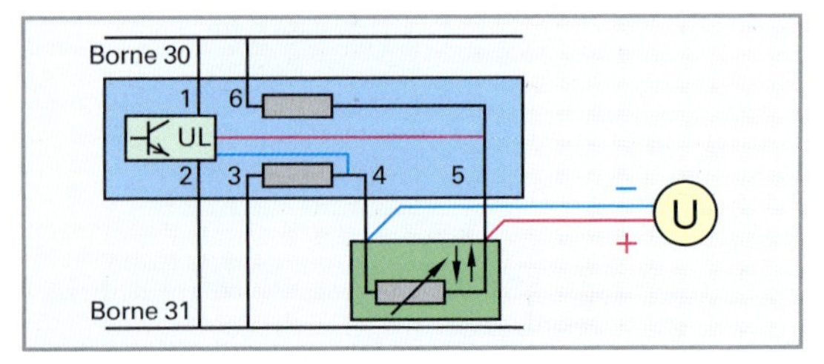

Illustration 6: Chute de tension à la résistance

pératures très élevées, la résistance du CTN tendra à devenir nulle et l'appareil de mesure indiquera une valeur à peine supérieure à 0 V.

Si, au lieu de mesurer la chute de tension, on mesure la résistance, il faut alors débrancher la centrale de commande. Les mesures de résistances effectuées doivent être comparées avec les valeurs prescrites par le fabricant. Normalement les valeurs de résistance selon la température de la CTN sont représentées par une courbe caractéristique **(ill. 1)**.

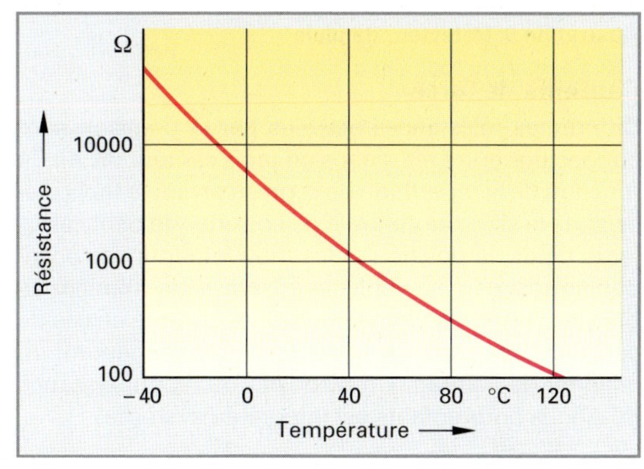

Illustration 1: Courbe caractéristique d'une NTC

19.2.9.3 Exemples de capteurs du 2ème ou du 3ème niveau d'intégration

Capteurs d'angles

Ils sont utilisés pour évaluer l'angle de torsion d'arbres. Pour cela, on utilise le plus souvent le principe de Hall. Un ou plusieurs capteurs Hall sont positionnés de manière à être influencés par le champ magnétique créé par la torsion de l'arbre. Le microprocesseur intégré au capteur calcule alors, sur la base des tensions de Hall mesurées, l'angle de torsion et traite le signal avant de la transmettre par le bus CAN. Ce principe est notamment appliqué au niveau des capteurs de pédales d'accélérateur **(ill. 2)** des systèmes Motronic, par les capteurs d'angles de braquage des contrôles dynamiques de la trajectoire et par les capteurs d'essieux pour la régulation dynamique de l'éclairage.

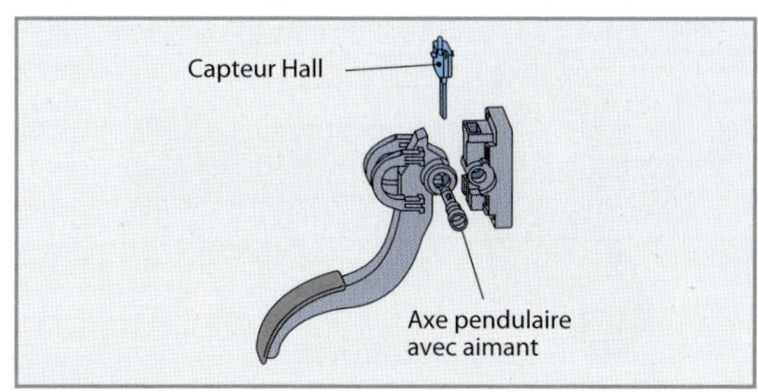

Illustration 2: Capteur de pédale

Capteurs à ultrasons

Ils permettent de mesurer des distances entre des éléments ou le volume de certains espaces. Le capteur comprend un système électronique d'évaluation et une unité émettrice-réceptrice qui émet et récupère les ultrasons **(ill. 3)**. Les systèmes d'aide au parcage utilisent p. ex. 4 à 6 capteurs intégrés au pare-chocs du véhicule, qui permettent de mesurer des distances allant de 0,25 à 1,5 m. Ces capteurs servent également à surveiller l'habitacle du véhicule et d'y détecter toute effraction.

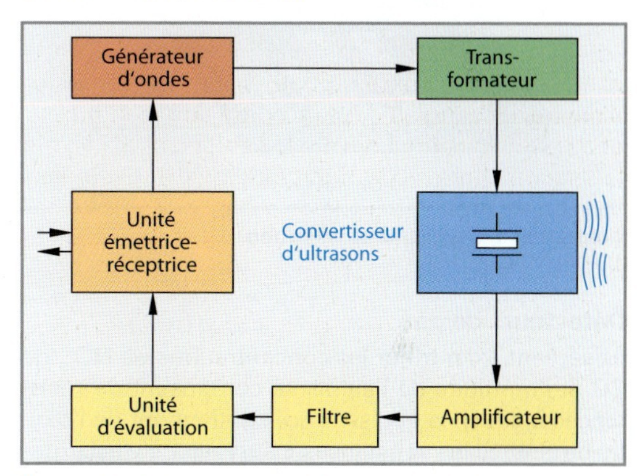

Illustration 3: Composants d'un capteur à ultrasons

Capteurs de vitesse de rotation

Ces capteurs sont soit piézo-électriques soit capacitifs **(ill. 4)**. Ils servent à mesurer le mouvement de rotation du véhicule autour de son axe et peuvent mesurer le couple d'embardée lors d'un virage ou d'un lacet. Ils sont utilisés comme gyroscopes dans le correcteur électronique de trajectoire et les systèmes de navigation.

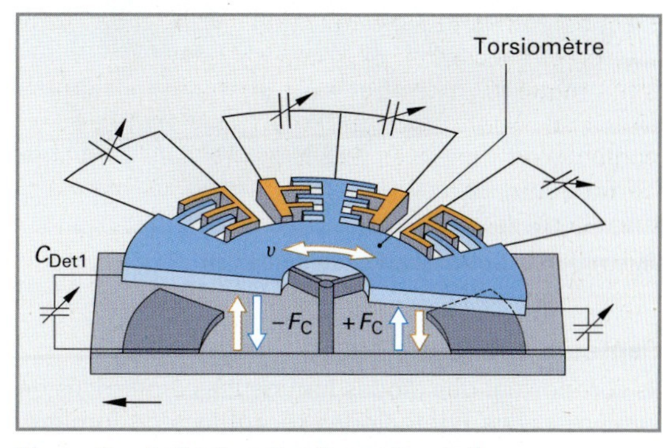

Illustration 4: Capteur de vitesse de rotation

Capteurs d'accélération

Ils mesurent l'accélération en cas de choc et sur cette base la centrale de commande active les systèmes de sécurité et de maintien des passagers. En cas de choc, une masse sismique libre subit un déplacement qui génère une modification capacitive qui est renforcée et filtrée par le système électronique d'évaluation puis digitalisée afin de pouvoir être traitée par la centrale de commande. D'autres systèmes utilisent un corps sismique piézo-électrique alimenté d'un seul côté. Ces capteurs sont utilisés p. ex. pour l'activation des prétensionneurs de ceintures de sécurité, des airbags ou de l'arceau de sécurité.

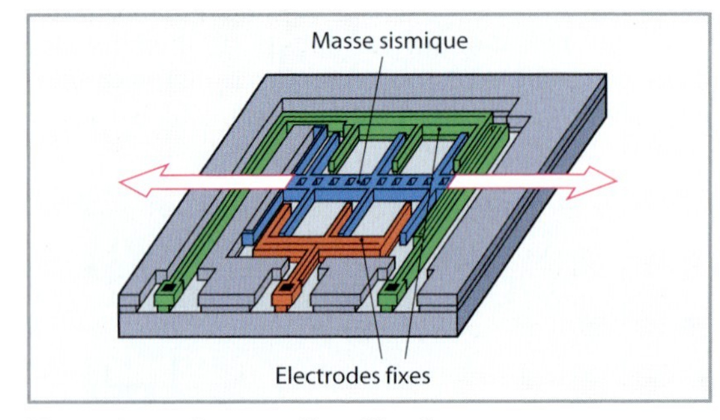

Illustration 1: Capteur d'accélération

Détecteurs de gaz

Ils servent à contrôler les concentrations de NO_x, de CO et l'humidité de l'air. Ils se composent de résistances à couches épaisses qui contiennent de l'oxyde de zinc. Si les substances à surveiller s'y accumulent, la résistance change. Ces capteurs sont utilisés pour contrôler l'humidité et la qualité de l'air des systèmes de climatisation. Ils sont également employés comme détecteurs de NO_x sur les véhicules à injection directe d'essence.

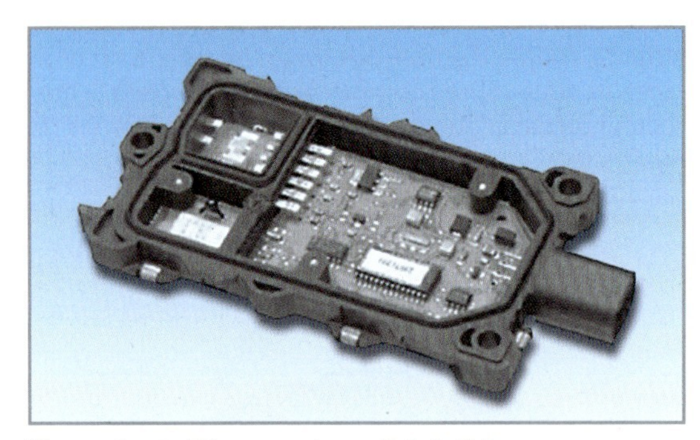

Illustration 2: Détecteur de qualité de l'air

Capteurs optiques

Ils comportent des diodes lumineuses émettrices de lumière et des photodiodes réceptrices de lumière. La modification de la réflexion de la lumière et de sa réception par les photodiodes permet à la centrale de commande de reconnaître si les projecteurs sont sales, si une vitre est cassée ou si des gouttes de pluie tombent sur le pare-brise. Ces détecteurs sont utilisés p. ex. comme détecteurs de pluie **(ill. 3)** pour activer automatiquement les essuie-glaces ou comme détecteurs de saleté pour activer le nettoyage automatique des verres des projecteurs au xénon.

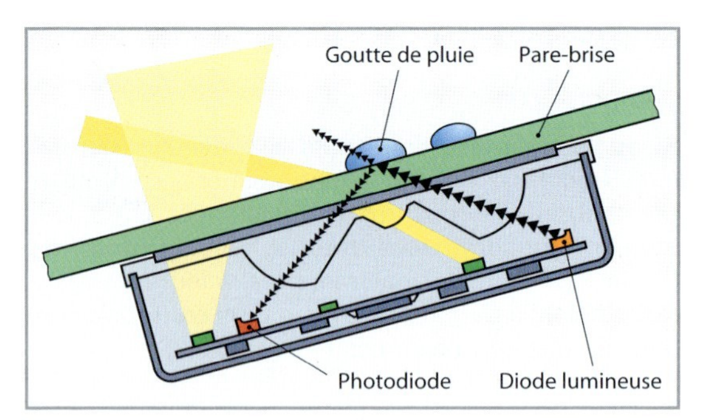

Illustration 3: Détecteur de pluie

Capteurs de force

Différentes résistances activées par la pression sont connectées entre elles dans un tapis capteur **(ill. 4)**. En fonction de la répartition de la pression sur le tapis placé dans le siège, la centrale de commande peut calculer le poids, la position et les mouvements des occupants assis dans le véhicule et activer de manière ciblée les systèmes de maintien et de sécurité en cas de collision. Ces capteurs servent au déclenchement intelligent de l'airbag. Un dispositif de reconnaissance de sièges pour enfants est intégré au système.

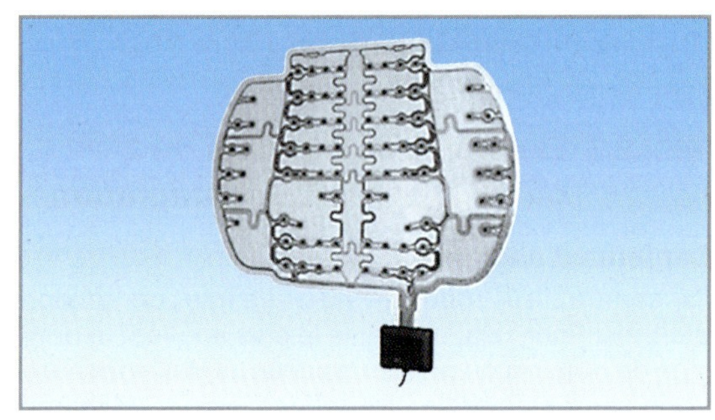

Illustration 4: Tapis capteur des occupants du véhicule

Capteurs d'huile (ill. 5)

Ces capteurs sont capables de mesurer aussi bien la qualité (vieillissement) et la température que la quantité de l'huile moteur. En plus de la mesure habituelle de la température (CTN), la conductivité de l'huile moteur est également évaluée, ce qui permet de vérifier précisément l'état chimique de l'huile et d'instaurer des intervalles d'inspections flexibles.

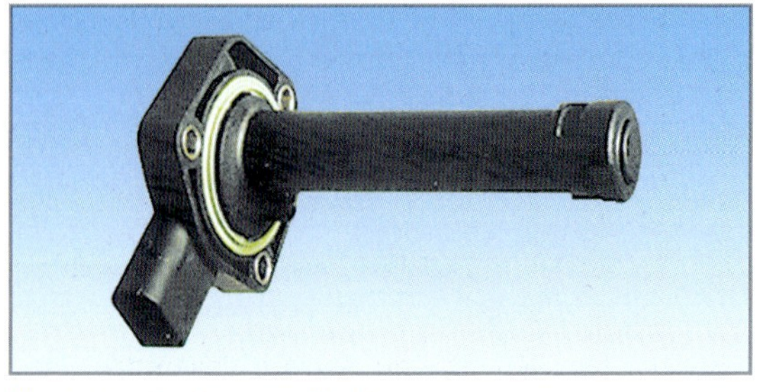

Illustration 5: Capteur d'huile

19.2.10 Technique haute fréquence

Fonctions

La technique haute fréquence permet d'échanger des informations sous forme de sons, d'images et de données sans aucune liaison filaire.

Utilisation (ill. 1)

Transmission de sons:

- Radio, télévision, téléphone.

Transmission d'images:

- Télévision.

Transmission de données:

- Internet, télématique (p. ex. appels d'urgence, info-trafic).
- Systèmes internes au véhicule, tels que contrôle de la pression des pneus, télécommandes, haut-parleurs pour la téléphonie sans fil.
- Systèmes de navigation **G**lobal **P**ositioning **S**ystem (GPS).

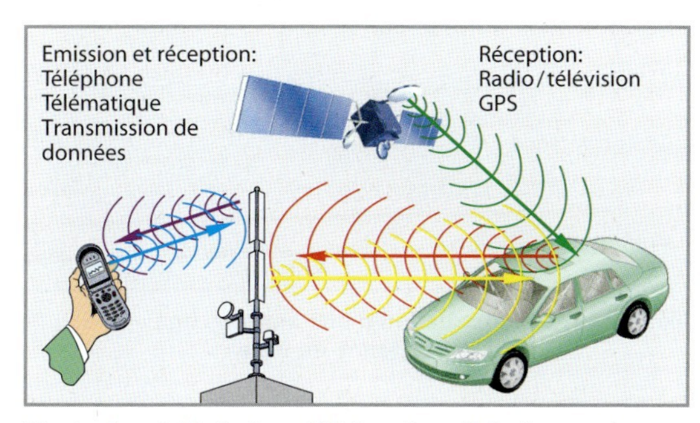

Illustration 1: Technique HF dans les véhicules modernes

Sous leur forme originale (p. ex. sons audibles à une fréquence de 16 – 20 000 Hz), les informations ne peuvent être transmises qu'à l'aide d'ondes sonores ou de câbles électriques. Ces gammes de fréquences sont appelées basses fréquences (BF).

Pour transmettre et recevoir les informations, la technique haute fréquence utilise des ondes électromagnétiques avec des fréquences supérieures à 30 kHz. On désigne cette gamme de fréquences par le terme de haute fréquence. L'**ill. 2** montre les gammes de fréquences utilisées dans les véhicules automobiles, ainsi que leurs domaines d'utilisation.

Construction du système émetteur-récepteur

Il comprend l'émetteur-récepteur, le câblage d'antenne et l'antenne.

Afin de pouvoir émettre ou recevoir des ondes électromagnétiques, la technique HF a besoin d'une antenne. Dans les petits appareils tels que p. ex. les téléphones portables ou les télécommandes, l'antenne est intégrée au boîtier de l'appareil. Dans les systèmes de téléphonie, les radios et les systèmes de navigation, l'antenne constitue un composant supplémentaire. L'**ill. 3** montre l'exemple de la structure du dispositif d'émission-réception d'un système de téléphonie dans une automobile.

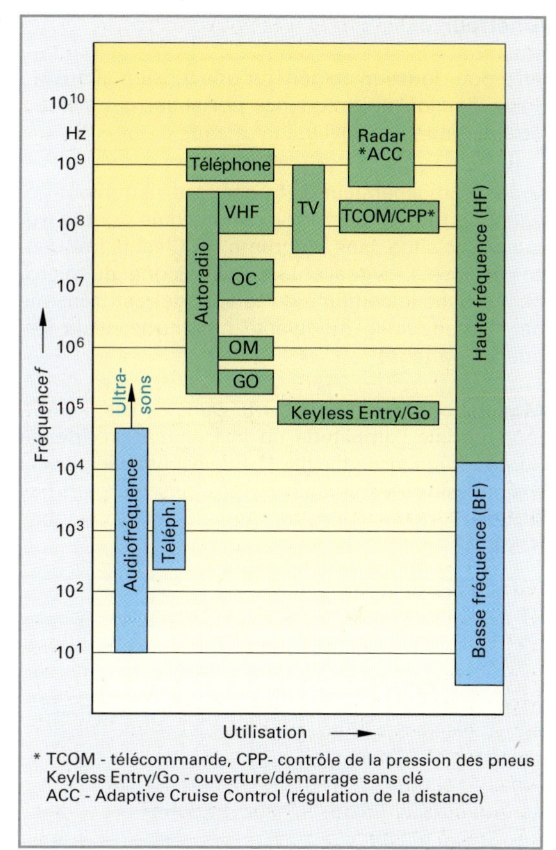

Illustration 2: Gammes de fréquences dans les véhicules

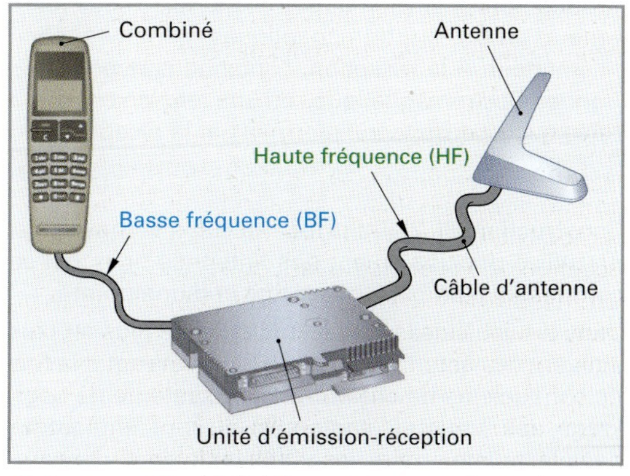

Illustration 3: Structure d'un système de téléphonie

Emetteur

Il a pour fonction de générer une tension alternative sinusoïdale (fréquence porteuse) qui sert à transmettre le signal utile.

Grâce à un générateur de fréquences, l'émetteur génère une tension alternative sinusoïdale dont la fréquence se situe dans la gamme HF. C'est la fréquence porteuse. Le signal utile (p. ex. le signal du microphone dans le combiné du téléphone) est transmis par l'émetteur en modulant l'amplitude de la fréquence porteuse.

Modulation d'amplitude (AM). Dans ce cas, l'émetteur modifie l'amplitude de la fréquence porteuse dans la fréquence utile **(ill. 1).** Elle est utilisée pour la transmission des signaux radio dans les gammes d'ondes longues (GO), courtes (OC) et moyennes (OM).

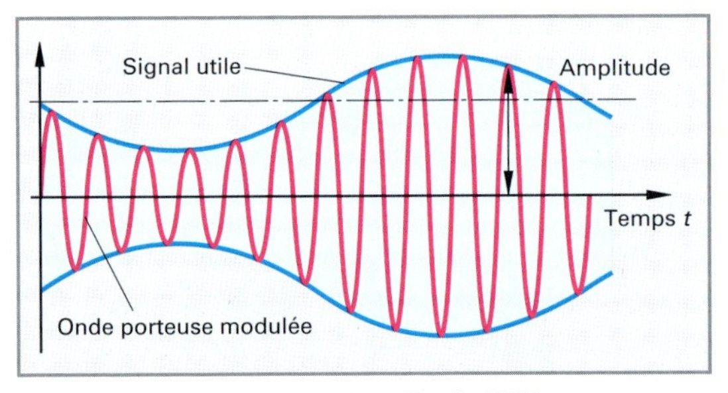

Illustration 1: Modulation d'amplitude (AM)

Un autre type de modulation est la **modulation de fréquence (FM),** qui est utilisée dans la gamme des ondes ultracourtes (VHF), ainsi que la **modulation de phase** qui est utilisée pour la transmission de signaux digitaux (p. ex. téléphonie, navigation).

Antenne

Elle a pour fonction de faire rayonner dans l'environnement la tension de signal modulée sous forme d'ondes électromagnétiques générées par l'émetteur. A la réception, l'antenne convertit les ondes électromagnétiques en une tension alternative qui est ensuite transformée par le récepteur.

Construction (ill. 2). Dans les véhicules automobiles, on utilise principalement des antennes tiges qui se composent d'un pied, d'une tige et d'une pointe.

Dans les véhicules actuels, on utilise de plus en plus souvent des antennes de vitre. Elles servent à la fois de conducteurs de chaleur pour le système de dégivrage des vitres et d'antennes et sont implantées dans la lunette arrière, les vitres latérales ou le pare-brise frontal. Le composant principal de ces antennes est le module d'antenne équipé d'un amplificateur qui assure la liaison entre les antennes de vitre et le câblage d'antenne. L'alimentation de l'amplificateur est assuré par les câbles de l'antenne.

Le fonctionnement des antennes de vitre est similaire à celui des antennes tiges.

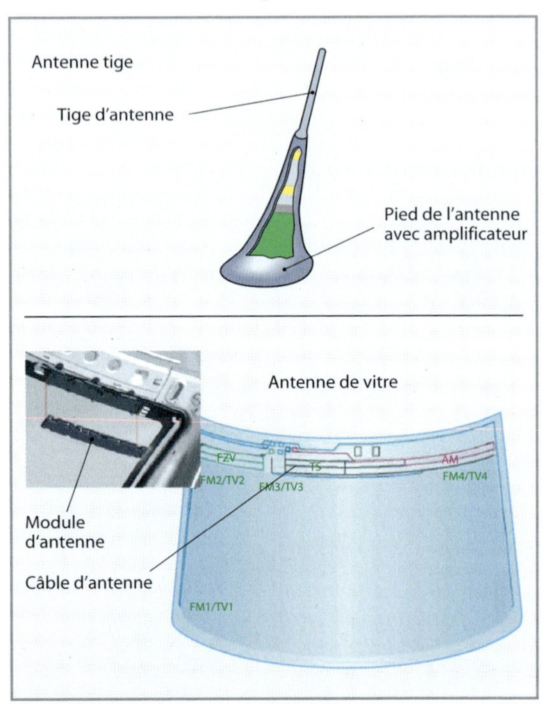

Illustration 2: Construction d'une antenne tige et d'une antenne de vitre

Fonctionnement de l'antenne émettrice (ill. 1, p. 607)

Au niveau de l'antenne, la tension induit un champ électrique et le courant un champ magnétique.

La pointe et le pied de l'antenne agissent ensemble comme un condensateur dont les plaques sont largement distantes. Si une tension électrique est appliquée entre le pied et la pointe de l'antenne, il en résulte un **champ électrique.** Les lignes de champ électriques sont émises parallèlement à la tige de l'antenne.

Si la tension augmente ou diminue, un courant circule alors à travers la tige de l'antenne qui fonctionne à la manière d'une bobine et génère un **champ magnétique.** Les lignes de champ magnétique sont annulaires et suivent la tige de l'antenne.

Les champs électriques et magnétiques s'alternent et sont émis perpendiculairement à l'antenne émettrice. Ensemble, ils forment ce que l'on appelle les **ondes électromagnétiques.**

19

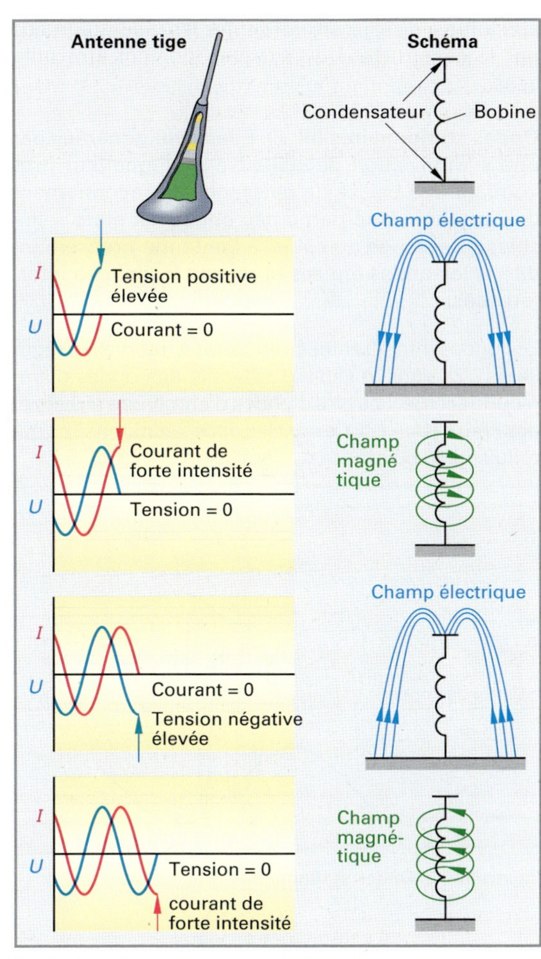

Illustration 1: Fonctionnement de l'antenne émettrice

Antenne réceptrice

Une tension alternative à haute fréquence est induite:

- sur l'antenne tige par le champ électrique;
- sur l'antenne cadre par le champ magnétique.

Antenne tige (ill. 2). Si les ondes électromagnétiques émises perpendiculairement à l'antenne émettrice sont captées par une antenne réceptrice, elle aussi perpendiculaire, le champ électrique induit dans cette dernière, une tension alternative à haute fréquence.

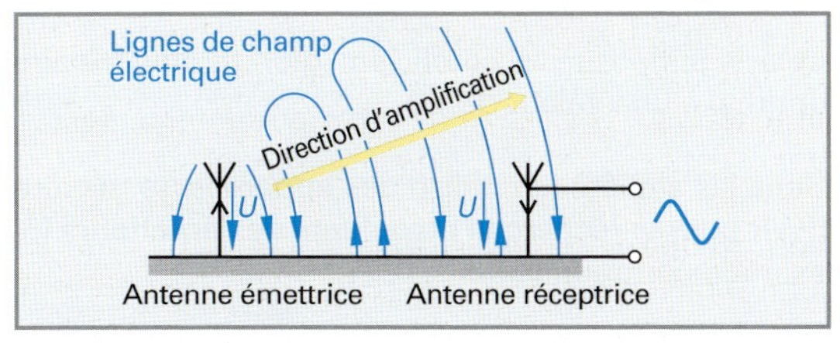

Illustration 2: Processus de réception sur une antenne tige

Antenne cadre. Elle capte les ondes magnétiques du signal émis et induit une tension alternative à haute fréquence. Etant donné que l'antenne cadre a un effet directionnel, elle n'est pas appropriée pour servir d'antenne réceptrice dans les véhicules automobiles. Elle n'est utilisée qu'exceptionnellement comme antenne émettrice (p. ex. pour la fermeture centralisée sans clé).

Antenne syntonisée (ill. 3)

La longueur de l'antenne doit être adaptée à la longueur de l'onde porteuse. Si la longueur de l'antenne correspond à un quart de la longeur d'onde (λ), on parle d'antenne syntonisée.

Antenne optimale (ill. 3a). C'est à sa pointe que se trouve la tension la plus élevée et à son pied que circule le courant le plus intense. Elle est en résonance avec la fréquence de réception, ce qui lui confère la capacité de réception maximale.

Antenne trop courte (ill. 3b). Il y a une faible tension à la pointe de l'antenne, ce qui induit un faible courant au pied de l'antenne. La capacité de réception est donc réduite. Pour des questions de design, les véhicules actuels sont équipés d'antennes courtes qui nécessitent de ce fait l'adjonction d'un amplificateur au sommet ou au pied de l'antenne.

Antenne trop longue (ill. 3c). Si l'antenne est trop longue, la tension à sa pointe diminue à nouveau, ce qui réduit sa capacité de réception.

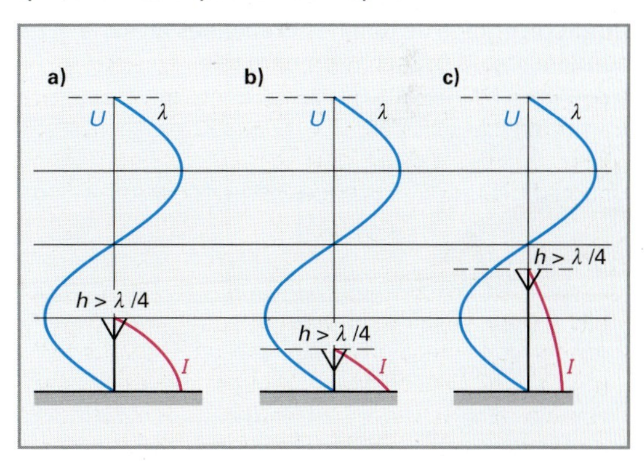

Illustration 3: Répartition du courant et de la tension dans des antennes de différentes longueurs

Longueur d'onde

La longueur d'onde λ indique la distance parcourue par le signal de tension alternative durant une période. Plus la fréquence f est élevée, plus la longueur d'onde est faible.

Elle est calculée en fonction de la vitesse de propagation des ondes (c) et de la fréquence (f) et est indiquée en mètres. Les ondes électromagnétiques se propagent dans l'air environ à la vitesse de la lumière.

$$\lambda = \frac{c}{f}$$

Unité: m

Exemple de calcul d'une antenne syntonisée pour la réception radio VHF

Vitesse de propagation $c = 300 \cdot 10^6$ m/s
Fréquence $f = 100$ MHz (VHF)
Longueur de l'antenne = h

$$\lambda = \frac{c}{f} = \frac{300 \cdot 10^6 \text{ m/s}}{100 \cdot 10^6 \text{ 1/s}} = 3 \text{ m}$$

$h = \lambda/4 = 3$ m / 4 = **0,75 m**

Câble d'antenne (ill. 1)

Dans un émetteur, il sert à transmettre la tension alternative à l'antenne.

Construction (ill. 1). Le câble d'antenne est un câble coaxial entouré d'un blindage relié à la masse du véhicule qui sert de protection contre les perturbations électromagnétiques. Il oppose une **impédance** au courant alternatif, ce qui exerce une influence sur la capacité d'émission et de réception.

Impédance. Lorsqu'un courant alternatif à haute fréquence circule dans un câble coaxial, il agit comme un circuit équipé de bobines branchées en série et de condensateurs branchés en parallèle.

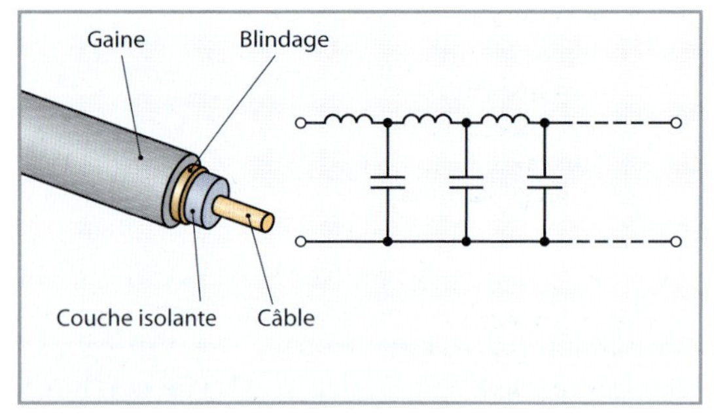

Illustration 1: Construction et schéma d'un câble d'antenne

L'impédance est la somme de la résistance du câble et de la résistance capacitive et inductive du blindage. Elle est décisive pour la qualité d'émission, respectivement de réception.

Dispositif d'antenne syntonisé. Dans ce cas, l'impédance du câble de l'antenne est égale à la résistance du pied de l'antenne. Dans les systèmes d'antennes d'émission et de réception, les différents composants sont conçus pour être adaptés les uns aux autres, c'est pourquoi seules les pièces agréées par le constructeur du système doivent être utilisées.

Ondes stationnaires (ill. 2). Elles sont générées par une syntonisation défectueuse de l'émetteur provoquant une baisse de puissance du rayonnement de l'antenne. Une partie des ondes est alors réfléchie, au passage du câble, à l'antenne proprement dite et les ondes émises et reçues créent des interférences.

Les ondes interférentes produisent à intervalles réguliers ($\lambda/2$), dans le câble d'antenne, des ondes d'amplitude accrue, des pics d'ondes d'amplitude réduite et des creux ($U_h - U_r$). Ce sont les ondes stationnaires qui réduisent la puissance de l'émission.

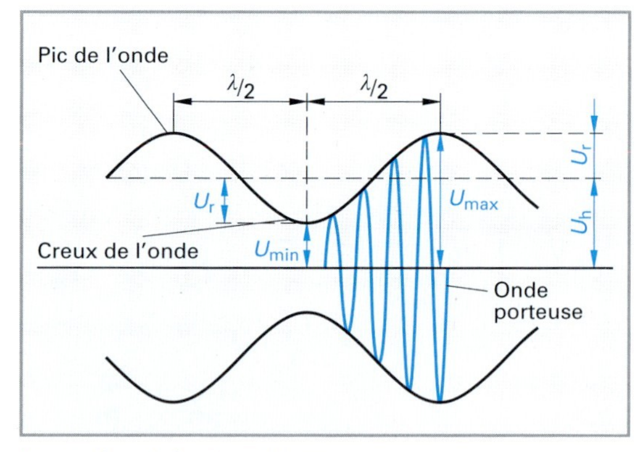

Illustration 2: Ondes stationnaires

Coefficient d'onde stationnaire (SWR*). C'est la valeur de la syntonisation des émetteurs. Il représente le rapport entre le pic ($U_h + U_r$) et le creux ($U_h - U_r$) de l'onde.

$$\text{SWR} = \frac{U_h + U_r}{U_h - U_r}$$

Un émetteur parfaitement syntonisé n'a ni pic ni creux d'onde. La tension U_r est donc nulle.

La formule est :

$$\text{SWR} = \frac{U_h + 0 \text{ V}}{U_h - 0 \text{ V}} = 1$$

Cela signifie que le coefficient d'onde stationnaire optimal a une valeur de 1.

Dans les ateliers, on utilise des appareils de mesure SWR pour la recherche de défauts des émetteurs (p. ex. radiocommunications, téléphonie).

* SWR = Standing Wave Ratio

Récepteur

Le récepteur a pour fonction d'analyser la tension alternative à haute fréquence émise par l'antenne, d'en tirer un signal utile (son, image, données) en fonction duquel les actuateurs (haut-parleurs, écran, etc.) seront activés.

Le récepteur recueille la tension alternative de l'antenne et, grâce à la démodulation, sépare le signal utile de la fréquence porteuse. Le signal utile ainsi dégagé est ensuite utilisé pour activer les différents actuateurs que sont les haut-parleurs, les écrans, les moteurs, etc.

Propagation des ondes (ill. 1)

En fonction de leur fréquence, les ondes se propagent différemment. On distingue ainsi les ondes directes et les ondes indirectes.

Ondes directes. Elles se propagent en suivant la surface du sol. Dans la gamme des ondes longues (GO), les ondes directes peuvent se propager jusqu'à 1000 km. Si la fréquence augmente, les pertes subies durant la propagation au sol augmentent également. Ainsi, dans la gamme des ondes courtes (OC), la distance parcourue n'est plus que d'environ 100 km.

Ondes indirectes. Elles se propagent en ligne droite et donc quittent la Terre. Dans certaines gammes de fréquences toutefois, les couches conductrices de l'atmosphère terrestre, situées entre 50 et 300 km d'altitude, renvoient les ondes en direction de la surface terrestre. Ce phénomène de réflexion dépend de la longueur d'onde et de l'horaire. Cette réflexion augmente la portée des ondes moyennes (OM) et des ondes courtes (OC).

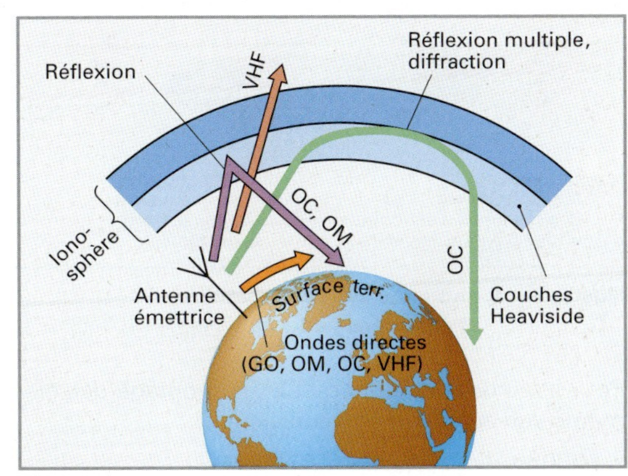

Illustration 1: Propagation des ondes radio

Dans la gamme ultracourte et des ondes du domaine de la télévision, les ondes se propagent pratiquement en ligne droite, ce qui signifie que le meilleur coefficient de réception est atteint si l'émetteur et le récepteur sont en vue l'un de l'autre. Les ondes ultracourtes permettent, grâce à la réflexion de la ionosphère, d'instaurer un trafic radio en mettant à profit des navettes spatiales et des satellites.

Sens de polarisation

Il décrit la direction du champ électrique d'une antenne émettrice par rapport à la direction de propagation et définit ainsi le positionnement optimal d'une antenne réceptrice.

Une antenne émettrice verticale émet un champ électromagnétique dont la direction est perpendiculaire à la direction de propagation et dont la direction du champ magnétique est horizontale. C'est la **polarisation verticale.** De manière analogue, une antenne émettrice positionnée horizontalement a une **polarisation horizontale.** Ensemble, elles sont appelées **polarisations linéaires. l'ill. 2** montre la polarisation verticale.

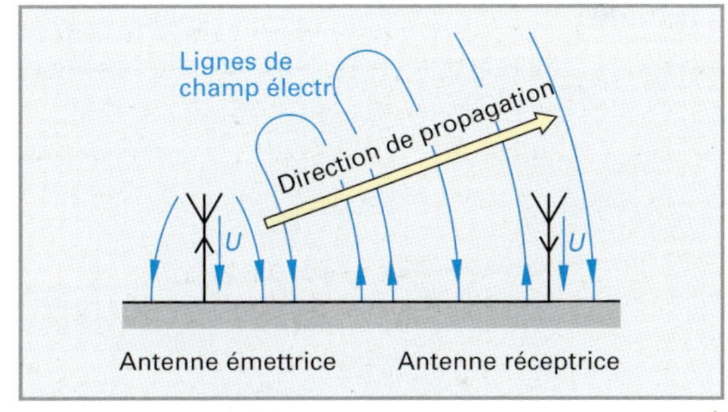

Illustration 2: Polarisation verticale

Onde polarisée circulaire. Elle se compose de deux ondes dont la polarisation est linéaire; elles se situent sur un plan perpendiculaire l'une par rapport à l'autre et ont un décalage de phase de 90°. Selon la direction de ce décalage de phase, l'onde résultante tourne vers la gauche ou vers la droite. On utilise principalement cette technique dans les émissions satellites (p. ex. GPS).

Diffraction des ondes radios par la carrosserie du véhicule (p. 610, ill. 1)

En Europe, les signaux VHF sont émis avec une polarisation horizontale. Leur réception est rendue possible par l'influence de champ qu'exerce la structure métallique de la carrosserie du véhicule, généralement combinée avec une antenne tige montée verticalement.

En fait, il y a dans la carrosserie du véhicule, des endroits où la concentration des champs électromagnétiques diffère. Dans le véhicule représenté, c'est dans les angles avant et arrière du pavillon que la concentration des champs est la plus élevée. Il s'agit donc des meilleurs emplacements pour le montage d'une antenne réceptrice.

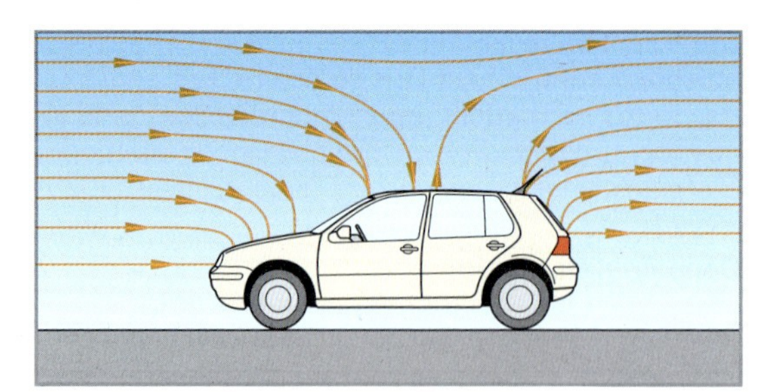

Illustration 1: Diffraction par la carrosserie du véhicule

Causes des problèmes de réception

Zones mortes (ill. 2)

Il y a des zones mortes là où le "contact visuel" entre l'émetteur et le récepteur est interrompu par des obstacles.

Des obstacles tels que les montagnes ou les bâtiments ne peuvent pas être traversés par les ondes radio. La capacité de réception qui en résulte est amoindrie.

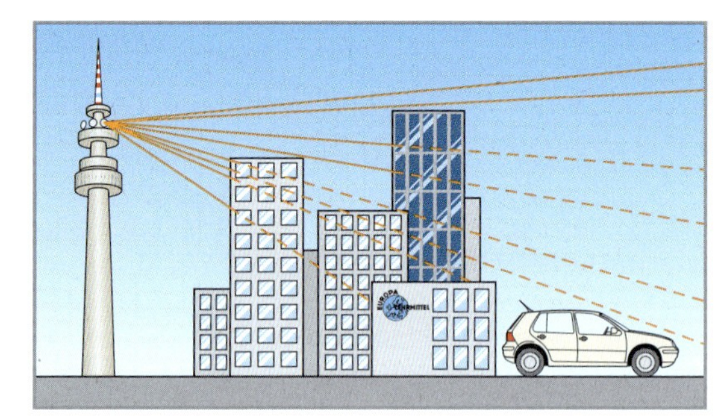

Illustration 2: Zones mortes

Réception multitrajet, multipath (ill. 3)

Il y a réception multitrajet lorsqu'un signal émis est réfléchi directement une ou plusieurs fois sur l'antenne réceptrice.

Le signal réfléchi arrive à retardement, c'est-à-dire avec un décalage de phase, sur l'antenne. Les signaux se perturbent mutuellement et réduisent la qualité de la réception.

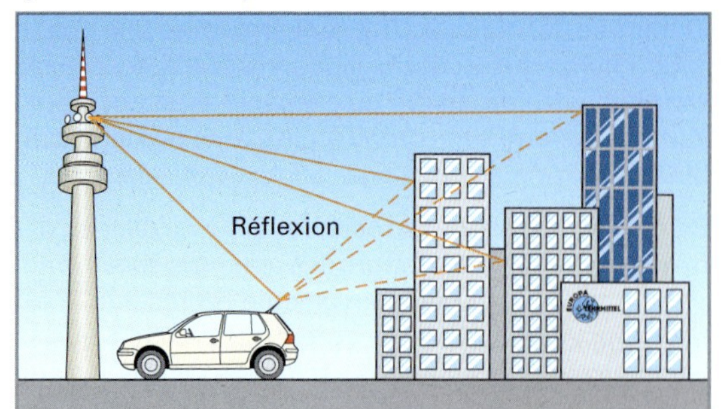

Illustration 3: Réception multitrajet, multipath

Sources de perturbations dans le véhicule

Les contacts établis et les mauvais contacts existant dans le véhicule génèrent des ondes électromagnétiques qui perturbent les systèmes radio.

Dans le véhicule, les sources de perturbations sont notamment:

- les systèmes d'allumage;
- les mauvais contacts au niveau des câbles et de leurs connexions;
- l'alternateur;
- le démarreur;
- les moteurs électriques;
- les charges électrostatiques (p. ex. dues aux pneus);
- les mauvais contacts ou les contacts non réguliers dus aux grandes pièces métalliques du véhicule (p. ex. le capot du moteur).

19.2.11 Compatibilité électromagnétique (CEM)

C'est la capacité d'un dispositif électrique ou électronique à fonctionner correctement dans son environnement électromagnétique **(immunité aux perturbations)** et simultanément à ne pas déranger le fonctionnement d'autres dispositifs **(émissions perturbatrices, ill. 4)**.

Les différents systèmes implantés dans le véhicule, comme le système d'allumage, les injecteurs, le système antiblocage, les téléphones mobiles etc., ne doivent pas s'influencer mutuellement. De plus, les systèmes doivent avoir un comportement neutre par rapport à l'environnement.

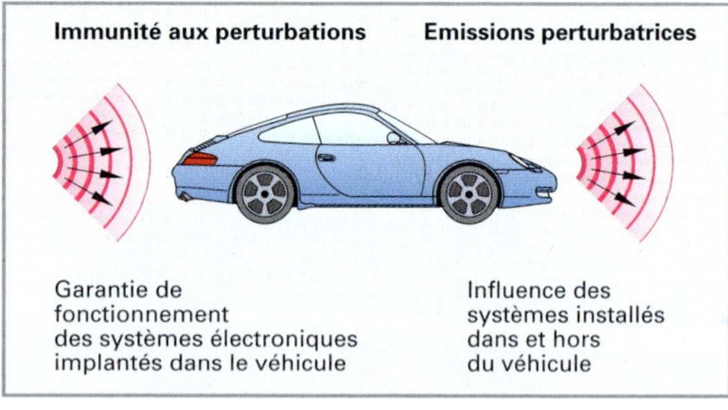

Illustration 4: Immunité aux perturbations et émissions perturbatrices

Pour atteindre une bonne CEM, le montage des éléments suivants peut être conseillé:

- condensateurs d'antiparasitage;
- bobines de self (filtre);
- câbles blindés;
- blindages en tôle d'acier;
- câbles torsadés.

Conseils d'atelier

Diagnostic des systèmes de réception

Mesure de l'intensité de champ (mesure de niveau)

On l'utilise pour la recherche de défauts dans les récepteurs. La mesure des modifications de tension sinusoïdale dans l'antenne est effectuée au moyen d'appareils de mesure de l'intensité de champ, respectivement de mesure du niveau de réception.

L'unité est le décibel microvolt (db μV).

On utilise rarement les appareils de mesure de l'intensité de champ dans les ateliers automobiles.

Le contrôle de l'intensité de champ peut être effectué au moyen du testeur dans le cadre de l'autodiagnostic.

L'intensité de champ dépend étroitement des influences extérieures, raison pour laquelle il est impossible d'établir une valeur de consigne. Pour détecter les défauts, on procède par comparaison avec des véhicules qui n'ont pas de problème. Pour cela, on mesure l'intensité de champ sur un véhicule en ordre et on compare les valeurs obtenues avec celles relevées sur le véhicule dont l'intensité de champ pose problème.

Les conditions suivantes doivent être respectées:

- les mesures doivent être faites en plein air;
- les deux véhicules doivent être du même type;
- les deux véhicules doivent être réglés sur la même fréquence;
- les deux véhicules doivent être positionnés à la même place et dans la même direction.

Si, lors de la mesure, on constate une différence avec le véhicule de comparaison, d'autres tests doivent être effectués pour déterminer la cause du problème:

- contrôler les passages du câble d'antenne;
- contrôler le branchement à la masse de l'antenne;
- mesurer la tension d'alimentation et l'alimentation en courant de l'amplificateur d'antenne;
- essayer de changer certains des composants du récepteur (p. ex. antenne, amplificateur d'antenne, câble d'antenne, récepteur) et mesurer à nouveau l'intensité de champ.

Dans les récepteurs modernes, l'alimentation en tension de l'amplificateur de l'antenne est assurée par le câble de l'antenne. L'autodiagnostic du dispositif de réception surveille, à l'aide de l'amplificateur, l'intensité du courant circulant dans les câbles et l'alimentation en courant de l'amplificateur. Si des écarts sont constatés par rapport aux valeurs de consigne, le problème est mémorisé dans le journal des erreurs. Grâce au testeur, il est possible de lire ce journal et de réparer le défaut.

L'alimentation en courant de l'amplificateur d'antenne peut également être vérifiée au moyen du testeur.

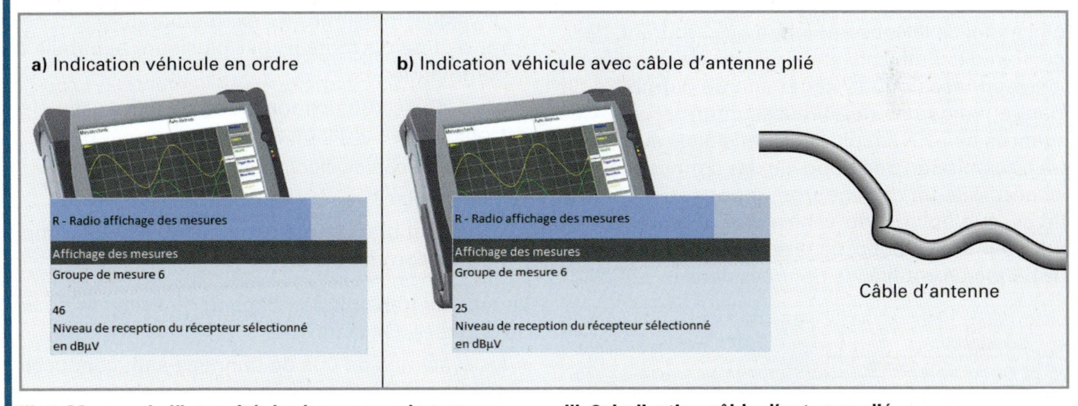

Ill. 1: Mesure de l'intensité de champ avec le testeur

Ill. 2: Indication câble d'antenne plié

Questions de révison

1. **De quoi est composé un récepteur?**
2. **Quel est le champ émis par le courant circulant dans une antenne émettrice?**
3. **Quelle est la fonction d'une antenne réceptrice?**
4. **Que sont les zones mortes?**
5. **Qu'est-ce qu'une réception multitrajet?**
6. **Quelle est la longueur d'une antenne réceptrice syntonisée?**
7. **Quelles sont les sources de perturbations dans un véhicule?**
8. **Qu'est-ce que le coefficient d'ondes stationnaires?**
9. **Qu'entend-on par compatibilité électromagnétique?**
10. **Comment mesure-t-on l'intensité de champ d'un récepteur?**
11. **Qu'entend-on par polarisation?**

19

19.2.12 Transmission des données dans un véhicule à moteur

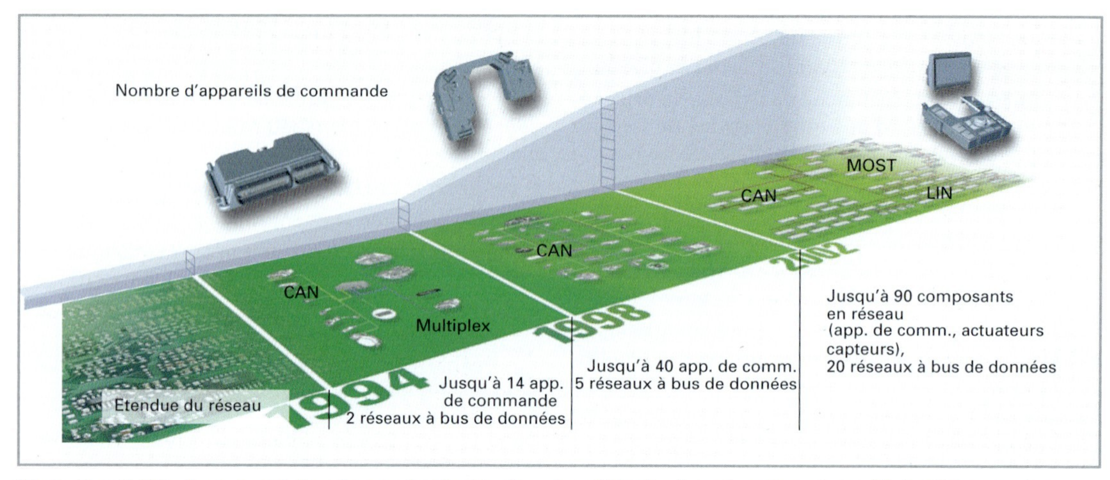

Illustration 1: Développement des réseaux implantés dans les véhicules à moteur durant ces 10 dernières années

Elle permet le transport et l'échange d'informations entre les composants électroniques sous forme de données et de signaux.

Transmission traditionnelle des données (ill. 2). Dans ce cas, la transmission de chaque information (p. ex. provenant du débitmètre d'air, du capteur Hall) nécessite un double câblage. Les exigences accrues en matière d'électronique dans les véhicules, notamment au niveau de la sécurité, du confort, de la communication, de la consommation de carburant, de la réduction des polluants et du diagnostic, requièrent la mise en réseau du système afin de permettre un échange rapide des nombreuses informations. Ces exigences ne peuvent plus être satisfaites au moyen de la transmission traditionnelle des données car celle-ci nécessite un câblage trop important, incompatible avec le volume du véhicule et la réduction de poids souhaitée. Pour cette raison, on utilise toujours plus de système à bus de données dans le véhicule.

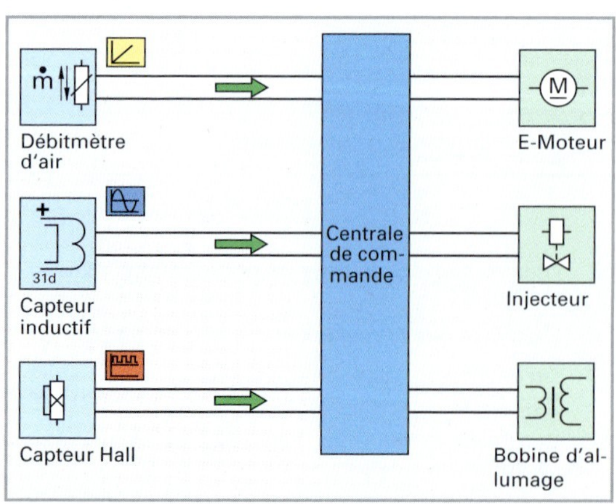

Illustration 2: Transmission courante des données

Systèmes à bus de données (tableau 1, p. 613)

Ils transmettent les informations au moyen d'unités d'informations (bits) qui sont concentrées en paquets de données.

Par rapport à la technique traditionnelle de transmission des données, les systèmes à bus de données présentent les avantages suivants:

- utilisation commune des capteurs et des valeurs physiques mesurées (p. ex. température extérieure, régime du moteur) par plusieurs appareils de commande;
- capacité accrue des fonctions de diagnostic électronique des organes de réglage;
- moins de câbles électriques;
- gain de place;
- boîtiers et branchements miniaturisés donc appareils de commande plus petits.

Le type de transmission dépend du système de bus de données. On distingue:

- les systèmes de bus de données à un conducteur électrique;
- les systèmes de bus de données à deux conducteurs électriques;
- les systèmes de bus de données optiques;
- les systèmes de bus de données sans fil.

L'emploi des différents systèmes dépend des propriétés et des exigences telles que:

- la vitesse de transmission des données, indiquée en baud (bd)*, bits par seconde;
- la compatibilité électromagnétique (CEM);

* Baud (bd): d'après le nom de Jean Baudot (ingénieur en systèmes de transmission, France 1845 – 1903)

Tableau 1: Aperçu des principaux systèmes de bus de données

Type de transmission	Système bus	Vitesse maximale de transmission	Utilisation	Déroulement de la transm.	Structure du système
Un conducteur électrique	Multiplex	100 kbd	Commande simple	Asynchrone	Structure en arbre
	Local Interconnect Network (LIN)	19,2 kbd		Asynchrone	Structure en arbre
Deux cond. électriques	Controller Area Network (CAN)	1 Mbd	Entraînement et confort	Asynchrone	Structure en arbre ou structure en étoile passive
Impulsions lumineuses	Domestic Digital Bus (D^2B)	5,6 Mbd	Information, communication, divertissement	Synchrone	Structure annulaire
	Media Oriented System Transport (MOST)	21,2 Mbd	Information, communication, divertissement	Synchrone	Structure annulaire ou structure en étoile active
Imp. lumineuse ou ondes radio	Byteflight	100 Mbd	Sécurité, information, divertissement	Synchrone	Structure annulaire, arborescente ou en étoile
Sans fil	Bluetooth™	1 Mbd	Communication	Asynchrone	

- la capacité en temps réel;
- la transmission synchrone ou asynchrone des données;
- la charge et le coût.

Capacité en temps réel

C'est la capacité d'un système électronique à traiter simultanément plusieurs processus ou de les transmettre tels qu'ils ont lieu dans le monde réel. Cela signifie, p. ex., que l'on a besoin d'un système de calcul très rapide pour commander la combustion du moteur car, à ce niveau, les processus se déroulent extrêmement rapidement. Par contre, pour le lève-vitre électrique, un système de calcul plus lent suffit.

Transmission des données synchrone, commandée par horloge (ill. 1a)

Dans ce cas, les données sont transmises à intervalles fixes. Il s'agit donc d'une transmission des données commandée par l'horloge.

A, B et C sont p. ex. des messages qui doivent être envoyés dans une séquence prédéfinie, et selon un déroulement chronologique établi, comme c'est le cas pour la température de l'huile et le régime du moteur. Etant donné que le régime du moteur subit davantage d'écarts, plus marqués en peu de temps que la température de l'huile, il est important que les valeurs mesurées soient transmises plus rapidement et plus fréquemment par le bus de données.

Transmission des données asynchrone, commandée par événement (ill. 1b)

Dans ce cas, les données sont transmises par le bus de données en fonction des événement et lorsque le bus est libre. Si plusieurs appareils de commande veulent transmettre des données simultanément, la priorité est accordée selon l'importance de l'information.

Exemple: les messages de commande d'un freinage de stabilisation du véhicule par le système ESP ont la priorité sur les messages de commande du système de climatisation de l'habitacle.

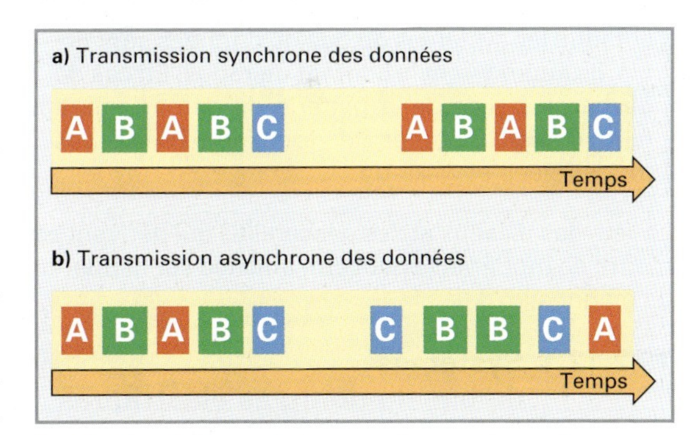

Illustration 1: Transmission synchrone et asynchrone des données

Transmission sérielle des données

Jusqu'à présent, les systèmes de bus utilisent la transmission sérielle des données, c'est-à-dire que les bits sont expédiés les uns après les autres par le moyen de transmission (câble électrique, câble optique, ondes radio).

La transmission de l'information peut avoir lieu de la manière suivante:

- dans des systèmes de bus de données électriques par modification de la tension du câble de transmission;

- dans des systèmes de bus de données optiques par modification ou modulation des ondes lumineuses;
- dans des systèmes de bus de données sans fil, par modification des ondes radio, par modulation d'impulsions ou de fréquences.

Pour que les appareils de commande puissent communiquer entre eux, chaque bit est soumis à un temps défini (cadence). C'est la durée de bit t_{bit}.

Etats de fonctionnement: mode sleep et mode wake-up

Mode sleep. Lorsqu'aucun échange de données n'est nécessaire, il interrompt la communication, permettant ainsi de réduire la consommation de courant.

> Lorsque la communication n'est pas nécessaire, le système de bus de données commute en mode "veille" (angl. to sleep).

Mode wake-up. Ce mode est activé afin de rétablir la communication dans un système de bus de données qui est en mode veille.

Différentes procédures sont utilisées pour commander les modes sleep et wake-up des systèmes de bus de données. Ces procédures sont généralement définies par les constructeurs dont il faut respecter les indications.

> **Conseil d'atelier**
> Lorsque les systèmes de bus de données sont actifs, ils augmentent le courant de repos. En cas de décharge rapide de la batterie de démarrage, il faut d'abord vérifier le fonctionnement des modes sleep et wake-up.

La liste des réseaux et des passerelles qui peuvent se mettre en mode veille peut être affichée sur l'appareil de diagnostic.

19.2.12.1 Systèmes de bus de données électriques

Construction (ill. 1). Les systèmes de bus de données électriques se composent au minimum de deux nœuds qui relient les participants au bus (p. ex. appareil de commande de l'ABS, centrale de commande du moteur). Seules les données transitent par les bus car les participants (abonnés) possèdent leur propre alimentation électrique.

Passerelles, participants du bus
Ils se composent:

- de l'électronique d'évaluation des signaux des capteurs;
- de l'électronique de commande des actuateurs;
- du microprocesseur pour le calcul des fonctions;
- du controller pour le pilotage de la communication des données;
- du transceiver pour la transmission des données sur le câble du bus.

Transceiver. C'est un des composants électroniques des passerelles qui remplit une double fonction: il envoie (angl. to transmit) et reçoit (angl. to receive) les données sur le câble du bus. Il reçoit les donnés expédiées par le controller et lui retransmet.

Controller. Il transforme les données du microprocesseur de manière à ce que le transceiver puisse les envoyer. Si un autre participant envoie des données par le câble du bus, le transceiver filtre les données et transmet celles nécessaires au controller qui les envoie au microprocesseur de l'appareil de commande.

> Toutes les données transitant par les câbles du bus sont reçues par chaque participant. Le controller de chaque participant décide de l'utilisation des données reçues.

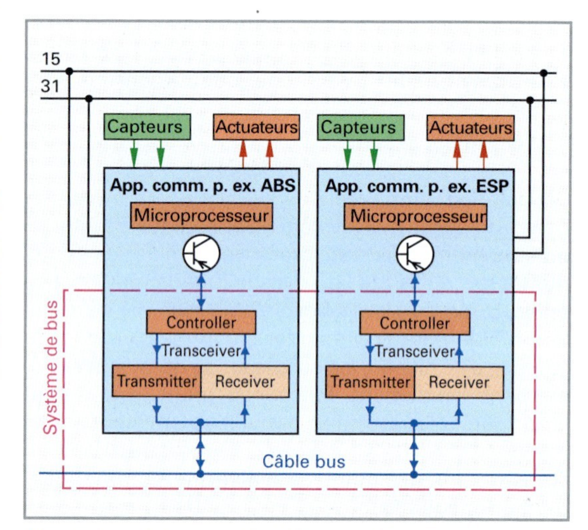

Illustration 1: Construction d'un système de bus de données électriques

Multiplexage (ill. 1, p. 615)

> Les multiplexeurs sont des circuits électroniques qui captent simultanément les différents signaux d'entrée et qui les retransmettent par câble ponctuellement ou à différentes fréquences.

Après transmission, les signaux sont séparés par le multiplexeur avant d'être envoyés au destinataire correspondant. Plusieurs signaux d'entrée peuvent ainsi être envoyés par le même câble à l'appareil de commande. La forme (protocole) des informations n'est pas unifiée parmi les fabricants des divers systèmes. Différents niveaux de signaux et différents protocoles sont ainsi utilisés.

Utilisation. Les systèmes multiplexés sont utilisés p. ex. dans les systèmes de suspension hydro-active.

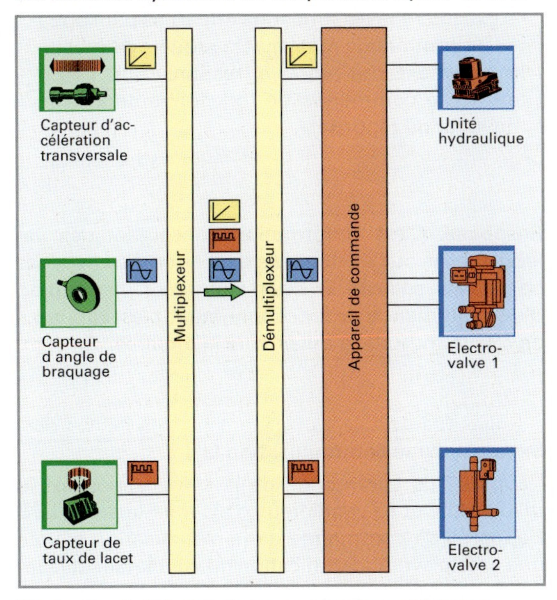

Illustration 1: Principe du processus de multiplexage

Lokal Interconnect Network (LIN)

Il est principalement utilisé pour la transmission des données entre l'appareil de commande et les capteurs passifs et actuateurs. Il travaille selon le principe master-slave. La forme du signal et le protocole sont unifiés.

Capteurs passifs, actuateurs. Ce sont des composants qui ont leur alimentation propre et auxquels est intégrée une électronique d'évaluation ou de commande.
Les capteurs passifs ne génèrent un signal qu'après la création d'une tension d'alimentation. L'électronique d'évaluation renforce le signal mesuré ou le convertit en un signal de données, ce qui accroît l'immunité aux parasites. La structure de l'appareil de commande est simplifiée.
Pour fonctionner, les actuateurs passifs ont besoin d'une tension d'alimentation en plus du signal de sortie, fourni par l'appareil de commande. Les courants de fonctionnement élevés des actuateurs ne sont pas générés par l'appareil de commande, permettant ainsi de renoncer à équiper l'appareil de commande de transistors de puissance.

Caractéristiques du système de bus LIN:

- vitesse maximale de transmission des données de 19,2 kbd;
- transmission des données par câble;
- transmission des données, orientée adresses.

Transmission des données, orientée adresses. Dans ce cas, l'indentification du destinataire est intégrée au message.

Avec les systèmes de bus de données LIN, il est possible de connecter jusqu'à 16 appareils de commande slave sur un seul appareil de commande master (principe master-slave)

Détermination des données. Contrairement au système multiplexé, la détermination uniformisée des

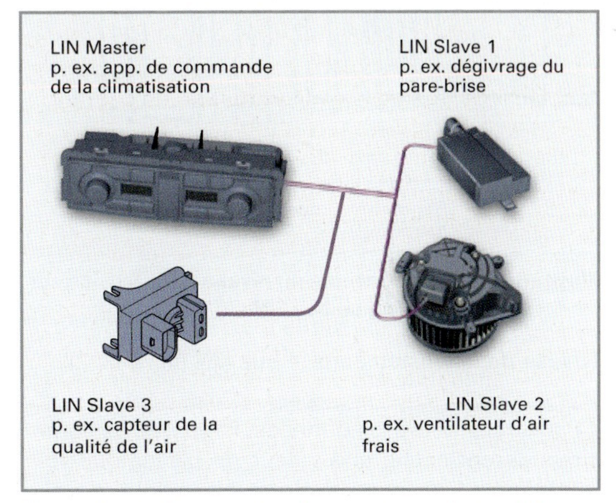

Illustration 2: Construction d'un système de bus LIN

données permet d'utiliser des composants LIN provenant de nombreux fabricants et constructeurs automobiles, d'employer des appareils et des logiciels de diagnostic unifiés et de faciliter ainsi la recherche de défauts.

Construction (ill. 2)

Appareil de commande master. Il envoie l'entête du message (header) par le câble de bus et constitue l'interface avec les autres systèmes de bus de données. Il synchronise, au moyen de la cadence de bus, les autres participants au bus (slaves) et constitue l'interface de diagnostic entre le testeur et les appareils de commande slave.

Header (entête) (ill. 1, p. 616). Elle contient les données suivantes:

- **bit de départ.** Il signale à tous les appareils de commande slave le début d'un nouveau message;
- **synchronisation.** C'est la structure de la période de bit permettant de lire le message;
- **identification du message (Identifier).** Elle contient l'adresse du destinataire et une première indication du master à l'attention du slave (p. ex. "envoie valeur de régime actuel" ou "active la valeur de consigne du régime".

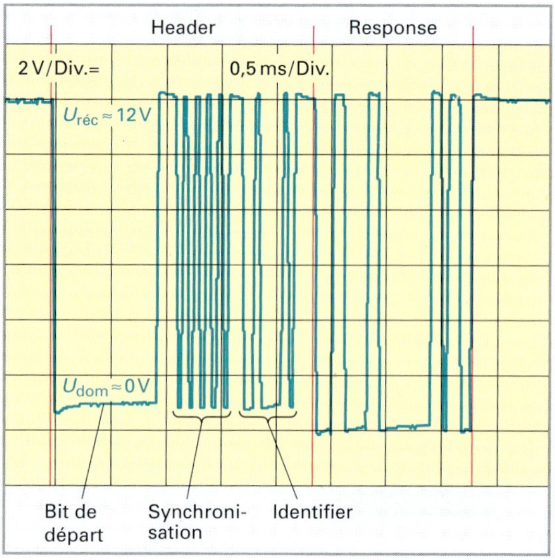

Header Response

2 V/Div.= 0,5 ms/Div.

$U_{réc} \approx 12\,V$

$U_{dom} \approx 0\,V$

Bit de départ Synchronisation Identifier

Illustration 1: Oscillogramme du niveau de la tension sur le câble d'un bus LIN

Niveau de la tension dans le bus LIN (ill. 1, ill. 2)

> Pour transmettre les données, l'appareil de commande enclenche une valeur de bit logique récessive = 1 ou une valeur de bit logique dominante = 0 sur le câble de bus LIN.

Niveau récessif, $U_{réc}$ (ill. 2a). C'est le niveau régnant dans les câbles du bus de données, même quand aucun bit n'est transmis. Le transistor T dans le transceiver n'est pas conducteur. Etant donné qu'aucun courant ne circule, la tension à la résistance R est nulle. Le câble de bus affiche la tension de la batterie (env. 12 V).

Niveau dominant. U_{dom} (ill. 2b). C'est le niveau existant lorsqu'un participant enclenche le transistor T et qu'une transmission a lieu sur le bus. Le transistor relie le câble de bus à la masse. La tension sur le câble de bus est nulle. Le niveau de tension peut être représenté et vérifié avec un oscilloscope.

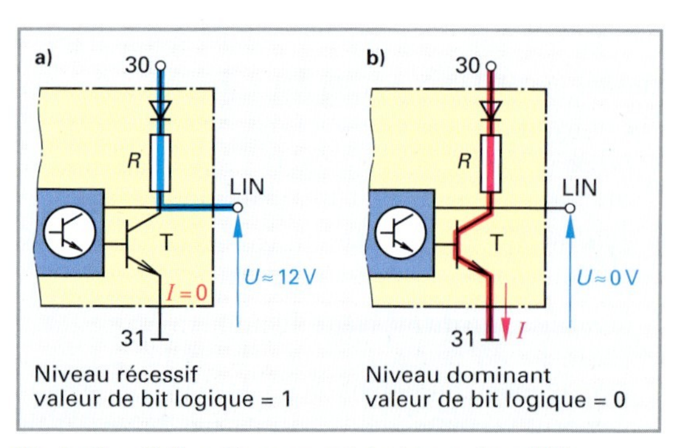

Illustration 2: Fonctionnement du transceiver LIN

Appareils de commande slave

> Ils exécutent les instructions imparties par l'appareil de commande master. A la requête du master, ils renvoient une réponse (response). Ils exécutent toute commande de fonctionnement sans renvoyer de réponse.

Response. C'est l'information concernant des valeurs réelles ou des données de diagnostic envoyées par le slave sollicité. En cas d'instruction d'exécution d'une commande de fonctionnement, c'est l'appareil de commande slave qui envoie la réponse.

Exemple d'une communication LIN

L'appareil de commande de la climatisation est le master LIN et le ventilateur d'air frais le slave LIN. L'appareil de commande de la climatisation envoie une entête avec l'identification du ventilateur et la requête "envoyer régime actuel". A la fin du header, le ventilateur renvoie immédiatement la réponse avec l'information "régime actuel = 200 1/min".

Si le régime du ventilateur doit être modifié, l'appareil de commande de la climatisation envoie alors un header avec identification du ventilateur et l'instruction "activer valeur de régime de consigne" suivie de l'information "valeur de consigne du régime = 500 1/min". Le ventilateur augmente alors son régime à 500 1/min. Afin de clore l'instruction, l'appareil de commande interroge à nouveau le ventilateur pour connaître le nouveau régime.

Conseils d'atelier

Les erreurs de fonctionnement du bus de données LIN génèrent des entrées dans la mémoire du master.

Pour identifier la cause de ces erreurs, il faut utiliser le programme approprié des appareils de diagnostic de recherche d'erreurs.

Si aucun de ces programmes spécifiques n'est disponible, il est possible de rechercher physiquement la cause de la défaillance au moyen d'un multimètre et d'un oscilloscope (connexions interrompues au niveau des câbles, prises mal raccordées, etc.).

Controller Area Network (CAN)

Le bus de données CAN est principalement utilisé pour la transmission de données entre les appareils de commande et les systèmes de sécurité, de confort et de commandes des systèmes d'information, de communications et de divertissements des véhicules automobiles. Il transmet les données par deux câbles qui sont soit blindés soit torsadés entre eux. Il travaille selon le principe multimaster.

Caractéristiques du bus de données CAN

- On différencie les bus de données CAN de classe B et de classe C.
- La vitesse de transmission maximale des données est de 125 kbd pour les bus CAN de classe B et de 1 Mbd pour les bus CAN de classe C.
- Le bus CAN de classe C ne peut pas être unifilaire.
- Le bus CAN de classe B est unifilaire.

Unifilarité. C'est la capacité d'un système de bus de données à maintenir la communication lorsqu'un de ses câbles est en défaillance (p. ex. suite à une coupure ou un court-circuit). Si le système bascule en mode monofilaire, la sécurité contre les défauts n'est plus garantie, ce qui peut provoquer d'autres pannes de fonctionnement.

Construction (ill. 1). Les systèmes de bus de données CAN sont composés d'au moins deux participants, d'un câble CAN-low, d'un câble CAN-high et de deux résistances terminales au minimum.

Participants. Leur construction interne est identique à celle des participants de bus LIN. Afin de pouvoir envoyer des données à plus grande vitesse et pour supporter le niveau de tension plus élevé que celui des bus de données LIN, le controller et le transceiver des bus CAN sont de meilleure qualité.

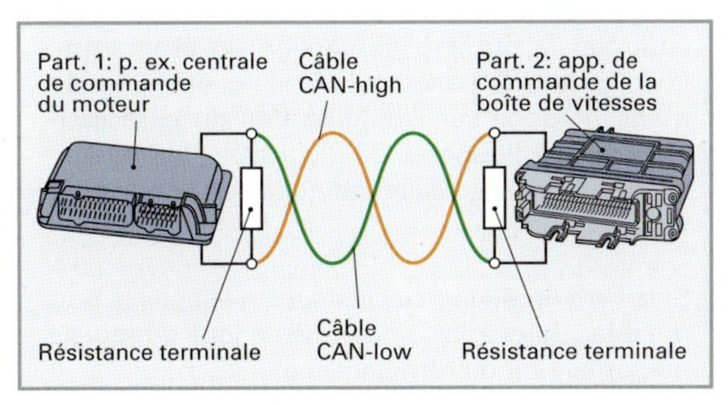

Illustration 1: Construction d'un bus de données CAN

Câbles bus, CAN-high, CAN-low (tableau 1)

Lorsqu'un participant active, par le biais d'un transceiver, un niveau dominant (U_{dom}) sur le câble CAN-high, la tension augmente dans ce câble. Quant à la tension du CAN-low, elle diminue simultanément. Les deux câbles sont soit torsadés entre eux soit blindés au moyen d'un treillis métallique.

Cette modification inverse de la tension induit, à chaque enclenchement, des champs magnétiques de valeurs opposées dans les deux câbles du bus CAN. Ceux-ci sont donc électromagnétiquement neutres vers l'extérieur afin d'éviter toute perturbation possible et pour garantir la sécurité de fonctionnement.

Tableau 1: Niveau de tension dans les câbles BUS

Valeurs logiques	LIN	CAN Class B		CAN Class C	
0	0 V	low	1 V	low	1,5 V
		high	4 V	high	3,5 V
1	env. 12 V	low	5 V	low	2,5 V
		high	0 V	high	2,5 V

rouge = niveau dominant / bleu = niveau récessif

Résistances de terminaison. Elles bouclent le circuit de courant entre le câble CAN-high et le câble CAN-low, ce qui permet d'éviter toute réflexion dans les câbles de bus CAN. Elles sont généralement intégrées dans deux participants.

Conseils d'atelier

La défaillance d'une ou des résistances de terminaison peut provoquer des problèmes de fonctionnement, surtout dans les systèmes CAN de classe C. En cas de défaut, il faut donc vérifier les résistances terminales.

Fonctionnement

Principe multimaster. Dans ce cas, chaque participant peut envoyer un message par les câbles de bus de données pour autant qu'ils soient libres. Si plusieurs appareils de commande veulent envoyer simultanément un message, ce sera le plus important qui sera envoyé en premier (après arbitrage).

Arbitrage. Il permet de hiérarchiser l'accès au câble du bus de données lorsque plusieurs participants veulent envoyer un message en même temps. L'importance et la priorité d'un message sont définies en fonction d'une identification des messages, contenue dans l'indentifier. Plus le niveau de l'indentifier est bas (nombre de bits dominants élevé), plus la priorité est élevée.

Structure du protocole des données (ill. 1)

Le protocole définit la structure du message et est établi de manière uniformisée.

Dans les bus de données CAN, la longueur du message est limitée à 128 bits. Elle est subdivisée en champs, qui sont les suivants:

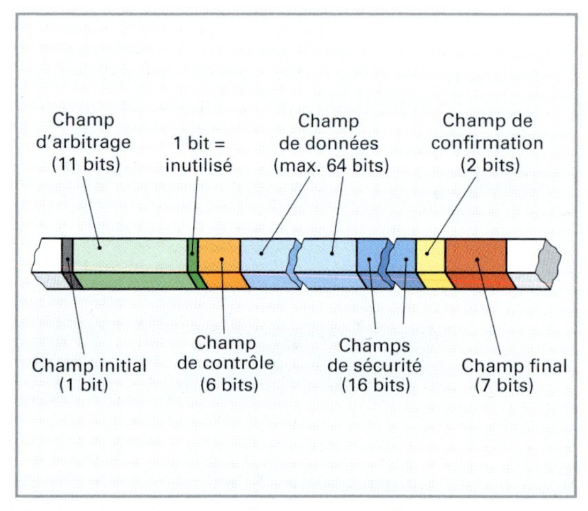

Illustration 1: Structure d'un message CAN

Champ initial. Il identifie le début du message et informe tous les participants du début de la transmission d'un message.

Champ d'arbitrage. Il contient l'identification de l'expéditeur (indentifier). En fonction de ce dernier, les participants peuvent reconnaître l'importance du message. L'arbitrage a également lieu sur la base de l'identificateur.

Champs de contrôle, de sécurité et de confirmation. Les champs de contrôle et de sécurité rendent impossible les erreurs de transmission grâce au codage du contenu présent dans ces champs. L'expéditeur du message reconnaît, grâce au champ de confirmation, si le message a été correctement lu par le destinataire. Si ce n'est pas le cas, il le renvoie. Si la réception n'est pas confirmée après plusieurs répétitions, l'expéditeur termine l'envoi, et évite ainsi à tout le système de bus de tomber en panne si un des participants ne fonctionne plus. Les autres participants continuent à communiquer. L'expéditeur inscrit cette panne dans sa mémoire de défaut, mémoire qui peut ensuite être consultée à l'aide d'un appareil de diagnostic.

Champ de données. Il contient les données utiles du message (p. ex. le régime moteur, la température du liquide de refroidissement).

Champ final. Il indique la fin du message et libère le bus pour l'envoi du prochain message.

Conseils d'atelier

Les erreurs de communication des bus de données CAN génèrent des entrées dans la mémoire des participants impliqués dans la communication.

Causes d'erreurs possibles:

- interruption au niveau d'un ou des deux câbles CAN qui relient un ou plusieurs participants (en fonction de la structure du bus);
- court-circuit (mise à la masse) d'un câble;
- court-circuit par contact d'un câble avec un autre câble sous tension;
- court-circuit entre les deux câbles CAN;
- tension d'alimentation insuffisante sur l'un des participants;
- erreur logicielle dans un ou plusieurs participants;
- nœuds participants défectueux.

Pour identifier la cause de ces erreurs, il faut utiliser le programme de recherche d'erreurs approprié des appareils de diagnostic.
Si aucun de ces programmes spécifiques n'est disponible, il est possible de rechercher physiquement la cause de la défaillance au moyen d'un multimètre et d'un oscilloscope (connexions interrompues au niveau des câbles, prises mal raccordées, etc.).

Les moyens de mesure utilisés habituellement dans les ateliers ne permettent pas de détecter les erreurs logicielles. Il est toutefois possible de contrôler le numéro de version du programme installé dans le participant. Celle-ci est généralement indiquée sur l'identification du participant affichée par l'appareil de diagnostic. Il faut alors la comparer avec celle indiquée par le constructeur.

Si la version du logiciel installée n'est pas la bonne, il faut procéder à une mise à jour du logiciel du participant ou remplacer celui-ci.

Conseils d'atelier

Oscillogrammes des signaux de bus CAN

Ils peuvent être employés pour rechercher les causes d'une erreur dans les câbles des bus de données CAN.

Oscillogrammes CAN de classe B

Signal correct (ill. 1)

Lors du contrôle, les points suivants doivent être observés:

- comparer les niveaux de tension des deux câbles. Celui du câble CAN-high va de 0,2 à 3,8 V; celui du CAN-low de 5,0 à 1,0 V;
- les déroulements chronologiques des changements de tension doivent être simultanés (synchrones).

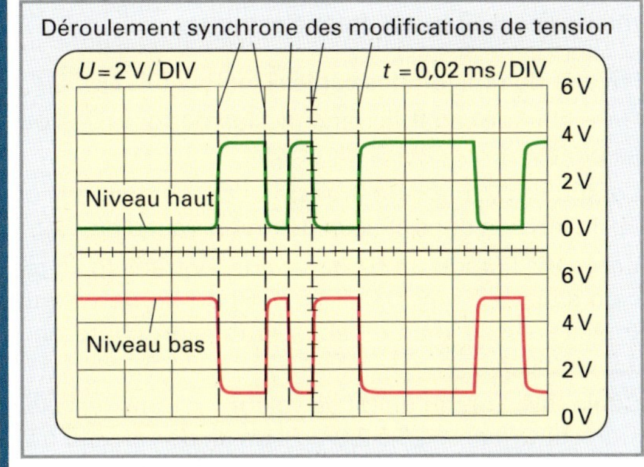

Illustration 1: Oscillogramme d'un signal CAN de classe B correct

Les systèmes CAN de classe B transmettent les informations même si un des deux câbles de bus de données est endommagé. On appelle unifilaire ce mode de fonctionnement. Les causes peuvent être:

- interruption d'un câble CAN à un ou plusieurs participants. Ce problème n'est pas clairement représenté par l'oscilloscope.

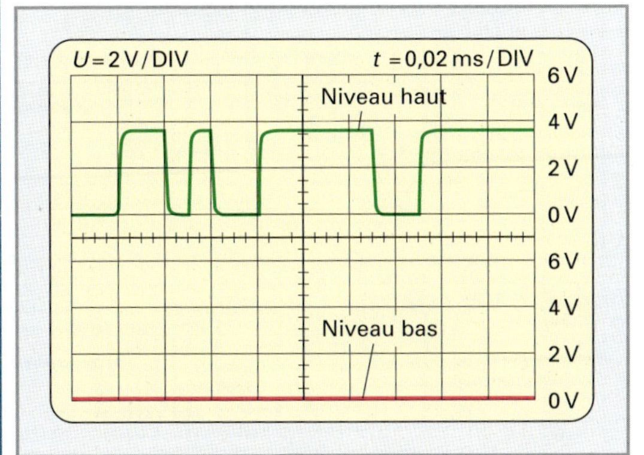

Illustration 2: Exemple de court-circuit avec la masse du câble CAN-low

Le ou les paticipants qui travaillent en mode monofilaire apparaîtront en consultant les valeurs de mesure de l'autodiagnostic. Afin de déterminer les causes du problème, il faut vérifier les câbles du bus CAN à l'aide d'un ohmmètre;

- court-circuit d'un câble CAN **(ill. 2)**. Lors de cette mesure, l'oscillogramme fait apparaître une ligne continue à 0 V au lieu du signal du câble CAN-low. Le signal high demeure constant;
- court-circuit au pôle positif de la batterie d'un câble CAN-high **(ill. 3)**. Dans cet oscillogramme, on reconnaît le mauvais niveau de tension du câble CAN-high à la valeur de tension de la batterie qui est d'environ 12 à 14 Volt. Le signal low demeure constant;

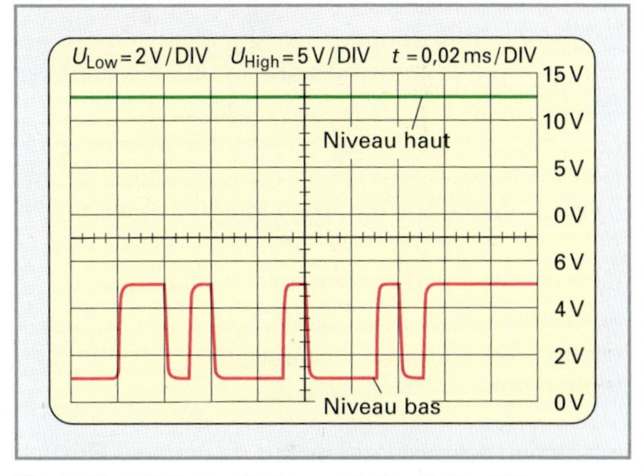

Illustration 3: Exemple de court-circuit du câble CAN-high sur le pôle positif de la batterie

- court-circuit entre les câbles CAN **(ill. 4)**. Les déroulements de la tension sont identiques dans le CAN-low et dans le CAN-high. Le signal high reste constant et le signal low est inversé. Ce signal high est transmis dans les deux câbles.

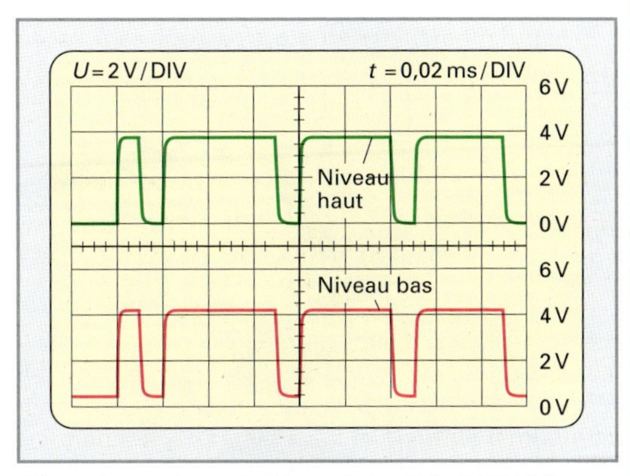

Illustration 4: Court-circuit entre le câble CAN-high et le câble CAN-low

Bus de données FlexRay

Il est principalement utilisé pour transporter des données entre des centrales de contrôle qui nécessitent un transfert de données sécurisé et à grande vitesse (p. ex. frein électrique, systèmes de régulation du châssis, direction électrique, etc.).

Caractéristiques du bus de données FlexRay

- Le transfert des données est réalisé par l'intermédiaire de deux canaux.
- Le transfert des données dans les deux canaux est assuré par deux câbles, le bus positif (BP) et le bus négatif (BM).
- La vitesse maximale de tranfert des données est de 10 Mbd par canal pour un coefficient d'utilisation allant jusqu'à 75 %.
- La sécurité des données est significativement accrue grâce à la transmission simultanée dans les deux canaux.
- La configuration flexible du système permet d'utiliser le FlexRay dans de nombreuses applications (p. ex. systèmes de motorisation ou de gestion dynamique de la conduite).
- La transmission des données est synchrone.
- En configurant le système de manière adéquate, il est possible d'assurer sa capacité à fonctionner en temps réel.

Construction des systèmes de bus de données FlexRay

Pour éviter tout phénomène de réflexion, la vitesse élevée de transmission des données nécessite une structure de bus comportant des liaisons point à point. C'est pour cette raison que les systèmes de bus de données FlexRay sont principalement montés dans des structures "point à point" mixtes, dans des Daisy Chain et dans des structures actives en étoile **(ill. 1)**.

Construction des participants FlexRay

La configuration interne des participants FlexRay correspond essentiellement à celle des participants CAN et se compose du CPU, du controller et du transceiver.

A la différence des participants CAN et étant donné la séparation des canaux A et B de transmission, tous les composants sont installés à double, ceci permet une transmission simultanée des données sur deux paires de câbles indépendants. En cas de défaillance, le fonctionnement n'est pas compromis car il y a effet de redondance. La défaillance est toutefois reconnue par l'auto-diagnostic. Le conducteur est alors avisé par une alarme, afin de procéder à la réparation.

Le système de bus de données FlexRay garantit une sécurité élevée du transfert des données; il peut être de ce fait utilisé pour des systèmes sensibles en terme de sécurité (p. ex. frein électrique).

Niveau de tension des câbles FlexRay (ill. 2)

Dans chaque canal, la transmission des données passe par les deux câbles BP et BM.

Lorsqu'il n'y a aucune transmission de données (Idle), la tension dans chacun des câbles est d'env. 2,5 V.

Câble BP. Lorsqu'un bit de valeur 1 y transite, la tension s'élève à env. 3,0 à 3,5 V. Si un bit de valeur 0 transite sur le même câble, la tension chute entre 1,5 et 2,0 V.

Câble BM. Lorsqu'un bit de valeur 1 y transite, la tension chute à env. 1,5 à 2,0 V. Si un bit de valeur 0 transite sur le même câble, la tension s'élève jusqu'à 3,0 à 3,5 V environ.

Structure du protocole des données du FlexRay (ill. 1)

Les données sont transmises en fonction de cycles répétés continuellement (Communication Cycle).

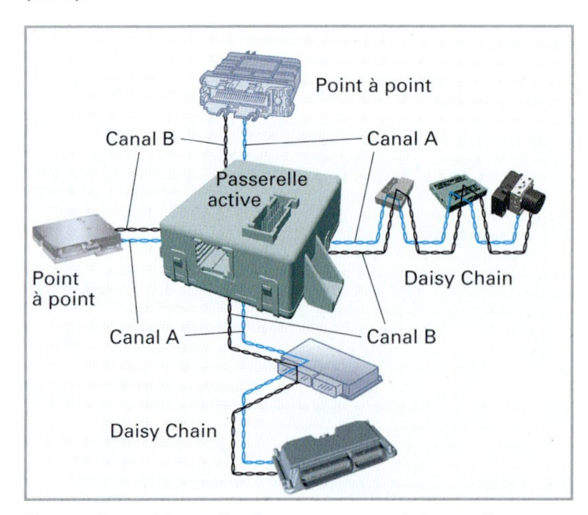

Illustration 1: Exemple d'une structure de bus mixte

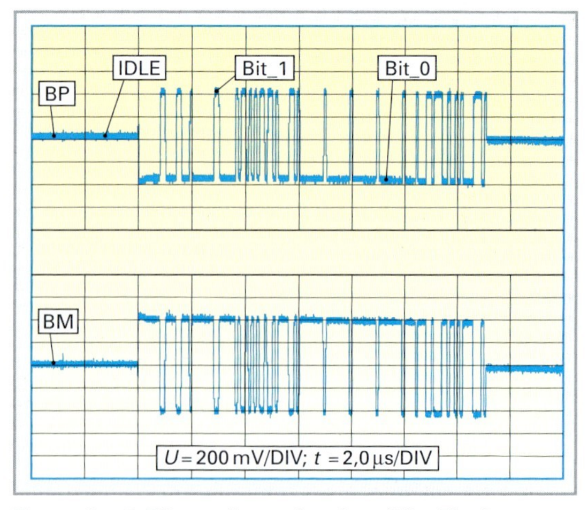

Illustration 2: Niveau de tension des câbles FlexRay

19

Le Communication Cycle se compose du Static Segment, du Dynamic Segment, du Symbol Window et du Network Idle Time.

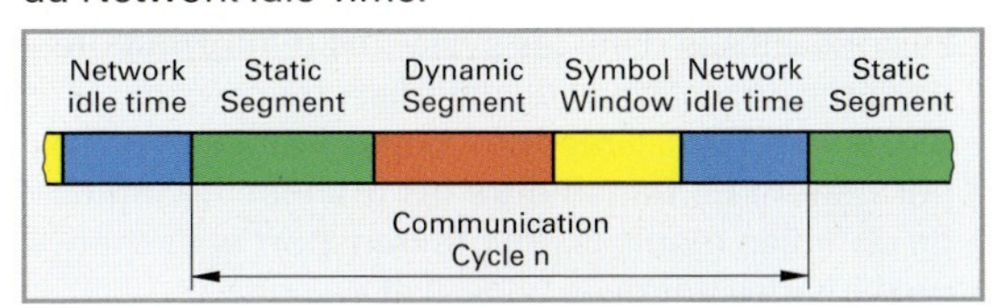

Illustration 1: Protocole de données FlexRay

Static Segment (ill. 2). Il est subdivisé en plusieurs slots, dont le nombre est défini par le constructeur, mais qui est au maximum de 1023. Le slot est un laps de temps durant lequel le participant auquel est attribué le slot peut envoyer ses données. Le Static Segment sert surtout à la transmission de données critiques pour la sécurité. Si le participant ne dispose d'aucune donnée mise à jour, il envoie les anciennes données. Si aucune donnée n'est envoyée, cela signifie que le participant est défectueux.

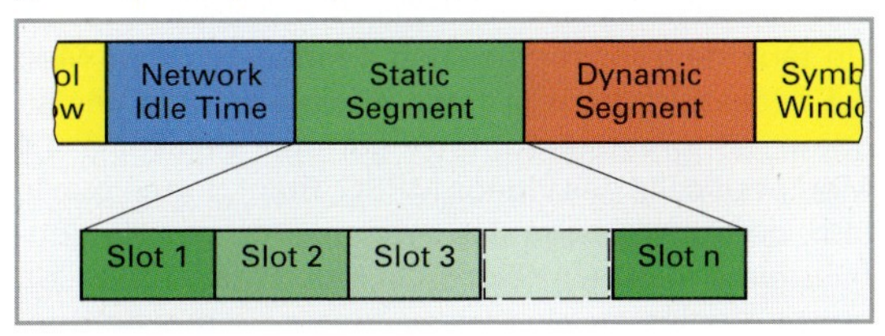

Illustration 2: Static Segment

Dynamic Segment (ill. 3). Il est subdivisé en minislots. Ceux-ci sont numérotés en continu en slots statiques et attribués au participant. A la différence des slots statiques, les minislots ne sont envoyés qu'en cas de besoin (p. ex. pour la transmission de données de diagnostic). Lorsque le temps limite imparti aux minislots est échu, l'envoi est interrompu et les minislots qui n'ont pas encore été transmis seront transférés durant le prochain cycle de communication.

Symbol Window. Il contient des séquences de bits définies (symboles) qui servent de test. Le Symbol Window dépend de la configuration et n'est pas toujours utilisé.

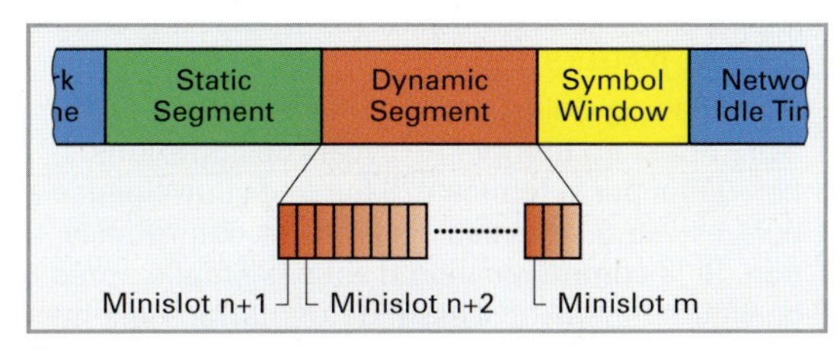

Illustration 3: Dynamic Segment

Network Idle Time. Egalement désigné comme "pause de bus". Pendant ce laps de temps, le controller a la possibilité d'effectuer les procédures de synchronisation afin de calculer et de compenser les écarts de temps au niveau du Network Idle Time (correction offset).

Phase de démarrage FlexRay (start-up, ill. 4)

Dans les systèmes de bus commandés par horloge, la phase de démarrage servant à établir la communication est particulièrement importante. Tous les participants doivent envoyer les données et traiter celles reçues de manière synchrone. Les systèmes de bus de données FlexRay disposent d'au moins deux participants chargés de démarrer la communication. Ils sont appelés Coldstarter.

Les Coldstarter sont subdivisés en Leading (initial), Following (suivant) et None.

Leading Coldstarter. Il commence la transmission des données dans les câbles de bus en envoyant des Communication Cycles sur la base de sa propre horloge.

Following Coldstarter. Il tente de se synchroniser sur le flux de données du Leading Coldstarter.

None Coldstarter. Ils servent à assurer la synchronisation durant la phase de démarrage.

Si la synchronisation fonctionne, les autres participants s'activent et se synchronisent également sur le flux de données. La communication a alors véritablement commencé.

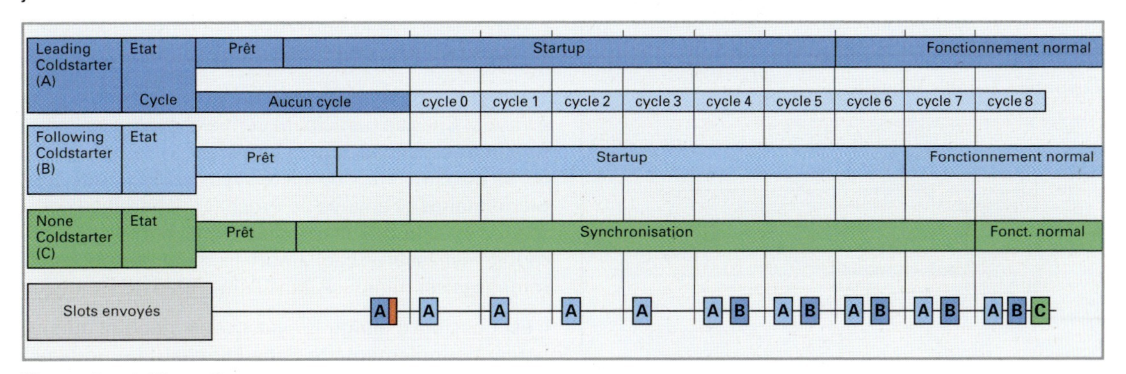

Illustration 4: Phase Start-up

Conseils d'atelier

Si le Leading Coldstarter ne détecte aucun partenaire après un nombre de cycles de communication défini par le fabricant, il fait une courte pause puis essaie à nouveau d'établir la communication. Si la communication n'est pas établie après plusieurs tentatives, l'essai de démarrage est interrompu et l'erreur est enregistrée.

Les causes d'erreurs possibles sont les mêmes que celles affectant le système de bus CAN **(p. 618)**.

Pour définir le type d'erreur, il faut utiliser les programmes adéquats installés sur les appareils de diagnostic.

Contrôle et réparation des câbles FlexRay

L'impédance permettant de garantir une transmission sans erreur des données dans les câbles est définie de manière optimale par le fabricant et ne doit donc pas être modifiée. De ce fait, les mesures de tension sur les câbles FlexRay ne doivent être effectuées qu'avec des appareils de mesure et selon les procédures prescrites par le fabricant.

Lors de la réparation de câbles FlexRay, il faut respecter les points suivants:

- ne pas modifier la longueur des câbles;
- dans les câbles blindés, la partie non protégée de la prise ne doit pas dépasser les dimensions indiquées par le fabricant **(ill. 1);**
- dans les câbles torsadés, la partie non torsadée de la prise ne doit pas dépasser les dimensions indiquées par le fabricant **(ill. 2)**.

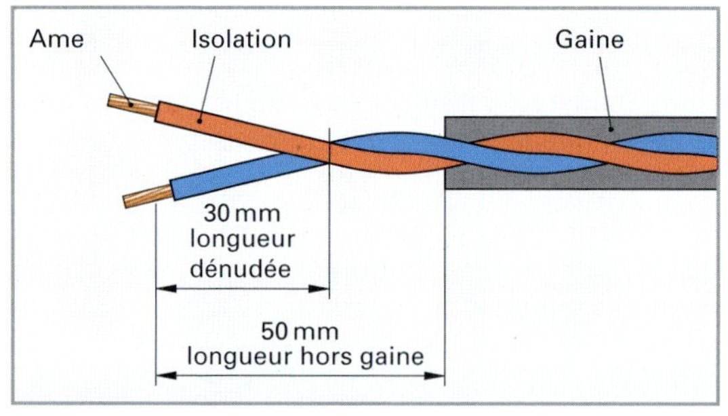

Illustration 1: Câble torsadé

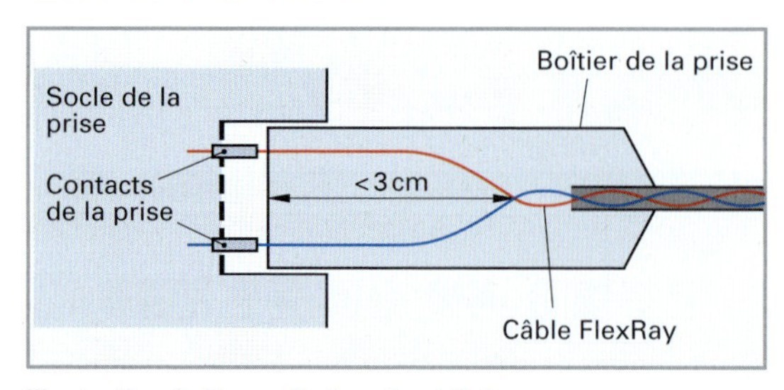

Illustration 2: Exemple de prise à fiche

19.2.12.2 Systèmes optiques de bus de données (D²B, MOST)

Ils sont utilisés dans les systèmes d'information, de communication et de divertissement (p. ex. radio, navigation). Grâce aux ondes lumineuses, ils permettent de transmettre les grandes quantités de données requises pour le transport et l'échange d'images animées (vidéo) et de sons.

Caractéristiques des systèmes optiques de bus de données

- Taux de transmission de données élevé, Digital Domestic Bus (D²B) 5,6 Mbd, Media Oriented Systems Transport (MOST) 21,2 Mbd.
- Structure annulaire ou structure en étoile active.
- Transmission des ondes lumineuses au moyen de câbles en matière synthétique, Plastic Optical Fibre (POF).
- Immunité élevée aux perturbations.

Un taux de transmission des données de 1,54 Mbd est nécessaire pour la transmission digitale des signaux sonores stéréo, taux qui doit s'élever à 4,4 Mbd pour celle des vidéos MPEG. Etant donné que le taux de transmission des systèmes de bus de données électriques n'atteint qu'au maximum 1 Mbd, on utilise de plus en plus les systèmes de bus de données optiques.

En outre, ces systèmes offrent la possibilité d'assurer une transmission synchrone, nécessaire à la transmission des données musicales et vidéos.

Immunité aux perturbations. La transmission des données au moyen des ondes lumineuses ne génère aucune onde électromagnétique perturbatrice. De plus, les systèmes de bus de données optiques sont insensibles aux ondes perturbatrices électromagnétiques.

Construction des systèmes de bus de données optiques (ill. 1, p. 623)

Les nœuds des systèmes de bus de données optiques ont principalement une structure annulaire.

Les ondes lumineuses sont envoyées d'un participant à l'autre. Chaque participant vérifie et évalue les informations contenues dans la lumière. Le message peut, le cas échéant, être complété avec des contenus supplémentaires et envoyé au prochain appareil de commande sous forme de nouveau signal lumineux. L'immunité est assurée car l'amortissement des ondes lumineuses est minimisé dans l'ensemble de l'anneau.

Il est possible d'élargir le système en insérant un participant supplémentaire dans l'anneau. Le nouveau participant doit simplement être paramétré en fonc-

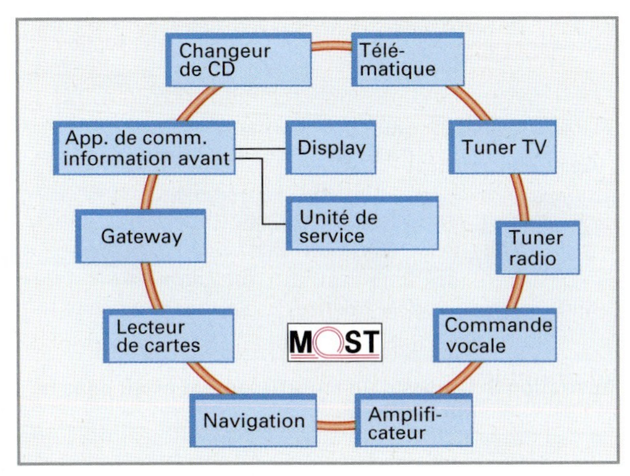

Illustration 1: Structure annulaire d'un bus MOST

tion de la configuration du système. Toutefois, si une transmission échoue entre deux participants, l'ensemble de la communication du bus échoue également.

Structure d'un participant dans un bus de commande optique (ill. 2)

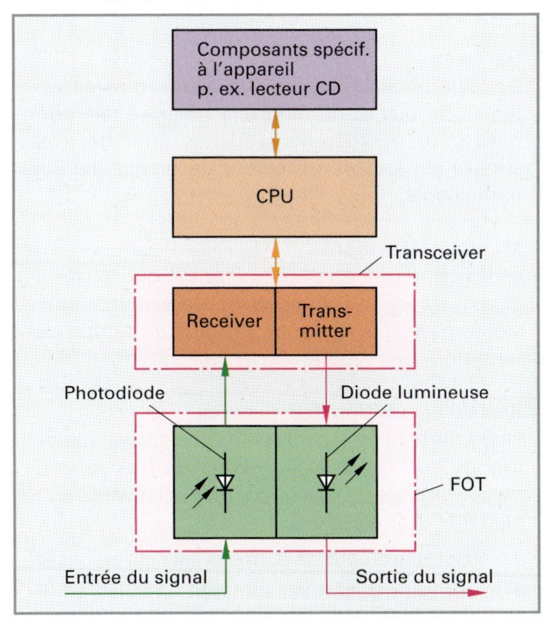

Illustration 2: Construction de l'appareil de commande dans un bus de données optiques

Composants spécifiques à l'appareil (p. ex. lecteur CD, module radio). Ils sont commandés par le microcontroller et exécutent les fonctions imparties au participant.

Microcontroller (CPU). La Central Processing Unit (CPU) est le calculateur central. Il commande l'ensemble des fonctions de l'appareil de commande.

Composant Transceiver. Il reçoit les messages du Fibre Optical Transceiver (FOT) dont il transmet les contenus nécessaires au CPU. Il compile les informations qui doivent être envoyées et transmet les messages au FOT.

Fibre Optical Transceiver (FOT). Il se compose d'une diode lumineuse et d'une photodiode. Il reçoit et envoie les signaux par ondes lumineuses.

La diode lumineuse du FOT envoie les ondes lumineuses et la photodiode du FOT convertit les ondes lumineuses reçues en signaux électriques qui sont traités dans le participant.

Fibre optique, Plastic Optical Fibre (LWL, POF)

Elle a pour fonction de transporter les ondes lumineuses de l'émetteur au récepteur avec le moins de pertes possible.

Construction (ill. 3)

La fibre optique se compose:

- d'une gaine externe servant à l'identification (couleur) et à la protection de la fibre optique;
- d'une gaine noire interne servant à empêcher toute influence du rayonnement lumineux extérieur;
- du noyau en matière synthétique transparente servant au transport des ondes lumineuses;
- d'un revêtement transparent contribuant au transport des ondes lumineuses.

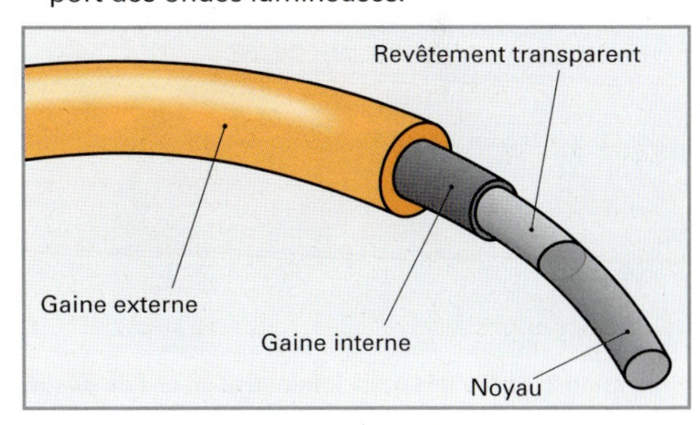

Illustration 3: Construction d'une fibre optique

Principe de fonctionnement de la transmission des ondes lumineuses (ill. 1, p. 624)

Réflexion totale. Le fonctionnement de la fibre optique est basé sur le principe physique de la réflexion totale.

Lorsqu'un rayon lumineux arrive sous un angle plat sur la couche limite entre un matériau optiquement imperméable et un matériau optiquement perméable, le rayon est alors réfléchi pratiquement sans pertes (réflexion totale).

19

Dans la fibre optique, le noyau constitue le matériau optiquement imperméable et le revêtement transparent constitue le matériau optiquement perméable, qui permet la réflexion totale dans la zone limite située entre le noyau et le revêtement de l'intérieur du noyau. La majorité des ondes lumineuses sont ainsi transportées à l'intérieur du noyau.

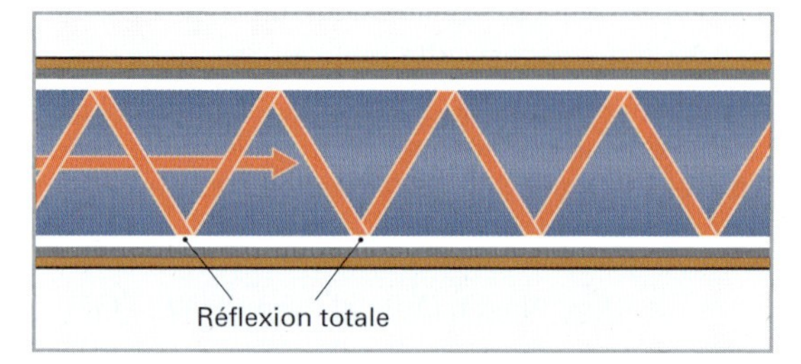

Illustration 1: Transport des ondes lumineuses par réflexion totale

Causes de l'amortissement accru dans la fibre optique

La réflexion totale dépend de l'angle sous lequel les ondes lumineuses entrent en contact avec la surface limite. Si cet angle est trop aigu, les ondes lumineuses sortent du noyau, ce qui entraîne des pertes plus élevées et donc un amortissement accru des ondes lumineuses. Ce phénomène se produit en cas de pliage exagéré de la fibre optique **(ill. 2)**.

Pour éviter de trop les incurver, les fibres optiques sont insérées dans un tube ondulé.

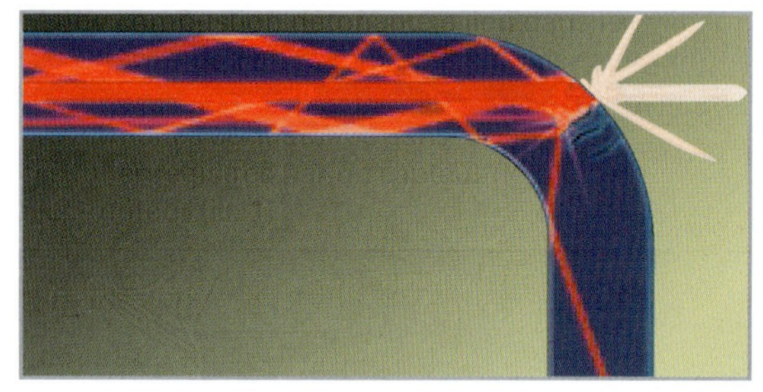

Illustration 2: Sortie de l'onde lumineuse en cas de pliage exagéré de la fibre optique

D'autres causes d'amortissements accrus peuvent être **(ill. 3)**:

- fibre optique pliée;
- revêtement endommagé;
- surface frontale de la fibre optique rayée;
- surface frontale de la fibre optique sale;
- mauvais raccord de la fibre optique dans son connecteur;
- connexion de biais;
- espace entre la fibre optique et le Plastic Optikal Transceiver (POT);
- mauvais montage de la douille de sertissage.

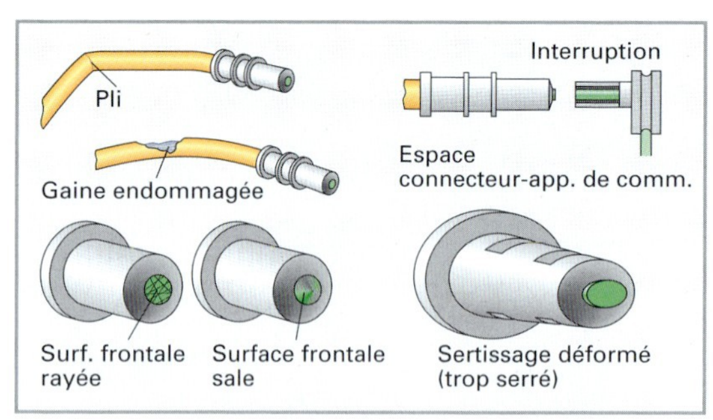

Illustration 3: Causes d'un amortissement accru dans la fibre optique

CONSEILS D'ATELIER

Autodiagnostic des nœuds du bus de données

Transmission des données de diagnostic

Dans les véhicules équipés d'un réseau, la transmission n'est pas effectuée par un câble de diagnostic relié à l'appareil de commande mais par un bus de données dédié. Le testeur est relié par une connexion de diagnostic, le gateway, à un nœud du réseau du véhicule.

Gateway

Il a pour fonction d'assurer la liaison entre les systèmes de bus et de réaliser l'échange des données entre les différents systèmes. En outre, il assure la connexion du testeur de diagnostic aux participants.

Messages d'erreurs

Ils sont enregistrés en mémoire lorsque les participants ne reçoivent aucun message d'un ou plusieurs participants durant un laps de temps déterminé.

Blocs d'acquisition des mesures

Ils permettent au technicien de contrôler l'état actuel de la communication dans les bus de données. Les états de fonctionnements suivants peuvent être indiqués:

- l'ensemble du bus de données est actif ou passif;
- la communication est active ou inactive au niveau d'un participant;
- l'ensemble du bus où les participants sont prêts à passer en mode sleep (aptitude à la veille);
- l'ensemble du bus est en fonctionnement monofilaire;
- un des participants est en fonctionnement monofilaire.

Les blocs d'acquisition des mesures peuvent également indiquer le contenu des données utiles transmises.

Conseils d'atelier

Diagnostic d'interruption d'anneau dans des systèmes de bus de données optiques

Il permet de rechercher l'origine des défaillances dues à une interruption d'anneau.

L'autodiagnostic des participants dans les systèmes de bus optiques ne peut pas être utilisé car, en cas d'interruption de l'anneau, la transmission des données de diagnostic est elle aussi interrompue.

Contrôle du fonctionnement électrique. Il sert à vérifier le fonctionnement électrique interne des participants qui font partie de la communication MOST.

Causes possibles d'une annonce d'erreur durant le contrôle du fonctionnement électrique:

- tension d'alimentation du participant concerné insuffisante;
- interruption de la liaison entre le câble de diagnostic d'interruption d'anneau et le participant concerné;
- erreur de configuration au niveau du gateway: un participant non relié est pris en compte dans la configuration;
- participant défectueux.

Câble de diagnostic d'interruption d'anneau

Il établi la connexion électrique entre le gateway et le participant.

Le diagnostic d'interruption d'anneau est activé par le technicien à l'aide du testeur.

Le gateway envoie un signal de départ au participant par le câble de diagnostic d'interruption d'anneau. Tous les participants activent alors leurs diodes lumineuses dans leur Fibre Optical Transceiver.

Ils vérifient ensuite si le signal parvient, par la fibre optique, aux photodiodes. Si c'est le cas, chaque participant envoie alors l'information "optique en ordre" par le câble de diagnostic.

Le testeur de diagnostic indique alors le résultat du test sous forme d'une liste des participants.

C'est sur la base de cette liste que le technicien peut contrôler si la liaison optique fonctionne entre les participants.

Contrôle optique. Il permet aux participants de vérifier si les ondes lumineuses sont reçues par le fibre optical transceiver FOT. Un message d'erreur signifie que la liaison avec l'un ou l'autre participant est interrompue et que les ondes lumineuses ne passent plus.

Conseils d'atelier

Les causes d'une interruption du passage des ondes lumineuses peuvent être les suivantes:

- l'amortissement du câble optique est trop important;
- le participant qui envoie les ondes lumineuses est défectueux;
- le participant qui reçoit les ondes lumineuses est défecteux.

Pour identifier la cause de ces erreurs, il faut utiliser le programme de recherche d'erreurs approprié des appareils de diagnostic.

Si aucun de ces programmes spécifiques n'est disponible, il est possible de rechercher la cause de la défaillance au moyen d'un appareil de commande annexe, monté sur le bus de données MOST à la place du participant concerné **(ill. 1)**.

Illustration 1: Appareil de commande annexe pour bus MOST

Questions de révision

1. **Quels sont les avantages de la transmission de données par bus par rapport aux transmissions conventionnelles?**
2. **Quelles sont les tensions du niveau récessif des câbles d'un bus de données CAN de classe B?**
3. **Quelles peuvent être les causes d'un amortissement accru dans la fibre optique?**
4. **Quelle est la structure principalement utilisée pour la construction des systèmes de bus de données optiques?**
5. **Dans quel contexte utilise-t-on surtout des systèmes de bus de données LIN?**
6. **Qu'entend-on par "mode sleep"?**
7. **Quelles est la fonction du gateway?**
8. **Quelles sont les caractéristiques des systèmes de bus de données optiques?**
9. **De quoi est composé un cycle de communication dans la transmission de données par système de bus FlexRay?**

19.2.13 Mesures, tests, diagnostics

Les véhicules automobiles sont composés de systèmes partiels tels que moteur, boîte de vitesses, châssis dans lesquels les différents domaines de la technique (mécanique, hydraulique, électricité, électronique) interfèrent. En cas de défaut, il faut en définir l'origine au moyen de mesures et de tests appropriés. On distingue deux types de défaillances:

- **Défaillances permanentes.** Ce sont les défauts qui perdurent tant qu'ils n'ont pas été réparés.
- **Défaillances sporadiques.** Ce sont les défauts qui ne se produisent que dans certaines conditions de fonctionnement, qui ne sont pas (ou mal) signalés par le testeur ou qui ne peuvent pas être identifiés par des symptômes clairs. Ces défaillances sont difficiles à reconnaître.

Recherche systématique des défauts. Pour pouvoir trouver les défauts rapidement et à moindre coût, il faut mettre en œuvre une recherche systématique des défauts.

- **Données du véhicule.** Les données du véhicule, telles que p. ex. le numéro de châssis ou la date de la première mise en circulation sont indiquées par la carte grise du véhicule.
- **Données du client.** Il est possible de cerner le défaut sur la base de la description du problème, fournie par le client et en lui posant des questions ciblées telles que p. ex. les conditions dans lesquelles le problème surgit.
- **Contrôle visuel et écoute des bruits.** Le contrôle visuel permet de détecter des caractéristiques précises comme p. ex. les fuites de liquide ou de graisse, les tringles mal serrées, les câbles rompus ou les connecteurs débranchés. Les différents bruits doivent également être localisés.
- **Course d'essai.** Le cas échéant, elle doit être effectuée avec le client.
- **Lecture du journal des erreurs mémorisées.** Sur les systèmes disposant d'une telle fonctionnalité, le journal des erreurs doit être lu.
- **Autres recherches de défauts.** Les défaillances non signalées par le système d'autodiagnostic peuvent être recherchées en démontant certaines pièces ou en effectuant des mesures électriques.

Procédures de contrôle

Afin de tester les fonctions des systèmes partiels ou de leurs composants, il est nécessaire de contrôler les données de base et, le cas échéant, d'en corriger le réglage ou de remplacer des composants. Les mesures effectuées livrent des pistes pour le diagnostic et la réparation. Il faut également utiliser des plans d'ensemble pour localiser les composants, des plans de fonctionnement pour la compréhension, les données et les prescriptions des fabricants, des schémas de circuits et des appareils de mesures et de tests. On différencie les processus de mesures et de tests mécaniques ou électriques.

Processus de mesures et de tests mécaniques. Ils sont mis en œuvre pour détecter des défauts impliquant les systèmes mécaniques du véhicule, tels que le moteur, la boîte de vitesses, le châssis, la carrosserie **(tableau 1).** Dans ce cas, les causes peuvent être p. ex. des fissures, des ruptures ou des déformations de pièces provoquées par l'usure, une sollicitation mécanique trop importante, des vices de matériaux ou la surchauffe.

Tableau 1: Vérification et tests à l'aide d'appareils mécaniques

App. de mesures et de tests	Utilisation
App. de mesure pour alésage avec écran	Test d'usure des cylindres
Jauge	Contrôle du jeu des soupapes
Comparateur	Contrôle d'ovalisation
Manographe	Contrôle de la pression de compression
Manomètre	Contrôle de pression d'huile

Processus de mesures et de tests électriques. Ils sont mis en œuvre pour détecter les défauts impliquant les systèmes électriques et électroniques des véhicules, tels que les dispositifs d'éclairage, les systèmes de confort, la gestion du moteur ou de la boîte de vitesses, provoqués par des ruptures de câbles, des pannes de composants électriques ou la corrosion. Pour cela, on utilise des appareils de mesures ou de tests à fonction électrique ou électronique, tels que p. ex.:

- la lampe à diodes;
- le multimètre (appareil de mesure polyvalent);
- l'oscilloscope;
- le testeur de diagnostic (testeur de systèmes).

Lampe à diodes

Elle permet de vérifier rapidement la tension (à partir de 4 Volt) et la polarité des câbles ou des connecteurs.

Leur faible consommation de courant permet d'éviter des dégâts aux composants électroniques du véhicule.

Multimètre (ill. 1 et 2, p. 512)

Il sert à mesurer dans le véhicule la tension U, les courants électriques I et la résistance R.

Mesure de tension. Le dysfonctionnement des systèmes électriques et électroniques est causé le plus fréquemment (jusqu'à 60 % des cas) par de mauvaises connexions électriques. A l'aide de la mesure de tension, il est possible de déterminer si une connexion est corrodée. Pour cela, il faut mesurer la chute de tension sur la fiche. Si celle-ci est nulle, le connecteur est en ordre. Si elle est supérieure à 0 Volt, la fiche est corrodée et doit être remplacée.

Exemple: corrosion des fiches dans le circuit électrique d'un moteur d'essuie-glace. L'augmentation de la résistance dans la prise de connexion engendre une perte de puissance de 11,5 W. Celle-ci est convertie en chaleur et peut conduire à un départ de feu dans le câblage. De plus, la perte de puissance réduit les performances du moteur **(ill. 1)**. La résistance dans la prise de connexion est trop élevée et l'intensité du courant plus faible.

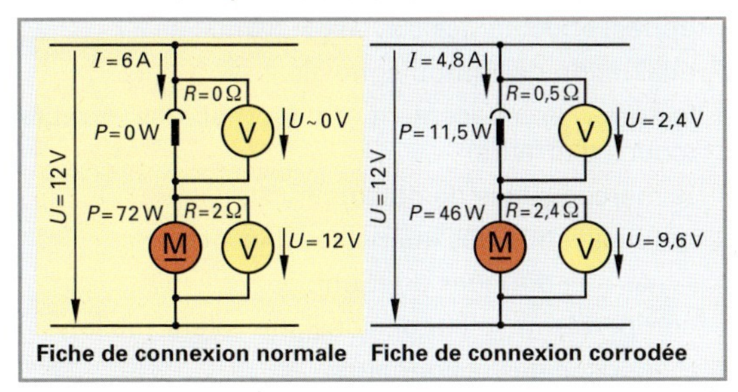

Illustration 1: Mesure de tension des connecteurs

Mesure de résistance. Des résistances électriques défectueuses sont souvent à l'origine de pannes. La résistance électrique de pièces telles que p. ex. bobine d'allumage, capteur inductif, injecteur, relais, doit être mesurée. Si la valeur d'une résistance est nettement supérieure à celle indiquée par le constructeur, il y aura une interruption. Si par contre elle est inférieure, cela provoquera un court-circuit entre les spires.

Exemple: la résistance d'une bobine d'allumage est mesurée pour l'enroulement primaire entre la borne 1 et la borne 15; pour l'enroulement secondaire entre la borne 1 et la borne 4 **(ill. 2)**.

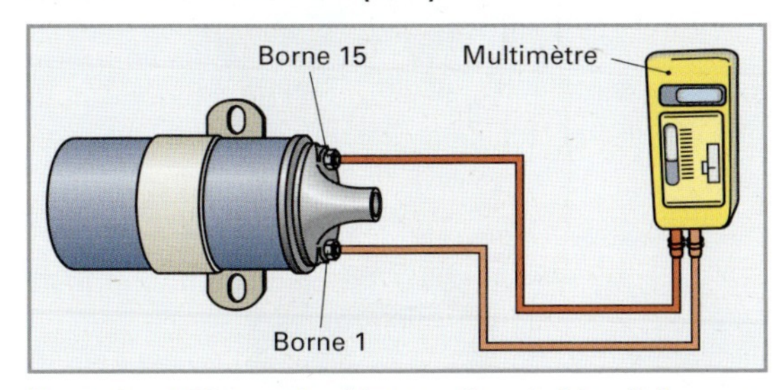

Illustration 2: Mesure de résistance d'une bobine d'allumage

Mesure de courant. Elle est effectuée au moyen d'appareils de mesure de courant branchés en série ou alors directement sur le câble, sans interruption du courant, avec une pince ampèremétrique.

Exemple. On peut vérifier l'alternateur en mesurant le courant de charge de la batterie au moyen d'une pince ampèremétrique placée sur le câble B + **(ill. 3)**. Lors du placement de la pince ampèremétrique, la flèche de celle-ci doit indiquer le sens de circulation du courant.

Illustration 3: Mesure du courant de charge avec une pince ampèremétrique

Oscilloscope

Il permet la représentation graphique sur un écran de tensions, de signaux et de fréquences.

Mesure de signaux. Lors du contrôle du système d'allumage d'un moteur Otto à quatre temps, on peut voir sur l'écran le signal du générateur à effet Hall.

Processus de mesures. A l'aide d'un circuit de mesure approprié **(ill. 4)**, le signal est visualisé sur l'écran de l'oscilloscope.

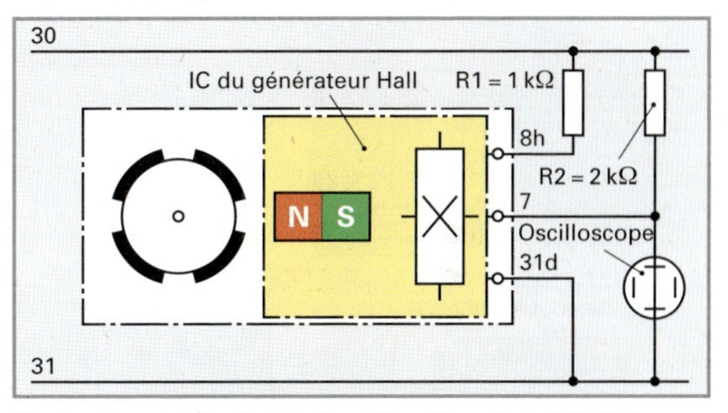

Illustration 4: Circuit de réception d'un signal Hall

Résultat des mesures (ill. 5). Sur l'écran de l'oscilloscope, on peut lire les informations concernant le point d'ouverture ou de fermeture, l'intervalle d'allumage et la valeur de la tension, La durée d'ouverture est de 0,8 ms, la durée de fermeture de 1,8 ms, la période d'allumage de 2,6 ms et la tension du IC Hall de 12 V.

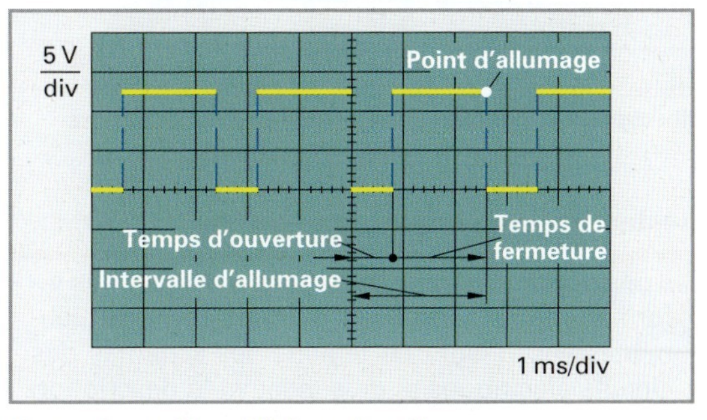

Illustration 5: Signal Hall sur l'oscilloscope

Bornier (Pinbox). Il permet de connecter les appareils de mesure aux différents câbles à mesurer sans les endommager.

Câble adaptateur. Selon son exécution, il relie le bornier avec:

a) l'appareil de commande et sa fiche (faisceau de câbles des capteurs et des actuateurs) (câble en Y);
b) uniquement la fiche de l'appareil de commande (câble en I);
c) uniquement l'appareil de commande (câble en Y avec raccord de la fiche de l'appareil de commande).

Exécution a (ill. 1a): Elle permet de mesurer la tension et les signaux émis par les capteurs et ceux générés pour les actuateurs durant le fonctionnement.

Exécution b (ill. 1b): Elle permet de mesurer la tension d'alimentation de l'appareil de commande et les résistances des capteurs et des actuateurs.

Exécution c (ill. 1c): Elle est utilisée dans des cas particuliers et permet p. ex. de mesurer la résistance terminale du bus CAN.

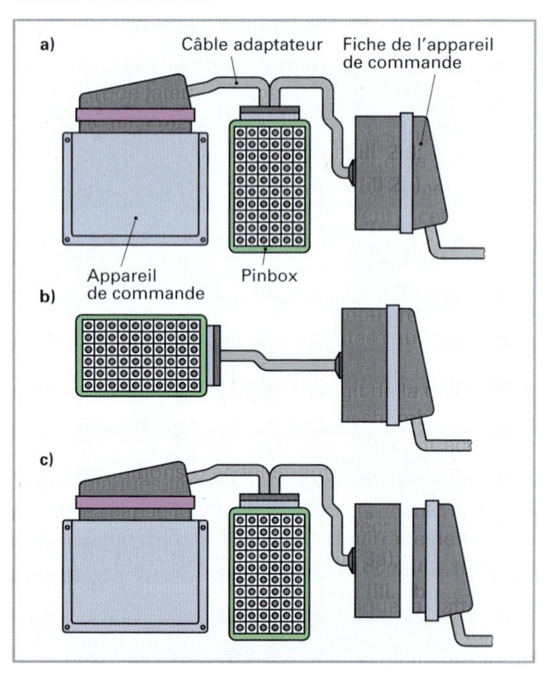

Illustration 1: Connexion de la Pinbox avec différents types de câbles adaptateurs

Testeur (des systèmes du véhicule)

Il permet la recherche de défauts et fournit des informations sur les composants, les données techniques, les valeurs de réglage, les schémas des circuits électriques et de service et la description du système.

Il se compose **(ill. 2):**

- d'un ordinateur de diagnostic avec écran;
- d'une imprimante;
- des appareils de mesure;
- d'adaptateurs.

Le testeur est un ordinateur avec écran, lecteur de DVD, lecteur de disquettes ainsi que, le cas échéant, une interface infrarouge pour la connexion aux périphériques (imprimante) ou au réseau informatique de l'entreprise. Il comprend plusieurs appareils de mesure comme un multimètre, un oscilloscope à mémoire digitale et peut, au moyen des logiciels appropriés, effectuer les travaux suivants:

- évaluation de l'autodiagnostic;
- lecture et effacement du journal des erreurs (codes d'erreurs);
- recherche ciblée de défauts;
- réinitialisation des intervalles d'inspection;
- accès aux données du client;
- comparaison valeur de consigne/valeur réelle;
- diagnostic des actionneurs;
- codification des appareils de commande;
- identification du véhicule;
- lancement de programmes d'apprentissage;
- accès à la banque de données du fabricant;
- lecture des blocs d'acquisition des mesures.

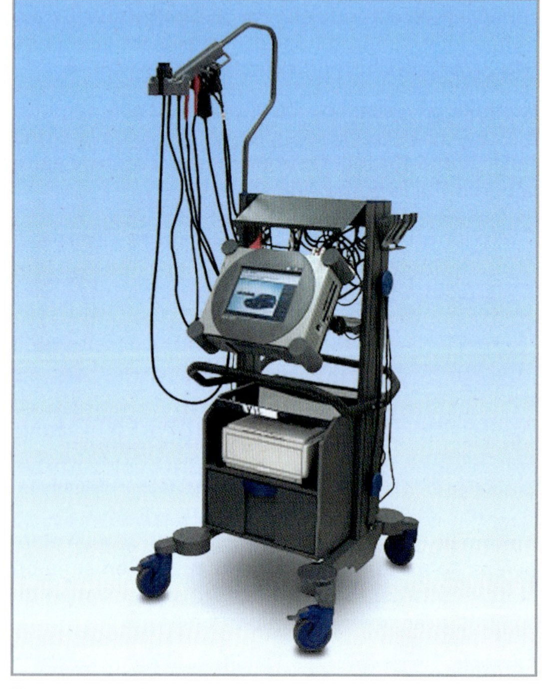

Illustration 2: Appareil testeur de véhicules

Diagnostic. Afin de pouvoir identifier les défauts, le véhicule doit être connecté au testeur et être identifé au moyen de différentes informations (p. ex. type de véhicule, modèle, identification du moteur). Cette procédure garantit un ordonnancement clair de l'ensemble des documents et des valeurs de mesure.

Lecture du journal des erreurs. La lecture du journal des erreurs fournit des informations sur les défaillances des systèmes (moteur, carrosserie, châssis, systèmes de confort). Les défauts enregistrés dans la mémoire peuvent être signalés sous forme de codes ou en texte clair. Lors de la lecture, toutes les erreurs survenues au niveau de chaque appareil de commande sont indiquées les unes après les autres (p. ex. au cas où le capteur de température du moteur ou celui du régime du moteur ne livrent plus de signaux ou alors des signaux non plausibles). Les défauts signalés doivent être vérifiés puis réparés. Pour cela, l'utilisateur faire appel au testeur afin d'effectuer une recherche ciblée. A la fin de la procédure, la mémoire des erreurs est remise à zéro. Après redémarrage du moteur, il faut à nouveau procéder à la lecture du journal. A ce moment, plus aucun nouveau défaut ne doit y apparaître.

Recherche ciblée de défauts. Elle permet d'identifier une défaillance signalée dans l'une des étapes de test de l'appareil. A partir d'une entrée du journal des erreurs (p. ex. un problème de capteur de température de l'air d'admission), le testeur lance un programme de vérification qui permettra de guider l'utilisateur dans l'identification du défaut. Toutes les procédures et les étapes des tests nécessaires (indiquées à l'écran) seront ainsi exécutés jusqu'à identification et résolution du problème, p. ex:

- contrôle des ruptures de câbles;
- mesure de tension;
- câble de mesure + à la douille 35 du boîtier;
- câble de mesure - à la douille 19 du boîtier;
- la valeur de consigne doit se situer entre 10 et 15 V.

Si la panne est signalée par une valeur de capteur plausible mais fausse (p. ex. une augmentation de la résistance de contact), aucune erreur ne sera mémorisée dans le journal. L'utilisateur peut alors formuler une requête au moyen du menu de l'appareil (p. ex. celle de régler le régime du moteur entre 1500 et 3000 1/min). En fonction de ce choix, le testeur lancera alors le programme de test approprié.

Mise à zéro des intervalles d'inspection. Si l'inspection vient d'être effectuée par l'atelier, le contrôle d'intervalle de service peut alors être réinitialisé.

Test des actionneurs. Le fonctionnement des actionneurs peut être vérifié par le testeur au moyen de commandes définies (p. ex. injecteurs, actuateur de ralenti, électrovalves de l'ABS, fermeture des portières, moteurs de réglage des sièges).

Comparaison valeur de consigne/valeur réelle. Le testeur mesure les valeurs réelles et les compare avec les valeurs de consigne mémorisées. Cela peut être effectué p. ex. au niveau de la tension d'alimentation, du signal du débitmètre d'air, de la tension de la sonde lambda. Si la valeur réelle diffère de la valeur de consigne, une erreur est signalée.

Lecture des blocs d'acquisition des valeurs. Les valeurs actuelles mémorisées par les appareils de commande avec fonction de diagnostic sont transférées sur le testeur. Les signaux de plusieurs composants peuvent ainsi être contrôlés et identifiés **(ill. 1)**.

Exemple: contrôle de la coupure d'alimentation en décélération:

- l'angle du papillon des gaz est à sa valeur minimale;
- le temps d'injection doit tomber à zéro;
- le régime diminue;
- tension de sonde < 100 mV;
- coupure de l'alimentation en décélération "Active".

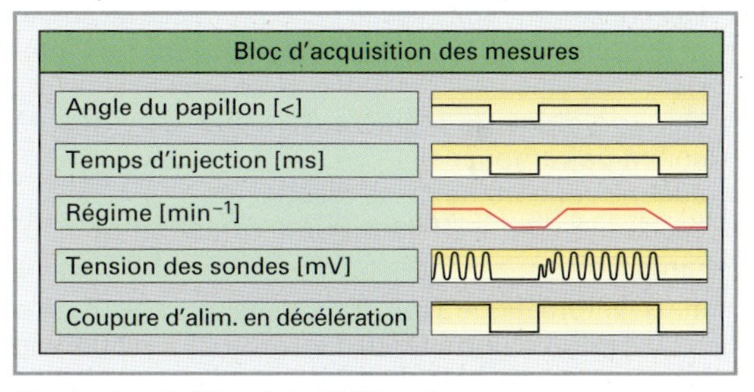

Illustration 1: Bloc d'acquisition des mesures

Mise à jour du logiciel (flashage). Cette opération permet de mettre les données de l'appareil de commande à jour.

Cas d'utilisation:

- adaptation des appareils de commande aux différentes variantes des véhicules et aux exécutions spécifiques à certains pays;
- activation/désactivation de fonctions supplémentaires (upgrade/downgrade);
- suppression d'erreurs logicielles.

Conseils d'atelier

Durant la mise à jour du logiciel, le flux de données ne doit pas être interrompu.

Assurer l'alimentation électrique du véhicule au moyen d'une source de tension externe.

Assurer l'alimentation de l'appareil de mise à jour du logiciel (p. ex. l'appareil de diagnostic).

Aucune autre fonction électrique du véhicule ne doit être activée durant la mise à jour du logiciel.

Respecter les autres indications du fabricant.

Questions de révison

1. **Quelles sont les possibilités de mesures et de tests existantes?**
2. **Quelles sont les mesures qui peuvent être réalisées au moyen d'un multimètre?**
3. **Décrivez la procédure à suivre lors d'une recherche ciblée de défauts .**

20 Technique de confort

20.1 Ventilation, chauffage, climatisation

Les capacités et l'attention des personnes dépendent étroitement de la température et de la qualité de l'air ambiant. Il est par conséquent nécessaire d'alimenter l'habitacle avec de l'air frais filtré qui doit être chauffé ou refroidi selon la température extérieure.

Dispositif de ventilation

Il doit être conçu de manière à ce que ...

- tous les passagers aient suffisamment d'air (également chauffé) à leur disposition;
- l'air consommé soit évacué par des orifices de sortie;
- ni la poussière ni l'eau ne puisse pénétrer à l'intérieur du véhicule;
- l'air soit dirigé de manière à ce que les vitres ne soient pas embuées;
- aucune zone froide ne se crée;
- l'échange d'air s'effectue sans formation de courants d'air.

L'afflux automatique d'air frais dans le véhicule n'a lieu qu'à partir d'une vitesse d'environ 60 km/h. A une vitesse inférieure, un ventilateur doit se charger du transport de l'air. L'entrée d'air doit être située le plus haut possible, dans la zone contenant le moins de poussière et de gaz d'échappement. Il est judicieux de créer une légère surpression d'air à l'intérieur du véhicule. Les vitres ouvertes génèrent habituellement une dépression, ce qui permet aux gaz d'échappement, à la poussière et aux insectes de pénétrer plus facilement à l'intérieur du véhicule. En outre, le bruit du moteur en est davantage perceptible.

Chauffage de l'habitacle

Avec les moteurs refroidis par air. Il s'effectue par le chauffage de l'air frais dans un échangeur relié aux gaz d'échappement. Une partie de l'air soufflé est dérivée, réchauffée par les échangeurs thermiques montés aux abords des conduits d'échappement, puis utilisée pour le chauffage de l'habitacle. Il est impératif qu'aucun gaz d'échappement ne puisse parvenir à l'intérieur de l'habitacle en même temps que l'air chaud.

Avec les moteurs refroidis par le liquide de refroidissement. La chaleur du liquide de refroidissement est utilisée pour le chauffage. On différencie trois variantes de modification de température de chauffage:

- réglage du débit de liquide de refroidissement (côté eau);
- réglage du débit d'air frais (côté air);
- chauffage à régulation électronique.

Modification de la température de chauffage par régulation du débit de liquide de refroidissement (ill. 1). La quantité de liquide de refroidissement circulant dans l'échangeur thermique peut être modifiée par une vanne de régulation. Elle détermine la température de l'air chaud.

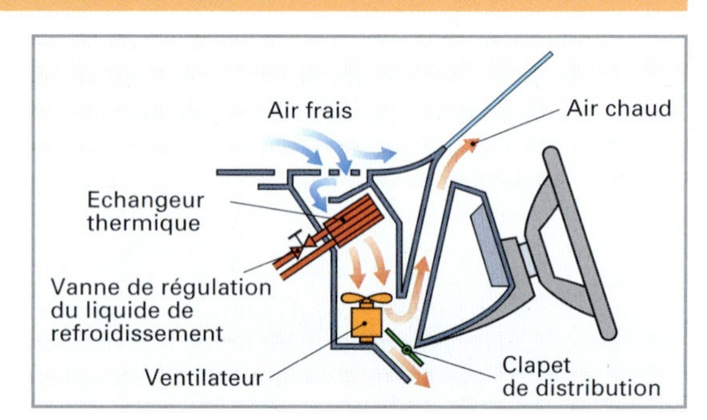

Illustration 1: Modification de la température de chauffage par régulation du débit de liquide de refroidissement (côté eau)

Modification de la température de chauffage par régulation du débit d'air frais (ill. 2). La quantité d'air frais qui se réchauffe à travers l'échangeur thermique, dans lequel circule le liquide de refroidissement, peut être commandée par un volet. Il détermine la température de chauffage.

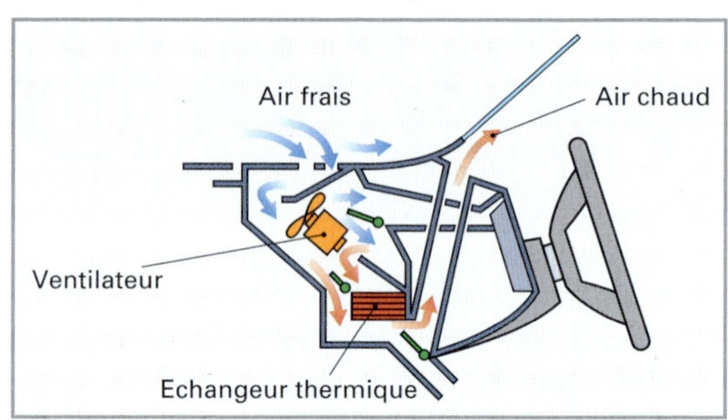

Illustration 2: Modification de la température de chauffage par régulation du débit d'air frais (côté air)

Sur les deux systèmes, des clapets permettent de diriger l'air frais sur l'échangeur thermique et l'air chaud vers le pare-brise, les vitres latérales avant ou les pieds. Si le flux d'air par circulation naturelle ne suffit pas, il est possible de mettre en marche un ventilateur. Si l'échangeur thermique n'est pas utile (p. ex. en été), l'air frais est directement conduit à l'intérieur du véhicule ou vers le pare-brise.

Chauffage à régulation électronique. Le réglage de la température à l'intérieur du véhicule peut s'effectuer au moyen d'un commutateur rotatif. La température intérieure (valeur réelle) est saisie par des capteurs et comparée à la valeur réglée (valeur de consigne) dans un appareil de commande. Si les deux valeurs ne correspondent pas, le système corrige la température de chauffage. Si le réglage est côté eau, une électrovanne commande le débit du liquide de refroidissement dans l'échangeur tandis qu'un clapet d'air frais est commandé électromécaniquement si le système de réglage est côté air.

Systèmes de chauffage d'appoint

Chauffage stationnaire (ill. 1). Il s'agit d'un chauffage d'appoint permettant de chauffer l'habitacle du véhicule lorsque le moteur est arrêté. Cela s'effectue par la combustion d'essence, de Diesel ou de gaz dans un brûleur à soufflante. La chaleur produite pour le chauffage de l'habitacle est transmise à un courant d'air frais dans un échangeur thermique.

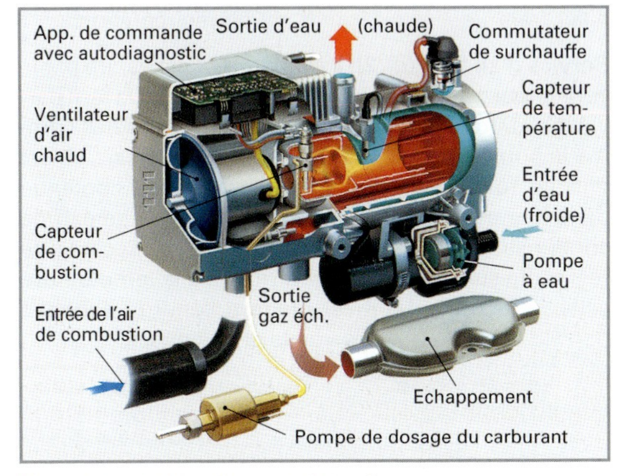

Illustration 1: Chauffage stationnaire

Sur les moteurs à faible consommation de carburant, tels que les moteurs Diesel à injection directe, la chaleur disponible pour le chauffage de l'habitacle est faible. Le chauffage satisfaisant de l'habitacle n'est pas garanti dans toutes les situations de marche. Pour améliorer l'efficacité de chauffe, on peut utiliser les systèmes d'appoint suivants:

- chauffage à combustible
- échangeur de gaz d'éch.
- chauffage CTP
- chauffage électrique

Chauffage à combustible. Le combustible est brûlé dans une chambre de combustion qui est entourée par le liquide de refroidissement du moteur. Réchauffé, celui-ci traverse l'échangeur thermique du chauffage. L'air ventilé pour l'habitacle se réchauffe sur les ailettes de l'échangeur car le liquide de refroidissement est également réchauffé. Le chauffage à combustible peut être logé à proximité du radiateur de liquide de refroidissement du véhicule.

Chauffage électrique. Il peut se composer de six corps chauffants intégrés dans le circuit de refroidissement. Durant la phase de montée en température, ces éléments thermiques réchauffent le liquide de refroidissement, de sorte que la température idéale est non seulement rapidement atteinte mais que l'intérieur du véhicule est également chauffé immédiatement.

Chauffage CTP (ill. 2). Il est le plus souvent monté en aval de l'échangeur thermique d'une climatisation. L'énergie électrique est convertie en chaleur à partir du réseau de bord du véhicule.

Construction et fonctionnement. Le chauffage CTP se compose de différentes résistances semi-conductrices en céramique et d'éléments CTP (thermistance). L'alimentation en énergie électrique s'effectue par des rails de contact en aluminium. Les rails de contact transmettent simultanément la chaleur des éléments CTP vers les ailettes ondulées du chauffage. Lorsque le courant électrique circule à travers les éléments CTP, ces derniers se réchauffent à environ 120 °C. La chaleur générée par les rails de contact et les ailettes ondulées est transférée à l'air circulant vers l'intérieur du véhicule. La surchauffe des éléments CTP est empêchée du fait que leur résistance électrique augmente avec la température croissante, par conséquent le courant électrique faiblit.

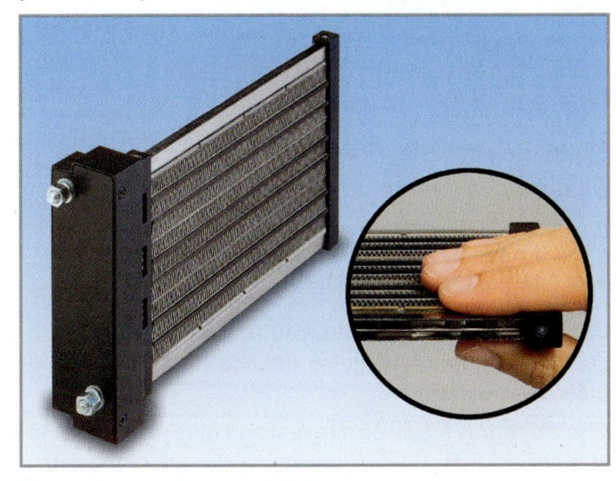

Illustration 2: Chauffage CTP

La centrale de commande du moteur active le chauffage CTP lorsque les conditions suivantes sont réunies:

- climatisation hors circuit;
- température extérieure inférieure à 5 °C;
- température du liquide de refroidissement inférieure à 80 °C;
- moteur en marche.

Echangeur thermique à gaz d'échappement (ill. 3). Il transmet la chaleur des gaz d'échappement au liquide de refroidissement. De cette manière, une partie de l'énergie des gaz d'échappement est récupérée et peut être utilisée pour chauffer l'intérieur du véhicule.

Illustration 3: Echangeur thermique à gaz d'échappement

Climatisation des véhicules

Le système de climatisation d'un véhicule doit répondre à certaines exigences, dont p. ex.:

- chauffer ou refroidir rapidement l'habitacle à une température agréable;
- maintenir une température agréable par tous les temps extérieurs;
- générer une circulation d'air ainsi qu'une température d'air agréables pour tous les occupants;
- améliorer la qualité de l'air;
- être facile à commander;
- ne pas provoquer de désagréments par l'air évacué.

Pour répondre à ces exigences, la climatisation doit remplir les fonctions suivantes:

- alimenter l'habitacle et le purifier;
- chauffer ou refroidir l'air;
- déshumidifier l'air.

Types de climatisations

On distingue différents types de climatisations:

- la climatisation manuelle;
- la climatisation à température contrôlée;
- la climatisation entièrement automatique.

Climatisation manuelle. La température, la répartition de l'air et la puissance de la ventilation sont réglées manuellement.

Climatisation à température contrôlée. Une fois sélectionnée, la température est maintenue constante à l'intérieur du véhicule, tandis que la répartition de l'air et la puissance du ventilateur sont réglées manuellement.

Climatisation entièrement automatique. La température présélectionnée à l'intérieur du véhicule est maintenue constante. Elle est contrôlée en permanence par plusieurs capteurs alors que la répartition de l'air et la puissance du ventilateur sont réglées de façon entièrement automatique pour permettre une répartition optimale de la température (p. ex. 23 °C à la hauteur de la tête, 24 °C à la hauteur de la poitrine et 28 °C à la hauteur des pieds). La climatisation multi-zone permet de régler la température individuellement pour chaque place **(ill. 1)**.

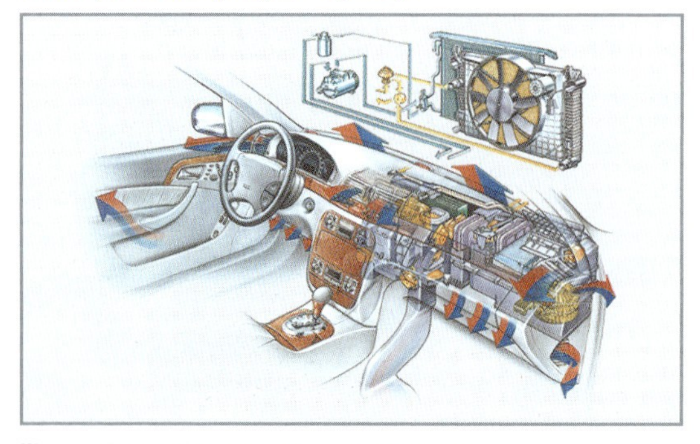

Illustration 1: Climatisation multi-zone

20

Composants d'une climatisation

Une climatisation se compose de trois secteurs:

- la conduite de l'air dans le véhicule avec possibilité de chauffage;
- le circuit de réfrigération;
- la régulation de la température.

Conduite de l'air dans le véhicule. On peut distinguer deux états de fonctionnement :

- air frais
- air en recirculation

Service d'air frais (ill. 2). L'air extérieur est aspiré par le ventilateur par le biais du clapet d'air frais. De là, il parvient au filtre à pollen, dans lequel les impuretés comme la poussière, le pollen, etc., sont retenues. L'air est ensuite refroidi par l'évaporateur et l'eau contenue dans l'air est condensée, puis éliminée. Cette eau de condensation est évacuée à l'air libre. L'air sec frais se réchauffe sur l'échangeur thermique à la température sélectionnée. De là, il est guidé à l'endroit souhaité dans le véhicule par des volets et des buses.

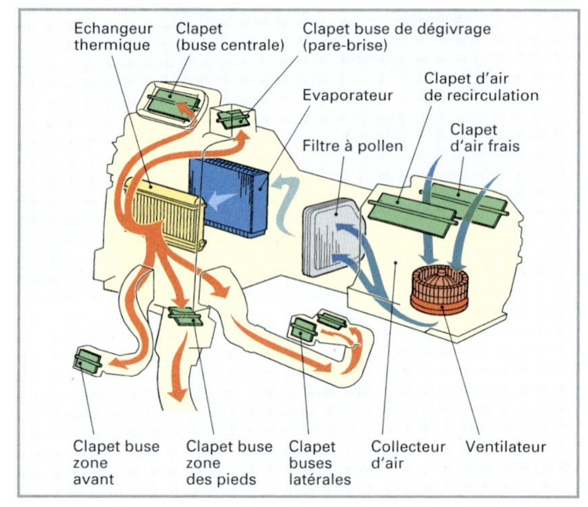

Illustration 2: Circulation dans le circuit d'air frais

Service d'air en recirculation. Dans ce mode, l'air est presque exclusivement aspiré de l'intérieur de la voiture, purifié dans le filtre à pollen, réchauffé sur l'échangeur puis soufflé à l'intérieur du véhicule. Ce mode de fonctionnement peut être activé par le conducteur au moyen d'un commutateur (p. ex. dans un embouteillage).

Capteur de qualité d'air. Il mesure la concentration de substances nocives, telles que les hydrocarbures imbrûlés, contenues dans l'air aspiré. Plus la concentration de substances nocives est élevée, plus la résistance du capteur diminue. L'augmentation du courant électrique dans le capteur est un repère de mesure de la concentration de substances nocives. Une qualité d'air moyenne est déterminée dans l'habitacle. Si la concentration des substances nocives dans l'air frais admis est nettement supérieure à la qualité de l'air contenu dans l'habitacle, la climatisation automatique commute sur 100 % d'air en recirculation.

A partir de cet instant, une dégradation continuelle de la qualité de l'air intérieur est supposée par l'électronique de commande de la climatisation automatique. Si la qualité de l'air intérieur mesurée est plus mauvaise que la qualité de l'air extérieur, la climatisation automatique commute sur 100 % d'air frais.

Circuit de réfrigérant

Dans le circuit, les réfrigérants gazeux sont comprimés, refroidis et liquéfiés. Ils sont détendus par le détendeur, évaporés (accumulation de chaleur) et enfin à nouveau comprimés **(ill. 1)**.

Le circuit de réfrigérant se compose des éléments suivants:

- compresseur;
- condenseur;
- détendeur;
- évaporateur;
- réservoir de fluide avec cartouche dessiccante;
- dispositifs de sécurité (manocontact haute pression et capteur de température);
- dispositifs de régulation et de commande;
- tuyaux et conduits;
- réfrigérant.

Compresseur. Il permet la circulation du fluide réfrigérant. Le compresseur aspire le réfrigérant gazeux de l'évaporateur et le comprime. Le fluide gazeux devenu chaud est refoulé vers le condenseur à une pression d'environ 16 bar.

La course des pistons est générée par un plateau oscillant qui, suivant le type de construction, peut activer 3 à 10 pistons. Lorsque l'angle d'inclinaison du plateau est modifié, la course des pistons change et par conséquent le débit du compresseur aussi (régulation du volume).

Le débit du compresseur qui exerce une influence sur la production de froid du compresseur est défini par les valeurs suivantes:

- température souhaitée par le conducteur;
- température intérieure et extérieure;
- température d'évaporation;
- pression et température du réfrigérant.

Le compresseur ne fonctionne que si le moteur tourne et que la climatisation est en fonction. Seul un fluide gazeux doit être aspiré. Si le compresseur aspire un réfrigérant liquide, il sera détruit car le fluide liquide n'est pas compressible. De l'huile spéciale est ajoutée au réfrigérant pour lubrifier le compresseur. Pour la climatisation des véhicules, on utilise des compresseurs à piston axiaux ou des compresseurs à plateau. On distingue les compresseurs à régulation interne et les compresseurs à régulation externe.

Compresseur à régulation interne (ill. 1, p. 634). Il est mû par un système à courroie trapézoïdale. Un embrayage à électroaimant est intégré à la poulie afin de pouvoir enclencher ou déclencher le compresseur en fonction des besoins. La position du plateau, et donc le débit du liquide réfrigérant, est définie par la pression régnant à l'intérieur du compresseur.

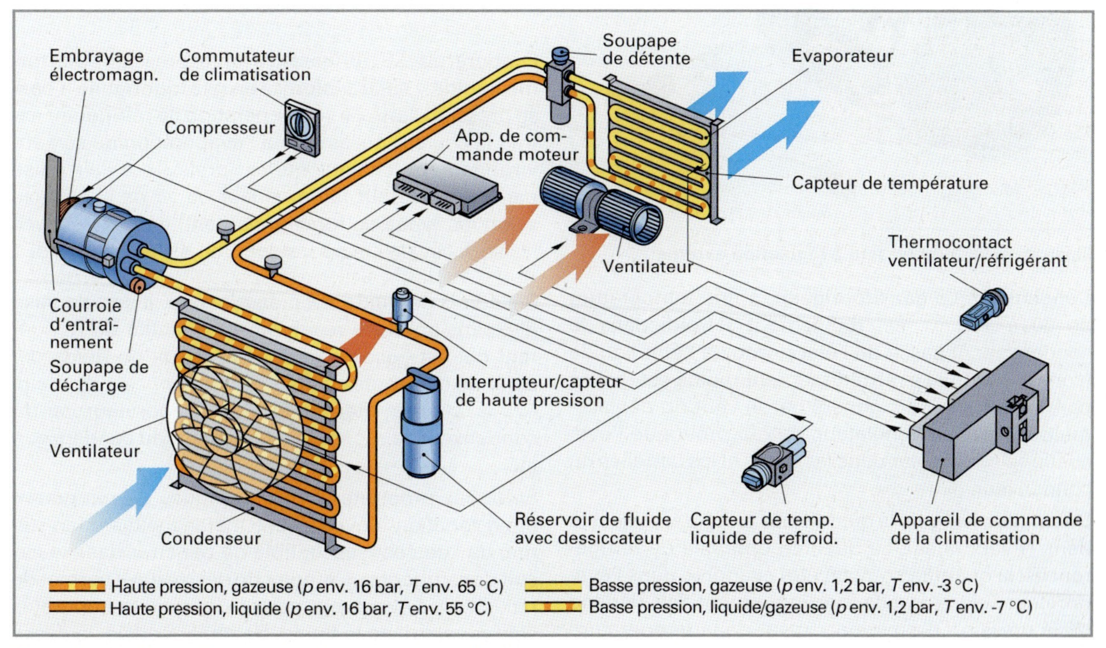

Illustration 1: Circuit du réfrigérant avec soupape de détente

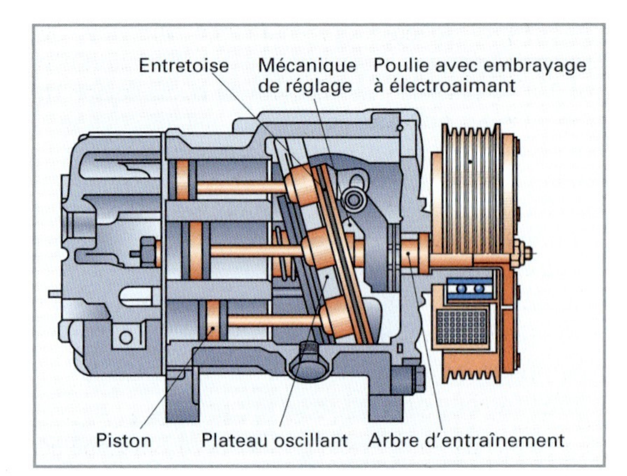

Illustration 1: Compresseur à régulation interne

Compresseur à régulation externe (ill. 2). Une protection contre la surcharge est intégrée à la poulie du compresseur qui n'a pas d'embrayage à électroaimant, elle continue de fonctionner même si la climatisation est arrêtée. Dans ce cas, le débit du réfrigérant est limité en-dessous de 2%. La pression régnant à l'intérieur du compresseur est réglée par une vanne de régulation pilotée par l'appareil de commande de la climatisation. Cette soupape permet de régler la position du plateau et donc d'influencer le débit du réfrigérant.

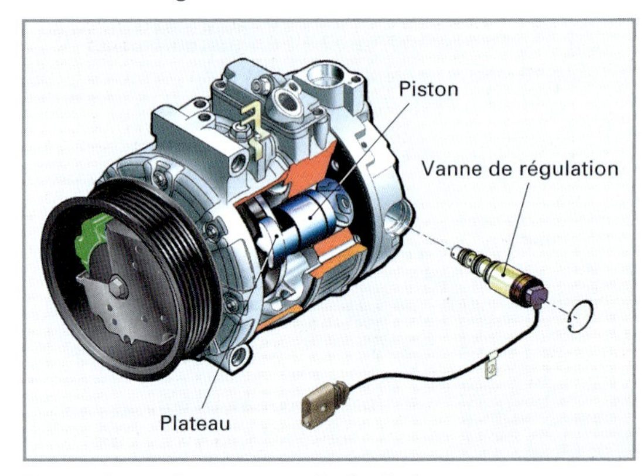

Illustration 2: Compresseur à régulation externe

Condenseur. Le gaz frigorigène, à une température de 60 à 100 °C, est rapidement refroidi dans le condenseur. Il passe de l'état gazeux à l'état liquide (condensation). Le refroidissement rapide est réalisé par un courant d'air, généré par le vent du déplacement ou par un ventilateur, ce qui provoque l'évacuation de la chaleur dans les tubes et les lamelles du condenseur.

Détendeur. Il régule la quantité de réfrigérant injectée dans l'évaporateur. La quantité optimale de réfrigérant est la quantité pouvant être évaporée dans l'évaporateur selon l'état de fonctionnement. Elle dépend de la pression d'aspiration, resp. de la température du réfrigérant à la sortie de l'évaporateur.

On distingue les détendeurs suivants:
- Soupape de détente
- Etrangleur

Soupape de détente. Elle permet de régler l'admission dans l'évaporateur de la quantité de réfrigérant gazeux exactement adaptée aux besoins, permettant d'optimiser la formation de froid dans le circuit pour chaque état de fonctionnement. Le réservoir de fluide (accumulateur) est situé dans la partie haute pression du circuit du réfrigérant **(ill. 1, p. 633).**

Etrangleur. Il injecte le réfrigérant liquide dans l'évaporateur. L'orifice calibré de l'étrangleur définit le débit de réfrigérant, préconisé par le fabricant du système, pour chaque état de fonctionnement. C'est dans cet état que le circuit de réfrigérant fonctionne de façon optimale. Le réservoir de fluide (accumulateur) est situé dans la partie basse pression du circuit du réfrigérant **(ill. 3).**

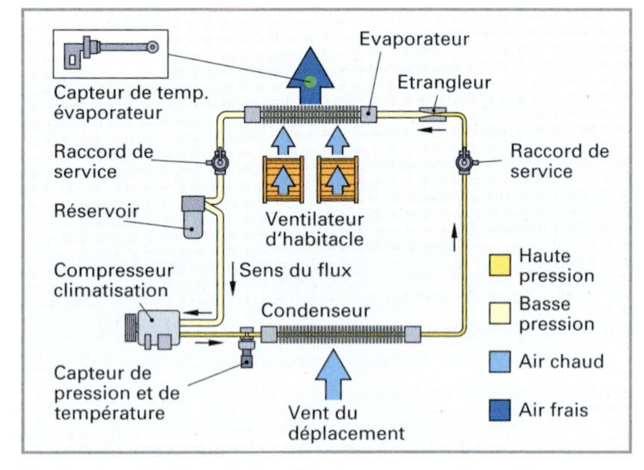

Illustration 3: Circuit du réfrigérant avec étrangleur

Evaporateur. Le réfrigérant à haute pression sous forme liquide y est transformé en gaz frigorigène à basse pression. Lors de cette opération, le réfrigérant extrait la chaleur nécessaire à l'évaporation de son environnement, chaleur qui est prélevée à l'air pulsé par un ventilateur (air extérieur ou air de l'habitacle selon les types de fonctionnement) en contact avec les surfaces de l'évaporateur. L'air est ainsi refroidi.

Réservoir de fluide avec dessicateur. Il sert de vase d'expansion et de réservoir. La quantité de réfrigérant qui est nécessaire dans le circuit du fluide dépend de différentes conditions de service, comme p. ex. la charge thermique de l'évaporateur et du condenseur, le régime du ventilateur du condenseur, etc.

Selon les propriétés hygroscopiques du réfrigérant et en fonction d'éventuelles inétanchéités du système, de l'eau est susceptible de pénétrer dans le circuit de réfrigérant. L'emploi du dessicateur permet de recueillir les éventuels résidus d'eau et les impuretés se trouvant dans le fluide. Selon le modèle, le dessicateur peut emmagasiner entre 6 et 12 cl d'eau.

20

Dispositifs de sécurité. Ils se composent d'un capteur de haute pression et d'un capteur de température. Le microprocesseur du capteur de haute pression envoie un signal cadencé de durée différente (largeur d'impulsion) à l'appareil de commande de la climatisation. L'importance de la largeur d'impulsion dépend de la pression (faible pression, largeur d'impulsion faible, forte pression, largeur d'impulsion importante). La logique de commande de la climatisation analyse ces informations et met le compresseur en circuit ou hors circuit selon la pression du fluide. Le compresseur est mis hors circuit lorsque la pression monte à env. 30 bar afin d'éviter une destruction de la climatisation ou en cas de pression inférieure à 2 bar, car il est supposé une fuite dans les conduites. Le capteur de température a pour fonction de mettre en circuit le ventilateur d'appoint du condenseur en cas de trop haute température du fluide (plus de 60 °C).

Sur d'autres dispositifs, le contrôle des pressions s'effectue au moyen de deux manocontacteurs (un à haute pression et un à basse pression). Pour des raisons de sécurité, une soupape de décharge **(ill. 1, p. 633)** évacue le fluide à partir d'une pression de 40 bar.

Tuyaux et conduits. Les conduits haute pression ont une petite section et se chauffent lors du fonctionnement de la climatisation.

Les conduits basse pression ont une grande section et se refroidissent lors du fonctionnement de la climatisation.

Agent frigorigène. Il circule dans un circuit de climatisation fermé et transporte la chaleur de l'intérieur du véhicule vers l'extérieur. Il alterne en permanence entre état liquide et état gazeux. Sur les climatisations actuelles, on utilise exclusivement le produit R134a. Il est interdit de remplir les climatisations avec le produit R12 (voir également **p. 39**).

Installations de régulation et de commande. Ce sont les éléments de commande situés à l'intérieur du véhicule et qui permettent de régler les conditions climatiques souhaitées.

Réglage de la température (ill. 1, ill. 2). Il commande le circuit de réglage de la température pour l'habitacle et influence également le circuit du réfrigérant. L'appareil de commande de la climatisation (X4) saisit les températures et les facteurs perturbants importants grâce à différents capteurs, comme le capteur de température de l'évaporateur (B2), de l'air extérieur (B3) et intérieur (B4). La température sélectionnée par les occupants est enregistrée comme valeur de consigne et comparée avec la température réelle. La différence constatée génère les grandeurs de référence dans l'appareil de commande pour le réglage du chauffage (échangeur thermique, électrovanne), le réglage du refroidissement (évaporateur, compresseur), le réglage du débit d'air (ventilateur, M3) et le réglage de la répartition de l'air (position des volets pour l'air frais, l'air de recirculation, le dégivrage, le by-pass, la zone des pieds). Tous les circuits peuvent être réglés manuellement.

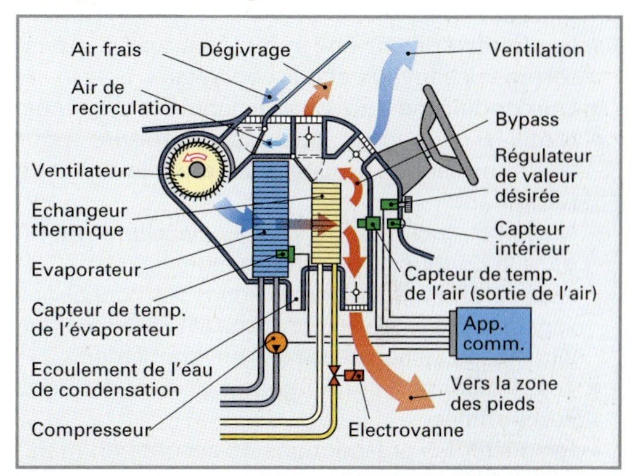

Illustration 1: Climatisation à régulation électronique

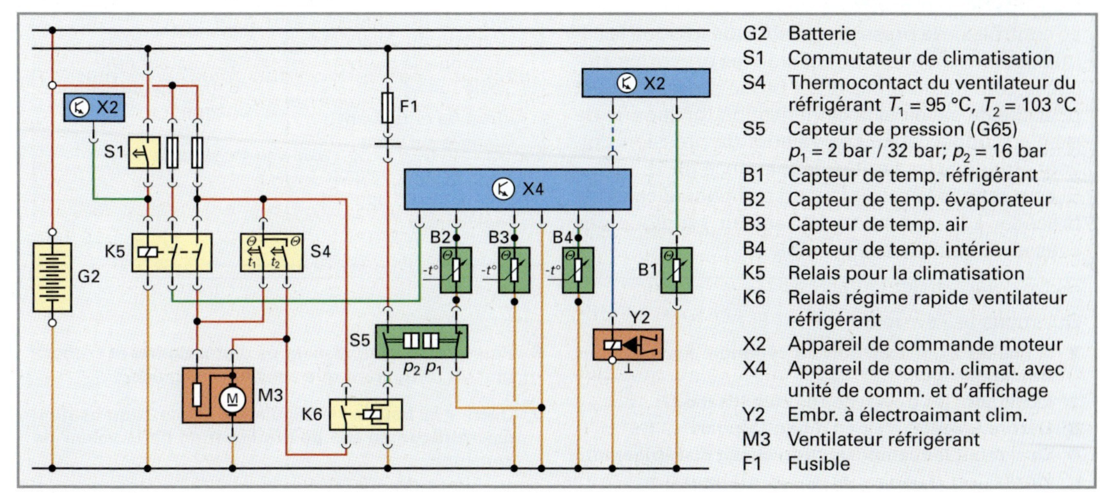

Illustration 2: Schéma du circuit de climatisation

Le réglage du débit d'air peut s'effectuer par paliers successifs de ventilation ou progressivement sans tenir compte de la régulation automatique. A vitesses élevées, la pression dynamique qui se produit augmente le débit d'air du ventilateur. Grâce à une commande spéciale, il est possible dans ce cas de réduire la vitesse du ventilateur pour maintenir le courant d'air constant.
Le mode dégivrage (DEF) permet de supprimer rapidement la buée ou le givre des vitres.

Le réglage de la température doit alors être sur puissance maximale, le ventilateur en puissance maximale et l'air dirigé vers le haut. Avec la climatisation automatique, il suffit pour cela de presser un bouton. En hiver ou par basses températures extérieures, le ventilateur est stoppé par l'appareil de commande lors du démarrage à froid pour éviter le courant d'air non chauffé et ceci jusqu'à ce qu'une température moyenne suffisante soit atteinte. Ce réglage n'est pas appliqué en mode dégivrage.

Conseils d'atelier

- Lors de travaux généraux effectués sur le véhicule (démontage du moteur, etc.), il faut veiller, dans la mesure du possible, à ne pas ouvrir le circuit de réfrigérant.
- Conserver les pièces de rechange de la climatisation au sec et dans des emballages fermés.
- Fermer immédiatement tous les orifices en cas d'intervention sur le circuit du réfrigérant de la climatisation (le réfrigérant est hygroscopique).
- La soupape de détente ne peut être ni réglée ni réparée.
- Les joints doivent être remplacés après le desserrage des tuyaux et des conduits.
- Les conduits ne doivent être ni brasés ni soudés.
- N'utiliser que des appareils appropriés pour contrôler, aspirer, évacuer ou remplir le circuit de réfrigérant.
- N'aspirer aucun réfrigérant de la climatisation dans la bonbonne de remplissage.
- Aspirer le réfrigérant très sale dans des bonbonnes séparées destinées au recyclage et procéder à une élimination respectueuse de l'environnement.
- Les bonbonnes de réfrigérant doivent toujours être fermées.
- Respecter les prescriptions de sécurité en manipulant les agents réfrigérants.

Diagnostic par contrôle de la pression

Le contrôle de la pression est effectué lorsque la climatisation est en fonction. Selon les pressions affichées côté haute pression et basse pression, il est possible de savoir si la climatisation fonctionne de manière impeccable. Les valeurs de pression doivent être dans les limites de tolérance **(ill 1)**.
Si ce n'est pas le cas, il faut en chercher la cause et procéder à la réparation. **Le tableau 1** indique des causes de défaillances possibles.

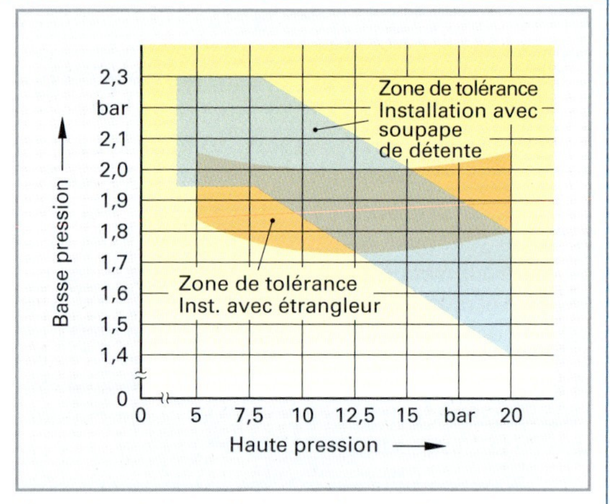

Illustration 1: Contrôle de pression - tolérances

Tableau 1: Causes possibles de défauts

Basse pression et/ou haute pression	
Trop élevée	Trop basse
• Soupape du compresseur défectueuse • Jeu de piston trop important ou segment de piston défectueux • Détendeur défectueux • Capteur du détendeur déconnecté ou mal isolé • Trop de réfrigérant dans le système • Evaporateur sale ou ventilateur d'appoint défectueux	• Humidité ou saleté dans le système, détendeur obstrué • Manque de réfrigérant dans le système • Evaporateur gelé ou filtre sale • Evaporateur ou conduit du réfrigérant obstrué

Questions de révision

1 **A quelles exigences doivent répondre les systèmes de climatisation?**
2 **Quels sont les trois types de climatisation?**
3 **Décrire le circuit d'air en mode "air frais".**
4 **Quels sont les composants du circuit du réfrigérant?**
5 **Quelle est la fonction de l'agent frigorigène?**
6 **Pourquoi le compresseur ne doit-il aspirer et comprimer du réfrigérant que sous forme liquide?**
7 **Décrire la boucle de régulation d'une climatisation électronique en cas de modification de la valeur de consigne.**

20.2 Systèmes antivol

Tous les composants destinés à la protection du véhicule et de ses éléments contre le vol et l'utilisation non souhaitée font partie du système antivol.

Ce sont notamment:

- le verrouillage centralisé;
- l'antidémarrage;
- les dispositifs d'alarme.

20.2.1 Verrouillage centralisé

Il permet de verrouiller, déverrouiller et sécuriser toutes les portières, le hayon arrière et la trappe du réservoir du véhicule.

Le verrouillage peut toujours être activé à partir d'un seul point de fermeture (portière du conducteur, du passager avant ou hayon arrière).

Selon l'équipement de confort et de sécurité dont est équipé le véhicule, le verrouillage centralisé permet encore d'actionner le toit ouvrant ou les vitres durant un certain temps après avoir retiré la clé de contact, (p. ex. 60 secondes).

Des éléments de commande sont nécessaires pour pouvoir verrouiller et déverrouiller les portières, le hayon arrière et la trappe du réservoir.

Selon le mode d'activation, on distingue:

- le verrouillage centralisé électrique;
- le verrouillage centralisé électropneumatique.

Verrouillage centralisé électrique

Dans ce cas, les fonctions de base de verrouillage et de déverrouillage (p. ex. des portières) sont commandées en pilotant les servomoteurs électriques, généralement commandés par deux contacts inverseurs dont l'un est implanté dans la serrure de la porte et l'autre dans l'élément de commande.

Le schéma de circuit simplifié de l'**ill. 1** montre leur interaction. En tournant la clé, la serrure et le contact inverseur S1 sont actionnés mécaniquement. Celui-ci se trouve aux points de fermeture (p. ex. portière du conducteur ou du passager avant), de sorte que la centrale de commande puisse piloter tous les servomoteurs du verrouillage centralisé. Le contact inverseur S1 a deux positions: verrouillage (V) et déverrouillage (E). Le contact inverseur S2 est généralement intégré dans l'élément de commande et actionné par une tringle de commande ou par le mécanisme du servomoteur. L'interrupteur de fin de course à deux positions permet d'alimenter ou non le moteur. Les signaux de commande sont transmis par des câbles ou par un système de bus de données (bus CAN, multiplexeur) à une centrale de commande.

Fonctionnement verrouillage (ill. 1). En tournant la clé, on relie la borne 30 et la borne V du contact inverseur S1. Sous cette impulsion de commande, l'unité centrale alimente la borne 83a en tension. Le servomoteur M1 est en fonction. Les bornes 83a et 83 au contact inverseur S2 restent reliées jusqu'à ce que le verrouillage atteigne sa position finale et que le servomoteur interrompe la liaison 83a et 83. Le moteur s'arrête.

Fonctionnement déverrouillage. En tournant la clé dans le sens inverse, on relie la borne 30 et la borne E du contact inverseur S1. Sous cette impulsion de commande, l'unité centrale alimente la borne 83b en tension. Le servomoteur M1 fonctionne maintenant en sens inverse. Les bornes 83b et 83 du contact inverseur S2 restent en contact jusqu'à ce que le déverrouillage atteigne sa position finale. Le servomoteur interrompt le contact entre 83b et 83 et s'arrête.

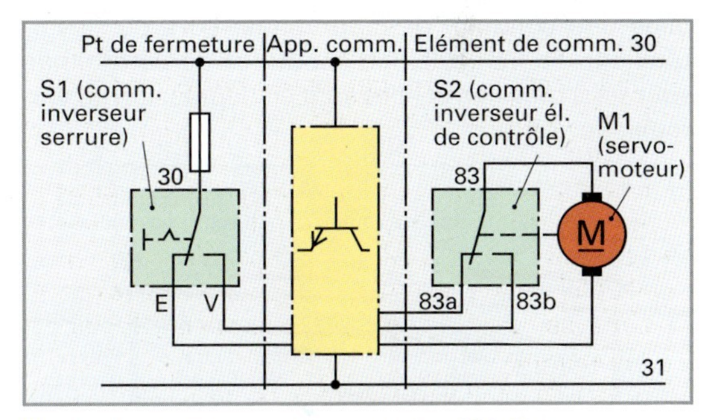

Illustration 1: Schéma de circuit simplifié d'un servomoteur avec deux inverseurs

Elément de commande électrique (ill. 2). Il actionne le verrouillage et le déverrouillage. Le pignon du servomoteur est mécaniquement relié au pignon d'entraînement de la crémaillère par une boîte de vitesses. Si la serrure est actionnée mécaniquement par la clé au point de fermeture d'un verrouillage centralisé (p. ex. déverrouillage), la tige de traction/poussée transmet le mouvement de déverrouillage dans l'élément de commande par la crémaillère et les engrenages. Le contact inverseur S2 est mis mécaniquement en position finale de déverrouillage. Le servomoteur n'est plus alimenté en courant.

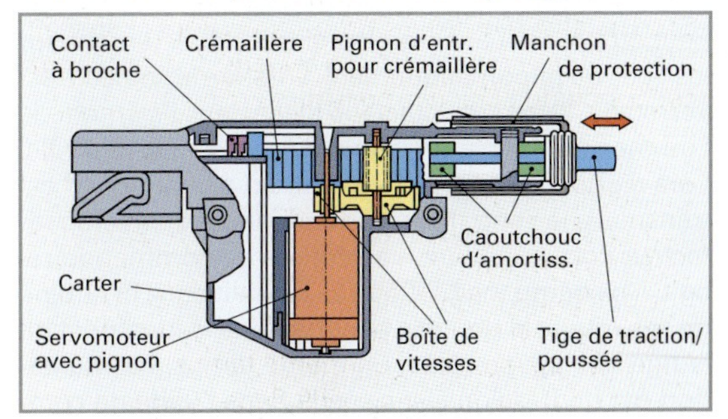

Illustration 2: Elément de commande électrique

L'impulsion de commande est transmise à l'unité centrale par le contact à broche. Les servomoteurs de tous les autres éléments de commande sont alimentés en courant et effectuent le processus de déverrouillage.

Verrouillage centralisé électropneumatique

Il comprend un circuit de commande électrique et un circuit de travail pneumatique **(ill 1)**.

Circuit de commande électrique. Il pilote le circuit de travail pneumatique. En tournant la clé dans la serrure de la porte, un microcontacteur est actionné. La centrale de commande reçoit ce signal et active l'ouverture, par commande pneumatique, de toutes les autres serrures (circuit de travail électropneumatique).

Circuit de travail pneumatique. Il actionne les éléments de commande par pression ou dépression dans une conduite de commande. Lors du déverrouillage du véhicule, les conduites de commande sont sous pression et elles sont en dépression au verrouillage.

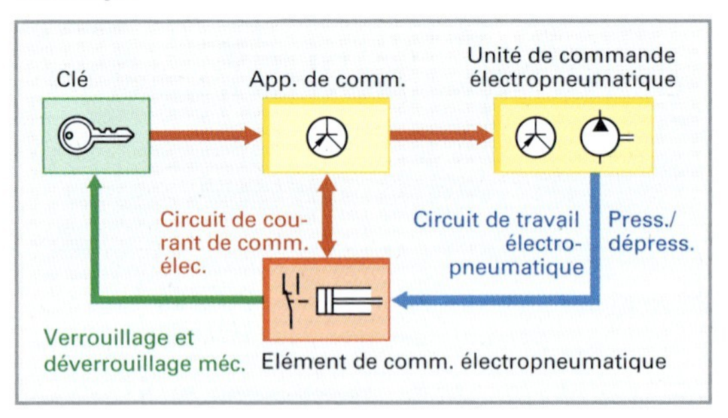

Illustration 1: Schéma de verrouillage centralisé électropneumatique

Elément de commande électropneumatique (ill. 2). Il doit effectuer les processus de verrouillage et de déverrouillage. Il se trouve dans chacune des portières. L'unité de commande électropneumatique produit soit une dépression soit une pression en fonction du processus désiré. Cette valeur de pression agit sur la membrane placée à l'intérieur de l'élément de commande. La membrane et la serrure sont reliées par la tige de traction/poussée. Le processus de verrouillage peut être réalisé avec la clé agissant directement sur les tiges ou pneumatiquement. Lorsque le véhicule est verrouillé, le microcontacteur, placé dans l'élément de commande, envoie un signal de masse à la centrale. Lors d'une tentative d'effraction, un signal positif est transmis à la centrale de commande par le microcontacteur correspondant. La centrale de commande réagit. Un champ magnétique se produit dans la bobine de sécurité et la goupille pénètre dans le logement de la tige traction/poussée. En même temps, l'alimentation par dépression s'enclenche dans l'unité de commande pneumatique. La serrure reste verrouillée.

Fonctionnement (ill. 2)

Déverrouillage pneumatique. La pression actionne la membrane et fait ainsi monter la tige traction/poussée vers le haut. Par conséquent, la serrure est déverrouillée mécaniquement par une tige.

Verrouillage pneumatique. La dépression actionne la membrane et tire la tige traction/poussée vers le bas. Par conséquent, la serrure est verrouillée mécaniquement par une tige.

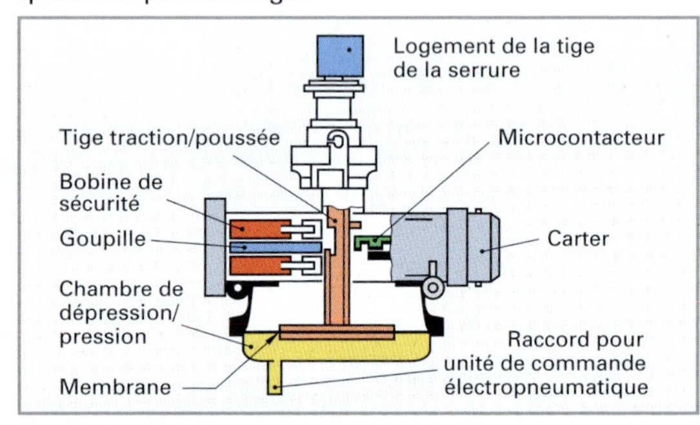

Illustration 2: Elément de commande électropneumatique

Unité de commande pneumatique. Elle se compose d'un circuit électronique (interface) et d'une pompe pouvant créer de la pression/dépression. Le circuit électronique reçoit les informations de la centrale de commande et les transmet au moteur de la pompe.

Pompe à pression/dépression. Il s'agit d'une pompe à palettes qui produit de la pression ou de la dépression. On obtient ces effets en changeant le sens de rotation de la roue à ailettes. Vers la gauche, il y a pression et vers la droite dépression.

Commande des systèmes de verrouillage centralisé

Pour la commande du verrouillage centralisé, on distingue quatre systèmes:

- le système mécanique à clé;
- le système de télécommande à infrarouge;
- le système de télécommande à ondes radio;
- le système de télécommande à ondes radio avec déclenchement automatique (Keyless-go).

Système mécanique à clé. Dans ce système, la commande est réalisée mécaniquement à partir d'un ou de plusieurs points de fermeture (généralement portières avant et hayon arrière) en tournant la clé dans la serrure. Conjointement, un interrupteur électrique produit le signal pour la commande des servomoteurs ou des éléments de commande pneumatiques de verrouillage ou de déverrouillage aux autres points d'ouverture du véhicule.

Système de télécommande à infrarouge. Ce système permet de verrouiller et de déverrouiller le véhicule au moyen d'un signal infrarouge d'une portée d'environ 6 mètres.

Le système **(ill. 1)** peut se composer des éléments suivants:

- clé émettrice;
- appareil de commande infrarouge;
- appareil de commande avec fonctions combinées;
- relais pour la confirmation de fermeture;
- unité réceptrice (p. ex. dans le rétroviseur intérieur);
- unité de commande pneumatique;
- éléments de commande.

Fonctionnement. L'émetteur infrarouge (p. ex. dans la clé) envoie des signaux vers l'unité de réception reliée à l'appareil de commande infrarouge. Le relais de confirmation de fermeture reconnaît si les portières sont verrouillées ou non. Le verrouillage ou le déverrouillage est communiqué au conducteur (p. ex. par un code clignotant des feux indicateurs de direction).

Ces informations sont aussi transmises à la centrale de commande principale à fonctions combinées qui est reliée à l'unité de commande pneumatique par bus CAN. Lors du verrouillage ou du déverrouillage électropneumatique, elle produit la pression ou la dépression nécessaire aux processus.

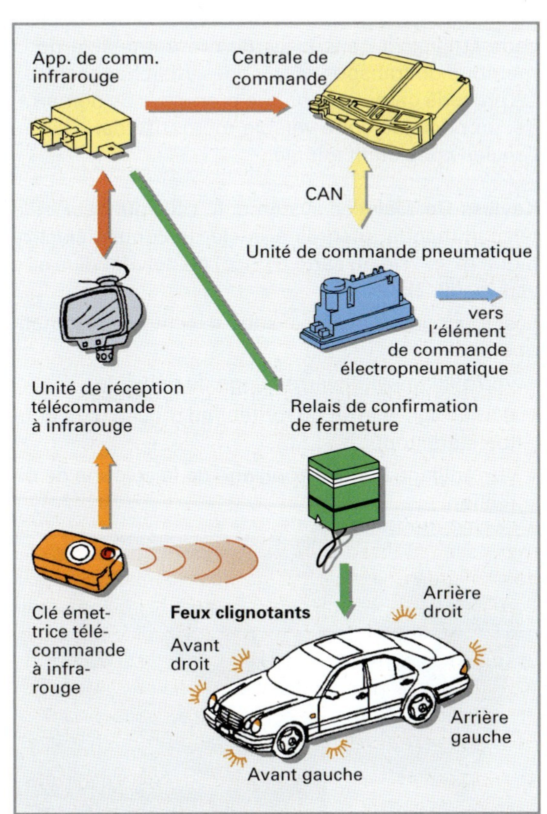

Illustration 1: Structure d'un système de télécommande à infrarouge

Système de télécommande à ondes radio. Pour actionner les éléments de commande, on peut également utiliser un système d'ondes radio. Les ondes radio sont moins sensibles au positionnement de l'émetteur par rapport au récepteur. Cela présente l'avantage que l'activation du processus de fermeture et la mise en veille d'un système d'alarme peuvent être effectués discrètement. De plus, les ondes radio ont une meilleure protection contre le décodage du signal et leur code peut être plus complexe.

Système de télécommande à ondes radio avec déclenchement automatique (Keyless-go). Le conducteur n'a besoin d'aucune clé pour entrer dans le véhicule. Il suffit d'avoir la clé électronique sur soi et de toucher la poignée de la portière. Le capteur capacitif intégré à la poignée reconnaît la volonté d'accès et envoie un signal d'autorisation d'accès et de démarrage à la centrale de commande **(ill. 2)** qui commence une interrogation inductive du transpondeur intégré à la clé électronique. Si les droits sont confirmés, l'accès au véhicule est autorisé et le véhicule est ouvert. Le processus de déverrouillage est activé par le capteur de déverrouillage.

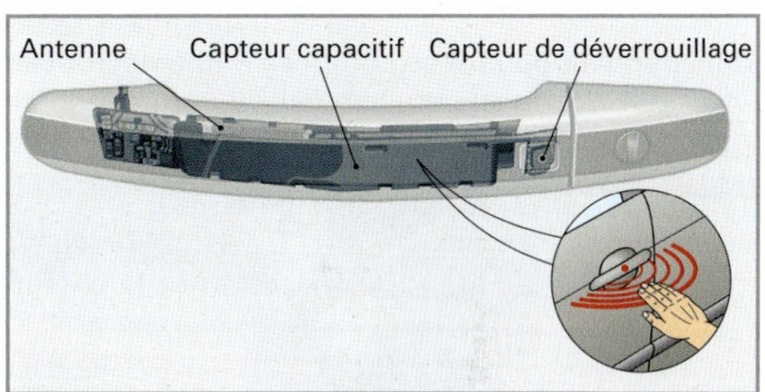

Illustration 2: Déverrouillage par contact avec la poignée

20.2.2 Antidémarrage

Il s'agit d'un système électronique empêchant l'utilisation du véhicule par des personnes non autorisées.

Les dispositions légales exigent la présence d'un système antidémarrage sur tous les véhicules mis en circulation à partir du 1.1.1995. Des prescriptions à ce sujet figurent en outre dans la directive de l'Union européenne ECE-R18.

Activation

Verrouillage avec la clé du véhicule. L'interrupteur de contact de la portière envoie à la centrale de commande des informations permettant d'activer le système antivol.

Verrouillage par télécommande. Le récepteur convertit le signal infrarouge ou radio en signal électrique et le transmet à la centrale de commande qui active le système antivol.

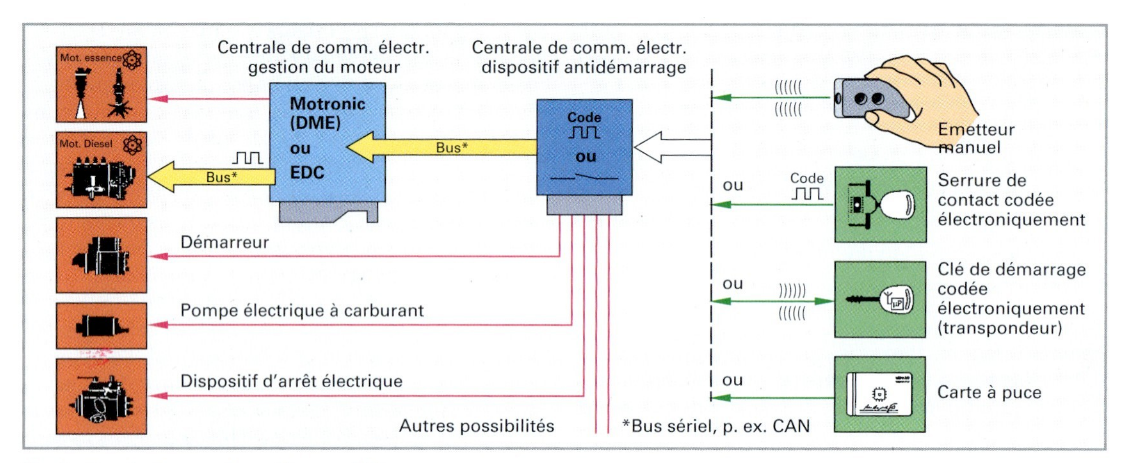

Illustration 1: Aperçu du système antidémarrage

Construction (ill. 1)
Le dispositif antidémarrage comprend une centrale de commande et, suivant le constructeur, soit un émetteur manuel avec le contacteur d'allumage muni d'un codage électronique, soit un transpondeur ou une carte à puce.

Transpondeur (ill 2). Il se compose d'une micropuce encapsulée dans un corps en verre et d'une bobine inductive.

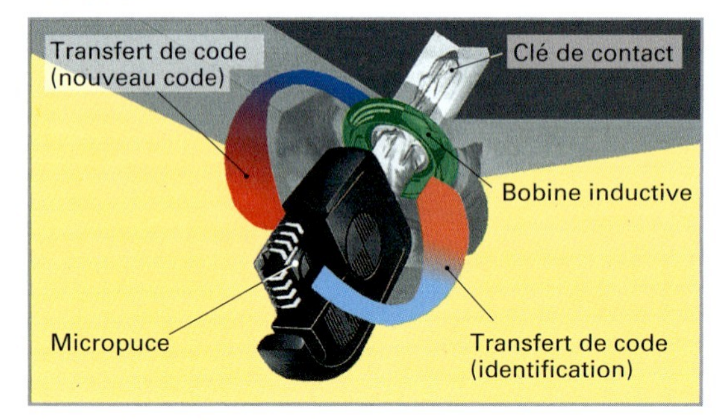

Illustration 2: Transpondeur

L'alimentation en énergie de la micropuce se fait selon le principe du générateur, par induction de la bobine inductive logée dans le contacteur d'allumage vers la bobine de la micropuce. A la fabrication, la micropuce reçoit un numéro de code individuel ineffaçable (code d'identification, code ID). En même temps, un espace de mémoire programmable (espace de mémoire EEPROM) est réservé pour les codes interchangeables.

Fonctionnement. En tournant la clé du contacteur d'allumage, la bobine d'induction transmet de l'énergie à la micropuce et active l'interrogation du code de la micropuce par la centrale de commande **(ill. 2)**. Le transpondeur reconnaît l'interrogation et fournit son code d'identification qui est alors comparé aux codes mémorisés.

Si le code est correct, la centrale de commande du dispositif antidémarrage transmet à son tour un signal codé à la centrale de commande du moteur (p. ex. par un bus CAN). Si la centrale de commande du moteur accepte ce signal, le moteur peut être démarré.

Dans le cas contraire, le moteur ne démarre pas.

En même temps, la centrale de commande du dispositif antidémarrage produit au hasard un nouveau code et l'inscrit dans la partie programmable de la mémoire du transpondeur (codes interchangeables). Ce procédé garantit à chaque processus de démarrage, un nouveau code valable mémorisé dans la clé, l'ancien code étant annulé.

Keyless-Go. Dans ce système, le transpondeur et la télécommande intégrés à la clé de contact électronique (p. ex. clé ou carte à puce) ne doivent plus être activés **(ill. 2)**.

Les fonctions suivantes sont exécutées automatiquement:

- verrouillage et déverrouillage du véhicule;
- démarrage et arrêt du moteur au moyen d'un bouton start/stop;
- verrouillage et déverrouillage de la colonne de direction.

Illustration 3: Carte à puce et bouton start/stop

Fonctionnement

Détection. On entend par là la reconnaissance de la clé de contact et de ses droits d'accès depuis l'extérieur et l'intérieur du véhicule au moyen d'une antenne **(ill. 1)**.

La clé envoie un signal radio contenant une requête d'identification codée ainsi que le numéro d'identification au transpondeur. Si l'identification est positive, les portières du véhicule sont alors déverrouillées.

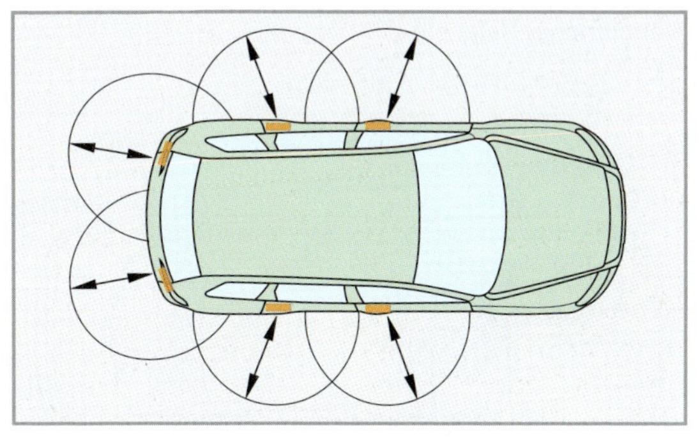

Illustration 1: Zones extérieures et intérieures de détection de l'antenne

Zones extérieures. Ce sont les zones de détection pour le processus de verrouillage ou de déverrouillage. Ce processus ne peut être effectué que si la clé se trouve dans ces zones.

Zones intérieures. Ce sont les zones de détection pour le processus de démarrage et de fonctionnement du véhicule. Ces fonctions peuvent être activées en insérant la clé de contact et son transpondeur intégré dans le contact (fente) de confirmation d'accès et de démarrage. Il suffit toutefois que la clé se trouve à l'intérieur du véhicule et d'activer le bouton de démarrage pour qu'une interrogation inductive ait lieu. Si l'identification est réussie, le moteur est démarré. Dès que le moteur tourne, le déverrouillage électrique de la colonne de direction est activé. Lors du démarrage, le conducteur doit maintenir la pédale du frein ou de l'embrayage appuyée.

20.2.3 Système d'alarme

Lors d'une tentative d'effraction ou de manipulation abusive du véhicule, le système d'alarme déclenche des signaux d'avertissement acoustiques et optiques.

Il comprend les composants suivants **(ill. 2)**:

- télécommande;
- centrale de commande avec alimentation en courant;
- contacteurs (p.ex. portes, capot moteur, hayon arrière, coffre à bagages, boîte à gants);
- capteur à infrarouge ou à ultrasons avec unité réceptrice pour la surveillance de l'habitacle;
- capteur de position pour la protection contre le vol des roues et le remorquage;
- témoins d'état;
- klaxon;
- système de démarrage.

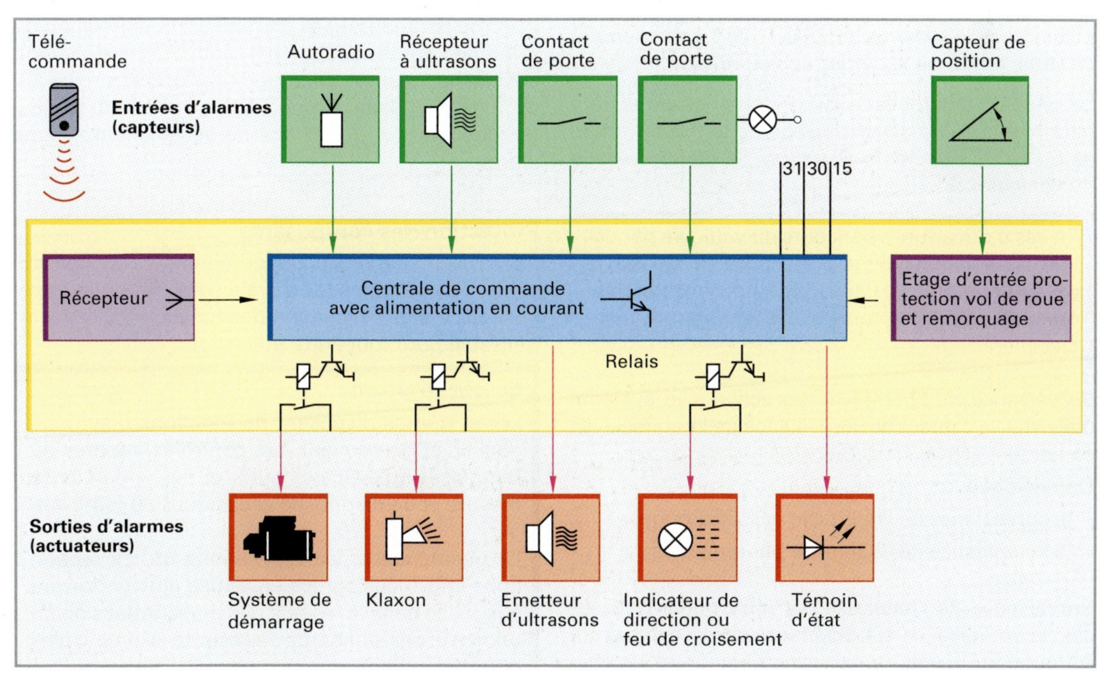

Illustration 2: Schéma de principe d'un système d'alarme

Fonctionnement. Si le système d'alarme est activé, la centrale de commande vérifie, à l'aide des contacteurs correspondants, si les portes, les vitres, le toit ouvrant, le capot moteur, le hayon arrière et le coffre arrière sont fermés. Si toutes les conditions sont remplies, l'unité de commande va activer le dispositif d'alarme avec un délai de 10 à 20 secondes. L'état du dispositif est indiqué par un témoin lumineux clignotant (p. ex. une LED).

L'alarme peut réagir à:
- l'ouverture non souhaitée des portes, du hayon arrière, du coffre à bagage ou du capot moteur;
- l'accès à l'habitacle;
- un déclenchement non souhaité de l'allumage;
- l'utilisation d'une clé dont le code du transpondeur n'est pas valable;
- le démontage du capteur de l'habitacle;
- le démontage de la radio;
- l'ouverture du support de la console centrale;
- le démontage du klaxon;
- la coupure momentanée de l'alimentation en courant de la centrale de commande;
- le déplacement du véhicule.

Si le système est actif, l'alarme peut être signalée par un klaxon d'appoint, par les signaux clignotants du système des feux de détresse et par l'éclairage de l'habitacle. La durée de l'alarme est fixée selon des directives nationales (p. ex., le klaxon peut produire un signal acoustique de 30 secondes et le clignotement des feux de croisement de plus de 30 secondes). Parallèlement, le système antidémarrage, actuellement de série, empêche le démarrage du moteur.

Le système antivol est mis hors fonction en actionnant la touche de déverrouillage de la télécommande ou par la serrure de porte lors du déverrouillage du véhicule.

> En cas d'ouverture de secours du véhicule par déverrouillage mécanique du cylindre de serrure, la clé doit être insérée dans le contact dans un délai défini (p. ex. 15 secondes) sinon l'alarme s'enclenchera.

20

Surveillance de l'habitacle. En activant le système d'alarme, le capteur de surveillance de l'habitacle est également activé.

On distingue:
- la surveillance de l'habitacle par infrarouge;
- la surveillance de l'habitacle par ultrasons.

Surveillance de l'habitacle par infrarouge. Dans ce cas, la surveillance est effectuée par un capteur infrarouge qui réagit en présence de sources de chaleur mobiles (p. ex. personnes) et déclenche l'alarme.

Surveillance de l'habitacle par ultrasons (ill. 1). Un émetteur ultrasons produit un champ d'ultrasons à une fréquence d'environ 20 kHz dans l'habitacle du véhicule. Toute modification de ce champ (p. ex. accès ou bris de vitre) est détectée par le capteur grâce aux fluctuations de pression. L'électronique d'évaluation déclenche alors l'alarme.

> La sensibilité du dispositif doit être à nouveau adaptée après montage d'un chauffage d'appoint car la chaleur dégagée par celui-ci peut suffire à enclencher l'alarme.

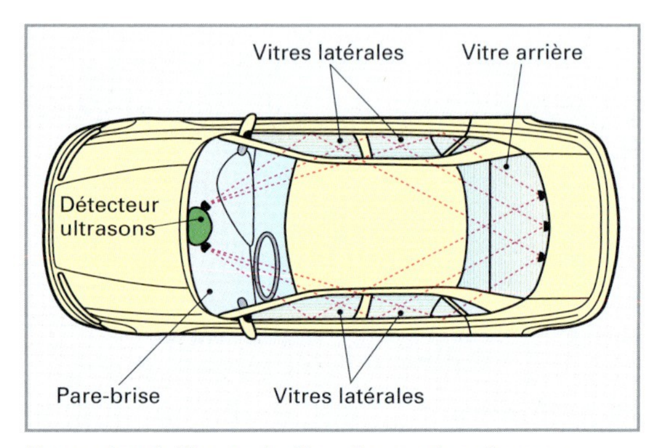

Illustration 1: Champ de détection par les ultrasons dans l'habitacle

Protection contre le vol des roues et le remorquage. Il comprend des capteurs d'inclinaison et une unité d'évaluation. La position du véhicule à l'activation de l'alarme est mémorisée comme étant la position de référence. Toute variation par rapport à cette position déclenche l'alarme. Des modifications normales (p. ex. fuite d'air dans un pneu, balancement du véhicule, mouvements du terrain) ne déclenchent aucune alarme.

Protection des composants

Après toute tentative de démontage des composants, il se peut que la centrale de commande ne reconnaisse plus l'ensemble des fonctions. Elle est inutilisable pour tout autre utilisation.

> **CONSEILS D'ATELIER**
>
> Les systèmes disposent de fonctions d'autodiagnostic et ne peuvent être contrôlés, réparés ou remplacés qu'avec des outils et des appareils de mesure et de diagnostic spécifiques au fabricant.
>
> La maintenance, les adaptations ou les réparations effectuées sur les systèmes antivol doivent être faites dans le respect des prescriptions du fabricant et des standards de sécurité et avec le plus grand soin.

Suite de la page 642

- Lors du remplacement des clés, des cylindres de serrures ou de la centrale de commande du véhicule, la commande de matériel doit être accompagnée d'une copie du permis de conduire du client et de la carte grise du véhicule. La procédure doit être dûment documentée et les documents datés consignés sur une fiche de suivi.
- Après montage des pièces de rechange, le système doit être contrôlé au moyen d'appareils de test avant sa remise en fonction. Dans les véhicules de dernières générations, la mise en service des appareils de commande requiert une nouvelle identité électronique. De plus, toutes les clés du véhicule doivent être remplacées.
- Selon le type de véhicule, le mécanicien doit disposer d'un code PIN fourni par le fabricant ou d'une connexion en ligne avec le fabricant durant la réparation.
- **Code PIN.** C'est un numéro secret contenant l'identification du revendeur et la date. L'atelier doit le demander par fax ou par internet au fabricant. Ce numéro n'est valable que pour l'atelier en question et pour une durée déterminée (p. ex. 24 heures).
- Mise en service en ligne. Elle ne peut être faite que si le véhicule est branché à un testeur qui est connecté avec le site du constructeur.
- Le mécanicien qui répond à l'interrogation en ligne doit disposer d'un nom d'utilisateur et d'un mot de passe personnels. Le véhicule, ainsi que les pièces de rechange installées, sont identifés par le constructeur au moyen du testeur. Le nom, la nationalité du client ainsi que le numéro de permis de conduire doivent également être fournis.
- La mise en service est activée puis confirmée à la fin du diagnostic effectué par le testeur.
- Toutes les clés doivent alors être programmées à neuf en les insérant dans les contacts et en enclenchant l'allumage.
- Des clés supplémentaires peuvent également être programmées lors de la mise en service.
- Si de nouvelles clés sont nécessaires, elles seront déjà précodées mécaniquement (fraisage des pistes internes) ou électroniquement lors de la commande auprès du fabricant. Ainsi, elles ne pourront être mises en service que sur le véhicule concerné.

QUESTIONS DE RÉVISION

1. **Quels sont les deux systèmes de verrouillage centralisé qu'on peut distinguer?**
2. **Quels sont les éléments commandés par le boîtier de commande du verrouillage centralisé?**
3. **Quel est l'avantage d'une télécommande à ondes radio par rapport à une télécommande à infrarouge?**
4. **Quels sont les composants principaux des systèmes antivol?**
5. **Qu'est-ce qu'un transpondeur?**
6. **Quels composants d'un système antivol peuvent produire l'alarme?**
7. **Quelles sont les possibilités qui permettent de surveiller l'habitacle d'un véhicule?**
8. **Expliquez le fonctionnement de l'antidémarrage.**
9. **Quelles sont les fonctions d'un Keyless-go sans activation de la clé de contact?**

20.3 Systèmes de confort

20.3.1 Lève-vitres électriques

Ils permettent l'ouverture ou la fermeture des vitres et éventuellement du toit ouvrant au moyen d'un interrupteur à bascule (interrupteur à poussoir).

En général, l'entraînement du lève-vitre est réalisé avec un câble **(ill. 1)**. Le moteur d'entraînement actionne un engrenage à vis sans fin agissant sur un câble afin de pouvoir ouvrir ou fermer les vitres selon le sens de rotation du moteur. L'effet de blocage automatique empêche de forcer les vitres.

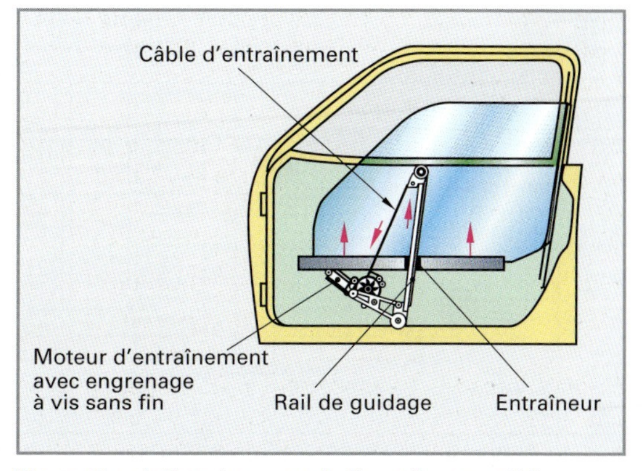

Illustration 1: Entraînement du lève-vitre par câble

L'actionnement électrique des vitres peut s'effectuer par:

- interrupteur à bascule (actionnement manuel);
- commande électronique associée à un interrupteur à bascule.

Actionnement par interrupteur à bascule. La vitre peut être ouverte ou fermée au moyen d'un interrupteur correspondant au moteur du lève-vitre. Le verrouillage centralisé permet la fermeture simultanée de toutes les vitres **(ill. 1)**.

Fonctionnement (ill. 1). L'interrupteur d'allumage enclenché, le relais principal est piloté par la borne 15. Il relie la borne 30 avec la borne 87 et alimente la borne d des interrupteurs S1 et S2. A l'aide de l'interrupteur S5 intégré à l'interrupteur S1, il est possible d'alimenter ou non les deux interrupteurs S3 et S4 pour les portières arrière.

Position de l'interrupteur: ouverture des vitres (ill. 2). En actionnant un interrupteur à bascule (S1, S2, S3, S4), la borne d (+) est reliée à la borne b et la borne c (–) à la borne a. L'entraînement abaisse la vitre correspondante.

Position de l'interrupteur: fermeture des vitres (ill. 2). Dans l'interrupteur à bascule, la borne d (+) est reliée à la borne a et la borne e (–) à la borne b. Le sens de rotation du moteur d'entraînement est inversé car les pôles des bornes a et b le sont aussi. La vitre se ferme.

Fermeture des vitres par verrouillage centralisé. La centrale de commande de verrouillage met la bobine de commande du relais de commande, borne 85, à la masse. Ainsi, dans le relais, les bornes 87 et 30 sont reliées. La borne d'interrupteur a est reliée au positif par la borne c. Les bornes b et e sont raccordées à la masse. Les vitres se ferment.

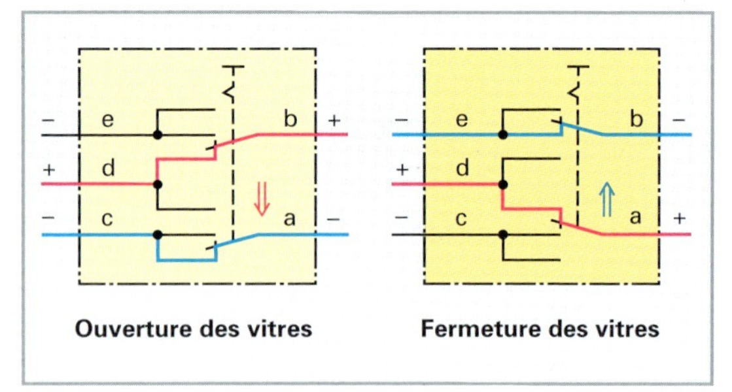

Illustraton 2: Position de l'interrupteur pour l'actionnement des vitres avec interrupteur à bascule

Combinaison de commande de lève-vitres par interrupteur à bascule et par commande électronique. La commande électronique peut être installée dans une centrale de commande. Pour réduire la quantité de câbles utilisés, elle peut être intégrée au moteur du lève-vitre correspondant. Une brève pression sur l'interrupteur du lève-vitre correspondant entraîne la fermeture de la vitre par la commande électronique. En actionnant l'interrupteur plus longtemps, la vitre peut être amenée à la hauteur désirée. Si le véhicule est fermé par le verrouillage centralisé, toutes les vitres se referment simultanément ou se mettent en position d'aération.

Protection antipincement. Pour éviter à l'utilisateur de se coincer les mains ou les bras, la force de fermeture des vitres ne doit pas dépasser une valeur maximale définie. La protection agit électriquement, en coupant l'alimentation du moteur électrique à partir d'une certaine intensité de courant, ou mécaniquement, par des embrayages limitant les forces dans la commande.

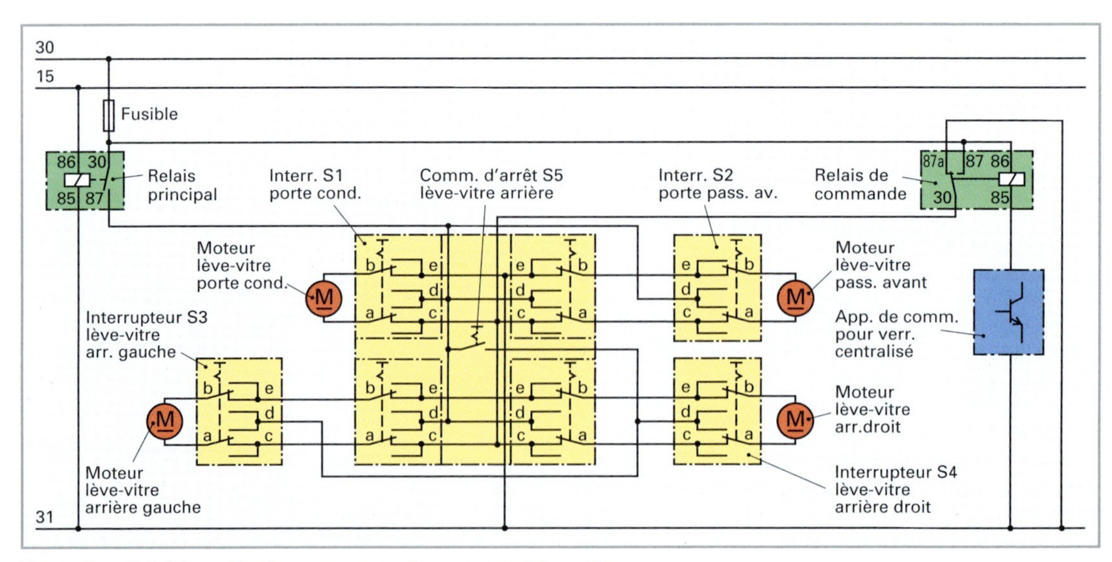

Illustration 1: Schéma d'actionnement par interrupteur à bascule

20.3.2 Mécanisme de toit

Il permet d'ouvrir et de fermer électriquement la capote de toit au moyen d'un interrupteur à poussoir.

Le mécanisme de toit représenté dans l'**ill. 1** est un système électrohydraulique. Au moyen d'un interrupteur, un moteur électrique est alimenté qui entraîne une pompe à rotor générant de la pression. La capote de toit est ouverte ou fermée par des vérins hydrauliques à double effet.

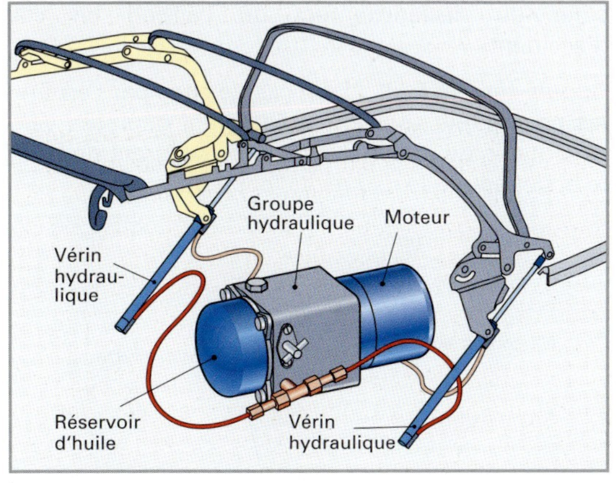

Illustration 1: Fonctionnement du mécanisme de la capote

Dispositif hydraulique

Il est composé:

- du réservoir d'huile;
- de la pompe hydraulique à rotor entraînée électriquement;
- de l'unité de commande hydraulique;
- de deux vérins hydrauliques à double effet.

Dispositif électrique (ill. 2)

Il comprend les éléments principaux suivants:

- l'interrupteur (E137);
- l'appareil de commande (J256);
- le moteur de la pompe hydraulique (V82);
- le commutateur d'allumage-démarrage (D);
- le coupe-circuit thermique (S68);
- les contacts de fin de course position fermée (F155, F156).

Fonctionnement - ouverture de la capote de toit

Après le déverrouillage manuel, la capote électrohydraulique ne peut être actionnée que lorsque la clé d'allumage est introduite et l'allumage coupé, ceci pour des raisons de sécurité.

Le pin S du commutateur d'allumage alimente l'interrupteur E137. Quand celui-ci est actionné, l'appareil de commande J256 reçoit la tension sur le pin T1. Il reçoit également la tension du commutateur d'allumage-démarrage D par le pin P.

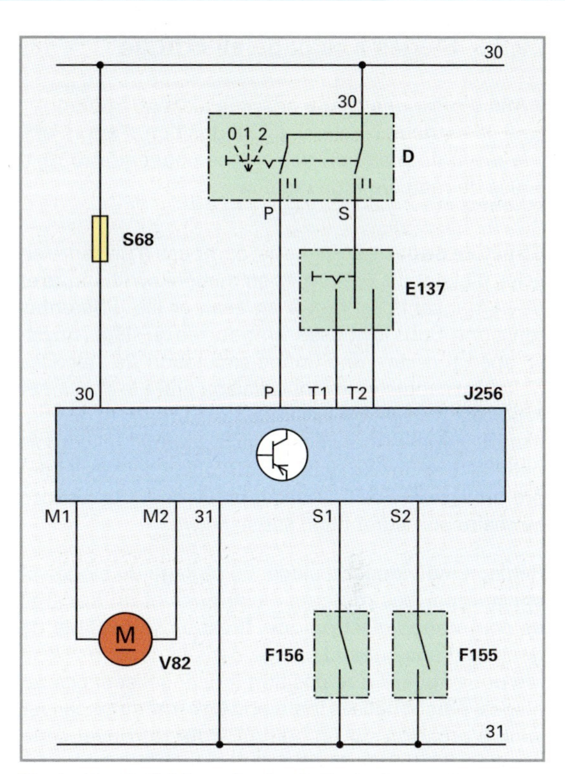

Illustration 2: Schéma du circuit d'entraînement de la capote du toit

L'alimentation en courant de travail du système traverse le coupe-circuit thermique S68 de la borne 30, sur le pin 30 de l'appareil de commande J256.

Etant donné qu'une tension est présente sur le pin T1 de l'appareil de commande J256, celui-ci entraîne le moteur électrique V82 de la pompe hydraulique de manière à ce que les tiges des vérins hydrauliques se rétractent. La capote de toit s'ouvre.

Fermeture de la capote de toit

Lorsque l'on veut fermer la capote de toit, l'appareil de commande J256 reçoit la tension par l'interrupteur E137 par le pin T2. Il commande le moteur électrique V82 de la pompe hydraulique de façon à ce que les tiges des vérins hydrauliques sortent. La capote de toit se ferme.

Afin d'éviter un actionnement du mécanisme lorsque la capote est fermée, des interrupteurs de sécurité sont installés. Les interrupteurs F155 et F156 sont des commutateurs à contact Reed qui sont commandés sans contact par des aimants sur les tiges de verrouillage du mécanisme de capote de toit. Lorsqu'une tige de verrouillage est introduite, les interrupteurs F155 et F156 donnent la masse au pin S1, resp. au pin S2 de l'appareil de commande J256. A ce moment-là, l'appareil de commande J256 ne contrôle plus le moteur électrique V82.

20.3.3 Sièges à réglage électrique

Afin d'offrir une assise adaptée à chaque personne, la hauteur, l'inclinaison, la position d'appui et le profil de maintien des sièges peuvent être réglés de manière individualisée.

Structure de base. Le siège est composé d'un cadre en acier, d'éléments préformés en matière synthétique et de composants servant à en assurer les différentes fonctions. Sous la housse rembourrée du siège, un tissu spécial assure une bonne circulation de l'air. Des nattes en caoutchouc font la liaison entre le dossier et le placet du siège. Un système de chauffage et de ventilation, réglable individuellement, garantit un confort optimal. Des appuis dorsaux, auxquels peut être intégré un système de massage, préviennent la lordose lombaire et assurent une assise active.

Réglage individuel du siège. Le réglage du siège est effectué par des moteurs électriques et un appareil de commande électronique. Il est ainsi possible de déplacer l'ensemble du siège dans la direction désirée pour obtenir une position individualisée. Les réglages personnalisés peuvent être mémorisés par simple pression sur un bouton. Pour retrouver cette position, les moteurs électriques seront pilotés par l'appareil de commande. La position est ensuite confirmée par des capteurs ou un potentiomètre. Généralement, ce réglage est accompagné du réglage automatique des rétroviseurs.

Siège actif. Si l'on reste longtemps assis sans bouger, la position adoptée peut provoquer des tensions douloureuses dans la colonne vertébrale. Un appui lombaire spécial, équipé d'une chambre à air pulsante, prévient ce type de symptômes **(ill. 1)**.

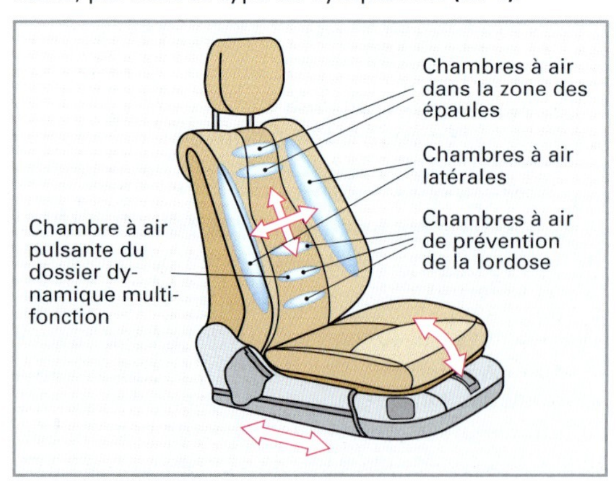

Illustration 1: Siège actif avec réglage individualisé

Chauffage du siège. Des corps chauffants intégrés au milieu du siège assurent un chauffage rapide de celui-ci et servent également à chauffer progressivement les zones latérales du siège.

Ventilation. En été, les surfaces du siège chauffées par le soleil sont rafraîchies et aérées par un mini-ventilateur implanté sous la surface du siège.

Réglage dynamique de la position. Des chambres à air gonflables contribuent à améliorer le maintien latéral du corps dans les virages **(ill. 1)**.

Reconnaissance de l'occupation. Un tapis capteur intégré au siège permet de détecter si le siège est occupé (p. ex. par un enfant) en fonction du poids exercé sur le placet, ce qui permet, le cas échéant, de décider du déclenchement de l'airbag en cas d'accident.

Appuie-tête actif (ill. 2). En cas de choc par l'arrière, les appuie-tête sont immédiatement déplacés vers l'avant afin de réduire l'espace les séparant de la tête et de réduire le risque du "coup du lapin".

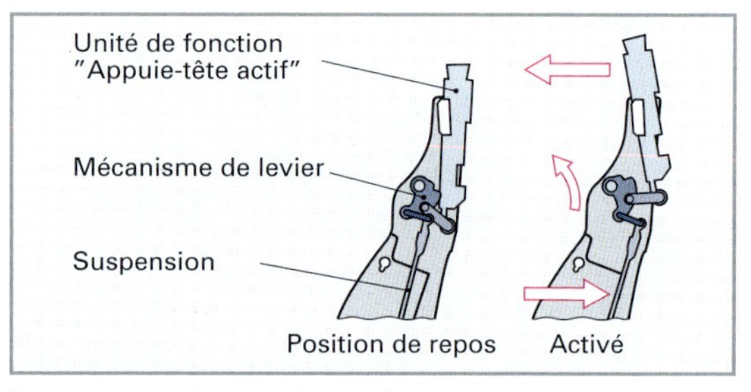

Illustration 2: Appuie-tête actif

20.3.4 Essuie-glace électroniques

Ils permettent un réglage électronique du mouvement de balayage et l'inversion du sens de fonctionnement des bras d'essuie-glace.

Construction. Le dispositif d'essuie-glace électronique se compose d'un ou de deux moteurs réversibles, à courant continu avec un petit embiellage, mais sans tringles d'inversion de mouvement **(ill 3)**. L'électronique de commande est intégrée au boîtier du moteur d'essuie-glace.

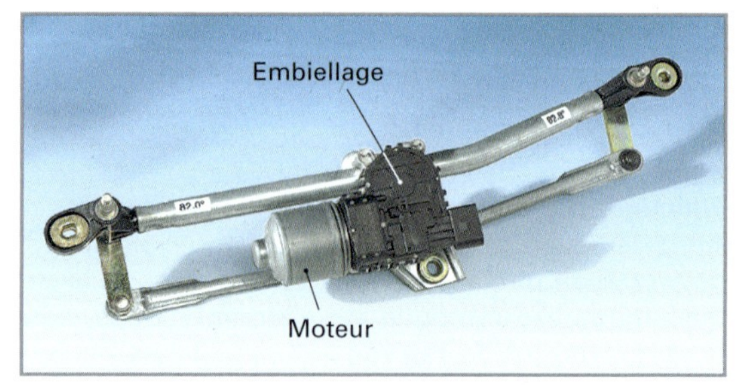

Illustration 3: Essuie-glace électronique

Fonctionnement. Le mouvement de va-et-vient des bras est généré par l'inversion du sens de rotation du moteur à deux balais. La tension appliquée aux balais est inversée électroniquement **(ill. 1)**. Des capteurs à effet Hall implantés dans le moteur et le système d'entraînement du moteur d'essuie-glace permettent de reconnaître la position et la vitesse de fonctionnement des essuie-glace.

Fonctionnement à droite. Les transistors T1 et T4 sont enclenchés et commandés par le transformateur de sortie par les pins 5 et 8. Le courant de travail circule de + par T1 vers le moteur et par T4 à la masse.

Fonctionnement à gauche. Les transistors T2 et T3 sont enclenchés et commandés par le transformateur de sortie par les pins 6 et 7. Le courant de travail circule de + par T2 vers le moteur et par T3 à la masse.

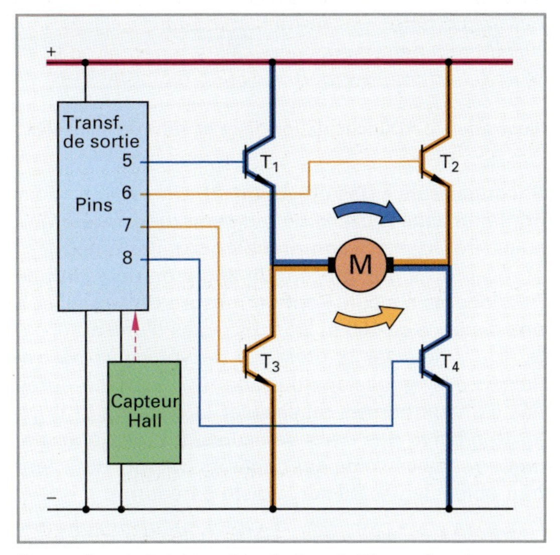

Illustration 1: Schéma de principe de l'inversion de sens

Le moteur d'essuie-glace est activé par une interface CAN. Un deuxième moteur (slave), relié au premier moteur (master) par une interface sérielle monofilaire, reçoit alors à son tour l'instruction de balayage.

Il en résulte les avantages suivants:

- construction permettant une économie de place;
- champ visuel élargi (angle de balayage env. 150°);
- position de repos des essuie-glace hors du champ visuel du conducteur. Selon la vitesse de déplacement, cet emplacement est chauffé;
- réduction du bruit de balayage provoqué par le caoutchouc des essuie-glace par diminution du régime du moteur d'essuie-glace;
- position du balais adaptée en fonction de la course du bras d'essuie-glace;
- protection contre le blocage en cas de pare-brise gelé.

Pour changer les balais, les bras d'essuie-glace doivent être positionnés verticalement par l'unité de commande! Ne jamais déplacer les bras manuellement!

20.3.5 Rétroviseurs extérieurs à réglage électrique

Ils peuvent être réglés de manière optimale au moyen d'un interrupteur à poussoir situé dans l'habitacle.

Construction. Lorsque le conducteur actionne l'interrupteur à poussoir de réglage du rétroviseur, l'information est envoyée à l'appareil de commande de la portière qui pilote deux moteurs à courant continu à fonctionnement vers la gauche ou vers la droite. Ceux-ci déplacent le rétroviseur dans l'une des quatre directions à l'aide d'un pignon à denture hélicoïdale et de vis de réglage. Un interrupteur permet de sélectionner le rétroviseur côté conducteur ou côté passager. La plupart des rétroviseurs sont équipés d'un chauffage de dégivrage intégré **(ill. 2)**.

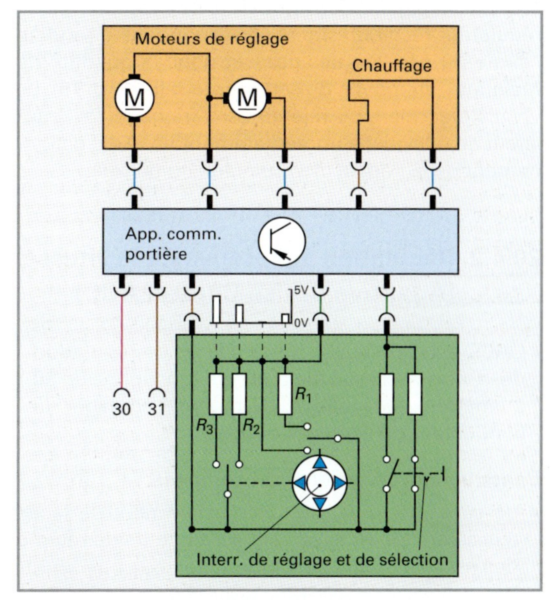

Illustration 2: Schéma électrique de la commande de rétroviseur extérieur

Fonctionnement. Le pilotage de l'appareil de commande de la portière est généralement effectué par codage de tension. Un des quatre contacteurs (montés en parallèle) est enclenché par l'interrupteur de réglage qui ferme le circuit de l'appareil de commande de la portière. Chaque circuit a une résistance de valeur différente (câble seul, R1, R2, R3) qui induit dans chaque circuit une chute de tension différente (p. ex. 0 V en cas de résistance nulle du câble, 1,3 V pour R1, 2,7 V pour R2 et 4 V pour R3). L'appareil de commande de la portière reconnaît, sur la base de la tension, la direction souhaitée dans laquelle déplacer le rétroviseur, il enclenche le courant de travail du moteur de réglage concerné qui fonctionne tant que l'interrupteur est activé. Seule une connexion positive est nécessaire entre l'interrupteur de réglage et l'appareil de commande.

20.4 Systèmes d'assistance à la conduite

20.4.1 Tempomat

Il maintient automatiquement le véhicule à la vitesse réglée par le conducteur.

Construction. Le Tempomat est composé:

- d'un capteur de vitesse;
- d'un boîtier papillon avec servomoteur;
- d'un régulateur;
- d'un système de saisie des données.

Fonctionnement. Le conducteur choisit la vitesse souhaitée au moyen du levier de sélection. La quantité nécessaire de mélange est alors fournie au moteur par le papillon des gaz. Si la vitesse change, le régulateur reçoit un signal correspondant. Il modifie l'angle du papillon des gaz - et donc la quantité de mélange - au moyen du servomoteur **(ill. 3, p. 76)**. Le véhicule accélère ou ralentit sans freinage. Le régulateur se déclenche immédiatement en cas d'actionnement de la pédale d'embrayage ou de frein.

20.4.2 Régulation adaptative de la vitesse (Adaptive Cruise Control ACC)

L'ACC est un système automatique de régulation de la vitesse et de la distance qui fonctionne de 30 à environ 200 km/h. Il permet de soulager le conducteur dans un trafic dense.

Construction. Le système est composé:

- de capteurs radar, de capteurs de taux de lacet, d'accélération transversale, de capteurs de régime des roues et d'angle de braquage;
- d'une unité de contrôle pour l'identification du mouvement du véhicule;
- d'un système de reconnaissance et de classification des objets;
- d'un régulateur de distance;
- d'appareils de commande du moteur, de la boîte de vitesses, de l'ESP avec les actuateurs correspondants.

Fonctionnement. Un capteur radar enregistre la présence et la distance des véhicules précédents jusqu'à une distance d'environ 100 m. L'ACC choisit entre deux modes de fonctionnement: circulation libre et suivi de véhicules **(ill. 1)**.

Circulation libre. Si la voie est libre, c'est le Tempomat qui fonctionne.

Suivi de véhicules. Si l'ACC identifie un véhicule sur sa propre piste, il adapte la vitesse à celle du véhicule précédant et maintient la distance définie par le conducteur en freinant ou en accélérant automatiquement. L'ACC réduit la vitesse du véhicule en réduisant le couple du moteur et, le cas échéant, en freinant. Le système est immédiatement désactivé dès que la pédale de frein est actionnée.

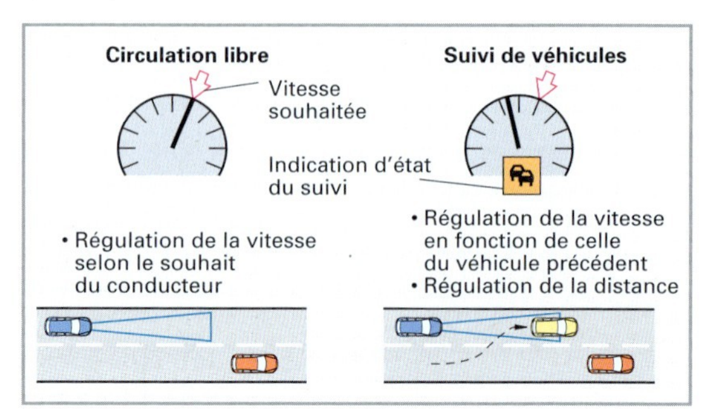

Illustration 1: ACC- circulation libre et suivi de véhicules

Reconnaissance des objets (ill. 2). Un capteur radar implanté dans le cache du radiateur détecte les véhicules précédents. Il comprend trois unités émettrices et réceptrices qui, grâce à un angle de détection de trois degrés chacun, sont en mesure de surveiller à une distance de 100 m les trois pistes d'une autoroute et d'y détecter la présence de véhicules par réflexion des impulsions du radar (77 GHz). La durée des signaux permet de calculer la distance et la vitesse relative des deux véhicules. En virage, la détection se fait à l'aide des capteurs ESP qui détectent tout objet significatif sur la piste parcourue.

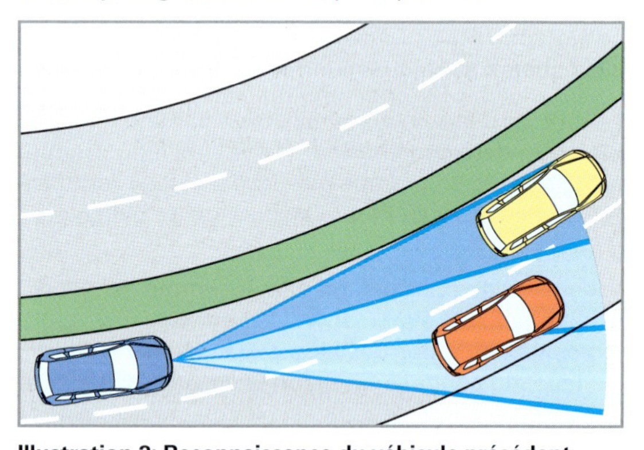

Illustration 2: Reconnaissance du véhicule précédent

CONSEILS D'ATELIER

Si des réparations ou des réglages (p. ex. châssis, traverses) entrepris sur le véhicule sont susceptibles de provoquer une modification du positionnement du capteur radar, celui-ci doit alors être à nouveau réglé. Ce réglage doit également être effectué si le véhicule a subi un choc.

20.4.3 Système de parcage

Lors du parcage ou en marche arrière, il indique optiquement et acoustiquement au conducteur la distance qui le sépare d'un obstacle.

Construction. Des capteurs à ultrasons sont montés à l'arrière ainsi qu'à l'avant du véhicule. Ils sont pilotés par l'appareil de commande et indiquent optiquement et acoustiquement les distances.

Fonctionnement. Les systèmes travaillent selon le principe de l'échosondeur. Ils sont enclenchés périodiquement et envoient des ultrasons de 30 kHz puis commutent en mode réception et enregistrent les ondes sonores réfléchies en retour par les obstacles. La distance des obstacles et leur positionnement sont calculés en fonction du temps de réflexion. Lorsque la distance est trop faible, le conducteur est informé **(ill. 1)**.

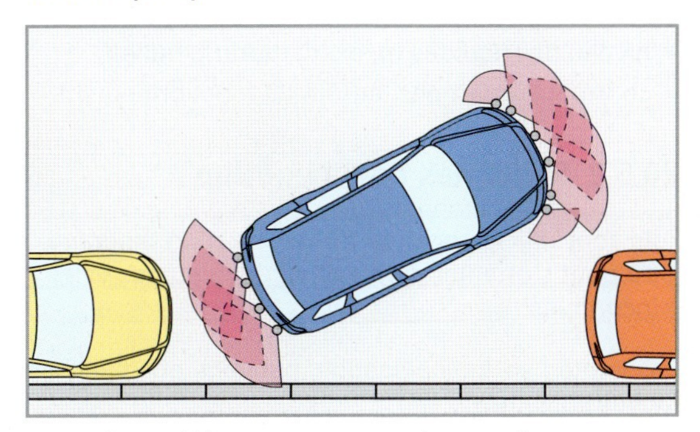

Ilustration 1: Aide au parcage par signaux ultrasons

20.4.4 Assistance au parcage

Ces systèmes mesurent la longueur du créneau, indiquent si le parcage est possible et, le cas échéant, aident aux manœuvres de parcage.

Construction

- Capteurs à ultrasons à l'arrière, à l'avant et sur les côtés du véhicule.
- Signaux d'alarme acoustiques et optiques.
- Dispositif de braquage électromécanique.
- Appareil de commande.

Les capteurs latéraux mesurent le créneau. A cet effet, il faut rouler le plus possible parallèlement à la place de parc à une distance allant de 30 cm à 1,5 m. La vitesse du véhicule doit être inférieure à 30 km/h **(ill. 2)**.

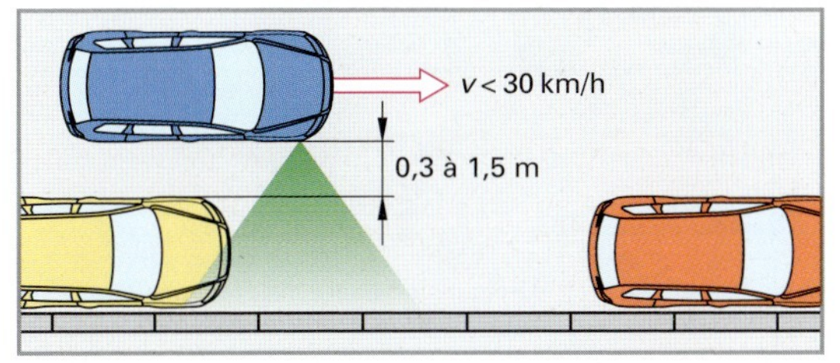

Illustration 2: Mesure de la place de parc

S'il est possible de parquer, la manœuvre que doit effectuer le conducteur est indiquée sur l'affichage.

Avec les systèmes actifs, l'assistance au parcage commande le braquage du volant par l'intermédiaire du servomoteur qui agit sur le dispositif électromécanique de la direction. L'affichage indique au conducteur à quel moment il doit donner des gaz ou freiner.

20.4.5 Assistance au changement de trajectoire

En cas de changement de trajectoire intentionnel, le système avertit le conducteur si des véhicules se trouvent derrière lui.

Construction

- Capteurs radar à 25 GHz et d'une portée de 50 m.
- Signaux d'alarme acoustiques et optiques.
- Appareil de commande.

Fonctionnement. Les capteurs radar surveillent la zone que le conducteur ne voit pas dans ses rétroviseurs (angle mort) **(ill. 3)**. S'ils détectent un véhicule en approche, une lampe d'avertissement s'allume (p. ex. sur le rétroviseur extérieur). Si le clignoteur est actionné, la lampe d'avertissement s'allume et un signal acoustique retentit. La direction du véhicule n'est pas activée.

Le système distingue deux situations différentes.

- Le véhicule est en train d'être dépassé. La lampe d'avertissement du rétroviseur de gauche est activée.
- Le véhicule dépasse à une vitesse inférieure à 15 km/h. La lampe d'avertissement du rétroviseur de droite est activée.

Illustration 3: Surveillance de l'angle mort

20.4.6 Assistance au maintien de trajctoire

Il avertit le conducteur en cas de changement improviste de trajectoire sur l'autoroute.

Construction
- Capteurs à infrarouge à 30 MHz ou caméras.
- Appareil de commande.
- Interrupteur d'activation avec lampe témoin.
- Vibreurs dans le siège du conducteur ou le volant.

Fonctionnement. Le système détecte tout passage non voulu des lignes latérales de la chaussée. Lorsque le véhicule passe sur la ligne blanche continue ou discontinue, les émetteurs/récepteurs à infrarouge ou les caméras envoient un signal à l'appareil de commande. Si l'indicateur de changement de direction n'a pas été préalablement activé, le système avertit le conducteur du changement de direction au moyen des vibreurs intégrés au siège ou au volant.

Selon le système, la correction de trajectoire est effectuée par le conducteur ou par l'ESP, qui freine chaque roue de manière ciblée **(ill. 1)**. Le cas échéant, une action sur l'assistance au braquage peut être réalisée de manière à rendre difficile tout passage par-dessus les marquages de la route.

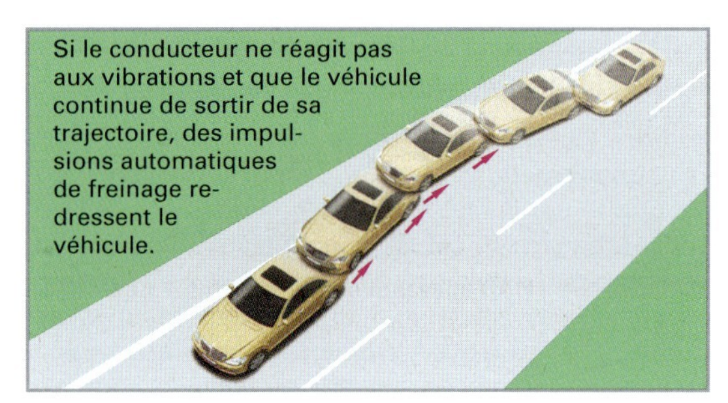

Si le conducteur ne réagit pas aux vibrations et que le véhicule continue de sortir de sa trajectoire, des impulsions automatiques de freinage redressent le véhicule.

Illustration 1: Assistance au changement de trajectoire

20.5 Système d'infotainment

On définit ainsi les domaines qui concernent à la fois l'**info**rmation (transmission de données), la communication et l'enter**tainment** (divertissement). Ces systèmes peuvent être commandés par une unité centrale ou montés individuellement dans le véhicule.

Le système d'infotainment donne accès:
- aux indications de fonctionnement et de parcours;
- à la navigation avec télémétrie;
- aux réglages du châssis et aux fonctions de service;
- à la téléphonie mobile et à internet;
- aux dispositifs audio/TV.

Il se compose par exemple:
- de l'instrumentation combinée;
- des unités d'affichage et de fonctions;
- du volant multifonctions;
- du système de navigation;
- du téléphone mobile avec antennes et microphone;
- du tuner TV-radio et du lecteur de CD.

20.5.1 Indications de fonctionnement et de parcours

L'instrumentation combinée fournit les informations les plus importantes au conducteur.

Ces informations concernent, p. ex. la vitesse, le régime du moteur, la pression de l'huile, le témoin de l'alternateur ou d'éclairage ainsi que les résultats de l'autodiagnostic. L'instrumentation combinée est positionnée au centre du champ visuel du conducteur. Grâce aux évaluations des données et des signaux des capteurs, effectuées par l'ordinateur de bord et les divers appareils de contrôle (p. ex. moteur, boîte de vitesses, GPS), d'autres informations peuvent également être communiquées, telles que p. ex:
- données concernant le parcours (p. ex. consommation moyenne de carburant ou autonomie);
- intervalles d'inspection ou de remplacement;
- limite d'usure (p. ex. plaquettes de frein);
- niveau des liquides (p. ex. carburant, huile);
- contrôle des lampes témoin de fonctionnement.

20.5.2 Systèmes de navigation

Ils sont utilisés pour la recherche d'un itinéraire ou pour s'orienter dans des régions ou des villes inconnues.

Les systèmes de navigation peuvent effectuer les tâches suivantes:
- indication de position du véhicule;
- transmission de position;
- calcul de l'itinéraire optimal compte tenu des conditions de circulation du moment;
- guidage jusqu'à destination par recommandation de direction.

L'**ill. 2** présente tous les composants et les sous-systèmes du système de navigation. L'ordinateur de

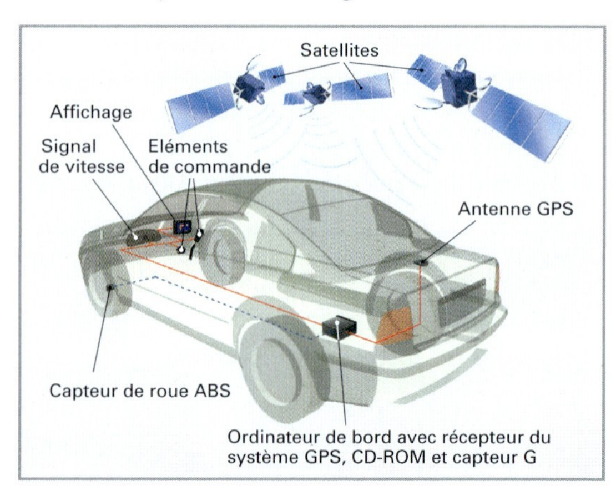

Illustration 2: Composants d'un système de navigation

bord enregistre et analyse les signaux d'entrée, effectue les calculs et livre le résultat verbalement et visuellement sur un écran.

Indication de position du véhicule. Elle est la base du calcul d'itinéraire. A l'aide du Global Positioning System (GPS), on peut déterminer la position exacte du véhicule. Le GPS comprend 24 satellites géostationnaires, placés sur diverses orbites autour de la Terre. Ceux-ci émettent à intervalles réguliers des signaux d'identification, de temps et de position. Pour que l'ordinateur de bord du véhicule détermine sa propre position, il faut qu'il reçoive des signaux d'au moins trois satellites. Les données GPS permettent de déterminer la position avec une précision d'environ 10 mètres. Afin d'accroître la précision, les indications de déplacement du véhicule sont complétées par des signaux provenant des capteurs de roues, ce qui permet de mesurer des distances et d'opérer une distinction entre les trajets en ligne droite et en virage. L'ordinateur de bord corrige, si nécessaire, les résultats de la détection de la position en tenant compte des influences extérieures (p. ex. tunnels, ponts, etc.).

Transmission de la position. Elle indique la position du véhicule aux services de secours, de dépannage en cas d'urgence ou de problème technique. Elle permet également de retrouver plus rapidement un véhicule volé.

Calcul du meilleur itinéraire. Si le conducteur entre une destination dans l'ordinateur de bord à l'aide des touches prévues à cet effet ou verbalement, le système de navigation détermine la position du véhicule. A partir de ces données et sur la base de cartes routières mémorisées, l'ordinateur élabore l'itinéraire optimal jusqu'à la destination souhaitée. Les valeurs du signal de vitesse et des angles de courbure des trajets en virage sont traitées par l'ordinateur de bord. Les données concernant les trajets parcourus provenant des capteurs sont comparées avec les données mémorisées sur CD-Rom, DVD ou le logiciel de mémorisation des cartes routières, et le cas échéant, sont corrigées (map-matching), permettant d'améliorer la détermination de la position instantanée du véhicule sur une route donnée. Dans ce cas, le signal du GPS reste disponible et permet de vérifier la position du véhicule.

Guidage dynamique. Les conditions du moment du trafic (p. ex. bouchons, chantiers, routes barrées) peuvent être prises en compte lors de l'élaboration de l'itinéraire par des systèmes de communication tels que TIM (Traffic Information System), RDS (Radio Data System) ou par internet.

Guidage par recommandation de direction. Le système de navigation guide le véhicule par recommandation de direction sur l'itinéraire élaboré. Généralement, les indications sont données verbalement afin de ne pas distraire le conducteur. Une carte routière **(ill. 1)** ou des flèches d'indication de direction peuvent également être affichées sur l'écran du système de navigation. Tout changement de direction erroné donne immédiatement lieu à un recalcul d'itinéraire alternatif corrigé.

Type de systèmes de navigation. On différencie les systèmes suivants:

- systèmes de navigation avec écran intégré au tableau de bord du véhicule;
- systèmes de navigation intégrés à l'autoradio;
- systèmes de navigation amovibles (PDA).

Système de navigation avec écran intégré au tableau de bord du véhicule (ill. 1a). Il offre la totalité des fonctions décrites ci-dessus. Il est généralement proposé en option lors de l'achat de véhicules neufs.

Illustration 1: Types de systèmes de navigation: a) avec écran intégré, b) avec autoradio, c) avec système PDA

Système de navigation intégré à l'autoradio (ill. 1b, p. 651).
La taille de l'écran ne permet pas d'afficher des cartes. Dans ce système, les indications sont fournies verbalement et par affichage de flèches de direction. Pour le calcul, ce système utilise les signaux de GPS ainsi que ceux du capteur de vitesse et du capteur de rotation de roue.

Système de navigation amovible PDA (ill 1c, p. 651). Ce système utilise un petit ordinateur de poche (Personal Digital Assistent) qui doit être amené dans le véhicule. Son écran sert de champ d'affichage. L'ordinateur reçoit le signal par une antenne GPS. Les cartes routières sont chargées dans l'appareil en le connectant à un ordinateur. Les systèmes PDA sont moins précis car ils n'exploitent que le signal GPS.

Fonctions supplémentaires. Un journal de bord électronique peut également être implanté dans le système de navigation. Des fonctionnalités telles que guidage vocal, infos parlées, écran tactile ou diffusion d'informations sur les limites de vitesse en vigueur sur la route empruntée sont ainsi disponibles.

20.5.3 Téléphones mobiles

Ils permettent de téléphoner depuis le véhicule.

Téléphone embarqué. Il comprend une partie émettrice-réceptrice (jusqu'à 8 W), un combiné ainsi qu'un dispositif de conversation mains-libres avec microphone et haut-parleurs. Les dispositifs mains-libres sont susceptibles de générer des effets Larsen si l'écho de la conversation en retour dans le téléphone n'est pas éliminé. C'est pour cette raison que des solutions destinées à compenser l'effet d'écho ont été développées, qui permettent simultanément de parler et d'écouter sans perturbations désagréables. Ces solutions sont basées sur l'utilisation de processeurs digitaux ainsi que sur des mesures permettant d'étouffer le bruit du véhicule dans le signal du microphone.

Téléphone cellulaire. C'est un appareil portable qui, à la base, n'a pas été développé pour être utilisé dans des véhicules. Les composants principaux d'un téléphone cellulaire sont une partie émettrice-réceptrice de 2 W, une unité digitale de traitement du signal pour le codage du canal et de la conversation ainsi qu'une unité de commande assurant la coordination avec le réseau. Le téléphone comprend en outre un microphone, un haut-parleur, une antenne, un clavier, un affichage, un accu et un lecteur de carte SIM.

Les dispositifs pour le montage dans le véhicule comprennent un support avec alimentation électrique et raccord de microphone et d'antenne **(ill. 1)**.

Etant donné qu'il est interdit de téléphoner en conduisant, la plupart de ces dispositifs comprennent également un système mains-libres ou un headphone. Vu que l'habitacle des véhicules forme une cage de Faraday, un câble blindé doit être raccordé à une antenne située à l'extérieur du véhicule.

Illustration 1: Téléphone cellulaire dans un véhicule

Internet. Il est possible de se connecter sans fil à internet au moyen d'un téléphone mobile (UMTS) ou d'un PDA avec téléphone mobile intégré (GPRS). La technique Bluetooth permet de mettre en réseau ces appareils mobiles avec des systèmes de communications tels que, p. ex., un Personal Digital Assistant (PDA), l'autoradio, le chargeur CD ou le système de navigation de l'auto. Chaque appareil compatible Bluetooth dispose de son propre code d'identification ce qui permet de différencier clairement les divers appareils connectés.

D'autres appareils portables (ordinateur, notebook, PDA) peuvent également être reliés sans fil les uns aux autres sans problème de configuration ce qui ouvre un large éventail d'utilisations, comme p. ex. la superposition d'adresses et de cartes routières dans le système de navigation ou le téléchargement de musique ou de vidéos depuis internet.

Questions de révision

1. **Pourquoi est-il nécessaire d'avoir une protection antipincement sur les lève-vitres électriques?**
2. **Comment s'opère la fermeture des vitres avec un verrouillage centralisé?**
3. **Quelles sont les fonctions de la reconnaissance d'occupation des sièges?**
4. **Comment a lieu l'inversion du sens de rotation des essuie-glace électroniques?**
5. **Quels sont les deux états de fonctionnement de la régulation adaptative de la vitesse?**
6. **Décrivez le fonctionnement de l'aide au parcage.**
7. **Quelles informations sont-elles fournies au conducteur par les indications de fonctionnement et de parcours?**
8. **Décrivez le fonctionnement d'un système de navigation.**

21 Technique des véhicules à deux roues

21.1 Types de motocycles

Les motocycles sont des véhicules à deux roues avec lesquels il est également permis de tracter des remorques. Ils peuvent être accompagnés par des sidecars tout en conservant leurs caractéristiques de motocycles.

Le port d'un casque est obligatoire pour la conduite des motocycles.

En Europe, on différencie:
- les bicyclettes à moteur auxiliaire (mobylettes, cyclomoteurs);
- les vélomoteurs;
- les motocyclettes;
- les scooters;
- les motos, les motos avec side-car.

21.1.1 Bicyclettes à moteur auxiliaire

Il s'agit de véhicules à une place dont la cylindrée ne doit pas dépasser 50 cm^3. La vitesse maximale due à la construction est fixée à 30 km/h. La mobylette **(ill. 1)** peut être entraînée soit par le moteur soit par des manivelles de pédalier.

Les mobylettes, cyclomoteurs et vélomoteurs ...
- ne sont pas autorisés à rouler sur les autoroutes
- ne peuvent rouler que s'ils possèdent une plaque d'assurance pour l'année en cours.

Ces véhicules sont aussi vendus comme mobylette, city-bike, moto fun-bike, naked-bike ou moto tout-terrain Enduro.

Illustration 1: Mobylette (city-bike)

En Suisse, la mobylette doit être immatriculée pour circuler. La taxe prélevée annuellement comprend l'assurance et l'impôt. Un permis de conduire est nécessaire. Elle peut être conduite dès 14 ans. Les scooters avec une cylindrée inférieure à 50 cm^3 peuvent, par réduction de la selle à un seul siège et par une cartographie d'allumage modifiée limitant la vitesse, être convertis en véhicules permettant la conduite dès 16 ans. Ce changement doit être cependant homologué par un expert reconnu et enregistré sur le permis de circulation.

Moteur. On utilise surtout des moteurs monocylindre deux temps. On obtient en général des puissances de 0,5 à 3,7 kW pour un régime allant jusqu'à 4000 1/min. La transmission de la force s'effectue soit par une boîte automatique à 1 ou 2 rapports, soit par une boîte à 2 ou 3 rapports commandés à la main ou au pied. L'**ill. 2** montre un moteur monocylindre pour mobylette avec boîte de vitesses à engrenage intégré.

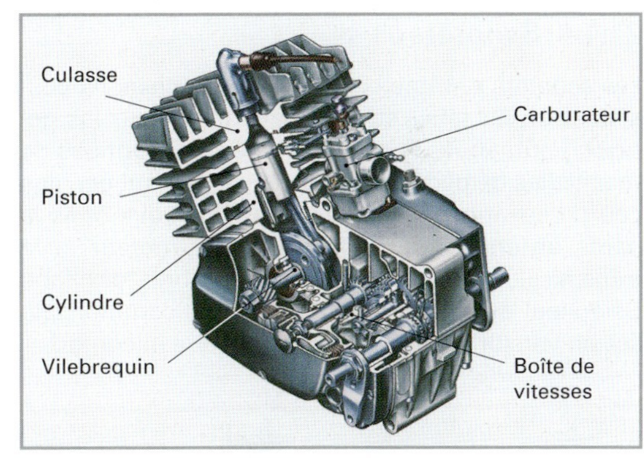

Illustration 2: Moteur pour mobylette avec boîte de vitesses

Cyclomoteur. C'est une bicyclette à moteur auxiliaire dont la cylindrée est limitée à 45 cm^3. En raison de sa construction, la vitesse maximale ne doit pas dépasser 50 km/h. Il est pourvu de manivelles de pédalier comme moyen d'entraînement supplémentaire.

21.1.2 Vélomoteur

Il peut être équipé de repose-pied, et dans sa version scooter, d'un marchepied, d'un kick et d'un démarreur électrique. Il a une cylindrée de 50 cm^3 et sa vitesse maximale est limitée à 50 km/h. Ce véhicule à deux roues doit être immatriculé. Le conducteur doit avoir un permis de conduire de classe M selon la nouvelle classification européenne. Il peut être attribué dès 16 ans révolus.

Moteur. Pour ce véhicule, on utilise surtout un moteur monocylindre deux temps ou quatre temps. On atteint en général des puissances allant jusqu'à 3,2 kW pour un régime allant jusqu'à 7500 1/min. La transmission de la force s'effectue par une chaîne à la roue arrière et au moyen d'une boîte de 2 à 3 vitesses commandée manuellement ou avec le levier à pied. On y monte également des boîtes automatiques à deux vitesses ou à variation continue.

21.1.3 Motocyclette

Ce sont des motocycles ou des scooters dont la cylindrée est supérieure à 50 cm³ mais ne dépassant pas 80 cm³. Leur puissance nominale ne doit pas dépasser 11 kW. Ces véhicules sont soumis à l'autorisation d'exploitation. Ils doivent avoir une plaque d'immatriculation et être présentés régulièrement au contrôle technique. Le conducteur doit avoir un permis de conduire A1, qui peut être délivré dès 16 ans révolus. Si le permis est accordé à des personnes de moins de 18 ans, la vitesse maximale du véhicule est alors limitée à 45 km/h (CH) ou 80 km/h (UE).

21.1.4 Scooters (ill. 1)

Les scooters ont une construction spéciale. Ils possèdent un plancher et un espace libre pour les genoux. Leurs roues sont plus petites, ils n'ont pas de manivelles de pédalier et leur empattement est plus court. Leur moteur est caréné et se trouve dans la partie arrière du véhicule. Le carter moteur et la transmission font souvent office de bras oscillant. Selon leur exécution, les scooters sont commercialisés en version city, fun, sport, classique et confort.

Illustration 1: Scooter (scooter sport, 49 cm³, 3,2 kW)

Moteur. Pour les scooters, on utilise surtout des moteurs monocylindre à deux ou quatre temps. Caractéristiques du moteur:

Cylindrée	Puissance	Régime
49 cm³	jusqu'à 3,9 kW	7500 ¹/min
jusqu'à 125 cm³	jusqu'à 14 kW	8500 ¹/min
jusqu'à 250 cm³	jusqu'à 15,5 kW	7500 ¹/min
jusqu'à 500 cm³	jusqu'à 29,4 kW	7250 ¹/min

On utilise également des moteurs électriques à courant continu avec une puissance allant jusqu'à 4,8 kW, auxquels des batteries de 12 V fournissent de l'énergie. Une vitesse maximale de 50 km/h peut être atteinte ainsi qu'un rayon d'action allant de 40 à 60 km.

Transmission. Sur les scooters actuels, la transmission de force s'effectue en général par l'intermédiaire d'un ensemble moteur-bras oscillant compact, composé de:

- moteur
- embrayage
- variateur
- entraînement roue arr.

Ensemble moteur-bras oscillant (ill. 2). Il s'agit en principe d'un bras oscillant constitué de deux parties (carter du moteur et entraînement) qui sert en même temps de support pour guider la roue arrière.

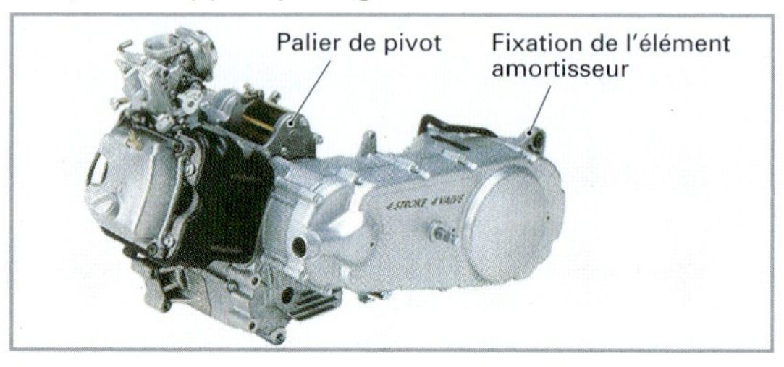

Illustration 2: Ensemble moteur-bras oscillant

Transmission du couple (ill. 3). L'entraînement s'effectue généralement par un moteur monocylindre. Le vilebrequin transmet son couple à une paire de poulies entraînantes, également nommées variateur. En fonction du régime moteur, des rouleaux ou masselottes agissent par effet centrifuge et déplacent axialement une des deux flasques de la poulie motrice faisant varier son diamètre actif. Ainsi s'effectue une transmission à variation continue dépendante du régime moteur. La poulie arrière est entraînée par une courroie trapézoïdale, un ressort de pression fait également varier son diamètre actif. Lors du démarrage, les poulies ont une grande démultiplication. La poulie menante, entraînée par le vilebrequin, possède un diamètre actif minimum alors que la poulie réceptrice entraînant la roue possède un diamètre actif maximum. Proportionnellement à l'augmentation du régime moteur, les flasques de la poulie menante se resserrent et le diamètre actif augmente. Le véhicule accélère et le régime de la roue arrière augmente, occasionnant ainsi l'écartement d'une flasque de la poulie réceptrice. Le rapport de transmission est ainsi augmenté. L'embrayage centrifuge, logé sur l'arbre d'entraînement, sert d'embrayage de démarrage. Il transmet la force d'entraînement par un engrenage (appelé réducteur) à l'arbre de la roue arrière.

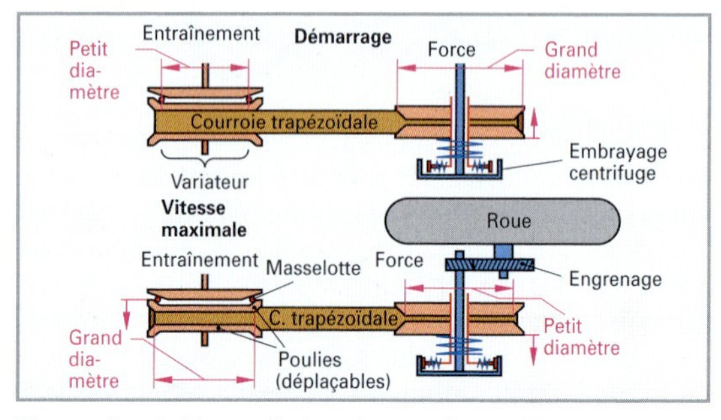

Illustration 3: Transmission du couple au démarrage

Cadre (ill. 1). Il s'agit généralement d'une structure tubulaire pliée avec des éléments de fixation auxquels peuvent être raccordés le bras oscillant avec le mono-amortisseur, la fourche télescopique et les éléments d'assemblage.

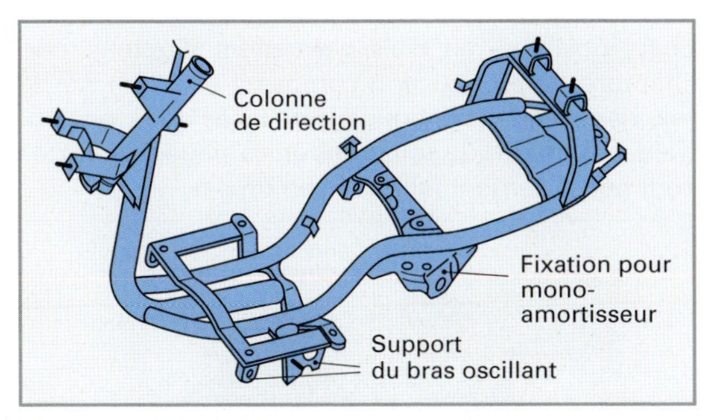

Illustration 1: Cadre tubulaire pour scooter

Suspension. La roue avant est généralement suspendue par une fourche télescopique. La charge principale des scooters est appliquée sur la roue arrière par l'intermédiaire d'un mono-amortisseur avec ressort hélicoïdal extérieur qui est fixé entre le cadre et le bras oscillant.

Freins. En général, les scooters sont freinés à la roue avant par un ou deux freins à disque activés hydrauliquement. Pour les scooters plus petits, la roue arrière peut être décélérée par un frein à tambour, ou, lors d'une puissance plus élevée, par un frein à disque. Sur certains modèles, un système antiblocage des roues (ABS) peut être proposé de série.

21.1.5 Motos

Ce sont des véhicules dont la cylindrée est supérieure à 50 cm³ et la vitesse permise, par la construction, supérieure à 45 km/h. Elles sont soumises à l'autorisation d'exploitation, à l'immatriculation et à l'impôt et doivent donc avoir une plaque d'immatriculation. Le conducteur doit avoir 18 ans et ne peut obtenir dans un premier temps, que le permis de conduire A1. Ce dernier permet de conduire uniquement des motos dont la puissance moteur maximale est de 25 kW. Le rapport puissance/poids ne doit pas dépasser 0,16 kW/kg. Ce n'est qu'après une expérience de deux ans que cette limitation pourra être révoquée sur demande, sans formation ni examen supplémentaire. Le conducteur obtient alors le permis de conduire A ce qui lui permet de conduire tous les motocycles.
On distingue les motos légères, moyennes ou lourdes, mais qui peuvent également être classées selon leur utilisation.
On trouve dans le commerce des motos Enduro ou tout-terrain, des choppers ou cruisers, des motos de tourisme et de sport.

Motos Enduro, motos tout-terrain (ill. 2). Elles ont une grande garde au sol, une suspension à fort débattement, un système d'échappement en hauteur et leurs pneus ont un profil à crampons marqués. Elles sont en général entraînées par des moteurs monocylindre à deux ou à quatre temps avec une cylindrée allant jusqu'à 650 cm³. Les moteurs fournissent des puissances jusqu'à 47 kW pour un régime allant jusqu'à 9000 1/min.

Illustration 2: Moto Enduro tout-terrain

Choppers, cruisers (ill. 3). Elles ont un guidon haut fortement recourbé, une fourche avant très inclinée et fortement avancée. La selle est étagée. Les agrégats et les éléments de construction sont visibles et chromés. La roue arrière est généralement plus large que la roue avant. Les moteurs ont une cylindrée allant jusqu'à 1800 cm³ et offrent une puissance allant jusqu'à 70 kW pour un régime allant jusqu'à 8000 1/min.

Illustration 3: Moto (chopper)

Motos de tourisme (ill. 1, p. 656). Elles ont un guidon relevé et une selle confortable pour les passagers. La moto de route est équipée d'un carénage partiel ou complet qui sert de protection contre le vent et les intempéries. Des sacoches et des supports sont prévus pour les bagages. Les moteurs ont une cylindrée allant jusqu'à 1800 cm³ et développent une puissance allant jusqu'à 112 kW pour un régime pouvant aller jusqu'à 10 000 1/min.

Illustration 1: Moto de tourisme

Motos de sport (ill. 2). Elles ont un guidon bracelet et sont parfois équipées d'un siège monoplace ainsi que d'un carénage aérodynamique complet qui est destiné à protéger le conducteur du vent lors de vitesses élevées et surtout à offrir un faible coefficient de pénétration dans l'air (valeur c_x). Les moteurs ont des cylindrées pouvant aller jusqu'à 1 300 cm³ et développent une puissance jusqu'à 130 kW. Le régime peut aller jusqu'à 15 500 1/min.

Illustration 2: Moto de sport

21.2 Moteurs des motocycles

Pour les petites cylindrées (jusqu'à 650 cm³), on utilise généralement des moteurs à deux ou à quatre temps avec un ou deux cylindres. Pour les cylindrées supérieures, on utilise habituellement des moteurs multicylindres à 2, 3, 4 ou 6 cylindres. L'architecture des moteurs peut être en ligne, à cylindres opposés (Boxer) ou en V. Le carter du moteur de moto, représenté dans l'**ill. 3,** est fabriqué en alliage léger (p. ex. en fonte d'aluminium coulée sous pression). Les parois des cylindres peuvent recevoir un revêtement composite de carbure de nickel-silicium très résistant à l'abrasion et offrant un excellent coefficient de glissement. Le vilebrequin est forgé en acier allié. Il est logé dans le carter par l'intermédiaire de cinq paliers équipés de coussinets trimétaux. Le couple moteur est transmis à l'embrayage par la transmission primaire à denture hélicoïdale.

La distribution des gaz s'effectue par deux arbres à cames en tête, entraînés par une chaîne. Ces arbres à cames sont logés dans la culasse réalisée en alliage léger. Ils activent les soupapes, positionnées en forme de V, par des poussoirs. Afin d'améliorer le remplissage, on utilise quatre soupapes par cylindre. Leurs positions en biais permettent d'obtenir une chambre de combustion compacte et en forme de toit, dans laquelle la bougie est placée de façon centrale. Les guides de soupapes et les sièges rapportés sont généralement fabriqués en bronze.

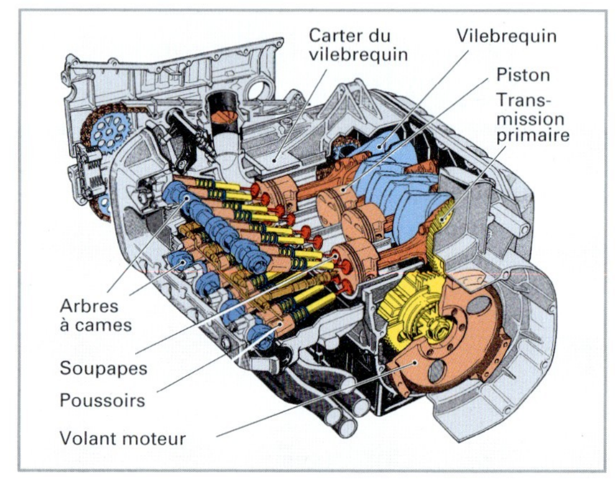

Illustration 3: Moteur en ligne à quatre cylindres 1200 cm³

21.3 Système d'échappement

En particulier sur les moteurs à deux temps, le système d'échappement muni d'un amortisseur acoustique est parfaitement synchronisé avec la conduite d'admission qui est équipée d'un filtre à air. Toute modification peut entraîner des pertes de puissance et de rendement ainsi que l'expiration du permis d'exploitation du véhicule.

Les systèmes d'échappement sont fabriqués en tôle d'acier chromé ou laqué, plus rarement en acier inoxydable ou en titane. Au cas où le système d'échappement se trouverait proche du repose-pied, il est revêtu d'un bouclier de protection thermique. Le système sportif d'échappement à deux étages représenté dans l'**ill. 4** est équipé d'un silencieux dévissable fabriqué en fibres de carbone.

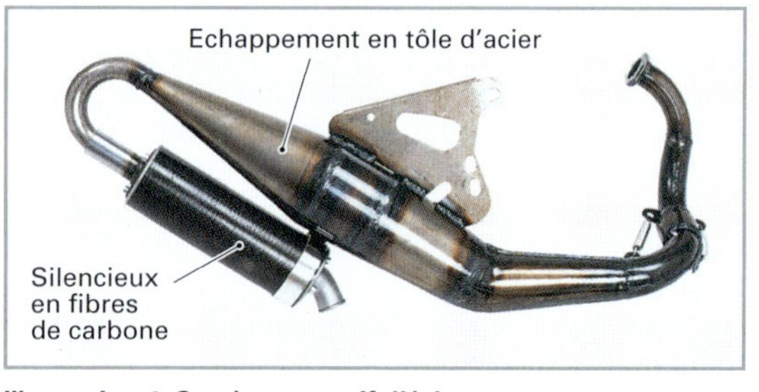

Illustration 4: Système sportif d'échappement pour scooter

Pour réduire l'émission des gaz polluants, on monte des catalyseurs à trois voies dans les systèmes d'échappement. Dans le cas des moteurs avec catalyseur réglé, une sonde lambda chauffée saisit la teneur en oxygène résiduel et informe le calculateur moteur (centrale de commande). En fonction du signal reçu, la centrale de commande règle la composition du mélange afin d'obtenir un mélange stœchiométrique $\lambda = 1$. Ceci garantit un taux de conversion optimal des composants polluants des gaz d'échappement.

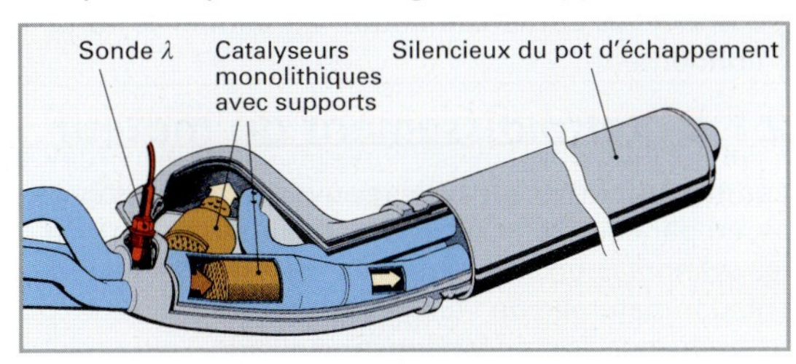

Illustration 1: Système d'échappement avec catalyseur à trois voies

21.4 Formation du mélange

En fonction de la cylindrée des véhicules à deux roues, on utilise les systèmes de formation du mélange suivants:

- **dispositifs à un ou à plusieurs carburateurs**;
- **dispositifs d'injection** (systèmes de gestion du moteur).

Les carburateurs des motocycles sont les suivants:

- **carburateur horizontal** et **carburateur incliné;**
- **carburateur à boisseau ou à papillon** avec
  - actionnement mécanique du boisseau ou du papillon;
  - actionnement pneumatique du boisseau.

Carburateur horizontal à commande mécanique (ill. 2)

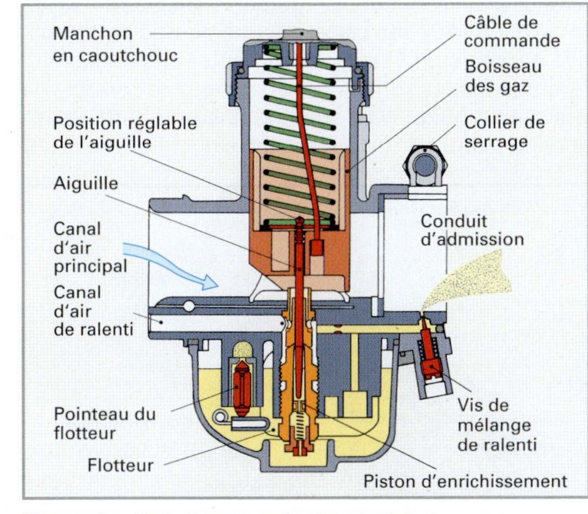

Illustration 2: Carburateur horizontal à boisseau avec commande mécanique

Fonctionnement

Au ralenti, le carburant est aspiré par l'orifice de ralenti et mélangé avec l'air entrant par la conduite d'air de ralenti. Lorsque l'on met des gaz, le câble de commande actionne le boisseau et le carburant est aspiré par le gicleur grâce à la dépression ainsi générée. La quantité du mélange air-carburant admise par le moteur est réglée par la section libérée par le boisseau dans le passage du carburateur. La plage de régime à charge partielle nécessite moins de carburant que dans la plage de pleine charge, c'est pourquoi l'afflux de carburant est réduit par l'aiguille conique reliée au boisseau des gaz.

Accélération. En phase d'accélération, l'aiguille du gicleur est soulevée en même temps que le boisseau des gaz. La montée de l'aiguille permet le déplacement du piston d'enrichissement qui est poussé vers le haut par le ressort. Le carburant qui se trouve au-dessus du piston passe autour de l'aiguille, ce qui provoque un enrichissement temporaire du mélange.

Démarrage à froid. L'enrichissement du mélange peut être réalisé de deux manières:

- par un système appelé choke. Il s'agit d'un volet placé en amont du carburateur. Lorsque ce dernier est fermé, une augmentation très significative de la dépression est créée. Ainsi une plus grande quantité d'essence est aspirée par le moteur;
- par un système appelé starter. Dans ce cas, il s'agit d'un petit carburateur annexe intégré au carburateur principal qui amène non seulement un surplus d'essence mais aussi de l'air, ceci afin de monter temporairement le régime de ralenti.

CONSEILS D'ATELIER

Le véhicule ne démarre pas.

Lorsque, après un arrêt prolongé, le moteur ne démarre pas, cela peut être dû à un mélange devenu ininflammable suite à l'évaporation des composants volatils du carburant.

Les travaux suivants doivent être entrepris:

- démontage du carburateur;
- contrôle visuel du gicleur, du siège du gicleur et de la chambre du flotteur (présence de dépôts);
- contrôle visuel d'une éventuelle usure mécanique des parties mobiles;
- nettoyage du gicleur principal et de ralenti;
- contrôle et éventuel remplacement du flotteur;
- remontage du carburateur avec des joints neufs;
- réglage de base du carburateur;
- démarrage du moteur et réglage du ralenti avec système d'éclairage enclenché (800 à 1200 1/min) au moyen de la vis de ralenti ou du réglage du câble des gaz.
- réglage de la teneur en CO au moyen de la vis de réglage du mélange (1,5 à 4% de CO selon le constructeur) et correction du régime de ralenti.

Système d'injection d'essence Motronic (ill. 1)

Ces motocycles disposent d'une centrale électronique numérique pour la commande de l'allumage et du système d'injection. Cette centrale de commande reçoit les **signaux d'entrée** suivants:

- charge moteur;
- régime du moteur;
- température de l'air et du liquide de refroidissement;
- signal λ.

La centrale de commande calcule le débit d'injection et règle le mélange dans la plage λ 1 en faisant varier le temps d'injection. Les **actionneurs** suivants sont commandés:

- pompe à carburant
- injecteurs
- dispositif automatique de démarrage à froid
- système d'allumage
- ventilateur électrique

Pompe à carburant. Elle fournit une pression constante de 3,5 bar au système d'alimentation en carburant.

Injecteurs. Ce sont de petites électrovannes pilotées généralement par la masse.

Dispositif automatique de démarrage à froid. Il est réglé électroniquement en actionnant la commande du papillon des gaz par un servomoteur; de plus, il règle un régime de ralenti stable lors de tous les états de fonctionnement.

Système d'allumage. La centrale de commande interrompt le courant primaire, ce qui déclenche l'étincelle.

Fonctionnement de secours. Si un signal d'entrée n'est pas correct, la centrale de commande le constate, le mémorise dans la mémoire des défauts et fournit une valeur de secours équivalente. S'il n'y a plus de signal du régime du moteur celui-ci ne peut être remplacé et le moteur ne fonctionnera plus.

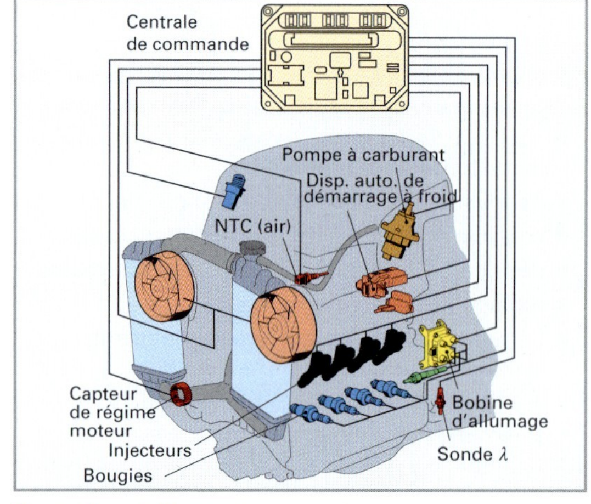

Illustration 1: Electronique numérique d'un moteur de moto

Conseils d'atelier

Autodiagnostic. Les erreurs survenant dans la régulation lambda, sur des capteurs ou des actionneurs, sont enregistrées dans la mémoire des défauts de la centrale de commande. Il est possible de les lire en raccordant un appareil spécifique à la prise de diagnostic. Après réparation, la mémoire des défauts doit être effacée.

Diagnostic de fonctionnement. Il permet de commander les composants et d'en vérifier le fonctionnement.

21.5 Refroidissement du moteur

Les moteurs des motocycles peuvent être refroidis par air ou par eau. Dans le cas du refroidissement par air, les cylindres non carénés sont ainsi refroidis par la circulation naturelle de l'air. Pour favoriser l'évacuation de la chaleur, ils sont fabriqués en alliage d'aluminium et disposent de grandes ailettes de refroidissement. On utilise pour les moteurs carénés des motos et des scooters un refroidissement par circulation d'air forcée. Des moteurs à refroidissement par liquide sont construits aussi pour de petites cylindrées. Ceux-ci sont considérablement plus silencieux et moins sensibles à la charge thermique. Pour des motos plus puissantes, des systèmes de refroidissement par liquide équipés de radiateur, de ventilateurs électriques supplémentaires, de régulation par thermostat et de réservoirs de compensation sont utilisés.

21.6 Lubrification du moteur

Lubrification par mélange. Elle n'est généralement utilisée que pour les petits moteurs à deux temps. Le carburant est mélangé avec de l'huile deux temps dans une proportion allant de 1 : 20 à 1 : 100.

Lubrification par circulation forcée (ill. 2). Elle est utilisée dans les grands moteurs à quatre temps et est similaire au système des moteurs de voitures. L'huile est aspirée de son carter par une pompe puis poussée à travers un filtre pour alimenter ensuite les différents organes concernés. Un témoin de contrôle de pression d'huile placé sur le tableau de bord avertit le conducteur en cas de problème.

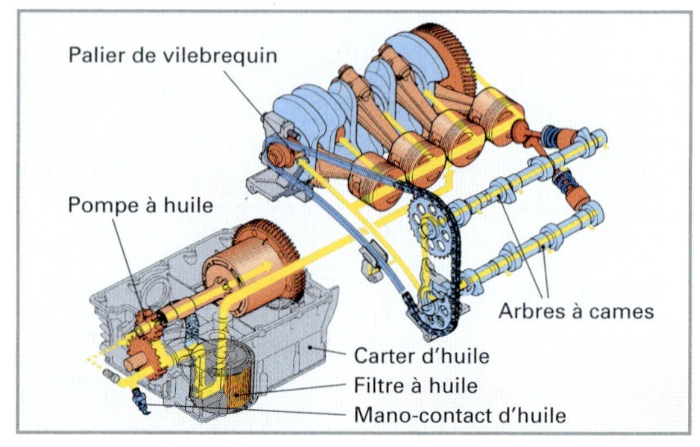

Illustration 2: Lubrification par circulation forcée

21.7 Embrayage

Il sert à la transmission du couple et au démarrage progressif. Les mobylettes et les cyclomoteurs ont en général un embrayage automatique (boîte automatique à une seule vitesse) **(ill. 1)**. Lorsque le régime du moteur augmente, les masselottes se déplacent vers l'extérieur et la cloche d'embrayage est entraînée par l'adhérence des garnitures d'embrayage liées à l'arbre moteur.

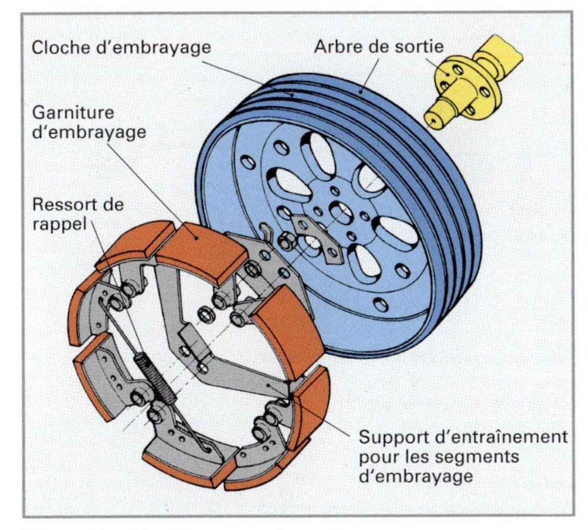

Illustration 1: Embrayage centrifuge

Embrayage multidisques (ill. 2). Ce type d'embrayage est le plus utilisé pour les motocycles. Il se compose de plusieurs disques d'embrayage garnis d'une denture extérieure et de disques en acier avec denture intérieure qui sont positionnés les uns derrière les autres de façon alternée. En position embrayée, les disques unissent la cloche d'embrayage avec la noie d'embrayage. Les disques de frottement tournent dans un carter à bain d'huile ou, plus rarement, à sec.

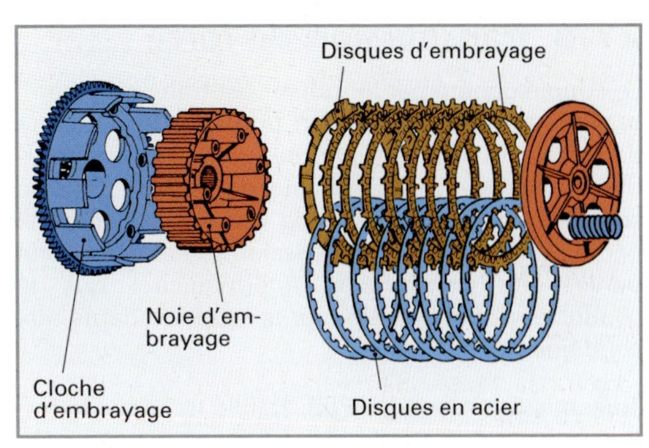

Illustration 2: Embrayage multidisques

Embrayage monodisque à commande hydraulique (ill. 3). Ce système est identique à celui utilisé dans l'automobile. Sa commande peut s'effectuer par un système hydraulique autoréglable. Un levier à main actionne le piston du cylindre émetteur, la pression produite déplace alors le piston du cylindre récepteur qui presse la tige du poussoir contre le ressort à diaphragme. Le plateau de pression est déchargé et l'embrayage est découplé.

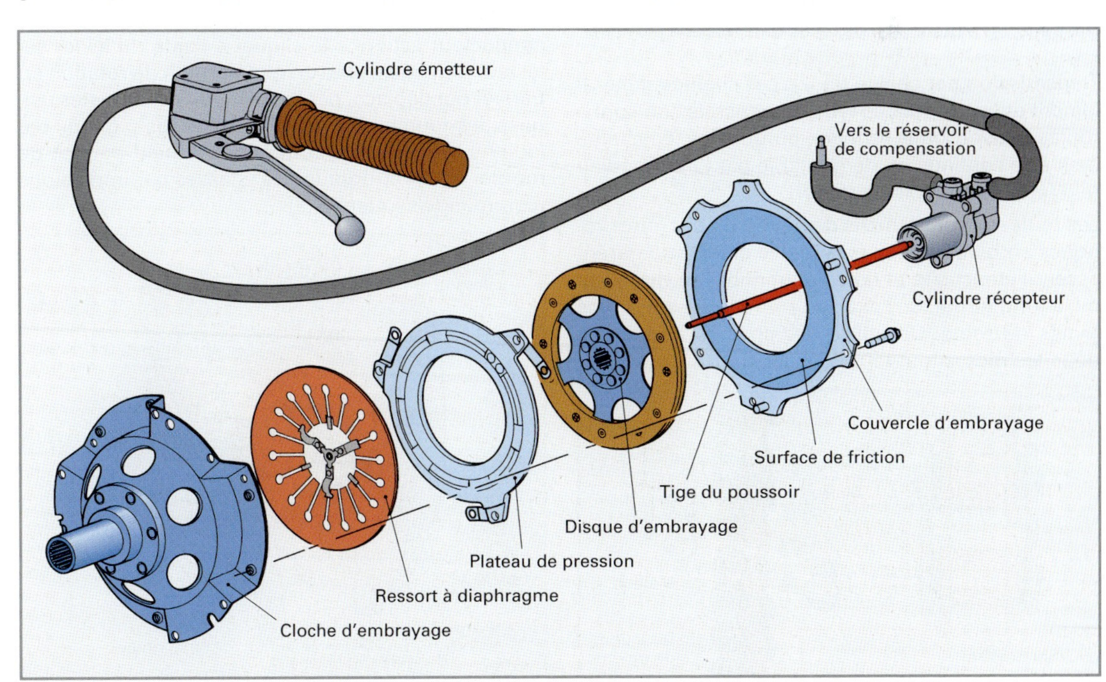

Illustration 3: Embrayage monodisque à commande hydraulique

21.8 Transmission de force

Le couple généré par le moteur est transmit à l'embrayage par la **transmission primaire (ill. 1)**. Cette dernière est constituée par un ou plusieurs couples d'engrenages, par une chaîne ou encore par une courroie crantée. La boîte de vitesses constitue la partie variable de la transmission. C'est dans cette partie, dite transmission intermédiaire, que le conducteur peut sélectionner le rapport adapté aux conditions de circulation.

Transmission secondaire (ill. 1). Elle transmet la force motrice de la boîte de vitesses à la roue arrière. On utilise des transmissions à chaîne, à cardan **(ill. 3)** ou à courroie crantée.

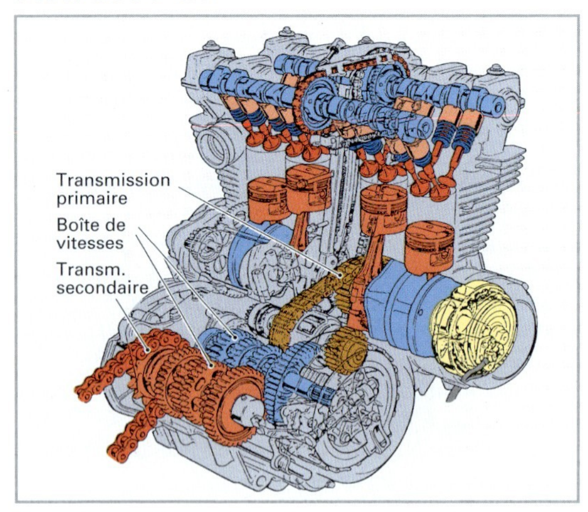

Illustration 1: Moteur de moto avec transmission primaire

Transmission par chaîne (ill. 2). Les chaînes généralement utilisées pour ce type de transmission sont à rouleaux avec joints toriques ou douilles. La chaîne peut être continue ou démontable par l'intermédiaire d'un maillon rapide à ressort.

Les rouleaux sont remplis de lubrifiant. Les joints toriques entre le rouleau et la maille extérieure garantissent l'étanchéité et donc la lubrification du système à long terme. Ces chaînes sont utilisées pour les motos de route. On utilise des chaînes à rouleaux pour les motos tout-terrain ou les motos de cross.

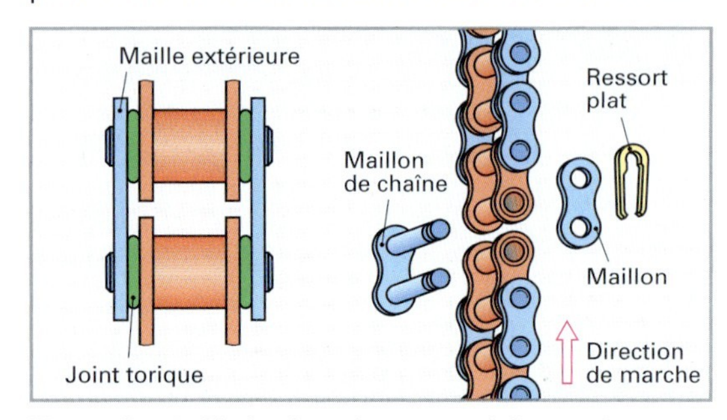

Illustration 2: Chaîne à rouleaux avec joints toriques

Transmission à cardan. Ce type de transmission est utilisé surtout pour les motos routières. La force de transmission passe par la boîte de vitesses puis par un arbre à cardan vers le pignon entraînant la couronne du couple conique. Le rapport de transmission sur la roue arrière est d'environ $i \approx 3{,}0$. Malgré son prix de construction élevé, ce système présente les avantages suivants:

- peu d'entretien (vidange)
- fiabilité élevée
- fonctionnement silencieux
- résistance à la saleté

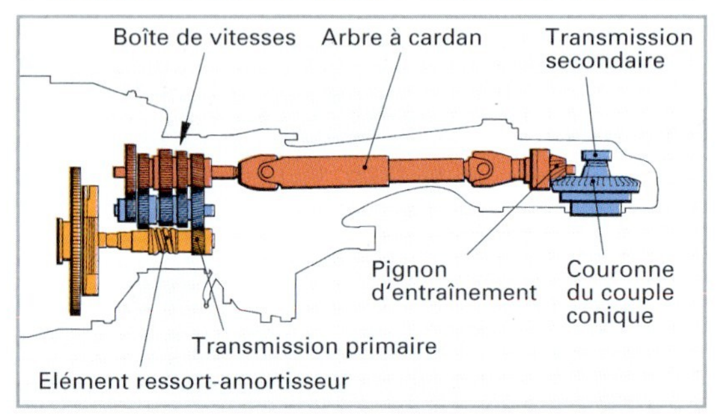

Illustration 3: Transmission avec arbre à cardan

Boîte de vitesses (ill. 4). Les motos ont en général des engrenages à denture droite et crabots. Le changement de vitesse s'effectue au moyen d'un levier de commande actionné par le pied. La transmission primaire, équipée d'un amortisseur de torsion (élément ressort-amortisseur) **(ill. 3)**, entraîne l'arbre d'entrée de boîte. Sur les arbres primaires et secondaires se trouvent les gorges d'indexation, solidaires des pignons baladeurs et actionnées par les fourchettes de sélection. Lors du changement des vitesses, le conducteur actionne le cliquet à l'aide du levier sélecteur. Ce cliquet crée un mouvement de rotation du barillet qui déplace, par l'intermédiaire de pistes usinées, les fourchettes de sélection et les pignons baladeurs. Le levier de commande à pied permet de monter et de rétrograder les vitesses par impulsions (commande séquentielle).

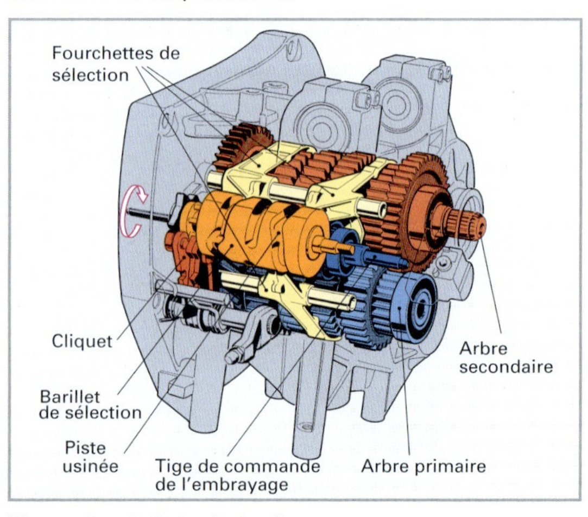

Illustration 4: Boîte à six vitesses pour moto

Boîte à 5 vitesses à crabots

La boîte à 5 vitesses représentée **(ill. 1)** se compose essentiellement:

- d'un arbre primaire;
- d'un arbre secondaire;
- d'un arbre intermédiaire;
- de pignons fixes, baladeurs et fous.

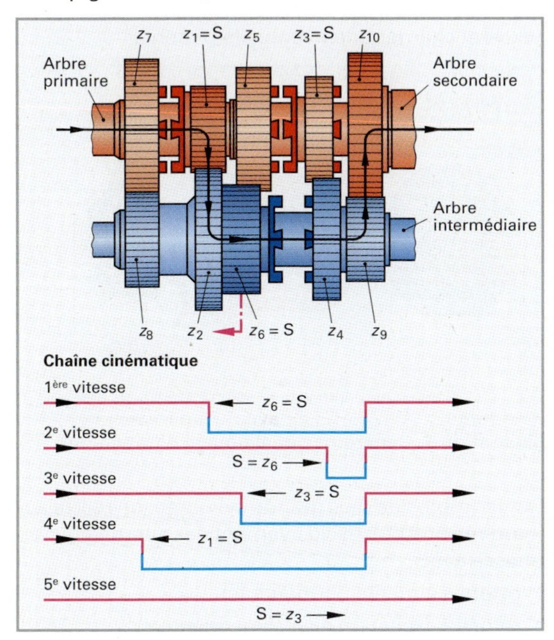

Illustration 1: Boîte à 5 vitesses à crabots (1ère engagée)

Fonctionnement. La conversion du couple et du régime est réalisée par l'action conjointe de pignons dont l'un est le pignon à engager, situé sur l'arbre primaire, et l'autre sur l'arbre intermédiaire.

Etant donné que toutes les roues dentées sont engagées en permanence, chaque paire de pignons à engager doit disposer d'un pignon tournant librement sur son arbre (pignon fou).

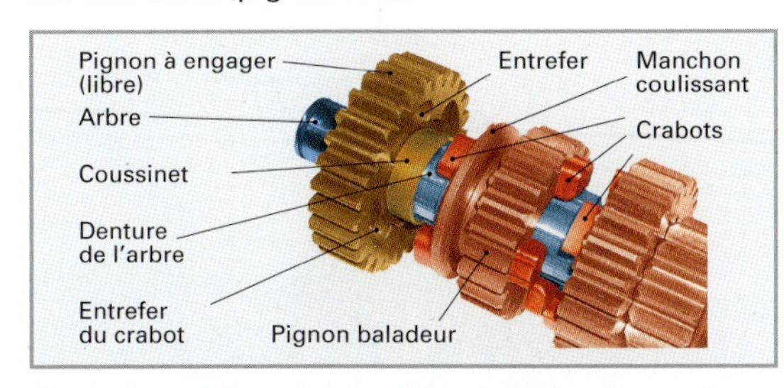

Illustration 2: Arbre, pignons fixes et pignons fous, crabots

La transmission du couple (p. ex. de l'arbre primaire à l'arbre intermédiaire) ne peut avoir lieu que lorsque le baladeur S (p. ex. Z_6) est relié à son arbre. Le baladeur S est alors déplacé vers la droite ou vers la gauche et s'engrène, par ses crabots en forme d'étoile, dans l'entrefer du pignon fou.

Chaîne cinématique (p. ex. 1ère vitesse):
Arbre primaire → pignon fixe z_1 → pignon fou z_2 → pignon baladeur z_6 = S → arbre intermédiaire → pignon fixe z_9 → pignon fixe z_{10} → arbre secondaire.

Les pignons fixes sont: z_8, z_9, z_{10}.
Les pignons fous sont: z_2, z_4, z_5, Z_7.
Les baladeurs sont: z_1, z_3, z_6.

Les pignons à engager z_9 et z_{10} assurent une transmission constante ($I_1 = z_{10}/z_9$) qui est toujours engagée, sauf en 5ème vitesse.

Boîte de vitesses automatique

Elle est surtout utilisée sur les petits vélomoteurs. La boîte automatique à 2 vitesses représentée dans l'**ill. 3** est composée principalement:

- d'un train planétaire composé d'un pignon planétaire, d'une couronne, de satellites ainsi que du porte-satellites;
- d'un embrayage centrifuge avec masselottes;
- d'une roue libre et d'une poulie d'entraînement.

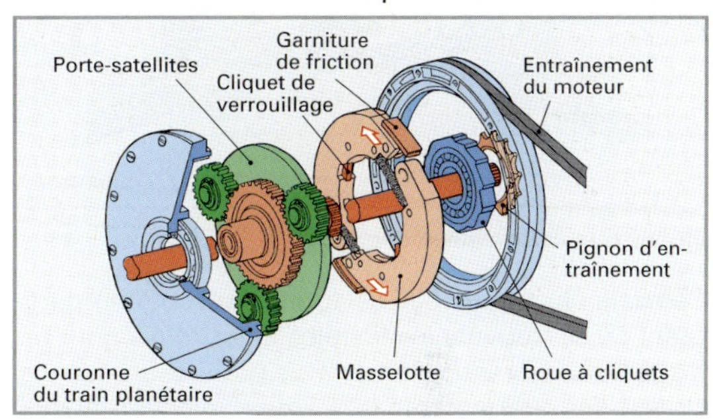

Illustration 3: Boîte automatique à 2 vitesses

Train planétaire. Il réalise la transmission du régime et du couple. Deux vitesses sont automatiquement engagées.

Couronne du train planétaire. Elle est reliée de manière fixe avec la poulie entraînée par le moteur.

Pignon planétaire. Il est relié à l'arbre de pédalier par la roue libre. Celle-ci empêche le pignon planétaire de tourner.

Porte-satellites. Il est relié au pignon d'entraînement.

Fonctionnement. Au démarrage, la couronne est entraînée et le pignon planétaire est bloqué par la roue libre. La couronne met les satellites en rotation autour du planétaire, entraînant ainsi le porte-satellites relié au pignon d'entraînement. Une transmission avec démultiplication du régime (1ère vitesse) est ainsi réalisée. Lorsque la vitesse de déplacement, et donc le régime de l'arbre augmente, les masselottes avec les garnitures fixées au porte-satellites sont poussées vers l'extérieur sous l'effet de la force centrifuge et relient le porte-satellites avec la couronne.
De ce fait, une transmission directe 1:1 est ainsi réalisée et la 2ème vitesse est engagée.

21.9 Système électrique

Les principaux composants du système électrique d'une moto sont:

- cockpit
- système de démarrage
- système d'allumage
- centrale électrique
- générateur de tension
- système d'éclairage

Cockpit (ill. 1). Il informe le conducteur sur toutes les fonctions importantes du véhicule, comme p. ex. la vitesse, le régime du moteur, la pression d'huile, le niveau du réservoir, l'état du système de charge, le système antiblocage ABS, les feux clignotants, l'équipement d'éclairage.

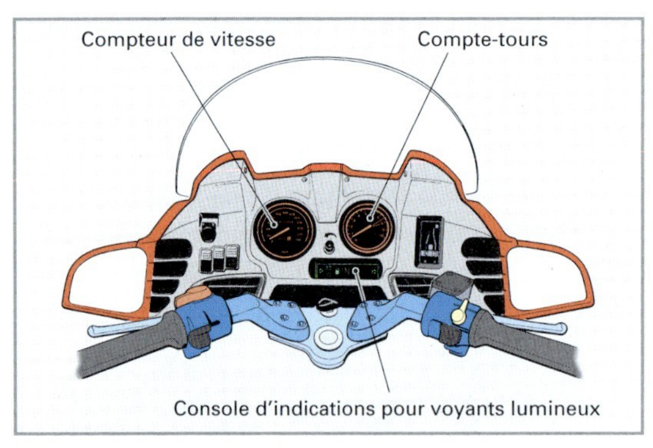

Illustration 1: Cockpit d'une moto

Centrale électrique. Elle est logée dans un compartiment où se trouvent les fusibles et les relais pour les dispositifs suivants: démarreur, pompe à essence, klaxon, feux clignotants, système d'injection et système antiblocage ABS.

Système de démarrage (ill. 2). A part le kick mécanique, encore monté quelquefois aujourd'hui, on utilise principalement des systèmes électriques de démarrage. Ils sont constitués d'un moteur électrique équipé d'un démultiplicateur et d'un pignon avec un dispositif de roue libre. Pour les motos de plus grandes cylindrées, on peut utiliser également des démarreurs à réducteurs intégrés, semblables à ceux des voitures.

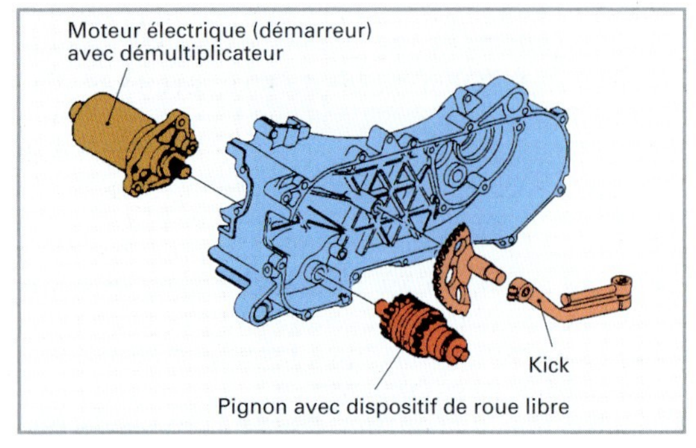

Illustration 2: Démarreur d'un scooter

Générateur de tension (ill. 3). Pour les moteurs de faible puissance, on utilise surtout des génératrices combinées avec l'allumage magnétique. Le volant magnétique à aimants permanents est vissé sur le vilebrequin et tourne avec lui. Les bobines, vissées sur le carter du moteur, génèrent des tensions alternatives qui sont ensuite redressées. Ces tensions alimentent les systèmes d'allumage et d'éclairage et peuvent charger une éventuelle batterie.

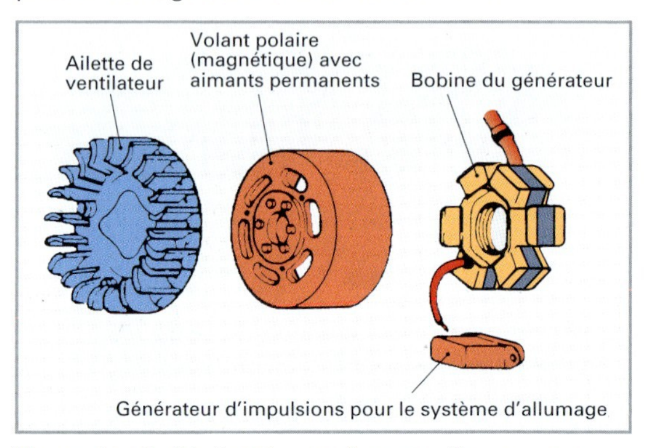

Illustration 3: Génératrice et allumage d'un scooter

Sur les motos de plus grande cylindrée, on utilise aujourd'hui presque exclusivement des alternateurs triphasés avec:

- rotors à aimants permanents;
- rotors à excitation électromagnétique (électroaimants).

Alternateur triphasé avec aimants permanents (ill. 4). Ici, le rotor magnétique permanent est entraîné directement par le vilebrequin. Le stator fixe génère un courant alternatif triphasé dans les enroulements. Ce courant est redressé dans un boîtier électronique (appelé régulateur/redresseur) et la tension de charge limitée à environ 14 V. Avec ce système, des puissances de charge pouvant aller jusqu'à environ 300 W sont ainsi obtenues.

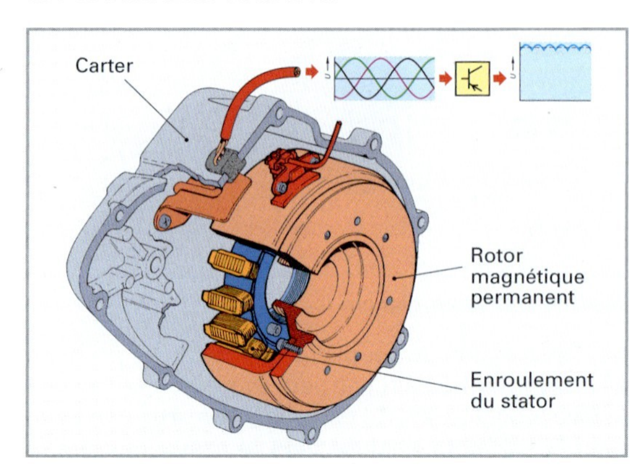

Illustration 4: Alternateur triphasé avec aimants permanents

Régulation (ill. 1). En-dessous du seuil de régulation, la tension générée puis redressée charge la batterie et alimente les consommateurs. Lorsque le seuil de coupure de tension est atteint, le régulateur électronique pilote les thyristors. Ainsi les enroulements du stator sont court-circuités et ne produisent plus de tension.

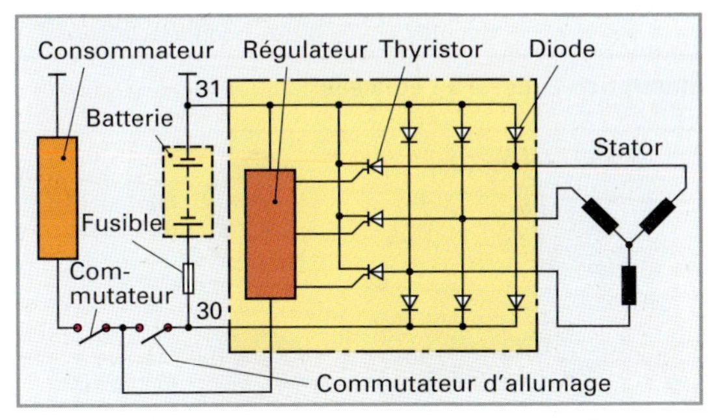

Illustration 1: Schéma d'un générateur triphasé avec aimants permanents

Alternateur triphasé avec rotor à électroaimant (ill. 2). Le rotor à griffes est un électroaimant qui induit un courant dans les enroulements du stator triphasé. Comme pour les alternateurs des voitures, le courant est redressé par un pont de diodes. Le courant d'excitation est réglé par un régulateur intégré. Une tension de charge de 14 V ainsi que des puissances allant jusqu'à 850 W sont fournies.

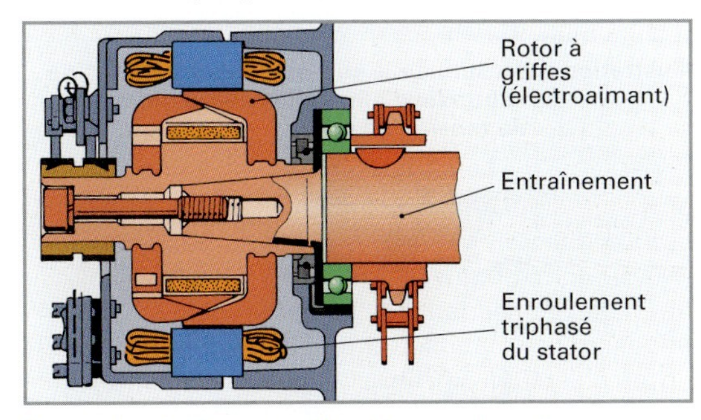

Illustration 2: Rotor à griffes (électroaimant)

Système d'allumage. Pour les motocycles, on utilise aujourd'hui des allumages commandés électroniquement. Ils sont classés en deux groupes:

- système d'allumage haute tension à décharge de condensateur, avec ou sans batterie;
- système d'allumage transistorisé.

Ces systèmes présentent les **avantages** suivants:

- aucune usure mécanique;
- aucun besoin d'entretien;
- haute tension secondaire lors des hautes fréquences de rotation;
- faible sensibilité à l'encrassement des bougies.

Systèmes d'allumage haute tension à décharge de condensateur (ill. 3). Ils sont également nommés Capacitive Discharge Ignition **(CDI)**.

Fonctionnement. Ce système possède une bobine de charge du condensateur et un capteur d'impulsion d'allumage. Lorsque la roue polaire avec l'aimant permanent tourne, une tension de 100 à 400 V est induite dans la bobine de charge du condensateur. Cette tension est redressée par une diode pour charger le condensateur. Au point d'allumage, le générateur d'impulsion commande la gâchette du thyristor qui devient conducteur. Le condensateur, couplé en série avec l'enroulement primaire, est déchargé brusquement, ce qui induit, dans l'enroulement secondaire, une haute tension d'allumage. La correction du point d'allumage est effectuée, en fonction du régime, par le calculateur électronique CDI.

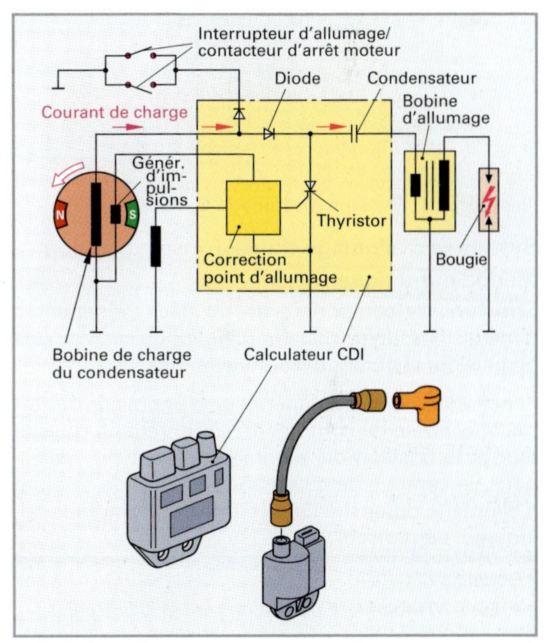

Illustration 3: Système d'allumage haute tension à décharge de condensateur (CDI)

Système d'allumage CDI par batterie à décharge de condensateur. Dans ce système, une batterie est utilisée pour la charge du condensateur. Dans la centrale de commande, la tension de la batterie est transformée en 220 V pour charger le condensateur. Ce système présente l'avantage de générer une haute tension d'allumage même lors de faibles régimes du moteur.

Systèmes d'allumage transistorisés. Ils équipent principalement les moteurs de grandes cylindrées. On distingue deux systèmes:

- système d'allumage transistorisé avec générateur d'impulsion;
- système d'allumage transistorisé avec commande numérique.

Systèmes d'allumage transistorisés avec générateur d'impulsions (ill. 1)

Fonctionnement. La base du transistor est commandée par le générateur d'impulsions, le courant primaire peut alors circuler. Lorsque le courant de base du transistor est interrompu, le circuit primaire est brusquement interrompu, ce qui engendre une haute tension dans la bobine d'allumage. Un dispositif de correction d'avance à l'allumage, intégré dans la centrale de commande, détermine le point précis d'allumage. Afin d'optimiser le rendement du moteur à tous les régimes, la durée d'enclenchement du circuit primaire est régulée par la centrale de commande.

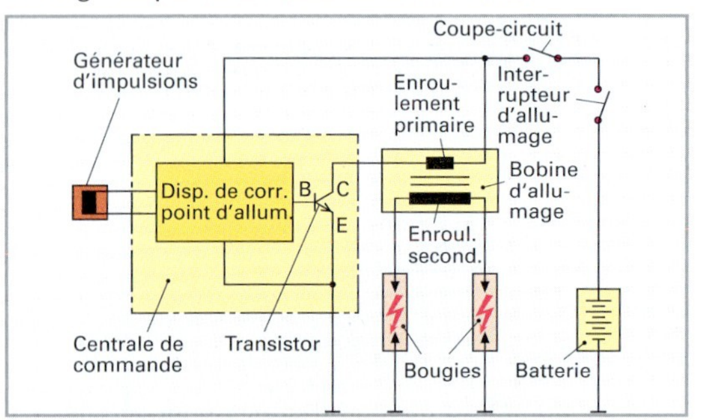

Illustration 1: Système d'allumage transistorisé

Systèmes d'allumage transistorisés avec commande numérique.

Structure. Ils comportent un ou deux générateurs d'impulsions, un calculateur d'allumage ainsi qu'une ou plusieurs bobines d'allumage et des bougies.

Fonctionnement. Un générateur d'impulsions informe la centrale de commande sur le régime du moteur et la position du vilebrequin. Avec ces indications, la centrale de commande détermine le point d'allumage optimal à l'aide d'une cartographie d'allumage mémorisée.

Conseils d'atelier

- **Essai à l'étincelle.** Il permet de vérifier si une étincelle d'allumage éclate à la bougie. Pour cela, la bougie doit être démontée, reliée à son capuchon et mise en contact avec la masse **(ill. 2)**.
- **Test du point d'allumage et de correction du point d'allumage (ill. 3).** A l'aide d'une lampe stroboscopique, on fait coincider le marquage lors du régime de ralenti et au régimé fixé par le fabricant. Lorsque les marques coincident avec les valeurs de consigne, la correction du point d'allumage fonctionne correctement.
- **Mesure de la tension primaire et secondaire** à la bobine d'allumage avec un instrument de mesure prévu pour la haute tension (voltmètre de crête) **(ill. 4)**.
- **Mesure de tension** à la bobine de charge et du générateur d'impulsions **(ill. 5)**.
- **Mesure de résistance valeurs de consigne/valeur réelle** des enroulements primaire et secondaire de la bobine d'allumage **(ill. 6)**.

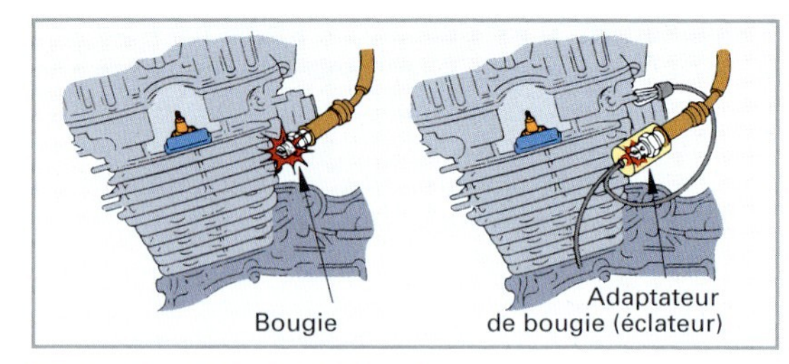

Illustration 2: Essai à l'étincelle

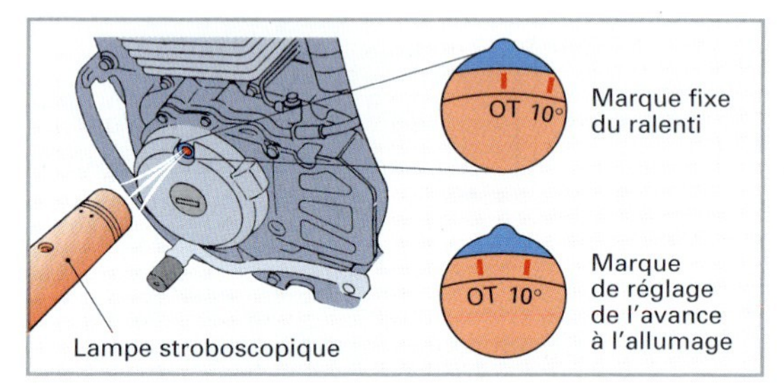

Illustration 3: Vérification du point d'allumage

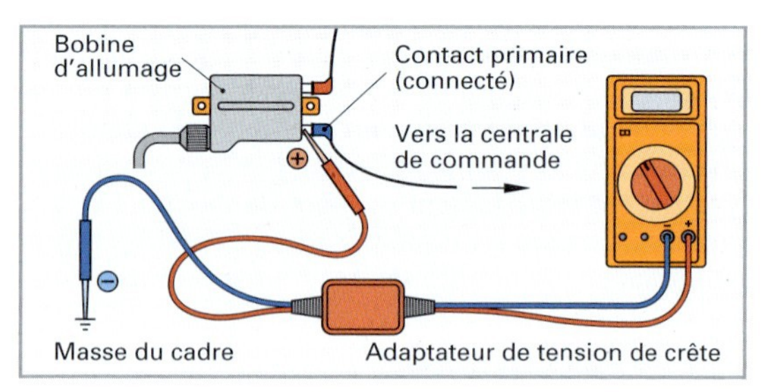

Illustration 4: Mesure de la commande du primaire de la bobine d'allumage avec un adaptateur de tension de crête

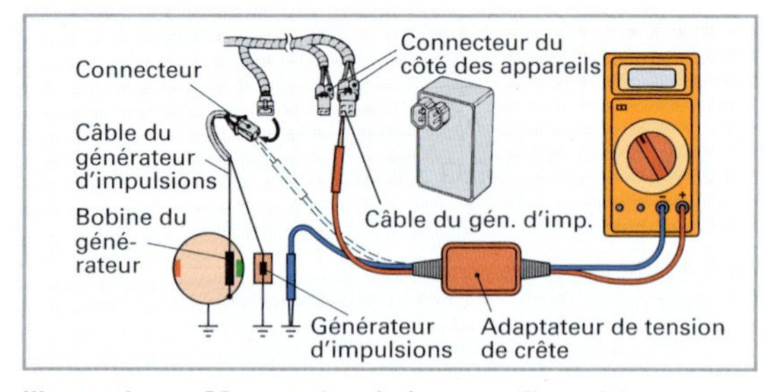

Illustration 5: Mesure du générateur d'impulsions et bobine du générateur

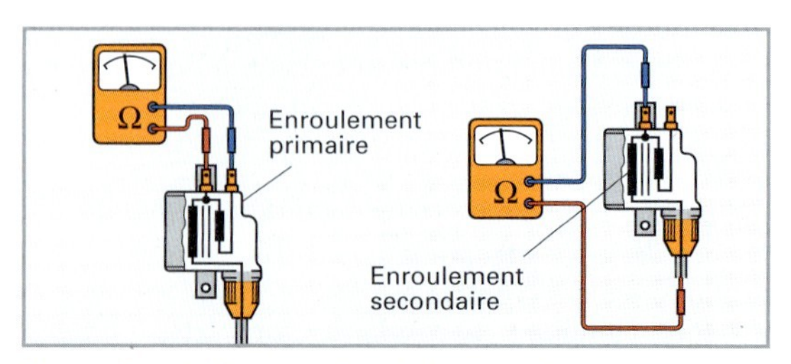

Illustration 6: Mesures des résistances des enroulements primaire et secondaire de la bobine

21.10 Dynamique des motos

Stabilisation par précession gyroscopique

Lorsqu'ils roulent, les véhicules monovoie évoluent dans un équilibre instable. Lors de l'augmentation de la vitesse, des forces gyroscopiques s'exercent sur les roues et stabilisent le véhicule dans le sens de la marche.

Essai (ill. 1). Lorsque l'on incline une roue qui tourne (p. ex. vers la gauche), l'effet des forces gyroscopiques redresse la roue vers la droite sur son axe vertical jusqu'à lui faire retrouver son équilibre. Lorsque la roue est basculée sur la droite sur son axe vertical, la précession gyroscopique la fait revenir vers la gauche. Cet effet est mis à profit par le conducteur de la moto afin de stabiliser son véhicule par un léger coup de guidon à la sortie d'un virage. Le transfert de poids activé par le conducteur permet en outre d'agir sur les forces centrifuges, d'attraction et gyroscopiques et de conserver ainsi l'équilibre du véhicule.

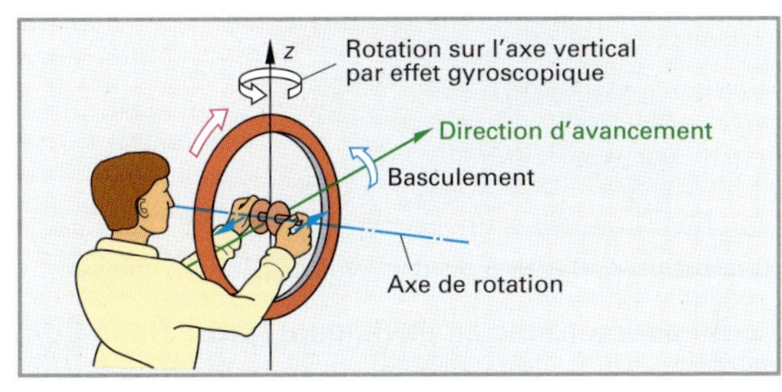

Illustration 1: Précession gyroscopique

Effet de la chasse (ill. 2). La chasse est la distance qui sépare le point de contact au sol théorique de l'axe de pivotement de la direction et le point de contact de la roue avec la chaussée. La force de poussée du véhicule agissant sur l'axe de pivotement s'oppose à la force de friction de la roue sur le sol. Lors d'un braquage, un couple M_R est créé. Ce couple est proportionnel à la chasse et à l'angle de braquage. Il a tendance à ramener la roue en position rectiligne et à stabiliser le véhicule. On obtient ainsi un faible flottement des roues, une bonne réponse de la direction et une bonne trajectoire en ligne droite.

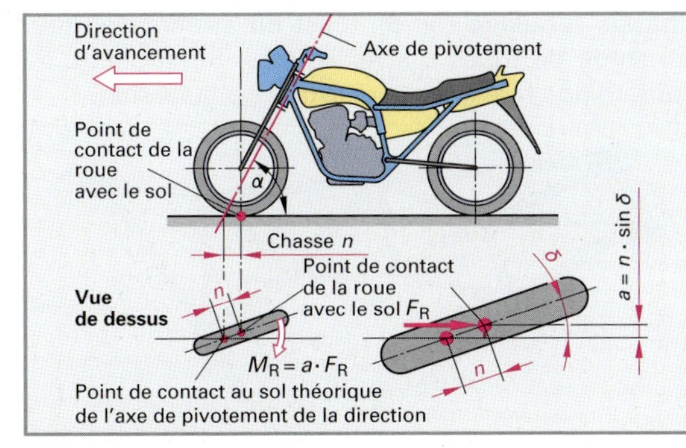

Illustration 2: Chasse d'une moto

Conduite en virage. A grande vitesse, l'inscription de la moto dans un virage débute par un léger braquage dans le sens opposé au virage. Ainsi, p. ex. un virage à gauche débute par un léger braquage à droite qui, à cause de la précession gyroscopique, fait incliner le véhicule à gauche. Idéalement, la stabilisation du véhicule est alors assurée par l'équilibre des moments ci-dessous **(ill 3)**.

$$G \times l_1 = F_z \times h_S$$

Le moment formé par le poids et la distance horizontale séparant le centre de gravité du point de contact au sol (G) est égal au moment formé par la force centrifuge (F_z) et la distance verticale séparant le centre de gravité du point de contact au sol.

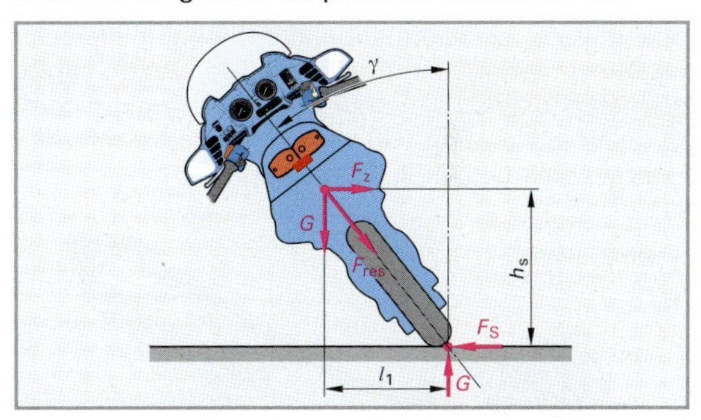

Illustration 3: Equilibrage des moments lors de la conduite en virage

En réalité, la largeur du pneu modifie la position du point de contact au sol. Celui-ci ne se trouve pas sur le plan de roue (**ill. 3**) mais décalé du côté où la moto est inclinée. Le moment formé par le poids G et la distance horizontale ($G \times l_2$) (**ill. 4**) est plus petit car l_2 est plus petit que l_1. Afin de rétablir l'équilibre, il est nécessaire d'augmenter l'inclinaison de la moto.

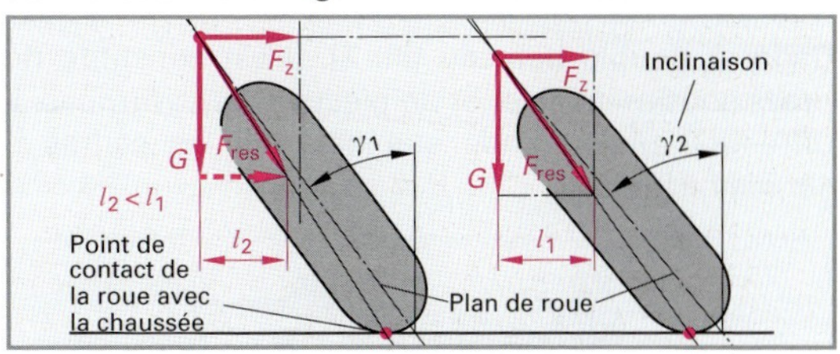

Illustration 4: Conduite en virage réelle

Questions de révision

1. **Quels sont les différents types de motocycles?**
2. **Comment est construit un embrayage multi-disques?**
3. **Comment fonctionne la lubrification à huile par mélange?**
4. **Expliquez la structure et le principe de fonctionnement d'un système d'allumage à décharge de condensateur.**
5. **Qu'entend-on par transmissions primaire et secondaire?**
6. **Quels sont les avantages des chaînes à joints toriques?**

21.11 Cadres de motos

C'est l'élément porteur de la moto. Il doit assurer une liaison rigide entre la roue avant et la roue arrière.

Le cadre doit répondre aux exigences suivantes:
- légèreté
- solidité
- résistance à la flexion
- résistance à la torsion
- insensibilité aux vibrations du moteur
- design attrayant

On distingue les cadres tubulaires en acier ou en métal léger moulé et les cadres en métal léger profilé.

Types de construction des cadres. Selon les exigences de la moto, des cadres très différents peuvent être utilisés. Le cadre tubulaire à simple berceau **(ill. 1)** est fabriqué en tube d'acier de section carrée ou rectangulaire. Le moteur peut y être intégré comme élément portant. Un renfort de cadre inférieur rend la construction plus stable.

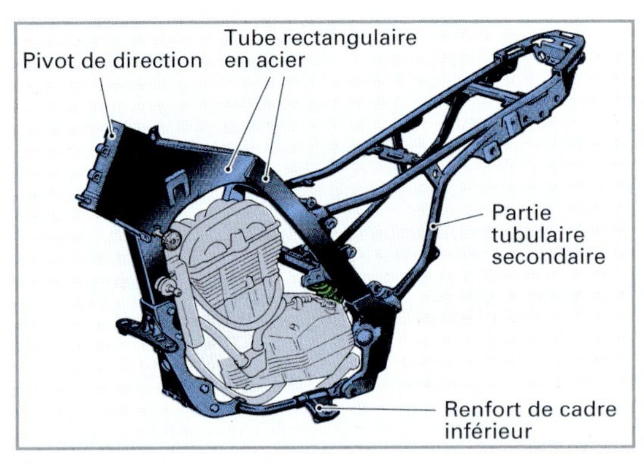

Illustration 1: Cadre tubulaire à simple berceau

Cadre à double berceau (ill. 2). Il est constitué de tubes soudés en acier et de pièces d'acier forgées. Il offre une plus grande stabilité que les cadres à simple berceau.

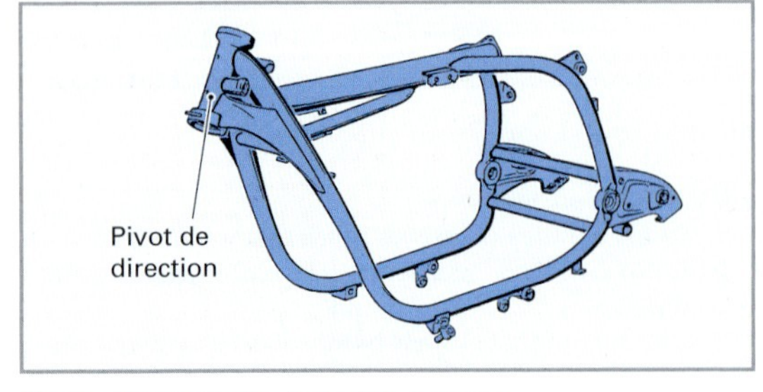

Illustration 2: Cadre à double berceau

Cadre mixte, tubulaire et poutre (ill. 3). Ce cadre, également appelé cadre ouvert, est constitué de tubes en acier soudés et de poutres ayant une section plus importante. Avec ce cadre, il est difficile d'éviter que les vibrations du moteur soient transmises au véhicule.

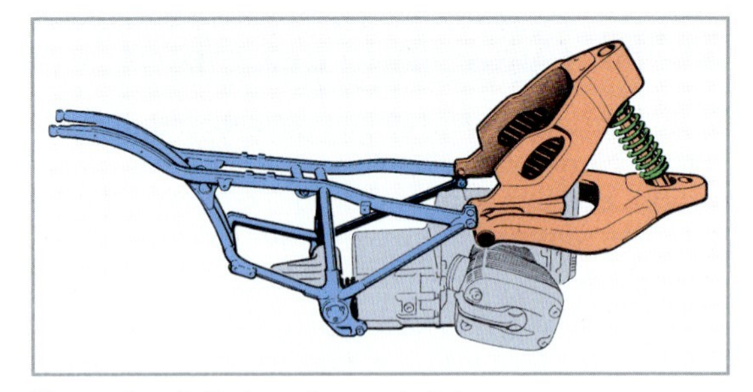

Illustration 3: Cadre mixte, tubulaire et poutre

Cadre à poutre avec section en caisson (ill. 4). Il est très résistant à la torsion et à la flexion. Construit en profilés d'aluminium coulé puis assemblés les uns aux autres, ce système permet d'obtenir une structure en nid d'abeilles rigide et peu encombrante.

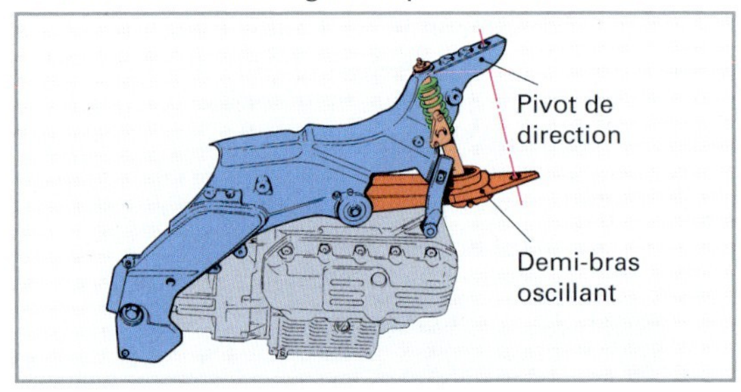

Illustration 4: Cadre à poutre avec section en caisson

Cadre périmétrique en aluminium (cadre Delta-Box) (ill. 5). Le poids et la rigidité de ce type de construction sont optimisés. La structure profilée permet une adaptation optimale à toutes les contraintes.

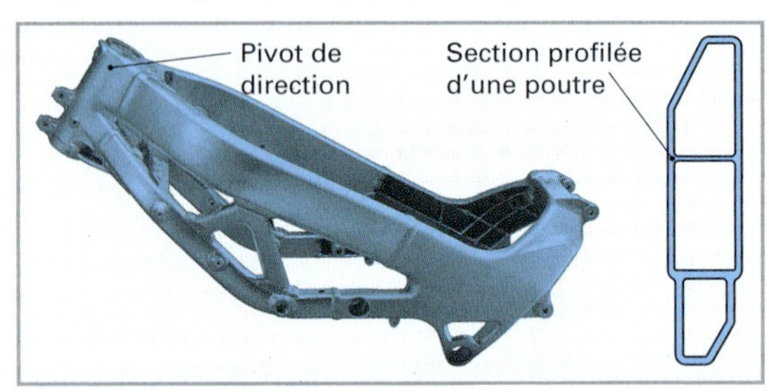

Illustration 5: Cadre périmétrique en aluminium

Châssis tubulaire (ill. 6). C'est un système porteur constitué de tubes d'acier soudés. Sa structure lui confère une très grande résistance à la torsion.

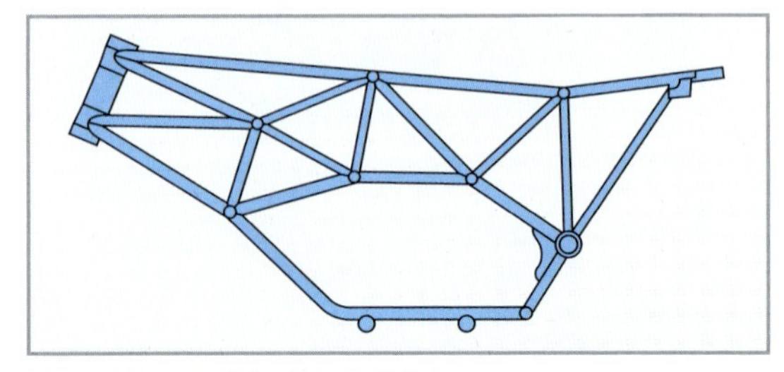

Illustration 6: Châssis tubulaire

21.12 Direction, suspension et amortissement

Ces éléments influencent directement le comportement du véhicule et le confort de conduite.

Fonctions:
- absorber les chocs de la route;
- diriger le véhicule;
- transmettre les forces de freinage et d'accélération au cadre.

Direction. Les types de directions suivants sont utilisées:
- fourche télescopique;
- fourche inversée (upside-down);
- système telelever;
- direction à bras oscillants.

Fourche télescopique (ill. 1). L'axe de pivot de la fourche est logé dans le tube de direction du cadre. La rigidité de la fourche est assurée par les traverses et l'essieu. Les deux tubes coulissant l'un dans l'autre de façon télescopique (tube plongeur et fourreau) sont suspendus par un ressort intégré. Un petit ressort ou un ressort en caoutchouc, situé au-dessus de la pipe d'amortissement, fait office de butée de fin de course de compression. Le volume d'air situé au-dessus du piston est comprimé lors du débattement et permet d'obtenir une courbe caractéristique de ressort progressive. L'unité d'amortisseur hydraulique se trouve dans la partie inférieure de la fourche. En compression, l'huile d'amortissement se déplace de la chambre inférieure du fourreau, au travers des orifices de l'unité de soupapes, vers la chambre formée par le tube plongeur, ce qui permet un amortissement léger et sans à-coups de la roue. Lors de la détente de l'amortisseur, l'huile reflue en sens inverse. En passant par l'unité de soupapes, l'huile est freinée afin de garantir un bon effet amortisseur.

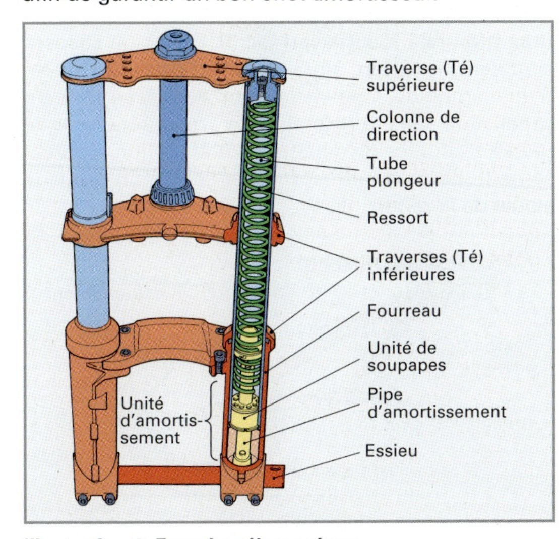

Illustration 1: Fourche télescopique

Fourche inversée (upside-down). Ce type de fourche fonctionne selon le même principe que la fourche classique. La différence, comme son nom l'indique, est que la disposition des tubes plongeurs et des fourreaux a été inversée. La fourche inversée est utilisée sur les scooters et les motos de cross et de sport. Elle a une grande résistance à la flexion et une rigidité élevée, mais affiche une masse non suspendue légèrement supérieure.

Système Telelever (ill. 2). Dans ce système, les traverses de fourche supérieures sont logées dans un joint à rotule fixé au cadre de la moto. Le bras oscillant absorbe les mouvements de la roue avant. Il est suspendu par un ressort amortisseur. Le système présente les avantages suivants:
- comportement optimalisé grâce à une friction réduite;
- chasse accrue garantissant une bonne stabilité de conduite lors du débattement;
- effet antiplongée au freinage;
- rigidité élevée de l'ensemble.

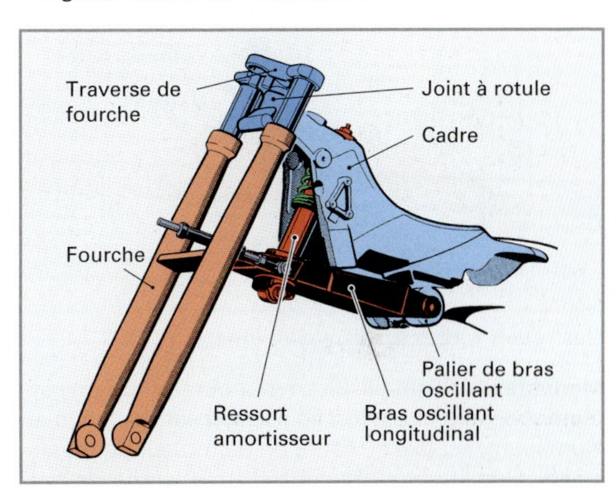

Illustration 2: Système Telelever

Direction à bras oscillants. Sur ce type de direction, la roue est dirigée par deux bras oscillants. La suspension et l'amortissement sont réalisés, comme avec le système Telelever, au moyen d'un ressort amortisseur central. Lors du débattement, la chasse augmente et garantit la stabilité de direction **(ill. 3).**

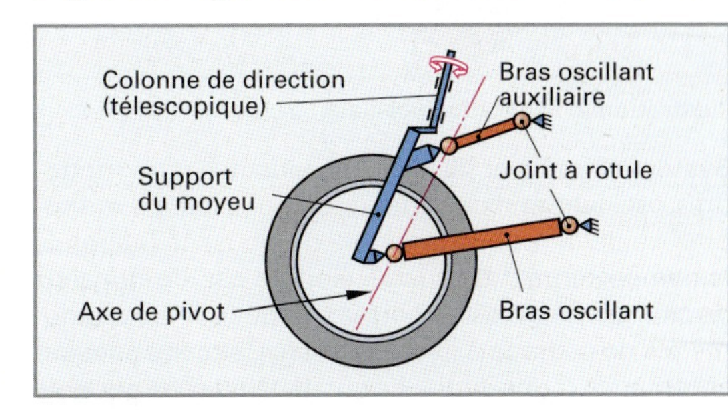

Illustration 3: Direction à bras oscillants

Guidage de la roue arrière. Les roues arrière peuvent être guidées par les systèmes suivants:

- bras oscillant classique;
- monobras oscillant;
- bras à parallélogramme (Paralever);
- bras oscillant avec suspension à flexibilité variable (Pro-Link);
- bras triangulé (Cantilever).

Les bras oscillants sont fixés au cadre par un axe d'articulation. Le mouvement de ce dernier influence le comportement des suspensions, le confort de conduite et la tenue de route.

Bras oscillant classique (ill. 1). Ce système est construit en tubes d'acier soudés ou plus souvent sous forme de section en caisson en aluminium. Il est fixé au cadre par un moyeu articulé et dispose d'une jambe de suspension placée au centre de la traverse. La roue est fixée dans la partie arrière. Ce type de construction présente une rigidité élevée. Cependant, comparé aux monobras oscillants, le démontage de la roue est plus compliqué.

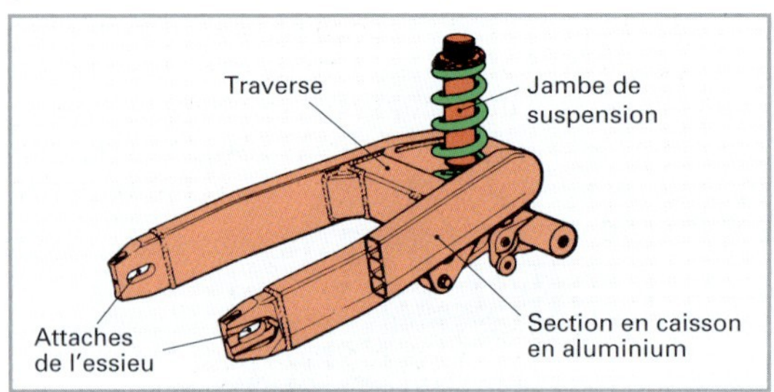

Illustration 1: Bras oscillant classique

Monobras oscillant (ill. 2). Le monobras oscillant asymétrique, dont la section en caisson est fabriquée en aluminium, est fixé au cadre ou au moteur de manière articulée et est suspendu par une jambe de suspension centrale. Le démontage de la roue est facilité.

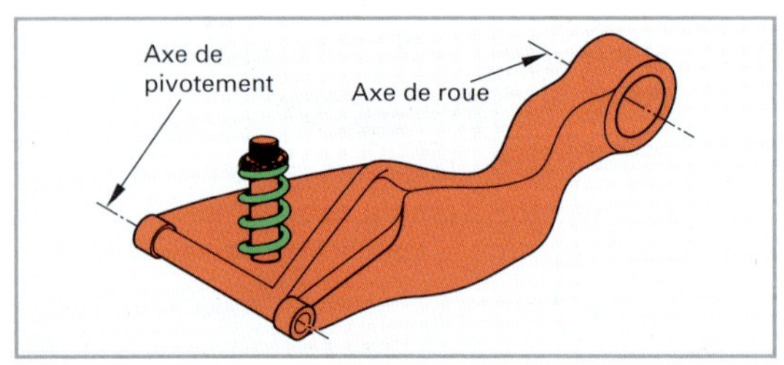

Illustration 2: Monobras oscillant

Système Paralever (ill. 3). Il est constitué d'un monobras oscillant et d'une tringle de poussée. Le monobras guide la roue et la tringle de poussée influence le comportement de suspension en cas de transfert de charge. Ce système permet d'atténuer les phénomènes de cabrage à l'accélération. Cette suspension est équipée d'une jambe de suspension centrale avec ressort et un amortisseur qui peut être réglable.

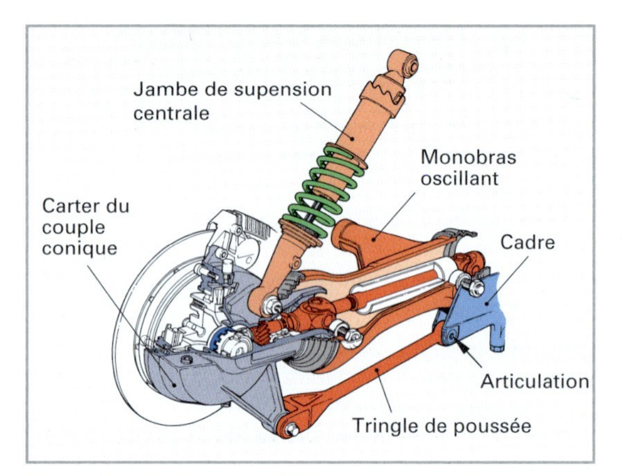

Illustration 3: Bras à parallélogramme (Paralever)

Bras oscillant avec suspension à flexibilité variable (Pro-Link) (ill. 4). Le bras oscillant de cette suspension est fixé au cadre. L'articulation du bras oscillant est assurée par une biellette et un basculeur. Lorsqu'il y a débattement de la roue, la course ressort-amortisseur est faible. Si le débattement augmente, la course du ressort-amortisseur prend de l'ampleur et la force d'amortissement augmente progressivement.

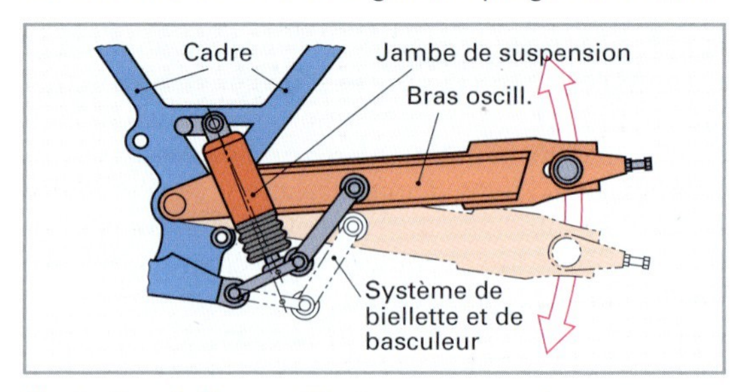

Illustration 4: Bras oscillant avec suspension à flexibilité variable (Pro-Link)

Bras triangulé (Cantilever) (ill. 5). C'est une suspension de roue arrière à bras oscillant triangulé munie d'une jambe de suspension centrale placée dans un canal situé sous le réservoir. Ce système permet de grandes courses de débattement et un bon amortissement. Le bras oscillant rigide assure un guidage stable de la roue.

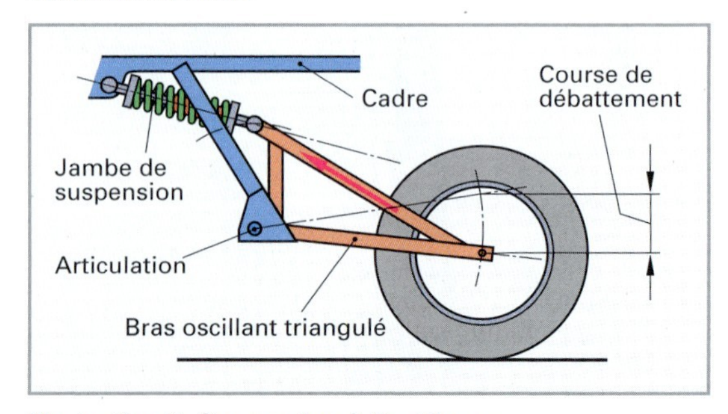

Illustration 5: Suspension à Cantilever

Comportement de la suspension avant. Le comportement de la suspension et de l'amortissement est influencé par:

- la longueur des ressorts;
- la courbe caractéristique des ressorts;
- la viscosité de l'huile dans les amortisseurs;
- le laminage de l'huile;
- la masse non suspendue.

Plus le ressort est long, plus la suspension est souple. Le comportement de la suspension est défini par le constructeur (p. ex. par le pas des ressorts), de façon à obtenir une courbe caractéristique adaptée. Cette courbe caractéristique peut être modifiée en variant la quantité d'huile ou le volume de la chambre d'air de la fourche.

CONSEILS D'ATELIER

- Changer l'huile de la fourche selon les prescriptions du fabricant afin d'en conserver les propriétés intactes.
- La quantité d'huile doit être adaptée car un remplissage excessif durçit la suspension.
- Contrôler l'état des différents joints d'étanchéité.

Comportement de la suspension arrière. Le comportement d'amortissement et de suspension peut être influencé par les mêmes paramètres que la suspension avant.

Pour les motos, ce sont les amortisseurs monotube à gaz comprimé et les amortisseurs monotube avec réservoir de compensation **(ill. 1)** qui sont les plus utilisés.

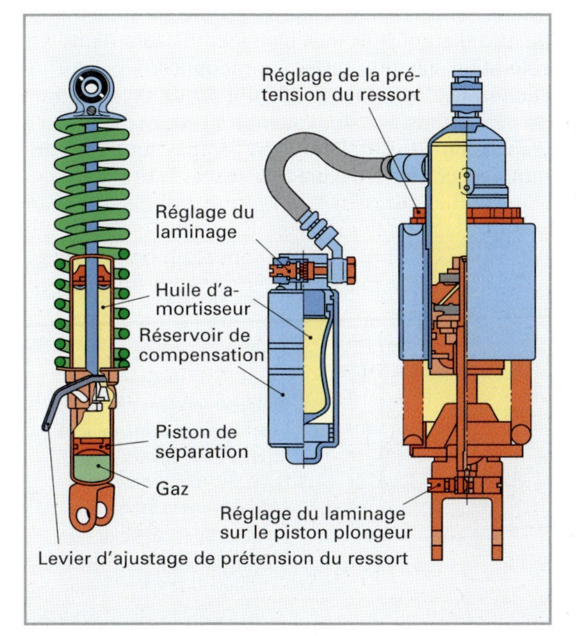

Illustration 1: Amortisseur monotube et à gaz comprimé

Selon les types d'amortisseurs, des réglages de laminages sont possibles. Ils peuvent influencer le comportement à la détente ou à la compression.

21.13 Freins

Freins à disques (ill. 2). L'emploi des freins à disques s'est aujourd'hui généralisé sur les motos et les scooters. Ce type de frein équipe les roues avant et arrière. En principe, le frein commandé manuellement au guidon agit sur la roue avant, alors que le frein commandé avec le levier à pied agit sur la roue arrière. Ils sont actionnés hydrauliquement.

Disques de frein. Ils sont fabriqués en acier et, sur les grosses motos, peuvent être fixés de manière flottante. Ils sont percés ou pourvus de fentes hélicoïdales afin d'évacuer rapidement l'eau ou la saleté accumulée lorsque le véhicule roule sur une route mouillée ou boueuse et assurer un freinage rapide et homogène. Selon la puissance du véhicule, la roue avant peut être équipée d'un ou de deux disques de frein qui peuvent être actionnés par un étrier à deux, quatre ou six pistons. En général, la roue arrière n'est pourvue que d'un seul disque actionné par un étrier flottant à un ou deux pistons.

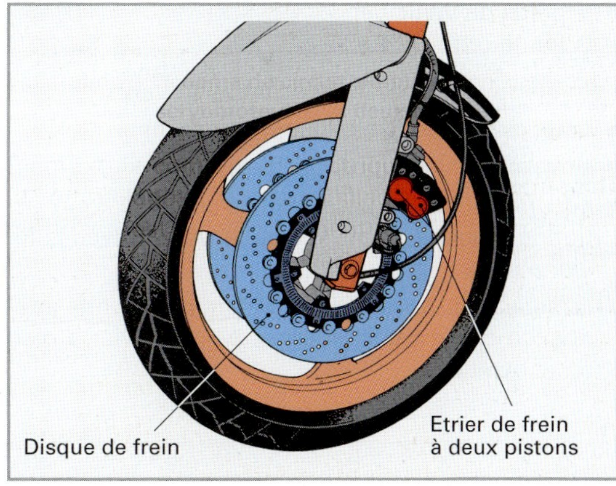

Illustration 2: Frein à disques sur roue avant

Garnitures de frein. Elles sont fabriquées en métal fritté ou en composés métalliques noyés dans une résine. Ces matériaux possèdent un coefficient de frottement élevé qui reste constant dans toutes les conditions d'utilisation.

Freins à tambour. Ces freins à segment intérieurs sont encore utilisés pour les roues avant et arrière des mobylettes. Le levier de frein mécanique actionne une came qui agit directement sur les segments des freins. Ceux-ci sont alors pressés contre la face intérieure du tambour de frein.

Système combiné de freinage CBS (Combined Brake System) avec **système d'antipatinage à la traction TCS** (Traction Control System).

Ce **système combiné CBS-TCS (ill. 1)** est monté sur des motos puissantes. Il améliore la sécurité et la stabilité lors du freinage et de l'accélération.

- **Le système CBS** optimise la répartition de la force de freinage sur les roues avant et arrière en fonction de la charge sur le véhicule.
- **Le système ABS** empêche le blocage des roues lors du freinage.
- **Le système TCS** est destiné à empêcher le patinage de la roue motrice lors de l'accélération.

Système CBS. C'est un dispositif hydromécanique ne comportant aucun composant électrique. Lors du freinage à grande vitesse, un système hydrodynamique effectue une répartition dynamique de la charge entre la roue avant et la roue arrière. La force de freinage est dosée afin d'obtenir un comportement identique des deux roues. Le conducteur peut utiliser le frein actionné par la commande manuelle et/ou celui actionné par le levier à pied. La répartition de la pression de freinage dépend de:

- la vitesse;
- l'état de la route;
- le poids du véhicule;
- la hauteur du centre de gravité.

Le système présente les **avantages** suivants:

- deux circuits de freinage indépendants;
- simplicité d'utilisation des freins;
- aucune influence perturbatrice entre le frein actionné manuellement et celui actionné avec le levier à pied;
- la sensation ressentie sur le frein actionné manuellement et celui actionné avec le levier à pied reste identique.

Fonctionnement

Freinage uniquement par la commande manuelle. La pression hydraulique de freinage agit sur les deux pistons extérieurs de l'étrier de frein de la roue avant. Par réaction à la rotation du disque, l'étrier transmet une partie de la force de freinage sur un maître-cylindre secondaire. Celui-ci crée une pression qui, via un distributeur proportionnel, agit sur les deux pistons extérieurs de l'étrier de frein de la roue arrière.

Freinage uniquement avec le levier à pied. Dans un premier temps, la pression hydraulique de freinage agit sur le piston central de la roue arrière et, par l'intermédiaire d'une soupape retardatrice, uniquement sur le piston central gauche de la roue avant. Le freinage avant étant réduit d'environ 50 %, la réaction est douce et modérée. Lors d'un freinage plus intensif, la pression agit également à droite sur l'étrier de frein de la roue avant. Grâce à cette mesure, l'effet de plongée typique généré par l'actionnement du frein de la roue avant peut être significativement réduit.

Système ABS-TCS. Il est composé:

- de capteurs de régime des roues;
- de modulateurs de pression;
- d'un boîtier relais;
- d'une centrale de commande.

Fonctionnement. Lorsque le contact est enclenché, la centrale de commande effectue un autodiagnostic. En cas de défaut, le système est déconnecté et le conducteur informé. Si une perte d'adhérence ou une tendance au blocage des roues est constatée, la centrale de commande active le modulateur de pression. Un moteur électrique intégré pilote alors un piston de commande qui agit sur la pression de freinage afin d'empêcher tout blocage. Si, lors d'une accélération, la roue arrière a tendance à perdre de l'adhérence, le système TCS est activé et la centrale de commande agit sur l'avance à l'allumage jusqu'à disparition du problème. Un témoin lumineux indique au conducteur que le système TCS est actif.

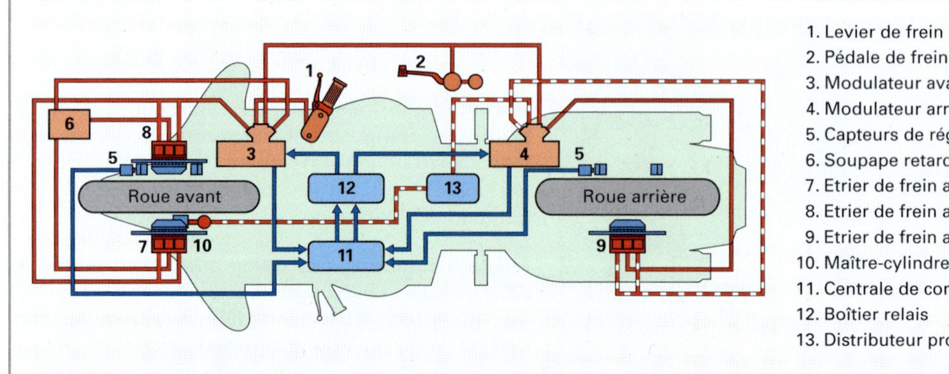

1. Levier de frein à main
2. Pédale de frein
3. Modulateur avant
4. Modulateur arrière
5. Capteurs de régime
6. Soupape retardatrice
7. Etrier de frein avant gauche
8. Etrier de frein avant droit
9. Etrier de frein arrière
10. Maître-cylindre secondaire
11. Centrale de commande
12. Boîtier relais
13. Distributeur proportionnel

Illustration 1: Système CBS-ABS-TCS

Système d'antiblocage (ill. 1)

Ce système permet d'améliorer la stabilité lors du freinage. Il est monté sur des motos et des scooters en complément au système de freinage hydraulique traditionnel.

Structure. Le système est composé des éléments électriques et hydrauliques représentés dans l'**ill. 1**.

Fonctionnement. Lorsque le contact est enclenché, la centrale de commande effectue en premier lieu un autodiagnostic. Le système n'est fonctionnel que lorsque tous les éléments sont intacts. Des capteurs mesurent le régime de rotation des roues et la centrale de commande calcule le glissement. En cas de freinage sans risque de blocage, le système ABS n'intervient pas sur les circuits des roues avant et arrière. La pression de freinage engendrée par le conducteur agit sur les deux étriers de frein. Si une roue a tendance à bloquer lors d'un freinage, la centrale de commande alimente l'électroaimant du modulateur de pression concerné. Le piston de modulation est tiré vers le bas et la soupape à bille ferme le passage vers l'étrier de frein. Le piston de modulation continue sa course et crée une augmentation de volume entre la soupape à bille et l'étrier. La pression chute rapidement dans le circuit de freinage et la roue est à nouveau libérée. Ce processus de régulation se répète tant que la tendance au blocage existe, ensuite le modulateur de pression est à nouveau déclenché par la centrale de commande.

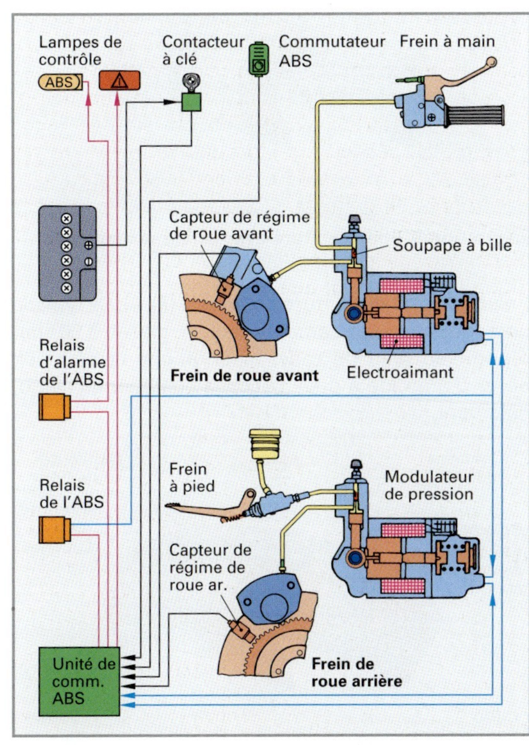

Illustration 1: Système d'antiblocage

21.14 Roues, pneus

Roues

Les roues assurent la liaison au sol du véhicule par l'intermédiaire des pneus et supportent les forces de freinage et d'accélération. Elles doivent remplir les exigences suivantes:

- faible masse;
- résistance élevée à la déformation et élasticité;
- rotation régulière.

Les types de roues utilisées pour les motos sont les suivants:

Roues à rayons métalliques (ill. 2). La jante peut être en acier ou en aluminium. Les rayons métalliques sont en acier. Selon le type, elles peuvent recevoir des pneumatiques avec ou sans chambre à air. De par leur élasticité et leur faible masse, elles sont aujourd'hui surtout utilisées sur les motos tout-terrain.

Roues en alliage léger (ill. 3). Moulées sous pression en une seule pièce, ces roues en alliage d'aluminium chaussent généralement des pneus tubeless et équipent les mobylettes, les scooters et les motos.

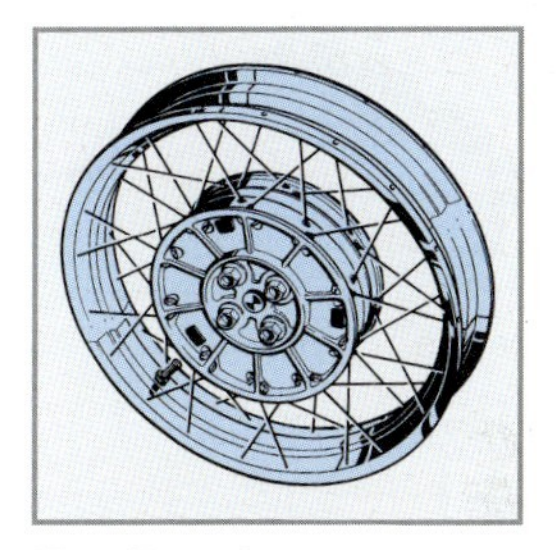

Ill. 2: Roue à rayons métalliques

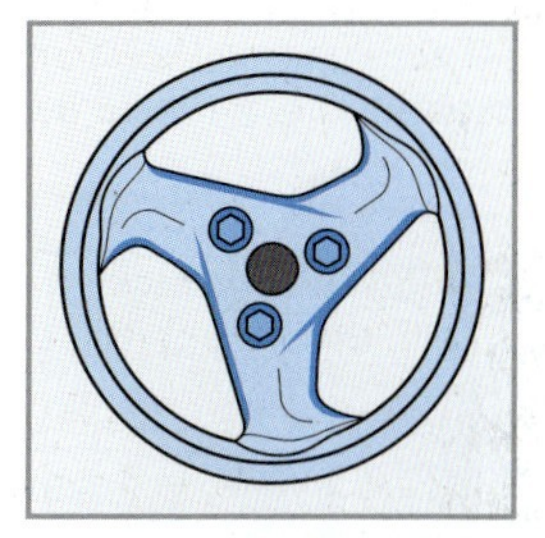

Ill. 3: Roue en alliage léger

Roues composites. Moulées sous pression, elles possèdent une grande résistance à la déformation. Elles peuvent se composer de 2 ou 3 pièces: jante, rayons et moyeu.

Désignation de la jante. Elle est similaire à celle des jantes pour automobiles, p. ex.:

3.50 × 17 MT H2

3.50 = largeur de jante en pouces
× = jante à base creuse
17 = diamètre de la jante en pouces
MT = désignation pour jante de moto
H 2 = deux humps

Pneus

La surface de contact des pneumatiques des véhicules à deux roues est considérablement plus petite que celle des pneumatiques des automobiles. Elle influence d'une manière décisive le guidage, le comportement de conduite et la sécurité du véhicule. Pour ces raisons, les constructeurs déterminent les dimensions des pneus pouvant être montés. Parfois même, ils prescrivent la marque et le modèle de pneumatiques devant équiper leurs véhicules. Souvent, les pneumatiques avant et arrière présentent des dimensions et des profils différents. La roue avant doit principalement supporter des forces de guidage et de freinage. La roue arrière est considérablement plus large en raison des forces de traction qu'elle doit transmettre au sol. Les profils des pneus des motos sont représentés dans l'**ill. 1**.

Le profil des pneus de roue avant est généralement formé de rainures longitudinales ou de rainures en forme de flèches orientées dans le sens de la marche. Sur les motos de route puissantes, il est conseillé de monter des pneus plus larges à l'arrière. Le profil de ces pneus **(ill. 1)** est conçu afin que la surface de contact, et donc l'adhérence, augmente avec l'inclinaison de la moto. Le profil des pneus arrière est formé de flèches paraboliques afin d'empêcher toute formation de paliers, même après de nombreuses heures d'utilisation. Des mélanges de caoutchouc, spécialement développés dans le domaine de la compétition, augmentent la stabilité et l'adhérence du pneu.

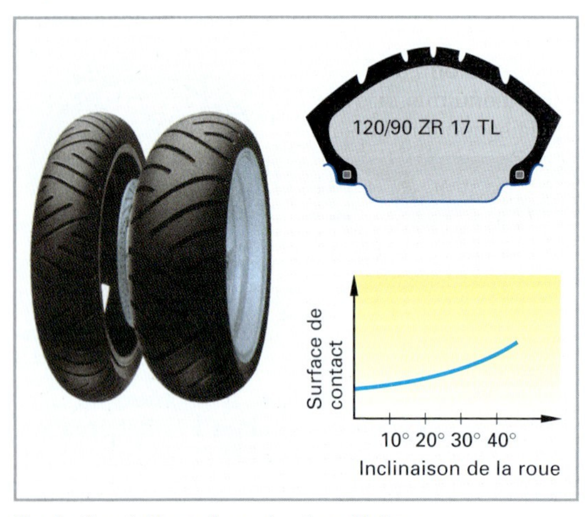

Illustration 1: Pneu de moto et profil du pneu

Les pneus pour motos doivent avoir les propriétés suivantes:

- bonne adhérence;
- stabilité latérale et capacité de guidage latéral;
- bon comportement en ligne droite;
- bonne capacité d'adaptation aux divers types de routes ou de terrains.

Types de construction de pneus. Quatre types de pneus sont utilisés pour les motos:

- pneu à carcasse diagonale;
- pneu ceinturé avec carcasse diagonale;
- pneu radial avec ceinture diagonale;
- pneu radial avec ceinture d'acier 0°.

Pneu à carcasse diagonale (ill. 2). Dans ce type de construction, les quatre nappes de la carcasse en nylon ou en polyamide sont superposées diagonalement et forment un angle d'environ 45° avec le plan de roue. Elles sont enroulées autour de tringles en acier. Selon la hauteur des flancs, les forces de guidage latéral peuvent être mieux maîtrisées.

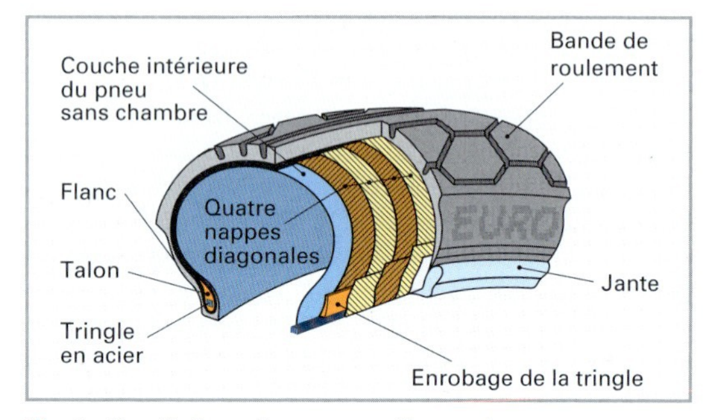

Illustration 2: Pneu à carcasse diagonale

Pneu ceinturé avec carcasse diagonale (ill. 3). La carcasse est constituée de deux nappes superposées diagonalement et de deux nappes d'armature (p. ex. en kevlar). Ce pneu, de par sa structure rigide, possède de bonnes qualités de roulage et de guidage latéral.

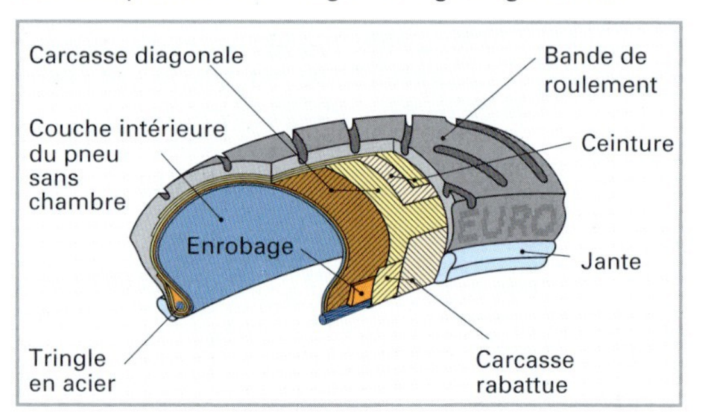

Illustration 3: Pneu ceinturé avec carcasse diagonale

Pneu radial avec ceinture diagonale (ill. 4). Ce type de pneu possède une carcasse radiale, placée à 90° par rapport au plan de roue, ainsi qu'une ceinture en fibres d'aramide à deux couches positionnée diagonalement.

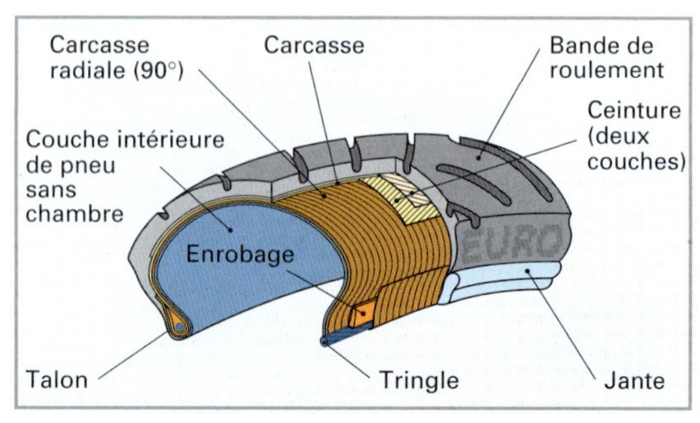

Illustration 4: Pneu radial avec ceinture diagonale

Pneu radial avec ceinture d'acier 0° (ill. 1). Ce type de pneu possède une ceinture d'acier 0° ainsi qu'une carcasse radiale (90°) à une couche. Sa section très stable en fait un pneu adapté aux vitesses élevées.

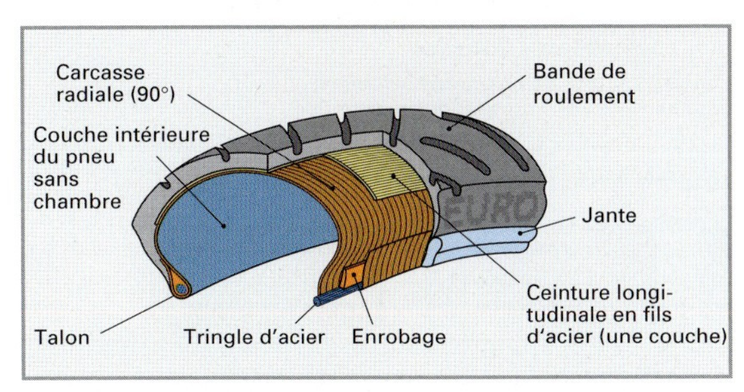

Illustration 1: Pneu radial avec ceinture d'acier 0°

Mélanges de caoutchouc. Dans le commerce, on trouve des pneus ayant jusqu'à 3 mélanges de caoutchouc (de dur à tendre). Il existe ainsi un pneu optimal pour tous les domaines d'utilisation.

Désignation des pneus.

Pneu diagonal: 4.10 – 18 60 P

4.10 = largeur du pneu en pouces
18 = diamètre de la jante en pouces
60 = indice de charge du pneu
P = vitesse maximale 150 km/h

Pneu à section basse: 120/50 ZR 17 TL

120 = largeur du pneu mm
50 = rapport hauteur du flanc/largeur du pneu 50 %
Z = vitesse maximale au-delà de 240 km/h
R = pneu radial
17 = diamètre de la jante en pouces
TL = tubeless (pneu sans chambre)

Fichage du pneu

Les dimensions des pneus indiquées dans les documents du constructeur et sur la carte grise doivent être respectées. Il existe parfois la possibilité de monter des pneus différents mais cette opération est soumise à un certificat d'acceptation.

Sur ces certificats, les mentions suivantes sont indiquées:

- **Certificat d'acceptation et inscription non nécessaires.** Le conducteur doit porter cette confirmation sur lui.
- **Certificat d'acceptation établi par un expert reconnu.** Le conducteur doit porter ce document sur lui.
- **Certificat d'acceptation établi par un expert reconnu et inscrit dans les documents du véhicule.**

CONSEILS D'ATELIR

- Monter les pneus uniquement sur des jantes en bon état, sans corrosion et propres.
- Lors du montage, tenir compte du sens de marche.
- Lors du changement de pneus avec chambre, toujours utiliser des chambres neuves en raison de la formation de plis.
- Roues à rayons: toujours monter des rubans de fond de jante neufs.
- Pneus sans chambre: toujours monter des valves neuves.
- Au montage, surgonfler légèrement le pneu à 1,5 fois la pression de service pour qu'il soit bien positionné dans le talon.
- Corriger la pression.
- Equilibrer la roue et le pneu.
- A partir d'une largeur de jante de 2,5 pouces toujours équilibrer dynamiquement avec une équilibreuse.
- Pour obtenir une adhérence optimale, il faut rouler de façon modérée durant environ 200 km, afin de former le pneu.

QUESTIONS DE RÉVISION

1. **A quelles exigences doivent satisfaire les pneus des motos?**
2. **Quelle est la fonction du guidage de la roue sur les motos?**
3. **Quels sont les systèmes de guidage des roues avant et arrière sur les motos?**
4. **De quoi dépend le comportement d'amortissement de la fourche avant?**
5. **Expliquez les systèmes CBS, ABS et TCS des motos.**
6. **Que signifie le marquage de jante 3.25-17 MT-H2?**
7. **Quelles propriétés doivent avoir les pneumatiques des motos?**
8. **Quels sont les types de construction de pneus pour motos?**
9. **Que signifie le marquage de pneu 160/60 ZR 18 TL?**

22 Technique des véhicules utilitaires

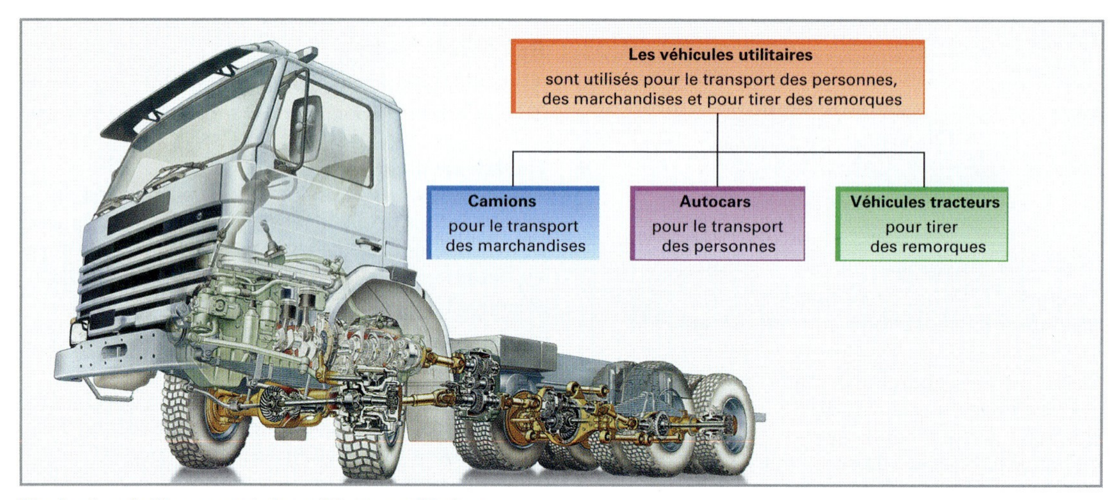

Illustration 1: Classement des véhicules utilitaires

22.1 Classement

Les véhicules utilitaires sont constitués des éléments suivants :

- **le moteur,** avec le système d'alimentation en carburant et le système d'injection;
- **la transmission du couple,** qui comprend l'embrayage, la boîte de vitesses et l'entraînement de l'essieu;
- **le châssis,** composé du cadre, de la carrosserie, de la suspension, des roues, des pneus, de la direction et du système de freinage;
- **l'équipement électrique du véhicule,** avec les batteries, l'alternateur, le dispositif de démarrage et les équipements accessoires.

La classification des véhicules utilitaires dépend de leur utilisation :

Camion à usages multiples (ill. 2). On peut y transporter des marchandises sur la carrosserie ouverte (camion-plateau) ou fermée (caisse de fourgon).

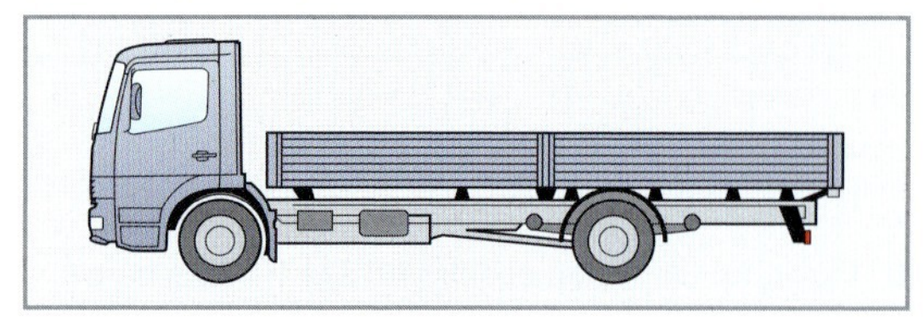

Illustration 2: Camion à usages multiples

Camions spéciaux (ill. 3). Ces véhicules ont une carrosserie, des installations ou des équipements spéciaux définis en fonction du but d'utilisation (camion-citerne, camion-silo, camion de ramassage des ordures, etc.).

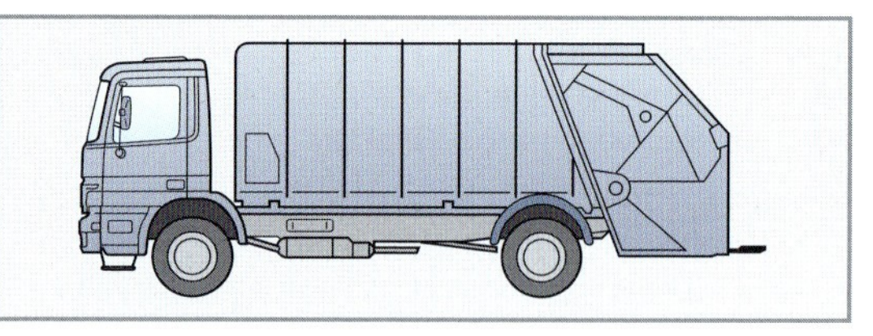

Illustration 3: Camion spécial

Autobus (ill. 4). Selon le modèle, on peut l'utiliser comme autocar, autobus urbain ou autobus spécial.

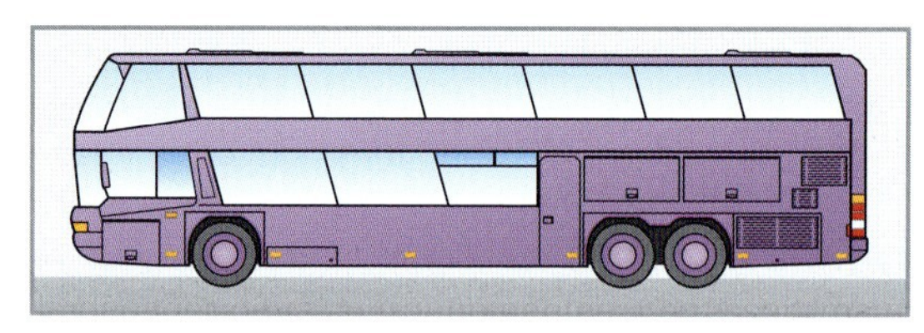

Illustration 4: Autocar

Véhicules tracteurs (ill. 5). Les camions tracteurs sont équipés d'un attelage pivotant pour tirer des semi-remorques. L'ensemble tracteur-remorque forme un véhicule articulé. Les tracteurs ne sont utilisés que pour tirer des remorques.

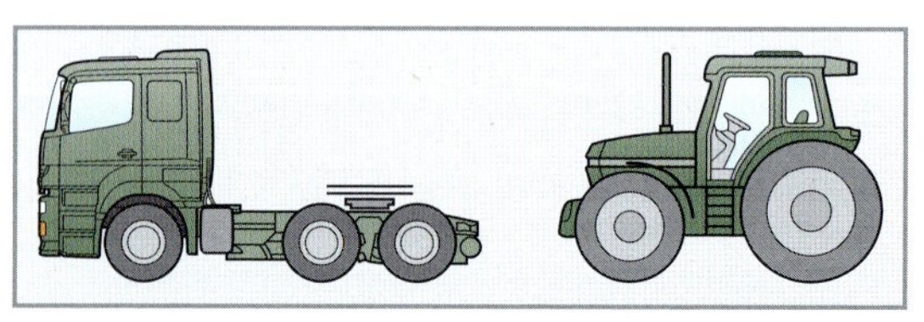

Illustration 5: Véhicules tracteurs

22.2 Moteurs

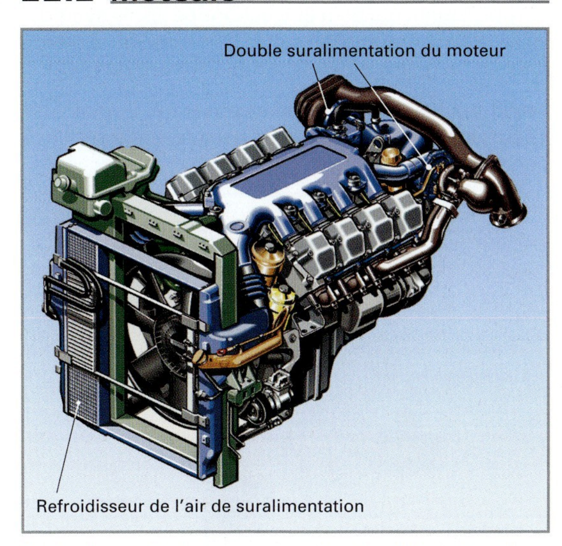

Illustration 1: Moteur pour un véhicule utilitaire lourd

Les véhicules utilitaires sont généralement équipés de moteurs Diesel à injection directe, ils sont souvent suralimentés par des turbocompresseurs entraînés par les gaz d'échappement **(ill. 4, p. 249)**. Selon le poids total en charge et l'utilisation du véhicule, la cylindrée du moteur est comprise entre 3 et 16 litres. La cylindrée unitaire de ces moteurs peut dépasser 600 cm³ et la puissance développée par chaque cylindre est généralement supérieure à 25 kW. Si les moteurs peuvent comporter jusqu'à 16 cylindres, ils ont en principe de 6 à 8 cylindres **(ill. 1)**. Les véhicules utilitaires légers ont une puissance d'environ 70 kW, les véhicules utilitaires lourds, les tracteurs et les autobus atteignent une puissance de 450 kW.

Selon les prescriptions légales, les véhicules utilitaires, les autobus et les véhicules articulés doivent avoir une puissance minimale du moteur de 4,4 kW par tonne de poids total en charge, y compris le poids de la remorque si elle est attelée au véhicule.

Le couple maximum des gros moteurs Diesel pour véhicules utilitaires est compris entre 1 500 et 3 000 Nm. Ces moteurs ont un couple pratiquement constant sur une plage de régime comprise entre 1200 et 2400 1/min **(ill. 2)**.

Les moteurs Diesel des véhicules utilitaires actuels ont une consommation réduite dont la valeur de consommation spécifique, à pleine charge, se situe en-dessous de 200 g/kWh. Pour une charge totale de 40 t, les trains routiers et les véhicules articulés affichent une moyenne de consommation de carburant allant de 32 à 40 l/100 km. Ces moteurs Diesel permettent de parcourir plus de 1 000 000 km sans grandes réparations.

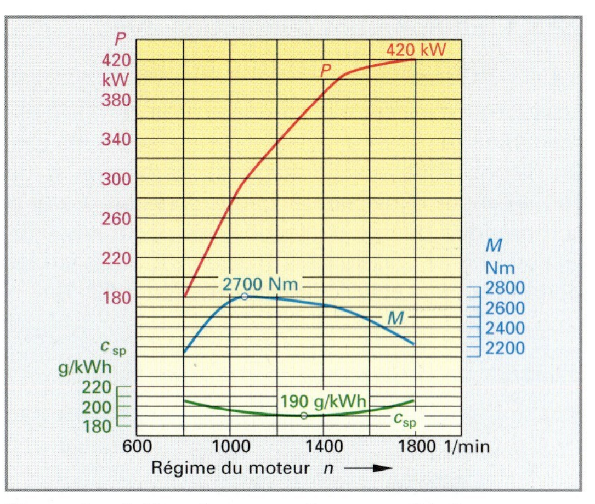

Illustration 2: Données et courbes caractéristiques du moteur

L'ill. 2 montre les courbes caractéristiques d'un moteur 8 cylindres avec un système d'injection par injecteur-pompe, une suralimentation par gaz d'échappement et 4 soupapes par cylindre.

Données du moteur: V_{cyl} = 15 928 cm³; d = 130 mm; s = 150 mm; R_v = 17,25:1; P = 420 kW à n = 1 800 1/min; M_{max} = 2 700 Nm à n = 1 080 1/min; c_{sp} = 190 g/kWh à 1 300 1/min.

22.3 Système d'injection des moteurs Diesel utilitaires

Le système d'injection a les fonctions suivantes:
- assurer une pression d'injection suffisante;
- injecter la quantité de carburant nécessaire (régulation de la quantité);
- déterminer le début de l'injection (régulation du début de l'injection).

Les véhicules utilitaires sont généralement équipés de pompes d'injection en ligne avec commande et régulation pilotées par des systèmes d'injection à cartographie mémorisée. L'injection est toujours effectuée de manière précise et à haute pression, ce qui permet de respecter les normes d'émissions de polluants. Les pompes d'injection à régulation mécanique n'arrivent plus à répondre aux exigences actuelles.

On distingue les systèmes d'injection à régulation électronique suivants:
- pompes d'injection en ligne;
- pompes d'injection à distributeur, comme la pompe à piston axial ou la pompe distributrice à pistons radiaux **(voir p. 307)**;
- système injecteur-pompe **(voir p. 310)**;
- système injecteur-pompe avec injecteurs à régulation électronique **(voir p. 682)**;
- système d'injection Common Rail **(voir p. 312)**.

22.3.1 Equipement d'injection avec pompes d'injection en ligne

Le système d'injection se compose de la pompe d'alimentation, du filtre à carburant avec, selon les cas, un dispositif de préchauffage du carburant et de l'équipement d'injection à haute pression. Celui-ci comprend la pompe d'injection, les conduites d'injection à haute pression, les injecteurs montés sur les porte-injecteurs et les conduites de retour **(ill. 1)**.

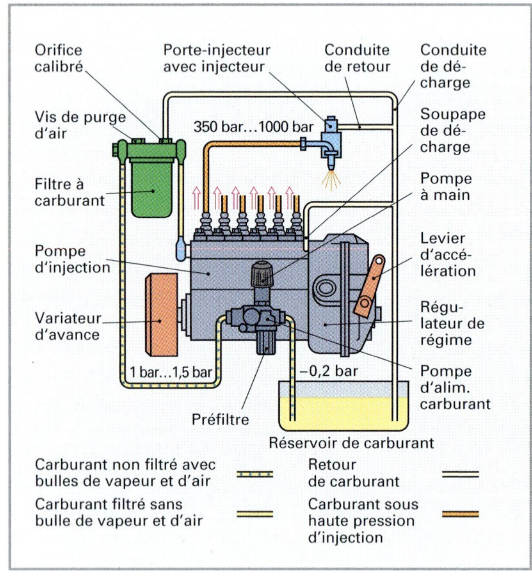

Illustration 1: Circuit de carburant dans un équipement d'injection avec pompe d'injection en ligne

Pompe d'alimentation en carburant

Elle est généralement fixée sur la pompe d'injection et est entraînée par un excentrique ou une came de l'arbre à cames de la pompe d'injection **(ill. 2)**.

> La pompe d'alimentation fournit le carburant nécessaire à la pompe d'injection à une pression comprise entre 1 et 1,5 bar.

La pompe d'alimentation aspire le carburant du réservoir et alimente la pompe d'injection en faisant passer le carburant à travers le filtre à carburant. Ce carburant transite par la pompe d'injection, sort par la soupape de décharge et retourne dans le réservoir par les conduites de retour. La pompe d'alimentation en carburant doit avoir un débit suffisant (entre 150 et 200 l/h) pour faire circuler, dans la pompe d'injection, la quantité de carburant nécessaire au fonctionnement du moteur et au refroidissement du système d'injection à haute pression. Une pompe électrique supplémentaire peut être installée si le réservoir est trop éloigné du moteur.

La pompe d'alimentation est souvent équipée d'une pompe à main qui peut être actionnée après avoir dévissé la poignée; elle permet le dégazage du système d'injection (p. ex. après le remplacement du filtre).

Préfiltre. Fixé sur la pompe à carburant, il retient les impuretés; il est équipé d'un espace séparant l'eau du mazout.

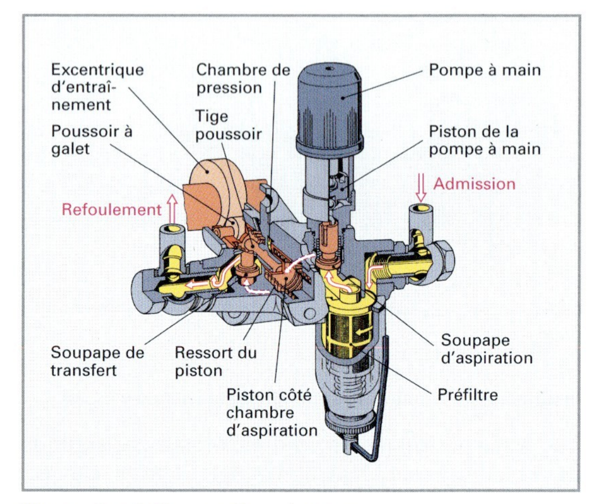

Illustration 2: Pompe de carburant

Fonctionnement. Comme le montre l'**ill. 3,** la course de refoulement et celle d'aspiration ont lieu en même temps. La chambre de pression est remplie durant la course de transfert.

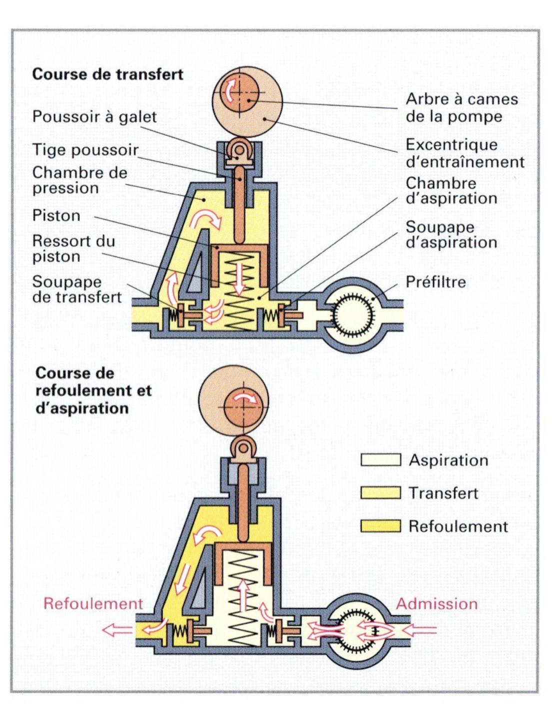

Illustration 3: Fonctionnement de la pompe d'alimentation

Course de transfert. Grâce au poussoir à galets et à la tige poussoir, l'excentrique pousse le piston en comprimant le ressort. Le carburant est transporté, à travers la soupape de transfert, de la chambre d'aspiration à la chambre de pression. Pendant cette course, la soupape d'aspiration reste fermée. A la fin de la course, le ressort du piston est comprimé et la soupape de transfert, poussée par son ressort, se referme.

Course de refoulement et d'aspiration. Lorsque l'excentrique a terminé sa course de poussée, le ressort repousse le piston, la tige poussoir et le poussoir à galets. Le carburant est refoulé de la chambre de pression à travers le filtre à carburant, vers la pompe d'injection. Simultanément, pendant la course de refoulement, le carburant est aspiré du réservoir, vers la chambre d'aspiration, ceci à travers le préfiltre et la soupape d'aspiration.

Une seule des deux courses du piston est une course de refoulement.

Course élastique. Quand la pression dans la conduite de refoulement dépasse une certaine valeur, le ressort ne repousse le piston que sur une partie de sa course. La course et le débit de refoulement se trouvent ainsi diminués. On parle alors d'une course "élastique". De cette manière, les conduites et les filtres sont protégés des pressions excessives.

Filtres à carburant des véhicules utilitaires

Ils servent à séparer les impuretés (p. ex. fines particules de poussière) et l'eau du carburant.

On distingue deux types de filtres:

- les filtres en série (cartouches filtrantes);
- les filtres en parallèle.

Filtres en série (ill. 1). Pour la filtration, le carburant passe d'abord par un filtre grossier (1er boîtier) puis par un filtre fin (2ème boîtier).

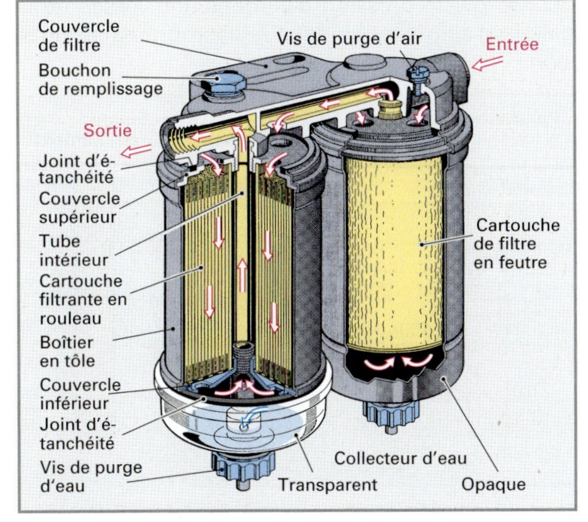

Illustration 1: Filtre-box avec récupérateur d'eau

Filtres en parallèle. Ils sont utilisés sur les moteurs Diesel de grosses cylindrées. De l'extérieur, ils ne diffèrent pas des filtres à carburant conventionnels. Cependant, le support des filtres est partagé de façon à ce que les deux filtres fins reçoivent simultanément une quantité de carburant identique. Ainsi, la surface filtrante est augmentée, permettant de doubler la quantité de carburant débitée.

Dispositifs de préchauffage du carburant. Ils sont souvent montés dans le système d'alimentation en carburant, généralement en amont du filtre. Ils évitent l'obturation des filtres par les paraffines contenues dans le carburant, qui s'agglomèrent lors de températures extérieures basses. En effet, lorsque la température du carburant Diesel "d'été" descend en-dessous de 4 °C, les molécules pâteuses de paraffine se séparent des autres composants du carburant, elles s'agglomèrent sous forme de micro-cristaux et peuvent boucher les cartouches filtrantes.

On distingue deux types de préchauffage:

- par circulation du liquide de refroidissement dans un échangeur de chaleur;
- par des corps chauffants électriques.

Préchauffage par échangeur de chaleur. Un thermostat à dilatation régule la quantité de carburant circulant dans l'échangeur de chaleur. Si le carburant est froid, tout le carburant passera par l'échangeur de chaleur. Lorsque la température augmente, la conduite d'amenée de carburant vers l'échangeur de chaleur se ferme grâce au déplacement de l'élément à dilatation **(ill. 2).**

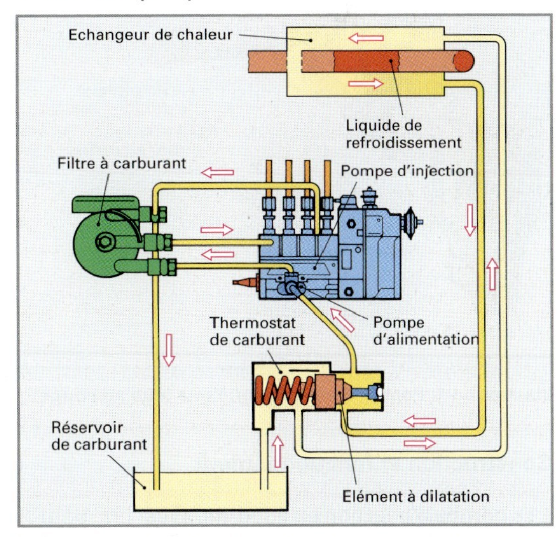

Illustration 2: Préchauffage du carburant par échangeur de chaleur

Corps chauffants électriques. Des résistances électriques CTP auto-régulatrices sont utilisées pour réchauffer le carburant; elles sont placées entre le couvercle du filtre et la cartouche filtrante **(ill. 1, p. 22).**

22

Pompes d'injection en ligne standard (ill. 1)

Fonctions. Les pompes d'injection en ligne servent à:

- produire la pression d'injection nécessaire;
- fournir le débit d'injection exact selon la position de la pédale d'accélérateur;
- adapter le point d'injection au régime du moteur et selon l'ordre d'injection;
- réguler le régime de ralenti et limiter le régime maximal.

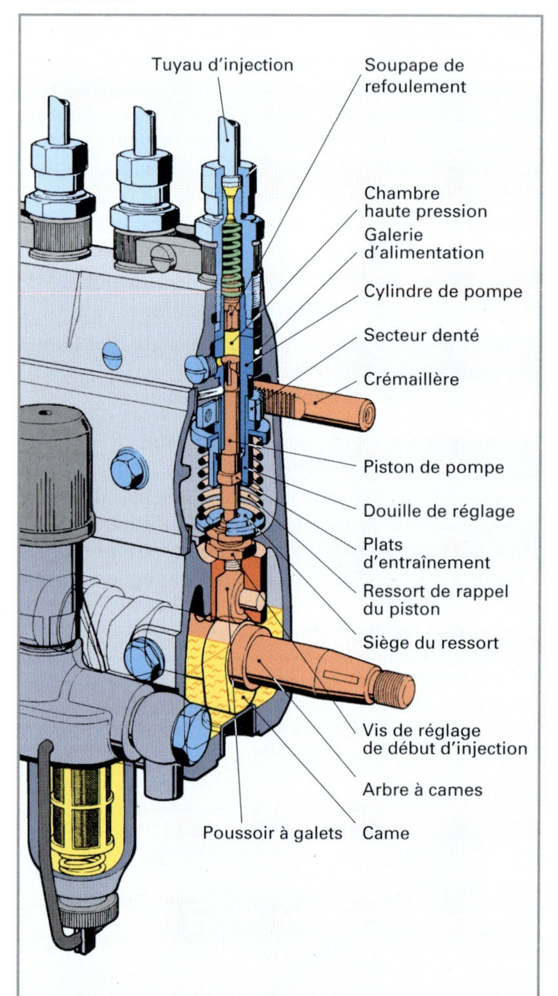

Illustration 1: Pompe d'injection en ligne (vue en coupe)

Construction et fonctionnement

La pompe d'injection en ligne **(ill. 1)** est une pompe à piston avec un élément de pompe pour chaque cylindre du moteur. Chaque élément de pompe **(ill. 2)** est composé d'un cylindre et d'un piston de pompe.

Les différents éléments de pompe sont entraînés par un arbre à cames, au moyen d'un poussoir à galets, monté dans le carter de la pompe. Le ressort du piston pousse le poussoir à galets contre la came. Pour atteindre, déjà à bas régime, la pression d'injection très élevée, le piston de pompe est ajusté dans son cylindre avec une très grande précision. Cet ajustage de 2 à 3 μm, nécessaire pour créer cette pression élevée, exige que cylindre et piston soient remplacés ensemble. Le carburant Diesel lubrifie et refroidit l'élément de pompe et améliore encore l'étanchéité. La lubrification de l'arbre à cames et des poussoirs à galets, situés dans la partie inférieure de la pompe, est assurée par l'huile moteur.

Dosage du carburant (régulation de la quantité, ill 2). Sur la partie supérieure du piston, en plus d'une rainure longitudinale et d'une rainure circulaire, on trouve un fraisage hélicoïdal. Il forme la rainure qui permet de doser le débit de refoulement. Le carburant arrive par l'orifice d'admission dans la chambre haute pression à une pression d'environ 1 à 1,5 bar.

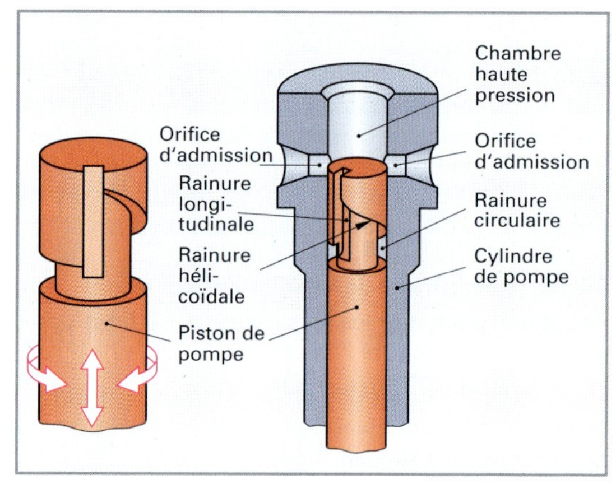

Illustration 2: Elément de pompe

Arrivée de carburant. Dès que la partie supérieure du piston ouvre l'orifice d'admission **(ill. 3),** le carburant poussé par la pression d'alimentation, passe de la galerie d'alimentation dans la chambre haute pression.

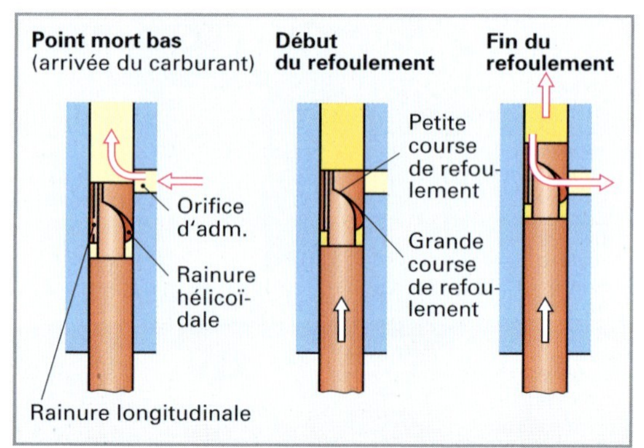

Illustration 3: Alimentation en carburant dans l'élément de pompe

Début du refoulement. Le piston de pompe est poussé vers le haut du cylindre. La course de refoulement commence dès que le bord supérieur du piston ferme entièrement l'orifice d'admission. La pression augmente dans l'élément de pompe, la soupape de refoulement s'ouvre, le carburant est refoulé dans la conduite d'injection à haute pression jusqu'à l'aiguille de l'injecteur placée dans le porte-injecteur. Dès que la pression est suffisante, l'injecteur s'ouvre et le carburant est injecté dans la chambre de combustion à une pression pouvant atteindre 1200 bar.

Fin du refoulement. L'injection cesse dès que la rampe hélicoïdale du piston dégage l'orifice d'admission. A partir de ce moment, la chambre à haute pression du cylindre de pompe est reliée à la galerie d'alimentation par la rainure longitudinale et la rainure circulaire. La pression chute, l'injecteur et la soupape de refoulement se ferment. La course restante du piston vers le point mort haut refoule le carburant de la chambre à haute pression dans la galerie d'alimentation.

Modification du débit injecté. C'est la course utile. Selon la position de la rampe hélicoïdale, le trajet que parcourt le piston depuis la fermeture de l'orifice d'admission et l'ouverture de ce même orifice par la rampe hélicoïdale varie et modifie la quantité de carburant injecté.

La course utile d'injection dépend de la rotation du piston de pompe commandée par la crémaillère et le secteur denté de la douille de régulation **(ill. 1, p. 678)**. La course totale du piston, commandée par l'arbre à cames, ne varie pas.

Dans les deux positions de rotation maximum, on est soit en situation de **plein débit** soit de **débit nul**.

Débit nul. La crémaillère doit être déplacée en position "Stop", elle fait pivoter le piston de manière à ce que la rainure longitudinale se place en face de l'orifice d'admission; la pression ne peut plus s'établir dans la chambre haute pression. Cette situation est utilisée par exemple pour l'arrêt du moteur.

Soupape de refoulement (ill. 1). Elle se trouve dans les éléments de raccordement de la conduite d'injection. Elle a les fonctions suivantes:

- décharger la conduite d'injection en fin de refoulement pour garantir une fermeture rapide de l'aiguille d'injecteur;
- maintenir une pression résiduelle dans la conduite;
- empêcher que l'injecteur ne goutte dans la chambre de combustion en fin d'injection.

Fonctionnement. A la fin de l'injection, le piston de détente plonge dans le guide de soupape et ferme la conduite sous pression de l'élément de pompe. Le cône de soupape, en descendant sur son siège, augmente le volume de carburant se trouvant dans la conduite, ce qui permet une chute de pression rapide et ainsi une fermeture immédiate et complète de l'injecteur. L'injecteur ne peut pas former de gouttes, ce qui, entre autres, est favorable à la diminution des émissions polluantes.

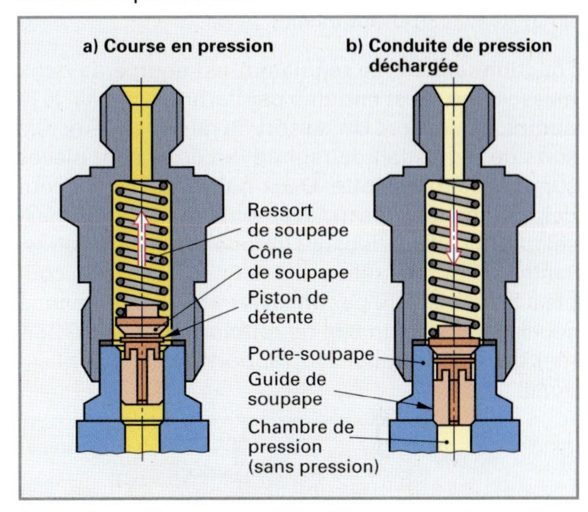

Illustration 1: Soupape de refoulement avec piston de détente

Régulateur de régime (ill. 2). C'est un régulateur centrifuge. Il modifie la quantité à injecter par la pompe d'injection en fonction du régime du moteur. Une régulation à deux positions est utilisée sur les pompes d'injection en ligne pour les véhicules utilitaires (régulateur mini-maxi).

Le régulateur de régime stabilise le régime de ralenti et limite le régime maximal.

En fonction de la température du moteur ou des accessoires en service, le débit d'injection au ralenti doit être corrigé pour que le moteur ne cale pas ou ne tourne irrégulièrement. Pour éviter l'emballement ou la destruction du moteur, le régime maximal doit être limité.

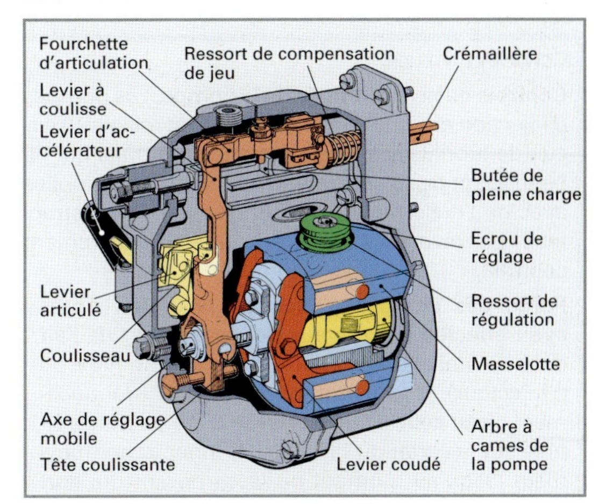

Illustration 2: Régulateur de régime

Il n'y a pas besoin de régulation entre le régime de ralenti et le régime maximum car, dans cette plage d'utilisation, c'est le conducteur qui actionne directement la crémaillère depuis la pédale d'accélérateur. En fonction du couple désiré, il règle directement la quantité de carburant injecté.

Fonctionnement. Le régulateur est équipé de deux masselottes, il est entraîné par l'arbre à cames de la pompe d'injection. Un ressort de ralenti et deux ressorts de régulation de régime maximal sont placés sur chaque masselotte. Deux paires de leviers coudés transmettent les mouvements radiaux des masselottes à l'axe de réglage mobile et à la tête coulissante. Celle-ci est reliée au levier à coulisse, accouplé à la crémaillère par un levier articulé. Le levier à coulisse **(ill. 1)** a un axe de rotation mobile qui permet une modification du rapport de démultiplication.

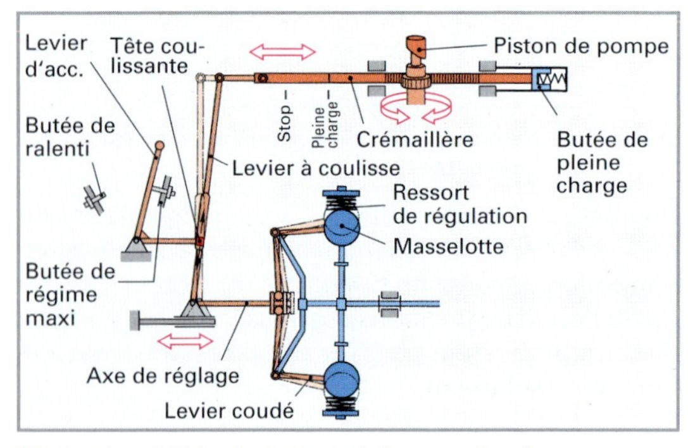

Illustration 1: Régulateur au régime maximal

Butée de crémaillère. La butée de ralenti positionne la pédale d'accélérateur au régime de ralenti alors que la butée de pleine charge limite la course maximale de la crémaillère. Ces butées sont plombées et leur réglage ne peut être modifié que par du personnel formé à cet effet.

Butée de pleine charge élastique. Elle est utilisée sur des moteurs qui exigent, au démarrage, une quantité de carburant plus importante qu'à pleine charge.

Variateur d'avance mécanique (modification du début d'injection) (ill. 2). Le variateur d'avance automatique est constitué d'un boîtier avec des masselottes et d'un sabot d'avance pivotant, logé dans le carter. Le sabot d'avance, relié au moyeu, modifie le début de l'injection en fonction de la force centrifuge qui agit sur les masselottes. Il travaille en fonction du régime moteur.

Lorsque le régime moteur augmente, les masselottes sont poussées vers l'extérieur sous l'effet de la force centrifuge. Le début de l'injection est alors avancé.

Plus les masselottes s'écartent, plus le variateur et l'arbre à cames pivotent dans le sens de rotation. Les pistons de la pompe commencent leur mouvement ascendant plus tôt; ils ferment plus vite leur orifice d'admission ce qui avance le début de refoulement.

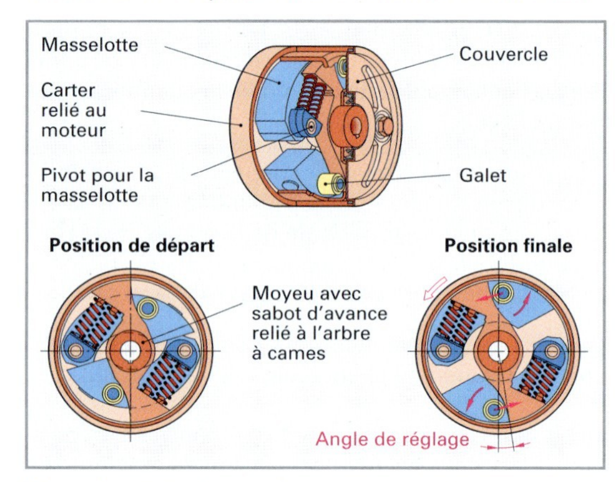

Illustration 2: Variateur d'avance automatique

CONSEILS D'ATELIER

Contrôle du niveau d'huile de la pompe. Les pompes d'injection en ligne sans entretien sont reliées au circuit de lubrification du moteur. Les pompes qui ne bénéficient pas de ce système doivent être remplies avec de l'huile moteur préconisée par le constructeur. Le niveau d'huile doit être régulièrement contrôlé.

Purge des pompes d'injection en ligne. Après avoir effectué des travaux qui font entrer de l'air dans l'installation (p. ex. changement de filtre ou d'injecteur), il faut purger la pompe manuellement. Pour cela, il faut dévisser la vis de purge située sur le carter du filtre et actionner la pompe à main jusqu'au moment où le carburant qui sort est exempt de bulles. Revisser ensuite la vis de purge puis procéder de la même manière avec la pompe d'injection. Sur les dispositifs équipés de soupapes de décharge, il faut actionner la pompe à main jusqu'au moment où la soupape de décharge s'ouvre (bruit caractéristique). Le cas échéant, purger également les injecteurs (dévisser les écrous-raccords). Contrôler ensuite l'étanchéité du système avec le moteur en marche.

Contrôle et travaux de réglage. On distingue les travaux de réglage qui doivent être effectués sur le moteur (p. ex. calage statique et dynamique du début d'injection) et le contrôle du régime de ralenti et du régime maximal admis (p. ex. mesure comparative de quantité, réglage dynamique du début d'injection). Ces travaux ne doivent être entrepris que par des professionnels dûment formés.

22.3.2 Pompes d'injection en ligne à tiroirs

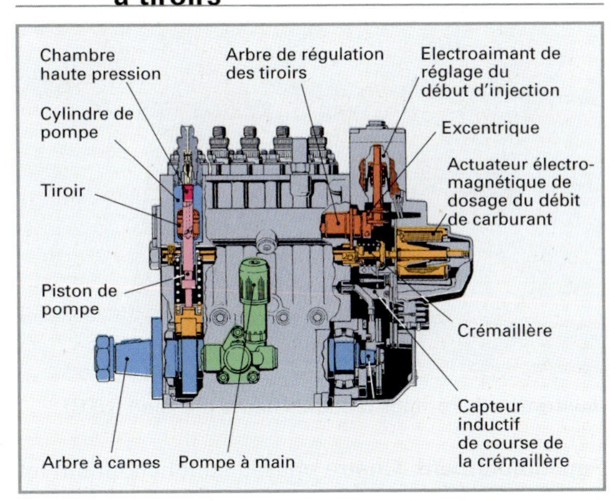

Illustration 1: Pompe d'injection en ligne à tiroirs

La pompe d'injection en ligne à tiroirs **(ill. 1)** est équipée d'une régulation électronique pour la quantité de carburant injecté et pour le début d'injection. La pression d'injection peut atteindre 1350 bar.

Régulation de la quantité d'injection. La centrale de commande calcule la course de la crémaillère pour la quantité d'injection théorique basée sur les valeurs principales de commande (position de l'accélérateur et régime du moteur) et les valeurs de correction (température du moteur, de l'air d'admission, du carburant, pression de suralimentation). **L'actuateur électromagnétique de dosage du débit de carburant (ill. 1),** commandé par la centrale électronique (EDC), déplace la crémaillère et modifie la quantité de carburant à injecter par la rotation des pistons des éléments de la pompe. Le capteur inductif de course indique la position de la crémaillère à la centrale de commande qui procède, le cas échéant, à un réglage final. En cas d'absence du signal, le ressort de rappel ramène la crémaillère en position de débit nul.

Régulation du début de l'injection. Le début d'injection est modifié par les tiroirs **(ill. 2)** qui sont actionnés simultanément par un électroaimant de réglage qui fait pivoter l'arbre de correction par l'intermédiaire d'un excentrique. Plus le début de l'injection est avancé, plus le bord inférieur du tiroir ferme tôt l'orifice de dosage du débit.

Plus le tiroir est déplacé en direction du PMB, plus la course à vide est faible et plus le début de l'injection a lieu tôt.

Le début effectif de l'injection est signalé à la centrale de commande par un capteur inductif de mouvement d'aiguille placé dans un porte-injecteur. La centrale électronique contrôle que la valeur de consigne et la valeur réelle correspondent.

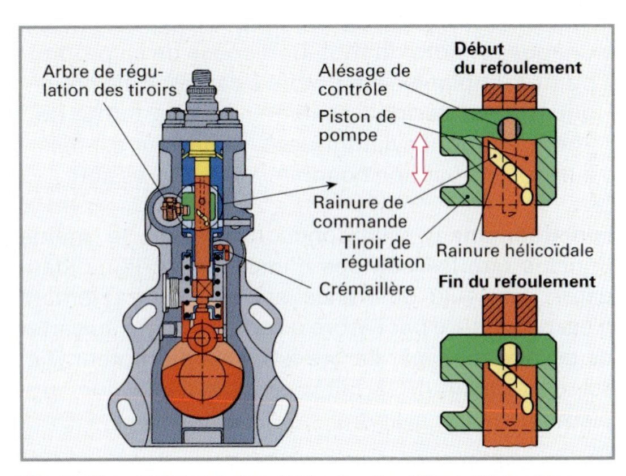

Illustration 2: Régulation à tiroirs du début d'injection

22.3.3 Système pompe unitaire haute pression

On distingue deux systèmes:

- pompes d'injection monocylindrique (PF) à commande mécanique;
- pompes unitaires haute pression (UPS) à commande par électrovanne.

Pompe d'injection monocylindrique à commande mécanique. Pompe à bride (ill. 3).
Elle est utilisée pour les véhicules utilitaires, les locomotives, les engins agricoles et de chantier ainsi que pour les moteurs stationnaires et les moteurs de bateaux. Elle atteint une pression d'injection de 1500 bar et se caractérise par sa solidité, son absence d'entretien ainsi que par la quantité d'injection particulièrement élevée qu'elle peut assurer (jusqu'à 18000 mm^3 par cylindre), ce qui permet de fournir une puissance allant jusqu'à 1000 kW.

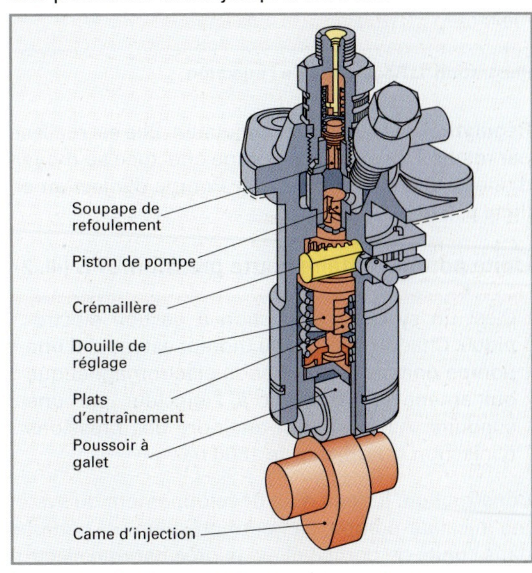

Illustration 3: Pompe d'injection monocylindrique

Chaque cylindre du moteur dispose de sa propre pompe, implantée sur l'arbre à cames; c'est pourquoi on les désigne également par le terme de "pompes monocylindriques". L'injecteur est relié à la pompe par une conduite à haute pression.

Fonctionnement. Elle fonctionne selon le même principe que les pompes d'injection en ligne standards. La seule différence est que l'entraînement n'est pas assuré par l'arbre à cames intégré au carter de pompe mais par l'arbre à cames du moteur Diesel, nécessitant de ce fait une came d'injection supplémentaire par cylindre.

Régulation du point d'injection. Etant donné que la came d'entraînement de la pompe d'injection est située sur l'arbre à cames du moteur et que celui-ci commande également les soupapes du moteur, il n'est pas possible de modifier l'avance à l'injection par un déphasage de l'arbre à cames. Il est possible de faire varier le point d'injection de quelques degrés au moyen d'un actionneur intermédiaire (p. ex. un levier excentrique) **(ill. 1)**.

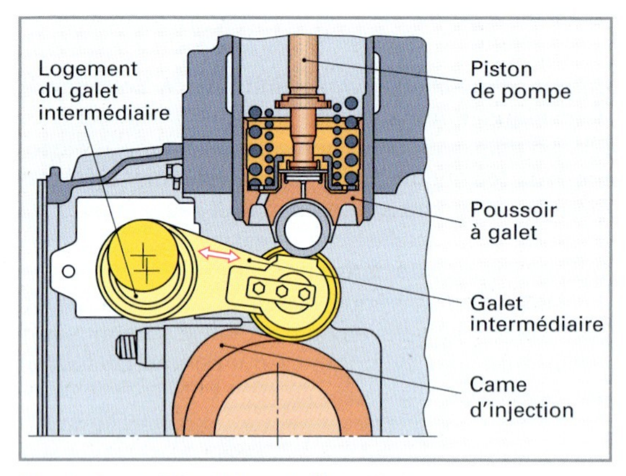

Illustration 1: Régulation de l'injection

Régulation de la quantité d'injection. Elle est réalisée par rotation du piston de pompe effectuée au moyen d'une douille de réglage **(voir Pompe d'injection en ligne p. 678 et 679)**.

Unité pompe unitaire haute pression UPS (ill. 2)

C'est un système d'injection à gestion électronique. Chaque cylindre du moteur est muni d'une pompe unitaire à commande électromagnétique qui amène le carburant à l'injecteur par une conduite. Ainsi on peut atteindre des pressions d'injection maximales de 1800 bar.

Construction. Il s'agit d'un développement du système injecteur-pompe. La haute pression est générée dans l'unité de pompe et est pilotée par une électrovanne commandée par cartographie.

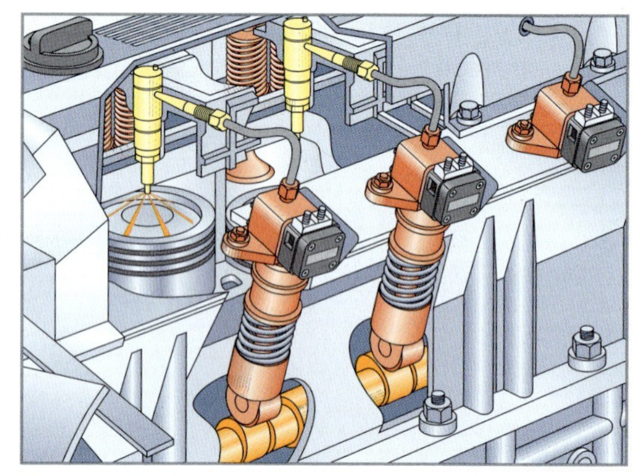

Illustration 2: Pompes unitaires haute pression (UPS)

Fonctionnement. Quatre phases de fonctionnement se succèdent:

1. alimentation
2. précourse
3. refoulement et injection
4. course restante

Phase d'alimentation (ill. 3/1). Le piston de la pompe descend en direction du PMB sous l'action du ressort de rappel, ce qui provoque le remplissage de la chambre haute pression avec du carburant provenant de l'électrovanne ouverte (non alimentée).

Précourse (ill. 3/2). Le poussoir à galets, actionné par la came, remonte en position du PMH. Le carburant est refoulé hors de la chambre haute pression et afflue, par l'électrovanne ouverte, vers la conduite de retour.

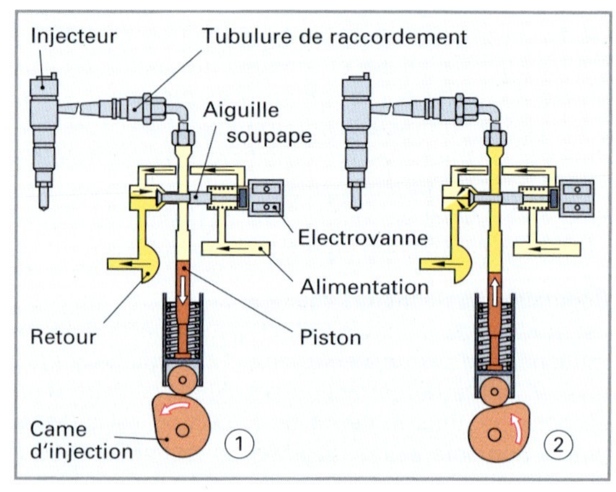

Illustration 3: Phase d'alimentation et précourse

Phase de refoulement et d'injection (ill. 1/3, p. 683). L'électrovanne est alimentée, fermant ainsi l'aiguille soupape. Le piston de la pompe, actionné par le poussoir à galet, se déplace en direction du PMH. Le carburant est mis sous pression dans la chambre haute pression. Lorsque la pression dans la chambre dépasse la pression d'ouverture de l'injecteur, l'injection a lieu.

Le début de l'injection et sa **durée** (quantité injectée) sont définis individuellement par la centrale de commande pour chaque cylindre. Le début de la phase d'injection (BIP) a lieu lorsque l'électrovanne est alimentée électriquement. Tant que l'électrovanne est alimentée, l'injection se poursuit.

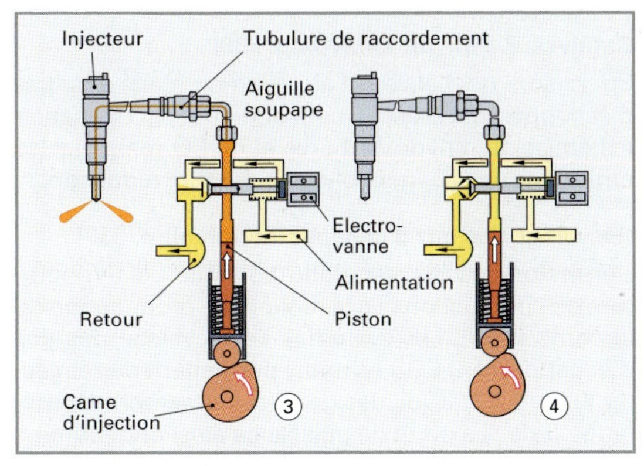

Illustration 1: Phase d'injection et de course restante

Phase de course restante (ill. 1/4). Lorsque l'électrovanne n'est plus sous tension, le carburant comprimé afflue par l'électrovanne ouverte dans la conduite de retour, ceci jusqu'à ce que le piston ait atteint le PMH. Le piston de la pompe redescend et réinitialise une nouvelle phase d'alimentation.

Pré-injection. Dans ce système, elle ne peut être réalisée qu'au moyen d'un porte-injecteur bi-étagé **(voir p. 300)**.

L'ill. 2 montre les tracés de la tension et du courant dans l'électrovanne ainsi que de la pression dans l'injecteur et la course de l'aiguille d'injecteur.

Afin d'obtenir le temps de réponse le plus court possible et une fermeture rapide de l'électrovanne, ces éléments sont commandés par le transformateur de tension de la centrale de commande au moyen d'une tension de 70 V avec des courants allant jusqu'à 18 A. Lorsque l'électrovanne est fermée, la centrale de commande génère un courant de maintien d'environ 12 A afin de minimiser la dissipation d'énergie, et donc l'échauffement de l'électrovanne.

Le début de la phase d'injection est déterminé par la fermeture de l'électrovanne.

La durée de maintien de l'électrovanne définit la quantité injectée. La course utile se termine lorsque l'électrovanne s'ouvre. L'injecteur se ferme. Le carburant refoulé par le piston de la pompe reflue au retour durant la course restante. La centrale de commande calcule le début de l'injection sur la base du signal de régime mesuré par le capteur de régime du vilebrequin. Le capteur de position du vilebrequin permet de définir les séquences d'injection dans les cylindres.

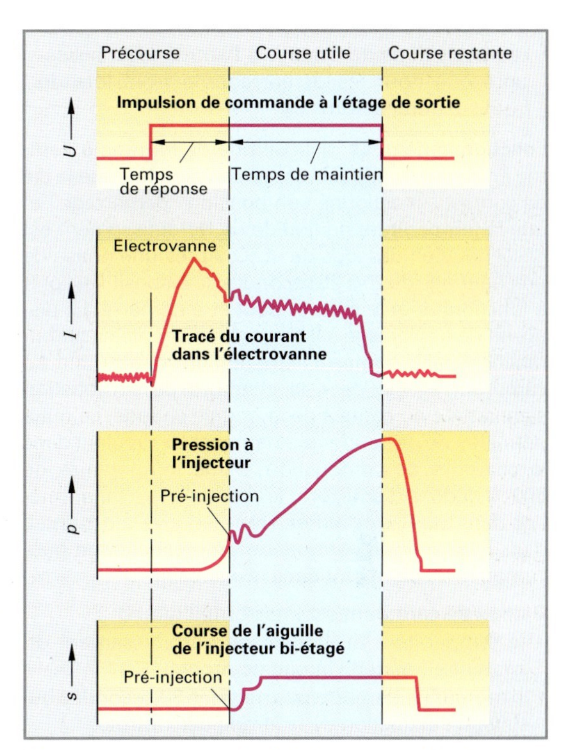

Illustration 2: Commande de l'électrovanne de l'UPS

22.3.4 Systèmes d'aide au démarrage

Ils ont plusieurs fonctions: faciliter le démarrage du moteur Diesel froid, assurer un fonctionnement du moteur régulier et stable et contribuer à limiter les émissions polluantes.

Comme les voitures, les véhicules utilitaires sont généralement équipés de bougies-crayons de préchauffage **(voir p. 298)** ainsi que de dispositifs de démarrage à flamme.

Dispositif de démarrage à flamme. Il est monté dans la tubulure d'air d'admission du moteur. Il comprend une chambre de combustion, un injecteur, une électrovanne et une bougie-crayon **(ill. 3).**

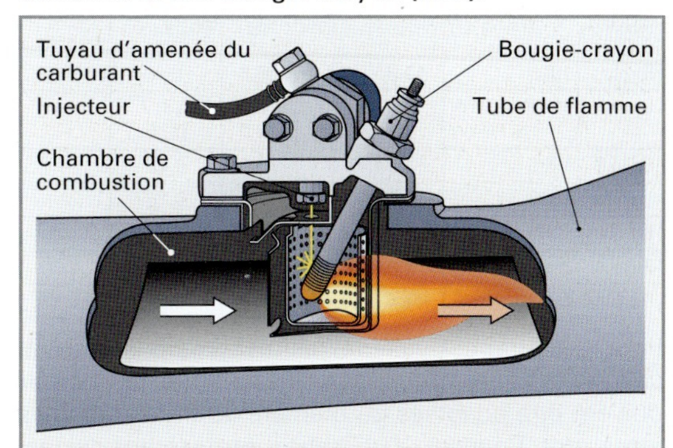

Illustration 3: Dispositif de démarrage à flamme

Le dispositif de démarrage à flamme n'est nécessaire que pour les démarrages à froid lors de froids extrêmes (– 15 °C).

Fonctionnement. Le dispositif de démarrage à flamme entre automatiquement en fonction lorsque la clé de contact est actionnée en position "démarrage" et que la température du liquide de refroidissement est descendue en-dessous de -4 °C. Après une phase de préchauffage de 20 à 25 secondes, le dispositif est prêt à fonctionner et le moteur peut être démarré. Le dispositif de démarrage à flamme est alimenté en carburant filtré par la pompe d'alimentation en carburant. Le carburant injecté dans la chambre de combustion s'enflamme au contact de la bougie chaude, ce qui a pour effet de réchauffer rapidement l'air circulant dans la chambre de combustion à une température de 800 °C et donc d'améliorer les conditions d'inflammation dans tous les cylindres. Une électrovanne montée dans l'appareil de commande de préchauffage gère l'amenée du carburant dans le dispositif.

L'afflux de carburant est interrompu quand ...

- la température du liquide de refroidissement du moteur en marche atteint environ 0 °C;
- le moteur ne démarre pas dans les 30 secondes qui suivent l'extinction de la lampe de contrôle.

Diagnostic. L'appareil de contrôle du préchauffage surveille la bougie-crayon de préchauffage, l'électrovanne et les câbles de connexion. En cas de défaut, l'erreur est signalée au conducteur par l'affichage d'un code d'erreur (p. ex. **"FLA"**).

22.3.5 Diminution de la quantité de polluants émis par les moteurs Diesel des véhicules utilitaires

Les véhicules utilitaires doivent respecter les valeurs limites de plus en plus sévères en matière d'émissions polluantes. En Europe, ces valeurs sont définies par les directives 91/542/EWG **(tableau 1)**.

Tableau 1: Valeurs limites pour véhicules poids lourds (m_{tot} > 3,5 to)

Normes	Année	CO	HC	NO_x	Particules	Fumées émises
Euro 0	1988	12,3	2,6	15,8	–	–
Euro 1	1992 < 85 kW > 86 kW	4,5 4,5	1,1 1,1	8,0 8,0	0,612 0,36	– –
Euro 2	1996	4,0	1,1	7,0	0,25	–
	1998	4,0	1,1	7,0	0,15	–
Euro 3	2000	2,1	0,66	5,0	0,20/0,13	0,8
Euro 4	2005	1,5	0,46	3,5	0,02	0,5
Euro 5	2008	1,5	0,46	2,0	0,02	0,5

Pour respecter ces valeurs, les mesures prises au niveau interne du moteur et celles externes au moteur doivent être adaptées de manière optimale les unes aux autres. Pour cela, l'utilisation de systèmes de gestion électroniques de l'injection est indispensable.

Mesures externes au moteur

Les systèmes suivants sont utilisés pour réduire les émissions polluantes des véhicules utilitaires:

- catalyseur à oxydation;
- recyclage des gaz d'échappement;
- filtre à particules;
- catalyseur SCR.

Catalyseur à oxydation (voir p. 336).

En raison de l'excès d'air contenu dans les gaz d'échappement Diesel, il peut diminuer par oxydation les émission d'hydrocarbures et de CO mais pas les émissions de NO_x qui doivent subir une réduction.

Recyclage des gaz d'échappement (voir p. 337).

L'émission des NO_x est proportionnelle à la température de combustion et à la rapidité de propagation de la combustion. Les systèmes de recyclage des gaz d'échappement EGR refroidis permettent de réinjecter jusqu'à 40 % vol. des gaz d'échappement au mélange frais. La perte de puissance ainsi engendrée a pour effet d'augmenter la consommation de carburant de 1 à 2 %; l'emploi de ce système n'est par conséquent judicieux que sur des véhicules utilitaires dont les heures de fonctionnement par année sont limitées.

Procédé SCR (ill. 1, p. 685).

Avec le procédé SCR (**S**electiv **C**atalytic **R**eduction), les surfaces du catalyseur transforment, à l'aide d'ammoniac, l'oxyde d'azote en azote et en eau, ce qui permet de réduire de 80 % les émissions d'oxyde d'azote. L'émission de particules n'est, quant à elle, quasiment pas diminuée.

Construction. L'ill. 1, p. 685 montre la construction d'un système SCR. Le système est composé d'une combinaison de catalyseur à oxydation et de catalyseur SCR ainsi que d'une unité de dosage. Le catalyseur SCR est monté en aval du catalyseur à oxydation. Au moyen d'air comprimé, l'unité de dosage injecte l'agent réducteur en amont du catalyseur SCR, en fonction de la charge du moteur. Le fonctionnement de l'installation est surveillé par un capteur de gaz d'échappement (sonde lambda à large bande, **voir p. 330**).

Catalyseur SCR. Le washcoat est revêtu d'une couche de titane, de tungstène et de vanadium. Ces alliages de métaux nobles permettent, avec l'apport d'ammoniac (NH_3), de procéder à une conversion sélective de l'oxyde d'azote (NO_x) en azote (N_2) et en eau (H_2O).

Agent réducteur. Il est composé d'une solution d'urée acqueuse d'une concentration de 32,5 % vol. Cette solution inoffensive est transformée en ammoniac toxique au contact des surfaces du catalyseur,

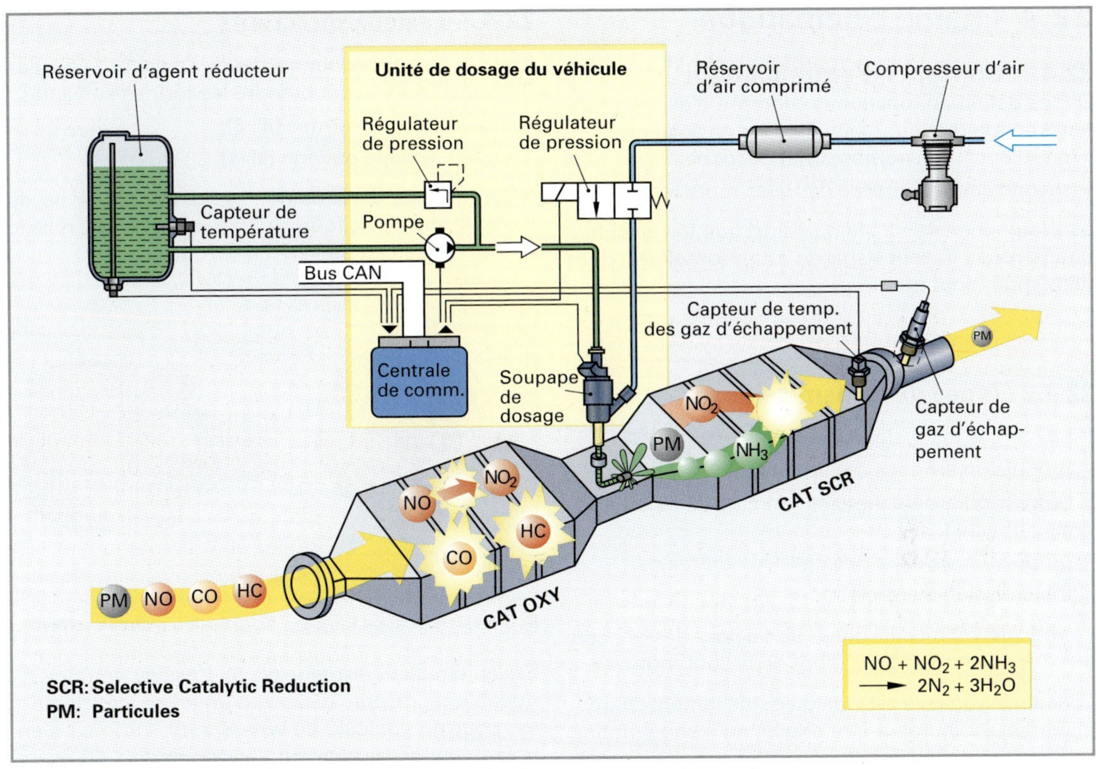

Illustration 1: Construction du système SCR avec unité de dosage de solution uréique

raison pour laquelle la quantité de solution d'urée injectée doit être calculée avec une grande précision afin d'éviter toute émission d'ammoniac dans l'environnement. Dans le catalyseur SCR, l'ammoniac transforme le NO_x en N_2 et en H_2O.

Economie de carburant. Grâce au système SCR, la teneur en NO_x est fortement réduite, ce qui permet d'avancer le début de l'injection et donc de diminuer la consommation de carburant d'environ 6 %. L'augmentation de la teneur en NO_x ainsi générée est finalement réduite par le système SCR.

Questions de révision

1. **Quels sont les principaux systèmes d'injection Diesel utilisés pour les véhicules utilitaires?**
2. **Décrivez le cheminement du carburant du réservoir jusqu'à la chambre de combustion.**
3. **Décrivez le fonctionnement de la pompe d'alimentation en carburant des pompes d'injection en ligne.**
4. **Après tout changement de filtre, il faut purger le circuit de carburant des pompes d'injection en ligne. Quelles sont les étapes de travail de cette opération?**
5. **Quelles sont les phases de la course totale d'un élément de pompe d'une pompe d'injection en ligne?**
6. **A quoi sert la soupape de refoulement?**
7. **Dans quels moteurs utilise-t-on des pompes d'injection en ligne à butée de pleine charge élastique?**
8. **Expliquez le réglage de l'injection dans une pompe d'injection en ligne standard.**
9. **Décrivez le processus de modification de la quantité injectée par le réglage des éléments de pompe d'une pompe d'injection en ligne.**
10. **Comment distingue-t-on une pompe d'injection en ligne à tiroirs d'une pompe d'injection en ligne standard?**
11. **Décrivez le fonctionnement de la régulation du régime d'une pompe d'injection en ligne à tiroirs.**
12. **Quels sont les effets d'un réglage du tiroir vers le haut?**
13. **Comment distingue-t-on une pompe d'injection monocylindrique d'un système pompe unitaire haute pression?**
14. **Expliquez le réglage du début de l'injection sur une pompe d'injection monocylindrique.**
15. **Comment est réalisée la préinjection dans un système pompe unitaire haute pression?**
16. **Décrivez la régulation du début de l'injection et de la quantité d'injection dans un système pompe-unitaire haute pression.**
17. **Expliquez le fonctionnement d'un dispositif d'aide au démarrage à flamme.**
18. **Par quels processus peut-on diminuer les émissions d'oyxde d'azote dans les gaz d'échappement?**
19. **Décrivez le fonctionnement du système SCR.**

22.4 Chaîne cinématique

22.4.1 Concepts d'entraînement

On les définit en fonction du nombre d'essieux moteurs et non moteurs, selon le schéma suivant:

- premier chiffre: nombre total de roues;
- second chiffre: nombre de roues motrices.

La désignation 4 × 2 indique ainsi que le véhicule a quatre roues (il peut s'agir de roues jumelées), dont deux roues sont motrices.

22.4.2 Types de transmission

On distingue les systèmes suivants:

- propulsion arrière à essieu moteur;
- propulsion arrière à essieu entraîné **(ill. 1)** ou à essieu directeur;
- propulsion arrière à deux essieux entraînés;
- transmission intégrale.

Le véhicule représenté dans l'**ill. 1** a pour désignation 6 × 2. Il a donc six roues, dont deux sont motrices.

Lorsque le véhicule est vide ou partiellement chargé, le dernier essieu peut être relevé, qu'il soit entraîné ou directeur, afin de réduire la résistance au roulement et l'usure des pneus.

Lorsque le véhicule est chargé, ce même essieu permet de délester l'essieu moteur d'une charge allant jusqu'à 10 t. Pour le démarrage, il peut légèrement se relever afin d'augmenter la charge au sol et, par conséquent, la motricité de l'essieu moteur.

Illustration 1: Véhicule à trois essieux 6 x 2

Transmission intégrale (ill. 2). Cette disposition 6 × 6 nécessite une boîte de transfert. Le premier essieu moteur est relié au deuxième par un arbre interpont.

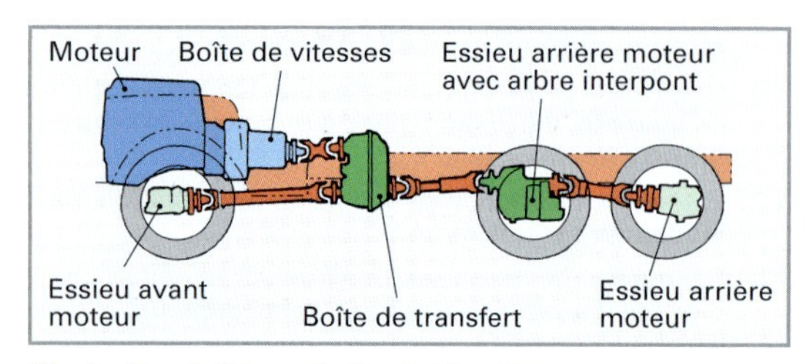

Illustration 2: Transmission intégrale

22.4.3 Essieux directeurs

Essieux directeurs non moteurs. Dans les véhicules utilitaires, ils peuvent prendre les formes suivantes:

- essieu à chape fermée **(ill. 3)**;
- essieu à chape ouverte **(ill. 4)**.

Selon les cas, le corps de l'essieu est en forme de poing fermé ou de fourche. La fusée d'essieu relie le corps d'essieu au moyeu d'une roue.

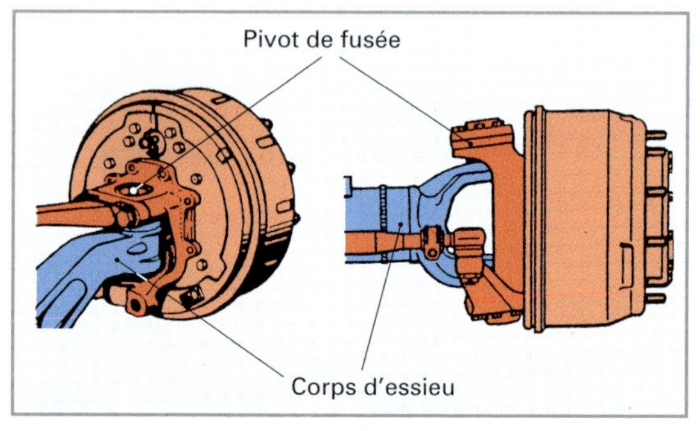

Ill. 3: Essieu à chape fermée **Ill. 4: Essieu à chape ouverte**

Essieu directeur entraîné (ill. 5). L'essieu entraîné dirigeable représenté dispose d'un arbre interpont (p. ex. pour un véhicule de type 8 × 8). La force d'entraînement se reporte sur l'essieu le plus en avant, par le biais d'un arbre moteur. Un pignon de renvoi disposé sur l'essieu transfère, en le répartissant, le couple à l'engrenage à pignons coniques. Les arbres de roues entraînent, par l'intermédiaire des joints de cardan double, les moyeux de roues. Chaque moyeu de roue peut être équipé d'un réducteur à train planétaire qui permet de multiplier le couple d'entraînement.

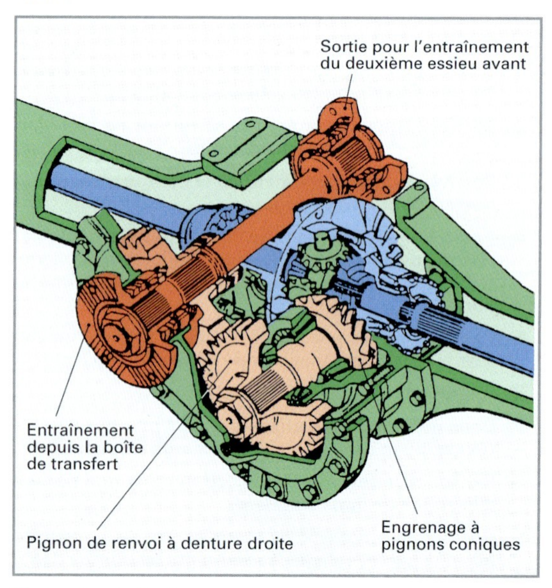

Illustration 5: Essieu avant entraîné avec arbre interpont

22.4.4 Essieux moteurs

Ce sont, d'une part, des ponts à couple conique hypoïde et, d'autre part, des ponts à couple conique hypoïde équipés de réducteurs de roue à train planétaire (pour les véhicules de chantier).

Essieu moteur de type hypoïde. Il fait très peu de bruit et possède un rapport de transmission élevé (i = 6,0 à 8,0:1). Il nécessite un carter de grandes dimensions, ce qui réduit la garde au sol.

Essieu de roue avec réducteurs de roue à train planétaire (ill. 1). Grâce au faible rapport de transmission (i = 1,1 à 1,3:1), le dispositif de transmission à pignon conique n'a besoin que d'un petit carter, la garde au sol en est ainsi augmentée. De plus, le faible couple de transmission généré permet de réduire la taille des arbres de roues. La démultiplication du couple est réalisée dans les moyeux de roue par un train planétaire. Le rapport de ce dispositif se situe entre 5 et 6 : 1.

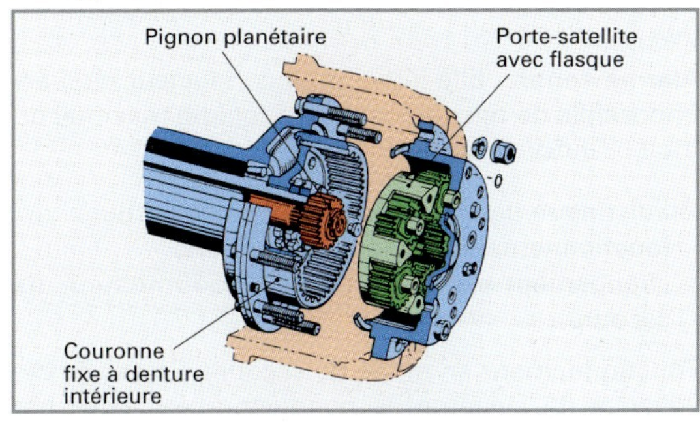

Illustration 1: Réducteur à train planétaire

22.4.5 Boîtes de transfert

Construction. Ce sont des boîtes à 3 arbres **(ill. 2)** comprenant deux rapports de transmission (conduite sur route ou terrain). Le différentiel à train planétaire permet, de plus, une répartition du couple inégale entre les essieux avant et arrière (p. ex. 65 % sur l'essieu arrière et 35 % sur l'essieu avant). Lorsque l'adhérence est faible (conduite dans le terrain), le chauffeur peut bloquer le différentiel à l'aide d'un système à crabot.

Entraînement des organes secondaires. Ces prises de force sont utilisées pour entraîner des systèmes auxiliaires (p. ex. pompes, treuils, etc.).

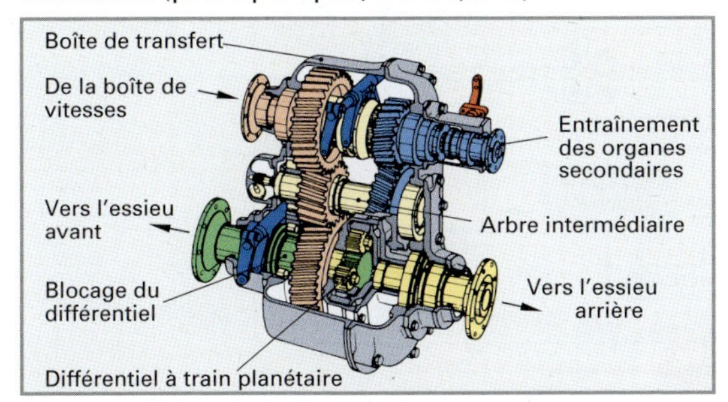

Illustration 2: Boîte de transfert avec différentiel

Fonctionnement (ill. 3).

Conduite sur route. Le couple est transmis au porte-satellites par la paire de pignons d'entrée située à gauche. Le pignon planétaire entraîne l'essieu avant et la couronne à denture intérieure de l'essieu arrière.

Conduite dans le terrain. Le baladeur est craboté à droite. La paire de pignons située à droite, multiplie et transmet le couple au porte-satellites. En cas de faible adhérence, le chauffeur peut bloquer le différentiel à train planétaire avec le baladeur inférieur.

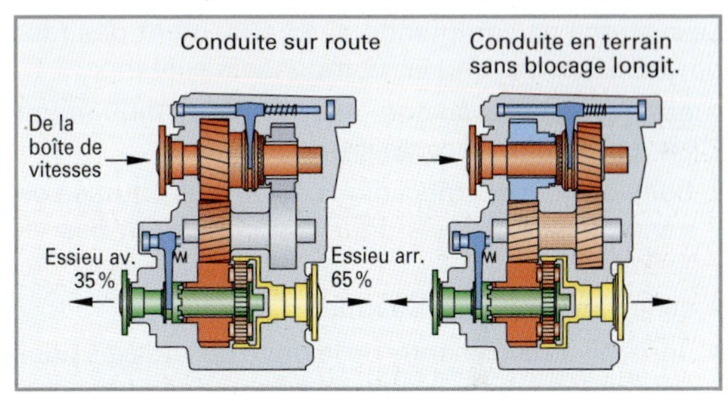

Illustration 3: Répartition du couple

22.4.6 Doubleurs de gamme (ill. 3)

Dans la chaîne cinématique, ils sont placés après le moteur. Ils permettent un fonctionnement du moteur dans la plage de consommation la plus avantageuse aussi bien que dans celle du couple maximal.

Un **doubleur de gamme précédant la boîte de vitesses** (doubleur amont) favorise un étagement plus précis des vitesses et des écarts entre les rapports de transmission moins importants.

Un **doubleur de gamme placé à l'arrière de la boîte de vitesses** (doubleur aval) élargit la zone de rapport et double ainsi le nombre de vitesses.

22.4.7 Boîte de vitesses

Il s'agit le plus souvent de boîtes de vitesses à trois arbres. Elles peuvent être équipées d'un ou de plusieurs doubleurs de gamme placés avant ou après la boîte de vitesses **(ill. 4)**.

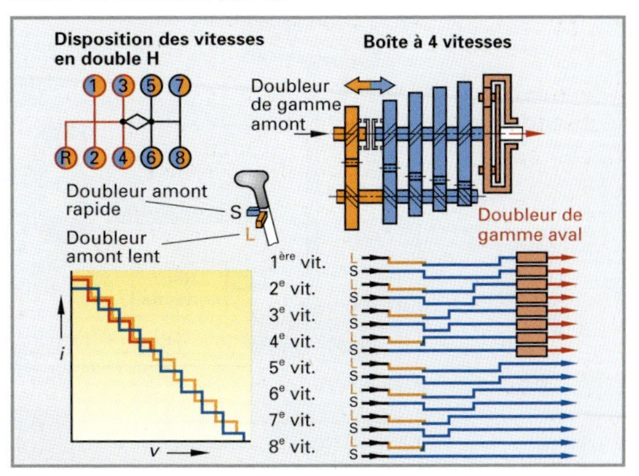

Illustration 4: Boîte de vitesses avec doubleur amont et aval

22.4.8 Commande électropneumatique des changements de rapports (ill. 2)

Ce système permet d'engager le rapport approprié en fonction de la vitesse de déplacement du véhicule, de son poids et de la charge demandée au moteur, au moyen de vérins pneumatiques à commande manuelle ou automatique.

Construction

Le système de commande de changement des rapports EGG comprend les composants suivants:

- embrayage mécanique, activé pneumatiquement par un cylindre récepteur pneumatique;
- boîte de vitesses mécanique à 4 arbres équipée de vérins pneumatiques pour l'engrènement des vitesses;
- sélecteur électrique de rapport choisi;
- appareil de commande de la boîte de vitesses pour l'engrènement de la vitesse appropriée et la commande des électrovannes et des vérins pneumatiques;
- capteurs d'enregistrement des valeurs;
- affichage multifonction d'indication des vitesses.

Fonctionnement

Unité de commande (ill. 1). Elle comprend un sélecteur supplémentaire pour le fonctionnement manuel ou automatique.

Fonctionnement manuel. C'est le conducteur qui change les vitesses. En déplaçant le levier sur la position **DV,** la demi-vitesse supérieure est engagée; en le tirant, le conducteur rétrograde d'une demi-vitesse. Pour permettre le passage du rapport supérieur, le conducteur appuie sur le bouton **BF** tout en poussant le levier en avant. En le tirant, il rétrograde d'un rapport. En appuyant sur le bouton neutre **(N),** la boîte de vitesses se met au point mort. Si le conducteur tire le levier avec le moteur proche du régime de ralenti, le système garde la vitesse déjà engagée.

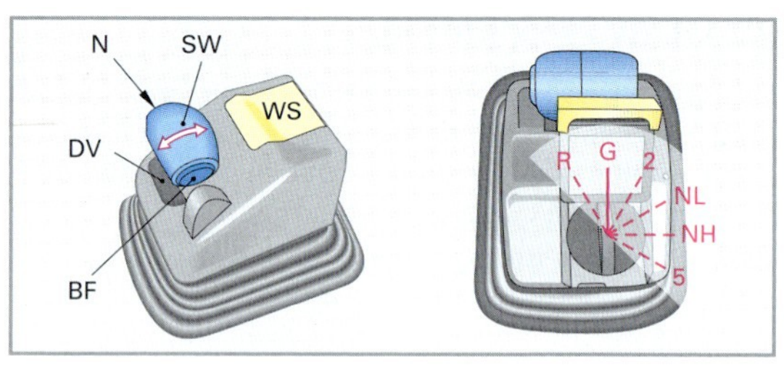

Illustration 1: Unité de commande de changement des rapports

Fonctionnement automatique. Tous les processus sont exécutés automatiquement. Le rapport optimal est défini et engagé en fonction de la conduite, de la position de la pédale d'accélérateur et de la charge demandée au moteur. L'embrayage est également commandé de façon totalement automatique.

Affichage multifonction. Il informe le conducteur du rapport engagé ou préprogrammé et du doubleur activé.

Alarme sonore. Elle indique au conducteur qu'il est impossible de rétrograder car le régime maximal du moteur autorisé serait dépassé.

On distingue deux fonctionnements de secours:

- **fonctionnement en mode de secours;**
- **changement de rapports avec commutateur de secours.**

Fonctionnement en mode de secours. En cas de défaillance du système, le conducteur est avisé par l'alarme sonore et par l'affichage qu'il doit appuyer sur la pédale d'embrayage. Il devient alors possible de changer les rapports mécaniquement.

Changement de rapports avec commutateur de secours. Si l'appareil de commande détecte une erreur, tous les systèmes automatiques sont verrouillés. Il n'est alors possible de continuer à rouler qu'en utilisant le commutateur de secours; il ne peut être actionné que lorsque le véhicule est arrêté. Dans ce cas, seuls les rapports de 2ème, de 5ème, la marche arrière et le doubleur aval sont actifs.

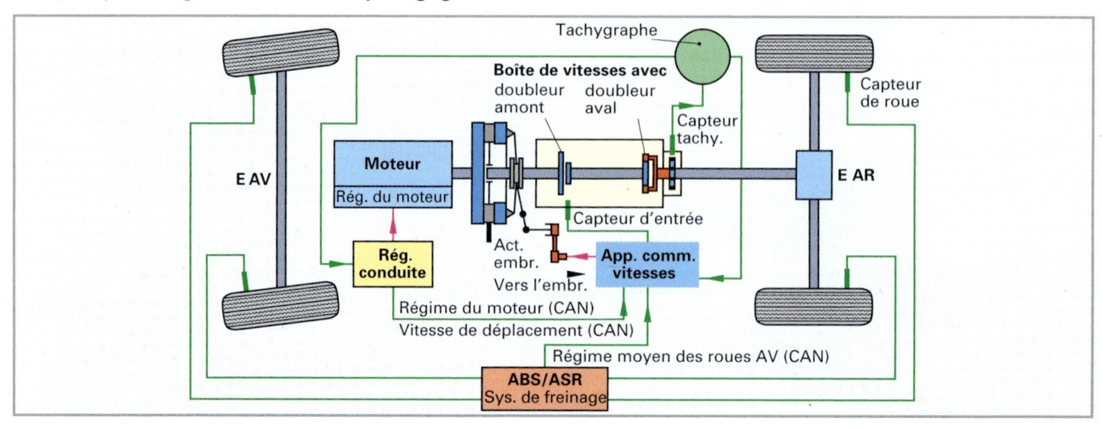

Illustration 2: Commande électropneumatique du changement de rapports

22.5 Châssis

22.5.1 Suspension

Les **ressorts à lames** en acier sont généralement utilisés pour la suspension des véhicules utilitaires. Les autobus utilisent principalement des **suspensions pneumatiques**.

Ressort à lame

Le ressort à lames empilées est utilisé comme ressort de flexion. On le trouve sous forme de:

- ressort semi-elliptique ou ressort trapézoïdal;
- ressort parabolique.

Ressort semi-elliptique. Il est en acier plat et en forme de semi-ellipse. Plusieurs lames sont empilées, pour former un paquet, qui prend alors la forme d'un trapèze **(ill. 1)**.

Les lames de ressorts sont percées en leur milieu et maintenues ensemble par le boulon étoquiau. Ce boulon central empêche que les lames se déplacent séparément dans le sens de la longueur. Les étriers de ressort empêchent les déplacements latéraux.

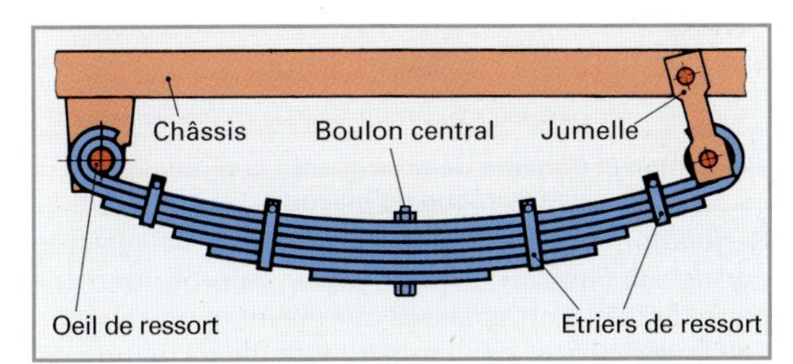

Illustration 1: Ressort semi-elliptique, ressort trapézoïdal

Les ressorts trapézoïdaux sont des ressorts progressifs. La dureté augmente avec l'épaisseur des lames et le nombre de lames superposées.

Lors de la conduite du véhicule à vide, afin d'éviter un martèlement des essieux, provoqué par des ressorts trop durs, on ajoute souvent un deuxième paquet de lames qui n'entre en fonction qu'à partir d'une certaine charge utile. Ce système de suspension est donc progressif **(ill. 2)**.

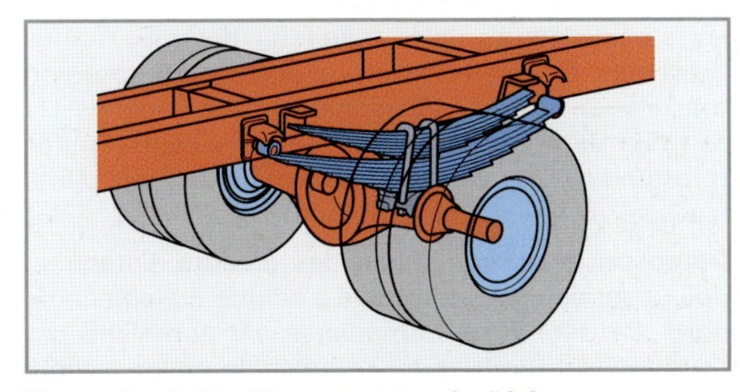

Illustration 2: Double ressort trapézoïdal

Lors du débattement de la suspension, le frottement des lames superposées entraîne un auto-amortissement important qui renforce le freinage des oscillations des ressorts. Les ressorts à lames doivent être entretenus. Il ne doit pas y avoir de rouille entre les lames et, pour limiter leur usure, il faut qu'elles soient séparées les unes des autres par une couche de lubrifiant.

Les ressorts à lames peuvent transmettre les forces de freinage et d'accélération ainsi que les forces transversales. Les pièces, servant à la fixation du ressort sur le châssis ou sur la carrosserie, telles que les jumelles de ressort, les douilles ou les yeux de ressorts, sont fortement sollicitées. Pour éviter que l'essieu ne se détache du châssis en cas de rupture de la lame supérieure, on plie l'extrémité avant de la deuxième lame de la même manière que la lame principale. L'œil de ressort arrière est fixé au châssis par une jumelle qui compense l'allongement axial du ressort lors de la flexion de la suspension.

Ressort parabolique. Les lames de ressort s'amincissent vers les deux extrémités en décrivant une parabole.

Le ressort parabolique n'est composé que d'un petit nombre de lames très épaisses, séparées par des couches de plastique diminuant ainsi le frottement entre elles **(ill. 3)**. Comme il permet un débattement de suspension plus long et que le frottement entre les lames est moins important, le ressort parabolique est plus souple et offre plus de confort.

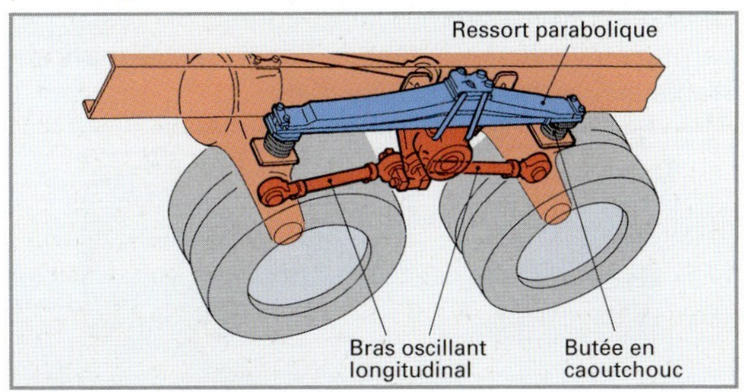

Illustration 3: Ressort parabolique

Conseils d'atelier

Lors du changement de lames, il faut tenir compte des indications figurant sur la fiche LSD (Load Sensig Device) **(ill. 4)**, faute de quoi les pressions de sortie du régulateur LSD ne correspondront plus à la charge de l'essieu.
Le numéro de lame est généralement indiqué sur la fiche d'identification.

No ressort arrière Rear Spring No 81.43402.6504 .6505	Pression d'entrée / Input Pressure: 8 bar Pression de sortie au LSD Output Pressure at Load Sensing Device		l = 100 mm
Charge essieu arrière Rear Axle Load kg	Pour l'essieu avant to the Front Axle bar	Pour l'essieu arr. to the Rear Axle bar	Course s au levier Stroke s at Lever mm
2000	4,5/5,5*	1,8	117
2500	4,6/5,6*	2,0	112
3000	4,8/5,7*	2,4	106
3500	4,9/5,8*	2,7	101

Illustration 4: Aperçu de la plaquette LSD

22

Suspension pneumatique

On l'utilise surtout dans les autobus, les véhicules utilitaires et les remorques. L'effet de suspension est obtenu grâce à la compressibilité d'un gaz.

La suspension pneumatique se distingue de la suspension mécanique à ressorts par les caractéristiques suivantes:

- confort de conduite accru et meilleure préservation des marchandises grâce à des ressorts moins durs et à une fréquence d'oscillations propres plus basse;
- absence d'auto-amortissement nécessitant des amortisseurs plus efficaces;
- courbe de ressort à caractéristique progressive;
- hauteur du véhicule constante, indépendante de la charge;
- possibilité de régulation du niveau (p. ex. pour l'utilisation d'une rampe de chargement);
- commande aisée des essieux relevables (p. ex. pour l'assistance au démarrage ou pour la protection contre les surcharges);
- pas de prise en charge des forces de guidage de la roue, d'où la nécessité de rajouter des bras oscillants.

Construction. Les éléments utilisés pour le ressort sont des soufflets en caoutchouc (avec une couche de tissu) plissés ou en rouleaux **(ill. 1).** Un ressort creux en caoutchouc limite la course du ressort et permet au véhicule roulant au pas de rester manœuvrable en cas de perte totale d'air.

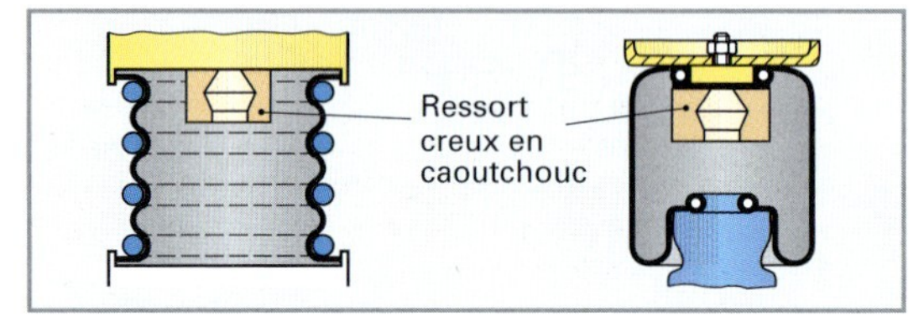

Ill. 1: a) Soufflet plissé b) Soufflet en rouleaux

Guidage de la roue (ill. 2). Elle est assurée par des bras oscillants longitudinaux, transversaux ou stabilisateurs. Le freinage des oscillations des ressorts est réalisé par des amortisseurs.

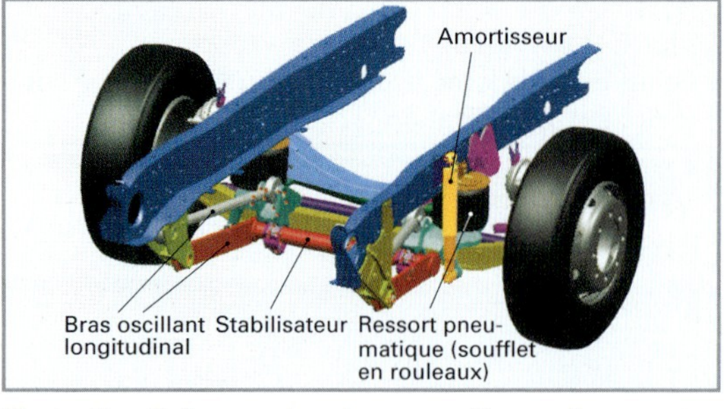

Illustration 2: Suspension des roues d'un essieu avant à ressort pneumatique

Systèmes de suspension pneumatique à réglage électronique

Ils assument toute une série de fonctions, telles que la régulation et le changement du niveau, la limitation de la hauteur, la commande des essieux levables, la détection et la mémorisation des défauts.

Réglage du niveau nominal (ill. 3). Des capteurs de mouvements, reliés au châssis du véhicule, mesurent de façon constante sa hauteur et transmettent les informations à la centrale de commande électronique. En cas de décalage par rapport au niveau nominal, le niveau du véhicule est corrigé grâce aux électrovannes des essieux avant et arrière, qui modifient dans une certaine limite la valeur de la pression dans les soufflets. Selon le nombre de capteurs de mouvements, on distingue les régulations à deux, trois ou quatre positions. La régulation à trois positions est la plus fréquente. On a alors, p.ex., deux capteurs pour l'essieu directeur et un pour l'essieu moteur.

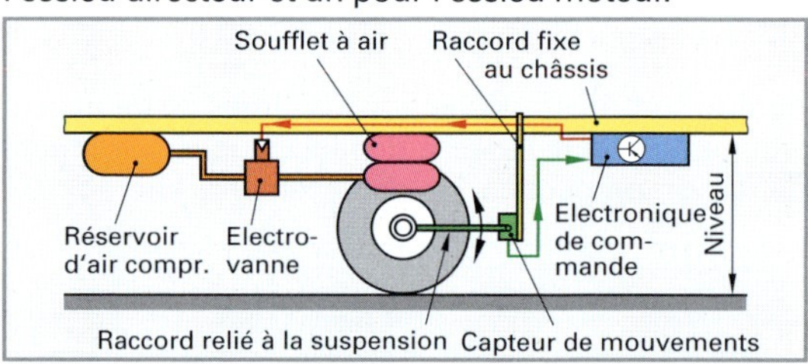

Illustration 3: Schéma de principe de la régulation électronique de niveau

Régulation de niveau par interrupteur. Ce système permet de choisir l'une des hauteurs programmées par exemple pour abaisser ou relever le niveau d'un véhicule à carrosserie interchangeable tel qu'un porte-conteneurs.

Limitation de la hauteur. Lorsque la valeur limite de hauteur inférieure ou supérieure est atteinte (butée de ressort creux en caoutchouc), le changement de hauteur est interrompu.

Commande et régulation des essieux levables. Les essieux levables peuvent être commandés au moyen d'un interrupteur par exemple pour améliorer la motricité de l'essieu moteur. A partir d'un certain seuil de charge (p. ex. 11 t), l'essieu s'abaisse de lui-même.

Régulation de la pression. Des capteurs de pression sont installés dans chaque élément du ressort pneumatique pour mesurer en continu la pression des ressorts et permettre de la maintenir dans les limites prescrites. Ils convertissent la valeur de la pression mesurée en un signal de tension qui est transmis à la centrale de commande. En cas de valeurs limites (pression maximale ou minimale), la centrale pilote les électrovannes de façon appropriée.

Détection et mémorisation des défauts. Lorsqu'un défaut est détecté, un témoin s'allume au tableau de bord. Ce défaut est immédiatement enregistré par l'appareil de commande. Le véhicule ne peut continuer à rouler que si le niveau imposé est respecté.

Suspension pneumatique à réglage électronique (ill. 1)

Construction. Le dispositif de suspension représenté est celui équipant un poids lourd à suspension pneumatique intégrale avec essieu relevable. Lorsque le contact est enclenché, trois capteurs de mouvements annoncent en continu la hauteur du véhicule à la centrale de commande. Le débattement des soufflets à air est actionné par des électrovannes 3/2 et 2/2. Des capteurs de pression surveillent la pression dans les soufflets.

L'activation du bouton d'aide au démarrage a pour effet de dégonfler brièvement les soufflets de relevage afin d'améliorer la traction de l'essieu moteur. Le conducteur peut activer manuellement l'axe relevable au moyen des boutons "Relever" et "Abaisser". Si l'électronique de contrôle détecte que la charge sur un seul essieu est trop élevée, elle empêche le fonctionnement de l'essieu relevable.

Un interrupteur à pression contrôle la pression dans le système. En cas de dépassement des valeurs admises, le **témoin d'avertissement 4a** s'allume. La **lampe d'erreurs 4b** indique les défaillances électriques et électroniques. Ces erreurs sont mémorisées. La télécommande permet de modifier le niveau du véhicule (p. ex. en cas d'accès à une rampe). Ce dispositif ne fonctionne toutefois qu'en-dessous d'une certaine vitesse définie par le constructeur.

Fonctionnement

Alimentation en air. Le système est alimenté en air comprimé par le compresseur du véhicule, à une pression de 12,5 bar. L'air comprimé est prélevé soit au raccord 24 de la soupape à quatre voies ou en amont du régulateur de pression.

Réglage du niveau de consigne. Les valeurs détectées par les capteurs de vitesses sont comparées avec les valeurs théoriques mémorisées. Si l'écart dépasse un certain seuil de tolérance défini, l'appareil de commande pilote les électrovannes correspondantes de façon à gonfler ou à dégonfler les soufflets jusqu'à ce que le niveau correct de l'essieu avant ou de l'essieu moteur soit atteint. Lorsque le véhicule est à l'arrêt, ce réglage a lieu en quelques secondes. Lorsque le véhicule roule, les inégalités de la chaussée ne sont par compensées immédiatement car la régulation de niveau est retardée.

Purge des soufflets de l'essieu avant et de l'essieu moteur. Les électrovannes **a, b** et **d** sont actionnées électriquement et commutent en position de purge. L'air contenu dans les soufflets passe par l'électrovanne **c** pour être évacué à l'air libre à travers un silencieux, jusqu'à ce que le niveau de consigne soit atteint.

Commande de l'essieu relevable. Les capteurs de pression disposés sur l'essieu moteur permettent d'activer automatiquement l'abaissement de l'essieu relevable. Lorsque la charge devient trop élevée, la pression dans les soufflets de l'essieu moteur dépasse une certaine valeur (p. ex. 5,3 bar), alors l'essieu relevable est automatiquement abaissé. Les pics de pression ayant lieu pendant que le véhicule roule n'engendrent aucun abaissement automatique de l'essieu relevable.

Mise en service de l'essieu relevable. L'électrovanne **f** est actionnée pour abaisser l'essieu relevable, le soufflet relevable est purgé par l'intermédiaire de l'électrovanne **c**. Ensuite l'électrovanne **c** commute en position montée de pression pour alimenter, en traversant les électrovannes **e** et **g**, les soufflets de suspension de l'essieu relevable. Lorsque le niveau désiré est atteint, les électrovannes **e** et **g** se ferment. L'électrovanne **c** retourne dans sa position de repos.

Questions de révision

1. **Quels sont, sur un véhicule utilitaire, les avantages et les inconvénients d'une suspension pneumatique par rapport à une suspension à ressort?**
2. **Comment la régulation du niveau de consigne est-elle réalisée dans la suspension pneumatique?**
3. **Selon l'illustration 1, comment les électrovannes doivent-elles être enclenchées pour monter l'essieu relevable?**

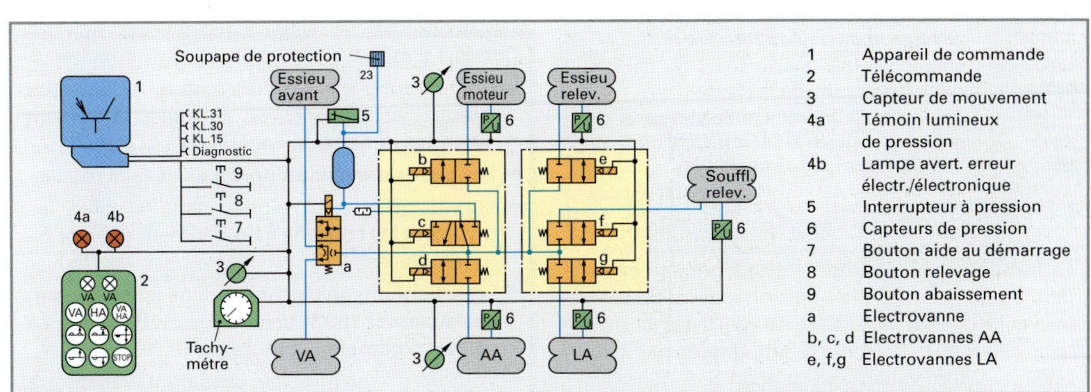

Illustration 1: Schéma de fonctionnement de la suspension entièrement pneumatique d'un poids lourd 6 x 2

22.5.2 Roues et pneus

Pneus

Pour les véhicules utilitaires, on utilise presque exclusivement des pneus à carcasse radiale ceinturés à basse section **(ill. 1)**. Ce type de construction permet de réduire l'usure, d'améliorer l'adhérence, de supporter des charges élevées tout en conservant un diamètre intérieur de jante important. La carcasse et la ceinture sont construites essentiellement en câbles métalliques, ce qui autorise une grande capacité de chargement exigée dans les véhicules utilitaires.

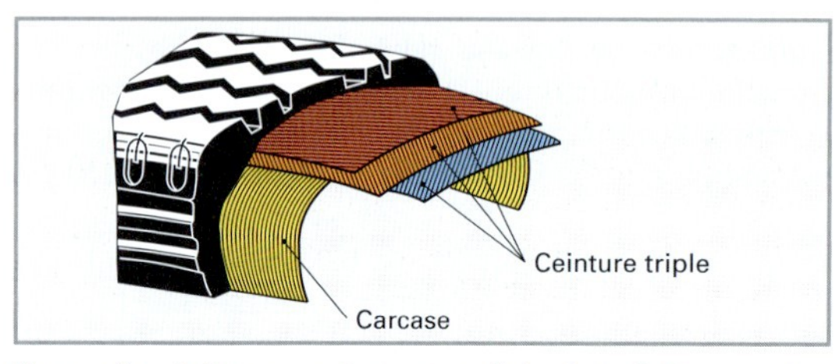

Illustration 1: Structure du pneu radial ceinturé d'un camion

Les inscriptions figurant sur le pneu **(tableau 1, ill. 2)**.

Tableau 1: Marquage du pneu

Exemple: 315/80 R 22.5 154/150M (156/150 L)	
315 80 R 22.5	Largeur du pneu en mm Hauteur du pneu = 80 % de la largeur Carcasse radiale Diamètre intérieur du pneu en pouces
154/150 M	Indice de capacité de charge pour pneus simples et pneus jumelés à une vitesse correspondant à l'indice M (v_{max} = 130 km/h) et à une pression fixée par le fabricant de pneus (p. ex. 8,5 bar).
156/150 L	Identification supplémentaire de chargement pour pneus simples et pneus jumelés utilisés à plus basses vitesses (L: v_{max} = 120 km/h).
Regroov-able	Les pneus peuvent être resculptés par un spécialiste selon les indications du fabricant.
Tread: 3 Steel 1 Steel	Quatre plis de câble d'acier se trouvent sous la bande de roulement, trois pour la ceinture et un pour la carcasse.
Sidewall 1 Steel	Un pli de câble d'acier se trouve dans la paroi latérale (pli de carcasse).
Single 8265 LBS. AT 120 P.S.I	Pneu simple, marquage de charge et de pression pour les USA et le Canada 1 LBS (pound) = 0,4536 kg; 1 P.S.I. (pound per square inch) = 0,06897 bar.

La sécurité et la durée de vie des pneus dépendent de la charge, de la pression d'air et de la vitesse. Il est donc nécessaire de maintenir correcte la valeur de la pression d'air indiquée par le fabricant. Cette valeur est préconisée dans les tableaux techniques du véhicule.

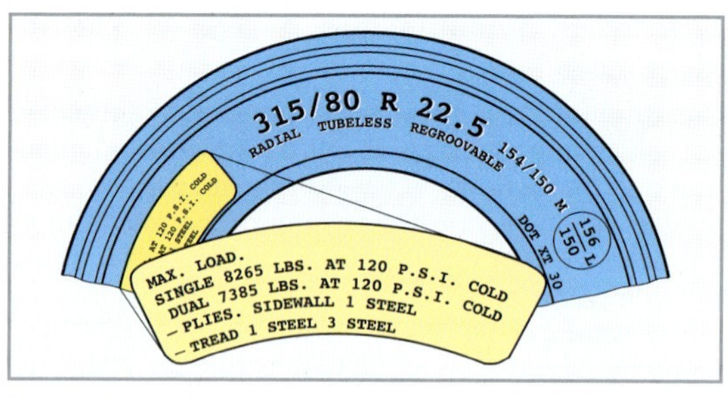

Illustration 2: Dimensions du pneu et inscriptions supplémentaires

Roues

Les roues se composent d'une jante sur laquelle est monté le pneu et d'un voile de roue qui permet de fixer la roue sur le moyeu. Les types de jantes suivants sont le plus souvent montés sur les véhicules utilitaires:

Jantes à base creuse en une partie (ill. 3). On les reconnaît à l'indication **".5"** sur le diamètre de jante (p. ex. 22.5).

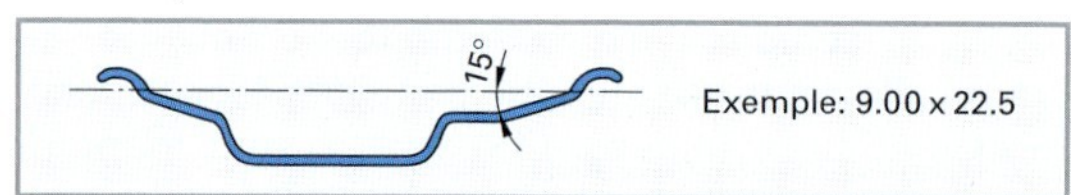

Illustration 3: Jante à base creuse en une partie avec portée de talon à 15°

Jantes à base conique divisée longitudinalement (ill. 4) et **jantes semi-creuses** (jantes SDC = semi-drop-center; la lettre "H" indique les dimensions du rebord de jante) **(ill. 5).** Les jantes divisées longitudinalement sont reconnaissables au tiret "–" placé entre les indications de largeur et de diamètre de la jante.

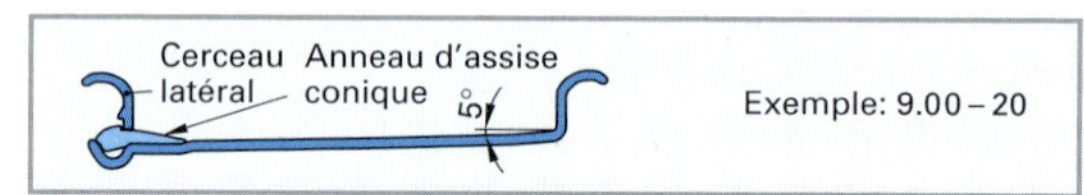

Illustration 4: Jante à base conique

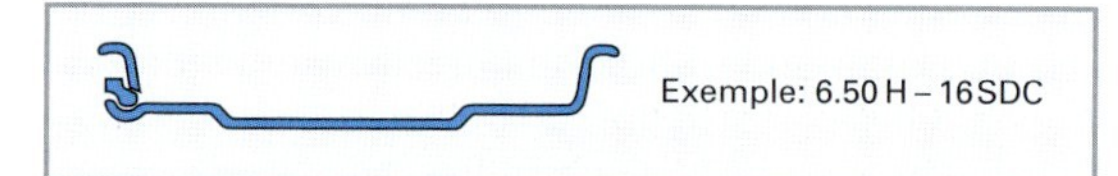

Illustration 5: Jante semi-creuse

Conseils d'atelier

- Sur les jantes en plusieurs parties, les anneaux latéraux et les joncs de verrouillage doivent avoir des dimensions adaptées à la jante.
- Les jantes doivent être propres et sans rouille.
- Lors du montage du pneu neuf, la valve, les tuyaux et les cordons de renflement doivent être remplacés.
- Lors du gonflage des pneus, il ne faut en aucun cas dépasser 150 % de la pression standard. **La valeur maximale est toutefois de 10 bar!**
- Pour les pneus jumelés, celui dont le diamètre est le plus grand doit être monté à l'intérieur.

22.5.3 Système de freinage à air comprimé (système indépendant)

Le système de freinage à air comprimé est utilisé pour les véhicules utilitaires moyens et lourds. C'est un dispositif de freinage indépendant. Il suffit au conducteur d'activer, avec le pied, la vanne de commande du frein pour que l'air comprimé, à une pression de 8 à 10 bar (énergie stockée dans des réservoirs), serre les freins de roue à la force désirée. Dans les véhicules utilitaires légers ou moyens, on utilise la plupart du temps des freins combinés. Ce sont des systèmes hydrauliques commandés par de l'air comprimé.

Dispositifs de freinage à air comprimé

Pour normaliser la représentation des différents dispositifs, on utilise des symboles graphiques et des chiffres pour les raccords entre les appareils.

Raccords des appareils

Ils sont identifiés par un ou deux chiffres. Le premier chiffre signifie:

0 Raccord d'admission
1 Arrivée d'énergie
2 Départ d'énergie (pas dans l'atmosphère)
3 Mise à l'air libre, atmos.
4 Raccord de commande
5 Sans référence
6 Sans référence
7 Raccord antigel
8 Raccord lubrifiant
9 Rac. eau refroidiss.

Lorsqu'il y a plusieurs raccords de même type, comme c'est le cas dans les systèmes à plusieurs circuits, on ajoute un second chiffre, à partir de 1 et sans espace (p. ex. 21, 22, 23). Les raccords d'un même type et d'une même chambre reçoivent une identification avec le même nombre.

Exemple d'application

Dans l'**ill. 1**

1 désigne l'apport d'énergie du compresseur;
1-2 le raccord de remplissage (p. ex. par le compresseur extérieur). Il fait office de raccord pour le gonflage des pneus;
3 la mise à l'air libre;
21 le départ d'énergie (1er raccord);
22 le départ d'énergie (2ème raccord).

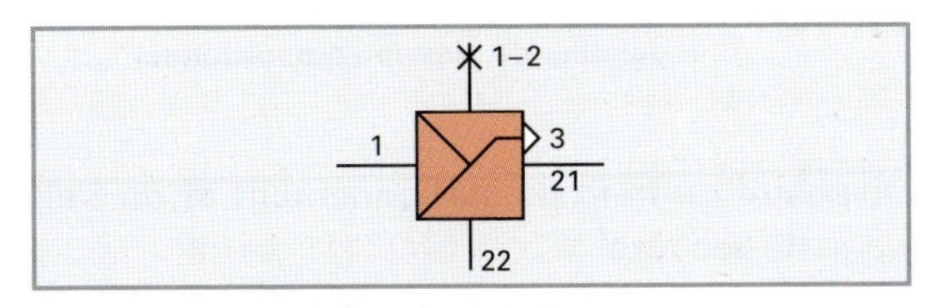

Illustration 1: Régulateur de pression

22.5.3.1 Système de freinage à double circuit et double conduite

L'**ill. 1, p. 695** représente un système de freinage à double circuit et double conduite correspondant aux directives de l'UE sur les dispositifs de freinage. Les appareils d'un même groupe se reconnaissent par leur couleur.

Groupes d'appareils

- **Le système d'alimentation en air comprimé** (énergie) est composé d'un compresseur, d'un régulateur de pression, d'un dessiccateur d'air, d'un réservoir de régénération et le cas échéant d'une pompe à antigel, d'une valve de protection à 4 voies, de trois réservoirs d'air avec système de purge, des indicateurs de pression et d'un dispositif d'alerte.
- **Le dispositif de freinage à deux circuits pour véhicules tracteurs** comprend une valve de commande de frein de service avec régulateur de pression proportionnel, un régulateur automatique de freinage asservi à la charge avec soupape relais, des cylindres de frein combinés à membrane pour l'essieu arrière (tristops), des cylindres à membrane pour l'essieu avant.
- **Le système de frein de stationnement et de frein de secours** est composé d'une soupape de frein de stationnement, d'une soupape relais avec protection contre les surcharges et de cylindres de frein combinés avec ressorts à accumulateur d'énergie pour l'essieu arrière.
- **Le système de commande de remorque** est constitué d'une valve de commande et des têtes d'accouplement d'alimentation et de commande de frein.
- **Le dispositif de freinage de remorque à deux conduites** comprend une conduite pour l'alimentation et l'autre pour la commande du freinage, une valve de commande, un ou plusieurs régulateurs automatiques de freinage asservis à la charge et les cylindres de frein.
- **Le système de frein continu** est composé d'une soupape de commande, d'un cylindre de pression d'actionnement du clapet d'échappement et de la tige de réglage.
- **Les éléments du système de frein de stationnement pour remorque** (à fonctionnement mécanique) comprend le levier de frein à main, les tiges ou les câbles et le levier de frein sur les roues.

Fonctionnement de base du système de frein à air comprimé (ill. 1, p. 695)

Dispositif d'alimentation en air comprimé

L'air extérieur est aspiré à travers un filtre, puis comprimé par le compresseur. Ensuite, il est refoulé vers le régulateur de pression et l'appareil de séchage d'air. Le régulateur ajuste automatiquement la pression à un niveau de 7 à 8,1 bar. Le dessiccateur purifie et enlève la vapeur d'eau grâce à un système de filtrage. Cet air est repoussé à travers un agent asséchant qui fait adhérer l'humidité à sa surface. L'air ainsi séché est repoussé, pour une petite partie, vers le réservoir de régénération et, pour la plus grande partie, vers la valve de protection à quatre circuits. Cette dernière distribue l'air comprimé dans quatre circuits d'alimentation qu'elle isole les uns des autres. Ce sont le:

- Circuit I (21) (frein de service de l'essieu arrière)
- Circuit II (22) (frein de service de l'essieu avant)
- Circuit III (23) (frein de stationnement, remorque)
- Circuit IV (24) (frein continu, éléments auxiliaires)

Lorsque la pression maximale est atteinte, le régulateur laisse s'échapper le surplus d'air dans l'atmosphère, le clapet antiretour se ferme pour garder la pression d'air dans le circuit. Simultanément, le régulateur pilote le dessiccateur; l'air sec accumulé dans le réservoir de régénération traverse l'espace de l'agent asséchant qui récupère l'humidité et l'évacue dans l'atmosphère. Un corps de chauffe électrique est placé dans le canal d'évacuation pour éviter que l'air humide ne gèle.
Pour permettre au conducteur un contrôle permanent, un manomètre double indique la pression d'alimentation des circuits de frein de service. Si ces pressions chutent en-dessous de 5,5 bar, un témoin s'allume au tableau de bord.

Dispositif d'alimentation en air comprimé sans dessiccateur.
Le dessicateur est remplacé par une pompe à antigel placée après le régulateur de pression; elle injecte un produit antigel dans le dispositif lors du processus de remplissage.

Dispositif de frein de service dans un véhicule tracteur (ill. 1, p. 695)
La valve de commande de frein de service est équipée d'un régulateur de pression proportionnel qui modifie la pression de freinage de l'essieu avant en fonction de la charge du véhicule. Le raccord 4 de la valve reçoit la pression de freinage de l'essieu arrière, elle-même corrigée par le régulateur automatique de freinage selon la charge. Quand le véhicule est vide, la pression exercée dans les cylindres de frein avant est inférieure à celle correspondant habituellement à la position de freinage de la valve de commande de frein de service. C'est seulement lorsque le véhicule est complètement chargé que la pression de freinage n'est plus réduite.

Position de conduite (sans freinage). La pression est bloquée aux entrées 11 et 12 de la valve de commande, les deux circuits de freinage (raccord 21 et 22) sont reliés à l'atmosphère. Les cylindres des freins de service, la valve de commande de remorque (raccords 41 et 42), la soupape de protection contre les surcharges et le raccord 4 du régulateur automatique sont reliés à l'air libre. De plus, les systèmes à ressorts accumulateurs des cylindres de frein (raccord 12) sont mis sous pression par l'intermédiaire de la soupape relais de protection contre les surcharges. Les ressorts sont comprimés et tous les freins du véhicule sont desserrés.

Position de freinage. Le conducteur agit avec une certaine force pour atteindre le freinage désiré. Les raccords 21 et 22 ne sont plus reliés à l'air libre mais alimentés en pression par les admissions 11 et 12. La pression d'air qui sort par le raccord 21 pilote le régulateur automatique de freinage de l'essieu arrière, il détermine la valeur de l'air comprimé qui agit sur les cylindres de frein arrière en fonction de la charge du véhicule. Les cylindres de frein avant sont directement alimentés à la pression nécessaire par le raccord 22 de la valve de commande.
De plus, la valve de commande de remorque est pilotée par les deux conduites des freins de service. Si ces pressions chutent en-dessous de 5,5 bar, un témoin s'allume au tableau de bord.

Lorsque la valve de frein de service n'est pas équipée d'un régulateur de pression proportionnel, il est nécessaire d'installer un régulateur séparé dans le circuit, celui-ci permet la régulation de la pression des freins de l'essieu avant en fonction de la charge **(ill. 1)**.

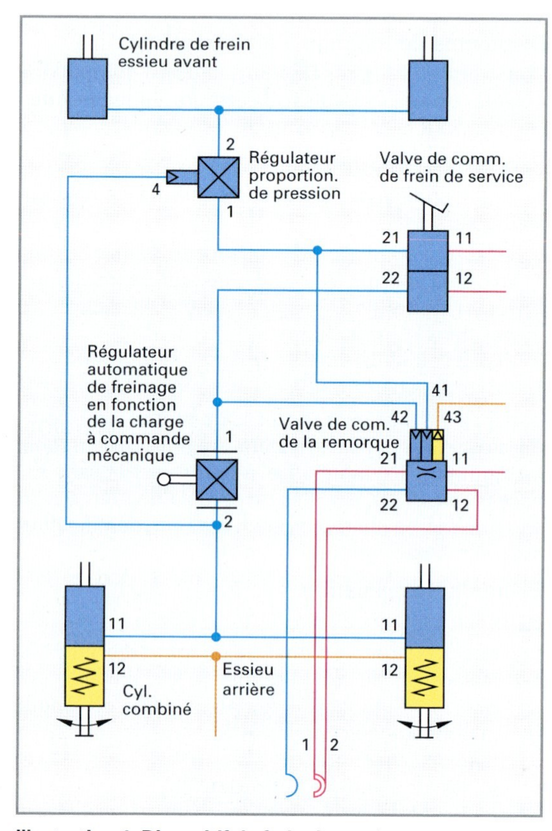

Illustration 1: Dispositif de frein de service avec régulateur de pression proportionnel

Dispositif de frein de stationnement et de freinage de secours

A partir de la soupape de commande du frein de stationnement, une conduite commande la soupape de protection contre les surcharges tandis que la seconde commande la valve de commande de remorque. Dans cette situation, les accumulateurs à ressorts de l'essieu arrière du véhicule tracteur et le frein de service de la remorque font office de frein de stationnement ou de frein de secours. La soupape de retenue placée après le réservoir III préserve le circuit du frein de stationnement d'une perte de pression.

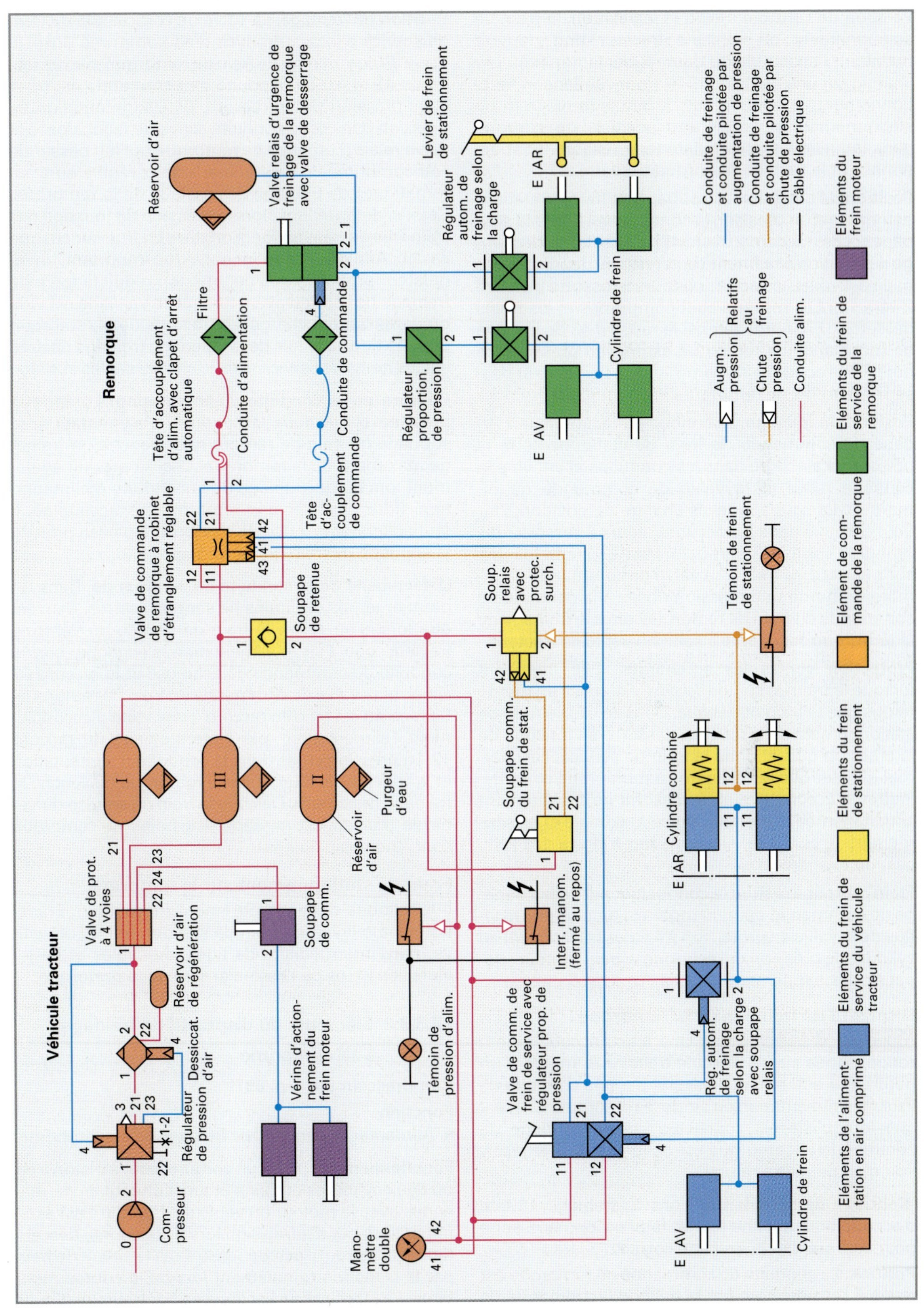

Illustration 1: Système de freinage à double circuits et à deux conduites pour ensemble camion-remorque (train routier)

Position de contrôle. Selon la législation, le frein de stationnement du véhicule tracteur doit pouvoir maintenir l'ensemble du train routier, complètement chargé, sur une pente de 12 %. Pour vérifier son fonctionnement, la soupape de commande du frein de stationnement possède une position de contrôle dans laquelle les accumulateurs à ressorts sont actionnés et le frein de remorque desserré.

Position de conduite. La soupape de frein de stationnement met en pression la conduite qui pilote la soupape relais (raccord 21 vers 42). Cette dernière change de position et alimente en pression, depuis la soupape à 4 voies, les accumulateurs à ressorts (raccord 2 vers 12). Les ressorts sont comprimés et les freins desserrés. En même temps, le raccord 43 de la valve de commande de remorque est mis en pression, ce qui relie la conduite de commande à l'air libre et desserre les freins de remorque.

Position de freinage. Le conducteur actionne la soupape de commande de frein de stationnement, la pression d'air chute dans les conduites allant vers la soupape relais et la valve de commande de remorque. La soupape relais change de position, l'air qui se trouve dans les accumulateurs à ressorts des cylindres combinés sort dans l'atmosphère, les ressorts serrent les freins. La valve de commande de remorque fournit une pression dosée à la conduite de commande du frein de remorque, ainsi le freinage de la remorque est adapté à celui du véhicule tracteur.

Protection contre les surcharges. Elle intervient lorsque le frein de stationnement est utilisé en même temps que le frein de service. Dans ce cas, le frein de stationnement sera serré ou desserré en fonction de la pression qui actionne le frein de service; ceci permet d'éviter que les cylindres à membrane et les cylindres d'accumulateurs à ressorts ne fonctionnent simultanément à leur puissance maximale et ne soumettent de ce fait les éléments des freins à des sollicitation exagérées.

Frein moteur. Lorsque le conducteur active la soupape de commande du frein moteur, l'air comprimé aflue de la valve de protection à 4 voies (raccord 24) au cylindre de pression qui actionne le frein moteur (clapet sur l'échappement).

Dispositif de freinage de la remorque

Conduite d'alimentation. Une tête d'accouplement rouge, située sur le véhicule tracteur et munie d'un obturateur automatique assure, par une conduite de liaison, l'alimentation en air de la remorque. Ce n'est que lorsqu'elle est connectée que la soupape de commande de remorque est ouverte et que le réservoir d'air peut être rempli.

Conduite de commande. Lors du freinage, la tête d'accouplement jaune fournit la pression nécessaire pour commander le freinage correct.

Position. La conduite de commande de remorque est reliée à l'atmosphère par la valve de commande de remorque. Les freins de remorque se desserrent.

Position de freinage. La valve de commande de frein de service pilote, au moyen d'air comprimé dosé, la valve de commande de frein de remorque, par les raccords 41 et 42. La conduite de commande est mise sous pression par le raccord 22. L'augmentation de pression dans cette conduite active de façon dosée la valve relais d'urgence de remorque qui fait passer de l'air comprimé du réservoir aux deux régulateurs automatiques de freinage des essieux de la remorque. Ceux-ci déterminent alors la pression de freinage des cylindres de frein en fonction de la charge sur chaque essieu. Afin d'éviter un freinage trop important, un régulateur proportionnel de pression réduit la force de freinage de l'essieu avant lorsque le véhicule est vide ou partiellement chargé. Le freinage de la remorque dépend donc à la fois de la valeur de freinage désirée sur les freins de service et de la charge sur les essieux.

Rupture de la conduite d'alimentation. Lorsque la pression chute dans la conduite d'alimentation, la soupape de frein de remorque déclenche un freinage maximum de la remorque. Ceci se produit également lors du découplage de la conduite d'alimentation. Pour déplacer une remorque désaccouplée, il faut actionner la valve de desserrage placée près de la soupape de frein de remorque.

Défectuosité de la conduite de commande. Dans un premier temps, les freins ne sont pas serrés. Ce n'est que lorsqu'on active le frein de service du véhicule tracteur que l'air d'alimentation s'échappe par la conduite de commande défectueuse et le raccord 22 situé sur la valve de commande de frein de remorque. Ce raccord est relié au raccord 2 de la tête d'accouplement "alimentation" par l'intermédiaire du raccord 12. La pression chute dans la conduite d'alimentation et la valve relais d'urgence de remorque déclenche le freinage maximum. Dès que le frein de service du véhicule tracteur est desserré, les freins de remorque sont à nouveau libérés.

Frein de stationnement sur la remorque

Il fonctionne de façon purement mécanique. En actionnant le levier de frein de stationnement, on active, par l'intermédiaire de tiges, de câbles et de leviers, les freins de l'essieu arrière de la remorque.

22.5.3.2 Eléments du dispositif de freinage à air comprimé

Compresseur (ill. 1, p. 697)

Fonction

- Alimenter le dispositif de freinage en air comprimé.

Fonctionnement. C'est un compresseur à piston à un ou deux cylindres entraîné et fonctionnant en permanence avec le moteur du véhicule. L'air filtré est aspiré par le clapet d'admission lors de la course descendante du piston; il est repoussé dans le circuit de frein par le clapet de refoulement lors de la course montante. La lubrification est assurée par le circuit d'huile sous pression du moteur.

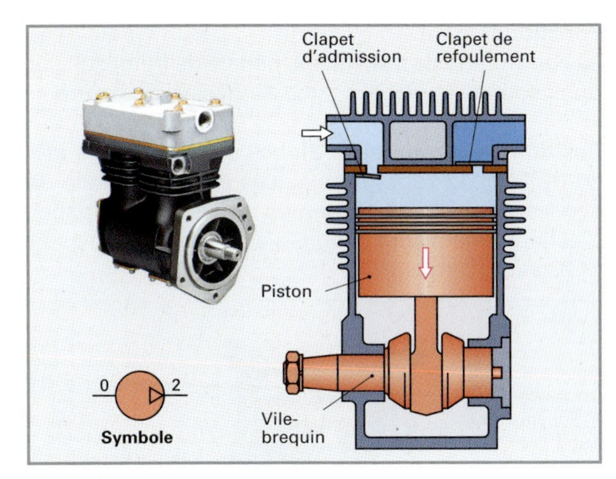

Illustration 1: Compresseur

Régulateur de pression (ill. 2)

Fonctions

- Régler la pression de service entre de la pression de coupure et celle d'enclenchement.
- Protéger le circuit de la saleté (filtre).
- Fournir de l'air comprimé au raccord de gonflage pour gonfler les pneus ou alimenter en air des dispositifs extérieurs.
- Protéger le circuit d'une surpression (l'électrovanne de ralenti fait office de soupape de sécurité).
- Piloter le dessiccateur ou éventuellement le dispositif antigel.

Fonctionnement

Position de remplissage. L'air comprimé provenant du compresseur passe, en traversant le filtre, du raccord 1 au raccord 21. Cette pression s'exerce également au raccord 4 et agit sous le piston de commande. Lorsque la pression de coupure est atteinte (p. ex. à 8,1 bar), la soupape de sortie se ferme et la soupape d'entrée s'ouvre; l'air sous pression déplace le piston de coupure vers le bas ce qui ouvre la soupape de mise à l'air libre. Le compresseur refoule l'air à travers un silencieux dans l'atmosphère. Le clapet antiretour se ferme, la pression est maintenue dans le circuit.

Position de fonctionnement à vide. L'utilisation de l'air comprimé fait chuter la pression d'alimentation jusqu'à atteindre la pression d'enclenchement. Le ressort de régulation repousse alors le piston de commande vers le bas. La soupape d'entrée se ferme et la soupape de sortie s'ouvre, il n'y a plus de pression sur le piston de coupure qui est repoussé vers le haut par son ressort. La mise à l'air libre se ferme et les réservoirs se remplissent à nouveau.

Raccord de gonflage des pneus. Le montage du tuyau flexible de gonflage des pneus provoque le recul du corps de soupape du raccord de gonflage et rend étanche le raccord 2. L'air comprimé peut alors être prélevé ou le véhicule peut être alimenté en air comprimé pour le remorquage par exemple.

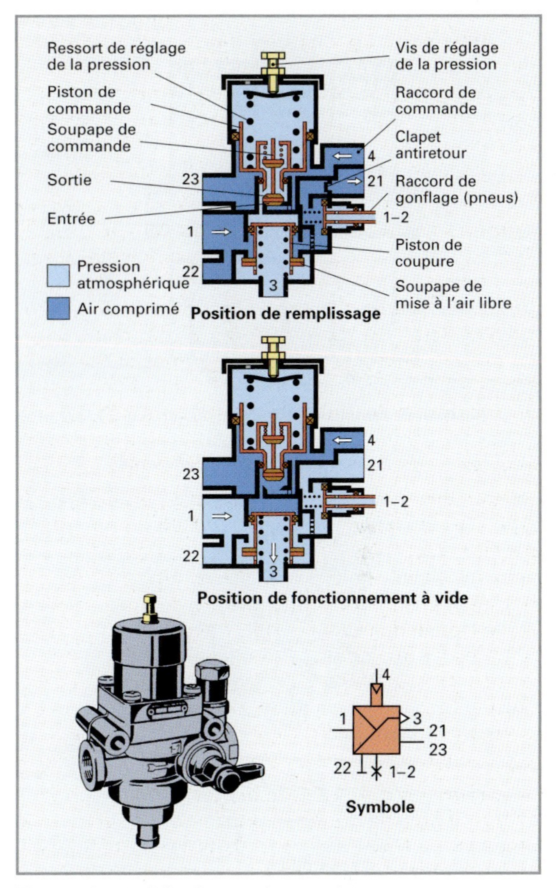

Illustration 2: Régulateur de pression

Valve de protection à quatre voies (ill. 1, p. 698)

Fonctions

- Répartir l'air comprimé dans les quatre circuits de frein.
- Isoler les circuits intacts des circuits défectueux lorsque la pression chute dans un ou plusieurs circuits de freins.
- Donner la priorité de remplissage aux circuits du frein de service.

Fonctionnement

L'air comprimé afflue du compresseur vers le raccord 1. Lorsque la pression d'ouverture est atteinte (p. ex. à 7 bar), les soupapes de décharge s'ouvrent et dirigent l'air comprimé vers les raccords des circuits du frein de service 21 et 22. L'air peut alors entrer dans les deux réservoirs. Simultanément, l'air comprimé passe à travers les soupapes de retenue et reste devant les soupapes de décharge débouchant sur les raccords des circuits 23 et 24. Lorsque la pression est atteinte (p. ex. 7,5 bar), les soupapes de décharge s'ouvrent. Les réservoirs d'air du frein de service sont presque entièrement remplis. Les autres circuits se remplissent à leur tour.

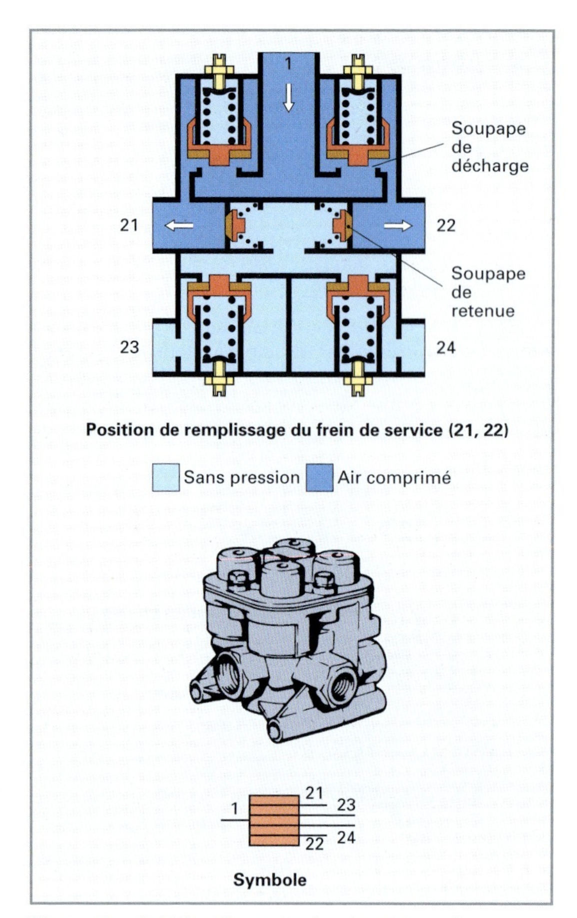

Illustration 1: Valve de protection à quatre voies

Effet de protection

S'il y a une fuite dans le circuit 21, l'air s'échappe et la pression chute également dans le circuit 22 jusqu'à atteindre une valeur d'environ 5,5 bar. La soupape de décharge du circuit 21 se ferme. Le compresseur remplit à nouveau le circuit 22 jusqu'à atteindre la pression d'ouverture de la soupape de décharge du circuit 21 (p. ex. 7 bar). Dans les circuits 23 et 24, la pression se maintient puisque les soupapes de retenue empêchent l'air de s'échapper par la fuite. Le frein de stationnement (circuit 23) reste donc desserré.

Valve de commande du frein de service avec régulateur proportionnel de pression

Fonctions

- Doser précisément le freinage du dispositif de frein de service à deux circuits du véhicule tracteur et relier à l'air libre ces deux circuits à la fin du freinage.
- Piloter la valve de commande de la remorque.
- Adapter, à l'aide du régulateur proportionnel de pression, la valeur de freinage de l'essieu avant en fonction de la charge sur l'essieu arrière.

Fonctionnement

La commande de frein (p. ex. pédale de frein) agit sur deux soupapes placées l'une au-dessus de l'autre.

Position de conduite (ill. 2). Les entrées par les raccords 11 et 12 sont fermées. Les circuits de frein de service ne sont pas alimentés en air. Les soupapes d'échappement sont ouvertes et relient les sorties 21 et 22 avec l'atmosphère.

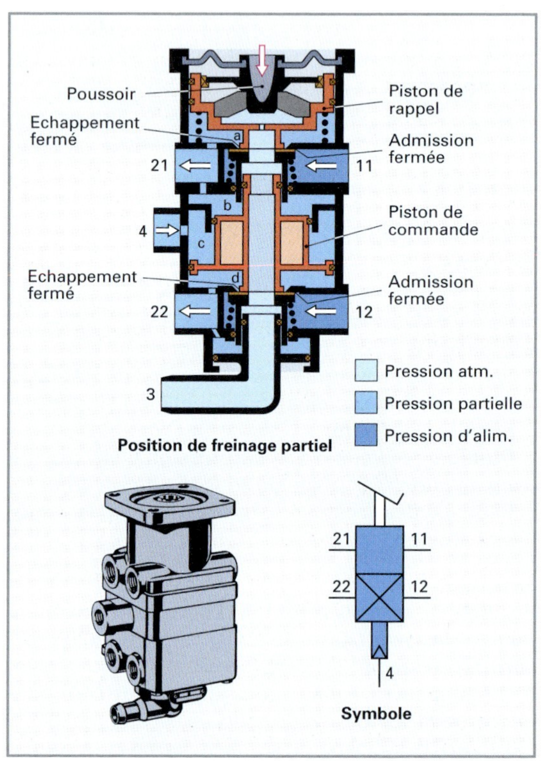

Illustration 2: Valve de commande de frein de service avec régulateur proportionnel de pression – position de freinage partiel

Position de freinage partiel. En actionnant les freins, l'admission est ouverte par le piston de rappel. L'air comprimé afflue et agit sur le piston de commande qui ouvre l'admission inférieure. On atteint la position de stabilisation de freinage lorsque la pression exercée dans l'espace **a** sur le piston de rappel et la force de réaction du ressort limiteur se compensent mutuellement. Les clapets d'admission et d'échappement sont fermés et la pression est stabilisée dans les circuits de frein.

Freinage d'urgence. Dans cette situation, la pédale de frein est enfoncée complètement, ce qui pousse le piston de rappel contre la butée inférieure. De ce fait, les deux soupapes d'admission sont totalement ouvertes. Les circuits de freinage reçoivent la pression d'alimentation maximale.

22

Soupape de commande du frein de stationnement et du frein de secours (ill. 1)

Fonctions

- Actionner les cylindres à ressorts pour doser le freinage des freins de stationnement et de secours.
- En position de contrôle, permettre la vérification du fonctionnement du frein de stationnement du véhicule tracteur.

Position de conduite. Les accumulateurs à ressorts des cylindres combinés et la conduite qui pilote la valve de commande de remorque sont alimentés en air comprimé. Les ressorts sont tendus.

Position de frein de stationnement. Les accumulateurs à ressorts et la conduite qui pilote la valve de commande de remorque sont reliés à l'atmosphère. Les ressorts des cylindres combinés est libéré, les freins du véhicule tracteur et ceux de la sont libérés sont serrés.

Position de contrôle. Les cylindres combinés ne sont pas sous pression. L'essieu arrière du véhicule tracteur est freiné par les ressorts, les freins de remorque sont desserrés par la valve de commande de remorque.

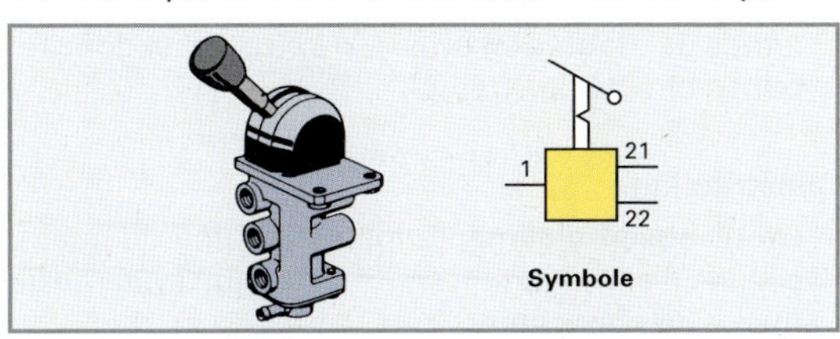

Illustration 1: Soupape de commande de frein de stationnement

Régulateur automatique de freinage selon la charge avec soupape relais (ill. 2).

Fonctions

- Adapter automatiquement la pression de freinage en fonction de la charge du véhicule.
- Dans les véhicules à suspension pneumatique, le régulateur est commandé par la pression régnant dans le soufflet de suspension. Dans les véhicules à suspension mécanique, c'est la position de l'essieu qui commande le régulateur.
- Une valve relais permet un remplissage ou une mise à l'air libre rapide des cylindres de frein.

La pression de freinage diminue lorsque le véhicule est déchargé, elle peut être divisée par 5. Pour une pression de freinage de 6 bar, il n'y a effectivement que 1,2 bar qui agit sur les cylindres de roues arrière mais lorsque le véhicule est chargé, la pression atteint la valeur de 6 bar.

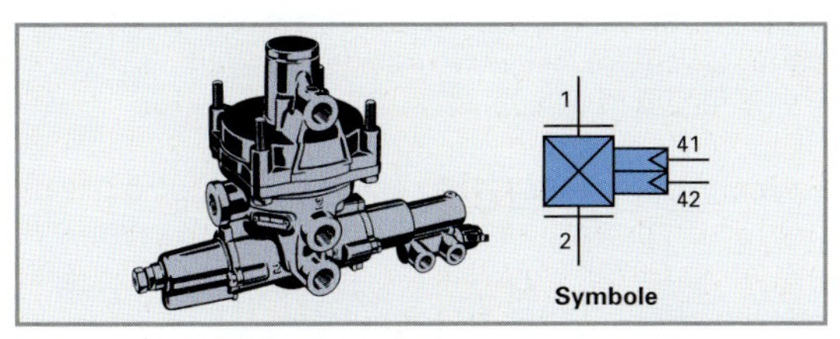

Illustration 2: Régulateur automatique de freinage selon la charge, pour suspension pneumatique

Cylindres de frein (ill. 3)

Fonctions

- La force de serrage du frein de service est générée par la pression qui agit sur la surface de la membrane.
- La force de serrage du frein de stationnement et du frein de secours est produite par l'accumulateur à ressorts du cylindre combiné.

Les cylindres à membrane sont montés sur l'essieu avant. Les cylindres combinés (tristops) sont utilisés pour l'essieu arrière. Ceux-ci combinent un piston à membrane pour le frein de service et un accumulateur à ressorts pour les freins de stationnement et de secours.

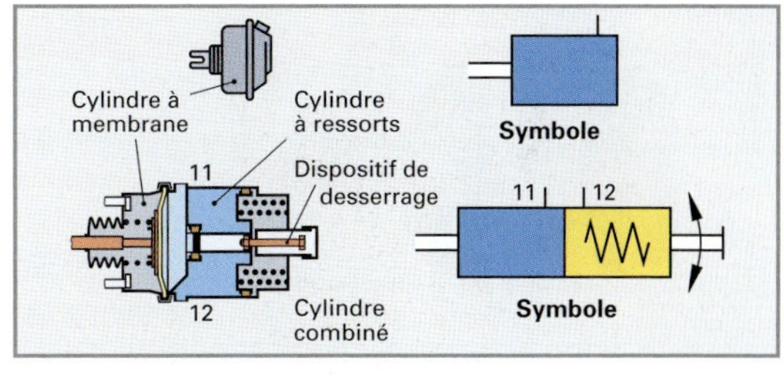

Illustration 3: Cylindre de frein

Valve de commande de remorque (ill. 4)

Fonctions

- Piloter le dispositif de freinage de remorque depuis le frein de service du véhicule tracteur.
- Piloter le dispositif de freinage de remorque depuis les freins de stationnement et de secours.
- Alimenter le dispositif de freinage de remorque en air comprimé.

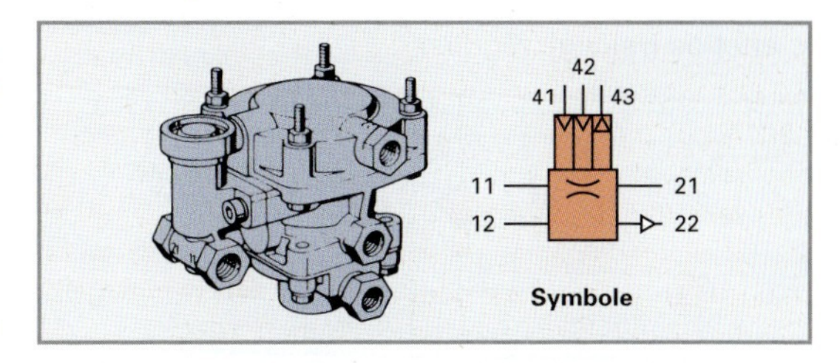

Illustration 4: Valve de commande de freinage de remorque avec robinet d'étranglement

Position de conduite. Les raccords 41 et 42 sont mis à l'air libre. Le raccord 43 reçoit une pression de la soupape de commande du frein de stationnement. Dans cette position, l'air comprimé circule entre 11 et 21; le raccord 22 est relié à l'atmosphère.

Position de freinage. La valve de commande du frein de service alimente, à une pression dosée, les raccords 41 et 42. Le raccord 22 et la conduite de commande de freinage de la remorque reçoivent une pression qui correspond à la valeur de freinage demandée.

Freins de roue

Il s'agit de freins à friction qui transforment, par frottement, la force de freinage en chaleur.

Les freins à disque sur toutes les roues sont de plus en plus souvent utilisés dans les autobus et les camions. Les freins à tambour sont encore utilisés pour les véhicules de chantier ou pour les essieux arrière.

Freins à tambour (ill. 1). Il s'agit le plus souvent de freins de type simplex actionnés par des cames en S ou par un coin d'écartement. Ce dernier est directement déplacé par le cylindre de frein à membrane. Ainsi, le levier et l'arbre de frein sont supprimés. Dans la plupart des systèmes, une compensation automatique d'usure de garniture est intégrée.

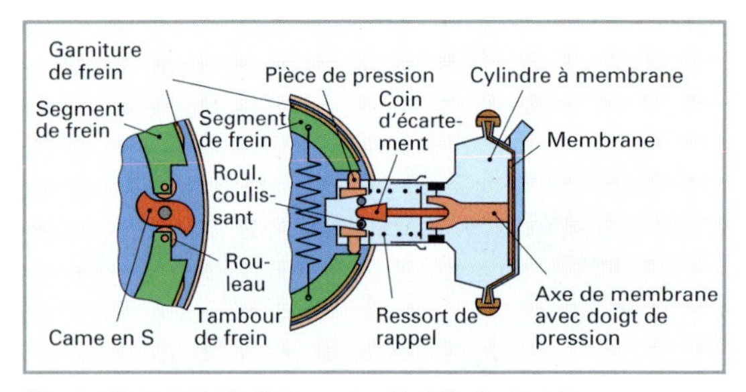

Illustration 1: Frein à came en S et frein à coin

Freins à disque (ill. 2). Ils sont de plus en plus utilisés car ils offrent les avantages suivants:

- finesse de dosage du freinage;
- excellente dissipation de la chaleur;
- bonne capacité d'évacuation des salissures;
- fading réduit;
- effet de freinage régulier.

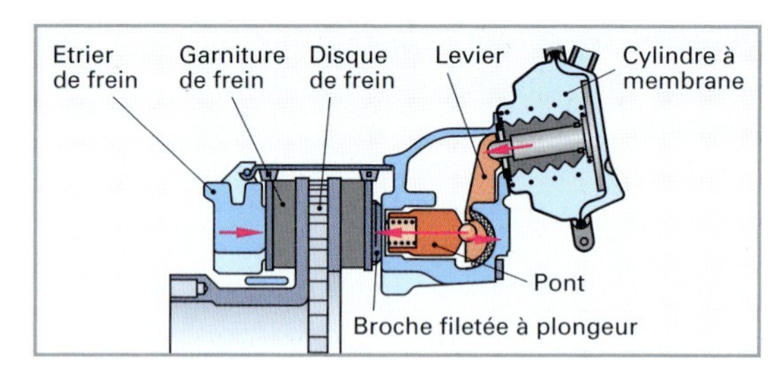

Illustration 2: Frein à disque à actionnement pneumatique

22.5.3.3 Système combiné de freinage hydraulique à commande par air comprimé (ill. 3)

Ce système est utilisé pour les camions de poids moyen et les autobus (poids total de 3 à 13 t) sans remorque.

La transmission hydraulique des forces de freinage présente les **avantages** suivants:

- hautes pressions de freinage pour des éléments de construction de petites dimensions;
- temps de montée en pression très court et donc réponse directe des freins.

Construction

- Un dispositif d'alimentation est équipé de quatre circuits d'alimentation comme dans un système de frein à air comprimé.
- Grâce à la presson d'huile, le maître-cylindre tandem actionne les cylindres de roue. La valve de frein de service actionne le maître-cylindre par commande pneumatique.
- Une soupape de commande des freins de stationnement et une soupape relais actionnent les cylindres à ressorts de l'essieu arrière par commande pneumatique.

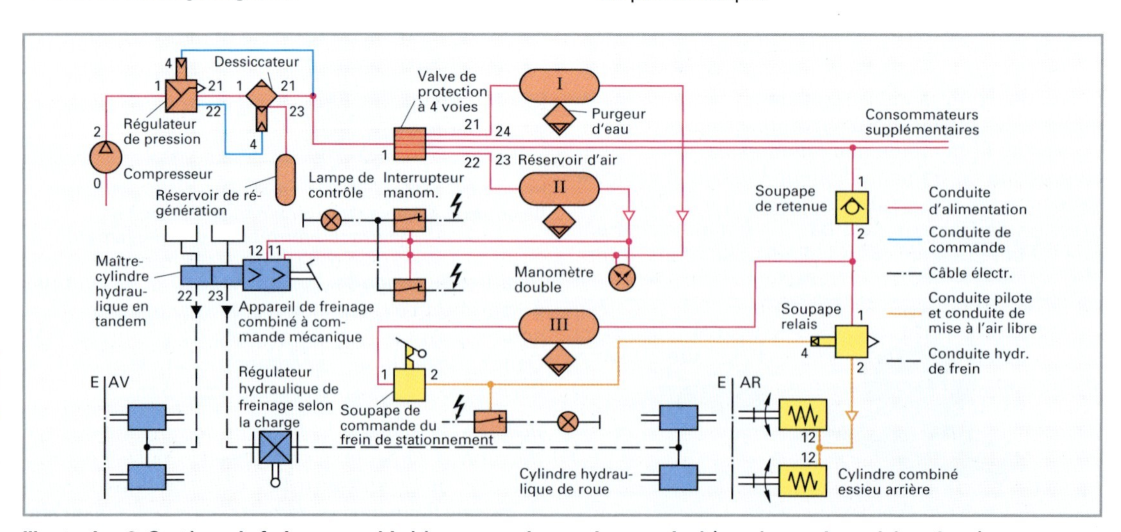

Illustration 3: Système de freinage combiné à commande par air comprimé (représentation schématique)

22.5.3.4 Systèmes de frein continu

Les freins continus sont des freins sans usure mécanique qui fonctionnent tant que le véhicule roule. Ils servent surtout à ralentir le véhicule sur de longues pentes.

Ces différents systèmes déchargent et préservent le frein de service. Ils font également office de freins de décélération sur des routes plates. Les feux de stop peuvent également être allumés lorsque le ralentisseur est actionné.

Frein moteur

Il est actionné par un levier manuel. Pour augmenter l'effet de freinage, il est important d'engager un petit rapport de la boîte de vitesses. L'injection de carburant est interrompue au moment où le frein moteur est mis en action. Le conducteur peut choisir entre deux niveaux de frein moteur.

Niveau 1: une soupape de décharge constante se trouve dans la chambre de combustion, elle est actionnée par un système pneumatique. Ouverte, elle laisse passer dans l'échappement, par sa petite ouverture, une faible quantité d'air pendant le temps de compression; il subsiste suffisamment de pression pour freiner efficacement le piston. Lors du passage du piston au PMH, l'excédent de pression continue de s'échapper par la soupape. Ainsi, lors de la descente du piston, il n'y a plus aucune pression qui le repousse vers le bas; au contaire, l'air est réaspiré créant une dépression qui freine le piston.

Niveau 2: soupape de décompression et fermeture de la conduite d'échappement. A ce niveau, l'effet de freinage est renforcé par la fermeture à l'aide du clapet du canal d'échappement. L'effet de freinage est augmenté par la contre-pression des gaz d'échappement sur les pistons.

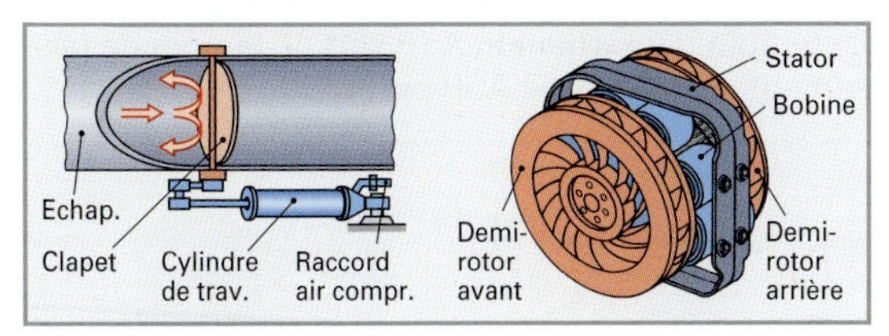

Ill. 1: Frein moteur **Ill. 2: Ralentisseur électrique**

Ralentisseur électrique

Ce système de freinage électrique (telma) refroidi par air **(ill. 2)** se compose d'un disque en acier doux, lui-même constitué de deux demi-rotors. Ceux-ci tournent à l'intérieur d'un champ magnétique réglable, généré par des bobines alimentées en courant depuis la batterie. Les courants de Foucault ainsi produits freinent le disque. La chaleur créée dans les demis-rotors par les courants de Foucault est évacuée par l'air qui circule autour du véhicule en mouvement. Le freinage est réglé en modifiant la valeur du courant d'excitation provenant de la batterie.

Le ralentisseur électrique est monté sur l'arbre de transmission, entre la boîte de vitesses et le pont arrière.

Ralentisseur hydraulique (retarder)

Il transforme l'énergie cinétique en chaleur par des frottements à l'intérieur d'un fluide. Il se compose d'un stator fixe et d'un rotor entraîné par l'arbre de transmission. Comme sur un embrayage hydraulique, ces éléments ont des aubes entre lesquelles le fluide subit un effet d'accélération du rotor et de décélération de la part du stator. Le réglage du ralentissement se fait par une pompe qui permet une variation de la quantité d'huile. La chaleur produite pendant le ralentissement est évacuée par l'huile hydraulique, à travers un échangeur de chaleur séparé ou un échangeur de chaleur installé dans le circuit de refroidissement du moteur.

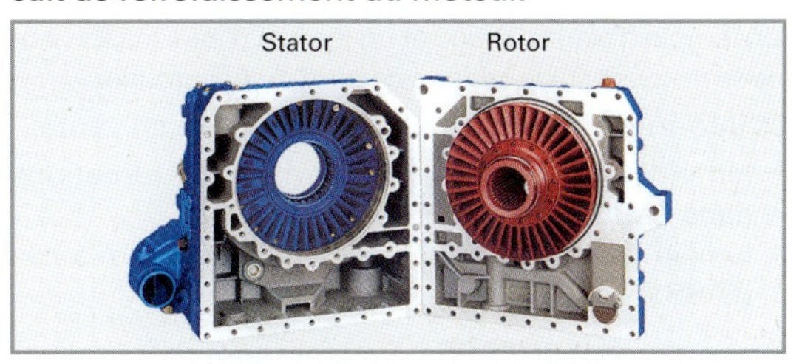

Illustration 3: Ralentisseur hydraulique. Retarder

22.5.3.5 ABS pour dispositif de freinage à air comprimé (ill. 1, p. 702)

Les camions lourds, les camions tracteurs de catégorie $N_{2/3}$, les remorques et les autobus $M_{2/3}$ doivent être équipés d'un système d'antiblocage automatique des freins à air comprimé.

Avantages de l'ABS pour commande de freins pneumatique:

- bonne stabilité directionnelle du véhicule grâce au retardement du moment de lacet;
- le véhicule reste facilement dirigeable;
- la remorque du train routier ne dérape pas;
- les distances de freinage sont raccourcies;
- sur une chaussée à adhérence inégale, le conducteur ne doit pas contre-braquer.

Composants de l'ABS pour commande de freins pneumatique:

- capteur et disque d'impulsion pour chaque roue;
- centrale électronique de commande;
- électrovalve de régulation de pression;
- témoin d'alarme de l'ABS;
- interrupteur électronique pour la détection de la fonction remorque;
- prise de raccordement ABS pour la remorque.

Les capteurs de roue indiquent la fréquence de rotation des roues.

Centrale électronique de commande. Elle reçoit les informations et commande les électrovalves ABS. Comme dans un système ABS hydraulique, elle comprend quatre parties distinctes: l'amplificateur de signaux d'entrée, l'unité de calculation, l'étage de sortie et le circuit de surveillance.

Electrovalves de régulation de pression. Ce sont le plus souvent des valves à un canal. Chaque roue est contrôlée par sa propre électrovalve. Lors du fonctionnement de l'ABS, la centrale électronique commande les électrovalves. La pression est régulée en trois phases de manière à éviter le blocage des roues: les électrovannes laissent passer entièrement la pression, maintiennent la pression à une valeur déterminée ou font chuter la pression.

Indicateur d'alarme ABS. La lampe témoin est commandée par l'appareil de commande électronique lorsque le véhicule a dépassé la vitesse d'environ 7 km/h. Elle s'allume en cas de défaut de l'ABS.

Interrupteur électronique de détection de la fonction remorque.
Un témoin d'alarme rouge et un témoin d'information jaune se trouvent sur le tableau de bord du train routier.

Ils informent le conducteur de la manière suivante:

- témoins rouge et jaune allumés: perturbations dans l'ABS de la remorque;
- témoin jaune allumé: le véhicule remorqué n'a pas d'ABS.

Raccordement de l'ABS à la remorque.
Le véhicule tracteur est équipé d'une prise ABS à cinq pôles qui assure la connexion de la conduite ABS de la remorque. Dans les camions tracteurs, cette prise se trouve dans le semi-remorque.

22.5.3.6 Système ASR (régulation de l'antipatinage à la traction) pour dispositifs de freinage à air comprimé (ill. 1)

L'ASR améliore la motricité et assure un bon guidage. Si une ou plusieurs roues patinent lors du démarrage sur une chaussée à faible adhérence ou d'une accélération dans un virage, le véhicule est instable ou ne peut plus être dirigé.

Circuits de réglage de l'ASR.
Il se compose:

- du circuit de régulation du frein de l'ASR;
- du circuit de régulation du moteur par l'ASR.

Circuit de régulation du frein de l'ASR.
Il comprend :

- les éléments de l'ABS de l'essieu arrière;
- la centrale de commande ABS/ASR;
- le distributeur à deux voies;
- l'électrovalve ASR.

Fonctionnement
Si une roue a tendance à patiner au démarrage, la centrale de commande ASR provoque son freinage de façon modulée. Ainsi l'ASR fait office de blocage automatique de différentiel. Simultanément, par l'intermédiaire du circuit de régulation du moteur, l'appareil de commande ramène le couple du moteur à une valeur optimale pour retrouver la motricité nécessaire à l'avancement du véhicule. Le circuit de régulation du frein agit jusqu'à une vitesse de 30 km/h. Au-delà, seul le circuit de réglage du moteur effectuera la régulation du couple du moteur.

Circuit de régulation du moteur de l'ASR.
Il se compose en général des éléments suivants:

- une commande électronique du moteur (EMS);
- une régulation Diesel électronique (EDC);
- un distributeur proportionnel à cylindres positionneurs;
- un servomoteur et un actionneur linéaire.

Le système de gestion des fonctions EMS et EDC agit sur le couple du moteur. L'appareil de commande diminue directement la quantité de carburant injectée, donc le couple du moteur, dans le système de réglage **P** et par un servomoteur dans le système **M,** ceci par le biais d'une valve à cylindres positionneurs.

Le témoin d'information ASR sert de témoin de glissement et indique si l'ASR est activé.

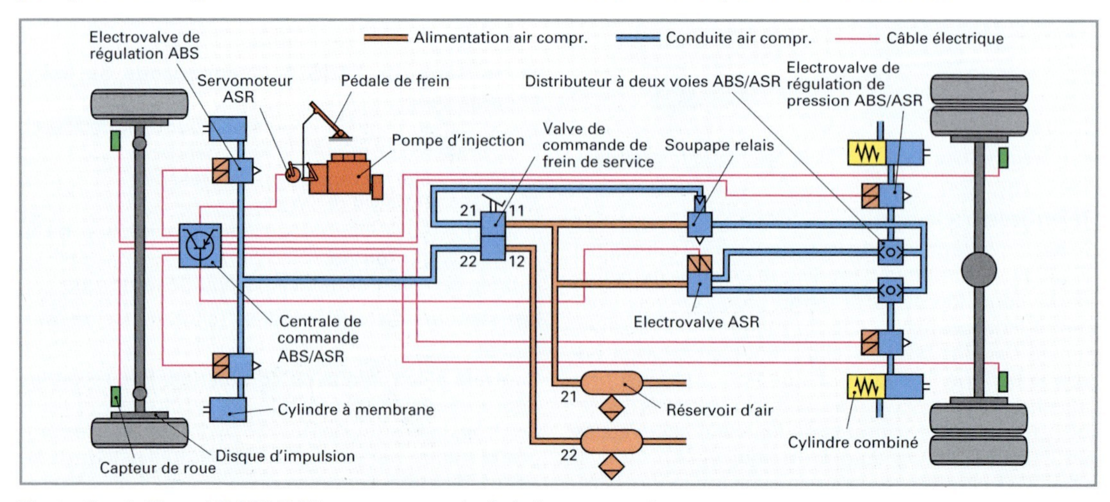

Illustration 1: Dispositif ABS/ASR pour commande de freins pneumatique

22.5.3.7 EBS avec ESP (système de freinage électronique avec programme électronique de stabilisation)

Le système électronique de freinage **EBS (ill. 1)** est un développement du système de freinage électropneumatique à air comprimé. Grâce à ses composants électroniques et électropneumatiques, il peut remplir les fonctions partielles suivantes:

- **Régulation électronique du freinage.** Les distances de freinage sont plus courtes et le système réagit plus rapidement.
- **Régulation intégrée de la force de couplage.** Il modifie l'effet de freinage de la remorque de façon à ce que les forces de couplage exercées entre la remorque et le véhicule tracteur soient pratiquement nulles.
- **Freinage avec régulation ABS.** Lors du freinage, le véhicule reste stable et peut être dirigé.
- **Démarrage avec régulation ASR.** Accroissement de la motricité sur chaussée avec différentes adhérences.
- **Stabilisation de la direction ESP.** Le système identifie les états instables de la conduite et garantit la maîtrise du véhicule dans les situations critiques.
- **Adaptive Cruise Control (ACC).** Il maintient une distance de sécurité constante par rapport au véhicule précédent, indépendamment de la vitesse.

Système de freinage électronique (ill. 1 et 2)

Construction. C'est un système de freinage à air comprimé commandé électropneumatiquement. Il est constitué de deux circuits pour les essieux avant **(EAv)** et arrière **(EAr)** et d'un frein de stationnement.

Fonctionnement

Freinage EBS. Lorsque le conducteur actionne la pédale de frein, la position de la pédale est détectée par des capteurs qui transmettent le freinage désiré par le conducteur à la centrale de commande. La centrale le EBS transmet aux modulateurs EBS/ABS des essieux avant, arrière et de remorque le niveau de pression idéal. La diminution de la fréquence de rotation des roues, mesurée par les capteurs, permet au boîtier de commande de produire exactement la décélération demandée par le conducteur et ceci indépendamment de la charge.

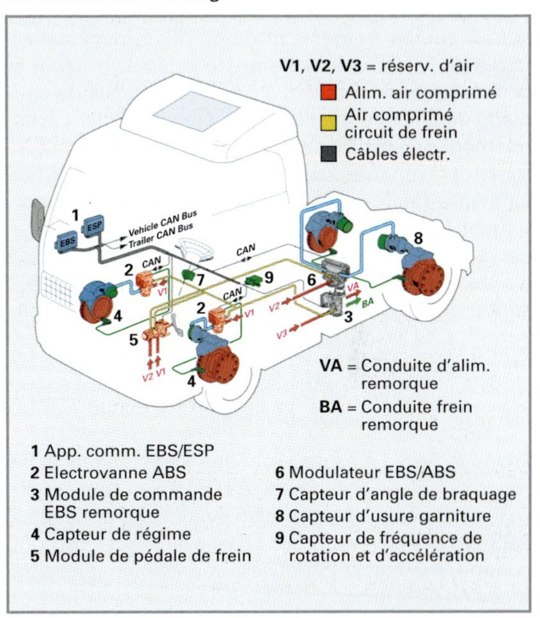

Illustration 1: Schéma du système de freinage électronique

Avantages

- Montée en pression plus rapide et identique dans tous les cylindres de frein d'où des distances de freinage plus courtes.
- Confort de freinage accru grâce à un meilleur dosage.
- Meilleure coordination du freinage entre le véhicule tracteur et la remorque.
- Usure régulière des garnitures sur l'ensemble du train routier.

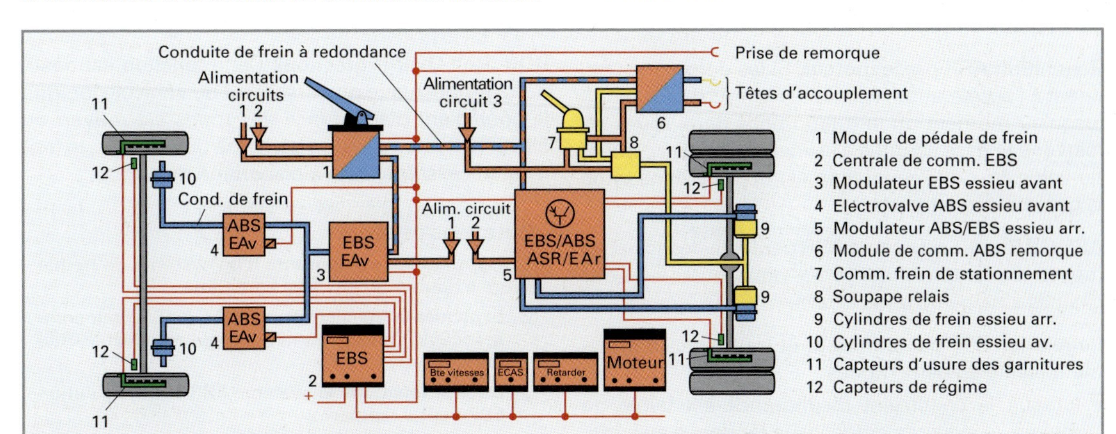

Illustration 2: Système de freinage électronique

- Durée de vie prolongée des garnitures de frein grâce à l'utilisation automatique du retarder et du frein moteur.
- En cas de défaillance de l'EBS, le freinage est garanti grâce aux systèmes de freinage uniquement pneumatique (fonction de freinage d'urgence).

Régulation intégrée de la force de couplage. Lorsque le train routier freine, la pression de freinage est répartie de façon optimale entre le véhicule tracteur et la remorque, de manière à ce que les forces de couplage générées entre les deux véhicules soient pratiquement nulles. Pour cela, il faut connaître la masse totale et la répartition de la charge sur le train routier. La masse totale est évaluée en fonction du comportement à l'accélération et la répartition de la charge est déterminée selon le comportement du véhicule tracteur et de la remorque au freinage. Ces valeurs sont mémorisées et sont utilisées pour les freinages suivants. Si le ralentissement calculé n'est pas atteint, la pression de freinage sera alors progressivement augmentée. Ce processus est mémorisé et utilisé pour les freinages suivants.

Freinage ABS. Le capteur identifie toute tendance des roues à se bloquer au freinage et pilote en conséquence les électrovalves de l'essieu avant et le modulateur ABS de l'essieu arrière. Les phases de régulation sont, comme sur les automobiles: montée en pression, maintien de la pression et chute de la pression. Lors de la chute de la pression, l'air comprimé est libéré dans l'atmosphère de façon modulée jusqu'au moment où il n'existe plus de risque de blocage.

Démarrage avec régulation ASR. La régulation peut être réalisée par l'action des freins et du moteur.

Démarrage avec régulation ABS. Si une roue patine, au démarrage ou à l'accélération, à des vitesses inférieures à 40 km/h, elle sera freinée jusqu'à ce qu'elle tourne à la même fréquence de rotation que les autres roues. Le capteur de pression et le capteur de fréquence de rotation fournissent les informations nécessaires à l'appareil de commande.

Régulation ASR par le moteur. Si les deux roues patinent à l'accélération, le couple du moteur est réduit jusqu'au moment où la rotation des deux roues atteint une vitesse adaptée à la vitesse de déplacement du véhicule. Cette régulation est efficace dans toute la gamme des rapports.

ASR Off Road. Le système ASR peut être désactivé au moyen d'un interrupteur (p. ex. pour rouler avec des chaînes à neige ou dans le terrain).

Régulation ESP par le moteur et les freins. Le système travaille en deux modes:

- lorsque le coefficient d'adhérence est faible ou moyen, le système empêche la tendance au survirage, au sous-virage et au repli du train routier;
- lorsque le coefficient de frottement est moyen ou élevé, le système empêche le renversement du véhicule.

Régulation en cas de survirage. Si le train routier se met à survirer ou à se plier dans un virage ou lors de manœuvres **(ill. 1),** l'ESP freinera la roue avant, qui est à l'extérieur du virage; le mouvement de lacet créé permettra de stabiliser le véhicule. Pour éviter que le véhicule ne se plie et sorte de la route, l'ESP peut commander, si nécessaire, le freinage de la remorque. Pour bénéficier de cette fonction de l'ESP, la remorque doit être équipée d'un système ABS.

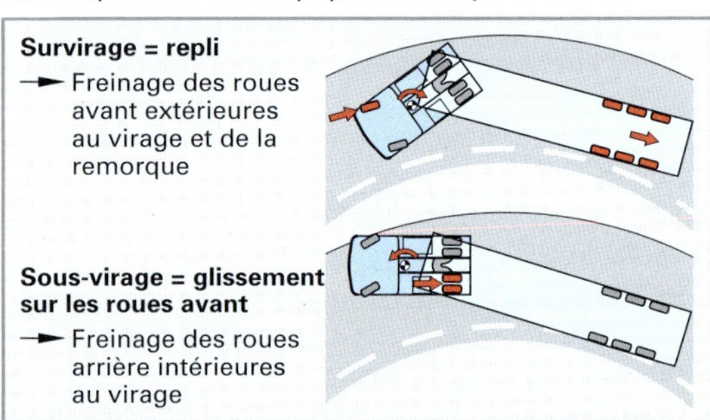

Survirage = repli
→ Freinage des roues avant extérieures au virage et de la remorque
Sous-virage = glissement sur les roues avant
→ Freinage des roues arrière intérieures au virage

Illustration 1: Régulation ESP en survirage et en sous-virage

Régulation en sous-virage. Si le train routier se met à sous-virer, la régulation ESP empêche le train routier de partir vers l'extérieur du virage en freinant plusieurs roues du véhicule tracteur et en freinant ponctuellement la remorque. Par exemple, dans un virage à gauche, la roue intérieure arrière sera freinée pour générer un moment de lacet opposé destiné à stabiliser le véhicule.

Pour que l'appareil de commande puisse calculer les différentes pressions de freinage individuelles que l'ESP doit activer, diverses valeurs d'entrée doivent être communiquées, telles que le coefficient de frottement, la valeur et la répartition de la charge, l'angle de braquage et l'amplitude du lacet. Dans certaines situations, le couple du moteur sera diminué afin de contrôler la traction de l'essieu moteur.

ROP (Roll-Over-Protection). Cette fonction est destinée à empêcher le renversement du véhicule lorsque le coefficient d'adhérence des roues est moyen ou élevé. Le système réduit la vitesse du véhicule, le freine si nécessaire jusqu'à disparition du risque.

Questions de révision

1. **Nommez les composants d'un système de freinage à double circuits à air comprimé.**
2. **Expliquez la fonction d'un système ABS pour commande de freins pneumatique sur un véhicule utilitaire.**
3. **Quelles fonctions le système EBS avec régulation ESP peut-il remplir?**
4. **Citez les avantages du système EBS.**

22.6 Systèmes de démarrage pour véhicules utilitaires

Les systèmes de démarrage des moteurs jusqu'à 12 litres de cylindrée peuvent être conçus pour des installations de 12 et de 24 V. Des démarreurs plus importants, utilisés pour des cylindrées allant jusqu'à 24 litres, sont toujours conçus pour fonctionner à une tension de 24 V, car, à puissance égale, un système de démarrage 24 V n'utilise que la moitié de l'intensité nécessaire à un système 12 V ($P = U \cdot I$). Le fonctionnement de l'installation à une tension plus élevée permet de réduire la section des câbles utilisés pour le démarrage. Ces câbles de plus petite section permettent une meilleure évacuation de la chaleur; l'augmentation de la résistance interne reste ainsi assez faible. La valeur de chute de tension de 4 % peut être facilement respectée. Par contre, le risque de corrosion des contacts est plus élevé sur une installation 24 V.

22.6.1 Types de démarreurs

En général, pour les véhicules utilitaires légers et les voitures, on installe des **démarreurs électromécaniques à commande positive**. Pour les véhicules utilitaires lourds, on utilise principalement des **démarreurs électromécaniques à pignon coulissant** à deux étages **(ill. 1 et 2)** construits sur des bases électriques diverses, comme des moteurs couplés en série ou à excitation compound.

Le dessin en coupe **(ill. 1)** représente un démarreur électromécanique à pignon coulissant à deux étages avec un moteur à excitation compound.

L'arbre de l'induit est creux, il est équipé d'un carter d'entraînement du côté du pignon lanceur qui contient l'embrayage multidisque.

L'électroaimant d'engrènement se trouve du côté du collecteur avec, en-dessus, le relais de commande.

Electroaimant d'engrènement et relais de commande. L'électroaimant d'engrènement transmet un mouvement axial à la tige d'engrènement qui déplace le pignon lanceur sur la couronne de démarrage.

En fin de course d'engrènement, l'électroaimant débloque le cliquet de verrouillage par l'intermédiaire du levier de déclenchement; ainsi le pont de contact du relais de commande peut se fermer.

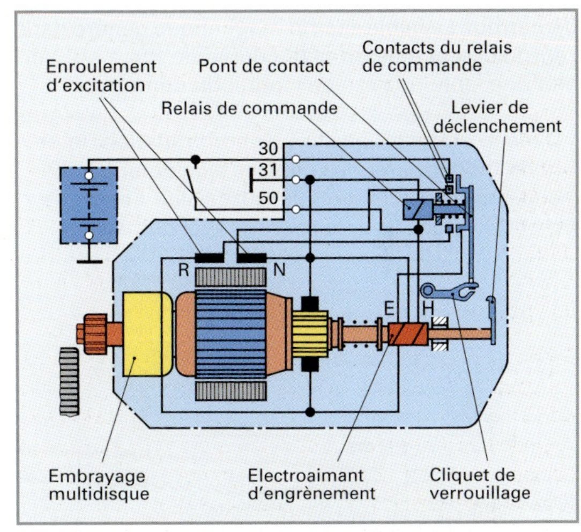

Illustration 2: Démarreur électromécanique à pignon coulissant (position de repos)

Lanceur. Les disques, libres sur leur axe, sont fixés sur le filetage à pas rapide de la vis d'entraînement. Dès que le démarreur commence à tourner, le pas de vis presse les disques, le couple de l'induit du démarreur se transmet au pignon lanceur.

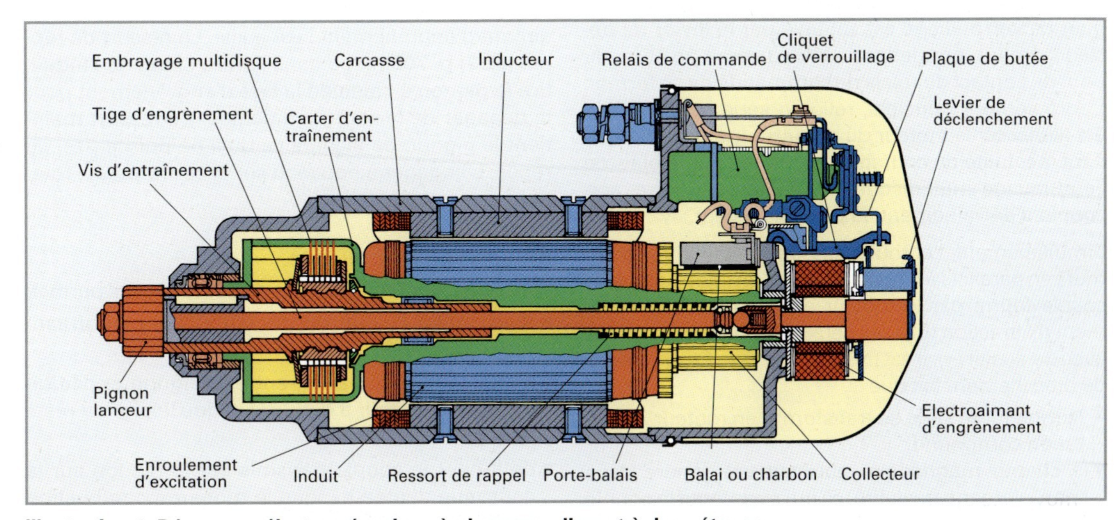

Illustration 1: Démarreur électromécanique à pignon coulissant à deux étages

1. Position de précommutation (ill. 1). Dès l'enclenchement de l'interrupteur de démarrage, la bobine du relais de commande et l'enroulement de maintien (H) de l'électroaimant sont alimentés. A l'aide du premier contact du relais de commande, l'enroulement d'attraction (E) de l'électroaimant est mis sous tension. Le champ magnétique généré dans l'électroaimant déplace axialement la tige d'engrènement, ce qui pousse le pignon lanceur en direction de la couronne de démarrage.

Dans un premier temps, l'enroulement auxiliaire (N) du démarreur est branché en série avec l'induit du démarreur. Le faible champ magnétique généré dans l'enroulement crée un petit couple de force qui permet une lente rotation de l'induit du démarreur.

Dans la première positon de commutation, le pignon du démarreur se déplace axialement et l'induit tourne lentement, ce qui facilite l'engrènement du pignon sur la couronne de démarrage.

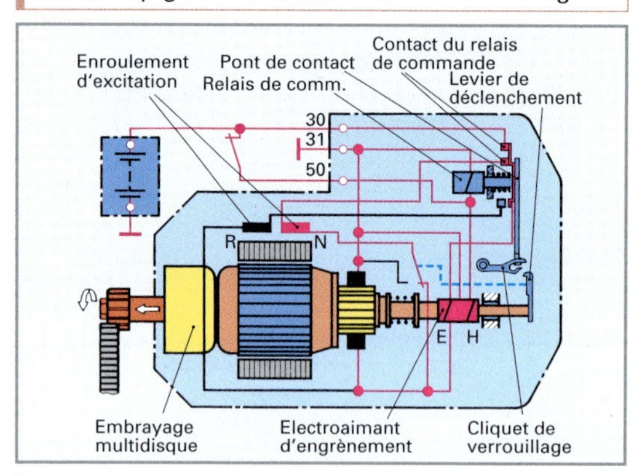

Illustration 1: Démarreur électromécanique à pignon coulissant (position de commutation 1)

2. Position de commutation principale (ill. 2). A la fin de l'engrènement du pignon sur la couronne, le cliquet de verrouillage est soulevé par le levier de déclenchement, permettant à la deuxième position du pont de contact du relais de commande de se fermer. L'enroulement principal, relié en série avec l'induit, est alimenté; le moteur du démarreur utilise maintenant la totalité du courant. Il transmet, par le biais de l'embrayage multidisque, complètement serré, son couple d'entraînement au pignon lanceur.

Simultanément, l'enroulement auxiliaire (N) est commuté en parallèle à l'induit à l'aide d'un interrupteur. Le couple fourni par le moteur est renforcé. L'enroulement d'attraction (E) a ses deux extrémités connectées avec du positif (+), il est mis hors service. Ce processus de branchement fait que ...

- le moteur en série se transforme en moteur à excitation compound;
- le champ magnétique puissant est généré dans l'enroulement auxiliaire, ce qui augmente le couple fourni par le démarreur;
- lorsque le couple résistant diminue sur le moteur du démarreur, le branchement en parallèle de l'enroulement auxiliaire évite que le régime augmente jusqu'à l'emballement.

Dans la deuxième position de commutation, le moteur série devient un moteur à excitation compound. Il produit ainsi une augmentation du couple et empêche une élévation trop importante du régime de l'induit.

Si le couple résistant du moteur à combustion est trop important, l'embrayage patine et permet la rotation de l'induit. De cette manière, l'intensité qui circule dans le circuit électrique de démarrage est limitée.

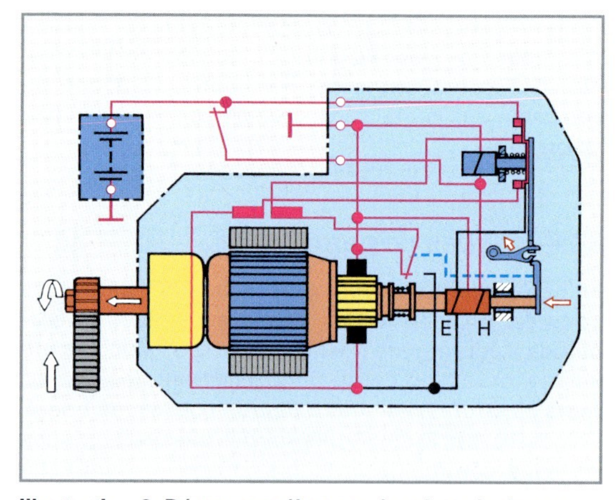

Illustration 2: Démarreur électromécanique à pignon coulissant (position de commutation 2)

Dépassement de régime. Le sens de rotation s'inverse, les disques se libèrent et le moteur à combustion n'est plus en liaison avec l'induit du démarreur.

Processus de dégagement (ill. 2, p. 705). Lorsque le relais de commande est mis hors tension, l'électroaimant d'engrènement l'est aussi. Le ressort de rappel **(ill. 1, p. 705),** logé dans l'arbre creux de l'induit, tire le pignon à l'aide de la tige d'engrènement pour le dégager de la couronne dentée. Ce ressort maintient le pignon de façon à ce qu'il ne puisse pas, au repos, s'engager à nouveau sur la couronne en rotation.

Embrayage multidisque

Fonctions. Pendant la phase de démarrage, il permet:

- d'accoupler l'induit du démarreur au pignon lanceur;
- d'interrompre la liaison entre le pignon et l'induit lorsque le moteur a démarré et que le pignon reste engagé;
- de limiter le couple transmis par le pignon sur la couronne dentée lorsque le moteur à combustion est bloqué (protection en cas de surcharge).

Construction (ill. 1). C'est un embrayage qui est composé principalement de lamelles métalliques intérieures et extérieures. Elles sont pressées ensemble afin d'obtenir l'adhérence nécessaire pour transmettre le couple d'entraînement. Les lamelles extérieures sont reliées ensemble par le carter d'entraînement, les lamelles intérieures avec la partie de l'accouplement; elles effectuent un léger déplacement axial lorsqu'elles sont pressées les unes contre les autres. L'ensemble de l'accouplement intérieur est placé sur l'écrou d'un filetage à pas rapide, lui-même monté sur la vis d'entraînement.

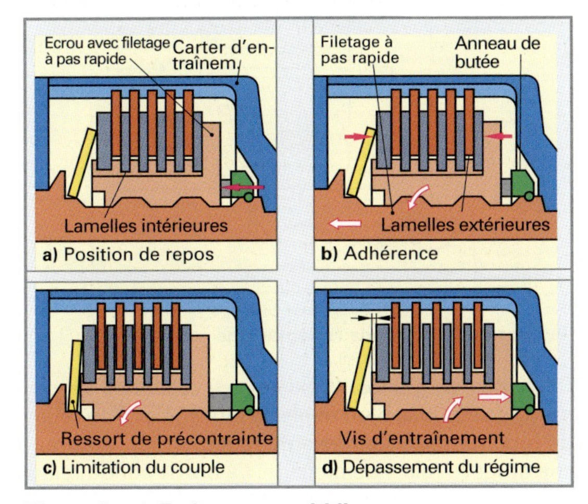

Illustration 1: Embrayage multidisque

Position de repos (ill. 1a). Les lamelles intérieures et extérieures sont soumises à une précontrainte minimale, ainsi l'accouplement est assuré dès l'engagement du pignon sur la couronne.

Adhérence (ill. 1b). Lorsque le pignon est engagé et qu'il est bloqué par la couronne dentée, les lamelles intérieures se déplacent axialement avec l'écrou d'accouplement, lui-même relié au filetage à pas rapide; elles sont pressées fortement ensemble contre les lamelles extérieures. La pression augmente jusqu'à ce que le couple nécessaire au démarrage puisse être transmis.

Limitation du couple (ill. 1c). Afin que le démarreur, le pignon et la couronne dentée ne subissent pas de trop grandes charges, l'embrayage est conçu de façon à patiner aussitôt qu'il atteint le couple maximal admissible (embrayage de surcharge).

Dépassement de régime (ill. 1d). Si lors du processus de démarrage, la couronne dentée tourne plus vite que l'induit, les lamelles intérieures sont desserrées par l'écrou de pression, libérant ainsi l'embrayage multidisque. Il fonctionne alors comme une roue libre. De ce fait, les forces d'accélération destructrices ne peuvent pas être transmises à l'induit après le démarrage du moteur.

22.6.2 Relais supplémentaires dans les systèmes de démarrage

Ils sont principalement utilisés dans les systèmes de démarrage des véhicules utilitaires. Il existe des relais supplémentaires qui remplissent les fonctions suivantes:

- coupleurs de batteries;
- relais de blocage du démarreur;
- relais de redémarrage;
- relais de batterie.

Coupleur de batterie

Il est utilisé dans les systèmes de démarrage qui ont besoin d'une tension de 24 V pour fonctionner, alors que le réseau de bord doit être alimenté avec une tension de 12 V. L'installation comprend généralement deux batteries de démarrage de même capacité, branchées en parallèle ou en série **(ill. 2)**.

Position de repos (ill. 2). Les deux batteries de démarrage sont branchées en parallèle. Le réseau de bord et le générateur travaillent à la tension de 12 V.

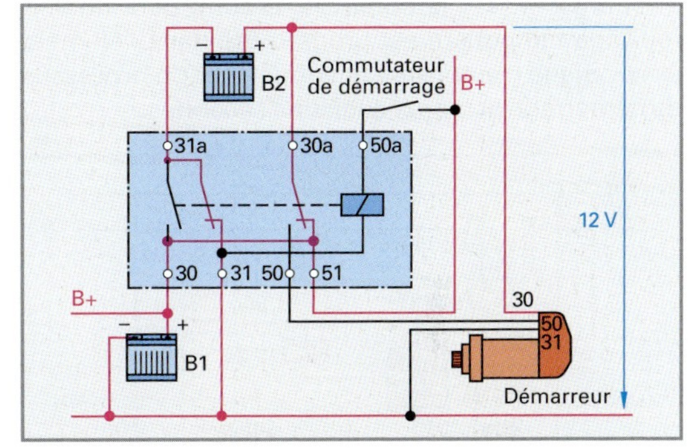

Illustration 2: Coupleur de batteries, position de repos

Position de démarrage (ill. 3). Pendant le processus de démarrage, les deux batteries de démarrage sont branchées en série. Le démarreur est raccordé aux deux batteries et fonctionne en 24 V. Le réseau de bord continue d'être alimenté à une tension de 12 V.

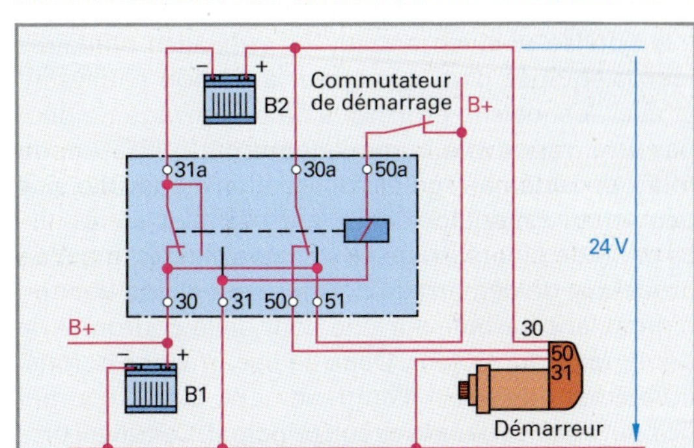

Illustration 3: Coupleur de batteries, position de démarrage

Relais de blocage du démarreur

Il est utilisé lorsque le processus de démarrage ne peut pas avoir lieu immédiatement.

Ceci est valable:

- pour les véhicules avec le moteur sous le plancher ou à l'arrière;
- pour les systèmes de démarrage avec commande à distance;
- pour les systèmes de démarrage entièrement automatiques.

Les fonctions suivantes concernant le démarreur doivent être remplies:

- déclenchement du démarreur après avoir effectué le démarrage;
- blocage du démarrage lorsque le moteur tourne;
- blocage du démarrage durant la phase d'arrêt du moteur;
- blocage du démarrage après un démarrage manqué.

Le relais de blocage du démarreur **(ill. 1)** relie la borne 30 avec la borne 50f uniquement si aucune tension n'est présente sur la borne D+. D'autre part, un verrouillage temporaire est programmé dans l'élément électronique n'autorisant une répétition du processus de démarrage qu'après quelques secondes.

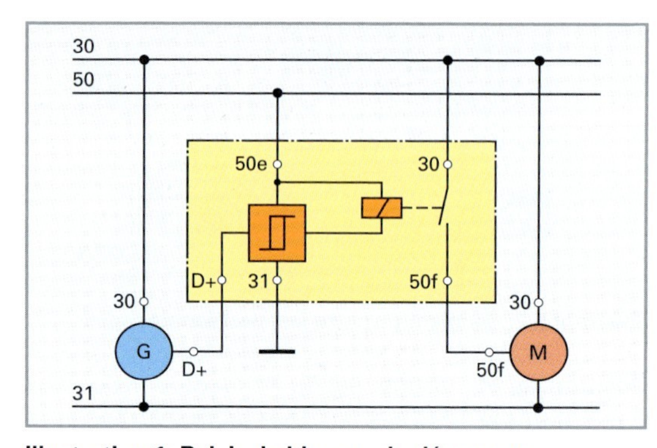

Illustration 1: Relais de blocage du démarreur

Relais de redémarrage

Il est utilisé uniquement sur les véhicules utilitaires lourds équipés d'un démarreur à pignon coulissant et avec lesquels le processus de démarrage ne peut pas être renouvelé immédiatement. L'utilisation du relais de redémarrage est uniquement possible si le démarreur est équipé de la borne 48 **(ill. 2)**.

Le relais de redémarrage ne s'enclenche pas lors d'un processus de démarrage normal, sauf si une dent du pignon lanceur bute sur une dent de la couronne de démarrage du moteur. Dans ce cas, malgré le fonctionnement du relais d'engrènement, aucun courant ne peut circuler dans le circuit principal. Ce travail prolongé du relais d'engrènement, avec le démarreur bloqué, peut provoquer une surcharge thermique.

A l'aide du relais temporisé ouvert, le relais d'engrènement est déclenché et immédiatement réenclenché. Ce processus est répété jusqu'à ce que le pignon soit entièrement engagé et que le circuit principal soit fermé. Si lors d'un essai de démarrage, il n'y a pas au moins 20 V sur la borne 48 après quelques secondes, le relais interrompt la liaison entre les bornes 50g et 50h. C'est le cas lorsque le pignon n'est pas engagé et que le relais de commande ne peut pas fermer le circuit principal (borne 30).

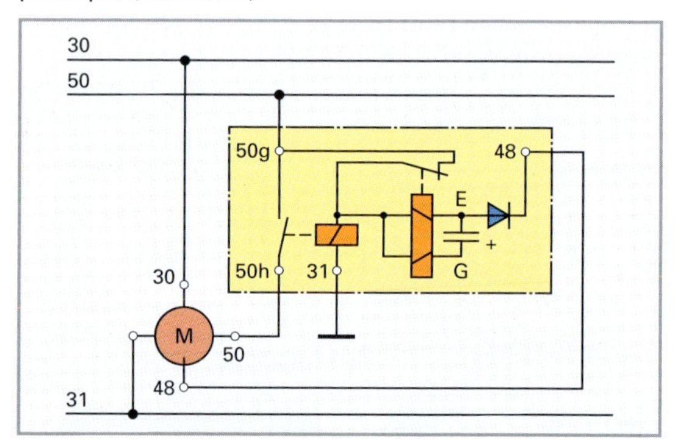

Illustration 2: Relais de redémarrage

Systèmes combinés. Il existe des systèmes de démarrage équipés d'un relais de blocage et d'un relais de redémarrage. Le relais de redémarrage est branché après le relais de blocage. La borne 50f du relais de blocage du démarreur commande la borne 50g du relais de redémarrage (ill. 1 et 2). Les fonctions individuelles de chaque relais demeurent assurées.

Relais de batteries (interrupteur principal de batterie)

Un interrupteur principal de batterie est prescrit pour les installations électriques des autobus et des camions-citernes. Il permet de débrancher les batteries du réseau électrique du véhicule. Ainsi les dangers de courts-circuits et d'incendie peuvent être réduits lors de travaux sur le véhicule ou en cas d'accident.

Le réseau de bord des installations 24 V peut être déclenché lorsque le véhicule n'est pas utilisé, notamment en hiver. Cela réduit la corrosion électrochimique sur les éléments conducteurs exposés aux projections d'eau salée.

Questions de révision

1. **Décrivez les deux phases d'engrènement d'un démarreur pour véhicule utilitaire lourd.**
2. **Quelles sont les fonctions de l'embrayage multidisque?**
3. **Quels sont les avantages offerts par un coupleur de batteries?**
4. **Quelles sont les fonctions d'un relais de blocage du démarreur?**

23 Notions anglaises

A

ABS – anti lock braking system
Accélérateur électronique – electronic throttle control
Accélération – acceleration
Acier rapide – high-speed-steel
Actuateurs – actuators
Actuateur rotatif – rotatary actuator
Aiguille de l'injecteur – nozzle pin
Alignement axial – axle alignement
Allumage commandé – externally supplied ignition
Alternateur – alternator
Angle d'attitude – attitude angle
Angle de cames – dwell angle
Angle de dérive – slip angle
Angle d'ouverture – opening angle
Antiblocage automatique – automatic anti-lock system
Appareil de saisie des données – input devices
Arbre à cames – camshaft
Arbre de transmission – propeller shafts
Arbre moteur – drive shaft
Articulation – joints
Auto-allumage–auto ignition
Autodiagnostic – self diagnosis
Axe du piston – piston pin

B

Batterie de démarrage – starter battery
Bielle – connecting rod
Bobine d'allumage – ignition coil
Boîte de transfert – transfer box
Boîte de vitesses automatique – automatic gearbox
Bougie d'allumage – spark plug

C

Capteurs – sensors
Capteur de cliquetis – knock sensor
Capteur de déplacement de l'aiguille – needle motion sensor
Capteur de pression – pressure sensor
Capteur de pression à l'admission – intake manifold sensor
Capteur de régime – speed sensor
Capteur de régime inductif – inductive speed sensor
Capteur Hall–hall generator
Caractéristiques du ressort – spring characteristics
Carburateur – carburetter
Carrossage – wheel camber
Carrosserie – body
Cartographie d'allumage – ignition map
Catadioptre arrière – reflex reflector
Catalyseur – catalytic converter
Ceinture de sécurité – seat belt
Certification du véhicule – vehicle type approval
Chaîne – chain
Chaleur – heat
Chambre de combustion principale – main combustion chamber
Chambre de pré-combustion – precombustion chamber
Chambre de turbulence–turbulence chamber
Châssis – frame
Clignoteurs – direction indicator
Climatisation – air conditioning
Code d'erreur – error code
Coefficient de frottement – friction coefficients
Coefficient du ressort – spring rate
Collecteur d'admission – induction pipe
Commande de l'échange des gaz – gas exchange control
Composant électronique – electronic component
Consommation de carburant – fuel consumption
Contacteur – switch
Contrainte à la pression – compression stress
Contrôle automatique de la climatisation – automatic climate control
Cordon de soudure – weld seams
Corrosion électrochimique – electrochemical corrosion
Corrosion chimique – chemical corrosion
Couple – torque
Courant alternatif – alternating current
Courant triphasé – three- phase current
Cycle – circle
Cycle à deux temps – two-stroke principle
Cycle à quatre temps – four-stroke principle
Cylindre – cylinder
Cylindrée – engine displacement

D

Débitmètre d'air massique à fil chaud – hot wire air-mass meter
Décélération – deceleration
Démarreur – starter
Dépasser – overtake
Diagramme de distribution – timing diagramme
Diagramme schématique – schematic diagramme
Différentiel – differential gear
Dimensions – dimensions
Dimensions de la carrosserie – body measuring
Dispositifs d'allumage – ignition systems
Dispositif d'assistance au freinage – brake power assist unit
Dispositif d'éclairage – lighting equipment
Disque de frein – brake disc
Distance de freinage – braking distance
Durée d'ouverture des soupapes variable – variable valve opening time

E

Echelles – scales
Ecrou – nut
Electrovanne – solenoid valve
Embrayage – clutch
Engrenage planétaire – planetary gears
Engrenage, représentation, symbole– gear-wheels, representation
Enregistrement du véhicule – vehicle registration
Entraînement à courroie – belt drive
Entraînement par engrenage – gear drive
Essai de frein – brake test
Etrier flottant – floating caliper
Expansion – spreading

F

Feux arrière – tail lamp
Feux arrière de brouillard – fog warning lamp
Feux de brouillard – fog lamp
Feux de croisement – low-beam headlamp
Feux de détresse – hazard warning system
Feux de position avant – side-maker lamps
Feux stop – stop lamp
Filetage – thread
Filtre à carburant – fuel filter
Filtre à particules – particulate filter
Force de freinage – brake power
Forces axiales – axle forces
Forces d'appui – bearing forces
Formation du mélange – mixture formation
Formation externe du mélange – exterior mixture preparation
Frein – brake
Frein à régime continu – continuous service brake system
Frein de service – service brake system
Frein de vis – screw locking element
Force centrifuge – centrifugal force
Frottement d'adhérence – static friction
Frottement de glissement – sliding friction
Frottement de roulement – rolling friction

G

Générateur d'impulsions – pulse generator
Générateur d'impulsions inductif – induction-type pulse generator
Genre d'entraînement – types of drive
Goupille – split pin
Graisse de lubrification – lubrication grease

H

Huile de boîte de vitesses – gearbox oil
Huile de lubrification – lubricating oil

Huile moteur – engine oil
Hydrogène – hydrogen

I

Indice de cétane – cetane number
Injecteurs – injection valves
Injecteur à téton – pintle nozzle
Injection directe – direct injection
Injection indirecte – indirect injection
Insufflation d'air secondaire – secondary air system

J

Jante – rim
Joint à rotule – ball joint
Joint de cardan – cardan joint
Joint homocinétique – constant velocity joint
Joint pour arbre à lèvres avec ressort – radial shaft seal

L

Laque, peinture – paints, lacquers, enamels
Lecture de la mémoire des défauts – fault-storage readout
Lève-vitre électrique – power windows unit
Leviers – levers
Liquide de refroidissement – coolant
Lubrification du moteur – engine lubrication

M

Maître-cylindre – master cylinder
Moteur à l'arrière – rear engine
Moteur à l'avant – front engine
Moteur à pistons alternatifs – reciprocating piston engine
Moteur Diesel – diesel engine
Moteur Otto – spark ignition engine
Motocycle – motorcycle

N

Numéro du permis – license numbers

O

Ordonnance sur l'élimination des autos usagées – decree concerning car wreck disposal
Oxygène – oxygen

P

Palier à roulement – antifriction bearing
Palier lisse – friction bearing
Parallélisme positif – toe-in
Permis de circulation – driving permit
Permis de conduire – driving licence
Pile à combustible – fuel cell
Piston – piston
Pneu – tyre
Pneu diagonal – crossply tyres
Pneu radial – radial ply tyre
Pneumatique – pneumatic
Pompe d'alimentation en carburant – fuel supply pump
Pompe haute pression – high pressure pump
Porte-injecteur – nozzle holder
Potentiomètre – potentiometer
Potentiomètre de papillon – throttle valve potentiometer
Premiers secours – first aid
Prescription – regulations
Prescriptions de sécurité – safety regulations
Pression – pressure
Prétensionneur de ceinture – seat belt pretensioner
Procédé de combustion – combustion principle
Processus d'allumage – ignition process
Produit antigel – anti-freeze
Projecteur – head lamp
Projecteur de route – main-beam headlamp
Propulsion – rear-wheel drive
Propulsion à gaz naturel – natural gas drive
Protection contre la corrosion – corrosion prevention
Protection incendie – fire protection
Pompe d'injection distributrice – distributor injection pump
Puissance – power
Puissance utile – effective power

Q

Quantité injectée – injection quantity

R

Rapport air carburant – air fuel ratio
Rapport de transmission – transmission ratio
Rapport du mélange – mixture ratio
Réception par type – type approval
Recuit – annealing
Recyclage des gaz d'échappement – exhaust-gas treatment
Réfrigérant – refrigerant
Refroidissement à air – air cooling
Régime – rotational speed
Réglage du siège – seat adjustment
Régulateur de débit de carburant – fuel quantity actuator
Régulateur de pression du carburant – fuel pressure regulator
Régulation de la pression de suralimentation – boost-pressure control
Régulation de ralenti – idle control
Régulation du niveau – level control system
Régulation lambda – lambda control
Remorque – trailer
Remorquer – to tow
Rendement – efficiency
Réservoir de carburant – fuel tank
Ressort à lames – leaf spring
Ressort hélicoïdal – coil spring
Rivet borgne – blind rivet
Roue – wheel

S

Satisfaction du client – customer satisfaction
Schéma bloc – block diagram
Section résistante – section modulus
Sécurité du véhicule – vehicle safety
Segments de piston – piston rings
Servo-direction – power steering
Sollicitation au cisaillement – shearing stress
Sonde à saut de résistance – resistance-jump probe
Sonde à saut de tension – voltage jump probe – voltage jump sensor
Sonde lambda – lambda sensor
Soudage – welding
Soudage sous protection gazeuse – inert gas shielded arc welding
Soupapes – valves
Soupape d'admission – intake valve
Sous-virer – understeering
Suralimentation – external charger equipment
Suralimentation dynamique – dynamic supercharging
Suralimentation par oscillation d'admission – ram effect supercharging
Surveillance du véhicule – vehicle monitoring
Sur-virer – oversteering
Suspension – suspension
Système d'accélération – acceleration system
Système anti-vol – anti theft system
Système de chauffage – heater system
Système de freinage à air comprimé – air brake system
Système d'injection – injection system
Systèmes de collecteur d'admission – intake manifold systems
Systèmes de suralimentation – supercharging systems

T

Tambour de frein – brake drum
Technique de peinture – painting technique
Thermistance CTN – NTC resistor
Tôle de carrosserie – body sheet
Tourne-vis – screw driver
Traction – front-wheel drive
Trajectoire – trace
Transistor – transistor
Treillis – space frame
Transmission intégrale – all-wheel drive
Turbocompresseur – exhaust-gas turbocharger
Tuyau de frein – brake hose
Type de défaut – failure mode
Type de signal – type of signal

V

Variateur d'avance – timing device
Variateur de phases de l'arbre à cames – camshaft control
Véhicule utilitaire – commercial vehicle
Vélomoteur – light motorcycle
Verre – glass
Verre de sécurité – safety glass
Verre diffuseur – lens
Verrouillage centralisé – central locking system
Vilebrequin – crankshaft
Vis – screw
Vis à tête six pans – hexagon screw
Vis à tôle – sheet-metal screw
Vitesse – speed
Vitesse du piston – piston speed
Voiture de tourisme – passenger car
Vulcaniser – to vulcanize

24 Index des mots-clés

A

B

D

E

F

G

H

I

J

K

L

Q

R

S